DIE LANDTIERWELT DER MITTLEREN HOHEN TAUERN

EIN BEITRAG ZUR TIERGEOGRAPHISCHEN UND -SOZIOLOGISCHEN ERFORSCHUNG DER ALPEN

VON

HERBERT FRANZ (ADMONT, STEIERMARK),

MIT BEITRÄGEN VON E. LINDNER (STUTTGART) UND O. WETTSTEIN (WIEN)
SOWIE UNTER MITWIRKUNG ZAHLREICHER SPEZIALISTEN

(MIT 14 TAFELN, 11 KARTEN UND 6 TEXTFIGUREN)

AUS DEN DENKSCHRIFTEN DER AKADEMIE DER WISSENSCHAFTEN IN WIEN
MATHEMATISCH-NATURWISSENSCHAFTLICHE KLASSE, 107. BAND

SPRINGER-VERLAG WIEN GMBH 1943

Additional material to this book can be downloaded from http://extras.springer.com

ISBN 978-3-7091-3104-6   ISBN 978-3-7091-3109-1 (eBook)
DOI 10.1007/978-3-7091-3109-1

TAFEL I

Abb. 1.
Teischnitztal mit Großglockner (Lichtbild von Ed. Frh. v. Handel-Mazzetti).

Dr. Heinrich Freiherrn v. Handel-Mazzetti
in dankbarer Erinnerung zugeeignet

DIE LANDTIERWELT DER MITTLEREN HOHEN TAUERN
EIN BEITRAG ZUR TIERGEOGRAPHISCHEN UND -SOZIOLOGISCHEN ERFORSCHUNG DER ALPEN

VON

HERBERT FRANZ (ADMONT, STEIERMARK)
MIT BEITRÄGEN VON E. LINDNER (STUTTGART) UND O. WETTSTEIN (WIEN)
SOWIE UNTER MITWIRKUNG ZAHLREICHER SPEZIALISTEN

(MIT 14 TAFELN, 11 KARTEN UND 6 TEXTFIGUREN)

VORGELEGT IN DER SITZUNG AM 19. FEBRUAR 1942

Inhaltsübersicht.

	Seite
I. Einleitung	5
II. Charakteristik des Gebietes.	
1. Umgrenzung, Gliederung, Erschließung	10
2. Geologischer Bau und Quartärgeschichte	14
3. Bioklimatische Verhältnisse	19
III. Der Bestand an Landtieren.	
1. Die bisherige zoogeographische Erforschung	35
2. Faunenstatistische Feststellungen	41
Nematodes	41
Oligochaeta	48
Mollusca	51
Myriopoda	60
Isopoda	67
Scorpiones	68
Pseudoscorpiones	69
Opiliones	69
Araneina	72
Acari	79
Collembola	119
Diplura	127
Thysanura	127
Dermaptera	128
Orthoptera	130
Copeognata	136
Thysanoptera	136
Plecoptera	138
Odonata	140
Ephemeroptera	141
Raphidides	141
Neuroptera	141
Panorpatae	142
Trichoptera	143
Lepidoptera	144
Hymenoptera	207
Diptera (bearbeitet von Dr. E. Lindner)	226
Coleoptera	257
Rhynchota	365
Die Wirbeltierfauna des Pasterzengebietes (bearbeitet von Dr. O. Wettstein)	386
3. Verzeichnis der Fundorte mit Angabe ihrer Lage	393

Seite
IV. Die Tiergesellschaften.
   A. Fragestellung und Methode.. 400
   B. Beschreibung der Assoziationen... 405
      1. Die Tiergesellschaft subnivaler und nivaler Schneeböden 405
      2. Die Tiergesellschaft subnivaler Kalkphyllitschutthalden 411
      3. Die Tiergesellschaft der Jungmoränen und hochalpinen Geröllhalden 417
      4. Die Tiergesellschaft sandiger Gletschervorfelder und Gießbachaufschüttungen 418
      5. Die Tiergesellschaft der hochalpinen Grasheiden 420
      6. Die Tiergesellschaft der Schneetälchen... 433
      7. Die Tierwelt der Matten und Weiden der Zwergstrauchstufe............................ 438
      8. Die Tiergesellschaft der Steppenwiesen der südlichen Tauerntäler 461
      9. Die Tiergesellschaft der Felsensteppe auf der Kreitherwand, nebst Bemerkungen über die Tiergesellschaft des Ericetum carneae 465
     10. Der Tierverein der Bodenschicht des Alnetum viridis 468
     11. Die Bodenfauna der Mischwälder in den tieferen Lagen der Pinzgauer Tauerntäler, dargestellt am Beispiel der Mischwaldbestände im Bereich des Kesselfalles........................ 472
     12. Die Tiergesellschaft der subalpinen Naßfelder und Schuttufer der Gebirgsbäche 474
     13. Die Kleintierwelt der Moore und Quellfluren 476
     14. Zusammenfassung der soziologischen Ergebnisse 483
V. Die Kleintierwelt der Pasterzenumrahmung.
      1. Allgemeines 484
      2. Das Pasterzenvorfeld und seine Umgebung... 488
      3. Die Pasterzenfurche... 494
      4. Der Pasterzengrund 495
VI. Die tiergeographischen Verhältnisse der mittleren Hohen Tauern.
      1. Die Auswirkung der Eiszeit auf die Fauna 503
      2. Die postglaziale Wiederbesiedlung 509
         a) Die boreoalpinen Glazialrelikte.. 509
         b) Einwanderung endemisch-alpiner und weiter verbreiteter Gebirgstiere................ 516
         c) Die Einwanderung der eurosibirischen Talfauna 519
         d) Die Steppenrelikte 520
      3. Der zentralalpine Charakter der Tierwelt der mittleren Hohen Tauern.................... 529
      4. Zusammenfassende tiergeographische Kennzeichnung des Gebietes 537
VII. Schrifttum 538

I. Einleitung.

Seitdem das Pasterzengelände und mit ihm ein großer Teil der Gletscherwelt des Glocknergebietes in den Besitz des Deutschen Alpenvereins übergegangen ist, hat sich dieser nicht nur den Schutz der Naturschönheiten, sondern auch die wissenschaftliche Erforschung der Pasterzenlandschaft zur besonderen Aufgabe gemacht.

Diesem Umstande verdankt auch die vorliegende Arbeit ihre Entstehung. Der wissenschaftliche Ausschuß des Deutschen Alpenvereins war nach Fertigstellung der von ihm weitgehend geförderten geographischen, geologischen und botanischen Kartierung der Glocknergruppe im Maßstabe 1 : 25.000 bemüht, auch eine gleichwertige zoogeographische Aufnahme wenigstens der Pasterzenumrahmung in die Wege zu leiten. Er stellte für diesen Zweck Geldmittel bereit und forderte mich durch Herrn Prof. Dr. Fritz Knoll (Wien), der die biologische Erforschung des Glocknergebietes seit Jahren mit besonderer Tatkraft fördert, im Winter 1936/37 auf, die faunistische Untersuchung des Gebietes zu übernehmen.

Ich kam der an mich gerichteten Aufforderung um so lieber nach, als ich zusammen mit meinem lieben Lehrer und Freunde Dr. Karl Holdhaus (Wien) schon durch Jahre an der zoogeographischen Erforschung der Ostalpen gearbeitet, bis dahin aber noch nicht Gelegenheit gefunden hatte, einen jener Teile der Alpen, die noch heute in größerer Ausdehnung vergletschert sind, genauer zu erforschen. Die genaue faunistische Aufnahme eines solchen Gebietes schien aber für die Bearbeitung gewisser biogeographischer und biosoziologischer Fragen besonders geeignet und daher im Zusammenhang mit den schon laufenden zoogeographischen Untersuchungen äußerst wünschenswert.

Die finanzielle Unterstützung seitens des Deutschen Alpenvereins, die mir durch Vermittlung von Herrn Prof. Dr. F. Knoll während dreier Sommer zuteil wurde, und das Entgegenkommen der Alpenvereinssektionen Klagenfurt, Austria-Wien und Prag, die mir auf ihren Hütten in freundlicher Weise freies Quartier, und zwar nach Möglichkeit Einzelzimmer, zur Verfügung stellten, gestatteten es, die Forschungsarbeit in größerem Rahmen durchzuführen, als das sonst im Hochgebirge möglich ist. Es ist mir ein aufrichtiges Bedürfnis, Herrn Prof. F. Knoll, dem derzeitigen Rektor der Wiener Universität, ferner dem Deutschen Alpenverein und seinen genannten Sektionen für die mir zuteil gewordene Förderung auch an dieser Stelle herzlich zu danken.

Mein Plan ging von vornherein dahin, nicht nur die im Glocknergebiete lebende Tierwelt faunenstatistisch zu erfassen, sondern darüber hinaus von dem Untersuchungsgebiete eine möglichst umfassende zoogeographische Monographie zu liefern. Nur durch eine solche konnte die zoologische Erforschung der mittleren Hohen Tauern auf annähernd die gleiche Höhe gebracht werden, die auf geographischem, geologischem und botanischem Gebiete bereits erreicht war. Zu einer zoogeographischen Monographie des Gebietes waren allerdings sehr bedeutende Vorarbeiten zu leisten, deren wichtigste die Erfassung aller über dasselbe vorliegenden einschlägigen Beobachtungen, die genaue Aufnahme möglichst des ganzen Artenbestandes und die ökologische und historisch-tiergeographische Erklärung des rezenten Faunenbildes durch Erfassung der soziologischen und genetischen Zusammenhänge desselben waren.

Angesichts der ungeheuren Formenmannigfaltigkeit der Tierwelt selbst noch in hochalpinen Lagen und angesichts der Tatsache, daß in den Alpen bis dahin auf tiersoziologischem Gebiete so gut wie nichts vorgearbeitet war, bedeutet dieses Programm eine Arbeitsleistung, die ein einzelner in absehbarer Zeit nicht zu bewältigen imstande sein konnte. Ich mußte darum von vornherein meinen Plan, soweit das ohne Aufgabe des Hauptzieles möglich war, einschränken und mich außerdem um Mitarbeiter umsehen, die mich sowohl bei der Beobachtungsarbeit im Gelände als auch bei der Bestimmung der gesammelten Tiere unterstützten.

Eine notwendige und ohne wesentliche Beeinträchtigung des Gesamtergebnisses mögliche Beschränkung des Arbeitsprogrammes ergab sich vor allem durch Ausschaltung der Wasserfauna bei der faunistischen Geländeaufnahme. Die hydrobiologischen Arbeitsmethoden weichen von denjenigen der Landzoologie so sehr ab, daß eine gleichzeitige Erfassung der Land- und Wasserfauna schon wegen der ganz verschiedenen dazu erforderlichen Ausrüstung ausgeschlossen war. Ebenso mußte aus technischen Gründen auf die Erfassung der Protozoenfauna des Untersuchungsgebietes von vornherein verzichtet werden. Selbst der Formenreichtum der Metazoen allein ist aber noch so groß und ihre Lebensweise so verschieden, daß auch hier noch eine engere Umgrenzung notwendig war. Ich trat darum an den Deutschen Alpenverein mit der Bitte heran, für die Erforschung der Wirbeltierfauna des Gebietes eigene Mittel bereitzustellen und dafür einen eigenen Bearbeiter zu werben.

Dieser Anregung folgend, wurde Herr Kustos Dr. O. Wettstein (Wien) gebeten, die Erforschung der Vertebratenfauna des Glocknergebietes zu übernehmen, welcher Anregung der Genannte auch Folge leistete. Leider konnten die Arbeiten Dr. O. Wettsteins infolge der zeitgeschichtlichen Umstände bisher nicht im geplanten Umfange durchgeführt werden. Da es jedoch wünschenswert ist, in der vorliegenden Monographie auch die Wirbeltierfauna des Gebietes so weit als möglich zu berücksichtigen, hat sich Dr. O. Wettstein bereit erklärt, auf Grund der vorläufigen Ergebnisse seiner Untersuchungen für den faunistischen Teil dieser Arbeit einen Abschnitt über die Vertebratenfauna zu verfassen. Er bat mich, seinen Dank an den Deutschen Alpenverein für die ihm gewährte finanzielle Beihilfe und der Sektion Klagenfurt außerdem für die gastfreie Aufnahme im Glocknerhaus in diesem Zusammenhange zum Ausdruck zu bringen. Auch der Gewährung der Sammel- bzw. Schießerlaubnis durch den Herrn Gaujägermeister von Kärnten, den zuständigen Herrn Kreisjägermeister und den Herrn Jagdpächter Pichler sei dankend Erwähnung getan.

Der Zufall wollte es, daß, unabhängig von den Bestrebungen des Deutschen Alpenvereins, auch Herr Hauptkonservator Dr. Erwin Lindner (Stuttgart) im Sommer 1937 faunistisch im Glocknergebiete arbeitete. Als ich in der Folge mit der Bitte an ihn herantrat, mir einen Teil meiner Fliegenausbeute aus den Hohen Tauern zu bestimmen, erfuhr ich, daß auch er sich mit dem Gedanken trage, eine Arbeit über die Fliegenfauna des Glocknergebietes zu veröffentlichen. Dadurch wurde nahegelegt, daß Dr. E. Lindner die Bearbeitung des Fliegenteiles im faunistischen Abschnitte dieser Arbeit übernahm und in diesem nicht nur meine, sondern auch seine Ausbeuten sowie die sehr zerstreute faunistische Literatur auf Grund seiner reichen Erfahrungen als Spezialist verwertete. Durch die Mitarbeit von Herrn Doktor E. Lindner gelang es auch, den Fliegen, die infolge der Schwierigkeiten beim Fang und bei der Konservierung sowie bei der Bestimmung vieler Gruppen bisher in den meisten tiergeographischen Monographien eine stiefmütterliche Behandlung erfahren haben, eine sorgfältige Bearbeitung zuteil werden zu lassen. Für die bereitwillige Übernahme der Verfassung des Dipterenabschnittes, für die Mitteilung zahlreicher tiergeographischer und ökologischer Angaben und schließlich für die Überlassung einer Reihe schöner Lichtbilder zur Veröffentlichung sei Herrn Dr. E. Lindner auch an dieser Stelle herzlich gedankt.

Eine wertvolle Ergänzung haben meine eigenen Beobachtungen im Untersuchungsgebiete auch durch die Aufnahme zahlreicher bisher nicht oder doch nur unvollständig veröffentlichter Sammelergebnisse ostmärkischer Entomologen erfahren.

Wertvolle faunistische Beiträge lieferten auf diese Weise

zur Orthopterenfauna:

Herr Studienrat Dr. Richard Ebner (Wien), indem er mir seine genauen Aufzeichnungen über eine mit Dr. H. Zerny (Wien) im Sommer des Jahres 1921 gemeinsam unter-

nommene orthopterologische Exkursion nach Heiligenblut, an die Pasterze, über das Bergertörl nach Kals und von da über den Kalser Tauern ins Stubachtal zur Verfügung stellte;
Herr Senatspräsident Dr. Otto Jaitner (Wien) durch Überlassung einer kleinen, aber sehr interessanten Orthopterenausbeute aus der Fleiß;

zur Coleopterenfauna:

Herr Schulrat H. Frieb (Salzburg), indem er mir eine Liste von ihm in den Salzburger Tauerntälern gesammelter Käfer zusandte;
Herr Direktor Dr. K. Holdhaus (Wien), indem er mir in seine eigenen Ausbeuten aus verschiedenen Teilen der Ostalpen, besonders aber aus der Schober- und Kreuzeckgruppe sowie in die im Naturhistorischen Museum in Wien aufbewahrten Ausbeuten von Dr. Henriette Burchardt und Dr. Fritz Staudinger aus der Granatspitzgruppe, von Dr. Valerie Bucheder und Marie Reitter aus der Kreuzeckgruppe, von Dr. Wilhelm Székessy aus der Schobergruppe und in das von Dr. M. Bernhauer bei Gastein gesammelte, in der Sammlung Minarz aufbewahrte Käfermaterial Einblick gewährte;
Herr Forstmeister Ing. K. Konneczni (Wien), indem er mir das Studium seiner interessanten Ausbeuten aus der Schobergruppe und dem Dorfer Tal ermöglichte;
Herr Forstmeister Fritz Leeder (Hintersee), indem er mir eine ausführliche Liste der von ihm in der Sonnblickgruppe gesammelten Käfer übermittelte und einzelne interessante Tiere zum Studium einsandte;
Herr Studienrat Dr. O. Scheerpeltz (Wien), indem er mir eine Liste sämtlicher von ihm in den nördlichen Tauerntälern und im Pinzgau gesammelten Staphyliniden zur Verfügung stellte;

zur Lepidopterenfauna:

Herr Hofrat Dr. Egon Galvagni (Wien) durch Mitteilung der wichtigsten Ergebnisse seiner Sammeltätigkeit im Kalser Tal und in der Fleiß;
Herr Senatspräsident Dr. Otto Jaitner (Wien) durch Mitteilung der gesamten Ergebnisse seiner langjährigen Sammeltätigkeit in der Fleiß;
Herr Oberlehrer i. R. Fr. Koschabeck (Wien) durch Übermittlung einer genauen Liste der von ihm auf der Franz-Josefs-Höhe gesammelten Schmetterlinge;
Herr Oberlehrer i. R. Josef Nitsche (Wien) durch leihweise Überlassung des Tagebuches, in dem das Ergebnis seiner Sammeltätigkeit im Sommer 1929 in der Fleiß genau verzeichnet ist;
Herr Direktor Leo Schwingenschuß (Wien) durch Mitteilung der Ergebnisse seiner langjährigen Beobachtungs- und Sammeltätigkeit im Glocknergebiet und in der Fleiß;
Herr Fr. Thurner (Klagenfurt) durch wertvolle Angaben über seine im Sommer 1940 und früher bei Heiligenblut erzielten Sammelergebnisse.

Meine eigenen, sehr umfangreichen Ausbeuten umfassen alle Gruppen von Landtieren mit Ausnahme der Protozoen, Rotatorien, Tardigraden und Wirbeltiere. Sie wurden streng nach soziologischen Gesichtspunkten an über 340 verschiedenen Punkten des Untersuchungsgebietes in den Sommern 1937—1942, im Mai 1940 sowie im Mai und September 1941 gesammelt. Ihre Bestimmung war nur durch Mitwirkung zahlreicher Spezialisten möglich.

An den Bestimmungsarbeiten beteiligten sich
Herr Fr. Paesler (Mühlseifen, Schlesien) durch Bestimmung sämtlicher Nematoden,
Frau Dr. Elli Schatz-Schmidegg (Innsbruck) durch Bestimmung sämtlicher Enchytraeiden,
ferner die Herren:
Studienrat Karl Wessely (Linz) durch Bestimmung sämtlicher Lumbriciden und der Nacktschnecken,
Dr. Franz Käufel (Wien) durch Bestimmung der meisten gehäusetragenden Schnecken,
Dr. Stephan Zimmermann (Wien) durch Bestimmung einiger Schnecken,
Dr. C. Attems (Wien) durch Bestimmung sämtlicher Myriopoden,

Dr. Hans Strouhal (Wien) durch Bestimmung der Asseln,
C. Willmann (Bremen) durch Bearbeitung des umfangreichen Milbenmaterials, wodurch
    er den größten Anteil an der Bestimmungsarbeit übernahm,
Dr. Max Beier (Wien) durch Bestimmung der Pseudoscorpionidae,
Direktor C. F. Roewer (Bremen) durch Bestimmung der gesamten Opilioniden sowie der
    Spinnen aus dem Jahre 1940,
Regierungsrat Franz Reimoser (Wien) durch Bestimmung der Spinnenausbeute aus den
    Jahren 1937—1939,
Doz. Dr. Jan Stach (Krakau) durch Bestimmung des größten Teiles der Apterygoten,
Dr. Georg Frenzel (Bellinchen a. O.) durch Bestimmung der Collembolen aus dem Jahre 1939,
Dr. E. Cremer (Bonn a. Rh.) durch Bestimmung der Plecopteren,
Studienrat Dr. Richard Ebner (Wien) durch Bestimmung des größten Teiles der Orthopteren;
Eduard Wagner (Hamburg) durch Bestimmung der Wanzen;
W. Wagner (Hamburg) durch Bestimmung der Cikaden und meisten Psylliden;
Studienrat H. Haupt (Halle a. S.) durch Bestimmung einiger Psylliden;
Oberregierungsrat Dr. K. Börner (Naumburg a. S.) durch Bestimmung der Aphiden;
Dr. J. Saint-Quentin (Wien) durch Bestimmung der Odonaten;
Oberförster H. v. Öttingen (Landsberg a. W.) durch Bestimmung der Thysanopteren;
Dr. S. Jentsch (Münster i. W.) durch Bestimmung der Copeognathen;
Dr. G. Ulmer (Hamburg) durch Bestimmung der Trichopteren;
Kustos Dr. Hans Zerny (Wien) durch Bestimmung der Panorpatae und der meisten Schmetter-
    linge sowie aller Schmetterlingsraupen;
H. Kiefer (Admont) durch Bestimmung einiger Schmetterlinge;
Dr. E. O. Engel (München) durch Bestimmung eines Teiles der Fliegen, besonders der Empididae;
Dr. M. Goetghebuer (Gand, Belgien) durch Bestimmung einiger Tendipedidae;
Dr. W. Hennig (Berlin) durch Bestimmung einiger acalyptrater Fliegen;
Konrektor O. Karl (Stolp i. Pommern) durch Bestimmung einiger Anthomyidae;
Rektor Dr. F. Lengersdorf (Bonn a. Rh.) durch Bestimmung der Lycoriidae und anderer Fliegen;
Dr. Erwin Lindner (Stuttgart) durch Bestimmung eines Teiles der Fliegen und Einsendung
    schwierigen Materials an Spezialisten;
Dr. B. J. Mannheims (Bonn a. Rh.) durch Bestimmung einiger Fliegen;
M. F. Riedel (Frankfurt a. O.) durch Bestimmung einiger Tipulidae;
Professor Dr. F. Sack (Frankfurt a. M.) durch Bestimmung einiger Syrphidae;
Prof. Dr. H. Schmitz (Valkenburg, Holland) durch Bestimmung einiger Phoridae;
Dr. Br. Pittioni (Sofia) durch Bestimmung der meisten Hummeln;
Dr. Franz Maidl (Wien) durch Bestimmung der übrigen Apidae und der Tenthredinidae sowie
    einiger anderer Hymenopteren;
Dr. Karl Gößwald (Berlin) durch Bestimmung der meisten Ameisen;
Hofrat Dr. Fr. Fahringer (Wien) durch Bestimmung eines Teiles der Ichneumonidae, sämt-
    licher Braconidae und Cynipidae;
Hauptmann i. R. W. Hammer (Wien) durch Bestimmung der Chrysididae und Mutilidae;
Direktor Dr. K. Holdhaus (Wien) durch Bestimmung der Pselaphidae, Scydmaenidae und
    einiger anderer Käfer;
Regierungsrat R. Hicker (Wien) durch Bestimmung der Cantharidae;
Regierungsrat F. Heikertinger (Wien) durch Bestimmung der Halticinae;
Dr. F. Rosskotten (Aachen) durch Bestimmung der Ptiliidae;
Studienrat Dr. O. Scheerpeltz (Wien) durch Bestimmung der Staphylinidae;
H. Wagner (Berlin) durch Bestimmung der Ceuthorrhynchinae und der Gattung *Apion*.

Herr Regierungsrat Direktor Dr. H. Sachtleben (Berlin) hat sich mit der Vermittlung von Spezialisten für einige besonders schwierige Gruppen viel Mühe gemacht und die Bearbeitung meines Materials dadurch sehr gefördert.

Herr Direktor Dr. K. Holdhaus (Wien), der mich vor Jahren als Lehrer und Freund in die Tiergeographie und Entomologie eingeführt hat, förderte mich auch bei den Vorarbeiten zur vorliegenden faunistischen Monographie in jeder Hinsicht. Durch seine Vermittlung standen mir nicht nur die reichen wissenschaftlichen Hilfsmittel des Naturhistorischen Museums in Wien stets zur Verfügung, sondern er unterstützte mich in Fällen, wo die mir in Admont verfügbare Bibliothek versagte, auch mit Literaturexzerpten und Auskünften.

Es ist mir ein aufrichtiges Bedürfnis, allen Herren, die mich durch Fundortangaben oder Bestimmungsarbeiten unterstützt haben, auch an dieser Stelle herzlichst zu danken. Ohne ihre selbstlose Hilfe wäre die Entstehung dieser Arbeit unmöglich gewesen.

An der vorliegenden faunistischen Monographie haben aber nicht nur Zoologen, sondern auch Forscher anderer Disziplinen beratend Anteil genommen. Wie bei früheren Arbeiten, so habe ich auch bei dieser wieder viele wertvolle Anregungen von seiten der botanischen Schwesterwissenschaft empfangen.

In Trauer gedenke ich da vor allem meines allzu früh verstorbenen Beraters und Freundes Freiherrn Dr. H. v. Handel-Mazzetti, der nicht nur zu den besten naturwissenschaftlichen Kennern der Hohen Tauern zählte, sondern darüber hinaus über ein systematisch-botanisches Wissen von seltenem Umfang verfügte. Die mit ihm und seinem Bruder Freiherrn Eduard v. Handel-Mazzetti in der herrlichen Glocknerlandschaft verbrachten Tage gehören zu den schönsten, die ich in den Alpen erlebte. Eine Reihe von Lichtbildern, die Herr Eduard v. Handel-Mazzetti damals und später auf einer zweiten, mit seinem Bruder allein unternommenen Tauernwanderung aufgenommen hat und die im Lichtbildner den Künstler und Naturfreund in einer Person verraten, werden hier erstmalig veröffentlicht. Für die Überlassung dieser Bilder, die dem Leser besser als viele Worte einen Begriff von der Schönheit der Tauernlandschaft vermitteln, bin ich dem Hersteller zu besonderem Dank verpflichtet.

Auf botanischem Gebiete hat mir auch Herr Prof. Dr. H. Gams (Innsbruck) viele wertvolle Mitteilungen aus eigenen Forschungen gemacht und mich außerdem durch Bestimmung zahlreicher Pflanzenbelege unterstützt. Auch Herr Studienrat Dr. Chr. Wimmer (Mödling) hat mir so manche aus den Tauern heimgebrachte Pflanze bestimmen geholfen. Herr Doktor H. Friedel (Klagenfurt) überließ mir einen Abzug seiner für Zwecke pflanzensoziologischer Untersuchungen von der Pasterzenlandschaft im Maßstabe 1 : 5000 entworfenen Karte, Herr Studienrat Dr. V. Paschinger (Klagenfurt) führte mich in die Gletschergeschichte der Pasterzenlandschaft ein, Herr Ing. R. Dietz (Wien) besorgte die chemische Analyse einer Reihe von Bodenproben solcher Böden, die ich quantitativ auf ihren Kleintiergehalt untersuchte, und Ing. Fritz Weiler, mein lieber Kamerad auf so mancher wissenschaftlichen Bergfahrt, half mir auch im Glocknergebiete acht Tage lang sammeln.

Auch meine Frau unterstützte mich mehrfach im Gelände beim Sammeln, bei der Arbeit am Manuskript, vor allem aber dadurch, daß sie mir daheim die Voraussetzungen für ein ungestörtes Arbeiten schuf. Sie hat dafür so manches Opfer und manchen Verzicht freudig auf sich genommen.

Mein Institutsdirektor Herr Prof. Dr. R. Geith (Admont, Reichsforschungsanstalt für alpine Landwirtschaft) brachte der Tauernarbeit von Anfang an größtes Verständnis entgegen und förderte sie in selbstloser Weise, indem er mir nicht nur den Besuch des Gebietes im Frühling und Sommer des Jahres 1940 sowie im Frühling des Jahres 1941, sondern auch die Fertigstellung des Manuskriptes in seinem Institute ermöglichte.

Schließlich muß hier nochmals der Unterstützung gedacht werden, die mir Herr Professor Dr. F. Knoll, Rektor der Wiener Universität, zuteil werden ließ. Ihm habe ich ja nicht nur die Vermittlung der finanziellen Beihilfen des Deutschen Alpenvereins zu danken, sondern auch so manchen Rat für die Durchführung der Untersuchungen und das rege Interesse, das er diesen stets entgegenbrachte. Vor allem aber war er es, durch dessen warme Fürsprache die Veröffentlichung des umfangreichen Manuskriptes an dieser Stelle ermöglicht wurde.

Die vielen Beweise freundschaftlicher Gesinnung und selbstloser Spezialistenhilfe gehören gleich der Schönheit der Tauernlandschaft zu den unvergeßlichen Erlebnissen, die in der Erinnerung mit meiner Forschertätigkeit in den Alpen dauernd verknüpft bleiben werden. Sie waren mir auch, wenn widrige Umstände das wissenschaftliche Arbeiten erschwerten, Ansporn und Verpflichtung zugleich, das begonnene Werk im vorgesehenen Rahmen zu Ende zu führen.

II. Charakteristik des Untersuchungsgebietes.

1. Umgrenzung, Gliederung, Erschließung.

Das Untersuchungsgebiet stellt einen Teil der Hohen Tauern dar. Es wurde gegenüber dem ursprünglichen Plane, nach dem nur die Glocknergruppe tiergeographisch erforscht werden sollte, stark erweitert, indem der gesamte mittlere Abschnitt der Hohen Tauern vom Mallnitzer Tauern im Osten bis zum Felber Tauern im Westen in den Kreis der zoogeographischen Erörterungen einbezogen wurde und auch faunistische Angaben aus dem Pinzgau, Möll- und Iseltale, soweit solche aus einigermaßen verläßlichen Quellen vorlagen, Berücksichtigung fanden. Diese starke Erweiterung des Gebietes war notwendig, um die größeren tiergeographischen Zusammenhänge wenigstens einigermaßen erfassen zu können und um der Gefahr zu entgehen, aus den Sonderverhältnissen eines allzu eng umgrenzten Arbeitsgebietes zu weitgehende Schlüsse zu ziehen.

Es ist selbstverständlich, daß ein so weiträumiges und zudem infolge seiner großen Höhenunterschiede nur mühsam zu begehendes Gebiet in der beschränkten Zeit einiger Sommeraufenthalte nicht erschöpfend erforscht werden konnte. Ich habe aus diesem Grunde, dem Wunsche des Deutschen Alpenvereins Rechnung tragend, von der Pasterzenumrahmung ausgehend vor allem die Glocknergruppe tiergeographisch untersucht und darüber hinaus den im Tauernhauptkamm unmittelbar angrenzenden Gebieten besondere Aufmerksamkeit geschenkt. Die von mir zum Zwecke der wissenschaftlichen Aufnahme des Gebietes zurückgelegten Wege sind aus der nebenstehenden Karte zu entnehmen.

Die Umgrenzung des Untersuchungsgebietes ist nicht nach allen Richtungen naturgegeben. Die Paßübergänge über den Tauernhauptkamm sind nirgends so tief eingeschnitten, daß sie als Faunengrenzen für hochalpine oder als Wanderstraßen für subalpine Tiere eine wesentliche Rolle spielen könnten. Die Begrenzung des Gebietes ist darum im Tauernhauptkamm eine mehr oder weniger künstliche, wogegen sie im Norden und Süden fast durchwegs von tiefen Talfurchen gebildet wird. Im Norden trennt das breite Tal des Pinzgaues die Hohen Tauern nahezu geradlinig von den ihnen im Norden vorgelagerten Salzburger Schieferalpen, während im Süden die Grenze zwar unruhiger verläuft, aber durch das Mallnitz-, Möll-, Kalser- und Isel Tal ebenfalls eindeutig bestimmt ist. Nur zwischen dem Möll- und Kalser Tal verbindet ein Bergrücken, der im Bergertörl mit 2650 m und im Peischlachtörl mit 2482 m seine tiefsten Einsattelungen besitzt, die Glocknergruppe mit der südlich benachbarten Schobergruppe. An dieser Stelle ist ein Austausch hochalpiner Faunenelemente zwischen den beiden genannten Gebirgsgruppen noch heute möglich, weshalb eine Einbeziehung des südlich an die Glocknergruppe anschließenden Geländes in die faunistischen Erörterungen für die Klärung gewisser biogeographischer Fragen unerläßlich ist. Ich habe daher die leider bezüglich der meisten Tiergruppen noch äußerst unzulänglichen Verbreitungsangaben aus der Schobergruppe in den faunistischen Teil der vorliegenden Arbeit mitaufgenommen.

Das Gebiet ist geologisch wie morphologisch überaus reich gegliedert. Tiefe Täler zersägen das gewaltige Gebirge bis unmittelbar an seinen Hauptkamm und erschließen es so nicht nur dem menschlichen Verkehr, sondern auch der Organismenwelt niedrigerer Lagen, die hier bis

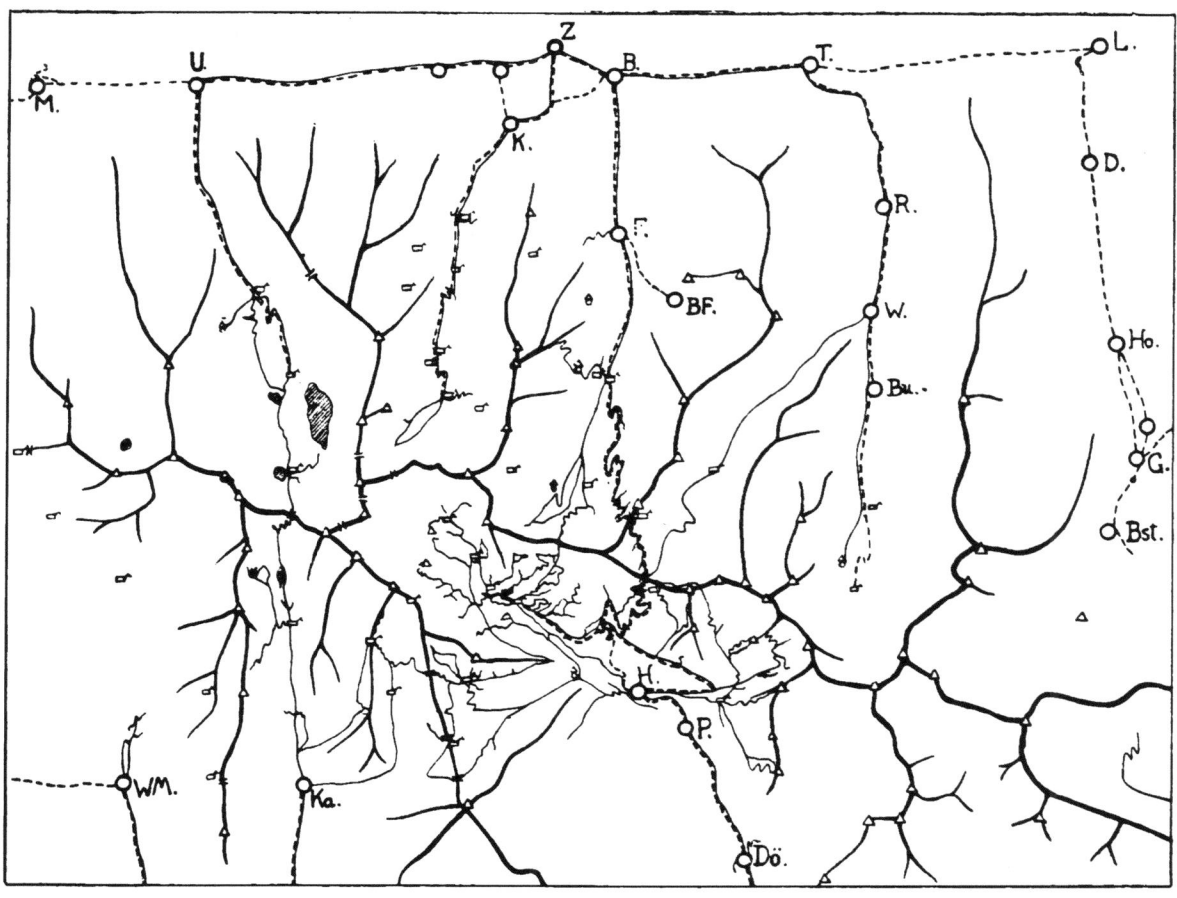

Karte 1.
Übersicht über die vom Verfasser im Untersuchungsgebiet zurückgelegten Exkursionswege.

Zeichenerklärung: ---- = Straßen, — = zurückgelegte Sammelwege, ⌐ = Schutzhütten, ○ = Ortschaften, ⊖ = Almhütten. Abkürzungen: B. = Bruck a. d. Glocknerstraße, Bst. = Böckstein, BF. = Bad Fusch, Bu. = Bucheben, D. = Dorfgastein, Dö. = Döllach, F. = Dorf Fusch, G. = Badgastein, H. = Heiligenblut, Ho. = Hofgastein, K. = Kaprun, Kä. = Kals, L. = Lend, M. = Mittersill, P. = Pockhorn, R. = Rauris, T. = Taxenbach, U. = Uttendorf, W. = Wörth, WM. = Windisch-Matrei, Z. = Zell am See.

in die unmittelbare Nachbarschaft der vergletscherten Gipfel vorzudringen vermag. Die bedeutendsten Täler auf der Nordseite des Tauernhauptkammes sind, von Osten nach Westen aufgezählt, das Gasteiner Tal mit dem Anlauf- und Naßfelder Tal, das Rauriser Tal, welches sich bei Wörth in das Hüttenwinkel- und Seidelwinkeltal gabelt, das Fuscher Tal, das Kaprunertal, das Stubachtal mit der tief in die Granatspitzgruppe eingeschnittenen Dorfer Öd und das Felbertal mit dem in dieses einmündenden Amertal. Alle diese Haupttalfurchen verlaufen ziemlich genau in nordsüdlicher Richtung und münden in die breite Talfurche des Pinzgau. Sie werden von mächtigen Gebirgskämmen getrennt, die fiederförmig von der Tauernhauptkette gegen den Pinzgau ausstrahlen und allenthalben bis in die hochalpine Region aufragen. Zwei von diesen, der Fuscher und der Kapruner Kamm erheben sich in ihren höchsten Gipfeln noch über 3000 m und tragen ausgedehnte Gletscher.

Auf der Südseite des Tauernzuges ist die morphologische Gliederung der Landschaft weniger regelmäßig. Hier verläuft das Mölltal von der Pasterze bis Winklern in fast genau südlicher Richtung, bildet hier die Grenze zwischen Sonnblick- und Schobergruppe und sammelt die Gletscherwässer der ersteren, die ihr durch die Fleiß, Zirknitz und Asten zugeführt werden. Von Winklern abwärts bildet das Mölltal die Grenze zwischen Sonnblick und Kreuzeckgruppe, indem es zwischen beiden in nordöstlicher Richtung verläuft, bis es sich bei Obervellach mit dem Mallnitztal vereinigt und von da ab in südöstlicher Richtung der Drau zustrebt. Aus dem obersten Mölltal führt das Leitertal fast genau nach Westen zum Bergertörl, der geologischen Grenze zwischen Glockner- und Schobergruppe. Jenseits desselben führt ein unbedeutender Taleinschnitt in das sonnige Hochtal der Ködnitz, die in den Kessel von Kals mündet. Westlich von Kals baut die Granatspitzgruppe einen über 15 km fast genau nordsüdlich verlaufenden Kamm auf, der sich im Großen Muntanitz noch über 3000 m erhebt und noch im Rotenkogel südlich der Linie Kals—Windisch-Matrei bis zu 2700 m emporragt. Die Grenze des Untersuchungsgebietes bildet hier einen scharf nach Süden vorspringenden Winkel, dessen Schenkel vom Kalser und Iseltal gebildet werden. Von dem letzteren zweigt bei Matrei das Tauerntal ab, welches zum Felbertauern, der Westgrenze des Untersuchungsgebietes führt.

Der Hauptkamm des Gebirges wird durch hochgelegene Paßübergänge gegliedert, deren bedeutendste der Mallnitzer Tauern (2414 m) zwischen Naßfelder- und Mallnitztal, das Hochtor (2576 m), auch Heiligenbluter Tauern genannt, zwischen Seidelwinkel- und Mölltal, der Kalser Tauern (2513 m), zwischen Stubach- und Dorfer Tal und der Felbertauern (2540 m) zwischen Felber- und Tauerntal sind. Der Heiligenbluter Tauern scheidet die Sonnblick- von der Glocknergruppe, der Kalser Tauern diese von der Granatspitzgruppe. Obgleich die Hohen Tauern wie die Alpen in ihrer Gesamtheit von Westen gegen Osten an Höhe einbüßen, zeigt das Untersuchungsgebiet doch seine größte Massenerhebung in der mittleren der drei Gruppen, die es umschließt. Dies wird nicht nur durch den gewaltigen Gipfel des Großglockners (3787 m) bewirkt, sondern auch durch die im Vergleiche zu den beiden Nachbargruppen viel bedeutendere Massenerhebung. Der diesbezüglich zwischen den drei Gebirgsgruppen bestehende Unterschied wird deutlich, wenn man die Ausmaße der über die durchschnittliche Schneegrenze emporragenden Areale vergleicht. Das über 2700 m, die derzeit durchschnittliche Höhe der Schneegrenze in den mittleren Hohen Tauern, emporragende Gelände umfaßt nach den Ausmessungen Brückners (1886) in der Glocknergruppe mit Einschluß der kleinen Granatspitzgruppe 122 km^2, während es in der Sonnblickgruppe nur 29 km^2 umfaßt; über 3000 m ragen im Glocknergebiet noch 29 km^2 empor, während es in der Sonnblickgruppe nur 2 km^2 sind.

Dementsprechend ist auch das vergletscherte Areal in der Glocknergruppe am größten. Es wurde für Glockner- und Granatspitzgruppe zusammengenommen von Brückner nach dem Stande der Jahre 1871/72 mit 113 km^2 gegenüber 27 km^2 in der Sonnblickgruppe errechnet und betrug nach Paschinger noch bei dem niedrigeren Gletscherstande zur Zeit der Ausmessung der im Jahre 1928 erschienenen Alpenvereinskarte der Glocknergruppe in dieser allein 92·8 km^2. Hievon entfallen allerdings auf die Pasterze, den größten Gletscher der Ostalpen, allein rund 24·5 km^2 oder über 26%, was die überragende Stellung der Pasterze in der Eiswelt der mittleren Hohen Tauern deutlich zum Ausdruck bringt.

Das untersuchte Gebiet sinkt einschließlich des Pinzgaues, des weitaus tiefsten Talbodens in den angegebenen Grenzen, nirgends unter 600 m Seehöhe herab. In der Glockner- und Granatspitzgruppe liegen nach Angabe Brückners (1886) 73·8%, in der Sonnblickgruppe 70·1% des Gesamtgebietes über 1500 m, welche Seehöhe im Durchschnitt der unteren Grenze des subalpinen Faunen- und Florenbereiches entspricht. **Es verbleibt demnach für die Tal- bzw. Mittelgebirgsfauna als Lebensraum nicht viel mehr als ein Viertel des Gesamtareals.** Dementsprechend ist auch das für menschliche Dauersiedlungen geeignete Gelände im Untersuchungsgebiet eng umgrenzt. Zwar steigen die Dauersiedlungen nach Rinaldini (1933) bei Kals und Sagritz auf engem Raum bis zu der in diesem Teile der Alpen außergewöhnlichen Höhe von über 1600 m empor und erreichen noch in Heiligenblut nahezu die 1600-m-Isohypse, dafür aber finden sie auf der Nordseite des Gebirges bereits zwischen 1000 und 1200 m ihre obere Begrenzung, die sich in den Seitentälern entsprechend den klimatischen Bedingungen der höheren Tallagen bisweilen noch unter die angegebene Höhe (so bei Fusch auf etwa 900 m) erniedrigt. Wenig oberhalb der Siedlungsgrenze liegt diejenige des Ackerbaues und damit die intensivster landbaulicher Umgestaltung der natürlichen Biotope. In größeren Höhen hat der Mensch in älterer Zeit nur durch waldbauliche und almwirtschaftliche Maßnahmen verändernd in die natürlichen Lebensbedingungen der Organismen eingegriffen.

Die Bedeutung der Almwirtschaft für die Veränderung der Gebiete beiderseits der Waldgrenze darf allerdings nicht unterschätzt werden. Die vom Walde eingenommene Fläche ist im Laufe der Jahrhunderte nicht nur durch die Ausdehnung der Dauersiedlungen vom Talboden aus, sondern auch durch die der Almen, und Bergmäder von der Höhe her künstlich sehr stark eingeengt worden. **Die Rodung des Waldes hat in den höheren Teilen einzelner Täler, wie im Möll-, Fuscher und Kapruner Tal solche Ausmaße erlangt, daß dort der Wald auf einen schmalen, vielfach unterbrochenen Streifen an den Hängen zurückgedrängt ist.** Der Erfolg dieser Maßnahme sind nur in günstigen Lagen üppige Wiesen und Weiden, an den steilen Hängen aber Verkarstungserscheinungen von erschreckenden Ausmaßen. Durch den Tritt des Weideviehs wird der Rasen an zahlreichen Stellen von der Unterlage losgetreten und dann durch Regen und Schmelzwasser samt der darunter befindlichen Bodenschicht fortgeschwemmt. Auch die durch den abnehmenden Waldschutz erheblich an Zahl und Umfang zunehmenden Lawinen tragen das ihre bei, um die Verkarstung und Entwaldung zu beschleunigen. Daß diese rückschreitende Entwicklung, die, wie später gezeigt werden soll, auch durch das Klima begünstigt wird, nicht nur den wirtschaftlichen Ertrag der davon betroffenen Flächen, sondern auch die Reichhaltigkeit der dort lebenden Pflanzen- und Tiervereine vermindert, ist selbstverständlich.

Im letzten Jahrhundert ist zu den landwirtschaftlichen Maßnahmen ein weiterer für die künstliche Umgestaltung der Bergwelt unseres Gebietes nicht unwesentlicher Faktor in Gestalt des zunehmenden Verkehres hinzugetreten. Der Bau von Straßen, Touristenwegen, Berggasthöfen und Schutzhütten hat neue Felsanrisse und Schutthalden geschaffen, die Abholzung der Baumbestände an der Waldgrenze und im Krummholzgürtel zum Zwecke der Brennstoffgewinnung gefördert und die Ansiedlung von Ruderalgewächsen und Kulturfolgern unter den Tieren begünstigt. Es ist dies ein Vorgang, der noch anhält und in tieferen Lagen allmählich zu einer Überfremdung der ursprünglichen Fauna mit Kulturfolgern, in höheren Lagen aber zu einer sichtlichen Verödung der betroffenen Flächen führt.

An einzelnen Stellen sind durch den Bau der Verkehrswege unbestreitbare, deren Anlage selbst gefährdende Schäden entstanden, so daß heute bereits von maßgebenden Stellen in erfreulicher Weise planmäßig weiteren Verwüstungen entgegengearbeitet wird. Der Ausbau der Verkehrswege auch über das Hochgebirge liegt im übrigen im Zuge der modernen Entwicklung; er gehört zu den großartigsten Schöpfungen unserer Zeit, sofern nur das Landschaftsbild und das Gleichgewicht der Kräfte in der Natur dadurch nicht gestört werden. Die letztgenannte Gefahr besteht in höherem Maße als bei den Straßenbauten bei der Errichtung der Großkraftwerke, die gegenwärtig im Stubach- und Kapruner Tal erbaut werden.

Verkehrsmäßig ist das Gebiet heute besser erschlossen als die meisten übrigen Teile der Alpen. Die Durchzugsstraßen und Haupteisenbahnlinien im oberen Salzach- und Drautal sind mittels zweier großer Verbindungslinien, der Bahnlinie über Gastein und Mallnitz und der Großglocknerstraße über Ferleiten und Heiligenblut, miteinander verbunden. Von der Hochalpenstraße führt eine Stichstraße am Südhang der Glocknergruppe bis auf die Franz-Josefs-Höhe und damit ins Herz der Pasterzenlandschaft. Außerdem sind die größeren Tauerntäler schon fast alle durch schmale Zufahrtstraßen erschlossen, die von öffentlichen Kraftfahrlinien befahren werden. So kann man schon seit Jahren mit dem Autobus von Lienz bis Windisch-Matrei und Kals, von Taxenbach nach Rauris und Kolm-Saigurn, von Zell am See über Kaprun bis zum Kesselfallalpenhaus und von Uttendorf über die Schneiderau bis zum Enzingerboden gelangen. Im Kapruner Tal wird gegenwärtig die Straße über das Kesselfallalpenhaus hinaus bis zum Moserboden verlängert.

Dem Ausbau befahrbarer Verkehrsstraßen ging die touristische Erschließung des Gebietes, an der sich zahlreiche Sektionen des Deutschen Alpenvereins beteiligten, fast überall voraus. Es würde zu weit führen, hierüber Einzelheiten zu berichten, um so mehr als die ausgezeichneten Führer von Brandenstein (1928) und Tursky (1925 und 1927) hierüber genaue Auskunft geben. Diesen Führern und der ausgezeichneten, vom Deutschen Alpenverein im Jahre 1928 herausgegebenen Glocknerkarte im Maßstabe 1 : 25.000 sind auch die von mir verwendeten Ortsbezeichnungen angeglichen.

An topographischen Karten stehen gegenwärtig folgende zur Verfügung: die Blätter Großglockner (5149) und Hofgastein (5150) der alten österreichischen Spezialkarte 1 : 75.000; die Blätter der neuen österreichischen Karte 1 : 25.000 Nr. 152/2 und 4, 153/1 bis 4 und 154/1 bis 4. die nach der Neuvermessung in den Jahren 1928—1933 entworfen wurden und in den Jahren 1935 und 1936 erschienen; die Karte des Glocknergebietes 1 : 25.000, herausgegeben vom Deutschen Alpenverein im Jahre 1928, und die Karte des Sonnblickgebietes 1 : 50.000, herausgegeben vom Deutschen Alpenverein im Jahre 1892 (gegenwärtig vergriffen).[1] Die Kartographische Anstalt Freytag & Berndt in Wien hat außerdem noch Touristenwanderkarten im Maßstabe 1 : 100.000 herausgebracht, von denen Blatt 12 die Glockner- und Venedigergruppe, Blatt 19 die Goldberg-Ankogelgruppe und die Radstädter Tauern umfaßt. Zur Glocknerkarte 1 : 25.000 des Deutschen Alpenvereins sind im gleichen Maßstabe eine geologische Karte auf Grund der geologischen Geländeaufnahme von H. P. Cornelius und E. Clar und eine Vegetationskarte auf Grund der Vegetationskartierung von H. Gams erschienen.

2. Geologischer Bau und Quartärgeschichte.

Es würde den Rahmen dieser Arbeit weit überschreiten, wollte ich ein vollständiges Bild vom geologischen Bau der Hohen Tauern entwerfen, wenngleich in keinem anderen Teile der Ostalpen der gewaltige Gebirgsbau bis in solche Tiefe erschlossen ist und in seiner gewaltigen Größe so sehr zur Darstellung verlockt. Die Kenntnis der Grundzüge der Gebirgsbildung ist aber eine unerläßliche Voraussetzung für das Verständnis mancher biogeographischer Tatsachen, und es ist darum im Zusammenhang mit einer tiergeographischen Gebirgsmonographie eine knappe Darstellung der Tektonik und Stratigraphie des behandelten Gebietes unbedingt erforderlich.

Steht man auf einem der hochaufragenden Gipfel des Tauernhauptkammes, so sieht man, daß die hochmetamorphen, sichtlich unter gewaltigem Druck geschieferten Gesteine der Tauernberge sowohl nach Norden wie nach Süden mit steilem Schichteinfall unter höhere tektonische Einheiten untersinken. Die Tauerngesteine reichen vom Altkristallin in geschlossener Schichtfolge bis ins Mesozoikum, besitzen aber einen ganz anderen Habitus als gleichalterige Gesteine in anderen Teilen der Ostalpen, erinnern vielmehr an die Bauelemente der Engadiner Berge und eines großen Teiles der Schweizer Hochalpen. Durch diese auffälligen Tatsachen veranlaßt, gab schon vor rund vierzig Jahren der Geologe Termier der Ansicht Ausdruck, daß die Ostalpen nicht durch Auffaltung einer einzigen Schichtserie entstanden sind, sondern aus mehreren, infolge gewaltigen seitlichen Druckes übereinandergelagerten Decken bestehen. In den Bergen zwischen der Brennersenke im Westen und dem Katschberg im Osten erblickte er ein geologisches Fenster, in dem durch Abtragung der höheren tektonischen Einheiten ein tieferes Bauelement zutage tritt. Termiers zum Teil noch hypothetische Anschauungen sind durch neuere geologische Untersuchungen glänzend bestätigt worden. Die geologischen Aufnahmearbeiten von Kober (1922) im östlichen Teile der Hohen Tauern, von Hottinger (1935) in den Bergen zwischen Sonnblick und Salzach, von Cornelius und Clar (1934) in der Glocknergruppe, von Braumüller (1937) im Gebiete zwischen Fuscher und Rauriser Tal und von Kölbl (1925) in der Granitspitzgruppe haben unsere Kenntnisse

---

[1] Während der Drucklegung ist eine neue Sonnblickkarte 1 : 25.000 des Deutschen Alpenvereins erschienen.

vom Bau des Tauernfensters sehr bereichert, wenn auch noch lange nicht alle tektonischen Fragen in diesem gelöst. So wissen wir heute, daß die im Tauernfenster auftauchenden Schichten nicht einer einzigen, sondern einer Mehrzahl von Decken angehören, aber diese sind selbst zum Teile schon abgetragen, wodurch ihr ursprünglicher Zusammenhang zerstört wurde und heute nicht mehr sicher erkannt werden kann. Ferner wissen wir, daß zwischen die sogenannte oberostalpine Deckeneinheit, deren Grundgebirge vom Altkristallin der Niederen Tauern, der Kreuzeck- und Schobergruppe gebildet wird, und das Tauernfenster eine weitere tektonische Einheit, das sogenannte unterostalpine Deckensystem eingeschoben ist. Diesem gehören nicht nur die ausgedehnten mesozoischen Kalke der Radstädter Tauern im Nordosten und der Tarntaler Berge im Nordwesten des Tauernfensters an, sondern auch eine schmale Rahmenzone im Norden und im Süden desselben. Diese Zone ist im Süden des Tauernhauptkammes aus stark gestörten, unregelmäßig wechselnden Schichtfolgen meist mesozoischer Gesteine gebildet und in der geologischen Literatur unter dem Namen „Matreier Schuppenzone" bekannt. Auch im Norden ist sie in unserem Gebiete nicht allzu mächtig entwickelt, läßt aber vor allem gegen den Ostrand des Fensters hin eine Zweiteilung erkennen, die sich aus einer Wiederholung palaeozoischer Schiefer und mesozoischer Kalke und Dolomite ergibt. Erst über den unterostalpinen Radstädter Decken liegt die palaeozoische Gesteinsfolge der Grauwackenzone, aus welcher die Salzburger Schieferalpen aufgebaut sind.

Der Fenstercharakter der Hohen Tauern, die ich hier wie auch in den folgenden Abschnitten dieser Arbeit im geologischen Sinne begrenze, ist biogeographisch von großer Bedeutung. Ihm ist es zuzuschreiben, daß uns in diesem Gebiete Bodenverhältnisse und Standortsbedingungen entgegentreten, die im übrigen Teile der Ostalpen mit Ausnahme des Engadins, das geologisch gleichfalls Fensternatur besitzt, nicht vorkommen. Unter diesen Besonderheiten hat das Vorhandensein der sogenannten Schieferhüllengesteine im Tauernfenster biologisch die größte Bedeutung. In der Schieferhülle, meist metamorphen mesozoischen Sedimenten, spielen neben verhältnismäßig kalkarmen Grünschiefern (Prasiniten), Serpentin, Quarzit und dunklem Phyllit vor allem Kalkschiefer von meist beträchtlichem Kalkgehalt eine große Rolle. Die Kalkphyllite sind ein verhältnismäßig weiches, leicht verwitterndes Gestein, bei dessen mechanischer Aufbereitung feiner Sand entsteht, der vom Winde leicht vertragen werden kann. Dadurch kommt es in den Hohen Tauern in hochgelegenen Karen und an windabgekehrten Hängen oberhalb der Rasengrenze auf Kalkschiefer (Kalkphyllit) zur Ablagerung oft recht bedeutender Sandmengen, was bei der Verwitterung anderer Gesteine nicht der Fall ist. Dieser sandige Verwitterungsschutt, im folgenden kurz Kalkphyllitschutt genannt, trägt eine Flora und vor allem Fauna besonderen Gepräges. Eine solche findet sich in den aus Altkristallin aufgebauten Gebirgsstöcken und erst recht in den Grauwackenbergen nirgends und kommt auch den nördlichen und südlichen Kalkalpen nicht zu, wenngleich dort in bestimmten geologischen Horizonten noch eher verwandte Assoziationen zu finden sind.

Sowohl die Verwitterungsböden auf Kalkphyllit als auch diejenigen auf Kalk und in geringerem Maße auf Dolomit weisen, abgesehen von extremen Lagen, einen ziemlich hohen Kalkgehalt auf. Derselbe ist in seichten, unmittelbar auf festem Gestein auflagernden Böden naturgemäß am größten und sinkt mit Alter und Mächtigkeit der Bodenkrume. Böden vom Rendsinatypus herrschen im Kalkschiefer und Kalkgebiete der mittleren Hohen Tauern vor, saure Böden, vor allem Alpenhumusböden, treten stark zurück. Es scheint, daß besonders im Kalkschiefergebiet die Überstreuung der Bodenoberfläche mit kalkhaltigem Flugstaub eine nicht geringe Rolle spielt und daß so der durch die Niederschläge ausgewaschene Kalk vielerorts wenigstens teilweise wieder ersetzt wird. Dies ist jedenfalls auch der Grund, warum im Kalk- und Kalkschiefergebiet die Pflanzengesellschaften saurer Substrate, wie das Caricetum curvulae und das Salicetum herbaceae verhältnismäßig wenig weit verbreitet sind. Ich beobachtete sie dort fast nur in beträchtlichen Höhen (an der oberen Grenze der Grasheidenstufe) und auf Moränenschutt, während sie im Gebiete der „kristallinen Kerne" der Hohen Tauern weiteste Verbreitung besitzen.

Die kristallinen Gebiete der Hohen Tauern sind überhaupt faunistisch wie floristisch durch eine geringere Artenmannigfaltigkeit und soziologisch einheitlicheres Gepräge gekennzeichnet. Sie besitzen in biologischer Hinsicht eine viel größere Ähnlichkeit mit den übrigen ganz oder vorwiegend aus Urgestein aufgebauten Gebirgsgruppen des Alpenhauptkammes.

Aus dem Gesagten ergibt sich, daß die geologischen Verhältnisse im Untersuchungsgebiete für das Studium der biosoziologischen von großer Wichtigkeit sind. Leider besitzen wir nur für das Glocknergebiet eine genaue geologische Karte, die in übersichtlicher Form die Verteilung der einzelnen Gesteinsarten zur Darstellung bringt, für die Sonnblick- und Granatspitzgruppe müssen die geologischen Verhältnisse aus zum Teil schwer zugänglichen geologischen Arbeiten entnommen werden. Es sei deshalb hier eine kurze Übersicht über die Verteilung der kristallinen Kerne und der Schieferhüllengesteine im Untersuchungsgebiete gegeben.

Sehen wir vom feineren tektonischen Bau ab, den wir für die Zwecke einer flüchtigen Orientierung über die Verteilung der Gesteine vernachlässigen können, so treten uns in den mittleren Hohen Tauern drei größere Gebiete kristalliner Gesteine entgegen: der Gneiskern der Ankogel-Hochalmgruppe, der Gneiskern der Sonnblickgruppe und das Kristallin der Granatspitzgruppe.

Der Hochalmgneis baut den Radhausberg und die Hänge zu beiden Seiten des Anlauf- und Naßfelder Tales auf; er reicht nördlich des Tauernhauptkammes etwa bis Badgastein, südlich bis unweit Mallnitz, im Westen überschreitet er den Kamm des Höhenzuges zwischen Gasteiner und Hüttenwinkeltal nur an wenigen Stellen und wird dort von Kalk (Marmor) und Dolomit überlagert. Erst über diesem folgen die typischen Schieferhüllengesteine.

Der Sonnblickgneis ist zum größten Teile auf die Südseite des Alpenhauptkammes verlagert; ihm gehören als höchste Erhebungen der Hocharn, der Hohe Sonnblick und das Alteck an, während das Rauriser Schareck in der Schieferzone zwischen Hochalm- und Sonnblickkern gelegen ist. Im Gebiete des Modereck tritt, durch einen breiten, von Schieferhüllengesteinen eingenommenen Geländestreifen vom Gneiskern des Hohen Sonnblick getrennt, nochmals Zentralgneis zutage, um im Nordwesten und Westen alsbald von dem ausgedehnten Kalk- (Marmor-), Dolomit- und Rauhwackengebiet der Seidelwinkeldecke abgelöst zu werden.

Der dritte kristalline Kern des Gebietes, der Granatspitzkern, reicht am Tauernhauptkamm etwa vom Riffelkarkopf und der Kastenscharte im Osten bis zum Schoppmannstörl im Westen. Er wird auf der Nordseite des Tauernhauptkammes vom Stubachtal, der Dorfer Öd und dem Amertal, auf der Südseite vom Dorfer und Landecktal tief zerschnitten. Er reicht vom Enzinger Boden im Norden bis zur Beheimeben im Süden und gipfelt in der Granatspitze und im Stubaier Sonnblick. Die gesamte Umgebung der Rudolfshütte und des Kalser Tauern gehört diesem Zentralgneisgebiete an.

Zwischen Granatspitz- und Sonnblickkern überspannt ein breiter, aus Schieferhüllengesteinen aufgebauter Gürtel das Tauernfenster von seinem Nordrand bis zu seinem Südrande. Hier besitzen Kalkschiefer und auch Kalk und Dolomit größte Verbreitung. Kalkphyllit baut das Kitzsteinhorn im Kapruner Kamm und nahezu den ganzen Fuscher Kamm auf, er bildet die Hänge des Kapruner Tales vom Moserboden talabwärts bis über den Kesselfall. Im Pasterzengebiete sind die Bärenköpfe, der Breitkopf, die drei Burgställe, Fuscherkarkopf und Sinnawelleck Kalkschieferberge, während der Glocknerkamm und der Großglockner selbst wie auch die Freiwand aus Grünschiefer aufgebaut sind. Oberhalb der rechtsseitigen Pasterzenmoräne zieht allerdings unter dem Grünschiefer noch ein Band von Kalkphyllit vom Kellersberg bis zum inneren Glocknerkamp durch, und auf diesem Bande liegen die letzten Rasenflächen an den Nordosthängen des Großglockners. Auf der Südseite der Glocknergruppe werden die steilen Hänge des Albitzen- und Wasserradkopfes, die Leiterköpfe, die Lange Wand zwischen Leiter- und Ködnitzkar, die Freiwand und Zollspitze sowie der größte Teil der Teischnitz bis zur Fanatscharte aus Kalkschiefer aufgebaut. Im Süden der Granatspitzgruppe ist der Große Muntanitz samt seinen südlichen Vorbergen, dem Gradötzkopf und der Kendlspitze, ein Kalkphyllitstock, während die Aderspitze nördlich von ihm bereits dem Granatspitzkern angehört. Im Südwesten der Sonnblickgruppe liegen Gjaidtroghöhe und Sandkopfsüdwesthang in einer Kalkphyllitzone, die von da nach Südwesten rasch an Mächtigkeit abnimmt. Im Süden des Leitertales ist noch der Gragger und die Gößnitz bis oberhalb der Bretterbrugg Kalkphyllitgebiet, während das Bergertörl bereits in der Matreier Schuppenzone und das Peischlachtörl im Altkristallin der Schobergruppe liegt.

Ein ganz eigenartiges Gepräge trägt das Gebiet östlich des Heiligenbluter Tauern. Hier treten in der Seidelwinkeldecke in großer Ausdehnung Kalke (Marmore), Dolomite und Rauhwacken zutage und geben zur Bildung kleiner Dolinen, Karrenfelder und selbst kleiner Höhlen Anlaß. Das Verwitterungsprodukt dieser Gesteine hat einen eigenartig grobsandigen Charakter und scheint der Entwicklung einer üppigeren Vegetation und Fauna in der hochalpinen Grasheidenstufe nicht günstig zu sein. In tieferen Lagen allerdings, so vor allem im Seidelwinkeltal unterhalb des Tauernhauses, der einzigen Stelle, wo Kalk und Dolomit bis unter die Waldgrenze reichen, verleiht die kalkreiche Gesteinsunterlage der Fauna und Flora ein besonderes Gepräge.

Kalke und Dolomite ähnlichen Charakters treten sonst im Untersuchungsgebiet nur noch am Westrande des Hochalmgneises, in der Matreier Schuppenzone und am Nordrande des Tauernfensters auf.

Die Matreier Schuppenzone, in der Kalke, Dolomite, dunkle Schiefer, Quarzite und Rauhwacken regellos durcheinandergemengt sind, zieht von Windisch Matrei, wo sie in unser Gebiet eintritt, über das Kals-Matreier Törl und Hohe Törl zur Rotte Wurg nördlich von Kals, quert dort das Kalser Tal und steigt zur Foledischnitzscharte an. Das Bergertörl weiter im Osten liegt am Südrande der Matreier Zone, hart an der Grenze des Altkristallins der Schobergruppe. Im weiteren Verlauf tritt die Matreier Zone auf den orographisch rechten Hang des Leitertales über, um südlich der Gößnitzscharte und des Gragger quer durch das Gößnitztal zu ziehen und bei Döllach das Mölltal zu erreichen. Sie quert die Möll südlich des genannten Ortes und ist weiter östlich in der Asten als breite Zone entwickelt, der auch der Moharkopf (in der Alpenvereinskarte fälschlich Mauer genannt) und die Makernispitze angehören. Der Gebirgskamm südlich der Asten mit dem Sadnig als höchster Erhebung gehört bereits dem Altkristallin an, welches hier aus der Kreuzeckgruppe über das mittlere Mölltal nach Norden in die Sonnblickgruppe übergreift. Östlich des Astentales in der Fragant verliert die Matreier Zone rasch an Mächtigkeit, um südöstlich Innerfragant ganz auszukeilen. Ähnlich der Matreier Schuppenzone ist auch der Nordrahmen des Tauernfensters aus Kalken, Dolomiten, Schiefern und Quarziten in oftmals gestörter Schichtfolge aufgebaut. Es sind die Stirnen der Radstädter Decken, die hier gegen Westen allmählich an Breite verlieren. Sie nehmen im Rauriser Tal nahezu noch das gesamte Gelände vom Orte Rauris bis an das Salzachtal ein und beanspruchen noch im Fuscher Tal nahezu den ganzen Raum zwischen der Bärenschlucht oberhalb Dorf Fusch und dem Pinzgau. Im Kapruner Tal verläuft ihre Südgrenze jedoch bereits außerhalb des Kesselfalles und im Stubachtal ist sie noch weiter nach Norden verschoben, so daß sie dort die hochalpine Landschaft nur mehr am Rande streift. In der Matreier Schuppenzone und im Nordrahmen des Tauernfensters treten zum letzten Male kalkreiche Gesteine in größerem Umfange auf. Südlich des Fensterrahmens liegen allenthalben ausgedehnte altkristalline Massen, nördlich die kalkarmen palaeozoischen Schiefer der Grauwackenzone. Sie bilden in geologischer Hinsicht eine ebenso scharfe Begrenzung unseres Gebietes, wie die tiefeingeschnittenen Täler der Salzach, Möll und Isel eine solche in morphologischer Hinsicht darstellen.

Neben der Tektonik und Stratigraphie hat noch ein dritter geologischer Fragenkreis für die Biogeographie erhebliche Bedeutung, die Quartärgeschichte unseres Gebietes. Kare, Moränen, rundgeschliffene Bergrücken und trogförmige Täler erinnern allenthalben an die eiszeitliche Vergletscherung der Landschaft und damit an diejenigen geologischen Ereignisse, welche für die Flora und Fauna von allergrößter Bedeutung gewesen sind.

Wie in den übrigen Teilen der Alpen scheint auch in den mittleren Hohen Tauern die Rißvergletscherung die intensivste und weitreichendste gewesen zu sein. Jedoch auch während der Würmeiszeit wuchsen die Gletscher bis zu solcher Mächtigkeit an, daß sich der Eisschild im Bereiche des Tauernhauptkammes bis über 2500 m emporwölbte und auch in den benachbarten Teilen der großen Täler, dem Salzach- und Drautal, alles Land unter 2000 m Höhe vollkommen verdeckte. Nur die höchsten Gipfel ragten damals aus dem Eise empor und gaben, wie wir sehen werden, einer kleinen Auswahl besonders wetterfester Pflanzen und Tiere beschränkten Lebensraum.

Erst nach dem Rückzuge des Würmeises, nach Gams (1935) wahrscheinlich erstmalig zwischen Bühl- und Gschnitzstadium, wurden in den mittleren Hohen Tauern wieder große Flächen eisfrei, auf denen sich eine reichliche Flora und Fauna ansiedeln konnte. Die Gletscher der Gschnitzzeit reichten dann zwar wieder bis Dorf Fusch (Clar und Cornelius 1936), Rangersdorf unterhalb Winklern (Lucerna 1933) und Oberpeischlach (Gams 1935), aber zwischen den Talgletschern und der Schneegrenze, die damals etwa 600 m unterhalb der heutigen lag, befand sich doch noch reichlich eisfreies Gelände, auf dem sich Pflanzen und Tiere, die schon vor der Gschnitzzeit in das Gebiet der Hohen Tauern eingewandert waren, zu erhalten vermochten.

Der Eisrückgang zwischen Bühl- und Gschnitzstadium muß im Untersuchungsgebiet, wie dies auch anderwärts besonders von Ampferer (1936) festgestellt worden ist, ein sehr bedeutendes Ausmaß erreicht haben. Dafür sprechen ausgedehnte Gehängebreccien, die von Clar und Cornelius (1936) unter den Moränen des Gschnitzstandes im Fuscher Tal und am Wasserradkopf festgestellt wurden und deren Entstehungszeit zwischen Würm- und Gschnitzvorstoß liegen muß. Gschnitz- und Daunstadium besitzen deshalb jedenfalls auch in den Hohen Tauern gegenüber dem Würm eine solche Selbständigkeit, daß sie als Schlußvereisung im Sinne Ampferers von diesem abgetrennt werden können. Erst nach dem Abschmelzen der Daunmoränen, die schon weit oberhalb der Moränenwälle des Gschnitzstandes liegen, erfolgte die endgültige postglaziale Besiedlung des Gebietes. Die Egessenmoränen, die wohl nur einer Rückzugsphase des Daungletschers ihre Entstehung verdanken, liegen fast überall nur mehr wenig außerhalb der frührezenten Moränen der Fernauzeit. Von der Egessen- bis zur Fernauzeit sind uns wie in anderen Teilen der Alpen keine Moränenwälle erhalten, woraus hervorgeht, daß während dieses Zeitraumes die Gletscher niemals die Fernaugrenze überschritten haben.

Zu Anfang dieser langen Periode ist die postglaziale Wärmezeit anzusetzen, während welcher die Gletscher eine weitaus geringere Ausdehnung besaßen und die Vegetationsgrenzen in den Alpen weitaus höher lagen als gegenwärtig. Damals ist nach Gams (1935) die heute um Windisch-Matrei nur 1400 m erreichende *Juniperus sabina* über den 2513 m hoch gelegenen Kalser Tauern ins Stubachtal und die heute um Heiligenblut bis 2070 m, in der Teischnitz bis 2340 m reichende *Erica carnea* über den Tauernhauptkamm ins Fuscher Tal gewandert.

Noch im 12. Jahrhundert, zur Zeit als in den Alpen die Bergbauernsiedlungen die größte Dichte und oberste Grenze erreichten, muß ein günstigeres Klima geherrscht haben als heute. Erst im 16. Jahrhundert begannen die Gletscher wieder zu wachsen und erreichten in zwei Vorstößen um 1620 und 1650, während welcher die hochgelegenen Goldbergbaue in den Hohen Tauern verkeesten, einen neuen Höchststand, der hier wie in anderen Teilen der Alpen als Fernaustadium bezeichnet wird. Ihm folgt ein Rückzug, der zu Anfang des vorigen Jahrhunderts von einer neuen Wachstumsperiode der Gletscher mit Höchstständen in den Jahren 1820 und 1856 abgelöst wurde. Seit 1856 sind die Tauerngletscher, wie mit wenigen Ausnahmen die des ganzen Ostalpengebietes, in ständigem Rückgange begriffen, so daß sie heute allenthalben in einem öden Schuttbett liegen, welches von den bei ihrem Rückzuge seit 1856 zurückgelassenen Wintermoränen gebildet wird.

Fassen wir das eben Gesagte in einer kurzen Übersicht zusammen, so ergibt sich für die postglazialen Eisvorstöße in den mittleren Hohen Tauern folgende nach Klebelsberg

(1935), Kinzel (1929), Sarnthein (1940) und Senarclens-Grancy (1936) auch für den übrigen Teil der Ostalpen geltende Gliederung der Zeit seit der letzten Großvergletscherung des Gebietes:

1. Würmeiszeit, letzte Großvereisung der Alpen. Ende um 18.000 v. Chr. Schneegrenze um 1200 m tiefer als heute.
2. Bühlstadium, erstes Rückzugsstadium. Schneegrenze um 1100 bis 1200 m tiefer als heute. Es folgt starke Abschmelzung des Eises.
3. Altstadiale Vorstöße: Gschnitz- und Schlernstadium, Schlußvereisung nach Ampferer. Höchststand um 8500 v. Chr. Schneegrenze sinkt neuerdings auf ein Niveau ab, das 600 bis 900 m unter dem heutigen liegt.
4. Jungstadiale Vorstöße: Daun- und Egessenstadium. Höchststand der Daungletscher um 8000 v. Chr. Schneegrenze um 400 bis 500 m, bzw. während der Bildung der Egessenmoränen um 300 m tiefer als heute.
Es folgt die postglaziale Wärmezeit mit sehr starkem Gletscherrückgang.
5. Frührezente Vorstöße: Fernaustadien, Höchststände nach Paschinger (1936) etwa um 1620 und 1650 n. Chr. Verkeesung der mittelalterlichen Goldbergbaue. Schneegrenze um 100 bis 200 m tiefer als heute.
6. Rezente Vorstöße: Höchststände in den Jahren 1820 und 1856, vielfach nicht nur historisch, sondern auch schon kartographisch belegt. Erniedrigung der Schneegrenze um 50 bis 100 m.

Über die Ausmaße der Flächenverluste, welche die Gletscher der Hohen Tauern seit dem letzten Höchststande im Jahre 1856 erlitten haben, geben die in dieser Zeit von verschiedenen Forschern durchgeführten Vermessungen recht genauen Aufschluß. Während die topographischen Karten des Gebietes aus den zwanziger Jahren des vorigen Jahrhunderts, auf Grund derer noch Sonnklar (1866) seine Berechnung der Gletscherareale durchführte, noch ziemlich ungenau waren, haben bereits die Brüder Schlagintweit (1851) im Jahre 1848, also nahezu während des letzten Eishöchststandes, sehr sorgfältige Gletschermessungen an der Pasterze und am Karlingerkees vorgenommen und deren Ergebnisse in zwei äußerst aufschlußreichen Gletscherkarten niedergelegt. Später haben Brückner (1886) und Richter (1888) auf Grund von Aufnahmen in den Jahren 1870/71 das vergletscherte Areal der einzelnen Gebirgsgruppen der Hohen Tauern neu berechnet, und schließlich ist mit Hilfe der neuen Finsterwalderschen Aufnahme des Glocknergebietes im Maßstabe 1:25.000 von Paschinger (1929) eine neue Berechnung der zur Zeit der Kartenaufnahme (vor 1928) vergletscherten Flächen dieses Teiles der Tauern durchgeführt worden. Alle diese Berechnungen wie auch die interessanten Gletscherstudien Pencks (1897) und Lichteneckers (1935) in der Sonnblickgruppe zeigen, daß der Eisrückgang seit 1856 im gesamten mittleren Teile der Hohen Tauern außerordentlich groß ist. Er ließ, um nur zwei Beispiele anzuführen, die Pasterze bis heute um über 1000 m vom Zungenende des Jahres 1856 zurückweichen, und verursachte in der Zeit zwischen den Ausmessungen Brückners und Richters und denjenigen Paschingers, also in rund 55 Jahren, ein Abschmelzen der Gletscher von 9846 ha auf 9281 ha, also um rund 6%. Diese Tatsachen sind biographisch in doppelter Hinsicht von Interesse. Sie lassen erkennen, daß die Gletscher seit weniger als hundert Jahren große Flächen der Besiedlung durch Pflanzen und Tiere freigegeben haben, wo nun im Kleinen der Vorgang der postglazialen Wiederbesiedlung beobachtet werden kann, und sie zeigen, daß der nicht nur Wachstum und Abnahme der Gletscher, sondern auch die Entwicklung der Lebewesen maßgebend beeinflussende Faktor Klima auch gegenwärtig noch recht erhebliche Veränderungen erleidet.

3. Die bioklimatischen Verhältnisse.

In einem Gebiete, dessen Höhenlage von weniger als 700 m an den tiefsten Punkten des Salzachtales bis zu 3798 m in der Spitze des Großglockners ansteigt und das zu beiden

Seiten des Alpenhauptkammes gelegen ist, sind von vornherein sehr bedeutende Klimaunterschiede zu erwarten. Dem Klima muß daher hier unter allen Umweltfaktoren eine hervorragende Bedeutung für die Verteilung von Pflanzen- und Tierarten zukommen. Dem hat schon Gams (1936) in seiner Darstellung der Vegetationsverhältnisse des Glocknergebietes dadurch Rechnung getragen, daß er der Besprechung des klimatischen Charakters der Glocknergruppe besonders breiten Raum gewidmet hat. Die folgende Darstellung kann in vieler Hinsicht an diejenige von Gams anknüpfen, berücksichtigt aber entsprechend dem größeren Umfange des Untersuchungsgebietes einen weiteren Kreis meteorologischer Stationen und sucht neben den Grundzügen des regionalen Klimas auch die Eigenarten des Mikroklimas herauszustellen. Bekanntlich weicht das Klima der bodennahen Luftschichten und der Bodenoberfläche selbst stets sehr erheblich von dem Klima in größerer Höhe über dem Boden ab, so daß die meteorologischen Daten, die in den Stationen des Wetterdienstes gewonnen werden, nicht ohne weiteres ein Bild von den Klimaverhältnissen liefern, in denen der größte Teil der Pflanzen und fast alle Kleintiere leben. Leider sind planmäßige Kleinklimamessungen in den Hohen Tauern bisher meines Wissens noch nicht durchgeführt worden, so daß wir das Mikroklima verschiedener Standorte des Untersuchungsgebietes nur analog den Verhältnissen in anderen Teilen der Alpen erschließen können.[1] Immerhin wissen wir heute, daß das Mikroklima eines Standortes unter gewissen Bedingungen stets denselben Grundcharakter besitzt und können somit aus dem Vorhandensein solcher Bedingungen an einem bestimmten Standorte auf dessen Kleinklima schließen.

Ich will im folgenden die wichtigsten Klimafaktoren (Temperatur, Niederschlag, Strahlung, Wind) gesondert besprechen und dabei so vorgehen, daß ich zunächst an Hand der vorhandenen meteorologischen Daten die Unterschiede einzelner Stationen hinsichtlich des Großklimas aufzeige und im Anschlusse daran die Abweichungen erörtere, die sich in mikroklimatischen Verhältnissen von den Ergebnissen der Messungen in Stationshöhe (2 m über dem Erdboden) ergeben dürften. Ich beginne mit dem Temperaturgang.

Die Monats- und Jahresmittel der Temperatur wurden schon von Hann (1886) für die Periode 1851—1880 aus einer verhältnismäßig großen Zahl von Beobachtungsstationen des Alpengebietes zusammengestellt, um aus diesem Material Aufschluß über den Temperaturgang in den Alpen zu erhalten. Nach Hann hat Trabert die Temperaturmessungen der meteorologischen Stationen des Ostalpengebietes durch Bildung der Mittel für die Periode 1851—1900 zur Zeichnung einer Isothermenkarte der Ostalpen verwendet. Zuletzt hat sich der Hydrographische Dienst in Österreich (1929) der Aufgabe unterzogen, den Temperaturgang in den ostalpinen Stationen für den Zeitraum von 1896 bis 1915 nach Monats- und Jahresmitteln übersichtlich zusammenzustellen und in Isothermenkarten zu verarbeiten. Es liegen somit heute für eine ganze Reihe meteorologischer Stationen in den Ostalpen Messungsreihen des Temperaturganges über einen Zeitraum von 65 Jahren vor. Allerdings haben nicht wenige Stationen nur während eines Teiles dieser Periode Temperaturbeobachtungen durchgeführt, teils weil sie erst zu einem späteren Zeitpunkte eingerichtet wurden, teils auch weil sie aus irgendwelchen Gründen aufgelassen werden mußten. So kommt es, daß von Hann (1886) eine größere Anzahl von Stationen, die innerhalb des in der vorliegenden Arbeit behandelten Gebietes liegen, erfaßt wurde, die der Hydrographische Dienst (1929) nicht mehr berücksichtigt, während dieser umgekehrt einige Stationen anführt, aus denen zur Zeit der Berechnungen Hanns noch keine Beobachtungen vorlagen. Ich bringe daher die auf unser Gebiet bezüglichen Temperaturdaten sowohl für die Periode 1851—1880 (Tabelle I) als auch für den Zeitraum 1896—1915 (Tabelle II).

---

[1] Inzwischen wurden an der Glocknerstraße von der agrarmeteorologischen Forschungsstelle des Reichswetterdienstes in Gießen in Zusammenarbeit mit der Reichsforschungsanstalt für alpine Landwirtschaft in Admont agrarmeteorologische Untersuchungen in Angriff genommen. Eine erste Veröffentlichung hierüber liegt in einer Arbeit von Kreutz und Wehrheim (1941) vor. In der vorliegenden Arbeit konnte dieselbe leider nicht mehr berücksichtigt werden.

Tabelle I.

Zusammenstellung der dreißigjährigen Monats- und Jahresmittel der Temperatur in der Periode 1851—1880 nach Hann (1886).

Station	See-höhe in m	Zahl der Beobachtungsjahre	I	II	III	IV	V	VI	VII	VIII	IX	X	XI	XII	Jahresmittel	Differenz zwischen höchstem und niedrigstem Monatsmittel
Kals	1320	1½	—4,8	—3,1	—0,4	4,6	8,5	12,3	14,3	13,8	10,3	5,7	—0,7	—4,2	4,7	19,1° C
Lienz	676	—	—5,4	—1,6	2,2	8,2	12,3	16,1	17,7	16,9	13,3	8,3	1,1	—4,2	7,1	23,1° C
Sagritz	1140	2	—4,6	—2,3	0,7	5,9	10,0	13,8	15,5	14,7	11,2	6,9	0,7	—3,8	5,7	20,1° C
Heiligenblut	1404	9½	—4,8	—2,7	—0,3	4,9	8,7	12,3	14,0	13,3	10,0	5,7	—0,6	—4,3	4,7	18,8° C
Glocknerhaus	2130	4	—	—	—	—	—	(6,5)	8,6	8,6	5,9	—	—	—	—	—
Zirmseehöhe	2464	1⅙	—9,6	—9,1	—7,8	—3,8	0,4	4,6	7,1	7,2	4,4	0,5	—5,5	—8,5	1,7	16,8° C
Fleiß (Goldzeche)	2740	4	—8,8	—8,2	—7,2	—3,7	—0,6	2,7	4,6	4,6	2,4	—0,7	—5,2	—7,9	2,3	13,4° C
Mallnitz	1185	—	—5,2	—3,6	—0,7	4,3	7,7	11,5	13,6	13,4	10,5	5,9	—0,6	—4,8	4,3	18,8° C
Rathausberg	1915	4½	—6,4	—5,4	—3,6	0,8	4,4	8,0	9,8	9,8	7,3	3,3	—2,7	—6,0	1,6	16,2° C
Badgastein	1023	30	—4,0	—2,5	0,5	5,5	9,8	13,3	14,8	14,4	11,6	7,2	0,5	—3,4	5,6	18,8° C
Hofgastein	870	—	—4,8	—3,1	0,5	5,8	10,4	14,6	16,6	16,1	12,9	7,8	0,6	—3,7	6,1	21,4° C
Rauris	940	9	—5,3	—3,2	0,4	6,2	10,6	14,3	15,5	15,0	11,6	6,7	—0,4	—4,6	5,6	20,8° C
Bad Fusch	1180	6/7	—	—	—	—	8,1	12,0	13,5	13,2	10,1	5,0	—	—	—	—
Zell am See	754	10	—5,9	—4,4	—0,1	6,1	10,5	14,5	16,1	15,8	12,3	6,9	0,8	—5,0	5,6	22,0° C
Schmittenhöhe	1935	—	—7,1	—6,3	—4,9	—0,7	3,4	7,1	8,9	9,0	6,5	2,6	—3,4	—6,6	0,7	16,1° C

Tabelle II. Zusammenstellung der zwanzigjährigen Monats- und Jahresmittel der Temperatur in der Periode 1896—1915 nach dem Hydrographischen Dienst Österreichs (1929).

Ort	See-höhe in m	Zahl der Beobachtungsjahre	I	II	III	IV	V	VI	VII	VIII	IX	X	XI	XII	Jahresmittel	Differenz zwischen höchstem u. niedrigstem Monatsmittel in ° C
Kals	1321	7	−3,9	−2,5	0,0	3,4	8,2	11,9	13,7	13,0	9,7	5,5	0,0	−3,7	4,7	17,6
Windisch-Matrei	973	10	−3,5	−1,0	2,1	5,7	10,7	14,1	15,7	14,8	11,2	6,9	1,2	−1,9	6,3	19,2
Iselsberg	1010	16	−2,8	−1,2	1,7	5,2	9,8	13,5	15,2	14,6	11,3	6,8	1,1	−1,3	6,2	18,0
Heiligenblut	1278	20	−3,7	−2,3	0,5	4,2	9,0	12,5	14,2	13,6	10,1	5,7	0,3	−2,1	5,2	17,9
Mallnitz	1185	10	−3,7	−2,2	0,5	4,1	9,0	12,6	14,2	13,6	10,0	6,0	0,6	−1,9	5,2	17,9
Badgastein	1023	20	−4,3	−2,6	1,0	4,8	9,4	12,6	13,8	13,3	10,1	6,3	0,6	−2,2	5,2	18,1
Bucheben I	1203	16	−4,3	−3,1	0,2	3,5	8,3	11,8	13,2	12,5	9,2	5,6	−0,1	−2,5	4,5	19,8
Bucheben II	1140	15	−4,3	−2,7	0,7	4,1	8,7	12,1	13,4	13,0	9,9	6,3	0,3	−2,4	4,9	17,5
Rauris	912	7	−4,9	−2,7	1,2	5,6	10,2	13,7	14,9	14,3	10,9	6,8	0,7	−2,8	5,7	17,7
Uttendorf	771	19	−6,0	−3,4	1,3	6,2	11,1	14,7	15,9	15,2	11,7	7,1	0,7	−3,9	5,9	21,9
Zell am See	759	20	−5,7	−3,5	1,2	6,3	11,3	15,1	16,4	15,7	12,1	7,5	1,2	−2,9	6,2	22,1
Schmittenhöhe	1957	20	−6,7	−6,7	−4,8	−1,9	2,6	6,9	8,3	8,2	5,3	2,5	−2,7	−4,8	0,5	15,0
Sonnblick	3106	20	−12,9	−13,1	−11,9	−9,2	−4,5	−1,0	0,6	0,7	−1,8	−4,6	−9,2	−11,1	−6,5	13,6
			−13,3			−9,0			0,9			−4,9 (Krebs)			−6,6	

Tabelle III.

Temperaturgang in verschiedenen Seehöhen im Gasteiner Tal nach Steinhauser (1937).

Seehöhe in m	Jänner	Februar	März	April	Mai	Juni	Juli	August	Sept.	Oktober	Nov.	Dez.	Jahr	Jahres-schwankung
900	—4,0	—2,9	1,9	5,3	10,6	13,2	14,6	14,1	10,8	6,3	0,8	—2,8	5,7	18,6
1000	—3,8	—2,8	1,5	5,0	10,1	12,7	14,3	13,6	10,4	6,2	0,6	—2,6	5,4	18,1
1100	—3,8	—3,0	1,0	4,3	9,5	12,1	13,8	13,1	10,0	5,8	0,3	—2,5	5,1	17,6
1200	—3,9	—3,2	0,7	3,7	9,0	11,5	13,4	12,6	9,5	5,5	0,0	—2,5	4,7	17,3
1300	—4,1	—3,7	0,1	3,0	8,3	10,9	12,9	12,1	9,1	5,1	—0,3	—2,8	4,2	17,0
1400	—4,5	—4,2	—0,6	2,3	7,5	10,4	12,4	11,7	8,7	4,6	—0,5	—3,2	3,7	16,9
1500	—4,8	—4,8	—1,3	1,6	6,7	9,9	11,9	11,2	8,3	4,2	—0,8	—3,6	3,2	16,7
1600	—5,1	—5,3	—2,0	0,9	5,9	9,3	11,3	10,7	7,9	3,8	—1,1	—3,9	2,7	16,6
1700	—5,5	—5,7	—2,6	0,3	5,2	8,6	10,7	10,1	7,3	3,2	—1,5	—4,3	2,2	16,4
1800	—5,9	—6,1	—3,3	—0,4	4,5	7,9	10,0	9,5	6,7	2,7	—1,8	—4,6	1,6	16,1
1900	—6,3	—6,5	—4,0	—1,1	3,8	7,2	9,3	8,8	6,0	2,2	—2,1	—5,0	1,0	15,8
2000	—6,8	—7,0	—4,6	—1,7	3,1	6,5	8,6	8,2	5,4	1,7	—2,6	—5,5	0,4	15,6
2500	—9,5	—9,8	—7,7	—5,0	—0,1	3,0	5,2	5,0	2,3	—1,1	—5,8	—8,3	—2,7	15,0
3000	—12,2	—12,6	—10,9	—8,2	—3,3	—0,4	1,8	1,7	—0,8	—4,0	—8,6	—11,0	—5,7	14,4

Vergleicht man zunächst nur die in den beiden Tabellen zusammengestellten Temperaturwerte der Talstationen, so ergibt sich, daß die Temperatur der Orte südlich des Tauernhauptkammes im Juli durchschnittlich etwas höher liegt als die der Stationen gleicher Höhenlage nördlich des Gebirgskammes. Dies kommt auch in der Juliisothermenkarte des Hydrographischen Dienstes (1929) zum Ausdruck. Die Jännertemperatur liegt in den Stationen der Haupttäler (Lienz, Zell am See) infolge der Bildung von Kälteseen durch das Absinken der schwereren Kaltluft von den Höhen auffällig niedrig. Es tritt hier im Winter sehr deutlich Temperaturumkehr ein.

Vergleicht man den jährlichen Temperaturgang in den Tal- und Bergstationen, so zeigt sich die auch aus anderen Teilen der Alpen bekannte Tatsache, daß die Höhenstationen einen viel ausgeglicheneren Temperaturgang aufweisen als die der Täler, indem die Mitteltemperaturen jener sehr viel weniger weit voneinander abweichen als die dieser. Es ist das eine Erscheinung, die übrigens nicht nur für den jahreszeitlichen, sondern auch für den täglichen Temperaturgang gilt, wofür sich in den Jahresberichten des Sonnblickvereines reichliches Zahlenmaterial findet. Der extremere tägliche Temperaturgang in den geschützten Tallagen hat nach Dorno (1927) folgende Ursachen:

1. verkürzte Sonnenscheindauer morgens und abends durch die schirmenden Berge;
2. vermehrte Ausstrahlung des während des Tages höher erwärmten Bodens;
3. von den umgebenden Höhen abfließende, am Talboden sich sammelnde Kaltluft;
4. durch Windschutz sehr stark herabgesetzte horizontale Luftzirkulation.

Das Temperaturgefälle mit zunehmender Seehöhe ist noch besser als aus den beiden ersten Tabellen aus Tabelle III zu ersehen. Die von Steinhauser aus dem Temperaturgang an den verhältnismäßig zahlreichen Stationen des Sonnblickgebietes errechneten Werte lassen wie auch sonst in den Gebirgen gemäßigter Breiten ein durchschnittliches Temperaturgefälle von wenig über 0·5 °C pro 100 m Höhe erkennen, zeigen aber gleichzeitig, daß der Temperaturabfall mit der Höhenlage etwas zunimmt und jahreszeitlichen Schwankungen unterworfen ist. Bereits Hann (1886) hat darauf hingewiesen, daß die Temperatur in größeren Höhen im Frühling infolge der Schneeschmelze langsamer ansteigt als in den schneeärmeren Tallagen und auch langsamer zunimmt als sie im Herbste wieder absinkt.[1]

Ein noch plastischeres Bild von den Temperaturverhältnissen in verschiedenen Höhenlagen der Hohen Tauern liefern Angaben über Eintritts- und Rückzugstermine bestimmter Temperaturen sowie Daten darüber, während wie vieler Tage im Jahr bestimmte Tagesdurchschnittstemperaturen nicht überschritten werden. Die diesbezüglichen Angaben in den Arbeiten von Fessler (1912) und Conrad (1913) sind in den Tabellen IV und V zusammengestellt. Sie geben mit den an späterer Stelle nachgetragenen Angaben über die mittlere Dauer der Schneebedeckung sowie die Zahl der Eis- und Frosttage Anhaltspunkte für die Dauer der Vegetationszeit an verschiedenen Punkten des Untersuchungsgebietes.

Alle bisherigen Zahlen haben sich auf die Temperatur der Luft bezogen. Um diese Werte in ihrer physiologischen Bedeutung richtig einzuschätzen, muß man sie in Beziehung zu den entsprechenden Temperaturwerten von Boden und Bodenluft bringen. Bereits G. Kraus (1911) und später Dorno (1927), Geiger (1927) und viele andere haben gezeigt, daß sich die Bodenoberfläche und von dieser ausgehend die bodennahen Luftschichten bei überwiegender Wärmeeinstrahlung stärker erwärmen, bei vorherrschender Ausstrahlung stärker abkühlen als die Luft höherer Schichten. Dieses Temperaturgefälle ist, wie Lüdi (1938 und 1939) durch Temperaturmessungen an Vegetationsprofilen in den Davoser Alpen nachgewiesen hat, in der hochalpinen Grasheidenstufe erheblich größer als in subalpinen Wiesen oder gar in höheren Pflanzenbeständen, die gegen Wärmestrahlung abschirmend wirken. Das bedeutet, daß wir

---

[1] Bezzi (1918) und andere haben darauf hingewiesen, daß für die Pflanzen und Tiere an der Schneegrenze der Monat Juli den Frühling, der August den Sommer und der September den Herbst bedeutet; alle anderen Monate sind in dieser Höhe Winter.

Tabelle IV.

Eintritts- und Rückzugsdaten bestimmter Temperaturen in der Periode 1881—1900 nach Conrad (1913) und Feßler (1912).

Station	Seehöhe in m	0° C		5° C		10° C		15° C	
		Eintritt	Rückzug	Eintritt	Rückzug	Eintritt	Rückzug	Eintritt	Rückzug
Sagritz..........	1140	10. III.	19. XI.	12. IV.	25. X.	17. V.	24. IX.	3. VII.	12. VIII.
Heiligenblut..........	1404	17. III.	13. XI.	17. IX.	18. X.	26. V.	16. IX.	—	—
Zirmseehöhe..........	2464	17. V.	18. X.	19. VI.	12. IX.	—	—	—	—
Fleiß (Goldzeche).......	2740	22. V.	5. X.	—	—	—	—	—	—
Sonnblick	3106	30. VI.	31. VIII.	—	—	—	—	—	—
Kolm Saigurn	1600	2. IV.	9. XI.	3. V.	12. X.	12. VI.	3. IX.	—	—
Bucheben I..........	1200	19. III.	10. XI.	21. IV.	21. X.	30. V.	17. IX.	—	5. VIII.
Rauris	940	12. III.	18. XI.	10. IV.	24. X.	13. V.	26. IX.	6. VII.	—
Badgastein	1023	12. III.	20. XI.	13. IV.	23. X.	17. V.	23. IX.	—	—
Rathausberg	1915	10. IV.	31. X.	21. V.	28. IX.	12. VII.	8. VIII.	—	—
Zell am See	754	12. III.	18. XI.	7. IV.	24. X.	9. V.	29. IX.	25. VI.	18. VIII.

Tabelle V.

Mittlere Dauer in Tagen einer Temperatur von:

Station	Seehöhe in m	über 0° C	über 5° C	über 10° C	über 15° C
Sagritz	1140	254	196	129	40
Heiligenblut	1404	241	184	113	—
Zirmseehöhe	2464	157	85	—	—
Fleiß (Goldzeche)	2740	113	—	—	—
Sonnblick	3106	63	—	84	—
Kolm Saigurn	1600	222	163	84	—
Bucheben I	1200	237	184	111	—
Rauris	940	252	198	137	31
Badgastein	1023	254	194	130	—
Rathausberg	1915	205	131	28	—
Zell am See	754	252	201	144	55

zwar in großen Höhen, im ganzen gesehen, einen ausgeglichenen Temperaturgang vorfinden, daß aber besonders bei starker Sonneneinstrahlung an der Bodenoberfläche und damit an Pflanzen und wechselwarmen Tieren sehr viel höhere Temperaturen erzielt werden, als im Tagesgang der Lufttemperatur hochalpiner Stationen in Erscheinung treten. Für die Bildung solcher mikroklimatischer Extremtemperaturen sind an makroklimatischen Faktoren Sonnenscheindauer, Strahlungsintensität und Windschutz maßgebend, an lokalen Faktoren Exposition sowie Art der Vegetationsdecke und des Bodens. Süd- und Südwestlagen mit trockenen, wasserdurchlässigen Böden (Kalk, Kalkphyllit und sandiger Kalkphyllitschutt) lassen im Untersuchungsgebiete das physiologisch trockenste und wärmste Lokalklima erwarten. Der intensiveren Einstrahlung entspricht in alpinen Lagen auch eine stärkere Ausstrahlung, beide bedingt durch die mit der Höhe abnehmende Dichte und den gleichfalls mit dieser sinkenden Wassergehalt der Luft.

Wie sehr die Beachtung des verschiedenen Temperaturganges in der Bodenluft und an der Bodenoberfläche zu demjenigen in höheren Luftschichten biologisch von Bedeutung ist, sei noch kurz an einem Beispiel dargelegt. Es ist lange bekannt und in der Literatur oft erörtert worden, daß zwischen der Temperatur des wärmsten Monates des Jahres, des Juli, und der klimatischen Waldgrenze ein unmittelbarer Zusammenhang bestehen muß. So hat Köppen (1919) gezeigt, daß sowohl im hohen Norden als auch in den Alpen, besonders in deren Randgebieten, eine ganz auffällige Übereinstimmung zwischen dem Verlaufe der Waldgrenze und dem der 10°-Juliisotherme besteht. Dagegen geht in den Gebieten großer Massenerhebung im Inneren der Alpen, wie schon de Quervain (nach Schröder 1926) für die Schweiz und Domes (1936) für Salzburg gezeigt hat, die Hebung der Waldgrenze parallel mit der Hebung der Isothermen der mittleren Mittagstemperatur des wärmsten Monates. Demgegenüber fand Domes keine unmittelbare Beziehung zwischen der Lufttemperatur und dem natürlichen Pflanzenbestand der alpinen Matten und Weiden. Es geht dies darauf zurück, daß die Waldbäume in das an den meteorologischen Stationen registrierte Luftklima emporragen, während die Rasengesellschaften von dem ganz anderen Klima der Bodenoberfläche und Bodennähe umschlossen sind. Auf diesen Umstand ist bisher viel zu wenig Bedacht genommen worden, weshalb auch, abgesehen von den stichprobenweisen Messungen Lüdis (1936, 1938), in den Alpen meines Wissens noch keine systematischen mikroklimatischen Untersuchungen in der subalpinen Waldzone, im Zwergstrauchgürtel und in den hochalpinen Grasheiden durchgeführt wurden.[1] Wir dürften aber kaum fehlgehen, wenn wir annehmen, daß an der Wald- und Zwergstrauchgrenze eine sprunghafte Veränderung des Mikroklimas eintritt, eine Veränderung, deren Ausmaß das durch die verschiedene Höhenlage dieser Vegetationsgürtel bedingte bei weitem übertrifft. Darin scheint mir auch die wichtigste Ursache für die meist verheerende Wirkung der Schlägerung von Waldbeständen in der Kampfzone des Waldes zu liegen. Wir werden auf die klimatischen Eigenarten der Wald-, Zwergstrauch- und Grasheidenzone bei Besprechung der zugehörigen Tiergesellschaften nochmals zurückkommen müssen.

Neben dem Temperaturfaktor kommt dem Niederschlagsfaktor größte Bedeutung für die Vegetations- und Faunenentwicklung zu. In Tabelle VI sind Jahresniederschlagsmenge und Niederschlagsverteilung derjenigen Beobachtungsstationen zusammengestellt, die in das Untersuchungsgebiet fallen oder die in dessen unmittelbarer Nachbarschaft liegen.

Aus den beiden Tabellen geht hervor, daß die im mittleren Teile der Hohen Tauern fallenden Niederschläge erheblich geringer sind als in gleich hochgelegenen Gebieten am Nord- und Südrande der Alpen. Dies gilt ganz besonders für die im Regenschutze des Tauernhauptkammes gelegenen südlichen Täler, die mit 800—900 *mm* Niederschlag in den obersten Tal-

---

[1] Vor allem fehlt es in den Alpen noch gänzlich an Dauerregistrierungen des Temperaturganges an der Bodenoberfläche und in den bodennahen Luftschichten, deren vergleichsweise Durchführung in verschiedenen Pflanzenbeständen bioklimatisch äußerst interessante Ergebnisse erwarten ließe.

Tabelle VI.

Niederschlagsmengen in Millimetern im Mittel der Jahre 1900—1925 nach dem Hydrographischen Dienst in Österreich (1936).

Ort	Seehöhe in m	Niederschlagsmenge in mm													Niederschlagsmenge von Mitte April bis Mitte Oktober	
		I	II	III	IV	V	VI	VII	VIII	IX	X	XI	XII	Jahr	in mm	in % der Jahressumme
Winklern	857	40	44	52	62	70	88	111	101	83	86	75	56	869	527	61
Döllach	1004	43	44	47	61	67	90	110	113	85	85	63	59	867	538	62
Heiligenblut	1275	44	42	50	46	61	89	96	105	74	77	63	55	802	486	60
Mallnitz	1193	45	40	51	62	77	92	110	106	88	84	74	58	887	545	61
Rathausberg*)	1920	88	93	115	115	143	191	239	220	181	138	108	108	1739	1100	63
Naßfeld*)	1625	85	57	90	141	134	190	216	211	182	137	126	89	1646	1072	65
Böckstein*)	1120	76	57	75	109	122	156	186	182	148	112	123	80	1438	904	63
Badgastein	1023	67	46	60	91	102	142	159	165	121	85	74	72	1184	767	65
Dorfgastein	836	58	33	52	73	82	125	151	148	100	60	57	59	998	672	67
Rauris	914	67	41	39	70	84	117	142	146	99	69	61	63	998	657	66
Zell am See	755	70	49	43	72	80	126	161	145	99	60	62	68	1035	677	65
Kaprun	750	70	44	56	82	97	142	159	157	109	70	67	69	1122	740	66
Uttendorf	771	51	36	39	68	83	134	151	158	104	63	56	52	995	695	69

*) Die Werte für die Station Rathausberg sind aus Knoch K. u. E. Reichel (1930), die für Naßfeld und Böckstein aus Steinhauser (1937) entnommen und gehen auf die Periode von 1876 bis 1910, bzw. 1900 bis 1930 zurück.

abschnitten ein ganz außerordentlich kontinentales Klima aufweisen, wie wir es ähnlich in den Ostalpen nur noch im Lungau, Engadin und noch extremer im Vintschgau finden. Demgegenüber weisen die Talorte des Pinzgaues und der nördlichen Tauerntäler mit rund 1000 *mm* Niederschlag und darüber ein wesentlich ungünstigeres Klima auf. Dies wird besonders deutlich, wenn man den Prozentanteil des in der wärmeren Jahreshälfte von Mitte April bis Mitte Oktober fallenden Niederschlages berechnet, wie das in Tabelle VI geschehen ist. Es zeigt sich dann, daß in den Stationen nördlich des Tauernhauptkammes nicht nur im Laufe des Jahres mehr Niederschlag fällt als südlich desselben, sondern daß der Niederschlag auch noch ungünstiger verteilt ist. Während nämlich in den südlichen Tälern nur etwas mehr als 60% der Jahressumme des Niederschlages in der Vegetationszeit fallen, sind es in den nördlichen Talorten zwischen 65 und 70%. Trotzdem macht sich auch schon in den inneren Teilen der Seitentäler des Pinzgaues die Schirmwirkung der diesen im Westen vorgelagerten Kämme bemerkbar. Nur dieser Schirmwirkung ist z. B. der verhältnismäßig geringe Jahresniederschlag von Rauris zuzuschreiben.

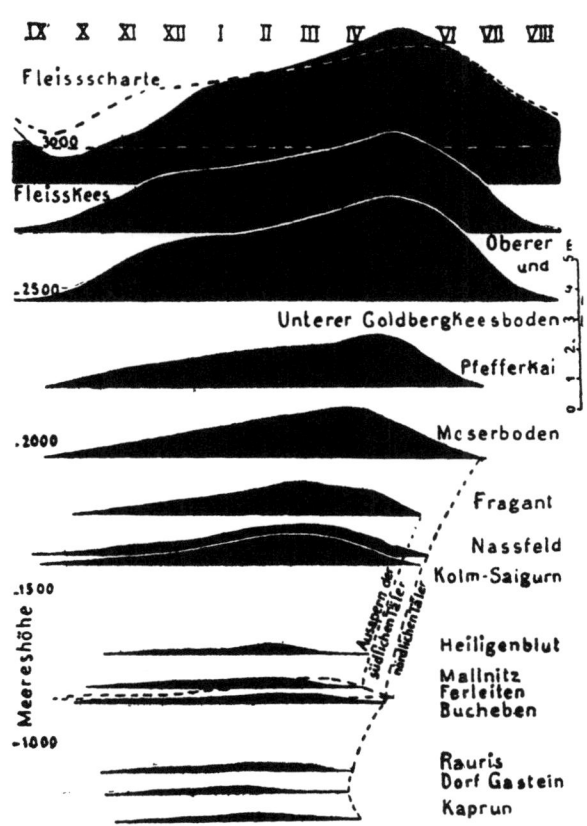

Abb. 2. Mittlere Schneehöhen 1927/28 bis 1932/33 nach Steinhauser (1934) aus Gams (1936).

Sehr stark kommt nach von Gams (1936) zusammengestellten Totalisatormessungen die Schirmwirkung des Glocknerkammes auf die Niederschlagsverteilung im Pasterzengebiete zum Ausdruck. Während die Niederschläge im Pinzgau und Stubachtal mit der Höhe sehr rasch ansteigen, ist ihr Anstieg im Pasterzengebiet ungewöhnlich langsam und noch im Sonnblickgebiet unternormal.

Bioklimatisch bedeutungsvoll ist auch die durchschnittliche Höhe der Schneedecke und die Dauer der Schneebedeckung an einzelnen Orten und in verschiedenen Höhen. Die Schneehöhe wechselt in verschiedenen Jahren sehr beträchtlich, so daß sich erst auf Grund langjähriger Messungen für einzelne Stationen brauchbare Mittel angeben lassen und die gegenwärtig aus dem Gebiete vorliegenden Daten noch kein voll befriedigendes Bild liefern. Immerhin vermittelt das von Gams (1935) nach Steinhauser (1934) entworfene Diagramm (Abb. 2) eine recht gute Vorstellung von der Art der Schneeverteilung und der Dauer der Schneebedeckung.

Im Sonnblickgebiet liegt die temporäre Schneegrenze nach Machatschek (1899) im März durchschnittlich bei 1200 *m*, im Mai bei 1800 *m*, im Juli bei 2450 *m*, im September schon rückläufig bei 2300 *m*, im Oktober bei 1930 *m* und im November bei 1250 *m*.

Über die Dauer der Schneebedeckung im Gasteiner Tale gibt Tabelle VIII, die ich der Monographie Steinhausers (1937) entnehme, Auskunft.

Ergänzend hierzu muß erwähnt werden, daß die südlichen Täler (vgl. Gams 1936) um durchschnittlich zwanzig Tage früher ausapern als die Täler nördlich des Tauernhauptkammes, ein Betrag, der von günstig gelegenen Südhängen noch erheblich übertroffen wird. Diesem Umstand sowie der Tatsache, daß die Zahl der Eistage, d. h. der Tage ohne Tauen, in den nördlichen Tälern nicht oder nur ganz wenig, in den südlichen Tälern dagegen um ein Mehrfaches größer ist als die der Tage mit Schneefall, mißt Gams (1936) wohl mit Recht besondere

Tabelle VII.

Jahresniederschlag an einigen weiteren Stationen auf Grund kurzfristigerer Beobachtungen ermittelt (nach Hann 1886, Knoch 1930 und Steinhauser 1937).

Ort	Seehöhe in m	Jahresniederschlag in mm
Windisch-Matrei	973	745
Kals	1321	835
Iselsberg	1010	1065
Glocknerhaus	2127	(1510)
Fraganter Hütte		1300
Unteres Fleißkees	2560	1552
Mittleres Fleißkees	2810	1837
Sonnblick	3080	2278
Rojacher-Hütte	1918	2570
Bucheben I	1203	1254
Bucheben II	1140	1108
Taxenbach	685	1118
Bad Fusch	1180	(1000)
Moserboden	1960	(1950)
Rudolfshütte	2242	(zirka 2150)

Tabelle VIII.

Dauer der Schneebedeckung in einigen Stationen des Gasteiner Tales nach Steinhauser (1937).

Station	Seehöhe in m	Beginn der ersten Schneedecke	Ende der letzten Schneedecke	Zahl der Tage mit Schneedecke
Dorfgastein	836	15. XI.	3. IV.	111
Böckstein	1120	29. X.	19. IV.	156
Naßfeld	1625	16. X.	9. VI.	208
Rathausberg	1950	10. X.	10. VI.	208

Tabelle X.

Mittlere Windgeschwindigkeiten in den Tälern bei Sturm auf dem Sonnblick nach Roschkott (1936).

	Aus			
	Nord	Ostnord-ost	Süd	West-südwest
Zahl der Fälle	38	17	13	66
Mittlere Geschwindigkeit auf dem Sonnblick	6,7	6,2	7,1	6,5
Mittlere Geschwindigkeit in Rauris	2,4	1,7	2,1	1,9
Bucheben	2,9	2,7	3,8	2,2
Döllach	2,0	2,2	1,3	1,6

Tabelle IX.

Sonnenscheindauer in einigen Stationen des Sonnblickgebietes (nach Steinhauser 1937).

Ort	Jänner	Februar	März	April	Mai	Juni	Juli	August	Sept.	Oktober	Nov.	Dez.	Jahr
a) Effektiv mögliche Sonnenscheindauer in Stunden													
St. Veit, Grafenhof, 766 m	230	253	339	370	405	403	411	398	345	299	236	211	3900
Badgastein, 974 m	—	—	222	261	320	336	339	294	228	185	—	—	*)
Hofgastein, 860 m	180	194	248	291	340	344	348	318	261	225	188	164	3101
Mallnitz, 1185 m	149	164	222	250	298	305	308	276	224	196	154	139	2685
Sonnblick, 3106 m	281	296	368	396	430	405	428	439	377	347	290	268	4325
b) Mittlere registrierte Stundensummen, reduziert aus der Periode 1928—1935													
St. Veit, Grafenhof	99	129	173	163	194	214	238	207	173	132	90	70	1882
Badgastein	—	—	113	120	144	181	186	159	128	81	—	—	—
Hofgastein	74	99	139	137	167	175	195	172	138	110	77	57	1520
Mallnitz	77	84	120	103	137	168	179	160	121	102	57	60	1368
Sonnblick	129	145	162	111	133	158	175	180	151	139	104	102	1689
c) Registrierte mittlere Sonnenscheindauer in Prozenten der effektiv möglichen													
St. Veit, Grafenhof	43	51	51	44	48	53	58	52	50	44	38	33	47
Badgastein	—	—	51	46	45	54	55	54	56	44	—	—	—
Hofgastein	41	51	56	47	49	51	56	54	53	49	41	35	49
Mallnitz	52	51	54	41	46	55	58	58	54	52	37	43	50
Sonnblick	46	49	44	28	31	39	41	41	40	40	36	38	39

*) November—Februar Berg- und Hausschatten.

Bedeutung für die Vegetation bei. Infolge der häufigeren Kahlfröste dürfte vor allem der Boden in den Südtälern sehr viel regelmäßiger und tiefer frieren als in den Nordtälern.

Die außerordentliche Trockenheit des Hochgebirgsklimas trotz der größeren Niederschlagsmengen, die diesem eigen sind, kann nur kurz besprochen werden. Dorno (1927) hat durch vergleichende Messung der relativen und absoluten Feuchtigkeit in Davos (1560 m) und in Muottas Muraigl im Engadin (2456 m) gezeigt, daß die relative Feuchtigkeit auf der Höhenstation während des ganzen Jahres wesentlich niedrigere Werte aufweist als in der Talstation, so zwar, daß die Mittelwerte von Muottas Muraigl etwa den absoluten Minima der einzelnen Monate in Davos entsprechen. Ähnliche Verhältnisse ergeben sich auch, wenn man die Werte der Luftfeuchtigkeit am Sonnblick mit denjenigen der Talstationen vergleicht. Ein besonders trockenes Klima besteht vermutlich im Pasterzengebiete, wo zu den außergewöhnlich geringen Niederschlagsmengen noch die austrocknende Wirkung des nach Tollner (1935) im Sommer mit großer Regelmäßigkeit wehenden Gletscherwindes kommt.

Von hervorragender bioklimatischer Bedeutung ist besonders im Hochgebirge, wo sie nicht nur den Gang der Bodentemperatur in erhöhtem Maße beeinflußt, sondern auch physiologisch wirksamer ist, die Sonnenstrahlung. Für das Strahlungsklima eines Ortes ist in erster Linie die Sonnenscheindauer bestimmend, denn sie entscheidet als „Häufigkeitsfaktor" (Dorno 1927) über die Quantität der zugeführten Strahlungsenergie. Die größtmögliche und mittlere effektive Sonnenscheindauer einer Stationsreihe vom Salzachtal im Norden durch das Gasteiner Tal und über den Sonnblick bis Mallnitz ist nach Steinhauser (1937) in Tabelle IX zusammengestellt. Die Tabelle zeigt zunächst, daß alle angeführten Stationen, mit Ausnahme von Mallnitz, das infolge starker Schirmwirkung vorgelagerter Berge eine sehr geringe größtmögliche Sonnenscheindauer besitzt, eine im Verhältnis zu anderen ostalpinen Stationen recht beträchtliche Sonnenscheindauer aufweisen. Ich führe zum Vergleiche nur einige in den niederschlagsreicheren Alpenrandgebieten gelegene Orte an. Es besitzen im Durchschnitt der Jahre 1931—1935: Admont etwa 1312 (es liegen nur Werte ab 1935 vor), Lunz 1303, dagegen Innsbruck bereits 1733 Stunden effektive Sonnenscheindauer, während die klimatisch außerordentlich begünstigten Stationen des Engadin eine Sonnenscheindauer bis zu 2000 Stunden im Jahre aufweisen und damit ein erheblich günstigeres Strahlungsklima erkennen lassen als unser Gebiet. Vergleicht man die Jahresverteilung der Sonnenstrahlung an den einzelnen Stationen unserer Tabelle, so erkennt man, daß die Talstationen in den Sommermonaten nicht nur wegen des höheren Sonnenstandes mehr Sonnenschein genießen als im Winter, sondern daß ihnen darüber hinaus in den wärmsten Monaten auch ein höherer Anteil an der möglichen Sonnenscheindauer zukommt. Daß dies trotz der in den Sommermonaten gehäuften Niederschläge der Fall ist, erklärt sich aus dem Wegfall der während der ungünstigeren Jahreszeit die Einstrahlung hemmenden Talnebel. Im Gegensatz zu den Talstationen genießt der Sonnblick im Winter den verhältnismäßig höheren Anteil an der möglichen Sonnenscheindauer; in den Sommermonaten haben auf dem Sonnblick (nach Roschkott 1932) die Morgenstunden die günstigsten Sonnenscheinverhältnisse.

Über das qualitative und quantitative Verhalten der Strahlung in verschiedenen Höhenlagen sind im Gebiete meines Wissens noch sehr wenige Beobachtungen durchgeführt worden, dafür aber liegen aus dem Schweizer Hochgebirge, vor allem aus Davos (vgl. Dorno 1919 und 1927) sehr eingehende Untersuchungen hierüber vor. Danach weist das Strahlungsklima des Hochgebirges, bedingt durch die geringere Mächtigkeit der Atmosphäre, die von der Sonnenstrahlung durchdrungen werden muß, und durch die geringere Dichte und größere Reinheit der Luft, in großen Höhen folgende Besonderheiten auf:

1. stärkere Wärmeeinstrahlung in der Höhe bei Sonnenschein;
2. größere Helligkeit der Sonnenstrahlung infolge größerer Durchlässigkeit der Atmosphäre besonders im Winter;
3. höherer Anteil kurzwelliger, chemisch wirksamer Strahlen nicht nur am direkten Sonnenlicht, sondern auch am diffusen Licht.

Im gleichen Sinne wie die Einstrahlung wächst auch die Ausstrahlung mit der Höhe. Nach Untersuchungen von Dorno (1927) steigert sich die Ausstrahlung beim Aufstiege von 1560 m (Davos) auf 2456 m (Muottas Muraigl) im Mittel um 29% bei relativ wenig geänderten Verhältnissen der Temperatur und Feuchtigkeit; ihre Steigerung ist in der kalten Jahreszeit relativ am geringsten, im Sommer am größten. Die stärkere Intensität von Ein- und Ausstrahlung ist für den extremeren Gang der Oberflächentemperaturen im Hochgebirge verantwortlich, sie bewirkt in erster Linie die großen, nur von sehr wetterharten Pflanzen und Tieren ertragenen Temperaturgegensätze, die in der Vegetationsschicht unserer Alpen auftreten.[1]

Der Gegenspieler der erwärmenden Wirkung der Sonnenstrahlung auf die von ihr getroffenen Körper ist der Wind. Über die große Bedeutung, welche Wind und Sonnenstrahlung auf die Erwärmung und damit die Lebensfunktionen wechselwarmer Kleintiere haben, geben zahlreiche Temperaturmessungen, die von Krüger (1928 und 1931), Franz (1930), Krüger und Duspiva (1933) im Hochgebirge durchgeführt wurden, Aufschluß. In Abb. 3 ist der

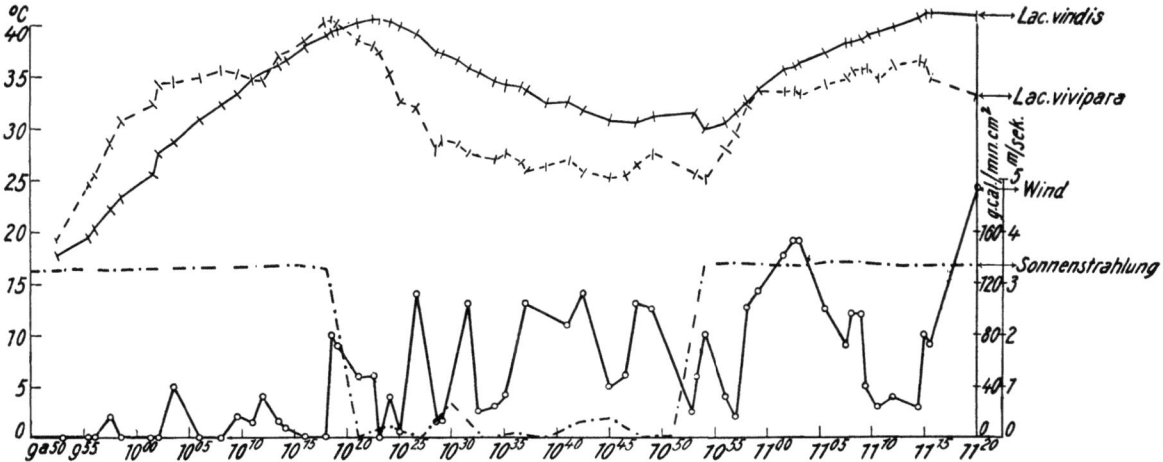

Abb. 3. Schwankungen der Körpertemperatur von *Lacerta vivipara* und *Lacerta viridis* unter dem Einfluß wechselnder Sonneneinstrahlung und verschiedener Windstärken (aus Franz 1930). Die Kurven vermitteln eine Vorstellung von der Bedeutung des Mikroklimas für die wechselwarmen Tiere.

Temperaturgang im Körper zweier Eidechsen in seiner Abhängigkeit von Strahlungsintensität und Wind nach Franz (1930) wiedergegeben. Je kleiner der Tierkörper ist, um so rascher folgt seine Temperatur im allgemeinen den Änderungen der Strahlung. Bei Insekten sind darum die Schwankungen der Körpertemperatur mit dem Wechsel der Strahlungs- und Windverhältnisse noch stärker als bei den größeren Reptilien.

Die Windverhältnisse sind demnach für das Bioklima einer Landschaft von ganz außerordentlicher Bedeutung. Nach Defant (1924) lassen sich in den Hohen Tauern wie in den Ostalpen überhaupt zwei Hauptwindsysteme unterscheiden. Das erste Windsystem bildet die Grundlage und weist für das ganze Gebiet auf eine gleichförmige Luftströmung von W gegen E hin; sie rührt von der allgemeinen Westtrift der Atmosphäre in den gemäßigten Breiten der Erde her und hat zu allen Jahreszeiten mehr minder die gleiche Richtung. Dieser allgemeinen Strömung ist ein sekundäres Windsystem aufgelagert, das in inniger Beziehung zur Landschaftsmorphologie steht. Die Ursache dieses sekundären Windsystems liegt in den Wärmeunterschieden zwischen Berg und Ebene. So sehr im großen betrachtet das eben Gesagte allgemeine Gültigkeit hat, so sehr weichen doch, bedingt durch landschaftliche Besonderheiten, die Windverhältnisse an einzelnen Orten von der Norm ab. Alle aus dem Untersuchungsgebiete vorliegenden Windbeobachtungen haben demnach nur beschränkte Gültigkeit

---

[1] Besonders extrem müssen die Temperaturgegensätze an auch während des Winters großenteils aperen Windkanten hochalpiner Gipfel sein. Die dort noch vorkommenden Pflanzen und Kleintiere stellen eine Auslese ganz besonders wetterharter Organismen dar.

und geben nur Anhaltspunkte für die im Gebiete vorherrschenden Grundtypen der Luftbewegung, von denen die örtlichen Verhältnisse oft stark abweichen. In Tabelle X sind Windbeobachtungen wiedergegeben, die Roschkott (1936) an einem Höhenprofil von Rauris über den Sonnblick nach Döllach angestellt hat. Aus den Zahlen ergibt sich zunächst die bekannte Tatsache, daß der Wind in den Tallagen gegenüber der Windstärke auf freien Gipfeln sehr beträchtlich abgebremst ist. Weiter fällt auf, daß die Windgeschwindigkeit in Döllach bei Nordsturm auf dem Sonnblick gering ist, während in Rauris auch bei Südsturm in der Höhe ein recht kräftiger Wind geht. Es ergibt sich hieraus, daß der Windschutz, den das Mölltal bietet, ein viel vollkommenerer ist als der, den das Rauriser Tal zu gewähren vermag. Das gleiche scheint auch für das Kalser Tal zum Unterschiede vom Stubachtal zu gelten. Leider sind im Bereiche der Glockner- und Granatspitzgruppe, abgesehen von der Untersuchung des Gletscherwindes an der Pasterze durch Tollner (1935), bisher keine vergleichenden Windbeobachtungen angestellt worden. Auch über die abbremsende Wirkung verschiedener Pflanzenbestände in höheren Lagen der Alpen auf die Luftbewegung in Bodennähe fehlen noch ausreichende Untersuchungen.

Im vorstehenden sind klimatische Daten zusammengetragen, die sich teils auf das Klima der Täler, teils auf dasjenige des Hochgebirges beziehen. Es dürfte darum nützlich sein, abschließend die Grundzüge des Klimas beider getrennt in aller Kürze zu wiederholen.

Die Talstationen der mittleren Hohen Tauern lassen sich klimatisch in zwei große Gruppen teilen, in die Gruppe der Stationen nördlich des Tauernhauptkammes und diejenige der Stationen südlich desselben. Die südlichen Stationen sind durch ein wesentlich kontinentaleres Klima ausgezeichnet als die nördlichen, sie reihen sich mit durchschnittlichen Jahresniederschlagsmengen von 800 bis 900 mm und verhältnismäßig hoher Sommerwärme und geringer Schneebedeckung im Winter in die Gruppe der kontinentalen Alpentäler ein. Demgegenüber ist der Charakter der nördlichen Tauerntäler ozeanischer. Die dortigen Stationen nehmen hinsichtlich der Niederschlagsmenge und des Temperaturganges eine Mittelstellung zwischen den kontinentalen Tälern im Süden des Tauernhauptkammes und den regenreichen Orten am Alpenrande ein.

Der Hochgebirgsanteil des Untersuchungsgebietes gehört zu den inneren Gebirgsgruppen der Alpen, deren Klima durch die große Massenerhebung bestimmt ist. Demgemäß ist seine Erwärmung größer, der anfallende Niederschlag geringer als auf alleinstehenden Gipfeln. Die verhältnismäßig hohe Lage der Vegetations- und Siedlungsgrenze besonders auf der Südseite des Tauernhauptkammes ist eine unmittelbare Folge dieses Zustandes. Der hohe Anteil des hochalpinen Areals an der Gesamtfläche des Gebietes bewirkt, daß in diesem der von hochalpinem Klima beherrschte Raum weitaus überwiegt. Das Klima dieses Raumes trägt die Grundzüge des hochalpinen Klimas überhaupt mit niedrigen Temperaturen bei verhältnismäßig ausgeglichenem jahres- und tageszeitlichem Temperaturgang, stärkeren, überwiegend in Form von Schnee fallenden Niederschlägen, intensiver Strahlung und starker Windausgesetztheit, wobei alle diese Klimaelemente durch die große Ausdehnung des hochalpinen Areals und die Lage im Inneren des Gebirges gemäßigter in Erscheinung treten als auf isolierten Randgipfeln der Alpen.

Daß das Klima, wie wir es eben schilderten, im Laufe der Zeit erheblichen Schwankungen unterworfen gewesen sein muß, wurde schon im quartärgeologischen Abschnitte dieser Arbeit besprochen. Auch heute dauern die säkularen Schwankungen im Jahresgange der einzelnen Klimaelemente noch an. Die vorliegenden meteorologischen Beobachtungen reichen zwar noch nicht hin, um dieselben direkt feststellen zu können, die Veränderungen der Gletscherstände, der Vegetation und, wie wir später sehen werden, auch der Fauna liefern dafür aber deutliche indirekte Beweise.

III. Der Bestand an Landtierarten.

1. Die bisherige zoogeographische Erforschung des Gebietes.

Die mittleren Hohen Tauern sind klassischer Boden der Alpenforschung. Sie verdanken dies dem Umstand, daß sich hier zwei der ältesten Zentren des ostalpinen Reiseverkehres befinden: der Badeort Gastein und das Bergdorf Heiligenblut, von wo seit dem Ende des 18. Jahrhunderts die Bergsteiger zur Pasterze und zum Großglockner pilgern.

In der ältesten Zeit ging die naturwissenschaftliche Erschließung der Hohen Tauern wie die anderer Teile der Alpen mit der bergsteigerischen Hand in Hand. Der Kärntner Botaniker Franz Xaver v. Wulfen war wohl der erste Biologe, der das Glocknergebiet besucht hat. Er bestieg im Jahre 1775 und in den darauffolgenden Sommern die Alpen um Döllach, Heiligenblut und Kals. Ihm folgte wenig später Belzasar Hacquet auf seiner „Lustreise von dem Berge Terglou in Krain zu dem Berge Glockner in Tirol im Jahre 1779 und 1781". Hacquet trug sich als erster Forschungsreisender ernstlich mit dem Gedanken, den Glockner zu besteigen, ein Unternehmen, das jedoch erst gelang, als der Fürstbischof von Gurk, Salm-Reyfferscheidt, dasselbe durch kostspielige Vorbereitungen erleichterte. Sigmund v. Hohenwart, Salms Generalvikar, erkundete seit dem Jahre 1792 die Pasterzenlandschaft und das Gelände auf der Salmhöhe und fand, daß der Glockner am leichtesten vom Leitertal aus erstiegen werden könne. Daraufhin wurde auf Geheiß des Bischofs im Sommer 1799 auf der Salmhöhe eine Schutzhütte errichtet und noch im gleichen Jahre von Heiligenbluter Zimmerleuten der Glockner zum ersten Male bestiegen. Im Juli des folgenden Jahres erreichten Hochenwarth, der Botaniker Hoppe, der Freiherr v. Seenus und der greise Wulfen und etwas später auch Schwägrichen den Kleinglockner von der Salmhöhe aus. Im Sommer 1802 folgte ihnen Schultes, nachdem knapp vorher Hohenwart den Gipfel des Großglockners selbst bezwungen hatte. Zu dieser Zeit wurden auf Veranlassung Salms zwei weitere Schutzhütten auf der Hohen Warte und auf der Adlersruhe erbaut, denen erst im Jahre 1832, nach dem Besuche des Erzherzogs Johann in der Gamsgrube, die Errichtung der Johanneshütte in dieser als weiterer Stützpunkt für bergsteigerische Unternehmungen folgte.

Zur Zeit der ersten Glocknerbesteigungen wurden auch andere Teile unseres Gebietes erstmalig von Naturwissenschaftlern betreten. So erstieg Schwägrichen im Sommer 1802 den Brennkogel und die Goldzeche in der Fleiß und der Freiherr v. Seenus schon einige Jahre früher den Mallnitzer Tauern. Fast gleichzeitig wurden auch die Pinzgauer Tauerntäler durch v. Braune und Mielichhofer erkundet. Die weitere bergsteigerische Erschließungsgeschichte geht von der naturwissenschaftlichen Erforschung des Gebietes unabhängige Wege und kann darum hier übergangen werden. Sie ist übrigens wiederholt zusammenfassend dargestellt worden, für das Glocknergebiet zuletzt von W. Welzenbach (1928). Auch die Geschichte der botanischen Erforschung hat wenigstens für die Glocknergruppe durch Gams (1936) schon eine zusammenhängende Darstellung erfahren, so daß wir uns im folgenden auf die Zusammenstellung der für die zoogeographische Erforschung des Gebietes wichtigeren Daten beschränken können.

Sigmund v. Hochenwarth hat sich als erster Glocknerreisender nicht nur für die Pflanzenwelt, sondern auch für die Tiere des Gebietes interessiert. Er entdeckte auf den Alpen beiderseits des oberen Mölltales, besonders an der Pasterze und auf der Salmhöhe, eine Anzahl hochalpiner Schmetterlinge, wie *Zygaena exulans*, *Plusia Hochenwarthi*, *Plusia ain* und *Titanio schrankiana*, die er teils in seinem ersten Reisebericht (vgl. Rainer und Hochenwarth 1792), teils schon in seinen „Beyträgen zur Insektengeschichte" (1785) beschrieb und abbildete. Auch Schultes sammelte während seines Aufenthaltes in Heiligenblut auf seinen Ausflügen nicht nur Pflanzen und Mineralien, sondern auch Insekten, und veröffentlichte in seinem Reisebericht (1804) erstmalig eine „Fauna der Gegend um den Glockner und auf demselben", worin er neben eigenen Funden auch diejenigen, die Hochenwarth, Schwägrichen und Hoppe bis dahin gemacht hatten, verzeichnete. In dieser Liste werden an Insekten neben weit verbreiteten oder zweifelhaften Arten bereits *Anechura bipunctata* (als *Forficula maculata*), *Aeropus sibiricus* (als *Gryllus sibiricus*), *Parnassius apollo*, *Parnassius delius* (als *Papilio cassicides*), *Zygaena exulans*, *Hepiolus carna*, eine hochalpine *Andrena* und „*Podura nivalis*" (vielleicht *Isotomurus palliceps* Uzel) beschrieben.

In der Zeit von 1798 bis 1843 hielt sich der Botaniker Hoppe fast jeden Sommer in Heiligenblut auf und sammelte dort neben Pflanzen auch die größeren Insekten. Als Frucht seiner Sammeltätigkeit erschienen neben zahlreichen botanischen Berichten im Botanischen Taschenbuch (1799—1803) und in Flora, Botanische Zeitschrift (1802—1844) im Jahre 1825 die „Insecta coleoptrata, quae in itineribus suis, praesertim alpinibus collegunt David Henricus Hoppe et Fridericus Hornschuch". In dieser Arbeit werden *Cychrus angustatus*, *Carabus Hoppei*, *Carabus violaceus Neesi*, *Carabus convexus Hornschuchi* und *Geotrupes alpinus* (als *Scarabaeus alpinus*) beschrieben und aus der Gegend von Heiligenblut angegeben. Hornschuch war einer der vielen Naturwissenschaftler, die auf Veranlassung Hoppes Heiligenblut besuchten und dort meist in seiner Gesellschaft naturwissenschaftliche, vor allem botanische Studien betrieben. Einer der eifrigsten Mitarbeiter Hoppes war der Pfarrer von Sagritz David Pacher, der nicht nur wertvolle Beiträge zur Kenntnis der Flora des oberen Mölltales lieferte, sondern auch im weiteren Umkreise seiner Gemeinde eifrig Käfer sammelte. Das Verzeichnis der von ihm im Mölltal gesammelten Käfer (1853) ist bis heute das vollständigste, das wir aus diesem Teile des Untersuchungsgebietes besitzen.

Im Jahre 1844 reiste der Prager Lepidopterologe Dr. Nickerl, vielleicht auch durch Hoppes Berichte angeregt, über Gastein, den Mallnitzer Tauern und das Mölltal nach Heiligenblut, um sich dort vier Wochen lang aufzuhalten. Er traf Hoppe, der im Sommer des Vorjahres das letztemal in Heiligenblut gewesen war, nicht mehr an. Nickerl unternahm Exkursionen an die Pasterze und in die Gamsgrube, zum Katzensteig im Leitertal, auf den Moharkopf, auf das Zirknitzer Alpenhorn und in die Astener Felder, wobei er einige neue Schmetterlingsrassen, nämlich *Ino geryon. chrysocephala*, *Endrosa roscida melanomos* und *Endrosa irrorella Freyeri* entdeckte. Seine in ausführlicher Form (1846) veröffentlichten Sammelergebnisse stellen die erste wissenschaftliche Arbeit über die Schmetterlingsfauna eines Teiles der mittleren Hohen Tauern dar.

Nickerls Arbeit muß in den damaligen Entomologenkreisen großes Aufsehen erregt haben, denn sie wurde zum Anlaß einer Reihe weiterer Exkursionen in diesen Teil der Alpen. Schon im Jahre nach ihrem Erscheinen machten sich die Mitglieder der Stettiner Entomologischen Gesellschaft Andritschky, Dohrn, v. Kiesenwetter und die Brüder Märkel auf den Weg nach Heiligenblut. Sie gelangten, nicht ohne vorher Dr. Nickerl in Prag persönlich aufgesucht zu haben, durch das Seidelwinkeltal und über das Hochtor nach Heiligenblut, von wo sie Ausflüge an die Pasterze, in die Gamsgrube und in die nähere Umgebung von Heiligenblut unternahmen. Den Moharkopf bei Döllach besuchten sie in Gesellschaft Pachers, der seitdem in regem schriftlichem Verkehr mit der Stettiner Entomologischen Gesellschaft gestanden zu sein scheint und einen Teil seiner Käfer von Mitgliedern dieses Vereines bestimmen ließ. Auf der Rückreise trennte sich die Reisegesellschaft und kehrte teils über Rauris, teils über Gastein in das Salzachtal zurück. Das Ergebnis der Reise war ein leider unvollendet gebliebener Bericht aus der Feder Märkels und v. Kiesenwetters (1848) über die Käferfauna der besuchten Gegenden. Neu entdeckt und beschrieben wurden von Kiesenwetter die Käfer *Anthobium puberulum*, *Platystethus laevis*, *Tachinus latiusculus*, *Atheta subrugosa* und *Hydraena lapidicola*. Auf dem Heiligenbluter Tauern fand die Gesellschaft eine *Nebria*-Art, in der Dohrn die von Dejean vom Gipfel des Bösenstein beschriebene *Nebria atrata* wiedererkannte.

Im Sommer 1848 weilte Dohrn nochmals acht Tage lang in Heiligenblut und traf dort mit dem Wiener Maler und Lepidopterologen Josef Mann zusammen, der in diesem Jahre, wohl auch durch Nickerl angeregt, das erste Mal in Heiligenblut sammelte. Mann hielt sich später noch wiederholt, nämlich in den Jahren 1849, 1852, 1856, 1857, 1861, 1867 und 1870 in Heiligenblut auf und faßte (1871) das reiche Ergebnis seiner Sammeltätigkeit in der besonders hinsichtlich der Kleinschmetterlinge bisher vollständigsten Lepidopterenliste des Gebietes zusammen. Leider sind Manns Fundortangaben großenteils recht ungenau, was den Wert seiner Arbeit stark beeinträchtigt. An neuen Formen beschrieb Mann aus dem Glocknergebiet *Psodos alticolaria, Epichnopterix ardua, Pterophorus Rogenhoferi, Conchylis roridana, Crambus pratellus* var. *obscurellus* und *Crambus pascuellus* ab. *fumipalpellus*. Das Wiener Naturhistorische Museum bewahrt neben Lepidopteren auch zahlreiche von Mann im Glocknergebiet gesammelte Hymenopteren, Dipteren und Koleopteren auf, die größtenteils von Spezialisten bestimmt und deren Fundorte zum Teil auch in Spezialarbeiten veröffentlicht worden sind. Im Sommer 1855 hielt sich, von Gastein kommend, auch der bekannte Lepidopterologe O. Staudinger über vier Wochen lang in Heiligenblut auf. Staudinger sammelte als erster Entomologe intensiver im Leitertal und veröffentlichte (1856) eine bis heute wichtige Arbeit über seine Sammelergebnisse.

Unabhängig von den auf Hochenwart, Hoppe und Nickerl zurückgehenden botanischen und zoologischen Untersuchungen in der Umgebung von Heiligenblut führten die Brüder H. und A. Schlagintweit in den Jahren 1848 und 1851 ihre klassischen Studien an der Pasterze und am Karlingerkees durch. Sie wählten die Johanneshütte in der Gamsgrube zum Standquartier und führten eine genaue Vermessung der Pasterze und des Karlingergletschers durch. Die auf Grund dieser Vermessung entworfenen Karten sind deshalb besonders wertvoll, weil sie nahezu den letzten Höchststand der Gletscher, den diese um die Mitte des vorigen Jahrhunderts erreichten, festhalten. Aus von den Brüdern Schlagintweit im Gebiete der Pasterze gesammelten Pflanzenpolstern isolierte Ehrenberg mikroskopische Organismen, die er in seinem „Bericht über die mikroskopischen Organismen auf den höchsten Gipfeln der europäischen Centralalpen ..." (1854) eingehend beschrieb. Wie die klassischen Untersuchungen des berühmten Schweizers O. Heer liefern auch diejenigen der Brüder Schlagintweit und Ehrenbergs im Gegensatz zur rein faunenstatistischen Arbeit der anderen im vorigen Jahrhundert in den mittleren Hohen Tauern arbeitenden Naturforscher Einblick in das Wesen des hochalpinen Lebensraumes, wodurch sie sich weit über das Niveau der Alpenforschung ihrer Zeit erheben. Leider haben diese klassischen Untersuchungen im Gebiete der Hohen Tauern bis in die jüngste Vergangenheit keine Fortsetzung gefunden.

Während in Heiligenblut in der ersten Hälfte des vorigen Jahrhunderts fast allsommerlich Biologen weilten, scheint Gastein in dieser Zeit nur flüchtig von Zoologen aufgesucht worden zu sein. Mir ist nicht eine zoologische Arbeit über dieses Gebiet aus der ersten Hälfte des vorigen Jahrhunderts bekanntgeworden. J. Giraud scheint sich als erster Entomologe während seiner mehrmaligen Aufenthalte in Gastein intensiver mit der Fauna des Gasteiner Tales befaßt zu haben. Er veröffentlichte (1851) ein sorgfältig gearbeitetes Käferverzeichnis von Gastein, welches viele wertvolle Angaben über die Käferfauna des Gasteiner Tales enthält, und sammelte auch Hymenopteren und Fliegen auf seinen Ausflügen. Die bei Gastein von ihm entdeckten Hymenopterenarten *Panurgus montanus* und *Osmia rhinoceros* beschrieb er selbst, die Diagnose der Fliege *Brachyopa conica* hat Schiner nach von Giraud gesammelten Stücken erstellt. Auch Dolleschal scheint um die Mitte des vorigen Jahrhunderts im Gasteiner Tal gewesen zu sein und dort den Weberknecht *Dicranopalpus gasteinensis* (1852) entdeckt zu haben. Der finnische Forscher Prof. Palmén kam auf seiner Reise durch Österreich im Jahre 1870 auch nach Mallnitz und Gastein und sammelte dort Insekten verschiedener Ordnungen. Über Teile seiner umfangreichen Ausbeuten erschienen wissenschaftliche Veröffentlichungen, so eine Arbeit von O. M. Reuter (1876) über die Rhynchoten und eine Zusammenstellung von E. Bergroth (1888) über die Tipuliden. Einige Trichopterenfunde Palméns fanden in der Monographie Mac Lachlans (1874—1880, 1884) Aufnahme. Auf dem Naßfelde bei Gastein entdeckte Palmén die Fliegen *Tricyphona contraria* Bergr. und *Phora Palmeni* Becker. In den Jahren 1870—1890 nahmen die Dipterologen Becker und besonders

Mik wiederholt in Gastein Aufenthalt und sammelten dort ein großes Fliegenmaterial. Sie entdeckten hierbei die Fliegenarten: *Diadocidia valida* Mik, *Coryneta Strobli* Mik, *Coryneta Miki* Becker, *Atalanta trinotata* Mik, *Atalanta appendiculata Storchi* Mik, *Hilara sartor* Becker, *Campsicnemus mamillatus* Mik, *Hydrophorus Rogenhoferi* Mik, *Sphyrotarsus argyrostomus* Mik, *Eucoryphus Brunneri* Mik, *Helomyza Miki* Pok., *Suilla Miki* Pok. und *Phora dorsalis* Beck. Eine zusammenfassende Veröffentlichung über die Sammelergebnisse der beiden Spezialisten erschien leider nicht; das umfángreiche von Mik bei Gastein gesammelte Fliegenmaterial wird im Wiener Naturhistorischen Museum aufbewahrt. Lepidopteren scheint in Gastein erstmalig C. v. Hormuzaki intensiver gesammelt zu haben. Der Genannte hielt sich zu Ende des vorigen Jahrhunderts in Gastein auf und schrieb (1900) eine kleine Arbeit über die von ihm in den österreichischen Alpen gefundenen Schmetterlinge, worin er auch zahlreiche Funde aus Gastein anführt.

In der Gegend von Heiligenblut wurde in der zweiten Hälfte des vorigen Jahrhunderts viel weniger eifrig naturwissenschaftlich gearbeitet als in der Zeit vorher. Der Lepidopterologe Locke hielt sich im Sommer 1894 zwar schon zum zehnten Male im oberen Mölltal auf, hat aber außer einer kurzen Mitteilung über das Sammelergebnis im Jahre 1894 (vgl. Locke 1894/95) meines Wissens nichts über die Fauna von Heiligenblut veröffentlicht. Es ist mir auch nicht bekannt, wo sich das von ihm gesammelte Material derzeit befindet. Auch die Dipterologen Tief und später G. Strobl kamen in der zweiten Hälfte des vorigen Jahrhunderts nach Heiligenblut und an die Pasterze, wobei Tief nur Fliegen, Strobl auch Ichneumoniden sammelte (vgl. Strobl 1900 und 1902). Von Koleopterologen scheint nur L. Miller in den siebziger Jahren des vorigen Jahrhunderts in das obere Mölltal gekommen zu sein. Das Ergebnis dieser Reise, über das ein kurzer Bericht (1878) vorliegt, war aber wegen des herrschenden schlechten Wetters kümmerlich und lieferte keinerlei neue Beiträge zur Kenntnis der Käferfauna der mittleren Hohen Tauern.

Gegenüber der Sammeltätigkeit in der Gegend von Heiligenblut und im Gasteiner Tal tritt diejenige in anderen Teilen der Hohen Tauern im vorigen Jahrhundert weitgehend zurück. Einen wichtigen Beitrag zur Fauna des Fuscher Tales lieferte R. Sturany (1892), der auf Grund eines mehrwöchigen Aufenthaltes in Bad Fusch eine Arbeit über die Conchylienfauna dieser Gegend schrieb. Sturany sammelte während seines Fuscher Aufenthaltes neben Gastropoden auch Käfer und andere Insekten, die wie seine Schneckensammlung im Wiener Naturhistorischen Museum aufbewahrt werden. C. v. Dalla Torre besuchte auf seinen zahlreichen Exkursionen in verschiedene Teile des Tiroler Hochgebirges auch das Dorfertal und die Gegend von Windisch-Matrei. Den größten Teil seiner Osttiroler Funde veröffentlichte Dalla Torre (1882) selbst. Die Raubwespenfänge hat F. Kohl (1881) genau verzeichnet. Eine kurze koleopterologische Exkursion K. Escherichs (1888) in das Kapruner Tal war die erste, die von einem Entomologen in jüngerer Zeit in dieses Gebiet unternommen wurde. Escherichs Mitteilungen darüber sind aber leider sehr knapp gehalten. An koleopterologischen Exkursionen, die in der zweiten Hälfte des vorigen Jahrhunderts in Teile des Untersuchungsgebietes unternommen wurden, ist außerdem nur noch ein Sammelaufenthalt A. Ottos in der Rauris, bei welchem der Genannte den von Ganglbauer (1992 ff.) beschriebenen *Anthophagus noricus* entdeckte, zu nennen. Auch der Grazer Homopterenspezialist F. Then muß in der zweiten Hälfte des 19. Jahrhunderts in mehrere Täler des Untersuchungsgebietes gekommen sein, denn F. Loew gibt in seiner Übersicht über die Psyllidenfauna Österreich-Ungarns (1888) an, daß ihm von Then gesammeltes Material aus den Tauern Salzburgs und Oberkärntens vorgelegen habe.

Die im Laufe des vorigen Jahrhunderts geleistete faunenstatistische Einzelarbeit wurde in den eineinhalb Jahrzehnten zwischen der Jahrhundertwende und dem Weltkriege nicht wesentlich vermehrt. Bedeutendere Ergebnisse wurden in diesem Zeitraum nur auf lepidopterologischem und koleopterologischem Gebiete erzielt. Für die Erforschung der Kleinschmetterlingsfauna bildet die Arbeit Mitterbergers (1909) über die Mikrolepidopteren des

Landes Salzburg einen wesentlichen Fortschritt. In dieser Arbeit sind zahlreiche Kleinschmetterlingsfunde angeführt, die teils Mitterberger selbst im Jahre 1906 bei Ferleiten und im Jahre 1909 auf dem Naßfelde bei Gastein und im Kapruner Tal machte, während ein anderer Teil auf Sammelausflüge zurückgeht, die Eisendle 1903 allein und 1906 zusammen mit Hauder in das Kapruner Tal bis zum Moserboden unternahm. Eine Arbeit über die Großschmetterlingsfauna des Pasterzengebietes und der Gegend um Heiligenblut lieferte F. Hoffmann (1908/09), ohne aber die uns von Nickerl, Staudinger und Mann überlieferten Arten- und Fundortlisten wesentlich zu bereichern.

Eine Sammelreise, die K. Holdhaus ins Glocknergebiet unternahm und während welcher er die Gamsgrube, das Pasterzenvorland und das Gebiet südwestlich der Pfandlscharte koleopterologisch erforschte, führte zur Entdeckung des Blattkäfers *Chrysomela crassicornis norica* in der Gamsgrube. Das Gesamtergebnis dieser Reise wurde von K. Holdhaus (1909) in einer kleinen Arbeit niedergelegt, in der zahlreiche interessante ökologische Angaben enthalten sind. Sonst ist aus der Zeit vor dem Weltkriege nur noch eine Arbeit von Puschnig (1910) erwähnenswert, weil sie einige Angaben über die Orthopterenfauna der Gegend um Mallnitz enthält. Die dipterologischen Funde, die Oldenberg bei Heiligenblut und bei Gastein machte, sind leider mit wenigen Ausnahmen (vgl. Holdhaus 1912 und Peuß 1934) bisher unveröffentlicht geblieben. Oldenbergs Dipterensammlung wird im Deutschen Entomologischen Institut in Berlin-Dahlem aufbewahrt.

Größeren Umfang hat die faunistische Forschung im Gebiete der mittleren Hohen Tauern erst wieder nach dem Weltkriege angenommen. Während in den Jahrzehnten vor diesem durch die günstigen internationalen Verkehrsverhältnisse das Interesse der Forschung nach fernen Ländern gelenkt worden war, führte jetzt die Absperrung der Staaten gegeneinander zu einer fühlbaren Belebung der naturkundlichen Heimatforschung. Eine ganze Anzahl von Entomologen besuchte jetzt die Hohen Tauern, womit die Entdeckung zahlreicher tiergeographisch interessanter Tierformen in diesem Gebiete nach dem Weltkriege zusammenhängt. An lepidopterologischen Arbeiten aus den letzten zwanzig Jahren seien genannt: eine Studie von Belling (1920), worin unter anderen die Ergebnisse eines mehrtägigen Sammelaufenthaltes im Kapruner Tal veröffentlicht sind, eine Arbeit von Pfeiffer und Daniel (1920), worin die Schmetterlingsfauna des Kapruner Tales, der Gegend um Heiligenblut und der Pasterzenumrahmung behandelt wird, eine Arbeit von Warnecke (1920) über die Herbstfauna der beiden letztgenannten Gegenden und die Darstellung der Schmetterlingsfauna Südtirols von Kitschelt (1925), worin auch Daten über Sammelergebnisse Aufnahme fanden, die Kitschelt selbst im Jahre 1923 auf dem Kals-Matreier Törl und im Sommer 1925 im Landecktal erzielte. Auch die Ergänzungen zur Schmetterlingsfauna Kärntens, die Thurner in der Zeitschrift Carinthia II (1923 und 1938) veröffentlichte, sind in diesem Zusammenhang zu erwähnen, weil darin eine ganze Anzahl von Schmetterlingsfunden aus dem Glocknergebiet enthalten sind. Rechnet man zu diesen Veröffentlichungen noch die Sammeltätigkeit der Lepidopterologen, die, wie Galvagni, Jaitner, Kautz, Koschabök, Nitsche und Schwingenschuß zwar jahrelang in einzelnen Teilen des Untersuchungsgebietes, vor allem im oberen Mölltal, gesammelt, darüber aber keine zusammenfassende Darstellung veröffentlicht haben, so ergibt sich, daß die Schmetterlingsfauna des Untersuchungsgebietes in den beiden letzten Jahrzehnten eine sehr intensive Bearbeitung erfahren hat.

Auch auf koleopterologischem Gebiete brachte die Zeit nach dem Weltkriege für die Erforschung des Untersuchungsgebietes wesentliche Fortschritte. In dieser Zeit sammelten M. Bernhauer und F. Leeder wiederholt in der Gegend von Gastein, wobei folgende neue Käferarten entdeckt wurden: *Olophrum Bernhauerianum* Schplz., *Olophrum recticolle* Schplz., *Olophrum transversicolle* Luze, *Stenus salisburgensis* Bernh., *Quedius noricus* Bernh., *Leptusa Kaiseriana* Bernh., *Leptusa Leederi* Bernh., *Atheta Kaiseri* Bernh., *Atheta Scheerpeltzi* Bernh., *Atheta Leederi* Bernh., *Oxypoda alni* Bernh. und *Hygropetrophila Scheerpeltzi* Bernh. F. Leeder sammelte auch im Gebiete um den Sonnblickgipfel, im Sieglitz- und Krumeltal, J. Meixner auf der Südseite des Schareck im Bereiche der Duisburger Hütte und J. Petz bei Ferleiten und beim Glocknerhaus. K. Holdhaus und seine Mitarbeiter erforschten die hochalpine Käferfauna der Granatspitz-, Schober- und Kreuzeckgruppe, H. Frieb sammelte in mehreren Salzburger Tauerntälern und K. Konneczni brachte aus der Schobergruppe, aus dem Dorfer tal und aus der Umgebung von Rauris ein reiches Käfermaterial heim. Dem letztgenannten Sammler glückte die Entdeckung des *Bythinus Konnecznii* bei Kals und die des bis dahin nur aus dem Kaukasus bekannten *Kytorrhinus pectinicornis* in der Teischnitz und unterhalb des Bergertörls. O. Scheerpeltz gelang während eines kurzen Aufenthaltes im Gebiete der Rudolfshütte der überraschende Fund des *Olophrum Florae*, einer dem *Olophrum boreale* äußerst nahestehenden Art und die Auffindung eines neuen *Arpedium* (*A. salisburgense* Scheerpeltz i. l.), welches dem *Arpedium quadrum* sehr nahesteht, aber von ihm spezifisch verschieden sein soll. Auch in anderen nördlichen Tauerntälern wurde von O. Scheerpeltz ein reiches Staphylinidenmaterial gesammelt.

Weit geringere Beachtung als die Schmetterlinge und Käfer fanden die übrigen Tiergruppen der Landfauna. K.W.Verhoeff unternahm vom 20. September bis 18. Oktober 1938 eine Sammelreise nach Kärnten, während welcher er Isopoden, Chilopoden und Diplopoden sammelte und auch das Gebiet von Heiligenblut aufsuchte. Die Ergebnisse dieser Reise sind in mehreren Spezialarbeiten niedergelegt (Verhoeff 1939 a, 1939 b, 1940). K. Prohaska sammelte flüchtig bei Heiligenblut und beim Glocknerhause Rhynchoten und veröffentlichte die gemachten Funde in seinen Arbeiten über die Rhynchotenfauna Kärntens. Die von ihm am Haritzerweg unterhalb des Glocknerhauses entdeckte *Psylla Prohaskai* hat Priesner (1927) beschrieben. Der Linzer Koleopterologe Petz entdeckte während eines kurzen Besuches der Glocknergruppe im Sommer 1925 an der Pfandlscharte das erst jüngst von M. Beier (1939) beschriebene *Neobisium noricum*, und Br. Pittioni veröffentlichte eine viele interessante ökologische Beobachtungen enthaltende Arbeit über die Hummelfauna des Kalser Tales auf Grund einer mehrwöchigen Sammeltätigkeit in dieser Gegend. F. Werner stattete dem Tauernmoosboden vor dessen Umgestaltung zum Stausee einen kurzen Besuch ab, der ihm aber wegen des herrschenden schlechten Wetters nur eine geringe Zahl von Insekten und anderen Kleintieren einbrachte (vgl. Werner 1924). Wesentlich reichere Ergebnisse erzielte der Genannte auf seinen während mehrerer Sommer in Osttirol, unter anderem auch in der Gegend von Windisch-Matrei und in der Schobergruppe unternommenen Exkursionen (vgl. Werner 1929, 1931 und 1934). R. Ebner unternahm im August 1921 zusammen mit H. Zerny eine orthopterologische Sammelexkursion in die Glocknergruppe, deren Ergebnisse zwar bisher unveröffentlicht blieben, aber auf Grund sorgfältiger Tagebuchaufzeichnungen für die vorliegende Monographie verwertet werden konnten. Schließlich ist noch ein Sommeraufenthalt G. Thorsons in Heiligenblut zu erwähnen, währenddessen der Genannte im oberen Mölltal und auf den umliegenden Alpen eifrig Gastropoden gesammelt haben soll, ohne daß es mir bisher möglich gewesen wäre, irgendwelche Daten über das gesammelte Material in Erfahrung zu bringen.

Die vorstehende Aufzählung der die mittleren Hohen Tauern betreffenden Veröffentlichungen und der Sammler, die daselbst gearbeitet haben, wurde mit Absicht so vollständig als möglich gehalten. Sicherlich hat aber trotzdem besonders seit der Eröffnung der neuen Glocknerstraße noch so mancher hier nicht genannte Zoologe das Untersuchungsgebiet betreten und dort auch den einen oder anderen interessanten Fund gemacht, der mir unbekannt geblieben ist. Immerhin dürften die angeführten Daten ein ziemlich getreues Bild vom derzeitigen Stande der zoogeographischen Forschung in den mittleren Hohen Tauern geben. Sie zeigen, daß diese bisher sehr ungleichmäßig war und daß sie nicht nur ganze große Tiergruppen vollständig vernachlässigte, sondern auch beträchtliche Flächen völlig unberücksichtigt ließ. Es mußte daher die Aufgabe der dieser Monographie zugrunde gelegten Untersuchungen sein, zunächst diese Lücken auf faunenstatistischem Gebiete zu schließen und so ein möglichst vollständiges Material für die Bearbeitung der umfassenderen biogeographischen und biosoziologischen Fragen zu beschaffen.

Eine Bearbeitung der großen Probleme der alpinen Tiergeographie und Tierökologie ist im Gebiete, abgesehen von einigen den ganzen Ostalpenraum umfassenden Arbeiten von Holdhaus (1906, 1911, 1912, 1932), überhaupt nicht erfolgt. Hier klafft in der alpinen Tiergeographie und Tierökologie eine große Lücke, die auch in der vorliegenden Monographie mangels ausreichender Vorarbeiten nur zum Teile geschlossen werden kann.

2. Faunenstatistische Feststellungen.

Das nachfolgende Verzeichnis der im Untersuchungsgebiete gefundenen Tiere hat den Zweck, einen Überblick über die Verbreitung und Lebensweise der einzelnen Arten im Gebiete zu vermitteln. Es bringt daher möglichst genaue Detailfundorte, möglichst unter Angabe der gesammelten oder beobachteten Stückzahl, des Datums sowie sonstiger ökologischer Beobachtungen.

Die Fundorte sind geographisch nach den Gebirgsgruppen geordnet, so zwar, daß bei jeder Tierart die Bezeichnung der betreffenden Gebirgsgruppe den ihr zugehörenden Fundortangaben vorausgestellt ist. Aus Raumersparungsgründen wurde für Sonnblickgruppe die Abkürzung S. Gr., für Glocknergruppe Gl. Gr. und für Granatspitzgruppe Gr. Gr. verwendet. Die einzelnen Fundortangaben sind durch Strichpunkte voneinander getrennt, die Quellen, aus denen die einzelnen Angaben stammen, sind diesen in Klammern beigesetzt. Ein eingeklammerter Autorname mit Jahreszahl bedeutet, daß die betreffende Angabe einer Arbeit des zitierten Autors entnommen ist, die im Literaturverzeichnis am Schlusse dieser Monographie unter der betreffenden Jahreszahl angeführt ist; eingeklammerte Autornamen hinter den Fundortsangaben ohne Jahreszahl besagen, daß die betreffenden Daten auf eine schriftliche Angabe des Genannten oder auf von ihm gesammeltes, von mir untersuchtes Material zurückgehen. Unsichere Angaben aus der Literatur oder aus brieflichen Mitteilungen, für die keine ausreichende Bestätigung gefunden werden konnte, wurden in das Fundorteverzeichnis nicht aufgenommen. Funde, bei denen kein Autor genannt ist, wurden von mir selbst gemacht.

Bei Arten mit charakteristischer Verbreitung und Lebensweise oder bei solchen, über die im Gebiete ökologisch interessante Beobachtungen gemacht werden konnten, sind entsprechende Angaben der Aufzählung der im Untersuchungsgebiete gemachten Funde angefügt.

Hinweise auf die im Zusammenhange mit der Bearbeitung der einzelnen Tiergruppen benützte Literatur, auf die Spezialisten, die mein Material bearbeitet haben, und auf sonstige benützte Quellen wie briefliche Mitteilungen und bisher unveröffentlichte Ausbeuten anderer Sammler finden sich bei den einzelnen Tierordnungen vor der Artenliste.

Das von mir gesammelte Material befindet sich zum überwiegenden Teile in den Sammlungen des Wiener Naturhistorischen Museums, zum geringen Teile auch in meiner Privatsammlung. Einzelne Belegexemplare verblieben bei den Spezialisten, die die betreffenden Tiergruppen bestimmt haben.

Ordnung Nematodes.

Im Untersuchungsgebiete wurden meines Wissens bisher nur von mir Erdnematoden gesammelt. Die Bearbeitung meines Materials besorgte in stets hilfsbereiter Weise Herr Fr. Paesler, Mühlseiffen (Schles.). An ökologisch-tiergeographischen Schriften wurden benützt: Franz (1942), Frenzel (1936), Menzel (1914 und 1920), Micoletzky (1921), Seidenschwarz (1923) und Schneider (1939). In der systematischen Anordnung und Benennung der Arten folge ich Schneider (1939).

Familie *Enoplidae*.

1. *Alaimus primitivus* de Man.
    Gl. Gr.: Kalkphyllitsteppe beim Glocknerhaus, in 2100 *m* Höhe 1 ♀ 27. VII. 1939; Käfertal, im Moos am Stamm eines alten Bergahorns 4 ♀ 23. VII. 1939; Piffkaralm, in 1630 *m* Höhe knapp über der Glocknerstraße 1 ♀ 15. VII. 1940, in der obersten Schicht des Almbodens; Fuscher Törl, in Graspolstern 2 ♀ 15. VII. 1940.

Gr. Gr.: Dorfer Öd (Stubach), im Fallaub unter Grünerlen 2 ♀ bei der Alm in 1300 m Höhe 25. VII. 1939. Schneiderau, in Moos und Fallaub unter einem alten Bergahorn unweit des Gasthofes 1 ♀, 1 juv. 25. VII 1939.

Kosmopolit, der sowohl im Boden als auch in Süßwasser lebt. Die Art scheint in den Ostalpen von den Talböden bis in die Gipfelregion allgemein verbreitet zu sein. Seidenschwarz (1923) fand sie auf der Höttinger Alm bei Innsbruck, Micoletzky (1921) gibt sie aus den Schladminger Tauern, Haller Mauern, dem Hochlantschgebiet und von Lunz an, ich selbst fand sie in den Rottenmanner und Sölker Tauern, im Ennstal bei Admont und in den Voralpen von Niederdonau. Das Tier ist als omnivag zu bezeichnen.

2. *Alaimus dolichurus* de Man.
Gl. Gr.: Kapruner Tal, in der Laubstreu des Mischwaldes am Hang über dem Kesselfall 2 ♀ 14. VII. 1939.
Gleichfalls weit verbreitet aber viel seltener als die vorgenannte Art. Lebt vorwiegend terrestrisch und wurde von Seidenschwarz (1923) auf der Höttinger Alm, von mir in den Rottenmanner Tauern, auf den Gesäusebergen und in den Voralpen von Niederdonau gefunden.

3. *Ironus ignavus* Bast. f. *longicaudatus* de Man.
Gl. Gr.: Fuscher Rotmoos, im nassen Moos 12 ♀, 11 juv. 23. VII. 1939; 1 juv. 14. V. 1940.
Lebt fast ausschließlich terrestrisch, bevorzugt aber Sumpfland. Die Art lebt räuberisch, scheint weltweit verbreitet zu sein und ist auch bereits von zahlreichen Punkten der Ostalpen bekannt (Menzel 1914, Micoletzky 1921 und eigene Funde).

4. *Tylencholaimus mirabilis* Bütschli.
Gl. Gr.: Moserboden, in der obersten Bodenschicht einer Almmatte in 1970 m Höhe 2 ♀ 17. VII. 1939.
Gr. Gr.: Dorfer Öd (Stubach), in der obersten Bodenschicht des Almrasens auf der Talalm in 1300 m Höhe 1 ♀ 25. VII. 1939.
Die Art ist bisher aus den Ostalpen, der Schweiz, von Frankfurt a. M. und aus Holland bekannt; sie ist selten, aber anscheinend ziemlich euryök und lebt vorwiegend terrestrisch.

5. — *minimus* de Man.
Gl. Gr.: Moserboden, im Moosrasen eines sehr sumpfigen Almlägers 44 ♀ 17. VII. 1939.
Die Art ist in Europa weit verbreitet, sie lebt vorwiegend terricol und scheint nahezu omnivag zu sein. In den Ostalpen gehört sie zu den selteneren Arten, wurde jedoch auch schon bei Pernegg an der Mur (Micoletzky 1921), in den Rottenmanner Tauern, Haller Mauern und Gesäusealpen sowie in den Voralpen von Niederdonau nachgewiesen (Franz).

6. *Dorylaimus (Longidorus) elongatus* de Man.
Pinzgau: Taxingbauer in Haid bei Zell am See, im Wiesenboden 1 ♂, 2 ♀, 1 juv. 13. VII. 1939.
Die Art ist bisher aus Holland, Deutschland, der Schweiz und dem Ostalpengebiet bekannt, sie lebt meist terrestrisch. Auch sie scheint ziemlich euryök zu sein und wie die meisten *Dorylaimus*-Arten semiparasitisch an höheren Pflanzen oder auch saprob zu leben.

7. — *(Dorylaimellus) macrodorus* de Man.
Gl. Gr.: Haldenhöcker unter dem Mittleren Burgstall, in der obersten Schicht des Grasheidebodens 2 ♀, 1 juv. 16. VII. 1940; Kapruner Tal, in der Laubstreu des Mischwaldes am Hang über dem Kesselfall 2 ♂ 14. VII. 1939; Moserboden, Almmatte, in der obersten Bodenschicht 12 ♀, 9 juv. 16. VII. 1939; Piffkaralm, in 1630 m knapp oberhalb der Glocknerstraße, in der obersten Bodenschicht des Almbodens 2 ♀ 15. VII. 1940; Knappenstube nördlich des Hochtores, in der *Nebria atrata*-Zone in Vegetationspolstern 1 ♂ 15. VII. 1940.
Pinzgau: Taxingbauer in Haid bei Zell am See, im Wiesenboden 19 ♀, 7 juv. 13. VII. 1939.
In Mitteleuropa weit verbreitet, geht nordwärts bis Nowaja Semlja (sec. Micoletzky 1921), lebt vorwiegend terricol. Die Art wurde in der Schweiz und in den Ostalpen schon an zahlreichen Punkten festgestellt, sie steigt aus den tiefsten Tallagen bis 4000 m (Menzel 1914) empor.

8. — *(Axonchium) tenuicollis* Steiner.
Gl. Gr.: Steppenwiesen entlang des Haritzerweges oberhalb Heiligenblut in etwa 1450 m Höhe, im Rasengesiebe 1 ♀ 15. VII. 1940.
Die Art ist aus der Schweiz, der Ostmark und Schlesien bekannt, de Man beschrieb aus Holland eine eigene Rasse. *D. tenuicollis* scheint vorwiegend Wiesenböden zu bewohnen, er steigt aus der Ebene bis in die hochalpine Grasheidenstufe der Alpen empor, wo er in den Gesäusebergen von Micoletzky (1921) noch in 2000 m Höhe gefunden wurde.

9. — *(Dorylaimus) oxycephalus* de Man.? (vielleicht nur ein juv. Ex. von D. *Bastiani* Btsli.)
Gl. Gr.: Fuscher Tal, Wiese oberhalb Ferleiten 1 juv. 21. VII. 1939.
Die Art ist bisher nur bei Weimar und in Holland gefunden worden, sie lebt terricol.

10. — *(Dorylaimus) longicaudatus* Bütschli.
Gl. Gr.: Fuscher Rotmoos, in nassem Moos 1 ♂, 4 ♀, 10 juv. 23. VII. 1939; 7 ♀, 3 juv. 14. V. 1940; Wasserrad SW-Hang, in der obersten Schicht des Grasheidebodens in 2500 m Höhe 3 ♀, 2 juv. 17. VII. 1940; Moserboden, im nassen Moos eines versumpften Almlägers 4 juv. 17. VII. 1939.
Gr. Gr.: Wiegenwald, im *Sphagnum*-Rasen eines Hochmoores in 1700 m Höhe 2 ♀ 10. VII. 1939.
Pinzgau: Taxingbauer in Haid bei Zell am See, 2 ♀, 3 juv. im Wiesenboden 1 3. VII. 1939.
Die Art scheint über ganz Mitteleuropa verbreitet zu sein, sie lebt vorwiegend terrestrisch, ist aber sehr euryök. Sie wurde in den Ostalpen bereits an zahlreichen Punkten nachgewiesen und steigt aus den Tälern bis in die hochalpine Grasheidenstufe empor.

11. — *(Dorylaimus) Bastiani* Bütschli.
Gl. Gr.: Südseite des Elisabethfelsens, im nassen Moos eines Quellriesels 2 ♀ 17. VII. 1940; Kapruner Tal, in der Laubstreu des Mischwaldes am Hang über dem Kesselfall 2 juv. 14. VII. 1939; Moserboden, in der obersten Bodenschicht des Almrasens in 1970 m Höhe 11 ♀, 5 juv. 17. VII. 1939; Fuscher Rotmoos, im nassen Moos 6 juv. 14. V. 1940; Knappenstube nördlich des Hochtores, in der *Nebria atrata*-Zone in Vegetationspolstern 2 ♀ 17. VII. 1940.
Gr. Gr.: Dorfer Öd (Stubach), in der oberen Bodenschicht des Almrasens auf der Talalm in 1300 m Höhe 2 ♀, 4 juv. 26. VII. 1939.

Pinzgau: Taxingbauer in Haid bei Zell am See, im Wiesenboden 2 juv. 13. VII. 1939.

Die Art ist Kosmopolit. Sie lebt vorwiegend terricol und steigt aus der Ebene bis in die Polsterpflanzen-stufe des Hochgebirges empor. Sie ist von zahlreichen Punkten in den Alpen der Schweiz (Menzel 1914)-Tirols (Seidenschwarz 1923), Salzburgs (Micoletzky 1921, Franz), Steiermarks und Niederdonaus (Micoletzky 1921 und Franz) bekannt.

12. *Dorylaimus (Dorylaimus) Hofmänneri* Menzel.

Gl. Gr.: Südhang des Elisabethfelsens, im nassen Moos eines Quellriesels 1 ♂, 7 ♀, 2 juv. 17. VII. 1940; Haldenhöcker unter dem Mittleren Burgstall, in der obersten Schicht des Grasheidebodens in 2650 m Höhe 2 ♀ 16. VII. 1940; Kalkphyllitsteppe beim Glocknerhaus in 2100 m Höhe, im Grasheideboden 1 ♂ 27. VII. 1939; Kapruner Tal, in der Laubstreu des Mischwaldes am Hang über dem Kesselfall 16 juv. 14. VII. 1939; Fuscher Tal oberhalb Ferleiten, im Wiesenboden 1 ♀ 21. VII. 1939; Käfertal, im Fallaub und Moos unter Grauerlen 1 juv. 14. V. 1940; Käfertal, im Moos am Stamme eines alten Bergahorns 1 ♂, 11 ♀, 7 juv. 23. VII. 1939; Fuscher Rotmoos, im nassen Moos 1 juv. 14. V. 1940; Knappenstube nördlich des Hochtores, in der *Nebria atrata*-Zone in Vegetationspolstern 1 ♀, 2 juv. 15. VII. 1940.

Gr. Gr.: Dorfer Öd (Stubach), im Fallaub unter Grünerlen in 1300 m Höhe unweit der Alm 3 juv. 25. VII. 1939; Schneiderau, im Moos am Fuße eines alten Bergahorns 4 ♀, 4 juv. 25. VII. 1939.

Die Art ist vermutlich sehr weit verbreitet, wurde aber oft mit *D. filiformis* Bast. vermengt. Sie lebt vorwiegend terrestrisch, wird aber auch im Süßwasser gefunden. *D. Hofmänneri* wurde im Rhätikon von Menzel (1914) bis 2700 m Höhe festgestellt und dürfte in den Ostalpen weit verbreitet sein. Er wurde von Seidenschwarz (1923) auf der Höttinger Alm bei Innsbruck, von mir auf dem Gumpeneck in den Niederen Tauern, auf den Haller Mauern und Gesäusebergen sowie im Ennstal bei Admont und in den Voralpen von Niederdonau gefunden. Er bewohnt nicht nur das Gebirge, sondern auch die Ebene.

13. — *(Dorylaimus) acuticauda* de Man.

S. Gr.: Grieswiesalm im Hüttenwinkeltal, im Wurzelgesiebe aus *Calluna*- und *Nardus*-Beständen 15. V. 1940.

Gl. Gr.: Wasserrad-SW-Hang, in der obersten Schicht des Grasheidebodens in 2500 m Höhe 2 ♀, 2 juv. 17. VII. 1940; Fuscher Törl, in Vegetationspolstern 1 ♀ 2 juv. 15. VII. 1940.

Die Art aus dem größten Teil Mitteleuropas und von Nowaja Semlja bekannt, sie lebt terricol und im Süßwasser und wurde in den Alpen von Menzel (1914) im Rhätikon, von mir in der Umgebung von Admont in Obersteiermark gefunden.

14. — *(Dorylaimus) Carteri* Bastian.

S. Gr.: Grieswiesalm im Hüttenwinkeltal, im Rasengesiebe 2 juv. 15. V. 1940.

Gl. Gr.: Pasterzenvorfeld zwischen Glocknerhaus und Möll, innerhalb der Moräne des Jahres 1856 8 juv. 27. VII. 1939; Kalkphyllitsteppe beim Glocknerhaus (2100 m) 16 ♀, 29 juv. 27. VII. 1939; Käfertal (oberstes Fuscher Tal), im Moos an alten Bergahornen 3 ♀, 4 juv. 23. VII. 1939; Fuscher Rotmoos, in nassem Moos mehrere ♀ und juv., 14. V. 1940; Moserboden, Almmatte, in der obersten Bodenschicht 9 ♀, 6 juv. 17. VII. 1939; Wasserrad-SW-Hang, im Elynetum in 2500 m Höhe 2 ♀, 2 juv. 17. VII. 1940; Haldenhöcker unter dem Mittleren Burgstall (2650 m) 10 juv. 16. VII. 1940; Piffkaralm (1630 m), im Moos und Mull alter Bergahorne 6 juv. 15. VII. 1940; Knappenstube nördlich des Hochtores in der *Nebria atrata*-Zone 2 ♀, 4 juv. 15. VII. 1940; Südhang des Elisabethfelsens, im Moos einer Quellflur 2 ♀, 4 juv. 17. VII. 1940; Fuscher Törl, Graspolster, 2 ♀, 3 juv. 15. VII. 1940; Piffkaralm (1630 m), im Almboden 1 ♀, 3 juv. 15. VII. 1940; Kapruner Tal, in der Waldstreu des Mischwaldes oberhalb des Kesselfalles 1 ♂, 4 ♀, 2 juv. 14. VII. 1939.

Gr. Gr.: Wiegenwald (Stubach), aus morschem, mit *Sphagnum* bewachsenem Lärchenstamm gesiebt 43 ♀, 28 juv. 10. VII. 1939; Dorfer Öd (Stubach), aus Fallaub unter Grünerlen gesiebt 1 ♂, 9 ♀, 2 juv. 25. VII. 1939; Schneiderau, am Fuß eines Bergahorns aus Moos gesiebt 1 ♂ 25. VII. 1939.

Pinzgau: Taxingbauer in Haid bei Zell am See, im Wiesenboden 5 ♀, 4 juv. 13. VII. 1939.

Kosmopolit, auch auf der Höttinger Alm bei Innsbruck, in den Niederen Tauern und in den Gesäusebergen nachgewiesen. Lebt sowohl in Erde als auch im Wasser; eine völlig omnivage Art (Micoletzky 1921).

15. — *(Dorylaimus) lugdunensis* de Man.

Gl. Gr.: Glocknerhaus, Almmatte (2100 m), in der obersten Bodenschicht 5 juv. 27. VII. 1939; Moserboden, Almmatte, in der obersten Bodenschicht 4 ♀, 3 juv. 17. VII. 1939; Moserboden, nasser Almläger, im Moos 8 ♀ 17. VII. 1939.

Gr. Gr.: Wiegenwald (Stubach), in sehr nassem *Sphagnum* 9 ♀, 19 juv. 10. VII. 1939; Dorfer Öd (Stubach), Almweide, in der obersten Bodenschicht 4 ♀, 6 juv. 25. VII. 1939.

Scheint weltweit verbreitet zu sein, lebt meist terrestrisch.

16. — *(Dorylaimus) agilis* de Man.

Gl. Gr.: Südhang des Elisabethfelsens, im nassen Moos einer Quellflur 1 ♀ 17. VII. 1940; Wasserrad-SW-Hang, im Elynetum in 2500 m Höhe 3 juv. 17. VII. 1940.

Kosmopolit, lebt in Erde und im Wasser.

17. — *(Dorylaimus) centrocercus* de Man.

Gl. Gr.: Fuscher Tal oberhalb Ferleiten, im Wiesenboden 1 juv. 21. VII. 1939.

In ganz Europa, lebt meist terrestrisch, besonders auf Wiesen und Weiden und im Moosrasen.

18. — *(Dorylaimus) superbus* de Man.

Gl. Gr.: Fuscher Rotmoos, in nassem Moos 1 juv. 14. V. 1940.

Pinzgau: Taxingbauer in Haid bei Zell am See, in Wiesenboden 1 ♀ 13. VII. 1939.

Weit verbreitet, lebt meist terrestrisch. Die sonst häufige Art scheint im Gebiete selten zu sein.

19. — *(Dorylaimus) bryophilus* des Man. (Bestimmung nicht ganz sicher.)

Gl. Gr.: Fuscher Rotmoos, in sehr nassem Moos 2 juv. 23. VII. 1939.

Gr. Gr.: Wiegenwald (Stubach), aus morschem, mit *Sphagnum* bewachsenem Lärchenstamm gesiebt 11 juv. 10. VII. 1939.

In Mitteleuropa weit verbreitet, lebt in Erde und Moos.

20. *Dorylaimus (Dorylaimus) obtusicaudatus* Bastian.
S. Gr.: Grieswiesalm im Hüttenwinkeltal, im Gesiebe aus *Calluna-* und *Nardus-*Wurzeln 1 juv. 15. V. 1940.
Gl. Gr.: Haldenhöcker unter dem Mittleren Burgstall, Rasengesiebe 2 ♀, 10 juv. 16. VII. 1940; Knappenstube nördlich des Hochtores, in der *Nebria atrata-*Zone 3 juv. 15. VII. 1940; Wasserrad-SW-Hang, im Elynetum in 2500 *m* Höhe, in der obersten Bodenschicht 2 ♀, 3 juv. 17. VII. 1940; Glocknerhaus, Almmatte (2100 *m*), in der obersten Bodenschicht 18 ♀, 5 juv. 27. VII. 1939; Pasterzenvorfeld zwischen Glocknerhaus und Möll, innerhalb der Moräne von 1856 2 ♀, 18 juv. 27. VII. 1939; Kalkphyllitsteppe beim Glocknerhaus (2100 *m*), in der obersten Bodenschicht 22 ♀, 36 juv. 27. VII. 1939; Fuscher Tal oberhalb Ferleiten, in Wiesenboden 12 ♀, 3 juv. 21. VII. 1939, Käfertal (oberstes Fuscher Tal), im Moos an alten Bergahornen 2 ♀, 3 juv. 23. VII. 1939; Käfertal, im Fallaub von Grauerlen 1 ♀, 1 juv. 14. V. 1940; Kapruner Tal, in der Waldstreu am Hang oberhalb des Kesselfalles 3 ♀, 7 juv. 14. VII. 1939; Steppenwiesen am Haritzerweg oberhalb Heiligenblut 3 juv. 15. VII. 1940.
Gr. Gr.: Dorfer Öd (Stubach), Almweide, in der obersten Bodenschicht 9 ♀, 19 juv. 25. VII. 1939; Dorfer Öd, im Fallaub unter Grünerlen 2 ♀, 4 juv. 25. VII. 1939; Schneiderau, im Moos am Fuße eines alten Bergahorns 2 ♀, 4 juv. 25. VII. 1939.
Pinzgau: Taxingbauer in Haid bei Zell am See, in Wiesenboden 24 ♀, 18 juv. 13. VII. 1939.
Weit verbreitet, überall häufig. Im Gebiete der häufigste Fadenwurm, der nur in den *Sphganum-*Mooren fehlt. Auch auf der Höttinger Alm bei Innsbruck und an zahlreichen Punkten in Obersteiermark festgestellt.

21. — *Dorylaimus (Dorylaimus) tritici* Bastian.
Gl. Gr.: Feuchte Wiese oberhalb Ferleiten, in der obersten Bodenschicht 1 ♀ 21. VII. 1939; Wasserrad-SW-Hang, im Elynetum in 2500 *m* Höhe, Rasengesiebe 1 ♀ 17. VII. 1940.
Weit verbreitet, meist terrestrisch; auch auf der Höttinger Alm bei Innsbruck festgestellt. Nach Micoletzky bevorzugt die Art das Gebirge.

22. — *(Dorylaimus)* spec.
Gl. Gr.: Feuchte Wiese oberhalb Ferleiten, mit der vorgenannten Art 1 ♂, 2 juv. 21. VII. 1939.

23. — *(Dorylaimus) helveticus* Steiner.
Gl. Gr.: Fuscher Rotmoos, im nassen Moos 3 ♂, 6 ♀, 4 juv. 14. V. 1940.
Die Art scheint im allgemeinen im Wasser zu leben; sie wird von Schneider (1939) nur aus dem Neuenburger See in der Schweiz und dem Teleckoje-See in Sibirien angegeben.

24. *Tripyla (Trischistoma) filicaudata* de Man.
Pinzgau: Taxingbauer in Haid bei Zell am See, in Wiesenboden 1 juv. 13. VII. 1939.
Über den größten Teil von Europa verbreitet, in den Alpen anscheinend selten; meist terrestrisch.

25. — *(Trischistoma) setifera* Bütschli.
Gl. Gr.: Kapruner Tal, aus der Laubstreu des Mischwaldes oberhalb des Kesselfalles gesiebt 1 ♂, 7 ♀, 3 juv. 14. VII. 1939.
Pinzgau: Taxingbauer in Haid bei Zell am See, im Wiesenboden 1 ♀ 13. VII. 1939.
Ganz Europa, meist terricol. Die Art scheint in den Alpen überall vorzukommen; Menzel (1914) gibt sie aus der Schweiz, Micoletzky (1921) aus Steiermark an. Ich selbst fand sie in den Voralpen von Niederdonau und am Geschriebenstein in der Oststeiermark.

26. *Trilobus gracilis* Bastian.
Gl. Gr.: Fuscher Rotmoos, in nassem Moos 1 juv. 14. V. 1940; Südhang des Elisabethfelsens, im nassen Moos einer Quellflur 1 ♀ 17. VII. 1940.
Sehr weit verbreitet, lebt meist im Wasser, ernährt sich nach Menzel von Rotatorien und anderen kleinen Tieren.

27. *Prismatolaimus dolichurus* de Man.
Gl. Gr.: Moserboden, nasser Almläger, im Moos 4 ♀ 17. VII. 1939.
Gr. Gr.: Dorfer Öd (Stubach), im Fallaub unter Grünerlen 11 ♀, 3 juv. 25. VII. 1939.
Kosmopolit, lebt fast stets in Moos, mit Vorliebe in Mooren und meidet Kalk (Micoletzky 1921).

28. *Mononchus (Mononchus) macrostoma* Bastian.
Gl. Gr.: Fuscher Rotmoos, in nassem Moos 1 juv. 23. VII. 1939, 3 juv. 14. V. 1940.
Kosmopolit, lebt wie alle *Mononchus-*Arten räuberisch, verzehrt selbst kleinere Nematoden (Menzel 1920). Diese sonst sehr häufige Art scheint im Gebiete selten zu sein und keineswegs überall vorzukommen.

29. — *(Prionchulus) papillatus* Bastian.
Gl. Gr.: Käfertal, im Fallaub von Grauerlen 2 ♀, 1 juv. 14. V. 1940; Piffkaralm, im Almboden (1630 *m*) 3 juv. 15. VII. 1940; Südhang des Elisabethfelsens, in nassem Moos einer Quellflur 3 juv. 17. VII. 1940.
Pinzgau: Taxingbauer in Haid, in Wiesenboden 2 juv. 13. VII. 1939.
Kosmopolit, lebt meist in Erde, seltener in Wasser.

30. — *(Prionchulus) muscorum* (Dujardin).
Gl. Gr.: Fuscher Rotmoos, in nassem Moos 5 ♀, 19 juv. 14. V. 1940; Moserboden, nasser Almläger, im Moos 4 ♀ 17. VII. 1939.
Über den größten Teil von Europa und Nordamerika verbreitet, lebt meist in Moosrasen, wo er kleineren Nematoden, Rotatorien und Tardigraden nachstellt. Auf dem Unterberg in Niederdonau im Almboden gefunden.

31. — *(Myonchulus) brachyurus* Bütschli.
Gr. Gr.: Schneiderau (Stubach), im Fallaub und Moos unter einem alten Bergahorn 1 ♀, 2 juv. 25. VII. 1939.
Auch auf der Höttinger Alm bei Innsbruck festgestellt. Weitverbreitet, aber systematisch noch nicht scharf umgrenzt.

32. — *(Anatonchus) tridentatus* de Man.
Pinzgau: Taxingbauer in Haid bei Zell am See, in Wiesenboden 1 ♂, 5 ♀, 7 juv. 13. VII. 1939.
In der Schweiz noch in 2250 *m* Höhe gesammelt (Menzel 1914); in Mitteleuropa weit verbreitet, meist terrestrisch.

33. *Mononchus (Jotonchus) Studeri* Steiner.
    Gl. Gr.: Piffkaralm, in Almboden (1630 m) 1 ♀, 1 juv. 15. VII. 1940; Südseite des Elisabethfelsens, im nassen Moos einer Quellflur 1 ♀, 1 juv. 17. VII. 1940.
    Bisher in der Ostmark und in der Schweiz gefunden; von M. Beier und mir auch in der Ebene bei Wien auf Moorwiesen festgestellt.
34. — *(Jotonchus) Zschokkei* Menzel.
    S. Gr.: Grieswiesalm im Hüttenwinkeltal, aus Wiesenboden gesiebt 1 ♀ 15. V. 1940.
    Gl. Gr.: Käfertal, aus Moos an den Stämmen der höchsten Bergahorne gesiebt 1 ♀, 1 juv. 23. VII. 1939; Piffkaralm (1630 m), im Moos an den Stämmen eines alten Bergahorns 1 ♀, 2 juv. 15. VII. 1940.
    In den Gebirgen Deutschlands, der Schweiz, Ungarns und der Bukowina festgestellt; lebt in Moos und Wiesenboden, selten in Wasser. Die Art wurde auch auf der Höttinger Alm bei Innsbruck gefunden; ich selbst fand sie auf dem Unterberg in den Voralpen von Niederdonau, am Gumpeneck in den Niederen Tauern und im Ennstal bei Admont (dort in Ackerböden). Sie steigt von den Talböden bis in die Hochalpen empor, scheint aber in der Ebene zu fehlen.

Familie *Chromadoridae*.

35. *Achromadora terricola* (de Man).
    Gl. Gr.: Fuscher Rotmoos, im nassen Moos 2 ♀ 23. VII. 1939.
    In Europa verbreitet, in Erde und in Süßwasser. In den Alpen anscheinend selten und lokal.

Familie *Araeolaimidae*.

36. *Wilsonema auriculatum* (Bütschli).
    Gl. Gr.: Pasterzenvorfeld, in der Zwergstrauchzone vor der Margaritze aus Moosrasen gesiebt 3 ♀ 17. VII. 1940.
    In ganz Europa, lebt in Erde und Moos. Auch auf der Höttinger Alm bei Innsbruck nachgewiesen.
37. — *otophorum* (de Man) (Bestimmung nicht ganz sicher).
    Gl. Gr.: Piffkaralm (1630 m), im Moos an den Stämmen alter Bergahorne 4 juv. (vielleicht nur Jugendzustände der vorgenannten Art) 15. VII. 1940.
    Über den größten Teil von Europa verbreitet, auch aus Java bekannt. Die Art lebt in Erde und Moos, auch in Sandböden.
38. *Rhabdolaimus terrestris* de Man.
    Gr. Gr.: Wiegenwald (Stubach), im *Sphagnum*-Moos 66 ♂ 10. VII. 1939.
    Kosmopolit, lebt in Erde und in Wasser, bevorzugt nach Micoletzky Moose. Ich fand die Art in den Niederen Tauern, in den Voralpen von Niederdonau und in der Ebene bei Wien im Wiesenboden.
39. *Plectus granulosus* Bastian.
    Gl. Gr.: Käfertal, im Moos an den obersten Bergahornen 3 ♀, 2 juv. 23. VII. 1939; Fuscher Rotmoos, in nassem Moos 1 ♀ 14. V. 1940; Piffkaralm (1630 m), zwischen Rasenwurzeln 1 ♂, 3 ♀ 15. VII. 1940; Kapruner Tal, in der Waldstreu des Mischwaldes oberhalb des Kesselfalles 1 ♂, 2 ♀ 14. VII. 1939.
    Kosmopolit, auch auf der Höttinger Alm bei Innsbruck, im Ennstal bei Admont, in den Voralpen von Niederdonau und am Neusiedler See nachgewiesen. Scheint wie alle *Plectus*-Arten von Pflanzensäften zu leben.
40. — *tenuis* Bastian.
    Gl. Gr.: Fuscher Rotmoos 1 ♀ 23. VII. 1939; 2 ♀, 1 juv. 14. V. 1940; Knappenstube nördlich des Hochtores, in der *Nebria atrata*-Zone 1 ♀ 15. VII. 1940; Südhang des Elisabethfelsens, in nassem Moos einer Quellflur 1 ♀ 17. VII. 1940; Wasserradkopf, SW-Hang, Elynetum in 2500 m, im Rasengesiebe 2 ♀ 17. VII. 1940.
    Gr. Gr.: Stubachtal, Schneiderau, im Moos am Fuße eines alten Bergahorns 8 ♀, 3 juv. 25. VII. 1939.
    Sehr weit verbreitet, lebt in Erde und im Wasser.
41. — *cirratus* Bastian.
    S. Gr.: Grieswiesalm im Hüttenwinkeltal, aus *Calluna*- und *Nardus*-Wurzeln gesiebt 1 ♀, 1 juv. 15. V. 1940.
    Gl. Gr.: Kapruner Tal, in der Laubstreu des Mischwaldes am Hang über dem Kesselfall 6 juv. 14. VII. 1939; Moserboden, nasser Almläger, im Moos 16 ♀ 17. VII. 1939; Käfertal, im Moos an den obersten Bergahornen 4 ♀, 3 juv. 23. VII. 1939; Fuscher Rotmoos, im nassen Moos mehrere ♀ 14. V. 1940; Steppenwiesen oberhalb Heiligenblut am Haritzweg, im Rasengesiebe 4 juv. 15. VII. 1940; Südhang des Elisabethfelsens, im nassen Moos einer Quellflur 2 ♀, 3 juv. 17. VII. 1940; Pasterzenvorfeld, in der Zwergstrauchzone vor der Margaritze im Moosrasen 1 ♀, 6 juv. 17. VII. 1940.
    Gr. Gr.: Wiegenwald (Stubach), im *Sphagnum* an einer morschen Lärche 7 ♀, 8 juv. 10. VII. 1939; Schneiderau, im Moos und Fallaub unter einem alten Bergahorn 3 ♀, 3 juv. 25. VII. 1939.
    Pinzgau: Taxingbauer in Haid bei Zell am See, im Wiesenboden 7 ♀, 5 juv. 13. VII. 1939.
    Kosmopolit, überall häufig in Erde und auch im Wasser. Im Gebiete einer der häufigsten Fadenwürmer. Die Art wurde von Seidenschwarz auch auf der Höttinger Alm bei Innsbruck festgestellt und kommt auch in der Umgebung von Admont in Obersteiermark vor.
42. — *rhizophilus* de Man.
    Gr. Gr.: Wiegenwald (Stubach), im *Sphagnum* an einer morschen Lärche 16 ♀, 7 juv. 10. VII. 1939.
    Weit verbreitet, auch in der Arktis und Antarktis; die Art lebt fast ausschließlich in Moos. In den Ostalpen scheint nicht häufig zu sein.
43. — *longicaudatus* Bütschli.
    Gr. Gr.: Wiegenwald (Stubach), im nassen Moos eines *Sphagnum*-Moores 24 ♀, 10 juv. 10. VII. 1939; Dorfer Öd (Stubach), im Fallaub unter Grünerlen 9 juv. 25. VII. 1939.
    Sehr weit verbreitet, meist terrestrisch. Auch in den Gesäusebergen festgestellt.

44. *Plectus communis* Bütschli.
>Gl. Gr.: Fuscher Törl, in Graspolstern 3 ♀ 15. VII. 1940.
>Weit verbreitet, auch auf der Höttinger Alm bei Innsbruck nachgewiesen; lebt fast ausschließlich terricol.

Familie *Monhysteridae*.

45. *Cylindrolaimus communis* de Man.
>Gl. Gr.: Moserboden, Almmatte, in der obersten Bodenschicht 1 ♀ 17. VII. 1939.
>Weit verbreitet, lebt in Erde und im Wasser, nach Micoletzky (1921) besonders auf Wiesen und Weiden, aber stets einzeln.
46. *Monhystera agilis* de Man.
>Gl. Gr.: Kapruner Tal, in der Laubstreu des Mischwaldes am Hang oberhalb des Kesselfalles 1 ♂, 1 ♀ 14. VII. 1939.
>Über einen großen Teil von Europa verbreitet; in Erde, seltener im Wasser.
47. — *dispar* Bastian.
>Gl. Gr.: Fuscher Rotmoos, im nassen Moos 1 ♀, 14. V. 1940.
>Sehr weit verbreitet, lebt in Erde und Wasser.
48. — *vulgaris* de Man.
>Gl. Gr.: Fuscher Rotmoos, im nassen Moos 2 ♀ 14. V. 1940; Piffkaralm (1630 *m*), im Moos an einem alten Bergahorn 7 ♀ 15. VII. 1940; Südhang des Elisabethfelsens, im Moos einer Quellflur 5 ♀ 17. VII. 1940; Pasterzenvorfeld, Zwergstrauchzone vor der Margaritze, im Moosrasen 8 ♀ 17. VII. 1940 (die Tiere vom letztgenannten Fundort sind var. *macrura* de Man).
>Wahrscheinlich Kosmopolit, lebt in nasser Erde und in Süßwasser.

Familie *Anguillulidae*.

49. *Rhabditis monhystera* Bütschli.
>Gl. Gr.: Pasterzenvorfeld zwischen Glocknerstraße und Möll, innerhalb der Moräne von 1856 16 juv. 27. VII. 1939.
>Gr. Gr.: Schneiderau (Stubach), im Moos und Fallaub am Fuße eines alten Bergahorns 9 ♀ 25. VII. 1939.
>Ganz Europa, meist terrestrisch.
50. — *pellioides* Bütschli (Bestimmung nicht ganz sicher).
>Gl. Gr.: Käfertal (oberstes Fuscher Tal), im Moos an den obersten Bergahornen 1 ♀ 23. VII. 1939.
>Nach Schneider (1939) saprob.
51. *Teratocephalus crassidens* de Man.
>Gl. Gr.: Fuscher Rotmoos, in nassem Moos 1 ♀ 14. V. 1940.
>Über Europa und die Arktis verbreitet, lebt besonders in Mooren.
52. — *terrestris* (Bütschli).
>Gr. Gr.: Wiegenwald (Stubach), im *Sphagnum*-Moor 4 ♀ 10. VII. 1939.
>Wahrscheinlich Kosmopolit, lebt besonders in feuchter Erde und Moos.
53. *Acrobeles ciliatus* v. Linstow.
>Gl. Gr.: Fuscher Törl, in Graspolstern 1 ♀ 15. VII. 1940.
>Sehr weit verbreitet, nach Schneider (1939) wahrscheinlich saprob.
54. *Cephalobus (Cephalobus) nanus* de Man.
>Gl. Gr.: Pasterzenvorfeld zwischen Glocknerstraße und Möll, innerhalb der Moräne von 1856 2 ♀, 6 juv. 27. VII. 1939; Fuscher Törl, in Graspolstern 2 ♀ 15. VII. 1940.
>Bisher aus Holland, Norwegen und der Schweiz bekannt, lebt terrestrisch. Von mir auch auf dem Geschriebenstein am Alpenostrand und in den Leithaniederungen südöstlich von Wien festgestellt.
55. — *(Eucephalobus) oxyuroides* de Man.
>Gl. Gr.: Pasterzenvorfeld, feuchte Wiese knapp unterhalb des Glocknerhauses 2 juv. 27. VII. 1939; Käfertal, im Moos an den Stämmen der obersten Bergahorne 2 ♀ 23. VII. 1939.
>Gr. Gr.: Stubachtal, Schneiderau, in Moos und Fallaub am Fuße eines alten Bergahorns 5 ♀ 25. VII. 1939.
>Aus dem größten Teile von Europa und aus Nordamerika bekannt, auch auf der Höttinger Alm bei Innsbruck festgestellt. Die Art lebt meist in Erde, besonders in Wiesenböden.
56. — *(Eucephalobus) longicaudatus* Bütschli.
>Gl. Gr.: Pasterzenvorfeld, feuchte Wiese unmittelbar unterhalb des Glocknerhauses 2 juv. 27. VII. 1939; Moserboden, Almmatte, in der obersten Bodenschicht 1 ♀ 17. VII. 1939.
>Weit verbreitet, in der Erde und in Schmutzwässern.
57. *Panagrolaimus rigidus* (A. Schneider).
>Gl. Gr.: Kapruner Tal, in der Laubstreu des Mischwaldes oberhalb des Kesselfalles 1 ♂, 2 ♀ 14. VII. 1939.
>Über den größten Teil von Mitteleuropa verbreitet, lebt saprob, aber auch an lebenden Pflanzen, besonders deren Wurzeln (Schneider 1939). Die Art wurde auch auf der Höttinger Alm bei Innsbruck festgestellt.
58. *Diplogaster striatus* Bütschli (Bestimmung nicht ganz sicher).
>Gr. Gr.: Schneiderau (Stubach), in Moos und Fallaub am Fuße eines alten Bergahorns 1 ♀ 25. VII. 1939.
>Bisher aus Deutschland, Ungarn und der Bukowina bekannt, die Art lebt saprob, häufig im Wasser.
59. *Anguillulina (Tylenchorhynchus) gracilis* de Man.
>Gl. Gr.: Pasterzenvorfeld, feuchte Wiese unmittelbar unterhalb des Glocknerhauses 17 ♀, 11 juv. 27. VII. 1939.
>Weit verbreitet, aber im allgemeinen selten. Lebt besonders in Wiesen- und Waldböden. Die Art wurde von Menzel im Rhätikon, von mir bei Admont im Ennstal festgestellt.

60. *Anguillulina (Tylenchorhynchus) dubia* (Bütschli).
   Gl. Gr.: Pasterzenvorfeld, feuchte Wiese unmittelbar unterhalb des Glocknerhauses 7 ♀, 3 juv. 27. VII. 1939.
   Pinzgau: Taxingbauer in Haid bei Zell am See, in Wiesenboden 13 ♀ 13. VII. 1939.
   Bisher aus Europa und China bekannt, die Art lebt häufig an Gras und Getreidewurzeln (Schneider 1939).

61. — *(Tylenchorhynchus) styriacus* Micoletzky (Bestimmung nicht ganz sicher).
   Gl. Gr.: Haldenhöcker unter dem Mittleren Burgstall, im Rasengesiebe 7 ♀ 16. VII. 1940.
   Bisher nur aus der Steiermark bekannt (loc. typ.).

62. — *(Rotylenchus) robusta* (de Man).
   S. Gr.: Grieswiesalm im Hüttenwinkeltal, aus *Calluna* und *Nardus*-Wurzeln gesiebt 6 ♀ 15. V. 1940.
   Gl. Gr.: Piffkaralm (1630 m), oberhalb der Glocknerstraße, im Almboden 5 ♀ 15. VII. 1940.
   Gr. Gr.: Schneiderau (Stubach), im Moos und Fallaub am Fuße eines alten Bergahorns 8 ♀ 25. VII. 1939.
   Pinzgau: Taxingbauer in Haid bei Zell am See, in Wiesenboden 1 ♂, 9 ♀, 6 juv. 13. VII. 1939.
   Weit verbreitet, auch auf der Höttinger Alm bei Innsbruck und im Ennstal bei Admont festgestellt, lebt vorwiegend terrestrisch.

63. — *(Rotylenchus) multicincta* (Cobb.).
   Gl. Gr.: Käfertal, aus Grauerlenfallaub gesiebt 1 juv. 14. V. 1940; Kapruner Tal, in der Laubstreu oberhalb des Kesselfalles am orographisch rechten Hang 1 ♀ 14. VII. 1939.
   Kosmopolit.

64. — *(Tylenchus) filiformis* (Bütschli).
   Gl. Gr.: Moserboden, nasser Almläger, in Moos 16 ♀ 17. VII. 1939; Fuscher Rotmoos, in nassem Moos 2 juv. 23. VII. 1939; 2 ♀ 14. V. 1940; feuchte Wiese oberhalb Ferleiten bei der Vogerlalm, in der obersten Bodenschicht 1 ♀ 21. VII. 1939; Käfertal, aus Grauerlenfallaub gesiebt 1 ♀ 14. V. 1940; Piffkaralm (1630 m), im Moos an einem alten Bergahorn 2 ♀, 5 juv. 15. VII. 1940.
   Kosmopolit, auch auf der Höttinger Alm bei Innsbruck, auf dem Gumpeneck in den Niederen Tauern und im Ennstal bei Admont gefunden. Die Art lebt besonders in Erde und Moosrasen, seltener in Wasser.

65. — *(Tylenchus) agricola* (de Man).
   Gl. Gr.: Haldenhöcker unter dem Mittleren Burgstall, im Rasengesiebe 1 ♀, 1 juv. 16. VII. 1940.
   Gr. Gr.: Dorfer Öd (Stubach), im Fallaub unter Grünerlen 1 ♀ 25. VII. 1939.
   Bisher nur aus Mitteleuropa und von den Sundainseln bekannt, auch auf der Höttinger Alm bei Innsbruck festgestellt. Die Art lebt meist terricol und scheint in den Alpen, wie auch Seidenschwarz (1923) angibt, selten zu sein.

66. *Aphelenchus avenae* Bastian.
   Gl. Gr.: Pasterzenvorfeld zwischen Glocknerstraße und Möll, innerhalb der Moräne von 1856 1 ♀ 27. VII. 1939.
   Kosmopolit, parasitisch und semiparasitisch an verschiedenen Pflanzen. ♂ sind bisher nur sehr selten beobachtet worden.

67. *Aphelenchoides parietinus* (Bastian).
   Gl. Gr.: Haldenhöcker unter dem Mittleren Burgstall, in Rasengesiebe 2 ♀ 16. VII. 1940.
   Gr. Gr.: Dorfer Öd (Stubach), Almboden, in der obersten Bodenschicht 1 ♀ 25. VII. 1939; ebenda, im Fallaub unter Grünerlen 2 ♀ 25. VII. 1939.
   Kosmopolit, auch auf der Höttinger Alm bei Innsbruck und bei Admont im Ennstal nachgewiesen. Lebt meist in der Erde, aber auch im Wasser; Pflanzenparasit.

Die freilebenden Erdnematoden, nur diese fanden im vorstehenden Verzeichnis Berücksichtigung, sind fast durchwegs sehr weit verbreitet und besitzen die Fähigkeit, unter recht verschiedenen Verhältnissen zu leben. Ihr großes Anpassungsvermögen erlaubt es vielen Arten bis in bedeutende Höhen vorzudringen und als Pioniere des organischen Lebens noch in Lagen oberhalb der Schneegrenze ihr Dasein zu fristen. Als echtes Gebirgstier ist jedoch von allen angeführten Arten nur *Mononchus Zschokkei* zu betrachten, alle übrigen Arten sind auch schon in der Ebene auf jungen Anschwemmungsböden gefunden worden.

Die Nematodenfauna der Alpen ist noch zu unzulänglich erforscht, als daß man bereits etwas Sicheres darüber aussagen könnte, ob einzelne Arten im Alpenraum eine nur beschränkte Verbreitung besitzen. Groß ist die Zahl alpiner Endemiten unter den Fadenwürmern keinesfalls.

Die in den mittleren Hohen Tauern vorkommenden, freilebenden Erdnematoden dürften in der vorstehenden Liste nur zum Teil erfaßt sein. Die Zahl von 67 Arten ist zwar im Vergleiche mit den 32 von Menzel (1914) im Rhätikon und den 34[1] von Seidenschwarz (1923) auf der Höttinger Alm festgestellten Spezies verhältnismäßig groß, es sind jedoch heute aus den Ostalpen schon über 160 Nematodenarten bekannt (vgl. Franz 1942), wovon die Mehrzahl wohl auch im Untersuchungsgebiet anzutreffen sein dürfte.

---

[1] Seidenschwarz gibt in seiner Arbeit nur 27 Arten an. Er zog jedoch, seinem Lehrer Micoletzky folgend, mehrfach heute als selbständige Arten geltende Formen zu Rassen einer Art zusammen. Berücksichtigt man auch diese, so gelangt man zu der Zahl von 34 auf der Höttinger Alm nachgewiesenen Nematodenarten.

Die Hauptentwicklungszeit der Nematoden ist in den höheren Lagen der Alpen nach den Untersuchungen von Seidenschwarz (1923) und mir (1942) der Sommer und Herbst. Bei meinem kurzen Aufenthalte im Fuscher Tal und im Hüttenwinkeltal Mitte Mai 1940 fand ich in Wiesenböden und unter Fallaub nur sehr wenige Fadenwürmer, obwohl ich zum Teile an unmittelbar benachbarten Stellen im Sommer 1939 eine reiche Nematodenfauna festgestellt hatte. Nur die im Mai in voller Vegetation stehenden Moosrasen des Fuscher Rotmooses beherbergten auch zu diesem Zeitpunkt schon eine größere Zahl entwickelter Fadenwürmer.

Ordnung Oligochaeta.

Als landbewohnende Oligochaeten sind aus dem Untersuchungsgebiete Enchytraeiden und Lumbriciden zu nennen. Über beide Familien liegen bisher aus den mittleren Hohen Tauern nahezu keine Fundortangaben in der Literatur und, soviel mir bekannt ist, auch keine nennenswerten Ausbeuten vor, so daß die folgenden Angaben fast ausschließlich auf dem Material beruhen, welches ich in den Jahren 1937 bis 1942 selbst dort sammelte. Die Bestimmung der Enchytraeiden besorgte in freundlicher Weise Frau Dr. E. Schatz-Schmidegg (Innsbruck), die der Lumbriciden Herr Professor K. Wessely (Linz) und Herr Professor V. Pop (Kolozsvár). Von den Enchytraeiden konnten wegen der bedeutenden Arbeit, welche ihre Bestimmung verursacht, nur einige der interessantesten Proben bearbeitet werden. An einschlägigen Schriften sind zu nennen: Bretscher, K. (1896, 1899, 1903), Bretscher und Piguet (1913), Cernosvitov (1928) Michaelsen (1900), Rosa (1893), Schmidegg (1938) und Ude (1929). Frau Dr. E. Schatz-Schmidegg und Herrn Prof. K. Wessely bin ich für Mitteilung von Angaben über Ökologie und Verbreitung einzelner Arten zu Dank verpflichtet.

Familie *Enchytraeidae*.

1. *Henleanella Dicksoni* (Eisen).
    Gl. Gr.: Breitkopf, in etwa 3100 m Höhe zwischen den Wurzeln der spärlichen Saxifragen und Moose 47 Ex. 28. VII. 1938; es fanden sich am Breitkopf nur diese Enchytraeidenart und eine nicht näher bestimmbare *Fridericia* spec. Großer Burgstall, in den Vegetationspolstern auf der Hochfläche unweit der Oberwalderhütte 1 Ex. 27. VII. 1938; Fuscher Rotmoos, in versinterten, nassen Moosrasen wenige Ex. 14. V. 1940.
    Die Art bevorzugt nach Bretscher und Piguet (1913) sehr feuchte Örtlichkeiten. Sie besitzt nach E. Schmidegg (1938) eine sehr weite Verbreitung und findet sich im hohen Norden noch in Grönland und Nowaja Semlja. In der Schweiz wurde sie hochalpin bis 2442 m, in Tirol auf der Valluga bis 2750 m beobachtet. Die Funde auf dem Großen Burgstall und auf dem Breitkopf mit rund 3000 m bzw. 3100 m scheinen demnach die bisher höchsten dieser Art in den Alpen zu sein.

2. *Michaelseniella nasuta* (Eisen).
    Gl. Gr.: Am Weg vom Glocknerhaus zur Pfandlscharte in der Speikbodenzone in etwa 2500 m Höhe mehrere Exemplare unter Steinen 20. VII. 1938; im Naßfeld des Pfandlschartenbaches unter in Moosrasen eingebetteten Steinen mehrere Ex. 20. VII. 1938; Hochfläche des Großen Burgstalls, in Vegetationspolstern in nahezu 3000 m Höhe 2 Ex. 27. VII. 1938; Rasenfleck im Wasserfallwinkel, wenige Ex. unter Steinen 28. VII. 1938.
    Gleichfalls sehr weit verbreitet und in allen Höhenlagen zu finden. E. Schmidegg (1938) nennt als höchsten Fundort in Tirol den Vallugagrat in 2750 m Höhe. Die Art scheint omnivag zu sein. Man kennt sie aus Gartenerde, faulendem Fallaub und modernden Baumstümpfen, aber auch noch aus hochalpinen Vegetationspolstern der Polsterpflanzenstufe des Hochgebirges, wo sie anscheinend von den spärlichen Humusanhäufungen zwischen den Pflanzenwurzeln lebt.

3. *Fridericia galba* (Hoffm.).
    Gl. Gr.: S-Hang der Margaritze, in etwa 1900 m Höhe aus Fallaub und Moos unter *Salix hastata* mehrere Ex. gesiebt 18. VIII. 1937; Naßfeld des Pfandlschartenbaches in etwa 2200 m Höhe, unter in nassen Moosrasen eingebetteten Steinen mehrere Ex. 20. VII. 1938.
    Eine weitverbreitete Art, die in Tirol durch die var. *uniglandulosa* Schmidegg vertreten ist und in der Schweiz bisher nur in tieferen Lagen nachgewiesen wurde (vgl. E. Schmidegg 1938). Sie scheint, wie in Tirol die var. *uniglandulosa*, die Zwergstrauchstufe im Untersuchungsgebiet kaum zu überschreiten.

4. — *striata* (Levinsen).
    Gl. Gr.: S-Hang der Margaritze, in etwa 1900 m Höhe gemeinsam mit *Fridericia galba* aus Fallaub und Moos unter *Salix hastata* und *Rhododendron* gesiebt 18. VIII. 1937.
    Die Art kommt nach E. Schatz-Schmidegg (i. l.) in Deutschland, Großbritannien, Dänemark, der Schweiz (1900 m) und Südamerika vor, dürfte demnach nahezu weltweit verbreitet sein. Sie wurde aber in Tirol bisher noch nicht gefunden und dürfte demnach in höheren Lagen der Ostalpen nicht häufig sein.

5. *Fridericia bisetosa* (Levinsen).
 Gl. Gr.: In der *Nebria atrata*-Zone auf der Südseite des Tauernhauptkammes südlich des Pfandlschartenkeeses in etwa 2600 m Höhe unweit der Randmoräne des Gletschers wenige Ex. unter Steinen 19. VII. 1938
 und an der unteren Grenze der Polsterpflanzenstufe unterhalb des Albitzen-N-Hanges in etwa 2500 m
 gleichfalls unter Steinen wenige Ex. 20. VII. 1938.
  Die Art ist nach E. Schmidegg (1938) aus Moos, Blumentopferde und Detritus an Flußufern gesammelt
 worden; in Tirol erreicht sie im Karwendelgebirge 2400 m, in den Stubaier Alpen auf der Serles 2710 m
 Höhe und lebt dort hochalpin an den Wurzeln von Weiden und in *Silene*-Polstern. *Fridericia bisetosa*
 scheint in den meisten europäischen Ländern vorzukommen, in der Schweiz wurde sie bisher nur an einer
 Stelle in der Hügelstufe nachgewiesen (E. Schmidegg 1938).

6. — *connata* Bretscher.
 Gl. Gr.: Die Art fand sich in Gesellschaft der vorgenannten in der *Nebria atrata*-Zone südlich der beiden
 Pfandlscharten an beiden angegebenen Fundstellen.
  Sie lebt in der Schweiz in Almböden (leg. Bretscher), in Tirol wurde sie hochalpin zwischen Graswurzeln
 und in Moos- und *Silene acaulis*-Polstern bis 2630 m Höhe gefunden (leg. Schmidegg). Sie war bisher aus
 der Schweiz, Tirol, Irland und Rußland bekannt (Schmidegg 1938).

7. — *Perrieri* (Vejdovsky).
 Gl. Gr.: In Graspolstern am Fuscher Törl in 2450 m Höhe 1 Ex. 15. VII. 1940.
  Diese Art ist sehr weit verbreitet und nach E. Schmidegg (1938) besonders im Alpengebiet sehr variabel.
 Eine var. *fruttensis* Bretscher wurde in der Schweiz von Bretscher, in Nordtirol von E. Schatz-Schmidegg
 hochalpin bis 2525 m Höhe gesammelt. Das eine von Frau Dr. E. Schatz-Schmidegg aus dem Glockner-
 gebiet untersuchte Exemplar gestattet noch keine Zuteilung der Glocknertiere zu einer bestimmten Form.

Familie *Lumbricidae*.

8. *Lumbricus rubellus* Hoffm.
 S. Gr.: Am Weg vom Bodenhaus zur Grieswiesalm im Hüttenwinkeltal 3 Ex. 15. V. 1940; Seidelwinkeltal)
 zwischen Wörth und dem Tauernhaus 2 Ex. 17. VIII. 1937; am Weg zwischen Kasereck und Roßscharten-
 kopf 2 Ex. 3. und 6. VIII. 1937; Große Fleiß, subalpin 1 Ex. 10. VII. 1937; Seebichel oberhalb der
 Kleinen Fleiß 1 Ex. Sommer 1937; Sandkopf-SW-Hang, oberhalb des Fleißgasthofes 1 Ex. 14. VIII. 1937;
 Stanziwurten, hochalpin 2 Ex. 2. VII. 1937; Eingang in die Zirknitz oberhalb Döllach, mehrfach unter
 Steinen 29. VIII. 1941; Mallnitzer Tauerntal, in der Umgebung des Gasthofes Gutenbrunn zahlreich
 unter Steinen 5. IX. 1941.
 Gl. Gr.: Senfteben, im Pflanzgarten 1 Ex. 18. VI. 1942; Guttal, auf den Almwiesen unterhalb der
 Glocknerstraße 2 Ex. 22. VIII. 1937; Haritzerweg, zwischen Bricciuskapelle und Guttalbach 2 Ex.
 22. VIII. 1937; Steppenwiesen entlang des Haritzerweges oberhalb Heiligenblut 1 Ex. 15. VII. 1940;
 Pasterzenvorfeld zwischen Glocknerstraße und Möllschlucht, außerhalb der Moräne des Jahres 1856
 2 Ex. 3. VIII. 1936 und innerhalb der Moräne an verschiedenen Stellen zusammen 5 Ex. 5. VII. 1937;
 Kalkphyllitriegel unmittebar unterhalb des Glocknerhauses 1 Ex. 27. VII. 1939; Margaritze SO-Hang
 1 Ex. 23. VII. 1938; Fuscher Tal, feuchte Wiese unterhalb der Vogerlalm 8 Ex. zwischen Graswurzeln
 21. VII. 1939; am Weg zwischen Ferleiten und Trauneralm 6 Ex. 21. VII. 1939; Käfertal, im Bereich
 des großen Wasserfalles 2 Ex. 23. VII. 1939; am Weg von Ferleiten zur Trauneralm 2 Ex. 14. VII. 1940;
 am Weg von Ferleiten zur Walcher Hochalm in 1600 bis 1800 m Höhe unter Rasenziegeln massenhaft
 9. VII. 1941; am S-Hang der Walcher Hochalm noch in 2100 m Höhe 9. VII. 1941; an der Glocknerstraße zwischen Piffkar und Hochmais in 1750 m Höhe 1 Ex. 15. VII. 1940; am Weg von der Trauneralm zur Unteren Pfandlscharte, über dem Oberen Pfandlboden 2 Ex. 18. VII. 1940.
 Gr. Gr.: Kar südöstlich der Muntanitzschneid 1 Ex. 20. VII. 1937; Stubachtal, Eingang in die Dorfer Öd,
 am Bachufer 4 Ex. 25. VII. 1939; Windisch-Matrei, am Weg zur Proseckklamm zahlreich unter Steinen
 3. IX. 1941.
 Pinzgau: Taxingbauer in Haid bei Zell am See, im Boden einer Kunst- und einer Magerwiese, zusammen
 7 Ex. 13. VII. 1939; Ufer des Zeller Sees bei Zell, im Detritus 1 Ex. 12. VII. 1941.
  Die Art ist nach Wessely (i. l.) migratorisch und heute Weltbürger geworden. Sie steigt im Gebiete aus
 den tiefsten Tallagen, in denen sie auf Wiesen und Äckern der weitaus häufigste Regenwurm zu sein
 scheint, bis über die Zwergstrauchstufe empor. In höheren Lagen der alpinen Grasheidenzone und in der
 Polsterpflanzenregion dürfte sie fehlen. Nach Rosa (1887) findet sie sich in den italienischen Alpen von
 den Talböden aufwärts bis 1600 m Höhe.

9. — *polyphemus* Fitz.
 Gl. Gr.: Ufer der Fuscher Ache oberhalb Ferleiten 1 Ex. 19. VII. 1939.
  Die Art ist nach Wessely (i. l.) über die nördlichen Kalkalpen und deren Vorland sowie über Teile der
 böhmischen Masse verbreitet. Im Untersuchungsgebiet scheint sie nur die nördlichen Tauerntäler zu
 bewohnen.

10. *Allolobophora smaragdina* Rosa.
 Mölltal: Am N-Hang gegenüber von Flattach unter der Rinde eines bemoosten Fichtenstrunkes 1 kleines,
 aber geschlechtsreifes Ex. 18. VI. 1942; bei Obervellach (teste Wessely).
 Gl. Gr.: Hirzbachtal, in der Bachschlucht in 1300 bis 1400 m Höhe unter der Rinde eines morschen Berg-
 ahorns 1 Ex. 8. VII. 1941; Ferleiten 1100 m (Rosa 1893).
  Dieser Wurm ist ein Charaktertier der Buchenwälder des ozeanischen Alpenrandgebiete. Er ist im Salz-
 kammergut nach Wessely (mündlich) allenthalben sehr häufig und tritt z. B. bei Bad Ischl in riesigen
 Exemplaren auf. Auch in den Haller Mauern und im Gesäuse bei Admont ist er noch ziemlich häufig,
 scheint dagegen in den Niederen Tauern zu fehlen. Am Alpenostrand findet er sich u. a. am Osthang der
 Koralpe (teste Hölzel), in den Südalpen noch nördlich der Drau bei Oberdrauburg, wo ich ihn selbst
 nachwies, sowie in den Karawanken und Julischen Alpen und von da südwärts bis Fiume (Michaelsen 1900).

11. *Dendrobaena Handlirschi* (Rosa).
 Gr. Gr.: Stubachtal, am Bachufer am Eingang in die Dorfer Öd 1 Ex. 25. VII. 1939.
  Die Art findet sich in der Ostmark und anderwärts in Süddeutschland nordwärts bis etwa zur Donau
 (Wessely i. l.); sie ist nirgends häufig.

12. *Dendrobaena octaedra* (Sav.).
   Gl. Gr.: Guttalwiesen oberhalb der Ankehre der Glocknerstraße, in etwa 2000 m Höhe 1 Ex. 11. VII. 1941; am Weg von Ferleiten auf die Walcher Hochalm, in etwa 1700 m Höhe 1 Ex. in Gesellschaft des *L. rubellus* unter Rasenziegeln 9. VII. 1941.
   Pinzgau: Ufer des Zeller Sees bei Zell, im Detritus 1 Ex. 12. VII. 1941.
   Eine sehr weit verbreitete Art, die in Europa weit nach Norden vordringt und auch in Nordamerika vorkommt.

13. — *subrubicunda* (Eisen).
   S. Gr.: Mallnitzer Tauerntal, beim Gasthof Gutenbrunn an Bächen unter Steinen 11 Ex. 5. IX. 1941.
   Gl. Gr.: Auf einem Kalkphyllitriegel und in einer feuchten Mulde neben diesem in 2100 m Höhe unmittelbar unterhalb des Glocknerhauses je 1 Ex. zwischen Graswurzeln 27. VII. 1939.
   Gr. Gr.: Wiegenwald-N-Hang 1 Ex. 10. VII. 1939.
   Die Art scheint im Gebiete selten zu sein; ich fand sie auch in den Rottenmanner Tauern in Steiermark. Sie besitzt eine über die Alpen weit hinausgreifende Verbreitung.

14. *Eisenia alpina* Rosa.
   S. Gr.: Am Weg vom Kasereck zum Roßschartenkopf 4 Ex. 3. VIII. 1937; am Weg aus der Großen Fleiß zur Weißenbachscharte 2 Ex. 22. VII. 1937; in der Kleinen Fleiß beim Alten Pocher 5 Ex. 30. VI. und 3. VII. 1937; am Weg vom Alten Pocher auf den Seebichel 1 Ex. 24. VII. 1937.
   Gl. Gr.: Kar zwischen Albitzen- und Wasserradkopf 2 Ex. 9. VII. 1937; Pasterzenvorfeld zwischen Glocknerstraße und Möll, innerhalb der Moräne des Jahres 1856 24 Ex. 5. und 29. VII. 1937; am Haritzerweg zwischen Glocknerhaus und Naturbrücke über die Möll 1 Ex. 18. VIII. 1937; am Abhang des Hohen Sattels gegen die Pasterze 1 Ex. 26. VII. 1937; am Weg vom Glocknerhaus zur Pfandlscharte 4 Ex. 29. VII. 1937, 19. VII. und 2. VIII. 1938; Grashänge über dem Glocknerhaus 1 Ex. 22. VII. 1937; Freiwand, über dem Parkplatz III der Glocknerstraße 1 Ex. 31. VII. 1938; am Weg von der Freiwand zum Magneskees 1 Ex. 29. VII. 1937; Rasenfleck im Wasserfallwinkel 2 Ex. 28. VII. 1938; Haldenhöcker unterhalb des Mittleren Burgstalls 1 Ex. 29. VII. 1938; Rasenbank unterhalb des Kellersbergkamps, unmittelbar über der Pasterzenmoräne 3 Ex. 19. VIII. 1937; Abhang des Schwertecks gegen den Oberen Keesboden 1 Ex. 28. VII. 1938; Hang zwischen Oberem und Unterem Keesboden 2 Ex. 28. VII. 1937; Schwerteck-N-Hang unmittelbar über der Pasterzenmoräne 1 Ex. 2. VIII. 1938; im Salicetum hastatae südlich der Margaritze aus Moosrasen gesiebt 9 Ex. 17. VII. 1940; am Weg von der Stockerscharte zur neuen Salmhütte 1 Ex. 10. VIII. 1937; am Hang unterhalb der neuen Salmhütte 2 Ex. 13. VII. 1937; im Moränengebiet des Leiter- und Hohenwartkeeses 6 Ex. 13. VII. 1937; im Teischnitztal, am Weg von der Fanatscharte nach Kals 2 Ex. 26. VII. 1938; Talschluß des Dorfer Tales 3 Ex. 17. VII. 1937; Torfstich am Weg von der Rudolfshütte zum Tauernmoossee 2 Ex. 16. VII. 1937; Talgrund des Moserbodens 3 Ex. 16. VII. 1939; Umgebung des Kesselfalles im Kapruner Tal 1 Ex. 14. VII. 1939; Schneiderau, Stubachtal, beim Gasthof 1 Ex. in Moos und Fallaub unter einem alten Bergahorn 25. VII. 1939.
   Gr. Gr.: Wiegenwald-N-Hang, in etwa 1600 m Höhe 1 Ex. 10. VII. 1939.
   Schobergr.: Weg vom Peischlachtörl ins Leitertal 2 Ex. 11. VIII. 1937.
   Die Art scheint im Untersuchungsgebiet vorwiegend hochalpine Lagen zu bewohnen, steigt jedoch vereinzelt bis in die Mischwaldstufe herab. Sie scheint die obere Grenze der hochalpinen Grasheiden nicht oder doch nur unerheblich zu überschreiten, ihre höchsten Fundorte im Untersuchungsgebiet gehören zu den höchsten Lumbricidenfundstellen in den Alpen überhaupt. *E. alpina* wird von Michaelsen (1900) aus den Piemonteser Alpen, aus dem Mürtschengebiet in der Schweiz und vom Berg Hermon in Syrien angegeben.

15. *Eiseniella tetraedra* (Sav.).
   Pinzgau: Ufer des Zeller Sees, im Detritus 1 Ex. 12. VII. 1941.
   Eine weitverbreitete Art, die aber im Untersuchungsgebiet nur in tiefsten Lagen erwartet werden kann. Ich fand sie am Leopoldsteiner See bei Eisenerz in Steiermark in bedeutender Zahl unter ganz ähnlichen Verhältnissen wie am Zeller See im Ufergelände.

16. *Octolasium lacteum* Örley.
   S. Gr.: Döllach, Eingang in die Zirknitz 1 Ex. unter Stein 29. VIII. 1941.
   Gl. Gr.: Senfteben, im Pflanzgarten 1 Ex. 18. VI. 1942; Weg von der Sturmalm auf den Hohen Sattel 1 Ex. 29. VII. 1937; Hirzbachtal, in der Bachschlucht in etwa 1300 m Höhe 1 Ex. 8. VII. 1941; Fuscher Tal, feuchte Talwiese unterhalb der Vogerlalm, unweit oberhalb Ferleiten 2 Ex. 21. VII. 1939.
   Pinzgau: Ufer des Zeller Sees bei Zell, im Detritus 1 Ex. 12. VII. 1941.
   Eine sehr weit verbreitete Art, die im Erdboden lebt und bei Grabungen im Gebiete in tieferen Lagen überall zu finden sein wird.

17. — *croaticum argoviense* Bretscher.
   S. Gr.: Weg vom Kasereck zum Roßschartenkopf 1 Ex. 6. VIII. 1937; Lärchenwald oberhalb des Fleißgasthofes 1 Ex. 9. VII. 1937.
   Gl. Gr.: Pasterzenvorfeld zwischen Glocknerstraße und Möllschlucht, innerhalb der Moräne des Jahres 1856 an zahlreichen Punkten 5. VII. bis 21. VIII. 1937 zusammen 9 Ex.; Steilhang des Hohen Sattels gegen die Pasterze 3 Ex. 28. VII. 1937; S-Hang und Hochfläche der Margaritze 3 Ex. 7. VII. und 18. VIII. 1937; Unterer Keesboden 5 Ex. 7. VII. 1937; Grashänge zwischen Glocknerhaus und Marienhöhe über der Glocknerstraße 3 Ex. 29. VII. 1937; am Weg vom Glocknerhaus zur Pfandlscharte im Bereich der hochalpinen Grasheiden 5 Ex. 17. VII. 1937 und 22. VII. 1938; am Weg vom Glocknerhaus zum Pfandlschartennaßfeld 1 Ex. 1. VIII. 1938; im Pfandlschartennaßfeld 2 Ex. 20. VII. 1938; in der Umgebung des Hotels Franz-Josefs-Höhe 1 Ex. 8. VIII. 1937; im Moränengelände am Hang der Freiwand gegen die Pasterze 3 Ex. 23. VIII. 1937; am Weg von der Freiwand ins Magneskar 1 Ex. 1. VIII. 1938; Pasterzenmoränen unterhalb der Hofmannshütte 1 Ex. 2. VIII. 1938; am Promenadeweg zwischen Freiwand und Gamsgrube 2 Ex. 30. VII. 1938; Rasenfleck im Wasserfallwinkel 3 Ex. 27. VII. 1937 und 28. VII. 1938; Haldenhöcker unterhalb des Mittleren Burgstalls 5 Ex. 29. VII. 1938; Rasenbank unter dem Glocknerkamp nördlich des Hofmannskeeses 3 Ex. 18. VIII. 1937; Rasenhänge über der Pasterzenmoräne unter dem Schwerteck 5 Ex. 2. VIII. 1938; am Hang des Schwertecks gegen den Oberen Keesboden 3 Ex.

28. VII. 1938; am Weg von der Pasterze zur Stockerscharte 1 Ex. 10. VIII. 1937; im Schwertkar und am Schwerteck-S-Hang über der Salmhütte 3 Ex. 13. VII. 1937; auf den Schneeböden bei der neuen Salmhütte 3 Ex. 12. VII. 1937; am Stüdlweg zwischen Bergertörl und Mödlspitze 1 Ex. 11. VIII. 1937; im Kar südwestlich unterhalb der Pfortscharte 6 Ex. 14. VII. 1937 und 25. VII. 1938; im Langen Trog im obersten Ködnitztal 4 Ex. 25. VII. 1938; im Ködnitztal unmittelbar unterhalb der Fanatscharte und auf dieser im Gelände um die Stüdlhütte 11 Ex. 25. VII. 1938; am Weg von der Rudolfshütte zum Tauernmoos 1 Ex. 16. VII. 1937; auf einem Schuttkegel zwischen Ferleiten und der Vogerlalm in 1200 m Höhe 2 Ex. 14. V. 1940; am Ufer der Fuscher Ache unweit oberhalb Ferleiten je 1 Ex. 14. V. und 14. VII. 1940, einmal unter Grauerlenrinde; am N-Hang unter der Unteren Pfandlscharte in 2200 bis 2300 m Höhe. Anscheinend in den Ostalpen weit verbreitet, auch am Untersberg bei Salzburg, im Gebiete des Hochkönigs und Tennengebirges und in den Alpen von Niederdonau (Wessely i. l.). Das Tier fand sich auch in dem von mir in den Gesäusebergen gesammelten Regenwurmmaterial, es bewohnt vermutlich die gesamten Nordalpen und lebt sowohl sub- als auch hochalpin. *Octolasium croaticum argoviense* dürfte die untere Grenze der hochalpinen Polsterpflanzenstufe nur wenig überschreiten, man findet es hochalpin meist unter Steinen, jedoch auch zwischen Graswurzeln, subalpin gelegentlich auch unter morscher Baumrinde.

In der vorstehenden Liste ist die Zahl der bodenbewohnenden Oligochaeten der mittleren Hohen Tauern zweifellos noch nicht annähernd vollständig erfaßt. Es fehlen darin nicht nur in größerer Zahl Enchytraeiden, die infolge ihrer weiten Verbreitung und ihres Vorkommens in benachbarten Tiroler Gebirgen im Untersuchungsgebiet mit Sicherheit zu erwarten sind, sondern wohl auch einzelne Lumbriciden, die nur in tieferen Lagen vorkommen. So dürfte sich bei genauerer Erforschung der Talböden in den tieferen Tauerntälern wahrscheinlich die große *Allolobophora caliginosa* (Savigny) auffinden lassen, und auch das häufige *Octolasium cyaneum* (Sav.) wird der Tauernfauna kaum gänzlich fehlen. Die Lumbriciden der Hochgebirgsfauna dürften dagegen vollständig erfaßt sein, da ich in höheren Lagen zahlreiche Regenwürmer sammelte und dabei stets nur dieselben wenigen Formen heimbrachte.

Bemerkenswert ist, daß die beiden allein die hochalpine Grasheidenstufe bewohnenden Lumbriciden *Octolasium craoticum argoviense* und *Eisenia alpina* die obere Grasheidengrenze nirgends wesentlich überschreiten. Ihre höchsten Standorte liegen in sonnigen Lagen auf dem Haldenhöcker unterhalb des Mittleren Burgstalls, im Kar südwestlich der Pfortscharte und anderwärts in etwa 2700 m, auf der Fanatscharte ausnahmsweise in 2800 m, nordseitig erheblich tiefer. Das Fehlen der Regenwürmer in der Polsterpflanzenstufe ist eine Folge des Mangels einer humosen Oberschicht des Bodens in den höchsten Regionen der Alpen. Die Regenwürmer finden in den humusarmen Rohböden oberhalb der Grasheidenstufe nicht mehr ausreichende Nahrung und vermögen erst dann ihre für die Erschließung der Bodennährstoffe überaus wichtige Tätigkeit zu entfalten, wenn eine geschlossene Vegetationsdecke an der Bodenoberfläche eine gewisse Humusmenge angereichert hat.

Demgegenüber scheinen die Enchytraeiden in den mittleren Hohen Tauern mindestens so hoch emporzusteigen wie die Phanerogamen und Moose. Sie gehören mit den Nematoden, Milben und Collembolen zu denjenigen Metazoen, die den Unbilden des hochalpinen Klimas den zähesten Widerstand entgegenzusetzen vermögen. Mit dieser Beobachtung stimmen auch die Feststellungen überein, die E. Schmidegg (1938) auf Grund umfangreicher Aufsammlungen von Enchytraeiden im Tiroler Hochgebirge gemacht hat. Auch in den Ötztaler, Stubaier und Zillertaler Alpen überschreiten Enchytraeiden allenthalben die Höhe von 3000 m beträchtlich, und auch im Berner Oberland wurden diese Würmer von Bäbler (1910) auf einem Felsgrat des Finsteraarhorns noch in 3237 m Höhe aufgefunden.

Mollusca.

Die Landmollusken des Untersuchungsgebietes haben bereits durch Sturany (1892) eine erste Bearbeitung erfahren. Der Genannte sammelte in der Gegend von Bad Fusch und im oberen Teil des Fuscher Tales in Tallagen und in der subalpinen Stufe, nicht aber hochalpin. Einzelne Angaben über Molluskenfunde sind auch in den Arbeiten von Gallenstein (1900—05), Forcart (1933), Kastner (1905), Riezler (1929), Werner (1924 und 1931) und Zimmermann (1932) enthalten.

Meine Ausbeuten bestimmten die Herren Dr. F. Käufel (die meisten Gehäuseschnecken), Professor K. Wessely (die Nacktschnecken und einige Gehäuseschnecken), A. Fuchs (einige Gehäuseschnecken), Dr. St. Zimmermann (einige Gehäuseschnecken) und ich selbst (einige Gehäuseschnecken).

In der Nomenklatur und Anordnung der Arten folge ich mit wenigen Ausnahmen Geyer (1927) auch dort, wo Ehrmann inzwischen Namensänderungen in Vorschlag gebracht hat.

Ordnung Pulmonata.

Familie *Vitrinidae*.

1. *Phenacolimax (Phenacolimax) pellucidus* Müll.
   Gl. Gr.: Kar zwischen Albitzen- und Wasserradkopf, am Fußweg gegen das Guttal, 9. VIII. 1937 1 Ex.; Gamsgrube, unweit des Endes des Promenadeweges, 30. VII. 1938 1 Ex.; Ferleiten, nächst dem Gasthof „Lukashansl", 6. VII. 1892 (Sturany 1892).
   Weitverbreitete Art, die nach Riezler (1929) unter feuchtem Laub, Moos und Holz lebt und in den Tiroler Alpen hoch emporsteigt.

2. — *(Semilimax) diaphanus* Drap.
   S. Gr.: Im unteren Teil des Seidelwinkeltales 1 Ex. 17. VIII. 1937.
   Gl. Gr.: Grünsee (Stubach), unter Brettern in der var. *glacialis* Forb. (Kastner 1905).
   Gr. Gr.: Kals-Matreier Törl (Werner 1934), hier die var. *membranaceus* Koch.
   Schobergr.: Lamitzgraben (Gallenstein 1900—05).
   Das Tier findet sich nach Riezler (1929) auch bei Oberlienz und am Tristacher See, es lebt wie die vorgenannte Art.

3. *Vitrinopugio nivalis* (Charp.).
   S. Gr.: Seidelwinkeltal, im mittleren Talabschnitt 1 Ex. 17. VIII. 1937; am Weg von der Fleiß zur Weißenbachscharte 2 Ex. 22. VII. 1937; Kleine Fleiß, beim Alten Pocher aus Grünerlenfallaub gesiebt, 30. VI. 1937 1 Ex.; im Gebiete zwischen Kasereck und Roßschartenkopf mehrfach 3. und 6. VIII. 1937. Gl. Gr.; Guttal, auf den Wiesen oberhalb der Ankehre der Glocknerstraße 2 Ex. 15. VII. 1940; Albitzen-SW-Hang, unter den Bratschen 1 Ex. 9. VIII. 1937; Pasterzenvorfeld unterhalb des Glocknerhauses innerhalb der Moräne des Jahres 1856 je 1 Ex. 25. VII. 1937 und 3. VIII. 1938; Pasterzenvorfeld, unweit des Rührkübelbaches vor der Pasterze 2 Ex. 5. VII. 1937; am Weg vom Glocknerhaus zum Albitzen-NW-Hang 1 Ex. 18. VIII. 1937; am Weg vom Glocknerhaus zur Pfandlscharte, an einem Kalkphyllitriegel in 2400 *m* Höhe 2 Ex. 19. VII. 1938; im Pasterzenvorfeld südöstlich der Margaritze, im Moos unter *Salix hastata*, *Vaccinium uliginosum* und Gräsern 1 Ex. 17. VII. 1940; Hochfläche und N-Hang der Margaritze 1 Ex. 18. VIII. 1937; S-Seite der Margaritze, aus Fallaub unter *Salix hastata* und *Rhododendron* gesiebt 2 Ex. 18. VIII. 1937; Steilabfall der Marxwiese gegen den Unteren Keesboden je 1 Ex. 18. VIII. 1937 und 23. VII. 1938; am Weg vom Glocknerhaus gegen den Hohen Sattel 1 Ex. 29. VII. 1937; am Weg von der Freiwand ins Magneskar je 1 Ex. 29. VII. 1937 und 1. VIII. 1938; am Promenadeweg in die Gamsgrube in Gesellschaft von *Cylindrus obtusus* 2 Ex. 31. VII. 1938; an den Hängen des Hohen Sattels gegen die Pasterze im Moränengelände 1 Ex. 23. VII. 1937; Rasenfleck im Wasserfallwinkel und angrenzendes Moränengelände 3 Ex. 27. VII. 1937 und 28. VII. 1938; Haldenhöcker unterhalb des Mittleren Burgstalls im Moränengelände 3 Ex. 29. VII. 1938 und in der Grasheide je 2 Ex. 29. VII. 1938 und 16. VII. 1940; Kleiner Burgstall 1 Ex. 22. VII. 1938; auf der Rasenbank unterhalb des Glocknerkamps unmittelbar über der Pasterzenmoräne südlich und nördlich des Glockneraufstieges je 2 Ex. 19. VIII. 1938; auf der Rasenbank unterhalb des Kellersbergkamps unmittelbar über der Pasterzenmoräne 4 Ex. 18. VIII. 1937; am N-Hang des Schwertecks gegen den Oberen Keesboden im Rasen und in einer Schneerinne 3 Ex. 28. VII. 1937; am Weg von der Pasterze zur Stockerscharte 1 Ex. 10. VIII. 1937; im Schwertkar und Gamskarl bei der neuen Salmhütte je 1 Ex. 12. VII. 1937; am Schwerteck-S-Hang und auf den Schneeböden unmittelbar bei der neuen Salmhütte 3 Ex. 12. VII. 1937; Kar südwestlich unterhalb der Pfortscharte, 1 Ex. im Kalkphyllitschutt und 1 Ex. im Seslerietum 14. VII. 1937; am Weg vom Bergertörl gegen die Mödlspitze 2 Ex. 11. VIII. 1937; im Teischnitztal, am Weg von der Stüdlhütte nach Kals hochalpin 1 Ex. 26. VII. 1938; im Dorfertal an der Waldgrenze 1 Ex. 17. VII. 1937; Walcher Sonnleitbratschen, noch über 2600 *m* Höhe 1 Ex. unter einem Stein 9. VII. 1941; im Grauerlenbestand des Käfertales 8 Ex. 14. V. 1940; am N-Hang unterhalb der Pfandlscharte in der Polsterpflanzenstufe und Grasheidenzone von 2400 *m* abwärts bis 2200 *m* häufig 18. VII. 1940; bei der Knappenstube nördlich des Hochtores in der *Nebria atrata*-Zone 1 Ex. 15. VII. 1940; nach Sturany (1892) auch noch bei Ferleiten, dahin aber jedenfalls bei Hochwasser herabgeschwemmt.
   Gr. Gr.: In der Umgebung des Schwarzsees unterhalb der Aderspitze 2 Ex. 18. VII. 1937.
   Schobergr.: Im Gößnitztal bei der Bretterbruck aus Grünerlenfallaub gesiebt 1 Ex. 9. VII. 1937; am Weg vom Berger- zum Peischlachtörl 1 Ex. 11. VIII. 1937.
   Die Art ist in den Alpen endemisch und lebt in der subalpinen Stufe und hochalpin in der Grasheiden- und Polsterpflanzenstufe. Sie zeigt im Gebiete keine deutliche Bindung an eine bestimmte Tiergesellschaft, tritt aber in verschiedenen Assoziationen so regelmäßig auf, daß sie als holde Charakterart derselben angesprochen werden muß.

4. *Retinella nitens* Michaud.
   Gl. Gr.: Im Pasterzenvorland südöstlich der Margaritze, im Moosrasen unter *Salix hastata*, *Vaccinium uliginosum* und Gräsern 5 Ex. 17. VII. 1940; Käfertal, im Grauerlenbestand 7 Ex. 14. V. 1940; bei Ferleiten (Sturany 1892).
   Die Art ist weitverbreitet, aber im Gebirge häufiger als in der Ebene (Geyer 1927). Sie steigt nach Riezler (1929) bis in hochalpine Lagen empor.

5. *Retinella nitidula* Drap.

Gl. Gr.: Am Haritzerweg unweit der Naturbrücke über die Möll, aus der Nadelstreu unter den obersten Legföhren gesiebt 1 Ex. 26. VII. 1937; im Dorfertal knapp oberhalb der Daberklamm aus dem Bestandesabfall unter Grünerlen gesiebt 2 Ex. 18. VII. 1937.

Gr. Gr.: Dorfer Öd (Stubach), aus Grünerlenfallaub und Almrasen in etwa 1300 *m* Höhe je 1 Ex. gesiebt 25. VII. 1939.

Schobergr.: Gößnitztal, bei der Bretterbruck aus Grünerlenfallaub gesiebt 1 Ex. 9. VII. 1937.

Eine weitverbreitete Art, die nach Riezler (1929) in Tirol überall häufig ist und weit über die Baumgrenze emporsteigt.

6. — *pura* Alder.

Gl. Gr.: Bei Bad Fusch und Ferleiten (Sturany 1892).

Gleichfalls weit verbreitet und im Gebiete in tieferen Lagen wohl auch anderwärts zu finden.

7. *Vitrea subrimata* Reinh.

S. Gr.: Kleine Fleiß, oberhalb des Alten Pocher aus Grünerlenfallaub gesiebt, 3 Ex. 3. VII. 1937.

Gl. Gr.: Am Haritzerweg zwischen Glocknerhaus und Naturbrücke über die Möll 1 Ex. 26. VII. 1937; unweit der Naturbrücke aus Nadelstreu unter Legföhren gesiebt 7 Ex. 26. VII. 1937; Dorfertal, knapp oberhalb der Daberklamm aus Grünerlenfallaub gesiebt 4 Ex. 18. VII. 1937; Fuscher Rotmoos 14. V. 1940; nach Sturany (1892) im oberen Fuscher Tal allenthalben im Gesiebe ziemlich häufig.

Schobergr.: Gößnitztal, bei der Bretterbruck aus Grünerlenfallaub gesiebt 4 Ex. 9. VII. 1937.

Die Art ist über die Gebirge Mittel- und Südosteuropas verbreitet und lebt unter Moos, Fallaub und Mulm. Riezler (1929) gibt sie nur für Südtirol an, wo sie bei Lattach und Weißenbach bis 2200 *m* Höhe emporsteigt.

8. — *crystallina* O. F. Müller.

Gl. Gr.: Bad Fusch (Sturany 1892); Käfertal, im Bestandesabfall des Alnetum incanae 3 Ex. 14. V. 1940.

Die Art ist weitverbreitet und lebt an feuchten Orten, wie Schluchten, Ufergebüschen und feuchten Wäldern. Sie scheint im Gebiete die Waldgrenze nirgends zu überschreiten.

9. *Zonitoides hammonis* Ström.

Gl. Gr.: In der nächsten Umgebung von Bad Fusch wenige Ex. (Sturany 1892).

Diese weit verbreitete Art scheint im Gebiete nur ein beschränktes Areal zu bewohnen. In Tirol ist sie nach Riezler (1929) allenthalben zu finden und lebt dort unter Moos und Fallaub in Wäldern.

Familie *Limacidae*.

10. *Limax maximus* L.

Gl. Gr.: Nach Sturany (1892) bei Bad Fusch und Ferleiten häufig.

Die Art dürfte auch in den übrigen Tauerntälern in tieferen Lagen vorkommen; sie ist in Europa weit verbreitet, scheint aber an Waldbestände gebunden zu sein.

11. *Lehmannia marginata* Müller.

S. Gr.: Im Hüttenwinkeltal zwischen Bodenhaus und Grieswiesalm 1 Ex. 15. V. 1940; in der Kleinen Fleiß, am Weg vom Alten Pocher auf den Seebichel subalpin 2 Ex. 24. VII. 1937; am Sandkopf-SW-Hang in der Zwergstrauchstufe 1 Ex. 14. VII. 1937.

Gl.-Gr.: Am Weg von der Pasterze zur Stockerscharte 1 Ex. 24. VII. 1938.

Auch diese Art ist weit verbreitet und reicht nordwärts bis ins arktische Gebiet.

12. *Agriolimax agrestis* L.

Gl. Gr.: Bad Fusch (Sturany 1892).

Wahrscheinlich in Europa weit verbreitet und auch im Untersuchungsgebiet in tieferen Tallagen allenthalben zu finden; tiergeographisch noch ungenügend erforscht.

13. *Milax marginatus* Drap.

Gl. Gr.: Am Weg von der Pasterze zur Stockerscharte 1 Ex. 10. VII. 1937; am Weg von der Rudolfshütte zum Tauernmoos 2 Ex. 16. VII. 1937.

Schobergr.: Am Weg vom Berger- zum Peischlachtörl 1 Ex. 11. VII. 1937.

Die Art scheint in Süd- und Mitteleuropa eine weite Verbreitung zu besitzen. In Tirol ist sie nach Riezler (1929) von zahlreichen Fundstellen bekannt, steigt dort jedoch selten in bedeutendere Höhen empor. Der höchste von Riezler genannte Fundort ist Gurgl im Ötztal.

14. *Euconulus trochiformis* Montagu.

S. Gr.: Grieswiesalm 1 juv. Ex. 15. V. 1940.

Gl. Gr.; An einem kleinen Gießbach im Kar zwischen Wasserrad- und Albitzenkopf in 2400 *m* Höhe 3 Ex. im Moos 17. VII. 1940; Grashänge oberhalb der Glocknerstraße zwischen Glocknerhaus und Marienhöhe sowie südlich dieser 4 Ex. 29. VII. 1937, 20.—22. VII. und 3. VIII. 1938; Pasterzenvorfeld zwischen Glocknerstraße und Möll 1 Ex. 28. VII. 1937; Margaritze, S-Hang und Hochfläche je 1 Ex. 18. VIII. 1937 und 17. VII. 1940; am Haritzerweg zwischen Glocknerhaus und Naturbrücke über die Möll 3 Ex. 18. VIII. 1937; im Pasterzenvorland südlich der Margaritze aus Moos unter *Salix hastata* gesiebt 3 Ex. 17. VII. 1940; am Promenadeweg in die Gamsgrube 2 Ex. 31. VII. 1938; am Ufer der Fuscher Ache oberhalb Ferleiten 2 Ex. 14. V. 1940.

Schobergr.: Gößnitztal, bei der Bretterbruck aus Grünerlenfallaub gesiebt.

Eine sehr weit verbreitete und vor allem sehr weit nach Norden vordringende Art, die in Tirol erheblich über die Baumgrenze emporsteigt (vgl. Riezler 1929); im Untersuchungsgebiet wurde sie vor allem auf kalkhaltigem Boden beobachtet, findet sich jedoch einzeln auch auf kristalliner Gesteinsunterlage.

15. *Goniodiscus (Goniodiscus) ruderatus* Studer.

Gl. Gr.: Bei Bad Fusch und Ferleiten (Sturany 1892); auf der Freiwand über dem Parkplatz III der Glocknerstraße 1 Ex. 31. VII. 1938; an den Hängen zwischen Unterem und Oberem Keesboden 1 Ex. 25. VII. 1937.

Die Art ist weit verbreitet, lebt vorwiegend in Wäldern, steigt aber über die Baumgrenze empor und findet sich sogar noch in den tieferen Teilen der alpinen Grasheidenzone.

16. *Punctum pygmaeum* Drap.
    Gl. Gr.: Ferleiten, einige Ex. (Sturany 1892).
    Weit verbreitet, lebt unter Fallaub und morschem Holz und überschreitet nach Riezler (1929) die Waldgrenze erheblich.
17. *Arion empiricorum* Férussac.
    Gl. Gr.: Kar zwischen Albitzen- und Wasserradkopf, am Schneerand in 2450 *m* Höhe 1 juv. Ex. 17. VII. 1940; Bad Fusch (Sturany 1892).
    Weitverbreitete Art, die jedoch vorwiegend tiefere Lagen zu bewohnen scheint.
18. — *subrufus* Férussac var. *brunneus* Lehm.
    Gl. Gr.: Kar zwischen Albitzen- und Wasserradkopf, am Schneerand in 2450 *m* Höhe 1 juv. Ex. 17. VII. 1940; am Weg vom Glocknerhaus zur Pfandlscharte am Schneerand in 2350 *m* Höhe 1 Ex. 18. VII. 1938 und in 2450 *m* Höhe 1 Ex. 19. VII. 1938; am Weg von der Freiwand ins Magneskar 1 Ex. 1. VIII. 1938; am Promenadeweg in die Gamsgrube in Gesellschaft von *Cylindrus obtusus* 1 Ex. 30. VII. 1938; am Hang zwischen Unterem und Oberem Keesboden 1 Ex. 28. VII. 1937; am Weg von der Rudolfshütte zum Tauernmoos 2 Ex. 16. VII. 1937.
    Schobergr.: Am Weg vom Berger- zum Peischlachtörl 1 Ex. 11. VIII. 1937.
    Die Art ist weit verbreitet und wird von Geyer (1927) als Pilzfresser bezeichnet. Wovon die Art in hochalpinen Lagen lebt, ist noch unbekannt. Nach Riezler (1929) findet sie sich auch im größten Teil Tirols und steigt auch dort bis in alpine Lagen empor.
19. — *hortensis* Férussac.
    Gl. Gr.: Wird von Sturany (1892) im oberen Fuscher Tal als „überall häufig" bezeichnet.
    Gr. Gr.: Windisch-Matrei (Riezler 1929).
    Weit verbreitet, überschreitet nach Riezler (1929) in Tirol die Baumgrenze und lebt nach Geyer (1927) vorwiegend in Gärten und Feldern, nicht in Waldbeständen.

Familie *Eulotidae*.

20. *Eulota fruticum* Müller.
    Mölltal: Zwischen Obervellach und Söbriach an trockenen Rainen mehrfach 18. VI. 1942.
    S. Gr.: Am alten Römerweg vom Kasereck gegen das Hochtor 1 Ex. 3. VIII. 1937; am Eingang in die Zirknitz oberhalb Döllach häufig 29. VIII. 1941.
    Gl. Gr.: Auf den Steppenwiesen entlang des Haritzerweges oberhalb Heiligenblut mehrfach 15. VII. 1940; auf der Kreitherwand.
    Gr. Gr.: In der Proseckklamm bei Windisch-Matrei (Werner 1931); östlich der Proseckklamm beim Lublas und an der ins Tauerntal führenden Straße 3. IX. 1941.
    Eine südöstliche, thermophile Art, die jedoch auch in den Drauauen bei Lienz vorkommt (Werner 1931) und nach Riezler (1929) in Tirol auf der hohen Salve bis in alpine Lagen emporsteigt.

Familie *Helicidae*.

21. *Helicella (Helicella) obvia* Hartm.
    Mölltal: Zwischen Obervellach und Söbriach an der Straße an trockenen Rainen zahlreich 18. VI. 1942.
    S. Gr.: Am Fußweg von der Fleiß nach Heiligenblut an warmen, sonnigen Hängen sehr zahlreich bis unter die Fleißkehre der Glocknerstraße; oberhalb des Möllfalles südlich von Heiligenblut.
    Gl. Gr.: Am Haritzerweg oberhalb Heiligenblut auf den Steppenwiesen aufwärts bis zum Bärensteiner zahlreich 15. VII. 1940.
    Gr. Gr.: In der Proseckklamm bei Windisch-Matrei (Werner 1931); östlich der Proseckklamm an der ins Tauerntal führenden Straße und an trockenen Grashängen beim Lublas 3. IX. 1941.
    Auch im Drautal bei Amlach (Werner 1931), bei Virgen und an vielen Stellen im Inntal (Riezler 1929). Die thermophile Art ist eine Leitform der Steppenrasengesellschaften im ostalpinen Raum, sie besitzt eine südöstlich-kontinentale Hauptverbreitung. An den warmen Felshängen nördlich Oberdrauburg habe ich sie auch auf Kalkunterlage nirgends auffinden können.
22. — *(Candidula) candidula* Studer.
    Gr. Gr.: Bei Windisch-Matrei (Riezler 1929).
    Die Art ist in Nord- und Südtirol weit verbreitet, scheint im Untersuchungsgebiete jedoch auf das Iseltal beschränkt zu sein.
23. *Fruticicola (Fruticicola) hispida* L.
    Gl. Gr.: Im Fuscher Rotmoos allenthalben häufig 14. V. 1940. Von Sturany (1892) „überall" in seinem Sammelgebiet, dem Fuscher Tal und der Umgebung von Bad Fusch, gefunden. Nach Riezler (1929) auch bei St. Johann im Iseltal und bei Lienz. Weit verbreitet, lebt unter Fallaub, auf feuchten Wiesen und Grabenrändern, dürfte im Gebiete aber nur die tiefsten Tallagen bewohnen.
24. — *(Petasina) cobresiana* v. Alten f. typ. und var. *anodonta* Tschap.
    S. Gr.: Hüttenwinkeltal zwischen Bucheben und Bodenhaus und zwischen Bodenhaus und Grieswiesalm je 1 Ex. der var. *anodonta* 15. V. 1940; im unteren und mittleren Teil des Seidelwinkeltales 7 Ex. der f. typ. und 1 Ex. der var. *anodonta* 17. VIII. 1937; in der Großen Fleiß subalpin 1 Ex. der f. typ. 10. VII. 1937.
    Gl. Gr.: Am Steilhang der Marxwiese gegen den Unteren Keesboden 1 Ex. 18. VIII. 1937; Käfertal, im Rhodoretum 2 Ex. 14. V. 1940; am Ufer der Fuscher Ache oberhalb Ferleiten 1 Ex. 18. VII. 1940 (alle var. *anodonta*); nach Sturany (1892) im oberen Teil des Fuscher Tales und bei Bad Fusch überall häufig.
    Schobergr.: Gößnitztal, bei der Bretterbruck aus Grünerlenfallaub gesiebt 3 Ex. 9. VII. 1937.
    Lebt vorwiegend im Gebirge unter Gebüsch in der Waldstreu; steigt nach Riezler (1929) in Tirol erheblich über die Waldgrenze empor.

25. *Monacha (Monacha) incarnata* Müller.
   Gl. Gr.: Von Sturany (1892) aus dem Gebiete des Fuscher Tales angegeben.
   Gr. Gr.: Windisch-Matrei (Riezler 1929).
   Weit verbreitet, lebt vorwiegend im Gebirge und steigt in Tirol nach Riezler (1929) über die Waldgrenze empor. Die Art lebt in der Waldstreu und unter Buschwerk.

26. *Euomphalia strigella* Drap.
   Gr. Gr.: In der Proseckklamm bei Windisch-Matrei (Werner 1931). Auch im Virgental und auf der Schießstätte von Lienz (Werner 1931), nach Riezler (1929) an der Tristacher See-Wand und auf dem Hafelekar nördlich von Innsbruck sogar alpin. Die Art ist thermophil und gehört zu den wärmeliebenden Faunenelementen, die im Untersuchungsgebiete nur die südlichen Tauerntäler bewohnen.

27. *Helicigona zonata achates* Ziegl.
   S. Gr.: Bei Badgastein und am Hochtor (Forcart 1933).
   Gl. Gr.: In der Daberklamm an schattigen Felsen erwachsen und in jungen Ex. zahlreich 15.—18. VII. 1937; am Weg vom Enzingerboden zum Tauernmoos 1 zerbrochenes Gehäuse (Werner 1924); im Stubachtal und bei Bad Fusch (Forcart 1933); im Fuscher Tal auf Felsen bei einem kleinen Wasserfall unterhalb des Wiesbachhorns einzeln 21. VII. 1937; nach Gallenstein (1900/05) auch im Mölltal.
   Gr. Gr.: In der Proseckklamm bei Windisch-Matrei (Werner 1931); ein leeres Gehäuse auch an der Straße ins Matreier Tauerntal östlich der Proseckklamm von mir gefunden.
   Die Art bewohnt das Alpengebiet in mehreren Rassen (vgl. Forcart 1933) und steigt nach Riezler (1929) in Tirol bis über die Baumgrenze empor. Sie ist eine Felsenschnecke, die verborgen lebt und daher leicht übersehen werden kann.

28. *Cylindrus obtusus* Drap.
   S. Gr.: Am Weg aus dem Seidelwinkeltal zum Hochtor an der unteren Grenze der hochalpinen Grasheidenstufe in wenigen, zum Teil noch unausgewachsenen Stücken im Geröll, an einer kleinen, nach Süden abfallenden Felswand 17. VIII. 1937; am Wege aus der Großen Fleiß zur Weißenbachscharte an einem steil nach Süden abfallenden Felsabsatz an der unteren Grenze des alpinen Grasheidegürtels in einem kleinen, lokalklimatisch begünstigten Bereich sehr zahlreich in Gesellschaft von *Arianta arbustorum*, sonst im gesamten Westteil der Sonnblickgruppe trotz eifrigen Suchens nirgends aufgefunden. Die beiden Fundorte liegen auf Kalkunterlage im Bereiche der sogenannten Seidelwinkeldecke.
   Gl. Gr.: Am Promenadeweg zwischen Freiwand und Gamsgrube an den Hängen der Freiwand gegen die Pasterze (vgl. Karte 2 und 3).
   Die Art besiedelt hier das Gelände nördlich des zweiten Wegtunnels bis zu den Kalkphyllitbratschen vor der Gamsgrube und findet sich sowohl oberhalb als auch unterhalb der Wegtrasse. Es ist die größte und zugleich westlichste Kolonie des Tieres im Untersuchungsgebiet. Das Grundgestein bilden hier Grünschiefer, die mit Kalkphyllit wechsellagern. Ein weiterer Fundort der Art ist die Edelweißwand unterhalb des Fuscher Törls. An dieser Stelle fand ich nur 2 Ex. im Windschutz eines kleinen, nach Süden abfallenden Felsabsatzes auf Kalkschiefer.
   Cylindrus obtusus ist in den nordöstlichen Kalkalpen westwärts bis zum Dachstein weit verbreitet und findet sich auch auf dem Gumpeneck in den Niederen Tauern, auf dem Lungauer Kalkspitz, in den Radstädter Tauern, im obersten Pölltal südöstlich und im Kleinen Arltal nördlich der Hafnereck-Ankogel-Gruppe im östlichen Teil der Hohen Tauern (vgl. Adensammer 1937 und 1938). An allen diesen Stellen lebt das Tier auf Kalkunterlage. Die Populationen, die ich im Untersuchungsgebiete feststellte, sind die weitaus westlichsten, die bisher von dieser Art bekanntgeworden sind. Es sind streng isolierte Reliktstandorte, was im tiergeographischen Abschnitt dieser Arbeit noch eingehender dargelegt werden soll.

29. *Arianta arbustorum* L.
   Diese Schnecke ist im Untersuchungsgebiet so allgemein verbreitet, daß hier unmöglich alle Fundorte aufgezählt werden können. Sie steigt bis zur oberen Grenze der alpinen Grasheidenstufe empor und findet sich in hohen Lagen ausschließlich in einer alpinen Zwergform (var. *alpicola* Fér.). Diese sammelte ich: am SW-Hang des Sandkopfes im Gebiete zwischen den beiden Wetterkreuzen; im Kar zwischen Albitzen- und Wasserradkopf an der Grasheidengrenze in 2500 bis 2600 m Höhe; am Weg von der Freiwand ins Magneskar; bei der Hofmannshütte in der Gamsgrube; auf dem Rasenfleck im Wasserfallwinkel; auf dem Haldenhöcker südwestlich des Mittleren Burgstalls (dort verhältnismäßig groß!); auf der Rasenbank unterhalb des Kellersbergkamps, unmittelbar über der Pasterzenmoräne; in der Ganitzen auf der S-Seite der Leiterköpfe; im Kar südwestlich unterhalb der Pfortscharte; im Langen Trog im obersten Ködnitztal und im Sesleriosempervirutum am Schwerteck-S-Hang über der neuen Salmhütte. Etwas größere Tiere fanden sich hochalpin am SW-Hang der Stanziwurten; auf dem Seebichel über dem Talschluß der Kleinen Fleiß; auf der Margaritze; am Albitzen-SW-Hang in tieferen Lagen und an vielen anderen Stellen. In den Tälern finden sich große, stark pigmentierte Formen.[1] Im Kerngebiet des Granatspitzgneises fehlt die Schnecke vollständig, oberhalb des Dorfer Sees im Dorfer Tal findet man noch einzelne sehr dünnschalige Tiere, während auf der Beheimeben, die noch im Gebiete der Tauernschieferhülle liegt, völlig normale Gehäuse zu finden sind. Auch im Zentralgneisgebiet des Sonnblicksscheint *Arianta arbustorum* weithin zu fehlen. Auf den gleichfalls aus kristallinen Gesteinen aufgebauten Seckauer und Rottenmanner Tauern in Steiermark fand ich *Arianta arbustorum* nicht selten, jedoch stets mit papierdünner, praktisch nur aus dem Periost bestehender Schale. Leere Gehäuse bewahrten dementsprechend auch nicht die ursprüngliche Form, sondern schrumpften ein und glichen zerknittertem Papier.
   Arianta arbustorum scheint in den Hohen Tauern die obere Grasheidengrenze nirgends zu überschreiten. Sie findet sich zwar einzeln noch in der *Caeculus echinipes*-Gesellschaft, wo diese in tiefere Lagen herabreicht, fehlt aber der *Nebria atrata*-Gesellschaft vollständig. In den hochalpinen Grasheiden ist sie auf kalkhaltiger Gesteinsunterlage fast überall im Untersuchungsgebiet zu finden und tritt dort besonders in sonnigen Lagen oft in Menge auf.

---

[1] Eine eingehende Beschreibung der in den Alpen auftretenden Standortsmodifikationen von *Arianta arbustorum* hat Mell (1937) gegeben.

30. *Isognomostoma isognomostoma* Gmel.
    S. Gr.: Gastein (Kastner 1905).
    Gl. Gr.: In der Umgebung von Bad Fusch 2 Ex. (Sturany 1892).
    Ein Gebirgstier, das weit verbreitet ist und vorwiegend in Wäldern und unter Buschwerk lebt. Bei intensiver Sammeltätigkeit würden sich im Untersuchungsgebiet sicher in tieferen Lagen noch weitere Standorte der Art ermitteln lassen.
31. — *holosericum* Studer.
    S. Gr.: Kleine Fleiß, oberhalb des Alten Pocher aus Grünerlenfallaub gesiebt je 1 Ex. 30. VI. und 3. VII. 1937; Große Fleiß, am Weg unterhalb der Waldgrenze 1 Ex. 10. VII. 1937; nach Gallenstein (1900/05) in der Fleiß und im Redtenbacher Alpenwald.
    Gl. Gr.: Leitertal, zwischen Trogalm und Ochsenhütten 1 Ex. 12. VII. 1937, noch innerhalb der Zwergstrauchstufe gesammelt; Piffkaralm, an der Glocknerstraße in 1630 *m* Höhe an einem alten Bergahorn 1 Ex. 15. VII. 1937; bei Bad Fusch und Ferleiten (Sturany 1892).
    Ein Gebirgstier, das unter Fallaub und Steinen gefunden wird und nach Riezler (1929) in Tirol die Waldgrenze erheblich überschreitet.
32. *Cepaea nemoralis* L.
    Gl. Gr.: Im Stubachtal (Kastner 1905).
    Gr. Gr.: Windisch-Matrei (Riezler 1929).
    Eine wärmebedürftige Art, die im Gebiete sicher nur die tiefsten Tallagen bewohnt. Ich habe sie selbst dort nicht, jedoch an den warmen Kalkhängen nördlich von Oberdrauburg im Drautal beobachtet.
33. *Helix (Helix) pomatia* L.
    Mölltal: Am S-Hang über der Straße zwischen Söbriach und Flattach 1 Ex. unter *Corylus* 18. VI. 1942.
    S. Gr.: Am Weg vom Fleißgasthof nach Heiligenblut wiederholt an den sonnigen Hängen unter Buschwerk beobachtet.
    Gl. Gr.: Oberhalb des Möllfalles südlich von Heiligenblut einzeln; beim Steinbruch an der alten Glocknerstraße oberhalb Heiligenblut; am Weg aus dem Ködnitztal nach Kals bei den obersten Bauerngehöften mehrfach gesehen 14. VII. 1937; beim Eingang in die Daberklamm einzeln 15. VII. 1937; an der Kalser Straße einzeln (Werner 1931); bei Bad Fusch (Sturany 1892); oberhalb Dorf Fusch am Weg zum Hirzbachwasserfall 1 Ex. 8. VII. 1941.
    Gr. Gr.: An der Straße ins Matreier Tauerntal unweit außerhalb der Proseckklamm mehrfach beobachtet 3. IX. 1941.
    Auch die Weinbergschnecke findet sich trotz ihrer weiten Verbreitung innerhalb der Alpen im Untersuchungsgebiet nur an warmen Plätzen und ist daher in den Südtälern viel häufiger als in den Nordtälern.

Familie *Clausiliidae*.

34. *Marpessa lăminata* Montagu.
    Gl. Gr.: Im oberen Fuscher Tal nach Sturany (1892) überall häufig.
    Gr. Gr.: Bei Windischmatrei (Riezler 1929).
    Weit verbreitet, lebt an Felsen und Baumstämmen, auch an Mauern, wo sie wahrscheinlich die Moos- und Flechtenrasen beweidet.
53. *Clausilia dubia* Drap.
    S. Gr.: Im Seidelwinkeltal an schattigen Felsen unweit unterhalb des Tauernhauses sehr zahlreich in Gesellschaft einiger *Ena montana* 17. VIII. 1937.
    Gl. Gr.: Am Haritzerweg zwischen Glocknerhaus und Naturbrücke über die Möll 1 Ex. 26. VII. 1937; im Pasterzenvorland südlich der Margaritze aus Moosrasen unter *Salix hastata* und *Vaccinium uliginosum* gesiebt 3 Ex. 17. VII. 1940; Stubachtal (Kastner 1905); im Fuscher Tal oberhalb Ferleiten 14. V. 1940; auf der Piffkaralm in 1630 *m* Höhe an der Glocknerstraße am Stamm eines alten Bergahorns (var. *obsoleta* A. Schm.); an der Edelweißwand unterhalb des Fuscher Törls 15. VII. 1940 (var. *obsoleta*); auch nach Sturany (1892) im Gebiete des oberen Fuscher Tales überall häufig.
    Schobergr.: Am Weg von Heiligenblut in die Gößnitz, vor Abzweigung des Weges in das Leitertal 2 Ex. 9. VII. 1937; im Gößnitztal bei der Bretterbruck aus Grünerlenfallaub gesiebt 1 Ex. 9. VII. 1937.
    In den Alpen und darüber hinaus weit verbreitet, lebt meist in der subalpinen und Mischwaldstufe, geht nach Riezler (1929) in Tirol aber über die Waldgrenze bergwärts noch erheblich hinaus.
36. — *cruciata* Studer.
    S. Gr.: Nach Gallenstein (1900/05) finden sich im oberen Mölltal Zwergformen dieser Art, die den in Nordtirol vorkommenden entsprechen.
    Gl. Gr.: Im Pasterzenvorland, südlich der Margaritze aus Moosrasen unter *Salix hastata* und *Vaccinium uliginosum* gesiebt 17. VII. 1940; nach Kastner (1905) im Stubachtal „auf Hornblende- und Gneisblöcken" selten.
    Eine seltenere Art, die über Norditalien, Mitteleuropa und das südlichere Skandinavien verbreitet ist (vgl. Geyer 1927). Sie lebt vorwiegend in Waldbeständen, besonders in Erlenauen, steigt aber über die Waldgrenze bis in die hochalpine Grasheidenstufe empor.
37. *Iphigena ventricosa* Drap.
    Gl. Gr.: Piffkaralm, an der Glocknerstraße in 1630 *m* Höhe 2 Ex. 15. VII. 1940; Eingang in das Hirzbachtal, an Felsen und morschem Holz 3 Ex. 8. VII. 1941; von Sturany (1892) bei Bad Fusch, Ferleiten und auf der Traueralm gesammelt.
    Weit verbreitet, lebt vorwiegend in der Waldstreu und überschreitet die Waldgrenze nicht.
38. — *lineolata* Held.
    S. Gr.: Im Mallnitzgraben und in der Fragant (Gallenstein 1900/05).
    Die Art findet sich in Kärnten nach Gallenstein (1900/05) nur im Möll-, Drau-, Gail- und Kanaltal. In Osttirol ist sie nach Riezler (1929) auf den Tristacher Bergwiesen nachgewiesen, in Nordtirol wurde sie in den Lechtaler Alpen gefunden, in Südtirol ist sie weit verbreitet.

39. *Iphygena badia* Rossm.
Gl. Gr.: In der Daberklamm nicht selten 5 Ex. 15. bis 18. VII. 1937.
Schobergr.: Beim Jungfernsprung im Mölltal unterhalb Heiligenblut (Gallenstein 1900/05).
Auch bei Tristach (Riezler 1929). Die Art ist in den Ostalpen weiter verbreitet, scheint jedoch überall selten zu sein.

40. — *plicatula* Drap.
S. Gr.: Im Hüttenwinkeltal zwischen Bodenhaus und Grieswiesalm 2 Ex. 15. V. 1940; im mittleren Teil des Seidelwinkeltales unweit unterhalb und oberhalb des Tauernhauses 3 Ex. 17. VIII. 1937; „in den Bergwäldern des Mölltales" (Gallenstein 1900/05).
Gl. Gr.: Guttal, unweit unterhalb der neuen Glocknerstraße 1 Ex. 22. VIII. 1937; auf der Kreitherwand je 1 Ex. 22. VIII. 1937 und 24. VII. 1938; Daberklamm 1 Ex. 15. VII. 1937; Stubachtal (Kastner 1905); nach Sturany (1892) im oberen Teil des Fuschertales „überall häufig".
Die Art scheint vorwiegend, wenn nicht ausschließlich im Gebirge zu leben und ist nicht nur in den Alpen, sondern auch in anderen Gebirgen weit verbreitet. Sie lebt an Baumstämmen und -strünken, an Felsen und unter Fallaub.

Familie *Succineidae*.

41. *Succinea putris* L.
Gl. Gr.: Fuscher Rotmoos, im nassen Moosrasen des Flachmoores 2 Ex. 14. V. 1940.
Weitverbreitete Art, die am Rande von Gewässern und auf Sumpfwiesen lebt. Nach Riezler ist das Tier in Nord- und Südtirol weit verbreitet und findet sich auch im Iseltal bei Lienz.

42. — *Pfeifferi* Rossm.
S. Gr.: Im untersten Teil des Seidelwinkeltales am Bachrand 1 Ex. auf Sumpfpflanzen 17. VIII. 1937.
Auch diese Art ist sehr verbreitet. Sie lebt meist in unmittelbarer Nähe des Wassers, häufig auch auf den Blättern der Wasserpflanzen (Geyer 1927).

43. — *oblonga* Drap.
Gl. Gr.: Am Ufer der Fuscher Ache oberhalb Ferleiten 1 Ex. 14. V. 1940; Fuscher Rotmoos, im nassen Moosrasen des Flachmoores 1 Ex. 23. VII. 1939 und 1 Ex. 14 V. 1940.
Auch diese Art ist weit verbreitet, lebt aber nach Geyer (1927) auch in größerer Entfernung vom Wasser, so auf verhältnismäßig trockenen Wiesen, an Ruinenmauern und selbst an Baumstämmen.

Familie *Valloniidae*.

44. *Vallonia pulchella* O. F. Müller.
Gl. Gr.: Im Pasterzenvorland südlich der Margaritze aus Moosrasen unter *Salix hastata* und *Vaccinium uliginosum* gesiebt 3 Ex. 17. VII. 1940; im Bestandesabfall des Grauerlenbestandes im unteren Teil des Käfertales 3 Ex. 14. V. 1940.
Eine sehr weit verbreitete Art, die auf Wiesen unter Steinen und im Grase häufig ist (Geyer 1927), wie die vorgenannten Funde zeigen, aber auch in der Laubstreu der Wälder und im Unterwuchs der Zwergstrauchbestände lebt.

45. *Pyramidula rupestris* Drap.
S. Gr.: Hüttenwinkeltal, zwischen Bodenhaus und Grieswiesalm auf den Grasmatten unter Steinen 15. V. 1940 einzeln; im obersten Teil des Seidelwinkeltales 1 Ex. 17. VIII. 1937; S-Hang des Hochtortauernkopfes 6 Ex. 6. VIII. 1937; am Weg von der Großen Fleiß zur Weißenbachscharte 4 Ex. 22. VII. 1937; Stanziwurten-SW-Hang, hochalpin 11 Ex. 2. VII. 1937. Kar zwischen Albitzen- und Wasserradkopf, in der *Caeculus echinipes*-Gesellschaft in etwa 2500 *m* Höhe 2 Ex. unter Steinen 17. VII. 1940; Albitzen-SW-Hang unterhalb der Kalkphyllitbratschen in der *Caeculus echinipes*-Gesellschaft 1 Ex. 20. VII. 1938; Grasheide über der Glocknerstraße zwischen Glocknerhaus und Marienhöhe 1 Ex. 22. VII. 1938; Grashang unmittelbar unterhalb des Glocknerhauses in der Kalkphyllitsteppe 1 Ex. 25. VII. 1937; am Weg vom Glocknerhaus gegen den Albitzen-N-Hang 2 Ex. 18. VII. 1937; Grashänge oberhalb der Glocknerstraße zwischen Glocknerhaus und Pfandlschartennahfeld 4 Ex. 1. VIII. 1938; Pasterzenvorfeld zwischen Glocknerstraße und Möll 5 Ex. 5. VII. 1937; S-Hang und Hochfläche der Margaritze je 1 Ex. 7. VII. und 18. VIII. 1937; am Steilhang der Marxwiese gegen den Unteren Keesboden 1 Ex. 18. VII. 1937; am Promenadeweg in die Gamsgrube in Gesellschaft von *Cylindrus obtusus* 7 Ex. 30. VII. 1938; Haldenhöcker unterhalb des Mittleren Burgstalls, in der *Caeculus echinipes*-Gesellschaft 51 Ex. 29. VII. 1938 und 16. VII. 1940; auf der Rasenbank unterhalb des Glocknerkamps südlich des Glockneraufstieges 1 Ex. 2. VIII. 1938; Rasenhänge über der Pasterzenmoräne unterhalb des Schwertecks 3 Ex. 2. VIII. 1938; an den Hängen über dem Oberen Keesboden 3 Ex. 28. VII. 1937; am Wiener Weg zwischen Stockerscharte und neuer Salmhütte 1 Ex. 10. VIII. 1937; S-Hang des Schwertecks über der neuen Salmhütte, im schütteren Seslerietum 1 Ex. 12. VII. 1937; Kar südwestlich der Pfortscharte in der *Caeculus echinipes*-Gesellschaft 1 Ex. 14. VII. 1937; am Stüdweg zwischen Bergertörl und Mödlspitze 1 Ex. 11. VIII. 1937; im oberen Teil des Teischnitztales entlang des Weges von der Fanatscharte nach Kals 1 Ex. 26. VII. 1938; Daberklamm, an Kalkphyllitfelsen 7 Ex. 15. VII. 1937; Fuscher Rotmoos, in nassem, zum Teil von Kalksinter überzogenem Moos 17 Ex. 14. V. 1940; Sturany (1892) fand einige Ex. bei Ferleiten.
Schobergr.: Am Weg vom Berger- zum Peischlachtörl unweit des Bergertörls 1 Ex. 11. VIII. 1937.
Die Art scheint kalkhold zu sein. Ich fand sie im Untersuchungsgebiete meist an Stellen, an denen kalkhaltige Gesteine unmittelbar an die Oberfläche traten oder doch Gesteinsbrocken und kalkhaltiges, feines Verwitterungsmaterial reichlich vorhanden waren. Daraus erklärt sich auch, daß die Art in der *Caeculus echinipes*-Gesellschaft auf den Kalkphyllitschutthalden in hochalpinen Lagen regelmäßig zu finden ist. Außerdem tritt sie zahlreich auf Felsen in sub- und hochalpinen Lagen auf und dürfte die dort lebenden felsenhaftenden Kryptogamen beweiden.

46. *Acanthinula aculeata* Müller.
Mölltal: S-Hang über der Straße zwischen Söbriach und Flattach, aus Fallaub unter *Corylus* gesiebt 18. VI. 1942.
Gl. Gr.: Von Sturany (1892) 2 Ex. bei Bad Fusch gesiebt.
Die Art ist weit verbreitet, aber nicht häufig. In Tirol soll sie nach Riezler (1929) bis in die alpine Grasheidenstufe emporsteigen.

Familie *Pupillidae*.

47. *Chondrina avenacea* Bruguière.
S. Gr.: Am Eingang in die Große Fleiß auf den stark besonnten Felsen 12 Ex. 18. VII. 1938.
Gl. Gr.: Steppenwiesen entlang des Haritzerweges oberhalb Heiligenblut 4 Ex. 15. VII. 1940 (an felsigen Stellen gesammelt); Kreitherwand, auf sonnigen Felsen 31 Ex. 29. VII. 1937 und 24. VII. 1938; Daberklamm 2 Ex. 15. VII. 1937 (auf Felsen). Nach Geyer (1927) eine Wärme und Sonne liebende Gebirgs- und Felsenschnecke, die vorwiegend auf Kalkunterlage zu finden ist, aber auch auf anderes Gestein übergeht. Sie scheint im Gebiete auf die warmen Lagen der Südtäler beschränkt zu sein.

48. *Vertigo pygmaea* Drap.
Gl. Gr.: Fuscher Rotmoos, im nassen Moosrasen 14. V. 1941 (det. Fuchs).
Weit verbreitet, bewohnt vorwiegend feuchte Tallagen.

49. — *alpestris* Alder.
Gl. Gr.: Kreitherwand 1 Ex. 24. VII. 1938; Grashang unmittelbar unterhalb des Glocknerhauses, Kalkphyllitsteppe, im Wurzelgesiebe 1 Ex. 29. VII. 1937; am Steilhang des Hohen Sattels gegen die Pasterze 3 Ex. 31. VII. 1937 im Moränengelände unter Steinen gesammelt; im Pasterzenvorland südlich der Margaritze aus Moosrasen unter *Salix hastata* und *Vaccinium uliginosum* gesiebt 3 Ex. 17. VII. 1940; bei Ferleiten und Bad Fusch (Sturany 1892).
Weit verbreitet, in Mitteleuropa Gebirgsbewohner. In Tirol lebt die Art nach Riezler (1929) von der subalpinen Region aufwärts bis in die hochalpine Grasheidenstufe.

50. — *substriata* Jeffreys.
„In wenigen Exemplaren an angeschwemmtem Holz in Auen der Möll oberhalb Lainach" (Gallenstein 1900/05).
Die Art findet sich am häufigsten zwischen Brettern und an Holzstöcken; sie wird von Riezler (1929) auch aus Tirol angegeben.

51. — *pusilla* Müller.
Gl. Gr.: Ferleiten (Sturany 1892).
Ein Bewohner trockener Standorte, der nach Riezler (1929) sowohl in Nord- als auch in Südtirol vorkommt.

52. — *arctica* Wallenbg.
Gl. Gr.: Kalkphyllitsteppe oberhalb der Glocknerstraße, zwischen Glocknerhaus und Marienhöhe 3 Ex. 29. VII. 1937; Piffkaralm, am Stamm eines alten Bergahorns in 1630 m Höhe 1 Ex. 15. VII. 1940 (det. F. Käufel et St. Zimmermann).
Die Art ist boreoalpin verbreitet (Holdhaus 1912)[1] und wird fast ausschließlich in hochalpinen Lagen gefunden. Der Fundplatz auf der Piffkaralm liegt außergewöhnlich tief.

53. *Columella edentula columella* G. v. Martens.
S. Gr.: Stanziwurten-SW-Hang, hochalpin 1 Ex. 2. VII. 1937.
Gl. Gr.: Steppenwiesen entlang des Haritzerweges oberhalb Heiligenblut 2 Ex. 15. VII. 1940; Kar zwischen Albitzen- und Wasserradkopf, im Moos am Rande eines kleinen Gießbaches in etwa 2400 m Höhe 7 Ex. 17. VII. 1940; Kalkphyllitsteppe oberhalb der Glocknerstraße zwischen Glocknerhaus und Marienhöhe, im Graswurzelgesiebe 10 Ex. 29. VII. 1937; Pasterzenvorfeld zwischen Glocknerstraße und Möll, innerhalb der Moräne des Jahres 1856 3 Ex. 29. VII. und 8. VIII. 1937; Grashänge oberhalb der Glocknerstraße zwischen Glocknerhaus und Pfandlschartennaßfeld 1 Ex. 1. VIII. 1938; am Steilabfall des Pfandlschartenkares gegen das Naßfeld 1 Ex. 20. VII. 1938; am Rasenfleck im Wasserfallwinkel 3 Ex. 28. VII. 1938; auf dem Haldenhöcker unterhalb des Mittleren Burgstalls im Wurzelgesiebe der Grasheide 2 Ex. 16. VII. 1940; unterste Rasenhänge über der Pasterzenmoräne unterhalb des Schwertecks 1 Ex. 2. VIII. 1938; am Weg von Fusch nach Ferleiten 2 juv. Ex. (Sturany 1892).
Eine vorwiegend nordische Art, die in den Alpen in der Form *columella* vor allem die zentralen Gebirgsgruppen zu bewohnen scheint.

54. *Pupilla alpicola* Charp.
S. Gr.: Am Weg von der Großen Fleiß zur Weißenbachscharte 1 Ex. 22. VII. 1937.
Gl. Gr.: Kreitherwand 2 Ex. 24. VII. 1938; Wasserrad-SW-Hang, an der Rasengrenze in 2500 m Höhe 2 Ex. im Wurzelgesiebe 17. VII. 1940; Albitzen-SW-Hang, an zahlreichen Stellen zwischen 2200 und 2400 m Höhe in der Grasheide 9 Ex. 20., 21. und 29. VII. 1938; in der Kalkphyllitsteppe südlich der Marienhöhe in 2200 m Höhe 25 Ex. 22. VII. und 3. VIII. 1938; Kalkphyllitsteppe oberhalb der Glocknerstraße, zwischen Glocknerhaus und Marienhöhe 7 Ex. 29. VII. 1937; Grashänge zwischen Glocknerhaus und Naßfeld oberhalb der Glocknerstraße 2 Ex. 1. VIII. 1938; Rasenung unmittelbar unterhalb des Glocknerhauses, in der Kalkphyllitsteppe gesiebt 7 Ex. 29. VII. 1937 und unweit davon 4 Ex. 25. VII. 1937, 4 Ex. 3. VIII. 1938; Gamsgrube, im geschlossenen Rasen oberhalb des Promenadeweges 1 Ex. 30. VII. 1938 und unweit des Wegendes vor dem Wasserfallwinkel 2 Ex. 30. VII. 1938; im Wasserfallwinkel auf dem Rasenfleck 4 Ex. 24. VII. 1938; auf dem Haldenhöcker unterhalb des Mittleren Burgstalls auf einer Fläche von $1/4$ m^2 aus Graswurzeln gesiebt 142 Ex. 16. VII. 1940.
Die Form wird von manchen Autoren nur als Varietät der *Pupilla muscorum* betrachtet, die im Gebiete bisher noch nicht nachgewiesen ist. *Pupilla alpicola* ist ein charakteristischer Bewohner der hochalpinen Grasheiden und in den Alpen weit verbreitet.

55. *Pupilla cupa* Jan.
Gl. Gr.: Kreitherwand 1 Ex. 22. VIII. 1937; Albitzen-SW-Hang, in der *Caeculus echinipes*-Gesellschaft unterhalb der Kalkphyllitbratschen in etwa 2250 m Höhe 9 Ex. 20. VII. 1938.
Die Art ist thermophil. Sie liebt sonnige, warme Felsenstandorte und Steppenrasenhänge und findet sich dort im pflanzlichen Bestandesabfall und in Graspolstern. In Nordtirol kommt sie nach Riezler (1929) nur im Oberinntal, in Südtirol bei Bozen, Pfelders und Terlan vor. Wir gehen kaum fehl, wenn wir sie als alpines Steppenelement und wärmezeitliches Relikt ansehen.

---

[1] In neuerer Zeit ist bestritten worden, daß *Vertico arctica* eine gute Art sei. Anatomische Untersuchungen, die diese Frage allein zu klären vermöchten, liegen jedoch noch nicht vor.

56. *Orcula dolium* Drap.
S. Gr.: Die Art wird von Zimmermann (1932) aus der Gegend von Gastein angeführt.
Sie findet sich nur an ganz wenigen Punkten in den Zentralalpen, ist vielmehr ein Bewohner der kalkalpinen Gebirgsstöcke der Nordost- und Südostalpen.

57. — *gularis* Rossm.
Gl. Gr.: Fuscher Rotmoos, in triefnassem, zum Teil von Kalksinter überzogenem Moos 1 Ex. 14. V. 1940.
Es war mir nicht möglich, weitere Exemplare zu finden, so daß ein Vergleich größerer Serien von diesem ersten zentralalpinen Standort dieser kalkholden Art mit Populationen aus den Nordalpen noch nicht möglich ist. Herr Dr. Stephan Zimmermann, der beste Kenner der Gattung *Orcula*, hat jedoch das einzelne Stück untersucht und mir seine Identität mit der *Orcula gularis* der nördlichen Kalkalpen bestätigt. Das Belegexemplar befindet sich in seiner Sammlung. Die nächsten Standorte der Art liegen im Gebiete des Hochkönigs (vgl. Zimmermann 1932).

Familie *Enidae (Buliminidae)*.

58. *Ena montana* Drap.
S. Gr.: Im unteren Teil des Seidelwinkeltales an einem Felsen 1 Ex. 17. VIII. 1937.
Gl. Gr.: Stubachtal (Kastner 1905); Käfertal, im Bestandesabfall des *Alnetum incanae* 2 Ex. 14. V. 1940; an einem moosbewachsenen Felsblock unweit des Hirzbachwasserfalles 1 Ex. 8. VII. 1941; Fuscher Tal oberhalb Ferleiten, an einem Felsblock 1 Ex. 22. V. 1941.
Gr. Gr.: Windisch-Matrei (Riezler 1929); Proseckklamm bei Windisch-Matrei (Werner 1931).
Weit verbreitet, in Mitteleuropa vorwiegend im Gebirge; gehört dem Waldgürtel an.

59. — *obscura* Müller.
Gl. Gr.: Auf den Steppenwiesen entlang des Haritzerweges oberhalb Heiligenblut 5 Ex. 15. VII. 1940; Kreitherwand 3 Ex. 22. VIII. 1937 und 24. VII. 1937.
Weit verbreitet, wird meist an bemoosten Felsen, an Baumstämmen und unter Moos gefunden. Das Vorkommen auf den Steppenwiesen bei Heiligenblut fällt ökologisch aus der Reihe der normalen Standorte heraus.

60. *Zebrina detrita* O. F. Müller.
Gr. Gr.: Von Werner (1931) aus der Proseckklamm bei Windisch-Matrei angegeben; von mir an der Straße ins Matreier Tauerntal in der „Matreier Schuppenzone" unweit östlich Schloß Weißenstein auf Kalk und unweit östlich des Lublas auf Kalkphyllit zahlreich festgestellt 3. IX. 1941.
Die Art ist ausgesprochen thermophil, findet sich aber nach Riezler (1929) an zahlreichen warmen Plätzen Tirols, so im Inntal von Jenbach aufwärts, im Eisack- und Etschtal, im Nonsberg- und Fleimsertal, in der Umgebung des Gardasees, im Vallarsa- und Sarcatal, in den Sieben Gemeinden und auch in Leisach bei Lienz. *Zebrina detrita* gehört zu denjenigen wärmeliebenden Arten, die zwar durch das weite Iseltal bis an den Alpenhauptkamm vorgedrungen sind, denen das vielfach gewundene und enge Mölltal aber verschlossen blieb. Auch bei Oberdrauburg im Drautal an den warmen Kalkhängen nördlich des Ortes fand ich sie nicht.

Familie *Cochlicopidae*.

61. *Cochlicopa lubrica* O. F. Müller.
Gl. Gr.: Guttal, unweit unterhalb der neuen Glocknerstraße 1 Ex. 22. VII. 1937; Steppenwiesen entlang des Haritzerweges, in etwa 1450 m Höhe aus Graswurzeln gesiebt 2 Ex. 15. VII. 1940; Käfertal, im Bestandesabfall des *Alnetum incanae* und unter *Rhododendron*-Büschen 8 bzw. 1 Ex. 14. V. 1940; Fuscher Rotmoos, im nassen Moosrasen 22 Ex. 14. V. 1940; Fuscher Tal oberhalb Ferleiten, am Ufer der Fuscher Ache 1 Ex. 18. VII. 1940; Piffkaralm in 1630 m Höhe unweit der Glocknerstraße 1 Ex. in Almrasen 15. VII. 1940; Fuscher Tal unterhalb Dorf Fusch, in der Erlenau am Wachtbergbach zahlreich 23. V. 1941; auch bei Bad Fusch und am Weg zur Traueralm (Sturany 1892); Stubachtal (Kastner 1905).
Pinzgau: In den Salzachauen bei Bruck an der Glocknerstraße 2 Ex. 19. VII. 1940.
Die Art ist sehr weit verbreitet und an feuchten Orten in tieferen Lagen allenthalben häufig. Nach Riezler (1929) steigt sie in Tirol bis in alpine Lagen empor.

Familie *Carychiidae*.

62. *Carychium minimum* O. F. Müller.
Gl. Gr.: Schneiderau (Stubach), im Moos und Fallaub unter einem alten Bergahorn unweit des Gasthofes 1 Ex. 25. VII. 1939; Käfertal, im Bestandesabfall unter *Alnus incana* 9 Ex. 14. V. 1940; Fuscher Rotmoos, im nassen Moosrasen 14 Ex. 14. V. 1940; Bad Fusch (Sturany 1892).
Weit verbreitet, scheint im Gebiete aber auf tiefere Lagen beschränkt zu sein. Die Art lebt an nassen Standorten unter Moos, Holz und Steinen.

Ordnung Lamellibranchiata.

Familie *Spaeriidae*.

1. *Pisidium casertanum* Poli. (= *fossarium* Cl.)
Gl. Gr.: Am Tauernmoos vor dessen Überstauung (Werner 1924); Fuscher Rotmoos, im triefnassen Moos 1 Ex. 23. VII. 1939.
Die weitverbreitete Art dürfte im Gebiete auch noch an anderen Standorten vorkommen.

Die Zahl der in den mittleren Hohen Tauern vorkommenden Molluskenarten dürfte im vorstehenden Verzeichnis noch nicht restlos erfaßt sein. Wie in anderen Tiergruppen werden auch hier intensive Nachforschungen in subalpinen und tieferen Lagen jedenfalls noch die eine oder andere bisher im Gebiete nicht festgestellte Art ans Licht fördern. Das Gesamtbild der Molluskenfauna der mittleren Hohen Tauern wird durch solche ergänzende Funde jedoch keine wesentlichen Veränderungen mehr erfahren, so daß wir es hier ohne Bedenken kurz kennzeichnen können.

Die kalkarmen Urgesteinsgebiete der Zentralgneiskerne um die Granatspitze und den Sonnblick sind äußerst arm an Weichtieren. Sie gehören mit zu den molluskenärmsten zentralalpinen Gebieten der Ostalpen. Auch die Kalkschiefer- und Kalkgebiete, die der sogenannten Tauernschieferhülle angehören, sind im Vergleiche mit endemitenreichen, eiszeitlich nicht devastierten Randgipfeln der Alpen verhältnismäßig artenarm zu nennen. Dennoch ist die Zahl der hier vorkommenden Gastropoden wesentlich größer als die in den Zentralgneiskernen, ja es finden sich auf den kalkreichen Böden sogar einzelne ausgesprochen kalkholde Schnecken, wie *Cylindrus obtusus* und *Orcula gularis*, die wir sonst fast nur in den Kalkalpen antreffen. Es sind dies Arten, die, wie im historisch-tiergeographischen Abschnitt dieser Arbeit dargelegt werden wird, in postglazialer Zeit in die mittleren Hohen Tauern einwanderten und hier wegen der für zentralalpine Verhältnisse ungewöhnlichen Ausdehnung kalkreicher Sedimente Fuß fassen konnten. Außerdem weisen auch die trockenen, warmen Hänge auf der Südseite des Alpenhauptkammes eine Anzahl Schneckenarten auf, die der normalen zentralalpinen Molluskenfauna fehlen. Es sind dies thermophile Arten, die in trockenen Grasheiden der Südtäler, in Felsensteppen und selbst noch in sonnigen Lagen über der Waldgrenze auf engumgrenztem Raum ihnen zusagende Lebensbedingungen finden.

Von diesen kalkholden und wärmebedürftigen Schnecken abgesehen ist die Molluskenfauna des Untersuchungsgebietes recht einförmig. Sie besteht überwiegend aus weitverbreiteten, ökologisch wenig anspruchsvollen Formen. Damit hängt auch zusammen, daß der größere Teil der das Gebiet bewohnenden Mollusken in den verschiedensten Tiergesellschaften heimisch ist und sich für die soziologische Kennzeichnung bestimmter Tiervereine nicht eignet.

Verhältnismäßig viele Schnecken dringen aus tieferen Lagen bis über die Waldgrenze bergwärts vor, dagegen scheinen nur wenige die hochalpine Grasheidenstufe nach oben zu überschreiten. Am höchsten von allen Schnecken des Untersuchungsgebietes dürfte *Vitrinopugio nivalis* emporsteigen. Diese Art tritt als einzige regelmäßig in der *Nebria atrata*-Gesellschaft auf.

Myriopoda.

Aus Zweckmäßigkeitsgründen werden nachstehend die Chilopoden, Symphylen und Diplopoden, die in neuerer Zeit als getrennte Klassen aufgefaßt werden, gemeinsam unter dem alten Sammelnamen Myriopoda behandelt. Dadurch erübrigt sich ein mehrmaliger Hinweis auf die älteren Literaturquellen, in denen die genannten Tiergruppen fast ausnahmslos gemeinsam behandelt sind.

Über die Myriopodenfauna der mittleren Hohen Tauern liegen in der Literatur bisher nur wenige Angaben vor, die fast ausnahmslos in einigen Arbeiten Verhoeffs (1938, 1939b, 1940) veröffentlicht sind. Die weitaus überwiegende Mehrzahl der im folgenden gemachten Fundortangaben beruht daher auf dem Material, welches ich selbst im Untersuchungsgebiet gesammelt habe. Einzelne Daten über die Gesamtverbreitung und Lebensweise einzelner Arten sind den Arbeiten von Attems (1895), Bigler (1929), Friedel (1934), Latzel (1880), Schubart (1934) und Verhoeff (1894, 1929, 1938) entnommen. Wertvolle Angaben über die Verbreitung einzelner Arten verdanke ich Herrn Grafen Dr. C. Attems (Wien), der auch mein gesamtes Myriopodenmaterial aus den Hohen Tauern bestimmt hat. Auch hinsichtlich der Nomenklatur folge ich den mir von C. Attems (i. l.) gemachten Angaben.

I. Opisthogoneata (Chilopoda).

Ordnung Geophilomorpha.

Familie *Geophilidae*.

1. *Geophilus insculptus* Att.
    S. Gr.: Hüttenwinkeltal, zwischen Bucheben und Bodenhaus 1 Ex. und auf der Grieswiesalm im Wurzelgesiebe eines *Calluna*-Bestandes 2 Ex. 15. V. 1940; Kleine Fleiß, am Weg vom Alten Pocher auf den Seebichel 4. VIII. 1937; Mallnitz, Seebachtal (1300 m) 1 ♂ 7. VI. 1913; Kötschachtal (1250 m) 1 ♂, 2 ♀ und Palfneralm (1800—1850 m) b. Gastein 2 ♂, 3 ♀ 11. VI. 1913 (alle Verhoeff 1940).
    Gl. Gr.: Steppenwiesen entlang des Haritzerweges oberhalb Heiligenblut, im Rasengesiebe 1 Ex. 15. VII. 1940.
    Pinzgau: Taxingbauer in Haid bei Zell am See, im Wurzelgesiebe einer Kunstwiese 2 Ex. 13. VII. 1939.
    Der von Verhoeff (1940) beschriebene *G. glocknerensis* ist samt der var. *moellensis* wohl nur auf aberrante Individuen des *G. insculptus* begründet; von beiden Formen lag dem Autor nur je ein Stück zur Beschreibung vor. Die beiden Tiere wurden von Verhoeff an der alten Glocknerstraße in 1750 m Höhe und in einem Nebental der Möll in 1750 m Höhe gesammelt.
2. — *longicornis* Leach.
    S. Gr.: Bei Gastein im Nadelwald in 1300 m Höhe unter Holz 1 ♀ (Verhoeff 1940).
    Pinzgau: Taxingbauer in Haid bei Zell am See, im Wurzelgesiebe einer Kunstwiese 1 Ex. 13. VII. 1939.
3. *Scolioplanes crassipes* C. L. Koch.[1]
    S. Gr.: Kleine Fleiß, oberhalb des Alten Pocher aus Grünerlenfallaub gesiebt 30. VI. 1937.
    Gl. Gr.: Schneiderau (Stubach), in Moos und Fallaub unter einem alten Bergahorn in der Nähe des Gasthofes 2 Ex. 25. VII. 1939; Kapruner Tal, im Mischwald über dem Kesselfall 1 Ex. 14. VII. 1939; am Weg von der Pfandlscharte zur Trauneralm unweit der Oberen Pfandlbodens 1 Ex. 18. VII. 1940; bei der Naßfeldbrücke der Glocknerstraße über dem Fuscher Tal 1 Ex. 15. VII. 1940; Fuscher Tal unterhalb Dorf Fusch, im Grauerlenbestand am Wachtbergbach unter Fallaub 2 Ex. 23. V. 1941.
4. — *acuminatus* Leach.
    S. Gr.: Im obersten Teil des Seidelwinkeltales 17. VIII. 1937; Böckstein b. Gastein 1200 m 1 ♀ 13. VI. 1913 (Verhoeff 1940).
    Gl. Gr.: Kapruner Tal, im Mischwald über dem Kesselfall 3 Ex. und in der Umgebung des Kesselfallalpenhauses 1 Ex. 14. VII. 1939; Käfertal, im Fallaub unter *Alnus incana* 1 Ex. 23. VII. 1939 und 2 Ex. 14. V. 1940, ferner im Fallaub unter *Rhododendron hirsutum* 1 Ex. 14. V. 1940; Trauneralm, im Rhodoretum oberhalb des Gasthofes 1 Ex. 21. VII. 1939.
    Gr. Gr.: Wiegenwald, im Hochmoor in etwa 1700 m Höhe 1 Ex. 10. VII. 1939.
    Die Art ist weit verbreitet und auch aus Kärnten und Tirol von zahlreichen Fundorten bekannt (teste Attems). In den südlichen Tauerntälern scheint sie allenthalben zu fehlen und erst wieder am Iselsberg und im Drautal vorzukommen; Verhoeff (1940) fand sie auf der Kerschbaumer Alm bei Lienz.

Familie *Schendylidae*.

5. *Schendyla carniolensis nivalis* Verh.
    S. Gr.: Kötschachtal b. Gastein (1250 m) 10. VI. 1913 und Mannhartsalm (1700 m), im Nadelwald 15. VI. 1913 je 1 Ex. (Verhoeff 1940).

Ordnung Scolopendromorpha.

Familie *Cryptopidae*.

6. *Cryptops parisi* Bröl.
    S. Gr.: Mallnitz (1200 m) 1 Ex. 14. VI. 1913 (Verhoeff 1940).

Ordnung Lithobiomorpha.

Familie *Lithobiidae*.

7. *Lithobius erythrocephalus* C. L. Koch.
    Gl. Gr.: Am Stüdlweg zwischen Bergertörl und Mödlspitze 11. VIII. 1937; Kar südwestlich der Pfortscharte, im Seslerietum 14. VII. 1937; Dorfer Tal, zwischen Böheimeben und Dorfer See und weiter am Weg zum Kalser Tauern 15. und 17. VII. 1937.
    Gr. Gr.: Wiegenwald, am N-Hang in etwa 1600 m Höhe unter der Rinde morscher, von *Sphagnum* überwucherter Lärchenstämme 2 Ex. 10. VII. 1939.
8. — *tricuspis* Mein.
    S. Gr.: Kleine Fleiß, beim Alten Pocher aus Grünerlenfallaub gesiebt 3. VII. 1937.
    Gl. Gr.: Am Ufer der Fuscher Ache oberhalb Ferleiten aus Grauerlenfallaub gesiebt 1 Ex. 19. VII. 1939; beim Kesselfall im Kapruner Tal 1 Ex. 14. VII. 1939.
    Gr. Gr.: Wiegenwald, am N-Hang unter der Rinde morscher, mit *Sphagnum* überwachsener Lärchenstämme 2 Ex. 10. VII. 1939.

---

[1] Der von Verhoeff (1940) beschriebene *S. tauerorum* ist wahrscheinlich von *S. crassipes* nicht spezifisch verschieden. Verhoeff begründet, die Art auf zwei Tiere, die er in einem Nebental des obersten Mölltales in 1550 und 1750 m Höhe gesammelt hat.

9. *Lithobius muticus* C. L. Koch.
   S. Gr.: In der Fleiß, im lichten Lärchenwald oberhalb des Fleißgasthofes 9. VII. 1937; Kötschachtal b. Gastein (1250 m) 1 ♂, 2 ♀ 8. VI. 1913 (Verhoeff 1940).
   Gl. Gr.: Fuscher Rotmoos, im nassen Moos 1 Ex. 14. VII. 1940.
   Die Art scheint im Gebiete nur unterhalb der Waldgrenze vorzukommen.

10. — *aulacopus* Latz.
    S. Gr.: Kleine Fleiß, beim Alten Pocher aus Grünerlenfallaub gesiebt 30. VI. 1937; Palfneralm b. Gastein (1800 m) 1 ♂, 2 ♀ 11. VI. 1913 (Verhoeff 1940).
    Schobergr.: Gößnitztal, bei der Bretterbruck aus Grünerlenfallaub gesiebt 9. VII. 1937.

11. — *latro* Mein.
    S. Gr.: Am Weg aus der Großen Fleiß zur Weißenbachscharte 22. VII. 1937; am S-Hang der Gjaidtroghöhe über dem Seebichel 24. VII. 1937; in der Kleinen Fleiß oberhalb der Pfeiffersäge 10. VII. 1937; Kleine Fleiß, oberhalb des Alten Pocher aus Grünerlenfallaub gesiebt 3. VII. 1937.
    Gl. Gr.: Guttal, oberhalb der Ankehre aus Fallaub unter *Alnus viridis* gesiebt 22. VIII. 1937 und unweit davon aus Moos unter *Salix hastata* aufgelesen 4 Ex. 15. VII. 1940; im Kar zwischen Albitzen- und Wasserradkopf in der *Caeculus echinipes*-Gesellschaft in 2450 m Höhe in NW-Exposition 2 Ex. und am Schneerand in gleicher Höhe 2 Ex. 17. VII. 1940; am Weg vom Glocknerhaus zur Pfandlscharte in etwa 2350 m Höhe in der weiteren Umgebung eines Schneefleckens 1 ♂, 1 ♀ 17. VII. 1938; im Pfandlschartenvorfeld auf einem trockenen Rücken am Fuße des Albitzenkopfes 2 ♂ 17. VII. 1938; Pasterzenvorfeld zwischen Glocknerstraße und Möll, innerhalb der Moräne des Jahres 1856 mehrfach 5. VII. und 21. VIII. 1937, 3. VIII. 1938; Margaritze-S-Hang 18. VIII. 1937; auf dem Hohen Sattel, am Ufer eines Tümpels 5. VII. 1937; am Haldenhöcker unterhalb des Mittleren Burgstalls, auf der Kalkphyllitschutthalde 1 ♂, 2 ♀ 29. VII. 1938; am Hang unterhalb der neuen Salmhütte gegen das Leitertal 2 ♂ 24. VII. 1938; Schwerteck-S-Hang, im *Sesleria*-Rasen unweit der neuen Salmhütte 12. VII. 1937; am Weg von der Salmhütte zum Bergertörl 11. VIII. 1937; im Kar südwestlich der Pfortscharte 14. VII. 1937; im Ködnitztal an der Waldgrenze aus Fallaub gesiebt 14. VII. 1937; Dorfer Tal, unmittelbar oberhalb der Daberklamm aus Grünerlenfallaub gesiebt 18. VII. 1937; im Dorfer Tal zwischen Böheimeben und Dorfer See aus Grünerlenfallaub gesiebt 17. VII. 1937; Talschluß des Dorfer Tales 17. VII. 1937; im Bereich des Torfstiches am Weg von der Rudolfshütte zum Tauernmoossee 16. VII. 1937; beim Kesselfall im Kapruner Tal 1 Ex. 14. VII. 1939; Moserboden, am orographisch rechten Hang in der Zwergstrauchstufe 1 Ex. 15. VII. 1939; Trauneralm, in Fallaub unter *Rhododendron* 1 Ex. 21. VII. 1939; Käfertal, im Fallaub unter *Alnus incana* 3 Ex. 23. VII. 1939; am Ufer der Fuscher Ache oberhalb Ferleiten im Fallaub unter Grauerlen 5 Ex. 19. VII. 1939.
    Gr. Gr.: Muntanitz-SO-Seite 20. VII. 1937; Wiegenwald, an der N-Seite unter der Rinde morscher, mit *Sphagnum* überwachsener Stämme 18 Ex. 10. VII. 1939.
    Schobergr.: Gößnitztal, bei der Bretterbruck aus Grünerlenfallaub gesiebt 9. VII. 1937.
    Diese weitverbreitete Art findet sich auch in den mittleren Hohen Tauern sub- und hochalpin fast überall. Sie steigt bis über die hochalpine Grasheidenstufe empor, scheint aber den typischen *Nebria atrata*-Gesellschaften zu fehlen.

12. — *forficatus* L.
    S. Gr.: Hüttenwinkeltal, auf den Almmatten zwischen Bodenhaus und Grieswiesalm 1 Ex. 15. V. 1940; im unteren Teil des Seidelwinkeltales 8. VIII. 1937; am alten Römerweg zwischen Kasereck und Roßschartenkopf 3. VIII. 1937; in der Großen Fleiß subalpin 10. VII. 1937 und hochalpin am Weg zur Weißenbachscharte 22. VII. 1937; Gjaidtrog-SW-Hang, in der Polsterpflanzenstufe 3 Ex. 18. VII. 1938; Stanziwurten-SW-Hang, hochalpin 2. VII. 1937; Sandkopf-SW-Hang, in der Zwergstrauchstufe 14. VIII. 1937; Palfneralm b. Gastein (1800 m) 11. VI. 1913 und Mannhartalm b. Mallnitz (1800 m) 1 ♂, 2 ♀ 15. VI. 1913 (Verhoeff 1940).
    Gl. Gr.: Mölltal b. Heiligenblut (1250—1800 m) (Verhoeff 1940); Guttal, auf den Wiesen oberhalb der Ankehre der Glocknerstraße 1 Ex. 15. VII. 1940; am Haritzerweg oberhalb Heiligenblut 22. VIII. 1937; Albitzen-SW-Hang an mehreren Stellen, besonders häufig unterhalb der Kalkphyllitbratschen 9. VIII. 1937, 20. VII. 1938 und 26. VII. 1939; Pasterzenvorfeld zwischen Glocknerstraße und Möll, innerhalb und außerhalb der Moräne des Jahres 1856 an zahlreichen Stellen 5. VII., 28. VII., 29. VII. und 3. VIII. 1937, 3. VIII. 1938; am Weg vom Glocknerhaus auf den Hohen Sattel 29. VII. 1937; S-Hang der Margaritze und Hochfläche derselben mehrfach 7. VII. und 18. VIII. 1937, 23. VII. 1938; Franz-Josefs-Höhe, in der nächsten Umgebung des Hotels 8. VIII. 1937; am Absturz des Magneskars gegen das Pfandlschartennaßfeld 1 Ex. 21. VII. 1938; Steilhang des Hohen Sattels gegen die Pasterze 26. VII. und 23. VIII. 1937; am Promenadeweg zwischen Freiwand und Gamsgrube beiderseits des Weges je 1 Ex. 30. VII. 1938; im Moränengelände zwischen Freiwand und Gamsgrube 1 Ex. 31. VII. 1938; Gamsgrube 1 Ex. 30. VII. 1938; am Wiener Weg zwischen Stockerscharte und Salmhütte 10. VIII. 1937; auf den Schneeböden nächst der neuen Salmhütte 13. VII. 1937; Schneiderau (Stubach), in Moos und Fallaub unterhalb eines alten Bergahorns in der Nähe des Gasthofes 1 Ex. 25. VII. 1939; am Weg vom Moserboden gegen die Schwaigerhütte 1 Ex. 17. VII. 1939; Käfertal, im unteren Teil des Tales und noch im Talschluß beim Wasserfall 3 Ex. 23. VII. 1939; Oberer Pfandlboden 2 Ex. 21. VII. 1939; an der Glocknerstraße zwischen Piffkar und Hochmais in 1750 m Höhe 1 Ex. 15. VII. 1940.
    Schobergr.: Am Weg vom Berger- zum Peischlachtörl 11. VIII. 1937; am Weg von Heiligenblut in die Gößnitz, im Wald vor der Abzweigung des Weges ins Leitertal 9. VII. 1937.
    Diese überaus weitverbreitete Art ist auch im Gebiete in allen Höhenstufen vertreten und wohl überhaupt der häufigste Myriopode der Tauernfauna.

13. — *nigrifrons* Latz.[1]
    S. Gr.: In der Fleiß, im lichten Lärchenwald oberhalb des Fleißgasthofes 9. VII. 1937; Kötschachtal b. Gastein 1 ♂, 2 ♀ (Verhoeff 1940).

---

[1] Verhoeff (1940) beschreibt eine neue *Lithobius*-Art aus den Hohen Tauern, *L. moellensis*, die er in einem Nebental der Möll oberhalb Heiligenblut in 1550 m Höhe in 3 ♂, 3 ♀ sammelte. Außerdem gibt derselbe Autor an, das ♂ des *L. saalachiensis* Verh. in der Möllschlucht bei Heiligenblut in 1300 m Höhe gefunden zu haben. Beide Arten sind nach Attems (mündl. Mitt.) im höchsten Grade zweifelhaft.

Gl. Gr.: Käfertal, im Moos am Stamm eines alten Bergahorns 2 Ex. 23. VII. 1939; Schneiderau (Stubach), in Moos und Fallaub unter einem alten Bergahorn unweit des Gasthofes 2 Ex. 25. VII. 1939; Möllschlucht bei Heiligenblut (1300 m) (Verhoeff 1940).

14. *Polybothrus fasciatus* Newp.
S. Gr.: Mallnitz, Nadelwald (1200 m) 1 ♀ 14. VI. 1913 (Verhoeff 1940).

15. — *leptopus* (Latz.).
Gl. Gr.: Daberklamm 15. VII. 1937.
Die Art scheint wie alle *Polybothrus*-Arten bis zu einem gewissen Grade thermophil zu sein und im Untersuchungsgebiet nur die warmen Lagen der Südtäler zu bewohnen. Die nächsten bekannten Fundorte sind nach C. Attems (i. l.) in Kärnten Millstatt, Spittal a. d. Drau und Villach, in Nordtirol Kufstein und der Achensee; in Südtirol ist die Art weit verbreitet und häufig.
Am Tristachersee bei Lienz fand ich auch noch eine zweite Art der Gattung, nämlich *Polybothrus fasciatus*.

II. Progoneata (Symphyla und Diplopoda).

a) Symphyla.

Ordnung Symphyla.

Familie *Scutigerellidae*.

1. *Scutigerella immaculata* Newp.
Gl. Gr.: Am Weg von der Unteren Pfandlscharte zur Trauneralm, unweit des Oberen Pfandlbodens 1 Ex. 18. VII. 1940.
Die Art ist sehr weit verbreitet, scheint jedoch die Waldgrenze verhältnismäßig selten zu überschreiten.

b) Diplopoda.

Ordnung Pselaphognatha.

Familie *Polyxenidae*.

2. *Polyxenus lagurus* De G.
Gl. Gr.: Am Weg vom Fuscher Rotmoos zur Trauneralm 1 Ex. 22. V. 1941.

Ordnung Oniscomorpha.

Familie *Glomeridae*.

3. *Haploglomeris multistriata* (C. L. Koch).
Gl. Gr.: Am Haritzerweg oberhalb Heiligenblut 1 Ex. 22. VIII. 1937; Kreitherwand 1 Ex. 24. VII. 1938.
Die Art bewohnt im allgemeinen die Mischwaldzone und wird nach Schubart (1934) fast nie über 1400 m Höhe gefunden. Die Funde am Haritzerweg und unweit davon auf der Kreitherwand stellen demnach durch günstiges Lokalklima bedingte Standorte an der oberen Verbreitungsgrenze des Tieres dar. Ich fand die Art bisher nur an den beiden angegebenen Stellen, und es kann kein Zweifel darüber bestehen, daß *Haploglomeris multistriata* dort als wärmezeitliches Relikt weithin isoliert ihr Dasein fristet. Der nächste bekannte Fundort ist Lienz (Attems i. l.), in Kärnten von Millstatt, Spittal und vom Dobratsch ostwärts ist das Tier häufig.

4. *Glomeris hexasticha* Brdt.
Gl. Gr.: Möllschlucht bei Heiligenblut, unter Holz in 1270 m 1 ♀ 26. IX. 1938 (Verhoeff 1939 b); am Wiener Weg zwischen Stockerscharte und neuer Salmhütte 10. VIII. 1937; Kapruner Tal, an der Talstufe unterhalb der Limbergalm 1 Ex. und im Mischwald über dem Kesselfall 4 Ex. 14. VII. 1939; Käfertal, im Fallaub unter *Alnus incana* 8 Ex. 14. V. 1940 und unter *Rhododendron* 2 Ex. 23. VII. 1939; Fuscher Tal unterhalb Dorf Fusch, im Grauerlenbestand am Wachtbergbach 5 Ex. 22. V. 1941.
Die Art steigt nach Schubart (1934) in den Alpen bis 2400 m Höhe empor und ist nordwärts bis zu den deutschen Mittelgebirgen, westwärts bis zum Rheintal verbreitet.

5. — *connexa* C. Koch.
Gl. Gr.: Fuscher Rotmoos, im nassen Moos 2 Ex. 14. V. 1940; Fuscher Tal unterhalb Dorf Fusch, im Grauerlenbestand am Wachtbergbach 9 Ex. 22. V. 1941.
Pinzgau: Zell am See, in 850 bis 900 m Höhe (Verhoeff 1938).
Die Art ist nördlich der Donau nur inselhaft bis Brandenburg und Westpreußen verbreitet und reicht südlich bis Schluderbach und zum Millstätter See (Verhoeff 1939 b). In den Ostalpen ist sie von vielen Fundorten bekannt, war aber bisher in den Hohen Tauern noch nicht nachgewiesen (Verhoeff 1938).

Familie *Glomeridellidae*.

6. *Glomeridella minima* Latz.
Gl. Gr.: Kapruner Tal, im Mischwald über dem Kesselfall aus tiefen Fallaublagen gesiebt 40 Ex. 14. VII. 1939.
Die Art war bisher nur aus dem östlichsten Teile der Alpen westwärts bis Oberdonau sowie aus dem Karst und Bosnien bekannt (Attems i. l.). Sie scheint ein Charaktertier der ozeanischen Alpenrandgebiete zu sein. Aus Kärnten wird sie von Verhoeff (1939) nicht angeführt.

7. — *germanica* Verh.
S. Gr.: Von Verhoeff (1939 b) aus den Hohen Tauern angeführt und wohl bei Gastein gesammelt.

Ordnung Polydesmoidea.

Familie *Polydesmidae*.

8. *Polydesmus (Polydesmus) denticulatus* C. L. Koch.
   Gl. Gr.: Kapruner Tal, im Mischwald oberhalb des Kesselfalles 2 Ex. 14. VII. 1939; im Fuscher Tal oberhalb Ferleiten 1 Ex. 21. VII. 1939.
   Gr. Gr.: Wiegenwald, 3 Ex. am N-Hang in etwa 1600 m Höhe gesammelt 10. VII. 1939; Walcher Hochalm 1 Ex. 9. VII. 1941.
   Pinzgau: Taxingbauer in Haid bei Zell am See, im Wurzelgesiebe einer Kunstwiese 2 Ex. 13. VII. 1939.
   Eine weitverbreitete Art, die nach Schubart (1934) gern in Kulturland lebt und in der Schweiz bis 2400 m Höhe emporsteigt, auf der Südseite des Tauernhauptkammes aber zu fehlen scheint.

9. — *monticolus vallicolus* Verh.
   Gl. Gr.: Von Verhoeff (1939 b) aus der Gegend von Heiligenblut angegeben.

10. — *(Polydesmus) complanatus illyricus* Verh.
    S. Gr.: Im obersten Teil des Seidelwinkeltales 17. VIII. 1937; am alten Römerweg zwischen Kasereck und Roßschartenkopf 3. VIII. 1937; in der Fleiß, im lichten Lärchenwald oberhalb des Fleißgasthofes 9. VII. 1937; Kleine Fleiß, oberhalb des Alten Pocher aus Grünerlenfallaub gesiebt 3. VII. 1937 und am Weg vom Pocher auf den Seebichel unter einem Stein 4. VIII. 1937.
    Gl. Gr.: Bei Heiligenblut in 1700 m unter morschem Lärchenholz (Verhoeff 1939 b); Guttal, auf den Almmatten in der Nähe der Kapelle Mariahilf 22. VIII. 1937; Albitzen-SW-Hang, unterhalb der Alm 9. VIII. 1937; Guttal, unterhalb der neuen Glocknerstraße auf den Almmatten über der Kapelle Mariahilf 22. VIII. 1937; S-Hang der Margaritze 7. VII. 1937; Fuscher Rotmoos, im nassen Moosrasen 3 Ex. 23. VII. 1939; am Weg von Ferleiten zur Vogeralm 1 juv. Ex. 22. V. 1941.
    Schobergr.: Gößnitztal, bei der Bretterbruck aus Grünerlenfallaub gesiebt 9. VII. 1937.
    Pinzgau: Taxingbauer in Haid bei Zell am See, im Rasengesiebe einer Kunstwiese 1 Ex. 13. VII. 1939.
    Die Art ist in den Alpen vom Oberengadin und von Vorarlberg ostwärts weit verbreitet, findet sich aber auch allenthalben auf der Balkanhalbinsel. Sie lebt vor allem in der Laub- und Nadelstreu der Wälder, aber auch zwischen Graswurzeln und wurde wie in den Hohen Tauern so auch in der Ostschweiz bergwärts bis zur oberen Grenze der alpinen Zwergstrauchstufe nachgewiesen (vgl. Schubart 1934).

11. — *(Acanthotarsius) edentulus edentulus* (C. L. Koch).
    S. Gr.: Kleine Fleiß, unweit oberhalb der Pfeiffersäge 10. VII. 1937; Kleine Fleiß, oberhalb des Alten Pocher aus Grünerlenfallaub gesiebt 3. VII. 1937.
    Gl. Gr.: Von Verhoeff (1939 b) bei Heiligenblut gesammelt.
    Die Art scheint ein Bewohner des Bestandesabfalles der Gebirgswälder zu sein, sie wird von Schubart (1934) aus Tirol, dem Salzkammergut, Steiermark, Niederdonau und Illyrien angegeben und wurde von Verhoeff (1939 b) in Kärnten an zahlreichen Stellen festgestellt.

Ordnung Chordeumoidea.

Familie *Attemsiidae*.

12. *Heterohaasea lignivaga* Verh.
    Gl. Gr.: Am Weg vom Fuscher Rotmoos zur Trauneralm 1 Ex. 22. V. 1941; unterster Teil des Hirzbachtales 1 Ex. 8. VII. 1941; Weg von Ferleiten zur Walcheralm 1 Ex. 9. VII. 1941.

13. *Polyphematia moniliformis* Latz.
    Gl. Gr.: Piffkaralm, an der Glocknerstraße in 1630 m Höhe im Almrasen 3 Ex. 15. VII. 1940.
    Die Art lebt im Freien und in Höhlen und ist in den Ostalpen östlich der Hohen Tauern weit verbreitet (Attems i. l.). Ihre westliche Verbreitungsgrenze ist noch ungenügend erforscht; in Kärnten scheint sie zu fehlen (vgl. Verhoeff 1939).

14. *Orobainosoma fonticulorum* Verh.
    Gl. Gr.: Möllschlucht bei Heiligenblut (1270 m) 1 ♂, 2 ♀ 26. bis 27. IX. 1938 (Verh. 1939).
    Auch auf der Kerschbaumer Alm in den Lienzer Dolomiten (Verh. 1939).

Familie *Craspedosomidae*.

15. *Ceratosoma Karoli alnorum* Verh.
    Gl. Gr.: Wildbachschlucht unweit der alten Glocknerstraße oberhalb Heiligenblut in 1750 m 1 ♂, 1 ♀ 24. IX. 1938 (Verh. 1939).

16. *Rhiscosoma alpestre* Latz.
    Gl. Gr.: Pasterzenvorfeld zwischen Glocknerstraße und Möllschlucht, innerhalb der Moräne des Jahres 1856 in etwa 2000 m Höhe an Schneckenköder gesammelt 1 Ex. 8. VIII. 1937; Kapruner Tal, in der unmittelbaren Umgebung des Kesselfalles aus nassem Moos und Fallaub gesiebt 2 Ex. 14. VII. 1939. Die Art wird von Verhoeff (1939) für Kärnten nicht angeführt.
    Pinzgau: Taxingbauer in Haid bei Zell am See, im Wurzelgesiebe einer Kunstwiese 1 Ex. 10. VII. 1939.

17. *Dactylophorosoma nivisatelles* Verh.
    S. Gr.: Am Weg von der Großen Fleiß zur Weißenbachscharte 22. VII. 1937; Kleine Fleiß, oberhalb des Alten Pocher aus Grünerlenfallaub gesiebt 3. VII. 1937.
    Gl. Gr.: Am Promenadeweg in die Gamsgrube zwischen Freiwand und Bratschenhängen vor der Gamsgrube 1 ♂ 31. VII. 1938; im Moränengelände der Pasterze unterhalb der Hofmannshütte 1 ♀ 31. VII. 1938.
    Schobergr.: Gößnitztal, bei der Bretterbruck aus Grünerlenfallaub gesiebt 9. VII. 1937.
    Die Art ist in den Alpen endemisch und auf deren östliche Hälfte beschränkt (vgl. Verhoeff 1938). Sie bewohnt die subalpine, die Zwergstrauch- und die hochalpine Grasheidenstufe.

18. *Listrocheiritium cervinum* Verh.

S. Gr.: Am S-Hang der Gjaidtroghöhe über dem Seebichel 24. VII. 1937; am Hang des Roßschartenkopfes gegen die Federtroglache 6. VIII. 1937.

Gl. Gr.: Pasterzenvorfeld zwischen Glocknerstraße und Möllschlucht, innerhalb der Moräne des Jahres 1856 mehrfach 5. VII. 1937 und 3. VIII. 1938; S-Hang der Margaritze, mehrere Ex. 18. VIII. 1937; Haldenhöcker unterhalb des Mittleren Burgstalls, im Moränengelände 2 ♀, in der Grasheide 1 juv. Ex. 2. VIII. 1938; Rasenbank unmittelbar oberhalb der Pasterzenmoräne unter dem Glocknerkamp südlich des Hofmannskeeses 19. VIII. 1937 1 Ex., 2. VIII. 1938 1 ♂, 2 ♀; ebenso nördlich des Hofmannskeeses 1 Ex. 18. VIII. 1937; Rasenbank unmittelbar über der Pasterzenmoräne unterhalb des Kellersbergkamps 1 ♀ 19. VIII. 1937; Rasen knapp oberhalb der Pasterzenmoräne unter dem Schwerteck 2 ♂ 2. VIII. 1938; Ködnitztal, an der Waldgrenze aus Fallaub gesiebt 14. VII. 1937.

Schobergr.: Am Weg vom Berger- zum Peischlachtörl 11. VIII. 1937.

Die Art war bisher nur vom Stauffen bei Reichenhall bekannt (Attems i. l.), wo sie von Verhoeff unterhalb der Zwieselspitze in einer Gerölldoline zwischen Steinen und niederen Pflanzen in 1750 m Höhe entdeckt wurde. Das Tier bewohnt vorwiegend hochalpine Lagen, steigt einzeln aber auch in den Zwergstrauchgürtel und sogar in die subalpine Zone herab. Ich fand die meisten Stücke hochalpin unter Steinen, die auf sandigem Rohboden auflagen.

Familie *Heteroporatiidae*.

19. *Haploporatia carniolense tirolense* Verh.

Gl. Gr.: Nach Verhoeff (1939 b) in der Möllschlucht bei Heiligenblut in 1270 bis 1300 m.

20. *Heteroporatia (Heteroporatia) mutabile* (Latz.).

S. Gr.: Im obersten Teil des Seidelwinkeltales 17. VIII. 1937; Kleine Fleiß, oberhalb des Alten Pocher aus Grünerlenfallaub gesiebt 3. VII. 1937; 1 juv. Ex., vermutlich dieser Art, mit den vorigen im Grünerlengesiebe.

Gl. Gr.: Dorfer Tal, knapp oberhalb der Daberklamm und an der Waldgrenze mehrfach aus Grünerlenfallaub gesiebt 17. und 18. VII. 1937; Kapruner Tal, in der unmittelbaren Umgebung des Kesselfalles aus nassem Moos und Fallaub gesiebt 1 Ex. 14. VII. 1939; Fuscher Tal, am Ufer der Fuscher Ache unweit oberhalb Ferleiten aus Grauerlenfallaub gesiebt 1 Ex. 19. VII. 1939; Käfertal, im unteren Teil des Tales aus Bestandesabfall unter *Alnus incana* gesiebt 3 Ex. 25. VII. 1939; Trauneralm, oberhalb des Gasthofes aus dem Bestandesabfall unter *Rhododendron* gesiebt 6 Ex. 21. VII. 1939; 2 juv. Ex. vermutlich dieser Art in der Gamsgrube 27. VII. 1937; Hirzbachschlucht, Hochstaudenflur 1 juv. Ex. wohl dieser Art 8. VII. 1941.

Gr. Gr.: Am Weg vom Kalser Tauernhaus zur Sudetendeutschen Hütte unweit über dem Talboden des Dorfer Tales aus Fallaub gesiebt 19. VII. 1937; Wiegenwald-N-Hang in 1600 m Höhe, unter der Rinde eines morschen, von *Sphagnum* überwucherten Lärchenstammes 1 Ex. 10. VII. 1939; Dorfer Öd (Stubach), bei der Alm in 1300 m Höhe aus Grünerlenfallaub gesiebt 3 Ex. 25. VII. 1939.

Die Art ist über das gesamte Ostalpengebiet verbreitet und findet sich außerdem in den Gebirgen Krains und Kroatiens sowie isoliert im Bayrischen Wald. Im Ortlergebiet soll sie bis 2700 m Höhe emporsteigen (vgl. Schubart 1934). In den Hohen Tauern fand ich sie mit Ausnahme der beiden in der Gamsgrube gesammelten jungen Tiere stets nur in subalpinen Lagen im Bestandesabfall unter Grün- und Grauerlen und muß sie als Charakterart der Bodenfauna der Alneta viridis und incanae ansprechen.

Ordnung Juloidea.

Familie *Julidae*.

21. *Leptoiulus saltuvagus saltuvagus* Verh. (= *marmoratus* Attems).

Gl. Gr.: Bei Heiligenblut in 1300 bis 1400 m unter Brettern 2 ♂, 2 ♀ 24. IX. 1938 (Verhoeff 1939 b).

22. — *simplex simplex* Verh.

S. Gr.: Am alten Römerweg zwischen Kasereck und Roßschartenkopf 3. VIII. 1937 und am Hang des Roßschartenkopfes gegen die Federtroglache 6. VIII. 1937; am Weg von der Großen Fleiß zur Weißenbachscharte, im tieferen Teil des Kares 22. VII. und 6. VIII. 1937 mehrfach; Kleine Fleiß, beim Alten Pocher 30. VI. 1937; Stanziwurten-SW-Hang 2. VII. 1937.

Gl. Gr.: Guttal, unweit unterhalb der neuen Glocknerstraße 22. VIII. 1937; Albitzen-SW-Hang, auf den Almmatten unweit der Albitzenalm 9. VIII. 1937; Pasterzenvorfeld zwischen Glocknerstraße und Möll, innerhalb der Moräne des Jahres 1856 unweit des Rührkübelbaches 5. VII. 1937; Haldenhöcker unter dem Mittleren Burgstall 2 Ex. 16. VII. 1940; am Wiener Weg zwischen Stockerscharte und neuer Salmhütte 10. VIII. 1937; auf den Schneeböden der neuen Salmhütte 12. VII. 1937; Schwerteck-S-Hang, im *Sesleria*-Rasen über der neuen Salmhütte 12. VII. 1937; Ködnitztal, an der Waldgrenze aus Fallaub gesiebt 14. VII. 1937; am Oberen Pfandlboden 1 Ex. 23. VII. 1939; am N-Hang des Woazkopfes beim Mittertörl der Glocknerstraße 1 Ex. 15. VII. 1940; Hirzbachschlucht, in der Hochstaudenflur am Bach 1 Ex. 8. VII. 1941.

Gr. Gr.: Am Weg vom Kalser Tauernhaus zur Sudetendeutschen Hütte, im Fallaub unweit oberhalb des Talbodens und hochalpin am Muntanitz-SO-Hang 19. und 20. VII. 1937; Wiegenwald-N-Seite in etwa 1600 m Höhe, unter der Rinde morscher, mit *Sphagnum* bewachsener Stämme 2 Ex. 10. VII. 1939.

Weitverbreitetes Gebirgstier, das aus subalpinen Lagen bis zur oberen Grenze der hochalpinen Grasheidenstufe emporsteigt.

23. — *hermagorensis* Verh.

Gl. Gr.: Möllschlucht bei Heiligenblut 1270—1300 m, unter Hölzern 1 ♂, 3 ♀ 3 juv. 26. IX. 1938 (Verh. 1939).

24. *Leptoiulus (Leptoiulus) alemannicus alemannicus* Verh.
   Bei Heiligenblut in 1300 bis 1450 m Höhe unter Holz 1 ♂, 5 ♀, 1 juv. ♂, 2 juv. ♀ 25. IX. 1938 (Verhoeff 1939 b); im Moränengelände unterhalb des Promenadeweges zwischen Freiwand und Gamsgrube 1 ♂, 1 ♀ 31. VII. 1938.
   Die Art ist in den Alpen endemisch und wird von Schubart (1934) aus Höhen zwischen 780 und 2800 m angegeben. Sie lebt unter Holz und Steinen, auch auf Geröllhalden und wurde bisher im Wallis, Engadin, Tirol, Friaul, Kärnten und Steiermark gefunden. *L. hermagorensis* Verh., den Verhoeff (1939 b) aus der Gegend von Heiligenblut anführt, dürfte nur eine Form des *L. alemannicus* sein.

25. *Pachypodoiulus eurypus* (Att.).
   S. Gr.: Kötschachtal bei Gastein in 1250 m Höhe (Schubart 1934).
   Gr. Gr.: Dorfer Öd (Stubach), unweit der Alm in 1300 m Höhe aus Grünerlenfallaub gesiebt 4 Ex. 25. VII. 1939.
   Die Art scheint in den Alpen Bayerns und der Ostmark weit verbreitet zu sein und vorwiegend in der Waldstreu zu leben; in Kärnten scheint sie zu fehlen (vgl. Verh. 1939).

26. *Hypsoiulus alpivagus* Verh.
   Gl. Gr.: Kar zwischen Albitzen- und Wasserradkopf, am Schneerand in 2450 m Höhe 1 Ex. 17. VII. 1940; am Promenadeweg zwischen Freiwand und Kalkphyllitbratschen vor der Gamsgrube 1 ♂ 31. VII. 1938; Moserboden, in den Zwergstrauchbeständen am orographisch rechten Hang 2 Ex. 16. VII. 1939; Kapruner Tal, im Fallaub des Mischwaldes über dem Kesselfall 1 Ex. 14. VII. 1939; Trauneralm, im Bestandesabfall unter *Rhododendron* oberhalb des Gasthofes 4 Ex. 21. VII. 1939; Käfertal, im Moos am Stamm eines alten Bergahorns 2 Ex. 23. VII. 1939; Piffkaralm, in 1630 m Höhe im Moos am Stamm eines alten Bergahorns 1 Ex. 15. VII. 1940.
   Die Art ist nach Verhoeff (1938) in den Schweizer Alpen weit verbreitet und steigt dort bis 2800 m empor. Sie fehlt im Wallis, reicht südwärts bis zur Dora Baltea und ist in Mittel- und Nordtirol sowie in den Bayrischen Alpen häufig. Reliktposten befinden sich im Schweizer Jura, im Oberprechtal in Südbaden und beim Uracher Wasserfall in Württemberg. Der östlichste bisher bekannte Fundort war der Moserboden.

27. *Oncoiulus foetidus* Koch.
   Gl. Gr.: Oberhalb Heiligenblut in 1700 m Höhe unter faulendem Lärchenholz 1 ♂, 2 ♀; an der alten Glocknerstraße in 1750 m Höhe 1 ♀; Möllschlucht in 1270—1300 m Höhe, an faulendem Holz 2 ♂ Ende September 1938 (Verh. 1939).
   Anscheinend in Kärnten weiter verbreitet (vgl. Verh. 1939).

28. *Taueriulus aspidiorum* Verh.
   S. Gr.: In der Umgebung von Gastein (Schubart 1934); am Abhang des Roßschartenkopfes gegen die Federtroglache 6. VIII. 1937; Kleine Fleiß, beim Alten Pocher mehrfach gesammelt 30. VI. und 3. VII. 1937; in der Umgebung des Fleißgasthofes 4. VII. 1937; Stanziwurten, im Bestandesabfall unter *Rhododendron*, in etwa 2200 m Höhe 2. VII. 1937.
   Gl. Gr.: Kar zwischen Albitzen- und Wasserradkopf, am Schneerand in 2450 m Höhe 1 Ex. 17. VII. 1940; Albitzen-SW-Hang, unterhalb der Kalkphyllitbratschen in der *Caeculus echinipes*-Gesellschaft 1 ♀ 20. VII. 1938; am Weg vom Glocknerhaus zur Pfandlscharte in etwa 2400 m Höhe 1 ♀ 19. VII. 1938; Grashänge oberhalb der Glocknerstraße zwischen Glocknerhaus und Marienhöhe in 2200 m Höhe 1 Ex. 29. VII. 1937 und 1 ♂ 22. VII. 1938; am Weg von der Sturmalm auf den Hohen Sattel 29. VII. 1937; Gamsgrube 1 ♀ 30. VII. 1938; Haldenhöcker unterhalb des Mittleren Burgstalls, in der Grasheide 1 ♂, 2 ♀ 29. VII. 1938 und 5 Ex. 16. VII. 1940, auf der Kalkphyllitschutthalde 1 Ex. 16. VII. 1940; Schwerteck-S-Hang, im *Sesleria*-Rasen oberhalb der neuen Salmhütte 12. VII. 1937; Ködnitztal, in der Nähe der Luknerhütte 14. VII. 1937; am Weg von Kals in die Daberklamm 18. VII. 1937; Dorfer Tal, knapp oberhalb der Daberklamm 18. VII. 1937 und im Talschluß 15. VII. 1937; beim Törfstich am Weg von der Rudolfshütte zum Tauernmoossee 16. VII. 1937.
   Gr. Gr.: Muntanitz-SO-Hang 20. VII. 1937.
   Die Art ist bisher nur aus den Hohen und Radstädter Tauern sowie aus dem Königstuhlgebiet bekannt (Schubart 1934). Sie bewohnt einen sehr breiten Höhengürtel und läßt keine bestimmte Gesellschaftsbindung erkennen.

29. *Leptophyllum nanum* Latz.
   S. Gr.: Grieswiesalm im Hüttenwinkeltal, im Wurzelgesiebe eines *Calluna*-Bestandes 11 Ex. 15. V. 1940.
   Gl. Gr.: Kapruner Tal, in der Laubstreu des Mischwaldes über dem Kesselfall 25 Ex. 14. VII. 1939; Fuscher Rotmoos, im nassen Moos an mehreren Stellen zusammen 4 Ex. gesammelt 14. V. 1940.
   Weitverbreitet, steigt in Tirol bis 2250 m Höhe empor, scheint jedoch vorwiegend im Bestandesabfall der Laubwälder zu leben (Schubart 1934); Verh. (1939) fand die Art in Kärnten nur bei Eberstein.

30. *Unciger foetidus* (C. L. Koch).
   Gl. Gr.: Kreitherwand 22. VIII. 1937; Kapruner Tal, in der Laubstreu des Mischwaldes über dem Kesselfall 2 Ex. 14. VII. 1939; Möllschlucht bei Heiligenblut 1270 bis 1300 m, unter Hölzern 2 ♂ und an der alten Glocknerstraße unter faulendem Lärchenholz in 1700 m 1 ♂, 3 ♀ (Verhoeff 1939 b).
   Eine weitverbreitete Art, die anscheinend keine bestimmten Gesellschaftsbindungen besitzt, im Untersuchungsgebiet aber auf wärmere Lagen beschränkt ist.

31. *Cylindroiulus (Orocylindrus) Meinerti* Verh.
   S. Gr.: Bei Gastein in 1350 m Höhe (Verhoeff 1938); Kleine Fleiß, beim Alten Pocher 3 Ex. 30. VI. 1937.
   Gl. Gr.: Bei Heiligenblut in 1400 m 1 juv. ♂ 25. IX. 1938 (Verhoeff 1939 b).
   Die Art wurde auch auf der Schmittenhöhe bei Zell am See gefunden (Verhoeff 1938). Sie ist ein typischer Waldbewohner, der in den Ostalpen östlich des Oberrheins sehr weit verbreitet ist (vgl. Schubart 1934 und Verhoeff 1938).

32. *Aschiulus sabulosus* (L.).
    S. Gr.: Im obersten Teil des Seidelwinkeltales 17. VIII. 1937; beim Fleißgasthof an faulenden Pilzen 4. VII. 1937; Sandkopf-SW-Hang, zwischen unterem und oberem Wetterkreuz 14. VIII. 1937.
    Gl. Gr.: Albitzen-SW-Hang unweit oberhalb der Glocknerstraße 8. VIII. 1937; Pasterzenvorfeld zwischen Glocknerstraße und Möllschlucht, innerhalb der Moräne des Jahres 1856 unweit des Rührkübelbaches 5. VII. 1937; am Haritzerweg zwischen Glocknerhaus und Naturbrücke über die Möll 26. VII. 1937; Käfertal, im unteren Teil des Tales 1 Ex. 23. VII. 1939.
    Eine in Europa weitverbreitete, eurytope Art.

Familie *Brachyiulidae*.

33. *Chromatoiulus projectus dioritanus* Verh.
    Gl. Gr.: Fuscher Tal, am Ufer der Fuscher Ache unweit oberhalb Ferleiten in Grauerlenfallaub 1 Ex. 19. VII. 1939.
    In Deutschland weitverbreitet, scheint jedoch kalkliebend (vgl. Schubart 1934) und im Gebiete auf die tieferen Lagen beschränkt zu sein.

In der vorstehenden Liste sind wohl ziemlich alle im hochalpinen Bereich lebenden Myriopoden der Tauernfauna erfaßt, in tieferen Lagen dürfte dagegen bei intensiver Sammeltätigkeit in Zukunft noch die eine oder andere neue Art gefunden werden können. Die von mir gemachten Fänge lassen erkennen, daß Tausendfüßler noch in ziemlicher Menge die hochalpine Grasheidenstufe bevölkern, daß sie aber nicht oder doch nicht sehr weit in die hochalpine Polsterpflanzenstufe eindringen. Soziologisch scheinen die Myriopoden mit wenigen Ausnahmen nicht an bestimmte Assoziationen gebunden zu sein; in historisch-tiergeographischer Hinsicht dürften sie dagegen mehr Interesse beanspruchen. Leider ist ihre Erforschung in den meisten Fällen noch zu unvollständig, als daß man aus den bekannten Verbreitungstatsachen bereits weitgehende tiergeographische Schlüsse ziehen könnte. Die von Verhoeff (1938, 1939, 1940) angestellten tiergeographischen Betrachtungen fußen auf einem unzureichenden Beobachtungsmaterial und entbehren daher einer gesicherten wissenschaftlichen Grundlage. Einen wichtigen Charakterzug der Myriopodenfauna des Tauerngebietes lassen aber Verhoeffs Untersuchungen doch schon eindeutig erkennen: die extreme Artenarmut im Vergleiche mit anderen Teilen der Ostalpen, vor allem mit Gebieten, die, wie große Teile Steiermarks, Südkärntens und Südtirols, im Pleistozän nur wenig vergletschert waren.

Ordnung Isopoda (nur Isopoda terrestria).

Über die Isopodenfauna der mittleren Hohen Tauern sind mir in der Literatur nur die Angaben von Verhoeff (1939 a) und Wächtler (1937) bekanntgeworden. Die Zahl der im Gebiete vorkommenden Landasseln ist sehr gering. Mein aus diesem Grunde recht bescheidenes Material wurde von Herrn Dr. H. Strouhal (Wien) bestimmt, dessen Angaben ich auch in der Nomenklatur und Reihung der Arten folge. Die Daten über die Gesamtverbreitung der einzelnen Arten sind der Arbeit von Wächtler (1937) entnommen.

Familie *Ligidiidae*.

1. *Ligidium (Ligidium) germanicum* Verh.
    Gl. Gr.: Kapruner Tal, in der nächsten Umgebung des Kesselfalles gesiebt 2 ♂, 1 ♀ 14. VII. 1939.
    Ein Waldbewohner, der vorwiegend in SO-Europa heimisch ist, aber auch bei Reichenhall gefunden wurde. Verhoeff (1939 a) fand die Art in Kärnten mehrfach, so auch noch bei Spittal und am Goldeck, jedoch, wie er ausdrücklich betont, nicht im Glocknergebiet.

Familie *Trichoniscidae*.

2. *Trichoniscus (Trichoniscus) noricus noricus* Verh.
    S. Gr.: Bei Böckstein (Wächtler 1937).
    Gl. Gr.: Kapruner Tal, in der nächsten Umgebung des Kesselfalles 1 ♂, 2 ♀ und in der weiteren Umgebung des Kesselfallalpenhauses 1 ♀ 2 juv. gesiebt 14. VII. 1939; Fuscher Tal, am Ufer der Fuscher Ache unweit oberhalb Ferleiten 2 ♀ 19. VII. 1939; Almmatten oberhalb der Traueralm 4 ♂, 3 ♀ 21. VII. 1939.
    Gr. Gr.: Dorfer Öd (Stubach), aus Grünerlenfallaub unweit der Alm gesiebt 2 ♀ 25. VII. 1939.
    Die Art ist in den Alpenländern weit verbreitet, überschreitet jedoch die Waldgrenze nirgends. Auf der S-Seite des Tauernhauptkammes scheint auch sie zu fehlen, obwohl sie in Südkärnten in einer besonderen Rasse von Verhoeff (1939 a) nachgewiesen wurde.

Familie *Porcellionidae*.

3. *Tracheoniscus (Tracheoniscus) Ratzeburgi* Brdt.

S. Gr.: Große Fleiß, subalpin 1 Ex. 10. VII. 1937; im Lärchenwald oberhalb des Fleißgasthofes 3 Ex. Anf. VII. und 3. VIII. 1937; Kleine Fleiß, beim Alten Pocher 3 Ex. 30. VI. 1937 und 4 Ex. 24. VII. 1937; Sandkopf-SW-Hang, in der Kampfzone des Waldes mehrfach 14. VIII. 1937.

Gl. Gr.: Gipperalm, Weideflächen unweit unterhalb der neuen Glocknerstraße 22. VII. 1937 3 Ex.; unterhalb der Albitzenalm in etwa 2200 m Höhe 1 Ex. 9. VIII. 1937; am Haritzerweg zwischen Glocknerhaus und Naturbrücke über die Möll 1 Ex. 26. VII. 1939; Pasterzenvorfeld zwischen Rührkübelbach und Möllschlucht unweit der Pasterzenzunge 8 Ex. 5. VII. 1937; Sturmalm gegen Hohen Sattel 1 Ex. 29. VII. 1937; am Eingang in das Pfandlschartennaßfeld 1. VIII. 1938; Moränengelände am Steilhang des Hohen Sattels gegen die Pasterze 1 Ex. 23. VIII. 1937; Kreitherwand, entlang des Haritzerweges unter Steinen 4 Ex. 22. VIII. 1937 und 24. VII. 1938; Trögelalm am Eingang ins Leitertal 1 Ex. 21. VII. 1937; am Katzensteig im untersten Leitertal 2 Ex. 12. VII. 1937; am Weg von der Stockerscharte zur Salmhütte unweit der Scharte 1 Ex. 10. VIII. 1937; Daberklamm 2 Ex. 15. VII. 1937; im Dorfer Tal aufwärts bis zur Waldgrenze oberhalb der Böheimeben häufig 17. VII. 1937; Schneiderau (Stubach), in der Nähe des Gasthofes 1 ♂ 25. VII. 1939; Kapruner Tal, in der Umgebung des Kesselfalles 1 ♀ 14. VII. 1939.

Gr. Gr.: Kals-Matreier Törl gegen Windisch-Matrei in 1200 bis 2000 m Höhe (Werner 1934); Dorfer Öd (Stubach), unterhalb der Alm 2 ♀ 25. VII. 1939.

Schobergr.: Peischlachtörl, 4 Ex. in nächster Nähe des Paßüberganges 11. VIII. 1937; Heiligenblut gegen Gößnitztal, 2 Ex. im Wald vor Abzweigung des Weges ins Leitertal 9. VII. 1937; Zettersfeld bei Lienz, in 1500 bis 1800 m Höhe VIII. 1929 (Werner 1934).

Diese weitverbreitete Art ist die weitaus häufigste Landassel der mittleren Hohen Tauern. Sie ist die einzige Landassel, die im Gebiete die S-Seite des Tauernhauptkammes bevölkert und bergwärts bis zur oberen Grenze der Zwergstrauchstufe vordringt. Die Häufigkeit des Tieres ist auch Verhoeff (1939 a) im Gebiete von Heiligenblut aufgefallen.

4. *Porcellium fiumanum salisburgense* Verh.

Gl. Gr.: Kapruner Tal, im Mischwald über dem Kesselfallalpenhaus aus tiefen Fallaublagen gesiebt 1 ♂ 14. VII. 1939.

Gr. Gr.: Dorfer Öd (Stubach), aus Grünerlenfallaub unweit der Alm gesiebt 1 ♂ 25. VII. 1939.

Die Art ist in den Alpen weit verbreitet, die Rasse *salisburgensis* ist aus Reichenhall, Nieder- und Oberdonau sowie aus Kärnten bekannt. Das Tier wird von Wächtler aus den Nordalpen in Höhen von 500 bis 1000 m, aus den Südalpen in Höhen von 30 bis 1400 m angegeben. Der Fundort in der Dorfer Öd liegt in etwa 1300 m Höhe, also jedenfalls an der oberen Verbreitungsgrenze des Tieres.

Eine *Protracheoniscus (Protracheoniscus)* spec. wurde in 3 inadulten Stücken (1 ♂, 2 ♀) beim Taxingbauer in Haid bei Zell am See am 13. VII. 1939 aus Graswurzeln gesiebt. Die Art ist möglicherweise neu.

Nach Verhoeff (1939 a) findet sich bei Gastein auch *Lepidoniscus germanicus* Verh. neben *Tracheoniscus Ratzeburgi*, *Porcellium fiumanum*, *Trichoniscus noricus* und *Ligidium germanicum*.

Es fällt auf, daß von den fünf bzw. sechs im Gebiete festgestellten Landasseln nur eine, *Tracheoniscus Ratzeburgi*, die Südtäler der mittleren Hohen Tauern bewohnt, während alle anderen Arten nur in den Pinzgauer Tauerntälern gefunden wurden. Auch Werner (1934) hat in der Gegend von Windisch-Matrei nur die eine Art festgestellt, während er in der Gegend von Lienz bereits wieder zahlreiche Asseln, nämlich die Arten *Porcellio scaber* Latr. ab. *scaber* Latr., *Porcellio pictus* Brdt., *Tracheoniscus arcuatus sociabilis* L. Koch, *Cylisticus convexus* De G., und *Armadillidium vulgare* Latr. sammelte. Von diesen ist sicher die eine oder andere auf die Kalkberge der Lienzer Dolomiten beschränkt, einzelne treten aber auch auf das Urgebirge über und fehlen im Gebiete, wie später noch ausführlicher dargelegt werden soll, nur deshalb, weil sie in postglazialer Zeit noch nicht die Möglichkeit hatten, in den langen südlichen Tauerntälern bis zum Talschluß aufwärts zu wandern. Die Verarmung der Isopodenfauna der Ostalpen vom Rande gegen den zentralen Hauptkamm wird auch von Verhoeff (1939 a) schon klar hervorgehoben.

Ordnung Scorpiones.

Die Ordnung ist in den mittleren Hohen Tauern nicht vertreten, reicht aber mit einer Art von Süden her bis an die Grenze des Untersuchungsgebietes. Angaben hierüber finden sich in den Arbeiten von Dalla Torre (1882) und Werner (1934).

Familie *Chactidae*.

1. *Euscorpius germanus* C. L. Koch (= *Scorpio germanicus* Schäff.).

Nach Dalla Torre (1882) im Gebirge um Windisch-Matrei.

Von Werner (1934) in den Defereggen Alpen bei der Hochsteinhütte in 1800 m Höhe, von mir in Anzahl beim Tristacher See südlich bei Lienz und in den Kalkvorbergen der Kreuzeckgruppe nördlich der Drau bei Oberdrauburg unter Baumrinden und Steinen gesammelt.

Eine südalpin-illyrische Art, deren Vorkommen bis an die Südgrenze des Untersuchungsgebietes reicht.

Ordnung Pseudoscorpiones.

Über die wenigen in den mittleren Hohen Tauern vorkommenden Pseudoskorpione findet sich in der Literatur nur eine, allerdings sehr interessante Angabe in einer Arbeit von Beier (1939), auf die im folgenden näher eingegangen wird. Die Bestimmung des spärlichen von mir im Untersuchungsgebiet aufgefundenen Materials besorgte Herr Dr. M. Beier (Wien).

Familie *Neobisiidae.*

1. *Neobisium (Neobisium) muscorum* (Leach.).
   S. Gr.: Grieswiesalm im Hüttenwinkeltal, im Wurzelgesiebe schütterer *Calluna-Nardus*-Bestände 15. V. 1940.
   Gl. Gr.: Im Stubachtal beim Gasthof Schneiderau aus Moos und Fallaub am Fuße eines alten Bergahorns gesiebt 5 Ex. (davon 4 juv.) 25. VII. 1939; Kapruner Tal, in der Umgebung des Kesselfallalpenhauses 1 Ex. 14. VII. 1939; am Ufer der Fuscher Ache oberhalb Ferleiten aus Grauerlenfallaub gesiebt 3 Ex. 19. VII. 1939; Trauneralm, im Rhodoretum oberhalb des Gasthofes 4 Ex. (davon 3 juv.) 21. VII. 1939; Käfertal, im Fallaub unter *Alnus incana* und *Rhododendron hirsutum* mehrfach 23. VII. 1939 und 14. V. 1940.
   Gr. Gr.: Dorfer Öd, im Fallaub unter Grünerlen bei der Alm in 1300 *m* Höhe 3 juv. 25. VII. 1939.
   Eine sehr weit verbreitete Art, die in Moos und in der Laubstreu der Wälder vorkommt und im Gebiete aus den tiefsten Tallagen bis nahe an die Waldgrenze emporsteigt.
2. — *(Neobisium) sylvaticum* (C. L. Koch).
   Gl. Gr.: Im Mischwald am Hang über dem Kesselfall aus tiefen Fallaublagen gesiebt 2 Ex. 14. VII. 1939; am Ufer der Fuscher Ache aus Grauerlenfallaub gesiebt 1 Ex. 19. VII. 1939.
   Gr. Gr.: Dorfer Öd, im Fallaub unter Grünerlen bei der Alm in 1300 *m* Höhe 1 juv. Ex. 25. VII. 1939.
   Gleichfalls weit verbreitet, lebt in der Waldstreu der Mittelgebirgswälder.
3. — *(Neobisium) noricum* Beier.
   Gl. Gr.: 1 ♂ (Type) wurde von Petz am Weg von der Unteren Pfandlscharte nach Ferleiten am 5. VIII. 1925 durch Sieben von Weiden- und *Rhododendron*-Laub mit Moos erbeutet. Die Fundortangabe Beiers (1939) ist nicht genau. Th. Kerschner hat seinerzeit genaue Notizen des Sammlers aufgefunden und diese sorgfältig aufbewahrt. Die Notiz zu dem neuen *Neobisium* lautet: „5. August unter Pfandlscharte Gesiebe von Weidenlaub und *Rhododendron*, auch Moos darunter."
   Die Art ist nahe verwandt mit *Neobisium jugorum* C. L. Koch, von welchem *N. noricum* jedoch nach Beier (1939) zweifellos spezifisch verschieden ist. Es ist mir trotz intensiven Sammelns nicht gelungen, im Bereiche der Pfandlscharte oder auch sonst im Gebiete ein zweites Stück der Art zu finden.
4. *Microbisium dumicola* (C. L. Koch).
   Gr. Gr.: Dorfer Öd (Stubach), im Fallaub unter Grünerlen unweit der Alm in 1300 *m* Höhe 1 Ex. 25. VII. 1939.
   Die Art ist weit verbreitet, liebt dichte Waldbestände und lebt in diesen in der Waldstreu, kriecht aber auch bisweilen auf Bäume und Sträucher auf, von denen sie dann geklopft werden kann.

Von den vier angeführten Arten scheint *N. noricum* englokaler, hochalpiner Endemit zu sein, während die drei anderen Arten eine weite Verbreitung besitzen. Es fällt auf, daß ich trotzdem keine von ihnen in den Südtälern des Gebietes finden konnte, wie auch Dalla Torre (1882) und Werner (1934) jede Angabe über ihr Vorkommen im oberen Iseltal vermissen lassen.

Ordnung Opiliones.

Die Weberknechte Tirols sind durch die sorgfältige Arbeit von H. Stipperger (1928) gut bekannt. Aus dem Untersuchungsgebiete liegen nur wenige faunistische Angaben über Weberknechte vor, die sich in den Arbeiten von Dalla Torre (1882), Dolleschal (1852) und Werner (1924 und 1931) finden. Die Opilionidenfauna des östlichsten Teiles der Alpen ist so gut wie unbekannt. Die Bestimmung meines Materials besorgte Herr Direktor Dr. C. Fr. Roewer (Bremen), dem ich auch in der Nomenklatur folge.

Familie *Trogulidae.*

1. *Trogulus tricarinatus* L.
   Gl. Gr.: Kapruner Tal, beim Kesselfallalpenhaus 1 Ex. und im Mischwald am Hang über dem Kesselfall in tiefen Fallaublagen 1 Ex. 14. VII. 1939; Fuscher Tal, am Ufer der Fuscher Ache unweit oberhalb Ferleiten aus Grauerlenfallaub gesiebt 1 Ex. 19. VII. 1939; Trauneralm, im Fallaub unter *Rhododendron* oberhalb des Gasthofes 2 Ex. 21. VII. 1939 gesiebt
   Weitverbreitete Art, die in den südlichen Tauerntälern vollständig zu fehlen scheint, von Werner (1931) aber wieder vom Hochstadel in den Lienzer Dolomiten angegeben wird. Nach Stipperger (1928) ein Tier der Waldregion, welches einzeln bis in die subalpine Waldstufe emporsteigt. Überschreitet auch im Gebiete die Waldgrenze nicht.

Familie *Nemastomidae*.

2. *Nemastoma lugubre unicolor* Rwr.
   S. Gr.: Kleine Fleiß, oberhalb des Alten Pocher aus Grünerlenfallaub gesiebt 30. VI. 1937 1 ♀ 3. VII. 1937 1 ♀; am Weg vom Alten Pocher auf den Seebichel 1 ♂, 1 ♀ 4. VIII. 1937.
   Gl. Gr.: Am Haritzweg in der Nähe des Guttalbaches 1 ♂ 22. VIII. 1937; Albitzen-SW-Hang, in etwa 2350 m Höhe auf einem Kalkphyllitrücken im Flechtenrasen 1 ♀ 17. VII. 1940; Grashänge oberhalb der Glocknerstraße unweit südlich der Marienhöhe 1 ♀ 3. VIII. 1938; Pasterzenvorfeld zwischen Glocknerstraße und Möllschlucht, innerhalb der Moräne des Jahres 1856 1 ♀ 3. VIII. 1938; Moränengebiet unterhalb des Hohen Sattels je 1 ♀ am 28. VII. und 23. VIII. 1937; Margaritze S-Hang in der Bodenstreu unter *Salix hastata* und *Rhododendron* gesiebt 1 ♂, 1 ♀ 18. VIII. 1937; Ködnitztal, im Fallaub unter den obersten Buschbeständen in etwa 2000 m Höhe gesiebt 2 ♀ 14. VII. 1937; Dorfer Tal, knapp oberhalb der Daberklamm aus Grünerlenfallaub gesiebt 1 ♀ 18. VII. 1937; Schneiderau, in Moos und Fallaub unter einem alten Bergahorn in der Nähe des Gasthofes 1 ♀ 25. VII. 1939; Kapruner Tal, in der nächsten Umgebung des Kesselfalles aus nassem Fallaub und Moos gesiebt 1 ♀ 14. VII. 1939; Hirzbachtal, in der Bachschlucht in 1300 bis 1400 m Höhe aus Fallaub gesiebt 2 juv. Ex. 8. VII. 1941; Käfertal, im Fallaub unter *Alnus incana* 1 ♂ 23. VII. 1939; Almmatten oberhalb der Trauneralm, im Fallaub unter *Rhododendron* und Grünerlen 1 ♂, 1 ♀ 21. VII. 1939; Piffkaralm, an der Glocknerstraße in 1630 m Höhe aus Moos am Stamme eines alten Bergahorns gesiebt 2 ♀ 15. VII. 1940.
   Gr. Gr.: Dorfer Öd (Stubach), im Fallaub unter Grünerlen unweit der Alm in 1300 m Höhe 1 ♂, 1 ♀ 25. VII. 1939; Wiegenwald, N-Hang aus morschen Lärchenstämmen, die mit *Sphagnum* überwuchert waren, 1 ♂ gesiebt 10. VII. 1939.
   Schobergr.: Gößnitztal, bei der Bretterbruck aus Grünerlenfallaub gesiebt 2 ♂, 1 juv. Ex. 9. VII. 1937.
   Die Art ist im Gebiete weit verbreitet und findet sich vor allem in subalpinen Lagen in der Bodenstreu unter Grünerlen, steigt einzeln aber bis an die obere Grenze der alpinen Zwergstrauchstufe empor. Sie wird von Stipperger (1928) aus Tirol nicht angegeben.

3. — *quadripunctatum tricuspidatum* C. L. Koch.
   S. Gr.: Auf den Alpen um Gastein in der var. *bicuspidatum* C. L. Koch (Dolleschal 1852); Mallnitzer Tauerntal, am Weg vom Gasthof Gutenbrunn auf die Hindenburghöhe in 1300 bis 1400 m Höhe unter Baumrinde 1 ♀ 5. IX. 1941.
   Schobergr.: Gößnitztal, bei der Bretterbruck aus Grünerlenfallaub gesiebt 1 ♀ und 1 juv. Ex. 9. VII. 1937.
   Die Art findet sich nach den Angaben Stippergers (1928) in Tirol anscheinend nur in tieferen Lagen, im Gebiete scheint sie auch in diesen selten zu sein.

4. — *chrysomelas* Herm.
   Gl. Gr.: Pasterzenvorfeld zwischen Glocknerstraße und Möllschlucht, innerhalb der Moräne des Jahres 1856 1 ♀ 3. VIII. 1938.
   Die Art wurde in Tirol von Stipperger (1928) nur an wenigen Stellen gesammelt, scheint aber von den tiefsten Tallagen bis in die Polsterpflanzenstufe emporzusteigen (höchster Tiroler Fundort in 2600 m Höhe) und sowohl im Walde als auch auf freiem Gelände vorzukommen.

Familie *Ischyropsalidae*.

5. *Ischyropsalis Helwigii* (Panz.).
   S. Gr.: „Naßfelder Alpen" (Dolleschal 1852); unter dem Namen *I. Kollari* Koch v. Dolleschal (1852) auch aus der Umgebung von Gastein angegeben, wo die Art am Radhausberg „unter Steinen sehr selten" vorkommen soll.
   Gl. Gr.: Am Weg vom Enzingerboden zum Tauernmoos (Werner 1924).
   Die Art wurde von mir im Gesäuse in Obersteiermark subalpin unter Steinen und auch einmal in einer Höhle gesammelt, sie lebt räuberisch, vorwiegend von Schnecken, und ist in tieferen Gebirgslagen auch in den deutschen Mittelgebirgen weit verbreitet.

Familie *Phalangiidae*.

6. *Dicranopalpus gasteinensis* Dol.
   S. Gr.: Bei Gastein 3 Ex. (loc. typ., Dolleschal 1852).
   Gl. Gr.: Nordhang des Schwertecks, auf den Schutt- und Rasenflächen über der Pasterzenmoräne 1 ♂ 2 VIII. 1938.
   Die Art findet sich in den Zentralalpen vom Wallis ostwärts bis in die Hohen Tauern allenthalben und greift in Tirol einerseits auf die nördlichen Kalkalpen und anderseits auf die Dolomiten, in Venetien auf die südlichen Karnischen Alpen über. Sie scheint ausschließlich in der hochalpinen Grasheiden- und Polsterpflanzenstufe zu leben und liebt nach Caporiacco (1938) in den südlichen Kalkalpen groben Kalkschutt.

7. *Gyas titanus* E. Simon.
   Gl. Gr.: Am Weg vom Enzingerboden zum Tauernmoossee (Werner 1924).
   Eine Feuchtigkeit liebende Art tieferer Lagen, die im Herbst geschlechtsreif ist.

8. *Mitopus morio* Fbr.
   S. Gr.: Bei Badgastein (Dolleschal 1852, unter dem Namen *Opilio palliatus* C. L. Koch angeführt); im Hüttenwinkeltal zwischen Bodenhaus und Grieswiesalm 1 juv. Ex. 15. V. 1940; Seidelwinkeltal, im untersten Teil des Tales 1 ♀ 17. VIII. 1937; am alten Römerweg zwischen Kasereck und Roßschartenkopf 1 ♀, 1 juv. Ex. 3 VIII. 1937; Mallnitzer Tauerntal, beim Gasthof Gutenbrunn und am Weg von diesem auf die Hindenburghöhe im Wald zusammen 3 ♀ 5. IX. 1941.
   Gl. Gr.: Steppenwiesen am Haritzweg oberhalb Heiligenblut 1 juv. Ex. 15. VII. 1940; Wasserrad-SW-Hang, knapp unterhalb der Rasengrenze in 2500 m Höhe aus Graswurzeln gesiebt 1 juv. Ex. 17. VII. 1940; Kar zwischen Albitzen- und Wasserradkopf, in der *Caeculus echinipes*-Gesellschaft in 2450 m Höhe

3 juv. Ex. 17. VII. 1940; Albitzen-SW-Hang, in 2200 bis 2300 m Höhe unterhalb der Alm und unterhalb der Kalkphyllitbratschen 1 ♀ 4 juv. Ex. 17. bis 28. VII.; Albitzen-N-Hang, am untersten sommerlichen Schneefleck 2 juv. Ex. 17. VII. 1938; am Weg vom Glocknerhaus zur Pfandlscharte, am Rande eines Schneefleckens in 2350 m Höhe und in der Speikbodenzone in 2500 m Höhe 6 juv. 17. und 19. VII. 1938; Pasterzenvorfeld zwischen Glocknerstraße und Möllschlucht, innerhalb der Moräne des Jahres 1856 zahlreich unter Steinen 5. VII. bis 3. VIII. junge und geschlechtsreife Tiere; Naßfeld des Pfandlschartenbaches, auf den Schuttkegeln, welche die vom Magneskees herabkommenden Bäche aufgeschüttet haben, 2 juv. Ex. 20. VII. 1938; am Weg von der Freiwand in das Magneskar 1 ♀, 1 juv. Ex. 1. VIII. 1938; Freiwand, an einem kleinen Tümpel auf dem Hohen Sattel und über dem Parkplatz III der Glocknerstraße 2 ♀, 1 juv. Ex. 5. VII. und 31. VII.; am Promenadeweg in die Gamsgrube zwischen Freiwand und Gamsgrube zahlreich 31. VII. 1938; Gamsgrube 2 juv. Ex. 6. und 30. VII.; Wasserfallwinkel 1 juv. Ex. 28. VII. 1938; Haldenhöcker unterhalb des Mittleren Burgstalls, in der Grasheide und auf den Kalkphyllitschutthalden 2 ♀ und 4 juv. Ex. 29. VII. 1938 und 16. VII. 1940; Kleiner Burgstall 2 ♀ und 3 juv. Ex. 22. VII. 1938; bei der Hofmannshütte im *Sesleria*-Rasen 1 ♀ 16. VII. 1940; auf den Rasenbänken unmittelbar über der Pasterzenmoräne unter dem Glockner- und Kellersbergkamp je 1 ♀ 19. VIII. 1937 und 2. VIII. 1938; Unterer Keesboden 5 juv. Ex. 7. VII. 1937; S-Hang des Elisabethfelsens 2 ♀, 6 juv. Ex. 7. VII. und 18. VIII. 1937; Steilhang der Marxwiese gegen den Keesboden 1 juv. Ex. 23. VII. 1938; Margaritze 1 ♀ 17. VII. 1940; am Schwerteck-S-Hang im Seslerietum und auf den Schneeböden bei der neuen Salmhütte 2 juv. Ex. 12. VII. 1937; Ködnitztal, unmittelbar unter der Fanatscharte an der unteren Grenze des *Nebria atrata*-Vorkommens 2 juv. Ex. 25. VII. 1938; am Weg vom Enzingerboden zum Tauernmoossee (Werner 1924); Kapruner Tal, beim Kesselfallalpenhaus und an der Talstufe unterhalb der Limbergalm 2 ♂ 14. und 15. VII. 1939; Moserboden, am Talboden 1 juv. Ex. 16. VII. 1939; Ferleiten, in der Umgebung der Gasthöfe 3 ♀ 10. VII. 1941; Almmatten oberhalb der Trauneralm und über der Rasengrenze am Weg nördlich der Pfandlscharte 2 ♀, 2 juv. Ex. 21. VII. 1939 und 18. VII. 1940; Wald unterhalb der Trauneralm 1 ♀ und 1 juv. Ex. 21. VII. 1939; Käfertal, unweit unterhalb der großen Wasserfälle 1 juv. Ex. 23. VII. 1939; Piffkaralm an der Glocknerstraße, in 1630 m Höhe 2 juv. Ex. 15. VII. 1940; Edelweißwand an der Glocknerstraße und Fuscher Törl gegen die Edelweißspitze 1 ♂, 1 juv. Ex. 28. VII. 1939 und 15. VII. 1940.

Gr. Gr.: Am Weg von der Schneiderau in die Dorfer Öd 1 ♂ 25. VII. 1939.

Schobergr.: Von Werner (1931) aus der Schobergruppe angegeben und dort sicher weit verbreitet.

Der häufigste Weberknecht des Gebietes findet sich einzeln in den Tälern und steigt aus diesen bis in die hochalpine Polsterpflanzenstufe empor, in die er allerdings nicht weit einzudringen scheint; er ist hochalpin viel häufiger als unterhalb der Waldgrenze. Die Art ist omnivag und zeigt keinerlei soziologische Bindungen. Sie findet sich in den Alpen anscheinend überall gleich häufig, denn Stipperger (1928) fand sie in Tirol ebenso allgemein verbreitet, wie ich in den Hohen Tauern und in Obersteiermark. Sie kommt noch hoch im Norden von Europa vor.

9. *Oligolophus tridens* (C. L. Koch).
S. Gr.: Mallnitzer Tauerntal, beim Gasthof Gutenbrunn 1 ♂ 5. IX. 1941.
Gl. Gr.: Am Ufer der Fuscher Ache bei Ferleiten, im Fallaub unter Grauerlen 2 ♂, 2 ♀ 19. VII. 1939; Eingang in das Hirzbachtal, auf Gesträuch 3 Ex. 8. VII. 1941.
Die Art findet sich in Tirol im Waldgebiet von der Mischwaldzone aufwärts bis zur Waldgrenze, sie besitzt eine weite Verbreitung.

10. *Phalangium opilio* L.
S. Gr.: Döllach, Eingang in das Zirknitztal, auf jungen Fichten 1 ♀ 29. VIII. 1941.
Gl. Gr.: Kalsertal (Werner 1931); am Weg vom Enzingerboden zum Tauernmoossee (Werner 1924); N-Hang unterhalb der Pfandlscharte, in 2200 bis 2300 m Höhe oberhalb der Rasengrenze 1 juv. Ex. 18. VII. 1940.
Pinzgau: Bruck an der Glocknerstraße, in der Salzachau 1 juv. Ex. 19. VII. 1940.
Weitverbreitete Art, die im Gebiete nur ganz ausnahmsweise die Waldgrenze überschreiten dürfte.

11. — *cornutum* L.
Gl. Gr.: Auf den Wiesen zwischen Ferleiten und Vogerlalm im Fuscher Tal 1 ♀ 19. VII. 1939.
Die Art wird von Stipperger (1928) aus Tirol nicht angegeben.

12. — *triangularis* (Hbst.).
S. Gr.: Bei Gastein (Dolleschal 1852, unter dem Namen *Opilio lucorum* Koch angeführt).
Die Art lebt in Tirol in den Mischwäldern der tieferen Gebirgslagen (vgl. Stipperger 1928), ich fand sie im Ennstal bei Admont und an einer sonnigen Berglehne im Gesäuse im schütteren Buchenbestand. Sie dürfte im Untersuchungsgebiet nur die tiefsten Tallagen bewohnen, ist jedoch weitgehend euryök.

13. — *bucephalus* C. L. Koch.
S. Gr.: Am Weg vom Fleißgasthof nach Heiligenblut 1 ♂ 9. VII. 1937.
Gl. Gr.: Guttalwiesen oberhalb der Ankehre der Glocknerstraße 1 ♂ 15. VII. 1940; Steilhang der Marxwiese gegen den Unteren Keesboden 1 ♂ 23. VII. 1938; Unterer Keesboden 1 ♂ 7. VII. 1937; Daberklamm 1 ♂, 5 ♀ 15. VII. 1937; im Dorfer Tal zwischen Böheimeben und Dorfer See 1 ♀ 17. VII. 1937; Moserboden 1 ♂ 17. VII. 1939; Walcher Hochalm, auf Grünerlen in 1800 bis 1900 m Höhe 1 ♀ 9. VII. 1941; im Fuscher Tal oberhalb Ferleiten auf den Talwiesen und am Ufer der Fuscher Ache 2 ♂, 1 ♀ 19. und 21. VII. 1939; Oberer Pfandlboden 1 ♂ 21. VII. 1939.
Nach Stipperger (1928) in Tirol von der Mischwaldstufe bis in alpine Lagen emporsteigend und ziemlich omnivag; scheint jedoch in der Ebene zu fehlen.

14. *Platybunus pinetorum* C. L. Koch.
Gl. Gr.: Eingang in das Hirzbachtal, auf Gesträuch 1 ♀ 8. VII. 1941.

15. *Liobunum rupestre* Hbst.
Nach Dalla Torre (1882) bei Windisch-Matrei.
In der Ebene und im Gebirge weit verbreitet, im Untersuchungsgebiet aber jedenfalls auf tiefste Lagen beschränkt.

16. *Liobunum roseum* C. L. Koch.
    Gl. Gr.: Kals (coll. Mus. Wien, teste Kühnelt); Heiligenblut, an Straßenmauer 1 Ex. 1. VIII. 1943.
    Gr. Gr.: Proseckklamm bei Windisch-Matrei Anf. VIII. 1934 (leg. Kühnelt); an der Straße in das Matreier Tauerntal über der Proseckklamm an sonnigen Felsen 3 ♂, 1 ♀ 3. IX. 1941.
    Die Art scheint thermophil zu sein und eine südalpin-illyrische Verbreitung zu besitzen. Nach Roewer findet sie sich in Tirol, Laibach und Triest, dürfte aber in Tirol auf das Gebiet südlich des Brenners beschränkt sein, da Stipperger (1928) die Art für Nordtirol nicht angibt. Ich selbst fand sie in großer Zahl an sonnigen Kalkfelsen nördlich der Drau bei Oberdrauburg, W. Kühnelt (i. l.) sammelte sie in der Garnitzenklamm bei Hermagor. Im Naturhistorischen Museum in Wien befinden sich auch Belege von Raibl (teste Kühnelt).

17. *Nelima aurantiaca* (Sim.).
    Gl. Gr.: Fuscher Tal oberhalb Ferleiten, bei der Kälberätze unter der Rinde eines abgestorbenen Baumes 1 ♂, 1 ♀ 14. V. 1940.
    Scheint nur im Gebirge zu leben und dort vorwiegend Waldbestände zu besiedeln.

Die vorstehende Liste dürfte alle im Gebiete in hochalpinen Lagen vorkommenden Weberknechte enthalten. In den tieferen Tallagen, besonders in geschlossenen Waldbeständen, dürfte es aber noch mehrere Arten geben, die bisher noch nicht erfaßt wurden. Auffällig ist das Fehlen von *Parodiellus obliquus* (C. L. Koch), einer nach Stipperger (1928) im Hochgebirge Tirols häufigen Art, im Bereiche der mittleren Hohen Tauern. Es ist dies um so merkwürdiger, als diese Art nicht nur in den Alpen, sondern auch in den Karpathen und auf der Balkanhalbinsel vorkommt; daß ich sie im Gebiete übersehen hätte, ist ausgeschlossen.

Ordnung Araneina.

Die Spinnen gehören zu denjenigen Tiergruppen, die biogeographisch noch keineswegs ausreichend erforscht sind. Ältere spinnenfaunistische Angaben besitzen wegen der zahlreichen, in den letzten Jahrzehnten erfolgten systematischen Änderungen und Ergänzungen nur einen beschränkten Wert, neuere liegen aus dem Gebiete der Ostalpen nur in sehr geringem Umfange vor. So ist ein Vergleich der Spinnenfauna der Hohen Tauern mit derjenigen benachbarter Berggruppen gegenwärtig nur in sehr beschränktem Umfange möglich.

Über die Spinnenfauna des Untersuchungsgebietes finden sich einige Angaben in den Arbeiten von Dalla Torre (1882), Dolleschal (1852) Holdhaus (1912) und Werner (1924 und 1931). Die Bestimmung meines Materials besorgten die Herren † Ed. Reimoser (Ausbeuten der Jahre 1937 bis 1939) und Direktor Dr. C. Fr. Roewer (Ausbeute des Jahres 1940). In der systematischen Anordnung und Nomenklatur folge ich Reimoser (1919) und brieflichen Angaben der bearbeitenden Spezialisten.

Familie *Tetragnathidae*.

1. *Tetragnatha extensa* (L.).
    Gl. Gr.: Fuscher Tal, am Ufer der Fuscher Ache oberhalb Ferleiten und auf der Wiese unmittelbar oberhalb des Gasthofes „Lukashansl" 2 ♂, 1 juv. Ex. 14. und 18. VII. 1940.
    Sehr weit verbreitete Art.

Familie *Dictynidae*.

2. *Amaurobius claustrarius* (Hahn).
    Gl. Gr.: Käfertal, im unteren Teil des Tales 1 ♀ 23. VII. 1939.
    Gr. Gr.: Wiegenwald (Stubach), N-Hang 1 ♀ 10. VII. 1939.
    Schobergr.: Aufstieg von Heiligenblut ins Gößnitztal 9. VII. 1937.
    Gleichfalls weit verbreitet, gehört im Gebiete der Talfauna an.

3. — *fenestralis* (Stroem).
    Gl. Gr.: Haritzerweg, subalpin 22. VIII. 1937.
    Weit verbreitet, scheint im Gebiete selten zu sein.

4. *Titanoeca obscura* (Walck.).
    Gl. Gr.: Albitzen-N-Hang, in etwa 2300 *m* Höhe 17. VII. 1938.
    Weitverbreitete Art, die aus der Ebene bis in hochalpine Lagen emporsteigt.

5. *Dictyna arundinacea* (L.).
    Gl. Gr.: Pasterzenvorfeld zwischen Glocknerstraße und Möllschlucht, sowohl innerhalb als außerhalb der Moräne des Jahres 1856 25. VII. 1937 und 3. VIII. 1938; am Steilhang der Marxwiese gegen den Unteren Keesboden 28. VII. 1937.
    Sehr weit verbreitete Art.

6. — *Sedilloti* Simon.
    Gl. Gr.: Albitzen-SW-Hang, in 2200 bis 2300 *m* Höhe 2 ♂ 17. VII. 1940.
    Eine südliche Art, die von Reimoser (1919) aus S-Frankreich, Spanien, Algerien und aus Deutschland als fraglich angegeben wird. Die Art scheint thermophil zu sein.

Familie *Theridiidae*.

7. *Theridium notatum* (L.).
   Gl. Gr.: Umgebung des Kesselfallalpenhauses im Kapruner Tal 1 ♀ 14. VII. 1939.
   Weitverbreitete Art, die im Gebiete der Talfauna angehört.
8. — *redimitum* (L.).
   Gl. Gr.: Schneiderau (Stubach), von jungen Fichten geklopft 1 ♀ 25. VII. 1939; Kapruner Tal, in der Umgebung des Kesselfallalpenhauses 4 ♀ 14. VII. 1939.
   Gleichfalls weit verbreitet und im Gebiete auf die Tallagen beschränkt.
9. — *tinctum* (Walck.).
   Gl. Gr.: Steppenwiesen am Haritzerweg oberhalb Heiligenblut 1 ♀ 15. VII. 1940.
   Weit verbreitet, im Gebiet sicher nur im Tale.
10. *Oedothorax fuscus* (Blackw.).
    Gl. Gr.: Großer Burgstall 20. VIII. 1937; am Weg von der Salmhütte zur Glorerhütte unweit des Bergertörls 11. VIII. 1937.
    Eine von Reimoser (i. l.) aus Europa und Algerien angegebene Art.
11. *Asagena phalerata* (Panz.).
    Gl. Gr.: Im untersten Teil des Dorfer Tales 18. VII. 1937.
    Weitverbreitete Art, gehört im Gebiete der Talfauna an.

Familie *Araneidae*.

12. *Meta reticulata* (L.).
    Gl. Gr.: Kapruner Tal, Talstufe unterhalb der Limbergeralm 1 ♀ 15. VII. 1939; Fuscher Tal, im Wald unterhalb der Trauneralm 1 ♀ von jungen Fichten geklopft 21. VII. 1939.
    Weitverbreitete Art, die im Gebiete die Waldgrenze nicht überschreitet. Scheint vorwiegend auf Nadelholz zu leben.
13. *Cyclosa conica* (Pall.).
    Schobergr.: Am Weg von Heiligenblut ins Gößnitztal 9. VII. 1937.
    Weitverbreitete Art, die gleichfalls im Gebiete die Waldgrenze nicht überschreiten dürfte.
14. *Aranea angulata* L.
    Gl. Gr.: Kapruner Tal, Talstufe unterhalb der Limbergalm, von einer Fichte geklopft 1 ♀ 15. VII. 1939.
    Weit verbreitet, gehört der Talfauna des Gebietes an.
15. — *ceropegia* Walck.
    S. Gr.: Stanziwurten, W-Hang in 2200 bis 2300 *m* Höhe 2. VII. 1937. Auch bei Windisch-Matrei (Dalla Torre 1882, det. L. Koch).
    Weitverbreitete Art, die ich auch im Gesäuse an einer sonnigen Berglehne über dem Ennstal erbeutete.
16. — *cucurbitina* L.
    S. Gr.: S-Hänge unterhalb der Fleißkehre der Glocknerstraße, auf einem sonnigen Weg 1. VII. 1937
    Gl. Gr.: Am Ufer der Fuscher Ache oberhalb Ferleiten 1 ♀ 14. VII. und 1 ♂ 18. VII. 1940.
    Weit verbreitet, gehört im Gebiete der Talfauna an.
17. — *diademata* L.
    S. Gr.: Im obersten Teil des Seidelwinkeltales 17. VIII. 1937.
    Gl. Gr.: Steppenwiesen am Haritzerweg oberhalb Heiligenblut 1 juv. Ex. 15. VII. 1940; Dorfer Tal, im unteren Teil des Tales 18. VII. 1937; am oberen Pfandlboden 1 ♀ 21. VII. 1939.
    Gr. Gr.: Am Weg vom Kalser Tauernhaus zur Sudetendeutschen Hütte unweit oberhalb des Dorfer Tales 19. VII. 1937; an den Berglehnen über Windisch-Matrei (Dalla Torre 1882).
    Sehr weit verbreitete Art, die noch im arktischen Teile Europas vorkommt, im Gebiete die Waldgrenze aber kaum überschreiten dürfte.
18. — *dumetorum* Vill. (= *Epeira nauscosa* C. L. Koch).
    S. Gr.: „Bei Gastein und auf den Naßfelder Alpen" (Dolleschal 1852).
    Weitverbreitete Art, die im Gebiete auch an anderen Stellen zu finden sein dürfte.
19. — *Reaumuri* Scop.
    Gl. Gr.: Schneiderau (Stubach), von jungen Fichten geklopft 1 ♂ 25. VII. 1939.
    Die Art lebt in den Mooren des Ennstales auf *Pinus mughus* und *silvestris*, sie ist weit verbreitet und gehört im Gebiete der Waldzone an.
20. — *undata* Ol. (= *Epeira sclopetaria* Westr.).
    S. Gr.: Bei Gastein auf Felsen (Dolleschal 1852).
21. *Singa pygmaea* (Sund.).
    Pinzgau: Nordufer des Zeller Sees, in der Verlandungszone 1 ♀ 19. VII. 1939.
    Weit verbreitet, dürfte im engeren Untersuchungsgebiet aber höchstens in den tiefsten Tallagen vorkommen.
22. *Zilla montana* C. L. Koch.
    S. Gr.: „Naßfelder Alpen" (Dolleschal 1852).
    Gl. Gr.: Fuscher Tal, unterhalb der Einmündung des Käfertales 1 ♀ 14. V. 1940.
    Weit verbreitet, dürfte im Gebiete aber auf die Tallagen beschränkt sein.

Familie *Micryphantidae*.

23. *Tiso aestivus* (L. Koch).
    Gl. Gr.: Pfandlscharte (Holdhaus 1912).
    Eine boreoalpin verbreitete Art, die nach Reimoser (1919) in den Alpen von Tirol, in der Tatra und in Norwegen vorkommt.

24. *Cornicularia cuspidata* (Blackw.).
    Gl. Gr.: Großer Burgstall 20. VIII. 1937.
    Die Art ist aus ganz Mittel- und Nordeuropa bekannt, reicht sogar ostwärts bis Kamtschatka, scheint aber in Mitteleuropa vorwiegend im Gebirge zu leben.
25. *Tmeticus graminicolus* (Sund.).
    Gl. Gr.: Kar südwestlich der beiden Pfandlscharten, in der *Nebria atrata*-Zone und unterhalb dieser zahlreich 19. VII. 1938; auf der Pasterzenmoräne unterhalb des Schwertecks 2. VIII. 1938.
    Weitverbreitete Art, die im Gebiete anscheinend vorwiegend in hohen Lagen, vor allem in der Polsterpflanzenstufe lebt.
26. *Erigone atra* Blackw.
    S. Gr.: Am Weg vom Seebichl zum Zirmsee und zu den Moränen dahinter 4. VIII. 1937.
    Weitverbreitete Art, fand sich am Zirmsee über der Rasengrenze unter Steinen.
27. — *remota* L. Koch.
    Gl. Gr.: Am Weg vom Glocknerhaus zur Pfandlscharte, am Schneerand in 2350 m Höhe und an mehreren Stellen in der *Nebria atrata*-Zone unter Steinen 17. und 19. VII. 1938; Naßfeld des Pfandlschartenbaches 20. VII. 1938; Unterer Keesboden 7. VII. 1937; Großer Burgstall 20. VIII. 1937; Breitkopf, in 3100 m Höhe unter Steinen zahlreich 28. VII. 1938; Fanatscharte, auf der ebenen Fläche vor der Stüdlhütte unter Steinen mehrfach 25. VII. 1938.
    Die Art ist boreoalpin verbreitet (vgl. Holdhaus 1912), sie wird aus der Schweiz, Tirol, Sibirien und Nowaja Semlja angegeben (Reimoser 1919). Sie scheint im Gebiete ausschließlich hochalpin zu leben.
28. *Maso Sundevalli* (Westr.).
    Gl. Gr.: Breitkopf, in 3100 m Höhe unter Steinen zahlreich 28. VII. 1938.
    Die Art ist weit verbreitet, scheint im Gebiete aber nur lokal vorzukommen.
29. *Oreonetides vaginatus* (Thorell).
    Gl. Gr.: Guttal, knapp oberhalb der Ankehre der Glocknerstraße aus Grünerlenfallaub gesiebt 22. VIII. 1937.
    Die Art wird von Reimoser (1919) nur aus Nordeuropa angegeben, sie ist vielleicht boreoalpin verbreitet.
30. *Centromerus silvaticus* (Blackw.).
    Gl. Gr.: Kar südwestlich der beiden Pfandlscharten; in der *Nebria atrata*-Zone 19. VII. 1938; Breitkopf, in 3100 m Höhe unter Steinen 28. VII. 1938; in der Umgebung der Rudolfshütte 15. VII. 1937.
    Die Art ist weit verbreitet, fand sich im Gebiete bisher aber nur in hochalpinen Lagen.

Familie *Linyphiidae*.

31. *Lephthyphantes Kotulai* Kulcz.
    S. Gr.: Am S-Hang der Gjaidtroghöhe gegen den Seebichel 24. VII. 1927.
    Die Art wird von Reimoser (1919) nur von der Resselspitze in Tirol angegeben.
32. *Linyphia peltata* Wid.
    Gl. Gr.: Kapruner Tal, an der Talstufe unterhalb des Wasserfallbodens 1 ♀ 15. VII. 1939; im Wald unterhalb der Trauneralm von Fichten geklopft 1 ♂, 3 ♀ 21. VII. 1939; auf den Almmatten oberhalb der Trauneralm 1 ♀ 21. VII. 1939.
    Weit verbreitet, scheint im Gebiete die Waldgrenze nicht zu überschreiten und sich vorwiegend auf Nadelhölzern und Gebüsch aufzuhalten.

Familie *Salticidae*.

33. *Synageles venator* (Luc.).
    Pinzgau: Bruck an der Glocknerstraße 1 ♀ VII. 1939.
    Die Art ist über Mitteleuropa und das Mittelmeergebiet verbreitet (Reimoser 1919).
34. *Heliophanus dubius* C. L. Koch.
    Gl. Gr.: Albitzen-SW-Hang, in 2200 bis 2300 m Höhe 1 juv. Ex. 17. VII. 1940.
    Scheint in den Alpen warme, sonnige Hänge zu besiedeln; ich fand sie an einem solchen im Gesäuse unweit oberhalb des Talbodens. Die Art ist sehr weit verbreitet, scheint aber vorwiegend tiefere Lagen zu bewohnen.
35. — *tricinctus* C. L. Koch.
    S. Gr.: Bei Gastein (Dolleschal 1852).
    Die Art wird von Reimoser (1919) aus Salzburg, Tirol und Turkestan angegeben.
36. *Euophrys petrensis* C. L. Koch.
    Gl. Gr.: Gamsgrube unter Steinen in der *Caeculus echinipes*-Gesellschaft ziemlich selten 6. VII. 1937.
    Die Art wird aus Mitteleuropa, England, Schweden und Oberitalien angegeben (Reimoser 1919); sie scheint im Gebiete eine beschränkte Verbreitung zu besitzen. Das Tier liebt trockenen, sandigen Boden.
37. *Sitticus pubescens* (Fbr.).
    S. Gr.: Hüttenwinkeltal, am Weg vom Bodenhaus zur Grieswiesalm 1 juv. Ex. 15. V. 1940.
    Weitverbreitete Art, die besonders auf sonnigen Wiesen zu finden ist.
38. — *rupicola* (C. L. Koch).
    S. Gr.: Bei Gastein in etwa 1700 m Höhe auf Felsen (Dolleschal 1852). Es ist wahrscheinlich diese Art, die mir im Gerölle im Kleinen Fleißtal und im oberen Teil des Dorfer Tales mehrfach begegnete, ohne daß ich ihrer habhaft werden konnte. Die Art wird von Reimoser (1919) aus Mitteleuropa, Finnland, Tunguska und Ussuri angegeben. Die mitteleuropäische Verbreitung beschränkt sich nach Dahl (1926) auf die Alpen, Vogesen und das Riesengebirge, wo das Tier in 800 bis 2000 m Höhe, vor allem im Ufergeröll rasch fließender Gebirgswässer vorkommt. Es liegt somit ein Fall boreoalpiner Verbreitung vor.
39. — *terebratus* (Ol.).
    Gl. Gr.: Steppenwiesen am Haritzerweg oberhalb Heiligenblut 1 juv. Ex. 15. VII. 1940.
    Weitverbreitete Art, die im Gebiete der Talfauna angehört.

Familie *Misumenidae*.

40. *Misumena calycina* (L.).
   Gl. Gr.: Schneiderau (Stubach), von jungen Fichten geklopft 1 ♀ 25. VII. 1939.
   Weitverbreitete Art, die im Gebiete ausschließlich in den Tälern vorkommen dürfte.

Familie *Philodromidae*.

41. *Philodromus aureolus* (Ol.).
   Gl. Gr.: Steppenwiesen oberhalb Heiligenblut 1 ♀ 15. VII. 1940.
   Weitverbreitete Art, die im Gebiete gleichfalls nur die Täler bewohnen dürfte.

42. — *rufus* Walck.
   Gl. Gr.: Kar zwischen Albitzen- und Wasserradkopf, in 2450 m Höhe in der *Caeculus echinipes*-Gesellschaft 1 ♂, 1 ♀ 17. VII. 1940.
   Weitverbreitete Art.

43. *Thanatus alpinus* Kulcz.
   S. Gr.: Stanziwurten, hochalpin am SW-Hang 2. VII. 1937.
   Gl. Gr.: Albitzen-SW-Hang, 21. VII. 1938; Pasterzenvorfeld zwischen Rührkübelbach und Pasterzenende, 5. VII. 1937 unter Steinen im fast vegetationslosen Moränengelände; am Promenadeweg zwischen Freiwand und Gamsgrube 29. VII. 1938; Gamsgrube 6. VII. 1937; am Hang unterhalb der neuen Salmhütte gegen den Leiterbach 13. VII. 1937.
   Eine in den Alpen endemische Art, die von Reimoser (1919) aus Tirol und der Schweiz angegeben wird.

44. *Tibellus oblongus* (Walck.).
   S. Gr.: Am Weg vom Fleißgasthof nach Heiligenblut in sonniger Lage, am Weg umherlaufend, 1. VII. 1937.
   Weitverbreitete Art, die jedoch im Gebiete nur in den sonnigen Lagen der Südtäler vorkommen dürfte.

Familie *Xysticidae*.

45. *Xysticus bifasciatus* C. L. Koch.
   Gl. Gr.: Albitzen-SW-Hang, unterhalb der Bratschenhänge in etwa 2200 m Höhe 2 ♀ 26. VII. 1939; Gamsgrube 6. VII. 1937.
   Die Art ist weit verbreitet, ich fand sie auch auf den Gesäusebergen in Obersteiermark.

46. — *desidiosus* Sim.
   S. Gr.: Stanziwurten-SW-Hang, hochalpin 2. VII. 1937.
   Gl. Gr.: Albitzen-SW-Hang 20. und 29. VII. 1936; Pasterzenvorfeld, an mehreren Stellen innerhalb der Moräne des Jahres 1856 5. VII. 1937 unter Steinen; am Hang der Freiwand gegen den Eingang ins Naßfeld 29. VII. 1937; am Hang unterhalb des Magneskares gegen das Naßfeld 21. VII. 1938; Freiwand, oberhalb des Parkplatzes III der Glocknerstraße 31. VII. 1938; am Promenadeweg zwischen Freiwand und Gamsgrube 29. VII. 1938; auf der Pasterzenmoräne unterhalb der Hofmannshütte im schon etwas begrünten Teil des Moränengeländes 29. VII. 1938; am Wiener Weg zwischen Stockerscharte und neuer Salmhütte 10. VIII. 1937; am Hang unterhalb der neuen Salmhütte gegen den Leiterbach und oberhalb derselben am Schwertecksüdhang 13. VII. 1937; am Stüdlweg zwischen Bergertörl und Mödlspitze 11. VIII. 1937; Teischnitztal, in etwa 2200 m Höhe am Weg von der Stüdlhütte nach Kals 26. VII. 1938; Dorfer Tal, im obersten Teil des Tales 15. VIII. 1937.
   Gr. Gr.: Muntanitz-SO-Seite 20. VII. 1937.
   Schobergr.: Am Peischlachtörl 11. VIII. 1937.
   Die Art wird von Reimoser (1919) nur aus Korsika und Portugal angegeben. Ihre Verbreitung ist jedenfalls noch ganz ungenügend erforscht. Das Tier ist auf der Südseite des Tauernhauptkammes in der hochalpinen Grasheiden- und Zwergstrauchstufe weit verbreitet und häufig, ist mir aber auf der Nordseite des Gebirges bisher nicht begegnet.

47. — *glacialis* L. Koch.
   Die Art wird von Dalla Torre (1882) aus der Gegend von Windisch-Matrei angegeben und dürfte tatsächlich in den Hohen Tauern vorkommen.
   Sie wird von Reimoser aus Tirol und der Schweiz angegeben, ich fand sie in Obersteiermark am Südfuß der Haller Mauern (Gstattmaier Alm).

48. — *Kempeleni* Thorell.
   Gl. Gr.: Steppenwiesen am Haritzerweg oberhalb Heiligenblut 2 ♀, 3 juv. Ex. 15. VII. 1940.
   Weit verbreitet, scheint im Gebiete nur in Tallagen vorzukommen.

49. — *Kochi* Thorell.
   S. Gr.: In der Umgebung des Fleißgasthofes an faulenden Pilzen 3. VIII. 1937; am Weg vom Alten Pocher auf den Seebichl 4. VIII. 1937.
   Gl. Gr.: Albitzen-SW-Hang, in 2350 m Höhe unterhalb der Alm und in 2200 m Höhe unterhalb der Kalkphyllitbratschen 3 ♀ 17. VII. 1940; am Haritzerweg zwischen Glocknerhaus und Naturbrücke über die Möll 18. VIII. 1937; Dorfer Tal, im unteren Teil des Tales 17. VII. 1937; zwischen Piffkaralm und Hochmais in 1750 m Höhe an der Glocknerstraße 1 juv. Ex. 15. VII. 1940.
   Weit verbreitete Art.

50. — *viaticus* (L.).
   S. Gr.: Im unteren Teil des Seidelwinkeltales zwischen Wörth und der untersten Alm 17. VIII. 1937.
   Weitverbreitete Art, die im Gebiete nur die tieferen Tallagen bewohnen dürfte.

Familie *Agelenidae*.

51. *Tegenaria torpida* (C. L. Koch).
    S. Gr.: Bei Gastein (Dolleschal 1852).
52. *Zoelotes atropos* (Walck.).
    S. Gr.: Oberster Teil. des Seidelwinkeltales 17. VIII. 1937.
    Gr. Gr.: Kals-Matreier Törl (Werner 1931).
    Die Art wird von Reimoser (1919) aus Mitteleuropa und England angegeben.
53. *Cryphoeca silvicola* (C. L. Koch) f. typ. und var. *carpathica* Herm.
    S. Gr.: Sandkopf-SW-Hang, oberhalb des Fleißgasthofes im Wald 14. VIII. 1937; Hüttenwinkeltal, zwischen Bodenhaus und Grieswiesalm 1 ♀ 15. V. 1940.
    Weitverbreitete Art.

Familie *Lycosidae*.

54. *Trochosa lapidicola* (Hahn).
    Gl. Gr.: Fuscher Rotmoos, im nassen, zum Teil versinterten Moosrasen 1 ♀ 14. V. 1940.
    Weitverbreitete Art, die nach Dahl (1927) sehr kalkliebend ist.
55. — *terricola* Thorell.
    Gl. Gr.: Fuscher Rotmoos, an einem kleinen Gerinne in stark versintertem Moos 1 ♀ 14. V. 1940.
    Weit verbreitet, dürfte nur die Tallagen des Untersuchungsgebietes bewohnen; liebt nach Dahl (1927) lichte, trockene Waldstellen, was dem Vorkommen im Fuscher Rotmoos nicht entspricht.
56. *Arctosa alpigena* (Dol).
    Gl. Gr.: An der Pfandlscharte (Holdhaus 1912); am Weg vom Glocknerhaus zur Pfandlscharte 29. VII. 1937; am Steilhang der Marxwiese gegen den Unteren Keesboden 28. VII. 1937; an den Hängen zwischen Unterem und Oberem Keesboden 28. VII. 1937; Gamsgrube, zahlreich am 6. VII. 1937; Großer Burgstall 20. VIII. 1937; Rasenbank knapp oberhalb der Pasterzenmoräne unterhalb des Kellersbergkamps 2. VIII. 1938; am Wiener Weg zwischen Stockerscharte und neuer Salmhütte 10. VIII. 1937; am Weg von der Salmhütte zum Bergertörl und von da am Stüdlweg zur Mödlspitze mehrfach 11. VIII. 1937.
    Gr. Gr.: Im Gebiet des Spinevitrolkopfes und der Aderspitze 19. VII. 1937.
    Die Art ist boreoalpin verbreitetet (vgl. Holdhaus 1912), sie findet sich in den Alpen von Wallis ostwärts bis zur Rax und zum Schneeberg, im arktischen Norwegen und in Grönland.
57. — *cinerea* (Fbr.).
    Nach Dalla Torre (1882) bei Windisch-Matrei.
    Weitverbreitete Art, die nach Dahl (1927) besonders am Geröllufer verschiedener Gewässer lebt.
58. — *stigmosa* (Thorell).
    Gl. Gr.: Fuscher Tal oberhalb Ferleiten 1 ♀ 14. V. 1940.
    Die Art wird von Reimoser aus Deutschland, der Schweiz, Ungarn und Südrußland angegeben, sie scheint vor allem Ufergelände zu bewohnen.
59. *Tarentula cuneata* (Clenk).
    Gl. Gr.: Im Moos am Stamme eines alten Bergahorns 1 ♀ 23. VII. 1939.
    Weit verbreitet, von mir auch in den Gesäusebergen in Obersteiermark gesammelt; lebt nach Dahl (1927) gewöhnlich auf sonnigen Rasenflächen.
60. — *fabrilis* (Clenk).
    S. Gr.: Stanziwurten-SW-Hang, in 2200 bis 2300 *m* Höhe 2. VII. 1937.
    Weitverbreitete Art, die im Gebiete jedoch nicht häufig zu sein scheint.
61. — *pulverulenta* (Clenk).
    Gl. Gr.: Am Weg vom Enzingerboden zum Tauernmoos (Werner 1924). Auch bei Windisch-Matrei (Dalla Torre 1882).
    Weitverbreitete Art, die auch im Gebiete in tieferen Lagen allenthalben vorkommen dürfte. Nach Dahl (1927) steigt sie vereinzelt bis 1700 *m* empor.
62. *Xerolycosa nemoralis* (Westr.).
    Von Dalla Torre (1882) unter dem Namen *Lycosa meridiana* Hhn. aus Windisch-Matrei angegeben.
63. *Lycosa ferruginea* (L. Koch).
    S. Gr.: Gjaidtrog-SW-Hang, in der Polsterpflanzenstufe unter Steinen 18. VII. 1938; am Weg vom Alten Pocher auf den Seebichel 24. VII. 1937.
    Gl. Gr.: Albitzen-SW-Hang unweit oberhalb der Glocknerstraße 11 Ex. in ein Erdnest von *Psammochares nigerrimus* eingetragen; am Weg vom Glocknerhaus zur Pfandlscharte in der Grasheide in etwa 2350 *m* Höhe 29. VII. 1937; Gamsgrube, an den Hängen gegen den Wasserfallwinkel in der Vorpostenvegetation 6. VII. 1937; Wasserfallwinkel 28. VII. 1938; Kleiner Burgstall 22. VII. 1938; bei der neuen Salmhütte am Schwerteck-S-Hang und an den Hängen gegen das Leitertal 13. VII. 1937; oberster Teil des Teischnitztales 26. VII. 1938.
    Auch bei Windisch-Matrei (Della Torre 1882).
    Die Art bewohnt im Gebiete vor allem die hochalpinen Grasheiden und die Kalkphyllitschutthalden; nach Beobachtungen Dahls (1927) lebt sie auch subalpin unter der Rinde morscher Baumstämme und -strünke.
64. — *fluviatilis* (Blackw.).
    Gl. Gr.: Fuscher Rotmoos 23. VII. 1939 1 ♀.
    Weitverbreitete Art, welche die Ufer kleinerer Gewässer bewohnt, nacktes Gerölle aber meidet (Dahl 1927).
65. — *Giebeli* Pav.
    S. Gr.: Gjaidtrog-S-Hang, gegen den Seebichel 24. VII. 1937; am Römerweg zwischen Kasereck und Federtroglache und am Roßschartenkopf-W-Hang 3. und 6. VIII. 1937.
    Gl. Gr.: Kar südwestlich der beiden Pfandlscharten an mehreren Stellen. 20. VII. 1938; Gamsgrube 6. VII. 1937; Haldenhöcker unterhalb des Mittleren Burgstalls 29. VII. 1938; Kleiner Burgstall 22. VII.

1938; Grasband über der Pasterzenmoräne unterhalb des Glocknerkamps 18. VIII. 1937; am Schwerteck-N-Hang über dem Oberen Keesboden 28. VII. 1937; auf den Schneeböden um die neue Salmhütte 12. VII. 1937; Hasenbalfen oberhalb der neuen Salmhütte 24. VII. 1938; am Weg von der Salmhütte zum Bergertörl 11. VIII. 1937; am Stüdweg zwischen Bergertörl und Mödlspitze 11. VIII. 1937; Kar südwestlich unter der Pfortscharte 14. VII. 1937; im obersten Teil des Dorfer Tales 15. und 17. VII. 1937; in der Umgebung der Rudolfshütte und am Weg von dieser zum Tauernmoos in der hochalpinen Grasheide (Curvuletum) 16. VII. 1937; am Hang der Edelweißspitze gegen das Fuscher Törl 1 ♀ 28. VII. 1939.

Gr. Gr.: Im Bereich des Spinevitrolkopfes und der Aderspitze 19. VII. 1937.

Die Art wird von Reimoser (1919) aus der Schweiz, Tirol und Sibirien, ferner (Reimoser i. l.) aus Kanada und den Vereinigten Staaten angegeben; sie ist boreoalpin verbreitet. Nach mündlicher Mitteilung von Herrn Reimoser war das Tier in den Alpen bisher so weit östlich noch nicht gefunden worden, es dürfte somit zu jenen Arten gehören, die in den Hohen Tauern die Ostgrenze ihrer Verbreitung in den Alpen erreichen.

66. *Lycosa hortensis* Thorell.
    S. Gr.: Stanziwurten-SW-Hang, in 2200 bis 2300 *m* Höhe 2. VII. 1937.
    Gr. Gr.: Dorfer Öd (Stubach) 1 ♀ 25. VII. 1939.
    Weitverbreitete Art, die vorwiegend tiefere Lagen bewohnt.

67. — *hyperborea pusilla* Thorell.
    Gl. Gr.: Albitzen-SW-Hang, in etwa 2200 *m* Höhe unterhalb der Bratschenhänge 1 ♀ 17. VII. 1940; N-Hang unterhalb der Pfandlscharte zwischen Rasengrenze und Traueralm 1 ♂, 1 ♀ 18. VII. 1940; auf der Edelweißwand unterhalb des Fuscher Törls an der Glocknerstraße 1 ♂ 15. VII. 1940.
    Eine vorwiegend nordische, vielleicht boreoalpine Art, die ich auch auf dem Leobner in den Eisenerzer Alpen beobachtete.

68. — *Kervillei*.
    Gr. Gr.: Dorfer Öd (Stubach) 1 ♀ 25. VII. 1939.
    Im Gebiete sicher nur in den Tallagen.

69. — *monticola* (Clerck).
    Gl. Gr.: Am Haritzerweg subalpin 22. VIII. 1937; Käfertal, im unteren Teil des Tales 1 ♂ 23. VII. 1939; am Ufer der Fuscher Ache unterhalb des Rotmooses 2 ♂ und 2 ♀ 18. VII. 1940.
    Weitverbreitete Art, die im Gebiete die Waldgrenze nicht überschreiten dürfte, in tieferen Lagen aber keine bestimmte Gesellschaftsbindung zeigt.

70. — *nigra* C. L. Koch.
    S. Gr.: Am Gjaidtrog-SW-Hang, im Blockwerk oberhalb des Seebichels 24. VII. 1937; im Blockwerk zwischen Seebichel und Fleißkees 4. VIII. 1937.
    Gl. Gr.: Am Weg vom Glocknerhaus zur Pfandlscharte 29. VII. 1937, wahrscheinlich im Bereiche der Jungmoränen des Pfandlschartenkeeses gesammelt; Moräne des Pfandlschartenkeeses 20. VII. 1938, im Moränenblockwerk; im Blockwerk des Moränengeländes im Magneskar 1. VIII. 1938; Wasserfallwinkel, auf den Jungmoränen des Wasserfallkeeses 27. VII. 1937; auf der Pasterzenmoräne im groben Blockwerk unterhalb des Glocknerkamps 19. VIII. 1937; am Schwerteck-N-Hang über dem Oberen Keesboden 28. VII. 1937; Rasenbank über der Pasterzenmoräne unterhalb des Kellersbergkamps, wohl im Blockwerk des angrenzenden Moränengeländes gesammelt 19. VIII. 1937.
    Die Art ist ein Bewohner der Block- und Moränenhalden hochalpiner Lagen und scheint im ganzen Alpengebiet von den französischen Alpen ostwärts bis in die Niederen Tauern vorzukommen, wo ich sie noch in den Rottenmanner Tauern antraf. Nach Reimoser (1919) kommt sie auch in der Tatra vor.

71. — *paludicola* (Clerck).
    Gl. Gr.: Steppenwiesen am Haritzerweg oberhalb Heiligenblut 1 ♂ 15. VII. 1940; Haldenhöcker unterhalb des Mittleren Burgstalls 1 ♂, 1 ♀ 1 juv. Ex. 16. VII. 1940.
    Weitverbreitete Art, die im Gebiete bis zur oberen Grenze der alpinen Grasheiden emporsteigt und dort nicht wie in tieferen Lagen an die Nähe von Gewässern gebunden ist.

72. — *pullata* (Clerck).
    Gl. Gr.: Im Fuscher Tal oberhalb Ferleiten 1 ♀ 21. VII. 1939; am Oberen Pfandlboden 2 ♀ 21. VII. 1939.
    Weitverbreitete Art, die vorwiegend auf Rasenflächen heimisch ist.

73. — *riparia* (C. L. Koch).
    Bei Windisch-Matrei (Dalla Torre 1882).

74. — *saccata* (L.).
    S. Gr.: Im untersten Teil des Seidelwinkeltales auf feuchten Wiesen 17. VIII. 1937.
    Gl. Gr.: Pasterzenvorfeld zwischen Glocknerstraße und Möll, innerhalb der Moräne des Jahres 1856 5. VII. 1937; im unteren Teil des Dorfer Tales auf den Wiesen 17. VII. 1937; beim Torfstich am Weg von der Rudolfshütte zum Tauernmoossee auf den Moorwiesen 16. VII. 1937; am Tauernmoos vor dessen Überstauung häufig (Werner 1924); Fuscher Tal oberhalb Ferleiten 14. V. und 18. VII. 1940.
    Gr. Gr.: Bei Windisch-Matrei (Dalla Torre 1882).
    Schobergr.: Am Weg von Heiligenblut ins Gößnitztal auf Almwiesen 9. VII. 1937.
    Sehr weit verbreitete Art, die im Gebiete feuchte Wiesen und Almweiden bewohnt, die Waldgrenze jedoch nur ausnahmsweise zu überschreiten scheint.

75. — *saltuaria* L. Koch.
    S. Gr.: Beim Fleißgasthof an faulenden Pilzen 3. VIII. 1937.
    Gl. Gr.: Albitzen-SW-Hang, unweit der Alm 9. VIII. 1937; im Pasterzenvorfeld zwischen Glocknerstraße und Möllschlucht, innerhalb der Moräne des Jahres 1856 zahlreich 5. bis 28. VII. 1937; am Hang unterhalb des Magneskares gegen das Naßfeld 21. VII. 1938; am Weg von der Pasterze zur Stockerscharte 10. VIII. 1937; am Hang unterhalb der neuen Salmhütte gegen den Leiterbach 13. VII. 1937; bei Kals 18. VII. 1937; im obersten Teil des Dorfer Tales 15. VII. 1937; Torfstich am Weg von der Rudolfshütte zum Tauernmoossee 16. VII. 1937.
    Gr. Gr.: Muntanitz-SO-Seite 20. VII. 1937.
    Die Art wird von Reimoser (1919) aus den Alpen, dem Riesengebirge, den Karpathen und aus Norwegen angegeben, scheint sonach boreoalpin verbreitet zu sein.

76. *Lycosa Wagleri* Hahn.
   Gl. Gr.: Am Paschingerweg, am Steilhang des Hohen Sattels gegen die Pasterze 28. VII. 1937.
   Weitverbreitete Art, die gewöhnlich am Geröllufer der Gebirgsbäche lebt und wie *Lycosa nigra* eine Geröllspinne zu sein scheint.

Familie Gnaphosidae.

77. *Drassodes lapidosus* (Walck.).
   S. Gr.: Gjaidtrog-SW-Hang, in der Polsterpflanzenstufe 18. VII. 1938; Stanziwurten-SW-Hang, hochalpin in 2200 bis 2300 m Höhe 2. VII. 1937.
   Gl. Gr.: Kar zwischen Albitzen- und Wasserradkopf, in der *Caeculus echinipes*-Gesellschaft in 2450 m Höhe 2 juv. Ex. 17. VII. 1940; Albitzen-SW-Hang, unterhalb der Kalkphyllitbratschen in etwa 2250 m Höhe 1 ♀ 26. VII. 1939; Albitzen-N-Hang, in der *Caeculus echinipes*-Gesellschaft 27. VII. 1937; Margaritze-S-Hang und Hochfläche 7. VII. 1937 und 17. VII. 1940; am Steilhang der Marxwiese gegen den Unteren Keesboden 18. VIII. 1937; am Schwerteck-N-Hang über dem Oberen Keesboden 28. VII. 1937; am Hang unterhalb der neuen Salmhütte gegen den Leiterbach 13. VII. 1937; am Stüdlweg unweit des Bergertörls 11. VIII. 1937; Kar südwestlich unterhalb der Pfortscharte 14. VII. 1937; am Weg von der Rudolfshütte zum Tauernmoossee 16. VII. 1937; am Weg vom Enzingerboden zum Tauernmoos (Werner 1924).
   Gr. Gr.: Bei Windisch-Matrei (Dalla Torre 1882).
   Schobergr.: Gößnitztal, bei der Bretterbruck 9. VII. 1937; am Weg vom Bergertörl zum Peischlachtörl 11. VIII. 1937.
   Die Art wurde von Werner (1931) auch auf dem Ederplan in der Kreuzeckgruppe gesammelt, sie ist sehr weit verbreitet und steigt aus der Ebene bis in die Polsterpflanzenstufe des Hochgebirges empor. Im Untersuchungsgebiet zeigt sie eine besondere Vorliebe für die Kalkphyllitschutthalden hochalpiner Lagen.

78. — *pubescens* (Thorell).
   Bei Windisch-Matrei (Dalla Torre 1882).

79. *Haplodrassus signifer* (C. L. Koch).
   S. Gr.: Kleine Fleiß, am Weg vom Alten Pocher auf den Seebichl subalpin 24. VII. 1937; am Weg vom Fleißgasthof nach Heiligenblut 1. VII. 1937; am Sandkopf-SW-Hang in der Zwergstrauchstufe 14. VIII. 1937.
   Gl. Gr.: Albitzen-SW-Hang, oberhalb der Glocknerstraße 20. VII. 1938; am Weg vom Glocknerhaus zur Pfandlscharte in etwa 2300 m Höhe 17. VII. 1938; Wasserfallwinkel 27. VII. 1937; am Hang unterhalb der neuen Salmhütte gegen das Leitertal und im Seslerietum am Schwerteck-S-Hang 13. VII. 1937; zwischen Enzingerboden und Tauernmoos (Werner 1924).
   Gr. Gr.: Muntanitz-SO-Seite 20. VII. 1937; im Bereiche der Aderspitze und des Spinevitrolkopfes 19. VII. 1937.
   Weit verbreitet, steigt im Gebiete aus den Tälern bis in die hochalpine Grasheidenstufe empor, zeigt keinerlei Gesellschaftsanschluß.

80. *Zelotes clivicolus* (L. Koch).
   Gl. Gr.: Kar zwischen Albitzen- und Wasserradkopf, in der *Caeculus echinipes*-Gesellschaft in 2450 m Höhe 2 ♂ 17. VII. 1940.
   Die Art wird von Reimoser (1919) aus Mitteleuropa und der Moldau angegeben.

81. — *subterraneus* (C. L. Koch).
   S. Gr.: Kleine Fleiß, am Weg vom Alten Pocher auf den Seebichel, subalpin 24. VII. 1937.
   Gl. Gr.: Am Weg von der Rudolfshütte zum Tauernmoos 16. VII. 1937.
   Gr. Gr.: Im Bereiche der Aderspitze und des Spinevitrolkopfes 19. VII. 1937.
   Weit verbreitet, scheint im Gebiete nicht sehr häufig zu sein.

82. *Gnaphosa badia* (L. Koch).
   S. Gr.: Seidelwinkeltal, oberster Teil 17. VII. 1937; am Hang des Roßschartenkopfes gegen die Federtroglache 6. VIII. 1937; am Weg aus der Großen Fleiß zur Weißenbachscharte 22. VII. 1937; Gjaidtrog-S-Hang gegen den Seebichel 24. VII. 1937.
   Gl. Gr.: Albitzen-SW-Hang, unterhalb der Kalkphyllitbratschen und von da über der Straße bis zur Marienhöhe und zum Glocknerhaus mehrfach 20. VII. bis 3. VIII. 1938; Albitzen-N-Hang, in 2300 m Höhe auf Kalkphyllitschutt 17. VII. 1938; am Steilhang der Marxwiese gegen den Unteren Keesboden 18. VIII. 1937; im Moränengelände am Hang der Freiwand gegen die Pasterze 23. VIII. 1937; Freiwand, in der Grasheide 31. VII. 1938; Promenadeweg von der Freiwand in die Gamsgrube, beiderseits des Weges häufig 29. VII. 1938; Gamsgrube 6. VII. 1937; Großer Burgstall 20. VII. 1937; Kleiner Burgstall 22. VII. 1938; Rasenbänke unmittelbar über der Pasterzenmoräne unter dem Glockner- und Kellersbergkamp mehrfach 19. VIII. 1937; am Schwerteck-N-Hang über dem Oberen Keesboden 28. VII. 1938; am Wiener Weg von der Stockerscharte zur neuen Salmhütte 10. VIII. 1937; Schwerteck-S-Hang und Schneeböden bei der neuen Salmhütte 12. VII. 1937; am Weg von der Salmhütte zum Bergertörl unweit des letzteren und am Stüdlweg unweit der Mödlspitze 11. VIII. 1937; Kar südwestlich unter der Pfortscharte 14. VII. 1937 und 25. VII. 1938; bei Kals 18. VII. 1937.
   Gr. Gr.: Muntanitz-SO-Seite 20. VII. 1937.
   Schobergr.: Am Weg vom Berger- zum Peischlachtörl 11. VIII. 1937.
   Die Art ist nach Reimoser (1919) in den Alpen endemisch und scheint von den französischen Südalpen bis in die Kalkalpen von Niederdonau im ganzen Alpenzuge verbreitet zu sein. Sie findet sich im Gebiete von den Tälern aufwärts bis in die hochalpine Polsterpflanzenstufe und zeigt keinen bestimmten Gesellschaftsanschluß.

83. — *muscorum* (L. Koch).
   Gl. Gr.: Rasenband unterhalb des Kellersbergkamps über der Pasterzenmoräne 19. VII. 1937.
   Auch bei Windisch-Matrei (Dalla Torre 1882).
   Weitverbreitete Art.

Familie *Clubionidae*.

84. *Clubiona alpica* L. Koch.
   Gl. Gr.: Knapp unterhalb des Glocknerhauses in 2100 *m* Höhe im Festucetum durae aus Graswurzeln gesiebt 3. VIII. 1938.
   Die Art wird von Reimoser (1919) nur aus Tirol angegeben.
85. — *reclusa* Cambr.
   Gl. Gr.: Käfertal, aus Fallaub unter *Rhododendron* gesiebt 1 ♀, 1 juv. Ex. 14. V. 1940.
   Weitverbreitete Art, die im Gebiete nur unterhalb der Waldgrenze vorzukommen scheint.
86. *Zygiella montana* (L. Koch).
   Gr. Gr.: Wiegenwald N-Hang 1 ♀ 10. VII. 1939.
   Die Verbreitung der Art scheint noch recht ungenügend erforscht zu sein; sie wird von Reimoser (1919) aus Nürnberg, der Schweiz, Niederdonau und Ungarn angegeben.

Die vorstehende Liste erfaßt die Spinnenfauna des Untersuchungsgebietes zweifellos noch nicht vollständig; bei intensiver, vor allem den Spinnen gewidmeter Sammeltätigkeit wird sich in Zukunft besonders in tieferen Lagen noch manche für die mittleren Hohen Tauern neue Art finden lassen. Trotzdem dürfte der Gesamtcharakter der Spinnenfauna des Untersuchungsgebietes, besonders der hochalpinen Lagen desselben, durch solche ergänzende Aufsammlungen keine wesentliche Veränderung mehr erfahren. So kann schon heute gesagt werden, daß die mittleren Hohen Tauern zwar eine Reihe hochalpiner Spinnenarten beherbergen, daß ihnen aber englokale Endemiten, wie sie in der Schweiz von Bäbler (1910), Handschin (1919) und Steinböck (1939) in sehr großen Höhen festgestellt wurden, aller Wahrscheinlichkeit nach fehlen. Daraus erklärt es sich auch, daß diese Gruppe im Gebiete keine bisher noch unbeschriebenen Arten geliefert hat.

Ordnung Acari.

Die Acari gehören infolge ihrer großen Artenmannigfaltigkeit, ihres zahlreichen Auftretens in fast allen Biotopen und ihrer schwierigen Systematik in den Alpen zu den am schlechtesten erforschten Tiergruppen. In der Schweiz hat sich in neuerer Zeit nur Schweizer (1922) der Milbenforschung gewidmet, aus den Ostalpen liegen außer den von V. Irk (1939, 1941) und vom Verfasser fast gleichzeitig in Tirol bzw. in den mittleren Hohen Tauern durchgeführten Milbenaufsammlungen nur ganz wenige Angaben über engbegrenzte Lebensräume, so von Beier (1928) über die Milbenfauna der Hochmoore des Lunzer Gebietes und von C. Willmann über Höhlenmilben der nordöstlichen Kalkalpen, vor.

Außer den schon erwähnten besonders wichtigen Arbeiten wurden bei Abfassung des vorliegenden Abschnittes noch folgende benützt: Berlese (1912), Frenzel (1936), Harnisch (1925), Schulze (1925), Sellnick (1928), Thor (1931), Trägardh (1910), Vitzthum (1929, 1933, 1941), Willmann (1931, 1938, 1939 *a*, 1939 *b*, 1939 *c*, 1940). Eine auch nur einigermaßen vollständige Berücksichtigung der umfangreichen und oft schwer zugänglichen Spezialliteratur hätte den Rahmen dieser Arbeit weit überschritten und konnte unterlassen werden, da die Herren C. Willmann (Bremen) und V. Irk (Wien) mich durch Mitteilung zahlreicher, in den benützten Arbeiten nicht enthaltener ökologischer und tiergeographischer Angaben unterstützten und damit eine ökologische und tiergeographische Beurteilung der gegenwärtig in dieser Hinsicht schon ausreichend erforschten Arten ermöglichten. Bei zahlreichen Milben, besonders den in den Hohen Tauern neu aufgefundenen Formen, ist allerdings heute die Verbreitung und Ökologie noch zu unvollständig bekannt, als daß diese Formen bereits als Unterlage für tiersoziologische und biogeographische Schlußfolgerungen dienen könnten.

Die Bestimmung der Zecke besorgte Herr Prof. Dr. P. Schulze (Rostock), die der übrigen sehr zahlreichen Milben meiner Tauernausbeute Herr C. Willmann (Bremen). Dieser wird die Ergebnisse der gewaltigen, bei Bearbeitung meines Milbenmaterials von ihm geleisteten Spezialistenarbeit, die neben einer Reihe von Neubeschreibungen die Klärung verschiedener, von älteren Autoren offengelassener systematischer Fragen und die Beseitigung systematischer Irrtümer notwendig machte, gesondert veröffentlichen. Die Untersuchungen Willmanns sind zum Zeitpunkte der Drucklegung der vorliegenden Arbeit noch nicht abgeschlossen und werden in einzelnen Fällen vielleicht noch zu Namensänderungen führen. Es ist beabsichtigt, diese sowie weitere faunistische Daten zu gegebener Zeit in einem Nachtrage zur Tauernmonographie zu veröffentlichen. Die Benennung der Nova erfolgt nach Angabe Willmanns, der die Beschreibungen in seiner in Vorbereitung befindlichen Veröffentlichung geben wird.

Andere Milbenausbeuten als die des Verfassers liegen aus dem Untersuchungsgebiete nicht vor. Die Nomenklatur und systematische Anordnung der Gattungen und Arten folgt bezüglich der Oribatei mit wenigen Ausnahmen der Bearbeitung dieser Gruppe durch Willmann (1931), für die übrigen Milben bin ich auch in nomenklatorischer Hinsicht Herrn Willmann für zahlreiche Mitteilungen und Auskünfte zu großem Dank verpflichtet.

I. Parasitiformes.

Familie *Parasitidae*.

1. *Parasitus coleoptratorum* (L.).
   S. Gr.: Am Weg aus dem Mallnitzer Tauerntal zur Woisken 1 Ex. (Deutonymphe) 5. IX. 1941.

2. — *anomalus* nov. spec. Willmann i. l.
   S. Gr.: Grieswiesalm im Hüttenwinkeltal, in 1500 m Höhe im Rasengesiebe eines Nardetums 19 Ex. 15. V. 1940.
   Gl. Gr.: Haldenhöcker unterhalb des Mittleren Burgstalls, im Wurzelgesiebe der hochalpinen Grasheide mehrere Ex. 16. VII. 1940; Wasserrad-SW-Hang, in etwa 2500 m Höhe im Gesiebe des Grasheiderasens 2 Ex. 17. VII. 1940; Kar zwischen Albitzen- und Wasserradkopf, in 2450 m Höhe am Rande eines Schneetälchens auf Kalkphyllit unter Steinen 2 Ex. 17. VII. 1940; Albitzen-SW-Hang, in etwa 2200 m Höhe unweit südlich der Marienhöhe in der Kalkphyllitsteppe aus Graswurzeln gesiebt 9 Ex. 3. VIII. 1938; Grashänge oberhalb der Glocknerstraße zwischen Glocknerhaus und Marienhöhe, in 2200 m Höhe in der Kalkphyllitsteppe aus Rasenwurzeln gesiebt 29 Ex. 22. VIII. 1938; Kalkphyllitriegel in nächster Nähe des vorgenannten Fundortes, im Wurzelgesiebe 1 Ex. 29. VII. 1937; Kalkphyllitrücken, 20 m unterhalb des Glocknerhauses, im Wurzelgesiebe der Grasheide 5 Ex. 3. VIII. 1938; unter feuchtem Rasen unmittelbar daneben in den obersten 5 cm des Bodens 2 Ex. 27. VII. 1939; am Haritzerweg unterhalb des Glocknerhauses unter einem Stein 1 Ex. 26. VII. 1937; Naßfeld des Pfandlschartenbaches, unter Steinen, die tief in den nassen Moosrasen eingebettet lagen, 8 Ex. 20. VII. und 1 Ex. 1. VIII. 1938; am Weg vom Glocknerhaus zur Pfandlscharte am Rande eines Schneefleckens in 2350 m Höhe unter Steinen 14 Ex. 17. VII. 1938; in der trockenen Grasheide (Curvuletum) unmittelbar daneben unter einem Stein 1 Ex. 17. VII. 1938; am Rande eines Schneefleckens etwa 100 m von der vorgenannten Fundstelle entfernt unter Steinen 3 Ex. 17. VII. 1938; am Weg vom Glocknerhaus zur Pfandlscharte im Speikbodengebiet in etwa 2500 m Höhe 3 Ex. 19. VII. und 1 Ex. 20. VII. 1938; Vorfeld des Pfandlschartengletschers, unmittelbar unter dem N-Hang des Albitzenkopfes an der unteren Grenze des *Nebria atrata*-Vorkommens unter Steinen 2 Ex. 20. VII. 1938; Moserbodon, Almrasen in 1970 m Höhe, in den obersten 5 cm des Bodens auf $\frac{1}{2}$ m² Fläche 5 bis 10 Ex. gesiebt 17. VII. 1939; unmittelbar bei der Moseralm am Moserboden, im nassen Moosrasen eines versumpften Almlägers sehr zahlreich 17. VII. 1939; Walcher Sonnleitbratschen, in der hochalpinen Grasheide unter Steinen 6 Nymphen und im Wurzelgesiebe des Curvuletums in 2500 m Höhe 1 Ex. 9. VII. 1941; Fuscher Tal, im Rasengesiebe einer feuchten Talwiese bei der Vogeralm in den obersten 5 cm des Bodens in 5 bis 10 cm Tiefe noch 2 Ex. im Gesiebe von $\frac{1}{6}$ m²; Piffkaralm, oberhalb der Glocknerstraße in 1630 m Höhe im Almrasen 6 Ex. 15. VII. 1941; Fuscher Törl, in Vegetationspolstern 4 Ex. 15. VII. 1941.
   Gr. Gr.: Dorfer Öd, bei der Talalm in 1300 m Höhe im Rasengesiebe der Alm in der obersten 5 cm mächtigen Schicht auf $\frac{1}{6}$ m² Fläche 5 bis 10 Ex. 26. VII. 1939.
   Die neue Art lebt in den Hohen Tauern in sub- und hochalpinen Lagen im Wiesen- und Almboden, in der hochalpinen Grasheide, an sommerlichen Schneeflecken der Grasheidenstufe und auch noch auf den Schneeböden oberhalb der Rasengrenze. In der Zwergstrauch- und Grasheidenzone scheint sie zwischen Graswurzeln und unter Steinen allgemein verbreitet zu sein, in Waldböden fand ich sie bisher nicht. Irk (1940) hat sie auch in Tirol gefunden, jedoch irrtümlich mit dem Namen *P. Kempersi* bezeichnet. Irks Belegexemplar wurde von Willmann überprüft.

3. *Pergamasus crassipes* (L.).
   S. Gr.: Beim Fleißgasthof an faulenden Pilzen 1 Ex. 3. VIII. 1937; Kleine Fleiß, oberhalb des Alten Pocher an mehreren Stellen aus Grünerlenfallaub gesiebt 25 Ex. 30. VI. und 3. VII. 1937; Eingang in die Kleine Fleiß, am N-Absturz des Sandkopfes aus *Rhododendron*-Fallaub gesiebt 1 Ex. 10. VII. 1937.
   Gl. Gr.: Haldenhöcker unter dem Mittleren Burgstall, auf Kalkphyllitschutt unter einem Stein 1 Ex. in 2650 m Höhe 16. VII. 1940; SW-Hang oberhalb Heiligenblut, im Fallaubgesiebe unter *Corylus* einige Ex. 18. VI. 1942; Dorfer Tal knapp oberhalb der Daberklamm, aus Grünerlenfallaub gesiebt 3 Ex. 18. VII. 1937; beim Gasthof Schneiderau (Stubach) aus Moos und Fallaub unter einem alten Bergahorn gesiebt 2 Ex. 25. VII. 1939; Fuscher Rotmoos, aus nassen Moosrasen gesiebt 8 Ex. 23. VII. 1939 und 10 Ex. 14. V. 1941; Fuscher Tal, im feuchten Boden einer Talwiese bei der Vogeralm in der obersten, 5 cm mächtigen Bodenschicht auf einer Fläche von $\frac{1}{2}$ m² 5 bis 10 Ex. 21. VII. 1939; Käfertal, in Grauerlenfallaub 4 Ex. 14. V. 1940; Hirzbachschlucht oberhalb Dorf Fusch, im Gesiebe aus Buchenfallaub am Hang und aus Detritus am Bach je einige Ex. 8. VII. 1941; im Fallaubgesiebe aus der Grauerlenau des Wachtbergbaches unterhalb Dorf Fusch 1 Ex. 23. V. 1941.
   Gr. Gr.: Dorfer Öd, bei der Talalm in 1300 m Höhe aus Fallaub unter Grünerlen gesiebt 2 Ex. 25. VII. 1939; ebenda im Rasengesiebe des Almbodens 2 Ex. 25. VII. 1939.
   Schobergr.: Gößnitztal, bei der Bretterbruck aus Grünerlenfallaub gesiebt 5 Ex. 9. VII. 1937.

Pinzgau: Taxingbauer in Haid bei Zell am See, im Boden einer Kunst- und einer Magerwiese in den obersten 5 cm des Bodens mehrfach und in 5 bis 10 cm Tiefe noch 1 Ex. 13. VII. 1939. In den Siebeproben von den beiden genannten Wiesen fand sich zahlreich neben der f. typ. in der obersten Bodenschicht die var. *longicornis* Berl.

Die f. typ. ist weit verbreitet und scheint aus der Ebene bis in die Polsterpflanzenstufe der Alpen emporzusteigen. Schweizer (1922) erwähnt sie aus dem Schweizer Jura und dem Engadin, wo sie von Handschin in 1800 bis 2700 m Höhe gefunden wurde. Irk (i. l.) fand sie in den Ötztaler und Stubaier Alpen hochalpin bis zu 3098 m Höhe allenthalben zahlreich im Moos und unter Steinen. Nach meinen Erfahrungen in den Hohen Tauern ist sie in tieferen Lagen viel häufiger als oberhalb der Baumgrenze und scheint sowohl in Wiesen- als auch in Waldböden eine sehr weite Verbreitung zu besitzen.

4. *Pergamasus parvulus* Berl.

Mölltal: Am S-Hang über der Straße zwischen Söbriach und Flattach im Fallaub unter *Corylus* einige Ex. 18. VI. 1942.

Gl. Gr.: Wasserrad-SW-Hang, in der Grasheide in 2500 m Höhe im Wurzelgesiebe 1 Ex. 17. VII. 1940; Albitzen-SW-Hang in 2200 m Höhe, unweit südlich der Marienhöhe in der Kalkphyllitsteppe aus Wurzeln gesiebt 4 Ex. 3. VIII. 1938; Pasterzenvorfeld zwischen Glocknerstraße und Möllschlucht, innerhalb der Moräne des Jahres 1856 1 Ex. 25. VII. 1937; Haldenhöcker unterhalb des Mittleren Burgstalls, im Rasengesiebe der Grasheide in 2650 m Höhe mehrere Ex. 16. VII. 1940; Steppenwiesen oberhalb Heiligenblut, im Rasengesiebe mehrere Ex. 15. VII. 1940; Stubachtal, beim Gasthof Schneiderau aus Fallaub und Moos am Fuße eines alten Bergahorns 36 Ex. gesiebt 25. VII. 1939; Fuscher Rotmoos, im nassen Moos 1 Ex. 23. VII. 1939.

Die weitverbreitete Art kommt in der Ebene und im Gebirge vor. Sie bewohnt einen großen Teil Europas von Irland bis in die Schweiz, bis Italien und in die Sudeten, vermutlich reicht ihr Wohnareal aber auch noch weiter nach Osten und Norden. In den Alpen steigt *P. parvulus* bis in die hochalpine Grasheidenstufe empor. In den Hohen Tauern findet er sich sowohl im Wiesen- und Grasheideboden als auch in Waldstreu und Moos und meidet auch Flachmoorgelände nicht.

5. — *noster* Berl.

S. Gr.: Grieswiesalm im Hüttenwinkeltal, im Rasengesiebe eines Nardetums in 1500 m Höhe 1 Ex. 15. V. 1940.

Gl. Gr.: Wasserrad-SW-Hang, im Rasengesiebe der Grasheide in 2500 m Höhe 4 Ex. auf $1/4$ m^2 Fläche 17. VII. 1940; Kalkphyllitrücken oberhalb der Glocknerstraße zwischen Glocknerhaus und Marienhöhe, im Wurzelgesiebe 1 Ex. 29. VII. 1937; am Weg vom Glocknerhaus zur Pfandlscharte im Speikbodengebiet in etwa 2500 m Höhe 2 Ex. 19. VII. 1938; Kalkphyllitrücken unterhalb des Glocknerhauses in 2100 m Höhe, im Wurzelgesiebe der Grasheide auf $1/6$ m^2 Fläche 5 bis 10 Ex. und in einer feuchten Mulde unmittelbar daneben auf der gleichen Fläche etwa dieselbe Anzahl 27. VII. 1939; Haldenhöcker unterhalb des Mittleren Burgstalls, im Rasengesiebe der hochalpinen Grasheide mehrere Ex. 16. VII. 1940; Walcher Sonnleitbratschen, im Rasengesiebe des Curvuletums an der Rasengrenze in 2500 m Höhe einige Ex. 9. VII. 1941; Moserboden, im Wurzelgesiebe des Almrasens in 1970 m Höhe auf $1/2$ m^2 Fläche in der obersten, 5 cm mächtigen Bodenschicht an 25 Ex. 17. VII. 1939; Piffkaralm, oberhalb der Glocknerstraße in 1630 m Höhe in Moos und Mulm am Stamm eines alten Bergahorns 22 Ex. 15. VII. 1940; Fuscher Törl, in Vegetationspolstern 7 Ex. 15. VII. 1940; Hirzbachschlucht oberhalb Dorf Fusch, im Gesiebe aus Buchenfallaub einige Ex. 8. VII. 1941.

Gr. Gr.: Wiegenwald (Stubach), im nassen *Sphagnum* eines Hochmoores in 1700 m Höhe 4 Ex. und in morschen, von *Sphagnum* überwucherten Lärchenstrünken am N-Hang in etwa 1600 m über 25 Ex. 10. VII. 1939.

Eine nach Schweizer (1922) nur in den Alpen vorkommende Art, die in der Schweiz auf zahlreichen Gipfeln in 2500 bis 3000 m Höhe und auch im Trentino gefunden wurde (Schweizer 1922). Irk (i. l.) fand in den Ötztaler Alpen nur wenige Stücke in 2900 bis 2930 m Höhe.

P. noster scheint vorwiegend in Moosrasen zu leben, findet sich aber auch im verhältnismäßig trockenen Boden hochalpiner Grasheiden. Er kommt vorwiegend über der Baumgrenze vor, steigt aber einzeln bis in subalpine Lagen herab und ist in den hochgelegenen Mooren des Wiegenwaldes noch allenthaben häufig. Die Art ist wahrscheinlich nur im Gebirge heimisch.

6. — *Franzi* nov. spec. Willmann i. l.

S. Gr.: Tauernhauptkamm zwischen Hochtor, Roßschartenkopf und Weißenbachscharte, in der *Nebria atrata*-Assoziation 1 Ex. 6. VIII. 1937; zwischen Seebichel und Zirmsee sowie im Moränengelände hinter diesem 1 Ex. 4. VIII. 1937; Stanziwurten, in 2300 m Höhe aus *Rhododendron*-Fallaub gesiebt 1 Ex. 2. VII. 1937.

Gl. Gr.: Kalkphyllitriegel 20 m unterhalb des Glocknerhauses, im Wurzelgesiebe 1 Ex. 3. VIII. 1938; Pasterzenvorfeld zwischen Glocknerstraße und Möllschlucht, innerhalb der Moräne des Jahres 1856 1 Ex. 29. VII. 1937; Unterer Keesboden, am Rande des *Eriophorum*-Sumpfes 1 Ex. 7. VII. 1937; N-Hang des Elisabethfelsens, im nassen Moosrasen einer Quellflur 4 Ex. 17. VII. 1940; Naßfeld des Pfandlschartenbaches 3 Ex. 20. VII. und 1. VIII. 1938; Haldenhöcker unterhalb des Mittleren Burgstalls, im Rasengesiebe der hochalpinen Grasheide in 2650 m Höhe mehrere ♀ 16. VII. 1940; in der Grasheide vor dem Pfandlschartennaßfeld in 2200 m Höhe 1 Ex. 21. VII. 1938; am Weg vom Glocknerhaus zur Pfandlscharte in der Speikbodenzone 14 Ex. 19. VII. 1938 und in der *Nebria atrata*-Zone darüber an mehreren Stellen 6 Ex. 19. und 20. VII. 1938; Gamsgrube, je 1 Ex. 30. VII. 1938 und 16. VII. 1940, davon eines (♀) im *Seslaria*-Rasen unweit der Hofmannshütte; Wasserfallwinkel, im Elynetum und angrenzenden Moränengelände 5 Ex. 28. VII. 1938; Kleiner Burgstall 2 Ex. 22. VII. 1938; Hochfläche des Großen Burgstalls 4 Ex. 25. VII. 1938; Glocknerleiten, Rasenfleck nördlich des Hofmannsweges auf den Glockner, unmittelbar oberhalb der Pasterzenmoräne 2 Ex. 19. VII. 1938; unterste Rasenhänge des Schwertecks, knapp oberhalb der Pasterzenmoräne 4 Ex. 28. VIII. 1938; Stüdlweg, zwischen Bergertörl und Mödlspitze 2 Ex. 11. VIII. 1937; Kar südwestlich unterhalb der Pfortscharte, unter Steinen auf Kalkphyllitschutt 2 Ex. 25. VII. 1938; Fanatscharte, im ebenen Gelände vor der Stüdlhütte in der *Nebria atrata*-Assoziation 1 Ex. 25. VII. 1938; Luisengrat, in etwa 3100 m Höhe unter Steinen 3 Ex. 25. VII. 1938; Käfertal, in Grauerlenfallaub 1 Ex. 14. V. 1940; Woazkopf beim Mittertörl der Glocknerstraße, unter Steinen

1 Ex. 15. VII. 1940; Knappenstube nördlich des Hochtores, in etwa 2450 m Höhe in der *Nebria atrata*-Assoziation unter Steinen und in Vegetationspolstern 16 Ex. 15. VII. 1940.

Die neue Art ist in den mittleren Hohen Tauern weit verbreitet, aber bis auf seltene Ausnahmen (herabgeschwemmte Tiere ?) auf hochalpine Lagen beschränkt. Ich fand das Tier bisher nur auf Kalkschiefer, nicht auf kalkarmem Substrat.

7. *Pergamasus runcatellus* (Berl.).

S. Gr.: Grieswiesalm im Hüttenwinkeltal, im Wurzelgesiebe eines Nardetums in 1500 m Höhe 11 Ex. und im *Nardus-*, *Calluna-*, *Vaccinium myrtillus*-Bestand unmittelbar daneben 5 Ex. 15. V. 1940; Woisken bei Mallnitz, im nassen *Sphagnum*-Rasen des Hochmoores in 1650 m Höhe einige Ex. 5. IX. 1941.

Gl. Gr.: Pasterzenvorfeld zwischen Glocknerstraße und Möllschlucht, innerhalb der Moräne des Jahres 1856 4 Ex. aus Pflanzenwurzeln gesiebt 27. VII. 1939; Kapruner Tal, im Mischwald oberhalb des Kesselfalles an 20 Ex. aus tiefen Fallaublagen gesiebt 14. VII. 1939; Käfertal, in Grauerlenfallaub 6 Ex. und in Fallaub unter *Rhododendron hirsutum* 4 Ex. 14. V. 1940; Fuscher Rotmoos, in nassen Moosrasen 16 Ex. 14. V. 1940; Fuscher Törl, in einem Vegetationspolster 1 Ex. 15. VII. 1940; Hirzbachschlucht oberhalb Dorf Fusch, im Gesiebe aus Buchenfallaub mehrere Ex. 8. VII. 1941.

Gr. Gr.: Dorfer Öd, auf der Talalm in 1300 m Höhe aus Graswurzeln gesiebt, auf einer Fläche von $1/_6$ m^2 in der obersten, 5 cm mächtigen Bodenschicht 5 bis 10 Ex.; Wiegenwald-N-Hang, in morschen, von *Sphagnum* überwucherten Lärchenstämmen in etwa 1600 m Höhe an 20 Ex. 10. VII. 1939.

Pinzgau: Taxingbauer in Haid bei Zell am See, im Boden einer Kunst- und einer Magerwiese in den obersten 5 cm zahlreich und noch in 5 bis 10 cm Tiefe ziemlich häufig 13. VII. 1939.

Die Art scheint eine weite Verbreitung zu besitzen. Sie findet sich sowohl in der Ebene als auch im Gebirge und wurde auch in den Schweizer Alpen übereinstimmend mit meinen Beobachtungen in den Hohen Tauern bis in 2100 m Höhe nachgewiesen (Schweizer 1922).

8. — *Rühmi* Willm.

Gl. Gr.: Steppenwiesen bei Heiligenblut, im Rasengesiebe 1 ♀ 15. VII. 1940; Kapruner Tal, im Mischwald am Hang oberhalb des Kesselfalles in tiefen Fallaublagen 1 Ex. 14. VII. 1939; Hirzbachschlucht oberhalb Dorf Fusch, im Fallaubgesiebe 1 Ex. 8. VII. 1941.

Die Art wurde bisher in Höhlen des Fränkischen Jura und im Erzgebirge gefunden, sie scheint auf Gebirgsland beschränkt zu sein.

9. — *lapponicus* Tgdl. var. *alpinus* nov. subspec. Willmann i. l.

Gl. Gr.: Fuscher Rotmoos, im nassen Moosrasen des Flachmoores 1 Ex. 14. V. 1940.

Gr. Gr.: N-Hang des Wiegenwaldes im Stubachtal, in etwa 1600 m Höhe aus morschen, von *Sphagnum* überwucherten Lärchenstämmen gesiebt 1 Ex. 10. VII. 1939.

10. — *oxygynellus* (Berl.).

Gl. Gr.: Steppenwiesen entlang des Haritzerweges oberhalb Heiligenblut, im Rasengesiebe einige Ex. 15. VII. 1940; Kapruner Tal, im Mischwald am Hang oberhalb des Kesselfalles in tiefen Fallaublagen an 20 Ex. 14. VII. 1939.

Pinzgau: Taxingbauer in Haid bei Zell am See, im Boden einer Kunstwiese in den obersten 5 cm sehr zahlreich, in einer benachbarten Magerwiese in der gleichen Bodenschicht 1 Ex. 13. VII. 1939.

Anscheinend weit verbreitet, bisher aus Deutschland, Italien und Madeira bekannt. Frenzel (1936) fand die Art mehrfach in schlesischen Wiesenböden.

11. — *monticola* nov. spec. Willm. i. l.

Mölltal: Am S-Hang über der Straße zwischen Söbriach und Flattach im Fallaub unter *Corylus* 18. VI. 1942.

12. — *Theseus* Berl.

Mölltal: Mit der vorgenannten Art einige ♂, ♀ 18. VI. 1942.

13. — *lapponicus* Trägdh.

Gl. Gr.: Fuscher Rotmoos, im nassen Moosrasen des Flachmoores 3 ♀ 14. V. 1940.

14. — *similis* nov. spec. Willm. i. l.

Mölltal: N-Hang gegenüber von Flattach, im Gesiebe aus Waldmoos mehrere Ex. 18. VI. 1942.

Gr. Gr.: N-Hang des Wiegenwaldes, aus morschen Lärchenstämmen und dem sie überwuchernden *Sphagnum* gesiebt, mehrere Ex. 10. VII. 1939.

15. *Eugamasus loricatus* Wankel.

S. Gr.: Kleine Fleiß, beim Alten Pocher aus Grünerlenfallaub gesiebt 1 Ex. 3. VIII. 1937.

Weit verbreitet, steigt im Engadin bis 1900 m empor (Schweizer 1922) und ist auch in Höhlen häufig anzutreffen (Vitzthum 1941).

16. — *furcatus* (Can.).

S. Gr.: Kleine Fleiß, oberhalb des Alten Pocher aus Grünerlenfallaub gesiebt 4 Ex. 30. VI. 1937; Grieswiesalm im Hüttenwinkeltal, aus Wurzelwerk eines *Nardus-Calluna-Vaccinium myrtillus*-Bestandes gesiebt 1 Ex. 15. V. 1939.

Gl. Gr.: Haritzerweg, unterhalb des Glocknerhauses aus Nadelstreu unter den obersten Latschen gesiebt 2 Ex. 26. VII. 1937; Margaritze-S-Hang, aus Fallaub unter niederen Weiden und *Rhododendron* gesiebt 4 Ex. 18. VIII. 1937; Schneiderau (Stubach), aus Moos und Fallaub am Fuße eines alten Bergahorns in der Nähe des Gasthofes gesiebt 3 Ex. 25. VII. 1939.

Weit verbreitet, im Engadin von Handschin in 1900 bis 2250 m Höhe gesammelt (Schweizer 1922). Die Art scheint in den Alpen über die Zwergstrauchstufe nicht emporzusteigen.

17. — *lunulatus* (J. Müller).

Mölltal: N-Hang gegenüber von Flattach, aus Waldmoos gesiebt 2 Ex. 18. VI. 1942.

S. Gr.: Hüttenwinkeltal, zwischen Grieswiesalm und Bodenhaus 1 Ex. 15. V. 1940; Kleine Fleiß, oberhalb des Alten Pocher 2 Ex. aus Grünerlenfallaub gesiebt 30. VI. 1937.

Gl. Gr.: Steppenwiesen entlang des Haritzerweges oberhalb Heiligenblut, im Rasengesiebe 1 Ex. 15. VII. 1940; Stubachtal, beim Gasthof Schneiderau aus Fallaub und Moos am Fuße eines alten Bergahorns gesiebt 5 Ex. 25. VII. 1939; Kapruner Tal, im Mischwald am Hang oberhalb des Kesselfalles aus tiefen Fallaublagen mehrere Ex. gesiebt 14. VII. 1939; Hirzbachschlucht, im Fallaubgesiebe einige Ex. 8. VII. 1941.

Gr. Gr.: Stubachtal, am Wiegenwald-N-Hang in etwa 1600 m Höhe aus morschen, von *Sphagnum* überwucherten Lärchenstämmen mehrere Ex. gesiebt 10. VII. 1939.
Schobergr.: Gößnitztal, bei der Bretterbruck aus Grünerlenfallaub gesiebt 2 Ex. 9. VII. 1937.
Weit verbreitet, von Schweizer (1922) aus den Alpen unter dem Namen *E. cornutus* G. und R. Can. angeführt (Willmann i. l.).

18. *Eugamasus Oudemansi* Berl.
    Gl. Gr.: Hochfläche der Margaritze 1 Ex. 7. VII. 1937.
    Die Art lebt oberirdisch an faulenden Pflanzenstoffen und wurde auch in Höhlen und Bergwerksstollen gefunden. Sie ist von Island (teste Sellnik) bis zur Balkanhalbinsel (Willmann i. l.) verbreitet.

19. — *Kraepelini* (Berl.).
    S. Gr.: Grieswiesalm im Hüttenwinkeltal, in etwa 1500 m Höhe aus Wurzelwerk unter *Calluna, Vaccinium myrtillus* und *Nardus* gesiebt 4 Ex. 15. V. 1941.
    Gl. Gr.: Guttal, knapp oberhalb der Ankehre der Glocknerstraße aus Grünerlenfallaub 1 Ex. 22. VIII. 1937 und aus *Hypnum*-Rasen unter Buschweiden 1 Ex. 15. VII. 1940 gesiebt; am Weg vom Glocknerhaus zur Pfandlscharte in der hochalpinen Grasheide 1 Ex. 19. VII. 1938; Pasterzenvorland südlich der Margaritze, aus Moos und Wurzelwerk unter *Vaccinium uliginosum* und Gras gesiebt 1 Ex. 17. VII. 1941; Käfertal, in Fallaub unter Grauerlen 1 Ex. 14. V. 1940; Hirzbachschlucht oberhalb Dorf Fusch, im Gesiebe aus Buchenfallaub mehrere Ex. 8 VII. 1941.
    Scheint weit verbreitet zu sein, wird aber aus den Alpen weder von Schweizer (1922), noch von Irk (i. l.) angeführt. In den Sudeten findet sich die Art in Hochmooren (Willmann 1939 a), im Sareckgebirge in Schwedisch-Lappland steigt sie bis in die Birkenzone empor und lebt in Moos, Fallaub und unter Steinen (Trägardh 1910). Willmann (i. l.) vermutet, daß *E. Zschokkei* Schweizer mit der vorliegenden Art identisch ist.

20. *Ologamasus calcaratus* (C. L. Koch).
    Gl. Gr.: Stubachtal, beim Gasthof Schneiderau in Fallaub und Moos am Fuße eines alten Bergahorns 4 Ex. 25. VII. 1939; Kapruner Tal, im Mischwald am Hang über dem Kesselfall aus tiefen Fallaublagen gesiebt mehrere Ex. 14. VII. 1939; Hirzbachschlucht oberhalb Dorf Fusch, im Gesiebe aus Buchenfalllaub wenige Ex. 8. VII. 1941; Käfertal, im Grauerlenfallaub 2 Ex. 14. V. 1940.
    Gr. Gr.: Stubachtal, am N-Hang des Wiegenwaldes in etwa 1600 m Höhe aus morschen, von *Sphagnum* überwucherten Lärchenstämmen gesiebt 2 Ex. 10. VII. 1939.
    Weit verbreitet, in den Alpen anscheinend nicht über die Waldgrenze emporsteigend. Schweizer (1922) führt die Art von Basel und Diesenhofen, Irk (i. l.) von Umhausen im Ötztal (1000 m) an. Auch an diesen Fundorten wurde das Tier in Fallaub und Moos gefunden.

21. — *pollicipatus* Berl.
    Gl. Gr.: Hirzbachschlucht oberhalb Dorf Fusch, im Gesiebe aus Buchenfallaub 1 Ex. 8. VII. 1941.

22. — *peraltus* Berl.
    Gl. Gr.: SW-Hang unmittelbar bei Heiligenblut, im Gesiebe aus Fallaub unter Haselgesträuch zahlreich 18. VI. 1942; Kapruner Tal, im Mischwald am Hang über dem Kesselfall aus tiefen Fallaublagen mehrere Ex. gesiebt 14. VII. 1939.
    Mölltal: Am S-Hang über der Straße zwischen Söbriach und Flattach einige Ex. und am N-Hang gegenüber von Flattach mehrere Ex. 18. VI. 1942.
    Die Art wurde von Berlese nach in Südtirol in Moos auf Bergen über 2000 m Höhe gesammelten Stücken beschrieben.

23. *Digamasellus montanus* (Willm.).
    S. Gr.: Grieswiesalm im Hüttenwinkeltal, in etwa 1500 m Höhe aus Wurzelwerk unter *Calluna, Vaccinium myrtillus* und *Nardus* 1 Ex. gesiebt 15. V. 1940.
    Gl. Gr.: Haldenhöcker unter dem Mittleren Burgstall, im Wurzelgesiebe der Grasheide in etwa 2650 m Höhe mehrere ♂, ♀ 16. VII. 1940.
    Die Art wurde von Willmann aus den Ostsudeten beschrieben und ist bis jetzt nur aus Höhen über 1200 m bekannt (Willmann i. l.).

24. — *Frenzeli* Willm.
    S. Gr.: Grieswiesalm im Hüttenwinkeltal, in etwa 1500 m Höhe aus *Nardus*-Rasen gesiebt 1 Ex. 15. V. 1940.
    Gl. Gr.: Fuscher Tal oberhalb Ferleiten, im Boden einer feuchten Talwiese bei der Vogeralm in den obersten 5 cm 7 Ex. auf einer Fläche von $\frac{1}{2}$ m^2 21. VII. 1939.
    Pinzgau: Taxingbauer in Haid bei Zell am See, im Boden einer Kunstwiese in der obersten 5 cm mächtigen Schicht 2 Ex. 13. VII. 1939.
    Von Frenzel (1936) in Wiesenböden bei Breslau und Görbersdorf im schlesischen Mittelgebirge gesammelt, sonst bisher noch nicht gefunden.

25. *Dendrolaelaps Oudemansi* Halbert. (Bestimmung unsicher).
    Pinzgau: Taxingbauer in Haid bei Zell am See, in der obersten Bodenschicht einer Kunstwiese 1 Ex. 13. VII. 1939.
    In Irland unter Baumrinde und Tannenzapfen, in Niederösterreich unter Baumrinde gefunden (Willmann i. l.).

26. *Megaliphis minor* nov. spec. Willmann i. l.
    S. Gr.: Grieswiesalm im Hüttenwinkeltal, in 1500 m Höhe im Wurzelgesiebe von *Calluna, Vaccinium myrtillus* und *Nardus* 1 ♀ 15. V. 1940.

Familie *Veigaiidae*.

27. *Veigaia herculeana* Berl.
    Mölltal: Am N-Hang gegenüber von Flattach im Gesiebe aus Waldmoos 1 Ex. 18. VI. 1942.
    Gl. Gr.: Guttal, oberhalb der Ankehre der Glocknerstraße aus *Hypnum*-Rasen unter Buschweiden mehrere Ex. gesiebt 15. VII. 1940; Grashänge oberhalb der Glocknerstraße zwischen Glocknerhaus und Marienhöhe, in 2200 m Höhe aus Graswurzeln gesiebt 1 Ex. 29. VII. 1937 und 1 Ex. 22. VII. 1938;

Pasterzenvorfeld zwischen Glocknerstraße und Möll, innerhalb der Moräne des Jahres 1856 2 Ex. 8. VIII. 1937; Sturmalm, Kalkschieferrücken unterhalb der Sturmkapelle, im Wurzelgesiebe der Grasheide 1 Ex. 25. VII. 1937; Haritzerweg unterhalb des Glocknerhauses, in der Nadelstreu der obersten Latschen 1 Ex. 26. VII. 1937; S-Hang der Margaritze, aus Fallaub unter Buschweiden und *Rhododendron* gesiebt 2 Ex. 18. VIII. 1937; Pasterzenvorland südlich der Margaritze, in Moos und Wurzelwerk unter *Vaccinium uliginosum* und Gras 5 Ex. 17. VII. 1940; Dorfer Tal, an der Baumgrenze zwischen Böheimeben und Dorfer See in Grünerlenfallaub 1 Ex. 17. VII. 1937; Torfstich am Weg vom Tauernmoossee zur Rudolfshütte, aus Moos unter Latschen gesiebt 1 Ex. 16. VII. 1937; Fuscher Rotmoos, in nassen Moosrasen 2 Ex. 14. V. 1940.

Gr. Gr.: Stubachtal, am N-Hang des Wiegenwaldes in etwa 1600 *m* Höhe aus morschen, von *Sphagnum* überwucherten Lärchenstämmen mehrere Ex. gesiebt 10. VII. 1939.

Weit verbreitet, aus Norwegen beschrieben, auch in Höhlen und in Mooren gefunden. Es ist unsicher, ob Schweizer (1922) diese oder die folgende Art aus den Schweizer Alpen vorgelegen hat.

28. *Veigaia Kochi* Trgdh.

Mölltal: Am S-Hang über der Straße zwischen Söbriach und Flattach 2 Ex. und am N-Hang gegenüber Flattach 1 Ex. im Gesiebe 13. VI. 1942.

Gl. Gr.: Wasserrad-SW-Hang, in 2500 *m* Höhe aus Grasheideboden gesiebt 1 Ex. 17. VII. 1940; Albitzen-SW-Hang, in etwa 2200 *m* Höhe unweit südlich der Marienhöhe aus Graswurzeln gesiebt 1 Ex. 3. VIII. 1938; Käfertal, in Fallaub unter Grauerlen 5 Ex. 14. V. 1940; Fuscher Rotmoos, in nassen Moosrasen 9 Ex. 14. V. 1940; Hirzbachschlucht oberhalb Dorf Fusch, im Gesiebe aus Buchenfallaub 1 Ex. 8. VII. 1941.

Gr. Gr.: Stubachtal, am N-Hang des Wiegenwaldes in etwa 1600 *m* Höhe aus morschen, von *Sphagnum* überwucherten Lärchenstämmen in größerer Anzahl gesiebt 10. VII. 1939.

Weit verbreitet, reicht nordwärts bis in die Arktis.

29. — *cervus* (Kramer).

Mölltal: S-Hang über der Straße zwischen Söbriach und Flattach, im Laubgesiebe 1 Ex. 18. VI. 1942.

Gl. Gr.: Pasterzenvorland südlich der Margaritze, aus Moos und Wurzelwerk unter *Vaccinium uliginosum* und Gräsern gesiebt 1 Ex. 17. VII. 1937; Stubachtal, beim Gasthof Schneiderau aus Fallaub und Moos unter einem alten Bergahorn gesiebt 1 Ex. 25. VII. 1939; Fuscher Rotmoos, in nassen Moosrasen 3 Ex. 14. V. 1940.

Gr. Gr.: Dorfer Öd, bei der Talalm in 1300 *m* Höhe mehrere Ex. aus Grünerlenfallaub gesiebt 25. VII. 1939.

Weit verbreitet, scheint in den Alpen die Zwergstrauchstufe nach oben nicht zu überschreiten. Handschin sammelte die Art im Engadin in 1900 *m* Höhe (Schweizer 1922), was meinem Fund im Pasterzenvorland höhenstufenmäßig entspricht.

30. — *nemorensis* (C. L. Koch).

S. Gr.: Grieswiesalm im Hüttenwinkeltal, in 1500 *m* Höhe aus Wurzelwerk unter *Calluna, Vaccinium myrtillus* und *Nardus* gesiebt 9 Ex. 15. V. 1940.

Gl. Gr.: Stubachtal, beim Gasthof Schneiderau, aus Fallaub und Moos am Fuße eines alten Bergahorns gesiebt 8 Ex. 25. VII. 1939; Käfertal, in Grauerlenfallaub 3 Ex. und in Fallaub unter *Rhododendron hirsutum* 2 Ex. 14. V. 1940; Hirzbachschlucht oberhalb Dorf Fusch, im Gesiebe aus Detritus am Bach und im Gesiebe aus Buchenfallaub je einige Ex. 8. VII. 1941.

Pinzgau: Taxingbauer in Haid bei Zell am See, im Boden einer Kunst- und einer Magerwiese in Mehrzahl, einzeln noch in mehr als 5 *cm* Tiefe 13. VII. 1939.

Weit verbreitet, wurde in den Alpen der Schweiz noch in 2700 *m* Höhe gefunden (Schweizer 1922). Die Art lebt auch in Höhlen und Mooren, sie wurde auch von Frenzel (1936) im Wiesenboden gefunden.

31. — *transisalae* (Oudemans).

Gl. Gr.: Stubachtal, beim Gasthof Schneiderau in Fallaub und Moos am Fuße eines alten Bergahorns 6 Ex. 25. VII. 1939.

Gr. Gr.: Stubachtal, im Wiegenwald im *Sphagnum*-Rasen eines Hochmoores in 1700 *m* Höhe 3 Ex. 10. VII. 1939; Dorfer Öd, bei der Talalm in 1300 *m* Höhe in Grünerlenfallaub 1 ♀ 25. VII. 1939.

Sehr weit verbreitet, steigt in den Schweizer Alpen bis 1900 *m* empor (Schweizer 1922). Scheint im Untersuchungsgebiet die Waldgrenze nicht zu überschreiten.

32. *Gamasodes Berlesei* Oudms. (= *spinipes* C. L. Koch).

Gr. Gr.: Dorfer Öd, auf der Talalm in 1300 *m* Höhe im Wurzelgesiebe des Almrasens 2 Ex. 25. VII. 1939.

Lebt in Moos, auch in Höhlen und ist nur als Deutonymphe bekannt. Man fand sie auch an eine *Anopheles* spec. angeheftet (teste Willmann).

33. — *bispinosus* (Halbert).

S. Gr.: Grieswiesalm im Hüttenwinkeltal, in etwa 1500 *m* Höhe im Wurzelgesiebe des Nardetums und eines kleinen Bestandes von *Calluna, Vaccinium myrtillus* und *Nardus* je 1 Ex. 15. V. 1940.

Pinzgau: Taxingbauer in Haid bei Zell am See, in der obersten Bodenschicht einer Kunstwiese 2 Ex. 13. VII. 1939.

Wurde aus Irland beschrieben. Lebt in Moos und ist nur als Deutonymphe bekannt (Willmann i. l.).

34. *Iphidosoma inornatum* nov. spec. Willm. i. l.

Gl. Gr.: Kapruner Tal, im Mischwald am Hang oberhalb des Kesselfalles, aus tiefen Fallaublagen gesiebt 1 Ex. 14. VII. 1939.

Alle *Iphidosoma*-Arten sind bisher nur als Nymphe bekannt.

35. — *multiclavatum* nov. spec. Willm. i. l.

Gl. Gr.: Kapruner Tal, mit der vorgenannten Art 1 Ex.

36. — *fimetarium* Can.

S. Gr.: Grieswiesalm im Hüttenwinkeltal, in 1500 *m* Höhe im Wurzelgesiebe unter *Calluna, Vaccinium myrtillus* und *Nardus* 5 Ex. 15. V. 1940.

Bisher im Dünger und an Insekten gefunden.

Familie *Rhodacaridae*.

37. *Rhodacarus roseus* Oudms.
Pinzgau: Taxingbauer in Haid bei Zell am See, im Boden einer Kunstwiese in 5 bis 10 cm Tiefe 2 Ex. 13. VII. 1939.
Die Art ist nach Willmann (i. l.) für tiefere Bodenstufen charakteristisch, sie wurde von Frenzel (1936) bei Höfeberg in Schlesien im Wiesenboden gefunden.

Familie *Macrochelidae*.

38. *Nothrholaspis carinata* (C. L. Koch).
Gl. Gr.: Pasterzenvorfeld zwischen Glocknerstraße und Möll, im feuchten Almboden in einer Mulde unterhalb des Glocknerhauses im Wurzelgesiebe 1 Ex. 27. VII. 1939; Kapruner Tal, im Mischwald am Hang oberhalb des Kesselfalles in tiefen Fallaublagen 1 Ex. 14. VII. 1939; Fuscher Tal oberhalb Ferleiten, im Boden einer feuchten Talwiese bei der Vogeralm in der obersten, 5 cm mächtigen Schicht auf einer Fläche von $\frac{1}{2}$ m² an 20 Ex. und in 5 bis 10 cm Tiefe noch 1 Ex. 21. VII. 1939; Fuscher Rotmoos, in nassem Moos 1 Ex. 14. V. 1940.
Gr. Gr.: Dorfer Öd, bei der Talalm in 1300 m Höhe in größerer Anzahl aus Grünerlenfallaub gesiebt 25. VII. 1939.
Weit verbreitet, wurde mehrfach in Höhlen gefunden (Willmann 1938).

39. — *tarda* (C. L. Koch).
Gl. Gr.: Stubachtal, beim Gasthof Schneiderau in Fallaub und Moos am Fuße eines alten Bergahorns 11 Ex. 25. VII. 1939; Almmatten oberhalb der Trauneralm, in Fallaub unter *Rhododendron hirsutum* 1 Ex. 21. VII. 1939; Käfertal, in Fallaub unter Grauerlen 9 Ex. 14. V. 1940; Hirzbachschlucht oberhalb Dorf Fusch, aus Detritus am Bach und aus Buchenfallaub je einige Ex. gesiebt 8. VII. 1941; Fuscher Tal unterhalb Dorf Fusch, in der Grauerlenau am Wachtbergbach in Fallaub mehrere Ex. 23. V. 1941.
Schobergr.: Gößnitztal, bei der Bretterbruck aus Grünerlenfallaub gesiebt 1 Ex. 9. VII. 1937.
Weit verbreitet, von Willmann (1939 b) auch an der Ostseeküste gefunden.

40. *Macrocheles veterrimus* Sell.
S. Gr.: Grieswiesalm im Hüttenwinkeltal, in etwa 1500 m Höhe im Wurzelgesiebe eines *Calluna*-, *Vaccinium myrtillus*- und *Nardus*-Bestandes 1 Ex. 15. V. 1940; Mallnitzer Tauerntal, Weg zur Woisken 6 Ex. 5. IX. 1941.
Von Sellnik nach Stücken, die C. H. Lindroth auf Island in verrottenden organischen Substanzen gesammelt hatte, beschrieben.

41. — *montanus* nov spec. Willm. i. l.
S. Gr.: Kleine Fleiß, oberhalb des Alten Pocher aus Grünerlenfallaub gesiebt 1 Ex. 30. VI. 1937.
Gl. Gr.: Pasterzenvorfeld zwischen Glocknerstraße und Möll, innerhalb der Moräne des Jahres 1856 2 Ex. 29. VII. 1937; Hirzbachschlucht oberhalb Dorf Fusch, im Gesiebe aus Buchenfallaub 1 ♀ 8. VII. 1941.

42. *Geholaspis longispinosus* (Kramer).
Gl. Gr.: Pasterzenvorfeld zwischen Glocknerstraße und Möll, innerhalb der Moräne des Jahres 1856 1 Ex. 29. VII. 1937; Stubachtal, beim Gasthof Schneiderau in Fallaub und Moos am Fuße eines alten Bergahorns 4 Ex. 25. VII. 1939; Fuscher Tal unterhalb Dorf Fusch, in der Grauerlenau am Wachtbergbach in Fallaub mehrere Ex. 23. V. 1941; Käfertal, in Grauerlenfallaub 2 Ex. und in Fallaub unter *Rhododendron hirsutum* 1 Ex. 14. V. 1940; Hirzbachschlucht, im Gesiebe aus Detritus am Bach einige Ex. 8. VII. 1941.
Weit verbreitet und anscheinend ziemlich omnivag; wird von Schweizer (1922) für die Schweiz nur aus tieferen Lagen angegeben.

43. — *alpinus* (Berl.).
S. Gr.: Woisken bei Mallnitz, im nassen *Sphagnum*-des Hochmoores einige Ex. 5. IX. 1941.
Gl. Gr.: Stubachtal, beim Gasthof Schneiderau in Fallaub und Moos am Fuße eines alten Bergahorns 5 Ex. 25. VII. 1939; Kapruner Tal, im Mischwald am Hang oberhalb des Kesselfalles in größerer Zahl aus tiefen Fallaubschichten gesiebt 14. VII. 1939; Käfertal, in Grauerlenfallaub 1 Ex. und in Fallaub unter *Rhododendron hirsutum* 15 Ex. 14. V. 1940; Hirzbachschlucht oberhalb Dorf Fusch, im Gesiebe aus Buchenfallaub mehrere Ex. 8. VII. 1941.
Gr. Gr.: Stubachtal, am N-Hang des Wiegenwaldes in etwa 1600 m aus morschen, von *Sphagnum* überwucherten Lärchenstämmen gesiebt 2 Ex. 10. VII. 1939; Dorfer Öd, bei der Talalm in 1300 m Höhe in Fallaub unter Grünerlen 6 Ex. 25. VII. 1939.

44. — *mandibularis* Berl.
Mölltal: S-Hang über der Straße zwischen Söbriach und Flattach, im Gesiebe aus Fallaub unter *Corylus* 1 Ex. 18. VI. 1942.
Gl. Gr.: Steppenwiesen entlang des Haritzerweges oberhalb Heiligenblut, im Rasengesiebe einige Ex. 15. VII. 1940; Käfertal, in Grauerlenfallaub 5 Ex. und in Fallaub unter *Rhododendron hirsutum* 3 Ex. 14. V. 1940; Hirzbachschlucht, im Detritus am Bach einige Ex. 8. VII. 1941.
Die Art wird von Schweizer (1922) auch aus der Schweiz angegeben, sie findet sich außerdem in Deutschland und in den italienischen Alpen.

Familie *Pachylaelaptidae*.

45. *Pachylaelaps (Pachylaelaps) pectinifer* Can.
Gl. Gr.: Kapruner Tal, Mischwald am Hang oberhalb des Kesselfalles in tiefen Fallaublagen 14. VII. 1939.
Pinzgau: Taxingbauer in Haid bei Zell am See, in der obersten Bodenschicht einer Kunstwiese 13. VII. 1939.

46. — *(Pachylaelaps) furcifer* Oudms.
Gl. Gr.: Kapruner Tal, Mischwald am Hang oberhalb des Kesselfalles in tiefen Fallaublagen 14. VII. 1939; Hirzbachschlucht, im Gesiebe aus Buchenfallaub 1 ♀ 8. VII. 1941.
Gr. Gr.: Dorfer Öd, bei der Talalm in 1300 m Höhe aus Grünerlenfallaub gesiebt 1 Ex. 25. VII. 1939.

47. *Pachylaelaps (Pachylaelaps) alpinus* nov. spec. Willmann i. l.
    Gl. Gr.: Piffkaralm 1630 *m*, in Moos und Mulm am Stamm eines Bergahorns 15. VII. 1940.
    Pinzgau: Taxingbauer in Haid bei Zell am See, in der obersten Bodenschicht einer Kunstwiese 13. VII. 1939.
48. — *(Pachylaelaps) squamifer* Berl.
    Gl. Gr.: Steppenwiesen am Haritzerweg oberhalb Heiligenblut im Rasengesiebe 1 ♂, 1 ♀ 15. VII. 1940.
    Pinzgau: Taxingbauer in Haid bei Zell am See, in der obersten Bodenschicht einer Kunstwiese 13. VII. 1939.
    Die Bestimmung dieser Art ist nicht ganz sicher. Vielleicht handelt es sich auch um eine neue Art.
49. — *(Pachylaelaps) troglophilus* Willm.
    Mölltal: Am S-Hang über der Straße zwischen Söbriach und Flattach aus Fallaub unter *Corylus* gesiebt 1 ♀ 18. VI. 1942.
50. — *(Onchodellus) vexillifer* nov. spec. Willmann i. l.
    Gl. Gr.: Steppenwiesen am Haritzerweg oberhalb Heiligenblut, im Rasengesiebe 1 ♀ 15. VII. 1940; Kapruner Tal, Mischwald am Hang oberhalb des Kesselfalles in tiefen Fallaublagen 14. VII. 1939; Hirzbachschlucht, im Gesiebe aus Buchenfallaub 1 ♂, 1 ♀ 8. VII. 1941.
    Pinzgau: Taxingbauer in Haid bei Zell am See, in der obersten Bodenschicht einer Kunstwiese 13. VII. 1939.

Familie. *Haemogamasidae*.

51. *Haemogamasus nidi* Mich.
    Gl. Gr.: Pasterzenvorfeld zwischen Glocknerstraße und Möll, innerhalb der rezenten Moränen in Moos 23 Ex. 26. VII. 1937 und außerhalb der Fernaumoräne 5 Ex. 25. VII. 1937; Wasserfallwinkel 7 Ex. 28. VII. 1938; Gamsgrube 1 Ex. 6. VII. 1937.
    Weit verbreitet, wird aber weder von Schweizer (1922) noch von Irk (i. l.) aus den Alpen angegeben. Der eigentliche Aufenthaltsort der Art sind Höhlen und Nester von Kleinsäugern (Willmann i. l.).

Familie *Laelaptidae*.

52. *Eviphis ostrinus* (C. L. Koch).
    Gl. Gr.: Pasterzenvorfeld zwischen Glocknerstraße und Möll, in der Grasheide auf einem Kalkschieferrücken unterhalb des Glocknerhauses einige Ex. aus Graswurzeln gesiebt 27. VII. 1939; Stubachtal, beim Gasthof Schneiderau aus Fallaub und Moos am Fuß eines alten Bergahorns 58 Ex. gesiebt 25. VII. 1939; Kapruner Tal, Mischwald am Hang über dem Kesselfall, einige Ex. aus tiefsten Fallaublagen gesiebt 14. VII. 1939; Käfertal, in Grauerlenfallaub 3 Ex. 14. V. 1940; Piffkaralm, oberhalb der Glocknerstraße in 1630 *m* Höhe in Moos und Mulm am Stamm eines Bergahorns 1 Ex. 15. VII. 1940; Hirzbachschlucht oberhalb Dorf Fusch, im Gesiebe aus Buchenfallaub 1 Ex. 8. VII. 1941; Woazkopf, oberhalb des Mittertörls unter einem Stein am N-Hang 1 Ex. 15. VII. 1940.
    Mölltal: S-Hang über der Straße zwischen Söbriach und Flattach, im Gesiebe aus Fallaub unter *Corylus* 1 Ex. 18. VI. 1942.
    Gr. Gr.: Stubachtal, N-Hang des Wiegenwaldes in etwa 1600 *m* Höhe in einem morschen, von *Sphagnum* überwucherten Lärchenstamm 1 Ex. 10. VII. 1939; Dorfer Öd, bei der Talalm in 1300 *m* Höhe aus Grünerlenfallaub gesiebt 1 Ex. 25. VII. 1939.
    Pinzgau: Taxingbauer in Haid bei Zell am See, im Boden einer Magerwiese in der obersten Bodenschicht mehrfach, in 5 bis 10 *cm* Tiefe nur 1 Ex. gefunden.
    Weit verbreitet, lebt im Bestandesabfall der Wälder, in Moosrasen und im Wiesenboden. Willmann (1939 b) fand die Art an der Meeresküste, in den Alpen steigt sie mindestens bis zur oberen Grenze des Zwergstrauchgürtels empor.
53. — *siculus* Oudms.
    Gl. Gr.: Fuscher Tal oberhalb Ferleiten, im Wiesenboden einer feuchten Talwiese bei der Vogeralm in der obersten Bodenschicht einige Ex. 21. VII. 1939.
    Pinzgau: Taxingbauer in Haid bei Zell am See, im Boden einer Kunstwiese in den obersten Zentimetern sehr zahlreich, in 5 bis 10 *cm* Tiefe noch 2 Ex. gefunden 13. VII. 1939.
    Bisher nur aus Sizilien bekannt.
54. — *holsaticus* Willm.
    Gl. Gr.: Pasterzenvorfeld zwischen Glocknerstraße und Möll, im Almrasen einer feuchten Mulde unterhalb des Glocknerhauses in der obersten Bodenschicht 5 Ex. (Deutonymphen) 27. VII. 1939; Hirzbachschlucht oberhalb Dorf Fusch, im Detritus am Bach 1 ♂ 8. VII. 1941.
    War bisher nur als Deutonymphe aus einer Höhle bei Segeberg in Holstein bekannt.
55. *Ameroseius echinatus* (C. L. Koch).
    Gl. Gr.: Pasterzenvorfeld zwischen Glocknerstraße und Möll, innerhalb der Moräne des Jahres 1856 aus Graswurzeln gesiebt 1 Ex. 27. VII. 1939.
56. *Hypoaspis aculeifer* (Can.).
    Pinzgau: Taxingbauer in Haid bei Zell am See, im Boden einer Kunst- und einer Magerwiese in der obersten Bodenschicht zahlreich, in der Kunstwiese auch noch in 5 bis 10 *cm* Tiefe häufig 13. VII. 1939.
    Weit verbreitet, lebt auch in Höhlen. Frenzel (1936) fand die Art in schlesischen Wiesenböden.
57. — spec. (derzeit nicht deutbar).
    S. Gr.: Grieswiesalm im Hüttenwinkeltal, in etwa 1500 *m* Höhe im Wurzelgesiebe eines Nardetums 15 Ex. 15. V. 1940.
    Gl. Gr.: Guttal, oberhalb der Ankehre der Glocknerstraße aus *Hypnum*-Rasen unter Buschweiden einige Ex. gesiebt 15. VII. 1940; Stubachtal, beim Gasthof Schneiderau aus Fallaub und Moos am Fuße eines alten Bergahorns gesiebt 25. VII. 1939; Moserboden, im Wurzelgesiebe des Almrasens in 1970 *m* Höhe einige Ex. 17. VII. 1939.
    Die Form ist *H. aculeifer* ähnlich, aber kleiner.

58. *Gymnolaelaps alpinus* nov. spec. Willmann i. l.
    Mölltal: Flattach, am Hang gegenüber dem Ort nahe der Talsohle aus Moos und morschen Strünken gesiebt 1 ♀ 18. VI. 1942.
59. *Cosmolaelaps bicuspisetosus* nov. spec. Willmann i. l.
    Gl. Gr.: Steppenwiesen entlang des Haritzerweges oberhalb Heiligenblut, im Rasengesiebe 10 Ex. 15. VII. 1940.
60. *Ololaelaps placentula* (Berl.).
    Gl. Gr.: S-Fuß des Elisabethfelsens, im nassen Moosrasen einer Quellflur 2 Ex. 17. VII. 1940; Fuscher Rotmoos, in nassem Moos 1 Ex. 14. V. 1940.
    Gr. Gr.: Stubachtal, Wiegenwald 1700 *m*, im nassen *Sphagnum* eines Hochmoores 1 Ex. 10. VII. 1939.
    Pinzgau: Taxingbauer in Haid bei Zell am See, in der obersten Bodenschicht einer Magerwiese 1 Ex. 13. VII. 1939.
    Weit verbreitet, auch in Wiesenböden Schlesiens (Frenzel 1936) und an der Ostseeküste (Willmann 1939 b).
61. *Gamasolaelaps aurantiacus* Berl.
    S. Gr.: Grieswiesalm im Hüttenwinkeltal, in 1500 *m* Höhe im Wurzelgesiebe eines Nardetums 1 Ex. 15. V. 1940.
    Gl. Gr.: Fuscher Rotmoos, in nassen Moosrasen 6 Ex. 23. VII. 1939 und 3 Ex. 14. V. 1940.
    Die Art findet sich nach Willmann (i. l.) in Norddeutschland häufig in sehr tief liegenden Marschwiesen.
62. *Gamasiphis hemisphaericus* Berl. (nec C. L. Koch).
    S. Gr.: Grieswiesalm im Hüttenwinkeltal, in 1500 *m* Höhe im Wurzelgesiebe unter *Calluna*, *Vaccinium myrtillus* und *Nardus* 1 Ex. 15. V. 1940; Kleine Fleiß, oberhalb des Alten Pocher aus Grünerlenfallaub gesiebt 1 Ex. 30. VI. 1937.
63. *Cheiroseius unguiculatus* Berl.
    Pinzgau: Taxingbauer in Haid bei Zell am See, im Boden einer Kunstwiese in der obersten Schicht 1 ♂ 13. VII. 1939.
    Aus Italien beschrieben, bisher nur als ♀ bekannt (teste Willmann).
64. *Episeius necorniger* (Oudms.).
    Gl. Gr.: Fuscher Rotmoos, in nassen Moosrasen 3 Ex. 14. V. 1940.
    Nordwärts bis Lappland verbreitet.
    Von Willmann (1939 a) in Hochmooren der Sudeten gefunden; lebt aber an feuchten Orten auch außerhalb der Moore.
65. — *mutilus* (Berl.).
    Gl. Gr.: Fuscher Rotmoos, in nassem Moos 2 Ex. 15. V. 1940.
    Pinzgau: Taxingbauer in Haid bei Zell am See, in der obersten Bodenschicht einer Magerwiese zahlreich und einer benachbarten Kunstwiese 1 Ex. 13. VII. 1939.
66. — *montanus* nov. spec. Willm. i. l.
    S. Gr.: Grieswiesalm im Hüttenwinkeltal, im Wurzelgesiebe eines Nardetums 2 Ex. 15. V. 1940.
    Gl. Gr.: Moserboden, im Wurzelgesiebe des Almrasens in 1970 *m* Höhe mehrere Ex. 17. VII. 1939; Fuscher Tal oberhalb Ferleiten, im Boden einer feuchten Talwiese bei der Vogerlalm einige Ex. 21. VII. 1939; Fuscher Rotmoos, in nassen Moosrasen 5 Ex. 23. VII. 1939.
    Pinzgau: Taxingbauer in Haid bei Zell am See, in der obersten Bodenschicht einer Kunst- und einer Magerwiese mehrere Ex. 13. VII. 1939.
67. — *tenuipes* Halbert.
    Gl. Gr.: S-Fuß des Elisabethfelsens, im nassen Moos einer Quellflur 1 Ex. 17. VII. 1940.
    Von Willmann (1939 a) aus Sudetenhochmooren angegeben; auch sonst in Quellmoos und in der Spritzzone von Wasserfällen (teste Willmann).
68. *Amblyseius obtusus* (C. L. Koch).
    Pinzgau: Taxingbauer in Haid bei Zell am See, im Boden einer Magerwiese in 5 bis 10 *cm* Tiefe 1 Ex. 13. VII. 1939.
    Mit der Nominatform mehrere Ex. der var. *tuscus* Berl.
    Von Schweizer (1922) bei Diesenhofen im Schweizer Mittelland in Moos um einen morschen Pappelstrunk gefunden. Auch aus Deutschland und Italien bekannt.
69. *Lasioseius levis* (Oudms. u. Vgts.).
    Gl. Gr.: Steppenwiesen entlang des Haritzerweges oberhalb Heiligenblut, im Rasengesiebe 1 Ex. 15. VII. 1940; Fuscher Tal oberhalb Ferleiten, in der obersten Bodenschicht einer feuchten Talwiese bei der Vogerlalm mehrere Ex. 21. VII. 1939.
    Pinzgau: Taxingbauer in Haid bei Zell am See, in der obersten Bodenschicht einer Kunst- und einer Magerwiese zahlreich, in 5 bis 10 *cm* Tiefe des Bodens der Kunstwiese 2 Ex. 13. VII. 1939.
    Von Schweizer (1922) im Mittelland der Schweiz an Treibholz und im Geniste eines Wassergrabens gefunden. Sonst aus Deutschland und Irland bekannt.
70. — *Berlesei* Willmann nom. nov. (= *muricatus* Berl. nec C. L. Koch).
    Pinzgau: Taxingbauer in Haid bei Zell am See, in der obersten Bodenschicht einer Kunstwiese 2 Ex. 13. VII. 1939.
71. — *oculatus* nov. spec. Willm. i. l.
    Gl. Gr.: Pasterzenvorfeld zwischen Glocknerstraße und Möll, im Wurzelgesiebe des Almrasens in einer feuchten Mulde, unterhalb des Glocknerhauses einige Ex. 27. VII. 1939; Fuscher Tal oberhalb Ferleiten, in der obersten Bodenschicht einer feuchten Talwiese bei der Vogerlalm 2 Ex. 21. VII. 1939.
72. — *salisburgensis* nov. spec. Willmann i. l.
    Pinzgau: Taxingbauer in Haid bei Zell am See, in der obersten Bodenschicht einer Kunstwiese 1 ♂, 2 ♀ 13. VII. 1939.

73. *Eulaelaps stabularis* C. L. Koch.
   Gl. Gr.: Pasterzenvorfeld zwischen Glocknerstraße und Möllschlucht, außerhalb der rezenten Moränen 2 Ex. und innerhalb der Fernaumoräne 1 Ex. 25. VII. 1937; Torfstich am Weg vom Tauernmoossee zur Rudolfshütte, aus Moos unter Latschen gesiebt 1 Ex. 16. VII. 1937.
   Weit verbreitet, auch aus Nestern von Kleinsäugern *(Talpa europaea)* und Höhlen bekannt (Willmann i. l.).

Familie *Epicriidae*.

74. *Epicrius mollis* Kramer.
   Gl. Gr.: Stubachtal, beim Gasthof Schneiderau in Fallaub und Moos am Fuße eines alten Bergahorns 2 Ex. 25. VII. 1939; Kapruner Tal, im Mischwald am Hang oberhalb des Kesselfalles in tiefen Fallaublagen mehrere Ex. 14. VII. 1939.
   Weit verbreitet, wurde auch in Mooren und in Höhlen gefunden.

Familie *Polyaspididae*.

75. *Polyaspinus cylindricus* Berl.
   Gl. Gr.: Stubachtal, beim Gasthof Schneiderau in Fallaub und Moos am Fuße eines alten Bergahorns 1 Ex. 25. VII. 1939.
   Die Art war bisher nur aus Frankreich und aus Gebirgshochmooren der Sudeten bekannt (Willmann 1939 a u. i. l.).

76. *Trachytes pyriformis* (Kramer).
   Gl. Gr.: Kapruner Tal, im Mischwald am Hang oberhalb des Kesselfalles in tiefen Fallaublagen einige Ex. 14. VII. 1939; Fuscher Tal unterhalb Dorf Fusch, in der Grauerlenau am Wachtbergbach in Fallaub 1 Nymphe 23. V. 1941.
   Gr. Gr.: Stubachtal, am N-Hang des Wiegenwaldes aus morschen, von *Sphagnum* überwucherten Lärchenstämmen einige Ex. gesiebt 10. VII. 1939; Dorfer Öd, auf der Alm in 1300 m Höhe in der obersten Bodenschicht des Almrasens 1 Ex. 25. VII. 1939; Käfertal, in Fallaub unter *Rhododendron hirsutum* 2 Ex. 14. V. 1940.
   Weit verbreitet. Von Willmann (1939 a) in Hochmooren der Sudeten, von Frenzel (1936) in schlesischen Wiesenböden gefunden.

77. — *pi* var. *pauperior* Berl.
   Gl. Gr.: Pasterzenvorland südlich der Margaritze, aus Moosrasen und Wurzelwerk unter *Vaccinium uliginosum* und Gräsern gesiebt 1 Ex. 17. VII. 1940; Stubachtal, beim Gasthof Schneiderau in Fallaub und Moos am Fuße eines alten Bergahorns 10 Ex. 25. VII. 1939; Fuscher Rotmoos, in nassem Moos 2 Ex. 14. V. 1940.
   Die Art lebt in den Sudeten in Hochmooren (Willmann 1939 a) und ist auch in anderen Teilen Deutschlands nachgewiesen (teste Willmann).

78. — ? *montanus* nov. spec. Willmann i. l.
   Gl. Gr.: SW-Hang über Heiligenblut, im Gesiebe aus Fallaub 18. VI. 1942 1 ♀.

Familie *Ascaidae*.

79. *Zercon inornatus* nov. spec. Willm. i. l.
   S. Gr.: Grieswiesalm im Hüttenwinkeltal, im Wurzelgesiebe des Nardetums 1 Ex. 15. V. 1940.
   Gl. Gr.: Käfertal, im Fallaub unter *Rhododendron hirsutum* 3 Ex. 14. V. 1940.

80. — *badensis* Sellnick i. l.
   Gl. Gr.: Schneiderau, beim Gasthof in Fallaub und Moos am Fuße eines Bergahorns mehrfach 25. VII. 1939; Hirzbachschlucht oberhalb Dorf Fusch, in der Hochstaudenflur am Bach im Detritus einige Ex. und im Buchenlaubgesiebe am Hang über der Schlucht 2 Ex. 8. VII. 1941.
   Gr. Gr.: Dorfer Öd, bei der Talalm in 1300 m Höhe aus Almrasen gesiebt 1 Ex. 25. VII. 1939.

81. — *montanus* nov. spec. Willm. i. l.
   S. Gr.: Grieswiesalm im Hüttenwinkeltal, im *Calluna-Nardus*-Rasen gesiebt 1 ♂, 1 ♀ 15. V. 1940.
   Gl. Gr.: Schneiderau, beim Gasthof in Fallaub und Moos am Fuße eines Bergahorns 25. VII. 1939; Fuscher Rotmoos, im nassen Moosrasen 1 Ex. 14. V. 1940.
   Gr. Gr.: Dorfer Öd, auf der Alm in 1300 m Höhe im Wurzelgesiebe des Almrasens 1 Ex. 25. VII. 1939.

82. — *curiosus* Trgdh.
   Gl. Gr.: Heiligenblut, am SW-Hang über dem Ort aus Haselfallaub gesiebt mehrere Ex. 18. VI. 1942.

83. — *Franzi* nov. spec. Willm. i. l.
   Gl. Gr.: Knappenstube am N-Hang des Hochtores 1 ♀ 15. VII. 1940; Walcher Sonnleitbratschen, im Wurzelgesiebe des Curvuletums in 2500 m Höhe 2 ♀ 9. VII. 1941.

84. — *echinatus* Schweizer.
   Gl. Gr.: Schneiderau, beim Gasthof in Fallaub und Moos am Fuße eines Bergahorns 1 ♀ 25. VII. 1939.

85. — *perforatulus* Berl.
   Gl. Gr.: Guttal, oberhalb der Ankehre der Glocknerstraße im *Hypnum*-Rasen unter Buschweiden einige Ex. 15. VII. 1940; Wasserrad-SW-Hang, im Wurzelgesiebe der Grasheide in 2500 m Höhe 3 Ex. 17. VII. 1940; Pasterzenvorfeld zwischen Glocknerstraße und Möll, im Wurzelgesiebe der Grasheide unterhalb des Glocknerhauses einige Ex. 27. VII. 1939; Haldenhöcker unter dem Mittleren Burgstall, im Rasengesiebe des Rasenfleckes in 2650 m Höhe einige Ex. 16. VII. 1940; Heiligenblut, am SW-Hang über dem Ort, im Fallaubgesiebe unter *Corylus* zahlreich 18. VI. 1942; Hirzbachtal, unweit oberhalb Dorf Fusch, im Fallaubgesiebe unter *Fagus* einige Ex. 8. VII. 1941.
   Bisher aus den Alpen von Italien (Trento, Cansiglio) und der Schweiz (Engadin) bekannt (Schweizer 1922). Die Art wird meist in Moos, aber auch in Fallaub gefunden. In der Schweiz wurde sie von Handschin bis zu 2100 m Höhe nachgewiesen.

86. *Prozercon fimbriatus* C. L. Koch (sensu Sellnick).
   Gl. Gr.: Stubachtal, beim Gasthof Schneiderau in Fallaub und Moos am Fuße eines alten Bergahorns 7 Ex. 25. VII. 1939; Käfertal, im Fallaub unter *Rhododendron hirsutum* 4 Ex. 14. V. 1940.
   Gr. Gr.: Dorfer Öd, auf der Talalm in 1300 m Höhe im Wurzelgesiebe des Almrasens 1 Ex. und im Gesiebe aus Grünerlenfallaub einige Ex. 25. VII. 1939.
   Aus Italien, Deutschland und dem Schweizer Jura bekannt.

87. *Parazerkon sarekensis* Willm. (= *ornatus* Trgdh. nec Berl.).
   S. Gr.: Grieswiesalm im Hüttenwinkeltal, im Wurzelgesiebe eines Nardetums 1 Ex. 15. V. 1940.
   Gr. Gr.: Dorfer Öd, bei der Talalm in 1300 m Höhe in Grünerlenfallaub 1 Ex. 25. VII. 1939.
   Bisher aus Schwedisch-Lappland (Trägardh 1910) und aus den Hochmooren der Sudeten (Willmann 1939 a) bekannt.

Familie *Dinychidae*.

88. *Dinychus tetraphyllus* Berl.
   Gl. Gr.: Stubachtal, beim Gasthof Schneiderau, in Fallaub und Moos am Fuße eines alten Bergahorns 9 Ex. 25. VII. 1939; Kapruner Tal, im Mischwald am Hang oberhalb des Kesselfalles in tiefen Fallaublagen mehrere Ex. 14. VII. 1939; Hirzbachschlucht oberhalb Dorf Fusch, aus Detritus am Bach mehrere Ex. gesiebt 8. VII. 1941.
   Gr. Gr.: Dorfer Öd, bei der Talalm in 1300 m Höhe zahlreich aus Grünerlenfallaub gesiebt 25. VII. 1939. Schobergr.: Gößnitztal, bei der Bretterbruck aus Grünerlenfallaub gesiebt 2 Ex. 9. VII. 1937.
   Weit verbreitet, steigt im Engadin bis 2200 m Höhe empor (Schweizer 1922) und findet sich auch im Sareckgebirge in Schwedisch-Lappland, wo die Art in der Birken- und Grauweidenzone unter Fallaub und Moos lebt (Trägardh 1910).

Familie *Phaulodinychidae*.

89. *Phaulodiaspis alpina* (Schweizer).
   S. Gr.: Kleine Fleiß, beim Alten Pocher in etwa 1850 m Höhe aus Grünerlenfallaub gesiebt 1 Ex. 3. VII. 1937.
   Die Art wurde von Schweizer nach einem ♂ beschrieben, welches Handschin im Engadin auf der Lischanna in 2700 m Höhe an Murmeltierkot gesammelt hatte, sie war bisher nicht wiedergefunden worden.

Familie *Urodinychidae*.

90. *Urodiaspis tecta* (Kramer).
   Gl. Gr.: Pasterzenvorland südlich der Margaritze, in Moos und Wurzelwerk unter *Vaccinium uliginosum* und Gräsern 1 Ex. 17. VII. 1940; Kapruner Tal, in tiefen Fallaublagen im Mischwald oberhalb des Kesselfalles einige Ex. 14. VII. 1939.
   Weit verbreitet. Die Art wurde von Frenzel (1936) subalpin im Nardetum der Haberwiesen im Gebiet des Glatzer Schneeberges gefunden.

91. *Leiodinychus Krameri* (Can.).
   S. Gr.: Grieswiesalm im Hüttenwinkeltal, im Wurzelgesiebe eines Bestandes von *Nardus*, *Calluna* und *Vaccinium myrtillus* 9 Ex. 15. V. 1940.
   Gl. Gr.: Fuscher Tal oberhalb Ferleiten, in schimmelndem Heu am Boden einer Heuhütte 3 Ex. 14. V. 1940.
   Weit verbreitet, von Schweizer (1922) unter feuchtem Holz im Schweizer Mittelland, von mir bei Admont in Steiermark in faulendem Heu gefunden (det. E. Leitner).

92. *Oodinychus Karawaiewi* Berl.
   Mölltal: Am S-Hang über der Straße zwischen Söbriach und Flattach im Laubgesiebe und am N-Hang gegenüber von Flattach im Moosgesiebe wenige Ex. 18. VI. 1942.

Familie *Trachyuropodidae*.

93. *Discopoma splendida* (Kramer).
   Gl. Gr.: Kapruner Tal, im Mischwald am Hang oberhalb des Kesselfalles in Mehrzahl aus tiefen Fallaublagen gesiebt 14. VII. 1939; Hirzbachschlucht, im Gesiebe aus Buchenfallaub einige Ex. 8. VII. 1941.
   Weit verbreitet, scheint jedoch im Gebiete die Mischwaldgrenze nicht zu überschreiten.

94. *Urotrachytes formicarius* (Lubb.).
   Gr. Gr.: Dorfer Öd, auf der Talalm in 1300 m Höhe aus Almrasen gesiebt 2 Ex. 25. VII. 1939.
   Anscheinend weiter verbreitet, lebt bei Ameisen.

Familie *Uropodidae*.

95. *Cilliba cassidea* (Herm.).
   Gl. Gr.: Kapruner Tal, im Mischwald am Hang oberhalb des Kesselfalles in großer Zahl aus tiefen Fallaublagen gesiebt 14. VII. 1939; Hirzbachschlucht, im Gesiebe aus Buchenfallaub mehrere Ex. 8. VII. 1941.
   Gr. Gr.: Dorfer Öd, bei der Talalm in 1300 m Höhe aus Grünerlenfallaub gesiebt 25. VII. 1939.
   Sehr weit verbreitet, nach Schweizer (1922) auch im Jura und Mittelland der Schweiz; scheint im Gebiete die Mischwaldzone nicht zu überschreiten.

96. *Pseuduropoda* spec. (noch unbestimmt).[1]
   Gl. Gr.: Fuscher Tal oberhalb Ferleiten, im feuchten Boden einer Talwiese bei der Vogerlalm in der obersten Bodenschicht 1 Ex. 21. VII. 1939; Fuscher Rotmoos, in nassen Moosrasen 8 Ex. 14. V. 1940. Pinzgau: Taxingbauer in Haid bei Zell am See, in der obersten Schicht des Bodens einer Kunst- und vor allem einer benachbarten Magerwiese mehrere Ex. 13. VII. 1939.

Familie *Ixodidae*.

97. *Ixodes ricinus* L.
   Gl. Gr.: Umgebung des Kesselfallalpenhauses 1 ♂ 14. VII. 1939; Fuscher Tal unterhalb Dorf Fusch, auf den Wiesen an der Glocknerstraße 1 Ex. 23. V. 1941.
   Die Art scheint mit Weidevieh bis in subalpine Lagen und vielleicht noch höher empor verschleppt zu werden.

II. Trombidiformes.

Familie *Tydeidae*.

98. *Lorryia reticulata* Oudms.
   Pinzgau: Taxingbauer in Haid bei Zell am See, im Rasengesiebe einer Magerwiese 1 Ex. 13. VII. 1939.
   Die Art wurde in Holland in Heuspeichern, in Norwegen in Moos, in Deutschland in einem Bienennest gefunden (Willmann i. l.).

Familie *Eupodidae*.

99. *Cocceupodes clavifrons* (Can.).
   Gl. Gr.: Fuscher Rotmoos, in nassem Moos 1 Ex. 14. V. 1940.
   Wahrscheinlich weit verbreitet, wegen seiner Kleinheit aber meist übersehen; man kennt die Art bisher aus Norwegen, Schweden und Italien (Willmann i. l.).

100. *Linopodes motatorius* (L.).
   Gl. Gr.: Woazkopf beim Mittertörl der Glocknerstraße, unter einem Stein 2 Ex. 15. VII. 1940.
   Sehr weit verbreitet, steigt in den Schweizer Alpen bis 2700 m Höhe empor (Schweizer 1922).

Familie *Rhagidiidae*.

101. *Rhagidia intermedia alpina* subsp. nov. Willmann i. l.
   S. Gr.: Tauernhauptkamm zwischen Hochtor, Roßschartenkopf und Weißenbachscharte 1 Ex. 6. VIII. 1937.
   Gl. Gr.: Weg vom Glocknerhaus zur Pfandlscharte, im Speikbodengebiet in etwa 2500 m Höhe 1 Ex. 19. VII. 1938 und unweit davon in der *Nebria atrata*-Zone 4 Ex. 20. VII. 1938; Moräne des südseitigen Pfandlschartengletschers 1 Ex. 19. VII. 1939; Naßfeld des Pfandlschartenbaches 1 Ex. 20. VII. und Eingang zu diesem 2 Ex. 21. VII. 1938; Rasenfleck im Wasserfallwinkel und angrenzendes Moränengelände 2 Ex. 29. VII. 1938; Hochfläche des Mittleren Burgstalls 1 Ex. 20. VIII. 1937 und 2 Ex. 28. VII. 1938; Hochfläche des Großen Burgstalls 6 Ex. 27. VII. 1938; apere, fast vegetationslose Stelle oberhalb des Großen Burgstalls in etwa 3050 m Höhe 6 Ex. 28. VII. 1938; Breitkopf, in 3100 m Höhe 6 Ex. 28. VII. 1938; Luisengrat über der Stüdlhütte, in 3100 m Höhe 2 Ex. 25. VII. 1938.
   Die neue Rasse scheint ausschließlich im hochalpinen Gelände zu leben und steigt in der Polsterpflanzenstufe bis in die höchsten Lagen empor. Man findet sie fast stets unter Steinen, bisweilen aber auch frei auf dem fast vegetationslosen Boden umherlaufend.

102. — *terricola* (C. L. Koch).
   Gl. Gr.: Am Weg vom Glocknerhaus zur Pfandlscharte in etwa 2350 m Höhe 8 Ex. 19. VII. 1938; am Glocknerkamp, unweit südlich des Hofmannsweges auf den Glockner auf einer kleinen Rasenfläche oberhalb der Pasterzenmoräne 1 Ex. 2. VIII. 1938; im obersten Teil des Käfertales, beim großen Wasserfall 2 Ex. 23. VII. 1939; N-Hang unterhalb der Unteren Pfandlscharte, in der *Nebria atrata*-Assoziation in 2300 bis 2400 m Höhe 2 Ex. unter Steinen 18. VII. 1940; Woazkopf beim Mittertörl der Glocknerstraße 1 Ex. 15. VII. 1940.
   Sehr weit verbreitete, in der Ebene und im Hochgebirge vorkommende Art, die auch in der Schweiz (Schweizer 1922), in den Ötztaler und Stubaier Alpen (Irk i. l.) an vielen Stellen erheblich über 3000 m Höhe emporsteigt. Die Art wurde von Frenzel (1936) in schlesischen Wiesenböden, von Willmann (1938) in zahlreichen Höhlen nachgewiesen.

103. — spec. (nicht näher bestimmbar).
   Gl. Gr.: Breitkopf, in 3100 m Höhe 2 Ex. 28. VII. 1938; Kar südwestlich unterhalb der Pfandlscharte in etwa 2750 m Höhe 1 Ex. (zerbrochen); Pasterzenvorfeld zwischen Glocknerstraße und Möllschlucht, innerhalb der Moräne des Jahres 1856 1 Ex. (zerbrochen).

104. — *pratensis* (C. L. Koch).
   Gl. Gr.: Kapruner Tal, im Mischwald am Hang oberhalb des Kesselfalles in tiefen Fallaublagen 1 Ex. 14. VII. 1941; Piffkaralm, in 1630 m Höhe an der Glocknerstraße in Moos am Stamm eines Bergahorns 1 Ex. 15. VII. 1940.
   Anscheinend weit verbreitet, findet sich sowohl in der Ebene als auch im Gebirge (teste Willm.).

---

[1] Die Bestimmung des *Pseuduropoda*-Materials war bisher nicht möglich, es umfaßt wahrscheinlich mehrere Arten. Außer den angeführten *Pseuduropoda*-Funden wurden in verschiedenen Proben zahlreiche zu dieser Gattung gehörige Nymphen gesammelt, die nicht näher bestimmt werden konnten.

Familie *Penthalodidae*.

105. *Penthalodes ovalis* (Dug.).
S. Gr.: Gjaidtrog-SW-Hang, 6 Ex. 18. VII. 1938.
Gl. Gr.: Kar zwischen Albitzen- und Wasserradkopf, am Rande eines Schneefleckens in 2450 m Höhe 1 Ex. 17. VII. 1940; Albitzen-SW-Hang, hufeisenförmiger Hang unterhalb der Bratschen 14 Ex. 20. VII. 1938 und 1 Ex. 17. VII. 1940; Kar südwestlich der Pfandlscharte, in der *Nebria atrata*-Zone 7 Ex. 19. VII. 1938; Pasterzenvorfeld zwischen Glocknerstraße und Möll, außerhalb der rezenten Moränen 2 Ex. 25. VII. 1937; Hochfläche der Margaritze 18 Ex. 7. VII. 1937; am Weg von der Pasterze zur Hofmannshütte 4 Ex. 29. VII. 1938; Gamsgrube, in der *Caeculus echinipes*-Assoziation 3 Ex. 30. VII. 1938; Rasenfleck im Wasserfallwinkel und angrenzendes Moränengelände 1 Ex. 28. VII. 1938; Haldenhöcker unterhalb des Mittleren Burgstalls 2 Ex. 29. VII. 1938; Hochfläche des Mittleren Burgstalls 5 Ex. 28. VII. 1938; Kleiner Burgstall 6 Ex. 22. VII. 1938; Hänge des Schwertecks, knapp oberhalb der Pasterzenmoräne 2 Ex. 2. VIII. 1938; Schneiderau (Stubach), aus Fallaub und Moos am Fuße eines alten Bergahorns beim Gasthof gesiebt 1 Ex. 25. VII. 1939.
Die Art steigt im Gebiete aus den tiefsten Tallagen bis in die Polsterpflanzenstufe empor, wo sie zu den häufigsten Erscheinungen der artenarmen Fauna zählt. Sie wurde auch von Irk (1941) in den Ötztaler und Stubaier Alpen unter Steinen und Geröll bis in über 3000 m Höhe gefunden. Schweizer (1922) führt diese Form unter dem Namen *Penthaleus ovatus* C. L. Koch an (Willmann i. l.). Das Tier besitzt eine weite Verbreitung.

Familie *Penthaleidae*.

106. *Linopenthaleus Irki* nov. gen. nov. spec. Willmann i. l.
Gl. Gr.: Randmoräne der Pasterze, knapp unterhalb der Rasengrenze am Schwerteck-O-Fuß 11 Ex. 2. VIII. 1938; Rasenfleck knapp über der Pasterze, unterhalb des Kellersberges 1 Ex. 13. VIII. 1937; Glocknerkamp, südlich des Hofmannsweges auf den Großglockner, auf der Rasenbank knapp oberhalb der Pasterzenmoräne 2 Ex. 19. VIII. 1937.
Irk (i. l.) fand die Art in den Stubaier Alpen am Sulzenboden bei der Amberger Hütte in 2200 m Höhe in trockener Lage. Er bezeichnete dieselbe als *L. globosus* Can., was jedoch nach Willmann i. l. unrichtig ist, da Canestrinis Art mit der vorliegenden nicht identisch ist.

Familie *Nicoletiellidae*.

107. *Nicoletiella lyra* Willm.
Mölltal: Am N-Hang gegenüber von Flattach, im Gesiebe aus Waldmoos viele Ex. 18. VI. 1942.
Gl. Gr.: Kapruner Tal, im Mischwald am Hang oberhalb des Kesselfalles in großer Zahl aus tiefen Falllaublagen gesiebt 14. VII. 1939.
Gr. Gr.: Dorfer Öd, bei der Talalm in 1300 m Höhe aus Grünerlenfallaub gesiebt 1 Ex. 25. VII. 1939.
Die Art ist aus dem Erzgebirge, aus den Sudeten und Alpen bekannt. Sie wurde auch in der Adelsberger Grotte und in anderen Höhlen gefunden und scheint nur im Gebirge vorzukommen.

108. — *Storkani* Willm.
Mölltal: S-Hang über der Straße zwischen Söbriach und Flattach, im Gesiebe aus Fallaub unter *Corylus* einige Ex. 18. VI. 1942.

Familie *Pachygnathidae*.

109. *Pachygnathus villosus* Dug.
Gr. Gr.: Stubachtal, am N-Hang des Wiegenwaldes in einem morschen, von *Sphagnum* überwucherten Lärchenstamm in etwa 1600 m Höhe 1 Ex. 10. VII. 1939.
Lebt in Moosrasen und wurde bisher in Deutschland und Frankreich festgestellt.

110. *Nanorchestes arboriger* (Berl.).
Gl. Gr.: Fuscher Rotmoos, in nassen Moosrasen 1 Ex. 15. V. 1940.
Diese Art wurde von Willmann (1939 a) mehrfach in nassem *Sphagnum* von Hochmooren der Sudeten gefunden, Frenzel (1936) sammelte sie in schlesischen Wiesenböden.

Familie *Bdellidae*.

111. *Bdella iconica* Berl.
S. Gr.: Tauernhauptkamm zwischen Hochtor, Roßschartenkopf und Weißenbachscharte 3 Ex. 6. VIII. 1937; am Weg vom Seebichel zum Moränengelände des Zirmsees 1 Ex. 4. VIII. 1937; S-Grat der Gjaidtroghöhe 1 Ex. 18. VII. 1938.
Gl. Gr.: Guttal, oberhalb der Ankehre der Glocknerstraße in *Hypnum*-Rasen unter Buschweiden 1 Ex. 15. VII. 1940; Kar südwestlich der Pfandlscharte, in der *Nebria atrata*-Assoziation an zahlreichen Stellen zusammen 34 Ex. 19. VII. 1938; zwischen Pfandlschartennaßfeld und Glocknerstraße unter Steinen 4 Ex. 21. VII. 1938; am Weg von der Freiwand ins Magneskar 1 Ex. 1. VIII. 1938; Albitzen-SW-Hang, in 2200 m Höhe unweit südlich der Marienhöhe im Wurzelgesiebe der Grasheide 2 Ex. 3. VIII. 1938; Sturmalm unterhalb der Sturmkapelle, im Wurzelgesiebe des Almrasens 7 Ex. 25. VII. 1937; Gamsgrube, in der *Caeculus echinipes*-Assoziation oberhalb des Promenadeweges 2 Ex. 30. VII. 1938; am Weg von der Pasterze zur Hofmannshütte im Moränengelände 2 Ex. 29. VII. 1938; Rasenfleck im Wasserfallwinkel und Moränengelände daneben 1 Ex. 27. VII. 1937; Haldenhöcker unterhalb des Mittleren Burgstalls, auf der Kalkphyllitschutthalde 6 Ex. 29. VII. 1938, 1 Ex. 16. VII. 1940 und in der Grasheide 2 Ex. 16. VII. 1940; Hochfläche des Mittleren Burgstalls 8 Ex. 20. VIII. 1937 und 16 Ex. 28. VII. 1938; Hochfläche des Großen Burgstalls 1 Ex. 18. VIII. 1937 und 7 Ex. 27. VII. 1938; Kleiner Burgstall 4 Ex. 22. VII. 1938; Glocknerkamp, Rasenfleck außerhalb des Hofmannskeeses 2 Ex. 19. VII. 1937 und 2 Ex. 2. VIII. 1938; Rasenfleck im untersten Teil des Kellersbergkamps, unmittelbar über der Pasterzenmoräne 2 Ex. 13. VIII. 1937; Pasterzenmoräne unterhalb des Schwertecks, knapp über der Toteiszone 3 Ex. in nahezu sterilem Moränenblockwerk 2. VIII. 1938 und im Rasen oberhalb der Moräne 2 Ex.

2. VIII. 1938; Hang des Schwertecks gegen den Oberen Keesboden 1 Ex. 18. VII. 1937; Weg von der Pasterze zur Stockerscharte 2 Ex. 10. VIII. 1937; im Gamskarl 1 Ex. und auf den Schneeböden nächst der neuen Salmhütte 2 Ex. 12. VII. 1937; Kar südwestlich unterhalb der Pfortscharte, in der *Caeculus echinipes*-Assoziation 3 Ex. 25. VII. 1938; Langer Trog im obersten Ködnitztal 1 Ex. 14. VII. 1937; Ködnitztal, unmittelbar unterhalb der Fanatscharte in der *Nebria atrata*-Assoziation 6 Ex. 25. VII. 1938; ebenes Gelände vor der Stüdlhütte 11 Ex. 26. VII. 1938; am Weg von der Stüdlhütte ins Teischnitztal 2 Ex. 26. VII. 1938; N-Hang unterhalb der Pfandlscharte, in der *Nebria atrata*-Assoziation in 2300 bis 2400 *m* Höhe 3 Ex. 18. VII. 1940; Knappenstube nördlich des Hochtores, in 2450 *m* Höhe in der *Nebria-atrata*-Assoziation 6 Ex. 15. VII. 1940; Käfertal, in Grauerlenfallaub 1 Ex. 14. V. 1940; Walcher Sonnleitbratschen, in der *Nebria atrata*-Gesellschaft unter Steinen 1 Ex. 9. VII. 1941.

Gr. Gr.: Stubachtal, am N-Hang des Wiegenwaldes in etwa 1600 *m* Höhe aus morschen, von *Sphagnum* überwucherten Lärchenstämmen in einigen Stücken gesiebt 10. VII. 1939.

Die Art ist im hochalpinen Gelände der mittleren Hohen Tauern überall häufig und in der Polsterpflanzenstufe die häufigste Bdellide überhaupt. Auch Irk (i. l.) fand sie in den Ötztaler und Stubaier Alpen an zahlreichen Fundstellen bis in die Polsterpflanzenstufe empor. Als höchsten Punkt gibt er den aperen S-Gipfel der Wildspitze (3774 *m*) an. Man findet die Tiere hochalpin meist unter Steinen, in tieferen Lagen auch in Moosrasen unter Fallaub und Rinden. Die Art ist bisher aus Deutschland, Italien und Norwegen bekannt, sie ist vielleicht boreoalpin verbreitet.

112. *Bdella semiscutata* S. T.
Gl. Gr.: Schneeböden nächst der neuen Salmhütte 1 Ex. 12. VII. 1937; Luisengrat über der Stüdlhütte in 3100 *m* Höhe 1 Ex. 25. VII. 1938; Schneiderau (Stubach), in Fallaub und Moos unter einem alten Bergahorn in der Nähe des Gasthofes 1 Ex. 25. VII. 1939.

Ursprünglich aus Norwegen beschrieben. Weitverbreitete Art, die von der Meeresküste (Willmann 1939 *b*) bis in die Polsterpflanzenstufe der Alpen emporsteigt. Irk (i. l.) fand sie auch in den Ötztaler und Stubaier Alpen mehrfach bis in 3465 *m* Höhe. Die Art scheint omnivag zu sein, man findet sie hochalpin meist unter Steinen, in tieferen Lagen in Moos und Fallaub und sogar im *Sphagnum* der Hochmoore.

113. — *longicornis* (L.).
Gl. Gr.: Albitzen-NW-Hang, in der *Caeculus echinipes*-Gesellschaft in 2350 *m* Höhe 1 Ex. 17. VII. 1938; Gamsgrube, in der *Caeculus echinipes*-Assoziation über dem Promenadeweg 2 Ex. 30. VII. 1938; Rasenfleck im Wasserfallwinkel und angrenzendes Moränengelände 1 Ex. 28. VII. 1938; Kleiner Burgstall 1 Ex. 22. VII. 1938; ebenes Gelände vor der Stüdlhütte 1 Ex. 25. VII. 1938; Hirzbachschlucht oberhalb Dorf Fusch, im Gesiebe aus Detritus am Bach 1 Ex. 8. VII. 1941.

Sehr weit verbreitet, in der Ebene und im Gebirge. Findet sich in den mittleren Hohen Tauern häufig in der Polsterpflanzenstufe und wurde auch in der Schweiz an zahlreichen Punkten bis in 3000 *m* Höhe gefunden (Schweizer 1922).

114. — *subulirostris* Berl.
Gl. Gr.: Breitkopf, in 3100 *m* Höhe unter Steinen 14 Ex. 28. VII. 1938.

Die Art ist aus Italien (Vallombrosa) beschrieben.

115. — *dispar* (C. L. Koch). (Bestimmung nicht ganz sicher.)
Gl. Gr.: Haldenhöcker unter dem Mittleren Burgstall, im Wurzelgesiebe der hochalpinen Grasheide 1 Ex. 18. VI. 1940.

116. *Bdellodes longirostris* (Herm.).
Gl. Gr.: Kreitherwand, wo der Haritzerweg diese quert 1 Ex. 24. VII. 1938.
Mölltal: N-Hang gegenüber von Flattach, im Gesiebe aus Waldmoos 1 Ex. 18. VII. 1942.

Weit verbreitet, scheint aber in der Schweiz (vgl. Schweizer 1922) die Zwergstrauchstufe nicht zu überschreiten. Es ist auffällig, daß diese Art nur an dieser besonders warmen Stelle im obersten Mölltal gefunden wurde.

117. *Neomolgus capillatus* Kr.
Gl. Gr.: Albitzen-SW-Hang, in 2200 *m* Höhe unweit der Marienhöhe aus Graswurzeln auf einem Kalkschieferrücken gesiebt 1 Ex. 3. VIII. 1938.

Die Art ist weit verbreitet und steigt im Engadin bis 3000 *m* empor (Schweizer 1922). Willmann (1939 *a*) wies sie auch in Hochmooren der Sudeten nach.

118. — *monticola* nov. spec. Willmann i. l.
S. Gr.: Am Weg vom Seebichel zu den Moränen oberhalb des Zirmsees 1 Ex. 4. VIII. 1937; am Weg von der Weißenbachscharte in die Große Fleiß 1 Ex. 6. VIII. 1937.

Gl. Gr.: Albitzen-SW-Hang, in der *Caeculus echinipes*-Assoziation unterhalb der Bratschenhänge in 2250 *m* Höhe 3 Ex. 20. VII. 1938; NW-Hang des Albitzenkopfes, 1 Ex. auf einer Kalkphyllitschutthalde 17. VII. 1938; am Weg vom Glocknerhaus zur Pfandlscharte in der *Nebria atrata*-Assoziation 1 Ex. 19. VII. 1938; am gleichen Wege, aber in 2350 *m* Höhe am Schneerand in der Grasheidenstufe 1 Ex. 17. VII. 1938; in der Kalkphyllitsteppe unterhalb des Glocknerhauses aus Graswurzeln gesiebt 1 Ex. 3. VIII. 1938; Gamsgrube, oberhalb des Promenadeweges in der *Caeculus echinipes*-Assoziation 10 Ex. 30. VII. 1938; Rasenfleck im Wasserfallwinkel und angrenzendes Moränengelände 4 Ex. 28. VII. 1938; N-Seite des Fuscherkarkopfes, am Weg zur Oberwalderhütte auf fast vegetationslosem Kalkphyllitschutt 5 Ex. 28. VII. 1938; Haldenhöcker unterhalb des Mittleren Burgstalls 3 Ex. 29. VII. 1938 und 1 Ex. 16. VII. 1940; Hochfläche des Mittleren Burgstalls 5 Ex. 20. VIII. 1937 und 3 Ex. 28. VII. 1938; Großer Burgstall 5 Ex. 20. VIII. 1937 und 4 Ex. 27. VII. 1938; Kleiner Burgstall 10 Ex. 22. VII. 1938; Glocknerkamp, Rasen unmittelbar oberhalb der Pasterzenmoräne südlich des Hofmannskeeses 2 Ex. 19. VIII. 1937 und 2 Ex. 2. VIII. 1938; Pasterzenmoräne knapp oberhalb des Toteises unter dem Schwerteckkees 2 Ex. 2. VIII. 1938; am Weg von der Stüdlhütte in das Teischnitztal 1 Ex. 26. VII. 1938; am Weg vom Moserboden zur Schwaigerhütte 2 Ex. 16. VII. 1939.

Gr. Gr.: Beim Schwarzsee unterhalb der Aderspitze 2 Ex. 19. VII. 1937.

Irk (i. l.) gibt die Art zahlreich aus den Ötztaler Alpen, wo er sie bei der Breslauer Hütte in 2900 *m* Höhe sammelte, und vom Schrankogel in den Stubaier Alpen aus 2600 bis 2900 *m* Höhe an. Er fand sie in größerer Anzahl auch am Rande eines Schneefeldes. Sie ist wahrscheinlich ausschließlich im Gebirge verbreitet und anscheinend nur in hochalpinen Lagen heimisch.

119. *Cyta coerulipes* (Dug.).
   Gl. Gr.: Guttal, oberhalb der Ankehre der Glocknerstraße aus *Hypnum*-Rasen unter Buschweiden gesiebt 1 Ex. 15. VII. 1940; Haldenhöcker unterhalb des Mittleren Burgstalls 1 Ex. 29. VII. 1938; Hochfläche des Mittleren Burgstalls 1 Ex. 28. VII. 1938; am oberen Rande der Pasterzenmoräne unterhalb des Schwerteckkeeses 2 Ex. 2. VIII. 1938; Käfertal, in Grauerlenfallaub 1 Ex. und in Fallaub unter *Rhododendron hirsutum* 1 Ex. 14. V. 1940.
   Weit verbreitet. Willmann (1939 a) sammelte die Art in den Sudeten in Mooren unter Flechten und Rinde von Krüppelfichten.
120. — *latirostris* (Herm.).
   Gl. Gr.: N- Seite des Fuscherkarkopfes, im fast vegetationslosen Kalkphyllitschutt 1 Ex. 28. VII. 1937; Hirzbachschlucht oberhalb Dorf Fusch, im Detritus am Bach in etwa 1300 m Höhe 1 Ex. 8. VII. 1941.
   Sehr weit verbreitet, steigt in den Alpen allenthalben hoch empor. Im Berner Oberland und Engadin findet sich die Art noch in 3000 m Höhe (Schweizer 1922), in den Ötztaler und Stubaier Alpen stellte Irk ihr Vorkommen an zahlreichen Fundstellen bis zu 3600 m Höhe fest.
121. *Biscirus lapidarius* (Kramer).
   Gl. Gr.: Guttal, oberhalb der Ankehre der Glocknerstraße aus *Hypnum*-Rasen unter Buschweiden gesiebt 1 Ex. 15, VII. 1940.
   In Europa weit verbreitet.

Familie *Anystidae*.

122. *Anystes baccarum* (L.).
   S. Gr.: Mallnitzer Tauerntal, unterhalb des Gasthofes Gutenbrunn von Grauerlen geklopft 2 Ex. 5. IX. 1941.
   Gl. Gr.: Steppenwiesen entlang des Haritzerweges oberhalb Heiligenblut 1 Ex. 15. VII. 1940; Ufer der Fuscher Ache unterhalb des Rotmooses, unter einem Stein 1 Ex. 18. VII. 1940; Käfertal, in Grauerlenfallaub 1 Larve 14. V. 1940; Fuscher Rotmoos, in nassen Moosrasen 1 Imago, 1 Larve 14. V. 1940.
   Lebt räuberisch auf Gesträuch und krautigen Pflanzen.
   Weit verbreitet, von Willmann (1939 a) auch in Hochmooren der Sudeten nachgewiesen.
123. *Tencateia toxopei* Oudms.
   Gl. Gr.: Albitzen-SW-Hang, über der Glocknerstraße in 2200 m Höhe unweit außerhalb der Marienhöhe im Wurzelgesiebe 5 Ex. 3. VIII. 1938; Kalkphyllitsteppe unterhalb des Glocknerhauses, im üppigen Blumenbestand 3 Ex. 3. VIII. 1938; Pasterzenvorfeld zwischen Glocknerstraße und Möll, innerhalb der Moräne des Jahres 1856 1 Ex. 8. VIII. 1937; S-Hang der Margaritze, aus Fallaub unter *Salix hastata* gesiebt 2 Ex. 18. VIII. 1937; Randmoräne der Pasterze unterhalb des Schwertecks 1 Ex. 2. VIII. 1938.
   Die Art wurde von Oudemans aus Nordbrabant (Belgien) beschrieben (Willmann i. l.).
124. *Tarsolarcus articulosus* S. T.
   S. Gr.: Am Hang der Gjaidtroghöhe gegen den Zirmsee 1 Ex. 24. VII. 1937.
   Gl. Gr.: Sturmalm 2 Ex. 25. VII. 1937; Pasterzenvorfeld zwischen Glocknerstraße und Möllschlucht, innerhalb der Moräne des Jahres 1856 2 Ex. 3. VIII. 1938; S-Hang der Margaritze, aus Fallaub unter *Salix hastata* gesiebt 1 Ex. 18. VIII. 1938; Gamsgrube, in der *Caeculus echinipes*-Gesellschaft oberhalb des Promenadeweges 4 Ex. 30. VII. 1938; Rasenfleck im Wasserfallwinkel und angrenzendes Moränengelände 27. VII. 1938 1 Ex. und 28. VII. 1938 2 Ex.
   Irk (i. l.) fand die Art in den Ötztaler und Stubaier Alpen mehrfach in über 2500 m Höhe auf Urgestein mit starkem Flechtenbewuchs. Er bezeichnet sie als heliophil. Das Tier ist nach Willmann (i. l.) außerhalb der Alpen nur aus Norwegen bekannt und wahrscheinlich boreoalpin verbreitet.
125. *Chaussieria Berlesei* Oudms.
   Gl. Gr.: Albitzen-SW-Hang, im Rasen unterhalb der Bratschen im stark mit Kalkphyllitschutt überstreuten Gelände 5 Ex. 20. VII. und 1 Ex. 29. VII. 1938; Hänge zwischen Freiwand und Gamsgrube oberhalb des Promenadeweges 1 Ex. 29. VII. 1938; Gamsgrube, in der *Caeculus echinipes*-Gesellschaft oberhalb des Promenadeweges 2 Ex. 30. VII. 1938.
   Die Art wurde im Gebiete bisher nur auf sehr sandigem Boden des Kalkschiefergebietes in Gesellschaft von *Caeculus echinipes* gefunden. Sie ist wie alle *Anystidae* heliophil, vielleicht auch in gewissem Sinne thermophil.

Familie *Cunaxidae*.

126. *Bonzia sphagnicola* Willm.
   Gl. Gr.: Fuscher Rotmoos, 2 Ex. 23. VII. 1939 im nassen Moosrasen (sehr kalkreiches Flachmoor).
   Von Willmann (1939 a) in Hochmooren der Sudeten entdeckt, von Sellnik auch in Ostpreußen nachgewiesen.
127. — *halacaroides* Oudms.
   Gl. Gr.: Fuscher Rotmoos, im nassen Moosrasen des Flachmoores 1 Ex. 23. VII. 1939.
   Die Art war ursprünglich nur von der Insel Herdla bei Bergen bekannt, wo sie in Quellmoos an der Küste vorkommt (Willmann 1939 b und i. l.). Sie wurde dann von Sellnik auch in Ostpreußen festgestellt, so daß dies nun der dritte bekannte Fundort ist. Alle *Bonzia*-Arten lieben sehr nasses Moos (teste Willmann).
128. *Eupalus coecus* Oudms. (Bestimmung nicht sicher).
   Gl. Gr.: Walcher Sonnleitbratschen, Rasengesiebe des Carietum curvulae in etwa 2500 m Höhe 1 Ex. 9. VII. 1941.

Familie *Tetranychidae*.

129. *Bryobia praetiosa* (C. L. Koch).
   Gl. Gr.: Albitzen-SW-Hang, unterhalb der Kalkphyllitbratschen in etwa 2250 m Höhe 1 Ex. 17. VII. 1940; Pasterzenvorfeld zwischen Glocknerstraße und Möll, innerhalb der Moräne des Jahres 1856 aus der obersten Bodenschicht unter schütterer krautiger Vegetation gesiebt 1 Ex. 27. VII. 1939.

Scheint über die ganze Palaearktis verbreitet zu sein, steigt in den Schweizer Alpen bis 3000 m (Schweizer 1922), in den Ötztaler Alpen bis 3774 m Höhe (Irk i. l.) empor. Das Tier findet sich unter Fallaub, Moos, Rinden und Steinen sowie im Boden zwischen Wurzeln und ist sehr omnivag. Nach Vitzthum (1941) tritt die Art „in Häusern, die von einem Garten umgeben oder gar mit Schlingpflanzen, besonders wildem Wein, bewachsen sind, zeitweilig in sehr großen Mengen in der Nähe der Fenster" auf. „Die Tiere verschwinden aber nach einigen Tagen ebenso plötzlich, wie sie gekommen waren."

Familie *Stigmaeidae*.

130. *Ledermülleria rhodomela* (C. L. Koch).
   Gl. Gr.: Fuscher Rotmoos, in nassen Moosrasen 3 Ex. 23. VII. 1939.
   Weit verbreitet, wurde von Willmann (1939 a, 1939 b) in Sudetenhochmooren und an der Ostsee gefunden.

131. — *clavata* (Can. et Fanz.).
   Pinzgau: Taxingbauer in Haid bei Zell am See, in der obersten Bodenschicht einer Kunst- und einer Magerwiese in sehr großer Zahl 13. VII. 1939.
   Weit verbreitet, von Willmann (1939 a) in Sudetenhochmooren, von Frenzel (1936) in Wiesenböden bei Breslau gefunden.

132. — *segnis* (C. L. Koch).
   S. Gr.: Grieswiesalm im Hüttenwinkeltal, in etwa 1500 m Höhe aus *Nardus*-Rasen gesiebt 1 Ex. 15. V. 1940.
   Gl. Gr.: Steppenwiesen entlang des Haritzerweges oberhalb Heiligenblut, im Wurzelgesiebe des Trockenrasens 1 Ex. 15. VII. 1940; Käfertal, in Fallaub unter *Rhododendron hirsutum* 2 Ex. 14. V. 1940.

133. *Ledermülleriella triscutata* nov. gen. nov spec. Willm. i. l.
   Pinzgau: Taxingbauer in Haid bei Zell am See, im Rasengesiebe einer Magerwiese einige ♂, ♀ 13. VII. 1939.

134. *Villersia ? grandiceps* nov. spec. Willm. i. l.
   S. Gr.: Woisken bei Mallnitz, im nassen *Sphagnum* eines Hochmoores in 1600 m Höhe 1 Ex. 5. IX. 1941.
   Gl. Gr.: Fuscher Tal oberhalb Ferleiten, schwach beweidete nasse Wiese unterhalb der Vogeralm 1 Ex. 21. VII. 1939.
   Pinzgau: Taxingbauer in Haid bei Zell am. See, im Wurzelgesiebe einer Magerwiese 1 Ex. 13. VII. 1939.

135. *Eustigmaeus kermesinus* (C. L. Koch).
   Pinzgau: Taxingbauer in Haid bei Zell am See, im Boden einer Magerwiese wenige Ex. 13. VII. 1939.

136. — *Ottavii* Berl.
   Gl. Gr.: Moserboden, im nassen Moos eines Almlägers auf der Moseralm 17. VII. 1939; Fuscher Tal oberhalb Ferleiten, im Boden einer feuchten Talwiese unterhalb der Vogeralm in 1200 m Höhe 21. VII. 1939.
   Pinzgau: Taxingbauer in Haid bei Zell am See, im Boden einer Magerwiese mehrfach und einzeln auch in dem einer benachbarten Kunstwiese 13. VII. 1939.

137. *Zetzellia quadriscutata* nov. spec.
   Pinzgau: Taxingbauer in Haid bei Zell am See, im Boden einer Wechselwiese 1 Ex. 13. VII. 1939.

Familie *Cheyletidae*.

138. *Cheyletia squamosa* De G.
   Gl. Gr.: Schneeböden bei der neuen Salmhütte in etwa 2500 m Höhe, 1 Ex. 12. VII. 1937.

Familie *Caeculidae*.

139. *Caeculus echinipes* (Duf.).
   S. Gr.: Gjaidtrog-SW-Hang, unmittelbar unter dem Gipfel auf Kalkphyllitschutthalden in über 2600 m Höhe allgemein verbreitet 18. VII. 1938; am SW-Hang des Sandkopfes zwischen den beiden Wetterkreuzen in etwa 2700 m Höhe 4 Ex. auf Kalkphyllitschutt 14. VIII. 1937; am Weg von der Großen Fleiß zur Weißenbachscharte 1 Ex. 22. VII. 1937.
   Gl. Gr.: Im Kar zwischen Albitzen- und Wasserradkopf in etwa 2700 bis 2800 m Höhe auf Kalkphyllitschutt 9. VIII. 1937; unterhalb des Kares in etwa 2500 m Höhe auf einer westexponierten Kalkschieferhalde 17. VII. 1940; auf dem Kalkphyllitschuttstreifen unterhalb der Bratschen des Albitzen-SW-Hanges in etwa 2200 bis 2250 m Höhe in Gesellschaft von *Chrysomela crassicornis norica* zahreich und wiederholt beobachtet; Albitzen-NW-Hang, in 2300 m Höhe auf sandigem Kalkschieferschutt zahlreich 17. VII. 1938; an den Hängen zwischen Freiwandeck und Gamsgrube an zahlreichen Stellen (siehe Verbreitungskarte); in der Gamsgrube, jedoch nur in Polsterpflanzengesellschaften, nie im Rasen, sehr zahlreich 5. VII. 1937 und 30. VII. 1938; Freiwand, über dem Parkplatz III der Glocknerstraße 2 Ex. 31. VII. 1938; Wasserfallwinkel, an einer sandigen Stelle innerhalb des Rasenfleckens 2 Ex. 28. VII. 1938; Haldenhöcker unterhalb des Mittleren Burgstalls im Kalkphyllitschutt massenhaft, im Rasen fehlend 29. VII. 1938 und 16. VII. 1940; Hochfläche des Großen Burgstalls, nur in Mulden am SO-Rand der Hochfläche 20 Ex. 27. VII. 1938; NW-Seite des Fuscher Kar-Kopfes, im fast vegetationslosen Kalkphyllitsand 1 Ex. 27. VII. 1937 und 8 Ex. 28. VII. 1938; Kleiner Burgstall, 15 Ex. nur im Moränengelände, nicht im geschlossenen Rasen 22. VII. 1938; auf der Kreitherwand, wo diese vom Haritzerweg gequert wird, auf einer Geröllhalde in etwa 1600 m Höhe 1 Ex. 24. VII. 1938; am Wienerweg von der Stockerscharte zur neuen Salmhütte 1 Ex. 10. VIII. 1937; am Hasenbalfen und am SW-Hang des Schwertecks auf sandigem Kalkphyllitschutt zahlreich 12. VII. 1937 und 24. VII. 1938; SW-Kar unterhalb der Pfortscharte, in etwa 2750 m Höhe im Kalkphyllitschutt spärlich 14. VII. 1937; am Weg vom Moserboden zur Schwaigerhütte über der Rasengrenze in etwa 2400 m Höhe auf Kalkphyllitschutt zahlreich 17. VII. 1939; im obersten Teil des Käfertales unweit der Wasserfälle auf dem Schuttkegel einzeln 23. VII. 1939; im Kalkphyllitschutt an der Edelweißwand unterhalb des Fuscher Törls 2 Ex. 15. VII. 1940.

Die Art ist über die Gebirge der Mittelmeerländer und die Alpen verbreitet, nördlich der Alpen fehlt sie. Im Untersuchungsgebiet ist *Caeculus echinipes* streng an die sandigen Kalkphyllitschutthalden gebunden, die nur von dürftiger Polsterpflanzenvegetation bedeckt sind. Nur ganz selten steigt er in subalpine Lagen herab, wo auch in solchen vegetationsarme, sandige Stellen auftreten. Der tiefste Punkt, an dem ich die Art im Untersuchungsgebiete traf, die Kreitherwand, liegt etwa 1600 m hoch; der Fundort im obersten Teile des Käfertales liegt zwischen 1600 und 1700 m. Von Schweizer (1922) wird die Art aus dem Berner Oberland und dem Engadin angegeben, wo sie bis 3000 m bzw. 2500 m Höhe emporsteigt und nur ganz selten und vereinzelt unter 2200 m gefunden wird (1 Ex. in 1600 m Höhe); in Frankreich ist sie auf die Alpen beschränkt. In den Ötztaler Alpen traf sie Irk (i. l.) auf dem Rofener Berg in 2500 m, in den Stubaier Alpen im Alpeiner Gebiet in 2700 m Höhe, stets an sandigen, trockenen Stellen. J. Jaus sammelte *C. echinipes* am Kalvarienberg bei Gumpoldskirchen (teste Willm.). Außerdem kommt dort auch *Caeculus spatuliger* Mich. vor, eine Art, die sonst aus Deutschland noch nicht bekannt ist. Ich selbst traf *Caeculus echinipes* auch in Obersteiermark am S-Hang des Admonter Kalbling in 1700 bis 1800 m Höhe an Stellen mit lückenhafter Vegetation und sandigem Boden auf Kalkunterlage, am S-Hang des Großen Buchstein in etwa 1200 m Höhe auf Dolomitschutthalden, im Lauferwald beim Gesäuseeingang in nur 850 m Höhe auf einer stark durchsonnten Dolomitschutthalde und in den Rottenmanner Tauern im Gamskar unterhalb des Bösensteins in etwa 2100 m Höhe auf sandigem Urgesteinsschutt in S-Exposition. Einige Stücke fand ich außerdem am Kamm zwischen Hohem Nock und Gamskar im Sengsengebirge an einer sehr sandigen Stelle und nördlich von Oberdrauburg auf einer sonnigen Dolomitschutthalde in wenig über 600 m Höhe. Die Tiere trifft man fast stets in größeren Gesellschaften unter Steinen vom Mai bis in den Oktober (Obersteiermark). Ich traf stets Individuen sehr verschiedener Größe nebeneinander; in tieferen Lagen ist die Art im Hochsommer nur spärlich vertreten. Die bisherigen Beobachtungen zeigen, daß *Caeculus echinipes* in den Alpen weit verbreitet und an keine bestimmte Gesteinsunterlage gebunden ist. Er ist jedoch heliophil. Das Tier scheint streng an sandige Rohböden gebunden zu sein, u. zw. an solche Stellen, wo diese eine gewisse Tiefgründigkeit aufweisen. Das sind in höheren Lagen Orte, die windgeschützt sind und aus diesem Grunde Sammelstätten für das vom Winde an anderen Stellen abgetragene Material darstellen. *Caeculus echinipes* ist somit in den Hochalpen eine Leitform von Böden, die durch Einwehung feinen Materials anwachsen, wie dies Friedel (1936 b) für das Gamsgrubengebiet einprägsam dargestellt hat. Die ständige Anwehung und Aufhäufung feinen Schuttmaterials verhindert die Entstehung einer geschlossenen Vegetationsdecke und bedingt eine Pioniervegetation von Polsterpflanzen. *Caeculus echinipes* ist durch seine strenge Bindung an die geschilderten Verhältnisse eine wichtige soziologische Leitform. Vitzthum (1941) gibt an, daß die Vertreter der Gattung Feuchtigkeit sorgfältig meiden, was sicher auch für unsere Art gilt.

Familie *Thrombidiidae*.

140. *Typhlothrombium Grandjeani* André.
S. Gr.: Grieswiesalm im Hüttenwinkeltal, im Wurzelgesiebe von *Calluna*, *Nardus* und *Vaccinium myrtillus* 2 Ex. 15. V. 1940.
Mit diesem Fund ist die Gattung *Typhlothrombium* nach Willmann (i. l.) erstmalig in Mitteleuropa nachgewiesen, sie war bisher nur aus Frankreich bekannt.

141. *Rhinothrombium nemoricola* Berl.
S. Gr.: Kleine Fleiß, oberhalb des Alten Pocher aus Grünerlenfallaub gesiebt 1 Ex. 30. VI. 1937.
Gl. Gr.: Dorfer Tal, knapp oberhalb der Daberklamm aus Grünerlenfallaub gesiebt 1 Ex. 18. VII. 1937.
Die Art wurde von mir an einem sonnigen Hang bei Admont in Fallaub (det. C. Willmann), von Irk (i. l.) in den Stubaier Alpen am Weg zur Dresdener Hütte in 2400 m Höhe unter Steinen auf grusigem Boden und von Frenzel (1936) am Glatzer Schneeberg subalpin im Nardetum gefunden. Berlese beschrieb sie aus Italien, gibt sie aber (1912) auch von Paskau in Mähren an. Er fand sie in Moos.

142. *Diplothrombium longipalpe* Berl.
S. Gr.: Kleine Fleiß, oberhalb des Alten Pocher aus Grünerlenfallaub gesiebt 4 Ex. 30. VI. und 1 Ex. 3. VII. 1937.
Gl. Gr.: Dorfer Tal, wenig oberhalb der Waldgrenze an beiden Talhängen im Grünerlenfallaub je 1 Ex. 17. VII. 1937; Kapruner Tal, im Mischwald am Hang oberhalb des Kesselfalles in tiefen Fallaublagen 1 Ex. 14. VII. 1939.
Schobergr.: Gößnitztal, bei der Bretterbruck aus Grünerlenfallaub gesiebt 4 Ex. 9. VII. 1937.
Die Art wird von Berlese (1912) aus dem Vallombrosa und Aostatal, von Schweizer (1922) aus dem Schweizer Mittelland und Jura, von Willmann (1939 a) aus den Sudetenmooren angegeben.

143. *Johnstoniana errans* (Johnst.).
Gl. Gr.: Am Weg von Kals ins Dorfer Tal 1 Ex. 17. VII. 1937; im Dorfer Tal knapp oberhalb der Daberklamm aus Grünerlenfallaub gesiebt 1 Ex. 18. VII. 1937; Kapruner Tal, im Mischwald am Hang oberhalb des Kesselfalles in tiefen Fallaublagen 1 Ex. 14. VII. 1939; Käfertal, in Fallaub unter Grauerlen 1 Ex. 14. V. 1940; Fuscher Rotmoos, in nassem Moos 1 Larve 14. V. 1940; Hirzbachschlucht, im Detritus am Bach 2 erw. Ex. und 2 Larven 8. VII. 1941.
Gr. Gr.: Am Weg vom Kalser Tauernhaus zur Sudetendeutschen Hütte 1 Ex. 19. VII. 1937 im Buschwerk oberhalb des Tauernhauses.
Schobergr.: Im Gößnitztal bei der Bretterbruck aus Grünerlenfallaub gesiebt 1 Ex. 9. VII. 1937.
Auch an der Ostseeküste (Willmann 1939 b), die Larven schmarotzen an Tipulidenlarven.
Schweizer erwähnt dagegen die größere und mit viel längeren Beinen ausgestattete *Johnstoniana insignis* (Berl.), die von ihm als *Diplothrombium longipes* (n. sp.) bezeichnet wird.

144. *Podothrombium curtipalpe* Berl.
Gl. Gr.: Am Haritzerweg unmittelbar bei der Naturbrücke über die Möll aus der Nadelstreu unter den höchsten Legföhren gesiebt 2 Ex. 26. VII. 1937; am Unteren Keesboden, am Rande des *Eriophorum*-Sumpfes 1 Ex. 7. VII. 1937; im Talschluß des Dorfer Tales 1 Ex. 17. VII. 1937.
Die Art wurde aus Norwegen und Grönland beschrieben (Berlese 1912).

145. *Podothrombium filipes* (C. L. Koch).
S. Gr.: Kleine Fleiß, unweit oberhalb der Pfeiffersäge 1 Ex. 10. VII. 1937.
Gl. Gr.: Kellersbergkamp, Rasenfleck unmittelbar oberhalb der Pasterzenmoräne 1 Ex. 18. VIII. 1937; Teischnitztal, in der Höhe der Waldgrenze am Weg zur Stüdlhütte 1 Ex. 26. VII. 1938; Dorfer Tal, knapp oberhalb der Daberklamm aus Grünerlenfallaub gesiebt 1 Ex. 13. VII. 1937; Piffkaralm, in 1630 m Höhe an der Glocknerstraße im Almrasen 1 Ex. 15. VII. 1940. Ein beschädigtes und daher nicht sicher bestimmbares Ex. fand ich in Grauerlenfallaub am Ufer der Fuscher Ache unweit oberhalb Ferleiten.
P. filipes fand Irk (i. l.) in wenigen Exemplaren in den Ötztaler Alpen am Rofener Berg in 2500 m Höhe und bei der Vernagthütte unter Steinen auf trockenem Rasenboden; die Art wird von Berlese (1912) aus Deutschland und Norwegen angegeben; sie wurde von Handschin im Engadin an zwei Stellen in 1800 m Höhe unter Steinen gesammelt (Schweizer 1922).

146. — *macrocarpum septentrionale* Berl.
S. Gr.: Kleine Fleiß, subalpin am Weg vom Alten Pocher auf den Seebichel 1 Ex. 24. VII. 1937.
Gl. Gr.: Felsabbruch der Marxwiese gegen den Unteren Keesboden 1 Ex. 18. VIII. 1937; Kellersbergkamp, Rasenfleck unmittelbar über der Pasterzenmoräne 2 Ex. 13. VIII. 1937; am Weg vom Moserboden zur Schwaigerhütte in 2000 bis 2300 m Höhe 1 Ex. 16. VII. 1939; am Ufer der Fuscher Ache oberhalb Ferleiten in Grauerlenfallaub 2 Ex. 19. VII. 1939.
Die Form wurde von Berlese (1912) in Venetien aufgefunden.

147. — *multispinosum* nov. spec. Willmann i. l.
Gl. Gr.: Am Hang des Schwertecks zwischen Schwerteckkees und Oberem Keesboden 1 Ex. 28. VII. 1937; in der Ganitzen über dem Wienerweg von der Stockerscharte zur neuen Salmhütte 1 Ex. 10. VIII. 1937.
Die Fundorte liegen beide in der hochalpinen Grasheidenzone, die Tiere wurden unter Steinen gefunden.

148. — *bicolor* (Herm.).
S. Gr.: Im mittleren Teil des Seidelwinkeltales 1 Ex. 17. VIII. 1937.
Gl. Gr.: Am Weg vom Glocknerhaus zur Pfandlscharte am Schneerand in 2350 m Höhe 1 Ex. 17. VII. 1938 und im Curvuletum unweit von diesem 2 Ex. 17. VII. 1938; am Abfall des Hohen Sattels zur Pasterze 1 Ex. 28. VII. 1937; Freiwand über Parkplatz III der Glocknerstraße 1 Ex. 31. VII. 1938; am Weg von der Freiwand ins Magneskar 2 Ex. 1. VIII. 1938; Pasterzenmoränen zwischen Freiwand und Gamsgrube 1 Ex. 31.VII. 1938; Gamsgrube 1 Ex. 30. VII. 1938; NW-Seite des Fuscher Kar-Kopfes, am Weg zur Oberwalderhütte im fast vegetationslosen Kalkphyllitschutt 1 Ex. 28. VII. 1938; Haldenhöcker unterhalb des Mittleren Burgstalls, in der *Caeculus echinipes*-Gesellschaft 7 Ex. und im geschlossenen Rasen 3 Ex. 28. VII. 1938; Hochfläche des Großen Burgstalls 2 Ex. 20. VIII. 1937; Kleiner Burgstall 1 Ex. 22. VII. 1938; Kar südwestlich unterhalb der Pfortscharte, in der *Caeculus echinipes*-Gesellschaft 2 Ex. 25. VII. 1938; Fanatscharte, auf dem ebenen Gelände vor der Stüdlhütte 1 Ex. 25. VII. 1938; am Abhang der Edelweißspitze gegen das Fuscher Törl 1 Ex. 28. VII. 1939; N-Hang unterhalb der Pfandlscharte in der *Nebria atrata*-Gesellschaft in 2300 bis 2400 m Höhe 1 Ex. 18. VII. 1940.
In Mitteleuropa verbreitet, von Schweizer (1922) aus dem Schweizer Jura, dem Berner Oberland und Engadin angegeben, wo Handschin die Art noch in 2850 m Höhe gefunden hat. Auch im Untersuchungsgebiet steigt das Tier aus subalpinen Lagen bis in die Polsterpflanzenstufe empor; auf der Höhe des Großen Burgstalls erreicht es nahezu 3000 m.

149. — *montanum* Berl.
Gl. Gr.: Am Weg vom Glocknerhaus zur Pfandlscharte in der *Nebria-atrata*-Zone 1 Ex. 19. VII. 1938.
Berlese (1912) gibt die Art aus höheren Gebirgslagen der italienischen Alpen (Vallombrosa, Cansiglio, Tiarno) an. *Podothrombium Blanci* Schweizer ist die Nymphe dieser Art (teste Willm.).

150. *Eutrombidium frigidum* Berl.
Gl. Gr.: Albitzen-SW-Hang, im Rasen unterhalb der Kalkphyllitbratschen 1 Ex. 20. VII. 1938.
Die Art ist aus Norwegen (Berlese 1912) und den Alpen bekannt, sie ist jedenfalls boreoalpin verbreitet. Schweizer (1922) gibt sie aus der Schweiz nur von Champlong an, wo Handschin am 22. VIII. 1919 3 Ex. in Mist fand. Das Tier scheint in den Alpen selten zu sein.

151. — *canigulense* André.
Gl. Gr.: Albitzen-SW-Hang, in etwa 2200 m Höhe im Rasen unterhalb der Kalkphyllitbratschen 1 Ex. 20. VII. 1938.
Die Art wurde von André aus den Ostpyrenäen beschrieben.

152. *Trombicula autumnalis* (Shaw).
Gl. Gr.: Kapruner Tal, im Mischwald am Hang oberhalb des Kesselfalles in tiefen Fallaublagen 1 Imago und 1 Larve 14. VII. 1939.
Weit verbreitet, lebt auf feuchten Wiesen an Wasserläufen. Die Larven erregen die Trombidiose.

153. *Microtrombidium sucidum* Berl.
S. Gr.: Stanziwurten, in 2300 m Höhe aus *Rhododendron*-Laub gesiebt 1 Ex. 2. VII. 1937; Kleine Fleiß, oberhalb des Alten Pocher aus Grünerlenfallaub gesiebt 1 Ex. 30. VI. und 1 Ex. 3. VII. 1937; Gjaidtrog-SW-Hang, unweit unterhalb des Gipfels in der Polsterpflanzenstufe 1 Ex. 18. VII. 1938; am Weg von der Weißenbachscharte in die Große Fleiß 1 Ex. 6. VIII. 1937; am Tauernhauptkamm zwischen Hochtor, Roßschartenkopf und Weißenbachscharte 1 Ex. 6. VIII. 1937.
Gl. Gr.: Steppenwiesen oberhalb Heiligenblut, im Rasengesiebe 1 Ex. 15. VII. 1940; Wasserrad-SW-Hang, in 2500 m Höhe in der hochalpinen Grasheide 1 Ex. 17. VII. 1940; Kar zwischen Albitzen- und Wasserradkopf, am Schneerand in 2450 m Höhe 1 Ex. 17. VII. 1940; Sturmalm, nächst der Sturmkapelle 1 Ex. 25. VII. 1937 im Rasen; Pasterzenvorfeld zwischen Fernaumoräne und Moräne des Jahres 1856, östlich der Möllschlucht aus Moos gesiebt 1 Ex. 26. VII. 1937; Pasterzenvorfeld zwischen Glocknerstraße und Möll innerhalb der Moräne des Jahres 1856 1 Ex. unter einem Stein 29. VII. und 21. VIII. 1937; am Weg vom Glocknerhaus zur Pfandlscharte in 2350 m Schneerand 15 Ex., in der weiteren Umgebung des Schneefleckens noch 4 Ex. und an einem benachbarten Schneeflecken 11 Ex. unter Steinen und frei umherkriechend 17. VII. 1938; auf einem Kalkphyllitriegel in geringer Entfernung von dem Schnee-

flecken 1 Ex. 19. VII. 1938; am Weg vom Glocknerhaus zur Pfandlscharte in der Speikbodenzone in etwa 2500 m Höhe an zwei Stellen zusammen 6 Ex. 19. VII. 1936; in der *Nebria atrata*-Assoziation etwas höher oben an drei Stellen zusammen 19 Ex. 19. VII. 1938; am Eingang in das Naßfeld des Pfandlschartenbaches und am Naßfeld selbst unter Steinen je 1 Ex. 21. VII. 1938; im nördlichen, sonnigeren Teil des Pfandlschartenkares auf der Tauern-S-Seite 1 Ex. 29. VII. 1937; am Weg von der Freiwand ins Magneskar 5 Ex. 1. VIII. 1938; zwischen Freiwand und Gamsgrube entlang des Promenadeweges 1 Ex. 30. VII. 1938; im Moränengelände zwischen Pasterze und Hofmannshütte; Gamsgrube 1 Ex. 27. VII. 1937; Wasserfallwinkel, in einer Mulde der Raseninsel 2 Ex. 27. VII. 1937 und 4 Ex. 28. VII. 1938; Haldenhöcker unterhalb des Mittleren Burgstalls 2 Ex. 29. VII. 1938, 16. VII. 1940 2 Ex.; Hochfläche des Mittleren Burgstalls 1 Ex. 28. VII. 1938; Großer Burgstall 3 Ex. 27. VII. 1938; Haldenhöcker unter dem Mittleren Burgstall, im Rasengesiebe der hochalpinen Grasheide viele Ex. 16. VII. 1940; Kleiner Burgstall, im Moränengelände 4 Ex. 22. VII. 1938; Schneerand unterhalb der neuen Salmhütte in 2500 m Höhe 3 Ex. 24. VII. 1938; am Südlweg zwischen Bergertörl und Mödlspitze 1 Ex. 11. VIII. 1937; im Talschluß des Ködnitztales unmittelbar unter der Fanatscharte in der *Nebria atrata*-Assoziation 4 Ex. 25. VII. 1938; am Weg von der Stüdlhütte ins Teischnitztal 1 Ex. 26. VII. 1938; am Weg vom Tauernmoossee zur Rudolfshütte beim Torfstich an der Legföhrengrenze 1 Ex. 16. VII. 1937; Fuscher Tal oberhalb Ferleiten, im Rasengesiebe einer Talwiese bei der Vogerlalm 1 Ex. 21. VII. 1939; Fuscher Rotmoos, in nassen Moosrasen 1 Imago, 1 Nymphe 14. V. 1940; N-Hang unterhalb der Pfandlscharte, in 2300 bis 2400 m Höhe in der *Nebria atrata*-Gesellschaft unter Steinen 3 Ex. 18. VII. 1940; Knappenstube nördlich des Hochtores, in der *Nebria atrata*-Gesellschaft unter einem Stein 1 Ex. 15. VII. 1940; Fuscher Törl und Mittertörl je 1 Ex. 15. VII. 1940; Walcher Sonnleitbratschen, in der hochalpinen Grasheidenstufe unter einem Stein 1 Ex. 9. VII. 1941.

Im Gebiete weit verbreitet und häufig; lebt am zahlreichsten an Schneerändern in der hochalpinen Grasheidenstufe, häufig ferner auf den Schneeböden oberhalb der Grasheidengrenze, selten in hochalpinen Grasheiden und in der Laubstreu der Rhodoreta und Alneta viridis des subalpinen Waldgürtels sowie im feuchten Wiesenboden. Die Art findet sich auch im Berner Oberland und im Engadin in Höhen von 2300 bis 2950 m, dagegen nicht im Schweizer Mittelland und Jura (Schweizer 1922); ferner in den Stubaier Alpen unter den N-Abstürzen des Wannkogels in 2100 bis 2200 m Höhe (Irk i. l.). Sie scheint in den Zentralalpen Tirols verhältnismäßig selten zu sein. Außerhalb der Alpen finden sich *Microtrombidium sucidum* f. typ. und var. *norvegicum* nur im Hohen Norden, nämlich in Norwegen (Berlese 1912), im Sarekgebirge und in anderen Teilen Lapplands, in Sibirien und Westgrönland (Trägardh 1910 und Schweizer 1922). Die Art ist somit boreoalpin verbreitet, worauf schon Schweizer hingewiesen hat. *Microtrombidium sucidum* ist im Untersuchungsgebiet ein Charaktertier der Schneerandfauna in der Grasheidenstufe und der Schneeböden über dieser. Das vereinzelte Vorkommen im Alnetum viridis subalpiner Lagen hat es mit einer Anzahl Schneetälchenpflanzen gemeinsam, die nach Gams (1927) ebenfalls im Alnetum viridis heimisch sind. In tieferen als subalpinen Lagen wurde die Art von mir in den Hohen Tauern bisher nicht gefunden.

154. *Microtrombidium spiniferum* S. T.
Gr. Gr.: Wiegenwald (Stubach), im *Sphagnum* eines Hochmoores in 1700 m Höhe 9 Ex. 10. VII. 1939.
Aus Norwegen beschrieben, nach Willmann (i. l.) vielleicht von der vorgenannten Art nicht spezifisch verschieden.

155. — *parvum* Oudms.
Gl. Gr.: Fuscher Rotmoos, in nassen Moosrasen 5 Ex. 14. V. 1940.
Aus Maulwurfsnestern bekannt (Willmann i. l.).

156. — *bispinosum* nov. spec. Willmann i. l.
Gl. Gr.: Am Weg vom Glocknerhaus zur Pfandlscharte an der unteren Grenze des *Nebria atrata*-Vorkommens in etwa 2550 m Höhe 1 Ex. 19. VII. 1938 unter einem Stein.

157. — *pusillum* (Herm.).
Gl. Gr.: Fuscher Rotmoos, im nassen Moos 1 Nymphe 23. VII. 1939 und 1 Ex. 14. V. 1940; Kapruner Tal, im Mischwald am Hang oberhalb des Kesselfalles in tiefen Fallaublagen 1 Ex. 14. VII. 1939.
Gr. Gr.: Dorfer Öd, bei der Talalm in 1300 m Höhe aus Grünerlenfallaub gesiebt 1 Ex. 25. VII. 1939.
Pinzgau: Taxingbauer in Haid bei Zell am See, im Wurzelgesiebe einer Magerwiese 1 Ex. 13. VII. 1939.
Die Art scheint in erster Linie Moosbewohner zu sein. Sie wurde jedoch auch in Wiesenböden gefunden und ist weit verbreitet. Willmann (1939 a) sammelte sie in den Mooren der Sudeten, Beier (1928) in den Mooren bei Lunz am See. In der Schweiz steigt sie im Engadin und bei Davos bis 2100 m empor (Schweizer 1922) und ist dort Quellmoosbewohner. In den Stubaier Alpen fand sie Irk am Sulzenboden bei der Ambergerhütte in 2100 m Höhe in 2 Ex. (Irk i. l.); Berlese (1912) gibt sie aus Deutschland ohne genauere Fundortangabe an.

158. *Valgothrombium major* (Halbert).
Gl. Gr.: Fuscher Rotmoos, im nassen Moosrasen des Niedermoores 1 Ex. 23. VII. 1939.
Gr. Gr.: Wiegenwald (Stubach), im *Sphagnum* eines Hochmoores in 1700 m Höhe 2 Ex. 10. VII. 1939.
Die Art findet sich nach Willmann (1940) in Irland an der Meeresküste knapp über der Hochwasserlinie, in den Ostsudeten in Hochmooren in *Sphagnum*-Rasen und an den beiden vorgenannten Fundorten in den mittleren Hohen Tauern. Sie scheint weit verbreitet, aber an nasse Moosrasen gebunden zu sein.

159. — *alpinum* Willmann.
Gl. Gr.: Am Felsabsturz der Marxwiese gegen den Unteren Keesboden in etwa 1950 bis 2000 m Höhe 1 Ex. 18. VIII. 1937 (Type) (vgl. Willmann 1940).

160. *Georgia pulcherrima* (Haller) (= *ramosa* George).
Gr. Gr.: Dorfer Öd, bei der Talalm in 1300 m Höhe aus Grünerlenfallaub gesiebt 1 Ex. 25. VII. 1939.
Aus England und Frankreich angegeben, auch einmal bei Bremen und zahlreich am Glatzer Schneeberg gefunden (Willmann i. l.).

161. *Enemothrombium bifoliosum* (Can.).
Gl. Gr.: Pasterzenvorfeld zwischen Glocknerhaus und Möllschlucht, innerhalb der Moräne des Jahres 1856 aus Pflanzenwurzeln gesiebt 2 Nymphen 27. VII. 1939 (Bestimmung nicht sicher); S-Fuß des

Elisabethfelsens, im nassen Moosrasen einer Quellflur 1 Ex. 17. VII. 1940 (Bestimmung nach Willmann i. l. nicht sicher); Fuscher Rotmoos, in nassem Moos 1 Ex. 15. V. 1940.
Gr. Gr.: Wiegenwald (Stubach), im nassen *Sphagnum* eines Hochmoores in 1700 *m* Höhe 2 Ex. 10. VII. 1939.
Die Art ist nach Schweizer (1922) aus Italien, Deutschland und der Schweiz bekannt. Im Engadin wurde sie in feuchtem Moos bis zu 2250 *m* Höhe festgestellt; auch Berlese (1912) gibt an, daß sie in Moos lebt.

162. *Enemothrombium clavigerum* nov. spec. Willm. i. l.
Gl. Gr.: Fuscher Rotmoos, im nassen Quellmoos an einer kalkreichen, quelligen Stelle und im Polytrichetum im offenen Moorgelände je 1 Ex. 14. V. 1940.

163. *Camerothrombidium sanguineum* (C. L. Koch).
Gr. Gr.: Dorfer Öd, auf der Talalm in 1300 *m* Höhe aus Almrasen in mehreren Ex. gesiebt 25. VII. 1939.
Bisher aus Italien und Deutschland bekannt, wurde in Deutschland mehrfach auf Moorboden gefunden.

164. *Campylothrombium Langhoefferi* Krausse.
Gl. Gr.: Pasterzenvorfeld zwischen Glocknerstraße und Möllschlucht, in etwa 2000 *m* Höhe 2 Ex. 5. VII. 1937; Weg von der Trauneralm zur Pfandlscharte in 2200 *m* Höhe 1 Ex. 18. VII. 1940.

165. *Echinothrombium spinosum* (Can.).
Mölltal: S-Hang über der Straße zwischen Söbriach und Flattach, im Gesiebe aus Fallaub unter *Corylus* 8 Ex. 18. VI. 1942.

166. *Platytrombidium sylvaticum* (C. L. Koch).
Gl. Gr.: Pasterzenvorfeld zwischen Glocknerstraße und Möllschlucht, unweit des Grafentalbaches in etwa 2000 *m* Höhe 2 Ex. 5. VII. 1937.
Scheint weit verbreitet zu sein, wurde von Frenzel (1936) auch in schlesischen Wiesenböden gefunden.

167. — *fusicomum* Berl.
Gl. Gr.: Sturmalm, in der Nähe der Sturmkapelle im Rasen 3 Ex. 25. VII. 1937; Pasterzenvorfeld zwischen Glocknerstraße und Möllschlucht, innerhalb der Moräne des Jahres 1856 unter Steinen 4 Ex. 26. VII. 1937, an faulenden Schwämmen (Köder) 1 Ex. 3. VIII. 1937; am Haritzerweg zwischen Glocknerhaus und Naturbrücke über die Möll 2 Ex. 26. VII. 1937.
Die Art wird von Berlese (1912) nur aus Preußen angegeben.

168. *Trombidium Meyeri* Krausse.
S. Gr.: SW-Hang der Gjaidtroghöhe, in der *Caeculus echinipes*-Assoziation unweit unterhalb des Gipfels 2 Ex. 18. VII. 1938.
Gl. Gr.: Kar zwischen Albitzen- und Wasserradkopf, in 2450 *m* Höhe in der *Caeculus echinipes*-Gesellschaft in NW Exposition 2 Ex. 17. VII. 1940; Albitzen-SW-Hang, in der *Caeculus echinipes*-Assoziation unterhalb der Kalkschieferbratschen in etwa 2250 *m* Höhe 5 Ex. 20. VII. 1938; Abhang zwischen Magneskar und Naßfeld des Pfandlschartenbaches 2 Ex. 21. VII. 1936; Freiwand 2 Ex. 31. VII. 1938; an den Hängen oberhalb des Promenadeweges zwischen Freiwand und Gamsgrube unweit der Freiwand auf Grünschiefer und Kalkphyllit 5 Ex. 29. VII. 1938; im Moränengebiet der Pasterze zwischen Freiwand und Gamsgrube, im schon etwas begrünten Teil 2 Ex. 29. und 31. VII. 1938; Hochfläche der Margaritze 1 Ex. 7. VII. 1937 und S-Hang derselben 2 Ex. 23. VII. 1938; am Weg von der Stüdlhütte ins Teischnitztal 2 Ex. 26. VII. 1938.

169. — *Kneissli* Krausse.
Gl. Gr.: In der Gamsgrube in 2400 bis 2500 *m* Höhe 1 Ex. 30. VII. 1938; Albitzen-SW-Hang, unterhalb der Kalkschieferbratschen in von sandigem Schutt überstreutem Rasen 1 Ex. 17. VII. 1940.

170. — *latum* C. L. Koch.
S. Gr.: Hüttenwinkeltal, zwischen Bodenhaus und Grieswiesalm 1 Ex. 15. V. 1940.
Gl. Gr.: Am Ufer der Fuscher Ache unmittelbar oberhalb Ferleiten aus Grauerlenfallaub gesiebt 1 Ex. 19. VII. 1939; Edelweißwand unter dem Fuscher Törl 1 Ex. 15. VII. 1940; Fuscher Tal unterhalb Dorf Fusch, in der Grauerlenau am Wachtbergbach in Fallaub 1 Ex. 23. V. 1941.
Weit verbreitet, nach Willmann (1939 b) auch auf Helgoland.

Familie *Calyptostomidae*.

171. *Calyptostoma expalpe* (Herm.).
Mölltal: S-Hang über der Straße zwischen Söbriach und Flattach in Fallaub 1 Ex. und N-Hang gegenüber von Flattach in Waldmoos 1 Ex. 18. VI. 1942.
S. Gr.: Seidelwinkeltal, am Weg von der höchsten Alm zum Hochtor 1 Ex. 17. VIII. 1937; Kleine Fleiß, oberhalb des Alten Pocher aus Grünerlenfallaub zu beiden Seiten des Tales gesiebt 12 Ex. 30. VI. 1937; Woisken bei Mallnitz, im *Sphagnum* eines Hochmoores 1 Ex. 5. IX. 1941.
Gl. Gr.: Haritzerweg zwischen Glocknerhaus und Naturbrücke über die Möll 1 Ex. 26. VII. 1937; am Weg vom Glocknerhaus zur Pfandlscharte in 2350 *m* Höhe 1 Ex. 17. VII. 1938; im Naßfeld beim Glocknerhaus 3 Ex. 20. VII. 1938; am Unteren Keesboden am Rande des *Eriophorum*-Bestandes 2 Ex. 7. VII. 1937; S-Hang des Elisabethfelsens 1 Ex. 7. VII. 1937; Pasterzenmoräne, oberster Teil 1 Ex. 2. VIII. 1938; Dorfer Tal, knapp oberhalb der Daberklamm aus Bergerlenfallaub gesiebt 5 Ex. 18. VII. 1937; zu beiden Seiten des Dorfer Tales knapp über der Waldgrenze aus Grünerlenfallaub gesiebt 7 Ex. 17. VII. 1937; Talgrund des Moserbodens 1 Ex. 16. VII. 1939; am Ufer der Fuscher Ache oberhalb Ferleiten in Grauerlenfallaub 1 Ex. 19. VII. 1939; Kapruner Tal, im Mischwald am Hang über dem Kesselfall in größerer Zahl aus tiefen Fallaubschichten gesiebt 14. VII. 1939; Käfertal, in Grauerlenfallaub 1 Ex. 14. V. 1940; Fuscher Tal unterhalb Dorf Fusch, in der Grauerlenau am Wachtbergbach in Fallaub 7 Ex. 23. V. 1941; Hirzbachschlucht oberhalb Dorf Fusch, im Gesiebe aus Buchenfallaub einige erwachsene Ex. und einige vermutlich auch zu dieser Art gehörende Larven 8. VII. 1941.
Gr. Gr.: Wiegenwald-N-Hang, in *Sphagnum* und unter der Rinde morscher Lärchenstämme in etwa 1650 *m* Höhe an 10 Ex. 10. VII. 1939.
Schobergr.: Gößnitztal, bei der Bretterbruck aus Grünerlenfallaub gesiebt 4 Ex. 9. VII. 1937.
In Europa weit verbreitet. Die Art wurde von Irk (i. l.) in den Ötztaler Alpen in Rofen bei Vent in 1900 *m*

Höhe in submersem Moos sowie unterhalb der Vernagthütte unter einem Stein am Bachrand in je einem Stück erbeutet. In der Schweiz fand Schweizer (1922) ein totes Stück bei Basel in Moos, während die Art in den Alpen vorwiegend in Quellfluren lebt und im Engadin am Schneefleckenrand noch in 2700 m Höhe gesammelt wurde. Willmann (1939 a) fand sie im Moosebruch in den Sudeten. Vergleicht man diese Angaben mit den Funden im Untersuchungsgebiet, so ergibt sich, daß die Art einerseits im nassen Moos und anderseits in nassen Fallaublagen häufig auftritt, die Funde in anderen Biotopen treten demgegenüber stark zurück.

Familie *Erythraeidae*.

172. *Erythraeus regalis* (C. L. Koch).
Kleine Fleiß, sonnige Wiesen oberhalb des Alten Pocher 2 Ex. 30. VI. 1937; am Weg vom Alten Pocher auf den Seebichel 2 Ex. 4. VIII. 1937; am Hang der Gjaidtroghöhe gegen den Seebichel 1 Ex. 24. VII. 1937; am Gjaidtrog-SW-Hang oberhalb der Rasengrenze 4 Ex. 18. VII. 1938; in der Fleiß subalpin 1 Ex. Juli 1937.
Gl. Gr.: Albitzen-SW-Hang, an der Rasengrenze unterhalb der Kalkschieferbratschen in etwa 2250 m Höhe 15 Ex. 20. VII. 1938, 26. VII. 1939 und 17. VII. 1940; Kalkphyllitsteppe oberhalb der Glocknerstraße, in 2200 m Höhe zwischen Glocknerhaus und Marienhöhe 1 Ex. 22. VII. 1938; Pasterzenvorfeld zwischen Glocknerstraße und Möll, innerhalb der Moräne des Jahres 1856 aus Pflanzenwurzeln gesiebt 1 Ex. 27. VII. 1939; ebenda unter einem Stein unweit des Grafentalbaches 1 Ex. 5. VII. 1937; am Weg vom Glocknerhaus zur Pfandlscharte in 2350 m Höhe im Curvuletum 1 Ex. 17. VII. 1938; Freiwand über Parkplatz III der Glocknerstraße in der Grasheide 3 Ex. 27. VII. 1938; Hang zwischen Magneskar und Naßfeld des Pfandlschartenbaches 2 Ex. 21. VII. 1938; oberhalb des Promenadeweges zwischen Freiwand und Gamsgrube an mehreren Stellen 10 Ex. 29. und 30. VII. 1938; Pasterzenmoräne zwischen Freiwand und Gamsgrube, höhere, schon etwas begrünte Teile an mehreren Stellen zusammen 4 Ex. 29. und 31. VII. 1938; Gamsgrube 1 Ex. 30. VII. 1938; Wasserfallwinkel, im Rasen 7 Ex. 28. VII. 1938; Haldenhöcker unterhalb des Mittleren Burgstalls, im Rasen 4 Ex. 29. VII. 1938 und im Moränengelände 2 Ex. 16. VII. 1940; Kleiner Burgstall, im Rasen 4 Ex. 22. VII. 1938; am Fuße des Abhanges der Leiterköpfe gegen den Unteren Keesboden 3 Ex. 23. VII. 1937; S-Hang der Margaritze 7 Ex. 18. VIII. 1937; am S-Hang des Schwertecks bei der neuen Salmhütte und an den Hängen unterhalb dieser gegen das Leitertal 9 bzw. 1 Ex. 12. VII. 1937; am Weg von der Salmhütte zum Bergertörl 1 Ex. 11. VIII. 1937; zwischen Bergertörl und Mödlspitze in der Grasheide 1 Ex. 11. VIII. 1937; Kar südwestlich unterhalb der Pfandlscharte 2 Ex. 14. VII. 1937; im Dorfer Tal subalpin 1 Ex. und über der Waldgrenze 2 Ex. 17. VIII. 1937; Ufer der Fuscher Ache oberhalb Ferleiten, aus Grauerlenfallaub gesiebt 2 Ex. 19. VII. 1939; Fuscher Rotmoos, in nassem Moos 3 Ex. 14. V. 1940; Walcher Sonnleitbratschen, in der hochalpinen Grasheide in 2200 bis 2500 m Höhe 3 Ex. 9. VII. 1941.
Gr. Gr.: Am Spinevitrolkopf am Standort des *Taraxacum ceratophorum* mehrfach im Rasen 18. VII. 1937; Dorfer Öd subalpin 1 Ex. 25. VII. 1939.
Schobergr.: Beim Peischlachtörl mehrfach beobachtet 11. VIII. 1937.
Die Art ist in Europa weit verbreitet. Sie findet sich in der Schweiz in tieferen Lagen unter Baumrinden und steigt hochalpin bis zum Gipfel der Lischanna (3100 m) empor (Schweizer 1922); in den Ötztaler und Stubaier Alpen ist sie nach Irk (i. l.) die gemeinste Milbe und steigt auch dort sehr hoch hinauf. Der höchste Punkt, an dem sie Irk noch traf, ist die Kreuzspitze, 3455 m. In den Zentralalpen Tirols findet sie sich besonders häufig auf flechtenbewachsenem Urgestein (Irk), während ich sie im Untersuchungsgebiet und in Obersteiermark vorwiegend in der Grasheidenstufe im trockenen, durchsonnten Rasen umherlaufend oder unter Steinen sitzen fand. Aus der Grasheidenstufe tritt sie auch in die *Caeculus echinipes*-Assoziation über, da die trockenen Kalkphyllitschutthalden dem heliophilen Tier gleichfalls zusagen. Vitzthum (1941) bezeichnet *Erythraeus regalis* als Charaktertier mittlerer und hoher Gebirge, das in geringerer Anzahl aber auch in der Ebene, sogar an der Nordseeküste vorkommt.

173. — *phalangoides* (De G.).
Mölltal: N-Hang gegenüber von Flattach, im Gesiebe aus Waldmoos 1 Ex. 18. VI. 1942.
S. Gr.: Beim Fleißgasthof an Schwammköder 1 Ex. 3. VIII. 1937; am Weg von der Fleißkehre der Glocknerstraße zum Eingang in die Große Fleiß auf den sonnigen, trockenen Wegrainen und am Wege selbst in der Sonne umherlaufend 6 Ex. 18. VII. 1937.
Gl. Gr.: Ufer der Fuscher Ache oberhalb Ferleiten, in Grauerlenfallaub 2 Ex. 19. VII. 1939.
Gr. Gr.: Dorfer Öd, subalpin 2 Ex. 25. VII. 1939.
Weit verbreitet, in der Schweiz subalpin mehrfach beobachtet, auf der Lischanna noch in 2700 m Höhe an Murmeltierkot (Schweizer 1922). Auf Helgoland im Sande der Düne (Willmann 1939 b).

174. — *curticristatus* nov. spec. Willm. i. l.
Gl. Gr.: Albitzen-SW-Hang, in der Nähe der Alm unterhalb des Kares zwischen Albitzen- und Wasserradkopf 1 Ex. 9. VIII. 1937; Hänge oberhalb der Glocknerstraße zwischen Marienhöhe und Glocknerhaus im Festucetum pumilae aus Graswurzeln gesiebt 1 Ex. 22. VII. 1938; im Festucetum pumilae unterhalb des Glocknerhauses 1 Ex. 3. VIII. 1938; auf der Sturmalm in der Nähe der Sturmkapelle aus Graswurzeln auf einem trockenen Kalkphyllitrücken gesiebt 1 Ex. 25. VII. 1937; Pasterzenvorfeld, zwischen Glocknerstraße und Möll je 1 Ex. 25. VII. und 8. VIII. 1937.

175. *Leptus trimaculatus* (Herm.).
S. Gr.: Hüttenwinkeltal zwischen Grieswiesalm und Bodenhaus 3 Ex. 15. V. 1940.
Gl. Gr.: Fuscher Rotmoos, im nassen Moos des Flachmoores 5 Ex. 23. VII. 1939.
Gr. Gr.: Dorfer Öd, auf der Talalm in 1300 m Höhe aus Almrasen gesiebt 1 Ex. 25. VII. 1939.
Pinzgau: Taxingbauer in Haid bei Zell am See, im Wurzelgesiebe einer Kunstwiese 1 Ex. 13. VII. 1939.
Weit verbreitet, von Frenzel (1936) in Wiesenböden Schlesiens, von Schweizer (1922) massenhaft im Schweizer Jura unter Steinen in einem aufgelassenen Weinberg gesammelt. Vitzthum (1941) bezeichnet die Art als Charaktertier mittlerer und hoher Gebirge. Sie findet sich jedoch nicht selten auch in der Ebene und scheint in den Alpen dem Hochgebirge zu fehlen.

176. *Leptus nemorum* (C. L. Koch).
   S. Gr.: Kleine Fleiß, oberhalb des Alten Pocher 2 Ex. 30. VI. 1937.
   Gl. Gr.: Haritzerweg zwischen Glocknerhaus und Naturbrücke über die Möll 1 Ex. 26. VII. 1937; Rasenfleck im Wasserfallwinkel 1 Ex. 28. VII. 1938; Haldenhöcker unterhalb des Mittleren Burgstalls 2 Ex. 29. VII. 1938; am Ufer der Fuscher Ache oberhalb Ferleiten in Grauerlenfallaub 2 Ex. 19. VII. 1939; Kapruner Tal, im Mischwald am Hang über dem Kesselfall aus tiefen Fallaublagen gesiebt 1 Ex. 14. VII. 1939; Fuscher Rotmoos, in nassem Moos 1 Ex. 14. V. 1940; Käfertal, in Fallaub unter Grauerlen und unter *Rhododendron hirsutum* je 1 Ex. 14. V. 1940.
   Weit verbreitet, nach Oudemans auch in Maulwurfsnestern (teste Willmann).

177. — *rubricatus* (C. L. Koch).
   Gl. Gr.: Fuscher Rotmoos, in nassen Moosrasen 4 Ex. 14. V. 1940; Käfertal, in Fallaub unter *Rhododendron hirsutum* 1 Ex. 14. V. 1940.

178. — *ochroniger* C. L. Koch.
   Gl. Gr.: Kar zwischen Albitzen- und Wasserradkopf, auf den Almflächen in 2400 bis 2500 m Höhe 1 Ex. 9. VIII. 1937; am Grashang über der Glocknerstraße unweit südlich des Glocknerhauses 1 Ex. 29. VII. 1937; Haldenhöcker unterhalb des Mittleren Burgstalls 1 Ex. 29. VII. 1938.
   Schobergr.: Am Wege von Heiligenblut ins Gößnitztal innerhalb der Waldregion 1 Ex. 9. VII. 1937.

179. — *phalangii* De G.
   Gl. Gr.: Rasenfleck im Wasserfallwinkel in etwa 2600 m Höhe 6 Larven 28. VII. 1938; Fuscher Rotmoos, im nassen Moos des Flachmoores 5 Larven 23. VII. 1939.
   Nur als Larve bekannt. Irk (i. l.) fand die Larven auf *Erythraeus regalis* parasitierend am Sulzboden bei der Ambergerhütte in 2100 m Höhe unter Steinen. Willmann fand die Art in einem Wiesenmoor der Sudeten (1939 a).

180. *Balaustium murorum* (Herm.)
   Albitzen-SW-Hang, unweit außerhalb der Marienhöhe in etwa 2200 m Höhe aus Graswurzeln im Festucetum pumilae gesiebt 6 Ex. 3. VIII. 1938.
   Irk (i. l.) fand die heliophile Art auf von der Sonne erwärmten Felsen am Schrankogel bis 2600 m Höhe. Nach Willmann (i. l.) findet man sie häufig auf von der Sonne beschienenen Mauern und Felsen; am Glatzer Schneeberg lebt sie auf den Steinwällen an Wiesen- und Ackerrändern (vgl. auch Vitzthum 1941).

181. — *tardum* (Hlbt.).
   Gl. Gr.: Woazkopf beim Mittertörl der Glocknerstraße, unter einem Stein 1 Ex. 15. VII. 1940.
   Weitverbreitete Art.

182. — *quisquiliarum* (Herm.).
   Gl. Gr.: Fuscher Rotmoos, 1 Ex. 23. VII. 1939 im nassen Moos des Flachmoores.
   Weit verbreitet. Willmann (1939 a) fand die Art in den Sudetenmooren unter Bodenflechten.

183. *Hauptmannia Franzi* nov. spec. (Willmann i. l.).
   Gl. Gr.: Käfertal, in Grauerlenfallaub 1 Ex. 14. V. 1940.

III. Oribatei.

Familie *Eulohmanniidae*.

184. *Eulohmannia Ribagai* Berl.
   S. Gr.: Grieswiesalm im Hüttenwinkeltal, im Wurzelgesiebe eines *Nardus-Calluna-Vaccinium myrtillus*-Bestandes 2 Ex. 15. V. 1940.
   Gl. Gr.: Haldenhöcker unterhalb des Mittleren Burgstalls, im Wurzelgesiebe der hochalpinen Grasheide 1 Ex. 16. VII. 1940; Kapruner Tal, im Mischwald am Hang über dem Kesselfall in tiefen Fällaublagen 2 Ex. 14. VII. 1939.
   Nach Willmann (1931) in Deutschland bisher nur aus Ostpreußen und dem Harz bekannt. In der Schweiz im Mittelland und Jura, außerdem im Trentino und in Schwedisch-Lappland (Schweizer 1922). Vielleicht boreoalpin verbreitet.

Familie *Nanhermanniidae*.

185. *Nanhermannia nana* (Nic.).
   S. Gr.: Woisken bei Mallnitz, im nassen *Sphagnum* eines Hochmoores in 1600 m Höhe einige Ex. 5. IX. 1941.
   Gl. Gr.: Fuscher Rotmoos, im nassen Moosrasen des Flachmoores 2 Ex. 14. V. 1940.
   Gr. Gr.: Wiegenwald, im *Sphagnum* eines Hochmoores in 1700 m Höhe 5 Ex. 10. VII. 1939.
   Pinzgau: Taxingbauer in Haid bei Zell am See, im Boden einer Kunst- und einer Magerwiese mehrfach, einzeln auch noch in 5 bis 10 cm Tiefe 13. VII. 1939.
   Weit verbreitet. Geht nordwärts bis Finnland und Schwedisch Lappland, wird von Schweizer (1922) aus dem Mittelland und Jura der Schweiz, von Beier (1928) aus den Hochmooren bei Lunz in den Kalkalpen von Niederdonau und von Willmann (1939 a) aus den Sudetenmooren angegeben.

186. — *comitalis* Berl.
   Gl. Gr.: Fuscher Rotmoos, in nassen Moosrasen 14 Ex. 14. V. 1940.
   Weit verbreitet, bewohnt nasse Wiesen, quellige Stellen, gelegentlich auch Moore (Willmann 1931).

187. — *elegantula* Berl.
   Pinzgau: Taxingbauer in Haid bei Zell am See, in der obersten Bodenschicht einer Kunst- und einer Magerwiese in Mehrzahl 13. VII. 1939.
   Anscheinend weit verbreitet, von Willmann (1931) aus Ostpreußen und aus nordwestdeutschen Mooren angegeben.

Familie *Hypochthoniidae*.

188. *Hypochthonius rufulus* (C. L. Koch).
S. Gr.: Grieswiesalm im Hüttenwinkeltal, im Wurzelgesiebe eines *Calluna-Vaccinium myrtillus-Nardus*-Bestandes 1 Ex. 15. V. 1940; Woisken bei Mallnitz, in *Sphagnum*-Rasen einige Ex. 5. IX. 1941.
Gl. Gr.: Pasterzenvorfeld zwischen Glocknerstraße und Möll, in einer feuchten Mulde unterhalb des Glocknerhauses aus Graswurzeln gesiebt 1 Ex. 27. VII. 1939; Stubachtal, beim Gasthof Schneiderau aus Fallaub und Moos am Fuße eines alten Bergahorns gesiebt 1 Ex. 25. VII. 1939; Fuscher Rotmoos, im nassen Moosrasen 42 Ex. 14. V. 1940; Käfertal, im Grauerlenfallaub 1 Ex. 14. V. 1940; Fuscher Tal unterhalb Dorf Fusch, in der Grauerlenau am Wachtbergbach in Fallaub einige Exemplare 23. V. 1941.
Gr. Gr.: Dorfer Öd, auf der Talalm in 1300 m Höhe im Wurzelgesiebe des Almrasens mehrere Exemplare und im Grünerlenfallaub in großer Zahl 25. VII. 1939.
Pinzgau: Taxingbauer in Haid bei Zell am See, im Boden einer Kunst- und einer Magerwiese in der obersten Schicht sehr zahlreich und noch in 5 bis 10 cm Tiefe recht häufig 13. VIII. 1939.
Lebt in Fallaub, Moos und in *Sphagnum*-Rasen der Moore (Willmann 1931). Weit verbreitet, steigt aus der Ebene bis in subalpine Lagen der Alpen empor, wurde aber in der Schweiz bisher nur im Mittelland und Jura nachgewiesen (Schweizer 1922).

189. *Brachychthonius brevis* (Mich.).
Gl. Gr.: Fuscher Rotmoos, im nassen Moosrasen des Flachmoores 1 Ex. 23. VII. 1939.
Weit verbreitet, lebt in Moosrasen, häufig in *Sphagnum*. Die Art steigt im Engadin bis zu 2100 m Höhe empor (Schweizer 1922).

190. *Trhypochthonius cladonicola* (Willm.).
S. Gr.: Grieswiesalm im Hüttenwinkeltal, im Nardetum 1 Ex. 15. V. 1940.
Die Art ist in *Cladonia*-Rasen in Mooren und *Calluna*-Beständen nach Willmann (1931) häufig und an der oben genannten Fundstelle jedenfalls auch aus *Cladonia*-Polstern benachbarter kleiner *Calluna*-Bestände zufällig in das Nardetum gelangt.

Familie *Malaconothridae*.

191. *Trimalaconothus tardus* (Mich.).
Gr. Gr.: Stubachtal, in einem Hochmoor des Wiegenwaldes in 1700 m Höhe in *Sphagnum*-Rasen 25 Ex. 10. VII. 1939.
Ein Bewohner der *Sphagnum*-Rasen der Hochmoore. Wurde sowohl in den Hochmooren des nordwestdeutschen Flachlandes (Willmann 1931) als auch in jenen der Sudeten (Willmann 1939 a) festgestellt.

192. — *glaber* (Mich.).
S. Gr.: Hochmoor in der Woisken in 1600—1650 m Höhe, im nassen *Sphagnum* 1 Ex. 5. IX. 1941.
Die Art lebt nach Willmann amphibisch in sehr nassem *Sphagnum* und anderen untergetauchten Moosen.

193. *Mucronothrus nasalis* (Willm.).
Gr. Gr.: Stubachtal, in einem Wiegenwaldmoor in 1700 m Höhe in nassem *Sphagnum* 40 Ex. 10. VII. 1939.
Aus Norwegen beschrieben und auch in Hochmooren der Sudeten nachgewiesen (Willmann 1939 a). Die Art ist vielleicht boreoalpin verbreitet.

Familie *Camisiidae*.

194. *Camisia horrida* (Herm.).
Gl. Gr.: Knappenstube nördlich des Hochtores, in 2450 m Höhe in der *Nebria atrata*-Gesellschaft unter Steinen und in Vegetationspolstern 6 Ex. 15. VII. 1940.
Weit verbreitet, lebt nach Willmann (1931) im Moos und Humus der Wälder, steigt im Hochgebirge bis über die Grasheidenstufe empor.

195. — *biverrucata* (C. L. Koch).
Gl. Gr.: Steppenwiesen entlang des Haritzerweges oberhalb Heiligenblut, im Rasengesiebe einige Ex. 15. VII. 1940; Haldenhöcker unter dem Mittleren Burgstall, im Wurzelgesiebe der hochalpinen Grasheide zahlreich 16. VII. 1940.

196. — *spinifer* (C. L. Koch).
Gl. Gr.: Sturmalm, wenig unterhalb der Sturmkapelle aus Graswurzeln gesiebt 1 Ex. 25. VII. 1937.
Weit verbreitet, lebt in Moos.

197. — *segnis* (Herm.) sensu Grdj.
S. Gr.: Grieswiesalm im Hüttenwinkeltal, im Wurzelgesiebe eines *Nardus-Calluna-Vaccinium*-Bestandes 1 Ex. 15. V. 1940.
Gl. Gr.: Käfertal, im Grauerlenfallaub 1 Ex. 14. V. 1940.
Weit verbreitet, wurde meist in Moos und Fallaub gefunden, in den Sudeten in Hochmooren nachgewiesen (Willmann 1939 a).

198. — *lapponica* (Trägdh.).
Gr. Gr.: Stubachtal, in einem Wiegenwaldmoor in 1700 m Höhe in nassem *Sphagnum* 1 Ex. 10. VII. 1939.
Eine vorwiegend nordische Art, die in den Alpen bis 2000 m Höhe, im Riesengebirge, am Glatzer Schneeberg und in Ostpreußen gefunden wurde (Willmann 1931). *C. lapponica* findet sich in Moos und Laub, scheint nirgends häufig zu sein und ist vielleicht boreoalpin verbreitet.

199. *Uronothrus Kochi* nom. nov. Willm. (= *segnis* C. L. Koch nec Hermann teste Grdj.).
Gl. Gr.: Guttal, oberhalb der Ankehre der Glocknerstraße aus *Hypnum*-Rasen unter Buschweiden gesiebt 1 Ex. 15. VII. 1940; Pasterzenvorland südlich der Margaritze, aus Moosrasen unter *Vaccinium uliginosum* und Gräsern gesiebt 7 Ex. 17. VII. 1940; Steppenwiesen oberhalb Heiligenblut, im Wurzelgesiebe des Trockenrasens 1 Ex. 15. VII. 1940.
Gr. Gr.: Stubachtal, am N-Hang des Wiegenwaldes aus morschen, von *Sphagnum* überwucherten Lärchenstämmen in Mehrzahl gesiebt 10. VII. 1939.
Weit verbreitet, in den Schweizer Alpen bis 1900 m Höhe nachgewiesen (Schweizer 1922).

200. *Nothrus pratensis* Sell.
S. Gr.: Grieswiesalm im Hüttenwinkeltal, im Wurzelgesiebe eines *Nardus-Calluna-Vaccinium myrtillus*-Bestandes 8 Ex. 15. V. 1940; Woisken bei Mallnitz, im nassen *Sphagnum* eines Hochmoores in 1600 m Höhe zahlreich 5. IX. 1941.
Gl. Gr.: Fuscher Tal oberhalb Ferleiten, im feuchten Wiesenboden einer Talwiese bei der Vogerlalm 1 Ex. 21. VII. 1939; Fuscher Rotmoos, in nassem Moos 5 Ex. 14. V. 1940.
Gr. Gr.: Stubachtal, in einem Wiegenwaldmoor in 1700 m Höhe in nassem *Sphagnum* 55 Ex. 10. VII. 1939.
Weit verbreitet, ist nach Willmann (1931) in *Sphagnum*-Rasen und in anderen Sumpfmoosbeständen sehr häufig. Frenzel (1936) fand die Art subalpin in einem Nardetum der Sudeten.

201. — *palustris* C. L. Koch.
Gl. Gr.: Fuscher Rotmoos, in nassem Moos 6 Ex. 14. V. 1940.
Pinzgau: Taxingbauer in Haid bei Zell am See, im Wurzelgesiebe einer Magerwiese einige Ex. 13. VII. 1939.
Lebt nach Willmann (1931) in sehr feuchten Moospolstern in Mooren und Sümpfen und ist weit verbreitet, jedoch nirgends häufig. In der Schweiz bisher nur aus dem Mittelland und Jura bekannt.

202. — *borussicus* Sell.
S. Gr.: Grieswiesalm im Hüttenwinkeltal, im Wurzelgesiebe eines *Nardus-Calluna-Vaccinium myrtillus*-Bestandes 1 Ex. 15. V. 1940.
Gl. Gr.: Guttal, oberhalb der Ankehre der Glocknerstraße aus *Hypnum*-Rasen unter Buschweiden in einigen Stücken gesiebt 15. VII. 1940; Haldenhöcker unter dem Mittleren Burgstall, im Wurzelgesiebe der hochalpinen Grasheide zahlreich 16. VII. 1940; Steppenwiesen oberhalb Heiligenblut, im Wurzelgesiebe des Trockenrasens viele Ex. 15. VII. 1940.
Scheint weiter verbreitet zu sein, lebt im Moos.

203. — *silvestris* (Nic.).
S. Gr.: Grieswiesalm im Hüttenwinkeltal, mit der vorgenannten Art 2 Ex. 15. V. 1940.
Weit verbreitet, findet sich häufig in Moosrasen und im Bestandesabfall der Waldböden. In der Schweiz wurde die Art bisher nur im Jura, und zwar im Neuenburger See in 28 m Tiefe, und im Gaiser Riet an *Spagnum* gefunden (Schweizer 1922).

204. *Platynothrus peltifer* (C. L. Koch).
Mölltal: N-Hang gegenüber von Flattach, im Gesiebe aus Waldmoos einige Ex. 18. VI. 1942.
S. Gr.: Grieswiesalm im Hüttenwinkeltal, im Wurzelgesiebe des Nardetums 31 Ex. auf $1/6$ m² Fläche 15. V. 1940; Woisken bei Mallnitz, im *Sphagnum* eines Hochmoores zahlreich 5. IX. 1941.
Gl. Gr.: Steppenwiesen oberhalb Heiligenblut, im Wurzelgesiebe des Trockenrasens zahlreich 15. VII. 1940; Guttal, oberhalb der Ankehre der Glocknerstraße in großer Anzahl aus *Hypnum*-Rasen unter Buschweiden gesiebt 15. VII. 1940; S-Hang des Elisabethfelsens, im nassen Moos einer Quellflur 6 Ex. 17. VII. 1940; Pasterzenvorland südlich der Margaritze, in Moos und Wurzelwerk unter *Vaccinium uliginosum* und Gräsern 44 Ex. 17. VII. 1940; Stubachtal, beim Gasthof Schneiderau aus Fallaub und Moos am Fuße eines alten Bergahorns gesiebt 20 Ex. 25. VII. 1939; Kapruner Tal, im Mischwald am Hang oberhalb des Kesselfalles in großer Zahl aus tiefen Fallaublagen gesiebt 14. VII. 1939; Moserboden, im Wurzelgesiebe des Almrasens in einer Höhe von 1970 m sehr zahlreich 17. VII. 1939; Fuscher Rotmoos, in nassem Moos 1 Ex. 23. VII. 1939; Fuscher Tal unterhalb Dorf Fusch, in der Grauerlenau am Wachtbergbach in Fallaub einige Ex. 23. V. 1941; Hirzbachschlucht, in Gesiebe aus Buchenfallaub zahlreich und im Detritus am Bach einige Ex. 8. VII. 1941.
Gr. Gr.: Stubachtal, am N-Hang des Wiegenwaldes aus morschen, von *Sphagnum* überwucherten Lärchenstämmen in Mehrzahl gesiebt 10. VII. 1939; Dorfer Öd, auf der Talalm in 1300 m Höhe im Wurzelgesiebe des Almrasens und im Grünerlenfallaub je einige Ex.
Schobergr.: Gößnitztal bei der Bretterbruck, aus Grünerlenfallaub gesiebt 1 Ex. 9. VII. 1937.
Pinzgau: Taxingbauer in Haid bei Zell am See, in der obersten Bodenschicht einer Kunst- und einer Magerwiese in größerer Zahl 13. VII. 1939.
Sehr weit verbreitet, reicht hoch nach Norden hinauf. Irk. (i. l.) fand 1 Ex. in Moos am Rande einer Quelle auf der Serles in Nordtirol in 2200 m Höhe. Die Art findet sich nicht nur in Moosrasen, sondern auch im Bestandesabfall der Wälder und im Wiesenboden und steigt in den Alpen mindestens bis in die Zwergstrauchstufe empor. Sie gehört im Gebiet zu den häufigsten Oribatiden.

205. — *capillatus* (Berl.).
Gr. Gr.: Stubachtal, in einem Wiegenwaldmoor in 1700 m Höhe in nassem *Sphagnum* 2 Ex. 10. VII. 1939.

206. *Heminothrus Targionii* Berl.
Mölltal: S-Hang über der Straße von Söbriach nach Flattach, im Gesiebe aus Fallaub unter *Corylus* einige Ex. 18. VI. 1942.
Gl. Gr.: Stubachtal, beim Gasthof Schneiderau in Moos und Fallaub am Fuße eines alten Bergahorns 3 Ex. 25. VII. 1939.
Weit verbreitet, lebt nach Willmann (1931) in Waldmoosen, in den Sudeten auch in Mooren. In der Schweiz wurde die Art nach Schweizer (1922) im Mittelland und Engadin gefunden.

207. — *Thori* Berl.
Gl. Gr.: Fuscher Rotmoos, in nassen Moosrasen 11 Ex. 14. V. 1940.
Lebt nach Willmann (1931) in den Moosrasen sehr feuchter Wiesen.

Familie *Hermanniidae*.

208. *Hermannia gibba* (C. L. Koch).
S. Gr.: Woisken bei Mallnitz, im nassen *Sphagnum* eines Hochmoores in 1650 m Höhe in Anzahl 5. IX. 1941.
Gl. Gr.: S-Fuß des Elisabethfelsens, im nassen Moos einer Quellflur 2 Ex. 17. VII. 1940; Kapruner Tal, im Mischwald am Hang über dem Kesselfall in tiefen Fallaublagen in Mehrzahl 14. VII. 1939; Fuscher Rotmoos, in nassem Moos 1 Ex. 23. VII. 1939; Hirzbachschlucht, im Gesiebe aus Buchenfallaub mehrere Ex. 8. VII. 1941.

Gr. Gr.: Stubachtal, im Wiegenwald im nassen *Sphagnum* eines Hochmoores in 1700 *m* Höhe 2 Ex. und in einem morschen, von *Sphagnum* überwucherten Lärchenstamm in etwa 1600 *m* Höhe am N-Hang massenhaft 10. VII. 1939; Dorfer Öd, auf der Talalm in 1300 *m* Höhe im Wurzelgesiebe des Almrasens 1 Ex. und in Grünerlenfallaub mehrfach 25. VII. 1939.

Pinzgau: Taxingbauer in Haid bei Zell am See, in der obersten Bodenschicht einer Kunstwiese in großer Zahl, im Wurzelgesiebe einer benachbarten Magerwiese einzeln 13. VII. 1939.

Weit verbreitet, lebt im Wiesenboden sowie im Moos und im Bestandesabfall der Wälder. Handschin fand die Art in der Schweiz noch in 2700 *m* Höhe (Schweizer 1922), Irk (i. l.) sammelte sie in Nordtirol in 1100 *m* Höhe in Moos.

Familie *Neoliodidae*.

209. *Platyliodes Doderleini* (Berl.).
  Gr. Gr.: Stubachtal, in einem Hochmoor des Wiegenwaldes in 1700 *m* Höhe in nassem *Sphagnum* 1 Ex. 10. VII. 1939.
  Die Art ist im Mittelmeergebiet verbreitet (Willmann i. l.) und scheint bisher so weit im Norden noch nicht gefunden worden zu sein.

210. — *scaliger* (C. L. Koch).
  Mölltal: Zwischen Söbriach und Flattach am S-Hang über der Straße im Gesiebe aus Fallaub unter *Corylus* mehrere Ex. 18. VI. 1942.

Familie *Cymbaeremaeidae*.

211. *Cymbaeremaeus cymba* (Nic.).
  Gl. Gr.: Piffkaralm, in 1630 *m* Höhe an der Glocknerstraße in Moos und Mulm am Stamm eines Bergahorns 1 Ex. 15. VII. 1940.
  Weit verbreitet. Nach Willmann (1931) in Moos, gern an Baumstämmen, aber immer nur einzeln. Steigt in den Schweizer Alpen bis 2000 *m* Höhe empor (Schweizer 1922).

Familie *Belbidae*.

212. *Belba clavipes* (Herm.).
  Mölltal: N-Hang gegenüber von Flattach, im Gesiebe aus Waldmoos einige Ex. 18. VI. 1942.
  S. Gr.: Kleine Fleiß, oberhalb des Alten Pocher aus Grünerlenfallaub zu beiden Seiten des Tales gesiebt 4 Ex. 30. VI. 1937.
  Gl. Gr.: SW-Hang unmittelbar oberhalb Heiligenblut, in Fallaub mehrere Ex. 18. VI. 1942; Haldenhöcker unterhalb des Mittleren Burgstalls, in der Grasheide in 2650 *m* Höhe 1 Ex. 16. VII. 1940; Kapruner Tal, im Mischwald am Hang über dem Kesselfall in tiefen Fallaublagen zahlreich 14. VII. 1939; Käfertal, in Grauerlenfallaub 9 Ex. 14. V. 1940; Hirzbachschlucht, Gesiebe aus Buchenfallaub einige Ex. 8. VII. 1942; Fuscher Tal unterhalb Dorf Fusch, in der Grauerlenau am Wachtbergbach in Fallaub einige Ex. 23. V. 1941.
  Gr. Gr.: Stubachtal, beim Gasthof Schneiderau in Fallaub und Moos am Fuße eines alten Bergahorns 1 Ex. 25. VII. 1939; Dorfer Öd, auf der Talalm in 1300 *m* Höhe im Wurzelgesiebe des Almrasens einige Ex. 25. VII. 1939.
  Schobergr.: Gößnitztal, bei der Bretterbruck aus Grünerlenfallaub gesiebt 1 Ex. 9. VII. 1937.
  Sehr weit verbreitet, auch noch im hohen Norden. Die Art wurde im Berner Oberland und im Engadin noch in 3100 *m* (Schweizer 1922) und in den Ötztaler Alpen bei der Vernagthütte in 2700 *m* Höhe (Irk i. l.) gefunden. Sie ist anscheinend weitgehend euryök.

213. — *riparia* (Nic.).
  Mölltal: N-Hang gegenüber von Flattach, im Gesiebe aus Waldmoos mehrere Ex. 18. VI. 1942.
  S. Gr.: Kleine Fleiß, oberhalb des Alten Pocher an beiden Talseiten aus Grünerlenfallaub gesiebt 6 Ex. 30. VI. und 1 Ex. 3. VIII. 1937.
  Gl. Gr.: SW-Hang unmittelbar oberhalb Heiligenblut, im Gesiebe aus Fallaub mehrere Ex. 18. VI. 1942; Steppenwiesen oberhalb Heiligenblut, im Wurzelgesiebe des Steppenrasens 3 Ex. 15. VII. 1940; Guttal, oberhalb der Ankehre der Glocknerstraße in *Hypnum*-Rasen unter Buschweiden in Mehrzahl 15. VII. 1940; Wasserrad-SW-Hang, im Gesiebe des Grasheidebodens in 2500 *m* Höhe 1 Ex. 17. VII. 1940; Pasterzenvorland südlich der Margaritze, in Moos und Wurzelwerk unter *Vaccinium uliginosum* und Gräsern 8 Ex. 17. VII. 1940; Stubachtal, beim Gasthof Schneiderau in Moos und Fallaub am Fuße eines alten Bergahorns 4 Ex. 25. VII. 1939; Kapruner Tal, im Mischwald am Hang über dem Kesselfall in tiefen Fallaublagen zahlreich 14. VII. 1939; Käfertal, in Fallaub unter Grauerlen 24 Ex. und unter *Rhododendron hirsutum* 1 Ex. 14. V. 1940; Piffkaralm, in 1630 *m* Höhe an der Glocknerstraße in Moos und Mulm am Stamm eines Bergahorns 3 Ex. 15. VII. 1940; Hirzbachschlucht unmittelbar oberhalb Dorf Fusch, im Gesiebe aus Buchenfallaub 2 Ex. und aus Detritus am Bach einige Ex. 8. VII. 1941.
  Gr. Gr.: Stubachtal, am N-Hang des Wiegenwaldes in morschen, von *Sphagnum* überwucherten Lärchenstämmen mehrfach 10. VII. 1939; Dorfer Öd, bei der Talalm in 1300 *m* Höhe in Grünerlenfallaub einige Ex. 25. VII. 1939.
  Schobergr.: Gößnitztal, bei der Bretterbruck aus Grünerlenfallaub gesiebt 6 Ex. 9. VII. 1937.
  Lebt in Moos und Fallaub und ist wahrscheinlich über ganz Deutschland verbreitet (Willmann 1931).

214. — *diversipilis* nov. spec. Willmann i. l.
  Gl. Gr.: Guttal, oberhalb der Ankehre der Glocknerstraße in *Hypnum*-Rasen unter Buschweiden in Mehrzahl 15. VII. 1940; Albitzen-SW-Hang, unmittelbar unterhalb der Bratschen in 2250 *m* Höhe 1 Ex. 20. VII. 1938; Haldenhöcker unterhalb des Mittleren Burgstalls, auf der Moräne 1 Ex. und im Wurzelgesiebe der Grasheide zahlreich 16. VII. 1940; Pasterzenvorland südlich der Margaritze, in Moos und Wurzelwerk unter *Vaccinium uliginosum* und Gräsern 6 Ex. 17. VII. 1940; Schneeböden bei der neuen Salmhütte, in 2600 *m* Höhe 1 Ex. 12. VII. 1937; am Stüdlweg zwischen Bergertörl und Mödl-

spitze 1 Ex. 11. VIII. 1937; Woazkopf beim Mittertörl der Glocknerstraße, unter einem Stein 1 Ex. 15. VII. 1940; Walcher Sonnleitbratschen, im Wurzelgesiebe des Curvuletums an der Rasengrenze in 2500 m Höhe einige Ex. 9. VII. 1941.

Scheint im Gebiete nur die alpine Zwergstrauch- und Grasheidenstufe zu bewohnen.

215. *Belba bituberculata* (Kulcz.).
Gl. Gr.: Pasterzenvorfeld zwischen Glocknerstraße und Möllschlucht, innerhalb der Moräne des Jahres 1856 aus Wurzelwerk der Pioniervegetation gesiebt 1 Ex. 27. VII. 1939.

Lebt meist in Moos und scheint über ganz Deutschland verbreitet zu sein (Willmann 1931).

216. — *corynopus* (Herm.).
Gl. Gr.: Stubachtal, beim Gasthof Schneiderau in Moos und Fallaub am Fuße eines alten Bergahorns 7 Ex. 25. VII. 1939.

Weit verbreitet und häufig. Lebt in Moos, auch in Mooren (Willmann 1939 a). Frenzel (1936) fand die Art mehrfach in Wiesenböden.

217. — *verticillipes* (Nic.).
Gl. Gr.: SW-Hang oberhalb Heiligenblut, im Fallaubgesiebe mehrere Ex. 18. VI. 1942; Dorfer Tal, an der Waldgrenze aus Grünerlenfallaub gesiebt 1 Ex. 17. VII. 1937; Piffkaralm, in 1630 m Höhe an der Glocknerstraße aus Moos und Mulm am Stamm eines Bergahorns gesiebt 2 Ex. 15. VII. 1940; Hirzbachschlucht oberhalb Dorf Fusch, im Gesiebe aus Buchenfallaub 2 Ex. 8. VII. 1941.

Die Art lebt nach Willmann (1931) in Moos und scheint weit verbreitet zu sein. In den Schweizer Alpen steigt sie bis 1900 m Höhe empor (Schweizer 1922).

218. — *tecticola* (Mich.).
Mölltal: N-Hang gegenüber von Flattach, im Gesiebe aus Waldmoos mehrere Ex. 18. VI. 1942.
Gl. Gr.: Käfertal, in Fallaub und Moos unter Grauerlen 2 Ex. 14. V. 1940.

In den Schweizer Alpen bis in 2700 m Höhe nachgewiesen, auch in England und Italien (Schweizer 1922).

219. — *pulverulenta* (C. L. Koch).
Gl. Gr.: Steppenwiesen entlang des Haritzerweges oberhalb Heiligenblut, im Rasengesiebe einige Ex. 15. VII. 1940.

220. — *gracilipes* (Kulcz.).
Gl. Gr.: Käfertal, in Fallaub unter Grauerlen 6 Ex. 14. V. 1940.
Gl. Gr.: Stubachtal, am N-Hang des Wiegenwaldes aus morschen, von *Sphagnum* überwucherten Lärchenstämmen zahlreich gesiebt 10. VII. 1939.

Die Art lebt nach Willmann (1931) in Moosrasen und kommt auch in Norddeutschland (Holstein) vor.

221. — *Berlesei* (Mich.).
Gl. Gr.: SW-Hang oberhalb Heiligenblut, im Fallaubgesiebe wenige Ex. 18. VI. 1942; Kapruner Tal, im Mischwald am Hang oberhalb des Kesselfalles in tiefen Fallaublagen 5 Ex. 14. VII. 1939; Hirzbachschlucht, im Gesiebe aus Buchenfallaub 4 Ex. 8. VII. 1941; Walcher Sonnleitbratschen, im Wurzelgesiebe des Curvuletums in 2500 m Höhe 1 Ex. 9. VII. 1941.

Bisher aus Italien und der Schweiz bekannt.

222. — *compta* (Kulcz.).
S. Gr.: Woisken bei Mallnitz, im nassen *Sphagnum* des Hochmoores einige Ex. 5. IX. 1941.
Gl. Gr.: Guttal, oberhalb der Ankehre der Glocknerstraße in *Hypnum*-Rasen unter Buschweiden in großer Zahl 15. VII. 1940; Pasterzenvorland südlich der Margaritze, in Moos und Wurzelwerk unter *Vaccinium uliginosum* und Gräsern 3 Ex. 17. VII. 1940; Kapruner Tal, im Mischwald am Hang über dem Kesselfall zahlreich aus tiefen Fallaublagen gesiebt 14. VII. 1939; Hirzbachschlucht, im Gesiebe aus Buchenfallaub einige Ex. 8. VII. 1941; Walcher Sonnleitbratschen, im Wurzelgesiebe des Curvuletums an der Rasengrenze in 2500 m Höhe wenige Ex. 9. VII. 1941.
Gr. Gr.: Stubachtal, am N-Hang des Wiegenwaldes aus morschen, von *Sphagnum* überwucherten Lärchenstämmen in Anzahl gesiebt 10. VII. 1939; Dorfer Öd, bei der Talalm in 1300 m Höhe aus Grünerlenfallaub gesiebt einige Ex. 25. VII. 1939.

Wird von Willmann (1931) nach Sellnik nur aus Ostpreußen angegeben. In neuester Zeit wurde die Art von Thienemann in Lappland gesammelt (teste Willmann). Sie ist vielleicht boreoalpin verbreitet.

223. — *granulata* nov. spec. Willmann i. l.
Gl. Gr.: Haldenhöcker unter dem Mittleren Burgstall, auf der Kalkphyllitschutthalde in 2650 m Höhe unter Steinen 2 Ex. 16. VII. 1940.

224. — *tatrica* (Kulcz.).
Gl. Gr.: SW-Hang oberhalb Heiligenblut, im Fallaubgesiebe einige Ex. 18. VI. 1942; Guttal, oberhalb der Ankehre der Glocknerstraße aus *Hypnum*-Rasen in Mehrzahl gesiebt 15. VII. 1940; Haldenhöcker unter dem Mittleren Burgstall, im Wurzelgesiebe der hochalpinen Grasheide in 2650 m Höhe einige Ex. 16. VII. 1940.
Gr. Gr.: Stubachtal, am N-Hang des Wiegenwaldes aus morschen, von *Sphagnum* überwucherten Lärchenstämmen in Anzahl gesiebt 10. VII. 1939.

Eine montane Art, die aus der Rhön, dem Schwarzwald, den Alpen (Willmann 1931) und Karpathen bekannt ist und in Moosrasen lebt.

225. — *spinosa* (Sell.).
Gl. Gr.: Kapruner Tal, im Mischwald am Hang oberhalb des Kesselfalles aus tiefen Fallaublagen in Mehrzahl gesiebt 14. VII. 1939.
Gr. Gr.: Dorfer Öd, bei der Talalm in 1300 m Höhe aus Grünerlenfallaub gesiebt 1 Ex. 25. VII. 1939.

Weit verbreitet, wird zumeist in Moos gefunden.

226. — *longisetosa* nov. spec. Willmann i. l.
Gl. Gr.: Käfertal, in Fallaub und Moos unter Grauerlen 3 Ex. 14. V. 1940.

227. — *similis* nov. spec. Willmann i. l.
Gl. Gr.: Piffkaralm, in 1630 m Höhe an der Glocknerstraße in Moos und Mulm an einem Bergahornstamm 2 Ex. 15. VII. 1940.

228. *Gymnodamaeus reticulatus* Berl.
   Gl. Gr.: Steppenwiesen entlang des Haritzerweges oberhalb Heiligenblut, im Rasengesiebe einige Ex. 15. VII. 1940.
   Eine mediterrane Art, die von J. Jaus auch an xerothermen Stellen am Anninger-Osthang südlich von Wien gesammelt worden ist (Willm. i. l.).

Familie *Eremaeidae*.

229. *Licneremaeus licnophorus* (Mich.).
   Gr. Gr.: Stubachtal, am N-Hang des Wiegenwaldes aus morschen, von *Sphagnum* überwucherten Stämmen gesiebt 1 Ex. 10. VII. 1939.
   Lebt in der Ebene und im Gebirge und scheint im Gebiete wie anderwärts nicht häufig zu sein.

230. *Caleremaeus monilipes* (Mich.).
   Gl. Gr.: Pasterzenvorland südlich der Margaritze, in Moos und Wurzelwerk unter *Vaccinium uliginosum* und Gräsern 1 Ex. 17. VII. 1940; Pasterzenvorfeld zwischen Glocknerstraße und Möll, im Rasengesiebe von einem Kalkphyllitrücken unterhalb des Glocknerhauses 1 Ex. 27. VII. 1939; Stubachtal, in Falllaub und Moos am Fuße eines alten Bergahorns 2 Ex. 23. VII. 1939; Kapruner Tal, im Mischwald am Hang oberhalb des Kesselfalles in tiefen Fallaublagen 1 Ex. 14. VII. 1939.
   Gr. Gr.: Stubachtal, am N-Hang des Wiegenwaldes aus morschen, von *Sphagnum* überwucherten Lärchenstämmen in Anzahl gesiebt 10. VII. 1939.
   Pinzgau: Taxingbauer in Haid bei Zell am See, in der obersten Bodenschicht einer Kunstwiese 1 Ex. 13. VII. 1939.
   Die Art ist nach Willmann (1931) über ganz Deutschland verbreitet und wird meist in Moosrasen an Bäumen und Felsen gefunden.

231. *Suctobelba trigona* (Mich.).
   Gl. Gr.: Guttal, oberhalb der Ankehre der Glocknerstraße aus *Hypnum*-Rasen unter Buschweiden in einigen Ex. gesiebt 15. VII. 1940; Stubachtal, beim Gasthof Schneiderau in Moos und Fallaub am Fuße eines alten Bergahorns 1 Ex. 25. VII. 1939; Fuscher Rotmoos, in nassen Moosrasen 2 Ex. 23. VII. 1939.
   Gr. Gr.: Dorfer Öd, bei der Talalm in 1300 *m* Höhe aus Grünerlenfallaub einige Ex. gesiebt 25. VII. 1939.
   Lebt in Moos und im Boden, auch in Hochmoorgelände. In der Schweiz steigt die Art nach Schweizer (1922) im Jura bis 1100 *m* Höhe empor.

232. — *subtrigona* (Oudms.).
   Gr. Gr.: Stubachtal, am N-Hang des Wiegenwald aus morschen, von *Sphagnum* überwucherten Lärchenstämmen gesiebt einige Ex. 10. VII. 1939.
   Weit verbreitet, lebt in Moosrasen.

233. — *ornithorhyncha* nov. spec. Willmann i. l.
   Gl. Gr.: Kapruner Tal, im Mischwald am Hang oberhalb des Kesselfalles in tiefen Fallaublagen 5 Ex. 14. VII. 1939.

234. *Rhynchobelba inexspectata* nov. gen. nov. spec. Willm. i. l.
   Gl. Gr.: Hirzbachschlucht oberhalb Dorf Fusch, im Fallaubgesiebe des Buchenwaldes 1 Ex. 8. VII. 1941.

235. *Oppia neerlandica* (Oudms.).
   Gl. Gr.: S-Hang des Elisabethfelsens, im nassen Moos einer Quellflur 2 Ex. 17. VII. 1940; Kapruner Tal, im Mischwald am Hang oberhalb des Kesselfalles in tiefen Fallaublagen einige Ex. 14. VII. 1939.
   Gr. Gr.: Stubachtal, im Wiegenwald im nassen *Sphagnum* eines Hochmoores in 1700 *m* Höhe 2 Ex. und in morschen, von *Sphagnum* überwucherten Lärchenstämmen am N-Hang in etwa 1600 *m* Höhe einige weitere Ex. 10. VII. 1939.
   Sehr weit verbreitet, lebt meist in nassen Moosrasen, vor allem in Mooren (Willmann 1931), wurde jedoch von Frenzel (1936) auch in Wiesenböden nachgewiesen und ist weitgehend euryök.

236. — *quadricarinata* (Mich.).
   Gl. Gr.: Hirzbachtal, in der Bachschlucht oberhalb Dorf Fusch im Fallaubgesiebe des Buchenwaldes wenige Ex. 8. VII. 1941.

237. — *ornata* (Oudms.) f. typ. und var. *globosum* (Paoli).
   S. Gr.: Grieswiesalm im Hüttenwinkeltal, im Wurzelgesiebe eines Nardetums 1 Ex. 15. V. 1940.
   Gl. Gr.: Guttal, oberhalb der Ankehre der Glocknerstraße aus *Hypnum*-Rasen unter Buschweiden gesiebt 1 Ex. 15. VII. 1940; S-Fuß des Elisabethfelsens, im nassen Moosrasen einer Quellflur 1 Ex. 17. VII. 1940; Käfertal, Käfertalgries, in Fallaub unter *Rhododendron hirsutum* 1 Ex. 14. V. 1940; Stubachtal, beim Gasthof Schneiderau in Moos und Fallaub am Fuße eines alten Bergahorns 1 Ex. 25. VII. 1939; Kapruner Tal, im Mischwald am Hang oberhalb des Kesselfalles in tiefen Fallaublagen einige Ex. 14. VII. 1939; Käfertal, in Fallaub unter Grauerlen 1 Ex. 14. V. 1940 (var. *globosum*).
   Gr. Gr.: Stubachtal, N-Hang des Wiegenwaldes, in morschen, von *Sphagnum* überwucherten Lärchenstämmen einige Ex. 10. VII. 1939; Dorfer Öd, bei der Talalm in 1300 *m* Höhe zahlreich aus Grünerlenfallaub gesiebt 25. VII. 1939 (alle var. *globosum*).
   Moosbewohner, weit verbreitet.

238. — *Willmanni* (Dyrd.).
   Gl. Gr.: Stubachtal, beim Gasthof Schneiderau im Moos und Fallaub am Fuße eines alten Bergahorns 5 Ex. 25. VII. 1939.
   In Nordostdeutschland und Schlesien verbreitet; lebt in Moos und im Wiesenboden (Frenzel 1936).

239. — *unicarinata* (Paoli).
   Gl. Gr.: SW-Hang über Heiligenblut, in Fallaub unter *Corylus* einige Ex. 18. VI. 1942.
   Pinzgau: Taxingbauer in Haid bei Zell am See, in der obersten Bodenschicht einer Kunstwiese einige Ex. 13. VII. 1939.
   Scheint weit verbreitet zu sein, wurde bisher meist in Waldbeständen in Moos gesammelt.

240. *Oppia bicarinata* (Paoli).
Gl. Gr.: Kapruner Tal, im Mischwald am Hang über dem Kesselfall in tiefen Fallaublagen mehrere Ex. 14. VII. 1939.
Gleichfalls weiter verbreitet und ebenfalls vorwiegend in Moos gesammelt. Auch in der Schweiz im Jura und im Engadin (Schweizer 1922).

241. — *subpectinata* (Oudms.).
S. Gr.: Grieswiesalm im Hüttenwinkeltal, im Wurzelgesiebe eines *Nardus-Calluna-Vaccinium myrtillus*-Bestandes 1 Ex. 15. V. 1940; Woisken bei Mallnitz, im nassen *Sphagnum* des Hochmoores in 1650 m Höhe einige Ex. 5. IX. 1941.
Gl. Gr.: SW-Hang über Heiligenblut, in Fallaub unter *Corylus* einige Ex. 18. VI. 1941; Stubachtal, beim Gasthof Schneiderau in Fallaub und Moos am Fuße eines alten Bergahorns 2 Ex. 25. VII. 1939; Kapruner Tal, im Mischwald am Hang oberhalb des Kesselfalles in tiefen Fallaublagen in Anzahl 14. VII. 1939; Fuscher Rotmoos, in nassem Moos 2 Ex. 14. V. 1940; Käfertal, in Fallaub und Moos unter *Rhododendron hirsutum* 3 Ex. 14. V. 1940.
Gr. Gr.: Stubachtal, im Wiegenwald im nassen *Sphagnum* eines Hochmoores in 1700 m Höhe 8 Ex. und im Gesiebe aus morschen, von *Sphagnum* überwucherten Lärchenstämmen in 1600 m Höhe in Anzahl 10. VII. 1939; Dorfer Öd, bei der Talalm in 1300 m Höhe einige Ex. aus Grünerlenfallaub gesiebt.
Sehr weit verbreitet, lebt vorwiegend in Moos, aber auch in der Laubstreu der Wälder und im Wiesenboden (Frenzel 1936).

242. — *tricarinata* (Paoli).
S. Gr.: Woisken bei Mallnitz, in nassem *Sphagnum* wenige Ex. 5. IX. 1941.

243. *Oribella Paolii* (Oudms.).
S. Gr.: Grieswiesalm im Hüttenwinkeltal, im Wurzelgesiebe eines *Nardus-Calluna-Vaccinium myrtillus*-Bestandes 2 Ex. 15. V. 1940; Woisken bei Mallnitz, im nassen *Sphagnum* eines Hochmoores in 1650 m Höhe einige Ex. 5. IX. 1941.
Gl. Gr.: Pasterzenvorfeld zwischen Glocknerstraße und Möll, im Rasengesiebe einer feuchten Mulde unterhalb des Glocknerhauses in sehr großer Zahl 27. VII. 1939; Pasterzenvorland südlich der Margaritze, im Moosrasen und Wurzelwerk unter *Vaccinium uliginosum* und Gräsern in Mehrzahl 17. VII. 1940; Moserboden, im Wurzelgesiebe eines Almrasens in 1970 m Höhe einige Ex. 17. VII. 1939; Käfertal, in Fallaub unter Grauerlen 8 Ex. und unter *Rhododendron hirsutum* 11 Ex. 14. V. 1940; Piffkaralm, in 1630 m Höhe an der Glocknerstraße in Moos und Mulm am Stamm eines Bergahorns 2 Ex. 15. VII. 1940; Hirzbachschlucht, im Gesiebe aus Buchenfallaub einige Ex. 8. VII. 1941.
Gr. Gr.: Stubachtal, am N-Hang des Wiegenwaldes in 1600 m Höhe aus morschen, von *Sphagnum* überwucherten Lärchenstämmen in großer Zahl gesiebt 10. VII. 1939; Dorfer Öd, auf der Talalm in 1300 m Höhe in Mehrzahl aus Almrasen und in großer Menge aus Fallaub unter Grünerlen gesiebt 25. VII. 1939.
Pinzgau: Taxingbauer in Haid bei Zell am See, in der obersten Bodenschicht einer Kunstwiese einzeln und einer benachbarten Magerwiese in großer Zahl 13. VII. 1939, im Magerwiesenboden einzeln auch noch in 5 bis 10 cm Tiefe.
Weit verbreitet, lebt nicht nur in Moosrasen, sondern auch im Wiesenboden.

244. — *alpestris* (Willm.).
Gl. Gr.: Pasterzenvorland südlich der Margaritze, in Moos und Wurzelwerk unter *Vaccinium uliginosum* und Gräsern 1 Ex. 17. VII. 1940.
Die Art ist bis jetzt nach Willmann (1931) nur aus den Alpen bekannt, wo sie in der Schweiz an der Gotthardstraße entdeckt wurde.

245. *Eremaeus oblongus* C. L. Koch.
Mölltal: N-Hang gegenüber von Flattach, im Gesiebe aus Waldmoos 1 Ex. 18. VI. 1942.
Gl. Gr.: Wasserrad-SW-Hang, in 2500 m Höhe im Wurzelgesiebe der Grasheide 6 Ex. 17. VII. 1940; Pasterzenvorfeld zwischen Glocknerstraße und Möll, im Wurzelgesiebe der Grasheide auf einem Kalkphyllitrücken unterhalb des Glocknerhauses einige Ex. 27. VII. 1939; Pasterzenvorland südlich der Margaritze, in Moos und Wurzelwerk unter *Vaccinium uliginosum* und Gräsern 1 Ex. 17. VII. 1940; Haldenhöcker unter dem Mittleren Burgstall, im Wurzelgesiebe der hochalpinen Grasheide in 2650 m Seehöhe einige Ex. 16. VII. 1940; Stubachtal, beim Gasthof Schneiderau in Fallaub und Moos am Fuße eines alten Bergahorns 3 Ex. 25. VII. 1939; Kapruner Tal, im Mischwald am Hang über dem Kesselfall in tiefen Fallaublagen 1 Ex. 14. VII. 1939; Hirzbachschlucht, im Gesiebe aus Buchenfallaub wenige Ex. 8. VII. 1941.
Gr. Gr.: Dorfer Öd, bei der Talalm in 1300 m Höhe einige Ex. aus Grünerlenfallaub gesiebt 25. VII. 1939.
Weit verbreitet, lebt in Moos, in morschen Baumstrünken, Fallaub und hochalpin in Grasheideböden. Die Art wurde von Irk (i. l.) im Ötztal im Moos am Nadelwaldboden in 1050 m Höhe gesammelt, in der Schweiz steigt sie bis 2700 m Höhe empor (Schweizer 1922).

246. — *hepaticus* C. L. Koch.
Mölltal: N-Hang gegenüber von Flattach, in Waldmoos 1 Ex. 18. VI. 1942.
Gl. Gr.: SW-Hang über Heiligenblut, in Fallaub mehrere Ex. 18. VI. 1942; Kapruner Tal, im Mischwald am Hang oberhalb des Kesselfalles in Anzahl aus tiefen Fallaublagen gesiebt 14. VII. 1939; Käfertal, in Grauerlenfallaub 4 Ex. 14. V. 1940; Hirzbachschlucht, im Gesiebe aus Buchenfallaub und Detritus je einige Ex. 8. VII. 1941.
Nach Willmann (1931) besonders im Mittel- und Süddeutschland verbreitet, auch im Erzgebirge nachgewiesen. In der Schweiz steigt die Art bis 1900 m Höhe empor (Schweizer 1922).

247. *Ceratoppia bipilis* (Herm.).
Mölltal: S-Hang über der Straße zwischen Söbriach und Flattach, in Fallaub wenige Ex. mit sehr kurzen Rückenhaaren, und N-Hang gegenüber von Flattach, in Waldmoos mehrere normale Ex. 18. VI. 1942.
S. Gr.: Grieswiesalm im Hüttenwinkeltal, im Wurzelgesiebe eines *Nardus-Calluna-Vaccinium myrtillus*-Bestandes 18 Ex. 15. V. 1940; Gjaidtrog-SW-Hang, nahe dem Gipfel in der *Caeculus echinipes*-Gesellschaft unter Steinen 2 Ex. 18. VII. 1938.
Gl. Gr.: Guttal, oberhalb der Ankehre der Glocknerstraße aus *Hypnum*-Rasen unter Buschweiden in großer Zahl gesiebt 15. VII. 1940; Moräne des Pfandlschartenkeeses am Weg vom Glocknerhaus zur

Pfandlscharte unter einem Stein 1 Ex. und etwas vor der Moräne unter Steinen in der *Nebria atrata*-Assoziation 2 Ex. 19. VII. 1938; Naßfeld des Pfandlschartenbaches 1 Ex. 1. VIII. 1938; Pasterzenvorland südlich der Margaritze, aus Moos und Wurzelwerk unter *Vaccinium uliginosum* und Gräsern in Anzahl gesiebt 17. VII. 1940; Wasserfallwinkel 1 Ex. 28. VII. 1938; Haldenhöcker unterhalb des Mittleren Burgstalls, auf der Kalkphyllitschutthalde 1 Ex. 29. VII. 1938 und 21 Ex. 16. VII. 1940; im Moränengelände darunter unter Steinen 12 Ex. 16. VII. 1940 und in der Grasheide 1 Ex. 16. VII. 1940; Pasterzenmoräne unterhalb des Kellersberges 5 Ex. 19. VIII. 1937, Pasterzemoräne unterhalb des Schwertecks 5 Ex. 2. VIII. 1938; Hochfläche des Großen Burgstalls 1 Ex. 20. VIII. 1937; Stubachtal, beim Gasthof Schneiderau in Fallaub und Moos am Fuße eines alten Bergahorns 3 Ex. 25. VII. 1939; Kapruner Tal, im Mischwald am Hang über dem Kesselfall in großer Zahl aus tiefen Fallaublagen gesiebt 14. VII. 1939; Piffkaralm, in 1630 *m* Höhe an der Glocknerstraße an einem Bergahornstamm 2 Ex. 15. VII. 1940; Käfertal, in Fallaub unter Grauerlen 9 Ex. und unter *Rhododendron hirsutum* 1 Ex. 14. V. 1940; N-Hang unterhalb der Pfandlscharte, in der *Nebria atrata*-Assoziatien in 2300 bis 2400 *m* Höhe unter Steinen 12 Ex. und im Rasen etwas tiefer 2 Ex. 18. VII. 1940; Knappenstube nördlich des Hochtores, in 2450 *m* Höhe in der *Nebria atrata*-Assoziation unter Steinen und in Vegetationspolstern 12 Ex. 15. VII. 1940; Walcher Sonnleitbratschen, in der *Nebria atrata*-Assoziation 4 Ex. in 2600 bis 2700 *m* Höhe 9. VIII. 1941; Hirzbachschlucht oberhalb Dorf Fusch, im Gesiebe aus Buchenfallaub zahlreich und im Detritus am Bach einige Ex. 8. VIII. 1941.

Gr. Gr.: Stubachtal, im Wiegenwald im nassen *Sphagnum* eines Hochmoores in 1700 *m* Höhe 2 Ex. und am N-Hang in 1600 *m* Höhe in morschen, von *Sphagnum* überwucherten Lärchenstämmen in großer Zahl 10. VII. 1939; Dorfer Öd, bei der Talalm in 1300 *m* Höhe in großer Zahl aus Grünerlenfallaub gesiebt 25. VII. 1939.

Sehr weit verbreitet und auch noch im hohen Norden vorkommend. Die Art steigt in der Schweiz bis 2700 *m* (Schweizer 1922), am Schrankogel in den Stubaier Alpen bis 2900 *m* (Irk i. l.) und im Untersuchungsgebiet bis mindestens 3000 *m* Höhe empor. Sie ist in hochalpinen Lagen eine der häufigsten Oribatiden, findet sich auch im Waldgebiet in Laubstreu und Moos, meidet aber anscheinend Wiesen- und Almböden sowie die hochalpinen Grasheiden.

248. *Ceratoppia sexpilosa* Willm.
Gl. Gr.: SW-Hang unmittelbar über Heiligenblut, im Gesiebe aus Fallaub unter *Corylus* 1 etwas abweichendes Ex. 18. VI. 1942.
Gr. Gr.: Stubachtal, am N-Hang des Wiegenwaldes in etwa 1600 *m* Höhe aus einem morschen, von *Sphagnum* überwucherten Lärchenstamm gesiebt 1 Ex. 10. VII. 1939; auch in einem Hochmoor des Wiegenwaldes in 1700 *m* Höhe in nassem *Sphagnum* 10. VII. 1939.
Die Art findet sich auch in Hochmooren der Sudeten (Willmann 1939 a).

249. *Metrioppia helvetica* Grdj.
Gl. Gr.: Guttal, oberhalb der Ankehre der Glocknerstraße aus *Hypnum*-Rasen unter Buschweiden 1 Ex. gesiebt 15. VII. 1940; Pasterzenvorland südlich der Margaritze, im Wurzelwerk und Moos unter *Vaccinium uliginosum* und Gräsern 3 Ex. 17. VII. 1940.
Die Art wurde von Grandjean bei Andermatt in der Schweiz in 1600 *m* Höhe in Moos- und Flechtenrasen entdeckt (Willmann i. l.).

Familie *Carabodidae*.

250. *Hermanniella picea* (C. L. Koch).
Mölltal: S-Hang über der Straße zwischen Söbriach und Flattach, im Fallaubgesiebe 2 Ex. 18. VI. 1942.
Pinzgau: Taxingbauer in Haid bei Zell am See, in der obersten Bodenschicht einer Kunst- und einer Magerwiese einige Ex. 13. VII. 1939.
Weit verbreitet, wird meist in Moosrasen gefunden. Von Schweizer (1922) aus der Schweiz unter dem Namen *H. granulata* (Nic.) aus dem Jura angegeben.

251. *Tectocepheus velatus* (Mich.) f. typ. und var. *sarekensis* (Trgdh.).
Gl. Gr.: Pasterzenvorfeld zwischen Glocknerstraße und Möll, im Wurzelgesiebe der Vorpostenvegetation innerhalb der Moräne des Jahres 1856 24 Ex. 27. VII. 1939; Stubachtal, beim Gasthof Schneiderau aus Fallaub und Moos unter einem alten Bergahorn 2 Ex. gesiebt 25. VII. 1939; Moserboden, im Wurzelgesiebe des Almrasens in 1970 *m* Höhe einige Ex. 17. VII. 1939; S-Hang des Elisabethfelsens, im nassen Moos einer Quellflur 1 Ex. 17. VII. 1940; Fuscher Rotmoos, einige Ex. in nassen Moosrasen 23. VII. 1939 (an den beiden letztgenannten Fundstellen var. *sarekensis*).
Pinzgau: Taxingbauer in Haid bei Zell am See, in der obersten Bodenschicht einer Kunst- und einer Magerwiese in Mehrzahl 13. VII. 1939.
Sehr weit verbreitet, reicht nordwärts bis ins arktische Gebiet. Die Art wurde in Wiesenböden, in Moos an Bäumen und auch in Mooren gefunden und in der Schweiz in Moospolstern noch in 2700 *m* Höhe nachgewiesen (Schweizer 1922). Die var. *sarekensis* lebt nach Willmann (1931) in Moos, besonders in Mooren.

252. *Scutovertex minutus* (C. L. Koch).
Gl. Gr.: Walcher Sonnleitbratschen, im Curvuletum an der oberen Grasheidengrenze in 2500 *m* Höhe aus Graswurzeln gesiebt 1 Ex. 18. VI. 1941.
Scheint weiter verbreitet zu sein.

253. *Xenillus tegeocranus* (Herm.).
Gl. Gr.: Steppenwiesen entlang des Haritzerweges oberhalb Heiligenblut, im Rasengesiebe zahlreich 15. VII. 1940.
Diese nach Willmann (1931) feuchte Stellen bevorzugende Art fand sich hier merkwürdigerweise im Trockenrasen.

254. *Tritegeus bifidatus* (Nic.).
Gl. Gr.: SW-Hang über Heiligenblut, im Fallaubgesiebe 1 Ex. 18. VI. 1942; Pasterzenvorland südlich der Margaritze, in Wurzelwerk und Moos unter *Vaccinium uliginosum* und Gräsern 1 Ex. 17. VII. 1940; Kapruner Tal, im Mischwald am Hang über dem Kesselfall in tiefen Fallaublagen mehrfach 14. VII. 1940; Hirzbachschlucht, in Buchenfallaubgesiebe mehrere Ex. 8. VII. 1941.

Gr. Gr.: Stubachtal, am N-Hang des Wiegenwaldes in etwa 1600 m Höhe in morschen, von *Sphagnum* überwucherten Lärchenstämmen mehrfach 10. VII. 1939.

Weit verbreitet, lebt nach Willmann (1931) in feuchten Moosrasen an quelligen Stellen, tritt jedoch nach meinen Beobachtungen auch in nasse Fallaublagen über. In den Schweizer Alpen wurde die Art von Handschin noch in 1900 m Höhe gefunden (Schweizer 1922).

255. *Cepheus cepheiformis* (Nic.).
Gl. Gr.: Pasterzenvorland südlich der Margaritze, aus Moos und Wurzelwerk unter *Vaccinium uliginosum* und Gräsern in Mehrzahl gesiebt 17. VII. 1940; Kapruner Tal, im Mischwald am Hang über dem Kesselfall in tiefen Fallaublagen 1 Ex. 14. VII. 1939; Piffkaralm, in 1630 m Höhe in Moos und Mulm am Stamm eines Bergahorns 1 Ex. 15. VII. 1940.
Gr. Gr.: Stubachtal, am N-Hang des Wiegenwaldes aus morschen, von *Sphagnum* überwucherten Lärchenstämmen einige Ex. gesiebt 10. VII. 1939; Dorfer Öd, bei der Talalm in 1300 m Höhe einige Ex. aus Grünerlenfallaub gesiebt 25. VII. 1939.

Anscheinend weit verbreitet, lebt nach Willmann (1931) gern in Nadelwäldern zwischen den faulenden Nadeln im Bestandesabfall und im Moosrasen am Waldboden. Soll Vorliebe für Kiefernstreu zeigen. Schweizer (1922) gibt die Art aus der Schweiz nur von Diessenhofen an, wo er sie an Pilzen sammelte. Sie scheint die Waldgrenze in den Alpen nicht zu überschreiten.

256. — *latus* C. L. Koch.
Gl. Gr.: Guttal, oberhalb der Ankehre der Glocknerstraße in *Hypnum*-Rasen unter Buschweiden einige Ex. 15. VII. 1940; Pasterzenvorland südlich der Margaritze, in Moos und Wurzelwerk unter *Vaccinium uliginosum* und Gräsern 1 Ex. 17. VII. 1940.
Gr. Gr.: Stubachtal, am N-Hang des Wiegenwaldes in etwa 1600 m Höhe zahlreich in morschen, von *Sphagnum* überwucherten Lärchenstämmen 10. VII. 1939.
Weit verbreitet, lebt nach Willmann (1931) in Moos und faulem Holz. In der Schweiz wurde die Art nach Schweizer (1922) bisher nur im Jura und Mittelland gefunden.

257. — *dentatus* (Mich.).
Gl. Gr.: S-Hang des Elisabethfelsens, im nassen Moosrasen einer Quellflur 2 Ex. 17. VII. 1940; Kapruner Tal, im Mischwald am Hang über dem Kesselfall in tiefen Fallaublagen und an Fallholz einige Ex. 14. VII. 1939; Hirzbachschlucht, im Gesiebe aus Buchenfallaub einige Ex. 8. VII. 1941.
Die Art lebt zumeist in Moosrasen, nach Willmann (1931) gern an Baumstämmen und Baumstrünken. Sie wurde auch in der Schweiz gefunden (Schweizer 1922).

258. *Carabodes coriaceus* C. L. Koch.
Gl. Gr.; Käfertal, in Grauerlenfallaub 2 Ex. 14. V. 1940.
Gr. Gr.: Stubachtal, am N-Hang des Wiegenwaldes in etwa 1600 m Höhe in morschen, von *Sphagnum* überwucherten Lärchenstämmen mehrfach 10. VII. 1939.
Ein weitverbreitetes Moostier, das in den Schweizer Alpen bis 2000 m Höhe emporsteigt und dort auch an Pilzen gefunden wurde (Schweizer 1922).

259. — *femoralis* (Nic.).
Gr. Gr.: Wiegenwald, mit der vorgenannten Art mehrere Ex.; Dorfer Öd, bei der Talalm in 1300 m Höhe in Grünerlenfallaub 1 Ex. 25. VII. 1939.
In Deutschland weit verbreitet, jedoch nirgends häufig. Lebt in Moosrasen und anscheinend auch in Fallaub.

260. — *labyrinthicus* (Mich.).
Gr. Gr.: Stubachtal, am N-Hang des Wiegenwaldes in 1600 m Höhe in morschen, von *Sphagnum* überwucherten Lärchenstämmen in größerer Zahl 10. VII. 1939.
Pinzgau: Taxingbauer in Haid bei Zell am See, in der obersten Bodenschicht einer Kunstwiese mehrfach 13. VII. 1939.
Lebt nach Willmann (1931) vorwiegend in Moos- und Flechtenrasen, besonders in Moormoosen. In den Schweizer Alpen wurde die Art noch in 1900 m Höhe gefunden (Schweizer 1922).

261. — *nepos* Hull.
Gl. Gr.: Kapruner Tal, im Mischwald am Hang über dem Kesselfall in tiefen Fallaublagen in Mehrzahl 14. VII. 1939; Käfertal, in Grauerlenfallaub 1 Ex. 14. V. 1940.
Pinzgau: Taxingbauer in Haid bei Zell am See, mit der vorgenannten Art mehrere Ex.
Aus England und aus dem Zehlaubruch in Ostpreußen bekannt (Willmann i. l.).

262. — *marginatus* (Mich.).
Gl. Gr.: SW-Hang über Heiligenblut, im Gesiebe aus Fallaub 1 Ex. 18. VI. 1942.
Gr. Gr.: Stubachtal, am N-Hang des Wiegenwaldes in etwa 1600 m Höhe in morschen, von *Sphagnum* überwucherten Lärchenstämmen in Menge 10. VII. 1939.
Pinzgau: Taxingbauer in Haid bei Zell am See, mit den beiden vorgenannten Arten einige Ex.
Weit verbreitet, lebt gleichfalls vorwiegend in Moosrasen. In der Schweiz fand Handschin die Art noch in 2250 m Höhe (Schweizer 1922).

263. — *minusculus* Berl.
Gr. Gr.: Stubachtal, in einem Wiegenwaldmoor in 1700 m Höhe in nassem *Sphagnum* 2 Ex. 10. VII. 1939.
Bevorzugt Heide- und Moorgegenden, findet sich jedoch auch an Baumflechten in Nadelwäldern (Willmann 1931).

264. *Carabodes areolatus* Berl.
Mölltal: N-Hang gegenüber von Flattach, im Gesiebe aus Waldmoos einige Ex. 18. VI. 1942.
Gr. Gr.: Stubachtal, am N-Hang des Wiegenwaldes in 1600 m Höhe in morschen, von *Sphagnum* überwucherten Lärchenstämmen mehrere Ex. 10. VII. 1939; Dorfer Öd, bei der Talalm in 1300 m Höhe in Grünerlenfallaub 1 Ex. 25. VII. 1939.
Eine nach Willmann in Moos an feuchten Plätzen lebende Art, die nicht allgemein verbreitet ist. Willmann (1931, 1939 a) besitzt Belegstücke aus der Rhön und aus Hochmooren der Sudeten, Sellnick aus dem Zehlaubruch.

265. *Carabodes intermedius* nov. spec. Willmann i. l.
S. Gr.: Grieswiesalm im Hüttenwinkeltal, aus Wurzelwerk in einem *Nardus-Calluna-Vaccinium myrtillus*-Bestand 2 Ex. gesiebt 15. V. 1940.
Gl. Gr.: Guttal, oberhalb der Ankehre der Glocknerstraße aus *Hypnum*-Rasen unter Buschweiden in einigen Stücken gesiebt 15. VII. 1940; Pasterzenvorland südlich der Margaritze, in Moos und Wurzelwerk unter *Vaccinium uliginosum* und Gräsern an 10 Ex. 17. VII. 1940; Walcher Sonnleitbratschen, im Wurzelgesiebe des Curvuletums in 2500 m Höhe 2 Ex. 9. VII. 1941.

Familie *Liacaridae*.

266. *Adoristes Poppei* (Oudms.).
Mölltal: N-Hang gegenüber von Flattach, aus Waldmoos gesiebt 1 Ex. 18. VI. 1942.
Die Art ist aus NW-Deutschland beschrieben, sie scheint allenthalben selten zu sein.

267. *Liacarus coracinus* (C. L. Koch).
Mölltal: N-Hang gegenüber von Flattach, in Waldmoos zahlreich 18. VI. 1942.
S. Gr.: Grieswiesalm im Hüttenwinkeltal, im Wurzelgesiebe eines *Nardus-Calluna-Vaccinium myrtillus*-Bestandes 34 Ex. 15. V. 1940; Woisken bei Mallnitz, im nassen *Sphagnum* eines Hochmoores einige Ex. 5. IX. 1941.
Gl. Gr.: Guttal, oberhalb der Ankehre der Glocknerstraße aus *Hypnum*-Rasen unter Buschweiden einige Ex. gesiebt; Pasterzenvorland südlich der Margaritze, in Moos und Wurzelwerk unter *Vaccinium uliginosum* und Gräsern massenhaft 17. VII. 1940; Fuscher Rotmoos, in nassen Moosrasen 1 Ex. 14. V. 1940; Hirzbachschlucht, im Gesiebe aus Buchenfallaub einige Ex. 8. VII. 1941.
Gr. Gr.: Stubachtal, im Wiegenwald vor einem Fuchsbau 2 Ex. und in morschen, von *Sphagnum* überwucherten Lärchenstämmen in sehr großer Zahl 10. VII. 1939; Dorfer Öd, bei der Talalm in 1300 m Höhe im Wurzelgesiebe des Almrasens mehrfach und auch in Grünerlenfallaub in Anzahl 25. VII. 1939.
Pinzgau: Taxingbauer in Haid bei Zell am See, in der obersten Bodenschicht einer Kunst- und einer Magerwiese häufig, auch in 5 bis 10 cm Tiefe im Boden noch mehrfach festgestellt 13. VII. 1939.
Weitverbreitete, meist in Moos und Fallaub lebende Art, die im Gebiete bis in die alpine Zwergstrauchstufe emporsteigt und auch in den Schweizer Alpen bis 1900 m Höhe nachgewiesen ist (Schweizer 1922).

268. *Phyllotegeus palmicinctum* (Mich.).
Gl. Gr.: Guttal, oberhalb der Ankehre der Glocknerstraße aus *Hypnum*-Rasen unter Buschweiden in großer Zahl gesiebt 15. VII. 1940; Pasterzenvorland südlich der Margaritze, im Wurzelwerk und Moos unter *Vaccinium uliginosum* und Gräsern 1 Ex. 17. VII. 1940; Woazkopf beim Mittertörl der Glocknerstraße, hochalpin unter Stein 1 Ex. 15. VII. 1940.
Bisher aus England, Italien, Ungarn, den Alpen und dem Schwarzwald sowie von Madeira (Willmann 1939 c) bekannt.

Familie *Gustaviidae*.

269. *Gustavia fusifer* (C. L. Koch).
Mölltal: S-Hang über der Straße zwischen Söbriach und Flattach, im Fallaubgesiebe einige Ex. 18. VI. 1942.
Gl. Gr.: Guttal, oberhalb der Ankehre der Glocknerstraße in *Hypnum*-Rasen unter Buschweiden 1 Ex. 15. VII. 1940; Kapruner Tal, im Mischwald am Hang über dem Kesselfall in tiefen Fallaublagen zahlreich 14. VII. 1939.
Gr. Gr.: Dorfer Öd, bei der Talalm in 1300 m Höhe in Fallaub unter Grünerlen 1 Ex. 25. VII. 1939.
In Europa weit verbreitet.

Familie *Zetorchestidae*.

270. *Zetorchestes micronychus* (Berl.).
Gl. Gr.: Stubachtal, beim Gasthof Schneiderau in Fallaub und Moos am Fuße eines alten Bergahorns 13 Ex. 25. VII. 1939.
Die Art war in Deutschland bisher nur aus Ostpreußen und vom Anninger bei Wien bekannt (Willmann 1931 und i. l.). Außerdem wird sie aus der Schweiz, Italien und Algerien angegeben. In der Schweiz fand sie Schweizer (1922) im Jura und Mittelland. Sie lebt vorwiegend in Moosrasen.

Familie *Oribatulidae*.

271. *Liebstadia similis* (Mich.).
S. Gr.: Grieswiesalm im Hüttenwinkeltal, im Wurzelgesiebe eines Nardetums zahlreich 15. V. 1940.
Gl. Gr.: Guttal, oberhalb der Ankehre der Glocknerstraße in *Hypnum*-Rasen unter Buschweiden einige Ex. 15. VII. 1940; Wasserrad-SW-Hang, in 2500 m Höhe im Wurzelgesiebe der Grasheide 3 Ex. 17. VII. 1940; Haldenhöcker unter dem Mittleren Burgstall, im Wurzelgesiebe der hochalpinen Grasheide in 2650 m Höhe einige Ex. 16. VII. 1940; Pasterzenvorfeld zwischen Glocknerstraße und Möll, im Wurzelgesiebe der Grasheide auf einem Kalkphyllitrücken und des Almrasens in einer benachbarten Mulde unweit unterhalb des Glocknerhauses zahlreich 27. VII. 1939; S-Hang des Elisabethfelsens, im nassen Moos einer Quellflur 1 Ex. 17. VII. 1940; Pasterzenvorland südlich der Margaritze, in Moos und Wurzelwerk unter *Vaccinium uliginosum* und Gräsern in Mehrzahl 17. VII. 1940; Stubachtal, beim Gasthof Schneiderau in Fallaub und Moos am Fuße eines alten Bergahorns 4 Ex. 25. VII. 1939; Hirzbachschlucht, im Detritus am Bach einige Ex. 8. VII. 1941; Grauerlenau am Wachtbergbach im Fuscher Tal einige Ex. 23. V. 1941; Käfertal, in Fallaub unter *Rhododendron hirsutum* 30 Ex. 14. V. 1940; Fuscher Törl, in Vegetationspolstern 1 Ex. 15. VII. 1940; Walcher Sonnleitbratschen, im Wurzelgesiebe des Curvuletums in 2500 m Höhe mehrere Ex. 9. VII. 1941.

Gr. Gr.: Stubachtal, im nassen *Sphagnum* eines Wiegenwaldmoores in 1700 *m* Höhe 1 Ex. 10. VII. 1939.
Pinzgau: Taxingbauer in Haid bei Zell am See, in der obersten Bodenschicht einer Kunst- und einer Magerwiese massenhaft und auch noch in 5 bis 10 *cm* Tiefe in Mehrzahl 13. VII. 1939.
Weit verbreitet, nach Schweizer (1922) im Jura und Mittelland der Schweiz, in den Alpen bisher nur im Wasser des Ritomsees in 2500 *m* Höhe nachgewiesen. Die Art gehört zu den häufigsten Oribatiden des Untersuchungsgebietes.

272. *Oribatula tibialis* (Nic.).
Gl. Gr.: Haldenhöcker unter dem Mittleren Burgstall, im Wurzelgesiebe der hochalpinen Grasheide einige Ex. 16. VII. 1940; Pasterzenvorfeld zwischen Glocknerstraße und Möll, innerhalb der Moräne des Jahres 1856 in der Vorpostenvegetation aus Wurzelwerk gesiebt 106 Ex. auf einer Fläche von $^1/_6$ m^2 27. VII. 1939; Piffkaralm, in 1630 *m* Höhe an der Glocknerstraße in Moos und Mulm an einem Bergahornstamm 1 Ex. 15. VII. 1940.
Sehr weit verbreitet, reicht nordwärts bis ins arktische Norwegen, wurde von Irk (i. l.) am Rofener Berg in 2500 *m* Höhe in der *Caeculus echinipes*-Gesellschaft, also an ganz trockenem Standort in 1 Ex. gesammelt. In tieferen Lagen lebt die Art meist in Moos und Fallaub.

273. — *venusta* Berl.
S. Gr.: Grieswiesalm im Hüttenwinkeltal, im Wurzelgesiebe eines Nardetums 4 Ex. 15. V. 1940; Woisken bei Mallnitz, im nassen *Sphagnum* eines Hochmoores wenige Ex. 5. IX. 1941.
Gl. Gr.: Guttal, oberhalb der Ankehre der Glocknerstraße, in *Hypnum*-Rasen unter Buschweiden einige Ex. 15. VII. 1940; im Pasterzenvorfeld mit der vorgenannten Art 39 Ex. 27. VII. 1939; Käfertal, in Grauerlenfallaub 9 Ex. 14. V. 1940; Piffkaralm, in 1630 *m* Höhe an der Glocknerstraße in Moos und Mulm an einem Bergahornstamm 3 Ex. 15. VII. 1940.
Gr. Gr.: Stubachtal, am N-Hang des Wiegenwaldes in morschen, von *Sphagnum* überwucherten Lärchenstämmen in Mehrzahl 10. VII. 1939; Dorfer Öd, bei der Talalm in 1300 *m* Höhe im Wurzelgesiebe des Almrasens 1 Ex. 25. VII. 1939.
Weit verbreitet, von Frenzel (1936) im schlesischen Mittelgebirge im Wiesenboden gefunden.

274. *Zygoribatula exilis* (Nic.).
Gl. Gr.: SW-Hang über Heiligenblut, im Fallaub unter *Corylus* zahlreich 18. VI. 1942; Moserboden, im Wurzelgesiebe des Almrasens in 1970 *m* Höhe 1 Ex. 17. VII. 1939; Fuscher Rotmoos, in nassem Moos 1 Ex. 14. V. 1940; Hirzbachschlucht, im Gesiebe aus Buchenfallaub wenige Ex. 8. VII. 1941; Käfertal, in Grauerlenfallaub und Moos 1 Ex. 14. V. 1940.
Weit verbreitet, lebt vorwiegend in Moos. Findet sich auch in den Sudeten und Karpathen (Frenzel 1936).

Familie *Ceratozetidae*.

275. *Scheloribates laevigatus* (C. L. Koch).
S. Gr.: Grieswiesalm im Hüttenwinkeltal, im Wurzelgesiebe eines Nardetums zahlreich und eines *Nardus-Calluna-Vaccinium myrtillus*-Bestandes 6 Ex. 15. V. 1940.
Gl. Gr.: SW-Hang über Heiligenblut, im Gesiebe aus Fallaub unter *Corylus* einige Ex. 18. VI. 1942; Stubachtal, beim Gasthof Schneiderau in Moos und Fallaub am Fuße eines alten Bergahorns 1 Ex. 25. VII. 1939; Fuscher Tal oberhalb Ferleiten, im Rasengesiebe einer feuchten Talwiese bei der Vogerlalm einige Ex. 21. VII. 1939; Fuscher Rotmoos, in nassen Moosrasen 2 Ex. 23. VII. 1939, 1 Ex. 14. V. 1940; Käfertal, in Grauerlenfallaub 18 Ex. 14. VII. 1940; Fuscher Tal unterhalb Dorf Fusch, in der Grauerlenau am Wachtbergbach in Fallaub zahlreich 23. V. 1941.
Gr. Gr.: Stubachtal, im nassen *Sphagnum* eines Wiegenwaldmoores in 1700 *m* Höhe 2 Ex. 10. VII. 1939; Dorfer Öd, bei der Talalm in 1300 *m* Höhe im Wurzelgesiebe des Almrasens zahlreich 25. VII. 1939.
Pinzgau: Taxingbauer in Haid bei Zell am See, in der obersten Bodenschicht einer Kunst- und einer Magerwiese massenhaft und noch in 5 bis 10 *cm* Tiefe im Boden zahlreich.
Weit verbreitet, lebt in Moosrasen und im Wiesenboden und nach Willmann (1931) auch häufig in Maus- und Maulwurfsnestern.

276. — *confundatus* Sell.
Mölltal: N-Hang gegenüber von Flattach, im Gesiebe aus Waldmoos 1 Ex. 18. VI. 1942.
Gl. Gr.: Stubachtal, beim Gasthof Schneiderau in Fallaub und Moos am Fuße eines alten Bergahorns 19 Ex. 25. VII. 1939; Kapruner Tal, im Mischwald am Hang über dem Kesselfall in tiefen Fallaublagen zahlreich 14. VII. 1939; Knappenstube nördlich des Hochtores, in 2450 *m* Höhe in der *Nebria atrata*-Gesellschaft 1 Ex. 15. VII. 1940; Hirzbachschlucht, im Gesiebe aus Buchenfallaub und aus Detritus je einige Ex. 8. VII. 1941; Fuscher Tal, Grauerlenau am Wachtbergbach, zahlreich 23. V. 1941.
Pinzgau: Taxingbauer in Haid bei Zell am See, in der obersten Bodenschicht einer Kunstwiese zahlreich 13. VII. 1939.
Scheint weit verbreitet zu sein, liebt nach Willmann (1931) sehr feuchte, quellige Stellen.

277. — *pallidulus* (C. L. Koch).
Mölltal: Am N-Hang gegenüber von Flattach in Waldmoos 1 Ex. 18. VI. 1942.
Die weitverbreitete und vielerorts häufige Art scheint im Gebiete selten zu sein.

278. — *latipes* (C. L. Koch).
Gl. Gr.: Pasterzenvorland südlich der Margaritze, in Moos und Wurzelwerk unter *Vaccinium uliginosum* einige Ex. 17. VII. 1940; Fuscher Rotmoos, in nassen Moosrasen 3 Ex. 14. V. 1940.
Pinzgau: Taxingbauer in Haid bei Zell am See, in der obersten Bodenschicht einer Kunst- und einer Magerwiese in sehr großer Zahl.
Weit verbreitet, wurde vorwiegend in Moosrasen gefunden.

279. *Protoribates longior* Berl.
Pasterzenvorfeld zwischen Glocknerstraße und Möll, im Wurzelgesiebe der Grasheide auf einem Kalkschieferrücken unterhalb des Glocknerhauses 1 Ex. 27. VII. 1939; Stubachtal, beim Gasthof Schneiderau in Fallaub und Moos am Fuße eines alten Bergahorns 2 Ex. 25. VII. 1939.
Aus Italien und Deutschland bekannt.

280. *Protoribates novus* nov. spec. Willm. i. l.
    Gl. Gr.: Steppenwiesen entlang des Haritzerweges oberhalb Heiligenblut, im Rasengesiebe 2 Ex. 15. VII. 1940
281. *Edwardzetes Edwardsi* (Nic.).
    Gl. Gr.: Stubachtal, beim Gasthof Schneiderau in Fallaub und Moos am Fuße eines alten Bergahorns 1 Ex. 25. VII. 1939; Käfertal, in Grauerlenfallaub 4 Ex.; Hirzbachschlucht, im Gesiebe aus Buchenfallaub mehrfach und aus Detritus am Bach einige Ex. 8. VII. 1941.
    Gr. Gr.: Stubachtal, im Wiegenwald im nassen *Sphagnum* eines Hochmoores in 1700 m Höhe 13 Ex. und in morschen, von *Sphagnum* überwucherten Lärchenstämmen am N-Hang an 10 Ex. 10. VII. 1939. Sehr weit verbreitet. Die Art findet sich in den Sudeten und im Gebiete von Lunz in den Kalkalpen von Niederdonau in Mooren (vgl. Willmann 1939 und Beier 1928). In den Schweizer Alpen steigt sie bis 2850 m (Schweizer 1922), am Schrankogel in den Stubaier Alpen bis 2800 m Höhe empor (Irk i. l.). Thienemann sammelte sie in großer Zahl in Lappland (teste Willmann).
282. *Globozetes longipilus* Sell.
    Mölltal: Am N-Hang gegenüber von Flattach in Waldmoos 2 Ex. 18. VI. 1942.
    Die Art war bisher nur aus Ostpreußen und Ungarn bekannt (Willm. i. l.).
283. *Chamobates cuspidatus* (Mich.).
    Gl. Gr.: Guttal, oberhalb der Ankehre der Glocknerstraße aus *Hypnum*-Rasen unter Buschweiden einige Ex. gesiebt 15. VII. 1940; Pasterzenvorfeld zwischen Glocknerstraße und Möllschlucht, im Rasengesiebe der Grasheide auf einem Kalkphyllitrücken unterhalb des Glocknerhauses mehrere Ex. 27. VII. 1939; Margaritze, unter einem Stein 1 Ex. 17. VII. 1940; Pasterzenvorland südlich der Margaritze, in Moos und Wurzelwerk unter *Vaccinium uliginosum* und Gräsern 1 Ex. 17. VII. 1940; Stubachtal, beim Gasthof Schneiderau in Fallaub und Moos am Fuße eines alten Bergahorns 12 Ex. 25. VII. 1939; Moserboden, im Wurzelgesiebe des Almrasens in 1900 m Höhe 1 Ex. 17. VII. 1939; Kapruner Tal, im Mischwald am Hang über dem Kesselfall in tiefen Fallaublagen zahlreich 14. VII. 1939; Käfertal, in Grauerlenfallaub 10 Ex. 14. VII. 1940.
    Gr. Gr.: Dorfer Öd, auf der Talalm in 1300 m Höhe aus Almrasen in Mehrzahl und aus Grünerlenfallaub zahlreich gesiebt 25. VII. 1939.
    Pinzgau: Taxingbauer in Haid bei Zell am See, in der obersten Bodenschicht einer Kunstwiese einige Ex. 13. VII. 1939.
    Weit verbreitet, steigt in den Schweizer Alpen bis 2700 m Höhe empor (Schweizer 1922).
284. — *Voigtsi* (Oudms.).
    Gl. Gr.: Hirzbachschlucht oberhalb Dorf Fusch, im Buchenfallaubgesiebe einige Ex. 8. VII. 1941.
    Die Art wurde nach Willmann (1931) auch im Harz und bei Göttingen gefunden.
285. — *Schützi* (Oudms).
    Gl. Gr.: Guttal, oberhalb der Ankehre der Glocknerstraße in *Hypnum*-Rasen unter Buschweiden einige Ex. 15. VII. 1940; Pasterzenvorfeld unterhalb des Glocknerhauses, im Wurzelgesiebe der Grasheide auf einem Kalkphyllitrücken in Mehrzahl 27.-VII. 1939; Kapruner Tal, im Mischwald am Hang über dem Kesselfall in tiefen Fallaublagen zahlreich; Hirzbachschlucht, im Gesiebe aus Detritus am Bach einige Ex. 8. VII. 1941; Käfertal, in Grauerlenfallaub 9 Ex. 14. VII. 1940; Piffkaralm, aus Moos und Mulm an einem Bergahorn an der Glocknerstraße in 1630 m Höhe gesiebt 3 Ex. 15. VII. 1940.
    Weit verbreitet und allenthalben zahlreich vorkommend, scheint im Gebiete die alpine Zwergstrauchstufe nur wenig zu überschreiten.
286. — nov. spec. Willm. i. l.
    Gl. Gr.: Käfertal, in Grauerlenfallaub 2 Ex. 14. V. 1940.
287. — *tricuspidatus* nov. spec. Willm. i. l.
    Gl. Gr.: SW-Hang unmittelbar oberhalb Heiligenblut, im Fallaubgesiebe zahlreich 18. VI. 1942.
288. — *spinosus* Sell.
    Gl. Gr.: Am SW-Hang unmittelbar über Heiligenblut, im Fallaubgesiebe unter *Corylus* mehrere Ex. 18. VI. 1942.
    Die Art wurde auch im Harz gefunden, sie scheint ein Gebirgstier zu sein.
289. *Ceratozetes gracilis* (Mich.).
    S. Gr.: Grieswiesalm im Hüttenwinkeltal, im Wurzelgesiebe eines *Nardus-Calluna-Vaccinium myrtillus*-Bestandes 10 Ex. 15. V. 1940.
    Gl. Gr.: Stubachtal, beim Gasthof Schneiderau in Fallaub und Moos am Fuße eines alten Bergahorns 14 Ex. 25. VII. 1939; Käfertal, in Grauerlenfallaub 12 Ex. 14. V. 1940; Kapruner Tal, im Mischwald am Hang über dem Kesselfall in tiefen Fallaublagen zahlreich 14. VII. 1939; Fuscher Rotmoos, in nassen Moosrasen 1 Ex. 23. VII. 1939 und 4 Ex. 14. V. 1940; Piffkaralm, in Moos und Mulm an einem Bergahorn oberhalb der Glocknerstraße in 1630 m Höhe 2 Ex. 15. VII. 1940; Hirzbachtal, in der Bachschlucht oberhalb Dorf Fusch im Gesiebe aus Buchenfallaub mehrere Ex. 8. VII. 1941.
    Pinzgau: Taxingbauer in Haid bei Zell am See, im Boden einer Kunstwiese in der obersten Schicht zahlreich, in 5 bis 10 cm Tiefe 2 Ex. 13. VII. 1939.
    Weit verbreitet, lebt in Moosrasen, im Wiesenboden und im Bestandesabfall der Wälder und scheint die Waldgrenze in den Alpen nicht zu überschreiten. Die Art ist in der Schweiz bisher nur im Mittelland und Jura nachgewiesen (Schweizer 1922), aus den höheren Lagen der Stubaier- und Ötztaler Alpen wurde sie von Irk nicht genannt.
290. — *mediocris* Berl.
    Mölltal: S-Hang über der Straße zwischen Söbriach und Flattach, im Gesiebe aus Fallaub 1 Ex. 18. VI. 1942.
    Gr. Gr.: Stubachtal, im *Sphagnum*-Rasen eines Wiegenwaldmoores in 1700 m Höhe 1 Ex. 10. VII. 1939.
    Pinzgau: Taxingbauer in Haid bei Zell am See, in der obersten Bodenschicht einer Magerwiese einige Ex.
    Die Art wurde von Willmann (1931) in wenigen Ex. aus Moormoosen bei Bremen gesammelt; Frenzel (1936) fand sie zahlreich in schlesischen Wiesenböden.

291. *Euzetes seminulum* (O. F. Müller).
Mölltal: S-Hang über der Straße zwischen Söbriach und Flattach, im Gesiebe aus Fallaub mehrere Ex. 18. VI. 1942.
Gl. Gr.: Pasterzenvorfeld unterhalb des Glocknerhauses, im Wurzelgesiebe der Grasheide auf einem Kalkphyllitrücken 1 Ex. 27. VII. 1939; Stubachtal, beim Gasthof Schneiderau in Fallaub und Moos am Fuße eines alten Bergahorns 9 Ex. 25. VII. 1939; am Ufer der Fuscher Ache unweit unterhalb des Rotmooses 1 Ex. 14. V. 1940.
Weit verbreitet, lebt im Boden und in Moosrasen und dringt auch in Höhlen ein.

292. *Melanozetes mollicomus* (C. L. Koch).
Gr. Gr.: Stubachtal, am N-Hang des Wiegenwaldes in 1600 m Höhe in einem morschen, von *Sphagnum* überwucherten Lärchenstamm 1 Ex. 10. VII. 1939.
Weit verbreitet, lebt in Moos. In der Schweiz nur in tieferen Lagen (Schweizer 1922).

293. — *meridianus* Sell.
Gl. Gr.: Guttal, oberhalb der Ankehre der Glocknerstraße aus *Hypnum*-Rasen unter Buschweiden in Anzahl gesiebt 15. VII. 1940; Pasterzenvorfeld unterhalb des Glocknerhauses, im Wurzelgesiebe der Grasheide auf einem Kalkphyllitrücken einige Ex. 27. VII. 1939.
Gr. Gr.: Stubachtal, im Wiegenwald im nassen *Sphagnum* eines Hochmoores in 1700 m Höhe 1 Ex. und in morschen, von *Sphagnum* überwucherten Lärchenstämmen am N-Hang einige Ex. 10. VII. 1939.
Die Art wurde in einigen Ex. bei Wasserburg am Bodensee in Moos und mehrfach in Sudetenmooren gefunden (Willmann 1931 und 1939 a).

294. — *interruptus* nov. spec. Willmann i. l.
Gl. Gr.: Guttal, oberhalb der Ankehre der Glocknerstraße aus *Hypnum*-Rasen in Mehrzahl gesiebt 15. VII. 1940; Käfertal, in Moos und Fallaub unter Grauerlen 2 Ex. 14. V. 1940.
Gr. Gr.: Stubachtal, am N-Hang des Wiegenwaldes aus morschen, von *Sphagnum* überwucherten Lärchenstämmen in Anzahl gesiebt 10. VII. 1939.
Die Art scheint die subalpine Waldstufe und den Zwergstrauchgürtel zu bewohnen.

295. *Sphaerozetes orbicularis* (C. L. Koch).
Gl. Gr.: Guttal, oberhalb der Ankehre der Glocknerstraße in *Hypnum*-Rasen unter Buschweiden zahlreich 15. VII. 1940; Pasterzenvorfeld unterhalb des Glocknerhauses, im Wurzelgesiebe der Grasheide auf einem Kalkphyllitrücken in Mehrzahl 27. VII. 1939; Wasserrad-SW-Hang, in 2500 m Höhe im Rasengesiebe der Grasheide 1 Ex. 17. VII. 1940; Pasterzenvorland südlich der Margaritze, im Wurzelwerk unter *Vaccinium uliginosum* in Mehrzahl 17. VII. 1940; Moserboden, im Wurzelgesiebe des Almrasens in 1970 m Höhe 1 Ex. 17. VII. 1939; Kapruner Tal, im Mischwald am Hang über dem Kesselfall in tiefen Fallaublagen mehrfach 14. VII. 1939; Käfertal, in Fallaub unter Grauerlen 2 Ex. 14. V. 1940; Piffkaralm, in Moos und Mulm an einem Bergahorn in 1630 m Höhe 15. VII. 1940.
Nach Willmann (1931) wurde die Art bisher vorwiegend in Moos und an der Rinde von Bäumen, besonders Eichen, gefunden. Sie steigt jedoch in den Schweizer Alpen bis 2800 m Höhe empor (Schweizer 1922) und ist sehr weit verbreitet.

296. — *piriformis* (Nic.).
Gl. Gr.: Stubachtal, beim Gasthof Schneiderau in Moos und Fallaub am Fuße eines alten Bergahorns 1 Ex. 25. VII. 1939.
Weit verbreitet, wurde in den Schweizer Alpen bis 1900 m Höhe festgestellt (Schweizer 1922).

297. *Diapterobates humeralis* (Herm.).
Gl. Gr.: Fuscher Tal unterhalb Dorf Fusch, im Grauerlenfallaub in der Au am Wachtbergbach zahlreich 23. V. 1941; SW-Hang unmittelbar oberhalb Heiligenblut, im Fallaub unter *Corylus* zahlreich 18. VI. 1942.

298. — *principalis* (Berl.).
S. Gr.: Mallnitzer Tauerntal, unterhalb des Gasthofes Gutenbrunn 9 Ex. 6. X. 1941.

299. *Oromurcia sudetica* Willm.
Gl. Gr.: Wasserrad-SW-Hang, in 2500 m Höhe im Wurzelgesiebe der Grasheide 1 Ex. 17. VII. 1940; Kar zwischen Albitzen- und Wasserradkopf, am Schneerand in 2450 m Höhe unter Steinen 2 Ex. 17. VII. 1940; S-Fuß des Elisabethfelsens, im nassen Moosrasen einer Quellflur 163 Ex. 17. VII. 1940; Pasterzenvorland südlich der Margaritze, in Moos und Wurzelwerk unter *Vaccinium uliginosum* und Gräsern einige Ex. 17. VII. 1940; Moserboden, im nassen Moosrasen eines versumpften Almlägers bei der Moseralm mehrere Ex. 17. VII. 1940; Fuscher Rotmoos, in nassem Moos 7 Ex. 23. VII. 1939, 1 Ex. 14. V. 1940; Käfertal, in Fallaub unter *Rhododendron hirsutum* 25 Ex. 14. V. 1940; Woazkopf beim Mittertörl, unter Steinen 14 Ex. 14. V. 1940; Walcher Sonnleitbratschen, in der Grasheidenstufe unter Steinen 21 Ex. 9. VII. 1941.
Bisher nur vom Glatzer Schneeberg (loc. typ.), Altvater und aus den Alpen bekannt. Irk (i. l.) sammelte die Art in den Stubaier Alpen unterhalb des Serlesjoches in Quellmoos und in den Ötztaler Alpen am Lehnerjoch in 2400 m Höhe unter Steinen auf mäßig feuchtem Grasboden. Das Tier scheint auf Gebirgsland beschränkt zu sein.

300. *Fuscozetes setosus* (C. L. Koch).
Mölltal: N-Hang gegenüber von Flattach, im Gesiebe aus Waldmoos einige Ex. 18. VI. 1942.
S. Gr.: Grieswiesalm im Hüttenwinkeltal, im Wurzelgesiebe eines Nardetums in Anzahl 15. V. 1940; Woisken bei Mallnitz, im nassen *Sphagnum* eines Hochmoores einige Ex. 5. IX. 1941.
Gl. Gr.: Guttal, oberhalb der Ankehre der Glocknerstraße in *Hypnum*-Rasen unter Buschweiden zahlreich 15. VII. 1940; Pasterzenvorfeld unterhalb des Glocknerhauses, im Wurzelgesiebe der Grasheide auf einem Kalkphyllitrücken zahlreich und im Wurzelwerk des Almrasens in einer feuchten Mulde daneben einzeln 27. VII. 1939; Pasterzenvorland südlich der Margaritze, in Moos und Wurzelwerk unter *Vaccinium uliginosum* in Mehrzahl 17. VII. 1940; Haldenhöcker unter dem Mittleren Burgstall, auf der Kalkphyllitschutthalde in 2650 m Höhe unter einem Stein 1 Ex. und im Wurzelgesiebe der hochalpinen Grasheide einige Ex. 16. VII. 1940; Moserboden, im Wurzelgesiebe des Almrasens in 1970 m Höhe zahlreich und im nassen Moosrasen eines sumpfigen Almlägers bei der Moseralm einzeln 17. VII.

1939; Kapruner Tal, im Mischwald am Hang über dem Kesselfall in tiefen Fallaublagen in Anzahl 14. VII. 1939; Fuscher Tal oberhalb Ferleiten, im Wurzelgesiebe einer feuchten Talwiese bei der Vogeralm einzeln 21. VII. 1939; Fuscher Rotmoos, im nassen Moosrasen 10 Ex. 14. V. 1940; Käfertal, in Falllaub unter *Rhododendron hirsutum* 1 Ex. 14. V. 1940; Piffkaralm, in 1630 *m* Höhe oberhalb der Glocknerstraße, im Almrasen und in Moos und Mulm am Stamm eines alten Bergahorns je 1 Ex. 15. VII. 1940; Edelweißwand unterhalb des Fuscher Törls, unter einem Stein 1 Ex. 15. VII. 1940; Fuscher Törl, in einem Vegetationspolster 1 Ex. 15. VII. 1940; Walcher Sonnleitbratschen, im Wurzelgesiebe des Curvuletums an der Rasengrenze in 2500 *m* Höhe viele Ex. 9. VII. 1941; Hirzbachschlucht, im Gesiebe aus Buchenfallaub wenige Ex. 8. VII. 1941.

Gr. Gr.: Stubachtal, im Wiegenwald im nassen *Sphagnum* eines Hochmoores in 1700 *m* Höhe 4 Ex. und in morschen, von *Sphagnum* überwucherten Lärchenstämmen am N-Hang massenhaft 10. VII. 1939; Dorfer Öd, bei der Talalm in 1300 *m* Höhe in Grünerlenfallaub 1 Ex.

Pinzgau: Taxingbauer in Haid bei Zell am See, in der obersten Bodenschicht einer Kunst- und einer Magerwiese zahlreich 13. VII. 1939.

Weit verbreitet, scheint jedoch in Nordwestdeutschland zu fehlen. In den Stubaier und Ötztaler Alpen steigt sie bis 2900 *m* Höhe empor (Irk i. l.). Willmann (1931) gibt sie als häufig in süddeutschen Mooren, Frenzel (1936) aus schlesischen Wiesenböden an. Im Untersuchungsgebiet ist *F. setosus* eine der häufigsten Oribatiden in allen Höhenstufen.

301. *Trichoribates trimaculatus* (C. L. Koch) f. typ. und var. *Berlesei* (Jacot).
S. Gr.: Grieswiesalm im Hüttenwinkeltal, im Wurzelgesiebe eines *Nardus-Calluna-Vaccinium myrtillus*-Bestandes 1 Ex. 15. V. 1940.
Gl. Gr.: Pasterzenvorfeld zwischen Glocknerstraße und Möll, im Wurzelgesiebe der Grasheide auf einem Kalkphyllitrücken außerhalb der rezenten Moränen massenhaft und im Wurzelgesiebe der Pioniervegetation innerhalb der Moräne des Jahres 1856 22 Ex. 27. VII. 1939.
Die var. *Berlesei* fand sich nur im Käfertal und zwar in Fallaub unter Grauerlen 42 Ex. und unter *Rhododendron hirsutum* 6 Ex. 14. V. 1940.
Weit verbreitet unter Baumrinde, in Moosrasen, auch in Mooren und im Wiesenboden gefunden. Irk (i. l.) fand die Art unterhalb des Serlesjoches in 2200 *m* Höhe und am Kalbenjoch in 2300 *m* Höhe im Kalkgebirge und bei der Breslauerhütte in 2900 *m* Höhe am Schneerand unter Steinen auf Urgestein.

302. — *incisellus* (Kramer).
Gl. Gr.: Wasserrad-SW-Hang, in 2500 *m* Höhe im Wurzelgesiebe der Grasheide 11 Ex. 17. VII. 1940; Guttal, oberhalb der Ankehre der Glocknerstraße in *Hypnum*-Rasen unter Buschweiden mehrfach 15. VII. 1940; Pasterzenvorfeld unterhalb des Glocknerhauses, im Wurzelgesiebe der Grasheide auf einem Kalkphyllitrücken in Mehrzahl 27. VII. 1939; Stubachtal, beim Gasthof Schneiderau in Fallaub und Moos am Fuße eines alten Bergahorns 2 Ex. 25. VII. 1939.
Gr. Gr.: Stubachtal, im nassen *Sphagnum* eines Wiegenwaldmoores in 1700 *m* Höhe 1 Ex. 10. VII. 1939.
Die Art wurde in Nordwestdeutschland in Mooren (Willmann 1931), in Schlesien in Wiesenböden (Frenzel 1936) gefunden, sie ist weit verbreitet.

303. — *oxypterus* Berl.
Gl. Gr.: Guttal, oberhalb der Ankehre der Glocknerstraße in *Hypnum*-Rasen unter Buschweiden in Mehrzahl 15. VII. 1940; Wasserrad-SW-Hang, in 2500 *m* Höhe im Wurzelgesiebe der Grasheide 4 Ex. 17. VII. 1940; Pasterzenvorfeld unterhalb des Glocknerhauses, im Wurzelgesiebe des Almrasens in einer feuchten Mulde zahlreich 27. VII. 1939; Margaritze, unter Steinen 2 Ex. 17. VII. 1940; Moserboden, im nassen Moosrasen eines versumpften Almlägers bei der Moseralm einige Ex. 17. VII. 1939; Käfertal, im Grauerlenfallaub 1 Ex. und im Fallaub unter *Rhododendron hirsutum* 3 Ex. 14. V. 1940; Piffkaralm, in 1630 *m* Höhe über der Glocknerstraße in Moos und Mulm unter einem alten Bergahorn 1 Ex. 15. VII. 1940; Fuscher Törl, in Vegetationspolstern 3 Ex. 15. VII. 1940; Walcher Sonnleitbratschen, im Wurzelgesiebe des Curvuletums an der Rasengrenze in 2500 *m* Höhe viele Ex. 9. VII. 1941.
Die Art ist im Gebiete sub- und hochalpin häufig.

304. — *montanus* Irk.
S. Gr.: Grieswiesalm im Hüttenwinkeltal, im Wurzelgesiebe eines *Nardus-Calluna-Vaccinium myrtillus*-Bestandes 2 Ex. 15. V. 1940.
Gl. Gr.: Kar zwischen Albitzen- und Wasserradkopf, in der *Caeculus echininpes*-Gesellschaft in 2450 *m* Höhe unter Steinen 29 Ex. und am Schneerand in gleicher Höhe 1 Ex. 17. VII. 1940; Hochfläche der Margaritze, unter einem Stein 1 Ex. 17. VII. 1940; Haldenhöcker unter dem Mittleren Burgstall, in der Grasheide in 2650 *m* Höhe unter Steinen 13 Ex. 16. VII. 1940; Fuscher Törl, in Vegetationspolstern 7 Ex. 15. VII. 1940; Woazkopf beim Mittertörl der Glocknerstraße, unter Steinen 2 Ex. 15. VII. 1940; Knappenstube nördlich des Hochtores, in 2450 *m* Höhe in der *Nebria atrata*-Gesellschaft 6 Ex. 15. VII. 1940.

Die Art wurde von Irk (1939) in den Ötztaler und Stubaier Alpen entdeckt und hochalpin in den Monaten April bis August zahlreich unter Steinen gefunden. Der höchste Fundort, den Irk angibt, ist der Fuß des Kreuzkogels (3050 *m*), der tiefste Umhausen im Ötztal (1036 *m*). Willmann fand sie in jüngster Zeit subalpin in dem Glatzer Schneeberg.

305. *Limnozetes ciliatus* (Schrk.) sensu Oudms.
Gl. Gr.: Fuscher Rotmoos, in nassen Moosrasen 9 Ex. 23. VII. 1939.
Gr. Gr.: Stubachtal, im nassen *Sphagnum* eines Wiegenwaldmoores in 1700 *m* Höhe 14. Ex. 10. VII. 1939.
Die Art ist nach Willmann (1931, 1939 a) im nassen *Sphagnum* der Moore in Deutschland überall häufig; sie findet sich auch in den Sudetenmooren.

306. *Mycobates parmeliae* (Mich.).
Gl. Gr.: Stubachtal, beim Gasthof Schneiderau im Fallaub und Moos am Fuße eines alten Bergahorns 1 Ex. 25 VII. 1939.
Lebt in Moos- und Flechtenrasen, jedoch nicht überall in Deutschland. Nach Willmann (1931) kommt sie am Bodensee, nach Schweizer (1922) in der Schweiz bis zu 2700 *m* Höhe vor.

307. — *Carli* (Schweizer).
Gr. Gr.: Stubachtal, am N-Hang des Wiegenwaldes in 1600 m Höhe in Anzahl in morschen, von *Sphagnum* überwucherten Lärchenstämmen 10. VII. 1939.
Von Handschin im Engadin in 1900 m Höhe in Moos und Flechten entdeckt (Schweizer 1922), sonst bisher noch nicht gefunden.

308. *Calyptozetes alpinus* nov. spec. Willm. i. l.
Gl. Gr.: Walcher Sonnleitbratschen, im Rasengesiebe des Curvuletums an der oberen Rasengrenze in 2500 m Höhe 3 Ex. 9. VII. 1941.

309. *Minunthozetes semirufus* (C. L. Koch).
Gl. Gr.: Steppenwiesen entlang des Haritzerweges oberhalb Heiligenblut, im Wurzelgesiebe des Trockenrasens 1 Ex. 15. VII. 1940.
Pinzgau: Taxingbauer in Haid bei Zell am See, in der obersten Bodenschicht einer Kunstwiese wenige Ex. 13. VII. 1939.
Weit verbreitet, nach Willmann (1931) in Mooren der weiteren Umgebung von Bremen häufig.

310. — *pseudofusiger* (Schweizer).
Gl. Gr.: Kapruner Tal, im Mischwald am Hang über dem Kesselfall in tiefen Fallaublagen 1 Ex. 14. VII. 1939.
Gleichfalls weit verbreitet, nach Willmann (1931) in Wäldern bei Bremen in Moosrasen sehr häufig. Von Schweizer (1922) nach Stücken aus dem Mittelland und Jura der Schweiz beschrieben.

Familie *Galumnidae*.

311. *Galumna obvius* (Berl.).
Gl. Gr.: Fuscher Rotmoos, in nassem Moos 1 Ex. 23. VII. 1939.
Gr. Gr.: Stubachtal, im nassen *Sphagnum* eines Wiegenwaldmoores in 1700 m Höhe 1 Ex. 10. VII. 1939.
Pinzgau: Taxingbauer in Haid bei Zell am See, im Boden einer Kunst- und einer Magerwiese in der obersten Schicht massenhaft, in 5 bis 10 cm Tiefe noch häufig 13. VII. 1939.
Sehr weit verbreitet, lebt vorwiegend in Moosrasen, jedoch auch im Wiesenboden. Schweizer (1922) gibt die Art aus der Schweiz nur vom Rheinufer bei Diessenhofen an, sie scheint in den Alpen die Baumgrenze nicht zu überschreiten.

312. — *alliferus* Oudms.
Gl. Gr.: Pasterzenvorland südlich der Margaritze, in Moos und Wurzelwerk unter *Vaccinium uliginosum* und Gräsern 1 Ex. 17. VII. 1940.
Auch am Anninger-O-Hang bei Wien (teste Willmann). Scheint nicht allgemein verbreitet zu sein, lebt in Moos und Anspülicht.

313. — *nervosus* (Berl.).
Gl. Gr.: Käfertal, in Fallaub und Moos unter Grauerlen 2 Ex. 14. V. 1940.
Weit verbreitet, liebt nach Willmann (1931) Moosrasen an feuchten Standorten. Schweizer (1922) gibt die Art aus der Schweiz nur von Diessenhofen an, sie scheint in den Alpen die Baumgrenze nicht zu überschreiten.

314. *Allogalumna longiplumus* (Berl.).
Mölltal: N-Hang gegenüber von Flattach, im Gesiebe aus Waldmoos mehrere Ex. 18. VI. 1942.
S. Gr.: Woisken bei Mallnitz, im nassen *Sphagnum* eines Hochmoores einige Ex. 5. IX. 1941.
Gl. Gr.: SW-Hang über Heiligenblut, im Fallaubgesiebe mehrere Ex. mit verschmolzenen *Areae porosae adalares* 18. VI. 1942; Pasterzenvorland südlich der Margaritze, in Moos und Fallaub unter *Vaccinium uliginosum* und Gräsern 17. VII. 1940; Stubachtal, beim Gasthof Schneiderau in Fallaub und Moos am Fuße eines alten Bergahorns 7 Ex. 25. VII. 1939; Kapruner Tal, im Mischwald am Hang über dem Kesselfall in tiefen Fallaublagen zahlreich 14. VII. 1939; Käfertal, in Grauerlenfallaub 3 Ex. 14. V. 1940; Hirzbachschlucht, im Gesiebe aus Buchenfallaub zahlreich 8. VII. 1941; Fuscher Tal unterhalb Dorf Fusch, in der Grauerlenau am Wachtbergbach mehrere Ex. 23. V. 1941.
Gr. Gr.: Stubachtal, im nassen *Sphagnum* eines Wiegenwaldmoores in 1700 m Höhe 11 Ex. 10. VII. 1939. Dorfer Öd, auf der Talalm in 1300 m Höhe im Wurzelgesiebe des Almrasens einige Ex. 25. VII. 1939;
Sehr weit verbreitet, in den Schweizer Alpen noch in 2700 m und einmal sogar in 3000 m Höhe gefunden (Schweizer 1922); Irk sammelte die Art in den Ötztaler Alpen am Rofener Berg beim Hochjochhospitz in 2700 m und bei Umhausen in 1036 m Höhe. Nach Willmann (1931) findet sich das Tier vorwiegend in Moos und unter Fallaub, aber auch in Ameisennestern.

315. — *lanceatus* (Berl.).
Gl. Gr.: Fuscher Tal unterhalb Dorf Fusch, in Grauerlenfallaub in der Au am Wachtbergbach häufig 23. V. 1941.

316. — *tenuiclavus* (Berl.).
Gl. Gr.: Stubachtal, beim Gasthof Schneiderau in Moos und Fallaub am Fuße eines alten Bergahorns 16 Ex. 25. VII. 1939; Moserboden, im Wurzelgesiebe des Almrasens in 1970 m Höhe 1 Ex. 17. VII. 1940; Kapruner Tal, im Mischwald am Hang über dem Kesselfall in tiefen Fallaublagen zahlreich 14. VII. 1939; Walcher Sonnleitbratschen, im Wurzelgesiebe des Curvuletums an der Rasengrenze in 2500 m Höhe wenige Ex. 9. VII. 1941; Käfertal, in Grauerlenfallaub 20 Ex. und in Fallaub unter *Rhododendron hirsutum* 3 Ex. 14. V. 1940; Hirzbachschlucht, im Gesiebe aus Buchenfallaub zahlreich und aus Detritus am Bach einige Ex. 8. VII. 1941.
Weit verbreitet, lebt in Erde und Moos, auch in Mooren. Nach Schweizer (1922) ist die Art in der Schweiz bisher nur aus dem Jura bekannt.

317. *Neoribates Roubali* Berl.
Gl. Gr.: Hirzbachschlucht, im Detritus am Bach mehrere Ex. 8. VII. 1941.
Wurde in Böhmen und in den Sudeten in Moos und Fallaub gefunden (Willmann 1931).

318. — *neglectus* nov spec. Willm. i. l.
Gl. Gr.: Stubachtal, beim Gasthof Schneiderau in Fallaub und Moos am Fuße eines alten Bergahorns 50 Ex. 25. VII. 1939; Kapruner Tal, im Mischwald am Hang über dem Kesselfall in tiefen Fallaublagen einige Ex. 14. VII. 1939; Hirzbachschlucht oberhalb Dorf Fusch, im Gesiebe aus Buchenfallaub einige Ex. 8. VII. 1941.
Mölltal: N-Hang gegenüber von Flattach, im Moosgesiebe 1 Ex. 18. VI. 1942; am S-Hang über der Straße zwischen Söbriach und Flattach in Fallaub unter *Corylus* sehr zahlreich 18. VI. 1942.

319. *Tegoribates latirostris* (C. L. Koch).
Gl. Gr.: Moserboden, im Wurzelgesiebe des Almrasens in 1970 *m* Höhe in Anzahl 17. VII. 1939.
Scheint weit verbreitet zu sein und lebt nach Willmann (1931) in Moos und an Graswurzeln sehr nasser Wiesen, auch an Seeufern. Die Art wurde von Thienemann auch in Lappland gesammelt (teste Willmann).

320. *Lepidozetes singularis* Berl.
Gr. Gr.: Dorfer Öd, bei der Talalm in 1300 *m* Höhe in Fallaub unter Grünerlen 1 Ex. 25. VII. 1939.
Von Willmann (1931, 1939 a) aus dem Schwarzwald und von den Spieglitzer Seefeldern in den Sudeten angegeben, wo die Art in Moos gefunden wurde.

321. *Oribatella calcarata* (C. L. Koch).
Gl. Gr.: Guttal, oberhalb der Ankehre der Glocknerstraße in *Hypnum*-Rasen unter Buschweiden in Mehrzahl 15. VII. 1940; Stubachtal, beim Gasthof Schneiderau in Moos und Fallaub am Fuße eines alten Bergahorns 3 Ex. 25. VII. 1939; Käfertal, in Fallaub und Moos unter Grauerlen 24 Ex. und in Fallaub unter *Rhododendron hirsutum* 8 Ex. 14. VII. 1940; Hirzbachschlucht, im Detritus am Bach einige Ex. 8. VII. 1941; Fuscher Tal unterhalb Dorf Fusch, in der Grauerlenau am Wachtbergbach in Fallaub einige Ex. 23. V. 1941.
Gr. Gr.: Dorfer Öd, bei der Talalm in 1300 *m* Höhe in Fallaub unter Grünerlen einige Ex. 25. VII. 1939.
In den Sudeten, der Rhön, den Vogesen und der Schweiz, in Norddeutschland durch eine kleinere Form vertreten (Willmann 1931).

322. — *Berlesei* (Mich.).
Gl. Gr.: Kapruner Tal, im Mischwald am Hang über dem Kesselfall in tiefen Fallaublagen zahlreich 14. VII. 1939; Käfertal, in Fallaub und Moos unter Grauerlen 41 Ex. 14. V. 1940; Hirzbachschlucht, im Detritus am Bach einige Ex. 8. VII. 1941.
Anscheinend weit verbreitet, wird meist in Moosrasen gefunden.

323. — *meridionalis* Berl.
Gl. Gr.: Steppenwiesen entlang des Haritzerweges oberhalb Heiligenblut, im Rasengesiebe 1 Ex. 15. VII. 1940
Die Art lebt nach Willmann (1931) in Moosrasen.

324. *Tectoribates undulatus* Berl.
Gl. Gr.: Pasterzenvorland südlich der Margaritze, in Moos und Wurzelwerk unter *Vaccinium uliginosum* und Gräsern einige Ex. 17. VII. 1940; Haldenhöcker unter dem Mittleren Burgstall, im Moränengelände in über 2600 *m* Höhe unter Steinen 4 Ex. 16. VII. 1940; Knappenstube nördlich des Hochtores in 2450 *m* Höhe in der *Nebria atrata*-Gesellschaft 1 Ex. 25. VII. 1940.
Von Berlese in den italienischen Alpen in 2300 *m* Höhe entdeckt, von Handschin in den Schweizer Alpen in 2700 *m* wiedergefunden. Anscheinend ein Endemit der Alpen und ein vorwiegend hochalpin lebendes Tier.

325. — *alpinus* (Schweizer).
Gl. Gr.: Guttal, oberhalb der Ankehre der Glocknerstraße aus *Hypnum*-Rasen unter Buschweiden in wenigen Ex. gesiebt 15. VII. 1940; Wasserrad-SW-Hang, in 2500 *m* Höhe im Wurzelgesiebe der Grasheide 1 Ex. 17. VII. 1940; Haldenhöcker unter dem Mittleren Burgstall, im Wurzelgesiebe der hochalpinen Grasheide 1 Ex. 16. VII. 1940; Pasterzenvorfeld unterhalb des Glocknerhauses, im Wurzelgesiebe der Grasheide auf einem Kalkschieferrücken wenige Ex. 27. VII. 1939; Moserboden, im Wurzelgesiebe des Almrasens in 1970 *m* Höhe 1 Ex. 17. VII. 1939; Knappenstube, in 2450 *m* Höhe in der *Nebria atrata*-Gesellschaft 1 Ex. 15. VII. 1940; Walcher Sonnleitbratschen, im Wurzelgesiebe des Curvuletums in 2500 *m* Höhe viele Ex. 9. VII. 1941.
Gr. Gr.: Stubachtal, am N-Hang des Wiegenwaldes in morschen, von *Sphagnum* überwucherten Lärchenstämmen in Mehrzahl 10. VII. 1939.
Pinzgau: Taxingbauer in Haid bei Zell am See, in der obersten Bodenschicht einer Kunstwiese 1 Ex. 13. VII. 1939.
In den Schweizer Alpen mehrfach in hochalpinen Lagen in 2250 bis 2800 *m* Höhe gefunden (Schweizer 1922). Scheint in den Alpen endemisch zu sein.

326. *Notaspis coleoptratus* (L.).
S. Gr.: Grieswiesalm im Hüttenwinkeltal, im Wurzelgesiebe eines *Nardus-Calluna-Vaccinium myrtillus*-Bestandes 22 Ex. 15. VII. 1940.
Gl. Gr.: SW-Hang über Heiligenblut, im Gesiebe aus Fallaub unter *Corylus* zahlreich 18. VI. 1941; Wasserrad-SW-Hang, im Rasengesiebe der Grasheide in 2500 *m* Höhe 5 Ex. 17. VII. 1940; Haldenhöcker unter dem Mittleren Burgstall, im Wurzelgesiebe der Grasheide in 2650 *m* Höhe 1 Ex. 16. VII. 1940; Moserboden, im Wurzelgesiebe der Grasheide in 1970 *m* Höhe 1 Ex. 17. VII. 1939; Stubachtal, beim Gasthof Schneiderau in Moos und Fallaub am Fuße eines alten Bergahorns 6 Ex. 25. VII. 1939; Kapruner Tal, im Mischwald am Hang über dem Kesselfall in tiefen Fallaublagen zahlreich 14. VII. 1939; Fuscher Rotmoos, in nassen Moosrasen 24 Ex. 14. V. 1940; Käfertal, in Grauerlenfallaub 15 Ex. 14. V. 1940; Hirzbachschlucht, im Gesiebe aus Buchenfallaub einige Ex. 8. VII. 1941; Fuscher Tal unterhalb Dorf Fusch, in der Grauerlenau am Wachtbergbach in Fallaub in Anzahl 23. V. 1941.
Gr. Gr.: Dorfer Öd, auf der Talalm in 1300 *m* Höhe im Wurzelgesiebe des Almrasens zahlreich 25. VII. 1939.
Schobergr.: Gößnitztal, bei der Bretterbruck aus Grünerlenfallaub gesiebt 15 Ex. 9. VII. 1937.
Pinzgau: Taxingbauer in Haid bei Zell am See, im Boden einer Kunst- und einer Magerwiese in der obersten Schicht massenhaft, in 5 bis 10 *cm* Tiefe noch zahlreich 13. VII. 1939.
Lebt in Moos, Fallaub, in Moorgelände und im Wiesenboden und steigt in den Alpen bis zur oberen Grasheidengrenze empor. In den Schweizer Alpen wurde die Art noch in 2700 *m* (Schweizer 1922), in den Ötztaler Alpen bei der Ambergerhütte in 2300 bis 2400 *m* Höhe festgestellt (Schweizer 1922, Irk. i. l.).

327. — *punctatus* (Nic.).
Mölltal: S-Hang über der Straße zwischen Söbriach und Flattach, im Fallaubgesiebe mehrere Ex. 18. VI. 1942.
Gl. Gr.: Steppenwiesen oberhalb Heiligenblut, im Wurzelgesiebe des Trockenrasens einige Ex. 15. VII. 1940; SW-Hang über Heiligenblut, im Gesiebe aus Fallaub unter *Corylus* einige Ex. 18. VI. 1942; Guttal, oberhalb der Ankehre der Glocknerstraße in großer Zahl aus *Hypnum*-Rasen unter Buschweiden

gesiebt 15. VII. 1940; Wasserrad-SW-Hang, in 2500 m Höhe im Wurzelgesiebe der Grasheide 2 Ex. 17. VII. 1940; Pasterzenvorland südlich der Margaritze, in Moos und Wurzelwerk unter *Vaccinum uliginosum* und Gräsern zahlreich 17. VII. 1940; Pasterzenvorfeld unterhalb des Glocknerhauses, im Wurzelgesiebe der Grasheide auf einem Kalkphyllitrücken 27. VII. 1939; Walcher Sonnleitbratschen, im Wurzelgesiebe des Curvuletums in 2500 m Höhe in ungeheurer Menge 9. VII. 1941; Fuscher Rotmoos, in nassen Moosrasen 4 Ex. 14. V. 1940; Piffkaralm, oberhalb der Glocknerstraße in 1630 m Höhe im Almrasen 3 Ex. und in Moos und Mulm am Stamm eines Bergahorns 40 Ex. 15. VII. 1940; am Weg von der Trauneralm zur Pfandlscharte in 1900 bis 2000 m Höhe unter einem Stein 1 Ex. 18. VII. 1940; Fuscher Tal unterhalb Dorf Fusch, in der Grauerlenau am Wachtbergbach in Fallaub einige Ex. 23. V. 1941.

Gr. Gr.: Dorfer Öd, bei der Talalm in 1300 m Höhe in Grünerlenfallaub zahlreich 25. VII. 1939.

Weit verbreitet, findet sich nach Willmann (1931) besonders häufig in Mooren, wurde aber von Frenzel (1936) auch in schlesischen Wiesenböden gefunden.

328. *Notaspis italicus* Oudms.
Gl. Gr.: SW-Hang über Heiligenblut, im Gesiebe aus Fallaub unter *Corylus* zahlreich 18. VI. 1942; Guttal, oberhalb der Ankehre der Glocknerstraße in Anzahl aus *Hypnum*-Rasen unter Buchweiden gesiebt 15. VII. 1940; Stubachtal, beim Gasthof Schneiderau in Fallaub und Moos am Fuße eines alten Bergahorns 15 Ex. 25. VII. 1939; Moserboden, im Wurzelgesiebe eines Almrasens in 1970 m Höhe einige Ex. 17. VII. 1939; Fuscher Rotmoos, in nassen Moosrasen 7 Ex. 14. V. 1940; Hirzbachschlucht, im Gesiebe aus Buchenfallaub wenige Ex. 8. VII. 1941.

Lebt vorwiegend in Moos und scheint weit verbreitet zu sein. Willmann (1931) gibt die Art von der Ostsee bei Lübeck, von Ostholstein und aus den Vogesen an.

329. — *regalis* (Berl.).
S. Gr.: Woisken bei Mallnitz, im nassen *Sphagnum* des Hochmoores in 1650 m Höhe einige Ex. 5. IX. 1941.
Gl. Gr.: Wasserrad-SW-Hang, in 2500 m Höhe im Wurzelgesiebe der Grasheide 2 Ex. 17. VII. 1940; Pasterzenvorland südlich der Margaritze, in Moos und Wurzelwerk unter *Vaccinium uliginosum* und Gräsern zahlreich 17. VII. 1940; Stubachtal, beim Gasthof Schneiderau in Fallaub und Moos am Fuße eines alten Bergahorns 42 Ex. 25. VII. 1939; Kapruner Tal, im Mischwald am Hang über dem Kesselfall in tiefen Fallaublagen zahlreich 14. VII. 1939; Käfertal, in Grauerlenfallaub 4 Ex. 14. V. 1940; Hirzbachschlucht, im Gesiebe aus Buchenfallaub zahlreich und aus Detritus am Bach gleichfalls in Anzahl 8. VII. 1941.

Gr. Gr.: Stubachtal, am N-Hang des Wiegenwaldes in morschen, von *Sphagnum* überwucherten Lärchenstämmen massenhaft 10. VII. 1939; Dorfer Öd, bei der Talalm in 1300 m Höhe in Grünerlenfallaub einige Ex. 25. VII. 1939.

Pinzgau: Taxingbauer in Haid bei Zell am See, in der obersten Bodenschicht einer Kunst- und einer Magerwiese, in der ersteren viel zahlreicher 13. VII. 1939.

Bisher nur aus Italien bekannt.

330. — *nitens* (Nic.).
Pinzgau: Taxingbauer in Haid bei Zell am See, in der obersten Bodenschicht einer Magerwiese mehrfach 13. VII. 1939.

Anscheinend weit verbreitet, lebt in Moos, Fallaub und im Wiesenboden.

331. — *acutus* (Berl.).
Gl. Gr.: Hirzbachschlucht oberhalb Dorf Fusch, im Buchenfallaubgesiebe einige Ex. 8. VII. 1941.

Familie *Pelopsidae*.

332. *Pelops planicornis* (Schrk.).
Gl. Gr.: Guttal, oberhalb der Ankehre der Glocknerstraße in *Hypnum*-Rasen unter Buschweiden zahlreich 15. VII. 1940; Pasterzenvorland südlich der Margaritze, in Moosrasen und Wurzelwerk unter *Vaccinium uliginosum* zahlreich 17. VII. 1940; Fuscher Rotmoos, in nassen Moosrasen 6 Ex. 23. VII. 1939.
Gr. Gr.: N-Hang des Wiegenwaldes, in morschen, von *Sphagnum* überwucherten Lärchenstämmen in Anzahl 10. VII. 1939; Dorfer Öd, bei der Talalm in 1300 m Höhe in Grünerlenfallaub einige Ex. 25. VII. 1939.

Weit verbreitet, scheint vorwiegend in Moosrasen zu leben. Irk (i. l.) sammelte die Art am N-Hang des Wannenkogels in Nordtirol in 2200 bis 2300 m Höhe in feuchtem Rasen.

333. — *phytophilus* Berl.
Gl. Gr.: Pasterzenvorland südlich der Margaritze, in Moos und Wurzelwerk unter *Vaccinium uliginosum* und Gräsern zahlreich 17. VII. 1940; Kapruner Tal, im Mischwald am Hang über dem Kesselfall in tiefen Fallaublagen in Mehrzahl 14. VII. 1939.

Bisher in Italien und auf den Ionischen Inseln nachgewiesen.

334. — *ureaceus* C. L. Koch.
Gl. Gr.: Guttal, oberhalb der Ankehre der Glocknerstraße in *Hypnum*-Rasen unter Buschweiden in Anzahl 15. VII. 1940; Wasserrad-SW-Hang, in 2500 m Höhe im Wurzelgesiebe der Grasheide 3 Ex. 17. VII. 1940; Käfertal, in Fallaub und Moos unter Grauerlen 4 Ex. 14. V. 1940; Walcher Sonnleitbratschen, im Wurzelgesiebe des Curvuletums an der Rasengrenze in 2500 m Höhe viele Ex. 9. VII. 1941; Hirzbachschlucht, im Gesiebe aus Buchenfallaub 1 Ex. 8. VII. 1941.

Gr. Gr.: Wiegenwald-N-Hang, in morschen, von *Sphagnum* überwucherten Lärchenstämmen mehrfach 10. VII. 1939; Dorfer Öd, bei der Talalm in 1300 m Höhe in Grünerlenfallaub mehrfach 25. VII. 1939.

Aus Deutschland, der Schweiz und Italien bekannt, in der Schweiz bisher nur bei Basel gefunden (Schweizer 1922).

335. — *auritus* C. L. Koch.
Gl. Gr.: Pasterzenvorfeld zwischen Glocknerstraße und Möll, im Wurzelgesiebe der Pioniervegetation innerhalb der Moräne des Jahres 1856 1 Ex. 27. VII. 1939; Stubachtal, beim Gasthof Schneiderau in Moos und Fallaub am Fuße eines alten Bergahorns 6 Ex. 25. VII. 1939; Käfertal, in Grauerlenfallaub 14 Ex. und in Fallaub unter *Rhododendron hirsutum* 6 Ex. 14. V. 1940.

Gr. Gr.: Stubachtal, im nassen *Sphagnum* eines Wiegenwaldmoores in 1700 m Höhe 1 Ex. 10. VII. 1939; Dorfer Öd, bei der Talalm in 1300 m Höhe in Grünerlenfallaub einzeln 25. VII. 1939.
Weit verbreitet, lebt nach Willmann (1931) besonders häufig in Baummoosen. Irk (i. l.) sammelte die Art in Quellmoos auf der Serles in Nordtirol in 2200 m Höhe.

336. *Pelops occultus* C. L. Koch.
S. Gr.: Grieswiesalm im Hüttenwinkeltal, im Wurzelgesiebe eines Nardetums zahlreich 15. V. 1940.
Gl. Gr.: Pasterzenvorfeld unterhalb des Glocknerhauses, im Wurzelgesiebe des Almrasens einer feuchten Mulde 1 Ex. 27. VII. 1939; Käfertal, in Grauerlenfallaub 7 Ex., in Fallaub unter *Rhododendron hirsutum* 3 Ex. 14. V. 1940.
Gr. Gr.: Dorfer Öd, bei der Talalm in 1300 m Höhe im Wurzelgesiebe des Almrasens zahlreich, im Falllaub unter Grünerlen einzeln 25. VII. 1939.
Pinzgau: Taxingbauer in Haid bei Zell am See, im Boden einer Kunst- und einer Magerwiese, in der letzteren viel zahlreicher, in der Magerwiese in 5 bis 10 cm Tiefe noch 1 Ex. 13. VII. 1939.
Weit verbreitet, lebt in Moosrasen auf feuchten Wiesen und in Mooren.

337. — *nepotulus* Berl.
S. Gr.: Grieswiesalm im Hüttenwinkeltal, im Wurzelgesiebe eines *Nardus-Calluna-Vaccinium myrtillus*-Bestandes 2 Ex. 15. V. 1940.
Gl. Gr.: Wasserrad-SW-Hang, in 2500 m Höhe im Wurzelgesiebe der Grasheide 1 Ex. 17. VII. 1940; Pasterzenvorfeld unterhalb des Glocknerhauses, im Wurzelgesiebe der Grasheide auf einem Kalkphyllitrücken einzeln 27. VII. 1939.
Aus Italien und vom Anninger bei Wien bekannt (Willmann i. l.).

338. — *longifissus* nov. spec. Willm. i. l.
Mölltal: N-Hang gegenüber von Flattach, in Waldmoos mehrere Ex. 18. VI. 1942.
Gl. Gr.: Guttal, oberhalb der Ankehre der Glocknerstraße in *Hypnum*-Rasen unter Buschweiden zahlreich 15. VII. 1940; Wasserrad-SW-Hang, im Rasengesiebe der Grasheide in 2500 m Höhe 3 Ex. 17. VII. 1940.

339. *Peloptulus phaenotus* (C. L. Koch).
Gr. Gr.: Dorfer Öd, auf der Talalm in 1300 m Höhe im Wurzelgesiebe des Almrasens 1 Ex. 25. VII. 1939.
Pinzgau: Taxingbauer in Haid bei Zell am See, in der obersten Bodenschicht einer Kunstwiese einzeln 13. VII. 1939.
Weit verbreitet, wird meist in Moos gefunden. In der Schweiz wurde die Art bei Diessenhofen und im Jura nachgewiesen (Schweizer 1922).

Familie *Phthiracaridae*.

340. *Steganacarus striculus* (C. L. Koch).
Mölltal: S-Hang über der Straße zwischen Söbriach und Flattach, in Fallaub unter *Corylus* 1 Ex. 18. VI. 1941.
Gl. Gr.: Stubachtal, beim Gasthof Schneiderau in Fallaub und Moos am Fuße eines alten Bergahorns 11 Ex. 25. VII. 1939; Kapruner Tal, im Mischwald am Hang über dem Kesselfall in tiefen Fallaublagen in Anzahl 14. VII. 1939; Fuscher Rotmoos, in nassen Moosrasen 13 Ex. 14. V. 1940; Knappenstube nördlich des Hochtores, in 2450 m Höhe in der *Nebria atrata*-Gesellschaft 1 Ex. 15. VII. 1940; Hirzbachschlucht, im Gesiebe aus Buchenfallaub 1 Ex. 8. VII. 1941.
Gr. Gr.: Stubachtal, im nassen *Sphagnum* eines Wiegenwaldmoores in 1700 m Höhe 10 Ex. 10. VII. 1939; Dorfer Öd, bei der Talalm in 1300 m Höhe in Grünerlenfallaub in Anzahl 25. VII. 1939.
Weit verbreitet, lebt in Moos, Fallaub und im Wiesenboden.

341. — *magnus* (Nic.).
Gl. Gr.: Stubachtal, beim Gasthof Schneiderau in Fallaub und Moos am Fuße eines alten Bergahorns 1 Ex. 25. VII. 1939.
Weit verbreitet, lebt in Moos.

342. — *spinosus* (Sell.).
Gl. Gr.: Fuscher Rotmoos, in nassem Moos 1 Ex. 14. V. 1940.
Die Art lebt nach Willmann (1931) in Moos und Humus; sie ist aus Ostpreußen beschrieben.

343. — *applicatus* (Sell.).
Gl. Gr.: Hirzbachschlucht, im Gesiebe aus Buchenfallaub mehrere Ex. 8. VII. 1941.
Gr. Gr.: Dorfer Öd, auf der Talalm in 1300 m Höhe im Wurzelgesiebe des Almrasens einzeln, im Fallaub unter Grünerlen zahlreich 25. VII. 1939.
Die Art ist nach Willmann (1931, 1939 c) aus Ostpreußen, dem Schwarzwald, der Umgebung des Bodensees und von Madeira bekannt; sie lebt in Moos und Humus.

344. *Phthiracarus stramineus* (C. L. Koch).
Gl. Gr.: Pasterzenvorland südl. Margaritze, in Moos und Wurzelwerk unter *Vaccinium uliginosum* und Gräsern in Anzahl 11. VII. 1940; Stubachtal, beim Gasthof Schneiderau in Fallaub und Moos am Fuße eines alten Bergahorns 18 Ex. 25. VII. 1939; Käfertal, in Grauerlenfallaub 4 Ex. 14. V. 1940.
Gr. Gr.: N-Hang des Wiegenwaldes, in morschen, von *Sphagnum* überwucherten Lärchenstämmen einzeln und im nassen *Sphagnum* eines Wiegenwaldmoores in 1700 m Höhe 55 Ex. 10. VII. 1939.
Eine weitverbreitete Art.

345. — *laevigatus* (C. L. Koch).
Mölltal: S-Hang über die Straße zwischen Söbriach und Flattach, in Fallaub einige Ex. und N-Hang gegenüber von Flattach, in Waldmoos einige Ex. 18. VII. 1942.
S. Gr.: Woisken bei Mallnitz, in nassem *Sphagnum* wenige Ex. 5. VI. 1941.
Gl. Gr.: Stubachtal, beim Gasthof Schneiderau in Moos und Fallaub am Fuße eines alten Bergahorns 6 Ex. 25. VII. 1939; Fuscher Rotmoos, 1 Ex. in nassem Moos 14. V. 1940; Hirzbachschlucht, im Gesiebe aus Buchenfallaub einige Ex. 8. VII. 1941 und Fuscher Tal unterhalb Dorf Fusch, in der Grauerlenau am Wachtbergbach einige Ex. 23. V. 1941.
Weit verbreitet, lebt in Moos.

346. *Phthiracarus globosus* (C. L. Koch).
   Gl. Gr.: Kapruner Tal, im Mischwald am Hang über dem Kesselfall in tiefen Fallaublagen in Anzahl 14. VII. 1939.
   Gr. Gr.: N-Hang des Wiegenwaldes, in morschen, von *Sphagnum* überwucherten Lärchenstämmen in etwa 1600 m Höhe einzeln 10. VII. 1939.
   Die Art lebt nach Willmann (1931) vorwiegend in Mooren, sie wurde in Norddeutschland in einigen Mooren Oldenburgs und außerdem im Federseegebiet festgestellt. Außerhalb Deutschlands wurde sie in Italien und auf Madeira gefunden.

347. — *pavidus* Berl.
   Gl. Gr.: Käfertal, in Fallaub unter *Rhododendron hirsutum* 1 Ex. 14. V. 1940.

348. — *anonymus* Grdj.
   S. Gr.: Grieswiesalm im Hüttenwinkeltal, im Wurzelgesiebe eines *Nardus-Calluna-Vaccinium myrtillus*-Bestandes 6 Ex. 15. V. 1940; Woisken bei Mallnitz, im nassen *Sphagnum* eines Hochmoores in 1650 m Höhe sehr zahlreich 5. IX. 1941.
   Gl. Gr.: Guttal, oberhalb der Ankehre der Glocknerstraße in *Hypnum*-Rasen unter Buschweiden einzeln 15. VII. 1940; Wasserrad-SW-Hang, in 2500 m Höhe im Wurzelgesiebe der Grasheide 13 Ex. 17. VII. 1940; Pasterzenvorland südlich der Maragaritze, in Moos und Wurzelwerk unter *Vaccinium uliginosum* und Gräsern in Anzahl 17. VII. 1940; Kapruner Tal, im Mischwald am Hang über dem Kesselfall in Anzahl 14. VII. 1939; Käfertal, in Grauerlenfallaub 15 Ex. und in Fallaub unter *Rhododendron hirsutum* 8 Ex. 14. V. 1940; Piffkaralm, oberhalb der Glocknerstraße in 1630 m Höhe in Moos und Mulm an einem Bergahornstamm 6 Ex. 15. VII. 1940; Hirzbachschlucht, im Gesiebe aus Buchenfallaub zahlreich 8. VII. 1941.
   Gr. Gr.: N-Hang des Wiegenwaldes, in morschen, von *Sphagnum* überwucherten Lärchenstämmen sehr zahlreich 10. VII. 1939.
   Pinzgau: Taxingbauer in Haid bei Zell am See, in der obersten Bodenschicht einer Kunstwiese mehrfach 13. VII. 1939.
   Anscheinend weit verbreitet, aber wohl vielfach verkannt. Auch in den Sudeten nachgewiesen (teste Willmann).

349. *Oribotritia nuda* (Berl.).
   Gr. Gr.: N-Hang des Wiegenwaldes, in morschen, von *Sphagnum* überwucherten Lärchenstämmen in 1600 m Höhe in Mehrzahl 10. VII. 1939.
   Bisher nur aus Italien bekannt (Willmann i. l.).

350. *Pseudotritia monodactyla* Willm.
   Gl. Gr.: Kapruner Tal, im Mischwald am Hang über dem Kesselfall in tiefen Fallaublagen 1 Ex. 14. VII. 1939.
   Die Art wurde von Willmann in Moos an alten Pappel- und Weidenstümpfen bei Bremen entdeckt und später auch anderwärts mehrfach gefunden.

351. — *loricata* (Rathke).
   Mölltal: S-Hang über der Straße zwischen Söbriach und Flattach, im Fallaub unter *Corylus* einige Ex. 18. VI. 1942.
   Gl. Gr.: Steppenwiesen oberhalb Heiligenblut, im Rasengesiebe 1 Ex. 15. VII. 1940.
   In Deutschland weit verbreitet (Willm. 1931).

IV. Acaridiae.

Familie *Rhizoglyphidae*.

352. *Rhizoglyphus echinopus* (Fumouze et Robin).
   Gl. Gr.: Moserboden, im nassen Moos eines versumpften Almlägers bei der Moseralm 1 Ex. 17. VII. 1939.
   Lebt gewöhnlich an verwesenden pflanzlichen Stoffen, wird an Zwiebeln und Knollen schädlich und scheint an der Zellulosezersetzung bei Fäulnisprozessen regen Anteil zu nehmen.

Familie *Tyrophagidae*.

353. *Tyrophagus dimidiatus* (Herm.).
   S. Gr.: Grieswiesalm im Hüttenwinkeltal, im Wurzelgesiebe eines Nardetums 1 Ex. 15. V. 1940.
   Weit verbreitet, Bewohner von Fäulnisherden.

V. Tetrapodili.

Familie *Eriophyidae*.

354. *Eriophyes alpestris* Nal.
   S. Gr.: Woisken nordwestlich von Mallnitz, in etwa 1600 m Höhe in Hochmoorgelände Blattgallen an *Rhododendron ferrugineum* 5. IX. 1941.
   Die Blattgallen an Alpenrosen wurden auch mehrfach in anderen Teilen des Gebietes beobachtet, es wurde aber versäumt, darüber Notizen zu machen.

So unzureichend die Erforschung der meisten Milbenarten in biogeographischer und ökologischer Hinsicht gegenwärtig noch ist, läßt die vorstehende Liste doch schon erkennen, daß die Acarofauna der Hohen Tauern neben weitverbreiteten Formen auch solche enthält, die eine begrenzte Verbreitung besitzen und strenge Bindungen an ganz bestimmte Standortsverhältnisse aufweisen.

So sind *Pergamasus Franzi* Willm., *Zercon inornatus* Willm., *Phaulodiaspis alpina* (Schweizer), *Linopenthaleus Irki* Willm., *Neomolgus monticola* Willm., *Podothrombium montanum* Berl., *Valgothrombium alpinum* Willm., *Belba diversipilis* Willm., *Metrioppia helvetica* Grdj., *Oromurcia alpina* Willm., *Trichoribates montanus* Irk, *Tectoribates undulatus* Berl. und *Tectoribates alpinus* (Schweizer) nach dem heutigen Stande unseres Wissens in den Alpen endemisch.

Auf die Alpen und benachbarte Gebirge beschränkt sind *Geholaspis alpinus* Berl., *Zercon perforatulus* Berl., *Nicoletiella lyra* Willm., *Diplothrombium longipalpe* Berl., *Eutrombidium canigulense* Andr. und *Belba tatrica* (Kulcz.). *Caeculus echinipes* Duf. ist in den Alpen und den Gebirgen des Mittelmeergebietes weit verbreitet, scheint aber ebenes Gelände und alluviale Böden gleichfalls zu meiden.

Als unzweifelhaft boreoalpin ist, wie schon Schweizer (1922) erkannt hat, *Microtrombidium sucidum* zu bezeichnen. Außerdem sind *Tarsolarcus articulosus* S. T., *Podothrombium curtipalpe* Berl., *Eutrombidium frigidum* Berl., *Eulohmannia Ribagai* Berl., *Zercon sarekensis* Willm., *Mucronothrus nasalis* (Willm.) und *Camisia lapponica* Trgdh. wahrscheinlich diskontinuierlich boreoalpin verbreitet.

Von den Endemiten des Alpengebietes sind die meisten auf hochalpine oder doch hochsubalpine und höhere Lagen beschränkt. *Caeculus echinipes* kommt ausschließlich auf sandigen Rohböden vor, *Microtrombidium sucidum* Berl. bewohnt über der Baumgrenze fast ausschließlich Schneeböden und die Ränder sommerlicher Schneeflecken, an tieferen Standorten sehr feuchte Lagen. *Bonzia sphagnicola* Willm. scheint auf Moorgelände beschränkt zu sein.

Besonderes Interesse beansprucht die vertikale Verteilung der Bodenmilben, die im Untersuchungsgebiet wohl erstmalig für ein Teilstück der Alpen in großem Umfange in allen Höhenstufen aufgesammelt wurden. Die faunistischen Bodenanalysen zeigen, daß die Milbenfauna hochalpiner Böden und schon solcher aus hoch-subalpinen Lagen eine andere Zusammensetzung aufweist als die der Talböden. Die Milben scheinen sich in dieser Beziehung ähnlich zu verhalten wie die Käfer und zum Teil die Collembolen, während z. B. die Nematoden und Enchytraeiden, wie wir bereits bei deren Besprechung hervorhoben, in ihrem Artenbestand in den verschiedenen Höhenstufen keine Unterschiede aufweisen. Hierauf wird im soziologischen Kapitel dieser Arbeit gelegentlich der Besprechung der Bodenfauna der einzelnen Bioassoziationen noch zurückzukommen sein.

In der vorstehenden Liste dürfte die Mehrzahl der in den mittleren Hohen Tauern im Boden vorkommenden Milben erfaßt sein. Es konnten dank der aufopferungsvollen Mitarbeit C. Willmanns für das verhältnismäßig kleine Gebiet der mittleren Hohen Tauern mehr Arten angeführt werden, als Schweizer (1922) für die gesamte Schweiz angibt. Dennoch ist damit zu rechnen, daß besonders in tieferen Lagen noch so manche weitere Milbenart bei intensiver Sammeltätigkeit ans Licht gefördert werden kann. Besonderen Erfolg dürfte in dieser Hinsicht die intensivere Durchforschung der Wälder versprechen. Die parasitisch an Pflanzen und Tieren lebenden Arten und die Bewohner von Fäulnisherden sind bisher noch so gut wie nicht erfaßt.

Ordnung Collembola.

Während die Collembolenfauna der Schweizer Alpen durch die Arbeiten von Bäbler (1910), Carl (1899 und 1901), Diem (1903) und Handschin (1919 und 1924) ziemlich gut bekannt ist, wurde dieser Insektenordnung in den Ostalpen bisher nur wenig Aufmerksamkeit geschenkt. Außer den Studien Latzels (1917 und 1921), die infolge des frühen Todes dieses Forschers nicht mehr zur vollen wissenschaftlichen Reife gelangen konnten, gibt es über die Collembolenfauna der Ostalpen neben einigen kleinen Arbeiten aus älterer Zeit nur noch eine kleine Veröffentlichung von Absolon (1911) über die „Gletscherflöhe in den niederösterreichischen Voralpen" und einige Angaben über die Collembolen der Tiroler Zentralalpen bei Steinböck (1939 a und 1939 b). Auch diese Arbeiten sind jedoch mit Rücksicht auf die noch immer stark im Fluß befindliche Systematik fast aller Apterygota, abgesehen von den neuen

Arbeiten Steinböcks, nur in beschränktem Umfange für tiergeographische und ökologische Untersuchungen verwertbar, so daß ein einigermaßen exakter Vergleich der Springschwanzfauna des Untersuchungsgebietes heute höchstens mit derjenigen der Schweizer Alpen möglich ist.

Latzel hat sich zwar einmal im Glocknergebiet aufgehalten, dort aber entweder überhaupt keine Collembolen gesammelt oder doch über die von ihm gemachte Ausbeute nichts veröffentlicht. Eine Notiz über das Vorkommen von *Isotoma saltans* Nic. auf der Pasterze (Latzel 1921) geht sicher auf eine Fehlbestimmung zurück, da ich die Art im Pasterzengebiet trotz eifrigen Suchens nirgends feststellen konnte.

So beruht das folgende Verzeichnis der Collembolen des mittleren Teiles der Hohen Tauern ausschließlich auf dem Material, welches ich selbst im Gebiete gesammelt habe. Die Bestimmung der Ausbeuten aus den Jahren 1937, 1938, 1940 und 1941 besorgte Herr Direktor Dr. J. Stach (Krakau), die im Jahre 1939 gesammelten Tiere wurden von Herrn Dr. G. Frenzel (Bellinchen a. d. Oder) bearbeitet. Hinsichtlich der Nomenklatur und systematischer Reihung wurde der Abschnitt über die Collembolen wie die folgenden über die Dipluren und Thysanuren dem Bestimmungswerk von Handschin (1929) angeglichen, soweit nicht seit dessen Erscheinen erfolgte systematische Berichtigungen und Neubeschreibungen Abweichungen notwendig machten. Außer den schon genannten Veröffentlichungen wurden besonders wegen der darin enthaltenen ökologischen Angaben noch die Arbeiten von Frenzel (1936), Stach (1926) und Strebl (1932) benützt. Herrn Direktor Dr. Stach verdanke ich zahlreiche interessante Mitteilungen über die Verbreitung der von ihm beschriebenen oder noch zu beschreibenden und auch einzelner anderer Arten. Eine Reihe von Collembolenformen meiner Ausbeuten wurde von Dr. Stach als neu erkannt und zunächst nur in litteris benannt. Ich übernehme diese Namen im folgenden und verweise bezüglich der systematischen Diagnosen auf die in Vorbereitung befindliche Spezialarbeit des Autors.

Familie *Hypogastruridae*.

1. *Hypogastrura armata* (Nic.).
S. Gr.: Grieswiesalm im Hüttenwinkeltal, aus *Nardus*-Rasen gesiebt 3 Ex. 15. V. 1940.
Gl. Gr.: SW-Hang des Wasserradkopfes, im Elynetum in 2500 *m* Höhe 1 Ex. im Wurzelgesiebe 17. VII. 1940; Grashang unterhalb des Glocknerhauses, aus Graswurzeln in einer feuchten Mulde gesiebt (etwa 2100 *m*) 2 Ex. 27. VII. 1939; in der Kalkphylitsteppe im Festucetum durae unmittelbar neben dem vorgenannten Fundort 2 Ex. 27. VII. 1939; im Pasterzenvorland vor der Margaritze im Moos unter *Salix hastata* und *Vaccinium uliginosum* 3 Ex. 17. VII. 1940; S-Hang des Elisabethfelsens, im nassen Moos eines Quellriesels 1 Ex. 17. VII. 1940; Haldenhöcker unter dem Mittleren Burgstall, im Grasheideboden in 2650 *m* Höhe 3 Ex. 16. VII. 1940; Moserboden, üppige Almmatte unweit über dem Talboden am linken Talhang, 6 Ex. aus Graswurzeln gesiebt 17. VII. 1939; Moserboden, im nassen Moos eines Almlägers bei der Moseralm 3 Ex. 17. VII. 1939; Hirzbachschlucht, in etwa 1300 *m* Höhe am Bach aus Detritus unter Hochstauden gesiebt 1 Ex. 8. VII. 1941; am Ufer der Fuscher Ache oberhalb Ferleiten 4 Ex. 14. V. 1940; Käfertal, im Fallaub unter den Grauerlen im unteren Teil des Tales 1 Ex. 14. V. 1940; Fuscher Rotmoos, im nassen Moos des Flachmoores 5 Ex. 23. VII. 1939 und 10 Ex. 14. V. 1940.
Gr. Gr.: Dorfer Öd (Stubach), im Fallaub unter Grünerlen bei der Alm in etwa 1300 *m* Höhe 5 Ex. 25. VII. 1939; Wiegenwald (Stubach), im nassen *Sphagnum* eines Hochmoores in 1700 *m* Höhe 1 Ex. 10. VII. 1939; Wiegenwaldnordhang in etwa 1600 *m* Höhe, im Moos und unter der Rinde morscher Lärchenstämme 42 Ex. 10. VII. 1939.
Pinzgau: Taxingbauer in Haid bei Zell am See, im Wiesenboden einer Kunstwiese 34 Ex. und einer benachbarten Magerwiese 1 Ex. 13. VII. 1939.
Die Art wird von Handschin (1929) als Kosmopolit und Ubiquist bezeichnet, sie steigt auch im Hochgebirge der Schweiz bis 2800 *m* empor und lebt in Erde, Moos und faulenden Stoffen.

2. — *montana* nov. spec. Stach i. l.
S. Gr.: Stanziwurten, in 2200 *m* Höhe in einem Schneegraben aus eben ausgeapertem Moos gesiebt 27 Ex. 2. VII. 1937.
Gl. Gr.: Wahrscheinlich derselben Art gehören 7 Ex. an, die ich im Festucetum durae unterhalb des Glocknerhauses am 27. VII. 1939 aus Pflanzenwurzeln siebte.
Über die Verbreitung und Lebensweise der Art teilt mir Dr. Stach folgendes mit: „Die Art ist in den Alpen nicht endemisch, sondern kommt auch im Tatragebirge vor (Südabhänge der Zawratspitze, zirka 2100 *m* im Frühjahr 1917 massenhaft auf Schnee; am Fuß der Giewontspitze in zirka 1400 *m* Höhe im Moos in unmittelbarer Nähe eines großen Schneefleckens 13. VII. 1933). Im Sommer habe ich nach ihr anderswo als in der Nähe der Schneeflecken vergebens gesucht. Die Art gehört also der Gruppe der nivicolen (hochalpinen) Tierarten an."

3. *Brachystomella parvula* (Schäff.) (= *Schöttella parvula* Schäff.).
Gl. Gr.: Im Fuscher Tal oberhalb Ferleiten, auf einer feuchten Wiese aus Graswurzeln gesiebt 7 Ex. 21. VII. 1939; Fuscher Rotmoos, im nassen Moosrasen des Flachmoores 5 Ex. 23. VII. 1939.
Die Art ist weit verbreitet und lebt besonders in *Sphagnum* und unter nassem Holz (Handschin 1929).

Familie *Achorutidae*.

4. *Friesea mirabilis* (Tullbg.).
    Gl. Gr.: Oberstes Fuschertal, auf einer nassen Wiese unterhalb der Vogerlalm aus Graswurzeln gesiebt 1 Ex. 21. VII. 1939.
    Die Art scheint nach Handschin (1929) über ganz Europa verbreitet zu sein, sie lebt in humusreichem Boden, unter Rinde, moderndem Laub, im Moos und an Düngerhaufen.

5. — *emucronata* Stach.
    Gl. Gr.: Piffkaralm, an der Glocknerstraße in 1630 m Höhe aus Moos am Stamme eines alten Bergahorns gesiebt 1 Ex. 15. VII. 1940; Fuscher Törl, in Pflanzenpolstern am Hang der Edelweißspitze gegen die Glocknerstraße (etwa 2450 m) 1 Ex. 15. VII. 1940.
    Gr. Gr.: Wiegenwaldnordhang, im *Sphagnum* an alten Lärchenstämmen und unter der Rinde derselben 5 Ex. 10. VII. 1939. Die Zugehörigkeit dieser Stücke zu *F. emucronata* ist nicht sicher. Dr. Stach teilt mir über diese Art folgendes mit: „*Friesea emucronata* ist eine von mir in der Umgebung von Leva (Nordungarn) im Jahre 1915 gesammelte und im Jahre 1922 beschriebene Art. Sie ist zur Zeit bekannt aus Ungarn, Polen und Mähren."

6. *Pseudachorutes subcrassus* Tullbg.
    Gl. Gr.: Kapruner Tal, im Mischwald am Hang unmittelbar oberhalb des Kesselfalles aus tiefen Falllaublagen gesiebt 1 Ex. 14. VII. 1939.
    Nach Handschin (1929) über Nord- und Mitteleuropa verbreitet; lebt unter Rinde und im moorigen Waldboden.

7. — *dubius* Krausb.
    Gl. Gr.: Schneiderau (Stubach), im Fallaub und Moos unter einem alten Bergahorn in der Nähe des Gasthofes 2 Ex. 25. VII. 1939; Kapruner Tal, im Mischwald am Hang über dem Kesselfall in tiefen Fallaublagen 1 Ex. 14. VII. 1939; im Käfertal, im Fallaub unter Grauerlen 1 Ex. 23. VII. 1939.
    Gr. Gr.: Wiegenwaldnordseite, im Moos an morschen Lärchenstämmen und unter der Rinde dieser 6 Ex. 10. VII. 1939.
    In Nordeuropa und an einzelnen Stellen in Deutschland gefunden, lebt in Moos, Fallaub und Humus (Handschin 1929).

8. — *Remyi alpinus* nov. subsp. Stach. i. l.
    Gl. Gr.: Im Dorfer Tal, knapp oberhalb der Daberklamm aus Grünerlenfallaub gesiebt 4 Ex. 18. VII. 1940.
    Die Art wurde von Denis im Jahre 1935 aus Griechisch-Mazedonien beschrieben, wo sie in 625 m Höhe gesammelt wurde. Die Stammform ist bisher nur aus Mazedonien, die neue Rasse nur aus dem Glocknergebiet bekannt (Stach i. l.).

9. *Achorutes phlegraeus* Caroli.
    Gl. Gr.: Schneiderau (Stubach), in Fallaub und Moos unter einem alten Bergahorn in der Nähe des Gasthofes 8 Ex. 25. VII. 1939; Kapruner Tal, im Mischwald am Hang über dem Kesselfall in tiefen Fallaublagen 23 Ex. 14. VII. 1939; auf der Traueralm, im Rhodoretum oberhalb des Gasthofes aus Fallaub gesiebt 5 Ex. 23. VII. 1939.
    Gr. Gr.: Dorfer Öd (Stubach), aus Grünerlenfallaub bei der Alm in 1300 m Höhe gesiebt 6 Ex. 25. VII. 1939; Wiegenwald (Stubach), im nassen *Sphagnum* eines Hochmoores in 1700 m Höhe 1 Ex. 10. VII. 1939; am Wiegenwaldnordhang in vermoosten, morschen Lärchenstämmen 13 Ex. 10. VII. 1939.
    Nach Stach (i. l.) aus Polen, Ungarn (einschließlich Karpathorußland), Italien, Frankreich und Spanien bekannt.

10. — *muscorum* (Templt.).
    S. Gr.: Kleine Fleiß, oberhalb des Alten Pocher aus Grünerlenfallaub zu beiden Seiten des Tales gesiebt 3 Ex. 30. VI. bis 3. VII. 1937.
    Gl. Gr.: Im Grauerlenbestand im unteren Teil des Käfertales 1 Ex. aus Fallaub gesiebt 23. VII. 1939; im Moos an den höchsten Bergahornen im Käfertal 1 Ex. 23. VII. 1939; Fuscher Rotmoos, im nassen Moosrasen des Flachmoores 2 Ex. 14. V. 1940.
    Gr. Gr.: Wiegenwald (Stubach), in vermoosten morschen Stämmen am Nordhang in etwa 1600 m Höhe 3 Ex. 10. VII. 1939.
    Schobergr.: Gößnitztal, bei der Bretterbruck aus Grünerlenfallaub gesiebt 1 Ex. 9. VII. 1937.
    Sehr weit verbreitet, lebt in Moos und unter der Rinde faulender Baumstämme, seltener im Boden und nährt sich von Pilzmyzel (Handschin 1929).

11. — *conjunctus* Stach.
    S. Gr.: Kleine Fleiß, oberhalb des Alten Pocher an der orographisch rechten Talseite aus Grünerlenfallaub gesiebt 3 Ex. 30. VI. 1937.
    Gl. Gr.: Fuscher Rotmoos, 2 Ex. im nassen Moosrasen des Flachmoores 14. V. 1940; Hirzbachschlucht, in 1300 m Höhe aus Detritus unter Hochstauden gesiebt 3 Ex. 8. VII. 1941; ebenda, in Fallaub und Moos am Fuße alter Buchen 10 Ex. 8. VII. 1941.
    Die Art wurde bisher nach Stach (i. l.) bei Wien, im südwestlichen Polen, in Ungarn, Bulgarien (Vitoscha- und Rilagebirge) und im Velebit gefunden.

Familie *Onychiuridae*.

12. *Onychiurus furcifer* Börner.
    Gl. Gr.: Schneiderau (Stubach), im Fallaub und Moos unter einem alten Bergahorn in der Nähe des Gasthofes 21 Ex. 15. VII. 1939; Kapruner Tal, im Mischwald am Hang oberhalb des Kesselfalles aus Fallaub gesiebt 8 Ex. 14. VII. 1939; Traueralm, im *Rhododendron*-Fallaub oberhalb des Gasthofes 1 Ex. 21. VII. 1939.
    Gr. Gr.: Dorfer Öd (Stubach), im Rasen der Alm in etwa 1300 m Höhe 18 Ex. und in Grünerlenfallaub unweit der Alm 2 Ex. 25. VII. 1939.
    Die Art dürfte über ganz Mitteleuropa verbreitet sein, sie lebt unter Holz und Rinden (Handschin 1929).

13. *Onychiurus armatus* (Tullbg.).
    S. Gr.: Grieswiesalm im Hüttenwinkeltal, im *Nardus*-Rasen 1 Ex. 15. V. 1940.
    Gl. Gr.: Steppenwiesen bei Heiligenblut 1400 *m*, im Wiesenboden 43 Ex. 15. VII. 1940; Guttal, oberhalb der Ankehre der Glocknerstraße aus Moos unter *Salix hastata* gesiebt 5 Ex. 15. VII. 1940; Wasserrad-SW-Hang, knapp unter der oberen Grasheidengrenze in 2500 *m* Höhe 1 Ex. aus Graswurzeln gesiebt 17. VII. 1940; Grashang unterhalb des Glocknerhauses, in etwa 2100 *m* Höhe im Festucetum durae 1 Ex. und in einer feuchten Mulde daneben 5 Ex. aus Graswurzeln gesiebt 27. VII. 1939; Pasterzenvorfeld südlich der Magaritze, aus Moos unter *Salix hastata* und *Vaccinium uliginosum* gesiebt 1 Ex. 17. VII. 1940; Haldenhöcker unter dem Mittleren Burgstall, im Grasheideboden in 2650 *m* Höhe 3 Ex. 16. VII. 1940; Breitkopf, in 3100 *m* Höhe unter Steinen 30 Ex. 28. VII. 1938; Dorfer Tal, knapp oberhalb der Waldgrenze aus Grünerlenfallaub gesiebt 1 Ex. 17. VII. 1937; beim Gasthof Schneiderau (Stubach) aus Moos und Fallaub unter einem alten Bergahorn gesiebt 24 Ex. 25. VII. 1939; Kapruner Tal, im Mischwald am Hang über dem Kesselfall in Fallaub 3 Ex. 14. VII. 1939; Hirzbachschlucht, in 1300 *m* Höhe im Detritus unter Hochstauden 9 Ex. 8. VII. 1941; Käfertal, im Fallaub unter Grauerlen 7 Ex. 14. V. 1940 und im Moos an den höchsten Bergahornen 4 Ex. 23. VII. 1939; Piffkaralm, oberhalb der Glocknerstraße in 1630 *m* Höhe im Almrasen 4 Ex. und im Moos am Stamm eines Bergahorns 5 Ex. 15. VII. 1940; Fuscher Törl, in Vegetationspolstern 1 Ex. 15. VII. 1940.
    Gr. Gr.: Dorfer Öd (Stubach), im Almrasen 26 Ex. und unter Grünerlenfallaub 6 Ex. 25. VII. 1939; Wiegenwald, aus morschen, bemoosten Lärchenstämmen am N-Hang gesiebt 7 Ex. 10. VII. 1939.
    Pinzgau: Taxingbauer in Haid bei Zell am See, im Wiesenboden einer Kunst- und einer Magerwiese 38 Ex. 13. VII. 1939.
    Die Art ist weltweit verbreitet und steigt im Gebirge bis in die hochalpine Polsterpflanzenstufe empor (Handschin 1929). In der Dorfer Öd wurde im Almrasen 1 Ex. der var. *inermis* Axels. gesammelt.

14. — *fimetarius* (L.).
    Gr. Gr.: Schneiderau (Stubach), im Fallaub und Moos unter einem alten Bergahorn beim Gasthof 11 Ex. 25. VII. 1939.
    Weit verbreitet, findet sich unter Steinen, Rinden, in Kot usw. (Handschin 1939).

15. — *alpinus* nov. spec. Stach i. l.
    S. Gr.: Stanziwurten, in einem Schneegraben in 2200 *m* Höhe aus Moos gesiebt 2 Ex. 2. VII. 1937.
    Gl. Gr.: Breitkopf, unter Steinen in 3100 *m* Höhe 15 Ex. 28. VII. 1938; Luisengrat oberhalb der Stüdlhütte, unter einem Stein in 3100 *m* Höhe 1 Ex. 25. VII. 1938.
    Die Art ist nach Stach (i. l.) bisher nur aus den mittleren Hohen Tauern bekannt. Sie scheint nur in hochalpinen Lagen vorzukommen und steigt in der Polsterpflanzenstufe sehr hoch empor.

Familie *Isotomidae*.

16. *Anurophorus laricis* Nic.
    Gl. Gr.: Piffkaralm an der Glocknerstraße in 1630 *m* Höhe, im Moos am Stamm eines alten Bergahorns 2 Ex. 15. VII. 1940.
    Weit verbreitet, lebt meist unter Rinde, seltener in Moos, findet sich besonders an Platanen (Handschin 1929).

17. *Folsomia quadrioculata* (Tullbg.).
    Gl. Gr.: Steppenwiesen am Haritzerweg oberhalb Heiligenblut, im Wiesenboden 14 Ex. 15. VII. 1940; Schneiderau (Stubach), im Moos und Fallaub unter einem alten Bergahorn in der Nähe des Gasthofes 2 Ex. 25. VII. 1939; Moserboden, im Almrasen 2 Ex. 17. VII. 1939; Piffkaralm an der Glocknerstraße in 1630 *m* Höhe, im Moos am Stamm eines Bergahorns 7 Ex. 15. VII. 1940; Fuscher Törl, in Vegetationspolstern 4 Ex. 15. VII. 1940; Hirzbachschlucht, in etwa 1300 *m* Höhe aus Detritus unter Hochstauden und aus Buchenfallaub gesiebt 53 Ex. 8. VII. 1941; Pasterzenvorfeld zwischen Glocknerstraße und Möllschlucht, innerhalb der Moräne des Jahres 1856 aus Pflanzenwurzeln gesiebt 64 Ex. 27. VII.1939.
    Gr. Gr.: Dorfer Öd (Stubach), auf der Alm in 1300 *m* Höhe im Almrasen 12 Ex. 25. VII. 1939; Wiegenwald, aus morschen, moosbewachsenen Stämmen 1 Ex. 10. VII. 1939.
    Pinzgau: Taxingbauer in Haid bei Zell am See, im Boden einer Kunst- und einer Magerwiese 202 Ex. 13. VII. 1939.
    Sehr weit verbreitete Art, die in Moos und Flechten, unter Rinden und im Boden lebt (Handschin 1929).
    Die var. *pallida* Axels. wurde im Kapruner Tal, im Mischwald am Hang unmittelbar über dem Kesselfall, in tiefen Fallaublagen in 2 Ex. am 14. VII. 1939 gesammelt.

18. — *fimetaria* (L.).
    Gr. Gr.: Wiegenwald (Stubach), in morschen Lärchenstämmen, die von *Sphagnum* überwuchert waren, in 1600 *m* Höhe 8 Ex. 10. VII. 1939.
    Weitverbreitete Art, die vorwiegend unter Baumrinden und im Moos, aber auch im Boden und Dünger angetroffen wird (Handschin 1929).
    Die var. *dentata* Fols. wurde im Festucetum durae unterhalb des Glocknerhauses in 2100 *m* Höhe in 1 Ex. aus Graswurzeln gesiebt.

19. — *decemoculata* nov. spec. Stach i. l.
    Gl. Gr.: Guttal, oberhalb der Ankehre der Glocknerstraße, im Moosrasen unter *Salix hastata* 6 Ex. 15. VII. 1940.
    Diese neue Art liegt bisher nur von diesem einen Fundplatz vor (Stach i. l.).

20. *Spinisotoma pectinata* Stach.
    Gl. Gr.: Fuscher Rotmoos, im nassen Moosrasen des Flachmoores 43 Ex. 23. VII. 1939.
    Die Art war bisher nur aus Polen, Nordwestungarn, Schweden und Kiew bekannt (Stach i. l.).

21. *Isotoma (Pseudisotoma) sensibilis* Tullbg.
    S. Gr.: Grieswiesalm im Hüttenwinkeltal, im *Nardus*-Rasen 3 Ex. 15. V. 1940.
    Gl. Gr.: Steppenwiesen am Haritzerweg, oberhalb Heiligenblut, im Rasengesiebe 1 Ex. 15. VII. 1940; Guttal, oberhalb der Ankehre der Glocknerstraße, im Moosrasen unter *Salix hastata* 23 Ex. 15. VII. 1940; Wasserrad-SW-Hang, knapp unterhalb der Rasengrenze in 2500 *m* Höhe 1 Ex. 15. VII. 1940; Albitzen-

SW-Hang in 2400 m Höhe, im *Festucetum* auf einem Kalkschieferriegel 2 Ex. 17. VII. 1940; Grashang unterhalb des Glocknerhauses, in etwa 2100 m Höhe im Festucetum durae 8 Ex. 27. VII. 1939, in einer feuchten Mulde daneben 1 Ex.; Hochfläche der Margaritze, 1 Ex. unter einem Stein 7. VII. 1937; auf der Pasterzermoräne unterhalb des Schwertecks 1 Ex. 2. VIII. 1938; Haldenhöcker unterhalb des Mittleren Burgstalls, im Rasengesiebe der Grasheide 22 Ex. 16. VII. 1940; Walcher Sonnleitbratschen, im Rasengesiebe des Caricetum curvulae in etwa 2500 m Höhe 32 Ex. 9. VII. 1941; Käfertal, im Moos an den Stämmen der höchsten Bergahorne 5 Ex. 23. VII. 1939; Piffkaralm, oberhalb der Glocknerstraße in 1630 m Höhe 1 Ex. aus Graswurzeln gesiebt und 6 Ex. im Moos am Stamme eines alten Bergahorns 15. VII. 1940; Fuscher Törl, in Vegetationspolstern 11 Ex. 15. VII. 1940.

Gr. Gr. Dorfer Öd (Stubach), im Almrasen 4 Ex. 25. VII. 1939; Wiegenwald, am N-Hang aus morschen, mit Moos überwachsenen Lärchenstämmen gesiebt 110 Ex. 10. VII. 1939; im Hochmoor des Wiegenwaldes in 1700 m Höhe, im nassen *Sphagnum* 1 Ex. 10. VII. 1939.

Weit verbreitet, lebt nach Handschin (1929) vorwiegend in Moospolstern, jedoch auch unter Flechten und Rinden und im Boden.

22. *Isotoma (Isotoma) minor* Schäff.
Gl. Gr.: Fuscher Rotmoos, im nassen Moosrasen an mehreren Stellen zusammen 29 Ex. 14. V. 1940; Piffkaralm, oberhalb der Glocknerstraße in 1630 m Höhe, im Moos am Stamm eines alten Bergahorns 6 Ex. 15. VII. 1940.
Gr. Gr.: Dorfer Öd (Stubach), im Almrasen 1 Ex. und unter Grünerlenfallaub 1 Ex. 25. VII. 1939.
Weit verbreitet, bevorzugt feuchte Standorte und lebt besonders in Moos (Handschin 1929).

23. — *(Isotoma) notabilis* Schäff.
Gl. Gr.: S-Hang des Elisabethfelsens, im nassen Moos einer Quellflur 1 Ex. 17. VII. 1940; Fuscher Rotmoos, im nassen Moos 33 Ex. 14. V. 1940, 2 Ex. 23. VII. 1939; Piffkaralm an der Glocknerstraße in 1630 m Höhe, im Rasen 1 Ex. und im Moos an einem alten Bergahorn 2 Ex. 15. VII. 1940.
Gr. Gr.: Dorfer Öd (Stubach), aus Grünerlenfallaub in 1300 m Höhe gesiebt 1 Ex. 25. VII. 1939; Wiegenwald-N-Hang, in morschen, moosüberwachsenen Lärchenstämmen 4 Ex. 10. VII. 1939.
Die Art ist über ganz Nord- und Mitteleuropa verbreitet und lebt unter Fallaub und Moos, auch in moderndem Holz (Handschin 1929).

24. — *(Isotoma) viridis* Bourl.
Gl. Gr.: Schneiderau, in Fallaub und Moos unter einem alten Bergahorn beim Gasthof 1 Ex. 25. VII. 1939.
Pinzgau; Taxingbauer in Haid bei Zell am See, in Wiesenboden 2 Ex. 13. VII. 1939, hier auch 14 juv. Ex., die vermutlich zu dieser Art gehören.
Weit verbreitet, lebt besonders an feuchten Lokalitäten.

25. — *(Isotoma) violacea* Tullbg,
S. Gr.: Kleine Fleiß, oberhalb des Alten Pocher aus Grünerlenfallaub gesiebt 5 Ex. 30. VII. und 3. VII. 1937.
Gl. Gr.: Am Haritzerweg unweit der Naturbrücke über die Möll aus Latschennadeln unter den obersten Legföhren gesiebt 10 Ex. 26. VII. 1937; Dorfer Tal, knapp oberhalb der Waldgrenze aus Grünerlenfallaub gesiebt 2 Ex. 17. VII. 1937.
Weit verbreitet, lebt unter Moos, Rinde und Steinen in Wäldern, in Deutschland auch sehr häufig in Mooren (Handschin 1929).

26. — *(Isotoma) olivacea* Tullbg.
Gl. Gr.: Pasterzenvorfeld zwischen Glocknerstraße und Möll, innerhalb der Moräne des Jahres 1856 aus Pflanzenwurzeln gesiebt 7 Ex. 27. VII. 1937; Schneiderau (Stubach), in Fallaub und Moos unter einem alten Bergahorn in der Nähe des Gasthofes 18 Ex. 25. VII. 1939; Moserboden, im Almrasen 1 Ex. 16. VII. 1939; Hirzbachschlucht, in der Bachschlucht in 1300 m Höhe im Detritus unter Hochstauden 7 Ex. 8. VII. 1941.
Gr. Gr.: Dorfer Öd (Stubach), in Grünerlenfallaub bei der Alm in 1300 m Höhe 60 Ex. 25. VII. 1939.
Weit verbreitet, lebt besonders unter Moos und Fallaub und wurde auch auf Schnee angetroffen (Handschin 1929).
Neben der Stammform fanden sich auch die var. *neglecta* Schäff. und die var. *grisescens* Schäff. Die erstgenannte Form liegt von folgenden Fundorten vor: Guttal, knapp oberhalb der Ankehre der Glocknerstraße aus Moos unter *Salix hastata* gesiebt 2 Ex.15. VII. 1940; im Pasterzenvorfeld südlich der Margaritze, im Moosrasen unter *Salix hastata* und *Vaccinium uliginosum* 45 Ex. 17. VII. 1940; Piffkaralm an der Glocknerstraße in 1630 m Höhe, im Moos am Stamm eines alten Bergahorns 4 Ex. 15. VII. 1940; Dorfer Öd (Granatspitzgruppe), in Grünerlenfallaub bei der Alm in 1300 m Höhe 4 Ex. 25. VII. 1939. Die var. *grisescens* Schäff. wurde nur im Kapruner Tal, im Mischwald am Hang über dem Kesselfall in tiefen Lublagen in 2 Ex. gefunden 14. VII. 1939.

27. — *(Isotoma) fennica* Reut.
Gl. Gr.: Fuscher Rotmoos, im nassen Moos an zwei Stellen je 1 Ex. 14. V. 1940.
Die Art findet sich in Skandinavien und wurde von J. Stach auch in den Karpathen nachgewiesen (Stach i. l.).

28. *Isotomurus palustris* Müll. f. typ. und var. *prasinus* Reut.
Gl. Gr.: Fuscher Rotmoos, im nassen Moos des Flachmoores 29 Ex. der f. typ. und 8 Ex. der var. *prasinus* 14. V. 1940 und 23. VII. 1939.
Die Art ist kosmopolitisch verbreitet und lebt namentlich an feuchten Orten, am Ufer von Gewässern und unter Steinen (Handschin 1929).

29. — *palliceps* (Uzel) (sensu Stach).
S. Gr.: Große Fleiß, subalpin 1 Ex. 10. VII. 1937.
Gl. Gr.: Hochtor, in kleinen Wasserlachen an der Glocknerstraße 4 Ex. 11. VII. 1941; Guttal, oberhalb der Ankehre der Glocknerstraße, im Moos unter *Salix hastata* 2 Ex. 15. VII. 1940; im Kar zwischen Albitzen- und Wasserradkopf in 2400 bis 2500 m Höhe, am Ufer eines kleinen Gießbaches im nassen Moos 2 Ex., am Rande eines Schneetälchens unter einem Stein 1 Ex. und auf einer Kalkphyllitschutthalde in der *Caeculus echinipes*-Assoziation unter einem Stein 1 Ex. 17. VII. 1940; am Weg vom Glocknerhaus

zur Pfandlscharte in der Speikbodenzone 3 Ex. 19. und 20. VII. 1938; im Kar südlich der Pfandlscharte in der *Nebria atrata*-Assoziation an zahlreichen Stellen 19. und 20. VII. 1938; noch auf der Jungmoräne des Pfandlschartenkeeses 1 Ex. 19. VII. 1938; Naßfeld des Pfandlschartenbaches, unter Steinen auf Bachschuttkegeln 4 Ex. 20. VII. und 1. VIII. 1938; Hänge der Freiwand über dem Eingang zum Pfandlschartennaßfeld, 1 Ex. unter einem Stein 1. VIII. 1938; Pasterzenvorfeld zwischen Glocknerhaus und Möllschlucht, an mehreren Stellen im Moos und unter Steinen 11 Ex. 29. VII. bis 23. VIII. 1937; Unterer Keesboden, im Moränenschutt 3 Ex. 7. VII. 1937; Hochfläche der Magaritze 1 Ex. 7. VII. 1937; S-Hang des Elisabethfelsens, im nassen Moos einer Quellflur 3 Ex. 17. VII. 1940; Promenadeweg unterhalb der Gamsgrube, 3 Ex. auf Neuschnee 28. VII. 1939; Wasserfallwinkel 1 Ex. 28. VII. 1938; Haldenhöcker unter dem Mittleren Burgstall, je 1 Ex. 29. VII. 1938 und 16. VII. 1940 in der *Caeculus echinipes*-Assoziation; Großer Burgstall 3 Ex. 27. VII. 1938; unterste Rasenhänge am Hang des Schwertecks gegen die Pasterze, unter einem Stein 1 Ex. 2. VIII. 1938; Umgebung der Rudolfshütte im obersten Stubachtal 1 Ex. 15. VII. 1937; Moserboden 1 Ex. 16. VII. 1939; Walcher Sonnleitbratschen, in etwa 2500 *m* im Rasengesiebe des Caricetum curvulae 1 juv. Ex. 9. VII. 1941; Ufer der Fuscher Ache oberhalb Ferleiten, im sandigen Bachschutt 1 Ex. 14. V. 1940; Fuscher Törl, in Vegetationspolstern 4 Ex. 15. VII. 1940; N-Hang des Woazkopfes beim Mittertörl, unter Steinen 5 Ex. 15. VII. 1940; Knappenstube an der Glocknerstraße nördlich des Hochtores, in der *Nebria atrata*-Zone 2 Ex. 15. VII. 1940; Edelweißwand unterhalb des Fuscher Törls, 7 Ex. unter Steinen 15. VII. 1940.

Die Art findet sich in den Alpen, Sudeten (Karkonoschen) und Karpathen. Auf der Hohen Tatra und auf der Cernahora ist sie gemein (Stach i. l.). Im Untersuchungsgebiet ist sie in hochalpinen Lagen überaus häufig und in der Polsterpflanzenstufe die häufigste Collembolenart überhaupt. Ich fand sie in den mittleren Hohen Tauern nur einmal unterhalb der Baumgrenze am Ufer der Fuscher Ache, wohin sie wahrscheinlich bei Hochwasser herabgeschwemmt wurde. Sie scheint im übrigen in den Tauern auf hochalpine Lagen beschränkt zu sein.

Familie *Entomobryidae*.

30. *Entomobrya Nicoleti* var. *muscorum* (Tullbg.).
    Gl. Gr.: In einer Heuhütte im Fuscher Tal oberhalb Ferleiten aus verschimmeltem Heu gesiebt 5 Ex. 14. V. 1940; am Ufer der Fuscher Ache unweit des Rotmooses 1 Ex. 18. VII. 1940; Eingang in das Hirzbachtal, unweit des Hirzbachwasserfalles 1 Ex. 8. VII. 1941.
    Die Art ist in ganz Mitteleuropa heimisch und findet sich in Moosrasen, auf Pflanzen, wurde einmal sogar in einem Hummelnest beobachtet (Handschin 1929).

31. — *marginata* Tullbg.
    Gl. Gr.: Käfertal, in Moos an den Stämmen der obersten Bergahorne 1 Ex. 23. VII. 1939.
    Weit verbreitet, lebt besonders in Nadelwäldern, wurde auch mehrfach bei Ameisen beobachtet (Handschin 1929).

32. — *nivalis* L.
    Gl. Gr.: Im Wald unterhalb der Traueralm 2 Ex. 21. VII. 1939 und 5 Ex. 22. V. 1940; Piffkaralm an der Glocknerstraße in 1630 *m* Höhe, aus Graswurzeln gesiebt 8 Ex. 15. VII. 1940; an der Glocknerstraße unweit Bruck im Pinzgau gekätschert 1 Ex. 23. V. 1941.
    Die Art scheint holarktisch verbreitet zu sein, lebt unter Rinde und Flechten sowie im Moos, seltener im Boden. *Entomobrya nivalis* findet sich gelegentlich auch im Winter auf Schnee und steigt im Hochgebirge der Schweiz bis 3200 *m* Höhe empor (Handschin 1929).

33. *Sira Buski* Lubbock.
    Gl. Gr.: Fuscher Tal oberhalb Ferleiten, im schimmelnden Heu am Boden einer Heuhütte 1 Ex. 14. V. 1940; Moserboden, im nassen Moos eines sumpfigen Almlägers in der Nähe der Moseralmhütte 2 Ex. 17. VII. 1939.
    Pinzgau: Taxingbauer in Haid bei Zell am See, im Wiesenboden 2 juv. Ex. 13. VII. 1939.
    Weit verbreitet, lebt meist unter Rinde, Holz und Brettern (Handschin 1929).

34. *Lepidocyrtus cyaneus* Tullbg.
    Gl. Gr.: Haldenhöcker unterhalb des Mittleren Burgstalls, in der *Caeculus echinipes*-Gesellschaft in etwa 2650 *m* Höhe 2 Ex. 16. VII. 1940; Fuscher Tal oberhalb Ferleiten, in verschimmeltem Heu am Boden einer Heuhütte 6 Ex. 14. V. 1940.
    Kosmopolitische Art, die in der Schweiz bis 3100 *m* Höhe emporsteigt (Handschin 1929).

35. — *lanuginosus* (Gmel.) f. typ. und ab. *albicans* Reut.
    Gl. Gr.: Guttal, oberhalb der Ankehre der Glocknerstraße im Moos unter *Salix hastata* 1 Ex. 15. VII. 1940; Schneetälchen im Kar zwischen Albitzen- und Wasserradkopf, in 2450 *m* Höhe 3 Ex. 17. VII. 1940; am Weg vom Glocknerhaus zur Pfandlscharte am Schneerand in 2350 *m* Höhe 3 Ex. 17. VII. 1938; in der *Nebria atrata*-Zone südlich der beiden Pfandlscharten an mehreren Stellen zusammen 9 Ex. 19. VII. 1938; Grashang unterhalb der Glocknerhauses, in einer feuchten Mulde aus Pflanzenwurzeln gesiebt 7 juv. Ex. 27. VII. 1939; Haldenhöcker unterhalb des Mittleren Burgstalls, im Moränengelände 1 Ex. 16. VII. 1940; Großer Burgstall 2 Ex. 27. VII. 1938; Käfertal, im Moos an den Stämmen der obersten Bergahorne 1 Ex. 23. VII. 1939; Fuscher Rotmoos, im nassen Moosrasen 13 Ex. 14. V. 1940; Nordhang unterhalb der unteren Pflandscharte, in 2300—2400 *m* Höhe 6 Ex. 16. VII. 1940; Piffkaralm an der Glocknerstraße in 1630 *m* Höhe, im Almrasen 1 Ex. 15. VII. 1940; am N-Hang des Woazkopfes beim Mittertörl unter einem Stein 1 Ex. 15. VII. 1940; Knappenstube nördlich des Hochtores, in der *Nebria atrata*-Zone 2 Ex. unter Steinen 15. VII. 1940.
    Gr. Gr.: Dorfer Öd (Stubach), in Grünerlenfallaub bei der Alm in 1300 *m* Höhe 1 Ex. 25. VII. 1939; Schneiderau, in Fallaub und Moos unter einem alten Bergahorn beim Gasthof 1 Ex. 25. VII. 1939; im Hochmoor des Wiegenwaldes in 1700 *m* Höhe im nassen Moosrasen 10. VII. 1939 (hier die ab. *albicans*).
    Die Art ist holarktisch verbreitet, sie steigt in den Alpen der Schweiz bis 3200 *m* Höhe empor (Handschin 1929).

36. *Pseudosinella alba* (Pack.).
Pinzgau: Taxingbauer in Haid bei Zell am See, im Wiesenboden 1 juv. Ex. 13. VII. 1939.
Weit verbreitet, meist im Boden, aber auch unter Rinde und in Hummelnestern gefunden (Handschin 1929).

37. *Orchesella bifasciata* (Nic.).
Gl. Gr.: Kar zwischen Albitzen- und Wasserradkopf, am Schneerand in 2450 m Höhe 1 Ex. 17. VII. 1940; Albitzen-SW-Hang, auf einem Kalkschieferriegel in 2400 m Höhe zwischen Flechten 4 Ex. 17. VII. 1940; Albitzen SW-Hang, im Rasen unterhalb der Bratschenhänge 3 Ex. 17. VII. 1940; am Weg vom Glocknerhaus zur Pfandlscharte am Schneerand in 2350 m Höhe und auf den Speikböden in etwa 2450 m Höhe je 1 Ex. 17. und 19. VII. 1938; in der *Nebria atrata*-Zone südlich der beiden Pfandlscharten an mehreren Stellen zusammen 9 Ex. und auf der Moräne des Pfandlschartenkeeses 2 Ex. 19. VII. 1938; Naßfeld des Pfandlschartenbaches, im nassen Moos 4 Ex. 20. VII. 1938; Pasterzenvorfeld zwischen Glocknerstraße und Möll, innerhalb der Moräne des Jahres 1856 1 Ex. zwischen Pflanzenwurzeln 25. VII. 1937; Festucetum durae oberhalb der Glocknerstraße südlich der Marienhöhe, im Rasengesiebe 2 Ex. 3. VIII. 1938; Margaritze S-Hang, im Fallaub unter Buschweiden 2 Ex. und im *Dryas*-Rasen am SW-Hang 3 Ex. 18. VIII. 1937; Gamsgrube 1 Ex. 27. VII. 1937; Haldenhöcker unter dem Mittleren Burgstall, in der *Caeculus echinipes*-Gesellschaft 2 Ex. 16. VII. 1940; Fanatscharte, auf dem ebenen Gelände vor der Stüdlhütte unter Steinen 4 Ex. 25. VII. 1938; Umgebung der Rudolfshütte 1 Ex. 15. VII. 1937; Edelweißwand unterhalb des Fuscher Törls 3 Ex. 15. VII. 1940.
Weit verbreitet, im Gebiete bisher nur oberhalb der Waldgrenze festgestellt. Gehört in alpinen Lagen zu den häufigsten Collembolen und steigt bis in die Polsterpflanzenstufe empor.

38. — *cincta* (L.).
Gl. Gr.: Fuschertal oberhalb Ferleiten, unter einem kleinen Wasserfall am linken Talhang 1 Ex. 21. VII. 1939.
Weit verbreitet, gehört nach Handschin (1929) der Humusfauna an.

39. — *flavescens* (Bourl.) f. typ. und ab. *pallida* Reut.
S. Gr.: Im Lärchenwald oberhalb des Fleißgasthofes in der Nadelstreu 10 Ex. 9. VII. 1937.
Gl. Gr.: Guttal, auf den Wiesen oberhalb der Ankehre der Glocknerstraße gekätschert 1 Ex. 11. VII. 1941; Kapruner Tal, an der Talstufe unterhalb der Limbergeralm im nassen Moos an einer Felsplatte unweit der Ache 1 Ex. 15. VII. 1939 (ab. *pallida*); Piffkaralm an der Glocknerstraße, in 1630 m Höhe 4 Ex. im Almrasen 17. VI. 1940; am Ufer der Fuscher Ache oberhalb Ferleiten in Vegetationspolstern 1 Ex. 18. VII. 1940; am Weg aus dem Fuscher Tal zur Traueralm von Fichten geklopft 4 Ex. 22. V. 1941; Eingang ins Hirzbachtal, gekätschert 2 Ex. 8. VII. 1941.
Gr. Gr.: N-Seite des Wiegenwaldes (Stubach), in etwa 1600 m Höhe an Fuchsexkrementen 1 juv. Ex. 10. VII. 1939 (ab. *pallida*).

40. — *alticola* Uzel.
S. Gr.: Lärchenwald oberhalb des Fleißgasthofes, in der Nadelstreu 2 Ex. 9. VII. 1937.
Gl. Gr.: Breitkopf, in 3100 m Höhe unter Steinen 21 Ex. 28. VII. 1938; Kleiner Burgstall 1 Ex. 22. VII. 1938; Moränengebiet des Leiter- und Hohenwarthkeeses 1 Ex. 13. VII. 1937; am Weg von der Rudolfshütte zum Tauernmoos 1 Ex. 16. VII. 1937; im Wald unterhalb der Traueralm 1 Ex. 21. VII. 1939.
Die Art scheint weit verbreitet zu sein und wird nach Handschin (1929) meist unter Steinen gefunden.

41. — *montana* nov. spec. Stach i. l.
S. Gr.: Zwischen Seebichel, Zirmsee und den Moränen hinter diesem 6 Ex. unter Steinen 4. VIII. 1937; SW-Hang des Sandkopfes, im Wald oberhalb des Fleißgasthofes in Fichtenzapfen 1 Ex. 14. VIII. 1937; Sandkopf SW-Hang, hochalpin 1 Ex. 14. VIII. 1937.
Gl. Gr.: Albitzen SW-Hang, unterhalb der Kalkphyllitbratschen in der *Caeculus echinipes*-Gesellschaft je 1 Ex. 20. VII. 1938 und 17. VII. 1940; Kar zwischen Albitzen- und Wasserradkopf, am Schneerand in 2450 m Höhe unter Steinen 4 Ex. 17. VII. 1940; Kalkphyllitschutthalden am Albitzen-NW-Hang 1 Ex. 18. VII. 1938; am Weg vom Glocknerhaus zur Pfandlscharte am Schneerand in 2350 m Höhe 9 Ex. 17. VII. 1938; in der *Nebria atrata*-Zone südlich der beiden Pfandlscharten an mehreren Stellen unter Steinen zusammen 21 Ex. und auf der Moräne des Pfandlschartenkeeses 3 Ex. 19. VII. 1938; Grashang oberhalb der Glocknerstraße zwischen Glocknerhaus und Naßfeldeingang, unter Steinen 3 Ex. 1. VIII. 1938; Pasterzenvorfeld zwischen Glocknerstraße und Möll, im Festucetum durae unterhalb des Glocknerhauses 1 Ex. und innerhalb der Moräne des Jahres 1856 zwischen Pflanzenwurzeln 4 Ex. 3. VIII. 1938; Hochfläche der Margaritze, 2 Ex. unter Steinen 7. VII. 1937; Steilabfall der Marxwiese zum Unteren Keesboden 1 Ex. 23. VII. 1938; Gamsgrube, in der *Caeculus echinipes*-Gesellschaft unter Steinen 10 Ex. 30. VII. 1940; Wasserfallwinkel 1 Ex. 28. VII. 1938; Nordseite des Fuscher Kar-Kopfes, in fast sterilem Kalkphyllitsand 1 Ex. unter einem Stein 28. VII. 1938; Hochfläche des Mittleren Burgstalls, 4 Ex. unter Steinen 28. VII. 1938; Haldenhöcker unterhalb des Mittleren Burgstalls, im Moränengelände 4 Ex. 29. VII. 1938 und 16. VII. 1940 und in der *Caeculus echinipes*-Gesellschaft unter Steinen 2 Ex. 16. VII. 1940; Großer Burgstall, 7 Ex. unter Steinen 27. VII. 1938; Pasterzenmoräne unterhalb des Glocknerkamps 3 Ex. im Moränengerölle 19. VII. 1937; Rasenhang über der Pasterze unterhalb des Kellersbergkamps, 2 Ex. unter Steinen 19. VIII. 1937; Pasterzenmoräne unterhalb des Schwertecks 3 Ex. 2. VIII. 1938; Luisengrat oberhalb der Fanatscharte, 7 Ex. unter Steinen in 3100 m Höhe 25. VII. 1938; im Dorfer Tal an der Waldgrenze aus Grünerlenfallaub gesiebt 1 Ex. 17. VII. 1937; Walcher Sonnleitbratschen, in 2400 bis 2800 m Höhe unter Steinen 6 Ex. 9. VII. 1941; am Ufer der Fuscher Ache unweit des Rotmooses, in Vegetationspolstern 1 Ex. 18. VII. 1940; Nordhang unterhalb der Pfandlscharte, in 2300 bis 2400 m Höhe 17 Ex. 18. VII. 1940; Oberes Naßfeld an der Glocknerstraße unterhalb des Fuschertörls, 1 stark melanistisches Ex. 10. VII. 1941; Fuscher Törl, in Vegetationspolstern 1 Ex. 15. VII. 1940; Nordhang des Woazkopfes beim Mittertörl 3 Ex. 15. VII. 1940.
Die Art ist nach Stach (i. l.) bisher nur aus dem Alibotusch- und Rilagebirge in Bulgarien bekannt und noch unbeschrieben. Sie scheint in den Hohen Tauern nur oberhalb der Waldgrenze dauernd zu leben und vor allem in der Polsterpflanzenstufe sehr häufig zu sein. Im Untersuchungsgebiet ist sie bisher bis 3100 m Höhe nachgewiesen, steigt aber sicher noch höher empor. Das an der Fuscher Ache gesammelte Tier wurde zweifellos aus dem Hochgebirge herabgeschwemmt.

42. *Orchesella longifasciata* nov. spec. Stach i. l.
   Gl. Gr.: Am Weg vom Glocknerhaus zur Pfandlscharte in der Speikbodenzone in etwa 2450 *m* Höhe unter einem Stein 1 Ex. 20. VII. 1938; im Festucetum durae oberhalb der Glocknerstraße südlich der Marienhöhe in etwa 2200 *m* Höhe aus Graswurzeln gesiebt 1 Ex. 3. VIII. 1938; Edelweißwand unterhalb des Fuscher Törls 2 Ex. 15. VII. 1940.
   Die Art liegt bisher nach Stach (i. l.) nur aus dem Glocknergebiet vor. Die drei Fundorte liegen innerhalb der hochalpinen Grasheidenzone.

43. — *viridilutea* nov. spec. Stach i. l.
   Gl. Gr.: Guttalwiesen oberhalb der Ankehre der Glocknerstraße 1 Ex. 15. VII. 1940; Guttal, knapp oberhalb der Ankehre im Moos unter *Salix hastata* 5 Ex. 15. VII. 1940; im Kar zwischen Albitzen- und Wasserradkopf in 2450 *m* Höhe 1 Ex. unter einem Stein 17. VII. 1940; Haldenhöcker unterhalb des Mittleren Burgstalls, im Rasen 6 Ex. 16. VII. 1940.
   Die Art ist außerhalb der Hohen Tauern auch schon aus den Karpathen, u. zw. von der Tatra, Cernahora und vom Pop Ivan bekannt (Stach i. l.), sie scheint sub- und hochalpin verbreitet zu sein.

Familie *Tomoceridae*.

44. *Tomocerus (Tomocerus) minor* Lubb.
   S. Gr.: Hüttenwinkeltal zwischen Bodenhaus und Grieswiesalpe 1 Ex. 15. V. 1940; zwischen Seebichel, Zirmsee und den dahinter liegenden Moränen 1 Ex. 4. VIII. 1937.
   Gl. Gr.: Im Moränengelände zwischen Franz-Josefs-Höhe und Pasterze 1 Ex. unter einem Stein 26. VII. 1937; Rasenband am Kellersbergkamp über der Pasterze, unter einem Stein 1 Ex. 2. VIII. 1937; Rasen unmittelbar über der Pasterzenmoräne unter dem Schwerteck 1 Ex. unter einem Stein 2. VIII. 1938; Hänge oberhalb des Oberen Keesbodens 1 Ex. 29. VII. 1937; Fanatscharte, im ebenen Gelände vor der Stüdlhütte unter Steinen 8 Ex. 25. VII. 1938; bei Kals 2 Ex. Mitte Juli 1937; Fuscher Tal oberhalb Ferleiten, in verschimmeltem Heu am Boden einer Heuhütte 1 Ex. 14. V. 1940; Woazkopf-N-Hang beim Mittertörl, 1 Ex. unter einem Stein 15. VII. 1940.
   Gr. Gr.: Dorfer Öd (Stubach), in Grünerlenfallaub bei der Alm in 1300 *m* Höhe 4 Ex. 25. VII. 1939.
   Anscheinend weit verbreitet, liebt nach Handschin (1929) feuchte Stellen, steigt in Graubünden bis 2800 *m* Höhe empor (Handschin 1919).

45. — *(Pogonognathus) longicornis* (Müll.).
   Gl. Gr.: Kapruner Tal, in nassem Laub und Moos unmittelbar beim Kesselfall 1 Ex. 14. VII. 1939.
   Weit verbreitet, lebt vorwiegend im Bestandesabfall der Wälder.

46. — *(Pogonognathus) flavescens* Tullbg. f. typ. und ab. *separatus* Fols.
   S. Gr.: Kleine Fleiß, oberhalb des Alten Pocher aus Grünerlenfallaub gesiebt 2 Ex. 30. VI. 1937.
   Gl. Gr.: Guttal, unmittelbar oberhalb der Ankehre der Glocknerstraße aus Grünerlenfallaub gesiebt 4 Ex. 22. VIII. 1937; Pasterzenvorfeld zwischen Glocknerstraße und Möll, innerhalb der Moräne des Jahres 1856 an Schneckenköder 1 Ex. 8. VIII. 1937; Ködnitztal, an der Waldgrenze aus Fallaub gesiebt 4 Ex. 14. VII. 1937; Dorfer Tal, knapp oberhalb der Daberklamm 2 Ex. und knapp über der Waldgrenze zu beiden Talseiten 3 Ex. aus Grünerlenfallaub gesiebt 17. und 28. VII. 1937; Schneiderau (Stubach), im Fallaub und Moos unter einem alten Bergahorn in der Nähe des Gasthofes 5 Ex. 25. VII. 1939 (ab. *separatus*); Kapruner Tal, in nassem Fallaub und Moos in nächster Nähe des Kesselfalles 2 Ex. 14. VII. 1919; Eingang in das Hirzbachtal, unweit des Hirzbachwasserfalles 1 Ex. 8. VII. 1941; Fuscher Tal oberhalb Ferleiten, im Fallaub unter Grauerlen am Ufer der Ache 3 Ex. 19. VII. 1939; Käfertal, im Fallaub unter Grauerlen 7 Ex. 14. V. 1940; am Weg aus dem Fuscher Tal zur Traueralm 1 Ex. von Fichten geklopft 22. V. 1941; Piffkaralm, in 1630 *m* Höhe an der Glocknerstraße im Almrasen 1 Ex. 15. VII. 1940.
   Gr. Gr.: Im Fallaub unter den niederen Büschen am Weg vom Kalser Tauernhaus zum Muntanitz unmittelbar über dem Talboden des Dorfer Tales 2 Ex. 19. VII. 1937; Wiegenwald-N-Hang, an Fuchsexkrementen 3 Ex. 10. VII. 1939.
   Schobergr.: Gößnitztal, bei der Bretterbruck aus Grünerlenfallaub gesiebt 3 Ex. 9. VII. 1937.
   Sehr weit verbreitet, lebt namentlich in Moos und im Bestandesabfall der Wälder; im Gebiete scheint die Art im Alnetum viridis besonders häufig zu sein.

Familie *Sminthuridae*.

47. *Sminthurides Schötti* Axels.
   Gr. Gr.: Im Hochmoor des Wiegenwaldes (Stubach), in 1700 *m* Höhe 2 Ex. im nassen Sphagnum 10. VII. 1939.
   Die Art war bisher anscheinend nur aus Fennoskandia bekannt und ist vielleicht boreoalpin verbreitet. Sie lebt in Moosrasen, besonders in *Sphagnum*.

48. *Sminthurinus niger* (Lubb.).
   Gl. Gr.: Piffkaralm an der Glocknerstraße in 1630 *m* Höhe, im Moos am Stamm eines Bergahorns 2 Ex. 15. VII. 1940.
   Weit verbreitet, wird auch in der Nähe bewohnter Plätze unter Brettern und sogar in Gewächshäusern gefunden (Handschin 1929).

49. — *aureus* Lubb. ab. *atratus* Börn.
   Gl. Gr.: Albitzen-SW-Hang, unterhalb der Kalkphyllitbratschen gekätschert 1 Ex. 17. VII. 1940.
   Weit verbreitet, auch diese Art ist oft in der Nähe von Häusern und Brettern gefunden worden (Handschin 1929).

50. *Deuterosminthurus insignis* Reut.
   Gl. Gr.: Wasserrad-SW-Hang, an der Rasengrenze in 2500 *m* Höhe gekätschert 11 Ex. 17. VII. 1940.
   Die Art wird von Handschin (1929) aus England, Nord- und Mitteleuropa angegeben und als Moosbewohner und Vertreter der Wasserflächenfauna bezeichnet, was für das hochalpine Areal keinesfalls zutrifft. Ich hätte die Tiere im schütteren Elynetum am 17. VII. 1940, einem warmen und windstillen Tage, in großer Zahl von den Grashalmen streifen können.

51. *Sminthurus viridis* (L.).
   Gl. Gr.: Wasserrad-SW-Hang, an der Rasengrenze in 2500 *m* Höhe gekätschert 3 Ex. 17. VII. 1940.
   Weit verbreitet, wird durch Benagen von Pflanzen schädlich (Handschin 1929).
52. *Allacma fusca* (L.).
   Gl. Gr.: Fuscher Ache oberhalb Ferleiten, aus Grauerlenfallaub am Ufer gesiebt 2 Ex. 19. VII. 1939; aus Fallaub unter *Rhododendron* oberhalb der Trauneralm gesiebt 3 Ex. 23. VII. 1939; Eingang in das Hirzbachtal, unweit des Hirzbachwasserfalles 3 Ex. gekätschert 8. VII. 1941; Piffkaralm an der Glocknerstraße in 1630 *m* Höhe, im Almrasen 4 Ex. 15. VII. 1940.
   Gr. Gr.: Wiegenwald-N-Hang 5 Ex. 10. VII. 1939.
   Waldbewohner, der an Baumstämmen, unter Moos und Rinde sowie in der Laubstreu lebt; sehr weit verbreitet (Handschin 1929).
53. *Dicyrtomina minuta* (Fbr.).
   Die Art wurde von Latzel (1921) auf dem Iselsberg auf frischen Fichtenzweigen, die auf der alten Straße nach Winklern herumlagen, im August in großer Menge gesammelt. Sie ist vielleicht auch im engeren Untersuchungsgebiet zu finden.
54. *Dicyrtoma fusca* (Luc.).
   Gl. Gr.: Piffkaralm an der Glocknerstraße in 1630 *m* Höhe, im Moos am Stamm eines alten Bergahorns 4 Ex. 15. VII. 1940.
   Pinzgau: Taxingbauer in Haid bei Zell am See, 5 juv. Ex. im Wiesenboden 13. VII. 1939.
   Weit verbreitet, lebt an Baumstämmen, auf Sträuchern und Gras, auch in Moos (Handschin 1929).

Ordnung Diplura.

Die Dipluren scheinen im Gebiete nur durch eine Art der Gattung *Campodea* vertreten zu sein; die Bestimmung derselben besorgte Doz. Dr. J. Stach.

Familie *Campodeidae*.

1. *Campodea Silvestrii* Bagn.
   S. Gr.: In der Fleiß 2 Ex. Juli 1937.
   Campodea-Exemplare, die ich unweit des Hirzbachwasserfalles oberhalb Dorf Fusch sah, dürften der gleichen Art angehört haben.

Ordnung Thysanura.

Familie *Machilidae*.

1. *Lepismachilis notata* Stach.
   S. Gr.: Eingang in das Zirknitztal bei Döllach, am S-Hang im sonnigen Lärchenwald 1 ♂ 28. VIII. 1941.
   Die aus Polen, Mährisch-Schönberg, aus der Umgebung von Wien und aus Tirol bekannte Art scheint auf wärmere Lagen, im Gebiete auf die Südtäler, beschränkt zu sein.
2. *Machilis tirolensis* Verh.
   Gl. Gr.: Am Weg vom Glocknerhaus zur Tröglalm 1 Ex. 21. VIII. 1937; ich sammelte das Tier vermutlich im Wald rechtsseits der Möll unterhalb der Naturbrücke über die Möllschlucht, die genauen Fangumstände habe ich leider nicht notiert. Ferleiten, unweit des Tauernhauses auf einer Steinmauer unter einem Stein 1 ♀ 11. VII. 1941.
   Die Art wird von Handschin (1929) aus Nord- und Südtirol angegeben.[1]
3. — *alpestris* nov. spec. Stach i. l.
   Gl. Gr.: In der Kreitherwand, auf einer Geröllhalde am Haritzerweg unter Steinen 1 Ex. 24. VII. 1938; im Geröll der Pasterzenmoräne unterhalb des Glockner- und Kellersbergkamps zahlreich beobachtet 19. VIII. 1937; im Moränengelände unterhalb der Franz-Josefs-Höhe 1 Ex. im Moränenblockwerk gesehen.
   Die Art ist ein Bewohner von Geröllhalden subalpiner und hochalpiner Lagen und scheint vor allem im groben Moränenblockwerk unmittelbar über dem Eis vorzukommen. Ähnlich anderen Blockhaldenbewohnern verschwinden die Tiere bei der geringsten Beunruhigung in den Spalten zwischen den Moränenblöcken und entziehen sich so erfolgreich jeder Verfolgung.

Die Ordnungen der Collembolen, Dipluren und Thysanuren werden zusammen mit den im Untersuchungsgebiet bisher nicht nachgewiesenen Proturen zur Überordnung Apterygota zusammengefaßt. Zwei von ihnen, die Collembolen und Thysanuren, sind in den mittleren Hohen Tauern neben weitverbreiteten und euryöken Arten durch Formen vertreten, die nach dem derzeitigen Stande unseres Wissens ausschließlich im Gebirge, einzelne sogar nur im Hochgebirge leben. Solche Arten sind unter den Collembolen: *Hypogastrura montana*, *Isotomurus palliceps*, *Orchesella montana*, *Orchesella longifasciata* und *Orchesella viridilutea*, ferner nach Stach (i. l.) auch *Pseudachorutes Remyi* und *Folsomia decemoculata*; unter den Thysanuren: *Machilis tirolensis* und *Machilis alpestris*. *Isotoma fennica* und *Sminthurides Schötti* sind vielleicht boreoalpin verbreitet.

---

[1] Im lichten Wald an einem SW-Hang vor der Proseckklamm bei Windisch-Matrei fand ich am 3. IX. 1941 2 ♀ einer *Machilis* spec., die *M. tirolensis* nahesteht, aber von ihr wahrscheinlich spezifisch verschieden ist. Eine sichere Bestimmung wird erst möglich sein, sobald auch die zugehörigen ♂ vorliegen.

Mit der vorstehenden Liste von Arten dürfte vor allem in der Ordnung der Collembolen noch nicht die Gesamtheit der in den mittleren Hohen Tauern vorhandenen Formen erfaßt sein. Genauere Nachforschungen werden besonders in den tieferen Lagen sicher noch zur Feststellung weiterer Species führen.

Vergleichen wir die hochalpine Apterygotenfauna der mittleren Hohen Tauern mit derjenigen der Schweizer Zentralalpen, wobei die schon früher erwähnten Schwierigkeiten berücksichtigt werden müssen, so fällt auf, daß nicht eine der im Gebiete festgestellten hochalpinen Collembolen- und Thysanuren-Arten bisher in den Schweizer Alpen aufgefunden wurde, während umgekehrt die aus der Schweiz angegebenen hochalpinen Collembolen und Machiliden wieder in den Hohen Tauern nicht vorzukommen scheinen. Aus der Schweiz sind bisher folgende, allem Anscheine nach auf hochalpine Lagen beschränkte Springschwänze bekannt (vgl. Handschin 1919, 1924 und 1929): *Pseudachorutes rhaeticus* Carl, *Onychiurus Zschokkei* Hndsch., *Tetracanthella alpina* Carl, *Tetracanthella afurcata* Hndsch., *Isotoma saltans* Nic., *Isotoma nivalis* Carl und *Lepidocyrtus instratus* Hndsch. Alle diese Arten finden sich noch im Schweizerischen Nationalpark im Oberengadin, *Isotoma saltans* und *Lepidocyrtus instratus* wurden auch bereits in den Ötztaler Alpen in Tirol nachgewiesen (vgl. Steinböck 1939). Auch mehrere Felsenspringer, die der Tauernfauna fehlen, hat die Schweizer Hochgebirgswelt aufzuweisen.

Dies scheint darauf hinzuweisen, daß es unter den Apterygoten auch in den intensiv vergletscherten Gebirgsgruppen der Alpen englokal verbreitete Vertreter gibt, die als Reliktendemiten gedeutet werden müssen. Für einzelne *Machilis*-Arten, die sich vorwiegend oder ausschließlich in extremsten hochalpinen Lagen finden, ist es schon heute als im höchsten Grade wahrscheinlich anzusehen, daß sie an Ort und Stelle die eiszeitlichen Gletscherhochstände überdauert haben, bei den Collembolen ist dagegen diese Frage gegenwärtig noch schwer zu entscheiden.

Herr Direktor Dr. J. Stach hatte die Freundlichkeit, mich brieflich darauf aufmerksam zu machen, daß *Isotoma saltans* und *nivalis* zu denjenigen Collembolen-Arten gehören, deren Systematik gegenwärtig noch keineswegs ausreichend geklärt ist und vor einer endgültigen Festlegung dringend des Studiums umfangreicher Vergleichsserien von verschiedenen Fundorten bedarf. Tetracanthellen hinwiederum sind nach Ansicht J. Stachs in den Gebirgen sehr weit verbreitet und darum wohl auch noch im Untersuchungsgebiete zu finden, so daß das Fehlen von *Tetracanthella afurcata* und *alpina* in den Hohen Tauern heute noch nicht sicher behauptet werden kann. Immerhin dürfte es auch unter den Collembolen in den stark vergletscherten Gebirgsstöcken der Zentralalpen da und dort Vertreter mit einer engumgrenzten Reliktverbreitung geben, wie wir solche gerade unter den Bewohnern der Polsterpflanzenstufe auch aus anderen Tiergruppen kennen. Die hochgradige Anpassungsfähigkeit an extreme Standortverhältnisse befähigt ja die Collembolen mehr als andere Arthropoden, ein rauhes Gletscherklima zu ertragen.

Ordnung Dermaptera.

Mit den im folgenden genannten drei Arten dürften die Dermaptera des Untersuchungsgebietes voll erfaßt sein. Auch die Verbreitung derselben in den mittleren Hohen Tauern steht heute schon in großen Zügen fest, wenngleich besonders bezüglich *Chelidurella acanthopygia* und *Anechura bipunctata* noch manches interessante Detail des Vorkommens zu erforschen wäre.

Bei Abfassung dieses Abschnittes wurde folgendes Schrifttum benützt: Dalla Torre (1882), Ebner (1937), Fruhstorfer (1921), Graber (1867), Krauß (1873), Redtenbacher (1900) und Werner (1931).

Die Bestimmung meiner Ausbeute besorgte Herr Dr. R. Ebner (Wien), dem ich auch wertvolle Angaben über die Gesamtverbreitung der einzelnen Arten verdanke. Die Reihung der Arten erfolgt nach Fruhstorfer (1921).

Familie *Forficulidae*.

1. *Chelidurella acanthopygia* (Géné).

    Gl. Gr.: Kapruner Tal, in der Laubstreu des Mischwaldes am Hang oberhalb des Kesselfalles 2 Larven 14. VII. 1939.

    Gr. Gr.: Wiegenwald (Stubach), unter der Rinde niedergebrochener, moosbewachsener Lärchen in 1600 m Höhe 7 ♀ 10. VII. 1939.

    Die in Mitteleuropa weitverbreitete Art scheint in den südlichen Tauerntälern zu fehlen, trotzdem sie nach Fruhstorfer (1921) südwärts bis Triest und Susa reicht. Sie wurde im Möll- und Kalser Tal weder von mir noch von Werner (1931) gefunden und scheint, wie manche andere Art der Talfauna bei der postglazialen Wiederbesiedlung der Alpen noch nicht bis in die obersten Teile der langen südlichen Tauerntäler gelangt zu sein.

2. *Anechura bipunctata* (Fbr.).

    Diese Art ist als extrem heliophiles Tier auf die Südseite des Tauernhauptkammes beschränkt und findet sich auch dort nur an S- und SW-Hängen, wie ich durch genaue Geländekartierung einwandfrei feststellen konnte. Sie dürfte überdies an kalkhältiges Substrat gebunden sein. Die Verbreitung in den mittleren Hohen Tauern ist folgende:

    S. Gr.: Sandkopf-SW-Hang, zwischen Waldgrenze und unterem Wetterkreuz; Kleine Fleiß zwischen Altem Pocher und Seebichel, am Weg nahe der Talsohle und unmittelbar unterhalb des Seebiches nur auf Kalkphyllit; einzeln auch schon vor dem Alten Pocher; Gjaidtrog-SW-Hang von der Großen Fleiß aufwärts bis etwa 2200 m, die obere Grenze der Bergmähder nicht erreichend; am Weg aus der Großen Fleiß ins Kar südlich der Weißenbachscharte unterhalb der ersten Talstufe; einzeln bei der Kasereckkapelle und noch oberhalb dieser. Die Art dürfte auch in der Asten und Zirknitz auf Kalkschiefer in Südexposition zu finden sein.

    Gl. Gr.: Guttal, oberhalb der Ankehre an den SW-Hängen verbreitet, unterhalb der Straße nur bis auf die erste Almweide oberhalb der Gipperalm reichend; Senfteben zwischen Guttal und Pallik; SW-Hänge des Wasserrad- und Albitzenkopfes, hier bis über 2400 m emporsteigend; zwischen Marienhöhe und Glocknerhaus noch hoch über der Straße, wo der Hang aber gegen Westen und später Nordwesten zum Naßfeld des Pfandlschartenbaches umbiegt, fällt die westliche Verbreitungsgrenze des Tieres steil ab, quert unmittelbar beim Glocknerhaus die Straße und verläuft in der Senke des Pfandlschartenbaches auf der Sturmalm in nur etwa 1950 m Höhe, um dann am S-Hang der Freiwand wieder bis 2300 m anzusteigen. In die Pasterzenfurche dringt *Anechura bipunctata* an keiner Stelle ein, besiedelt aber allenthalben die Hänge zwischen Glocknerstraße und Möllschlucht und war im Sommer 1937 auch auf dem oberen Margaritzenplateau häufig. Dort starb sie allerdings im Jahre 1938, sichtlich unter der Wirkung des regenreichen Sommers, aus und hat sich seitdem an dieser Stelle nicht wieder anzusiedeln vermocht. Im Leitertal an den sonnigen Hängen in S- und SW-Exposition von der Tröglalm aufwärts bis unterhalb der neuen Salmhütte, dort bis 2550 m emporreichend, südlich des Leiterbaches allenthalben fehlend; ebenso am Hang zwischen Tröglalm und Margaritze und auf der Höhe der Marxwiese nirgends zu finden; beim Bergertörl nicht aufgefunden, aber von der Mödlspitze an gegen die Ködnitz an den SW-Hängen zahlreich bis zur Talstufe oberhalb der Lucknerhütte, über diese nicht emporsteigend; am Weg von der Fanatscharte nach Kals fehlend, dagegen auf den sonnigen S-Hängen des Kasten und der Bretterspitze wahrscheinlich wieder vorhanden; im Dorfer Tal vom oberen Ende der Daberklamm aufwärts bis zur Rumisoieben häufig, weiter oberhalb fehlend.

    Gr. Gr.: Am Kals-Matreier Törl (leg. Holdhaus), wahrscheinlich nur im Bereiche der Matreier Schuppenzone auf Kalk und Kalkschiefer, hier auch schon von Dalla Torre (1882) gesammelt; auf der Bretterwand und am Putzkogel bei Windisch Matrei (Dalla Torre 1882); Steineralm, Nussing-SW-Hang (leg. Konneczni). Auf der SO-Seite des Muntanitz auf Kalkphyllit von mir vergeblich gesucht.

    Schobergr.: Im Bereiche des Peischlachtörls sicher fehlend und von Werner (1931) nirgend in der Schobergruppe gefunden. Die Art scheint demnach das Altkristallin dieses Gebirgsstockes zu meiden, obwohl es an sonnigen Hängen dort keineswegs fehlt.

    Anechura ist im Glocknergebiete schon von Schwägrichen gefunden und von Schultes (1804) als „*Forficula maculata*" angeführt worden. Seitdem fiel das Tier den meisten Sammlern, die ins Glocknergebiet kamen, auf, weshalb auch viele von ihnen das Vorkommen der Art erwähnen. So finden sich Angaben über zahlreiches Vorkommen derselben an der Pasterze bzw. im Leitertal bei Märkel und v. Kiesenwetter (1848), bei Latzel (1873—75) und bei Werner (1931), von Staudinger und Mann gesammelte Stücke werden im Naturhistorischen Museum in Wien aufbewahrt. Hieraus geht hervor, daß *Anechura bipunctata* in den letzten hundert Jahren im Gebiete stets häufig gewesen ist. Sie scheint ihr Wohnareal in den Hohen Tauern aber in der jüngeren Vergangenheit nicht mehr wesentlich verschoben zu haben, da sich alle alten Angaben auf Stellen beziehen, wo die Art noch heute vorkommt.

    Die Biologie von *Anechura bipunctata* ist ziemlich genau bekannt. Man findet die Tiere meist unter flach dem Boden aufliegenden Steinen, wo die ♀ in kleinen Gruben die Eier in einem Häufchen ablegen. Die Art betreibt Brutpflege. Die Eierablage erfolgt im Frühling oder Vorsommer (Fruhstorfer 1921), die Larven findet man bereits im Juni, an ungünstigeren Plätzen allerdings auch erst im Juli. Im August sind die Tiere herangewachsen und gehen im geschlechtsreifen Zustand in den Winter. Die Art trägt anscheinend für diesen Pflanzen ein, die sie in eigens dafür angefertigten Vorratsgruben sammelt.

    Wie im Untersuchungsgebiet so scheint auch in den übrigen Teilen der Alpen *Anechura bipunctata* überall, wo sie sich findet, streng lokalisiert aufzutreten; aus dem Bergell wird dies von Fruhstorfer ausdrücklich angegeben. Die Art scheint in den Alpen heute ausschließlich in den niederschlagsarmen Gebieten vorzukommen; mir sind folgende Fundorte bekanntgeworden: Basses Alpes, le Lautaret (coll. Mus. Wien); Mont Cenis; Mont Bret, Savoyen; Col de Balme; St. Bernhard; Chesières; beim Gornergletscher; Val Ferret; Belalp 2200—2400 m; Dent de Morcles; oberhalb Fully; Lötschental 1400—2000 m (alle nach Fruhstorfer 1921); Gemmipaß (coll. Ebner); Ebenalp; Mürren; Rautialp und Rautispitze; Binnatal; nahe dem Gotthardsee unterhalb Motta; Glarus 1650 m;[1] Bergell; Puschlav; Averstal 1900 m;

---

[1] Der Fundort Glarus erscheint mir sehr zweifelhaft. Nach freundlicher Mitteilung von Dr. R. Ebner enthält die Arbeit von Fruhstorfer (1921) falsche Fundortangaben und ich neige darum dazu, auch diesen für unrichtig zu halten.

Passo della Duana bis 2200 *m*; Alp Grüm (alle nach Fruhstorfer 1921); St. Moritz (coll. Mus. Wien); Pontresina (coll. Ebner); Guarda, Unterengadin (Fruhstorfer 1921). Aus Nordtirol wird *Anechura bipunctata* weder von Graber (1867) noch von Krauß (1873) noch von Ebner (1937) angegeben, auch A. Wörndle hat die Art auf seinen zahlreichen Exkursionen in Nordtirol nie gesehen; dagegen findet sie sich im Vintschgau (Graber 1867 und Redtenbacher 1900). Auch in den Dolomiten soll sie nach Redtenbacher (1900) vorkommen, fehlt aber sicher in einem großen Teile derselben, da ich sie weder nördlich Belluno noch in der Umgebung von Cortina feststellen konnte. Weiter östlich ist die Art bisher nur von einem nördlichen Ausläufer des Pfannhorns in den Villgratner Alpen (Holdhaus i. l.) und aus den mittleren Hohen Tauern bekannt, aber wohl auch noch auf den Kalkschieferbergen des Lungau zu finden. In den östlichen Hohen Tauern und in der Nockgruppe scheint sie vollständig zu fehlen (Holdhaus i. l.). Wie in den Alpen, so ist auch das Vorkommen der Art im übrigen Mitteleuropa äußerst disjunct und auf Gegenden mit geringen Niederschlägen beschränkt. Redtenbacher erwähnt sie aus Thüringen, Schlesien und aus der Umgebung von Prag; auch im Elsaß soll sie vorkommen. Im pannonischen Klimagebiet der Ostmark wurde sie bisher in Egelsee bei Krems (coll. Ebner), am Alpenostrand südlich von Wien, und zwar auf der Perchtoldsdorfer Heide, am Eichkogel bei Mödling, bei Baden und Gloggnitz, gefunden (Redtenbacher 1900); außerdem am Laaerberg südöstlich von Wien (Redtenbacher 1900) und am Geschriebenstein, auf einer Hutweide bei Rechnitz, wo ich das Tier selbst in wenigen Stücken sammelte. Die übrige Verbreitung erstreckt sich über Teile der Pyrenäen, Sardinien und Sizilien, den nördlichen Teil der Balkanhalbinsel, Kleinasien, den Kaukasus, Armenien und Nordpersien sowie Zentralasien bis zur südöstlichen Mongolei und Südsibirien (Belege für alle diese Verbreitungsangaben in coll. Ebner und coll. Mus. Wien). Im Innern Asiens scheint die Art ein großes geschlossenes Wohngebiet zu besitzen, wogegen ihre Verbreitung in Europa äußerst zerrissen ist. Es kann kaum bezweifelt werden, daß das heliophile Tier in einer Steppenperiode aus dem Osten in die mitteleuropäischen Wohngebiete einwanderte und später durch ein feuchteres Klima und den sich weiter ausbreitenden Wald an ihre jetzigen Reliktstandorte zurückgedrängt wurde. In den Alpen kennzeichnet *Anechura bipunctata* wie kaum ein zweites Insekt die niederschlagsarmen Gebiete: die im Regenschutz der großen Massenerhebungen liegenden Täler des Piemont, Wallis, Engadin, Vintschgau und der Tauernsüdseite.

3. *Forficula auricularia* L.

S. Gr.: Im untersten Teil des Seidelwinkeltales unter Steinen zahlreich (♂ ♀) 17. VIII. 1937; Fleiß 1 ♀ VII. 1937; Eingang in das Zirknitztal bei Döllach 1 ♂ 28. VIII. 1941.

Gl. Gr.: Gipperalm, auf den Almflächen unmittelbar unterhalb der Glocknerstraße 1 ♀ 22. VIII. 1937; bei Heiligenblut an den Blütenköpfen von *Cirsium lanceolatum* 2. VIII. 1921 (leg. Ebner).

Gr. Gr.: Dorfer Öd (Stubach) 2 ♀ 25. VII. 1939; Putzkogel bei Windisch-Matrei (Dalla Torre 1882). Pinzgau: Taxingbauer in Haid bei Zell am See 1 Larve 13. VII. 1939; Salzachau bei Bruck a. d. Glocknerstraße 1 Larve 19. VII. 1940.

In Osttirol ist die Art nach Werner (1931) allgemein verbreitet, was sich aber nur auf die tieferen Lagen des Gebietes beziehen kann, da *Forficula auricularia* in den mittleren Hohen Tauern wohl nirgends über die Waldgrenze emporsteigt, meist sogar erheblich unter dieser zurückbleibt.

Ordnung Orthoptera.

Auch die das Untersuchungsgebiet bewohnenden Orthopterenarten dürften bereits ziemlich vollzählig bekannt sein, die Verbreitung dieser Insekten innerhalb der mittleren Hohen Tauern ist dagegen zum Teile noch recht unzulänglich erforscht. Es rührt das daher, daß die Heuschrecken während eines großen Teiles der Hauptsammelzeit noch nicht geschlechtsreif sind und als Larven nicht sicher bestimmt werden können.

Bei Besprechung der einzelnen Arten finden sich Hinweise auf folgende Arbeiten: Dalla Torre (1882); Ebner (1937), Fruhstorfer (1921), Graber (1867), Krauß (1873 und 1883), Puschnig (1910), Ramme (1941), Redtenbacher (1900) und Werner (1924, 1929, 1931 und 1934).

Die Bestimmung meiner Ausbeute besorgte Herr Dr. R. Ebner (Wien), der mich auch durch Mitteilung der Ergebnisse seiner Exkursion nach Heiligenblut, an die Pasterze und von da über Kals ins Stubachtal im Sommer 1921 in dankenswerter Weise unterstützte. Eine wertvolle Ergänzung fanden meine eigenen Aufsammlungen auch durch eine sehr interessante Orthopterenausbeute, die Herr Senatspräsident Dr. O. Jaitner in den Sommern 1940 und 1941 in der Fleiß sammelte.

Die Reihung der Arten erfolgt in Übereinstimmung mit Fruhstorfer (1921), hinsichtlich der Nomenklatur folge ich mündlichen Angaben von Herrn Dr. R. Ebner.

Familie *Blattidae*.

1. *Ectobius sylvestris* (Poda).

S. Gr.: Mallnitz (Ramme 1941).

Gl. Gr.: Steppenwiesen am Haritzerweg oberhalb Heiligenblut zahlreich (♂ ♀) 15. VII. 1940; im Mölltal oberhalb Heiligenblut 1 Larve 13. VIII. 1937; auf der Höhe der Marxwiese unweit des Unteren Keesbodens 1 ♀ 28. VII. 1937; am Weg von Kals ins Dorfer Tal 1 ♂ 18. VII. 1937.

Ectobius sylvestris ist weit verbreitet und scheint auch in den Alpen an vielen Punkten vorzukommen. Das Tier bevorzugt aber warme, sonnige Waldränder und Laubwald; es scheint im Gebiete vorwiegend, wenn nicht ausschließlich an den warmen Hängen der südlichen Täler vorzukommen.

2. *Ectobius lapponicus* L.
   S. Gr.: Eingang in das Zirknitztal 2 ♂ 2 ♀ 28. VIII. 1941.
   Gl. Gr.: Steppenwiesen entlang des Haritzerweges oberhalb Heiligenblut 4 ♂ 15. VII. 1940.
   Gr. Gr.: Auf der Bretterwand und am Tabererkopf bei Windisch-Matrei (Dalla Torre 1882).
   Auch diese Art bewohnt im Gebiete nur die Südtäler.
3. *Blattella germanica* L.
   Nach Dalla Torre (1882) um Windisch-Matrei.
   Die Art ist Kosmopolit und im Gefolge des Menschen ins Untersuchungsgebiet gelangt.

Familie *Acrididae*.

4. *Acrydium bipunctatum* (L.). (= *Kraussi* Saulcy nec. auct.).
   S. Gr.: Stanziwurten, hochalpin 1 Ex. 2. VII. 1937; Großes Fleißtal, subalpin unterhalb der Waldgrenze 1 Ex. 10. VII. 1937; Eingang in das Zirknitztal oberhalb Döllach, an trockenem S-Hang 2 Ex. 28. VIII. 1941.
   Gl. Gr.: Guttal, nächst der Kapelle Mariahilf 1 Ex. 22. VIII. 1937; Steppenwiesen am Haritzerweg oberhalb Heiligenblut 2 Ex. 15. VII. 1940; Albitzen-SW-Hänge, in 2200 bis 2400 m Höhe 3 Ex. 17. VII. 1940; Grashänge oberhalb der Glocknerstraße zwischen Marienhöhe und Glocknerhaus, 1 Ex. in 2200 m Höhe 22. VII. 1938; Pasterzenvorfeld 1 Ex. Juli 1937.
   Schobergr.: Am Weg von Heiligenblut ins Gößnitztal 1 Ex. 9. VII. 1937.
   Die Art steigt aus den Tälern bis an die obere Grenze der Zwergstrauchstufe empor und ist im Gebiete wohl allgemein verbreitet.
5. *Türki* (Krauß).
   Gl. Gr.: Moserboden, an einem Erdrutsch am linken Talhang in etwa 2050 m Höhe 1 Ex. 17. VII. 1939.
   Die Art ist von Serbien bis in die Basses Alpes verbreitet, aber bisher nur von wenigen Fundorten bekannt. Sie lebt vorwiegend auf größeren, trockenen Schuttfeldern der Gebirgsbäche und -flüsse und dürfte von den Schuttfeldern der Kapruner Ache auf den benachbarten Erdrutsch übergetreten sein.
6. *Euthystira brachyptera* Ocsk.
   S. Gr.: Fleiß 1 Ex. Juli 1937; Große Fleiß, in 1900 m Höhe ♂ ♀ 3. IX. 1940 (leg. Jaitner); Fleiß, zahlreich 15. und 23. VIII. 1941 (leg. Jaitner).
   Gl. Gr.: Oberhalb der Glocknerstraße, unterhalb des Kares zwischen Albitzen- und Wasserradkopf in der Zwergstrauchzone 1 ♂ 5 ♀ 8. VIII. 1937; Haritzerweg zwischen Glocknerhaus und Naturbrücke über die Möll 1 ♂ 18. VIII. 1937; in der Umgebung des Glocknerhauses stellenweise nicht selten 5. VIII. 1921 (leg. Ebner).
   Gr. Gr.: Häufig auf einer steilen Bergwiese unterhalb des Kals-Matreier Törls auf der Matreier Seite, aber auch auf der Kalser Seite nicht selten (Werner 1931).
   Die Art ist ein Gebirgstier, das weite Verbreitung besitzt und nach Werner in 1000—2000 m Höhe vorkommt, an warmen Süd- und Südwesthängen aber auch noch höher emporsteigt. Die obere Grenze der Zwergstrauchstufe scheint *Euthystira brachyptera* nirgends zu überschreiten.
7. *Gomphocerus rufus* (L.).
   S. Gr.: Mallnitzer Tauerntal, auf einer südhängigen Wiese unweit des Gasthofes Gutenbrunn in etwa 1200 m Höhe zahlreiche ♂ ♀ 5. IX. 1941.
   Gl. Gr.: Am Pallik in etwa 1900 m Höhe 5. VIII. 1921 (leg. Ebner).
   Gr. Gr.: Stubachtal, 4 km außerhalb der Schneiderau (Werner 1924); im Kalser Tal verbreitet, aber nicht häufig, auch im Iseltal (Werner 1931); Windisch-Matrei, in den Ericeten vor der Proseckklamm häufig 3. IX. 1941.
   Die Art scheint im Gebiete auf warme Berghänge beschränkt zu sein, sie ist in den mittleren Hohen Tauern keineswegs allgemein verbreitet und nicht häufig.
8. *Aeropus sibiricus* (L.).
   Im Untersuchungsgebiet über der Baumgrenze die häufigste Heuschrecke und außerdem am höchsten von allen Orthopteren emporsteigend, nirgends unter 1000 m herabreichend.
   S. Gr.: Auf der Lonzahöhe bei Mallnitz (2166 m) und auf dem Mallnitzer Tauern (Puschnig 1910); im Mallnitzer Tauerntal unweit oberhalb Mallnitz an sonnigen Hängen in 1200 bis 1250 m Höhe zahlreich 5. IX. 1941; am Weg von der Großen Fleiß auf die Gjaidtroghöhe in 2000 m Höhe 3. VIII. 1940 (leg. Jaitner); Gjaidtrog-SW-Hang in 2400 m Höhe (leg. Jaitner); wohl auch im übrigen Teil der Sonnblickgruppe in der hochalpinen Grasheiden- und Zwergstrauchstufe sowie in höheren Tallagen weit verbreitet.
   Gl. Gr.: Schon von Hohenwarth im Gebiete gefunden und von Schultes (1804) als „*Gryllus sibiricus*" angeführt. Von der Waldgrenze bis nahe an die obere Grenze der hochalpinen Grasheiden anscheinend überall. Mir sind folgende Fundorte bekannt: an der alten Glocknerstraße von der Grenze des geschlossenen Waldes bis zum Glocknerhaus und dann weiter am Fußwege von diesem zum Hohen Sattel und in die Gamsgrube überall Anfang August 1921 (leg. Ebner); am SW-Hang des Albitzen- und Wasserradkopfes oberhalb der Straße überall bis zur Rasengrenze emporreichend; im Pasterzenvorfeld zwischen Glocknerstraße und Möllschlucht überall auch innerhalb der Moräne von 1856; am Haritzerweg zwischen Glocknerhaus und Naturbrücke über die Möll; in der Umgebung des Hotels Franz-Josefs-Höhe; am Promenadeweg in die Gamsgrube bis zum Wegende im Wasserfallwinkel, in der Gamsgrube im Elynetum oberhalb des Weges bis nahe an die Rasengrenze, hier wie überhaupt an den Hängen zwischen Freiwandeck und Wasserfallwinkel die einzige Heuschrecke, was von R. Ebner und mir übereinstimmend festgestellt wurde; Südrand des Margaritzenplateaus 23. VII. 1938 1 ♂; am Weg von Heiligenblut über den Katzensteig zum Bergertörl im Leitertal an sonnigen Plätzen sehr häufig, in höheren Lagen die einzige Heuschrecke, am Bergertörl selbst fehlend, aber wieder am Wege von dort nach Kals Anfang August 1921 (leg. Ebner); im Ködnitztal zwischen Lucknerhütte und Waldgrenze; im Dorfer Tal 7. VIII. 1921 (leg. Ebner); am Wienerweg zwischen Stockerscharte und neuer Salmhütte nahe der Ganitzen einzeln 10. VIII. 1937; Moserboden, linker Talhang (♂ ♀) 17. VII. 1939; auf den Wiesen zwischen Ferleiten und Vogelalm in 1200 m Höhe 1 ♂ 19. VII. 1939 (tiefster Fundort im Gebiete).
   Gr. Gr.: Kals-Matreier Törl bis Ganozkopf (Werner 1931); Bretterwand und Kals-Matreier Törl (Dalla Torre 1882).

Schobergr.: Zettersfeld bis 2200 m Höhe; bis zur Hochschoberhütte 2350 m (beide Werner 1931). Auch im Defereggengebirge (Werner 1931).

Die Art besitzt eine ähnliche, wenn auch in Europa etwas weitere Verbreitung wie *Anechura bipunctata* und ist wohl mit dieser gemeinsam in den Alpen heimisch geworden. *Aeropus sibiricus* findet sich an wenigen Punkten in Nordspanien, in den Pyrenäen, im Apennin, an einzelnen Punkten in den Gebirgen der Balkanhalbinsel, in Kleinasien, dem Kaukasus sowie in einem ausgedehnten Gebiete in Nordrußland, Sibirien und Zentralasien. In den Alpen ist die Art durchaus nicht so allgemein verbreitet, wie dies Redtenbacher (1900) angibt. Neben wenigen Fundorten in den französischen Alpen nennt Fruhstorfer (1921) das Tier aus den Waadtländer Alpen, aus dem Emmental, Wallis, Gotthardgebiet, Tessin, Bergell, vom Mte. Generoso und Passo Campolungo, einzeln auch aus den Schweizer Molassebergen. In Tirol findet sich die Art in den Schieferalpen nach Graber (1867) überall in 1300 bis 2500 m Höhe, in den nördlichen Kalkalpen dagegen nur auf der Schattseite der Zirler Mäder. In der Fervall-Gruppe wurde das Tier von Ebner (1937) einzeln auf der Malfon-Alm bei Petneu in 1900 bis 2200 m Höhe und in den Ausläufern der Silvrettagruppe auf dem Venetberg in 1800 bis 2200 m Höhe über Landeck gefunden. Aus Südtirol gibt Graber die Fundorte Jaufenpaß, Penserjoch, Fassatal und Seiseralm an, Punkte, die in den Sarntaler Alpen und nordwestlichen Dolomiten gelegen sind. In Kärnten findet sich *Aeropus sibiricus*, abgesehen von dem Vorkommen in den Hohen Tauern, wo auch das Maltatal als Fundort erwähnt wird, noch am Dobratsch, am Goldeck bei Spittal a. d. Drau, im nördlichen Teile der Saualpe, im Metnitztal, auf der Feistritzeralm und im Bodental nordöstlich des Hochstuhl, im bisher einzigen Fundort in den Karawanken (alle nach Puschnig 1910). In Steiermark scheint die Art äußerst diskontinuierlich verbreitet zu sein und in den nördlichen Kalkalpen weithin zu fehlen. Bei Admont fand sie Chr. Wimmer auf der Südseite der Pleschen in nur 850 m Höhe auf Werfener Schiefer (1 ♂), auf den Kalkbergen und in den Rottenmanner Tauern auf Urgestein suchte ich sie bisher vergebens.

Im Untersuchungsgebiet und darüber hinaus in den Alpen ist die Art demnach als Bewohner höherer Gebirgslagen, vor allem der Zwergstrauchstufe und der hochalpinen Grasheiden anzusprechen, in tieferen Lagen findet sie sich stets viel seltener und unter 1000 m Höhe nur ausnahmsweise. *Aeropus sibiricus* ist heliophil und meidet den Waldschatten, er ist in den Alpen ein echter Hochsteppenbewohner und boreoalpin verbreitet.

9. *Stenobothrus lineatus* (Panz.).

S. Gr.: Auf der Lonzaspitze bei Mallnitz in 2166 m Höhe (Puschnig 1910); am Weg vom Fleißgasthof nach Heiligenblut; Sandkopf-SW-Hang, in der Zwergstrauchstufe 3 Imagines und 1 Larve 14. VIII. 1937; beim Eingang in die Große Fleiß 1 ♂ 3 ♀ 1. IX. und 1 ♀ 4. IX. 1940 (leg. Jaitner); Fleiß, zahlreich August und September 1941 (leg. Jaitner); Eingang in das Zirknitztal, auf einem sonnigen Grashang 3 ♂ 3 ♀ 28. VIII. 1941.

Gl. Gr.: Im Mölltal oberhalb Heiligenblut 1 Ex. 13. VIII. 1937; Albitzen-SW-Hang, in der Zwergstrauchstufe Larven und Imagines zahlreich 9. VIII. 1937; beim Glocknerhaus stellenweise nicht selten, an der Glocknerstraße weiter abwärts seltener werdend 5. VIII. 1921 (leg. Ebner); am Wienerweg auf der Südseite der Leiterköpfe unweit der Stockerscharte 10. VIII. 1937; am Weg vom Bergertörl gegen Kals in tieferen Lagen 6. VIII. 1921 (leg. Ebner); am Weg von Kals ins Dorfer Tal 7. VIII. 1921 (leg. Ebner).

Gr. Gr.: Stubaital, 4 km außerhalb der Schneiderau (Werner 1924); Kals-Matreier Törl (Werner 1931); beim Lublas oberhalb der Proseckklamm einzeln 3. IX. 1941.

Die Art dürfte im Gebiete in den Tälern und von da aufwärts bis in die Zwergstrauchstufe allgemein verbreitet sein.

10. *Omocestus haemorrhoidalis* (Charp.), (aberrante Form).

S. Gr.: Eingang in die Große Fleiß, auf dem sonnigen, nach SW geneigten Hang 1 ♂ 4. IX. 1940 (leg. Jaitner).

Die Art scheint sich in den Alpen nur an warmen Stellen zu finden. So gibt sie Fruhstorfer (1921) nur aus dem Jura, von Flums im Kanton St. Gallen, aus dem Wallis, Tessin und Unterengadin an. Graber (1867) kennt sie nur aus der Gegend von Innsbruck, Krauß (1873) von einigen warmen Stellen in Südtirol. In Kärnten wird sie von Puschnig (1910) nur aus der Goritschitzen und Sattnitz bei Klagenfurt, also aus den wärmsten Teilen des Gaues angegeben. In Niederdonau ist sie vor allem in den warmen Gebieten am Alpenostrand und östlich von diesem verbreitet, an den xerothermen Lokalitäten südöstlich von Wien ist sie häufig.

Omocestus haemorrhoidalis ist demnach bis zu einem gewissen Grade thermophil und im Untersuchungsgebiet sicher auf die wärmsten Stellen der südlichen Tauerntäler beschränkt.

11. — *viridulus* (L.).

S. Gr.: Im unteren und mittleren Teil des Seidelwinkeltales 17. VIII. 1937; Fleiß, zahlreich August und September 1941 (leg. Jaitner); an den Hängen der Gjaidtroghöhe gegen die Große Fleiß in den tieferen Lagen 18. VII. 1938 schon erwachsen; am Weg vom Fleißgasthof nach Heiligenblut; Mallnitzer Tauern (Puschnig 1910); Mallnitzer Tauerntal, zwischen Mallnitz und Gasthof Gutenbrunn auf Wiesen und Waldschlägen 5. IX. 1941.

Gl. Gr.: Heiligenblut (leg. Ebner); Steppenwiesen am Haritzerweg oberhalb Heiligenblut 1 Imago 15. VII. 1940; Gipperalm gegen Glocknerstraße 1 Imago 22. VIII. 1937; an der Glocknerstraße unterhalb des Glocknerhauses 5. VIII. 1921; auf sumpfigen Wiesen oberhalb Heiligenblut (leg. Ebner); Senfteben zwischen Guttal und Pallik 15. VII. 1940 1 Imago; Kals gegen Bergertörl 6. VIII. 1921 (leg. Ebner); Kals gegen Dorfer Tal und in dessen unterstem Teil 18. VII. 1937 und 7. VIII. 1921 (leg. Ebner); Wiesen zwischen Ferleiten und Vogeralm im Fuscher Tal 19. VII. 1939.

Gr. Gr.: Dorfer Öd (Stubach), auf der Alm 1 Imago 25. VII. 1939; im Stubachtal schon 4 km außerhalb der Schneiderau und von da aufwärts bis zum Enzingerboden (Werner 1924); Kals-Matreier Törl (Werner 1931).

Weit verbreitet, in den Alpen hoch emporsteigend, südlich derselben fehlend. Die Art wird im Gebiete früher als andere Heuschrecken geschlechtsreif.

12. — *rufipes* Zett.

Von Werner (1931) aus Windisch-Matrei angegeben.

13. *Stauroderus apricarius* (L.).
S. Gr.: Unterer Teil des Seidelwinkeltales 1 ♀ 17. VIII. 1937; Fleiß, 1 ♂ Sommer 1941; in der Fleiß 1 ♂ Sommer 1937; am Weg vom Fleißgasthof nach Heiligenblut 1 Ex. 9. VII. 1937; Heiligenblut (leg. Ebner).
Gl. Gr.: Gipperalm gegen Glocknerstraße 22. VIII. 1937; im Mölltal oberhalb Heiligenblut 13. VIII. 1937.
Gr. Gr.: Stubachtal, 4 *km* unterhalb der Schneiderau (Werner 1924); Kalser Tal und Windisch-Matrei (Werner 1931).
Im Untersuchungsgebiet in den tieferen Lagen anscheinend nicht selten, in den übrigen Alpen aber keineswegs häufig, wie die spärlichen Angaben bei Fruhstorfer (1921), Graber (1867), Krauß (1873) und Puschnig (1910) beweisen.

14. — *rubicundus* (Germ.), (= *miniatus* Charp.).
S. Gr.: Große Fleiß, subalpin Juli 1937 1 ♂; am Eingang in die Große Fleiß, auf dem warmen Hang unterhalb des Weges 2 ♂ 4. IX. 1940 (leg. Jaitner); Fleiß, einige ♂ August und September 1941 (leg. Jaitner).
Gl. Gr.: An der Glocknerstraße unterhalb des Glocknerhauses häufig 5. VIII. 1921 (leg. Ebner); auch von Redtenbacher (1900) aus dem Glocknergebiet angegeben.
Gr. Gr.: Dorfer Mähder bei Windisch-Matrei (Dalla Torre 1882). Auch am Hintereckkopf nördlich von Matrei (Dalla Torre 1882).
Eine montane Art, die jedoch sonnige Hänge zu lieben scheint.

15. — *scalaris* (Fisch. Waldh.), (= *morio* Charp.).
S. Gr.: Am Weg von der Fleißkehre der Glocknerstraße in die Große Fleiß 1 Imago 18. VII. 1938; am Eingang in die Große Fleiß, auf dem warmen Hang unterhalb des Weges 1 ♂ 1 ♀ 1. IX. 1940, mehrfach 26. VIII. 1941 (leg. Jaitner); Eingang in das Zirknitztal, an S-Hängen oberhalb Döllach 2 ♂ 1 ♀ 28. VIII. 1941; Mallnitzer Tauerntal, auf einer südhängigen Wiese (Nardetum) unweit unterhalb des Gasthofes Gutenbrunn in größerer Zahl (♂ ♀) beobachtet 5. IX. 1941.
Gr. Gr.: Windisch-Matrei, auf Trockenwiesen beim Lublas oberhalb der Proseckklamm 1 ♀ 3. IX. 1941.
Diese Art findet sich einerseits in Südskandinavien und Norddeutschland in der Ebene, anderseits von Mitteldeutschland ab südwärts nur im Gebirge. Sie ist in Mitteleuropa sporadisch, in Rußland und Sibirien aber weit verbreitet. In den Ostalpen scheint sie viel seltener zu sein als in der Schweiz, im Untersuchungsgebiete nur an wenigen, engumgrenzten Plätzen vorzukommen. Immerhin dürften bei intensiverer Sammeltätigkeit im Spätsommer auch in den Tauern noch weitere Fundplätze festgestellt werden können.

16. — *biguttulus* (L.).[1]
S. Gr.: Eingang in die Große Fleiß, auf dem warmen Hang unterhalb des Weges 2 ♂ 4 ♀ 4. IX. 1940 (leg. Jaitner); Eingang in das Zirknitztal, auf sonnigen Rasenhängen 3 ♂ 4 ♀ 28. VIII. 1941.
Gl. Gr.: Mölltal oberhalb Heiligenblut 1 ♂ 13. VIII. 1937; bei der Bricciuskapelle 1 ♂ 1 ♀ 22. VIII. 1937.
Gr. Gr.: Am Weg von der Schneiderau in die Dorfer Öd 1 ♂ 25. VII. 1939; Stubachtal, 4 *km* außerhalb der Schneiderau (Werner 1924).
Diese weit verbreitete Art bewohnt im Gebiete nur die tieferen Lagen.

17. — *vagans* (Eversm.).
Gl. Gr.: Moserboden (Redtenbacher 1900).
Diese Angabe Redtenbachers blieb bisher unbestätigt und ist mit Rücksicht darauf, daß die Art sonst wärmere Lagen zu bewohnen pflegt, trotz der sonstigen Verläßlichkeit der Redtenbacherschen Angaben bestätigungsbedürftig.

18. *Chorthippus elegans* Charp.
Von Dalla Torre (1882) aus Windisch-Matrei als „neu für Tirol" gemeldet.

19. — *parallelus* Zett.
S. Gr.: Eingang in das Zirknitztal, auf sonnigen Wiesen 2 ♀ 28. VIII. 1941; Mallnitzer Tauerntal, auf Wiesen unterhalb des Gasthofes Gutenbrunn 2 ♀ 5. IX. 1941; Fleiß, mehrfach 21. und 28. VIII. 1941 (leg. Jaitner).
Gl. Gr.: Albitzen-SW-Hang, in der Zwergstrauchstufe oberhalb der Straße 2 ♀ 8. VIII. 1937; Umgebung des Glocknerhauses 5. VIII. 1921 (leg. Ebner); von Kals gegen das Bergertörl 6. VIII. 1921 und von Kals gegen das Dorfer Tal 7. VIII. 1921 (beide leg. Ebner).
Gr. Gr.: Stubachtal, 4 *km* außerhalb der Schneiderau (Werner 1924).
In Osttirol nach Werner (1931) äußerst häufig und weit über 2000 *m* emporsteigend.
Weit verbreitet, in der Ebene und im Gebirge.

20. *Arcyptera fusca* (Pallas).
S. Gr.: Sonnige Hänge unterhalb der Fleißkehre und am Wege von dieser zur Pfeiffersäge Sommer 1937 und 1938; am Weg vom Fleißgasthof nach Heiligenblut; am Eingang in die Große Fleiß auf dem warmen Hang unterhalb des Weges 4. IX. 1940 4 ♂ (leg. Jaitner); Fleiß, mehrfach 21. und 28. VIII. 1941 (leg. Jaitner).
Gl. Gr.: Beim Glocknerhaus unterhalb der Straße 1 Larve 29. VII. 1937.
Gr. Gr.: Bei Matrei im Tale (Werner 1931) und wohl auch noch in den tieferen Hanglagen zu finden.
Schobergr.: Zwischen Oberfercher und der Leibnigalm in 1300 *m* Höhe; unterhalb der Biednerhütte, oberhalb Lienz (Werner 1931).
In den Alpen weit verbreitet und häufig, liebt üppige Wiesen tieferer Lagen und wird auf solchen im Gebiete wohl noch an anderen Punkten zu finden sein.

21. *Mecostethus grossus* (L.).
Gl. Gr.: Am Weg vom Pallik nach Heiligenblut auf einer sumpfigen Wiese 5. VIII. 1921 (leg. Ebner).
Pinzgau: Am Nordufer des Zeller Sees 13. VII. 1939.
Ein Bewohner sumpfiger Wiesen, der im Gebiete auf die Tallagen beschränkt sein dürfte.

---

[1] Nach Abschluß des Manuskriptes erhalte ich die Arbeit Rammes (1941), worin er den erst vor kurzem beschriebenen *Stauroderus Eisentrauti* Ramme auch von Mallnitz angibt. Ich kann diese Angabe nurmehr in Form dieser Fußnote berücksichtigen.

22. *Psophus stridulus* (L.).
S. Gr.: Mallnitzer Tauerntal, unweit oberhalb Mallnitz an S-Hängen zahlreich 5. IX. 1941; Große Fleiß, subalpin Juli 1937 1 Larve; am Eingang in die Große Fleiß, auf dem warmen Hang unterhalb des Weges 1 ♂ 4. IX. 1940 (leg. Jaitner); Eingang in das Zirknitztal, sonniger Hang 1 ♂ 28. VIII. 1941.
Gr. Gr.: Putzkogel bei Windisch-Matrei (Dalla Torre 1882); Windisch-Matrei, an der Straße ins Matreier Tauerntal südöstlich der Proseckklamm einzeln 3. IX. 1941.
Schobergr.: Zettersfeld in 2000 m Höhe und Biednerhütte oberhalb Lienz (Werner 1931).
Diese in den Alpen allenthalben häufige Art scheint im Gebiete verhältnismäßig selten und nur in tieferen Lagen ziemlich beschränkt verbreitet zu sein.

23. *Oedipoda coerulescens* (L.).
Bei Windisch-Matrei (Werner 1931); nach Dalla Torre (1882) bei Windisch-Matrei noch in 1800 m Höhe. Die Art findet sich auch bei Lienz und im Iseltal, ferner bei Millstatt und im Drautal nördlich Oberdrauburg, fehlt aber im oberen Mölltal und wohl auch bei Kals sowie in den nördlichen Tauerntälern. Sie wird von Puschnig (1910) auch aus der Umgebung von Villach und Spittal a. d. Drau angegeben und gehört zu denjenigen thermophilen Faunenelementen, die aus dem Drautal wohl in das weite Iseltal, nicht aber in das enge Mölltal einzudringen vermochten.

24. *Podisma frigida Strandi* Fruhst.
S. Gr.: SW-Hang der Gjaidtroghöhe gegen die Große Fleiß, in 2400 m Höhe 3 ♀, 2 Larven 27. VIII. 1940 (leg. Jaitner); Fleiß gegen Gjaidtroghöhe, 1 ♂ 8. VIII. 1941 in 2300 m Höhe, 1 ♀ 5. IX. 1941 (leg. Jaitner); bei der Federtroglache und über dieser an den Südhängen des Hochtortauernkopfes 1 ♀, 2 Larven 6. VIII. 1937.
Gl. Gr.: Von Redtenbacher (1900) von der Pasterze angegeben, dort aber weder von Ebner noch von mir gefunden und jedenfalls ausgestorben.
Podisma frigida ist boreoalpin verbreitet, die ssp. *Strandi* steht der nordischen Form äußerst nahe (Ebner 1937). Die im hohen Norden von Skandinavien ostwärts bis Kamtschatka und Alaska einerseits, bis in die nördliche Mongolei und Mandschurei anderseits verbreitete Art ist in den Gebirgen Mittel- und Südeuropas äußerst disjunkt verbreitet. Sie findet sich hier nur in den höchsten Teilen der Alpen und in den Gebirgen Bulgariens (Ebner 1937). In den Ostalpen ist sie bisher nur von wenigen Punkten, nämlich aus den Lechtaler Alpen (Württemberger Haus), vom Pfitscher Joch, vom Penserjöchl in den Sarntaler Alpen, vom Schlernplateau und von der Seiseralm, vom Blaser nächst Steinach am Brenner (teste Knoerzer), aus der Umgebung von Brunneck sowie von den mittleren Hohen Tauern und der Heidnerhöhe unweit des Eisenhutes in Kärnten bekannt.[1] *Podisma frigida* gehört somit zu denjenigen Tierarten, die in den Alpen auf die höchsten Gebirgsstöcke beschränkt sind und daher unweit östlich der Hohen Tauern erlöschen.

25. — *pedestris* L.
S. Gr.: Mallnitzer Tauerntal, auf einer Wiese in S-Lage unweit unterhalb des Gasthofes Gutenbrunn mehrfach 5. IX. 1941; Sandkopf-SW-Hang, in der Zwergstrauchstufe 2 Imagines 14. VIII. 1937; am Eingang in die Große Fleiß, auf dem warmen Hang unterhalb des Weges 3 ♀ 4. IX. 1940 (leg. Jaitner); Kleine Fleiß, am orographisch rechten Hang oberhalb des Alten Pocher 1 Larve 3. VII. 1937; Fleiß, im August 1941 zahlreich, wohl meist subalpin (leg. Jaitner); Gjaidtrog-SW-Hang gegen die Große Fleiß, in tieferen Lagen 1 Larve 18. VII. 1938; Mallnitzer Tauern (Puschnig 1910).
Gl. Gr.: Senfteben zwischen Guttal und Pallik 1 Larve 15. VII. 1940; Albitzen-SW-Hang, oberhalb der Straße in der Zwergstrauchstufe 6 Ex. 9. VIII. 1937; unterhalb des Glocknerhauses an der Straße 5. VIII. 1921 (leg. Ebner); auf der Marxwiese über dem Unteren Keesboden 1 Larve 28. VII. 1937; auf dem Weg von Heiligenblut über die Trogalm zum Katzensteig 6. VIII. 1921 (leg. Ebner); am Weg vom Bergertörl nach Kals 6. VIII. 1937 (leg. Ebner); unterer Teil des Dorfer Tales 1 Larve 15. VII. 1937 und 1 Larve 18. VII. 1937.
Gr. Gr.: Rotenkogel bei Windisch-Matrei, zahlreich (leg. Holdhaus); Kals-Matreier Törl (Werner 1931).
Schobergr.: Weg von Heiligenblut in die Gößnitz, 2 Imagines und 3 Larven 9. VII. 1937; Biednerhütte bis Zettersfeld (Werner 1931).

26. — *alpina alpina* (Kollar).
Gl. Gr.: Schafbühel unterhalb der Rudolfshütte, im Bereiche des obersten Stubachtales 1 ♀ 8. VIII. 1921 (leg. Ebner).
In den Deferegger Alpen, in der Schober-, südlichen Glockner- und Kreuzeckgruppe fehlt die Art nach Werner (1931), was ich insofern bestätigen kann, als ich trotz eifrigen Bemühens bisher nicht in der Lage war, aus diesem großen Gebiete auch nur einen Fundortbeleg von *Podisma alpina* aufzutreiben. Das Fehlen des auffälligen, in den Alpen sehr weit verbreiteten und meist in großen Massen auftretenden Tieres im größten Teil der mittleren Hohen Tauern ist um so bemerkenswerter, als die Art in den Lienzer Dolomiten bis in Höhen von 2200 m überall häufig ist und, nach Puschnig (1910) auch am Dobratsch, am Schiestlnock im Stangalpengebiet und in den Metnitzer Alpen nachgewiesen wurde. Eine stichhältige Erklärung für das Fehlen des Tieres im größten Teil des Untersuchungsgebietes vermag ich nicht zu geben. Die Angabe, daß die Art bei Windisch-Matrei vorkommt (Dalla Torre 1882), bedarf dringend der Bestätigung.

Familie *Tettigoniidae*.

27. *Barbitistes serricauda* (Fbr.).
Gl. Gr.: Kapruner Tal, Umgebung des Kesselfallalpenhauses 1 Larve (♂) 14. VII. 1939.
Eine Heuschrecke tieferer Lagen, die man auf verschiedenem Gebüsch antrifft. Von Werner (1931) am Wege von Lienz nach Amlach in Osttirol gefunden.

---

[1] Der Fundort Heidnerhöhe ist unsicher. Nach Holdhaus (i. l.) wurde die Art dort nur von Puschnig (1910) festgestellt, konnte aber weder von Ebner noch von Holdhaus dort wiedergefunden werden. Es handelt sich demnach vielleicht um eine Fundortsverwechslung.

28. *Tettigonia cantans* (Fuessly).
S. Gr.: Fleiß, Wiese oberhalb des Gasthofes 1 Imago Juli 1937 auf Himbeersträuchern; sonnige Hänge unterhalb der Fleißkehre der Glocknerstraße 2 Larven 1. VII. 1937; Fleiß 2 ♀ (leg. Jaitner).
Gl. Gr.: Gipperalm, unweit unterhalb der Glocknerstraße 22. VIII. 1937; Mölltal oberhalb Heiligenblut, in Getreidefeldern 13. VIII. 1937; bei Heiligenblut auf Feldern sehr häufig 5. VIII. 1921 (leg. Ebner); am Weg vom Pallik nach Heiligenblut, wo die dichteren Waldbestände beginnen (leg. Ebner); bei Kals sehr häufig 6. VIII. 1921 (leg. Ebner).
Gr. Gr.: Proseckklamm bei Matrei (Werner 1931); auf Trockenwiesen beim Lublas oberhalb der Proseckklamm 1 ♀ 3. IX. 1941; Stubachtal, 4 km außerhalb der Schneiderau (Werner 1924); unteres Stubachtal 8. VIII. 1921 (leg. Ebner).
Auf Feldern und Wiesen, aber auch auf niederem Gesträuch im Gebiete in tieferen Lagen wohl überall.

29. *Anonconotus alpinus* (Yersin).
S. Gr.: Große Fleiß, in 1900 m Höhe 1 ♂ 3. IX. 1940 (leg. Jaitner).
Gr. Gr.: Kals-Matreier Törl 1 ♀ 9. IX. 1930 (Werner 1931).
Schobergr.: Zettersfeld (Werner 1931 und 1934).
Kreuzeckgr.: Ederplan, unterhalb der Annahütte (Werner 1931) und auf dem Gipfelplateau (Werner 1934).
Die Art ist über die Westalpen, Piemont, den Jura bei Genf und das Wallis verbreitet (Fruhstorfer 1921) und findet sich in den Ostalpen nur an wenigen Stellen, nämlich am Arlberg, Schlern, Mte. Baldo und an den bereits genannten Fundorten in Osttirol und im Untersuchungsgebiet. Der Fundort in der Fleiß ist der bisher östlichste, den wir kennen. Die Art gehört demnach zu denjenigen Elementen der Alpenfauna, die in den Hohen Tauern die Ostgrenze ihrer Verbreitung erreichen.
Nach Werner (1934) findet sich *Anonconotus alpinus* fast ausschließlich in Höhen um 2000 m, wo es ausgedehnte Grasflächen, untermischt mit Wacholder- und Alpenrosenbüschen, gibt. Die Art scheint demnach eine der wenigen Tierformen zu sein, die ausschließlich oder doch fast ausschließlich in der Zwergstrauchstufe vorkommen (vgl. auch Werner 1929).

30. *Pholidoptera griseoaptera* (De Geer).
S. Gr.: Unterer Teil des Seidelwinkeltales 1 Larve 17. VIII. 1937.
Gr. Gr.: Stubachtal, 4 km außerhalb der Schneiderau (Werner 1924).
Die Art lebt unter Gebüsch an Waldrändern und auf Schlägen, sie ist weit verbreitet, scheint das Gebiet aber nur in den tiefsten Tallagen zu bewohnen.

31. — *aptera* (Fbr.).
Gl. Gr.: Am Pallik nachmittags in Anzahl zirpend 5. VIII. 1921 (teste Ebner); am Eingang in das Leitertal, am sogenannten Katzensteig, in niederem Gebüsch zahlreich, am Spätnachmittag zirpend 11. VIII. 1937; am gleichen Fundort häufig 6. VIII. 1921 (leg. Ebner); Umgebung des Kesselfallalpenhauses im Kaprunertal 1 ♀ 14. VII. 1939; Fuscher Tal zwischen Ferleiten und Vogerlalm 1 Larve 15. VII. 1940.
Gr. Gr.: Kals-Matreier Törl (Werner 1931); an der Straße ins Matreier Tauerntal zwischen Schloß Weißenstein und Proseckklamm im Wald mit *Erica carnea* 1 ♀ 3. IX. 1941.
Geht nach Werner (1931) bis 2000 m, was der Fund am Eingang in das Leitertal bestätigt, überschreitet aber die Zwergstrauchstufe nicht.

32. *Platycleis grisea* (Fbr.) f. typ.
Gr. Gr.: Kals-Matreier Törl 1 ♀ (Krauß 1883), vom genannten Autor früher fälschlich als „*Platycleis stricta* Zell." angesprochen und wohl in warmer, trockener Hanglage beträchtlich unterhalb der Kammhöhe gesammelt; Windisch-Matrei, auf einem trockenen, südhängigen Rasenfleck in Gesellschaft thermophiler Steppenwiesenbewohner 1 ♀ 3. IX. 1941.
Die weitverbreitete Art scheint im Untersuchungsgebiet nur ein beschränktes Areal südlich des Tauernhauptkammes zu bewohnen und im oberen Mölltal, vielleicht auch bei Kals zu fehlen.

33. *Metrioptera Roeseli* (Hagenb.).
S. Gr.: Mittlerer Teil des Seidelwinkeltales 1 Larve (♀) 17. VIII. 1937; Sandkopf-SW-Hang, in der Zwergstrauchstufe 1 Larve 14. VIII. 1937; sonnige Hänge unterhalb der Fleißkehre der Glocknerstraße 1 Larve 1. VII. 1937; Fleiß 1 ♀ Juli 1937.
Gl. Gr.: Mölltal, auf Wiesen und Feldern oberhalb Heiligenblut sehr häufig 13. VIII. 1937; bei Heiligenblut auf nassen, mit *Eriophorum* bestandenen Wiesen f. *diluta* zahlreich, f. typ. viel seltener 6. VIII. 1921 (leg. Ebner); Wiese unterhalb des Pallik f. *diluta*, f. *prisca* (Zach.) und f. typ. 5. VII. 1921 (leg. Ebner); an der Glocknerstraße wenig unterhalb des Glocknerhauses mehrere Stücke, alle makropter 5. VIII. 1921 (leg. Ebner).
Die Art dürfte im Gebiete auf feuchten Wiesen, in Feldern und an Waldrändern bis in die Zwergstrauchstufe überall vorkommen, den Zwergstrauchgürtel aber nirgends nach oben überschreiten.

34. — *brachyptera* (L.).
S. Gr.: Fleiß, 3 ♂ 3 ♀ 4. IX. 1941 (leg. Jaitner).
Gl. Gr.: Auf einer sumpfigen Wiese unterhalb des Pallik 1 Larve 5. VIII. 1921 (leg. Ebner); auf den Wiesen zwischen Ferleiten und Vogerlalm 1 Larve (♀) 19. VII. 1939.
Gr. Gr.: Weg von der Schneiderau in die Dorfer Öd, in der Hochstaudenflur entlang des Baches 1 Larve (♀) und in der Dorfer Öd 1 Larve (♀) 25. VII. 1939.
Schobergr.: Zettersfeld, in 2000 m Höhe und darüber; Oberfercher (beide Werner 1931).
Die Art steigt aus den tiefsten Tallagen bis in die Zwergstrauchstufe empor und dürfte im Gebiete überall zu finden sein.

35. *Decticus verrucivorus* L.
S. Gr.: Unterster Teil des Seidelwinkeltales 17. VIII. 1937; Fleiß, beim Gasthof und auf den Wiesen unterhalb der Fleißkehre Juli 1937; Fleiß, 4 ♀ 28. VIII. 1941 (leg. Jaitner); Große Fleiß, in 1900 m Höhe 3 ♀ 30. VIII. 1940 (leg. Jaitner); Eingang in die Zirknitz oberhalb Döllach 1 Ex. 29. VIII. 1941.
Gl. Gr.: Wiesen zwischen Ferleiten und Vogerlalm im obersten Fuscher Tal 1 Imago 19. VII. 1939; Dorfer Tal, an einem Hang 7. VIII. 1921 (leg. Ebner).
Schobergr.: Bei der Biednerhütte unterhalb des Zettersfeldgipfels (Werner 1931).
Auch diese Art ist im Gebiete auf tiefer gelegenen Wiesen sicher viel weiter verbreitet.

Die Orthopteren sind im allgemeinen Bewohner tieferer Lagen, sie sind aber noch in der Zwergstrauchstufe durch verhältnismäßig viele Formen vertreten. Die hochalpine Grasheidenstufe scheint nur von drei Arten, nämlich *Aeropus sibiricus*, *Podisma frigida* und *Podisma alpina*, dauernd bewohnt zu werden. Die obere Grenze der hochalpinen Grasheiden wird von den Heuschrecken im Untersuchungsgebiete und wohl auch sonst in den Alpen nirgends überschritten.

Die Gesamtverbreitung tiergeographisch interessanterer Heuschrecken wurde im vorstehenden verhältnismäßig ausführlich behandelt, da die Orthopteren in den Alpen und darüber hinaus im größten Teile Europas zu den geographisch und ökologisch besterforschten Insekten zählen und wir darum heute von ihnen in den meisten Fällen schon ein ziemlich vollständiges Verbreitungsbild besitzen.

Ordnung Copeognatha.

Über die Copeognathenfauna der Hohen Tauern sind mir aus der Literatur keine Angaben bekannt, auch ich selbst habe dieser Insektengruppe wenig Beachtung geschenkt, so daß die Angaben, die ich darüber machen kann, sehr dürftig sind. Die Bestimmung der wenigen von mir bisher in den Alpen gesammelten Copeognathen besorgte zum Teil durch freundliche Vermittlung des Deutschen Entomologischen Institutes in Berlin-Dahlem Herr Dr. R. Roesler (Neustadt a. d. Weinstraße), zum Teil Herr Dr. S. Jentsch (Münster, Westf.).

Familie *Psocidae*.

1. *Amphigerontia bifasciata* Latr.
    Gl. Gr.: Beim Abklopfen von *Alnus viridis*- und *Alnus incana*-Büschen sah ich in tieferen Lagen des Glocknergebietes öfter große Psociden. Es kann sich dabei wohl nur um diese Art gehandelt haben, die ich auch in den Gesäusebergen in Obersteiermark mehrfach auf Erlen in subalpinen Lagen antraf (det. Roesler).
2. *Stenopsocus Lachlani* Kolbe.
    S. Gr.: Am Weg aus dem Mallnitzer Tauerntal in die Woisken und in dieser in etwa 1600 m Höhe je 1 ♂ von Nadelholz geklopft 5. IX. 1941.
    Weit verbreitet und jedenfalls auch im Gebiete nicht selten.

Familie *Caeciliidae*.

3. *Lachesilla pedicularia* (L.).
    Gl. Gr.: Wasserrad-SW-Hang, in 2500 m Höhe im Rasen 1 Ex. 17. VII. 1940 (det. Roesler).
    Ich fand diese Art auch auf dem Admonter Kalbling hochalpin im Rasen, woraus hervorzugehen scheint, daß sie in der hochalpinen Grasheidenstufe der Alpen weitere Verbreitung besitzt.
4. *Caecilius flavidus* (Steph.).
    S. Gr.: Am Weg aus dem Mallnitzer Tauerntal in die Woisken in etwa 1400 m Höhe von *Sorbus aucuparia* geklopft 1 ♀ 5. IX. 1941 (det. Jentsch).
    Weit verbreitet, lebt auf Laubhölzern und ist wohl auch im Untersuchungsgebiet unterhalb der Waldgrenze allenthalben zu finden.
5. — *Burmeisteri* Brau.
    S. Gr.: Im Hochmoorgebiet der Woisken in 1600 m Höhe von *Rhododendron ferrugineum* geklopft 2 ♀ 5. IX. 1941 (det. Jentsch).
    Gleichfalls weit verbreitet und im Gebiete wohl auch anderwärts zu finden.
6. — *Despaxi* Badonnel.
    S. Gr.: Eingang in das Zirknitztal, am S-Hang oberhalb Döllach von Gesträuch geklopft 1 ♂ 28. VIII. 1941 (det. Jentsch).
    Weit verbreitet, aber verhältnismäßig selten.

Familie *Mesopsocidae*.

7. *Philotarsus flaviceps* (Steph.).
    Gr. Gr.: Windisch-Matrei, an der ins Matreier Tauerntal führenden Straße vor der Proseckklamm von Laub- und Nadelbäumen geklopft je 1 ♂ ♀ 3. IX. 1941.
    Weit verbreitet, die ♂ dieser Art sind nach Jentsch (i. l.) sehr selten.

Ordnung Thysanoptera.

Über die Thysanopterenfauna von Teilgebieten der Ostalpen liegen eingehende Untersuchungen von H. Priesner (1914, 1928) vor, auf die Hohen Tauern bezügliche faunistische Angaben finden sich jedoch leider in den Veröffentlichungen Priesners nicht. Auch ich habe den Blasenfüßen bei meiner Sammeltätigkeit nicht die Beachtung schenken können, die erforderlich wäre, um die vorhandenen Arten auch nur einigermaßen vollständig zu erfassen, so daß die nachfolgende Aufzählung wohl nur einen Bruchteil der tatsächlich vorhandenen Arten umfaßt. Die Bestimmung meiner Ausbeute besorgte in freundlicher Weise Herr Oberförster H. v. Oettingen vom Deutschen entomologischen Institut in Berlin-Dahlem. Hinsichtlich der Nomenklatur folge ich Priesner 1928.

Familie *Aeolothripidae*.

1. *Aeolothrips fasciatus* L.
    Auf einer sonnigen Wiese oberhalb Millstatt 1 ♀ 27. VIII. 1941.
    Die Art ist in den Alpen nach Priesner (1914) häufig und steigt bis 2000 m Höhe empor. Sie wird darum wohl auch im engeren Untersuchungsgebiet nicht fehlen.

Familie *Thripidae*.

2. *Aptinothrips rufus* (Gmel.) f. typ. und var. *stylifer* Tryb.
    Gl. Gr.: Pasterzenvorfeld zwischen Glocknerstraße und Möllschlucht, im Wurzelgesiebe des Rasens in einer feuchten Mulde in 2100 m Höhe unmittelbar unterhalb des Glocknerhauses 1 ♀ 27. VII. 1939; Fuscher Tal oberhalb Ferleiten, im Rasengesiebe einer feuchten Talwiese nächst der Vogerlalm 12 ♀ 21. VII. 1939; am Boden einer Heuhütte im Fuscher Tal oberhalb Ferleiten in schimmelndem Heu 1 ♀ 14. V. 1940 (alle var. *stylifer*).
    Pinzgau: Taxingbauer in Haid bei Zell am See, im Wurzelgesiebe einer Kunstwiese 1 ♀ und einer benachbarten Magerwiese 22 ♀ der var. *stylifer* 13. VII. 1939, im Gesiebe der Magerwiese auch 1 ♀ der f. typ.
    Die var. *stylifer* lebt nach Priesner (1928) im Gebirge und steigt in den Alpen wahrscheinlich bis zur Schneegrenze empor. Sie dürfte in den mittleren Hohen Tauern auf den höher gelegenen Rasenflächen der häufigste Blasenfuß sein.
3. *Sericothrips staphylinus* Halid. var. *gracilicornis* (Will.).
    S. Gr.: Grieswiesalm im Hüttenwinkeltal, aus *Nardus*-Rasen gesiebt 1 ♀ 15. V. 1940.
    Gl. Gr.: Fuscher Rotmoos, in nassen Moosrasen 2 Ex. 14. V. 1940.
    Die f. typ. ist weit verbreitet, die Varietät nach Priesner (1928) bisher nur aus England, aus der Ostmark und aus Ungarn bekannt. Sie lebt vorwiegend an Leguminosen und steigt im Gebirge bis 2000 m Höhe empor.
4. *Oxythrips ulmifoliorum* Halid.
    Gr. Gr.: Dorfer Öd, im Almrasen der Talalm in 1300 m Höhe 1 ♀ 25. VII. 1939.
    Eine im allgemeinen baumbewohnende Art, von der Priesner eine rasenbewohnende Form abzutrennen sucht. Nach H. v. Oettingen (i. l.) handelt es sich dabei vermutlich nur um eine biologische Rasse, die Frage ist jedoch noch ungeklärt.
5. *Thaeniothrips atratus* Halid. var. *longicornis* Pr.
    S. Gr.: Eingang in das Zirknitztal, am S-Hang oberhalb Döllach vom Steppenrasen gekätschert 1 ♀ 28. VII. 1941.
    Die f. typ. dieser Art sammelte ich an einem sonnigen Grashang oberhalb Millstatt am 27. VII. 1941.
6. — *vulgatissimus* Halid.
    Gr. Gr.: Windisch-Matrei, auf den Steppenwiesen beim Lublas über der Proseckklamm 1 ♀ 3. IX. 1941.
7. *Odontothrips loti* Halid.
    S. Gr.: Eingang in das Zirknitztal, auf den Steppenwiesen 1 ♂ 28. VIII. 1941.
8. *Thrips physapus* (L.) var. *obscuricornis* Pr.
    Gl. Gr.: Fuscher Rotmoos, im nassen Moos 4 ♀ 14. V. 1940.
    Nach Priesner (1914) in den Alpen die häufigste Art, lebt in verschiedenen Blüten, besonders solchen von Compositen oft in großer Menge und steigt bis zu 2000 m Höhe empor.
9. — *dilatatus* Uz.
    Gl. Gr.: Fuscher Rotmoos, in nassem Moos 1 ♀ 14. V. 1940.
    Die Art ist über Nord- und Mitteleuropa verbreitet und überwintert im Rasen. Sie lebt während der Vegetationszeit auf *Euphrasia*, *Pedicularis* und anderen Kräutern.
10. — *Hukkineni* Pr.
    S. Gr.: Eingang in das Zirknitztal, auf den Steppenwiesen am S-Hang oberhalb Döllach 1 ♀ 28. VIII. 1941 (die Fühler dieses Stückes sind vom 4. Glied an stark getrübt, was der f. *obscuricornis* des *Th. physapus* entspricht) (v. Oettingen i. l.).
    Gr. Gr.: Windisch-Matrei, auf Trockenwiesen unmittelbar beim Ort und beim Gehöft Lublas über der Proseckklamm je 1 ♀ 3. IX. 1941 (die Tiere besitzen einen auffällig breit- und starkzähnigen Kamm und stellen Übergänge zu *Th. physapus* dar) (v. Oettingen i. l.).

Familie *Phloeothripidae*.

11. *Haplothrips tritici* Kurdjumow.
    S. Gr.: Eingang in das Zirknitztal, am S-Hang oberhalb Döllach auf den Steppenwiesen 1 ♀ 28. VIII. 1941.
12. — *aculeatus* Fbr. f. *funebris* Priesn.
    Gr. Gr.: Windisch-Matrei, am Weg zur Proseckklamm 1 ♀ 3. IX. 1941.

13. *Haplothrips alpester* Priesn.
   S. Gr.: Eingang in das Zirknitztal, auf den Steppenwiesen am S-Hang oberhalb Döllach 1 ♀ 28. VIII. 1941.
14. — *helianthemi* Oettingen nov. spec. (vgl. Oettingen 1942).
   Gr. Gr.: Lublas bei Windisch-Matrei, oberhalb der Proseckklamm 13 Larven 3. IX. 1941 in den Blüten von *Helianthemum ovatum*.
   Ich fand die Art auch an einem S-Hang bei Millstatt am 28. VIII. 1941 in den Blüten derselben Pflanze (31 ♀, 5 ♂, 11 Larven).

Ordnung Plecoptera.

Die Plecopteren gehören als amphibische Lebewesen nur als Imagines der Landfauna an. Sie sind auch dann an die Nähe von Gewässern oder doch wenigstens sumpfigen Geländes gebunden und bewohnen somit Lebensräume, die im Arbeitsgebiet verhältnismäßig flüchtig untersucht wurden. Daraus erklärt es sich, daß ihre Aufsammlung nicht in gleichem Umfange erfolgte wie bei typischen Vertretern der Landfauna und die im folgenden veröffentlichte Liste keinen Anspruch auf Vollständigkeit erheben kann. Trotzdem dürfte mit den 24 angeführten Spezies die Mehrzahl der in sub- und hochalpinen Lagen in den mittleren Hohen Tauern vorkommenden Plecopteren erfaßt sein. Außer den von mir durchgeführten Aufsammlungen liegen aus den Hohen Tauern nur wenige Angaben über Plecopteren vor, die in den Arbeiten von Dalla Torre (1882) und Puschnig (1922) enthalten sind. Die Bestimmung der in diesen Veröffentlichungen angeführten Arten ist jedoch vielfach nicht verläßlich. Dies gilt ganz besonders für einige Angaben bei Dalla Torre (1882) aus dem Gebirge um Windisch-Matrei, die sich auf Arten beziehen, die in der äußerst gründlichen Arbeit von Kühtreiber (1931—1934) über die Plecopterenfauna Tirols nur von Talfundorten angegeben werden. Die genannte Monographie von Kühtreiber enthält zahlreiche faunistische und ökologische Angaben, die für die Kennzeichnung der einzelnen Arten von größtem Werte sind und auf die daher im Text Bezug genommen wird; auch die Arbeit von Strobl (1905) über die Plecopterenfauna Steiermarks ist aus tiergeographischen Gründen bei Abfassung dieses Abschnittes benützt worden.

Die Bestimmung meines Materials besorgte zum größten Teil Herr Dr. E. Cremer (Bonn a. Rh); die Ausbeute des Jahres 1941 bestimmte ich selbst. In der Nomenklatur und systematischen Anordnung folge ich Kühtreiber (1931—1934).

Familie *Perlodidae*.

1. *Perlodes (Perlodes) microcephala* (Pict.).
   Gl. Gr.: Dorfer Tal, unterer Teil 1 Ex. 15. VII. 1937.
   Das Stück ist beschädigt und die Bestimmung daher nicht ganz sicher.
   Die Art steigt in Tirol bis 1900 m empor und lebt an größeren Flüssen und Gebirgsbächen (Kühtreiber 1931—34). Sie ist in Nord- und Mitteleuropa weit verbreitet und scheint im südlichen Teil ihres Verbreitungsgebietes nur im Gebirge vorzukommen.
2. *Isogenus (Dictyogenus) alpinus* (Pict.).
   Gl. Gr.: S-Ende der Margaritze 1 ♀ 23. VII. 1938.
   Die Art bewohnt größere Gebirgsbäche verschiedener Art, wie Gletscherwässer und Waldbäche, in kleinen Gerinnen fehlt sie (Kühtreiber 1931—34). Sie ist in den Alpen weit verbreitet und lebt in Höhen von 900 bis 2000 m.
3. — *(Dictyogenus) fontium* (Ris).
   S. Gr.: Seidelwinkeltal, oberster Teil 1 ♂ 17. VIII. 1937; Kleine Fleiß, am Weg vom Alten Pocher zum Seebichel 1 ♂ 4. VIII. 1937.
   Gl. Gr.: Guttal, 1 Ex. an der Straßenmauer der Glocknerstraße unweit der Ankehre 11. VII. 1941; Leitertal, zwischen Tröglalm und Ochsenhütten 1 ♀ 12. VII. 1937; Dorfer Tal, unterer Teil 1 ♀ 15. VII. 1937.
   Auch von Kühtreiber (1931—34) aus dem Glocknergebiet angegeben. Die Art ist in den Alpen endemisch und steigt nach Kühtreiber (1931—34) nicht unter 1000 m Höhe herab. Sie findet sich auch in kleinsten Gerinnen und noch in 2600 m Höhe.

Familie *Perlidae*.

4. *Chloroperla rivulorum* Pict.
   S. Gr.: Große Fleiß, subalpin 1 ♂ 10. VII. 1937; am Fleißbachufer in der Nähe des Fleißgasthofes 1 ♀ 1. VII. 1937. (Die Bestimmung dieses Stückes ist nicht ganz sicher.).
   Die Art ist weit verbreitet und findet sich an Bergwässern aller Gattungen vom Tale bis 2400 m Höhe (Kühtreiber 1931—34).

5. *Chloroperla Strandi* Kempny.
S. Gr.: Mallnitzer Tauerntal, am Weg von Mallnitz zum Gasthof Gutenbrunn in etwa 1250 m Höhe 1 ♂ 5. IX. 1941.
Ein Gebirgstier, das nach Kühtreiber (1931—34) kaum unter 1000 m Höhe herabsteigt und seine Entwicklung in kleinen, raschfließenden Bächen durchmacht. Die Art wurde von Kühtreiber in Nordtirol mehrfach nachgewiesen und dürfte auch in den Hohen Tauern weiter verbreitet sein.

6. *Isopteryx torrentium* Pictet.
S. Gr.: Mallnitzer Tauerntal, am Weg vom Gasthof Gutenbrunn gegen die Woisken in 1300 bis 1600 m Höhe 3 Ex. 5. IX. 1941; Döllach, am Eingang in das Zirknitztal 1 Ex. 29. VIII. 1941.
Die von mir gesammelten Tiere stimmen mit der Beschreibung Kühtreibers (1931—34) gut überein, ihre Bestimmung ist aber angesichts der mangelhaften systematischen Erforschung der Gattung doch nicht ganz sicher. *I. torrentium* ist weit verbreitet und steigt in den Alpen aus den untersten Gebirgslagen bis über die Waldgrenze empor.

Familie *Taeniopterygidae*.

7. *Rhabdiopteryx alpina* Kühtr.
Gl. Gr.: Am Leiterbach unterhalb der neuen Salmhütte in etwa 2400 m Höhe 1 ♀ 13. VII. 1937.
Die Art ist bisher nur aus Tirol bekannt gewesen; sie bewohnt Bergbäche, besonders rasche klare Gewässer der Waldgräben. Sie steigt gewöhnlich nicht über die Zwergstrauchstufe empor (Kühtreiber 1931—34) und dürfte daher im Leitertal an ihrer obersten Verbreitungsgrenze gefunden worden sein.

Familie *Leuctridae*.

8. *Leuctra Braueri* Kempny.
S. Gr.: Mallnitzer Tauerntal, am Weg vom Gasthof Gutenbrunn in die Woisken in 1300 bis 1600 m Höhe 1 ♂, 1 ♀ 5. IX. 1941.
Gr. Gr.: Windisch-Matrei, an der ins Matreier Tauerntal führenden Straße zwischen Schloß Weißenstein und Proseckklamm 1 ♀ 3. IX. 1941.
Die Art wurde von Kühtreiber (1934—34) in Tirol mehrfach in sub- und hochalpinen Lagen gesammelt und ist auch aus anderen Teilen der Ostalpen bekannt.

9. — *Rosinae* Kempny.
S. Gr.: Mallnitzer Tauerntal, am Weg in die Woisken in etwa 1600 m Höhe 1 ♀ 5. IX. 1941.
Gl. Gr.: Guttalwiesen, oberhalb der Ankehre der Glocknerstraße 4 ♀ 15. VII. 1940; Ufer des Fensterbaches an Albitzen-SW-Hang, in 2400 m Höhe 1 ♀ 17. VII. 1940; an einem kleinen Gießbach bei der Albitzenalm in 2400 m Höhe 1 ♀ 17. VII. 1940.
Die Art ist bisher nur aus den Ostalpen bekannt und wurde in Tirol von Kühtreiber (1931—34) an Quellen und Bächen von 1000 bis 2000 m Höhe gefunden.

10. — *armata* Kny.
Gl. Gr.: Guttal, auf den Wiesen oberhalb der Ankehre der Glocknerstraße in 2000 bis 2100 m Höhe 1 ♂ 11. VII. 1941; am Weg aus dem Fuscher Tal zur Trauneralm 1 ♂ 1 ♀ 22. V. 1941.
Eine alpine Art, die Kühtreiber (1931—34) in Tirol in Höhen von 800 bis 2600 m fand. Sie ist bisher nur in den Ostalpen nachgewiesen.

11. — *hippopus* Kny.
Gl. Gr.: An der Fuscher Ache unterhalb Dorf Fusch auf Gesträuch 3 ♂, 1 ♀ 23. V. 1941.
Eine Frühlingsform und ein Tier tieferer Lagen. In Europa weit verbreitet (Kühtreiber 1931—34).

12. — *nigra* (Oliv.).
Nach Dalla Torre (1882) am Tabererkopf bei Windisch-Matrei.
Die Art findet sich in Tirol nach Kühtreiber (1931—34) an allen Quellen und Bächen von 600 m bis zur Waldgrenze empor und wird auch im engeren Untersuchungsgebiet anzutreffen sein.

13. — *inermis* Kempny.
S. Gr.: Zwischen Bodenhaus und Grieswiesalm im Hüttenwinkeltal 1 ♀ 15. V. 1940.
Gl. Gr.: Guttalwiesen, oberhalb der Ankehre der Glocknerstraße 1 ♀ 15. VII. 1940; Albitzen-N-Hang, auf den Kalkphyllitschutthalden in 2300 m 1 ♀ und am Rande des untersten Schneefleckens im Juli in etwa 2350 m Höhe 1 ♀ 17. VII. 1938; am Weg vom Glocknerhaus zur Pfandlscharte an der unteren Grenze der *Nebria atrata*-Zone in 2550 m Höhe 1 ♀ 19. VII. 1938; Dorfer Tal, oberer Teil 1 ♀ 15. VII. 1937; Fuscher Tal, auf den Wiesen gleich oberhalb des Gasthofes „Lukashansl" 4 ♀ 14. VII. 1940; an der Fuscher Ache unterhalb Dorf Fusch 1 ♂ 23. V. 1941; Walcher Hochalm, in 1800 bis 1900 m auf niederem Gesträuch 3 ♂, 4 ♀ 9. VII. 1941; Oberes Naßfeld an der Glocknerstraße unterhalb des Fuscher Törls 1 ♂, 1 ♀ 10. VII. 1941.
Die Art hat im Gebiete wie nach Kühtreiber (1931—34) auch in Tirol eine sehr große vertikale Verbreitung, sie findet sich auch außerhalb des Alpenzuges.

Familie *Nemuridae*.

14. *Nemura (Protonemura) nitida* Pict.
S. Gr.: Seidelwinkeltal, mittlerer Teil 1 ♀ 17. VIII. 1937.
Gl. Gr.: Guttal, bei der Ankehre der Glocknerstraße 1 ♀ 22. VIII. 1937; Pasterzenvorfeld zwischen Glocknerhaus und Möllschlucht 1 ♀ 23. VIII. 1937.
Montane Art, die besonders rasch fließende Gebirgsbäche liebt und in Tirol vom Tale bis 2400 m emporsteigt (Kühtreiber 1931—1934).

15. *Nemura (Protonemura) nimborum* Ris.
    S. Gr.: Hüttenwinkeltal zwischen Bodenhaus und Grieswiesalm 2 ♀ 15. V. 1940; Große Fleiß, subalpin 1 ♀ 10. VIII. 1937.
    Gl. Gr.: Am Weg aus dem Fuscher Tal zur Trauneralm 1 ♂ 1 ♀ 22. V. 1941.
    Weit verbreitet, anscheinend kein ausschließlicher Gebirgsbewohner. In Tirol steigt die Art bis mindestens 2000 m Höhe empor, ist aber an größere Gebirgswässer gebunden (Kühtreiber 1931—1934).

16. — *(Protonemura) humeralis* Pict.
    Gl. Gr.: Walcher Sonnleitbratschen, in 2400 bis 2500 m Höhe in der hochalpinen Grasheide 1 ♂ 9. VII. 1941.
    Gr. Gr.: Kals-Matreier Törl (Dalla Torre 1882).
    Auch am Kesselkopf am Venedigerosthang (Dalla Torre 1882).
    Die Art scheint in Nordtirol inselartig verbreitet zu sein, bevorzugt kleine Bäche und steigt bisweilen hoch empor (Kühtreiber 1931—1934).

17. — *(Protonemura) fumosa* Ris.
    S. Gr.: Mallnitzer Tauerntal, beim Gasthof Gutenbrunn 1 ♂, 1 ♀ 5. IX. 1941.
    Gl. Gr.: Pasterzenvorfeld 1 ♀.
    Gr. Gr.: Windisch-Matrei, vor der Proseckklamm 5 ♀ 3. IX. 1941.
    Weitverbreitete Art, die vorwiegend tieferen Lagen angehört (Kühtreiber 1931—1934).

18. — *(Amphinemura) Standfußi* Ris.
    S. Gr.: Mallnitzer Tauerntal, beim Gasthof Gutenbrunn 1 ♂ 5. IX. 1941.
    Die Art ist in den Alpen weit verbreitet, scheint aber selten und auf tiefere Lagen beschränkt zu sein.

19. — *(Nemura) marginata* Pict.
    Gl. Gr.: Albitzen-SW-Hang, am Rand eines kleinen Gießbaches unweit der Alm in etwa 2400 m Höhe 1 ♂ 17. VII. 1940; Eingang ins Hirzbachtal, unweit des Hirzbachwasserfalls 3 ♂ 8. VII. 1941.
    Weit verbreitete montane Art, die in Tirol vorwiegend tiefere Lagen bewohnt, aber auch in großen Höhen gefunden wurde (Kühtreiber 1931—1934).

20. — *(Nemura) obtusa* Ris.
    S. Gr.: Mallnitzer Tauerntal, beim Gasthof Gutenbrunn 1 ♀ 5. IX. 1941.
    Gl. Gr.: Unterer Keesboden 1 ♂ 7. VII. 1937; Dorfer Tal, oberer Teil 1 ♀ 15. VII. 1937; Almmatten oberhalb der Trauneralm 1 ♀ 21. VII. 1939; N-Hang unter der Unteren Pfandlscharte zwischen Oberem Pfandlboden und hochalpiner Rasengrenze 1 ♀ 18. VII. 1940.
    Eine montane Art, die in Tirol nie unter 900 m Höhe gefunden wurde (Kühtreiber 1931—34).

21. — *(Nemura) Mortoni* Ris.
    S. Gr.: Im Hüttenwinkel zwischen Bucheben und Bodenhaus und zwischen Bodenhaus und Grieswiesalm 1 ♂ bzw. 1 ♀ 15. V. 1940.
    Gl. Gr.: Am Weg aus dem Fuscher Tal zur Trauneralm 1 ♂ 22. V. 1941.
    Die Art scheint bisher nur aus der Schweiz und Tirol bekannt gewesen zu sein. Sie ist dort jedoch weit verbreitet und findet sich z. B. in Tirol von 500 bis 2200 m Höhe; bevorzugt Quellsümpfe und seggenbewachsene Gebirgswässer (Kühtreiber 1931—34).

22. — *(Nemura) sinuata* Ris.
    Gl. Gr.: Fuscher Tal oberhalb Ferleiten 1 ♂ 21. VII. 1939.
    In den Alpen weit verbreitet, häufig an alpinen Quellen in 1000 bis 2600 m Höhe, steigt jedoch auch noch tiefer herab (Kühtreiber 1931—34).

23. — *(Nemura) variegata* Oliv.
    Gl. Gr.: Walcher Hochalm, in etwa 1800 bis 1900 m Höhe auf niederem Gebüsch 1 ♀ 9. VII. 1941; Walcher Sonnleitbratschen, in der hochalpinen Grasheide in 2400 bis 2500 m Höhe 1 ♂ 9. VII. 1941.
    Nach Dalla Torre (1882) am Tabererkopf bei Windisch-Matrei.
    Die Art ist nach Kühtreiber (1931—34) an Sumpfquellen und Schilfsümpfen weit verbreitet und auch in Tirol nicht selten.

24. — *(Nemurella) Picteti* Klap.
    S. Gr.: Mallnitzer Tauerntal, beim Gasthof Gutenbrunn 1 ♂ 5. IX. 1941.
    Gl. Gr.: Am Weg aus dem Fuscher Tal zur Trauneralm 1 ♂ 22. V. 1941.
    Eine sehr weit verbreitete Art, die vor allem an Sümpfen und Moorwässern lebt. Kühtreiber (1931—34) fand sie in Tirol noch in 2200 m Höhe.

Ordnung Odonata.

Die Odonaten spielen in der hochalpinen Fauna eine sehr geringe Rolle. Ich habe im Untersuchungsgebiete in höheren Lagen nur einmal an der Pasterze einige Libellen (*Lestes barbarus* Fbr.) zu Gesicht bekommen, in den Tallagen dieser Gruppe aber wenig Beachtung geschenkt. So dürfte die Fauna des Untersuchungsgebietes wohl noch die eine oder andere Art beherbergen, die im folgenden nicht genannt ist.

Hinsichtlich Nomenklatur und systematischer Anordnung der Arten folge ich E. May (1933). An einschlägigen Schriften wurden benützt: Brauer (1856 und 1876), May (1933), St. Quentin (1938), Strobl (1905), Dalla Torre (1882) und Werner (1924).

Familie *Calopterygidae*.

1. *Calopteryx splendens* (Harris).
    Pinzgau: Abzuggraben des Zeller Sees bei Bruck an der Glocknerstraße mehrere Ex. 12. VII. 1941.
    Weit verbreitet, steigt im Gebirge nach May (1933) bis 1200 m Höhe empor.

Familie *Agrionidae*.

2. *Lestes barbarus* (Fbr.).
   Gl. Gr.: Pasterzenvorfeld 1 ♂ 1 ♀ 26. VII. 1937 (det. St. Quentin).
   Gr. Gr.: Dorfer Mähder bei Windisch-Matrei (Dalla Torre 1882).
   Auch am Kesselkopf über dem Froßnitztal am Venediger-O-Hang (Dalla Torre 1882).
   Weitverbreitete Art, die im Pasterzenvorfeld in den Tümpeln auf dem Unteren Keesboden und am Südhang des Elisabethfelsens zur Entwicklung kommen dürfte.
3. *Platycnemis pennipes* (Pall.).
   Pinzgau: An einem Abzuggraben des Zeller Sees bei Bruck a. d. Glocknerstraße 1 Ex. 12. VII. 1941.
   Im Gebiet sicher nur in tiefsten Lagen.

Familie *Aeschnidae*.

4. *Aeschna coerulea* (Ström). (= *borealis* Zett.).
   S. Gr.: In den Hochalpen um Gastein von Giraud gesammelt (Brauer 1856, St. Quentin 1938).
   Gl. Gr.: Tauernmoos (leg. Ebner, Werner 1924).
   Die Art ist boreoalpin verbreitet, ihr Wohnareal in den Alpen noch ungenügend erforscht. Nach St. Quentin (1938) ist sie in Mitteleuropa stenotop an Moorgelände gebunden, in den Alpen steigt sie bis über 2000 m Höhe empor.

Familie *Libellulidae*.

5. *Somatochlora alpestris* (Selys).
   S. Gr.: Hochalpen bei Gastein (leg. Giraud, Brauer 1856, St. Quentin 1938).
   Die Art ist boreoalpin verbreitet und wie die vorgenannte im Süden ihres Verbreitungsgebietes an Moorgelände gebunden. Sie ist in den Alpen bisher östlich der Hohen Tauern noch nicht gefunden worden.
6. *Sympetrum danae* (Sulzer).
   S. Gr.: Mallnitzer Tauerntal, am Weg in die Woisken 1 Ex. gesehen 5. IX. 1941.
   Gr. Gr.: Bei Windisch-Matrei (Werner 1931) und in Grubenberg bei Windisch-Matrei (Dalla Torre 1882).
   Auch bei Oberdrauburg gefunden. Dürfte in Tallagen im ganzen Gebiete heimisch sein.

Ordnung Ephemeroptera.

Die Ephemeropterenfauna der Alpen ist noch recht unzulänglich bekannt; aus dem Untersuchungsgebiete scheinen bisher überhaupt keine Fundortangaben von Eintagsfliegen vorzuliegen. An einschlägigen Schriften habe ich darum nur Schoenemund (1930) und Strobl (1906) zu erwähnen.

Familie *Ecdyonuridae*.

1. *Rhithrogena alpestris* Eaton.
   Mölltal: Zwischen Söbriach und Flattach 1 ♂ 18. VI. 1942.
   Gl. Gr.: Im Dorfer Tal 1 ♀ 15. VII. 1937 (det. Ulmer).
   Die Art ist nach Schoenemund (1930) über Tirol, die Schweiz, Savoyen und Norditalien verbreitet und stellenweise vom Juli bis September recht häufig. Strobl (1906) erwähnt sie auch aus den Niederen Tauern und aus den Voralpen von Niederdonau.

Ordnung Raphidides.

Diese artenarme Ordnung ist mir im engeren Untersuchungsgebiet nicht begegnet, wurde aber von Dalla Torre und mir in je einer Art an dessen Südgrenze gefunden. Außer Dalla Torre (1882) sind keine einschlägigen Arbeiten, die auf die Fauna der Hohen Tauern Bezug nehmen, zu erwähnen.

Familie *Raphidiidae*.

1. *Raphidia Ratzeburgi* Brauer.
   Gr. Gr.: Kals-Matreier Törl (Dalla Torre 1882).
   Die Art ist weit verbreitet.
2. — *ophiopsis* L.
   Mölltal: Zwischen Söbriach und Flattach auf Gesträuch 2 ♀ 18. VI. 1942; Winklern 1 ♂ 18. VI. 1942.

Ordnung Neuroptera (Planipennia).

Auch diese Ordnung ist nur durch wenige Arten im Untersuchungsgebiet vertreten. Faunistische Angaben, die auf die Hohen Tauern Bezug haben, fand ich in der Literatur nur bei Dalla Torre (1882); einige von Mann und Holdhaus im Glocknergebiet gesammelte Netzflügler befinden sich in der Sammlung des Naturhistorischen Museums in Wien. Zur Feststellung der Verbreitung der im Gebiete vorgefundenen Formen wurden die Arbeiten von Brauer (1876) und Strobl (1906) herangezogen.

Die Bestimmung meines Materials besorgte Herr Dr. H. Zerny (Wien). Hinsichtlich der Nomenklatur folge ich bei dieser wie bei der folgenden Ordnung Stitz (1931).

Familie *Hemerobiidae*.

1. *Megalomus hirtus* (Fbr.).
   S. Gr.: Sonnige Hänge unterhalb der Fleißkehre der Glocknerstraße 1 Ex. 1. VII. 1937; Eingang in das Zirknitztal, am S-Hang oberhalb Döllach auf Gesträuch 2 Ex. 28. VIII. 1941.
   Gl. Gr.: Steppenwiesen entlang des Haritzerweges oberhalb Heiligenblut, 1 Ex. auf Gesträuch 15. VII. 1940; Heiligenblut, unmittelbar beim Ort 1 Ex. 19. VI. 1942 auf Gesträuch.
   Weit verbreitet, jagt auf Sträuchern Blattläusen nach. Scheint im Gebiete auf die Täler beschränkt zu sein.

2. *Boriomyia nervosa* (Fbr.).
   S. Gr.: Eingang in das Zirknitztal, auf Gesträuch 1 Ex. 28. VIII. 1941.
   Gl. Gr.: Von Mann und Holdhaus im Glocknergebiet (wohl bei Heiligenblut) gesammelt (je 1 Ex. in coll. Mus. Wien).
   Gr. Gr.: Windisch-Matrei, an der ins Matreier Tauerntal führenden Straße vor der Proseckklamm auf Gesträuch 1 Ex. 3. IX. 1941.

3. — *quadrifasciata* (Reut.).
   Gl. Gr.: Im Wald unterhalb der Trauneralm von Sträuchern geklopft 1 Ex. 21. VII. 1939.

4. *Sympherobius elegans* Steph.
   Gl. Gr.: Heiligenblut, in unmittelbarer Nähe der Ortes 1 Ex. 18. VI. 1942.

Familie *Chrysopidae*.

5. *Chrysopa vulgaris* Schneid.
   Mölltal: Winklern, auf einer feuchten Wiese 1 Ex. 18. VI. 1942.
   Gr. Gr.: Windisch-Matrei, oberhalb der Proseckklamm beim Gehöft Lublas 1 Ex. 3. IX. 1941.
   Die weit verbreitete Art dürfte im Untersuchungsgebiet in Tallagen auch noch anderwärts zu finden sein.

6. — *perla* L.
   Wurde oberhalb Windisch-Matrei aufgefunden (det. Brauer, teste Dalla Torre 1882).

7. — *septempunctata* Wesm.
   S. Gr.: Eingang in das Zirknitztal, am S-Hang oberhalb Döllach auf Gesträuch 1 Ex. 28. VIII. 1941.

Familie *Coniopterygidae*.

8. *Coniopteryx tineiformis* Curt.
   S. Gr.: Mallnitzer Tauerntal, unterhalb des Gasthofes Gutenbrunn von Fichten geklopft 1 Ex. 5. IX. 1941.
   Im Gebiet jedenfalls weiter verbreitet, aber von mir zu wenig beachtet.

Ordnung Panorpatae (Mecoptera).

Aus der artenarmen Ordnung der Panorpatae wurden im Untersuchungsgebiet vier Arten festgestellt, womit die Gesamtheit der in den mittleren Hohen Tauern heimischen Formen erfaßt sein dürfte. In der Literatur fanden sich nur bei Dalla Torre (1882) auf das Gebiet bezügliche Fundortangaben. Die Bestimmung meines Materials besorgte Herr Dr. H. Zerny (Wien).

Familie *Panorpidae*.

1. *Panorpa communis* L.
   S. Gr.: Seidelwinkeltal, subalpin auf Gesträuch 1 Ex. 17. VIII. 1937.
   Gl. Gr.: Steppenwiesen entlang des Haritzerweges oberhalb Heiligenblut 1 Ex. 15. VII. 1940.
   Gr. Gr.: Bretterwand bei Windisch-Matrei (Dalla Torre 1882).

2. — *germanica* L.
   Mölltal: Winklern, bei der Autobushaltestelle 1 ♂ 18. VI. 1942.
   S. Gr.: Große Fleiß, subalpin 2 Ex. 10. VII. 1937; am Weg vom Fleißgasthof nach Heiligenblut 1 Ex. 8. VIII. 1937.
   Gl. Gr.: Eingang in das Hirzbachtal, auf Gesträuch 1 ♀ 8. VII. 1941; Weg von Ferleiten auf die Walcher Hochalm, noch in 1500 bis 1700 m Höhe auf Gesträuch 1 ♂ 9. VII. 1941.
   Gr. Gr.: Bretterwand bei Windisch-Matrei (Dalla Torre 1882); Proseckklamm, beim Bauernhof Lublas 1 ♀ 3. IX. 1941.

3. — *alpina* Rmb.
   Mölltal: Winklern, bei der Autobushaltestelle 1 ♂ 18. VI. 1942.
   Gl. Gr.: Daberklamm 1 Ex. 15. VII. 1937; Umgebung des Kesselfallalpenhauses im Kapruner Tal, auf Gesträuch 1 Ex. 14. VII. 1939; Weg von Ferleiten auf die Walcher Hochalm, in 1700 bis 1800 m Höhe auf *Alnus viridis* und Buschweiden 2 Ex. 9. VII. 1941.
   Man findet alle drei Arten wohl im ganzen Gebiet bergwärts bis in die subalpine Waldstufe. Die Waldgrenze scheinen sie nicht zu überschreiten.

4. *Boreus hiemalis* L.
   Gl. Gr.: Am Weg von der Rudolfshütte zum Enzingerboden im Stubachtal 1 ♀ September 1931 auf Neuschnee.
   Die Art dürfte im Gebiete eine weitere Verbreitung besitzen, ist aber ein Herbst- und Wintertier und wurde als solches während der Sommermonate nicht erbeutet.

Ordnung Trichoptera.

Die Trichopteren, deren viele echte Gebirgstiere sind, werden auch im Untersuchungsgebiete durch eine Anzahl von Arten vertreten. Einige von diesen werden schon in den Arbeiten von Mac Lachlan (1874—1880 und 1884), Puschnig (1922) und Thienemann (1905) aus den mittleren Hohen Tauern angegeben, weitere werden sich bei intensiverer Sammeltätigkeit am Rande der Gebirgsbäche und Tümpel der verschiedenen Höhenstufen des Gebietes bestimmt noch auffinden lassen.

Die Bestimmung meines Materials besorgte Herr Dr. G. Ulmer (Hamburg); die Nomenklatur und systematische Reihenfolge wurde Ulmer (1931) angeglichen.

Familie *Rhyacophilidae*.

1. *Rhyacophila persimilis* Mc. Lach.
   Gl. Gr.: „Großgockner" (Mac Lachlan 1874—80, 1884).
   Die Art ist in den Alpen und Sudeten heimisch, wird aber von Thienemann (1905) aus Tirol nicht angegeben.

Familie *Psychomyidae*.

2. *Tinodes* spec.
   Gl. Gr.: Fuscher Tal, kleiner Wasserfall zwischen Vogerlalm und Fuscher Rotmoos 1 ♀ 21. VII. 1939.

Familie *Beraeidae*.

3. *Beraeodes minuta* L.
   Gl. Gr.: Sumpfwiese bei Ferleiten 1 ♂ 11. VII. 1941; Eingang ins Hirzbachtal 1 ♀ 8. VII. 1941.

Familie *Limnophilidae*.

4. *Stenophylax coenosus* (Curt.).
   Gl. Gr.: Umgebung der Rudolfshütte nördlich des Kalser Tauern 1 Ex. 16. VII. 1937; auch von Thienemann (1905) aus dem Glocknergebiet angegeben.
   Die Art wurde auch am Osthang des Venediger, am Kesselkopf bei Windisch-Matrei in 2800 m Höhe gesammelt (Dalla Torre 1882, Thienemann 1905).
   Stenophylax coenosus ist boreoalpin verbreitet (vgl. Rabeler 1931), er findet sich im Harz, Altvater, in den Alpen, im Göldenitzer Hochmoor in Mecklenburg und in Nordeuropa. Vielleicht dieser Art angehörende *Stenophylax*-Larven fand ich im Pasterzenvorfeld im Grafentalbach 1 Ex. 5. VII. 1937; bei der Rudolfshütte in den triefnassen Rasen von *Polytrichum sexangulare* 3 Ex. 15. VII. 1937; am Moserboden 4 Ex. 17. VII. 1939.

5. *Anisogamus noricanus* Mc. Lach.
   S. Gr.: Mallnitz (Thienemann 1905, Puschnig 1922).
   Gl. Gr.: Bei der Rudolfshütte 1 Imago 16. VII. 1937.
   Die Art ist aus Tirol und den Norischen Alpen bekannt (Ulmer 1931).

6. *Halesus moestus* Mc. Lach.
   S. Gr.: Naßfeld bei Gastein (Thienemann 1905, Puschnig 1922).
   Die Art ist über Tirol, die Norischen Alpen und das Riesengebirge verbreitet (Ulmer 1931).

7. *Acrophylax zerberus* Brau.
   Gr. Gr.: Am Schwarzsee unterhalb der Aderspitze 19. VII. 1937.
   Ich fand die Art am Ufer des Sees und auf der Wasserfläche desselben treibend in großer Zahl, viele Pärchen in Copula. Alle Tiere, die ich an diesem hochalpinen See fand, gehören der kurzflügeligen Hochgebirgsrasse an. Ich traf die Art an keinem zweiten Punkt im Untersuchungsgebiet.
   Acrophylax zerberus ist in den Alpen endemisch, er wird von Ulmer (1931) aus der Schweiz und aus Steiermark angegeben.

8. *Drusus discolor* Rmb.
   S. Gr.: Bei Mallnitz in 1500 m Höhe (Puschnig 1922).
   Montane Art, die jedoch weit verbreitet ist. Thienemann (1905) gibt zahlreiche Tiroler Fundorte in Höhen von 670—2756 m (Stilfser Joch) aus Nord- und Südtirol an.

9. — *chrysotus* Rmb.
   S. Gr.: Mallnitz (Thienemann 1905, Puschnig 1922).
   Gl. Gr.: Dorfer Tal 1 Imago 15. VII. 1937; am Ufer der Fuscher Ache oberhalb Ferleiten 1 Ex. 18. VII. 1940.
   Die Art wird auch von Thienemann (1905) und Puschnig (1922) aus dem Glocknergebiet angegeben; sie ist in den mitteleuropäischen Gebirgen anscheinend weiter verbreitet.

10. *Drusus monticola* Mc. Lach.
S. Gr.: Naßfeld bei Gastein (Thienemann 1905, Puschnig 1922).
Gl. Gr.: Nach Thienemann (1905) auch im Glocknergebiet.
Die Art scheint in den Alpen endemisch zu sein, sie wird von Ulmer (1931) aus der Schweiz und Tirol angegeben.

11 — *nigrescens* Mey.-Dür.
S. Gr.: Große Fleiß, subalpin 1 Imago Juli 1937; Kleine Fleiß, beim Alten Pocher 1 Imago 3. VII. 1937; am Seebichel über der Großen Fleiß 1 Imago Juli 1937.
Gl. Gr.: Guttalwiesen oberhalb der Ankehre der Glocknerstraße 1 Ex. 15. VII. 1940; Ködnitztal, an der Überquerung des Ködnitzbaches durch den Stüdlweg 1 Ex. 25. VII. 1938; Umgebung der Rudolfshütte 2 Ex. 16. VII. 1937.
Die Art wird von Ulmer (1931) nur aus der Schweiz angegeben. Im Untersuchungsgebiet scheint sie die verbreitetste und häufigste Trichoptere zu sein.
Drusus-Larven, die nicht näher bestimmt werden konnten, aber vielleicht auch dieser Art angehören, fand ich im Zirmsee, an dessen Ausfluß in großer Zahl am 24. VII. 1937 und am Naßfeld des Pfandlschartenbaches in der Nähe des Glocknerhauses am 1. VIII. 1938.

Ordnung Lepidoptera.

Die Lepidopterenfauna des Untersuchungsgebietes ist besser erforscht als die aller anderen Tiergruppen. Es liegen über Teilgebiete der mittleren Hohen Tauern gute faunistische Arbeiten vor, die im nachfolgenden Verzeichnis in vollem Umfange berücksichtigt wurden. Die verstreuten Angaben in der kaum zu überblickenden Spezialliteratur konnten dagegen nur unvollständig erfaßt werden. Fundortangaben oder Daten über Lebensweise und Gesamtverbreitung einzelner Arten wurden aus folgenden Veröffentlichungen entnommen: Belling, H. (1920); Hoefner, G. (1905, 1911, 1915, 1918 und 1922); Hoffmann, F. (1908—1909); Hormuzaki, C. v. (1900); Kitschelt, R. (1925); Koschabek, F. (1940); Locke, H. (1894—1895); Mack, W. (1940); Mann, J. (1871); Mitterberger, K. (1909); Nickerl (1846); Nitsche, J. (1923); Osthelder, L. (1912—1917 und 1939); Pfeiffer, E. und F. Daniel (1920); Seitner, M. (1938), Spuler, A. (1908—1910); Staudinger, O. (1856); Staudinger, O. und H. Rebel (1903); Thurner, J. (1918, 1920—1921, 1923, 1937 und 1938); Vorbrodt, C. (1921—1923); Warnecke, G. (1920). Zweifelhafte Angaben aus der Literatur blieben unberücksichtigt oder wurden als solche gekennzeichnet.

Von Ausbeuten, über die bisher noch keine oder doch nur unzulängliche Veröffentlichungen vorliegen, konnten folgende berücksichtigt werden: Die Ausbeuten von Hofrat Dr. Eg. Galvagni (Wien) aus dem Kalser Tal und aus der Fleiß bei Heiligenblut; die Ergebnisse langjähriger Sammeltätigkeit von Senatspräsidenten Dr. O. Jaitner (Wien) in der Fleiß; die Ausbeute von Oberlehrer F. Koschabek (Wien) von der Franz-Josefs-Höhe; die Ausbeute von Oberlehrer J. Nitsche (Wien) aus der Fleiß; die Ausbeute von Hauptkonservator Dr. E. Lindner (Stuttgart) aus der Umgebung der Marienhöhe; die langjährigen Sammelergebnisse von Dir. L. Schwingenschuß (Wien) in der Fleiß, in der Umgebung von Heiligenblut, an der Pasterze, bei Ferleiten und im Kapruner Tal; die Ausbeute von J. Thurner (Klagenfurt) aus dem Talschluß des Mölltales oberhalb Heiligenblut. Im folgenden sind die sehr häufig wiederkehrenden Namen der Herren Galvagni, Jaitner, Koschabek, Lindner, Schwingenschuß und Thurner aus Raumersparungsgründen auf die Anfangsbuchstaben abgekürzt.

Im Vergleiche mit den zahlreichen Fundortangaben in der Literatur und vor allem mit den vielen Fundortangaben, die ich den eben genannten Sammlern verdanke, ist meine eigene Ausbeute an Schmetterlingen sehr bescheiden. Ich widmete der Aufsammlung dieser Insektengruppe angesichts ihrer verhältnismäßig guten Erforschung absichtlich keine besondere Aufmerksamkeit. Die Bestimmung aller von mir gesammelten Raupen und der meisten von mir gesammelten Falter besorgte Herr Dr. H. Zerny (Wien), einige Falter bestimmte auch Herr Oberlehrer H. Kiefer (Admont).

Die systematische Anordnung und Bezeichnung der Arten erfolgte mit geringen Abänderungen nach dem Katalog von Staudinger und Rebel (1903), da es ohne umfangreiches Literaturstudium unmöglich ist, die seitdem veröffentlichte nomenklatorische Literatur kritisch zu berücksichtigen.

I. Macrolepidoptera.

Familie *Papilionidae*.

1. *Papilio machaon* L.
   S. Gr.: Fleiß 1 Ex. 25. VII. 1929 (N); Mölltal (Nickerl 1846).
   Pinzgau: Zell am See (Pfeiffer-Dan. 1920).
   Auch in Huben 2. VII. 1931 (G.); am Iselsberg 14. VII. 1931 (G.); bei Windisch-Matrei (G) 26. IX. 1931.

2. *Parnassius apollo* L. (verschiedene Formen).
   S. Gr.: Rauriser Tal (Pfeiffer-Dan. 1920); Umgebung des Fleißgasthofes, Schachnern, Apriach (J, N, Sch), ab. *pseudonomion* Christ. ♂, ♀ 2. VII. und 7. VIII. 1941 (J).
   Gl. Gr.: An der alten Glocknerstraße bei Heiligenblut (Sch, Hoffmann 1908—09); am Haritzersteig von Heiligenblut bis zur Kreitherwand (Sch); Kreitherwand (T); Eingang in die Daberklamm (G).
   Schobergr.: Gößnitz, am Weg von Heiligenblut zur Wirtsbauernalm (N).
   Auch bei Huben (teste Sch); an der Mölltalstraße unterhalb Heiligenblut (Hoffmann 1908—09) und 300 m oberhalb Döllach (Sch).
   Ein Gebirgstier, das subalpin im ganzen Gebiete verbreitet sein dürfte und wohl während des ganzen Sommers fliegt. Die zahlreichsten Fänge erfolgten im Monat Juli, die frühesten am 18. und 20. VI. (N), die spätesten am 8. und 13. IX. (Warnecke 1920).
   Die Raupe lebt an *Sedum album* (Spuler 1908). Nicht über 1600 m (J).

3. — *delius* Esp. (verschiedene Formen).
   S. Gr.: In der Großen und Kleinen Fleiß über 1800 m häufig, einzelne Falter an den Bächen bis 1500 m (J, N, Sch); am Weg vom Seebichel zum Zirmsee (N).
   Gl. Gr.: Am Haritzerweg bei der Bricciuskapelle (G, Sch); beim Pallik und am Brettboden (L, Sch, Warnecke 1920); Böse Platte (Sch); am Pfandlschartenbach unter der Sturmalm; am Pfandlschartenbach Mitte Juli 1921 ab. *Leonhardi* Rühl (Thurner 1923); Albitzen-SW-Hang, unweit unterhalb der Alm in 2300 m; am Leiterfall unterhalb der Schönen Wand (Staudinger 1856); am Wienerweg unweit der Stockerscharte, südseitig in 2300 m; Ködnitztal, bei der Lucknerhütte (G); Teischnitztal (Kitschelt 1925); Daberklamm (G); unterer Teil des Dorfer Tales (G); bei Ferleiten und auf den Trauneralm (Sch); am Tauernmoos vor der Überstauung (leg. Ebner); am Wasserfallboden (Sch); am Moserboden (Pfeiffer-Dan. 1920, Belling 1920); bei Ferleiten zahlreich schon Ende Juni 1942 (leg. Lindenbauer, teste F. Hoffmann).
   Gr. Gr.: Kals-Matreier Törl 24. VII. 1921 (Kitschelt 1925).
   Schobergr.: Debanttal von 1200 m aufwärts; Leibnitztal in 1600 m Höhe (beide Kitschelt 1925).
   Die Art findet sich zwischen 1500 und 2500 m, nur ausnahmsweise noch etwas tiefer. Die Raupe lebt nach Beobachtungen verschiedener Sammler auch im Gebiete an *Saxifraga aizoides*, der Falter fliegt im Juli und August, einzelne auch noch im September, besonders an Stellen, wo die Futterpflanze wächst.

4. — *mnemosyne* L.
   S. Gr.: Rauriser Tal (Mann 1871); Mölltal (Nickerl 1846).
   Gl. Gr.: Moserboden (Pfeiffer-Dan. 1920), wohl nur ein verflogenes Stück; Wiesen oberhalb des Kesselfalles, mehrfach beobachtet 14. VII. 1939.
   Die Art ist ein Bewohner der unteren Berglagen.

Familie *Pieridae*.

5. *Aporia crataegi* L.
   Gl. Gr.: Bei der Heiligenbluter Kirche 1 Ex. 14. VII. 1929 (N); Haritzersteig oberhalb Heiligenblut 1 Ex. 22. VII. 1941 (J).
   Pinzgau: Bei Kaprun, besonders häufig am Waldrand (Belling 1920). Die Raupe lebt an Obstbäumen und *Crataegus*.

6. *Pieris brassicae* L.
   S. Gr.: In den Fleißtälern überall bis 2500 m (J).
   Gl. Gr.: Von Heiligenblut bis zum Glocknerhaus (Warnecke 1920); bei der Marienhöhe häufig, große Stücke Juli 1937 (L); noch auf der Pasterze und auf dem Pfandlschartenkees (Mann 1871); Gamsgrube (Staudinger 1856).
   Die Art fliegt aus den Tälern bis in bedeutende Höhen empor, ohne dort dauernd leben zu können.

7. — *rapae* L.
   Wie die vorige Art als Wanderer im ganzen Gebiet.

8. — *napi bryoniae* O.
   S. Gr.: Am Weg von Heiligenblut zum Fleißgasthof und in den Fleißtälern (J, N, Sch); bei Gastein (Hormuzaki 1900).
   Gl. Gr.: In Heiligenblut (Warnecke 1920); zahlreich im Pasterzenvorfeld beiderseits der Möll unterhalb der Margaritze 17. VII. 1940; bei der Marienhöhe vereinzelt abgeflogen Ende Juli 1937 (L); noch auf der Pasterze und auf dem Pfandlschartenkees (Mann 1871); in der Daberklamm und im Dorfer Tal (G); am Wasserfallboden (Pfeiffer-Dan. 1920); an der Glocknerstraße zwischen Piffkar und Hochmais in 1750 m einzeln 15. VII. 1940.
   Der Schmetterling hält sich gern in lichten Lärchenwäldern auf (J). Er fliegt von Mitte Juni bis Ende Juli und dann wieder im September (Warnecke 1920). Die Form *bryoniae* wird in neuester Zeit als eigene Art betrachtet, sie ist auf das Gebirge beschränkt.

9. *Synchloë callidice* Esp.
   S. Gr.: Im Rauriser und Gasteiner Tal (leg. Mann, teste Zerny); in der Großen Fleiß über 2000 m und von da bis zur Gjaidtroghöhe (J); am Moharkopf bei Döllach (Staudinger 1856).
   Gl. Gr.: Franz-Josefs-Höhe (Warnecke 1920); Gamsgrube (Nickerl 1846, Mann 1871, Hoffmann 1908—09, Warnecke 1920); oberster Teil der Pasterzenmoräne unterhalb der Hofmannshütte 1 Raupe; Wasserfallwinkel 1 Raupe (leg. Ing. Treven); auf den Dorfer Almen (G); auf der Hohen Dock bei der Mainzerhütte (leg. Haidentaler, teste Zerny).

Die Art lebt ausschließlich hochalpin und ist über Alpen, Pyrenäen und Kaukasus verbreitet. In den zentralasiatischen Hochgebirgen bildet sie eigene Rassen. In den Ostalpen fehlt sie östlich der Schladminger Tauern und ist in Kärnten bisher nur aus dem Glocknergebiet bekannt gewesen (Höfner 1911).[1] Die Raupe lebt an Cruciferen, sie wurde von Pfeiffer und Daniel an *Hutchinsia alpina*, von Treven an *Braya alpina* angetroffen. Man findet die Raupen im August, die überwinternden Puppen schon im September.

10. *Leptidia sinapis* L.

S. Gr.: Beim Fleißgasthof, in der Großen und Kleinen Fleiß (J, N); bei Gastein (Hormuzaki 1900). Die Falter fliegen von Ende Juni bis Anfang August (J), die Raupe lebt an Leguminosen. Die Art wird aus den übrigen Teilen des Gebietes nicht gemeldet und scheint selten zu sein.

11. *Euchloë cardamines* L.

S. Gr.: Fleiß, Mitte Juni (J); Gastein, bis Ende Juli in frischen Stücken (Hormuzaki 1900).

Gl. Gr.: Heiligenblut (Warnecke 1920); Ködnitztal (G); Daberklamm (G); Limbergalm im Kapruner Tal (Belling 1920); Fuscher Tal unterhalb Dorf Fusch, auf einer Wiese fliegend beobachtet 1 Ex. 23. V. 1941.

Wohl nur in den tieferen Lagen, die Raupe an Cruciferen.

12. *Colias palaeno* L.

Gl. Gr.: Leitertal, dicht vor dem Katzensteig (Staudinger 1856, Locke 1894—95); auch Thurner (mündl. Mitteilung) kennt den Falter nur von dieser Stelle; von Lindenbauer (teste F. Hoffmann) wurde er jüngst auch bei Ferleiten festgestellt.

Schobergr.: Leibnitztal, in 1600 *m* Höhe 9. VII. 1923 (Kitschelt 1925).

Hormuzaki fand auf der Schmittenhöhe nahe dem Gipfel mehrere ♂ in der Zwergstrauchzone am 23. VII. 1898.

Die Art kommt nur in Mooren und in der Krummholzregion der Alpen vor und tritt stets sehr lokal auf. Nach Höfner (1911) findet sie sich in Kärnten nur im Glocknergebiet. Die Raupe lebt an *Vaccinium uliginosum*.

13. — *phicomene* Esp.

S. Gr.: Beim Fleißgasthof und in den Fleißtälern überall über 1500 *m* (J, N, G); Schachneralm (N); am Weg vom Fleißgasthof nach Apriach (N); an den Hängen der Gjaidtroghöhe gegen den Zirmsee (N); am NO-Hang des Moharkopfes (Staudinger 1856).

Gl. Gr.: Auf der Gipperalm, auf dem Brettboden und beim Glocknerhaus (Warnecke 1920); auf der Marienhöhe einzeln Ende Juli 1937 (L); an den Leiterlehnen gegen das Leitertal (Staudinger 1856, Mann 1871); Ködnitztal (G); in Spöttling bei Kals und im Dorfer Tal (G); Wasserfallboden (Sch, Belling 1920); Moserboden (Pfeiffer-Dan. 1920); Ferleiten (Sch).

Die Art ist ein Gebirgstier, das auf den Wiesen und Grasheiden der subalpinen Region, der Zwergstrauchstufe und der hochalpinen Grasheidenzone lebt. Sie ist ein wichtiger Alpenblumenbestäuber (Müller 1881).

14. — *hyale* L.

S. Gr.: In der Fleiß nicht häufig (J).

Gl. Gr.: Heiligenblut (Warnecke 1920); Kalser Straße bei der Glockneraussicht unterhalb Kals (G); im Kapruner Tal, bei Kaprun und auf der Limbergalm (Belling 1920).

15. — *edusa* Fabr.

S. Gr.: Beim Fleißgasthof, in der Großen und Kleinen Fleiß bis 2500 *m*, in manchen Jahren in Menge (J, N, G); die ab. *helice* Hb. einmal bei Schachnern (J) und einmal in der Großen Fleiß (N); unterhalb Hofgastein (Hormuzaki 1900).

Gl. Gr.: Pallik (Hoffmann 1908—09); am Weg von Kals ins Ködnitztal (G); Dorfer Tal (G); bei Kaprun (Belling 1920).

Schobergr.: Auf Wiesen bei Oberpeischlach (G); bei Unterpeischlach und Huben (G).

Die Art steigt aus der Ebene bis über 3000 *m* empor (Vorbrodt 1921—23), vermag aber in so großer Höhe nicht dauernd zu leben. Die Raupe lebt an Kleearten. Anfang September 1941 traten die Falter in der Fleiß sehr zahlreich auf (J).

16. *Gonopteryx rhamni* L.

S. Gr.: In der Fleiß sehr vereinzelt (J); beim Alten Pocher (N); unterhalb Hofgastein (Hormuzaki 1900).

Gl. Gr.: Gipperalm (Mann 1871); bei Kaprun und bei der Rainerhütte am Wasserfallboden (Belling 1920).

Schobergr.: Bei Oberpeischlach (G).

Familie *Nymphalidae*.

17. *Apatura ilia* Schiff.

S. Gr.: Rauriser Tal (Mann 1871).

Gl. Gr.: Mölltal, 1 Ex. der var. *eos* Rossi (Nickerl 1846).

Die Art ist wohl auf die tiefsten Tallagen beschränkt.

18. — *iris* L.

An der Kalser Straße oberhalb Huben 1 Ex. 27. VII. 1931 (G). Scheint im engeren Untersuchungsgebiet nicht vorzukommen.

19. *Limenitis sibylla* L.

Pinzgau: Bei Kaprun 1 Ex. (Belling 1920).

Anscheinend nicht im engeren Untersuchungsgebiet.

20. *Pyrameis cardui* L.

Der Falter steigt aus den untersten Tallagen bis weit über 2000 *m* empor. Eine Raupe noch bei der Bricciuskapelle auf einer Distel (Warnecke 1920).

---

[1] In neuester Zeit ist *Synchloë callidice* von W. v. Buddenbrock auch auf der Turracher Höhe nachgewiesen worden.

21. *Pyrameis atalanta* L.
S. Gr.: Beim Fleißgasthof zahlreich (J); am Weg vom Fleißgasthof nach Heiligenblut (N).
Gl. Gr.: In Heiligenblut und beim Glocknerhaus (Warnecke 1920); Ködnitztal (G); Daberklamm (G).

22. *Vanessa io* L.
S. Gr.: Am Weg von Heiligenblut in die Fleiß (Warnecke 1920); Schachnern (N); zwischen Seebichel und Zirmsee 1 Ex. (N).
Gl. Gr.: Um Heiligenblut (Warnecke 1920); im Kapruner Tal beim Kesselfallalpenhaus (Belling 1920).
Schobergr.: In der Gößnitz, am Weg zur Wirtsbauernalm (N).

23. — *urticae* L.
Die Art ist überall häufig und steigt bis zu den höchsten Bergspitzen empor, wo der Falter allerdings nur als Durchzugsgast auftritt, da die Raupe dort keine Nahrung mehr findet. Ich beobachtete den Falter auffällig häufig noch in der Polsterpflanzenstufe, Ing. Hassenteufel traf ihn noch auf der Spitze des Großglockner (teste Galvagni). Im Hüttenwinkeltal flog er schon Mitte Mai zahlreich und dürfte in höheren Lagen einer der ersten Frühlingsschmetterlinge sein.

24. — *antiopa* L.
S. Gr.: Unterhalb Rauris 15. V. 1940; am Weg von Heiligenblut in die Fleiß (Warnecke 1920); Fleiß 21. VIII. 1941 (J).
Gl. Gr.: Alte Glocknerstraße oberhalb Heiligenblut (Warnecke 1920); Bricciuskapelle 11. und 13. IX. 1920 (Warnecke 1920); auf dem Pfandlschartenkees 1 frisches Ex. (Staudinger 1856).
Auch auf der Glockneraussicht bei Staniska im Kalser Tal 19. IX. 1935 (G).

25. *Polygonia C-album* L.
Gl. Gr.: Um Heiligenblut (N, Nickerl 1846); am Vorderen Sattel und am Brettboden (Warnecke 1920); noch in Gamsgrube (Mann 1871). Auch an der Kalser Straße zwischen Huben und Staniska (G).

26. *Araschnia levana* L.
S. Gr.: Ein großes, frisches ♀ bei Gastein 18. VII. 1898 (Hormuzaki 1900); Raupen am Wege von Böckstein ins Naßfeld an *Urtica dioica* nicht selten (Nickerl 1846).
Sonst im Gebiete nirgends beobachtet; erst wieder von Lienz gemeldet (Kitschelt 1925).

27. *Melitaea maturna* L.
S. Gr.: Große Fleiß (N).
Gl. Gr.: Am Weg vom Glocknerhaus zum Hohen Sattel (N).

28. — *cynthia* Hb.
S. Gr.: In der Großen Fleiß und an den Hängen der Gjaidtroghöhe gegen diese häufig (J, Sch.); am Hang der Gjaidtroghöhe gegen den Zirmsee zahlreich (N).
Gl. Gr.: Am Brettboden (Staudinger 1856); beim Glocknerhaus (G, Sch); auf der Franz-Josefs-Höhe (Sch, Hoffmann 1908—09); Gamsgrube (Sch); Moserboden (Pfeiffer-Dan. 1920).
Gr. Gr.: Kals-Matreier Törl (N).
Die Art geht nach Schwingenschuß i. l. im Glocknergebiete kaum unter 2200 *m* herab und bevorzugt in der hochalpinen Grasheidenzone gelegene Mulden mit üppigerer Vegetation.
Ich fand wahrscheinlich zu dieser Art gehörige Raupen (junge Raupenstadien sind von denen der *M. asteria* kaum zu unterscheiden) an zum Teil sehr hoch gelegenen Standorten. Solche sind: die Gipfelregion der Stanziwurten auf der Sonnblick-S-Seite; die Gamsgrube; die Franz-Josefs-Höhe; der Haldenhöcker unterhalb des Mittleren Burgstalls; das oberste Leitertal unweit der Salmhütte; das oberste Teischnitztal unweit der Stüdlhütte. Alle Raupen wurden in den Monaten Juli und August gesammelt. Puppen fand ich im Langen Trog im obersten Ködnitztal 1 Stück 14. VII. 1937 und am Glocknerkamp unweit des Glockneraufstieges oberhalb der Pasterze 1 Stück 18. VIII. 1937. Die Art ist über die Alpen und die Gebirge Siebenbürgens verbreitet.

29. — *aurinia merope* Prun.
S. Gr.: In der Großen Fleiß gegen die Gjaidtroghöhe und „auf den Bänken" (J, N, Sch); Sandkopf (J, N, Sch).
Gl. Gr.: Böse Platte (Staudinger 1856); halbwegs zwischen Glocknerhaus und Pfandlscharte, an einer etwas sumpfigen Stelle Ende Juli 1937 (L); beim Glocknerhaus (G, Sch); Gamsgrube 27. VII. 1937; Gamsgrube (Sch); Teischnitztal (Kitschelt 1925); bei der Rainerhütte am Wasserfallboden und am Moserboden (Belling 1920, Pfeiffer-Dan. 1920).
Ein sehr eifriger Besucher hochalpiner Blumen (H. Müller 1881).

30. — *didyma alpina* Stgr.
Gl. Gr.: Wasserfallboden (Belling 1920).
Auch im Mölltal (Mann 1871) und an der Kalser Straße zwischen Huben und Staniska, wo die Art sehr variabel ist (G).

31. — *athalia* Rott.
S. Gr.: Beim Fleißgasthof (J, N); in der Großen und Kleinen Fleiß bis 1800 *m* emporsteigend (J, N); am Weg von Heiligenblut in die Fleiß und vom Fleißgasthof nach Apriach (N).
Gl. Gr.: An der alten Glocknerstraße bei Heiligenblut (N).
Schobergr.: Am Weg von Heiligenblut zur Wirtsbauernalm in der Gößnitz (N); bei Haslach im Kalser Tal (G).
Von H. Müller (1881) noch in alpinen Lagen als eifriger Blumenbesucher beobachtet.

32. — *aurelia* Nick.
Gl. Gr.: Bei Heiligenblut in 1500 *m* Höhe, wohl bei der Kreitherwand (Pfeiffer-Dan. 1920); an den feuchten, grasbewachsenen Hängen des Wasserfallbodens (Belling 1920).
Auch bei Haslach an der Kalserstraße (G).

33. — *parthenie varia* Mayer-Dür.
Gr. Gr.: Am Kals-Matreier Törl 24. VII. 1921 (Kitschelt 1925).

34. *Melitaea asteria* Frr. (f. *obscura* Rühl und *neovania* Frr.).
S. Gr.: Moharkopf (Nickerl 1846, Staudinger 1856); Sandkopf (N); in der Großen Fleiß ab 1900 m häufig (J, N, Sch); an den Hängen der Gjaidtroghöhe gegen den Zirmsee (N).
Gl. Gr.: Guttal, oberhalb der Ankehre 15. VII. 1940; Brettboden (Staudinger 1856); auf den Grashängen um die Hofmannshütte sehr häufig (Sch, Hoffmann 1908—09); Gamsgrube 6. VII. 1937; Pasterzenvorfeld unterhalb des Glocknerhauses (G); Moserboden (Pfeiffer-Dan. 1920, Sch); Fuscher Törl 2. VIII. 1914 (Sch).
Gr. Gr.: Kals-Matreier Törl 23. VIII. 1909 und 24. VII. 1921 (Kitschelt 1925).
Die Art bewohnt die Hochalpen Tirols, Kärntens und der Ostschweiz und erreicht wenig östlich der Hohen Tauern die Ostgrenze ihrer Verbreitung im alpinen Raume. Sie ist im Zwergstrauchgürtel und in der hochalpinen Grasheidenzone verbreitet und steigt an einzelnen Stellen vielleicht bis in die Polsterpflanzenstufe empor.

35. *Argynnis (Brenthis) selene* Schiff.
Bei Kaprun (Belling 1920); im engeren Untersuchungsgebiete anscheinend fehlend.

36. — *(Brenthis) euphrosyne* L.
S. Gr.: Beim Fleißgasthof, in der Großen und Kleinen Fleiß bis 1800 m (J, N, Sch); am Weg vom Fleißgasthof nach Apriach (N); am Weg vom Fleißgasthof nach Heiligenblut (N).
Gl. Gr.: Am Weg von Heiligenblut zum Gößnitzfall (Staudinger 1856); am Vorderen Sattel (Nickerl 1846); im Kapruner Tal bei Kaprun und auf dem Wasserfallboden (Belling 1920); im Dorfer Tal beim Kalser Tauernhaus (G).
Von H. Müller (1881) auch in der alpinen Region noch als Blumenbesucher beobachtet.

37. — *(Brenthis) pales* Schiff.
S. Gr.: Rauriser Tal (Mann 1971); in den beiden Fleißtälern sehr häufig (J, N, Sch); auf der Gjaidtroghöhe und am Sandkopf (N); zwischen Seebichel und Zirmsee (N); am Weg vom Fleißgasthof nach Heiligenblut und nach Apriach (N); am Kasereck (N); Stanziwurten, hochalpin 1 Raupe 2. VII. 1937; Moharkopf bei Döllach (Märkel und v. Kiesenwetter).
Gl. Gr.: Guttal, Wiesen oberhalb der Ankehre der Glocknerstraße 11. VII. 1941; bei der Bricciuskapelle, am Pallik, Brettboden und auf der Franz-Josefs-Höhe (Warnecke 1920, Sch); Pasterzenvorfeld unterhalb des Glocknerhauses, innerhalb der Moräne von 1856; von der Marienhöhe gegen die Pfandlscharte sehr häufig (L); an den SW-Hängen des Albitzenkopfes oberhalb der Glocknerstraße; am Weg von der Freiwand ins Magneskar; am Weg von der Freiwand ins Naßfeld beim Glocknerhaus in 2300 bis 2400 m (Kj; im Kar zwischen Albitzenkopf und Schwerradkopf 1 Raupe 9. VII. 1937; ebenda in 2400 m 1 ganz frischer Falter 17. VII. 1940; im Kar südwestlich der Pfandlscharte unweit unterhalb der Rasengrenze 1 Raupe 29. VII. 1937; Margaritzenplateau, 1 Puppe 7. VII. 1937; Gamsgrube, Raupen 6. VII. 1937; oberstes Leitertal, unterhalb der neuen Salmhütte und an den begrasten Südhängen des Schwertecks Raupen 12. und 13. VII. 1937; Kar südwestlich der Pfortscharte, im schütteren Seslerietum in 2750 m Höhe 1 Puppe 14. VII. 1937; Langer Trog, oberstes Ködnitztal, 1 Puppe 14. VII. 1937; bei der Lucknerhütte im Ködnitztal (G); bei Kals und im Dorfer Tal (G); am Tauernmoosboden vor dessen Überstauung (Werner 1924); auf dem Wasserfallboden (Belling 1920).
Gr. Gr.: Im Kar südwestlich der Muntanitzschneid.
Die Art ist wahrscheinlich boreoalpin verbreitet, sie findet sich sub- und hochalpin auf Wiesen, Weiden und Grasheiden und ist einer der häufigsten Tagfalter des Gebietes. *Argynnis pales* variiert in den mittleren Hohen Tauern sehr stark, die ♀ werden bisweilen ganz schwarz (Sch). Wichtiger Alpenblumenbestäuber (Müller 1881).

38. — *(Brenthis) thore* Hb.
S. Gr.: In der Kleinen und Großen Fleiß an wenigen Stellen (J, N, Sch); der Falter sitzt gern auf *Geranium*-Blüten und versteckt sich bei schlechtem Wetter auf Lärchen (J); um den Schleierfall am Weg zum Naßfeld bei Gastein 3. VIII. 1898 (Hormuzaki 1900).
Gl. Gr.: An den Leiterlehnen im Leitertal (Mann 1871); in der Daberklamm und an der Kalser Straße bei Haslach (G).
Die Art ist boreoalpin verbreitet (Holdhaus 1912).

39. — *(Brenthis) dia* L.
S. Gr.: Rauriser Tal (Mann 1871); einzeln auch im Mölltal (Nickerl 1846); bei Gastein 6. VIII. 1898 (Hormuzaki 1900).
Schobergr.: Zwischen Huben und Oberpeischlach (G).
Die Art scheint im Gebiete auf die tiefsten Tallagen beschränkt zu sein.

40. — *(Brenthis) amathusia* Esp.
S. Gr.: Beim Fleißgasthof, am Wege von diesem nach Heiligenblut, sowie in der Großen und Kleinen Fleiß einzeln Mitte Juni bis Ende Juli (N); Rauriser Tal (Mann 1871).
Gl. Gr.: Bei der Rainerhütte am Wasserfallboden (Belling 1920).
Schobergr.: Beim Gößnitzfall oberhalb Heiligenblut 3 Falter (Staudinger 1856).
Die Art scheint im Gebiete nur an wenigen Stellen vorzukommen und auch an diesen nicht häufig zu sein.

41. — *(Argynnis) latonia* L.
S. Gr.: Am Weg von Heiligenblut in die Fleiß (Warnecke 1920); beim Fleißgasthof und in der Großen Fleiß nicht häufig (J, N); Schachneralm (N).
Gl. Gr.: Bei Heiligenblut 1 frischer Falter 7. IX. 1920 (Warnecke 1920).
Schobergr.: Zwischen Huben und Staniska 1 Falter 19. V. 1935 (G).
Die Art scheint im Gebiete nirgends über die Waldgrenze emporzusteigen.

42. — *(Argynnis) aglaia* L.
S. Gr.: Bei Gastein 1 ♂ 22. VIII. 1898 (Hormuzaki 1900); beim Fleißgasthof nicht häufig (J, N); bei Schachnern (N).
Gl. Gr.: Oberhalb Heiligenblut (Warnecke 1920); Brettboden unterhalb des Glocknerhauses, 9. IX. 1920 1 Falter (Warnecke 1920); im Kapruner Tal bei Kaprun und auf dem Wasserfallboden (Belling 1920).
Schobergr.: Bei Staniska im Kalser Tal 1 abgeflogener Falter 23. IX. 1935.
Auch diese Art scheint im Gebiete nirgends über die Waldgrenze emporzusteigen.

43. *Argynnis (Argynnis) niobe eris* Meig.
S. Gr.: Im Seidelwinkeltal 17. VII. 1937; beim Fleißgasthof und in der Großen Fleiß einzeln (N); vom Fleißgasthof gegen Döllach ab 3. VIII. 1940 (J); bei Gastein häufig (Hormuzaki 1900).
Gl. Gr.: Bei Heiligenblut (Staudinger 1856, Pfeiffer-Dan. 1920); im Kapruner Tal (Belling 1920).

44. — *(Argynnis) adippe* L.
Nach Belling (1920) auf der N-Seite des Tauernhauptkammes überall in den unteren Talstufen auf Waldlichtungen.
In den südlichen Tälern bisher nicht nachgewiesen.

45. — *(Argynnis) paphia* L. ab *valesina* Esp.
S. Gr.: Eingang in das Zirknitztal oberhalb Döllach, an sonnigem S-Hang 1 Ex. (abgeflogen) 28. VIII. 1941; zwischen Fleißgasthof und Schachnern (N) 1 Falter 8. VIII. 1929; von Mann (1871) und Nickerl (1846) aus dem Mölltal angegeben; im Gasteiner Tal vom oberen Ende des Klammpasses abwärts gegen Lend, nicht bei Gastein (Hormuzaki 1900).
Gl. Gr.: Nach Belling in den nördlichen Tauerntälern in den unteren Talstufen auf Waldlichtungen überall häufig; in der Daberklamm (G).
Auch bei Huben (G) und im Mölltal gegen Winklern (Sch).
Die Art scheint im Untersuchungsgebiet auf die tiefsten Tallagen beschränkt zu sein.

46. *Melanargia galatea* L.
Die Art wird von Mann (1871) aus dem Mölltale und von Belling (1920) aus den nördlichen Tauerntälern angegeben. Auch sie findet sich wohl nur in den tiefsten Tallagen des Gebietes.

47. *Erebia epiphon cassiope* Fbr.
S. Gr.: In der Großen und Kleinen Fleiß über 1800 m (J, N).
Gl. Gr.: Brettboden (Warnecke 1920); von der Marienhöhe gegen die Pfandlscharte (L) (ab. *nelamus* Boisd.); Franz-Josefs-Höhe 2. bis 7. VIII. 1931 (K); Hänge des Hohen Sattels gegen die Sturmalm; Gamsgrube (Sch); Moserboden (Pfeiffer-Dan. 1920) und talabwärts im Kapruner Tal (Belling 1920); Teischnitztal (Kitschelt 1925).
Schobergr.: Im Debant- und Leibnitztal (Kitschelt 1925).
Die Art lebt sub- und hochalpin, sie ist boreoalpin verbreitet; die Raupe soll nach Vorbrodt (1921—23) an *Aira caespitosa* und *praecox* leben.

48. — *melampus* Fuessl.
S. Gr.: Zwischen Gastein und dem Naßfeld in der obersten Waldregion, besonders zwischen 1400 und 1600 m (Hormuzaki 1900); in der Großen und Kleinen Fleiß, besonders an der Waldgrenze häufig (J, N, Sch); am Kasereck (N); Thurnerkaser an der Glocknerstraße unterhalb des Kaserecks 11. VII. 1941.
Gl. Gr.: Kreitherwand (Th); Senfteben zwischen Guttal und Pallik 11. VII. 1941; Pallik (Warnecke 1920, Hoffmann 1908—09); beim Glocknerhaus (Pfeiffer-Dan., Sch); Brettboden (Hoffmann 1908—09); besonders häufig am S-Hang des Wasserradkopfes (Sch, Hoffmann 1908—09); von der Marienhöhe gegen die Pfandlscharte sehr häufig, Ende Juli 1937 aber schon abgeflogen (L); Dorfer Tal (G); Moserboden (Pfeiffer-Dan. 1920); Trauneralm (Sch); Kapruner Tal (Sch).
Gr. Gr.: Landecktal (Kitschelt 1925).
Schobergr.: Am Weg von Heiligenblut zur Wirtsbauernalm in der Gösnitz (N); Debanttal, in 1200 bis 1400 m Höhe (Kitschelt 1925).
Eine montane Art, die über die Pyrenäen, Alpen und Karpathen verbreitet ist. Sie gehört der subalpinen Region und der Zwergstrauchstufe an, H. Müller (1881) fand sie jedoch wiederholt auch noch als Blumenbesucher in der alpinen Zone.

49. — *eriphyle* Frr.
Gl. Gr.: Moserboden (Pfeiffer-Dan. 1920); an der Pasterze 1 Falter (Staudinger 1856); Wasserfallboden (Sch); Trauneralm 1700 bis 1800 m (Sch); bei Kals 1 Ex. der var. *tristis* H. S. Mitte Juli 1937.
Die Art scheint im Gebiete recht selten zu sein, sie ist ein Tier der Ostalpen.

50. — *pharte* Hb. (vorherrschend ab. *phartina* Stgr.).
S. Gr.: Seidelwinkeltal, unterhalb des Tauernhauses (Nickerl 1846); unterhalb der Valeriehütte am Naßfeld bei Gastein (Hormuzaki 1900).
Gl. Gr.: Pasterzenvorfeld (Staudinger 1856, Pfeiffer-Dan. 1920); Pasterzenvorfeld zwischen Glocknerstraße und Möll; Haritzerweg, unterhalb des Glocknerhauses 20. VII. 1940 (J); Haritzerweg, oberhalb der Bösen Platte (Sch); bei der Marienhöhe häufig Ende Juli 1937 (L); am Weg von der Freiwand zur Marienhöhe 3 ♀ 6. VIII. 1931 (K); SW-Hang des Albitzenkopfes (ab. *pellene* Fruhst.); Dorfer Tal (ab. *pellene* Fruhst.); Teischnitztal (Kitschelt 1925); Wasserfallboden und Moserboden (Pfeiffer-Dan. 1920, Belling 1920, Sch); Trauneralm (Sch).
Gr. Gr.: Unterhalb der Aderspitze Mitte Juli 1937.
Schobergr.: Am Weg von Heiligenblut zur Wirtsbauernalm in der Gößnitz (N); auch im Debant- und Lesachtal (Kitschelt 1925).
Ein Gebirgstier, das über die Alpen und Vogesen verbreitet ist.

51. — *manto pyrrhula* Frey. (auch Übergänge zu var. *caecilia* Hb.).
S. Gr.: Auf dem Mallnitzer Tauern (Nickerl 1846); Große Fleiß, lokal (J, Sch).
Gl. Gr.: Hochtorgebiet (Staudinger 1856); Pasterzenvorfeld (Pfeiffer-Dan. 1920, Nickerl 1846); Haritzerweg, oberhalb der Bösen Platte (Sch); am Weg vom Hohen Sattel zur Marienhöhe 6. VIII. 1931 (K); Gamsgrube (Nickerl 1846); am Weg zur Gleiwitzer Hütte, am Imbachhorn und im Fuscher Tal oberhalb Ferleiten sowie auf der Judenalm (L. Müller 1928); Trauneralm (Sch); Moserboden (Pfeiffer-Dan. 1920); Wasserfallboden (Belling 1920, Sch); Ködnitztal bei der Lucknerhütte (G); an den Leiterlehnen (Locke 1894—95).
Gr. Gr.: Kals-Matreier Törl (Kitschelt 1925).
Die Art bewohnt die Zwergstrauch- und hochalpine Grasheidenstufe, sie ist über die Pyrenäen, Alpen und Karpathen verbreitet.

52. *Erebia ceto* Hb.
   S. Gr.: Zwischen Kasereck und Roßbach beim Thurnerkaser oberhalb der Glocknerstraße 15. VII. 1940; in der Fleiß stellenweise in Menge (J, Sch); am Weg vom Fleißgasthof nach Apriach (N); im Mölltal zwischen Pockhorn und Heiligenblut (N, Sch); Mallnitzer Tauerntal, am Weg vom Gasthof Gutenbrunn in die Woisken in 1300 bis 1500 m Höhe 1 Ex. 5. IX. 1941.
   Gl. Gr.: Bei Heiligenblut (auch var. *obscura* Rätz); an der alten Glocknerstraße oberhalb Heiligenblut (N, Sch); Kapruner Tal (Kitschelt 1925); Daberklamm und Dorfer Tal (G).
   Schobergr.: Am Weg von Heiligenblut zur Wirtsbauernalm in der Gößnitz (N); an der Kalser Straße zwischen Staniska und Haslach (G); auf der Jägeralm in 1800 m Höhe (Kitschelt 1925).
   Die Art fliegt im Gebiet von Mitte Juni bis Mitte August und ist auf die tieferen Lagen beschränkt.

53. — *medusa hyppomedusa* Ochs.
   S. Gr.: In den Fleißtälern (J, N); am Wege von Heiligenblut zum Fleißgasthof und von diesem gegen Apriach (N).
   Gl. Gr.: Wasserfallboden (Pfeiffer-Dan. 1920); Daberklamm und Dorfer Tal (G).
   Gr. Gr.: Kals-Matreier Törl (N).
   Auch diese Art ist auf die tieferen Lagen beschränkt.

54. — *nerine gyrtone* Fruhst.[1]
   Gl. Gr.: Am Haritzersteig, wo dieser die Kreitherwand quert (Sch, Th), auch die Angaben bei Nickerl (1846) und Pfeiffer-Dan. (1920) beziehen sich zweifellos auf diesen Fundort; auch auf der Golmitzen, im Bereiche der nach SW exponierten Felshänge an der alten Glocknerstraße, dort aber 1940 nicht mehr beobachtet (Th). Nach Schwingenschuß i. l. ist die Art auf der Kreitherwand streng auf das klimatisch begünstigte Gebiet beschränkt, sie scheint im obersten Mölltal weithin isolierte Reliktstandorte einzunehmen.
   Gr. Gr.: Bei Windisch-Matrei (leg. Nitsche, teste Zerny).
   Die Art ist über die Alpen des Engadin, Bayerns, Tirols, Salzburgs, Kärntens und Krains, aber nur in warmen Lagen verbreitet. Ich habe sie an den Kalkfelsen längs der von Oberdrauburg nach Zwickenberg führenden Straße am 1. IX. 1941 zahlreich gefunden.

55. — *pronoë altissima* v. d. Goltz.
   S. Gr.: In den Fleißtälern (J, N, Sch); am Kasereck und in Schachnern (N); Mallnitzer Tauerntal, beim Gasthof Gutenbrunn 2 Ex. (sehr dunkel) 5. IX. 1941.
   Gl. Gr.: Mölltal oberhalb Heiligenblut (Staudinger 1856); Kreitherwand Juli 1940 (Th); Haritzerweg, vom Vorderen Sattel über den Brettboden bis zum Pallik (Sch, Warnecke 1920); beim Glocknerhaus (Warnecke 1920, Pfeiffer-Dan. 1920); am Weg von der Franz-Josefs-Höhe ins Naßfeld beim Glocknerhaus (var. *almangoviae*) Stgr. 5. VIII. 1931 (K); Ködnitztal bei der Lucknerhütte (G); Daberklamm und Dorfer Tal (G).
   Gr. Gr.: Windisch-Matrei, am Weg zur Proseckklamm 1 Ex. 3. IX. 1941.
   Die Art ist über die Gebirge von Mitteleuropa verbreitet. In den Fleißtälern finden sich die ♂ schon auf den Wegen in den Talfurchen, die ♀ erst viel höher auf den Wiesen (J).

56. — *gorge* Esp. (auch ab. *erinnys* Es.).
   S. Gr.: In der Großen Fleiß und an den SW-Hängen der Gjaidtroghöhe (J, Sch); auch in der Kleinen Fleiß (N, Sch); zwischen Seebichel und Zirmsee (N); Seebichel Anfang August 1937; zwischen Hochtor und Roßschartenkopf; Astener Felder und Zirknitzer Alpenseen (Nickerl 1846).
   Gl. Gr.: Pallik (Warnecke 1920, Sch); Wasserradkopf, an sehr steinigen Stellen (Sch, Hoffmann 1908—09); Haritzersteig, zwischen Glocknerhaus und Naturbrücke über die Möll; am Weg vom Glocknerhaus zur Pfandlscharte; Gamsgrube; am Weg von der Freiwand ins Naßfeld beim Glocknerhaus 5. VIII. 1931 (K); Leitertal (Nickerl 1846); Teischnitztal (Kitschelt 1925); Moserboden (Sch, Pfeiffer-Dan. 1920).
   Gr. Gr.: Am Weg vom Kalser Tauernhaus zur Aderspitze und im SO-Kar unterhalb der Muntanitzschneid Mitte Juli 1937.
   Schobergr.: Debanttal 2200 bis 2500 m; Lesachtal; Gartelscharte (alle nach Kitschelt 1925).
   Bewohnt die Gebirge von Mitteleuropa; ist im Gebiete in hochalpinen Lagen bis an die Rasengrenze empor und talwärts bis in die Zwergstrauchstufe verbreitet. Die Art kommt überall vor, wo sich in höheren Lagen Schutthalden finden (Sch).

57. — *aethiops* Esp.
   S. Gr.: Bei Gastein und Böckstein ab 1. VIII. 1898 häufig (Hormuzaki 1900).
   Gl. Gr.: Oberhalb Heiligenblut in 1600 m Höhe (Pfeiffer-Dan. 1920); nach Belling (1920) in den nördlichen Tauerntälern nicht selten.

58. — *euryale* Esp. f. typ. und ab. *ocellaris* Stgr.
   S. Gr.: Auf dem Wege von Böckstein zum Naßfeld häufig (Hormuzaki 1900, Nickerl 1846); in den Fleißtälern sehr häufig, besonders die *ocellaris*-Formen (J, N, Sch); beim Fleißgasthof, am Wege von diesem nach Apriach und auf der Schachneralm (N).
   Gl. Gr.: Bei der Bricciuskapelle (Sch, Hoffmann 1908—09); Wasserfallboden (Pfeiffer-Dan. 1920, Sch); Ferleiten (Sch); am Weg von Kals ins Ködnitztal (G).
   Gr. Gr.: Kals-Matreier Törl (G).
   Auch an der Kalser Straße bei Staniska (G) und auf dem Iselsberg, dort besonders dunkel (Sch).
   Die Art bewohnt vorwiegend subalpine Lagen und erreicht die obere Grenze der Grasheidenstufe nicht. Sie ist wahrscheinlich boreoalpin verbreitet.

59. — *ligea* L.
   S. Gr.: Bei Schachnern (N); vom Fleißgasthof gegen Döllach ab 3. VIII. 1940 (J); bei Gastein ab Mitte Juli 1898 häufig (Hormuzaki 1900).

---

[1] Mann (1871) gibt an, daß er *Erebia glacialis* Esp. in der Gamsgrube gesammelt habe. Die Art wurde an diesem vielbesuchten Fundort von keinem zweiten Sammler gefunden und fehlt auch im westlichen Teil der Hohen Tauern. Manns Angabe ist daher sicher falsch.

Gl. Gr.: Heiligenblut (N); am Weg von der Tröglalm gegen die Naturbrücke über die Möll 24. VII. 1937 (L); oberhalb Heiligenblut in 1500 m auf der Kreitherwand (Pfeiffer-Dan. 1920); Kreitherwand (Sch); nach Belling in den tieferen Tallagen der nördlichen Tauerntäler verbreitet (1920); beim Hirzbachwasserfall oberhalb Dorf Fusch 8. VII. 1941.

Schobergr.: Bei Huben und an der Kalser Straße zwischen Staniska und Haslach (G).

Die Art findet sich im Gebiete nur in den tieferen Tallagen.

60. *Erebia lappona* Esp. f. typ. und var. *castor* Esp.

S. Gr.: An den Hängen der Gjaidtroghöhe gegen die Große Fleiß (J, Sch) und gegen den Zirmsee (N); in den höheren Tallagen der Großen Fleiß (Sch).

Gl. Gr.: Gamsgrube (Sch, Hoffmann 1908—09, Warnecke 1920); Gamsgrube Juli 1937; Kar zwischen Albitzen- und Wasserradkopf, Anfang August 1937; oberstes Teischnitztal 26. VII. 1938; Dorfer Tal (G); am Weg von der Trauneralm zur Pfandlscharte (Sch); auf der Walcher Hochalm vom Karboden aufwärts am S-Hang bis etwa 2400 m Höhe zahlreich 9. VII. 1941; Oberes Naßfeld unterhalb des Fuscher Törls 10. VII. 1941.

Gr. Gr.: Kals-Matreier Törl (G); am Weg vom Kalser Tauernhaus zur Aderspitze Mitte Juli 1937.

Schobergr.: Debanttal in 2000 m Höhe und Leibnitztal (Kitscholt 1925).

Die Art besiedelt Grasflächen der Zwergstrauch- und hochalpinen Grasheidenzone und steigt gelegentlich auch noch in die Polsterpflanzenstufe empor. Der Falter fliegt im Gebiete vorwiegend im Monat Juli, die Raupe überwintert. *Erebia lappona* ist boreoalpin verbreitet (Holdhaus 1912).

61. — *tyndarus* Esp.

S. Gr.: In den Fleißtälern überall (J, N); am Weg von der Fleiß nach Heiligenblut (N, Sch); auf der Schachneralm und am Kasereck (N); zwischen Seebichel und Zirmsee (N).

Gl. Gr.: Pasterzenvorfeld zwischen Glocknerstraße und Möll; am Brettboden und an der Glocknerstraße (Warnecke 1920); zwischen Marienhöhe und Pfandlschartenvorfeld (L); am Weg vom Hohen Sattel zur Marienhöhe (K); Gamsgrube; am Haldenhöcker unter dem Mittleren Burgstall häufig Mitte bis Ende Juli; am Wienerweg zwischen Stockerscharte und Salmhütte; im Ködnitztal bei der Lucknerhütte (G); Teischnitztal (Kitschelt 1925); im Dorfer Tal auf den Almen (G); Moserboden (Pfeiffer-Dan. 1920).

Gr. Gr.: Landecktal (Kitschelt 1925); Kals-Matreier Törl (Kitschelt 1925).

Schobergr.: In der Gößnitz, am Weg von Heiligenblut zur Wirtsbauernalm (N); Debanttal und Lesachtal (Kitschelt 1925).

Die Art ist im Gebiete sehr häufig und steigt von den höher gelegenen Talböden (1300 m) bis zur oberen Grenze der alpinen Grasheidenstufe empor. Sie bewohnt vorwiegend die Wiesen und Grasheiden sub- und hochalpiner Lagen und ist nach Müller (1881) einer der häufigsten Besucher hochalpiner Blumen.

62. *Oeneis aëllo* Hb.

S. Gr.: In den Fleißtälern ab 1500 m überall (J, N); Sandkopf (N); Astener Felder (Staudinger 1856).

Gl. Gr.: Pallik (Warnecke 1920); Brettboden (Staudinger 1856); beim Glocknerhaus (Sch); auf der Marienhöhe einzeln, Ende Juli 1937 schon abgeflogen (L); an der Pasterze und am Pfandlschartengletscher (Mann 1871).

Gr. Gr.: Kals-Matreier Törl (N); Kar südöstlich der Muntanitzschneid Mitte Juli 1937.

Schobergr.: Leibnitztal in 1600 m und Debanttal in 2200 m Höhe (Kitschelt 1925).

Die Art bewohnt die Grasmatten der subalpinen und hochalpinen Lagen und bevorzugt feuchte Stellen; sie ist auf das Alpengebiet beschränkt und dringt nur wenig über die Hohen Tauern ostwärts vor. Die Raupe lebt wie die der Erebien an Gräsern.

63. *Satyrus hermione* L.

Nach Mann (1871) im Mölltal.

Die Art ist thermophil, sie ist über die wärmeren Teile Mitteleuropas und über Südeuropa verbreitet; die Raupe lebt nach Spuler (1908—10) auf *Holcus lanatus*.

64. — *semele* L.

S. Gr.: Zwischen Gastein und dem Naßfeld in 1300 m Höhe ab 1. VIII. 1898 (Hormuzaki 1900); oberhalb Sagritz (Staudinger 1856).

Gl. Gr.: Bei Heiligenblut (Warnecke 1920); nach Belling (1920) auch in den tieferen Lagen der nördlichen Tauerntäler.

Schobergr.: Bei Oberpeischlach und an der Kalser Straße oberhalb Huben (G).

Die Art ist im Gebiete auf die tiefsten Tallagen beschränkt.

65. *Pararge egeria egerides* Stgr.

S. Gr.: In der Fleiß einzeln (J); auch im Mölltal (Mann 1871).

Von Belling aus den tieferen Lagen der nördlichen Tauerntäler angegeben (1920).

Die Art ist auf die tiefsten Tallagen des Gebietes beschränkt.

66. — *hiera* Fbr.

S. Gr.: In der Großen Fleiß (N); von Mann (1871) auch aus dem Mölltal angegeben.

Gl. Gr.: Am Weg von Heiligenblut ins Leitertal (Staudinger 1856); am Weg von Kals ins Ködnitztal (G)

Schobergr.: Leibnitztal, in 1600 m Höhe (Kitschelt 1925).

67. — *maera* L.

S. Gr.: Bei Gastein sehr häufig (Hormuzaki 1900); in der Großen Fleiß, beim Fleißgasthof und am Weg von diesem nach Heiligenblut (J, N, Sch); im Mölltal (Mann 1871).

Gl. Gr.: Bei Heiligenblut (Staudinger 1856); in den nördlichen Tauerntälern (Belling 1920).

Schobergr.: Bei Oberpeischlach und an der Kalser Straße bei der Glockneraussicht unterhalb Kals (G).

68. *Aphantopus hyperantus* L.

Gl. Gr.: Im Mölltal (Nickerl 1846, Mann 1871); an Waldrändern in den untersten Tallagen der nördlichen Tauerntäler (Belling 1920).

69. *Epinephele jurtina* L.

Von Belling (1920) aus den nördlichen Tauerntälern angegeben, wo die Art auf Wiesen bis 1500 m emporsteigen soll.

70. *Epinephele lycaon* Rott.
   S. Gr.: Am Weg von Heiligenblut in die Fleiß (J, N, Warnecke 1920); Schachnern (N); vom Fleiß-
   gasthof gegen Döllach ab 3. VIII. 1940 (J).
   Gl. Gr.: Oberhalb Heiligenblut (Pfeiffer-Dan. 1920, Warnecke 1920); Kreitherwand (Th) Juli 1940.
   Schobergr.: An der Kalser Straße oberhalb Huben (G).
   Die Art bewohnt trockene Grashänge und scheint für die Steppenwiesen der südlichen Tauerntäler charakteristisch zu sein. Die Raupe lebt an Gräsern.

71. *Coenonympha arcania satyrion* Esp.
   S. Gr.: In der Großen Fleiß in etwa 2000 m Höhe häufig (J, N, Sch); in der Kleinen Fleiß beim Alten Pocher (N, G); Gjaidtroghöhe (N); zwischen Seebichel und Zirmsee (N); Sandkopf (N).
   Gl. Gr.: Brettboden (Warnecke 1920); Pasterzenwiesen (Nickerl 1846); beim Glocknerhaus (Pfeiffer-Dan. 1920, Sch); am Weg vom Hohen Sattel zur Marienhöhe (K); Teischnitztal (Kitschelt 1925); Dorfer Tal Mitte Juli 1937; Dorfer Almen (G); Moserboden (Sch, Pfeiffer-Dan. 1920), dort auch ab. *caeca* Wehrli.
   Schobergr.: Jägeralm 1800 m; Debanttal 2200 m; Leibnitztal (alle nach Kitschelt 1925).
   Gr. Gr.: Kals-Matreier Törl (Kitschelt 1925).
   Ein häufiger Besucher hochalpiner Blumen (Müller 1881), die Raupe lebt an Gräsern.

72. — *pamphilus* L.
   S. Gr.: Beim Fleißgasthof häufig (J, N, Sch); am Weg vom Fleißgasthof nach Apriach (N); am Weg von der Fleiß nach Heiligenblut (Warnecke 1920); Kasereck (N).
   Gl. Gr.: Brettboden (Mann 1871); nach Belling (1920) in den nördlichen Tauerntälern überall häufig.
   Schobergr.: Bei Oberpeischlach (G).

Familie *Lycaenidae*.

73. *Zephyrus betulae* L.[1]
   Von Nickerl (1846) aus dem Mölltal angegeben.

74. *Chrysophanus virgaureae* L.
   S. Gr.: In den Fleißtälern und beim Fleißgasthof nicht häufig (J, N, Sch).
   Gl. Gr.: Oberhalb Heiligenblut (Warnecke 1920); im Ködnitztal und beim Eingang in die Daberklamm (G); bei Kaprun (Belling 1920).
   Gr. Gr.: Landecktal (Kitschelt 1925).
   Schobergr.: An der Kalser Straße oberhalb Huben (G).
   Die Raupe lebt an *Rumex*-Arten (Spuler 1908—10). Die Art scheint auf die wärmsten Lagen des Gebietes beschränkt zu sein.

75. — *hippotoë eurybia* O.
   S. Gr.: In den Fleißtälern bis 1800 m (J, Sch); am Weg vom Fleißgasthof nach Apriach und nach Heiligenblut (N); Schachneralm (N).
   Gl. Gr.: Pallik (Warnecke 1920); Wallneralm (Sch); beim Glocknerhaus (Sch); Teischnitztal (Kitschelt 1925); bei Kals (G).
   Auch an der Kalser Straße bei Oberpeischlach (G).
   Die Raupe lebt nach Spuler (1908—10) an *Plantago* und *Rumex*.

76. — *dorilis subalpina* Spr.
   S. Gr.: In den Fleißtälern und beim Fleißgasthof (J, N); am Weg vom Fleißgasthof nach Heiligenblut (N).
   Gl. Gr.: Beim Glocknerhaus (Pfeiffer-Dan. 1920); im Dorfer Tal (G); am Moserboden (Pfeiffer-Dan. 1920); bei Kaprun (Belling 1920).
   Schobergr.: Leibnitztal (Kitschelt 1925).
   Auch an der Kalser Straße bei Haslach (G).
   Die Raupe lebt nach Spuler (1908—10) auf *Rumex*-Arten.

77. — *phlaeas* L.
   S. Gr.: In der Fleiß bis 1500 m (J).
   Gl. Gr.: Bei Kaprun bis 1200 m (Belling 1920).
   Schobergr.: Bei Oberpeischlach (G).
   Die Art bewohnt im Gebiete nur die tiefsten Tallagen.

78. *Lycaena argus carinthiaca* Courv.
   S. Gr.: In der Großen und Kleinen Fleiß (N, Sch); am Weg vom Fleißgasthof nach Apriach (N); im Mölltal (Mann 1871).
   Gl. Gr.: Bei Heiligenblut (Hoffmann 1908—09); am Weg von Kals ins Ködnitztal (G); nach Belling (1920) kommt die Art auch in den nördlichen Tauerntälern vor.
   Die Raupe lebt oligophag an Leguminosen, der Falter fliegt von Mitte Juni bis Ende Juli. Die Art scheint im Gebiete die Waldgrenze nirgends zu überschreiten.

79. — *optilete cyparissus* Hb.
   S. Gr.: In der Großen Fleiß häufig, wo Vaccinien stehen (J, N, Sch).
   Gl. Gr.: Am Haritzerweg zwischen Glocknerhaus und Naturbrücke über die Möll; an den Steilhängen der Marxwiese gegen den Unteren Keesboden (Sch); am Steilhang der Marxwiese gegen die Möll oberhalb des Leiterfalles (L); Dorfer Tal (G).
   Gr. Gr.: Am Weg vom Kalser Tauernhaus zur Muntanitzschneid.
   Scheint vorwiegend die Zwergstrauchzone zu bewohnen. Die Raupe lebt an Vaccinien, der Falter fliegt im Juli und August.

80. — *orion* Pall.
   Gl. Gr.: Kreitherwand Juli 1940 (Th); auch von Mann (1871) angegeben. Nächster Fundort: Lienz (Kitschelt 1925).
   Die Art wurde im Gebiete bisher nur an dieser einen Stelle gefunden und dürfte hier ein isoliertes Reliktvorkommen besitzen. Die Raupe lebt am *Sedum album*.

---

[1] Nach Abschluß des Manuskriptes teilte mir Herr Dr. O. Jaitner mit, daß er *Callophrys rubi* L. (1 abgeflogenes Ex.) am 8. VI. 1941 in der Fleiß gesammelt habe.

81. *Lycaena orbitulus* Prun.
S. Gr.: In den Fleißtälern über 1800 m überall häufig (J, Sch); Sandkopf (N); Rauris (leg. Mann, teste Zerny).
Gl. Gr.: Am Haritzerweg, auf den Almwiesen vor der Pasterze (Nickerl 1846); Brettboden (Sch, Hoffmann 1908—09); am Weg vom Glocknerhaus zur Franz-Josefs-Höhe (N); am Wasserfallboden (Sch).
Die Art ist boreoalpin verbreitet (Holdhaus 1912).

82. — *pheretes* Hb.
S. Gr.: In der Fleiß über 1500 m überall (J, N); Rauris (leg. Mann, teste Zerny).
Gl. Gr.: Am Haritzerweg unterhalb des Glocknerhauses (Nickerl 1846); beim Glocknerhaus (Pfeiffer-Dan. 1920); oberhalb des Naßfeldes beim Glocknerhaus gegen die Freiwand (K); am Hohen Sattel (Staudinger 1856); Gamsgrube (Sch); Leiterlehnen (Staudinger 1856); Wasserfallboden (Sch, Belling 1920); Moserboden (Pfeiffer-Dan. 1920); Daberklamm und Dorfer Tal (G); Käfertal (teste Zerny).
Der Falter fliegt im Juli und in der ersten Augusthälfte, er ist nach Müller (1881) einer der häufigsten Besucher alpiner Blumen. Die Art ist boreoalpin verbreitet (Holdhaus 1912).

83. — *astrarche* Bgstr. f. typ. und ab. *allous* Hb.
S. Gr.: Beim Fleißgasthof und in den Fleißtälern (J, N, Sch); Schachneralm (N); Kasereck (N).
Gl. Gr.: Heiligenblut (N); oberhalb Heiligenblut in 1500 m Höhe (Pfeiffer-Dan. 1920); Kals (G); Dorfer Tal (G); Moserboden (Pfeiffer-Dan. 1920).
Die Art ist im Gebiete anscheinend auf die subalpine Zone und die Zwergstrauchstufe beschränkt, die Raupe lebt nach Spuler (1908—10) auf *Erodium*.

84. — *eumedon* Esp. (wohl durchwegs ab. *alticola* Nitsche).
S. Gr.: Beim Fleißgasthof und in den Fleißtälern bis 1800 m sehr vereinzelt (J, N, Sch); am Weg vom Fleißgasthof nach Apriach (N).
Gl. Gr.: Im Dorfer Tal auf den Almen (G).
Die Art scheint im Gebiete recht selten und streng an das Vorkommen der Futterpflanze gebunden zu sein. Diese ist im Gebiete wohl *Geranium silvaticum*, welches allein von allen Geranien so hoch emporsteigt.

85. — *eros* O.
S. Gr.: In den Fleißtälern ab 1500 m häufig (J, N, Sch); am Weg vom Fleißgasthof nach Apriach (N); Schachneralm (N); Kasereck (N).
Gl. Gr.: Am Brettboden und unterhalb des Glocknerhauses (Warnecke 1920); bei der Marienhöhe einzeln (L); am Haritzerweg oberhalb der Bricciuskapelle findet man die ♂ an feuchten Stellen oft in Menge, die ♀ weit abseits davon auf den Wiesen (Sch); am Weg von der Freiwand zur Marienhöhe häufig (K); bei der Hofmannshütte in der Gamsgrube (Hoffmann 1908—09); im Leitertal (Staudinger 1856); im Ködnitz- und Teischnitztal (Kitschelt 1925); bei Kals (G); in der Daberklamm und im Dorfer Tal (G); Moserboden (Pfeiffer-Dan. 1920); bei Ferleiten (leg. Lindenbauer, teste F. Hoffmann).
Die Art ist im Gebiete auf sub- und hochalpinen Grasflächen häufig, die Eiablage wurde bisher nach Vorbrodt (1921—23) nur an *Oxytropis campestris* beobachtet.

86. — *icarus* Rott.
Mölltal: Zwischen Söbriach und Flattach 1 ♀ 18. VI. 1942.
S. Gr.: Am Weg von Heiligenblut in die Fleiß (N); in der Fleiß bis 1500 m emporsteigend, nicht häufig (J); Schachneralm (N); im Gasteiner Tal von Hofgastein abwärts (Hormuzaki 1900).
Gl. Gr.: Bei Heiligenblut (Warnecke 1900); an der alten Glocknerstraße oberhalb Heiligenblut (N); im Mölltal (Mann 1871); Wasserfallboden (Pfeiffer-Dan. 1920); nach Belling (1920) in den nördlichen Tauerntälern nur in den unteren und mittleren Lagen; bei Kals verbreitet und häufig (G).
Die Art scheint im Gebiete die Waldgrenze nicht zu überschreiten.

87. — *hylas* Esp.
S. Gr.: Am Weg von Heiligenblut in die Fleiß (Sch, Warnecke 1920); in der Fleiß bis 1500 m Höhe (J); Schachneralm (N); Kasereck (N).
Gl. Gr.: An der alten Glocknerstraße oberhalb Heiligenblut (N, Warnecke 1920); oberhalb Heiligenblut in 1500 m Höhe (Pfeiffer-Dan. 1920, Sch); auf der Kreitherwand (Th).
Auch an der Kalser Straße bei Staniska (G).
Die Art scheint im Gebiete die Waldgrenze nirgends zu überschreiten, sie fliegt von Mitte Juli bis Mitte September.

88. — *corydon* Poda.
S. Gr.: In der Fleiß einzeln ab Mitte Juli (J, Sch); in der Großen Fleiß 1 Falter (N); Moharkopf (Märkel und v. Kiesewetter 1847); „im Tale gegen Rauris" zwischen 1300 und 1700 m (Nickerl 1846); zwischen Dorfgastein und Lend (Hormuzaki 1900).
Gl. Gr.: Oberhalb Heiligenblut (Sch, Hoffmann 1908—09, Pfeiffer-Dan. 1920, Warnecke 1920); Kreitherwand (Th); Ködnitztal, in der var. *alticola* Neust. (G); im Dorfer Tal in der ab. *suavis* Schultz (G); Teischnitztal (Kitschelt 1925); bei Ferleiten (Sch).
Die Art kommt vorwiegend auf Kalkboden vor (Spuler 1908—10) und ist möglicherweise auch im Gebiete an kalkhältiges Gestein gebunden. Aus den Deferegger- und Villgratner Alpen sowie aus der Schobergruppe wird sie von Kitschelt (1925) nicht angegeben. Der Falter wurde von Müller (1881) bis in die hochalpine Grasheidenstufe hinauf als eifriger Blumenbesucher beobachtet.

89. — *minima* Fuessl.
S. Gr.: Am Weg von Heiligenblut in die Fleiß (Sch, Warnecke 1920); in der Fleiß bis 1800 m emporsteigend, im Juni sehr häufig (J).
Gl. Gr.: Oberhalb Heiligenblut bis 1500 m (Warnecke 1920, Pfeiffer-Dan. 1920, Hoffmann 1908—09); Ködnitztal (G); Daberklamm (G); Dorfer Tal (G); 1 Falter noch am SW-Hang des Albitzenkopfes in 2200 m Höhe 17. VII. 1940.
Die Art scheint im Gebiete die Waldgrenze nur selten zu überschreiten, wurde aber wie von mir so auch von Müller (1881) als Blumenbesucher in der hochalpinen Zone bobachtet.

90. *Lycaena semiargus* Rott f. typ. und var. *montana* Mayer-Dür.
S. Gr.: Am Weg von Heiligenblut in die Fleiß (N); beim Fleißgasthof und in den Fleißtälern (J, N, Sch); zwischen Seebichel und Zirmsee (N); bei Gastein (Hormuzaki 1900).
Gl. Gr.: Am Pallik (Hoffmann 1908—09); an der Pasterze (Sch, Hoffmann 1908—09, Pfeiffer-Dan. 1920); bei Kals (G); Dorfer Tal (G); Wasserfallboden (Pfeiffer-Dan. 1920).
Auch bei Staniska im Kalser Tal (G).
Die Art steigt im Gebiete bis in die hochalpine Grasheidenstufe empor und fliegt ab Mitte Juni (J).

91. — *arion obscura* Frey.
S. Gr.: Am Weg von Heiligenblut in die Fleiß (N, Sch); in den Fleißtälern bis 1800 m (J, Sch).
Gl. Gr.: Bei Heiligenblut (Pfeiffer-Dan. 1920); an der alten Glocknerstraße oberhalb Heiligenblut (N, Sch); auf der Kreitherwand (Th); am Pallik (Hoffmann 1908—09); bei Kals (G).
Auch an der Kalser Straße bei Huben, Staniska und Haslach sowie am Iselsberg.
Die Art scheint die Waldgrenze im Gebiete nirgends zu überschreiten, die Raupe lebt nach Spuler (1908—1910) an *Thymus serpyllum*.

Familie *Hesperidae*.

92. *Augiades comma alpina* Bath.
S. Gr.: Beim Fleißgasthof und in den Fleißtälern (J, N, Sch); Schachneralm (N); Schachnern (N); Kasereck (N); Mallnitzer Tauerntal, beim Gasthof Gutenbrunn 1 Ex. 5. IX. 1941.
Gl. Gr.: Bei Heiligenblut und von da einzeln bis zum Pallik und zum Glocknerhaus (Sch, Warnecke 1920); im Pasterzenvorfeld zwischen Glocknerstraße und Möll; Daberklamm (G); nach Belling (1920) auch in den nördlichen Tauerntälern.
Die Art steigt aus den Tälern bis in die hochalpine Grasheidenstufe empor.

93. — *sylvanus* Esp.
S. Gr.: In der Fleiß (J, N).
Gl. Gr.: Bei Heiligenblut (N); nach Belling (1920) auch in den nördlichen Tauerntälern.
Auch bei Huben (G).
Die Art ist im Gebiete auf die tiefsten Tallagen beschränkt.

94. *Adopaea lineola* O.
S. Gr.: In der Fleiß (J, N, Sch).
Gl. Gr.: Bei Heiligenblut bis 1500 m Höhe (Sch, Staudinger 1856, Pfeiffer-Dan. 1920).
Diese sonst weitverbreitete Art scheint im Untersuchungsgebiete auf die Steppenwiesen der südlichen Täler beschränkt zu sein. Die Raupe lebt an Gräsern.

95. — *thaumas* Hufn.
Gl. Gr.: Bei Heiligenblut (Warnecke 1920); bei Kaprun (Belling 1920).
Auch bei Huben (G).
Im Gebiete nur in den tiefsten Tallagen.

96. *Pamphila palaemon* Pall.
S. Gr.: Am Naßfeld bei Gastein 3. VIII. 1898 (Hormuzaki 1900).

97. *Hesperia (Scelothrix) serratulae* Rbr. (vorwiegend var. *caeca* Frr.).
S. Gr.: Beim Fleißgasthof und in den Fleißtälern (J. N, Sch); an den Hängen der Gjaidtroghöhe gegen den Zirmsee (N); auf den Wiesen beim Thurnerkaser zwischen Kasereck und Roßbach oberhalb der Glocknerstraße.
Gl. Gr.: Bei Heiligenblut, am Brettboden und beim Glocknerhaus (Hoffmann 1909—09); bei der Marienhöhe und von da aufwärts gegen die Pfandlscharte nicht selten (L); am Weg von der Freiwand zum Naßfeld und zur Marienhöhe (K); Teischnitztal (Kitschelt 1925); am Weg von Kals ins Ködnitztal (G); bei Kals und in der Daberklamm (G).
Gr. Gr.: Landecktal (Kitschelt 1925).
Schobergr.: Debanttal und Lesachtal (Kitschelt 1925).
Auch bei Huben (G).
Die Art steigt aus den Tälern bis in die hochalpine Grasheidenstufe empor, wie sie auch von H. Müller (1881) noch als häufiger Besucher alpiner Blumen beobachtet wurde. Die Raupe soll an *Potentilla* leben (Spuler 1908—10).

98. — *(Scelothrix) cacaliae* Rbr.
S. Gr.: In den Fleißtälern über 2000 m (J, Sch); an den Hängen der Gjaidtroghöhe gegen den Zirmsee (N).
Gl. Gr.: Guttalwiesen oberhalb der Ankehre der Glocknerstraße; auf den Wiesen entlang des Haritzerweges zwischen Glocknerhaus und Naturbrücke über die Möll; bei der Marienhöhe nicht selten (L); am Wienerweg zwischen Stockerscharte und Salmhütte; Teischnitztal (Kitschelt 1925); über dem Moserboden in 2300 m Höhe (Pfeiffer-Dan. 1920).
Gr. Gr.: Kals-Matreier Törl (Kitschelt 1925).
Schobergr.: Debanttal in 2200 m Höhe und Leibnitztal (Kitschelt 1925).
Die Art bewohnt die Wiesen und Grasheiden der sub- und hochalpinen Region und scheint im Gebiete nirgends unter 1800 m herabzusteigen. Mack (1940) bezeichnet sie als Charakterform der steirischen Curvuleta.

99. — *(Scelothrix) alveus alticola* Rbl.
S. Gr.: Beim Fleißgasthof und in den Fleißtälern (J, N, Sch); Schachneralm (N); am Weg vom Fleißgasthof nach Apriach (N).
Gl. Gr.: Oberhalb Heiligenblut (Hoffmann 1908—09, Pfeiffer-Dan. 1920); am Haritzerweg zwischen Naturbrücke über die Möll und Glocknerhaus; Dorfer Tal; bei Kals (G).
Schobergr.: Debanttal in 1300 m Höhe (Kitschelt 1925).
Die Art scheint die Waldgrenze im Gebiete nur wenig zu überschreiten.
Die Angabe bei Thurner (1937), daß *Hesperia armoricanus* von Jaitner in der Fleiß gefunden worden sei, ist irrig. H. Zerny hat durch Überprüfung der fraglichen Stücke festgestellt, daß diese zu *Hesperis alveus* gehören.

100. *Hesperia (Scelothrix) andromedae* Wahlgr.
S. Gr.: In der Großen Fleiß (J, N); an den Hängen der Gjaidtroghöhe gegen den Zirmsee (N).
Die Art fliegt ab Mitte Juli (J) und scheint im Gebiete sehr lokal aufzutreten. Sie ist boreoalpin verbreitet (Holdhaus 1912).

101. — *(Scelothrix) carthami* Hb.
Von Mann (1871) aus dem Mölltal angegeben, seitdem aber nicht mehr gefunden. Die Art ist eine südöstliche Steppenform, die auch in Südtirol und im Wallis vorkommt, so daß ihre Anwesenheit auf den Steppenwiesen der südlichen Tauerntäler durchaus möglich erscheint. Eine Bestätigung des Vorkommens wäre dringend erwünscht. Die Raupe lebt nach Spuler (1908—10) auf *Althaea* und *Malva*.

102. — *(Scelothrix) malvae* L.[1]
S. Gr.: Große Fleiß, 1 Falter 19. VI. 1929 (N).
Gl. Gr.: Bei Heiligenblut (Staudinger 1856); bei Kals (G).
Ein Tier der Talfauna.

Familie *Sphingidae*.

103. *Acherontia atropos* L.
Zwei Falter von Sprenger bei Heiligenblut gesammelt (Warnecke 1920).

104. *Smerinthus populi* L.
S. Gr.: In der Fleiß am Licht Juli 1939 (J).
Gl. Gr.: Bei Kals (G); bei Kaprun (Belling 1920).
Die Raupe lebt an Pappeln und Weiden, bei Heiligenblut wohl an *Populus tremula*.

105. — *ocellatus* L.
Die Art wurde von Galvagni in Windisch-Matrei gesammelt und könnte auch noch im engeren Untersuchungsgebiet vorkommen.

106. *Sphinx convolvuli* L.
S. Gr.: In der Fleiß am Licht Juli 1939 (J).
Gl. Gr.: Bei Heiligenblut von Sprenger 2 Falter gesammelt (Warnecke 1920).

107. — *pinastri* L.
S. Gr.: Gastein 19. VII. 1898 (Hormuzaki 1900); Fleiß, am Licht Juli 1939 (J).
Gl. Gr.: Redschitz oberhalb Heiligenblut (Mann 1871).
Auch bei Windisch-Matrei (G).

108. *Deilephila (Deilephila) euphorbiae* L.
S. Gr.: In der Fleiß sehr häufig (J, N, Sch).
Gl. Gr.: Gipperalm (Mann 1871); Guttal (Mann 1871); an der alten Glocknerstraße oberhalb Heiligenblut (N); oberhalb Heiligenblut noch in 1700 *m* Höhe zahlreiche Raupen (Pfeiffer-Dan. 1920).
Die Raupe lebt an *Euphorbia*-Arten.

109. — *(Deilephila) galii* Rott.
S. Gr.: In der Fleiß am Licht 18. VIII. 1939 (J).

110. *Macroglossa stellatarum* L.
S. Gr.: Auf den Wiesen beim Fleißgasthof (J, N); beim Alten Pocher in der Kleinen Fleiß (N); Fleiß, 1 Raupe 15. VIII. 1941 (J).
Gl. Gr.: Vorderer Sattel, 1 Falter 8. IX. 1920 (Warnecke 1920); oberhalb Heiligenblut in 1600 *m* Höhe 1 Raupe (Pfeiffer-Dan. 1920); am Paschingerweg unmittelbar vor der Pasterzenzunge 1 Falter; am Wasserfallboden in 1800 *m* Höhe (Pfeiffer-Dan. 1920).
Der Falter steigt nicht selten bis in die alpine Stufe empor und wurde dort auch von H. Müller wiederholt als Blumenbesucher festgestellt (1881); die Raupe dürfte aber nicht über die Waldgrenze hinausgehen.

111. — *scabiosae* Z. (sensu Stgr.-Rbl. 1903).
S. Gr.: Fleiß, aus einer Raupe gezogen (J).
Bei Oberpeischlach im Kalser Tal (G). Die Art dürfte in den südlichen Tauerntälern weiter verbreitet sein.
Sie wird auch von Mann (1871) für das Glocknergebiet angegeben.

112. — *fuciformis* L. (sensu Stgr.-Rbl. 1903).
S. Gr.: In der Fleiß Anfang September 1940 Raupen, aus denen später der Falter schlüpfte (J).
Gl. Gr.: Von Mann (1871) für das Glocknergebiet angegeben.

Familie *Notodontidae*.

113. *Cerura bicuspis* Brkh.
S. Gr.: Fleiß 6. VII. 1936 (J).
Die Raupe dieser seltenen Art lebt an Birken, Erlen, Espen und Buchen (Spuler 1908—10).

114. — *bifida* Hb.
S. Gr.: Fleiß, Juli 1933 (J).
Die Raupe lebt an *Populus tremula* (Spuler 1908—10).
Auch bei Windisch-Matrei (G).

115. — *furcula* L.
S. Gr.: Fleiß 3. VII. 1936 (J).
Die Raupe lebt an Weiden, Pappeln und anderen Laubhölzern.

116. — *vinula* L.
S. Gr.: Fleiß, 20. VII. 1939 (J); Mölltal (Mann 1871).
Die Raupe lebt an Weiden und Pappeln (Spuler 1908—10).

---

[1] Nach Abschluß des Manuskriptes erhielt ich von Dr. O. Jaitner die Mitteilung, daß er *Thanaos tages* L. in der Fleiß am 8. VI. 1941 gesammelt habe.

117. *Pheosia gnoma leonis* Stich.
S. Gr.: Fleiß im Juni (J, Sch).
Gl. Gr.: Bei Kals 25. VII. 1933 (G).
Die Raupe lebt nach Spuler (1908—10) nur auf Birken.

118. *Notodonta ziczac* L.
S. Gr.: Gastein 19. VII. 1898 (Hormuzaki 1900); Fleiß (J, Sch).
Die Raupe lebt an Pappeln und Weiden (Spuler 1908—10).

119. — *dromedarius* L.
S. Gr.: Gastein, 19. VII. bis 6. VIII. 1898 zahlreich am Licht (Hormuzaki 1900); Fleiß (J).
Auch in Windisch-Matrei (G).
Die Raupe lebt an Weiden, Birken, Erlen und Haseln (Spuler 1908—10).

120. *Lophopteryx (Lophopteryx) camelina* L. (meist ab. *giraffina* Hb.).
S. Gr.: Fleiß (J, Sch).
Gl. Gr.: Bei Kals (G); im Kapruner Tal beim Kesselfall und bei Kaprun (Belling 1920).
Auch bei Windisch-Matrei (G).
Die Raupe lebt an verschiedenen Laubhölzern (Spuler 1908—10).

121. *Pterostoma palpinum* L.
S. Gr.: Fleiß (J).
Pinzgau: In Kaprun 1 Falter am Licht (Belling 1920).
Auch in Windisch-Matrei (G).
Die Raupe lebt an Laubhölzern.

122. *Phalera bucephala* L.
S. Gr.: Fleiß (J).
Gl. Gr.: Bei der Rainerhütte am Wasserfallboden (Belling 1920).
Pinzgau: In Kaprun am Licht (Belling 1920).
Auch in Windisch-Matrei (G).
Die Raupe lebt an Laubhölzern (Spuler 1908—10).

123. *Pygaera curtula* L. (eine der var. *canescens* Gräs. ähnliche Form).
S. Gr.: Fleiß August 1933 (J).
Die Raupe lebt an Weiden und Pappeln.

Familie *Lymantriidae*.

124. *Orgyia antiqua* L.
S. Gr.: Gastein, erwachsene Raupen Ende Juli 1898 (Hormuzaki 1900).
Gr. Gr.: Am Weg von der Schneiderau in die Dorfer Öd, in der Hochstaudenflur 1 Raupe 25. VII. 1939.
Schobergr.: Bei Oberpeischlach und Staniska in Erlenbüschen Mitte bis Ende September 1935 (G).
Die Raupe lebt an Laub- und Nadelhölzern.

125. *Dasychira pudibunda* L.
Gl. Gr.: Bei Kaprun (Belling 1920).

126. *Euproctis chrysorrhoea* L.
Gl. Gr.: Im Kapruner Tal beim Kesselfall (Belling 1920); auch im Mölltal (Mann 1871).
Die Raupen fressen an Laubbäumen.

127. *Stilpnotia salicis* L.
S. Gr.: Fleiß (J).
Gl. Gr.: Bei Kals, die Falter massenhaft auf *Hippophaë rhamnoides*, *Berberis* usw. 23. VII. 1921 (Kitschelt 1925).

128. *Lymantria monacha* L.
Gl. Gr.: Bei der Rainerhütte am Wasserfallboden am Licht (Belling 1920).
Schobergr.: Aufstieg nach Leibnig (Kitschelt 1925).
Dieser gefürchtete Waldschädling scheint im Gebiete nur ganz vereinzelt aufzutreten.

129. — *dispar* L.
Im Mölltal (Mann 1871).

Familie *Lasiocampidae*.

130. *Trichiura crataegi ariae* Hb.
S. Gr.: Fleißgasthof, am Licht 1 Falter 6. VIII. 1929 (N).
Gl. Gr.: Heiligenblut, 1 Falter am Licht 11. IX. 1920 (Warnecke 1920); Moserboden, an einem Holzpflock sitzend 27. VII. 1909 (Sch); Kals, 1 Falter am Licht 28. IX. 1935 (G).
Schobergr.: Debanttal, in 2000 *m* Höhe (Kitschelt 1925).
Die Raupe lebt an verschiedenen Laubhölzern, auch an *Alnus viridis* (Spuler 1908—10).

131. *Poecilocampa populi alpina* Frey-Wulschl.
Gl. Gr.: Heiligenblut, 1 ♂ am Licht 14. IX. 1920 (Warnecke 1920); Kals, 2 ♀ am Licht 29. IX. 1935 (G.)
Die Raupen leben besonders auf Lärchen (Spuler 1908—10).

132. *Malacosoma neustria* L.
Nach Mann (1871) im Mölltal.
Die Raupe lebt an verschiedenen Laubbäumen.

133. *Eriogaster lanestris arbusculae* Frr.
Gl. Gr.: Beim Glocknerhaus Raupen in Anzahl Juli 1920 (Pfeiffer-Dan. 1920); SO-Hang der Margaritze, Raupen auf *Salix hastata* 23. VII. 1938; Leiterlehnen, in 2100 *m* Höhe kleine Raupen Juli 1894 (Locke 1894—1995).
Schobergr.: Debanttal, in 2000 *m* Höhe (Kitschelt 1925).
Auch bei Huben 2. VII. 1934 (G) und am Weg nach Leibnig(Kitschelt 1925) f. typ.
Die Raupen scheinen im Gebiete vor allem an Buschweiden in der Zwergstrauchzone zu leben.

134. *Lasiocampa quercus alpina* Frey.
S. Gr.: Fleiß, Raupe von Lärchen geklopft Ende Juni 1941.
Gl. Gr.: Bei Heiligenblut 1 Raupe Ende August 1920 (Warnecke 1920); im Dorfer Tal auf den Almen 1 ♂ 26. VII. 1933 (G); auch von Mann (1871) aus dem Glocknergebiet angegeben.
Schobergr.: Leibnitztal 9. VII. 1923 (Kitschelt 1925).
Die Raupe lebt an verschiedenen Laubhölzern. O. Jaitner erzog sie mit *Prunus padus*.

135. — *trifolii* Esp.
Von Mann (1871) aus dem Glocknergebiet angegeben.

136. *Dendrolimus pini montana* Stgr.
S. Gr.: Gastein 25. VII. und 7. VIII. 1898 (Hormuzaki 1900); Fleiß, am Licht im Juli (Sch).

137. *Selenephera lunigera* Esp. ab. *lobulina* Esp.
S. Gr.: Gastein, 1 ♂ am Licht 25. VII. 1898 (Hormuzaki 1900).

138. *Macrothylacia rubi* L.
S. Gr.: Fleiß, Anfang September 1940 (J).
Gl. Gr.: Bei Heiligenblut Raupen (Warnecke 1920, Pfeiffer-Dan. 1920); auch nach Mann (1871) im Glocknergebiet.
Die Raupe lebt an verschiedenen Laubhölzern, auch an *Rubus* (Spuler 1908—10).

Familie *Saturniidae*.

139. *Saturnia pavonia* L.
Von Nickerl (1846) aus dem Mölltal angegeben.

Familie *Drepanidae*.

140. *Drepana lacertinaria* L.
S. Gr.: Fleiß, Juli 1939 (J).
Gl. Gr.: Wasserfallboden 27. VII. 1909 (Sch).
Die Raupe lebt an Birken und Erlen (Spuler 1908—10).

141. — *falcataria* L.
Von Mann aus dem Glocknergebiet angegeben (1871).

Familie *Noctuidae*.

142. *Panthea coenobita* Esp.
S. Gr.: Fleiß, ab Juni am Licht (J, N).
Auch bei Windisch-Matrei (G).
Die Raupe lebt an Fichten (Spuler 1908—10).

143. *Acronycta aceris* L.
Nach Mann (1871) im Glocknergebiet.

144. — *megacephala* Fbr.
S. Gr.: Fleiß, im Juni und Juli (J, Sch).
Die Raupe lebt an Pappeln und Weiden (Spuler 1908—10).

145. — *leporina* L.
S. Gr.: Gastein, 19. VII. und 7. VIII. 1898 je 1 ♂ (Hormuzaki 1900).
Die Raupe lebt an Erlen, Weiden und anderen Laubhölzern.

146. — *alni* L.
S. Gr.: Fleiß, im Juni und Juli (J, Sch).
Die Raupe lebt an verschiedenen Laubhölzern.

147. — *auricoma* Fbr.
S. Gr.: Fleiß, 1 Falter 22. VI. 1929 (N).
Gl. Gr.: Bei Heiligenblut 1 Raupe an *Euphorbia* (Warnecke 1920); Kreitherwand Juli 1940 (Th); Daberklamm 25. VII. 1933 (G).
Schobergr.: Leibnitztal, in 1600 m Höhe 2 ♀ (Kitschelt 1925).
Die Raupe ist polyphag.

148. — *euphorbiae montivaga* Gn.
S. Gr.: Gastein 19. VII. 1898 (Hormuzaki 1900); beim Fleißgasthof (J, Sch); Große Fleiß (N).
Gl. Gr.: Bei Heiligenblut (Staudinger 1856, Warnecke 1920); Pallik (Warnecke 1920); auch von Mann (1871) aus dem Glocknergebiet angegeben.
Schobergr.: Bei Oberpeischlach und Huben (G).
Die Raupen wurden im Gebiete an *Rumex*, *Euphorbia* und *Berberis* beobachtet, sie sind polyphag.

149. — *rumicis* L.
Von Mann (1871) aus dem Glocknergebiet angegeben.

150. *Craniophora ligustri* Fbr.
S. Gr.: Fleiß (J).
Auch auf dem Iselsberg bei Winklern und in Windisch-Matrei (G).
Die Raupen leben nach Spuler (1908—10) an *Ligustrum* und *Fraxinus*.

151. *Agrotis polygona* Fbr.
S. Gr.: Fleiß, häufig am Licht (J, Sch).
Gl. Gr.: Von Mann (1871) angegeben.
Die Raupe ist an *Rumex*, *Polygonum* und anderen Pflanzen polyphag (Spuler 1908—10).

152. *Agrotis fimbria* L.
   S. Gr.: Fleiß 20. VII. 1938 (J).
   Gl. Gr.: Hotel Franz-Josefs-Höhe, am Licht 1 ♂ 6. VIII. 1931 (K).
   Die Raupe ist polyphag.
153. — *strigula* Thnb.
   S. Gr.: Gastein, 19. VII. 1898 (Hormuzaki 1900).
   Die Raupe lebt an *Calluna vulgaris* (Spuler 1908—10).
154. — *sobrina* Gn.
   S. Gr.: Fleiß 13. VII. 1931 (J).
155. — *augur* Fbr.
   S. Gr.: Fleiß, häufig (J, N, Sch); Gastein 8. VIII. 1898 (Hormuzaki 1900).
   Gl. Gr.: Von Mann (1871) angeführt.
   Schobergr.: Debanttal in 2000 m Höhe (Kitschelt 1925).
156. — *pronuba* L.
   S. Gr.: Fleiß (J, Sch).
   Gl. Gr.: Auf der Freiwand in 2450 m Höhe am Licht 8. VIII. 1931 1 ♂ der f. typ., 1 ♂ der ab. *innuba* Tr., 1 ♂ der ab. *brunnea* Tutt.; am Riffeltor in 3100 m Höhe 1 erfrorener Falter (Pfeiffer-Dan. 1920); Kapruner Tal (Belling 1920); auch von Mann (1871) aus dem Glocknergebiet angegeben.
   Am Grenzgletscher am Mte. Rosa wurde 1 Puppe noch in 2990 m gefunden (Vorbrodt 1921—23), woraus hervorgeht, daß die Art in dieser bedeutenden Höhe noch dauernd zu leben vermag.
   Die Raupe lebt an *Primula*- und *Viola*-Arten, aber auch an anderen niederen Pflanzen (Spuler 1908—10).
157. — *collina* B.
   Gl. Gr.: Von Mann (1871) angeführt.
158. — *hyperborea* Hering (in den Formen *carnica* Her. und *riffelensis*).
   S. Gr.: Große Fleiß (J, Sch).
   Schobergr.: Debanttal in 2000 m und Leibnitztal in 2350 m am Licht (Kitschelt 1925).
   Die Raupe findet sich nach Spuler (1908—10) in Wäldern an Stellen, die mit Vaccinien bewachsen sind. Die Art ist boreoalpin verbreitet (Holdhaus 1912); Mack (1940) bezeichnet sie als Charaktertier der alpinen Rhodoreten.
159. — *baia* Fbr.:
   S. Gr.: Gastein 8. VIII. 1898 (Hormuzaki 1900); beim Fleißgasthof am Licht (J, Sch); Große Fleiß, am Licht (N).
   Die Raupe lebt nach Spuler (1908—10) an verschiedenen niederen Pflanzen, besonders an Vaccinien.
160. — *sincera* H. S.
   S. Gr.: Fleiß, 1 Falter am Licht 3. VIII. 1929 (N).
161. — *speciosa* Hb.
   S. Gr.: Fleiß 20. VII. 1935 (J); Große Fleiß, am Licht je 2 Ex. 31. VII. und 3. VIII. 1929 (N).
   Schobergr.: Debanttal, in 2000 m Höhe zahlreich (Kitschelt 1925).
   Die Raupe nährt sich nach Spuler (1908—10) von Vaccinien, die Art ist boreoalpin verbreitet (Holdhaus 1912).
162. — *C-nigrum* L.
   Gl. Gr.: Nach Mann (1871) im Glocknergebiet.
163. — *candellarum* Hb.
   S. Gr.: Fleiß (J, Sch).
   Von Galvagni in Windisch-Matrei gesammelt.
164. — *ditrapezium* Bkh.
   S. Gr.: Fleiß (J, Sch).
165. — *stigmatica* Hb.
   S. Gr.: Fleiß 15. VIII. 1931 (J).
166. — *rubi* View.
   S. Gr.: Gastein 8. VIII. 1898 (Hormuzaki 1900); Fleiß 25. VIII. 1939 (J).
   Die Raupe lebt nach Spuler (1908—10) an *Stellaria* und *Caltha palustris*.
167. — *brunnea* Fbr.
   S. Gr.: Gastein 8. VIII. 1898 (Hormuzaki 1900); Fleiß (J, Sch).
168. — *primulae* Esp. (sehr variabel).
   S. Gr.: In der Fleiß (J, Sch).
   Gl. Gr.: Orglerhütte im Kapruner Tal, 27. VII. 1909 in der var. *conflua* Tr.; von Auer in der Glocknergruppe in der var. *subrufa* gefunden (teste Schwingenschuß).
   Auch bei Huben gesammelt (G).
169. — *depuncta* L.
   S. Gr.: Gastein, 7. VIII. 1898 1 frischer Falter (Hormuzaki 1900); Fleiß, im August am Licht häufig (J, N, Sch).
   Die Raupe lebt nach Spuler (1908—10) an *Urtica*- und *Salvia*-Arten, aber auch an anderen Pflanzen.
170. — *multangula dissoluta* Stgr.
   S. Gr.: Fleiß (J, Sch).
   Gl. Gr.: Bei Heiligenblut 26. VII. 1914 (Sch); bei der Abzweigung des Haritzerweges von der alten Glocknerstraße Juli 1925 (Th); Kreitherwand Juli 1940 (Th).
   Die Raupe lebt an *Galium* (Spuler 1908—10). Die Art bewohnt die Gebirge Mittel- und Süddeutschlands, die Alpen, den nördlichen Teil von Ungarn, Siebenbürgen, Aragonien, den Ural, Altai und andere Teile Asiens. Die var. *dissoluta* wird aus dem Wallis und Zentralasien angegeben (Spuler 1908—10). Im Untersuchungsgebiet scheint die Art auf die wärmsten Stellen im oberen Mölltal beschränkt zu sein.

171. *Agrotis cuprea* Hb.
S. Gr.: Fleiß, sehr häufig (J, N, Sch); Große Fleiß (N); beim Alten Pocher in der Kleinen Fleiß (N); Kasereck (N); Seidelwinkeltal; Eingang in das Zirknitztal oberhalb Döllach 1 Ex. 28. VIII. 1941.
Gl. Gr.: Um Heiligenblut (Pfeiffer-Dan. 1920, Warnecke 1920); auf dem Vorderen Sattel (Warnecke 1920, Th); Brettboden (Sch); Kapruner und Fuscher Tal (Kitschelt 1925); auch von Mann (1871) aus dem Glocknergebiet angeführt.
Die Art wurde nicht nur am Licht, sondern häufig auch am Tage an Blüten, besonders Disteln gefangen, sie ist boreoalpin verbreitet (Holdhaus 1912).

172. — *ocellina* Hb.
S. Gr.: In den Fleißtälern und in der Fleiß bis 1500 m herabsteigend (J, N, Sch); am Weg vom Fleißgasthof nach Schachnern (N); Schachneralm (N).
Gl. Gr.: Vorderer Sattel (Warnecke 1920); Pallik, zahlreich am Licht (Hoffmann 1908—09) und auch bei Tage (Sch); Glocknerhaus, am Licht; Albitzen-SW-Hang, bei Tage; auf der Freiwand bei Tage und am Licht in 2450 m Höhe mehrfach, auch im Hotel Franz-Josefs-Höhe am Licht (K); Kals (Kitschelt 1925); auch von Mann (1871) aus dem Glocknergebiet angegeben.
Die Raupe lebt im Herbst an niederen Pflanzen (Spuler 1908—10), der Falter fliegt im Untersuchungsgebiet im Juli und August, er wurde auch von H. Müller bei Tage häufig als Blumenbesucher in der alpinen Region angetroffen. Die Art ist heliophil und vielleicht boreoalpin verbreitet.

173. — *alpestris* B.
S. Gr.: Fleiß (J, N, Sch.); Große Fleiß (N).
Gl. Gr.: Haritzersteig unterhalb der Kreitherwand, bei Tage (Sch).

174. — *plecta* L.
S. Gr.: Gastein 19. VII. und 7. VIII. 1898 (Hormuzaki 1900); Fleiß, häufig (J).
Gl. Gr.: Beim Kesselfall im Kapruner Tal 1 Ex. (Belling 1920).

175. — *musiva* Hb.
S. Gr.: Fleiß, manchmal sehr häufig (J, Sch).
Die Art ist vorwiegend im Südosten Europas verbreitet.

176. — *flammatra* Fbr.
S. Gr.: Fleiß 29. VII. 1938 (J).
Gl. Gr.: Heiligenblut, einzeln (Höfner 1911).

177. — *simulans* Hufn.
Gl. Gr.: Freiwand 2450 m, am Licht 7. VIII. 1931 (K).

178. — *lucernea* L.
S. Gr.: Große Fleiß über 2000 m Höhe (J).
Gl. Gr.: Freiwand 2450 m, am Licht 1 ♂ 3. VIII. 1931 (K); Gamsgrube (Mann 1871).
Die Art lebt nach Vorbrodt (1921—23) in der Schweiz ausschließlich in alpinen Lagen und ist boreoalpin verbreitet.

179. — *lucipeta* Fbr.
S. Gr.: Große Fleiß 19. VII. 1931 (J).
Die Raupe lebt nach Spuler (1908—10) an *Tussilago* und *Petasites*, aber auch an *Euphorbia*.

180. — *helvetina* B.
S. Gr.: Fleiß 28. VII. 1931 (J), 29. VII. 1939 (Sch).
Gl. Gr.: Hochtor (Mann 1871).
In den Alpen endemisch.

181. — *birivia* Hb.
S. Gr.: Fleiß 29. VII. 1938 (J), 24. VII. und 7. VIII. 1929 (N).
Montane Art, die jedoch nicht über die Waldgrenze emporzusteigen scheint.

182. — *decora livida* Stgr.
S. Gr.: Fleiß, häufig (J, N).
Gl. Gr.: Bei Heiligenblut und an der alten Glocknerstraße (Warnecke 1920), bei der Abzweigung des Haritzerweges von der alten Glocknerstraße am Licht (Th); an der Pasterze noch in 2500 m Höhe (Pfeiffer-Dan. 1920); beim Glocknerwirt in Kals (G).
Auch an der Kalser Straße oberhalb Huben (G).
Die Raupe lebt nach Spuler (1908—10) an *Salvia pratensis*, aber sicher auch an anderen Pflanzen, die höher ins Gebirge emporsteigen.

183. — *culminicola* Stgr.
S. Gr.: Große Fleiß, in 2400 m Höhe (Sch).
Gl. Gr.: An der Pasterze in 2400 m Höhe (Pfeiffer-Dan. 1920); Freiwand in 2450 m Höhe am Licht 6 ♂, 3 ♀, davon einige stark gelb gezeichnet 3. bis 8. VIII. 1931 (K); Hotel Franz-Josefs-Höhe, 1 ♂ 6. VIII. 1931; auf der Südseite der oberen Pfandlscharte 1 Falter unter einem Stein bei Tage Mitte Juli 1938; Freiwandleiten (Sch); Gamsgrube (teste Züllich).
Die Art scheint fast ausschließlich in der hochalpinen Grasheidenstufe verbreitet zu sein und in den Tauern die Ostgrenze ihres Wohnareals in den Alpen zu erreichen.

184. — *Wiskotti* Stdf.
S. Gr.: „Auf den Bänken" über dem Großen Fleißtal 9. VIII. 1923 (J, Sch); Zirmsee 29. VII. 1924 (J).
Gl. Gr.: Freiwand, in 2450 m Höhe am Licht 7 ♂ 3. bis 8. VIII. 1931 (K); Freiwandleiten, die f. typ. sowie die Aberrationen *flavidior* Schwgss. und *deflavata* Schwgss.; Gamsgrube (Kitschelt 1925).
Auch diese Art scheint nahezu ausschließlich in der hochalpinen Grasheidenstufe zu leben und ihre östliche Verbreitungsgrenze in den Alpen im Gebiete der Hohen Tauern zu erreichen.

185. — *simplonia* H. G.
S. Gr.: Fleiß (J, N, Sch); in den Fleißtälern (J, N, Sch).
Gl. Gr.: Bei der Bricciuskapelle (Sch); Gamsgrube (Mann 1871).
Die Raupe lebt nach Spuler (1908—10) an Gräsern. Die Art ist über die Pyrenäen, Alpen und Abruzzen verbreitet.

186. *Agrotis grisescens* Tr.
S. Gr.: Beim Fleißgasthof und in der Großen Fleiß häufig (J, N, Sch).
Gl. Gr.: Hochtor (Mann 1871); Pallik (Hoffman 1908—09); Glocknerhaus, am Licht Juli 1938; Hotel Franz-Josefs-Höhe, am Licht 6. VIII. 1931 (K); bei Heiligenblut noch am 3. IX. 1920 (Warnecke 1920); Moserboden (Pfeifer-Dan. 1920).
Schobergr.: Leibnitztal, in 2350 m Höhe 1 ♂ am Licht (Kitschelt 1925).
Auch in Windisch-Matrei (G).
Die Raupe lebt nach Spuler (1908—10) an *Leontodon*; die Art scheint im Untersuchungsgebiet von den tiefsten Tallagen bis in die hochalpine Grasheidenstufe emporzusteigen.

187. — *cinerea* Hb.
S. Gr.: Fleiß, im Juni (leg. J, teste Sch).
Gl. Gr.: Von Mann (1871) aus dem Glocknergebiet angeführt.

188. — *exclamationis* L.
S. Gr.: Fleiß, am Licht (J, N, Sch).
Gl. Gr.: Von Mann (1871) aus dem Glocknergebiet angegeben.
Die Raupe lebt nach Spuler (1908—10) an Gräsern.

189. — *recussa* Hb.
S. Gr.: Fleiß, ab Mitte August (J).
Die Raupe lebt an Graswurzeln (Spuler 1908—10).

190. — *nigricans* L.
S. Gr.: Fleiß 18. VIII. 1939 (J).
Gl. Gr.: Bei der Abzweigung des Haritzerweges von der alten Glocknerstraße am Licht (Th); auch nach Mann (1871) im Glocknergebiet.

191. — *tritici* L.
Gl. Gr.: Von Mann (1871) aus dem Glocknergebiet angegeben.

192. — *corticea* Hb. (f. typ., ab. *neocomensis* Roug., ab. *brunnea* Tutt. und ab. *nigra* Tutt. sowie alle möglichen Zwischenformen).
S. Gr.: Beim Fleißgasthof und in der Großen Fleiß häufig (J, N, Sch); Gastein 6. VIII. 1898 (Hormuzaki 1900).
Gl. Gr.: In Kals (G); bei der Rainerhütte am Wasserfallboden (Belling 1920); auch von Mann (1871) aus dem Glocknergebiet angegeben.
Gr. Gr.: Landecktal, in 1600 m Höhe 1 ♀ am Licht (Kitschelt 1925).
Die Art dürfte in den tieferen Lagen im ganzen Gebiete sehr häufig sein, aber gelegentlich auch noch über die Baumgrenze emporsteigen.

193. — *ypsilon* Rott.
S. Gr.: Fleiß (J).
Gl. Gr.: Von Mann (1871) aus dem Glocknergebiete angegeben.

194. — *segetum* Schiff.
S. Gr.: Beim Fleißgasthof und in der Großen Fleiß (N).
Gl. Gr.: Oberwalderhütte auf dem Großen Burgstall (3000 m), 1 ganz abgeflogener Falter.

195. — *fatidica* Hb.
S. Gr.: Große Fleiß, sehr häufig (J, N), am 9. VIII. 1923 zu Hunderten (Sch); der Falter kommt ans Licht bis zum Fleißgasthof herab (J).
Gl. Gr.: Auf den Grasheiden unterhalb des Kares zwischen Albitzen- und Wasserradkopf bei Tage Anfang August 1937; beim Glocknerhaus (Sch); Freiwandleiten (Sch); auf der Freiwand in 2450 m Höhe im Hôtel Franz-Josefs-Höhe vom 3. bis 8. VIII. 1931 am Licht zu Hunderten, ausschließlich ♂ (K); am Weg vom Glocknerhaus zur Pfandlscharte 1 Puppe 25. VII. 1937, aus der 1 ♀ schlüpfte (L).
Die Raupen dieser Art fand ich zahlreich in der hochalpinen Grasheiden- und Polsterpflanzenstufe unter Steinen an folgenden Fundorten: Pasterzenvorfeld zwischen Glocknerhaus und Möll; am Freiwandeck, in der Nähe des Hotels; an den Südwesthängen des Albitzenkopfes oberhalb der Glocknerstraße; am Mittleren Burgstall; am Glocknerkamp, im Rasen unmittelbar über der Pasterze. Die Raupen wurden in der Zeit vom 26. VII. bis 18. VIII. gesammelt und gleichzeitig auch die Falter beobachtet. Die Raupe dürfte, wie auch Spuler (1908—10) vermutet, an Gräsern und Graswurzeln leben, Raupe oder Puppe dürften überwintern.
Die Art ist im Gebiete besonders in den ungeraden Jahren sehr häufig (Sch) und ist ein Charaktertier der hochalpinen Grasheiden, obwohl sie auch noch in der Polsterpflanzenstufe regelmäßig zu finden ist. In den Zwergstrauchgürtel scheint sie dauernd nicht herabzusteigen. In der hochalpinen Grasheidenstufe ist sie anscheinend der weitaus häufigste Nachtfalter des Gebietes. *Agrotis fatidica* ist boreoalpin verbreitet (Holdhaus 1912).

196. — *prasina* Fbr.
S. Gr.: Gastein 19. VII. 1898 (Hormuzaki 1900); Fleiß (J, Sch).
Gl. Gr.: Freiwand 2450 m, am Licht 1 ♂ 8. VIII. 1931 (K).
Pinzgau: In Kaprun am Licht (Belling 1920).

197. — *occulta* L. (f. typ., ab. *implicata* Lef. und ab. *passeta*).
S. Gr.: Fleiß, im Juli (J, Sch); Gastein 6. VIII. 1898 (Hormuzaki 1900).

198. *Charaeas graminis* L.
S. Gr.: Beim Fleißgasthof und in den Fleißtälern bei Tage und am Licht häufig (J, N, Sch); Eingang in das Zirknitztal, oberhalb Döllach 1 Ex. (abgeflogen) 28. VIII. 1941.
Gl. Gr.: Hotel Franz-Josefs-Höhe, am Licht 1 ♂ der var. *tricuspis* Esp. 6. VIII. 1931 (K); Wasserfallboden (Belling 1920); Wiesen bei Ferleiten (Sch).
Die Raupe lebt an den Wurzeln von Gräsern (Spuler 1908—10). Der Falter fliegt im Juli und August.

199. *Epineuronia popularis* Fbr.
S. Gr.: Fleiß (J).
Gl. Gr.: Heiligenblut, am Licht (Warnecke 1920).
Die Raupe lebt nach Spuler (1908—10) an den Wurzeln von Wiesengräsern.

200. — *cespitis* Fbr. f. typ. und var. *ferruginea* Höfn.
S. Gr.: Fleiß (J).
Gl. Gr.: Oberhalb Heiligenblut in 1500 *m* Höhe (Pfeiffer-Dan. 1920); Heiligenblut, am Licht (Warnecke 1920); auch von Mann (1871) aus dem Glocknergebiet angegeben.
Die Raupe lebt an Gräsern (Spuler 1908—10).

201. *Mamestra leucophaea* View.
Gl. Gr.: Von Mann (1871) aus der Glocknergruppe angeführt.

202. — *advena* Fbr. (sehr dunkel, wohl var. *unicolor* Tutt.).
S. Gr.: Fleiß, Juni und Juli 1939 (J, Sch).

203. — *tincta* Brahm.
S. Gr.: Fleiß, Juli 1939 (J).
Gl. Gr.: Bei Heiligenblut in der var. *suffusa* Tutt. (Sch).
Die Raupe lebt angeblich auf *Betula* (Spuler 1908—10).

204. — *nebulosa* Hufn.
S. Gr.: Gastein 24. VIII. 1898 (Hormuzaki 1900); Fleiß (J).
Gl. Gr.: Von Mann (1871) aus dem Glocknergebiet angeführt.

205. — *brassicae* L.
S. Gr.: Fleiß (J, N); am Weg vom Fleißgasthof nach Apriach (N); Pinzgau: Lend 13. VIII. 1898 (Hormuzaki 1900).
Die Raupe lebt an Cruciferen, besonders *Brassica*-Arten.

206. — *persicariae* L.
S. Gr.: Gastein 24. VII. 1898 (Hormuzaki 1900); Fleiß, am Licht (J, Sch).
Auch in Windisch-Matrei gefunden (G).
Die Raupe lebt nach Spuler (1908—10) besonders an *Polygonum persicaria*.

207. — *albicolon* Sepp.
Gl. Gr.: Von F. Wagner im Glocknergebiete gesammelt (teste Jaitner); auch von Mann (1871) aus der Glocknergruppe angegeben.

208. — *oleracea* L.
S. Gr.: Gastein 6. VIII. 1898 (Hormuzaki 1900); Fleiß, am Licht (J, N, Sch).
Gl. Gr.: Kals, 1 ♀ 25. VII. 1933 (G); auch von Mann aus der Glocknergruppe angeführt und in den mittleren Hohen Tauern in den Tallagen wohl allgemein verbreitet.

209. — *genistae* Bkh.
S. Gr.: Fleiß (J).
Gl. Gr.: Beim Kesselfall im Kapruner Tal (Belling 1920).

210. — *aliena* Hb.
Gl. Gr.: Von Mann (1871) aus dem Glocknergebiet angegeben.

211. — *dissimilis* Knoch.
S. Gr.: Gastein 19. VII. 1898 (Hormuzaki 1900).
Gl. Gr.: Hotel Franz-Josefs-Höhe, 1 ♂ am Licht 6. VIII. 1931 (K).
Die Raupe lebt nach Spuler (1908—10) an *Atriplex*, *Rumex* und anderen niederen Pflanzen.

212. — *thalassina* Rott.
S. Gr.: Fleiß (J).

213. — *contigua* Vill.
S. Gr.: Fleiß (J).
Auch in Windisch-Matrei gefunden (G).

214. — *pisi* L.
S. Gr.: Fleiß, am Licht (J, Sch); am Weg vom Fleißgasthof nach Apriach (N).
Gl. Gr.: Bei Heiligenblut (Sch); bei Kals (G) 24. VII. 1933.
Bei Heiligenblut wurde 1 Raupe am 25. VIII. 1920 gesammelt (Warnecke 1920).

215. — *glauca* Hb.
S. Gr.: Fleiß, häufig (J, Sch).
Gl. Gr.: Bei der Rainerhütte am Wasserfallboden (Belling 1920); auch von Mann im Glocknergebiet gefunden.

216. — *dentina* Esp. f. typ. und var. *Latenai* Pierr.
S. Gr.: Beim Fleißgasthof und in den Fleißtälern sehr häufig (J, N, Sch); an den Hängen der Gjaidtroghöhe gegen den Zirmsee (N) und gegen das Große Fleißtal (J); am Weg vom Fleißgasthof nach Apriach (N).
Gl. Gr.: An der alten Glocknerstraße bei der Guttalbrücke (G); am Haritzerweg, auf den Steppenwiesen oberhalb Heiligenblut und auf den Wiesen unterhalb des Glocknerhauses; Hotel Franz-Josefs-Höhe, am Licht (K); auch von Mann (1871) aus dem Glocknergebiet angegeben; am Weg von Kals ins Ködnitztal (G); Daberklamm; Limbergalm am Wasserfallboden (Belling 1920); Kapruner Tal (Sch).
Schobergr.: Kalser Straße bei Staniska und Haslach (G).
Die Raupe lebt nach Spuler (1908—10) im Sommer und Herbst besonders an *Leontodon*, der Falter fliegt im Gebiete im Juli und August.

217. — *marmorosa microdon* Gn.
S. Gr.: Fleiß, bei Tage und am Licht (J, N, Sch).
Gl. Gr.: Von Mann (1871) angegeben.
Die Art besitzt eine mehr südöstliche Hauptverbreitung, die var. *microdon* ist nach Spuler (1908—10) aus den Pyrenäen, Alpen und von Sarepta bekannt. Sie scheint im Gebiete auf die warmen Lagen der südlichen Tauerntäler beschränkt zu sein.

218. *Mamestra reticulata* Vill.
S. Gr.: Fleiß (J, N); am Weg vom Fleißgasthof nach Apriach (N).
Die Raupe frißt nach Spuler (1908—10) an *Silene*, *Dianthus* und *Saponaria*.

219. — *serena* Fbr. ab. *obscura* Stgr.
S. Gr.: Gastein, 6. VIII. 1898 1 ♂ (Hormuzaki 1900).
Gl. Gr.: Von Mann (1871) aus dem Glocknergebiet angegeben.

220. *Dianthoecia luteago* Hb.
Gl. Gr.: In Heiligenblut 18. VII. 1918 (Thurner 1937).
Die Raupe lebt nach Spuler (1908—10) an den Stengeln und Wurzeln von *Silene nutans* und *otites*, die Art dürfte auf die warmen Lagen der südlichen Tauerntäler beschränkt sein.

221. — *proxima* Hb.
S. Gr.: Fleiß, bei Tage und am Licht (J, N).
Gl. Gr.: Bei Heiligenblut (N, Staudinger 1856); Freiwandleiten (Sch); Hotel Franz-Josefs-Höhe, am Licht (K).
Schobergr.: An der Kalser Straße bei Huben (G).

222. — *caesia* Bkh. f. typ. und var. *nigrescens* Stgr.
S. Gr.: Fleiß, bei Tage und am Licht (J, N, Sch); am Weg vom Fleißgasthof nach Apriach (N).
Gl. Gr.: Bei Heiligenblut an Felsen (Sch); bei der Abzweigung des Haritzerweges von der alten Glocknerstraße am Licht (Th); in Kals (G).
Die Raupe lebt nach Spuler (1908—10) an *Silene*-Arten; von Hoffmann (1908—09) wird die Art als die häufigste Noctuide des Gebietes bei Lichtfängen bezeichnet, was jedenfalls nur für das Jahr 1908 zutreffen kann, in dem der Genannte bei Heiligenblut sammelte. Die Art ist boreoalpin verbreitet.

223. — *nana* Rott.
S. Gr.: Fleiß, am Licht (Sch).
Gl. Gr.: In Heiligenblut, 1 ♀ am Licht (Warnecke 1920).
Auch in Windisch-Matrei gesammelt (G).
Die Raupe lebt nach Spuler (1908—10) an *Lychnis*- und *Silene*-Arten und scheint im Gebiete auf die tieferen Tallagen beschränkt zu sein.

224. — *compta* Fbr.
S. Gr.: Beim Fleißgasthof; in der Großen Fleiß am Tage und am Licht (J, N, Sch).
Gl. Gr.: Von Mann (1871) aus dem Glocknergebiet angegeben.
Die Raupe lebt nach Spuler (1908—1910) an *Silene*- und *Dianthus*-Arten.

225. — *capsincola* Hb.
Gl. Gr.: Von Mann (1871) aus dem Glocknergebiet angegeben.

226. — *cucubali* Fueßl.
S. Gr.: Fleiß, Anfang September 1940 Raupen (J).

227. — *carpophaga* Bkh. f. typ. und var. *capsophila* Dup.
S. Gr.: Fleiß, am Licht (J, N, Sch).
Die Raupe lebt nach Spuler (1908—10) vorwiegend an *Silene inflata* und *nutans*.

228. — *albimacula* Bkh.
S. Gr.: Fleiß, am Licht je 1 Ex. am 12. und 22. VII. 1929 (N).
Die Raupe lebt nach Spuler (1908—10) an *Lychnis*, *Silene* und *Cucubalus*.

229. *Bombycia viminalis* Fbr.
S. Gr.: Fleiß (J, Sch).
Gl. Gr.: Heiligenblut (Mann 1871); Kals 26. IX. 1935 (G).
Die Raupe lebt nach Spuler (1908—10) an *Salix*-Arten.

230. *Miana strigilis* Cl.
S. Gr.: Gastein, 16. VII. bis 8. VIII. 1898, oft an Baumstämmen (Hormuzaki 1900); Fleiß (J, N, Sch).
Auch bei Huben alljährlich zu finden (G).

231. — *latruncula* Hb.
S. Gr.: Fleißgasthof, am Licht (J. Sch).
Gl. Gr.: Nach Mann (1871).

232. — *ophiogramma* Esp.
S. Gr.: Gastein, 1 ♂ 7. VIII. 1898 (Hormuzaki 1900).

233. — *bicoloria* Vill.
S. Gr.: Fleiß (J).
Gl. Gr.: Von Mann (1871) in der ab. *furuncula* Hb. angeführt.

234. — *literosa* Hw.
S. Gr.: Beim Fleißgasthof 1 Ex. am Licht 1. VIII. 1929 (N).
Auch in Windisch-Matrei Juli 1936 (G).
Die Art, deren Raupe an Graswurzeln zu leben scheint, ist ein Bewohner trockener Standorte. Sie scheint bis zu einem gewissen Grade thermophil zu sein.

235. — *captiuncula* Tr.
S. Gr.: Große Fleiß, 1 Falter an Blüten in 1900 *m* Höhe (Sch).
Gl. Gr.: Auf der Sturmalm bei der Wallnerhütte (Mann 1871).
Die Raupe lebt nach Spuler (1908—10) an *Carex glauca*; die Art ist boreoalpin verbreitet (Holdhaus 1912).

236. *Bryophila receptricula* Hb.
Im Mölltal (Mann 1871).

237. — *algae* Fbr.
Im Mölltal (Mann 1871).

238. *Bryophila ravula ereptricula* Tr.
S. Gr.: Fleiß (J, N).
Gl. Gr.: An der Straße bei Heiligenblut (Höfner 1911).
Auch bei Huben (G) und Windisch-Matrei (G).
Die Raupe lebt nach Spuler (1908—10) an *Parmelia*-Arten, die Art ist anscheinend auf die tiefsten Tallagen des Gebietes beschränkt.

239. *Apamea testacea* Hb.
Gl. Gr.: Bei der Abzweigung des Haritzerweges von der alten Glocknerstraße (Th).
Die Raupe lebt nach Spuler (1808—10) an Grasarten.

240. *Hadena adusta* Esp.
S. Gr.: Gastein, 8. VIII. 1898 1 Ex. (Hormuzaki 1900); Fleiß, von Juni bis August sehr häufig (J, Sch); am Wege vom Fleißgasthof nach Apriach (N).
Gl. Gr.: Pallik (Hoffmann 1908—09); bei Kals und Glor (G); Trauneralm, am Licht (Sch); auch von Mann aus dem Glocknergebiet angeführt.
Gr. Gr.: Kals-Matreier Törl (G).

241. — *zeta pernix* Hb.
S. Gr.: Große Fleiß, vom Naßfeld aufwärts (J, N); Große Fleiß, 9. VIII. 1923 in Massen ans Licht fliegend (Sch).
Gl. Gr.: Pallik, am Licht (Hoffmann 1908—09); am Weg vom Glocknerhaus zur Pfandlscharte 1 ♀ ganz frisch Ende Juli 1937 (L); Freiwandleiten, am Licht (Sch); Freiwand 2450 *m*, am Licht 5 ♂, 2 ♀ 3. bis 8. VIII. 1931 (K); Hotel Franz-Josefs-Höhe, am Licht 3 ♂, 1 ♀ 6. VIII. 1931 (K); Promenadeweg in die Gamsgrube, unweit der Freiwand am Tage Ende Juli 1938; Katzensteig im unteren Teile des Leitertales (Höfner 1911).
Schobergr.: Debanttal in 2000 *m* und Leibnitztal in 2350 *m* Höhe, mehrfach am Licht (Kitschelt 1925).
Die Art scheint vorwiegend in der Zwergstrauchstufe und hochalpinen Grasheidenzone zu leben.

242. — *Maillardi* H. G. f. typ., ab *infuscata* Schwgss. und ab. *variegata* Wehrli.
S. Gr.: Beim Fleißgasthof und in den Fleißtälern überall häufig.(J, N, Sch).
Gl. Gr.: Freiwand 2450 *m*, am Licht 1 ♂ 4. VIII. 1931 (K); Pallik, am Licht (Hoffmann 1908—09); Trauneralm (Sch).
Schobergr.: Debanttal, in 2000 *m* Höhe am Licht (Kitschelt 1925).
Die Art ist boreoalpin verbreitet (Holdhaus 1912).

243. — *furva* Hb.
S. Gr.: Fleiß, im Juli am Licht (J, N, Sch).
Gl. Gr.: Nach Mann (1871).
Schobergr.: Debanttal, in 2000 *m* Höhe mehrfach am Licht (Kitschelt 1925).

244. — *rubrirena* Tr.
S. Gr.: Fleiß, einzeln, zu Anfang Juli 1933 häufiger als sonst (J, Sch).
Gl. Gr.: Nach Mann (1871).
Die Art ist boreoalpin verbreitet.

245. — *gemmea* Tr.
S. Gr.: Fleiß, ab Mitte August häufig (J).
Gl. Gr.: Oberhalb Heiligenblut 13. IX. 1920 1 frisches ♀ (Warnecke 1920).
Die Raupe lebt nach Spuler (1908—10) an *Aira caespitosa* und *Phleum pratense*.

246. — *monoglypha* Hufn. f. typ. und ab. *infuscata* Buchan.-White.
S. Gr.: Gastein 8. VIII. 1898 (Hormuzaki 1900); beim Fleißgasthof und in der Großen Fleiß (J, N, Sch); am Weg vom Fleißgasthof nach Apriach (N).
Gl. Gr.: Freiwand 2450 *m*, am Licht und im Hotel Franz-Josefs-Höhe am Licht 5 ♂ 6. bis 8. VIII. 1931 (K); beim Kesselfall im Kapruner Tal (Belling 1920); Trauneralm (Sch).
Die Raupe lebt nach Spuler (1908—10) an Gräsern.

247. — *lateritia* Hufn. (wohl meist var. *soldana* Noack).
S. Gr.: Gastein 8. VIII. 1898 (Hormuzaki 1900); Fleiß, sehr häufig, einzeln auch am Tage (J, N).
Gl. Gr.: In Heiligenblut am Licht (Warnecke 1920); von Hoffmann (1908—09) im Glocknergebiet noch in 2000 *m* Höhe gefunden; auch von Mann (1871) angegeben.

248. — *sublustris* Esp.
S. Gr.: Fleiß, am Licht (J, N).

249. — *rurea* Fbr. (in vielen Formen).
S. Gr.: Fleiß (J, N, Sch); am Wege vom Fleißgasthof nach Apriach (N); Gastein 7. und 8. VIII. 1898 (Hormuzaki 1900).
Gl. Gr.: Bei Heiligenblut am Tage (N).

250. — *basilinea* Fbr.
S. Gr.: Fleiß 26. VII. 1933 (J).

251. — *gemina* Hb. ab. *remissa* Tr.
S. Gr.: Fleiß Anfang Juli 1939 (J).
Gl. Gr.: Von Mann (1871) angegeben.

252. — *illyria* Frr.
S. Gr.: Fleiß, 3 Falter Ende Juni 1939 (J).
Auch in Windisch-Matrei gesammelt Juli 1936 (G)

253. — *secalis* L. (variabel, auch var. *leucostigma* Esp.).
S. Gr.: Fleiß (J, Sch).
Auch bei Windisch-Matrei (Kitschelt 1925).
Die Raupe lebt an Gräsern, auch an Getreidearten.

254. *Polia polymita* L.
S. Gr.: Fleiß 20. VIII. 1939 (J).
Gl. Gr.: Heiligenblut, im Spätsommer (Warnecke 1920).

255. *Polia flavicincta* Fbr.
    Gl. Gr.: Von Mann (1871) angegeben.
256. — *xanthomista* Hb. ab. *nigrocincta* Tr.
    Gl. Gr.: Bei Glor nächst Kals an Felsen 3 Falter 28. IX. 1935 (G).
257. — *chi* L.
    Gl. Gr.: Heiligenblut (Warnecke 1920).
258. *Miselia oxyacanthae* L.
    Im Mölltal (Mann 1871).
259. *Dipterygia scabriuscula* L.
    Schobergr.: Im Gößnitztal (Mann 1871).
    Auch von Sprenger im Untersuchungsgebiete gesammelt (Warnecke 1920); bei Döllach 20. VII. 1903 (Sch).
260. *Hyppa rectilinea* Esp.
    S. Gr.: Fleiß Juli 1939 (J).
    Gl. Gr.: Kreitherwand Juli 1940 (Th).
    Die Raupe lebt nach Spuler (1908—10) an Vaccinien und Himbeeren.
261. *Rhizogramma detersa* Esp. f. typ. und ab. *obscura* Schwss.
    S. Gr.: Fleiß (J, N).
    Gl. Gr.: Heiligenblut (Warnecke 1920); Rainerhütte am Wasserfallboden (Belling 1920).
    Die Raupe lebt nach Spuler (1908—10) an *Berberis*.
262. *Chloantha polyodon* Cl.
    Gl. Gr.: Von Mann aus dem Glocknergebiet angegeben.
263. *Trachea atriplicis* L.
    Pinzgau: In Kaprun, am Licht (Belling 1920).
264. *Brotolomia meticulosa* L.
    S. Gr.: Fleiß, Falter und Raupen (J, Sch).
    Gl. Gr.: Am Pallik und über diesem in 2000 m Höhe (Warnecke 1920).
    Auch im Mölltal (Mann 1871).
265. *Euplexia lucipara* L.
    S. Gr.: Fleiß (J).
266. *Naenia typica* L.
    S. Gr.: Gastein 18. VII. und 3. VIII. 1898 (Hormuzaki 1900).
267. *Hydroecia nictitans* Bkh. f. typ. und ab. *erythrostigma* Hw.
    S. Gr.: Fleiß 30. VII. 1933 (J) und Ende Juli 1939 (J, Sch).
    Gl. Gr.: Heiligenblut (Warnecke 1920).
    Die Raupe lebt nach Spuler (1908—10) an Gräsern.
268. *Leucania pallens* L.
    S. Gr.: Fleiß, am Licht (J, N, Sch).
269. — *comma* L.
    S. Gr.: Fleiß, häufig (J, N, Sch); am Weg von der Fleiß nach Apriach (N).
    Die Raupe lebt nach Spuler (1908—10) auf feuchten Wiesen an Gräsern.
270. — *Andereggi* Bsd.
    S. Gr.: Fleiß, im Juni (J).
    Die Art scheint nur im Gebirge vorzukommen.
271. — *conigera* Fbr. f. typ. und ab. *obscura* Hoffm.
    S. Gr.: Fleiß, häufig (J, N, Sch).
    Auch in Huben (G) und Kaprun (Belling 1920).
272. — *albipuncta* Fbr.
    Gl. Gr.: Von Mann (1871) angegeben.
273. — *lithargyrea* Esp.
    G. Gr.: Fleiß, am Licht (J, Sch).
274. *Mythimna imbecilla* Fbr.
    S. Gr.: Fleiß Juli 1939 (J).
    Gr. Gr.: Am Weg vom Kalser Tauernhaus auf die Aderspitze 1 Falter Mitte Juli 1937.
    Auch von Mann aus dem Untersuchungsgebiete angeführt.
    Die Art wurde von H. Müller auch in der alpinen Region tagsüber häufig als Blumenbesucher beobachtet (1881).
275. *Caradrina exigua* Hb.
    S. Gr.: Fleiß 17. VII. 1933 (J).
    Die Art ist nach Vorbrodt (1921—23) sehr wanderlustig und darum vielleicht in der Fleiß nur als Durchzugsgast zugeflogen.
276. — *taraxaci* Hb.
    S. Gr.: Fleiß, am Licht (Sch).
    Gl. Gr.: Brettboden (Mann 1871).
    Auch bei Windisch-Matrei (Kitschelt 1925).
    Die Raupe lebt nach Spuler (1908—10) an *Plantago* und *Rumex*.
277. *Caradrina alsines* Brahm. (wahrscheinlich var. *sericea* Spr.).
    S. Gr.: Beim Fleißgasthof und in der Großen Fleiß (J, N).
    Gl. Gr.: Von Mann (1871) angegeben.
    Auch bei Windisch-Matrei (Kitschelt 1925).

278. *Caradrina quadripunctata* Fbr.
S. Gr.: Fleiß, am Licht (N) 24. VII. 1929.
279. — *respersa* Hb.
In Huben im Juli mehrfach (G), vielleicht auch noch im engeren Untersuchungsgebiet.
280. *Rhusina umbratica* Gze.
Gl. Gr.: Heiligenblut (Mann 1871).
281. *Amphipyra tragopogonis* L.
S. Gr.: Fleiß (J, N).
Gl. Gr.: Heiligenblut (Warnecke 1920).
Auch in Huben (G) und Windisch-Matrei (Kitschelt 1925).
282. — *pyramidea* L.
Gl. Gr.: Beim Kesselfall im Kapruner Tal (Belling 1920).
Die Raupe lebt polyphag an Laubhölzern.
283. *Taeniocampa gotica* L.
S. Gr.: Hüttenwinkeltal, Bodenhaus 14. V. 1940, ein ganz abgeflogenes Stück.
284. *Hiptelia Lorezi* Stgr.
Gl. Gr.: In der Sammlung Schwingenschuß befinden sich Stücke, die von Helbig bei der Orglerhütte im Kapruner Tal zwischen 17. und 22. VII. 1932 gefunden wurden.
Die Art ist in den Alpen endemisch und bisher nur in Graubünden und in der Ostmark gefunden worden.
285. *Cosmia paleacea* Esp.
S. Gr. Fleiß (J).
Die Raupe lebt nach Spuler (1908—10) an *Betula*, *Alnus* und *Populus*.
286. *Dyschorista subspecta* Hb.
S. Gr.: Fleiß (Sch).
287. *Xanthia lutea* Ström.
Gl. Gr.: Heiligenblut, 2 Falter (Warnecke 1920).
Die Raupe ist nach Spuler (1908—10) in ihrer Jugend an *Salix* gebunden, später polyphag.
288. — *fulvago* L. f. typ. und ab. *flavescens* Esp.
S. Gr: Fleiß (J).
Gl. Gr.: Heiligenblut, am Licht (Warnecke 1920).
Die Raupe lebt wie die der vorgenannten Art.
289. *Xylina ingrica* H. S.
Gl. Gr.: Ferleiten, im September (Sch).
Schobergr.: In Haslach an einem Randstein der Kalser Straße 23. IX. 1935 (G).
Auch am Iselsberg im Juli 1 Raupe, aus welcher der Falter erzogen wurde (Sch).
Die Raupe lebt an *Alnus* (Sch).
290. — *furcifera* Hufn.
Gl. Gr.: Heiligenblut (Mann 1871).
Auch in Windisch-Matrei VII. 1936 (G).
Die Raupe lebt nach Spuler (1908—10) an Birken und Erlen.
291. *Calocampa exoleta* L.
S. Gr.: Fleiß, einmal 1 Raupe (J).
Gl. Gr.: Heiligenblut (Mann 1871).
292. *Lithocampa ramosa* Esp.
S. Gr.: Fleiß (J, Sch).
Die Raupe lebt nach Spuler an *Lonicera*.
293. *Cucullia umbratica* L.
S. Gr.: Fleiß (J); am Wege vom Fleißgasthof nach Apriach (N).
Gl. Gr.: Von Mann (1871) angeführt.
Pinzgau: In Kaprun an einer Telegraphenstange (Belling 1920).
Auch in Windisch-Matrei (G).
Die Raupe lebt nach Spuler (1908—10) an *Sonchus*, *Erigeron*, *Hypochoeris* und *Cichorium*.
294. — *lucifuga* Hb.
Gl. Gr.: Ferleiten, 1 Raupe (Sch); von Mann (1871) ohne genaueren Fundort angeführt.
Gr. Gr.: Am Wege von der Schneiderau in die Dorfer Öd, in der Hochstaudenflur entlang des Baches 1 erwachsene Raupe 25. VII. 1939.
Pinzgau: Kaprun (Belling 1920).
Die Raupe lebt nach Spuler (1908—10) an *Sonchus*, *Prenanthes*, *Daucus* und anderen Pflanzen.
295. — *verbasci* L.
Gl. Gr.: Von Mann (1871) ohne genauere Fundortangabe angeführt.
296. — *lychnitis* Rbr. oder *thapsiphaga* Tr.
S. Gr.: Fleiß, an *Verbascum* eine kleine Raupe (J).
Beide genannten Arten sind als thermophil anzusehen und gehören mit *Verbascum lychnitis* im oberen Mölltal zu den wärmezeitlichen Steppenrelikten. Kitschelt fand Raupen beider Arten am Weg nach Leibnig in der Schobergruppe (1925).
297. — *asteris* Schiff.
S. Gr.: Fleiß 1. VIII. 1938 (J).
Die Raupe dürfte im Gebiete an *Solidago virgaurea* leben.

298. *Anarta cordigera* Thnbg. (wohl nur ab. *aethiops* Hoffm.).
   Gl. Gr.: Franz-Josefs-Höhe (Mann 1871).
   Schobergr.: Debanttal, in 2000 bis 2200 m Höhe am Tage (Kitschelt 1925).
   Die Raupe lebt nach Spuler (1908—10) an *Vaccinium uliginosum* und *Arctostaphylos uva ursi*.
299. — *melanopa rupestralis* Hb. (auch ab. *Wiströmi* Lampa).
   S. Gr.: An den Hängen der Großen Fleiß gegen die Gjaidtroghöhe (J, Sch); Sandkopf, 3 Falter 10. VII. 1929 (N); Stanziwurten, 1 Falter 2. VII. 1937.
   Gl. Gr.: Am Weg vom Glocknerhaus zur Pfandlscharte; Franz-Josefs-Höhe (Mann 1871); Gamsgrube; Moserboden 27. VII. 1909 (Sch); Moserboden, in der Zwergstrauchzone am Hang 1 Ex. 16. VII. 1939. Auf der Gjaidtroghöhe wurde auch 1 Ex. der f. typ. gefunden (J).
   Die Art scheint im Gebiete nur in der Zwergstrauch- und hochalpinen Grasheidenstufe vorzukommen, sie ist boreoalpin verbreitet (Holdhaus 1912).
300. — *nigrita* Bdv.
   S. Gr.: An den Hängen der Großen Fleiß gegen die Gjaidtroghöhe in etwa 2400 m Höhe Mitte Juli bis Anfang August (J, Sch).
   Gl. Gr.: Hochtor (Staudinger 1856); am Pfandlschartenkees (Staudinger 1856); Gamsgrube (Staudinger 1856).
   Die Art fliegt nach Vorbrodt (1921—23) auf Schutthalden, sie scheint auf die hochalpine Grasheidenstufe und die Polsterpflanzenregion beschränkt zu sein.
301. *Panhemeria tenebrata* Scop.
   Gl. Gr.: Bei der Wallnerhütte auf der Sturmalm (Mann 1871).
   Die Raupe lebt nach Spuler (1908—10) an *Cerastium*-Arten.
302. *Heliothis dipsacea* L.
   S. Gr.: Fleiß 3. VIII. 1938 (J).
   Gl. Gr.: Wallnerhütte auf der Sturmalm (Mann 1871).
303. *Rivula sericealis* Scop.
   Gl. Gr.: Bei den Sennhütten auf der Gipperalm (Mann 1871).
   Die Raupe lebt nach Spuler (1908—10) an Gräsern.
304. *Prothymia viridaria* Cl.
   Gl. Gr.: Wallnerhütte auf der Sturmalm (Mann 1871); Albitzen-SW-Hang (2200 bis 2300 m), 1 Ex. der var. *fusca* Tutt. 17. VII. 1940.
   Die Raupe lebt nach Spuler (1908—10) an *Polygala*.
305. *Emmelia trabealis* Scop.
   Gl. Gr.: Wallnerhütte auf der Sturmalm (Mann 1871).
306. *Scoliopteryx libatrix* L.
   Gl. Gr.: Im Schuppen des Moserbodenhotels (Belling 1920), nach Warnecke auch von Sprenger im Glocknergebiet gesammelt.
   Die Raupe lebt nach Spuler (1908—1910) an *Salix*- und *Populus*-Arten.
307. *Habrostola triplasia* L.
   S. Gr.: Gastein, nicht selten (Hormuzaki 1900).
   Die Raupe lebt nach Spuler (1908—10) an *Urtica*.
308. — *asclepiadis* Schiff.
   S. Gr.: Fleiß (J).
   Auch bei Windisch-Matrei (Kitschelt 1925).
   Die Raupe lebt nach Spuler (1908—10) an *Cynanchum vincetoxicum*.
   Die Art gehört mit ihrer Futterpflanze den xerothermen Biotoptopen des oberen Mölltales an.
309. — *tripartita* Hufn.
   S. Gr.: Gastein 16. VII. 1898 (Hormuzaki 1900); Fleiß (J, Sch).
   Die Raupe lebt nach Spuler (1908—10) an *Urtica*.
310. *Plusia deaurata* Esp.
   Gl. Gr.: Bei der Abzweigung des Haritzerweges von der alten Glocknerstraße am Licht (Th).
   Die Raupe lebt nach Spuler (1908—10) an *Thalictrum*, die Art ist thermophil. Sie wurde bisher in Andalusien, Italien, den Alpen der Südschweiz, Südtirols und Krains, in Ungarn, der Bukowina, Südostrußland und im Altai festgestellt.
311. — *variabilis* Piller.
   S. Gr.: Gastein 7. bis 10. VIII. 1898 (Hormuzaki 1900); Fleiß, am Tage und am Licht (J, Sch); Große Fleiß, am Licht 31. VII. 1929 (N).
   Gl. Gr.: Oberhalb Heiligenblut in 1500 m Höhe (Pfeiffer-Dan. 1920); auch von Warnecke (1920) und Mann (1871) ohne genauere Fundortangabe aus dem Glocknergebiet angegeben.
312. — *chrysitis* L. f. typ. und ab. *juncta* Tutt.
   S. Gr.: Gastein, nicht selten (Hormuzaki 1900); Fleiß (J, N).
   Gl. Gr.: Oberhalb Heiligenblut in 1500 m Höhe (Pfeiffer-Dan. 1920); Rainerhütte am Wasserfallboden, am Licht (Belling 1920); auch von Mann (1871) angeführt; Kals 24. VII. 1933 (G).
313. — *bractea* Fbr.
   S. Gr.: Fleiß, häufig bei Tag und am Licht (J, N, Sch); Schachneralm (N); Gastein 24. VII. und 7. VIII. 1898 (Hormuzaki 1900).
   Gl. Gr.: Oberhalb Heiligenblut in 1700 m Höhe (Pfeiffer-Dan. 1920, Sch); beim Glocknerhaus (Sch); Franz-Josefs-Höhe (Thurner 1937); Freiwand 2450 m, am Licht 8. VII. 1931 1 ♀ (K); auch von Mann aus der Glocknergruppe angegeben.
314. *Plusia V-argentum* Esp.
   S. Gr.: Fleiß 10. VIII. 1939 (J).
   Die Raupe lebt nach Spuler (1908—10) an *Thalictrum*. Die Art ist in den Alpen endemisch und sehr disjunkt verbreitet; sie wird von Piemont, aus dem Wallis, aus Südtirol, aus dem Allgäu, vom Traunstein in Oberdonau, aus Steiermark und Krain angegeben und ist wahrscheinlich thermophil.

315. — *pulchrina* Hw.
S. Gr.: Gastein, 19. VII. bis 7. VIII. 1898 massenhaft (Hormuzaki 1900); beim Fleißgasthof am Licht nicht selten (J, N, Sch); in der Großen Fleiß am Licht (N).
Gl. Gr.: Hotel Franz-Josefs-Höhe, am Licht 2 ♀ 4. bis 6. VIII. 1931 (K); Kals (G); Ferleiten 16. VII. 1911 (Sch).
Pinzgau: Kaprun (Belling 1920).
Auch in Windisch-Matrei (Kitschelt 1925).
Die Raupe lebt nach Spuler (1908—10) an *Vaccinium myrtillus* und anderen niederen Pflanzen.

316. — *jota* L.
S. Gr.: Gastein, 19. VII. 1898 1 Ex. (Hormuzaki 1900); Fleiß, einzeln (J).

317. — *gamma* L.
S. Gr.: Um Gastein seltener als *pulchrina* (Hormuzaki 1900); Fleiß (J, N).
Gl. Gr.: Bei Heiligenblut (N, Sch, Staudinger 1856); bei der Bricciuskapelle 8. IX. 1920 (Warnecke 1920); Brettboden (Warnecke 1920); beim Glocknerhaus (Hoffmann 1908—09); Pasterzenvorfeld zwischen Glocknerstraße und Möll; Hotel Franz-Josefs-Höhe am Licht 2 ♂, 2 ♀ 6. VIII. 1931 (K); Großer Burgstall; auch von Mann aus dem Glocknergebiet angeführt.
Die Art scheint im Gebiete häufig zu sein und steigt aus den Tälern bis in die hochalpine Grasheidenstufe empor. H. Müller (1881) hat sie wiederholt auch noch in hochalpinen Lagen beim Blumenbesuch beobachtet.

318. — *interrogationis* L.
S. Gr.: Gastein, 18. VII. 1898 1 frischer Falter (Hormuzaki 1900).
Gl. Gr.: Um Heiligenblut (Thurner 1937); oberhalb Heiligenblut 23. VII. 1922 (Sch); auch von Mann (1871) angegeben.
Die Raupe lebt nach Spuler (1908—10) an *Vaccinium uliginosum* und *myrtillus*.

319. — *ain* Hochenw.
S. Gr.: Gastein 8. VIII. 1898 (Hormuzaki 1900); Fleiß, am Licht häufig (J, Sch); Kleine Fleiß, beim Alten Pocher (N).
Gl. Gr.: Bei Heiligenblut (Thurner 1937); Kreitherwand Juli 1940 (Th).
Gr. Gr.: Landecktal, in 1600 m Höhe (Kitschelt 1925).
Auch in Huben gesammelt (G).
Die Raupe lebt nach Spuler (1908—10) an Lärchen; Mack (1940) bezeichnet die Art als Charakterform der Lärchenwälder.

320. — *Hochenwarthi* Hochenw.[1]
S. Gr.: Große Fleiß, einzeln zwischen 2200 und 2500 m (N, Sch); Sandkopf (N).
Gl. Gr.: Beim Glocknerhaus in 2100 m Höhe (Sch, Pfeiffer-Dan. 1920); Brettboden (Hoffmann 1908—09); bei der Marienhöhe am Tage nicht selten, besucht besonders die Blüten von *Oxytropis campestris* Ende Juli 1937 (L); Kar zwischen Albitzen- und Wasserradkopf, über 2400 m Höhe Anfang August 1937; am Pfandlschartenbach oberhalb des Glocknerhauses (Hoffmann 1908—09); bei der Hofmannshütte in der Gamsgrube; auch von Mann (1871) aus dem Glocknergebiet angegeben.
Die Raupe lebt nach Spuler (1908—10) an Umbelliferen und *Taraxacum*, der Falter wird häufig in der hochalpinen Zone als Blumenbesucher beobachtet (H. Müller 1881). Die Art ist boreoalpin verbreitet (Holdhaus 1912).

321. *Euclidia mi* Cl.
Gl. Gr.: Kapruner Tal (Belling 1920).

322. — *glyphica* L.
S. Gr.: Kleine und Große Fleiß (J, N); beim Fleißgasthof (J, N).
Gl. Gr.: Steppenwiesen am Haritzerweg oberhalb Heiligenblut ♂, ♀ in Copula 15. VII. 1940; Pasterzenwiesen (Märkel und v. Kiesenwetter 1848); bei der Wallnerhütte auf der Sturmalm (Mann 1871); Wasserfallboden in Mehrzahl (Belling 1920); Ködnitztal (G).
Die Raupe lebt nach Spuler (1908—10) an *Trifolium*-Arten.

323. *Catocala fraxini* L.
In Huben an der Kirche (G); die Art dürfte auch noch bei Heiligenblut und Kals zu finden sein.

324. *Parascotia fuliginaria* L. ab. *carbonaria* Esp.
S. Gr.: Fleiß (J, N, Sch).
Gl. Gr.: Oberhalb Heiligenblut in 1500 m Höhe (Pfeiffer-Dan. 1920).
Auch in Windisch-Matrei (G).
Die Raupe lebt nach Spuler (1908—10) an Flechten und Baumschwämmen, die an Laubhölzern wachsen.

325. *Zanclognatha tarsipennalis* Tr.
S. Gr.: Gastein 25. VII. 1898 (Hormuzaki 1900).

326. *Madopa salicis* Schiff.
Gl. Gr.: Von Mann (1871) ohne genauere Fundortangabe angeführt.

327. *Herminia tentacularia modestalis* Heyd.[2]
Gl. Gr.: Böse Platte und Brettboden (Sch); Albitzen-SW-Hang, in 2200 bis 2400 m Höhe mehrere Ex. 17. VII. 1940; Gamsgrube, einzeln (Hoffmann 1908—09).

---

[1] Nach Abschluß des Manuskriptes wurde mir eine weitere *Plusia*-Art gemeldet: *Plusia aemula* Hb. Gl. Gr.: Bei Ferleiten im Juni 1942 am Tage zahlreich mit dem Stock aus der Vegetation aufgescheucht (leg. Lindenbauer, teste F. Hoffmann).

[2] *Bomolocha fontis* Thubg. wird von Kitschelt aus dem Debanttal (1000 m) in der Schobergruppe angegeben und steigt vielleicht auch noch bis Heiligenblut und Kals empor.

328. *Herminia derivalis* Hb.
   Nach Mann (1871) im Mölltal.
329. *Hypena proboscidalis* L.
   S. Gr.: Gastein, 11. VII. bis 3. VIII. 1898 sehr häufig (Hormuzaki 1900); Fleiß (J, N, Sch).
   Auch in Huben an der Kalser Straße (G) und im Debanttal in 1200 *m* Höhe (Kitschelt 1925).
   Pinzgau: Kaprun (Belling 1920).
   Die Raupe lebt nach Spuler (1908—10) an *Urtica* und *Humulus*.
330. — *rostralis* L.
   Gl. Gr.: Beim Kesselfall im Kapruner Tal (Belling 1920).
331. — *obesalis* Tr.
   S. Gr.: Fleiß (J).
   Die Raupe lebt nach Spuler (1908—10) an *Urtica*.

Familie *Cymatophoridae*.

332. *Thyatira batis* L.
   S. Gr.: Gastein 19. VII. 1898 (Hormuzaki 1009); Fleiß (J).
   Die Raupe lebt nach Spuler (1908—10) an *Rubus*-Arten, besonders an *Rubus idaeus*.
333. *Cymatophora flavicornis* (L). Cl.
   S. Gr.: Fleiß (J, Sch); Gastein 19. VII. 1898 (Hormuzaki 1900).
   Die Raupe lebt nach Spuler (1908—10) an *Populus*-Arten, im oberen Mölltal jedenfalls an *Populus tremula*.
334. — *duplaris* L. (wahrscheinlich ssp. *subalpina* Hartig).
   S. Gr.: Beim Fleißgasthof (J, Sch); Kleine Fleiß (N); Mölltal (Sch); Gastein, Mitte Juli bis Mitte August 1898 (Hormuzaki 1900).
   Gl. Gr.: Kals (G); Fuscher Tal oberhalb Ferleiten.
   Schobergr.: Gößnitz, am Weg von Heiligenblut zur Wirtbauernalm (N); Haslach an der Kalser Straße (G); Debanttal (Kitschelt 1925).
   Die Raupe lebt nach Spuler an *Betula*, *Alnus* und *Populus*, die Falter finden sich im Möll- und Fuscher Tale in den Erlenauen.

Familie *Geometridae*.

335. *Geometra papilionaria* L.
   S. Gr.: Fleiß (J, N, Sch).
   Schobergr.: Aufstieg nach Leibnig (Kitschelt 1925).
   Die Raupe lebt an verschiedenen Laubhölzern.
336. *Euchloris vernaria* Hb.
   S. Gr.: Fleiß (J).
   Die Raupe lebt nach Spuler (1908—10) an *Clematis vitalba*.
337. *Nemoria porrinata* Z.
   Gl. Gr.: Von Mann (1871) ohne nähere Fundortangabe angeführt.
338. *Thalera lactearia* L.
   Gl. Gr.: Von Mann (1871) angegeben.
339. *Hemithea strigata* Müll.
   Gl. Gr.: Von Mann aus dem Glocknergebiet angegeben.
340. *Pseudoterpna pruinata* L.
   S. Gr.: Gastein 28. VII. 1898 (Hormuzaki 1900).
341. *Acidalia similata* Thnbg.
   S. Gr.: Gastein 19. VII. 1898 (Hormuzaki 1900); Fleiß (J, N); beim Fleißgasthof in warmen Lagen bei Tage fliegend (Sch).
   Gl. Gr.: Bei Heiligenblut (Warnecke 1920); auch von Mann angeführt.
   Auch in Windisch-Matrei und im Froßnitztal (Kitschelt 1925).
   Pinzgau: Kaprun (Belling 1920).
342. — *macilentaria* H. S.
   Gl. Gr.: Von Mann (1871) ohne nähere Fundortangabe angeführt.
   Eine thermophile Art, deren Vorkommen im Untersuchungsgebiet noch der Bestätigung bedarf.
343. — *humiliata* Hufn.
   Pinzgau: Kaprun (Belling 1920).
344. — *dilutaria* Hb.
   Gl. Gr.: Von Mann angegeben.
345. — *ayersata* L. ab. *spoliata* Stgr.
   S. Gr.: Gastein 15. VII. 1898 (Hormuzaki 1900); Fleiß 20. VII. 1939 (J, Sch); beim Fleißgasthof auch die f. typ. (Sch).
   Gl. Gr.: Bei Heiligenblut 1 ♂ der ab. *deversaria* (Sch); beim Kesselfall im Kapruner Tal (Belling 1920); auch von Mann (1871) aus dem Glocknergebiet angegeben.
   Auch bei Huben an der Kalser Straße (G) und in Windisch-Matrei (Kitschelt 1925).
346. — *contiguaria* Hb. f. typ. und ab. *fuscata* Fuchs.
   S. Gr.: Am Weg von Heiligenblut in die Fleiß (J, N).
   Gl. Gr.: Am Haritzerweg oberhalb Heiligenblut an südseitigen Mauern (Sch); auch von Mann aus dem Glocknergebiete angeführt.
   Auch bei Huben und Windisch-Matrei gesammelt (G).
   Die Raupe lebt nach Spuler (1908—1910) an *Sedum album*, die Art scheint auf die wärmsten Lagen der südlichen Tauerntäler beschränkt zu sein,

347. *Acidalia virgularia* Hb. ab. *obscura* Mill.
   S. Gr.: Fleiß 16. VIII. 1936 (J).
   Gl. Gr.: Bei Heiligenblut (Sch).
   Die Raupe lebt nach Spuler (1908—10) an Pflanzenabfällen in Scheunen und Schuppen, die Art besitzt eine vorwiegend südliche Verbreitung.
348. — *immorata* L.
   Gl. Gr.: Fuscher Tal oberhalb Ferleiten, 1 Falter 14. VII. 1940.
   Schobergr.: Debanttal, in 1200 m Höhe (Kitschelt 1925).
349. — *incanata* L. f. typ. und ab. *adjunctaria* B.
   S. Gr.: Gastein (Hormuzaki 1900); beim Fleißgasthof und in den Fleißtälern (J, N, Sch); am Weg vom Fleißgasthof nach Apriach (N).
   Gl. Gr.: Oberhalb Heiligenblut (Pfeiffer-Dan. 1920, Warnecke 1920); Kreitherwand (Th); Brettboden (Hoffmann 1908—09); bei Kals (G); Wasserfallboden (Belling 1920, Pfeiffer-Dan. 1920); auch von Mann (1871) aus dem Glocknergebiet angegeben.
   Schobergr.: Huben (G); Iselsberg (Sch).
   Die Raupe soll nach Spuler (1908—10) an *Thymus*, *Lychnis* und *Dianthus* leben.
350. — *ornata* Scop.
   S. Gr.: Fleiß (J).
   Gl. Gr.: Oberhalb Heiligenblut (Pfeiffer-Dan. 1920).
   Auch am Iselsberg am 20. VII. 1903 (Sch).
351. — *remutaria* Hb.
   Gl. Gr.: Kreitherwand Juli 1940 (Th); auch von Mann (1871) aus dem Glocknergebiet angegeben.
352. — *punctata* Scop.
   Gl. Gr.: Von Mann (1871) ohne nähere Fundortangabe angeführt.
353. — *immutata* L.
   Gl. Gr.: Ebenfalls von Mann (1871) angeführt.
354. — *strigaria* Hb.
   Gl. Gr.: Von Mann angeführt.
   Die Art bewohnt nach Spuler (1908—10) trockene Grasplätze mit dürftiger Vegetation, sie wurde von Mann wohl auf den Steppenwiesen im oberen Mölltal gesammelt.
355. — *fumata* Stph.
   S. Gr.: Beim Fleißgasthof und in den Fleißtälern (N, Sch).
   Die Raupe lebt an *Vaccinium myrtillus* an lichten Waldstellen (Spuler 1908—10).
356. *Ephyra pendularia* Cl.
   S. Gr.: Gastein 19. VII. 1898 (Hormuzaki 1900).
357. — *quercimontaria* Bastelberger.
   Am Iselsberg einige stark abgeflogene ♀ von Eichen aufgescheucht 27. VII. 1911 (Sch). Dürfte im engeren Untersuchungsgebiet fehlen.
358. — *porata* Fbr.
   Gl. Gr.: Heiligenblut (Mann 1871).
359. *Rhodostrophia vibicaria* Cl.
   Im Mölltal (Mann 1871).
360. *Timandra armata* L.
   Gl. Gr.: Heiligenblut (Mann 1871).
361. *Lythria purpuraria* L.
   Gl. Gr.: Von Mann (1871) aus dem Glocknergebiet angegeben.
362. *Ortholitha limitata* Scop.
   S. Gr.: Gastein, ab 22. VII. 1898 sehr häufig (Hormuzaki 1900); beim Fleißgasthof und in den Fleißtälern (J, N).
   Gl. Gr.: Heiligenblut, am Licht 15. VII. 1940; bei Heiligenblut (Pfeiffer-Dan. 1920, Warnecke 1920); Kals (Kitschelt 1925). Auch von Mann (1871) aus dem Glocknergebiet angegeben.
   Pinzgau: Kaprun (Belling 1920).
   Auch in Huben (G) und Windisch-Matrei (Kitschelt 1925).
363. — *bipunctaria* Schiff. f. typ. und ab. *gachtaria* Frr.
   S. Gr.: Beim Fleißgasthof und in der Großen Fleiß (J, N).
   Gl. Gr.: Oberhalb Heiligenblut von 1400 bis 1700 m Höhe (Pfeiffer-Dan. 1920, Sch); an der Abzweigung des Haritzerweges von der alten Glocknerstraße und auf der Kreitherwand (Th); auch von Mann angegeben.
   Die Raupe lebt nach Spuler (1908—10) an *Teucrium* und anderen niederen Pflanzen; die Art scheint im Gebiete auf wärmere Lagen beschränkt zu sein.
364. *Mesotype virgata* Rott.
   Gl. Gr.: Hochtor (Mann 1871), wohl verflogen.
365. *Minoa murinata* Scop.
   S. Gr.: Beim Fleißgasthof, in den Fleißtälern und am Weg vom Fleißgasthof zum Kasereck (G, J, N, Sch).
   Gl. Gr.: Hochtorgebiet (Mann 1871); wohl im Glocknergebiet weiter verbreitet.
   Schobergr.: In der Gößnitz unterhalb der Wirtsbauernalm (N); auch in Huben (G).
366. *Odezia atrata* L.
   S. Gr.: Gastein, auf Wiesen 17. VII. 1898 (Hormuzaki 1900); Fleiß (J, N); am Weg von Pockhorn über den Möllfall nach Heiligenblut (N); im Mölltal (Mann 1871).
   Gl. Gr.: Kals (G. Kitschelt 1925); Moserboden und weiter abwärts im Kapruner Tal (Belling 1920); Fuscher Tal oberhalb Ferleiten, auf feuchten Wiesen 14. bis 18. VII. 1940; Ferleiten 16. VII. 1922 (Sch).
   Schobergr.: Oberpeischlach an der Kalser Straße (G).
   Die Art bewohnt die feuchten Wiesen der Täler und ist auf diesen wie überall in den Ostalpen recht häufig.

367. *Anaitis praeformata* Hb.
S. Gr.: Gastein, sehr häufig auf Wiesen ab 21. VII. 1898 (Hormuzaki 1900); beim Fleißgasthof und in der Großen Fleiß (J, N, Sch); am Weg vom Fleißgasthof nach Heiligenblut (N).
Gl. Gr.: Oberhalb Heiligenblut in 1600 m Höhe (Pfeiffer-Dan. 1920, Sch); Kals (G); Wasserfallboden (Sch, Pfeiffer-Dan. 1920); auch von Mann aus dem Glocknergebiet angeführt.
Die Raupe lebt nach Spuler (1908—10) an *Hypericum perforatum*.

368. — *plagiata* L.
Gl. Gr.: Nach Mann (1871) im Glocknergebiet.

369. — *simpliciata* Tr.
Diese über die südmittel- und südeuropäischen Gebirge äußerst disjunkt verbreitete Art wurde im Venedigergebiet zwischen Gschlöß und der alten Pragerhütte in etwa 1800 m Höhe erbeutet (Nitsche 1924—25). Sie wurde im Glocknergebiet bisher noch nicht nachgewiesen, dürfte aber auch hier vorkommen.

370. — *paludata* Thnbg. var. *imbutata* Hb.
S. Gr.: Fleiß Anfang August 1940 (leg. Sieder, teste J); Gjaidtroghöhe W-Hang, am Abstieg von der Ochsnerhütte zum Naßfeld der Großen Fleiß 5. IX. 1941 (J).
Gl. Gr.: Von Mann (1871) ohne nähere Fundortangabe angeführt.

371. *Lobophora sexalata* Retz.
Mölltal (Mann 1871).

372. *Eucosmia certata simplonica* Wackerzapp.
S. Gr.: Fleiß (J, Sch), Raupen in Anzahl an *Berberis* im August.
Gl. Gr.: An der alten Glocknerstraße oberhalb Heiligenblut 1 Ex. 20. VI. 1929 (N).
Schobergr.: An der Kalser Straße oberhalb Staniska 1 abgeflogener Falter 13. VII. 1933 (G).

373. *Lygris reticulata* Fbr.
S. Gr.: Gastein, 2 frische Falter 19. VII. 1898 (Hormuzaki 1900).
Die Raupe lebt nach Spuler (1908—10) an *Impatiens nolimetangere*.

374. — *prunata* L.
S. Gr.: Gastein 31. VII. 1898 (Hormuzaki 1900); beim Fleißgasthof und in der Großen Fleiß (J, N); Mölltal (Mann 1871); Mallnitz, beim Bahnhof an einer Hausmauer 1 Ex. 5. IX. 1941.
Gl. Gr.: Heiligenblut (Warnecke 1920).
Die Raupe lebt nach Spuler (1908—10) an *Ribes*- und *Prunus*-Arten.

375. — *populata* L.
S. Gr.: Kötschachtal bei Gastein, zwischen *Calluna* (Hormuzaki 1900); beim Fleißgasthof und in der Großen Fleiß (J, N, Sch); Sandkopf-SW-Hang, unweit unterhalb der Waldgrenze 11. VIII. 1937; Mallnitz, am Licht 1 Ex. (var. *musauaria* Frr.) 5. IX. 1941; Mallnitzer Tauerntal, am Weg vom Gasthof Gutenbrunn in die Woisken in etwa 1500 m Höhe 1 Ex. 5. IX. 1941.
Gl. Gr.: Bei Heiligenblut einzeln (Warnecke 1920); Brettboden (Warnecke 1920); Kapruner Tal (Belling 1920); Talschluß des Ködnitztales (G); auch von Mann aus dem Glocknergebiet angegeben.
Schobergr.: Bei Huben an der Kalser Straße (G); Debanttal, in 2000 m Höhe (Kitschelt 1925).
Die Raupe lebt nach Spuler (1908—10) an *Vaccinium myrtillus*.

376. *Larentia dotata* L.
S. Gr.: Beim Fleißgasthof und in der Großen Fleiß (J, N); im Mölltal (Mann 1871).

377. — *fulvata* Forst.
S. Gr.: Fleiß (J); Mölltal (Mann 1871).
Gl. Gr.: Bei Heiligenblut aus Heckenrosen aufgescheucht 26. VII. 1911, anscheinend eine besondere Lokalform (Sch); oberhalb Heiligenblut in 1500 m Höhe (Pfeiffer-Dan. 1920).
Die Raupe lebt nach Spuler (1908—10) an Rosen.

378. — *ocellata* L.
S. Gr.: Beim Fleißgasthof und in der Großen Fleiß (J, N, Sch).

379. — *bicolorata* Hufn.
S. Gr.: Kötschachtal bei Gastein, am Bachufer 1 Falter 23. VII. 1898 (Hormuzaki 1900).
Gl. Gr.: Bei Ferleiten aus Erlenbüschen aufgescheucht 25. VII. 1914 (Sch).
Die Raupe lebt im Gebiete wohl ausschließlich an Erlen.

380. — *variata* Schiff. f. typ. und ab. *stragulata* Hb.
S. Gr.: Böckstein, 1 ♀ zwischen *Vaccinium myrtillus*-Büschen, und Gastein (Hormuzaki 1900); beim Fleißgasthof und in der Großen Fleiß (J, N, Sch); Mallnitzer Tauerntal, Weg in die Woisken 1500 m 1 Ex. 5. IX. 1941.
Schobergr.: Beim Gradenkees in 3000 m Höhe (Kitschelt 1925).
Die Raupe lebt nach Spuler (1908—10) an Fichten.

381. — *cognata* Thnbg.
S. Gr.: Beim Fleißgasthof und in der Großen Fleiß (J, N, Sch).
Gl. Gr.: Pallik (Warnecke 1920); Ködnitztal (G); Kals (G). Die Kalser Stücke gehören der var. *geneata* Fetsh. an (G).
Die Raupe lebt nach Spuler (1908—10) an *Juniperus*.

382. — *siterata* Hufn.
S. Gr.: Fleiß, ab 6. IX. 1936 beobachtet (J).
Die Raupe lebt daselbst auf *Berberis* im August (J. Sch).

383. — *miata* L.
S. Gr.: Fleiß, ab Anfang September häufig (J).
Gl. Gr.: Heiligenblut, September 1920 (Warnecke 1920); Kals und Daberklamm, Ende September 1935 mehrfach (G).
Die Raupen finden sich auf *Berberis* (J).

384. *Larentia truncata* Hufn. f. typ. und ab. *mediorufaria* Fuchs.
S. Gr.: Gastein (Hormuzaki 1900); Fleiß, sehr häufig (J, N, Sch).
Gl. Gr.: Heiligenblut (Warnecke 1920); Freiwandleiten 2450 m, am Licht 1 ♀ 4. VIII. 1931 (K); Hotel Franz-Josefs-Höhe, am Licht 1 ♂, 3 ♀ 6. VIII. 1931; am gleichen Fundort 2 ♀ der ab. *centumnotata* Schiele (K); erstarrt auf der Pasterze unterhalb des Mittleren Burgstalls 16. VII. 1940; Wasserfallboden (Pfeiffer-Dan. 1920); auch von Mann aus dem Glocknergebiet angegeben.
Schobergr.: Leibnitztal und Debanttal in 2000 m Höhe (Kitschelt 1925).

385. — *immanata* Hw.
S. Gr.: Gastein (Hormuzaki 1900); Fleiß, ziemlich häufig (J, N, Sch); Kasereck (N).
Gl. Gr.: Bei Heiligenblut (N); oberhalb Heiligenblut in 1700 m Höhe (Pfeiffer-Dan 1920); Hotel Franz-Josefs-Höhe, am Licht 1 ♂ 6. VIII. 1931 (K); Kals (G); Wasserfallboden (Pfeiffer-Dan. 1920).
Auch auf dem Iselsberg (Sch).
Die Raupen leben nach Spuler (1908—10) an *Fragaria*-Arten.

386. — *taeniata* Stph.
S. Gr.: Kötschachtal und Gastein, je 1 Falter (Hormuzaki 1900).
Gl. Gr.: Bei Ferleiten aus Erlengebüsch aufgescheucht (Sch).
Auch in Windisch-Matrei (G).

387. — *munitata* Hb.
S. Gr.: Gastein, 1 ♂ 29. VII. 1898 zwischen Heidelbeerbüschen (Hormuzaki 1900); Große und Kleine Fleiß (J, Sch); zwischen Seebichel und Zirmsee (N).
Gl. Gr.: Pallik (Hoffmann 1908—09); beim Glocknerhaus (N, Pfeiffer-Dan. 1920, Sch); am Unteren Keesboden; Freiwandleiten (Sch); Freiwand 2450 m, am Licht 3 ♂ 3. bis 8. VIII. 1931 (K); oberhalb des Moserbodens in 2300 m (Pfeiffer-Dan. 1920); zwischen Piffkaralm und Hochmais in 1750 m Höhe an der Glocknerstraße 15. VII. 1940; auch von Mann aus dem Gebiete angegeben.
Schobergr.: Debanttal, in 2000 m Höhe mehrfach (Kitschelt 1925).
Die Art scheint im Gebiete nirgends unter 1700 m herabzusteigen, sie ist boreoalpin verbreitet (Holdhaus 1912).

388. — *aptata* Hb. f. typ. und ab. *supplata* Frr.
S. Gr.: Beim Fleißgasthof und in den Fleißtälern sehr häufig (J, N, Sch); am Seebichel (N).
Gl. Gr.: Pallik, sehr häufig (Sch, Hoffmann 1908—09); oberhalb Heiligenblut in 1400 bis 1600 m Höhe nur ab. *supplata* (Pfeiffer-Dan. 1920); Kreitherwand, Juli 1940 ab. *supplata* (Th); bei der Rainerhütte am Wasserfallboden (Belling 1920); bei Kals (Kitschelt 1925); auch von Mann aus dem Gebiete angeführt.
Gr. Gr.: Landecktal (Kitschelt 1925).
Schobergr.: Leibnitztal (Kitschelt 1925).

389. — *olivata* Bkh.
S. Gr.: Fleiß, 1 Falter 4. VIII. 1929 (N); Rauriser Tal (Pfeiffer-Dan. 1920).
Gl. Gr.: Nach Mann (1871).
Auch in Windisch-Matrei (Kitschelt 1925).
Die Raupe frißt nach Spuler (1908—10) *Galium verum* und *mollugo*.

390. — *viridaria* Fbr.
S. Gr.: Gastein, 1 abgeflogenes ♂ 26. VII. 1898 (Hormuzaki 1900).

391. — *turbata* Hb.
S. Gr.: Beim Fleißgasthof und in den Fleißtälern bis zur Baumgrenze empor (J, N).
Gl. Gr.: An der alten Glocknerstraße oberhalb Heiligenblut (N); Glocknerhaus, am Licht; Dorfer Tal, bei der Rumsoihütte (G); oberes Naßfeld 2273 m, am Fenster des Straßenwärterhauses 1 Ex. 10. VII. 1941; auch von Mann (1871) angeführt.
Gr. Gr.: Kals-Matreier Törl (G).
Schobergr.: Leibnitztal (Kitschelt 1925).
Die Art ist boreoalpin verbreitet (Holdhaus 1912).

392. — *kollariaria* H. S.
S. Gr.: Fleiß, an wenigen Stellen, aber dort ab Mitte Juni in Menge (J); Kleine Fleiß, beim Alten Pocher (N).
Die Art ist in den Alpen endemisch.

393. — *aqueata* Hb.
S. Gr.: In den Fleißtälern bis 2000 m (J, N, Sch).
Gl. Gr.: Oberhalb Heiligenblut, in 1500 m Höhe (Pfeiffer-Dan. 1920); Kreitherwand (Th); auch von Mann (1871) aus dem Glocknergebiete gemeldet.

394. — *salicata* Hb. f. typ. und ab. *ablutaria* B.
S. Gr.: Gastein (Hormuzaki 1900); beim Fleißgasthof und in den Fleißtälern sehr häufig (J, N); am Weg vom Fleißgasthof nach Apriach (N).
Gl. Gr.: Um Heiligenblut (Warnecke 1920, Pfeiffer-Dan. 1920); Kals (Kitschelt 1925); Kapruner Tal 27. VII. 1909 (Sch); auch von Mann (1871) aus dem Gebiete angegeben.
Die Raupe lebt nach Spuler (1908—10) an *Galium verum*.

395. — *fluctuata* L.
S. Gr.: Gastein 20. und 22. VII. 1898 frische Falter (Hormuzaki 1900); beim Fleißgasthof und in den Fleißtälern nicht häufig (J, N).
Gl. Gr.: Bei Heiligenblut (Warnecke 1920, Pfeiffer-Dan. 1920); auch von Mann aus dem Glocknergebiet angegeben.
Schobergr.: Gößnitz, am Weg von Heiligenblut zur Wirtsbauernalm (N); Debanttal, in 2000 m Höhe am Licht (Kitschelt 1925).
Die Raupe lebt polyphag, aber besonders an Cruciferen.

396. *Larentia didymata* L.
    S. Gr.: Naßfeld bei Gastein, 1 Falter 3. VIII. 1898 (Hormuzaki 1900); Rauriser Tal, 900 m (Pfeiffer-Dan. 1920).
    Gl. Gr.: Oberhalb Heiligenblut in 1700 m Höhe (Pfeiffer-Dan. 1920); auch von Mann (1871) angegeben.

397. — *cambrica* Curt. f. typ. und ab. *Webbi* Prout.
    S. Gr.: Um Gastein eine der häufigsten Arten (Hormuzaki 1900); Fleiß (J, Sch).
    Gl. Gr.: Bei Ferleiten an nassen Felsen (Sch); Ferleiten (ab. *Webbi*) leg. Schawerda (Puschnig 1922).
    Schobergr.: Haslach an der Kalser Straße (G).

398. — *vespertaria* Bkh.
    S. Gr.: Gastein, zahlreich frisch 12. VII. 1898 (Hormuzaki 1900); beim Fleißgasthof 14. VIII. 1940 (J).
    Gl. Gr.: Umgebung von Heiligenblut (Pfeiffer-Dan. 1920, Warnecke 1920); Wasserfallboden (Pfeiffer-Dan. 1920).
    Schobergr.: Haslach an der Kalser Straße (G).

399. — *incursata* Hb.
    S. Gr.: Beim Fleißgasthof und in den Fleißtälern Mitte Juni bis Mitte Juli (J, N).
    Gl. Gr.: Ködnitz 24. VII. 1933 (G).
    Auch bei Windisch-Matrei (Kitschelt 1925).
    Der Falter liebt nach Vorbrodt (1921—23) mit Vaccinien und *Alnus viridis* bewachsene Stellen, die Raupe lebt an *Vaccinium myrtillus* und *uliginosum*. Die Art scheint boreoalpin verbreitet zu sein.

400. — *montanata* Schiff.
    S. Gr.: Gastein und Kötschachtal (Hormuzaki 1900); beim Fleißgasthof und in den Fleißtälern häufig (J, N, Sch); an den Hängen der Gjaidtroghöhe gegen den Zirmsee (N); am Weg von der Fleiß zum Kasereck (N).
    Gl. Gr.: Kreitherwand (Th); Trauneralm (Hoffmann 1908—09); Wasserfallboden (Pfeiffer-Dan. 1920, Belling 1920); bei Kals (G); auch von Mann (1871) im Gebiete festgestellt.

401. — *suffumata* Hb. f. typ. und ab. *piceata* Stph.
    S. Gr.: Fleiß (N); beim Fleißgasthof, Mitte Juni 1940 schon abgeflogen (J).
    Die Raupe lebt nach Spuler 1908—10) an *Galium verum*.

402. — *quadrifasciaria* Cl.
    S. Gr.: Fleiß 20. VII. 1939 (J).
    Gr. Gr.: Kals-Matreier Törl (loc. typ. der ab. *assignaria* Nitsche).
    Pinzgau: Zell am See (Pfeiffer-Dan. 1920).

403. — *ferrugata* Cl.
    S. Gr.: Gastein, 27. VII. 1898 1 frisch geschlüpfter Falter (Hormuzaki 1900); in den Margitzen am Hang der Gjaidtroghöhe gegen die Kleine Fleiß bis 2300 m Höhe (J); Große und Kleine Fleiß (N); im Mölltal (Mann 1871).
    Gl. Gr.: Ködnitztal, in der ab. *spadicearia* Bkh. (G).

404. — *unidentaria* Hw.
    S. Gr.: Gastein, 1 frischer Falter 28. VII. 1898 (Hormuzaki 1900); Fleiß Juli 1939 (J).
    Auch bei Huben (G).

405. — *designata* Rott.
    S. Gr.: Große Fleiß 3. VII. 1929 (N).

406. — *fluviata* Hb.
    S. Gr.: Fleiß 26. VII. 1936 (J).

407. — *dilutata* Bkh.
    Gl. Gr.: Heiligenblut, am Licht (Warnecke 1920); unterhalb des Pallik (Warnecke 1920).
    Die Raupe lebt an Laubhölzern, auch Weiden.

408. — *autumnata* Bkh.
    S. Gr.: Fleiß, ab Mitte Oktober (J).
    Gl. Gr.: Kals (G); Daberklamm (G); Dorfer Tal, bei der Rumisoieben und beim Kalser Tauernhaus (G), häufig ab Ende September; Mann (1871) gibt aus dem Gebiete die ab. *filigrammata* H. S. an.
    Die Raupe findet sich an Lärchen (J).

409. — *caesiata* Lng. f. typ., ab. *annosata* Z. und ab. *glaciata* Germ.
    S. Gr.: Gastein, überall häufig (Hormuzaki 1900); beim Fleißgasthof und in den Fleißtälern häufig (J, N); zwischen Seebichel und Zirmsee (N); Rauriser Tal 900 m (Pfeiffer-Dan. 1920).
    Gl. Gr.: Bei Heiligenblut mehrfach (Warnecke 1920); oberhalb der Ankehre der Glocknerstraße im Guttal aus Büschen von *Salix hastata* aufgescheucht 15. VII. 1940; Kreitherwand Juli 1940 (Th); beim Glocknerhaus in 1900 m Höhe (Pfeiffer-Dan. 1920); Freiwandleiten, 3 ♂, 1 ♀ 3. bis 8. VIII. 1931 am Licht (K); Kals (G); Wasserfallboden und Moserboden (Pfeiffer-Dan. 1920).
    Auch bei Huben und Haslach an der Kalser Straße (G).
    Die Art ist boreoalpin verbreitet. Die Raupe lebt nach Spuler (1908—10) an *Vaccinium vitis idaea* und *myrtillus*. Mack (1940) bezeichnet die Art als Charaktertier der Rhodoreten.

410. — *flavicinctata* Hb.
    S. Gr.: Beim Fleißgasthof und in den Fleißtälern häufig (J, G, N, Sch); hier die ab. *hilariata* Schwgss.
    Gl. Gr.: Heiligenblut, einzeln am Licht (Warnecke 1920); Kreitherwand (Th); Bricciuskapelle und Pallik (Hoffmann 1908—09); Marienhöhe (L); beim Glocknerhaus in 1900 m Höhe (Pfeiffer-Dan. 1920); Katzensteig im unteren Leitertal (Staudinger 1856); Wasserfallboden (Pfeiffer-Dan. 1920); Daberklamm (G); auch von Mann (1871) angeführt.
    Schobergr.: Leibnitztal und Debanttal, in 2000 m Höhe am Licht (Kitschelt 1925).
    Die Raupe lebt nach Spuler auf *Salix*-Arten. Boreoalpine Art (Holdhaus 1912).

411. *Larentia infidaria* Lah.
S. Gr.: Gastein, an feuchten Felsen und am Licht (Hormuzaki 1900); Fleiß, häufig (J, N, Sch); Kasereck (N).
Auch am Iselsberg bei Winklern (G) und im Debanttal in 1200 m Höhe (Kitschelt 1925).
Eine montane Art.

412. — *cyanata* Hb.
S. Gr.: Fleiß, nicht häufig, auch Übergänge zu ab. *flavomixta* Hirschke.
Gl. Gr.: Beim Glocknerhaus 1 ♂ 23. VIII. 1920 (Warnecke 1920); Marienhöhe, am Tage in 2150 m Höhe 1 ♂ 6. VIII. 1931 (K); auch von Mann aus dem Gebiete angeführt.
Die Raupe lebt nach Spuler (1908—10) an *Arabis alpina* und *ciliata*; die Art ist über die Alpen, Karpathen und Apenninen verbreitet.

413. — *tophaceata* Hb.
S. Gr.: Gastein, 3 Falter 6. und 8. VIII. 1898 (Hormuzaki 1900); beim Fleißgasthof und in den Fleißtälern (J, N, Sch); zwischen Seebichel und Zirmsee (N); am Kasereck (N); Rauriser Tal 900 m (Pfeiffer-Dan. 1920).
Gl. Gr.: Oberhalb Heiligenblut (Pfeiffer-Dan. 1920, Warnecke 1920); Kreitherwand Juli 1940 (Th); Ferleiten 25. VII. 1914 (Sch); auch von Mann (1871) aus dem Gebiete angeführt.

414. — *nobiliaria* H. S.
S. Gr.: Große Fleiß, von 1400 bis 2500 m (J).
Gl. Gr.: Pallik (Hoffmann 1908—09); Böse Platte (Sch); Margaritze (Höfner 1911); Freiwandleiten, am Licht 2450 m 4 ♂, 2 ♀ 3. bis 8. VIII. 1931 (K); Hotel Franz-Josefs-Höhe, am Licht 2 ♀ 6. VIII. 1931 (K); Gamsgrube (Höfner 1911); Katzensteig im unteren Leitertal (Staudinger 1856); am Wienerweg zwischen Stockerscharte und Salmhütte; Kals (G); Daberklamm (G); Wasserfallboden (Sch); Ferleiten (Hoffmann 1908—09); auch von Mann (1871) angeführt.
Die Raupe lebt nach Spuler (1908—10) an *Saxifraga oppositifolia*, die Art ist mit ihrer Futterpflanze auf das hochalpine Areal beschränkt, sie ist boreoalpin verbreitet (Holdhaus 1912).

415. — *verberata* Scop.
S. Gr.: Naßfeld bei Gastein (Hormuzaki 1900); beim Fleißgasthof und in den Fleißtälern häufig (J, N); Schachneralm (N); Seidelwinkeltal 17. VIII. 1937.
Gl. Gr.: Vom Brettboden bis zum Glocknerhaus nicht selten (Warnecke 1920); Freiwandeck, bei den Parkplätzen am Tage; Hotel Franz-Josefs-Höhe, am Licht 2 ♂ 6. VIII. 1931 (K); am Weg von der Franz-Josefs- gegen die Marienhöhe 2 ♂ am Tage 6. VIII. 1931 (K); Dorfer Tal auf den Dorfer Almen (G); Ferleiten 16. VII. 1911 (Sch).
Eine montane Art, die Raupe lebt nach Spuler (1908—10) an Fichten.

416. — *nebulata* Tr.
S. Gr.: Beim Fleißgasthof und am Wege von diesem nach Apriach (J, N, Sch); Kleine Fleiß (J, N, Sch).
Gl. Gr.: Heiligenblut (G); Kreitherwand Juli 1940 (Th); auch von Mann (1871) aus dem Gebiete angeführt.
Die Raupe lebt angeblich an *Galium mollugo*.

417. — *achromaria* Lah.
Gl. Gr.: Von Mann (1871) ohne nähere Fundortangabe angeführt.
Die Raupe lebt an *Galium*-Arten, der Schmetterling ist über die Pyrenäen, Walliser Alpen, Niederdonau, Nordostungarn, Kroatien, Dalmatien, Griechenland, das nördliche Kleinasien und weiter östlich verbreitet.

418. — *incultraria* H. S.
S. Gr.: Beim Fleißgasthof und in den Fleißtälern häufig im Juni (J, N, Sch).
Gl. Gr.: Daberklamm (G); Traueralm 26. VII. 1909 (Sch); Kapruner Tal 27. VII. 1909 (Sch).
Auch bei Windisch-Matrei (Kitschelt 1925).

419. — *scripturata* Hb.
S. Gr.: Fleiß (J, N, Sch).
Gl. Gr.: Heiligenblut (Warnecke 1920); Bricciuskapelle (Sch); Pallik (Hoffmann 1908—09); Wasserfallboden (Pfeiffer-Dan. 1920); auch von Mann (1871) angeführt.
In Huben die var. *dolomitana* Habig (G).

420. — *albicolaria* H. S.
S. Gr.: Fleiß 16. VII. 1938 (J).
Die Raupe lebt nach Spuler oligophag an *Gentiana*-Arten; der Schmetterling ist in den Alpen endemisch.

421. — *cucullata* Hufn.
S. Gr.: Gastein, 24. VII. 1896 1 frischer Falter (Hormuzaki 1900); Fleiß (J, Sch).
Die Raupe lebt nach Spuler (1908—10) an den Blüten von *Galium verum* und *sylvaticum*.

422. — *galiata* Hb.
S. Gr.: Fleiß (J, N. Sch); am Weg vom Fleißgasthof nach Apriach (N).
Gl. Gr.: Oberhalb Heiligenblut in 1500 m Höhe (Sch, Pfeiffer-Dan. 1920); auch von Mann aus dem Glocknergebiet angegeben.
Die Raupe lebt wie die der vorgenannten Art an *Galium verum* und *sylvaticum* (Spuler 1908—10).

423. — *sociata* Bkh.
S. Gr.: Fleiß (J).
Gl. Gr.: Kapruner Tal, auf den Wiesen oberhalb des Kesselfalles (Belling 1920); Wasserfallboden (Belling 1920).
S. Gr.: Die Raupe lebt nach Spuler (1908—10) an *Galium*.

424. — *picata* Hb.
S. Gr.: Am Weg von Gastein ins Kötschachtal, am Waldrand 24. VII. 1898 (Hormuzaki 1900).

425. — *alaudaria* Frr.
S. Gr.: Beim Fleißgasthof und in den Fleißtälern Mitte Juni bis Mitte Juli (J, N).
Gl. Gr.: Daberklamm, Mitte Juli nicht selten (G); auch von Mann aus dem Glocknergebiet angegeben.

426. *Larentia hastata* L.
S. Gr.: Fleiß, nicht häufig (J); Fleiß 24. VI. 1941 (J).
Kleine Fleiß, beim Alten Pocher ab. *depravata* Galv. (loc. typ.).
Gl. Gr.: Daberklamm (G); Dorfer Tal, beim Kalser Tauernhaus (G).
Schobergr.: Debanttal, bis 2200 m Höhe sehr häufig, und Leibnitztal (Kitschelt 1925).
Mack bezeichnet die Art als Charakterform der Rhodoreten.

427. — *tristata* L.
Gl. Gr.: Von Mann ohne nähere Fundortangabe angeführt.

428. — *molluginata* Hb.
S. Gr.: Kleine und Große Fleiß (N); am Weg vom Fleißgasthof nach Apriach (N); Gastein (Hormuzaki 1900).
Gl. Gr.: Von Mann (1871) angegeben.

429. — *affinitata* Stph.
S. Gr.: Fleiß (J).
Schobergr.: Debanttal, in 1400 m Höhe 1 ♂ (Kitschelt 1925).
Die Raupe lebt nach Spuler (1908—09) an verschiedenen *Lychnis*-Arten.

430. — *alchemillata* L.
S. Gr.: Gastein, 24. und 25. VII. 1898 frische Falter (Hormuzaki 1900); Fleiß, am Licht (J, Sch); am Weg vom Fleißgasthof nach Apriach Juli 1929 (N).
Gl. Gr.: Kals 25. VII. 1933 (G); Fuscher Tal oberhalb Ferleiten 1 Falter 14. VII. 1940; auch von Mann (1871) aus dem Glocknergebiet angegeben.
Auch in Winklern im Mölltal und im Debanttal in 1000 m Höhe (Kitschelt 1925).
Die Raupe lebt nach Spuler (1908—10) an *Galeopsis tetrahit*.

431. — *hydrata* Tr.
S. Gr.: Gastein, 1 frischer Falter 6. VIII. 1898 (Hormuzaki 1900); Rauriser Tal (Mann 1871); Fleiß, häufig (J, N, Sch).
Gl. Gr.: Oberhalb Heiligenblut in 1700 m Höhe (Pfeiffer Dan. 1920); Albitzen-SW-Hang (2300—2400 m) 17. VII. 1940.
Gr. Gr.: Landecktal, in 1600 m Höhe (Kitschelt 1925).
Die Raupe lebt nach Spuler (1908—10) in den Samenkapseln von *Silene nutans*.

432. — *minorata* Tr.
S. Gr.: Beim Fleißgasthof und in den Fleißtälern (J, N, Sch); Kasereck (N).
Gl. Gr.: Oberhalb Heiligenblut (Warnecke 1920); Pallik (Hoffmann 1908—09); im Volkerthaus auf der Marienhöhe, am Licht (L); Kals (G); Wasserfall und Moserboden (Pfeiffer-Dan. 1920); auch von Mann aus dem Glocknergebiet angeführt.
Gr. Gr.: Kals-Matreier Törl (Kitschelt 1925).
Die Raupe lebt nach Spuler (1908—10) an *Euphrasia*.

433. — *adaequata* Bkh.
S. Gr.: Gastein, Kötschachtal und Böckstein, zwischen Heidelbeerkraut (Hormuzaki 1900); Fleiß (J, N, Sch).
Gl. Gr.: Oberhalb Heiligenblut in 1600 m Höhe (Pfeiffer-Dan. 1920); Kals (G); Moserboden 2300 m Höhe (Pfeiffer-Dan. 1920); Fuscher Tal oberhalb Ferleiten.
Schobergr.: Leibnitztal (Kitschelt 1925).
Die Raupe lebt nach Spuler (1908—10) an *Euphrasia*.

434. — *albulata* Schiff.
S. Gr.: Gastein 29. VII. 1898 (Hormuzaki 1900); Fleiß (J. N).
Gl. Gr.: Bei Heiligenblut (Warnecke 1920, Hoffmann 1908—09, Pfeiffer-Dan. 1920); Guttal, auf den Wiesen oberhalb der Ankehre der Glocknerstraße 2 Ex. 15. VII. 1940 und 2 Ex. 11. VII. 1941; im Volkerthaus auf der Marienhöhe (L); am Weg vom Glocknerhaus zur Franz-Josefs-Höhe (N); beim Glocknerhaus in 2000 m Höhe (Pfeiffer-Dan. 1920); Kals (Kitschelt 1925); Wasserfall- und Moserboden (Pfeiffer-Dan. 1920); Talschluß des Ködnitztales (G); Albitzen-SW-Hang, in 2200 bis 2300 m Höhe 17. VII. 1940; auch von Mann (1871) aus dem Gebiete angegeben.
Die Raupe lebt nach Spuler (1908—10) an *Alectorolophus*-Arten, die Art steigt mit diesen bis an die obere Grenze der Zwergstrauchstufe empor.

435. — *testaceata* Don.
Am Iselsberg bei Winklern 21. VII. 1909 (Sch). Vielleicht auch noch im engeren Untersuchungsgebiet.

436. — *obliterata* Hufn.
S. Gr.: Gastein, besonders an Erlen (Hormuzaki 1900).
Gr. Gr.: Kals-Matreier Törl 10. VII. 1933 (G).
Schobergr.: Debanttal (Kitschelt 1925).
Die Raupe lebt im Gebiete wahrscheinlich an Erlen. Die Art ist nach Mack (1940) ein Charaktertier der Grauerlenauen.

437. — *luteata* Schiff.
S. Gr.: Fleiß, 1 Falter am Licht 3. VII. 1929 (N).
Die Raupe lebt nach Spuler (1908—10) in den Kätzchen der Erlen.

438. — *flavofasciata* Thbg.
S. G.: Fleiß 20. VII. 1938 (J).
Die Raupe lebt nach Spuler (1908—10) in den Samenkapseln von *Lychnis*-Arten.

439. — *bilineata* L.
S. Gr.: Fleiß, Ende Juli 1939 (J).
Gl. Gr.: Von Mann (1871) ohne nähere Fundortangabe angeführt.
Auch bei Unterpeischlach an der Kalser Straße (G) 23. IX. 1935.

440. *Larentia sordidata* Fbr.
S. Gr.: Fleiß, August 1939 (J).
Schobergr.: Debanttal, in 2000 m Höhe (Kitschelt 1925).
Die Raupe lebt nach Spuler (1908—10) in der Jugend an Weidenkätzchen, später an *Vaccinium myrtillus*.

441. — *autumnalis* Ström.
S. Gr.: Gastein, sehr häufig (Hormuzaki 1900); Fleiß, von Juni bis August (J, N).
Gl. Gr.: Fuscher Tal, oberhalb Ferleiten 14. VII. 1940; Kals (G).
Auch bei Oberpeischlach und Huben (G).
Die Raupe lebt nach Spuler (1908—10) an Erlen; Mack (1940) nennt die Art ein Charaktertier der Grauerlenauen.

442. — *ruberata* Frr.
S. Gr.: Fleiß (J).
Gl. Gr.: Daberklamm (G).
Die Raupe lebt nach Spuler (1908—10) an Weiden.

443. — *silaceata* Hb.
S. Gr.: Fleiß (J).
Gl. Gr.: Von Mann ohne nähere Fundortangabe angeführt.

444. — *berberata* Schiff.
S. Gr.: Fleiß, sehr häufig (J, N, Sch).
Gl. Gr.: Bei Heiligenblut am Licht (Warnecke 1920); Ködnitztal (G); bei Kals (G).
Pinzgau: Kaprun (Belling 1920).
Die Raupen leben an *Berberis* (Sch), nach Spuler (1908—10) an Weiden.

445. *Tephroclystia pusillata* Fbr.
Gl. Gr.: Beim Kesselfall im Kapruner Tal (Belling 1920).
Schobergr.: Debanttal, in 1200 m Höhe (Kitschelt 1925).
Die Raupe lebt nach Spuler (1908—10) an Nadelhölzern.

446. — *abietaria* Gze.
S. Gr.: Gastein 19. VII. 1898 (Hormuzaki 1900).
Auch in Huben 27. VII. 1931 (G).
Die Raupen leben nach Spuler (1908—10) in den Gallen von *Chermes viridis* und *coccinus* an Fichten.

447. — *togata* Hb.
S. Gr.: Fleiß, am Licht 14. VII. 1939 (J, Sch).
Die Raupe lebt nach Spuler (1908—10) an den Zapfen von Fichten und Tannen.

448. — *venosata* Fbr.
S. Gr.: Fleiß (J, Sch).
Die Raupe lebt nach Spuler in den Samenkapseln von *Silene inflata* und *Lychnis dioica*.

449. — *alliaria* Stgr.
S. Gr.: Fleiß, am Licht 1 Stück (J). Die Bestimmung wurde von H. Zerny (Wien) bestätigt.
Die Raupe lebt nach Spuler (1908—10) an den Samen von *Allium flavum*, welches im Untersuchungsgebiete nicht vorkommt. Sie geht aber jedenfalls auch auf andere *Allium*-Arten über.
Die Art wird vom Dobratsch, aus Niederdonau, Ungarn und dem Küstengebiete des Schwarzen Meeres angegeben. Sie ist ein südöstliches Element der Tauernfauna und als Steppenrelikt zu betrachten.

450. — *euphrasiata* H. S.
S. Gr.: Fleiß, am Licht (J, Sch).
Die Raupe lebt nach Spuler an *Euphrasia*.

451. — *pimpinellata* Hb.
S. Gr.: Fleiß Juli 1939 (J, Sch).

452. — *distinctaria* H. S.
S. Gr.: Beim Fleißgasthof (J, Sch); Große Fleiß (N).
Gl. Gr.: Freiwand, in 2450 m am Licht 1 ♀ 4. VIII. 1931 (K, vgl. auch Thurner 1937).

453. — *assimilata* Gn.
S. Gr.: Im Fleißgasthof am Licht Anfang August 1939 1 frisches ♀ (Sch).

454. — *absinthiata* Cl.
S. Gr.: Gastein, 1 auffällig aberranter Falter (Hormuzaki 1900); Fleiß (J, N, Sch); am Wege vom Fleißgasthof nach Schachnern (N).

455. — *denotata* Hb.
Gl. Gr.: Fuscher Tal, oberhalb Ferleiten 14. V. 1940.
Die Raupe lebt nach Spuler (1908—10) im Herbst in den Samenkapseln verschiedener *Campanula*-Arten.

456. — *lariciata* Frr.
S. Gr.: Gastein, 1 Falter 26. VII. 1898 (Hormuzaki 1900); Fleiß, von Juni bis August sehr häufig (J, N, Sch); vom Fleißgasthof gegen Döllach (N).
Gl. Gr.: Kals (G); im Gebiete weiter verbreitet.
Schobergr.: Leibnitztal, in 1500 m Höhe (Kitschelt 1925).

457. — *castigata* Hb.
S. Gr.: Fleiß (J, Sch).

458. — *satyrata* Hb. f. typ. und ab. *substrata* Stgr.
S. Gr.: Fleiß, im Juni (J, teste Sch).

459. — *silenata* Stdf.
S. Gr.: Beim Fleißgasthof und in der Kleinen Fleiß beim Alten Pocher Juli 1929 (N).
Die Raupe ebt nach Spuler (1908—10) an den Samenkapseln von *Silene inflata*.

460. *Tephroclystia succenturiata* L. ab. *subfulvata* Hw. und ab. *oxydata* Tr.
S. Gr.: Fleiß, sehr häufig (J, N, Sch).
461. — *scabiosata* Bkh.
S. Gr.: Fleiß, im Juni (J, teste Sch).
Die Raupe lebt nach Spuler (1908—10) an *Pimpinella saxifraga, Scabiosa, Solidago, Globularia, Bupleurum* und anderen Pflanzen.
Die Art dürfte auf die warmen Lagen des Mölltales beschränkt sein.
462. — *impurata* Hb.
S. Gr.: Gastein (Hormuzaki 1900); Fleiß (J, Sch).
Die Raupe lebt nach Spuler (1908—10) auf *Campanula*-Arten.
463. — *semigraphata* Brd.
S. Gr.: Fleiß, am Licht Ende Juli 1929 (N).
Gl. Gr.: Bei Heiligenblut an Felsen (Sch).
An der Kalser Straße bei Haslach wurde die ab. *ochroradiata* Preiss. an Felsen Mitte Juli 1933 gefunden (G).
Auch bei Windisch-Matrei (Kitschelt 1925).
Die Raupe lebt nach Spuler an *Thymus serpyllum* und *Satureja calamintha*. Die Art ist über die wärmeren Teile Mitteleuropas und Südeuropa verbreitet, sie ist als thermophiles Element der Tauernfauna zu betrachten.
464. — *graphata* Tr.
Gl. Gr.: Von Mann (1871) ohne genauere Fundortangabe angeführt.
Wenn diese Angabe richtig ist, so liegt im Vorkommen dieser Art im Mölltal (nur dort kann Mann das Tier gefunden haben) ein typisches Beispiel relikthafter Verbreitung einer Steppenform im Glocknergebiet vor. Die Art ist mir sonst noch von Zermatt, aus dem Ortlergebiet und aus Südosteuropa vorgelegen.
465. — *exiguata* Hb.
S. Gr.: Fleiß, Raupen Mitte August 1939 an *Berberis* (J).
466. — *sobrinata* Hb.
S. Gr.: Fleiß subsp. *graescoriata* Rätz. (J).
Gl. Gr.: Oberhalb Heiligenblut (Höfner 1911); Ködnitztal (G); Kals (G); Eingang in die Daberklamm, Ende September 1935 (G).
Die Raupe lebt nach Spuler (1908—10) an *Juniperus*.
467. *Chloroclystis rectangulata* L.
S. Gr.: Gastein 24. VII. 1898 (Hormuzaki 1900); Fleiß, Ende Juli 1937 ab. *subaerata* Hb. (J), Ende Juli 1939 f. typ. (J, Sch).
In Huben ab. *nigrosericeata* Hw. Juli 1933 (G).
Die Raupe lebt nach Spuler (1908—10) an *Prunus*-Arten.
468. — *debiliata* Hb.
Am Iselsberg und im Mölltal (Höfner 1911); die Art dürfte im engeren Untersuchungsgebiet noch zu finden sein.
469. *Phibalapteryx tersata* Schiff.
S. Gr.: Beim Fleißgasthof (N); Große Fleiß (N); am Weg vom Fleißgasthof zum Kasereck Juli 1929 (N).
Gl. Gr.: Bei der Bricciuskapelle (Mann 1871).
Die Raupe lebt nach Spuler (1908—10) an *Clematis vitalba*.
470. — *aemulata* Hb.
S. Gr.: Fleiß, ziemlich häufig (J, N).
Gl. Gr.: Einzeln beim Gößnitzfall (Mann 1871); Katzensteig im untersten Leitertal, einzeln (Höfner 1911); unterer Teil des Leitertales (Locke 1894—95).
Die Art ist ein Gebirgstier.
471. *Abraxas marginata* L.
S. Gr.: Gastein 24. VII. 1898 (Hormuzaki 1900); Fleiß (J).
Gl. Gr.: Heiligenblut (Mann 1871).
Pinzgau: Im Walde bei Kaprun (Belling 1920).
472. — *adustata* Schiff.
Gl. Gr.: Bei Heiligenblut (Mann 1871).
473. *Deilinia pusaria* L.
S. Gr.: Gastein, Juli 1898 gemein (Hormuzaki 1900); Fleißgasthof und in der Großen Fleiß (J, N); Mölltal (Mann 1871).
Gl. Gr.: Beim Kesselfall im Kapruner Tal (Belling 1920); Fuscher Tal oberhalb Ferleiten, abends zahlreich um die Grauerlen an der Fuscher Ache schwärmend 14. VII. 1940.
Pinzgau: Kaprun (Belling 1920).
Auch bei Huben (G).
Die Raupe lebt nach Spuler (1908—10) an Erlen und Birken.
474. — *exanthemata* Scop.
S. Gr.: Gastein, auf Waldwiesen 28. VII. 1898 (Hormuzaki 1900); Fleiß, 1 Falter 25. VI. 1929 (N); Mölltal (Mann 1871).
Die Raupe lebt nach Spuler (1908—10) auf Laubhölzern, besonders *Salix*-Arten.
475. *Ellopia prosapiaria* L. ab. *prasinaria* Hb.
S. Gr.: Gastein (Hormuzaki 1900); Fleiß (J); Seidelwinkeltal, 1 Falter 17. VIII. 1937.
Die Raupe lebt an Nadelbäumen (Spuler 1908—10).
476. *Metrocampa margaritata* L.
S. Gr.: Gastein, 1 Falter am Waldrand 19. VII. 1898 (Hormuzaki 1900).
Die Raupe lebt an Laubhölzern.

477. *Selenia bilunaria* Esp.
S. Gr.: Fleiß (J).
478. — *tetralunaria* forma *aestiva* Stgr.
S. Gr.: Fleiß (Sch).
Die Raupe lebt an Erlen und anderen Laubhölzern.
479. — *lunaria* Schiff (Übergänge zu ab. *sublunaria*).
S. Gr.: Fleiß (J); Mölltal (Mann 1871).
Die Raupe lebt an verschiedenen Sträuchern, die Art ist im Gebiete einbrütig (J).
480. *Gonodontis bidentata* Cl.
S. Gr.: Fleiß (J).
481. *Crocallis elinguaria* L.
S. Gr.: Beim Fleißgasthof am Licht 7. VIII. 1929 (N); Fleiß (J); am Weg vom Fleißgasthof nach Heiligenblut 3. VIII. 1929 (N).
482. *Ourapteryx sambucaria* L.
S. Gr.: Gastein 19. und 24. VII. 1898 (Hormuzaki 1900).
483. *Opisthograptis luteolata* L.
S. Gr.: Gastein 17. VII. 1898 (Hormuzaki 1900); Fleiß (J).
Gl. Gr.: Heiligenblut (Warnecke 1920); Kals 14. V. 1932 (leg. Hassenteufel, teste G).
484. *Venilia macularia* L.
S. Gr.: Mölltal (Mann 1871).
Gl. Gr.: Böse Platte (Mann 1871).
Die Raupe lebt nach Spuler (1908—10) an *Lamium*, *Stachys* und wohl auch an anderen Labiaten.
485. *Semiothisa notata* L.
Gl. Gr.: Beim Kesselfall im Kapruner Tal (Belling 1920); auch von Mann (1871) aus dem Glocknergebiet angegeben.
Die Raupe lebt nach Spuler (1908—10) an Erlen, Weiden und anderen Laubhölzern.
486. — *signaria* Hb.
S. Gr.: Kötschachtal bei Gastein 21. VII. 1898 (Hormuzaki 1900).
Schobergr.: Debanttal, in 1000 m Höhe (Kitschelt 1925).
Auch an der Kalser Straße bei Staniska 7. VII. 1934 (G).
Die Raupe lebt nach Spuler (1908—10) an Fichten.
487. — *liturata* Cl.
S. Gr.: Rauriser Tal (Mann 1871); Fleiß (J); am Weg vom Fleißgasthof nach Apriach 1 Falter am Licht 23. VI. 1929 (N).
Die Raupe lebt nach Spuler (1908—10) an Nadelhölzern.
488. *Biston alpinus* Sulz.
S. Gr.: Kleine Fleiß, beim Alten Pocher Raupen (J); Gjaidtroghöhe, in etwa 2500 m Höhe 20. VI. 1940 (J).
Gl. Gr.: Brettboden, 2 Raupen (Warnecke 1920); Pasterzenvorfeld zwischen Glocknerhaus und Möll, 8. VIII. 1937 1 Raupe; im Volkerthaus auf der Marienhöhe am Licht 1 ♂ 19. VII. 1937 (L); Johanneshütte (Hofmannshütte) in der Gamsgrube (Mann 1871); Hirzbachtal 12. VIII. 1917, Raupen (Kitschelt 1925); Fuscher Tal 14. VIII. 1917, Raupen (Kitschelt 1925); Traueralm, 1 ♀ am Spätnachmittag bei den Almhütten auf einem Stein sitzend 22. V. 1941.
Die Raupe ist nach Spuler (1908—10) polyphag. Jaitner fand sie in der Kleinen Fleiß an *Gnaphalium leontopodium*. Die Art ist in den Alpen endemisch und scheint auf die Zwergstrauch- und hochalpine Grasheidenstufe beschränkt zu sein.
489. *Amphidasis betularia* L.
S. Gr.: Gastein 19. VII. 1898 1 ♀, 7. VIII. 1898 1 ♂ (Hormuzaki 1900); Fleiß (J); Fleiß, 1 Ex. der ab. *doubledayaria* Mill. 8. VI. 1941 (J).
Gl. Gr.: Kapruner Tal, beim Kesselfall (Belling 1920).
Pinzgau: Kaprun (Bellin 1920).
490. *Synopsia sociaria* Hb.
Gl. Gr.: Leiterkogel (Mann 1871).
491. *Boarmia secundaria* Schiff.
Mölltal: N-Hang gegenüber von Flattach, aus Waldmoos aufgescheucht 1 ♂ 18. VI. 1942.
S. Gr.: Gastein 8. VIII. 1898 1 ♂, 1 ♀ (Hormuzaki 1900); Fleiß Juli 1935 (J).
Gl. Gr.: Von Mann ohne nähere Fundortangabe angeführt.
Gr. Gr.: Landecktal, in 1500 m Höhe 1 Falter 3. VIII. 1922 (Kitschelt 1925).
Auch in Huben 25. VII. 1935 (G).
Die Raupe lebt nach Spuler (1908—10) an Fichten.
492. — *repandata* L.
S. Gr.: Gastein, 19. VII. bis 6. VIII. 1898 sehr häufig (Hormuzaki 1900); beim Fleißgasthof häufig, auch in der Großen Fleiß (J, N).
Gl. Gr.: In den tieferen Lagen des Kapruner Tales (Belling 1920); wohl auch sonst im Gebiete verbreitet, auch von Mann (1871) angeführt. Mann sammelte auch die ab. *conversaria* Hb.
493. — *consortaria* Fbr.
Gl. Gr.: Von Mann (1871) ohne genauere Fundortangabe angeführt.
494. — *lichenaria* Hufn.
Gleichfalls nur von Mann (1871) angeführt.
495. — *rubata* Thngb.
S. Gr.: Fleiß, Mitte Juli 1938 (J); Moharkopf (Höfner 1911).
Die Raupe lebt nach Spuler (1908—10) an Flechten und Moosen.

496. *Boarmia luridata* Bkh.
Gl. Gr.: Gipperalm (Mann 1871).
Die Raupe lebt nach Spuler (1908—1910) auf verschiedenen Laubhölzern.

497. — *crepuscularia* Hb.
S. Gr.: Fleißgasthof 16. VI. 1940 (J).
Gl. Gr.: Gipperalm (Mann 1871).

498. *Gnophos furvatus* Schiff.
Von Mann (1871) aus dem Untersuchungsgebiet angegeben.

499. — *obscurarius* Hb.
Gleichfalls nur von Mann (1871) angeführt.

500. — *ambiguatus* Dup.
S. Gr.: Fleiß, Mitte Juni bis Mitte Juli (J, N).
Gl. Gr.: Oberhalb Heiligenblut in 1600 m Höhe (Pfeiffer-Dan. 1920); am Haritzerweg oberhalb Heiligenblut an Felsen 24. VII. 1903 (Sch); Kreitherwand Juli 1940 (Th); am Weg von Kals ins Ködnitztal 24. VII. 1933 (G).
Die Art ist ein Gebirgsbewohner.

501. — *pullatus* Tr.
Mölltal (Warnecke 1920); auch von Mann (1871) aus dem Gebiete angeführt.

502. — *glaucinarius* Hb.
S. Gr.: Naßfeld bei Gastein, 3. VIII. 1898 1 Falter (Hormuzaki 1900); beim Fleißgasthof und in den Fleißtälern überall häufig (J, N, Sch); Kasereck (N).
Gl. Gr.: Oberhalb Heiligenblut in 1600 m Höhe (Pfeiffer-Dan. 1920); Kreitherwand Juli 1940 (Th); Pallik, an Felsen (Hoffmann 1908—09); Daberklamm (G); Kapruner Tal (Sch); auch von Mann (1871) aus dem Gebiete angeführt.
Auch an der Kalser Straße bei Staniska (G).
Die Raupe lebt polyphag an niederen Pflanzen.

503. — *sordarius mendicarius* H. S.
S. Gr.: Beim Fleißgasthof und in den Fleißtälern (J, N).
Gl. Gr.: Oberhalb Heiligenblut in 1600 m Höhe (Pfeiffer-Dan. 1920); Daberklamm (G); Ferleiten (Sch); auch von Mann (1871) aus dem Gebiete angeführt.
Gr. Gr.: Kals-Matreier Törl (G).
Schobergr.: Debanttal in 2000 m Höhe und Leibnitztal in 2300 m Höhe (Kitschelt 1925).
Die Art ist boreoalpin verbreitet (Holdhaus 1912).

504. — *serotinarius* Hb.
S. Gr.: Gastein, an Baumstämmen häufig (Hormuzaki 1900); Fleiß im Juli (J, N).
Gl. Gr.: Von Mann (1871) angeführt.
Die ab. *tenebrarius* Wagn. wurde an der Kalser Straße bei Haslach im Juli gesammelt (G); die f. typ. auch bei Windisch-Matrei (Kitschelt 1925).
Die Art ist über die Alpen und die Gebirge Mittelitaliens verbreitet, die Raupe ist polyphag.

505. — *dilucidarius* Schiff.
S. Gr.: Gastein, ab 24. VII. 1898 sehr häufig (Hormuzaki 1900); beim Fleißgasthof und in den Fleißtälern häufig (J, N, Sch); Kasereck (N); zwischen Seebichel und Zirmsee (N); Sandkopf (N); Schachneralm (N).
Gl. Gr.: Pallik (Hoffmann 1908—09); Kreitherwand (Th); oberhalb Heiligenblut in 1600 m Höhe und im Pasterzenvorfeld (Pfeiffer-Dan. 1920); im Volkerthaus auf der Marienhöhe (L); Kals (G); Kapruner Tal, auf dem Wasserfallboden (Pfeiffer-Dan. 1920); Ferleiten (Sch); auch von Mann (1871) angeführt.
Gr. Gr.: Auf der SO-Seite des Muntanitz.
Der Falter fliegt im Juli, die Raupe ist polyphag. Die Art ist boreoalpin verbreitet.

506. — *myrtillatus* Thngb.
S. Gr.: Gastein, (var. *obfuscarius* Hb.) 31. VII. 1898 1 Falter (Hormuzaki 1900); Fleiß, häufig (J, N, Sch); Sandkopf (N); Kasereck (N); Mölltal bei Sagritz (Staudinger 1856); am Weg von Pockhorn über den Möllfall nach Heiligenblut (N); Mallnitzer Tauerntal, unterhalb des Gasthofes Gutenbrunn 1 ♀ 5. IX. 1941.
Gl. Gr.: Oberhalb Heiligenblut in 1600 m Höhe (Sch, Pfeiffer-Dan. 1920); Pallik, zahlreich am Licht (Hoffmann, 1908—09); am Weg vom Glocknerhaus zur Franz-Josefs-Höhe (N); Freiwand, in 2450 m am Licht 3. VIII. 1931 1 ♀ der var. *obfuscarius* Hb. (K), 4. VIII. 1931 1 ♀ der ab. *linosarius* Hb. (K); Hotel Franz-Josefs-Höhe, am Licht 1 ♂ der ab. *linosarius* Hb. 6. VIII. 1931 (K); Teischnitztal (Kitschelt 1925); Kals (Kitschelt 1925); Trauneralm (Hoffmann 1908—09); auch von Mann aus dem Gebiete angeführt (ab. *obfuscarius* Hb.).
Schobergr.: Jägeralm; Debanttal, in 1900 m Höhe; Lesachtal; Leibnitztal (alle nach Kitschelt 1925).
Die Art ist boreoalpin verbreitet (Holdhaus 1912), die Raupe ist polyphag.

507. — *zellerarius* Frr.
S. Gr.: Große Fleiß, in 2500 m zahlreich am Licht (J. Sch).
Gl. Gr.: Hochtor (Mann 1871); oberhalb des Glocknerhauses in 2300 m Höhe (Pfeiffer-Dan. 1920); Franz-Josefs-Höhe, am Licht (Sch); Freiwand, in 2450 m Höhe 3 ♂ 3. und 8. VIII. 1931 (K, Thurner 1937); Gamsgrube (Hoffmann 1908—09, Thurner 1937).
Ich habe zahlreiche Raupen dieser Art oder von *Dasydia tenebraria*, die im Raupenstadium von *Gnophos zellerarius* kaum zu unterscheiden ist, hochalpin unter Steinen gesammelt. Die Art scheint auf die hochalpine Grasheiden- und Polsterpflanzenstufe beschränkt zu sein und dürfte im Untersuchungsgebiet in diesen Zonen überall vorkommen; sie ist in den Alpen endemisch.

508. *Gnophos caelibarius intermedius* Kautz.
S. Gr.: Große Fleiß, in etwa 2500 *m* Höhe, wo die ♂ in der Dämmerung schwärmen und auch ans Licht kommen (J, Sch); Sandkopf (N); Raupen fand ich an folgenden Stellen: Hänge der Gjaidtroghöhe gegen den Zirmsee; am Weg aus der Großen Fleiß zur Weißenbachscharte; an den Westhängen des Roßschartenkopfes; am S-Hang des Hochtortauernkopfes.
Gl. Gr.: Hochtor (Mann 1871); oberhalb des Glocknerhauses in 2300 *m* Höhe (Pfeiffer-Dan. 1920); Abstieg vom Spielmann zur unteren Pfandlscharte, 1 ♂ noch am 4. IX. 1911 (Kitschelt 1925); massenhaft in der *Nebria atrata*-Zone südwestlich der Pfandlscharte, wo die ♂ in der Dämmerung schwärmen, die ♀ einzeln auf Steinen sitzend anzutreffen sind; Großer Burgstall; Breitkopf, in 3100 *m* 1 ♂, 1 ♀ Ende Juli 1938; bei der neuen Salmhütte; oberhalb der Stüdlhütte 25. VII. 1938 abends die ♂ massenhaft schwärmend; auf der Foledischnitzscharte unmittelbar vor der Stüdlhütte; 1 ♂ sammelte ich im Pasterzenvorfeld am Paschingerweg unmittelbar vor der Pasterzenzunge, es ist dies der tiefste mir bekannte Fundort im Untersuchungsgebiet. Raupen fand ich unter Steinen an folgenden Fundorten: südwestlich der beiden Pfandlscharten sehr zahlreich, fast nur in der Polsterpflanzenstufe; Vorfeld des Magneskeeses; Kar zwischen Albitzen- und Wasserradkopf; Wasserfallwinkel; Mittlerer Burgstall; Großer Burgstall; am Glocknerkamp unmittelbar über der Pasterze; Hänge unterhalb des Schwerteckkeeses; am Weg von der Pasterze zur Stockerscharte; Moränengebiet des Leiter- und Hohenwartkeeses im Talschluß des Leitertales; Kar auf der SW-Seite der Pfortscharte; Langer Trog, im obersten Ködnitztal; am Weg von der Salmhütte zum Bergertörl und von diesem zum Peischlachtörl; an den Hängen der Edelweißspitze gegen das Fuscher Törl; N-Hang des Fuscherkarkopfes gegen den Wasserfallkees.
Gr. Gr.: SO-Seite der Aderspitze oberhalb des Schwarzsees mehrere Raupen.
Schobergr.: Petzeck in 3000 *m* Höhe (Kitschelt 1925); Großer Roter Kopf; Viehkofel; Kruckelkopf bis Perschitzkopf; Gößnitzkopf (alle nach Kitschelt 1925).
Gnophos caelibarius intermedius ist im Gebiete fast ausschließlicher Bewohner der Polsterpflanzenstufe und Charakterart der *Nebria atrata*- sowie *Caeculus echinipes*-Assoziation. Die Falter fliegen vom Juli bis September, die Raupen findet man während des ganzen Sommers unter Steinen. *Gnophos caelibarius* ist in den Alpen endemisch und bildet mehrere Rassen, die sich auch hinsichtlich ihres ökologischen Verhaltens unterscheiden dürften.

509. *Dasydia tenebraria innuptaria* H. S.
S. Gr.: Große Fleiß, ab 2200 *m* Höhe (J, Sch); Sandkopf (J, N); Zirmsee (J); knapp unterhalb des Gipfels auf der W-Seite der Gjaidtroghöhe.
Gl. Gr.: Kar zwischen Albitzen- und Wasserradkopf, in der Polsterpflanzenstufe; südwestlich der Pfandlscharten, an der oberen Rasengrenze über den Abstürzen zum Naßfeld; Pfandlschartenvorfeld (Sch); Franz-Josefs-Höhe (Hoffmann 1908—09, Sch); am Weg von der Freiwand zum Magneskees; Gamsgrube; Haldenhöcker unter dem Mittleren Burgstall; Pfortscharte; Moserboden, von 2000 bis 2300 *m* Höhe (Pfeiffer-Dan. 1920); auch von Mann (1871) aus der Gamsgrube angegeben.
Schobergr.: Am Weg vom Bergertörl zum Peischlachtörl; Debanttal (Kitschelt 1925); Südlicher Klammerkopf, in 3000 *m* Höhe; Gößnitzkar, in 2600 *m* Höhe; Glödis 3200 *m*; Weitenkar; Tricht; Moräne des Viehkofelkeeses (Kitschelt 1925).
Für die Raupe gilt das schon bei *Gnophos zellerarius* Gesagte.
Die Art lebt hochalpin in den Alpen, Pyrenäen und im Apennin, sie ist im Untersuchungsgebiete auf die hochalpine Grasheiden- und die Polsterpflanzenstufe beschränkt.

510. *Psodos alticolarius* Mn.
S. Gr.: An den Hängen der Gjaidtroghöhe gegen die Große Fleiß nur auf ganz verwittertem Glimmerschiefer in der Polsterpflanzenstufe, dort aber in Menge (J, Sch).
Gl. Gr.: Gamsgrube (loc. typ.). Mann (1853) schreibt darüber: „Ich entdeckte diese Art auf dem Großglockner in der sogenannten Gamsgrube ungefähr 1000 Fuß ober dem Pasterzengletscher, wo sie an windstillen, sonnigen Vormittagen zwischen dem höchsten Steingerölle flog. Ich konnte trotz alles Suchens bisher nur zwei Stücke erbeuten; das ♂ fing ich am 29. VII. 1848, das ♀ am 5. VIII. 1849." Gamsgrube, nur auf Kalkphyllitschutt (Sch); Großer Burgstall; auf der Hochfläche in der Polsterpflanzenvegetation; auf der Moräne des Pfandlschartenkeeses (ab. *gracilis* Schwgss.) (Sch); Kar südwestlich unterhalb der Pfortscharte, in der *Caeculus echinipes*-Assoziation; Talschluß des Kapruner Tales, in 2500 *m* Höhe (Kitschelt 1925).
Die Art steigt im Gebiete nirgends unter 2400 *m* herab (Sch); sie ist eine Charakterform der Polsterpflanzenstufe. *Psodos alticolarius* erreicht in den Hohen Tauern die Ostgrenze seiner Verbreitung in den Alpen.

511. — *alpinatus* Scop.
S. Gr.: Große Fleiß, von 1800 bis 2300 *m* Höhe (J, N, Sch); an den Hängen der Gjaidtroghöhe gegen den Zirmsee und am Wege von diesem zum Seebichel (N); Sandkopf (N).
Gl. Gr.: Am Weg vom Glocknerhaus zur Margaritze 3 Falter; Speikbodengebiet auf der SW-Seite der Pfandlscharte, 1 Falter am Weg; am Weg vom Glocknerhaus zur Franz-Josefs-Höhe (N); Langer Trog, oberstes Ködnitztal; Teischnitztal (Kitschelt 1925); Moserboden (Pfeiffer-Dan. 1920); Edelweißwand, unterhalb des Fuscher Törls; Walcher Hochalm, im Kargrund und am Weg nach Ferleiten bis 1800 *m* Höhe mehrfach 9. VII. 1941.
Gr. Gr.: Kals-Matreier Törl (G); Matreier Tauerntal, in 2200 *m* Höhe (Kitschelt 1925).
Schobergr.: Debanttal (Kitschelt 1925).
Die Art findet sich auf den Grasmatten des Zwergstrauchgürtels, in der hochalpinen Grasheidenzone und einzeln noch in der Polsterpflanzenstufe; sie ist ein Tier des Hochgebirges. Hormuzaki (1900) beobachtete sie zahlreich zwischen Büschen von *Rhododendron ferrugineum* auf der Schmittenhöhe.

512. — *noricanus* Wagn.
S. Gr.: Große Fleiß und Gjaidtroghöhe, über 2400 *m* Höhe (J, N).
Auch in den Alpen von Steiermark, Ober- und Niederdonau sowie in Tirol.

513. *Psodos coracinus* Esp.
S. Gr.: Große Fleiß, ab 1900 m Höhe (J, N, Sch); am Weg vom Seebichel zum Zirmsee (N); Sandkopf (N);. Stanziwurten 2. VII. 1937; beim Zirmsee Anfang August 1937.
Gl. Gr.: Beim Glocknerhaus 17. VII. 1940; am Weg vom Glocknerhaus zur Pfandlscharte (Sch); Gamsgrube (Sch, Hoffmann 1908—10); Haldenhöcker unterhalb des Mittleren Burgstalls 16. VII. 1940; Walcher Sonnleitbratschen, in 2300 bis 2600 m Höhe 9. VII. 1941; Oberes Naßfeld unterhalb des Fuscher Törls, 2 Ex. 10. VII. 1941.
Gr. Gr.: Am Weg vom Kalser Tauernhaus zur Aderspitze 18. VII. 1937.
Schobergr.: Gößnitzkar; Leibnitztal, in 2300 m Höhe (Kitschelt 1925).
Die Art dürfte im ganzen Gebiete von der Zwergstrauchzone aufwärts bis in die hochalpine Polsterpflanzenstufe zu finden sein, sie ist boreoalpin verbreitet (Holdhaus 1912).

514. — *trepidarius* Hb.
S. Gr.: An den Hängen der Gjaidtroghöhe gegen die Große Fleiß (J, N, Sch);. zwischen Seebichel und Zirmsee (N); früher sehr häufig bei der Kasereckkapelle (J).
Gl. Gr.: Am SW-Hang des Albitzenkopfes 17. VII. 1940; im Kar zwischen Albitzen- und Wasserradkopf Anfang August 1937; beim Glocknerhaus; im Gebiet südwestlich der Pfandlscharte; am Weg von der Freiwand gegen das Naßfeld des Pfandlschartenbaches 1 ♂, 2 ♀ 5. VIII. 1931 (K); Gamsgrube (Hoffmann 1908—09); Teischnitztal (Kitschelt 1925); oberhalb des Moserbodens in 2000 bis 2300 m Höhe (Pfeiffer-Dan. 1920); auch von Mann (1871) aus dem Glocknergebiet angegeben.
Gr. Gr.: Kals-Matreier Törl (Kitschelt 1925).
Schobergr.: Gößnitzkar und Weitenkar (Kitschelt 1925).
Auch diese Art dürfte im Gebiete oberhalb der Waldgrenze allgemein verbreitet sein. Oberhalb der Glocknerstraße saßen die Falter einmal nachmittags vor einem Gewitter dicht gedrängt bis zu 20 Stück unter vorspringenden Steinplatten beisammen (Sch).

515. — *quadrifarius* Sulz. f. typ. und ab. *staenolaenius* Schwgss.
S. Gr.: In der Großen Fleiß von 1700 bis 2000 m Höhe die f. typ., über 2200 m Höhe die ab. *stenolaenius* (J, Sch); Kleine Fleiß, beim Alten Pocher (N); Sandkopf, wohl die ab. *stenolaenius* (N).
Gl. Gr.: Oberhalb Heiligenblut schon in 1700 m Höhe (Pfeiffer-Dan. 1920); Guttal, auf den Wiesen oberhalb der Glocknerstraße zahlreich 11. VII. 1941; auf den Wiesen am Haritzerweg zwischen Glocknerhaus und Naturbrücke über die Möll überaus häufig; am Weg vom Glocknerhaus zur Franz-Josefs-Höhe (N); im Kar zwischen Albitzen- und Wasserradkopf in 2400 m Höhe (wohl ab. *stenolaenius*); häufig um die Hofmannshütte in der Gamsgrube (Sch, Hoffmann 1908—09); typischer Fundort der ab. *stenolaenius* Schwgss.; am Weg von der Rudolfshütte zum Tauernmoos 16. VII. 1937; im Dorfer Tal auf den Dorfer Almen (G); Wasserfall- und Moserboden (Pfeiffer-Dan. 1920); Walcher Hochalm, am Karboden und am S-Hang bis 2300 m Höhe und darüber zahlreich 9. VII. 1941; zwischen Piffkaralm und Hochmais über der Glocknerstraße in 1750 m Höhe 15. VII. 1940.
Gr. Gr.: Kals-Matreier Törl (G); Matreier Tauerntal (Kitschelt 1925).
Schobergr.: Debanttal und Leibnitztal (Kitschelt 1925).
Die Art bewohnt die Grasmatten und Grasheiden von der subalpinen Zone aufwärts bis in die hochalpine Grasheidenstufe; sie ist über die Pyrenäen, Alpen und Karpathen verbreitet.

516. *Pygmaena fusca* Thnbg.
S. Gr.: An den Hängen der Gjaidtroghöhe gegen die Große Fleiß über 2200 m Höhe (J, N, Sch); am Weg vom Seebichel zum Zirmsee (N); am Tauernkamm zwischen Hochtor und Roßschartenkopf Anfang August 1937; Moharkopf (Märkel und Kiesenwetter 1848, Staudinger 1856).
Gl. Gr.: Hochtor (Mann 1871; Höfner 1911); Freiwand, gegen das Naßfeld des Pfandlschartenbaches 1 ♂ 5. VIII. 1931 (K); Gamsgrube (Sch, Züllich); oberhalb des Moserbodens in 2300 m Höhe (Pfeiffer-Dan. 1920).
Schobergr.: Debanttal, in 2000 m Höhe (Kitschelt 1925).
Die Art ist boreoalpin verbreitet (Holdhaus 1912), sie steigt im Gebiete kaum unter die hochalpine Grasheidenstufe herab.

517. *Fidonia carbonaria* Cl.
Gl. Gr.: Gamsgrube (teste Züllich); auch von Mann aus dem Glocknergebiet angegeben; beim Glocknerhaus (Thurner 1923).
Die Art scheint in den Alpen östlich der Hohen Tauern nicht vorzukommen, sie ist boreoalpin verbreitet (vgl. Warnecke 1934).

518. *Ematurga atomaria* L.
S. Gr.: Beim Fleißgasthof und in den Fleißtälern (J, N); am Wege vom Fleißgasthof nach Heiligenblut (N); im Hüttenwinkeltal zwischen Bodenhaus und Grieswiesalm zahlreich schon am 15. V. 1940; bei Döllach ab. *unicolor* 25. VII. 1921 (Sch).
Gl. Gr.: Von Mann (1871) angegeben.

519. *Bupalus piniarius* L. ab. *mughusarius* Gump.
S. Gr.: Fleiß, nicht häufig (J, N).
Gl. Gr.: Von Mann angeführt.
Die Raupe lebt nach Spuler (1908—10) an *Pinus*-Arten.

520. *Thamnonoma wauaria* L.
S. Gr.: Gastein (Hormuzaki 1900); Fleiß, in manchen Jahren in Menge (J, N); Mölltal (Staudinger 1856).
Gl. Gr.: Oberhalb Heiligenblut in 1600 m Höhe (Pfeiffer-Dan. 1920); auch von Mann (1871) angeführt. Auch bei Huben (G) und im Debanttal in 1500 m Höhe (Kitschelt 1925).

521. — *brunneata* Thnbg.
S. Gr.: Gastein und Böckstein, namentlich in lichten Wäldern und an Berglehnen zwischen Heidelbeerbüschen, häufig Mitte Juli bis Anfang August 1898 (Hormuzaki 1900).
Gl. Gr.: Trauneralm 27. VII. 1909 (Sch).
Schobergr.: Debanttal, in 1900 bis 2000 m Höhe (Kitschelt 1925).
Die Raupe lebt nach Spuler (1908—10) an *Vaccinium myrtillus*.

522. *Phasiane clathrata* L.
   S. Gr.: Gastein (Hormuzaki 1900); beim Fleißgasthof und in der Großen Fleiß (J, N, Sch).
   Gl. Gr.: Oberhalb Heiligenblut in 1500 m Höhe (Pfeiffer-Dan. 1920); an der alten Glocknerstraße oberhalb Heiligenblut (N); an der Glocknerstraße zwischen Bruck und Dorf Fusch 1 Ex. 23. V. 1941; auch von Mann aus dem Gebiete angeführt.
   Die Raupe lebt nach Spuler (1908—10) an verschiedenen Kleearten.

Familie *Nolidae*.

523. *Nola strigula* Schiff.
   Gl. Gr.: Guttal (Mann 1871), bisher von keinem zweiten Sammler bestätigt. Die Raupe lebt an Laubhölzern.
524. — *cristatula* Hb.
   Gl. Gr.: Guttal (Mann 1871), ebenfalls bisher unbestätigt.
   Die Art hat eine südöstliche Hauptverbreitung und bewohnt nur klimatisch begünstigte Landschaften.

Familie *Nycteolidae*.

525. *Sarothripus revayanus* Scop. ab. *dilutanus* Hb.
   Gl. Gr.: Beim Leiterwasserfall (Mann 1871).

Familie *Syntomidae*.

526. *Syntomis phegea* L.
   S. Gr.: Kleine Fleiß, am Weg zum Alten Pocher 1 Falter 5. VII. 1929 (N); Mölltal (Mann 1871).
   Auch an der Kalser Straße oberhalb Huben, dort alljährlich im August mehrfach (G). Die Art liebt lichte Waldstellen.

Familie *Arctiidae*.

527. *Spilosoma lubricipedum* Esp.
   S. Gr.: Gastein 19. VII. 1898 (Hormuzaki 1900).
528. — *menthastri* Esp.
   S. Gr.: Am Weg von Heiligenblut in die Fleiß (N); Fleiß (J).
   Gl. Gr.: Von Mann (1871) ohne nähere Fundortangabe angeführt.
529. — *mendica* Cl.
   S. Gr.: Fleiß, 1 Falter (J).
   Gl. Gr.: Von Mann (1871) angegeben.
   Auch bei Huben (G).
530. *Parasemia plantaginis* f. typ. und zahlreiche Aberrationen.
   S. Gr.: Fleiß, überall (J, N, Sch), die interessantesten Formen am Weg vom Zirmsee über die Margitzen zur Pocherbrücke (J); zwischen Seebichel und Zirmsee (N).
   Gl. Gr.: Pasterzenvorfeld, zwischen Glocknerhaus und Möll; Albitzen-SW-Hang oberhalb der Glocknerstraße; zwischen Marienhöhe und Albitzenkopf Ende Juli 1937 häufig (L); Wasserfallboden (Pfeiffer-Dan. 1920); Walcher Hochalm, am S-Hang in 2000 bis 2200 m Höhe 1 ♂ 9. VII. 1941; auch von Mann (1871) aus dem Gebiete angegeben.
   Gr. Gr.: SO-Hang des Muntanitz 19. VII. 1937.
531. *Diacrisia sanio* L.
   S. Gr.: Kleine Fleiß, am Weg zum Alten Pocher (N).
   Gl. Gr.: Wasserfallboden (Belling 1920); Kals (G); auch von Mann aus dem Glocknergebiet angeführt.
   Schobergr.: Leibnitztal 1 ♀ (Kitschelt 1925).
   Pinzgau: Kaprun (Belling 1920).
532. *Arctia caia* L.
   S. Gr.: Gastein 24. VII. bis 15. VIII. 1898 (Hormuzaki 1900); Fleiß, häufig (J, N, Sch).
   Gl. Gr.: Bei Heiligenblut (Warnecke 1920).
533. — *villica* L.
   Im Mölltal (Mann 1871) und in Huben (G) sowie bei Staniska an der Kalser Straße (G).
   Es ist fraglich, ob diese Art das engere Untersuchungsgebiet noch erreicht.
534. — *Quenseli* Payk.
   S. Gr.: Große Fleiß, bei der Ochsenalm und auf der Gjaidtroghöhe (J, Sch), im Jahre 1923 massenhaft in anderen Jahren gar nicht gefunden (J); Sandkopf (N).
   Gl. Gr.: Hochtor (Mann 1871, Staudinger 1856); Brettboden (Mann 1871, Sch); an der Pasterze (Staudinger 1856); oberhalb des Glocknerhauses im Jahre 1909 sehr häufig (Sch); am Weg vom Glocknerhaus gegen die Pfandlscharte (L, Sch); Wasserradkopf, an Stellen, wo *Cetraria islandica* wächst (Sch); Franz-Josefs-Höhe (Mann 1871); Gamsgrube (teste Züllich); oberstes Leitertal, Hänge unterhalb der neuen Salmhütte 1 Raupe 13. VII. 1937.
   Auch im Froßnitztal (Venediger-O-Hang) in 2700 m Höhe Raupen unter Steinen (Kitschelt 1925).
   Die Art ist boreoalpin verbreitet (Holdhaus 1912) und scheint im Gebiete nicht unter die Zwergstrauchzone herabzusteigen.
535. *Atolmis rubricollis* L.
   S. G.: Gastein, massenhaft an Waldrändern, kam auch ans Licht (Hormuzaki 1900); Fleiß (J).
   Gl. Gr.: Böse Platte (Mann 1871).
   Gr. Gr.: Kals-Matreier Törl (G).
   Die Raupe lebt nach Spuler (1908—10) an Baumflechten.

536. *Oenistis quadra* L.
   S. Gr.: Fleiß (J).
   Die Raupe lebt an Baumflechten, wird aber bei massenhaftem Auftreten auch an verschiedenen Bäumen schädlich. Im Gebiete scheint sie stets recht selten zu sein.

537. *Callimorpha dominula* L.
   Im Mölltal (Mann 1871) und im Debanttal (Kitschelt 1925).

538. — *quadripunctaria* Poda.
   Im Mölltal (Mann 1871); auch bei Huben an der Kalser Straße 1 Falter 27. VII. 1931 (G).

539. *Nudaria mundana* L.
   Gl. Gr.: Von Mann (1871) ohne nähere Fundortangabe angeführt.
   Auch bei Huben am 13. VII. 1933 und 2. VII. 1934 (G).
   Die Raupe lebt nach Spuler (1908—10) an Flechten.

540. *Endrosa irrorella* Cl. f. typ. und var. *Nickerli* Rbl.
   S. Gr.: Große Fleiß, in 2000 m Höhe (J. Sch); Kleine Fleiß, beim Alten Pocher (N); Sandkopf (N), Schachneralm (N); Kasereck (N); beim Fleißgasthof, hier die f. typ. (J, N, Sch).
   Gl. Gr.: Vom Brettboden bis zur Gamsgrube häufig (Sch, Hoffmann 1908—09); Brettboden (Mann 1871); zwischen Marienhöhe und Pfandlscharte im Juli 1937 häufig (L); Freiwand 2450 m, am Tage und am Licht zahlreich (K); bei der Hofmannshütte und über dieser in der Gamsgrube; am Wasserfallboden (Belling 1920, Pfeiffer-Dan. 1920, Sch); bei Kals, hier die f. typ. (G). Raupen dieser Art fand ich zahlreich in hohen Lagen unter Steinen: Gamsgrube 6. VII. 1937; Wasserfallwinkel 27. VII: 1937 und 28. VII. 1938; Kleiner Burgstall 22. VII. 1938; Haldenhöcker unter dem Mittleren Burgstall 29. VII. 1938; Südhang des Schwertecks, oberhalb der neuen Salmhütte 12. VII. 1937; Kar auf der SW-Seite der Pfortscharte 14. VII. 1937; auch an verschiedenen Stellen um das Glocknerhaus; an den Hängen der Marxwiese gegen den Unteren Keesboden 18. VIII. 1938.
   Die f. typ. ist im Gebiete auf die Tallagen beschränkt, im hochalpinen Bereich findet sich allenthalben die var. *Nickerli*; diese oft in sehr großer Menge. Die Raupen leben nach Spuler (1908—10) an Flechten, man findet sie hochalpin meist unter Steinen. Die Angabe Höfners (1911), daß *Endrosa Kuhlweini* Hb. ab. *compluta* Hb. am Hochtor, auf den Leiterköpfen und am Glocknerweg vorkommt, bezieht sich wohl auf *Endrosa irrorella*, da *E. Kuhlweini* von keinem der zahlreichen Sammler, die in den letzten Jahrzehnten im Glocknergebiet gesammelt haben, dort aufgefunden wurde.

541. — *roscida melanomos* Nickerl.
   S. Gr.: Große Fleiß, lokal bei der Alm in 2191 m Höhe (J); Große Fleiß, über 2100 m Höhe (Sch); Sandkopf (N).
   Gl. Gr.: In der Umgebung des Glocknerhauses (Höfner 1911); zwischen Glocknerhaus und Pfandlscharte (Sch); zwischen Marienhöhe und Pfandlscharte Juli 1937 häufig, 1 ♂ sehr stark verdunkelt (L); oberhalb des Glocknerhauses 2 ganz dunkle ♂ im Sommer 1909 (Sch); am Weg von der Marienhöhe zur Franz-Josefs-Höhe 6. VIII. 1931 (K); Gamsgrube, an grasigen Stellen (Sch, Hoffmann 1908—1909); auf dem Kleinen Burgstall sehr zahlreich Raupen, Puppen und Falter 22. VII. 1938; bei der neuen Salmhütte im obersten Leitertal; Teischnitztal, in 2300 m Höhe (Kitschelt 1925); auch von Mann (1871) aus dem Glocknergebiet angeführt. Nickerl (1846) entdeckte die neue Form „in der Nähe des Großglockner, auf einer Höhe von 9000 Fuß, wo sie im Regen schwerfällig einzeln schwärmte".

542. *Lithosia deplana* Esp.
   S. Gr.: Fleiß, Ende Juli 1939 (J, Sch).
   Auch bei Huben gesammelt (G) 21. VII. 1931.
   Die Raupe lebt nach Spuler (1908—10) an Flechten auf Nadelhölzern.

543. — *lurideola* Zinck.
   S. Gr.: Fleiß (J, N, Sch).
   Gl. Gr.: Oberhalb Heiligenblut in 1500 m Höhe (Pfeiffer-Dan. 1920); Kals 24. VII. 1933 (G).
   Pinzgau: Kaprun (Belling 1920); Zell am See (Hormuzaki 1900).
   Auch bei Huben (G).
   Die Raupe lebt nach Spuler (1908—10) an Flechten, die an Steinen und alten Stämmen wachsen.

544. — *complana* L.
   S. Gr.: Fleiß (J).
   Gl. Gr.: Bei der Bricciuskapelle (Mann 1871).
   Pinzgau: Kaprun (Belling 1920).
   Die Raupe lebt wie die der vorgenannten Art von Flechten.

545. — *cereola* Hb.
   S. Gr.: Beim Fleißgasthof und in den Fleißtälern von 1500 bis 2200 m (J, N, Sch); Kleine Fleiß, um 1700 m Höhe zahlreich, dort auch das ♀ (Sch).
   Gl. Gr.: Brettboden und unterhalb des Glocknerhauses (Hoffmann 1908—09); beim Glocknerhaus (Sch); Kals (G); Wasserfallboden (Sch).
   Die Art ist boreoalpin verbreitet (Holdhaus 1912).

546. *Zygaena purpuralis* Brünnich f. typ. und var. *nubigena* Ld.
   S. Gr.: Beim Fleißgasthof und in den Fleißtälern (J, N); am Weg vom Fleißgasthof gegen Apriach (N); Sandkopf (N); zwischen Seebichel und Zirmsee (N); Thurnerkaser an der Glocknerstraße unterhalb des Kaserecks 2 Ex. 11. VII. 1941; Rauriser Tal 900 m (Pfeiffer-Dan. 1920).
   Gl. Gr.: Brettboden, zahlreich (Hoffmann 1908—09); im Pasterzengebiet einzeln bis 3000 m emporsteigend (Staudinger 1856); am Weg von Kals ins Ködnitztal (G); Teischnitztal (Kitschelt 1925); Moserboden (Pfeiffer-Dan. 1920); oberhalb der Trauneralm sehr häufig (Sch); auch von Mann aus dem Glocknergebiet angegeben.
   Gr. Gr.: Dorfer Öd (Stubach) 25. VII. 1939.
   Auch bei Oberpeischlach an der Kalser Straße (G); am Iselsberg (G); im Leibnitztal und bei Windisch-Matrei (Kitschelt 1925).
   In den unteren Lagen fliegt die Stammform, etwa von 1800 m an die var. *nubigena* (Sch).

547. *Zygaena exulans* Hochenw.
S. Gr.: In den Fleißtälern ab 1900 m (J. Sch); Sandkopf (N); zwischen Seebichel und Zirmsee (N); zwischen Hochtor und Roßschartenkopf; am Seebichel; Mallnitzer Tauern (teste Zerny).
Gl. Gr.: In der hochalpinen Grasheidenzone allgemein verbreitet. Beim Glocknerhaus ab 2000 m; am Oberen Keesboden; auf der Freiwand zahlreich (K); in der Gamsgrube, dort schon am 6. VII. 1937, während am 16. VII. 1940 (kalter Sommer) noch kein einziges Stück flog; in der Umgebung der Salmhütte (loc. typ.), hier schon von Hochenwarth bei seinen ersten Glocknerexkursionen gesammelt; im Leitertal und an den Leiterlehnen (Staudinger 1856); Teischnitztal (Kitschelt 1925); auf den Dorfer Almen im Dorfer Tal (G); Moserboden (Pfeiffer-Dan. 1920).
Gr. Gr.: Kals-Matreier Törl (Kitschelt 1925).
Schobergr.: Debanttal; Gipfel des Gaust 3108 m; Lesachtal und Leibnitztal (Kitschelt 1925).
Raupen dieser Art fand ich an folgenden Stellen: Südhang der Margaritze 7. VII. 1937 (tiefster Fundplatz); Rasenfleck im Wasserfallwinkel 27. VII. 1937; Hänge zwischen Gamsgrube und Freiwand, oberhalb des Promenadeweges 29. VII. 1938; Franz-Josefs-Höhe 31. VII. 1938; Pasterzenvorfeld unterhalb des Glocknerhauses 3. VIII. 1938.
Zygaena exulans variiert im Glocknergebiet ziemlich stark, es finden sich die Formen *striata* Tutt. *dilata* Bgff., *flavolineata* Tutt. und andere neben der Stammform (Sch). Die Art ist boreoalpin verbreitet (Holdhaus 1912) und ist im Gebiete nur oberhalb der Waldgrenze zu finden. Sie gehört zu den häufigsten Bewohnern der hochalpinen Grasheidenstufe und ist als Charakterform der hochalpinen Grasheidengesellschaft anzusprechen. Nach meinen Beobachtungen verpuppt sich die Raupe Ende Juni bis Anfang Juli, der Falter schlüpft nach einer Puppenruhe von wenigen Wochen. Die Raupe soll besonders an *Silene acaulis* fressen.

548. — *lonicerae* Esp.
S. Gr.: Fleiß (J, N, Sch); am Weg von Pockhorn über·den Möllfall nach Heiligenblut (N); im Mölltal (Mann 1871).
Gl. Gr.: Um Heiligenblut (N, Sch); Kreitherwand (Th); oberhalb Heiligenblut in 1700 m Höhe (Pfeiffer-Dan. 1920); Moserboden (Pfeiffer-Dan. 1920).
Schobergr.: Am Weg von Heiligenblut zur Wirtsbauernalm in der Gößnitz (N); Oberlesach (Kitschelt 1925).
Die Raupe lebt an Leguminosen, die Art ist im Gebiete im allgemeinen ein Bewohner tieferer Lagen.

549. — *filipendulae* L. f. typ. und var. *Manni* H. S.
S. Gr.: Fleiß (J); Margitzen oberhalb des Alten Pocher (var. *Manni*) (J); Große Fleiß (N); Sandkopf (N); Schachneralm (N); Rauriser Tal, in 900 m Höhe (Pfeiffer-Dan. 1920); Eingang in das Zirknitztal, oberhalb Döllach auf sonnigen Wiesen 4 Ex. 28. VIII. 1941.
Gl. Gr.: Um Heiligenblut (N); Kreitherwand (Th); oberhalb Heiligenblut in 1700 m Höhe (Pfeiffer-Dan. 1920); Brettboden (Hoffmann 1908—09); am Haritzerweg von der Bösen Platte bis 2100 m empor (Sch); zwischen Marienhöhe und Möllschlucht (L); auf dem Wege von Kals ins Ködnitztal (var. *Manni*) (G); Teischnitztal (Kitschelt 1925); Wasserfallboden, in 1600 m Höhe (Pfeiffer-Dan. 1920); auf der Senfteben zwischen Guttal und Pallik an der Glocknerstraße.
Gr. Gr.: Windisch-Matrei, am Weg zur Proseckklamm an sonnigen Hängen 3. IX. 1941.
Die var. *Manni* findet sich als Höhenform nur an Südlehnen von 1800 bis 2100 m Höhe, in warmen Tallagen findet sich eine wahrscheinlich neue, der Stammform nahestehende Rasse (Sch). Die Art ist im Gebiete ausgesprochen heliophil.

550. — *transalpina* Esp.
S. Gr.: Fleiß (J, Sch); Mölltal (Mann 1871).
Gl. Gr.: Bei Heiligenblut (N, Sch); Kreitherwand (Th); oberhalb Heiligenblut in 1700 m Höhe (Pfeiffer-Dan. 1920); Böse Platte (ab. *ferulae* Ld.) (Mann 1871); bei Kals (G); Ködnitztal (G); Daberklamm (ab. *cingulata* Bgff.) (G).
Gr. Gr.: Landecktal, in 1500 m Höhe (Kitschelt 1925); Windisch-Matrei (Kitschelt 1925).
Auch diese Art findet sich nur in warmen Lagen und an den gleichen Stellen wie *Z. filipendulae* (Sch); sie ist nach Spuler (1908—10) über die Alpen und Italien verbreitet.

551. — *trifolii* Esp.
Gl. Gr.: Nur von Staudinger (1856) in einem Stück bei Heiligenblut gesammelt. Die Angabe bedarf der Bestätigung.

552. — *meliloti* Esp.
S. Gr.: Fleiß, im Juni und Juli einzeln (J, Sch).
Gl. Gr.: Oberhalb Heiligenblut in 1600 m Höhe (Pfeiffer-Dan. 1920).
Schobergr.: Bei Oberpeischlach an der Kalser Straße (G).
Die Raupe lebt an Leguminosen, die Art ist im Gebiete anscheinend auf die wärmsten Tallagen beschränkt.

553. *Procris (Procris) statices* L.
S. Gr.: Fleiß (J, N, Sch); am Weg von der Fleiß nach Apriach (N, Sch).
Die Raupe lebt nach Spuler (1908—10) an *Rumex* und *Globularia*.

554. — *(Procris) geryon chrysocephala* Nick.
S. Gr.: Beim Fleißgasthof und in den Fleißtälern (J, N, Sch); Sandkopf (N); am Weg vom Fleißgasthof nach Apriach (N); Thurnerkaser an der Glocknerstraße unterhalb des Kaserecks 1 Ex. 11. VII. 1941.
Gl. Gr.: Oberhalb Heiligenblut in 1700 m Höhe (Pfeiffer-Dan. 1920); Brettboden (Mann 1871, Hoffmann 1908—09); beim Glocknerhaus (G); Pasterzenvorfeld unterhalb des Glocknerhauses; Albitzen-SW-Hang, in 2300 bis 2400 m Höhe; am Weg von der Marienhöhe zur Freiwand (K); am Weg von der Pasterze über die Stockerscharte zur Salmhütte; Teischnitztal (Kitschelt 1925).
Gr. Gr.: Kals-Matreier Törl (Kitschelt 1925).
Schobergr.: Am Weg von Heiligenblut zur Wirtsbauernalm in der Gößnitz (N).
Die Raupe lebt nach Spuler (1908—10) an *Helianthemum*.

Familie *Psychidae*.

555. *Oreopsyche plumifera* O. var. *valesiella* Mill.[1]
S. Gr.: Große Fleiß 17., 20. und 27. VII. 1933 (J); zwischen Seebichel und Zirmsee 18. VII. 1929 (N); am Seebichel Anfang August 1937; Stanziwurten 2. VII. 1937.
Gl. Gr.: Brettboden (Sch); Naßfeld des Pfandlschartenbaches (Sch); Gamsgrube (Hoffmann 1908—09); Gamskarl bei der neuen Salmhütte 13. VII. 1937; Walcher Hochalm, am S-Hang mehrfach in 2000 bis 2200 m Höhe 9. VII. 1941; am Weg vom Fuscher Rotmoos zur Trauneralm 1 Ex. 22. V. 1941.
Gr. Gr.: Kals-Matreier Törl 9. VII. 1923 (Kitschelt 1925).
Schobergr.: Debanttal, in 2000 bis 2400 m Höhe massenhaft; Leibnitztal, bis 2400 m empor (Kitschelt 1925).
Die Art scheint im Gebiete nur in sonnigen, hochalpinen Lagen vorzukommen, sie scheint heliophil zu sein.

556. *Scioptera plumistrella* Hb.
Gl. Gr.: An der Pasterze (Mann 1871).
Die Art ist in den Alpen endemisch, ihr Vorkommen im Untersuchungsgebiet bedarf noch der Bestätigung.

557. *Epichnopteryx pulla* Esp.
Gr.-Gr.: Kals-Matreier Törl 4. VII. 1923 und 10. VII. 1933 (G, N).
Schobergr.: Debanttal bis 2200 m und Leibnitztal bis 2100 m (Kitschelt 1925).
Die Art dürfte auch an anderen Stellen im Untersuchungsgebiet zu finden sein.

558. — *ardua* Mann.
Gl. Gr.: Von Mann nach Stücken aus der Gamsgrube und von der Franz-Josefs-Höhe beschrieben. Mann sammelte die Falter im Monat Juli. Am Naßfeld des Pfandlschartenbaches (Sch und F. Wagner); Gamskarl auf der Südseite des Schwertecks; bei der neuen Salmhütte 13. VII. 1937; Oberes Naßfeld, in 2270 m Höhe an der Glocknerstraße unterhalb des Fuscher Törls 2 Ex. 10. VII. 1941.
Wahrscheinlich gehören dieser Art die Säcke an, die ich am Haldenhöcker unterhalb des Mittleren Burgstalls im Rasen am 16. VII. 1940 zahlreich fand.

559. *Psychidea pectinella* Fbr.[2]
Gl. Gr.: Bei der Bricciuskapelle (Mann 1871).

Familie *Sesiidae*.

560. *Sesia tipuliformis* Cl.
Angeblich im Mölltal (Mann 1871).

561. — *vespiformis* L.
Gl. Gr.: Böse Platte (Nickerl 1846); auch von Mann (1871) aus dem Glocknergebiet angeführt.

562. — *empiformis* Esp. (dunkle an var. *schizoceriformis* Kol. erinnernde Form).
Gl. Gr.: Kreitherwand, wo diese vom Haritzersteig gequert wird, in wenigen Stücken (Sch); auch von Mann (1871) aus dem Gebiete angegeben.
Es scheint, daß diese Form ein Wärmerelikt an der klimatisch begünstigten Kreitherwand ist und an keiner anderen Stelle im Gebiete vorkommt.

563. — *ichneumoniformis* Fbr.
In Windisch-Matrei gesammelt (G) und vielleicht auch noch im engeren Untersuchungsgebiet.

564. *Bembecia hylaeiformis* Lasp.
Gl. Gr.: Böse Platte (Mann 1871).
Die Raupe lebt nach Spuler (1908—10) an *Rubus idaeus*, der Falter kann daher nur aus tieferen Lagen bis ins Pasterzenvorfeld zugeflogen sein.

Familie *Cossidae*.

565. *Cossus cossus* L.
Gl. Gr.: Knapp oberhalb Heiligenblut 1 erwachsene Raupe (Warnecke 1920).

Familie *Hepiolidae*.

566. *Hepiolus sylvinus* L.
Gl. Gr.: Von Mann ohne nähere Fundortangabe angeführt.
Auch im Froßnitztal am Venediger-O-Hang gefunden (Kitschelt 1925).
S. Gr.: Seidelwinkeltal, beim Tauernhaus (Staudinger 1856).
Gl. Gr.: Franz-Josefs-Höhe, 1 ♀ 7. VIII. 1923 (J); Trauneralm, einmal in Anzahl in der Abenddämmerung (Sch).

567. — *carna* Esp.
S. Gr.: Fleiß (J, Sch).
Gl. Gr.: Von Mann (1871) ohne genauere Fundortangabe angeführt.
Die Art ist ein Gebirgsbewohner.

568. — *fusconebulosus* D. G.
S. Gr.: Fleiß, Ende Juni 1939 (J); Große Fleiß, 1 Falter 28. VI. 1929 (N).
Die Raupe lebt nach Spuler (1908—10) in und an den Wurzeln von *Pteridium aquilinum*.

---

[1] *Acanthopsyche opacella* H. S. wurde von Kitschelt (1925) im Debanttal in 1400 m Höhe durch Auffindung leerer Säcke nachgewiesen und kommt vielleicht auch in den mittleren Hohen Tauern vor.

[2] *Psychidea bombycella* Schiff. wurde von Kitschelt (1925) in der Schobergruppe im Leibnitztal in 1600 m Höhe gefunden und wird wahrscheinlich auch im engeren Untersuchungsgebiet anzutreffen sein.

569. *Hepiolus ganna* Hb.
    Gl. Gr.: Pallik, 2 ♀ abends über dem Grase schwärmend (Warnecke 1920); Naßfeld des Pfandlschartenbaches (leg. F. Wagner, teste Sch); Freiwand 2400 m, 1 ♂ 5. VIII. 1931 (K, Thurner 1937); Gamsgrube (teste Züllich, Mann 1871); im Kapruner Tal mehrfach in 2000 bis 2400 m Höhe (Kitschelt 1925).
    Die Art ist boreoalpin verbreitet (Holdhaus 1912).
570. — *hecta* L. ab. *flina* Hg.
    Gl. Gr.: Kapruner Tal, 26. VII. 1909 in 1300 m Höhe (Sch).

Familie *Pyralidae*.

571. *Crambus combinellus* Schiff.
    Gl. Gr.: Nach Mann (1871) im Glocknergebiet.
    Die Art ist in den Alpen sehr weit verbreitet, sie dürfte in diesen endemisch sein.
572. — *coulonellus* Dup.
    Gl. Gr.: Hochtorgebiet, in 2000 m Höhe (Staudinger 1856); Senfteben zwischen Guttal und Pallik 1 Ex. 11. VII. 1941; an der Pfandlscharte 1. VIII. 1933 (leg. Kautz, teste Galvagni); am Haritzerweg zwischen Glocknerhaus und Naturbrücke über die Möll 7. VII. 1937; um die Hofmannshütte in der Gamsgrube (Hoffmann 1908—09); Daberklamm 25. VII. 1933 (G); Dorfer Tal 5. VII. 1934 (G); am Wasserfall- und Moserboden 21. und 22. VII. (Mitterberger 1909); Pasterzenvorland in 2000 m Höhe (leg. Witburg-Metzky, teste K); Walcher Hochalm, am Karboden in 1900 m und am S-Hang bis 2300 m im Almrasen zahlreich 9. IX. 1941; auch von Mann (1871) aus dem Glocknergebiet angegeben.
    In den Alpen weit verbreitet, nach Spuler (1908—10) auch in den Sudeten, Karpathen und auf dem Balkan; nach Vorbrodt (1921—23) in Höhen von 1000 bis 2695 m.
573. — *inquinatellus* Schiff.
    Nach Mann (1871) im Mölltal.
    Wiesenbewohner, weit verbreitet, aber nur in tieferen Lagen.
574. — *tristellus* Fbr.
    Gl. Gr.: Bei Heiligenblut (Staudinger 1856); im Mölltal (Mann 1871); Ferleiten 1151 m 13. VIII. 1906 (Mitterberger 1909); Kesselfallalpenhaus, Kapruner Tal 16. VIII. 1903 (Mitterberger 1909).
    Fast in ganz Europa, aus der Ebene bis in die alpine Zwergstrauchstufe emporsteigend. Lebt namentlich auf feuchten Wiesen.
575. — *luteellus* Schiff.
    Nach Mann (1871) im Mölltal.
    Im Gebiete wohl nur in den warmen Südtälern.
576. — *perlellus* Scop.
    Gl. Gr.: Bei Heiligenblut (Staudinger 1856); auch im Mölltal (Mann 1871); am Moserboden in der var. *warringtonellus* Stt. 6. VIII. 1906 (Mitterberger 1909); Winklern im Mölltal, auf einer feuchten Wiese bei der Autobushaltestelle 1 ♀ 18. VI. 1942 (det. Klimesch).
    Die f. typ. ist Wiesenbewohner tieferer Lagen, die var. *warringtonellus* Stt. steigt bis in die alpine Zwergstrauchstufe empor und scheint in den Ostalpen weit verbreitet zu sein (Hauder 1912, Mitterberger 1909).
577. — *radiellus* Hb.
    Gl. Gr.: Am Pallik 1 ♂ (Hoffmann 1908—09); Brettboden (Staudinger 1856); auch von Mann (1871) im Glocknergebiet gefunden.
    Montane Art, die über die Alpen und Karpathen verbreitet ist. Nach Vorbrodt (1921—23) in Höhen über 1500 m, am Gornergrat noch in 3000 m Höhe.
578. — *furcatellus* Zett.
    Gl. Gr.: Brettboden (Staudinger 1856); Freiwand, in 2450 m Höhe am Spätnachmittag des 4. VIII. 1931 1 ♂ (K); Gamsgrube (Staudinger 1856); oberer Teil des Dorfer Tales, 17. VII. 1937 1 Falter am Tage.
    Boreoalpin verbreitet (Holdhaus 1912). In den Gebirgen Schottlands, Norwegens und Lapplands und in den Alpen (Staudinger-Rebel 1903). Nach Vorbrodt (1921—23) in der Schweiz in Höhen von 2070 bis 3000 m.
579. — *pyramidellus* Tr.
    Gl. Gr.: Pfandlscharte 1. VIII. 1922 (Thurner 1938); Wasserfallboden 22. VII. 1909 (Mitterberger 1909); auch von Mann (1871) aus dem Glocknergebiet angegeben.
    In den Alpen endemisch, aber weit verbreitet.
580. — *conchellus* Schiff.
    Gl. Gr.: Oberhalb Heiligenblut (Staudinger 1856); im Glocknergebiet in 2100 m 29. VII. 1922 (leg. Kautz, teste G); Wiesen des Fuscher Tales oberhalb Ferleiten, 1 Falter 14. VII. 1940; Wasserfallboden 22. VII. 1909 (Mitterberger 1909); auch von Mann (1871) angeführt.
    Boreoalpine Art. In den Alpen weit verbreitet, auch in Skandinavien und Livland. Im Untersuchungsgebiet auf Wiesen bis in die Zwergstrauchstufe emporsteigend und anscheinend an vielen Plätzen häufig.
581. — *specularis* Hb.
    Gl. Gr.: Auf der Bösen Platte (Mann 1871).
    In den Alpen und Karpathen (Staudinger-Rebel 1903).
582. — *luctiferellus* Hb.
    Gl. Gr.: Böse Platte (Mann 1871); Pasterzenvorland, in 2000 m Höhe (leg. Witburg-Metzky, teste K.); Glocknergebiet, in 2300 m Höhe 31. VII. 1922 (leg. Kautz, teste G).
    Hochalpine Art, die nach Vorbrodt (1921—23) in der Schweiz in Höhen von 2000 bis 3500 m gefunden wird, nach Hauder (1912) aber in den Kalkalpen von Oberdonau auch schon in 1700 m Höhe gefunden wurde.
583. — *falsellus* Schiff.
    Gl. Gr.: Bei Heiligenblut in 1300 m Höhe 28. VII. 1922 (leg. Kautz, teste G); Mölltal (Mann 1871); Ferleiten 13. VIII. 1906 (Mitterberger 1909).
    Weit verbreitet, in der Ebene und im Gebirge.

584. *Crambus chrysonuchellus* Sc.
S. Gr.: Bei Gastein 16. VI. 1909 (Mitterberger 1909).
Gl. Gr.: Mölltal (Mann 1871).
Weit verbreitet, Wiesenbewohner. Auf die wärmeren Lagen beschränkt.

585. — *hortuellus* Hb.
Gl. Gr.: Wiesen im Fuscher Tal oberhalb Ferleiten, 1 Falter 14. VII. 1940; auch von Mann aus dem Glocknergebiet angeführt.
Weitverbreitet, in der Ebene und im Gebirge.

586. — *culmellus* L.
Gl. Gr.: Um Heiligenblut (Staudinger 1856); Mölltal (Mann 1871).
Weit verbreiteter Wiesenbewohner; nach Hauder (1912) in Oberdonau bis 1600 m, nach Prohaska und Hoffmann (1924—29) auf der Koralpe noch in 1900 m Höhe.

587. — *dumetellus* Hb.
Gl. Gr.: Bei Heiligenblut und auch oben auf den Almen (Staudinger 1856); Heiligenblut 28. VII. 1922 (leg. Kautz, teste G); Böse Platte (Mann 1871).
Weit verbreitet, vorwiegend in den Tälern. Bewohner feuchter Wiesen.

588. — *pratellus* L. f. typ. und ab. *obscurellus* Mann.
S. Gr.: Naßfeld bei Gastein 16. VI. 1909 (Mitterberger 1909).
Gl. Gr.: Böse Platte, ab. *obscurellus* Mann (Mann. 1871); Senfteben zwischen Guttal und Pallik, auf Almwiesen 11. VII. 1941; Wiesen im Fuscher Tal oberhalb Ferleiten 14. VII. 1940 und 11. VII. 1941.
Gr. Gr.: Kals-Matreier Törl (Nitsche 1924—25).
Weit verbreitet und im Gebiete wie in den übrigen Ostalpen anscheinend häufig.

589. — *pascuellus* L. ab. *fumipalpellus* Mann.
Gl. Gr.: Gamsgrube (Mann 1871).

590. *Plodia interpunctella* Hb.[1]
Gl. Gr.: Heiligenblut, im Zimmer (Mann 1871).
Ein Vorratsschädling, der im Gefolge des Menschen ins Untersuchungsgebiet gelangt sein dürfte.

591. *Ephestia elutella* Hb.
Gl. Gr.: Heiligenblut, im Zimmer (Mann 1871).
Wie die vorige Art ein Vorratsschädling.

592. *Pempelia ornatella* Schiff.
Gl. Gr.: Kals 25. VII. 1933 (G); Ferleiten 13. VIII. 1906 (Mitterberger 1909); bei den Gasthöfen in Ferleiten 1 Ex. 11. VII. 1941; auch nach Mann (1871) im Glocknergebiet, vom Genannten wohl im Mölltal um Heiligenblut gesammelt.
Lebt nach Hauder (1912) und Prohaska und Hoffmann (1924—29) in den Alpen auf trockenen Wiesen und Holzschlägen. Die Raupe lebt nach Hauder (1912) in einer Gespinströhre unter *Thymus*. Die Art dürfte auch in den mittleren Hohen Tauern nur auf Trockenwiesen, vor allem an den sonnigen Hängen der Südtäler vorkommen.

593. *Asarta aethiopella* Dup.
Gl. Gr.: Von Mann (1871) „nur bei der Johanneshütte" in der Gamsgrube gefunden; Gamsgrube 6. VII. 1937; Albitzen-SW-Hang, in 2300 bis 2400 m Höhe 1 Falter 17. VII. 1930; bei der neuen Salmhütte im obersten Leitertal 12. VII. 1937; am Wasserfall- und Moserboden sehr zahlreich 23. und 24. VI. 1909 (Mitterberger 1909).
Boreoalpine Art, die bisher aus Norwegen, den Alpen und dinarischen Gebirgen bekannt ist. Nach Vorbrodt (1921—23) in der Schweiz von 1700 bis 2756 m (Stilfserjoch); nach Hauder in den Kalkalpen von Oberdonau bis 1300 m herabsteigend. Die Art dürfte jedoch in den Alpen vorwiegend die hochalpine Grasheidenstufe bewohnen und in dieser trockene hochalpine Grasheiden bevorzugen.

594. *Hypochalcia ahenella* Hb.
Gl. Gr.: Brettboden (Mann 1871).
Weit verbreitet, bevorzugt nach Hauder (1912) und Prohaska und Hoffmann (1924—29) in den Alpen trockene Grasplätze.

595. *Megasis rippertella* Z.
Gl. Gr.: Brettboden und Böse Platte (Mann 1871).
Diese in den Alpen nach Spuler (1908—10) sehr lokal, darüber hinaus in Aragonien, Bulgarien, Südrußland (Sarepta), Kleinasien und weiter ostwärts vorkommende Art ist zweifellos ein Steppentier. Sollte sich ihr Vorkommen im Glocknergebiet bestätigen, so stellt dieses ein neues Beispiel eines Reliktvorkommens aus der postglazialen Wärmezeit im obersten Mölltal dar.

596. *Catastia marginea* Schiff. var. *auriciliella* Hb.
Gl. Gr.: Am Brettboden (Hoffmann 1908—09, Mann 1871); Dorfer Almen im Dorfer Tal 26. VII. 1933 (G); Glocknergebiet, in 2000 bis 2800 m Höhe (Staudinger 1856); Pasterzenvorland, in 2000 m Höhe (leg. Witburg-Metzky, teste K).
In der Ebene und im Gebirge, im Gebiet nur in subalpinen und hochalpinen Lagen. Nach Hauder (1912) in den Alpen von Oberdonau von 1300 m aufwärts, auf Almweiden bisweilen häufig.

597. *Salebria semirubella* Scop.
Nach Mann (1871) im Mölltal.
Eine Talform, deren Raupe nach Spuler (1908—10) an *Lotus* lebt.

598. *Brephia compositella* Tr.
Gl. Gr.: Brettboden (Mann 1871).
Eine mittel- und südeuropäische Art, die im Gebiete auf die wärmsten Lagen beschränkt sein dürfte; auch im Inntal bei Innsbruck und Zams.

---

[1] *Platytes cerusellus* Schiff. sammelte ich im mittleren Mölltal zwischen Söbriach und Flattach 1 ♂ 18. VI. 1942 (det. Klimesch).

599. *Cremnophila sedacovella* Ev.
　　Gl. Gr.: Auf der Bösen Platte (Mann 1871).
　　In den Hochalpen, in Armenien und Zentralasien.
600. *Dioryctria abietella* Schiff.
　　Gl. Gr.: Hotel Franz-Josefs-Höhe, am Licht 1 ♂ 3 ♀ 6. VIII. 1931 (Koschabek 1940); auch von Mann (1871) aus dem Glocknergebiet angegeben.
　　Diese sonst an Fichten lebende Art, deren Raupe in grünen Fichtenzapfen heranwächst, wurde merkwürdigerweise von Koschabek in 2450 m Höhe, etwa 450 m über der örtlichen Fichtengrenze in Mehrzahl gesammelt.
601. *Endotricha flammealis* Schiff.
　　Nach Mann (1871) im Mölltal.
　　Im Gebiete wohl nur in den wärmsten Tallagen.
602. *Aglossa pinguinalis* L.
　　Gl. Gr.: Heiligenblut, im Hause (Mann 1871). Haus- und Stallschmarotzer.
603. *Pyralis farinalis* L.
　　Gl. Gr.: Heiligenblut, im Hause (Mann 1871).
604. *Psammotis hyalinalis* Hb.
　　Nach Mann (1871) im Mölltal.
605. *Eurrhypara urticata* L.
　　Nach Mann (1871) im Mölltal.
606. *Scoparia centuriella* Schiff.
　　Gl. Gr.: Kreitherwand VII. 1940 (Th); auch nach Mann (1871) im Glocknergebiet.
　　Nach Hauder (1912) besonders auf Holzschlägen. Im Norden Europas, in den Alpen, Sudeten und Karpathen, einzeln aber auch in Mitteleuropa in der Ebene.
607. — *dubitalis* Hb.
　　Gl. Gr.: Nach Mann (1871) im Glocknergebiet, wohl nur im Mölltal gesammelt.
608. — *phaeoleuca* Z.
　　Nach Mann (1871) im Mölltal.
　　Diese seltene und lokal auftretende Art wird auch aus den Alpen Steiermarks und Tirols angeführt (Staudinger u. Rebel 1903, Prohaska u. Hoffmann 1924—29).
609. — *valesialis* Dup.
　　S. Gr.: Gjaidtrog-SW-Hang, in 2400 m Höhe 1 Falter (J).
　　Gl. Gr.: Hochtor (Staudinger 1856); Albitzen-SW-Hang, in 2300 bis 2400 m Höhe 17. VII. 1940; am Weg vom Glocknerhaus zur Pfandlscharte im Speikbodengebiet 1 Falter 19. VII. 1938; beim Pfandlschartengletscher in 2600 m Höhe nicht selten (Staudinger 1856); Gamsgrube 30. VII. 1931 (leg. Kautz, teste G); Gamsgrube (Staudinger 1856); am Weg von der Freiwand zum Magneskees Juli 1938; Glocknergebiet, in 2300 m Höhe 1. VII. 1922 (leg. Kautz, teste G et Thurner 1938); Moserboden (Mitterberger 1909); auch von Mann (1871) aus dem Glocknergebiet angegeben.
　　Eine alpine Art, die auch in den Karpathen vorkommt. Nach Vorbrodt (1921—23) in der Schweiz in Höhen von 2000 bis 3500 m Höhe, scheint nicht unter die Zwergstrauchstufe herabzusteigen.
610. — *murana* Curt.
　　Gl. G.: Kreitherwand Juli 1940 (Th); Moserboden 6. VIII. 1906 (Mitterberger 1909).
　　Im Norden und in den Gebirgen Mitteleuropas, in diesen aber sehr tief herabsteigend; findet sich fast stets an Felsen.
611. — *crataegella* Hb.
　　G. Gr.: Nach Mann (1871) im Glocknergebiet. Ein Bewohner tieferer Lagen.
612. — *sudetica* Z.
　　S. Gr.: Kleine Fleiß 20. VII. 1933 (G).
　　Gl. Gr.: Kreitherwand Juli 1940 (Th); Glocknergebiet, jedenfalls in der Umgebung des Glocknerhauses gesammelt, 29., 30. und 31. VII. 1922 (leg. Kautz, teste G); an der Pasterze (Staudinger 1856); Ködnitztal 7. VIII. 1936 (G); Ferleiten 2 ♀ 13. VIII. 1906 (Mitterberger 1909); am Weg von der Freiwand zum Naßfeld des Pfandlschartenbaches 1 ♂ 5. VII. 1931 (K); Hotel Franz-Josefs-Höhe, am Licht 1 ♂ 6. VIII. 1931; auch von Mann (1871) aus dem Glocknergebiet angegeben.
　　Vom Tal bis in die hochalpine Grasheidenstufe, in den Alpen weit verbreitet, auch in den Gebirgen Mitteldeutschlands und Nordeuropas, vielleicht boreoalpin verbreitet.
613. *Orenaia lugubralis* Ld.
　　S. Gr.: Große Fleiß (J).
　　Gl. Gr.: Gamsgrube 31. VII. 1922 (leg. Kautz, teste G.); Glocknergebiet, in 2300 m Höhe (leg. Kautz, teste G), auch nach Mann (1871) im Glocknergebiet.
　　Die Art ist in den Alpen endemisch und scheint vorwiegend die Polsterpflanzenstufe der Hochalpen zu bewohnen. Östlich der Hohen Tauern wird sie von Hauder (1912) und Prohaska u. Hoffmann (1924—29) nur noch vom Dachstein angeführt.
614. — *alpestralis* Fbr.
　　S. Gr.: Kleine Fleiß 20. VII. 1933 (G).
　　Gl. Gr.: Albitzen-SW-Hang, in 2300 bis 2400 m Höhe 1 Falter 17. VII. 1940; Brettboden beim Glocknerhaus (Hoffmann 1908—09); Franz-Josefs-Höhe (Mann 1871); Glocknergebiet, in 2300 m Höhe (leg. Kautz, teste G) und in etwa 2000 m Höhe (leg. Witburg-Metzky, teste K), beide Fundorte wahrscheinlich in der weiteren Umgebung der Pasterze; Dorfer Tal 25. und 26. VII. 1933 (G).
　　Die Art ist über die Pyrenäen, Alpen, Hochgebirge Bosniens, das Rilogebirge, die Transsylvanischen Alpen, den Ural und die Gebirge Skandinaviens verbreitet, gehört somit dem boreoalpinen Verbreitungstypus an. In der Schweiz findet sie sich nach Vordrodt (1921—23) in Höhen von 2000 bis 2600 m und belebt stellenweise durch große Zahl und raschen Flug die Alpenwiesen. Sie scheint in den Alpen vorwiegend die Zwergstrauch- und hochalpine Grasheidenzone zu bewohnen.

615. *Evergestis sophialis* Fbr.
   Gl. Gr.: Kreitherwand Juli 1940 (Th).
   Auch bei Huben in Osttirol in der graublauen Urgebirgsform 2. VII. 1934 (G).
   In den Alpen und darüber hinaus weit verbreitet, steigt aus den Tälern bis zu 1700 m empor (Prohaska u. Hoffmann 1924—29). Der Falter wird meist an Felsen sitzend gefunden, die Raupe lebt an Cruciferen (Hauder 1912).

616. *Nomophila noctuella* Schiff.
   Gl. Gr.: Von Mann (1871) ohne genauere Fundortangabe angeführt.
   Kosmopolit, der bis ins Hochgebirge aufsteigt (Spuler 1908—10).

617. *Phlyctaenodes verticalis* L.
   Am Friedhof von Winklern im Mölltal 11. VII. 1933 (G). Wahrscheinlich auch noch im engeren Untersuchungsgebiet zu finden.

618. *Diasemia litterata* Scop.
   Nach Mann (1871) im Mölltal.

619. *Titanio pyrenaealis* Dup.
   Gr. Gr.: Franz-Josefs-Höhe (Mann 1871); Talschluß des Ködnitztales 1 Falter 28. IX. 1935 (G).
   Ein Hochgebirgstier der Pyrenäen und Alpen, das in den letzteren nicht über die Hohen Tauern nach Osten vorzudringen scheint. In der Schweiz findet sich die Art nach Vorbrodt (1921—23) in Höhen von 2393 bis 3500 m, die Raupe lebt an *Silene acaulis* und *excapa*. Das Tier dürfte mit diesen Pflanzen ausschließlich die hochalpine Grasheiden- und Polsterpflanzenstufe bewohnen.

620. — *schrankiana* Hochenw.
   S. Gr.: Naßfeld bei Gastein 16. VI. 1909 (Mitterberger 1909); Gjaidtrog-SW-Hang, in 2300 m Höhe 2 Falter Sommer 1940 (J).
   Gl. Gr.: Albitzen-SW-Hang, in 2300 bis 2400 m Höhe 1 Falter 17. VII. 1940; Gamsgrube 30. VII. 1922 (leg. Kautz, teste G); Pasterzenvorland in etwa 2000 m Höhe (leg. Witburg-Metzky, teste K); Walcher Hochalm, am S-Hang in 2000 bis 2500 m Höhe zahlreich 9. VII. 1941.
   Gl. Gr.: Kals-Matreier Törl 10. VII. 1933 (G).
   Boreoalpine Art, die über die Gebirge Kastiliens, die Pyrenäen und Alpen, die Transsylvanischen Alpen, das Rilogebirge, den Kaukasus, die Gebirge Skandinaviens, Nordfinnland, den Ural, Alai und Kamtschatka verbreitet ist (Holdhaus 1912). Nach Vorbrodt (1921—23) in der Schweiz von 1500 bis 3000 m, nach Prohaska u. Hoffmann (1924—29) in Steiermark schon ab 1200 m Höhe. Fliegt besonders auf Almwiesen.

621. — *phrygialis* Hb.
   S. Gr.: Gjaidtrog-SW-Hang, in 2400 m Höhe (J); Kleine Fleiß 20. VII. 1933 (G); Hüttenwinkeltal, oberhalb Bucheben 1 Falter 15. V. 1940.
   Gl. Gr.: Guttal, Wiesen oberhalb der Ankehre der Glocknerstraße und Senfteben zwischen Guttal und Pallik 11. VII. 1941; Albitzen-SW-Hang, in 2200 bis 2400 m Höhe 2 Falter 17. VII. 1940; Brettboden (Hoffmann 1908—09); am Weg von der Freiwand zur Marienhöhe 1 ♂ 6. VIII. 1931 (K); bei der Hofmannshütte 1 Falter 16. VII. 1940; Gamsgrube 6. VII. 1937; Haldenhöcker unter dem Mittleren Burgstall, in 2650 bis 2700 m Höhe 3 Falter 29. VII. 1938 und 16. VII. 1940; im Glocknergebiet in 2000 m Höhe (leg. Wittburg-Metzky, teste K) und in 2400 m Höhe (leg. Kautz, teste G), beide Fundorte wahrscheinlich in der weiteren Umgebung der Pasterze gelegen; Dorfer Tal 26. VII. 1933 und 5. VII. 1934 (G); Wasserfallboden 22. VII. 1909 und Naßwand über dem Moserboden, sehr zahlreich (Mitterberger 1909); Walcher Hochalm, von 1700 m aufwärts bis mindestens 2200 m Höhe zahlreich 9. VII. 1941.
   Gl. Gr.: Kals-Matreier Törl 10. VII. 1933 (G).
   Auch diese Art ist boreoalpin verbreitet; sie kommt in den Pyrenäen, Alpen, Karpathen, den Gebirgen der Balkanhalbinsel und Armeniens, im Ural und in Nordeuropa (Staudinger-Rebel 1903 und Spuler 1908—10) vor. Sie findet sich wie in der Schweiz (Vorbrodt 1921—23) so auch im Gebiete von 1200 m aufwärts und ist in der hochalpinen Grasheidenstufe in den mittleren Hohen Tauern einer der häufigsten Kleinschmetterlinge.

622. *Pionea pandalis* Hb.
   Nach Mann (1871) im Mölltal.

623. — *crocealis* Hb.
   Nach Mann (1871) im Mölltal. Die Art scheint heliophil zu sein.

624. — *nebulalis* Hb.
   Gl. Gr.: Ferleiten 13. VIII. 1906 (Mitterberger 1909); von Mann (1871) ohne genauere Fundortangabe angeführt. Auch bei Haslach an der Kalser Straße 14. VII. 1933 (G).
   Bewohner tieferer Lagen, boreoalpin verbreitet (Holdhaus 1912), in den Alpen allerdings einzeln bis in deren Vorland reichend.

625. — *decrepitalis* H. S.
   Gl. Gr.: Böse Platte (Mann 1871).
   Boreoalpin verbreitet (Holdhaus 1912), in den Alpen einzeln allerdings bis in deren Vorland reichend.

626. — *olivalis* Schiff.
   Gl. Gr.: In Kals 24. VII. 1933 (G).
   Auch bei Huben 24. VII. 1931 (G).

627. *Pyrausta sambucalis* Schiff.
   Nach Mann (1871) im Mölltal.

— *repandalis* Schiff.
   Nach Mann (1871) im Mölltal.
   Eine thermophile Art.

629. *Pyrausta aerealis opacalis* Hb.
S. Gr.: Kleine Fleiss 20. VII. 1933.
Gl. Gr.: Kreitherwand Juli 1940 (Th); Dorfer Tal 26. VII. 1933 (G); Pasterzenvorland, in 2000 m Höhe (leg. Witburg-Metzky, teste K); Moserboden 5. und 6. VIII. 1906 (Mitterberger 1909), auch von Mann (1871) aus dem Gebiete angeführt.
Auch an der Kalser Straße bei Haslach 21. VII. 1933 (G).
Die Stammform ist weit verbreitet, die Rasse fast ausschließlich auf die Alpen und Pyrenäen beschränkt (Spuler 1908—10), im Gebiete von den tiefsten Tallagen bis in die Zwergstrauchstufe emporsteigend.

630. — *murinalis* Fisch. v. R.
Gl. Gr.: Böse Platte (Mann 1871); Leitertal, 1 ♂ dicht unter den Ochsenhütten in etwa 2100 m aus dem lockeren Geröll aufgescheucht (Staudinger 1856).
Nach Vorbrodt (1921—23) in der Schweiz in Höhen von 1900 bis 2756 m an steilen Geröllhalden mit spärlicher Vegetation fliegend, in den höchsten Gebirgsgruppen der Alpen endemisch. Die Art scheint östlich der Hohen Tauern nicht vorzukommen, nach Prohaska u. Hoffmann (1924—29) soll allerdings Schieferer 2 ♀ dieser Art auf der Teichalm im Hochlantschgebiet gesammelt haben; diese Angabe dürfte aber zu den vielen falschen Fundorten dieses Sammlers zu zählen sein, da kein zweiter Lepidopterologe die Art jemals in den Alpen von Ober- und Niederdonau und von Steiermark aufgefunden hat.

631. — *austriacalis* H. S.
Gl. Gr.: Gamsgrube, mehrere ♂ (Hoffmann 1908—09); nach Staudinger (1856) in Höhen von 1700 bis 2700 m sehr gemein. Ausschließlich im Gebirge in sub- und hochalpinen Lagen.

632. — *uliginosalis* Steph.
S. Gr.: Gjaidtrog-SW-Hang, in 2400 m Höhe 1 Falter (J).
Gl. Gr.: Senfteben zwischen Guttal und Pallik 1 Ex. 11. VII. 1941; Freiwand, im Freien in 2450 m Höhe und im Hotel Franz-Josefs-Höhe am Licht 3. bis 8. VIII. 1931 9 ♂ (K.); Gamsgrube (leg. Kautz, teste G); Glocknergebiet, in 2300 m Höhe (leg. Kautz, teste G) und in 2000 m Höhe (leg. Witburg-Metzky, teste K), beide Fundorte wohl im weiteren Bereich der Pfandlscharte; Dorfer Tal 1 ♀ 26. VII. 1933 (G); Wasserfall- und Moserboden (Mitterberger 1909). Auch von Mann (1873) aus dem Glocknergebiet angeführt.
Boreoalpin verbreitet, auf den Gebirgen Schottlands, in den Alpen, Karpathen und den Gebirgen der Balkanhalbinsel gefunden. Die Raupe lebt auf *Senecio*, der Falter findet sich nach Vorbrodt (1921—23) in der Schweiz in Höhen von 1000 bis 2756 m; in Steiermark nach Prohaska u. Hoffmann (1924—29) unter 1300 m.

633. — *alpinalis* Schiff.
Gr. Gr.: Muntanitz-SO-Seite, 1 Falter 20. VII. 1937.
Bewohner der mitteleuropäischen Gebirge, nach Vorbrodt (1921—23) in der Schweiz von 1200 bis 3700 m emporsteigend, vorwiegend auf Kalk. Die Raupe lebt an *Senecio* (Vorbrodt 1921—23).

634. — *cespitalis* Schiff.
Im Mölltal (Mann 1871); oberhalb Sagritz, auf den Wiesen an der Möll (Staudinger 1856).
Weit verbreitete Art, die im Gebiete jedoch auf die tiefsten Tallagen beschränkt sein dürfte.

635. — *porphyralis* Schiff.
S. Gr.: Elisabethpromenade in Badgastein, 1 Falter 16. VI. 1909 (Mitterberger 1909); im Mölltal (Mann 1871); oberhalb Sagritz (Staudinger 1856).
Weit, aber ungleichmäßig verbreitet. Bewohner tieferer Lagen.

636. — *purpuralis* L.
S. Gr.: Bei Böckstein in 1127 m 16. VI. 1909, auch am Weg zum Naßfeld in 1400 m Höhe (mit der var. *ostrinalis* Hb.) und am Naßfeld in 1800 m Höhe (Mitterberger 1909); im Mölltal (Mann 1871); oberhalb Sagritz (Staudinger 1856).
Gl. Gr.: Wasserfallboden und Naßwand am Moserboden 23. VII. 1909 (Mitterberger 1909).
Von der Ebene bis in die Zwergstrauchstufe der Alpen emporsteigend.

37. — *cingulata* L. f. typ. und var. *vittalis* Lah.
Gl. Gr.: Daberklamm 5. VII. 1934 (G); Dorfer Tal 26. VII. 1933 (G); Wasserfall- und Moserboden (Mitterberger 1909).
Nach Mann (1871) im Mölltal.
Weit verbreitet, aus den Tälern bis in die alpine Zwergstrauchstufe emporsteigend.

638. — *nigralis* Fbr.
Nach Mann (1871) im Mölltal; an der Kalser Straße bei Staniska 2. VII. 1934 (G).
In den Tälern der Alpen verbreitet, steigt aber auch bis in die Zwergstrauchzone empor (Prohaska u. Hoffmann 1924—29).

Familie *Pterophoridae*.

639. *Oxyptilus Kollari* Stt.
Gl. Gr.: Am Brettboden über den Felsstufen am unteren Wege (Mann 1871); Brettboden (Staudinger (1856); Brettboden Juli 1907 (leg. Neustetter, sec. Höfner 1911).
In den Alpen auf die höchsten Gebirgsgruppen Tirols und Kärntens beschränkt. Auch in den Gebirgen Nordost-Kleinasiens, Armeniens und Nordostpersiens (Spuler 1908—10). Scheint im Gebiete sehr beschränkt verbreitet zu sein.

640. *Platyptilia (Eucnemidophorus) rhododactylus* Fbr.
Gl. Gr.: Von Mann (1871) aus dem Glocknergebiete angegeben, wohl nur im Mölltal gesammelt.
Die Raupe lebt in einem Gespinst an Rosenknospen, die Art ist thermophil.

641. — *(Platyptilia) gonodactyla* Schiff.
Nach Mann (1871) im Glocknergebiet. Die Raupe lebt an *Tussilago* (Hauder 1912).

642. *Platyptilia (Platyptilia) Zetterstedti* Z.
S. Gr.: Am Weg von Badgastein nach Böckstein mehrere Falter 16. VI. 1909 (Mitterberger 1909). Die Raupe lebt an *Solidago virgaurea* (Hauder 1912).

643. — *(Amblyptilia) acanthodactyla* Hb.
Nach Mann (1871) im Glocknergebiet.

644. *Alucita baliodactyla* Z.
Gl. Gr.: Böse Platte (Mann 1871).
Bewohner wärmerer Lagen, die Raupe lebt nach Spuler.(1908—10) an *Origanum* und *Thymus*.

645. — *pentadactyla* L.
Gl. Gr.: Von Mann (1871) ohne genauere Fundortangabe angeführt.

646. — *tetradactyla* L.
S. Gr.: In der Fleiß 1 Falter (J).
Gl. Gr.: Heiligenblut 28. VII. 1922 (leg. Kautz, teste G); Glocknergebiet (wohl im Pasterzenvorfeld gesammelt), in 2100 m Höhe 29. VII. 1922 (leg. Kautz, teste G); Umgebung des Hotels Franz-Josefs-Höhe, 1 ♀ nachmittags 2. VIII. 1931 (K); Fuscher Tal, oberhalb Ferleiten 1 Falter 14. VII. 1940; Bad Fusch 29. VI. 1908 (Mitterberger 1909); auch von Staudinger (1856) aus dem Gebiete angeführt.
Weit verbreitet, in der Ebene und im Gebirge. Die Raupe lebt an *Origanum* und *Thymus* (Hauder 1912).

647. *Pterophorus (Oedematophorus) lithodactylus* Tr.
Gl. Gr.: Brettboden (Staudinger 1856).

648. — *(Oedematophorus) Rogenhoferi* Mann.
Gl. Gr.: Auf der Sturmalm bei der ehemaligen Wallnerhütte Anfang August (Mann 1871).
In den Alpen von der Schweiz östlich bis zum Semmering.

649. — *(Pterophorus) monodactylus* L.
Gl. Gr.: Gamsgrube in 2300 m Höhe (leg. Kautz, teste G) 30. VII. 1922.
Verbreitete Art, die sonst nicht so hoch emporsteigt.

650. — *(Leioptilus) scarodactylus* Hb.
Gl. Gr.: Nach Mann (1871) im Glocknergebiet.

651. — *(Leioptilus) tephradactylus* Hb.
Gl. Gr.: Von Kautz im Glocknergebiet in 2300 m Höhe am 29. VII. 1922 gesammelt (G); auch von Mann (1871) aus dem Gebiete angeführt.
Weit verbreitet, meist nicht so hoch emporsteigend.

652. — *(Leioptilus) carphodactylus* Hb.
Gl. Gr.: Von Mann (1871) aus dem Gebiete angegeben.

653. — *(Leioptilus) osteodactylus* E.
Gl. Gr.: Von Mann (1871) ohne nähere Fundortangabe angeführt.
Auch an der Kalser Straße bei Haslach 13. VII. 1933 (G).
Nach Spuler (1908—10) lebt die Raupe an *Solidago virgaurea* und *Senecio Fuchsi*, die Art dürfte demnach vor allem in Hochstaudenfluren heimisch sein. Weit verbreitet.

654. *Stenoptilia pelidnodactyla* Stein.
Gl. Gr.: Von Mann (1871) ohne genaue Fundortangabe angeführt.

655. — *coprodactyla* Zel.
Gl. Gr.: Brettboden (Staudinger 1856); Pasterzenvorfeld zwischen Glocknerhaus und Möllschlucht, 1 Falter Juli 1937; am Weg von der Freiwand zur Marienhöhe 1 ♂ 6. VIII. 1931 (K); Gamsgrube, in 2500 m Höhe 30. VII. 1922 (leg. Kautz, teste G); Glocknergebiet, in 2100 m Höhe 29. VII. bis 1. VIII. 1922 (leg. Kautz, teste G) und 2000 m (leg. Witburg-Metzky, teste K) Ende Juli 1940, (beide Fundorte wohl im Pasterzenvorland gelegen); auch von Mann (1871) aus dem Glocknergebiet angeführt.
Vorwiegend montane Art, die in den Alpen weit verbreitet ist.

656. — *bipunctidactyla* Hw. var. *plagiodactyla* Stt.
Gl. Gr.: Von Kautz 1 ♀ im Glocknergebiet in 2300 m Höhe, wohl im weiteren Bereiche der Pasterze am 29. VII. 1922 gesammelt (G.); auch von Staudinger (1856) und Mann (1871) ohne genauere Fundortangabe aus dem Gebiete angeführt.
Weit verbreitet, die Raupe angeblich an *Scabiosa*-Arten (Hauder 1912).

657. — *graphodactyla* Ttrt.
Gl. Gr.: Nach Mann (1871) im Glocknergebiet.
Dürfte mit der Futterpflanze, *Gentiana asclepiadea*, an Kalk gebunden sein.

658. — *pterodactyla* L.
Gl. Gr.: Ferleiten, auf den Wiesen bei den Gasthöfen 1 Ex. 11. VII. 1941; auch nach Mann (1871) im Glocknergebiet.

Familie *Tortricidae*.

659. *Acalla variegana* Schiff.[1]
Gl. Gr.: Nach Mann (1871) im Glocknergebiet.

660. — *lipsiana* Schiff.
Gl. Gr.: Gleichfalls bisher nur von Mann (1871) aus dem Gebiete angegeben.

661. — *sponsana* Fbr.
Gl. Gr.: Von Mann (1871) ohne genaueren Fundort angegeben.

662. — *aspersana* Hb.
Gl. Gr.: Nach Mann (1871) im Glocknergebiet.

---

[1] Nach Abschluß des Manuskriptes fand ich *Acalla emargana* Fbr. in 1 Ex. am Eingang in das Zirknitztal oberhalb Döllach am 28. VIII. 1941.

663. *Acalla holmiana* L.
Nach Mann (1871) im Mölltal.
Die Art dürfte im Gebiete auf die wärmsten Lagen der südlichen Tauerntäler beschränkt sein.

664. *Amphisa gerningana* Schiff.
Gl. Gr.: Kreitherwand Juli 1940 (Th); an der Pasterze (Staudinger 1856); im Glocknergebiet in 2300 m Höhe, wohl im weiteren Umkreis der Pasterze (leg. Kautz, teste G); Pasterzenvorland in 2000 m Höhe, Ende Juli 1940 (leg. Witburg-Metzky, teste K); auch von Mann (1871) aus dem Glocknergebiete angegeben.
Weit verbreitet, die Raupe scheint polyphag zu sein; liebt trockene Hänge.

665. *Dichelia gnomana* Cl.
Gl. Gr.: Heiligenblut 28. VII. 1922 (leg. Kautz, teste G); Kreitherwand Juli 1940 (Th); Mölltal (Mann 1871).
Weitverbreitet, die Raupe ist polyphag.

666. *Cacoecia podana* Scop.
Gl. Gr.: Kreitherwand Juli 1940; Mölltal (Mann 1871).
Weit verbreitete Art, die im Gebiete aber nur in den wärmsten Lagen vorzukommen scheint.

667. — *rosana* L.
Nach Mann (1871) im Mölltal.
Weit verbreitet, scheint in den Alpen aber vorwiegend die Täler zu besiedeln. Die Raupe lebt polyphag an verschiedenen Laubhölzern.

668. — *semialbana* Gn.
Nach Mann (1871) im Mölltal.
Weit verbreitet, in den Alpen gleichfalls vorwiegend in den Tälern.

669. — *histrionana* Froel.
Gl. Gr.: Nach Mann (1871) im Glocknergebiet.
Mitteleuropäische Art, lebt in Nadelwäldern.

670. — *musculana* Hb.
Gl. Gr.: Nach Mann (1871) im Glocknergebiet.
Weit verbreitet, steigt in den Alpen allenthalben bis in die subalpine Zone auf.

671. — *aeriferana* H. S.
S. Gr.: Bei Gastein (leg. Giraud, sec. Mitterberger 1909).
Die Raupe lebt nach Spuler (1908—10) angeblich an *Acer*.

672. — *strigana* Hb.
Nach Mann (1871) im Mölltal.

673. *Eulia rigana* Sodof.
S. Gr.: Stanziwurten, hochalpin 1 Falter 2. VII. 1937 (var. *monticolana* Frey).
Gl. Gr.: Albitzen-SW-Hang, in 2200 bis 2400 m Höhe 3 Falter 17. VII. 1940; auch von Mann (1871) aus dem Glocknergebiet angegeben.
Gr. Gr.: Kals-Matreier Törl 9. VII. 1933 (G).
In der Ebene und im Gebirge, die var. *monticolana* steigt in der Schweiz nach Vorbrodt (1921—23) bis 3034 m (Piz Umbrail) empor.

674. — *ministrana* L.
S. Gr.: Bei Böckstein 16. VI. 1909 (Mitterberger 1909); Elisabethpromenade in Badgastein 16. VI. 1909 in der ab. *subfasciana* Stph. (Mitterberger 1909).
Weit verbreitet, die Raupe lebt meist in Auen an *Alnus incana*.

675. *Tortrix bergmanniana* L.
Gl. Gr.: Von Mann (1871) aus dem Glocknergebiet angeführt.

676. — *conwayana* Fbr.
Gl. Gr.: Kreitherwand Juli 1940 (Th); auch von Mann (1871) aus dem Glocknergebiet angegeben.
Weit verbreitet, in den Alpen aber anscheinend auf die wärmeren Tallagen beschränkt, in Obersteiermark fast vollständig fehlend (vgl. Prohaska u. Hoffmann 1924—29). Die Raupe lebt an verschiedenen Laubhölzern. Die Art dürfte im Gebiete auf die wärmsten Lagen beschränkt sein.

677. — *paleana* Hb.
Gl. Gr.: Franz-Josefs-Höhe 2 ♂ (Hoffmann 1908—1909); Gamsgrube, in 2500 m Höhe (leg. Kautz, teste G); Glocknergebiet, in 2100 bis 2300 m Höhe (leg. Kautz, teste G.) Böse Platte, in der ab. *intermediana* H. S. (Mann 1871).
Weit verbreitet, in den Alpen vorwiegend auf Kalk. Die Raupe ist polyphag.

678. — *steineriana* Hb.
Gl. Gr.: An der Pasterze 1 Falter (Staudinger 1856); Moserboden 5. bis 7. VII. 1906 (Mitterberger 1906); auch von Mann (1871) aus dem Glocknergebiet angeführt.
Montane Art, dürfte nicht unter die subalpine Waldzone herabsteigen.

679. — *rogana* Gn. var. *Dohrniana* H. S.
Gl. Gr.: Brettboden 1 ♂ (Hoffmann 1908—09); an der Pasterze in etwa 2150 m Höhe (Staudinger 1856); auch von Mann (1871) aus dem Glocknergebiet angeführt.
Montane Art, die selten unter die subalpine Waldregion heruntersteigen dürfte.

680. — *rusticana* Tr.
Gl. Gr.: Von Mann (1871) aus dem Glocknergebiete angegeben.

681. — *rolandriana* L.
Gl. Gr.: Von Mann (1871) aus dem Glocknergebiet angeführt. Von Staudinger-Rebel (1903) aus Nordeuropa, den Alpen und dem Ural angegeben, auch in den Gebirgen Bosniens (teste H Zerny). Die Art ist boreoalpin verbreitet.

682. *Cnephasia osseana* Scop.
S. Gr.: Gjaidtrog-SW-Hang, in 2400 m Höhe 1 Falter (J).
Gl. Gr.: An der Pasterze gemein, auch anderwärts (Staudinger 1856); Freiwand, in 2450 m Höhe am Licht 1 ♂ 8. VIII. 1931 (K); Ködnitztal, 1 abgeflogener Falter 28. VII. 1935 (G); Dorfer Tal 7. VIII. 1937 (G); auch von Mann (1873) aus dem Glocknergebiet angegeben.
Weit verbreitet, vorwiegend im Gebirge. In der Schweiz nach Vorbrodt (1921—23) bis 2800 m emporsteigend.

683. — *argentana* Cl.
Gl. Gr.: Heiligenblut 27. VII. 1922 (leg. Kautz, teste G); Fuscher Tal oberhalb Ferleiten, 1 Falter 14. VIII. 1940; Glocknergebiet, wohl in der weiteren Umgebung der Pasterze gesammelt, 1. VIII. 1922 (leg. Kautz, teste G).
Vorwiegend im Gebirge, steigt aber nur selten über die Waldgrenze empor, in der Schweiz nach Vorbrodt (1921—23) noch bis 2300 m.

684. — *penziana* Thbg.
Gl. Gr.: Kreitherwand Juli 1940 (Th); Freiwand, in 2450 m am Licht 1 ♀ 3. VIII. 1931 (K); auch von Kautz (teste G) und Mann (1871) im Glocknergebiet gesammelt.
Weit verbreitet, in Mitteleuropa vorwiegend im Gebirge.

685. — *branderiana (= wahlbohmiana* L.) var. *alticolana* H. S.
S. Gr.: Naßfeld bei Gastein 16. VI. 1906 (Mitterberger 1909).
Gl. Gr.: Mölltal (Mann 1871); an der Pasterze in etwa 2500 m Höhe 2 Falter (Staudinger 1856); in Ferleiten am Licht 13. VIII. 1906 (Mitterberger 1909).
Weit verbreitet, die Raupe ist polyphag.

686. — *incertana* ab. *minorana* H. S.
Nach Mann (1871) im Mölltal.

687. — *nubilana* Hb.
Nach Mann (1871) im Glocknergebiet, wohl nur in den tiefsten Tallagen.

688. *Sphaleroptera alpicolana* Hb.
S. Gr.: Kasereckkopf (Mann 1871).
Gl. Gr.: Hochtor, August 1848 an heißen Tagen zwischen 10 und 12 Uhr in Copula (Mann 1871); Pasterzenvorfeld, zwischen Glocknerhaus und Möllschlucht 1 Falter; Pfandlscharte 2600 m 1. VIII. 1922 (leg. Kautz, teste G); Gamsgrube (Hoffmann 1908—09); in der Gamsgrube an den obersten Felslehnen über 3000 m häufig 7. VIII. 1855 (Staudinger 1856); Großer Burgstall, 1 Falter. Hochalpine Art, nach Vorbrodt (1921—23) in der Schweiz zwischen 1800 und 3500 m, das ♀ ist brachypter, das ♂ fliegt im Sonnenschein über lockerem Geröll. Die Art dürfte vorwiegend der hochalpinen Grasheiden- und Polsterpflanzenstufe angehören.

689. *Conchylis posterana* Z.
Gl. Gr.: Von Mann (1871) aus dem Glocknergebiet angeführt.
Diese wärmeliebende Art scheint in den Ostalpen allenthalben selten zu sein (vgl. Hauder 1912, Mitterberger 1909 und Prohaska und Hoffmann 1924—29); die Raupe lebt an *Cirsium* und *Carduus* (Hauder 1912).

690. — *manniana* F. R.
Gl. Gr.: Böse Platte (Mann 1871).
Seltene Art, deren Raupe an *Mentha* und *Lycopus* leben soll (Spuler 1908—10).

691. — *rutilana* Hb. var. *roridana* Mann.
Gl. Gr.: Bei der ehemaligen Wallnerhütte auf der Sturmalm 2 ♂ 12. VII. (Mann 1867), loc. typ. der var. *roridana*. Lebt an *Juniperus*.

692. — *zephyrana* Tr.
Gl. Gr.: Kreitherwand Juli 1940 (Th); Mölltal (Mann 1871).
Scheint im Gebiete auf die wärmsten Lagen beschränkt und im ganzen Ostalpengebiet nicht häufig zu sein.

693. — *aurofasciana* Mann.
Gl. Gr.: Brettboden Ende Juli (Staudinger 1856); Böse Platte (Mann 1871); Wasserfallboden 6. VIII. 1906 1 Falter (Hauder 1912).
Boreoalpine Art, die aus den Alpen und Norwegen bekannt ist (Spuler 1908—10). Sie findet sich in den Alpen nur in sub- und hochalpinen Lagen.

694. — *decimana* Schiff.
Gl. Gr.: Von Mann (1871) aus dem Glocknergebiet angegeben.

695. — *badiana* Hb.
Gl. Gr.: Wie die vorige nur von Mann (1871) im Gebiete gesammelt.

696. — *smeathmanniana* Fbr.
Nach Mann (1871) im Mölltal.

697. — *ciliella* Hb.
Gl. Gr.: Nach Mann (1871) im Glocknergebiet.

698. — *phaleratana* HS.
Gl. Gr.: Böse Platte (Mann 1871).
Vorwiegend im Gebirge, allenthalben selten.

699. *Euxanthis perfusana* Gn.
Gl. Gr.: Böse Platte (Mann 1871).
Montane Art, die über die Alpen und dinarischen Gebirge verbreitet ist.

700. — *hamana* L.
Nach Mann (1871) im Mölltal; ein Tier tieferer Lagen.

701. *Conchylis zoegana* L.
   Nach Mann (1871) im Mölltal.
   Die Raupe an den Wurzeln von *Centaurea jacea*, die Art steigt nicht hoch ins Gebirge empor.
702. *Evetria turionana* Hb. var. *mughiana* Zell.
   Schobergr.: Gößnitztal (Seitner 1938), auf Zirben.
703. *Olethreutes salicella* L.
   Im Mölltal (Mann 1871).
   Die Raupe an *Salix*- und *Populus*-Arten.
704. — *variegana* Hb.
   Gl. Gr.: Kreitherwand Juli 1940 (Th); Mölltal (Mann 1871).
   Ein Tier tieferer Lagen, das in den Niederungen an Obstbäumen schädlich wird. Im Untersuchungsgebiet sicher nur in den wärmsten Teilen der Südtäler.
705. — *pruniana* Hb.
   Im Mölltal (Mann 1871).
706. — *dimidiana* Sodof.
   Im Mölltal (Mann 1871).
   Die Raupe an verschiedenen Laubbäumen, besonders *Alnus* und *Betula* (Hauder 1912).
707. — *oblongana* Hw.
   Gl. Gr.: Von Mann (1871) aus dem Glocknergebiet angegeben. Es ist fraglich, ob die Angabe auf diese Art oder *O. sellana* Hb. zu beziehen ist.
708. — *rosemaculana* H.-S.
   Gl. Gr.: Böse Platte (Mann 1871).
   Eine in den Alpen anscheinend wenig weit verbreitete Art, deren Vorkommen im Untersuchungsgebiet erst noch bestätigt werden muß.
709. — *lediana* L.
   Gl. Gr.: Böse Platte (Mann 1871).
   Auch diese Angabe ist bestätigungsbedürftig.
710. — *noricana* H. S.
   S. Gr.: Kasereckkopf (Mann 1871).
   Gl. Gr.: Gamsgrube 30. VII. 1922 (leg. Kautz, teste G et sec. Thurner 1938); Glocknergebiet, Ende Juli 1940 in etwa 2000 *m* Höhe (leg. Witburg-Metzky, teste K). Hochalpin in den Alpen und dann wieder in Norwegen, somit boreoalpin verbreitet.
711. — *turfosana* H. S.
   Gl. Gr.: Böse Platte (Mann 1871).
   Scheint in den Alpen östlich der Hohen Tauern zu fehlen, findet sich auch in Nordeuropa, Norddeutschland und der Schweiz; angeblich auch in Niederbayern (Osthelder 1940).
712. — *arbutella* Z.
   Gl. Gr.: Einzeln an der Pasterze (Staudinger 1856); auch von Mann (1871) aus dem Glocknergebiet angegeben.
   Weit verbreitet, in den Alpen aber anscheinend selten. Die Raupe lebt nach Spuler (1908—10) an *Arctostaphylos alpina*, *A. uva ursi* und *Vaccinium vitis idaea*.
713. — *mygindana* Schiff.
   Gl. Gr.: Von Mann (1873) aus dem Glocknergebiet angeführt.
714. — *striana* Schiff.
   Gl. Gr.: An der Pasterze 1 Falter (Staudinger 1856); auch von Mann (1871) aus dem Glocknergebiet angeführt.
   Eine Art, die sich sonst nur in tieferen Lagen findet und wohl nur ausnahmsweise bis ins Pasterzenvorfeld vordringt; Wiesenbewohner.
715. — *siderana* Tr.
   Gl. Gr.: Nach Mann (1871) im Glocknergebiet.
716. — *metallicana* Hb. f. typ. und var. *irriguana* H. S.
   Gl. Gr.: Brettboden, in der var. *irriguana* (Staudinger 1856); Ferleiten, 13. VIII. 1906 in der f. typ. (Mitterberger 1909); die var. *irriguana* wird auch von Mann (1871) aus dem Glocknergebiet angeführt. Weit verbreitet, in der Schweiz nach Vorbrodt (1921—23) in Höhen von 1291 bis 2780 *m*, die Raupe an *Vaccinien*.
717. — *puerillana* Hein.
   Gl. Gr.: Von Mann (1871) ohne genaueren Fundort aus dem Glocknergebiet angegeben. Wird nur aus den Alpen von Kärnten und Tirol angeführt.
718. — *scoriana* Gn.
   S. Gr.: „Bei Rauris am Bluter Tauern, vor der Schneeregion an *Vaccinium*", vermutlich am Wege vom Heiligenbluter Tauern in das Seidelwinkeltal (Mann 1871).
   Gl. Gr.: Pfandlscharte, sehr einzeln (Staudinger 1856).
   In den Alpen endemisch, sub- und hochalpin von den steirischen Alpen westwärts bis in die Alpes maritimes.
719. — *palustrana* Z.
   Gl. Gr.: Nach Mann (1871) im Glocknergebiet.
720. — *schulziana* Fbr.
   Gl. Gr.: Am Haritzenweg zwischen Glocknerhaus und Naturbrücke über die Möll Juli 1937.
   Nach Vorbrodt (1921—23) von der Ebene bis 2760 *m* emporsteigend, „ein träger Flieger, der sich dort entwickelt, wo er angetroffen wird". Die Raupe lebt wahrscheinlich an *Vaccinium* und *Calluna*.

721. *Conchylis spuriana* H. S.
    Gl. Gr.: Pfandlscharte 1. VIII. 1922 (leg. Kautz, teste G et Thurner 1938); nächst dem Pfandlschartenbach in 2400 m Höhe (Staudinger 1856); auch von Mann (1873) aus dem Glocknergebiet angeführt. Nach Vorbrodt (1921—23) in der Schweiz in Höhen von 2100 bis 3000 m.

722. — *umbrosana* Frr.
    Nach Mann (1871) im Mölltal.

723. — *urticana* Hb.
    Nach Mann (1871) im Mölltal.

724. — *lacunana* Dup.
    Gl. Gr.: Nach Mann (1871) im Glocknergebiet.
    Weit verbreitet und im Ostalpengebiet häufig.

725. — *lucivagana* Z.
    Gl. Gr.: Fuscher Tal, oberhalb Ferleiten 1 Falter 14. VII. 1940.
    Weit verbreitet, in den Alpen bis in die subalpine Zone aufsteigend.

726. — *rupestrana* Dup.
    Gl. Gr.: Nach Mann (1871) im Glocknergebiet.

727. — *cespitana* Hb.
    Gl. Gr.: Im Kaprunertal beim Kesselfallalpenhaus und auf dem Wasserfallboden (Mitterberger 1909); auch von Mann (1871) im Glocknergebiet, wahrscheinlich in der Umgebung von Heiligenblut gesammelt.

728. — *bipunctana* Fbr.
    Gl. Gr.: An der Pfandlscharte sehr einzeln (Staudinger 1856); auch von Mann (1871) aus dem Glocknergebiet angegeben.
    Die Raupe lebt an *Vaccinium myrtillus* und *V. vitis idaea* (Hauder 1912); die Art lebt in der Ebene und im Gebirge.

729. — *charpentierana* Hb.
    Gl. Gr.: Wasserfallboden, ♂ ♀ in Copula 23. VII. 1909 (Mitterberger 1909); Walcher Sonnleiten, in 2200 bis 2400 m Höhe; 2 Ex. 9. VII. 1941; auch von Mann aus dem Glocknergebiet angegeben.
    In der oberen Wald- und Zwergstrauchzone verbreitet, einzeln auch in der Ebene.

730. — *hercyniana* Tr.
    Gl. Gr.: Nach Mann (1871) im Glocknergebiet. Lebt in Nadelwäldern.

731. *Steganoptycha diniana* Gn.
    S. Gr.: Böckstein, 1 Falter 16. VI. 1909 (Mitterberger 1909).
    Gl. Gr.: Freiwand, in 2450 m Höhe am Licht 1 ♀ 3. VIII. 1931 (K); Hotel Franz-Josefs-Höhe, 11 ♂ 6 ♀ am Licht 6. VIII. 1931 (K) (vgl. auch Thurner 1938 und Koschabek 1940); auch von Mann (1871) aus dem Glocknergebiet angeführt.
    Schobergr.: Im Gößnitztal auf Zirben August 1938 (Seitner 1938).
    Eine an Nadelhölzer gebundene Art, deren Vorkommen auf der Freiwand sehr auffällig ist. Wahrscheinlich hängen die dort gemachten Funde mit den Legföhrenbeständen unterhalb des Glocknerhauses zusammen, von wo die Tiere vielleicht mit dem Talwind bis auf die Franz-Josefs-Höhe emporgetragen werden.

732. — *ratzeburgiana* Rtzb.
    Gl. Gr.: Nach Mann (1871) im Glocknergebiet.

733. — *nanana* Tr.
    Gl. Gr.: Gleichfalls nur von Mann (1871) aus dem Glocknergebiet angegeben.

734. — *vacciniana* Z.
    Gl. Gr.: Nach Mann (1871) im Glocknergebiet.

735. — *fractifasciana* Hw.
    Gl. Gr.: Von Mann (1871) ohne genaueren Fundort angeführt.
    Weit verbreitet, die Raupe an *Scabiosa*-Arten (Hauder 1912).

736. — *subsequana* Hw.
    Gl. Gr.: Nach Mann (1871) im Glocknergebiet.
    Die Raupe lebt an Nadelhölzern (Hauder 1912).

737. — *rubiginosana* H. S.
    Gl. Gr.: Böse Platte (Mann 1871), die Raupe wohl auf den benachbarten Legföhren.

738. — *mercuriana* Hb.
    Gl. Gr.: Von Kautz im Glocknergebiet in 2100 bis 2200 m Höhe, wohl im Pasterzenvorland, gesammelt (teste G); auch von Mann (1871) aus der Glocknergruppe angegeben.
    Die Art ist boreoalpin verbreitet (Holdhaus 1912), sie wird aus den Alpen, Karpathen, Dinariden, Schottland, Skandinavien, Finnland und Lappland angegeben. In den Alpen scheint sie auf die subalpine Waldzone und die Zwergstrauchregion beschränkt zu sein; angeblich auch im Dachauer Moos (Osthelder 1940).

739. *Bactra lanceolana* Hb.
    Gl. Gr.: Kapruner Tal, in 1700 m Höhe (Mitterberger 1909 und Hauder 1912); im Glocknergebiet in 2500 m Höhe (leg. Neustetter, sec. Höfner 1911); auch von Mann (1871) aus dem Glocknergebiete angegeben.
    Weltweit verbreitete Art, die Raupe lebt an *Juncus*- und *Carex*-Arten bzw. in deren Stengeln (Hauder 1912).

740. *Semasia hypericana* Hb.
    Gl. Gr.: Moserboden 22. VII. 1909 (Mitterberger 1909); Mölltal (Mann 1871).
    Weit verbreitet, in der Ebene und im Gebirge, die Raupe an *Hypericum* (Hauder 1912).

741. *Semasia pupillana* Cl.
   Gl. Gr.: Beim Glocknerhaus 1 Falter 30. VII. (Thurner 1938).
   Seltene Art, die Raupe im Wurzelstock und unteren Stengelteil von *Arthemisia* (Spuler 1908—1910).
742. — *aspidiscana* Hb. var. *catoptrana* Rbl.
   Gl. Gr.: Albitzen-SW-Hang, in 2200 bis 2400 m Höhe 1 Falter 17. VII. 1940.
   Die Raupe lebt an *Solidago* (Hauder 1912); die Art ist wohl nur in tieferen Lagen heimisch.
743. *Notocelia junctana* H. S.
   Gl. Gr.: Böse Platte (Mann 1871).
   Eine thermophile Art, die aus den wärmsten Gegenden Deutschlands, aus Ungarn, Dalmatien und Sarepta angegeben wird. In Niederdonau findet sie sich im Marchfeld und in den Donauauen (Prodromus 1915). Eine Bestätigung der Angabe Manns wäre äußerst erwünscht.
744. — *roborana* Tr.
   Gl. Gr.: Heiligenblut, in 1300 m Höhe 28. VII. 1922 (leg. Kautz, teste G).
   Weit verbreitet, die Raupe im Laub verschiedener Laubhölzer, besonders Rosen, *Crataegus*, *Prunus*, aber auch *Rubus*.
745. *Epiblema grandaevana* Z.
   S. Gr.: Bei Böckstein sehr zahlreich 16. VI. 1909 (Mitterberger 1909).
   Die Raupe lebt in den Wurzeln von *Petasites* (Hauder 1912).
746. — *scopoliana* Hw.
   Nach Mann (1871) im Mölltal.
747. — *hepaticana* Tr.
   Gl. Gr.: Nach Mann (1871) im Glocknergebiet.
   Die Raupe an *Senecio nemorensis*, *jacobaea* etc., der Falter dementsprechend in den Hochstaudenfluren auf Waldschlägen und entlang der Bäche (Hauder 1912).
748. — *penkleriana* F. R.
   Gl. Gr.: Hotel Franz-Josefs-Höhe, am Licht 6. VIII. 1931 (K).
   Die Raupe in den Kätzchen und Knospen von *Alnus*, *Corylus*, *Quercus* und anderen Laubhölzern (Hauder 1912), ob auch an niederen Weiden?
749. — *tedella* Cl.
   Gl. Gr.: Kreitherwand Juli 1940 (Th).
   In Nadelwäldern verbreitet, die Raupe lebt zwischen versponnenen Fichtennadeln (Hauder 1912).
750. — *solandriana* L.
   Gl. Gr.: Ferleiten 13. VIII. 1906 (Mitterberger 1909).
   Weit verbreitet, die Raupe lebt bei Ferleiten wohl an *Alnus incana*, sonst auch an anderen Laubhölzern.
751. — *mendiculana* Tr.
   Gl. Gr.: Nach Mann (1871) im Glocknergebiet.
   Eine seltene Art, die auch in Ober- und Niederdonau gefunden wurde.
752. — *luctuosana* Dup.
   Gl. Gr.: Nächst dem Pfandlschartenbach in etwa 2300 m Höhe (Staudinger 1856); auch von Mann aus dem Glocknergebiete angegeben.
   Weit verbreitet, die Raupe lebt in Distelstengeln (Hauder 1912, Prohaska und Hoffmann 1924—29).
753. — *simploniana* Dup.
   Gl. Gr.: Böse Platte (Mann 1871).
   Weit verbreitet, die Raupe soll an *Tussilago* und *Calluna* leben.
754. — *brunnichiana* Froel.
   S. Gr.: Bei Böckstein 16. VI. 1909 (Mitterberger 1909).
   Gl. Gr.: Kapruner Tal 23. VII. 1909 (Mitterberger 1909).
   Die Raupe an den Wurzeln von *Tussilago* (Hauder 1912).
755. — *turbitana* Tr.
   S. Gr.: Bei Böckstein 16. VI. 1909 (Mitterberger 1909).
   Seltene Art, die Raupe lebt an den Wurzeln von *Petasites* (Hauder 1912).
756. *Grapholitha albersana* Hb.
   Gl. Gr.: Böse Platte (Mann 1871).
   In der Ebene und im Gebirge. Im letzteren dürfte die Raupe an *Lonicera alpigena* leben.
757. — *succedana* Froel.
   Nach Mann (1871) im Mölltal.
758. — *strobilella* L.
   Nach Mann (1871) im Mölltal.
   Nadelwaldbewohner, die Raupen leben in den Zapfen der Nadelbäume.
759. — *pactolana* Z.
   Gl. Gr.: Böse Platte (Mann 1871).
   Die Raupe lebt an Fichten (Hauder 1912), geht aber vielleicht auch auf Legföhren über.
760. — *compositella* Fbr.
   Nach Mann (1871) im Mölltal.
761. — *duplicana* Zett.
   Gl. Gr.: Nach Mann (1871) im Glocknergebiet.
   Die Raupe lebt auf verschiedenen Nadelhölzern (Hauder 1912).
762. — *dorsana* Tr.
   Nach Mann (1871) im Mölltal.
   Die Raupe an *Lathyrus* und anderen Leguminosen (Hauder 1912).

763. *Grapholitha phacana* Wck. (= *aureolana* Tgstr., teste Benander 1931).
Gl. Gr.: Glocknergebiet (Holdhaus 1912); auch von Kautz im Glocknergebiet in 2200 m Höhe, wahrscheinlich im Pasterzenvorland, am 1. VIII. 1922 gesammelt (teste G); Walcher Hochalm, am Karboden in 1900 bis 2000 m Höhe im Almrasen 1 Ex. 9. VII. 1941.
Boreoalpine Art, die in den Alpen und in den Gebirgen Norwegens vorkommt (Holdhaus 1912). In den Alpen östlich der Hohen Tauern bisher noch nicht gefunden.

764. — *aurana* Fbr.
Nach Mann (1871) im Mölltal.
Die Raupe lebt in den Dolden von *Libanotis montana* und *Heracleum* (Spuler 1908—10).

765. *Pamene germana* Hb.
Nach Mann (1871) im Mölltal.

766. — *rhediella* Cl.
Nach Mann (1871) im Mölltal.

767. *Tmetocera ocellana* Fbr.
Gl. Gr.: Nach Mann (1871) im Glocknergebiet.

768. *Carpocapsa splendana* Hb.
Gl. Gr.: Hotel Franz-Josefs-Höhe, 2 ♀ am Licht 6. VIII. 1931 (K, vgl. auch Thurner 1938 und Koschabek 1940).
Das Vorkommen dieser Art, deren Raupe in Eicheln und Edelkastanien lebt, im Gebiete und besonders hochalpin weit oberhalb der Baumgrenze ist, wie schon Koschabek (1940) mit Recht hervorhebt, sehr merkwürdig.

769. *Ancyllis achatana* Fbr. (nach Spuler 1908—10 hierher gestellt).
Nach Mann (1871) im Mölltal.

770. — *derasana* Hb.
Gl. Gr.: Nach Mann (1871) im Glocknergebiet.
Die Raupe lebt an *Rhamnus cathartica* und *frangula* (Hauder 1912).

771. — *myrtillana* Tr.
S. Gr.: Naßfeld bei Gastein, in 1800 m Höhe 16. VI. 1909 (Mitterberger 1909).
Gl. Gr.: Wasserfallboden 22. VII. 1909 (Mitterberger 1909); auch von Mann (1871) aus dem Glocknergebiet angegeben.
Die Raupe lebt an *Vaccinium myrtillus*; vorwiegend im Gebirge.

772. — *comptana* Froel.
Gl. Gr.: Von Mann (1871) aus dem Glocknergebiet angeführt; auch von Staudinger (1856) aus Oberkärnten in Höhen von 2000 bis 2300 m ohne genaueren Fundort angegeben.

773. — *unguicella* L.
Gl. Gr.: Bei Heiligenblut (Staudinger 1856); Albitzen-SW-Hang, in 2200 bis 2400 m Höhe 1 Falter 17. VII. 1940; Fuscher Tal oberhalb Ferleiten, auf einem Bachschuttkegel im Trockenrasen 1 Ex. 22.V. 1941; auch von Mann (1871) aus dem Glocknergebiet angeführt.
Die Raupe nach Hauder (1912) an *Calluna* und *Erica*. Ich fand den Falter jedoch am Albitzen-SW-Hang an einer Stelle, wo weithin keine der beiden Pflanzen wächst.

774. — *biarcuana* Steph.
Gl. Gr.: Böse Platte (Mann 1871); am Wasserfallboden mehrfach 23. VII. 1909 (Mitterberger 1909). Nach Hauder (1912) an *Salix*-Arten.

775. *Dichrorampha petiverella* L.
Gl. Gr.: Nach Mann (1871) im Glocknergebiet.

776. — *alpinana* Tr.
Gl. Gr.: Nach Mann (1871) im Glocknergebiet.
Weit verbreitet, die Raupe im Wurzelstock von *Achillea millefolium* (Hauder 1912).

777. — *plumbagana* Tr.
Gl. Gr.: Gleichfalls bisher nur von Mann (1871) aus dem Glocknergebiet angeführt.

778. — *alpestrana* H. S.
S. Gr.: Naßfeld bei Gastein, in 1700 m Höhe 16. VI. 1909 (Mitterberger 1909).
Gl. Gr.: Brettboden, häufig Ende August (Staudinger 1856).
Nach Prohaska und Hoffmann (1924—29) in Steiermark nur auf Kalkunterlage; scheint höhere Gebirgslagen zu bevorzugen.

779. — *cacaleana* H. S.
Gl. Gr.: Von Mann (1871) aus dem Glocknergebiet angegeben.

780. *Lipoptycha bugnionana* Dup.
Gl. Gr.: An der Pasterze 1 Falter (Staudinger 1856); Franz-Josefs-Höhe 1 ♂ (Hoffmann 1908—09); Moserboden und Naßwand über diesem, zahlreich 22. VII. 1909 (Mitterberger 1909); auch von Mann (1871) aus dem Glocknergebiet angeführt.
Scheint vorwiegend der hochalpinen Grasheiden- und Zwergstrauchstufe anzugehören. In der Schweiz nach Vorbrodt (1921—23) in Höhen von 1800 bis 2800 m, die Raupe dort wahrscheinlich an *Achillea nana*, in den Ostalpen vielleicht an *Achillea Clavennae*.

781. — *plumbana* Scop.
Gl. Gr.: Wasserfallboden, in 1700 m Höhe 22. VII. 1909 (Mitterberger 1909); auch von Mann (1871) aus dem Glocknergebiet angegeben.
Weit verbreitet, die Raupe nach Hauder (1912) in der Wurzel von *Achillea* und *Tanacetum*.

Familie *Glyphipterygidae*.

782. *Choreutis myllerana* Fbr.
Gl. Gr.: Nach Mann (1871) im Glocknergebiet; auch von Kautz in diesem in 2200 m Höhe, wahrscheinlich im Pasterzenvorland, am 1. VIII. 1922 gesammelt (teste G et Thurner 1938).
Von der Ebene bis in die hochalpine Zwergstrauchstufe aufsteigend.

783. *Simaethis pariana* Cl.
Nach Mann (1871) im Mölltal.
Weit verbreitet, die Raupe an *Sorbus aucuparia, Crataegus, Betula* und anderen Laubhölzern.

784. — *fabriciana* L.
Nach Mann (1871) im Mölltal.
Weit verbreitet, steigt aus der Ebene bis in die Krummholzzone der Alpen auf, die Raupe lebt an *Urtica dioica* (Hauder 1912).

785. *Glyphipteryx bergsträsserella* Fbt. ab. *Pietruskii* Now.
Gl. Gr.: Auf der Elisabethruhe am Glockner in 2123 m Höhe (Mann 1871); Moserboden (Mitterberger 1909).
Die Raupe lebt an *Luzula nemorosa* (Hauder 1912).

786. — *thrasonella* Scop.
Gl. Gr.: Bei der Bricciuskapelle (Mann 1871); Albitzen-SW-Hang, in 2200 bis 2400 m Höhe 1 Falter 17. VII. 1940.
Weit verbreitet, steigt aus der Ebene bis in die hochalpine Grasheidenstufe empor. Die Raupe lebt an *Juncus*- und *Scirpus*-Arten (Hauder 1912).

787. — *equitella* Scop.
Gl. Gr.: Von Mann (1871) angeführt, wahrscheinlich auf der Kreitherwand zu finden, wo die Futterpflanze *(Sedum)* in Anzahl wächst.

788. — *fischeriella* Z.
Gl. Gr.: Nach Mann (1871) im Glocknergebiet.

789. *Timagna perdicellum* Z. var. *matutinellum* Z.
Gl. Gr.: Bad Fusch 29. VII. 1908 und Moserboden 5. bis 7. VIII. 1906 (Mitterberger 1909); auch von Mann (1873) aus dem Glocknergebiet angegeben.

Familie *Yponomeutidae*.

790. *Yponomeuta padellus* L.
S. Gr.: Im Rauriser Tal massenhaft, an *Fraxinus excelsior* und *Sorbus aucuparia* schädlich (Staudinger 1856).
Gl. Gr.: Von Mann (1871) im Jahre 1870 2 Falter bei der ehemaligen Wallnerhütte auf der Sturmalm gefangen; Naßwand über dem Moserboden, in 2100 m Höhe 2 Falter 5. VIII. 1906 (Hauder 1912, Mitterberger 1909).
Weit verbreitet, dürfte in den höheren Gebirgslagen an *Salix* leben.

791. — *cognatellus* Hb.
Gl. Gr.: Hotel Franz-Josefs-Höhe, am Licht 1 ♂ 5. VIII. 1931 (K, vgl. auch Thurner 1938 und Koschabek 1940).
Die Raupe in einem Gespinst an *Evonymus*, aber auch an *Rhamnus* und *Lonicera* (Hauder 1912). Das Vorkommen in so bedeutender Höhe ist außergewöhnlich.

792. — *evonymellus* L.
Nach Mann (1871) im Mölltal; von mir an der Fuscher Ache bei Bruck an der Glocknerstraße auf *Alnus incana* am 19. VII. 1940 beobachtet.

793. *Swammerdamia compunctella* H. S.
Gl. Gr.: Von Mann (1871) aus dem Glocknergebiet angeführt.

794. — *alpicella* H. S.
Gl. Gr.: Gleichfalls bisher nur von Mann (1871) aus dem Gebiete gemeldet.

795. *Atemelia torquatella* Z.
Gl. Gr.: Nach Mann (1871) im Glocknergebiet.
Die Art scheint in den Ostalpen selten zu sein, die Raupe lebt in einer Blattmine in Birkenblättern (Hauder 1912).

796. *Argyrestia pulchella* Z.
Gl. Gr.: Im Kapruner Tal oberhalb des Kesselfallalpenhauses 1 Stück von Bergahorn geklopft 22. VII. 1909 (Mitterberger 1909). Ein Bewohner tieferer Lagen.

797. — *ephippiella* Fbr.
Gl. Gr.: Von Mann (1871) aus dem Glocknergebiet angegeben, wohl nur in den tiefsten Tallagen heimisch.
Die Raupe lebt an verschiedenen Laubhölzern, die durchwegs die untere Bergwaldzone nicht überschreiten dürften.

798. — *sorbiella* Tr.
Gl. Gr.: Böse Platte (Mann 1871).
Die Raupe lebt auf *Sorbus aria* und *Cotoneaster vulgaris*, in den Alpen anscheinend vorwiegend in subalpinen Lagen.

799. — *pygmaeella* Hb.
Gl. Gr.: Böse Platte (Mann 1871); Moserboden Anfang August 1906 (Hauder 1912, Mitterberger 1909).
Die Raupe lebt an *Salix* (Hauder 1912).

800. — *brockeella* Hb.
Gl. Gr. Böse Platte (Mann 1871).
Weit verbreitet, aber in den Alpen anscheinend nur an wenigen Stellen. Die Raupe lebt an *Betula* (Hauder 1912).

801. *Argyrestia amiantella* Z.
    Gl. Gr.: Nach Mann (1871) im Glocknergebiet.
    Vorwiegend in Fichtenwäldern.
802. *Cedestis gysselinella* Dup.
    Gl. Gr.: Nach Mann (1871) im Glocknergebiet.
    Die Raupe lebt an Föhren und Fichten (Hauder 1912).
803. — *farinatella* Dup.
    Gl. Gr.: Glocknergebiet, im Krummholz (Mann 1871), wohl in den *Pinus montana*-Beständen unterhalb des Glocknerhauses gesammelt, sonst an *Pinus silvestris*.
804. *Ocnerostoma piniarella* Z.
    Gl. Gr.: Glocknergebiet, im Krummholz (Mann 1871), wahrscheinlich am gleichen Fundplatz wie die vorige Art.
    Die Raupe lebt sonst meist an *Pinus silvestris*, wurde aber auch an *Larix decidua* beobachtet (Hauder 1912).

Familie *Plutellidae*.

805. *Plutella geniatella* Z.
    Gl. Gr.: Böse Platte (Mann 1871).
    Seltene Art, die in den Alpen und Gebirgen Südfrankreichs heimisch ist. Nach Vorbrodt (1921—23) in der Schweiz in Höhen von 1600 bis 2950 *m*, steigt auch in den Ostalpen nirgends unter die subalpine Waldstufe herab.
806. — *maculipennis* Curt.
    S. Gr.: Kasereckkopf, über 3000 *m* (Mann 1871).
    Gl. Gr.: Albitzen-SW-Hang 2200 bis 2400 *m*, 1 Falter 17. VII. 1940; Großer Burgstall, 1 Falter; Moserboden, Anfang August 1906 (Hauder 1912, Mitterberger 1909); Walcher Sonnleiten, in 2300 bis 2400 *m* Höhe 9. VII. 1941; Oberes Naßfeld (2270 *m*) unterhalb des Fuscher Törls 1 Ex. 10. VII. 1941.
    Schobergr.: Gößnitztal August 1938 (Seitner 1938).
    Die Raupe lebt an Cruciferen, die Art steigt in der Schweiz wie in den Ostalpen aus den tiefsten Tallagen bis zu 3000 *m* empor (Vorbrodt 1921—23).
807. *Cerostoma xylostella* L.
    Gl. Gr.: Heiligenblut 28. VII. 1922 (leg. Kautz, teste G); auch von Mann (1871) aus dem Glocknergebiet angeführt.
    Die Raupe lebt an *Lonicera*, die Art ist weit verbreitet.

Familie *Gelechiidae*.

808. *Bryotropha terrella* Hb.
    Gl. Gr.: Nach Mann (1871) im Glocknergebiet.
809. — *senectella* Z.
    Gl. Gr.: Ferleiten 13. VIII. 1906 (Mitterberger 1909).
    Weit verbreitet, im Quellgebiet der Salzach noch in 2300 *m* Höhe (Mitterberger 1916).
810. — *basaltinella* Z.
    Gl. Gr.: Nach Mann (1871) im Glocknergebiet.
811. *Gelechia distinctella* Z.
    Gl. Gr.: Heiligenblut 28. VII. 1922 (leg. Kautz, teste G); Mölltal (Mann 1871).
812. — *nigristrigella* Wck.
    Gl. Gr.: Bisher nur aus der Glocknergruppe bekannt (Höfner 1911).
    Wahrscheinlich nur eine Form von *G. tragicella* Heyd.
813. — *velocella* Dup.
    Gl. Gr.: Nach Mann (1871) im Glocknergebiet.
    Die Raupe lebt an *Rumex acetosella* (Hauder 1912).
814. — *decolorella* Hein.
    Gl. Gr.: Gleichfalls von Mann (1871) aus dem Glocknergebiet angegeben.
    Beschränkt verbreitet, wird sonst noch aus Niederdonau und den Tiroler Alpen angegeben.
815. — *ericetella* Hb.
    Gl. Gr.: Kreitherwand Juli 1940 (Th); auch von Mann (1871) aus dem Glocknergebiet angegeben.
    Weit verbreitet, steigt in den Alpen allenthalben bis in die Zwergstrauchstufe empor. Die Raupe lebt an *Calluna* und *Erica*, in höheren Lagen angeblich auch an *Rhododendron* (Hauder 1912).
816. — *lentiginosella* Zett.
    Gl. Gr.: Böse Platte (Mann 1871).
    Die Raupe lebt an *Genista*, vielleicht aber auch an anderen Leguminosen.
817. — *galbanella* Z.
    Gl. Gr.: Von Mann (1871) aus dem Glocknergebiet angeführt.
818. — *continuella* Z. (wohl var. *nebulosella* Hein).
    Gl. Gr. Von Mann (1871) aus dem Glocknergebiet angegeben.
819. — *perpetuella* H. S.
    Gl. Gr.: Böse Platte (Mann 1871).
    Montane Art, die über die Alpen und Karpathen verbreitet ist.
820. — *virgella* Thnbg.
    Gl. Gr.: An der Pasterze häufig (Staudinger 1856); Fuscher Tal oberhalb Ferleiten, auf einer Talwiese 1 Ex. 22. V. 1941.
    Weit verbreitet, in den Alpen vorwiegend in subalpinen Lagen.

821. *Gelechia electella* Z.
Nach Mann (1871) im Mölltal.
Nadelwaldbewohner, die Raupe lebt vorwiegend an Fichten.
822. — *lugubrella* F.
Gl. Gr.: Auf der Salzburger Seite des Heiligenbluter Tauern (Staudinger 1856); Böse Platte (Mann 1871).
Weit verbreitet, in den Ostalpen aber anscheinend selten.
823. — *viduella* Fbr.
Gl. Gr.: Böse Platte (Mann 1871).
Die Art ist boreoalpin verbreitet. Sie wird von Spuler (1908—10) aus Nordeuropa, den deutschen Mittelgebirgen, den Karpathen und Alpen angegeben und findet sich auch auf der Balkanhalbinsel, im Ussurigebiet und in Labrador. In den Alpen steigt sie bis 800 m herab (vgl. Prohaska und Hoffmann 1924—29).
824. *Lita diffluella* Hein.
Gl. Gr.: An der Pasterze in 2000 bis 2300 m Höhe (Staudinger 1856).
In den Alpen endemisch, scheint östlich der Tauern zu fehlen.
825. — *artemisiella* Tr.
Gl. Gr.: Nach Mann (1871) im Glocknergebiet, bewohnt wohl nur wärmste, sonnige Lagen.
Die Raupe an *Thymus* und *Artemisia* (Hauder 1912).
826. — *marmorea* Hw.
Nach Mann (1871) im Mölltal.
827. *Teleia sequax* Hw.
Nach Mann (1871) im Mölltal.
Die Raupe lebt in versponnenen Endtrieben von *Helianthemum* und *Thymus* (Hauder 1912).
828. — *humeralis* Z.
Nach Mann (1871) im Glocknergebiet, wohl nur in den tiefsten und wärmsten Lagen.
Die Raupe lebt an Laubhölzern, wie *Cornus mas* und *Quercus*.
829. — *notatella* Hb.
Gl. Gr.: Nach Mann (1871) im Glocknergebiet.
Die Raupe lebt zwischen versponnenen Blättern von *Salix*-Arten.
830. *Heringia dodecella* L.
Gl. Gr.: Nach Mann (1871) im Glocknergebiet.
Die Raupe an *Pinus* (Hauder 1912), im Gebiete wohl an *Pinus montana*.
831. *Acompsia cinerella* Cl.
Nach Mann (1871) im Mölltal.
Weit verbreitet, steigt in den Alpen bis zur Waldgrenze empor.
832. — *tripunctella* Schiff. f. typ. und var. *maculosella* H. S.
(Die Varietät häufiger als die Stammform.)
Gl. Gr.: Böse Platte (Mann 1871); Pallik, zahlreich am Licht (Hoffmann 1908—09); an der Pfandlscharte in 2600 m Höhe 1. VIII. 1922 (leg. Kautz, teste G); am Weg von der Freiwand ins Naßfeld des Pfandlschartenbaches in 2400 m Höhe 5. VIII. 1931 (K); Hotel Franz-Josefs-Höhe, am Tage und am Licht 3 ♂ 3. und 6. VIII. 1931; Freiwand, in 2450 m Höhe am Licht 1 ♂ 3. VIII. 1931; Moserboden 5. bis 7. VIII. 1906 (Mitterberger 1909).
Vorwiegend sub- und hochalpin, steigt einzeln aber bis in die Ebene herab.
833. *Xystophora tenebrella* Hb.
Gl. Gr.: Nach Mann (1871) im Glocknergebiet.
Weit verbreitet, in den Alpen bis in die subalpine Waldzone emporsteigend, die Raupe lebt an *Rumex acetosella* (Hauder 1912).
834. — *atrella* Hw.
Gl. Gr.: An der Pasterze in 2000 bis 2300 m Höhe (Staudinger 1856).
Die Raupe lebt an *Hypericum perforatum* (Hauder 1912).
835. — *unicolorella* Dup.
Gl. Gr.: Nach Mann (1871) im Glocknergebiet.
Weit verbreitet, steigt in den Alpen bis in die subalpine Stufe empor.
836. *Anacampsis biguttella* H. S.
Gl. Gr.: Nach Mann (1871) im Glocknergebiet, wohl nur im obersten Teil des Mölltales gesammelt.
Die Raupe lebt an *Genista* und *Medicago*, im Untersuchungsgebiete wahrscheinlich an *Medicago falcata* auf den Steppenwiesen der südlichen Tauerntäler.
837. — *anthyllidella* Hb.
Gl. Gr.: An der Pasterze in 2000 bis 2300 m Höhe (Staudinger 1856); auch von Mann (1871) aus dem Glocknergebiet angegeben.
Weit verbreitet, bewohnt Wiesen bis in die alpine Zwergstrauchstufe empor.
838. — *vorticella* Scop. f. typ. und var. *ligulella* Z.
Gl. Gr.: Nach Mann (1871) im Glocknergebiet; Steppenwiesen am Haritzerweg oberhalb Heiligenblut 1 Falter (f. typ.) 15. VII. 1940.
Weit verbreitet, dürfte nur warme Grashänge der tieferen Tallagen des Gebietes bewohnen.
839. — *taeniolella* Z.
Gl. Gr.: Bei Heiligenblut (leg. Kautz, teste G. et Thurner 1938) 28. VII. 1922.
Weit verbreitet, gleichfalls im Gebiete nur in den tiefsten Tallagen zu erwarten. Die Raupe lebt an Leguminosen.
840. *Epithectis nigricostella* Dup.
Gl. Gr.: Nach Mann (1871) im Glocknergebiet, von ihm wohl nur im oberen Mölltal gefangen.
Scheint thermophil und in Mitteleuropa auf die warmen Landschaften beschränkt zu sein. Die Raupe lebt an *Medicago* (Spuler 1908—10).

841. *Aristotelia ericinella* Dup.
   Gl. Gr.: Nach Mann (1871) im Glocknergebiet.
   Die Raupe lebt an *Calluna* (Spuler 1908—10).

842. *Recurvaria leucatella* Cl.
   Nach Mann (1871) im Mölltal.

843. *Chrysopora stipella* Hb.
   Gl. Gr.: Von Mann (1871) angegeben.
   Die Raupe lebt an *Chenopodium* und *Atriplex* (Hauder 1912).

844. *Apodia bifractella* Dgl.
   Gl. Gr.: Nach Mann (1871) im Glocknergebiet.

845. *Brachmia triannulella* H. S.
   Nach Mann (1871) im Mölltal.
   Scheint thermophil zu sein und im Gebiet ein Wärmerelikt darzustellen. Die Raupe lebt an *Convolvulus* (Spuler 1908—10).

846. *Rhinosia ferrugella* Schiff.
   Nach Mann (1871) im Mölltal.
   Die Raupe lebt an *Campanula*-Arten.

847. *Paltodora striatella* Hb.
   Gl. Gr.: Nach Mann (1871) im Glocknergebiet, von ihm jedenfalls im Mölltal erbeutet.
   Weit verbreitet, die Raupe lebt an *Tanacetum*, *Anthemis* und *Chrysanthemum* (Hauder 1912).

848. *Mesophleps silacellus* Hb.
   Gl. Gr.: Nach Mann (1871) im Glocknergebiet, wahrscheinlich auf den Steppenwiesen im Mölltal gesammelt.
   Die Raupe lebt an *Helianthemum* (Spuler 1908—10). Wenn die Fundortangabe Manns auf Richtigkeit beruht, handelt es sich auch bei dem Vorkommen dieser Art im oberen Mölltal um ein Wärmerelikt.

849. *Hypsolophus fasciellus* Hb.
   Gl. Gr.: Gleichfalls nur von Mann (1871) aus dem Gebiete angegeben, ebenfalls nur in den tieferen Lagen der südlichen Tauerntäler zu erwarten.

850. — *juniperellus* L.
   Gl. Gr.: Nach Mann (1871) im Glocknergebiet.
   Auch bei Saalfelden (leg. Eisendle, teste Hauder 1912).
   Die Raupe lebt an *Juniperus*.

851. *Nothris marginella* Fbr.
   Gl. Gr.: Nach Mann (1871) im Glocknergebiet.
   Die Raupe lebt gleichfalls an *Juniperus*.

852. — *verbascella* Hb.
   Gl. Gr.: Nach Mann (1871) im Glocknergebiet, von ihm wohl nur im Mölltal gefunden.
   Die Raupe lebt an *Verbascum* (Hauder 1912).

853. *Tachyptilia scintilella* F. R.
   Nach Mann (1871) im Mölltal.
   Die Raupe lebt an *Helianthemum*, aber auch an anderen Pflanzen (Hauder 1912).

854. *Sophronia semicostella* Hb.
   Gl. Gr.: An der Pasterze (Staudinger 1856); auch von Mann (1871) aus dem Glocknergebiet angegeben.
   Steigt aus der Ebene bis in die alpine Zwergstrauchzone auf.

855. — *humerella* Schiff.
   Gl. Gr.: Nach Mann (1871) im Glocknergebiet.

856. — *illustrella* Hb.
   Gl. Gr.: Böse Platte (Mann 1873).
   Die Art scheint thermophil und an ihrem Standort im Untersuchungsgebiet als Relikt weithin isoliert zu sein.
   Sie findet sich in Niederdonau (Prodromus 1915), in der Grazer Bucht (Prohaska und Hoffmann 1924—29), in Ungarn, Dalmatien, Kleinasien und dem Kaukasus.

857. *Oegoconia quadripunctata* Hw.
   Gl. Gr.: Im Glocknergebiet, die Falter sind bedeutend größer als Stücke aus der Wiener Gegend (Mann 1871).
   Die Art scheint gleichfalls nur in wärmeren Lagen vorzukommen.

858. *Pleurota bicostella* Cl.
   Gl. Gr.: Nach Mann (1871) im Glocknergebiet.
   Weit verbreitet, steigt bis in die alpine Zwergstrauchstufe empor. Die Raupe lebt an *Calluna* (Hauder 1912).

859. *Topeutis barbella* Fbr.
   Gl. Gr.: Von Mann (1871) aus dem Glocknergebiet angegeben.

860. — *labiosella* Hb.
   Gl. Gr.: Von Mann (1871) aus dem Glocknergebiet angegeben, eine Bestätigung dieser Angabe wäre erwünscht.
   Wird aus Piemont, aus dem Grazer Becken, Niederdonau und Ungarn angegeben (Staudinger-Rebel 1903, Prohaska und Hoffmann 1924—29). Vermutlich ein Bewohner niederschlagsarmer Gebiete; kann als solcher im obersten Mölltal erwartet werden.

861. *Depressaria (Depressaria) petasitis* Standf.[1]
Gl. Gr.: Nach Mann (1871) im Glocknergebiet.
Die Raupe an *Petasites*, die Falter meist an der gleichen Pflanze. Scheint ein Gebirgstier zu sein, das nur über Teile der Alpen und Sudeten verbreitet ist.

862. — *(Depressaria) applana* Fbr.
Gl. Gr.: Thunklamm im Kapruner Tal, mehrfach 8. VIII. 1906; Ferleiten, beim Tauerngasthof 13. VIII. 1906 (beide Mitterberger 1909); auch nach Mann (1871) im Glocknergebiet.
Weit verbreitet, die Raupe an Umbelliferen.

863. — *(Depressaria) ciliella* Stt.
Gl. Gr.: In Ferleiten 13. VIII. 1906 Raupen an *Heracleum*, die Falter schlüpften im September (Mitterberger 1909).

864. — *(Schistodepressaria) pimpinellae* Z.
Gl. Gr.: Nach Mann (1871) im Glocknergebiet.
Die Raupe an *Pimpinella saxifraga* (Hauder), mit welcher Pflanze die Art im Untersuchungsgebiete auf den Steppenwiesen der südlichen Tauerntäler vorkommen dürfte.

865. — *(Schistodepressaria) badiella* Hb.
Gl. Gr.: Ferleiten, 1 Falter 13. VIII. 1906 (Mitterberger 1909).
Die Raupe lebt an *Pastinaca* und *Heracleum* (Hauder 1912).

866. — *(Schistodepressaria) Heydeni* Z.
Gl. Gr.: Nach Mann (1871) im Glocknergebiet.
Die Raupen an *Heracleum austriacum* auf dem Eisenerzer Reichenstein in 1600 bis 1700 *m* Höhe zahlreich gefunden (Mitterberger 1916).

867. — *(Schistodepressaria) nervosa* Hw.
Gl. Gr.: Nach Mann (1871) im Glocknergebiet.
Weit verbreitet, in den Alpen aber anscheinend nur in tiefen Lagen. Die Raupe an Umbelliferen.

868. *Anchina daphnella* Hb.
Gl. Gr.: Nach Mann (1871) im Glocknergebiet.
Die Raupe lebt an *Daphne mezereum* (Hauder 1912), die Art dürfte mit ihrer Futterpflanze an einen gewissen Kalkgehalt des Bodens gebunden sein.

869. — *laureella* H. S.
Gl. Gr.: Gleichfalls von Mann (1871) aus dem Glocknergebiet angegeben; lebt wie die vorgenannte Art.

870. *Harpella forficella* Scop.
Gl. Gr.: Nach Mann (1871) im Glocknergebiet.
Weit verbreitet, die Raupe in moderndem Holz.

871. *Borkhausenia panzerella* Stph.
Gl. Gr.: Böse Platte (Mann 1871). Die Angabe ist bestätigungsbedürftig.
Die Raupe nach Spuler (1908—10) an *Betula*.

872. — *flavifrontella* Hb.
Gl. Gr.: Von Mann (1871) angegeben.
Weit verbreitet, steigt in den Alpen bis zur Waldgrenze empor.

873. — *stipella* L.
Gl. Gr.: Kreitherwand Juli 1940 (Th).
Weit verbreitet, steigt in den Alpen bis in die subalpine Waldregion empor. Die Raupe dürfte im Untersuchungsbiet, wie dies auch in Steiermark beobachtet wurde (Prohaska und Hoffmann 1924—1929), unter Fichtenrinde leben.

874. — *cinnamomea* Z.
Gl. Gr.: Von Mann (1871) aus dem Glocknergebiet angegeben.
Die Raupe dürfte wie die der vorgenannten Art leben.

Familie *Elachistidae*.

875. *Schreckensteinia festaliella* Hb.
Gl. Gr.: Nach Mann (1871) im Glocknergebiet.
Weit verbreitet, die Raupe lebt an *Rubus*-Arten.

876. *Epermenia scurella* H. S.
Gl. Gr.: Guttal, auf den Wiesen oberhalb der Ankehre der Glocknerstraße 1 Ex. 11. VII. 1941; Brettboden (Staudinger (1856); Moserboden 5. und 6. VIII. 1906 (Mitterberger 1909); auch von Mann (1871) aus dem Glocknergebiet angeführt.
In den Alpen weit verbreitet, scheint nicht unter die subalpine Stufe herabzusteigen.

877. — *insecurella* Stt.
Gl. Gr.: Von Mann (1871) aus dem Glocknergebiet angegeben, wahrscheinlich auf den Steppenwiesen des oberen Mölltales gefunden. Die Art findet sich nach Staudinger-Rebel (1903) in England, Südfrankreich, Piemont, Krain, im südlichen Deutschland und in Sarepta. Aus Steiermark und Oberdonau wird sie nicht angeführt, in Niederdonau wurde sie nur bei Oberweiden im Marchfeld, also in einem extrem xerothermen Gebiet, gefunden (Prodromus 1915). Eine Bestätigung der Angabe Manns wäre mit Rücksicht auf die tiergeographisch interessante Verbreitung der Art sehr erwünscht.

878. — *chaerophyllella* Goeze.
Gl. Gr.: Von Mann (1871) aus dem Glocknergebiet angegeben.
Weit verbreitet, die Raupe lebt an Umbelliferen.

---

[1] Nach Abschluß des Manuskriptes fand ich *Psecadia funerella* Fbr. am Oberen Naßfeld (2270 *m*) unterhalb des Fuscher Törls am 10. VII. 1941.

879. *Scythris obscurella* Scop.
Gl. Gr.: Franz-Josefs-Höhe 3. VIII. 1931 (K); auch von Mann (1871) aus dem Glocknergebiet angegeben.
Scheint ausschließlich im Gebirge vorzukommen, steigt in diesem aber weit herab.

880. — *amphonycella* H. G.
Gl. Gr.: An der Pasterze in 2000 bis 2300 m Höhe (Staudinger 1856); am Haritzerweg zwischen Glocknerhaus und Naturbrücke über die Möll 1 Falter; Hotel Franz-Josefs-Höhe, am Licht 1 ♂ 6. VIII. 1931 (K); auch von Mann aus dem Glocknergebiet angegeben.
Nach Staudinger-Rebel (1903) über die Alpen und den Taurus verbreitet. In den Alpen von der subalpinen Waldstufe aufwärts bis in die hochalpine Grasheidenzone, in der Schweiz nach Vorbrodt (1921—23) von 1500 bis 3000 m Höhe. Dürfte vorwiegend die hochalpinen Grasheiden und die Wiesen und Weiden der Zwergstrauchstufe bewohnen.

881. — *seliniella* Z.
Gl. Gr.: Von Mann (1871) aus dem Glocknergebiet angegeben..

882. — *fallacella* Schläg.
Gl. Gr.: Von Mann (1871) aus dem Glocknergebiet angeführt.
Scheint an Kalkunterlage gebunden zu sein; die Raupe lebt an *Helianthemum*.

883. — *glacialis* Frey.
Gl. Gr.: An der Pfandlscharte in 2600 m Höhe (leg. Kautz, teste G et Thurner 1938) 1. VIII. 1922; auf der Fanatscharte in der Umgebung der Stüdlhütte 5 Falter 25. VII. 1938 in der *Nebria-atrata*-Assoziation.
In den Alpen endemisch, bewohnt nur die höchsten Teile des Gebirges. In der Schweiz in Höhen von 2400 bis 2950 m (Vorbrodt 1921—23), scheint östlich der Hohen Tauern in den Zentralalpen und nördlichen Kalkalpen nicht mehr vorzukommen. Charakterform der Polsterpflanzenstufe.

884. — *pascuella* Z.
Nach Mann (1871) im Mölltal.
Thermophile Art, die in Südfrankreich, Südtirol, Krain, in Steyrbrück in Oberdonau (Hauder 1912), in der Wachau in Niederdonau (Prodromus 1915), in Ungarn, Dalmatien und weiter südlich und südöstlich gefunden wurde.
Die Art scheint im oberen Mölltal einen weithin isolierten Reliktstandort zu besitzen.

885. — *chenopodiella* Hb.
Nach Mann (1871) im Mölltal.
Weit verbreitet, die Raupen an Chenopodiaceen.

886. — *noricella* Z.
Gl. Gr.: Nach Mann (1871) im Glocknergebiet.
Die Art ist wahrscheinlich boreoalpin verbreitet, steigt in den Alpen aber tief herab und ist darum möglicherweise auch in Nord- und Mitteldeutschland noch zu finden.

887. — *inspersella* Hb.
Gl. Gr.: Nach Mann (1871) im Glocknergebiet.
Die Raupe lebt an *Epilobium angustifolium* (Hauder 1912).

888. — *fulviguttella* Z.
Gl. Gr.: Nach Mann (1871) im Glocknergebiet.
Weit verbreitet, die Raupe an Umbelliferen.

889. *Eustaintonia pinicolella* Dup.
Gl. Gr.: Nach Mann (1871) im Glocknergebiet.
Bewohnt Nadelwälder, scheint in den Alpen aber die Mischwaldzone nach oben nicht zu überschreiten (vgl. Hauder 1912 und Prohaska und Hoffmann 1924—29).

890. *Stathmopoda pedella* L.
Gl. Gr.: Heiligenblut 28. VII. 1922 (leg. Kautz, teste G).
Die Raupe lebt in den Früchten von *Alnus glutinosa* und *incana* (Hauder 1912).

891. *Ochromolopis ictella* Hb.
Gl. Gr.: Von Mann (1871) im Glocknergebiet gesammelt.
Die Raupe lebt angeblich an *Thesium* (Hauder 1912).

892. *Cyphophora idaei* Z.
Gl. Gr.: Die seltene Art wird von Mann (1871) aus dem Glocknergebiet angegeben.

893. *Mompha conturbatella* Hb.
Gl. Gr.: Nach Mann (1871) im Glocknergebiet.
Weit verbreitet; die Raupe lebt an. *Epilobium angustifolium* (Hauder 1912).

894. — *lacteella* Steph.
Gl. Gr.: Böse Platte (Mann 1871).
Die Raupe lebt an *Epilobium hirsutum*, die Art findet sich sonst in tieferen Lagen.

895. — *miscella* Schiff.
Gl. Gr.: Brettboden (Staudinger 1871); auch von Mann (1871) aus dem Glocknergebiet angegeben.
Die Raupe lebt an *Helianthemum* (Hauder 1912).

896. *Psacaphora schranckella* Hb.
Gl. Gr.: Moserboden 5. VIII. 1906 (Mitterberger 1909).
Die Raupe lebt an *Epilobium* (Hauder 1912).

897. *Stagmatophora albiapicella* H. S.
Gl. Gr.: Nach Mann (1871) im Glocknergebiet.
Die Raupe lebt an *Globularia*, im Gebiete wahrscheinlich an *Globularia cordifolia* auf den Steppenwiesen.

898. *Pancalia leewenhoekella* L.
Gl. Gr.: Nach Mann (1871) im Glocknergebiet.

899. *Augasma aeratellum* Z.
   Gl. Gr.: Nach Mann (1871) im Glocknergebiet.
900. *Heliozella stanneella* F. R.
   S. Gr.: Mehrere Falter bei Böckstein von Erlen geklopft 16. VI. 1909 (Mitterberger 1909).
901. *Coleophora laricella* Hb.
   Nach Mann (1871) im Mölltal.
   Die Raupe lebt an *Larix decidua* (Hauder 1912).
902. — *nigricella* Stph.
   Nach Mann (1871) im Mölltal.
903. — *alcyonipennella* Koll.
   Nach Mann (1871) im Mölltal.
904. — *lixella* Z.
   Gl. Gr.: Nach Mann (1871) im Glocknergebiet.
   Die Art dürfte die Mischwaldzone kaum überschreiten.
905. — *niveicostella* Z.
   Gl. Gr.: Nach Mann (1871) im Glocknergebiet.
906. — *rectilineella* F. R.
   Gl. Gr.: Nach Mann (1871) im Glocknergebiet.
   In den Alpen endemisch, scheint nicht unter die subalpine Zone herabzusteigen.
907. — *anatipennella* Hb.
   Gl. Gr.: Nach Mann (1871) im Glocknergebiet.
   Die Raupe lebt an Laubhölzern wie *Salix, Corylus*, auch *Quercus* (Hauder 1912).
908. — *virgatella* Z.
   Gl. Gr.: Nach Mann (1871) im Glocknergebiet.
909. — *lineariella* Z.
   Gl. Gr.: Glocknergebiet in 2200 m Höhe, wohl im Pasterzenvorland 1. VIII. 1922 (leg. Kautz, teste G); bei der neuen Salmhütte im obersten Teil des Leitertales; am Fenster der Rainerhütte auf dem Wasserfallboden in 1621 m Höhe 22. VII. 1909 (Mitterberger 1909); auch von Mann (1871) aus dem Glocknergebiet angegeben.
   In den Alpen anscheinend nur in höheren Lagen, in Norddeutschland in der Ebene.
910. — *murinipennella* Dup.
   Nach Mann (1871) im Mölltal.
   Die Raupe lebt an *Luzula*.
911. — *alticolella* Z.
   Gl. Gr.: Brettboden (Staudinger 1856).
   Meist in tieferen Lagen; die Raupe an *Juncus* (Hauder 1912).
912. — *nutantella* Mühlig u. Frey.
   Gl. Gr.: Nach Mann (1871) im Glocknergebiet.
   Die Raupen an *Silene nutans* und *otites* (Spuler 1908—10).
913. — *flavaginella* Z.
   Nach Mann (1871) im Mölltal.
   Die Raupen leben an *Chenopodium* und *Atriplex*.
914. *Stephensia brunnichiella* L.
   S. Gr.: Am Weg von Böckstein ins Naßfeld 16. VI. 1909 (Mitterberger 1909).
   Die Raupe lebt an *Clinopodium vulgare*, die Art steigt im Gebirge bis in die subalpine Zone empor.
915. *Elachista quadrella* Hb.
   Gl. Gr.: Böse Platte (Mann 1871).
   Die Raupe an *Luzula*-Arten (Hauder 1912).
916. — *albifrontella* Hb.
   Steigt aus der Ebene bis in die subalpine Region der Alpen auf. Die Raupe miniert in den Blattspreiten verschiedener Gräser.
917. — *incanella* H. S.
   Gl. Gr.: Nach Mann (1871) im Glocknergebiet.
918. — *pullicomella* Z.
   Bewohner tieferer Lagen; die Raupe lebt an Gräsern.
919. — *cingilella* H. S.
   Gl. Gr.: Nach Mann (1871) im Glocknergebiet.
   Bewohner tieferer Lagen und wärmerer Landschaften. Dürfte im Gebiete nur an den wärmsten Stellen der südlichen Tauerntäler vorkommen und dort weithin isolierte Reliktstandorte innehaben. Die Raupe lebt angeblich an *Milium effusum* (Hauder 1912).
920. — *revinctella* Z.
   Gl. Gr.: Böse Platte (Mann 1871).
921. — *chrysodesmella* Z.
   Gl. Gr.: Von Mann (1871) angegeben.
   Eine anscheinend verhältnismäßig wärmeliebende Art, die aus Süddeutschland, der Schweiz, Südeuropa und Bithynien angegeben wird (Staudinger-Rebel 1903). In der Ostmark wurde die Art an einigen warmen Punkten in Oberdonau, in der Wachau, im Wienerwald, am Alpenostrand südlich von Wien, am Bisamberg und weiter östlich sowie in der Umgebung von Graz gesammelt. Im Untersuchungsgebiete dürfte sie weithin isoliert an die wärmsten Standorte der südlichen Täler gebunden sein.

922. *Elachista dispilella* Z.
    Gl. Gr.: Nach Mann (1871) im Glocknergebiet.
    Die Raupe lebt an *Festuca ovina* und *duriuscula* (Hauder 1912).
923. — *argentella* Cl.
    Gl. Gr.: Wasserfallboden 22. VII. 1909 (Mitterberger 1909); auch von Mann aus dem Glocknergebiet angegeben.
    Die Raupe lebt an Gräsern.

Familie *Gracilariidae*.

924. *Gracilaria alchimiella* Scop.
    Gl. Gr.: Nach Mann (1871) im Glocknergebiet.
    Die Art lebt an Eichen, kann also nur in den tiefsten Tallagen heimisch sein.
925. — *stigmatella* Fbr.
    Gl. Gr.: Nach Mann (1871) im Glocknergebiet.
    Lebt an Weiden und Pappeln (Hauder 1912).
926. — *elongella* L.
    Gl. Gr.: Nach Mann (1871) im Glocknergebiet.
    Weit verbreitet, die Raupen vorwiegend an *Alnus* und *Betula*.
927. *Aspilapteryx tringipennella* Z.
    Gl. Gr.: Nach Mann (1871) im Glocknergebiet.
    Die Raupe lebt an *Plantago lanceolata*.
928. — *limosella* Z.
    Gl. Gr.: Nach Mann (1871) im Glocknergebiet, wohl nur in tiefen und warmen Lagen.
    Die Raupe lebt an *Teucrium chamaedrys* (Hauder 1912).
929. *Coriscium culicipennellum* Hb.
    Gl. Gr.: Nach Mann im Glocknergebiet, diese Angabe bedarf aber wohl noch der Bestätigung.
    Die Raupe soll an *Ligustrum* leben (Hauder 1912).
930. *Ornix torquilella* Z.
    Nach Mann (1871) im Mölltal.
    Die Raupe lebt an *Prunus spinosa* und wohl auch an anderen *Prunus*-Arten.
931. *Lithocolletis heegeriella* Z.
    Gl. Gr.: Im Fuscher Tal (Mitterberger 1909).
    Die Raupe lebt an verschiedenen Laubhölzern (Hauder 1912).
932. — *kleemannella* Fbr.
    Nach Mann (1871) im Mölltal.
    Weit verbreitet, die Raupe an *Alnus*.

Familie *Lyonetiidae*.

933. *Lyonetia clerkella* L.
    Gl. Gr.: Heiligenblut, an Kirschbäumen (Mann 1871).
934. — *prunifoliella* Hb.
    Gl. Gr.: Nach Mann (1871) im Glocknergebiet, wohl wie die vorige Art bei Heiligenblut gesammelt.
935. *Phyllocnistis saligna* Z.
    Gl. Gr.: Bei der Bösen Platte (Mann 1871).
    Lebt an schmalblättrigen Weiden (Hauder 1912), wurde aber auch in subalpinen Lagen aus Grünerlen aufgescheucht (Prohaska und Hoffmann 1924—29).
936. *Bucculatrix boyerella* Dyp.
    Nach Mann (1871) im Mölltal.
    Die Raupe lebt angeblich an *Ulmus* (Hauder 1912).
937. — *cristatella* Z.
    Nach Mann (1871) im Mölltal.

Familie *Talaeporiidae*.

938. *Talaeporia tubulosa* Retz.
    Gl. Gr.: Kreitherwand, 1 ♂ Juli 1940 (Th).
    Bewohner lichter Gehölze; die Raupe soll an Flechten leben.

Familie *Tineidae*.

939. *Acrolepia cariosella* Tr.
    Gl. Gr.: Nach Mann (1871) im Glocknergebiet.
940. *Diplodoma marginepunctella* Steph.
    Gl. Gr.: Böse Platte (Mann 1871).
    In der Ebene und im Gebirge; die Raupe scheint tote Insekten zu verzehren.
941. *Melasina lugubris* Hb.
    Gl. Gr.: Böse Platte (Mann 1871); Albitzen-SW-Hang, über 2200 m Höhe 1 Falter 21. VII. 1938.
    Weit verbreitet, in den Alpen häufig und bis in die Zwergstrauchzone emporsteigend; die Raupe lebt an *Sedum album*, aber auch an anderen niederen Pflanzen (Hauder 1912). Zur Verpuppung gräbt sie sich mit dem Sack zur Hälfte in die Erde ein, das offene Sackende ragt über den Boden empor (Prohaska und Hoffmann 1924—29).

942. *Euplocamus anthracinalis* Scop.
    Gl. Gr.: Böse Platte (Mann 1871).
    Die Raupe lebt meist in Buchenschwämmen (Hauder 1912, Prohaska und Hoffmann 1924—29). Das von Mann gesammelte Tier wurde vielleicht mit Brennholz in solche Höhe verschleppt.

943. *Scardia tessulatella* Z.
    Gl. Gr.: Böse Platte (Mann 1871).
    Die Raupe lebt gleichfalls in Baumschwämmen und altem Holz von Buchen, Weiden und anderen Laubbäumen.

944. *Monopis ferruginella* Hb.
    Gl. Gr.: Heiligenblut, im Zimmer (Mann 1871).

945. — *rusticella* Hb.
    Gl. Gr.: Heiligenblut, im Zimmer (Mann 1871); Ferleiten, am Licht 13. VIII. 1906 (Mitterberger 1909).
    Die Raupe lebt an Wollstoffen, in Vogelnestern, an Aas usw.

946. *Tinea fulvimitrella* Sodof.
    Gl. Gr.: Heiligenblut, im Zimmer (Mann 1871).
    Die Raupe lebt in faulem Holz und in Holzschwämmen (Hauder 1912).

947. — *arcella* Fbr.
    S. Gr.: Rauris 23. VI. 1909 (Mitterberger 1909).
    Gl. Gr.: Heiligenblut, im Zimmer (Mann 1871).
    Auch an der Kalser Straße bei Haslach 14. VII. 1933 (G).
    Die Raupe lebt in abgestorbenen Erlenzweigen (Spuler 1908—10).

948. — *granella* L.
    Gl. Gr.: Heiligenblut, im Zimmer (Mann 1871); Kapruner Tal 4. VII. 1906 (Mitterberger 1909).
    Weit verbreitet, in Lagerräumen an Vorräten und im Freien.

949. — *cloacella* Hw.
    Gl. Gr.: Heiligenblut, im Zimmer (Mann 1871).
    Lebt wie die vorgenannte Art.

950. — *lapella* Hb.
    Gl. Gr.: Nach Mann (1871) im Glocknergebiet.
    Die Raupe lebt mit Vorliebe in alten Vogelnestern (Hauder 1912).

951. *Incurvaria trimaculella* H. S.
    Gl. Gr.: Böse Platte (Mann 1871).
    Montane Art, die in ihrer Verbreitung auf die Ostalpen beschränkt und an kalkreiches Gestein gebunden sein dürfte.

952. — *luzella* Hb.
    Gl. Gr.: Nach Mann (1871) im Glocknergebiet.
    In den Ostalpen weit verbreitet, lebt aber auch in der Ebene.

953. — *rubiella* Bjerkander.
    Gl. Gr.: Nach Mann (1871) im Glocknergebiet. Die Raupe in den Knospen von *Rubus caesius* (Hauder 1912).

954. — *vetulella* Ztt.
    Gl. Gr.: Böse Platte (Mann 1871).
    In den Ostalpen häufig von der subalpinen Region aufwärts bis in den Krummholzgürtel. Findet sich außerhalb der Alpen in den Sudeten, Karpathen, im Velebit, in den Gebirgen Bosniens, im Taurus, in Skandinavien und Lappland (Staudinger-Rebel 1903) und ist demnach boreoalpin verbreitet.
    Die Raupe lebt wahrscheinlich an *Vaccinium* (Hauder 1912).

955. — *capitella* Cl.
    Gl. Gr.: Wasserfallboden, 1 Falter 23. VII. 1909 (Mitterberger 1909); auch von Mann (1871) aus dem Glocknergebiet angegeben.

956. — *oehlmanniella* Tr.
    Gl. Gr.: Bei Heiligenblut 28. VII. 1928 (leg. Kautz, teste G. et Thurner 1938).
    Weit verbreitet, steigt in den Alpen allenthalben bis in die subalpine Stufe empor.

957. — *rupella* Schiff.
    Gl. Gr.: Am Moserboden, an den westlichen Abhängen der Naßwand und von da bis zum Ende des Karlingerkeeses 22. VII. 1909; Wasserfallboden 23. VII. 1909 (beide nach Mitterberger 1909).
    Die Raupe lebt angeblich an *Adenostyles* (Hauder 1912).
    Die Art ist boreoalpin verbreitet. Sie findet sich in den Alpen nur in höheren Lagen, außerdem in den Sudeten, im Schwarzwald, in den Vogesen, in den Dinariden, den Gebirgen Skandinaviens, im Ural und in Nordwestrußland, im Norden sicher an einer anderen Futterpflanze.

958. *Nemophora pilulella* Hb.
    Gl. Gr.: Nach Mann (1871) im Glocknergebiet.

959. *Nemotois violellus* Z.
    Gl. Gr.: Auf dem Brettboden (Mann 1871).
    Die Raupe soll an *Gentiana* leben (Hauder 1912).

960. *Adela viridella* Scop.
    Gl. Gr.: Kreitherwand Juli 1940 (Th); auch von Mann (1871) aus dem Glocknergebiet angegeben.
    In der Ebene und im Gebirge bis in die subalpine Stufe. Die Raupe lebt an *Fagus* und *Corylus* (Hauder 1912).

961. — *degeerella* L.
    S. Gr.: Bei Gastein (Mitterberger 1909).

962. *Adela ochsenheimiella* Hb.
    Gl. Gr.: Böse Platte (Mann 1871).
    Die Raupe findet sich nach Hauder (1912) am Boden zwischen Nadelstreu.
963. — *violella* Tr.
    Gl. Gr.: Bei der Bösen Platte (Mann 1871).
    Die Raupe lebt an *Hypericum* (Hauder 1912).

Familie *Micropterygidae*.

964. *Micropteryx aruncella* Scop.
    Gl. Gr.: Nach Mann (1871) im Glocknergebiet.
    In der Ebene und im Gebirge.
965. — *ammanella* Hb.
    Gl. Gr.: Auf den Wiesen an der Glocknerstraße zwischen Bruck und Dorf Fusch auf Blüten 1 Ex. 23. V. 1941.
966. — *calthella* L.
    Gl. Gr.: Auf den Wiesen an der Glocknerstraße zwischen Bruck und Fusch massenhaft auf Blüten 23. V. 1941.

Die vorstehende Liste der im Gebiete festgestellten Lepidopterenarten ist, wie schon eingangs erwähnt wurde, vollständiger als die der meisten anderen Tiergruppen. Es ist dies auf die langjährige Sammeltätigkeit erfahrener Entomologen zurückzuführen, wodurch nicht nur die Hochgebirgsfauna, sondern auch die Fauna der Täler recht eingehend erforscht wurde. Trotzdem klaffen auch auf lepidopterologischem Gebiete in unserer Kenntnis der Tauernfauna noch immer erhebliche Lücken, die einerseits durch die sehr ungleichmäßige Erforschung des Geländes und anderseits durch das geringe Interesse bedingt sind, welches die meisten Sammler den Kleinschmetterlingen entgegenbringen. Durch planmäßiges Sammeln in bisher noch wenig besuchten Teilen des Untersuchungsgebietes und durch intensive Beschäftigung mit den Kleinschmetterlingen könnte unser Wissen über die Lepidopterenfauna der Hohen Tauern noch sehr wesentlich vertieft werden. Möge die vorstehende Zusammenfassung der bisherigen Sammelergebnisse die Spezialforschung zur Inangriffnahme dieser Arbeit anregen!

Ein Vergleich unserer Artenliste mit aus anderen Teilen der Alpen veröffentlichten Faunenverzeichnissen zeigt, daß die mittleren Hohen Tauern einen auffälligen Reichtum an hochalpinen Schmetterlingen aufweisen. Es finden sich hier in größerer Zahl hochalpin lebende Lepidopteren, die in großen Teilen der Ostalpen fehlen und die in Kärnten und zum Teil auch in Salzburg ausschließlich im Bereiche der Hohen Tauern vorkommen. Es sind dies extrem hochalpine Tiere, welche der Tauernfauna mit der Tierwelt der Tiroler und Schweizer Zentralalpen gemeinsam sind. Wir werden auf diese auffällige Erscheinung im tiergeographischen Schlußkapitel der vorliegenden Arbeit noch zurückkommen.

Neben dem Reichtum an hochalpinen Lepidopteren fällt im Gebiete das Vorhandensein einer Reihe thermophiler Arten auf, die in den warmen Lagen der südlichen Tauerntäler isolierte Reliktstandorte einnehmen und erst wieder in günstigen Lagen am Gebirgsrande oder in der Ebene auftreten. Auch mit diesen thermophilen Relikten werden wir uns bei Erörterung der tiergeographischen Verhältnisse der mittleren Hohen Tauern noch eingehender beschäftigen.

Sieht man von den wärmezeitlichen Relikten ab, so kann man trotz des relativen Reichtums an hochalpinen Lepidopteren überall im Untersuchungsgebiet eine sehr erhebliche Zunahme der Artenmannigfaltigkeit in der Schmetterlingsfauna von den Höhen gegen die Tallagen hin beobachten. Diese Erscheinung gilt in gleicher Weise auch für die anderen Tiergruppen, tritt aber in unserem faunenstatistischen Material kaum an einer anderen Stelle so deutlich in Erscheinung als bei den Lepidopteren, weil bei diesen die Talbewohner vollständiger erfaßt sind als bei den meisten anderen Ordnungen.

Die starke Zunahme der Artenmannigfaltigkeit mit abnehmender Seehöhe ist eine allenthalben in unseren Gebirgen zu beobachtende Erscheinung. Sie verdient in den Hohen Tauern aber besonders hervorgehoben zu werden, da die geschlossene Masse des weit über die Baumgrenze emporragenden Hochgebirges die Talfauna hier auf kleine Räume beschränkt, was zu der Erscheinung führt, daß eng begrenzte Täler mit einer verhältnismäßig artenreichen Fauna einem ausgedehnten Hochgebirgsareal mit einem wesentlich geringeren Artenbestand schroff gegenüberstehen. Die starke Zusammendrängung der Bewohner tieferer Lagen in den engen Lebensräumen der Täler bedingt eine verhältnismäßig geringe Häufigkeit derselben und damit eine größere Wahrscheinlichkeit des Übersehens einzelner Formen beim Sammeln. Diesem Umstand ist es ohne Zweifel zuzuschreiben, daß eine ganze Reihe von Schmetterlingen der Talfauna bisher im Gebiete nur einmal beobachtet worden ist, obwohl z. B. in der Fleiß seit Jahrzehnten fast allsommerlich während mehrerer Wochen intensiv gesammelt wurde.

Ordnung Hymenoptera.

Die systematische, biogeographische und ökologische Erforschung der einzelnen Hymenopterenfamilien ist sehr ungleich weit gediehen und abgesehen von den Hummeln und Ameisen noch in keiner Gruppe ausreichend, um aus dem Vorkommen oder Fehlen einer Art in einem Gebiet oder Biotop tiergeographische bzw. -soziologische Schlüsse ziehen zu können. Außerdem stößt die Bestimmung der zum Teil äußerst schwierigen kleinen Ichneumoniden, Braconiden, Chalcididen und Cynipiden auf große Schwierigkeiten, so daß gegenwärtig kaum ein Spezialist größeres Material dieser Gruppen zur Bearbeitung zu übernehmen in der Lage ist. Dies veranlaßte mich, der Aufsammlung der Hymenopteren mit Ausnahme der tiersoziologisch überaus wichtigen Ameisen geringere Aufmerksamkeit zu schenken als dem Studium besser bekannter oder doch leichter zu bearbeitender Gruppen. Das nachfolgende Verzeichnis kann darum keinen Anspruch auf Vollständigkeit erheben, sondern weist sicherlich sowohl hinsichtlich des im Gebiete vorhandenen Artenbestandes als auch hinsichtlich der Verteilung der einzelnen Arten über die mittleren Hohen Tauern erhebliche Lücken auf. Die gesammelten Daten dürften jedoch immerhin ausreichen, um den Charakter auch der Hymenopterenfauna des Untersuchungsgebietes annähernd erkennen zu lassen.

An einschlägigen Arbeiten wurden bei Abfassung dieses Abschnittes benützt für die gesamten Hymenopteren oder doch für eine Mehrzahl von Familien: Kohl (1883 und 1888), Dalla Torre und Kohl (1878) und Schmiedeknecht (1907); für die *Apidae:* Dalla Torre (1873 bis 1878 und 1879), Fritsch (1878), Giraud (1861), Hoffer (1882—1883, 1885, 1887 und 1889), Pittioni (1937 und 1938), Schletterer (1887), Schmiedeknecht (1882), Werner (1924 und 1934); für die Gattung *Crabro:* Kohl (1915); für die *Chrysididae:* Frey-Geßner (1887); für die *Formicidae:* Dalla Torre (1888), Forel (1915), Gößwald (1932), Gredler (1858 und 1859) und Stitz (1939); für die *Cynipidae:* Giraud (1860); für die *Ichneumonidae:* Dalla Torre (1882), Holmgren (1879), Roman (1909) und Strobl (1900—1903); für die *Tenthredinidae:* Enslin (1912—1917).

Die Bestimmung meiner Ausbeute besorgten: Hofrat Dr. F. Fahringer (Wien) einen Teil der *Ichneumonidae, Braconidae* und *Cynipidae;* Dr. K. Gößwald (Berlin) die meisten Ameisen; Hauptmann i. R. W. Hammer (Wien) die *Mutilidae* und *Chrysididae;* Dr. Br. Pittioni (Sofia) die meisten Hummeln und Schmarotzerhummeln; Dr. F. Maidl die übrigen Hymenopteren.

In der Anordnung der Familien folge ich Schmiedeknecht (1907), in der Nomenklatur den Angaben der Spezialisten.

Familie *Apidae*.

1. *Apis mellifica* L.
   In allen Dauersiedlungen des Gebiets gehalten, die ☿ fliegen hoch empor und sind mir einzeln noch am Albitzen-SW-Hang in 2200 bis 2300 *m* Höhe begegnet. Fritsch (1878) gibt an, daß in einem seiner Beobachtungsjahre die ☿ in Kals schon am 20. III., in einem anderen in Gastein noch am 4. X. flogen.

2. *Bombus (Hortobombus) Gerstäckeri* Mor.
   Gl. Gr.: Bretterspitze bei Kals, 1 altes, erschöpftes ♀ 6. VIII. (Pittioni 1937). Montane Art, bisher nur aus den Alpen sicher bekannt, vielleicht aber auch am Balkan. In der Schweiz häufig, in Tirol seltener, einzeln bis Graz und südöstlich bis in die Julischen Alpen (Hoffer 1882—83 und 1888, Pittioni 1938). Vorwiegend in den Kalkalpen (Pittioni 1937), besucht vor allem *Aconitum*-Arten (Hoffer 1888, Pittioni 1937).

3. *Bombus (Hortobombus) hortorum* L.
   S. Gr.: Gastein, ♂ ♀ ab 4. VI. (Fritsch 1878).
   Gl. Gr.: Ködnitztal, bei der Lucknerhütte 1 ♂ 2 ☿ 27. VII. und 1. VIII.; Figerhorn-S-Hang, 6 ☿ 20. und 26. VII. (alle Pittioni 1937).
   Gr. Gr.: Am Weg von Kals zum Kals-Matreier Törl in der Waldzone 4 ♂ 4 ☿ 31. VII. und am Kals-Matreier Törl 3 ☿ 23. VII. (Pittioni 1937).
   In ganz Europa und dem größten Teile Asiens (Hoffer 1882—83), im Gebiete bis 2100 m (Pittioni 1937), in Tirol bis 2300 m (Schletterer 1887) emporsteigend. In subalpinen Lagen häufig; bevorzugte Futterpflanzen nach Pittioni *Stachys alpina, Anthyllis alpina, Cirsium eriophorum* und *Silene vulgaris*.

4. — *(Hortobombus) ruderatus* Fbr.
   S. Gr : Große Fleiß, subalpin 1 ☿ 10. VII. 1937; Kleine Fleiß, subalpin am Wege vom Alten Pocher zum Seebichel 1 ☿ 24. VII. 1937; sonnige Wiesen unterhalb der Fleißkehre der Glocknerstraße, 1 ☿ 1. VII. 1937.
   Gl. Gr.: Am Weg von Kals ins untere Dorfer Tal 1 ☿ 18. VII. 1937; zwischen Enzingerboden und Tauernmoos (Werner 1924).
   Nach Hoffer (1882—83) in fast ganz Europa und Teilen Asiens.

5. — *(Pomobombus) elegans* Seidl.
   S. Gr.: Sonnige Wiesen unterhalb der Fleißkehre der Glocknerstraße, 1 ☿ 1. VII. 1937 (var. *mesomelas* Gerst.).
   Gl. Gr.: Haritzerweg, zwischen Glocknerhaus und Naturbrücke über die Möll 1 ☿ 18. VIII. 1937 (var. *mesomelas* Gerst.); Ködnitztal, bei der Lucknerhütte 27. VII., 1. und 5. VIII. zusammen 3 ♂ 80 ☿ (Pittioni 1937); Figerhorn-S-Seite 20. und 26. VII. 5 ♂ 60 ☿; Tschengelköpfe bei Kals 5 ☿ 16. VII.; Kalser Tal bei Kals 19. und 21. VII. 3 ☿ (alle Pittioni 1937); auch nach Schletterer (1887) im Glocknergebiet.
   Gr. Gr.: Kals-Matreier Törl 23. und 31. VII. 21 ☿
   Schobergr.: S-Hänge der Schönleitenspitze 24. VII. 4 ☿; Kalsbachtal bei Huben 22. VII. 3 ☿.
   In den Alpen weit verbreitet, nach Schletterer (1887) bis 2600 m emporsteigend.

6. — *(Agrobombus) agrorum* Fbr.
   S. Gr.: Hüttenwinkeltal, beim Bodenhaus 1 ☿ 15. V. 1940; Große Fleiß, subalpin Juli 1937 1 ☿ (beide ab. *fasciolatus* Pitt.).
   Gl. Gr.: Umgebung von Kals 19. und 21. VII. 20 ☿; Daberklamm 17. VII. 2 ☿; Tschenglköpfe 16. VII. 1 ☿ (alle Pittioni 1937); Glocknergebiet (leg. Mann sec. Schletterer 1887).
   Gr. Gr.: Weg von Kals zum Kals-Matreier Törl, in der Waldregion 31. VII. 2 ☿ (Pittioni 1937).
   Auch im Kalser Tal unterhalb Kals 9. IX. 1930 (Werner 1934) und 22. VII. 1935 20 ☿ (Pittioni 1937).
   Weit verbreitet, vorwiegend im Hügelland und Mittelgebirge; besucht vor allem *Thymus* (Pittioni 1937).

7. — *(Agrobombus) helferanus* Seidl. var. *praeglacialis* Skor.
   Im Kalsbachtal unterhalb Kals 7 ☿ 22. VII. (Pittioni 1937).
   Die Art dürfte das Gebiet nur in den tiefsten Tallagen erreichen.

8. — *(Agrobombus) derhamellus* Kirby (im Gebiet sehr variabel).
   Gl. Gr.: Senfteben zwischen Guttal und Pallik 15. VII. 1940 1 ☿; Albitzen-SW-Hang, in 2200 bis 2300 m Höhe 1 ☿ 17. VII. 1940; Haldenhöcker unterhalb des Mittleren Burgstalls 1 ☿ 16. VII. 1940; Ködnitztal, bei der Lucknerhütte 65 ♂, 11 ♀, 51 ☿; Figerhorn-S-Seite 7 ♂, 3 ♀, 59 ☿; Tschenglköpfe 2 ♀, 2 ☿ 16. VII.; Umgebung des Dorfer Sees 4 ♂, 2 ♀, 5 ☿ 18. VII., 3. und 6. VIII. (alle bis auf die ersten 3 Fundortangaben nach Pittioni 1937).
   Gr. Gr.: Kals-Matreier Törl 14 ♂, 3 ♀, 11 ☿ 23. VII.; am Weg von Kals zum Kals-Matreier Törl in der Waldzone 11 ☿ 31. VII. (beide Pittioni 1937).
   Schobergr.: Schönleitenspitze-S-Hang 24. VII. 1 ☿ (Pittioni 1937); Kalser Tal unterhalb Kals 23 ♂, 1 ♀, 4 ☿ 22. VII. (Pittioni 1937).
   Weit verbreitete Art, die im Gebirge hoch emporsteigt; bevorzugt beim Blumenbesuch im Gebiete nach Pittioni (1937) *Stachys alpina, Phyteuma pauciflorum* und *Anthyllis alpestris*.

9. — *(Agrobombus) silvarum* L.
   Gl. Gr.: Umgebung von Kals 19. und 21. VII. 5 ☿; Daberklamm 17. VII. 2 ☿ (beide Pittioni 1937).
   Auch im Kalser Tal unterhalb Kals 22. VII. 8 ☿ (Pittioni 1937) sowie in Weißenstein und Guggenberg bei Windisch-Matrei (Schletterer 1887). Von Werner (1934) wiederholt in Amlach bei Lienz beobachtet.
   Diese Art, die nach Hoffer (1882—83) in Obersteiermark fehlt und nach Pittioni (1938) auf der Balkanhalbinsel die Buschsteppen bewohnt, scheint im Gebiete auf die wärmsten Lagen der südlichen Tauerntäler beschränkt zu sein.

10. — *(Agrobombus) mucidus* Gerst.
    Gl. Gr.: Ködnitztal, bei der Lucknerhütte 27. VII. und 5. VIII. je 1 ☿; Figerhorn-S-Hang 20. und 26. VII. 5 ☿ (beide Pittioni 1937); Marienhöhe gegen Pfandlscharte Ende Juli 1937 (leg. Lindner).
    Gr. Gr.: Kals-Matreier Törl 1 ☿ 23. VII. (Pittioni 1937).
    Auch im Kalser Tal unterhalb Kals 1 ☿ 22. VII. (Pittioni 1937).
    In den Alpen sub- und hochalpin, auch im Hochgebirge Bosniens (Hoffer 1888). Von Pittioni (1937) beim Besuche von *Anthyllis alpina* beobachtet.

11. — *(Soroeensibombus) soroeensis proteus* Gerst. (variabel).
    S. Gr.: Seidelwinkeltal, unterster Teil 1 ☿ 17. VIII. 1937; Stanziwurten-SW-Hang, 1 ☿ in 2200 m Höhe 2. VII. 1937.
    Gl. Gr.: Guttal, nächst der Kapelle Mariahilf 1 ☿ 22. VIII. 1937; Mölltal, oberhalb Heiligenblut gegen den Gößnitzfall 9. VII. 1937 1 ☿; Ködnitztal, bei der Lucknerhütte 1 ♂, 2 ♀, 110 ☿ 27. VII., 1. und 5. VIII. (Pittioni 1937); Figerhorn-S-Hang 1 ♂, 2 ♀, 41 ☿ 20. und 26. VII. (Pittioni 1937); Tschenglköpfe 16. VII. 5 ☿ (Pittioni 1937); Umgebung von Kals 2 ☿ 21. VII. und Umgebung des Dorfer Sees 18. VII. bis 6. VIII. 14 ☿ (Pittioni 1937); Käfertal 1 ☿ 23. VII. 1939; Fuscher Tal oberhalb Ferleiten 1 ☿ 18. VII. 1940; auch von Schletterer (1887) aus dem Glocknergebiet angeführt.
    Gr. Gr.: Kals-Matreier Törl 23. und 31. VII. 27 ☿ (Pittioni 1937); Dorfer Öd (Stubach) 1 ☿ 25. VII 1939.

Schobergr.: Schönleitenspitze-S-Seite 1 ♂ 7 ♀ 24. VII. (Pittioni 1937); am Weg vom Peischlachtörl zum Bergertörl 1 ♀ 11. VIII. 1937; Kalser Tal unterhalb Kals 1 ♂ 1 ♀ 22. VII. (Pittioni 1937).
Weitverbreitete Art, die nach Schletterer (1887) in den Alpen bis 2800 m emporfliegt, ihre Nester aber wohl nur in geringerer Höhe anlegen dürfte.

12. *Bombus (Bombus) terrestris* L.
S. Gr.: Hüttenwinkeltal, zwischen Bucheben und Bodenhaus 1 ♀ und zwischen Bodenhaus und Grieswiesalm 1 ♀ 15. VII. 1940; um Gastein einmal ab 23. III. und einmal ab 30. IV. fliegend (Fritsch 1878).
Gl. Gr.: Oberhalb der Trauneralm im Fuscher Tal 1 ♀ 21. VII. 1939.
Südlich des Tauernhauptkammes wird die Art von Pittioni (1937) nicht und von Werner (1934) nur aus dem Lienzer Becken angegeben. Sie scheint demnach in den oberen Teilen der südlichen Tauerntäler zu fehlen und zu denjenigen Arten zu gehören, die in diese noch nicht weit eingedrungen sind.

13. — *(Bombus) lucorum* L.
S. Gr.: Seidelwinkeltal, mittlerer Teil 1 ♀ 17. VIII. 1937; Hochtortauernkopf, S-Hang 2 ♀ 6. VIII. 1937; Große Fleiß gegen Weißenbachscharte 2 ♀; Kleine Fleiß, oberhalb des Alten Pocher 1 ♀ 24. VII. 1937; Wiese oberhalb des Fleißgasthofes 1 ♀ 1. VII. 1937; am Weg vom Fleißgasthof nach Heiligenblut 1 ♀ Juli 1937; 1 ♂ der ab. *trifasciatus* Pitt. ebenda 9. VII. 1937.
Gl. Gr.: Guttal, bei Kapelle Mariahilf 1 ♀ 22. VII. 1937; Albitzen-SW-Hang, unterhalb der Alm 1 ♀ 8. VIII. 1937; Kar südwestlich der Pfandlscharte oberhalb des Naßfeldes 2 ♀ 29. VII. 1937; Sturmalm an der Pasterze 1 ♀ 25. VII. 1937; Umgebung des Hotels Franz-Josefs-Höhe 1 ♀ 8. VIII. 1937; Haritzerweg zwischen Glocknerhaus und Naturbrücke über die Möll 1 ♀ 7 VII. 1937; Weg von der neuen Salmhütte zum Bergertörl 1 ♀ 11. VIII. 1937; Bergertörl gegen Mödlspitze 2 ♀ 11. VIII. 1937; Gamsgrube 1 ♀ 30. VII. 1938; zwischen Marienhöhe und Pfandlscharte Ende Juli 1937 (leg. Lindner); Ködnitztal bei der Lucknerhütte 27. VII und 1. VIII. 1937. 1 ♂ 6 ♀ (Pittioni 1937); Figerhorn-S-Hang 20. und 26. VII. 8 ♀ (Pittioni 1937); Tschengelköpfe 10 ♀ 16. VII. (Pittioni 1937); Daberklamm 10 ♀ 17. VII. und Umgebung des Dorfer Sees 3. und 6. VIII. 2 ♀, 3 ♀ (Pittioni 1937); Daberklamm 1 ♀ 15. VII. 1937; Kals (Pittioni).
Gr. Gr.: Kals-Matreier Törl 9 ♀ 23. und 31. VII. (Pittioni 1937); Muntanitz-SO-Seite 1 ♀ 20. VII. 1937; am Weg vom Kalser Tauernhaus auf den Spinevitrolkopf 1 ♀ 19. VII. 1937; Dorfer Öd (Stubach) 2 ♀ 25. VII. 1939.
Schobergr.: Schönleitenspitze-S-Hang 1 ♂ 7 ♀ 24. VII. (Pittioni 1937).
Im Gebiete eine der verbreitetsten und häufigsten Hummeln, findet sich noch in der hochalpinen Grasheidenstufe sehr häufig. Von Pittioni (1937) beim Besuche verschiedener Blüten beobachtet, scheint keine Pflanzenart besonders zu bevorzugen.

14. — *(Alpinobombus) alpinus* L. f. typ., ab. *collaris* D. T. und ab. *scutellaris* Pitt.
S. Gr.: Zwischen Seebichel und Zirmsee 1 ♀ 4. VIII. 1937.
Gl. Gr.: Im SW-Kar unterhalb der Pfandlscharte Ende Juli 1937, besonders an *Silene acaulis* saugend (leg. Lindner); SW-Kar zwischen beiden Pfandlscharten 1 ♂ 29. VII. 1937 (ab. *scutellaris*), 1 ♀ 20. VII. 1938 (ab. *collaris*); in der *Nebria atrata*-Zone 1 großes ♀ aufgescheucht 19. VII. 1938; Weg von der Freiwand zum Magneskees 1 ♂ 29. VII. 1937 (ab. *scutellaris*); Gamsgrube 1 ♀ 6. VII. 1937 (ab. *collaris*), 1 ♀ 27. VII. 1937 (f. ytp.); Gamsgrube, in der *Caeculus echinipes*-Assoziation 1 großes ♀ 16. VII. 1940 (leg. Thurner); Großer Burgstall 1 ♂ (f. typ.) 20. VII. 1937; Haldenhöcker unterhalb des Mittleren Burgstalls 1 ♀ 29. VII. 1938, am 16. VII. 1940 mehrfach gesehen; Langer Trog, oberstes Ködnitztal 3 ♀ (ab. *collaris*) 14. VII. 1937; SW-Kar unterhalb der Pfortscharte, *Caeculus echinipes*-Assoziation 1 ♀ (f. typ.) 14. VII. 1937; Luisengrat, oberhalb der Stüdlhütte in 3100 m Höhe 1 ♀ (f. *collaris*) 25. VII. 1938; Trengelköpfe 1 ♀, 2 ♀ 16. VII. (Pittioni 1937); Umgebung des Dorfer Sees 2 ♀ 18. VII. und 6. VIII. (Pittioni 1937); Oberster Teil des Dorfer Tales 1 ♀ 15. VII. 1937; an der Pasterze (leg. Staudinger, teste Schletterer 1887); auch von Mann im Glocknergebiet gesammelt (Hoffer 1882—1883).
Gr. Gr.: Muntanitz-SO-Seite 1 ♀ (ab. *collaris*) 20. VII. 1937.
Schobergr.: Schönleitenspitze-S-Hang 2 ♀ 24. VII. (Pittioni 1937).
Die Art ist boreoalpin verbreitet (Holdhaus 1912), sie findet sich im Hohen Norden, in den Alpen und Transsylvanischen Alpen. *Bombus alpinus* scheint vorwiegend die Polsterpflanzenstufe zu bewohnen, da man im Untersuchungsgebiete die Geschlechtstiere fast ausschließlich oberhalb der Rasengrenze findet. Damit hängt auch zusammen, daß die Art in den niedrigeren östlichen Teilen der Alpen sehr selten ist, obwohl sie dort bis zur Koralpe einerseits, bis zum Hochschwab und zur Rax anderseits nach gewiesen wurde (Hoffer 1882—83).

15. — *(Lapidariobombus) lapidarius* L.
S. Gr.: Hüttenwinkeltal, oberhalb des Bodenhauses 1 ♀ 15. V. 1937.
Gl. Gr.: Figerhorn-S-Hang 1 ♀ 20. VII. (Pittioni 1937); Tschengelköpfe 1 ♀ 16. VII. (Pittioni 1937).
Schobergr.: Von Werner (1934) ohne genaueren Fundort angegeben.
In Europa weit verbreitet, in Tirol bis 2000 m emporsteigend (Schletterer 1887), im Gebiete aber anscheinend recht selten.

16. — *(Lapidariobombus) alticola* Kriechb. (vorwiegend die f. typ.).
S. Gr.: Am Weg vom Fleißgasthof nach Heiligenblut 1 ♀ 9. VII. 1937; am Weg von der Fleißkehre der Glocknerstraße zum Eingang in die Große Fleiß 1 ♀ 18. VII. 1938.
Gl. Gr.: Margaritze 1 ♀ 17. VII. 1940; Ködnitztal, bei der Lucknerhütte 27. VII. bis 5. VIII. 183 ♀ und Ködnitztal unterhalb der Waldgrenze 22. VII. 5 ♀ (Pittioni 1937); Figerhorn-S-Seite 18 ♀ 20. und 26. VII. (Pittioni 1937); Trengelköpfe 3 ♀ 16. VII. (Pittioni 1937); Umgebung des Dorfer Sees 6. VIII. 1 ♀, 4 ♀ (Pittioni 1937); oberster Teil des Dorfer Tales 1 ♀ 15. VII. 1937; Fuscher Tal oberhalb Ferleiten 1 ♀ 18. VII. 1940; Glocknergebiet (Schletterer 1887).
Gr. Gr.: Kals-Matreier Törl 17. bis 31. VII. 64 ♀ (Pittioni 1937); am Weg aus der Schneiderau in die Dorfer Öd in der Hochstaudenflur 1 ♀ 25. VII. 1939.
Schobergr.: Schönleitenspitze-S-Hang 1 ♂ 70 ♀ 24. VII. (Pittioni 1937).
Ein Gebirgstier, das über die Pyrenäen, Alpen, den nördlichen Apennin und die höchsten Gebirge der Balkanhalbinsel verbreitet ist. Die Art geht nach Hoffer (1882—83), abgesehen von verflogenen Stücken, nicht unter 1500 m herunter, sie wurde im Untersuchungsgebiete von Pittioni (1937) vorwiegend beim Besuche gelber Compositen und auf *Phyteuma* beobachtet.

17. *Bombus (Pratobombus) pyreaeus* Pér. (sehr variabel, überwiegend dunkle Formen).
S. Gr.: Oberster Teil des Seidelwinkeltales 1 ♂ 17. VIII. 1937; sonnige Wiesen unterhalb der Fleißkehre der Glocknerstraße 1 ☿ 1. VII. 1937.
Gl. Gr.: Haritzerweg, zwischen Glocknerhaus und Naturbrücke über die Möll 1 ☿ 7. VII. 1937; Ködnitztal, bei der Lucknerhütte 27. VII. bis 5. VIII. 73 ☿ (Pittioni 1937); Figerhorn-S-Hang 14 ☿ 20. und 26. VII. (Pittioni 1937); Tschenglköpfe 1 ♂, 2 ☿ 16. VII. und Umgebung von Kals 1 ☿ 21. VII. (Pittioni 1937); Umgebung des Dorfer Sees 3. und 6. VIII. 12 ♂, 1 ♀, 32 ☿ (Pittioni 1937); oberster Teil des Dorfer Tales 1 ♂, 1 ☿ 15. VII. 1937; Moserboden 1 ♀ 16. VII. 1939.
Gr. Gr.: Kals-Matreier Törl 27 ☿ 23. und 31. VII. (Pittioni 1937); Umgebung des Schwarzsees unter der Aderspitze 1 ♂ 19. VII. 1937.
Schobergr.: Weg vom Peischlachtörl ins Leitertal 1 ♂ 11. VIII. 1937; Schönleitenspitze-S-Hang 4 ♂, 10 ☿ 24. VII. (Pittioni 1937).
Ein Gebirgstier, das in den Alpen weit verbreitet ist und auch in den Pyrenäen und in den Gebirgen der Balkanhalbinsel vorkommt. Pittioni (1937) beobachtete die Art beim Besuche von *Phyteuma*-, *Rhododendron*-, *Silene*- und *Cirsium spinosissimum*-Blüten, aber auch an anderen Blumen.

18. — *(Pratobombus) pratorum* L.
S. Gr.: Am Weg vom Fleißgasthof nach Heiligenblut 1 ♂ (ab. *burreellanus* K.) 9. VII. 1937.
Gl. Gr.: Ködnitztal, Umgebung der Lucknerhütte 1 ♂, 5 ☿ 27. VII. bis 5. VIII.; Figerhorn-SW-Hang 2 ☿ 20. und 26. VII.; Tschenglköpfe 1 ♂, 1 ♀, 5 ☿ 16. VII.; Umgebung von Kals 8 ♂, 4 ☿ 21. VII. und 2. VIII. (alle Pittioni 1937); Daberklamm 2 ☿ 15. VII. 1937; am Weg von Kals ins Dorfer Tal 1 ☿ 18. VII. 1937 (ab. *subinterruptus* K.).
Gr. Gr.: Kals-Matreier Törl 2 ☿ 23. VII. (Pittioni 1937) und 9. VIII. 1927 (Werner 1927); Weg von der Schneiderau in die Dorfer Öd und bei der Alm in dieser je 1 ☿ 25. VII. 1939 (ab. *subburreellanus* Pitt.).
Schobergr.: Schönleitenspitze-S-Hang 3 ☿ 24. VII. (Pittioni 1937); Kalser Tal unterhalb Kals 16 ☿, 1 ♀, 3 ☿ 22. VII. (Pittioni 1937).
Weit verbreitet, vom Hügelland bis ins Hochgebirge emporsteigend.

19. — *(Pratobombus) hypnorum* L.
Gl. Gr.: Umgebung von Kals 1 ☿ 21. VII. (Pittioni 1937); Glocknergebiet (Schletterer 1887).
Schobergr.: Schönleitenspitze-S-Hang 1 ☿ 24. VII. (Pittioni 1937).
In Nord- und Mitteleuropa weit verbreitet, aber eine seltenere Art (Hoffer 1882—83), nach Pittioni (1937) besonders in Mittelgebirgslagen.

20. — *(Pratobombus) lapponicus hypsophilus* Scor.
Gl. Gr.: Albitzen-SW-Hang, nächst der Alm 1 ☿ 9. VIII. 1937; Wasserfallwinkel 1 ☿ 28. VII. 1938; Ködnitztal, bei der Lucknerhütte 6 ♂ 25 ☿ 27. VII. und 1. VIII. (Pittioni 1937); Figerhorn-S-Hang 8 ♂, 1 ♀, 9 ☿ 20. und 26. VII. (Pittioni 1937); Tschenglköpfe 16 ☿ 16. VII. (Pittioni 1937); Umgebung von Kals 1 ♂ 21. VII. und Daberklamm 1 ♂, 2 ☿ 17. VII. (Pittioni 1937); am Weg von Kals ins Dorfer Tal 1 ☿ 18. VII. 1937; Umgebung des Dorfersees 12 ♂, 3 ♀, 40 ☿ 18. VII. bis 6. VIII. (Pittioni 1937); Talschluß des Dorfer Tales 1 ☿ 17. VII. 1937; Glocknergebiet (Schletterer 1887).
Gr. Gr.: Kals-Matreier Törl 13 ♂, 2 ♀, 8 ☿ 23. und 31. VII. 1937.
Schobergr.: Schönleitenspitze-S-Hang 5 ♂ 24.VII. und Kalser Tal unterhalb Kals 1 ♂ 22.VII. (Pittioni 1937).
Boreoalpine Art (Holdhaus 1912), in den Alpen weit verbreitet, steigt aus subalpinen Lagen bis 3000 *m* empor (Schletterer 1887). Von Pittioni (1937) als Besucher sehr verschiedener Blüten, so von *Rhododendron, Silene, Vaccinium uliginosum* und gelben Compositen beobachtet.

21. — *(Alpigenobombus) mastrucatus* Gerst. (vorwiegend die f. typ.).
S. Gr.: Zahlreich bei Gastein über 1000 *m* Höhe (Hoffer 1882—83, sec. Gerstäcker); Hochtortauernkopf, S-Hang 1 ☿ 6. VIII. 1937.
Gl. Gr.: Albitzen-SW-Hang, nächst der Alm 1 ☿ 9 VIII. 1937; Wienerweg zwischen Stockerscharte und neuer Salmhütte 1 ☿ (f. typ.) und 1 ♂ (ab. *latefasciatus* Pitt.) 10. VIII. 1937; Ködnitztal, Umgebung der Lucknerhütte 27. VII. bis 5. VIII. 1 ♂, 115 ☿ (Pittioni 1937); Figerhorn-S-Seite 1 ♂, 30 ☿ (Pittioni 1937); Tschenglköpfe 2 ☿ 16. VII. und Bretterspitze 22 ☿ 23. VII. (Pittioni 1937); Daberklamm 2 ☿ 17. VII. und Umgebung des Dorfer Sees 2 ♂ 77, ☿ 18. VII. bis 6. VIII. (Pittioni 1937); oberster Teil des Dorfer Tales 1 ☿ 15. VII. 1937 (ab. *tirolensis* Friese); auch von Schletterer (1887) aus dem Glocknergebiet angegeben.
Gr. Gr.: Weg vom Kalser Tauernhaus zum Spinevitrolkopf 1 ☿ 19. VII. 1937 (ab. *tirolensis* Friese).
Schobergr.: Schönleitenspitze, S-Hang 5 ☿ 24. VII. (Pittioni 1937).
Eine in den europäischen Gebirgen weitverbreitete Art, die tief ins Hügelland herabsteigt. Nach Hoffer (1882—83) am liebsten in Höhen von 800 bis 1600 *m*. Pittioni (1937) beobachtete sie am häufigsten beim Besuche von *Rhododendron ferrugineum, Cirsium spinosissimum, Silene vulgaris*, seltener an *Alectorolophus, Anthyllis, Phyteuma* und anderen Blüten.

22. — *(Confusibombus) confusus* Schenk.
Gl. Gr.: Nach Schletterer (1887) von Mann im Glocknergebiet gesammelt.
Von Werner (1934) am Tristacher See bei Lienz am 14. VIII. 1929 erbeutet.
Ein Tier tieferer Gebirgslagen und der Ebene, welches das Untersuchungsgebiet nur in den tiefsten Tallagen erreichen dürfte.

23. — *(Mendacibombus) mendax* Gerst. f. typ., ab. *latefasciatus* Friese und ab. *subglacialis* Pitt.
S. Gr.: Am Weg vom Fleißgasthof nach Heiligenblut 1 ♂ (ab. *latofasciatus* Friese) 9. VII. 1937.
Gl. Gr.: Albitzen-SW-Hänge, nächst der Alm 1 ☿ (ab. *subglacialis* Pitt.) 9. VII. 1937; zwischen Marienhöhe und Pfandlscharte, besonders an *Silene acaulis* saugend, Ende Juli 1937 (leg. Lindner); Ködnitztal, Umgebung der Lucknerhütte 4 ☿ (f. typ.) 1 ♀, 15 ☿ (ab. *subglacialis*) 27. VII. und 1. VIII. (Pittioni 1937); Figerhorn-S-Hang 9 ☿ (ab. *subglacialis*) 20. und 26. VII.; Tschenglköpfe 1 ♀ (f. typ.), 3 ☿ (ab. *subglacialis*) 16. VII. (Pittioni 1937); Umgebung des Dorfer Sees 2 ♂, 2 ☿ (f. typ.) 2 ♂ (ab. *latefasciatus*) 1 ♀, 78 ☿ (ab. *subglacialis*) 18. VII. bis 6. VIII. (Pittioni 1937).
Gr. Gr.: Kals-Matreier Törl 5 ☿ (ab. *subglacialis*) 23. VII. (Pittioni 1937).
Pittioni (1937) unterscheidet bei der ab. *subglacialis* weitere Spielarten, die vorstehend nicht getrennt angeführt sind.

Die Art bewohnt die Alpen und Pyrenäen, ist nach Schletterer (1887) in Tirol selten, nach Hoffer (1882—1883) dagegen in Steiermark auf allen höheren Gebirgen anzutreffen. Pittioni beobachtete sie am häufigsten beim Besuche von *Cirsium spinosissimum*, *Rhododendron ferrugineum* und *Silene vulgaris* seltener an anderen Blüten.

24. *Psithyrus (Asthtonipsithyrus) distinctus* Per.
    Gl. Gr.: Am Weg von der Freiwand zum Magneskees 1 ♂ 29. VII. 1937 (ab. *arrhenoides* Blüthg.)
    Schmarotzt bei *Bombus lucorum* (Pittioni 1938) und besitzt wahrscheinlich dieselbe Verbreitung wie diese Art. Von Werner (1934) auch vom Tristacher See bei Lienz angegeben.

25. — *(Psithyrus) rupestris* Fbr.
    S. Gr.: Zwischen Hochtor und Roßschartenkopf 1 ♂ 6. VIII. 1937.
    Gl. Gr.: Am Weg vom Glocknerhaus auf den Hohen Sattel 1 ♀ 29. VII. 1937; oberster Teil des Dorfer Tales 1 ♀ 15. VII. 1937; Moserboden, orographisch linker Hang, 1 ♀ 17. VII. 1939.
    Die Art soll nach Hoffer (1888) und Pittioni (1938) bei *Bombus lapidarius* schmarotzen, ist im Gebiete aber anscheinend häufiger und weiter verbreitet als diese Art. Ich vermute daher, daß sie noch einen zweiten Wirt, vielleicht *Bombus alticola*, besitzt.

26. — *(Fernaldepsithyrus) quadricolor* Lepel.
    Gl. Gr.: Von Mann im Glocknergebiet gesammelt (Schletterer 1887).
    Schmarotzt nach Hoffer (1888) bei *Bombus pratorum*. Eine östliche Art (Pittioni 1938), die nach Schmiedeknecht (1882) aber in Nord- und Mitteleuropa weit verbreitet ist. Das Tier dürfte in den mittleren Hohen Tauern wie in seinem übrigen Verbreitungsgebiet nicht häufig sein.

27. — *(Fernaldepsithyrus) meridionalis* Rich.
    S. Gr.: Große Fleiß, subalpin 10. VII. 1937 1 ☿ (f. typ.).
    Gl. Gr.: Kapruner Tal, beim Kesselfallalpenhaus 1 ☿ 14. VII. 1939 (ab. *bistigmatus* Pitt.).
    Schmarotzt nach Pittioni (1938) wahrscheinlich ausschließlich bei *Bombus soroeensis*.

28. — *(Fernaldepsithyrus) sylvestris* Lep.[1]
    Von Werner (1934) aus dem Villgratental angegeben und wahrscheinlich auch über die mittleren Hohen Tauern verbreitet. Schmarotzt nach Pittioni (1938) wahrscheinlich bei *Pratobombus*.

29. *Xylocopa violacea* (L).
    Gl. Gr.: Bei Kals ab 24. IV. (Fritsch 1878), im Gebiete sicher nur in den wärmsten Tallagen.

30. *Panurgus montanus* Giraud.
    S. Gr.: In den Bergen von Gastein, loc. typ. (Giraud 1861); Große Fleiß, subalpin 1 ☿ Juli 1937.
    Die Art findet sich nach Schmiedeknecht (1907) nur in den Alpen und Kleinasien, aus Tirol wird sie von Schletterer (1887) nur aus dem Brennergebiet sowie von der Praderalm im Ortlergebiet im ehemaligen Südtirol angeführt; aus Steiermark gibt sie Hoffer (1888) nicht an.

31. *Halictoides dentiventris* Nyl.
    S. Gr.: Am Weg von Heiligenblut zum Fleißgasthof 1 ☿ Juli 1937.
    Weit verbreitete Art, die im Gebiete sicher auch noch an anderen Stellen zu finden ist.

32. *Andrena fulvescens* Smith.
    S. Gr.: Am Weg vom Fleißgasthof nach Heiligenblut 13. VII. 1937.
    Weitverbreitete, aber nicht häufige Art. Besucht nach Schmiedeknecht (1882) mit Vorliebe *Taraxacum*-, *Hieracium*- und seltener *Crepis*-Blüten.

33. — *lapponica* Zett.
    Gl. Gr.: Oberster Teil des Dorfer Tales 1 ♀ 15. VII. 1937.
    In Nordeuropa und in Mitteleuropa, hier aber anscheinend auf Gebirgsgegenden beschränkt.

34. — *hattorfiana* Fbr. var. *haemorrhoidalis* Kirby.
    S. Gr.: Um Gastein nicht sehr selten (Giraud 1861).
    Weit verbreitet, nach Schmiedeknecht (1882) vorwiegend an *Knautia* zu finden.

35. — *Rogenhoferi* Mor.
    Gl. Gr.: Am Haritzerweg zwischen Glocknerhaus und Naturbrücke über die Möll 1 ♀ 7. VII. 1937; im Kar südwestlich der Pfandlscharten, in der Grasheidenzone oberhalb des Naßfeldes 1 ♀ 29. VII. 1937; im Kar zwischen Albitzen- und Wasserradkopf in 2450 m Höhe 1 ♀ 17. VII. 1940; auch von Schmiedeknecht (1882) vom Pasterzengebiet angeführt und von da schon Morawitz bei der Beschreibung der Art vorgelegen.
    Hochalpine Art, die von der Schweiz und dem Ortlergebiet östlich bis zur Saualpe und zum Schneeberg angegeben wird (Schmiedeknecht 1882). Das Tier scheint ein Bewohner der hochalpinen Grasheidenstufe zu sein und nur gelegentlich bis in die Zwergstrauchstufe herabzusteigen. Es fällt schon im Fluge, abgesehen von seiner auffälligen Färbung und Größe, durch sein helles, metallisches Summen auf.

36. — *minutuloides* Park.
    Gl. Gr.: Walcher Hochalm, 1800 bis 2000 m, 1 ♀ 9. VII. 1941.
    Die Art ist aus Deutschland und Italien bekannt.

37. *Halictus alpinus* Alfk.
    Nach Werner (1934) bei Windisch-Matrei 3. VIII. 1927 (det. Alfken).

38. — *calceatus* Scop.
    Nach Werner (1934) bei Windisch-Matrei 3. VIII. 1927 und auch bei Lienz.

39. — *leucozonius* Schenk.
    Nach Werner (1934) in der Proseckklamm bei Windisch-Matrei 10. VIII. 1927 und auch in Amlach bei Lienz. Die Art dürfte im Gebiete weiter verbreitet sein.

40. — *albigenus* Dalla Torre.
    Nach Werner (1934) im Kalser Tal 9. IX. 1930.

---

[1] Von Pittioni (1942) wird *Psithyrus (Fernaldepsithyrus) flavidus* Eversm. als im „Glocknergebiet nicht selten" angegeben.

41. *Halictus fulvicornis* K.
    S. Gr.: Hüttenwinkeltal, zwischen Bodenhaus und Grieswiesalm 2 ♀ 15. IV. 1940.
42. — *Frey-Gessneri* Alfk. (= *fratellus* Pér.).
    S. Gr.: Seidelwinkeltal, mittlerer Teil 1 ♀ 17. VIII. 1937.
    Nach Werner (1934) auch in Amlach bei Lienz und im Gebiete sicher weiter verbreitet.
43. — *leucopus* Kirby.
    S. Gr.: Am Weg vom Fleißgasthof nach Heiligenblut Juli 1937.
    Gl. Gr.: Fuscher Tal oberhalb Ferleiten, am Ufer des Judenbaches; Walcher Hochalm, 1800 bis 2000 m, 1 ♀ 9. VII. 1941.
    Diese häufige Art dürfte im Gebiete in tieferen Lagen allgemein verbreitet sein.
44. — *willughbiella* Kirby.
    Gl. Gr.: Von Mann im Glocknergebiet gesammelt (Schletterer 1887).
45. *Trachusa serratulae* Panz.
    Gl. Gr.: Von Mann im Glocknergebiet gesammelt (Schletterer 1887).
46. *Osmia corticalis* Gerst.
    S. Gr.: Bei Gastein im Juni eine Kolonie mit etwa 1 Dutzend Individuen (Giraud 1861).
    In den gebirgigen Gegenden von Nord- und Mitteleuropa, legt das Nest in Holz an und fliegt ab Mai fast ausschließlich an Blüten von *Vaccinium myrthillus* (Schmiedeknecht 1882).
47. — *uncinata* Gerst.
    Gl. Gr.: Albitzen-SW-Hang, in 2200 bis 2300 m Höhe 1 ♂ 17. VII. 1940.
    Über Nord- und Mitteleuropa verbreitet.
48. — *angustula* Zett.
    S. Gr.: Sonnige Wiesen unterhalb der Fleißkehre der Glocknerstraße 1 ♀ 1. VII. 1937.
    Vorwiegend in Nordeuropa, in Mitteleuropa anscheinend sporadisch.
49. — *tuberculata* Nyl. (= *cylindrica* Giraud).
    S. Gr.: Bei Badgastein (Giraud 1861).
    Die Art scheint boreoalpin verbreitet zu sein. Nach Schmiedeknecht (1882) ist sie in Nordeuropa weit verbreitet, in Mitteleuropa aber auf die Alpen beschränkt.
50. — *rhinoceros* Giraud.
    S. Gr.: In den Gebirgen um Gastein 2 ♀ (loc. typ.).
    Im Norden Europas und in den Alpen, wahrscheinlich boreoalpin verbreitet. Die Art ist nach Schmiedeknecht (1882) sehr selten.
51. *Chelostoma florisomne* Latr.
    Gl. Gr.: Von Mann im Glocknergebiet gesammelt (Schletterer 1887).
52. *Nomada ruficornis* L.
    Gl. Gr.: Senfteben zwischen Guttal und Pallik 1 ♀ 15. VII. 1940; S-Hang der Margaritze 7. VII. 1937.
    Häufige und weitverbreitete Art. Schmarotzt bei *Andrena*-Arten und wurde von Frey-Gessner an der Simplonstraße noch in 2000 m Höhe erbeutet, wie ja auch die beiden Fundorte im Glocknergebiet in zwischen 1850 und 1950 m Höhe nahe der oberen Verbreitungsgrenze der Art liegen dürften.
53. *Coeliolix mandibularis* Nyl.
    Gl. Gr.: Von Mann im Glocknergebiet 1 ♂ im Juli gesammelt (Schletterer 1887).
    Weit verbreitet, aber selten, gern auf *Knautia*.

Familie *Sphegidae*.

54. *Crabro (Crabro) quadricinctus* Fbr.
    Nach Kohl (1880) um Windisch-Matrei bis 1200 m emporsteigend, von Juni bis September.
    Weitverbreitete Art, die ihr Nest im Boden anlegt und Culiciden und andere Dipteren einträgt (Kohl 1915).
55. — *(Clytochrysus) zonatus* Panz. (= *sexcinctus* H. S.).
    Bei Windischmatrei bis 1200 m emporsteigend (Kohl 1880).
56. — *(Ectemnius) dives* H. S.
    Bei Windisch-Matrei (leg. Bertolini); in Weißenstein und Grubenberg bei Windisch-Matrei (leg. Dalla Torre) (beide sec. Kohl 1880).
    Weit verbreitete Art, die Imagines gern auf Schirmblumen.
57. — *(Thyraeus) clypeatus* Schreber.
    In Grubenberg und Weißenstein bei Windischmatrei (Kohl 1880).
    Weitverbreitet, „nistet nach den wenigen vorliegenden Beobachtungen in Bohrlöchern alter Stämme und trägt Fliegen ein" (Kohl 1915).
58. — *(Thyraeopus) cribrarius* L.
    Auf der Dorfer Alm subalpin und bei Grubenberg bei Windisch-Matrei (Kohl 1880).
    Weit verbreitet, steigt in den Alpen nach Kohl (1915) bis 2300 m empor. Nistet in der Erde oder in morschen Stämmen und trägt Dipteren ein (Kohl 1915).
59. — *(Thyraeopus) rhaeticus* Kriechb. et Aich.
    S. Gr.: Sonnige Wiesen unterhalb der Fleißkehre der Glocknerstraße 1 ♂ 1. VII. 1937.
    Gl. Gr.: Von Kohl (1915) aus dem Glocknergebiete angeführt.
    In den Alpen und Pyrenäen beheimatet, steigt bis 2300 m empor (Kohl 1915). Nistet wahrscheinlich auf Holzstämmen, die Imagines findet man auf Blüten.
60. — *(Thyraeopus) alpinus* Imhoff.
    Gl. Gr.: Bei Fusch in etwa 1200 m Höhe (Kohl 1915).
    In den Alpen vom Wallis östlich bis zum Wiener Schneeberg, bis über 2000 m emporsteigend (Kohl 1915).

61. *Crabro (Crossocerus) capitosus* Shuckard.
Nach Kohl (1880 und 1915) bei Windisch-Matrei und in Guggenberg nächst Windisch-Matrei, wo Dalla Torre die Art gesammelt hat. Weit verbreitet, aber selten, steigt nach Kohl (1915) in den Alpen bis 1400 *m* empor und legt die Nester im Mark von Himbeer- und Hollundersträuchern an, auch in Ästen von *Fraxinus excelsior*.

62. — *(Crossocerus) elongatulus* Wesm.
Nach Kohl (1880) bei Windisch-Matrei.
Über fast ganz Europa verbreitet, nistet meist im Boden und trägt Fliegen ins Nest ein (Kohl 1915).

63. — *(Lindenius) albilabris* Fbr.
Nach Kohl (1880) in Weißenstein bei Windisch-Matrei.
Häufig und weit verbreitet. Nistet im Boden und trägt Hemipteren, so z. B. *Capsus Thunbergi*, *Miris* spec. und andere, ins Nest ein.

64. *Passaloecus brevicornis* Morav.
Nach Kohl (1880) in Weißenstein bei Windisch-Matrei.
Weitverbreitete Art.

65. *Diodontus tristis* Lind.
Von Dalla Torre in Weißenstein bei Windisch-Matrei gesammelt (Kohl 1880).

66. *Miscophus bicolor* Jur.
Nach Kohl (1880) in Weißenstein bei Windisch-Matrei.

67. *Gorytes (Harpactes) tumidus* Panz.
S. Gr.: Am Weg vom Fleißgasthof nach Heiligenblut 1 ♂ Juli 1937.
Auf Umbelliferen, liebt trockene Lagen.

68. *Nysson trimaculatus* Rossi.
Nach Kohl (1880) in Weißenstein bei Windisch-Matrei von Dalla Torre gesammelt.
Weitverbreitete Art, die nach Kohl (1880) bis 1200 *m* emporsteigt.

69. *Trypoxylon figulus* L.
S. Gr.: In der Kleinen Fleiß 1 ♂ 30. VI. 1937, subalpin.
In Tirol allenthalben bis 1600 *m* Höhe beobachtet (Kohl 1880).

70. *Mellinus arvensis* L.
Von Werner (1934) aus dem Villgratental und aus den Deferegger Alpen (Weg zur Hochsteinhütte) angegeben. Wahrscheinlich auch im Untersuchungsgebiet in tieferen Lagen zu finden.

71. *Ammophila sabulosa* L.
S. Gr.: Eingang in das Zirknitztal, unmittelbar oberhalb Döllach an sonnigen Felsen 1 Ex. 28. VIII. 1941.
Bei Oberdrauburg an sonnigen Felsen zahlreich.

Familie *Psammocharidae*.

72. *Priocnemis affinis* Lind.
Nach Kohl (1880) von Dalla Torre in Guggenberg bei Windisch-Matrei gesammelt.
Die Art nistet in der Erde und trägt wie alle *Priocnemis*-Arten Spinnen für die Larven ein.

73. — *exaltatus* Panz.
Gr. Gr.: Von Dalla Torre in Weißenstein bei Windisch-Matrei und am Putzkogel gesammelt (Kohl 1880).
Von Werner (1934) aus Amlach bei Lienz angegeben; im Gebiete jedenfalls weiter verbreitet.

74. — *obtusiventris* Schiödte.
Von Dalla Torre am Hintereckkogel bei Windisch-Matrei aufgefunden (Kohl 1880) und jedenfalls auch im engeren Untersuchungsgebiete vorkommend.

75. *Psammochares trivialis* Dhlb.
In Guggenberg und am Hintereckkogel bei Windisch-Matrei (Kohl 1880). Wohl auch im engeren Untersuchungsgebiet.

76. — *viaticus* L.
Grubenberg bei Windisch-Matrei (Kohl 1880).

77. — *nigerrimus* Lind.
Gl. Gr.: Kalkphyllitriegel oberhalb der Glocknerstraße zwischen Marienhöhe und Glocknerhaus, in etwa 2200 *m* Höhe 1 Nest mit 1 ♀ und 11 Larven. Das Nest war unter einem flach am Boden aufliegenden Stein angelegt und bestand aus einer Reihe unregelmäßiger Gänge und Kammern. In jeder der letzteren befand sich eine *Lycosa ferruginea* nebst einer *Psammochares*-Larve. Es waren demnach 11 Spinnen in dem Neste, je eine als Nahrung für jede Larve, alle nur der einen Art *Lycosa ferruginea* (det. Reimoser) angehörend. Das Nest wurde am 22. VII. 1938 aufgefunden.

Familie *Vespidae*.

78. *Vespa vulgaris* L.
S. Gr.: Um Gastein ab 26. V. beobachtet (Fritsch 1878).
Gr. Gr.: Bretterwand und Putzkogel bei Windisch-Matrei (Dalla Torre und Kohl 1878); Windisch-Matrei gegen Proseckklamm 1 Ex. 3. IX. 1941.
Wahrscheinlich im Untersuchungsgebiet in den tieferen Lagen allgemein verbreitet.

79. — *saxonica* Fbr.
Gr. Gr.: Grubenberg bei Windisch-Matrei (f. typ.); Gschlöß in zirka 1680 *m* Höhe, beim Matreier Tauernhaus in etwa 1500 *m* Höhe und am Putzkogel (überall die var. *norvegica* Fbr.).
Alle Angaben nach Dalle Torre und Kohl (1878).
Die Varietät *norvegica* steigt bis in die subalpine Zone auf und wurde am Sonnwendjoch in Nordtirol noch in 2100 *m* Höhe gefunden (Dalla Torre und Kohl 1878).

80. *Polistes diademata* Latr.
   Windisch-Matrei, subalpin (Dalla Torre und Kohl 1878).
81. *Odynerus (Symmorphus) crassicornis* Panz.
   Windisch-Matrei, in zirka 1500 *m* Höhe (Dalla Torre und Kohl 1878).
   Weitverbreitete Art.
82. — *(Symmorphus) allobrogus* Sauss.
   Guggenberg bei Windisch-Matrei (Dalla Torre und Kohl 1878); wohl auch im engeren Untersuchungsgebiet zu finden.
   Weit verbreitet, stets einzeln auf Blumen und Gesträuch.
83. — *(Symmorphus) bifasciatus* L.
   Um Windisch-Matrei bis zirka 1300 *m* im August (Dalla Torre und Kohl 1878).
84. — *(Ancistrocerus) parietum* L.
   Grubenberg bei Windisch-Matrei (Dalla Torre und Kohl 1878).
   Weit verbreitet, in Tirol bis 1700 *m* emporsteigend.
85. — *(Leionotus) simplex* Fbr.
   Grubenberg bei Windisch-Matrei (Dalla Torre und Kohl 1878).
   Weit verbreitet, aber in den Alpen anscheinend allenthalben einzeln.
86. *Eumenes pomiformis* Fbr.
   S. Gr.: Mallnitzer Tauerntal, an der Mauer des Gasthofes Gutenbrunn 1 Ex. 5. IX. 1941.

Familie *Chrysididae*.

87. *Chrysis Leachei* Shuck.
   Windisch-Matrei (Dalla Torre und Kohl 1878).
   Fehlt in Nordtirol, ist in Südtirol weit verbreitet (Dalla Torre und Kohl 1878).
88. — *ignita* L.
   S. Gr.: Sonnige Hänge unterhalb der Fleißkehre der Glocknerstraße 1 Ex. 1 VII. 1937 (var. *compta* Först.).
   Auch in Guggenberg bei Windisch-Matrei in der var. *angustula* Krb gesammelt (Dalla Torre und Kohl 1878).
   Die Art dürfte im Gebiete auf warme, sonnige Lagen beschränkt sein und schmarotzt wie alle Chrysididen bei Erdbienen, Grabwespen usw. In den Ötztaler Alpen noch in 2200 *m* Höhe.
89. — *Ruddii* Stuck.
   Gl. Gr.: Grashänge beim Glocknerhaus über der Glocknerstraße in etwa 2200 *m* Höhe 1 Ex. 29. VII. 1937.
   Die Art steigt nach Frey-Gessner (1887) in der Schweiz bis 2000 *m* empor, das Vorkommen im Glocknergebiet dürfte zu den höchsten bisher beobachteten gehören.

Familie *Sapygidae*.

90. *Sapyga quinquepunctata* Fbr.
   Nach Kohl (1880) in Weißenstein bei Windisch-Matrei.
   Schmarotzt bei anderen Hymenopteren, so bei *Chalicodoma*, *Osmia* und *Eriades*.

Familie *Scoliidae*.

91. *Tiphia femorata* L.
   Nach Kohl (1880) in Grubenberg bei Windisch-Matrei; von Werner (1934) aus Amlach bei Lienz angegeben.
   Die Art dürfte auch im engeren Untersuchungsgebiet zu finden sein. Schmarotzer von *Rhizotrogus solstitialis*, der auch im oberen Mölltal nicht selten ist.

Familie *Mutilidae*.

92. *Mutilla europaea* L. var. *collaris* nov. (Hammer i. l.).
   S. Gr.: Stanziwurten, hochalpin 1 Ex. 2. VII. 1937; Große Fleiß, subalpin 2 Ex. 10. VII. 1937.
   Gl. Gr.: Kar zwischen Albitzen- und Wasserradkopf 1 Ex. 9. VIII. 1937; Albitzen-SW-Hang, unterhalb der Bratschen bei der Marienhöhe 2 Ex. 29. VII. 1938, 1 Ex. 17. VII. 1940; am Haritzerweg zwischen Glocknerhaus und Naturbrücke über die Möll 1 Ex. 18. VIII. 1937; Margaritze, oberes Plateau 1 Ex. 7. VII. 1937; am Weg von Kals ins Dorfer Tal 1 Ex. 18. VII. 1937; Moserboden, am Weg talabwärts wenig unterhalb des Hotels 1 Ex. 17. VII. 1939; Fuscher Tal, oberhalb Ferleiten 1 Ex. 21. VII. 1939.
   Gr. Gr.: Weißenstein bei Windisch-Matrei (Kohl 1880).
   Die Art schmarotzt bei *Bombus* (Hoffer 1888), sie scheint vorwiegend Gebirgslandschaften zu bewohnen.

Familie *Formicidae*.

93. *Myrmica (Neomyrma) rubida* (Latr.).
   Mölltal: Bei Flattach mehrere ☿ 18. VI. 1942.
   S. Gr.: Seidelwinkeltal, im mittleren Abschnitt 1 ☿ 17. VIII. 1937; Stanziwurten, hochalpin 1 geflügeltes ♀ 2. VII. 1937; am Möllufer bei Obervellach und Winklern (Gredler 1859).
   Gl. Gr.: Albitzen-SW-Hang, 1 ♀ ohne Flügel in zirka 2200 *m* Höhe 26. VII. 1939; Haritzerweg, mittlerer Teil 1 ♀ ohne Flügel 22. VII. 1937; am Weg von Kals ins Dorfer Tal 1 ♀ 18. VII. 1937; Fuscher Tal oberhalb Ferleiten, im feuchten Schutt unterhalb eines kleinen Wasserfalles mehrere ☿ 21. VII. 1939; Fuscher Tal oberhalb Ferleiten, 1 ♀ 23. VII. 1939; Ufer der Fuscher Ache oberhalb Ferleiten, mehrere ♀ 14. V. 1940.

Gr. Gr.: Dorfer Öd (Stubach) 1 ⚥ 25. VII. 1939; Windisch-Matrei, an der Straße ins Matreier Tauerntal nördlich Schloß Weißenstein in einem Ericetum 2 ⚥ 3. IX. 1941.

Die Art scheint im Gebiete, wie dies auch Forel (1915) für die Schweiz angibt, ihre Kolonien nicht über 1500 m Höhe vorzuschieben. Alle höheren Funde beziehen sich auf ♀, die in der Schwärmzeit so hoch emporgeflogen sind. Arbeiter findet man niemals über der Waldgrenze. Das häufige Vorkommen der Art bei Zermatt noch in 2400 m Höhe (vgl. Stitz 1939) entspricht keinesfalls der Regel. Die Nester dürften auch im Untersuchungsgebiet, ähnlich wie dies Forel (1915) aus der Schweiz angibt, mit Vorliebe an sandigen Fluß- und Bachufern angelegt werden.

94. *Myrmica (Myrmica) laevinodis* Nyl.

Mölltal: Bei Flattach zahlreich beobachtet 18. VI. 1942.

S. Gr.: Seidelwinkeltal, unterster Teil 1 ⚥ 17. VIII. 1937; am Weg vom Fleißgasthof nach Heiligenblut 5 ⚥; Mallnitz, im unteren Teil des Mallnitzer Tauerntales 4 ⚥ 5. IX. 1941.

Gl. Gr.: Moserboden, linker Talhang 1 ⚥ 16. VII. 1939; Fuscher Tal, Wiesen unterhalb der Vogerlalm 2 ⚥ 14. V. 1940, 1 ⚥ 14. VII. 1940; Grauerlenbestand im Käfertal 1 ⚥ und bei den obersten Bergahornen im oberen Teil des Käfertales 1 ⚥ 23. VII. 1939; Fuschertal, nächst dem Fuscher Rotmoos 1 ⚥ 23. VII. 1939; Fuscher Tal unterhalb Dorf Fusch, in der Grauerlenau entlang des Wachtbergbaches zahlreich 23. V. 1941.

Gr. Gr.: Schneiderau, im Fallaubgesiebe unter einem alten Bergahorn 1 ⚥ 25. VII. 1939; Windisch-Matrei, an der Straße ins Matreier Tauerntal vor der Proseckklamm 3. IX. 1941.

Pinzgau: Kunstwiese beim Taxingbauer in Haid bei Zell am See, 1 Nest mit zahlreichen ⚥ 13. VII. 1939 im Wiesenboden, gemeinsam mit typischen Stücken auch zahlreiche Übergänge zu var. *ruginodo-laevinodis* Forel.

Im Gebiete auf Wiesen, aber auch im Waldschatten von den tiefsten Tallagen bis in die Zwergstrauchstufe (Moserboden) emporsteigend, vorwiegend jedoch in tieferen Lagen, wie dies auch Forel (1915) für die Schweiz und Gredler (1858) für Tirol angeben.

95. — *(Myrmica) ruginodis* Nyl.

S. Gr.: Eingang in das Zirknitztal oberhalb Döllach, im lichten Lärchenwald 3 ⚥ 28. VIII. 1941; Mallnitzer Tauerntal und Woisken, mehrfach bis 1600 m Höhe 5. IX. 1941.

Gl. Gr.: Haritzerweg, unweit der Bricciuskapelle (1600 bis 1700 m) 1 ⚥ 22. VIII. 1937; Piffkaralm oberhalb der Glocknerstraße, in 1630 m Höhe zahlreiche ⚥ 15. V. 1940; Eingang in das Hirzbachtal 1 ⚥ 8. VII. 1941.

Gr. Gr.: Dorfer Öd, im Grünerlenfallaub oberhalb der Alm 2 ⚥ 25. VII. 1939.

Scheint wie die vorige Art im Gebiete vorwiegend tieferen Lagen anzugehören und weniger häufig zu sein. Nach Gredler (1859) auch bei Winklern und Kolbnitz im Mölltal.

96. — *(Myrmica) sulcinodis* Nyl.

Seidelwinkeltal, zwischen 1800 und 2000 m Höhe 1 ⚥ 17. VIII. 1937; Große Fleiß, unterhalb der Waldgrenze 1 ⚥ 10. VII. 1937; Kleine Fleiß, sonnige Wiesen oberhalb des Alten Pocher entlang des Weges zum Seebichel zahlreiche ⚥ 3. und 24. VII. 1937.

Gl. Gr.: Albitzen-SW-Hang, an zahlreichen Stellen bis etwa 2300 m empor Nester unter Steinen 20., 21. und 29. VII. 1938, 17. VII. 1940; Pasterzenvorfeld, unterhalb des Glocknerhauses zwischen Rührkübelbach und Möllschlucht in etwa 1950 m Höhe 4 ⚥ 5. VII. 1937; Haritzerweg, zwischen Glocknerhaus und Naturbrücke über die Möll mehrere ⚥ 7. VII. 1937; S-Hang der Margaritze, mehrere Nester 7. VII. 1937; unterer Teil des Dorfer Tales 2 ⚥ 17. VII. 1937; Käfertal (oberster Teil des Fuscher Tales), im Bereiche der obersten Bergahorne mehrere ⚥ 23. VII. 1939.

Die Art ist weit verbreitet, bewohnt aber in Mitteleuropa vorwiegend das Gebirge. In der Schweiz steigt sie bis 2600 m (Stitz 1939), in den Ötztaler Alpen (vgl. Gredler 1858) und im Untersuchungsgebiet bis 2300 m empor. Sie ist in den Hohen Tauern in alpinen Lagen die häufigste Art der Gattung; die hochalpine Zwergstrauchstufe überschreitet sie nicht.

97. — *(Myrmica) scabrinodis* Nyl.

S. Gr.: Hüttenwinkeltal, zwischen Bodenhaus und Grieswiesalm 2 ⚥ 15. V. 1940; Grieswiesalm, im *Nardus*-Rasen mehrere ⚥ 15. V. 1940.

Gl. Gr.: Fuscher Tal, oberhalb der Vogerlalm 2 ⚥ 14. V. 1940; Fuscher Rotmoos, im nassen Moosrasen allenthalben zahlreich 14. V. 1940.

Gr. Gr.: Dorfer Öd (Stubach), im Almboden in etwa 1300 m Höhe zahlreich 25. VII. 1939; Windisch-Matrei, in einem Ericetum carneae an der Straße ins Matreier Tauerntal nördlich Schloß Weißenstein 1 ⚥ 3. IX. 1941.

Diese nach Forel (1915) in der Schweiz bis 1400 m emporsteigende Art ist auch im Untersuchungsgebiet auf die tieferen Lagen beschränkt. Sie bewohnt trockene Wiesen, aber auch ganz nasses Moorgelände.

98. — *(Myrmica) lobicornis* Nyl.

Gl. Gr.: Albitzen-SW-Hang, oberhalb der Glocknerstraße unweit der Marienhöhe mehrere ⚥ 3. VIII. 1938; am Weg vom Glocknerhaus auf den Hohen Sattel 2 ⚥ 29. VII. 1937; im Ködnitztal an der Waldgrenze in etwa 2000 m Höhe im Fallaub ⚥ 14. VII. 1937; Piffkaralm, oberhalb der Glocknerstraße in 1630 m Höhe im Almboden mehrere ⚥ 15. VII. 1940; Fuscher Tal oberhalb Ferleiten, am Talboden 1 ⚥ 22. V. 1941.

Die Art ist in der Schweiz nach Forel (1915) in Höhen von 1400 bis 2200 m verbreitet, was den Beobachtungen im Untersuchungsgebiet weitgehend entspricht. Sie scheint sonnige, trockene Lagen zu bevorzugen.

99. *Leptothorax (Mychothorax) acervorum* (Fbr.).

S. Gr.: Hüttenwinkeltal, zwischen Bodenhaus und Grieswiesalm 1 ♀ 15. V. 1940.

Gl. Gr.: Guttal, auf den Wiesen oberhalb der Ankehre der Glocknerstraße in 2000 bis 2100 m Höhe 1 ⚥ 11. VII. 1941; Albitzen-SW-Hang, in 2200 bis 2400 m Höhe zahlreiche ⚥ 17. VII. 1940 und 21. VII. 1938; beim Glocknerhaus unterhalb der Straße 1 geflügeltes ♀ 25. VII. 1937; Freiwand-SO-Hang, am Weg von der Sturmalm zum Hohen Sattel in 2200 m Höhe ⚥ 29. VII. 1937; Sturmalm, wenig außerhalb der Fernaumoräne zahlreiche ⚥ auf einem Kalkphyllitriegel 25. VII. 1937; Freiwand, wenig oberhalb und südlich des Parkplatzes II der Glocknerstraße zahlreiche ⚥ 31. VII. 1938, hier in 2400 m an der oberen Grenze des Vorkommens der Art; Margaritzenplateau 2 ♀ und zahlreiche ☿ und S-Hang der Margaritze zahlreiche ☿ 7. VII. 1937; am Hang der Marxwiese gegen den Unteren Keesboden 1 ☿ 28. VII. 1938; Fuscher Tal, oberhalb Ferleiten zahlreiche Arbeiter 14. V. 1940 und 23. VII. 1939; am Weg vom Fuscher Tal zur Trauneralm 2 ☿ 21. VII. 1939; oberhalb der Glocknerstraße zwischen Piffkaralm und Hochmais in 1750 m Höhe unter Lärchenrinde 1 Nest 15. VII. 1940.

Gr. Gr.: N-Hang der Wiegenköpfe 1 ☿ 10. VII. 1939.

In der Schweiz von Forel (1915) bis in 2600 m Höhe beobachtet, überschreitet im Untersuchungsgebiet die Zwergstrauchstufe nur ganz unwesentlich (Freiwand in über 2350 m Höhe). Die Art baut ihre Nester oberhalb der Waldgrenze ausschließlich unter Steinen, in tieferen Lagen auch unter Baumrinde und im Holz.

100. *Leptothorax (Mychothorax) muscorum* (Nyl.).
S. Gr.: Eingang in das Zirknitztal oberhalb Döllach, an sonnigem S-Hang 1 ☿ 28. VIII. 1941.
Gr. Gr.: Windischmatrei, in einem Ericetum carneae an der Straße ins Matreier Tauerntal oberhalb Schloß Weißenstein 1 ☿ 3. IX. 1941.
Im Gebiete seltener als *L. acervorum*, steigt auch nicht so hoch ins Gebirge empor.

101. — *(Leptothorax) tuberum* (Fbr.) var. *nigriceps* Mayr.
S. Gr.: Sonnige Wiesen unterhalb der Fleißkehre der Glocknerstraße, zahlreiche ☿ 1. VII. 1937; am Weg von Heiligenblut zum Fleißgasthof 2 ☿ Juli 1937; Eingang in die Zirknitz, xerothermer Hang oberhalb Döllach 2 ☿ gekätschert 29. VIII. 1941.
Gl. Gr.: Steppenwiesen am Haritzerweg oberhalb Heiligenblut 2 ☿ 15. VII. 1940.
Gr. Gr.: Windisch-Matrei, Steppenwiese beim Lublas oberhalb der Proseckklamm 1 ☿ 3. IX. 1941.
Die Art ist mir im Gebiete nur an den wärmsten Punkten des oberen Isel- und Mölltales begegnet und dürfte auf die warmen Lagen der südseitigen Tauerntäler beschränkt sein. Sie ist auch bei Kals zu erwarten, von Gratschach im unteren Mölltal wird sie von Gredler (1859) angegeben.
Die Art steigt in der Schweiz nach Forel (1915) bis 1900 m empor, sie liebt Trockenheit und Sonne und meidet Kulturland (Stitz 1939).

102. — *(Leptothorax) affinis* Mayr.
Nach Gredler (1859) in Gratschach im unteren Mölltal.
Die seltene Art findet sich unter Baumrinden besonders von Nußbäumen und Eichen, auch in den Stengeln niederer Pflanzen und dürfte das engere Untersuchungsgebiet auch an dessen wärmsten Stellen nicht erreichen.

103. *Formicoxenus nitidulus* (Nyl.).
Nach Gredler (1859) bei Kolbnitz im unteren Mölltal.
Lebt bei *Formica pratensis* und *rufo-pratensis*, deren letztere im Untersuchungsgebiet in tieferen Lagen weit verbreitet ist. Die Art kann daher auch noch im engeren Untersuchungsgebiet gefunden werden; in der Schweiz geht sie nach Forel (1915) bis 1800 m, nach Stitz (1939) bis 2300 m Höhe.

104. *Tetramorium caespitum* (L.).
Mölltal: Zwischen Obervellach und Flattach mehrfach beobachtet 18. VI. 1942.
S. Gr.: Hüttenwinkeltal, zwischen Bodenhaus und Grieswiesalm zahlreiche ☿ 15. V. 1940; Sandkopf-SW-Hang, in der Zwergstrauchstufe zahlreiche ☿ 14. VIII. 1937.
Gl. Gr.: Fuscher Tal oberhalb Ferleiten, 1 Nest 14. V. 1940 und 1 ☿ 22. V. 1941.
Diese äußerst weit verbreitete und meist sehr häufige Ameise scheint im Untersuchungsgebiet nicht häufig zu sein und keineswegs überall vorzukommen. Am S-Hang des Sandkopfes findet sie sich noch in etwa 2200 m Höhe, in der Schweiz steigt sie nach Forel (1915) bis 1900 m, nach Stitz (1939) bis 2400 m empor.

105. *Dolichoderus (Hypoclinea) quadripunctata* (L.).
Nach Gredler (1859) in Kolbnitz und Obervellach im unteren Mölltal.
Diese mehr südliche Art legt ihre Nester in trockenen Ästen von Laub-, besonders Nußbäumen an und findet sich vereinzelt in der Schweiz, Tirol, Vorarlberg und auch in den östlichen Gauen der Ostmark. Es ist fraglich, ob sie das engere Untersuchungsgebiet noch erreicht.

106. *Tapinoma erraticum* (Ltr.).
Nach Gredler (1859) in Kolbnitz im unteren Mölltal.
Die wärmeliebende Art fehlt im engeren Untersuchungsgebiet sicher.

107. *Camponotus (Camponotus) ligniperda* (Latr.).
S. Gr.: Bei Gastein (Fritsch 1878); auch bei Gratschach und Stall im Mölltal (Gredler 1859).
Gl. Gr.: Im Käfertal (oberstes Fuscher Tal) bei den höchsten Bergahornen 1 ☿ 23. VII. 1939.
Gr. Gr.: Windisch-Matrei, an der Straße ins Matreier Tauerntal vor der Proseckklamm 2 ☿ 3. IX. 1941.
Legt die Nester in morschen Baumstämmen und -wurzeln, gelegentlich aber auch unter Steinen an. Überschreitet nach Forel (1915) in der Schweiz die Tannenregion nicht.

108. — *(Camponotus) herculeanus* (L.) var. *herculeano-ligniperda* Forel.
Gl. Gr.: Am Haritzerweg zwischen Glocknerhaus und Naturbrücke über die Möll 1 ☿ 18. VII. 1937; Käfertal (oberster Teil des Fuscher Tales), im Rhodoretum 1 ☿ 23. VII. 1939.
Diese Form scheint im Gebiete am höchsten von allen *Camponotus*-Arten emporzusteigen.

109. — *(Camponotus) herculeanus herculeanus* (L.).[1]
S. Gr.: Im Hüttenwinkeltal zwischen Bucheben und Bodenhaus 2 ☿ 15. VII. 1940; Seidelwinkeltal, mittlerer Teil 1 ☿ 17. VII. 1937; am Weg vom Kasereck gegen den Roßschartenkopf an der alten Römerstraße 2 ☿ 3. VIII. 1937; sonnige Wiesen unterhalb der Fleißkehre der Glocknerstraße 1 ☿ 1. VII. 1937; Lärchenwald oberhalb des Fleißgasthofes 2 ☿ 9. VII. 1937, hier auch in Lärchenstrünken zahlreiche Nester beobachtet; Mallnitz, am Weg vom Gasthof Gutenbrunn zur Hindenburghöhe in 1300 bis 1500 m Höhe 1 ☿ 5. IX. 1941; auch bei Obervellach und Kolbnitz im unteren Mölltal (Gredler 1859).

---

[1] An warmen Kalkhängen bei Oberdrauburg nördlich der Drau fand ich am Waldrand in sonniger Lage den thermophilen *Camponotus (Camponotus) vagus* Scop., der aber das engere Untersuchungsgebiet nirgends zu erreichen scheint.

Gl. Gr.: Kar zwischen Albitzen- und Wasserradkopf, in über 2400 m Höhe 1 ♀ 9. VIII. 1937; am Weg vom Glocknerhaus auf den Hohen Sattel 1 geflügelter ☿ 29. VII. 1937; Pasterzenvorfeld zwischen Glocknerstraße und Möllschlucht, innerhalb der Moräne des Jahres 1856 je 1 geflügelter ☿ am 5. und 25. VII. 1937; Haritzerweg, unweit der Naturbrücke über die Möll 1 ♀, 1 ☿ 18. VIII. 1937; Plateau der Margaritze 1 geflügeltes ♀ 7. VII. 1937; am Weg durch die Daberklamm und das untere Dorfer Tal 1 ☿ 15. VII. 1937; im obersten Teil des Dorfer Tales 1 geflügeltes und 1 ungeflügeltes ♀ 17. VII. 1937; am Haritzerweg oberhalb Heiligenblut zahlreich 15. VII. 1940; Fuscher Tal, auf den Wiesen zwischen Ferleiten und Vogeralm und weiter bis zu den höchsten Bergahornen im Käfertal zahlreich 19. bis 23. VII. 1939; oberhalb der Glocknerstraße zwischen Piffkaralm und Hochmais in 1750 m Höhe Nester in Lärchenstöcken 15. VII. 1940.

Gr. Gr.: N-Seite der Wiegenköpfe (Stubach) 1 ♀ 10. VII. 1939.

Schobergr.: Aufstieg von Heiligenblut ins Gößnitztal, im Wald 1 ♀ und 1 ☿ 9. VII. 1937.

Die Art ist ein Waldbewohner, der seine Nester fast immer in Baumstämmen anlegt. Im Untersuchungsgebiet steigt die Art unterhalb des Glocknerhauses bis zur Krummholzgrenze, d. i. bis etwa 1950 m empor. alle höher gefundenen Tiere sind ♀, die sich beim Schwärmen in solche Höhe verflogen haben und ohne Koloniengründung zugrunde gehen. Forel (1915) gibt für die Schweiz 800 bis 1800 m als Höhengrenzen an.

110. *Lasius (Dendrolasius) fuliginosus* (Latr.).
S. Gr.: Wiese oberhalb des Fleißgasthofes 1 ☿ 1. VII. 1937; beim Fleißgasthof zahlreich an faulenden Schwämmen, die als Insektenköder ausgelegt waren; Eingang in die Zirknitz, oberhalb Döllach am S-Hang im Lärchenwald mehrere ☿ 29. VIII. 1941.
Gl. Gr.: Am Haritzerweg oberhalb Heiligenblut an Stämmen von *Populus tremula* zahlreich beobachtet 15. VII. 1940.
Nach Gredler (1859) auch bei Gratschach im unteren Mölltal.
Die Art baut ihre Papiernester vorzüglich in hohlen Pappeln und Weiden, aber auch in Lärchen. Im Untersuchungsgebiet fand ich sie bisher nur im oberen Mölltal, sie wird aber auch in den anderen südlichen Tauerntälern und im Pinzgau nicht fehlen.

111. — *(Lasius) niger* (L.).
Nach Gredler (1859) bei Kolbnitz im unteren Mölltal. Die Art dürfte auch im engeren Untersuchungsgebiet noch zu finden sein.

112. — *(Lasius) alienus* (Först.).
S. Gr.: An einem sonnigen Hang am Eingang in die Zirknitz oberhalb Döllach zahlreich 29. VIII. 1941.
Nach Gredler (1859) auch bei Gratschach und Stall im Mölltal.
Mölltal: Zwischen Obervellach und Flattach mehrfach beobachtet 18. VI. 1942.
Gl. Gr.: Steppenwiesen am Haritzerweg oberhalb Heiligenblut, 6 ☿ im Graswurzelgesiebe 15. VII. 1940; Kreitherwand 1 ☿ 24. VII. 1938; Schuttkegel mit Trockenrasengesellschaft zwischen Ferleiten und Vogeralm, auf kleinen, trockenen Kuppen unter Steinen zahlreich 14. V. 1940.
Gr. Gr.: Windisch-Matrei, über der Proseckklamm an der Straße ins Matreier Tauerntal an sonnigem Felsen unter einem Stein ein Nest 3. IX. 1941.
Eine Wärme und Trockenheit liebende Art, die ihre Nester besonders an Stellen mit dürftiger Vegetation unter Steinen anlegt und im Untersuchungsgebiet für warme Lagen kennzeichnend ist. Sie gehört zu den Charakterarten der Steppenwiesen in den südlichen Tauerntälern, ist aber nicht ausschließlich auf diese beschränkt.

113. — *(Lasius) brunneus* (Latr.).
Gl. Gr.: Moserboden, am orographisch linken Talhang 1 ☿ 17. VII. 1939.
Diese weitverbreitete und im allgemeinen nicht sehr hoch emporsteigende Art scheint im Gebiete nicht häufig zu sein.

114. — *(Chthonolasius) flavus* (Fbr.).
Nach Gredler (1859) bei Kolbnitz im unteren Mölltal.
Die weitverbreitete Art, die in der Schweiz bis in die Tannenregion emporsteigt (Forel 1915), dürfte auch im engeren Untersuchungsgebiet noch zu finden sein.

115. — *(Chthonolasius) mixtus* Nyl.
S. Gr.: Mallnitzer Tauerntal, unweit des Gasthofes Gutenbrunn 6 ☿ 5. IX. 1941.

116. — *(Chthonolasius) umbratus* (Nyl.).
S. Gr.: An einem sonnigen S-Hang am Eingang in die Zirknitz oberhalb Döllach ein Nest unter einem Stein 29. VIII. 1941.
Gl. Gr.: Am Haritzerweg zwischen Glocknerhaus und Naturbrücke über die Möll 1 ☿ 18. VIII. 1937.
Nach Gredler (1859) in Kolbnitz, Stall und Winklern im Mölltal.
Die trockene Böden bevorzugende Art dürfte in tieferen Lagen im Gebiete eine weitere Verbreitung besitzen.

117. *Formica (Coptoformica) exsecta* Nyl.
S. Gr.: Im Hüttenwinkeltal zwischen Bodenhaus und Grieswiesalm 1 ☿ 15. V. 1940.
Gl. Gr.: Steppenwiesen am Haritzerweg oberhalb Heiligenblut 1 ☿ 15. VII. 1940; Albitzen-SW-Hang, oberhalb der Glocknerstraße zwischen Fallbach und Michelbach in der Zwergstrauchstufe bis gegen 2200 m Höhe zahlreiche Nesthaufen von zum Teil beträchtlicher Größe, hieraus an mehreren Stellen am 17. VII. 1940 und 8. VIII. 1937 einzelne ☿ gesammelt.
Diese Art scheint nächst *Formica fusca* L. am höchsten von allen *Formica*-Arten emporzusteigen. Sie wurde auch von Gredler (1859) in Südtirol an zahlreichen Stellen, so am O-Abhang des Schlern und im Monzonigebirge noch allenthalben an der obersten Holzgrenze festgestellt. Nach Forel (1915) ist sie in der Schweiz ziemlich selten und dort vorwiegend ein Bewohner der Wälder, in denen sie zuweilen riesige Kolonien mit bis zu 200 Nestern baut.

118. — *(Raptiformica) sanguinea sanguinea* Latr.
Gl. Gr.: Im oberen Fuscher Tal zwischen Ferleiten und Vogeralm 3 ☿ 14. V. 1940.
Die Art scheint im Untersuchungsgebiet die subalpine Stufe nirgends zu überschreiten; in der Schweiz steigt sie nach Forel (1915) bis 1700 m empor. Sie liebt Waldlichtungen und sonnige Hügel, meidet Kulturland, schattige Wälder und hohe Pflanzenbestände (Stitz 1939).

119. *Formica (Formica) rufa rufa* L.

S. Gr.: Kleine Fleiß, sonnige Wiesen oberhalb des Alten Pocher 1 ♀ 3. VII. 1937; Mallnitzer Tauerntal, beim Gasthof Gutenbrunn und am Wege von diesem zur Hindenburghöhe bis 1500 m Höhe 5. IX. 1941.
Gl. Gr.: Am Weg von Ferleiten auf die Walcher Hochalm bis etwa 1800 m Höhe zahlreich 9. VII. 1941; Fuscher-Tal oberhalb Ferleiten, an einer Fichte am Talboden unweit der Vogerlalm zahlreich 22. V. 1941; Eingang in das Hirzbachtal, mehrere ☿ 8. VII. 1941.
Gr. Gr.: Windisch-Matrei, an der Straße ins Matreier Tauerntal bei Schloß Weißenstein.
Nach Gredler (1859) auch bei Gratschach im Mölltal.
Im Untersuchungsgebiet in der oberen Waldzone wohl noch allgemein verbreitet, aber von mir zu wenig beachtet.

120. — *(Formica) rufa rufo-pratensis* Forel.

S. Gr.: Seidelwinkeltal, mittlerer Teil, zahlreich 17. VII. 1937; Lärchenwald oberhalb des Fleißgasthofes zahlreich 9. VII. 1937 und später; Mallnitzer Tauerntal, am Weg vom Gasthof Gutenbrunn zur Woisken in 1300 bis 1500 m Höhe 1 ☿ 5. IX. 1941.
Gl. Gr.: Gipperalm, Weideflächen unmittelbar unterhalb der Glocknerstraße mehrere ☿ 22. VIII. 1937; Steppenwiesen am Haritzerweg oberhalb Heiligenblut mehrere ☿ 15. VII. 1940; Pasterzenvorfeld unterhalb des Glocknerhauses 1 ♀ 29. VII. 1937; Haritzerweg zwischen Böser Platte und Naturbrücke über die Möll, an der oberen Grenze der Legföhrenbestände 1 ☿ 18. VIII. 1937 (etwa in dieser Höhe scheinen die obersten Nester zu liegen); Langer Trog im obersten Teil des Ködnitztales, 1 geflügeltes ♀ 14. VII. 1937; am Weg durch die Daberklamm und den unteren Teil des Dorfer Tales zahlreich bis über die Rumisoieben 15. VII. 1937; im Wald unterhalb der Traueralm mehrere ☿ 25. VII. 1939.
Gr. Gr.: Muntanitz-SO-Seite, in über 2200 m Höhe 1 geflügeltes ♀ 20. VII. 1937; Dorfer Öd, Grünerlengesiebe in 1300 m Höhe 2 ☿ 25. VII. 1939.
Schobergr.: Aufstieg von Heiligenblut ins Gößnitztal, im Fichtenwald zahlreich 9. VII. 1937.
Diese Form scheint im Gebiete die vorherrschende Rasse der *Formica rufa* zu sein. Sie scheint die Waldgrenze nicht zu überschreiten, bei den wenigen alpinen Funden handelt es sich stets um geflügelte ♀, die sich in höhere Lagen verflogen haben.

121. — *(Formica) rufa pratensis* De Geer.

Gl. Gr.: Am Haritzerweg in der Umgebung der Bricciuskapelle ☿ 22. VIII. 1937.
Nach Gredler (1859) auch am Danielsberg bei Kolbnitz.
Diese Form scheint im Untersuchungsgebiet verhältnismäßig selten zu sein, in der Schweiz ist sie nach Forel (1915) häufig und steigt dort bis 1900 m empor. Nach Stitz (1939) soll sie in den Alpen die Höhe von 2450 m erreichen, jedoch handelt es sich bei dieser Angabe wohl nur um verflogene Geschlechtstiere.

122. — *(Serviformica) fusca fusca* L.

Gl. Gr.: Pasterzenvorfeld, zwischen Glocknerstraße und Möll innerhalb der Moräne des Jahres 1856 in Moosrasen 4 ☿ 23. VIII. 1937; Ködnitztal, an der Waldgrenze in etwa 2000 m Höhe mehrere ☿ 14. VII. 1937; Teischnitztal, an der Waldgrenze mehrere ☿ 26. VII. 1938.
Nach Gredler (1859) auch bei Stall und Winklern im Mölltal.

123. — *(Serviformica) fusca fusco-gagates* Forel.

In den mittleren Hohen Tauern wohl die häufigste Ameise, tritt besonders in der alpinen Zwergstrauchstufe fast überall in großen Mengen auf; nistet dort stets unter Steinen. Ich gebe im folgenden nur eine Auswahl der Fundorte, die ich notiert habe oder von denen ich Material sammelte.
S. Gr.: Hüttenwinkeltal zwischen Bodenhaus und Grieswiesalm, auf den Almflächen, besonders auf kleinen Hügeln unter Steinen am 15. V. 1940 in etwa 1300 m Höhe schon zahlreiche tätige Kolonien; Kleine Fleiß, von der Pfeiffersäge aufwärts bis weit über dem Alten Pocher, besonders häufig auf den sonnigen Wiesen oberhalb des Pocher; in der Großen Fleiß und am Gjaidtrog-SW-Hang bis etwa 2200 m Höhe; an der sonnigen Lehne unterhalb der Fleißkehre der Glocknerstraße und weiter gegen Heiligenblut an Wegrändern unter Steinen; am Sandkopf-SW-Hang in der Zwergstrauchstufe; im unteren und mittleren Teil des Seidelwinkeltales, bei den Einöderwirthütten noch massenhaft, etwa bei 2200 m Höhe die obere Grenze ihrer Verbreitung erreichend; Eingang in die Zirknitz in 1100 m Höhe; Mallnitzer Tauerntal, beim Gasthof Gutenbrunn und am Weg von diesem in die Woisken bis 1600 m Höhe beobachtet, aber sicher noch erheblich höher emporsteigend.
Gl. Gr.: Guttalwiesen oberhalb der Ankehre der Glocknerstraße, dort allerdings nicht sehr hoch emporreichend; am SW-Hang des Wasserradkopfes bis 2400 m Höhe emporsteigend, gegen die Marienhöhe zu aber allmählich an Höhe verlierend, beim Glocknerhaus die Straße nach oben nicht mehr überschreitend. Auf der Sturmalm, im Bereiche des Pfandlschartenbaches, sinkt die obere Verbreitungsgrenze der Ameise bis auf etwa 2100 m Höhe ab, steigt dann am SO-Hang der Freiwand wieder hoch empor und erreicht beim Hotel Franz-Josefs-Höhe wieder über 2400 m. Von dort verläuft die obere Grenze des Vorkommens steil zum Pasterzenende; die Pasterzenfurche innerhalb des Parkplatzes III der Glocknerstraße ist weder von dieser noch einer anderen Ameise besiedelt. Im Pasterzenvorfeld ist *Formica fusco-gagates* auch innerhalb der Moräne des Jahres 1856 allenthalben häufig, ebenso auf der Margaritze und an den bewaldeten Hängen zwischen dieser und der Tröglalm gegen die Möllschlucht. Sie fehlt aber auf der Höhe der Marxwiese, auf dem Unteren Keesboden und darüber an den Hängen gegen den Oberen Keesboden und gegen die Leiterköpfe. Nur an einer Stelle im Steilhang gegen den Oberen Keesboden, in südexponierter, geschützter Muldenlage habe ich ein paar Nester gefunden. An den S-Lehnen der Leiterköpfe erreicht die obere Ameisengrenze den Wienerweg zwischen Stockerscharte und neuer Salmhütte nur an seiner tiefsten Stelle westlich der Stockerscharte, auf dieser selbst finden sich keine Ameisen, in den tieferen Teilen des Leitertales ist *Formica fusco-gagates* überaus häufig. Im Teischnitztal steigt die Ameise etwa 100 m über die obere Legföhrengrenze; im Dorfer Tal bis etwas oberhalb des Kalser Tauernhauses, beim Dorfer See fand ich keine Ameisen mehr. In den nördlichen Tälern traf ich die Form allenthalben. Im Kapruner Tal steigt sie bis über den Moserboden empor, am Weg von diesem zur Schwaigerhütte traf ich sie noch in 2250 m Höhe. Auch im Fuscher Tal ist sie allgemein verbreitet; die höchsten mir bekannten Standorte liegen dort an der Glocknerstraße auf der Edelweißwand unterhalb des Fuscher Törls in etwa 2300 m, am S-Hang der Walcher Hochalm in etwa 2300 m und am Weg von der Traueralm zur Pfandlscharte knapp oberhalb des Oberen Pfandlbodens in 1950 m Höhe.

Gr. Gr.: Bei Windisch-Matrei in der Umgebung der Proseckklamm im Waldgebiet allenthalben.

Die obere Verbreitungsgrenze von *Formica fusca-fusco-gagates* stimmt an den S-Hängen der mittleren Hohen Tauern mit der oberen Grenze des Vorkommens von *Anechura bipunctata* weitgehend überein. An den sonnigen Hängen steigt *Anechura bipunctata* allerdings mit Ausnahme der Freiwand, wo ich die Ameisen in größerer Höhe antraf, über die obere *Formica*-Grenze empor. Auf der N-Seite der Tauern fehlt der heliophile Ohrwurm, die Ameisen sind dagegen auch hier überall zu finden, wenn sie auch nicht solche Höhen erreichen, wie an den wärmeren S-Hängen.

Ich vermute, daß die die Alpen bis in die Zwergstrauchzone zahlreich bevölkernde Form der *Formica fusca* weder der *Formica fusca* der Ebene noch auch den Forel bei der Beschreibung der *Formica fusco-gagates* vorgelegenen Stücken aus der Südschweiz voll entspricht. Es ist eine dunklere Alpenform, die mit *F. fusca* f. typ. sensu Forel identisch sein dürfte. Dr. K. Gößwald schreibt mir über die ihm vorgelegten Tiere folgendes: „Die mir bekannten *fusca* sind in der Regel nicht so schön schwarz gefärbt. Der vielfach als Trennungsmerkmal zwischen *F. fusca* und *F. gagates* verwendete Epinotumswinkel variiert sehr, auch das Stirnfeld ist nicht immer eindeutig glänzend oder matt." Er bezeichnete darum diese Bergrasse als Zwischenform zwischen *Formica gagates* und *fusca* mit dem Namen *fusco-gagates*, weil sie der so benannten Forelschen Form noch am ehesten entsprechen dürfte. Von meinen am Alpenostrand südlich von Wien gesammelten *Formica gagates* unterscheiden sich die in den mittleren Hohen Tauern gefundenen Tiere auf den ersten Blick durch stärkere Skulptierung und damit zusammenhängenden geringeren Glanz von Kopf und Pronotum.

Wie schon erwähnt, bezieht sich Forels Angabe, daß *F. fusca* in der Schweiz sehr häufig sei und bis 2600 *m* Höhe vorkomme, wahrscheinlich auf die gleiche Form. Auch das Vorkommen von *Formica fusca* am Gornergrat (Gams 1927), das auch bei Einrechnung der besonders günstigen Klimaverhältnisse in diesem Teile der Alpen als weit über der normalen Ameisengrenze gelegen bezeichnet werden muß, betrifft jedenfalls diese alpine Rasse.

124. *Formica (Serviformica) fusca glebaria* Nyl.
S. Gr.: Mallnitzer Tauerntal, zwischen Mallnitz und dem Gasthof Gutenbrunn an einem sonnigen Waldrand 2 ♀ 5. IX. 1941.
Eine Charakterform sonnigen, trockenen Geländes.

125. — *(Serviformica) rufibarbis fusco-rufibarbis* Forel.
S. Gr.: Eingang in die Zirknitz, am S-Hang oberhalb Döllach 1 ♀ 29. VIII. 1941.
Gl. Gr.: Oberes Fuscher Tal, im Fuscher Rotmoos 2 ♀ 23. VII. 1939.

126. — *(Serviformica) cinerea cinerea* Mayr.
Gl. Gr.: Ufer der Fuscher Ache oberhalb Ferleiten, nicht selten auf den sandigen Bachaufschüttungen um die dort wachsenden Vegetationspolster von *Saxifraga aizoides* 18. VII. 1940.
Diese Art scheint mit besonderer Vorliebe an sandigen Fluß- und Bachufern zu leben und diesen flußaufwärts zu folgen (vgl. Gredler 1858 und Stitz 1939).

Familie *Ichneumonidae*.

127. *Ichneumon eremitatorius* Zett.
Gl. Gr.: Schwertkar in der Nähe der neuen Salmhütte, in etwa 2600 *m* Höhe 1 ♀ 13. VII. 1937.
Die Art ist weit verbreitet.

128. — *gravipes* Wesm. (var. ?).
Gl. Gr.: Albitzen-SW-Hang, unterhalb der Kalkphyllitbratschen in 2200 bis 2500 *m* Höhe 1 ♂ 26. VII. 1939.
Die Art ist wahrscheinlich boreoalpin verbreitet, sie wird aus Lappland, Nordschweden, Nordsibirien und Tirol angegeben, die Varietät findet sich auch im Schwarzwald.

129. — *laevis* Kb.
Gl. Gr.: Albitzen-SW-Hang, Kalkphyllitrücken in 2200 *m* Höhe unweit südlich der Marienhöhe, im Festucetum durae 1 ♂ 2. VIII. 1938.
Schobergr.: Am Weg vom Berger- zum Peischlachtörl 1 ♀ 11. VIII. 1937.
Die Art ist bisher nur aus den Hochalpen (Bernina, Großglockner) bekannt.

130. — *macrocerophorus* D. T.
Gl. Gr.: Im untersten Teil des Dorfer Tales 1 ♀ auf den Talwiesen 18. VII. 1937.
Die Art wird aus Schweden, Finnland und Kroatien angegeben.

131. — *ruficollis* Holmgr.
S. Gr.: Am Weg aus der Großen Fleiß zur Weißenbachscharte auf den Wiesen am Hang 1 ♂ Juli 1937.
Die Art ist aus dem südlichen Lappland und Holstein bekannt.

132. — *terminatorius* Grav.
S. Gr.: Am Weg vom Fleißgasthof nach Heiligenblut 1 ♂ Juli 1937.
Die Art ist über ganz Europa verbreitet.

133. — *quaesitorius* L.
Gl. Gr.: Aus einer im Pasterzengebiet gesammelten Puppe von *Melithaea cynthia* gezogen (Staudinger 1856).

134. — *vicarius* Wesm. (Bestimmung nicht ganz sicher).
Gl. Gr.: Auf der Pasterze angeflogen 16. VII. 1940.
Die Art wird aus der Rheinprovinz und von Hamburg angegeben.

135. — *vulneratorius* Zett.
Gl. Gr.: An den Grashängen zwischen Glocknerhaus und Albitzen-N-Absturz 1 ♀ 18. VIII. 1937.
Die Art ist sehr weit verbreitet.

136. — *ridibundus* Holmgr. (nec. Grav., sec. Kb.).
Nach Dalla Torre (1882) auf dem Hintereckerkogel bei Windisch-Matrei und wohl auch noch im engeren Untersuchungsgebiet.

137. *Ichneumon proletarius* Wesm.
    Nach Dalla Torre (1882) bei Windisch-Matrei 1 ♀; wurde von Holmgren bestimmt.
138. *Amblyteles conspurcatus* Grav.
    S. Gr.: Gjaidtrog-SW-Hang, auf den Rasenhängen 1 ♂ 18. VII. 1936.
    Die Art ist in Mitteleuropa weiter verbreitet.
139. — *Isenschmidi* Kb.
    Gl. Gr.: Am Stüdlweg zwischen Bergertörl und Mödlspitze in etwa 2500 m Höhe 1 ♂ 11. VIII. 1937.
    Die Art ist aus der Schweiz bekannt.
140. — *uniguttatus* Grav. (var. ?).
    S. Gr.: Gjaidtrog-SW-Hang, in der Polsterpflanzenstufe unweit unterhalb des Gipfels 1 ♀ 18. VII. 1938.
    In ganz Mittel- und Südeuropa verbreitet. Scheint im Norden zu fehlen.
141. *Alomyia debellator* Fbr.
    Gl. Gr.: Im untersten Teil des Dorfer Tales 1 ♀ 9. VII. 1937.
    Schobergr.: Am Weg von Heiligenblut ins Gößnitztal 1 ♀ 9. VII. 1937.
    Über fast ganz Europa verbreitet.
142. *Proscus cephalotes* Wesm.
    Gl. Gr.: Pasterzenvorfeld unterhalb der Sturmalm 1 ♀ 29. VII. 1937.
    Die Art ist anscheinend weit verbreitet.
143. *Phaeogenes acicularis* Berth.
    Gr. Gr.: Im Kar südöstlich der Muntanitzschneid 1 ♀ 20. VII. 1937.
    Die Art ist anscheinend bisher nur aus der Schweiz bekannt.
144. *Cryptus murorum* Tschek.
    Gl. Gr.: Steilhang des Hohen Sattels gegen die Pasterze, im Moränengelände im Bereich des Paschingerweges 1 ♀ 28. VII. 1937.
    Die Art ist in Mitteleuropa weiter verbreitet, jedoch anscheinend sehr selten.
145. — *fulvipes* Magr.
    S. Gr.: Stanziwurten-SW-Hang, in 2200 m Höhe 1 ♀ 2. VII. 1937.
    Die Art wird aus Deutschland und Italien angegeben.
146. *Idiolispa analis* Grav.
    Gl. Gr.: Pasterzenvorfeld zwischen Glocknerstraße und Möllschlucht, innerhalb der Moräne des Jahres 1856 1 ♀ 6. VII. 1937.
    Die Art ist nahezu über ganz Europa verbreitet.
147. *Goniocryptus pictus* Thoms.
    Gl. Gr.: Oberstes Leitertal, am Hang unterhalb der neuen Salmhütte gegen den Leiterbach 1 ♀ 12. VII. 1937.
    Die Art scheint bisher nur aus Schweden bekannt zu sein.
148. *Plectocryptus flavopunctatus* Bridg. (var. ?).
    S. Gr.: In der Fleiß, am Ufer des Fleißbaches unweit des Gasthofes 1. VII. 1937.
149. *Microcryptus* spec.
    Gl. Gr.: Guttal, oberhalb der Ankehre der Glocknerstraße aus Moos unter *Salix hastata* gesiebt 1 ♀ 15. VII. 1940.
150. *Phygadeuon leucostigmus* Grav.
    Gl. Gr.: Fuscher Tal oberhalb Ferleiten, in der Umgebung eines kleinen Wasserfalles am linken Hang 1 ♂ 21. VII. 1939; Käfertal, im Talschluß unweit des großen Wasserfalles 1 ♀ 23. VII. 1939.
    Die Art ist über Nord- und Mitteleuropa verbreitet.
151. *Hemiteles flavocinctus* Strobl (var. ?).
    Gl. Gr.: Am Ufer der Fuscher Ache oberhalb Ferleiten 1 ♂ 19. VII. 1939.
152. — spec.
    Gl. Gr.: Albitzen-SW-Hang, zwischen 2200 und 2400 m Höhe 2 ♂ 17. VII. 1939.
153. *Pezomachus Försteri* Brdg.
    Gl. Gr.: Am Weg von der Stüdlhütte nach Kals im Teischnitztal hochalpin 1 ♀ 26. VII. 1938.
    Die Art scheint bisher nur aus England bekannt gewesen zu sein.
154. — *grandiceps* Thoms.
    Gl. Gr.: Pasterzenvorfeld, zwischen Glocknerstraße und Möllschlucht 1 ♂ 8. VIII. 1937 und 1 ♀ 3. VIII. 1938, beide innerhalb der Moräne des Jahres 1856 gesammelt; Margaritze-S-Hang, aus Fallaub unter *Rhododendron* und *Salix hastata* gesiebt 1 ♂ 18. VIII. 1937.
    Die Art wird nur aus Schweden angegeben.
155. — *instabilis* Först.
    Gl. Gr.: Hochfläche der Margaritze 1 ♀ 7. VII. 1937.
    Die Art ist weit verbreitet.
156. — *nigritus* Först.
    Pinzgau: Taxingbauer in Haid bei Zell am See, auf einer Kunstwiese 1 ♀ 13. VII. 1939.
    Die Art wird aus Deutschland und Schweden angegeben.
157. — *pumilus* Först.
    Gl. Gr.: Am Luisengrat oberhalb der Fanatscharte in 3100 m Höhe, in fast vegetationslosem Gelände gesammelt 1 ♀ 25. VII. 1938.
    Die Art scheint weit verbreitet zu sein, sie findet sich auch im hohen Norden von Europa und Asien.
158. — *spurius* Först.
    Gl. Gr.: Zwischen Gamsgrube und Wasserfallwinkel, am Ende des Promenadeweges 1 ♀ 6. VII. 1937.
    Die Art scheint in Mitteleuropa weiter verbreitet zu sein.

159. *Pezomachus terebrator* Ratzb. (Bestimmung nicht ganz sicher).
Gl. Gr.: Piffkaralm oberhalb der Glocknerstraße in 1630 m Höhe, 1 ♀ im Almrasen 15. VII. 1940.
Die Art wird aus Deutschland und Schweden angeführt.

160. — spec.
Gl. Gr.: Am Ufer der Fuscher Ache oberhalb Ferleiten 1 ♀ 18. VII. 1940.

161. *Mesostenus transfuga* Grav.
S. Gr.: Im Hüttenwinkeltal zwischen Bucheben und Bodenhaus 1 ♂ 15. V. 1940.
Die Art ist über ganz Europa verbreitet.

162. *Exolytus laevigatus* Grav.
Gl. Gr.: Trögeralm 1 ♂ 17. VII. 1941 (leg. Lindner, det. Fahringer).
Kleiner als die Stammform, Färbung etwas dunkler, 2. Tergit, die äußere Basis ausgenommen und das 3. an der Basis rot, sonst schwarz, Länge 5 mm (Fahringer i. l.).

163. — spec.
S. Gr.: Auf der Grieswiesalm im Hüttenwinkeltal 1 ♂ 15. V. 1940.

164. *Pimpla nigrohirsuta* Strobl (var. ?).
Gl. Gr.: Pasterzenvorfeld zwischen Sturmalm und Möllschlucht, innerhalb der Moräne des Jahres 1856 1 ♀ 25. VII. 1937.
Die Art ist aus den Gesäusebergen und Rottenmanner Tauern in Steiermark und vom Stilfser Joch bekannt; sie lebt auf Alpenwiesen.

165. *Glypta femorata* Desv.
Gl. Gr.: Pasterzenvorfeld zwischen Glocknerstraße und Möll 1 ♂ 5. VII. 1937.
Die Art scheint bisher nur aus England bekannt gewesen zu sein.

166. — *ceratites* Grav.
Gl. Gr.: „Großglockner" (Strobl 1901—03).
Die Art ist über Nord- und Mitteleuropa verbreitet.

167. — *vulnerator* Grav.
Gl. Gr.: Bei Kals (Strobl 1901—03).
Die Art scheint weit verbreitet zu sein, sie steigt in der Gegend von Admont und im Gesäuse in Obersteiermark bis 1600 m Höhe empor.

168. *Lampronota melancholica* Grav.
Gl. Gr.: Albitzen-SW-Hang, unterhalb der Alm in etwa 2300 bis 2400 m Höhe 1 Ex. 9. VIII. 1937; am Weg von der Pasterze zur Stockerscharte 1 Ex. 10. VIII. 1937.
Schobergr.: Am Weg vom Peischlachtörl ins Leitertal 1 Ex. 11. VIII. 1937.
Die Art ist über ganz Europa verbreitet.

169. *Phytodictus obscurus* Desv.
Gl. Gr.: Auf der Pasterze, unterhalb des Mittleren Burgstalls angeflogen 3 ♀ 16. VII. 1940.
Die Art scheint bisher nur aus England und Schweden bekannt gewesen zu sein.

170. *Meniscus murinus* Grav.
Gl. Gr.: Fuscher Tal oberhalb Ferleiten 1 ♂ 14. V. 1940.
Die Art ist über ganz Europa verbreitet.

171. *Lissonota commixta* Holmgr.
Gl. Gr.: Steppenwiesen am Haritzerweg oberhalb Heiligenblut 1 ♀ 15. VII. 1940; Guttal, auf den Wiesen oberhalb der Ankehre der Glocknerstraße 1 ♀ 15. VII. 1940.
Die Art scheint in den Alpen weit verbreitet zu sein. Strobl (1901—03) gibt sie von den Krummholzwiesen des Kalbling bei Admont und von Piesting in Niederdonau an.

172. *Mesochorus jugicola* Strobl.
Gl. Gr.: „Hochalpenwiesen des Großglockner" (Strobl 1901—03) 2 ♀ 15. VIII.
Die Art findet sich auch auf dem Natterriegel in den Haller Mauern bei Admont auf Hochalpenwiesen (Strobl 1901—03).

173. *Mesoleius perspicuus* Holmgr.
Gl. Gr.: Auf dem Heiligenbluter Tauern (Hochtor) 1 ♂ 3. VIII. (Strobl 1901—03).
Die Art findet sich auch auf dem Scheiblingstein in den Haller Mauern bei Admont auf Hochalpenwiesen (Strobl 1901—03).

174. *Banchus falcator* Fbr.
Gl. Gr.: Heiligenbluter Tauern (Hochtor) (Strobl 1901—03).
Die Art scheint weit verbreitet zu sein, sie wird von Strobl auch aus den Alpen Steiermarks, aus der Gegend von Innsbruck und aus dem Ternovaner Wald bei Görz angegeben und steigt nach seinen Beobachtungen bis 1800 m Höhe empor.

175. *Agrypon flaveolatum* Grav.
S. Gr.: Am Fleißbachufer beim Fleißgasthof 1 ♀ 1. VII. 1937.
Die Art ist weit verbreitet.

176. *Campoplex zonellus* Först.
S. Gr.: Am Weg vom Fleißgasthof nach Heiligenblut 1 ♀ 9. VII. 1937.
Die Art ist über Nord- und Mitteleuropa verbreitet.

177. *Sagiritis punctata* Bridgm.
Gl. Gr.: Albitzen-SW-Hang, in 2200 bis 2300 m Höhe 1 ♀ 17. VII. 1940.
Die Art scheint bisher nur aus England bekannt gewesen zu sein.

178. *Cratophion angustipennis* Holmgr.
Gl. Gr.: Fuscher Tal oberhalb Ferleiten 1 ♂ 14. IX. 1940.
Die Art scheint in Nord- und Mitteleuropa weiter verbreitet zu sein.

179. *Leptopygus harpurus* Schrk.
   Gl. Gr.: Auf der Hochfläche der Margaritze und am S-Fuß des Elisabethfelsens je 1 ♀ 7. VII. 1937.
   Die Art ist über ganz Europa verbreitet.
180. *Thesilochus* spec.
   Gl. Gr.: Im Fuscher Tal oberhalb Ferleiten 1 ♂ 14. V. 1940.
181. *Cosmoconus ceratophorus* Thoms.
   Gl. Gr.: Auf der Senfteben an der Glocknerstraße zwischen Guttal und Pallik 1 ♀ 15. VII. 1940.
   Die Art wird aus Schweden, Belgien und Deutschland angegeben.
182. *Hadrodactylus fugax* Grav.
   Gl. Gr.: Albitzen-SW-Hang, unterhalb der Alm in etwa 2300 bis 2400 m Höhe 1 ♀ 9. VIII. 1937; Heiligenblut (Märkel und v. Kiesenwetter 1848).
   Die Art scheint weit verbreitet zu sein, sie wurde von Strobl (1901—03) auch auf dem Rothkofel bei Turrach auf Alpenwiesen gesammelt.
183. *Barytarbes adpropinquator* Grav.
   Gl. Gr.: Fuscher Tal oberhalb Ferleiten, am Ufer der Fuscher Ache 1 ♂ 18. VII. 1940.
   Die Art scheint in Nord- und Mitteleuropa weit verbreitet zu sein.
184. *Homocidus (Homotropus) punctiventris* Thoms.
   Gl. Gr.: Auf der Pasterze unterhalb des Mittleren Burgstalls angeflogen 1 ♀ 16. VII. 1940.
   Die Art wird aus England, Dänemark und Deutschland angegeben.

Familie *Braconidae*.

185. *Habrobracon instabilis* Wesm.
   Gl. Gr.: Am Steilabfall der Marxwiese gegen den Unteren Keesboden 1 ♀ 23. VII. 1938; Kleiner Burgstall, in etwa 2650 m Höhe 1 ♀ 22. VII. 1938.
   Die Art scheint bisher nur aus England bekannt gewesen zu sein.
186. *Rogas bicolor* Spin. var. *ater* Curt.
   S. Gr.: Große Fleiß, subalpin 1 ♂ Juli 1937.
   Die Art ist in Europa weit verbreitet.
187. — *borealis* Thoms.
   Gl. Gr.: Schwerteck-S-Hang, im Seslerietum in etwa 2750 m Höhe 1 ♂ 12. VII. 1937.
   Die Art scheint bisher nur aus Nordeuropa bekannt gewesen zu sein, sie ist vielleicht boreoalpin verbreitet.
188. *Chelonus humilis* Thoms.
   S. Gr.: Am Weg von der Fleißkehre der Glocknerstraße zum Eingang in die Große Fleiß 1 ♀ 18. VII. 1938.
   Die Art scheint in Nord- und Mitteleuropa weiter verbreitet zu sein.
189. *Apanteles corvinus* Reinh.
   S. Gr.: Stanziwurten, hochalpin in 2300 m Höhe 1 ♂ 2. VII. 1937.
   Gl. Gr.: Pasterzenvorfeld, zwischen Glocknerstraße und Möllschlucht aus Wurzeln gesiebt 1 ♂ 29. VII. 1937; auf dem Rasenfleck im Wasserfallwinkel 1 ♀ 27. VII. 1937; Hochfläche des Mittleren Burgstalls 1 ♂ 28. VII. 1938.
   Die Art scheint in Mitteleuropa weiter verbreitet zu sein.
190. — *impurus* Nees.
   S. Gr.: Am Weg vom Fleißgasthof nach Heiligenblut 1 ♂ Juli 1937.
   Die Art ist sehr weit verbreitet.
191. — *pallidipes* Reinh.
   Gl. Gr.: Daberklamm bei Kals 1 ♂ 15. VII. 1937.
   Die Art ist gleichfalls sehr weit verbreitet.
192. — spec.
   Gl. Gr.: Am Weg von der Rudolfshütte zum Tauernmoossee 1 Ex. 16. VII. 1937.
193. *Agathis nigra* Nees.
   Gl. Gr.: Gamsgrube 2 ♂, 1 ♀ 6. VII. 1937; Stüdlweg zwischen Bergertörl und Mödlspitze 1 ♂ 11. VIII. 1937.
   Die Art ist in Europa weit verbreitet.
194. *Meteorus rufulus* Thoms.
   Gl. Gr.: Hochfläche des Mittleren Burgstalls 1 ♀ 28. VII. 1938.
   Die Art scheint bisher nur aus Schweden bekannt gewesen zu sein.
195. *Blacus ruficornis* Nees.
   Gl. Gr.: Käfertal, im Fallaub unter *Alnus incana* 1 ♂ 23. VII. 1939.
   Die Art ist in Europa weit verbreitet.
196. *Ichneutes reunitor* Nees.
   Gl. Gr.: Gamsgrube 2 ♂ 6. VII. 1937.
   Die Art ist von der Arktis bis Südeuropa verbreitet
197. *Biosteres longicauda* Thoms.
   S. Gr.: Sonnige Wiesen und Wege unterhalb der Fleißkehre der Glocknerstraße 1 ♀ 1. VII. 1937.
   Die Art scheint bisher nur aus Schweden bekannt gewesen zu sein.
198. *Alysia fuscipennis* Hal.
   Gl. Gr.: Am Grashang unmittelbar unterhalb des Glocknerhauses 1 ♂ 25. VII. 1937.
   Die Art wird aus Deutschland, Frankreich, England und Irland angegeben.
199. — *lucicola* Hal.
   S. Gr.: Am Weg vom Fleißgasthof nach Heiligenblut im Juli 1937.
   Die Art wird aus England und Irland angegeben.

200. *Alysia rufidens* Nees.
S. Gr.: Beim Fleißgasthof, auf einer Wiese an Pilzen 3. VIII. 1937; am Weg vom Fleißgasthof nach Heiligenblut 3 ♀ Juli 1937.
Auch diese Art scheint bisher nur aus England und Irland bekannt gewesen zu sein.

201. — *tipulae* Scop.
S. Gr.: Beim Fleißgasthof auf einer Wiese an Pilzen 1 ♀ 3. VIII. 1937.
Die Art ist in Europa weit verbreitet.

202. — *truncator* Nees.
Gl. Gr.: Am Grashang unmittelbar unterhalb des Glocknerhauses 1 ♂ 25. VII. 1937.
Die Art wird aus Deutschland, Frankreich und England angegeben.

203. *Phaenocarpa conspurcata* Hal.
Gl. Gr.: Im Teischnitztal, am Weg von der Stüdlhütte nach Kals in der Höhe der Krummholzgrenze 1 Ex. 26. VII. 1938.
Die Art scheint über den größten Teil von Europa verbreitet zu sein.

204. *Anisocyrta perdita* Hal.
S. Gr.: Am Weg vom Fleißgasthof nach Heiligenblut 1 ♀ Juli 1937.
Die Art wird von den Hebriden und Norwegen angegeben, sie ist vielleicht boreoalpin verbreitet.

205. *Dacnusa lateralis* Hal.
S. Gr.: Beim Fleißgasthof, auf einer Wiese an Pilzen 1 ♂ 3. VIII. 1937.
Die Art wird aus England, Irland und Finnland angegeben.

Familie *Cynipidae*.

206. *Aspicera Hartigi* Dalla Torre.
Gl. Gr.: Am Grashang unmittelbar unterhalb des Glocknerhauses 1 ♀ 25. VII. 1937.
Die Art scheint bisher nur aus Steiermark bekannt gewesen zu sein.

207. *Hypolethria melanoptera* Htg.
S. Gr.: Am alten Römerweg zwischen Kasereck und Roßschartenkopf 1 ♀ 3. VIII. 1937.
Gl. Gr.: Gamsgrube, in der *Caeculus echinipes*-Gesellschaft 1 ♂ 30. VII. 1938.
Die Art wird aus den Alpen Steiermarks und Tirols angegeben.

208. *Anacharis rufiventris* H.
S. Gr.: Bei Gastein (Giraud 1860).
Die Art ist aus dem ehemaligen Österreich und aus Deutschland bekannt.

209. *Melanips granulatus* H.
S. Gr.: In den Bergen von Gastein (Giraud 1860).
Aus Schweden und dem ehemaligen Österreich angegeben.

Familie *Chalcididae*.

210. *Eurytoma* spec.
S. Gr.: Auf der Grieswiesalm im Hüttenwinkeltal, im *Nardus*-Rasen 1 ♂ 15. V. 1940.

211. *Isosoma longicolle* Hed.
Gl. Gr.: Fuscher Tal oberhalb Ferleiten 1 ♂ 14. VIII. 1940.

212. *Eutelus* spec.
Gl. Gr.: Käfertal, im Moos am Stamme eines alten Bergahorns 1 ♀ 23. VII. 1939.

213. *Megaspilus* spec.
Gl. Gr.: Schneiderau, aus Fallaub und Moos am Fuß eines alten Bergahorns unweit des Gasthofes gesiebt 1 ♀ 25. VII. 1939.

214. *Megachisis* nov. spec. (?).
Gl. Gr.: Im Pasterzenvorfeld südlich der Margaritze aus Moosrasen unter *Salix hastata* und *Vaccinium uliginosum* gesiebt 7 ♂, 5 ♀ 17. VII. 1940.

215. *Spilomicrus hemipterus* Marsh.
Gl. Gr.: Fuscher Rotmoos, im nassen Moosrasen 1 ♀ 14. V. 1940.
Die Art scheint bisher nur aus England und Schottland bekannt gewesen zu sein.

Familie *Tenthredinidae*.

216. *Tenthredella mesomelas* L. ab. *mioceras* Ensl. und ab. *obsoleta* Kl.
Gl. Gr.: Senfteben 1950 m 15. VII. 1941 ♂ ♀; Guttal, auf den Wiesen oberhalb der Ankehre der Glocknerstraße 1 ♂, 3 ♀ der ab. *mioceras* und 2 ♂ der ab. *obsoleta* Kl. 15. VII. 1940; ♂ ♀ der ab. *mioceras* 15. VII. 1941; Walcher Hochalm 1800—2000 m, auf niederen Weiden ♂ ♀ 9. VII. 1941; Wiesen oberhalb Ferleiten im Fuscher Tal 21. VII. 1939 und 14. VII. 1940.
Gr. Gr.: Am Weg von der Schneiderau in die Dorfer Öd, im Bereiche der Hochstaudenflur entlang des Baches 1 ♂ 25. VII. 1939.
Weit verbreitete Art, deren Larve polyphag ist.

217. — *atra* L. (= *Tenthredo rejecta* D. T.)
Gl. Gr.: Guttal, Wiesen oberhalb der Ankehre der Glocknerstraße 1 ♂ 15. VII. 1940; Piffkaralm, in 1630 m Höhe an der Glocknerstraße (var. *Scopolii* Lep.) 15. VII. 1940; Senfteben 1 ♀ Juli 1941 (var. *nobilis* Konow).
Dalla Torre (1882) beschrieb seine *T. rejecta* vom Osthang der Venedigergruppe, wo er sie am Kesselkopf bei Windisch-Matrei in 2600 m Höhe sammelte.
Die Art ist weit verbreitet, die Larve polyphag.

218. *Tenthredella* spec. (Gruppe der *atra-moniliata*).
Gl. Gr.: Margaritze-S-Hang 1 Ex. 7. VII. 1937.
Das Stück wurde von Herrn Zirngiebl untersucht und dieser schreibt darüber folgendes: „Das Stück gehört in die *atra-moniliata*-Gruppe und könnte möglicherweise *T. fuscicornis* var. *Forsii* Knw. sein, die aber nur aus Sibirien bekannt ist. Die Möglichkeit, daß die genannte Art auch hier vorkommt, ist jedoch nicht ausgeschlossen."

219. — *moniliata* Klg.
S. Gr.: Am Fleißbachufer unweit des Fleißgasthofes 1 ♂ 1. VII. 1937.
Gl. Gr.: Am Weg von Kals ins Dorfer Tal 1 ♀ 18. VII. 1937.
Die Art ist weit verbreitet, die Larve lebt angeblich an *Menyanthes trifoliata*, aber jedenfalls auch an anderen Pflanzen, da *Menyanthes* in der Nähe der angeführten Fundplätze nicht vorkommt.

220. — *albicornis* Fbr.
Pinzgau: Straße von Bruck nach Zell am See 1 ♂ Juli 1941.

221. — *flavicornis* Fbr.
Mölltal: Winklern, bei der Autobushaltestelle 1 Ex. 18. VI. 1942.
Gl. Gr.: Ferleiten 1 ♀.

222. — *velox* Fbr. f. typ., var. *nigrolineata* Cam. und var. *simplex* D. T.
Gl. Gr.: Guttal, auf den Wiesen oberhalb der Ankehre der Glocknerstraße 1 ♀ 15. V. 1940 (var. *simplex*); Albitzen-SW-Hang, in 2200 bis 2300 m Höhe 1 ♂ 17. VII. 1940; am Weg aus der Daberklamm ins Dorfer Tal 1 ♀ 15. VII. 1937.
Die Art wird aus Mitteleuropa und Sibirien angegeben, die Larve scheint noch unbekannt zu sein.

223. — *livida* L.
Gr. Gr.: Am Weg von der Schneiderau in die Dorfer Öd 1 ♀ 25. VII. 1939.
Die Art scheint in Europa weit verbreitet zu sein, die Larve ist polyphag.

224. — *olivacea* Klg.
Gl. Gr.: Guttalwiesen, oberhalb der Ankehre der Glocknerstraße 1 ♂, 3 ♀ 15. VII. 1940, 1 ♂, 4 ♀ 15. VII. 1941.
Die Art ist weit verbreitet, die Larve noch unbekannt.

225. — *balteata* Klg.
Gl. Gr.: In der Daberklamm bei Kals 1 ♀ 15. VII. 1937.
Die Art ist über Mittel- und Nordeuropa verbreitet, die Larve lebt an *Pteris aquilina*.

226. *Tenthredo Koehleri* Klg. (= *Allantus Koehleri*).
Gr. Gr.: Am Weg von der Schneiderau in die Dorfer Öd, in der Hochstaudenflur entlang des Baches 1 ♀ 25. VII. 1939.
Die Art ist in Mittel- und Südeuropa verbreitet, sie lebt besonders im Gebirge. Die Larve ist noch unbekannt.

227. — *Schäfferi* Klg.
Gl. Gr.: Am Weg von Kals ins Dorfer Tal 1 ♀ 18. VII. 1937.
Aus Mittel- und Südeuropa sowie Sibirien bekannt.

228. — *brevicornis* Knw.
Gr. Gr.: Am Weg vom Kalser Tauernhaus gegen den Spinevitrolkopf und ins Kar südlich der Muntanitzschneid je 1 ♀ 19. und 20. VII. 1937.
Die Art ist weit verbreitet, die Larve noch unbekannt.

229. — *arcuatus* Forst. f. typ. und var. *melanotystoma* Ensl.
Mölltal: Winklern, auf einer Wiese bei der Autobushaltestelle 1 Ex. 18. VI. 1942.
S. Gr.: Kleine Fleiß 1 ♂ 30. VII. 1937; Wiese oberhalb des Fleißgasthofes 2 ♀ 1. VII. 1937; am Weg vom Fleißgasthof nach Heiligenblut 1 ♀ Juli 1937.
Gl. Gr.: Albitzen-SW-Hang, in 2200 bis 2300 m Höhe 2 ♀ 17. VII. 1940; Haritzerweg, zwischen Glocknerhaus und Naturbrücke über die Möll 1 ♂ 17. VII. 1940; Böse Platte 1 ♀ 17. VII. 1940; Margaritze 1 ♂ 17. VII. 1940; Guttal, Wiesen oberhalb der Ankehre der Glocknerstraße 1 ♀ 15. VII. 1941; Walcher Hochalm 2000—2300 m 2 ♀ 9. VII. 1941; Fuscher Tal, Wiesen oberhalb Ferleiten unweit der Vogerlalm, 1 ♀ 18. VII. 1940; Piffkaralm, in 1630 m Höhe unweit der Glocknerstraße 1 ♂ 15. VII. 1940; an der Glocknerstraße in 1750 m Höhe zwischen Piffkar und Hochmais 1 ♀ 15. VII. 1940.
Gr. Gr.: Am Weg vom Kalser Tauernhaus gegen den Spinevitrolkopf 1 ♀ 19. VII. 1937.
Die Art ist weit verbreitet, die Larve lebt an *Lotus corniculatus*.

230. *Tenthredopsis inornata* Cam. var. *diluta* Knw.
Gr. Gr.: Am Weg von der Schneiderau in die Dorfer Öd, in der Hochstaudenflur entlang des Baches 1 ♀ 25. VII. 1937.
Die Art ist weit verbreitet, die Larve noch unbekannt.

231. *Pachyprotasis rapae* L.
Gl. Gr.: Walcher Hochalm, 2000—2300 m 1 ♂ 9. VII. 1941.

232. *Rogaster punctulata* Klg.
Gl. Gr.: Fuscher Tal oberhalb Ferleiten 1 ♀ 14. VII. 1940; Walcheralm 1800 bis 2000 m 1 ♀ 9. VII. 1941.
Die Art ist weit verbreitet, die Larve lebt an *Alnus*, *Sorbus*, *Fraxinus* und *Salix*, im Fuscher Tal wohl vorwiegend an *Alnus incana* an der Fuscher Ache.

233. — *viridis* L.
Gl. Gr.: Fuscher Tal unterhalb Dorf Fusch 23. 1. V. 1941.
Die Art ist weit verbreitet und allenthalben häufig, scheint im Gebiete aber nur tiefste Tallagen zu bewohnen.

234. — *aucupariae* Klg.
S. Gr.: Hüttenwinkeltal, zwischen Bodenhaus und Grieswiesalm 1 ♂ 15. V. 1940.
Auch diese Art besitzt eine weite Verbreitung, die Larve ist noch unbekannt.

235. *Loderus vestigialis* Klg.
Gl. Gr.: Fuscher Tal, unterhalb Dorf Fusch, an der Fuscher Ache 1 ♂ 23. V. 1941.
Die Art ist über Europa und Sibirien verbreitet, die Larve noch unbekannt.

236. *Dolerus dubius* Klg.
Gl. Gr.: Fuscher Tal, unterhalb Dorf Fusch 2 ♂ 23. V. 1941.
Wie die vorgenannte Art verbreitet, die Larve ist noch nicht beschrieben.

237. — *taeniatus* Zadd.
Gl. Gr.: Am Weg von der Rudolfshütte zum Tauernmoossee 1 ♂ 16. VII. 1937; Walcher Hochalm, in 2000—2300 *m* Höhe 1 ♂, 1 ♀ 9. VII. 1941.
In Mitteleuropa weit verbreitet, Larve unbekannt.

238. — *gibbosus* Htg.
S. Gr.: Am Fleißbachufer unweit des Fleißgasthofes 1 ♀ 1. VII. 1937.
Eine mitteleuropäische Art, deren Larve an Gräsern lebt.

239. — *aeneus* Htg.
Gl. Gr.: Albitzen-SW-Hang, in 2200 bis 2300 *m* Höhe 1 ♀ 17. VII. 1940; Fuscher Törl, in 2450 *m* Höhe 1 ♀ 15. VII. 1940.
In Nord- und Mitteleuropa häufig, in den Alpen bis 2500 *m* emporsteigend. Larve noch unbekannt.

240. *Acantholyda pumilio* G.
Gl. Gr.: Glocknerstraße bei der Marienhöhe 1 Ex. Juli 1937 (leg. Lindner, det. Zirngiebl).

241. *Athalia colibri* Christ.
Gl. Gr.: Käfertal, im unteren Teil des Tales 1 ♀ 23. VII. 1937.
Auch bei Windisch-Matrei (Werner 1934).
Die Art ist sehr weit verbreitet, die Larve lebt an Cruciferen.

242. *Empria parvula* Knw.
S. Gr.: Hüttenwinkeltal, zwischen Bodenhaus und Grieswiesalm 1 ♀ 15. V. 1940.
Die Art scheint in Mitteleuropa weit verbreitet zu sein.

243. *Rhadinoceraea hyalina* Knw.
S. Gr.: Hüttenwinkeltal, zwischen Bodenhaus und Grieswiesalm 1 ♀ 15. V. 1940.
Die Art wird aus Kärnten und der Schweiz angegeben; ich sammelte sie auch in der Umgebung von Admont in Obersteiermark.

244. — *micans* Klg.
S. Gr.: Hüttenwinkeltal, auf den Almwiesen zwischen Bodenhaus und Grieswiesalm auf *Veratrum album* 2 ♀ 15. V. 1940.
Eine in Mitteleuropa allenthalben häufige Art.

245. *Tomostethus ephippium* Panz.
Mölltal: Zwischen Söbriach und Flattach 1 Ex. 18. VI. 1942.
Gl. Gr.: Fuscher Tal unterhalb Dorf Fusch 1 ♀ 23. V. 1941.
Weit verbreitet, die Larve lebt an *Alnus*, im Fuscher Tal an *Alnus incana* an der Fuscher Ache.

246. *Euura saliceti* Fall.
Gl. Gr.: Fuscher Tal unterhalb Dorf Fusch, auf *Salix*-Büschen an der Fuscher Ache 1 ♀ 23. V. 1941.
Die Art ist über Mittel- und Nordeuropa sowie Sibirien verbreitet, die Larve lebt in Gallen an *Salix*.

247. *Pontania leucosticta* Htg.
Gl. Gr.: Fuscher Tal unterhalb Dorf Fusch, an *Salix*-Büschen am Ufer der Fuscher Ache 1 ♂ 23. V. 1941.
Die Art ist aus England, Mittelschweden, Deutschland und Frankreich bekannt; sie wurde auch in Tirol nachgewiesen. Die Larve lebt in umgerollten Blatträndern von *Salix*-Arten.

248. *Amauronematus longiserra* Thoms.
S. Gr.: Stanziwurten SW-Hang, in 2200 *m* Höhe 1 ♂ 2. VII. 1937.

249. — *viduatus* Zett. var. *lugens* Ensl.
Gl. Gr.: Oberstes Leitertal, am Grashang unterhalb der neuen Salmhütte gegen den Leiterbach und im Schwertkar je 1 Ex. 13. VII. 1937.

250. *Lygaeonematus mollis* Htg.
Gl. Gr.: Gamsgrube 1 Ex. 6. VII. 1937; Kar südwestlich unter der Pfortscharte 1 ♂ und 1 ♀ 14. VII. 1937.
Im mittleren und nördlichen Europa sowie in Sibirien festgestellt; geht sehr hoch nach Norden hinauf.

251. *Pristiphora geniculata* Htg.
Gl. Gr.: Gamsgrube, im Seslerietum bei der Hofmannshütte in 2400 *m* Höhe 1 ♂ 16. VII. 1940; Fuscher Tal oberhalb Ferleiten 1 ♂ 14. V. 1940.
Die Art ist weit verbreitet.

252. — *Staudingeri* Ruthe.
Gl. Gr.: Fuscher Tal oberhalb Ferleiten 1 ♂ 18. VII. 1940.
Die Art ist weit verbreitet.

253. *Arge berberidis* Schrk.
S. Gr.: Auf den sonnigen Wiesen unterhalb der Fleißkehre der Glocknerstraße 1 ♀ 1. VII. 1937.
Die Art ist über Mittel- und Südeuropa verbreitet, die Larve lebt an *Berberis vulgaris*.

254. *Megalodontes spissicornis* Klg.
Gl. Gr.: Kapruner Tal, in der Umgebung des Kesselfallalpenhauses 1 ♂ 14. VII. 1939.
Die Art ist in Mitteleuropa weiter verbreitet, die Larve verfertigt Gespinste an *Laserpitium latifolium* L.

255. *Pamphilus silvaticus* L. var. *fumipennis* Curt.
Gl. Gr.: Fuscher Tal oberhalb Ferleiten 1 ♀ 14. VII. 1940.
Eine in ganz Europa häufige Art, deren Larve in Blattröhren an *Populus tremula, Salix caprea, Carpinus betulus* und anderen Laubhölzern lebt.

256. *Cephus pygmaeus* L.
S. Gr.: Auf den sonnigen Wiesen unterhalb der Fleißkehre der Glocknerstraße 1 ♂, 1 ♀ 1. VII. 1937. Weit verbreitet, die Larve lebt in Getreidehalmen und ist manchmal schädlich.

Die vorstehende Hymenopterenliste ist, wie schon eingangs bemerkt, in keiner Weise vollständig. Das Untersuchungsgebiet beherbergt wohl aus allen Hymenopterenfamilien noch eine größere Anzahl von Arten, die ich während meiner Sammeltätigkeit nicht erfaßte, ein erheblicher Teil meiner Ausbeute aus den Familien *Ichneumonidae*, *Braconidae*, *Proctotrupidae* und *Cynipidae* blieb unbestimmt.

Spezifisch alpine Arten enthält nur ein Teil der Hymenopterenfamilien, so die *Apidae*, *Cynipidae*, *Chalcididae*, *Ichneumonidae* und *Tenthredinidae*. Für viele andere Gruppen gilt, was Kohl (1880) über die Grabwespen sagt: „Es wurde mir auf den Exkursionen klar, daß es eine spezifische alpine Grabwespenfauna nicht gibt, indem bis jetzt noch keine einzige Art ausschließlich auf subalpinem (1600—2300 m) oder gar hochalpinem Gebiete (2300—3000 m) getroffen worden ist, nur wenige überhaupt die subalpine Region betreten. Diese wenigen sind durchgehends gemeine Formen, welche schon durch die außerordentliche horizontale Verbreitung, die sie sich errungen, den Beweis geliefert haben, auch unter feindlichen Verhältnissen die Existenzbedingungen zu finden."

Trotzdem darf aber die Bedeutung der Hymenopteren für den Gesellschaftshaushalt sub- und hochalpiner Bioassoziationen nicht unterschätzt werden. Viele alpine Blumen sind in ihrer Bestäubung streng an Hummeln gebunden und so in ihrer Existenz von diesen abhängig, die Ameisen beherrschen wie in der Ebene so auch im Gebirge fast alle Tiergesellschaften bergwärts bis zur unteren Grenze des hochalpinen Grasheidengürtels und die Parasitica folgen ihren Wirten bis in die höchsten Lagen unserer Hochalpen, wo sie vielfach durch spezifische Formen, die an die Lebensverhältnisse und die Lebewesen des Hochgebirges weitgehend angepaßt zu sein scheinen, vertreten sind. Über die Anpassung der parasitischen Hymenopteren an das Leben im Hochgebirge ist leider gegenwärtig noch so gut wie nichts bekannt, obwohl gerade dieses Kapitel der Entomologie interessante Einblicke in die Entstehungsgeschichte der alpinen Fauna und in die Entwicklung der ökologischen Anpassung derselben an das Hochgebirgsklima gewähren würde.

Ordnung Diptera,
bearbeitet von Erwin Lindner (Stuttgart).

Für die Zusammenstellung der bisher aus dem Großglocknergebiet bekannten Dipteren standen mit älteren Daten vor allem die Sammlungen des Wiener Naturhistorischen Museums mit den Ausbeuten Manns aus dem Glocknergebiet, sowie Schiners und Miks aus der Gegend von Gastein zur Verfügung. Die verdienstvolle Mühe der Sichtung und Zusammenfassung dieser Bestände hat sich Herr Dr. F. Maidl (Wien) gemacht, dem dafür an dieser Stelle der verbindlichste Dank ausgesprochen sei. Es kamen dazu noch die Angaben von Bergroth (1888) und Tief (vgl. Frauscher 1938), sowie die Arbeiten von Strobl (1892, 1893, 1900), der von Admont aus eine reiche Sammler- und Forschertätigkeit in den Ostalpen entfaltete, die ihn aber kaum höher als 2500 m in die Hochregion führte.

Aus jüngster Zeit stand in erster Linie das umfangreiche Material des Herausgebers Dr. Ing. H. Franz zur Verfügung, der sich seit 1937 jedes Jahr zu Studien- und Sammelzwecken im Gebiet aufhielt. Er hatte dabei das Glück, dank der Sammelmethode der Coleopterologen eine ganze Reihe neuer, zum Teil apterer Lycoriiden-Arten zu erbeuten. Dazu kam eine ebenfalls beträchtliche Sammlung des Bearbeiters, die gelegentlich eines Studienaufenthalts an der Glocknerstraße 1937 zusammengebracht und durch einen kurzen Besuch 1941 vermehrt wurde. Diese Daten konnten durch ein paar Funde aus der Gegend der Mainzer Hütte vom Jahre 1928 ergänzt werden, ferner durch Angaben bzw. Material von K. Holdhaus (1912), F. Werner (1924 und 1934), Fr. Peus (1934), Turnowsky (Klagenfurt) und Zerny (Wien).

Bei der Bestimmung der Ausbeuten aus neuerer Zeit stand die gütige Mitwirkung einer Anzahl von Spezialisten zur Verfügung, welchen auch an dieser Stelle aufrichtigster Dank ausgesprochen sei: Dr. E. Denninger (Stuttgart) für Dolichopodiden, Dr. Edwards (London) für Tipuliden, Dr. E. O. Engel (München) für Empididen und andere Familien, Dr. M. Goetghebuer (Gand, Belgien) für Tendipediden, Dr. W. Hennig (Berlin) für verschiedene acalyptrate Gruppen, Prof. Dr. E. M. Hering (Berlin) für Agromyziden, Rektor O. Karl (Stolp in Pommern) für Anthomyiiden, Rektor Fr. Lengersdorf (Bonn) für Lycoriiden, Dr. Mannheims (Bonn) für verschiedene Familien, M. P. Riedel (Frankfurt/Oder) für Tipuliden, O. Ringdahl (Hälsingborg, Schweden) für Anthomyiiden, Prof. Dr. Sack (Frankfurt/Main) für einige Syrphiden, Prof. Dr. H. Schmitz (Valkenburg, Holland) für Phoriden und Dr. J. Villeneuve de Janti (Rambouillet, Frankreich) für verschiedene Calyptraten.

Familie *Lycoriidae*.

1. *Phorodonta flavipes* Meig.
    S. Gr.: Gastein 4 Ex. 5. VIII. 1867 (leg. Mik).
2. *Lycoria Thomae* L.
    S. Gr.: Gastein 6 Ex. 18. VIII. 1887 und 1 Ex. 29. VIII. 1887 (leg. Mik); Eingang in das Zirknitztal bei Döllach 1 ♀ 29. VIII. 1941 (leg. Franz, det. Lengersdorf).
    Gr. Gr.: Weg von Windisch-Matrei zur Proseckklamm 1 ♀ 3. IX. 1941 (leg. Franz, det. Lengersdorf).
3. — *longiventris* Zett.
    S. Gr.: Gastein 2 Ex. 5. VIII. 1867 (leg. Mik).
    In der Sammlung des Naturhistorischen Museums in Wien steckt auch ein Belegstück, welches von H. Zerny in St. Johann im Pongau am 18. VII. 1916 gesammelt wurde. Die Art dürfte demnach im Untersuchungsgebiet und in seiner Nachbarschaft eine weitere Verbreitung besitzen.
4. — *armata* Winn.
    S. Gr.: Gastein 3 Ex. 5. VIII. 1867 (leg. Mik).
5. — *hispida* Wied.
    Gl. Gr.: Trögeralm 1 ♂ 18. VII. 1941 (leg. Lindner, det. Lengersdorf).
6. *Neosciara diversiabdominalis* nov. spec. Lengersdorf (1940).
    Gl. Gr.: Haldenhöcker unterhalb des Mittleren Burgstalls, über 100 Ex. 16. VII. 1940 in der obersten, 5 cm mächtigen Schicht des Grasheidenbodens in 2650 m Höhe. Die Tiere wurden mit dem Rasengesiebe ins Laboratorium heimgebracht und verließen die Probe erst nach und nach beim langsamen Trocknen derselben im Gesiebeautomaten. Da die Mehrzahl der Fliegen erst nach mehreren Tagen zum Vorschein kam, ist anzunehmen, daß sie erst im Laboratorium die imaginale Reife erlangten. Die gesammelte Stückzahl entstammte einer quantitativ gesiebten Rasenfläche von $\frac{1}{4}$ m², so daß an der untersuchten Stelle auf 1 m² Grasheideboden der obersten 5 cm über 400 Stück der Art *N. diversiabdominalis* kamen (Franz).
7. — *subflava* nov. spec. Lengersdorf (1940).
    Gl. Gr.: Pasterzenvorland südlich der Margaritze, am Steilhang der Marxwiese gegen die Möllschlucht in 1900 m Höhe aus Moosrasen unter *Salix hastata*, *Vaccinium uliginosum*, *Juncus trifidus* und verschiedenen Gräsern gesiebt 3 Ex. 17. VII. 1940 (leg. Franz). Die gesiebte Fläche betrug etwa $\frac{1}{4}$ m², der Fundplatz liegt an der unteren Grenze der Zwergstrauchstufe.
8. — *ventrosa* nov. spec. Lengersdorf (1940).
    Gl. Gr.: Naßfeld des Pfandlschartenbaches, in nassen Moosrasen 2 Ex. 20. VII. 1938; Hochfläche des Mittleren Burgstalls (1950 m), unter auf dem nur schütter mit Polsterpflanzen bewachsenen Rohboden flach anliegenden Steinen 4 Ex. 28. VII. 1938; auf einer nur mit wenigen Vegetationspolstern bewachsenen ausgeaperten Stelle nördlich des Großen Burgstalls unter einem Stein in über 3000 m Höhe 1 Ex. 28. VII. 1938. Diese Art scheint sich sowohl in der hochalpinen Grasheidenstufe als auch noch über dieser in der Polsterpflanzenstufe zu finden. Die beiden Fundstellen mitten im Eis der Pasterze weisen ein extrem hochalpines Klima auf und gehören zu den Gebieten der Pasterzenlandschaft, die nur mehr von wenigen, sehr wetterharten Organismen bewohnt werden (Franz).
9. — *auripila* Winn.
    Gl. Gr.: Knappenstube auf der N-Seite des Hochtores, in 2450 m Höhe in der *Nebria atrata*-Gesellschaft 1 Ex. 15. VII. 1940. Das Tier wurde unter einem Stein oder in einem Vegetationspolster gefunden (leg. Franz, det. Lengersdorf).
10. — *trichoptera* Ldf.
    Gl. Gr.: Umgebung des Glocknerhauses 1 Ex. (leg. Franz, det. Lengersdorf).
11. — *picipes* Zett.
    S. Gr.: Fleißkehre der Glocknerstraße 1 Ex. (leg. Franz, det. Lengersdorf).
    Gl. Gr.: Umgebung des Glocknerhauses 1 Ex. (leg. Franz, det. Lengersdorf); Trögeralm 1 ♂ 16. VII. 1941 (leg. Lindner, det. Lengersdorf).
12. — *pullula* Winn.
    Gl. Gr.: Umgebung des Glocknerhauses 2 Ex. (leg. Franz, det. Lengersdorf).
13. — *bicolor* Meig.
    Gl. Gr.: Umgebung des Glocknerhauses 2 Ex. (leg. Franz, det. Lengersdorf).
14. — *bicolor* Meig. var. *alpestris* Ldf.
    S. Gr.: Gastein 25. VII. 1879 1 Ex. Cotype (leg. Mik).

15. *Neosciara nigripes* Meig.
    Gl. Gr.: Gamsgrube, unweit der Hofmannshütte in 2400 m Höhe 1 Ex. 16. VII. 1940 (leg. Franz, det. Lengersdorf).
16. — *pauperata* Winn.
    Gl. Gr.: Steppenwiesen entlang des Haritzerweges oberhalb Heiligenblut, in 1350 bis 1450 m Höhe 15. VII. 1940. (leg. Franz, det. Lengersdorf).
17. — *nitidicollis* Meig.
    Gl. Gr.: Fuscher Tal, in 1200 bis 1600 m Höhe 14. V. 1940 (leg. Franz, det. Lengersdorf).
18. — *minima* Meig.
    Gl. Gr.: Haldenhöcker unterhalb des Mittleren Burgstalls, 2 Ex. in der Grasheide in 2650 m Höhe aus Rasen gesiebt 16. VII. 1940 (leg. Franz, det. Lengersdorf).
19. — *iridipennis* Zett.
    S. Gr.: Grieswiesalm, zwischen Bucheben und Bodenhaus 1 Ex. 15. V. 1940.
    Gl. Gr.: Albitzen-SW-Hang, oberhalb der Glocknerstraße in 2200 bis 2300 m Höhe 1 Ex. 17. VII. 1940; Gamsgrube, im Rasen bei der Hofmannshütte 1 Ex. 16. VII. 1940; Fuscher Tal, oberhalb Ferleiten in 1200 bis 1600 m Höhe 1 Ex. 14. V. 1940 (alle leg. Franz, det. Lengersdorf).
20. — *praecox* Meig.
    Gl. Gr.: Moserboden, in den Zwergstrauchbeständen am W-Hang in etwa 2000 m Höhe 1 Ex. 16. VIII. 1939; am Weg aus dem Fuscher Tal zur Traueralm 5 Ex. 22. V. 1941; im untersten Teil des Fuscher Tales unweit Bruck an der Glocknerstraße 1 Ex. 23. V. 1941 (leg. Franz, det. Lengersdorf).
21. — *vittata* Meig.
    Gl. Gr.: Fuscher Tal, Weg von der Traueralm zum Rotmoos 2 ♀ 22. V. 1941 (leg. Franz, det. Lengersdorf).
22. — *morio* Meig. (= *lugubris* Winn.).
    S. Gr.: Auf den Almmatten beim Thurnerkaser (zwischen Kasereck und Roßbach an der Glocknerstraße gelegen) 1 Ex. 11. VII. 1941 (leg. Franz, det. Lengersdorf).
23. — *nervosa* Meig.
    Gl. Gr.: Fuscher Tal oberhalb Ferleiten 1 Ex. 22. V. 1941; Weg vom Rotmoos zur Traueralm 1 ♂ 22. V. 1941. (leg. Franz, det. Lengersdorf).
24. *Orinosciara brachyptera* nov. gen. nov. spec. Lengersdorf (1941).
    Gl. Gr.: Walcher Sonnleitbratschen, in etwa 2450 m Höhe im Curvuletum nahe der oberen Grasheidengrenze aus Rasen gesiebt 1 ♂ mit verkümmerten Flügeln (Type) 9. VIII. 1941 (leg. Franz, det. Lengersdorf).
    Das Tier scheint erst im Gesiebeautomaten im Labor aus der Puppe geschlüpft zu sein, da es sich erst nach etwa acht Tagen im Automaten vorfand.
25. *Sciaraneura longicornis* nov. spec. Lengersdorf (1941).
    Gl. Gr.: Bachschlucht des Hirzbaches, in der Hochstaudenflur am Bach in etwa 1300 m Höhe aus Fallaub und Detritus gesiebt 1 Ex. (Type) 8. VII. 1941 (leg. Franz, det. Lengersdorf).
26. *Caenosciara ignava* nov. gen., nov. spec. Lengersdorf (1940).
    Gl. Gr.: Haldenhöcker unterhalb des Mittleren Burgstalls, in der Grasheide in 2650 m Höhe aus der obersten 5 cm mächtigen Bodenschicht in wenigen Stücken gesiebt, zusammen mit *Neosciara diversiabdominalis*. Siehe bei dieser!
27. *Psilomegalosphys macrotricha* Ldf.
    Gl. Gr.: Marienhöhe 1 ♂ Juli 1937 (leg. Lindner, det. Lengersdorf).
28. *Scatopsciara quinquelineata* Macq.
    Gl. Gr.: Wasserrad-SW-Hang, in 2500 m Höhe an der oberen Rasengrenze von Gräsern gestreift 1 Ex. 17. VII. 1940 (leg. Franz, det. Lengersdorf).
29. *Epidapus atomarius* De G.
    Gr.: Wiegenwald-N-Hang, in 1600 m Höhe aus *Sphagnum* und Rinde an morschen Lärchenstämmen gesiebt 1 Ex. 10. VII. 1939; Dorfer Öd (Stubach), aus Grünerlenfallaub unweit der Alm in 1300 m Höhe gesiebt 1 Ex. 25. VII. 1939 (leg. Franz, det. Lengersdorf).

Familie *Fungivoridae*.

30. *Diadocidia valida* Mik.
    S. Gr.: Bei Gastein Type (♀) Anfang August von Heidelbeerkraut gestreift (Mik 1874).
31. *Macrocera fasiata fusca* Landr.
    Gl. Gr.: Glocknerhaus 1 ♀ 5. VII. 1937 (leg. Franz, det. Lindner).
32. — *centralis* Meig.
    Gl. Gr.: Windisch-Matrei, am Weg zur Proseckklamm, 1 ♀ 3. IX. 1941 (leg. Franz, det. Lindner).
33. *Boletina conformis* Siebke.
    S. Gr.: Bei Gastein (Holdhaus- 1912, sec. Oldenberg).
    Die Art ist boreoalpin verbreitet (Holdhaus 1912).
34. — *trivittata* Meig.
    Gl. Gr.: Fuscher Tal oberhalb Ferleiten 14. VII. 1940 (leg. Franz, det. Lindner).
35. — *borealis* Zett.
    Gl. Gr.: An der Marienhöhe 1 ♂ Ende Juli 1937 (leg. et. det. Lindner).
    Boreoalpine Art, die bisher aus den Alpen anscheinend noch nicht bekannt war.
36. — *nigricoxa* Staeg.
    Gl. Gr.: An der Marienhöhe 1 ♂ Ende Juli 1937 (leg. et. det. Lindner).

37. *Boletina dubia* Meig.
    Gl. Gr.: Oberstes Fuscher Tal, am Fuscher Rotmoos und am Weg von diesem zur Trauneralm massenhaft, 7 Ex. 22. V. 1941 (leg. Franz, det. Lindner).
38. — ? *plana* Walk.
    Gl. Gr.: Weg von Fusch ins Hirzbachtal (1000 bis 1400 m) 1 ♂ 8. VII. 1941 (leg. Franz, det. Lindner).
39. *Mycomyia Winnertzi* Dziedz.
    Gl. Gr.: Weg von Fusch ins Hirzbachtal (1000 bis 1400 m).
    In der Hochstaudenflur am Hirzbach im Bereich der feuchten Mischwälder 1 ♀ 8. VII. 1941 (leg. Franz det. Lindner).
40. *Fungivora lineola* Meig.
    Gl. Gr.: An der Marienhöhe 2 ♂ Ende Juli 1937 (leg. et det. Lindner).
41. — *sordida* v. d. W.
    Gl. Gr.: Glocknerhaus 1 ♂ (leg. Franz, det. Lindner).
    Das Stück unterscheidet sich von der Stammform höchstens durch die nicht gelben, sondern braunen Basalglieder der Fühler.
42. — *unicolor* Stann.
    Gl. Gr.: Von der Marienhöhe 1 ♂ Ende Juli 1937 (leg. et det. Lindner).
43. *Gnoriste bilineata* Zett.
    S. Gr.: Bei Gastein (Holdhaus 1912, sec. Oldenburg).
    Die Art ist boreoalpin verbreitet (Holdhaus 1912).
44. *Zelmira semirufa morio* Grzg.
    Gl. Gr.: Am Weg vom Kalser Tauernhaus zur Sudetendeutschenhütte, etwa 100 m über dem Talboden im Erlengesträuch an der Waldgrenze ♂ ♀ in copula 18. VII. 1937 (leg. Franz, det. Lindner).
    Die Art wurde aus Galizien beschrieben.
45. *Leia subfasciata glocknerica* Lind., ssp. nov.
    Gl. Gr.: Vom Albitzenkopf, S-Kar 1 ♂ (leg. Franz); von der Marienhöhe, etwa 2300 m Ende Juli 1937 1 ♂ (leg. Lindner).
    Die Subspezies ist alpin verbreitet.
46. *Rhymosia connexa* Winn.
    Gl. Gr.: An der Marienhöhe 2 ♂ Ende Juli 1937 (leg. Lindner).
47. *Docosia moravica* Landr.
    Gl. Gr.: An der Marienhöhe 1 ♂ Ende Juli 1937 (leg. Lindner).
    Ich fand die Art auch in den Ötztaler Alpen, sie wurde von Bilowitz in Mähren beschrieben.

Familie *Petauristidae*.

48. *Petaurista maculipennis* Meig.
    Gl. Gr.: Beim Glocknerhaus 5. VII. 1937; Daberklamm 15. VII. 1937 (beide leg. Franz, det. Lindner); im Glocknerhaus 1 ♀ 17. VII. 1941 (leg. Lindner).
49. — *hiemalis* Degeer.
    Gl. Gr.: Am Glocknerkamp über der Pasterze in 2500 m Höhe 3 Ex. Mitte August 1937 (leg. Franz, det. Lengersdorf); Fuscher Tal, unterhalb Dorf Fusch 23. V. 1941 und Piffkaralm, in 1630 m Höhe auf Neuschnee 22. V. 1941 (leg. Franz, det. Lengersdorf).
50. — *regelationis* L.
    Gl. Gr.: Glocknerhaus 1 ♀ 18. VII. 1941 (leg. Lindner).

Familie *Dixidae*.

51. *Dixa sobrina* Peus.
    S. Gr.: Gastein 1 ♀; kleines Fleißtal 1 ♀ (beide Peus).
    Gl. Gr.: Heiligenblut (Type ♀) (Peus 1934).
    Montane Art; in den Alpen von der Schweiz bis Steiermark, im Apennin, in den Sudeten und im Kaukasus (Peus 1934).

Familie *Itonididae (Cecidomyiidae)*.

52. *Cecidomyia phyteumatis* Loew.
    Gl. Gr.: Am Katzensteig im unteren Teil des Leitertales Gallen an *Phyteuma*, die wahrscheinlich von dieser Art erzeugt wurden (Thomas 1892).

Familie *Tendipedidae (Chironomidae)*.

53. *Ablabesmyia ornata* Meig.
    Gl. Gr.: Heiligenblut 2 Ex. leg. Tief (Frauscher 1938).
54. *Tanypus anthracinus* Zett.
    S. Gr.: 3 Ex. Gastein (Alte Sammlung Wiener Museum).
55. *Psectrotanypus longimanus* Staeg.
    S. Gr.: Gastein 1 Ex. 6. VIII. 1885 (leg. Mik).
56. *Diamesa confluens* Kieff.
    Gl. Gr.: Im Glocknerhaus 1 ♀ 18. VII. 1941 (leg. Lindner).
    Bisher aus den Westalpen und vom Schwarzwald bekannt.

57. *Syndiamesa Dampfi* Kieff.
   Gl. Gr.: Im Glocknerhaus 1 ♂ 18. VII. 1941 (leg. Lindner).
   Die Art wurde in Tirol bei einer Temperatur von —3° im März entdeckt und wurde auch im Schwarzwald gefunden. Das vorliegende Stück mißt nur 4,5 mm.
58. — *nivosa* Goetgh.
   Gr. Gr.: Schwarzsee unterhalb der Aderspitze 1 ♂ (leg. Franz, det. Goetghebuer).
   Die Art ist bisher aus den Ostalpen und aus Rußland bekannt (teste Goetghebuer).
59. *Orthocladius melaleucus* Meig.
   Gl. Gr.: Fuscher Tal, oberhalb Ferleiten 14. VII. 1940 1 Ex. (leg. Franz, det. Goetghebuer).
60. *Metriocnemus fuscipes* Meig.
   Gl. Gr.: Umgebung des Glocknerhauses 5. VII. 1937 (leg. Franz, det. Goetghebuer).

Familie *Heleidae*.

61. *Culicoides chiopterus* Meig.
   S. Gr.: Gastein in Anzahl 8. VI. 1885 (leg. Mik).

Familie *Bibionidae*.

62. *Bibio pomonae* (Fabr.).
   S. Gr.: Woisken bei Mallnitz, in etwa 1600 m Höhe 1 ♂ 5. IX. 1941 (leg. Franz).
   Gl. Gr.: Im Fuscher Tal knapp oberhalb Ferleiten 1 Ex. 19. VII. 1939 (det. Lengersdorf); im Wald unterhalb der Trauneralm 1 Ex. 21. VII. 1939 (leg. Franz).
63. — *johannis* (L.).
   S. Gr.: Hochtor-Tauernkopf über 2500 m 2 Ex. August 1937 (leg. Franz, det. Engel).
   Gl. Gr.: Oberer Keesboden 1 Ex. Juli 1937 (leg. Franz, det. Engel).
64. — *fulvipes* Zett.
   Gl. Gr.: Im Mölltal unterhalb der Marienhöhe an der Waldgrenze 1 ♂ 24. VII. 1937 (leg. et det. Lindner).
65. — ? ♂ *Strobli* Duda.
   Gl. Gr.: Trögeralm, 2500 m (Weg zur Pfandlscharte) 3 ♂ Juli 1937 aus einem Schwarm, der niedrig über einem Stein tanzte. Ich halte diese ♂ für die Duda'sche, bis jetzt nur im ♀ Geschlecht bekannte Art. Duda gründete sie auf ein einziges ♀, das er in der Sammlung des Herrn Dr. Villeneuve fand: „Styriae Alpes, Strobl, *Bibio nigriventris*" (Lindner).
66. — *clavipes* Meig.
   S. Gr.: Eingang in das Zirknitztal, am S-Hang oberhalb Döllach 1 ♂ 28. VIII. 1941; Mallnitzer Tauerntal unterhalb des Gasthofes Gutenbrunn, 1 ♂, 1 ♀ 5. IX. 1941 (leg. Franz, det. Lindner).
67. *Dilophus vulgaris* Meig.
   Gl. Gr.: Beim Glocknerhaus 1 Ex. 5. VII. 1937 (leg. Franz, det. Engel).
68. — *femoratus* Meig.
   Gl. Gr.: Almflächen zwischen Guttal und Senfteben, 1 ♀ 18. VII. 1942 vom Almrasen gestreift; Senfteben zwischen Guttal und Pallik in etwa 1900 m Höhe; Albitzen-SW-Hang, in 2200 bis 2300 m Höhe 17. VII. 1940; Guttal, Wiesen oberhalb der Ankehre der Glocknerstraße 15. VII. 1940 je 1 ♀ (leg. Franz, det. Lindner).
69. *Penthetria holosericea* Meig.
   Gl. Gr.: Fuscher Tal unterhalb Dorf Fusch, in der Erlenau an der Fuscher Ache 1 ♂ 23. V. 1941.
   In den Alpen weit verbreitet, lebt als Larve im Bestandesabfall feuchter Laubwälder, vor allem in Erlenbeständen.

Familie *BlephaAroceridae*.

70. *Liponeura minor* Bisch.
   S. Gr.: Gastein 29. VIII. 1887 (leg. Mik) 1 Ex., 18. VIII. 1887 2 Ex., 6. VIII. 1867 1 Ex., 3. VII. 1867 1 Ex.
71. — *cordata* Vim.
   S. Gr.: Gastein 29. VIII. 1887 (leg. Mik) 1 Ex.; Naßfeld 27. VIII. 1887 (leg. Mik) 1 Ex.

Familie *Limoniidae*.

72. *Limonia flavipes* Fabr.
   Gl. Gr.: Am Wege vom Glocknerhaus zur Pfandlscharte 1 Ex. Mitte Juli 1938 (leg. Franz, det. Lengersdorf).
73. — *nigropunctata* Schumm.
   Gl. Gr.: Fuscher Tal, oberhalb Ferleiten abends 14. VII. 1940 (leg. Franz, det. Engel).
74. — *sylvicola* Schumm.
   S. Gr.: Mallnitz (leg. Palmén, Bergroth 1888).
75. — *tripunctata* Fabr.
   Gl. Gr.: Glocknerhaus 1 ♀ 19. VII. 1941 (leg. Lindner); Haritzersteig—Margaritze 1 Ex. (leg. Franz). Mölltal: Winklern 1 Ex. 18. VI. 1942 (leg. Franz, det. Lindner).
76. *Dicranomyia affinis* Schumm.
   Gl. Gr.: Heiligenblut, Bergroth (1888), auch von Frauscher (1938) zitiert.
77. — *stigmatica* Meig.
   Schobergr.: Am Großen Gradensee 1 ♀ 25. VIII. 1939 in 2400 m Höhe (leg. Turnoswki, det. Lindner).

78. — *moria* Fabr.
   Gl. Gr.: Am Tauernmoos vor dessen Überstauung (Werner 1924); Felsenabsturz des Hohen Sattels gegen die Möll, unmittelbar vor der Pasterzenzunge 2 Ex. Juli 1937 (leg. Franz, det. Lengersdorf); Haldenhöcker unterhalb des Mittleren Burgstalls, in der Grasheide 16. VII. 1940 (leg. Franz, det. Engel); Heiligenblut 1 ♂ 14. VII. 1941 (leg. Lindner, det. Engel); Trögeralm 1 ♂ 16. VII. 1941 (leg. Lindner); Fuscher Tal, unterhalb Fusch auf den Wiesen an der Glocknerstraße 1 Ex. 23. V. 1941 (leg. Franz).

79. *Dicranomyia tristis* Schumm.
   Gl. Gr.: Am Paschingerweg zwischen Glocknerhaus und Pasterzenzunge 1 Ex. Juli 1937 (leg. Franz, det. Lengersdorf).

80. *Molophilus obscurus* Meig.
   S. Gr.: Mallnitz (leg. Palmén, Bergroth 1888).
   Gl. Gr.: Heiligenblut 7 ♂, 8 ♀ 6. V. bis 5. VI. (Strobl 1900).

81. *Erioptera cinerascens* Meig. (als *trivialis* Meig. angeführt).
   Gl. Gr.: Am Tauernmoos vor dessen Überstauung (Werner 1924).

82. *Dicranota stigmatella* Zett.
   S. Gr.: Mallnitz (leg. Palmén, Bergroth 1888).
   Auch in Lappland, boreoalpin?

83. — *longitarsis* Berg.
   Gl. Gr.: Bei der Rudolfshütte 16. VII. 1937 2 Ex. (leg. Franz, det. Lengersdorf); Heiligenblut 1 ♂, 2 ♀ 14. VII. 1941 (Lindner).

84. *Amalopis immaculata* Meig.
   Gl. Gr.: Heiligenblut (Bergroth 1888), auch von Frauscher 1938 zitiert; Walcher Hochalm, sonnseitige Rasenhänge in 2000 bis 2300 m Höhe 1 ♀ 9. VII. 1941 (leg. Franz, det. Lindner).

85. *Tricyphona opaca* Egg.
   S. Gr.: Mallnitz (Bergroth 1888).

86. — *unicolor* Schumm.
   Gl. Gr.: „Großglockner" (Bergroth 1888), auch von Frauscher (1938) zitiert.

87. — *contraria* Bergroth.
   S. Gr.: Naßfeld bei Gastein (leg. Palmén, loc. typ., Bergroth 1888).

88. *Elliptera omissa* Egg.
   Gl. Gr.: Heiligenblut 2 ♂ 13. VII. 1941 (leg. Lindner).

89. *Antocha alpigena* Mik.
   Gl. Gr.: Heiligenblut 1 ♂ 13. VII. 1941 (leg. Lindner).
   Miks Type stammt von Lunz, wo ich selbst die Art im Lechnergraben im Juli 1940 in Anzahl gefangen habe. Lackschewitz führt außerdem die Art aus dem Wiener Museum von vielen Orten in Ober- und Niederdonau, Salzburg, Kärnten und den Karawanken an. Loew hatte die Art von Kochel in Oberbayern. *Antocha alpigena* ist eine endemische Art der Alpen.

90. *Orimarga virgo* Zett. (*anomala* Mik).
   Gl. Gr.: Weg von Fusch ins Hirzbachtal 1 ♂ (1 Ex. defekt) 8. Vl. 1941; in der Hochstaudenflur am Hirzbach im Bereich der feuchten Mischwälder 1000 bis 1400 m (leg. Franz, det. Lindner). Im Wiener Museum befinden sich nach Lackschewitz Exemplare aus Salzburg, Venetien (Görz, Misurinasee) und dem nördlichen Libanon. Lackschewitz hält die Synonymie dieser Tiere mit der Zetterstedtschen *O. virgo* für nicht einwandfrei erwiesen.

91. *Idioptera fasciata* L.
   Gl. Gr.: An den Felsabstürzen des Hohen Sattels gegen die Möll, unmittelbar vor der Pasterzenzunge 5. VII. 1937 (leg. Franz, det. Lindner).

92. *Limnophila lineola* Meig.
   S. Gr.: Mallnitz (leg. Palmén, Bergroth 1888).

93. — *placida* Meig.
   S. Gr.: Mallnitz, leg. Palmén (Bergroth 1888).

94. — *nemoralis* Meig.
   Gl. Gr.: Glocknerhaus 2 ♀ 18. VII. 1941 (leg. Lindner).

95. *Dactylolabis gracilipes* Loew.
   Gl. Gr.: Im Gamskarl bei der neuen Salmhütte 1 Ex. 12. VII. 1937 (leg. Franz, det. Engel); bei der Rudolfshütte 1 Ex. 16. VII. 1937 (leg. Franz, det. Lengersdorf).

96. — *sexmaculata* Macq.
   Glocknerhaus 1 ♀ 18. VII. 1941 (leg. Lindner).

97. *Poecilostola punctata* Schr.
   Gl. Gr.: Fuscher Tal oberhalb Ferleiten, massenhaft auf den Sumpfwiesen unterhalb der Vogerlalm und im Rotmoos, 4 Ex. 22. V. 1941 (leg. Franz).

98. *Molophilus ochraceus* Meig.
   Gl. Gr.: Glocknerhaus 1 ♀ 18. VII. 1941 (leg. Lindner).

99. *Rhypholophus phryganopterus* Kol.
   Gl. Gr.: Weg vom Fuscher Rotmoos zur Trauneralm 1 ♂, 1 ♀ 22. V. 1941 (leg. Franz, det. Lindner). Diese Art wurde von Kolenati vom Altvater beschrieben und existiert anscheinend nur in den beiden Stücken des Wiener Museums, die Lackschewitz für die Typen Kolenatis hält.

Familie *Cylindrotomidae*.

100. *Cylindrotoma distinctissima* Meig.
   S. Gr.: Naßfeld bei Gastein (leg. Palmén, Bergroth 1888).

Familie *Tipulidae*.

101. *Pachyrrhina pratensis* L.
 Gl. Gr.: Fuscher Tal, am Weg vom Rotmoos zur Trauneralm 1 Ex. 22. V. 1941 (leg. Franz).
102. — *crocata* L.
 Mölltal: Winklern, auf einer Wiese bei der Autobushaltestelle 2 Pärchen in copula 18. VI. 1942. Die Tiere wurden auf *Urtica dioica* sitzend angetroffen (teste Franz).
103. — *analis* Schumm.
 Gl. Gr.: Im Glocknergebiet an Bachrändern 1 ♀ 19. VIII. (Strobl 1900).
104. — *cornicina* L.
 S. Gr.: Im Seidelwinkeltal 17. VIII. 1937 (leg. Franz, det. Lindner).
105. — *macula* Meig.
 Gl. Gr.: Fuscher Tal oberhalb Ferleiten, abends 14. VII. 1940; an der Glocknerstraße zwischen Piffkar und Guttal 15. VIII. 1940, genaue Fundstelle nicht mehr feststellbar. (Beide leg. Franz, det. Lindner).
106. — *lineata* Scop.
 S. Gr.: Eingang in das Zirknitztal oberhalb Döllach 2 ♀ 28. VIII. 1941 (leg. Franz, det. Lindner).
107. *Tipula lateralis* Meig.
 S. Gr. Gastein 24. VII. 1879 (leg. Mik) 1 Ex.; Gastein 31. VII. 1867 (leg. Mik) 1 Ex.; 8. VI. 1885 (leg. Mik) 1 Ex.; Hofgastein 23. VII. 1879 (leg. Mik) 1 Ex.
 Gl. Gr.: Glockner 1856 (leg. Mann) 2 Ex., 1870 (leg. Mann) 1 Ex.; Heiligenblut 2. VIII. 1921 (leg. Zerny); Mölltal Ende Juli 1937 1 ♀ (leg. Lindner, det. Edwards); Marienhöhe 8 ♂, 5 ♀ Ende Juli 1937 (leg. Lindner, det. p. p. Edwards).
108. — *alpium* Bergr.
 S. Gr.: Gastein 25. VII. 1879 (leg. Mik) 1 Ex.; 24. VII. 1879 (leg. Mik) 1 Ex.
 Gl. Gr.: „Großglockner" (Bergroth 1888), auch von Frauscher zitiert.
109. — *excisa* Schumm.
 S. Gr.: Gastein 8. VIII. 1867 (leg. Mik) 1 Ex., 10. VIII. 1867 (leg. Mik) 2 Ex.; Naßfeld bei Gastein (leg. Palmén, Bergroth 1888); Bockhard-See 10. VIII. 1867 (leg. Mik), Stanziwurten, hochalpin 2. VII. 1937; Seidelwinkeltal 17. VIII. 1937 (beide leg. Franz, det. Lindner). Auch im Pölatal, in der Hafnerrechgruppe, leg. Holdhaus 4 Ex.
 Gl. Gr.: Glockner 1870 (leg. Mann) 1 Ex.; beim Glocknerhaus 5. VII. 1937 (leg. Franz, det. Lindner); Umgebung der Marienhöhe, Ende Juli 1937 häufig, 8 ♂ 5 ♀ (leg. Lindner, det. p. p. Edwards), Glocknerhaus und Umgebung 2 ♂ 3 ♀ 16.—18. VII. 1941 (leg. Lindner); im Speikbodengebiet südwestlich der Pfandlscharte, 20. VII. 1938 (leg. Franz, det. Lengersdorf); auf der Pasterzenmoräne unterhalb der Hofmannshütte 2. VIII. 1938 (leg. Franz, det. Lengersdorf); im oberen Teil des Dorfer Tales 17. VII.1937 1 ♂, 1 ♀ (leg. Franz, det. Riedel); bei der Rudolfshütte 1 ♀ 16. VII. 1937 (leg. Franz, det. Riedel).
 Schober-Gr.: Am Großen Gradensee in 2450 m Höhe am 25. VIII. 1939 1 ♀ (leg. Turnowsky, det. Lindner).
 Die Art scheint im Untersuchungsgebiet hochalpin allgemein verbreitet zu sein, wie ich sie überhaupt für die im nördlichen Alpenteil verbreiteteste und häufigste *Tipula* halte (Lindner). Bezzi (1918) gibt sie auf Höhen von 1200 bis 2800 m an.
110. — *longicornis* Schumm.
 S. Gr.: Gastein 24. VII. 1879 (leg. Mik) 1 Ex.
111. — *nubeculosa* Meig.
 Gl. Gr.: Glockner 1856 (leg. Mann) 1 Ex.
112. — *nervosa* Meig.
 S. Gr.: Gastein 31. VII. 1867 (leg. Mik) 1 Ex., 24. VII. 1879 (leg. Mik) 1 Ex., 8. VI. 1885 (leg. Mik) 1 Ex.; Hofgastein 23. VII. 1879 (leg. Mik) 1 Ex.
 Gl. Gr.: Glockner 1856 (leg. Mann) 2 Ex.; Heiligenblut 2. VIII. 1921 (leg. Zerny); Heiligenbluter Tauern 1 ♂ 1. VIII. 1893 (Strobl 1900); Marienhöhe, Ende Juli 1937 2 ♂, 4 ♀ (leg. Lindner, det. Edwards); Trögeralm 1 ♀ 18. VII. 1941. An der Glocknerstraße zwischen Piffkar und Guttal Juli 1937 1 ♂ (leg. Franz, det. Lindner).
 St. Johann im Pongau 12. VI. 1885 (leg. Mik) 1 Ex., alpine Art.
113. — *truncorum* Meig. (= *Winnertzi* Egg.).
 S. Gr.: Gastein 23. VIII. 1879 (leg. Mik) 1 Ex.? 28. VII. 1879 (leg. Mik) 1 Ex.
 Gl. Gr.: 1 ♀ von der Marienhöhe Ende Juli 1937 (leg. Lindner).
114. — *irregularis* Pok.
 S. Gr.: Auf der Stanziwurten hochalpin 2. VII. 1937; südlich des Zirmsees in 2400 bis 2500 m Höhe Anfang August 1937 (leg. Franz, det. Lindner).
 Gl. Gr.: Beim Glocknerhaus 5. VII. 1937; in der Gamsgrube 6. VII. 1937; in der Daberklamm 15. VII. 1937 (alle leg. Franz, det. Lindner).
 Die Art ist in den Alpen endemisch; Bezzi (1918) gibt sie aus Höhen von 2500 bis 2900 m an.
115. — *obsoleta* Meig.
 S. Gr.: Gastein 13. VIII. 1867 und 29. VIII. 1867 (leg. Mik) 2 Ex.
116. — *subnodicornis* Zett.
 S. Gr.: Bockhardsee 18. VIII. 1867 (leg. Mik) in Anzahl; Naßfeld 9. VI. 1885 (leg. Mik) in Anzahl. Boreoalpine Art, die aus Norwegen, Lappland, dem arktischen Rußland und den Alpen bekannt ist.
117. — *paludosa* Meig.
 S. Gr.: Gastein 18. VIII. 1887 (leg. Mik) in Anzahl.
118. — *stigmatella* Schumm.
 S. Gr.: Gastein 9. VIII. 1867 (leg. Mik) 1 Ex.

119. *Tipula variicornis* Schumm.
S. Gr.: Gastein (leg. Mik) 1 Ex.
120. — *variipennis* Meig.
S. Gr.: Naßfeld 9. VI. 1885 (leg. Mik) 2 Ex.
Gl. Gr.: Oberstes Fuscher Tal, Weg vom Rotmoos zur Trauneralm 1 Ex. 22. V. 1941 (leg. Franz).
121. — *nigra* L.
Gl. Gr.: Am Ufer der Fuscher Ache oberhalb Ferleiten 18. VIII. 1940 (leg. Franz, det. Engel).
122. — *hortensis* L.
S. Gr.: Mallnitz (leg. Palmén, Bergroth 1888).
123. — *fulvipennis* D. G.
S. Gr.: Mallnitz (leg. Palmén, Bergroth 1888).
124. — *Mayer-Dürii* Egg.
S. Gr.: Stanziwurten hochalpin 2. VII. 1937 (leg. Franz, det. Lindner).
125. — *irrorata* Macq.
Gl. Gr.: ,,Waldwege des Glocknergebietes" 1 ♂ 19. VIII. (Strobl 1900); Speikbodengebiet südwestlich der Pfandlscharte 1 Ex. 19. VII. 1938 (leg. Franz, det. Lengersdorf).

Familie *Stratiomyiidae*.

126. *Beris Morrisi* Dale.
Gl. Gr.: Käfertal (oberstes Fuscher Tal), in einem Grauerlenbestand 1 Ex. 23. VII. 1939 (leg. Franz, det. Engel). Weg von Fusch ins Hirzbachtal 1 ♂ 8. VII. 1941, in der Hochstaudenflur am Hirzbach im Bereiche der feuchten Mischwälder 1000 bis 1400 m (leg. Franz, det. Lindner).
127. — *notatus* Meig.
Gl. Gr.: Wiesen oberhalb Ferleiten im Fuscher Tal 1 Ex. 14. VII. 1940 (leg. Franz, det. Engel).
128. — *geniculata* Curt.
S. Gr.: Eingang in das Zirknitztal oberhalb Döllach, in etwa 1100 m Höhe am xerothermen S-Hang 1 ♀ 29. VIII. 1941 (leg. Franz, det. Lindner).
129. *Hoplodonta viridula* (Fabr.).
Gr. Gr.: Windisch-Matrei, 10. VII. 1927 vereinzelt auf sumpfigen Wiesen (Werner 1934).
130. *Eulalia hydroleon* L.
Gl. Gr.: Fuscher Tal unweit unterhalb des Gasthofes Lukashansl in Ferleiten. Sumpfwiesen mit viel Seggen und Binsen, sowie *Equisetum*, 1 ♂, 1 ♀ 11. VII. 1941 (leg. Franz, det. Lindner).
131. *Hermione dives* Loew.
Gl. Gr.: Am Weg von Ferleiten auf die Walcher Hochalm in 1700 bis 1800 m Höhe 1 Ex. 9. VII. 1941 (leg. Franz, det. Lindner) auf Grünerlen und Buschweiden.
Gebirgstier aus den Alpen und aus Schlesien!
132. — *pardalina* Meig.
Gl. Gr.: Heiligenblut 2 ♂ 13. VII. 1941 (leg. et det. Lindner).
133. — *locuples* Loew.
Gl. Gr.: Albitzen-SW-Hang, alpine Grasheide in 2300 bis 2500 m 1 Ex. 17. VII. 1940 (leg. Franz, det. Engel).

Familie *Rhagionidae*.

134. *Rhagio cingulatus* Loew.
Gl. Gr.: Am Wienerweg von der Stockerscharte zur Salmhütte 1 Ex. 24. VII. 1938 (leg. Franz, det. Engel). Häufig im Leitertal und hoch über der Baumgrenze bei der Marienhöhe. Die Tiere setzten sich während des Marsches gerne an unsere Hosen. Juli 1937 (Lindner).
Überall in den Alpen bis über die Baumgrenze (vgl. Bezzi 1918 und Lindner 1925 ff.).
135. — *tringarius* L.
Gl. Gr.: Weg von Ferleiten zur Walcheralm am Osthang des Hohen Tenn, auf *Alnus incana*, *Salix* und Kräutern in 1300 bis 1600 m Höhe, 9. VII. 1941, 1 ♂ (leg. Franz, det. Lindner).
136. — *scolopaceus* L.
Gl. Gr.: Walcheralm, 2000 bis 2300 m 1 ♂ 9. VII. 1941 (leg. Franz, det. Lindner); am Weg von Ferleiten auf die Walcher Hochalm in 1700 bis 1800 m Höhe 1. Ex. 9. VII. 1941 (leg. Franz det. Lindner).
137. — *lineola monticola* Egg.
Gl. Gr.: Heiligenblut 1 ♀ 13. VII. 1941 am Hotelfenster (Lindner).
In den Alpen endemisch.
138. *Chrysopilus splendidus* Meig.
Gl. Gr.: Fuscher Tal unweit unterhalb des Gasthofes Lukashansl in Ferleiten. Sumpfwiesen 1 ♀ 11. VII. 1941 (leg. Franz, det. Lindner).
139. — *nubecula* Fall.
S. Gr.: In der Fleiß 4. VIII. 1937 (leg. Franz, det. Lindner); mittleres Mölltal, zwischen Obervellach und Flattach 1 Ex. 18. VI. 1942 (leg. Franz, det. Lindner).
Gl. Gr.: Am Haritzerweg zwischen Glocknerhaus und Naturbrücke über die Möll (leg. Franz, det. Lindner).
140. *Symphoromyia crassicornis* Panz.
Gl. Gr.: In der Umgegend der Marienhöhe 3 ♂ Juli 1937 (leg. et det. Lindner); an der Glocknerstraße zwischen Piffkaralm und Hochmais in etwa 1750 m Höhe 15. VII. 1940 (leg. Franz, det. Lindner); 1 ♀ Ferleiten (leg. Franz).
Boreoalpine Art, die aus Fennoskandia, Zentralasien und den Alpen bekannt ist.

141. *Ptiolina paradoxa* Jaenn.
   Gl. Gr.: Am Weg zur Pfandlscharte in 2500 m Höhe (Trögeralm) zahlreiche ♂, wenige ♀ auf Steinen und Felsblöcken in der Sonne, zum Teil in copula 27. VII. 1937 (Lindner). Nach Bezzi gehört diese Art zur „Anthomyiiden-Facies" der Hochalpen. Ich wurde selbst getäuscht und hielt die Tiere vor dem Fang und ehe sie der Prüfung durch die Lupe zugänglich waren, für kleine Anthomyiiden! Die Art ist über die Zentralalpen der Schweiz und Tirols, über die Hohen Tauern und angeblich auch in den Karpathen verbreitet.

Familie *Cyrtidae (Acroceridae)*.

142. *Oncodes zonatus* Erichs.
   Gl. Gr.: Zahlreiche Individuen auf Felsblöcken am Weg ins Mölltal, 100 m unterhalb der Marienhöhe 24. VII. 1937. Die Tiere schienen alle zur Begattung auf diesen Blöcken aus östlicher Richtung, aus dem Tal herauf anzufliegen. Die Gepaarten wurden häufig durch ihre Trägheit und ihre Schwerfälligkeit Opfer der eifrig jagenden Ameisen. Am 28. VII. 1937 bot sich mir wieder das Schauspiel der Massenhochzeit auf ein paar sonnenbeschienenen Felsblöcken unmittelbar bei der Marienhöhe (Lindner).

Familie *Asilidae*.

143. *Laphria flava* L.
   Gl. Gr.: Glocknergebiet 1 ♂ 17. VIII. (Strobl 1900).
   Gr. Gr.: Windisch-Matrei 12. VIII. 1927 (Werner 1934).
144. — *marginata* L.
   Gl. Gr.: Glocknergebiet, auf Waldwegen 2 ♀ 16. VIII. (Strobl 1900).
145. *Dioctria lateralis* Meig.
   Mölltal: Zwischen Obervellach und Flattach 3 Ex. 18. VI. 1942 (leg. Franz, det. Lindner).
146. *Lasiopogon montanus* Schin.
   Gl. Gr.: Margaritze Juli bis August 1937; Daberklamm 15. VII. 1937 (leg. Franz, det. Lindner). Auch von E. O. Engel (vgl. Lindner 1925 ff.) aus dem Glocknergebiet angegeben; mit *Rhamphomyia* spec. als Beute Marienhöhe Juli 1937 zahlreich auf den Wegen (leg. Lindner); Trögeralm 1 ♂ 16. VII. 1941 (leg. Lindner); Ufer der Fuscher Ache unweit des Rotmooses 1 Ex. 18. VII. 1940 (leg. Franz, det. Engel).
   Die Art kommt im ganzen zentralen Alpengebiet vor.
147. *Cerdistus alpinus* Meig.
   Gl. Gr.: Haritzersteig 1 ♀ 14. VII. 1941 (leg. Lindner).
   Endemische Art der Alpen.
148. *Cyrtopogon Mayer-Dürii* Mik.
   Gl. Gr.: Unterhalb der Marienhöhe auf einem Stein am Weg, Juli 1937 1 ♀ (leg. et det. Lindner).
   Die Art war bisher aus dem Wallis, von Zermatt, Trafoi und aus Tirol bekannt.
149. *Andrenosoma atrum* L.
   Gl. Gr.: Windisch-Matrei 12. VIII. 1931 (Werner 1934).

Familie *Therevidae*.

150. *Thereva brevicornis* Loew *(alpina* Egg.).
   Gl. Gr.: Am Paschingerweg zwischen Glocknerhaus und Pasterzenende 5. VII. 1937; Gamsgrube 6. VII. 1937 (beide leg. Franz, det. Lindner); Großglockner, (leg. Mann, Frauscher 1938); Ende Juli 1937 nicht selten, besonders im steril scheinenden Schuttgebiet über 2500 m am Pfandlschartenkees, 8 Ex. (leg. Lindner); Trögeralm 16. VII. 1941 1 ♀ Lindner; ein starkes ♀ war Beutetier einer Copula von *Rhamphomyia anthracina* Meig. (Lindner); Larven noch am Haldenhöcker unter dem Mittleren Burgstall (Franz).
   Ich sah die Art im Wallis noch in 3000 m Höhe, ferner in Anatolien im Sultan Dagh in 1500 m Höhe. Sie ist über die Alpen, Südeuropa, Kleinasien und die Kanarischen Inseln verbreitet (Lindner).
151. — *nobilitata* Fbr.
   S. Gr.: Am Weg aus dem Mallnitzer Tauerntal zur Woisken in 1300 bis 1500 m Höhe 1 ♀ 5. IX. 1941.

Familie *Bombyliidae*.

152. *Systoechus ctenopterus* Mik.
   Gr.: Zwischen Dölsach und Winklern 1 ♀ 2. VIII. 1894 (Strobl 1900).

Familie *Dolichopodidae*.

153. *Sympycnus annulipes* Meig.
   Gl. Gr.: „Glocknergebiet" 2 ♂, 1 ♀ 19. VIII. (Strobl 1900).
154. — *aeneicoxa* Meig.
   Gl. Gr.: Ferleiten, Sumpfwiese bei den Gasthöfen 2 ♂, 1 ♀ 11. VII. 1941 (leg. Franz, det. Denninger).
155. — *simplicipes* Strobl.
   Gl. Gr.: 1 ♂ Juli 1937 (leg. Lindner).
   In den Alpen endemisch.
156. *Gymnopternus Sahlbergi* Zett.
   Gl. Gr.: „Glocknergebiet" 1 ♂ 19. VIII. 1893 (Strobl 1900).
   Boreoalpine Art, die über Fennoskandia, die Alpen und Karpathen verbreitet ist.
157. *Dolichopus ungulatus* L.
   Mölltal: Zwischen Obervellach und Flattach 2 Ex. 18. VI. 1942 (leg. Franz, det. Lindner).
158. — *pennatus* Meig.
   Gl. Gr.: Fuscher Tal, unweit unterhalb des Gasthofes Lukashansl in Ferleiten, Sumpfwiesen, 11. VII. 1941, 1 ♂ (leg. Franz, det. Denninger).

159. *Dolichopus picipes* Meig.
   Gl. Gr.: Mit voriger Art 1 ♀ (leg. Franz, det. Denninger).
160. — *nigricornis* Meig.
   Gl. Gr.: Mit den vorigen Arten 1 ♀ (leg. Franz, det. Denninger).
161. *Hercostomus celer* Meig.
   Gl. Gr.: Weg von Fusch ins Hirzbachtal, in 1000 bis 1400 m Höhe 1 ♂ 8. VII. 1941 (leg. Franz, det. Denninger).
162. — *fugax* Loew.
   Gl. Gr.: Hygropetrisch an einem Felsen im Leitertal 1 ♀ Juli 1937 (leg. Lindner); Glocknerhaus—Paschingerweg 2 ♀ (leg. Franz, det. Lindner).
   In den Alpen endemische Art, wird von Bezzi (1918) aus Höhenlagen von 1200 m bis 2600 m angegeben.
163. *Campsicnemus mamillatus* Mik.
   S. Gr.: Auf Pflanzen neben einem Bächlein bei Wildbad Gastein Anfang August 1 ♂ (Type) (leg. Mik 1869).
164. *Neurogona quadrifasciata* Fabr.
   Gl. Gr.: Weg von Fusch ins Hirzbachtal 1 ♂ 1000 bis 1400 m (leg. Franz, det. Lindner).
165. *Chrysotus laesus* Wiedem.
   S. Gr.: Thurnerkaser an der Glocknerstraße zwischen Kasereck und Roßbach, auf sonnigen Almwiesen 11. VII. 1941 (leg. Franz, det. Lindner).
166. — *cupreus* Macq.
   S. Gr.: Thurnerkaser an der Glocknerstraße zwischen Kasereck und Roßbach, auf sonnigen Almwiesen 2 ♀ 11. VII. 1941 (leg. Franz, det. Lindner).
167. — *amplicornis* Zett.
   S. Gr.: Thurnerkaser an der Glocknerstraße unweit der Kasereckkapelle 1 ♀ 11. VII. 1941 (leg. Franz, det. Denninger).
168. — ? *alpicola* Strobl.
   S. Gr.: Eingang in das Zirknitztal bei Döllach 1 Ex. 29. VIII. 1941 (leg. Franz, det. Denninger).
169. *Hydrophorus bipunctatus* Lehm.
   S. Gr.: Woisken nördlich des Mallnitzer Tauerntales, an Bachrasten eines Gießbaches und im Hochmoorgelände in etwa 1600 m 1 ♂, 1 ♀.
   Weitverbreitete Art.
170. — *Rogenhoferi* Mik.
   S. Gr.: Auf dem Naßfelde bei Gastein auf der Wasserfläche einiger Tümpel in Mehrzahl 10. VIII. (leg. Mik, loc. typ., Mik 1888).
   In den Alpen endemisch, bewohnt nach Bezzi (1918) Höhen zwischen 1200 und 2700 m.
171. — *borealis* Loew.
   S. Gr.: Naßfeld bei Gastein, auf von Gletscherbächen gebildeten Tümpeln (Mik 1888).
   Gl. Gr.: Tauernmoos, vor dessen Überstauung (Werner 1924).
   Boreoalpine Art, die aus Fennoskandia und den Alpen bekannt ist.
172. — *litoreus* (Fall).
   Gl. Gr.: Senfteben zwischen Guttal und Pallik 1 Ex. 18. VI. 1942 (leg. Franz, det. Lindner).
173. *Sphyrotarsus argyrostomus* Mik.
   S. Gr.: Bei Bad Gastein, wahrscheinlich an einer Therme 1 ♂ (Type) (leg. Mik).
174. *Eucoryphus Brunneri* Mik.
   S. Gr.: Bei Böckstein am Wege zum Naßfeld Mitte August zahlreich (leg. Mik, Mik 1869).
   Bisher nur aus den Alpen bekannt.
175. — *coeruleus* Beck.
   Gl. Gr.: Am Wasserfall bei der Marienhöhe ♂ und ♀ in Anzahl, Juli 1937 auf trockenen, besonnten Felsblöcken; im Leitertal hygropetrisch an einem Felsblock am Weg in Anzahl, — also wesentlich tiefer! Diese schöne Art war bisher aus dem Ostalpen noch nicht bekannt. Beckers Abbildung des Fühlers ist nach einem geschrumpften Exemplar reichlich phantastisch. Dank des freundlichen Entgegenkommens des Wiener und des Berlin-Dahlemer Museums konnte ich meine Tiere mit den Originalen Miks und Beckers vergleichen.
   Alpine Art, die von Becker in Andermatt entdeckt und von Bäbler (1940) am Aletschgletscher, von Bezzi (1918) am Peraciaval in den Grajischen Alpen wiedergefunden wurde.
176. *Xiphandrium fissum* Loew.
   Gl. Gr.: „Glocknergebiet" 1 ♂ 19. VIII. (Strobl 1900).

Familie *Musidoridae (Lonchopteridae)*.

177. *Musidora furcata* Fall.
   Gl. Gr.: Umgebung Glocknerhaus 1 Ex. 5. VII. 1937 (leg. Franz, det. Lindner); Marienhöhe 2 ♀ Juli 1937 (leg. et det. Lindner).

Familie *Tabanidae*.

178. *Haematopota pluvialis* L.
   Gl. Gr.: Fuscher Tal, Wiesen oberhalb Ferleiten 1 Ex. 14. VII. 1940; Bruck a. d. Glocknerstraße, auf einer Wiese an der Fuscher Ache 1 Ex. (leg. Franz, det. E. O. Engel).
179. *Tabanus aterrimus* Meig.
   Gl. Gr.: Marienhöhe 1 ♂ Juli 1937 (leg. et det. Lindner); Weg von Fusch ins Hirzbachtal 1 ♀ 8. VII. 1941 und Weg von Ferleiten zur Walcheralm 1300 bis 1600 m, 1 ♀ 9. VII. 1941 (beide leg. Franz, det. Lindner).

180. *Tabanus auripilus* Meig.
   Gr. Gr.: Kals-Matreier Törl 8. VIII. 1927 (Werner 1934).
181. — *glaucescens* Schin.
   Gl. Gr.: Fuscher Tal unweit unterhalb des Gasthofes Lukashansl in Ferleiten, Sumpfwiesen mit viel Seggen und Binsen, sowie *Equisetum*, 1 ♂ 11. VII. 1941 (leg. Franz, det. Lindner).
   Ich halte dieses Tier, das zweifellos dasselbe ist wie das von Schiner beschriebene, für nicht identisch mit *maculicornis* Zett., wie Kröber und im Anschluß an ihn Szilády in ihren Bearbeitungen angeben.

Familie *Conopidae*.

182. *Sicus ferrugineus* L.
   Gr. Gr.: Am Weg von der Schneiderau in die Dorfer Öd, in der Hochstaudenflur am Bach 1 Ex. 25. VII. 1939 (det. Engel).
183. *Chrysozona pluvialis* L.
   Gl. Gr.: Fuscher Tal, unweit unterhalb des Gasthofes Lukashansl in Ferleiten 1 ♀ 11. VII. 1941 (leg. Franz, det. Lindner).

Familie *Empididae*.

184. *Noeza* (syn. *Hybos*) *femorata* Müll.
   S. Gr.: Gastein 30. VII. und 5. VIII. 1867 in Anzahl (leg. Mik).
185. — *grossipes* L.
   S. Gr.: Gastein 6. VIII. 1867 (leg. Mik) 1 Ex.
   Gr. Gr.: Lublas bei Windisch-Matrei, auf den Steppenwiesen 1 ♂, 3 ♀ 3. IX. 1941 (leg. Franz, det. Engel) und 2 weitere Ex. (det. Lindner).
186. — *liturata* Meig.
   Gl. Gr.: Albitzen-SW-Hang, in 2200 bis 2300 m Höhe (leg. Franz, det. Engel).
187. — *culiciformis* Fbr.
   Gr. Gr.: Windisch-Matrei, am Weg zur Proseckklamm 3. IX. 1941 (leg. Franz, det. Engel).
188. *Bicellaria spuria* Fall.
   S. Gr.: Mallnitzer Tauerntal, am Weg vom Gasthof Gutenbrunn auf die Hindenburg-Höhe, 1250 bis 1500 m Höhe, 1 ♂ 5. IX. 1941; Woisken nördlich des Mallnitzer Tauerntales, an Bachrasten eines Gießbaches und im Hochmoorgelände in etwa 1600 m 4 ♀ 5. IX. 1941 (leg. Franz, det. Lindner).
   Gl. Gr.: „Glocknergebiet" (Strobl 1900); am Glocknerkamp oberhalb der Pasterze August 1937 1 Ex.; Gamsgrube 1 Ex. (beide leg. Franz, det. Engel); Walcher Hochalm, in 1700 bis 1900 m Höhe 1 Ex. 9. VII. 1941 (leg. Franz, det. Lindner).
189. — *pilosa* Lundb.
   S. Gr.: Gastein 18. VIII. 1867 (leg. Mik) 1 Ex.
   Gl. Gr.: Marienhöhe 1 ♂ Juli 1937 (leg. Lindner, det. Engel).
190. *Tachypeza nubila* Meig.
   S. Gr.: Am Weg vom Gasthof Gutenbrunn auf die Hindenburg-Höhe, 1250 bis 1500 m, 1 ♀ 5. IX. 1941 (leg. Franz, det. Lindner).
191. *Chelifera flavella* Zett.
   S. Gr.: Gastein im August (leg. Mik, sec. Engel, Lindner 1925 ff.).
192. — *stigmatica* Schin.
   Gl. Gr.: Hirzbachtal oberhalb Dorf Fusch 1 Ex. 8. VII. 1941 (leg. Franz, det. Lindner).
193. *Trichina clavipes* Meig.
   Gl. Gr.: Am Promenadenweg unweit der Gamsgrube.
194. *Tachista annulimana* Meig.
   S. Gr.: Hofgastein 22. VI. 1879 (leg. Mik) 1 Ex. (sec. Engel, Lindner 1925 ff.).
195. — *interrupta* Loew.
   Gl. Gr.: Beim Glocknerhaus häufig 5. VII. 1937 (leg. Franz, det. Lindner); in der Nähe des Wasserfalles bei der Marienhöhe auf Felsblöcken Ende Juli 1937 (leg. Lindner); Albitzen-SW-Hang, auf Kalkphyllitschutthalden unter den Bratschen überall 20. VII. 1938 und mehrfach im Juli und August 1937; Pasterzenmoräne unterhalb der Hofmannshütte 2. VII. 1938 (leg. Franz, det. Engel); Juli 1941 überall im Umkreis des Glocknerhauses auf Felsblöcken, 2 ♂ (leg. Lindner).
   Die Art findet sich im ganzen Gebiet hochalpin auf Felsen und größeren Steinen, wo sie in der Sonne flink umherläuft. Sie ist eines der häufigsten Insekten in der *Caeculus echinipes*-Assoziation, aber durchaus nicht auf diese allein beschränkt (Franz).
196. — *arrogans* L.
   S. Gr.: Böckstein 31. VII. 1867 (leg. Mik) 1 Ex. und Gastein 18. VIII. 1887 (leg. Mik) 2 Ex.; Gastein 30. VII. 1867 (leg. Mik) 2 Ex.; Fuschertal, unterhalb des Gasthofes Lukashansl in Ferleiten 1 ♀ 11. VII. 1941 (leg. Franz, det. Engel).
197. *Coryneta (Cleptodromia) maculipes* Meig.
   S. Gr.: Gastein 12. VIII. 1867 und Lend, 13. VIII. 1867 (leg. Mik) 2 Ex.
198. — *(Cleptodromia) pallidiventris* Meig.
   Gl. Gr.: Heiligenblut (leg. Franz, det. Engel).
199. — *(Cleptodromia) alpigena* Strobl.
   S. Gr.: Gastein 5. VIII. 1867 und Lend 13. VIII. 1867 (leg. Mik) 2 Ex.
200. — *(Cleptodromia) Miki* Beck.
   S. Gr.: Böckstein 31. VII. 1867 (leg. Mik) 2 Ex.
   Aus den Alpen, von Ungarn und von der schwäbischen Alb bekannt.

201. *Coryneta (Cleptodromia) bicolor* Meig.
    Gl. Gr.: Heiligenblut 1 Ex. (det. Engel).
202. — *(Cleptodromia) nigritarsis* Fall.
    Gl. Gr.: Gamsgrube 1 Ex. (det. Engel).
    Boreoalpine Art, die aus Fennoskandia, von den Faröern und aus den Alpen bekannt ist.
203. — *(Cleptodromia) stigmatella* Zett.
    S. Gr.: Gastein, 6. VIII. (leg. Mik) 2 Ex. (sec. Engel, Lindner 1925); bei Gastein (sec. Oldenberg, Holdhaus 1912).
    Gl. Gr.: Umgebung des Glocknerhauses 1 Ex. (det. Engel).
204. — *(Cleptodromia) fasciata* Meig.
    Gl. Gr.: Fuscher Tal unterhalb Dorf Fusch, auf den Wiesen entlang der Fuscher Ache zahlreich, 4 Ex. 23. V. 1941 (leg. Franz, det. Lindner).
205. — *(Cleptodromia) Strobli* Mik.
    S. Gr.: Gastein im Juni (sec. Engel, Lindner 1925 ff.).
206. — *(Cleptodromia) confinis* Zett.
    Gl. Gr.: FuscherTal unterhalb Dorf Fusch, Grauerlenau am Wachtbergbach 1 ♂ 23. V. 1941 (leg. Franz, det. Engel).
207. — *(Cleptodromia) cursitans* Fabr.
    Gl. Gr.: Weg von Fusch ins Hirzbachtal 1 ♀ 8. VIII. 1941, in der Hochstaudenflur am Hirzbach im Bereich der feuchten Mischwälder in 1000 bis 1400 m Höhe (leg. Franz, det. Engel).
208. — *(Cleptodromia) minuta* Meig.
    Gl. Gr: Fuscher Tal unterhalb Dorf Fusch, auf den Wiesen an der Glocknerstraße und auf Gesträuch an der Fuscher Ache 1 ♂ 23. V. 1941 (leg. Franz, det. Lindner).
209. — *(Cleptodromia) fuscipes* Meig.
    S. Gr.: Am Weg vom Gasthof Gutenbrunn auf die Hindenburg-Höhe, 1250 bis 1500 m, 1 ♀ 5. IX. 1941 (leg. Franz, det. Lindner).
210. *Atalanta (Phaeobalia) dimidiata* Loew.
    S. Gr.: Böckstein 25. und 29. VII. 1879 (leg. Mik) 2 Ex., 9. VI. 1885 (leg. Mik) 2 Ex. (sec. Engel, Lindner 1925 ff.).
211. — *(Phaeobalia) inermis* Loew.
    S. Gr.: Naßfeld 9. VII. 1867 (leg. Mik) 1 Ex.; in den Gasteiner Hochalpen an einer von herabrieselndem Wasser benetzten Felswand August 1867 (leg. Mik 1869).
212. — *(Phaeobalia) trinotata* Mik.
    S. Gr.: Böckstein 9. VI. 1885 (leg. Mik) 1 Ex.; in den Gasteiner Hochalpen an einer von herabtriefendem Wasser benetzten Felswand 10. VIII. 1867, 6. IX. 1867 in Anzahl; Gastein August 1886 (Becker), Naßfeld 9. August 1867, 27. VIII. 1887 (leg. Mik) je ein Ex.
    Gl. Gr.: Walcheralm, Polsterpflanzenstufe, 1 ♀ 9. VII. 1941 (leg. Franz, det. Engel); Wasserfall auf der Marienhöhe 18. VII. 1941 1 ♀ (Lindner); Umgebung des Glocknerhauses 1 Ex. 5. VII. 1937; bei der Rudolfshütte 1 Ex. 16. VII. 1937 (beide leg. Franz, det. Engel).
    In den Alpen endemisch, lebt nach Bezzi (1918) in Höhenlagen von 1200 bis 2800 m.
213. — *(Kowarzia) tibiella* Mik.
    S. Gr.: Böckstein 1 Ex. 24. VII. 1879 (leg. Mik).
    In den Alpen sehr verbreitet.
214. — *(Philolutra) hygrobia* Loew.
    S. Gr.: Gastein 4 Ex. 1. VIII. 1867 (leg. Mik).
215. — *(Heleodromia) Wesmaeli* Macq.
    S. Gr.: Gastein 1 Ex. 30. VII. 1867 (leg. Mik); Böckstein 6. VIII. 1867 1 Ex. (leg. Mik).
216. — *(Chelifera) stigmatica* Schin.
    S. Gr.: Gastein 1 Ex. 4 VIII. 1867 (leg. Mik).
217. — *(Phyllodromia) melanocephala* Fabr.
    S. Gr.: Gastein 1. und 4. VIII. 1867 (leg. Mik) 2 Ex.; Böckstein 31. VII. 1867 (leg. Mik) 1 Ex.; Lend 1 Ex. 13. VIII. 1867 (leg. Mik).
218. — *(Phaeobalia) varipennis* Nowicki.
    S. Gr.: Naßfeld bei Gastein 27. VIII. (leg. Mik, sec. Engel, Lindner 1925 ff.).
219. — *(Atalanta) appendiculata* Zett.
    S. Gr.: Gastein 9. VI. bis 6. VIII.; Naßfeld bei Gastein 7. VIII. (beide sec. Engel, Lindner 1925 ff.).
    Gl. Gr.: Glocknergebiet 19. VIII. 2 ♂, 1 ♀ (Strobl 1900); Heiligenblut, an stark fließendem Bergbach an der Glocknerstraße 1 ♂ 14. VII. 1941 (Lindner).
220. — *(Atalanta) appendiculata Storchi* Mik.
    S. Gr.: Gastein 19. VII. (leg. Mik, sec. Engel, Lindner 1925 ff.); Böckstein 2 Ex. 9. VI. 1885; Naßfeld bei Gastein in Anzahl 27. VIII. 1887 (alle leg. Mik).
    Gl. Gr.: Glocknergebiet 19. VIII. 1 ♀ (Strobl 1900).
221. — *(Bergenstammia) nudipes* Loew.
    S. Gr.: Am Weg vom Kasereck zum Schareck an der alten Römerstraße Anfang August 1937 1 Ex. (leg. Franz, det. Engel).
    Gl. Gr.: Am Promenadeweg von der Franz-Josefs-Höhe in die Gamsgrube 1 Ex. auf Neuschnee 27. VII. 1939 (leg. Franz, det. Engel).
222. — *(Chamaedipsia) bicuspidata* Engel (Bestimmung nicht sicher).
    Gl. Gr.: In der Umgebung der neuen Salmhütte 1 Ex. (leg. Franz, det. Engel).

223. *Microphorus velutinus* Meig.
   Gl. Gr.: Fuscher Tal unterhalb Dorf Fusch, auf den Wiesen an der Glocknerstraße 1 ♂ 23. V. 1941 (leg. Franz, det. Lindner).

224. *Ocydromia glabricula* Fall.
   Gl. Gr.: Fuscher Tal unterhalb Dorf Fusch, auf den Wiesen an der Glocknerstraße 1 ♀ 23. V. 1941 (leg. Franz, det. Lindner).
   Gr. Gr.: Windisch-Matrei gegen Proseckklamm 1 ♀ 3. IX. 1941 (leg. Franz, det. Lindner).

225. *Rhamphomyia discoidalis* Beck.
   S. Gr.: Stanziwurten, hochalpin 1 Ex. 2. VII. 1937 (leg. Franz, det. Engel).
   In den Alpen endemisch. Wurde von Strobl nach handschriftlichen Aufzeichnungen auch auf den Haller Mauern (Natterriegel), in den Gesäusealpen (Admonter Kalbling und Scheiblegger Hochalm) und auf dem Zirbitzkogel in Steiermark subalpin und in der Zwergstrauchstufe gesammelt (Franz).

226. — *albosegmentata* Zett.
   Gl. Gr.: Wiesen im Guttal oberhalb der Ankehre entlang des Guttalbaches, 2000 bis 2100 m, 1 ♀ 11. VII. 1941 (leg. Franz, det. Engel).

227. — *flava* Fall.
   Gl. Gr.: Wiesen im Guttal oberhalb der Ankehre entlang des Guttalbaches, 2000 bis 2100 m, 3 ♀ 11. VII. 1941 (leg. Franz, det. Engel); diese ♀ unterscheiden sich von solchen aus Lunz (Niederdonau) durch etwas bedeutendere Größe und einen bräunlichen Mittelstreifen des Thorax.

228. — *anthracina* Meig.
   S. Gr.: Naßfeld bei Gastein 4. Ex. 25. VII. 1879 (leg. Mik); zwischen Kasereck und Schareck am alten Römerweg 1 Ex. Anfang August 1937; Gjaidtrog-SW-Hang, hochalpin 1 Ex. 18. VII. 1937 (beide leg. Franz, det. Engel).
   Gl. Gr.: ,,Glockner" (leg. Mann) 1856 2 Ex.; im Rasen bei der Hofmannshütte 1 Ex. 16. VII. 1940; Umgebung der Rudolfshütte 1 Ex. 16. VII. 1937 (leg. Franz, det. Engel); auf den flachen Steinen in der Nähe des Wasserfalles bei der Marienhöhe 2200 m Ende Juli 1937 8 ♂, 4 ♀ (leg. et det. Lindner).
   Die Art wurde am 9. VII. 1941 auf der Walcheralm an sonnseitigen Rasenhängen in der Zwergstrauchstufe in 2000 bis 2300 m Höhe massenhaft, vielfach in copula beobachtet; ♀ meist mit Beute (Anthomyiiden und sogar eine große Tipula) (leg. Franz). Vom 16. bis 19. VII. 1941 traf ich zahlreiche Pärchen in copula auf der Glocknerstraße in der Nähe des Glocknerhauses. Einmal *Thereva brevicornis* Loew als Beutetier.
   Die Art kommt überall in den Alpen vom ersten Frühjahr an vor. Bezzi (1918) gibt als Höhengrenzen 1200—2800 m an.

229. — *luridipennis* Nowicki.
   Gl. Gr.: ,,Großglockneralpenwiesen" 1 ♂, 1 ♀ 17. VIII. (Strobl 1900); am Tauernmoos vor dessen Überstauung (Werner 1924); Bergertörl (leg. Franz, det. Lindner); Marienhöhe, 1 ♂ Ende Juli 1937 (Lindner).

230. — *heterochroma* Bezzi.
   Gl. Gr.: ,,Glockner" 1 Ex. (leg. Mann) 1856; am Paschingerweg zwischen Glocknerhaus und Pasterzenende 1 Ex. Sommer 1937 (det. Lindner); Marienhöhe, 2 ♀ Ende Juli 1937 (leg. Lindner, det. Engel); Albitzen-SW-Hang, in 2200 bis 2300 m Höhe im Rasen 1 Ex. 17. VII. 1940 (leg. Franz, det. Lindner); Wiesen im Guttal oberhalb der Ankehre entlang des Guttalbaches, 2000 bis 2100 m 2 ♂ 11. VII. 1941 (leg. Franz, det. Engel).

231. — *serpentata* Loew.
   S. Gr.: Gastein 10. VIII. 1867 (leg. Mik) 1 Ex.; in der Kleinen Fleiß beim Alten Pocher 1 Ex. 3. VII. 1937 (leg. Franz, det. Engel).
   Gl. Gr.: ,,Großglockner" 1 ♂ 17. VIII. (Strobl 1900); Marienhöhe 3 ♂, 1 ♀ (leg. Lindner, det. Engel).
   In den Alpen endemisch, reicht nach handschriftlichen Aufzeichnungen Strobls ostwärts bis zum Eisenhut, Zirbitzkogel und Bösenstein (Rottenmanner Tauern), wird jedoch wohl auch noch weiter östlich zu finden sein. Steigt aus hochalpinen Lagen weit unter die Waldgrenze herab.

232. — ? *latipennis* Meig.
   Gl. Gr.: Fuscher Tal unterhalb Dorf Fusch, auf den Wiesen an der Glocknerstraße 1 ♂ 23. V. 1941 (leg. Franz, det. Lindner).

233. — *alpina* Zett. (Bestimmung nicht sicher).
   S. Gr.: Stanziwurten-SW-Hang, hochalpin 1 Ex. 2. VII. 1937 (leg. Franz, det. Engel).

234. — *trinotata* Nowicki (Bestimmung nicht sicher).
   Gl. Gr.: Am Paschingerweg beim Pasterzenende 3 Ex.; Gamsgrube 1 Ex. (leg. Franz, det. Engel).
   In den Alpen endemisch.

235. — *(Lundstroemiella) sphenoptera* Loew.
   Gl. Gr.: Umgebung der Rudolfshütte 1 Ex. 16. VII. 1937 (leg. Franz, det. Engel).

236. — *pallidiventris* Fall.
   S. Gr.: Naßfeld bei Gastein 25. VII. 1870 1 Ex. (leg. Mik); Gastein (sec. Oldenberg, Holdhaus 1912). Boreoalpine Art (Holdhaus 1912).

237. — *monticola* Old.
   Gl. Gr.: Albitzen-SW-Hang, in 2200 bis 2300 m Höhe 1 Ex. 17. VII. 1940 (leg. Franz, det. Engel).

238. — *hirtimana* Old.
   Gl. Gr.: Marienhöhe 1 ♂ Juli 1937 (leg. Lindner, det. Engel); Trögeralm 1 ♂ 16. VII. 1941 (leg. Lindner) In den Alpen endemisch.

239. — *geniculata* Meig. (= *plumipes* Fall.) (Frey).
   Gl. Gr.: Marienhöhe 1 ♀ Juli 1937 (leg. Lindner, det. Engel).

240. *Rhamphomyia simplex* Zett. (Bestimmung nicht sicher).
Gl. Gr.: Marienhöhe 1 ♂ Juli 1937 (leg. Franz, det. Lindner).
Wahrscheinlich boreoalpin verbreitet, war bisher nur aus Skandinavien bekannt.

241. — *flaviventris* Meig.
S. Gr.: Gastein 24. IX. 1879 (leg. Mik).
Gl. Gr.: Im Glocknerhaus 1 ♂ 17. VII. 1941 (Lindner).

242. — *tenuirostris* Fall.
S. Gr.: Gastein 18. VIII. 1887, 31. VII. 1867 (leg. Mik) 2 Ex.

243. — *hybotina* Zett.
S. Gr.: Gastein 24. VII. 1879 (leg. Mik) 1 Ex., 6. VIII. 1867 (leg. Mik) 4 Ex.

244. — *montana* Old.
Gl. Gr.: „Glockner" 3. VIII. 1921 (leg. Zerny) 1 Ex.; im Rasen bei der Hofmannshütte 1 Ex. 16. VII. 1940 (leg. Franz, det. Lindner).

245. — *tristriolata* Now.
S. Gr.: Gastein 8. VIII. 1867 (leg. Mik) 1 Ex.
Die Art ist in den Alpen und Karpathen verbreitet.

246. — *rufiventris* Meig.
Gl. Gr.: Gamsgrube, im Rasen bei der Hofmannshütte in 2400 m Höhe 1 Ex. 16. VII. 1940 (leg. Franz, det. Lindner).

247. — *chioptera* Meig.
Gl. Gr.: Fuscher Tal, oberhalb Ferleiten 1200 bis 1600 m 1 Ex. 14. V. 1940 (leg. Franz, det. Lindner).

248. — *nitidula* Zett.
S. Gr.: Böckstein 1 Ex. 9. VI. 1885 (leg. Mik).
Boreoalpine Art, die aus Fennoskandia und den Alpen bekannt ist.

249. — *umbripes* Beck.
S. Gr.: Böckstein 1 Ex. 9. VI. 1885 (leg. Mik).

250. — *Empis stercorea* L.
S. Gr.: Gastein 1 Ex. 24. VII. 1879 (leg. Mik).
Gl. Gr.: Fuscher Tal unterhalb Dorf Fusch, von Sträuchern am Ufer der Fuscher Ache, besonders von blühendem *Prunus padus* geklopft 2 Ex. 23. VI. 1941 (leg. Franz).

251. — *livida* L.
Pinzgau: Bruck a. d. Glocknerstraße 1 Ex. 19. VII. 1940 (leg. Franz, det. Engel).

252. — *loewiana* Bezzi.
S. Gr.: Gastein 1 Ex. Juni 1879 (leg. Mik).

253. — *aequalis* Loew.
S. Gr.: Gastein 4 Ex. Juni 1867 (leg. Mik).

254. — *bistortae* Meig.
S. Gr.: Gastein 2 Ex. 8. VIII. und 10. VIII. 1867 (leg. Mik); Naßfeld 6. VIII. 1879 2 Ex. (leg. Mik).
Gl. Gr.: Walcheralm, 1600 bis 1900 m 2 ♂ 9. VII. 1941 (leg. Franz, det. Engel); am Tauernmoos vor dessen Überstauung (Werner 1924); Marienhöhe und Leitertal 2 ♂, 5 ♀ Juli 1937 (Lindner).

255. — *grisea* Fall.
S. Gr.: Gastein 4. und 6. VIII. 1867 (leg. Mik) 2 und 1 Ex.

256. — *dasychira* Mik.
S. Gr.: Gastein 2 Ex. 4. VIII. 1867 (leg. Mik).
Die Art scheint bisher nur aus den Alpen bekannt zu sein.

257. — *alpicola* Strobl.
S. Gr.: Naßfeld, in Anzahl 9. VI. 1885 (leg. Mik).
In den Alpen endemisch. Wurde von Strobl (1892—1897) in den Rottenmanner Tauern, Gesäusealpen und Haller Mauern subalpin und in der Zwergstrauchstufe gesammelt.

258. — *lamellicornis* Beck.
S. Gr.: Gastein, in Anzahl 4. VIII. und 6. VIII. 1867 (leg. Mik).
In den Alpen endemisch. In Obersteiermark nach Strobl (1892—1897) in subalpinen und hochalpinen Lagen eine der gemeinsten Arten.

259. — *borealis* L. (Bestimmung nicht sicher).
S. Gr.: Bei Gastein 9. VI. 1885 1 Ex. (leg. Mik).
Boreoalpine Art.

260. — *tessellata* Fabr.
S. Gr.: Böckstein, in Anzahl 9. VI. 1885 (leg. Mik).
Naßfeld 2 Ex. 29. VII. 1879 (leg. Mik); an der Fleißkehre der Glocknerstraße 1 Ex. 15. VII. 1940 (leg. Franz, det. Engel).
Gl. Gr.: Fuscher Tal unterhalb Dorf Fusch, auf den Wiesen an der Glocknerstraße 2 Ex. 23. V. 1941 (leg. Franz).

261. — *lucida* Zett.
S. Gr.: Gastein (sec. Oldenberg, Holdhaus 1912).
Boreoalpine Art (Holdhaus 1912).

262. — *bilineata* Loew.
Gl. Gr.: Wie *stercorea* 3 Ex. (leg. Franz).

263. — *trigramma* Meig.
Gl. Gr.: Mit der vorgenannten Art 1 Ex. (leg. Franz).

264. *Rhamphomyia nitida* Meig.
   Gl. Gr.: Oberstes Fuscher Tal, am Weg vom Fuscher Rotmoos zur Trauneralm 1 Ex. 22. V. 1941 (leg. Franz).
265. — *vernalis* Meig.
   Gl. Gr.: Weg von Fusch ins Hirzbachtal, 8. VII. 1941 (leg. Franz, det. Engel); Weg von Ferleiten zur Walcheralm 1600—1900 m 2 ♀ (leg. Franz, det. Engel).
266. — *(Pterempis) plumipes* Zett.
   S. Gr.: Große Fleiß 1 ♀ 22. VII. 1937 (leg. Franz, det. Engel).
   Gl. Gr.: Wiesen im Guttal oberhalb der Ankehre entlang des Guttalbaches, 2000 bis 2100 m 1 ♀ 11. VII. 1941 (leg. Franz, det. Engel).
267. — *(Pterempis) pennipes* L.
   Gl. Gr.: Albitzen-SW-Hang, in 2200 bis 2300 m Höhe 1 Ex. 17. VII. 1940 (leg. Franz, det. Engel).
268. — *(Xanthempis) aequalis* Loew.
   Gl. Gr.: Weg von Fusch ins Hirzbachtal, 1000 bis 1400 m 1 ♀ 8. VII. 1941 (leg. Franz, det. Engel). Trögeralm 1 ♀ 16. VII. 1941 (leg. et det. Lindner).
269. — *(Xanthempis)* spec.
   Gl. Gr.: Albitzen-SW-Hang, in 2200 bis 2300 m Höhe 1 Ex. 17. VII. 1940 (leg. Franz, det. Engel).
270. — *florisomna* Loew.
   Gl. Gr.: Zwischen Marienhöhe und Leitertal 2 ♂ Juli 1937 (leg. Lindner); Wiesen im Guttal oberhalb der Ankehre entlang des Guttalbaches, 2000 bis 2100 m 1 ♂ 11. VII. 1941 (leg. Franz, det Engel).
   In den Alpen endemisch; steigt nach Strobl (1892—97) in den Alpen Steiermarks aus subalpinen Waldlagen bis 2000 m empor und ist auf Blumen der Krummholzwiesen am häufigsten.
271. *Oreogeton basalis* Loew.
   Gl. Gr.: Weg von Fusch ins Hirzbachtal 1 ♂ 8. VII. 1941 (1000 bis 1400 m) (leg. Franz, det. Engel).
   In Mitteleuropa, vorwiegend in den Alpen verbreitet.
272. *Hilara germanica* Engel (= *diversipes* Strobl).
   Gl. Gr.: Weg von Ferleiten zur Walcheralm am Osthang des Hohen Tenn, 1300 bis 1600 m, 21 Exemplare 9. VII. 1941 (leg. Franz, det. Engel); Walcheralm, 2000 bis 2300 m, 4 ♂, 3 ♀ 9. VII. 1941 (leg. Franz, det. Engel).
   Bis jetzt nur aus den deutschen Alpen und dem nördlichen Vorland bekannt.
273. — *maura* Fabr.
   Gl. Gr.: Fuscher Tal, unweit unterhalb des Gasthofes Lukashansl in Ferleiten 3 ♀ 11. VII. 1941 (leg. Franz, det. Engel).
   In Europa weitverbreitete Art.
274. — *interstincta* Fall.
   S. Gr.: Woisken bei Mallnitz, in 1600 m an Bachrasten eines Gießbaches 2 Ex. und beim Gasthof Gutenbrunn am Bach 2 ♂, 1 ♀ 5. IX. 1941 (leg. Franz, det. Engel).
   Gl. Gr.: Haritzersteig 2 ♂ 14. VII. 1941 (leg. Lindner).
   In Nord- und Mitteleuropa weit verbreitet.
275. — *tetragramma* Loew.
   Gl. Gr.: Fuscher Tal unterhalb Dorf Fusch, auf den Wiesen an der Glocknerstraße 1 ♂ 23. V. 1941 (leg. Franz, det. Lindner).
276. — *quadrivittata* Meig.
   S. Gr.: Woisken bei Mallnitz, in 1600 m Höhe an Bachrasten schwärmend 2 ♂, 4 ♀ 5. IX. 1941 (leg. Franz, det. Engel).
   Gl. Gr.: Im Fuscher Tal mit der vorgenannten Art 2 ♂, 4 ♀ (leg. Franz, det. Lindner).
   Die Art ist von Mitteleuropa (den Alpen und Ungarn), Nordeuropa und Alaska bekannt.
277. — *sulcitarsis* Strobl.
   Gl. Gr.: An Bächen an der Glocknerstraße auf der Höhe der Marienhöhe 3 ♂ Juli 1937 (leg. Lindner, det. Engel); Wiesen im Guttal oberhalb der Ankehre, entlang des Guttalbaches 2000 bis 2100 m (1 ♂ leg. Franz, det. Lindner, 4 ♂ det. Engel).
278. — *lugubris* Fall. (Bestimmung nicht sicher).
   Gl. Gr.: Marienhöhe ♂ ♀ Juli 1937 (leg. Lindner, det. Engel).
   Boreoalpine Art, die bisher nur aus Schweden und Tirol bekannt war.
279. — *nitidula* Zett.
   Gl. Gr.: Marienhöhe 1 ♂ Juli 1937 (leg. Lindner, det. Engel); Fuscher Tal unterhalb Dorf Fusch, Grauerlenau am Wachtbergbach 23. V. 1941 (leg. Franz, det. Engel).
   Boreoalpin verbreitet. Die Art lag E. O. Engel bisher aus dem südlichen Lappland, aus den Alpen Kärntens, Tirols, Salzburgs, Niederdonaus und Bayerns sowie aus Wölfelsgrund am Nordhang des Glatzer Schneeberges vor.
280. — *chorica* Fall.
   S. Gr.: Gastein 2 ♀ (leg. Becker, Strobl 1892).
   Gl. Gr.: „Glocknergebiet an Bächen" 2 ♂ (Strobl 1900).
281. — *longevittata* Zett.
   Gl. Gr.: An der Pasterze 1 ♂ 20. VII. (leg. Tief); auch von Strobl im Glocknergebiet 6 ♀ 17. VIII. gesammelt (Strobl 1892).
   Boreoalpine Art. Von Zetterstedt nach schwedischen Stücken beschrieben, in den Alpen an der Pasterze, bei Trafoi und Macugnaga, außerdem am Korab in Albanien gefunden.
282. — *hirta* Kow.
   S. Gr.: Gastein 3. und 7. IX. 3 ♂, 2 ♀ (leg. Becker, Strobl 1892).
   Scheint in den Alpen endemisch zu sein, jedoch weit in die Täler herabzusteigen (vgl. Strobl 1892—97).

283. *Rhamphomyia litorea* Fall.
: S. Gr.: Bei Gastein Ende Juli und 10. IX. (leg. Becker) 2 ♂, 1 ♀ (Strobl 1892).
284. — *manicata* Meig.
: S. Gr.: Gastein 1 ♂ 30. VIII. (leg. Becker, Strobl 1892).
285. — *sartor* Becker.
: S. Gr.: Zahlreich bei Gastein September 1887 (leg. Becker, Becker 1888, Strobl 1892); Mallnitzer Tauerntal, am Weg von Mallnitz zum Gasthof Gutenbrunn 1150 bis 1250 m 1 ♂ (leg. Franz, det. Lindner). In den Alpen endemisch. Nach handschriftlichen Aufzeichnungen Strobls von diesem in den Rottenmanner Tauern (Hengst) in Grünerlenbeständen gefunden.
286. — *scrobiculata* Loew.
: Gl. Gr.: „Glocknergebiet an Bächen" 2 ♂, 4 ♀ 16. VIII. (Strobl 1900).
287. — *spinimana* Zett. var. *spinigera* Strobl.
: S. Gr.: Bei Gastein 8. IX. 3 ♀ (leg. Becker, Strobl 1892).
: Boreoalpine Art (Holdhaus 1912).

Familie *Cordyluridae*.

288. *Acanthocnema nigrimanum* Zett.
: S. Gr.: Bei Gastein (sec. Oldenberg, Holdhaus 1912).
: Boreoalpine Art (Holdhaus 1912).
289. *Megophthalma unilineatum* Zett.
: S. Gr.: Gastein (Becker 1894); Mallnitzer Tauerntal, beim Gasthof Gutenbrunn 1 ♂; in der Woisken in 1600 m Höhe 1 ♀ 5. IX. 1941 (leg. Franz, det. Lindner).
: Boreoalpine Art, die aus Skandinavien, Schlesien und den Alpen bekannt ist.
290. *Norellisoma lituratum* Meig.
: Gl. Gr.: Albitzen-SW-Hang, in 2200 bis 2300 m Höhe 2 Ex. 17. VII. 1940; Wasserrad-SW-Hang, unweit unterhalb der Rasengrenze in 2500 m Höhe 1 Ex. 17. VII. 1940; im Rasen bei der Hofmannshütte 1 Ex. 16. VII. 1940 (leg. Franz, det. Engel); Wiesen im Guttal oberhalb der Ankehre entlang des Guttalbaches (2000 bis 2100 m) 1 ♂ 11. VII. 1941 (leg. Franz, det. Lindner); Almwiesen der Senfteben zwischen Guttal und Pallik 1 Ex. 18. VI. 1942 (leg. Franz, det. Lindner).
291. — *striolatum* Meig.
: S. Gr.: Hüttenwinkeltal, zwischen Bucheben und Bodenhaus 1 Ex. 15. V. 1940 (leg. Franz, det. Engel).
: Gl. Gr.: Weg vom Fuscher Rotmoos zur Trauneralm 1 ♂ 22. V. 1941 (leg. Franz, det. Lindner); Fuscher Tal unterhalb Dorf Fusch, an der Glocknerstraße auf den Wiesen und auf Gesträuch an der Fuscher Ache gesammelt 1 ♀ 23. V. 1941 (leg. Franz, det. Lindner).
292. *Cordylura pudica* Meig.
: Gl. Gr.: Fuscher Tal, unterhalb Dorf Fusch, an der Glocknerstraße auf den Wiesen und auf Gesträuch an der Fuscher Ache 1 ♂ 23. V. 1941 (leg. Franz, det. Lindner).
293. *Trichiaspis equina* Fall.
: Gl. Gr.: Weg von Fusch ins Hirzbachtal 8. VII. 1941, in der Hochstaudenflur am Hirzbach im Bereich der feuchten Mischwälder (1000 bis 1400 m) 1 ♀ (leg. Franz, det. Lindner); Weg von Ferleiten zur Walcheralm am O-Hang des Hohen Tenn (1300 bis 1600 m) 9. VII. 1941 1 ♂ (leg. Franz, det. Lindner); Fuscher Tal unterhalb Dorf Fusch 23. V. 1941 1 ♀ (leg. Franz, det. Lindner).
294. *Crumomyia nigra* Meig.
: Gl. Gr.: Fuscher Tal unterhalb Dorf Fusch 23. V. 1941 2 ♂ (leg. Franz, det. Lindner).
295. *Scopeuma luridum* Schin.
: S. Gr.: Gastein (Becker 1894).
296. — *stercorarium* L.
: S. Gr.: Hüttenwinkeltal, zwischen Bucheben und Bodenhaus 1 Ex. 15. V. 1940 (leg. Franz, det. Engel); Woisken bei Mallnitz, in etwa 1600 m Höhe 1 ♀ 5. IX. 1941.
: Gl. Gr.: Senfteben, auf Rindermist 1 Ex. 18. VI. 1942; Wiesen im Guttal 2000 bis 2100 m 1 ♂ (leg. Franz, det. Lindner); am Tauernmoos vor dessen Überstauung (Werner 1924); Marienhöhe, Mölltal 1 ♂, 4 ♀ Juli 1937 (leg. Lindner); Fuscher Tal oberhalb Ferleiten 2 Ex. 14. 5. 1940, unterhalb Fusch an der Glocknerstraße 1 Ex. 23. V. 1941 (leg. Franz, det. Engel).
297. — *merdarium* Fabr.
: Gl. Gr.: Albitzen-SW-Hang 1 Ex. Juli 1938 (leg. Franz, det. Engel).
298. — *cinerarium* Meig.
: Gl. Gr.: Marienhöhe 1 ♀ Juli 1937 (leg. Lindner).
: Schobergr.: Am großen Gradensee 1 ♂, 1 ♀ 25. VIII. 1939 (leg. Turnowsky, det. Lindner).
: In den Alpen endemisch.
299. — *maculipes* Zett.
: S. Gr.: Gastein (sec. Becker, Holdhaus 1912).
: Boreoalpine Art (Holdhaus 1912).
300. *Microprosopa haemorrhoidalis* Meig.
: S. Gr.: Bei Gastein (sec. Oldenberg, Holdhaus 1912).
: Boreoalpine Art (Holdhaus 1912).
301. *Gymnomera dorsata* Zett.
: S. Gr.: Kleine Fleiß, beim Alten Pocher 1 Ex. 4. VII. 1937 (det. Hennig).
: Gl. Gr.: Guttalwiesen oberhalb der Ankehre der Glocknerstraße 1 ♀ 15. VII. 1940 (leg. Franz, det. Engel); Wiesen im Guttal oberhalb der Ankehre entlang des Guttalbaches (2000 bis 2100 m), vom Rasen gestreift 2 ♂, 3 ♀ 11. VII. 1941 (leg. Franz).
: Boreoalpin; bisher aus Fennoskandia und den Alpen bekannt.

302. *Clidogastra carbonaria* Pok.
   Gl. Gr.: Piffkaralm, in 1630 *m* Höhe an der Glocknerstraße 1 Ex. in *Veratrum album*. 15. VII. 1940 (leg. Franz, det. Lindner).
303. — *nigrita* Fall.
   Gl. Gr.: Albitzen-SW-Hang, in 2300 bis 2500 *m* Höhe 17. VII. 1940 (leg. Franz, det. Lindner).
   Boreoalpin, in Fennoskandia, Sibirien und den Alpen nachgewiesen.

Familie *Psilidae*.

304. *Chamaepsila rosae* Fabr.
   S. Gr.: Mallnitzer Tauerntal, Weg zum Gasthof Gutenbrunn 1200 *m* 1 ♀ 5. IX. 1941 (leg. Franz, det. Lindner).
   Gr. Gr.: Windisch-Matrei, Steppenwiesen beim Lublas 1100 *m* 1 ♀ 3. IX. 1941.
305. — *morio* Zett.
   S. Gr.: Thurnerkaser an der Glocknerstraße zwischen Kasereck und Roßbach, auf sonnigen Almwiesen 11. VII. 1941 1 ♀ (leg. Franz, det. Lindner).
   Gl. Gr.: Wiesen im Guttal oberhalb der Ankehre entlang des Guttalbaches, 2000 bis 2100 *m*, 11. VII. 1941, vom Rasen, auch von Zwergweiden *(Salix hastata* etc.) gestreift, 6 ♀; Senfteben 4 Ex. 18. VI. 1942 (leg. Franz, det. Lindner); Trögeralm 1 ♀ 16. VII. 1941 und Haritzersteig 1 ♂, 2 ♀ 14. VII. 1941 (leg. Lindner).
306. *Psila fimetaria* L.
   Gl. Gr.: Weg von Fusch ins Hirzbachtal, 8. VII. 1941 (leg. Franz, det. Lindner).
307. *Psilosoma Audouini* Zett.
   S. Gr.: Bei Gastein (sec. Oldenberg, Holdhaus 1912).
   Boreoalpine Art (Holdhaus 1912); über Fennoskandia, die Alpen, Sudeten und die Tatra verbreitet. Von Oldenberg auch im Wettersteingebirge in der Grünerlenregion gesammelt.

Familie *Sepsidae*.

308. *Sepsis cynipsea* L.
   Gl. Gr.: Umg. Glocknerhaus 1 Ex. 5. VII. 1937; Kalkphyllitriegel unterhalb des Glocknerhauses 1 Ex. 3. VIII. 1938; Käfertal, an den Stämmen der obersten Bergahorne 1 Ex. 23. VII. 1939 (alle leg. Franz, det. Engel).
309. — *punctum* Fabr.
   Gl. Gr.: Talwiesen oberhalb Ferleiten 1 Ex. 14. VII. 1940 Piffkaralm 1630 *m*, knapp oberhalb der Glocknerstraße 2 Ex. 15. VII. 1940; Albitzen-SW-Hang 2200 bis 2300 *m* 1 Ex. 17. VII. 1940 (leg. Franz, det. Engel).
310. *Themira minor* Hal.
   Gl. Gr.: Dorfertal 1 Ex. Mitte Juli 1937 (leg. Franz, det. Engel).

Familie *Piophilidae*.

311. *Mycetaulus bipunctatus* Fall.
   Gr. Gr.: Windisch-Matrei, am Weg zur Proseckklamm 1 ♀ 3. IX. 1941 (leg. Franz, det. Lindner).

Familie *Sphaeroceridae*.

312. *Sphaerocera subsultans* Fabr.
   S. Gr.: In der kleinen Fleiß beim Alten Pocher aus Grünerlenlaub gesiebt 1 Ex. 3. VII. 1937 (leg. Franz, det. Engel).
313. *Borborillus costalis* Zett.
   Gl. Gr.: Am Tauernmoos vor dessen Überstauung (Werner 1924).
314. *Stratioborborus nitidus* Meig.
   S. Gr.: Kleine Fleiß, im Grünerlengebüsch oberhalb des Alten Pocher 1 Ex. 30. VI. 1937 (leg. Franz, det. Engel).
   Gl. Gr.: Umgebung des Glocknerhauses 1 Ex. (leg. Franz, det. Lindner); Albitzen-SW-Hang, 2300 bis 2500 *m* 1 Ex. 17. VII. 1941 (leg. Franz, det. Engel).
315. *Aptilotus paradoxus* Mik.
   Gl. Gr.: In der Schlucht des Hirzbaches aus Buchenfallaub gesiebt, etwa 1400 *m*, 8. VII. 1941 (leg. Franz, det. Lindner).
   Die Fliege wurde durch Sieben von Strobl in Siebenbürgen, bei Admont und im Gesäuse sowie in Bosnien erbeutet. Sie ist durch den Mangel von Flügeln und Schwingern ausgezeichnet.
316. *Trichiaspis equina* Fall.
   Gl. Gr.: Weg von Ferleiten zur Walcher Hochalm 1700 bis 1900 *m* 1 Ex. 9. VII. 1941 (leg. Franz, det. Lindner).

Familie *Helomyzidae*.

317. *Helomyza alpina* Loew.
   Gl. Gr.: Abhang der Edelweißspitze gegen das Fuscher Törl, in etwa 2200 *m* Höhe 1. VIII. 1938 (leg. Franz, det. Lindner).
   In den Alpen endemisch.
318. *Suillia Miki* Pok.
   S. Gr.: Gastein (Czerny 1924, Holdhaus 1912).
   Boreoalpine Art (Holdhaus 1912).

319. *Suillia quadrilineata* Czerny.
    In der Liechtensteinklamm bei St. Johann im Pongau 1 ♀ (Oldenberg leg., Czerny 1924).
    Die Art dürfte auch im Untersuchungsgebiet zu finden sein.
320. *Chaetomus confusus* Wahlgren.
    S. Gr.: Gastein (Czerny 1924).
    Wurde von Wahlgren aus Skandinavien beschrieben und ist sonst nur noch aus den Alpen bekannt, somit boreoalpin verbreitet.
321. — *flavotestaceus* Zett.
    S. Gr.: Gastein (Holdhaus 1912, teste Oldenberg).

Familie *Otitidae*.

322. *Loxocera ichneumonea* Meig.
    Mölltal: Zwischen Obervellach und Flattach 1 Ex. 18. VI. 1942 (leg. Franz, det. Lindner).
323. *Herina nigra* Meig.
    Gl. Gr.: Am Wienerweg von der Stockerscharte zur Salmhütte 1, Ex. (leg. Franz, det. Engel).

Familie *Tylidae*.

324. *Tylus corrigiolatus* L.
    Mölltal: Zwischen Obervellach und Flattach 1 Ex. 18. VI. 1942; Winklern, Wiese bei der Autobushaltestelle 2 Ex. 18. VI. 1942 (leg. Franz, det. Lindner).
325. *Compsobata cibaria* L.
    Gl. Gr.: Fuscher Tal unterhalb Dorf Fusch, auf den Wiesen an der Glocknerstraße und auf Gesträuch an der Fuscher Ache 1 ♂ 23. V. 1941 (leg. Franz, det. Lindner).
326. *Micropeza corrigiolata* L.
    Gl. Gr.: Heiligenblut, auf den Steppenwiesen entlang des Haritzerweges oberhalb des Ortes 2 Ex. 15. VII. 1940 (leg. Franz, det. Engel).

Familie *Sciomyzidae*.

327. *Tetanocera elata* Fabr.
    Gl. Gr.: Walcheralm 2000 bis 2300 m 1 ♂ 9. VII. 1941 (leg. Franz, det. Lindner); Fuscher Tal, Sumpfwiesen bei Ferleiten unweit Lukashansl 1 ♀ 11. VII. 1941 (leg. Franz, det. Lindner).
328. *Ditaenia cinerella* Fall.
    S. Gr.: Eingang in das Zirknitztal oberhalb Döllach, in etwa 1100 m Höhe an xerothermem Südhang 1 ♂ 29. VIII. 1941 (leg. Franz, det. Lindner).
    Gl. Gr.: Talwiesen oberhalb Ferleiten 1 Ex. 14. VII. 1941 (leg. Franz, det. Engel); Steppenwiesen entlang des Haritzerweges oberhalb Heiligenblut 15. VII. 1940 (leg. Franz, det. Lindner).
329. *Dictya umbrarum* L.
    S. Gr.: Gastein (leg. Becker, sec. Hendel).
330. *Limnia unguicornis* Scop.
    Gl. Gr.: Über der Walcheralm in der Polsterpflanzenstufe auf den Walcher Sonnleitbratschen 1 ♀ 9. VII. 1941 (leg. Franz, det. Lindner).
331. *Coremacera marginata* Fabr.
    Gl. Gr.: Weg von Fusch ins Hirzbachtal 8. VII. 1941 1 ♂, 1 ♀ (leg. Franz, det. Lindner).
332. *Trypetoptera punctulata* Scop.
    Gl. Gr.: Fuscher Tal, Wiesen oberhalb Ferleiten 1 Ex. 14. VII. 1940 (leg. Franz, det. Engel).
333. *Lunigera chaerophylli* Fabr.
    Gr. Gr.: Windisch-Matrei, Steppenwiesen beim Lublas 1100 m über dem Eingang in die Proseckklamm 1 Ex. 3. IX. 1941 (leg. Franz, det. Lindner).

Familie *Ephydridae*.

334. *Hyadina nitida* Macq.
    Gl. Gr.: An „Bächen des Glocknergebietes" 1 ♂ 19. VIII. (Strobl 1900).
335. — *guttata* (Fall.).
    S. Gr.: Mallnitzer Tauerntal, Weg in die Woisken 1 ♂ 5. IX. 1941 (leg. Franz, det. Lindner).
336. *Hydrina nubeculosa* Strobl (könnte auch *Mocsaryi* Kert. sein).
    Gl. Gr.: Großer Burgstall, in 3000 m 2 Ex. (leg. Franz, det. Hennig).
337. *Hydrellia griseola* Fall.
    Gl. Gr.: Trögeralm 1 ♀ 16. VII. 1941; Haritzersteig 1 ♂ 14. VII. 1941 (leg. Lindner); Senfteben 1950 m, von Almrosen gestreift 1 Ex. 18. VI. 1942 (leg. Franz).
338. *Discomyza incurva* Fall.
    Gr. Gr.: Windisch-Matrei, Steppenwiesen beim Lublas 1100 m, über dem Eingang in die Proseckklamm 2 Ex. 3. IX. 1941 (leg. Franz, det. Lindner).

Familie *Lonchaeidae*.

339. *Eurygnathomyia bicolor* Zett.
    S. Gr.: Bei Gastein (sec. Oldenberg, Holdhaus 1912).
    Boreoalpine Art (Holdhaus 1912).

Familie *Chamaemyiidae*.

340. *Chamaemyia polystigma* Meig.
S. Gr.: Mallnitzer Tauerntal, unterhalb des Gasthofes Gutenbrunn 1 ♀ 5. IX. 1941 (leg. Franz, det. Lindner).

Familie *Lauxaniidae*.

341. *Lycia illota* Loew.
Gl. Gr.: Heiligenblut 1 ♂ (Strobl 1900).
342. — *laeta* Zett.
S. Gr.: Weg von Mallnitz zum Gasthof Gutenbrunn im Mallnitzer Tauerntal 1 ♂ (leg. Franz, det. Lindner).
Gl. Gr.: Am Weg von Dorf Fusch in das Hirzbachtal 1 Ex. 8. VII. 1941 (leg. Franz, det. Lindner).
Czerny bezeichnete diese Art als subalpin, sie dürfte boreoalpin sein.
343. *Palloptera trimacula* Meig.
Gr. Gr.: Windisch-Matrei, beim Lublas über der Proseckklamm 1 ♀ 3. IX. 1941 (leg. Franz, det. Lindner).

Familie *Chloropidae*.

344. *Chlorops speciosa* Meig.
S. Gr.: Eingang in das Zirknitztal, am S-Hang oberhalb Döllach 1 Ex. 28. VIII. 1941.
Gr. Gr.: Windisch-Matrei, am Weg zur Proseckklamm 1 Ex. 3. IX. 1941 (beide leg. Franz, det. Lindner).
345. *Oscinis geminata* Meig.
Gl. Gr.: Steppenwiesen entlang des Haritzerweges oberhalb Heiligenblut 1 Ex. 15. VII. 1940 (leg. Franz, det. Lindner).
346. *Thaumatomyia notata* Meig.
S. Gr.: Thurnerkaser zwischen Kasereck und Roßbach an der Glocknerstraße 1 Ex. 11. VII. 1941; Mallnitzer Tauerntal, unterhalb des Gasthofes Gutenbrunn 1 Ex. 5. IX. 1941 (leg. Franz, det. Lindner).
Gl. Gr.: Weg von Ferleiten zur Walcheralm 1600 bis 1900 m 9. VII. 1941 2 Ex. (leg. Franz, det. Lindner).
347. *Meromyza variegata* Meig.
Gr. Gr.: Windisch-Matrei, beim Lublas über der Proseckklamm 1 Ex. 3. IX. 1941 (leg. Franz, det. Lindner).
348. *Goniopsila palposa* Fall.
S. Gr.: Eingang in das Zirknitztal bei Döllach 1 Ex. 29. VIII. 1941 (leg. Franz, det. Lindner).
349. *Oscinella frit* L.
Gl. Gr.: Haritzersteig 2 Ex. 14. VII. 1941 (leg. et det. Lindner); Senfteben 1950 m bei Guttal 14 Ex. in Almrosen 18. VII. 1942 (leg. Franz, det. Lindner); Albitzen-SW-Hang 2300 bis 2500 m 1 Ex. 17. VII. 1940; Haldenhöcker unterhalb des Mittleren Burgstalls 1 Ex. 16. VII. 1940 (leg. Franz, det. Lindner). Auf den Zwergstrauchwiesen und in den hochalpinen Grasheiden im Gebiete anscheinend weit verbreitet.

Familie *Drosophilidae*.

350. *Opomyza germinationis* L.
Gl. Gr.: Fuscher Tal, unweit unterhalb des Gasthofes Lukashansl in Ferleiten, 1 ♀ 11. VII. 1941 (leg. Franz, det. Lindner).
Gr. Gr.: Windisch-Matrei, beim Lublas über der Proseckklamm 2 ♀ 3. IX. 1941 (leg. Franz, det. Lindner).
351. *Scaptomyza graminum* Fall.
S. Gr.: Weg aus dem Mallnitzer Tauerntal auf die Woisken 1 Ex. 5. IX. 1941 (leg. Franz, det. Lindner).
Gl. Gr.: Fuscher Tal unterhalb Dorf Fusch, an der Glocknerstraße auf den Wiesen an der Fuscher Ache, 1 Ex. 23. V. 1941 (leg. Franz, det. Lindner).

Familie *Trypetidae*.

352. *Tephritis leontodontis* L.
Gl. Gr.: Fuscher Tal, Wiesen oberhalb Ferleiten 1 Ex. 14. VII. 1940 (leg. Franz, det. Engel).

Familie *Agromyzidae*. [1]

353. *Agromyza reptans* Fall.
S. Gr.: Gastein 1 Ex. Juni 1867 (leg. Mik).
354. — *anthracina* Meig.
S. Gr.: Gastein 1 Ex. 5. VIII. 1888 (leg. Mik).
355. *Liriomyza impatientis* Bri.
S. Gr.: Gastein 1 Ex. 3. VIII. 1888 (leg. Mik).
356. — *flaveola* Fall.
S. Gr.: Gastein 30. VII. 1867 (leg. Mik) 1 Ex.; Böckstein 1 Ex. 31. VII. 1867 (leg. Mik).
357. — *pusilla* Meig.
S. Gr.: Gastein 1 Ex. 12. VIII. 1867 (leg. Mik); Böckstein 6. VIII. 1867 (leg. Mik) 1 Ex.

---

[1] Nach Abschluß des Manuskriptes langten noch folgende Nachträge ein: *Phytomyza ranunculi* Schr. f. *flavoscutellata* Fall. 2 Ex. von den Almmatten der Senfteben zwischen Guttal und Pallik 18. VI. 1942; *Phytomyza rostrata* Meig. vom gleichen Fundort 1 Ex.; *Phytomyza ciliata* Hend. vom gleichen Fundort 1 Ex. (alle leg. Franz, det. M. Hering).

358. *Dizygomyza capitata* Zett.
S. Gr.: Weg von Mallnitz zum Gasthof Gutenbrunn im Mallnitzer Tauerntal 1 ♀ 5. IX. 1941 (leg. Franz, det. M. Hering). Ökologie noch unbekannt.

359. *Phytomyza flava* Fall. var. *albipes* Meig.
S. Gr.: Böckstein 1 Ex. 6. VIII. 1867 (leg. Mik).

360. — *albiceps* Meig.
S. Gr.: Böckstein 1 Ex. 31. VII. 1867 (leg. Mik).

361. — *affinis* Fall.
S. Gr.: Gastein 2 Ex. 4. VIII. 1867 (leg. Mik).

362. — *gentianae* Hend.
S. Gr.: Gastein 1 Ex. 27. III. 1879 (leg. Mik).

363. — *obscurella* Fall.
S. Gr.: Gastein 1 Ex. 30. VII. 1867 (leg. Mik); Naßfeld 1 Ex. 9. VIII. 1867 (leg. Mik).

364. — *opacella* Hend.
S. Gr.: Thurnerkaser an der Glocknerstraße zwischen Kasereck und Roßbach, auf Almwiesen 11. VII. 1941 (leg. Franz, det. Lindner).
Die Art wurde aus Trafoi beschrieben.

365. — *flavicornis* Fall.
Gl. Gr.: Fuscher Tal unterhalb Dorf Fusch, an der Glocknerstraße an *Urtica dioica* 1 Ex. 23. V. 1941 (leg. Franz, det. Hering).
Weit verbreitet, die Larve lebt im Stengelmark von *Urtica dioica*.

366. — *trollii* Her.
Gl. Gr.: Wasserrad-SW-Hang, in etwa 2500 m Höhe in der hochalpinen Grasheide unweit der Rasengrenze 1 Ex. 17. VII. 1940; Almmatten der Senfteben zwischen Guttal und Pallik 1 Ex. 18. VI. 1942 (leg. Franz, det. Hering).
Die Art entwickelt sich in *Trollius europaeus*.

367. — *nigritella* Zett.
S. Gr.: Thurnerkaser an der Glocknerstraße unweit der Kasereckkapelle 1 ♂ 11. VII. 1941 (leg. Franz. det. M. Hering).
Ökologie unbekannt; vielleicht boreoalpin verbreitet.

368. — *calthophila* Hering.
S. Gr.: Mallnitzer Tauerntal, unterhalb des Gasthofes Gutenbrunn 1 Blattmine an *Caltha palustris* an einer sumpfigen Stelle am Waldrand 5. IX. 1941 (leg. Franz, det. Hering).

369. *Melanagromyza pulicaria* Meig.
S. Gr.: Mallnitzer Tauerntal, am Weg von Mallnitz zum Gasthof Gutenbrunn 1 Ex. 5. IX. 1941 (leg. Franz, det. Lindner).
Mölltal: Zwischen Obervellach und Flattach 4 Ex. 18. VI. 1942 (leg. Franz, det. Lindner).

370. *Napomyza lateralis* Fall.
Gl. Gr.: Fuscher Tal unterhalb Dorf Fusch, auf den Wiesen an der Glocknerstraße 2 Ex. 23. V. 1941 (leg. Franz, det. Hering).
Polyphag, sehr weit verbreitet.

Familie *Syrphidae*.

371. *Orthoneura elegans* Meig.
Mölltal: Zwischen Obervellach und Flattach 1 Ex. 18. VI. 1942 (leg. Franz, det. Lindner).

372. *Chrysogaster viduata* L.
Gl. Gr.: Fuscher Tal unterhalb Dorf Fusch, an der Glocknerstraße auf den Wiesen 1 ♀ 23. V. 1941 (leg. Franz, det. Lindner); Fuscher Tal, Wiesen im Tal oberhalb Ferleiten 1 Ex. 14. VII. 1941 (leg. Franz, det. Lindner).

373. — *brevicornis* Loew.
Gl. Gr.: Fuscher Tal, unweit unterhalb des Gasthofes Lukashansl in Ferleiten 1 ♂, 1 ♀ 11. VII. 1941 (leg. Franz, det. Lindner).

374. *Heringia maculipennis* Meig.
Mölltal: Winklern 1 Ex. 18. VI. 1942 (leg. Franz, det. Lindner).
Gl. Gr.: Guttal, Wiesen oberhalb der Ankehre der Glocknerstraße 1 Ex. 15. VII. 1940 und Senfteben 1 Ex. 15. VII. 1940 (leg. Franz, det. Engel).

375. — *virens* Fabr.
S. Gr.: Mallnitzer Tauerntal, am Weg von Mallnitz zum Gasthof Gutenbrunn 1150 bis 1250 m 1 ♀ 5. IX. 1941 (leg. Franz, det. Lindner).
Gl. Gr.: Senfteben beim Guttal 1 Ex. 18. VII. 1942 (leg. Franz, det. Lindner); Fuschertal, in Ferleiten 1 Ex. 11. VII. 1941 (leg. Franz, det. Lindner); Haritzersteig 1 ♀ 14. VII. 1941 (leg. Franz, det. Lindner); Steppenwiesen am Haritzerweg oberhalb Heiligenblut 1 Ex. 15. VII. 1941 (leg. Franz, det. Lindner).

376. *Chilosia honesta* Rond.
Gl. Gr.: Südwestseite der Pfandlscharte 1 ♀ Mitte Juli 1938 (leg. Franz, det. Sack).

377. — *proxima* Zett.
Gl. Gr.: Heiligenblut (leg. Tief, Frauscher 1938).
Boreoalpine Art.

378. — *grisella* Beck.
Gl. Gr.: Walcheralm 1 ♀ (leg. Franz, det. Lindner); Trögeralm 18. VII. 1941 1 ♀ (leg. et det. Lindner)

379. *Chilosia Sahlbergi* Beck.
Gl. Gr.: Südwestseite der Pfandlscharte, etwa 250 m vor der Moräne des Pfandlschartenkeeses in der *Nebria atrata*-Zone 1 ♂, 1 ♀ 19. VII. 1938; Langer Trog im obersten Teil des Ködnitztales 1 ♂ 14. VII. 1937 (leg. Franz, det. Sack); Mainzer Hütte 2 ♂, 1 ♀ Juli 1928 (leg. Lindner, det. Sack); Trögeralm 1 ♂ 16. VII. 1941 (Lindner).
Boreoalpine Art (Holdhaus 1912). Sie scheint in den Alpen östlich der Hohen Tauern nicht mehr vorzukommen, da sie von Strobl (1893—97) für Steiermark nicht angegeben wird. Die Imago besucht besonders die Blüten von *Ranunculus glacialis*. Bei den Beziehungen der Chilosien zu den Ranunculaceen überhaupt ist anzunehmen, daß auch die Larve in dieser Pflanze lebt.

380. — *melanura* Beck.
Gl. Gr.: Mölltal oberhalb der Einmündung des Leitertales Ende Juli 1937 (leg. Lindner, det. Sack); Trögeralm 1 ♀ 18. VII. 1941 (leg. Lindner).

381. — *crassiseta* Loew.
Gl. Gr.: Marienhöhe 1 ♀ Juli 1937 (leg. Lindner, det. Sack); Haritzersteig 1 ♂ 14. VII. 1941 (leg. Lindner).

382. — *caerulescens* Meig.
Gl. Gr.: Marienhöhe 1 ♀ Juli 1937 (leg. Lindner, det. Sack); Marienhöhe 1 ♀ 19. VII. 1941 (leg. Lindner).

383. — *canicularis* Panz.
S. Gr.: Weg von Gasthof Gutenbrunn zur Hindenburg-Höhe 1240 bis 1600 m, 1 ♀ 5. IX. 1941 (leg. Franz, det. Lindner).
Gr. Gr.: Windisch-Matrei 10. VIII. 1927 (Werner 1934); Dorfer Öd, unterhalb der Talalm 1 Ex. 25. VII. 1939 (leg. Franz, det. Engel).

384. — ? *laevis* Beck.
Gl. Gr.: Wiesen im Guttal oberhalb der Ankehre entlang des Guttalbaches, 2000—2100 m, 1 ♀ 11. VII. 1941 (leg. Franz, det. Lindner).

385. *Neoascia dispar* Meig.
Gl. Gr.: Weg von Ferleiten zur Walcheralm, 1600 bis 1900 m, 3 ♂, 3 ♀ 9. VII. 1941 (leg. Franz, det. Lindner).

386. *Platychirus albimanus* Fabr.
Gl. Gr.: „Glocknergebiet" 1 ♀ 16. VIII. (Strobl 1900); am Tauernmoos vor dessen Überstauung (Werner 1924).

387. — *manicatus* Meig.
Gl. Gr.: Kar zwischen Albitzen- und Wasserradkopf, 1 ♀ Anfang August 1937 (leg. Franz, det. Engel); Marienhöhe 1 ♂, 1 ♀ Juli 1937 (leg. et det. Lindner); Albitzen-SW-Hang über der Straße 1 Ex. 17. VII. 1940 (leg. Franz, det. Engel).
Gr. Gr.: Windisch-Matrei, Steppenwiesen beim Lublas 1100 m 1 ♂ 3. IX. 1941 (leg. Franz, det. Lindner)

388. — *melanopsis* Loew.
Gl. Gr.: Am Tauernmoos vor dessen Überstauung (Werner 1924); Marienhöhe 3 ♂, 2 ♀ Juli 1937 (leg. et det. Lindner); Mainzer Hütte 2 ♂, 1 ♀ Juli 1928 (leg. et det. Lindner).

389. *Melanostoma dubium* Zett. (ab. *abdomine immaculato*).
Gl. Gr.: „Glocknergebiet" 1 ♀ 17. VIII. (Strobl 1900); Marienhöhe Juli 1937 (Lindner); Weg von Ferleiten zur Walcheralm und auf dieser je ein ♀ 9. VII. 1941 (leg. Franz, det. Lindner).

390. — *mellinum* L.
Mölltal: Winklern, bei der Autobushaltestelle 1 Ex. 18. VI. 1942 (leg. Franz, det. Lindner).
S. Gr.: Am Weg vom Fleißgasthof nach Heiligenblut 1 Ex. (leg. Franz, det. Engel); Eingang in das Zirknitztal oberhalb Döllach 1 ♀ 29. VIII. 1941 (leg. Franz, det. Lindner).
Gl. Gr.: Weg von Ferleiten zur Walcheralm, 1300 bis 1600 m, 1 ♀ 9. VII. 1941 (leg. Franz, det. Lindner); Weg vom Fuscher Rotmoos zur Traueralm 1 ♀ 22. V. 1941 (leg. Franz, det. Lindner).

391. — *dubium* Zett.
Gl. Gr.: Senfteben zwischen Guttal und Pallik, von Almrasen gestreift 2 Ex. 18. VI. 1942; Walcher Hochalm 2100—2300 m, im Almrasen 1 Ex. 9. VII. 1940 (leg. Franz, det. Lindner).

392. — *scalare* Fbr.
Gl. Gr.: Weg von Ferleiten zur Walcher Hochalm 1700 bis 1900 m 1 ♀ 9. VII. 1941 (leg. Franz, det. Engel).

393. *Xanthandrus comptus* Harr. (= *hyalinatus* Fall.).
Gr. Gr.: Windisch-Matrei 10. VIII. 1927 (Werner 1934).

394. *Sphegina clunipes* Fall.
S. Gr.: Fleißbachufer nächst dem Fleißgasthof 1 Ex. 1. VII. 1937 (leg. Franz, det. Engel); Fuscher Tal unterhalb Dorf Fusch, auf den Wiesen an der Glocknerstraße 1 ♀ 25. V. 1941 (leg. Franz, det. Lindner).

395. *Brachyopa conica* Panz.
S. Gr.: Bei Gastein 3 Ex. (leg. Giraud, Schiner 1857).

396. *Eriozona syrphoides* Fall.
S. Gr.: Gamskarkogel bei Gastein (sec. Rossi, Schiner 1857, als *Syrphus oestriformis* Meig. angeführt). Gebirgstier, lebt in der subalpinen und hochalpinen Zone, ist aber nirgends häufig (Schiner 1857).

397. *Lasiopticus pyrastri* L.
Gl. Gr.: Am Tauernmoos vor dessen Überstauung (Werner 1924); im Kar zwischen Albitzen- und Wasserradkopf; Großer Burgstall 3000 m (leg. Franz, det. Lindner); Marienhöhe Juli 1937 und Mainzer Hütte Juli 1928 (leg. Lindner). Nach Strobl (1900) im Glocknergebiet nicht selten; auch von Mann am Großglockner gesammelt (Schiner 1857).
Die Art kommt im ganzen Alpengebiet an den höchsten Standorten von Blütenpflanzen (*Saxifraga*, *Ranunculus glacialis*) überall vor.

398. *Lasiopticus seleniticus* Meig.
　　Gl. Gr.: „Großglockner" (leg. Mann, Schiner 1867).
399. *Myiatropa florea* L.
　　Gl. Gr.: Marienhöhe Juli 1937 (leg. Lindner); bei Heiligenblut (leg. Franz).
400. *Leucozona lucorum* Fabr.
　　Gr. Gr.: Windisch-Matrei 6. VIII. 1927 (Werner 1934).
401. *Didea alneti* Fall.
　　Gr. Gr.: Windisch-Matrei 10. VIII. 1929 (Werner 1934).
402. *Cinxia lappona* L.
　　S. Gr.: Bei Gastein (leg. Giraud, Schiner 1857).
　　Gr. Gr.: Marienhöhe Juli 1937 (leg. Lindner).
403. *Cynorrhina fallax* L.
　　S. Gr.: Bei Gastein (leg. Giraud, Schiner 1857).
404. *Xanthogramma ornatum* Meig.
　　Mölltal: Zwischen Obervellach und Flattach 1 Ex. 18. VI. 1942 (leg. Franz, det. Lindner).
405. *Ischyrosyrphus laternarius* O. F. Müller.
　　S. Gr.: Gastein 2 Ex. (leg. Giraud, Schiner 1857).
406. *Sphaerophoria scripta* L.
　　S. Gr.: Thurnerkaser an der Glocknerstraße zwischen Kasereck und Roßbach, auf sonnigen Almwiesen 11. VII. 1941 1 ♀ (leg. Franz, det. Lindner).
　　Gl. Gr.: Am Paschingerweg zwischen Glocknerhaus und Pasterzenende 1 Ex. Juli 1937 (leg. Franz, det. Lindner); 33 Ex. meist von Heiligenblut, var. *dispar* Loew (Frauscher 1938); Haldenhöcker unter dem Mittleren Burgstall 2 Ex. 16. VIII. 1940 und Albitzen-SW-Hang 2200 bis 2300 m 17. VII. 1940 1 Ex. (leg. Franz, det. Engel).
　　Gr. Gr.: Windischmatrei 10. VIII. 1927 (Werner 1934).
407. — *menthastri* L.
　　S. Gr.: Seidelwinkeltal 1 Ex. 17. VII. 1937 (leg. Franz, det. Lindner).
　　Gl. Gr.: Heiligenblut (Frauscher 1938) var. *picta* Meig. Wiesen im Guttal oberhalb der Ankehre entlang des Guttalbaches, 2000 bis 2100 m, 1 ♀ 11. VII. 1941 (leg. Franz, det. Lindner).
408. *Volucella inanis* L.
　　Gl. Gr.: „Großglockner" (leg. Mann, Schiner 1857); im Großglocknergebiet auf Dolden (Strobl 1907).
　　Gr. Gr.: Windisch-Matrei 13. VIII. 1927 (Werner 1934).
409. *Eristalis cryptarum* Fabr.
　　S. Gr.: Gastein (leg. Giraud, Schiner 1857).
410. — *tenax* L.
　　Gl. Gr.: Beim Glocknerhaus (leg. Franz, det. Lindner).
　　Gr. Gr.: Windisch-Matrei, Steppenwiesen beim Lublas 1100 m, über dem Eingang in die Proseckklamm, 3. IX. 1941 (leg. Franz, det. Lindner).
411. *Penthesilea berberina* Fabr.
　　Gl. Gr.: „Großglockner" (leg. Mann, Schiner 1857).
412. *Temnostoma apiforme* L.
　　S. Gr.: Bei Gastein (leg. Giraud, Schiner 1857).
413. — *vespiforme* L.
　　S. Gr.: Bei Gastein (leg. Giraud, Schiner 1857).
414. *Zelima ignava* Panz.
　　S. Gr.: Bei Gastein (leg. Giraud, Schiner 1857).
415. — *triangularis* Zett.
　　S. Gr.: Bei Gastein (leg. Giraud, Schiner 1857) (auch Holdhaus 1912).
　　Boreoalpine Art (Holdhaus 1912).
416. *Chrysotoxum festivum* L.
　　Gr. Gr.: Windisch-Matrei 13. VIII. 1927 (Werner 1934).
417. — *arcuatum* L.
　　Schobergr.: Oberes Debanttal 26. VIII. 1919 (Werner 1934).
418. *Syrphus annulipes* Zett.
　　S. Gr.: Bei Gastein (leg. Giraud, Schiner 1857).
419. — *ribesii* L.
　　Mölltal: Winklern, 1 Ex. 18. VI. 1942 (leg. Franz, det. Lindner).
420. — *lapponicus* Zett.
　　Gl. Gr.: „Glocknergebiet" 2 ♂ 16. VIII. (Strobl 1900).
　　Boreoalpin. Lebt im Norden zirkumpolar in Grönland, Fennoskandia, Sibirien und dem arktischen Nordamerika und außerdem in den Alpen.
421. — *luniger* Meig.
　　Gl. Gr.: Bei der Hofmannshütte 1 Ex. (leg. Franz, det. Lindner).
422. — *torvus* Ost.-Sack.
　　Gl. Gr.: Am Tauernmoos vor dessen Überstauung (Werner 1924).
423. — *vitripennis* Meig.
　　S. Gr.: Gastein (leg. Giraud, Schiner 1857).
424. — *corollae* Fabr.
　　Gl. Gr.: Trögeralm, Weg zur Pfandlscharte Juli 1937 (leg. Lindner).

425. *Syrphus topiarius* Meig.
    Gr. Gr.: Kals-Matreier Törl 8. VIII. 1927 (Werner 1934).
426. *Epistrophe balteata* De Geer.
    Gl. Gr.: Trögeralm gegen Pfandlscharte 2 ♂ Juli 1937 (Lindner); am Tauernmoos vor dessen Überstauung (Werner 1924); Großer Burgstall, in 3000 m 1 Ex. Mitte August 1937 (leg. Franz, det. Lindner).
    Gr. Gr.: Kals-Matreier Törl 8. VIII. 1927 (Werner 1934).
427. — *umbellatarum* Fbr.
    S. Gr.: Eingang in das Zirknitztal, oberhalb Döllach in etwa 1100 m Höhe an xerothermem S-Hang 1 ♂ 29. VIII. 1941 (leg. Franz, det. Lindner).
428. — *cinctella* Zett.
    Gr. Gr.: Windisch-Matrei 13. VIII. 1927 (Werner 1934).
429. — *euchroma* Kow.
    Gr. Gr.: Windisch-Matrei 9. VIII. 1927 (Werner 1934).
430. — *diaphana* Zett.
    Gr. Gr.: Windisch-Matrei 13. VIII. 1927 (Werner 1934).
431. *Rhingia campestris* Meig.
    Gl. Gr.: Am Weg von Ferleiten auf die Walcher Hochalm in 1700 bis 1900 m Höhe 1 Ex. 9. VII. 1941 (leg. Franz, det. Lindner).
432. — *rostrata* L.
    Gl. Gr.: Weg von Fusch ins Hirzbachtal, 1 Ex. 8. VII. 1941 (leg. Franz, det. Lindner).
433. *Baccha obscuripennis* Meig.
    Gr. Gr.: Windisch-Matrei, an der Fahrstraße ins Matreier Tauerntal von der Proseckklamm 1 ♂ 3. IX. 1941 (leg. Franz, det. Lindner).
434. *Pipiza noctiluca* L.
    Gl. Gr.: Bruck an der Glocknerstraße, auf einer Wiese an der Fuscher Ache 1 Ex. (leg. Franz, det. Engel).
435. *Spathiogaster ambulans* Fbr.
    Gl. Gr.: Fuscher Tal, Wiesen oberhalb Ferleiten 1 Ex. 14. VII. 1940 (leg. Franz, det. Engel).

Familie *Dorylaidae*.

436. *Dorylas geniculatus* Meig.
    S. Gr.: Eingang in das Zirknitztal, am S-Hang oberhalb Döllach 1 ♀ 28. VIII. 1941.
    Gr. Gr.: Windisch-Matrei, auf den Steppenwiesen beim Lublas über der Proseckklamm 1 ♀ 3. IX. 1941 (leg. Franz, det. Lindner).
437. — *pulchripes* Thoms.
    Gr. Gr.: Windischmatrei, am Weg in die Proseckklamm 1 ♂ 3. IX. 1941 (leg. Franz, det. Lindner).
438. — *fusculus* Zett.
    S. Gr.: Eingang in das Zirknitztal, am S-Hang oberhalb Döllach 1 ♂, 1 ♀ 28. VIII. 1941.
    Gr. Gr.: Windisch-Matrei, Weg zur Proseckklamm 1 ♂ 3. IX. 1941 (leg. Franz, det. Lindner).
439. *Chalarus spurius* Fall.
    Gr. Gr.: Windisch-Matrei, Weg zur Proseckklamm 1 ♂ 3. IX. 1941 (leg. Franz, det. Lindner).
440. *Verrallia aucta* Fall.
    Mölltal: Zwischen Obervellach und Flattach 1 Ex. 18. VI. 1942 (leg. Franz, det. Lindner).

Familie *Phoridae*.

441. *Phora dorsalis* Beck.
    S. Gr.: Gastein (Becker 1901).
442. — *Palméni* Becker.
    S. Gr.: Auf dem Naßfeld bei Gastein (leg. Palmén, Becker 1901).
443. — *horrida* Schumm.
    Gl. Gr.: Umgebung des Glocknerhauses 1 Ex. 5. VII. 1937 (leg. Franz, det. Engel).
444. — *stictica* Meig.
    S. Gr.: Mallnitzer Tauerntal unterhalb des Gasthofes Gutenbrunn 1 ♂ 5. IX. 1941 (leg. Franz, det. Schmitz).
445. *Triphleba lugubris* Meig. (det. Schmitz).
    Gl. Gr.: Glocknerhaus 1 ♂ (leg. Franz).
446. *Megaselia minor* Zett.
    S. Gr.: Grieswiesalm im Hüttenwinkeltal, im Wurzelgesiebe eines *Calluna*-Bestandes 1 Ex. 15. V. 1940 (leg. Franz, det. Lindner).
    Gl. Gr.: Fuscher Rotmoos 1 ♂, 1 ♀ 14. V. 1940 (leg. Franz, det. Schmitz); Wiesen im Guttal oberhalb der Ankehre entlang des Guttalbaches, 2000 bis 2100 m, 1 ♀ (leg. Franz, det. Lindner).
447. — *pulicaria* Fallén.
    Gl. Gr.: Hirzbachtal, unweit oberhalb der Talstufe, Buchenlaubgesiebe von steil zur Bachschlucht geneigtem Hang 1 ♀ 8. VII. 1941 (leg. Franz, det. Schmitz).

---

[1] Nach Abschluß des Manuskriptes wurden von Schmitz nach folgende Phoriden bestimmt: *Beckerina umbrimargo* Beck. Gl. Gr.: Fuscher Tal oberhalb Ferleiten, Weg vom Rotmoos zur Traueralm 1 ♂ 22. V. 1941, und *Megaselia (Aphiochaeta) variana*-Gruppe. Gl. Gr.: Vom gleichen Fundort 1 ♀ 22. V. 1941 (beide leg. Franz).

448. *Megaselia crassicosta* Strobl.
Gl. Gr.: Guttal, Wiesen oberhalb der Ankehre der Glocknerstraße in etwa 1950 bis 2000 m Höhe 1 ♀ 11. VII. 1941 (leg. Franz, det. Schmitz).
449. *Borophaga carinifrons* Zett.
Gr. Gr.: Windisch-Matrei, an der Straße zur Proseckklamm 1 ♀ 3. IX. 1941 (leg. Franz, det. Schmitz).

Familie *Muscidae*.

450. *Pyrellia serena* Meig.
Mölltal: Zwischen Obervellach und Flattach 3 Ex. 18. VI. 1942 (leg. Franz, det. Lindner).
451. *Musca vitripennis* Meig.
Gl. Gr.: Heiligenblut 2 ♂ 13. VII. 1941 (leg. et det. Lindner).
Die Art wird dem Menschen lästig durch ihre Zudringlichkeit, sie saugt Schweiß.
452. *Morellia aenescens* Rob.-Desv.
Gl. Gr.: Weg vom Fuscher Rotmoos zur Trauneralm 1 ♂, 1 ♀ 22. V. 1941 (leg. Franz, det. Lindner).
453. — *nana* Meig.
S. Gr.: Gastein (leg. Mik) 17. VII. 1879 (coll. Mus. Wien).
454. — *podagrica* Loew.
S. Gr.: Böckstein 4 Ex. (leg. Mik) 8. VIII. 1867, 2 Ex. 6. VII. 1879, Hofgastein 1 Ex. (leg. Mik) 23. VII. 1879.
Gl. Gr.: Am Tauernmoos vor dessen Überstauung (Werner 1924); Weg von Ferleiten zur Walcheralm 1600—1900 m 1 ♂ 9. VII. 1941 und Wiesen im Guttal 2000 bis 2100 m 1 ♂ 10. VII. 1941 (leg. Franz, det. Lindner).
455. — *simplex* Loew.
S. Gr.: Gastein 1 Ex. (leg. Mik) Juni 1867.
Gl. Gr.: Wiesen im Guttal 2000 bis 2100 m 1 ♀ 10. VII. 1941 (leg. Franz, det. Lindner).
456. *Mesembrina meridiana* L.
S. Gr.: Gastein 2 Ex. (leg. Mik) 18. VIII. 1867; Hofgastein 1 Ex. 23. VII. 1879 (leg. Mik); Böckstein 17. VII. 1879 (leg. Mik) (Coll. Mus. Wien).
457. *Muscina assimilis* Fall.
Gl. Gr.: Piffkaralm, in 1630 m Höhe an der Glocknerstraße 15. VII. 1840 (leg. Franz, det. Lindner).
458. *Dasyphora versicolor* Meig.
Mölltal: Zwischen Obervellach und Flattach 1 ♀ 18. VI. 1942 (leg. Franz, det. Lindner).

Familie *Calliphoridae*.

459. *Onesia sepulchralis* Meig.
Gl. Gr.: Marienhöhe 2 ♂ Juli 1937 (leg. Lindner).
460. *Pollenia vespillo* Fabr.
Gl. Gr.: Fuscher Tal, feuchte Wiese im Tal unterhalb der Vogelalm, oberhalb Ferleiten, Rasengesiebe, Bodenschicht von 5 bis 10 cm Tiefe 21. VII. 1939 (leg. Franz).
461. — *rudis* Fabr.
S. Gr.: Am Weg aus dem Mallnitzer Tauerntal zur Woisken 1 Ex. 5. IX. 1941 (leg. Franz, det. Lindner); Mittleres Mölltal zwischen Obervellach und Flattach 1 Ex. 18. VI. 1941.
Gl. Gr.: Fuscher Tal oberhalb Ferleiten 14. V. 1940 (leg. Franz, det. Lindner).
Gr. Gr.: Beim Lublas über der Proseckklamm nördlich Windisch-Matrei 1 ♂ 3. IX. 1941 (leg. Franz, det. Lindner).
462. *Calliphora vomitoria* L.
Gl. Gr.: Am Tauernmoos vor dessen Überstauung (Werner 1924).

Familie *Anthomyiidae*.

463. *Hydrotaea meteorica* L.
Gl. Gr.: „Glocknergebiet" 1 ♀ 17. VIII. (Strobl 1900).
464. — *velutina* Rob.-Desv. (= *brevipennis* Loew).
Gl. Gr.: „An Waldwegen im Glocknergebiet" 1 ♂ 19. VIII. (Strobl 1900).
465. — *irritans* Fall.
Mölltal: Obervellach gegen Söbriach 1 ♀ 18. VI. 1942 (leg. Franz, det. O. Karl).
466. *Drymeia hamata* Fall.
S. Gr.: Gastein (leg. Mik) 18. VIII. 1887 (zahlreiche Ex. in coll. Mus. Wien).
Gl. Gr.: Umgebung des Glocknerhauses 1 Ex. 5. VII. 1937; am Paschingerweg zwischen Glocknerhaus und Pasterzenende 1 Ex. Juli 1937; am Promenadenweg nächst der Gamsgrube auf Neuschnee 1 Ex. 27. VII. 1939.
Gr. Gr.: Südöstlich der Aderspitze im Gebiete des Schwarzsees 1 Ex. 19. VII. 1937 (alle leg. Franz, det. Engel).
467. *Phaonia morio* Zett.
S. Gr.: Böckstein 1 Ex. (leg. Mik) 26. VII. 1879 (coll. Mus. Wien), (Richtige Bestimmung fraglich!).
Gl. Gr.: Glockner 1856 leg. Mann 2 Ex.; Wiesen im Guttal 2000 bis 2100 m 1 ♀ 11. VII. 1941 (leg. Franz, det. Lindner).
Boreoalpine Art, die über Grönland, Fennoskandia, die Alpen und die deutschen Mittelgebirge verbreitet ist.
468. — *scutellaris* Fall.
S. Gr.: Gastein Juni 1867 (leg. Mik) 1 Ex.

469. *Phaonia signata* Meig.
   Gl. Gr.: Glockner 1864 und 1870 (leg. Mann) 2 Ex.
470. — *erronea* Schnabl.
   Gr. Gr.: Beim Lublas oberhalb der Proseckklamm 1 ♀ 3. IX. 1941 (leg. Franz, det. Lindner).
471. — *alpicola* Zett.
   Gl. Gr.: Walcher Sonnleitbratschen, oberhalb der Rasengrenze 1 Ex. 8. VII. 1941 (leg. Franz, det. Lindner).
472. *Alloeostylus diaphanus* W.
   S. Gr.: Gastein Juli 1867 und 5. VIII. 1867 (leg. Mik) 2 Ex.
473. — *Sundewalli* Zett.
   Gl. Gr.: Wiesen im Guttal oberhalb der Ankehre entlang des Guttalbaches 2000—2100 m 1 ♀ 11. VII. 1941 (leg. Franz, det. Lindner); Haldenhöcker unterhalb des Mittleren Burgstalls, auf der Kalkschieferhalde in 2650 bis 2700 m Höhe 16. VII. 1940 (leg. Franz, det. Lindner).
474. — *Sundewalli argyrata* Strobl (nec. Zett.).
   Gl. Gr.: Guttal, Wiesen oberhalb der Ankehre der Glocknerstraße 15. VII. 1940 (leg. Franz, det. Lindner). Bisher nur aus den Ostalpen bekannt.
475. *Hera longipes* Zett.
   Gl. Gr.: Heiligenblut (leg. Tief, teste Frauscher 1938); Haritzersteig 1 ♂ 14. VII. 1941 (leg. Lindner); am Tauernmoos vor dessen Überstauung (Werner 1924); Tauernmoosboden 2 Ex. 8. VIII. 1921 (leg. Ebner).
   Boreoalpine Art, die über Fennoskandia, Sibirien, die Alpen und deutschen Mittelgebirge verbreitet ist.
476. — *variabilis* (Fall).
   S. Gr.: Böckstein 5. IX. 1885 (leg. Mik) 1 Ex; Mallnitzer Tauerntal, unterhalb des Gasthofes Gutenbrunn 1 ♀ 5. IX. 1941 (leg. Franz, det. Lindner).
477. *Hebecnema vespertina* Fall.
   S. Gr.: Gastein 1 Ex. 6. VIII. 1867 (leg. Mik).
478. — *fumosa* Meig. (= *carbo* Schiner).
   Gl. Gr.: Heiligenblut (leg. Tief, Frauscher 1938).
479. *Rhynchocoenops obscuricola* Rond.
   Gl. Gr.: Wiesen im Guttal oberhalb der Ankehre der Glocknerstraße in 2000 bis 2100 m Höhe 1 ♀ 11. VII. 1941 (leg. Franz, det. Lindner); Marienhöhe, bei einem Wasserfall 1 ♂, 1 ♀ 18. VII. 1941 (leg. Lindner); Albitzen-SW-Hang, in 2300 bis 2500 m Höhe 8 Ex. 17. VII. 1940 (leg. Franz, det. Lindner); Gamsgrube, im Rasen bei der Hofmannshütte 16. VII. 1940 (leg. Franz, det. Lindner); Mainzerhütte Juli 1928 (leg. Lindner, det. Villeneuve).
   In den Alpen, Apenninen und Pyrenäen sehr verbreitet, wird von Bezzi (1918) aus Höhen von 1800 bis 2900 m angegeben.
480. *Rhynchotrichops aculeipes* Zett.
   Gl. Gr.: Guttal, Wiesen oberhalb der Ankehre der Glocknerstraße 15. VII. 1940 1 ♂, 2 ♀ 11. VII. 1941 (leg. Franz, det. Lindner); Trögeralm 1 ♂, 2 ♀ 16. VIII. 1941 (leg. Lindner); Pasterzenvorfeld zwischen Glocknerstraße und Möll 1 Ex. Juli 1937 (leg. Franz, det. O. Karl); Albitzen-SW-Hang, in 2200 bis 2300 m Höhe 2 ♀ 17. VII. 1940 (leg. Franz, det. O. Karl); Walcher Hochalm, am S-Hang in 2000 bis 2300 m Höhe 2 ♀ 9. VII. 1941 (leg. Franz, det. Lindner).
   Bezzi (1918) gibt für die Art in den Alpen eine Höhenverbreitung von 1200 bis 2800 m an.
481. — *rostratus* Meade.
   Gl. Gr.: Marienhöhe Juli 1937 (leg. Lindner, p. p. det. Villeneuve).
   Boreoalpine Art, die über Fennoskandia, die Faröer, die Alpen, das Riesengebirge (Schneekoppe) und die Tatra verbreitet ist. Nach Bezzi (1918) bewohnt das Tier in den Alpen Höhen über 1800 m.
482. — *subrostratus* Zett.
   Gl. Gr.: Albitzen-SW-Hang, in 2200 m Höhe 3 ♀ und in 2300 bis 2500 m Höhe 1 Ex. 17. VII. 1940 (leg. Franz, det. O. Karl); Marienhöhe 4 ♂, 4 ♀ (leg. Lindner, p. p. det. Villeneuve); Trögeralm 4 ♂, 6 ♀ 16. VII. 1941 (leg. Lindner); Promenadeweg, in der Nähe der Gamsgrube 1 Ex. auf Neuschnee 29. VII. 1939 (leg. Franz, det. O. Karl); Haldenhöcker unterhalb des Mittleren Burgstalls, auf der Kalkschieferschutthalde und in der Grasheide in 2650 bis 2700 m Höhe 16. VII. 1940 (leg. Franz, det. Lindner).
   Boreoalpine Art, die nur aus Fennoskandia und den Alpen bekannt ist. Bewohnt nach Bezzi (1918) in den Alpen Höhen von 1800 bis 3000 m.
483. *Rhynchopsilops villosus* Hend.
   Gl. Gr.: Umgebung der Marienhöhe, vom Leitertal bis zur Pfandlscharte 3 ♂, 1 ♀ Ende Juli 1937 (leg. Lindner); Mainzerhütte Juli 1928 (leg. Lindner); Walcher Hochalm, in der Grasheiden- und besonders in der Polsterpflanzenstufe am S-Hang 13 Ex. 9. VII. 1941 (leg. Franz, det. Lindner).
   Auf den Walcher Sonnleitbratschen saßen die Tiere einzeln auf Steinen in der *Saxifraga Rudolphiana*-Assoziation noch in Höhen von 2700 bis 2800 m (Franz).
   Die Art ist in den Alpen endemisch und bewohnt nach Bezzi (1918) Höhen von 2500 bis 3000 m. Im Glocknergebiet steigt sie aber allerdings auch noch wesentlich tiefer herab.
484. *Trichopticus hirsutulus* Zett.
   Gl. Gr.: Heiligenblut 1 ♀ (Strobl 1900); Gamsgrube 1 ♂; Gamskarl bei der neuen Salmhütte 1 Ex. 12. VII. 1937; Langer Trog im obersten Ködnitztal 1 ♀ 14. VII. 1937 (leg. Franz, det. Engel).
485. — *nigritellus* Zett.
   S. Gr.: Mallnitzer Tauerntal, unterhalb des Gasthofes Gutenbrunn 1 ♀ 5. IX. 1941 (leg. Franz, det O. Karl).
   Gl. Gr.: Guttal, Wiesen oberhalb der Ankehre der Glocknerstraße 15. VII. 1940 und 11. VII. 1941 zahlreich; Senfteben zwischen Guttal und Pallik, in etwa 1900 m Höhe 15. VII. 1940 in großer Zahl im Almrasen 18. VI. 1942; Albitzen-SW-Hang, in 2200 bis 2300 m Höhe 17. VII. 1940 (leg. Franz, det.

Lindner); Marienhöhe Juli 1937 (leg. Lindner); am Weg von Ferleiten zur Walcher Hochalm zahlreich 9. VII. 1941; Piffkaralm in 1630 m Höhe an der Glocknerstraße 15. VII. 1940 in Anzahl (leg. Franz, det. Lindner).

Boreoalpin. Die Art ist aus Fennoskandia, vom Ural, aus den deutschen Mittelgebirgen, den Alpen und den Gebirgen Montenegros bekannt.

486. *Pogonomyia alpicola* Rond.
Gl. Gr.: Guttal, Wiesen oberhalb der Ankehre der Glocknerstraße in 2000 bis 2100 m Höhe 4 ♀ 11. VII. 1941 (leg. Franz, det. Lindner); Großer Burgstall 1 Ex. 30. VII. 1938 (leg. Franz, det. O. Karl); Marienhöhe 1 ♂, 1 ♀ Juli 1937 (leg. Lindner); Haritzersteig unweit des Glocknerhauses 1 ♀ 14. VII. 1941 (leg. Lindner).
Die Art wurde auch von Mann 1856 und 1870 im Glocknergebiet gesammelt (3 Ex. in coll. Mus. Wien). Alpine Art.

487. — *decolor* Fall.
Gl. Gr.: Walcher Hochalm, am S-Hang in 2000 bis 2300 m Höhe 1 ♀ 9. VII. 1941 (leg. Franz, det. O. Karl).

488. — *brumalis* Rond (= *Meadei* Pok.).
Gl. Gr.: Großglockner 1 Ex. (leg. Mann 1856); Guttal, auf den Wiesen oberhalb der Ankehre der Glocknerstraße 15. VII. 1940 3 Ex. und 11. VII. 1941 (leg. Franz, det. Lindner); Marienhöhe Juli 1937 und 1 ♀ 17. VII. 1941 (leg. Lindner, p. p. det. Villeneuve); Albitzen-SW-Hang, in 2300 bis 2500 m Höhe 3 Ex. 17. VII. 1940 und in 2200 bis 2300 m Höhe 1 Ex. (leg. Franz, det. Lindner); Haldenhöcker unterhalb des Mittleren Burgstalls, in der Grasheide 16. VII. 1940; Fuscher Tal oberhalb Ferleiten 1 ♀ 14. VII. 1940 (leg. Franz, det. O. Karl); am Weg von Ferleiten auf die Walcher Hochalm und auf dieser selbst zahlreich 9. VII. 1941 (leg. Franz, det. Lindner).
Findet sich auf allen europäischen Hochgebirgen.

489. *Enoplopteryx obtusipennis* Fall.
Gl. Gr.: Glocknergebiet 1 ♂ 17. VIII. (Strobl 1900).

490. *Dialyta setinervis* Stein.
Gl. Gr.: Weg von Ferleiten zur Walcher Hochalm, in 1600 bis 1900 m Höhe 1 ♀ 9. VII. 1941 (leg. Franz, det. Lindner).

491. *Syllegopterula Beckeri* Pok.
S. Gr.: Weg aus dem Mallnitzer Tauerntal zur Woisken 5. IX. 1941 1 Ex. (leg. Franz, det. Lindner).
Gl. Gr.: Weg von Ferleiten zur Walcher Hochalm in 1600 bis 1900 m Höhe 2 ♂, 1 ♀ 9. VII. 1941 (leg. Franz, det. Lindner).
Die Art ist aus den Alpen und Vogesen bekannt.

492. *Alliopsis glacialis* Zett.
Gl. Gr.: Trögeralm, 1 ♂ 16. VII. 1941 in etwa 2400 m Höhe mit einer kleinen Limoniide als Beutetier (leg. et det. Lindner).
Der Charakter als „Räuber" wurde noch nirgends festgestellt.

493. *Mydaea duplicata* Meig.
S. Gr.: Gastein 16. VIII. 1867 (leg. Mik) 1 Ex.

494. — *obscurata* Meig.
Gl. Gr.: Glockner 1856 2 Ex. (leg. Mann).
Vielleicht boreoalpin. Die Art ist aus Skandinavien, den Alpen und Pommern (leg. Stein) bekannt.

495. — *tincta* Zett.
S. Gr.: Gastein 1 Ex. 18. VIII. 1887 (leg. Mik).

496. — *pertusa* Meig.
Gl. Gr.: Heiligenblut 2 Ex. (leg. Tief, teste Frauscher 1938).

497. — *lasiophthalma* Macq.
Gl. Gr.: Glocknergebiet (Strobl 1900).

498. *Fannia canicularis* L.
S. Gr.: Gastein 1 Ex. 18. VIII. 1887 (leg. Mik).

499. — *umbrosa* Stein.
S. Gr.: Gastein 1 Ex. 18. VIII. 1887 (leg. Mik).

500. — *serena* Fall.
S. Gr.: Böckstein 2 Ex. 9. VI. 1885 (leg. Mik).
Pinzgau: Taxingbauer in Haid bei Zell am See, auf einer Kunstwiese 13. VII. 1939 (leg. Franz, det. Lindner).

501. — *polychaeta* Stein.
Gl. Gr.: Hirzbachtal, in etwa 1300 m Höhe 1 ♂ 8. VII. 1941 (leg. Franz, det. Lindner).

502. — *fuscula* Fall.
Gl. Gr.: Großer Burgstall, in 3000 m Höhe 1 Ex. Ende Juli 1937 (leg. Franz, det. O. Karl).

502. — *carbonella* Stein.
S. Gr.: Eingang in das Zirknitztal bei Döllach 1 ♂ 29. VIII. 1941 (leg. Franz, det. Lindner).

503. — *manicata* Meig.
Mölltal: Winklern, auf einer Wiese bei der Autobushaltestelle 1 Ex. 18. VI. 1942 (leg. Franz, det. Lindner).

504. *Coelomyia spatulata* Zett.
Gl. Gr.: Glockner 1856 1 Ex. (leg. Mann); Fuscher Tal oberhalb Ferleiten 14. VII. 1940 (leg. Franz, det. Lindner).

505. *Limnophora latifrons* Stein.
Die Art wird von Stein aus Schweden und vom „Großglockner" angeführt.

506. *Limnophora carbonella* Zett.
   Gl. Gr.: Eingang des Hirzbachtales, in der Hochstaudenflur im Bereiche der Mischwälder in 1000 bis 1400 m Höhe 8. VII. 1941; am Weg von Ferleiten zur Walcher Hochalm auf *Alnus incana*, *Salix*-Büschen und *Rhododendron* in 1600 bis 1900 m und auf den sonnseitigen Rasenhängen der Alm in 2000 bis 2300 m Höhe 4 ♂, 5 ♀ (leg. Franz, det. O. Karl) 9. VII. 1941.
507. — *dispar* Fall.
   S. Gr.: Gastein 4. V. 1867 2 Ex. 4. VI. 1867 3 Ex., 4. VIII. 1867 2 Ex. (alle leg. Mik).
   Gl. Gr.: Piffkaralm, in 1630 m Höhe an der Glocknerstraße 1 Ex. 15. VII. 1940 (leg. Franz, det. Lindner); Haritzersteig 2 ♂ 14. VII. 1941 (leg. Lindner).
508. — *exuta* Kow.
   S. Gr.: Gastein 1 Ex. 1. VIII. 1867 (leg. Mik).
509. — *solitaria* Fall.
   S. Gr.: Gastein 2 Ex. 8. VII. und 3 Ex. 8. VIII. 1867 (leg. Mik).
   Gl. Gr.: Glocknergebiet 1 Ex. 19. VIII. (Strobl 1900).
   Die Art ist boreoalpin verbreitet; sie ist sonst noch in den Alpen Steiermarks, im Harz, in der Hohen Tatra und in Skandinavien gefunden worden.
510. — *riparia* Fall.
   S. Gr.: Gastein 1 Ex. Juni 1867 (leg. Mik).
511. — *maculosa* Meig.
   Pinzgau: Zell am See 2 Ex. 11. VI. 1885 (leg. Mik).
512. — *variabilis* Stein.
   S. Gr.: Gastein 2 Ex. 5. VIII. 1867 (leg. Mik).
513. — *alpica* Zett. (= *latifrons* Stein, teste Villeneuve).
   Gl. Gr.: Marienhöhe Juli 1937; Mainzerhütte Juli 1928 (beide leg. Lindner, det. Villeneuve).
   Die Art ist boreoalpin verbreitet und bisher nur aus Skandinavien und den Alpen bekannt.
514. — *surda* Zett.
   Gl. Gr.: Heiligenblut 1 ♂ (Strobl 1900).
515. — *triangula* Fall.
   Gl. Gr.: Heiligenblut 1 Ex. (leg. Tief, teste Frauscher 1938).
516. — (*Spilogona*) *Kuntzei* Schnabl (= *trianguligera* Strobl).
   Gl. Gr.: Weg von Ferleiten zur Walcher Hochalm, in 1600 bis 1900 m Höhe 1 ♀ (leg. Franz, det. Lindner) 9. VII. 1941.
   Die Originale Kuntzes stammten aus Gastein. Strobl besaß die Art aus Steiermark und verschiedenen Gegenden Italiens (Stein), Riedel fing sie bei Oberstdorf im Allgäu, Lichtwardt in Thüringen.
517. *Lispa tentaculata* De G.
   S. Gr.: Gastein 1 Ex. 6. VIII. 1867 (leg. Mik).
518. — *verna* Fbr.
   S. Gr.: Gastein 1 Ex. 31. VII. 1867 (leg. Mik).
519. *Lispocephala erythrocera* R. D.
   S. Gr.: Mallnitzer Tauerntal, am Weg in die Woisken 2 Ex. 5. IX. 1941.
520. *Mycophaga fungorum* De G.
   Pinzgau: Zell am See 1 Ex. 7. VI. 1885 (leg. Mik).
521. *Pegomyia geniculata* Bouché (= *ephippium* Zett).
   S. Gr.: Gastein 2 Ex. 12. VIII. 1867 (leg. Mik).
522. — *flavisquama* Stein.
   Gl. Gr.: Wiesen im Guttal oberhalb der Ankehre der Glocknerstraße in 2000 bis 2100 m Höhe 1 ♀ 11. VII. 1941 (leg. Franz, det. Lindner).
   Stein schreibt: „Ich sah ein Pärchen aus Gastein (Kuntze), 1 ♀ in der Pokornyschen Sammlung mit der Bezettelung ‚Mönchkirch ex larva' und ein mit *palliceps* bezeichnetes ♀ aus Steiermark (Strobl)."
523. *Hylemyia cinerosa* Zett.
   S. Gr.: Gastein 1 Ex. 30. VII. 1867 (leg. Mik).
524. — *flavipennis* Fall.
   S. Gr.: Gastein 1 Ex. 22. VII. 1879 (leg. Mik).
525. — *pseudomaculipes* Strobl.
   S. Gr.: Böckstein 1 Ex. 24. VII. 1867 (leg. Mik).
   Boreoalpin, lebt in Fennoskandia, in den Alpen und deutschen Mittelgebirgen.
526. — *varicolor* Meig.
   Gl. Gr.: Guttal, Wiesen oberhalb der Ankehre der Glocknerstraße in 2000 bis 2100 m Höhe 1 ♀ 15. VII. 1940 und 1 ♀ 11. VII. 1941; Wasserrad-SW-Hang, in 2500 m Höhe 1 ♀ 17. VII. 1940; Paschingerweg, zwischen Glocknerhaus und Pasterzenende 1 Ex. Juli 1937; Gamsgrube, im Rasen bei der Hofmannshütte 16. VII. 1940 (alle leg. Franz, det. O. Karl).
527. — *brunneitincta* Zett. (= *seticrura* Rond.).
   Gl. Gr.: Heiligenblut 1 Ex. (Strobl 1900).
528. — *pilipes* Stein.
   Gl. Gr.: Marienhöhe 19. bis 31. VII. 1937 (leg. Lindner, det. O. Karl).
529. — *variata* Fall.
   S. Gr.: Thurnerkaser an der Glocknerstraße zwischen Kasereck und Roßbach, auf Almwiesen 1 ♂ 11. VII. 1941 (leg. Franz, det. Lindner).
   Gl. Gr.: Trögeralm 1 ♂ 16. VII. 1941 (leg. Lindner); Guttal, Wiesen am Weg zur Senfteben 2 Ex. 18. VI. 1942; Albitzen-SW-Hang, 2200 bis 2300m 1 Ex. 17. VII. 1940 (leg. Franz, det. Lindner); Weg von Ferleiten zur Walcher Hochalm, in 1600 bis 1900 m Höhe 1 ♂, 1 ♀ 9. VII. 1941 (leg. Franz, det. Lindner).

530. *Hylemyia strigosa* Fbr.
Gl. Gr.: Fuscher Tal unterhalb Dorf Fusch, auf den Wiesen an der Glocknerstraße 1 ♀ 23. V. 1941; Walcher Hochalm, in 1900 bis 2000 m Höhe 1 ♀ 9. VII. 1941 (leg. Franz, det. O. Karl).

531. — *discreta* Meig. var. *fugitiva* Schnabl.
Gl. Gr.: Haldenhöcker unterhalb des Mittleren Burgstalls, auf der Kalkschieferschutthalde in 2650 bis 2700 m Höhe in Anzahl 16. VII. 1940; Albitzen-SW-Hang, in 2300 bis 2500 m Höhe 17. VII. 1940; Gamsgrube, im Rasen bei der Hofmannshütte 16. VII. 1940 (alle leg. Franz, det. O. Karl).

532. — *flavisquama* Stein.
Gl. Gr.: Haldenhöcker unterhalb des Mittleren Burgstalls 1 Ex. 16. VIII. 1940 (leg. Franz).

533. *Ammomyia (Proboscidomyia) grisea* Fall.
S. Gr.: Gastein 2 Ex. 6. VIII. 1867 (leg. Mik).

534. *Egle aestiva* Meig. f. typ. und var. *alpina* Strobl.
Gl. Gr.: Guttal, am Wege zur Senfteben auf Almwiesen in 1950 m Höhe 6 Ex. 18. VI. 1942 (leg. Franz, det. Lindner); Glockner 1856 2 Ex. (leg. Mann); Marienhöhe Ende Juli 1937 (leg. Lindner, det. Villeneuve), beide f. typ.; Albitzen-SW-Hang, in 2200 bis 2300 m Höhe 17. VII. 1940 (leg. Franz, det. Lindner); Trögeralm 2 ♂ 16. bis 18. VII. 1941 (leg. Lindner) — beide var. *alpina*.
Nach Bezzi (1918) über die gesamten Alpen und Karpathen in Höhen von 2000 bis 2800 m verbreitet.

535. — *radicum* L.
S. Gr.: Gastein 18. VIII. 1867 (leg. Mik) 3 Ex.
Gl. Gr.: Oberstes Mölltal, oberhalb der Einmündung des Leitertales Juli 1937 (leg. Lindner, det. Villeneuve).

536. *Chortophila sepia* Meig.
Gl. Gr.: Beim Glocknerhaus 1 Ex. 5. VIII. 1937 (leg. Franz).

537. — *trapezina* Zett.
Gl. Gr.: Albitzen-SW-Hang, in 2300 bis 2500 m Höhe im Almrasen 2 Ex. 17. VII. 1940 (leg. Franz, det. Lindner).

538. — *antiqua* Meig.
Gl. Gr.: Senfteben zwischen Guttal und Pallik 1950 m 1 Ex. 18. VI. 1942 (leg. Franz, det. Lindner).

539. — *cilicrura* Rond.
Gl. Gr.: Marienhöhe Juli 1937 (leg. Lindner, det. Villeneuve).

540. — *grisella* Rond.
Gl. Gr.: Überall häufig 6 ♂, 4 ♀ Juli 1937, mehrere auch Juli 1941 (leg. Lindner).
Die Art ist aus den Alpen und Apenninen bekannt und wird von Bezzi (1918) aus Höhenlagen von 2000 bis 2800 m angegeben.

541. — *cinerella* Fall.
Gl. Gr.: „Glockner" (leg. Mann) 1856 in Anzahl.

542. — *discreta* Meig.
S. Gr.: Böckstein 1 Ex. (leg. Mik) 9. VI. 1885.

543. — *fugax* Meig.
Gl. Gr.: Heiligenblut, an der Glocknerstraße unterhalb des Mauthauses 1 Ex. 18. VI. 1942 (leg. Franz, det. Lindner).
Mölltal: Zwischen Obervellach und Flattach 3 Ex. 18. VI. 1942 (leg. Franz, det. Lindner).

544. *Prosalpia Billbergi* Zett.
Gl. Gr.: Fuscher Tal oberhalb Ferleiten 14. VII. 1940 (leg. Franz, det. O. Karl).

545. *Acroptena frontata* Zett.
Gl. Gr.: Pasterzenmoräne unterhalb des Glocknerkamps gegenüber der Gamsgrube 1 Ex. 19. VII. 1937 (leg. Franz, det. Engel).
Die Art ist boreoalpin verbreitet. Sie lebt nach Bezzi (1918) in den Alpen in 2000 bis 2900 m Höhe.

546. *Helina ? setiventris* Ringdahl.
Gl. Gr.: Albitzen-SW-Hang, in 2200 bis 2300 m Höhe 1 ♀ 17. VII. 1940 (leg. Franz, det. O. Karl); Marienhöhe 1 ♂ Ende Juli 1937 (leg. Lindner).

547. — *fratercula* Zett.
Gl. Gr.: Paschingerweg zwischen Glocknerhaus und Pasterzenende Juli 1937 (leg. Franz, det. O. Karl).

548. — *obscurata* Meig.
S. Gr.: Eingang in das Zirknitztal bei Döllach 1 ♀ 29. VIII. 1941 (leg. Franz, det. Lindner).
Gl. Gr.: Marienhöhe Juli 1937 (leg. Lindner, det. Villeneuve); Albitzen-SW-Hang, in 2200 bis 2300 m Höhe 17. VII. 1940 (leg. Franz, det. Lindner); Wiesen im Guttal oberhalb der Ankehre entlang des Guttalbaches 2000 bis 2100 m 1 ♂ 11. VII. 1941 (leg. Franz, det. O. Karl).

549. — *duplicata* Meig.
S. Gr.: Eingang in das Zirknitztal bei Döllach 1 Ex. 29. VIII. 1941 (leg. Franz, det. O. Karl).
Gl. Gr.: Gamsgrube, Rasen bei der Hofmannshütte 2 ♀ 16. VII. 1940; Piffkaralm, in 1630 m Höhe an der Glocknerstraße 1 ♀ 15. VII. 1940 (leg. Franz, det. O. Karl).

550. *Hydrophoria ambigua* Fall. (von Strobl 1900 als *Hylemyia* angeführt).
Gl. Gr.: „Glocknergebiet" 1 ♂, 4 ♀ 17. VIII. (Strobl 1900).

551. — *conica* Wiedem.
Gl. Gr.: Marienhöhe Ende Juli 1937 (leg. Lindner, det. Villeneuve); Guttal, Wiesen oberhalb der Ankehre der Glocknerstraße 15. VII. 1940 und 1 ♀ 11. VII. 1941 (leg. Franz, det. Lindner); Walcher Hochalm, in 1700 bis 1900 m Höhe auf Gesträuch und im Rasen 9. VII. 1941 (leg. Franz, det. O. Karl).

552. *Schoenomyza litorella* Fall.
S. Gr.: Gastein 29. VIII. 1887 in Anzahl (leg. Mik); Naßfeld 9. VIII. 1887 in Anzahl (leg. Mik); 17. VIII. 1887 2 Ex. (leg. Mik).
Gl. Gr.: Tauernmoos, vor dessen Überstauung (Werner 1924).

553. *Myiospila meditabunda* Fbr.
Gl. Gr.: Marienhöhe 2 ♂, 2 ♀ Juli 1937 (leg. Lindner).

554. *Phorbia genitalis* Schnabl.
Gl. Gr.: Gamsgrube 6. VII. 1937 (leg. Franz, det. Lindner).

555. — *securis* Tiensuu.
Gl. Gr.: Gamsgrube, oberhalb des Promenadeweges 1 Ex. 6. VII. 1937 (leg. Franz, det. O. Karl); Gamsgrube, im Rasen bei der Hofmannshütte 16. VII. 1940; Albitzen-SW-Hang in 2300 bis 2500 m Höhe 17. VII. 1940; Glocknerhaus 5. VII. 1937 (leg. Franz, det. Lindner).
Boreoalpin; aus Finnland beschrieben und in Fennoskandia weiter verbreitet; das Südareal erstreckt sich anscheinend über einen großen Teil der Alpen. Die Art ist auch schon in den Lechtaleralpen nachgewiesen (leg. Lindner, det. O. Karl).

556. — *curvicauda* Zett.
Gl. Gr.: Trögeralm 1 ♀ 16. VII. 1941 (leg. Lindner).

557. *Coenosia mollicula* Fall.
S. Gr.: Gastein 1. VIII. 1867 (leg. Mik) 4 Ex.; Eingang in das Zirknitztal bei Döllach 1 ♀ 29. VIII. 1941 (leg. Franz, det. Lindner).
Gl. Gr.: Guttal, Wiesen oberhalb der Ankehre 1 ♀ 11. VII. 1941 (leg. Franz, det. Lindner).
Gr. Gr.: Windisch-Matrei, Weg zur Proseckklamm 2 ♀ 3. IX. 1941 (leg. Franz, det. Lindner).

558. — *sexnotata* Meig.
S. Gr.: Gastein 30. VII. 1867 (leg. Mik) 1 Ex.

559. — *decipiens* Meig.
Gl. Gr.: Marienhöhe 1 ♀ Juli 1937 (leg. Lindner); Haritzersteig 1 ♀ 14. VII. 1941 (leg. Lindner).

560. — *pulicaria* Zett.
Gl. Gr.: Albitzen-SW-Hang, in 2300 bis 2500 m Höhe 2 ♀ 17. VII. 1940 (leg. Franz. det. O. Karl).

561. — *means* Meig.
Gl. Gr.: Trögeralm 1 ♀ 16. VII. 1941 (leg. Lindner).
Gr. Gr.: Beim Lublas oberhalb der Proseckklamm 1 ♀ 3. IX. 1941 (leg. Franz, det. Lindner).

562. — *bilineella* (Zett.).
Gl. Gr.: Fuscher Tal unterhalb Dorf Fusch, auf den Wiesen an der Glocknerstraße 2 ♂ 23. V. 1941 (leg. Franz, det. Lindner).

563. — *decipiens* Meig.
S. Gr.: Mallnitzer Tauerntal, unterhalb des Gasthofes Gutenbrunn 1 ♂ 4 ♀ 5. IX. 1941 (leg. Franz, det. Lindner).

564. — *tricolor* Zett.
Gr. Gr.: Windisch-Matrei, Weg zur Proseckklamm 1 Ex. 3. IX. 1941 (leg. Franz, det. O. Karl).

565. — *tigrina* Fabr.
Gl. Gr.: Almflächen der Senfteben bei Guttal, 1950 m Höhe, 18. VI. 1941 (leg. Franz, det. Lindner).

566. *Chiastochaeta trollii* Pok.
Gl. Gr.: Senfteben, auf den Almflächen in 1950 m Höhe gekätschert 1 ♂, 2 ♀ 18. VI. 1942 (leg. Franz, det. Lindner).
Die Art wurde von anderen Autoren in den Blüten von *Trollius europaeus* gefunden und könnte auch auf der Senfteben auf *Trollius* gesessen haben, da diese Pflanze am Fundort reichlich vorkam.

Familie *Larvaevoridae (Tachinidae)*.

567. *Peletieria tessellata* Fabr.
Gl. Gr.: Mölltal oberhalb Leitertal 1 ♂ Juli 1937 (leg. Lindner).

568. *Nemorilla maculosa* Meig.
Gl. Gr.: Heiligenblut 1 ♀ (Strobl. 1900).

569. *Allophorocera (Dexodes) auripila* B. B.
Gl. Gr.: Auf dem Haritzersteig nicht selten beobachtet. Setzte sich gerne auf den sonnenbeschienenen Weg, 1 ♀ 14. VII. 1941 (leg. Lindner).
Endemit der Alpen. Ich fing die Art auch in den Lechtaler Alpen (Lindner).

570. *Trichoparia decorata* Zett.
S. Gr.: Eingang in das Zirknitztal, am S-Hang oberhalb Döllach 1 ♂ 28. VIII. 1941 (leg. Franz, det. Lindner).
Wahrscheinlich ein Tipulidenparasit.

571. *Bucentes geniculatus* De Geer.
Mölltal: Zwischen Obervellach und Flattach 1 Ex. 18. VI. 1942 (leg. Franz, det. Lindner).

572. *Larvaevora rustica* Meig.
Mölltal: Zwischen Obervellach und Flattach 1 Ex. 18. VI. 1942 (leg. Franz, det. Lindner).

573. *Eggeria fasciata* Egg.
Mölltal: Zwischen Söbriach und Flattach 1 Ex. 18. VI. 1942 (leg. Franz, det. Lindner).

Familie *Dexiidae*.

574. *Phyllomyia volvulus* Fabr.
Gl. Gr.: Fuscher Tal oberhalb Ferleiten, abends 14. VII. 1940 (leg. Franz, det. Lindner).

575. *Pseudonesia puberula* Zett. (= *pubicornis* Zett. = *Rhinomorinia subrostrata* Villen.).
Gl. Gr.: Marienhöhe 2 ♂ Juli 1937 (leg. Lindner); Mainzerhütte 1 ♂ Juli 1928 (leg. Lindner, det. Villeneuve); Trögeralm 1 ♂ 16. VII. 1941 (leg. et det. Lindner).

576. *Myiocera carinifrons* Fall.
    Gl. Gr.: Marienhöhe 1 ♀ Juli 1937 (leg. Lindner); Haritzersteig 1 ♂ 14. VII. 1941 (leg. Lindner).
577. *Stevenia atramentaria* Meig.
    Gl. Gr.: Marienhöhe 1 ♂ Juli 1937 (leg. Lindner).
578. *Eriothrix latifrons* Brau.
    Gl. Gr.: Marienhöhe 1 ♂ Juli 1937 (leg. Lindner).
579. *Prosena sybarita* Fabr.
    S. Gr.: Eingang in das Zirknitztal, am S-Hang oberhalb Döllach 1 ♀ 28. VIII. 1941 (leg. Franz, det. Lindner).

Familie *Sarcophagidae*.

580. *Sarcophaga cárnaria* L.
    Gl. Gr.: Marienhöhe 1 ♂ Juli 1937 (leg. Lindner).
581. — *ebrachiata* Pand.
    Gl. Gr.: Marienhöhe 1 ♂ Juli 1937 (leg. Lindner, det. Villeneuve).
582. — *striata* Meig.
    Gl. Gr.: Haritzersteig 1 ♂ 14. VII. 1941 (leg. Lindner).
583. — *agnata* Rond.
    Mölltal: Zwischen Obervellach und Flattach 1 Ex. 18. VI. 1942 (leg. Franz, det. Lindner).
584. *Ravinia striata* Fabr.
    Gl. Gr.: Marienhöhe Juli 1937 (leg. Lindner, det. Villeneuve).
585. *Araba stelviana* B. B.
    Gl. Gr.: Unterhalb der Pfandlscharte im Gebiet der Schneetälchen 1 ♂ Juli 1937 (leg. Lindner).
    Alpine Art.
586. *Metopia leucocephala* Rossi.
    Gl. Gr.: Marienhöhe, Mölltal 1 ♀ Juli 1937 (leg. Lindner).
587. *Angioneurilla (Angioneura) acerba* Meig.
    Pinzgau: Taxingbauer in Haid bei Zell am See, Kunstwiese, Gesiebe der Rasenschicht und der obersten 5 cm des Bodens 1 ♂ 13. VII. 1939 (leg. Franz, det. M. P. Riedel).
588. *Brachycoma devia* Fall.
    Gl. Gr.: Walcheralm, auf den Sonnleitbratschen in 2600 bis 2800 m Höhe in der Polsterpflanzenstufe, *Saxifraga Rudolphiana*-Assoziation 9. VII. 1941 (leg. Franz, det. Lindner).

Der Satz, mit welchem Holdhaus 1912 den Dipterenteil seiner grundlegenden Zusammenfassung der boreoalpinen Tierformen einleitet: „Unsere Kenntnisse über die geographische Verbreitung der europäischen Dipteren sind vielfach noch recht lückenhaft", gilt heute noch ebenso. Es ist inzwischen wenig hinzugekommen. Wenn auch einzelne fleißig gesammelt haben, so ist es doch in den meisten Fällen nicht zu einer entsprechenden Auswertung gekommen. Immerhin konnten einige Formen, die in Holdhaus' Verzeichnis noch nicht enthalten waren, in unserer Arbeit nach den Angaben neuerer Forscher und auch nach eigenen Beobachtungen nunmehr als boreoalpin erklärt werden, und andere haben sich als endemisch alpin bzw. als zentralalpin erwiesen. Dabei bleibt freilich zu berücksichtigen, daß Pyrenäen, Apennin, Kaukasus, Balkan und die asiatischen Hochgebirge noch bedeutsame Zusammenhänge dereinst werden aufdecken können, ja daß aber auch unsere deutschen Mittelgebirge hinsichtlich ihres Dipterenbestandes noch viel zu wenig durchgearbeitet sind. Der Grund ist in der Schwierigkeit des Stoffes und vor allem in seinem Umfang zu sehen. Erst seit kurzem wurde damit begonnen, eine Bestimmungsliteratur zu schaffen, die erlaubt, die formenreichen Familien (z. B. Fungivoriden, Tendipediden, Empididen, Dolichopodiden, Agromyziden, Anthomyiiden usw.) mit Sicherheit in ihren Gattungen und Arten zu erkennen. Aber einige von ihnen werden auch künftig schon wegen ihres Umfanges nur von einem Spezialisten bewältigt werden können. Aus diesem Grunde ist auch das obige Verzeichnis für das Großglocknergebiet noch mit mancher Lücke und mit vielen unsicheren Stellen behaftet. Die Empididen der Alpen sind z. B. noch durchaus ungenügend bekannt, und vielfach ist ihre Identität mit nordischen Arten noch völlig ungeklärt; es ergibt sich hieraus eine Aufgabe, mit welcher der Monograph der Familie eben befaßt ist. Für sie wie für andere schwierige Familien, z. B. die Anthomyiiden, die für die Alpen eine so große Rolle spielen, gibt es heute nur ganz wenige Kenner, und es besteht immer die große Gefahr, daß mit ihrem Ausscheiden eine empfindliche Lücke in der Kontinuität der Forschung, die auf diesem Gebiet so notwendig erscheint, entsteht. Als vernachlässigt — auch in unserem Verzeichnis — müssen die *Tendipedidae (Chironomidae)* und die *Sepsidae* angesehen werden.

Eine überaus wertvolle Arbeit hat uns Bezzi 1918 mit seinen „Studi sulla Ditterofauna nivale delle Alpi italiane" gegeben. Er hat die Abhängigkeit der Dipteren von den Vegetationszonen weitgehend in den Vordergrund gestellt und hat das Hervortreten gewisser Dipterenfamilien in diesen Zonen benützt, um jenen parallel eine Einteilung zu treffen in die Zonen der *Bombyliidae*, der *Tipulidae-Limoniidae*, der *Fungivoridae*, der *Empididae (Asilidae)*, der *Syrphidae* und der *Anthomyiidae*.

Diese Einteilung kann im großen und ganzen für das ganze alpine System angenommen werden. Aber sie läßt sich nicht ohne weiteres von den Verhältnissen der südlichen Alpen auf die der Nordketten übertragen. Wir haben dort das unmittelbare Aufsteigen der Alpen von weniger als 100 m zu mehr als 4000 m (Bernina), ein überwiegend mittelmeerisch bestimmtes Klima und eine davon abhängige, großenteils südliche Vegetation noch bis in beträchtliche Höhe und verhältnismäßig wenig Wald. Im Norden dagegen beobachten wir das mehr allmähliche Ansteigen aus der Hochebene mit ihrer Moränenlandschaft und einem mehr kontinentalgemäßigten Klima, sowie einem dichten Waldgürtel von Buche, Tanne und Fichte. Es ist klar, daß dieser Gegensatz auch in der Dipterenfauna zum Ausdruck kommen muß. So fällt die unterste Zone, die der Bombyliiden, im Norden und auch im zentralen Tauerngebiet überhaupt weg; diese Tiere sind im allgemeinen an den wärmeren Süden mit einem reicheren Bestand an Hymenopteren (ihren Wirtstieren) gebunden.

Die Region der Tipuliden-Limoniiden dürfte am Nordrand der Alpen und auch im mehr zentralen Tauerngebiet entsprechend der größeren Niederschlagsmenge und dem größeren Wasserreichtum noch in höher gelegenen Gebieten wesentlich weiter nach oben reichen als im Süden und durch den Waldgürtel im Norden mit der nach Bezzi folgenden Zone der *Fungivoridae* sich im allgemeinen decken. Einzelne charakteristische Formen sowohl der Tipuliden wie der Fungivoriden gehen im Norden häufiger wie im Süden über die von Bezzi ermittelte Grenze empor. Damit ist auch die Tatsache der zahlreichen — zum Teil handelt es sich um neue Arten! —, besonders von Franz im hochalpinen Großglocknergebiet gemachten Funde von Lycoriiden, dieser artenreichen, den Fungivoriden nahestehenden Familie, in Einklang gebracht. Ganz allgemein können diese Familien im Gegensatz zu den nach ihrem Hauptverbreitungsgebiet südlichen Bombyliiden als nördliche bezeichnet werden.

Die Empididen sind mit zahlreichen Arten in der subalpinen Zone, auch des Großglocknergebiets, und darüber hinaus in der alpinen Zone verbreitet, als eifrige Besucher von Cruciferen, Compositen, Saxifragen u. a. Sie begegnen sich in der alpinen Zone mit den für diese charakteristischen Syrphiden, die in Gemeinschaft mit Schmetterlingen, wie *Vanessa urticae*, den *Psodos*-Arten, und verschiedenen Hummeln die wesentlichsten Bestäuber von *Silene acaulis* und den verschiedenen *Androsace*-Arten sind. Vor allem beobachtete ich in der alpinen Zone bei dieser Betätigung *Lasiopticus pyrastri*, *Syrphus corollae* Fabr. und *Epistrophe balteata* Deg. Auch andere Syrphiden treten hier noch als gewöhnliche Erscheinungen auf: *Eristalomyia tenax* L., *Myiatropa florea* L., sowie *Platychirus manicatus* Meig. und *P. melanopsis* Loew. Diese letzteren bemühen sich aber mit Vorliebe um die Blüten von *Ranunculus glacialis*, der auch die eigentliche Lieblingspflanze von *Chilosia Sahlbergi* Beck. ist.

In der Nivalzone von 2600 m an herrschen die Anthomyiiden vor. Ihre Zunahme mit zunehmender Höhe macht sich schon von der Baumgrenze an bemerkbar, wo sich die ersten Höhentiere, wie *Chortophila grisella* Rond., *Rhynchocoenops obscuricula* Rond., *Rhynchotrichops rostratus* Mde., *Acroptena septimalis* Pand., *Pogonomyia alpicola* Rond. und andere, einstellen. Auf den eigentlichen Hochgipfeln sind die Syrphiden zurückgeblieben und die Bestäuber der Blüten der verschiedenen Saxifragen und anderen höchstsiedelnden Blütenpflanzen sind ganz überwiegend die Anthomyiiden, worauf schon Müller (1881) in seinen klassischen Untersuchungen über die Bestäubung der Alpenblumen durch Insekten hingewiesen hat. Bezzi ist zum gleichen Ergebnis gekommen.

Die andern in der Gesellschaft der Anthomyiiden lebenden Dipteren tragen häufig ein ganz ähnliches Kleid, so daß Bezzi von einer Anthomyiiden-Facies spricht! Siehe *Ptiolina paradoxa*! Außerdem sind all diese Dipteren der Hochregion durch eine lange Larven- und Puppendauer (oft mehrere Jahre) und ein kurzes Dasein der Imago ausgezeichnet. Die Entwicklung findet in den spärlichen Erdeansammlungen statt, die in den Felsspalten zugleich der Pflanzenwelt Existenzmöglichkeiten bieten.

Auch das Zurücktreten der Parasiten und der karnivoren Arten kann für die Hochregion des Gebietes bestätigt werden. Natürlich fehlen die Ausnahmen, die die Regel bestätigen, nicht; so konnte die schöne *Araba stelviana* B. B. unterhalb der Pfandlscharte auch für die Ostalpen wieder festgestellt werden. Die Zahl der Schmetterlingsparasiten ist bei einem erheblichen Artenreichtum der Lepidopteren erstaunlich gering. Desgleichen treten in der alpinen und nivalen Zone die Acalyptraten sehr zurück, wie das ebenfalls auch Bezzi für die italienischen Alpen erwähnt; in den tieferen Lagen spielen höchstens die **Agromyziden** bei dem Pflanzenreichtum eine etwas größere Rolle.

Für das Großglocknergebiet ist noch lange nicht der ganze Artenbestand an Dipteren festgestellt. Doch gibt der Überblick über das vorliegende Material dieselbe Gesetzmäßigkeit in der Aufeinanderfolge der verschiedenen Geschlechter, die Bezzi für das südliche Alpengebiet erforscht hat, mit den oben gemachten Einschränkungen.

Ordnung Coleoptera.

Über die Käferfauna des Untersuchungsgebietes liegen neben einigen kleinen faunistischen Arbeiten zahlreiche in der Spezialliteratur verstreute Einzelangaben vor. Es wurden folgende Arbeiten berücksichtigt: Bernhauer, M. (1899, 1927, 1929, 1936 und 1940); Breuning, St. (1924, 1927 a und 1927 b); Escherich, K. (1888—1889); Franz, H. (1938 a, 1938 b und 1938 c); Giraud, I. (1851); Holdhaus, K. (1909 und 1932); Holdhaus, K., und C. H. Lindroth (1939); Horion, A. (1935, 1941); Knabl, F., und H. Franz (1939); Kühnelt, W. (1940); Machulka, V. (1938); Maerkel und v. Kiesenwetter (1848); Miller, L. (1878); Netolitzky, F. (1937); Otto, A. (1889); Pacher, D. (1853 und 1859); Scheerpeltz, O. (1929, 1935 und 1938); Scholz, R. (1903); Werner, F. (1924 und 1934). Zweifelhafte Verbreitungsangaben wurden aus der Literatur nicht übernommen.

Von Ausbeuten, über die bisher noch keine oder nur unzulängliche Veröffentlichungen vorliegen, konnten die folgender Sammler berücksichtigt werden: die Ausbeuten von Notar Dr. M. Bernhauer (Horn) aus der Gasteiner Gegend, sofern sich Belege davon aus der Sammlung Minarz, im Naturhistorischen Museum in Wien befinden; die von Dr. Valerie Bucheder (Wien) und Maria Reiter (Wien) aus der Kreuzeckgruppe; die Ausbeute von Dr. Henriette Burchardt (Wien) und Dr. Fritz Staudinger (Wien) aus der Granatspitzgruppe; die von Schulrat H. Frieb (Salzburg) aus mehreren Salzburger Tauerntälern; die von Direktor Dr. K. Holdhaus (Wien) aus der Granatspitz-, Schober- und Kreuzeckgruppe; die von Ing. K. Konneczni (Wien) aus dem Dorfertal und der Schobergruppe; die von Forstmeister F. Leeder (Hintersee—Faistenau) aus der Sonnblickgruppe, besonders dem Krumeltal; die von Studienrat Dr. O. Scheerpeltz (Wien) aus den nördlichen Tauerntälern und dem Pinzgau und die von Dr. W. Székessy (Budapest) aus der Schobergruppe.

Mein eigenes, sehr umfangreiches Material wurde von folgenden Spezialisten bestimmt: von Dr. H. Bollow (München) Gattung *Dryops*; L. Gschwendtner (Linz) *Dytiscidae*; Regierungsrat F. Heikertinger (Wien) Halticinae; Regierungsrat R. Hicker (Wien) *Cantharidae*; Direktor Dr. K. Holdhaus (Wien) *Pselaphidae*, *Scydmaenidae* und einige andere Käfer; P. Meyer (Wien) einige Arten der Gattung *Bembidion*; P. Roßkotten (Aachen) *Ptiliidae*; Studienrat Dr. O. Scheerpeltz (Wien) *Staphylinidae*; H. Wagner (Berlin) *Ceuthorrhynchinae* und Gattung *Apion*; vom Verfasser alle übrigen Käfer.

Die systematische Anordnung der Arten erfolgt nach dem Katalog von A. Winkler (1924 bis 1932), die Nomenklatur ist bis auf einige Berichtigungen dem gleichen Katalog angeglichen.

Den Herren Notar Dr. Max Bernhauer, Dir. Dr. K. Holdhaus, Forstmeister Ing. K. Konneczni, Ing. Dr. C. Mandl, Studienrat Dr. O. Scheerpeltz und Dir. Dr. A. Wörndle verdanke ich wichtige Mitteilungen über die Verbreitung einzelner Arten in den Alpen.

Familie *Cicindelidae*.

1. *Cicindela silvicola* Dejean.
   S. Gr.: Umgebung des Fleißgasthofes 1 Ex. Juli 1937.
   Auch in Windisch-Matrei 15. VIII. 1927 (Werner 1934).
   Die Art scheint im Gebiete nirgends die Waldgrenze zu überschreiten, vielmehr erheblich unter ihr zurückzubleiben.

2. — *gallica* Brullé (Determination von C. Mandl bestätigt).
   Gl. Gr.: SW-Hang des Albitzenkopfes, hufeisenförmiger Grashang oberhalb der Glocknerstraße südöstlich der Marienhöhe, im Rasen knapp unterhalb der Bratschenhänge 1 ♀ und mehrere Chitinreste 20. VII. 1938, 1 ♀ 17. VII. 1940.
   Die Art scheint hier als Imago schon im Vorsommer aufzutreten und im Hochsommer bereits wieder zu verschwinden. Ich habe sie trotz eifrigen Suchens im Gebiete nur an dieser einen Stelle, auf einem bloß ein paar hundert Quadratmeter umfassenden Platze feststellen können; der Platz ist über 50 km von dem nächsten bekannten Fundort der Art entfernt und als extremer Reliktstandort zu werten. *C. gallica* ist in den Alpen endemisch und bisher nur aus dem westlichen Teil derselben östlich bis zum Brenner und zur Rieserfernergruppe bekannt gewesen. Sie lebt vorwiegend in der hochalpinen Grasheidenzone und ist auf sonnige Lagen beschränkt. Die nächsten bekannten Fundorte sind: der O-Hang des Hochgall in der Rieserfernergruppe (1 Ex. leg. Burchardt) und der Wolfendorn östlich der Brennersenke (Wörndle i. l.).

3. — *hybrida riparia* Dejean.
   S. Gr.: Badgastein, Böckstein und Naßfeld (leg. Frieb).
   Gl. Gr.: Im obersten Fuscher Tal von Ferleiten bis zum Fuscher Rotmoos auf den Schuttflächen entlang der Fuscher Ache nicht selten, 21. VII. 1939 und 18. VII. 1940; auf der Glocknerstraße unterhalb Dorf Fusch 1 Ex. 23. V. 1941.
   Gr. Gr.: Untere Dorfer Öd (Stubach) (leg. Frieb).
   Die Art dürfte in allen größeren Tälern des Gebietes auf den sandigen Aufschüttungen der Gebirgsbäche zu finden sein.

4. — *campestris* L.
   S. Gr.: Großes Fleißtal, innerhalb der Waldregion am Wege 2 Ex. 8. VII. 1937; Gjaidtrog-SW-Hang, in 2300 m Höhe 1 Ex. 1. VII. 1940 (leg. Jaitner); Fußweg vom Fleißgasthof nach Heiligenblut 1 Ex. 9. VII. 1937.
   Gl. Gr.: Fußweg vom Glocknerhaus zur Naturbrücke über die Möll (Haritzerweg) 1 Ex. 7. VII. 1937.
   Gr. Gr.: Rotenkogel zwischen Kals und Windisch-Matrei (leg. Holdhaus).
   Die Art liebt sonnige Stellen, sie steigt im Gebiete anscheinend nirgends weit in die alpine Grasheidenstufe empor.

Familie *Carabidae*.

5. *Cychrus angustatus* Hoppe.
   S. Gr.: Bei Gastein nur am N-Hang des Graukogels (Giraud 1851); auch von Scholz (1903) aus der Gegend von Gastein angegeben; in der Fleiß, subalpin 7. VII. 1940 (leg. Jaitner); im Göritzgraben und in der Fleiß sehr selten (Pacher 1853); am Fuße des Moharkopfes (Märkel und v. Kiesenwetter 1848).
   Die Art scheint im Gebiete wie fast überall, wo sie vorkommt, selten zu sein. Sie ist in den Alpen endemisch und lebt vorwiegend in der subalpinen Stufe, wo sie Schnecken, besonders *Limax*-Arten, nachstellt.
   Cychrus angustatus fehlt in den Zentralalpen östlich der Hohen Tauern und Gurktaler Alpen, in den Kalkalpen Salzburgs, Steiermarks, Ober- und Niederdonaus wurde er gleichfalls bisher nirgends gefunden (vgl. Heberdey u. Meixner 1933). In Kärnten findet er sich außerhalb der Hohen Tauern und westlichen Gurktaler Alpen auch in den südlichen Kalkalpen, in denen er weit über die Reichsgrenzen hinaus bis in die Venezianer und Julischen Alpen vordringt. *Cychrus angustatus* wurde von Hoppe nach Stücken aus der Gegend von Heiligenblut beschrieben.

6. — *caraboides pygmaeus* Chd.
   S. Gr.: Um Gastein in den tieferen Lagen (Giraud 1851), auch von Scholz (1903) aus der Gegend von Gastein angeführt; im obersten Anlauftal (leg. Frieb); Krumeltal, in 1800 m Höhe (leg. Leeder); Seidelwinkeltal, beim Tauernhaus (Märkel und v. Kiesenwetter 1848); in der Asten und Fleiß (Pacher 1853); am Moharkopf bei Döllach (Märkel und v. Kiesenwetter 1848).
   Gl. Gr.: Grashänge über der Glocknerstraße beim Glocknerhaus in 2200 m Höhe 1 totes Ex. Juli 1937; Freiwand, oberhalb des Parkplatzes III der Glocknerstraße 1 totes Ex.; Unterer Keesboden, am Fuße der Leiterköpfe 1 Ex. 23. VII. 1938; Gamsgrube 1 totes Ex. 6. VII. 1937; Moserboden, in der Zwergstrauchstufe am orographisch rechten Talhang 1 Ex. 16. VII. 1939; im Kapruner Tal in 1500 m Höhe und vor dem Karlingerkees (Escherich 1888—89); Walcher Hochalm, S-Hang 2300 bis 2400 m 1 Ex. 9. VII. 1941.
   Weitverbreitete Art, die im Gebiete aus den Tälern bis in die hochalpine Zwergstrauchstufe emporsteigt.

7. — *attenuatus* Fabr.
   S. Gr.: Um Gastein bis 1650 m Höhe (Giraud 1851); im unteren Teil des Anlauftales (leg. Frieb); Naßfeld bei Gastein und Krumeltal (leg. Leeder); Seidelwinkeltal, beim Tauernhaus (Märkel und v. Kiesenwetter 1848); Asten und Zirknitz (Pacher 1853); am Weg aus dem Mallnitzer Tauerntal auf die Hindenburghöhe unter Baumrinde in etwa 1500 m Höhe 1 Ex. 5. IX. 1941.
   Gl. Gr.: Im Kapruner Tal selten (Escherich 1888—89).
   Die Art scheint im Gebiete die Waldgrenze nicht zu übersteigen.

8. *Carabus (Procrustes) coriaceus* L.
    S. Gr.: Leidgraben bei Hofgastein (leg. Frieb); Gastein 1 Ex. (coll. Pachole).
    Die Art wird von Pacher als im Mölltale häufig angegeben. Sie scheint im Gebiete auf die tiefsten Tallagen beschränkt zu sein.

9. — *(Pseudocechenus) irregularis* Fbr.
    S. Gr.: Badgastein (coll. Minarz); auch von Scholz (1903) aus der Umgebung von Gastein angegeben; Krumeltal, über der Rohrmoosalm in 1700 m Höhe (leg. Leeder); Seidelwinkeltal, beim Tauernhaus (Märkel und v. Kiesenwetter 1848); Umgebung von Rauris (leg. Konneczni).
    Die Art dürfte auch in anderen Teilen des Untersuchungsgebietes vorkommen, ist aber jedenfalls auf tiefere Tallagen beschränkt. Sie bevorzugt feuchte Gräben, besonders Hochstaudenfluren entlang der Gebirgsbäche.

10. — *Fabricii koralpicus* Sok.
    S. Gr.: Im obersten Teil des Anlauftales (Frieb i. l.).
    Die Art wurde auch auf dem Ankogel gesammelt (Belege im Mus. Wien) und ist von da ostwärts in den Alpen häufig. Auch am Westrande des Taliernfensters findet sie sich wieder.

11. — *(Platycarabus) depressus Bonellii* Dejean.
    S. Gr.: Um Gastein bis 2000 m Höhe (Giraud 1851 und Scholz 1903); Naßfeld in 1600 m Höhe (leg. Leeder); Radeggalm im Anlauftal und Radhausberg in 1550 m Höhe (leg. Leeder); oberstes Anlauftal und inneres Naßfeld (leg. Frieb); Umgebung von Rauris (leg. Konneczni); Kolm Saigurn in 1700 m Höhe (leg. Leeder); Seidelwinkeltal, beim Tauernhaus (Märkel und v. Kiesenwetter 1848); Kleine Fleiß (Pacher 1853); Große Fleiß, subalpin 1 ♂ Juli 1937.
    Gl. Gr.: Albitzen-SW-Hang oberhalb der Glocknerstraße 1 Ex. 20. VII. 1938; häufig im Pasterzenvorfeld, so am Paschingerweg in nächster Nähe der Pasterzenzunge 1 ♂, 1 ♀ 28. VII. 1937 und an der Möllschlucht nächst der Einmündung des Pfandlschartenbaches 1 ♂ 5. VII. 1937; innerhalb der Moräne des Jahres 1856 wenig unterhalb des Glocknerhauses 1 ♂ und 1 ♀ 5. VII. 1937 und 1 ♂ 8. VIII. 1937; S-Hang des Elisabethfelsens 1 ♂, 1 ♀ 7. VII. 1937; am Weg vom Hohen Sattel ins Magneskar oberhalb der Glocknerstraße 1 ♂ 21. VII. 1938; an den Hängen der Freiwand gegen die Sturmalm (Märkel und v. Kiesenwetter 1848, Pacher 1853, Staudinger 1856); Kapruner Tal, über 1500 m Höhe (Escherich 1888—89); Fuscher Tal oberhalb Ferleiten 1 ♂ 21. VII. und tieferer Teil des Käfertales 1 ♀ 23. VII. 1939; unterer Teil des Dorfer Tales bis zur Rumisoieben 2 ♂ 17. VII. 1937.
    Die Art findet sich im Gebiete in Höhen von 1500 bis 2400 m und ist vor allem in feuchten Lagen der subalpinen Waldzone und der Zwergstrauchstufe häufig. Sie ist in den Alpen endemisch und findet in den Niederen Tauern und in den Kalkbergen bei Ischl die Ostgrenze ihrer Verbreitung (vgl. Heberdey und Meixner 1933); H. Frieb fand sie auch im Obersulzbachtal und auf dem Wildkogel bei Neukirchen im Pinzgau.

12. — *(Megodontus) violaceus Neesi* Hoppe.
    S. Gr.: Krumeltal, in 1700 m Höhe nicht selten (leg. Leeder), bei Rauris (leg. Konneczni); Fleiß, in höheren Lagen 2 Ex. (leg. Jaitner) 10. VII. und 29. VIII. 1941; am Fußweg vom Kaserstock zum Hochtor (alter Römerweg), etwa halbwegs zwischen Kasereck und Fallbichl 1 ♀ 6. VIII. 1937.
    Gl. Gr.: Haritzerweg, zwischen Glocknerhaus und Naturbrücke über die Möll 1 ♀ 7. VII. 1937; Pasterzenvorfeld innerhalb der Moräne des Jahres 1856, wenig unterhalb des Glocknerhauses 1 totes Ex.; am Weg vom Glocknerhaus zur Pfandlscharte in etwa 2250 m Höhe 1 ♀ 18. VIII. 1937; Albitzen-SW-Hang, 1 ♀ in etwa 2200 m Höhe 21. VII. 1938; die Art wird auch von Pacher (1853), Märkel und v. Kiesenwetter (1848) und Miller (1878) aus der Pasterzenumgebung angegeben; die Angabe Heiligenbluter Tauern bei Märkel und v. Kiesenwetter (1848) und Pacher (1853) bezieht sich wohl auf die Südhänge des Hochtores, in der Umgebung des Römerweges, wahrscheinlich auf die gleiche Stelle, wo auch ich die Art fand; unterer Teil des Dorfer Tales 1 ♂ 18. VII. 1937; unterhalb der Gleiwitzer Hütte im Hirzbachtal (leg. Frieb); Walcheralm, in 2100 m Höhe am S-Hang 1 Ex. 9. VII. 1941.
    Carabus violaceus findet sich im Gebiete in höheren Lagen ausschließlich in der Form *Neesi* Hoppe und scheint in dieser Rasse vor allem die Zwergstrauchstufe zu bewohnen.

13. — *(Chaetocarabus) intricatus* L.
    Diese für trockene Lagen der unteren Bergwaldzone charakteristische Art wurde von Pacher bei Sagritz im Mölltal gefunden, fehlt aber anscheinend schon in der subalpinen Waldstufe vollständig.

14. — *(Chrysocarabus) auronitens brevipennis* Lap.
    S. Gr.: Um Gastein bis 2000 m (Giraud 1851 und Scholz 1903); Umgebung von Rauris (leg. Konneczni); Seidelwinkeltal, beim Tauernhaus (Märkel und v. Kiesenwetter 1848); in der Zirknitz nicht selten (Pacher 1853); mir lagen Stücke von Gastein und vom Graukogel oberhalb Gastein vor (coll. Minarz); Badgastein (leg. Frieb). Je ein an ab. *atratus* Heer erinnerndes, aber jedenfalls zu *brevipennis* gehöriges Stück im Krumeltal in 1800 m Höhe (leg. Leeder) und im oberen Teil des Anlauftales (leg. Frieb).
    Gr. Gr.: Stubach, am Weg vom Gasthof Schneiderau in die Dorfer Öd 1 totes Ex. unter einem Stein in 1200 m Höhe 25. VII. 1939.
    Carabus auronitens findet sich im Gebiete nur im Bereiche des Waldgürtels und stets in auffällig kleinen Stücken, die nach Breuning (1927) wahrscheinlich als subsp. *brevipennis* Lap. zu bezeichnen sind. Nach H. Frieb (i. l.) kommt im Kötschachtal und bei Badgastein auch die f. typ. vor.

15. — *(Mesocarabus) problematicus* Hrbst.
    S. Gr.: Um Gastein sehr selten (Giraud 1851).
    Schobergr.: Auf der Wangenitzen von Pacher (1853) einmal gefunden.
    Die Art scheint im Gebiete sehr lokal verbreitet zu sein.

16. — *(Carabus) granulatus interstitialis* Duft.
    S. Gr.: Umgebung von Rauris (leg. Konneczni).
    Die Art dürfte auch in den anderen Tauerntälern in tieferen Lagen zu finden sein.

17. — *(Carabus) cancellatus ambicornis* Sokol.
    S. Gr.: Umgebung von Rauris (leg. Konneczni).
    Auch diese Art dürfte im Gebiet in tiefen Lagen weiter verbreitet sein.

18. *Carabus (Tomocarabus) convexus* Fbr. ab. *Hornschuchi* Hoppe.
S. Gr.: Große Fleiß, subalpin 1 totes Ex.
Die Art wird von Pacher als häufig auf den Alpen und Voralpen des Mölltales angegeben, steigt aber jedenfalls im Gebiete nicht hoch empor. Sie wurde schon von Hoppe und Hornschuch (1825) auf den Alpen um Heiligenblut gesammelt.

19. — *(Eutelocarabus) arvensis noricus* Sok.
S. Gr.: Naßfeld bei Gastein in 1800 *m* Höhe (leg. Leeder); Kolm Saigurn (leg. Frieb); bei Rauris über der Waldgrenze (leg. Konneczni).
Gl. Gr.: Walcher Hochalm, S-Hang in 2300 bis 2400 *m* Höhe 1 Ex. 9. VII. 1941.
Gr. Gr.: Rotenkogel zwischen Kals und Windisch-Matrei (leg. Holdhaus).

20. — *(Euporocarabus) hortensis* L.
S. Gr.: Um Gastein zeitweilig häufig (Giraud 1851); Hofgastein, Badgastein und Kötschachtal (leg. Frieb); im Gstatterwald und Schrobaswald bei Rauris je 1 Ex. (leg. Konneczni); Zirknitz (Pacher 1853); Eingang in das Zirknitztal oberhalb Döllach, unter Holz am Waldboden 1 Ex. 29. VIII. 1941.
Schobergr.: Wangenitzen (Pacher 1853).
Ein Bewohner tieferer Lagen.

21. — *(Orinocarabus) sylvestris fallax* Sok.
S. Gr.: Umgebung von Rauris (Breuning 1924); Gamskarkogel; oberstes Anlauftal; Graukogel; Tischkogel (leg. Frieb).

22. — *(Orinocarabus) concolor Hoppei* Strm.
S. Gr.: Radhausberg, Lukasstuhl, Hoher Stuhl und Naßfeld bei Gastein (Giraud 1851); auf dem Ritterkopf, am Hang gegen das Krumeltal von 1900 *m* aufwärts (leg. Leeder); Sonnblick (leg. Frieb); hochalpin bei Rauris (leg. Konneczni); oberstes Seidelwinkeltal, in über 2300 *m* Höhe 1 Ex. 17. VIII. 1937; Heiligenbluter Schareck, am Hang gegen die Glocknerstraße 6. VIII. 1937; Roßschartenkopf-W-Hang 2 Ex. 3. VIII. 1937; Südhang des Hochtortauernkopfes 1 Ex.; Weißenbachscharte, am Weg gegen die Große Fleiß in 2300 bis 2500 *m* Höhe 5 Ex. 6. VIII. 1937; Gjaidtrog-SW-Hang, in 2500 bis 2700 *m* Höhe 5 Ex. 18. VII. 1938 und 1 Ex. in 2300 *m* Höhe 8. VIII. 1940 (leg. Jaitner); bei der Duisburgerhütte (Breuning 1924).
Gl. Gr.: Breitenebenkogel östlich von Fusch (Breuning 1924); Hoher Tenn (Breuning 1924); Albitzen-SW-Hang, in der hochalpinen Grasheidenstufe über der Glocknerstraße mehrfach Juli 1938 und 17. VII. 1940; Guttal, oberhalb der Ankehre der Glocknerstraße 1 Ex. schon in 2100 *m* Höhe unter einem Stein; im Kar zwischen Albitzen- und Wasserradkopf über der Alm 8. VIII. 1937; Kar südwestlich der Pfandlscharten, in der Grasheidenstufe in 2200 bis 2500 *m* Höhe mehrfach Juli 1938; Tafernigleiten zwischen Magneskar und Naßfeld des Pfandlschartenbaches 2 Ex. 20. VII. 1938; Hoher Sattel, Abhang gegen die Pasterze, im schon etwas begrünten Teil des Moränengeländes 1 Ex. 23. VIII. 1937; Grashänge zwischen Kellersbergkees und Pasterze 2 Ex. 19. VIII. 1937; Weg von der Pasterze zur Stockerscharte 1 Ex. 24. VII. 1938; Südhang des Elisabethfelsens 2 Ex. 7. VII. und 18. VIII. 1937; Hochfläche der Margaritze, mehrfach 7. Juli und 18. VIII. 1937; Steilabfall der Marxwiese gegen den Unteren Keesboden 1 Ex. 23. VII. 1938; Schwerteck-S-Hang, oberste Rasenbestände 6 Ex. 12. VII. 1937; Abhang unterhalb der neuen Salmhütte gegen das Leitertal 2 Ex. 24. VII. 1937; an den Hängen zwischen Glatzschneid und weißem Knoten am Weg von der Salmhütte zum Bergertörl 3 Ex. 11. VIII. 1937; Mödlspitze-SO-Hang 1 Ex. 11. VIII. 1937; Kar südwestlich unterhalb der Pfortscharte 3 Ex. 14. VII. 1937; Langer Trog im obersten Ködnitztal 14 Ex. 14. VII. 1937; oberes Teischnitztal, am Weg zur Stüdlhütte in der hochalpinen Grasheidenstufe und im Kar südwestlich unterhalb der Foledischnitzscharte 4 Ex. 26. VII. 1938; Talschluß des Dorfer Tales und Weg von dort zum Kalser Tauern 13 Ex. 17. VII. 1937; Schafbühel in 2100 *m* und Winkel in 2000 *m* Höhe (Stubach) (leg. Frieb).
Gr. Gr.: Ostfuß des Hochfileck 2300 *m* Höhe (leg. Burchardt, coll. Mus. Wien); Muntanitz-SO-Hang 1 Ex. 20. VII. 1937; Rotenkogel zwischen Kals und Windisch-Matrei, sehr zahlreich (leg. Holdhaus); Amertaler Öd, in 2050 *m* Höhe (leg. Frieb).
Schobergr.: Hochschober, Gärtnerscharte und Priak (leg. Hicker); Wangenitzen (leg. Székessy); Weg vom Peischlachtörl ins Leitertal, in der hochalpinen Grasheidenstufe 1 Ex. 11. VIII. 1937.
Die subsp. *Hoppei* des *Carabus concolor* ist ausschließlich in der hochalpinen Grasheidenstufe verbreitet und bewohnt dort vor allem Grasflächen auf seichten Böden, wo sie tagsüber unter Steinen gefunden wird. Sie ist als steppicoles Element der hochalpinen Fauna zu bezeichnen und meidet Schneeränder vollkommen.

23. — *(Orinocarabus) carinthiacus* Sturm.
S. Gr.: Moharkopf bei Sagritz (Pacher 1853); im Krumeltal in 1800 *m* Höhe einige Stücke (leg. Leeder); Seidelwinkeltal, beim Tauernhaus (Märkel und v. Kiesenwetter 1848); bei Rauris, im Retteneggwald 1600 *m* auf einem Schlag am N-Hang und bei der Retteneggalm am O-Hang je 1 Ex. (leg. Konneczni).
Gl. Gr.: Am Heiligenbluter Tauern (Hochtor), wahrscheinlich nur in tieferen Lagen (Pacher 1853, Märkel und v. Kiesenwetter 1848); Hoher Sattel (Märkel und v. Kiesenwetter); „in den Leitern" (Staudinger 1856); ich besitze ein von Schwingenschuß gesammeltes Stück mit dem Fundort „Großglockner", welches aus der Sammlung Pachole stammt und jedenfalls im Pasterzenvorland gesammelt wurde; Kapruner Tal, 1200 *m* 2 Ex. (Escherich 1888—89).
Die Art scheint im Gebiete vorwiegend in tieferen Lagen vorzukommen und die hochalpine Zwergstrauchstufe nicht zu überschreiten. Sie bewohnt die Ostalpen und nördlichen Dinariden.

24. — *(Carpathophilus) Linnei folgariacus* Bernau.
S. Gr.: Gastein, unweit der Quelle (Giraud 1851); auch von H. Frieb bei Badgastein gesammelt (Breuning 1927 und Frieb i. l.); bei Rauris im Gstatterwald im Nadelwaldbestand in 1600 *m* 2 Ex. (leg. Konneczni).
Gl. Gr.: Fusch (leg. Sturany, teste Breuning 1927).
Die Art scheint im Gebiete sehr selten zu sein und nur eine beschränkte Verbreitung in den tieferen Tallagen zu besitzen.

25. *Calosoma sycophanta* L.
   Von Pacher (1853) einmal bei Sagritz gesammelt.
26. *Leistus (Pogonophorus) montanus rhaeticus* Heer.
   S. Gr.: Talschluß der Kleinen Fleiß, sonnige Hänge zwischen Seebichel und Fleißkees 1 Ex. 4. VIII. 1937.
   Gl. Gr.: Dorfer See, 1 Ex. nach einem schweren Gewitter im Geniste des Sees 15. VII. 1937.
   Die Art ist in den Alpen weit verbreitet und scheint vorwiegend in der hochalpinen Grasheidenstufe zu leben; sie ist nach Holdhaus (1927—28) wahrscheinlich petrophil. Nach noch unveröffentlichten Untersuchungen von A. Winkler gehören die ostalpinen Vertreter der Art ausnahmslos der ssp. *rhaeticus* Heer an.
27. — *(Leistophorus) nitidus* Duftschm.
   S. Gr.: Um Gastein (Giraud 1851); Badgastein (coll. Minarz); Kötschachtal und oberster Teil des Anlauftales (leg. Frieb); Badgastein (leg. Frieb); Anlauftal in 1300 m und Naßfeld in 1600 m Höhe (leg. Leeder); Krumeltal in 1700 m Höhe (leg. Leeder); Seidelwinkeltal, beim Tauernhaus (Märkel und v. Kiesenwetter 1848); Kleine Fleiß, oberhalb des Alten Pocher aus Grünerlenfallaub gesiebt 1 Ex. 3. VII. 1937.
   Gl. Gr.: Dorfer Tal, knapp oberhalb der Daberklamm aus Grünerlenfallaub gesiebt 1 Ex. 18. VII. 1937; im Geniste des Dorfer Sees (leg. Konneczni); am Weg vom Enzingerboden zum Grünsee 1 Ex. September 1930; am Weg von der Schneiderau zum Enzingerboden (leg. Frieb); Kapruner Tal 2 Ex. (Escherich 1888—89); Ufer der Fuscher Ache oberhalb Ferleiten, aus Grauerlenfallaub gesiebt 1 Ex. 19. VII. 1939; Eingang ins Hirzbachtal 1 Ex. 8. VII. 1941.
   Die Art ist ein typischer Gebirgswaldbewohner, sie ist nach Holdhaus (1927—28) petrophil.
28. — *(Leistus) rufescens* Fbr.
   S. Gr.: Um Gastein anscheinend häufig (leg. Frieb et Bernhauer, zahlreiche Stücke in coll. Minarz).
   Die Art scheint im Gebiete auf tiefste Tallagen beschränkt zu sein und schon in den höheren Teilen der Tauerntäler zu fehlen.
29. — *(Leistus) ferrugineus* L.
   S. Gr.: Um Gastein (Giraud 1851).
30. — *(Leistidius) piceus* Fröl.
   S. Gr.: Badgastein (coll. Minarz); Radhausberg bei Gastein in 1500 m und Kolm Saigurn in 1800 m Höhe (leg. Leeder); Seidelwinkeltal, beim Tauernhaus (Märkel und v. Kiesenwetter 1848); Umgebung von Rauris (leg. Konneczni).
   Gl. Gr.: Am Weg vom Enzingerboden zur Rudolfshütte 1 Ex. September 1930; Wiegenwald (Stubach), am Nordhang aus morschen, mit *Sphagnum* überwachsenen Stämmen gesiebt 10. VII. 1939.
   Die von mir gesammelten Stücke gehören der kleinen Bergrasse *alpicola* Fuss. an.
31. *Nebria (Nebria) picicornis* Fbr.
   S. Gr.: Im Gasteiner Tal (Giraud 1851); auf dem Naßfeld im Großen Fleißtal häufig 10. VII. 1937, hier auch mehrere immature Imagines; Möllufer bei Flattach, 3 Ex. unter Steinen 18. VI. 1942.
   Gl. Gr.: Moserboden, am Ufer der Kapruner Ache unter grobem Geröll zahlreich 15. und 17. VII. 1939; Kapruner Tal (Escherich 1888—89); am Ufer der Fuscher Ache oberhalb Ferleiten einzeln 18. VII. 1940; Rotmoos (leg. Frieb), wohl am Ufer der Ache gesammelt.
   Die Art ist ein typischer Bewohner der Geröllufer größerer Gebirgsbäche und dürfte an solchen im Gebiete allgemein verbreitet sein.
32. — *(Nebria) Jockischi* Strm.
   S. Gr.: Um Gastein (Giraud 1851); Hof- und Badgastein (leg. Frieb); Anlauftal (leg. Frieb); Seidelwinkeltal, beim Tauernhaus (Märkel und v. Kiesenwetter 1848); Große Fleiß, am Fleißbachufer subalpin 1 Ex. 10. VII. 1937; an der Fleiß, unweit des Fleißgasthofes 1 Ex. 1. VII. 1937; Zirknitz und Asten (Pacher 1853).
   Gl. Gr.: Hochtorgebiet, wohl südseitig im Bereiche der Federtroglache gesammelt (Pacher 1853); Naßfeld des Pfandlschartenbaches 1 Ex. 20. VII. 1938; oberes Ködnitztal, am Ufer des Ködnitzbaches in 2500 m Höhe 3 Ex. 25. VII. 1938; oberstes Dorfer Tal 2 Ex. 15. VII. 1937; Moserboden, am Ufer der Kapruner Ache 1 Ex. 16. VII. 1939; Ufer der Fuscher Ache oberhalb Ferleiten 2 Ex. 21. VII. und 2 Ex. 23. VII. 1939; bei Fusch (leg. Frieb).
   Die Art ist wie die vorgenannte ein Charaktertier der Geröllufer der Gebirgsbäche, besiedelt aber auch die Ufer kleiner Gerinne und steigt an den Gießbächen höher empor als *Nebria picicornis*.
33. — *(Nebria) Gyllenhali* Schönh.
   S. Gr.: Um Gastein an Bächen (Giraud 1851); im Kötschach- und Anlauftal (leg. Frieb); im Krumeltal bis 1800 m Höhe (leg. Leeder); Fußweg von Heiligenblut zum Hochtor, unweit des Fallbichels 3. VIII. 1937.
   Gl. Gr.: Pasterzenvorfeld linksseits der Möll 5. VII. 1937; S-Hang des Elisabethfelsens und *Eriophorum*-Sumpf am Unteren Keesboden 5. und 7. VII. 1937; Hochfläche und N-Hang der Margaritze 7. VII. und 18. VIII. 1937; Naßfeld beim Glocknerhaus 20. VII. 1938; Dorfer Tal, von der Daberklamm bis zum Talschluß 15. und 18. VII. 1937; am Weg vom Tauernmoos zum Enzingerboden (Werner 1924); an der Kapruner Ache oberhalb des Kesselfalles und am Moserboden 14. und 16. VII. 1939; an der Fuscher Ache von Ferleiten aufwärts bis ins Käfertal zahlreich 19. und 23. VII. 1939; Glocknerstraße zwischen Piffkaralm und Hochmais in 1750 m Höhe 15. VII. 1940; Rotmoos (leg. Frieb).
   Schobergr. Hochschober (leg. Holdhaus); Umgebung des Gößnitzfalles bei Heiligenblut 13. VII. 1937.
   Pinzgau: Salzachufer bei Bruck an der Glocknerstraße 19. VII. 1940.
   Die Art ist boreoalpin verbreitet (Holdhaus und Lindroth 1939) und findet sich an den Gebirgsbächen und an sumpfigen Stellen im ganzen Gebiete von den Talböden aufwärts bis in die hochalpine Grasheidenstufe.
34. — *(Oreonebria) castanea brunnea* Duftschm.
   S. Gr.: Gamskarkogel und Tischkogel bei Gastein (leg. Frieb); oberstes Anlauftal (leg. Frieb); Stanziwurten 2. VII. 1937; Große Fleiß gegen Weißenbachscharte Juli 1937; Krumeltal von 1800 bis 2000 m Höhe (leg. Leeder); Kleine Fleiß gegen Seebichel 24. VII. 1937; im Gebiete zwischen Heiligenbluter Schareck, Roßschartenkopf und Hochtor zahlreich, zum Teil in Gesellschaft der *Nebria atrata* 3. bis 6. VIII. 1937; oberster Teil des Seidelwinkeltales 17. VIII. 1937.

Gl. Gr.: Im Kar zwischen Albitzen- und Wasserradkopf am Schneerand in 2450 *m* Höhe 17. VII. 1940; am Weg vom Glocknerhaus zur Pfandlscharte in 2300 bis 2500 *m* Höhe mehrfach, besonders an der unteren Grenze der *Nebria atrata*-Zone; am Südhang des Elisabethfelsens wiederholt gefunden; auf der Ostseite der Margaritze unter einem Felsabsatz 7. VII. 1937; am Rande des Naßfeldes des Pfandlschartenbaches 20. VII. 1938; Pasterzenvorfeld zwischen Glocknerstraße und Möll, unweit der Pasterzenzunge 28. VII. 1937; am Haldenhöcker unterhalb des Mittleren Burgstalls im Moränengebiet 1 Ex. 16. VII. 1940; im Moränengebiet der Pasterze unterhalb der Hofmannshütte und unterhalb des Hohen Sattels 31. VII. 1938; Nordhang der Marxwiese, Steilabfall gegen den Unteren Keesboden und am Hang zwischen Unterem und Oberem Keesboden 18. VIII. 1937 und am 23. VII. 1938; auf den Rasenflächen zwischen Kellersbergkees und Pasterze 13. VIII. 1937; Umgebung der neuen Salmhütte, in einem Schneetälchen in 2500 *m* Höhe und im Schwertkar 12. VII. 1937; am Stüdlweg zwischen Bergertörl und Mödlspitze und am Weg vom Bergertörl zur Salmhütte 11. VIII. 1937; im Talschluß des Dorfer Tales und am S-Hang des Kalser Tauern 17. VII. 1937; Umgebung der Rudolfshütte unterhalb des Kalser Tauern, dort aber kaum über 2300 *m* Höhe emporsteigend 16. VII. 1937; an den Hängen unweit oberhalb des Moserbodens 16. VII. 1939; Walcheralm, S-Hang in 2500 bis 2600 *m* am Schneerand 2 Ex. 9. VII. 1941; Hoher Tenn, am Gletscherrand (leg. Frieb); Käfertal, unmittelbar vor dem großen Wasserfall 23. VII. 1939; Nordseite der Pfandlscharte, unterhalb der Rasengrenze 18. VII. 1940; Edelweißspitze beim Fuscher Törl 28. VII. 1939.

Gr. Gr.: Am Ostfuß des Hochfileck (leg. Burchardt, coll. Mus. Wien); Rotenkogel zwischen Kals und Windisch-Matrei (leg. Holdhaus).

Schobergr.: Hochschober (leg. Holdhaus); Wangenitzen (leg. Székessy).

Die Art ist ausschließlich hochalpin verbreitet, aber nicht streng an eine bestimmte Tiergesellschaft gebunden. Sie besitzt ihre Hauptverbreitung in der hochalpinen Grasheidenstufe, dringt jedoch von dieser aus auch in die tieferen Lagen der Polsterpflanzenstufe und in die höheren Lagen der Zwergstrauchzone ein.

35. *Nebria (Oreonebria) austriaca* Gglb.

S. Gr.: Radhausberg bei Gastein (coll. Minarz); Radhausberg, subalpin im Alpswald unter Steinen mehrfach (leg. Leeder); Sonnblick, in 2100 *m* Höhe (leg. Frieb); am Weg von der Großen Fleiß zur Weißenbachscharte; zwischen Heiligenbluter Schareck und Roßschartenkopf 3. VIII. 1937.

Gl. Gr.: Im Kar südwestlich der Pfandlscharte mehrfach in 2400 bis 2600 *m* Höhe 19. VII. 1938; am Ködnitzbach unweit der Luckneralm (leg. Konneczni); auf der Fanatscharte bei der Stüdlhütte (leg. Konneczni); oberstes Dorfer Tal 15. VII. 1937; Walcher Sonnleitbratschen 2700 *m*, in Gesellschaft der *Nebria atrata* 1 Ex. 9. VII. 1941; am Woazkopf-N-Hang beim Mittertörl 1 Ex. 15. VII. 1940; auf der Edelweißspitze beim Fuscher Törl 28. VII. 1939.

Gr. Gr.: Am Weg vom Kalser Tauern gegen den Tauernkopf (leg. Burchardt, coll. Mus. Wien); im Kar südöstlich der Muntanitzschneid 20. VII. 1937.

Schobergr.: Hochschober (leg. Holdhaus); Wangenitzen (leg. Székessy).

Die Art ist, abgesehen von wenigen subalpinen Einzelfunden, die sich auf Schneerinnen und Lawinengänge beschränken, hochalpin verbreitet und findet sich meist in Gesellschaft der vorgenannten.

36. — *(Oreonebria) atrata* Dejean.

S. Gr.: Am Gipfel des Graukogels und in den höchsten Teilen des Radhausberges auf der Seite des Naßfeldes (Giraud 1851); in der Kammregion des Tauernhauptkammes zwischen Hochtortauernkopf, Roßschartenkopf und Weißenbachscharte; die Art greift von dort nicht ganz bis zum Heiligenbluter Schareck herüber und steigt südseitig nirgends unter 2500 *m*, nordseitig nicht unter 2350 *m* herab; am Abhang des Ritterkopfes gegen das Krumeltal in 2500 *m* Höhe (leg. Leeder); in der Umgebung der Duisburger Hütte auf der Südseite des Scharecks (leg. Meixner et Leeder); auf der Nordseite des Hochtortauernkopfes bis zur Knappenstube an der Glocknerstraße herabsteigend, am S-Hang vollkommen fehlend; auch im Moränengebiet oberhalb des Zirmsees in 2600 *m* Höhe und darüber.

Gl. Gr.: Im Kar auf der Südseite der beiden Pfandlscharten in Höhen über 2500 *m* massenhaft; im Kar zwischen Albitzen- und Wasserradkopf in 2800 *m* Höhe; auf dem Großen Burgstall 2 Ex. in 3000 *m* Höhe; an den Abhängen der Langen Wand gegen den Leiterkees in über 2700 *m* Höhe; im Bereiche der Fanatscharte (Stüdlhütte) häufig, aber erst über 2750 *m* Höhe; am Luisengrat einzeln bis in 3100 *m* Höhe; am Kalser Tauern und von da nordseitig gegen die Rudolfshütte bis 2400 *m* Höhe herabsteigend, am S-Hang fehlend; Walcher Sonnleitbratschen, in über 2700 *m* Höhe spärlich unter Steinen 9. VII. 1941; auf der Nordseite der Pfandlscharte von 2450 *m* bis 2300 *m* Höhe herabsteigend; Gipfel des Woazkopfes über dem Mittertörl 1 Ex. 15. VII. 1940.

Die Art fehlt auf der Höhe der Unteren Pfandlscharte, am Fuscher Törl und auf der Edelweißspitze (Leitenkopf).

Gr. Gr.: Vom Kalser Tauern gegen den Tauernkopf (leg. Burchardt, coll. Mus. Wien); bei der Amertalerscharte und östlich des Felber Tauern (leg. Burchardt, coll. Mus. Wien); im Bereiche der Aderspitze und des Großen Muntanitz fand ich die Art nicht. In der Schobergruppe fehlt sie vollständig. Am Fuscher Kamm reicht sie nordwärts bis zum Hohen Tenn, im Kapruner Kamm wahrscheinlich bis zum Kitzsteinhorn; im einzelnen ist die Nordgrenze noch nicht festgestellt. Westlich des Felber Tauern wurde sie bisher nicht aufgefunden, so daß angenommen werden kann, daß sie unweit dieses Tauernpasses die absolute Westgrenze ihrer Verbreitung erreicht.

Im Osten der Hohen Tauern reicht *N. atrata* bis in die Schladminger Tauern, wo sie noch am Hochgolling, Höchstein und im Seewigtal gefunden wurde (Heberdey und Meixner 1933); östlich der Schladminger Tauern besitzt sie nur noch ganz isolierte Vorkommen auf dem Gipfel des Bösenstein in den Rottenmanner Tauern und auf dem Hochreichart in den Seckauer Tauern.

Nebria atrata ist somit in einem verhältnismäßig kleinen Gebiete der Zentralalpen von Salzburg, Kärnten und Steiermark endemisch. Sie findet sich stets nur in der hochalpinen Polsterpflanzenstufe, in der sie höher emporsteigt als jede andere im gleichen Gebiete vorkommende Käferart. Sie ist ein Charaktertier der Schneeböden höchster Lagen und findet sich noch an fast vegetationslosen Stellen in großen Massen unter Steinen. Ich habe während meiner Sammeltätigkeit in den Monaten Juli und August nie ein immatures Stück gesehen.

37. *Nebria (Alpaeus) Germari norica* Schaub.
S. Gr.: Im Krumeltal in 2000 m Höhe (leg. Leeder); Stanziwurten 2. VII. 1937; am Weg aus der Großen Fleiß zur Weißenbachscharte 6. VIII. 1937; zwischen Hochtor, Roßschartenkopf und Weißenbachscharte in Gesellschaft der *Nebria atrata* 6. VIII. 1937; im Moränengebiet oberhalb des Zirmsees 4. VIII. 1937.
Gl. Gr.: Kar südlich der beiden Pfandlscharten, an der unteren Grenze des *Nebria atrata*-Vorkommens 29. VII. 1937 und 19. VII. 1938; am Rande des Naßfeldes des Pfandlschartenbaches 26. VII. 1938; Kleiner Burgstall 22. VII. 1938; Großer Burgstall 27. VII. 1938; Vorfeld des Magneskeeses 29. VII. 1937; Haldenhöcker unterhalb des Mittleren Burgstalls, 1 totes Ex.; Schwertkar, Gamskar und Schneeböden bei der neuen Salmhütte 12. und 13. VII. 1937; Moränengelände des Leiter- und Hohenwartkeeses 13. VII. 1937; Langer Trog, oberstes Ködnitztal 14. VII. 1937; Talschluß des Dorfer Tales, auf den Moränen 17. VII. 1937; bei der Knappenstube nördlich des Hochtores 1 Ex. 15. VII. 1940; auf der unteren Pfandlscharte der einzige Käfer; im Moränengebiet des nordseitigen Pfandlschartenkeeses erheblich höher emporsteigend als *Nebria atrata* und bis über 2500 m Höhe zahlreich 18. VII. 1940; Hoher Tenn, am Gletscherrand (leg. Frieb).
Gr. Gr.: Vom Kalser Tauern gegen den Tauernkopf und bei der Amertaler Scharte (leg. Burchardt, coll. Mus. Wien); im Kar südöstlich der Muntanitzschneid 20. VII. 1937; Rotenkogel, zwischen Kals und Windisch-Matrei (leg. Holdhaus).
Schobergr.: Hochschober (leg. Holdhaus); Wangenitzen (leg. Székessy).
Die Art ist in den Alpen endemisch, aber daselbst sehr weit verbreitet. Sie lebt ausschließlich in der hochalpinen Grasheiden- und Polsterpflanzenstufe und liebt feuchte Stellen mit dürftiger Vegetation. Sie findet sich vorwiegend auf Schneeböden hoher Lagen, häufig auch in Schneerinnen und auf Moränen.

38. — *(Alpaeus) Hellwigi* Panz f. typ. und var. *stigmula* Dej.
Typische Schneetälchenform, die sich in ganzen Gebiete in Schneetälchen und auf feuchten Hängen der hochalpinen Grasheidenstufe findet. Sie ist in Höhen von 2100 bis 2500 m eine der häufigsten hochalpinen Käferarten der Hohen Tauern. In seltenen Fällen steigt sie in Schneerinnen und schattigen Karen bis 1800 m herab.
Die tiefsten Fundorte im Untersuchungsgebiet sind der S-Hang des Elisabethfelsens und der *Eriophorum Scheuchzeri*-Bestand am Unteren Keesboden, der Talgrund des Moserbodens, der obere Pfandlboden und der Talschluß des Käfertales. Die höchstgelegenen Fundorte sind der S-Hang des Hochtortauernkopfes, die untere Grenze der *Nebria atrata*-Zone am Weg vom Glocknerhaus zur Pfandlscharte, der Wasserfallwinkel und die obersten Rasenhänge unter dem Glocknerkamp, die Umgebung der neuen Salmhütte, der Talschluß des Ködnitztales knapp unterhalb der Fanatscharte und die Walcher Sonnleitbratschen im Gebiete des Hohen Tenn.
Die Angabe aller Einzelfundorte würde zu weit führen.
Die der *Nebria Hellwigi* nahestehende *Nebria Dejeani* Dej., die sich noch am oberen Rotgüldensee in der Hafnereckgruppe häufig findet, und von da ostwärts in den Alpen weit verbreitet ist, erreicht die mittleren Hohen Tauern nicht.

39. *Notiophilus aquaticus* L.
S. Gr.: Stanziwurten, hochalpin 2 Ex. 2. VII. 1937; zwischen Hochtor und Weißenbachscharte sowie Weißenbachscharte und Großer Fleiß hochalpin je 1 Ex. 6. VIII. 1937; Sonnblick, in 2100 m Höhe (leg. Frieb).
Gl. Gr.: Im Gebiete zwischen Glocknerhaus und Pfandlscharte in 2200 bis 2450 m Höhe 3 Ex. Juli 1938; Fanartscharte, ebenes Gelände vor der Stüdlhütte 1 Ex. 25. VII. 1938; Kapruner Tal (Escherich 1888—89); Oberes Naßfeld an der Glocknerstraße unterhalb des Fuscher Törls 1 Ex. 10. VII. 1941.
Schobergr.: Am Weg vom Peischlachtörl ins Leitertal 1 Ex. 11. VIII. 1937.
Weit verbreitet, aber im Gebiete nicht häufig. Die Art ist an keine bestimmte Tiergesellschaft gebunden, jedoch in hochalpinen Lagen häufiger als in den Tälern.

40. — *palustris* Duft.
Gl. Gr.: Fuscher Tal unterhalb Dorf Fusch, in der Grauerlenau am Wachtbergbach 1 Ex. 23. V. 1941.
Weit verbreitet, im Gebiete nur in tiefsten Lagen.

41. — *biguttatus* Fbr.
S. Gr.: Krumeltal in 2100 m Höhe (leg. Leeder); Hof- und Badgastein (leg. Frieb); Kötschachtal und Naßfeld (leg. Frieb); Eingang in das Zirknitztal, im sonnigen Lärchenwald 1 Ex. 28. VIII. 1941.
Gl. Gr.: Pasterzenvorfeld unterhalb des Glocknerhauses 1 Ex.; S-Hang und Hochfläche der Margaritze, sehr zahlreich; S-Hang des Elisabethfelsens und Unterer Keesboden, mehrfach; im unteren Teil des Dorfer Tales 1 Ex.; Moserboden 2 Ex.; unterer Teil des Käfertales 1 Ex.
Gr. Gr.: Am Weg vom Gasthof Schneiderau in den Wiegenwald 1 Ex.
Die Art steigt aus den Tälern bis 2200 m Höhe empor und ist im Gebiete im Sommer nicht selten.

42. *Elaphrus Ullrichi* Redtb.
S. Gr.: Mölltal (Holdhaus und Prossen 1900—06).
Gl. Gr.: Am Kalserbach unterhalb Kals (leg. Konneczni); an der Fuscher Ache oberhalb Ferleiten 2 Ex. 18. VII. 1940.
Bewohner sandiger Flußufer.

43. — *cupreus* Dft.
S. Gr.: Hof- und Badgastein, Kötschachtal (leg. Frieb).
Gl. Gr.: Heiligenblut (Holdhaus und Prossen 1900 ff.).
Weit verbreitet, lebt an sandigen Fluß- und Bachufern.

44. *Lorocera pilicornis* Fbr.
S. Gr.: Bei Gastein (Giraud 1851); Hofgastein (leg. Frieb); bei Sagritz (Pacher 1853).
Gl. Gr.: Oberhalb Kals (leg. Konneczni).
Die Art ist im Gebiete auf die tiefsten Tallagen beschränkt, sie bewohnt sumpfiges Ufergelände.

45. *Omophron limbatum* Fbr.
Mölltal: Am Möllufer bei Flattach 2 Ex. 18. VI. 1942.

46. *Clivina fossor* L.
S. Gr.: Badgastein (leg. Frieb).
Gl. Gr.: Am Weg von Kals in die Daberklamm 2 Ex. 18. VII. 1937.
Pinzgau: Auf Wiesen beim Taxingbauer in Haid bei Zell am See 1 Ex. 13. VII. 1939.
Im Gebiete gleichfalls nur in den tiefsten Tallagen.

47. *Dyschirius angustatus* Ahr.
S. Gr.: Auf dem Naßfeld bei Gastein (4 Ex. in coll. Minarz); Kötschachtal bei Gastein (leg. Leeder).
Diese in den Ostalpen allenthalben seltene Art scheint auch im Gebiete sehr lokal verbreitet zu sein. Ich konnte die Bestimmung der Tiere nachprüfen.

48. — *similis* Petri.
Gl. Gr.: Am Dorferbach bei Kals (leg. Konneczni et Schauberger).
Südöstliche Art, die einzeln auch bei Linz gesammelt wurde (Heberdey u. Meixner 1933) und auch noch in Nordtirol vorkommt (Horion 1941).

49. — *globosus* Hrbst.
S. Gr.: In der Almregion des Stubnerkogels bei Gastein (leg. Frieb); Kleine Fleiß, beim Alten Pocher 1 Ex. 3. VII. 1937.
Gl. Gr.: Albitzen-SW-Hang in 2400 m Höhe, im Flechtenrasen der Kalkphyllitsteppe 2 Ex. 17. VII. 1940; an der Glocknerstraße außerhalb der Marienhöhe in 2200 m Höhe 10 Ex. aus Graswurzeln gesiebt; Enzingerboden (leg. Frieb); Moserboden, 2 Ex. aus Graswurzeln gesiebt 16. VII. 1939.
Pinzgau: Auf Wiesen beim Taxingbauer in Haid bei Zell am See 16 Ex. 13. VII. 1939.
Die weitverbreitete Art scheint in hochalpinen Lagen besonders gern zwischen Graswurzeln zu leben.

50. *Asaphidion caraboides* Schrk.
S. Gr.: Hofgastein (leg. Frieb).
Gl. Gr.: An der Fuscher Ache oberhalb Ferleiten 3 Ex. 21. VII. 1939 und 14. V. 1940; Dorfer Tal (leg. Konneczni).
Pinzgau: Am Ufer der Salzach bei Bruck an der Glocknerstraße Juli 1939.
Bewohner sandiger Bach- und Flußufer.

51. — *pallipes* Duftschm.
Gl. Gr.: Am Ufer des Judenbaches und der Fuscher Ache im oberen Fuscher Tal mehrfach gesammelt; Moserboden, am Ufer der Kapruner Ache 2 Ex. 16. VII. 1939; Kalserbach oberhalb der Daberklamm 3 Ex. 18. VII. 1937; Bewohner sandiger Fluß- und Bachufer.

52. — *flavipes* L.
S. Gr.: Hof- und Badgastein (leg. Frieb); unterer Teil des Anlauftales (leg. Frieb).
Gl. Gr.: An der Kapruner Ache oberhalb des Kesselfalles 1 Ex. 14. VII. 1939; Fuscher Tal unterhalb Dorf Fusch, an einem Grabenrand 1 Ex. und in der Grauerlenau am Wachtbergbach 2 Ex. 23. V. 1941.

53. *Bembidion (Metallina) pygmaeum* Fbr.
S. Gr.: Bei Gastein (Netolitzky in Entom. Bl. 1923); Hofgastein (leg. Frieb).
Gl. Gr.: An der Fuscher Ache oberhalb Ferleiten und am Ufer des Judenbaches 5 Ex. 23. VII. 1939; Fusch (leg. Frieb).

54. — *(Metallina) lampros* Hrbst.
S. Gr.: Eingang in das Zirknitztal und Mallnitzer Tauerntal je 1 Ex.; beim Fleißgasthof 1 Ex. 7. VIII. 1937; Stubnerkogel bei Gastein (leg. Frieb); Rauris (leg. Frieb).
Gl. Gr.: Moserboden (leg. Frieb); Fuscher Tal, am Weg zur Trauneralm 1 Ex. 22. V. 1941; am Weg von Ferleiten zur Walcher Hochalm 1 Ex. 9. VII. 1941.

55. — *(Testedium) bipunctatum* L.
S. Gr.: Bei Gastein (Giraud 1851); Kötschachtal und Gamskarkogel bei Gastein (leg. Frieb); in der Kleinen Fleiß beim Alten Pocher 1 Ex. 3. VII. 1937; Moharkopf bei Sagritz (Märkel und v. Kiesenwetter 1848).
Gl. Gr.: Kar zwischen Albitzen- und Wasserradkopf, am Schneerand in 2450 m Höhe 3 Ex. 17. VII. 1940; am Rande eines Tümpels auf dem Hohen Sattel 2 Ex. 7. VII. 1937; am Weg vom Glocknerhaus zur Pfandlscharte in 2100 bis 2400 m Höhe 2 Ex. 17. VII. 1938; am Steilhang der Marxwiese gegen den Unteren Keesboden 1 Ex. 18. VIII. 1937; Pasterzenvorfeld zwischen Glocknerstraße und Möll, unweit der Pasterzenzunge und am S-Fuß des Elisabethfelsens; am Unteren Keesboden und auf der Hochfläche der Margaritze einzeln 7. VII. bis 18. VIII.; unterhalb der neuen Salmhütte am Abhang gegen den Leiterbach 1 Ex. 12. VII. 1937; zwischen Bergertörl und Mödlspitze 1 Ex. 11. VIII. 1937; oberstes Dorfer Tal, im Moränengelände 2 Ex. 15. VII. 1937; Umgebung der Rudolfshütte 4 Ex. 15. VII. 1937; am Fuße des Karlingerkeeses (Escherich 1888—89); Talgrund des Moserbodens 9 Ex. 16. VII. 1939.
Gr. Gr.: Unterhalb der Aderspitze 1 Ex. 18. VII. 1937.
Die Art lebt hochalpin an Schneerändern, Bachufern und feuchten, nur lückenhaft mit Pflanzenwuchs bedeckten Stellen; sie ist in den Alpen weit verbreitet.

56. — *(Daniela) geniculatum* Heer (= *Redtenbacheri* Dan.).
S. Gr.: Bei Gastein (coll. Minarz); in der Kleinen Fleiß, beim Alten Pocher 1 Ex. 3. VII. 1937; Große Fleiß, subalpin 1 Ex. 10. VII. 1937; Fleißbachufer beim Fleißgasthof 1 Ex. 1. VII. 1937; im Krumeltal in 1850 m Höhe August 1940 (leg. Leeder).
Gl. Gr.: S-Hang der Margaritze und Steilabfall der Marxwiese gegen den Unteren Keesboden je 1 Ex. 7. bzw. 28. VII. 1937; am Möllufer oberhalb Heiligenblut 1 Ex. 9. VII. 1937; Enzingerboden (leg. Frieb); an der Kapruner Ache am Moserboden; am Ufer der Kapruner Ache oberhalb des Kesselfalles 3 Ex. 14. VII. 1939; am Ufer der Fuscher Ache oberhalb Ferleiten und am Ufer des Judenbaches 19. und 21. VII. 1939, 14. VII. 1940.
Gr. Gr.: Dorfer Öd (Stubach) 2 Ex. 25. VII. 1939.
Pinzgau: Zell am See, mehrere Ex. in coll. Mus. Wien.
Weit verbreitet, Bewohner schotteriger Bach- und Flußufer.

57. *Bembidion (Daniela) complanatum* Heer.
S. Gr.: Fleißbachufer beim Alten Pocher und beim Fleißgasthof 1. und 3. VII. 1937.
Gl. Gr.: Pasterzenvorfeld zwischen Glocknerstraße und Möll und Unterer Keesboden, mehrere Ex. 5. und 26. VII. 1937; Ufer der Kapruner Ache oberhalb des Kesselfalles 2 Ex. 14. VII. 1939.
Pinzgau: Salzachufer bei Bruck an der Glocknerstraße 1 Ex. 19. VII. 1940.
In den Alpen weit verbreitet, lebt wie die vorgenannte Art im Schotter an Gebirgsflüssen.

58. — *(Daniela) fasciolatum* Duftschm.
Pinzgau: Salzachufer bei Bruck an der Glocknerstraße nächst der Einmündung der Fuscher Ache 2 Ex. 19. VII. 1940.
Die Art dürfte entlang der größeren Bäche auch noch in die tieferen Lagen der Tauerntäler eindringen.

59. — *(Peryphus) nitidulum alpinum* Dejean.
S. Gr.: Gastein (coll. Minarz); Kleine Fleiß, beim Alten Pocher 3 Ex. 3. VII. 1937.
Gl. Gr.: Am Michelbach im Kar zwischen Albitzen- und Wasserradkopf in 2450 m Höhe 1 Ex. 17. VII. 1940; im Pasterzenvorfeld zwischen Glocknerstraße und Möllschlucht zwischen Rührkübelbach und Pasterzenzunge häufig 5. VII. 1937; auf der Hochfläche der Margaritze 1 Ex. und am Hang der Margaritze gegen den Margaritzenbach 3 Ex. 18. VIII. 1937; Vorfeld des Pfandlschartenkeeses-südlich der Pfandlscharte 2 Ex. 29. VII. 1937; Aufstieg von Ferleiten zur Walcher Hochalm 1 Ex. 9. VII. 1941; oberhalb der Trauneralm 1 Ex. 23. VII. 1939; oberster Teil des Käfertales, beim großen Wasserfall und an einem kleinen Wasserfall unweit des Rotmooses 23. VII. 1939 je 1 Ex.
Die Art liebt junge Aufschüttungsböden an Bächen, Wasserfällen und im Rückzugsgebiet der Gletscher.

60. — *(Peryphus) balcanicum* Apfb.
Schobergr.: Alkuser See (leg. Konneczni).
Die Art wurde von Konneczni auch in den Villgratner Alpen auf dem Bösen Weibele gesammelt. Sie ist in den Ostkarpathen, den Gebirgen der Balkanhalbinsel und in den südöstlichen Alpen verbreitet. In den letzteren reicht sie westlich bis in die Gegend von Palù in der Cima d'Asta-Gruppe, findet sich aber nur an wenigen, eng umgrenzten Fundplätzen. Sie ist ein südöstliches Faunenelement, welches den Hauptkamm der Alpen nicht zu erreichen scheint.

61. — *(Peryphus) Stephensi* Crotch.
S. Gr.: Dorfgastein (leg. Meschnigg, teste Netolitzky et Meyer in Entom. Bl. 1936).
Pinzgau: Zell a. See (leg. Wingelmüller, teste Nitolitzky et Meyer 1936).

62. — *(Peryphus) lunatum* Duftschm.
Mölltal: An der Möll bei Flattach 2 Ex. 18. VI. 1942.
Gl. Gr.: Moserboden, an einem Erdrutsch am linken Talhang 1 Ex. 17. VII. 1939; Ufer der Fuscher Ache oberhalb Ferleiten 1 Ex. 18. VII. 1940.

63. — *(Peryphus) Andreae Bänningeri* Net.
S. Gr.: Gastein (Netolitzky, Entom. Bl. 1937); Kötschachtal und Naßfeld bei Gastein (leg. Frieb).
Gl. Gr.: Unterer Keesboden, am Fuße des Abhanges der Marxwiese 2 Ex. 28. VII. 1937; Kapruner Ache oberhalb des Kesselfalles 14. VII. 1939; am Ufer des Judenbaches und der Fuscher Ache oberhalb Ferleiten im Juli zahlreich hier auch einzelne Übergänge zu ssp. *Bualei* Duv.; bei Heiligenblut (leg. Meschnigg); am Dorfer Bach bei Kals (leg. Konneczni).
Bewohner sandiger und schotteriger Uferstellen größerer Gerinne.

64. — *(Peryphus) oblongum tergluense* Net.
Gl. Gr.: Kalser Bach, knapp oberhalb der Daberklamm 1 Ex. 17. VII. 1937.
Die Art findet sich auch in den Schwarzachauen bei St. Jakob in Defereggen (teste P. Meyer).

65. — *(Peryphus) decorum* Zenker.
Pinzgau: Ufer des Zeller Sees bei Zell 1 Ex. 12. VII. 1941.
Die Art scheint im engeren Untersuchungsgebiet zu fehlen.

66. — *(Testediolum) pyrenaeum glaciale* Heer.
S. Gr.: Um Gastein zwischen 2000 und 2700 m Höhe (Giraud 1851); Gamskarkogel bei Gastein (leg. Frieb); Sonnblick, in 2100 m Höhe (leg. Frieb); Umgebung des Zirmsees 1 Ex. 4. VIII. 1937; am Weg von der Weißenbachscharte in die Große Fleiß 1 Ex. 6. VIII. 1937; auf dem Moharkopf bei Sagritz (Märkel und v. Kiesenwetter 1848).
Gl. Gr.: Pasterzenvorfeld, unter den Felsen der Freiwand und am S-Fuß des Elisabethfelsens mehrere Ex. 7. und 28. VII. 1937; im Kar zwischen Albitzen- und Wasserradkopf am Schneerand in 2450 m Höhe 4 Ex. 17. VII. 1940; Plateau und S-Hang der Margaritze, mehrere Ex. 7. und 23. VII. 1937; Naßfeld des Pfandlschartenbaches 1 Ex. 20. VII. 1938; am Weg von der Freiwand ins Magneskar 2 Ex. 1. VIII. 1938; Wasserfallwinkel 6 Ex. 27. VII. 1937 und 26. VII. 1938; am Großen Burgstall 3 Ex. 20. VIII. 1937 und 27. VII. 1938; Mittlerer Burgstall 5 Ex. 28. VII. 1938; Kleiner Burgstall 7 Ex. 22. VII. 1938; Grasflächen über der Pasterze unterhalb des Kellersbergkamps 1 Ex. 19.VIII. 1937; Haldenhöcker unterhalb des Mittleren Burgstalls 2 Ex. 29. VII. 1938 und 1 Ex. 16. VII. 1940; Gamsgrube 30. VII. 1938; im Gamskarl und am Schneerand in 2500 m Höhe bei der neuen Salmhütte mehrfach 12. VII. 1937 und 24. VII. 1938; am Stüdlweg zwischen Bergertörl und Mödlspitze 5 Ex. 11. VIII. 1937; im Moränengebiet des Leiter- und Hohenwartkeeses 1 Ex. 13. VII. 1937; oberstes Dorfer Tal, im Gebiete der Jungmoränen 5 Ex. 17. VII. 1937; Walcher Sonnleitbratschen, in etwa 2400 m Höhe am Schneerand 1 Ex. 9. VII. 1941.
Gr. Gr.: Muntanitz-SO-Seite 2 Ex. 20. VII. 1937; O-Fuß des Hochfilleck (leg. Burchardt, coll. Mus. Wien); Kalser Tauern gegen den Tauernkopf (leg. Burchardt).
Schobergr.: Hochschober (leg. Holdhaus); Wangenitzen (leg. Székessy).
Die Art lebt hochalpin, zumeist an Stellen, die nur mit dürftiger Vegetation bewachsen sind. Sie steigt in der Polsterpflanzenstufe bis 3000 m empor, ist geflügelt und scheint im Fluge auch größere Gletscherstrecken überqueren zu können.

67. — *(Nepha) stomoides* Dej.
S. Gr.: Kötschachtal (coll. Minarz); mittlerer Teil des Gasteiner Tales (leg. Frieb); Seidelwinkeltal, unterhalb der ersten Alm 1 Ex. 17. VIII. 1937.

Gl. Gr.: Kalser Bach, knapp oberhalb der Daberklamm 2 Ex. 15. und 18. VII. 1937; an der Kapruner Ache, oberhalb des Kesselfalles 1 Ex., am Moserboden auf den sandigen Aufschüttungsflächen der Ache im Talgrund massenhaft 14. bis 17. VII. 1939; an der Fuscher Ache von Ferleiten aufwärts bis ins Käfertal 19. bis 23. VII. 1937 sowie am 14. V. und 18. VII. 1940.

Die Art ist ein Charaktertier der sandigen Gebirgsbachablagerungen; sie steigt am Ufer der größeren Bäche bis 2000 m Höhe empor.

68. — *(Semicampa) Schüppeli* Dej.
S. Gr.: Hofgastein, Kötschachtal, Gamskarkogel (leg. Frieb).
Gl. Gr.: Fuscher Rotmoos, an nassen, vegetationslosen Stellen 5 Ex. 23. VII. 1939; am Ufer der Fuscher Ache, knapp unterhalb des Rotmooses 1 Ex. 18. VII. 1940.

69. — *(Emphanes) azurescens* Wagner.
Mölltal: Möllufer bei Flattach 4 Ex. 18. VI. 1942.
Gl. Gr.: Sandige Stelle an der Fuscher Ache oberhalb Ferleiten 1 Ex. 21. VII. 1939; am gleichen Ort 1 Ex. ohne Präapikalmakel 18. VII. 1940.

70. *Tachys micros* Fisch.
Mölltal: Möllufer bei Flattach 9 Ex. 18. VII. 1942.

71. *Trechus (Trechus) alpicola* Strm.
S. Gr.: Bei Gastein (Giraud 1851); auf dem Naßfeld bei Gastein und im Krumeltal (leg. Leeder); bei Rauris allenthalben (leg. Konneczni); Seidelwinkeltal, beim Tauernhaus (Märkel und v. Kiesenwetter); Kleine Fleiß, oberhalb des Alten Pocher aus Grünerlenfallaub zahlreich gesiebt 30. VI. und 3. VII. 1937; Kleine Fleiß, am Weg vom Alten Pocher zum Seebichel 1 Ex. 4. VIII. 1937; Astenalm (Pacher 1853); Moharkopf (Märkel und v. Kiesenwetter 1848).
Gl. Gr.: Guttal, oberhalb der Ankehre der Glocknerstraße aus Grünerlenfallaub gesiebt 4 Ex. 22. VIII. 1937; Pasterzenvorfeld zwischen Glocknerstraße und Möll, außerhalb und innerhalb der Moräne des Jahres 1856 einzeln am 29. VII. und 23. VIII. 1937; Hoher Sattel, 100 m unterhalb des ersten Parkplatzes der Glocknerstraße 1 Ex. 27. VII. 1937; S-Seite der Margaritze, unter Fallaub von Buschweiden sehr zahlreich, auch auf der Hochfläche unter Steinen noch 6 Ex. 18. VIII. 1937; am Leiterbach unterhalb der Salmhütte in 2300 m Höhe 1 Ex. 13. VII. 1937; Ködnitztal, an der Gehölzgrenze in etwa 2000 m Höhe aus Fallaub gesiebt 5 Ex. 14. VII. 1937; Dorfer Tal, knapp oberhalb der Daberklamm und an der Waldgrenze aus Grünerlenfallaub an beiden Talhängen gesiebt zahlreich 17. VII. 1937; Talschluß des Dorfer Tales, im Moränengelände 1 Ex. 17. VII. 1937; Fusch (leg. Sturany, coll. Mus. Wien); Ferleiten (leg. Petz, coll. Mus. Linz); gegen die Traueralm (leg. Petz, coll. Mus. Linz).
Schobergr.: Weg vom Peischlachtörl ins Leitertal 1 Ex. 11. VIII. 1937; Gößnitztal, bei der Bretterbruck aus Grünerlenfallaub gesiebt 10 Ex. 9. VII. 1937; Hochschober (leg. Holdhaus); bei der Hochschoberhütte in Quellfluren massenhaft (leg. Konneczni); Debanttal, schon tief im unteren Teil des Tales (Konneczni i. l.).

Die Art lebt vorwiegend in der Waldstreu der subalpinen Wälder, dringt aber über die Waldgrenze allenthalben bis in die Zwergstrauchzone vor. Den Zwergstrauchgürtel scheint sie nur ganz selten zu überschreiten. *Trechus alpicola* ist in den Alpen östlich der Hohen Tauern weit verbreitet; er besiedelt das Gebiet vom Wechsel und Bachergebirge im Osten westwärts bis in die Hohen Tauern. Die westlichsten bisher bekannten Fundorte sind auf der N-Seite des Tauernhauptkammes das Fuscher Tal, auf der S-Seite desselben das Dorfer Tal bis unmittelbar unterhalb des Kalser Tauern. In den Lienzer Dolomiten, in den Defregger und Villgratner Alpen, im Virgental und in der Venedigergruppe wurde die Art von K. Holdhaus (i. l.) und K. Konneczni (i. l.) nicht aufgefunden.

72. — *(Trechus) nigrinus* Putz.
Gl. Gr.: 1 ♂ dieser südöstlichen Art wurde zwischen Kals und Wurg erbeutet (leg. Konneczni). Ich konnte das Stück anatomisch untersuchen und die Zugehörigkeit desselben zu *Trechus nigrinus* eindeutig feststellen.
Trechus nigrinus besitzt seine Hauptverbreitung in den Balkanländern und dringt von da in den wärmeren Teilen der Ostmark bis Nordtirol, Linz, Wiener Neustadt und Pitten, Klagenfurt und Grafenstein vor (vgl. Heberdey und Meixner 1933). Der Fundort Kals stellt derzeit den südwestlichsten Vorposten dieser thermophilen Art dar.

73. — *(Trechus) rotundipennis* Duftschm.
S. Gr.: „Von Assessor Pfeil bei Gastein gesammelt" (Schaum 1860); am Naßfeld bei Gastein in 1550 m Höhe (leg. Leeder); bei Rauris, im Gstatterwald in 1500 m in sehr nassem Moos, im Retteneggwald in 1300 bis 1400 m, am O-Hang des Gaisbachtales in 1200 bis 1300 m Höhe in Moos und im Forsterbachtal in 1300 m in Moos (leg. Konneczni).
Gl. Gr.: Kapruner Tal, im Mischwald über dem Kesselfall in tiefen Fallaublagen 4 Ex. 14. VII. 1939; im Kapruner Tal, an der Talstufe unterhalb der Limbergalm, an einem nassen, moosbewachsenen Felsen unweit der Ache 2 Ex. 14. VII. 1939.

Auch diese Art erreicht in den Hohen Tauern die Westgrenze ihrer Verbreitung. Die westlichsten Fundorte sind der Krimmler Wasserfall und die Ortschaft Wald im Pinzgau (leg. Petz, coll. Mus. Linz). Sie findet sich außerdem in den Schieferalpen südlich des Hochkönig am Hundsstein und bei Dienten (leg. Leeder) und wurde von mir auch in der Liechtensteinklamm bei Pongau festgestellt. Von hier ist sie ostwärts durch die Kalkalpen von Oberdonau bis zum Ennsdurchbruch und wohl auch noch in den Kalkalpen von Niederdonau verbreitet. In den Zentralalpen Steiermarks wurde sie bisher nur im äußersten Osten auf der Glein- und Koralpe beobachtet und scheint auch in den südlichen Kalkalpen nur deren östlichste Gebirgsgruppen westwärts bis zum Obir und Bad Vellach zu besiedeln (vgl. Heberdey und Meixner 1933). Im Untersuchungsgebiet ist sie auf die N-Seite des Tauernhauptkammes beschränkt und scheint die Mischwaldgrenze nirgends zu überschreiten. Sie ist ein Tier des ozeanischen Alpenrandgebietes (Buchenwaldklimas).

74. — *(Trechus) limacodes* Dejean.
S. Gr.: Palfneralm und Naßfeld bei Gastein (coll. Minarz); Kötschachtal (coll. Minarz); im Kötschachtal oberhalb des Grünen Baum in 1100 m Höhe (leg. Leeder); Gamskarkogel und Naßfeld bei Gastein (leg. Frieb); oberstes Anlauftal (leg. Frieb); Sonnblick, in 2100 m Höhe (leg. Frieb); Bucheben, Fröstel-

berg (leg. Konneczni); bei Rauris im Forsterbachtal, Retteneggwald, Gstatterwald, Karwald und am Bärenkogel (leg. Konneczni); oberster Teil des Seidelwinkeltales in etwa 2300 m Höhe, am Weg zum Hochtor 1 Ex. 17. VIII. 1937; bei der Federtroglacke südlich des Hochtores 2 Ex. 6. VIII. 1937; an den Hängen der Gjaidtroghöhe gegen den Zirmsee 1 Ex. 24. VII. 1937; oberhalb des Zirmsees, im Rasen von *Polytrichum sexangulare* auf den Jungmoränen 3 Ex. 4. VIII. 1937; im Kleinen Fleißtal, oberhalb des Alten Pocher, im Grünerlenfallaub an beiden Talseiten sehr häufig 30. VI. und 3. VII. 1937; Stanziwurten, in der Zwergstrauchzone aus *Rhododendron*-Fallaub in 2300 m Höhe gesiebt 8 Ex. 2. VII. 1937.

Gl. Gr.: Im Pasterzenvorfeld, zwischen Glocknerhaus und Möll, noch außerhalb der rezenten Moränen aus Graswurzeln gesiebt 1 Ex. 27. VII. 1937. Auf der N-Seite der Glocknergruppe und auf der S-Seite westlich der Möllschlucht habe ich die Art nirgends beobachtet.

Schobergr.: Hochschober (leg. Holdhaus); Wangenitzen, Schleinitz (leg. Székessy); am Naßfeld bei der Hochschoberhütte, im Debanttal im Moos entlang des Baches, auf der Stanisker Alm, beim Alkuser See, bei der Lienzer Hütte und in Oberleibnik bei St. Johann in Osttirol von Konneczni gesammelt. Im nördlichsten Teil der Schobergruppe scheint die Art ebenso zu fehlen wie in den angrenzenden Teilen der Glocknergruppe.

Trechus limacodes lebt subalpin in Fallaub, vor allem unter Grünerlen und *Rhododendron*, steigt aber nicht selten über die Waldgrenze bis in die hochalpine Zwergstrauch- und sogar Grasheidenstufe empor. Er ist im östlichen Teil der Hohen Tauern allgemein verbreitet und erreicht in der Glocknergruppe an der schon angegebenen Linie die absolute Westgrenze. Über die Kreuzeckgruppe hinweg hat er noch die Schobergruppe erreicht und ist in dieser sichtlich von SO her in Ausbreitung begriffen. Von den Hohen Tauern ostwärts ist er bis zum Wechsel und Bachergebirge verbreitet und noch im Velebit, allerdings in einer eigenen Rasse, vertreten.

75. *Trechus (Trechus) quadristriatus* Schrk.
Gl. Gr.: Einzeln bei Kals (leg. Konneczni).
Auch bei Windisch-Matrei (leg. Konneczni).
Die Art scheint im Gebiete auf die tiefsten Tallagen beschränkt zu sein und wird in den höheren Lagen durch *Trechus obtusus* vertreten. Von einem Kalser Stück wurde ein Penispräparat angefertigt.

76. — *(Trechus) obtusus* Er.
S. Gr.: Kötschachtal (coll. Minarz); Hofgastein (leg. Frieb); Umgebung von Rauris (leg. Konneczni); Umgebung des Fleißgasthofes, an Pilzköder 1 Ex. 7. VIII. 1937.
Gl. Gr.: Im obersten Teil des Fuschertales nicht selten, so im Käfertal, auf der Trauneralm und auf einer Wiese unterhalb der Vogerlalm 19. bis 23. VII. 1939 und 14. V. 1940; Fuscher Tal unterhalb Dorf Fusch, in der Grauerlenau entlang des Wachtbergbaches zahlreich im Fallaub 23. V. 1941; auch im Gebiete zwischen Kals und Wurg und im Dorfertal (leg. Konneczni).
Die Art scheint in höheren Lagen an Stelle des *T. quadristriatus* zu treten. Die Bestimmung der im Untersuchungsgebiet gesammelten Stücke wurde durch anatomische Untersuchung überprüft.

77. — *(Trechus) rubens* Fbr.
Gl. Gr.: In Wurg bei Kals 1 Ex. 18. VII. 1937.
Eine vorwiegend nordische Art, die in Mittel- und Südeuropa fast nur im Gebirge vorkommt.

78. *Patrobus septentrionis* Déj.
Gl. Gr.: Am Rande des Naßfeldes des Pfandlschartenbaches einzeln 20. VII. und 1. VIII. 1938; oberstes Stubachtal (leg. Frieb).
Schobergr.: Am Weg vom Peischlachtörl ins Leitertal oberhalb der Talverengung auf nassem sandigem Alluvialboden mit lückenhafter Vegetationsbedeckung 24 Ex. unter Steinen 11. VIII. 1937; Schleinitz (Székessy 1934, Horion 1941).
Eine nordische Art, die zwar in Mitteleuropa nicht nur auf Gebirgslagen beschränkt ist, sondern einzeln auch in der Ebene gefunden wird (vgl. Holdhaus und Lindroth 1939), aber dennoch als Glazialrelikt der Alpenfauna angesprochen werden muß. *Patrobus septentrionis* fehlt im östlichsten Teil der Alpen, die östlichsten derzeit bekannten Fundorte sind die Glockner-, Schober- und Kreuzeckgruppe (Kreuzelhöhe, leg. Holdhaus) sowie der Obstanser See in der Karnischen Hauptkette (leg. Hicker). Im Mallnitztal und in der Hafnereckgruppe wurde die Art von Holdhaus (mündlich) nirgends gefunden.

79. — *assimilis* Chaud.
Gl. Gr.: Unweit des Elektrizitätswerkes am Enzingerboden (Stubachtal) in einer Höhe von 1500 m auf einer trockenen Almmatte unter Steinen (leg. Frieb, Holdhaus und Lindroth 1939).
Die Art scheint an dieser Stelle weithin isoliert vorzukommen, ich habe sie im Untersuchungsgebiet nirgends beobachtet.
Patrobus assimilis ist boreoalpin verbreitet und besitzt am Enzingerboden den östlichsten derzeit bekannten Fundort in den Alpen. Die nächsten bekannten Alpenfundorte liegen in den Ötztaler Alpen (vgl. Holdhaus und Lindroth 1939).

80. *Chlaenius (Chlaeniellus) vestitus* Payk.
Mölltal: Winklern, feuchte Wiese bei der Autobushaltestelle 1 Ex. unter Stein 18. VI. 1942.
Im Gebiete wohl nur in tiefsten Tallagen.

81. — *(Chlaeniellus) nitidulus tibialis* Dej.
S. Gr.: Badgastein (leg. Frieb); Möllufer bei Flattach 3 Ex. 18. VI. 1942.
Gl. Gr.: Moserboden, an einem Erdrutsch am linken Talhang in 2000 m Höhe 1 Ex. 17. VII. 1939; Ufer der Fuscher Ache oberhalb Ferleiten 2 Ex. 18. VII. 1940.
J. Müller (Koleopt. Rundsch. XX, 1934) wies darauf hin, daß unter dem Namen *Chlaenius nitidulus* Schrk. wahrscheinlich zwei Arten vermengt werden, die in Polen (sec. Makolski) nach der Halsschildform leicht auseinanderzuhalten sind. Ob die aus Frankreich beschriebene Form *tibialis* Dej., zu welcher meine Stücke am ehesten zu gehören scheinen, eine dieser beiden Formen oder eine dritte darstellt, ist noch ungeklärt. Auffällig ist jedenfalls, daß alle von mir im Glocknergebiet gesammelten Stücke, wie *tibialis* Dej., bis auf die rötlichen Schienen dunkle Beine und scharf rechtwinkelige Hinterecken des Halsschildes besitzen. Dasselbe scheint für die in Nordtirol heimische Form zu gelten (vgl. Horion 1941). Eine endgültige Klärung der Art- bzw. Rassenzugehörigkeit der aus den Hohen Tauern vorliegenden Form wird erst nach Aufsammlung eines umfangreicheren Vergleichsmaterials möglich sein.

82. *Oodes helopioides* Fbr.
    Pinzgau: Am Nordufer des Zeller Sees 19. VII. 1939.
    Die Art scheint nur in den tiefsten Lagen des Gebietes vorzukommen und dürfte höchstens in die untersten Teile der nördlichen Tauerntäler eindringen.

83. *Badister bipustulatus* Fbr.
    Mölltal: Möllufer bei Flattach 1 Ex. 18. VI. 1942.
    Gl. Gr.: Glocknerstraße zwischen Heiligenblut und Mauthaus 1 Ex. 18. VI. 1942.

84. *Licinus (Neorescius) Hoffmannseggi* Panz.
    S. Gr.: Im obersten Teil des Seidelwinkeltales 1 Ex. 17. VIII. 1937.
    Gl. Gr.: Albitzen-SW-Hang, im Rasen unterhalb der Bratschenhänge in 2200 bis 2250 m Höhe 3 Ex. 20. VII. 1936 und 26. VII. 1939; im Pasterzenvorfeld zwischen Glocknerhaus und Möllschlucht 2 Ex. 6. VII. 1937; am Weg vom Glocknerhaus zur Trögelalm 1 Ex. 21. VIII. 1937; am S-Hang und auf der Hochfläche der Margaritze 4 Ex. 7. VII. und 18. VIII. 1937; am Wienerweg von der Stockerscharte zur Salmhütte 1 Ex. 10. VIII. 1937; im untersten Teil des Dorfer Tales 2 Ex. 17. und 18. VII. 1937; Kapruner Tal über 1500 m (Escherich 1888—89); Wasserfallboden (leg. Frieb).
    Die Art ist nach Holdhaus (1927—28) petrophil, sie scheint im Gebiete wärmere, sonnige Hänge zu bevorzugen, während sie in tieferen Gebirgslagen auch häufig in schattigen Waldbeständen unter Steinen und in der Waldstreu gefunden wird.

85. *Harpalus (Ophonus) puncticeps* Steph. (= *angusticollis* Müll).
    S. Gr.: Am Fußweg vom Fleißgasthof nach Heiligenblut in sonniger Lage 1 Ex. Juli 1937.
    Die Art scheint im Gebiete nur an den wärmsten Hängen bis in diese Höhe emporzusteigen. Sie findet sich auch anderwärts meist in sonnigen Lagen auf sandigem oder kiesigem Boden.

86. — *(Pseudophonus) pubescens* Müll.
    Mölltal: Möllufer bei Flattach 1 Ex. und feuchte Wiese bei Winklern 1 Ex. 18. VI. 1942.
    S. Gr.: Rauris (leg. Frieb).
    Gl. Gr.: Am Wege von Kals nach Wurg 1 Ex. 18. VII. 1937; auch von Werner (1934) aus dem Kalser Tal angegeben.
    Eine im Gebiete jedenfalls nur in den Tallagen vorkommende Art.

87. — *(Harpalus) fuliginosus* Duftschm.
    Gl. Gr.: Im unteren Teil des Leitertales, am Weg von der Trögelalm zur Marxalm (sogenannter Katzensteig) 2 Ex. 12. VII. 1937; am Wienerweg zwischen Stockerscharte und neuer Salmhütte, unweit der Stockerscharte 1 Ex. 10. VIII. 1937.
    Die Art ist mir im Gebiete nur an den S-Hängen der Leiterköpfe begegnet und scheint an diesen ziemlich isoliert vorzukommen. Sie ist ein heliophiles Tier.

88. — *(Harpalus) Winkleri* Schauberger.
    S. Gr.: In der Fleiß, an den sonnigen Hängen unterhalb der Fleißkehre der Glocknerstraße 1 Ex. 1. VII. 1937.
    Gl. Gr.: Am Weg von Kals nach Wurg 1 Ex. 18. VII. 1937; bei Kals von Schauberger mehrfach gesammelt; auf den Wiesen oberhalb des Kesselfalles 1 Ex. 14. VII. 1939.
    In meiner Sammlung befindet sich ein Stück mit dem Fundort Großglockner (leg. Schwingenschuß, ex. coll. Pachole), welches Schauberger gleichfalls als *H. Winkleri* bestimmt hat.

89. — *(Harpalus) latus* L.
    S. Gr.: Im mittleren Teil des Seidelwinkeltales 1 Ex. 17. VIII. 1937; im Krumeltal in 1800 m Höhe häufig (leg. Leeder); in der Kleinen Fleiß, auf den Wiesen oberhalb des Alten Pocher bis etwa 2000 m Höhe je 1 Ex. 3. VII. und 4. VIII. 1937; im Hüttenwinkeltal auf der Grieswiesalm 1 Ex. 15. V. 1940.
    Gl. Gr.: An der Glocknerstraße zwischen Heiligenblut und Mauthaus 1 Ex. 18. VI. 1942; Pasterzenvorfeld zwischen Glocknerhaus und Möllschlucht, außerhalb und vor allem innerhalb der Moräne des Jahres 1856 einzeln 5. VII., 7. VII. und 18. VIII. 1937; an der Tafernigleiten nächst dem Eingang in das Naßfeld des Pfandlschartenbaches 1 Ex. 21. VII. 1938; am Haritzerweg unweit der Bricciuskapelle 1 Ex. 22. VIII. 1938; im Leitertal, am sogenannten Katzensteig 1 immatures Ex. 12. VII. 1937; am Wienerweg zwischen Stockerscharte und neuer Salmhütte, unweit der Stockerscharte 1 immatures Ex. 10. VIII. 1937; im unteren Teil des Dorfer Tales 9 Ex. 17. VII. 1937; Enzingerboden (leg. Frieb); am linken Talhang über dem Moserboden 1 Ex. 17. VII. 1939; im obersten Fuscher Tal, bei der Traueralm und am oberen Pfandlboden 5 Ex. 21. VII. 1939; auch auf der Piffkaralm in 1630 m Höhe 1 Ex. 15. VII. 1940; bei Ferleiten (leg. Frieb).
    Die Art findet sich im Gebiete allenthalben bis in die Zwergstrauchstufe und bewohnt anscheinend mit besonderer Vorliebe sonnige Rasenflächen des Zwergstrauchgürtels.

90. — *(Harpalus) honestus* Duftschm.
    Gr. Gr.: Windisch-Matrei, an der Straße ins Matreier Tauerntal beim Lublas 2 ♂ unter einem Stein 3. IX. 1941.
    Ich besitze ein Stück mit der Fundortangabe „Großglockner" aus der Sammlung Pachole, welches wahrscheinlich von Schwingenschuß im Glocknergebiet gesammelt wurde. Die Art ist im Gebiete wohl nur in den warmen Lagen der Südtäler heimisch.

91. *Trichotichnus laevicollis* Duftschm.
    S. Gr.: Anlauftal (leg. Frieb); Kolm Saigurn in 1650 m Höhe (leg. Frieb); Grieswiesalm im Hüttenwinkeltal 1 Ex. 15. V. 1940; im mittleren Teil des Seidelwinkeltales auf Grasmatten häufig 17. VIII. 1937; Große Fleiß, subalpin und in der Zwergstrauchstufe nicht selten, auch am Weg aus dem Fleißtal zur Weißenbachscharte 10. VII. 1937; beim Fleißgasthof Juli 1937.
    Gl. Gr.: Pasterzenvorfeld zwischen Glocknerstraße und Möllschlucht, sowohl außerhalb als besonders innerhalb der Moräne des Jahres 1856 sehr häufig; am S-Hang der Margaritze 2 Ex. 7. VII. 1937; am Katzensteig zwischen Trögelalm und Marxalm im Leitertal 2 Ex. 12. VII. 1937; zwischen Kals und Wurg 1 Ex. 17. VII. 1937; beim Kalser Tauernhaus im Dorfer Tal 1 Ex. 19. VII. 1937; Enzingerboden (leg. Frieb); im Kapruner Tal, auf den Grasmatten oberhalb des Kesselfalles 2 Ex. 14. VII. 1939; am Moserboden, auf der linken Talseite in etwa 2000 m Höhe 1 Ex. 17. VII. 1939; am Weg von Ferleiten

zur Vogerlalm im Fuscher Tal 1 Ex. 22. V. 1941; im obersten Fuscher Tal, auf der Trauneralm und am obersten Pfandlboden 2 Ex., davon eines immatur 21. VII. 1939; bei Ferleiten (leg. Frieb).
Im Pasterzenvorfeld wurde ein ganz immatures Stück am 3. VIII. 1938 gesammelt.
Gr. Gr.: Amertaler Öd (leg. Frieb).
Schobergr.: Aufstieg von Heiligenblut in das Gößnitztal, bei der Brandalm 1 Ex. 9. VII. 1937.
Die Art steigt im Gebiete aus den Tälern bis in die Zwergstrauchzone empor und bewohnt mit besonderer Vorliebe die Almmatten.

92. *Bradycellus collaris* Payk.
    S. Gr.: Am Weg vom Alten Pocher auf den Seebichel, subalpin in der Kleinen Fleiß 1 Ex. 24. VII. 1937.
    Gl. Gr.: Im Dorfer Tal von Ing. Konneczni gesammelt.

93. *Anisodactylus (Anisodactylus) nemorivagus* Duftschm.
    Pinzgau: Taxingbauer in Haid bei Zell am See, auf Wechselwiesen 2 Ex. 13. VII. 1939.
    Die Art scheint das engere Untersuchungsgebiet höchstens in den tiefsten Tallagen zu betreten.

94. — *binotatus* Fbr.
    Mölltal: Möllufer bei Flattach 1 Ex. 18. VI. 1942.

95. *Amara (Amara) montivaga* Strm.
    Gl. Gr.: Am Weg von Kals ins Dorfer Tal 2 Ex. 18. VII. 1937.
    Die Art ist in den Alpen weit verbreitet, scheint im Untersuchungsgebiet aber selten zu sein.

96. — *(Amara) nitida* Strm.
    S. Gr.: In der Fleiß knapp oberhalb der Pfeiffersäge 1 Ex. Juli 1937; Hofgastein (leg. Frieb).
    Gl. Gr.: Dorf Fusch (leg. Frieb).

97. — *(Amara) communis* Panz.
    S. Gr.: In der Kleinen Fleiß beim Alten Pocher 1 Ex. 3. VII. 1937; am Weg vom Fleißgasthof nach Heiligenblut 1 Ex. 13. VII. 1937.
    Gl. Gr.: Oberstes Fuscher Tal, im Rhodoretum auf der Trauneralm 2 Ex. 21. VII. 1939; zwischen Kals und Wurg 2 Ex. 18. VII. 1937.

98. — *(Amara) lunicollis* Schiödte.
    S. Gr.: Hofgastein (leg. Frieb).
    Gl. Gr.: Am Weg von Kals nach Wurg 1 Ex. 18. VII. 1937; am S-Hang der Margaritze 1 Ex. 23. VII. 1937.
    Pinzgau: Auf Wechselwiesen beim Taxingbauer in Haid bei Zell am See 2 Ex. 13. VII. 1939.

99. — *(Amara) aenea* De G.
    S. Gr.: Hofgastein (leg. Frieb).
    Pinzgau: Mit der vorigen 1 Ex. 13. VII. 1939.
    Diese weit verbreitete und in der Ebene überaus häufige Art scheint im Gebiete auf tiefste Tallagen beschränkt zu sein.

100. — *(Amara) eurynota* Panz.
    Gl. Gr.: Im unteren Teil des Dorfer Tales 1 Ex. 15. VII. 1937.

101. — *(Amara) familiaris* Duftschm.
    S. Gr.: Hofgastein (leg. Frieb).
    Gl. Gr.: Am Weg von Kals nach Wurg 2 Ex. 15. und 18. VII. 1937.

102. — *(Celia) erratica* Duftschm.
    S. Gr.: Gamskarkogel und oberstes Anlauftal (leg. Frieb); im Seidelwinkeltal beim Tauernhaus (Märkel und v. Kiesenwetter); am alten Römerweg zwischen Kasereck und Fallbichel 3 Ex. 6. VIII. 1937; am Weg aus der Kleinen Fleiß auf den Seebichel subalpin 1 Ex. 24. VII. 1937.
    Gl. Gr.: Albitzen-SW-Hang, auf einem Kalkschieferrücken im Festucetum in 2400 m Höhe 1 Ex. 17. VII. 1940; Pasterzenvorfeld, Kalkschieferrücken unmittelbar unterhalb des Glocknerhauses, im Flechtenrasen des Festucetum durae 1 Ex. 3. VIII. 1938; auf der Sturmalm außerhalb der Jungmoränen 1 Ex. 25. VII. 1937; am Hang des Leitertales gegen die Salmhütte 2 Ex. 13. VII. 1937; Talschluß des Dorfer Tales, im Moränengelände 4 Ex. 15. und 17. VII. 1937; am orographisch rechten Hang über dem Moserboden in etwa 2000 m Höhe 5 Ex. 16. VII. 1939; an der Glocknerstraße zwischen Piffkar und Hochmais in 1750 m Höhe 1 Ex. 15. VII. 1940.
    Gr. Gr.: In der Umgebung des Schwarzsees östlich der Aderspitze 6 Ex. 19. VII. 1937.
    Schobergr.: Am Weg vom Peischlachtörl ins Leitertal 2 Ex. 11. VIII. 1937.
    Die Art ist boreoalpin verbreitet und findet sich fast im ganzen Alpenzuge. Sie lebt meist über der Waldgrenze, steigt aber gelegentlich auch in die subalpine Zone herab (vgl. Holdhaus und Lindroth 1939).

103. — *(Celia) Quenseli* Schönh.
    S. Gr.: Krumeltal, in 2500 m Höhe häufig (leg. Leeder); Sonnblick, in 2100 m Höhe (leg. Frieb); am Wege vom Kasereck zum Schareck und Roßschartenkopf hochalpin 6 Ex. 3. VIII. 1937; am Weg von der Weißenbachscharte in die Große Fleiß 7 Ex. 6. VIII. 1937; Gjaidtrog-SW-Hang, in der *Caeculus-echinipes*-Assoziation 2 Ex. 18. VII. 1938; am Sandkopf-SW-Hang hochalpin 4 Ex. 14. VIII. 1937; Stanziwurten, hochalpin 4 Ex. 3. VII. 1937; Hochtortauernkopf, S-Hang, 5 Ex.
    Gl. Gr.: Kar zwischen Albitzen- und Wasserradkopf, in der Polsterpflanzenstufe 7 Ex. 9. VIII. 1937; Albitzen-SW-Hang, in der *Caeculus-echinipes*-Gesellschaft unterhalb der Kalkphyllitbratschen in 2250 m Höhe 5 Ex. 20. VII. 1938 und 1 Ex. 26. VII. 1939; Pasterzenvorfeld zwischen Glocknerstraße und Möll 4 Ex. 28. VII. 1937 und 1 Ex. 3. VIII. 1938); vorwiegend innerhalb der Moräne des Jahres 1856 auf sandigem, nur von lückenhafter Vegetation bedecktem Boden; am Weg vom Glocknerhaus zur Pfandlscharte in 2350 m Höhe auf einem Kalkphyllitriegel in der Grasheidenzone 1 Ex. 17. VII. 1938, zahlreich in der Speikboden- und *Nebria atrata*-Zone; im Kar südwestlich der beiden Pfandlscharten über dem Steilabfall zum Naßfeld 1 Ex. 29. VII. 1937 und 3 Ex. 20. VII. 1938, die Art reicht hier an sandigen Stellen bis fast zum Pfandlschartenkopf empor; Naßfeld des Pfandlschartenbaches, auf einem Schuttkegel am Hang gegen das Magneskar 1 Ex. 20. VII. 1938; Hochfläche und N-Hang der Margaritze, auf sandigem Boden mit unvollständiger Vegetationsbedeckung 8 Ex. 7. VII. und 2. Ex. 18. VIII. 1937; am Fuße der Leiterköpfe und der Marxwiese am unteren Keesboden 3 Ex. 23. VII. 1938; S-Hang

des Elisabethfelsens 5 Ex. 7. VII. 1937; Freiwand über Parkplatz III in Gesellschaft einiger *Caeculus echinipes* 1 Ex. 31. VII. 1938; am Weg von der Freiwand ins Magneskar 5 Ex. 29. VII. 1937; am Promenadeweg in die Gamsgrube in Gesellschaft von *Cylindrus obtusus* auf nicht ganz vegetationsbedeckten Stellen 31. VII. 1938; am Weg von der Pasterze zur Hofmannshütte im oberen Teil des Moränengeländes 1 Ex. 29. VII. 1938; Gamsgrube, in der *Caeculus echinipes*-Gesellschaft 14 Ex. 6. VII. 1937 und 1 Ex. 30. VII. 1938; am Weg von der Gamsgrube in den Wasserfallwinkel in der Polsterpflanzenstufe 1 Ex. 6. VII. und 2. Ex. 27. VII. 1937; am Wienerweg zwischen Stockerscharte und neuer Salmhütte 1 Ex. 10. VIII. 1937; Ganitzen, oberhalb des Wienerweges auf sandigem Rohboden mit dürftiger Vegetationsbedeckung 1 Ex. 10. VII. 1937; Gamskar bei der neuen Salmhütte, auf sandigem Rohboden in der *Caeculus echinipes*-Gesellschaft 1 Ex. 12. VII. 1937; in der Umgebung der Salmhütte mehrfach am Hang gegen das Leitertal, auch in der weiteren Umgebung von Schneetälchen; Schwertkar bei der Salmhütte 7 Ex. 13. VII. 1937; im Moränengebiet des Leiter- und Hohenwartkeeses auf sandigen, nur von lückenhafter Vegetation bedeckten Flächen 2 Ex. 12. VII. 1937; am Weg von der neuen Salmhütte zum Bergertörl 1 Ex. 11. VIII. 1937; am Südweg zwischen Bergertörl und Mödlspitze 2 Ex. 11. VIII. 1937; im Kar südwestlich unterhalb der Pfortscharte 5 Ex. 13. VII. 1937; im Langen Trog im obersten Ködnitztal 9 Ex. 14. VII. 1937; auf der Fanatscharte, im ebenen Gelände vor der Stüdlhütte 2 Ex. 25. VII. 1938; am Weg von der Stüdlhütte ins Teischnitztal 1 Ex. 26. VII. 1938; Dorfer Tal, oberhalb des Dorfer Sees 1 Ex. 15. VII., und Talschluß des Dorfer Tales, 3 Ex. im Moränengelände 17. VII. 1937; Moserboden, im Talgrund und im Gletschervorfeld am orographisch rechten Hang je 1 Ex. 16. VII. 1939; am Weg vom Moserboden zur Schwaigerhütte in der *Caeculus echinipes*-Gesellschaft 1 Ex. 17. VII. 1939; Walcher Sonnleitbratschen, in 2600 bis 2700 m Höhe unter Steinen häufig 9. VII. 1941.

Gr. Gr.: Muntanitz-SO-Seite, auf sandigem Kalkphyllitrohboden 20 Ex. 20. VII. 1937.

Schobergr.: Am Weg vom Bergertörl zum Peischlachtörl 1 Ex. 11. VIII. 1937; am Weg vom Peischlachtörl ins Leitertal 1 Ex. 11. VIII. 1937; Hochschober 1 Ex. VIII. 1937 (leg. Holdhaus).

Amara Quenseli ist boreoalpin verbreitet. In den Alpen besiedelt sie heute die hohen Gebirgsgruppen von den Alpes maritimes ostwärts bis in die Hohen Tauern und westlichen Niederen Tauern. Die östlichsten Funde liegen nach Holdhaus und Lindroth (1939) im Tennengebirge, auf dem Lungauer Kalkspitz in den Schladminger Tauern und im Pöllatal am O-Abfall der Hohen Tauern, auch in der Kreuzeckgruppe südlich der Sonnblickgruppe und in den zentralen Dolomiten ist die Art nachgewiesen worden. *Amara Quenseli* ist somit einer jener arktischen Faunenbestandteile der Tauernfauna, die über die Hohen Tauern nur wenig weit nach Osten hinausgehen. Die Art lebt nach meinen Beobachtungen vorwiegend in der Polsterpflanzenstufe und hier wieder in erster Linie in der *Caeculus echinipes*-Gesellschaft; in der Grasheidenstufe ist sie auf seichte Böden mit Trockenrasengesellschaften (Festuceta durae) beschränkt. Regelmäßig findet sie sich auch in den Vorfeldern der größeren Gletscher in der Vorpostengesellschaft, die sich in dem seit 1856 eisfrei gewordenen Gelände angesiedelt hat.

104. *Amara (Celia) bifrons* Gyll.
S. Gr.: Am Weg vom Fleißgasthof nach Heiligenblut 1 Ex. Juli 1937.

105. — *(Celia) praetermissa* Shlb.
S. Gr.: Am alten Römerweg zwischen Kasereck und Fallbichl 1 Ex. 6. VIII. 1937; oberster Teil des Anlauftales (leg. Frieb).
Gl. Gr.: Pasterzenvorfeld zwischen Glocknerstraße und Möll, sowohl innerhalb als außerhalb der Moräne des Jahres 1856 mehrfach 5. VII. 1937; Moränengebiet der Pasterze gegen den Hohen Sattel 1 Ex. 23. VII. 1937; Moränengebiet des Magneskeeses 1 Ex. 29. VII. 1938; zwischen Bergertörl und Mödlspitze 1 Ex. 11. VIII. 1937; Moränengebiet im Talschluß des Dorfer Tales 4 Ex. 16. VII. 1937; Moserboden 1 Ex. 16. VII. 1939; Schafbühel (Stubach) (leg. Frieb).
Gr. Gr.: Amertaler Öd, in 2050 m Höhe (leg. Frieb).
Schobergr.: Am Weg vom Berger- zum Peischlachtörl 3 Ex. 11. VIII. 1937; am Weg vom Peischlachtörl ins Leitertal 2 Ex. 11. VIII. 1937.
Die Art scheint besonders sandige, noch im vorigen Jahrhundert zeitweise vom Eise überdeckte Moränenböden im Vorland der Gletscher zu lieben, auch sie besitzt eine vorwiegend nordische Verbreitung.

106. — *(Cyrtonotus) aulica* Panz.
S. Gr.: Im untersten Teil des Seidelwinkeltales 5 Ex. 17. VIII. 1937; Rauris und Badgastein (leg. Frieb).
Gl. Gr.: Im untersten Teil des Käfertales 3 Ex. 23. VII. 1939; im untersten Teil des Dorfer Tales 1 Ex. 15. VII. 1937; von Escherich (1888—89) aus dem Kaprunertal angegeben; Fusch (leg. Frieb); Fuscher Tal unterhalb Dorf Fusch, 1 Ex. auf der Glocknerstraße laufend 23. V. 1941.
Pinzgau: Salzachufer bei Bruck an der Glocknerstraße 1 Ex. 19. VII. 1940.
Die Art ist im Gebiete auf die Tallagen beschränkt.

107. — *(Cyrtonotus) Helleri* Gredl.
Gl. Gr.: Von mir und von Ing. Konneczni in je 1 Ex. im unteren Teil des Dorfer Tales am 15. bzw. 25. VII. 1937 gefunden. Nach Schauberger (i. l.) ist die Art bei Kals nicht selten.

108. — *(Percosia) equestris* Duftschm.
Von Ing. Konneczni 1 Ex. bei Kals gesammelt.

109. *Pterostichus (Poecilus) lepidus* Leske.
S. Gr.: Hofgastein (leg. Frieb); auf den Almmatten im Hüttenwinkeltal oberhalb des Bodenhauses 1 Ex. 15. V. 1940; im mittleren Teil des Seidelwinkeltales auf Grasmatten mehrfach am 17. VIII. 1937; im Mölltal an der Straße zwischen Söbriach und Flattach 1 Ex. 18. VI. 1942; in der Großen Fleiß, subalpin und in der Umgebung des Naßfeldes 6 Ex. 10. VII. 1937; Kleine Fleiß, auf den Wiesen um den Alten Pocher 2 Ex. 3. VII. 1937; an den SW-Hängen des Sandkopfes in der Zwergstrauchzone 2 Ex. 14. VII. 1937.
Gl. Gr.: Im Guttal auf den Almmatten zwischen Glocknerstraße und Kapelle Mariahilf 1 Ex. 22. VII. 1937; im obersten Teil des Fuscher Tales bei der Vogerlalm, auf der Traueralm und auf dem oberen Pfandlboden sowie im tieferen Teil des Käfertales auf Grasflächen unter Steinen mehrfach gesammelt 19. bis 23. VII. 1939; Ferleiten (leg. Frieb).
Die Art findet sich besonders auf feuchten Wiesen und Weiden der subalpinen Zone und des Zwergstrauchgürtels.

110. *Pterostichus (Poecilus) coerulescens* L.
S. Gr.: Badgastein (leg. Frieb); in der Fleiß an den sonnigen Hängen unterhalb der Fleißkehre und bei Heiligenblut zahlreich auf Wegen, Wiesen und Äckern.
Gl. Gr.: Zwischen Kals und Wurg; im obersten Teil des Fuscher Tales unterhalb der Trauneralm; Dorf Fusch und Ferleiten (leg. Frieb); Fuschertal, unterhalb Dorf Fusch auf der Glocknerstraße 1 Ex. 23. V. 1941.
Die Art ist in den Tälern häufig und steigt bis in die subalpine Region empor.

111. — *(Bothriopterus) oblongopunctatus* Fbr.
S. Gr.: Im untersten Teil des Seidelwinkeltales 1 Ex. 17. VIII. 1937; Hofgastein (leg. Frieb).
Gl. Gr.: Kalser Tal (Werner 1934); Kapruner Tal, oberhalb des Kesselfalles 3 Ex. 14. VII. 1939; im Käfertal 1 Ex. 23. VII. 1939 und 1 Ex. 14. V. 1940; am Weg von Ferleiten zur Walcheralm subalpin 1 Ex. 9. VII. 1941; Fuscher Tal unterhalb Dorf Fusch, in der Grauerlenau am Wachtbergbach 1 Ex. 23. V. 1941.
Die Art ist auf feuchte Stellen der tieferen Tallagen des Gebietes beschränkt.

112. — *(Omaseus) vulgaris* L.
Mölltal: An der Straße zwischen Söbriach und Flattach 1 Ex. 18. VI. 1942.
S. Gr.: Hof- und Badgastein; Rauris (leg. Frieb); Hüttenwinkeltal, zwischen Bucheben und Kolm Saigurn 15. V. 1940; in der Großen Fleiß, subalpin; beim Fleißgasthof an faulenden Pilzen; an der Glocknerstraße zwischen Heiligenblut und Mauthaus 1 Ex. 18. VI. 1942.
Gl. Gr.: Im Guttal auf den Wiesen oberhalb der Kapelle Mariahilf; am Haritzerweg zwischen Glocknerhaus und Naturbrücke über die Möll; am Weg zwischen Kals und Wurg; im obersten Teil des Fuscher Tales auf den Wiesen zwischen Ferleiten und Vogerlalm, im unteren Teil des Käfertales und auf den Almmatten der Trauneralm.
Gr. Gr.: Schneiderau (Stubach) und Felbertal (leg. Frieb).
Schobergr.: Am Weg von Heiligenblut ins Gößnitztal.
Die Art bewohnt im Gebiete die größeren Täler und steigt in diesen bis in die subalpine Region empor.

113. — *(Melanius) nigrita* Fbr. var. *rhaeticus* Heer.
Pinzgau: N-Ufer des Zeller Sees 1 Ex. 19. VII. 1939.
S. Gr.: Hüttenwinkeltal, auf der Grieswiesalm mehrere Ex. an einer nassen Stelle unter Steinen 15. V. 1940.
Ein Bewohner sumpfigen Geländes, der im Gebiet auf die tiefsten Tallagen beschränkt sein dürfte.

114. — *(Argutor) diligens* Strm.
S. Gr.: Kolm Saigurn (leg. Frieb).
Gl. Gr.: Enzingerboden und Winkel in 2000 m Höhe (leg. Frieb); Moserboden, im Moorgelände des Talbodens 1 Ex. 17. VII. 1939; Fuscher Rotmoos 2 Ex. 14. V. 1940; Fuscher Tal unterhalb Dorf Fusch, in der Grauerlenau am Wachtbergbach in Fallaub 2 Ex. 23. VII. 1941.
Die Art ist für Sumpfland, besonders Moorgelände, charakteristisch.

115. — *(Pseudorthonus) unctulatus* Duftschm.
S. Gr.: Badgastein und Kolm Saigurn (leg. Frieb); im mittleren Teil des Seidelwinkeltales häufig; in der Kleinen und Großen Fleiß subalpin häufig, einzeln bis über die Baumgrenze; auf der Stanziwurten noch in 2200 m Höhe im Flechtenrasen beobachtet, die obersten *Rhododendron*-Bestände reichen dort bis 2300 m Höhe.
Gl. Gr.: Im Pasterzenvorfeld, innerhalb und außerhalb der Moräne des Jahres 1856 linksseits der Möllschlucht sehr häufig, auf der Margaritze und Marxwiese dagegen anscheinend fehlend; einzeln noch am SW-Hang des Albitzenkopfes oberhalb der Glocknerstraße bis 2250 m und an den Hängen der Freiwand gegen die Sturmalm, unweit des Einganges in das Naßfeld; im Moränengelände zwischen Pasterze und Hohem Sattel 2 Ex.; im Leitertal bis unterhalb der Salmhütte (etwa 2250 m); im Ködnitztal bis zur Gehölzgrenze in 2000 m Höhe; im Dorfer Tal bis oberhalb des Kalser Tauernhauses; Enzingerboden (leg. Frieb); im Kapruner Tal oberhalb des Kesselfalles; im Fuscher Tal knapp oberhalb Ferleiten; an der Edelweißwand unterhalb des Fuscher Törls 2 Ex. in windgeschützter Muldenlage; auf der Walcher Hochalm bis in 2300 m Höhe am S-Hang häufig 9. VII. 1941.
Schobergr.: Im Gößnitztal bei der Bretterbruck.
Die Art bewohnt vorwiegend die subalpinen Wälder und findet sich dort oft zahlreich in der Laubstreu, besonders unter Grünerlen und *Rhododendron*, sie tritt aber auch in der Zwergstrauchstufe noch zahlreich auf.

116. — *(Pseudorthonus) subsinuatus* Dej.
S. Gr.: Oberster Teil des Anlauftales (leg. Frieb); Kleine Fleiß, beim Alten Pocher 5 Ex. 3. VII. 1937.
Gl. Gr.: Grashang oberhalb der Glocknerstraße unweit des Glocknerhauses 1 Ex. 17. VII. 1938; Wiesen oberhalb Ferleiten im Fuscher Tal 4 Ex. 21. VII. 1939; im Kapruner Tal oberhalb des Kesselfalles 1 Ex.; Moserboden 2 Ex. 17. VII. 1939; in der Umgebung der Rudolfshütte nördlich des Kalser Tauern, Enzingerboden (leg. Frieb) und am Weg von diesem zum Tauernmoossee 6 Ex. 16. VII. 1937; Walcher Alm, am S-Hang in 2300 bis 2400 m Höhe 1 Ex. 9. VII. 1941.
Gr. Gr.: Nordhang der Wiegenköpfe (Stubach) 4 Ex. 10. VII. 1939; von Dr. Burchardt auch westlich des Weißsees bei der Rudolfshütte erbeutet; Amertaler Öd, in 2050 m Höhe (leg. Frieb).
Schobergr.: Am Weg von Heiligenblut ins Gößnitztal 3 Ex. 9. VII. 1937; am Zettersfeld in 2000 m Höhe 27. VIII. 1931 (Werner 1934).
Die Art lebt mit der vorigen, ist im Untersuchungsgebiet aber etwas seltener als diese.

117. — *(Pterostichus) Kokeili* Mill.
S. Gr.: In der Umgebung von Gastein 5 Ex. (Giraud 1851); in der Rauris von A. Otto gesammelt (Holdhaus und Lindroth 1939); Sonnblick, in 2100 m Höhe (leg. Frieb); Bärenkogel bei Rauris, in der hochalpinen Grasheide einige Ex. (leg. Koneczni); im Krumeltal in 1400 m Höhe (leg. Leeder).
Die Art ist boreoalpin verbreitet und in den Alpen bisher nur aus den zentralen Gebirgsgruppen zwischen Ötztaler Alpen und Zirbitzkogel bekannt. In den nördlichen und südlichen Kalkalpen fehlt sie vollständig, im Gebiete scheint sie nur die Nordseite der Sonnblickgruppe zu bewohnen. Sie bevorzugt in den Alpen trockene, früh schneefrei werdende Grashänge in der alpinen Region.

118. *Pterostichus (Cheporus) Burmeisteri* Hr. (= *metallicus* Frb.).
S. Gr.: Bei Gastein (Giraud 1851); Hofgastein (leg. Frieb); im mittleren Teil des Seidelwinkeltales 3 Ex. 17. VIII. 1937; im Hüttenwinkeltal, zwischen Bucheben und dem Bodenhaus 1 Ex. 15. V. 1940.
Gl. Gr.: Am Haritzerweg zwischen Glocknerhaus und Naturbrücke über die Möll 1 Ex. 18. VIII. 1937; im obersten Teil des Fuscher Tales unterhalb der Traueralm 1 Ex. 21. VII. 1939; im Fichtenwald am Weg von Heiligenblut zum Gößnitzfall 1 Ex. 13. VII. 1937.
Die Art ist im Gebiete auf die tieferen Tallagen beschränkt und scheint hier kalkarme Böden zu meiden. Der Fundort im Pasterzenvorland in der Zwergstrauchstufe liegt ungewöhnlich hoch.

119. — *(Arachnoidesus) fasciatopunctatus* Creutz.
S. Gr.: Bei Gastein (Scholz 1903); Hofgastein; Kötschach- und Anlauftal (leg. Frieb).
Gl. Gr.: Im oberen Teil des Fuscher Tales an einem Wasserfall oberhalb der Vogerlalm und im Käfertal 3 Ex. 21. und 23. VII. 1939; Hirzbachtal, am Hirzbach in etwa 1400 m Höhe am Bachrand in der Bachschlucht 2 Ex. 8. VII. 1941; im Kapruner Tal (Escherich 1888—89).
Die Art fand sich im Gebiete nur in den großen Tälern nördlich des Tauernhauptkammes und scheint in die südlichen Täler noch nicht bis zum Talschuß vorgedrungen zu sein. Sie bevorzugt im Gebiete anscheinend kalkhaltiges Gestein.

120. — *(Bryobius) Jurinei* Panz.
Die Art findet sich im gesamten Gebiet von den Talböden bis in die hochalpine Grasheidenstufe empor. Die tiefsten Fundorte im Untersuchungsgebiet sind der unterste Teil des Seidelwinkeltales, die Wiesen oberhalb Ferleiten, die Grasmatten oberhalb des Kesselfalles im Kapruner Tal und die Schneiderau (Stubachtal). Als besonders hohe Fundorte seien genannt: die Schneeböden am Weg vom Glocknerhaus zur Pfandlscharte in etwa 2500 m, die Umgebung des Hotels Franz-Josefs-Höhe in etwa 2400 m, das Schwertkar und ein Schneefleck bei der Salmhütte in über 2500 m und der Talschluß des Dorfer Tales in 2250 m Höhe.
Die Art findet sich sowohl im Walde als auch auf Wiesen und Almmatten und ist an keine Tiergesellschaft streng gebunden. Sie ist ein Gebirgstier.

121. *Abax ater* Villers.
S. Gr.: Im untersten Teil des Seidelwinkeltales 1 Ex. 17. VIII. 1937.

122. — *parallelopipedus* Dej.
Gl. Gr.: Glocknerstraße zwischen Heiligenblut und Mauthaus 1 Ex. 18. VI. 1942; auf den Guttalwiesen zwischen Glocknerstraße und Kapelle Mariahilf 1 Ex. 22. VIII. 1937; am Haritzerweg zwischen Glocknerhaus und Naturbrücke über die Möll 3 Ex. 18. VIII. 1937; in der Daberklamm bei Kals 1 Ex. 15. VII. 1937.
Gr. Gr.: Windisch-Matrei, an der Straße ins Matreier Tauerntal vor der Proseckklamm 1 Ex. 3. IX. 1941.
Die Art überschreitet im Gebiete die Zwergstrauchstufe nicht, sie lebt vorwiegend unterhalb der Waldgrenze und findet sich nur südlich des Alpenhauptkammes. Nördlich der Drau war sie bisher nicht sicher nachgewiesen (vgl. Heberdey und Meixner 1933).

123. *Calathus fuscipes* Goeze.
S. Gr.: Hofgastein (leg. Frieb).
Gl. Gr.: Bei Dorf Fusch (leg. Frieb).
Pinzgau: Taxingbauer in Haid bei Zell am See, auf Wechselwiesen 1 Ex. 13. VII. 1939.

124. — *erratus* Shlbg.
S. Gr.: Im mittleren Teil des Seidelwinkeltales 2 Ex. 17. VIII. 1937; Kolm Saigurn (leg. Frieb).
Gl. Gr.: Im Guttal zwischen Glocknerstraße und Kapelle Mariahilf 3 Ex. 22. VIII. 1937; Albitzen-SW-Hang, unweit oberhalb der Glocknerstraße 3 Ex. 20. VII. 1938; Albitzen-SW-Hang auf einem Kalkschieferriegel in 2350 m Höhe zwischen Flechtenrasen 2 Ex. 17. VII. 1940; im unteren Teil des Dorfer Tales 2 Ex. 17. VII. 1937; im Fuscher Tal einzeln von Ferleiten bis ins Käfertal 4 Ex. 23. VII. 1939.
Die Art findet sich im Gebiete vor allem auf Wiesen und Weiden in tieferen Lagen unter Steinen. Sie scheint trockene, sonnige Plätze zu bevorzugen.

125. — *melanocephalus* L.
Die Art ist ein charakteristischer Bewohner von Wiesen und Weiden von den tiefsten Tallagen bis in die hochalpine Grasheidenstufe, in deren unteren Teilen sie ihre obere Verbreitungsgrenze erreicht. Sie findet sich sowohl im Pinzgau wie auch in allen Tauerntälern des Gebietes mit Ausnahme des Stubachtales, wo ich sie bisher noch nicht beobachtet habe. Die höchsten von mir festgestellten Fundorte sind die SW-Hänge des Albitzenkopfes unweit oberhalb der Glocknerstraße, die Umgebung des Hotels Franz-Josefs-Höhe, der obere Teil des Seidelwinkeltales und die Hänge oberhalb des Moserbodens am Weg zur Schwaigerhütte in etwa 2200 m Höhe.
Die Art findet sich fast regelmäßig auf den Almmatten der subalpinen Waldstufe und der Zwergstrauchzone; Imagines wurden in den Monaten Mai, Juli und August beobachtet.
Die var. *noricus* fand sich im oberen Teil des Seidelwinkeltales, am Haritzerweg zwischen Glocknerhaus und Naturbrücke über die Möll, am Weg vom Moserboden zur Schwaigerhütte und am Weg von Ferleiten zur Walcher Hochalm in je 1 Ex.

126. — *micropterus* Duftschm.
S. Gr.: Im oberen Teil des Seidelwinkeltales 1 Ex. 17. VIII. 1937.
Gl. Gr.: An der Pasterze und am Heiligenbluter Tauern (Pacher 1853).

127. *Laemostenus (Laemostenus) janthinus* Duftschm.
S. Gr.: Nach Giraud (1851) „sehr selten bei Böckstein".
Gl. Gr.: Kreitherwand, auf einer Geröllhalde am Haritzerweg 1 Ex. 22. VIII. 1937; von Kiesenwetter 1 Ex. unter einem Holzstück oberhalb Döllach gesammelt (Märkel u. v. Kiesenwetter 1848); von Pacher (1853) „nur einmal oberhalb Sagritz gefunden".
Schobergr.: Unterhalb Oberfercher August 1928 (Werner 1934).
Die Art scheint im Gebiete auf die wärmsten Stellen der sonnseitigen Talhänge beschränkt zu sein und eine ausgesprochene Reliktverbreitung zu besitzen. Auf der Nordseite des Alpenhauptkammes fehlt das Tier; wenn die Angabe Girauds, daß die Art bei Böckstein gefunden wurde, richtig ist, muß sie dahin in

der postglazialen Wärmezeit über den Mallnitzer Tauern gelangt sein, ähnlich wie *Juniperus sabina* ins Stubachtal nur über den Kalser Tauern gelangt sein kann (Gams 1936).

Laemostenus janthinus wird von Heberdey und Meixner (1933) aus Steiermark nicht angegeben und ist auch in Kärnten sicher nur in warmen, südhängigen Lagen zu finden. In der Umgebung von Lienz wurde er mehrfach gesammelt (teste Konneczni). In Südtirol ist die Art in der var. *amethystinus* Dej. weit verbreitet. *Laemostenus janthinus* ist nach Holdhaus (1927—28) petrophil.

128. *Synuchus nivalis* Panz.
S. Gr.: Im Seidelwinkeltal beim Tauernhaus (Märkel u. v. Kiesenwetter 1848).
Gl. Gr.: Am Haritzerweg zwischen Glocknerhaus und Naturbrücke über die Möll 1 Ex. 18. VIII. 1937; Schneiderau und Dorf Fusch (leg. Frieb).
Pinzgau: Auf einer Wechselwiese beim Taxingbauer in Haid bei Zell am See 1 Ex. 13. VII. 1939.

129. *Agonum (Agonum) sexpunctatum* L.
S. Gr.: Hof- und Badgastein (leg. Frieb); im unteren Teil des Seidelwinkeltales 2 Ex. 17. VIII. 1937.
Gl. Gr.: Am Ufer der Fuscher Ache oberhalb Ferleiten mehrere Ex. 18. VII. 1940; Walcher Hochalm, in 2100 bis 2300 m Höhe 9. VII. 1941; je 1 Ex. der var. *montanum* Heer auf den Moorwiesen im obersten Teil des Fuscher Tales 21. VII. 1939 und am Enzingerboden (leg. Frieb).
Diese in der Ebene und im Gebirge weitverbreitete Art scheint im Gebiete die Waldgrenze nicht zu überschreiten.

130. — *(Agonum) Mülleri* Hrbst.
S. Gr.: Hof- und Badgastein (leg. Frieb); Grieswiesalm und Bucheben im Hüttenwinkeltal 15. V. 1940; Möllufer b. Flattach 1 Ex. 18. VI. 1942.
Gl. Gr.: Auf den Schutthalden am Fuß des Elisabethfelsens 1 Ex. 23. VII. 1938.

131. — *(Agonum) viduum* Panz. f. typ. und var. *moestum* Dftschm.
S. Gr.: Hof- und Badgastein (leg. Frieb).
Gl. Gr.: Im Fuscher Rotmoos und am Ufer der Fuscher Ache oberhalb Ferleiten je 1 Ex. 23. VII. 1939 (var. *moestum*).
Gr. Gr.: Dorfer Öd (Stubach) 1 Ex. 25. VII. 1939.
Pinzgau: Am Nordufer des Zeller Sees in beiden Formen 13. VII. 1939.

132. *Platynus (Limodromus) assimilis* Payk.
Gl. Gr.: Fuscher Tal unterhalb Dorf Fusch, in der Grauerlenau am Wachtbergbach in morschem Holz 1 Ex. 23. V. 1941.
Im Gebiete anscheinend wenig verbreitet und nur in tiefsten Lagen.

133. — *(Anchomenus) ruficornis* Gze.
Pinzgau: Ufer des Zeller Sees bei Zell 3 Ex. 12. VII. 1941.
Vielleicht auch in den tiefsten Lagen der Tauerntäler.

134. — *(Idiochroma) dorsalis* Pont.
Mölltal: Winklern, feuchte Wiese bei der Autobushaltestelle, 1 Ex. unter Brett 18. VI. 1942.
Diese verhältnismäßig wärmebedürftige Art dürfte auf die tiefsten Tallagen beschränkt sein.

135. *Europhilus micans* Nicol.
Pinzgau: Nordufer des Zeller Sees, in der Verlandungszone 1 Ex. 19. VII. 1939.

136. *Dromius (Dromiolus) melanocephalus nigriventris* Thoms.
Gr. Gr.: Windisch-Matrei, in einem Ericetum carneae an der ins Matreier Tauerntal führenden Straße zwischen Schloß Weißenstein und Proseckklamm 1 Ex. 3. IX. 1941.

137. *Lebia cyanocephala* L.
Mölltal: An der Straße zwischen Söbriach und Flattach unter Stein 1 Ex. 18. VI. 1942.

138. — *crux minor* L.
S. Gr.: Rauris 1 Ex. (leg. Konneczni).

139. *Cymindis humeralis* Geoffr.
S. Gr.: Am Weg von Rauris in den Retteneggwald 1 Ex. (leg. Konneczni); Kleine Fleiß, auf den sonnigen Wiesen oberhalb des Alten Pocher 1 Ex. unter Stein 3. VII. 1937.
Gl. Gr.: Auf den Grasmatten zwischen Glocknerstraße und Kapelle Mariahilf 2 Ex. 22. VIII. 1937.
Nach Pacher (1853) auf den Alpen des Mölltales nicht häufig.

140. — *vaporariorum* L.
S. Gr.: Oberster Teil des Anlauftales (leg. Frieb); im Krumeltal in 1800 m Höhe (leg. Leeder); am S-Hang des Hochtortauernkopfes 6. VIII. 1937; am Weg von der Weißenbachscharte in die Große Fleiß mehrfach, besonders an dem kleinen See in etwa 2300 m Höhe 6. VIII. 1937; am Gjaidtrog-SW-Hang in der *Caeculus echinipes*-Gesellschaft 3 Ex. 18. VII. 1938; Gjaidtrog-S-Hang gegen den Zirmsee 1 Ex. 24. VII. 1937; am Weg vom Alten Pocher auf den Seebichel, subalpin 5 Ex. 24. VII. 1937.
Gl. Gr.: Albitzen-SW-Hang, in der *Caeculus echinipes*-Gesellschaft unterhalb der Bratschenhänge in 2250 m Höhe 1 Ex. 8. VIII. 1937, 1 Ex. 20. VII. 1938, 1 Ex. 26. VII. 1939; am Weg vom Glocknerhaus zur Pfandlscharte 1 Ex. 19. VII. 1937; im Pfandlschartenvorfeld über dem Steilabfall zum Naßfeld des Pfandlschartenbaches 2 Ex. 29. VII. 1937; auch von Holdhaus (1909) am Pfandlschartenweg gesammelt; Grashänge oberhalb der Glocknerstraße unweit des Glocknerhauses, im Festucetum durae 1 Ex. 29. VII. 1937; Freiwand, in der Umgebung des Hotels Franz-Josefs-Höhe 2 Ex. 24. VII. 1937; Promenadeweg in die Gamsgrube, in Gesellschaft von *Cylindrus obtusus* 1 Ex. 30. VII. 1938; im Moränengelände unterhalb der Hofmannshütte im schon etwas begrünten Teil 1 Ex. 29. VII. 1938; Gamsgrube, in der *Caeculus echinipes*-Gesellschaft 14 Ex. 5. und 6. VII. 1937, 1 Ex. 27. VII. 1937 und 1 Ex. 30. VII. 1938; am Weg von der Gamsgrube in den Wasserfallwinkel in der *Caeculus echinipes*-Gesellschaft 1 Ex. 6. VII. 1937; am Hang zwischen Oberem und Unterem Keesboden 2 Ex. 28. VII. 1937; Abhang der Leiterköpfe gegen den Unteren Keesboden, am Fuß des Hanges 2 Ex. 23. VII. 1937; auf der Hochfläche und am Nordhang der Margaritze 5 Ex. 7. VII. 1937 und 5. Ex. 18. VIII. 1937; am Weg von der Stockerscharte zur neuen Salmhütte 1 Ex. 10. VIII. 1937; am Abhang von der neuen Salmhütte gegen

das Leitertal 6 Ex. 13. VII. 1937; im Kar südwestlich der Pfortscharte, in der *Caeculus echinipes*-Gesellschaft 14. VII. 1937; auf der Fanatscharte, im ebenen Gelände vor der Stüdlhütte 1 Ex. 25. VII. 1937; im Talschuß des Dorfer Tales auf den Jungmoränen 1 Ex. 17. VII. 1937; auch im unteren Teil des Dorfer Tales 4 Ex. 17. VII. 1937; 1 Ex. wurde noch auf der Nordseite des Fuscherkarkopfes im fast vegetationslosen Kalkphyllitsand am 28. VII. 1938 gefunden.

Gr. Gr.: Amertaler Öd (leg. Frieb).

Schobergr.: Hochschober (leg. Holdhaus); Wangenitzen (leg. Székessy).

Die Art findet sich anscheinend im ganzen Gebiete. Ich beobachtete sie stets nur an sonnigen Stellen und halte sie darum für heliophil. In der hochalpinen Grasheidenstufe und der Polsterpflanzenstufe bevorzugt die Art sandige, nur mit lückenhafter Vegetation bedeckte Stellen und ist an solchen häufig mit *Amara Quenseli* vergesellschaftet. In der Polsterpflanzenstufe ist sie auf die *Caeculus echinipes*-Gesellschaft beschränkt.

Die Art ist im ganzen Alpengebiete häufig und steigt aus hochalpinen Lagen bis in die subalpine Stufe herab (vgl. Heberdey und Meixner 1933). „Im Norden von Europa (Schweden, Finnland, Rußland) findet sie sich (nach Schaum 1860) in der Ebene, und dieser Verbreitungsbezirk umfaßt auch das nördliche Deutschland (die Umgebung von Stettin und Hamburg usw.), wo sie in Kiefernwäldern unter Moos und in faulen Baumstümpfen überwintert." Einzeln wurde die Art auch in Mitteldeutschland beobachtet, besitzt aber eine offensichtlich eiszeitbedingte, zerrissene Verbreitung.

Familie *Haliplidae*.

141. *Haliplus obliquus* Fbr.
S. Gr.: Hofgastein (leg. Frieb).

142. — *ruficollis* De G.
S. Fr.: Hofgastein und Kötschachtal (leg. Frieb).

143. — *fluviatilis* Aubé.
S. Gr.: Hofgastein (leg. Frieb).

Alle genannten *Haliplus*-Arten sind weit verbreitete Wasserkäfer, scheinen im Gebiete aber nur in den tiefsten Tallagen vorzukommen.

Familie *Dytiscidae*.

144. *Coelambus impressopunctatus* Schall.
S. Gr.: Hofgastein (leg. Frieb).
Weit verbreitet und häufig, scheint im Gebiete aber nur die Gewässer der tiefsten Tallagen zu bewohnen.

145. *Hydroporus palustris* L.
S. Gr.: Kötschachtal bei Gastein (leg. Frieb).
Gl. Gr.: Enzingerboden im Stubachtal (leg. Frieb).
Gr. Gr.: Amertaler Öd, in 1370 m Höhe (leg. Frieb).
Sehr weit verbreitet, steigt im Gebiete bis in die subalpine Waldstufe, in anderen Teilen der Alpen bis 2200 m empor.

146. — *marginatus* Duftschm.
S. Gr.: Hofgastein (leg. Frieb); Kolm Saigurn in 1630 m Höhe (leg. Frieb).
Überschreitet gleichfalls die Waldgrenze nicht.

147. — *nigrita* Fbr.
S. Gr.: Hofgastein; Kötschachtal; Kolm Saigurn in 1630 m Höhe (leg. Frieb).
Gr. Gr.: Amertaler Öd, in 1370 m Höhe (leg. Frieb).

148. — *nivalis* Heer.
S. Gr.: Graukogel bei Gastein (leg. Frieb); in der Asten (Pacher 1853); Moharkopf (Märkel und v. Kiesenwetter 1848).
Gl. Gr.: Senfteben zwischen Guttal und Pallik 1 Ex. 11. VII. 1941; Pasterzenvorfeld zwischen Gletscherstraße und Möllschlucht, im nassen Moos am Rande des Grafentalbaches 5. VII. 1937; in einem Tümpel am Hohen Sattel Juli 1937; im Dorfer See 15. VII. 1937; Enzingerboden (leg. Frieb).
Gr. Gr.: Amertaler Öd (leg. Frieb).
Die Art lebt in sub- und hochalpinen Lagen und ist aus der Siera Nevada, den Pyrenäen, Alpen und aus dem Riesengebirge bekannt.

149. — *foveolatus* Heer.
Gl. Gr.: Senfteben bei der Poststation Guttal 1 Ex. 11. VII. 1941; im *Eriophorum*-Sumpf auf dem Unteren Keesboden 7. VII. 1937; in einem kleinen Tümpel auf dem Hohen Sattel 5. VII. 1937; auf dem Tauernmoos vor dessen Überstauung (Werner 1924).
Lebt wie die vorige Art in den Alpen und Pyrenäen in sub- und hochalpinen Gewässern, selten unter 2000 m Höhe.

150. — *longulus* Muls.
S. Gr.: Woisken bei Mallnitz, im Hochmoorgelände in etwa 1600 m Höhe in einem Moorwasser 1 Ex. 5. IX. 1941.
Die Art ist nach Zimmermann ein Gebirgstier, das in den Alpen bis zu 2000 m Höhe emporsteigt.

151. *Deronectes (Potamonectes) assimilis* Payk.
S. Gr.: Bei Gastein (leg. Giraud, teste Horion 1941).

152. — *(Potamonectes) griseostriatus* De G.
S. Gr.: Bei Gastein im Rentsee (leg. Giraud, teste Horion).

153. — *(Oreodytes) Sanmarki* Shlbg.
S. Gr.: Hofgastein (leg. Frieb).
Weitverbreitete Art.

154. *Platambus maculatus* L. var. *pulchellus* Heer.
   S. Gr.: Hofgastein (leg. Frieb).
   Gleichfalls weit verbreitet und im Gebiete nur in den tiefsten Lagen.

155. *Gaurodytes guttatus* Payk.
   S. Gr.: Hofgastein und Angertal bei Gastein (leg. Frieb).
   Weit verbreitet, bevorzugt Quelltümpel und kalte Waldwasserlachen, steigt in den Alpen bis 2200 m, nach Burmeister (1939) sogar bis 2500 m Höhe empor.

156. — *melanarius* Aubé.
   Gr. Gr.: Amertaler Öd, in 1370 m Höhe.
   Ein Bewohner kalter, schattiger Waldtümpel.

157. — *bipustulatus* L. var. *Solieri* Aubé.
   S. Gr.: Windschnursee an der Reetalm bei Gastein in etwa 2300 m Höhe (Giraud 1851).
   Gl. Gr.: In einem Tümpel auf dem vorderen Margaritzenplateau 2 Ex. 23. VII. 1938.
   Die Varietät *Solieri* des *G. bipustulatus* ist boreoalpin verbreitet und steigt in den Alpen selten unter 2000 m Höhe herab.

158. — *biguttatus* Ol. var. *nitidus* Fbr.
   S. Gr.: Hofgastein (leg. Frieb).
   Weit verbreitet, im Gebiete anscheinend nur in den tiefsten Lagen.

159. — *uliginosus* L.
   S. Gr.: Hofgastein (leg. Frieb).
   Seltenere Art, die gleich der vorgenannten im Gebiete nur in tieferen Lagen vorkommen dürfte.

160. — *congener* Payk.
   S. Gr.: Kötschachtal und Graukogel bei Gastein (leg. Frieb).
   Gl. Gr.: In einem kleinen Tümpel auf dem vorderen Margaritzenplateau 2 Ex. 23. VII. 1938; im *Eriophorum*-Sumpf auf dem Unteren Keesboden 1 Ex. 7. VII. 1937; auf dem Tauernmoos vor dessen Überstauung (Werner 1924); Enzingerboden, Französach und Schafbühel im obersten Stubachtal (leg. Frieb).
   Gr. Gr.: Amertaler Öd, in 1350 m Höhe (leg. Frieb).
   Weit verbreitet, lebt in der Ebene und im Gebirge; im Gebiete die häufigste Art der Gattung, aus den Tälern bis in die hochalpine Grasheidenstufe emporsteigend.

Familie *Hydrophilidae*.

161. *Hydraena (Hydraena) lapidicola* Ksw.
   Gl. Gr.: Bei Heiligenblut (Pacher 1853); in einem kleinen Bach bei Heiligenblut entdeckt (Märkel und Kiesenwetter 1848), ursprünglich als *H. gracilis* bezeichnet und erst später von Kiesenwetter anläßlich der monographischen Bearbeitung der Gattung als eigene Art erkannt.
   In den Alpen und im Jura in Gebirgsbächen weit verbreitet.

162. — *(Haenydra) subintegra* Gglb.
   Gl. Gr.: Fuscher Tal, nächst Ferleiten in einem von der Walcher Alm herabkommenden kleinen Bach 1 ♂ 10. VII. 1941 (anatomisch untersucht).
   Im Alpengebiet und in den deutschen Mittelgebirgen.

163. *Helophorus (Empleurus) Schmidti* Villa.
   S. Gr.: Kramkogel und Gstatteralm bei Rauris (leg. Konneczni).
   Gl. Gr.: Am Weg vom Glocknerhaus zur Pfandlscharte, am Rande eines Schneefleckens in 2350 m Höhe 1 Ex. 17. VII. 1938; Albitzen-N-Hang, am Rande des untersten, großen sommerlichen Schneeflecken 1 Ex. 17. VII. 1938; Grashang unterhalb des Glocknerhauses in etwa 2100 m Höhe, aus Graswurzeln des feuchten Almrasens gesiebt 11 Ex. 27. VII. 1939, einige Tiere noch in mehr als 5 cm Tiefe im Boden; bei der neuen Salmhütte auf Schneeböden unter Steinen 2 Ex. 12. VII. 1937; unterer Teil des Dorfer Tales 1 Ex. 18. VII. 1937; Moserboden (leg. Frieb); Moserboden, im üppigen Almrasen am linken Hang zwischen Graswurzeln 1 Ex. 17. VII. 1939; Walcher Sonnleitbratschen, in etwa 2400 bis 2500 m Höhe am Schneerand 1 Ex. 9. VII. 1941.
   Schobergr.: Am Weg vom Peischlachtörl ins Leitertal 1 Ex. 11. VIII. 1937.
   Über die Pyrenäen, größere Teile Frankreichs (auch tiefere Gebirgslagen) und die Alpen ostwärts bis zur Kampspitze in den Radstätter Tauern und zum Königsstuhl (leg. Holdhaus) verbreitet.

164. — *(Megalelophorus) aquaticus* L.
   S. Gr.: Gamskarkogel bei Gastein (leg. Frieb).
   Gl. Gr.: In einem kleinen Tümpel am Hohen Sattel 5 Ex. 5. VII. 1937; Naßfeld des Pfandlschartenbaches 1 Ex. 20. VII. 1938; am Rande eines Tümpels am vorderen Margaritzenplateaus 1 Ex. 23. VII. 1938; am Tauernmoos vor dessen Überstauung (Werner 1924); Schafbühel bei der Rudolfshütte, in 2350 m Höhe (leg. Frieb).
   Die Art ist sehr weit verbreitet und steigt im Gebirge bis in die Zwergstrauchstufe und darüber empor.

165. — *(Atractelophorus) nivalis* Giraud.
   S. Gr.: In der Umgebung von Gastein (Giraud 1851).
   Gl. Gr.: Naßfeld des Pfandlschartenbaches, in nassem Moos 4 Ex. 20. VII. 1938; im Dorfer Tal über der Waldgrenze aus Bergerlenfallaub gesiebt 1 Ex. 17. VII. 1937; Dorfer See 1 Ex. 15. VII. 1937; im nassen *Polytrichum sexangulare*-Rasen bei der Rudolfshütte 5 Ex. 16. VII. 1937; Enzingerboden, Französach und Schafbühel im Stubachtal (leg. Frieb); oberhalb Hochmais im Fuscher Tal (leg. Frieb); Walcher Hochalm, am Rande eines kleinen Gerinnes am Karboden in etwa 1900 m 3 Ex. gekätschert 9. VII. 1941.
   Über die Alpen, Sudeten und Karpathen verbreitet; lebt sub- und hochalpin.

166. *Lathrimaeum (Atractelophorus) glacialis* Villa.
S. Gr.: Um Gastein in 2000 bis 2300 m Höhe (Giraud 1851); Gamskarkogel und Graukogel (leg. Frieb); an einem kleinen See im Kar südlich der Weißenbachscharte 1 Ex. 6. VIII. 1937; Kolm Saigurn (leg. Frieb).
Gl. Gr.: Am Weg vom Glocknerhaus zur Pfandlscharte in der hochalpinen Grasheidenstufe unter einem Stein 1 Ex. 19. VII. 1938; im Pasterzenvorfeld innerhalb der Moräne des Jahres 1856 zwischen Glocknerstraße und Möllschlucht am Grafentalbach im nassen Moos 5 Ex. 5. VII. 1937 und am Steilhang unterhalb des Glocknerhauses im nassem Moos 3 Ex. 21. VIII. 1937; im feuchten Rasen unmittelbar unterhalb des Glocknerhauses 1 Ex. aus Graswurzeln gesiebt 27. VII. 1939; Naßfeld des Pfandlschartenbaches, im nassen Moos 2 Ex. 20. VII. 1938; am Rande eines kleinen Tümpels am Hohen Sattel 8 Ex. 5. VII. 1937; am Möllufer oberhalb Heiligenblut unter Steinen 1 Ex. 9. VII. 1937; Dorfer See 11 Ex. 15. VII. 1937; bei der Rudolfshütte im nassen *Polytrichum sexangulare*-Rasen 2 Ex. 15. VII. 1937; am Tauernmoos vor dessen Überstauung (Werner 1924); Schafbühel bei der Rudolfshütte (leg. Frieb); am Moserboden, an einem Erdrutsch am orographischen linken Hang 1 Ex. und im Moos eines nassen Almlägers unmittelbar bei der Moseralm 1 Ex. 17. VII. 1939; Walcher Hochalm, am Kargrund in 1900 m Höhe in Gesellschaft des *H. nivalis* 1 Ex. gekätschert 9. VII. 1941; in einem Tümpel auf der Judenalm im obersten Fuscher Tal 1 Ex. 14. V. 1940; an der Edelweißwand unterhalb des Fuscher Törls 1 Ex. 15. VII. 1940.
Gr. Gr.: Muntanitz-SO-Seite 1 Ex. 20. VII. 1937.
Schobergr.: Hochschober (leg. Holdhaus).
Die Art ist boreoalpin verbreitet (vgl. Holdhaus und Lindroth 1939); sie findet sich in den Alpen nur in den obersten Teilen der subalpinen Waldzone und in hochalpinen Lagen, in denen sie bis in die Polsterpflanzenstufe emporzusteigen scheint. *Helophorus glacialis* lebt nach Holdhaus und Lindroth (1939) in den mittel- und südeuropäischen Hochgebirgen vorwiegend in stehenden Gewässern, seltener in alpinen Lagen am Rande der sommerlichen Schneeflecken unter Steinen oder in den fließenden Schmelzwässern an Steinen angeklammert.

167. *Coelostoma orbiculare* Fbr.
S. Gr.: Hofgastein und Rauris (leg. Frieb).
Pinzgau: Nordufer des Zeller Sees 1 Ex. 13. VII. 1939.
Nur in den tiefsten Tallagen des Untersuchungsgebietes.

168. *Sphaeridium scarabaeoides* L.
Gl. Gr.: Im Kapruner Tal bei Kaprun (leg. Grätz); am Weg vom Fuscher Rotmoos zur Traueralm 2 Ex. 23. VII. 1939; Walcher Hochalm, im Kargrund in 1900 m Höhe an frischen Rinderexkrementen zahlreich 9. VII. 1941 (anatomisch untersucht).
Coprophag, lebt vorwiegend in Rinderexkrementen und ist sehr weit verbreitet. Die Art ist im Gebiete in tieferen Lagen wohl allgemein verbreitet.

169. — *lunatum* Fbr.
Gl. Gr.: Kapruner Tal bei Kaprun, mehrere Ex. Juli 1913 (leg. Grätz).
Verbreitung und Lebensweise wie bei der vorgenannten Art.

170. — *bipustulatum* Fbr.
Pinzgau: Bei Kaprun (leg. Grätz).
Verbreitung und Lebensweise wie bei den vorgenannten Arten der Gattung.

171. *Cercyon (Cercyon) impressus* Strm.
S. Gr.: Naßfeld; Gamskarkogel; oberstes Anlauftal; Kolm Saigurn (leg. Frieb).
Gl. Gr.: Im Kapruner Tal (leg. Grätz); Moserboden, auf dem Talboden und an einem Erdrutsch am linken Hang je 1 Ex. 16. VII. 1939; Französach im obersten Stubachtal (leg. Frieb); Walcher Hochalm, am Karboden in 1900 m Höhe an frischen Kuhfladen mehrfach 9. VII. 1941.
Lebt in Dünger und faulenden Pflanzenstoffen und ist weit verbreitet.

172. — *(Cercyon) haemorrhoidalis* Fbr.
S. Gr.: Beim Fleißgasthof an faulenden Pilzen 2 Ex. 7. VIII. 1937; Gamskarkogel bei Gastein (leg. Frieb).
Gl. Gr.: Schneiderau (Stubach) (leg. Frieb).
Lebt meist in Dünger und ist sehr weit verbreitet.

173. — *(Cercyon) melanocephalus* L.
Gl. Gr.: Kapruner Tal 1 Ex. Juli 1913 (leg. Grätz).
Lebensweise und Verbreitung wie bei der vorgenannten Art.

174. — *(Cercyon) pygmaeus* Ill.
S. Gr.: Gamskarkogel (leg. Frieb).
Gl. Gr.: Schneiderau (Stubach) (leg. Frieb).
Ein Ex. mit der Fundortangabe „Zell a. See—Kapruner Tal" Juli 1913 in meiner Sammlung (leg. Grätz).
Die Art ist ebenfalls weit verbreitet und coprophag.

175. — *(Cercyon) unipunctatus* L.
S. Gr.: Beim Fleißgasthof an faulenden Pilzen 1 Ex. 7. VIII. 1937.
Lebt wie die vorgenannten Arten.

176. *Megasternum boletophagum* Marsh.
Gl. Gr.: Oberhalb der Schneiderau (Stubach) (leg. Frieb); Kapruner Tal, im Mischwald am Hang über dem Kesselfall aus tiefen Laublagen gesiebt 9 Ex. 14. VII. 1939; Kapruner Tal, Talstufe unterhalb der Limbergalm, aus Moosrasen auf einer feuchten Felsplatte über der Kapruner Ache gesiebt 1 Ex. 15. VII. 1939; Fuscher Tal oberhalb Ferleiten, auf einer nassen Wiese bei der Vogeralm aus Graswurzeln gesiebt 1 Ex. 21. VII. 1939; im Käfertal, im Fallaub unter Grauerlen 5 Ex. 14. V. 1940 und im Moos an den Stämmen der höchsten Bergahorne 2 Ex. 23. VII. 1939; Hirzbachtal, im Fallaubgesiebe in 1400 m Höhe 3 Ex. 8. VII. 1941.
Pinzgau: Kunstwiese beim Taxingbauer in Haid bei Zell am See, aus Graswurzeln gesiebt 3 Ex. 13. VII. 1939.
Die Art ist sehr weit verbreitet und lebt in faulenden vegetabilischen Stoffen; sie scheint in den südlichen Tauerntälern zu fehlen.

177. *Chaetarthria seminulum* Hrbst.
S. Gr.: Badgastein und Rauris (leg. Frieb).
Gl. Gr.: Fuscher Rotmoos, im nassen Moos des Niedermoores 1 Ex. 23. VII. 1939, 3 Ex. 14. V. 1940.
Weit verbreitet, lebt meist am Ufer von Gewässern.

Familie *Silphidae*.

178. *Necrophorus vespilloides* Hbst.
Gl. Gr.: Ferleiten, 1 Ex. auf der Straße 11. VII. 1941.

179. *Aclypea undata* Müll.
Gl. Gr.: Walcher Hochalm, am Karboden in 1900 m Höhe 1 Ex. 9. VII. 1941.
Die in tieferen Lagen sehr weit verbreitete Art ist mir im Untersuchungsgebiet sonst nicht begegnet.

180. *Silpha tyrolensis* Laich. f. typ. und var. *nigrita* Creutz.
S. Gr.: Im Hüttenwinkeltal, auf den Almmatten zwischen Bodenhaus und Grieswiesalm und auf dieser selbst mehrfach 15. V. 1940; im mittleren Teil des Seidelwinkeltales 3 Ex. 17. VII. 1937; in der kleinen Fleiß, auf den Wiesen beim Alten Pocher 1 Ex. 3. VII. 1937; Mallnitzer Tauerntal, beim Gasthof Gutenbrunn 1 Ex. 5. IX. 1941.
Gl. Gr.: Kar zwischen Albitzen- und Wasserradkopf, auf den Rasenflächen bei der Almhütte in etwa 2400 m Höhe 1 Ex. 17. VII. 1940; am Haritzerweg zwischen Glocknerhaus und Naturbrücke über die Möll 1 Ex. 7. VII. 1937; Sturmalm, unterhalb der Sturmkapelle 1 Ex. 25. VII. 1937; am Hohen Sattel 1 Ex. und an dessen S-Hang gegen die Sturmalm 1 Ex. 29. VII. 1937; im Leitertal oberhalb der Trögelalm 1 Ex. 12. VII. 1937; bei Kals und am Weg von Kals nach Wurg 3 Ex. 18. VII. 1937 und 26. VII. 1938; im unteren Teil des Dorfer Tales häufig 15. VII. 1937; am Wasserfallboden bei der Orglerhütte zahlreich 16. VII. 1939, auch nach Escherich (1888—89); noch am Moserboden 1 Ex. 17. VII. 1939; am Weg von Ferleiten auf die Walcher Hochalm und auf dieser mehrfach 9. VII. 1941; im Fuscher Tal oberhalb Ferleiten, auf den Wiesen des Talbodens einzeln 19.—21. VII. 1939; im unteren Teil des Käfertales 1 Larve 23. VII. 1939; auf den Almweiden oberhalb der Traueralm 1 Ex. 21. VII. 1939.
Im mittleren Teil des Seidelwinkeltales fand ich am 17. VIII. 1937 unter Steinen zahlreiche Puppen und sich eben verpuppende Larven; es scheint, daß die Tiere im Puppenstadium den Winter überdauern.
Die var. *nigrita* ist im Gebiete häufiger als die Stammform.
Silpha tyrolensis ist boreoalpin verbreitet und bewohnt fast die gesamten Alpen (vgl. Holdhaus und Lindroth 1939).
Die Art bewohnt im Untersuchungsgebiet wie anscheinend auch in den übrigen Teilen der Alpen ausschließlich die subalpine Waldzone und den Zwergstrauchgürtel. Sie ist vor allem für die Zwergstrauchzone charakteristisch und lebt in dieser wie unterhalb der Waldgrenze auf Wiesen und Weiden, auf denen die Larven und Imagines frei umherlaufend oder unter Steinen anzutreffen sind. In die hochalpine Grasheidenstufe scheint nur ganz selten das eine oder andere Individuum emporzusteigen, ohne daß die Art dort dauernd zu leben vermöchte. *Silpha tyrolensis* ist ein Charaktertier der üppigen Rasenflächen des Zwergstrauchgürtels.

181. — *obscura*.
Mölltal: An der Straße zwischen Söbriach und Flattach 1 Ex. 18. VI. 1942.
Gl. Gr.: An der Glocknerstraße zwischen Heiligenblut und dem Mauthaus 1 Ex. 18. VI. 1942.

182. — *granulata* Thunbg.
Pinzgau: Zell a. See (leg. Grätz).

183. *Phosphuga atrata* L.
Gl. Gr.: Wasserfallboden, in der Umgebung der Orglerhütte 1 Ex. 16. VII. 1939.
Die weitverbreitete Art dürfte in der Waldzone im Gebiete auch an anderen Stellen vorkommen.

184. *Necrophilus subterraneus* Dahl.
S. Gr.: Gamskarkogel bei Gastein (teste Horion).

185. *Choleva (Choleva) agilis* Illig.
Gl. Gr.: Dorfer Tal, unmittelbar oberhalb der Daberklamm aus Grünerlenfallaub gesiebt 1 Ex. (leg. Konneczni).

186. — *(Choleva) cistelloides* Fröl.
Gl. Gr.: Dorfer Tal, unmittelbar oberhalb der Daberklamm aus Grünerlenfallaub gesiebt 1 Ex. 15. VII. 1937.

187. — *(Choleva) bicolor* Jeann.
S. Gr.: Mallnitz (leg. Köller, teste Horion).

188. *Catops (Catops) nigrita* Er.
S. Gr.: Hüttenwinkeltal, zwischen Bodenhaus und Grieswiesalm 1 Ex. 15. VII. 1940; Krumeltal, in 2000 m Höhe aus Grünerlen- und *Rhododendron*-Fallaub gesiebt (leg. Leeder).
Gl. Gr.: Im Dorfer Tal knapp oberhalb der Daberklamm und etwas oberhalb der Waldgrenze aus Bergerlenfallaub gesiebt, je 1 Ex. 17. und 18. VII. 1939; auch von Ing. Konneczni im Dorfer Tal gesammelt; Fusch (leg. Sturany, coll. Mus. Wien); im unteren Teil des Käfertales in Grauerlenfallaub 1 Ex. 14. VII. 1940.
Die Art ist weit verbreitet und im Gebiete unter Fallaub bis in die Zwergstrauchstufe empor nicht selten.

189. — *(Catops) tristis* Panz.
S. Gr.: Hüttenwinkeltal, zwischen Bodenhaus und Grieswiesalm 1 Ex. 15. V. 1940.
Gl. Gr.: Pasterzenvorfeld, innerhalb der Moräne des Jahres 1856, am Steilhang unterhalb der Glocknerstraße an Schneckenköder 10 Ex. 8. VIII. 1937; im Dorfertal (leg. Konneczni).

Familie *Liodidae*.

190. *Hydnobius multistriatus* Gyll.
S. Gr.: Gastein (teste Horion).

191. — *punctatus* Strm.
S. Gr.: Im Kar südlich der Weißenbachscharte über dem Steilabfall zur Großen Fleiß zwischen Graswurzeln in Gesellschaft von *Liodes picea* 4 Ex. 6. VIII. 1937.
Gl. Gr.: Im Moränengelände am Hang des Hohen Sattels gegen die Pasterze 1 Ex. 28. VII. 1937; Dorf Fusch, Schneiderau und Enzingerboden (leg. Frieb, teste Horion).
Die Art ist weit verbreitet, aber nirgends häufig.

192. *Liodes (Liodes) pallens* Strm.
Gl. Gr.: Fuscher Tal oberhalb Ferleiten, am Unterlauf des Judenbaches unter einem Stein 1 Ex. 23. VII. 1939.
Die Art scheint sandigen Boden zu lieben.

193. — *(Liodes) rhaetica* Er. ab. *fracta* Seidl.
Gl. Gr.: Ein Stück mit der Patiaangabe „Großglockner" in der Sammlung des Naturhistorischen Museums in Wien (leg. Mann); ein weiteres mit der gleichen Fundortangabe in coll. Heyden im Deutschen Entom. Inst. Berlin.
Die Art dürfte, wie auch Holdhaus und Lindroth (1939) annahmen, boreoalpin verbreitet sein.

194. — *(Liodes) picea* Panz. (sensu Gglb.).
S. Gr.: Im obersten Teil des Seidelwinkeltales an der unteren Grenze der alpinen Grasheidenzone 1 Ex. 17. VII. 1937; im Kar südlich der Weißenbachscharte unmittelbar über der Großen Fleiß aus Graswurzeln gemeinsam mit *Hydnobius punctatus* gesiebt 5 Ex. 6. VIII. 1937; Rauris und Böckstein (teste Horion).
Gl. Gr.: Grashänge über der Glocknerstraße unweit des Glocknerhauses, in etwa 2200 m Höhe aus Graswurzeln im Festucetum durae gesiebt 1 Ex. 22. VII. 1938; im unteren Teil des Dorfer Tales unter einem Stein 1 Ex. 15. VII. 1937.
Über Nord- und Mitteleuropa verbreitet, steigt im Gebiete wie auch an anderen Stellen der Alpen bis in die hochalpine Grasheidezone empor und lebt dort zwischen Graswurzeln, wahrscheinlich von Pilzmyzel.

195. — *(Oreosphaerula) nitidula* Er.
S. Gr.: Naßfeld bei Gastein in 1700 m Höhe und Kolm Saigurn in 1800 m Höhe (leg. Leeder); Rauris und Gastein (teste Horion).
Gl. Gr.: Kapruner Tal, unmittelbar beim Kesselfall 2 Ex. und im Mischwald über demselben 3 Ex. aus Fallaub gesiebt 14. VII. 1939; Hirzbachtal, in 1400 m Höhe aus tiefen Buchenfallaublagen gesiebt 1 Ex. 8. VII. 1941; im Fuscher Tal am Unterlauf des Judenbaches unter einem Stein 1 Ex. 23. VII. 1939; beim Gasthof Schneiderau (Stubach) aus Fallaub und Moos unter einem alten Bergahorn gesiebt 1 Ex. 25. VII. 1940.
In den Ostalpen weiter verbreitet, steigt nach Ganglbauer (1894 ff.) bis in die alpine Region empor.

196. *Colenis immunda* Strm.
Mölltal, am S-Hang über der Straße zwischen Söbriach und Flattach gesiebt 1 Ex. 18. VI. 1942.

197. *Agathidium (Agathidium) atrum* Payk.
Gl. Gr.: Kapruner Tal, im Mischwald am Hang über dem Kesselfall 2 Ex. in tiefen Fallaublagen 14. VII. 1939.

198. — *(Agathidium) laevigatum* Er.
Gl. Gr.: Mit dem vorigen 3 Ex. 14. VII. 1939.
Auch im mittleren Mölltal zwischen Söbriach und Flattach unter Haselaub 1 Ex. 18. VI. 1942.

199. — *(Agathidium) dentatum* Muls.
S. Gr.: Kleine Fleiß, oberhalb des Alten Pocher aus Grünerlenfallaub gesiebt 3 Ex. 30. VII. 1937.
Gl. Gr.: Dorfer Tal, unmittelbar oberhalb der Daberklamm aus Grünerlenfallaub gesiebt 1 Ex. 18. VII. 1937.
Die Art lebt in Fallaub, besonders in Grünerlenbeständen.

200. — *(Agathidium) badium* Er.
Mölltal: Am N-Hang gegenüber Flattach aus Moos an Baumstrünken gesiebt 1 Ex. 14. VI. 1942.

201. — *(Neoceble) marginatum* Strm.
Gl. Gr.: Albitzen-SW-Hang, im Moos an einem Quellriesel in 2400 m Höhe unweit der Alm 1 ♀ 17. VII. 1940.
Weit verbreitete Art, die gewöhnlich nicht in so bedeutenden Höhen gefunden wird.

202. — *(Neoceble) varians* Beck.
Gl. Gr.: Grashang oberhalb der Glocknerstraße zwischen Marienhöhe und Glocknerhaus, in 2200 m Höhe aus *Festuca*-Rasen gesiebt 1 Ex. 29. VII. 1937; im Ködnitztal an der Waldgrenze aus Fallaub gesiebt 1 Ex. 14. VII. 1937.
Die Art besitzt eine weite Verbreitung.

203. — *(Saccoceble) arcticum* Thoms (= *rhinoceros* Sharp.).
S. Gr.: In der Umgebung von Gastein (leg. Skalitzky, Ganglbauer 1894 ff.); am Graukogel bei Gastein (leg. Frieb, coll. Mus. Wien); Anlauftal, in 1300 m Höhe (leg. Leeder).
Gl. Gr.: Guttal oberhalb der Ankehre der Glocknerstraße, 1 ♂ im Grünerlenfallaub 22. VIII. 1937.
Die Art ist boreoalpin verbreitet (vgl. Holdhaus und Lindroth 1939), sie steigt in den Alpen bis zur Waldgrenze empor und lebt unter Fallaub, im Moos und unter morscher Fichtenrinde wahrscheinlich von den an solchen Stellen wachsenden Pilzen.

204. *Calyptomerus alpestris* Redtb.
S. Gr.: Graukogel bei Gastein (teste Horion).

Familie *Clambidae*.

205. *Clambus armadillo* De G.
Gl. Gr.: Fuscher Tal unterhalb Dorf Fusch, in der Grauerlenau am Wachtbergbach in Fallaub 1 Ex. 23. V. 1941.
Pinzgau: Taxingbauer in Haid bei Zell am See, im Wiesenboden 18 Ex. 13. VII. 1939.
Weitverbreitete Art, die ich jedoch im Untersuchungsgebiete nur in den tiefsten Tallagen aufzufinden vermochte.

Familie *Scydmaenidae*.

206. *Cephennium (Cephennium) carnicum* Rtt.
Gl. Gr.: Heiligenblut, am SW-Hang über dem Ort in Fallaub unter *Corylus* 1 Ex. 18. VI. 1942.
Das Vorkommen dieser bisher nur aus mehr peripheren Teilen der Ostalpen bekannten Art in unmittelbarer Nähe des Alpenhauptkammes und inmitten eines eiszeitlich so intensiv vergletscherten Gebietes ist sehr bemerkenswert.

207. — *(Cephennium) majus austriacum* Rtt.
Mölltal: Am N-Hang gegenüber Flattach, unmittelbar über dem Talboden, im Moosgesiebe vom Waldboden und von morschen Fichtenstrünken 2 Ex. 18. VI. 1942.
Auch dieser Fund ist tiergeographisch interessant.

208. *Neuraphes (Neuraphes) elongatulus* Müll.
Mölltal: S-Hang oberhalb der Straße zwischen Söbriach und Flattach, in Fallaub unter *Corylus* 1 Ex. 18. VI. 1942.

209. — *(Pararaphes) coronatus* Shlbg.
S. Gr.: Kleine Fleiß, oberhalb des Alten Pocher aus Grünerlenfallaub gesiebt 3 Ex. 30. VI. und 3. VII. 1937.
Gl. Gr.: Im Ködnitztal an der Waldgrenze in etwa 2000 *m* Höhe aus Fallaub gesiebt 3 Ex. 14. VII. 1937; im Geniste des Dorfer Sees nach starken Niederschlägen (leg. Konneczni); im Grauerlenbestand in den tieferen Lagen des Käfertales aus Fallaub gesiebt 1 Ex. 14. V. 1940.
Schobergr.: Im Gößnitztal, bei der Bretterbruck aus Grünerlenfallaub gesiebt 3 Ex. 9. VII. 1937.
Die Art ist boreoalpin verbreitet (vgl. Holdhaus und Lindroth 1939) und in den Alpen an zahlreichen Stellen gefunden worden. Sie lebt im Bestandesabfall der subalpinen Wälder, anscheinend besonders gern in Grünerlenfallaub.

210.— *(Pararaphes) Schwarzenbergi* Blattny.
Gl. Gr.: Kapruner Tal, im Mischwald am orographisch rechten Hang unmittelbar über dem Kesselfall aus tiefen Fallaublagen gesiebt 1 ♂ 14. VII. 1939. Der Fundort liegt ungefähr 1150 *m* hoch. Das Stück wurde von Holdhaus bestimmt.
Die äußerst seltene Art wurde aus Böhmen beschrieben und von M. Beier und mir auch auf Sumpfwiesen bei Moosbrunn südlich von Wien gesammelt (det. Machulka). Ihr Vorkommen in den Hohen Tauern, mitten in einem infolge intensiver eiszeitlicher Vergletscherung an wenig agilen, terrikolen Kleintieren sehr armen Gebiete, ist sehr überraschend. Vermutlich wird bei eingehenderer Erforschung der tieferen Waldlagen der Nordalpen das verborgen lebende Tier noch an zahlreichen anderen Punkten des Alpenzuges nachgewiesen werden können.

211. *Stenichnus (Scyrtoscydmus) scutellaris* Müll.
Gl. Gr.: Steppenwiesen am Haritzerweg oberhalb Heiligenblut, aus Graswurzeln gesiebt 1 Ex. 15. VII. 1940.
Weitverbreitete und häufige Art.

212. — *(Scyrtoscydmus) collaris* Müll.
Mölltal: S-Hang über der Straße zwischen Söbriach und Flattach in Fallaub unter *Corylus* 1 Ex. 18. VI. 1942.
S. Gr.: Beim Fleißgasthof an faulenden Pilzen 1 Ex. 8. VIII. 1937.
Gl. Gr.: Beim Gasthof Schneiderau aus Fallaub und Moos unter einem alten Bergahorn gesiebt 1 Ex. 25. VII. 1939; im Käfertal, im Moos an den obersten Bergahornen 1 Ex. 23. VII. 1939 und Fallaub unter den Grauerlen im tieferen Teil des Tales 2 Ex. 14. V. 1940.
Weitverbreitete Art, die im Gebiete nur die tieferen Lagen besiedelt haben dürfte.

213. *Euconnus (Cladoconnus) denticornis* Müll.
S. Gr.: Im Naßfeld bei Gastein und im Krumeltal (leg. Leeder).
Über Nord- und Mitteleuropa verbreitet, im Süden vorwiegend im Gebirge.

214. — *(Cladoconnus) Motschulskyi* Strm.[1]
Mölltal: N-Hang gegenüber von Flattach unmittelbar über dem Talboden aus Moos am Waldboden und an Baumstrünken gesiebt 1 ♂ 18. VI. 1942.
Die Art ist in den Alpen weit verbreitet, scheint aber auf das ozeanische Alpenrandgebiet beschränkt zu sein und im Gebiete die Mischwaldstufe nicht zu überschreiten.

215. — *(Cladoconnus) carinthiacus* Gglb.
S. Gr.: Krumeltal (leg. Leeder); in der Kleinen Fleiß oberhalb des Alten Pocher aus Grünerlenfallaub gesiebt 1 Ex. 30. VI. 1937; Stanziwurten, in der Zwergstrauchstufe am W-Hang in 2300 *m* Höhe aus *Rhododendron*-Fallaub gesiebt 1 Ex. 2. VII. 1937.
Gl. Gr.: Guttal, unterhalb der neuen Glocknerstraße aus Fallaub gesiebt 1 Ex. 22. VIII. 1937; unterhalb des Glocknerhauses, am Hang gegen die Möllschlucht, außerhalb der rezenten Moränen aus Graswurzeln gesiebt 1 Ex. 29. VII. 1937; Sturmalm, wenig unterhalb der Sturmkapelle im Festucetum durae aus Pflanzenwurzeln gesiebt 4 Ex. 25. VII. 1937.
Schobergr.: Gößnitztal, bei der Bretterbruck aus Grünerlenfallaub gesiebt 4 Ex. 9. VII. 1937.
In den Ostalpen weit verbreitet, lebt subalpin und in der Zwergstrauchstufe unter Fallaub und zwischen Graswurzeln.

---

[1] Nach Redaktionsschluß wurde noch *Euconnus oblongus* Strm. im Hirzbachtal 1400 *m* bei Dorf Fusch nachgewiesen.

216. *Euconnus (Microscymus) nanus* Schaum.
   Gl. Gr.: Im Kapruner Tal, im Mischwald am Hang unmittelbar über dem Kesselfall aus tiefen Fallaublagen gesiebt 1 Ex. 14. VII. 1939.
   Weitverbreitete, aber seltene Art.
217. — *(Tetramelus) pubicollis* Müll.
   Gl. Gr.: Im Dorfer Tal (leg. Konneczni).
218. — *(Tetramelus) styriacus* Grimm.
   Mölltal: N-Hang gegenüber Flattach, aus Moos am Waldboden und an Baumstrünken gesiebt 4 Ex. 18. VI. 1942.
   Gl. Gr.: Kapruner Tal, im Mischwald am Hang unmittelbar oberhalb des Kesselfalles aus tiefen Laublagen gesiebt 2 Ex. 14. VII. 1939.
   In den Alpen weit verbreitet, scheint aber nur im Gebirge zu leben.

Familie *Orthoperidae*.

219. *Orthoperus punctatus* Wank.
   Gr. Gr.: Dorfer Öd (Stubach), aus Grünerlenfallaub oberhalb der Alm in etwa 1300 *m* Höhe gesiebt 1 Ex. 25. VII. 1939.

Familie *Ptiliidae*.

220. *Ptiliolum (Nanoptilium) Kunzei* Heer.
   Pinzgau: Beim Taxingbauer in Haid bei Zell am See, in der obersten Schicht des Bodens einer Kunstwiese 1 Ex. 13. VII. 1939.
   Sehr weit verbreitet, lebt in faulenden Vegetabilien und im Dünger.
221. — *(Ptiliolum) fuscum* Er.
   Gl. Gr.: Schneiderau (Stubach), im Moos und Fallaub unter einem alten Bergahorn in der Nähe des Gasthofes 12 Ex. 25. VII. 1939.
   Pinzgau: Taxingbauer in Haid bei Zell am See, in Wiesenboden 1 Ex. 13. VII. 1939.
   Weit verbreitet, lebt in faulenden vegetabilischen Stoffen.
222. *Acrotrichis (Acrotrichis) intermedia* Gillm.
   Gl. Gr.: Kapruner Tal, im Mischwald am Hang unmittelbar oberhalb des Kesselfalles aus tiefen Fallaublagen gesiebt 14 Ex. 14. VII. 1939; Hirzbachtal, in etwa 1400 *m* Höhe aus Buchenfallaub gesiebt 1 Ex. 8. VII. 1941.
   Gr. Gr.: Dorfer Öd (Stubach), aus Grünerlenfallaub in der Nähe der Alm in 1300 *m* Höhe gesiebt 5 Ex. 25. VII. 1939.
   Pinzgau: Taxingbauer in Haid bei Zell am See, im Wiesenboden 1 Ex. 13. VII. 1939.
   Sehr weit verbreitete Art.
223. — *(Acrotrichis) fascicularis* Hbst.
   S. Gr.: Beim Fleißgasthof in faulenden Pilzen 3 Ex. 7. VIII. 1937.
   Weit verbreitet, lebt in Dünger und faulenden organischen Stoffen.
224. — *(Acrotrichis) sericans* Heer.
   Gl. Gr.: Piffkaralm, oberhalb der Glocknerstraße in 1630 *m* Höhe aus Moos und Humus an einem alten Bergahorn gesiebt 1 Ex. 15. VII. 1940.
   Die Art ist gleichfalls weit verbreitet und lebt wie die vorgenannten.

Familie *Scaphidiidae*.

225. *Scaphidium quadrimaculatum* Ol.
   Von Pacher (1853) einmal bei Sagritz gesammelt.
   Die Art scheint nur der Mischwaldfauna anzugehören.

Familie *Staphylinidae*.

226. *Micropeplus staphylinoides* Marsh.
   Gr. Gr.: In den Heuabfällen um eine alte Heuhütte im oberen Amertal, zirka 1600 *m*, 7 Ex. 4. VIII. 1935 (leg. Scheerpeltz).
227. — *fulvus* Er.
   Gr. Gr.: Mit der vorgenannten Art 2 Ex. (leg. Scheerpeltz).
228. — *porcatus* Fbr.
   Gl. Gr.: Wasserfallboden, oberhalb der Orglerhütte am Weg im Fluge gefangen 1 Ex. 26. VII. 1934 (leg. Scheerpeltz).
229. *Phloeocharis subtilissima* Mannh.
   Gr. Gr.: Felbertal, unter der Rinde altgefällter Kiefern 3 Ex. 2. VIII. 1934 (leg. Scheerpeltz).
   Weit verbreitet, lebt unter der trockenen Rinde von Nadelhölzern, namentlich von *Pinus silvestris*.
230. *Phloeobium clypeatum* Müll.
   Pinzgau: In der Felberbachau bei Felben, in Fallaub von *Alnus incana* 2 Ex. 16. VII. 1934 (leg. Scheerpeltz).
   Die Art lebt unter Fallaub, Moos und Baumrinden.
231. *Megarthrus sinuaticollis* Lac.
   Gl. Gr.: Kapruner Tal, im Moos und Baummulm an alten Bergahornstämmen oberhalb des Kesselfalles in 1300 *m* Höhe 3 Ex. 5. VIII. 1936 (leg. Scheerpeltz).
   Weit verbreitet, scheint wie alle Arten der Gattung von sich zersetzenden pflanzlichen Stoffen zu leben.

232. *Megarthrus Franzi* nov. spec. Scheerpeltz i. l.
S. Gr.: Beim Fleißgasthof in faulenden Pilzen, die in größerer Menge als Köder an der Gartenmauer ausgelegt waren, 6 Ex. 7. VIII. 1937.

233. — *denticollis* Beck.
S. Gr.: Hüttenwinkeltal zwischen Bucheben und Bodenhaus 1 Ex. 15. VII. 1940; beim Fleißgasthof an faulenden Pilzen 1 Ex. 7. VIII. 1937.
Weit verbreitet, lebt in sich zersetzenden organischen Stoffen.

234. — *nitidulus* Kr.
S. Gr.: Gastein (leg. Leeder, teste Horion).
Bei der Pembachalm über dem Felbertal in 1700 m Höhe in halbtrockenen, verpilzten Kuhfladen 1 Ex. 15. VII. 1935 (leg. Scheerpeltz).

235. *Proteinus ovalis* Steph.
S. Gr.: Hofgastein (leg. Leeder, teste Horion).

236. — *brachypterus* Fbr.
S. Gr.: Beim Fleißgasthof an faulenden Pilzen 1 Ex. 7. VIII. 1937.
Gl. Gr.: Stubachtal, am Weg zwischen Enzingerboden und Grünsee an faulenden Pilzen 11 Ex. 25. VII. 1935 (leg. Scheerpeltz); Käfertal, aus Moos an den Stämmen der obersten Bergahorne gesiebt 2 Ex. 23. VII. 1939.
Weitverbreitete Art, die meist an faulenden Vegetabilien gefunden wird.

237. — *macropterus* Gyllh.
Gl. Gr.: Dorfer Tal, knapp oberhalb der Daberklamm aus Grünerlenfallaub gesiebt 5 Ex. 18. VII. 1937.
Gr. Gr.: Amertaler Öd, in als Köder ausgelegten alten Pilzen in zirka 1600 m Höhe 5 Ex. 4. VIII. 1935 (leg. Scheerpeltz); Wiegenwald (Stubach), an Fuchsexkrementen in 1650 bis 1700 m Höhe 1 Ex. 10. VII. 1939.
Weit verbreitet und wie die vorgenannte Art an faulenden organischen Stoffen lebend.

238. — *atomarius* Er.
Gr. Gr.: Amertaler Öd, an Pilzköder in etwa 1600 m Höhe 2 Ex. 4. VIII. 1935 (leg. Scheerpeltz).
Weit verbreitet, aber nicht häufig; lebt wie die anderen Vertreter der Gattung an sich zersetzenden organischen Stoffen.

239. *Anthobium (Anthobium) anale* Er.
S. Gr.: Sonnige Wiesen unterhalb der Fleißkehre der Glocknerstraße 4 Ex. 1. VII. 1937; Kleine Fleiß, in etwa 1700 m Höhe 4 Ex. 30. VI. 1937 auf blühendem *Rhododendron* und anderen Blüten; am Weg von der Fleißkehre in die Große Fleiß 2 Ex. 18. VII. 1938.
Gl. Gr.: Steppenwiesen entlang des Haritzerweges oberhalb Heiligenblut, in etwa 1400 m Höhe 1 Ex. 15. VII. 1940; Wasserrad-SW-Hang, im Elynetum an der oberen Grasheidenzone in 2500 m Höhe 4 Ex. auf Blüten 17. VII. 1940; Albitzen-SW-Hang, in 2200 bis 2300 m Höhe 1 Ex. 8. VIII. 1937, 7 Ex. 17. VII. 1940; Sturmalm, knapp unterhalb der Sturmkapelle im Festucetum durae 1 Ex. 25. VII. 1937; S-Hang der Margaritze 1 Ex. 7. VII. 1937; Wienerweg von der Stockerscharte zur neuen Salmhütte 2 Ex. 10. VIII. 1937; Dorfer Tal, in der Umgebung des Dorfer Sees 1 Ex. 15. VII. 1937; Teischnitztal, an der Krummholzgrenze 2 Ex. 26. VII. 1938; Schafbühel bei der Rudolfshütte 2300 m 3 Ex. August 1934 (leg. Scheerpeltz); Fuscher Tal, knapp oberhalb Ferleiten 1 Ex. 14. VII. 1940; Piffkaralm, knapp oberhalb der Glocknerstraße in 1630 m Höhe 1 Ex. 15. VII. 1940; Rhodoretum oberhalb der Trauneralm 1 Ex. 17. VII. 1939; Edelweißwand an der Glocknerstraße 1 Ex. 15. VII. 1940.
Gr. Gr.: Felbertal, oberhalb des Hintersees in 2100 m Höhe zahlreich auf *Rhododendron* 14. VII. 1935; Amertaler See in 2200 m Höhe 9 Ex. 4. VIII. 1935 (beide leg. Scheerpeltz).
In den Alpen weit verbreitet und wohl überall in den mittleren Hohen Tauern auf Blüten von der subalpinen Stufe aufwärts bis zur oberen Grasheidenzone zu finden.

240. — *(Anthobium) alpinum* Heer.
S. Gr.: Im Sonnblickgebiet in Blüten von *Soldanella alpina* und *Ranunculus alpestris* (leg. Leeder); beim Fleißgasthof auf Wiesen Juli 1937; in der Kleinen Fleiß im Rhodoretum unterhalb und auf den sonnigen Wiesen oberhalb des Alten Pocher 6 Ex. 30. VII. 1937.
Gl. Gr.: Guttal, Wiesen oberhalb der Ankehre der Glocknerstraße 2 Ex. 15. VII. 1940 und 1 Ex. 11. VII. 1941; Wasserrad-SW-Hang, in 2500 m Höhe an der Rasengrenze 2 Ex. 17. VII. 1940; Sturmalm, unterhalb der Sturmkapelle im Festucetum durae 3 Ex. 25. VII. 1937; Pasterzenvorfeld zwischen Glocknerstraße und Möllschlucht, innerhalb der Moräne des Jahres 1856 4 Ex. 29. VII. 1937 und 1 Ex. am Haritzerweg 7. VII. 1937; S-Hang der Margaritze 2 Ex. 7. VII. 1937; S-Hang des Elisabethfelsens 4 Ex. 7. VII. 1937 und 23. VII. 1938; auf dem begrünten Teil der Pasterzenmoräne unterhalb der Hofmannshütte in der Gamsgrube 1 Ex. in 2350 bis 2400 m Höhe 29. VII. 1938; Dorfer Tal, zwischen Daberklamm und Dorfer See 5 Ex. 15. und 17. VII. 1937; in der Umgebung der Rudolfshütte im Caricetum curvulae 1 Ex. 16. VII. 1937; Schafbühel bei der Rudolfshütte 2300 m 6 Ex. August 1934 (leg. Scheerpeltz); am Weg von der Rudolfshütte zum Tauernmoossee 1 Ex. 16. VII. 1937; am Weg vom Moserboden zur Schwaigerhütte in 2100 bis 2300 m Höhe 11 Ex. 16. VII. 1939; Walcher Hochalm, von 1800 m aufwärts bis fast zur oberen Grasheidengrenze (2500 m) sehr zahlreich 9. VII. 1941; Fuscher Tal, Wiesen bei der Vogerlalm in 1200 m Höhe 1 Ex. 21. VII. 1939; an der Glocknerstraße zwischen Piffkaralm und Hochmais in etwa 1750 m Höhe 4 Ex. 15. VII. 1940; oberhalb des Oberen Pfandlbodens am Weg zur Unteren Pfandlscharte 1 Ex. 18. VII. 1940; an den Hängen des Brennkogels zwischen Fuscher Törl und Mittertörl zahlreich 14. VII. 1934 und einzeln 20. VII. 1934 (leg. Scheerpeltz).
Gr. Gr.: Am Weg vom Kalser Tauernhaus auf den Spinevitrolkopf 4 Ex. 19. VII. 1937.
Schobergr.: Gößnitztal, in der Umgebung der Bretterbruck 2 Ex. 9. VII. 1937.
Montane Art, die in den Alpen eine weite Verbreitung hat. Im Untersuchungsgebiet wie *A. anale* allgemein verbreitet, steigt jedoch anscheinend nicht ganz bis zur oberen Grasheidengrenze empor.

241. *Anthobium (Anthobium) palligerum* Ksw.
S. Gr.: Im Seidelwinkeltal beim Tauernhaus (loc. typ., Märkel und v. Kiesenwetter 1848); Gastein (coll. Mus. Wien).
Gl. Gr.: An der Glocknerstraße zwischen Piffkaralm und Hochmais in 1750 m Höhe 3 ♂, 4 ♀ 15. VII. 1940.
Die Art ist über Teile der Ostalpen und Dinariden verbreitet, tiergeographisch jedoch noch nicht ausreichend erforscht; im Untersuchungsgebiet scheint sie keineswegs überall vorzukommen.

242. — *(Anthobium) longipenne* Er.
Gl. Gr.: Eingang ins Hirzbachtal, unweit des Hirzbachwasserfalles 2 Ex. 8. VII. 1941.

243. — *(Anthobium) sparsum* Fauv.
Gl. Gr.: Käfertal, im Fallaub und im krautigen Unterwuchs unter *Alnus incana* in etwa 1400 m Höhe 1 Ex. 23. VII. 1939.
Eine aus den Westalpen beschriebene Art, die im Gebiete selten zu sein scheint und vielleicht sogar hier die Ostgrenze ihrer Verbreitung erreicht.

244. — *(Anthobium) stramineum* Kr. .
S. Gr.: Kleine Fleiß, im Rhodoretum unterhalb des Alten Pocher 1 Ex. 30. VI. 1937.
Gl. Gr.: An der Glocknerstraße zwischen Piffkaralm und Hochmais in 1750 m Höhe 1 ♂ 15. VII. 1940.
Die Art ist über die Alpen und deutschen Mittelgebirge verbreitet und im Untersuchungsgebiet nicht häufig.

245. — *(Anthobium) pallens* Heer (= *puberulum* Ksw.).
S. Gr.: Hofgastein (leg. Frieb, teste Horion); auf dem Wege von Bucheben über die Höhen nach Gastein (loc. typ. des *A. puberulum*, Märkel und v. Kiesenwetter 1848); sonnige Wiesen unterhalb der Fleißkehre der Glocknerstraße 13 Ex. 1. VII. 1937; Mallnitzer Tauerntal, beim Gasthof Gutenbrunn 5 Ex. 5. IX. 1941 und am Weg von da in die Woisken subalpin 4 Ex. 5. IX. 1941.
Gl. Gr.: Unterer Teil des Dorfer Tales 5 Ex. 15. VII. 1937; Kapruner Tal, oberhalb des Kesselfalles 1 Ex. 14. VII. 1939; Fusch und Ferleiten (leg. Sturany, coll. Mus. Wien); Eingang ins Hirzbachtal 4 Ex. 8. VII. 1941; Weg von Ferleiten zur Walcher Hochalm, bis 1800 m Höhe 9. VII. 1941.
Gr. Gr.: Felbertal, am Weg vom Hintersee gegen den Felber Tauern 1 Ex. 14. VII. 1935 (leg. Scheerpeltz); Stubachtal (leg. Frieb, teste Horion).
Die Art ist in den Alpen und Sudeten verbreitet, sie scheint im Gebiete die Zwergstrauchstufe nicht zu überschreiten.

246. — *(Eusphalerum) ophthalmicum* Payk.
Gl. Gr.: Ferleiten (leg. Petz).
Gr. Gr.: Amertaler Öd, in etwa 1600 m Höhe auf Umbelliferenblüten 2 Ex. 4. VIII. 1935 (leg. Scheerpeltz); Windisch-Matrei, auf den Steppenwiesen beim Lublas über der Proseckklamm 1 Ex. 3. IX. 1941.
Nach Scheerpeltz i. l. im ganzen Gebiet in den Tälern auf Blüten, in günstigen Lagen bis 1600 m emporsteigend, im Habachtal einmal sogar in 1900 m in den Blüten einer kleinen *Potentilla*.

247. — *(Eusphalerum) rectangulum* Fauv.
Gr. Gr.: Felbertal bei Mittersill, auf blühendem *Viburnum* 1 Ex. 16. VII. 1934 (leg. Scheerpeltz).
In den mitteleuropäischen Gebirgen weit verbreitet, auch im Apennin gefunden, im Untersuchungsgebiet aber jedenfalls selten.

248. — *(Eusphalerum) Marshami* Fauv.
Gl. Gr.: Fuscher Tal unterhalb Dorf Fusch, auf verschiedenen Blüten 7 Ex. 23. V. 1941; am Weg von Ferleiten zur Walcher Hochalm 1 Ex. 9. VII. 1941.
Gr. Gr.: Felbertal bei Mittersill, auf verschiedenen Blüten zahlreich 16. VII. 1934 (leg. Scheerpeltz).
Die Art ist im Gebiete jedenfalls weiter verbreitet, aber wohl nur in den tieferen Lagen heimisch.

249. — *(Eusphalerum) limbatum* Er.
S. Gr.: Hüttenwinkeltal, auf den Almmatten zwischen Bodenhaus und Grieswiesalm zahlreich in den Blüten von *Primula elatior* 15. V. 1940.
Gl. Gr.: Fuscher Tal, am Weg zur Traueralm in 1500 m Höhe zahlreich auf Weiden und Erlen, auf diesen wohl nur, weil *Primula elatior* noch nicht blühte 23. V. 1941.
Montane Art, die entsprechend der Blütezeit von *Primula elatior*, auf welcher Pflanze sie vorwiegend, wenn nicht ausschließlich zu leben scheint, der Frühlingsfauna angehört.

250. — *(Eusphalerum) signatum* Maerk.
Gr. Gr.: Felbertal bei Mittersill, 1 Ex. 16. VII. 1934.
Diese in Mitteleuropa weiter verbreitete Art scheint im Gebiete nur die tieferen Tallagen zu bewohnen.

251. — *(Eusphalerum) minutum* Fbr.
Gl. Gr.: Fuscher Tal unterhalb Dorf Fusch, an der Glocknerstraße in den Wiesen zahlreich 23. V. 1941.

252. — *(Eusphalerum) robustum* Heer.
S. Gr.: Krumeltal, in 2000 m Höhe in den Blüten von *Primula glutinosa* (leg. Leeder).
Die Art ist in den Alpen weit verbreitet und in den Blüten verschiedener *Primula*-Arten beobachtet worden. Sie dürfte im Gebiete eine weitere Verbreitung besitzen.

253. *Acrolocha striata* Grav.
Gl. Gr.: Im Moos und Baummulm der alten Moosdecke an Ahornstämmen oberhalb des Kesselfalles im Kapruner Tal in etwa 1300 m Höhe 1 Ex. 5. VIII. 1936 (leg. Scheerpeltz).
Weitverbreitete Art, die in sich zersetzenden organischen Stoffen lebt.

254. *Acrulia inflata* Gyll.
S. Gr.: Umgebung von Rauris (leg. Konneczni); Badgastein (leg. Frieb, teste Horion).
Gr. Gr.: Schneiderau und Enzingerboden (leg. Frieb, teste Horion).

255. *Phyllodrepa (Phyllodrepa) floralis* Payk.
Gl. Gr.: Kapruner Tal, mit der vorgenannten Art 2 Ex. (leg. Scheerpeltz).
Weitverbreitete Art, die im Gebiete jedoch nicht häufig zu sein scheint.

256. *Phyllodrepa (Dropephylla) ioptera* Steph.
    Gr. Gr.: Amertaler Öd, in den Heuabfällen um eine alte Heuhütte in etwa 1600 m Höhe 1 Ex. 4. VIII. 1935.
257. *Omalium (Omalium) rivulare* Payk.
    S. Gr.: In der Umgebung des Fleißgasthofes 1 Ex. 1. VII. 1937; beim Fleißgasthof in faulenden Pilzen 1 Ex. 7. VIII. 1937.
    Gl. Gr.: Eingang in das Hirzbachtal 2 Ex. 8. VII. 1941.
    Die weitverbreitete Art wurde auch von Scheerpeltz (i. l.) in den nördlichen Tauerntälern wiederholt im Gesiebe erbeutet und bewohnt jedenfalls alle Tauerntäler.
258. — *(Omalium) brevicolle* Thoms.
    S. Gr.: Im Wald beim Gasthof „Grüner Baum" im Kötschachtal an Aas (Bernhauer i. l.).
    Die Art scheint boreoalpin verbreitet zu sein. Horion (i. l.) gibt folgende Verbreitung an: Schottland, Nordengland, Skandinavien mit Ausnahme des Südens, Lappland, Finnland, Nordrußland, Sibirien, Ostalpen (Graubünden, Pragsertal und Gastein).
259. — *(Omalium) laticolle* Kr.
    S. Gr.: „Unter Bibernell in der Wasserfallschlucht bei Gastein" (Bernhauer i. l.).
    Eine vorwiegend nordische Art. Horion (i. l.) gibt folgende Verbreitung an: Skandinavien und Finnland, Insel Seeland, Rußland (Jaroslaw), Frankreich (Dep. Tarn), Thüringerwald, Rhön, Vogesen, Zugspitzengebiet, Hohe Tauern, Paltental.
260. — *(Omalium) funebre* Fauv.
    S. Gr.: Beim Gasthof „Grüner Baum" im Kötschachtal bei Gastein an Aas (Bernhauer i. l.); Oberstes Anlauftal, an Schneckenköder (leg. Frieb, teste Horion); beim Fleißgasthof an faulenden Pilzen 4 Ex. 7. VIII. 1937.
    Die Art ist aus den Pyrenäen, Ostalpen, Transsylvanischen Alpen und dem Balkan bekannt, sie wurde auch auf Almen gekätschert und aus altem Heu gesiebt.
261. — *(Omalium) ferrugineum* Kr.
    S. Gr.: Naßfeld bei Gastein, aus Grünerlenfallaub gesiebt (coll. Minarz); Naßfeld bei Gastein, in 1750 m Höhe (leg. Leeder); Umgebung von Rauris (leg. Konneczni); Krumeltal, in 1900 m Höhe (leg. Leeder); Kleine Fleiß, oberhalb des Alten Pocher aus Grünerlenfallaub gesiebt 18 Ex. 30. VI. 1937.
    Gl. Gr.: Dorfer Tal, knapp oberhalb des Daberklamm aus Grünerlenfallaub gesiebt 3 Ex. 18. VII. 1937; Dorfer Tal, knapp über der Waldgrenze beiderseits des Talbodens aus Grünerlenfallaub gesiebt 12 Ex. 17. VII. 1937; im Detritus des Dorfer Sees nach einem schweren Gewitter 1 Ex. 15. VII. 1937.
    In den europäischen Gebirgen weit verbreitet, im Gebiete subalpin in Fallaub, besonders im Alnetum viridis an einzelnen Stellen recht häufig; wurde in den Alpen einzeln auch hochalpin unter Steinen gefunden.
262. — *(Omalium) caesum* Grav.
    S. Gr.: Am Tauernhauptkamm zwischen Hochtor, Roßschartenkopf und Weißenbachscharte unter einem Stein 1 Ex. 6. VIII. 1937; Kleine Fleiß, oberhalb des Alten Pocher aus Fallaub unter Grünerlen gesiebt 4 Ex. 30. VI. und 3. VII. 1937; im Lärchenwald oberhalb des Fleißgasthofes in der Nadelstreu 3 Ex. 9. VII. 1937.
    Gl. Gr.: Am Weg vom Glocknerhaus zur Pfandlscharte am Schneerand in 2350 m Höhe 2 Ex. 17. VII. 1938; Langer Trog im obersten Ködnitztal 2 Ex. 14. VII. 1937; Dorfer Tal, an der Waldgrenze aus Grünerlenfallaub gesiebt 1 Ex. 17. VII. 1937; am Weg vom Bergertörl zur Mödlspitze (Stüdlweg) hochalpin unter Steinen 2 Ex. 11. VIII. 1937.
    Gr. Gr.: Muntanitz-SO-Seite 1 Ex. 20. VII. 1937; Wiegenwald-N-Hang (Stubach), in morschen, moosbewachsenen Lärchenstämmen 1 Ex. 10. VII. 1939.
    Diese in der Ebene und im Gebirge weitverbreitete und allenthalben sehr häufige Art steigt im Gebiete bis in die hochalpine Grasheidenstufe empor.
263. — *(Omalium) excavatum* Steph.
    Gl. Gr.: Wasserrad-SW-Hang, an der oberen Rasengrenze in 2500 m Höhe im Elynetum aus Graswurzeln gesiebt 1 Ex. 17. VII. 1940; Ködnitztal, an der Waldgrenze in 2000 m Höhe aus Fallaub gesiebt 3 Ex. 14. VII. 1937; Dorfer Tal, knapp oberhalb der Daberklamm aus Grünerlenfallaub gesiebt 6 Ex. 15. VII. 1937; Fuscher Tal oberhalb Ferleiten, aus schimmeligem Heu am Boden einer Heuhütte gesiebt 2 Ex. 14. V. 1940.
    Gr. Gr.: Amertaler Öd, in Heuabfällen unter einer alten Heuhütte in 1600 m 2 Ex. 4. VIII. 1935 (leg. Scheerpeltz).
    Weit verbreitet, aber zumeist selten. Die Art scheint im Gebiete in subalpinen Lagen in der Laubstreu stellenweise häufig zu sein, findet sich einzelnen aber auch noch zwischen Graswurzeln in der hochalpinen Grasheidenstufe bis an deren obere Grenze.
264. *Phloeonomus (Phloeonomus) pusillus* Gravh.
    Gr. Gr.: Felbertal bei Mittersill, unter der Rinde altgefällter Kiefern 5 Ex. 2. VIII. 1934 (leg. Scheerpeltz).
    Sehr weit verbreitete Art, die vorwiegend unter Nadelholzrinde lebt.
265. *Xylodromus depressus* Gravh.
    Gr. Gr.: Amertaler Öd, in den Heuabfällen um eine alte Heuhütte in etwa 1600 m 2 Ex. 4. VIII. 1935 (leg. Scheerpeltz).
    Eine weitverbreitete Art, die im Gebiete aber sicher nicht häufig ist.
266. — *concinnus* Marsh.
    Gr. Gr.: Amertaler Öd, mit der vorgenannten Art 5 Ex. (leg. Scheerpeltz).
    Weitverbreitete Art.
267. *Deliphrum (Deliphrum) tectum* Payk.
    S. Gr.: Graukogel bei Gastein (leg. Frieb, teste Horion); am Weg aus dem Mallnitzer Tauerntal zur Woisken in 1300 bis 1500 m Höhe im Flug 1 Ex. 5. IX. 1941.
    Gl. Gr.: Im Dorfer Tal von Ing. Konneczni gesammelt.
    Eine Form der Spätherbst- und Frühlingsfauna, die zur Zeit ihres imaginalen Lebens wohl auch in anderen Teilen des Untersuchungsgebietes zu finden sein wird.

268. *Lathrimaeum (Lathrimaeum) atrocephalum* Gyllh.
Gl. Gr.: Fuscher Tal unterhalb Dorf Fusch, in der Grauerlenau am Wachtbergbach 2 Ex. in Fallaub 23. V. 1941.
Pinzgau: In der Felberbachau bei Felben nächst Mittersill, im Fallaub unter *Alnus incana* 5 Ex. 16. VII. 1934 (leg. Scheerpeltz).
Sehr weit verbreitet, scheint im Gebiete aber auf die tiefsten Tallagen beschränkt zu sein.

269. *Olophrum transversicolle* Luze.
S. Gr.: Naßfeld bei Gastein, in 1550 bis 1700 m Höhe in Quellmoos und Grünerlenfallaub (Scheerpeltz 1929); in Quellmoos am Naßfeldweg in 1400 bis 1800 m Höhe (Bernhauer i. l.); am Naßfeld bei Gastein in 1500 m Höhe (leg. Leeder); am Radhausberg bei Gastein (coll. Minarz).
Gl. Gr.: Im Dorfer Tal knapp über der Waldgrenze aus Grünerlenfallaub gesiebt 1 Ex. 17. VII. 1937; Kapruner Tal, unmittelbar beim Kesselfall aus nassem Moos und Fallaub gesiebt 6 Ex. 14. VII. 1939; Hirzbachtal, in etwa 1300 m Höhe in der Bachschlucht in der Hochstaudenflur am Bach gesiebt 1 Ex. 8. VII. 1941.
Die Art lebt in nassem Moos und Fallaub und ist in den Alpen bisher nur aus Tirol und den Hohen Tauern östlich bis ins Gasteiner Tal bekannt. Sie scheint in den Hohen Tauern die Ostgrenze ihrer Verbreitung zu erreichen.
Im skandinavischen Käferverzeichnis von Hellén (1939) wird die Art auch für Norwegen als Varietät von *fuscum* Grav. angegeben. Gehören die nordischen und alpinen Populationen tatsächlich derselben Art an, was noch zu überprüfen ist, besitzt *O. transversicolle* boreoalpine Verbreitung.

270. — *Florae* Scheerpeltz.
Gl. Gr.: In der Umgebung der Rudolfshütte auf den nassen Schneeböden von O. Scheerpeltz (1935) entdeckt; im Polytrichetum sexangularis dieser Schneeböden durch Zerzupfen des triefnassen Mooses über einem weißen Tuch in etwa 50 Ex. gesammelt 15. und 16. VII. 1937; auch im Geniste des Dorfer Sees nach einem schweren Gewitter 1 Ex. 15. VII. 1937; am Dorfer See auch von K. Konneczni gesammelt.
Die Art ist bisher nur von diesen beiden Plätzen bekannt, meine Bemühungen, sie an anderen Stellen im Untersuchungsgebiet zu finden, waren vergeblich. Sie lebt bei der Rudolfshütte nur in Moosrasen, die triefnaß sind, wo das Polytrichetum sexangularis von den Schneewässern weniger stark durchfeuchtet ist, fehlt sie.
Olophrum Florae steht dem nordischen *Olophrum boreale* Payk. äußerst nahe und ist vielleicht nur eine Rasse desselben. Es ist in den Alpen ein typisches Glazialrelikt.

271. — *alpinum* Heer f. typ. und ab. *parvipenne* Scheerpeltz.
S. Gr.: Am Graukogel in 2000 m Höhe (Giraud 1851); Naßfeld bei Gastein, in 1500 bis 1750 m Höhe (leg. Leeder); Naßfeld bei Gastein (coll. Minarz); Krumeltal, in 1900 m Höhe (leg. Leeder); Umgebung von Rauris (leg. Konneczni).
Gl. Gr.: Naßfeld des Pfandlschartenbaches, in nassen Moosrasen und unter tief im Moos eingebetteten Steinen sehr zahlreich Mitte bis Ende Juli 1938 und 1939; auf den untersten Schutthalden am S-Hang des Elisabethfelsens 1 Ex. 23. VII. 1938; an der Pasterze, am Rande der Schneeflecken (Pacher 1853); in Gesellschaft des *Geodromicus globulicollis* an einem schneereichen Bache an der Pasterze (Märkel und v. Kiesenwetter 1848).
Die Art muß zur Zeit des letzten Hochstandes der Pasterze um die Mitte des vorigen Jahrhunderts im Pasterzenrandgebiet viel häufiger gewesen sein, das vegetationsarme Schuttbett des Gletschers sagt ihr als Aufenthaltsort sichtlich wenig zu. Im Dorfer Tal knapp oberhalb der Waldgrenze, beiderseits des Talbodens aus Grünerlenfallaub gesiebt 3 Ex. 17. VII. 1937; im Geniste des Dorfer Sees nach einem schweren Gewitter 3 Ex. 15. VII. 1937.
Schobergr.: Gößnitztal, bei der Bretterbruck aus Grünerlenfallaub gesiebt 3 Ex. 9. VII. 1937.
Die Art ist über die gesamten Alpen, die Sudeten und Karpathen verbreitet, sie findet sich im nassen Moosrasen und in Fallaub, besonders im Alnetum viridis. Hellén (1939) führt *O. alpinum* als Varietät von *O. consimile* Gyll. aus Skandinavien an. Beruht diese Angabe auf Richtigkeit, so ist *O. alpinum* boreoalpin verbreitet.

272. — *recticolle* Scheerpeltz.
S. Gr.: Naßfeld bei Gastein, in 1700 m Höhe (Scheerpeltz 1929); im Quellmoos am Naßfeldweg in 1400 bis 1800 m Höhe (Bernhauer i. l.); Radhausberg (coll. Minarz).
Gl. Gr.: Dorfer Tal (leg. Konneczni).
Die Art ist über die Ostalpen, Sudeten und Karpathen verbreitet, im Gebiete scheint sie aber nur lokal aufzutreten und allenthalben selten zu sein.

273. — *Bernhauerianum* Scheerpeltz.
S. Gr.: Zwischen Badgastein und Badbruck in 850 bis 900 m Höhe in Erlenlaub (Scheerpeltz 1929); in Erlenlaub und Moos in 850 bis 1100 m bei Badbruck und beim Gasthof „Grüner Baum" im Kötschachtal (Bernhauer i. l.); im Kötschachtal (leg. Leeder).
Eine bisher nur aus den Alpen vom Oberengadin ostwärts bis in die Hohen Tauern (Gasteiner Tal) bekannte Art.

274. *Arpedium (Arpedium) quadrum alpinum* Fauv.
Gl. Gr.: Im Geniste des Dorfer Sees (leg. Konneczni); Fuscher Tal oberhalb Ferleiten, auf einer feuchten Wiese unterhalb der Vogerlalm aus Graswurzeln gesiebt 1 Ex. 21. VII. 1939; im unteren Teil des Käfertales aus Fallaub unter *Alnus incana* gesiebt 1 Ex. 23. VII. 1939; Piffkaralm, in 1630 m Höhe an der Glocknerstraße auf Neuschnee 1 Ex. 22. V. 1941.
Pinzgau: Felberbachau bei Felben nächst Mittersill, in Fallaub unter *Alnus incana* 1 Ex. 16. VII. 1934 (leg. Scheerpeltz).
Weit verbreitet, im Gebiete aber anscheinend nur in tieferen Lagen, nicht über der alpinen Zwergstrauchstufe.

275. *Arpedium (Arpedium) salisburgense* nov. spec. Scheerpeltz i. l.
Gl. Gr.: In der Umgebung der Rudolfshütte, in Gesellschaft des *Olophrum Florae* Schptz. in den ganz nassen Rasen von *Polytrichum sexangulare*. Die Art scheint selten zu sein, denn ich fand unter zahlreichen *Olophrum* nur 2 Ex. am 16. VII. 1937.
Die Art wurde auch schon von Dr. O. Scheerpeltz bei der Rudolfshütte in wenigen Stücken gesammelt, ist bisher aber noch von keiner zweiten Stelle bekannt (Scheerpeltz, mündl. Mitt.).

276. — *(Eucnecosum) brachypterum* Gravh.
S. Gr.: Am Naßfeld bei Gastein in 1700 m Höhe, auf der Radeggalm im Anlauftal und im Kötschachtal (leg. Leeder); Kleine Fleiß, oberhalb des Alten Pocher 1 Ex. 3. VII. 1937.
Gl. Gr.: Naßfeld des Pfandlschartenbaches, zahlreich in Gesellschaft des *Olophrum alpinum* im nassen Moos und unter tief in Moos eingebetteten Steinen Mitte bis Ende Juli 1938 und 1939; Dorfer Tal, knapp oberhalb der Waldgrenze aus Grünerlenfallaub gesiebt 1 immatures Ex. 17. VII. 1937; beim Torfstich am Wege von der Rudolfshütte zum Tauernmoossee in feuchtem Moos unter Legföhren 1 Ex. 16. VII. 1937; Moserboden, in der Zwergstrauchzone am rechten Talhang unter einem Stein 1 Ex. 16. VII. 1939; an den O-Hängen des Brennkogels zwischen Fuscher Törl und Mittertörl aus Rasen am Rande von Schneeflecken gesiebt 5 Ex. 14. VII. 1934.
Gr. Gr.: W-Hang des Schafbühels im Stubachtal, in 2100 m unter *Rhododendron* (leg. Frieb, teste Horion).
Die Art ist boreoalpin verbreitet und in den Alpen bisher nur vom Wallis ostwärts bis zu den Hohen Tauern (Sonnblickgruppe) zur Kreuzeckgruppe und zum Hundsstein in den Salzburger Schieferalpen bekannt (vgl. Holdhaus und Lindroth 1939). *Arpedium brachypterum* gehört somit zu denjenigen Tierformen, die in den Hohen Tauern die Ostgrenze ihrer Alpenverbreitung erreichen.

277. — *(Deliphrosoma) prolongatum* Rttb.
S. Gr.: Naßfeld bei Gastein (leg. Bernhauer, teste Leeder); Kreuzkogel bei Gastein (leg. Leeder, teste Horion).
Die Art wurde von F. Leeder auch im Tappenkargebiet im obersten Teil des Kleinen Arltales und von O. Scheerpeltz im obersten Habachtal in 1700 m an dem vom Leiterkogel herabkommenden Wasserfall gesammelt. Sie dürfte auch im Untersuchungsgebiet noch an weiteren Stellen zu finden sein

278. *Acidota crenata* Fbr.
S. Gr.: Umgebung von Rauris (leg. Konneczni).
Gl. Gr.: Kapruner Tal, im Moos und Mulm der alten Moosdecke an Bergahornstämmen oberhalb des Kesselfalles in 1300 m Höhe 1 Ex. 5. VIII. 1936 (leg. Scheerpeltz).
Gr. Gr.: Wiegenwald-N-Hang (Stubach), aus morschen, mit *Sphagnum* bewachsenen Lärchenstämmen in etwa 1600 m Höhe gesiebt 1 Ex. 10. VII. 1939.
Weit verbreitet, gehört vorwiegend der Spätherbst- und Frühlingsfauna an und wäre im Gebiet zu der entsprechenden Jahreszeit wohl auch noch an anderen Stellen zu finden.

279. *Amphichroum canaliculatum* Er.
S. Gr.: Umgebung von Gastein (Scholz 1903); Kleine Fleiß, im Rhodoretum unterhalb des Alten Pocher 1 Ex. 30. VI. 1937.
Gl. Gr.: Fuscher Tal, im Wald unterhalb der Trauneralm an *Alnus incana* zahlreich 22. V. 1941.
Gr. Gr.: Felbertal, auf *Alnus*-Büschen 7 Ex. 2. VIII. 1934; Stubachtal, 1 Ex. auf *Alnus* August 1936 (beide leg. Scheerpeltz).
Über die mitteleuropäischen Gebirge weit verbreitet, lebt an Blüten, nach Ganglbauer (1894 ff.) namentlich an blühenden Erlen. Die Art ist in den tieferen Lagen des Untersuchungsgebietes sicher noch weiter verbreitet.

280. — *hirtellum* Heer.
S. Gr.: Umgebung von Rauris (leg. Konneczni).
Gl. Gr.: Wasserrad-SW-Hang, an der oberen Grenze der hochalpinen Grasheidenstufe im Elynetum in 2500 m Höhe 1 Ex. gekätschert 17. VII. 1940; Dorfer See, im Geniste nach einem schweren Gewitter 11 Ex. 15. VII. 1937.
Die Art ist in den Alpen endemisch und scheint vorwiegend über der Baumgrenze zu leben. O. Scheerpeltz sammelte sie allerdings im Habachtal beim Gasthofe „Alpenrose" in nur 1400 m auf Erlengesträuch.

281. *Lesteva punctata* Er.
S. Gr.: Umgebung von Rauris (leg. Konneczni).
Die Art wurde von O. Scheerpeltz (i. l.) auch am Eingang ins Habachtal im Moos an einem Quellriesel gesammelt und wird in tieferen Lagen des Untersuchungsgebietes sicher weiter verbreitet sein.

282. — *longelytrata* Goeze.
S. Gr.: Umgebung von Rauris (leg. Konneczni).
Gl. Gr.: Stubachtal, am Schrahnbachriesel unter Steinen und Moos 5 Ex. 18. VIII. 1936 (leg. Scheerpeltz).
Gr. Gr.: Felbertal, beim Jagdhaus im Moos am Scheibelbach zahlreich 17. VII. 1934.
In Europa weit verbreitet, lebt unter feuchtem Moos am Ufer von Waldbächen.

283. — *monticola* Kiesw.
Gl. Gr.: Kapruner Tal, Talstufe unterhalb der Limbergalm, unter Moos an nassem Felsen unweit der Ache in Gesellschaft von *Trechus rotundipennis* und *Eubria palustris* 3 Ex. 15. VII. 1939; Käfertal, im Fallaub und Moos unter *Alnus incana* 1 Ex. 23. VII. 1939.
Gr. Gr.: Grünsee im Stubachtal, am Bach unterhalb der Jagdhütte unter Steinen 2 Ex. 18. VIII. 1936; Amertaler See, unter Steinen an der Einmündung des Keeswassers in 2280 m 1 Ex. 4. VIII. 1935 (beide leg. Scheerpeltz).
Die Art ist in den Alpen weit verbreitet und wird auch aus dem Böhmerwald, dem Riesengebirge und aus Schottland angegeben (vgl. Ganglbauer 1894 ff.). Sie ist nach Scheerpeltz (i. l.) in Mitteleuropa auf höhere Gebirgslagen beschränkt und, falls sich die schottischen Tiere mit den mitteleuropäischen tatsächlich als artgleich erweisen, boreoalpin verbreitet.

284. *Lesteva luctuosa* Fauv.
   S. Gr.: Umgebung von Rauris (leg. Konneczni).
   Gl. Gr.: Kapruner Tal, Talstufe unterhalb der Limbergalm, in Gesellschaft der vorgenannten Art 2 Ex. 15. VII. 1939.
   Aus den französischen Alpen beschrieben, biogeographisch noch ungenügend erforscht.

285. — *pubescens* Mannh.
   S. Gr.: In der Umgebung von Gastein (coll. Minarz); Umgebung von Rauris (leg. Konneczni).
   Gl. Gr.: Daberklamm 1 Ex. 15. VII. 1937; Dorfer Tal (leg. Konneczni).
   Weit verbreitet, von O. Scheerpeltz (i. l.) auch im Moos beim Wasserfall nächst der „Alpenrose" festgestellt.

286. *Geodromicus plagiatus* var. *nigrita* Müll.
   S. Gr.: Fleißbachufer unweit des Fleißgasthofes, unter einem Stein 1 Ex. 1. VII. 1937.
   Gl. Gr.: Moserboden, an einem Erdrutsch am orographisch linken Talhang 1 Ex. 16. VII. 1939; am Ufer der Kapruner Ache unweit unterhalb des Kesselfalles 2 Ex. 14. VII. 1939.
   Gr. Gr.: Dorfer Öd, unterhalb der Talalm in 1100 bis 1300 *m* Höhe 1 Ex. 25. VII. 1939.
   Weit, aber wahrscheinlich diskontinuierlich boreoalpin verbreitet, lebt vor allem am Ufer fließender Gewässer unter Steinen.

287. — *suturalis* Boisd. var. *concolor* Luze.
   Am Möllufer oberhalb Heiligenblut 1 Ex. unter einem Stein 9. VII. 1937.
   Eine montane Art, die auch außerhalb der Alpen vorkommt.

288. — *globulicollis* Mannh.
   S. Gr.: Aufstieg aus dem Hüttenwinkeltal zum Niedersachsenhaus, in 2300 *m* Höhe unter Steinen (leg. Leeder); Mallnitzer Tauern und oberster Teil des Fraganter Tales (Holdhaus und Lindroth 1939).
   Gl. Gr.: Am Weg vom Glocknerhaus zur Pfandlscharte in etwa 2250 *m* Höhe 1 Ex. 19. VII. 1938; am Naßfeld des Pfandlschartenbaches in nassen Moosrasen in Gesellschaft von *Olophrum alpinum* Heer und *Arpedium brachypterum* Gravh. 6 Ex. 20. VII. 1938, 1 Ex. 26. VII. 1939; S-Hang des Elisabethfelsens, im nassen Moos von Quellfluren 5 Ex. 7. VII. 1937, 1 Ex. 17. VII. 1940; Unterer Keesboden, am Rande des *Eriophorum*-Sumpfes 1 Ex. 7. VII. 1937; im obersten Leitertal, am Hang gegen die neue Salmhütte 1 Ex. und auf den Schneeböden unmittelbar bei der Salmhütte in etwa 2600 *m* Höhe je 1 Ex. 12. und 13. VII. 1937; bei der Glorerhütte am Bergertörl, an einer nassen, moosbewachsenen Stelle unter Steinen 6 Ex. 11. VIII. 1937; Moserboden (leg. Scheerpeltz); Brennkogel-O-Hang, oberhalb der Glocknerstraße zwischen Fuscher Törl und Mittertörl 26 Ex. 20. VII. 1934 (leg. Scheerpeltz); bei der Rudolfshütte, auf den Sumpfböden gegen die Schneefelder am Weg zum Ödenwinkelkees 9 Ex. August 1934 (leg. Scheerpeltz).
   Gr. Gr.: Felber Tauern, an Schneerändern am Aufstieg zum Tauernkogel 10 Ex. 14. VII. 1935.
   Schobergr.: Hochschober (leg. Holdhaus).
   Die Art ist boreoalpin verbreitet und in den Alpen von den *Alpes maritimes* über Savoyen und das Wallis ostwärts bis in die Hohen Tauern, in die Kreuzeckgruppe und die westlichen Karnischen Alpen festgestellt (vgl. Holdhaus und Lindroth 1939). In den Alpen östlich des Gasteiner Tales wurde die Art bisher nicht beobachtet und gehört sonach zu derjenigen Gruppe von Tierarten, die in den Alpen die Hohen Tauern nach Osten hin nicht überschreiten.

289. *Hygrogeus aemulus* Rosh.
   S. Gr.: Am Weg von Kolm Saigurn auf den Sonnblick unter Steinen in 1800 *m* Höhe (leg. Leeder).
   Gl. Gr.: Im Dorfer Tal (leg. Konneczni).
   Schobergr.: Bei der Hochschoberhütte in Gesellschaft des *Trechus alpicola* Strm. an Quellrieseln zahlreich (leg. Konneczni).
   Lebt über der Baumgrenze an Bach- und Schneerändern unter Steinen, nach Ganglbauer (1894 ff.) auch subalpin auf Bäumen und Sträuchern. Die Art ist in den Alpen endemisch, scheint jedoch östlich der Hohen Tauern nur sehr wenige, engbegrenzte Reliktstandorte zu besitzen. Der östlichste mir bekante Fundort ist der Zirbitzkogel (leg. Ganglbauer).

290. *Anthophagus (Anthophagus) bicornis* Block. f. typ., ab. *nivalis* Rey und ab. *subfasciatus* Luze.
   S. Gr.: Umgebung von Rauris (leg. Konneczni); im Seidelwinkeltal beim Tauernhaus und am Moharkopf bei Döllach (Märkel und v. Kiesenwetter 1848); Moharkopf (Pacher 1853); in der Kleinen Fleiß bis oberhalb des Alten Pocher, am zahlreichsten im Rhodoretum unterhalb der Pocherbrücke in *Rhododendron*-Blüten, hier einzeln unter der Stammform auch die ab. *subfasciatus* Luze 30. VI. bis 24. VII. 1937; beim Fleißgasthof einzeln in der f. typ. und der ab. *nivalis* Rey am 30. VI. und 1. VII. 1937; am Weg vom Fleißgasthof nach Heiligenblut 2 Ex. 9. VII. 1937; Eingang in das Zirknitztal, am S-Hang oberhalb Döllach 1 ♀ 28. VIII. 1941.
   Gl. Gr.: Guttalwiesen oberhalb der Ankehre der Glocknerstraße 1 ♀ 15. VII. 1940; Albitzen-SW-Hang, in 2200 bis 2300 *m* Höhe 1 ♂ 17. VII. 1940; Hochfläche der Margaritze 1 ♂ 17. VII. 1940; Pasterzenvorfeld zwischen Glocknerstraße und Möllschlucht, innerhalb der Moräne des Jahres 1856 1 Ex. 23. VIII. 1937; unterer Teil des Dorfer Tales 1 Ex. 15. VII. 1937; in der Umgebung des Dorfer Sees 2 Ex. 15. VII. 1937; auf den Wiesen oberhalb des Kesselfalles im Kapruner Tal 1 Ex. 15. VII. 1939, hier auch 1 Ex. der ab. *nivalis* Rey; Fuscher Tal unterhalb Dorf Fusch, an der Glocknerstraße 1 Ex. 23. V. 1941; Ferleiten 1 Ex. 11. VII. 1941; Eingang in das Hirzbachtal 2 ♀ 8. VII. 1941; am Weg von Ferleiten zur Walcher Hochalm, besonders auf subalpinen *Salix*-Arten in 1700 bis 1900 *m* Höhe zahlreich 9. VII. 1941.
   Die Art wurde auch von O. Scheerpeltz (i. l.) im Gebiete an zahlreichen Stellen subalpin und hochalpin bis 2500 *m* Höhe in Blüten, namentlich solchen von *Rhododendron*, beobachtet. Sie ist über die Gebirge Mitteleuropas weit verbreitet und bewohnt vorwiegend die subalpine Stufe und die Zwergstrauchzone, steigt aber auch noch höher empor und in den Tälern tiefer herab.

291. **Anthophagus (Anthophagus) alpinus** Fbr.
S. Gr.: Umgebung von Rauris (leg. Konneczni); im Seidelwinkeltal beim Tauernhaus (Märkel und v. Kiesenwetter 1848); im obersten Teil des Seidelwinkeltales 1 Ex. 17. VIII. 1937; am Weg aus der Großen Fleiß zur Weißenbachscharte 1 Ex. Juli 1937; Kleine Fleiß, unterhalb der Pocherbrücke auf *Rhododendron*-Blüten 15 Ex. 30. VI. 1937.
Gl. Gr.: Guttalwiesen oberhalb der Ankehre der Glocknerstraße 3 ♂, 5 ♀ 15. VII. 1940 und 2 ♂, 6 ♀ 11. VII. 1941; Senfteben, 1 Ex. 18. VI. 1942; Albitzen-SW-Hang, in 2200 bis 2300 m Höhe 6 ♀ 17. VII. 1940; unterhalb der Albitzenalm in 2300 m Höhe 2 ♂ 17. VII. 1940; Grashang über der Glocknerstraße beim Glocknerhaus 1 Ex. 29. VII. 1937; am Weg vom Glocknerhaus zur Pfandlscharte in der hochalpinen Grasheidenstufe 1 Ex. 19. VII. 1938; Sturmalm, unterhalb der Sturmkapelle 2 Ex. 25. VII. 1937; Pasterzenvorfeld zwischen Glocknerstraße und Möllschlucht, innerhalb der Moräne des Jahres 1856 11 Ex. 7. VII. und 8. VIII. 1937; S-Hang und Hochfläche der Margaritze 3 Ex. 7. VII. 1937; 1 Ex. 18. VIII. 1937; S-Hang des Elisabethfelsens 1 Ex. 7. VII. 1937; Moränengelände am Hang des Hohen Sattels gegen die Pasterze 1 Ex. 23. VIII. 1937; am Abhang unterhalb der neuen Salmhütte gegen den Leiterbach 2 Ex. 13. VII. 1937; Dorfer Tal, an der Waldgrenze 1 Ex. und beim Dorfer See 10 Ex. 15. und 17. VII. 1937; Teischnitztal, an der Waldgrenze 3 Ex. 26. VII. 1938; Stubachtal, am Weg vom Enzingerboden zum Grünsee auf Gesträuch, oberhalb des Grünsees auf *Rhododendron* zahlreich August 1936 (leg: Scheerpeltz); Schafbühel bei der Rudolfshütte 2300 m, 5 Ex. auf *Rhododendron* August 1934 (leg. Scheerpeltz); am Weg von Ferleiten zur Walcher Hochalm, massenhaft auf subalpinen *Salix*-Arten in 1700 bis 1900 m Höhe 9. VII. 1941; im Rhodoretum oberhalb der Traueralm 1 Ex. 21. VII. 1921; am Weg vom Oberen Pfandlboden zur Unteren Pfandlscharte in der Grasheidenstufe 1 ♀ 18. VII. 1940; an der Glocknerstraße in 1750 m Höhe zwischen Piffkaralm und Hochmais 1 ♂, 2 ♀ 15. VII. 1940.
Gr. Gr.: Am Weg vom Kalser Tauernhaus auf den Spinevitrolkopf 2 Ex. 19. VII. 1937; Felbertal, oberhalb des Hintersees in 1800 m Höhe auf *Rhododendron* 11 Ex. 14. VII. 1935 (leg. Scheerpeltz).
Boreoalpine Art, die in den Alpen sehr weit verbreitet ist (vgl. Holdhaus und Lindroth 1939). Sie lebt im Norden Europas als planticoles Raubtier auf allerlei Stauden und Sträuchern, in den Alpen häufig auf Alpenblumen in Höhen von 1000 bis 2300 m. Die obere Grenze der alpinen Grasheidenstufe scheint sie nirgends zu erreichen.

292. — **(Anthophagus) forticornis** Kiesw.
S. Gr.: Naßfeld bei Gastein (leg. Leeder); Umgebung von Rauris (leg. Konneczni); Seidelwinkeltal, beim Tauernhaus (Märkel und v. Kiesenwetter 1848); Kleine Fleiß, auf den Wiesen beim Alten Pocher 2 Ex. 3. VII. 1937; beim Fleißgasthof unweit des Fleißbaches 2 Ex. 1. VII. 1937.
Gl. Gr.: Guttal, oberhalb der Ankehre der Glocknerstraße auf *Salix hastata* 1 ♂ und auf der Wiese gekätschert 1 ♀ 15. VII. 1940; am Weg von der Rudolfshütte zum Tauernmoossee 1 Ex. 16. VII. 1937; N-Hang des Schafbühels im obersten Stubachtal, zirka 1900 m auf *Rhododendron* 2 Ex. August 1934 (leg. Scheerpeltz); Dorfer Tal (leg. Konneczni).
Schobergr.: Gößnitztal, bei der Bretterbruck 2 Ex. 9. VII. 1937.
Die Art ist über die Alpen und Sudeten verbreitet und findet sich vorwiegend unterhalb der Baumgrenze, sie ist im Gebiete verhältnismäßig selten.

293. — **(Anthophagus) noricus** Gglb. f. typ. und f. *Leederi* Bernh.
S. Gr.: Von Ganglbauer nach Stücken beschrieben, die A. Otto in der Rauris auf Blüten von *Primula glutinosa* gesammelt hatte; Umgebung von Rauris (leg. Konneczni); im Krumeltal von 1900 m aufwärts (leg. Leeder), hier einzeln unter der Stammform die f. *Leederi* Bernh.; am Weg von Kolm Saigurn auf den Sonnblick in 1900 m Höhe und beim Niedersachsenhaus in 2300 m Höhe (leg. Leeder); am Weg von der Weißenbachscharte in die Große Fleiß 2 Ex. 6. VIII. 1937; zwischen Seebichel und Zirmsee 1 Ex. 4. VIII. 1937; am Hang der Gjaidtroghöhe gegen den Zirmsee 1 Ex. 24. VII. 1937; in der Kleinen Fleiß unweit des Alten Pocher 1 Ex. subalpin 30. VI. 1937.
Gl. Gr.: Teischnitztal, an der Krummholzgrenze 1 Ex. 26. VII. 1938; Brennkogel-O-Hang oberhalb der Glocknerstraße zwischen Fuscher Törl und Mittertörl, in Blüten von *Soldanella alpina* 2 Ex. 14. VII. 1934 (leg. Scheerpeltz).
Die Art findet sich vorwiegend in der Zwergstrauch- und hochalpinen Grasheidenstufe, einzeln auch noch in den obersten subalpinen Lagen. Sie bewohnt Blüten, namentlich solche von *Primula glutinosa* und *Soldanella alpina*. *Anthophagus noricus* ist bisher nur aus den Hohen Tauern bekannt, wo er außer den angeführten Fundorten meines Wissens nur noch im Habachtal bei der Habachhütte (leg. Scheerpeltz) und in den Zillertaler Alpen in den Zillergründen (leg. Pechlaner, teste Wörndle) gesammelt wurde.

294. — **(Anthophagus) fallax** Kiesw.
S. Gr.: Seidelwinkeltal, beim Tauernhaus (Märkel u. v. Kiesenwetter 1848); Kleine Fleiß, unterhalb des Alten Pocher an *Rhododendron*-Blüten 6 Ex. 30. VI. 1937; sonnige Wiesen unterhalb der Fleißkehre der Glocknerstraße 4 Ex. gekätschert 1. VII. 1937; Mallnitzer Tauerntal, am Weg in die Woisken in 1400 bis 1500 m Höhe 5. IX. 1941.
Gl. Gr.: Guttal, auf der Gipperalm unweit der Kapelle Mariahilf 1 Ex. 23. VIII. 1937; Pasterzenvorfeld zwischen Glocknerstraße und Möll, innerhalb und außerhalb der Moräne des Jahres 1856 je 1 Ex. 29. VII. 1937 und 3. VIII. 1938; Dorfer Tal, subalpin 1 Ex. und knapp oberhalb der Waldgrenze im Alnetum virieis 1 Ex. 15. und 17. VII. 1937; Umgebung der Rudolfshütte, in der hochalpinen Grasheidenstufe 1 Ex. 16. VII. 1937; N-Hang des Schafbühel im obersten Stubachtal, in 1900 m Höhe auf *Rhododendron* 7 Ex. August 1934 (leg. Scheerpeltz); am Weg von Ferleiten zur Walcher Hochalm in 1500 bis 1800 m Höhe 1 Ex. 9. VII. 1941; an der Glocknerstraße zwischen Piffkaralm und Hochmais in 1750 m Höhe 2 Ex. 15. VII. 1940.
Gr. Gr.: Am Weg vom Kalser Tauernhaus zum Großen Muntanitz 2 Ex. 20. VII. 1937; Felbertal, oberhalb des Hintersees in *Rhododendron*-Blüten 6 Ex. 14. VII. 1937 (leg. Scheerpeltz).
In den Alpen weit verbreitet, auch in den Sudeten heimisch; steigt aus subalpinen Lagen bis in die hochalpine Grasheidenstufe empor.

295. *Anthophagus (Anthophagus) alpestris* Heer f. typ. und ab. *decoratus* Koch.
S. Gr.: Umgebung von Rauris (leg. Konneczni); Seidelwinkeltal, beim Tauernhaus und „auf fast allen Alpen um Heiligenblut" (Märkel und v. Kiesenwetter 1848); Große Fleiß, subalpin 1 Ex. 10. VII. 1937; Kleine Fleiß, unterhalb der Pocherbrücke und beim Alten Pocher je 1 Ex. 30. VI. .1937; beim Fleißgasthof 1 Ex. 1. VII. 1937; Mallnitzer Tauerntal, beim Gasthof Gutenbrunn 1 Ex. 5. IX. 1941.
Gl. Gr.: Steppenwiesen am Haritzerweg oberhalb Heiligenblut, in etwa 1400 m Höhe 1 Ex. 15. VII. 1940; Senfteben 2 Ex. 18. VI. 1942; Margaritze 1 Ex. 17. VII. 1940; Unterer Keesboden 1 Ex. 7. VII. 1937; Ködnitztal, in 2000 m Höhe 1 Ex. 14. VII. 1937 (ab. *decoratus* Koch); Käfertal, im Grauerlenbestand in etwa 1400 m Höhe 1 Ex. 23. VII. 1939; Piffkaralm an der Glocknerstraße in 1630 m Höhe 3 Ex. gekätschert 15. VII. 1940.
Gr. Gr.: Dorfer Öd (Stubach), in der Hochstaudenflur entlang des Baches 2 Ex. 25. VII. 1939.
Die Art ist über den Jura, die Alpen, Sudeten und Karpathen verbreitet und findet sich im Gebiete von der Mischwaldzone aufwärts bis in die alpine Zwergstrauchstufe. Nach Scheerpeltz (i. l.), der sie im Gebiete gleichfalls allenthalben häufig antraf, steigt sie sogar noch in höhere alpine Lagen auf.

296. — *(Anthophagus) angusticollis* Mannh. (= *abbreviatus* Fbr.).
Gl. Gr.: KaprunerTal, in der Umgebung des Kesselfallalpenhauses 1 Ex. 14. VII. 1939; Eingang in das Hirzbachtal 2 Ex. 8. VII. 1941.
Weit verbreitet, im Untersuchungsgebiete aber anscheinend recht selten und nur in den tieferen Lagen heimisch.

297. — *(Anthophagus) melanocephalus* Heer.
S. Gr.: Seidelwinkeltal, beim Tauernhaus (Pacher 1853).
Gl. Gr.: Albitzen-SW-Hang, in 2200 bis 2300 m Höhe 1 Ex. 17. VII. 1940; Sturmalm, unterhalb der Sturmkapelle 1 Ex. 25. VII. 1937; Pasterzenvorfeld zwischen Glocknerstraße und Möllschlucht, innerhalb der Moräne des Jahres 1856 2 Ex. 29. VII. 1937; am Hohen Sattel über der Pasterze 1 Ex. (Pacher 1853); Ködnitztal, in 2000 m Höhe 2 Ex. 14. VII. 1937; Dorfer Tal, knapp oberhalb der Daberklamm 2 Ex. 18. VII. 1937.
Gr. Gr.: Am Weg vom Kalser Tauernhaus zur Sudetendeutschen Hütte am Muntanitz-O-Hang 1 Ex. 20. VII. 1937; Felbertal, oberhalb des Hintersees auf *Rhododendron* 11 Ex. 14. VII. 1935 (leg. Scheerpeltz).
In den Alpen weit verbreitet, steigt aus subalpinen Lagen bis in die hochalpine Grasheidenstufe empor, scheint jedoch am häufigsten in der Zwergstrauchzone zu leben.

298. — *(Anthophagus) omalinus* Zett.
S. Gr.: Umgebung von Rauris (leg. Konneczni); Seidelwinkeltal, beim Tauernhaus (Märkel und v. Kiesenwetter 1848); am Weg von der Fleißkehre der Glocknerstraße zum Eingang in die Große Fleiß 1 Ex. 18. VII. 1938; Mallnitzer Tauerntal, beim Gasthof Gutenbrunn 3 Ex. und am Weg von da in die Woisken 10 Ex. auf Gesträuch 5. IX. 1941.
Gl. Gr.: Dorfer Tal, knapp oberhalb der Daberklamm 1 Ex. 18. VII. 1937; Dorfer Tal (leg. Konneczni); im Wald unterhalb der Traueralm, am Weg nach Ferleiten 1 Ex. 21. VII. 1939.
Gr. Gr.: N-Hang des Wiegenwaldes 1 Ex. 10. VII. 1939; Amertaler Öd, vor dem Amersee auf niederen Sträuchern 3 Ex. 4. VIII. 1935 (leg. Scheerpeltz).
Die Art ist boreoalpin verbreitet und findet sich fast im ganzen Alpenzuge vorwiegend subalpin, einzeln jedoch auch noch über der Baumgrenze (vgl. Holdhaus u. Lindroth 1939). Im Untersuchungsgebiet ist sie erheblich seltener als *Anthophagus alpinus* und scheint tiefer herabzusteigen als dieser.

299. — *(Anthophagus) spectabilis* Heer.
S. Gr.: Naßfeld in 1600 m Höhe (leg. Leeder); Graukogel bei Gastein und Rauris (leg. Otto, teste Horion).
In Mitteleuropa weit verbreitet, lebt auf verschiedenem Gesträuch und auf Blüten.

300. — *(Paganthus) rotundicollis* Heer.
S. Gr.: Mallnitzer Tauerntal, beim Gasthof Gutenbrunn auf Grauerlen 3 Ex. 5. IX. 1941; Badgastein, Graveneggschlucht, Anlauftal und Badbruck (teste Horion, sec. Koch 1934); Umgebung von Rauris (leg. Konneczni).
Gl. Gr.: Bei Dorf Fusch (leg. Frieb, teste Horion).

301. *Eudectus Giraudi* Redtb.
S. Gr.: Kleine Fleiß, oberhalb des Alten Pocher im Alnetum viridis wahrscheinlich aus einem morschen Lärchenstrunk gesiebt 1 Ex. 30. VI. 1937.
Da sich das Tier erst beim Aussuchen des Gesiebes fand und nicht nur Rinde und Mulm des Baumstrunkes, sondern auch Grünerlenfallaub zwischen Farnbüschen in der weiteren Umgebung desselben gesiebt worden war, lassen sich keine genaueren Angaben über die Fangumstände machen.
Die seltene Art scheint boreoalpin verbreitet zu sein. Horion teilte mir folgende Verbreitungsdaten mit: Bei Königsberg, in Sachsen, Schlesien, Böhmen und Mähren, im Wesergebirge, in der Rhön und im Thüringerwald, im Elsaß, bei München, am Säuling bei Reutte und in der Sonnblickgruppe, ferner in N-England, Schottland, N-Skandinavien, in den Nordkarpathen und am Bucsecs. Auch in Savoyen und nach Fauvel in der Schweiz.

302. *Coryphium Gredleri* Kr.
S. Gr.: Kleine Fleiß, beim Alten Pocher am linken Talhang aus morscher Grauerlenrinde gesiebt 1 Ex. 1. VIII. 1943.

303. *Syntomium aeneum* Müll.
S. Gr.: Radeggalm im Anlauftal in 1500 m und Krumeltal in 1900 m Höhe (leg. Leeder); Kleine Fleiß, oberhalb des Alten Pocher aus Grünerlenfallaub gesiebt 4 Ex. 3. VII. 1937.
Gl. Gr.: Dorfer Tal, knapp oberhalb der Waldgrenze aus Grünerlenfallaub gesiebt 2 Ex. 17. VII. 1937; Dorfer Tal (leg. Konneczni); Kapruner Tal, im Moos an alten Bergahornstämmen oberhalb des Kesselfalles in 1300 m Höhe 5 Ex. 5. VIII. 1936 (leg. Scheerpeltz); Käfertal, im Fallaub unter *Alnus incana* 1 Ex. 14. V. 1940.

Schobergr.: Gößnitztal, bei der Bretterbruck aus Grünerlenfallaub gesiebt 2 Ex. 9. VII. 1937.
Die weitverbreitete Art findet sich im Gebiete anscheinend vorwiegend in Erlenfallaub, anderwärts wurde sie häufig in Moosrasen in Wäldern gesammelt.

304. *Ancyrophorus (Ancyrophorus) longipennis* Fairm.
Gl. Gr.: Am Möllufer oberhalb Heiligenblut 6 Ex. 9. VII. 1937; am Leiterbach unterhalb der neuen Salmhütte 1 Ex. 13. VII. 1937 in etwa 2400 m Höhe; Dorfer Tal (leg. Konneczni); Stubachtal, im Bachschotter am Zufluß des Grünsees in 1700 m Höhe 4 Ex. 18. VIII. 1936 (leg. Scheerpeltz).
Gr. Gr.: Felbertal, im Bachschotter des Felberbaches unterhalb des Hintersees in 1300 m Höhe, 3 Ex. 14. VII. 1935 (leg. Scheerpeltz).
Die Art lebt an Gebirgsbächen im Bachschotter in den Alpen, auf der Apenninhalbinsel und den tyrrhenischen Inseln.

305. — *(Ancyrophorus) omalinus* Er.
Gr. Gr.: Felbertal, im Bachschotter des Felberbaches unterhalb des Hintersees in 1300 m 1 Ex. 14. VII. 1935 (leg. Scheerpeltz).

306. *Thinobius (Thinophilus) silvaticus* Bernh.
S. Gr.: Im feinen Ufersand der Gasteiner Ache bei Badbruck in 900 m Höhe (Bernhauer i. l.).
Die Art scheint in den Ostalpen an sandigen Ufern der Gebirgsflüsse und größeren Gebirgsbäche eine weitere Verbreitung zu besitzen, sie ist tiergeographisch noch nicht ausreichend erforscht.

307. — *(Thinophilus) Franzi* nov. spec. Scheerpeltz i. l.
Gl. Gr.: Naßfeld des Pfandlschartenbaches, an den höher gelegenen, nicht bei jedem Hochwasser überschwemmten Stellen der nahezu vegetationslosen Bachschuttflächen unter kleinen, auf sandigem Untergrund aufliegenden Steinchen. Einzeln schon unweit des Naßfeldeinganges, zahlreicher weiter im Inneren des Naßfeldkessels, unter den Steilabstürzen im Talhintergrund aber fehlend. Ich fand von dem auffälligen, für einen Vertreter der Gattung sehr großen Tier im ganzen nach langem Suchen 12 Ex. am 21. VII. 1938. Flüchtigeres Suchen bei zwei späteren Besuchen der Fundstellen blieb erfolglos. Das Vorkommen der Art im Pfandlschartennaßfeld trägt zweifellos Reliktcharakter, meine Bemühungen dieselbe an anderen Stellen im Untersuchungsgebiet aufzufinden, blieben ergebnislos. Vermutlich ist *Thinobius Franzi* ein Eiszeitrelikt, dessen nordische Verwandte in Zukunft noch irgendwo in dem ausgedehnten arktischen Verbreitungsgebiet der boreoalpinen Tiere aufgefunden werden.

308. *Trogophloeus (Carpalimus) arcuatus* Steph.
Gr. Gr.: Sand- und Schuttbänke des Felberbaches bei Mittersill, zahlreich Juli—August 1934 und 1936 (leg. Scheerpeltz).

309. — *(Trogophloeus) bilineatus* Steph.
Pinzgau: Salzachauen bei Kaprun und Mittersill, zahlreich Juli—August 1934 und 1936 (leg. Scheerpeltz).

310. — *(Trogophloeus) rivularis* Motsch.
Pinzgau: In den Salzachauen mit der vorgenannten Art (leg. Scheerpeltz).

311. — *(Trogophloeus) corticinus* Grav.
S. Gr.: Kleine Fleiß, oberhalb des Alten Pocher aus Grünerlenfallaub gesiebt 1 Ex. 3. VII. 1937.
Pinzgau: In den Salzachauen mit den beiden vorgenannten Arten zahlreich (leg. Scheerpeltz).
Weit verbreitet, wird meist am Rande von Gewässern gefunden.

312. — *(Troginus) despectus* Baudi var. *Leederi* Bernh.
Die erst kürzlich von Bernhauer (1940) beschriebene Form wurde von F. Leeder in Dienten in den Salzburger Schieferalpen südlich des Hochkönig in Anzahl aus Kompost gesiebt und ist an ähnlichen Fundstellen vielleicht auch im Untersuchungsgebiet zu finden.

313. *Aploderus caelatus* Grav.
Gl. Gr.: Fuscher Tal oberhalb Ferleiten, auf einer feuchten Wiese unterhalb der Vogelalm im Wiesenboden 7 Ex. 21. VII. 1939.
Gr. Gr.: Felbertal, in halbtrockenem Kuhfladen und im Rasen auf der Pembachalm in etwa 1700 m Höhe 2 Ex. 15. VII. 1935 (leg. Scheerpeltz).
Weitverbreitete Art, die meist in Dünger und unter feuchtem Fallaub gefunden wird.

314. — *caesus* Er.
Pinzgau: Mittersill, abends am Licht Juli 1934 1 Ex. (leg. Scheerpeltz).

315. *Oxytelus (Oxytelus) rugosus* Fbr.
Gl. Gr.: Am Weg von Kals ins Dorfer Tal 1 Ex. 18. VII. 1937.
Gr. Gr.: Felbertal, in etwa 1300 m aus mit Rinderkot vermischter alter Waldstreu zahlreich gesiebt 27. VII. 1936 (leg. Scheerpeltz).
Die weitverbreitete Art scheint im Gebiete auf die tieferen Tallagen beschränkt zu sein.

316. — *(Oxytelus) fulvipes* Er.
Gr. Gr.: Felbertal, mit der vorgenannten Art 1 Ex. (leg. Scheerpeltz).

317. — *(Tanycraerus) laqueatus* Marsh.
S. Gr.: Seidelwinkeltal, beim Tauernhaus (Märkel u. v. Kiesenwetter 1848).
Gl. Gr.: Am Weg von Kals ins Dorfer Tal 1 Ex. 18. VII. 1937; Enzingerboden im Stubachtal, an einem Vogelaas 2 Ex. 19. VIII. 1936 (leg. Scheerpeltz); am Weg von Dorf Fusch ins Hirzbachtal an frischen Kuhfladen 2 Ex. 8. VII. 1941.
Auch diese Art scheint im Gebiete nur die Tallagen zu bewohnen.

318. — *(Caccoporus) piceus* L.
Gr. Gr.: Felbertal, an ausgelegtem Köder auf den Schotterflächen des Baches nächst dem Jagdhaus 5 Ex. August 1936 (leg. Scheerpeltz).

319. — *(Epomotylus) sculptus* Grav.
Gr. Gr.: Felbertal, mit der vorgenannten Art 5 Ex. (leg. Scheerpeltz).

320. *Oxytelus (Anotylus) sculpturatus* Gravh.
Gr. Gr.: Felbertal, in etwa 1300 m Höhe aus mit Rinderkot vermengter Waldstreu zahlreich gesiebt 27. VII. 1935 (leg. Scheerpeltz).
Pinzgau: Im Gesiebe der Salzachauen (Dünger und Kompost) zahlreich (leg. Scheerpeltz).

321. — *(Anotylus) nitidulus* Gravh.
S. Gr.: Beim Fleißgasthof, an faulenden Pilzen 5 Ex. 3. VIII. 1937.
Gl. Gr.: Möllufer oberhalb Heiligenblut 1 Ex. 9. VII. 1937.
Gr. Gr.: Felbertal, in etwa 1300 m Höhe in mit Rinderexkrementen vermengter Waldstreu zahlreich 27. VII. 1935 (leg. Scheerpeltz).
Pinzgau: Bruck a. d. Glocknerstraße 1 Ex. Juli 1939.
Im Gebiete nur in den Tälern, da aber auch nach den Beobachtungen von Scheerpeltz (i. l.) allenthalben häufig.

322. — *(Anotylus) complanatus* Er.
S. Gr.: Seidelwinkeltal, beim Tauernhaus (Märkel u. v. Kiesenwetter 1848); beim Fleißgasthof 2. VII. 1937; beim Fleißgasthof an faulenden Pilzen in großer Menge 3. und 7. VIII. 1937.
Gl. Gr.: Grashang unterhalb des Glocknerhauses, außerhalb der rezenten Moränen in etwa 2100 m Höhe 1 Ex. 29. VII. 1937; Walcher Hochalm, am Karboden in Kuhfladen 1 Ex. 9. VII. 1941; Fuscher Tal oberhalb Ferleiten, am Unterlauf des Judenbaches unter einem Stein 1 Ex. 23. VII. 1939; Käfertal, im Fallaub unter *Alnus incana* 1 Ex. 14. V. 1940.
Gr. Gr.: Amertaler Öd, an faulenden Pilzen in etwa 1600 m Höhe 4 Ex. 4. VIII. 1935 (leg. Scheerpeltz).
Die weitverbreitete Art findet sich im Gebiete in sehr verschiedenen Lebensverhältnissen und steigt aus den Tälern bis in die alpine Zwergstrauchstufe empor.

323. — *(Anotylus) affinis* Czwal. (nach Scheerpeltz i. l. von *O. hamatus* Fairm. spezifisch verschieden).
Gr. Gr.: Felbertal, unmittelbar oberhalb des Hintersees in 2100 m Höhe an Menschenkot 1 ♂ 14. VII. 1935 (leg. Scheerpeltz).

324. — *(Anotylus) tetracarinatus* Block.
S. Gr.: Beim Fleißgasthof an faulenden Pilzen massenhaft 3. und 7. VIII. 1937; Kleine Fleiß, beim Alten Pocher 1 Ex. 3. VII. 1937.
Gl. Gr.: Käfertal, im Moos an den Stämmen der obersten Bergahorne 1 Ex. 23. VII. 1939.
Gr. Gr.: Dorfer Öd (Stubachtal), im Grünerlenfallaub bei der Alm in etwa 1300 m Höhe 1 Ex. 25. VII. 1939; Felbertal, unmittelbar oberhalb des Hintersees in etwa 2100 m Höhe an Menschenkot 11 Ex. 14. VII. 1935 (leg. Scheerpeltz).
Holopalaearktisch verbreitet, steigt im Gebiete bis in die alpine Zwergstrauchstufe empor und lebt an faulenden organischen Stoffen.

325. *Platystethus (Pyctocraerus) arenarius* Fourcr.
S. Gr.: Beim Fleißgasthof an faulenden Pilzen 1 Ex. 7. VIII. 1937; am Moharkopf bis zur Waldgrenze (Märkel u. v. Kiesenwetter 1848).
Gl. Gr.: Am Weg von Heiligenblut zum Gößnitzfall 2 Ex. 13. VIII. 1937; um Heiligenblut bis zu den Almen hinauf häufig (Pacher 1853); Stubachtal, am Enzingerboden und beim Grünsee unter Ziegen- und Schafmist (leg. Scheerpeltz); Wasserfallboden im Kapruner Tal (leg. Scheerpeltz).
Gr. Gr.: Felbertal, in altem Rindermist (leg. Scheerpeltz).
Die Art ist sehr weit verbreitet, sie lebt in faulenden vegetabilischen Stoffen.

326. — *(Pyctocraerus) laevis* Ksw.
S. Gr.: Palfneralm bei Gastein (coll. Minarz); Stanziwurten, in etwa 2200 m Höhe aus Flechtenrasen gesiebt 1 Ex. 2. VII. 1937.
Gl. Gr.: Gamsgrube, bei der ehemaligen Johanneshütte (loc. typ., Märkel u. v. Kiesenwetter 1848); Kar zwischen Albitzen- und Wasserradkopf, unweit der Albitzenalm in 2400 m Höhe 1 Ex. 17. VII. 1940; Pasterzenvorfeld zwischen Glocknerstraße und Möllschlucht, innerhalb der Moräne des Jahres 1856 aus Pflanzenwurzeln gesiebt 4 Ex. 25. VII. 1937; am Paschingerweg unterhalb des Glocknerhauses 4 Ex. 27. VII. 1939; Sturmalm, im Festucetum durae unweit unterhalb der Sturmkapelle 2 Ex. 25. VII. 1937.
Scheerpeltz (i. l.) sammelte die Art schon außerhalb des Untersuchungsgebietes im Pembachkar über dem Felbertal in 2000 m Höhe in Schafmist und bei der Habachhütte in 2200 m Höhe unter Schafmist.
P. laevis ist in den Alpen weit verbreitet und auch im Apennin und Kaukasus festgestellt worden. Er findet sich in trockenem Dünger, aber auch im Boden zwischen Wurzeln auf Grasmatten und Grasheiden in sub- und hochalpinen Lagen.

327. — *(Platystethus) cornutus* Gravh.
Gl. Gr.: Wasserfallboden im Kapruner Tal, 7 Ex. in altem Rindermist 26. VII. 1934 (leg. Scheerpeltz).
Gr. Gr.: Amertaler Öd, in etwa 1600 m Höhe in altem Rindermist 5 Ex. 4. VIII. 1935.
Holopalaearktisch verbreitete Art.

328. — *(Platystethus) alutaceus* Thoms.
Pinzgau: Bei Mittersill unter altem Rindermist zahlreich Juli—August (leg. Scheerpeltz).

329. — *(Platystethus) nitens* Shlb.
Gr. Gr.: Pembachalm 1700 m, in einem Heustadel, in halbtrockenen, verpilzten Kuhfladen 2 Ex. 15. VII. 1935 (leg. Scheerpeltz).

330. *Bledius (Blediodes) litoralis* Heer.
Gl. Gr.: Fuscher Tal oberhalb Ferleiten, am sandigen Ufer der Fuscher Ache unweit unterhalb des Judenbaches 1 Ex. 18. VII. 1940 und am Unterlauf des Judenbaches 1 Ex. 23. VII. 1939.
Lebt an sandigen Ufern der Gebirgsflüsse und größeren Gebirgsbäche und ist im Untersuchungsgebiet nicht häufig.

331. — *(Blediodes) defensus* Fauv.
Gl. Gr.: Am Unterlauf des Judenbaches unter einem Stein 1 Ex. 23. VII. 1939.
Eine über England, Mittel- und Südeuropa in der Ebene und im Gebirge, jedoch keineswegs allgemein verbreitete Art.

332. *Bledius (Blediodes) longulus* ab. *nigripennis* Bernh.
    Gl. Gr.: Im unteren Teil des Käfertales, am Ufer eines kleinen Baches unter einem großen Stein 1 Ex. 23. VII. 1939.
    Die seltene Form scheint auch im Gebiete nur spärlich aufzutreten.

333. — *(Blediodes) erraticus* Er. var. *bosnicus* Bernh. (= *fontinalis* Bernh. sec. Scheerpeltz i. l.).
    S. Gr.: Am Ufer der Gasteiner Ache im Naßfeld in 1600 m Höhe im Juni (Bernhauer i. l.); an einem Bächlein am Naßfeld bei Gastein in 1700 m Höhe in triefend nassen Pflanzen 1 Ex. (Bernhauer 1929, Type des *B. fontinalis*); Naßfeld bei Gastein in 1600 m Höhe (leg. Leeder).
    Gl. Gr.: Ufer des Margaritzenbaches, zwischen Margaritze und Marxwiese, auf sandigem Boden unter Steinen 3 Ex. 18. VII. 1937; auf den Schutthalden am S-Fuß des Elisabethfelsens unter einem Stein 1 Ex. 23. VII. 1938; Moserboden, auf einem stark durchnäßten kleinen Schuttkegel, den ein vom Hocheiser herabkommender Gießbach aufgeschüttet hatte (Scheerpeltz 1938).
    Eine Form, die an sandigen Ufern von Gebirgsbächen weiter verbreitet, im allgemeinen aber selten ist.

334. — *(Blediodes) Baudii* Fauv.
    Gl. Gr.: Fuscher Tal oberhalb Ferleiten, am Unterlauf des Judenbaches unter Steinen, die über dem normalen Hochwasserniveau lagen 4 Ex. 21. VII. 1939.
    Gleichfalls ein Bewohner sandigen Ufergeländes.

335. — *(Hesperophilus) talpa* Gyll.
    S. Gr.: Im Kötschachtal bei Gastein anscheinend häufig (leg. Bernhauer et Leeder).
    Eine vorwiegend nordische Art.

336. *Stenus (Stenus) biguttatus* L.
    Gr. Gr.: Felbertal, an der Einmündung des Baches in den Hintersee in 1700 m, auf dem Sand- und Grusdelta 4 Ex. VIII. 1936 (leg. Scheerpeltz).
    Pinzgau: Bruck a. d. Glocknerstraße, am Salzachufer 1 Ex. Juli 1939.
    Weitverbreitete Art, die auch im Gebiete in tieferen Lagen an Bach- und Flußufern allenthalben zu finden ist (Scheerpeltz i. l.).

337. — *(Stenus) bipunctatus* Er.
    Gl. Gr.: Ufer der Fuscher Ache oberhalb Ferleiten, auf Schotterbänken unweit des Rotmooses 2 Ex. 18. VII. 1940.
    Weitverbreitete Art, die von Scheerpeltz (i. l.) auch im Habachtal in 1500 m Höhe gesammelt wurde.

338. — *(Stenus) longipes* Heer.
    Gl. Gr.: Fuscher Tal oberhalb Ferleiten, Unterlauf des Judenbaches 1 Ex. 21. VII. 1939 (det. L. Benick).
    Stubachtal, im Moos am Wasserfall unmittelbar unter dem Enzingerboden (leg. Scheerpeltz).
    In Mitteleuropa weiter verbreitet, aber selten.

339. — *(Stenus) fossulatus* Er.
    S. Gr.: Umgebung von Rauris (leg. Konneczni).
    Gl. Gr.: Stubachtal, auf einem Felsen am Bachrand der Ache unweit des Elektrizitätswerkes am Enzingerboden 1 Ex. August 1934 (leg. Scheerpeltz); Ufer der Kapruner Ache oberhalb des Kesselfalles 5 Ex. 14. VII. 1939.
    In Mitteleuropa weiter verbreitet.

340. — *(Stenus) gracilipes* Kr.
    Gr. Gr.: Amertaler Öd, aus Moos auf Felsblöcken bei der Alm gesiebt 1 Ex. 4. VIII. 1935 (leg. Scheerpeltz).
    Eine über die Sudeten, Teile der Ostalpen und der Dinariden verbreitete montane Art.

341. — *(Stenus) Juno* Fbr.
    Pinzgau: Nordufer des Zeller Sees 1 Ex. 13. VII. 1939; in der Salzach- und Felberbachau bei Mittersill (leg. Scheerpeltz).
    Weit verbreitet, im engeren Untersuchungsgebiet aber jedenfalls auf die tiefsten Tallagen beschränkt.

342. — *(Stenus) ater* Mannh.
    Pinzgau: Mittersill, in der Salzach- und Felberbachau ziemlich häufig, Juli—August 1935 und 1936 (leg. Scheerpeltz).
    Sehr weit verbreitet, im Gebiete aber anscheinend nur in den tiefsten Lagen heimisch.

343. — *(Stenus) clavicornis* Scop.
    S. Gr.: Umgebung von Rauris (leg. Konneczni).
    Gl. Gr.: Fuscher Tal oberhalb Ferleiten, in schimmelnden Heuresten am Boden einer Heuhütte nächst der Vogelalm 1 Ex. 14. V. 1941.
    Gr. Gr.: Am Weg von der Schneiderau in die Dorfer Öd (Stubach) 1 Ex. 25. VII. 1939; Felbertal, Aufstieg zur Pembachalm, in etwa 1200 m Höhe aus Moos gesiebt 7 Ex. 15. VII. 1935 (leg. Scheerpeltz).
    Gleichfalls sehr weit verbreitet, im Gebiete aber höher emporsteigend als die vorgenannte Art.

344. — *(Stenus) bimaculatus* Gyllh.
    Gl. Gr.: Stubachtal, aus nassem Moos über Felsen am Ufer der Stubache unweit oberhalb des Elektrizitätswerkes am Enzingerboden gesiebt 2 Ex. August 1934 (leg. Scheerpeltz); Fuscher Tal oberhalb Ferleiten, am Ufer der Fuscher Ache 1 Ex. 14. VII. 1940.
    In Europa weit verbreitet.

345. — *(Nestus) ruralis* Er.
    S. Gr.: Naßfeld bei Gastein, in 1600 m Höhe (leg. Leeder).
    Gl. Gr.: Dorfertal (leg. Konneczni); Fuscher Tal oberhalb Ferleiten, auf den Schotterbänken an der Ache unweit unterhalb des Rotmooses 8 Ex. 18. VII. 1940.
    Ein weitverbreiteter Bewohner sandiger Gebirgsbachufer, der von Scheerpeltz (i. l.) auch im Hollersbach- und Habachtal auf der N-Seite der Venedigergruppe gesammelt wurde. Die Art dürfte an allen größeren Bächen des Untersuchungsgebietes zu finden sein und ist als Charakterart der Uferfauna derselben anzusprechen.

346. *Stenus (Nestus) boops* Ljungh.
   Gl. Gr.: Fuscher Tal oberhalb Ferleiten, am Unterlauf des Judenbaches 3 Ex. 23. VII. 1939.
   Gr. Gr.: Beim Hintersee im Felbertal aus Graswurzeln und Moos am Felsen unter dem Stadel gesiebt 5 Ex. 14. VII. 1935 (leg. Scheerpeltz).
   Pinzgau: Bruck an der Glocknerstraße, am Salzachufer 1 Ex. 19. VII. 1940; Salzachauen bei Mittersill, im Gesiebe häufig (leg. Scheerpeltz).
   Häufig und weit verbreitet.

347. — *(Nestus) melanarius* Steph.
   Pinzgau: N-Ufer des Zeller Sees, im Magnocaricetum der Verlandungszone der weitaus häufigste Käfer 13. VII. 1939.

348. — *(Nestus) atratulus* Er.
   Gr. Gr.: Felbertal, beim Gasthof Bruck aus Moos und Humus an Felsen gesiebt 2 Ex. 14. VII. 1934 (leg. Scheerpeltz).
   Sehr weit verbreitet.

349. — *(Nestus) fuscipes* Grav.
   Gl. Gr.: Kapruner Tal, am Weg von Kaprun zur Salzburger Hütte am Hang aus Moos an Felsen gesiebt 3 Ex. 1. VIII. 1934 (leg. Scheerpeltz).
   Gleichfalls weit verbreitet.

350. — *(Nestus) Argus* Gravh.
   Gl. Gr.: Moserboden, an einem kleinen Erdrutsch am orographisch linken Hang des Talkessels 1 Ex. 16. VII. 1939.
   Ebenfalls weit verbreitet, im Gebiete aber anscheinend selten.

351. — *(Nestus) pusillus* Steph.
   Gl. Gr.: Sturmalm, unterhalb der Sturmkapelle aus Graswurzeln gesiebt 2 Ex. 25. VII. 1937; Kapruner Tal, Talstufe unterhalb der Limbergalm, im Moosgesiebe von einer nassen Felswand unweit der Ache 1 Ex. 14. VII. 1939.
   Gr. Gr.: Felbertal, aus Graswurzeln und Moos unter dem beim Hintersee stehenden Stadel gesiebt 7 Ex. 14. VII. 1935 (leg. Scheerpeltz).
   Weit verbreitet, im Gebiete anscheinend vorwiegend in subalpinen Lagen.

352. — *(Nestus) nanus* Steph.
   S. Gr.: Woisken bei Mallnitz 1 Ex. 5. IX. 1941.
   Pinzgau: Salzach- und Felberbachau und bei Mittersill, unter Heumahden 17 Ex. 16. VII. 1934 (leg. Scheerpeltz).

353. — *(Nestus) humilis* Er.
   Gr. Gr.: Felbertal, in Moos und Humus an einem Felsen beim Gasthof Bruck 5 Ex. 14. VII. 1934 (leg. Scheerpeltz).

354. — *(Testus) brunnipes* Steph.
   S. Gr.: Umgebung von Rauris (leg. Konneczni).
   Gl. Gr.: Kapruner Tal, Talstufe unterhalb der Limbergalm, im nassen Moos an einer Felsplatte unweit der Ache 1 Ex. 15. VII. 1939.
   Pinzgau: Taxingbauer in Haid bei Zell am See, im Wiesenboden einer Kunst- und einer Magerwiese je 1 Ex. 15. VII. 1939.
   Weit verbreitet, die Art wird meist in Wäldern unter Moos gefunden.

355. — *(Tesnus) salisburgensis* Bernh.
   S. Gr.: Im Tal bei Hofgastein unter frisch geschnittenem Schilf (loc. typ., Bernhauer 1927) 3 Ex. Juli 1936; Bucheben, in 1200 m Höhe (leg. Leeder).
   Gr. Gr.: Felbertal, am Hintersee unter gemähtem und längere Zeit liegen gebliebenem Gras 1 Ex. 26. VIII. 1936 (leg. Scheerpeltz).

356. — *(Hypostenus) fulvicornis* Steph.
   Pinzgau: Taxingbauer in Haid bei Zell am See, im Wiesenboden einer Kunst- und einer Magerwiese je 1 Ex. 13. VII. 1939.

357. — *(Hypostenus) tarsalis* Ljungh.
   S. Gr.: Umgebung von Rauris (leg. Konneczni).
   Gl. Gr.: Ufer der Fuscher Ache oberhalb Ferleiten, auf den Schotterbänken je 1 Ex. 14. und 18. VII. 1940; Ferleiten, am Ufer eines von der Walcher Hochalm herabkommenden Baches unweit der Säge 1 Ex. 11. VII. 1941.
   Pinzgau: Bruck an der Glocknerstraße, am Salzachufer 1 Ex. 19. VII. 1940; Mittersill, Salzach- und Felberbachau, in Fallaub und unter gemähtem Gras 7 Ex. 16. VII. 1934 (leg. Scheerpeltz).

358. — *(Hypostenus) similis* Hrbst.
   Pinzgau: Taxingbauer in Haid bei Zell am See, im Wiesenboden 1 Ex. 13. VII. 1939; Mittersill, in der Salzach- und Felberbachau 5 Ex. 16. VII. 1934 (leg. Scheerpeltz).

359. — *(Hypostenus) fornicatus* Steph.
   Pinzgau: Stuhlfelden bei Mittersill, unter Wasser- und Sumpfpflanzen, die aus einem Tümpel beim Reinigen herausgerissen worden waren, 2 Ex. 7. VIII. 1936 (leg. Scheerpeltz).

360. — *(Hemistenus) niveus* Fauv.
   Pinzgau: N-Ufer des Zeller Sees, in der Verlandungszone 4 Ex. 13. VII. 1939.
   Lebt auf sumpfigen Wiesen und in der Verlandungszone stehender Gewässer.

361. — *(Hemistenus) nitidiusculus* Steph.
   S. Gr.: Naßfeld bei Gastein in 1600 m Höhe (leg. Leeder); Naßfeld bei Gastein (coll. Minarz).
   Gl. Gr.: Fuscher Tal oberhalb Ferleiten, auf den Wiesen unterhalb der Vogeralm aus Graswurzeln gesiebt 1 Ex. 21. VII. 1939.

362. *Stenus (Hemistenus) picipes* Steph.
   Pinzgau: Mittersill, in Fallaub und unter gemähtem Gras in der Salzach- und Felberbachau 1 Ex. 16. VII. 1934 (leg. Scheerpeltz).
363. — *(Parastenus) coarcticollis* Epp.
   S. Gr.: Umgebung von Rauris (leg. Konneczni).
   Gl. Gr.: Kapruner Tal, im Mischwald am Hang über dem Kesselfall aus tiefen Fallaublagen gesiebt 1 Ex. 14. VII. 1939; am Ufer der Kapruner Ache oberhalb des Kesselfalles 3 Ex. 14. VII. 1939; Käfertal, aus Fallaub unter *Alnus incana* und *Rhododendron hirsutum* gesiebt 2 Ex. 23. VII. 1939, 6 Ex. 14. V. 1940; Traueralm, aus *Rhododendron*-Fallaub oberhalb des Gasthofes gesiebt 2 Ex. 21. VII. 1939.
   Gr. Gr.: Wiegenwald-N-Hang (Stubachtal), in etwa 1500 m Höhe 1 Ex. 10. VII. 1939; Felbertal, beim Hintersee aus Graswurzeln und Moos am Felsen unterhalb des Stadels gesiebt 3 Ex. 14. VII. 1935 (leg. Scheerpeltz).
   Ein häufiger Bewohner der Waldstreu in Gebirgswäldern.
364. — *(Parastenus) Erichsoni* Rye.
   Gl. Gr.: Stubachtal, aus vermoostem Rasen beim Jagdhaus gesiebt 2 Ex. August 1934 (leg. Scheerpeltz); Eingang ins Hirzbachtal, unter Fallaub und Detritus in der Bachschlucht 5 Ex. 8. VII. 1941.
   Pinzgau: Mittersill, in der Salzach- und Felberbachau ziemlich häufig Juli—August 1935 und 1936 (leg. Scheerpeltz).
   Sehr weit verbreitet, findet sich nicht nur in feuchten Gebirgswäldern, sondern auch in den trockenen Buschwäldern der pannonischen Ebenen.
365. — *(Parastenus) fuscicornis* Er.
   Gl. Gr.: Senfteben, an der Glocknerstraße zwischen Guttal und Pallik in etwa 1900 m Höhe 1 Ex. 15. VII. 1940.
   Die Art scheint im Gebiete recht selten zu sein.
366. — *(Parastenus) glacialis* Heer.
   S. Gr.: Naßfeld bei Gastein (leg. Leeder et coll. Minarz); Umgebung von Rauris (leg. Konneczni); Seidelwinkeltal, am Weg von der obersten Alm zum Hochtor 1 Ex. 17. VIII. 1937; am alten Römerweg vom Kasereck zur Federtroglacke 3 Ex. 6. VIII. 1937; Kleine Fleiß, oberhalb des Alten Pocher 1 Ex. 3. VII. 1937.
   Gl. Gr.: Steilhang des Hohen Sattels gegen die Pasterze, im Moränengelände 2 Ex. 28. VII. 1937; Guttal, oberhalb der Ankehre der Glocknerstraße 1 Ex. 22. VIII. 1937; von Pacher (1853) und v. Kiesenwetter (Märkel und v. Kiesenwetter 1848) zur Zeit des letzten Pasterzenhöchststandes an der Pasterze gesammelt; Schafbühel bei der Rudolfshütte, aus *Rhododendron*-Fallaub gesiebt 2 Ex. August 1934 (leg. Scheerpeltz); Traueralm, oberhalb der Gastwirtschaft aus *Rhododendron*-Fallaub gesiebt 1 Ex. 21. VII. 1939.
   Gr. Gr.: Felbertal, unterhalb des Tauernhauses aus Moosrasen und *Rhododendron*-Fallaub gesiebt 5 Ex. 14. VII. 1935 (leg. Scheerpeltz).
   Die Art ist über die Gebirge Mitteleuropas und der Balkanhalbinsel weit verbreitet und findet sich als Glazialrelikt auch im Göldenitzer Hochmoor in Mecklenburg (vgl. Horion 1935). Sie lebt subalpin in Moos und Laubstreu, hochalpin unter Steinen.
367. — *(Parastenus) flavipalpis* Thoms.
   S. Gr.: Kötschachtal bei Gastein (coll. Minarz).
368. *Euaesthetus laeviusculus* Mannh.
   Gl. Gr.: Fuscher Rotmoos, im Gesiebe von etwas trockeneren Stellen mit Moos, Flechten und *Calluna vulgaris* 2 Ex. 14. V. 1940.
369. *Paederus (Paederidus) ruficollis* Fbr.
   Mölltal: Am Möllufer bei Flattach zahlreich 18. VI. 1942.
   Gl. Gr.: Stubachtal, am Ufer der Ache beim Jagdhaus 1 Ex. August 1934 (leg. Scheerpeltz); 3 Ex. mit Fundort „Großglockner" in coll. Pachole.
370. — *(Paederidus) rubrothoracicus* Gze.
   Pinzgau: Mittersill, am Ufer der Salzach und in den Salzachauen einzeln, Juli—August 1935 und 1936 (leg. Scheerpeltz).
371. — *(Paederus) riparius* L.
   Gr. Gr.: Felbertal, beim Gasthaus Bruck 1 Ex. am Weg neben dem Bach 14. VII. 1934 (leg. Scheerpeltz).
   Pinzgau: N-Ufer des Zeller Sees, in der Verlandungszone 2 Ex. 13. VII. 1939.
   Weit verbreitet, scheint jedoch in höheren Lagen zu fehlen.
372. — *(Paederus) fuscipes* Curt.
   Pinzgau: N-Ufer des Zeller Sees, in der Verlandungszone 1 Ex. 13. VII. 1939; Mittersill, im Detritus, Fallaub und unter gemähtem Gras in der Felberbachau 5 Ex. 16. VII. 1934 (leg. Scheerpeltz).
   Diese überaus weit verbreitete Art scheint im engeren Untersuchungsgebiet, vielleicht mit Ausnahme der tiefsten Tallagen, zu fehlen.
373. — *(Paederus) litoralis* Gravh.
   Pinzgau: Mittersill, am Salzachdammweg 1 Ex. August 1934 (leg. Scheerpeltz).
374. — *(Paederus) brevipennis* Lac.
   S. Gr.: Mallnitzer Tauerntal, beim Gasthof Gutenbrunn an einem Waldbach 1 Ex. 5. IX. 1941.
   Gl. Gr.: Am sandigen Ufer der Fuscher Ache unterhalb des Fuscher Rotmooses 1 Ex. 18. VII. 1940.
   Gr. Gr.: Dorfer Öd (Stubachtal), 1 Ex. in 1000 bis 1300 m Höhe 25. VII. 1939.
   Diese in Deutschland weitverbreitete Art scheint in den Ostalpen vorwiegend subalpine Lagen zu bewohnen; sie wurde auch von Ammann und Knabl (1912—13) im Ötztal vorwiegend in solchen und nicht auf den tiefsten Talböden gesammelt.
375. *Astenus filiformis* Latr.
   Gr. Gr.: Felbertal, bei der Schießstätte nächst Mittersill 2 Ex. 16. VIII. 1935 (leg. Scheerpeltz).

376. *Astenus angustatus* Pnyk.
    Gl. Gr.: Steppenwiesen entlang des Haritzerweges oberhalb Heiligenblut in etwa 1400 m Höhe, in der obersten Bodenschicht 1 Ex. 15. VII. 1940.
    Diese weitverbreitete Art scheint im Gebiete nur eine beschränkte Verbreitung zu besitzen.

377. *Stilicus rufipes* Germ.
    Mölltal: Zwischen Söbriach und Flattach am S-Hang in Fallaub unter *Corylus* 1 Ex. 18. VI. 1942.
    Gr. Gr.: An der Gabelung des Felber- und Amertales, im Wald oberhalb des Jagdhauses aus vermoosten Baumstrünken gesiebt 3 Ex. 16. VIII. 1935 (leg. Scheerpeltz). -
    Weit verbreitet, im Gebiete aber ebenfalls nur spärlich vertreten.

378. — *orbiculatus* Payk.
    Gl. Gr.: Stubachtal, beim Jagdhaus aus vermoosten Rasen am Waldrand gesiebt 5 Ex. August 1934 (leg. Scheerpeltz).

379. *Medon (Medon) brunneus* Er.
    Mölltal: Zwischen Söbriach und Flattach am S-Hang unter Fallaub 1 Ex. 18. VI. 1942.
    Die Art scheint schon im oberen Mölltal zu fehlen und ist zweifellos auf tiefste Tallagen der südlichen Tauerntäler beschränkt.

380. — *(Hypomedon) melanocephalus* Fbr.
    Gr. Gr.: Felbertal bei Mittersill, in Graswurzeln auf dem Felsen bei der Schießstätte 9 Ex. 16. VIII. 1935.

381. — *(Lithocharis) ochraceus* Gravh.
    Gr. Gr.: Felbertal, mit der vorgenannten Art (leg. Scheerpeltz).

382. *Scopaeus laevigatus* Gyllh.
    Pinzgau: Felben bei Mittersill, in der Felberbachau im Detritus und unter gemähtem Gras 3 Ex. 16. VII. 1934 (leg. Scheerpeltz).

383. *Domene scabricollis* Er.
    Gl. Gr.: Steilhang der Marxwiese gegen den Unteren Keesboden 1 Ex. 28. VII. 1937; Ködnitztal, an der Waldgrenze in etwa 2000 m Höhe aus Fallaub gesiebt 1 Ex. 14. VII. 1937; Schneiderau (Stubach), aus Fallaub und Moos unter einem alten Bergahorn gesiebt 1 Ex. 14. VII. 1939; Kapruner Tal, aus Moos an alten Bergahornstämmen oberhalb des Kesselfalles gesiebt 5 Ex. 5. VIII. 1936 (leg. Scheerpeltz); in der Bachschlucht des Hirzbaches in 1300 m Höhe aus Buchen- und Ahornfallaub gesiebt 1 Ex. 8. VII. 1941; Käfertal, im Fallaub und Moos unter *Alnus incana* 2 Ex. 14. V. 1940; zwischen Piffkaralm und Hochmais an der Glocknerstraße in etwa 1750 m Höhe 1 Ex. 15. VII. 1940.
    Gr. Gr.: Felbertal, aus einem morschen, bemoosten Lärchenstrunk unweit des Hintersees gesiebt 2 Ex. 14. VII. 1935 (leg. Scheerpeltz).
    Montane Art (nach Holdhaus 1927—28 petrophil), die in den Alpen und im deutschen Mittelgebirge vorkommt und unter Moos, Fallaub und morscher Rinde gefunden wird.

384. *Lathrobium (Tetartopeus) terminatum* Gravh.
    Pinzgau: Felberbachau bei Mittersill, unter gemähtem Gras und Fallaub 2 Ex. 16. VII. 1934 (leg. Scheerpeltz).

385. — *(Lathrobium) elongatum* L.
    Pinzgau: Felberbachau, mit der vorgenannten Art (leg. Scheerpeltz).

386. — *(Lathrobium) ripicola* Czwal.
    Gl. Gr.: Am Ufer der Kapruner Ache oberhalb des Kesselfalles 1 Ex. 14. VII. 1939.

387. — *(Lathrobium) fulvipenne* Gravh.
    Gl. Gr.: Am Weg von Kals nach Wurg 1 Ex. 26. VII. 1938.

388. — *(Lathrobium) brunnipes* Fbr.
    Gl. Gr.: Stubachtal, am Waldrand beim Jagdhaus aus vermoostem Rasen gesiebt 1 Ex. August 1934 (leg. Scheerpeltz).

389. — *(Lathrobium) longulum* Gravh.[1]
    Pinzgau: Taxingbauer in Haid bei Zell am See, im Wiesenboden einer Kunst- und einer Magerwiese bzw. 1 Ex. 13. VII. 1939.
    Häufig in Moos und auch im Wiesenboden; weit verbreitet, im Gebiete aber anscheinend auf tiefste Lagen beschränkt.

390. *Cryptobium (Cryptobium) fracticorne* Payk.
    Pinzgau: Stuhlfelden bei Mittersill, unter aus einem Tümpel ausgeräumten Wasser- und Sumpfpflanzen 1 Ex. 7. VIII. 1936 (leg. Scheerpeltz).

391. *Leptacinus linearis* Gravh.
    Gr. Gr.: Felbertal, in Rasenwurzeln auf dem Felsen nächst der Schießstätte unweit von Mittersill 1 Ex. 16. VIII. 1935 (leg. Scheerpeltz).

392. *Xantholinus (Gyrohypnus) punctulatus* Payk.
    S. Gr.: Beim Fleißgasthof an faulenden Pilzen 7 Ex. 7. VIII. 1937.
    Gr. Gr.: Amertaler Öd, in faulenden Pilzen in etwa 1600 m Höhe 2. VIII. 1935 (leg. Scheerpeltz).
    Pinzgau: Felberbachau bei Felben, in Detritus, Fallaub und unter gemähtem Gras 5 Ex. 16. VII. 1934 (leg. Scheerpeltz).
    Sehr weit verbreitet, lebt hauptsächlich an verfaulenden Pflanzen und an Aas.

---

[1] Nach Bernhauer i. l. wurde bei Rauris *Lathrobium (Lathrobium) testaceum* Kr. gefunden. Die Angabe, die auf von Otto gesammelte Stücke zurückgehen dürfte, ist bestätigungsbedürftig. Ich habe mehrfach von Otto mit Fundort „Rauris" bezettelte Käfer gesehen, die in den Hohen Tauern bestimmt nicht vorkommen. Findet sich *L. testaceum* tatsächlich in der Rauris, so ist dies ein weiteres Beispiel einer in den Hohen Tauern westwärts nur bis zum Rauriser Tal verbreiteten Art.

393. *Xantholinus (Xantholinus) tricolor* Fbr.
S. Gr.: Seidelwinkeltal, mittlerer Teil, 1 Ex. unter einem Stein 17. VIII. 1937.
Gl. Gr.: Käfertal, im unteren Teil des Tales unter Steinen 2 Ex. 23. VII. 1939.
Die Art ist weit verbreitet.

394. — *(Xantholinus) longiventris* Heer.
Gl. Gr.: Ufer der Fuscher Ache oberhalb Ferleiten 1 Ex. 14. VII. 1940.

395. — *(Xantholinus) linearis* Ol.
Gr. Gr.: Felbertal, beim Gasthof Bruck unter einem Stein 1 Ex. 14. VII. 1934 (leg. Scheerpeltz).
Pinzgau: Felberbachau bei Felben, in Fallaub und unter gemähtem Gras 1 Ex. 16. VII. 1934 (leg. Scheerpeltz).
Diese weitverbreitete und häufige Art scheint im Gebiete nur die allertiefsten Lagen zu bewohnen.

396. — *(Xantholinus) laevigatus* Jacobs (= *distans* auct. ex parte sec. Scheerpeltz).
Mölltal: Zwischen Söbriach und Flattach am S-Hang in Fallaub unter *Corylus* 3 Ex. 18. VI. 1942.
S. Gr.: Große Fleiß, subalpin 1 Ex. unter einem Stein Juli 1937; beim Fleißgasthof an faulenden Pilzen und im Wald in der Nadelstreu zusammen 5 Ex. 9. VII. und 3. VIII. 1937; Seidelwinkeltal, mittlerer Teil, 1 Ex. 17. VIII. 1937.
Gl. Gr.: Steppenwiesen oberhalb Heiligenblut am Haritzerweg, im Rasengesiebe in 1450 m Höhe 2 Ex. 15. VII. 1940; am Weg von Kals ins Dorfer Tal 1 Ex. 18. VII. 1937; Fuscher Tal oberhalb Ferleiten, am Unterlauf des Judenbaches unter einem Stein 1 Ex. 23. VII. 1939; Almmatten oberhalb der Traunerahm 1 Ex. 21. VII. 1939.

397. *Baptolinus affinis* Payk.
S. Gr.: Im Wald oberhalb des Fleißgasthofes 1 Ex. in einem morschen Lärchenstrunk 9. VII. 1937.
Gr. Gr.: Felbertal, in einem morschen, bemoosten Baumstrunk 1 Ex. 14. VII. 1934 (leg. Scheerpeltz).
Die Art lebt in morschem Holz, sie ist in den subalpinen Wäldern des Untersuchungsgebietes sicher weiter verbreitet.

398. — *pilicornis* Payk.
Gl. Gr.: Dorf Fusch (leg. Frieb, teste Horion).

399. — *longiceps* Fauv.
Gl. Gr.: Dorf Fusch (leg. Frieb, teste Horion).

400. *Othius punctulatus* Gze.
Gl. Gr.: Heiligenblut, SW-Hang unmittelbar oberhalb des Ortes in Fallaub unter *Corylus* 2 Ex. 18. VI. 1942.
Die Art scheint nur warme Lagen der südlichen Tauerntäler zu bewohnen.

401. — *melanocephalus* Gravh.
Gl. Gr.: SO-Hang der Freiwand gegen die Sturmalm, unter Steinen 2 Ex. 29. VII. 1937; Dorfer Tal (leg. Konneczni).
Gr. Gr.: Amertaler Öd, bei der Ödalm unter einem Stein 1 Ex. 4. VIII. 1935 (leg. Scheerpeltz).
Eine weitverbreitete Art.

402. — *lapidicola* Ksw.
Gl. Gr.: Albitzen-SW-Hang, am Schneerand in 2450 m Höhe 2 Ex. 17. VII. 1940; an der Pasterze unter Steinen (Pacher 1853); Pasterzenvorfeld zwischen Glocknerstraße und Möllschlucht, innerhalb der Moräne des Jahres 1856 aus Wurzelwerk gesiebt 1 Ex. 23. VIII. 1937; SO-Hang der Freiwand gegen die Sturmalm 1 Ex. 29. VII. 1937; am Stüdlweg zwischen Bergertörl und Mödlspitze 1 Ex. 11. VIII. 1937; Dorfer Tal, knapp oberhalb der Daberklamm aus Grünerlenfallaub gesiebt 1 Ex. 18. VII. 1937; Talschluß des Dorfer Tales, im Moränengelände unterhalb des Kalser Bärenkopfes 2 Ex. 17. VII. 1937; Kapruner Tal, in der nächsten Umgebung des Kesselfalles aus nassem Moos und Fallaub gesiebt 1 Ex. 14. VII. 1939; Kapruner Tal, in 1300 m Höhe aus Moos an den Stämmen alter Bergahorne und aus deren Mulm gesiebt 2 Ex. 5. VIII. 1936 (leg. Scheerpeltz); Stubachtal, bei der Alm oberhalb des Grünsees 1 Ex. unter einem Stein, August 1934 (leg. Scheerpeltz); Hirzbachtal, in der Bachschlucht in etwa 1300 m Höhe aus Detritus unter Hochstauden gesiebt 1 Ex. 8. VII. 1941.
Gr. Gr.: Am Weg vom Kalser Tauernhaus zur Aderspitze 1 Ex. 19. VII. 1937; beim Amertaler See unter Steinen 2 Ex. 4. VIII. 1935 (leg. Scheerpeltz); Felbertal, oberhalb des Hintersees unter Steinen 2 Ex. 14. VII. 1935 (leg. Scheerpeltz).
Schobergr.: Gößnitztal, bei der Bretterbruck aus Grünerlenfallaub gesiebt 4 Ex. 9. VII. 1937.
Weitverbreitete Art, die im Gebiete in subalpinen Lagen meist in der Waldstreu, in hochalpinen Lagen unter Steinen und zwischen Graswurzeln zu finden ist.

403. — *brevipennis* Kr.
S. Gr.: Kötschachtal bei Gastein, beim Gasthof „Grüner Baum" (coll. Minarz).
Gl. Gr.: Guttal, in der Laubstreu unterhalb der Ankehre der Glocknerstraße 1 Ex. 22. VIII. 1937 und auf den Wiesen über der Straßenkehre unter einem Stein 1 Ex. 15. VII. 1940; Pasterzenvorfeld zwischen Glocknerstraße und Möllschlucht, innerhalb der Moräne des Jahres 1856 1 Ex. und außerhalb der Moräne zwischen Graswurzeln 1 Ex. 29. VII. 1937; Festucetum durae unmittelbar unterhalb des Glocknerhauses, im Rasengesiebe 1 Ex. 3. VIII. 1938; Ködnitztal, an der Waldgrenze in 2000 m Höhe aus Fallaub gesiebt 2 Ex. 14. VII. 1937; Stubachtal, Französachalm oberhalb des Grünsees 1 Ex. unter einem Stein, August 1934 (leg. Scheerpeltz); Kapruner Tal, im Moos und Baummulm alter Bergahornstämme oberhalb des Kesselfalles in 1300 m Höhe 2 Ex. 5. VIII. 1936; Käfertal, im Fallaub unter *Alnus incana* 2 Ex. 14. V. 1940; Fuscher Tal unterhalb Dorf Fusch, in der Grauerlenau am Wachtbergbach in Fallaub 2 Ex. 23. V. 1941.
Gr. Gr.: Amertal, am Amertaler See unter Steinen 2 Ex. 4. VIII. 1935 (leg. Scheerpeltz); Felbertal, oberhalb des Hintersees am Weg zum Felbertauern unter Steinen 2 Ex. 14. VII. 1935 (leg. Scheerpeltz).
Die Art ist in den Ostalpen und Karpathen heimisch, sie lebt subalpin unter Moos und Fallaub und steigt bis in die alpine Zwergstrauchstufe empor, wo sie zwischen Graswurzeln und unter Steinen zu finden ist.

404. *Neobisnius procerulus* Gravh.
Pinzgau: An der Salzach bei Mittersill auf einer Sandbank aus Meldenwurzeln geschwemmt 3 Ex. August 1936 (leg. Scheerpeltz).

405. — *prolixus* Er.
Mölltal: Möllufer bei Flauach 1 Ex. 18. VI. 1942.

406. *Actobius cinerascens* Gravh.
Gl. Gr.: Fuscher Rotmoos, im nassen Moos des Flachmoores 1 Ex. 14. V. 1940.
Weit verbreitet, lebt in Sümpfen und im Geniste am Rande von Gewässern.

407. *Philonthus (Philonthus) intermedius* Boisd.
Gl. Gr.: Am Weg von Kals ins Dorfer Tal 1 Ex. 18. VII. 1937.
Gr. Gr.: Felbertal, oberhalb des Hintersees am Weg zum Felbertauern unter Pferdemist in fast 2000 m Höhe 2 Ex. 14. VII. 1935 (leg. Scheerpeltz).
Weit verbreitet, lebt in faulenden vegetabilischen Stoffen.

408. — *(Philonthus) laminatus* Creutz.
Gl. Gr.: An der Pasterze (Pacher 1853); am Weg von Kals ins Dorfertal 1 Ex. 18. VII. 1937.
Die Art wurde von O. Scheerpeltz auch im Habachtal beim Gasthof „Alpenrose" unter Kuhfladen gesammelt. Lebensweise und Verbreitung stimmen mit den bei der vorgenannten Art gemachten Angaben überein.

409. — *(Philonthus) laevicollis* Boisd.
Gl. Gr.: Stubachtal, am Weg vor der Rudolfshütte unter einem Kuhfladen 2 Ex. August 1934 (leg. Scheerpeltz).
Die Art ist in den Alpen und Karpathen heimisch.

410. — *(Philonthus) montivagus* Heer. f. typ. und var. *nimbicola* Fauv.
S. Gr.: Mittlerer Teil des Seidelwinkeltales 1 Ex. 17. VIII. 1937; Umgebung von Rauris (leg. Konneczni).
Gl. Gr.: Kar zwischen Albitzen- und Wasserradkopf, in 2450 m Höhe am Schneerand unter Steinen 2 Ex. 17. VII. 1940; an der Pasterze (Märkel und v. Kiesenwetter 1848); Sturmalm, unweit unterhalb der Sturmkapelle aus Graswurzeln gesiebt 1 Ex. 25. VII. 1937; im Festucetum durae unmittelbar unterhalb des Glocknerhauses 1 Ex. aus Graswurzeln gesiebt 27. VII. 1939; Pasterzenvorfeld zwischen Glocknerstraße und Möllschlucht 1 Ex. 23. VIII. 1937; S-Hang der Margaritze 2 Ex. 7. VII. 1937; Wienerweg zwischen Stockerscharte und neuer Salmhütte, unter einem Stein 1 Ex. 10. VIII. 1937; im Schwertkar und am Hang unterhalb der neuen Salmhütte unter Steinen je 1 Ex. 13. VII. 1937; am Weg von der Rudolfshütte zum Kapruner Törl am Schneerand in 2300 m Höhe 3 Ex. August 1934 (leg. Scheerpeltz); Walcher Hochalm, am S-Hang in 2000 bis 2500 m Höhe 2 Ex. 9. VII. 1941; N-Hang unterhalb der Unteren Pfandlscharte in 2200 bis 2300 m Höhe unter einem Stein 1 Ex. 18. VII. 1940.
Gr. Gr.: Amertaler See 2200 m (leg. Scheerpeltz); Felbertauern 2400 m 11 Ex. 14. VII. 1935 (leg. Scheerpeltz).
Der var. *nimbicola* gehören von den angeführten Tieren nur zwei, das Stück von der Sturmalm und 1 Ex. aus dem Gebiete der Rudolfshütte (leg. Scheerpeltz), an.
Eine montane Art, die in den Gebirgen Mitteleuropas weit verbreitet ist. Man findet sie vorwiegend in der alpinen Zwergstrauch- und Grasheidenstufe unter Steinen, in Moos und zwischen Graswurzeln.

411. — *(Philonthus) nitidus* Fbr.
S. Gr.: Seidelwinkeltal, mittlerer Teil 1 Ex. 17. VIII. 1937.
Die Art ist weit verbreitet und lebt coprophag in Pferdemist. O. Scheerpeltz fand sie in solchem im Habachtal am Weg unterhalb des Gasthofes „Alpenrose".

412. — *(Philonthus) politus* L. (= *aeneus* Rossi).
S. Gr.: Beim Fleißgasthof an faulenden Pilzen 22 Ex. 7. VIII. 1937.
Gl. Gr.: Walcher Hochalm, in 2100 bis 2300 m Höhe an Rinderdung 1 Ex. 9. VII. 1941.
Gr. Gr.: Felbertal, oberhalb des Hintersees in fast 2000 m Höhe unter Pferdemist 2 Ex. 14. VII. 1935.
Die Art ist holopalaearktisch verbreitet und lebt in faulenden vegetabilischen Stoffen. Im Gebiete ist sie nach Feststellungen von O. Scheerpeltz (i. l.) weiter verbreitet, im allgemeinen aber auf tiefere Lagen beschränkt.

413. — *(Philonthus) chalceus* Steph.
S. Gr.: Beim Fleißgasthof in faulenden Pilzen 5 Ex. 7. VIII. 1937; am Weg vom Fleißgasthof nach Heiligenblut 1 Ex. Juli 1937.
Gl. Gr.: Enzingerboden im Stubachtal, an einem Vogelaas 4 Ex. 19. VIII. 1936 (leg. Scheerpeltz).
Gr. Gr.: Felbertal, oberhalb des Hintersees in Pferdemist in fast 2000 m Höhe 5 Ex. 14. VII. 1934 (leg. Scheerpeltz).
Sehr weit verbreitet, Lebensweise wie bei der vorgenannten Art. Nach den Feststellungen von O. Scheerpeltz (i. l.) ist auch diese Art im Gebiete weiter verbreitet und im allgemeinen auf tiefere Lagen beschränkt.

414. — *(Philonthus) temporalis* Muls. et Rey.
S. Gr.: Umgebung von Rauris (leg. Konneczni).
Gl. Gr.: Dorfer Tal (leg. Konneczni).
In den Gebirgen Mitteleuropas verbreitet, anscheinend eine montane Art.

415. — *(Philonthus) atratus* Gravh.
Pinzgau: Salzachau bei Mittersill, an Ziegenmist 1 Ex. August 1936 (leg. Scheerpeltz).

416. *Philonthus (Philonthus) rotundicollis* Men.
Gl. Gr.: Stubachtal, am Weg vom Enzingerboden zum Grünsee unter einem Stein am Bachrand 1 Ex. August 1934 (leg. Scheerpeltz); Ufer der Fuscher Ache unterhalb des Fuscher Rotmooses, je 1 ♂ und ♀ in Horsten von *Saxifraga aizoides* am sandigen Ufer der Ache 18. VII. 1940.
Eine weitverbreitete, aber nicht häufige Art.

417. *Philonthus (Philonthus) aerosus* Ksw.
S. Gr.: Umgebung von Rauris (leg. Konneczni).
Gl. Gr.: Dorfer Tal (leg. Konneczni); Moosboden, an einem Erdrutsch am linken Hang in etwa 2000 m Höhe 1 Ex. 17. VII. 1939; am Weg zur Rudolfshütte über dem Weißsee 1 Ex. August 1934 (leg. Scheerpeltz); am Weg von Ferleiten zur Vogerlalm im Fuscher Tal 2 Ex. 21. VII. 1939; Käfertal, im Fallaub unter *Alnus incana* 1 Ex. 14. V. 1940.
In den Alpen und Karpathen weit verbreitet, im allgemeinen aber nicht häufig.

418. — *(Philonthus) rectangulus* Sharp.
S. Gr.: Beim Fleißgasthof in faulenden Pilzen 1 Ex. 7. VIII. 1937.
Die ursprünglich aus Ostasien beschriebene Art wurde erst vor wenig mehr als einem Jahrzehnt auch in Europa nachgewiesen, seitdem aber an zahlreichen Punkten Mitteleuropas festgestellt. Sie wurde in Tirol auch schon hochalpin gesammelt.

419. — *(Philonthus) concinnus* Gravh.
Pinzgau: Mittersill, in der Felberbachau unter Fallaub und gemähtem Gras 6 Ex. 16. VII. 1934 (leg. Scheerpeltz).
Auch sonst im Pinzgau und in den nördlichen Tauerntälern in altem Rindermist häufig (Scheerpeltz i. l.).

420. — *(Philonthus) sanguinolentus* Gravh.
Gr. Gr.: Felbertal, über dem Hintersee in 1800 m Höhe 4 Ex. unter frischen Rinderexkrementen 14. VII. 1935 (leg. Scheerpeltz).
Die Art ist in tieferen Lagen im Pinzgau und den nördlichen Tauerntälern in frischen Rinderexkrementen nicht selten (Scheerpeltz i. l.).

421. — *(Onychophilonthus) marginatus* Stroem.
S. Gr.: Hüttenwinkeltal, zwischen Bucheben und Bodenhaus 1 Ex. 15. V. 1940; Umgebung von Rauris (leg. Konneczni).
Gl. Gr.: Stubachtal, am Weg vom Enzingerboden zum Grünsee im Moos an einem alten Baumstrunk 1 Ex. August 1934 (leg. Scheerpeltz).
Gr. Gr.: Felbertal, beim Hintersee unter dem Stadel aus Moos gesiebt 3 Ex. 14. VII. 1934 (leg. Scheerpeltz).
Die Art ist weit verbreitet.

422. — *(Gefyrobius) decorus* Gravh.
Gl. Gr.: Weg von Kals ins Dorfer Tal 3 Ex. 18. VII. 1937; Kapruner Tal, Weg vom Kesselfall gegen den Wasserfallboden 1 Ex. 15. VII. 1939; oberhalb des Kesselfalles in 1300 m Höhe im Moos und Baummulm alter Bergahorne 2 Ex. 5. VIII. 1936 (leg. Scheerpeltz); Wald unterhalb der Traueralm 1 Ex. 21. VII. 1939; Piffkaralm, in 1630 m Höhe an der Glocknerstraße auf Neuschnee 1 Ex. 22. V. 1941; Fuscher Tal unterhalb Dorf Fusch, in der Grauerlenau am Wachtbergbach 1 Ex. 23. V. 1941.
Gr. Gr.: Amertaler Öd, 1600 m, Moosrasen im Wald 3 Ex. 4. VIII. 1935; Felbertal, beim Hintersee im Moos am Hang unter dem Stadel 6 Ex. 14. VII. 1935 (beide leg. Scheerpeltz).
Die Art ist weit verbreitet, sie lebt vorwiegend in Wäldern.

423. — *(Gefyrobius) fuscipennis* Mannh.
Gl. Gr.: Fuscher Tal oberhalb Ferleiten, unweit der Vogerlalm 1 Ex. 19. VII. 1937.
Nach Scheerpeltz (i. l.) ist die Art im Pinzgau und seinen Nebentälern in faulenden Vegetabilien überall häufig, steigt aber für gewöhnlich nicht über 800 bis 900 m empor.

424. — *(Gefyrobius) varius* Gyllh.
Gr. Gr.: Felbertal, unterhalb des Hintersees in 1300 m Höhe in mit Rindermist vermengter Waldstreu 6 Ex. 27. VII. 1935 (leg. Scheerpeltz).
Nach Scheerpeltz (i. l.) findet sich die Art im Pinzgau und seinen Nebentälern in faulenden Vegetabilien und in Dünger überall, jedoch nirgends häufig.

425. — *(Gefyrobius) frigidus* Ksw.
S. Gr.: Kleine Fleiß, auf den Wiesen oberhalb des Alten Pocher unter Steinen je 1 Ex. 3. und 24. VII. 1937.
Gl. Gr.: Albitzen-SW-Hang, unweit südlich der Marienhöhe in 2200 m Höhe im Festucetum durae gesiebt 1 Ex. 3. VIII. 1938; Pasterzenvorfeld zwischen Glocknerstraße und Möll, außerhalb der Moräne des Jahres 1856 1 Ex., innerhalb derselben 2 Ex. 5. und 25. VII. 1937; an der Pasterze während des letzten Höchststandes derselben (Märkel und v. Kiesenwetter 1848, loc. typ.); Umgebung des Dorfer Sees im Dorfer Tal 1 Ex. 15. VII. 1937; Margaritze-S-Hang 1 Ex. 7. VII. 1937; am Weg von der Rudolfshütte zum Kapruner Törl zwischen Graswurzeln am Schneerand 2 Ex. August 1934 (leg. Scheerpeltz).
Weit verbreitete, anscheinend ausschließlich montane Art, die in den Alpen allenthalben in der Zwergstrauch- und hochalpinen Grasheidenstufe vorkommt. Man findet sie zwischen Graswurzeln und unter Steinen; im Gebiete ist sie so spärlich vertreten, daß eine scharfe soziologische Kennzeichnung noch nicht möglich ist.

426. — *(Gefyrobius) lepidus* Gravh.
Pinzgau: Mittersill, am Salzachufer 3 Ex. August 1936 (leg. Scheerpeltz).

427. — *(Gefyrobius) longicornis* Steph.
Pinzgau: Mittersill, 1 Ex. am Licht August 1934 (leg. Scheerpeltz).

428. — *(Gefyrobius) varians* Payk.
S. Gr.: Umgebung von Rauris (leg. Konneczni); beim Fleißgasthof an faulenden Pilzen in großer Zahl 7. VIII. 1937; Winklern, in faulendem Unkrauthaufen mehrfach 18. VI. 1942.
Gl. Gr.: An der Glocknerstraße zwischen Piffkar und Hochmais in 1750 m Höhe 1 Ex. 15. VII. 1941.
Nach Scheerpeltz (i. l.) im Pinzgau und in den nördlichen Tauerntälern in sich zersetzenden organischen Stoffen überall, im allgemeinen aber nicht hoch emporsteigend.

429. — *(Gefyrobius) agilis* Gravh.
Pinzgau: Felben bei Mittersill, in der Felberbachau unter Fallaub und gemähtem Gras 3 Ex. 16. VII. 1934 (leg. Scheerpeltz).

430. *Philonthus (Gefyrobius) albipes* Gravh.
   Gl. Gr.: Stubachtal, am Weg von der Rudolfshütte zum Grünsee bei der Französachalm unter einem Kuhfladen 2 Ex. August 1934 (leg. Scheerpeltz).

431. — *(Gefyrobius) fimetarius* Gravh.
   S. Gr.: Beim Fleißgasthof in faulenden Pilzen in großer Zahl 7. VIII. 1937; in der Kleinen Fleiß auf den sonnigen Wiesen oberhalb des Alten Pocher unter einem Stein 1 Ex. 3. VII. 1937.
   Weit verbreitet, lebt an faulenden organischen Stoffen und im Dünger. Nach Scheerpeltz (i. l.) findet sich die Art im Pinzgau und in den tieferen Teilen der nördlichen Tauerntäler überall.

432. — *(Gefyrobius) sordidus* Gravh.
   S. Gr.: Beim Fleißgasthof in faulenden Pilzen 8 Ex. 7. VIII. 1937.
   Gr. Gr.: Felbertal, oberhalb des Hintersees in fast 2000 m Höhe 4 Ex. 14. VII. 1934 (leg. Scheerpeltz).
   Sehr weit verbreitet, lebt von verwesenden organischen Stoffen. Nach Scheerpeltz (i. l.) findet sich die Art im Pinzgau und in den tieferen Lagen der nördlichen Tauerntäler an faulenden Vegetabilien überall.

433. — *(Gefyrobius) ventralis* Gravh.
   Pinzgau: Mittersill, in der Felberbachau in Fallaub und unter gemähtem Gras 2 Ex. 16. VII. 1934 (leg. Scheerpeltz).

434. — *(Gefyrobius) micans* Gravh.
   Pinzgau: Mittersill, am Licht 1 Ex. August 1934 (leg. Scheerpeltz).

435. — *(Gefyrobius) fulvipes* Fbr.
   Mölltal: Möllufer bei Flattach 1 Ex. 18. VI. 1942.
   Gl. Gr.: Fuscher Tal oberhalb Ferleiten, am sandigen Ufer der Fuscher Ache 1 Ex. 18. VII. 1940.
   Pinzgau: Mittersill, an der Salzach auf einer Sandbank aus Meldenwurzeln geschwemmt 7 Ex. August 1936 (leg. Scheerpeltz).
   Weit verbreitet, lebt am Rande von Gewässern und in sumpfigem Gelände.

436. — *(Gefyrobius) puella* Nordm.
   S. Gr.: Beim Fleißgasthof an faulenden Pilzen 1 Ex. 7. VIII. 1937; Umgebung von Rauris (leg. Konneczni).
   Pinzgau: Königswald bei Mittersill, an alten Pilzen 2 Ex. August 1935.
   Die Art ist nach Horion (i. l.) boreoalpin verbreitet, sie ist aus folgenden Gebieten gemeldet: Nordrußland, Baltikum, Fennoskandia, Dänemark, Großbritannien, norddeutsches Küstengebiet von Ostpreußen bis Friesland, Thüringen, Rothaergebirge in Westfalen, Sudeten, Beskiden, Nordkarpathen, Nordbalkan, Vogesen, Jura, Mt. Dore, Mt. Pilat, Pyrenäen und Alpen.

437. — *(Rabigus) tenuis* Fbr.
   Mölltal: Möllufer bei Flattach 1 Ex. 18. VI. 1942.
   Gl. Gr.: Fuscher Tal oberhalb Ferleiten, auf einer feuchten Wiese unterhalb der Vogerlalm unter einem Stein 1 Ex. 14. V. 1940.
   Pinzgau: Mittersill, am Ufer der Salzach auf einer Sandbank aus Meldenwurzeln geschwemmt 1 Ex. August 1936 (leg. Scheerpeltz).
   Weit verbreitet, im Gebiete aber anscheinend recht selten und auf die tiefsten Tallagen beschränkt.

438. — *(Gabrius) vernalis* Gravh.
   Mölltal: S-Hang an der Straße zwischen Söbriach und Flattach im Fallaubgesiebe 3 Ex. 18. VI. 1942.
   Gl. Gr.: Am Weg von Kals ins Dorfer Tal 1 Ex. 18. VII. 1937.
   Sehr weit verbreitete Art, die im Gebiete aber anscheinend selten und auf die tiefsten Lagen beschränkt ist.

439. — *(Gabrius) tirolensis* Luze.
   Gl. Gr.: Kapruner Tal, in der Umgebung des Kesselfalles 1 Ex. 14. VII. 1939.
   Von Luze in Taufers in den Zillertaler Alpen entdeckt, auch in Nordwesttirol (vgl. Horion 1935); die Art ist ökologisch und tiergeographisch noch ungenügend erforscht.

440. — *(Gabrius) nigritulus* Gravh.
   Gl. Gr.: Käfertal, aus Moos an den Stämmen der obersten alten Bergahorne gesiebt 1 Ex. 23. VII. 1939; Fuscher Rotmoos, im nassen Moos 1 Ex. 14. V. 1940; Ufer der Fuscher Ache oberhalb Ferleiten 18. VII. 1940 1 Ex.
   Weit verbreitet, nach Scheerpeltz (i. l.) im Pinzgau und in den nördlichen Tauerntälern unter faulenden Vegetabilien überall.

441. — *(Gabrius) pennatus* Shp.
   Gl. Gr.: Fuscher Rotmoos 1250 m, im nassen Moos 2 ♂, 3 ♀ 14. V. 1940.
   Gr. Gr.: Amertaler Öd, in 2200 m Höhe aus nassem Moos gesiebt 3 Ex. 4. VIII. 1935 (leg. Scheerpeltz).
   Eine anscheinend in Mitteleuropa und darüber hinaus weitverbreitete, aber noch ungenügend erforschte Art.

442. — *(Gabrius) appendiculatus* Shp.
   Diese weitverbreitete Art wurde von O. Scheerpeltz (i. l.) bei der Habachhütte im obersten Habachtal auf der N-Seite der Venedigergruppe in nassem Moos an einem Gerinne gesammelt und findet sich sicher auch im engeren Untersuchungsgebiet.

443. — *(Gabrius) toxotes* Joy.
   Gr. Gr.: Felbertal, aus vermoostem Rasen unterhalb des Stadels beim Hintersee gesiebt 3 Ex. 14. VII. 1935 (leg. Scheerpeltz).
   Pinzgau: Haid bei Zell am See, in der obersten Bodenschicht einer Kunstwiese 1 Ex. 13. VII. 1939.
   Eine bisher tiergeographisch und ökologisch noch ungenügend erforschte Art.

444. — *(Gabrius) stipes* Shp.
   Gr. Gr.: Felbertal, unterhalb des Stadels beim Hintersee aus vermoostem Rasen gesiebt 1 Ex. 14. VII. 1935 (leg. Scheerpeltz).
   Auch diese Art ist tiergeographisch und ökologisch noch unzulänglich erforscht.

445. *Staphylinus (Trichoderma) pubescens* De G.
S. Gr.: Beim Fleißgasthof in faulenden Pilzen 8 Ex. 7. VIII. 1937; am Weg vom Fleißgasthof nach Heiligenblut 1 Ex. Juli 1937.
Gr. Gr.: Felbertal, auf der Straße vor dem Tauernhaushospital an Pferdeexkrementen 3 Ex. Juli 1935 (leg. Scheerpeltz).

446. — *(Parabemus) fossor* Scop.
S. Gr.: An sandigen Stellen um Gastein (Giraud 1851).
Gl. Gr.: Im Kapruner Tal (Escherich 1888—89).
Die Art wurde von Scheerpeltz (i. l.) im Habachtal und Krimmler Achental auf der N-Seite der Venedigergruppe gesammelt.

447. — *(Abemus) chloropterus* Pz.
Pinzgau: Mittersill, aus einem Komposthaufen in einem Garten 1 Ex. Juli 1936 (leg. Scheerpeltz).

448. — *(Platydracus) stercorarius* Ol.
S. Gr.: Seidelwinkeltal, mittlerer Teil, 1 Ex. 17. VIII. 1937; Große Fleiß, subalpin 1 Ex. Juli 1937.
Gl. Gr.: Haritzerweg, zwischen Glocknerhaus und Naturbrücke über die Möll 1 Ex. 25. VII. 1937.
Gr. Gr.: Felbertal, unterhalb des Hintersees am Wege 1 Ex. Juli 1936 (leg. Scheerpeltz); Dorfer Öd (Stubach), 1 Ex. 25. VII. 1939.

449. — *(Platydracus) fulvipes* Scop.
Gl. Gr.: Fuscher Rotmoos, in nassem Moosrasen 1 Ex. 14. V. 1940.
Gr. Gr.: Felbertal, unterhalb des Hintersees unter einem in Moos eingebetteten Stein 1 Ex. Juli 1937.
Eine seltene, wenn auch weitverbreitete Art.

450. — *(Staphylinus) caesareus* Cederh.
S. Gr.: Hüttenwinkeltal, auf den feuchten Wiesen und Almen zwischen Grieswiesalm und Bodenhaus zahlreich, auch mehrere Pärchen in copula 15. V. 1940; Seidelwinkeltal, unterster Teil 1 Ex. 17. VIII. 1937.
Gl. Gr.: Stubachtal, am Enzingerboden unter einem Stein 1 immatures Ex. August 1934 und unterhalb des Enzingerbodens freilaufend 1 Ex. August 1934 (leg. Scheerpeltz); Kapruner Tal, am Weg oberhalb des Kesselfalles 2 Ex. 5. VIII. 1936 (leg. Scheerpeltz); Fuscher Tal oberhalb Ferleiten, auf den feuchten bis sumpfigen Wiesen aufwärts bis ins Käfertal häufig unter Steinen und Moos 14. V. 1940; im Fuscher Tal unterhalb der Trauneralm auf einer feuchten Wiese 1 Ex. 21. VII. 1939.
Gr. Gr.: Felbertal, am Weg 6 Ex. Juli—August 1935 und 1936 (leg. Scheerpeltz).
Pinzgau: Mittersill, auf Straßen und Wegen sowie am Salzachdamm unter Steinen 7 Ex. im Juli bis August 1935 und 1936 (leg. Scheerpeltz).
Die Art ist auf den feuchten Wiesen der Talböden besonders im Frühling häufig und scheint für feuchtes Wiesengelände besondere Vorliebe zu haben.

451. — *(Staphylinus) parumtomentosus* Stein.
Gr. Gr.: Felbertal, am Wege 2 Ex. Sommer 1935 und 1936 (leg. Scheerpeltz).
Pinzgau: Mittersill, auf Straßen und Wegen 3 Ex. Sommer 1935 und 1936 (leg. Scheerpeltz).

452. — *(Staphylinus) erythropterus* L.
Gr. Gr.: Felbertal, auf der Kuhweide unter Steinen 2 Ex. Juli 1935 und August 1936 (leg. Scheerpeltz).

453. — *(Goerius) tenebricosus* Gravh.
Gr. Gr.: Felbertal, im Gemeindewald am O-Fuß des Pihapper unter einem Stein im Moos 1 Ex. August 1935 (leg. Scheerpeltz).
Die weitverbreitete Art scheint im Gebiete selten und auf tiefste Lagen beschränkt zu sein.

454. — *(Goerius) brevipennis pseudoalpestris* Müll.
S. Gr.: Umgebung von Rauris (leg. Koneczni); Stanziwurten, hochalpin 2 Ex. 2. VII. 1937.
Gl. Gr.: Ein wahrscheinlich im Pasterzengebiet gesammeltes Stück mit dem Fundortzettel „Großglockner" aus der Sammlung Pachole in meinem Besitz; Schafbühel bei der Rudolfshütte, am Hang gegen den Tauernmoosboden unter einem Stein 1 Ex. Juli 1934 (leg. Scheerpeltz).
Gr. Gr.: Felbertal, unterhalb des Tauernhauses unter einem Stein 1 Ex. 14. VII. 1935 (leg. Scheerpeltz).
Die in anderen Teilen der Ostalpen in hochalpinen Lagen häufige Form scheint in den mittleren Hohen Tauern recht selten zu sein.

455. — *(Goerius) ophthalmicus hypsibatus* Bernh.
S. Gr.: Retteneggalm und Kramkogel bei Rauris (leg. Koneczni); Krumeltal, in 1800 m Höhe (leg. Leeder); Seidelwinkeltal, beim Tauernhaus (Märkel und v. Kiesenwetter 1848); Seidelwinkeltal, am Weg zum Hochtor in der hochalpinen Grasheidenstufe 1 Ex. 17. VIII. 1937; Kleine Fleiß, am Weg vom Alten Pocher auf den Seebichel 1 Ex. 24. VII. 1937.
Gl. Gr.: Am Eingang in das Naßfeld des Pfandlschartenbaches unter einem Stein in der hochalpinen Grasheide 1 Ex. 26. VII. 1939; am Weg vom Glocknerhaus zur Pfandlscharte (Holdhaus 1909); Kar südwestlich der beiden Pfandlscharten, unmittelbar oberhalb der Abstürze gegen das Naßfeld 1 Ex. 29. VII. 1937; Freiwand, am SO-Hang oberhalb der Glocknerstraße 1 Ex. 21. VII. 1938; S-Hang der Margaritze 1 Ex. 7. VII. 1937; Steilhang der Marxwiese gegen den Unteren Keesboden 1 Ex. 18. VIII. 1937; im Rasen oberhalb der Pasterzenmoräne unterhalb des Kellersbergkamps 1 Ex. 19. VIII. 1937; am Hang unterhalb der neuen Salmhütte gegen den Leiterbach 3 Ex. 13. VII. 1937; am Stüdlweg zwischen Bergertörl und Mödlspitze 2 Ex. 11. VIII. 1937; oberster Teil des Dorfer Tales 5 Ex. 15. VII. 1937; am Weg zur Rudolfshütte oberhalb des Weißsees 2 Ex. unter Steinen August 1934 (leg. Scheerpeltz); Brennkogel-O-Hang, zwischen Fuscher- und Mittertörl unter einem Stein 1 Ex. 20. VII. 1934 (leg. Scheerpeltz).
Gr. Gr.: Felbertal, unterhalb des Tauernhauses unter einem Stein 1 Ex. 14. VII. 1935 (leg. Scheerpeltz).
Diese in den Alpen weitverbreitete Form des *St. ophthalmicus* Scop. ist auch im Untersuchungsgebiet nicht selten und hier vorwiegend in den Rasengesellschaften der Zwergstrauchstufe und der hochalpinen Grasheidenzone verbreitet. Man findet sie tagsüber unter Steinen, sie scheint nachts auf Raub auszugehen.

456. *Staphylinus (Goerius) similis semialatus* Müll.
 Gr. Gr.: Felbertal, unter Steinen auf der Kuhweide 2 Ex. Juli 1936 (leg. Scheerpeltz).
457. — *(Pseudocypus) brunnipes* Fbr.
 Gr. Gr.: Felbertal, mit der vorgenannten Art 1 Ex. (leg. Scheerpeltz).
458. — *(Pseudocypus) aeneocephalus* De G.
 S. Gr.: Umgebung von Rauris (leg. Konneczni).
 Gr. Gr.: Felbertal, im Gemeindewald am O-Fuß des Pihapper unter einem Stein 1 Ex. August 1935 (leg. Scheerpeltz).
459. — *(Pseudocypus) picipennis fallaciosus* Müll.
 S. Gr.: Am Weg vom Fleißgasthof nach Heiligenblut 1 Ex. 9. VII. 1937; Mallnitzer Tauerntal, am S-Hang unterhalb des Gasthofes Gutenbrunn in halbtrockenen Kuhfladen 2 Ex. 5. IX. 1941.
 Gl. Gr.: Stubachtal, am Weg zur Rudolfshütte oberhalb des Weißsees unter Steinen 2 Ex. August 1935 (leg. Scheerpeltz); Moserboden, am orographisch linken Hang unweit oberhalb des Talbodens 1 Ex. 17. VII. 1939.
 Gr. Gr.: Felbertal, unterhalb des Tauernhauses unter einem Stein 2 Ex. Juli 1935 (leg. Scheerpeltz). Diese weit verbreitete Art steigt im Untersuchungsgebiet bis in die alpine Zwergstrauchstufe und darüber empor.
460. — *(Pseudocypus) fulvipennis* Er.
 Gl. Gr.: Am Weg durch die Daberklamm und das untere Dorfer Tal 1 Ex. 15. VII. 1937.
 Gr. Gr.: Felbertal, auf der Kuhweide unter einem Stein 1 Ex. August 1936 (leg. Scheerpeltz).
 Diese Art scheint im Gegensatz zur vorgenannten im Gebiete nur die tiefsten Tallagen zu bewohnen.
461. — *(Tasgius) ater* Gravh.
 Pinzgau: Mittersill, in Fallaub und gemähtem Gras in der Felberbachau 1 Ex. 16. VII. 1934 (leg. Scheerpeltz).
462. — *(Ocypus) globulifer* Fourcr.
 Gr. Gr.: Felbertal, auf der Kuhweide unter Steinen 3 Ex. August 1936 (leg. Scheerpeltz); Stubachtal, Wiegenwald-N-Hang, in morschen, von *Sphagnum* überwucherten Lärchenstämmen 1 Ex. 10. VII. 1939.
463. *Emus hirtus* L.
 Gr. Gr.: Felbertal, auf der Kuhweide an frischem Rinderkot 1 Ex. Juli 1935 (leg. Scheerpeltz).
 Pinzgau: Umgebung von Mittersill, auf der Rinderweide unter dem Pihapper im Salzachtal an frischem Rinderkot 3 Ex. Juli 1936 (leg. Scheerpeltz).
464. *Ontholestes tessellatus* Fourcr.
 Mölltal: Winklern, bei der Autobushaltestelle an faulendem Unkrauthaufen 1 Ex. 18. VI. 1942.
 Gr. Gr.: Felbertal, auf der Kuhweide an Rinderkot 6 Ex. Juli 1935 und 8 Ex. Juli 1938 (leg. Scheerpeltz).
 Pinzgau: Salzachtal bei Mittersill, auf der Rinderweide unterhalb des Pihapper an Rinderkot (leg. Scheerpeltz).
465. — *murinus* L.
 S. Gr.: Am Weg vom Fleißgasthof nach Heiligenblut 2 Ex. Juli 1937.
 Gl. Gr.: Stubachtal, am Weg zur Rudolfshütte oberhalb des Weißsees an Rindermist 1 Ex. August 1934 (leg. Scheerpeltz).
 Gr. Gr.: Felbertal, zwischen Hintersee und Felbertauern an Pferdemist 2 Ex. Juli 1935 (leg. Scheerpeltz).
 Nach Scheerpeltz (i. l.) im Pinzgau und seinen Nebentälern an Dünger und Aas allenthalben verbreitet.
466. *Creophilus maxillosus* Mannh.
 Gr. Gr.: Felbertal, beim Hintersee an Aas 1 Ex. Juli 1935 (leg. Scheerpeltz); Gemeindewald am O-Fuß des Pihapper an Aas 1 Ex. Juli 1936 (leg. Scheerpeltz).
467. *Heterotops praevius* Er. var. *niger* Kr.
 Pinzgau: Felben bei Mittersill, in Fallaub und gemähtem Gras in der Felberbachau 2 Ex. 16. VII. 1934 (leg. Scheerpeltz).
468. — *dissimilis* Gravh.
 Pinzgau: Mittersill, in einem Komposthaufen in einem Garten 1 Ex. Juli 1936 (leg. Scheerpeltz).
469. *Quedius (Microsaurus) longicornis* Kr.
 S. Gr.: Beim Fleißgasthof unter faulenden Pilzen, die in einem Haufen als Köder ausgelegt waren 1 Ex. 7. VIII. 1937.
 Unter den Pilzen hatte eine Maus ihre Gänge gegraben, so daß anzunehmen ist, daß die mikrokavernicole Art aus den Mausgängen zu den Pilzen gelangt war.
470. — *(Microsaurus) ochripennis* Ménétr.
 Pinzgau: Felben bei Mittersill, in Fallaub und unter gemähtem Gras in der Felberbachau 1 Ex. 16. VII. 1934 (leg. Scheerpeltz).
471. — *(Microsaurus) mesomelinus* Marsh.
 Mölltal: N-Hang gegenüber von Flattach, im Gesiebe aus Waldmoos 1 Ex. 18. VI. 1942.
 S. Gr.: Beim Fleißgasthof an faulenden Pilzen 12 Ex. 7. VIII. 1937; Umgebung von Rauris (leg. Konneczni).
 Gl. Gr.: Dorfer Tal (leg. Konneczni); Fuscher Tal oberhalb Ferleiten, unter schimmelnden Heuresten am Boden einer Heuhütte 1 Ex. 14. V. 1940.
 Gr. Gr.: Felbertal, in 1300 m Höhe unterhalb des Hintersees in mit Rindermist vermischter Waldstreu in einem alten Stadel 2 Ex. 27. VII. 1935 (leg. Scheerpeltz); Amertal, in etwa 1000 m Höhe in alten Heuabfällen um eine Heuhütte 3 Ex. 4. VIII. 1935 (leg. Scheerpeltz).
 Sehr weit verbreitet, lebt von sich zersetzenden organischen Stoffen.
472. — *(Microsaurus) maurus* Shlbg.
 S. Gr.: Beim Fleißgasthof an faulenden Pilzen 2 Ex. 7. VIII. 1937.
473. — *(Quedionuchus) cinctus* Payk.
 Gr. Gr.: Felbertal, unterhalb des Hintersees in Pferdemist 5 Ex. 14. VII. 1935 (leg. Scheerpeltz).

474. *Quedius (Quedionuchus) punctatellus* Heer.
S. Gr.: Palfneralm bei Gastein (coll. Minarz); Umgebung von Rauris (leg. Konneczni); Kleine Fleiß, oberhalb des Alten Pocher aus Grünerlenfallaub gesiebt 3 Ex. 3. VII. 1937.
Gl. Gr.: Hochtor (Märkel und v. Kiesenwetter 1848, Pacher 1853); Guttal, oberhalb der Ankehre der Glocknerstraße aus Grünerlenfallaub gesiebt 1 Ex. 22. VIII. 1937; Kar zwischen Albitzen- und Wasserradkopf, am Schneerand in 2450 m Höhe 2 Ex. 17. VII. 1940; an der Pasterze zur Zeit ihres letzten Höchststandes (Märkel und v. Kiesenwetter 1848 und Pacher 1853); Pasterzenvorfeld zwischen Glocknerstraße und Möllschlucht, innerhalb der Moräne des Jahres 1856 unter Steinen 3 Ex. 5. VII. 1937; am Hang unterhalb der neuen Salmhütte gegen den Leiterbach unter Steinen 4 Ex. 13. VII. 1937, 1 Ex. 24. VII. 1938; am Schneerand bei der neuen Salmhütte in 2500 m Höhe 2 Ex. 24. VII. 1938; im Dorfer Tal knapp oberhalb der Waldgrenze aus Grünerlenfallaub gesiebt 3 Ex. 17. VII. 1937; Dorfer Tal (leg. Konneczni); im Geniste des Dorfer Sees nach einem schweren Gewitter 8 Ex. 15. VII. 1937; am Weg von der Rudolfshütte zum Tauernmoos 1 Ex. 16. VII. 1937; Moserboden, in der Zwergstrauchstufe in Zwergstrauchbeständen am rechten Talhang 1 Ex. 16. VII. 1939; Moserboden, aus alten Rasenziegeln beim Wirtschaftsgebäude des Hotels gesiebt 2 Ex. Juli 1934 (leg. Scheerpeltz); am Weg von der Rudolfshütte zum Kaprunertörl, in 2300 m Höhe aus Graswurzeln am Schneerand gesiebt 5 Ex. August 1934 (leg. Scheerpeltz); Walcher Hochalm, am S-Hang in der hochalpinen Grasheidenstufe 1 Ex. 9. VII. 1941.
Gr. Gr.: Am Weg vom Kalser Tauernhaus gegen den Muntanitz 1 Ex. 20. VII. 1937; O-Hang der Aderspitze 1 Ex. 19. VII. 1937; Felbertal, unter dem Felbertauern in 2400 m Höhe 1 Ex. 14. VII. 1935 (leg. Scheerpeltz).
Eine montane Art, die nach Ganglbauer (1894 ff.) in den Alpen bis 3000 m emporsteigt. Im Untersuchungsgebiet fand ich sie subalpin in der Waldstreu, besonders unter Grünerlenfallaub, hochalpin unter Steinen, jedoch nie oberhalb der Rasengrenze.

475. — *(Quedionuchus) laevigatus* Gyllh.
Gr. Gr.: Felbertal, unter der Rinde eines alten Buchenstumpfes bei Mittersill 1 Ex. 2. VIII. 1934.

476. — *(Quedius) fuliginosus* Gravh.
Gl. Gr.: Fuscher Rotmoos, im nassen Moosrasen des Flachmoores 1 Ex. 14. V. 1940.

477. — *(Quedius) unicolor* Ksw.
S. Gr.: Naßfeld bei Gastein, in 1600 m Höhe (leg. Leeder); Krumeltal, in 1800 m Höhe (leg. Leeder); Umgebung von Rauris (leg. Konneczni).
Gl. Gr.: Im Geniste des Dorfer Sees nach einem schweren Gewitter 4 Ex. 15. VII. 1937.
Gr. Gr.: Felbertal, auf einer Sumpfwiese bei der Alm vor dem Hintersee, in Rasenstücken am Wegrand 1 Ex. 14. VII. 1934 (leg. Scheerpeltz).
Die Art scheint ausschließlich im Gebirge zu leben und ist aus den Pyrenäen, Alpen und Sudeten bekannt. Sie bewohnt sub- und hochalpine Lagen.

478. — *(Raphirus) dubius montanus* Heer.
S. Gr.: Kleine Fleiß, oberhalb des Alten Pocher aus Grünerlenfallaub gesiebt 2 Ex. 3. VII. 1937.
Gl. Gr.: Hochtor (Miller 1878); am Weg vom Glocknerhaus auf den Hohen Sattel 1 Ex. 29. VII. 1937; unterer Teil des Leitertales 1 Ex. 12. VII. 1937; Ködnitztal, an der Waldgrenze in 2000 m Höhe in Fallaub 1 Ex. 14. VII. 1937; Dorfer Tal, knapp oberhalb der Daberklamm und etwas oberhalb der Waldgrenze aus Grünerlenfallaub gesiebt je 1 Ex. 17. und 18. VII. 1937; im Geniste des Dorfer Sees nach einem schweren Gewitter 3 Ex. 15. VII. 1937; Stubachtal, am Weg zwischen Grün- und Weißsee im Latschengesiebe 3 Ex. August 1934 (leg. Scheerpeltz); Moserboden, an einem Erdrutsch am linken Hang 1 Ex. 17. VII. 1939; Fuscher Ache oberhalb Ferleiten, im Grauerlenfallaub am Ufer 1 Ex. 19. VII. 1939; Käfertal, im Grauerlengesiebe je 1 Ex. am 23. VII. 1939 und 14. V. 1940; Eingang ins Hirzbachtal 1 Ex. 8. VII. 1941.
Gr. Gr.: Beim Amertaler See unter *Rhododendron*- und Grünerlenfallaub in etwa 2200 m Höhe 5 Ex. 4. VIII. 1935 (leg. Scheerpeltz); Felbertauern gegen Felbertal, in 2400 m Höhe unter einem Stein 1 Ex. 14. VII. 1934 (leg. Scheerpeltz).
Eine montane Art, die im Gebiete vorwiegend in Grün- und Grauerlenfallaub gefunden wird.

479. — *(Raphirus) ochropterus* Er. f. typ. und ab. *Kiesenwetteri* Gglb.
Mölltal: N-Hang gegenüber Flattach, im Gesiebe aus Waldmoos 1 Ex. 18. VI. 1942.
S. Gr.: Umgebung von Rauris (leg. Konneczni); Kleine Fleiß, oberhalb des Alten Pocher aus Grünerlenfallaub gesiebt 2 Ex. 30. VI. und 3. VII. 1937.
Gl. Gr.: Heiligenblut, SW-Hang über dem Ort, Gesiebe aus Fallaub unter *Corylus* 1 Ex. 18. VI. 1942; Ködnitztal, an der Waldgrenze aus Fallaub gesiebt 2 Ex. 14. VII. 1937; Kapruner Tal, im Mischwald am Hang über dem Kesselfall aus tiefen Fallaublagen gesiebt 2 Ex. 14. VII. 1939; Kapruner Tal oberhalb des Kesselfalles, in Moos an den Stämmen und im Baummulm unter der Rinde alter Bergahorne in 1300 m Höhe 6 Ex. 5. VIII. 1936 (leg. Scheerpeltz); Stubachtal, am Weg vom Enzingerboden zum Grünsee in einem vermoosten Baumstrunk 2 Ex. August 1934 (leg. Scheerpeltz).
Gr. Gr.: Wiegenwald (Stubach), am N-Hang aus morschen, von *Sphagnum* überwucherten Lärchenstämmen gesiebt 11 Ex. 10. VII. 1939; im obersten Amertal, in der Moosdecke alter Lärchenstrünke 5 Ex. 4. VIII. 1935 und im Felbertal in der Moosdecke an alten, gestürzten Lärchenstämmen am unteren Ende des Hintersees 3 Ex. 14. VII. 1935 (leg. Scheerpeltz).
Eine montane Art, die vorwiegend in subalpinen Lagen in der Waldstreu und in bemoostem, morschem Holz lebt.

480. — *(Raphirus) Mülleri* Grid.
Gr. Gr.: Im oberen Amertal, in den Moospolstern an einem alten Baumstrunk 1 Ex. 4. VIII. 1936 (leg. Scheerpeltz).
Von Scheerpeltz (i. l.) auch im Hollersbachtal auf der N-Seite der Venedigergruppe im Moos an einem Baumstamm gesammelt.

481. — *(Raphirus) Sturanyi* Gglb.
S. Gr.: Naßfeld bei Gastein, in 1700 m Höhe (leg. Leeder); subalpin bei Rauris (leg. Konneczni); Krumeltal, in 1800 m Höhe (leg. Leeder).

Gl. Gr.: Fuscher Tal oberhalb Ferleiten, im Grauerlenfallaub am Ufer der Fuscher Ache 1 Ex. 19. VII. 1939; Hirzbachtal, in der Bachschlucht des Hirzbaches in etwa 1300 m Höhe in Detritus unter den Hochstauden am Bach und unter Buchenfallaub je 1 Ex. 8. VII. 1941.

Gr. Gr.: Felbertal, oberhalb des Hintersees am Weg zum Felbertauern unter Grünerlenfallaub 2 Ex 14. VII. 1935 (leg. Scheerpeltz).

Die Art ist in den Ostalpen endemisch und lebt subalpin unter Fallaub und Moos.

482. *Quedius (Raphirus) maurorufus* Grav.
S. Gr.: Umgebung von Rauris (leg. Konneczni).

483. — *(Raphirus) umbrinus* Er.
S. Gr.: Umgebung von Rauris (leg. Konneczni).
Pinzgau: Felben bei Mittersill, in Fallaub und unter gemähtem Gras in der Felberbachau 2 Ex. 16. VII. 1934 (leg. Scheerpeltz).

484. — *(Raphirus) humeralis* Steph.
Pinzgau: Felben bei Mittersill, mit der vorgenannten Art 1 Ex. (leg. Scheerpeltz).

485. — *(Raphirus) cincticollis* Kr.
S. Gr.: Kötschachtal und Naßfeld bei Gastein, aus Grünerlenfallaub gesiebt (leg. Bernhauer, coll. Minarz); Umgebung von Rauris (leg. Konneczni); Kleine Fleiß, oberhalb des Alten Pocher aus Grünerlenfallaub gesiebt 6 Ex. 30. VI. und 3. VII. 1937.
Gl. Gr.: Guttal, unterhalb der Ankehre der Glocknerstraße 1 Ex. und oberhalb derselben 12 Ex. aus Grünerlenfallaub und Nadelwaldstreu gesiebt 22. VIII. 1937; Pasterzenvorfeld 1 Ex.; Ködnitztal, in 2000 m Höhe an der Waldgrenze aus Fallaub gesiebt 4 Ex. 14. VII. 1937; Dorfer Tal, an der Waldgrenze an beiden Talseiten aus Grünerlenfallaub gesiebt 8 Ex. 17. VII. 1937; Dorfer See, im Geniste des Sees nach einem schweren Gewitter 1 Ex. 15. VII. 1937; Stubachtal, bei der Alm Französach aus Grünerlenfallaub gesiebt 9 Ex. August 1934 (leg. Scheerpeltz); Kapruner Tal, in der unmittelbaren Nähe des Kesselfalles aus nassem Fallaub und Moos gesiebt 1 Ex. 14. VII. 1939; im Moos an den Stämmen und im Mulm unter der Rinde alter Bergahorne oberhalb des Kesselfalles im Kapruner Tal in 1300 m Höhe 3 Ex. 5. VIII. 1936 (leg. Scheerpeltz).
Gr. Gr.: Am Weg vom Kalser Tauernhaus zur Sudetendeutschen Hütte 5 Ex. 20. VII. 1937; Wiegenwald (Stubach), am N-Hang aus morschen, von *Sphagnum* überwucherten Lärchenstämmen gesiebt 11 Ex. 10. VII. 1939; im oberen Teil des Amertales, in der Moosdecke an alten Baumstrünken und unter Fallaub (vorwiegend von *Alnus viridis*) 5 Ex. 4. VIII. 1936 (leg. Scheerpeltz); Felbertal, oberhalb der Hinterseealm aus Grünerlenfallaub gesiebt 3 Ex. 14. VII. 1935 (leg. Scheerpeltz).
Schobergr.: Gößnitztal, bei der Bretterbruck aus Grünerlenfallaub gesiebt 3 Ex. 9. VII. 1937.

Die Art ist über die Ostalpen und Karpathen verbreitet und lebt subalpin in der Waldstreu und in Moos, im Gebiete besonders zahlreich unter Grünerlenfallaub.

486. — *(Raphirus) alpestris* Heer f. typ. und var. *spurius* Lok.
Beide Formen finden sich nebeneinander, die Varietät ist im allgemeinen häufiger als die Stammform.
S. Gr.: Palfneralm bei Gastein (coll. Minarz); Naßfeld bei Gastein und Graukogel in 1800 m Höhe (leg. Leeder); Sonnblick-N-Hang in 1900 m Höhe und Krumeltal in 2200 m Höhe (leg. Leeder); Umgebung von Rauris (leg. Konneczni); in der Fleiß 2 Ex. Juli 1937; Kleine Fleiß, oberhalb des Alten Pocher aus Grünerlenfallaub gesiebt 2 Ex. 3. VII. 1937; Stanziwurten, in 2200 m Höhe aus Flechtenrasen gesiebt 1 Ex. 2. VII. 1937 und hochalpin unter Steinen 2 Ex. 2. VII. 1937; Hüttenwinkeltal, auf den Almmatten zwischen Bodenhaus und Grieswiesalm unter Steinen 1 Ex. 15. V. 1940; Moharkopf (Märkel und v. Kiesenwetter 1848).
Gl. Gr.: Hochtor (Märkel und v. Kiesenwetter 1848); Guttal, oberhalb der Ankehre der Glocknerstraße aus Grünerlenfallaub 22. VIII. 1937 und unweit davon aus Moos unter *Salix hastata* 15. VII. 1940 7 Ex. gesiebt; Wasserrad-SW-Hang, in 2500 m Höhe knapp unterhalb der Rasengrenze aus Graswurzeln gesiebt 1 Ex. 17. VII. 1940; Grasheide am Weg vom Glocknerhaus zur Pfandlscharte in 2350 m Höhe 2 Ex. 17. VII. 1938; Pasterzenvorfeld zwischen Glocknerstraße und Möll, 5 Ex. unter Steinen 29. VII. und 23. VIII. 1937; S-Hang der Margaritze 5 Ex. 7. VII. und 18. VIII. 1937; an der Pasterze, am Hohen Sattel und bei der Johanneshütte in der Gamsgrube (Märkel und v. Kiesenwetter 1848); Wasserfallwinkel 1 Ex. 28. VII. 1938; Kleiner Burgstall 2 Ex. 22. VIII. 1938; auf den Schneeböden in unmittelbarer Nähe der neuen Salmhütte 1 Ex. und am Hang unterhalb dieser 1 Ex. 13. VII. 1937; am Stüdlweg zwischen Bergertörl und Mödlspitze 1 Ex. 11. VIII. 1937; Langer Trog im obersten Ködnitztal 2 Ex. 14. VII. 1937; Umgebung des Dorfer Sees 6 Ex. 15. VII. 1937; m Polytrichetum sexangularis bei der Rudolfshütte 12 Ex. in ganz nassem Moos 16. VII. 1937; am Weg von der Rudolfshütte zum Tauernmoos unter Steinen 8 Ex. 16. VII. 1937; Stubachtal, bei der Alm Französach aus Grünerlenfallaub gesiebt 5 Ex. August 1934 (leg. Scheerpeltz); Kapruner Tal, im Moos an den Stämmen alter Bergahorne 2 Ex. in 1300 m Höhe 5. VIII. 1936 (leg. Scheerpeltz); Walcher Hochalm, am S-Hang in 2300 bis 2500 m Höhe unter Steinen und aus Graswurzeln gesiebt 4 Ex. 9. VII. 1941; am Woazkopf-N-Hang beim Mittertörl der Glocknerstraße 1 Ex. unter einem Stein 15. VII. 1940.
Gr. Gr.: Am Weg vom Kalser Tauernhaus zur Aderspitze und zum Muntanitz 6 Ex. unter Steinen 19. und 20. VII. 1937; oberes Amertal, in der Moosdecke an alten Baumstrünken und in Fallaub vorwiegend von *Alnus incana* 2 Ex. 4. VIII. 1935 (leg. Scheerpeltz); Felbertal, oberhalb der Hinterseealm in Grünerlenfallaub 1 Ex. 14. VII. 1935 (leg. Scheerpeltz).

Die Art ist über die Alpen, Sudeten und Karpathen verbreitet und im Untersuchungsgebiet in höheren Lagen einer der häufigsten Käfer. *Quedius alpestris* steigt bis zur hochalpinen Rasengrenze empor und ist einer der wenigen Bodenkäfer hochalpiner Lagen.

487. — *(Raphirus) Haberfelneri* Epp.
S. Gr.: Naßfeld bei Gastein in 1500 m Höhe und Radhausberg in 1750 m Höhe (leg. Leeder); Krumeltal, in 1800 m Höhe (leg. Leeder); Kleine Fleiß, oberhalb des Alten Pocher unter einem Stein am sonnigen Grashang 1 Ex. und im Grünerlenfallaub 11 Ex. 3. VII. 1937.
Gl. Gr.: Guttal, in der Waldstreu unterhalb der Glocknerstraße unweit der Gipperalm 2 Ex. 22. VIII. 1937; Pasterzenvorfeld, im nassen Moos am Ufer des Grafentalbaches unterhalb der Sturmalm 5 Ex. 5. VII. 1937; Dorfer Tal, im unteren Teil unter einem Stein 1 Ex. 15. VII. 1937 und knapp oberhalb

der Waldgrenze in Grünerlenfallaub 2 Ex. 17. VII. 1937; Kapruner Tal, unmittelbar beim Kesselfall in nassem Moos und Fallaub und an der Talstufe unter der Limbergalm im nassen Moos über einer Felsplatte in der Nähe der Ache 3 Ex. 14. VII. 1939; Stubachtal, oberhalb des Grünsees aus einem triefend nassen Moospolster an einem Gerinne 7 Ex. gesammelt August 1934 (Scheerpeltz i. l.).

Gr. Gr.: Muntanitz-SO-Seite, unter einem Stein hochalpin 1 Ex. 20. VII. 1937; Wiegenwald-N-Hang, aus morschen, von *Sphagnum* überwucherten Lärchenstämmen gesiebt 4 Ex. 10. VII. 1939; Dorfer Öd, bei der Alm in 1300 *m* Höhe aus Grünerlenfallaub gesiebt 1 Ex. 25. VII. 1939; Felbertal, unterhalb des Hintersees aus einem triefend nassen Moospolster an einem Quellriesel aufgelesen 5 Ex. 14. VII. 1935 (leg. Scheerpeltz).

Schobergr.: Gößnitztal, bei der Bretterbruck aus Grünerlenfallaub gesiebt 2 Ex. 9. VII. 1937.

Die Art findet sich in den Alpen, Karpathen und Dinariden; sie steigt meist nicht so hoch empor wie *Qu. alpestris*, ist aber nicht, wie Bernhauer angibt, auf subalpine Lagen beschränkt.

488. *Quedius (Raphirus) paradisianus* Heer.

S. Gr.: Kötschachtal, beim Gasthof „Grüner Baum" (coll. Minarz); Umgebung von Rauris (leg. Konneczni); Große Fleiß, subalpin, 1 Ex. 10. VII. 1937; Kleine Fleiß, oberhalb des Alten Pocher aus Grünerlenfallaub gesiebt 3 Ex. 3. VII. 1937.

Gl. Gr.: An der Pasterze bei deren letztem Höchststand um die Mitte des vorigen Jahrhunderts (Pacher 1853, Märkel und v. Kiesenwetter 1848); am Hang des Hohen Sattels gegen die Sturmalm 2 Ex. 29. VII. 1937; auf den Guttalwiesen unterhalb der Glocknerstraße 1 Ex. 22. VII. 1937; Kapruner Tal, im Moos an den Stämmen alter Bergahorne oberhalb des Kesselfalles in 1300 *m* Höhe 3 Ex. 5. VIII. 1936 (leg. Scheerpeltz); in der Bachschlucht des Hirzbaches in 1300 *m* Höhe aus Buchenlaub gesiebt 1 Ex. 8. VII. 1941; Fuscher Tal oberhalb Ferleiten 1 Ex. 21. VII. 1939; Käfertal, im Grauerlenfallaub 1 Ex. 23. VII. 1939 und 3 Ex. 14. V. 1940; auf der Edelweißwand unterhalb des Fuscher Törls unter einem Stein 1 Ex. 15. VII. 1940.

Gr. Gr.: Im oberen Teil des Amertales, im Moos an alten Lärchenstrünken 2 Ex. 4. VIII. 1935.

Eine montane Art von weiter Verbreitung, die sich im Gebiete vorwiegend in subalpinen Lagen findet, einzeln aber auch noch in der Zwergstrauchstufe vorkommt.

489. — *(Raphirus) attenuatus* Gyllh.

S. Gr.: Grieswiesalm im Hüttenwinkeltal, in *Calluna*-Rasen 1 Ex. 15. V. 1940.

Gl. Gr.: Am Ufer der Fuscher Ache knapp oberhalb Ferleiten in Grauerlenfallaub 1 Ex. 19. VII. 1939; Fuscher Rotmoos, in nassem Moos 1 Ex. 14. V. 1940; am sandigen Ufer der Fuscher Ache unweit unterhalb des Rotmooses 1 Ex. 18. VII. 1940.

Gr. Gr.: Felbertal, Unterende des Hintersees, in Moospolstern an den Steinen beim Seeausfluß und unter Steinen auf einer Sumpfwiese 3 Ex. 14. VII. 1935 (leg. Scheerpeltz).

Eine montane Art, die im Gebiete nur die tieferen Lagen zu bewohnen scheint.

490. — *(Raphirus) boops* Gravh.

Pinzgau: Felben bei Mittersill, in Fallaub und unter gemähtem Gras in der Felberbachau 3 Ex. 16.VII.1934.

Diese überaus weit verbreitete Art scheint im engeren Untersuchungsgebiet zu fehlen, bzw. nur die allertiefsten Tallagen der nördlichen Tauerntäler zu bewohnen.

491. — *(Raphirus) noricus* Bernh.

S. Gr.: Im Tale bei Hofgastein unter abgefallenem Laub entdeckt (Bernhauer 1927); bei Badbruck in 900 *m* und im Kötschachtal in 1130 *m* Höhe (Bernhauer i. l.).

Die Art ist hinsichtlich Verbreitung und Lebensweise noch ungenügend erforscht.

492. *Athanygnathus terminalis* Er.

Pinzgau: Mittersill, Sumpfwiese am W-Ausgang des Ortes, in Schilfwurzeln, die aus dem Schlamm gezogen wurden 3 Ex. 23. VIII. 1936 (leg. Scheerpeltz).

493. *Habrocerus capillaricornis* Gravh.

Pinzgau: Felben bei Mittersill, in Fallaub und unter gemähtem Gras in der Felberbachau 1 Ex. 16. VII. 1934 (leg. Scheerpeltz).

494. *Mycetoporus (Mycetoporus) gracilis* Luze.

S. Gr.: Stanziwurten, in 2300 *m* Höhe aus *Rhododendron*-Fallaub gesiebt 1 Ex. 2. VII. 1937.

Gl. Gr.: Grashang über der Glocknerstraße zwischen Glocknerhaus und Marienhöhe, in 2200 *m* Höhe 1 Ex. aus Graswurzeln gesiebt 29. VII. 1937; Gamsgrube 2 Ex. 6. VII. 1937; Weg vom Grünsee zur Rudolfshütte, oberhalb des Weißsees aus Graswurzeln und *Rhododendron*-Fallaub gesiebt 1 Ex. August 1934 (leg. Scheerpeltz).

Die Art wurde von O. Scheerpeltz (i. l.) auch in der Venedigergruppe bei der Habachhütte im obersten Habachtal gesammelt; sie ist aus den Ostalpen, Dalmatien, Serbien und den Transsylvanischen Alpen bekannt.

495. — *(Mycetoporus) Mulsanti* Gglb.

S. Gr.: Krumeltal, in 1900 *m* Höhe (leg. Leeder); Umgebung von Rauris (leg. Konneczni).

Gl. Gr.: Wasserrad-WS-Hang, unmittelbar unterhalb der Rasengrenze in 2500 *m* Höhe 1 Ex. aus Graswurzeln gesiebt 17. VII. 1940; in der Nadelstreu unter den obersten Latschen unweit der Naturbrücke über die Möll am alten Fußweg vom Glocknerhaus nach Heiligenblut 1 Ex. 26. VII. 1937; Kapruner Tal, oberhalb des Kesselfalles in 1300 *m* Höhe unter Moos an den Stämmen alter Bergahorne 2 Ex. 5. VIII. 1936 (leg. Scheerpeltz).

Gr. Gr.: Felbertal, am Weg zur Pembachalm in halbtrockenen, verpilzten Kuhfladen in einem Heustadel in etwa 1700 *m* Höhe 1 Ex. 15. VII. 1935 (leg. Scheerpeltz).

Weit verbreitet, jedoch nirgends häufig.

496. — *(Mycetoporus) monticola* Fowl.

Gl. Gr.: Im Glocknergebiet 2 Ex. von mir gesammelt, die Aufzeichnungen über den genaueren Fundort gingen verloren.

Gr. Gr.: Felbertal, unterhalb des Hintersees aus mit Rindermist vermengter Waldstreu gesiebt 1 Ex. 27. VII. 1935 (leg. Scheerpeltz).

Ebenfalls weit verbreitet, im Gebiete anscheinend noch seltener als die vorgenannte Art.

497. *Mycetoporus (Mycetoporus) Baudueri* Muls.
Pinzgau: Felben bei Mittersill, in der Felberbachau unter Fallaub und gemähtem Gras 1 Ex. 16. VII. 1935 (leg. Scheerpeltz).

498. — *(Mycetoporus) piceolus* Rey.
Gl. Gr.: Pasterzenvorfeld zwischen Glocknerstraße und Möll, 1 Ex. aus Graswurzeln gesiebt 29. VII. 1937.
Pinzgau: Felben bei Mittersill, unter Fallaub und gemähtem Gras in der Felberbachau 2 Ex. 16. VII. 1934.
Weit verbreitet, lebt vorwiegend in Moos.

499. — *(Mycetoporus) brunneus* Marsh. f. typ. und var. *decipiens* Penecke.
S. Gr.: Umgebung von Rauris (leg. Konneczni).
Gr. Gr.: Amertal, in den Heuabfällen um eine alte Heuhütte in etwa 1600 m Höhe 2 Ex. 4. VIII. 1935.

500. — *(Mycetoporus) longulus* Mannh.
Pinzgau: Felben bei Mittersill, unter Fallaub und gemähtem Gras in der Felberbachau 1 Ex. 16. VII. 1934 (leg. Scheerpeltz).

501. — *(Mycetoporus) bimaculatus* Lac.
S. Gr.: Umgebung von Rauris (leg. Konneczni).

502. — *(Mycetoporus) pachyraphis* Pand.
S. Gr.: Umgebung von Rauris (leg. Konneczni).

503. — *(Mycetoporus) norvegicus* Bernh.
Gl. Gr.: Albitzen-SW-Hang, unweit südöstlich der Marienhöhe in 2200 m Höhe aus Graswurzeln gesiebt 1 Ex. 22. VII. 1938; Pasterzenvorfeld zwischen Glocknerstraße und Möll, innerhalb der Moräne des Jahres 1856 aus Moos gesiebt 1 Ex. 23. VIII. 1937.
Die Art ist aus Norwegen beschrieben und biogeographisch noch ungenügend bekannt.

504. — *(Mycetoporus) clavicornis* Steph.
S. Gr.: Krumeltal, in 1900 m Höhe (leg. Leeder).
Weitverbreitete Art, die im Gebiete jedoch selten zu sein scheint.

505. — *(Mycetoporus) nigrans* Mäklin (= *boreellus* Shlb. teste Scheerpeltz).
S. Gr.: Umgebung von Rauris (leg. Konneczni); Stanziwurten, in 2300 m Höhe aus *Rhododendron*-Falllaub gesiebt 1 Ex. 2. VII. 1937.
Gl. Gr.: Guttal, oberhalb der Ankehre der Glocknerstraße aus Grünerlenfallaub gesiebt 22. VIII. 1937; Pasterzenvorfeld zwischen Glocknerstraße und Möllschlucht, aus Moos innerhalb der Moräne des Jahres 1856 gesiebt 1 Ex. 23. VIII. 1937.
Eine vorwiegend nordeuropäische Art.

506. — *(Mycetoporus) niger* Fairm.
S. Gr.: Naßfeld bei Gastein in 1700 m Höhe und Krumeltal in 1500 m Höhe (leg. Leeder); Umgebung von Rauris (leg. Konneczni).
Gl. Gr.: Dorfer Tal, knapp oberhalb der Daberklamm aus Grünerlenfallaub gesiebt 1 Ex. 18. VII. 1937; Dorfer Tal (leg. Konneczni); Käfertal, aus Grauerlenfallaub gesiebt 1 Ex. 23. VII. 1939; Hirzbachtal, in der Bachschlucht in etwa 1300 m Höhe aus Detritus unter Hochstauden gesiebt 2 Ex. 9. VII. 1941.
Schobergr.: Gößnitztal, bei der Bretterbruck aus Grünerlenfallaub gesiebt 2 Ex. 9. VII. 1937.
Weitverbreitete Art, die auch in den mittleren Hohen Tauern allenthalben in subalpinen Lagen vorkommen dürfte.

507. — *(Mycetoporus) splendens* Marsh.
S. Gr.: Umgebung von Rauris (leg. Konneczni).
Gl. Gr.: An der Pasterze bei deren letztem Höchststand um die Mitte des vorigen Jahrhunderts (Pacher 1853); S-Hang der Margaritze 1 Ex. 7. VII. 1937; unterste Schutthalde am S-Hang des Elisabethfelsens 1 Ex. 27. VII. 1938.
Weitverbreitete Art, die im Pasterzenvorfeld mit gewissen Quellmoosen dem zurückweichenden Gletscher in den letzten 80 Jahren ständig gefolgt zu sein scheint.

508. — *(Mycetoporus) Maerkeli* Kr.
S. Gr.: Radeggalm in 1500 m und Naßfeld in 1700 m Höhe (leg. Leeder).
Gl. Gr.: Fusch und Ferleiten (leg. Sturany, coll. Mus. Wien).
Diese Art ist über Nord- und Mitteleuropa verbreitet.

509. — *(Mycetoporus) punctus* Gyllh.
S. Gr.: Naßfeld bei Gastein, in 1700 m Höhe (leg. Leeder et coll. Minarz).
Gl. Gr.: Guttal, oberhalb der Ankehre der Glocknerstraße aus Grünerlenfallaub gesiebt 1 Ex. 22. VIII. 1937; Albitzen-SW-Hang, im Festucetum durae auf einem Kalkphyllitrücken 1 Ex. 17. VII. 1940; Dorfer Tal, knapp oberhalb der Daberklamm aus Grünerlenfallaub gesiebt 1 Ex. 18. VII. 1937; Dorfer Tal (leg. Konneczni); Stubachtal, oberhalb der Französachalm aus Latschenstreu gesiebt 3 Ex. August 1934 (leg. Scheerpeltz); Kaprunertal, im Moos an alten Bergahornstämmen oberhalb des Kesselfalles 1 Ex. 5. VIII. 1936 (leg. Scheerpeltz).
Gr. Gr.: Felbertal, unterhalb des Hintersees aus vermooster Waldstreu gesiebt 2 Ex. 14. VII. 1935 (leg. Scheerpeltz).
Weit verbreitet, im Gebiete eine der häufigsten Arten der Gattung.

510. — *(Ischnosoma) splendidus* Gravh.
S. Gr.: Radhausberg bei Gastein, in 1750 m Höhe (leg. Leeder).
Pinzgau: Felben bei Mittersill, unter Fallaub und gemähtem Gras in der Felberbachau 1 Ex. 16. VII. 1934 (leg. Scheerpeltz).
Weit verbreitet, lebt unter Fallaub und Moos.

511. *Bryoporus (Bryophacis) rugipennis* Pand.
S. Gr.: Naßfeld bei Gastein, in 1800 m Höhe (leg. Leeder); Krumeltal, in 2000 m Höhe (leg. Leeder).
Gl. Gr.: Stubachtal, am Weg vom Grünsee zur Rudolfshütte aus *Rhododendron*-Fallaub und Latschen gesiebt 2 Ex. August 1934 und Schafbühel bei der Rudolfshütte, aus Graswurzeln gesiebt 1 Ex. August 1934 (leg. Scheerpeltz).

Gr. Gr.: Felbertauern, aus *Rhododendron*-Fallaub und Graswurzeln gesiebt 2 Ex. 14. VII. 1935 (leg Scheerpeltz).
Die Art ist bisher aus den Pyrenäen und Alpen, aus Schottland, Finnland und Lappland (vgl. Ganglbauer 1894 ff.), aus Sibirien (Umg. v. Irkutsk) und angeblich aus der Mark Brandenburg bekannt (vgl. Horion 1935). Horions Angabe stützt sich auf angeblich von Delahon in der Mark gesammelte Stücke. H. Wagner (Berlin) hatte die Freundlichkeit, mir mitzuteilen, daß er selbst die Art in der Mark nie gesammelt hat und auch Belegstücke Delahons im Berliner Zoologischen Museum, wo die Sammlung Delahons aufbewahrt wird, nicht vorhanden sind. Genauere Fundortangaben über das Vorkommen in der Mark sind somit gegenwärtig nicht zu erhalten und Horion selbst hält das Vorkommen (i. l.) jetzt auch für unwahrscheinlich. Es steht fest, daß *Bryoporus rugipennis* diskontinuierlich, boreoalpin verbreitet ist.

512. *Bryoporus (Bryophacis) rufus* Er.
S. Gr.: In der Fleiß 1 Ex. 30. VI. 1937; Umgebung von Rauris (leg. Konneczni).
Die Art ist weit verbreitet, im Gebiete jedoch wie überall nicht häufig. Scheerpeltz (i. l.) sammelte sie in der Venedigergruppe bei der Habachhütte im obersten Habachtal.

513. — *(Bryoporus) cernuus* Gravh.
S. Gr.: Umgebung von Rauris (leg. Konneczni).
Gl. Gr.: Walcher Hochalm, am S-Hang in 2000 bis 2300 m Höhe 1 Ex. 9. VII. 1941.
Gr. Gr.: Amertal, aus Moospolstern auf den Felsen unter dem Amersee gesiebt 1 Ex. 4. VIII. 1935 (leg. Scheerpeltz).

514. *Bolitobius (Lordithon) exoletus* Er. f. typ. und ab. *dorsalis* Rey.
Gr. Gr.: Amertal, im oberen Teil des Tales in alten Pilzen 3 Ex. 4. VIII. 1935.

515. — *(L.ordithon) thoracicus* Fbr. f. typ. und ab. *biguttatus* Steph.
S. Gr.: Beim Fleißgasthof an faulenden Pilzen 1 Ex. 7. VIII. 1937; Mallnitzer Tauerntal, oberhalb des Gasthofes Gutenbrunn an Pilzen 2 Ex. 5. IX. 1941.
Gl. Gr.: Am Weg durch die Daberklamm und das untere Dorfer Tal 2 Ex. 15. VII. 1937.
Gr. Gr.: Oberes Amertal, in alten Pilzen 12 Ex. 4. VIII. 1935 (leg. Scheerpeltz).
Die Art ist weit verbreitet, sie lebt an Pilzen.

516. — *(Bolitobius) lunulatus* L.
S. Gr.: Mallnitzer Tauerntal, 1 Ex. 5. IX. 1941.
Gr. Gr.: Fuscher Tal oberhalb Ferleiten, an verpilztem Holz 1 Ex. 14. V. 1940.
Gl. Gr.: Oberstes Amertal, mit der vorgenannten Art an Pilzen 2 Ex. 4. VIII. 1935 (leg. Scheerpeltz)
Gleichfalls sehr weit verbreitet und an Pilzen lebend.

517. *Conosoma testaceum* Fbr.
Pinzgau: Felben bei Mittersill, unter Fallaub und gemähtem Gras in der Felberbachau 3 Ex. 16. VII. 1934 (leg. Scheerpeltz).
Diese überaus weit verbreitete Art scheint im Gebiete nur die allertiefsten Lagen zu bewohnen.

518. — *pedicularium* Gravh.
Pinzgau: Felben bei Mittersill, mit der vorgenannten Art (leg. Scheerpeltz).
Auch diese weit verbreitete Art scheint im Gebiete nur tiefste Lagen zu bewohnen.

519. *Tachyporus (Tachyporus) nitidulus* Fbr.
Nach Scheerpeltz (i. l.) in den nördlichen Tauerntälern der Glockner- und Granatspitzgruppe in tieferen Tallagen, 800 bis 900 m kaum übersteigend.

520. — *(Tachyporus) macropterus* Steph.
S. Gr.: Kleine Fleiß, auf den sonnigen Wiesen oberhalb des Alten Pocher unter einem Stein 1 Ex. 3. VII. 1937.
Gl. Gr.: Grashang über der Glocknerstraße zwischen Glocknerhaus und Marienhöhe, in 2200 m Höhe aus Graswurzeln gesiebt 1 Ex. 29. VII. 1937; im Festucetum durae unmittelbar unterhalb des Glocknerhauses 1 Ex. 3. VIII. 1938, 1 Ex. 27. VII. 1939; Sturmalm, unterhalb der Sturmkapelle aus Graswurzeln gesiebt 4 Ex. 25. VII. 1937; Pasterzenvorfeld zwischen Glocknerstraße und Möll, 1 Ex. unter einem Stein 5. VII. 1937; Fuscher Tal oberhalb Ferleiten 1 Ex. 23. VII. 1929 und 1 Ex. 18. VII. 1940; Stubachtal, am Weg zwischen Weißsee und Grünsee aus Grünerlenfallaub und Graswurzeln gesiebt 3 Ex. August 1934 (leg. Scheerpeltz).
Gr. Gr.: Felbertauern, unterhalb der St. Pöltner-Hütte aus Graswurzeln gesiebt 2 Ex. 14. VII. 1935.
Weit verbreitet, steigt im Gebiete bis in die alpine Zwergstrauchstufe empor und lebt dort im Bestandesabfall unter Zwergsträuchern und zwischen Graswurzeln im Boden.

521. — *(Tachyporus) pusillus* Gravh.
S. Gr.: Grieswiesalm im Hüttenwinkeltal, in der obersten Bodenschicht unter *Nardus*-Rasen 1 Ex. 15. V. 1940.
Gl. Gr.: Kapruner Tal, oberhalb des Kesselfalles im Moos an den Stämmen alter Bergahorne 5 Ex. 5. VIII. 1936 (leg. Scheerpeltz).
Gr. Gr.: Im obersten Teil des Amertales, im Moos an einem alten Baumstrunk 1 Ex. 4. VIII. 1935 (leg. Scheerpeltz).
Gleichfalls weit verbreitet, im Gebiete aber anscheinend seltener als die vorgenannte Art.

522. — *(Tachyporus) ruficollis* Gravh.
Pinzgau: Felben bei Mittersill, in Fallaub und unter gemähtem Gras in der Felberbachau 2 Ex. 16. VII. 1934 (leg. Scheerpeltz).
Anscheinend nur in den tiefsten Lagen des Gebietes.

523. — *(Tachyporus) atriceps* Steph.
S. Gr.: Beim Fleißgasthof an faulenden Pilzen 1 Ex. 3. VIII. 1937.
Gl. Gr.: Steppenwiesen am Haritzerweg oberhalb Heiligenblut 1 Ex. 15. VII. 1940.
Gr. Gr.: Dorfer Öd (Stubach), auf der Talalm in 1300 m Höhe aus Graswurzeln gesiebt 1 Ex. 25. VII. 1939.
Weit verbreitet, scheint im Gebiete aber auf tiefere Lagen beschränkt zu sein.

524. *Tachyporus (Tachyporus) chrysomelinus* L.
S. Gr.: Seidelwinkeltal, im mittleren Teil des Tales 1 Ex. 17. VIII. 1937; Grieswiesalm im Hüttenwinkeltal, im Wurzelgesiebe eines *Calluna-Nardus*-Bestandes 4 Ex. 15. V. 1940.
Gl. Gr.: Steppenwiesen am Haritzerweg oberhalb Heiligenblut, in der obersten Bodenschicht zwischen Graswurzeln 1 Ex. 15. VII. 1940.
Gr. Gr.: Felbertal, in etwa 2100 m Höhe aus Graswurzeln unter *Rhododendron* gesiebt 2 Ex. 14. VII. 1935 (leg. Scheerpeltz).
Sehr weit verbreitet, nach Scheerpeltz (i. l.) im Pinzgau und in allen nördlichen Tauerntälern der Glockner- und Granatspitzgruppe.

525. — *(Tachyporus) hypnorum* Fbr.
Nach Scheerpeltz (i. l.) im Pinzgau und in allen nördlichen Tälern der Glockner- und Grantspitzgruppe, jedoch nur bis höchstens 900 m emporsteigend.

526. — *(Tachyporus) solutus* Er.
Pinzgau: In der Salzachau bei Mittersill ziemlich häufig Juli und August 1935 und 1936 (leg. Scheerpeltz).

527. — *(Tachyporus) abdominalis* Fbr.
Gl. Gr.: Fuscher Tal unterhalb Dorf Fusch, in der Grauerlenau am Wachtbergbach in Fallaub 2 Ex. 23. V. 1941.
Pinzgau: Mit der vorgenannten Art (Scheerpeltz i. l.).

528. — *(Tachyporus) obtusus* L.
S. Gr.: In der Fleiß 1 Ex. 1. VII. 1937.
Gl. Gr.: Fuscher Tal unterhalb Dorf Fusch, in der Grauerlenau des Wachtbergbaches 2 Ex. in Falllaub 23. V. 1941.
Pinzgau: In der Salzachau bei Mittersill (leg. Scheerpeltz).

529. *Tachinus (Tachinus) lignorum* L.
Gr. Gr.: Felbertal, am Hintersee an Pferdemist 3 Ex. Juli 1935 (leg. Scheerpeltz).
Von Scheerpeltz (i. l.) auch im Hollersbach- und Habachtal an Pferdeexkrementen gefunden.

530. — *(Tachinus) latiusculus* Kiesw.
Von Kiesenwetter an der Pasterze entdeckt (Märkel und v. Kiesenwetter 1848).
S. Gr.: Im Naßfeld und am Radhausberg bei Gastein (coll. Minarz); im Naßfeld bei Gastein sehr häufig (leg. Leeder); Krumeltal, in 1800 m Höhe (leg. Leeder); Kleine Fleiß, oberhalb des Alten Pocher an beiden Talseiten aus Grünerlenfallaub gesiebt 15 Ex. 30. VI. und 3. VII. 1937.
Gl. Gr.: Dorfer Tal, knapp oberhalb der Daberklamm 1 Ex. und etwas oberhalb der Waldgrenze zu beiden Seiten des Tales je 1 Ex. aus Grünerlenfallaub gesiebt 17. und 18. VII. 1937; Dorfer Tal (leg. Konneczni); Schafbühel bei der Rudolfshütte, aus Grünerlenfallaub und Graswurzeln gesiebt 2 Ex. August 1934 (leg. Scheerpeltz).
Gr. Gr.: Felbertauern, aus Graswurzeln gesiebt 1 Ex. Juli 1935 (leg. Scheerpeltz).
Schobergr.: Gößnitztal, bei der Bretterbruck aus Grünerlenfallaub gesiebt 1 Ex. 9. VII. 1937.
Die Art besitzt in den Ostalpen eine weitere Verbreitung, sie lebt besonders in der Laubstreu unter *Alnus viridis*.

531. — *(Tachinus) pallipes* Gravh.
S. Gr.: Kötschachtal bei Gastein (coll. Minarz); beim Fleißgasthof in faulenden Pilzen 1 Ex. 7. VIII. 1937.
Gl. Gr.: S-Hang der Margaritze 2 Ex. 7. VII. 1937; Moserboden, an einem Erdrutsch am linken Talhang 1 Ex. 17. VII. 1939.
Gr. Gr.: Wiegenwald (Stubach), am N-Hang in etwa 1600 m Höhe an Fuchsexkrementen 3 Ex. 10. VII. 1939; im oberen Amertal an faulenden Pilzen 5 Ex. 4. VIII. 1935 (leg. Scheerpeltz); Felbertal, beim Hintersee an Pferdemist 2 Ex. 14. VII. 1935 (leg. Scheerpeltz).
Eine weitverbreitete Art.

532. — *(Tachinus) fimetarius* Gravh.
Pinzgau: Felben bei Mittersill, in der Felberbachau unter Fallaub und gemähtem Gras 4 Ex. 16. VII. 1934 (leg. Scheerpeltz).

533. — *(Tachinus) rufipes* De G.
S. Gr.: Beim Fleißgasthof am Wege 1 Ex. 1. VII. 1937; beim Fleißgasthof an faulenden Pilzen 12 Ex. 3. und 7. VIII. 1937; Mallnitzer Tauerntal, oberhalb des Gasthofes Gutenbrunn an Pilzen 1 Ex. 5. IX. 1941.
Gl. Gr.: Schneeböden bei der neuen Salmhütte, in etwa 2600 m Höhe 1 Ex. unter einem Stein 12. VII. 1937; am Weg von Kals ins Dorfer Tal 2 Ex. 18. VII. 1937; Kapruner Tal, beim Kesselfallalpenhaus 1 Ex. 14. VII. 1939.
Gr.: Gr. Oberstes Amertal, in faulenden Pilzen (leg. Scheerpeltz); Felbertauern, an Pferdemist 3 Ex. 14. VII. 1934 (leg. Scheerpeltz).
Pinzgau: Taxingbauer in Haid bei Zell am See, auf Wiesen 1 Ex. 13. VII. 1939; Bruck a. d. Glocknerstraße 1 Ex. 19. VII. 1940.
Sehr weit verbreitet; der Fund bei der neuen Salmhütte im Bereiche der hochalpinen Grasheidenstufe liegt außergewöhnlich hoch.

534. *Tachinus (Tachinus) laticollis* Gravh.
S. Gr.: Hüttenwinkeltal, zwischen Bodenhaus und Grieswiesalm 1 Ex. 15. VII. 1940; beim Fleißgasthof an faulenden Pilzen 19 Ex. 7. VIII. 1937; Kleine Fleiß, oberhalb des Alten Pocher aus Grünerlenfallaub gesiebt 1 Ex. 3. VII. 1937; Mallnitzer Tauerntal, oberhalb des Gasthofes Gutenbrunn an Pilzen 1 Ex. 5. IX. 1941.
Gl. Gr.: Dorfer Tal (leg. Konneczni): Kapruner Tal, aus nassem Moos und Fallaub in der nächsten Nähe des Kesselfalles gesiebt 1 Ex. 14. VII. 1939; Käfertal, aus Grauerlenfallaub gesiebt 4 Ex. 15. V. 1940; Fuscher Tal unterhalb Dorf Fusch, in der Grauerlenau am Wachtbergbach in Fallaub 1 Ex. 23. 5. 1941.
Gleichfalls weit verbreitet, im Gebiete an faulenden organischen Stoffen häufig.

535. *Tachinus (Tachinus) corticinus* Gravh.
S. Gr.: Beim Fleißgasthof an faulenden Pilzen 1 Ex. 7. VIII. 1937; im Wald oberhalb des Fleiß-
gasthofes in der Waldstreu 1 Ex. 9. VII. 1937.
Gl. Gr.: Kapruner Tal, im Moos an den Stämmen alter Bergahorne oberhalb des Kesselfalles 4 Ex. 5. VIII.
1936 (leg. Scheerpeltz); Käfertal, im Fallaub unter Grauerlen 3 Ex. und im Moos an den Stämmen der
obersten Bergahorne 4 Ex. 23. VII. 1939; Fuscher Tal unterhalb Dorf Fusch, in der Grauerlenau am
Wachtbergbach in Fallaub 4 Ex. 23. V. 1941.
Gr. Gr.: Amertal, in Moos und Mulm eines alten Lärchenstammes 1 Ex. 4. VIII. 1935 (leg. Scheerpeltz);
Felbertal, in mit Rindermist vermengter Waldstreu unweit des Hintersees 5 Ex. 27. VII. 1935 (leg.
Scheerpeltz).

536. — *(Drymoporus) elongatus* Gyllh.
Gl. Gr.: An der Pasterze bei deren letztem Höchststande um die Mitte des vorigen Jahrhunderts
(Märkel und v. Kiesenwetter 1848, Pacher 1853); Gamskarl bei der neuen Salmhütte, in über 2700 m Höhe
im Karschluß unter Steinen auf ganz vegetationslosem Moränenschutt 3 Ex. 13. VII. 1937; im Geniste
des Dorfer Sees nach einem schweren Gewitter 13 Ex. 15. VII. 1937; im Gebiete des Dorfer Sees (leg.
Konneczni); Stubachtal, am Weg von der Rudolfshütte zum Tauernmoossee, unter einem Stein im
nassen Moos im Gerinne des Ödenwinkelbaches 1 Ex. August 1934 (leg. Scheerpeltz); am Weg von
Ferleiten zur Walcher Holchalm und auf den Walcher Sonnleitbratschen je 1 Ex. 9. VII. 1941.
Gr. Gr.: Wiegenwald (Stubach), am N-Hang in einem morschen, von *Sphagnum* überwucherten
Lärchenstamm 1 Ex. 10. VII. 1939.
Schobergr.: Hochschober (leg. Holdhaus).
Weit verbreitet, in den Alpen vorwiegend an sehr feuchten Plätzen in sub- und hochalpinen Lagen.

537. *Leucoparyphus silphoides* L.
Gr. Gr.: Felbertal, beim Gasthof Bruck in fast trockenen Pferdeexkrementen am Wege 2 Ex. August 1936
(leg. Scheerpeltz).

538. *Hypocyptus longicornis* Payk.
Pinzgau: Felben bei Mittersill, unter gemähtem Gras und Fallaub in der Felberbachau, 5 Ex. 16. VII.
1934 (leg. Scheerpeltz).

539. *Deinopsis erosa* Steph.
Pinzgau: Sumpfwiesen und Weide westlich von Mittersill, an Schilfwurzeln, die aus dem Schlamm
gezogen wurden, 2 Ex. 23. VIII. 1936 (leg. Scheerpeltz).

540. *Brachida exigua* Heer.
S. Gr.: Umgebung von Rauris (leg. Konneczni).

541. *Myllaena brevicornis* Matth.
S. Gr.: Naßfeld bei Gastein (coll. Minarz); Woisken bei Mallnitz, im nassen *Sphagnum* des Hochmoores
in etwa 1600 m Höhe 1 Ex. 5. IX. 1941.
Gl. Gr.: Böse Platte, in nassem Moos auf Kalkschieferplatten 15 Ex. 26. VII. 1937; im Moos an einem
Quellriesel im Kar zwischen Albitzen- und Wasserradkopf in etwa 2400 m Höhe 4 Ex. 17. VII. 1940;
Kapruner Tal, an der Talstufe unterhalb der Limbergalm im nassen Moos auf einer Felsplatte in der
Nähe der Ache 1 Ex. 15. VII. 1939; Fuscher Tal, am Fuße eines kleinen Wasserfalles unterhalb des
Rotmooses 1 Ex. 21. VII. 1939.
Gr. Gr.: Felbertal, unterhalb des Hintersees an einem Quellriesel in einem triefend nassen Moospolster
3 Ex. 14. VII. 1935 (leg. Scheerpeltz).
Pinzgau: Mittersill, Sumpfwiese und Weide am Westende des Ortes, in triefend nassen Moospolstern
am Waldrand 12 Ex. August 1936 (leg. Scheerpeltz).
Die weitverbreitete Art findet sich vor allem in nassen Moosrasen.

542. — *minuta* Gravh.
Gl. Gr.: Fuscher Rotmoos, in nassen Moosrasen 1 Ex. 14. V. 1940.
Pinzgau: Sumpfwiesen am Westende des Ortes Mittersill, in nassem Moos am Waldrand 2 Ex. August
1936 (leg. Scheerpeltz).

543. — *infuscata* Kr.
Gl. Gr.: Fuscher Rotmoos, in nassen Moosrasen 14 Ex. 14. V. 1940.
Pinzgau: Mittersill, mit der vorgenannten Art 6 Ex. August 1936 (leg. Scheerpeltz).

544. *Pronomaea rostrata* Er.
Pinzgau: Felben bei Mittersill, in der Felberbachau unter Fallaub und gemähtem Gras 1 Ex. 16. VII.
1936 (leg. Scheerpeltz).

545. *Oligota (Oligota) pusillima* Gravh.
Pinzgau: Felben bei Mittersill, mit der vorgenannten Art 4 Ex. 16. VII. 1936 (leg. Scheerpeltz).

546. *Gyrophaena (Gyrophaena) nana* Payk.
Gr. Gr.: Felbertal, beim Gasthof Bruck an einem *Agaricus* 19 Ex. August 1936 (leg. Scheerpeltz).

547. — *(Gyrophaena) bihamata* Thoms.
Gr. Gr.: Felbertal, mit der vorgenannten Art 7 Ex. August 1936 (leg. Scheerpeltz).

548. — *(Gyrophaena) manca* Er.
Pinzgau: Gemeindewald bei Mittersill, am N-Fuß des Pihapper an einem *Polyporus* 5 Ex. August 1936
(leg. Scheerpeltz).

549. — *(Agaricophaena) boleti* L.
Pinzgau: Mit der vorgenannten Art 12 Ex. August 1936 (leg. Scheerpeltz).

550. *Placusa (Placusa) tachyporoides* Waltl.
Gr. Gr.: Felbertal bei Mittersill, unter der morschen Rinde gefällter Kiefern 5 Ex. 2. VIII. 1934 (leg.
Scheerpeltz).

551. *Homalota plana* Gyllh.
Gr. Gr.: Felbertal, mit der vorgenannten Art 1 Ex. 2. VIII. 1934 (leg. Scheerpeltz).

552. *Leptusa (Leptusa) pulchella* Mannh. (=*angusta* Aubé teste Scheerpeltz).
Pinzgau: Mittersill, unter der Rinde eines vermoosten Buchenstrunkes im Gemeindewald am N-Hang des Pihapper 2 Ex. August 1936 (leg. Scheerpeltz).

553. — *(Pisalia) granulicauda* Epp.
S. Gr.: Kötschachtal in 1200 m, Anlauftal in 1350 m und Radeggalm in 1500 m Höhe (leg. Leeder); Palfneralm, Kötschachtal und Anlauftal (coll. Minarz); Retteneggwald bei Rauris, in naßem Moos (leg. Konneczni); Kleine Fleiß, oberhalb des Alten Pocher aus Grünerlenfallaub gesiebt je 1 Ex. 30. VI. und 3. VII. 1937.
Schobergr.: Gößnitztal, bei der Bretterbruck aus Grünerlenfallaub gesiebt 3 Ex. 9. VII. 1937, die Stelle liegt noch in der Schieferhülle des Tauernfensters auf Kalkphyllit.
Die Art ist in den Ostalpen weit verbreitet, sie ist mir im Gebiete nur auf Kalkschieferunterlage begegnet.

554. — *(Pisalia) flavicornis* Branczik.
S. Gr.: Naßfeld in 1700 m und Radhausberg in 1750 m Höhe (leg. Leeder); Anlauftal (coll. Minarz); Fröstelberg bei Bucheben (leg. Konneczni).
Gl. Gr.: Kapruner Tal, im Moos an den Stämmen alter Bergahorne oberhalb des Kesselfalles 8 Ex. 5. VIII. 1936 (leg. Scheerpeltz); Käfertal, im Moos an den Stämmen der obersten alten Bergahorne 2 Ex. 21. VII. 1939; Hirzbachtal, in der Bachschlucht in etwa 1300 m Höhe in Buchenfallaub 1 Ex. 8. VII. 1941.
Die Art ist über die Alpen und Karpathen verbreitet, ich fand sie im Gebiete nur nördlich des Tauernhauptkammes.

555. — *(Pisalia) pseudoalpestris* Scheerpeltz.
S. Gr.: Naßfeld bei Gastein, in 1750 m Höhe (leg. Leeder); Pochhartsee in 2000 m Höhe (leg. Leeder); hochalpin am Bärenkogel und Kramkogel bei Rauris; subalpin im Retteneggwald (leg. Konneczni); Kleine Fleiß, oberhalb des Alten Pocher am orographisch linken Talhang aus Grünerlenfallaub gesiebt 57 Ex. 30. VI. und 3. VII. 1937.
Gl. Gr.: Wasserrad-SW-Hang, in 2500 m Höhe knapp unterhalb der lokalen Rasengrenze aus Graswurzeln gesiebt 1 Ex. 17. VII. 1940; Pasterzenvorfeld, rechtsseits der Möll aus Moosrasen unter *Salix hastata* und *Vaccinium uliginosum* gesiebt 1 Ex. 17. VII. 1940; Pasterzenvorfeld zwischen Glocknerstraße und Möllschlucht, unterhalb des Glocknerhauses innerhalb der Moräne des Jahres 1856 aus Rasenwurzeln gesiebt 8 Ex. 29. VII. 1937; Grashang oberhalb der Glocknerstraße zwischen Glocknerhaus und Marienhöhe in 2200 m Höhe, aus Graswurzeln gesiebt 1 Ex. 29. VII. 1937; Haldenhöcker unterhalb des Mittleren Burgstalls, aus der obersten Bodenschicht in der Grasheide in etwa 2650 m Höhe gesiebt 14 Ex. 16. VII. 1940, die Art ist hier im Boden verhältnismäßig zahlreich vorhanden (56 Tiere auf einem Quadratmeter); Dorfer Tal, knapp oberhalb der Daberklamm aus Grünerlenfallaub gesiebt 19 Ex. 18. VII. 1937; Stubachtal, am Weg zur Rudolfshütte oberhalb des Weißsees aus Grünerlenfallaub und Graswurzeln gesiebt 4 Ex. August 1934 (leg. Scheerpeltz); oberstes Fuscher Tal, im Rhodoretum oberhalb der Traueralm aus Fallaub gesiebt 1 Ex. 24. VII. 1939.
Gr. Gr.: Felbertauern, aus Graswurzeln und *Rhododendron*-Fallaub gesiebt 2 Ex. 14. VII. 1935 (leg. Scheerpeltz).
Schobergr.: Gößnitztal, bei der Bretterbruck aus Grünerlenfallaub gesiebt 19 Ex. 9. VII. 1937; die Stelle liegt noch in der Schieferhülle des Tauernfensters auf Kalkphyllit. Aus den Judicarien beschrieben, aber in den Ostalpen weiter verbreitet, nach Scheerpeltz (i. l.) von *L. impennis* Epp. durch den Bau des männlichen Kopulationsapparates scharf geschieden und diese Art in den Ostalpen anscheinend vertretend. *L. pseudoalpestris* scheint in den mittleren Hohen Tauern überwiegend auf kalkhältigem Gestein, vor allem Kalkschiefer, vorzukommen. Die Fundstellen bei Gastein, im obersten Stubachtal und auf dem Felbertauern liegen möglicherweise im Bereiche von Marmorvorkommen. Im Gneisgebiet des obersten Kleinen Fleißtales und des Dorfer Tales habe ich die Art vergeblich gesucht. In subalpinen Lagen lebt *L. pseudoalpestris* mit Vorliebe im Bestandesabfall unter Grünerlen, in der alpinen Zwergstrauch- und Grasheidenstufe dagegen in der obersten Bodenschicht zwischen Graswurzeln. Sie ist derjenige Bodenkäfer, der in den Hohen Tauern am höchsten emporsteigt und anscheinend vom Gletschereis freigewordenes Gelände zuerst besiedelt.

556. — *(Pisalia) Kaiseriana* Bernh.
S. Gr.: Naßfeld bei Gastein, in 1650 m Höhe 1 Ex. im Alnetum viridis an Farnwurzeln 10. VI. 1934 (loc. typ., Bernhauer 1936).

557. — *(Pisalia) Leederi* Bernh.
S. Gr.: Naßfeld, N-Hang des Herzog Ernst in 1650 bis 1700 m Höhe, im Alnetum viridis (loc. typ., Bernhauer 1936); Naßfeld, in 1700 m Höhe (leg. Leeder); Palfneralm, in Grünerlenfallaub (coll. Minarz); Radhausberg, in 1750 m Höhe (leg. Leeder).
Die Art ist bisher nur aus den Hohen Tauern bekannt und noch ungenügend erforscht.

558. — *(Pisalia) Käufeli* Scheerpeltz.
S. Gr.: Krumeltal, in 2100 m Höhe (leg. Leeder).
Die Art ist in den nördlichen Kalkalpen vom Wiener Schneeberg westwärts bis Tirol verbreitet und kommt mit *L. alpigrada* Scheerp. und *L. Wörndlei* Scheerp. gemeinsam vor; sie wurde auch in den Sudeten und Karpathen nachgewiesen (Scheerpeltz 1935 et i. l.).

559. *Bolitochara (Bolitochara) lunulata* Payk.
S. Gr.: Mallnitzer Tauerntal 1 Ex. 5. IX. 1941.
Gr. Gr.: Felbertal, beim Gasthof Bruck an einem *Agaricus* 2 Ex. August 1936 (leg. Scheerpeltz).

560. — *(Ditropalia) Mulsanti* Shp.
Gl. Gr.: In der Bachschlucht des Hirzbaches in etwa 1300 m Höhe an einem niedergebrochenen Baumstamm an einem großen Baumschwamm 1 Ex. 8. VII. 1941.

561. — *(Ditropalia) obliqua* Er.
S. Gr.: Hüttenwinkeltal, zwischen Bucheben und Bodenhaus 1 Ex. 15. V. 1940.
Pinzgau: Mittersill, Gemeindewald am N-Fuß des Pihapper in einem *Polyporus* 1 Ex. August 1936 (leg. Scheerpeltz).

562. *Autalia impressa* Oliv.
: Pinzgau: Felben bei Mittersill, in der Felberbachau in einem morschen, verpilzten Erlenstrunk 2 Ex. 16. VII. 1934 (leg. Scheerpeltz).

563. — *puncticollis* Sharp.
: S. Gr.: Kötschachtal bei Gastein (coll. Minarz).
: Gr. Gr.: Felbertal, in halbtrockenen, verpilzten Kuhfladen bei der Pembachalm um einen Heustadel in 1700 m Höhe 3 Ex. 15. VII. 1935 (leg. Scheerpeltz).
: Boreoalpine Art (vgl. Holdhaus und Lindroth 1939), in den Alpen weit verbreitet und wohl auch in den mittleren Hohen Tauern noch an anderen Stellen zu finden.

564. — *rivularis* Gravh.
: S. Gr.: Kötschachtal bei Gastein (coll. Minarz).
: Pinzgau: Felben bei Mittersill, in der Felberbachau in Fallaub und unter gemähtem Gras 5 Ex. 16. VII. 1934 (leg. Scheerpeltz).
: Weit verbreitet, dürfte im Gebiete auf tiefere Tallagen beschränkt sein.

565. *Cardiola obscura* Gravh.
: Pinzgau: Felben bei Mittersill, mit der vorgenannten Art 11 Ex. (leg. Scheerpeltz).

566. *Falagria (Falagria) sulcata* Payk.
: Gr. Gr.: Amertaler Öd 1600 m, in den Heuabfällen um eine alte Heuhütte 1 Ex. 4. VIII. 1936 (leg. Scheerpeltz).
: Pinzgau: Felben bei Mittersill, mit der vorgenannten Art 3 Ex. 16. VII. 1934 (leg. Scheerpeltz.)

567. — *(Anaulacaspis) thoracica* Curtis.
: Gl. Gr.: Guttal, oberhalb der Ankehre der Glocknerstraße aus Moos unter *Salix hastata* gesiebt 1 Ex. 15. VII. 1940; Steppenwiesen entlang des Haritzerweges oberhalb Heiligenblut, in etwa 1400 m Höhe aus Graswurzeln gesiebt 6 Ex. 15. VII. 1940.
: Die Art scheint im Gebiete vor allem Wiesenböden der sonnigen, trockenen Südhänge zu bevölkern.
: Gr. Gr.: Felbertal, Rinderweide bei Mittersill, unter einem Stein 2 Ex. Juli 1936 (leg. Scheerpeltz).

568. *Tachyusa (Thinonoma) atra* Gravh.
: Mölltal: Am Mölluferbei Heiligenblut (Märkel u. v. Kiesenwetter 1848).
: Pinzgau: Mittersill, am Salzachdamm in der Salzachau 2 Ex. Juli 1936 (leg. Scheerpeltz).

569. — *(Ischnopoda) leucopus* Marh.
: Pinzgau: An der Einmündungsstelle der Fuscher Ache in die Salzach bei Bruck a. d. Glocknerstraße im Ufersand 1 Ex. 19. VII. 1940.

570. — *(Ischnopoda) umbratica* Er.
: Pinzgau: Felberbachau bei Felben, auf der Sandbank des Felberbaches 2 Ex. 16. VII. 1934 (leg. Scheerpeltz).

571. — *(Cathusya) scitula* Er.
: Gl. Gr.: Ufer der Fuscher Ache oberhalb Ferleiten 1 Ex. 14. V. 1940.

572. — *(Tachyusa) coarctata* Er.
: Pinzgau: Felberbachau bei Felben, auf der Sandbank des Felberbaches 16 Ex. 16. VII. 1934 (leg. Scheerpeltz).

573. — *(Tachyusa) constricta* Er.
: Pinzgau: Felberbachau bei Felben, mit der vorgenannten Art 1 Ex. (leg. Scheerpeltz).

574. *Gnypeta carbonaria* Mannh.
: Pinzgau: Felberbachau bei Felben, mit der vorgenannten Art 2 Ex. (leg. Scheerpeltz).

575. *Schistoglossa viduata* Er.
: Pinzgau: Mittersill, in nassem Moos am Waldrand am Westende des Ortes 1 Ex. August 1936 (leg. Scheerpeltz).
: Die seltene Art lebt unter Moos und Fallaub an nassen Waldstellen (Ganglbauer 1894 ff.).

576. *Amischa analis* Gravh.
: S. Gr.: Hüttenwinkeltal, Grieswiesalm 1500 m, im Boden unter *Nardus* und *Calluna* 2 Ex. 15. V. 1940.
: Gl. Gr.: Kapruner Tal, in Moos an den Stämmen alter Bergahorne oberhalb des Kesselfalles 2 Ex. 5. VIII. 1936 (leg. Scheerpeltz).
: Gr. Gr.: Dorfer Öd (Stubach), in der obersten Bodenschicht des Almbodens in etwa 1300 m Höhe 1 Ex. 25. VII. 1939; Amertaler Öd, in einer alten Heuhütte in etwa 1600 m Höhe in Heuabfällen 3 Ex. 4. VIII. 1935 (leg. Scheerpeltz).
: Schobergr.: Gößnitztal, bei der Bretterbruck aus Grünerlenfallaub gesiebt 1 Ex. 9. VII. 1937.
: Pinzgau: Taxingbauer in Haid bei Zell a. See, in der obersten Bodenschicht einer Kunstwiese 5 Ex. und einer Magerwiese 6 Ex. 13. VII. 1939; Felben bei Mittersill, in Fallaub und unter gemähtem Gras in der Felberbachau 8 Ex. 16. VII. 1934 (leg. Scheerpeltz).
: Eine weitverbreitete Art, die nach meinen Beobachtungen regelmäßig in Wiesenböden tieferer Lagen anzutreffen ist, in der subalpinen Waldstufe aber schon ziemlich selten zu sein scheint, und die Waldgrenze nicht überschreitet.

577. *Notothecta (Lyprocorrhe) anceps* Er.
: S. Gr.: Umgebung von Rauris (leg. Konneczni).
: Gr. Gr.: Rinderweide im Felbertal, in einem Nest von *Formica rufa* am Waldrand 7 Ex. Juli 1936 (leg. Scheerpeltz).

578. — *(Notothecta) flavipes* Grav.
: S. Gr.: Umgebung von Rauris (leg. Konneczni).

579. *Sipalia circellaris* Gravh.
: Mölltal: Zwischen Söbriach und Flattach am S-Hang in Fallaub unter *Corylus* 3 Ex. 18. VI. 1942.
: Gl. Gr.: Fuscher Tal unterhalb Dorf Fusch, in der Grauerlenau am Wachtbergbach aus Fallaub gesiebt 1 Ex. 23. V. 1941.

Pinzgau: Felben bei Mittersill, in Fallaub und unter gemähtem Gras in der Felberbachau 2 Ex. 16. VII. 1936 (leg. Scheerpeltz).

Diese überaus weitverbreitete Art scheint im Gebiete nur allertiefste Lagen zu bewohnen.

580. *Atheta (Aloconota) cambrica* Wollast.[1]
S. Gr.: Kötschachtal, beim Gasthof „Grüner Baum" (coll. Minarz).

581. — *(Glossola) gregaria* Er.
S. Gr.: Umgebung von Rauris (leg. Konneczni).

582. — *(Metaxya) elongatula* Gravh.
Gl. Gr.: Wiese unterhalb der Vogeralm im obersten Fuscher Tal, 3 Ex. aus Graswurzeln gesiebt 21. VII. 1939.
Schobergr.: Aufstieg von Heiligenblut ins Gößnitztal 2 Ex. 9. VII. 1937.
Pinzgau: Felben bei Mittersill, in Fallaub und unter gemähtem Gras in der Felberbachau 3 Ex. 16. VII. 1936 (leg. Scheerpeltz).
Weitverbreitete Art.

583. — *(Metaxya) Brisouti* Har.
S. Gr.: Bei Rauris subalpin (leg. Konneczni).
Gl. Gr.: Dorfer Tal, unterer Teil 2 Ex. 17. VII. 1937; Stubachtal, am Weg vom Grünsee zum Weißsee, oberhalb des Weißsees aus Graswurzeln gesiebt 1 Ex. August 1934 (leg. Scheerpeltz).
Die Art wird aus den höheren Gebirgen Mitteleuropas und aus Norwegen angegeben, sie besitzt vielleicht eine boreoalpine Reliktverbreitung.

584. — *(Metaxya) hygrotopora* Kr.
S. Gr.: Am Fleißbachufer unweit des Fleißgasthofes 3 Ex. 1. VII. 1937; Umgebung von Rauris (leg. Konneczni).
Gl. Gr.: Dorfer Tal (leg. Konneczni); Stubachtal, am Weg von der Rudolfshütte zum Tauernmoosboden, am O-Fuß des Schafbühels unter Steinen im nassen Boden 2 Ex. August. 1934 (leg. Scheerpeltz); Kapruner Tal, im nassen Moos und Fallaub in unmittelbarer Nähe des Kesselfalles 2 Ex 14. VII. 1939; Moserboden, an einem Erdrutsch am linken Talhang massenhaft unter Rasenstücken und Erdschollen 16. VII. 1939; Moserboden, unter naß liegenden Steinen 5 Ex. Juli 1934 und 3 Ex. August 1935 (leg. Scheerpeltz); am Ufer der Fuscher Ache oberhalb Ferleiten 1 Ex. 19. VII. 1939.
Schobergr.: Gößnitztal, oberhalb der Bretterbruck aus Grünerlenfallaub gesiebt 1 Ex. 9. VII. 1937.
Pinzgau: Zell am See, am Seeufer 3 Ex.
Weit verbreitet, findet sich jedoch namentlich im Gebirge unter Moos und nasser Waldstreu, besonders am Rande von Bächen.

585. — *(Metaxya) Aubei* Bris.
Gr. Gr.: Im obersten Amertal aus nassem Moos am Quellbach gesammelt 2 Ex. 4. VIII. 1935 (leg. Scheerpeltz).
Weit verbreitet, aber selten.

586. — *(Hygroecia) nannion* Joy (= *subdebilis* Joy).
Pinzgau: Felben bei Mittersill, in der Felberbachau unter gemähtem Gras und Schilf 1 Ex. 16. VII. 1934 (leg. Scheerpeltz).

587. — *(Ousipalia) alpicola* Mill.
Gl. Gr.: Schafbühel bei der Rudolfshütte, am N-Hang unmittelbar unter dem großen Felsabbruch aus Moos und Graswurzeln gesiebt 1 Ex. August 1934 (leg. Scheerpeltz).
In den Ostalpen, Karpathen und im nördlichen Balkan heimisch.

588. — *(Oreostiba) tibialis* Heer.
S. Gr.: Naßfeld bei Gastein (coll. Minarz); Umgebung von Rauris (leg. Konneczni); Kleine Fleiß, oberhalb des Alten Pocher aus Grünerlenfallaub gesiebt 4 Ex. 30. VII. u. 3. VI. 1937; Stanziwurten, in 2200 m Höhe 2 Ex. 2. VII. 1936; Grieswiesalm im Hüttenwinkeltal 1 Ex. 15. V. 1940.
Gl. Gr.: Kar zwischen Albitzen- und Wasserradkopf, am Schneerand unter einem Stein in 2450 m Höhe 1 Ex. 17. VII. 1940; Pasterzenvorfeld zwischen Glocknerstraße und Möllschlucht, in feuchtem Moos, an Pilzköder und unter Steinen wiederholt gesammelt, auch im Wurzelgesiebe, findet sich sowohl innerhalb als auch außerhalb der Moräne des letzten Gletscherhochstandes; Albitzen-SW-Hang, unweit südlich der Marienhöhe aus Graswurzeln in 2200 m Höhe gesiebt 1 Ex. 3. VIII. 1938 und 1 Ex. 17. VII. 1940; Margaritze S-Hang, 3 Ex. 7. VII. und 18. VIII. 1937; am Hang unterhalb der neuen Salmhütte gegen den Leiterbach unter Steinen 2 Ex. 13. VII. 1937; Dorfer Tal (leg. Konneczni); bei der Rudolfshütte im Rasengesiebe und am Schneerand gegen den Ödenwinkelkees 14 Ex. August 1934 (leg. Scheerpeltz); Schafbühel, aus Moos und Graswurzeln gesiebt unter dem Großen Felsabbruch 8 Ex. August 1934 (leg. Scheerpeltz); Walcher Hochalm, am S-Hang in 2000 bis 2300 m Höhe 1 Ex. unter einem Stein 9. VII. 1941; Käfertal, im Moos an den Stämmen der obersten Bergahorne 4 Ex. und im Bestandesabfall unter Grauerlen 1 Ex. 23. VII. 1939; im Moos am Stamm eines alten Bergahorns 1 Ex. 15. VII. 1940; am Hang des Brennkogels zwischen Fuscher und Mittertörl unter Steinen 4 Ex. 20. VII. 1934 (leg. Scheerpeltz). Pacher (1853) fand die Art auf den Almen um Heiligenblut an Schneerändern.
Gr. Gr.: Felbertauern, aus Graswurzeln unterhalb der St. Pöltener Hütte gesiebt 11 Ex. 14. VII. 1935 (leg. Scheerpeltz).
Die macroptere Form ab. *Spurnyi* Bernh. (vgl. Brundin 1940) fand Bernhauer auf der Palfneralm bei Gastein (coll. Minarz) und Leeder auf dem Naßfeld bei Gastein.
Atheta tibialis ist borealpin verbreitet; sie findet sich nach Brundin (1940) in Schottland, Nordengland, Wales, ferner im Harz, in den Sudeten, Karpathen, im gesamten Alpengebiet, in den Pyrenäen und im Kaukasus; nach Sainte-Claire Deville (L'Abeille XXXVI, 1935, S. 124) auch in der Auvergne, in den Cevennen, im französischen Jura und in den Vogesen. Nach Holdhaus (mündliche Mitteilung) kommt sie auch bei Berlin vor, ist dort aber streng auf das eiszeitliche Moränengebiet von Chorin beschränkt.

---

[1] Am Ufer des Zeller Sees bei Zell wurden von mir auch *Atheta (Aloconota) sulcifrons* Steph. und *insecta* Thoms. in je 1 Ex. gesammelt (det. Benick).

589. **Atheta (Niphetodroma** nov. subg.) **obsolescens** nov. spec. Scheerpeltz i. l.
Gl. Gr.: Moserboden, an einem Erdrutsch am linken Hang unter Erd- und Rasenschollen in etwa 2000 m Höhe 2 Ex. 17. VII. 1939.

590. — *(Taxicera) truncata* Epp.
Gr. Gr.: Felbertal, auf den Sandbänken des Felberbaches von Mittersill aufwärts bis etwa zum Tauernhaus Spital sehr zahlreich an Kröten-, Schlangen- und Fischköder Juli und August 1934 bis 1936 (leg. Scheerpeltz).

591. — *(Taxicera) deplanata* Gravh.
Gr. Gr.: Felbertal, mit der vorgenannten Art (leg. Scheerpeltz).

592. — *(Taxicera) sericophila* Bdi.
Gr. Gr.: Mit den beiden vorgenannten Arten im Felbertal (leg. Scheerpeltz).

593. — *(Dinaraea) aequata* Er.
Pinzgau: Felben bei Mittersill, in Fallaub und unter faulem, gemähtem Gras in der Felberbachau 2 Ex. 16. VII. 1934 (leg. Scheerpeltz).

594. — *(Plataraea) brunnea* Fbr.
Pinzgau: Salzachtal bei Mittersill, im Fluge 1 Ex. August 1935 (leg. Scheerpeltz).

595. — *(Plataraea) dubiosa* Benick.
S. Gr.: Bei Rauris subalpin gesiebt (leg. Konneczni, det. Benick).

596. — *(Bessobia) excellens* Kr.
S. Gr.: Kötschachtal, in 1200 m Höhe (leg. Bernhauer, teste Leeder).
Gr. Gr.: Felbertal, zwischen Hintersee und Felbertauern, an einem Quellriesel aus nassem Moos und Flechtenrasen gesiebt 3 Ex. 14. VII. 1935 (leg. Scheerpeltz).

597. — *(Bessobia) monticola* Thoms.
S. Gr.: Naßfeld, in 1500 m Höhe (leg. Leeder); beim Fleißgasthof an faulenden Pilzen 1 Ex. 7. VIII. 1937.
Gr. Gr.: Amertaler Öd, 1600 m, an Pilzköder 2 Ex. 4. VIII. 1935 und beim Hintersee im Felbertal an Pilzen 3 Ex. Juli 1935 (leg. Scheerpeltz).

598. — *(Anopleta) corvina* Thoms.
Gr. Gr.: Felbertal, beim Hintersee aus alter Waldstreu gesiebt 2 Ex. Juli 1935 (leg. Scheerpelfz).

599. — *(Traumoecia) depressicollis* Fauv.
S. Gr.: Beim Fleißgasthof an faulenden Pilzen 1 Ex. 3. VIII. 1937.
Gl. Gr.: Käfertal, in Fallaub unter Grauerlen 1 Ex. 23. VII. 1939; auch von Ganglbauer (1894 ff.) aus dem Glocknergebiete angegeben.
Die Art wurde von Scheerpeltz (i. l.) im obersten Habachtal bei der Habachhütte am Rande von Schneeflecken gegen den Habachkees hin in einem Stück am 20. VII. 1936 gesammelt und auch anderwärts schon öfter hochalpin an Schneerändern beobachtet.

600. — *(Traumoecia) angusticollis* Thoms.
Gr. Gr.: Im Felbertal unweit der Einmündung des Amertales aus Moos und Baummulm eines alten Buchenstrunkes gesiebt 2 Ex. Juli 1935 (leg. Scheerpeltz).

601. — *(Philhygra) palustris* Ksw.
Mölltal: Zwischen Obervellach und Flattach 1 Ex. 18. VI. 1942.
Diese Art wurde auch von Scheerpeltz (i. l.) im Hollersbachtal aus nassen Moospolstern und Gras bei einer Quelle nächst der Bräualm in 3 Ex. gesiebt, sie dürfte auch im engeren Untersuchungsgebiet zu finden sein.

602. — *(Microdota) inquinula* Gravh.
Gr. Gr.: Felbertal, in trockenen Kuhfladen in einem Heustadel bei der Pembachalm in 1700 m Höhe 3 Ex. 15. VII. 1935 (leg. Scheerpeltz).

603. — *(Microdota) amicula* Steph.
S. Gr.: Kötschachtal bei Gastein (coll. Minarz); beim Fleißgasthof an faulenden Pilzen massenhaft 3. und 7. VIII. 1937.
Gr. Gr.: Amertaler Öd, 1600 m, an faulenden Pilzen 2 Ex. 4. VIII. 1935 und im Felbertal, auf den Sandbänken des Felberbaches an Schlangen- und Fischköder massenhaft in Gesellschaft der *Taxicera*-Arten Juli und August 1934 bis 1936 (leg. Scheerpeltz).
Pinzgau: Taxingbauer in Haid bei Zell am See, in der obersten Bodenschicht einer Kunstwiese und einer benachbarten Magerwiese 7 Ex. 13. VII. 1939.
Die weitverbreitete Art, scheint auch im Gebiete in tieferen Lagen allgemein vorzukommen.

604. — *(Microdota) subtilis* Scriba.
S. Gr.: Gravenegg bei Gastein (coll. Minarz).
Gr. Gr.: Felbertal, beim Hintersee aus alter Waldstreu gesiebt 1 Ex. Juli 1935 (leg. Scheerpeltz).
Die Art scheint im Gebiete nicht häufig zu sein.

605. — *(Microdota) spatula* Fauv.
S. Gr.: Beim Fleißgasthof an faulenden Pilzen 7 Ex. 3. und 7. VIII. 1937.
Gr. Gr.: Wiegenwald-N-Hang, 1600 m, an Fuchsexkrementen 1 Ex. 10. VII. 1939.
Die Art wird aus den Pyrenäen, Alpen, Beskiden, Karpathen, aus Kroatien und Norwegen angegeben. Nach Horion (1935) wurde sie von Scriba auch bei Heilbronn gefunden.

606. — *(Microdota) myrmecobia* Kr.
S. Gr.: Umgebung von Rauris (leg. Konneczni).

607. — *(Microdota) indubia* Sharp.
S. Gr.: Beim Fleißgasthof an faulenden Pilzen 7 Ex. 3. und 7. VIII. 1937; am Weg vom Fleißgasthof nach Heiligenblut 1 Ex. 1. VII. 1937; Hüttenwinkeltal, zwischen Bodenhaus und Bucheben 1 Ex. 15. V. 1940.
Gl. Gr.: Am Möllufer oberhalb Heiligenblut 2 Ex. 9. VII. 1937; Steppenwiesen entlang des Haritzerweges oberhalb Heiligenblut 1 Ex. 15. VII. 1940; Stubachtal, am Weg zur Rudolfshütte oberhalb

des Weißsees aus Grünerlenfallaub und Rasen gesiebt 1 Ex. August 1934 (leg. Scheerpeltz); Kapruner Tal, aus Moos und Baummulm der alten Bergahorne oberhalb des Kesselfalles in 1300 m Höhe gesiebt 1 Ex. 5. VIII. 1936 (leg. Scheerpeltz).
Gr.Gr.: Felbertal, zwischen Hintersee und Felber Tauern aus Moos und Rasen gesiebt 2 Ex. 14. VII. 1935 (leg. Scheerpeltz).
Die Art ist im Gebiete jedenfalls weit verbreitet.

608. *Atheta (Ceritaxa) testaceipes* Heer.
Gl. Gr.: Stubachtal, abends beim Wehr am Grünsee im Fluge gefangen 1 Ex. August 1934 (leg. Scheerpeltz).

609. — *(Atheta) foveifrons* nov. spec. Scheerpeltz i. l.
Gl. Gr.: Käfertal, im Moos am Stamm eines alten Bergahorns in etwa 1500 m Höhe 1 Ex. 23. VII. 1939.

610. — *(Atheta) autumnalis* Er.
Pinzgau: Felben bei Mittersill, in der Felberbachau in Fallaub und unter gemähtem Gras 1 ♂ 16. VII. 1934 (leg. Scheerpeltz).

611. — *(Atheta) coriaria* Kr.
Pinzgau: Felben bei Mittersill, mit der vorgenannten Art 2 Ex. (leg. Scheerpeltz).

612. — *(Atheta) biimpressa* nov. spec. Scheerpeltz i. l.
S. Gr.: Beim Fleißgasthof an faulenden Pilzen 1 Ex. 3. VIII. 1937.

613. — *(Atheta) sodalis* Er.
Gr. Gr.: Felbertal, beim Gasthof Bruck an faulenden Pilzen 3 Ex. VIII. 1936 (leg. Scheerpeltz).

614. — *(Atheta) trinotata* Kr.
S. Gr.: Umgebung von Rauris (leg. Konneczni).

615. — *(Atheta) nigritula* Gravh.
Gr. Gr.: Amertaler Öd 1600 m, 14 Ex. und Felbertal, beim Gasthof Bruck 8 Ex., an beiden Orten an faulenden Pilzen August 1936 (leg. Scheerpeltz).

616. — *(Atheta) asperipennis* nov. spec. Scheerpeltz i. l.
S. Gr.: Beim Fleißgasthof, an faulenden Pilzen, die in einem großen Haufen unter der Gartenmauer als Köder vergraben worden waren, 1 Ex. 7. VIII. 1937.

617. — *(Atheta) lioglutiformis* nov. spec. Scheerpeltz i. l.
Gl. Gr.: Dorfer Tal, knapp oberhalb der Daberklamm aus Grünerlenfallaub gesiebt 3 Ex. 18. VII. 1937.

618. — *(Atheta) crassicornis* Fbr.
S. Gr.: Im Kötschachtal beim Gasthof „Grüner Baum" und in Gravenegg bei Gastein (coll. Minarz); Hüttenwinkeltal, zwischen Bucheben und Bodenhaus 1 Ex. 15. V. 1940; beim Fleißgasthof an faulenden Pilzen 12 Ex. 7. VIII. 1937.
Gr. Gr.: Amertaler Öd 1600 m, in als Köder ausgelegten Pilzen 2 Ex. 4. VIII. 1935 (leg. Scheerpeltz).
Pinzgau: Felben bei Mittersill, in der Felberbachau in Fallaub und unter gemähtem Gras 2 Ex. 16. VII. 1934 (leg. Scheerpeltz).
Eine weitverbreitete Art, die jedenfalls auch im Gebiete noch an anderen Stellen vorkommt.

619. — *(Atheta) pilicornis* Thoms.
Pinzgau: Felben bei Mittersill, in Fallaub und unter gemähtem Gras in der Felberbachau 1 Ex. 16. VII. 1934 (leg. Scheerpeltz).

620. — *(Atheta) diversa* Sharp (= *Dlouholuckai* Roub. teste Wüsthoff 1940).
S. Gr.: Kötschachtal, in einer Waldschlucht beim Gasthof „Grüner Baum" an Aas (*A. Dlouholuckai*, Bernhauer i. l.).
Die Art wird aus Schottland, Schweden, aus dem Wallis, den Ostalpen, den Beskiden und Karpathen angegeben und ist vielleicht boreoalpin verbreitet. Sie wurde auch von Wüsthoff (1940) in den Hohen Tauern festgestellt.

621. — *(Atheta) nitiduloides* nov. spec. Scheerpeltz i. l.
Gl. Gr.: Käfertal, im Moos am Stamm eines alten Bergahorns in etwa 1500 m Höhe 2 Ex. 23. VII. 1939.

622. — *(Atheta) ebenina* Muls.
S. Gr.: Wasserfallschlucht bei Gastein, „unter Bibernell" (Bernhauer i. l.).
Gl. Gr.: Hirzbachtal, in der Bachschlucht in 1000 bis 1300 m Höhe 2 Ex. 8. VII. 1941.
Gr. Gr.: Felbertal, am Ausfluß des Hintersees im Geniste, bestehend aus verwesenden Wasserpflanzen und Waldstreu, 1 Ex. 14. VII. 1935 (leg. Scheerpeltz).
Eine sehr seltene, aber anscheinend weitverbreitete Art.

623. — *(Atheta) dimetrotoides* nov. spec. Scheerpeltz i. l.
Gr. Gr.: Wiegenwald (Stubach), am N-Hang in 1600 bis 1650 m Höhe an Fuchsexkrementen und unter diesen 9 Ex. 10. VII. 1939.

624. — *(Atheta) Kaiseri* Bernh.
S. Gr.: Kötschachtal, in einer Waldschlucht beim Gasthof „Grüner Baum" in doppelt gesiebtem Moos in 1100 m Höhe 2 Ex. (Typen) (Bernhauer 1936 et i. l.); Kötschachtal, in 1200 m Höhe (leg. Leeder).
Bisher nur aus der Umgebung von Gastein bekannt.

625. — *(Atheta) contristata* Kr.
S. Gr.: Naßfeld bei Gastein, in 1500 m Höhe (leg. Leeder); Naßfeld und Gravenegg bei Gastein (coll. Minarz); Umgebung von Rauris (leg. Konneczni).
Gl. Gr.: Hirzbachtal, 1000 bis 1300 m 15 Ex. 8. VII. 1941.
Die Art wurde von Scheerpeltz (i. l.) im Habachtal unterhalb des Gasthofes „Alpenrose" aus einem Rasenhaufen am Bach gesiebt 3 Ex. 20. VII. 1936.

626. — *(Atheta) norica* Bernh. nom. nov. (= *Scheerpeltzi* Bernh. nec. Roubal 1929).
S. Gr.: Kötschachtal, in einer Waldschlucht beim Gasthof „Grüner Baum" 1 ♂ (Type) in doppelt gesiebtem Moos Juni 1936 (Bernhauer 1940 et i. l.).

627. *Atheta (Hypatheta) incognita* Sharp.
S. Gr.: Kötschachtal bei Gastein (coll. Minarz).
Gr. Gr.: Wiegenwald (Stubach), am N-Hang in etwa 1600 *m* Höhe an Fuchsexkrementen 2 Ex. 10. VII. 1939; Felbertal, bei der Jagdhütte unterhalb des Hintersees, aus Moos und Flechten an alten Baumstrünken gesiebt 3 Ex. 14. VII. 1935 (leg. Scheerpeltz).
In Nordeuropa, in den Gebirgsgegenden Mitteleuropas und auch in Frankreich. Uhmann (Ent. Bl. XX, 1924) schreibt über ihr Vorkommen in Deutschland: „Diese Art scheint in allen unseren deutschen Mittelgebirgen, soweit sie von Nadelwald bedeckt sind, vorzukommen. Man klopft sie aus frischen Fichtenästen, die am Boden liegen."

628. — *(Hypatheta) valida* Kr. (= *brunneipennis* Thoms., teste G. Benick).
S. Gr.: Badgastein (coll. Minarz).
Gl. Gr.: Dorfer Tal (leg. Koneczni, det. Benick); Stubachtal, unterhalb des Enzingerbodens in Haufen frisch gemähten Grases mit viel Umbelliferen 8 Ex. VIII. 1934 (leg. Scheerpeltz).

629. — *(Hypatheta) aquatica* Thoms.
Pinzgau: In Fallaub und frisch gemähtem Gras in der Felberbachau bei Felben nächst Mittersill 2 Ex. 16. VII. 1934 (leg. Scheerpeltz).

630. — *(Hypatheta) pinguimicans* nov. spec. Scheerpeltz i. l.
S. Gr.: Beim Fleißgasthof in faulenden Pilzen, die unter der Gartenmauer in einem Haufen als Köder ausgelegt worden waren, 1 Ex. 7. VIII. 1937.

631. — *(Liogluta) laevicauda* Sahlb.
S. Gr.: Naßfeld bei Gastein (leg. Leeder); Umgebung von Rauris (leg. Koneczni); Kleine Fleiß, oberhalb des Alten Pocher aus Grünerlenfallaub gesiebt 1 Ex. 30. VI. 1937.
Gl. Gr.: Ködnitztal, an der Waldgrenze in 2000 *m* Höhe aus Fallaub gesiebt 1 Ex. 14. VII. 1937; Dorfer Tal, knapp oberhalb der Daberklamm aus Fallaub unter *Alnus viridis* gesiebt 1 Ex. 18. VII. 1937; Dorfer Tal (leg. Koneczni); am Weg von der Rudolfshütte zum Tauernmoos unter einem Stein 1 Ex. 16. VII. 1937; am Weg vom Grünsee zur Rudolfshütte oberhalb der Französachalm aus Nadelstreu und Erde unter Latschen gesiebt 2 Ex. 14. VII. 1935 (leg. Scheerpeltz).
Gr. Gr.: Dorfer Öd (Stubach), bei der Alm in 1300 *m* Höhe aus Grünerlenfallaub gesiebt 1 Ex. 25. VII. 1939.
Die Art ist boreoalpin verbreitet (vgl. Holdhaus und Lindroth 1939) und findet sich im ganzen Alpenzuge. Sie lebt in den Alpen vorwiegend in der subalpinen Waldstufe, steigt jedoch gelegentlich auch noch in die Zwergstrauchstufe und vielleicht sogar in die alpine Grasheidenstufe empor.

632. — *(Liogluta) hypnorum* Kiesw.
S. Gr.: Kötschachtal, beim Gasthof „Grüner Baum" (coll. Minarz); Naßfeld 1650 *m* und Radeggalm 1500 *m* bei Gastein (leg. Leeder).
Gr. Gr.: Felbertal, beim Hintersee aus Moos- und Flechtenrasen gesiebt 3 Ex. Juli 1935 (leg. Scheerpeltz).
Eine weitverbreitete, im Gebiete aber anscheinend auf tiefere Lagen beschränkte Art.

633. — *(Liogluta) granigera* Kiesw.
Gl. Gr.: Grashang unterhalb des Glocknerhauses, in 2100 *m* Höhe aus Graswurzeln gesiebt 2 Ex. 29. VII. 1937; Ködnitztal, an der Waldgrenze in 2000 *m* Höhe aus Fallaub gesiebt 5 Ex. 14. VII. 1937; Stubachtal, am Weg vom Enzingerboden zum Grünsee in Fallaub und Moos 2 Ex. August 1934 (leg. Scheerpeltz); Kapruner Tal, oberhalb der Orglerhütte am Wasserfallboden aus Grünerlenfallaub und Graswurzeln gesiebt 4 Ex. VII. 1934 (leg. Scheerpeltz).
Gr. Gr.: Amertal, unterhalb des Amertaler Sees aus Moos- und Flechtenpolstern gesiebt 1 Ex. 4. VIII. 1935, und Felbertal, beim Hintersee aus Moos und Flechten gesiebt, zusammen 3 Ex. Juli und August 1935 (leg. Scheerpeltz).
Schobergr.: Gößnitztal, bei der Bretterbruck aus Grünerlenfallaub gesiebt 2 Ex. 9. VII. 1937.
Weitverbreitete Art, die unter Fallaub und Moos lebt.

634. — *(Liogluta) microptera* Thoms.
S. Gr.: Umgebung von Rauris (leg. Koneczni); Kötschachtal bei Gastein (coll. Minarz); Kötschachtal in 1200 *m* und Anlauftal in 1300 *m* Höhe (leg. Leeder); Kleine Fleiß, oberhalb des Alten Pocher aus Grünerlenfallaub gesiebt 3 Ex. 30. VI. und 3. VII. 1937.
Gl. Gr.: Grashang unmittelbar unterhalb des Glocknerhauses, aus Graswurzeln gesiebt 1 Ex. 29. VII. 1937; Dorfer Tal, knapp oberhalb der Daberklamm aus Grünerlenfallaub gesiebt 2 Ex. 18. VII. 1937; Dorfer Tal (leg. Koneczni); Stubachtal, bei der Alm Französach oberhalb des Grünsees aus Nadelstreu und Erde unter Latschen gesiebt 2 Ex. August 1934 (leg. Scheerpeltz).
Gr. Gr.: Felber Tauern, aus Grünerlenlaub unterhalb der St. Pöltener Hütte gesiebt 1 Ex. 14. VII. 1935 (leg. Scheerpeltz).
Schobergr.: Gößnitztal, bei der Bretterbruck aus Grünerlenfallaub gesiebt 1 Ex. 9. VII. 1937.

635. — *(Liogluta) longiuscula* Gravh.
S. Gr.: Am Weg von Gastein zum Gasthof „Grüner Baum" (coll. Minarz); Umgebung von Rauris (leg. Koneczni); im Lärchenwald oberhalb des Fleißgasthofes an Pilzen 5 Ex. 8. VII. 1937; beim Fleißgasthof an faulenden Pilzen 1 Ex. 7. VIII. 1937.
Gl. Gr.: Möllufer oberhalb Heiligenblut, 2 Ex. im Moos an Ufersteinen 9. VII. 1937; Steppenwiesen oberhalb Heiligenblut entlang des Haritzerweges 1 Ex. 15. VII. 1940; am Weg vom Glocknerhaus zur Pfandlscharte in einer Schneemulde unweit des Glocknerhauses 1 Ex. 17. VII. 1938; Dorfer Tal (leg. Koneczni); Stubachtal, am Steilhang unterhalb des Enzingerbodens in Haufen frisch gemähten Grases mit viel Umbelliferen 11 Ex. VIII. 1934 (leg. Scheerpeltz).
Gr. Gr.: Felbertal, beim Hintersee in mit Rindermist vermengter Waldstreu 1 Ex. 27. VII. 1935 (leg. Scheerpeltz).
Pinzgau: Felben bei Mittersill, in der Felberbachau in Fallaub und unter gemähtem Gras 2 Ex. 16. VII. 1934 (leg. Scheerpeltz).
Die weitverbreitete Art steigt im Gebiete aus den tiefsten Tallagen bis in die hochalpine Grasheidenstufe empor.

636. *Atheta (Liogluta) alpestris* Heer.
Gl. Gr.: Grashang oberhalb der Glocknerstraße zwischen Marienhöhe und Glocknerhaus 1 Ex. 29. VII. 1937; feuchte Grasmulde unterhalb des Glocknerhauses, 1 Ex. aus Graswurzeln gesiebt 27. VII. 1939; Albitzen-SW-Hang, in etwa 2300 bis 2400 *m* Höhe 1 Ex. 17. VII. 1940; Pasterzenvorfeld zwischen Glocknerstraße und Möllschlucht, innerhalb der Moräne des Jahres 1856 an als Köder ausgelegten faulenden Pilzen 2 Ex. 7. VIII. 1937; am Hang unterhalb der neuen Salmhütte gegen das Leitertal unter Steinen 3 Ex. 24. VII. 1937; Ködnitztal, an der Waldgrenze in 2000 *m* Höhe aus Fallaub gesiebt 5 Ex. 14. VII. 1937; Freiwand, in der Umgebung des Hotels Franz-Josefs-Höhe 1 Ex. 8. VIII. 1937; am Weg vom Freiwandeck ins Magneskar unter einem Stein 1 Ex. 29. VII. 1937; Dorfer Tal, knapp oberhalb der Daberklamm aus Grünerlenfalaub gesiebt 2 Ex. und knapp oberhalb der Waldgrenze in Grünerlenfallaub 1 Ex. 17. u. 18. VII. 1937; Dorfer Tal (leg. Konneczni); Stubachtal, oberhalb des Grünsees am Weg zur Rudolfshütte aus Grünerlenfallaub und Graswurzeln gesiebt 1 Ex. August 1934 und am Schafbühel aus Graswurzeln gesiebt 1 Ex. August 1934 (leg. Scheerpeltz); O-Hang des Brennkogels, gegen die Glocknerstraße, unter Steinen 2 Ex. 20. VII. 1934 (leg. Scheerpeltz).
Gr. Gr.: Dorfer Tal, am Hang über dem Kalser Tauernhaus im Buschbestand entlang des Weges zur Sudetendeutschen Hütte 3 Ex. 20. VII. 1937; Felbertal, oberhalb des Hintersees aus Grünerlenfallaub gesiebt 2 Ex. 14. VII. 1935 (leg. Scheerpeltz).
Schobergr.: Am Weg vom Peischlachtörl ins Leitertal 1 Ex. unter einem Stein 11. VIII. 1937.
Die Art ist aus den Alpen, dem Böhmerwald (Horion 1935) und aus dem Erzgebirge bekannt, sie findet sich angeblich auch in Großbritannien.
Atheta alpestris lebt im Gebiete subalpin in Fallaub und Moos und über der Waldgrenze unter Steinen und zwischen Graswurzeln. Sie ist nach *A. tibialis* in hochalpinen Lagen die häufigste Art der Gattung.

637. — *(Liogluta) planipennis* nov. spec. Scheerpeltz i. l.
Gl. Gr.: Käfertal (oberstes Fuscher Tal), in Fallaub unter *Alnus incana* in etwa 1400 *m* Höhe 1 Ex. 14. V. 1940.

638. — *(Liogluta) nitidula* Kr.
S. Gr.: Am Weg von Gastein zum Gasthof „Grüner Baum" (coll. Minarz); Umgebung von Rauris (leg. Konneczni).
Gl. Gr.: Stubachtal, am Weg vom Grünsee zum Weißsee, oberhalb der Alm Französach aus Nadelstreu und Erde unter Latschen gesiebt 1 Ex. August 1934 (leg. Scheerpeltz).
Eine weitverbreitete Art, die in Wäldern unter Fallaub und Moos lebt.

639. — *(Liogluta) Leederi* Bernh.
S. Gr.: Krumeltal 2100 *m*, von F. Leeder in Grünerlenfallaub entdeckt (Bernhauer 1936); Krumeltal, in 1900 *m* Höhe (leg. Leeder).
Gl. Gr.: Fuscher Tal, am Ufer der Fuscher Ache unmittelbar oberhalb Ferleiten in Grauerlenfallaub 6 Ex. 19. VII. 1939; Käfertal, im Moos am Stämme eines alten Bergahorns 1 Ex. 23. VII. 1939.
Die Art ist bisher nur aus den mittleren Hohen Tauern bekannt und scheint wie viele alpine Staphyliniden am häufigsten in Erlenfallaub vorzukommen.

640. — *(Liogluta) oblongiuscula* Sharp.
S. Gr.: Radhausberg bei Gastein (coll. Minarz); Kötschachtal, beim Gasthof „Grüner Baum" (coll. Minarz); Kleine Fleiß, oberhalb des Alten Pocher aus Grünerlenfallaub gesiebt 10 Ex. 30. VI. und 3. VII. 1937.
Gl. Gr.: Am Möllufer oberhalb Heiligenblut 1 Ex. 9. VII. 1937; Ködnitztal, an der Waldgrenze aus Fallaub gesiebt 19 Ex. 14. VII. 1937; Käfertal, in Fallaub unter Grauerlen 1 Ex. 23. VII. 1939.
Gr. Gr.: Dorfer Tal, im Buschwerk am Hang über dem Kalser Tauernhaus entlang des Weges zur Sudetendeutschen Hütte aus Fallaub gesiebt 2 Ex. 20. VII. 1937.
Schobergr.: Gößnitztal, bei der Bretterbruck aus Grünerlenfallaub gesiebt 1 Ex. 9. VII. 1937.
Lebt subalpin in der Waldstreu, besonders unter Erlen und ist weit verbreitet.

641. — *(Megista) graminicola* Gravh.
Gr. Gr.: Felbertal, aus Geniste (verwesenden Wasserpflanzen und Waldstreu) am Ausfluß des Hintersees gesiebt 1 Ex. 14. VII. 1935.

642. — *(Dimetrota) cadaverina* Bris.
S. Gr.: Beim Fleißgasthof an faulenden Pilzen 1 Ex. 7. VIII. 1937; Umgebung von Rauris (leg. Konneczni).
Die Art ist weit verbreitet, scheint im Gebiete aber selten zu sein.

643. — *(Dimetrota) atramentaria* Gyll.
S. Gr.: Kötschachtal bei Gastein (coll. Minarz); beim Fleißgasthof an faulenden Pilzen 2 Ex. 7. VIII. 1937.
Gl. Gr.: Pasterzenvorfeld zwischen Glocknerstraße und Möllschlucht, innerhalb der Moräne des Jahres 1856 1 Ex. 29. VII. 1937; Dorfer Tal (leg. Konneczni); Käfertal, in Fallaub und Moos unter *Alnus incana* 1 Ex. 14. V. 1940.
Gr. Gr.: Amertaler Öd 1600 *m*, an Pilzköder 1 Ex. 4. VIII. 1935 und an Krötenaas im Felbertal, auf einer Sandbank des Felberbaches 2 Ex. Juli 1935 (leg. Scheerpeltz).

644. — *(Dimetrota) picipennis* Mannh.
S. Gr.: Umgebung von Rauris (leg. Konneczni); Mallnitzer Tauerntal, Aufstieg zur Woisken 2 Ex. 5. IX. 1941 (det. Benick).
Gl. Gr.: Im Rhodoretum unterhalb der Traueralm aus der Bodenstreu gesiebt 1 Ex. 21. VII. 1939.
Wie die vorgenannte Art weit verbreitet, im Gebiete aber anscheinend viel seltener als diese.

645. — *(Dimetrota) subrugosa* Ksw.
S. Gr.: Radeggalm bei Gastein, in 1500 *m* Höhe (leg. Leeder); Krumeltal, in 2500 *m* Höhe (leg. Leeder); Kleine Fleiß, oberhalb des Alten Pocher aus Grünerlenfallaub gesiebt 1 Ex. 3. VII. 1937; Stanziwurten, in 2300 *m* Höhe aus Bestandesabfall unter den höchsten *Rhododendron*-Büschen gesiebt 2 Ex. 2. VII. 1937.
Gl. Gr.: Gamsgrube, bei der ehemaligen Johanneshütte von Kiesenwetter entdeckt (Märkel und von Kiesenwetter 1848); Daberklamm, aus Fallaub gesiebt 15. VII. 1937; Schafbühel unterhalb der Rudolfs-

hütte, aus *Rhododendron-* und Grünerlenfallaub gesiebt 1 Ex. August 1934 (leg. Scheerpeltz); Trauneralm, aus der Bodenstreu unter *Rhododendron* oberhalb des Gasthofes gesiebt 1 Ex. 21. VII. 1939; Walcher Hochalm, in 2100 bis 2300 m Höhe 1 Ex. 9. VII. 1941.

Gr. Gr.: Felbertauern, aus Grünerlenfallaub unterhalb der St. Pöltener Hütte gesiebt 1 Ex. 14. VII. 1935 (leg. Scheerpeltz).

Eine montane Art, die in Mitteleuropa weit verbreitet ist. Sie lebt im Gebiete subalpin in der Laubstreu der Wälder und Zwergstrauchbestände und hochalpin unter Steinen.

646. *Atheta (Dimetrota) allocera* Epp.

S. Gr.: Kötschachtal bei Gastein 1 Ex. (coll. Minarz, leg. et det. Bernhauer).

Eine nordische Art, die in den letzten Jahren auch schon anderwärts in den Alpen gefunden worden ist.

647. — *(Dimetrota) intermedia* Thoms.

Gr. Gr.: Felbertal, oberhalb des Hintersees aus Moospolstern und Graswurzeln gesiebt 1 Ex. 14. VII. 1935 (leg. Scheerpeltz).

648. — *(Dimetrota) putrida* Kr.

S. Gr.: Bei Badgastein und im Kötschachtal beim Gasthof „Grüner Baum" (coll. Minarz); Palfneralm (coll. Minarz); Naßfeld bei Gastein und Krumeltal (leg. Leeder).

Gl. Gr.: Pasterzenvorfeld zwischen Glocknerhaus und Möllschlucht, innerhalb der Moräne des Jahres 1856 aus Moos gesiebt 1 Ex. 23. VII. 1937; am Hang zwischen oberem und unterem Keesboden 1 Ex. 28. VII. 1937; Kar zwischen Albitzen- und Wasserradkopf, am Schneerand in 2450 m Höhe 1 Ex. unter einem Stein 17. VII. 1940; Stubachtal, oberhalb der Französachalm aus Gras- und Flechtenpolstern gesiebt 1 Ex. August 1934 und am Weg zur Rudolfshütte oberhalb des Weißsees aus Grünerlenfallaub gesiebt 1 Ex. August 1934 (leg. Scheerpeltz).

Gr. Gr.: Felbertauern, unterhalb der St. Pöltener Hütte aus Grünerlenfallaub gesiebt 2 Ex. 14. VII. 1935 (leg. Scheerpeltz).

Eine weitverbreitete Art, die im Gebiete aus den tiefsten Tallagen bis in die hochalpine Grasheidenstufe emporsteigt.

649. — *(Dimetrota) cinnamoptera* Thoms.

S. Gr.: Umgebung von Rauris (leg. Konneczni).

650. — *(Dimetrota) livida* Muls.

Gl. Gr.: Grashang unterhalb des Glocknerhauses im Pasterzenvorfeld in etwa 2100 m Höhe, aus Graswurzeln gesiebt 1 Ex. 25. VII. 1937; Kapruner Tal, aus Moos an den Stämmen alter Bergahorne oberhalb des Kesselfalles gesiebt 1 Ex. 5. VIII. 1936 (leg. Scheerpeltz); Käfertal, in Fallaub unter *Alnus incana* 1 Ex. 23. VII. 1939.

Weit verbreitet, im Gebiete aber selten. Diese im allgemeinen vorwiegend der Mischwaldstufe und dem ozeanischen Buchenklima der Alpenrandgebiete angehörende Art dürfte nur ganz vereinzelt bis in die Zwergstrauchstufe emporsteigen.

651. — *(Dimetrota) Friebi* Schpltz.

S. Gr.: Gravenegg bei Gastein (coll. Minarz); Krumeltal, in 1900 m Höhe (leg. Leeder); am Tauernhauptkamm zwischen Hochtor und Roßschartenkopf unter Steinen 3 Ex. 6. VIII. 1937; Talschluß der Kleinen Fleiß, an den Hängen unterhalb des Fleißkeeses und des Seebichel unter Steinen 2 Ex.

Gl. Gr.: Pasterzenvorfeld zwischen Glocknerstraße und Möllschlucht, innerhalb der Moräne des Jahres 1856 unter einem Stein 1 Ex. 29. VII. 1937; Ködnitztal, an der Waldgrenze in etwa 2000 m Höhe aus Fallaub gesiebt 2 Ex. 14. VII. 1937; Dorfer Tal, knapp oberhalb der Daberklamm und unmittelbar über der Waldgrenze je 2 Ex. aus Grünerlenfallaub gesiebt 17. und 18. VII. 1937; Dorfer Tal (leg. Konneczni); Stubachtal, am Weg zur Rudolfshütte oberhalb des Grünsees aus Nadelstreu unter Latschen, Grünerlenfallaub und Graswurzeln gesiebt 5 Ex. August 1936 (leg. Scheerpeltz).

Gr. Gr.: Dorfer Tal, im Buschwerk oberhalb des Kalser Tauernhauses entlang des Weges zur Sudetendeutschen Hütte aus Fallaub gesiebt 7 Ex. 20. VII. 1937; Felbertauern, unterhalb der St. Pöltener Hütte aus Grünerlenfallaub gesiebt 2 Ex. 14. VII. 1934 (leg. Scheerpeltz).

Die Art wurde von H. Frieb am Murtörl im östlichen Teil der Hohen Tauern entdeckt und seitdem auch schon in den bayrischen und Tiroler Alpen aufgefunden. Sie lebt subalpin in der Waldstreu und hochalpin unter Steinen und zwischen Graswurzeln.

652. — *(Dimetrota) Leonhardi* Bernh.

S. Gr.: Naßfeld bei Gastein, aus Grünerlenfallaub gesiebt (leg. Bernhauer, coll. Minarz); Naßfeld in 1700 m und Krumeltal in 1800 m Höhe (leg. Leeder); Umgebung von Rauris (leg. Konneczni).

Gl. Gr.: Pasterzenvorfeld zwischen Sturmalm und Möll, innerhalb der Moräne des Jahres 1856 1 Ex. 15. VII. 1937; Dorfer Tal, unmittelbar oberhalb der Waldgrenze aus Grünerlenfallaub gesiebt 18 Ex. 17. VII. 1937; im Geniste des Dorfer Sees nach einem schweren Gewitter 1 Ex. 15. VII. 1937; im Bestandesabfall unter *Rhododendron hirsutum* auf der Trauneralm oberhalb der Gastwirtschaft 1 Ex. 21. VII. 1939; Hirzbachschlucht, im Gesiebe aus Buchenfallaub und Moos 1 Ex. 8. VII. 1941.

Schobergr.: Gößnitztal, bei der Bretterbruck aus Grünerlenfallaub gesiebt 5 Ex. 9. VII. 1937.

Pinzgau: Felben bei Mittersill, in der Felberbachau unter Fallaub und gemähtem Gras 1 Ex. 16. VII. 1934 (leg. Scheerpeltz).

Eine montane Art, die in den Gebirgen Mitteleuropas, Italiens und der Balkanhalbinsel eine weite Verbreitung besitzt.

653. — *(Dimetrota) laevana* Muls. Rey.

Pinzgau: Felben bei Mittersill, in der Felberbachau unter Fallaub und gemähtem Gras 2 Ex. 16. VII. 1934 (leg. Scheerpeltz).

654. — *(Dimetrota) cribripennis* Sahlbg.

S. Gr.: Kötschachtal, in einer Waldschlucht beim Gasthof „Grüner Baum" in doppelt gesiebtem Moos (Bernhauer i. l.).

Die Art scheint boreoalpin verbreitet zu sein, sie ist bisher nur aus den Ostalpen, Nordeuropa und Sibirien bekannt (vgl. Scheerpeltz, Koleopt. Rundsch. 1926 und Horion 1935).

655. *Atheta (Badura) macrocera* Thoms.
S. Gr.: Badgastein (coll. Minarz); beim Fleißgasthof an faulenden Pilzen 7 Ex. 3. und 7. VIII. 1937.

656. — *(Badura) cauta* Er. (= *parvula* Mannh.).
Pinzgau: Felben bei Mittersill, in der Felberbachau unter Fallaub und gemähtem Gras 1 Ex. 16. VII. 1934 (leg. Scheerpeltz).

657. — *(Datomicra) canescens* Sharp.
S. Gr.: Beim Fleißgasthof in faulenden Pilzen 3 Ex. 3. VIII. 1937.

658. — *(Datomicra) sordidula* Er.
Gr. Gr.: Felbertal, aus mit Rindermist vermengter Waldstreu unweit des Hintersees gesiebt 2 Ex. 27. VII. 1935 und in halbtrockenen Kuhfladen um einen Heustadel bei der Pembachalm 1 Ex. 15. VII. 1937 (leg. Scheerpeltz).
Pinzgau: Felben bei Mittersill, in der Felberbachau unter Fallaub und gemähtem Gras 3 Ex. 16. VII. 1934 (leg. Scheerpeltz).

659. — *(Datomicra) celata* Er.
S. Gr.: Beim Fleißgasthof an faulenden Pilzen 3 Ex. 3. und 7. VIII. 1937.
Gl. Gr.: Möllufer oberhalb Heiligenblut 1 Ex. 9. VII. 1937.
Gr. Gr.: Felbertal, bei der Pembachalm in 1700 m Höhe in halbtrockenen Kuhfladen 2 Ex. 17. VII. 1935 (leg. Scheerpeltz).

660. — *(Datomicra) procerula* nov. spec. Scheerpeltz i. l.
Gr. Gr.: Wiegenwald im Stubachtal, am N-Hang in 1600 bis 1650 m Höhe an Fuchsexkrementen 1 Ex. 10. VII. 1939.

661. — *(Datomicra) arenicola* Thoms.
S. Gr.: Beim Fleißgasthof an faulenden Pilzen 2 Ex. 3. VIII. 1937.
Eine weitverbreitete, aber seltene Art.

662. — *(Datomicra) hodierna* Sharp.
S. Gr.: Beim Fleißgasthof an faulenden Pilzen, die als Köder in einem Haufen an der Gartenmauer vergraben worden waren, 1 Ex. 7. VIII. 1937.

663. — *(Chaetida) longicornis* Gravh.
S. Gr.: Am Weg von Badgastein ins Kötschachtal (coll. Minarz).
Gl. Gr.: Heiligenblut (Märkel und v. Kiesenwetter 1848).
Gr. Gr.: Felbertal, aus Waldstreu und beigemengtem Rindermist unweit des Hintersees gesiebt 3 Ex. 27. VII. 1935 (leg. Scheerpeltz).
Pinzgau: Felben bei Mittersill, in der Felberbachau unter Fallaub und gemähtem Gras 2 Ex. 16. VII. 1934 und in der Salzachau bei Mittersill mehrfach gesammelt (leg. Scheerpeltz); Mittersill, auf der Rinderweide westlich des Ortes unter Kuhfladen häufig Juli und August 1935—1936 (leg. Scheerpeltz).
Die weitverbreitete Art ist im Gebiet anscheinend auf tiefere Lagen beschränkt.

664. — *(Coprothassa) sordida* Marsh.
S. Gr.: Beim Fleißgasthof an faulenden Pilzen 1 Ex. 7. VIII. 1937.
Gr. Gr.: Amertaler Öd, in Heuabfällen um eine alte Heuhütte in etwa 1600 m Höhe 5 Ex. 4. VIII. 1935 (leg. Scheerpeltz).
Pinzgau: Felben bei Mittersill, in der Felberbachau unter Fallaub und gemähtem Gras 3 Ex. 16. VI. 1934 und in Mittersill, in einem Gartenkomposthaufen zahlreich August 1936 (leg. Scheerpeltz).
Eine weitverbreitete, an faulenden organischen Stoffen lebende Art.

665. — *(Acrotona) obfuscata* Gravh. (nec *pygmaea* Gravh.).
S. Gr.: Beim Fleißgasthof an faulenden Pilzen 1 Ex. 7. VIII. 1937.
Gl. Gr.: Kapruner Tal, im Moos an alten Ahornstämmen oberhalb des Kesselfalles 1 Ex. 5. VIII. 1936 (leg. Scheerpeltz).

666. — *(Acrotona) pygmaea* Gravh.
Pinzgau: Felben bei Mittersill, in der Felberbachau unter Fallaub und gemähtem Gras 2 Ex. 16. VII. 1934 (leg. Scheerpeltz).

667. — *(Acrotona) aterrima* Gravh.
S. Gr.: Beim Fleißgasthof an faulenden Pilzen zahlreich 7. VIII. 1937.
Gl. Gr.: Pasterzenvorland, S-Fuß des Elisabethfelsens 1 Ex. 23. VII. 1938; Käfertal, in Fallaub unter Grauerlen in etwa 1400 m Höhe 1 Ex. 14. V. 1940.
Eine weitverbreitete Art, die wohl auch im Gebiete noch an anderen Stellen zu finden sein wird.

668. — *(Acrotona) parvula* Mannh. (= *parva* Sahlb., teste Scheerpeltz i. l.).
S. Gr.: Am Weg von Badgastein nach Gravenegg (coll. Minarz); beim Fleißgasthof an faulenden Pilzen massenhaft 3. und 7. VIII. 1937.
Gl. Gr.: Am Möllufer oberhalb Heiligenblut unter moosbewachsenen Steinen 1 Ex. 9. VII. 1937.
Gr. Gr.: Felbertal, an verpilzten, halbtrockenen Kuhfladen um einen Heustadel bei der Pembachalm in etwa 1700 m Höhe 5 Ex. 15. VII. 1935 (leg. Scheerpeltz).
Pinzgau: Felben bei Mittersill, in der Felberbachau unter Fallaub und gemähtem Gras 3 Ex. 16. VII. 1934 (leg. Scheerpeltz).
Gleichfalls weit verbreitet, scheint im Gebiete die Waldgrenze nicht zu überschreiten.

669. — *(Acrotona) griseosericea* nov. spec. Scheerpeltz i. l.
Gl. Gr.: Steppenwiesen oberhalb Heiligenblut entlang des Haritzerweges, im Rasengesiebe einer südwestexponierten, vorwiegend mit *Koeleria pyramidata* bestandenen Fläche 1 Ex. 15. VII. 1940; Käfertal (oberstes Fuscher Tal), in Fallaub unter *Alnus incana* 1 Ex. 14. V. 1940.
Es ist bemerkenswert, daß diese neue Art sowohl an einem der trockensten Standorte des obersten Mölltales als auch im feuchten Käfertal angetroffen wurde.

670. *Atheta (Acrotona) nigerrima* Aubé.
   Pinzgau: Felben bei Mittersill, in der Felberbachau unter Fallaub und gemähtem Gras 1 Ex. 16. VII. 1934 (leg. Scheerpeltz).
   S. Gr.: Beim Fleißgasthof an faulenden Pilzen 2 Ex. 3. VIII. 1937.
   Gl. Gr.: Pasterzenvorfeld zwischen Glocknerstraße und Möllschlucht, knapp unterhalb des Glocknerhauses aus Graswurzeln gesiebt 1 Ex. 29. VII. 1937.

671. — *(Acrotona) orphana* Er.
   S. Gr.: Im Wald oberhalb des Fleißgasthofes an faulenden Pilzen 1 Ex. 4. VII. 1937; beim Fleißgasthof an faulenden Pilzen zahlreich 7. VIII. 1937; Kleine Fleiß, oberhalb des Alten Pocher aus Grünerlenfallaub gesiebt 3 Ex. 30. VI. 1937.
   Gl. Gr.: Stubachtal, beim Gasthof Schneiderau in 1000 *m* Höhe aus Fallaub und Moos am Fuße eines alten Bergahorns gesiebt 1 Ex. 25. VII. 1939; Kapruner Tal, im Moos an alten Bergahornstämmen in 1300 *m* Höhe oberhalb des Kesselfalles 11 Ex. 5. VIII. 1936 (leg. Scheerpeltz); Käfertal, aus Fallaub unter *Alnus incana* gesiebt 6 Ex. 23. VII. 1939 und 17 Ex. 14. V. 1940.
   Gr. Gr.: Felbertal, in verpilzten Kuhfladen und in Heuabfällen um eine alte Heuhütte auf der Pembachalm in etwa 1700 *m* Höhe 2 Ex. 15. VII. 1935 (leg. Scheerpeltz).
   Die Art ist sehr weit verbreitet und im Untersuchungsgebiete anscheinend viel häufiger als *Atheta fungi* Gravh.

672. — *(Acrotona) fungi* Gravh.
   S. Gr.: Gravenegg bei Gastein (coll. Minarz); Umgebung von Rauris (leg. Konneczni).
   Gr. Gr.: Felbertal, beim Tauernhaus Spital in etwa 1100 *m* Höhe in Heuabfällen und trockenem Rindermist 7 Ex. Juli 1935 (leg. Scheerpeltz).
   Pinzgau: Taxingbauer in Haid bei Zell am See, im Wiesenboden 1 Ex. 13. VII. 1939.
   Die Art ist nach Scheerpeltz (i. l.) in den tiefen Lagen der nördlichen Tauerntäler häufig, steigt jedoch nicht so hoch empor als *A. orphana*. Sie lebt an faulenden organischen Stoffen.

673. — *(Acrotona) laticollis* Steph.
   Pinzgau: Felben bei Mittersill, in der Felberbachau unter Fallaub und gemähtem Gras 2 Ex. 16. VII. 1934 (leg. Scheerpeltz).

674. — *(Amidobia) validiuscula* Kr.
   Pinzgau: Felben bei Mittersill, in der Felberbachau mit der vorgenannten Art 1 Ex. (leg. Scheerpeltz).

675. — *(Amidobia) talpa.*
   S. Gr.: Umgebung von Rauris (leg. Konneczni).

676. *Aleuonota gracilenta* Er.
   Pinzgau: Taxingbauer in Haid bei Zell am See, im Boden einer Kunstwiese in 5 bis 15 *cm* Tiefe 1 Ex. 13. VII. 1939; Salzachau bei Mittersill, an einer Grundwasserpfütze aus Meldenwurzeln geschwemmt 2 Ex. 16. VII. 1934 (leg. Scheerpeltz).
   Die seltene Art scheint ein Bewohner tieferer Bodenschichten zu sein.

677. *Astilbus canaliculatus* Fbr.
   Gr. Gr.: Felbertal, auf der Rinderweide hinter der Schießstätte unter Steinen 6 Ex. Juli und August 1935 und 1936 (leg. Scheerpeltz).

678. *Zyras (Pella) cognatus* Maerk.
   Pinzgau: Gemeindewald von Mittersill am N-Hang des Pihapper, in einem Nest von *Lasius fuliginosus* in einer alten Fichte 8 Ex. VII. 1936 (leg. Scheerpeltz).

679. — *(Pella) humeralis* Gravh.
   Gl. Gr.: Pasterzenvorfeld zwischen Glocknerstraße und Möllschlucht, außerhalb der rezenten Moränen 1 Ex. 29. VII. 1937; Ködnitztal, an der Waldgrenze in 2000 *m* Höhe aus Fallaub gesiebt 2 Ex. 14. VII. 1937; Dorfer Tal, im unteren Teil des Tales 3 Ex. 15. VII. 1937; Kapruner Tal, im Moos an alten Bergahornen in 1300 *m* Höhe oberhalb des Kesselfalles 2 Ex. 5. VIII. 1936 (leg. Scheerpeltz).
   Gr. Gr.: Amertaler Öd, in Moospolstern in etwa 1900 *m* Höhe 1 Ex. 4. VIII. 1936 (leg. Scheerpeltz), an der betreffenden Stelle waren nirgends Ameisen der Gattung *Formica* zu sehen.
   Pinzgau: Gemeindewald von Mittersill am N-Hang des Pihapper, in einem Nest von *Lasius fuliginosus* in einer alten Fichte 3 Ex. Juli 1936 (leg. Scheerpeltz).
   Die als Feind bei *Lasius fuliginosus* und *Formica rufa* lebende Art steigt im Gebiete bis in die Zwergstrauchstufe empor, wo sie gelegentlich auch an Punkten gefunden wird, wo weithin keine Ameisen vorkommen.

680. — *(Myrmedonia) laticollis* Maerk.
   Pinzgau: Gemeindewald von Mittersill, mit der vorgenannten Art. 27 Ex. (leg. Scheerpeltz).

681. *Tinotus morion* Gravh.
   Gl. Gr.: Kapruner Tal, im Mulm und Moos an den Stämmen alter Bergahorne oberhalb des Kesselfalles 3 Ex. 5. VIII. 1935.
   Pinzgau: Bruck an der Glocknerstraße 1 Ex. Juli 1939; Felben bei Mittersill, in der Felberbachau unter Fallaub und gemähtem Gras 1 Ex. 16. VII. 1934 (leg. Scheerpeltz).

682. *Phloeopora corticalis* Gravh.
   Gr. Gr.: Felbertal, unter der morschen Rinde gefällter Baumstämme unweit Mittersill 2 Ex. 2. VIII. 1934 (leg. Scheerpeltz).

683. *Ilyobates Haroldi* Ihssen.
   Gr. Gr.: Wiegenwald (Stubach), am N-Hang in etwa 1600 *m* Höhe unter der von *Sphagnum* überwucherten Rinde eines morschen Lärchenstammes 1 Ex. 10. VII. 1939 (det. Ihssen).
   Ein Ex. vermutlich dieser Art wurde von K. Konneczni bei Rauris gesammelt.

684. *Chilopora longitarsis* Er.
   Gl. Gr.: Stubachtal, oberhalb der Französachalm am sandigen Ufer der Ache 2 Ex. August 1934 und 1 Ex. 25. VII. 1935 (leg. Scheerpeltz); Fuscher Tal, am sandigen Ufer der Fuscher Ache unweit oberhalb Ferleiten in Grauerlenfallaub 2 Ex. 19. VII. 1939 und am Unterlauf des Judenbaches unter einem

Stein 1 Ex. 23. VII. 1939; Kapruner Tal, am Ufer der Ache unmittelbar oberhalb des Kesselfalles 2 Ex. 14. VII. 1939.
Gr. Gr.: Felbertal, auf der Sandbank am Einfluß des Baches in den Hintersee 3 Ex. 14. VII. 1935 und 2 Ex. Juli 1936 (leg. Scheerpeltz).
Die Art ist weit verbreitet, sie bewohnt sandige Fluß- und Bachufer.

685. *Chilopora rubicunda* Er.
Gl. Gr.: Am sandigen Ufer der Fuscher Ache unweit unterhalb des Fuscher Rotmooses 1 Ex. in einem Vegetationspolster von *Saxifraga aizoides* 18. VII. 1940.
Bewohnt Bachufer und feuchte, sandige Stellen.

686. *Ityocara rubens* Er.
Am Möllufer bei Heiligenblut (Märkel und v. Kiesenwetter 1848).

687. *Amarochara umbrosa* Er.
Gr. Gr.: Felbertal, oberhalb der Einmündung des Amertales 3 Ex. an einer verwesenden Wildtaube Juli 1936 (leg. Scheerpeltz).

688. *Ocalea (Ocalea) picata* Steph.
Gl. Gr.: Stubachtal, am Steilhang neben der Straße zum Enzingerboden, in nassen Moospolstern am kleinen Achenfall 2 Ex. 18. VIII. 1936 (leg. Scheerpeltz); Käfertal, im Fallaub unter Grauerlen je 1 Ex. 23. VII. 1939 und 14. V. 1940.
Gr. Gr.: Felbertal, beim Hintersee in nassen Moospolstern 3 Ex. 14. VII. 1935 (leg. Scheerpeltz).
Weit verbreitet, lebt in Moos und Fallaub.

689. *Meotica exilis* Er.
Gr. Gr.: Felbertal, Rinderweide hinter der Schießstätte, zwischen Graswurzeln 2 Ex. Juli 1936 (leg. Scheerpeltz).
Pinzgau: Taxingbauer in Haid bei Zell am See, in der obersten Bodenschicht einer Natur- und einer Kunstwiese je 2 Ex. 13. VII. 1939.
In Wiesenböden weit verbreitet, im Gebiete aber anscheinend auf tiefste Lagen beschränkt.

690. *Ocyusa Pechlaneri* Bernh.
Gl. Gr.: Umgebung der Rudolfshütte, in nassen Moosrasen am Rande eines Schneefleckens 1 Ex. 25. VII. 1935 (leg. Scheerpeltz).

691. *Oxypoda (Oxypoda) opaca* Grav.
Mölltal: Winklern, verwesender Unkrauthaufen nächst der Autobushaltestelle 1 Ex. 18. VI. 1942.
S. Gr.: Umgebung von Rauris (leg. Konneczni); im Wald oberhalb des Fleißgasthofes an faulenden Pilzen 1 Ex. 9. VII. 1937.
Gl. Gr.: Kapruner Tal, oberhalb des Kesselfalles aus Moos an den Stämmen alter Bergahorne gesiebt 1 Ex. 5. VIII. 1936 (leg. Scheerpeltz).
Gr. Gr.: Felbertal, beim Hintersee aus mit Rindermist vermengter Waldstreu gesiebt 2 Ex. 27. VII. 1935 (leg. Scheerpeltz).
Pinzgau: Felben bei Mittersill, in der Felberbachau in Fallaub und unter gemähtem Gras 3 Ex. 16. VII. 1934 (leg. Scheerpeltz).

692. — *(Oxypoda) lividipennis* Mannh.
S. Gr.: Umgebung von Rauris (leg. Konneczni).

693. — *(Oxypoda) borealis* Helliesen.
Gl. Gr.: S-Hang der Freiwand, in der Nähe der Kehre 2 der Glocknerstraße unter einem Stein 1 Ex. 21. VII. 1938; Schafbühel bei der Rudolfshütte, in Grünerlen- und *Rhododendron*-Fallaub 2 Ex. August 1934 (leg. Scheerpeltz).

694. — *(Oxypoda) Falcozi* Deville.
S. Gr.: Graukogel, in Grünerlenfallaub in 1600 *m* Höhe (Bernhauer i. l.).
Gl. Gr.: Pfandlscharte, in 2600 *m* Höhe unter einem Stein (Bernhauer i. l.).
In den Alpen weit verbreitet, lebt vorwiegend bei Murmeltieren.

695. — *(Oxypoda) lateralis* Mannh.
Pinzgau: Felben bei Mittersill, in der Felberbachau in Fallaub und unter gemähtem Gras 1 Ex. 16. VII. 1934 (leg. Scheerpeltz).

696. — *(Paroxypoda) lugubris* Kr.
S. Gr.: Naßfeld bei Gastein, in 1550 *m* Höhe (leg. Leeder); Naßfeld (coll. Minarz); Umgebung von Rauris (leg. Konneczni).
Gl. Gr.: Dorfer Tal (leg. Konneczni); Stubachtal, oberhalb der Französachalm aus Latschenhumus und Flechtenrasen gesiebt 1 Ex. August 1936 (leg. Scheerpeltz).
Eine vorwiegend nordische, vielleicht boreoalpine Art.

697. — *(Disochara) elongatula* Aubé.
Gr. Gr.: Felbertal, beim Hintersee aus mit Rindermist vermengter Waldstreu gesiebt 1 Ex. 27. VII. 1935 (leg. Scheerpeltz).

698. — *(Disochara) nigrocincta* Muls.
Pinzgau: Felben bei Mittersill, in der Felberbachau unter Fallaub und gemähtem Gras 1 Ex. 16. VII. 1934 (leg. Scheerpeltz).

699. — *(Podoxya) nimbicola* Fauv.
Gl. Gr.: Stubachtal, bei der Rudolfshütte aus nassen Moosrasen am Schneerand gesiebt 1 Ex. 26. VII. 1935 (leg. Scheerpeltz).
Die Art ist aus den Alpen und Karpathen bekannt.

700. — *(Podoxya) tirolensis* Gredl.
Gl. Gr.: Guttal, knapp oberhalb der Ankehre der Glocknerstraße aus Grünerlenfallaub gesiebt 1 Ex. 23. VII. 1937; Grashang oberhalb der Glocknerstraße zwischen Marienhöhe und Glocknerhaus, in 2200 *m* Höhe aus Graswurzeln gesiebt 1 Ex. 29. VII. 1937; S-Hang der Margaritze, aus der Bodenstreu unter *Rhododendron* und *Salix hastata* gesiebt 3 Ex. 18. VIII. 1937; Brennkogel-O-Hang, oberhalb der

Glocknerstraße zwischen Fuscher und Mittertörl unter einem ganz naß liegenden Stein am Schneerand 1 Ex. 20. VII. 1934 (leg. Scheerpeltz).
Gr. Gr.: Felbertauern, aus Moos- und Flechtenrasen unter *Rhododendron* gesiebt 1 Ex. 14. VII. 1935 (leg. Scheerpeltz).
Eine wahrscheinlich boreoalpin verbreitete Art (vgl. Holdhaus und Lindroth 1939), die im Gebiete die Waldgrenze nur wenig zu unterschreiten scheint.

701. *Oxypoda (Podoxya) Skalitzkyi* Bernh.
S. Gr.: Radeggalm bei Gastein, in 1500 m Höhe (leg. Leeder).
Gl. Gr.: Dorfer Tal, knapp oberhalb der Daberklamm aus Grünerlenfallaub gesiebt 4 Ex. 18. VII. 1937; im Geniste des Dorfer Sees (leg. Koneczni).
Gr. Gr.: Amertal, in 1900 m Höhe aus Rohhumus, Moos und Flechten gesiebt 1 Ex. 4. VIII. 1935 (leg. Scheerpeltz).
Die Art findet sich in den Alpen, im Harz und darüber hinaus im Mittelgebirge Thüringens, auf der Nordseeinsel Vlieland, in Norwegen und Finnland. Auch sie scheint eine diskontinuierliche Reliktverbreitung zu besitzen.

702. — *(Podoxya) alni* Bernh.
S. Gr.: Von Bernhauer (1940) am Naßfeld bei Gastein in 1650 bis 1700 m Höhe entdeckt. Bernhauer sammelte an diesem Fundort je 1 Ex. am 12. VI. 1935 und im Juni 1938; Kötschachtal, in 1130 m Höhe (Bernhauer 1940).
Die Art ist bisher nur aus der Gegend von Gastein bekannt.

703. — *(Podoxya) umbrata* Gyllh.
S. Gr.: Hüttenwinkeltal, zwischen Bucheben und Bodenhaus 1 Ex. am Wege 15. V. 1940; Umgebung von Rauris (leg. Koneczni).
Gl. Gr.: Käfertal, in Fallaub unter *Alnus incana* 1 Ex. 14. V. 1940.
Pinzgau: Felben bei Mittersill, in der Felberbachau (leg. Scheerpeltz).

704. — *(Podoxya) sericea* Heer.
Pinzgau: Mittersill, am Rand des Gemeindewaldes westlich des Ortes aus Moospolstern gesiebt 1 Ex. August 1935 (leg. Scheerpeltz).

705. — *(Deropoda) rugulosa* Kr. (oder nov. spec.)
Gl. Gr.: Fuscher Tal oberhalb Ferleiten, am Unterlauf des Judenbaches unter Steinen 2 Ex. 23. VII. 1939.

706. — *(Baeoglena) exoleta* Er.
Gl. Gr.: Fuscher Tal oberhalb Ferleiten, in verschimmeltem Heu am Boden einer Heuhütte unweit der Vogelalm 2 Ex. 14. V. 1940.

707. — *(Baeoglena) praecox* Er.
Gl. Gr.: Fuscher Tal, in der Grauerlenau des Wachtbergbaches unterhalb Dorf Fusch 1 Ex. aus Fallaub gesiebt 23. V. 1941.
Die Art scheint im Gebiete nur die tiefsten Tallagen zu besiedeln.

708. — *(Mycetodrepa) alternans* Gravh.
S. Gr.: Mallnitzer Tauerntal, Aufstieg zur Woisken 1 Ex. 5. IX. 1941.
Gr. Gr.: Felbertal, beim Gasthof Bruck an Pilzen 3 Ex. August 1936 (leg. Scheerpeltz).

709. — *(Sphenoma) rufa* Kr.
S. Gr.: Radhausberg in 1700 m Höhe und Naßfeld bei Gastein (leg. Leeder), Krumeltal, in 1800 m Höhe (leg. Leeder); Kötschachtal, beim Gasthof „Grüner Baum" (coll. Minarz); Umgebung von Rauris (leg. Koneczni); Kleine Fleiß, oberhalb des Alten Pocher aus Grünerlenfallaub gesiebt 1 Ex. 30. VI. 1937.
Gl. Gr.: Dorfer Tal (leg. Koneczni); Käfertal, in Fallaub unter *Alnus incana* 1 Ex. 15. V. 1940.
Gr. Gr.: Felbertal, am Weg vom Hintersee auf den Felbertauern aus Grünerlenfallaub, Moos und Mulm gesiebt 2 Ex 14. VII. 1935 (leg. Scheerpeltz).
Schobergr.: Gößnitztal, bei der Bretterbruck aus Grünerlenfallaub gesiebt 2 Ex. 9. VII. 1937.
Eine weitverbreitete Art, die jedoch nur im Gebirge vorzukommen scheint.

710. — *(Sphenoma) formiceticola* Märk.
S. Gr.: Retteneggwald bei Rauris, in *Formica*-Nesthaufen (leg. Koneczni).

711. — *(Demosoma) filiformis* Redtb.
Gr. Gr.: Felbertal, auf der Rinderweide oberhalb der Schießstätte aus Graswurzeln gesiebt 2 Ex. Juli 1935 (leg. Scheerpeltz).

712. — *(Bessopora) soror* Thoms.
Gl. Gr.: Stubachtal, aus altem Heu, Moos und Flechten gesiebt 2 Ex. August 1935 (leg. Scheerpeltz); Kapruner Tal, im Mischwald oberhalb des Kesselfalles aus tiefen Fallaublagen gesiebt 1 Ex. 14. VII. 1939.

713. — *(Bessopora) parvipennis* Fauv.
Gl. Gr.: Stubachtal, oberhalb der Französachalm am Weg zum Weißsee aus Lärchenmulm, Moos und Flechtenrasen gesiebt 2 Ex. August 1936, und Kapruner Tal, oberhalb des Kesselfalles aus der Moosdecke an den Stämmen alter Bergahorne gesiebt 3 Ex. 5. VIII. 1935 (leg. Scheerpeltz).
Die Art ist bisher nur aus den Ostalpen bekannt.

714. — *(Bessopora) annularis* Mannh.
S. Gr.: Umgebung von Rauris (leg. Koneczni).
Gl. Gr.: Guttal, aus der Nadelstreu in einem kleinen Waldbestand unmittelbar unterhalb der neuen Glocknerstraße gesiebt 3 Ex. 22. VIII. 1937; Dorfer Tal, knapp oberhalb der Daberklamm aus Grünerlenfallaub gesiebt 6 Ex. 18. VII. 1937; Dorfer Tal (leg. Koneczni); Kapruner Tal, aus Moos an den Stämmen alter Bergahorne oberhalb des Kesselfalles gesiebt 17 Ex. 5. VIII. 1935 (leg. Scheerpeltz).
Gr. Gr.: Am Hang über dem Kalser Tauernhaus aus Fallaub unter dem Buschwerk entlang des Weges zur Sudetendeutschen Hütte gesiebt 2 Ex. 20. VII. 1937; Felbertal, beim Hintersee aus mit Rindermist vermengter Waldstreu gesiebt 2 Ex. 27. VII. 1935 (leg. Scheerpeltz).
Pinzgau: Felben bei Mittersill, in der Felberbachau unter Fallaub und gemähtem Gras 3 Ex. 16. VII. 1934 (leg. Scheerpeltz).
Die weitverbreitete Art ist in der Laubstreu in Wäldern allenthalben häufig.

715. *Hygropetrophila Scheerpeltzi* Bernh.
S. Gr.: Naßfeld bei Gastein, in 1400 bis 1600 m Höhe in triefend nassem Moos Ende Juni 1928 (loc. typ., Bernhauer 1928); Palfneralm, in 1750 m Höhe (Bernhauer i. l.); Naßfeld, in 1550 m Höhe (leg. Leeder); Radhausberg, in 1500 m Höhe (leg. Leeder).
Gl. Gr.: S-Hang des Elisabethfelsens, in nassem Moos am Rande wasserüberrieselter Felsplatten in Gesellschaft von *Geodromicus globulicollis* 11 Ex. 7. VIII. 1937; Moserboden, in einem Schuttkegel, den ein kleiner, vom Hocheiser herabströmender Gießbach aufgeschüttet hatte (Scheerpeltz 1938). Die Art wurde von O. Scheerpeltz (i. l.) auch im Habachtal beim Wasserfall gegenüber dem Gasthof „Alpenrose" und von G. Ihssen (1939) im Zugspitzengebiet in den Bayrischen Alpen gefunden. Sie ist ein Bewohner der nassen Moosrasen an hochalpinen Quellen, an Wasserfällen der subalpinen Stufe und an nassen Felswänden höherer Lagen. Sie dürfte in den Alpen westlich der Hohen Tauern weiter verbreitet sein.

716. *Stichoglossa (Ischnoglossa) prolixa* Gravh.
Gl. Gr.: Dorfer Tal, knapp oberhalb der Daberklamm unter der Rinde einer morschen Fichte 4 Ex. 18. VII. 1937; Dorfer Tal (leg. Konnezni).
Gr. Gr.: Wiegenwald (Stubach), aus einem morschen Lärchenstamm, der ganz von *Sphagnum* überwuchert war, gesiebt 1 Ex. 10. VII. 1939.
Weit verbreitet, lebt unter der Rinde von Nadelhölzern.

717. *Thiasophila angulata* Er.
S. Gr.: Umgebung von Rauris (leg. Konnezni).

718. — *canaliculata* Rey.
S. Gr.: Umgebung von Rauris (leg. Konnezni).

719. *Crataraea suturalis* Mannh.
Gr. Gr.: Amertaler Öd, in den Heuabfällen um eine alte Heuhütte in etwa 1600 m Höhe 1 Ex. 4. VIII. 1935.

720. *Aleochara (Aleochara) curtula* Goeze.
Gr. Gr.: Felbertal, an einem Aas beim Hintersee 5 Ex. und unweit der Einmündung des Amertales hinter dem Jagdhaus an einem Vogelaas 2 Ex. Juli 1935 (leg. Scheerpeltz).
Pinzgau: Mittersill, am Ostfuß des Pihapper an einem Aas 9 Ex. und auf den Sandbänken des Felberbaches an Fisch- und Krötenaas 8 Ex. Juli 1936 (leg. Scheerpeltz).
Weit verbreitet, lebt an Aas.

721. — *(Aleochara) lata* Gravh.
Gr. Gr.: Felbertal, unweit der Einmündung des Amertales hinter dem Jagdhaus an einem Vogelaas 1 Ex. Juli 1936 (leg. Scheerpeltz).

722. — *(Baryodma) intricata* Mannh.
Gr. Gr.: Felbertal, am Weg vom Hintersee zur Talsohle an Pferdemist 1 Ex. Juli 1935 (leg. Scheerpeltz).

723. — *(Isochara) tristis* Gravh.
Gr. Gr.: Felbertal, auf der Weide hinter der Schießstätte unter einem halbtrockenen Kuhfladen 1 Ex. Juli 1935 (leg. Scheerpeltz).

724. — *(Homoeochara) sparsa* Heer.
Pinzgau: Felben bei Mittersill, in der Felberbachau unter gemähtem Gras 1 Ex. 16. VII. 1934 (leg. Scheerpeltz).

725. — *(Polychara) lanuginosa* Gravh.
S. Gr.: Beim Fleißgasthof an faulenden Pilzen 1 Ex. 7. VIII. 1937.
Gr. Gr.: Felbertal, beim Hintersee in mit Rindermist vermengter Waldstreu 1 Ex. 27. VII. 1935 (leg. Scheerpeltz).
Weit verbreitet, findet sich vorwiegend im Gebirge.

726. — *(Polychara) lygaea* Kr.
S. Gr.: Beim Fleißgasthof an faulenden Pilzen 36 Ex. 7. VIII. 1937.
Gl. Gr.: S-Hang des Elisabethfelsens vor der Pasterze 1 Ex. 7. VII. 1937.
Lebt gleichfalls vorwiegend im Gebirge.

727. — *(Polychara) rufitarsis* Heer.
S. Gr.: Umgebung von Rauris (leg. Konneczi).
Gl. Gr.: Kar zwischen Albitzen- und Wasserradkopf, am Schneerand in 2450 m Höhe 7 Ex. unter Steinen 17. VII. 1940; Weg vom Glocknerhaus zur Pfandlscharte, am Rande eines Schneefleckens in 2350 m Höhe 2 Ex. unter Steinen 17. VII. 1938; an der Pasterze zur Zeit des letzten Hochstandes um die Mitte des vorigen Jahrhunderts an Schneeflecken (Pacher 1853); Pasterzenplateau (Märkel und v. Kiesenwetter 1848); am Möllufer oberhalb Heiligenblut unter einem Stein 1 Ex. 9. VII. 1937; im Geniste des Dorfer Sees nach einem schweren Gewitterregen 15. VII. 1937; Brennkogel-O-Hang oberhalb der Glocknerstraße, zwischen Fuscher und Mittertörl unter Steinen an nassen Stellen am Schneerand 3 Ex. 20. VII. 1934 (leg. Scheerpeltz).
Gr. Gr.: Felbertauern, an den Hängen gegen den Tauernkogel aus Moos- und Flechtenrasen am Rande eines großen Schneefeldes in 2100 m Höhe 4 Ex. gesiebt 14. VII. 1934 (leg. Scheerpeltz).
Die Art lebt vorwiegend in höheren Gebirgslagen an Schneerändern.

728. — *(Polychara) moerens* Gyll. f. typ. und var. *brunneipennis* Mots.
S. Gr.: Beim Fleißgasthof an faulenden Pilzen 2 Ex. der f. typ. und 5 Ex. der var. *brunneipennis* 3. und 7. VIII. 1937.
Gr. Gr.: Amertaler Öd, an Pilzköder in 1600 m Höhe 3 Ex. 4. VIII. 1935.
Die Art wird vor allem in Pilzen gefunden, sie ist in Nord- und Mitteleuropa weit verbreitet.

729. — *(Polychara) laevigata* Gyll.
S. Gr.: Beim Fleißgasthof in faulenden Pilzen 1 Ex. 7. VIII. 1937.
Die Art ist weit verbreitet, im Gebiete aber anscheinend selten.

730. *Aleochara (Ceranota) ruficornis* Gravh.
S. Gr.: In der Fleiß, am Wege von der Pfeiffersäge zum Christbauer unterhalb der Fleißkehre der Glocknerstraße, an der sonnigen Steinmauer entlang des Weges frei umherlaufend 1 Ex. 1. VII. 1937. Die seltene, wenn auch weitverbreitete Art wird gewöhnlich an feuchten Orten in Fallaub und Moos gefunden.

731. — *(Coprochara) bilineata* Gyll.
S. Gr.: Beim Fleißgasthof an faulenden Pilzen 3 Ex. 3. und 7. VIII. 1937.
Gl. Gr.: S-Hang des Elisabethfelsens 1 Ex. 7. VII. 1937; im Teischnitztal hochalpin am Wege von der Stüdlhütte nach Kals 1 Ex. 26. VII. 1938; Kapruner Tal, oberhalb des Kesselfalles im Moos an den Stämmen alter Bergahorne 1 Ex. 5. VIII. 1936, und Moserboden, unter einem Stein im Sandboden neben einem Kuhfladen 14 Ex. August 1934 (leg. Scheerpeltz); Stubachtal, Schafbühel bei der Rudolfshütte, unter Rindermist, Moos- und Flechtenrasen 5 Ex. August 1934, 3 Ex. Juli 1935, und oberhalb der Alm Französach aus Latschenhumus, Moos und Flechten gesiebt 1 Ex. August 1934 (leg. Scheerpeltz).
Gr. Gr.: Felbertal, beim Hintersee in mit Rindermist vermengter Waldstreu 6 Ex. 27. VII. 1935 (leg. Scheerpeltz).
Die weitverbreitete Art ist auch im Gebiete allenthalben häufig und steigt bis in die hochalpine Grasheidenstufe empor.

Familie *Pselaphidae*.

732. *Trimium Emonae* Reitter.
Mölltal: Zwischen Söbriach und Flattach am S-Hang aus Fallaub unter *Corylus* gesiebt 2 Ex. 18. VI. 1942 und am N-Hang gegenüber Flattach aus Moos am Waldboden und an Baumstrünken 1 Ex. gesiebt 18. VI. 1942.
S. Gr.: Gastein (leg. Skalitzky, teste Horion).
Gl. Gr.: Kapruner Tal, im Mischwald am Hang oberhalb des Kesselfalles in tiefen Fallaublagen 5 Ex. 14. VII. 1939; Käfertal, im Moos am Stamm eines alten Bergahorns in etwa 1550 m Höhe 1 Ex. 23. VII. 1939.
Die Art ist in den Alpen von Tirol und Bayern ostwärts verbreitet und findet sich auch in der engeren Umgebung von München (Horion 1935). Sie lebt in der Waldstreu und unter Baumrinden und scheint Laubwald zu bevorzugen.

733. — *brevicorne* Rehb.
Mölltal: Zwischen Söbriach und Flattach am S-Hang mit der vorgenannten Art 1 Ex. 18. VI. 1942.

734. *Brachygluta Klimschi* Holdh.
S. Gr.: Hofgastein und Badgastein (leg. Leeder, teste Horion).

735. *Bibloporus bicolor* Denny.
Gl. Gr.: Im Moos und unter der Rinde am Stamme eines alten Bergahorns im oberen Teil des Käfertales 19 Ex. 23. VII. 1939.
Weit verbreitet, lebt unter Fallaub, Moos und Baumrinden.

736. *Bythinus (Bythinus) glabricollis (=crassicornis* Motsch).[1]
Mölltal: Zwischen Söbriach und Flattach am S-Hang aus Fallaub gesiebt 3 ♂ 18. VI. 1942.
S. Gr.: Rauris gegen Retteneggwald 1 Ex. (leg. Konneczni).
Gl. Gr.: Heiligenblut, SW-Hang unmittelbar beim Ort, aus *Corylus*-Fallaub gesiebt 1 ♀ 18. VI. 1942; Kreitherwand, an einer Schutthalde am Haritzerweg unter einem moosüberwachsenen Stein 1 ♀ 24. VII. 1938.
Diese in Mitteleuropa und auch in den Alpen weitverbreitete Art fand ich im obersten Mölltal nur an wärmsten Stellen. Sie scheint hier isolierte, wahrscheinlich wärmezeitliche Reliktstandorte einzunehmen.

737. — *(Bythinus) Konnecznii* Machulka.
Gl. Gr.: Im Moos an einer schotterigen Uferstelle des Kalser Baches bei Kals 1 ♂ (Type, leg. Konneczni).
Die Art ist bisher nur in diesem einen Stück bekannt.

738. — *(Bythinus) Chevrolati* Aubé.
Gl. Gr.: Käfertal, aus Grauerlenfallaub gesiebt 1 ♀ 14. V. 1940 (det. V. Machulka).

739. — *(Bythinus) validus* Aubé.
Gl. Gr.: Kapruner Tal, im Mischwald am Hang über dem Kesselfall, aus tiefen Fallaublagen gesiebt 2 ♂, 9 ♀ 14. VII. 1939; Hirzbachtal, in der Bachschlucht in 1400 m Höhe in Buchenfallaub 1 ♂, 1 ♀ 8. VII. 1941.
Weit verbreitet, scheint im Gebiete die Mischwaldstufe nicht zu überschreiten.

740. — *(Bythinus) cateniger* Krauß.
S. Gr.: Hang der Gjaidtroghöhe gegen den Zirmsee, in der hochalpinen Grasheidenstufe unter Steinen 1 ♂, 2 ♀ in etwa 2500 bis 2600 m Höhe 24. VII. 1937; Stanziwurten, aus *Rhododendron*-Fallaub in 2300 m Höhe 2 ♀ gesiebt am 2. VII. 1937, die Zugehörigkeit dieser ♀ zu *B. cateniger* ist nicht sicher.
Gl. Gr.: Wahrscheinlich gleichfalls zu *B. cateniger* gehört 1 ♀, welches ich am SO-Hang der Freiwand in etwa 2300 m Höhe am 29. VII. 1937 unter einem Stein sammelte.
Die Art ist in den Ostalpen endemisch und scheint in diesen weit verbreitet zu sein, wenn sie auch bisher erst an wenigen Stellen gefunden wurde. Sie ist nach meinen Beobachtungen ein steppicoler Bewohner der hochalpinen Grasheiden, der sonnige Südlagen, die früh ausapern, bevorzugt. Ich fand sie im Bösensteingebiet in den Rottenmanner Tauern in solchem südhängigen Gelände Anfang Juni zahlreich unter Steinen, zu einem Zeitpunkte, zu dem die tieferen Bodenschichten am Fundplatz noch gefroren waren.

---

[1] *Bythinus muscorum* Ksw. reicht nordwärts bis in den Kalkzug nördlich Oberdrauburg, wo ich an einem Dolomitschutthang 2 ♂ am 1. u. 2. IX. 1941 unter Steinen sammelte. Bis ins engere Untersuchungsgebiet scheint die Art nicht vorzudringen.

741. *Bythinus (Bolbobythus) Burrelli* Deny.
Gl. Gr.: Fuscher Tal unterhalb Dorf Fusch, in der Grauerlenau am Wachtbergbach 5 ♂, 2 ♀ 23. V. 1941.

742. *Pselaphus Heisei* Hbst.
Pinzgau: Taxingbauer in Haid bei Zell am See, aus Graswurzeln auf einer Magerwiese gesiebt 2 Ex. 13. VII. 1939.
Weitverbreitete Art, die zwischen Graswurzeln und vor allem in Moosrasen in den Alpentälern häufig zu sein scheint, im Gebiete aber wohl nur die tiefsten Lagen bewohnt.

Familie *Histeridae*.

743. *Onthophilus striatus* Forst.
Mölltal: Zwischen Söbriach und Flattach, am S-Hang aus Fallaub unter *Corylus* gesiebt 1 Ex. und am N-Hang gegenüber Flattach in Moos 1 Ex. 18. VI. 1942.
S. Gr.: Rauris (leg. Frieb) und Badgastein (coll. Breit), beide nach Angabe Horions (i. l.).

744. *Hister (Hister) unicolor* L.
S. Gr.: Am Weg vom Fleißgasthof nach Heiligenblut 2 Ex. Juli 1937.
Gl. Gr.: Fuscher Tal oberhalb Ferleiten, am Unterlauf des Judenbaches unter einem Stein 1 Ex. 27. VII. 1939.
Weitverbreitete Art.

745. — *(Hister) bisexstriatus* Fbr.
Mölltal: Zwischen Söbriach und Flattach 1 Ex. 18. VI. 1942.

746. — *(Paralister) ventralis* Marsh.
S. Gr.: Am Weg vom Fleißgasthof nach Heiligenblut 1 Ex. Juli 1937; beim Fleißgasthof an faulenden Pilzen 7 Ex. 7. VIII. 1937.
Gleichfalls weit verbreitet, lebt an faulenden organischen Substanzen.

Familie *Lycidae*.

747. *Dictyopterus (Aplatopterus) rubens* Gyll.
S. Gr.: Im Gebiete des Mölltales selten (Pacher 1853).
Pinzgau: Bei Zell am See 1 Ex. 13. VII. 1939.
Über Mittel- und Nordeuropa verbreitet, scheint in Mitteleuropa auf Gebirgsland beschränkt zu sein.

748. — *(Dictyopterus) aurora* Hbst.
S. Gr.: Kötschachtal bei Gastein (leg. Frieb).
Weit verbreitet, die Larven leben in morschen Baumstöcken und Fallaub, die Käfer findet man meist auf blühenden Umbelliferen.

749. — *(Pyropterus) affinis* Payk.
Gl. Gr.: Fuscher Tal (leg. Frieb).
Weit verbreitet, im Gebiete aber nur in den tiefsten Tallagen.

750. *Platycis minuta* Fbr.
S. Gr.: Hofgastein (leg. Frieb); unterer Teil des Seidelwinkeltales 1 Ex. 17. VIII. 1937.
Gl. Gr.: Käfertal, im Moos am Stamme eines alten Bergahorns 1 Ex. 23. VII. 1939.
Gleichfalls weit verbreitet, im Gebiete bis in die subalpine Stufe emporsteigend.

751. *Lygistopterus sanguineus* Fbr.
S. Gr.: Im Mölltal selten (Pacher 1853).
Gl. Gr.: Am Weg von der Schneiderau zum Enzingerboden (leg. Frieb).
Im Gebiete gleichfalls nur in tieferen Lagen, die Käfer häufig an Umbelliferen- und *Valeriana*-Blüten.

Familie *Lampyridae*.

752. *Phausis splendidula*
S. Gr.: Im Seidelwinkeltal zwischen Wörth und dem Tauernhaus (Märkel und v. Kiesenwetter 1848); im Mölltal sehr häufig (Pascher 1853).
Gl. Gr.: Schneiderau (Stubach) (leg. Frieb). In Ferleiten am 10. VII. 1941 fliegend beobachtete Leuchtkäfer gehörten wohl auch dieser Art an.
Weit verbreitet, im Gebiet nur in den tiefsten Tallagen.

753. *Lampyris noctiluca* L.
S. Gr.: Im Pfarrhof von Sagritz 4 Ex. (Pacher 1853).
Im Gebiete anscheinend nur in den warmen Südtälern.

Familie *Cantharidae*.

754. *Podabrus alpinus* Payk. f. typ. und ab. *annulatus* Fisch.
S. Gr.: Um Gastein (Giraud 1851); im unteren Teil des Anlauftales (leg. Frieb).
Gl. Gr.: Am Weg von der Schneiderau zum Enzingerboden und im Fuscher Tal bei Ferleiten (leg. Frieb); Eingang in das Hirzbachtal 1 Ex. 8. VII. 1941.
Weit verbreitet, findet sich auf Coniferen.

755. *Cantharis (Ancystronycha) abdominalis* Fbr.
S. Gr.: Bei Badgastein (leg. Frieb); in der Kleinen Fleiß 1 Ex. 30. VI. 1937; am Weg vom Fleißgasthof nach Heiligenblut 1 Ex. Juli 1937; Mallnitzer Tauern (Holdhaus und Prossen 1900 ff.).
Gl. Gr.: Im Fuscher Tal knapp oberhalb Ferleiten 1 Ex. 19. VII. 1939 (ab. *occipitalis* Rosh.).
Gleichfalls vorwiegend im Gebirge, in den Alpen weit verbreitet, überschreitet die Waldgrenze nicht.

756. *Cantharis (Ancystronycha) violacea* Payk.
S. Gr.: Fleiß, auf den sonnigen Wiesen unterhalb der Fleißkehre der Glocknerstraße 1 Ex. 1. VII. 1937.
Im Gebiete seltener als die vorgenannte Art.

757. — *(Cantharis) fusca* L.
Mölltal: Winklern, Wiese bei der Autobushaltestelle 1 Ex. 18. VI. 1942.
Sicher auch im Gebiet weit verbreitet, aber von mir zu wenig beachtet; in höhere Lagen allerdings nicht emporsteigend.

758. — *(Cantharis) rustica* Fall.
Mölltal: Winklern, mit der vorgenannten Art 1 Ex. 18. VI. 1942.
Ebenfalls im Gebiete sicher viel weiter verbreitet, wenn auch auf Tallagen beschränkt.

759. — *(Cantharis) tristis* Fbr.
Gl. Gr.: Guttal, auf den Wiesen oberhalb der Ankehre in 2000 bis 2100 m Höhe 1 ♀ 11. VII. 1941; Albitzen-SW-Hang, in 2200 bis 2300 m Höhe 3 Ex. auf Gräsern 17. VII. 1940; Pasterzenvorfeld zwischen Glocknerstraße und Möll, innerhalb der Moräne des Jahres 1856 unweit des Grafentalbaches 1 Ex. 5. VII. 1937; Hochfläche der Margaritze 1 Ex. 7. VII. 1937.
Wahrscheinlich auch anderwärts im Gebiete verbreitet, aber bisher zu wenig beachtet.
In den Alpen weit verbreitet, steigt aus den Tälern bis in die hochalpine Grasheidenstufe empor.

760. — *(Cantharis) obscura* L.
Mölltal: Winklern, feuchte Wiese 1 Ex. 18. VI. 1942.
S. Gr.: Hofgastein (leg. Frieb).
Weitverbreitete Art, die im Gebiet jedoch auf die tiefsten Tallagen beschränkt sein dürfte.

761. — *(Cantharis) fibulata* Märk.
Gl. Gr.: Am Haritzerweg zwischen Glocknerstraße und Naturbrücke über die Möll 1 Ex. 7. VII. 1937; Hochfläche der Margaritze 1 Ex. 7. VII. 1937.
Montane Art, die im Gebiete sicher noch weiter verbreitet ist.

762. — *(Cantharis) albomarginata* Märk.
S. Gr.: Am Weg vom Fleißgasthof nach Heiligenblut 1 Ex. Juli 1937.
Gl. Gr.: Bei Dorf Fusch (leg. Frieb); Hochtor (Miller 1878).
Gr. Gr.: Am Weg von der Schneiderau in die Dorfer Öd in der Hochstaudenflur entlang des Baches 1 Ex. 25. VII. 1939.
Bewohner der mitteleuropäischen Gebirge.

763. — *(Cantharis) nigricans* Müll. ab. *vittigera* Bdi.
Mölltal: Zwischen Obervellach und Flattach 2 Ex. und in Winklern 1 Ex. 18. VI. 1942.
Gl. Gr.: Fuscher Tal bei Ferleiten und Schneiderau im Stubachtal (leg. Frieb); Ferleiten, Sumpfwiese bei der Säge 1 Ex. (ab. *vittigera* Bdi.) 10. VII. 1941.
Weitverbreitete Art.

764. — *(Cantharis) pellucida* Fbr.
Gl. Gr.: Am Weg von der Schneiderau zum Enzingerboden und im Fuscher Tal bei Ferleiten (leg. Frieb).
Von den Alpen nordwärts bis Schweden und Finnland verbreitet.

765. — *(Cantharis) livida* L. ab. *rufipes* Hbst.
Mölltal: Zwischen Söbriach und Flattach 2 Ex. und in Winklern 1 Ex. 18. VI. 1942.
S. Gr.: In der Umgebung des Fleißgasthofes 2 Ex. 1. und 9. VII. 1937.
Gl. Gr.: Kapruner Tal, Wiesen oberhalb des Kesselfalles 2 Ex. 14. VII. 1939.
Weit verbreitet und wohl auch im Gebiete in tieferen Tallagen überall zu finden.

766. — *(Cantharis) figurata* Mann.
Gl. Gr.: Fuscher Tal oberhalb Ferleiten, auf den feuchten Wiesen des Talbodens 1 Ex. 18. VII. 1940.
Weit verbreitet, scheint im Gebiete aber selten zu sein.

767. — *(Cantharis) paludosa* Fall.
Gl. Gr.: Sumpfwiesen bei Ferleiten nächst der Säge 1 Ex. 10. VII. 1941; Sumpfwiesen an der Glocknerstraße unterhalb Dorf Fusch 2 Ex. 23. V. 1941; Walcher Hochalm 2 Ex. 9. VII. 1941.
Bewohnt Sumpfwiesen in Gebirgslagen.

768. *Rhagonycha (Armidia) signata* Germ.
S. Gr.: Bei Sagritz mehrere Stücke (Pacher 1859); am Weg vom Fleißgasthof nach Heiligenblut 1 Ex. Juli 1937.
Eine nur in den wärmeren Landschaften Mitteleuropas und in Südeuropa heimische Art, die im Gebiete auf die warmen Hänge der Südtäler beschränkt sein dürfte.

769. — *(Rhagonycha) translucida* Kryn.
S. Gr.: Badgastein (leg. Frieb); Fleiß, beim Fleißgasthof 1 Ex. 1. VII. 1937.
Gl. Gr.: Am Weg von der Schneiderau zum Enzingerboden (leg. Frieb).
Montane Art, die in den Alpen weit verbreitet ist.

770. — *(Rhagonycha) fulva* Scop.
S. Gr.: Hofgastein und Rauris (leg. Frieb).
Gl. Gr.: Schneiderau im Stubachtal (leg. Frieb).
Pinzgau: Nordufer des Zeller Sees 1 Ex. 19. VII. 1939; bei Bruck an der Glocknerstraße an Feldrainen auf Umbelliferenblüten 2 Ex. 19. VII. 1940.
Diese häufigste Art der Gattung findet sich im Gebiete nur in den tiefsten Tallagen, in den südlichen Tauerntälern scheint sie wenigstens im oberen Teil derselben zu fehlen.

771. — *(Rhagonycha) maculicollis* Märk.
S. Gr.: Am Ufer des Fleißbaches in der Nähe des Fleißgasthofes 2 Ex. 1. VII. 1937; Große Fleiß, subalpin 1 Ex. Juli 1937.

Gl. Gr.: Guttal, oberhalb der Ankehre der Glocknerstraße auf den Wiesen 4 Ex. 11. VII. 1941; Wasserrad-SW-Hang, in 2500 m Höhe unweit unterhalb der Rasengrenze 2 Ex. 17. VII. 1940; Albitzen-SW-Hang, in 2300 bis 2400 m Höhe 2 Ex. von Gräsern gestreift 17. VII. 1940; Schwerteck-S-Hang, oberhalb der Salmhütte in über 2700 m Höhe auf Gräsern 1 Ex. 12. VII. 1937; Teischnitztal, in der Höhe der Krummholzgrenze von Gräsern gestreift 1 Ex. 26. VII. 1938; am Weg vom Moserboden zur Schwaigerhütte in etwa 2200 bis 2300 m Höhe auf Gräsern 1 Ex. 17. VII. 1939.

Die Art ist in den Alpen und Karpathen heimisch und bewohnt daselbst sub- und hochalpine Lagen. Im Gebiete findet sie sich am häufigsten in der hochalpinen Grasheidenstufe und ist als Charakterart der hochalpinen Grasheidenassoziation anzusprechen.

772. *Rhagonycha (Rhagonycha) limbata* Thoms.
Gl. Gr.: Walcher Hochalm, am S-Hang in 2100 bis 2200 m Höhe zahlreich im Almrasen 9. VII. 1941. Pinzgau: Bruck an der Glocknerstraße, auf einer Wiese 1 Ex. 19. VII. 1940.
Weitverbreitete Art, die wohl auch anderwärts im Untersuchungsgebiet in den tieferen Tallagen zu finden sein wird.

773. — *(Rhagonycha) femoralis* Brullé.
Gl. Gr.: Walcher Hochalm, am S-Hang in 2100 bis 2300 m Höhe 1 Ex. 9. VII. 1941.
Die Art wird sonst auf Nadelhölzern gefunden.

774. — *(Rhagonycha) nigripes* Redtb.
S. Gr.: Badgastein (leg. Frieb); am Weg von der Fleißkehre der Glocknerstraße zum Eingang in die Große Fleiß 3 Ex. 18. VII. 1938 am Wegrain gekätschert; sonnige Wiesen unterhalb der Fleißkehre der Glocknerstraße, 1 Ex. gekätschert 1. VII. 1937; auf einer Wiese oberhalb des Fleißgasthofes 3 Ex. 1. VII. 1937; Kleine Fleiß, beim Alten Pocher und unterhalb auf Grasplätzen 3 Ex. 30. VI. 1937; Stanziwurten, in 2200 m Höhe 1 Ex. 2. VII. 1937.
Gl. Gr.: Senfteben, an der Glocknerstraße zwischen Guttal und Pallik 1 Ex. 15. VII. 1940; Daberklamm 1 Ex. 15. VII. 1937; am Weg von der Rudolfshütte zum Tauernmoossee 1 Ex. 16. VII. 1937; am Weg von Ferleiten zur Walcher Hochalm in 1800 bis 1900 m Höhe massenhaft auf *Alnus viridis* 9. VII. 1941; Fuscher Tal, auf den Talwiesen oberhalb Ferleiten 3 Ex. 21. und 23. VII. 1939; bei Dorf Fusch (leg. Frieb); an der Glocknerstraße zwischen Piffkaralm und Hochmais in 1750 m Höhe 2 Ex. 15. VII. 1940; Edelweißwand unterhalb des Fuscher Törls 1 Ex. 15. VII. 1940.
Gr. Gr.: Am Hang des Spinevitrolkopfes gegen den Schwarzsee 1 Ex. 19. VII. 1937; am Weg von der Schneiderau in die Dorfer Öd (Stubach), in der Hochstaudenflur entlang des Baches 1 Ex. 25. VII. 1939.
Weit verbreitet, findet sich in der Waldzone auf Nadelhölzern, besonders aber auf subalpinen Wiesen und auf den hochalpinen Grasheiden auf Gräsern und anderen niederen Pflanzen; im Gebiete in höheren Lagen wohl die häufigste Art der Gattung.

775. — *(Rhagonycha) atra* L.
Gl. Gr.: Enzingerboden (Stubach) (leg. Frieb); Eingang in das Hirzbachtal 1 Ex. 8. VII. 1941.
Weitverbreitete Art.

776. *Pygidia denticollis* Schumm.
S. Gr.: Badgastein (leg. Frieb).
Gl. Gr.: Am Weg von Kals ins Dorfer Tal 1 Ex. 18. VII. 1937; Dorf Fusch (leg. Frieb).
Montane Art, die im Gebiete nur die tiefsten Tallagen bewohnt.

777. *Podistra (Absidia) pilosa* Payk.
Gl. Gr.: Am Enzingerboden und auf der Französachalm im obersten Stubachtal (leg. Frieb).
Weit verbreitet, im Gebiete aber anscheinend selten.

778. — *(Absidia) prolixa* Märk.
S. Gr.: Gjaidtrog-SW-Hang, unweit über dem Fleißtal 1 Ex. 18. VII. 1938; Kleine Fleiß, subalpin 1 Ex. 30. VI. 1937; am Ufer des Fleißbaches unweit des Fleißgasthofes 1 Ex. 1. VII. 1937; am Weg vom Fleißgasthof nach Heiligenblut 1 Ex. Juli 1937; Stanziwurten, in 2200 m Höhe 1 Ex. 2. VII. 1937.
Gl. Gr.: Oberster Teil des Dorfer Tales 1 Ex. 17. VII. 1937; zwischen Piffkaralm und Hochmais in 1750 m Höhe an der Glocknerstraße 1 Ex. 15. VII. 1940; am Weg von Ferleiten zur Walcher Hochalm, in 1300 bis 1900 m Höhe 2 Ex. 9. VII. 1941; Eingang in das Hirzbachtal 1 Ex. 8. VII. 1941.
Montane Art, die über die Alpen, Sudeten und Karpathen verbreitet und im Gebiete häufiger ist als die vorgenannte.

779. *Malthodes trifurcatus* Ksw. f. typ. und ab. *atramentarius* Ksw.
S. Gr.: Wiese oberhalb des Fleißgasthofes 1 Ex. VII. 1937 (f. typ.); Kleine Fleiß, am Weg vom Alten Pocher zum Seebichel 4 Ex. 24. VII. 1937; am Hang der Gjaidtroghöhe gegen den Seebichel 5 Ex., darunter ein brachypteres ♀ 24. VII. 1937; Stanziwurten, in 2200 m Höhe 1 Ex. 2. VII. 1937; Gjaidtrog-SW-Hang, in der Polsterpflanzenstufe 2 Ex. auf Steinen sitzend 18. VII. 1938 (alle ab. *atramentarius*).
Gl. Gr.: Kar zwischen Albitzen- und Wasserradkopf, in 2450 m Höhe 1 Ex. 17. VII. 1940; Albitzen-SW-Hang, in der *Caeculus echinipes*-Gesellschaft unterhalb der Bratschenhänge 3 Ex. 20. VII. 1938; Albitzen-N-Hang, auf einem Kalkphyllitschutthang in 2300 m Höhe und auf einem grasbestandenen Kalkphyllitriegel unweit davon je 1 Ex. 17. VII. 1938; Kar südlich der beiden Pfandlscharten, über dem Abfall zum Naßfeld 1 Ex. 29. VII. 1937; Pasterzenvorfeld zwischen Glocknerstraße und Möllschlucht, unweit des Grafentalbaches 2 Ex. der f. typ. 5. VII. 1937, die ab. *atramentarius* innerhalb der Moräne des Jahres 1856 an verschiedenen Stellen wiederholt beobachtet, auch 1 brachypteres ♀ am 28. VII. 1937 auf einem Stein; Margaritze-SO-Hang 1 Ex. 23. VII. 1938; Hochfläche der Margaritze, wiederholt auf Steinen sitzend beobachtet, am 7. VII. 1937 auch zwei brachyptere ♀ (alle ab. *atramentarius*); Steilhang der Marxwiese gegen den Unteren Keesboden 1 Ex. 23. VII. 1938; S-Hang des Elisabethfelsens, 2 Ex. 7. VII. 1937 und 1 Ex. 23. VII. 1938 auf den untersten Schutthalden; am Hang zwischen Oberem und Unterem Keesboden 1 Ex. 28. VII. 1937; Unterer Keesboden, im Moränenschutt auf einem Stein 1 brachypteres ♀ 7. VII. 1937; am Weg von der Freiwand zum Magneskees 1 Ex. 29. VII. 1937; im Moränengelände unterhalb der Hofmannshütte 1 Ex. 29. VII. 1938; Gamsgrube, in der *Caeculus echinipes*-Gesellschaft wiederholt gesammelt; am Hang zwischen Gamsgrube und Wasser-

fallwinkel 3 Ex. 6. VII. 1937; Haldenhöcker unterhalb des Mittleren Burgstalls, auf der Schutthalde 2 Ex. 29.VII.1938; N-Hang des Fuscherkarkopfes, im fast sterilen Kalkphyllitsand 1 Ex. 28. VII. 1938 Kleiner Burgstall 4 Ex., darunter 1 brachypteres ♀, 22. VII. 1938; Hang unterhalb der neuen Salmhütte gegen den Leiterbach 1 Ex. 13. VII. 1937; oberster Teil des Dorfer Tales, im Moränengelände 1 Ex. 17. VII. 1937; am Stüdweg zwischen Bergertörl und Mödlspitze 2 Ex. 11. VIII. 1937; am Weg von der Rudolfshütte zum Tauernmoos in der hochalpinen Grasheidenstufe 1 Ex. 16. VII. 1937; am Weg vom Moserboden zur Schwaigerhütte und in der Zwergstrauchzone am rechten Hang über dem Moserboden je 1 Ex. 16. VII. 1939; am Weg vom Kesselfall zum Wasserfallboden 2 Ex. (f. typ.) 14. VII. 1939; Rotmoos bei Ferleiten, wohl am sandigen Ufer der Fuscher Ache (leg. Frieb).

Eine montane Art, die über die Alpen und Karpathen verbreitet ist. *M. trifurcatus* findet sich im Gebiete in der f. typ. nur in tieferen Lagen, im hochalpinen Bereich kommt ausschließlich die ab. *atramentarius* vor. In der hochalpinen Grasheidenstufe bevölkert der Käfer vorwiegend Stellen mit schütterer Vegetation, wie Felsrücken mit lückenhaftem Rasenbestand und Gletschervorfelder mit lückenhafter Pioniervegetation, in der Polsterpflanzenstufe gemeinsam mit *Caeculus echinipes* die Kalkphyllitschutthalden.

780. *Malthodes mysticus* Ksw.
   Gl. Gr.: Schneiderau im Stubachtal (leg. Frieb).
   Weitverbreitete Art, im Gebiete anscheinend nur in den tieferen Tallagen und nicht häufig.

781. — *guttifer* Ksw.
   S. Gr.: Am Weg vom Fleißgasthof nach Heiligenblut 1 Ex. 9. VII. 1937.
   Weit verbreitet und wie die vorige im Untersuchungsgebiet anscheinend nur in den Tälern.

782. — *brevicollis* Payk.
   S. Gr.: Fleiß, auf einer Wiese oberhalb des Gasthofes 2 Ex. 1. VII. 1937.
   Weit verbreitet, im Gebiete selten und anscheinend nur in tieferen Lagen.

783. — *fuscus* Waltl.
   Gl. Gr.: Enzingerboden (leg. Frieb); Fuscher Tal oberhalb Ferleiten 1 Ex. 21. VII. 1939; im Wald unterhalb der Trauneralm 1 Ex. 21..VII. 1939.
   Weit verbreitet, im Gebiete sicher auch noch an anderen Punkten in subalpinen Lagen zu finden.

784. — *flavoguttatus* Ksw.
   S. Gr.: Badgastein (leg. Frieb); sonnige Wiesen unterhalb der Fleißkehre der Glocknerstraße 1 Ex. 1. VII. 1937.
   Gl. Gr.: Fusch (leg. Frieb); Fuscher Tal, auf den Wiesen oberhalb Ferleiten gekätschert 1 Ex. 19. VII. 1939, 4 Ex. 14. VII. 1940.
   Weit verbreitet, im Gebiete nur in den Tälern.

785. — *caudatus* Wse.
   Gl. Gr.: Pasterzenvorfeld zwischen Glocknerstraße und Möll, im Gebiete zwischen Rührkübelbach und Pasterze 3 Ex. 5. VII. 1937; am Haritzerweg zwischen Glocknerstraße und Naturbrücke über die Möll 1 Ex. 7. VII. 1937.
   Bisher aus den Alpen von Tirol, Kärnten und Steiermark bekannt, verbreitungsgeographisch noch ungenügend erforscht.

786. — *hexacanthus* Ksw. f. typ. und ab. *tetracanthus* Ksw.
   Gl. Gr.: Gamsgrube, 1 Ex. der ab. *tetracanthus* 27. VII. 1937; Teischnitztal, in etwa 2200 m Höhe 2 Ex. der f. typ.
   Mitteleuropäische Art, die auch in Italien vorkommt und in den Alpen meist unterhalb der Waldgrenze gefunden wird.

Familie *Drilidae*.

787. *Drilus concolor* Ahr.
   Mölltal: Zwischen Obervellach und Flattach 1 Ex. 18. VI. 1942.

Familie *Malachiidae*.

788. *Troglops albicans* L.
   Gl. Gr.: Käfertal, an einem der obersten Bergahorne 1 Ex. 23. VII. 1939.
   Weitverbreitete Art, die auch im Gebiete noch an anderen Punkten zu finden sein wird.

789. *Malachius aeneus* L.
   Mölltal: Zwischen Obervellach und Flattach 1 Ex. und bei der Autobushaltestelle in Winklern auf einer Wiese 1 Ex. 18. VI. 1942.
   Gr. Gr.: Im oberen Teil des Felbertales (leg. Frieb).
   Sehr weit verbreitete Art, die jedoch nur ausnahmsweise so hoch emporsteigen dürfte.

790. — *bipustulatus* L. ab. *immaculatus* Rey.
   Gl. Gr.: Fuscher Tal unterhalb Dorf Fusch, auf einer Wiese an der Glocknerstraße 1 ♂ 23. V. 1941.

791. — *affinis* Mén.
   S. Gr.: An den sonnigen Hängen am Weg vom Fleißgasthof nach Heiligenblut 1 Ex. Juli 1937.
   Gl. Gr.: Auf den Steppenwiesen am Haritzerweg oberhalb Heiligenblut auf Gräsern und Blüten 3 Ex. 15. VII. 1940.
   Eine thermophile Art, die aus Niederdonau, Ungarn, Südrußland und den wärmeren kontinentalen Teilen Asiens angegeben wird, jedoch auch in Spanien vorkommen soll. Das Vorkommen von *Malachius affinis* innerhalb des Alpengebietes ist noch ganz unzulänglich erforscht.

Familie *Dasytidae*.

792. *Dasytes (Dasytes) niger* L.
   S. Gr.: Hofgastein und Rauris (leg. Frieb); Fleiß, auf den sonnigen Wiesen unterhalb der Fleißkehre der Glocknerstraße 2 Ex. 1. VII. 1937.
   Gl. Gr.: Dorf Fusch (leg. Frieb); Ferleiten, Sumpfwiese bei der Säge 1 Ex. 10. VII. 1941.
   Weitverbreitete Art, die im Gebiete in den tieferen Lagen auf Blüten allenthalben vorkommen dürfte.

793. — *(Dasytes) alpigradus* Ksw.
   S. Gr.: Große Fleiß, subalpin 1 Ex. Juli 1937; Gjaidtrog-SW-Hang, in tieferen Lagen 2 Ex. 18. VII. 1938; Sandkopf-SW-Hang, in der Zwergstrauchstufe 1 Ex. 14. VIII. 1937; S-Hang des Hochtortauernkopfes 1 Ex. 6. VIII. 1937.
   Gl. Gr.: Albitzen-SW-Hang, unterhalb der Alm in etwa 2350 *m* Höhe 1 Ex. 8. VIII. 1937 und von da gegen die Marienhöhe allenthalben bis 2400 *m*, soweit die Zwergstrauchwiesen und hochalpinen Grasheiden reichen, häufig 21. VII. 1938 und 17. VII. 1940: Grashang über der Glocknerstraße zwischen Marienhöhe und Glocknerhaus, im Festucetum durae 3 Ex. 17. und 22. VII. 1938; am Weg vom Glocknerhaus zur Pfandlscharte auf einem trockenen Riegel in 2350 *m* Höhe 1 Ex. 17. VII. 1938; Sturmalm 3 Ex. 25. VII. 1937; im Pasterzenvorfeld zwischen Glocknerstraße und Möll wiederholt gesammelt; am Steilhang der Marxwiese gegen den Unteren Keesboden 3 Ex. 23. VII. 1938; im Elynetum und Seslerietum der Gamsgrube 6 Ex. 6. VII. und 27. VII. 1937; auf der Raseninsel des Wasserfallwinkels 6 Ex. 27. VII. 1937 und 28. VII. 1938; Haldenhöcker unterhalb des Mittleren Burgstalls, im Rasen zahlreich auf Blüten 16. VII. 1940; Kleiner Burgstall 2 Ex. 22. VII. 1938; am Hang unterhalb der neuen Salmhütte gegen den Leiterbach 1 Ex. 13. VII. 1937; am Wienerweg zwischen Stockerscharte und neuer Salmhütte 1 Ex. 10. VIII. 1937; Teischnitztal, auf den Wiesen an der Krummholzgrenze; Fuscher Tal oberhalb Ferleiten, auf den Talwiesen 2 Ex. 21. VII. 1939; Almmatten oberhalb der Traueralm am Wege zur Pfandlscharte 1 Ex. 21. VII. 1939; Hochmais an der Glocknerstraße (leg. Frieb); Edelweißwand unterhalb des Fuscher Törls an der Glocknerstraße 1 Ex. 15. VII. 1940; Walcher Hochalm, in 2100 bis 2300 *m* Höhe auf Almblumen 1 ♂ 1 ♀ 9. VII. 1941; Guttalwiesen oberhalb der Ankerre der Glocknerstraße, von Almrasen gestreift 2 ♂ 3 ♀ 15. VII. 1940; Senfteben nächst Autobushaltestelle Guttal, in 1950 *m* Höhe 1 ♀ vom Almrasen gestreift 15. VII. 1940.
   Gr. Gr.: Rotenkogel bei Windisch-Matrei (leg. Holdhaus).
   Diese montane Art bewohnt die Gebirge von den Pyrenäen ostwärts über den ganzen Alpenbogen bis in die Karpathen und Dinariden; sie lebt subalpin und vor allem hochalpin auf Blüten, besonders auf gelben Compositen und steigt im Gebiete bis zur Rasengrenze empor. Sie zeigt zwar keine strenge Gesellschaftsgebundenheit, tritt aber in den Wiesen der Zwergstrauchstufe und auf den hochalpinen Grasheiden so regelmäßig auf, daß sie als holde Charakterart der diese bevölkernden Tiergesellschaften anzusehen ist.

794. — *(Hypodasytes) subalpinus* Bdi.
   Gl. Gr.: Steppenwiesen am Haritzerweg oberhalb Heiligenblut 5 Ex. auf Blüten 15. VII. 1940.
   Ein Gebirgstier, welches über die Ostalpen und Karpathen verbreitet ist und im Gebiete nur tiefere Lagen zu bewohnen scheint.

795. — *(Hypodasytes) obscurus* Gyll.
   S. Gr.: Am Wege vom Fleißgasthof nach Heiligenblut 1 Ex. VII. 1937; Kleine Fleiß, subalpin am Weg vom Alten Pocher auf den Seebichel 1 Ex. 24. VII. 1937; Eingang in das Zirknitztal 1 Ex. 28. VIII. 1941.
   Ein Gebirgstier, das vorwiegend auf Nadelhölzern gefunden wird.

796. — *(Mesodasytes) flavipes* Ol. f. typ. und ab. *nigripes* Schilsky.
   S. Gr.: Fleiß, sonnige Wiesen unterhalb der Fleißkehre der Glocknerstraße 3 Ex. 1. VII. 1937.
   Gl. Gr.: Steppenwiesen entlang des Haritzerweges oberhalb Heiligenblut 1 Ex. 15. VII. 1940 (f. typ.)
   Gr. Gr.: Windisch-Matrei, auf Wiesen beim Lublas über der Proseckklamm 1 Ex. 3. IX. 1941.
   Weit verbreitet, scheint im Gebiete aber nur die wärmsten Tallagen zu bevölkern.

797. — *(Mesodasytes) plumbeus* Müll.
   Gl. Gr.: Eingang in das Hirzbachtal, auf *Tofieldia* 4 Ex. 8. VII. 1941.

798. *Danacaea pallipes* Panz.
   S. Gr.: Am Wege vom Fleißgasthof nach Heiligenblut 1 Ex. VII. 1937.
   Weitverbreitete Art, die im Gebiete anscheinend nur in warmen Tallagen vorkommt.

Familie *Cleridae*.

799. *Thanasimus formicarius* L.
   S. Gr.: Badgastein und Kötschachtal (leg. Frieb).
   Gl. Gr.: Fuscher Rotmoos (leg. Frieb).
   Die weitverbreitete Art lebt als Imago räuberisch von Borkenkäfern und ist infolgedessen an Waldgebiete gebunden.

800. — *rufipes* Brahm.
   Gl. Gr.: Enzingerboden (leg. Frieb).
   Gleichfalls weit verbreitet, lebt wie die vorgenannte Art.

801. *Trichodes apiarius* L.
   Mölltal: Winklern, auf einer Wiese bei der Autobushaltestelle auf Umbelliferenblüten 2 Ex. 18. VI. 1942.
   S. Gr.: Am Wege vom Fleißgasthof nach Heiligenblut 3 Ex. 9. VII. 1937.
   Gl. Gr.: Am Wege von Kals in die Daberklamm 1 Ex. 18. VII. 1937.
   Die weitverbreitete Art scheint im Gebiete auf die Südtäler beschränkt zu sein. Man findet die Käfer auf Blüten, besonders solchen von Umbelliferen.

Familie *Corynetidae*.

802. *Corynetes coeruleus.*
   Mölltal: Winklern, mit der vorgenannten Art 1 Ex. 18. VI. 1942.

Familie *Lymexylidae*.

803. *Hylecoetus dermestoides* L.
S. Gr.: Anlauftal (leg. Frieb).
Weit verbreitet, die Larve lebt in Laubhölzern, im Untersuchungsgebiet wahrscheinlich in Bergahorn.

Familie *Elateridae*.

804. *Adelocera fasciata* L.
S. Gr.: Um Gastein (Giraud 1851); im Mölltal einmal von Pacher (1853) gefangen.
Weit verbreitet, findet sich unter der Rinde abgestorbener Bäume.

805. *Lacon (Brachylacon) murinus* L.
S. Gr.: Badgastein und Rauris (leg. Frieb); im Hüttenwinkeltal, auf den Almen zwischen Bodenhaus und Grieswiesalm 1 Ex. 15. V. 1940; sonnige Hänge unterhalb der Fleißkehre der Glocknerstraße 2 Ex. 1. VII. 1937; am Weg vom Fleißgasthof nach Heiligenblut 1 Ex. 9. VII. 1937.
Gl. Gr.: Am Haritzerweg unweit der Bricciuskapelle 1 totes Stück 22. VIII. 1937; am Weg von Kals ins Dorfer Tal 1 Ex. 18. VII. 1937; Fuscher Tal, auf den Talwiesen oberhalb Ferleiten 1 Ex. 21. VII. 1939.
Gr. Gr.: Oberes Felbertal (leg. Frieb).
Sehr weit verbreitet, im Gebiete auf den Talwiesen sehr häufig.

806. *Elater (Elater) nigrinus* Hbst.
Gr. Gr.: Wiegenwald (Stubach), am N-Hang in etwa 1600 m Höhe 1 Ex. 10. VII. 1939.
Weit verbreitet, aber selten.

807. *Hypnoidus (Cryptohypnus) riparius* Fbr.
S. Gr.: Graukogel bei Gastein, in 2000 m Höhe (Giraud 1851); oberster Teil des Anlauftales (leg. Frieb); Kleine Fleiß, beim Alten Pocher 1 Ex. 3. VII. 1937.
Gl. Gr.: Pasterzenvorfeld zwischen Glocknerstraße und Möll, innerhalb der Moräne des Jahres 1856 wiederholt gesammelt, besonders auf den sandigen Moränenböden zwischen Rührkübelbach und Pasterze unter Steinen häufig 7. bis 25. VII. 1937, 27. VII. 1939; Unterer Keesboden, am Rande des *Eriophorum*-Sumpfes 1 Ex. 7. VII. 1937; im Magneskar, am Wege von der Freiwand zum Magneskees 1 Ex. 29. VII. 1937; im unteren Dorfer Tal am sandigen Ufer des Kalser Baches 3 Ex. 18. VII. 1937; im obersten Teil des Dorfer Tales 2 Ex. 15. VII. 1937; am sandigen Ufer der Kapruner Ache oberhalb des Kesselfalles 1 Ex. 14. VII. 1939 und auf dem Moserboden 5 Ex. 16. VII. 1939; Enzingerboden im Stubachtal (leg. Frieb); Fuscher Tal oberhalb Ferleiten, am sandigen Ufer des Judenbaches 1 Ex. 23. VII. 1939 unter einem Stein; Fuscher Tal unterhalb Dorf Fusch, in der Grauerlenau am Wachtbergbach 1 Ex. 23. V. 1941.
Gr. Gr.: Dorfer Öd (Stubach) (leg. Frieb); Amertaler Öd (leg. Frieb).
Eine weit verbreitete, jedoch vorwiegend nordische Art, die im Gebiete an sandigen Bachufern der subalpinen Stufe und in den sandigen Gletschervorfeldern der hohen Lagen vorkommt.

808. — *(Cryptohypnus) consobrinus* Muls.
S. Gr.: Im obersten Seidelwinkeltal 1 Ex. 17. VIII. 1937.
Gl. Gr.: Fusch (leg. Sturany, det. Ganglbauer) 1 Ex.
Die Stücke sind wesentlich kleiner als solche aus der Schweiz; sie haben die Größe des *H. frigidus*, unterscheiden sich jedoch von diesem deutlich durch die Skulptur. Wahrscheinlich gehören sie einer eigenen Rasse an.

809. — *(Hypnoidus) maritimus* Curt.
Gl. Gr.: Pasterzenvorfeld zwischen Pfandlschartenbach und Pasterzenzunge, im sandigen Moränengelände unweit der Möllschlucht unter Steinen häufig 5. und 28. VII. 1937; Hochfläche der Margaritze 1 Ex. 7. VII. 1937; S-Hang des Elisabethfelsens, auf den untersten, sandigen Schutthalden 16 Ex. 7. und 23. VII. 1937; Unterer Keesboden, am Rande des *Eriophorum*-Sumpfes 1 Ex. 7. VII. 1937; Naßfeld des Pfandlschartenbaches, auf den sandigen Schuttkegeln der aus dem Magneskar herabströmenden Bäche 26. VII. 1937; Pasterzenmoräne unterhalb der Hofmannshütte, im höheren, stärker begrünten Teil 1 Ex. 2. VIII. 1938; Gamsgrube, in S-Lage in der *Caeculus echinipes*-Gesellschaft auf reinem Sandboden unter Steinen zahlreich 6. und 27. VII. 1937, 30. VII. 1938; N-Seite des Fuscherkarkopfes, im fast vegetationslosen Flugsand 1 Ex. (unweit davon 1 *Chrysomela crassicornis norica*) 28. VII. 1938; im unteren Teil des Dorfer Tales, am sandigen Ufer des Kalser Baches 2 Ex. 18. VII. 1937; im Magneskar, am Wege von der Freiwand zum Magneskees im sandigen Gletschervorfeld 6 Ex. 29. VII. 1937; Moserboden, am sandigen Ufer der Kapruner Ache 2 Ex. 16. VII. 1939; am Wege vom Moserboden zur Schwaigerhütte in der *Caeculus echinipes*-Gesellschaft 1 Ex. 16. VII. 1939.
Weit verbreitet, bewohnt sandige Fluß- und Bachufer, im Gebirge auch Gletschervorfelder und im Gebiete auch die Kalkphyllitschutthalden bis- in die Polsterpflanzenstufe.

810. — *(Zorochrus) dermestoides* Hbst. f. typ.
S. Gr.: Graukogel bei Gastein (Giraud 1851); Badgastein (leg. Frieb).
Gl. Gr.: Albitzen-SW-Hang, in der *Caeculus echinipes*-Gesellschaft unterhalb der Bratschenhänge 1 Ex. 20. VII. 1938; Pasterzenvorfeld zwischen Rührkübelbach und Pasterzenende, auf dem sandigen, nur von dürftiger Vegetation bedeckten Moränenboden 11 Ex. unter Steinen 5. VII. 1937; S-Hang der Margaritze 7 Ex. und Hochfläche derselben 1 Ex. 7. VII. 1937; am Steilhang der Marxwiese gegen den Unteren Keesboden 1 Ex. 28. VII. 1937; am Promenadeweg in die Gamsgrube, an sandigen Stellen in Gesellschaft von *Cylindrus obtusus* 3 Ex. 30. VII. 1938; Gamsgrube, in der *Caeculus echinipes*-Gesellschaft 2 Ex. 6. VII. 1937; Enzingerboden (leg. Frieb); Moserboden, am sandigen Ufer der Kapruner Ache und auf einem Schuttkegel am linken Hang 11 Ex. 16. VII. 1939; Fuscher Tal oberhalb Ferleiten, am sandigen Ufer der Fuscher Ache und des Judenbaches zahlreich 21. und 23. VII. 1939; Käfertal, am sandigen Ufer eines kleinen Baches 2 Ex. 23. VII. 1939.
Diese weitverbreitete Art bewohnt im Gebiete die sandigen Bachufer und Bachschuttkegel der Täler und Karböden, die seit dem letzten Gletschervorstoß vom Eise freigegebenen Gletschervorfelder und die sandigen Kalkphyllitschutthalden, wo sie in der *Caeculus echinipes*-Gesellschaft lebt.

811. *Hypnoidus (Zorochrus) meridionalis* Cast.
   Gl. Gr.: Fuscher Tal oberhalb Ferleiten, am Ufer der Fuscher Ache und des Judenbaches unter Steinen im Sande je 1 Ex. 23. VII. 1939.
   Auch bei Lienz (coll. Mus. Wien).
   Bewohnt sandige Fluß- und Bachufer und ist weit verbreitet.

812. *Quasimus minutissimus* Germ.
   S. Gr.: Eingang in das Zirknitztal, am S-Hang oberhalb Döllach von Trockenrasen gestreift 1 Ex. 28. VIII. 1941.
   Ein verhältnismäßig wärmeliebendes Tier, das im Gebiete sicher auf die warmen Lagen der S-Täler beschränkt ist.

813. *Melanotus rufipes* Hbst.
   S. Gr.: Badgastein (leg. Frieb); Hüttenwinkeltal, zwischen Bodenhaus und Grieswiesalm 1 Ex. 15. V. 1940.
   Gl. Gr.: Senfteben zwischen Guttal und Pallik an der Glocknerstraße 1 Ex. 15. VII. 1940.
   Weitverbreitete Art, die auf den Wiesen der Täler und subalpiner Berglagen im Gebiete auch anderwärts vorkommen dürfte.

814. *Limonius aeruginosus* Ol.
   S. Gr.: Badgastein (leg. Frieb).
   Weit verbreitet, im Gebiete aber anscheinend nur in den tiefsten Tallagen.

815. *Pheletes aeneoniger* De G.
   S. Gr.: Anlauftal (leg. Frieb); Hüttenwinkeltal, im Wald oberhalb des Bodenhauses in der Hochstaudenflur 1 Ex. 15. V. 1940; Kleine Fleiß, beim Alten Pocher 1 Ex. 3. VII. 1937.
   Weitverbreitete Art.

816. *Harminius (Diacanthous) undulatus* De G.
   S. Gr.: Kötschachtal (leg. Frieb).
   Die seltene Art lebt in Gebirgswäldern, ihre Larve im morschen Holz von Coniferen.

817. *Athous (Athous) hirtus* Hbst.
   Gl. Gr.: Am Wege von Kals ins Dorfer Tal 2 Ex. 18. VII. 1937.
   Weit verbreitet, findet sich auf Wiesenblumen, im Gebiete sicher nur in den tiefsten Tallagen.

818. — *(Athous) niger* L.
   Mölltal: Winklern, Wiese bei der Autobushaltestelle 1 Ex. 18. VI. 1942.
   S. Gr.: Badgastein (leg. Frieb); Fleiß, sonnige Wiesen unterhalb der Fleißkehre der Glocknerstraße 1 Ex. 1. VII. 1937 und 1 Ex. 15. VII. 1940; am Wege vom Fleißgasthof nach Heiligenblut 3 Ex. Juli 1937; sonnige Wiese oberhalb des Fleißgasthofes 1 Ex. 1. VII. 1937.
   Gl. Gr.: Am Wege von Kals ins Dorfer Tal 3 Ex. 18. VII. 1937; Kapruner Tal (leg. Frieb); Kapruner Tal, auf den Wiesen oberhalb des Kesselfalles 1 Ex. 14. VII. 1939; am Wege von der Trauneralm ins Fuscher Tal 2 Ex. 21. VII. 1939; Ferleiten 1 Ex. 10. VII. 1941; am Wege von Ferleiten zur Walcher Hochalm 1 Ex. 9. VII. 1941; Ferleiten (leg. Sturany, coll. Mus. Wien); Schneiderau (leg. Frieb).
   Gr. Gr.: Im oberen Felbertal (leg. Frieb).
   Weitverbreitete Art, die sich im Gebiete allenthalben auf den Talwiesen findet.

819. — *(Grypocarus) vittatus* Fbr. f. typ. und ab. *impallens* Buyss.
   S. Gr.: Im Wald zwischen Grieswiesalm und Bodenhaus in der Hochstaudenflur 2 Ex. der ab. *impallens* 15. V. 1940.
   Gl. Gr.: Heiligenblut, am SW-Hang über dem Ort 1 Ex. 18. VI. 1942; Ferleiten (leg. Frieb); Walcher Hochalm, am S-Hang noch in 2000 bis 2200 m Höhe 1 Ex. (ab. *impallens*) 9. VII. 1941.
   Pinzgau: Zell am See 1 Ex. 19. VII. 1939.
   Weitverbreitete Art, scheint vorwiegend in den Hochstaudenfluren entlang der Bäche heimisch zu sein.

820. — *(Grypocarus) haemorrhoidalis* Fbr.
   S. Gr.: Fleiß 1 Ex. 1. VII. 1937.
   Gl. Gr.: Steppenwiesen am Haritzerweg oberhalb Heiligenblut 1 Ex. 15. VII. 1940; am Wege von Kals ins Dorfer Tal 1 Ex. 18. VII. 1937.
   Gr. Gr.: Proseckklamm bei Windisch-Matrei (Werner 1934).
   Sehr weit verbreitet, scheint jedoch im Gebiete vorwiegend die südlichen Tauerntäler zu bewohnen.

821. — *(Anathrotus) subfuscus* Müll.
   S. Gr.: Badgastein (leg. Frieb).
   Gl. Gr.: Schneiderau und Enzingerboden im Stubachtal (leg. Frieb); Dorf Fusch (leg. Frieb).
   Gr. Gr.: Amertaler Öd (leg. Frieb).
   Weitverbreitete Art.

822. *Corymbites (Corymbites) virens* Schrk. f. typ. und ab. *inaequalis* Ol.
   S. Gr.: Hüttenwinkeltal, zwischen Bucheben und Bodenhaus mehrere Käfer mittags fliegend 15. V. 1940.
   Gl. Gr.: Pasterzenvorfeld, zwischen Rührkübelbach und Pasterzenzunge unweit der Möllschlucht 2 Ex. 5. VII. 1937; am Wege vom Enzingerboden zum Grünsee (f. typ.) (leg. Frieb); Fuscher Tal oberhalb Ferleiten (var. *inaequalis*) (leg. Frieb).
   Larven dieser Art fand ich an zwei Stellen, und zwar: Haldenhöcker unter dem Mittleren Burgstall 2650 m, Rasensiebe der Grasheide, oberste 3 cm 1 Larve 16. VII. 1940; Pasterzenvorfeld, innerhalb der Moräne des Jahres 1856, beim Rührkübelbach 1 Larve unter einem Stein 5. VII. 1937 (beide det. Schaerffenberg).
   Ein Gebirgstier, das jedoch die Waldzone nur ausnahmsweise überschreitet.

823. — *(Corymbites) pectinicornis* L.
   S. Gr.: Badgastein (leg. Frieb).
   Gl. Gr.: Ufer der Fuscher Ache, knapp unterhalb des Fuscher Rotmooses 1 ♀ 18. VII. 1940.
   Weit verbreitet, im Gebiete aber nur in den tiefsten Tallagen.

824. *Corymbites (Corymbites) cupreus* Fbr. f. typ. und var. *aeruginosus* Fbr.
S. Gr.: Im ganzen Gasteiner Tal in der f. typ. und in der var. *aeruginosus* (leg. Frieb); oberster Teil des Seidelwinkeltales 1 Ex. 17. VIII. 1937 (var. *aeruginosus*).
Gl. Gr.: Die f. typ. ist selten. Es liegen folgende Fundorte vor: Am Wege vom Glocknerhaus zur Pfandlscharte in der Speikbodenzone in etwa 2500 m Höhe 2 Ex. 20. VII. 1938; am Haldenhöcker unterhalb des Mittleren Burgstalls 2 tote Ex. 16. VII. 1940; Moserboden (leg. Frieb); Walcheralm, am Karboden in 1900 m Höhe 1 totes Ex. 9. VII. 1941. Die var. *aeruginosus* ist viel häufiger. Mir sind folgende Funde bekannt: Albitzen-SW-Hang, unterhalb der Kalkphyllitbratschen 1 totes Ex. in 2250 m Höhe 29. VII. 1938; Pasterzenvorfeld zwischen Glocknerstraße und Möll 4 Ex. 5. VII. 1937; SO-Hang des Hohen Sattels gegen die Sturmalm 1 Ex. 29. VII. 1937; am Hang unterhalb der neuen Salmhütte gegen den Leiterbach 1 Ex. 13. VII. 1937; Daberklamm und unterer Teil des Dorfer Tales je 1 Ex. 15. und 18. VII. 1937; Enzingerboden (leg. Frieb).
Gr. Gr.: Kals-Matreier Törl, in 2200 m Höhe 9. IX. 1930 (Werner 1934).
Schobergr.: Wangenitzen (leg. Székessy).
Larven dieser Art sind im Gebiet in höheren Lagen häufig. Ich sammelte solche an folgenden Fundorten: Haldenhöcker unter dem Mittleren Burgstall, Rasengesiebe der Grasheide, oberste 3 cm 14 Larven 16. VII. 1940; Weg von der Rudolfshütte zum Tauernmoos, unter Stein 1 Larve 16. VII. 1937; Pasterzenvorfeld unterhalb Sturmalm, innerhalb Moräne des Jahres 1856 unter Stein 25. VII. 1937; Albitzen-SW-Hang, Rasengesiebe südlich Marienhöhe 1 Larve 3. VIII. 1938; Pasterzenvorland unter Glocknerhaus 1 Larve unter Stein 5. VII. 1937; Schwerteck-S-Hang bei Salmhütte, 1 Larve unter Stein 12. VII. 1937; Fuscher Tal, Fuscher Rotmoos 1 Larve 14. V. 1940; oberstes Leitertal, Grasheide am Hang unter Salmhütte, 1 Larve unter Stein 13. VII. 1937; Stüdlweg zwischen Bergertörl und Mödlspitze, 1 Larve unter Stein 11. VIII. 1937; Stanziwurten, hochalpin 1 Larve 2. VII. 1937; Grieswiesalm im Hüttenwinkeltal, Wurzelgesiebe des *Nardus*-Rasens 3 Larven 15. V. 1940. Von 2 Larven aus dem Wurzelgesiebe einer Kunst- und einer Magerwiese bei Zell am See ist die Zugehörigkeit zu der vorliegenden Art nicht ganz sichergestellt (alle det. B. Schaerffenberg).
Boreoalpin verbreitete Art, die im gesamten Alpenzuge heimisch ist (vgl. Holdhaus und Lindroth 1939).

825. — *(Calosirus) purpureus* Poda.
S. Gr.: Rauris (leg. Frieb).
Montane Art, die der Waldzone angehört.

826. — *(Calosirus) sulphuripennis* var. *testaceipennis* Duf.
S. Gr.: Gamskarkogel bei Gastein, in der Waldregion (leg. Frieb).

827. — *(Calosirus) castaneus* L.
Gl. Gr.: Käfertal, aus Moos und Rinde der obersten Bergahorne gesiebt 1 Larve 23. VII. 1939 (det. Schaerffenberg).

828. — *(Selatosomus) impressus* Fbr.
Gl. Gr.: Kapruner Tal, auf den Wiesen oberhalb des Kesselfalles 1 Ex. 14. VII. 1939.
Weit verbreitet, scheint im Gebiete selten zu sein und nur in tieferen Tallagen vorzukommen.

829. — *(Selatosomus) melancholicus* Fbr. f. typ. und ab. *simplonicus* Fbr.
S. Gr.: Seidelwinkeltal, beim Tauernhaus und Hochtor (Märkel und v. Kiesenwetter 1848); in der Umgebung von Gastein (Giraud 1851); Krumeltal, in 1800 m Höhe (leg. Leeder); Kleine Fleiß, sonnige Wiesen oberhalb des Alten Pocher 1 Ex. 3. VII. 1937 (ab. *simplonicus*).
Gl. Gr.: Am Heiligenbluter Tauern nicht selten (Pacher 1853); Albitzen-SW-Hang, unterhalb der Bratschenhänge in der Grasheide in 2200 m Höhe wiederholt gesammelt 20. bis 29. VII. 1938 und 17. VII. 1940; Sturmalm unterhalb der Sturmkapelle, 2 Ex. unter Steinen 25. VII. 1937; Margaritze S-Hang, 2 Ex. der f. typ. und 1 Ex. der ab. *simplonicus* 7. VII. 1937; Steilabfall der Marxwiese gegen den Unteren Keesboden 1 Ex. 23. VII. 1938; im unteren Teil des Dorfer Tales auf den Grasmatten unter Steinen sehr häufig in beiden Formen 15. und 17. VII. 1937.
Die Art besitzt eine vorwiegend nordisch-sibirische Verbreitung, die unverkennbaren Reliktcharakter hat. Auch in den Alpen scheint sie durchaus nicht überall vorzukommen, vielmehr die niederschlagsreichen Randgebiete streng zu meiden. In den Hohen Tauern findet sie sich auf sonnigen Wiesen in subalpinen und hochalpinen Lagen; die obere Grenze der hochalpinen Grasheidenstufe scheint sie nicht zu erreichen.

830. — *(Actenicerus) sjaelandicus* Müll.
S. Gr.: Hofgastein (leg. Frieb).
Gl. Gr.: Enzingerboden (leg. Frieb); Fuscher Rotmoos 2 Larven 14. V. 1940 (det. Schaerffenberg).
Weitverbreitete Art.

831. — *(Selatosomus) aeneus* L. f. typ. und ab. *germanus* L.
S. Gr.: Gamskarkogel und Naßfeld bei Gastein (leg. Frieb); Kolm Saigurn (leg. Frieb); Hüttenwinkeltal, auf den Almen zwischen Bodenhaus und Grieswiesalm 3 Ex. 15. V. 1940; Seidelwinkeltal, mittlerer Teil 2 Ex. 17. VIII. 1937; Kleine Fleiß, auf den Wiesen oberhalb des Alten Pocher 2 Ex. 3. VII. 1937.
Gl. Gr.: Am Weg von Kals ins Dorfer Tal 1 Ex. 18. VII. 1937; Schneiderau (leg. Frieb); Kapruner Tal, auf den Wiesen oberhalb des Kesselfalles und auf dem Wasserfallboden bei der Orglerhütte je 1 Ex. 15. VII. 1939; Fuscher Tal, auf den Talwiesen oberhalb Ferleiten, hier in beiden Formen 19. und 23. VII. 1939 und 14. V. 1940; am Ufer der Fuscher Ache oberhalb Ferleiten unter einem Stein im Ufersand 1 Ex. 18. VII. 1940 (f. typ.); im unteren Teil des Käfertales 1 Ex. 23. VII. 1939.
Gr. Gr.: Im oberen Teil des Felbertales (leg. Frieb).
Larven dieser Art sammelte ich: Seidelwinkeltal, beim Tauernhaus 1 Ex. 17. VIII. 1937; Ferleiten, Schuttkegel vor Vogelalm 1 Ex. unter Stein 14. V. 1940.
Weit verbreitet, überschreitet im Gebiete die Waldgrenze nicht. Die var. *germanus* ist in den mittleren Hohen Tauern viel häufiger als die Stammform.

832. *Corymbites (Selatosomus) rugosus* Germ.
S. Gr.: Um Gastein hochalpin (Giraud 1851); Graukogel und oberster Teil des Anlauftales (leg. Frieb); am S-Hang der Gjaidtroghöhe gegen den Seebichel 2 Ex. 24. VII. 1937; Stanziwurten, hochalpin 1 Ex. 2. VII. 1937; Kasereck gegen Schareck.
Gl. Gr.: Hochtor (Märkel und v. Kiesenwetter 1848, Miller 1878); Unterer Keesboden, am Fuße der Leiterköpfe 1 Ex. 23. VII. 1938, einziger Fund im Bereiche der Pasterze; am Wienerweg zwischen Ganitzen und neuer Salmhütte 2 Ex. 10. VIII. 1937; Schwertkar und Schwerteck-S-Hang oberhalb der Salmhütte 3 Ex. 12. VII. 1937; nächste Umgebung der neuen Salmhütte, auf den Schneeböden 7 Ex. 12. VII. 1937; Kar südwestlich unterhalb der Pfortscharte 1 Ex. 14. VII. 1937; Weg von der Stüdlhütte nach Kals, hochalpin im Teischnitztal 1 Ex. 26. VII. 1938; Dorfer Tal, oberster Teil 1 Ex. 17. VII. 1937; auf den Grasheiden um die Rudolfshütte und am Weg von dieser zum Tauernmoos 3 Ex. 16. VII. 1937; im Stubachtal in 2100 m Höhe (leg. Frieb).
Gr. Gr.: Granatspitz-O-Hang gegen den Weißsee (leg. Burchardt); Muntanitz-SO-Hang 1 Ex. 20. VII. 1937; Amertaler Öd, in 2050 m Höhe (leg. Frieb).
Schobergr.: Wangenitzen (leg. Székessy); Hochschober (leg. Holdhaus).
Wahrscheinlich zu dieser Art gehörige Larven wurden gefunden: Weg vom Berger- zum Peischlachtörl 1 Ex. 11. VIII. 1937; Paschingerweg zur Stocherscharte 1 Ex. 10. VIII. 1937; Schneeboden bei Salmhütte, unter Stein 1 Ex. 12. VIII. 1937; Schwertkar bei Salmhütte 1 Ex. 13. VII. 1937; Talschluß des Dorfer Tales 1 Ex. 17. VII. 1937; Grasheide am SW-Hang unter der Pfortscharte, 1 Ex. unter Stein 14. VII. 1937 (det. Schaerffenberg).
Die Art ist boreoalpin verbreitet (vgl. Holdhaus und Lindroth 1939) und in den Alpen vor allem in den hohen zentralen Gebirgsgruppen heimisch. Sie steigt in diesen sehr hoch empor, scheint jedoch in die hochalpine Polsterpflanzenstufe nicht oder nur wenig vorzudringen, ebenso ist sie im Zwergstrauchgürtel ziemlich selten, in subalpine Lagen reicht sie nicht herab. *Corymbites rugosus* ist ein Tier der hochalpinen Grasheidenstufe, welches Schneemulden meidet, auf flachen, hochgelegenen Schneeböden dagegen häufig zu finden ist, sehr trockene alpine Grasheiden scheint er zu lieben. Man findet den Käfer unter Steinen oder frei am Boden umherkriechend, die Larven sind gleichfalls den ganzen Sommer über unter Steinen anzutreffen, können aber auch aus dem Wurzelfilz der alpinen Grasheideböden gesiebt werden.

833. — *(Haplotarsus) incanus* Gyll.
S. Gr.: Badgastein (leg. Frieb).
Gl. Gr.: Walcher Alm, am S-Hang in 2100 bis 2200 m Höhe gekätschert 1 Ex. 9. VII. 1941.

834. *Prosternon tessellatum* L.
S. Gr.: Seidelwinkeltal, unterster Teil 1 Ex. 17. VII. 1937.
Gl. Gr.: Am Haritzerweg zwischen Glocknerhaus und Naturbrücke über die Möll 1 Ex. 18. VIII. 1937; Schneiderau und Dorf Fusch (leg. Frieb); Steppenwiesen am Haritzerweg oberhalb Heiligenblut, 1 Larve im Wurzelgesiebe 15. VII. 1940.
Weitverbreitete Art, die als Imago auf Wiesenblumen lebt und im Gebiete auf den Talwiesen allgemein verbreitet sein dürfte; der Fundort auf den Zwergstrauchwiesen unterhalb des Glocknerhauses liegt außergewöhnlich hoch.

835. *Agriotes (Agriotes) sputator* L.
Gl. Gr.: Heiligenblut gegen Mauthaus 1 Ex. 18. VI. 1942; Steppenwiesen am Haritzerweg oberhalb Heiligenblut 2 Ex. 15. VII. 1940; im unteren Teil des Dorfer Tales 1 Ex. 17. VII. 1937; im Wald unterhalb der Traueralm 1 Ex. 21. VII. 1939; Fuscher Tal unterhalb Dorf Fusch, an der Glocknerstraße 1 Ex. 23. V. 1941.
Diese weitverbreitete Art gehört im Gebiete der Talwiesenfauna an.

836. — *(Agriotes) obscurus* L.
Gl. Gr.: Steppenwiese am Haritzersteig oberhalb Heiligenblut, im Wurzelgesiebe 1 Larve 15. VII. 1940 (det. Schaerffenberg).

837. *Dolopius marginatus* L.
S. Gr.: Am Wege von der Fleißkehre der Glocknerstraße zum Eingang in die Große Fleiß 1 Ex. 18. VII. 1938 gekätschert; Mallnitzer Tauerntal, oberhalb des Gasthofes Gutenbrunn auf Gesträuch 1 Ex. 5. IX. 1941.
Gl. Gr.: Kapruner Tal, auf den Talwiesen oberhalb des Kesselfalles 4 Ex. 15. VII. 1939; Fuscher Tal, auf den Talwiesen oberhalb Ferleiten 1 Ex. 14. VII. 1940; am Wege von Ferleiten auf die Walcher Hochalm in 1700 bis 1900 m Höhe 1 Ex. 9. VII. 1941.
Lebt auf Wiesen und Gesträuch und gehört im Gebiete vorwiegend der Talfauna an.

838. *Adrastus limbatus* Fbr.
S. Gr.: Am Wege von der Fleißkehre der Glocknerstraße zum Eingang in die Große Fleiß 1 Ex. 18. VII. 1938 und in der Großen Fleiß subalpin 1 Ex. 10. VII. 1937.
Gl. Gr.: Am Haritzerweg oberhalb Heiligenblut auf den Steppenwiesen 2 Ex. 15. VII. 1940; am Haritzerweg zwischen Glocknerhaus und Naturbrücke über die Möll 1 Ex. 18. VII. 1937.
Auf Gräsern und Gebüsch, im Gebiete anscheinend vorwiegend, wenn nicht ausschließlich in den Südtälern.

839. — *nitidulus* Marsh. ab. *pallens* Er.
S. Gr.: Am Wege von der Fleißkehre der Glocknerstraße zum Eingang in die Große Fleiß 1 Ex. 18. VII. 1938; auf den sonnigen Wiesen unterhalb der Fleißkehre der Glocknerstraße 1 Ex. 1. VII. 1937; am Wege vom Fleißgasthof nach Heiligenblut 1 Ex. Juli 1937.
Gl. Gr.: Steppenwiesen am Haritzerweg oberhalb Heiligenblut 1 Ex. 15. VII. 1940; Senfteben zwischen Guttal und Pallik 1 Ex. 11. VII. 1941; Fuscher Tal, auf den Talwiesen oberhalb Ferleiten 2 Ex. 19. VII. 1939.
Gr. Gr.: Am Wege von der Schneiderau in die Dorfer Öd, in der Hochstaudenflur entlang des Baches 1 Ex. 15. VII. 1939.
Weit verbreitet, im Gebiete auf die Täler beschränkt.

Familie *Throscidae*.

840. *Throscus dermestoides* L.
   Gl. Gr.: Fuscher Tal unterhalb Dorf Fusch, in der Grauerlenau am Wachtbergbach 1 Ex. 23. V. 1941; am Wege von Dorf Fusch ins Hirzbachtal unweit des Hirzbachwasserfalles 2 Ex. 8. VII. 1941.

Familie *Buprestidae*.

841. *Buprestis (Buprestis) rustica* L.
   S. Gr.: Am Wege vom Fleißgasthof nach Heiligenblut 1 Ex. VII. 1937. Nach Pacher (1853) im Mölltal nicht selten. Mallnitzer Tauerntal, beim Gasthof Gutenbrunn 1 Ex. zugeflogen 5. IX. 1941.
   Gl. Gr.: 1 Stück mit der Fundortangabe „Großglockner" aus der Sammlung Pachole in meinem Besitz.
   Weit verbreitet, lebt in lichten Nadelwäldern.

842. — *(Buprestis) haemorrhoidalis* Hbst.
   Nach Pacher (1853) im Gebiete, jedoch seltener als *rustica*.

843. *Anthaxia helvetica* Stierl.
   S. Gr.: Seidelwinkeltal, unweit des Tauernhauses 1 Ex. 17. VII. 1937.
   Ein Gebirgstier, im Gebiete anscheinend nicht häufig.

844. — *quadripunctata* L.
   S. Gr.: In der Umgebung des Fleißgasthofes 1 Ex.; am Wege vom Fleißgasthof nach Heiligenblut 1 Ex. VII. 1937; Kleine Fleiß, am Wege vom Alten Pocher auf den Seebichel 1 Ex. 4. VIII. 1937; Mallnitzer Tauerntal, am Wege in die Woisken 1 Ex. 5. IX. 1941.
   Gl. Gr.: Am Wege von Kals ins Dorfer Tal 5 Ex. 17. VII. 1937.
   Weitverbreitete Art, die im Gebiete allenthalben auf Blüten bis in die Zwergstrauchstufe auf Wiesen zu finden sein dürfte.
   Gr. Gr.: Windisch-Matrei, am Wege in die Proseckklamm 3 Ex. 3. IX. 1941.

845. — *morio* Fbr.
   S. Gr.: Am Wege aus dem Mallnitzer Tauerntal zur Hindenburghöhe in einem Holzschlag in W-Lage auf Blüten 2 Ex. 5.IX. 1941.

846. *Agrilus (Agrilus) coeruleus* Rossi.
   Gl. Gr.: Kapruner Tal, oberhalb des Kesselfalles 1 Ex. 14. VII. 1939; Fuscher Tal oberhalb Ferleiten, am Judenbach 1 Ex. 23. VII. 1939.
   Pinzgau: Am Ufer der Fuscher Ache bei Bruck an der Glocknerstraße an *Salix alba*.
   Weitverbreitete Form, die in den Tauerntälern an *Salix*-Arten allenthalben vorkommen dürfte.

847. *Trachys (Trachys) minuta* L.
   Gl. Gr.: Am Wege von Fusch ins Hirzbachtal auf *Salix grandifolia* 1 Ex. 8. VII. 1941.

Familie *Dascillidae*.

848. *Dascillus cervinus* L.
   S. Gr.: Gjaidtrog-SW-Hang, unweit oberhalb des Fleißtales auf den sonnigen Wiesen 2 Ex. 18. VII. 1938.
   Gl. Gr.: Senfteben, an der Glocknerstraße zwischen Guttal und Pallik in etwa 1900 *m* Höhe 2 Ex. 15. VII. 1940, 1 Ex. 11. VII. 1941; am Wege von Heiligenblut zur Pasterze (Märkel und v. Kiesenwetter 1848); am Wege von Kals zur Daberklamm 1 Ex. 18. VII. 1937; Walcher Hochalm, in 1900 bis 2200 *m* Höhe zahlreich an Blüten 9. VII. 1941.
   Weitverbreitete Art; ein Wiesenbewohner, der vom Tale bis zur Waldgrenze emporsteigt.

849. *Eubria palustris* Germ.
   S. Gr.: Um Gastein sehr selten, subalpin (Giraud 1851); Rauris (Märkel und v. Kiesenwetter 1848); Umgebung von Rauris 1 Ex. (leg. Konneczni).
   Gl. Gr.: Kapruner Tal, an der Talstufe unterhalb des Wasserfallbodens, im Moos an den Rändern einer wasserüberronnenen Felsplatte in der Nähe der Ache in Gesellschaft von *Trechus rotundipennis* und *Lesteva monticola* zahlreich 16. VII. 1939.
   Ein weitverbreitetes, aber allem Anschein nach keineswegs überall vorkommendes Tier; scheint ein Bewohner nasser Moosrasen zu sein.

Familie *Helodidae*.

850. *Helodes Hausmanni* Gredl.
   S. Gr.: Retteneggwald bei Rauris 1 Ex. (leg. Konneczni); Krumeltal, in 1800 *m* Höhe in nassem Moos (leg. Leeder).
   Gl. Gr.: Walcher Hochalm, am Kargrund von Sauergräsern gestreift 1 ♂ 9. VII. 1941.
   Scheint in den Alpen endemisch zu sein; die Angabe Pachers (1853), daß er *Helodes marginata* Fbr. einmal auf der Leiteralm gesammelt habe, bezieht sich wahrscheinlich auf diese Art.

851. *Cyphon variabilis* Thunbg.
   Gl. Gr.: Am Wege aus dem Fuscher Tal zur Traueralm in etwa 1500 *m* Höhe von Weiden- und Erlenbüschen geklopft 1 Ex. 22. V. 1941.

852. — *padi* L.
   Gl. Gr.: Fuscher Tal unterhalb Dorf Fusch, am Ufer der Fuscher Ache von Erlen und Weiden geklopft 3 Ex. 23. V. 1941.

Familie *Dryopidae*.

853. *Dryops nitidulus* Heer.
Gl. Gr.: Grashang unmittelbar unterhalb des Glocknerhauses, im Festucetum durae 1 Ex. 3. VIII. 1938; am Steilabfall der Marxwiese gegen den Unteren Keesboden 1 Ex. 18. VIII. 1937; Fuscher Tal oberhalb Ferleiten, auf einer feuchten Wiese unterhalb der Vogeralm im Rasengesiebe 2 Ex. 23. VII. 1939.
Weit verbreitet, im Gebiete auf feuchten Rasenflächen bis in die hochalpine Grasheidenstufe emporsteigend.

854. — *Ernesti* Goz.
S. Gr.: Große Fleiß, subalpin 1 Ex. Juli 1937.
Gl. Gr.: Am Ufer der Fuscher Ache wenig unterhalb des Rotmooses in Vegetationspolstern im Ufersand 2 Ex. 18. VII. 1940; auf den Almmatten der Trauneralm unter einem Stein 1 Ex. 21. VII. 1939.
Weitverbreitete Art, die im Gebiete die Waldgrenze nicht überschreiten dürfte.

855. *Helmis Latreillei* Bed.
S. G.: Um Gastein in Bächen (Giraud 1851); in einem kleinen Bach bei Sagritz (Märkel und v. Kiesenwetter 1848); „nicht selten bis in die Voralpen" (Pacher 1853); Woisken bei Mallnitz, in einem Gießbach in 1600 m 1 Ex. 5. IX. 1941.
Gl. Gr.: Bei Heiligenblut (Märkel und v. Kiesenwetter 1848); Fuscher Tal, in einem kleinen aus der Walchen herabkommenden Bach 3 Ex. 10. VII. 1941.
Lebt in Gebirgsbächen und ist über die mitteleuropäischen Gebirge verbreitet.

856. *Lathelmis Perrisi* Duf.
Gl. Gr.: Nach Pacher (1853) nur bei Heiligenblut, von wo auch Märkel und v. Kiesenwetter (1848) die Art angeben.
Gleichfalls ein Bewohner der Gebirgsbäche.

Familie *Dermestidae*.

857. *Anthrenus verbasci* L.
Gl. G.: Fuscher Tal, bei Ferleiten 1 Ex. Juli 1939 auf einer Wiese gekätschert.
Kosmopolitische Art, bekannter Schädling von Musealsammlungen.

Familie *Byrrhidae*.

858. *Limnichus incanus* Ksw.
Gl. Gr.: Am sandigen Ufer der Fuscher Ache oberhalb Ferleiten häufig in Vegetationspolstern und unter Steinen 18. VII. 1940.
Lebt an sandigen Bach- und Flußufern.

859. *Simplocaria semistriata* Fbr.
S. Gr.: Um Gastein selten (Giraud 1851); bei Rauris und im Seidelwinkeltal (leg. Konneczni).
Gl. Gr.: Margaritze-S-Hang 1 Ex. 7. VII. 1937; Hang unterhalb der neuen Salmhütte gegen den Leiterbach, unter einem Stein 1 Ex. 13. VII. 1937; Ufer der Fuscher Ache oberhalb Ferleiten, 3 Ex. in Vegetationspolstern im sandigen Bachschutt 18. VII. 1940; Fuscher Rotmoos 1 Ex. 23. VII. 1939.
Weit verbreitet, lebt subalpin in Moos und im Geniste der Flüsse, hochalpin unter Steinen.

860. — *acuminata* Er.
S. Gr.: Um Gastein (Giraud 1851); Kleine Fleiß, oberhalb des Alten Pocher aus Grünerlenfallaub gesiebt 4 Ex. 30. VI. und 3. VII. 1937; am Fleißbachufer am Wege vom Fleißgasthof nach Heiligenblut 1 Ex. 1. VII. 1937.
Gl. Gr.: Pasterzenvorfeld zwischen Glocknerstraße und Möllschlucht, innerhalb der Moräne des Jahres 1856 je 1 Ex. am 5. und 25. VII. 1937; Hochtor (Märkel und v. Kiesenwetter 1848); Dorfer Tal, knapp oberhalb der Daberklamm aus Grünerlenfallaub gesiebt 1 Ex. 18. VII. 1937; Walcher Sonnleiten, im Wurzelgesiebe des Caricetum curvulae aus 2400 bis 2500 m Höhe 1 Ex. 9. VII. 1941.
Schobergr.: Gößnitztal, bei der Bretterbruck aus Grünerlenfallaub gesiebt 6 Ex. 9. VII. 1937.
Montane Art, die über die Gebirge Mitteleuropas verbreitet ist; Holdhaus (1927—1928) bezeichnet sie als petrophil.

861. *Morychus (Morychus) aeneus* Fbr.
S. Gr.: Umgebung von Rauris (leg. Konneczni).
Gl. Gr.: Hochfläche der Margaritze und Nordhang derselben 6 Ex. 7. VII. 1937; Unterer Keesboden 4 Ex. 7. VII. 1937; S-Hang des Elisabethfelsens 2 Ex. 7. VII. 1937; Steilhang der Marxwiese gegen den Unteren Keesboden 1 Ex. 28. VII. 1937; im Ufersand der Fuscher Ache oberhalb Ferleiten in Vegetationspolstern 3 Ex. 18. VII. 1940.
Weit verbreitet, findet sich in der Ebene und im Gebirge vorwiegend an sandigen Uferstellen, ist im Pasterzenvorfeld auf den sandigen Moränenböden unter Steinen besonders häufig.

862. *Cytilus sericeus* Forst.
S. Gr.: Gstatteralm und Seidelwinkeltal bei Rauris (leg. Konneczni).
Gl. Gr.: Im Kar zwischen Albitzen- und Wasserradkopf im Moos eines Quellriesels in 2400 m Höhe 1 Ex. 17. VII. 1940; Pasterzenvorfeld zwischen Rührkübelbach und Pasterzenende, auf den jungen, sandigen Moränenböden unter Steinen 6 Ex. 5. VII. 1937; Unterer Keesboden 2 Ex. 7. VII. 1937; am Weg von der Freiwand zum Magneskees 1 Ex. 29. VII. 1937; im unteren Teil des Dorfer Tales 1 Ex. 17. VII. 1937; am Talboden des Moserbodens 1 Ex. 17. VII. 1939; am sandigen Ufer der Fuscher Ache oberhalb Ferleiten 1 Ex. 18. VII. 1940; Fuscher Rotmoos, 1 Ex. im nassen Moosrasen 14. V. 1940; Käfertal, im Fallaub unter den obersten *Rhododendron*-Büschen 1 Ex. 14. V. 1940.
Pinzgau: Taxingbauer in Haid bei Zell am See, im Rasengesiebe einer Magerwiese 1 Ex. 13. VII. 1939.
Sehr weit verbreitet, lebt in der Ebene und im Gebirge.

863. *Byrrhus (Byrrhus) fasciatus* Forst.
S. Gr.: Am Weg vom Kasereck zum Roßschartenkopf 2 Ex. 3. VIII. 1937; Gjaidtrog-SW-Hang, in der Polsterpflanzenstufe 1 Ex. 18. VII. 1938; Sankopf-SW-Hang, zwischen den beiden Wetterkreuzen 2 Ex. 14. VIII. 1937; Stanziwurten, hochalpin 1 Ex. 2. VII. 1937.
Gl. Gr.: Albitzen-SW-Hang, bei der Alm in 2400 m Höhe 2 Ex. 9. VIII. 1937 und unterhalb der Bratschenhänge in 2200 m Höhe 1 Ex. 20. VII. 1938; am Weg vom Glocknerhaus zur Pfandlscharte (Holdhaus 1909); Pasterzenvorfeld zwischen Glocknerstraße und Möll, innerhalb der Moräne des Jahres 1856 1 Ex. 6. VII. 1937; an der Pasterze, bei deren Höchststand um die Mitte des vorigen Jahrhunderts (Märkel und v. Kiesenwetter 1848); auf der Pasterzenmoräne unterhalb der Hofmannshütte 1 Ex. 29. VII. 1938; Haldenhöcker unterhalb des Mittleren Burgstalls 2 Ex. 29. VII. 1938 (Bestimmung durch Untersuchung des Kopulationsapparates überprüft); Rasenbank unterhalb des Kellersbergkamps, unmittelbar über der Pasterzenmoräne 1 Ex. 2. VIII. 1938; am Weg von der Pasterze zur Stockerscharte 1 Ex. 10. VII. 1937; Hochfläche der Margaritze 2 Ex. 7. VII. 1937; am Hang unterhalb der neuen Salmhütte gegen den Leiterbach und auf den Schneeböden unmittelbar bei der Hütte je 1 Ex. 12. VII. 1937; Schwertkar bei der neuen Salmhütte 1 Ex. 13. VII. 1937; am Weg von der neuen Salmhütte zum Bergertörl und von dort zur Mödlspitze 6 Ex. 11. VIII. 1937; Kar südwestlich der Pfortscharte 2 Ex. 14. VII. 1937; Langer Trog im obersten Ködnitztal 2 Ex. 14. VII. 1937; Teischnitztal, unterhalb der Stüdlhütte 1 Ex. 26. VII. 1938; oberstes Dorfer Tal, besonders im Moränengelände im Talschluß 6 Ex. 17. VII. 1937; Moserboden, am rechten Hang 2 Ex. 16. VII. 1939; beim Karlingerkees (Escherich 1888—1889).
Gr. Gr.: Muntanitz-SO-Seite 11 Ex. 20. VII. 1937; Ostfuß des Hochfilleck bei der Rudolfshütte (leg. Burchardt); Aderspitze 1 Ex.
Schobergr.: Wangenitzen (leg. Székessy); Hochschober (leg. Holdhaus).
Diese über den größten Teil der palaearktischen Region verbreitete Art ist in den mittleren Hohen Tauern besonders in hochalpinen Lagen sehr häufig und steigt bis in die Polsterpflanzenstufe empor.

864. — *(Byrrhus) pustulatus* Forst.
S. Gr.: Stanziwurten, hochalpin 2 ♂ 2. VII. 1937 (die Bestimmung ist durch anatomische Untersuchung des männlichen Kopulationsapparates sichergestellt).
Gl. Gr.: Am Hang der Edelweißspitze gegen das Fuscher Törl 1 Ex. 28. VII. 1939.
Gr. Gr.: Windisch-Matrei, am Weg in die Proseckklamm 1 Ex. 3. IX. 1941.
Weit verbreitet, lebt wie die vorgenannte Art in der Ebene und im Gebirge.

865. — *(Byrrhus) pilula* L.
S. Gr.: Am Weg vom Fleißgasthof nach Heiligenblut 1 Ex. Juli 1937.
Gl. Gr.: Hochfläche der Margaritze 1 Ex. 7. VII. 1937; in der Umgebung der Rudolfshütte und am Weg von dieser zum Tauernmoos im Caricetum curvulae 4 Ex. 16. VII. 1937.
Ebenso verbreitet wie die beiden vorgenannten Arten.

866. — *(Seminolus) luniger* Germ.
Gl. Gr.: Fuscher Tal oberhalb Ferleiten 1 Ex. 14. V. 1940; Fuscher Tal unterhalb Dorf Fusch, auf der Glocknerstraße kriechend 1 Ex. 23. V. 1941.
Über die Ostalpen, Sudeten und Karpathen verbreitet, im Gebiete nicht häufig.

867. — *(Seminolus) alpinus* Gory.
S. Gr.: Am Weg vom Kasereck zum Roßschartenkopf 2 tote Ex.; am Weg von der Weißenbachscharte in die Große Fleiß hochalpin 2 Ex. 6. VIII. 1937; Kleine Fleiß, oberhalb des Alten Pocher 1 Ex. 24. VII. 1937; Sandkopf-SW-Hang, zwischen den beiden Wetterkreuzen 1 Ex. 14. VII. 1937; Stanziwurten, hochalpin 2 Ex. 2. VII. 1937; Hochtor (Märkel und v. Kiesenwetter 1848, Miller 1878).
Gl. Gr.: Kar zwischen Albitzen- und Wasserradkopf, am Schneerand in 2450 m Höhe 1 Ex. 17. VII. 1940; am Weg vom Glocknerhaus zur Pfandlscharte am Schneerand in 2350 m Höhe 1 Ex. und in der Speikbodenzone in 2500 m Höhe je 1 Ex. 17. und 19. VII. 1938; am Fuß des Albitzen-N-Hanges auf einem Kalkschieferriegel 1 Ex. 19. VII. 1937; Pfandlschartennaßfeld, auf einem Bachschuttkegel 1 Ex. 1. VIII. 1938; S-Hang und Hochfläche der Margaritze 4 Ex. 7. VII. 1937; Unterer Keesboden 1 Ex. 7. VII. 1937; Elisabethfels-S-Hang, 1 Ex. auf den untersten Schutthalden 7. VII. 1937; Rasenband unterhalb des Kellersbergkamps, unmittelbar über der Pasterzenmoräne 2 Ex. 2. VIII. 1938; auf den Schneeböden bei der neuen Salmhütte 2 Ex. 12. VII. 1937 und an einem Schneerand in 2500 m Höhe unweit davon 1 Ex. 24. VII. 1938; am Hang unterhalb der neuen Salmhütte je 1 Ex. 13. VII. 1937 und 24. VII. 1938; Schwertkar 1 Ex. 13. VII. 1937; Langer Trog, oberstes Ködnitztal 1 Ex. 14. VII. 1937; Teischnitztal, unterhalb der Stüdlhütte 1 Ex. 25. VII. 1938; Dorfer Tal 1 Ex. 15. VII. 1937; N-Hang unterhalb der Pfandlscharte, in der hochalpinen Grasheidenstufe in 2200 bis 2300 m Höhe 1 Ex. 18. VII. 1940; N-Hang des Woazkopfes gegen das Mittertörl 1 Ex. 15. VII. 1940.
Gr. Gr.: Muntanitz-SO-Hang 1 Ex. 20. VII. 1937.
Schobergr.: Am Weg vom Bergertörl zum Peischlachtörl und von da ins Leitertal 4 Ex. 11. VIII. 1937; Hochschober (leg. Holdhaus); Wangenitzen (leg. Székessy).
Im ganzen Gebiete, besonders in der hochalpinen Grasheidenstufe, häufig, zeigt jedoch keinen bestimmten Gesellschaftsanschluß. Die Art ist in den Ostalpen endemisch.

868. — *(Seminolus) gigas* Fbr.
Gl. Gr.: Talschluß des Dorfer Tales 2 Ex. 17. VII. 1937, Bestimmung durch Untersuchung des männlichen Kopulationsapparates eines Belegstückes sichergestellt; am Weg von der Rudolfshütte zum Tauernmoos 2 Ex. 16. VII. 1937; Ferleiten (leg. Sturany).
Gr. Gr.: O-Hang des Hochfilleck (leg. Burchardt); Wiegenwald, N-Hang 1 Ex. 10. VII. 1939.
In den Ostalpen und Dinariden sub- und hochalpin; scheint im Gebiete in einzelnen Teilen, so in der Pasterzenumgebung, vollständig zu fehlen.

869. *Syncalypta (Curimopsis) cyclolepidia* Munst.
S. Gr.: Im Anlauftal von Bernhauer gesammelt (1 Ex. in coll. Minarz, bisher unbestimmt).
Gl. Gr.: Fuscher Tal oberhalb Ferleiten, am sandigen Ufer der Fuscher Ache in Vegetationspolstern von *Saxifraga aizoides* unweit des Fuscher Rotmooses 2 Ex. 18. VII. 1940.

Die Art war bisher nur aus Nordeuropa und Sibirien bekannt. Sie dürfte auch in anderen Teilen der Zentralalpen zu finden sein. Die Identität der alpinen Stücke mit nordischen Exemplaren wurde von K. Holdhaus einwandfrei festgestellt. *Syncalypta cyclolepidia* erweist sich somit als boreoalpin verbreitete Art; sie scheint in den mittleren Hohen Tauern ausschließlich an sandigen Bachufern vorzukommen und ist jedenfalls im Gebiete nicht häufig.

870. *Syncalypta (Curimopsis) setosa* Waltl.
S. Gr.: Im Tal von Böckstein (Giraud 1851).
Scheint gleichfalls eine diskontinuierliche nordisch-alpine Verbreitung zu besitzen.

871. — *(Syncalypta) spinosa* Rossi.
Pinzgau: Taxingbauer in Haid bei Zell am See, im Wiesenboden einer Magerwiese 1 Ex. 13. VII. 1939
Weit verbreitet.

Familie *Sphaeritidae*.

872. *Sphaerites glabratus* Fbr.
S. Gr.: Gstatterwald bei Rauris 1 Ex. (leg. Konneczni).
Gl. Gr.: Hirzbachtal, in der Bachschlucht in etwa 1400 *m* Höhe an einem Baumschwamm 1 Ex. 8. VII. 1941.

Familie *Byturidae*.

873. *Byturus tomentosus* Fbr.
S. Gr.: Am Weg vom Fleißgasthof nach Heiligenblut 1 Ex. Juli 1937; Mallnitzer Tauerntal, am Weg in die Woisken 1 Ex. 5. IX. 1941.
Gl. Gr.: Am Weg von Fusch ins Hirzbachtal unweit des Wasserfalles 1 Ex. 8. VII. 1941.

874. — *aestivus* L.
Mölltal: Zwischen Söbriach und Flattach, auf Blüten 1 Ex. 18. VI. 1942.

Familie *Nitidulidae*.

875. *Brachypterus urticae* Fbr.
Mölltal: Zwischen Obervellach und Flattach an der Straße auf *Urtica dioica* 18. VI. 1942.
S. Gr.: Sonnige Wiesen unterhalb der Fleißkehre der Glocknerstraße 5 Ex. 1. VII. 1937; am Weg von der Fleißkehre zum Eingang in die Große Fleiß 2 Ex. 18. VII. 1938; Döllach, auf *Urtica dioica* im Ort 1 Ex. 28. VIII. 1941; Mallnitzer Tauerntal, oberhalb des Gasthofes Gutenbrunn auf *Urtica dioica* 2 Ex. 5. IX. 1941.
Gl. Gr.: Senfteben zwischen Guttal und Pallik, von *Urtica* geklopft 5 Ex. 11. VII. 1941; Ferleiten, auf den Wiesen unweit des „Lukashansl" von *Urtica* geklopft 3 Ex. 14. VII. 1940.
Sehr weit verbreitete Art.

876. — *Meligethes (Acanthogethes) brevis* Strm.
Gl. Gr.: Senfteben, zwischen Guttal und Pallik an der Glocknerstraße 1 Ex. gekätschert 15. VII. 1940.
Weit verbreitet, lebt nach Ganglbauer (1894 ff.) in Blüten von *Helianthemum*.

877. — *(Odontogethes) subrugosus* Gyll.
Gl. Gr.: Auf den Pasterzenwiesen (Märkel und v. Kiesenwetter 1848); Albitzen-SW-Hang, in 2200 bis 2300 *m* Höhe 1 Ex. gekätschert 17. VII. 1940.
Weitverbreitete Art, die im Gebiete am höchsten von allen Arten der Gattung emporsteigt.

878. — *(Meligethes) aeneus* Fbr.
S. Gr.: Mallnitzer Tauerntal, unterhalb des Gasthofes Gutenbrunn 2 Ex. 5. IX. 1941.
Gr. Gr.: Windisch-Matrei, auf den Wiesen beim Lublas oberhalb der Proseckklam 1 Ex. 3. IX. 1941.
Pinzgau: Bruck an der Glocknerstraße, auf Getreidefeldern an *Sinapis arvensis* zahlreich 19. VII. 1940.
Dürfte im Gebiete so weit als der Ackerbau emporsteigen.

879. — *(Meligethes) viridescens* Fbr.
S. Gr.: Sonnige Hänge unterhalb der Fleißkehre der Glocknerstraße, an Feldrainen 1. VII. 1937; an der Glocknerstraße, auf den obersten Getreidefeldern zwischen Fleißkehre und Roßbach an *Sinapis arvensis* zahlreich 15. VII. 1940; Mallnitzer Tauerntal, unterhalb des Gasthofes Gutenbrunn 2 Ex. 5. IX. 1941.
Gl. Gr.: Eingang in das Hirzbachtal 1 Ex. 8. VII. 1941; Heiligenblut, an der Glocknerstraße unterhalb des Mauthauses auf Blüten 1 Ex. 18. VI. 1942.
Mölltal: Zwischen Obervellach und Flattach 18. VI. 1942.
Pinzgau: Auf Getreidefeldern bei Bruck an der Glocknerstraße an *Sinapis arvensis* häufig 19. VII. 1940.
Dürfte gleichfalls im Gebiete mit dem Ackerbau verbreitet sein.

880. — *(Meligethes) Kunzei* Er.
Gl. Gr.: Käfertal, im Grauerlenbestand aus Fallaub gesiebt 1 Ex. 23. VII. 1939; beim Hirzbachwasserfall auf *Mercurialis perennis* 2 Ex. 8. VII. 1941.
Die Art lebt nach Ganglbauer (1894 ff.) an *Lamium* und *Mercurialis perennis*.

881. — *(Meligethes) morosus* Er.
Mölltal: Winklern, feuchte Wiese bei der Autobushaltestelle 1 Ex. auf *Lamium* (?) 18. VI. 1942.
Gl. Gr.: Steppenwiesen am Haritzerweg oberhalb Heiligenblut 1 Ex. 15. VII. 1940.
Lebt nach Ganglbauer (1894 ff.) namentlich auf *Lamium*.

882. — *(Meligethes) umbrosus* Strm.
S. Gr.: Steppenwiesen am Eingang ins Zirknitztal 2 Ex. 28. VIII. 1941.
Gl. Gr.: Steppenwiesen am Haritzerweg oberhalb Heiligenblut, 1 Ex. gekätschert 15. VII. 1940.

883. — *(Meligethes) planiusculus* Heer.
Mölltal: Schotterentnahmestelle bei Söbriach, an *Echium vulgare* 1 Ex. 18. VI. 1942.
Gl. Gr.: Steppenwiesen am Haritzerweg oberhalb Heiligenblut, zahlreich auf *Echium vulgare* 15. VII. 1940.
Als Futterpflanze wird auch von Ganglbauer (1894 ff.) *Echium vulgare* angegeben.

884. *Brachypterus (Meligethes) assimilis* Strm.
S. Gr.: Eingang in das Zirknitztal, auf den Steppenwiesen am S-Hang über Döllach an *Salvia pratensis* 1 Ex. 28. VIII. 1941.

885. — *(Meligethes) erythropus* Gyll.
Mölltal: Zwischen Söbriach und Flattach 2 Ex. 18. VI. 1942.

886. — *(Meligethes) obscurus* Er.
S. Gr.: Sonnige Hänge unterhalb der Fleißkehre der Glocknerstraße 2 Ex. 1. VII. 1937; Eingang in das Zirknitztal, auf Steppenwiesen 1 ♂ 28. VIII. 1941.
Lebt nach Ganglbauer (1894 ff.) namentlich auf Labiaten.

887. *Epuraea (Epuraea) depressa* Ill.
S. Gr.: Kleine Fleiß, im Rhodoretum unterhalb und auf den sonnigen Wiesen oberhalb des Alten Pocher je 1 Ex. 30. VI. 1937.
Gl. Gr.: Guttal, auf den Wiesen oberhalb der Ankehre der Glocknerstraße gekätschert 4 Ex. 15. VII. 1940 und 4 Ex. 11. VII. 1941; Albitzen-SW-Hang, in 2200 bis 2300 m Höhe 1 Ex. gekätschert 17. VII. 1940; Walcher Hochalm, in 2100 bis 2300 m Höhe gekätschert 1 Ex. 9. VII. 1941; an der Glocknerstraße zwischen Piffkaralm und Hochmais, in 1750 m Höhe im lichten Lärchenbestand gekätschert 1 Ex. 15. VII. 1940.
Schobergr.: Gößnitztal, bei der Bretterbruck 1 Ex. 9. VII. 1937.
Weitverbreitete Art, die auch unter Fallaub und Rinde sowie an ausfließendem Baumsaft gefunden wird.

888. — *(Epuraea) thoracica* Tourn.
S. Gr.: Kleine Fleiß, oberhalb des Alten Pocher auf den sonnigen Wiesen 1 Ex. 3. VII. 1937.
Eine seltene Art, die nach Ganglbauer (1894 ff.) unter Fichtenrinde lebt.

889. — *(Micruria) melanocephala* Marsh.
Gl. Gr.: Kapruner Tal, im Mischwald am Hang unmittelbar über dem Kesselfall in tiefen Fallaublagen 4 Ex. 14. VII. 1939.
Die Art lebt unter Fallaub, an ausfließendem Baumsaft und wird auch an Blüten gefunden (Ganglbauer 1894 ff.).

890. *Pocadius ferrugineus* Fbr.
S. Gr.: Mallnitzer Tauerntal, oberhalb des Gasthofes Gutenbrunn an Pilzen 1 Ex. 5. IX. 1941.
Gl. Gr.: Fuscher Tal unterhalb Dorf Fusch, in der Erlenau am Wachtbergbach 1 Ex. an einem Staubpilz 23. V. 1941.

891. *Glischrochilus quadripunctatus* L.
S. Gr.: Hüttenwinkeltal, zwischen Bucheben und Bodenhaus 1 Ex. 15. V. 1940.
Lebt unter Baumrinden und an ausfließendem Baumsaft.

Familie *Rhizophagidae*.

892. *Rhizophagus (Rhizophagus) dispar* Payk.
Gl. Gr.: Käfertal, im Moos am Stamm eines alten Bergahorns 1 Ex. 23. VII. 1939; am Weg zur Trauneralm in etwa 1300 m Höhe an Baumschwämmen an einem moosbewachsenen Fichtenstamm 2 Ex. 22. V. 1941.
Lebt unter der Rinde von Laub- und Nadelhölzern und ist weit verbreitet.

Familie *Cucujidae*.

893. *Monotoma (Monotoma) longicollis* Gyll.
Pinzgau: Taxingbauer in Haid bei Zell am See, mehrere Exemplare aus Wiesenboden einer Magerwiese und einer benachbarten Kunstwiese gesiebt 13. VII. 1939.
Die Art ist vielleicht auch noch im engeren Untersuchungsgebiete zu finden.

Familie *Cryptophagidae*.[1]

894. *Emphylus glaber* Gyll.
S. Gr.: Retteneggwald bei Rauris 1 Ex. (leg. Konneczni).

895. *Cryptophagus (Cryptophagus) subdepressus* Gyll.
Gl. Gr.: Im Wald unterhalb der Trauneralm von jungen Fichten geklopft 2 Ex. 21. VII. 1939.
Lebt auf Nadelholz und Gesträuch.

896. — *(Cryptophagus) scanicus* L.
S. Gr.: Kleine Fleiß, oberhalb des Alten Pocher aus Grünerlenfallaub gesiebt je 1 Ex. am 30. VI. und 3. VII. 1937; beim Fleißgasthof an faulenden Pilzen im Lärchenwald 2 Ex. 8. VII. 1937.
Gl. Gr.: Käfertal, im Moos und unter der Rinde am Stamm eines alten Bergahorns 5 Ex. 23. VII. 1939.
Weitverbreitete und allenthalben häufige Art.

897. — *(Cryptophagus) dentatus* Hbst.
Gl. Gr.: Käfertal, im Moos am Stamm eines alten Bergahorns 3 Ex. 23. VII. 1939; im Rhodoretum auf der Trauneralm oberhalb der Gastwirtschaft aus Fallaub gesiebt 1 Ex. 21. VII. 1939.
Weit verbreitet, geht auch in Keller und Scheunen.

898. — *(Cryptophagus) affinis* Strm.
S. Gr.: In der Fleißkehre der Glocknerstraße von den Pflanzen am Straßenrand gekätschert 1 Ex. 15. VII. 1940.
Gl. Gr.: Dorfer Tal, knapp oberhalb der Daberklamm aus Grünerlenfallaub gesiebt 1 Ex. 18. VII. 1937.
Sehr weitverbreitete Art.

---

[1] Nach Abschluß des Manuskriptes fand ich in Beständen der in meinem Besitz befindlichen Sammlung Pachole auch noch einen Vertreter der Familie *Erotylidae*, *Triplax russica* L., in 2 Ex. mit Fundort „Großglockner".

899. *Cryptophagus (Mnionomus) croaticus* Reitt.
S. Gr.: Krumeltal, in 2200 m Höhe (leg. Leeder).
Montane Art, die über die mitteleuropäischen Gebirge verbreitet ist und meist in der Waldstreu gefunden wird.

900. *Atomaria (Anchicera) pusilla* Payk.
S. Gr.: Kleine Fleiß, oberhalb des Alten Pocher aus Grünerlenfallaub gesiebt 4 Ex. 3. VII. 1937; b im Fleißgasthof an faulenden Pilzen 2 Ex. 7. VII. 1937.
Pinzgau: Taxingbauer in Haid bei Zell am See, im Wiesenboden einer Kunst- und einer Magerwiese je 1 Ex. 13. VII. 1939.
Weitverbreitete Art.

901. — *(Anchicera) ruficornis* Marsh.
Pinzgau: Taxingbauer in Haid bei Zell am See, 2 Ex. im Wiesenboden 13. VII. 1939.
Gleichfalls weit verbreitet.

902. — *(Anchicera) analis* Er.
Gl. Gr.: Heiligenblut, am SW-Hang unmittelbar oberhalb des Ortes in Fallaub unter *Corylus* 2 Ex. 18. VI. 1942.

903. — *(Anchicera) apicalis* Er.
Gl. Gr.: Fuscher Tal, in einem Heustadel oberhalb Ferleiten in schimmelndem Heu in Mehrzahl, einzeln auch in copula 14. V. 1940; Fuscher Tal unterhalb Dorf Fusch, in der Wachtbergbachau in Grauerlenfallaub 6 Ex. 23. V. 1941.

904. — *(Atomaria) norica* Gylh.
S. Gr.: Die Art wurde von Ganglbauer nach Stücken aus der Rauris beschrieben.

905. *Ephistemus (Ephistemus) globulus* Payk.
Gl. Gr.: Fuscher Tal unterhalb Dorf Fusch, in der Grauerlenau am Wachtbergbach in Fallaub 1 Ex. 23. V. 1941.

Familie *Lathridiidae*.

906. *Dasycerus sulcatus* Brongn.
Mölltal: N-Hang gegenüber von Flattach, in Moos im Nadelwald nahe dem Talboden 2 Ex. 18. VI. 1942.

907. *Enicmus (Conithassa) minutus* L.
S. Gr.: Grieswiesalm im Hüttenwinkeltal, im Calunetum aus der obersten Bodenschicht gesiebt 2 Ex. 15. V. 1940; beim Fleißgasthof an faulenden Pilzen 2 Ex. 8. VII. 1937.
Gl. Gr.: Fuscher Tal, in einem Heustadel oberhalb Ferleiten an schimmelndem Heu massenhaft 14. V. 1940.
Gr. Gr.: Dorfer Öd (Stubach), bei der Alm in 1300 m Höhe aus Grünerlenfallaub gesiebt 1 Ex. 25. VII. 1939.
Sehr weitverbreitete Art.

908. *Corticaria (Corticaria) elongata* Gyll.
Gl. Gr.: Heiligenblut, SW-Hang unmittelbar über dem Ort, Fallaub unter *Corylus* 1 Ex. 18. VI. 1942
Pinzgau: Taxingbauer in Haid bei Zell am See, in der obersten Bodenschicht einer Kunstwiese 1 Ex. 13. VII. 1939.
Weitverbreitete Art, die wohl auch noch in den tieferen Tallagen des engeren Untersuchungsgebietes zu finden sein wird.

909. — *(Corticaria) gibbosa* Hrbst.
S. Gr.: Eingang in das Zirknitztal, von Laub- und Nadelhölzern geklopft 1 ♂ 28. VIII. 1941.

Familie *Mycetophagidae*.

910. *Typhaea stercorea* L.
S. Gr.: Kleine Fleiß, oberhalb des Alten Pocher aus Grünerlenfallaub gesiebt 1 Ex. 3. VII. 1937; beim Fleißgasthof an faulenden Pilzen 1 Ex. 7. VII. 1937.
Weitverbreitete Art, die sich besonders an schimmelnden organischen Stoffen findet und auch in Gebäude eindringt.

Familie *Endomychidae*.

911. *Endomychus coccineus* L.
Gl. Gr.: Am Weg von Dorf Fusch ins Hirzbachtal, in etwa 1100 m Höhe an verpilztem Birkenholz 1 Ex. 8. VII. 1941.
Die Art dürfte die Laubwaldgrenze nicht überschreiten.

912. *Sphaerosoma pilosum* Pz.
Mölltal: Zwischen Söbriach und Flattach am S-Hang aus Fallaub unter *Corylus* gesiebt 5 Ex. 18. VI. 1942.

Familie *Coccinellidae*.

913. *Subcoccinella vigintiquatuor-punctata* L.
S. Gr.: Fleiß, sonnige Wiesen unterhalb der Fleißkehre der Glocknerstraße 4 Ex. 1. VII. 1937; am Weg vom Fleißgasthof nach Heiligenblut 3 Ex. 9. VII. und 13. VIII. 1937; Eingang in das Zirknitztal, auf einer sonnigen Wiese 1 Ex. 28. VIII. 1941.
Gl. Gr.: Fuscher Tal, Talwiesen oberhalb Ferleiten 1 Ex. 18. VII. 1940.
Sehr weit verbreitet, ein Wiesenbewohner und gefährlicher Luzerneschädling.

914. *Coccidula rufa* Hbst.
   Pinzgau: Nordufer des Zeller Sees, in der Verlandungszone 1 Ex. 19. VII. 1939.
   Sehr weit verbreitete Art, die sich auf Sumpfwiesen von den auf Sumpfpflanzen lebenden Blattläusen ernährt.

915. *Scymnus (Scymnus) abietis* Payk.
   S. Gr.: Woisken bei Mallnitz, 1 Ex. auf Fichten 5. IX. 1941.
   Gl. Gr.: Am Ufer der Fuscher Ache knapp oberhalb Ferleiten an *Alnus incana* 1 Ex. 14. VII. 1940; Walcher Sonnleitbratschen, auf Schnee in 2500 bis 2600 m Höhe 2 Ex. 9. VII. 1941.
   Weitverbreitete Art, die räuberisch lebt und meist auf *Picea excelsa* gefunden wird.

916. *Semiadalia notata* Laich.
   Mölltal: Winklern, Wiese bei der Autobushaltestelle 1 Ex. 18. VI. 1942.
   S. Gr.: Hüttenwinkeltal, auf einer sumpfigen Wiese zwischen Bucheben und Bodenhaus 1 Ex. 15. V. 1940; am Weg vom Fleißgasthof nach Heiligenblut 2 Ex. Juli und August 1937.
   Gl. Gr.: Steppenwiesen am Haritzerweg oberhalb Heiligenblut 2 Ex. 15. VII. 1940.
   Gr. Gr.: Windisch-Matrei, am Weg in die Proseckklamm mehrfach 3. IX. 1941.
   In Gebirgsgegenden weit verbreitet, gehört im Gebiete der Talfauna an.

917. *Propylaea quatuordecimpunctata* L.
   Mölltal: Zwischen Obervellach und Flattach 1 Ex. 18. VI. 1942.

918. *Aphidecta obliterata* L.
   S. Gr.: Mallnitzer Tauerntal, unterhalb des Gasthofes Gutenbrunn 1 Ex. von einer Fichte geklopft 5. IX. 1941.

919. *Adalia bipunctata* L.
   S. Gr.: Eingang in das Zirknitztal, am S-Hang oberhalb Döllach 1 Ex. 28. VIII. 1941.

920. — *decempunctata* L. ab. *quadripunctata* L.
   Gl. Gr.: Käfertal, im unteren Teil des Talkessels 1 Ex. 23. VII. 1939.
   Weitverbreitete Art.

921. — *alpina* Villa.
   Gl. Gr.: Grashänge oberhalb der Glocknerstraße zwischen Marienhöhe und Glocknerhaus, in etwa 2200 m Höhe 1 Ex. 8. VIII. 1937; Grashang unmittelbar unterhalb des Glocknerhauses 1 Ex. 29. VII. 1937; Teischnitztal, an der Krummholzgrenze in etwa 2200 m Höhe am Weg zur Stüdlhütte 1 Ex. 26. VII. 1938.
   Gr. Gr.: Rotenkogel bei Matrei 4 Ex. (leg. Holdhaus); Windisch-Matrei, am Weg in die Proseckklamm 1 Ex. 3. IX. 1941.
   Die Art ist in den Alpen endemisch und scheint vorwiegend in der Zwergstrauchstufe zu leben, obwohl sie gelegentlich auch noch in Tallagen gefunden wird.

922. *Coccinella septempunctata* L.
   Gl. Gr.: Am Weg vom Glocknerhaus zur Pfandlscharte in etwa 2500 m Höhe 1 zugeflogenes Stück 19. VII. 1938.
   Gr. Gr.: Lublas bei Windisch-Matrei 1 Ex. 3. IX. 1941.

923. — *quinquepunctata* L.
   Gl. Gr.: Moserboden, am linken Hang in über 2000 m Höhe 1 Ex. 17. VII. 1939; Fuscher Tal, Talwiesen oberhalb Ferleiten 1 Ex. 18. VII. 1940.
   Sehr weit verbreitet, findet sich aber wohl nur ausnahmsweise oberhalb der Waldgrenze.

924. *Anatis ocellata* L.
   Gl. Gr.: Walcher Sonnleitbratschen, auf Schnee in 2700 bis 2800 m Höhe angeflogen 1 Ex. 8. VII. 1941.

925. *Anisosticta novemdecimpunctata* L.
   Pinzgau: Nordufer des Zeller Sees, in der Verlandungszone 2 Ex. 19. VII. 1939.
   Weit verbreitet, lebt auf Sumpfwiesen und ist vielleicht auch noch in den tieferen Tallagen des engeren Untersuchungsgebietes zu finden.

926. *Halycia sedecimguttata* L.
   Gr. Gr.: Am Tauernhauptkamm zwischen Kalser Tauern und Tauernkopf (leg. Burchardt).
   Weitverbreitete Art, die nur als Irrgast in so bedeutende Höhen gelangt ist.

Familie *Cisidae*.

927. *Cis (Eridaulus) nitidus* Hbst.
   Mölltal: N-Hang gegenüber von Flattach, im Gesiebe von morschen Fichtenstrünken 1 Ex. 18. VI. 1942.

928. — *(Cis) boleti* Scop.
   S. Gr.: Hüttenwinkeltal, zwischen Bodenhaus und Grieswiesalm an Baumschwämmen an morschen Ästen von *Alnus incana* 1 Ex. 15. V. 1940.
   Gl. Gr.: Fuscher Tal oberhalb Ferleiten, an Baumschwämmen im Alnetum incanae an der Fuscher Ache; am Weg zur Traueralm in etwa 1300 m Höhe an Baumschwämmen an einer alten Fichte 1 Ex. 22. V. 1941.
   Weit verbreitet, lebt in Holzschwämmen (*Polyporus*-Arten).

929. — *(Cis) dentatus* Mell.
   Gr. Gr.: Wiegenwald (Stubach), am N-Hang in etwa 1600 m Höhe unter der Rinde morscher, von *Sphagnum* überwucherter Lärchenstämme 8 Ex. 10. VII. 1939.

930. — *(Cis) alni* Gyll.
   Gl. Gr.: Käfertal, am Stamm eines alten Bergahorns in Baumschwämmen 3 Ex. 23. VII. 1939.

931. *Cis (Cis) bidentatus* Ol.
   Gl. Gr.: Käfertal, mit der vorgenannten Art 1 Ex. 23. VII. 1939.

932. *Octotemnus (Octotemnus) glabriculus* Gyll.
   Mölltal: N-Hang gegenüber von Flattach, Gesiebe aus morschen Baumstrünken 1 Ex. 18. VI. 1942.
   S. Gr.: Hüttenwinkeltal, am Weg vom Bodenhaus zur Grieswiesalm an Baumschwämmen an morschen *Alnus incana*-Ästen zahlreich 15. V. 1940.
   Gl. Gr.: Fuscher Tal oberhalb Ferleiten, unweit der Fuscher Ache an Baumschwämmen an einem Baumstrunk 2 Ex. 14. VII. 1940.
   Weit verbreitet, lebt an Baumschwämmen und dürfte vor allem in den Erlenauen der Täler im ganzen Gebiete verbreitet sein.

Familie *Anobiidae*.

933. *Anobium (Anobium) punctatum* De G.
   Pinzgau: Bruck an der Glocknerstraße, in Häusern 2 Ex. Juli 1939.
   Wohl auch noch im engeren Untersuchungsgebiete zu finden.
934. — *(Coelostethus) pertinax* L.
   Gl. Gr.: Am Haritzerweg oberhalb Heiligenblut in etwa 1400 m Höhe, an einer alten Holzbrücke 1 Ex. 15. VII. 1940.

Familie *Ptinidae*.

935. *Ptinus (Cyphoderes) raptor* Strm.
   S. Gr.: Beim Fleißgasthof 1 Ex. Juli 1937; am Weg vom Fleißgasthof nach Heiligenblut, bei einem Bauernhof 1 Ex. Juli 1937.
   Weit verbreitet, im Gebiete wohl an die Dauersiedlungen gebunden.
936. *Niptus hololeucus* Fald.
   S. Gr.: Rauris (leg. Konneczni).

Familie *Oedemeridae*.

937. *Nacerda (Anoncodes) rufiventris* Scop.
   S. Gr.: Nach Pacher (1853) im Gebiete des Mölltales selten.
   Gl. Gr.: Talwiesen oberhalb Ferleiten 1 ♂ 1 ♀ 14. VII. 1940; im Wald unterhalb der Trauneralm, auf einer Lichtung 1 ♂ 21. VII. 1939.
   Weitverbreitete Art, die Larve lebt in morschem Holz, die Käfer findet man auf Blüten.
938. — *(Anoncodes) fulvicollis* Scop.
   S. Gr.: Nach Pacher (1853) im Gebiete des Mölltales häufiger als die vorgenannte Art.
   Gl. Gr.: Am Weg von Ferleiten zur Trauneralm auf Blüten 2 ♂, 2 ♀ 21. VII. 1939; Ferleiten 1 ♂ 11. VII. 1941.
   Gleichfalls weit verbreitet, Lebensweise wie bei *N. rufiventris*.
939. *Chrysanthia viridissima* L.
   S. Gr.: Sonnige Wiesen unterhalb der Fleißkehre der Glocknerstraße 1 Ex. 1. VII. 1937.
   Weit verbreitet, im Gebiete jedoch sicher nur in den wärmsten Tallagen.
940. *Oedemera (Oedemera) femorata* Scop.
   Gl. Gr.: Steppenwiesen am Haritzerweg oberhalb Heiligenblut 1 Ex. 15. VII. 1940.
   Weit verbreitet, im Gebiete jedoch gleichfalls wohl nur in den wärmsten Tallagen.
941. — *(Oederma) tristis* Schmdt.
   Gl. Gr.: Kapruner Tal, auf den Talwiesen oberhalb des Kesselfalles 1 Ex. 15. VII. 1939; am Weg von Ferleiten zur Walcher Hochalm 1 Ex. 9. VII. 1941.
   Ein Gebirgsbewohner.

Familie *Pyrochroidae*.

942. *Pyrochroa coccinea* L.
   Gl. Gr.: Kapruner Tal, in der Umgebung des Kesselfallalpenhauses 1 Ex. 14. VII. 1939.
   Weit verbreitet, die Larve lebt unter Laubholzrinde.

Familie *Meloidae*.

943. *Meloë (Proscarabaeus) violaceus* Marsh.
   S. Gr.: In der Umgebung von Gastein (Scholz 1903); im Hüttenwinkeltal zwischen Bodenhaus und Grieswiesalm 2 Ex. 15. V. 1940; im oberen Mölltal nicht selten (Pacher 1853).
   Weit verbreitet, der Käfer gehört der Frühlingsfauna an und überschreitet im Gebiete die Waldgrenze sicher nirgends.

Familie *Mordellidae*.

944. *Mordella aculeata* L.
   S. Gr.: Eingang in das Zirknitztal, auf einer Steppenwiese 1 Ex. 28. VIII. 1941.
945. *Mordellistena (Mordellistena) parvula* Gyll.
   S. Gr.: Fleiß, sonnige Wiesen unterhalb der Fleißkehre der Glocknerstraße 1 Ex. gekätschert 1. VII. 1937.
   Weit verbreitet, im Gebiete jedoch sicher nur in den wärmsten Tallagen.
946. — *(Mordellistena) pumila* Gyll.
   S. Gr.: An der sonnigen Böschung des Weges vom Fleißgasthof zum Christibauer am Hang unterhalb der Fleißkehre der Glocknerstraße 1 Ex. 1. VII. 1937.
   Weit verbreitet, jedoch gleichfalls im Gebiete nur in den wärmsten Lagen.

947. *Mordellistena (Mordellochroa) abdominalis* Fbr.
   Gl. Gr.: Auf den Almmatten oberhalb des Gasthofes Trauneralm 1 Ex. 21. VII. 1939.
948. *Anaspis (Anaspis) frontalis* L.
   S. Gr.: Seidelwinkeltal, im untersten Teil des Tales 1 Ex. 17. VIII. 1937; am Weg vom Fleißgasthof nach Heiligenblut Juli 1937; am Weg von der Fleißkehre zum Eingang in die Große Fleiß 1 Ex. 18. VII. 1938.
   Gl. Gr.: Steppenwiesen am Haritzerweg oberhalb Heiligenblut 1 Ex. 15. VII. 1940; in der Daberklamm 1 Ex. 15. VII. 1937.
   Pinzgau: Zell am See, sonniger Felshang an der Straße nach Lofer 1 Ex. 12. VII. 1941.
   Weit verbreitet, gehört im Gebiete der Talfauna an.

Familie *Serropalpidae*.

949. *Hallomenus binotatus* Quens.
   Gl. Gr.: Senfteben bei Posthaus Guttal, in Pilzen an morschem Lärchenstrunk 6 Ex. 4. VIII. 1943.
950. *Orchesia (Orchesia) micans* Pz.
   S. Gr.: Retteneggwald bei Rauris (leg. Konneczni).
   Schobergr.: Gößnitztal, bei der Bretterbruck aus Grünerlenfallaub gesiebt 1 Ex. 13. VII. 1937.
   Lebt an Baumschwämmen, altem Holz und in Fallaub und ist weit verbreitet.
951. — *(Clinocara) grandicollis* Rosh.
   Gl. Gr.: Fuscher Tal unterhalb Dorf Fusch, in der Grauerlenau am Wachtbergbach in Fallaub 1 Ex. 23. V. 1941.
952. *Melandrya caraboides* L.
   Gl. Gr.: Fuscher Tal, zwischen Ferleiten und Vogeralm am Rande der Grauerlenau fliegend 1 Ex. 19. VII. 1939.
   Weit verbreitet, die Larve lebt in abgestorbenen Laubhölzern besonders in Erlenstöcken.

Familie *Alleculidae*.

953. *Isomira semiflava* Küst.
   Mölltal: An der Straße zwischen Söbriach und Flattach an sonnigen Stellen auf Blüten und Gesträuch häufig 18. VI. 1942.
   S. Gr.: Sonnige Wiesen unterhalb der Fleißkehre der Glocknerstraße 1 Ex. 1. VII. 1937; sonniger Weg vom Fleißgasthof nach Heiligenblut 2 Ex. 1. VII. 1937; am Weg von der Fleißkehre der Glocknerstraße zum Eingang in die Große Fleiß 1 Ex. 18. VII. 1938.
   Die Art findet sich im Gebiete anscheinend nur in den sonnigen Lagen der Südtäler.
954. — *icteropa* Küst.
   S. Gr.: Am Weg vom Fleißgasthof nach Heiligenblut 2 Ex 9. VI. 1937.
   Auch diese Art scheint im Gebiete nur in den warmen Südtälern vorzukommen.

Familie *Tenebrionidae*.

955. *Opatrum (Opatrum) sabulosum* L.
   Die Art wird von Pacher (1853) aus dem Mölltal als „gerade nicht sehr häufig" angegeben. Sie scheint im Tale nur unterhalb Heiligenblut vorzukommen, da ich sie sowohl auf den sonnigen Südhängen der Fleiß als auch auf den Steppenwiesen am Haritzerweg vergeblich gesucht habe.
   Opatrum sabulosum ist zwar sehr weit verbreitet, in den Alpen aber sicher auf warme trockene Lagen in Gebieten mit geringen Niederschlagsmengen beschränkt.

Familie *Scarabaeidae*.

956. *Onthophagus fracticornis* Preyssl.
   S. Gr.: Hüttenwinkeltal, zwischen Bucheben und Bodenhaus 1 Ex. 15. V. 1940.
   Weit verbreitet, coprophag; im Gebiete anscheinend nur in den tieferen Tallagen.
957. *Geotrupes (Anoplotrupes) stercorosus* Scriba (= *sylvaticus* Pz.).
   S. Gr.: Hüttenwinkeltal, zwischen Bodenhaus und Grieswiesalm 1 Ex. 15. 5. 1940; Kleine Fleiß, beim Alten Pocher subalpin 2 Ex. 24. VII. 1937; am Sandkopf-SW-Hang subalpin 1 Ex. 14. VIII. 1937; Mallnitzer Tauerntal 1 Ex. 5. IX. 1941.
   Gl. Gr.: Walcher Hochalm, am Karboden in 1900 bis 2000 m Höhe 2 Ex. 9. VII. 1941.
   Gr. Gr.: Windisch-Matrei, am Weg in die Proseckklamm 1 Ex. 3. IX. 1941.
   Weit verbreitet, scheint im Gebiete unterhalb der Waldgrenze überall vorzukommen.
958. — *(Trypocopris) alpinus* Hgb.
   S. Gr.: Seidelwinkeltal, in der Umgebung des Tauernhauses 2 Ex. 17. VIII. 1937.
   Gl. Gr.: Moserboden, am linken Hang in etwa 2000 m Höhe 1 Ex. 17. VII. 1939; Käfertal, im unteren Teil des Tales 1 Ex. 23. VII. 1939.
   Über die Alpen weit verbreitet, steigt im Gebiete bis in die alpine Zwergstrauchzone empor.
959. *Aphodius (Teuchestes) fossor* L.
   Gl. Gr.: Albitzen-SW-Hang, im Rasen unterhalb der Kalkphyllitbratschen in etwa 2250 m Höhe 1 totes Ex.; am Weg von Dorf Fusch zum Hirzbachwasserfall in frischem Rindermist 2 Ex. 8. VII. 1941.
   Die Art dürfte im Gebiete in tieferen Lagen weiter verbreitet sein.

960. *Aphodius (Acrossus) depressus* Kug. ab. *atramentarius* Er.
S. Gr.: Große Fleiß, subalpin 1 Ex. Juli 1937; Mallnitzer Tauerntal, unterhalb des Gasthofes Gutenbrunn an Rindermist 1 Ex. 5. IX. 1941.
Gl. Gr.: Käfertal, im Bereiche der obersten Bergahorne 1 Ex. 23. VII. 1939; Fuscher Tal, am Ufer des Judenbaches 1 Ex. 23. VII. 1939; am Weg von Dorf Fusch ins Hirzbachtal 1 Ex. 8. VII. 1941.
Weit verbreitet, dürfte im Gebiete in allen Tälern zu finden sein.

961. — *(Acrossus) rufipes* L.
S. Gr.: Seidelwinkeltal, unterhalb der höchstgelegenen Almhütte 1 Ex. 17. VIII. 1937.
Gl. Gr.: Im unteren Teil des Dorfer Tales 3 Ex. 15. und 18. VII. 1937; Kapruner Tal (leg. Grätz); Moserboden, am rechten Talhang in etwa 2000 m Höhe 4 Ex. 16. VII. 1939; an der Glocknerstraße zwischen Piffkaralm und Hochmais in etwa 1750 m Höhe 1 Ex. 15. VII. 1940.
Weit verbreitet, lebt in Rinder- und Pferdemist, steigt im Gebiete bis auf die Almen empor.

962. — *(Agolius) mixtus* Villa.
S. Gr.: Stanziwurten, hochalpin 3 Ex. 2. VII. 1937; im Kar südlich der Weißenbachscharte in einem kleinen See 13 Ex. an der Wasseroberfläche treibend (angeflogen) und weiter am Weg in die Große Fleiß unter Steinen 9 Ex. 6. VIII. 1937; am S-Hang der Gjaidtroghöhe gegen den Seebichel 2 Ex. 24. VII. 1937; Gjaidtrog-SW-Hang 2 Ex. 18. VII. 1938.
Gl. Gr.: Kar zwischen Albitzen- und Wasserradkopf, in etwa 2500 m Höhe 1 Ex. 9. VIII. 1937; am Weg vom Glocknerhaus zur Pfandlscharte in 2200 bis 2500 m Höhe mehrfach gesammelt; Albitzennordfuß, in etwa 2550 m Höhe an der unteren Grenze des *Nebria atrata*-Vorkommens 1 Ex. 20. VII. 1938; Naßfeld des Pfandlschartenbaches 1 Ex. 1. VIII. 1938; am Weg von der Freiwand zum Magneskar 1 Ex. 1. VIII. 1938; Gamsgrube 1 Ex. 6. VII. 1938; auf den glocknerseitigen Pasterzenmoränen unterhalb des Glocknerkamps 2 Ex. 22. VII. 1938; auf der Pasterze unterhalb des Mittleren Burgstalls und auf dem Wasserfallkees zwischen Oberwalderhütte und Breitkopf in etwa 3000 m Höhe angeflogen; auf den Hängen unterhalb der neuen Salmhütte 4 Ex. 13. VII. 1937 und 24. VII. 1938; am Weg von der Salmhütte zum Bergertörl und von da zur Mödlspitze mehrfach 11. VIII. 1937; auf Schnee oberhalb der Stüdlhütte gegen den Luisengrat 1 angeflogenes Ex. 25. VII. 1938; Kleiner Burgstall 1 totes Ex.; im obersten Teil des Dorfer Tales und vor allem im Geniste des Dorfer Sees nach einem schweren Gewitterregen sehr zahlreich 15. VII. 1937; in der Umgebung der Rudolfshütte und am Weg von dieser zum Tauernmoossee häufig 16. VII. 1937; Edelweißwand an der Glockenerstraße unterhalb des Fuscher Törls 1 Ex. 15. VII. 1940; Walcher Sonnleitbratschen, in 2400 bis 2500 m Höhe 1 Ex. 9. VII. 1941.
Gr. Gr.: Rotenkogel (leg. Holdhaus); Osthang des Hochfilleck bei der Rudolfshütte (leg. Burchardt); am Schwarzsee unterhalb der Aderspitze 1 Ex. 19. VII. 1937.
Schobergr.: Wangenitzen (leg. Székessy); Hochschober (leg. Holdhaus).
Die Art ist über das gesamte Alpengebiet, das französische Zentralplateau, die Pyrenäen, den nördlichen Apennin und die Karpathen verbreitet und findet sich vor allem in der Zwergstrauch- und hochalpinen Grasheidenstufe, einzeln jedoch auch schon unterhalb der Waldgrenze. In die hochalpine Polsterpflanzenstufe scheinen jedoch ebenso wie auf die Gletscher und Schneefelder nur auf ihren Flügen verirrte Käfer zu gelangen. Die Larven findet man meist in der Zwergstrauch- und Polsterpflanzenstufe unter Steinen und zwischen Graswurzeln, sie sind wie die aller *Agolius*-Arten nicht coprophag, sondern ernähren sich von den Wurzeln krautiger Pflanzen.

963. — *(Agolius) limbolarius* Reitt. f. typ. und var. *Danielorum* Sem.
Gl. Gr.: Albitzen-SW-Hang, in 2300 m Höhe 1 ♀ 17. VII. 1940; Kar zwischen Albitzen- und Wasserradkopf, in 2400 m Höhe am Boden umherkriechend 2 ♂, hiervon eines der f. typ. und eines der susp. *Danielorum* angehörend, 17. VII. 1940, außerdem mehrfach Chitinreste festgestellt; Pfandlschartenvorfeld südlich des Tauernhauptkammes, an der unteren Grenze des *Nebria atrata*-Vorkommens unweit des Albitzen-N-Hanges bereits in der Polsterpflanzenstufe 1 ♂ auf einem Stein sitzend 20. VII. 1938; Grashang unterhalb der neuen Salmhütte in etwa 2500 m Höhe auf Steinen sitzend 2 ♂ 12. VII. 1937.
Die Art besitzt eine sehr auffällige, diskontinuierliche Verbreitung. Sie ist bisher bekannt aus den Dinarischen Gebirgen von Bosnien südwärts bis Albanien und Südserbien, aus dem Altvatergebirge, in den Alpen vom Dobratsch, Großglockner und Mte. Cristallo (nordöstl. Dolomiten), aus den südlichen Kalkalpen von den Lessinischen Alpen westwärts bis in die Bergamasker Alpen, aus dem Ortlergebiet, der Silvretta und dem Rhätikon. Vermutlich wird der Käfer, der der Vorsommerfauna angehört und verborgen zwischen Graswurzeln im Boden lebt, auch noch in anderen Teilen der Alpen gefunden werden; sein Verbreitungsbild wird aber trotzdem ein diskontinuierliches bleiben, da er in weiten Gebieten, in denen andere *Agolius*-Arten mit gleicher Lebensweise in Menge gesammelt worden sind, bisher vollkommen unbekannt ist. Holdhaus und Lindroth (1939) nehmen wohl mit Recht an, daß *A. limbolarius* ein Eiszeitrelikt ist, welches in Zukunft auch noch im hohen Norden aufgefunden werden wird.
Die Stücke aus dem Glocknergebiet gehören alle bis auf ein am Albitzen-SW-Hang gesammeltes ♂ der f. typ. an; das eine Tier ist jedoch ein typischer Vertreter der subsp. *Danielorum*, die sonst nur aus Bosnien und den Alpen westlich des Sieben Gemeinden und des Etschtales bekannt ist.

964. — *(Melinopterus) sphacelatus* Pz. ab. *punctatosulcatus* Strm.
S. Gr.: Hüttenwinkeltal, zwischen Bucheben und Bodenhaus 2 Ex. 15. V. 1940.
Eine sehr weit verbreitete, coprophage Art.

965. — *(Amidorus) obscurus* Fbr.
S. Gr.: Kleine Fleiß, am Weg vom Alten Pocher zum Seebichel subalpin 4 Ex. 24. VII. 1937; Stanziwurten, hochalpin 2 Ex. 2. VII. 1937.
Gl. Gr.: An den Hängen über dem Glocknerhaus 2 Ex. 17. und 19. VII. 1938; Margaritze S-Hang und Hochfläche, mehrfach in Schafmist; an den untersten Schutthalden am S-Hang des Elisabethfelsens in Schafmist 7. und 23. VII.; Freiwand, oberhalb des Parkplatzes III der Glocknerstraße 1 Ex. 31. VII. 1938; im Geniste des Dorfer Sees nach einem schweren Gewitter 1 Ex. und im obersten Teil des Dorfer Tales 1 Ex. 15. VII. 1937; am Weg vom Bergertörl zur Mödlspitze im Schafmist 1 Ex. 11. VIII. 1937; am Weg von der Rudolfshütte zum Tauernmoos 1 Ex. 16. VII. 1937; Wasserfallboden, bei der Orglerhütte und Moserboden je 1 Ex. 16. VII. 1939.
In Gebirgsgegenden weit verbreitet, lebt vorwiegend an Schaf- und Ziegenmist.

966. *Aphodius (Aphodius) fimetarius* L.

S. Gr.: In der Fleiß 2 Ex.; beim Fleißgasthof an faulenden Pilzen 2 Ex. 7. VIII. 1937; am Weg vom Fleißgasthof nach Heiligenblut 1 Ex. 13. VIII. 1937; Stanziwurten, hochalpin 1 Ex. 2. VII. 1937; am Weg aus dem Mallnitzer Tauerntal zur Woisken 1 Ex. 5. IX. 1941.
Gl. Gr.: Guttalwiesen oberhalb der Ankehre der Glocknerstraße 2 Ex. 15. VII. 1940; Fuscher Tal oberhalb Ferleiten 2 Ex. 14. 5. 1940; am Weg von Dorf Fusch zum Hirzbachwasserfall in Rinderkot zahlreich 8. VII. 1941.
Sehr weit verbreitete Art, die an verschiedenen Exkrementen und faulenden pflanzlichen Stoffen sicher in allen Tälern des Gebietes vorkommt; steigt bis in die Zwergstrauchstufe der Alpen empor.

967. — *(Paramoecius) gibbus* Germ.

Gl. Gr.: Kar zwischen Albitzen- und Wasserradkopf, in 2400 m Höhe unweit der Alm 1 Ex. 17. VII. 1940; Albitzen-SW-Hang, unweit unterhalb der Alm und in der Nähe des Fallbaches in etwa 2200 m Höhe je 1 Ex. 9. VIII. 1937; am Fuß des Albitzen-N-Hanges in 2350 m Höhe mehrfach 17. und 19. VII. 1938; am Grashang oberhalb des Glocknerhauses und am Weg von diesem zum Pfandlschartenkees in etwa 2500 m Höhe mehrfach 6. VII. bis 20. VII.; Pasterzenvorfeld, zwischen Glocknerstraße und Möll 2 Ex. 27. VII. 1939; am Hang des Hohen Sattels gegen die Sturmalm 2 Ex. 29. VII. 1937; Margaritze S-Hang 8 Ex. 7. VII. 1937; bei der Johanneshütte zur Zeit des Pasterzenhochstandes um die Mitte des vorigen Jahrhunderts, als in die Gamsgrube noch Schafe und Ziegen aufgetrieben wurden (Märkel und v. Kiesenwetter 1848); Schneeböden in der Umgebung der neuen Salmhütte 3 Ex. 12. VII. 1937; am Wienerweg zwischen Ganitzen und neuer Salmhütte 1 Ex. 10. VIII. 1937; am Weg von der Rudolfshütte zum Tauernmoossee 1 Ex. 16. VII. 1937; Moserboden, aus Rasen am linken Hang gesiebt 5 Ex. 17. VII. 1939; Walcher Hochalm, am S-Hang in Schafmist in etwa 2500 m Höhe 1 Ex. 9. VII. 1941.
Schobergr.: Am Weg von Heiligenblut ins Gößnitztal 1 Ex. 9. VII. 1937.
Auch im Mölltal am Weg von Heiligenblut zum Gößnitztal 1 Ex. 13. VIII. 1937.
Die Art findet sich in den Alpen und Sudeten und wird auch aus Skandinavien angegeben. Sie lebt vorwiegend an Schafmist.

968. — *(Agoliinus) satyrus* Rtt.

S. Gr.: Im Anlauftal und auf der Palfneralm bei Gastein (coll. Minarz); bei Rauris 1 Ex. (leg. Konneczni); am Weg vom Kasereck zum Roßschartenkopf (alter Römerweg) 5 Ex. 6. VIII. 1937; Kleine Fleiß, am Weg vom Alten Pocher auf den Seebichel subalpin 1 Ex. 24. VII. 1937.
Gl. Gr.: Grashang unmittelbar unterhalb des Glocknerhauses, aus feuchtem Rasen gesiebt 1 Ex. 27. VII. 1939; Margaritze S-Hang 1 Ex. 7. VII. 1937; am Hang unterhalb der neuen Salmhütte gegen den Leiterbach 6 Ex. 13. VII. 1937 und 1 Ex. 24. VII. 1938.
Die Art ist in den Alpen endemisch und in diesen von den Ligurischen Alpen und den Alpes maritimes ostwärts bis in die Hohen Tauern bekannt; sie lebt in Dünger und zwischen Graswurzeln im Boden.

969. — *(Oromus) alpinus* Scop.

S. Gr.: Zwischen Seebichel und Zirmsee 1 Ex. 4. VIII. 1937; Kleine Fleiß, subalpin oberhalb des Alten Pocher 1 Ex. 24. VII. 1937; Stanziwurten, hochalpin 1 Ex. 2. VII. 1937.
Gl. Gr.: An der Pasterze (Miller 1878); Margaritze S-Hang 3 Ex. 7. VII. 1937; Abhang des Magneskars gegen das Pfandlschartennaßfeld 1 Ex. 24. VII. 1938; Pasterzenmoräne unterhalb des Kellersbergkamps 1 Ex. 22. VII. 1938; am Weg von der Pasterze zur Stockerscharte und von dieser zur neuen Salmhütte am Nord- und Südhang je 1 Ex. 10. VIII. 1937; Teischnitztal, in etwa 2200 m Höhe 1 Ex. 26. VII. 1939; am Dorfer See und im Dorfer Tal oberhalb desselben mehrfach 15. VII. 1937; Moserboden, am Talgrund und rechten Hang mehrfach 16. VII. 1939; Walcher Hochalm, am Karboden in Rinderkot mehrfach 9. VII. 1941.
Gr. Gr.: Muntanitz-SO-Seite 1 Ex. 20. VII. 1937.
Schobergr.: Am Weg vom Peischlachtörl ins Leitertal 1 Ex. 11. VIII. 1937.
Die Art ist über die mitteleuropäischen Gebirge weit verbreitet und in verschiedenem Dünger sub- und hochalpin im Gebiete wohl überall zu finden.

970. — *(Oromus) corvinus* Er.

S. Gr.: In der Woisken bei Mallnitz, im Hochmoorgelände in 1600 m Höhe zugeflogen 1 Ex. 5. IX. 1941.
Eine montane Art, die über die Pyrenäen, das französische Zentralplateau, die Alpen, deutschen Mittelgebirge und transsylvanischen Alpen verbreitet ist.

971. *Oxyomus silvestris* Scop.

Mölltal: Am S-Hang zwischen Söbriach und Flattach, im Fallaubgesiebe unter *Corylus* 2 Ex. 18. VI. 1942.

972. *Heptaulacus villosus* Gyll.

S. Gr.: Am Weg vom Fleißgasthof nach Heiligenblut, an einer sonnigen Böschung unweit des Christibauern gekätschert 1 Ex. 1. VII. 1937.
Gl. Gr.: Trögleneben bei Kals, nördlich des Einganges ins Teischnitztal auf einer südlehnigen Wiese gekätschert 1 Ex. 18. VII. 1937 (von K. Konneczni in meiner Gegenwart gesammelt).
Eine in den Alpen äußerst diskontinuierlich über die niederschlagsarmen Gebiete verbreitete Art, die auch am Alpenostrand, in den wärmsten Teilen Mittel- und Nordostdeutschlands und in Südschweden vorkommt. *H. villosus* scheint eine ähnliche Lebensweise zu führen wie die *Agolius*-Arten und gehört zu den xerophilen Charaktertieren der südlichen Tauerntäler.

973. *Serica brunnea* L.

S. Gr.: Große Fleiß, subalpin 1 Ex. 8. VII. 1937; am Hang der Gjaidtroghöhe gegen die Große Fleiß wenig über dem Talboden 1 Ex. 18. VII. 1938.
Gl. Gr.: Am Weg von Kals in die Daberklamm 1 Ex. 18. VII. 1937; im unteren Teil des Dorfer Tales 2 Ex. 17. VII. 1937; im Fuscher Tal oberhalb Ferleiten 5 Ex. 19. und 21. VII. 1939; beim Tauerngasthof in Ferleiten 1 Ex. 11. VII. 1941.
Weit verbreitet, man findet den Käfer im Gebiete nur in den Tälern.

974. *Amphimallus (Amphimallus) solstitialis* L.
   S. Gr.: Am Weg vom Fleißgasthof nach Heiligenblut 1 Ex. VII. 1937; Fleiß, 1 Ex. 12. VII. 1941 (leg. Jaitner).
   Weit verbreitet, scheint im Gebiete aber auf die Südtäler beschränkt zu sein.

975. — *assimilis* Hbst.
   S. Gr.: Beim Fleißgasthof 1 Ex. Juli 1937; in der Großen Fleiß subalpin 1 Ex. Juli 1937; nach Pacher (1853) im Gebiete des Mölltales im Juli häufig.

976. *Melolontha hippocastani* Germ.
   Gr. Gr.: Dorfer Öd (Stubach) 1 Ex. 25. VII. 1939.
   Weitverbreitete Art.

977. *Phyllopertha horticola* L.
   S. Gr.: Gjaidtrog-SW-Hang, unweit oberhalb der Großen Fleiß 1 Ex. 18. VII. 1938; Kleine Fleiß 1 Ex. 30. VI. 1937; am Fleißbach unweit des Fleißgasthofes auf Gesträuch 1 Ex. 1. VII. 1937; in der Umgebung des Fleißgasthofes und am Weg von diesem nach Heiligenblut zahlreich 1. VII. 1937; Thurner Kaser an der Glocknerstraße unterhalb des Kasereeks 1 Ex. 11. VII. 1941.
   Gl. Gr.: Am Weg von Kals in die Daberklamm 18. VII. 1937; Fuscher Tal oberhalb Ferleiten, auf den Talwiesen 19. VII. 1939; am Weg von Ferleiten zur Walcher Hochalm bis 1700 m Höhe auf Sträuchern 9. VII. 1941; Schneiderau (Stubachtal) 25. VII. 1939.
   Pinzgau: Bei Bruck an der Glocknerstraße auf Sträuchern 19. VII. 1940.
   Sehr weit verbreitet, findet sich im Juli in den Tallagen massenhaft auf verschiedenen Sträuchern; wird nach Reitter (1908—16) von *Asilus*-Arten verfolgt.

978. *Hoplia (Hoplia) farinosa* L.
   S. Gr.: Am Weg vom Fleißgasthof nach Heiligenblut 2 Ex. Juli 1937.
   Gl. Gr.: Steppenwiesen am Haritzerweg oberhalb Heiligenblut, auf Umbelliferenblüten einzeln 15. VII. 1940; Kapruner Tal, auf den Wiesen oberhalb des Kesselfalles 1 Ex. 14. VII. 1937.
   Gr. Gr.: Am Weg vom Gasthof Schneiderau in die Dorfer Öd, in der Hochstaudenflur entlang des Baches 1 Ex. 25. VII. 1939.
   Schobergr.: Am Weg von Heiligenblut ins Gößnitztal 2 Ex. 9. VII. 1937.
   Die Art lebt auf Blüten und ist im Gebiete wohl in allen Tälern zu finden.

979. *Trichius fasciatus* L.
   S. Gr.: Seidelwinkeltal, unterster Teil 1 Ex. 17. VIII. 1937; nach Pacher (1853) im Gebiete des Mölltales „bis in die Voralpen, jedoch selten".
   Weit verbreitet, der Käfer findet sich auf Blüten; er ist ein Tier der Talfauna.

Familie *Cerambycidae*.

980. *Spondylis buprestoides* L.
   Gr. Gr.: Windisch-Matrei 12. VIII. 1927 (Werner 1934).
   Das Vorkommen dieser gewöhnlich an Kiefern lebenden Art in dem Gebiete der Hohen Tauern, wo nach Gams (1935) allenthalben die Kiefer fehlt, ist recht auffällig.

981. *Asemum striatum* L.
   Nach Pacher (1853) im Gebiete des Mölltales selten.
   Weit verbreitet, die Larve lebt unter der Rinde von Nadelhölzern.

982. *Tetropium castaneum* L. f. typ., ab. *fulcratum* F. und ab. *aulicum* F.
   S. Gr.: Kleine Fleiß, beim Alten Pocher 1 Ex. 3. VII. 1937 (ab. *fulcratum* Fbr.); nach Pacher (1853) im Gebiete des Mölltales ziemlich häufig.
   Gl. Gr.: Senfteben zwischen Guttal und Pallik 1 Ex. 11. VII. 1941; Dorfer Tal, oberer Teil 1 Ex. 15. VII. 1937.
   Gr. Gr.: Im Granatspitzgebiet von Burchardt gesammelt.
   Weit verbreitet, lebt in Nadelhölzern.

983. *Criocephalus (Criocephalus) rusticus* L.
   Nach Pacher (1853) im Mölltalgebiet „sehr selten".

984. *Saphanus (Saphanus) piceus* Laich.
   Gl. Gr.: An altem Holz oberhalb Ferleiten im Fuscher Tal unweit der Ache 1 Ex. 14. VII. 1940.
   Ein Bewohner der Gebirgswälder, der im Gebiete wie auch sonst selten ist.

985. *Obrium brunneum* Fbr.
   S. Gr.: Bei Gastein (Giraud 1851).

986. *Rhagium (Hargium) mordax* De G.
   S. Gr.: Seidelwinkeltal, unterer Teil 1 Ex. 17. VIII. 1937.
   Weit verbreitet, lebt in Laubhölzern.

987. — *(Hargium) inquisitor* L.
   S. Gr.: Im Gebiete des Mölltales häufig (Pacher 1853); Mallnitzer Tauerntal, am Weg in die Woisken unter der Rinde eines Fichtenstrunkes 1 Ex. 5. IX. 1941.
   Gl. Gr.: Senfteben an der Glocknerstraße zwischen Guttal und Pallik, in etwa 1900 m Höhe 1 toter Käfer unter Lärchenrinde; an der Glocknerstraße bei Hochmais 1750 m 1 Larve unter Lärchenrinde 15. VII. 1940.
   Weit verbreitet, die Larve lebt unter Nadelholzrinde.

988. *Toxotus cursor* L.
   S. Gr.: Im Gebiete des Mölltales häufig (Pacher 1853).
   Weit verbreitet, lebt in Nadelwäldern.

989. *Pachyta quadrimaculata* L.
S. Gr.: Im Gebiete des Mölltales häufig (Pacher 1853).
Gl. Gr.: Zwei Stück mit der Fundortangabe „Großglockner" (ex coll. Pachole) in meinem Besitz.
Weit verbreitet, findet sich im Gebirge auf Waldblößen an Blüten, besonders Umbelliferenblütenständen.

990. — *lamed* L.
S. Gr.: Gastein 1 Ex. (coll. Pachole); Mallnitz 1 Ex. (coll. Mus. Admont ex coll. Strobl).

991. *Evodinus (Evodinus) interrogationis* L.
S. Gr.: Bei Gastein und Kolm-Saigurn (coll. Minarz); Krumeltal, in 1700 m Höhe auf *Geranium silvaticum* (leg. Leeder); Seidelwinkeltal, beim Tauernhaus (Märkel und v. Kiesenwetter 1848); Mallnitz (Holdhaus u. Lindroth 1939).
Gl. Gr.: Guttalwiesen oberhalb der Ankehre der Glocknerstraße, sehr zahlreich auf *Geranium silvaticum* und *Biscutella laevigata* 15. VII. 1940 und 11. VII. 1941; Albitzen-SW-Hang, in 2200 bis 2300 m Höhe auf Blüten 2 Ex. 17. VII. 1940; Sturmalm zwischen Pfandlschartenbach und Freiwand-SO-Hang, 1 Ex. gekätschert 29. VII. 1937; am Weg vom Glocknerhaus zur Pfandlscharte, wohl unweit des Glocknerhauses gesammelt (Holdhaus 1909); Pasterzenwiesen, zur Zeit des letzten Gletscherhochstandes (Märkel und v. Kiesenwetter 1848).
Die Art ist boreoalpin verbreitet (vgl. Holdhaus u. Lindroth 1939), sie findet sich im Gebiete vorwiegend auf den blumenreichen Wiesen der Zwergstrauchstufe und scheint in der subalpinen Zone viel seltener zu sein, den hochalpinen Grasheiden vollkommen zu fehlen. Da die Larven im Holze leben, dürfte *E. interrogationis* seine eigentliche Heimat in der Kampfzone des Waldes haben. In den mittleren Hohen Tauern herrschen nach meinen Beobachtungen dunkle Formen vor; auch Pacher (1853) gibt von der Pasterze „die ganz ungefleckte Varietät" an.

992. — *(Evodinellus) clathratus* Fbr.
S. Gr.: Naßfeld bei Gastein (coll. Minarz); Gstatterwald bei Rauris (leg. Konneczni).
Gl. Gr.: Dorfer Tal, unterer Teil 1 Ex. 18. VII. 1937.
Gr. Gr.: Am Weg vom Kalser Tauernhaus gegen den Spinevitrolkopf unweit oberhalb des Tales 2 Ex. 19. VII. 1937.
Die Art findet sich in den Alpen und Karpathen auf Gebirgswiesen. Im Gebiete bewohnt sie die Wiesen der subalpinen und Zwergstrauchstufe.

993. *Acmaeops (Acmaeops) septentrionis* Thoms. ab. *simplonica* Strl.
S. Gr.: Umgebung von Gastein 1 Ex. (Scholz 1903).
Die Art ist bisher kein zweites Mal im Gebiete gefunden worden, sie ist boreoalpin verbreitet (vgl. Holdhaus u. Lindroth 1939) und lebt in Nadelwäldern.

994. — *(Acmaeops) pratensis* Laich.
Gl. Gr.: Pasterzenwiesen (Märkel und v. Kiesenwetter 1848); an der Pasterze sehr selten (Pacher 1853).
Lebt auf Gebirgswiesen auf Blumen. Die Art ist seit der Mitte des vorigen Jahrhunderts, also seit dem letzten Gletscherhochstande im Pasterzengebiete nicht mehr gesammelt worden.

995. — *(Dinoptera) collaris* L.
Mölltal: Zwischen Söbriach und Flattach an der Straße auf Blüten 1 Ex. 18. VI. 1942.

996. *Gaurotes virginea* L. var. *thalassina* Schrk.
Mölltal: Zwischen Söbriach und Flattach mehrfach auf Blüten 18. VI. 1942.
S. Gr.: Am Weg aus dem Mallnitzer Tauerntal in die Woisken, auf einem Schlag an Blüten 2 Ex. 5. IX. 1941.
Gl. Gr.: Am Weg von Kals ins Dorfer Tal 2 Ex. 18. VII. 1937; Kapruner Tal, in der Umgebung des Kesselfallalpenhauses.
Gr. Gr.: Am Weg von der Schneiderau in die Dorfer Öd, in der Hochstaudenflur entlang des Baches 1 Ex. 25. VII. 1939.
Ein Gebirgsbewohner, der vor allem in den Hochstaudenfluren auf Blüten, besonders solchen von Umbelliferen, zu finden ist.

997. *Pidonia lurida* Fbr.
Gl. Gr.: Kapruner Tal, Wiesen oberhalb des Kesselfalles 3 Ex. 15. VII. 1939; Fuscher Tal, auf den Talwiesen oberhalb Ferleiten 1 Ex. 19. VII. 1939.
Gr. Gr.: Wiegenwald (Stubach), am N-Hang unweit oberhalb der Schneiderau 1 Ex. 10. VII. 1939.
Weit verbreitet, lebt auf Gebirgswiesen.

998. *Alosterna tabacicolor* De G.
S. Gr.: An der Fleißkehre der Glocknerstraße 1 Ex. 15. VII. 1940 und auf den sonnigen Wiesen unterhalb dieser 1 Ex. 1. VII. 1937.
Weit verbreitet, die Larven leben unter Laubholzrinde, die Käfer auf Blüten.

999. *Leptura (Vadonia) livida* Fbr.
Mölltal: Zwischen Söbriach und Flattach 1 Ex. 18. VI. 1942.
S. Gr.: Eingang in das Zirknitztal 1 Ex. 28. VIII. 1941.
Im Gebiet nur in tiefsten Tallagen.

1000. — *(Leptura) maculicornis* De G.
Mölltal: Zwischen Söbriach und Flattach 1 Ex. 18. VI. 1942.
S. Gr.: Fleiß, sonnige Wiesen unterhalb der Fleißkehre der Glocknerstraße 1 Ex. 1. VII. 1937; am Weg vom Fleißgasthof nach Heiligenblut 1 Ex. 9. VII. 1937.
Gl. Gr.: Steppenwiesen am Haritzerweg oberhalb Heiligenblut, auf Umbelliferenblüten 15. VII. 1940; im unteren Teil des Dorfer Tales 2 Ex. 18. VII. 1937; Ferleiten 2 Ex. 11. VII. 1941.
Pinzgau: Bruck an der Glocknerstraße, in den Wiesen auf Umbelliferenblüten 19. VII. 1940.
Weit verbreitet, die Käfer findet man auf Wiesen und Waldschlägen auf Blüten.

1001. *Leptura (Leptura) sanguinolenta* L.
   Nach Pacher im Bereich des Mölltales häufig.
   Dürfte in den tieferen Tallagen allenthalben zu finden sein.
1002. — *(Leptura) virens* L.
   S. Gr.: Umgebung von Rauris, auf Waldschlägen (leg. Konneczni).
1003. — *(Leptura) dubia* Scop.
   Mölltal: Winklern, auf einer Wiese bei der Autobushaltestelle 1 Ex. 18. VI. 1942.
1004. — *(Judolia) sexmaculata* Muls.
   S. Gr.: Gstatterwald bei Rauris, im Sommer 1941 2 Ex. auf Blüten (leg. Konneczni).
   Die Art scheint boreoalpin verbreitet zu sein. Ganglbauer (Best. Tab. europ. Coleopt. VII, 1882) gibt sie aus dem nördlichen Europa, aus Sibirien und den Alpen an. In den letzteren scheint sie nur eine beschränkte Verbreitung zu besitzen.
1005. *Strangalia (Strangalia) melanura* L.
   S. Gr.: Große Fleiß, subalpin 1 Ex. Juli 1937; auf einer Wiese oberhalb des Fleißgasthofes 1 Ex. 9. VII. 1937; im mittleren Teil des Seidelwinkeltales 2 Ex. 17. VIII. 1937.
   Gr. Gr.: Dorfer Öd (Stubach) 1 Ex. 25. VII. 1939. Nach Werner (1934) im Kalser Tal 9. IX. 1930.
   Weit verbreitet, die Käfer leben auf Blüten.
1006. — *(Strangalia) quadrifasciata* L.
   S. Gr.: Umgebung von Rauris (leg. Konneczni).
   Die Art dürfte im Gebiete auf Waldschlägen allgemein verbreitet sein.
1007. — *(Strangalia) nigra* L.
   Nach Pacher (1853) im Bereiche des Mölltales sehr häufig.
   Die weitverbreitete Art dürfte auch in den tieferen Tallagen der übrigen Täler des Gebietes zu finden sein.
1008. *Callidium (Callidium) violaceum* L.
   S. Gr.: Fleiß, in 1500 m Höhe 3. VII. 1940 (leg. Jaitner); nach Pacher (1853) im Bereiche des Mölltales nicht selten.
   Gl. Gr.: Kapruner Tal (leg. Grätz).
   Lebt unter der Rinde von Nadelhölzern.
1009. *Semanotus undatus* L.
   Die Art wurde von Pacher (1853) einmal im Gebiete gesammelt.
1010. *Hylotrupes bajulus* L.
   Dieser gefährliche Holzschädling ist nach Pacher (1853) im Bereiche des Mölltales nicht selten.
1011. *Caenoptera minor* L.
   S. Gr.: Retteneggwald bei Rauris 1 Ex. (leg. Konneczni).
1012. *Clytus lama* Muls.
   Mölltal: Bei der Autobushaltestelle in Winklern 1 Ex. 18. VI. 1942.
1013. *Monochamus sutor* L.
   S. Gr.: Fleiß, 1 ♀ 13. VII. 1941 (leg. Jaitner); im Bereiche des Mölltales nach Pacher (1853) nicht häufig; am Wege aus dem Mallnitzer Tauerntal zur Woisken auf einem Waldschlage 1 Ex. 5. IX. 1941.
   Gl. Gr.: Im unteren Teil des Dorfer Tales 1 Ex. 18. VII. 1937; Kapruner Tal (leg. Grätz) 1 Ex. VII. 1913.
   Nadelwaldbewohner.
1014. *Saperda (Saperda) scalaris* L.
   Gl. Gr.: Ein Stück mit bläuchlichweißer Zeichnung bei Heiligenblut (Pacher 1853).
   Lebt in verschiedenen Laubhölzern.
1015. *Phytoecia (Musaria) nigripes* Voet. (= *affinis* Harr.).
   Gl. Gr.: 1 Ex. mit Fundort „Großglockner" in coll. Pachole.
   Ich habe die Art auch im Ennstal bei Admont gesammelt.

Familie *Chrysomelidae*.

1016. *Plateumaris consimilis* Schrk.
   Gl. Gr.: Ferleiten, in einem kleinen Sumpf bei der Säge 2 Ex. 11. VII. 1941.
1017. *Zeugophora flavicollis* Marsh.
   Gl. Gr.: Kapruner Tal, oberhalb des Kesselfalles 1 Ex. 14. VII. 1939; Käfertal, aus der Bodenstreu unter *Rhododendron hirsutum* gesiebt 1 Ex. 14. V. 1940; an der Fuscher Ache unterhalb Dorf Fusch auf Gesträuch 1 Ex. 23. VII. 1941.
   Die Art lebt zumeist auf *Populus tremula*, in den nördlichen Tauerntälern vielleicht auf Weiden.
1018. *Labidostomis lucida* Germ. var. *axillaris* Lac.
   S. Gr.: Kleine Fleiß, auf den sonnigen Wiesen oberhalb des Alten Pocher 1 Ex. 24. VII. 1937.
   Gl. Gr.: Am Weg von Kals ins Dorfer Tal 2 Ex. 18. VII. 1937.
   Eine Art, die vorwiegend in den warmen Gegenden Südosteuropas heimisch ist und im Gebiet zu den thermophilen Elementen der Südtäler zählt.
1019. — *longimana* L.
   S. Gr.: In der Umgebung des Fleißgasthofes 1 Ex. VII. 1937; am Wege von der Fleißkehre der Glocknerstraße zum Eingang in die Große Fleiß 1 Ex. 18. VII. 1938.
   Weit verbreitet, lebt auf *Salix*-Arten.
1020. *Cyaniris (Cyaniris) flavicollis* Charp.
   Mölltal: Zwischen Obervellach und Flattach 1 Ex. 18. VI. 1942.
1021. — *(Cyaniris) aurita* L.
   Mölltal: Mit der vorgenannten Art 1 Ex. 18. VI. 1942.

1022. *Clytra quadripunctata* L.
S. Gr.: Am Wege vom Fleißgasthof nach Heiligenblut 2 Ex. Juli 1937; Mallnitzer Tauerntal, oberhalb des Gasthofes Gutenbrunn von einem Strauch geklopft 1 Ex. 5. IX. 1941.
Gr. Gr.: Am Wege vom Kalser Tauernhaus zum Spinevitrolkopf, unweit oberhalb des Dorfer Tales 1 Ex. 19. VII. 1937.
Weit verbreitet, lebt auf Gräsern und Sträuchern.

1023. *Coptocephala (Coptocephala) Scopolina* L.
S. Gr.: Eingang in das Zirknitztal, auf einer Steppenwiese am S-Hang oberhalb Döllach von Gräsern gestreift 1 Ex. 28. VIII. 1941.
Ein heliophiles Tier, das im Gebiete zweifellos auf die Steppenwiesen der S-Täler beschränkt ist.

1024. *Cryptocephalus octopunctatus* Scop.
Gl. Gr.: Kapruner Tal (leg. Grätz); Ferleiten, auf Weidengebüsch 1 Ex. 11. VII. 1941.
Weit verbreitet, lebt auf *Salix*-Arten.

1025. — *sexpunctatus* L.
Gl. Gr.: Kapruner Tal oberhalb des Kesselfalles, 2 Ex. auf *Salix*-Büschen 15. VII. 1939.
Gleichfalls weit verbreitet.

1026. — *albolineatus* Suffr.
Gl. Gr.: Pacher (1853) berichtet über das Vorkommen der Art im Gebiete folgendes: „Von Herrn Josef Mann wurden 3 Stücke am Heiligenbluter Tauern gefunden, von denen er 2 Stücke Herrn Präsidenten Dorn in Stettin und das dritte mir zum Geschenke machte."
Die Art ist in den Alpen endemisch und lebt ausschließlich hochalpin. Sie scheint über den größten Teil des Alpengebietes verbreitet zu sein, ist aber allenthalben selten. Ihre Futterpflanze ist noch unbekannt, es ist wahrscheinlich eine alpine Weidenart.

1027. — *variegatus* Fbr.
Gl. Gr.: Am Ufer der Fuscher Ache auf Weidengebüsch je 1 Ex. am 23. VII. 1939 und 18. VII. 1940.
Die Art lebt in Gebirgsgegenden auf Erlen und Weiden.

1028. — *aureolus* Suffr.
S. Gr.: Sandkopf-SW-Hang 1 Ex. 14. VIII. 1937; Eingang in das Zirknitztal, auf den Steppenwiesen 2 Ex. 28. VIII. 1941.
Gl. Gr.: Albitzen-SW-Hang, unweit oberhalb der Glocknerstraße 1 Ex. 8. VIII. 1937; Pasterzenvorfeld zwischen Glocknerstraße und Möllschlucht, innerhalb der Moräne des Jahres 1856 2 Ex. 5. VII. 1937; Fuscher Tal, Wiesen zwischen Ferleiten und Vogeralm 1 Ex. 19. VII. 1939.
Gr. Gr.: Am Wege vom Kalser Tauernhaus zur Sudetendeutschen Hütte am Muntanitz-SO-Hang 1 Ex. 20. VII. 1937.
Weit verbreitet, findet sich auf Compositen bis in die alpine Zwergstrauchstufe.

1029. — *hypochoeridis* L. (= *cristula* Suffr.).
S. Gr.: Kleine Fleiß 1 Ex. 30. VI. 1937; Wiese oberhalb des Fleißgasthofes 4 Ex. 1. VII. 1937; in der Fleißkehre der Glocknerstraße 1 Ex. am Straßenrand gekätschert 15. VII. 1940.
Gl. Gr.: Steppenwiesen am Haritzerweg oberhalb Heiligenblut, 3 Ex. auf Compositen 15. VII. 1940; am Haritzerweg zwischen Glocknerhaus und Naturbrücke über die Möll 1 Ex. 7. VII. 1937; am Wege von Kals ins Dorfer Tal 2 Ex. 18. VII. 1937; Piffkaralm, an der Glocknerstraße in 1630 m Höhe 1 Ex. gekätschert 15. VII. 1940; am Wege von Ferleiten zur Walcher Hochalm 1 Ex. 9. VII. 1941.
Gr. Gr.: Dorfer Öd (Stubach) 1 Ex. 25. VII. 1939.
Weit verbreitet, findet sich auf Compositen und steigt im Gebiete bis in die alpine Zwergstrauchstufe empor.

1030. — *violaceus* Laich.
S. Gr.: Gjaidtrog-SW-Hang, unweit oberhalb der Großen Fleiß 1 Ex. 18. VII. 1938; Kleine Fleiß, sonnige Wiesen oberhalb des Alten Pocher 1 Ex. 30. VI. 1937; Wiese oberhalb des Fleißgasthofes 2 Ex. 1. VII. 1937; sonnige Wiesen unterhalb der Fleißkehre der Glocknerstraße 7 Ex. 1. VII. 1937; am Wege vom Fleißgasthof nach Heiligenblut 2 Ex. VII. 1937.
Gl. Gr.: Im Mölltal oberhalb Heiligenblut, am Wege zum Gößnitzfall 1 Ex. 13. VIII. 1937, am Wege aus dem Fuscher Tal auf die Traueralm 1 Ex. 21. VII. 1939.
Lebt auf sonnigen Wiesen, scheint im Gebiete die Waldgrenze nicht zu überschreiten.

1031. — *Moraei* L.
S. Gr.: Sonnige Wiesen unterhalb der Fleißkehre der Glocknerstraße 1 Ex. Juli 1937; Thurner Kaser an der Glocknerstraße unterhalb des Kasereck 2 Ex. im Rasen 11. VII. 1941; Eingang in das Zirknitztal, auf Trockenwiesen 1 Ex. 28. VIII. 1941.
Gl. Gr.: Steppenwiesen am Haritzerweg oberhalb Heiligenblut 1 Ex. 15. VII. 1940; Senfteben zwischen Guttal und Pallik, 1 Ex. im Rasen 11. VII. 1941; Ferleiten, bei der Säge unterhalb des Gasthofes „Lukashansl" 2 Ex. 11. VII. 1941.
Weitverbreitete Art.

1032. — *bilineatus* L.
S. Gr.: Nicht selten um Sagritz gekätschert (Pacher 1853). Es ist nicht sicher, ob Pacher die Art von der folgenden zu unterscheiden vermochte.
Gl. Gr.: Fuscher Tal oberhalb Ferleiten, auf einem trockenen Rasenfleck auf Schuttunterlage 2 Ex. 21. VII. 1939.
Eine weitverbreitete Art, die jedoch Trockenrasengesellschaften kennzeichnet und auch im Fuscher Tal als Charakterart einer solchen zu betrachten ist.

1033. — *elegantulus* Grav.
S. Gr.: Sonnige Wiesen unterhalb der Fleißkehre der Glocknerstraße 11 Ex. am 1. VII. 1937 gekätschert. Die Art wäre auf diesen Wiesen vor der Mahd leicht in großer Anzahl zu sammeln. Die von mir gesammelten Tiere sind fast ausnahmslos normal gefärbt.
Gl. Gr.: Steppenwiesen am Haritzerweg oberhalb Heiligenblut 1 Ex. (Übergang zu ab. *inadumbratus* Pic) 15. VII. 1940.

Gr. Gr.: Windisch-Matrei, auf Steppenwiesen beim Lublas über der Proseckklamm 1 Ex. 3. IX. 1941.
Eine thermophile Art, die in Mitteleuropa auf die warmen und niederschlagsarmen Landschaften beschränkt ist und deren Verbreitung von hier über Südosteuropa und Kleinasien bis Westsibirien reicht.
Cryptocephalus elegantulus ist ein charakteristischer Vertreter der Steppenfauna auf den Trockenrasenhängen des Mölltales.

1034. *Cryptocephalus saliceti* Zebe.
Gl. Gr.: Am Haritzerweg zwischen Glocknerhaus und Naturbrücke über die Möll 1 Ex. 26. VII. 1937.
Die Art lebt in Gebirgsgegenden auf *Salix*-Arten, meist unterhalb der Waldgrenze.

1035. — *ocellatus* Drap.
S. Gr.: Im Seidelwinkeltal aufwärts bis zum Tauernhaus 4 Ex. 17. VIII. 1937; am Wege vom Fleißgasthof nach Heiligenblut 1 Ex. 1. VII. 1937; Mallnitzer Tauerntal, unterhalb des Gasthofes Gutenbrunn 1 Ex. 5. IX. 1941.
Gl. Gr.: Eingang in das Hirzbachtal 1 Ex. 8. VII. 1941.
Mölltal: Bei Söbriach auf Gesträuch 1 Ex. 18. VI. 1942.
Weit verbreitet, lebt auf Weidengebüsch.

1036. — *flavipes* Fbr.
Gr. Gr.: Windisch-Matrei, an der ins Matreier Tauerntal führenden Straße oberhalb Schloß Weißenstein im Ericetum carneae 1 Ex. 3. IX. 1941.
Mölltal: Zwischen Söbriach und Flattach 1 Ex. 18. VI. 1942.

1037. *Chrysomela purpurascens* Germ.
Gl. Gr.: Käfertal, aus Fallaub unter *Alnus incana* gesiebt 1 Ex. 14. V. 1940.
Eine mitteleuropäisch-montane Art.

1038. — *limbata* L.
Nach Pacher (1853) im Gebiete des Mölltales „selten".
Die Art kann nur in den Trockenrasengesellschaften des oberen Mölltales vorkommen und zählt zu den kennzeichnendsten Bewohnern derselben.

1039. — *cerealis* L. f. typ. und ab. *livonica* Motsch.
Gl. Gr.: Kreitherwand, auf einer Geröllhalde oberhalb des Haritzerweges unter Steinen (ausschließlich die var. *livonica*); bei Fusch und Ferleiten 2 Ex. der f. typ. (leg. Sturany, coll. Mus. Wien).
Nach Pacher im Gebiete des Mölltales „selten".
Die Art ist weit verbreitet, scheint jedoch heliophil zu sein und ist im Gebiete sicher nur an verhältnismäßig trockenen Stellen zu finden. Die ab. *livonica* ist für die Tiergesellschaft der Felsensteppe auf der Kreitherwand charakteristisch.

1040. — *crassicornis norica* Holdh.
S. Gr.: Sandkopf-SW-Hang, etwa 50 bis 100 m unterhalb des oberen Wetterkreuzes auf einer Kalkphyllitschutthalde unter Steinen 2 Ex. 14. VIII. 1937. Der Fundplatz liegt in etwa 2700 m Höhe in der *Caeculus echinipes*-Gesellschaft.
Gl. Gr.: Kar zwischen Albitzen- und Wasserradkopf, in 2800 bis 2850 m Höhe in der Polsterpflanzenstufe auf Kalkphyllitschutt in SW-Lage 5 Ex. unter Steinen 9. VIII. 1937; Schutthang unmittelbar unterhalb der Kalkphyllitbratschen des Albitzen-SW-Hanges, in 2250 m Höhe in der *Caeculus echinipes*-Gesellschaft unter Steinen 8 Ex. 20. VII. 1937, 2 Ex. 26. VII. 1939; Gamsgrube (Holdhaus 1912, loc. typ. der subsp. *norica*); in der Gamsgrube oberhalb des Promenadeweges am Karboden und an den Hängen, an diesen weiter bis zur Moräne des Wasserfallkeeses vordringend, ausschließlich auf sandigem Kalkphyllitschutt in Gesellschaft des *Caeculus echinipes* verhältnismäßig häufig 5. und 6. VII. 1937, 27. VII. 1938, 30. VII. 1938; im obersten Teil der Pasterzenmoräne unterhalb der Hofmannshütte 1 Ex. 29. VII. 1938; Haldenhöcker unterhalb des Mittleren Burgstalls, im Moränengelände 2 Ex. 29. VII. 1938, eines davon auf einem großen Block mitten in der Moränenhalde; Hasenbalfen und Gamskarl bei der neuen Salmhütte, in 2600 bis 2700 m Höhe ziemlich zahlreich 12. VII. und 10. VIII. 1937, 24. VII. 1938; Kar südwestlich unterhalb der Pfortscharte, in etwa 2750 m Höhe im Kalkphyllitschutt in Gesellschaft von *Caeculus echinipes* 2 Ex. 14. VII. 1937 und 2 Ex. 25. VII. 1938.
Chrysomela crassicornis ist boreoalpin verbreitet (vgl. Franz 1938, Holdhaus und Lindroth 1939), die subsp. *norica* ist in den Alpen endemisch und bisher außer von den schon genannten Fundorten nur noch vom Venediger-S-Hang und vom Schlüsseljoch östlich des Brenner bekannt. Alle Fundorte liegen auf Kalkphyllitschutt in SW-Lage in sehr bedeutender Höhe. Die Tiere finden sich anscheinend ausnahmslos in der *Caeculus echinipes*-Assoziation und stets nur an engumgrenzten Reliktstandorten. *Chrysomela crassicornis* ist eine Charakterart der *Caeculus echinipes*-Gesellschaft, die Stammform lebt in Südwestnorwegen an der Meeresküste. Die Angabe Pachers (1853) über das Vorkommen von *Chrysomela sanguinolenta* im Gebiete des Mölltales dürfte sich auf diese Art beziehen.

1041. — *marginata* L.
S. Gr.: An der Straße zwischen Rauris und Wörth (leg. Konneczni).
Gl. Gr.: Gamsgrube (Holdhaus 1912); von mir in der Gamsgrube nur 1 totes Ex. am 6. VII. 1937 gefunden. Die Art ist jedenfalls im Gebiete relikthaft verbreitet und gegenwärtig sehr selten. Pacher bezeichnet sie als im Gebiete des Mölltales „nicht selten". Sollte sie vor noch nicht 100 Jahren in den Tauern noch häufiger gewesen sein?
Weit verbreitet, liebt trockene, sandige Böden und ist im Gebiete sicher ein wärmezeitliches Relikt. Die Art findet sich in den Hochalpen der Schweiz in einer besonderen Rasse (var. *glacialis* Heer).

1042. — *coerulans* Scriba.
S. Gr.: Hüttenwinkeltal zwischen Bucheben und Bodenhaus, an *Mentha longifolia* entlang kleiner Wassergräben häufig 15. V. 1940; Seidelwinkeltal, unweit oberhalb Wörth am Bachrand an *Mentha longifolia* zahlreich 17. VIII. 1937.
Gl. Gr.: Eingang ins Hirzbachtal, an *Mentha longifolia* 1 Ex. 8. VII. 1941.
Die Art ist weit verbreitet, bewohnt im Gebiete aber nur die tiefsten Tallagen.

1043. *Chrysomela fastuosa* Scop.
Mölltal: Winklern, auf einer Wiese bei der Autobushaltestelle an *Galeopsis* spec.
S. Gr.: Im untersten Teil des Seidelwinkeltales 3 Ex. 17. VIII. 1937; beim Fleißgasthof und bei der Pfeiffersäge in der Fleiß zahlreich, Juli 1937.
Gl. Gr.: Am Wege von Kals ins Dorfer Tal 18. VII. 1937; Kapruner Tal, beim Kesselfallalpenhaus 1 Ex. 14. VII. 1939; Fuscher Tal unterhalb Dorf Fusch, in der Grauerlenau am Wachtbergbach zahlreich an *Galeopsis* 23. V. 1941; Fuscher Tal, im Wald unterhalb der Traueralm 21. VII. 1939; Käfertal, in einem Bestand von *Alnus incana* 23. VII. 1939.
Eine sehr weit verbreitete Art, die an *Galeopsis*-Arten lebt und mit diesen die Tallagen des Gebietes besiedelt.

1044. — *graminis* L.
S. Gr.: Am Wege vom Fleißgasthof nach Heiligenblut 1 Ex. auf *Mentha*, wahrscheinlich *Mentha arvensis*, Juli 1937.
Scheint im Gebiete recht selten zu sein.

1045. — *varians* Schell.
Gl. Gr.: Am Wege von Ferleiten auf die Walcher Hochalm in 1600 bis 1800 m Höhe auf *Hypericum* 1 Imago und zahlreiche Larven 9. VII. 1941.

1046. — *polita* L.
Gr. Gr.: Am Wege von der Schneiderau in die Dorfer Öd 1 Ex. 25. VII. 1939; Eingang ins Hirzbachtal, auf *Mentha longifolia* 1 Ex. 8. VII. 1941.
Gehört im Gebiete ausschließlich der Talfauna an.

1047. — *analis* L.
S. Gr.: Mallnitzer Tauerntal, auf einer sonnigen Wiese unterhalb des Gasthofes Gutenbrunn 1 Ex. 5. IX. 1941. Die heliophile Art findet sich im Gebiete sicher nur in den Südtälern.

1048. *Chrysochloa* (*Romalorina*) *intricata* Germ. var. *Anderschi* Duft.
S. Gr.: Seidelwinkeltal, schon unterhalb der untersten Alm und weiter aufwärts bis über das Tauernhaus 6 Ex. 17. VIII. 1937.
Gl. Gr.: Kapruner Tal, beim Kesselfallalpenhaus und von da aufwärts bis zur Talstufe unterhalb des Wasserfallbodens in der Hochstaudenflur an der Ache mehrfach 14. und 15. VII. 1939.
Über die Alpen und Dinariden, Sudeten und Karpathen verbreitet, lebt vorwiegend auf *Senecio nemorensis* und *Fuchsi*.

1049. — (*Romalorina*) *gloriosa* Fbr. f. typ., ab. *venusta* Suffr., ab. *nubila* Wse. und ab. *atramentaria* Wse.
S. Gr.: Auf dem Naßfeld bei Gastein in 1750 m Höhe (ab. *atramentaria*, leg. Leeder); Krumeltal, in 1800 m Höhe (ab. *nubila* und ab. *atramentaria*, leg. Leeder); mittleres Seidelwinkeltal 17. VIII. 1937 (f. typ.); Seidelwinkeltal, hochalpin 1 Ex. 17. VIII. 1937 (ab. *atramentaria*); Kleine Fleiß, auf den sonnigen Wiesen oberhalb des Alten Pocher 1 Ex. der ab. *atramentaria* 3. VII. 1937.
Gl. Gr.: Kar zwischen Albitzen- und Wasserradkopf, in der Höhe der Alm unter Steinen bei Lägerplätzen mit *Cirsium spinosissimum* zahlreich 8. VIII. 1937 und 17. VII. 1940 (ab. *venusta* und ab. *atramentaria*); Weg vom Glocknerhaus zur Pfandlscharte, in etwa 2200 bis 2250 m Höhe 1 Ex. unter einem Stein 18. VIII. 1937; im unteren Teil des Dorfer Tales 1 Ex. (ab. *nubila*) 18. VIII. 1937; am Wege von der Rudolfshütte zum Tauernmoos 1 totes Ex. der f. typ.; Kapruner Tal, in der Hochstaudenflur an der Ache beim Kesselfallalpenhaus 4 Ex. 14. VII. 1939 (f. typ.); Fuscher Tal, an der Glocknerstraße bei der zweiten Naßfeldbrücke unterhalb des Fuscher Törls 1 Ex. der f. typ. 15. VII. 1940.
Gr. Gr.: Am Wege von der Schneiderau in die Dorfer Öd, in der Hochstaudenflur entlang des Baches 7 Ex. der f. typ. 25. VII. 1939.
Schobergr.: Am Wege vom Peischlachtörl ins Leitertal 1 Ex. der ab. *atramentaria* 11. VIII. 1937.
Die Art ist über die Alpen und Pyrenäen weit verbreitet, lebt in den Tälern vor allem in den Hochstaudenfluren entlang der Bäche und auf feuchten Waldlichtungen, hochalpin (fast ausschließlich in den dunklen Formen) tagsüber unter Steinen.

1050. — (*Romalorina*) *bifrons* Fbr. ab. *Stussineri* Wse. und ab. *decora* Richt.
S. Gr.: Im mittleren Teil des Seidelwinkeltales 3 Ex. 17. VIII. 1937 in der Hochstaudenflur (ab. *Stussineri*).
Gl. Gr.: In der Daberklamm und im Dorfer Tal je 1 Ex. der ab. *decora* (leg. Konneczni); 1 Ex. mit der Fundortangabe „Großglockner" (ex coll. Pachole) in meinem Besitz.
Die Art ist über die Alpen und Dinariden, Sudeten und Karpathen verbreitet, sie ist im Gebiete seltener als *gloriosa* und scheint weniger hoch emporzusteigen als diese.

1051. — (*Romalorina*) *viridis* Duft.
S. Gr.: Krumeltal, in 1900 m Höhe (leg. Leeder); am S-Hang des Hochtortauernkopfes 1 totes Ex.; Stanziwurten-SW-Hang, hochalpin 1 Ex. 2. VII. 1937.
Gl. Gr.: Kar zwischen Albitzen- und Wasserradkopf, in 2300 bis 2400 m Höhe 2 Ex. 9. VIII. 1937; Weg vom Glocknerhaus zur Pfandlscharte, in 2200 bis 2250 m Höhe mehrfach 18. VIII. 1937, 17. und 19. VII. 1938; am S-Hang der Freiwand gegen die Sturmalm 1 Ex. 29. VII. 1937; an der Pasterze (Miller 1878), im Moränengelände an Steilhang des Hohen Sattels gegen die Pasterze 1 Ex. 23. VIII. 1937; Moränen unterhalb der Hofmannshütte in der Gamsgrube, 1 Flügeldecke; am Fuß des Leiterabhanges am Unteren Keesboden 1 Ex. 23. VII. 1938; Ganitzen auf der Leiterkopf-S-Seite, unweit oberhalb des Wienerweges 1 Ex. 10. VIII. 1937; im Schwertkar und am Abhang unterhalb der neuen Salmhütte gegen den Leiterbach mehrfach 13. VII. 1937 (hier auch Übergänge zu ab. *ignita* Com.).
Schobergr.: Hochschober (leg. Holdhaus); am Wege vom Berger- zum Peischlachtörl und von da ins Leitertal 6 Ex. 11. VIII. 1937.
Die Art ist über die Vogesen, Alpen und Dinariden verbreitet, sie bewohnt die Grasflächen der Zwergstrauch- und Grasheidenstufe, unterschreitet die Waldgrenze nicht, scheint aber auch schon in den höchsten Lagen der alpinen Grasheidenzone zu fehlen.

1052. *Chrysochloa (Protorina) melanocephala* Duft. f. typ. und ab. *melancholica* Heer.
S. Gr.: Auf der Palfner Alm am Graukogel in 1600 m Höhe und auf der Riffelscharte am Sonnblick in 2400 m Höhe (leg. Leeder); am Hochtor (Märkel und v. Kiesenwetter 1848); Stanziwurten SW-Hang, hochalpin 1 Ex. 2. VII. 1937 (ab. *melancholica*).
Gl. Gr.: Kar zwischen Albitzen- und Wasserradkopf, am Steilhang über der Alm in etwa 2500 bis 2600 m Höhe 1 Ex. 9. VIII. 1937; am Wege vom Glocknerhaus zur Pfandlscharte etwas unterhalb der Speikbodenzone in etwa 2450 bis 2500 m Höhe 1 Ex. 19. VII. 1938; auf der Rasenbank über der Pasterze unterhalb des Kellersbergkamps 1 Ex. 2. VIII. 1938; Schwerteck-N-Hang, unmittelbar über der Pasterze 2 Ex. 2. VIII. 1938; nordseitig unweit unterhalb der Stockerscharte 5 Ex. der f. typ. und 1 Ex. der ab. *melancholica* 10. VIII. 1937; Talschluß des Ködnitztales, unmittelbar unterhalb der Fanatscharte 1 Ex. 25. VII. 1938; Teischnitztal, unweit unterhalb der Fanatscharte 4 Ex. (leg. Konneczni); beim Dorfer See 1 Ex. der ab. *melancholica* (leg. Konneczni); N-Hang unterhalb der Pfandlscharte, in 2200 bis 2300 m Höhe in Gesellschaft von *Nebria atrata* 1 Ex. (ab. *melancholica*) 18. VII. 1940.
Die Art ist in den Alpen endemisch und bewohnt vorwiegend hochalpine Lagen. Sie findet sich nie in der geschlossenen Grasheide, sondern viel lieber auf Schneeböden und auf feuchten Glimmerschieferschutthängen. Als Futterpflanzen dürften alpine *Doronicum*-Arten in Betracht kommen.

1053. — *(Protorina) plagiata commutata* Suffr.
S. Gr.: Anlauftal bei Gastein, 5 Ex. in coll. Mus. Wien (leg. Späth); im Haiderbachgraben (Hundsdorfergraben) bei Rauris in 1000 bis 1100 m zahlreich, auch im Steinbachgraben an *Doronicum austriacum* (leg. Konneczni, zusammen etwa 20 Ex.).
Gl. Gr.: Im Fuscher- und Kapruner Tal an *Doronicum austriacum*, aber wohl nur in tieferen Lagen (teste Chr. Wimmer).
Ein Bewohner tieferer Gebirgslagen, der vor allem den höheren Teilen der Mischwaldzone anzugehören scheint und recht lokal verbreitet ist. Die subsp. *commutata* ist in den Ostalpen endemisch.

1054. — *(Chrysochloa) virgulata* Germ. f. typ. und ab. *serena* Wse.
S. Gr.: Im Seidelwinkeltal zwischen Wörth und der untersten Alm 1 Ex. 17. VIII. 1937 (ab. *serena*).
Gl. Gr.: Ganitzen, unweit oberhalb des Wienerweges von der Stockerscharte zur neuen Salmhütte 1 Ex. 10. VIII. 1937; im Dorfer Tal und bei der Stüdlhütte (leg. Konneczni); Kapruner Tal, oberhalb des Kesselfalles (ab. *serena*) 1 Ex. 15. VII. 1939; Kaprun (leg. Bayer, zahlreiche Belege in coll. Mus. Wien).
Ein Gebirgstier, welches im Gebiete vor allem subalpine Lagen bewohnt, gelegentlich aber auch bis in die hochalpine Grasheidenstufe emporsteigt.

1055. — *(Chrysochloa) cacaliae* Schrk. f. typ., ab. *sumptuosa* Rdtb., ab. *caeruleolineata* Duft. und ab. *nubigena* Wse.
S. Gr.: Im Krumeltal bis 1800 m Höhe (leg. Leeder); Seidelwinkeltal, beim Tauernhaus (Märkel und v. Kiesenwetter 1848); im Seidelwinkeltal schon unweit oberhalb Wörth und von da aufwärts bis fast zur obersten Alm sehr häufig auf *Adenostyles* 17. VIII. 1937.
Gl. Gr.: Daberklamm, zahlreich an *Adenostyles* 15. VII. 1937; Kapruner Tal, in der Hochstaudenflur oberhalb des Kesselfalles zahlreich 14. VII. 1939; im unteren Teil des Käfertales zahlreich an *Petasites*- und *Adenostyles*-Blättern 14. V. 1940; Eingang in das Hirzbachtal 1 Ex. 8. VII. 1941.
Eine in den Alpen nahezu allgemein verbreitete Art, die aus der Mischwaldzone bis zur Waldgrenze und einzeln auch noch in die Zwergstrauchstufe emporsteigt, ein Charaktertier des Adenostyletums.

1056. — *(Chrysochloa) speciosissima* Scop. f. typ. und var. *troglodytes* Ksw.
S. Gr.: Im Seidelwinkeltal schon unweit oberhalb Wörth und von da aufwärts bis zur obersten Alm zahlreich 17. VIII. 1937 (f. typ.).
Gl. Gr.: Kapruner Tal, zwischen Kesselfall und Talstufe unterhalb des Wasserfallbodens zahlreich 14. VII. 1939 (f. typ.); im Moränengelände unterhalb der Hofmannshütte 1 totes Ex. (var. *troglodytes*); Kar zwischen Albitzen- und Wasserradkopf, am Schneerand in 2450 m Höhe 1 bronzefarbiges Ex. 17. VII. 1940; Haldenhöcker unterhalb des Mittleren Burgstalls, um *Cirsium spinosissimum* unter Steinen zahlreich 16. VII. 1940; im obersten Teil des Dorfer Tales 4 Ex. unter Steinen 15. VII. 1937 (alle var. *troglodytes*); Eingang in das Hirzbachtal, auf *Senecio Fuchsi* 2 Ex. (f. typ.) 8. VII. 1941.
Gr. Gr.: Am Wege von der Schneiderau in die Dorfer Öd, in der Hochstaudenflur entlang des Baches 6 Ex. (f. typ.) 25. VII. 1939.
Schobergr.: Am Wege vom Peischlachtörl nach Heiligenblut 2 Ex. (f. typ.) 11. VIII. 1937.
Über die Gebirge Mitteleuropas weit verbreitet, die f. typ. bewohnt im Gebiete die Hochstaudenfluren in tieferen Lagen, die var. *troglodytes* lebt hochalpin an *Cirsium spinosissimum* an Lägerstellen.

1057. — *(Chrysochloa) frigida* Ws.
S. Gr.: Krumeltal, in 1900 m Höhe (leg. Leeder); oberster Teil des Seidelwinkeltales, 2 Ex. unter Steinen 17. VIII. 1937; am alten Römerweg zwischen Kasereck und Heiligenbluter Schareck und von da weiter gegen den Roßschartenkopf mehrfach 3. und 6. VIII. 1937; am Wege von der Weißenbachscharte in die Große Fleiß hochalpin 1 Ex. 6. VIII. 1937.
Gl. Gr.: Im Kar zwischen Albitzen- und Wasserradkopf in etwa 2450 m Höhe 1 Ex. 17. VII. 1940; am Wege vom Glocknerhaus zur Pfandlscharte in 2200 bis 2300 m Höhe 4 Ex. unter Steinen 18. VIII. 1937; südlich der oberen Pfandlscharte, über den Abstürzen zum Naßfeld 1 Ex. 29. VII. 1937; am Freiwand-S-Hang über der Sturmalm 1 Ex. 29. VII. 1938; Haldenhöcker unterhalb des Mittleren Burgstalls, 1 totes Ex. 29. VII. 1938; Steilabfall der Marxwiese gegen den Unteren Keesboden, 3 tote Ex.; Bergertörl (leg. Holly); am Stüdlweg zwischen Bergertörl und Mödlspitze 1 Ex. 11. VIII. 1937; Schneeböden bei der neuen Salmhütte, 1 totes Ex.; oberster Teil des Dorfer Tales 3 Ex. 15. VII. 1937.
Gr. Gr.: Granatspitz-O-Hang gegen den Weißsee (leg. Burchardt); in der Umgebung des Schwarzsees unterhalb der Adlerspitze 1 Ex. 19. VII. 1937.
Schobergr.: Hochschober (leg. Holdhaus).
Eine in den Alpen endemische Art, die im Gebiete einzeln schon in der Zwergstrauchstufe, vorwiegend jedoch in der hochalpinen Grasheidenzone vorkommt und als Charakterform der hochalpinen Grasheiden anzusprechen ist.

1058. *Gastroidea viridula* De G. f. typ. und ab. *cyanescens* Wse.
S. Gr.: Almläger auf der Grieswiesalm im Hüttenwinkeltal, an *Rumex alpinus* sehr zahlreich, ♂ und ♀ 15. V. 1940; im unteren und mittleren Teil des Seidelwinkeltales einzeln 17. VIII. 1937.
Gl. Gr.: Am Wege vom Fuscher Tal zur Trauneralm an einer kleinen Lägerstelle an *Rumex alpinus* 1 Ex. 21. VII. 1939; am Wege von Ferleiten auf die Walcher Hochalm in 1400 *m* Höhe auf einem *Rumex*-Läger und in 1900 *m* Höhe auf der Alm mehrfach 9. VII. 1941.
Weit verbreitet, in der Ebene und im Gebirge, in diesem ein Charaktertier der *Rumex*-Läger auf den Almen.

1059. *Hydrothassa glabra* Hbst. ab. *aucta* Fbr.
S. Gr.: Hüttenwinkeltal, auf der Grieswiesalm und den Almmatten am Wege von dieser zum Bodenhaus 15. V. 1940; im mittleren Teil des Seidelwinkeltales auf Almweiden 17. VIII. 1937.
Gl. Gr.: Fuscher Tal, auf einer feuchten Wiese unterhalb der Vogerlalm 2 Ex. 2 Ex. 23. VII. 1939; Walcher Hochalm, im Rasen in 2000 *m* Höhe 1 Ex. 9. VII. 1941; Sumpfwiese an der Glocknerstraße unterhalb Dorf Fusch 1 Ex. 23. V. 1941.
Pinzgau: Taxingbauer in Haid bei Zell am See, auf einer Magerwiese 23. VII. 1939.
Weit verbreitet, bewohnt in den Alpen feuchte Wiesen.

1060. *Phytodecta (Phytodecta) flavicornis* Suffr.
Gl. Gr.: Margaritze-S-Hang, 2 Ex. auf *Salix hastata* 18. VIII. 1937.
Lebt in Gebirgsgegenden auf *Salix*-Arten.

1061. — *(Phytodecta) Kaufmanni* Mill.
Gl. Gr.: Margaritze-S-Hang 1 Ex. 7. VII. 1937.
Über die Alpen und Karpathen verbreitet, lebt wie die vorige Art auf *Salix*-Arten.

1062. — *(Phytodecta) viminalis* L. ab. *Baaderi* Panz.
S. Gr.: Im unteren Teil des Seidelwinkeltales 1 Ex. 17. VIII. 1937.
Gl. Gr.: Kapruner Tal, am Wege vom Kesselfall zum Wasserfallboden 1 Ex. 15. VII. 1939.
Weit verbreitet, lebt auf *Salix*-Arten.

1063. — *(Phytodecta) affinis* Gyll. (= *nivosa* Suffr.).
S. Gr.: Krumeltal, in 1800 *m* Höhe (f. typ. und ab. *aethiops* Heyd.); am Wege von der Weißenbachscharte in die Große Fleiß 1 Ex. 6. VIII. 1937; Gjaidtrog-SW-Hang, in der Polsterpflanzenstufe unweit unterhalb des Gipfels 1 Ex. 18. VII. 1938; Sandkopf-SW-Hang, zwischen den beiden Wetterkreuzen 1 Ex. 14. VIII. 1937; Stanziwurten-SW-Hang, hochalpin 3 Ex. 2 VII. 1937.
Gl. Gr.: Hochtor (Märkel und v. Kiesenwetter 1848); am Wege vom Glocknerhaus zur Pfandlscharte, am Schneerand in 2350 *m* Höhe und weiter aufwärts auf Schneeböden bis in die *Nebria atrata*-Zone mehrfach 17. bis 20. VII. 1938; im Naßfeld des Pfandlschartenbaches, auf Bachschuttkegeln einzeln 20. VII. 1938; auf der S-Seite der oberen Pfandlscharte über dem Steilabfall gegen das Naßfeld 1 Ex. 29. VII. 1937; Gamsgrube 1 Ex. 6. VII. 1937, von hier auch von Märkel und v Kiesenwetter (1848) angegeben; am Steilhang der Marxwiese gegen den Unteren Keesboden 1 Ex. 23. VII. 1938; am Wienerweg zwischen Stockerscharte und neuer Salmhütte 1 Ex. 10. VIII. 1937; im Schwertkar, auf den Schneeböden bei der neuen Salmhütte und am Hang unter dieser gegen das Leitertal zahlreich 12. und 13. VII. 1937; am Rande eines Schneetälchens bei der Salmhütte in 2500 *m* Höhe 1 Ex. 24. VII. 1938; am Stüdlweg zwischen Bergertörl und Mödlspitze 1 Ex. 11. VIII. 1937; Teischnitztal, hochalpin 2 Ex. 26. VII. 1938; am Wege vom Moserboden zur Schwaigerhütte 1 Ex. 16. VII. 1939.
Gr. Gr.: O-Fuß des Hochfillecks, in 2300 *m* Höhe (leg. Burchardt); Muntanitz-SO-Seite 2 Ex. 20. VII. 1937.
Schobergr.: Am Wege vom Peischlachtörl ins Leitertal, in etwa 2200 *m* Höhe auf einem kleinen Naßfeld mit lückenhafter Vegetation und feinsandigem Boden in Gesellschaft von *Patrobus septentrionis* unter Steinen zahlreiche Puppen und eine eben geschlüpfte Imago 11. VIII. 1937; Hochschober (leg. Holdhaus).
Boreoalpine Art (vgl. Holdhaus und Lindroth 1939), die in den Alpen östlich bis in die Schladminger Tauern und ins Tote Gebirge verbreitet ist. Sie kommt im Gebiete nur in hochalpinen Lagen vor und bevorzugt in diesen Schneeränder der Grasheidenzone und Schneeböden der Polsterpflanzenstufe, wo sie jedenfalls an alpinen *Salix*-Arten lebt. Puppen und immature Käfer der Art fand ich nur im Monat August, woraus hervorgeht, daß die Imagines im Spätsommer schlüpfen und überwintern.

1064. — *(Spartophila) quinquepunctata* Fbr. ab. *unicolor* Wse., ab. *melanoptera* Ten. und ab. *obscura* Grim.
S. Gr.: Hüttenwinkeltal zwischen Bodenhaus und Grieswiesalm, in der Hochstaudenflur 2 Ex. 15. V. 1940; am Wege vom Fleißgasthof nach Heiligenblut und zum Gößnitzfall 2 Ex. 13. VIII. 1937; Mallnitzer Tauerntal, am Wege in die Woisken auf *Sorbus aucuparia* zahlreich 5. IX. 1941.
Gl. Gr.: Oberster Teil des Dorfer Tales 1 Ex. 15. VII. 1937; Kapruner Tal, oberhalb des Kesselfalles 2 Ex. 15. VII. 1939; am Wege von Ferleiten auf die Walcher Hochalm in 1600 bis 1800 *m* Höhe auf *Salix*-Büschen 6 Ex. 9. VII. 1941.
Schobergr.: Am Wege von Heiligenblut ins Gößnitztal 1 Ex. 9. VII. 1937.
Weit verbreitet, lebt auf *Sorbus aucuparia* und *Salix*-Arten.

1065. — *(Spartophila) pallida* L.
Gl. Gr.: Beim Gasthof Schneiderau (Stubach) 1 Ex. 25. VII. 1939.
Gleichfalls weit verbreitet, im Gebiete aber seltener als die vorgenannte Art.

1066. *Phyllodecta (Phyllodecta) vitellinae* L.
Mölltal: Zwischen Söbriach und Flattach an *Salix purpurea* zahlreich 18. VI. 1942.
Gl. Gr.: Haritzerweg oberhalb Heiligenblut 1 Ex. 15. VII. 1940; Fuscher Tal unterhalb Dorf Fusch, an der Fuscher Ache von *Salix*-Büschen geklopft 5 Ex. 23. V. 1941; Eingang ins Hirzbachtal, auf *Salix*-Büschen zahlreich 8. VII. 1941; am Wege von Ferleiten auf die Walcher Hochalm, subalpin auf *Salix*-Arten 3 Ex. 9. VII. 1941; Fusch und Ferleiten (leg. Sturany, coll. Mus. Wien).
Pinzgau: Am Ufer der Fuscher Ache bei Bruck an der Glocknerstraße auf *Salix*-Büschen.
Weitverbreitete Art, die auf *Salix* und *Populus* im Gebiete wohl in allen Tälern vorkommt.

1067. *Timarcha (Metallotimarcha) metallica* Laich.
S. Gr.: In der Umgebung von Gastein (Scholz 1903); nach Pacher (1853) „häufiger auf den Alpen als im Tale".
Eine mitteleuropäisch-montane Art, die im Gebiete nicht häufig ist und die Waldgrenze kaum überschreiten dürfte.

1068. *Galeruca (Galeruca) tanaceti* L.
S. Gr.: Im mittleren Teil des Seidelwinkeltales auf einer Almweide am Wege 1 Ex. 17. VIII. 1937; in der Fleiß 1 Ex. Juli 1937; am Wege vom Fleißgasthof nach Heiligenblut 1 Ex. 13. VIII. 1937; Mallnitzer Tauerntal, unterhalb des Gasthofes Gutenbrunn 1 Ex. 5. IX. 1941.
Gl. Gr.: Am Wege vom Moserboden zur Schwaigerhütte 1 totes Ex. in etwa 2200 m Höhe; Ferleiten, unweit unterhalb des Gasthofes „Lukashansl" 1 Ex. am Wege 11. VII. 1941.
Weit verbreitet, lebt an trockenen Grasplätzen.

1069. — *(Galeruca) pomonae* Scop.
S. Gr.: Im untersten Teil des Seidelwinkeltales 1 Ex. 17. VIII. 1937; in der Fleiß 1 Ex. Juli 1937.
Gl. Gr.: Grashang oberhalb des Glocknerhauses, in etwa 2200 m Höhe 1 totes Ex.; Fuschertal oberhalb Ferleiten, auf den Wiesen an trockenen, sonnigen Plätzen 2 Ex. 19. und 21. VII. 1939.
Wie die vorige Art weit verbreitet und vor allem auf trockenen Rasenplätzen zu finden.

1070. *Lochmaea capreae* L.
Gl. Gr.: Kapruner Tal (leg. Grätz); Fuscher Tal oberhalb Ferleiten, auf *Salix*-Arten häufig 23. VII. 1939.
Weit verbreitet, lebt auf *Salix* und *Betula* und ist wohl in allen Tauerntälern zu finden.

1071. *Galerucella (Galerucella) lineola* Fbr.
Gl. Gr.: Kapruner Tal (leg. Grätz).
Wie die vorige Art weit verbreitet, lebt gleichfalls auf *Salix*.

1072. *Luperus (Luperus) viridipennis* Germ.
S. Gr.: Kleine Fleiß, auf den Wiesen oberhalb des Alten Pocher 2 Ex. 3. VII. 1937; auf den sonnigen Wiesen unterhalb der Fleißkehre der Glocknerstraße, auf einer Wiese oberhalb des Fleißgasthofes und am Wege von diesem nach Heiligenblut zahlreich 1. VII. 1937; in einer kleinen Schlucht unter dem Moharkopf (Märkel und v. Kiesenwetter 1848); am Wege aus dem Mallnitzer Tauerntal zur Woisken in 1300 bis 1500 m Höhe 2 Ex. 5. IX. 1941.
Gl. Gr.: Guttal, unweit der Ankehre der Glocknerstraße auf Grünerlen 3 Ex. 22. VIII. 1937; Talwiesen oberhalb Ferleiten im Fuscher Tal 19. VII. 1939; Weg aus dem Fuscher Tal zur Traueralm und Rhodoretum über dieser in etwa 1800 m Höhe 21. VII. 1939; Weg von Ferleiten zur Walcher Hochalm, in 1700 bis 1800 m Höhe auf *Alnus viridis* zahlreich 9. VII. 1941.
Im Gebirge weit verbreitet, findet sich auf Wiesen und auf verschiedenen Sträuchern, besonders *Alnus viridis*.

1073. — *(Luperus) flavipes* L.
Gl. Gr.: Heiligenblut, an der Glocknerstraße unterhalb des Mauthauses 1 Ex. 18. VI. 1942.

1074. — *(Luperus) lyperus* Sulz. (= *niger* Gze.).
Gl. Gr.: Steppenwiesen entlang des Haritzerweges oberhalb Heiligenblut, zahlreich 15. VII. 1940; Eingang in das Hirzbachtal 2 Ex. 8. VII. 1941.
Weit verbreitet, im Gebiete aber anscheinend nur in den tiefsten Tallagen heimisch.

1075. *Phyllotreta nemorum* L.
Gl. Gr.: Walcher Hochalm, am Karboden in etwa 1900 m Höhe an einem Gerinne auf *Cardamine palustris* 1 Ex. 9. VII. 1941.

1076. — *tetrastigma* Com.
Gl. Gr.: Fuscher Tal unterhalb Dorf Fusch, an der Glocknerstraße an einem kleinen Gerinne auf *Cardamine palustris*.

1077. — *vittata* Fbr.
G. Gr.: Haritzerweg oberhalb Heiligenblut, in den Getreidefeldern auf *Sinapis arvensis* häufig 15.VII. 1940.
Weitverbreitete Art, die ins Mölltal wahrscheinlich mit dem Getreidebau eingeschleppt wurde.

1078. *Aphthona cyparissiae flava* Guilb.
Mölltal: Zwischen Obervellach und Söbriach 2 Ex. 18. VI. 1942.
S. Gr.: Am Wege vom Fleißgasthof nach Heiligenblut auf *Euphorbia cyparissias* 10. VII. 1937; Eingang in das Zirknitztal, am S-Hang oberhalb Döllach auf den Steppenwiesen an *Euphorbia cyparissias* 6 Ex. 28. VIII. 1941.
Ein thermophiles Tier, das für die Steppenwiesen der südlichen Tauerntäler charakteristisch ist.

1079. — *euphorbiae* Schrk.
S. Gr.: Eingang in das Zirknitztal, auf den Steppenwiesen mit der vorgenannten Art 3 Ex. auf *Euphorbia cyparissias* 28. VIII. 1941.
Gleichfalls eine wärmeliebende Art, deren Vorkommen im Gebiet auf die Südtäler beschränkt ist.

1080. — *herbigrada* Curt.
S. Gr.: Eingang in das Zirknitztal, am S-Hang oberhalb Döllach auf den Steppenwiesen von Gräsern gestreift 5 Ex. 28. VIII. 1941.
Ein typischer Steppenwiesenbewohner, der wohl auch bei Heiligenblut und Kals zu finden sein wird. Die Art ist ein Spätsommertier.

1081. — *pygmaea* Kutsch.
S. Gr.: Sonnige Wiesen unterhalb der Fleißkehre der Glocknerstraße 1 Ex. (immatur) 1. VII. 1937; beim Fleißgasthof 1 Ex. 3. VIII. 1937.
Weit verbreitet, lebt an *Euphorbia*-Arten, dürfte im Gebiete nur in den warmen Südtälern vorkommen.

1082. — *venustula* Ktsch.
Mölltal: Zwischen Obervellach und Flattach an *Euphorbia cyparissias* 18. VI. 1942.
S. Gr.: Sonnige Wiesen unterhalb der Fleißkehre der Glocknerstraße 1 Ex. 1. VII. 1937.

Gl. Gr.: Steppenwiesen am Haritzerweg oberhalb Heiligenblut 2 Ex. 15. VII. 1940; Trauneralm, auf der Almweide oberhalb der Gastwirtschaft 1 Ex. 21. VII. 1939.
Gr. Gr.: Windisch-Matrei, vor der Proseckklamm im Ericetum carneae 1 Ex. und im Steppenrasen beim Lublas 3 Ex. auf *Euphorbia cyparissias* 3. IX. 1941.
Lebt an trockenen Plätzen auf *Euphorbia*-Arten.

1083. *Longitarsus (Longitarsus) succineus* Foudr.
Mölltal: Zwischen Obervellach und Flattach 2 Ex. 18. VI. 1942.
S. Gr.: Beim Fleißgasthof 4 Ex. 3. VIII. 1937 und am Weg von diesem nach Heiligenblut 1 Ex. Juli 1937; Eingang in das Zirknitztal, im Trockenrasen 3 Ex. 28. VIII. 1941.
Weit verbreitet, bewohnt trockene Hänge.

1084. — *(Longitarsus) melanocephalus* De G.
S. Gr.: Hüttenwinkeltal, zwischen Bodenhaus und Grieswiesalm 1 Ex. 15. V. 1940.
Gl. Gr.: Fuscher-Tal oberhalb Ferleiten, auf den Wiesen unterhalb der Vogelalm 1 Ex. 14. VII. 1940.
Weit verbreitet, lebt an *Plantago*-Arten.

1085. — *(Longitarsus) tabidus* Fbr.
S. Gr.: Eingang in das Zirknitztal, am S-Hang auf Steppenwiesen an *Verbascum nigrum* 2 Ex. 28. VIII. 1941.
Gr. Gr.: Windisch-Matrei, im Steppenrasen beim Lublas über der Proseckklamm auf *Verbascum* 1 Ex. 3. IX. 1941.

1086. — *(Longitarsus) curtus* All.
S. Gr.: In der Fleiß 1 Ex. Juli 1937.
Weit verbreitet, lebt auf *Pulmonaria* und im Gebiete wahrscheinlich auf *Echium*.

1087. — *(Longitarsus) exoletus* L.
Gl. Gr.: Steppenwiesen am Haritzerweg oberhalb Heiligenblut, an *Echium vulgare* zahlreich 15. VII. 1940.
Weitverbreitete Art, die auf Boraginaceen lebt.

1088. — *(Longitarsus) suturellus* Duft.
Gl. Gr.: Kapruner Tal, in der Umgebung des Kesselfallalpenhauses 8 Ex. 14. VII. 1939; Eingang in das Hirzbachtal 1 Ex. 8. VII. 1941.
Lebt auf *Senecio*-Arten vorwiegend im Gebirge, dürfte im Gebiete vor allem an *Senecio nemorensis* und *Fuchsi* vorkommen.

1089. — *(Longitarsus) apicalis* Beck.
Gl. Gr.: Fuscher Tal, auf den Talwiesen zwischen Ferleiten und der Vogelalm 1 Ex. 19. VII. 1939.
Lebt vorwiegend im Gebirge auf feuchten Wiesen.

1090. — *(Longitarsus) rubellus* Foudr.
S. Gr.: Im Hüttenwinkeltal zwischen Bodenhaus und Grieswiesalm 1 Ex. 15. VII. 1940; am Weg von der Fleißkehre der Glocknerstraße zum Eingang in die Große Fleiß 1 Ex. 18. VII. 1938; Mallnitzer Tauerntal, am Weg in die Woisken in 1300 bis 1500 m Höhe 2 Ex. 5. IX. 1941.
Gl. Gr.: Grashang unmittelbar unterhalb des Glocknerhauses, im Rasengesiebe 1 Ex. 29. VII. 1937; Kapruner Tal, an der Talstufe unterhalb des Wasserfallbodens 1 Ex. 15. VII. 1939; Käfertal, im Fallaub unter *Alnus incana* je 1 Ex. 23. VII. 1939 und 14. V. 1940; Trauneralm oberhalb der Gastwirtschaft 2 Ex. aus *Rhododendron*-Fallaub gesiebt 21. VII. 1939; Hirzbachtal, in der Hochstaudenflur am Hirzbach in etwa 1400 m Höhe gesiebt 1 Ex. 8. VII. 1941.
Über die Pyrenäen, Alpen und Dinariden verbreitet, im Gebiete die weitaus häufigste Art der Gattung. Steigt aus den tiefsten Tallagen bis in die alpine Zwergstrauchstufe empor.

1091. — *(Longitarsus) luridus* Scop.
S. Gr.: Eingang in das Zirknitztal, am S-Hang über Döllach im Steppenrasen 2 Ex. 28. VIII. 1941; Mallnitzer Tauerntal, unterhalb des Gasthofes Gutenbrunn auf einer sonnigen Wiese 1 Ex. 5. IX. 1941.
Gl. Gr.: Steppenwiesen entlang des Haritzerweges, im Steppenrasen 2 Ex. 15. VII. 1940.
Die weitverbreitete Art ist im Gebiete anscheinend auf warme, sonnige Lagen beschränkt und wird in feuchteren Lagen durch *L. rubellus* vertreten.

1092. *Haltica oleracea* L.
S. Gr.: In der Fleiß Juli 1937; am Weg vom Fleißgasthof nach Heiligenblut 3 Ex. 13. VII. 1937; Eingang in die Zirknitz 1 Ex. 28. VIII. 1941.
Gl. Gr.: Am Haritzerweg oberhalb Heiligenblut mehrfach 15. VII. 1940; Daberklamm 1 Ex. 15. VII. 1937; Fuscher Tal oberhalb Ferleiten, auf den Talwiesen und am Ufer der Fuscher Ache einzeln 21. VII. 1939 und 18. VII. 1940; Eingang ins Hirzbachtal 1 Ex. 8. VII. 1941.
Diese weitverbreitete und omnivage Art bewohnt auch im Gebiete sicher alle Täler.

1093. *Batophila rubi* Payk.
S. Gr.: Sonnige Wiesen unterhalb der Fleißkehre der Glocknerstraße 1 Ex. 1. VII. 1937.
Weit verbreitet, lebt auf *Rubus*- und *Fragaria*-Arten.

1094. *Crepidodera brevicollis* J. Dan.
Pinzgau: Am Nordufer des Zeller Sees in der Verlandungszone 1 Ex. 19. VII. 1939.
Die Art ist aus Mittelitalien (Umbrien) beschrieben und auch aus Oberbayern, aus dem Maltatal und aus Seeboden am Millstätter See in Kärnten bekannt (vgl. Heikertinger 1923), aus Salzburg lagen bisher noch keine Funde vor.

1095. — *ferruginea* Scop.
S. Gr.: Beim Fleißgasthof 1 Ex. 7. VIII. 1937 und am Weg von diesem nach Heiligenblut 2 Ex. 9. VII. 1937; Eingang in die Zirknitz 1 Ex. 28. VIII. 1941.
Gl. Gr.: An der Fuscher Ache oberhalb Ferleiten 1 Ex. 18. VII. 1940.
Gr. Gr.: Windisch-Matrei, am Weg zur Proseckklamm 3 Ex. 3. IX. 1941.
Pinzgau: Auf Wiesen beim Taxingbauer in Haid bei Zell am See 2 Ex. 13. VII. 1939.
Weitverbreitete Art.

1096. *Crepidodera Peirolerii* Ktsch.

S. Gr.: Krumeltal, in etwa 1800 m Höhe auf *Saxifraga aizoides* in der f. typ. und ab. *moesta* Wse. (leg. Leeder).

Gl. Gr.: Böse Platte, an einer sehr nassen Stelle 1 Ex. 17. VII. 1940; im Geniste des Dorfer Sees nach einem schweren Gewitterregen 15. VII. 1937; Kapruner Tal, an der Steilstufe unterhalb des Wasserfallbodens auf einer nassen Rasenfläche gekätschert 3 Ex. 15. VII. 1939; Taleingang des Hirzbachtales, an Quellrieseln auf *Saxifraga aizoides* 4 Ex. 8. VII. 1941.

Ein Gebirgstier, welches im Schwarzwald, in den Alpen und Dinariden vorkommt und anscheinend auf *Saxifraga aizoides* lebt.

1097. — *femorata* Gyll.[1]

Gl. Gr.: Talwiesen oberhalb Ferleiten im Fuscher Tal, unweit der Vogerlalm 1 Ex. 14. VII. 1940; Walcher Hochalm, im sumpfigen Wiesengelände am Karboden 2 Ex, 9. VII. 1941.

Gr. Gr.: Am Weg von der Schneiderau in die Dorfer Öd, in den Hochstaudenfluren entlang des Baches 1 Ex. 25. VII. 1939.

Weit verbreitet, eine vorwiegend nordische Art, die an sumpfigen Rasenplätzen angeblich auf *Galeopsis tetrahit* lebt.

1098. *Derocrepis rufipes* L.

Gl. Gr.: Steppenwiesen am Haritzerweg oberhalb Heiligenblut, an einer *Vicia*-Art 3 Ex. 15. VII. 1940.

Weit verbreitet, scheint im Gebiete aber nur auf den Steppenwiesen der Südtäler vorzukommen.

1099. *Hippuriphila Modeeri* L.

Gl. Gr.: Am Ufer der Fuscher Ache oberhalb Ferleiten 1 Ex. 14. VII. 1940; Sumpfwiese an der Glocknerstraße unterhalb Dorf Fusch 1 Ex. 23. V. 1941.

Die Art ist weit verbreitet, sie lebt an *Equisetum*-Arten an Wasserrändern.

1100. *Chalcoides aurata* Marsh.

Gl. Gr.: An der Fuscher Ache unterhalb Dorf Fusch auf *Salix*-Büschen 4 Ex. 23. V. 1941.

1101. *Minota obesa* Waltl.

Gl. Gr.: Eingang ins Hirzbachtal, in 950 bis 1200 m Höhe 1 Ex. 8. VII. 1941.

Eine montane Art, die in den Gebirgen Mitteleuropas weiter verbreitet ist.

1102. *Mantura obtusata* Gyll.

S. Gr.: Döllach, Straßengraben 1 Ex. 28. VIII. 1941.

Pinzgau: Auf Wiesen beim Taxingbauer in Haid bei Zell am See 2 Ex. 13. VII. 1939.

Mölltal: Zwischen Obervellach und Flattach 1 Ex. 18. VI. 1942.

Weit verbreitet, lebt auf *Rumex*-Arten und ist vielleicht auch noch im engeren Untersuchungsgebiet zu finden.

1103. *Chaetocnema (Chaetocnema) Sahlbergi* Gyll.

Gl. Gr.: Fuscher Tal oberhalb Ferleiten 1 Ex. 14. V. 1940.

Pinzgau: Nordufer des Zeller Sees, in der Verlandungszone 2 Ex. 19. VII. 1939.

Weit verbreitet, lebt auf feuchten Wiesen, besonders auf anmoorigem Gelände.

1104. *Sphaeroderma rubidum* Graells.

S. Gr.: Am Weg vom Fleißgasthof nach Heiligenblut an sonnigen Stellen auf *Centaurea scabiosa* 2 Ex. 9. VII. und 1 Ex. 13. VIII. 1937.

Eine weitverbreitete Art, die jedoch im Gebiete nur auf den Steppenwiesen der Südtäler vorkommt.

1105. — *testaceum* Fbr.

Gl. Gr.: Am Weg von Fusch ins Hirzbachtal 1 Ex. 8. VII. 1941.

1106. *Psylliodes (Psylliodes) affinis* Payk.

Gl. Gr.: Am Weg von Fusch ins Hirzbachtal, in den Mischwäldern zahlreich auf *Solanum dulcamara* 8. VII. 1941.

1107. — *(Psylliodes) instabilis* Foudr. (Bestimmung nicht sicher).[2]

S. Gr.: Grashänge beim Thurner Kaser an der Glocknerstraße unterhalb des Kasereck 1 Ex. 11. VII. 1941.

Gl. Gr.: Steppenwiesen am Haritzerweg oberhalb Heiligenblut 3 Ex. 15. VII. 1940.

Bewohner trockener, warmer Wiesenhänge, Charaktertier der Steppenwiesen in den Südtälern des Gebietes.

1108. — *(Psylliodes) cucullata* Illig.

S. Gr.: Sonnige Wiesen unterhalb der Fleißkehre der Glocknerstraße 4 Ex. 1. VII. 1937; in der Fleißkehre der Glocknerstraße 4 Ex. 1. VII. 1937; in der Fleißkehre von den Pflanzen am Straßenrand gekätschert 1 Ex. 15. VII. 1940; in der Umgebung des Fleißgasthofes 2 Ex. 3. VIII. 1937 und am Weg von diesem nach Heiligenblut 5 Ex. im Juli und August 1937; Döllach, im Rasen des Straßengrabens 2 Ex. 28. VIII. 1941.

Gl. Gr.: Steppenwiesen am Haritzerweg oberhalb Heiligenblut 1 Ex. 15. VII. 1940.

Weit verbreitet, lebt vorwiegend auf Bergwiesen und meidet angeblich Kalkboden (Reitter 1908—16). Im Gebiete ist mir die Art bisher nur an den warmen Hängen des Mölltales begegnet.

---

[1] *Crepidodera simplicipes* Ktsch., die hochalpin wahrscheinlich an einer *Saxifraga*-Art auf der Koralpe, dem Zirbitzkogel, Seckauer Zinken, im Königsstuhlgebiet, in der Hafnereckgruppe in den östlichsten Hohen Tauern und in der Kreuzeckgruppe lebt (vgl. Heikertinger 1923) und die von Moosbrugger und mir auch auf der Hochheide in den Rottenmanner Tauern gesammelt wurde, habe ich im Gebiete nirgends gefunden. Die Art ist eines jener präglazialen Relikte der hochalpinen Fauna, die von Osten her die Hohen Tauern noch erreichen, aber schon in der Ankogel-Hochalmgruppe vollständig fehlen.

[2] F. Heikertinger, dem ich ein Exemplar zur Untersuchung einsandte, teilte mir mit, daß eine Anzahl von *Psylliodes*-Arten noch in systematischer und nomenklatorischer Hinsicht der Klärung bedürfe; bevor diese erfolgt sei, könnten auch die fraglichen *Ps. instabilis* nicht sicher bestimmt werden.

1109. *Psylliodes (Psylliodes) chrysocephala* L.
    Mölltal: Zwischen Obervellach und Flattach an trockenem Straßenrain 1 Ex. 18. VI. 1942.
1110. — *(Psylliodes) chalcomera* Illig.
    Mölltal: Mit der vorgenannten Art 1 Ex. 18. VI. 1942.
1111. *Dibolia rugulosa* Redtb.
    S. Gr.: Eingang in das Zirknitztal, am S-Hang oberhalb Döllach im Steppenrasen auf *Stachys recta* 3 Ex. 28. VIII. 1941. Die Tiere sind zum Teil auffällig klein und dunkel gefärbt.
    Dibolia rugulosa ist mit ihrer Futterpflanze ausgesprochen thermophil und eine Charakterform der Steppenwiesenfauna des oberen Mölltales.
1112. *Mniophila muscorum* Koch.
    Mölltal: N-Hang gegenüber von Flattach, im Moosgesiebe im Wald zahlreich 18. VI. 1942.
1113. *Cassida (Odontionycha) viridis* L.
    Gl. Gr.: Kapruner Tal, in der Umgebung des Kesselfallalpenhauses in den Hochstaudenfluren häufig 14. VII. 1939.
    Sehr weit verbreitet, lebt im Gebiete auf *Salvia glutinosa*.
1114. — *(Cassida) rubiginosa* Müll.
    Gl. Gr.: Am Weg von Fusch ins Hirzbachtal 1 Ex. auf *Cirsium oleraceum* 8. VII. 1941; Walcher Hochalm 1 Ex. noch in 2000 *m* Höhe 9. VII. 1941.
1115. — *(Cassida) nebulosa* L.
    S. Gr.: Eingang in das Zirknitztal, am S-Hang oberhalb Döllach auf den Steppenwiesen 1 Ex. 28. VIII. 1941.
    Die Art ist im Gebiete sicher auf tiefste, warme Tallagen beschränkt.
1116. — *(Cassida) prasina* Ill.
    S. Gr.: Eingang in das Zirknitztal, mit der vorgenannten Art 1 Ex. 28. VIII. 1941.
1117. — *(Mionycha) subreticulata* Suffr.
    S. Gr.: Eingang in das Zirknitztal, mit den beiden vorgenannten Arten 1 Ex. 28. VIII. 1941.
    Eine im Gebiet anscheinend auf die Steppenwiesen der südlichen Tauerntäler beschränkte Form.

Familie *Bruchidae*.

1118. *Bruchidius unicolor* Ol.
    Gl. Gr.: Fuscher Tal, an einem sonnigen, trockenen Rasenhang unweit der Vogerlalm von *Lotus corniculatus* gestreift 1 Ex. 19. VII. 1939.
    Weit verbreitet, lebt auf Leguminosen, ist im Fuscher Tal kennzeichnend für die trockenen Rasengesellschaften auf Schotteruntergrund.
1119. *Kytorrhinus pectinicornis* Melich.
    Gl. Gr.: Im Teischnitztal in etwa 2200 *m* Höhe auf den üppigen leguminosenreichen Wiesen an der Krummholzgrenze 1 ♂, 3 ♂, 2 ♀ 26. VII. 1938 von *Hedysarum obscurum* geklopft, an dieser Stelle schon vorher von Ing. K. Konneczni gesammelt; am Weg von Kals auf das Bergertörl an der Waldgrenze in üppigen, kräuterreichen Rasenbeständen gekätschert (leg. Konneczni).
    Die Art ist aus dem Kaukasus beschrieben und soll dort an einer *Lathyrus*-Art leben. In den Alpen wurde sie zuerst von H. Knabl im Sattelal bei Gramais (Lechtal) entdeckt und später von K. Konneczni und mir im Glocknergebiet gefunden; weitere Fundorte sind bis jetzt nicht bekannt. *K. pectinicornis* lebt an *Hedysarum obscurum* (vgl. Knabl und Franz 1939) und scheint im Gebiete nur in der Zwergstrauchstufe und etwas unterhalb dieser in den üppigen Rasenbeständen, die für diese Zone so charakteristisch sind, vorzukommen. Die Art wird in den mittleren Hohen Tauern an geeigneten Stellen wahrscheinlich auch noch anderwärts vorkommen, besitzt im Gebiete aber sicher, ähnlich wie dies H. Knabl im Lechtal beobachtete, eine sehr englokale Verbreitung. Im Pasterzenvorland und auch im Guttal ist *Hedysarum obscurum* allenthalben nur spärlich vertreten und ich konnte hier auch trotz eifrigen Sammelns nie einen *Kytorrhinus* erbeuten. Der Käfer ist möglicherweise wie seine Futterpflanze boreoalpin verbreitet, im nordischen Verbreitungsareal derselben aber bisher noch nicht festgestellt.

Familie *Anthribidae*.

1120. *Anthribus nebulosus* Küst.
    S. G.: Umgebung von Rauris 2 Ex. Juni 1941 (leg. Konneczni).
1121. *Phaenotherion fasciculatum* Rtt.
    Diese Art wurde von H. Stolz im Juli 1928 im Froßnitztal auf der Ostseite der Venedigergruppe unweit außerhalb des Untersuchungsgebietes gesiebt und wird vielleicht auch am Westhang der Granatspitzgruppe in subalpinen Lagen zu finden sein.
    Sie ist aus Italien beschrieben und, abgesehen von dem genannten Alpenfundort, nur aus den Gebirgen Italiens nordwärts bis in die Euganeen und Südtirol (Vallarsa, Piano della Fugazza) (vgl. Ganglbauer 1902 und Halbherr 1908) bekannt. Ihr Vorkommen auf der Südseite der Hohen Tauern ist zweifellos ein weithin isoliertes wärmezeitliches Reliktvorkommen, welches tiergeographisch größtes Interesse beansprucht.

Familie *Curculionidae*.

1122. *Deporaus (Deporaus) betulae* L.
    S. Gr.: Im Gebüsch entlang des Fleißbaches unweit des Fleißgasthofes am 1. VII. 1937 in Anzahl beim Wickeln von Blattrichtern aus Erlenblättern beobachtet.
    Gl. Gr.: Kapruner Tal, oberhalb des Kesselfalles 1 Ex. 15. VII. 1939.
    Weitverbreitete Art, die im Gebiete wohl überall in den tieferen Tallagen zu finden sein wird.
1123. *Atellabus nitens* Scop.
    Nach Pacher (1853) im Gebiete des Mölltales „sehr selten".

1124. *Apoderus coryli* L.
    Mölltal: Zwischen Söbriach und Flattach auf *Corylus* 1 Ex. 18. VI. 1942.
    S. Gr.: Im mittleren Teil des Seidelwinkeltales 1 Ex. 17. VIII. 1937.
    Gr. Gr.: Am Weg von der Schneiderau in die Dorfer Öd 1 Ex. 13. VII. 1939.
    Weit verbreitet, lebt an verschiedenen Laubhölzern, vor allem an *Corylus*, und bewohnt im Gebiete nur die tiefsten Tallagen.

1125. *Apion (Phrissotrichium) rugicolle* Germ.
    Gl. Gr.: Steppenwiesen am Haritzerweg oberhalb Heiligenblut, 1 Ex. auf *Helianthemum ovatum* 15. VII. 1940.
    Eine wärmeliebende Art, die von Schilsky aus Nassau, dem Rheinland, Elsaß, Lothringen, Bayern, Tirol, der Gegend von Wien, aus Frankreich und Genua angegeben wird. Die Art ist in Niederdonau auf xerotherme Hänge des pannonischen Klimabezirks beschränkt, fehlt nach A. Wörndle (i. l.) in Nordtirol und wurde in Südtirol von Gredler nur auf dem Joch Latemar in den Dolomiten gesammelt. Sie ist im Gebiete sicher streng an die Steppenrasengesellschaft gebunden und als weithin isoliertes wärmezeitliches Relikt anzusprechen.

1126. — *(Erythrapion) frumentarium* Payk.
    Mölltal: Bei Flattach 1 Ex. 18. VI. 1942.
    S. Gr.: Rauris 2 Ex. (leg. Konneczni).
    Gl. Gr.: Guttalwiesen, oberhalb der Ankehre der Glocknerstraße gekätschert 2 Ex. 15. VII. 1940; am Weg von Ferleiten zur Walcher Hochalm auf *Rumex alpinus* 1 Ex. 9. VII. 1941; Piffkaralm, in 1630 m Höhe an der Glocknerstraße 1 Ex. 15. VII. 1940 gekätschert.
    Weit verbreitet, lebt auf *Rumex*, im Gebiete auf *Rumex alpinus*.

1127. — *(Erythrapion) miniatum* Germ.
    S. Gr.: Rauris (leg. Konneczni) 1 Ex.

1128. — *(Perapion) marchicum* Hbst.
    Mölltal: Zwischen Obervellach und Flattach 1 Ex. 18. VI. 1942.

1129. — *(Taeniapion) urticarium* Hbst.
    Mölltal: Zwischen Söbriach und Flattach an *Urtica dioica* 1 Ex. 18. VI. 1942.

1130. — *(Taeniapion) pallipes* Kby.
    Gl. Gr.: Unweit des Hirzbachwasserfalles oberhalb Dorf Fusch, an *Mercurialis perennis* im Laubmischwald 2 Ex. 8. VII. 1941.

1131. — *(Squamapion) vicinum* Kby.
    Pinzgau: Nordufer des Zeller Sees, in der Verlandungszone 1 ♀ 18. VII. 1939, wahrscheinlich auf *Mentha*.
    Weitverbreitete Art, die in den tiefsten Tallagen vielleicht auch im engeren Untersuchungsgebiet zu finden ist.

1132. — *(Squamapion) atomarium* Kby.
    S. Gr.: Eingang in die Zirknitz, im Trockenrasen 1 Ex. 28. VIII. 1941; Rauris 1 Ex.

1133. — *(Catapion) seniculus* Kby.
    S. Gr.: Sonnige Wiesen unterhalb der Fleißkehre der Glocknerstraße 1 ♀ 1. VII. 1937; Eingang in die Zirknitz, auf Steppenwiesen 2 Ex. 28. VIII. 1941.
    Gl. Gr.: Steppenwiesen am Haritzerweg oberhalb Heiligenblut 1 Ex. 15. VII. 1940.
    Pinzgau: Taxingbauer in Haid bei Zell am See, auf einer Kunstwiese 2 Ex. 13. VII. 1939.

1134. — *(Ceratapion) onopordi* Kby.
    S. Gr.: Am Weg von der Fleißkehre der Glocknerstraße zum Eingang in die Große Fleiß 1 Ex. 18. VII. 1938, das Stück ist auffällig dunkel gefärbt.
    Weitverbreitete Art, die im Gebiete anscheinend nur an den warmen Hängen der südlichen Tauerntäler vorkommt.

1135. — *(Ceratapion) alliariae* Hbst. (= *distans* Desbr.).
    Gl. Gr.: Eingang ins Hirzbachtal 1 Ex. 8. VII. 1941.

1136. — *(Ceratapion) carduorum* Kby.
    Gl. Gr.: Am Weg von Dorf Fusch ins Hirzbachtal 1 Ex. 8. VII. 1941.

1137. — *(Leptapion) loti* Kby.
    S. Gr.: Gjaidtrog-SW-Hang, unweit oberhalb der Großen Fleiß 1 Ex. 18. VII. 1938; Rauris (leg. Konneczni).
    Gl. Gr.: Steppenwiesen am Haritzerweg oberhalb Heiligenblut 5 Ex. 15. VII. 1940; Albitzen-SW-Hang, in 2200 bis 2300 m Höhe 1 Ex. 17. VII. 1940; Böse Platte 2 Ex. 17. VII. 1940; Pasterzenvorfeld zwischen Glocknerstraße und Möllschlucht, innerhalb der Moräne des Jahres 1856 mehrfach 5. und 25. VII. 1937; Teischnitztal, in etwa 2200 m Höhe an der Krummholzgrenze 4 Ex. 26. VII. 1938; Fuscher Tal, Wiesen zwischen Ferleiten und Vogerlalm, 2 Ex. auf *Lotus corniculatus* 19. VII. 1939; am Weg aus dem Fuscher Tal zur Traueralm 2 Ex. auf *Lotus corniculatus* auf Wiesenflächen 21. VII. 1939.
    Gr. Gr.: Windisch-Matrei, im Ericetum carneae oberhalb Schloß Weißenstein an *Lotus corniculatus* 1 Ex. 3. IX. 1941.
    Weitverbreitete Art, die an *Lotus corniculatus* lebt und mit dieser Pflanze im Gebiete überall von den Tälern aufwärts bis in die alpine Zwergstrauchstufe vorkommt.

1138. — *(Apion) aethiops* Hbst.
    S. Gr.: Sonnige Hänge unterhalb der Fleißkehre der Glocknerstraße 3 ♂ 1. VII. 1937.
    Weit verbreitet, lebt an *Vicia*-Arten.

1139. — *(Cyanapion) Spencei* Kby.
    S. Gr.: Eingang in die Zirknitz, auf Steppenwiesen 1 Ex. 28. VIII. 1941.
    Gl. Gr.: Steppenwiesen am Haritzerweg oberhalb Heiligenblut 1 ♂ 15. VII. 1940.
    Gr. Gr.: Windisch-Matrei, Steppenwiesen beim Lublas oberhalb der Proseckklamm 2 Ex. 3. IX. 1941.
    Die Art ist weit verbreitet; sie lebt an *Vicia*-Arten.

1140. *Apion (Pseudotrichapion) punctigerum* Payk.
S. Gr.: Am Weg von der Fleißkehre der Glocknerstraße zum Eingang in die Große Fleiß 1 Ex. 18. VII. 1938.
Weit verbreitet, lebt gleichfalls an *Vicia*-Arten.

1141. — *(Mesotrichapion) punctirostre* Gyll.
Gl. Gr.: Hänge oberhalb der Glocknerstraße zwischen Marienhöhe und Glocknerhaus, 1 Ex. gekätschert 18. VIII. 1937.
Die Art scheint in Deutschland auf wärmere Lagen beschränkt zu sein, sie ist in Südeuropa weit verbreitet.

1142. — *(Metatrichapion) reflexum* Gyll.
S. Gr.: Am Weg von der Fleißkehre der Glocknerstraße zum Eingang in die Große Fleiß 2 ♀ 18. VII. 1938 und am Straßenrand an der Fleißkehre auf *Onobrychis viciaefolia* 2 Ex. frisch geschlüpft, am 15. VII. 1940; Eingang in das Zirknitztal, auf *Onobrychis taurerica* 2 Ex., 28. VIII. 1941.
Gl. Gr.: Steppenwiesen entlang des Haritzerweges oberhalb Heiligenblut, 4 Ex. 15. VII. 1940 auf *Onobrychis taurerica*; Teischnitztal, an der Krummholzgrenze in etwa 2200 m Höhe 1 ♂ 26. VII. 1938 gekätschert, lebt dort jedenfalls auf Leguminosen *(Hedysarum obsurum, Oxytropis campestris, Lotus corniculatus* oder *Astragalus alpinus)*, sicher nicht auf *Onobrychis*, die an dieser hochgelegenen Stelle nicht mehr vorkommt.
Weit verbreitet, als Futterpflanze wird *Onobrychis viciaefolia* angegeben.

1143. — *(Eutrichapion) viciae* Payk.
S. Gr.: Rauris, mehrfach (leg. Koneczni).
Gr. Gr.: Windisch-Matrei, auf den Steppenwiesen beim Lublas oberhalb der Proseckklamm 2 Ex. 3. IX. 1941.

1144. — *(Neoxystoma) ochropus* Germ.
S. Gr.: Eingang in die Zirknitz 1 Ex. 28. VIII. 1941.
Gl. Gr.: Fuscher Tal unterhalb Dorf Fusch, auf einer Wiese an der Glocknerstraße 1 ♂ 23. V. 1941.
Lebt auf *Vicia*- und *Lathyrus*.

1145. — *(Chlorapion) virens* Hbst.
S. Gr.: Im untersten Teil des Seidelwinkeltales 1 Ex. 17. VIII. 1937; am Weg von der Fleißkehre der Glocknerstraße zum Eingang in die Große Fleiß 1 Ex. 18. VII. 1938.
Gl. Gr.: Steppenwiesen entlang des Haritzerweges oberhalb Heiligenblut 2 Ex. (eines noch immatur) 15. VII. 1940.
Gr. Gr.: Windisch-Matrei, Steppenwiesen beim Lublas 2 Ex. 3. IX. 1941.
Weit verbreitet, als Futterpflanze wird *Trifolium pratense* angegeben.

1146. — *(Protapion) flavipes* Payk.
S. Gr.: Sonnige Wiesen unterhalb der Fleißkehre der Glocknerstraße 1 Ex. 1. VII. 1937; am Weg von der Fleißkehre zum Eingang in die Große Fleiß 6 Ex. 18. VII. 1938.
Gl. Gr.: Steppenwiesen entlang des Haritzerweges oberhalb Heiligenblut 1 Ex. 15. VII. 1940; Freiwand-SO-Hang, unweit der Kehre 2 der Glocknerstraße 1 Ex. 21. VII. 1938; am Weg von Kals ins Dorfer Tal 1 Ex. 18. VII. 1937; Fuscher Tal oberhalb Ferleiten, auf den Talwiesen und an den Hängen unterhalb der Trauneralm je 1 Ex. 21. VII. 1939; am Weg von Ferleiten zur Walcher Hochalm 1 Ex. 9. VII. 1941.
Weit verbreitet, lebt an *Trifolium*-Arten.

1147. — *(Protapion) aestivum* Germ.
S. Gr.: Am Weg von der Fleißkehre der Glocknerstraße zum Eingang in die Große Fleiß 1 Ex. 18. VII. 1938.
Gl. Gr.: Am Weg von Kals ins Dorfer Tal 1 Ex. 18. VII. 1937; Teischnitztal, an der Krummholzgrenze in etwa 2200 m Höhe gekätschert 1 Ex. 26. VII. 1938; am Hang unterhalb der Trauneralm auf einer kleinen Wiesenfläche gekätschert 1 Ex. 21. VII. 1939.
Gr. Gr.: Windisch-Matrei, auf den Steppenwiesen beim Lublas 1 Ex. 3. IX. 1941.
Pinzgau: Auf Wiesen beim Taxingbauer in Haid bei Zell am See 2 Ex. 13. VII. 1939.
Weit verbreitet, lebt auf *Trifolium*-Arten.

1148. — *(Protapion) apricans* Hbst.
S. Gr.: Rauris, zahlreich (leg. Koneczni).
Gl. Gr.: Guttal, auf den Wiesen oberhalb der Ankehre der Glocknerstraße 2 Ex. 15. VII. 1940 und 1 Ex. 11. VII. 1941; Steppenwiesen entlang des Haritzerweges oberhalb Heiligenblut 1 Ex. 15. VII. 1940; Albitzen-SW-Hang, in 2200 bis 2300 m Höhe 1 Ex. 17. VII. 1940; Fuscher Tal oberhalb Ferleiten, auf den Talwiesen je 1 Ex. 19. VII. 1939 und 14. VII. 1940.
Pinzgau: Taxingbauer in Haid bei Zell am See, auf Wiesen 2 Ex. 13. VII. 1939.
Weit verbreitet, lebt auf *Trifolium*-Arten.

1149. — *(Protapion) assimile* Kby.
S. Gr.: Sonnige Wiesen unterhalb der Fleißkehre der Glocknerstraße 1 Ex. 1. VII. 1937.
Gl. Gr.: Pasterzenvorfeld zwischen Glocknerstraße und Möllschlucht 6 Ex. auf *Trifolium Thali* 8. VIII. 1937.
Gr. Gr.: Am Weg vom Kalser Tauernhaus zum Muntanitz 1 Ex. 20. VII. 1937.
Pinzgau: Auf Wiesen beim Taxingbauer in Haid bei Zell am See 1 Ex. 13. VII. 1939.
Weit verbreitet, lebt an *Trifolium*-Arten.

1150. *Otiorrhynchus (Dodecastichus) geniculatus* Germ.
S. Gr.: Unterster Teil des Seidelwinkeltales zwischen Wörth und der untersten Alm 1 Ex. 17. VIII. 1937;
Gl. Gr.: Am Weg von Kals in die Daberklamm und in dieser 3 Ex. 15. und 18. VII. 1937; Kapruner Tal, in der Umgebung des Kesselfallalpenhauses 1 Ex. 14. VII. 1939; Hirzbachtal, beim Wasserfall und im Mischwald in der Bachschlucht bis 1300 m Höhe 3 Ex. 8. VII. 1941.
Ein Gebirgstier von weiter Verbreitung, das im Gebiete nur die tiefsten Tallagen bewohnt.

1151. — *(Dodecastichus) armadillo* Rossi.
S. Gr.: Hundsdorfer Graben bei Rauris 2 Ex. Juni 1941 (leg. Koneczni).
Die Art scheint im Gebiete selten und wenig verbreitet zu sein.

1152. *Otiorrhynchus (Otiorrhynchus) niger* Fbr.

S. Gr.: Hochtor-Tauernkopf 2 Ex. 6. VIII. 1937; Umgebung von Rauris (leg. Konneczni); oberster Teil des Seidelwinkeltales 2 Ex. 17. VIII. 1937; am alten Römerweg zwischen Kasereck, Schareck und Roßschartenkopf 1 Ex. 3. VIII. 1937; Große Fleiß, unter der Waldgrenze und am Weg aus der Fleiß zur Weißenbachscharte mehrfach 10. VII. und 6. VIII. 1937.

Gl. Gr.: Guttal, auf den Wiesen oberhalb der Ankehre der Glocknerstraße 1 Ex. 11. VII. 1941; Kapruner Tal, oberhalb des Kesselfalles 4 Ex. 14. VII. 1939; Moserboden, am Talgrund und orographisch rechten Hang unweit über diesem je 1 Ex. 16. VII. 1939; am Weg vom Moserboden zur Schwaigerhütte in der Zwergstrauchstufe 4 Ex. 17. VII. 1939; Käfertal 3 Ex. 23. VII. 1939.

Ein Gebirgstier, das im Gebiete die subalpine und die Zwergstrauchstufe bewohnt. In der letzteren findet sich die Art besonders gern an Stellen mit *Aconitum napellus* in der Nähe der Almen.

1153. — *(Otiorrhynchus) fuscipes* Ol.

S. Gr.: Am Weg vom Kasereck zum Schareck und Roßschartenkopf 1 Ex. 3. VIII. 1937; Kleine Fleiß, oberhalb des Alten Pocher je 2 Ex. 30. VI. und 4. VIII. 1937; Stanziwurten, hochalpin 1 Ex. 2. VII. 1937; Umgebung von Rauris (leg. Konneczni).

Gl. Gr.: Kar zwischen Albitzen- und Wasserradkopf, am Schneerand in 2450 m Höhe zahlreich 17. VII. 1940; Albitzen-SW-Hang, in 2200 bis 2300 m Höhe 9. VIII. 1937 und 20. VII. 1938 mehrfach; am Weg vom Glocknerhaus zur Pfandlscharte in der Speikbodenzone 1 Ex. 20. VII. 1938; Pasterzenvorfeld zwischen Glocknerstraße und Möllschlucht, unter Steinen mehrfach 5. VII. 1937; N-Hang der Margaritze, im Adenostyletum, und am Unteren Keesboden 5 Ex. 7. VII. 1937; am Steilhang der Marxwiese gegen den Unteren Keesboden 1 Ex. 28. VII. 1937; NO-Fuß der Leiterlehnen am Unteren Keesboden 1 Ex. 23. VII. 1938; Promenadeweg in die Gamsgrube, an den Hängen über dem Weg in Gesellschaft von *Cylindrus obtusus* 2 Ex. 31. VII. 1938; Gamsgrube 1 totes Ex. 6. VII. 1937; am Wienerweg zwischen Stockerscharte und neuer Salmhütte 2 Ex. 10. VIII. 1937; im untersten Teil des Dorfer Tales 2 Ex. 18. VII. 1937; Walcher Hochalm, am S-Hang in 2300 bis 2500 m Höhe, besonders an Schneerändern 6 Ex. 9. VII. 1941; N-Hang des Woazkopfes beim Mittertörl der Glocknerstraße 3 Ex. 15. VII. 1940.

Gr. Gr.: Am Weg vom Kalser Tauernhaus gegen den Spinevitrolkopf 1 Ex. 19. VII. 1937.

Eine montane Art, die im Gebiete aus subalpinen Lagen bis an die obere Grenze der alpinen Grasheidenstufe emporsteigt. Die Art liebt in hochalpinen Lagen Schneeränder und an ihrer oberen Verbreitungsgrenze Schneeböden.

1154. — *(Otiorrhynchus) morio* Fbr.

S. Gr.: Gastein (coll. Minarz); Radeggalm bei Böckstein und bei Hofgastein (Holdhaus und Lindroth 1939); Sieglitztal (leg. Leeder); Kolm-Saigurn und Krumeltal (leg. Leeder); Hüttenwinkeltal, auf den Almweiden zwischen Bodenhaus und Grieswiesalm in etwa 1300 m Höhe unter Steinen zahlreich 15. V. 1940.

Die Art ist boreoalpin verbreitet (vgl. Holdhaus und Lindroth 1939) und findet sich in den Alpen in tiefen Tallagen, aus denen sie bis in die alpine Zwergstrauchstufe emporsteigt. Im Gebiete findet sich *O. morio* nur auf der Nordseite der Sonnblickgruppe westlich bis ins Krumeltal, bereits im Seidelwinkeltal konnte ich ihn nicht mehr feststellen; auf der Südseite der mittleren Hohen Tauern kommt er nirgends vor.

1155. — *(Otiorrhynchus) dubius* Ström.

S. Gr.: Um Gastein (Giraud 1851); auf dem Rauriser Schareck in 2800 m und im Krumeltal in 2500 m Höhe (leg. Leeder); Seidelwinkeltal und Kramkogel bei Rauris (leg. Konneczni); am S-Hang des Hochtor-Tauernkopfes 2 Ex. 6. VIII. 1937; am alten Römerweg zwischen Kasereck und Schareck 3 Ex. 3. und 6. VIII. 1937; am Weg von der Weißenbachscharte in die Große Fleiß 2 Ex. 6. VIII. 1937; Gjaidtrog-SW-Hang, in der Polsterpflanzenstufe 1 Ex. 18. VII. 1938; Gjaidtrog-S-Hang gegen Seebichel 1 Ex. 24. VII. 1937; zwischen Seebichel und Zirmsee 2 Ex. 4. VIII. 1937; zwischen Seebichel und Fleißkees 1 Ex. 4. VIII. 1937; Stanziwurten, hochalpin 14 Ex. 2. VII. 1937.

Gl. Gr.: Am untersten sommerlichen Schneefleck am Albitzen-N-Hang 2 Ex. 27. VII. 1937; am Weg vom Glocknerhaus zur Pfandlscharte 1 Ex. 29. VII. 1937; auf der S-Seite der Oberen Pfandlscharte über dem Steilabfall zum Naßfeld 1 Ex. 29. VII. 1937; am Weg vom Glocknerhaus zur Pfandlscharte in einer Schneemulde über dem Glocknerhaus 1 Ex. 22. VII. 1938 und am Schneerand in 2350 m Höhe 3 Ex. 17. VII. 1938; Naßfeld des Pfandlschartenbaches, auf den Schuttkegeln der Bäche, die aus dem Magneskar herabkommen, 20. VII. 1938; Pasterzenvorfeld zwischen Glocknerstraße und Möll, innerhalb der Moräne des Jahres 1856 1 Ex. 3. VIII. 1938; am Weg von der Freiwand ins Magneskar 1 Ex. 1. VIII. 1938; Gamsgrube 2 Ex. 6. VII. 1937; Kleiner Burgstall 1 totes Ex. 22. VII. 1938; Wasserfallwinkel 1 Ex. 28. VII. 1938; Schneeböden bei der Salmhütte und am Schneerand in 2500 m Höhe 7 Ex. 12. VII. 1937 und 24. VII. 1938; am Hang unterhalb der neuen Salmhütte und im Schwertkar 3 Ex. 13. VII. 1937; am Stüdlweg zwischen Bergertörl und Mödlspitze 1 Ex. 11. VIII. 1937; Kar südwestlich unterhalb der Pfortscharte 1 Ex. 13. VII. 1937; Langer Trog im obersten Ködnitztal 2 Ex. 14. VII. 1937; Talschluß des Dorfer Tales, im Moränengelände unterhalb des Kalser Bärenkopfes 4 Ex. 17. VII. 1937; bei der Rudolfshütte und am Weg von dieser zum Tauernmoossee je 1 Ex. 16. VII. 1937; Moserboden, am orographisch rechten Hang in etwa 2000 m Höhe 2 Ex. 16. VII. 1939; Walcher Sonnleitbratschen, von 2300 m aufwärts bis in die Polsterpflanzenstufe zusammen 4 Ex. 9. VII. 1941; N-Hang unter der Unteren Pfandlscharte, in 2200 bis 2300 m Höhe 1 Ex. 18. VII. 1940; am Hang der Edelweißspitze gegen das Fuscher Törl 2 Ex. 28. VII. 1939.

Gr. Gr.: Wiegenwald (Stubach), im höchsten Teil, jedoch noch innerhalb der Waldregion 1 Ex. 10. VII. 1939; O-Hang des Hochfilleck (leg. Burchardt); in der Umgebung des Schwarzsees unter der Adlerspitze 1 Ex. 19. VII. 1937; Muntanitz-SO-Seite 1 Ex. 20. VII. 1937; Rotenkogel (leg. Holdhaus).

Schobergr.: Am Weg vom Berger- zum Peischlachtörl und von diesem ins Leitertal mehrfach 11. VIII. 1937; Hochschober (leg. Holdhaus); Wangenitzen (leg. Székessy).

Die Art ist boreoalpin verbreitet (vgl. Holdhaus und Lindroth 1939) und besitzt in den Alpen ein sehr ausgedehntes Wohnareal. Sie findet sich im Gebiete vorwiegend in hochalpinen Lagen, einzeln aber auch unterhalb der Waldgrenze, so im Wiegenwald. Eine Bindung an bestimmte Tiergesellschaften konnte nicht festgestellt werden, was auch mit den Angaben von Holdhaus und Lindroth (1939) übereinstimmt.

1156. *Otiorrhynchus (Otiorrhynchus) chalceus* Strl.
S. Gr.: Am Abhang des Ritterkopfes gegen das Krumeltal in 2500 m Höhe (leg. Leeder); S-Hang des Hochtor-Tauernkopfes 1 Ex. 6. VIII. 1937; am Weg vom Kasereck zum Roßschartenkopf 9 Ex. 6. VIII. 1937; am Weg aus der Großen Fleiß zur Weißenbachscharte hochalpin im Kar unter der Scharte 8 Ex.; Kleine Fleiß, auf den sonnigen Wiesen oberhalb des Alten Pocher gegen den Seebichel auf Kalkschiefer 3. VII. und 4. VIII. 1937 je 1 Ex. (hier an der Grenze des Kalkschiefers selten); Stanziwurten-SW-Hang, in 2200 m Höhe und am Gipfel 12 Ex. 2. VII. 1937; Gjaidtrog-SW-Hang, in der Polsterpflanzenstufe 4 Ex. 18. VII. 1937.

Gl. Gr.: Kar zwischen Albitzen- und Wasserradkopf, von 2450 m aufwärts bis 2800 m (Vorkommen der *Chrysomela crassicornis norica*) in der *Caeculus echinipes*-Gesellschaft häufig 9. VIII. 1937; Albitzen-SW-Hang, unterhalb der Kalkphyllitbratschen in 2250 m Höhe in der *Caeculus echinipes*-Gesellschaft 13 Ex. 20. VII. 1938; am Fuß des Albitzen-N-Hanges auf Kalkphyllitschutt an mehreren Stellen 17. VII. 1938; am Weg vom Glocknerhaus zur Pfandlscharte bis 2450 m Höhe emporsteigend, hier nur an Stellen, wo Kalkschiefer ansteht, einzeln 17. VII. 1938; südlich der Oberen Pfandlscharte nur am oberen Rand des Steilabfalles gegen das Naßfeld 2 Ex. 29. VII. 1937 (in der *Nebria atrata*-Zone vollständig fehlend); Pasterzenvorfeld zwischen Glocknerstraße und Möllschlucht, einzeln 5. VII. 1937 und 3. VIII. 1938; Hochfläche der Margaritze 7 Ex. 7. VII. und 18. VIII. 1937; Unterer Keesboden, auf sandigem Moränenschutt 4 Ex. 7. VII. 1937; S-Hang des Elisabethfelsens, auf Schutthalden 6 Ex. 7. VII. 1937 und 23. VII. 1938; Steilhang der Marxwiese gegen den Unteren Keesboden 1 Ex. 18. VIII. 1937; Marxwiese, nur wo Kalkphyllit ansteht, einzeln (meist tote Ex.); Naßfeld des Pfandlschartenbaches, auf den Schuttkegeln der Bäche, die aus dem Magneskar herabkommen, einzeln 20. VII. 1938; Steilhang des Hohen Sattels gegen die Pasterze, im Jungmoränengelände einzeln 28. VII. 1937; auf den Moränen des Magneskeeses, auf noch fast vegetationslosem Moränenschutt einzeln 29. VII. 1937 und 1. VIII. 1938; Freiwand, über Parkplatz III der Glocknerstraße 3 Ex. 31. VII. 1938; am Promenadeweg in die Gamsgrube in Gesellschaft von *Cylindrus obtusus* 3 Ex. an Stellen in der Nähe anstehenden Kalkphyllites 3 Ex. 30. VII. 1937 und 30. VII. 1938; Gamsgrube, zahlreich in der *Caeculus echinipes*-Gesellschaft 6. VII. 1937 und 30. VII. 1938; Haldenhöcker unterhalb des Mittleren Burgstalls, in der *Caeculus echinipes*-Gesellschaft auf den Schutthalden zahlreich 28. VII. 1938 und 16. VII. 1940; auf den Schuttflächen in der Nähe der Rasenbänke unter dem Glocknerkamp und Kellersbergkamp, an den Stellen, wo Kalkschieferschichten durchziehen, zahlreich 19. VIII. 1937; im Moränengelände unterhalb der Hofmannshütte 2 Ex. 20. VII. 1938; unterhalb des Schwerteckkeeses unweit über der Pasterzenmoräne 1 Ex. 2. VIII. 1938; am Weg von der Stockerscharte zur Pasterze über dem Unteren Keesboden 1 Ex. 10. VIII. 1937; am Hasenbalfen bei der Salmhütte 7 Ex. 12. VII. 1937 und 24. VII. 1938; Schwertkar 2 Ex. 13. VII. 1937; im Jungmoränengebiet des Leiter- und Hohenwartkeeses 2 Ex. 13. VII. 1937; Kar südwestlich unterhalb der Pfortscharte, in Gesellschaft von *Chrysomela crassicornis norica* und etwas tiefer 12 Ex. 14. VII. 1937; SW-Hang unterhalb der Foledischnitzscharte gegen das Teischnitztal, bei anstehendem Kalkphyllit 2 Ex. 26. VII. 1938; Moserboden gegen Schwaigerhütte, in etwa 2300 bis 2400 m Höhe in der *Caeculus echinipes*-Gesellschaft 2 Ex. 17. VII. 1939; am Unterlauf des Judenbaches 1 totes Ex. unter einem Stein, jedenfalls von der Hohen Dock herabgeschwemmt; Hang der Edelweißspitze gegen das Fuscher Törl, 13 Ex. in der Polsterpflanzenstufe 28. VII. 1939; N-Hang unterhalb der Unteren Pfandlscharte in 2200 bis 2300 m Höhe, hier einzeln auch noch im Bereiche des *Nebria atrata*-Vorkommens 18. VII. 1940; S-Seite des Hochtores, unmittelbar über dem Straßentunnel 3 Ex. (hier keine *Nebria atrata!*) 3 Ex. 15. VII. 1940.

Gr. Gr.: Muntanitz-SO-Seite auf Kalkphyllitschutt 18 Ex. 20. VII. 1937.

In der Schobergruppe fehlt die Art vollständig (vgl. auch Székessy 1937), ebenso scheint sie im Gebiete des Sonnblick- und Granatspitzgneises nirgends vorzukommen.

Otiorrhynchus chalceus ist in den Alpen endemisch und lebt hochalpin auf kalkhältigem Gestein. Ich fand die Art einerseits auf Kalkphyllitschutthalden in der Polsterpflanzenstufe und anderseits auf kalkphyllithältigen Moränen im Gebiete stets zahlreich. Von hier transgrediert sie in die hochalpine Grasheidenstufe, findet sich in dieser aber nur auf Kalkschieferrücken. Sie ist eine feste Charakterart der *Caeculus echinipes*-Gesellschaft.

1157. — *(Otiorrhynchus) foraminosus* Boh.
S. Gr.: Im mittleren Teil des Seidelwinkeltales, unterhalb des Tauernhauses 5 ♀ unter in Moos eingebetteten Steinen 17. VIII. 1937; ebenda auch von Koneczni gesammelt, Sommer 1941 4 ♀.

Die Art ist über die nördlichen und südlichen Kalkalpen weit verbreitet, fehlt jedoch in den Zentralalpen, abgesehen von einzelnen isolierten, auf Kalkunterlage gelegenen Fundorten. Die nächsten Fundorte sind der Hochkönig, die Lienzer Dolomiten und die Jagdhausalm in Defereggen (vgl. Franz 1938). Das Vorkommen der Art im Seidelwinkeltal liegt im Bereiche der Kalk- und Marmorschichten der sogenannten Seidelwinkeldecke.

1158. — *(Otiorrhynchus) scaber* L.
Mölltal: Zwischen Söbriach und Flattach, am S-Hang unter Fallaub 1 Ex. 18. VI. 1942.
S. Gr.: In der Umgebung von Gastein (Scholz 1903); im mittleren Teil des Seidelwinkeltales 1 Ex. 17. VIII. 1937; bei Rauris 1 Ex. (leg. Koneczni).
Gl. Gr.: Pasterzenvorfeld unterhalb dem Sturmalm, unweit unterhalb der Moräne des Jahres 1856 1 Ex. 25. VII. 1937; Heiligenblut, am SW-Hang unmittelbar über dem Ort in Fallaub unter *Corylus* 1 Ex. 18. VI. 1942; im Wald unterhalb der Traueralm 1 Ex. 21. VII. 1939.

Weit verbreitet, lebt auf Nadelhölzern und erreicht im Gebiete anscheinend die Waldgrenze nicht.

1159. — *(Otiorrhynchus) porcatus* Hbst.
S. Gr.: Bei Gastein in 1700 bis 2000 m Höhe (Giraud 1851); in der Umgebung von Gastein (Scholz 1903); Umgebung von Gastein (coll. Minarz).

Die Art scheint im Gebiete der mittleren Hohen Tauern nur im Gasteiner Tal vorzukommen; sie ist in Mitteleuropa weit verbreitet, scheint im Gebiete aber zu den jungen Einwanderern zu zählen, die erst in der Gegenwart allmählich von den Haupttälern aus in das Innere des Gebirges vordringen.

1160. *Otiorrhynchus (Otiorrhynchus) globulus* Gredl.
S. Gr.: Am Naßfeld bei Gastein 1 Ex. 19. VI. 1934 (coll. Minarz); Seebichel, in der Grasheide am SW-Hang knapp unterhalb des zerstörten Schutzhauses 2 Ex. 24. VII. 1937.
Gl. Gr.: Am oberen Ende der Daberklamm am Weg unter den Feldwänden, wohl über diese herabgefallen 1 Ex. 18. VII. 1937; Dorfer Alm bei Kals 1 Ex. (leg. Konneczni).
Die Art ist in den Alpen sub- und hochalpin weit verbreitet, scheint jedoch heliophil zu sein und ausschließlich trockene Grasplätze zu bewohnen.

1161. — *(Dorymerus) varius* Boh.
S. Gr.: Graukogel und Naßfeld (coll. Minarz); Radeggalm in 1500 m Höhe (leg. Leeder); Kleine Fleiß, oberhalb des Alten Pocher aus Grünerlenfallaub gesiebt 1 Ex. 30. VI. 1937; subalpin am Weg vom Alten Pocher auf den Seebichel 1 Ex. 28. VII. 1937.
Gr. Gr.: Dorfer Öd (Stubach), 1 Ex. in coll. Mus. Wien (leg. Frieb).
Schobergr.: Debanttal (leg. Konneczni).
Die Art ist in den Alpen endemisch; sie reicht von den Alpes maritimes über die piemontesischen und Schweizer Alpen bis in die mittleren Hohen Tauern. Östlich der Sonnblickgruppe ist sie in den Alpen bisher noch nicht gefunden worden.

1162. — *(Dorymerus) frigidus* Muls. (= *subdentatus* Strl. nec Bach).
S. Gr.: Naßfeld bei Gastein, in 1600 m Höhe 3 Ex. Juni 1936 (leg. Leeder); Kramkogel bei Rauris (leg. Konneczni); im mittleren Teil des Seidelwinkeltales 1 Ex. 17. VIII. 1937; Kleine Fleiß, subalpin am Weg vom Alten Pocher auf den Seebichel 1 Ex. 24. VII. 1937; beim Fleißgasthof am Ufer des Fleißbaches 1 Ex. 1. VII. 1937; Stanziwurten, hochalpin 1 Ex. 2. VII. 1937.
Gl. Gr.: Albitzen-SW-Hang, unterhalb der Kalkphyllitbratschen in 2200 m Höhe 1 totes Ex.; Pasterzenvorfeld zwischen Glocknerstraße und Möllschlucht, mehrfach am 25. und 29. VII. 1937 und am 27. VII. 1939; Ködnitztal, an der Waldgrenze aus Fallaub gesiebt 3 Ex. 14. VII. 1937; im Talschluß des Dorfer Tales 1 Ex. 17. VII. 1937; Kapruner Tal, oberhalb des Kesselfalles 1 Ex. 15. VII. 1939; Moserboden, am rechten Hang unweit oberhalb des Talbodens 1 Ex. 16. VII. 1939; Eingang ins Hirzbachtal 1 Ex. 8. VII. 1941; am Weg von Ferleiten zur Walcher Hochalm in 1700 bis 1800 m Höhe 1 Ex. von Gesträuch geklopft 9. VII. 1941.
In den Alpen endemisch, bedarf noch eingehender systematischer und biogeographischer Erforschung.

1163. — *(Dorymerus) salicis* Ström.
S. Gr.: Graukogel und Anlauftal bei Gastein (coll. Minarz); Kleine Fleiß 2 Ex. 30. VI. 1937; Rauris August 1941 (leg. Konneczni).
Gl. Gr.: Am Weg von Kals zum Bergertörl an der Baumgrenze (leg. Konneczni); Kapruner Tal, an der Talstufe unterhalb des Wasserfallbodens von Fichten geklopft 1 Ex. 15. VII. 1939; unterster Teil des Hirzbachtales, beim Wasserfall und in der Bachschlucht über diesem 4 Ex. 8. VII. 1941; am Weg von Ferleiten zur Walcher Hochalm, in 1700 bis 1900 m Höhe auf *Alnus viridis* und subalpinen *Salix*-Arten 16 Ex. (auch mehrere ♂) 9. VII. 1941.
Die Art ist boreoalpin verbreitet (vgl. Holdhaus und Lindroth 1937) und bewohnt in den Alpen vorwiegend subalpine Lagen, steigt jedoch gelegentlich ziemlich tief herab. Man sammelt die Käfer meist durch Abklopfen junger Fichten, während ich sie vorwiegend auf Erlen und Weiden fand. Im Gebiete scheint nur die zweigeschlechtige Form vorzukommen, während in vielen anderen Teilen der Alpen und im ganzen nordischen Verbreitungsareal der Art nur die parthenogenetische Form *(O. squamosus)* angetroffen wird.

1164. — *(Dorymerus) auricomus* Germ.
S. Gr.: Am Ufer des Fleißbaches unweit des Fleißgasthofes 1 Ex. 1. VII. 1937.
Gl. Gr.: Guttal, auf den Wiesen oberhalb der Ankehre der Glocknerstraße auf niederen Weiden 1 Ex. 15. VII. 1940 und 1 Ex. 11. VII. 1941; Pasterzenvorfeld zwischen Glocknerstraße und Möllschlucht, knapp unterhalb der Straße aus Rasen gesiebt 2 Ex. 29. VII. 1937; S-Seite der Margaritze, in Beständen von *Salix hastata* 3 Ex. 7. VII. und 18. VIII. 1937; Hochfläche der Margaritze 1 Ex. 18. VIII. 1937; Steilabfall der Marxwiese gegen den Unteren Keesboden 1 Ex. 18. VIII. 1937; am Weg von Ferleiten zur Walcher Hochalm, in 1700 bis 1900 m Höhe 2 Ex. 9. VII. 1941.
Gr. Gr.: Am Weg vom Kalser Tauernhaus zum Spinevitrolkopf 1 Ex. 19. VII. 1937.
Die Art ist in den Alpen endemisch und lebt im Gebiete in der subalpinen und Zwergstrauchstufe.

1165. — *(Dorymerus) rugifrons* Gyll.
S. Gr.: Umgebung von Gastein (Giraud 1851, Scholz 1903); Naßfeld bei Gastein und Kolm Saigurn (coll. Minarz).
Gl. Gr.: Albitzen-SW-Hang, unterhalb der Kalkphyllitbratschen 1 Ex. 21. VII. 1938; Pasterzenvorfeld zwischen Rührkübelbach und Pasterzenende, auf ganz sandigem Moränenboden 5 Ex. 5. VII. 1937; Hochfläche der Margaritze 28 Ex. 7. VII. und 18. VIII. 1937, 23. VII. 1938; auf den untersten Schutthalden am S-Hang des Elisabethfelsens 1 Ex. 23. VII. 1938; Steilhang der Hohen Sattels gegen die Pasterze, im Jungmoränengelände 2 Ex. 28. VII. 1937; Daberklamm 2 Ex. 15. VII. 1937; Käfertal, unter Steinen und in *Rhododendron*-Fallaub 4 Ex. 23. VII. 1939, 14. V. 1940 (nur in den tieferen Teilen des Tales).
Die Art ist weit verbreitet, zeigt in ihrem Vorkommen jedoch unverkennbare Anklänge an ein boreoalpines Verbreitungsbild, wenn sie auch in Frankreich aus dem Gebirge weithin auch auf die Ebene übergreift. Im Gebiete ist *O. rugifrons* in seinem Vorkommen in auffälliger Weise auf sandige Rohböden wie Grundmoränen, Bachschuttkegel und Kalkphyllitschutthalden angewiesen. Er besitzt auf diesen allenthalben eine örtlich engumgrenzte Verbreitung.

1166. — *(Dorymerus) alpicola* Boh.
S. Gr.: Krumeltal, in 2000 m Höhe (leg. Leeder); am Römerweg zwischen Kasereck und Schareck 1 Ex. 6. VIII. 1937; Seidelwinkeltal (leg. Konneczni); im obersten Teil des Seidelwinkeltales 1 Ex. 17. VII. 1937; auch schon im mittleren Teil des Seidelwinkeltales 1 Ex.; am Weg von der Weißenbachscharte ins Große Fleißtal 2 Ex.; Große Fleiß, subalpin 1 Ex. 8. VII. 1937; Fleiß, knapp oberhalb der Pfeiffersäge unter einem Stein in etwa 1550 m Höhe 18. VII. 1938; Stanziwurten, hochalpin 7 Ex. 2. VII. 1937.

Gl. Gr.: Kar zwischen Albitzen- und Wasserradkopf, am Schneerand in 2450 m Höhe 5 Ex. unter Steinen 17. VII. 1940; Albitzen-SW-Hang, in etwa 2200 m Höhe 6 Ex. 20. VII. 1938 und weiter bis oberhalb der Alm 4 Ex. 9. VIII. 1937; Pasterzenvorfeld zwischen Glocknerstraße und Möllschlucht, innerhalb und außerhalb der rezenten Moränen häufig 6. und 25. VII. 1937, 3. VIII. 1938; Hochfläche der Margaritze 6 Ex. 7. VII. und 18. VIII. 1937; Unterer Keesboden 2 Ex. 7. VII. 1937; S-Hang des Elisabethfelsens, einzeln 7. VII. 1937 und 23. VII. 1938; am Hang zwischen Unterem und Oberem Keesboden 1 Ex. 28. VII. 1937; am Haritzerweg zwischen Glocknerhaus und Naturbrücke über die Möll 1 Ex. 18. VIII. 1937; Schneemulde knapp oberhalb des Glocknerhauses 1 Ex. 17. VII. 1938; Steilabfall des Hohen Sattels gegen die Pasterze, im Moränengelände 1 Ex. 23. VIII. 1937; am Promenadeweg in die Gamsgrube in Gesellschaft von *Cylindrus obtusus* 1 Ex. 30. VII. 1938; Naßfeld des Pfandlschartenbaches 1 Ex. 26. VII. 1939; Gamsgrube, im tieferen Teil derselben, an Stellen, wo alpine *Salix*-Arten wachsen, 18 Ex. 6. VII. 1937 und 30. VII. 1938; auf den Pasterzenwiesen (Märkel und v. Kiesenwetter 1848); am Wienerweg zwischen Stockerscharte und neuer Salmhütte 1 Ex. 10. VIII. 1937; auf den Schutthalden unmittelbar oberhalb der neuen Salmhütte und am Hang unter dieser gegen den Leiterbach zahlreich 13. VII. und 11. VIII. 1937; Moserboden, am orographisch rechten Hang in etwa 2000 m Höhe 1 Ex. 16. VII. 1939; Käfertal 1 Ex. 23. VII. 1939.

Die Art ist über die Alpen weit verbreitet und lebt in sub- und hochalpinen Lagen. Im Gebiete scheint sie ausschließlich auf Kalkschiefer- und Kalkunterlage vorzukommen und deshalb sowohl in der Schobergruppe als auch im Bereiche des Granatspitz- und Sonnblickgneises zu fehlen. Sie scheint sub- und hochalpin ausschließlich oder doch vorwiegend auf *Salix*-Arten zu leben, eine strenge Gesellschaftsgebundenheit konnte ich bei ihr nicht feststellen.

1167. *Otiorrhynchus (Dorymerus) gemmatus* Scop.
S: Gr.: Hüttenwinkeltal, zwischen Bodenhaus und Grieswiesalm zahlreich 15. V. 1940; Rauris (leg. Konneczni); unterer Teil des Seidelwinkeltales 1 Ex. 17. VIII. 1937; Seidelwinkeltal, beim Tauernhaus (Märkel und v. Kiesenwetter 1848); Große Fleiß, subalpin 2 Ex. 10. VII. 1937; am Weg vom Fleißgasthof nach Heiligenblut 1 Ex. 9. VII. 1937.
Gl. Gr.: Kapruner Tal, oberhalb des Kesselfalles zahlreich 15. VII. 1939; Moserboden, am orographisch linken Hang 1 Ex. noch in etwa 2000 m Höhe 17. VII. 1939; im Wald unterhalb der Traueralm 1 Ex. 21. VII. 1939; im unteren Teil des Käfertales 1 Ex. 23. VII. 1939; am Weg von Ferleiten zur Walcher Hochalm und im untersten Teil des Hirzbachtales massenhaft 8. und 9. VII. 1941.
Gr. Gr.: Am Weg von der Schneiderau in die Dorfer Öd 1 Ex. 25. VII. 1939.
Pinzgau: Taxingbauer in Haid bei Zell am See, auf Wiesen 1 Ex. 13. VII. 1939.
Eine montane Art, die im Gebiete aus den tiefsten Tallagen bis in die alpine Zwergstrauchstufe emporsteigt, in dieser allerdings recht selten ist. Die Art ist polyphag und findet sich in den verschiedensten Tiergesellschaften, am häufigsten scheint sie allerdings in Hochstaudenfluren vorzukommen.

1168. — *(Dorymerus) pinastri* Hbst.
Mölltal: Zwischen Söbriach und Flattach 1 Ex. 18. VI. 1942.
Gl. Gr.: Oberhalb des Gasthofes Traueralm aus *Rhododendron*-Fallaub gesiebt 2 Ex. 21. VII. 1939.
Eine montane Art, die im Gebiete selten zu sein scheint und die Waldgrenze sicher nicht überschreitet.

1169. — *(Dorymerus) pauxillus* Rosh.
S. Gr.: Rauris (leg. Konneczni); beim Fleißgasthof aus Lärchennadeln gesiebt 7 Ex.
Gl. Gr.: Guttal, oberhalb der Ankehre der Glocknerstraße aus Grünerlenfallaub gesiebt 1 Ex. 22. VII. 1937; am Hang unmittelbar unterhalb des Glocknerhauses aus Graswurzeln gesiebt 1 Ex. 29. VII. 1937; Käfertal, im Fallaub unter *Alnus incana* 14. V. 1940.
Gr. Gr.: Nordhang des Wiegenwaldes (Stubach), in etwa 1600 m 1 Ex. 10. VII. 1938.
Eine montane Art, die subalpin in der Waldstreu und auf Nadelhölzern lebt.

1170. — *(Dorymerus) ovatus* L.
Mölltal: Zwischen Söbriach und Flattach, an der Straße 1 Ex. 18. VI. 1942.
S. Gr.: In der Großen Fleiß subalpin 1 Ex. 10. VII. 1937; am Weg von der Fleißkehre der Glocknerstraße zum Eingang in die Große Fleiß 1 Ex. 18. VII. 1938; beim Fleißgasthof 1 Ex. 30. VI. und 1 Ex. 7. VIII. 1937; am Weg vom Fleißgasthof nach Heiligenblut 3 Ex.
Gl. Gr.: Albitzen-SW-Hang, in etwa 2200 m Höhe 1 Ex. 21. VII. 1938.
Weitverbreitete Art, die jedoch im Gebiete nur in den warmen Südtälern vorkommen dürfte.

1171. — *(Arammichnus) chrysocomus* Germ.
S. Gr.: Um Gastein (Giraud 1851); Krumeltal, in 2000 m Höhe (leg. Leeder); Retteneggwald bei Rauris (leg. Konneczni); Anlauftal (coll. Minarz); Seidelwinkeltal, beim Tauernhaus (Märkel und v. Kiesenwetter 1848); Kleine Fleiß, beim Alten Pocher 1 Ex. 3. VII. 1937; Stanziwurten, hochalpin 1 Ex. 2. VII. 1937.
Gl. Gr.: Guttal, auf den Wiesen oberhalb der Ankehre der Glocknerstraße 1 Ex. 11. VII. 1941; am Weg vom Glocknerhaus zur Pfandlscharte in 2350 m Höhe 2 Ex. 17. VII. 1938; Pasterzenvorfeld, zwischen Glocknerstraße und Möllschlucht 1 Ex. 5. VII. 1937; am Hang zwischen Unterem und Oberem Keesboden 1 Ex. 28. VII. 1937; Naßfeld des Pfandlschartenbaches 1 Ex. 20. VII. 1938; am Stüdlweg zwischen Bergertörl und Mödlspitze 1 Ex. 11. VIII. 1937; Talschluß des Dorfer Tales, im Moränengelände unterhalb des Kalser Bärenkopfes 1 Ex. 17. VII. 1937; am Hang unterhalb der neuen Salmhütte gegen den Leiterbach 1 Ex. 13. VII. 1937.
Gr. Gr.: In der Umgebung des Schwarzsees unterhalb der Aderspitze 1 Ex. 19. VII. 1937; am Muntanitz-SO-Hang 1 Ex. 20. VII. 1937.
Die Art ist über die Alpen, Karpathen und Dinariden verbreitet und lebt im Gebiete sub- und hochalpin ohne bestimmten Gesellschaftsanschluß.

1172. — *(Arammichnus) anthracinus* Scop.
Mölltal: Bei Söbriach an einem trockenen Rain 1 Ex. 18. VI. 1942.
S. Gr.: In der Fleiß 2 Ex. 1. VII. 1937; Mallnitz (coll. Mus. Wien).
Gl. Gr.: Am Weg von Kals zur Daberklamm 1 Ex. 18. VII. 1937.
Die Art wird aus den Pyrenäen, Alpen und dem Kaukasus angegeben. Sie ist in den Alpen auf warme Tallandschaften beschränkt und im Gebiet eine Charakterart der warmen Lagen in den Südtälern,

1173. *Trachyphloeus Olivieri* Bedel.
S. Gr.: Am Weg vom Fleißgasthof nach Heiligenblut 1 Ex. Juli 1937.
Eine in Mitteleuropa und Italien weiter verbreitete Art, die im Gebiete gleichfalls nur in den warmen Südtälern vorkommen dürfte.

1174. — *aristatus* Gyll.
Pinzgau: Taxingbauer in Haid bei Zell am See, im Rasengesiebe einer Kunstwiese 2 Ex. 13. VII. 1939.

1175. *Peritelus hirticornis* Hbst.
Mölltal: Zwischen Söbriach und Flattach an einem trockenen Straßenrain vom Rasen gekätschert 1 Ex. 18. VI. 1942.
Die im Gebiete sicher nur in den wärmsten Lagen heimische Art fand ich auch am S-Hang oberhalb Millstatt am See.

1176. *Phyllobius (Pseudomyllocerus) cinerascens* Fbr.
S. Gr.: Eingang in das Zirknitztal, am sonnigen S-Hang oberhalb Döllach 1 Ex. 28. VIII. 1941.
Eine mehr südliche Art, die im Gebiete für die Steppenwiesen charakteristisch sein dürfte.

1177. — *(Parnemoicus) viridicollis* Fbr.
S. Gr.: Sonnige Wiesen unterhalb der Fleißkehre der Glocknerstraße 1 Ex. 1. VII. 1937; am Weg vom Fleißgasthof nach Heiligenblut 1 Ex. Juli 1937.
Gl. Gr.: Steppenwiesen entlang des Haritzerweges oberhalb Heiligenblut 2 Ex. 15. VII. 1940.
Weitverbreitete Art, die vorwiegend im Gebirge lebt, im Gebiete jedoch nur die warmen Lagen der Südtäler zu bewohnen scheint.

1178. — *(Nemoicus) oblongus* L.
Mölltal: Zwischen Obervellach und Flattach häufig 18. VI. 1942.
Gl. Gr.: Fuscher Tal unterhalb Dorf Fusch, in der Grauerlenau am Wachtbergbach 1 Ex. 23. V. 1941.
Die weitverbreitete Art scheint im Gebiete nur die tiefsten Tallagen zu bewohnen.

1179. — *(Phyllobius) arborator* Hbst.
S. Gr.: Im unteren und mittleren Teil des Seidelwinkeltales einzeln 17. VIII. 1937; Große Fleiß, subalpin einzeln Juli 1937; beim Fleißgasthof 1 Ex. 30. VI. 1937; am Weg vom Fleißgasthof nach Heiligenblut im Juli und August 1937; Eingang in das Zirknitztal 2 Ex. 28. VIII. 1941; Mallnitzer Tauerntal, beim Gasthof Gutenbrunn 1 Ex. 5. IX. 1941.
Gl. Gr.: Steppenwiesen entlang des Haritzerweges oberhalb Heiligenblut 1 Ex. 15. VII. 1940; an der Fuscher Ache oberhalb Ferleiten 4 Ex. 14. VII. 1940.
Pinzgau: Auf Gesträuch an der Fuscher Ache bei Bruck an der Glocknerstraße 2 Ex. 19. VII. 1940.
Gr. Gr.: Windisch-Matrei, am Weg zur Proseckklamm 1 Ex. 3. IX. 1941.
Weit verbreitet, lebt auf verschiedenen Laubhölzern.

1180. — *(Phyllobius) alpinus* Strl.
S. Gr.: Am Weg von Rauris auf die Gstatteralm 1 Ex. Juli 1941 (leg. Konneczni).

1181. — *(Phyllobius) piri* var. *mali* Gyll.
Pinzgau: Bruck an der Glocknerstraße 1 Ex. Mai 1941.

1182. — *(Phyllobius) calcaratus* Fbr.
S. Gr.: Seidelwinkeltal, mittlerer Teil 1 Ex. 17. VIII. 1937.
Gl. Gr.: Am Weg von Kals ins Dorfer Tal 1 Ex. 18. VII. 1937; Kapruner Tal, in der Umgebung des Kesselfallalpenhauses 1 Ex. 14. VII. 1939; Fuscher Tal, oberhalb Ferleiten mehrfach 19. VII. 1939 und 14. VII. 1940; im Wald unterhalb der Trauneralm 1 Ex. 21. VII. 1939; am Weg von Ferleiten zur Walcheralm bis etwa 1700 m Höhe auf Gesträuch 9. VII. 1941; in der Erlenau am Wachtbergbach im Fuscher Tal 1 Ex. 23. V. 1941.
Gr. Gr.: Am Weg von der Schneiderau in die Dorfer Öd, in der Hochstaudenflur entlang des Baches 3 Ex. 25. VII. 1939.
Weitverbreitete Art, die auf verschiedenen Sträuchern, im Gebiete vorwiegend auf *Alnus incana*, lebt.

1183. *Polydrosus (Metallites) atomarius* Ol.
S. Gr.: Mallnitzer Tauerntal, beim Gasthof Gutenbrunn 1 Ex. 5. IX. 1941.
Gl. Gr.: Eingang ins Hirzbachtal oberhalb Dorf Fusch 1 Ex. 8. VII. 1941.

1184. — *(Eustolus) impressifrons* Gyll.
Gl. Gr.: Ufer der Fuscher Ache oberhalb Ferleiten, an *Alnus incana* 2 Ex. 18. VII. 1940.
Pinzgau: Am Ufer der Fuscher Ache an *Alnus incana* unweit Bruck an der Glocknerstraße häufig 19. VII. 1940.
Weit verbreitet, lebt auf verschiedenen Laubhölzern, besonders Erlen und Weiden.

1185. — *(Eustolus) pilosus* Gredl.
S. Gr.: In der Fleiß 1 Ex. Juli 1937; Rauris Juni 1941 (leg. Konneczni).
Montane Art, die auf verschiedenem Gesträuch lebt.

1186. — *(Metadrosus) ruficornis* Bonsd.
Gl. Gr.: Eingang ins Hirzbachtal, beim Wasserfall und darüber in der Bachschlucht zahlreich 8. VII. 1941; am Weg von Ferleiten zur Walcher Hochalm bis 1800 m Höhe zahlreich auf *Alnus incana* und *viridis* 9. VII. 1941.
S. Gr.: Rauris, zahlreich (leg. Konneczni).
Gr. Gr.: Am Weg von der Schneiderau in die Dorfer Öd, in der Hochstaudenflur entlang des Baches sehr häufig 25. VII. 1939; am Weg von der Schneiderau in den Wiegenwald unweit über dem Tal 10. VII. 1939.
Pinzgau: Am Ufer der Fuscher Ache bei Bruck an der Glocknerstraße auf Gesträuch häufig 19. VII. 1940.
Die Art lebt in Gebirgsgegenden auf *Alnus viridis* und *incana*. Ihr Vorkommen ist im Gebiete auf die Tallagen beschränkt.

1187. — *(Thomsonconymus) sericeus* Schall.
Mölltal: Zwischen Obervellach und Flattach auf Gesträuch zahlreich 18. VI. 1942.

1188. *Liophloeus tessulatus* Müll.
   Gl. Gr.: Kapruner Tal, mehrfach Juli 1912 (leg. Grätz).
   Weitverbreitete Art, die im Gebiete anscheinend nur die tiefsten Tallagen bewohnt.

1189. *Strophosomus (Nelicarus) faber* Hbst.
   S. Gr.: Am Weg von der Fleißkehre der Glocknerstraße zum Eingang in die Große Fleiß 1 Ex. gekätschert 18. VII. 1938.
   Gl. Gr.: Am Haritzerweg zwischen Glocknerhaus und Naturbrücke über die Möll 1 Ex. 18. VIII. 1937.
   Weitverbreitete Art.

1190. *Sitona (Sitona) sulcifrons* Thnbg.
   Pinzgau: Auf Wiesen beim Taxingbauer in Haid bei Zell am See 1 Ex. 13. VII. 1939.
   Weitverbreitete, auf Leguminosen lebende Art, die wohl auch in den Tälern des engeren Untersuchungsgebietes noch zu finden sein wird.

1191. — *(Sitona) puncticollis* Steph.
   Gl. Gr.: Sensteben zwischen Guttal und Pallik, in der Nähe der Glocknerstraße 2 Ex. 15. VII. 1940; Fuscher Tal unterhalb Dorf Fusch, auf einer Wiese an der Glocknerstraße 1 Ex. 23. V. 1941.
   Weit verbreitet, lebt an *Trifolium*-Arten.

1192. — *(Sitona) flavescens* Marsh.
   S. Gr.: Kleine Fleiß, auf den sonnigen Wiesen oberhalb des Alten Pocher 1 Ex. 3. VII. 1937; am Weg vom Fleißgasthof nach Heiligenblut 1 Ex. 13. VIII. 1937.
   Gl. Gr.: Am Weg von Kals ins Dorfer Tal 2 Ex. 18. VII. 1937.
   Pinzgau: Auf einer Wiese beim Taxingbauer in Haid bei Zell am See 1 Ex. 13. VII. 1939.
   Weit verbreitet, lebt an Leguminosen.

1193. — *(Sitona) lineellus* Bonsd.
   S. Gr.: Am Weg von der Fleißkehre der Glocknerstraße zum Eingang in die Große Fleiß gekätschert 3 Ex. 18. VII. 1938; auf den sonnigen Wiesen unterhalb der Fleißkehre 5 Ex. 1. VII. 1937; beim Fleißgasthof 4 Ex. Juli 1937.
   Gl. Gr.: Auf den Steppenwiesen entlang des Haritzerweges oberhalb Heiligenblut 1 Ex. 15. VII. 1940.
   Weit verbreitet, lebt auf Leguminosen.

1194. — *(Sitona) hispidulus* Fbr.
   Pinzgau: Auf Wiesen beim Taxingbauer in Haid bei Zell am See 1 Ex. 13. VII. 1939.
   S. Gr.: Eingang in das Zirknitztal, im Steppenrasen 1 Ex. 28. VIII. 1941.
   Weit verbreitet, lebt auf Leguminosen und ist wohl auch in den Tälern des engeren Untersuchungsgebietes zu finden.

1195. — *(Sitona) cylindricollis* Fahrs.
   S. Gr.: Sonnige Wiesen unterhalb der Fleißkehre der Glocknerstraße 1 Ex. 1. VII. 1937.
   Pinzgau: Auf Wiesen beim Taxingbauer in Haid bei Zell' am See 2 Ex. 13. VII. 1937.
   Weitverbreitete Art.

1196. — *(Sitona) humeralis* Steph.
   S. Gr.: Sonnige Hänge unterhalb der Fleißkehre der Glocknerstraße 1 Ex. 1. VII. 1937.
   Weit verbreitet, lebt besonders auf *Medicago falcata*.

1197. *Chlorophanus viridis* L. ab. *salicicola* Germ.
   Gl. Gr.: Kapruner Tal, zahlreich Juli 1913 (leg. Grätz); am Ufer der Fuscher Ache oberhalb Ferleiten 1 Ex. 14. VII. 1940.
   Die Art scheint nur in den tieferen Tallagen der nördlichen Tauerntäler vorzukommen.

1198. *Tropiphorus tomentosus* Mrsh.
   Gl. Gr.: Guttal, Wiesen oberhalb der Ankehre der Glocknerstraße 1 Ex. 11. VII. 1941; Albitzen-SW-Hang, in 2200 bis 2300 *m* Höhe 1 Ex. 17. VII. 1940; am Haritzerweg zwischen Glocknerhaus und Naturbrücke über die Möll 1 Ex. 26. VII. 1937; Sturmalm, unweit unterhalb der Sturmkapelle aus Graswurzeln gesiebt 1 Ex. 25. VII. 1937; Grashang unmittelbar unterhalb des Glocknerhauses, auf einer feuchten Almwiese aus Graswurzeln gesiebt 1 Ex. 27. VII. 1939; Pasterzenvorfeld zwischen Glocknerstraße und Möllschlucht, innerhalb der Moräne des Jahres 1856 1 Ex. gesiebt 27. VII. 1939; S-Seite der Margaritze, aus der Bodenstreu unter *Rhododendron* und *Salix hastata* gesiebt 1 Ex. 18. VIII. 1937; Moserboden, auf einer Almmatte in etwa 2000 *m* Höhe aus Graswurzeln gesiebt 1 Ex. 17. VII. 1939.
   Pinzgau: Bruck an der Glocknerstraße, am Straßenrand von *Urtica* geklopft 2 Ex. 23. V. 1941.
   Eine montane Art, die im Gebiete anscheinend besonders die Zwergstrauchstufe bewohnt und dort aus der Bodenstreu der Zwergsträucher und aus Almrasen gesiebt werden kann.

1199. — *carinatus* Müll.
   Gl. Gr.: Kapruner Tal, auf den Talwiesen oberhalb des Kesselfalles 1 Ex. 15. VII. 1939.
   Weit verbreitet, lebt nach Reitter (1908—16) auf *Mercurialis perennis*.

1200. *Larinus (Larinus) brevis* Hbst.
   S. Gr.: Sonnige Wiesen unterhalb der Fleißkehre der Glocknerstraße 1 Ex. 1. VII. 1937; Rauris (leg. Konneczni).
   Eine thermophile Art, die auf verschiedenen Disteln lebt und für die Steppenrasengesellschaften der warmen Südtäler des Gebietes kennzeichnend ist, allerdings auch in anderen Teilen der Ostalpen vorkommt.

1201. *Dorytomus (Praeolamus) taeniatus* Fbr.
   S. Gr.: Rauris (leg. Konneczni).
   Gl. Gr.: S-Seite der Margaritze 1 Ex. 18. VIII. 1937; Käfertal, aus Fallaub unter *Alnus incana* gesiebt 9 Ex. 23. VII. 1939.
   Weit verbreitet, lebt auf *Salix, Betula, Populus*, vielleicht im Gebiete auch auf *Alnus*.

1202. *Notaris acridulus montanus* Fst.
    Mölltal: Winklern 1 Ex. 18. VI. 1942.
    Gl. Gr.: Auf dem Oberen Pfandlboden über dem Fuscher Tal 1 Ex. unter einem Stein 21. VII. 1939; Fuscher Tal unterhalb Dorf Fusch 1 Ex. (f. typ.) 23. V. 1941.
    Die Art lebt in höheren Gebirgslagen an sumpfigen Stellen.

1203. *Acalyptus carpini* Fbr.
    S. Gr.: Eingang in das Zirknitztal 1 Ex. (ab. *sericeus* Gyll.) 28. VII. 1941.
    Gl. Gr.: Am Ufer der Fuscher Ache unterhalb Dorf Fusch auf Weidenbüschen 1 Ex. 23. V. 1941.

1204. *Orthochaetes setiger* Beck.
    Mölltal: Am S-Hang zwischen Söbriach und Flattach aus Fallaub unter *Corylus* gesiebt 1 Ex. 18. VI. 1942.
    Gl. Gr.: Heiligenblut, am SW-Hang über dem Ort aus Fallaub unter *Corylus* gesiebt 1 Ex. 18. VI. 1942.

1205. *Tychius (Tychius) tomentosus* Hbst.
    S. Gr.: Sonnige Wiesen unterhalb der Fleißkehre der Glocknerstraße 1 Ex. 30. VI. 1937.
    Eine weitverbreitete Art, die im Gebiete aber nur die tiefsten Tallagen bewohnt und für die Steppenwiesengesellschaft der Südtäler charakteristisch ist.

1206. *Anthonomus (Anthonomus) rubi* Hbst.
    Gl. Gr.: Im unteren Teil des Käfertales 1 Ex. 14. V. 1940; Walcher Hochalm, am S-Hang in etwa 2200 m Höhe 1 Ex. 9. VII. 1941.
    Gr. Gr.: Am Weg von der Schneiderau in die Dorfer Öd 1 Ex. 15. VII. 1939.

1207. — *(Anthonomus) pedicularius* L. ab. *conspersus* Desbr.
    S. Gr.: Am Weg aus dem Mallnitzer Tauerntal zur Woisken in etwa 1400 m Höhe auf *Sorbus aucuparia* 1 Ex. 5. IX. 1941.
    Weit verbreitet, lebt auf *Rubus*-Arten.

1208. *Liosoma Kirschi* Gredl.
    Gl. Gr.: Auf der Kreitherwand, wo der Haritzerweg diese überquert, unter einem Stein 1 Ex. 24. VII. 1938.
    Die Art ist bisher nur aus Nord- und Südtirol und aus dem bayrischen Alpengebiet bekannt, ihr Vorkommen auf der Kreitherwand dürfte weithin isoliert und als wärmezeitliches Reliktvorkommen zu werten sein.

1209. *Trachodes hispidus* L.
    Gl. Gr.: Fuscher Tal unterhalb Dorf Fusch, in der Grauerlenau am Wachtbergbach in Fallaub 1 Ex. 23. V. 1941.
    Die Art wird in Wäldern an trockenem Holz gefunden, sie besitzt eine weite Verbreitung.

1210. *Hylobius (Hypomolyx) piceus* De G.
    S. Gr.: Am Weg vom Fleißgasthof zur Pfeiffersäge im Wald 1 Ex. Juli 1937; in der Fleiß 10. VII. 1939 (leg. Jaitner); Große Fleiß subalpin 2 Ex. 10. VII. 1937.
    Gl. Gr.: Dorfer Tal, beim Kalser Tauernhaus 1 Ex. 19. VII. 1937; Ferleiten 1 Ex. 10. VII. 1941.
    Weit verbreitet, lebt in den Nadelwäldern des Gebietes auf Coniferen.

1211. — *(Hylobius) abietis* L.
    S. Gr.: Am Weg vom Fleißgasthof nach Heiligenblut 1 Ex. 9. VII. 1937.
    Gr. Gr.: Windisch-Matrei, an der ins Matreier Tauerntal führenden Straße oberhalb Schloß Weißenstein 1 Ex. 3. IX. 1941.
    Ein weitverbreiteter Nadelholzschädling, der im Gebiete aber nicht häufig zu sein scheint.

1212. *Liparus (Liparus) germanus* L.
    Gl. Gr.: Im unteren Teil des Dorfer Tales 1 Ex. 17. VII. 1937; Kapruner Tal (leg. Grätz); Fuscher Tal oberhalb Ferleiten 2 Ex. 21. VII. 1939; auf dem Oberen Pfandlboden in über 2000 m Höhe 1 Ex. 21. VII. 1939.
    Auch bei Windisch-Matrei (Werner 1934).
    Weitverbreitete Art, die auf *Tussilago* und *Petasites* lebt, gelegentlich jedoch auch auf *Adenostyles* übergeht.

1213. — *(Liparus) glabrirostris* Küst.
    S. Gr.: Hüttenwinkeltal, zwischen Bodenhaus und Grieswiesalm 1 Ex. 15. V. 1940.
    Gl. Gr.: Kapruner Tal, in der Umgebung des Kesselfallalpenhauses 1 Ex. 14. VII. 1939; im Petasitetum der Bachschlucht des Hirzbachtales in etwa 1300 m Höhe 1 Ex. 8. VII. 1941.
    Gr. Gr.: Am Weg von der Schneiderau in die Dorfer Öd, in der Hochstaudenflur entlang des Baches 1 Ex. 25. VII. 1399.
    Lebt wie die vorige Art und ist wie diese weit verbreitet.

1214. *Plinthus Findeli* Boh.
    Gl. Gr.: Auf einem kleinen *Rumex*-Läger unterhalb der Traueralm auf *Rumex alpinus* 1 Ex. 21. VII. 1939.
    Die Art ist in den Ostalpen endemisch, sie scheint im Gebiete nicht häufig zu sein.

1215. *Hypera comata* Boh.
    Eingang in das Hirzbachtal, in der Bachschlucht in der Hochstaudenflur 2 Ex. 8. VII. 1941.
    S. Gr.: Große Fleiß, in etwa 1850 m Höhe in einem *Rumex*-Läger auf *Rumex alpinus* zahlreich, mehrfach auch in copula beobachtet 10. VII. 1937.
    Gl. Gr.: Im unteren Teil des Dorfer Tales 5 Ex. 18. VII. 1937; Eingang in das Hirzbachtal, in der Bachschlucht in der Hochstaudenflur 2 Ex. 8. VII. 1941.
    Die Art ist über den Schwarzwald, die Alpen und Karpathen weit verbreitet.

1216. — *rubi* Krauss.
    Gl. Gr.: Auf den Grashängen unterhalb des Glocknerhauses 1 Ex. 29. VII. 1937.
    Gleichfalls über die Alpen und Karpathen verbreitet.

1217. *Phytonomus (Phytonomus) nigrirostris* Fbr.
S. Gr.: Am Weg vom Fleißgasthof nach Heiligenblut Juli 1937.
Gl. Gr.: Albitzen-SW-Hang, unweit südlich der Marienhöhe in etwa 2200 m Höhe aus Graswurzeln gesiebt 2 Ex. 2. VIII. 1938; Grashang unmittelbar unterhalb des Glocknerhauses, 1 Ex. aus Graswurzeln gesiebt 29. VII. 1937; Pasterzenvorfeld zwischen Glocknerstraße und Möllschlucht, an mehreren Stellen gesammelt 25. VII. bis 8. VIII. 1937.
Weitverbreitete Art, die an *Ononis*-Arten, aber wohl auch an anderen Leguminosen lebt.

1218. — *(Phytonomus) arator* L.
S. Gr.: Sonnige Wiesen unterhalb der Fleißkehre der Glocknerstraße 1 Ex. 30. VI. 1937.
Gl. Gr.: Albitzen-SW-Hang, in 2200 bis 2300 m Höhe 1 Ex. 17. VII. 1940; Grashang unmittelbar unterhalb des Glocknerhauses 1 Ex. 25. VII. 1937; am Weg aus dem Fuscher Tal zur Trauneralm 1 Ex. 21. VII. 1939.
Weit verbreitet, steigt im Gebiete bis in die alpine Zwergstrauchstufe empor.

1219. — *(Phytonomus) variabilis* Hbst.
S. Gr.: Am Weg vom Fleißgasthof nach Heiligenblut 2 Ex. 9. VII. 1937 von *Medicago falcata* gesammelt.
Die Art ist weit verbreitet, scheint im Gebiete aber selten zu sein.

1220. *Acalles roboris* Curt.
S. Gr.: Im sonnigen Lärchenwald oberhalb des Fleißgasthofes 1 Ex. 9. VII. 1937.
Gl. Gr.: Heiligenblut, SW-Hang über dem Ort, unter *Corylus* 1 Ex. 18. VI. 1942.
Weit verbreitet, wird an dürrem Holz gefunden.

1221. — *croaticus* Bris.
Gl. Gr.: Kapruner Tal, im Mischwald am Hang über dem Kesselfall aus tiefen Fallaublagen gesiebt 1 Ex. 14. VII. 1937.
Eine seltene Art, die vom Schwarzwald über die Alpen bis in die Dinariden verbreitet zu sein scheint, im Gebiete aber die obere Mischwaldgrenze nicht überschreiten dürfte.

1222. — *pygmaeus* Boh.
S. Gr.: Am Weg von Rauris zur Retteneggalm 2 Ex. August 1941 (leg. Konneczni).

1223. — *camelus* Fbr.
Gl. Gr.: Kapruner Tal, im Mischwald am Hang über dem Kesselfall aus tiefen Fallaublagen gesiebt 6 Ex. 14. VII. 1939.
Eine weitverbreitete Art, die im Gebiete jedoch auch nur die tieferen Waldlagen bewohnen dürfte.

1224. *Rhytidosoma (Rhytidosoma) fallax* Otto.
Mölltal: N-Hang gegenüber von Flattach, aus Moos gesiebt 1 Ex. 18. VI. 1942.

1225. *Zacladus affinis* Payk.
Mölltal: Winklern, in Blüten von *Geranium silvaticum* 18. VI. 1942.
Gl. Gr.: 1 Stück mit der Fundortangabe „Großglockner" (ex coll. Pachole) in meinem Besitz.
Die Art ist weit verbreitet und lebt auf *Geranium*-Arten, in den Alpen besonders auf *Geranium silvaticum*.

1226. *Cidnorrhinus quadrimaculatus* L.
Mölltal: Bei Flattach an *Urtica dioica* 18. VI. 1942.
S. Gr.: Im Hüttenwinkeltal bei Bucheben mehrfach auf *Urtica dioica* 15. V. 1940; in der Fleiß auf *Urtica* Juli 1937.
Gl. Gr.: An der Glocknerstraße unterhalb Dorf Fusch auf *Urtica* zahlreich 23. V. 1941.
Die Art dürfte auf ihrer Futterpflanze im Gebiete weiter verbreitet sein.

1227. *Micrelus ericae* Gyll.
S. Gr.: Rauris 1 Ex. Juni 1941 (leg. Konneczni).

1228. *Ceuthorrhynchidius horridus* Panz.
S. Gr.: Bei Rauris am SO-Hang unterhalb des Gstatterwaldes auf Weideland 1 Ex. (leg. Konneczni).

1229. — *troglodytes* Fbr.
Pinzgau: Auf einer Kunstwiese beim Taxingbauer in Haid bei Zell am See 1 Ex. 13. VII. 1939.
Die Art dürfte auf ihrer Futterpflanze, *Plantago lanceolata*, auch in den Tallagen des engeren Untersuchungsgebietes zu finden sein.

1230. — *Barnevillei* Gren.
Mölltal: Zwischen Söbriach und Flattach 1 Ex. 18. VI. 1942.
S. Gr.: Eingang in das Zirknitztal, am S-Hang oberhalb Döllach im Trockenrasen gekätschert 1 Ex. 28. VIII. 1941.

1231. *Ceuthorrhynchus (Hadroplontus) asperifoliarum* Gyll.
Gl. Gr.: Albitzen-SW-Hang, in 2200 bis 2400 m Höhe auf *Myosotis alpestris* häufig 17. VII. 1940; am Hang unmittelbar unterhalb des Glocknerhauses 1 Ex. 25. VII. 1937; im Krummholz am Haritzerweg unweit der Naturbrücke über die Möll 1 Ex. auf *Myosotis alpestris*.
Die oligophag auf Boraginaceen lebende Art findet sich im Gebiete auf *Myosotis alpestris* und steigt mit dieser Pflanze bis an die obere Grenze der alpinen Zwergstrauchstufe empor.

1232. — *(Hadroplontus) campestris* Gyll.
S. Gr.: Bei Rauris ♂ ♀ Juni 1941 (leg. Konneczni).

1233. — *(Hadroplontus) punctiger* Gyll.
S. Gr.: Auf den Wiesen beim Fleißgasthof 1 Ex. 7. VIII. 1937.
Weitverbreitete Art, die auf Compositen lebt und im Gebiete nur die Tallagen bewohnen dürfte.

1234. — *(Ceuthorrhynchus) pleurostigma* Marsh.
Gl. Gr.: An Feldrainen entlang des Haritzerweges oberhalb Heiligenblut auf *Sinapis arvensis* 2 Ex. 15. VII. 1940.
Weitverbreitete Art, die an *Sinapis arvensis* im Gebiete mit dem Ackerbau verbreitet sein dürfte.

1235. *Ceuthorrhynchus (Ceuthorrhynchus) assimilis* Payk.
S. Gr.: Eingang in das Zirknitztal, auf den Steppenwiesen 1 Ex. 28. VIII. 1941.
Gl. Gr.: An Feldrändern um Heiligenblut auf *Sinapis arvensis* 15. VII. 1940.
Dürfte im Gebiete wie die vorgenannte Art verbreitet sein.

1236. — *(Marklissus) hirtulus* Germ.
S. Gr.: Bei Rauris (leg. Konneczni).

1237. — *(Marklissus) contractus* Marsh.
Mölltal: Zwischen Söbriach und Flattach 1 Ex. 18. VI. 1942.
S. Gr.: Auf den sonnigen Wiesen unterhalb der Fleißkehre der Glocknerstraße gekätschert 1 Ex. 1.VII.1937.
Weitverbreitete Art, die auf Cruciferen lebt und im Gebiete in den Tälern weiter verbreitet sein dürfte.

1238. *Rhinoncus (Rhinoncus) pericarpius* L.
S. Gr.: Auf den sonnigen Wiesen unterhalb der Fleißkehre der Glocknerstraße 1 Ex. 1. VII. 1937; Rauris 3 Ex. Juni 1941 (leg. Konneczni).
Pinzgau: Auf einer Kunstwiese beim Taxingbauer in Haid bei Zell am See 1 Ex. 13. VII. 1939.
Die Art ist sehr weit verbreitet und steigt im Gebirge bis in die subalpine Stufe empor. Sie lebt oligophag an *Rumex*-Arten.

1239. — *(Rhinoncus) bruchoides* Hbst.
Mölltal: Winklern, auf *Polygonum persicaria* 1 Ex. 18. VI. 1942.
Pinzgau: An einem Feldrain bei Bruck an der Glocknerstraße von *Polygonum persicaria* in Mehrzahl geklopft 19. VII. 1940.
Sehr weit verbreitete Art, die oligophag an *Polygonum*-Arten lebt.

1240. — *(Amalorhinoncus) perpendicularis* Reich.
Mölltal: Winklern, feuchte Wiese bei der Autobushaltestelle, an *Polygonum persicaria* 1 Ex. 18. VI. 1942.

1241. *Heterophytobius hygrophilus* Hust.
S. Gr.: Rauris, auf dem Schuttkegel des Einödbaches 1 Ex. Juni 1941 (leg. Konneczni).
Gl. Gr.: Am Ufer der Fuscher Ache unweit unterhalb des Rotmooses auf sandigen Aufschüttungsflächen an *Saxifraga aizoides* 1 Ex. 21. VII. 1939 und 1 Ex. 18. VII. 1940.
Die Art scheint im Gebiete sehr selten zu sein. Ich fand im Juli 1940 trotz mehrstündigen Suchens auf den Schotterbänken an der Fuscher Ache auf den dort reichlich vorhandenen Stöcken von *Saxifraga aizoides* nur ein Stück, das Suchen an anderen am Ufer wachsenden Pflanzen blieb ganz ohne Erfolg. *Phytobius hygrophilus* ist aus den Pyrenäen beschrieben und war bisher nur von dort bekannt. Die Art ist hiermit erstmalig für das Alpengebiet festgestellt. Die Bestimmung beider Tiere wurde vom Spezialisten der Gruppe, H. Wagner (Berlin), überprüft und bestätigt.

1242. — *quadrinodosus* Gyll.
S. Gr.: Rauris 1 Ex. (leg. Konneczni).

1243. *Miarus graminis fuscopubens* Reitt.
Schobergr.- Debanttal (leg. Konneczni) 1 Ex. September 1939.
Eine über das südlichste Alpengebiet und die angrenzenden Mittelmeerländer verbreitete Rasse, die im Gebiete die Nordgrenze ihres Vorkommens erreicht und zu den mediterranen Elementen der Fauna Osttirols zählt.

1244. — *phyteumatis* Franz nov. spec. i. l.
Gl. Gr.: Guttal, Wiesen oberhalb der Ankehre der Glocknerstraße in 2000 bis 2100 m Höhe 1 ♀ 15. VII. 1940 und 2 ♂, 3 ♀ 11. VII. 1941. Die Tiere wurden gekätschert, die Futterpflanze ist wahrscheinlich eine *Phyteuma* spec.
Dieselbe Art lag mir auch aus den Gesäusealpen (Kalblinggatterl), Eisenerzer Alpen, aus dem Hochschwabgebiet, der Umgebung von Lienz, Südtirol, Dalmatien und aus den Euganeen vor.

1245. — *frigidus* Franz nov. spec. i. l.
Gl. Gr.: Walcher Hochalm, am S-Hang in 2100 bis 2300 m Höhe 2 ♂, 2 ♀ in Blüten von *Ranunculus montanus* 9. VII. 1941.
Die Art ist bisher aus den Nordostalpen von Wien bis Vorarlberg, aus dem Altvater, dem hessischen Bergland und aus Lappland bekannt.

1246. — *monticola* Petri.
S. Gr.: Rauris, am SO-Hang unterhalb des Gstatterwaldes 1 ♂ gekätschert, Juni 1941 (leg. Konneczni).
Die Art ist aus Siebenbürgen beschrieben; in den Ostalpen weit verbreitet und auch in den Gebirgen von Bosnien und Albanien nachgewiesen.

1247. *Cionus longicollis montanus* Wglm.
S. Gr.: Sonnige Hänge unterhalb der Fleißkehre der Glocknerstraße, auf einem *Verbascum* 3 Ex. 1. VII. 1937.

1248. — *thapsi* Fbr.
Pinzgau: Bei Bruck an der Glocknerstraße an *Verbascum nigrum* zahlreich 19. VII. 1940.
Weit verbreitet, im Gebiete aber jedenfalls auf tiefste Lagen beschränkt.

1249. *Anoplus roboris* Suffr.
S. Gr.: Am Weg aus dem Mallnitzer Tauerntal zur Woisken in etwa 1400 m Höhe 1 Ex. 5. IX. 1941.
Pinzgau: Bei Bruck an der Glocknerstraße auf *Alnus incana* am Ufer der Fuscher Ache 1 Ex. 19. VII.1940.
Weit verbreitet, miniert in den Blättern von *Alnus glutinosa* und *incana* (Reitter 1908—1916).

1250. — *setulosus* Kirsch.
Gl. Gr.: Fuscher Tal unterhalb Dorf Fusch, am Ufer der Fuscher Ache auf *Alnus incana* 1 Ex. 23.V.1941.

1251. *Rhynchaenus (Trecticus) testaceus* Müll.
Gr. Gr.: Windisch-Matrei, am Weg zur Proseckklamm 2 Ex. 3. IX. 1941.

1252. — *(Tachyerges) salicis* L.
Gl. Gr.: Kapruner Tal, oberhalb des Kesselfalles 2 Ex. 14. VII. 1939.
Weit verbreitet, lebt auf *Salix*-Arten; gehört im Gebiete anscheinend ausschließlich der Talfauna an.

1253. *Rhynchaenus (Tachyerges) stigma* Germ.
Gl. Gr.: Eingang in das Hirzbachtal, von Erlen und Weiden geklopft 3 Ex. 8. VII. 1941; Fuscher Tal unterhalb Dorf Fusch, von Weiden und Erlen geklopft 1 Ex. 23. V. 1941.
1254. — *(Isochnus) foliorum* Müll.
Gl. Gr.: Käfertal, aus Grauerlen- und *Rhododendron*-Fallaub gesiebt 1 Ex. 14. V. 1940.
Weit verbreitet, lebt auf *Salix*-Arten.

Familie *Scolytidae*.

1255. *Hylastes cunicularius* Er.
Mölltal: N-Hang gegenüber von Flattach, im Nadelwald 1 Ex. 18. VI. 1942.
S. Gr.: Im Kötschach- und Anlauftal bei Gastein (coll. Minarz).
Gl. Gr.: Im Kar südwestlich der beiden Pfandlscharten, knapp an der Grenze des *Nebria atrata*-Horizontes 1 Ex. 19. VII. 1938; an der Edelweißwand unterhalb des Fuscher Törls 1 Ex. 15. VII. 1940; Oberes Naßfeld, unweit der Edelweißwand 1 Ex. 10. VII. 1941; Walcher Hochalm, am S-Hang in 2100 bis 2300 *m* Höhe 1 Ex. 9. VII. 1941 (alle vom Wind in so bedeutende Höhen emporgetragen); Eingang in das Hirzbachtal 1 Ex. 8. VII. 1941.
Gr. Gr.: Wiegenwald-N-Hang 1 Ex. 10. VII. 1939; O-Fuß des Hochfilleck, in 2300 *m* Höhe 1 zugeflogenes Ex. (leg. Burchardt, coll. Mus. Wien).
Schobergr.: Am Weg von Heiligenblut ins Gößnitztal in der Waldzone 1 Ex. 13. VIII. 1937.
Eine an Fichte und Lärche lebende Art, die vom Wind häufig hoch emporgetragen wird.
1256. *Polygraphus polygraphus* L.
Gl. Gr.: Oberstes Fuscher Tal, unweit des Rotmooses unter der Rinde gefällter Fichtenstämme 3 Ex. 22. V. 1941.
1257. *Dryocoetes autographus* Ratz.
S. Gr.: Am Weg aus dem Mallnitzer Tauerntal zur Woisken auf einem Waldschlag unter der Rinde eines Fichtenstrunkes 4 Ex. 5. IX. 1941.
Gl. Gr.: Fusch (leg. Sturany).
Gr. Gr.: O-Fuß des Hochfilleck (leg. Burchardt); Wiegenwald, am N-Hang aus morschen Lärchenstämmen gesiebt 1 Ex. 10. VII. 1939.
Die im Gebiete wohl zumeist an der Fichte lebende Art fliegt gleichfalls gelegentlich bis in hochalpine Lagen empor.
1258. *Ips cembrae* Heer.
Gl. Gr.: An Lärchen zwischen Piffkar und Hochmais an der Glocknerstraße in 1750 *m* Höhe tote Tiere zahlreich; Dorfer Tal, im Bereich der Almen (leg. Konneczni).
Die Art scheint im Gebiete mit der Lärche verbreitet zu sein.
1259. — *typographus* L.
Gl. Gr.: Oberstes Fuscher Tal, unweit des Rotmooses unter der Rinde gefällter Fichten 3 Ex. 22. V. 1941.
1260. *Orthotomicus laricis* Fbr.
S. Gr.: An der Fleißkehre der Glocknerstraße 1 zugeflogenes Ex. 15. VII. 1940.
Die Art dürfte im subalpinen Waldgebiet der mittleren Hohen Tauern auf Fichte und Lärche allgemein verbreitet sein.

Die Käfer sind eine der artenreichsten Insektengruppen. Sie sind systematisch und tiergeographisch verhältnismäßig gut erforscht und besitzen viele flugunfähige und daher wenig vagile Vertreter, die ein für tiergeographische Untersuchungen sehr geeignetes Material abgeben. Zahlreiche Coleopteren sind in den Alpen endemisch, andere auf Gebirgsland beschränkt, nicht wenige besitzen eine sehr zerrissene Reliktverbreitung.

Die vorstehende Liste dürfte die hochalpine Coleopterenfauna des Untersuchungsgebietes annähernd vollständig umfassen, an subalpinen Arten und solchen, die auf die Tallagen beschränkt sind, wird jedoch noch eine größere Zahl nachzutragen sein. Am wenigsten vollständig sind zweifellos die Holztiere erfaßt. Neben diesen dürfte für zukünftige Forschungen die Fauna der Täler und die Bodenfauna der Wälder das dankbarste Studienobjekt abgeben. Die sonnigen Hänge der Tauernsüdseite, vor allem die Steppenwiesen und Felssteppen, werden auch noch manche bisher übersehene phytophage Art beherbergen, die nur durch sorgfältiges Suchen an und unter den Futterpflanzen gefangen werden kann. Dem Spezialisten bleibt also auch in dieser von mir so gründlich als möglich bearbeiteten Tiergruppe noch genug zu tun übrig.

Ordnung Rhynchota (Hemiptera).

Von den beiden Unterordnungen der Hemipteren sind nur die Hemiptera heteroptera systematisch und tiergeographisch gut erforscht, die Systematik der Hemiptera homoptera ist noch stark im Fluß, ihre geographische Verbreitung fast durchwegs recht ungenügend bekannt. Im nachstehenden Verzeichnis ist die Zahl der in den mittleren Hohen Tauern vorkommenden Rhynchoten noch keineswegs vollzählig erfaßt. Die Zikaden und Psylliden, aber auch die Wanzen (besonders Capsiden) werden bei genauerer Durchforschung der Tauerntäler, vor allem der in diesen vorhandenen Wälder, noch eine größere Zahl von Arten liefern, die von mir nicht gesammelt worden sind; die Erforschung der Aphiden und Cocciden ist noch völlig unzureichend.

An einschlägigen Arbeiten wurden benützt: für Wanzen und Zikaden Dalla Torre (1882), Hofmänner (1924), Prohaska (1923 und 1932); für die Wanzen allein Gredler (1870 und 1874), Gulde (1933 ff.), A. J. Müller (1926), Puschnig (1925), Reuter (1876), Stichel (1925 bis 1938), Werner (1934); für die Zikaden allein Haupt (1935), Then (1886 und 1900), W. Wagner (1939); für die Psylliden Haupt (1935), F. Löw (1882 a und 1888), Priesner (1927); für die Cocciden Lindinger (1912), F. Löw (1882 b) und für die Aphiden C. Börner (1932). Von den genannten Schriften enthalten die Arbeiten von Dalla Torre, Löw (1888), Priesner (1927), Prohaska (1923 und 1932) und Reuter auf das Gebiet bezügliche faunistische Angaben.

Die Bestimmung meiner Ausbeuten besorgten folgende Spezialisten: Ed. Wagner (Hamburg) die Wanzen, W. Wagner (Hamburg) die Zikaden und meisten Psylliden, H. Haupt (Halle) einige Psylliden und C. Börner (Naumburg) die Aphiden. Einen Teil der Wanzenausbeute aus den Jahren 1940 und 1941 bestimmte ich selbst, ebenso die *Orthezia*-Arten.

In der Nomenklatur und systematischen Anordnung folge ich bei den Wanzen Stichel (1925 bis 1938), bei den Zikaden W. Wagner (1939), bei den Psylliden H. Haupt (1935) und brieflichen Mitteilungen von W. Wagner und bei den Aphiden C. Börner (1932 und brieflichen Mitteilungen). Den Herren Ed. und besonders W. Wagner verdanke ich viele schriftliche und mündliche Mitteilungen über die Ökologie und Verbreitung einzelner Arten aus den von ihnen bearbeiteten Gruppen. Herr W. Wagner teilte mir außerdem das Ergebnis seines kurzen Sammelaufenthaltes im Maltatal in den östlichen Hohen Tauern mit.

I. Heteroptera.

Familie *Gerridae*.

1. *Gerris* spec.
   Gl. Gr.: Fuscher Rotmoos, 3 Larven 23. VII. 1939.
   Im Maltatal wurde am 12. VII. 1926 in 850 *m* Höhe *Gerris Costai* H. S. von Herrn W. Wagner gesammelt.
   Die von Dalla Torre (1882) aus Windisch-Matrei angegebene *Hydrometra Costae* H. S. ist wahrscheinlich auf *Gerris Costai* zu beziehen.

Familie *Hebridae*.

2. *Hebrus ruficeps* Thms.
   Gl. Gr.: Fuscher Rotmoos, in nassem Moos an zwei Stellen zusammen 7 Imagines, 5 juv. Ex. 14. V. 1940.
   Die Art ist ein Bewohner sumpfiger Tümpel- und Grabenränder und besitzt eine weite Verbreitung. In Norddeutschland bewohnt sie nach Ed. Wagner die *Sphagnum*-Rasen der Moore.

Familie *Saldidae*.

3. *Salda littoralis* (L.).
   Mölltal: Möllufer bei Flattach 1 Ex. 18. VI. 1942.
   S. Gr.: Duisburgerhütte im obersten Fraganter Tal (leg. J. Meixner, teste Prohaska 1932); am Weg vom Kasereck zum Roßschartenkopf 2 Ex. 6. VIII. 1937.
   Weit, aber keineswegs allgemein verbreitet, in der Ebene und im Gebirge. Die Art wurde von Müller (1926) in Vorarlberg und von Hofmänner (1924) im Engadin nur in höheren Lagen gefunden; in Norddeutschland lebt sie nach Ed. Wagner (i. l.) fast nur an Salzstellen und an der Meeresküste.

4. *Saldula variabilis* (H. S.).
   Gl. Gr.: Am sandigen Ufer der Fuscher Ache oberhalb Ferleiten 2 Ex. 21. VII. 1939.
   Weit verbreitet, jedoch anscheinend montan. Lebt auf den Schuttaufschwemmungen der Gebirgsflüsse, nach Ed. Wagner (i. l.) besonders zwischen Geröll.

5. — *scotica* (Curt).
   Gl. Gr.: Möllufer oberhalb Heiligenblut 1 Ex. 9. VII. 1937; Ufer der Kapruner Ache beim Kesselfallalpenhaus 1 Ex. 14. VII. 1939; Ufer des Judenbaches, wenig oberhalb seiner Einmündung in die Fuscher Ache 1 Ex. 23. VII. 1939. Wahrscheinlich dieser Art gehören Larven an, die ich in großer Zahl am Ufer der Kapruner Ache auf dem Moserboden am 16. VII. 1939 antraf.
   Nach Prohaska (1923) auch am Möllufer bei Winklern.
   Gebirgsbewohner, der auf den Aufschüttungsflächen der Gebirgsflüsse lebt.

6. *Saldula orthochila* (Fieb.).
   Gl. Gr.: Hochfläche und N-Hang der Margaritze 18. VIII. 1937 2 Ex., am 7. VII. 1937 an den gleichen Stellen Larven.
   Wahrscheinlich dieser Art gehören auch Larven an, die ich auf dem Unteren Keesboden am Fuße des Elisabethfelsens am 23. VII. 1938 fand.
   In der Ebene und im Gebirge weit verbreitet, findet sich oft auch an trockenen Stellen, die weitab vom Wasser liegen.
7. — *saltatoria* (L.).
   S. Gr.: Bei der Duisburgerhütte im obersten Fraganter Tal in 2500 *m* Höhe (leg. Meixner, teste Prohaska 1932).
   Gl. Gr.: Pasterzenvorfeld zwischen Glocknerstraße und Möll, innerhalb der Moräne des Jahres 1856 unweit des Rührkübelbaches 2 Ex. 5. VII. 1937; im Polytrichetum sexangularis der Schneeböden bei der Rudolfshütte 3 Ex. 15. VII. 1937.
   Gr. Gr.: Am Ufer des Schwarzsees unterhalb der Aderspitze 1 Ex. 19. VII. 1937.
   Weit verbreitet, steigt aus der Ebene bis ins Hochgebirge auf; findet sich am Ufer stehender und fließender Gewässer.
8. — *C-album* (Fieb.).
   Gl. Gr.: Unterer Keesboden, unweit des Abhanges der Marxwiese 1 Ex. 28. VII. 1937; Fuscher Rotmoos, an vegetationslosen Stellen 3 Ex. 23. VII. 1939.
   Weit verbreitet.
9. *Teloleuca pellucens* (Fbr.).
   Gl. Gr.: Am Wege vom Moserboden zur Schwaigerhütte in etwa 2200 *m* Höhe 1 Ex. 17. VII. 1939.
   Besitzt eine weite, aber anscheinend recht zerrissene Verbreitung, scheint in der Schweiz und in einem Teile der Ostalpen zu fehlen. Herr Ed. Wagner sammelte die Art in den Zillertaler Alpen am Abhang der Ahornspitze in 800 bis 1000 *m* Höhe.
   Das Tier ist vielleicht boreoalpin verbreitet.

Familie *Nabidae*.

10. *Nabis (Dolichonabis) limbatus* Dhlb.
    S. Gr.: Bei Mallnitz auf Wiesen; bei Pockhorn und Heiligenblut (Prohaska 1923).
11. — *(Nabis) flavomarginatus* Scholtz.
    S. Gr.: In der Fleiß, unweit des Gasthofes 1 Ex. Juli 1937.
    In den Alpentälern weit verbreitet, lebt auf Sträuchern.
12. — *(Nabis) brevis* Scholtz.
    „Von Heiligenblut an durch ganz Kärnten" (Prohaska 1923).
    Nur in den tieferen Tallagen.
13. — *(Reduviolus) ferus* L.
    Gr. Gr.: Windisch-Matrei, entlang der ins Matreier Tauerntal führenden Straße vor der Proseckklamm mehrfach gesammelt 3. IX. 1941.
14. — *(Reduviolus) rugosus* L.
    S. Gr.: Eingang in das Zirknitztal, am S-Hang oberhalb Döllach 1 Ex. 28. VIII. 1941.
    Gr. Gr.: Windisch-Matrei, auf Trockenwiesen beim Lublas über der Proseckklamm 1 Ex. 3. IX. 1941.

Familie *Reduviidae*.

15. *Rhinocoris* spec. (wahrscheinlich *annulatus* L.).
    Gl. Gr.: Daberklamm, 1 Larve 15. VII. 1937 in der Hochstaudenflur.
16. *Coranus subapterus* (De G.).
    Gl. Gr.: Fuscher Rotmoos, 1 Ex. im nassen Moosrasen 23. VII. 1939.
    Die Art begegnete mir auch im oberen Ennstal nur in Mooren, in diesen aber zahlreich, während sie im pannonischen Klimagebiet der Ostmark ausschließlich auf extrem xerothermen Steppenböden und im Sumpfland des Neusiedler Sees zu finden ist. Nach Hofmänner (1924) ist sie im Engadin auf sandigen Böden bis 2000 *m* Höhe und nach Gredler (1870) auch in Tirol häufig.

Familie *Anthocoridae*.

17. *Anthocoris nemorum* (L.).
    Mölltal: Zwischen Obervellach und Flattach auf Gesträuch allenthalben häufig 18. VI. 1942.
    S. Gr.: In der Fleiß unweit des Gasthofes 1 Larve Juli 1937; am Weg vom Fleißgasthof nach Heiligenblut 1 Ex. Juli 1937; Eingang in das Zirknitztal, auf Gesträuch häufig 28. VIII. 1941; Mallnitzer Tauerntal, beim Gasthof Gutenbrunn mehrfach von *Alnus incana* geklopft 5. IX. 1941.
    Gl. Gr.: Im Kapruner Tal oberhalb des Kesselfalles 1 Ex. 15. VII. 1939; Fuscher Tal unterhalb Dorf Fusch, an Weiden, Grünerlen und Wiesenpflanzen 5 Ex. 23. V. 1941; am Weg von Ferleiten zur Walcher Hochalm in 1300 bis 1600 *m* Höhe 1 Ex. 9. VII. 1941.
    Pinzgau: Bruck an der Glocknerstraße, in der Au an der Salzach 1 Ex. 19. VII. 1940.
    Gr. Gr.: Dorfer Mähder bei Windisch-Matrei (Dalla Torre 1882).
    Die Art ist weit verbreitet und scheint in den Alpen allenthalben bis in die subalpine Stufe emporzusteigen.
18. *Acompocoris pygmaeus* Fall.
    Gl. Gr.: Im Wald unterhalb der Trauneralm von Fichten geklopft 1 Ex. 22. V. 1941.
    Lebt auf Nadelhölzern.

19. *Tetraphleps bicuspis* (H. S.).
    S. Gr.: Mallnitz (Prohaska 1923).
    Nadelwaldbewohner, lebt besonders auf Lärchen.
20. *Orius niger* Wlff.
    Pockhorn bei Heiligenblut (Prohaska 1923).
    Die Art dürfte in den Alpen auf wärmere Tallagen beschränkt sein.

Familie *Miridae*.

21. *Myrmecoris gracilis* (Shlbg.).
    Gl. Gr.: Albitzen-SW-Hang, in 2200 bis 2300 m Höhe 1 Ex. 3. VIII. 1938 auf einem Kalkschieferriegel 1 Larve 17. VII. 1940 von Gräsern gestreift.
    In der Nähe von Ameisennestern, lebt anscheinend myrmecophag (Stichel 1925—1938).
22. *Phytocoris pini* Kbm.
    S. Gr.: Mallnitzer Tauerntal, unterhalb des Gasthofes Gutenbrunn von Fichten geklopft 1 Ex. 5. IX. 1941.
    Die Art lebt auf Nadelhölzern und dürfte im Gebiete weiter verbreitet sein.
23. *Adelphocoris seticornis* (Fbr.).
    Gl. Gr.: Bei Heiligenblut (Prohaska 1923).
    Weit verbreitet, lebt nach Ed. Wagner (i. l.) an Leguminosen.
24. — *lineolatus* Gze.
    S. Gr.: Eingang in das Zirknitztal, am S-Hang oberhalb Döllach 6 Ex. 28. VIII. 1941.
    Gr. Gr.: Windisch-Matrei, beim Lublas über der Proseckklamm auf Trockenwiesen 3 Ex. 3. IX. 1941.
    Die Art ist weit verbreitet, scheint im Gebiete aber nur tiefste Tallagen zu bewohnen.
25. *Calocoris lineolatus* (Costa).
    S. Gr.: Radhausberg bei Gastein, in der *Rhododendron*-Zone 2. VIII. 1870 (leg. Palmén, teste Reuter 1876), loc. typ. der *Pycnopterna Palméni* Reut., die zu *Calocoris lineolatus* synonym ist.
    Gl. Gr.: Am Weg von Kals ins Dorfer Tal 1 Ex. 18. VII. 1937; in der Daberklamm 1 Ex. 15. VII. 1937; auf den Hängen über der Daberklamm 1 Ex. 17. VII. 1937; am orographisch rechten Hang des Dorfer Tales über dem Kalser Tauernhaus 1 Ex. 19. VII. 1937; im Kapruner Tal oberhalb des Kesselfalles 1 Ex. 14. VII. 1939; am Weg von Ferleiten zur Walcher Hochalm auf *Salix*-Büschen massenhaft (13 Ex. gesammelt) in 1700 bis 1900 m Höhe 9. VII. 1941.
    Eine in den Alpen endemische Art, die nach Ed. Wagner (i. l.) auf Nadelbäumen lebt, nach meinen Beobachtungen aber auch auf *Salix*-Arten vorkommt.
26. — *sexguttatus* (Fbr.).
    S. Gr.: Am Weg von Heiligenblut zum Fleißgasthof 1 Ex. Juli 1937.
    Gl. Gr.: Im Wald unterhalb der Trauneralm im obersten Fuscher Tal 2 Ex. 21. VII. 1939.
    Gr. Gr.: Am Weg von der Schneiderau in die Dorfer Öd in der Hochstaudenflur entlang des Baches 1 Ex. 25. VII. 1939.
    Schobergr.: Weg von Heiligenblut ins Gößnitztal, im Wald 1 Ex. 9. VII. 1937.
    Weit verbreitet und polyphag, scheint in den Alpen aber auf tiefere Lagen beschränkt zu sein. Nach Ed. Wagner ist die Art wahrscheinlich boreoalpin verbreitet.
27. — *biclavatus* (H. S.).
    S. Gr.: Gasteiner Tal, gegen das Naßfeld in der Waldregion 3. VIII. 1870 (leg. Palmén, teste Reuter); bei Mallnitz (Prohaska 1923); in der Fleiß unweit des Gasthofes 2 Ex. Juli 1937; am Weg von Heiligenblut in die Fleiß 1 Ex. Juli 1937; in der Woisken bei Mallnitz 2 Ex. 5. IX. 1941.
    Gl. Gr.: Heiligenblut (Prohaska 1923).
    Gr. Gr.: Windisch-Matrei, auf Trockenwiesen beim Lublas über der Proseckklamm 1 Ex. 3. IX. 1941.
    Schobergr.: Am Weg von Heiligenblut in die Gößnitz 1 Ex. 9. VII. 1937.
    Weit verbreitet, scheint aber die Waldgrenze in den Alpen kaum zu überschreiten; lebt nach Ed. Wagner (i. l.) auf Vaccinien.
28. — *fulvomaculatus* (De G.).
    Windisch-Matrei, beim Loppensee (Dalla Torre 1882), vielleicht auch noch im engeren Untersuchungsgebiet zu finden.
29. — *affinis* (H. S.).
    S. Gr.: Um Mallnitz (Prohaska 1923); Mallnitzer Tauerntal, unterhalb des Gasthofes Gutenbrunn 1 Ex. 3. IX. 1941; Eingang in das Zirknitztal 2 Ex. 28. VIII. 1941.
    Die Art steigt in Tirol und im Engadin bis zur Waldgrenze empor. Sie lebt an schattigen Orten auf *Urtica Salvia* und anderen Pflanzen (Ed. Wagner i. l.).
30. — *alpestris* (Meyer-Dür).
    S. Gr.: Gasteiner Tal, gegen das Naßfeld 3. VIII. 1870 (leg. Palmén, teste Reuter 1876).
    Gl. Gr.: Beim Hirzbachwasserfall oberhalb Dorf Fusch und weiter oberhalb in den Hochstaudenfluren entlang des Hirzbaches meist auf *Senecio Fuchsi*, aber auch auf *Adenostyles glabra* und anderen Pflanzen sitzend 7 Ex. 8. VII. 1941.
    Windisch-Matrei und Dorfer-Mähder bei Windisch-Matrei (Dalla Torre 1882).
    Eine boreoalpine Art, die über die Alpen, deutschen Mittelgebirge, England und Skandinavien verbreitet ist (E. Wagner i. l.).
31. — *rosemaculatus* (De G.).
    Gl. Gr.: Oberstes Fuscher Tal, zwischen Ferleiten und Vogerlalm 1 Ex. 19. VII. 1939.
    Diese Art scheint im Gebiete nur in den tieferen Tallagen vorzukommen und in den Ostalpen nicht häufig zu sein.
32. *Lygus (Lygocoris) pabulinus* (L.).
    S. Gr.: Am Weg aus dem Mallnitzer Tauerntal zur Woisken in 1300 bis 1500 m Höhe 2 Ex. 5. IX. 1941 (det. Ed. Wagner).
    Auf den Dorfer Mähdern bei Windisch-Matrei (Dalla Torre 1882). Im Gebiete jedenfalls weiter verbreitet.

33. *Lygus (Lygus) rutilans* Horv.
Mölltal: Zwischen Obervellach und Flattach häufig 18. VI. 1942.
S. Gr.: Sonnige Wiesen unterhalb der Fleißkehre der Glocknerstraße 2 Ex. 1. VII. 1937; Wiese oberhalb des Fleißgasthofes 1 Ex. 1. VII. 1937; am Weg vom Fleißgasthof nach Heiligenblut 4 Ex. Juli 1937; im untersten Teil des Seidelwinkeltales 1 Ex. 17. VIII. 1937; nach Prohaska (1923) im Mölltal; in der Fleißkehre der Glocknerstraße am Straßenrand 1 Ex. 15. VII. 1940; Eingang in das Zirknitztal, auf den Steppenwiesen 4 Ex. 28. VIII. 1941.
Gl. Gr.: Am Weg von Ferleiten zur Walcher Hochalm in 1300 bis 1500 m Höhe 1 Ex. 9. VII. 1941; Ferleiten, Sumpfwiese bei der Säge 1 Ex. 10. VII. 1941; Fuscher Tal oberhalb Ferleiten 1 Ex. 14. VII. 1940; Piffkaralm, unmittelbar über der Glocknerstraße in 1630 m Höhe 1 Ex. und zwischen Piffkaralm und Hochmais in 1750 m Höhe 1 Ex. 15. VII. 1940.
Gr. Gr.: In Windisch-Matrei und bei Guggenberg (Dalla Torre 1882); Windisch-Matrei und Lublas über der Proseckklamm 3. IX. 1941.
Eine der verbreitetsten und häufigsten Wanzen des Gebietes, überschreitet die Waldgrenze nicht. Scheint in großen Teilen der Alpen *L. pratensis* vollständig zu vertreten.

34. — *(Lygus) pubescens* Reut. (sensu Ed. Wagner).
S. Gr.: Eingang in das Zirknitztal, auf den Steppenwiesen am S-Hang oberhalb Döllach 1 Ex. 28. VII. 1941 (det. Ed. Wagner).
Gr. Gr.: Bei Windisch-Matrei 2 Ex. und beim Lublas über der Proseckklamm 5 Ex. im Trockenrasen 3. IX. 1941 (det. Ed. Wagner).
Diese Art dürfte im Gebiete nur die warmen Lagen der südlichen Tauerntäler bewohnen.

35. — *(Lygus) rubricatus* (Fall.).
Gr. Gr.: Am Weg von der Schneiderau in die Dorfer Öd, in der Hochstaudenflur entlang des Baches 1 Ex. 25. VII. 1939.
Lebt vor allem auf *Vicia*-Arten (Ed. Wagner i. l.).

36. — *(Orthops) montanus* (Schill.).
Gl. Gr.: Im obersten Teil des Käfertales 1 Ex. 23. VII. 1939; Ferleiten, auf den Wiesen bei den Gasthöfen 1 Ex. 10. VII. 1941.
Die Art lebt auf *Rumex* und scheint der Lägerfauna anzugehören.

37. — *(Orthops) kalmi* (L.).
Gr. Gr.: Windisch-Matrei, beim Lublas über der Proseckklamm im Steppenrasen 3 Ex. 3. IX. 1941.
Weit verbreitet, im Gebiete jedoch anscheinend nur in tiefen Lagen.

38. *Plesiocoris rugicollis* (Fall.).
S. Gr.: Mallnitz, 4 Ex. an *Salix* (Prohaska 1923).

39. *Poeciloscytus unifasciatus* f. *lateralis* Horv.
Mölltal: Zwischen Obervellach und Flattach an trockenem Rain 2 ♀ 18. VI. 1942.

40. *Charagochilus Gyllenhali* (Fall.).
Mölltal: Zwischen Obervellach und Flattach 1 Ex. 18. VI. 1942.
Gr. Gr.: Windisch-Matrei, beim Lublas über der Proseckklamm auf den Steppenwiesen 1 Ex. 3. IX. 1941.
Die Art lebt auf *Galium*-Arten.

41. *Capsus ater* (L.) f. typ. und ab. *tyrannus* (Fbr.).
S. Gr.: Bei der Fleißkehre der Glocknerstraße und am Eingang in die Große Fleiß je 1 Ex. 18. VII. 1938.
Gl. Gr.: Fuscher Tal oberhalb Ferleiten 1 Ex. 14. VII. 1940; Walcher Sonnleiten, noch in über 2300 m Höhe 1 Ex. (wohl ein verflogenes Stück) 9. VII. 1941.
Polyphag an niederen Pflanzen; weit verbreitet.

42. *Stenodema (Stenodema) laevigatum* (L.).
Gr. Gr.: Putzkogel und Weißenstein bei Windisch-Matrei (Dalla Torre 1882).
Auch in Windisch-Matrei selbst (Dalla Torre 1882). Die Angaben Dalla Torres sind noch bestätigungsbedürftig.

43. — *sericans* (Fieb.).
Mölltal: Winklern, auf einer Wiese bei der Autobushaltestelle 1 Ex. 18. VI. 1942.
S. Gr.: Am Weg vom Fleißgasthof nach Heiligenblut 1 Ex. Juli 1937; auch in Pockhorn (Prohaska 1923). Die Art wird aus den Alpenländern und Ungarn (wohl Karpathen) angegeben (Stichel 1925—1938). Im Engadin ist sie nach Hofmänner (1924) vom Inntal her in Ausbreitung begriffen, im Etschtal reicht sie bis 1800 m empor. Ich fand sie auch bei Oberdrauburg.

44. — *holsatum* (Fbr.).
Mölltal: Winklern 18. VI. 1942.
S. Gr.: Böckstein 3. VIII. 1870 (leg. Palmén, teste Reuter 1876); Mallnitzer Tauerntal, unterhalb des Gasthofes Gutenbrunn und am Weg von diesem in die Woisken zahlreich 5. IX. 1941; Eingang in das Zirknitztal, am S-Hang oberhalb Döllach 2 Ex. 28. VIII. 1941; auf den sonnigen Wiesen unterhalb der Fleißkehre der Glocknerstraße 1 Ex. 1. VII. 1937; am Weg vom Fleißgasthof nach Heiligenblut 2 Ex. Juli 1937; im Hüttenwinkeltal zwischen Bodenhaus und Grieswiesalm 1 Ex. 15. V. 1940.
Gl. Gr.: In der Daberklamm 1 Ex. 15. VII. 1937; Kapruner Tal, in der Umgebung des Kesselfallalpenhauses 1 Ex. 14. VII. 1939; im Wald unterhalb der Traueralm, am Wege von dieser nach Ferleiten 1 Ex. 21. VII. 1939 und 1 Ex. 22. V. 1941; am Weg von Ferleiten auf die Walcher Hochalm in etwa 1500 m Höhe 1 Ex. 9. VII. 1941; Eingang in das Hirzbachtal 1 Ex. 8. VII. 1941; im Glocknergebiet in 1900 bis 2100 m Höhe im August Larven und im September Imagines (Prohaska 1923), die Tiere wurden vermutlich am Haritzerweg unterhalb des Glocknerhauses gesammelt. Die ab. *viridilimbatum* Reut. sammelte ich an folgenden Stellen: auf den Guttalwiesen oberhalb der Ankehre der Glocknerstraße 1 Ex. 15. VII. 1940; an der Glocknerstraße zwischen Piffkaralm und Hochmais in 1750 m Höhe 1 Ex. 15. VII. 1940.
Gr. Gr.: Bei Windisch-Matrei 3. IX. 1941 (f. typ.).

Die Art scheint in den Alpen in tieferen Lagen überall häufig zu sein und wird von Hofmänner (1924) auch aus dem Engadin bis zu Höhen von 2100 m angegeben. Sie bevorzugt trockenere Grashänge als Aufenthaltsort.

45. *Notostira erratica* (L.).
    S. Gr.: Am Weg von der Fleißkehre der Glocknerstraße in die Große Fleiß 1 Ex. 18. VII. 1938.
    In den Alpen weit verbreitet, erreicht aber die Waldgrenze nicht. Im Engadin bis 1860 m Höhe angegeben (Hofmänner 1924). Die Art lebt auf Gräsern.

46. *Miris dolobratus* (L.).
    S. Gr.: Beim Fleißgasthof 1 Ex. Juli 1937; am Weg von diesem nach Heiligenblut 2 Ex. 9. VII. 1937; Mallnitz (Prohaska 1923).
    Gl. Gr.: Heiligenblut, in 1400 m Höhe (Prohaska 1923); am Haritzerweg auf den Steppenwiesen oberhalb Heiligenblut 1 Ex. 15. VII. 1940; im Fuscher Tal auf den Wiesen zwischen Ferleiten und Vogerlalm 2 Ex. 19. VII. 1939 und 2 Ex. 14. VII. 1940.
    Gr. Gr.: Putzkogel und Dorfer Mähder bei Windisch-Matrei (Dalla Torre 1882).
    Sehr weit verbreitet, lebt auf Wiesen und scheint die obere Waldgrenze in den Alpen nicht zu erreichen.

47. — *ferrugatus* (Fall.).
    Nach Dalla Torre (1882) bei Windisch-Matrei mit der vorgenannten Art.

48. *Dicyphus stachydis* Reut.
    Gl. Gr.: An der Glocknerstraße unterhalb Dorf Fusch von *Urtica* gestreift 1 Ex. 23. V. 1941.

49. — *globulifer* Fall.
    S. Gr.: Eingang in das Zirknitztal, auf den Steppenwiesen am S-Hang oberhalb Döllach 3 Ex. 28. VIII. 1941 (det. Ed. Wagner).
    Weit verbreitete Art, die im Gebiete jedoch nur die Tallagen bewohnen dürfte.

50. *Cremnocephalus albolineatus* Reut.
    S. Gr.: Bei Mallnitz an der W-Seite des Tales auf Alpenwiesen 29. VII. 1870 (leg. Palmén, teste Reuter 1876).
    Gl. Gr.: Im Fuscher Tal zwischen Ferleiten und Vogerlalm 1 Ex. 21. VII. 1939.
    Gr. Gr.: Windisch-Matrei, an der ins Matreier Tauerntal führenden Straße 1 Ex. 3. IX. 1941.
    Weit verbreitet, lebt meist, aber nicht ausschließlich auf Nadelhölzern, in Norddeutschland nur auf *Pinus* (Ed. Wagner i. l.).

51. *Aetorrhinus angulatus* (Fall.).
    S. Gr.: Eingang in das Zirknitztal, am S-Hang auf Gesträuch 1 Ex. 28. VIII. 1941.
    Nach Dalla Torre (1882) in Guggenberg bei Windisch-Matrei.
    Lebt auf Gebüsch, besonders Erlen und Haseln.

52. *Mecomma ambulans* (Fall).
    S. Gr.: In der Fleiß unweit des Gasthofes 1 ♀ Juli 1937.
    An *Urtica*-Arten, liebt schattige Orte (Ed. Wagner i. l.). Steigt im Engadin bis 1900 m Höhe empor (Hofmänner 1924).

53. *Orthotylus marginalis* Reut.
    S. Gr.: Mallnitz, 15. VIII. auf Erlen (Prohaska 1923).
    Weit verbreitet, lebt räuberisch (Ed. Wagner i. l.).

54. — *prasinus* Fall.
    S. Gr.: Eingang in das Zirknitztal, am S-Hang oberhalb Döllach auf *Corylus* 1 Ex. 28. VIII. 1941 (det. Ed. Wagner).
    Gr. Gr.: Windisch-Matrei, am Weg in die Proseckklamm auf Gesträuch 1 Ex. 3. IX. 1941 (Bestimmung nicht sicher, Ed. Wagner i. l.).
    Weit verbreitet, lebt nach Stichel (1925—1938) auf *Corylus*, *Salix* und *Ulmus*.

55. — *ericetorum*.
    Gr. Gr.: Windisch-Matrei, an der ins Matreier Tauerntal führenden Straße vor der Proseckklamm im Ericetum carneae im lichten Fichten-Lärchen-Wald zahlreich auf *Erica carnea* 3. IX. 1941.

56. *Malacocoris chlorizans* Panz.
    S. Gr.: Eingang in das Zirknitztal, am S-Hang oberhalb Döllach auf Gesträuch 2 Ex. 28. VIII. 1941 (det. Ed. Wagner).
    Weit verbreitet, lebt nach Stichel (1925—1938) auf verschiedenen Laubhölzern.

57. *Orthocephalus vittipennis* H. S.
    Mölltal: Zwischen Obervellach und Söbriach an trockenem Rain 1 ♀ 18. VI. 1942.
    Ein Charaktertier trockener Grasplätze.

58. — *brevis* (Panz.).
    Gl. Gr.: Am Möllufer oberhalb Heiligenblut 1 Ex. 9. VII. 1937.
    Lebt an Gräsern.

59. — *saltator* (Hahn).
    S. Gr.: Am Weg vom Fleißgasthof nach Heiligenblut 1 Ex. Juli 1937.
    Gl. Gr.: Oberstes Fuscher Tal, zwischen Ferleiten und Vogerlalm 2 Ex. 19. VII. 1939.
    Lebt auf trockenen Wiesen, in Norddeutschland auf *Hieracium pilosella* (Ed. Wagner i. l.).

60. *Strongylocoris leucocephalus* (L.).
    Mölltal: Zwischen Obervellach und Flattach 1 Ex. 18. VI. 1942.
    S. Gr.: Sonnige Wiesen unterhalb der Fleißkehre der Glocknerstraße 5 Ex. 1. VII. 1937; an der Fleißkehre selbst 1 Ex. 15. VII. 1940.
    Gl. Gr.: Steppenwiesen am Haritzerweg oberhalb Heiligenblut 1 Ex. 15. VII. 1940; Albitzen-SW-Hang, unterhalb der Alm 1 Ex. 9. VIII. 1937; auf den Grashängen beim Glocknerhaus in 2100 bis 2200 m Höhe (Prohaska 1923).
    Bewohner trockener Wiesen, polyphag an niederen Pflanzen.

61. *Halticus apterus* (L.).
   S. Gr.: Sonnige Wiesen unterhalb der Fleißkehre der Glocknerstraße 2 Ex. 1. VII. 1937; Wiese oberhalb des Fleißgasthofes, 2 Larven 1. VII. 1937; Eingang in das Zirknitztal, im Trockenrasen 4 Ex. 28. VIII. 1941.
   Gl. Gr.: Steppenwiesen am Haritzerweg oberhalb Heiligenblut 1 Ex. 15. VII. 1940.
   Weitverbreitete Art, die in den Alpen bis zur Waldgrenze emporsteigt.

62. *Lopus decolor* (Fall.).
   Gl. Gr.: Bei Heiligenblut in 1400 m Höhe einzeln (Prohaska 1923).

63. *Tinicephalus hortulanus* Mey.
   Gl. Gr.: Steppenwiesen am Haritzerweg oberhalb Heiligenblut 2 Ex. 15. VII. 1940; Senfteben zwischen Guttal und Pallik 1 Ex. 11. VII. 1941.
   Lebt nach Stichel (1925—38) auf *Ononis spinosa*, *Helianthemum vulgare*, *Tanacetum vulgare*, *Medicago* und anderen niederen Pflanzen; Ed. Wagner (i. l.) fing sie nur auf *Helianthemum vulgare* in der Steppenheide.

64. *Psallus ambiguus* Fall.
   Mölltal: Zwischen Obervellach und Flattach 1 Ex. 18. VI. 1942.
   S. Gr.: Mallnitzer Tauerntal, unterhalb des Gasthofes Gutenbrunn 1 Ex. 5. IX. 1941.
   Gl. Gr.: Fuschertal oberhalb Ferleiten, auf *Alnus incana* 1 Ex. 14. VII. 1940; Eingang in das Hirzbachtal 1 Ex. 8 VII. 1941.
   Lebt auf verschiedenen Laubhölzern, wo er anderen Insekten nachstellt. Ed. Wagner beobachtete die Art nur auf Erlen und Apfelbäumen.

65. — *vittatus* (Fieb.).
   S. Gr.: Bei Mallnitz in 1200 m Höhe; Eingang in das Zirknitztal, auf den Steppenwiesen 1 Ex. 28. VIII. 1941.
   Die Art steigt im Engadin bis 1800 m empor, fehlt aber nördlich der Alpen. Stichel gibt als Futterpflanze *Larix europaea* an.

66. — *Scholtzi* Fieb.
   S. Gr.: Mallnitzer Tauerntal, unterhalb des Gasthofes Gutenbrunn von *Alnus incana* geklopft 1 Ex. 5. IX. 1941 (det. E. Wagner).
   Die Art lebt nach Stichel (1925—38) auf *Alnus* und *Fraxinus*.

67. — *roseus* Fbr.
   S. Gr.: Eingang in das Zirknitztal, am S-Hang oberhalb Döllach von Gesträuch geklopft 1 Ex. 28. VIII. 1941 (det. E. Wagner).
   Die Art lebt auf verschiedenen Laubhölzern.

68. *Plagiognathus chrysanthemi* (Wlff.).
   S. Gr.: An der Fleißkehre der Glocknerstraße 2 Ex. 15. VII. 1940.
   Gl. Gr.: Heiligenblut (Prohaska 1923); Steppenwiesen am Haritzerweg oberhalb Heiligenblut 1 Ex. 15. VII. 1940.
   Eine der häufigsten Blumenwanzen, steigt im Engadin bis 2150 m empor.

69. — *arbustorum* (Fbr.).
   S. G.: In der Fleiß unweit des Gasthofes 1 Ex. Juli 1937; Döllach, am Eingang in das Zirknitztal auf *Urtica dioica* 1 Ex. 28. VIII. 1941; Mallnitzer Tauerntal, unterhalb des Gasthofes Gutenbrunn auf *Urtica dioica* 3 Ex. 5. IX. 1941.
   Gl. Gr.: Kapruner Tal, beim Kesselfallalpenhaus 1 Ex. 14. VII. 1939.
   Weit verbreitet, steigt im Engadin bis 2100 m empor.

70. *Chlamydatus pulicarius* (Fall.).
   S. Gr.: Seidelwinkeltal, mittlerer Teil 1 Ex. 18. VII. 1937; sonnige Wiesen unterhalb der Fleißkehre 4 Ex. 1. VII. 1937; an der Fleißkehre der Glocknerstraße selbst 2 Ex. 15. VII. 1940; am Weg von der Fleißkehre in die Große Fleiß 2 Ex. 18. VII. 1938; Eingang in das Zirknitztal, im Trockenrasen am S-Hang oberhalb Döllach 4 Ex. 28. VIII. 1941.
   Gl. Gr.: Beim Glocknerhaus bis 2000 m ansteigend (Prohaska 1923).
   Weit verbreitet, lebt besonders auf trockenen Wiesen und steigt in Tirol bis 1800 m empor; der Fund beim Glocknerhaus liegt jedenfalls an der oberen Verbreitungsgrenze der Art.

Familie *Tingidae*.

71. *Acalypta musci* (Schrk.).
   Mölltal: N-Hang gegenüber von Flattach, aus Moos am Waldboden mehrere Ex. gesiebt 18. VI.1942.
   S. Gr.: Stanziwurten, aus *Rhododendron*-Fallaub in 2300 m Höhe gesiebt 1 ♀ 2. VII. 1937; in der Fleiß, in der Umgebung des Gasthofes 3 Ex. Juli 1937.
   Gl. Gr.: Im Pasterzenvorland südlich der Margaritze aus Moosrasen unter *Salix hastata*, *Vaccinium uliginosum* und Gräsern 3 Imagines und zahlreiche Larven gesiebt 17. VII. 1940; Schneiderau (Stubach), aus Fallaub und Moos unter einem alten Bergahorn gesiebt 2 Ex. 25. VII. 1939; Käfertal, im Moos an den Stämmen der obersten alten Bergahorne 4 Ex. 23. VII. 1939; im Hirzbachtal, in der Bachschlucht des Hirzbaches in etwa 1400 m Höhe aus Buchenfallaub und Moos am Stamm einer alten Buche gesiebt 1 Ex. 8. VII. 1941.
   Gr. Gr.: Am Weg vom Kalser Tauernhaus zum Spinevitrolkopf 1 Ex. 19. VII. 1937.
   Vorwiegend Moosbewohner, in Süd- und Mitteleuropa weit verbreitet. Die Art steigt im Gebiete bis in die hochalpine Zwergstrauchstufe empor.

72. — *marginata* (Wlff.).
   S. Gr.: Woisken bei Mallnitz, in 1600 m Höhe in *Sphagnum*-Rasen 1 Ex. 5. IX. 1941.
   Gl. Gr.: Steppenwiesen am Haritzerweg oberhalb Heiligenblut, 1 Ex. zwischen Graswurzeln 15. VII. 1940.
   Weit verbreitet, auch an der Ill bei Schruns (A. J. Müller 1926) und im Engadin (Hofmänner 1924).

73. *Tingis (Lasiotropis) reticulata* (H. S.).
   S. Gr.: Eingang in das Zirknitztal, am S-Hang oberhalb Döllach auf den Steppenwiesen an *Verbascum nigrum* 2 Ex. 28. VIII. 1941.
   Weit verbreitet, im Gebiete jedoch sicher nur in warmen Tallagen heimisch.
74. *Dictyonota (Dictyonota) tricornis* (Schrk.).
   S. Gr.: Seidelwinkeltal, mittlerer Teil, 1 Ex. 17. VIII. 1937.
   Gr. Gr.: Dorfer Öd (Stubach), aus Graswurzeln auf der Alm in 1300 m Höhe gesiebt 1 Ex. 25. VII. 1939.
75. *Monanthia lupuli* H. S.
   Pinzgau: N-Ufer des Zeller Sees 1 Ex. 13. VII. 1939.
   Die Art lebt an feuchten Orten auf *Myosotis palustris* (Gulde 1933 ff.).
76. — *echii* Schrk.
   Mölltal: An einer Schotterentnahmestelle bei Söbriach an *Echium vulgare* zahlreich 18. VI. 1942.

Familie *Aradidae*.

77. *Aradus aterrimus* Fieb.
   S. Gr.: Stanziwurten, hochalpin, 1 Ex. 2. VII. 1937.
   Gl. Gr.: Käfertal, in der *Rhododendron*-Zone unter Steinen 5 Ex. 23. VII. 1939.
   Eine sehr disjunkt, vermutlich boreoalpin verbreitete Art. Mir sind folgende Fundorte außerhalb des Untersuchungsgebietes bekannt: Engadin, wo die Art an zwei Stellen unter Steinen in 2040 und etwa 2400 m Höhe gesammelt wurde (Hofmänner 1924); Vogesen; England; Livland; Fennoskandia (Gulde 1933 ff.).
78. — *depressus* (Fbr.).
   Pinzgau: Bruck an der Glocknerstraße, an einer Hausmauer 1 Ex. 23. V. 1941.
   Weit verbreitet, lebt an Laubhölzern.

Familie *Lygaeidae*.

79. *Spilostethus (Spilostethus) saxatilis* (Scop.).
   Nach Dalla Torre (1882) oberhalb Windisch-Matrei.
80. — *(Spilostethus) equestris* (L.).
   Mölltal: Zwischen Söbriach und Flattach am S-Hang 2 Ex. 18. VI. 1942.
   S. Gr.: Im Seebachtal oberhalb Mallnitz subalpin 28. VII. 1870 (leg. Palmén, teste Reuter 1876).
   Gl. Gr.: Bei Heiligenblut in 1300 bis 1500 m Höhe auf *Vincetoxicum officinale*, jedenfalls auf den Steppenwiesen entlang des Haritzerweges gesammelt (Prohaska 1923).
   Auch bei Windisch-Matrei (Dalla Torre 1882 und Werner 1934).
   Die Art lebt auf *Vincetoxicum officinale* und ist mit dieser Pflanze als Charakterform der wärmsten Lagen des Gebietes zu betrachten.
81. *Nysius jacobeae* (Schill.).
   S. Gr.: Seidelwinkeltal, mittlerer Teil, 1 Ex. 17. VIII. 1937; sonnige Wiesen unterhalb der Fleißkehre der Glocknerstraße und Wegraine zwischen diesen, zahlreich, am 1. VII. 1937 noch Larven, später Imagines; Wiese oberhalb des Fleißgasthofes, 2 Larven 1. VII. 1937; am Weg vom Fleißgasthof nach Heiligenblut.
   Gl. Gr.: Steppenwiesen am Haritzerweg oberhalb Heiligenblut 2 Ex. 15. VII. 1940; Sturmalm, unterhalb der Sturmkapelle 1 Imago, 1 Larve 25. VII. 1937 in der Kalkphyllitsteppe; Pasterzenvorfeld zwischen Glocknerstraße und Möllschlucht, innerhalb der Moräne des Jahres 1856 2 Ex. 8. VIII. 1937; am Wege von Kals ins Dorfer Tal 1 Imago 18. VII. 1937; Fuscher Tal, auf den trockenen Wiesen zwischen Ferleiten und Vogerlalm 3 Ex. 19. VII. 1939.
   Gr. Gr.: Dorfer Öd (Stubach), auf der Alm in 1300 m Höhe 1 Ex. 25. VII. 1939; auf den Dorfer Mähdern und beim Matreier Tauernhaus nächst Windisch-Matrei (Dalla Torre 1882).
   Lebt im Gebiete nur auf trockenen, sonnigen Rasenplätzen, ist dort aber meist sehr häufig; Imagines findet man meist erst nach Mitte Juli. Die über Nord- und Mitteleuropa verbreitete Art ist im südlichen Teil ihres Gebietes auf das Gebirge beschränkt.
82. — *ericae* Schill.
   Mölltal: Zwischen Obervellach und Flattach an einem trockenen Rain 1 Ex. 18. VI. 1942.
83. *Cymus glandicolor* Hahn.
   Pinzgau: N-Ufer des Zeller Sees 1 Ex. 13. VII. 1939.
   Die Art lebt in Sümpfen an *Carex*- und *Juncus*-Arten.
84. *Ischnorrhynchus resedae* (Panz.).
   Gl. Gr.: Dorfer Tal, oberhalb des Dorfer Sees 1 Ex. 15. VII. 1937.
   Diese meist auf Birken lebende Art wurde im Dorfer Tal beträchtlich über der Baumgrenze gesammelt.
85. *Heterogaster urticae* (Fbr.).
   S. Gr.: Döllach, beim Eingang in das Zirknitztal auf *Urtica dioica* 1 Ex. 28. VII. 1941.
86. *Macroplax Preyssleri* (Fieb.).
   S. Gr.: Eingang in das Zirknitztal, auf den Steppenwiesen am S-Hang oberhalb Döllach 1 Ex. 28. VIII. 1941.
   Eine thermophile Art, die für den xerothermen Charakter der Steppenwiesen der südlichen Tauerntäler bezeichnend ist.
87. *Pachybrachius fracticollis* (Schill.).
   Pinzgau: N-Ufer des Zeller Sees 1 Ex. 13. VII. 1939.
   Bewohner nasser Wiesen, dürfte aus dem Pinzgau höchstens in die untersten Teile der Tauerntäler eindringen.

88. *Stygnocoris fuligineus* Geoffr.
S. Gr.: Eingang in das Zirknitztal, am S-Hang oberhalb Döllach auf den Steppenwiesen 1 Ex. 28. VIII. 1941.
Weit verbreitet, im Gebiete aber wohl nur in warmen, sonnigen Lagen der Südtäler.

89. — *pygmaeus* Shlb.
Gr. Gr.: Windisch-Matrei, im Ericetum carneae an der ins Matreier Tauerntal führenden Straße vor der Proseckklamm 1 Ex. 3. IX. 1941 (det. Ed. Wagner).
Die Art lebt nach Stichel (1925—38) unter *Calluna vulgaris*, im Gebiete und anderwärts in den Alpen hauptsächlich unter *Erica carnea*.

90. *Trapezonotus arenarius* L.
S. Gr.: Kleine Fleiß, sonnige Wiese oberhalb des Alten Pocher 3 Ex. 3. VII. 1937.
Gl. Gr.: Sturmalm, im Rasen unterhalb der Sturmkapelle 3 Ex. 25. VII. 1937; Gamsgrube, im Rasen bei der Hofmannshütte 1 Ex. 16. VII. 1937; am Weg vom Tauernmoossee zur Rudolfshütte 1 Ex. 16. VII. 1937.
Sehr weit verbreitet, geht sehr weit nach Norden. Steigt nicht nur im Gebiete, sondern auch in den Alpen Tirols und der Schweiz bis in die hochalpine Grasheidenstufe empor. Die Art liebt trockene Grasplätze und findet sich stets am Boden.

91. *Raglius (Raglius) pini* (L.).
S. Gr.: Sonnige Hänge unterhalb der Fleißkehre der Glocknerstraße 1 Ex. 1. VII. 1937; Eingang in das Zirknitztal, am S-Hang 2 Ex. 28. VIII. 1941.
Sehr weit verbreitet, scheint aber im Gebiete wie in den Alpen überhaupt auf die Täler beschränkt zu sein.

92. — *phoeniceus* (Rossi).
S. Gr.: Am Weg vom Fleißgasthof nach Heiligenblut 1 Ex. Juli 1937; am Eingang in die Große Fleiß 1 Ex. 10. VII. 1937.
Gl. Gr.: Auf den Guttalwiesen unterhalb der Ankehre der Glocknerstraße 1 Ex. 22. VIII. 1937.
Sehr weit verbreitet, steigt in Tirol bis 1500 m (Gredler 1870), im Untersuchungsgebiet bis über 1700 m Höhe empor.

93. *Drymus sylvaticus* (Fbr.).
Mölltal: Am S-Hang zwischen Söbriach und Flattach aus Fallaub gesiebt 1 Ex. 18. VI. 1942.
Pinzgau: Am Ufer des Zeller Sees nächst Zell 1 Ex. 12. VII. 1941.
Gl. Gr.: Am Wege von Kals ins Dorfer Tal 1 Ex. 18. VII. 1937.

94. *Eremocoris abietis* (L.) (= *erraticus* Fbr.).
S. Gr.: Sandkopf-SW-Hang, zwischen den beiden Wetterkreuzen in über 2400 m Höhe 2 Ex. 14. VIII. 1937.
Schobergr.: Am Wege von Heiligenblut ins Gößnitztal 1 Ex. 9. VII. 1937.
Ein Waldbewohner, der wohl nur zufällig auf dem Sandkopf bis in die hochalpine Grasheidenstufe gelangt ist. Die Larven der Art machen ihre Entwicklung nach Wasmann bei *Formica rufa* durch (vgl. Gulde 1933 ff.).

95. *Scolopostethus Thomsoni* Reut.
S. Gr.: In der Umgebung des Fleißgasthofes 2 Ex., eines davon an faulenden Pilzen 7. VIII. 1937.
Lebt vorwiegend auf *Urtica*-Arten.

Familie *Coriscidae*.

96. *Dicranocephalus medius* (Muls. Rey). (= *Stenocephalus*).
S. Gr.: Am Wege vom Fleißgasthof nach Heiligenblut 1 Larve vermutlich dieser Art 9. VII. 1937.
Gl. Gr.: Mölltal oberhalb Heiligenblut, am Weg zum Gößnitzfall 1 Ex. 13. VII. 1937.
Lebt auf *Euphorbia*-Arten.

Familie *Corizidae*.

97. *Corizus hyoscyami* (L.).
S. Gr.: Eingang in das Zirknitztal, auf den Steppenwiesen 1 Ex. 28. VIII. 1941.
Weit verbreitet, aber in gewissem Grade thermophil und im Gebiete sicher nur in warmen Lagen der Südtäler zu finden.

98. *Rhopalus conspersus* (Fieb.).
Gl. Gr.: Steppenwiesen am Haritzerweg oberhalb Heiligenblut 1 Ex. 15. VII. 1940.
Thermophile Art, die auf sonnigen Wiesen lebt und in Deutschland auf wärmere Landschaften beschränkt ist.

99. — *subrufus* (Gmel.).
S. Gr.: Sonnige Hänge unterhalb der Fleißkehre der Glocknerstraße 2 Ex. 1. VII. 1937.
Weit verbreitet und in den Alpen auf trockenen Wiesen häufig, aber selten so hoch emporsteigend. Lebt in Norddeutschland auf *Geranium robertianum* (Ed. Wagner i. l.).

100. — *parumpunctatus* (Schill.).
S. Gr.: Bei Mallnitz (Prohaska 1923); Eingang in das Zirknitztal, auf den Alpenwiesen oberhalb Döllach 2 Ex. der f. typ. und 1 Ex. der ab. *rufus* Schill.
Gl. Gr.: Bei Heiligenblut (Prohaska 1923).
Palmén traf die Art auf der Kerschbaumer Alm bei Lienz am 20. VIII. 1870 (Reuter 1876). Sie ist weit verbreitet, jedoch bis zu einem gewissen Grade thermophil und im Gebiete sicher nur in den südlichen Tauerntälern heimisch.

Familie *Pentatomidae*.

101. *Odontoscelis fuliginosa* (L.).
S. Gr.: Stanziwurten, hochalpin 1 totes Stück 2. VII. 1937; trockener, sonniger Grashang am Eingang in die Große Fleiß 1 Ex. 18. VII. 1938.
Gl. Gr.: Albitzen-SW-Hang, Grasheide unterhalb der Kalkphyllitbratschen 1 totes Ex. 29. VII. 1938; Grashang oberhalb der Glocknerstraße zwischen Glocknerhaus und Marienhöhe, in 2200 m Höhe 1 Ex. 22. VII. 1938; mittlerer Teil des Seidelwinkeltales, 1 totes Ex. 12. VII. 1937.
Gr. Gr.: Putzkogel bei Windisch-Matrei (Dalla Torre 1882).
Weitverbreitete Art, die auch in der Schweiz an vielen Stellen vorkommt und bis 1800 m Höhe emporsteigt. Das heliophile Tier lebt nach Gulde (1933 ff.) auf Kalk- und Sandboden. Eine Larve wahrscheinlich dieser Art traf ich am Albitzen-SW-Hang am 17. VII. 1940 noch in 2400 m Höhe an.
Nach Ed. Wagner (i. l.) vergräbt sich die Art im Sande und kommt nur bei heißem Wetter an die Bodenoberfläche.

102. *Eurygaster testudinaria* (Geoffr.). (= *maura* auct. nec L.).
Pinzgau: Bei Zell am See 1 Ex. 13. VII. 1939.
Auch oberhalb Windisch-Matrei (Dalla Torre 1882).
Weitverbreitete Art, Bewohner trockener Wiesen und Raine.

103. *Sciocoris microphthalmus* Flor.
S. Gr.: Gjaidtrog-SW-Hang, in etwa 2100 m Höhe 1 Ex. am Grashang gekätschert 18. VII. 1938.
Gl. Gr.: Albitzen-SW-Hang, südlich der Marienhöhe in 2200 m Höhe 3. VIII. 1938 zwischen Graswurzeln auf einem Kalkschieferriegel.
Weit verbreitet, auch in Südtirol und in der Schweiz, wo die Art 100 bis 150 m über die Waldgrenze emporsteigt (Hofmänner 1924). Liebt trockene, kurzrasige Grasflächen in günstiger Exposition. Die Art dürfte heliophil sein.

104. — *cursitans* (Fbr.).
S. Gr.: Steppenwiesen am Eingang in das Zirknitztal 1 Ex. 28. VIII. 1941.
Ein Charaktertier trockener Rasenflächen.

105. *Peribalus sphacelatus* (Fbr.).
In der Proseckklamm bei Windischmatrei 8. VIII. 1927 (Werner 1934).
Die vorwiegend an *Verbascum* lebende Art dürfte im Gebiete nur an den wärmsten Stellen der südlichen Täler zu finden sein.

106. *Carpocoris pudicus* (Poda).
Nach Prohaska (1923) einzeln im Mölltal.

107. *Dolycoris baccarum* (L.).
Mölltal: Zwischen Obervellach und Flattach mehrfach 18. VI. 1942.
S. Gr.: Naßfeld bei Gastein 2. VIII. 1870 (leg. Palmén, teste Reuter 1870); sonnige Wiesen unterhalb der Fleißkehre der Glocknerstraße 3 Ex. 1. VII. 1937; Eingang in das Zirknitztal 1 Ex. 28. VIII. 1941.
Gl. Gr.: Mölltal oberhalb Heiligenblut, am Weg zum Gößnitztal 1 Larve 13. VIII. 1937.
Gr. Gr.: Windisch-Matrei (Dalla Torre 1882); beim Lublas oberhalb der Proseckklamm 1 Ex. 3. IX. 1941.

108. *Eurydema Fieberi* (Fieb.). (wohl ab. *rotundicollis* Dohrn.).
Gl. Gr.: Am Haritzerweg zwischen Glocknerhaus und Naturbrücke über die Möll 1 Ex. 7. VII. 1937; Albitzen-SW-Hang, unterhalb der Alm in etwa 2300 m Höhe 1 Larve 9. VIII. 1937 und 1 tote Imago unterhalb der Kalkphyllitbratschen 29. VII. 1937.
In den Alpen weit verbreitet, jedoch heliophil, lebt im Gebiete vorwiegend an *Biscutella laevigata*.

109. — *dominulus* Scop.
Gl. Gr.: Fuscher Tal unterhalb Dorf Fusch, an Blüten von *Cardamine palustris* 2 Ex. 23. V. 1941.

110. — *oleraceum* (L.).
Mölltal: Zwischen Obervellach und Flattach 1 Ex. 18. VI. 1942.
Gl. Gr.: Fuscher Tal unterhalb Dorf Fusch, an einem Gerinne auf *Cardamine palustris* 1 Ex. 23. V. 1941.
Pinzgau: Bei Bruck an der Glocknerstraße auf *Sinapis arvensis* in Anzahl 19. VII. 1940. Wohl überall auf den Getreidefeldern um die Dauersiedlungen auf *Sinapis arvensis* und in den Bauerngärten auf *Brassica*.

111. *Elasmucha grisea* (L.).
S. Gr.: Eingang in das Zirknitztal, am S-Hang oberhalb Döllach auf *Betula verrucosa* 1 Imago, 1 Larve 28. VIII. 1941.
Weit verbreitet, lebt vorwiegend auf Laubhölzern.

112. *Palomena prasina* L.
Mölltal: Zwischen Obervellach und Flattach 1 Ex. 18. VI. 1942.

113. *Picromerus bidens* (L.).
S. Gr.: Im untersten Teil des Seidelwinkeltales 3 Ex. 18. VIII. 1937.
Weit verbreitet, nährt sich von Raupen und anderen Insekten, die er mit seinem Rüssel anbohrt und aussaugt.

114. *Troilus luridus* (Fbr.).
S. Gr.: Im untersten Teil des Seidelwinkeltales 1 Larve vermutlich dieser Art 17. VIII. 1937.
Auf dem Ederplan in der Kreuzeckgruppe und in Amlach bei Lienz mehrfach von Werner (1934) gesammelt.

115. *Jalla dumosa* (L.).
Im Mölltal bei Pockhorn in 1200 m Höhe 1 Ex. 8. September (Prohaska 1923).
Die Art liebt trockene Stellen mit dürftiger Vegetation, sie dürfte heliophil sein.

116. *Zicrona coerulea* (L.).
Gl. Gr.: Mölltal oberhalb Heiligenblut 1 Ex. 13. VIII. 1937.
Sehr weit verbreitet, wurde im Engadin noch in bedeutender Höhe beobachtet (Hofmänner 1924). Entwickelt sich an *Epilobium angustifolium* (Ed. Wagner i. l. sec. Jordan).

Familie *Cydnidae*.

117. *Thyreocoris scarabaeoides* (L.).
S. Gr.: Sonnige Wiesen unterhalb der Fleißkehre der Glocknerstraße 1· Ex. 1. VII. 1937.
Bewohner trockener Wiesen, vergräbt sich wie *Odontoscelis* im Sande (Ed. Wagner i. l.).

118. *Legnotus picipes* Fall.
Mölltal: Zwischen Obervellach und Söbriach an einem trockenen Rain 1 Ex. 18. VI. 1942.
Eine thermophile Art, die für die Steppenrasen der südlichen Tauerntäler charakteristisch ist.

119. *Sehirus bicolor* (L.).
Gl. Gr.: Am Wege von Kals ins Dorfer Tal 1 Larve 18. VII. 1937.
Bewohner tieferer Lagen, die Larven leben an Labiaten.

120. — *dubius* (Scop.).
S. Gr.: Mittlerer Teil des Seidelwinkeltales, 2 Larven 17. VIII. 1937; in der Umgebung des Fleißgasthofes 2 Larven 7. VIII. 1937.
Gl. Gr.: Am Haritzerweg zwischen Glocknerhaus und Naturbrücke über die Möll 1 Larve 18. VIII. 1937; Kalkphyllitrücken oberhalb des Glocknerhauses 1 Ex.; Albitzen-SW-Hang, am Grashang unterhalb der Kalkschieferbratschen in 2150 bis 2250 m Höhe zahlreiche tote Imagines; am Weg von Kals ins Dorfer Tal 1 Imago 18. VII. 1937.
Gr. Gr.: Bretterwand bei Windisch-Matrei (Dalla Torre 1882).
Liebt trockene, sonnige Orte und ist sehr weit verbreitet. Die Art lebt nach Ed. Wagner (i. l.) an *Thesium*, im Gebiete jedenfalls an *Thesium alpinum* L.

II. Homoptera.

Familie *Cixiidae*.

121. *Cixius (Orinocixius) Heydeni* Kirschb. (sensu Wagner nec Haupt).
S. Gr.: Kleine Fleiß, oberhalb des Alten Pocher 1 Ex. 30. VI. 1937; am Weg vom Alten Pocher auf den Seebichel subalpin 2 Ex. 24. VII. 1937.
Die Art scheint nur im Gebirge zu leben, sie steigt im Engadin bis 2325 m Höhe empor (Hofmänner 1924), wurde vom Rigi in den Schweizer Alpen beschrieben und findet sich auch bei Oberstdorf im Allgäu (W. Wagner 1939), Bad Ratzes in Südtirol und in Galizien (Then 1886). Die Thenschen Angaben bedürfen noch der Überprüfung; die Larven der Gattung leben unterirdisch, die Imagines sind polyphag (teste W. Wagner).

Familie *Delphacidae*.

122. *Dicranotropis hamata* (Boh.).
S. Gr.: Sonnige Hänge unterhalb der Fleißkehre der Glocknerstraße, von Wiesenpflanzen gestreift 1 Ex. 1. VII. 1937.
Weit verbreitete Art, die von W. Wagner auch im Maltatal in den östlichen Hohen Tauern in 850 m Höhe gesammelt wurde.

123. — *divergens* Kirschb.
S. Gr.: Thurnerkaser, zwischen Kasereck und Roßbach an der Glocknerstraße, vom Almrasen gestreift 1 Ex. 11. VII. 1941.
Gl. Gr.: Sentleben, vom niederen Almrasen gestreift 1 Ex. 18. VI. 1942; in der Umgebung des Glocknerhauses 1 Ex. in 2100 m Höhe 9. September (Prohaska 1923); Piffkaralm, an der Glocknerstraße in 1630 m Höhe 5 Ex. 15. VII. 1940 von niederen Pflanzen gekätschert.
Die Art scheint nur im Gebirge vorzukommen, steigt in diesem allerdings tief herab, so in ein Moor bei Fischen im Allgäu (teste W. Wagner). Die Art ist bisher im Engadin, Allgäu, auf der Hohen Rhön und am Pop Ivan in den Karpathen sicher nachgewiesen (W. Wagner i. l.).

124. *Stiroma affinis* Fieb.
Gl. Gr.: Auf den Steppenwiesen entlang des Haritzerweges oberhalb Heiligenblut 1 Ex. 15. VII. 1940.
Weit verbreitet, von W. Wagner auch im Maltatal in 850 m Höhe gesammelt; lebt wahrscheinlich auf Gräsern.

125. — *albomarginata* Curt.
Gl. Gr.: Heiligenblut, am SW-Hang unmittelbar oberhalb des Ortes im Waldrasen 1 Ex. 18. VI. 1942.

126. *Kelisia perspicillata* Boh.
S. Gr.: Mallnitzer Tauerntal, unterhalb des Gasthofes Gutenbrunn 1 Ex. 5. IX. 1941.

127. *Liburnia dubia* Kb. (= *obscurella* Hpt. nec Boh.).
Gl. Gr.: Fuscher Tal oberhalb Ferleiten, 1 ♂ auf den Talwiesen gestreift 14. VII. 1940.
Wurde von W. Wagner auch im Maltatal in 850 m Höhe gesammelt. Bewohner von Waldwiesen, ist in Mitteleuropa weiter verbreitet.

128. — *elegantula* Boh.
Gr. Gr.: Windisch-Matrei, am Weg zur Proseckklamm 1 Ex. 3. IX. 1941.

129. — *albostriata* Fieb.
Gr. Gr.: Windisch-Matrei, am Weg zur Proseckklamm 1 Ex. 3. IX. 1941.
Eine vorwiegend trockene Orte bewohnende, heliophile Art, die in Europa weit verbreitet ist und auch in Nordafrika vorkommt (teste W. Wagner).

130. — *collina* Boh. (nec Fieb. nec Haupt).
S. Gr.: Eingang in das Zirknitztal, am S-Hang oberhalb Döllach 2 Ex. 28. VIII. 1941.
Gleichfalls heliophil, aber nicht so trockenliebend; findet sich auch in den Heidegebieten Nordwestdeutschlands (W. Wagner i. l.).

Familie *Cercopidae*.

131. *Cercopis sanguinea* Geoffr.
    Gl. Gr.: Fuscher Tal oberhalb Ferleiten 1 Ex. 23. VII. 1939.
    Gr. Gr.: Am Weg von der Schneiderau in die Dorfer Öd 1 Ex. in der Hochstaudenflur entlang des Baches 25. VII. 1939.
    Ein Gebirgstier, welches der norddeutschen Ebene fehlt (W. Wagner, mündl. Mitt.).

132. *Aphrophora alni* Fall.
    S. Gr.: Seidelwinkeltal, unterster Teil 1 Ex. 17. VIII. 1937.
    Gl. Gr.: Im Fuscher Tal oberhalb Ferleiten, wahrscheinlich auf *Alnus incana* gesammelt.
    Gr. Gr.: Windisch-Matrei, am Weg zur Proseckklamm 2 Ex. 3. IX. 1941.
    Die Art ist sehr weit verbreitet, sie lebt auf *Alnus-* und *Salix-*Arten (Wagner 1939).

133. — *salicina* Gze. f. typ. und var. *Forneri* Hpt.
    S. Gr.: Bei Döllach 3 Ex. 28. VIII. 1941.
    Gr. Gr.: Windisch-Matrei 1 Ex. 3. IX. 1941.
    Pinzgau: Bruck an der Glocknerstraße 1 Ex. 19. VII. 1940 (var. *Forneri*).
    Weit verbreitet, lebt auf *Salix-*Arten, aber auch auf anderem Gesträuch.

134. *Philaenus spumarius* L.
    S. Gr.: Seidelwinkeltal, unterster Teil 1 Ex. 17. VIII. 1937; beim Fleißgasthof und am Wege von der Fleißkehre der Glocknerstraße zum Eingang in die Große Fleiß je 1 Ex. Juli 1937, bzw. 18. VII. 1938; Eingang in das Zirknitztal 5 Ex. 28. VIII. 1941.
    Gl. Gr.: Wiesen knapp oberhalb Ferleiten 2 Ex. 19. VII. 1939 und 7 Ex. 11. VII. 1941; im obersten Fuscher Tal zwischen Vogeralm und Käfertal 2 Ex. 23. VII. 1939; Steppenwiesen am Haritzerweg oberhalb Heiligenblut 1 Ex. 15. VII. 1940.
    Gr. Gr.: Windisch-Matrei, am Weg zur Proseckklamm 5 Ex. und auf Trockenwiesen beim Lublas 1 Ex. 3. IX. 1941.
    Pinzgau: Bruck an der Glocknerstraße 1 Ex. 19. VII. 1940.
    Sehr weit verbreitet, bildet mehrere noch nicht genügend untersuchte Rassen (teste W. Wagner); überschreitet im Gebiete die Waldgrenze nicht.

135. *Neophilaenus exclamationis* var. *dilutus* Sahlbg.
    Gl. Gr.: Pasterzenvorfeld zwischen Glocknerstraße und Möllschlucht, innerhalb der Moräne des Jahres 1856 1 Ex. 8. VIII. 1937; am Weg von der Gamsgrube zum Wasserfallkees 1 Ex. 27. VII. 1937.
    Die Art lebt an Grasarten und ist weit verbreitet; sie steigt im Gebiete in der hochalpinen Grasheidenstufe bis etwa 2500 *m* empor.

136. — *lineatus* L.
    S. Gr.: Am Weg aus dem Mallnitzer Tauerntal in die Woisken in 1300 bis 1500 *m* Höhe 6 Ex. auf einem Waldschlag gekätschert 5. IX. 1941.
    Gl. Gr.: Fuscher Tal, auf Talwiesen bei den Gasthöfen in Ferleiten 2 Ex. 10. VII. 1941.
    Gr. Gr.: Windisch-Matrei, an der ins Matreier Tauerntal führenden Straße in einem Ericetum gekätschert 5 Ex. 3. IX. 1941.
    Die Art ist anscheinend in den Ostalpen weit verbreitet. Sie scheint bis zur Waldgrenze emporzusteigen.

137. — *infumatus* Hpt.
    S. Gr.: Eingang in das Zirknitztal, am S-Hang oberhalb Döllach von Gräsern gestreift 4 Ex. 28. VIII. 1941.
    Gr. Gr.: Windisch Matrei, beim Lublas über der Proseckklamm auf Trockenwiesen gekätschert 2 Ex. 3. IX. 1941.

Familie *Ulopidae*.

138. *Ulopa reticulata* Fbr.
    Gr. Gr.: Windisch-Matrei, an der ins Matreier Tauerntal führenden Straße in etwa 1100 *m* Höhe von *Erica carnea* gestreift, 1 Imago und 1 Larve 3. IX. 1941.
    Die Art findet sich bei Admont in Steiermark sowohl auf *Calluna* als auch auf *Erica carnea*, ist jedoch auf der letztgenannten Futterpflanze durchschnittlich kleiner.

139. — *trivia* Germ.
    S. Gr.: Eingang in das Zirknitztal, auf Steppenwiesen am S-Hang oberhalb Döllach ein ganz dunkles Ex. gekätschert 28. VIII. 1941.
    Die Art lebt nach W. Wagner (i. l.) an *Echium vulgare*, welches an der Fundstelle reichlich stand. *U. trivia* ist verhältnismäßig thermophil und im Gebiete sicher auf die südlichen Tauerntäler beschränkt.

Familie *Jassidae*.

140. *Eupelix cuspidata* Fbr.
    S. Gr.: Eingang in das Zirknitztal, am S-Hang oberhalb Döllach 1 Ex. 28. VIII. 1941.

141. *Euacanthus interruptus* L.
    S. Gr.: Seidelwinkeltal, unterster Teil 1 Ex. 17. VIII. 1937; beim Fleißgasthof 2 Ex. Juli 1937; am Weg aus dem Mallnitzer Tauerntal zur Woisken in 1300 bis 1500 *m* Höhe 1 Ex. 5. IX. 1941.
    Gl. Gr.: Magneskar, auf der Jungmoräne oberhalb des Magnesbaches 1 Ex. 1. VIII. 1938; am Weg von Kals ins Dorfer Tal 1 Ex. 18. VII. 1937; im obersten Fuscher Tal am Fuße eines kleinen Wasserfalles am orographisch linken Hang und im Grauerlenbestand im Käfertal je 1 Ex. 21. und 23. VII. 1939.
    Gr. Gr.: Am Weg von der Schneiderau in die Dorfer Öd, in der Hochstaudenflur entlang des Baches 1 Ex. 25. VII. 1939; Windisch-Matrei, auf Trockenwiesen beim Lublas oberhalb der Proseckklamm 1 Ex. 3. IX. 1941.
    Weit verbreitet; lebt auf feuchten Wiesen. W. Wagner fand Larven und Exuvien zahlreich auf *Arctium lappa*.

142. *Euacanthus acuminatus* (Fbr.).
S. Gr.: Beim Fleißgasthof 1 Ex. Juli 1937; Mallnitzer Tauerntal, unterhalb des Gasthofes Gutenbrunn 1 Ex. 5. IX. 1941.
Gl. Gr.: In der Umgebung des Kesselfallalpenhauses 1 Ex. 14. VII. 1939.
Weit verbreitet; die Art lebt auf feuchten Wiesen, besonders an Waldrändern, gern an *Mercurialis* (Haupt 1935).

143. *Errhomenellus brachypterus* (Fieb.).
Gl. Gr.: Am Weg von der Daberklamm ins untere Dorfer Tal 1 Ex. 15. VII. 1937; am Ufer der Fuscher Ache oberhalb Ferleiten aus Grauerlenfallaub gesiebt 1 Imago und 1 Larve 19. VII. 1939; im Käfertal und oberhalb der Traueralm aus *Rhododendron*-Fallaub gesiebt 21. und 23. VII. 1939; Kapruner Tal, Talstufe unterhalb der Limbergalm 1 Ex. aus feuchtem Fallaub und Moos gesiebt 15. VII. 1939.
Findet sich in Fallaub und unter Steinen und lebt vorwiegend im Gebirge. Die Biologie ist noch unbekannt (Haupt 1935).

144. *Aphrodes bicinctus* (Schrk.).
S. Gr.: Mallnitz (Prohaska 1923), in 1200 bis 1300 *m* Höhe; Mallnitzer Tauerntal, beim Gasthof Gutenbrunn 1 Ex. 5. IX. 1941; am Weg vom Fleißgasthof nach Heiligenblut 1 Ex. Juli 1937; Eingang in das Zirknitztal, am S-Hang oberhalb Döllach 5 Ex. 28. VII. 1941.
Gr. Gr.: Windisch-Matrei 2 Ex. 3. IX. 1941.
Weit verbreitet, steigt im Engadin bis zur Waldgrenze empor (Hofmänner 1924). Die Art wurde in England einmal zahlreich auf *Tanacetum vulgare* gefunden (teste W. Wagner).

145. — *tricinctus* Curt.
Mölltal: Bei Söbriach 1 Ex. 18. VI. 1942.
Gl. Gr.: Am Weg von Kals ins untere Dorfer Tal 3 Ex. 18. VII. 1937; Moserboden, am orographisch linken Talhang in etwa 2000 *m* Höhe 3 Ex. 17. VII. 1939; im *Rhododendron*-Bestand des Käfertales 3 Ex. 23. VII. 1939; im oberen Teil des Fuscher Tales beim Judenbach und unweit des Rotmooses 2 Ex. 23. VII. 1939; am Ufer der Fuscher Ache oberhalb Ferleiten an sandigen Stellen in Büschen von *Saxifraga aizoides* 3 ♂, 6 ♀, zahlreiche Larven 18. VII. 1940; Ferleiten 2 ♂ 11. VII. 1941.
Weit verbreitet, lebt vorwiegend im Gebirge.

146. — *flavistriatus* Don.
S. Gr.: Eingang in das Zirknitztal, unweit Döllach 1 Ex. 28. VIII. 1941.

147. *Anoterostemma Theni* P. Löw.
S. Gr.: Kleine Fleiß, subalpin am Wege vom Alten Pocher auf den Seebichel 1 ♀ 28. VII. 1937. Die Art ist in der Sonnblickgruppe hochalpin wohl allgemein verbreitet.
Gl. Gr.: Albitzen-SW-Hang, in 2200 bis 2400 *m* Höhe 17. VII. 1940; Senfteben zwischen Guttal und Pallik an der Glocknerstraße 1 Ex. 15. VII. 1940; Guttal, auf den Wiesen oberhalb der Ankehre der Glocknerstraße 2 ♂, 2 ♀ 11. VII. 1941; am Weg vom Glocknerhaus zur Pfandlscharte bis in die Speikbodenzone, dort 1 ♂ 19. VII. 1938; am Hang zwischen Magneskar und Naßfeld des Pfandlschartenbaches 1 Ex. 21. VII. 1938; Gamsgrube, oberhalb des Promenadeweges 2 ♂ 6. VII. 1937; im Rasen bei der Hofmannshütte 5 ♂, 1 Larve 16. VII. 1940; Haldenhöcker unterhalb der Mittleren Burgstalls 1 ♂ 16. VII. 1940; Kleiner Burgstall, im Rasen 1 ♂ 22. VII. 1938; Teischnitztal, knapp oberhalb der Krummholzgrenze 1 ♂ 26. VII. 1938; im Dorfer Tal oberhalb des Dorfer Sees 3 ♂ 15. VII. 1937; am Weg vom Moserboden zur Schwaigerhütte in der Grasheide 1 ♂ 17. VII. 1939; an der Edelweißwand unterhalb des Fuscher Törls 1 ♂ 15. VII. 1940; Walcher Hochalm, am S-Hang in 2000 bis 2200 *m* Höhe 1 ♂ 9. VII. 1941.
Gr. Gr.: Am Weg vom Kalser Tauernhaus auf den Spinevitrolkopf 1 Ex. 19. VII. 1937; Muntanitz-SO-Seite 1 ♂ 20. VII. 1937.
Von P. Löw nach Stücken aus Südtirol (Condino), vom Schneeberg und von einer Bergwiese bei Pitten in Niederdonau beschrieben.
Lebt im Engadin auf Wiesen in 1900 bis 2300 *m* Höhe und auch auf den obersteirischen Alpen in der Zwergstrauch- und hochalpinen Grasheidenstufe. Die Art scheint in den Alpen weit verbreitet zu sein. Sie bewohnt vor allem die Wiesen und Grasheiden der Zwergstrauchstufe und hochalpinen Grasheidenzone und ist als Charakterform alpiner Rasengesellschaften zu bewerten. Unterhalb de Waldgrenze scheint sie nur vereinzelt aufzutreten.

148. *Cicadella viridis* (L.).
Gl. Gr.: Fuscher Tal oberhalb Ferleiten 2 Ex. 23. VII. 1939, 2 Larven 18. VII. 1940.
Lebt auf *Juncus effusus* (W. Wagner 1939) und wohl auch auf anderen großen *Juncus*-Arten. Die Art ist sehr weit verbreitet.

149. *Bythoscopus alni* Schrk.
S. Gr.: Mallnitzer Tauerntal, unterhalb des Gasthofes Gutenbrunn von *Alnus incana* geklopft 1 Ex. 5. IX. 1941.

150. *Macropsis virescens* Fbr. var. *marginata* H. S.
S. Gr.: Eingang in das Zirknitztal, unweit Döllach 1 Ex. 28. VIII. 1941.

151. *Idiocerus populi* L.
S. Gr.: Eingang in das Zirknitztal, am S-Hang oberhalb Döllach auf *Populus tremula* 1 Ex. 28. VIII. 1941.

152. *Agallia venosa* (Fall.) (sensu Oss. nec Rib.).
Gl. Gr.: Festucetum durae unterhalb des Glocknerhauses 1 Ex. 3. VIII. 1939; Grashänge über der Glocknerstraße zwischen Glocknerhaus und Marienhöhe, in etwa 2200 bis 2250 *m* Höhe 8 Ex. 3. VIII. 1938.
Wahrscheinlich auf diese Art bezieht sich auch die Angabe bei Prohaska (1923), wonach *Agallia venosa* Fall. im Mölltal auf Almwiesen bis zum Glocknerhaus und noch etwas darüber vorkommt. Auch von mir beim Glocknerhaus in Anzahl gefundene *Agallia*-Larven dürften dieser Art angehören.
Weit verbreitet, lebt auf trockenen Wiesen und Grasplätzen.

153. *Agallia brachyptera* Boh.

S. Gr.: Beim Fleißgasthof 1 Ex. Juli 1937; Pockhorn im Mölltal 8. IX. (Prohaska 1923); Eingang in das Zirknitztal bei Döllach 1 Ex. 28. VIII. 1941. Das von mir in der Fleiß gesammelte Stück ist nach W. Wagner (i. l.) auffällig stark tingiert.

Weit verbreitet; lebt nach Haupt (1935) auf feuchten Wiesen an *Mentha*.

154. — *Ribauti* Oss.

S. Gr.: Eingang in das Zirknitztal, am S-Hang oberhalb Döllach auf Trockenwiesen 17 Ex. 28. VIII. 1941.

155. *Macrosteles laevis* Rib.

Pinzgau: Bruck an der Glocknerstraße 1 ♂ 19. VII. 1940.

Weit verbreitet und offenbar eurytop (W. Wagner 1939 u. i. l.).

156. — *frontalis* Sctt.

Gl. Gr.: Oberstes Fuscher Tal, auf einer Sumpfwiese unweit unterhalb der Gasthöfe in Ferleiten 14 Ex. gekätschert 11. VII. 1941.

Gr. Gr.: Windisch-Matrei, beim Bad auf den Sumpfwiesen am Tauernbach 1 Ex. 3. IX. 1941.

Die Art lebt nach W. Wagner (i. l.) an *Equisetum palustre* und ist aus England, Norddeutschland, Schweden, Finnland und aus den Alpen bekannt. In den letzteren wurde sie bisher im Wallis (Cerutti), bei Oberstdorf im Allgäu (K. Schmidt), im Navistal in Tirol (W. Wagner) und bei Admont (Strobl, W. Wagner, H. Franz) gefunden.

157. — ? *alpinus* Zett.

S. Gr.: Woisken bei Mallnitz, im Hochmoorgelände in 1600 m Höhe 1 ♀ 5. IX. 1941.

Das eine ♀ läßt keine sichere Bestimmung zu. Die Art ist jedoch auch schon bei Oberstdorf im Allgäu und bei Admont in Steiermark gefunden worden und ist boreoalpin verbreitet, so daß ihr Vorkommen im Gebiete recht wahrscheinlich ist. Das nordische Wohnareal umfaßt Nordschweden und Nordfinnland (teste W. Wagner).

158. *Balcluta punctata* (Thnbg.).

S. Gr.: Mallnitzer Tauerntal 1 Ex. 5. IX. 1941; Mallnitz (Prohaska 1923). Von W. Wagner im Maltatal gesammelt.

Weit verbreitet (teste W. Wagner).

159. *Graphocraerus ventralis* (Fall.).

S. Gr.: Auf einer Wiese oberhalb des Fleißgasthofes 1 Ex. 1. VII. 1937; Eingang in das Zirknitztal 1 Ex. 28. VIII. 1941. Von W. Wagner im Maltatal in 850 m Höhe gesammelt.

Weit verbreiteter Wiesenbewohner, der trockene Wiesen bevorzugt (teste W. Wagner).

160. *Doratura stylata* (Boh.).

S. Gr.: Eingang in das Zirknitztal 5 Ex. 28. VIII. 1941; bei Mallnitz (Prohaska 1923).

Gr. Gr.: Bei Windisch-Matrei 1 Ex. 3. IX. 1941.

Von W. Wagner im Maltatal in 850 m Höhe gesammelt.

Lebt auf trockenen Grasplätzen (W. Wagner 1939) und ist weit verbreitet.

161. *Deltocephalus Bohemani* Zett. var. *calceolatus* Boh.

S. Gr.: Mallnitzer Tauerntal, unterhalb des Gasthofes Gutenbrunn auf einer sonnigen Wiese 1 Ex. 5. IX. 1941.

Gl. Gr.: Albitzen-SW-Hang, im Rasen unterhalb der Kalkschieferbratschen 1 ♂ 29. VII. 1938 und unterhalb der Alm in 2200 bis 2300 m Höhe 2 ♂ 17. VII. 1940.

Eine montane Art (teste W. Wagner), die sonnige Gebirgswiesen bewohnt und in den Ostalpen weit verbreitet zu sein scheint (vgl. Then 1886).

162. — *ocellaris* (Fall.).

S. Gr.: Eingang in das Zirknitztal, am S-Hang oberhalb Döllach 1 Ex. 28. VIII. 1941; am Weg aus dem Mallnitzer Tauerntal in die Woisken in 1300 bis 1600 m Höhe 5 Ex. 5. IX. 1941.

Gl. Gr.: Heiligenblut (Prohaska 1923); Ferleiten 1 Ex. 10. VII. 1941.

Gr. Gr.: Windisch-Matrei, beim Lublas über der Proseckklamm 1 Ex. 3. IX. 1941.

Weit verbreiteter und häufiger Wiesenbewohner.

163. — *Flori* Fieb. (sens. Then).

S. Gr.: Mallnitz (Prohaska 1923); Mallnitzer Tauerntal, unterhalb des Gasthofes Gutenbrunn 2 Ex. 3. IX. 1941.

Gl. Gr.: Im Fuscher Tal oberhalb Ferleiten 1 ♂ 14. VII. 1940.

Auf Waldwiesen weit verbreitet und häufig (teste W. Wagner).

164. — *pulicaris* (Fall.).

S. Gr.: Mallnitz (Prohaska 1923); Mallnitzer Tauerntal 6 Ex. und am Weg aus diesem zur Woisken 1 Ex. 5. IX. 1941.

Gl. Gr.: Am Pallik in 2000 m Höhe 1 ♂ mit weißlichen, fast ungefleckten Decken (Prohaska 1923); im Fuscher Tal oberhalb Ferleiten 1 Ex. 14. VII. 1940.

Weit verbreitet, lebt auf niederen Pflanzen (Haupt 1935).

165. — *abdominalis* (Fbr.).

S. Gr.: In der Fleißkehre der Glocknerstraße 1 Ex. 15. VII. 1940; auf den sonnigen Wiesen unterhalb der Fleißkehre der Glocknerstraße 7 Ex. 1. VII. 1937; auf der Wiese oberhalb des Fleißgasthofes 2 Ex. 1. VII. 1937; Eingang in das Zirknitztal, Trockenwiesen am S-Hang 3 Ex. 28. VIII. 1941; Thurner Kaser zwischen Kasereck und Roßbach, über der Glocknerstraße 1 Ex. 11. VII. 1941.

Gl. Gr.: Heiligenblut, an der Glocknerstraße unterhalb des Mauthauses 1 Ex. 18. VI. 1942; Heiligenblut (leg. Puschnig, Prohaska 1923); Guttalwiesen oberhalb der Ankehre der Glocknerstraße, 7 Ex., davon 1 Pärchen in copula, 15. VII. 1940 und 5 Ex. 11. VII. 1941; Senfteben 2 Ex. 18. VI. 1942; Sturmalm, unterhalb der Sturmkapelle 2 Ex. 25. VII. 1937; unterhalb des Glocknerhauses im Rasen 2 Ex. 8. VIII. 1937; Gamsgrube, im Rasen 2 Ex. 27. VII. 1937; am Weg von der Daberklamm ins Dorfer Tal 1 Ex. 15. VII. 1937; auf den feuchten Wiesen an der Fuscher Ache oberhalb Ferleiten 4 Ex. 14. VII. 1940; auf den Almmatten oberhalb der Traueralm gegen den Oberen Pfandlboden 1 Ex. 21. VII. 1939; auf der Piffkaralm in 1630 m Höhe an der Glocknerstraße 6 Ex. 15. VII. 1940.

Gr. Gr.: Windisch-Matrei, auf Trockenwiesen beim Lublas 2 Ex. 3. IX. 1941.
Auf Wiesen weit verbreitet und besonders im Gebirge häufig. Im Untersuchungsgebiete ist die Art auf den Wiesen von den Tälern aufwärts bis in die hochalpine Grasheidenstufe eine der häufigsten Zikaden. Sie wird von Hofmänner (1924) als die gemeinste Hemipteren-Art des Engadin von der Talsohle bis 2500 m Höhe bezeichnet.

166. *Deltocephalus nigrifrons* Kb.
S. Gr.: Mölltal bei Pockhorn (Prohaska 1923); Eingang in das Zirknitztal, am S-Hang oberhalb Döllach auf den Trockenwiesen 7 Ex. 28. VIII. 1941.
Ein Bewohner trockener, sonniger Wiesen, der von W. Wagner im Maltatal in den östlichen Hohen Tauern und von Then (1886) bei Greifenburg in Kärnten auf trockenen Wiesen und sonnigen Waldblößen gefunden wurde. Die Art ist vermutlich thermophil und für die Steppenwiesen der Südtäler der Hohen Tauern charakteristisch, sie ist jedoch tiergeographisch noch ungenügend erforscht.

167. — *languidus* Flor.
Gl. Gr.: Bei Heiligenblut in 1400 m Höhe, wohl auf den Steppenwiesen entlang des Haritzerweges gesammelt (Prohaska 1923).
Eine xerophile Art (teste W. Wagner), die stark besonnte, trockene Hügel der warmen Landschaften Deutschlands bewohnt, in den Alpen allerdings ziemlich weit verbreitet zu sein scheint (vgl. Then 1886).

168. — *multinotatus* Boh.
S. Gr.: Eingang in das Zirknitztal, am S-Hang oberhalb Döllach 6 Ex. 28. VIII. 1941.
Gr. Gr.: Windisch-Matrei, an der ins Matreier Tauerntal führenden Straße an einem sonnigen Grashang 1 Ex. und in einem Ericetum carneae 3 Ex. 3. IX. 1941.

169. — *socialis* Flor.
Mölltal: Zwischen Obervellach und Flattach an einem trockenen Rain 1 Ex. 18. VI. 1942.
S. Gr.: Eingang in das Zirknitztal, am S-Hang oberhalb Döllach 2 Ex. 28. VIII. 1941.

170. — *alpinus* Then.
S. Gr.: Woisken bei Mallnitz, im Hochmoorgelände in 1600 m Höhe 1 Ex. 5. IX. 1941.
Gr. Gr.: Windisch-Matrei, an der ins Matreier Tauerntal führenden Straße auf einer Trockenwiese 2 Ex. und in einem Ericetum 8 Ex. 3. IX. 1941.
Die Art ist in den Alpen endemisch. Nach W. Wagner (i. l.) sind folgende Alpenfundorte bekannt: Tweng im Lungau (Then), Hohentauern bei Trieben (Then), Raibl (Then), Paludnig bei Hermagor in 1500 m Höhe (Prohaska), im Allgäu auf dem Besler bei Oberstdorf in 1600 m Höhe (K. Schmidt). *D. alpinus* lebt auf Grasplätzen in Wäldern.

171. — *longiceps* Kb.
Mölltal: Zwischen Söbriach und Flattach an sonnigem Grashang 18. VI. 1942.
Gr. Gr.: Windisch-Matrei, am Weg zur Proseckklamm 1 Ex. 3. IX. 1941.

172. *Psammotettix cephalotes* H. S.
S. Gr.: Eingang in das Zirknitztal 1 Ex. 28. VIII. 1941; Mallnitzer Tauerntal 1 Ex. 5. IX. 1941.
Gl. Gr.: Im Festucetum durae unterhalb des Glocknerhauses in 2100 m Höhe 1 Ex. 3. VIII. 1938; nach Prohaska (1923) im Mölltal und beim Glocknerhaus bis 2200 m Höhe.
Weit verbreitet, bevorzugt Gebirgsgegenden; wird von Then (1886) aus den Tauern Salzburgs angegeben.

173. — *rhombifer* Fieb. (sens. Then).
S. Gr.: Woisken bei Mallnitz, im Hochmoorgelände in 1600 m von Carices gestreift 15 Ex. 5. IX. 1941.
Die Art scheint in den Alpen endemisch zu sein. W. Wagner (i. l.) gibt mir folgende Fundorte an: Vorarlberg (Moosbrugger), bei Tweng im Lungau über der Baumgrenze (Then), Admonter Kalbling (W. Wagner) und Kirchberg a. Wechsel in Niederösterreich (auf einer Bergwiese, teste Then).

174. — *confinis* Dahlb.
S. Gr.: Mallnitzer Tauerntal, unterhalb des Gasthofes Gutenbrunn 1 Ex. 5. IX. 1941.

175. *Ophiola striatula* Fall.
Gr. Gr.: Windisch-Matrei, an der ins Matreier Tauerntal führenden Straße auf einem trockenen Grashang und in einem Ericetum carneae je 3 Ex. 3. IX. 1941.

176. *Euscelis venosus* Kb.
Gl. Gr.: Am Weg aus dem Fuscher Tal zur Trauneralm 1 Ex. 21. VII. 1939.
Bewohnt Waldwiesen der Ebene und besonders des Gebirges. Die Art ist in den Ostalpen von den Voralpen Niederdonaus (vgl. Wagner 1939) bis ins Allgäu (leg. K. Schmidt, teste W. Wagner) und Condino in Südtirol (Then 1886) nachgewiesen.

177. *Bobacella corvina* Horv.
Gl. Gr.: Grashang oberhalb der Glocknerstraße zwischen Glocknerhaus und Marienhöhe, im Festucetum durae in 2200 m Höhe 1 ♀ 29. VII. 1937 aus Pflanzenwurzeln gesiebt. Da sich an der betreffenden Stelle Mauslöcher befanden, wäre es möglich, daß das Tier aus diesen an die Oberfläche gelangt war.
Nach Horvath (1936) sind bisher drei Arten der Gattung *Bobacella* bekannt: *Bobacella corvina* (bisher nur von Gyón, einer xerothermen Örtlichkeit im ungarischen Mittelgebirge nördlich von Budapest, bekannt), *Bobacella teratocera* Kusn. (bisher nur in Südrußland, Provalje im Gouv. Ekaterinoslav in Bauten von *Marmota bobac* gefunden) und *Bobacella turanica* Horv. (aus Koy Kugom in Turkestan). Herr W. Wagner schreibt mir dazu noch folgendes: „Die drei Arten stehen einander sehr nahe, ob sie wirklich spezifisch verschieden sind, wird erst die Untersuchung der männlichen Genitalien ergeben; doch ist bisher allein bei der dritten Art ein Männchen gefunden worden. Von dieser systematischen Frage bleibt aber die Tatsache unberührt, daß das Vorkommen von *B. corvina* im Festucetum durae auf der S-Seite der Glocknergruppe eines der extremsten Beispiele xerothermer Reliktvorkommen in den kontinentalen Teilen der Alpen darstellt.

178. *Hardya tenuis* (Germ.).
Gl. Gr.: Um Heiligenblut recht häufig (Prohaska 1923).
Weit verbreitet, bewohnt trockene Wiesen, Waldblößen und Berghänge (Haupt 1935); in Norddeutschland lebt die Art an *Festuca* in der Heide in Kiefernbeständen (teste W. Wagner).

179. *Hardya* spec. aff. *tenuis* Germ.
S. Gr.: Eingang in das Zirknitztal, auf den Steppenwiesen am S-Hang oberhalb Döllach 15 Ex. 28. VIII. 1941.
Gr. Gr.: Windisch-Matrei, auf den Steppenwiesen beim Lublas über der Proseckklamm 1 Ex. 3. IX. 1941.
Die Art ist gegenwärtig nicht deutbar. Nach brieflicher Mitteilung von Herrn W. Wagner paßt darauf sowohl die Beschreibung der *H. confusa* Rey aus Südfrankreich als auch die der *H. macilenta* Horv. aus Turkestan. Ob die vorliegenden Stücke einer der beiden Arten angehören, könnte nur durch Typenvergleichung festgestellt werden. Sicher ist, daß es sich um eine thermophile Art handelt, die für die Tiergesellschaft der Steppenwiesen der Südtäler sehr bezeichnend ist.

180. *Mocydia attenuata* Germ.
S. Gr.: Eingang in das Zirknitztal 1 Ex. 28. VIII. 1941.

181. *Thamnotettix cruentatus* (Panz.).
Gl. Gr.: Heiligenblut (Prohaska 1923).
Lebt auf Gebüsch, besonders im Gebirge (teste W. Wagner), und ist in den Ostalpen weit verbreitet (vgl. Then 1886).

182. — *simplex* (H. S.). (= *prasinus* Fall.).
S. Gr.: Am Weg aus dem Mallnitzer Tauerntal zur Woisken 5 Ex. (f. brachypt.) 5. IX. 1941.
Gl. Gr.: Im Teischnitztal an der oberen Grenze der Legföhrenbestände 1 Ex. 26. VII. 1938; im Fuscher Tal oberhalb Ferleiten 2 Ex. 14. VII. 1940; Heiligenblut, am SW-Hang unmittelbar oberhalb des Ortes 18. VI. 1942.
Wurde von W. Wagner im Maltatal in den östlichen Hohen Tauern in 850 m Höhe gefunden, ist weit verbreitet und lebt an Gräsern (teste W. Wagner).

183. — *sulphurellus* Zett. (nec Haupt).
S. Gr.: Beim Fleißgasthof 1 Ex. Juli 1937; um Pockhorn und Heiligenblut in Anzahl (Prohaska 1923); Eingang in das Zirknitztal 1 Ex. 28. VIII. 1941.
Gr. Gr.: Bei Windisch-Matrei 1 Ex. 3. IX. 1941.
Weit verbreitet, bewohnt Wiesen und Grasplätze in Wäldern (Wagner 1939).

184. — *subfusculus* Fall. (f. brachypt.).
S. G.: Am Weg aus dem Mallnitzer Tauerntal in die Woisken in 1300 bis 1500 m Höhe 1 Ex. 5. IX. 1941.
Gl. Gr.: Hirzbachtal, in der Bachschlucht des Hirzbaches in 1000 bis 1300 m Höhe 3 Ex. 8. VII. 1941.

185. *Allygus mixtus* Fbr.
S. Gr.: Eingang in das Zirknitztal, am S-Hang oberhalb Döllach 1 Ex. 28. VIII. 1941.

186. — *lacteinervis* Kb.
S. Gr.: Bei Döllach im Mölltal 1 Ex. 28. VIII. 1941.
Die Art ist nach einem Stück aus Ragatz in der Ostschweiz beschrieben, wo es auf Hippophaë gefunden wurde. Oschanin gibt Frankreich und Dalmatien als Fundort an. K. Schmidt fing die Art zahlreich auf Geröllbänken an der Iller bei Oberstdorf im Allgäu (teste W. Wagner).

187. *Cicadula persimilis* Edw.
Gr. Gr.: Windisch-Matrei, auf Steppenwiesen beim Lublas über der Proseckklamm 3 Ex. 3. IX. 1941.

188. *Dicraneura Manderstjernai* Kb.
S. Gr.: Grieswiesalm, am Waldrand in etwa 1400 m Höhe im Gras mehrfach 15. V. 1940; sonnige Wiesen unterhalb der Fleißkehre der Glocknerstraße 1 Ex. 1. VII. 1937; Mallnitzer Tauerntal 4 Ex. und Woisken 1 Ex. 5. IX. 1941.
Gl. Gr.: Auf den Guttalwiesen oberhalb der Ankehre der Glocknerstraße 1 Ex. 15. VII. 1940 und 1 Ex. 11. VII. 1941; Senfteben, mehrfach 18. VI. 1942; auf den Almwiesen zwischen Pallik und Glocknerhaus in 1900 bis 2200 m Höhe recht häufig (Prohaska 1923); am S-Hang der Margaritze 1 Ex. 7. VII. 1937; auf der Edelweißwand an der Glocknerstraße unterhalb des Fuscher Törls 2 Ex. 15. VII. 1940; auf der Piffkaralm an der Glocknerstraße in 1630 m Höhe im Rasen 1 Ex. 15. VII. 1940 und zahlreich auf Neuschnee 22. V. 1941; am Ufer der Fuscher Ache oberhalb Ferleiten 2 Ex. 18. VII. 1940.
Gr. Gr.: Bei Windisch-Matrei 1 Ex. 3. IX. 1941.
Eine montane Art, die auf Wiesen im französischen Zentralplateau, in den Vogesen, im Schwarzwald, im Harz, im Schweizer Jura, in den Alpen, im Riesengebirge und in den Karpathen gefunden wurde (teste W. Wagner). Sie steigt bis in die hochalpine Grasheidenstufe empor, reicht aber auch tief herab und findet sich noch am Alpenrand südlich von Wien bei Mödling und Rodaun (vgl. Then 1886).

189. — *mollicula* (Boh.).
Bei Pockhorn im Mölltal an Gebüsch, aber auch auf Rasenplätzen (Prohaska 1923); Eingang in das Zirknitztal, am S-Hang oberhalb Döllach 11 Ex. 28. VIII. 1941.
Gr. Gr.: Bei Windisch-Matrei 1 Ex. 3. IX. 1941.
Weit verbreitet, bewohnt trockene Wiesen und Grashänge (Haupt 1935).

190. — *aureola* (Fall.).
Gl. Gr.: Steppenwiesen am Haritzerweg oberhalb Heiligenblut 1 Ex. 15. VII. 1940.
Auf trockenem Gelände in ganz Europa (Haupt 1935).

191. — *minima* Sahlbg.
Gr. Gr.: Windisch-Matrei, am Weg zur Proseckklamm 1 Ex. 3. IX. 1941.

192. — *variata* Hardy.
S. Gr.: Eingang in das Zirknitztal, am S-Hang oberhalb Döllach 1 Ex. 28. VIII. 1941.

193. — *citrinella* Zett. (nec. auct., = *Fieberi* Löw).
Gr. Gr.: Windisch-Matrei, am Weg zur Proseckklamm 1 Ex. 3. IX. 1941.

194. — spec. aff. *citrinella* Zett.
S. Gr.: Am Weg aus dem Mallnitzer Tauerntal in die Woisken in 1300 bis 1500 m Höhe 1 ♀ und im Hochmoorgelände der Woisken in 1600 m Höhe 1 ♂ 5. IX. 1941.
Nach W. Wagner (i. l.) vielleicht eine neue Art, die jedoch noch eingehender untersucht werden muß.

195. *Empoasca rufescens* Mel. (= *Butleri* Edw.).
   Gr. Gr.: Windisch-Matrei, am Weg zur Proseckklamm 1 Ex. 3. IX. 1941.
196. — *smaragdula* Fall. (sens. Rib.).
   S. Gr.: Mallnitzer Tauerntal, unweit des Gasthofes Gutenbrunn auf *Alnus incana* 3 Ex. 5. IX. 1941.
197. — *flavescens* Fbr. (sens. Rib. nec. Haupt).
   S. Gr.: Eingang in das Zirknitztal, am S-Hang oberhalb Döllach 5 Ex. 28. VIII. 1941.
   Gl. Gr.: Am Weg aus dem Fuscher Tal zur Traueralm 1 ♀ 22. V. 1941; an der Ausmündung des Fuscher Tales ins Salzachtal 1 ♂ gekätschert 23. V. 1941.
   Gr. Gr.: Windisch-Matrei, am Weg zur Proseckklamm und beim Lublas über dieser je 2 Ex. 3. IX. 1941.
   Weit verbreitet, überwintert auf Koniferen (W. Wagner 1939).
198. *Eupteryx notata* Curt.
   S. Gr.: Mallnitz, einzeln (Prohaska 1923); sonnige Hänge unterhalb der Fleißkehre der Glocknerstraße 2 Ex. 1. VII. 1937; Eingang in das Zirknitztal 8 Ex. 28. VIII. 1941; Mallnitzer Tauerntal 1 Ex. 5. IX. 1941.
   Gl. Gr.: Pasterzenvorfeld zwischen Glocknerstraße und Möllschlucht, außerhalb der rezenten Moränen 1 Ex. 25. VII. 1937.
   Die Art ist fast über ganz Europa verbreitet und steigt im Engadin bis 2200 m Höhe empor (Hofmänner 1924). Sie lebt an *Hieracium pilosella* (W. Wagner 1939) und vielleicht auch noch an anderen Hieracien. W. Wagner sammelte sie in den östlichen Hohen Tauern im Maltatal in 850 m Höhe.
199. — *atropunctata* (Goeze).
   S. Gr.: Am Weg vom Fleißgasthof nach Heiligenblut 1 Ex. im Juli 1937.
   Sehr häufig und weit verbreitet; ist polyphag (teste W. Wagner). Im Engadin steigt die Art auf Wiesen und Almlägern bis 2150 m empor (Hofmänner 1924).
200. — *cyclops* Mats.
   S. Gr.: Am Weg aus dem Mallnitzer Tauerntal zur Woisken in 1300 bis 1500 m Höhe 1 Ex. 5. IX. 1941.
201. — *alticola* Rib.
   Gr. Gr.: Windisch-Matrei, am Weg zur Proseckklamm und beim Lublas über dieser 1 Ex. 3. IX. 1941.
   Die Art ist bisher nur aus den Pyrenäen (Ribaut) und dem Wallis (Cerutti) bekannt gewesen (Wagner i. l.).
202. — *collina* Flor.
   Gr. Gr.: Windisch-Matrei, am Weg zur Proseckklamm 1 Ex. 3. IX. 1941.
203. *Typhlocyba geometrica* Schrk.
   S. Gr.: Mallnitzer Tauerntal, auf *Alnus incana* 3 Ex. 5. IX. 1941.

Familie *Psyllidae*.

204. *Aphalara picta* (Zett.).
   S. Gr.: Eingang in das Zirknitztal 1 Ex. 28. VIII. 1941; Thurnerkaser zwischen Kasereck und Roßbach an der Glocknerstraße, 3 Ex. auf *Leontoden hispidus* 11. VII. 1941.
   Gl. Gr.: Sentheben zwischen Guttal und Pallik, an der Glocknerstraße in etwa 1900 m Höhe 1 ♂ 2 ♀ 15. VII. 1940; an den feuchten Wiesenböschungen an der Fuscher Ache oberhalb Ferleiten 1 ♂ 14. VII. 1940; auf der Piffkaralm in 1630 m Höhe unmittelbar über der Glocknerstraße im Almrasen 1 ♂ 15. VII. 1940.
   Die Art ist in den Alpen und darüber hinaus weit verbreitet und dürfte im Untersuchungsgebiet unterhalb der Waldgrenze auf Grasflächen überall vorkommen. W. Wagner (i. l.) sammelte sie im Maltatal in 850 m Höhe, ich selbst stellte sie im Ennstal bei Admont, in den Gesäusealpen, am Grundlsee und bei Windischgarsten von den tiefsten Tallagen aufwärts bis zur Waldgrenze fest und F. Löw (1888) gibt sie aus Tweng im Lungau und von den Voralpen Niederdonaus an. *A. picta* lebt an verschiedenen Compositen wie *Leontodon*, *Crepis*, *Hypochoeris* und *Chrysanthemum leucanthemum* (F. Löw 1888), sie ist im Gebirge häufiger als in der Ebene.
205. — *calthae* (L.).
   Gl. Gr.: Im Fuscher Tal bei Dorf Fusch und von Ferleiten aufwärts bis ins Rotmoos zahlreich in den Blüten von *Caltha palustris* 22. und 23. V. 1941.
   Die Art dürfte in allen Tälern des Untersuchungsgebietes zu finden sein. Sie wird auch von F. Löw (1888) aus den Tauern Salzburgs angeführt und findet sich auch im Ennstal bei Admont im Frühling zahlreich auf *Caltha*-Blüten. Die Imago überwintert auf Coniferen und lebt nach F. Löw (1888) nur gelegentlich in den Blüten von *Caltha palustris*, da ihre eigentlichen Futterpflanzen *Polygonum*-Arten sind.
206. — *exilis* Web. et Mohr.
   S. Gr.: Hüttenwinkeltal, zwischen Bodenhaus und Grieswiesalm 1 ♂ 15. V. 1940.
   Die Art wird auch von F. Löw (1888) aus den Tauern Salzburgs angegeben. Ich fand sie im Ennstal bei Admont auf *Rumex*-Arten. Die Imago überwintert auf Coniferen. (F. Löw 1888).
207. — *artemisiae* Frst.
   Gr. Gr.: Windisch-Matrei, auf den Steppenwiesen beim Lublas über der Proseckklamm auf *Arthemisia campestris* var. *alpestris* 1 ♀ 3. IX. 1941.
   Die Art ist mit ihrer Futterpflanze im Untersuchungsgebiet zweifellos auf die Steppenwiesen der südlichen Tauerntäler beschränkt.
208. — *pilosa* Osch. (sens. Edw.).
   S. Gr.: Eingang in das Zirknitztal, an einem sonnigen Felshang unmittelbar über Döllach und auf den Steppenwiesen am S-Hang höher oben 5 Ex. 28. VIII. 1941.
   W. Wagner schreibt mir über die Art folgendes: „Die Art. *A. pilosa* Osch. ist offenbar von verschiedenen Autoren verschieden gedeutet worden. Die vorliegenden Tiere stimmen jedenfalls gut mit der Beschreibung überein, die Edwards von den Stücken aus England gibt. Auf diese Art bezieht sich wahrscheinlich auch die Angabe Ceruttis (1937) für das Wallis. Außerdem stimmen die Stücke überein mit solchen, die A. Handlirsch am Millstätter See gesammelt hat. Löw hat dagegen eine andere Art aus Sarepta für *A. pilosa* Osch. gehalten." Die Typen Oschanins sind gegenwärtig nicht zugänglich, so daß die Frage nicht endgültig geklärt werden kann.

209. *Psylla fusca* Zett.
S. Gr.: Grauerlenau bei Flattach, zahlreich, aber meist noch unausgefärbt 18. VI. 1942; Möllufer bei Döllach, 2 Ex. auf *Alnus incana* 28. VIII. 1941; Mallnitzer Tauerntal, beim Gasthof Gutenbrunn auf *Alnus incana* 13 Ex. 5. IX. 1941.
Gl. Gr.: An der Fuscher Ache bei Ferleiten massenhaft an *Alnus incana* 14. VII. 1940; auch im Mölltal (F. Löw 1888); Eingang in das Hirzbachtal, auf *Alnus incana* 4 Ex. 8. VII. 1941; bei Ferleiten auf Grauerlen 3 Ex. 11. VII. 1941.
W. Wagner (i. l.) sammelte die Art im Maltatal in den östlichen Hohen Tauern in 850 *m* Höhe. Sie lebt auf *Alnus incana* und nach Haupt (1935) auch auf *Corylus*, was noch der Bestätigung bedarf. Das Tier ist vermutlich boreoalpin verbreitet. W. Wagner schreibt mir über seine Verbreitung folgendes: „Im Norden weit verbreitet, besonders auf *Alnus incana*, u. zw. in Livland, Schweden, Norwegen, Finnland, Lappland und Mittelrußland, fehlt in der norddeutschen Tiefebene und in Mitteldeutschland, kommt aber wieder in den Alpen und Karpathen vor." An alpinen Fundorten nennt F. Löw (1888) außer den schon genannten folgende: Rußland in Kärnten; Hochstuhl in den Karawanken; um Frankenfels und Lunz in den Voralpen von Niederdonau; um Johnsbach und Admont in Obersteiermark; Aussee; Seiseralm in den Dolomiten; Adamellogruppe; außerdem wurde die Art in der Hohen Tatra festgestellt. Ich selbst fand sie im Tale bei Windischgarsten massenhaft auf *Alnus incana*; W. Wagner sammelte sie im Maltatal und nennt (i. l.) als sichere Fundorte außerdem Birchabruck in Südtirol und die Umgebung der Berlinerhütte in den westlichen Zillertaler Alpen.

210. — *alni* Först.
S. Gr.: Möllufer bei Döllach, auf *Alnus incana* 3 Ex. 28. VIII. 1941; Mallnitzer Tauerntal, beim Gasthof Gutenbrunn auf *Alnus incana* 13 Ex. 5. IX. 1941.
Gl. Gr.: Guttal, am Guttalbach bei der Ankehre der Glocknerstraße auf Grauerle 1 Ex. 11. VII. 1941.

211. — *alpina* Först.
S. Gr.: Am Weg aus dem Mallnitzer Tauerntal in die Woisken in 1400 bis 1600 *m* Höhe auf *Alnus viridis* 11 Ex. 5. IX. 1941.
Gl. Gr.: Eingang in das Hirzbachtal, auf *Alnus viridis* 32 Ex. (zum Teil immatur) 8. VII. 1941; am Weg von Ferleiten auf die Walcher Hochalm in 1700 bis 1900 *m* Höhe auf Grünerlen 3 Ex. 9. VII. 1941.
Die Art scheint monophag auf Grünerlen zu leben.

212. — *phaeoptera* Löw.
Mölltal: Auf einem Bachschuttkegel bei Söbriach in einem alten und ziemlich ausgedehnten Bestand von *Hippophaë rhamnoides* zahlreich 18. VI. 1942.
Löw gibt als Verbreitung der Art Bludenz in Vorarlberg und Ragaz in Graubünden an. Mir wurde die Art auch aus der Gegend von Linz von J. Klimesch eingesandt. Sie wurde auch dort von *Hippophaë* geklopft. In den südlichen Tauerntälern dürfte sie mit dem Sanddorn weiter verbreitet sein.

213. — *hippophaës* Först.
Mölltal: Mit der vorgenannten Art von *Hippopyaë* geklopft, aber nicht ganz so häufig 18. VI. 1942.
Löw führt diese Art aus Tirol (Stubai- und Drautal) und aus Niederösterreich ohne genaueren Fundort an. J. Klimesch sandte mir auch sie von der „Dornbloach" bei Linz, wo *Hippophaë* ein ausgedehntes, aber weithin isoliertes Vorkommen hat.

214. — *myrtilli* nov. spec. W. Wagner i. l.
S. Gr.: Woisken bei Mallnitz, im Hochmoorgelände in 1600 *m* Höhe von *Vaccinium myrtillus* gestreift 20 ♀ 5. IX. 1941.
Die Art wurde von W. Wagner und mir auch bei Admont am Pleschberg nördlich des Ennstales in großer Zahl (ausschließlich ♀) und von mir überdies einzeln in den Rottenmanner Tauern subalpin auf derselben Futterpflanze gefunden.

215. — *sorbi* L. (sens. Edw.).
S. Gr.: Am Weg aus dem Mallnitztal zur Woisken, auf einem Waldschlag in etwa 1400 *m* Höhe auf *Sorbus aucuparia* 5 Ex. 5. IX. 1941.
Gl. Gr.: Eingang in das Hirzbachtal 3 Ex. 8. VII. 1941.
Die Art ist nach W. Wagner (i. l.) in England, Fennoskandia und Nordwestdeutschland auf *Sorbus aucuparia* häufig, in anderen Teilen Deutschlands bisher wohl nur übersehen.

216. — *mali* Schmdbg.
S. Gr.: Döllach im Mölltal, auf einem Apfelbaum in ungeheuren Mengen (17 Ex. gesammelt) 28. VIII. 1941; Winklern, auf einem Apfelbaum mehrere Ex. 18. VI. 1942.
Gr. Gr.: Windisch-Matrei, auf einem Apfelbaum zahlreich (15 Ex. gesammelt) 3. IX. 1941.
Der Apfelblattsauger scheint im Untersuchungsgebiet die Apfelbäume sehr stark zu befallen. Ähnliches scheint übrigens auch in vielen anderen Gegenden der Alpen der Fall zu sein.

217. — *ulmi* Frst.
Gr. Gr.: Windisch-Matrei, auf *Ulmus montana* massenhaft (34 Ex. gesammelt) 3. IX. 1941.

218. — *Prohaskai* Priesn.
Gl. Gr.: Haritzerweg unterhalb des Glocknerhauses, von *Pinus montana* wenige ♂♀ geklopft 9. IX. 1923 (leg. Prohaska, teste Priesner 1927).

219. *Psyllopsis fraxinicola* Frst.
S. Gr.: Eingang in das Zirknitztal, am S-Hang oberhalb Döllach auf *Fraxinus excelsior* 9 Ex. 28. VIII. 1941.
Gr. Gr.: Bei Windisch-Matrei auf *Fraxinus excelsior* 2 Ex. 3. IX. 1941.

220. *Trioza cerastii* (L.).
S. Gr.: Gastein (F. Löw 1888).
Gr. Gr.: Kals-Matreier Törl (F. Löw 1888).
Lebt an *Cerastium*-Arten (F. Löw 1888, Haupt 1935).

221. — *rumicis* F. Löw.
Gl. Gr.: Kapruner Tal (F. Löw 1888).
Lebt an *Rumex*-Arten und ist nach Haupt (1935) in den Alpen endemisch.

222. *Trioza chrysanthemi* F. Löw.
Gr. Gr.: Kals-Matreier Törl (F. Löw 1888).
Lebt nach F. Löw (1888) und Haupt (1935) an *Chrysanthemum leucanthemum*.

223. — *urticae* (L.).
An der Mölltalstraße zwischen Söbriach und Flattach an *Urtica dioica* 18. VI. 1942.
S. Gr.: Döllach im Mölltal, auf *Urtica dioica* 1 Ex. 28. VIII. 1941; Mallnitzer Tauerntal, oberhalb des Gasthofes Gutenbrunn auf *Urtica dioica* 3 Ex. 5. IX. 1941.
Gl. Gr.: Fuscher Tal, am Weg vom Rotmoos zur Traueralm von Fichten geklopft 2 ♂ 1 ♀ 22. V. 1941; Fuscher Tal, unweit Bruck an der Glocknerstraße auf *Urtica* gestreift 23. V. 1941. 1 ♂.
Die Art lebt auf *Urtica urens* und *dioica* und ist weit verbreitet. Im Untersuchungsgebiet dürfte sie allgemein bis zur Waldgrenze empor auf der Futterpflanze zu finden sein.

224. — *acutipennis* Zett.
Gl. Gr.: Fuscher Tal oberhalb Ferleiten 1 ♂ 14. V. 1940; am Weg vom Rotmoos zur Traueralm von Fichten geklopft 1 ♂ 22. V. 1941. Die Art wird auch von F. Löw (1888) aus den Tauern Salzburgs angegeben.
T. acutipennis lebt nach Haupt (1935) an *Alchemilla vulgaris*.

225. — *Scotti* F. Löw.
Gl. Gr.: Fuscher Tal, zwischen Ferleiten und dem Rotmoos gekätschert 1 ♀ 22. V. 1941.
Die Art ist in den Ostalpen westwärts bis Tirol häufig, sie findet sich auch in anderen Teilen Deutschlands und ist auch in Ungarn und Italien nachgewiesen (W. Wagner i. l.).

226. — *viridula* Zett. (sensu Šulc).
Gl. Gr.: Fuscher Tal, am Weg vom Rotmoos zur Traueralm von Fichten geklopft 1 ♂ 22. V. 1941; Eingang in das Hirzbachtal 2 Ex. 8. VII. 1941.
Die Art ist über ganz Europa verbreitet und lebt nach Šulc an *Daucus carota*, *Petrosellinum sativum* und *Anthriscus silvester* (teste W. Wagner).

227. — *flavipennis* Forst. (= *aegopodii* F. Löw).
S. Gr.: Gastein und Rauris (F. Löw 1888).
Lebt nach Haupt (1935) an *Aegopodium podagraria*.

228. — *nigricornis* Forst.
Von F. Löw (1888) aus den Tauern Salzburgs angeführt und jedenfalls im Untersuchungsgebiet zu finden.

229. — *bohemica* Šulc.
Gl. Gr.: Fuscher Tal, am Weg vom Rotmoos zur Traueralm von Fichten geklopft 1 ♂ 1 ♀ 22. V. 1941.
Die Art scheint bisher nur aus Gieshübel im Sudetenland und aus Finnland bekanntgewesen zu sein (teste W. Wagner), sie ist offenbar für das Alpengebiet neu.

230. — *rotundata* Flor.
Gl. Gr.: Fuscher Tal, am Weg vom Rotmoos zur Traueralm von Fichten geklopft 1 ♂ 1 ♀ 22. V. 1941; Walcher Hochalm, am Karboden in 1900 bis 2000 m Höhe von *Alchemilla* (?) gekätschert 5 Ex. 9. VII. 1941.
Von der Art waren nach W. Wagner (i. l.) bisher nur die Typen (2 ♂) bekannt, die Flor bei Aflenz und Seewiesen im Hochschwabgebiet gesammelt hatte. Ich fand das Tier in Mehrzahl auch am Kalblinggatterl in den Gesäusealpen in 1550 m Höhe, wo ich sie gleichfalls Ende Mai 1941 von Fichten klopfte.

231. — *striola* Flor.
Gl. Gr.: Fuscher Tal, am Weg vom Rotmoos zur Traueralm von Fichten geklopft 1 ♂ 22. V. 1941.
Die Art lebt nach F. Löw (1888) auf *Salix*-Arten.

232. — *modesta* Frst.
S. Gr.: Woisken bei Mallnitz, im Hochmoorgelände in 1600 m Höhe 2 Ex. gekätschert 5. IX. 1941.
Gl. Gr.: Kapruner Tal, oberhalb des Kesselfalles 1 immatures ♀ 15. VI. 1939; Walcher Hochalm, am Karboden in 1900 bis 2000 m Höhe gekätschert 1 ♂ 9. VII. 1941.
Die Art war nach W. Wagner (i. l.) bisher nur von Frankfurt a. M., aus dem Taunus, von Offenbach a. M., aus Schlesien und Böhmen bekannt; sie ist somit neu für das Alpengebiet.

233. — *cirsii* Loew.
Mölltal: An der Mölltalstraße zwischen Söbriach und Flattach 1 Ex. 18. VI. 1942.
Gl. Gr.: Eingang in das Hirzbachtal, in der Bachschlucht in 1300 m Höhe an *Carduus personatus* 10 Ex. 8. VII. 1941.
Ich klopfte die Art in Steiermark, am Flietzenboden (1600 m) bei Admont, Mitte Mai von Fichten und Latschen, wo die Tiere offensichtlich überwintert hatten.

III. Aphidoidae.

Familie *Aphididae*.

234. *Cinara piceae* Panz.
Gl. Gr.: Gamsgrube 6. VII. 1937 und Pasterze unterhalb des Mittleren Burgstalls 16. VII. 1940 je 1 Ex. zugeflogen.
Die an *Picea excelsa* lebende Art wird vom Wind häufig in hochalpine Lagen vertragen, wo man sie auf Schneefeldern und Gletschern gelegentlich erfroren auffindet.

235. *Cinaria kochiana* C. B.
S. Gr.: Große Fleiß, subalpin auf einer Lärche 1 Virgo 10. VII. 1937.
Lebt nach C. Börner (i. l.) auf Lärchen und dürfte auf diesen im Gebiete allgemein verbreitet sein. Bei intensiverer Sammeltätigkeit dürften im Gebiete auch noch die für *Pinus mugho* kennzeichnende *Cinaria montanicola* C. B. zu finden sein.

236. *Cinaropsis pinicola* Kalt. (= *hyalina* Koch).
   Gl. Gr.: Edelweißwand an der Glocknerstraße unterhalb des Fuscher Törls, von Almrasen gestreift 1 Ex. 15. VII. 1940.
   Lebt nach C. Börner (i. l.) auf Fichten und wurde jedenfalls vom Wind in die hochalpine Grasheidenstufe emporgetragen.

237. — *Bogdanowi* Mordw.
   S. Gr.: Mallnitzer Tauerntal, unweit des Gasthofes Gutenbrunn von Fichten geklopft 1 ungeflügelte Virgo 5. IX. 1941.
   Dürfte im Gebiete auf *Picea excelsa* weit verbreitet sein.

238. *Chaetophoria acericola* Walk.
   S. Gr.: Mallnitzer Tauerntal, am S-Hang unterhalb des Gasthofes Gutenbrunn auf *Acer pseudoplatanus* 1 Larve (ungeflügelte Sexupare) 5. IX. 1941.
   Lebt nach C. Börner (i. l.) auf Bergahorn und dürfte im Gebiete mit diesem verbreitet sein.

239. *Drepanosiphon platanoides* Schrk.
   S. Gr.: Mallnitzer Tauerntal, mit der vorgenannten Art mehrere geflügelte und ungeflügelte Virgines 5. IX. 1941.
   Lebt nach C. Börner (i. l.) gleichfalls auf Bergahorn.
   Die Art ist mir auf diesem auch bei Admont in Obersteiermark mehrfach begegnet und dürfte in den Alpen weit verbreitet sein.

240. *Clethrobius giganteus* Chol.
   S. Gr.: Mallnitzer Tauerntal, unweit oberhalb des Gasthofes Gutenbrunn in etwa 1300 m Höhe auf *Alnus incana* 1 geflügelte Virgo und mehrere Larven 5. IX. 1941.
   Die Gattung *Clethrobius* war nach C. Börner (i. l.) bisher nur aus Nordeuropa und der Schweiz bekannt, die Identität mit der nordischen Art wäre nur durch Materialvergleich sicher zu ermitteln. Die in den Hohen Tauern festgestellte Art habe ich auch im Ennstal bei Admont auf *Alnus incana* nachweisen können.

241. *Acaudus lychnidis* L.
   Mölltal: Zwischen Söbriach und Flattach an einem trockenen Rain an *Melandryum album* 18. VI. 1942.

242. *Brachycaudus cardui* L.
   Gl. Gr.: Ferleiten, auf den Wiesen bei den Gasthöfen zahlreiche Virginogenien 11. VII. 1941.

243. *Aphis sambuci* L.
   Mölltal: Zwischen Obervellach und Flattach an *Sambucus nigra* 18. VI. 1942.

244. *Doralis fabae* Scop.
   Gl. Gr.: Ferleiten, auf den Wiesen bei den Gasthöfen auf *Carduus personatus* zahlreiche Virginogenien 11. VII. 1941.
   Die Art ist mir auch in der Umgebung von Admont in Obersteiermark allenthalben noch in subalpinen Lagen begegnet.

245. *Doralina euphorbiae* Kalt.
   Mölltal: Zwischen Obervellach und Flattach an *Euphorbia cyparissias* 18. VI. 1942.

246. — *plantaginis* Schrk.
   Mölltal: Zwischen Söbriach und Flattach an *Plantago media* 18. VI. 1942.

247. *Hyadaphis lonicerae* C. B.
   Gl. Gr.: Windisch-Matrei, an der ins Matreier Tauerntal führenden Straße vor der Proseckklamm in einem Ericetum carneae auf *Pimpinella saxifraga* geflügelte und ungeflügelte Virginogenien 3. IX. 1941.
   Die Art vollführt nach C. Börner (i. l.) einen Wirtswechsel von *Lonicera*-Arten auf Umbelliferen.

248. *Ovatus latifrons* nov. spec. C. Börner.
   Gl. Gr.: Pasterzenvorfeld südlich der Margaritze am rechten Möllufer, aus Moos und Wurzelwerk unter *Salix hastata*, *Vaccinium uliginosum* und Wiesenpflanzen gesiebt 17. VII. 1941.

249. *Silenobium Schusteri* C. B.
   Mölltal: Zwischen Obervellach und Flattach an *Melandryum album* 1 ungeflügelte Virgo 18. VI. 1942.

250. *Myzodes alpigenae* C. B.
   Gl. Gr.: Hochfläche und N-Hang der Margaritze, 1 Virginogenie 7. VII. 1937.
   Das Tier wurde von krautigen Pflanzen gestreift; lebt nach C. Börner (i. l.) auf *Glyceria fluitans*.

251. *Myzella galeopsidis* Kalt.
   Gl. Gr.: Käfertal, im Alnetum incanae 1 ungeflügelte Virginogenie 23. VII. 1939.
   Lebt nach C. Börner (i. l.) auf *Galeopsis tetrahit*, beziehungsweise *Ribes rubrum*.

252. *Nectarosiphon Franzi* nov. spec. C. Börner.
   Gl. Gr.: Käfertal, im Alnetum incanae auf krautigen Pflanzen 1 ungeflügeltes ♀.
   Die Art lebt oligophag an *Alchemilla*-Arten.

253. *Sitobium cereale* Kalt.
   Gl. Gr.: Albitzen-SW-Hang, in 2200 bis 2300 m Höhe in der hochalpinen Grasheide gekätschert 1 Ex. 17. VII. 1940; Gamsgrube, im Seslerieto-sempervirretum bei der Hofmannshütte 1 Ex. 16. VII. 1940; Edelweißwand an der Glocknerstraße unterhalb des Fuscher Törls, 1 Ex. vom Almrasen gekätschert 15. VII. 1940; N-Hang unterhalb der Pfandlscharte, in 2200 bis 2300 m Höhe, bereits über der Grenze des geschlossenen Rasens, 1 Ex. 18. VII. 1940.
   Die Art lebt nach C. Börner (i. l.) an Gräsern und Getreidearten, sie scheint im Gebiete in der hochalpinen Grasheidenstufe noch regelmäßig vorzukommen.

254. *Microsiphon millefolii* Wahlgr.
   Mölltal: Zwischen Söbriach und Flattach an *Achillea millefolium* 18. VI. 1942.

255. *Macrosiphon prenanthidis* C. B.
   Gl. Gr.: Eingang in das Hirzbachtal, unweit des Wasserfalles auf *Prenanthes purpurea* mehrere Larven 8. VII. 1941.
   Nach C. Börner (i. l.) in den Ostalpen weit verbreitet, auch in Mitteldeutschland (Rhön).

256. *Macrosiphon rosae* L.
    Mölltal: Zwischen Söbriach und Flattach an *Rosa* spec. 18. VI. 1942.
257. *Macrosiphoniella subaequalis* nov. spec. C. Börner.
    Mölltal: Unweit oberhalb Obervellach an *Arthemisia campestris* mit der folgenden Art 18. VI. 1942.
    Gr. Gr.: Windisch-Matrei, bei den letzten Häusern an der ins Matreier Tauerntal führenden Straße auf einer Steinmauer an *Arthemisia campestris* subsp. *alpestris* mehrere Virginogenien 3. IX. 1941.
    Die Art steht nach C. Börner (i. l.) der *Macrosiphoniella fasciata* d. Guerc. u. *teriolana* H. R. L. nahe, ist aber von ihr sicher spezifisch verschieden. Das Tier ist vermutlich wie die an der gleichen Pflanze lebende *Aphalara pilosa* ein thermophiles Element der Steppenwiesenfauna der südlichen Tauerntäler.
258. — *teriolana* H. R. L.
    Mölltal: Knapp oberhalb Obervellach an trockenem Straßenrain an *Arthemisia campestris* 18. VI. 1942.
259. *Dactynotus campanulae* Kalt.
    Gl. Gr.: Senfteben, vom Almrasen gekätschert 1 Ex. 18. VI. 1942; Piffkaralm, an der Glocknerstraße in 1630 m Höhe vom Almrasen gekätschert 1 Ex. 15. VII. 1940.
    Lebt an *Campanula rotundifolia* und wohl auch an *C. pusilla* (C. Börner i. l.).
260. — *picridis* Fbr.
    Gl. Gr.: Ferleiten, auf einer Sumpfwiese bei der Säge unterhalb der Gasthöfe auf *Crepis paludosa* 11. VII. 1941.
261. — *jaceae* L.
    Mölltal: Zwischen Söbriach und Flattach an *Centaurea scabiosa* 18. VI. 1942.
    Gl. Gr.: Steppenwiesen entlang des Haritzerweges oberhalb Heiligenblut, mehrfach 15. VII. 1940.
    Lebt nach C. Börner (i. l.) auf *Centaurea jacea* und verwandten Arten der Gattung.
262. — spec. (wahrscheinlich *olivatus* Bckt.).
    Gr. Gr.: Windisch-Matrei, an der ins Matreier Tauerntal führenden Straße vor der Proseckklamm auf *Carduus defloratus* zahlreiche Larven 3. IX. 1941.
263. *Acyrthosiphon onobrychis* B. d. F. (= *pisi* Kalt.).
    Gl. Gr.: Steppenwiesen entlang des Haritzerweges oberhalb Heiligenblut 15. VII. 1940.
    Lebt nach C. Börner (i. l.) an Luzerne und anderen Leguminosen, bei Heiligenblut vermutlich an *Medicago falcata* und vielleicht auch *Onobrychis taurerica*.
264. — (*Metapolophium*) *potha* nov. spec. C. B. i. l.
    Gl. Gr.: Pasterzenvorfeld (Sturmalm und Albitzen-SW-Hang bis 2200 m), an großblättriger *Alchemilla* und Gräsern (bes. *Poa alpina*) 2. VIII. 1943, leg. C. Börner et H. Franz.
265. *Aulacorthum geranicola* H. R. L.
    Gl. Gr.: Sturmalm, außerhalb und innerhalb der rezenten Moränenwälle je 1 ungeflügelte Virgo 25. VII. 1937; Traueralm, unter *Rhododendron hirsutum* beim Sieben 1 ungeflügelte Virgo 21. VII. 1941.
    Die Art lebt nach C. Börner (i. l.) an Geranium. An der Fundstelle ist sie jedenfalls an *Geranium silvaticum* zu suchen.
266. — *carnosum* Buckt. (= *urticae* Schrk.).
    Mölltal: Winklern, bei der Autobushaltestelle an *Urtica dioica* 18. VI. 1942.

Familie *Thelaxidae*.

267. *Mindarus abietinus* Koch.
    Gl. Gr.: Walcher Sonnleitbratschen, am Grat in 2700 bis 2800 m Höhe auf einem Vegetationspolster von *Saxifraga Rudolphiana* 1 geflügelte Sexupara 9. VII. 1941 angeflogen.
    Das Tier lebt nach C. Börner (i. l.) auf *Abies pectinata* und muß vom Winde so hoch emporgetragen worden sein. Nächst der Kaiserau bei Admont habe ich sie noch in über 1000 m Höhe an der Futterpflanze gefunden.

Familie *Eriosomatidae*.

268. *Forda* spec. (wahrscheinlich *trivialis* Pass.).
    Gl. Gr.: Hochfläche und N-Hang der Margaritze 1 Ex. 7. VII. 1941. Jedenfalls vom Wind herangeführt.
269. *Pemphigus* oder *Prociphilus* spec.
    Gl. Gr.: Hoher Sattel, am Rande eines Tümpels an einer hochalpinen *Salix*-Art zahlreiche Virginogenien 5. VII. 1937.

Familie *Adelgidae (Chermesidae)*.

270. *Pineus cembrae* Chol.
    Gl. Gr.: Ferleiten, im Pflanzgarten der Grohag an jungen, aus Admont stammenden Zirbenpflanzen schädlich.
    Zahlreiche Virginogenien am 10. VII. 1941 festgestellt.

IV. Coccoidea.

Familie *Ortheziidae*.

271. *Orthezia urticae* L.
    Gl. Gr.: In der Laubstreu des Mischwaldes über dem Kesselfall im Kapruner Tal 2 Ex. 14. VII. 1939.
272. — *cataphracta* Dougl.
    S. Gr.: Am alten Römerweg zwischen Kasereck und Roßschartenkopf 3. VIII. 1937; am Weg von der Weißenbachscharte in die Große Fleiß 22. VII. 1937; Gjaidtrog-SW-Hang, in der Polsterpflanzenstufe unter Steinen 16. VII. 1938.
    Gl. Gr.: Kar zwischen Albitzen- und Wasserradkopf, in der *Caeculus echinipes*-Gesellschaft an *Salix serpyllifolia*-Wurzeln 2 Ex. 17. VII. 1940; Albitzen-SW-Hang, in 2400 m Höhe und darunter zahlreich 17. VII. 1940; Steppenwiesen am Haritzerweg oberhalb Heiligenblut, im Rasengesiebe zahlreich 15. VII.

1940; Grashänge oberhalb des Glocknerhauses, 18. VIII. 1937 zahlreich; in der Nadelstreu unter den obersten Legföhren am Haritzerweg unterhalb des Glocknerhauses mehrfach 26. VII. 1937; Pasterzenvorfeld vor der Margaritze, im Moosrasen unter *Salix hastata* und *Vaccinium uliginosum* sehr zahlreich 17. VII. 1940; Elisabethfels-S-Hang, in Quellfluren im nassen Moos 1 Ex. 17. VII. 1940; am Steilhang der Marxwiese gegen den Unteren Keesboden unter Steinen 18. VII. 1937; am Promenadeweg in die Gamsgrube im Gebiete des *Cylindrus obtusus*-Vorkommens unter Steinen an Wurzeln von *Salix serpyllifolia* zahlreich 30. VII. 1938; Wasserfallwinkel, Raseninsel 27. VII. 1937 und 28. VII. 1938; Haldenhöcker unterhalb des Mittleren Burgstalls, in der *Caeculus echinipes*-Gesellschaft an Wurzeln von *Salix serpyllifolia* zahlreich 29. VII. 1938 und 16. VII. 1940; Rasenbank unterhalb des Kellersbergkamps, knapp oberhalb der Pasterzenmoräne 19. VIII. 1937; über der Pasterzenmoräne unterhalb des Schwerteckkeeses 2. VIII. 1939; am Hang des Schwertecks gegen den Oberen Keesboden 28. VII. 1937; am Weg vom Oberen Keesboden zur Stockerscharte 10. VIII. 1937 und 24. VII. 1938; S-Hang des Schwertecks oberhalb der Salmhütte 2 Ex. 12. VII. 1937; im Dorfer Tal knapp oberhalb der Waldgrenze aus Grünerlenfallaub gesiebt 17. VII. 1937; im Moos unter Legföhren beim Torfstich am Weg von der Rudolfshütte zum Tauernmoos 1 Ex. 16. VII. 1937; Moserboden, am rechten Hang unter Steinen an den Wurzen von *Salix serpyllifolia* 17. VII. 1939; Almmatten oberhalb der Traueralm 21. VII. 1939; Fuscher Rotmoos, im nassen Moos 3 Ex. 14. V. 1940; Käfertal, in Grauerlenfallaub zahlreich 14. V. 1940; Mittertörl gegen Woazkopf, unter Steinen 15. VII. 1940.

Gr. Gr.: Wiegenwald-N-Hang, in etwa 1600 *m* Höhe aus bemoosten, morschen Lärchenstämmen gesiebt 4 Ex. 10. VII. 1939.

Schobergr.: Gößnitztal, bei der Bretterbruck 4 Ex. aus Grünerlenfallaub gesiebt 9. VII. 1937.

Die Art ist im Gebiete überaus weit verbreitet und scheint an den Wurzeln verschiedener Pflanzen zu leben, wie dies auch Lindinger (1912) angibt. Sie steigt aus den Tälern bis in die Polsterpflanzenstufe der Hochalpen empor und lebt in hochalpinen Lagen mit besonderer Vorliebe an *Salix*-Arten, besonders an *Salix serpyllifolia*.

Orthezia cataphracta scheint boreoalpin verbreitet zu sein. F. Löw (1882 a) schreibt über ihre Verbreitung: „Diese Coccide, welche bisher bloß aus Grönland, Lappland, Norwegen, Schottland, Irland und Nordengland bekannt war, wurde auf dem Ötscher in 1580 *m* Seehöhe von Herrn Haberfelner und auf der Vordernberger Mauer von Herrn List aufgefunden. Auf dem letztgenannten Berge lebt sie in 1767 *m* Seehöhe auf *Saxifraga aizoon* Jacqu." Lindinger (1912) führt die Art außerdem von Island, Schweden und Böhmen an. Der letztgenannte Fundort dürfte sich auf den Böhmerwald oder die Sudeten beziehen. Ich begegnete dem auffälligen Tier wiederholt auf den Alpen von Obersteiermark und auch in anderen Teilen des Alpengebietes, woraus hervorgeht, daß es in den Alpen eine weite Verbreitung besitzt.

Familie *Coccidae*.

273. *Phenacoccus* spec.

Gl. Gr.: Kar zwischen Albitzen- und Wasserradkopf, in 2450 *m* Höhe in der *Caeculus-echinipes*-Gesellschaft 17. VII. 1940; Gamsgrube 1 Ex. 6. VII. 1937.

Eine Art, die im Gebiete anscheinend vor allem in den Polsterpflanzengesellschaften auf Kalkphyllitschutt vorkommt.

Die Hemipteren sind eine Insektengruppe, die arm an montanen Arten ist. Unter den Wanzen fehlen hochalpine Formen vollständig, unter den Zikaden ist höchstens *Anoterostemma Theni* als hochalpines Tier anzusprechen, obwohl auch sie unter die Waldgrenze herabsteigt. Unter den Psylliden scheinen mehrere Arten auf Gebirgsgegenden beschränkt zu sein, über die Baumgrenze steigen jedoch nur wenige Arten empor; ob die Aphiden ausschließlich hochalpine Vertreter stellen, ist mir nicht bekannt.

Die überwiegende Mehrheit der im Gebiete vorkommenden Hemipteren trägt, ähnlich wie dies auch Hofmänner (1924) für das Engadin feststellen konnte, den Charakter junger Einwanderer, und wir gehen kaum fehl, wenn wir annehmen, daß ein erheblicher Teil der Vertreter dieser Insektenordnung im Gebiete zu den jüngsten Zuwanderern zählt.

Dies verhindert aber nicht, daß einzelne Arten, wie die boreoalpinen Formen *Calocoris alpestris*, *Psylla fusca* und *Orthezia cataphracta* und die thermophile *Bobacella corvina*, in ihrer Verbreitung alle Merkmale typischer Reliktverbreitung aufweisen. Die Zahl solcher Arten ist in der Ordnung der Hemipteren bloß geringer als in anderen Tiergruppen.

Die Wirbeltierfauna des Pasterzengebietes.
Von Otto v. Wettstein (Wien).

Von den mit Beihilfen des Deutschen Alpenvereins geplanten wissenschaftlichen Exkursionen in das Glocknergebiet kam wegen Ausbruch des Krieges nur eine einzige in der Zeit vom 3. bis 14. September 1938 zustande. Eine zweite Studienfahrt im Spätsommer 1939, bei der auch die Nachbargebiete hätten besucht werden sollen, mußte wegen des Kriegsausbruches aufgegeben werden. Der ohnehin kurze Aufenthalt im Pasterzengebiet im September 1938, der als erster mehr informativ gedacht war, wurde überdies durch viel schlechtes Wetter mit Neuschnee, Regen, Nebel, Wind und Kälte beeinträchtigt. Die Fallenstellerei auf Kleinsäugetiere hatte unter diesen Witterungsverhältnissen insbesondere zu leiden, da die Fallen verschneiten oder, soweit sie Holzteile hatten, verquollen und nicht funktionierten und Kleinsäugetiere erfahrungsgemäß bei solchem Wetter überhaupt seltener ihre Baue verlassen. Die Ergebnisse dieser einzigen Exkursion sind dementsprechend dürftig und können nicht mehr als einen allgemeinen Überblick über die alpine Wirbeltierfauna des Gebietes bieten. Als „alpin" betrachte ich dabei die Arten, die über der Waldgrenze leben, mit Einschluß jener, die ständig an der oberen Waldgrenze selbst vorkommen. Alle anderen Arten, die in tieferen Lagen beobachtet wurden, oder Zugvögel, die nur auf dem Durchzug im alpinen Gebiet gesehen wurden, habe ich in der folgenden systematischen Aufzählung in Klammern und ohne Kopfzeile angeführt. Von tiergeographischem Interesse sind nur zwei von mir gemachte Funde. Der erste betrifft die ostalpine Rasse der Rötelmaus, *Clethrionomys glareolus ruttneri*, die nach meinen Aufsammlungen auf der Südseite des Zentralalpenkammes bis zum Glocknergebiet und bis in das obere Defereggental nach Westen geht. Nördlich des Zentralalpenkammes ist diese Rasse, nach unserer derzeitigen Kenntnis, bis zum Tennengebirge nach Westen verbreitet. Der zweite betrifft die westalpine Form *Microtus incertus*, deren östlichster bisher bekanntgewordener Fundort im Pasterzengebiet liegt. Hervorzuheben ist das Vorkommen des Birkenzeisigs und das erfreuliche, sehr häufige Vorhandensein des Kolkraben und des Schneehuhnes dortselbst. Von mir nicht festgestellt und fernerer Nachforschungen würdig wären im Gebiet: Spitzmäuse, *Pitymys* spec., *Microtus agrestis*, Alpenmauerläufer, Dreizehenspecht, Weißrückenspecht, Alpensegler[1] und Zwergkauz. Über Schneemaus und Schneehuhn konnten einige, vielleicht nicht uninteressante ökologische Beobachtungen gemacht werden.

Wenn ich mich über Wunsch von Herrn Dr. Herbert Franz trotz der unvollständigen Ergebnisse entschlossen habe, diese hier zu veröffentlichen, so geschieht es nicht nur, um dessen umfassende und wertvolle Darstellung der wirbellosen Tierwelt durch einige Angaben über die Wirbeltiere zu ergänzen und um meine Dankesschuld gegenüber dem Deutschen Alpenverein abzutragen, sondern auch in der Voraussicht, daß nach diesem Krieg uns Wissenschafter so viele neue Aufgaben erwarten, daß ich vielleicht nicht mehr dazukommen werde, diese Untersuchungen im Glocknergebiet fortzusetzen.

Die Literatur über Wirbeltiere des Gebietes ist außerordentlich gering. Allerdings habe ich die ältere, mehr historisch als wissenschaftlich wertvolle Literatur nicht berücksichtigt. An ornithologischen Arbeiten habe ich in Anbetracht des großen und weitzerstreuten Schrifttums vielleicht eine oder die andere Arbeit übersehen; auf herpetologischem und mammalogischem Gebiet ist mir das wohl kaum geschehen.

Ordnung Pisces, Fische.

1. *Salmo fario* L., Bachforelle.
   Häufig in der Möll bei Heiligenblut, geht bis zum Leiterfall, also bis zur Baumgrenze hinauf.

Ordnung Amphibia, Lurche.

1. *Salamandra atra* Laur., Alpensalamander.
   Nach Dr. Franz nach Regen häufig am Haritzerweg vom Glocknerhaus zur Naturbrücke. Ein Stück auf dem Fußweg Sturmhütte—Franz-Josefs-Höhe. Nach Werner[2] im Stubachtal bis 1600 *m* sehr häufig. Während meines Aufenthaltes im Pasterzengebiet sah ich keinen einzigen Salamander, offenbar waren die Tiere bei dem kalten, schlechten Wetter schon in Winterruhe gegangen.

---

[1] Aus dem Stubachtal erwähnt von Vikt. v. Tschusi in „Die Vögel Salzburgs", 1877, und von Rob. Eder, Ornith. Jahrb., IX. Jahrg., 1898, S. 7.

[2] Werner, Fr., Beobachtungen über die Tierwelt des Stubachtales. Bl. f. Naturkunde u. Naturschutz, Wien, Bd. 11, 1924, S. 61—68. Alle hier folgenden weiteren Bezugnahmen auf Werner betreffen diese Arbeit. Für die weitere Umgebung des Großglockners finden sich einige faunistische Angaben über Amphibien und Reptilien auch in: Werner, Fr., Beiträge zur Kenntnis der Tierwelt Osttirols. Veröff. Mus. Ferdinandeum, Innsbruck, H. XI, 1931, S. 2—12.

2. *Triturus alpestris* Laur., Bergmolch.
    Von Werner aus dem Stubachtal angegeben, von Dr. Franz in einem Tümpel auf der Judenalm im obersten Fuscher Tal in Anzahl am 14. V. 1940 beobachtet, wurde im Pasterzengebiet noch nicht festgestellt, fehlt aber wohl kaum.
3. *Rana temporaria* L., Grasfrosch.
    1 semiad., Großes Fleißtal, am Weg zur Weißenbachscharte in der Zwergstrauchstufe, leg. Franz, 22. VII. 1937.
    1 semiad., großes Fleißtal, subalpin, leg. Franz, Juli 1937.
    1 juv., mittleres Seidelwinkeltal, leg. Franz, 17. VIII. 1937.
    Von mir wurde die Art nicht gesehen. Dr. Franz hat in der Höhe des Glocknerhauses nie Frösche gefunden, dagegen begegnete er ihnen häufig im Großen und Kleinen Fleißtal. Nach Werner nicht selten im Stubachtal auf dem Enzinger- und Tauernmoosboden.

Ordnung Reptilia, Kriechtiere.

1. *Lacerta vivipara* Jacqu., Bergeidechse.
    1 ♂ semiad., mittleres Seidelwinkeltal, leg. Franz, 17. VIII. 1937.
    1 ♂ ad., an Steinmäuerl an der alten Glocknerstraße oberhalb Heiligenblut, leg. O. Wettstein, 12. IX. 1938.
    1 ♀ ad., Kalser Tauernhaus, leg. Franz, Juli 1937.
    Dr. Franz sah je ein Stück bei der Naturbrücke über die Möll, in der Kleinen Fleiß oberhalb des Alten Pocher, etwa 50 m unterhalb des Seebichels und im Mallnitzer Tauerntal unweit des Gasthofes Gutenbrunn. Im engeren Pasterzengebiet scheint die Bergeidechse nicht über die Strauchzone hinauszugehen, sonst hätte sie Dr. Franz wohl dort feststellen müssen. Werner fand ein Stück auf dem Enzingerboden im Stubachtal.
2. — *agilis* L., Zauneidechse.
    Dr. Franz sah 1 ♂ dieser Art am 8. VII. 1941 am Eingang in das Hirzbachtal oberhalb Dorf Fusch in etwa 900 m Höhe.
3. — *muralis* Laur., Mauereidechse.
    1 ♂ ad., an sonnigen Felsen an der Fahrstraße ins Matreier Tauerntal oberhalb der Proseckklamm in etwa 1100 m Höhe, leg. Franz, 3. IX. 1941.
    Dr. Franz beobachtete die Art auch in Anzahl an sonnigen Kalkfelsen nördlich der Drau bei Oberdrauburg. Der Fundort bei Windisch-Matrei ist ein weit gegen den Alpenhauptkamm vorgeschobener wärmezeitlicher Reliktposten.
4. *Vipera berus* L., Kreuzotter.
    Weder Dr. Franz noch ich sind im eigentlichen Pasterzengebiet der Kreuzotter begegnet, noch konnten wir über ihr dortiges Vorkommen etwas Positives erfahren. Auch Werner konnte über das Vorkommen von Schlangen im oberen Stubachtal nichts erfragen. Dr. Franz wurde die Auskunft, daß die Kreuzotter in „großer Zahl" im Gößnitztal (südliches Seitental des Mölltales bei Heiligenblut) vorkommen soll und daß sie auf den Grashängen oberhalb des „Alten Pocher" im Kleinen Fleißtal nicht selten sein soll.
    Von mir wurde die Kreuzotter (Belegexemplar) in der Umgebung der Patscheralm und bei St. Veit im Defereggental festgestellt, jedoch ist sie dort selten.

Ordnung Aves, Vögel.

1. *Corvus corax* L., Kolkrabe.
    Am 8. IX. bei Neuschnee am Weg zur Pfandlscharte bei einem Schafkadaver waren nicht weniger als 23 Kolkraben versammelt. Ich habe noch nie so viele Kolkraben beisammen gesehen. Bei meiner Annäherung flog eine der zwei Wachen mir entgegen und warnte dann die anderen, worauf sich die ganze Schar erhob und, Spiralen ziehend, gegen das Leitertal abzog. 1½ Stunden später waren sie, wie ich von weiter oben feststellen konnte, wieder beim Kadaver. Vier von ihnen verfolgten einen kreisenden Bussard. Auf Schrotschußnähe heranzukommen, war ganz unmöglich. Auch wenn man sich, durch Bodenwellen und Felsblöcke vollständig gedeckt, anschlich, entdeckten einen die von Zeit zu Zeit inspizieren fliegenden Wachen („Aufklärer") alsbald.
    Am 7. IX. sah ich 6 Stück in den Wänden des Leiterkogels, davon eines mit ganz zerzausten Schwingen. Etwas weniger scheu waren 4 Kolkraben, die auf dem Abhang unter dem Franz-Josefs-Haus nach Abfällen suchten.
    Es war mir auffallend, daß ich im Pasterzengebiet keine Alpendohlen antraf, obwohl Dr. Franz solche sehr oft auf der Franz-Josefs-Höhe und in deren weiteren Umgebung gesehen hatte. Möglicherweise hängt ihr damaliges Fehlen mit dem häufigen Auftreten des Kolkraben zusammen.
    (*Corvus corone* L., Rabenkrähe, kommt nur in der Talregion vor. Ein Stück am 12. IX. bei Heiligenblut gesehen.)
2. *Nucifraga caryocatactes* L., Tannenhäher.
    Mehrere Stücke am 7. IX. an der oberen Waldgrenze bei der Scharitzeralm gesehen. Dr. Franz fand ihn häufig im Wiegenwald im Stubachtal am 10. VII. 1939.
    (*Garrulus glandarius* L., Eichelhäher, an der alten Glocknerstraße ober Heiligenblut nicht selten beobachtet am 12. IX.)
3. *Pyrrhocorax graculus* L., Alpendohle.
    Nur am 3. IX. auf dem Edelweißspitz, während der Autobusfahrt in einer sehr großen Schar beobachtet. Werner erwähnt die Art von den Felswänden am Tauernmoosboden im Stubachtal, wo sie im August 1921 häufig war.
4. *Carduelis flammea cabaret* P. L. S. Müller, Alpen-Birkenzeisig.
    Ein Stück dieser überall in unseren Alpen seltenen Art sah ich am 7. IX. am Haritzerweg unter dem Volkerthaus.
    (*Pyrrhula pyrrhula* L., Gimpel. Am 13. IX. mehrere Stücke, also bereits geschart, bei Heiligenblut.)

5. *Montifringilla nivalis* L., Schneefink.
Von mir nicht beobachtet, jedoch den Leuten der Schutzhäuser und der Bergwacht unter dem Namen „Schneevögel" gut bekannt. Klimsch beobachtete ein Dutzend Schneefinken in der Grube hinter dem Glocknerhaus bei Schneegestöber am 3. VII. 1918.[1]
(*Passer domesticus* L., Haussperling. Kommt im Ort Heiligenblut vor, aber spärlich. Es wäre interessant zu wissen, seit wann er dort lebt, was sicher erst seit kurzem der Fall ist. Wegen der Feststellung eines möglichen *italiae*-Einschlages wäre es wertvoll, Bälge von Männchen von dort zu erhalten.)
(*Emberiza citrinella* L., Goldammer. In der Umgebung von Heiligenblut häufig.)

6. *Anthus spinoletta* L., Wasserpieper.
In der Almwiesenzone des ganzen Pasterzengebietes häufig, auch auf den sonst so vogelarmen „Marxwiesen", wo ich am 7. IX. ein frischvermausertes Stück im Herbstkleid sah. In der Gamsgrube nicht gesehen. Nach einer Reihe von Schlechtwettertagen fiel mir am 11. IX. in Guttal die geringe Zahl von Wasserpiepern auf; offenbar war der Großteil schon abgezogen. — Klimsch verwendet für diese Art den irreführenden und auch ökologisch unrichtigen Namen Felsenpieper.

7. *Motacilla cinerea* Tunst., Gebirgsstelze.
Am 7. IX. am Haritzerweg unter dem Volkerthaus an einem kleinen Quellbach ein Stück bemerkt.

8. *Parus atricapillus montanus* Baldenst., Alpenmeise.
1 ♂ obere Baumgrenze, zirka 1850 m, bei Guttal, leg. O. Wettstein, 11. IX. 1938.
Das erlegte Stück beobachtete ich zufällig dabei, wie es abends seinen Schlafplatz aufsuchte. Dieser befand sich unter einem dachförmig vorspringenden Flechtenpolster auf dem waagrechten dicken Ast einer Lärche. Am 12. IX. sah ich in der Nähe der Briccius-Kapelle eine Alpenmeise samende Distelköpfe befliegen.
Am selben Tage strichen an der fast nur von Lärchen gebildeten oberen Baumgrenze beim Guttal zahlreiche Alpenmeisen, vergesellschaftet mit Tannenmeisen (*Parus ater* L.) und Baumläufern (*Certhia familiaris* L.), umher. Laubsänger (Berglaubsänger) und — wohl nur zufällig — Schopfmeisen. Schopfmeisen (*Parus cristatus* L.) sah ich bei Heiligenblut am 13. IX. mehrere. Die Laubsänger, ebenso wie alle anderen Sylviden, waren schon abgezogen, ich bemerkte keinen einzigen.
(*Muscicapa hypoleuca* Pall., Trauerfliegenschnäpper. Bei Regen und Nebel saß am 4. IX. ein Stück vor dem Glocknerhaus. Schon am 2. IX. ein Stück bei Bruck-Fusch, Salzburg, gesehen. Zweifellos beide auf den Durchzug.)

9. *Turdus viscivorus* L., Misteldrossel.
An der oberen Waldgrenze bei der Haritzeralm ein Exemplar am 7. IX. beobachtet.

10. — *torquatus alpestris* Brehm, Ringdrossel.
An der oberen Waldgrenze bei der Haritzeralm mehrere Exemplare. In Guttal am 11. und 12. IX., wohl nur zufällig, keine Drosseln bemerkt.

11. *Oenanthe oenanthe oenanthe* L., Steinschmätzer.
1 ♂, Guttal-Alm, zirka 2000 m, leg. O. Wettstein, 11. IX. 1938.
Im ganzen Pasterzengebiet, auch in der Gamsgrube, aber immer vereinzelt. Auf den „Marxwiesen" nicht bemerkt. Nach meinen Tagebuchnotizen sah ich täglich nur ein Stück, nur am 6. IX. auf dem Haritzerweg drei. Trotzdem muß ich diesen scheuen, flüchtigen Vogel im Pasterzengebiet als relativ häufig bezeichnen, denn anderswo in unseren Alpen ist er viel seltener.

12. *Phoenicurus ochruros gibraltariensis* Gmel., Hausrotschwanz.
In der Zeit vom 3. bis 11. IX. 1938 entschieden der häufigste Vogel des ganzen Pasterzengebietes. Auch in der Gamsgrube und auf den „Marxwiesen". Nur ein einziges Mal aber, unter der Franz-Josefs-Höhe am 3. IX., sah ich ein altes, ausgefärbtes ♂. Nach Schlechtwetter mit Neuschnee waren bei Schönwetter am 7. IX. besonders viele Hausrotschwänze zu sehen, die vielleicht schon auf dem Durchzug waren oder sich zum Abzug sammelten.
(*Phoenicurus phoenicurus* L., Gartenrotschwanz. 1 ♀ unter Hausrotschwänzen auf einem Heustadel auf der Haritzeralm am 7. IX. bemerkt. Ein Rotkehlchen, *Erithacus rubecula* L., sah ich am 12. IX. bei Heiligenblut.)

13. *Prunella collaris* Scop., Alpenbraunelle.
Nicht selten im ganzen Pasterzengebiet. Geht dort anscheinend ziemlich tief, fast bis zur oberen Baumgrenze herab. In Tirol traf ich die Art immer erst oberhalb der Almwiesenregion an. Vielleicht aber wurde sie in jener Schlechtwetterperiode nur vorübergehend herabgetrieben. Der letzte Beobachtungstag war der 8. IX., am 11. bis 12. IX. in Guttal sah ich keine mehr. Auf dem Promenadenweg der Gamsgrube hüpfen die Alpenbraunellen wie die Goldammern unter den dort aufgestellten Sitzbänken umher und suchen Proviantreste.
(*Troglodytes troglodytes* L., Zaunkönig. Ein Stück am 12. IX. bei Heiligenblut gesehen. *Hirundo rustica* L., Rauchschwalbe, und *Delichon urbica* L., Mehlschwalbe. Beide Arten waren am 12. IX. 1938 noch in Heiligenblut anwesend. *Jynx torquilla* L., Wendehals. Am 7. IX. nach Neuschnee ein Stück an der oberen Waldgrenze bei der Haritzeralm beobachtet. Zweifellos ein Durchzügler. Einen Dreizehenspecht mit Jungen beobachtete Odo Klimsch im Fleißtal [Carinthia II, Klagenfurt, Bd. 125, 1935, S. 102].)

---

[1] Die übrigen Angaben von Odo Klimsch (Carinthia II, Klagenfurt 108. Jahrg., 1918, S. 76—78) sind leider so phantastisch, daß ich sie nicht berücksichtigen kann. An einem einzige Tag, am 3. Juli, hat er auf der Straße Heiligenblut—Glocknerhaus Dinge beobachtet, zu denen ein anderer ein Leben lang braucht. So „zwitscherten junge Erlenzeisige in ihren Nestern auf hoher Lärche". Die Entdeckung eines Erlzeisignestes gehört zu den großen Erlebnissen eines Ornithologen — Klimsch sieht so im Vorbeigehen gleich mehrere, noch dazu auf einem so ungewöhnlichen Brutbaum, wie es die Lärche wäre. Der seltene, stets nur in einzelnen Stücken oder Paaren zu sehende Steinschmätzer war gleich „in drei bis vier Paaren, alle mit vier bis fünf Jungen" da, und dann — in der Almwiesenzone am 3. Juli! — „geht eine Lerche mit kurzen, eigenen Trillern in die Höhe". Am 4. Juli, auf dem Rückweg, hört Klimsch auch noch Bergfinken rufen, also nordische Wintergäste, die um diese Jahreszeit unmöglich mehr im Gebiet vorhanden sein können.

14. *Gyps fulvus* Gm., Weißkopf- oder Gänsegeier.
   Nach den Beobachtungen von Pimpl (1940) den Sommer über ständig im Gebiete. Im Stubachtal und Rauriser Tal wurden Schlafplätze der Geier festgestellt, an deren einem regelmäßig 28 der stattlichen Vögel zusammenkamen.
15. *Falco tinnunculus* L., Turmfalke.
   Nur einmal am Weg zur Pfandlscharte am 8. IX. ein ♂ beobachtet.
   Am 12. IX. im Guttal sah ich auf weite Entfernung einen großen Falken fliegen, vermutlich einen Wanderfalken.
16. *Aquila chrysaëtos* L., Steinadler.
   Den Steinadler hatte ich, nach der starken Vermehrung, die diese Art in den letzten Jahren in unseren Alpen erfahren hat, öfter zu sehen erwartet. Statt dessen sah ich nur ein einziges Mal, am 5. IX., ein Stück über dem Pfandlschartenkar kreisen.
17. *Buteo buteo* L., Mäusebussard.
   Ebenfalls nur ein Stück am 8. IX. am Weg zur Pfandlscharte, von 4 Kolkraben verfolgt, fliegen gesehen.
   (Die Ringeltaube, *Columba palumbus* L., war auf den Feldern ober Heiligenblut nicht selten. Beobachtungstag 12. IX.).
18. *Lagopus mutus helveticus* Thienem., Alpenschneehuhn.
   3 ♂, Pfandlschartenkees, leg. O. Wettstein, 8. IX.
   1 ♂, Wasserfalleck, leg. O. Wettstein, 9. IX.
   Das Schneehuhn ist im Pasterzengebiet als häufig zu bezeichnen, besonders in den höheren Lagen des Pfandlschartenkares. Am 8. IX. konnte ich dort auf den Randmoränen des kleinen Gletschers bei Neuschnee die zahlreichen Geläufe verfolgen. Schließlich traf ich, schon am Rande der oberen Vegetationsgrenze, eine Kette von 8 Hühnern an, später dann noch ein einzelnes Paar. Alle Hühner saßen, gegen den kalten, starken Wind geschützt, hinter Felsblöcken oder kleinen Felswandeln. Sie lassen einen nahe herankommen, recken auf 10 bis 15 Schritt Entfernung den Kopf und fliegen dann erst und nicht alle auf einmal, ab. Einzelne laufen auch vor dem Abfliegen erst einige Meter dahin. Auf den mit Neuschnee bedeckten Steilhängen ließen die laufenden Hühner Miniaturlawinen ab. Man kann sich aber vorstellen, daß unter Umständen Schneehühner auf diese Weise auch große Lawinen verursachen könnten. Auf einem kleinen Felsvorsprung unter einer Steinplatte im Windschutz liegend, traf ich auch das Schneehuhnpaar am Wasserfalleck an. Losung und einzelne Schneehuhnfedern findet man im Pasterzengebiet, insbesondere auch in der Gamsgrube, allenthalben. Nach den Angaben des Hüttenwirtes vom Glocknerhaus brütete im Frühjahr 1938 eine Schneehenne am Paschingerweg unterhalb des Glocknerhauses.
   Den Kropf- und Mageninhalt der erlegten Hühner hatte der inzwischen verstorbene Heinrich Freiherr v. Handel-Mazzetti die große Liebenswürdigkeit, zu bestimmen. Alle 3 Kröpfe der Exemplare vom Pfandlschartenkees enthielten:
   Saxifraga Rudolphiana, sehr zahlreiche Blätter, eine Frucht.
   Zwei Kröpfe enthielten:
   Minuartia sedoides,
   Cerastium uniflorum, Blätter und Früchte,
   Saxifraga oppositifolia.
   Ein Kropf enthielt überdies noch:
   Cerastium cerastioides, nur eine Frucht,
   Saxifraga bryoides,
   Saxifraga androsacea (?), junge Knospen,
   Hutchinsia brevicaulis,
   Carex curvula, wenige Blätter.
   Der Kropf des Exemplars vom Wasserfallwinkel enthielt:
   Cobresia (Elyna) Bellardi, Früchte,
   Minuartia sedoides, Sproß und Frucht,
   Cerastium cerastioides, Früchte.
   Die Mägen enthielten, soweit überhaupt bestimmbar, keine Pflanzenart, die nicht auch im Kropfinhalt vertreten war, überdies die übliche große Zahl kleiner Steinchen.
   Daraus ersieht man, daß die Hauptnahrung der Schneehühner im Pasterzengebiet aus den Blättern und Früchten von Steinbrech-, *Cerastium*- und *Minuartia*-Arten besteht, daß daneben aber auch noch andere Pflanzen aufgenommen werden.
   Die Nahrung scheint je nach der Gegend verschieden zu sein. Zwei am 28. VIII. 1940 erlegte Schneehühner vom Eggenjoch, Gschnitztal, Tirol, enthielten in den Kröpfen vorwiegend Blätter von *Vaccinium uliginosum* und wenige von *Leontodon* spec., in den Mägen dagegen nur die Samen von *Vaccinium uliginosum*. Sie haben also zuerst nur die Beeren der Alpenheidelbeere und dann nur die Blätter derselben, mit Löwenzahnblättern als Zutat, geäst.
   Im August 1933 machte ich in der Gegend der Patscheralm, im hintersten Defereggental, eine seltene Beobachtung. Um etwa 6 Uhr morgens sah ich mit dem Glas, wie ein Steinadler, hoch kreisend, plötzlich die Schwingen anzog und wie ein Stein auf eine Kette Schneehühner herabstieß. Während die andern nach allen Richtungen auseinanderstoben, schlug er ein Huhn, kröpfte es an Ort und Stelle und pflockte dann auf einem kleinen Stein daneben für eine ganze Stunde auf.

Ordnung Mammalia, Säugetiere.

1. *Talpa europaea* L., Maulwurf.
   1 ♂ ad., auf Wiese am N-Hang, Heiligenblut, leg. O. Wettstein, 14. IX.
   In der Umgebung des Glocknerhauses habe ich Maulwurfshaufen nirgends feststellen können, wohl aber, wenn auch nur wenige, auf den Almwiesen im Guttal, zirka 2000 m hoch. Bei Heiligenblut ist der Maulwurf häufig und führt dort den merkwürdigen, wohl slawischen (?) Namen Wilsker (Wilska). Das erbeutete

Stück, von dem auch 7 bisher noch nicht bestimmte Flöhe abgeklaubt werden konnten, zeigt die etwas kleineren Maße der Gebirgsform: Kopf-Körper-Länge 123, Schwanzlänge 24, Hinterfußsohlenlänge ohne Krallen 17, Condylo-Basal-Länge des Schädels 33·1 mm.[1]

2. *Sorex araneus (tetragonurus* Herm.), Waldspitzmaus.

In einer der bei der Haritzeralm an der oberen Baumgrenze aufgestellten Fallen ließ eine Spitzmaus leider nur ihren Schwanz zurück. Es handelt sich fast sicher um die Waldspitzmaus. Werner erwähnt ein Stück dieser überall bei uns verbreiteten Art aus dem Stubachtal, zwischen Grünsee und Enzingerboden (August 1921).

(Bei einer Mühle an der Möll bei Heiligenblut sah ich am 13. IX. abends die einzige Fledermaus während meines ganzen Aufenthaltes in jener Gegend fliegen. Nach Größe und Gehaben war es wohl *Pipistrellus pipistrellus* Schreb. oder, weniger wahrscheinlich, *Myotis mystacinus* Kuhl.)

3. *Vulpes vulpes* L., Fuchs.

Kommt an der oberen Baumgrenze bei der Haritzeralm, wie dort gesehene Losung verriet, vor.

4. *Mustela erminea aestiva* Kerr., Hermelin.

1 ♀ jun., ober dem Glocknerhaus, zirka 2300 *m*, leg. O. Wettstein, 6. IX.

Muß im Pasterzengebiet ungewöhnlich häufig sein. Nach Mitteilungen der Bergwacht, des Wirtes der Hoffmannshütte und von Dr. Franz hausen in der Gamsgrube allein 7 bis 8 Stücke. An den Lebensmittelvorräten der Hoffmannshütte sollen sie erheblichen Schaden anrichten. Die überall sichtbaren Spuren im Neuschnee vom 7. IX. bewiesen mir, daß auch die weitere Umgebung des Glocknerhauses bis zum Pfandlschartenkees hinauf von zahlreichen Hermelinen bewohnt sein muß. Beim Mausfang mit Fallen machte sich ihre Gegenwart, wie ich auch andernorts erlebte, sehr unangenehm bemerkbar: 2 Fallen wurden mir von Hermelinen unauffindbar vertragen, mindestens 3 gefangene Mäuse unbrauchbar gemacht.[2] Ein jüngeres Weibchen — das hier angeführte Stück — geriet sogar selbst in eine meiner Mausfallen, die es mitleibs festhielt. Es ist mir aufgefallen, daß man beim Mausfallenstellen meist nur im engeren Biotop der Schneemaus mit dem Hermelin in Kollision kommt, nicht oder nur selten aber z. B. im Wiesenbiotop von *Microtus incertus* oder in jenem von *Pitymys incertoides*. Das Hermelin scheint also in der Hochgebirgsregion hauptsächlich von Schneemäusen zu leben, auch dort, wo noch andere Mausarten vorkommen.

Das erbeutete Stück war noch im reinen, braunen Sommerkleid, haarte jedoch beim Abbalgen. Hand- und Fußrücken sind weiß, die schwarze Schwanzzone nimmt die halbe Schwanzlänge ein. Seine Maße sind: Kopf-Körper-Länge 210, Schwanzlänge 75, Hinterfußsohlenlänge ohne Krallen 34·8 *mm*.

5. *Lepus timidus varronis* Miller, Alpenschneehase.

Dr. Franz sah im Sommer 1937 im Wasserfallwinkel wiederholt einen Schneehasen. Nach Aussage der Bergwacht lebten im Sommer 1938 in der Gamsgrube zwei Stück. Ich selbst bemühte mich vergeblich, einen derselben zu Gesicht zu bekommen. Auch im Neuschnee konnte ich keine Hasen spüren. Auffallend ist das hohe Vorkommen im verhältnismäßig nahrungsarmen Gebiet der Gamsgrube, das überdies durch die Felsbarriere der Franz-Josefs-Höhe gegen die üppigen Almen der Glocknerhausumgebung abgeriegelt ist. Dr. Friedel teilte mir mit, daß Schneehasen in der Umgebung der Salmhütte, im obersten Leitertal, häufig seien und daß es ihm dort sogar gelang, einen im Lager zu photographieren.

(Feldhasen, *Lepus europaeus* subspec. (?), gibt es nach Herrn Gruber, dem Wirt des Glocknerhauses, bei Heiligenblut, aber wenige.)

6. *Clethrionomys (= Evotomys) glareolus ruttneri* O. Wettst., Rötelmaus.

1 ♀ ad., Haritzeralm unterhalb der Pasterze, Baumgrenze, leg. O. Wettstein, 7. IX.

4 ♂, 2 ♀, nähere Umgebung von Heiligenblut, leg. O. Wettstein, 11., 13., 14. IX.

Ein Vergleich mit typischen, neu gesammelten *C. g. nageri* aus dem Gschnitztal brachte mir die Überraschung, daß die Rötelmäuse aus der Gegend um Heiligenblut zu *ruttneri* und nicht zu *nageri* gehören. Diese ostalpine Rasse geht sogar noch weiter westwärts, denn sie liegt mir auch aus dem Defereggental (Patscheralm und Zotten bei St. Veit) in 3 Stücken vor. Dort ist sie recht selten, während sie bei Heiligenblut ausgesprochen häufig ist. Auf der Patscheralm fing ich am 10. V. 1933 ein trächtiges Weibchen, das noch den reinen Winterpelz trug. Der ganze Rücken ist gleichmäßig orangebraun, welche Färbung allmählich in die gelblichweiße Unterseite übergeht. Es fehlt also die sonst so charakteristische graue Seitentönung. Ferner besitzt dieses Stück einen ganz ungewöhnlich langen Schwanz, der bei 115 *mm* Kopf-Rumpf-Länge 70 *mm* lang ist. Ein in derselben Nacht gefangenes altes Männchen trägt den reinen Sommerpelz.

Nach dreijährigen vergeblichen Bemühungen (s. Zeitschr. f. Säugetierkde., Bd. 8, 1932, S. 116) fing ich endlich auch im Gebiet des Millstätter Sees (Tangern bei Seeboden) eine Rötelmaus, ebenfalls zu *C. g. ruttneri* gehörig. Es gibt also Gegenden, in denen diese sonst überall so häufige und so leicht in Fallen gehende Mausart so selten ist, daß man glauben möchte, sie fehle dort ganz. Das gilt z. B. für das ganze Liesertalgebiet und das Gailtalgebiet. Wahrscheinlich sind dieser feuchtigkeitsliebenden Rasse diese Gegenden zu xerotherm, welche Erklärung nun allerdings wieder für das wasserreiche Maltatal kaum Gültigkeit haben dürfte.

Eine zweite Überraschung bei dieser Art brachte mir ein Exemplar, das ich Herrn Hans Psenner aus der Umgebung von Innsbruck (Ahrnberg) verdanke. Dieses Stück ist jedenfalls keine *C. g. nageri*, wie ich erwartet hatte, aber auch keine *ruttneri*, sondern gehört, sowohl nach Färbung wie Größe, zu *helveticus* oder *vesanus*. Nur die Länge der Hinterfußsohle von 19 *mm* (ohne Krallen) scheint mir etwas groß. Erna Mohr (Zeitschr. f. Naturwiss., Bd. 92, 1938 S. 72) bezeichnet ihre schöne Fellserie vom Patscherkofel als *C. g. nageri* Schinz. Diese Bestimmung mag richtig sein, aber die von ihr angegebenen Maßzahlen sind im Durchschnitt auffallend niedrig. Allerdings scheint E. Mohr noch keine richtige *nageri* gesehen zu haben, sonst könnte ihr die subspezifische Unterscheidung nicht solche Bedenken erregen, wie sie S. 73 bis 75 ihrer Arbeit ausführt.

---

[1] Siehe O. v. Wettstein, Arch. f. Naturgesch., Abt. A, 91, 1925, S. 143.

[2] Ganz ähnliche Erfahrungen machte Erna Mohr auf dem Patscherkofel und im Wettersteingebirge (Zeitschrift f. Naturwiss., Bd. 92, 1938, S. 65—84).

Maße der erwachsenen, hier erwähnten Stücke in *mm*:

Fundort	sex.	Kopf-Körper-Länge	Schwanz-länge	Länge der Hinterfußsohle ohne Krallen
ruttneri				
Haritzeralm	♀	109	59	19
Heiligenblut, N-Hang	♂	102	59	20
Heiligenblut, S-Hang	♂	112	63	19·1
Patscheralm, Defereggental	♀	115	70	19·8
Patscheralm, Defereggental	♂	111	48·5	18·5
Zotten b. St. Veit, Defereggental	♂	103	55	18·9
Tangern, Millstätter See	♂	110	52	18·6
nageri				
Trins, Gschnitztal	♂	112	60	19
subspec. (?)				
Ahrnberg bei Innsbruck	♂	86	54	19

7. *Microtus incertus* Sélys-Longch.

1 ♀ ad., Guttal, Almwiesen bei 2000 *m*, leg. O. Wettstein, 12. IX. Maße dieses Exemplares in *mm*: Kopf-Körper-Länge 111, Schwanzlänge 34, Hinterfußsohle ohne Krallen 16·1, Condylobasallänge des Schädels 25·2, Länge vom Nasalia-Vorderrand bis zum Condylen-Hinterrand 24·4, Jochbogenbreite 14·6.

Dieser schöne Fang, der meine seinerzeitige Angabe (Arch. f. Naturgesch. Abt. A, Bd. 92, 1926, S. 95), die nur nach dem Kopf eines jungen Stückes von der Glocknerhausumgebung gemacht werden konnte, bestätigt, und neueres Material, das mir aus dem Gschnitztal, aus der Umgebung von Innsbruck und aus dem Defereggental vorliegt, geben mir hier Anlaß zu einigen systematischen Bemerkungen.

Das Stück aus dem Guttal ist sehr typisch. Sein Schädeldach ist flach, die Nasalia in einem merklichen Winkel zum Schädeldach abgebogen und die oberen Schneidezähne deutlich prognath. Es stimmt also durchaus mit den von mir aus dem Presanellagebiet und von Dal Piaz aus den Dolomiten erwähnten Stücken überein.

Dagegen haben zwei neue Stücke aus dem Gschnitztal (Alpenmatten des Padasters, 2230 *m*, und Talboden bei Trins, 1200 *m*) meine seinerzeitige Ansicht bestätigt, daß die Gschnitztaler Stücke nicht typisch sind. Sie zeigen ein schwach gewölbtes Schädeldach ohne merklich winkelig abgebogene Nasalia und eine geringere Prognathie. Mit ihnen stimmen völlig 8 Stücke überein, die ich durch Herrn Hans Psenner aus Innsbruck erhielt. Sie stammen aus der Reichenau, einer Au am Inn. Beide alpine Formen, die typische *incertus* und die Nordtiroler Form, unterscheiden sich von der niederdonauischen Feldmaus deutlich durch den feineren, weicheren Pelz, was gut bemerkbar ist, wenn man vergleichsweise gegen den Strich über den Rücken fährt. Einen weiteren Unterschied zwischen der Flachlandsform von Niederdonau und den alpinen Formen glaube ich darin entdeckt zu haben, daß die Schädel der ersteren schmäler, die der letzteren gedrungener und breiter sind. Ausdrücken läßt sich dieses Merkmal durch die Verhältniszahl

$$\frac{\text{Abstand des Nasalia-Vorderrandes vom Condylen-Hinterrand}[1]}{\text{Jochbogenbreite}}$$

Sie ergibt für die Tieflandsform von Niederdonau Werte von 1·69 bis 1·78, für die alpinen Formen 1·57 bis 1·67.

Da die Tieflands- und Vorgebirgsform von Niederdonau durch einen großen Teil der Ostalpen, der feldmausleer ist oder aus dem wenigstens bisher keine Feldmaus bekannt wurde, von den westalpinen getrennt ist, so muß man den Anschluß der nordalpinen (Tirol) gegen Norden suchen. Wie sich nun z. B. die bayrischen Feldmäuse zu den Tiroler Feldmäusen verhalten, wurde noch nicht untersucht, wie überhaupt unsere Kenntnis des Rassenkreises unserer gemeinsten Mausart noch sehr im argen liegt. Die scheinbar deutliche Scheidung einer südalpinen (typische *incertus*) und einer nordalpinen Feldmausrasse durch den Zentralalpenkamm wird stark verwischt durch 2 Exemplare, die ich 1933 im Defereggental (Zotten bei St. Veit), also im westlich benachbarten Talsystem des Mölltales und ebenfalls südlich des Zentralalpenkammes gelegen, sammelte. Diese Stücke kann ich im Schädelbau von Nordtiroler Stücken nicht unterscheiden. Weiterhin kompliziert wird das geographische Rassenbild durch das Vorkommen von *Microtus arvalis levis* Miller in Kärnten. Ist vielleicht die echte *incertus* ein alpiner Abkömmling von *levis* und die Nordtiroler Feldmaus ein alpiner (noch unbekannter) Zweig der nordwesteuropäischen Feldmaus, der einen Ausläufer auch über den Zentralkamm in das von Süden her für Feldmäuse schwer besiedelbare Defereggental entsandte? Oder stehen wir hier, ähnlich wie bei *Microtus agrestis*, einer unentwirrbaren Menge von kleinen, durch die Isolation in den verschiedenen Alpentälern entstandenen Lokalvarianten gegenüber? Schließlich wäre auch daran zu denken, ob diese Varietäten nicht einfach nur phänotypische Anpassungsformen an die verschieden schwer durchwühlbaren Böden und an die verschiedene Nahrung sind, die beide ja die Schädelform beeinflussen können.

Microtus incertus ist im Pasterzengebiet als selten zu bezeichnen. Auf den Feldern und Wiesen der Umgebung von Heiligenblut konnte ich keine sicheren Anhaltspunkte für das Vorkommen von Feldmäusen gewinnen.

---

[1] Die Condylobasal-Länge kann man in diesem Falle nicht verwenden, weil durch die stärkere Prognathie der oberen Schneidezähne der vordere Meßpunkt bei den alpinen Formen so weit nach vorne verlagert wird, daß der Unterschied in der Schädellänge paralysiert wird.

8. *Microtus nivalis nivalis* Mart., Schneemaus.
   1 ♂ ad., oberhalb des Glocknerhauses, zirka 2300 *m*, leg. O. Wettstein, 6. IX. Kopf-Körper-Länge 119, Schwanzlänge 57, Hinterfußsohle ohne Krallen 20 *mm*.
   1 ♀ ad., Guttal, zirka 2000 *m*, leg. O. Wettstein, 12. IX. Kopf-Körper-Länge 127, Schwanzlänge 63, Hinterfußsohle ohne Krallen 19 *mm*, 2+2 Zitzen jederseits.
   1 juv. Ex., Oberes Naßfeld unterhalb des Fuscher Törls, 2300 *m*, beim Straßenwärterhaus, leg. Franz 10. VII. 1941.
   In steinigem Terrain im ganzen Pasterzengebiet häufig. Auf dem Wasserfalleck, taleinwärts von der Gamsgrube, sah ich zahlreiche Schneemauslöcher. Interessanterweise wurde die Schneemaus zweifelsfrei von Dr. Franz auch auf dem kleinen grünen Fleck unter dem Mittleren Burgstall und von Dr. Franz und Dr. Friedel sogar auf dem rings von Gletscher umgebenen Kleinen Burgstall auf der dortigen Raseninsel festgestellt. Um auf den isolierten Felsen des Kleinen Burgstall zu gelangen, müssen die Mäuse entweder 5 *km* über die schwach ausgebildete, schmale, vegetationsleere Mittelmoräne der Pasterze oder 1 *km* über das spaltenreiche, zerklüftete Eis der Pasterze selbst wandern, am Kleinen Burgstall angelangt, eine breite Randkluft und eine steile Felswand überwinden, Leistungen, die wohl nur im Winter bei Schneelage möglich sind und uns Bewunderung abnötigen.
   Von der Schneemaus ist es bekannt, daß sie verschiedene Pflanzenteile zur Auspolsterung ihres unterirdischen Nestes einträgt. Meistens trocknet sie die Blätter und Stengel vorher in der Umgebung ihres Baues, oft auf flachen Steinplatten. Manchmal findet man aber auch frische Pflanzen zur Hälfte in die Löcher hineingezogen. Letzteres scheint besonders bei Neuschnee der Fall zu sein, wie ich im Glocknergebiet beobachten konnte. Ob dieses „Heumachen" der Schneemaus wahllos erfolgt oder ob dabei gewisse Pflanzenarten bevorzugt werden, ist noch ungewiß. Erna Mohr stellte auf dem Patscherkofel als bevorzugte Pflanzen *Poa*, *Agrostis* und ganz besonders *Iuncus trifidus* fest. Ich sammelte oberhalb des Glocknerhauses am 5. IX.:[1]

   Dianthus glacialis, 1 Stengel + Frucht, 5 *cm* lang,
   Ligusticum Mutellina, 1 Stengel + Blatt, 7·5 *cm* lang,
   Salix retusa, 1 Zweig mit 7 Blättern, 6 *cm* lang,
   Phyteuma orbiculare, 1 Stengelstück, unten und oben abgebissen, 10 *cm* lang,
   Polygonum viviparum, 9 Stengel + Blütenständen, 4—9 *cm* lang,
   Trifolium badium, 3 Stengel mit Blättern und Fruchtköpfen, 8—11 *cm* lang,
   Leontodon hispidus, 6 Stengel mit Blüten, 1 Stengelstück, 6—8 *cm* lang,
   Soldanella alpina, 2 Stengel mit Früchten, 5·5 *cm* lang,

   Am Wasserfalleck am 8. IX.:
   Deschampsia caespitosa, 1 Stengelstück und 1 Rispe, 8 *cm* lang,
   Ranunculus alpestris, 1 Stengel mit Blättern, 6 *cm* lang.

   Eine besondere Auswahl scheint nicht stattzufinden; höchstens könnte man von einer Bevorzugung von *Polygonum*, *Trifolium* und *Leontodon* sprechen. Zum Unterschied von dem Befund E. Mohrs finden sich nur 2 Stücke einer Grasart *(Deschampsia)* vor, obgleich es im Gebiet an Gräsern nicht fehlt. Ferner kann man feststellen, daß stark aromatische Pflanzen fehlen. Eines beweist aber die Liste, daß die Schneemaus ihr Heu formatisiert, u. zw. auf die durchschnittliche Länge von 7 *cm*, wobei als besonders beweisend die unten und oben abgebissenen Stengelstücke gelten können.
   (*Arvicola scherman* Shaw. Wühlspuren der von der dortigen Bevölkerung Wühlmaus genannten Art sah ich auf den Feldern bei Heiligenblut häufig, leider, der Jahreszeit entsprechend, keine frischen, und Fangversuche blieben vergeblich. *Sylvemus sylvaticus* L. oder *flavicollis* Melch. Eine ganz junge, für die Bestimmung unbrauchbare Waldmaus fing ich am 11. IX. bei Heiligenblut, habe sie aber nicht präpariert.)

9. *Marmota marmota* L., Murmeltier.
   Nach freundlicher Mitteilung Herrn Grubers, des Hüttenwirtes des Glocknerhauses, wurden 1912 zwei Paare Murmeltiere im Leitertal ausgesetzt, die sich seither gut vermehrt haben. Im engeren Pasterzengebiet ist das Murmeltier nicht gerade häufig, jedoch hat Dr. Franz sie an folgenden Orten festgestellt: im Kar unter dem Heiligenbluter Schareck, gegen das Kasereck zu, dann auf der N-Seite des Albitzenkopfes bei 2500 bis 2600 *m*, im Pfandlschartenkar und auf der SW-Seite der Gjaidtroghöhe bei etwa 2600 *m*. Sicheren Nachrichten zufolge kommen Murmeltiere auch in der Schobergruppe vor. Werner gibt sie 1921 von der Umgebung der Rudolfshütte im obersten Stubachtal als nicht selten an.

10. *Rupicapra rupicapra rupicapra* L., Gemse.
    Gemsen kommen überall im Pasterzengebiet vor, aber wenig zahlreich. Abgesehen davon, daß sie in früheren Jahren zu stark bejagt wurden, werden sie durch den lebhaften Auto- und Touristenverkehr ferngehalten. Man schätzt derzeit den Gemsenstand im ganzen Gemeindegebiet von Heiligenblut samt Nebentälern auf nur 40 bis 50 Stück. Von diesen stehen die meisten im Leitertal. 1937 wurde ein Bock in den Wänden ober der Franz-Josefs-Höhe erlegt.
    (*Capreolus capreolus* L. Auch der Stand an Rehwild soll im Gebiet von Heiligenblut ein sehr geringer sein.)

3. Verzeichnis der Fundorte mit Angabe ihrer Lage.

Aderspitze, 2979 *m*, südlich der Granatspitze und westlich des Dorfer Sees.
Albitzenalm, 2410 *m*, im Kar zwischen Albitzen- und Wasserradkopf.
Albitzenkopf, 2807 *m*, östlich des Glocknerhauses.
Alter Pocher, zirka 1800 *m*, Gastwirtschaft und verfallene Bergwerksgebäude im Talgrund des Kleinen Fleißtales auf der Sonnblick-SW-Seite.
Amertaler Öd, östliches Seitental des Felbertales, welches in etwa 1000 *m* Höhe in dieses einmündet und bis 2200 *m* (Amertaler See) ansteigt.

---

[1] Die Bestimmung verdanke ich Herrn Dr. Heinrich Freih. v. Handel-Mazzetti †.

Amertaler Scharte, zirka 2700 m, am Tauernhauptkamm über dem Talschluß der Amertaler Öd.

Ankehre der Glocknerstraße, große Straßenkehre der neuen Glocknerstraße in etwa 1950 m Höhe, in welcher die Straßentrasse das Guttal überquert.

Anlauftal, östliches Seitental des Gasteiner Tales, mündet bei Böckstein in rund 1100 m Höhe ins Haupttal.

Apriach, Ortschaft am SW-Hang der Sonnblickgruppe in rund 1500 m Höhe am Abhang des Sandkopf-Trogereck-Zuges.

Astental, östliches Seitental des Mölltales, welches bei Mörtschach in 925 m Höhe ins Mölltal einmündet.

Badbruck, an der Einmündungsstelle des Kötschachtales ins Gasteiner Tal gelegene Ortschaft.

Badgastein, gewöhnlich kurz Gastein genannt, 1086 m hoch im Gasteiner Tal gelegen.

Bergertörl, 2642 m, Übergang von Heiligenblut nach Kals über den die Glockner- mit der Schobergruppe verbindenden Höhenzug.

Biednerhütte, 1776 m, am S-Hang der Schobergruppe oberhalb Lienz.

Böckstein, 1171 m, höchstgelegener Ort des Gasteiner Tales, an der Einmündungsstelle des Anlauftales gelegen.

Bodenhaus, 1226 m, Gastwirtschaft im Hüttenwinkeltal zwischen Bucheben und Kolm Saigurn.

Böheimeben, 1737 m (auch Beheimeben geschrieben), Alm im Dorfer Tal, auf welcher das Kalser Tauernhaus steht. Ausgangspunkt des Weges auf den Muntanitz und zur Sudetendeutschen Hütte.

Böse Platte, steiler Plattenhang am Weg vom Glocknerhaus zur Naturbrücke über die Möllschlucht und weiter nach Heiligenblut (Haritzerweg), der vom Weg in etwa 1950 m Höhe gequert wird. Die Überquerung der Platten bereitete vor Sicherung des Weges Schwierigkeiten.

Böses Weibele, 3121 m, Gipfel im nördlichen Teil der Schobergruppe.

Breitkopf, 3152 m, zum größten Teil vergletscherter Gipfel am Tauernhauptkamm zwischen Fuscherkarkopf und Bärenköpfen unweit nordöstlich der Oberwalderhütte.

Brennkogel, 3018 m, Gipfel am Tauernhauptkamm nordwestlich des Hochtores.

Brettboden, Wiesengelände nordöstlich der Bösen Platte in etwa 2000 m Höhe unweit des Glocknerhauses und der Marienhöhe.

Bretterbruck, 1650 m (auch Bretterbrugg geschrieben), Brücke im Gößnitztal unterhalb der Wirtsbauernalm, in unmittelbarer Nähe der Brücke befinden sich feuchte, von Grünerlen bestandene N-Hänge.

Bretterwand, südlich der Bretterspitze, 2881 m, nordöstlich von Windisch-Matrei.

Bricciuskapelle, 1633 m, durch die Bricciuslegende bekannte Kapelle am Haritzerweg unweit oberhalb des Vorderen Sattels.

Bruck an der Glocknerstraße, 755 m, Ausgangspunkt der Glocknerstraße im Pinzgau an der Einmündungsstelle des Fuscher Tales ins Salzachtal.

Bucheben, 1143 m, höchstgelegene Ortschaft des Rauriser (Hüttenwinkel-)Tales.

Daberklamm, Felsdurchbruch des Kalser Baches aus dem Dorfer Tal in den Kalser Kessel, seit einer Reihe von Jahren durch einen bequemen Weg erschlossen. Der alte Weg ins Dorfer Tal führte hoch über der Klamm hinweg.

Debanttal, nordsüdlich verlaufendes Tal in der Schobergruppe, welches östlich von Lienz ins Drautal ausmündet. Aus dem Talschluß des Debanttales kann man über die Gradenscharte zum Großen Gradensee und ins Gradental, über die Gößnitzscharte ins Gößnitztal und über das Leibnitztörl zur Hochschoberhütte und ins Leibnitztal gelangen.

Döllach, 1024 m, Ortschaft im Mölltal zwischen Mörtschach und Heiligenblut.

Dorfer Almen, Almböden im Dorfer Tal, in 1630 bis 1800 m Höhe. Hierzu gehören auch die mehrfach namentlich angeführten Almen Rumisoieben und Böheimeben.

Dorfer Öd, westliches Seitental des Stubachtales, welches in der Schneiderau in etwa 1000 m Höhe ins Stubachtal ausmündet.

Dorfer See, 1933 m, im oberen Teil des Dorfer Tales gelegen.

Duisburgerhütte, 2550 m, südlich des Herzog Ernst (2933 m) und des Rauriser Schareck (3131 m) über dem Talschluß des Fraganter Tales gelegen.

Edelweißwand, an der Glocknerstraße westlich unterhalb des Fuscher Törls in etwa 2350 m Höhe gelegen.

Edelweißspitze (früher Leitenkopf genannt), 2580 m, nördlich des Fuscher Törls.

Ederplan, 1982 m, westlichster Gipfel der Kreuzeckgruppe, östlich Dölsach gelegen.

Elisabethfels, 2155 m, gegenwärtig eisfreier Fels vor der Pasterzenzunge, der steil zum Unteren Keesboden abfällt. Der Fels ist vom Eise rundgeschliffen und war nicht nur während des letzten Eishochstandes um die Mitte des vorigen Jahrhunderts, sondern auch noch lange nachher unter dem Eis der Pasterze begraben.

Enzingerboden, 1479 m, Talstufe des Stubachtales, auf welcher ein Elektrizitätswerk und eine Gastwirtschaft stehen.

Fanatscharte, 2801 m, Übergang aus dem Talschluß des Ködnitztales in den Talschluß des Teischnitztales. Auf der Höhe des Sattels steht die Stüdlhütte.

Federtroglache, 2210 m, in der zwischen Hochtor, Roßschartenkopf und Heiligenbluter Schareck befindlichen Senke östlich der Glocknerstraße gelegen.

Felbertal, von Mittersill im Pinzgau fast genau südwärts zum Felbertauern (2566 m) ziehendes Tauerntal, welches einen Teil der Grenze zwischen Granatspitz- und Venedigergruppe darstellt.

Felbertauern, 2566 m, Paßübergang über den Tauernhauptkamm aus dem Felber- ins Matreier Tauerntal, scheidet die Venediger- von der Granatspitzgruppe.

Ferleiten, 1150 m, im oberen Fuscher Tal gelegen. Hier befinden sich die Gasthöfe „Lukashansl" und „Tauernhaus".

Figerhorn, 2745 m, Gipfel nordöstlich von Kals.

Fleiß, Gesamtbezeichnung für das vom großen und kleinen Fleißbach entwässerte Gelände. Im Text ist mit „Fleiß" vor allem das Gelände um das Fleißgasthaus (1449 m) und die Fleißkehre der Glocknerstraße (1500 m) gemeint, während die Große und Kleine Fleiß, die Talfurchen des großen und kleinen Fleißbaches, getrennt angeführt sind.

Fleißgasthof, 1449 m, Gasthaus unweit unterhalb des Zusammenflusses der beiden Fleißtäler, an dem der Fleißkehre der Glocknerstraße gegenüberliegenden Hang gelegen.

Foledischnitzscharte, 2630 m, in dem von der Fanatscharte südwärts zum Figerhorn ziehenden Kamm gelegen.

Fraganttal, oft kurz Fragant genannt, Seitental des Mölltales, welches von Außerfragant nordwärts gegen den Sonnblickhauptkamm zieht.

Franz-Josefs-Höhe, 2430 m, Standort des Hotels Franz-Josefs-Höhe, am SW-Hang der Freiwand über der Pasterze, in der älteren Literatur Hoher Sattel genannt.

Französach, 1797 m, Alm im obersten Stubachtal, unweit oberhalb des Grünsees gelegen.

Freiwandspitze, 3035 m, Gipfel südöstlich des Fuscherkarkopfes, nördlich des Glocknerhauses, zwischen Pasterzenfurche und Magneskar gelegen.

Fusch (Dorf Fusch), 807 m, im unteren Fuscher Tal gelegener Ort; hiervon ist Bad Fusch (1231 m), südöstlich von Dorf Fusch, am orographisch rechten Hang des Fuscher Tales gelegen, zu unterscheiden.

Fuscherkarkopf, 3352 m, Gipfel am Tauernhauptkamm östlich des Großglockners, diesem jenseits der Pasterzenfurche direkt gegenüberliegend.

Fuscher Rotmoos, Flachmoor am Talboden des obersten Fuscher Tales in 1250 bis 1290 m Höhe.

Fuscher Törl, 2404 m, Übergang aus dem obersten Fuscher Tal ins Seidelwinkeltal. Heute führt darüber die Glocknerstraße.

Gamsgrube, Kar südwestlich des Fuscherkarkopfes in 2400 bis 2700 m Höhe, über der Pasterzenfurche gelegen. Im untersten Teil der Gamsgrube befindet sich die Hofmannshütte (früher stand dort die Johanneshütte).

Gamskarl, kleines, sich nach Süden öffnendes Kar auf der S-Seite des Schwertecks unweit der neuen Salmhütte in 2600 bis 2750 m Höhe.

Ganitzen, flaches Kar auf der S-Seite des den Hinteren Leiterkopf mit dem Schwerteck verbindenden Kammes in 2500 bis 2650 m Höhe.

Ganot, 3108 m (auch Ganozkopf genannt), in der Schobergruppe nordöstlich des Hochschobergipfels gelegen.

Gastein, steht im Text stets für Badgastein.

Gipperalm, 1600 bis 1700 m hoch, südlich unterhalb der Ankehre der Glocknerstraße am Abhang des Guttales gelegen. Auf der Gipperalm steht die Kapelle Mariahilf (1623 m).

Gjaidtroghöhe, 2981 m, am SW-Ende der Sonnblickgruppe zwischen der Großen und Kleinen Fleiß gelegen.

Gleiwitzer Hütte, 2176 m, am W-Hang des Hirzbachtales nördlich des Hohen Tenn gelegen.

Glocknerhaus, 2132 m, östlich der Pasterzenzunge an der Glocknerstraße gelegen.

Glocknerkamp, nördlich des Hofmannskeeses, zieht an der O-Flanke des Großglockners der Felsgrat des äußeren Glocknerkamps und, durch das äußere Glocknerkar von diesem getrennt, der innere Glocknerkamp zur Pasterzenfurche herab.

Glor, 1322 m, Rotte der Gemeinde Kals am Eingang ins Ködnitztal.

Golmitzen, Felsensteppe in 1450 bis 1550 m Höhe in S-Lage an der alten Glocknerstraße nordwestlich Heiligenblut.

Gößnitztal, westliches Seitental des Mölltales, welches oberhalb Heiligenblut ins Mölltal einmündet und südwestlich gegen das Innere der Schobergruppe zieht.

Grafentalbach, kleiner Bach, der südöstlich des Pfandlscharten- (Rührkübel-) Baches parallel zu diesem im Pasterzenvorfeld zur Möllschlucht fließt.

Gratschach, Ort im unteren Mölltal.

Graukogel, 2491 m, Gipfel südöstlich von Gastein.

Grieswiesalm, 1597 m, im Hüttenwinkeltal unweit des Talschlusses, nordöstlich von Kolm Saigurn gelegen.

Großer Burgstall, 2973 m, Felskopf im Pasterzengrund, steil zur Pasterze und zum Wasserfallkees abfallend.

Grubenberg, von Dalla Torre verwendete Ortsbezeichnung, die sich wohl auf Gruben im Matreier Tauerntal (1135 m) bezieht.

Grüner Baum, Gasthof im vorderen Teil des Kötschachtales, östlich Gastein in etwa 1050 m Höhe gelegen.

Grünsee, 1711 m, im oberen Teil des Stubachtales gelegen.

Gschlöß, oberster Teil des Matreier Tauerntales, in dessen Hintergrund sich der Großvenediger aufbaut. Gehört der Venedigergruppe an.

Guggenberg, Häusergruppe südwestlich von Windisch-Matrei in 1250 m am Abhang der Defereggeralpen gelegen.

Guttal, fast genau von Norden nach Süden verlaufendes Nebental des Mölltales, welches oberhalb Heiligenblut ins Haupttal einmündet und in 1900 m Höhe von der Glocknerstraße überquert wird.

Haid bei Zell am See, Ortschaft an der Straße Zell am See—Saalfelden, in etwa 800 m Höhe gelegen.

Haldenhöcker unter dem Mittleren Burgstall, Steilhang unter den Felsabbrüchen des Mittleren Burgstalls gegen die Pasterze in SW-Exposition und 2600 bis 2700 m Höhe.

Haritzerweg, alter Fußweg von Heiligenblut zum Glocknerhaus, führt über die Kreitherwand, den Vorderen Sattel, die Bricciuskapelle und die Böse Platte auf den Brettboden.

Hasenbalfen, Schutthang unter den Bratschenhängen der Schwerteck-S-Seite, direkt oberhalb der neuen Salmhütte in 2700 m Höhe gelegen.

Haslach (1120 m), Ortschaft im Kalser Tal zwischen Unterlesach und Oberpeischlach.

Heiligenblut (1288 m), höchstgelegener Ort im Mölltal.

Hintereckkogel (auch Hintereckspitze genannt), 2636 m, südöstlichster Eckpfeiler der Venedigergruppe, nordöstlich von Windisch-Matrei gelegen.

Hirzbachtal, westliches Seitental des Fuscher Tales, über dessen Talschluß sich der Hohe Tenn erhebt, mündet bei Fusch ins Fuscher Tal.

Hochfilleck, Gruppe von drei über den Gletscher aufragenden Felsköpfen von 2930 bis 2957 m Höhe südwestlich des Kalser Tauern.

Hochmais, in 1800 m Höhe an der Glocknerstraße über dem Fuscher Tal gelegene Almweide.

Hochschober, 3240 m, Gipfel in der Schobergruppe zwischen Lesach- und Leibnitztal.

Hochschoberhütte, 2322 m, im obersten Teil des Leibnitztales gelegen.

Hochtortauernkopf, zirka 2600 m, östlich des Hochtores am Tauernhauptkamm gelegen.

Hofgastein, 889 m, im Gasteiner Tal nördlich Badgastein gelegen.

Hofmannshütte, 2444 m, im unteren Teil der Gamsgrube über der Pasterze gelegen.

Hofmannskees, steiler Hängegletscher, der sich am Glockner-O-Hang zur Pasterze herabzieht.

Hofmannsweg, Glockneranstieg von der Pasterze über den Hofmannskees zur Adlersruhe.

Hohe Dock, 3348 m, Gipfel östlich des Großen Bärenkopfes, nach Osten steil gegen die Mainzerhütte und zum Fuscher Tal abfallend.

Hohenwarthkees, im Talschluß des Leitertales am S-Hang des Kellersberges gelegen.

Hoher Sattel, 2430 m, alte Bezeichnung für die Franz-Josefs-Höhe, d. i. die Hangstufe am Abhang der Freiwand gegen die Pasterzenzunge. Heute durch die Anlage der Parkplätze der Glocknerstraße weitgehend künstlich verändert.

Huben, 814 m, im Iseltal an der Einmündungsstelle des Defereggen- und Kalser Tales gelegene Ortschaft.

Imbachhorn, 2472 m, nördlichster Gipfel des Fuscher Kammes, nördlich des Hohen Tenn gelegen.

Iselsberg, 1204 m, Paßhöhe zwischen Dölsach und Winklern, durch welche die Schobergruppe von der Kreuzeckgruppe geschieden wird.

Johanneshütte, erste Schutzhütte in der Gamsgrube, die später durch die Hofmannshütte ersetzt wurde.

Judenalm (Innere Judenalm), in 1490 m Höhe über dem Talschluß des Fuscher Tales unter der Mainzerhütte gelegen.

Judenbach, linker Seitenbach der Fuscher Ache, der am O-Hang der Hohen Dock entspringt und nach Durchquerung des Fuscher Rotmooses in 1275 m Höhe in die Fuscher Ache mündet.

Käfertal, Talschluß des Fuscher Tales, der von den Steilabstürzen des Fuscher Eiskares begrenzt wird. Höhenlage des Talbodens 1400 bis 1700 m. Aus dem Käfertal fällt der Talboden in einer Steilstufe zum Fuscher Rotmoos ab.

Kals, 1322 m, südwestlich der Glocknergruppe an der Einmündungsstelle des Ködnitztales ins Kalser Tal gelegener Ort.

Kalser Tauern, 2513 m, Paßübergang über den Tauernhauptkamm aus dem Stubach- ins Dorfer Tal, durch den die Glockner- von der Granatspitzgruppe getrennt wird.

Kalser Tauernhaus, 1737 m, Unterkunftshaus auf der Böheimeben im Dorfer Tal.

Kals-Matreier Törl, 2206 m, Paßübergang von Kals nach Windisch-Matrei über den vom Muntanitz zum Rotenkogel ziehenden Höhenrücken.

Kaprun, 786 m, an der Einmündungsstelle des Kapruner Tales ins Salzachtal gelegene Ortschaft.

Kapruner Törl, 2630 m, Paßübergang aus dem Talschluß des Kapruner Tales ins oberste Stubachtal. Wird vom Fußweg überquert, der den Moserboden mit dem Tauernmoosboden und der Rudolfshütte verbindet.

Kasereck, 1917 m, Hangvorsprung am W-Hang des Heiligenbluter Scharecks, über den die Glocknerstraße führt. An der Straße steht die Kasereckkapelle.

Kasereckkopf, in der älteren Literatur vorkommende Bezeichnung, bezieht sich wahrscheinlich auf den Lacknerberg, 2332 m, einen südwestlichen Vorgipfel des Heiligenbluter Scharecks.

Katzensteig, Wegstück des Leitertalweges zwischen Tröglalm und Marxalm in 1950 bis 2050 m Höhe; führt durch den engsten Teil des Leitertales und war vor Ausbau des Weges schwierig zu begehen.

Kellersberg, 3240 m, Gipfel im Kamm zwischen Großglockner und Leiterköpfen, nördlich des Schwertecks gelegen.

Kellersbergkamp, vom Kellersberggipfel zur Pasterze herabziehender Felsgrat.

Kesselfall, 40 m hoher Wasserfall der Kapruner Ache beim Kesselfallalpenhaus (1068 m).

Klammpaß, Talenge des Gasteiner Tales zwischen Dorfgastein und Lend im Salzachtal.

Kleiner Burgstall, 2707 m, Nunatak im Steilabbruch des Pasterzengrundes gegen die Pasterzenfurche.

Knappenstube, zirka 2450 m, verschütteter Bergwerksstollen nördlich des Hochtores an der Glocknerstraße.

Ködnitztal, vom S-Hang des Großglockners zunächst direkt nach Süden, später nach Westen ziehendes Tal, das bei Kals ins Kalsbachtal mündet.

Kolbnitz, 747 m, Ortschaft im unteren Mölltal oberhalb Möllbrücke gelegen.

Kolm Saigurn, 1597 m, im Talschluß des Hüttenwinkeltales gelegenes Bergwerkshaus und Hotel.

Kötschachtal, östliches Seitental des Gasteiner Tales, welches unterhalb Badgastein ins Haupttal mündet.

Kreitherwand, Steilstufe des Mölltales oberhalb Winkel-Heiligenblut, warme Kalkschieferfelswand in SO-Exposition (1500 bis 1700 m).

Krumeltal, westliches Seitental des Hüttenwinkeltales, welches zwischen Bucheben und Bodenhaus ins Haupttal mündet.

Landecktal, östliches Seitental des Matreier Tauerntales, welches beim Gasthof Landecksäge in 1310 m Höhe ins Haupttal mündet.

Langer Trog, Karboden auf der W-Seite der Blauen Wand in 2600 m Höhe, im obersten Ködnitztal gelegen.

Leibnig, Unterleibnig, in 749 m Höhe im Kalsbachtal, Oberleibnig, am SW-Hang der Schobergruppe unweit Unterleibnig in 1247 m Höhe gelegen.

Leibnigtal, kleines Seitental des Iseltales, welches parallel zum Leibnitztal verläuft und oberhalb desselben ins Haupttal einmündet.

Leibnitztal, östliches Seitental des Iseltales, welches bei Unterleibnig ins Haupttal mündet.

Leibnitztörl, 2573 m, Übergang aus dem obersten Leibnitz- ins oberste Debanttal.

Leiterkees, Gletscher im Talschluß des Leitertales, der das Kar südlich der Adlersruhe erfüllt.

Leiterköpfe, Vorderer (2483 m), Mittlerer (2602 m) und Hinterer Leiterkopf (2891 m). Kalkphyllitberge, die mit steilen, größtenteils rasenbewachsenen Hängen nach Süden zum Leitertal abfallen und dieses von der Pasterzenfurche trennen.

Leiterlehnen, S-Hänge der Leiterköpfe.

Leitertal, westliches Seitental des Mölltales, welches gegenüber der Bricciuskapelle in einer Steilstufe ins Haupttal mündet. Verläuft fast genau westöstlich und bildet einen Teil der Grenze zwischen Glockner- und Schobergruppe.

Lesachtal, östliches Seitental des Kalsbachtales, welches bei Unterlesach ins Haupttal mündet.

Limbergalm, 1575 m, am unteren Ende des Wasserfallbodens im Kapruner Tal gelegen.

Lonzahöhe, 2170 m, südöstlich von Mallnitz in der Sonnblickgruppe gelegener Aussichtsberg.

Luisengrat, Felsgrat 3050 bis 3260 m hoch, zwischen Ködnitz- und Teischnitzkees auf der S-Seite des Großglockners.

Lucknerhütte, 2227 m, Gastwirtschaft im Ködnitztal.

Magneskar, zwischen Freiwandeck, Fuscherkarkopf und Sinnawelleck (Sonnenwelleck) gelegen, großenteils vom Magneskees erfüllt.

Mainzerhütte, 2267 m, am O-Hang der Hohen Dock über dem oberen Fuscher Tal gelegen.

Mallnitz, 1185 m, im Mallnitztal südlich des Mallnitzer Tauern gelegener Ort.

Mallnitzer Tauern, 2414 m, auch Naßfelder Tauern genannt, Paßübergang über den Tauernhauptkamm aus dem Mallnitz- ins Naßfelder Tal.

Mallnitzer Tauerntal, oberster Teil de Mallnitztales oberhalb der Einmündung des Seebachtales.

Margaritze, 2020 m, von der Pasterze rundgeschliffener Felskopf im Pasterzenvorfeld, der noch beim letzten Gletscherhochstand um die Mitte des vorigen Jahrhunderts vom Eise bedeckt war.

Margitzen, Steilhang der Gjaidtroghöhe gegen die Kleine Fleiß.

Marienhöhe, 2153 m, an der Glocknerstraße südöstlich des Glocknerhauses gelegen. Hier steht das Karl-Volkert-Haus, welches als Ersatz für das ehemalige Unterkunftshaus auf dem Pallik, welches beim Ausbau der Glocknerstraße abgebrochen werden mußte, errichtet wurde.

Marxwiese, verhältnismäßig flach geneigtes Gelände am N-Fuß des Vorderen Leiterkopfes südlich der Margaritze, welches nach Norden steil zum Margaritzenbach, nach Nordosten zur Möllschlucht abfällt.

Mittlerer Burgstall, 2923 m, Felskopf im Pasterzengrund, der nach Süden steil zum Haldenhöcker abbricht, nach Norden aber allmählich unter den Firn des Pasterzengrundes untertaucht.

Mödlspitze, 2678 m, Vorgipfel des Höhenrückens, der die Schobergruppe mit der Glocknergruppe verbindet, westlich des Bergertörls, etwas abseits des Kammes gelegen.

Möllfall, Wasserfall der Möll über die Talstufe unterhalb Heiligenblut.

Möllschlucht, tiefeingeschnittene Felsschlucht, in welcher die Möll im obersten Teil ihres Laufes vom Austritt aus der Pasterze bis weit südöstlich der Margaritze dahinfließt.

Moharkopf, 2600 m, östlich von Döllach gelegen, in der Alpenvereinskarte fälschlich „Mauer" genannt.

Moserboden, 1960 bis 2000 m, Talschluß des Kapruner Tales, durch eine rund 200 m hohe Talstufe von dem talabwärts anschließenden Wasserfallboden getrennt.

Muntanitz, 3231 m, Hauptgipfel des von der Granatspitze nach Süden verlaufenden Gebirgskammes, der das Dorfer Tal vom Matreier Tauerntal trennt.

Naßfeld bei Gastein, in der Literatur meist kurz Naßfeld genannt, im obersten Teil des Gasteiner Tales in 1600 bis 1650 m Höhe gelegen.

Naßfelder Tal, Bezeichnung des Gasteiner Tales in seinem obersten Teil, oberhalb der Einmündung des Anlauftales.

Naßwand, Steilhang des Hocheiser gegen den Moserboden.

Naturbrücke über die Möll, Felsblock, der sich bei einem Bergsturz quer über die Möllschlucht legte und nun dem Wege vom Glocknerhaus ins Leitertal als natürlicher Übergang über die Möllschlucht dient (Höhenlage 1870 m).

Nussing, 2988 m, südwestlicher Vorgipfel des Muntanitz, nördlich Windisch-Matrei gelegen.

Oberer Keesboden, rund 2280 m hoch gelegene Geländestufe zwischen Hinterem Leiterkopf und Pasterzenfurche.

Oberfercher, 1494 m, kleine Ortschaft am SW-Hang der Schobergruppe, unweit südlich des Leibnitztales gelegen.

Oberpeischlach, Ortschaft im Kalsbachtal, in etwa 1050 m Höhe unmittelbar über der Steilstufe gelegen, mit der das Kalsbachtal gegen das Iseltal abfällt.

Obervellach, 686 m, im unteren Mölltal unweit der Einmündung des Mallnitztales gelegene Ortschaft.

Oberwalderhütte, 2973 m, auf der Hochfläche des Großen Burgstalls gelegen.

Ochsenhütten im Leitertal, im Talgrund in 2100 m Höhe gelegen.

Ödenwinkelkees, von der Ödenwinkelscharte und dem Eiskögele nach Norden ins Stubachtal abfließender Gletscher.

Ödenwinkelscharte (Untere Ödenwinkelscharte), 3180 m, Übergang über den Tauernhauptkamm aus dem Stubachtal ins Pasterzengelände.

Orglerhütte, 1613 m, Gastwirtschaft auf dem Wasserfallboden des Kapruner Tales, die im Zuge der Errichtung des Stausees aufgelassen wird.

Palfneralm, am O-Hang des Graukogels südlich von Gastein gelegen.

Pallik, 1945 m, am S-Hang des Wasserradkopfes an der Glocknerstraße gelegen, ehemaliger Standort einer besonders von Lepidopterologen viel besuchten Unterkunftshütte.

Paschingerweg, gesicherter Fußweg vom Glocknerhaus durch das Pasterzenvorfeld und über den Felsabhang des Hohen Sattels gegen die Pasterze zu dieser und weiter über den Gletscher hinweg zum Stockerschartenweg.

Pasterze, Hauptgletscher der Glocknergruppe, der durch die Möll entwässert wird.

Pasterzenvorfeld, Gelände vor der Pasterzenzunge, welches während der Fernauvorstöße und um die Mitte des vorigen Jahrhunderts vom Gletscher überdeckt war; beiderseits der Möllschlucht gelegen und bis zum SO-Ende der Margaritze reichend.

Pasterzenwiesen, Bezeichnung der älteren Literatur, die zur Zeit des letzten Gletscherhochstandes um die Mitte des vorigen Jahrhunderts entstanden ist. Damals lagen die Wiesen auf dem Brettboden und auf der Sturmalm (Wallneralm) in unmittelbarer Nachbarschaft der Pasterze, was zu ihrer Bezeichnung als Pasterzenwiesen führte.

Peischlachtal, südliches Seitental des Leitertales, welches zum Peischlachtörl emporführt und bei der Kalser Alm in 2140 m Höhe ins Leitertal mündet.

Peischlachtörl, 2482 m, tiefste Einsattelung des die Schobergruppe mit der Glocknergruppe verbindenden Höhenrückens.

Pfandlboden, Rasenflächen am Weg von der Traueralm zur Unteren Pfandlscharte. Es wird ein Unterer Pfandlboden (zirka 1600 bis 1800 m) und ein Oberer Pfandlboden (über diesem bis 1950 m Höhe) unterschieden.

Pfandlscharte, Untere Pfandlscharte (2636 m) und Obere Pfandlscharte (2743 m). Übergänge über den Tauernhauptkamm, über die man aus dem obersten Fuschertal ins oberste Mölltal (Pasterzenvorland) gelangt.

Pfandlschartenbach, in seinem untersten Teil im Pasterzenvorfeld auch Rührkübelbach genannt, entwässert das südliche Pfandlschartenkar und das Magneskar zur Möll.

Pfandlschartenkees, es sind zwei Pfandlschartengletscher, ein nördlicher auf der N-Seite und ein südlicher auf der S-Seite des Tauernhauptkammes unmittelbar unterhalb der Unteren Pfandlscharte, zu unterscheiden.

Pfeiffersäge, kleines Sägewerk, in 1500 m Höhe unmittelbar beim Zusammenfluß der Großen und der kleinen Fleiß gelegen.

Piffkaralm, Alm an der O-Lehne des Fuscher Tales, oberhalb Ferleiten in 1600 bis über 2200 m Höhe gelegen. Das Almgelände wird mehrfach von der Glocknerstraße überquert.

Pockhorn, kleine Ortschaft im Mölltal, unterhalb Heiligenblut an der Einmündungsstelle des Fleißbaches in die Möll in 1087 m Höhe gelegen.

Proseckklamm, Felsschlucht, durch die sich der Matreier Tauernbach nördlich von Windisch-Matrei den Weg in den Matreier Kessel bahnt.

Putzkogel, 2431 m, südwestlicher Vorgipfel des Muntanitz nordöstlich von Windisch-Matrei.

Radhausberg, 2686 m, südlich von Böckstein gelegen. Bisweilen wird auch das am N-Hang des Berges gelegene Goldbergwerk (1980 m) so genannt.

Rainerhütte, 1624 m, auf dem Wasserfallboden im Kapruner Tal, unweit der diesen gegen den Moserboden abschließenden Talstufe gelegen. Wird im Zuge der Errichtung des Stausees abgerissen.

Redschitz, Häusergruppe im Mölltal oberhalb Heiligenblut in etwa 1250 m Höhe.

Riffeltor, 3100 m, firnbedeckter Übergang über den Tauernhauptkamm aus dem Kapruner Tal ins Pasterzengebiet.

Ritterkopf, 3001 m, nördlicher Vorgipfel des Hocharn, zwischen Krumeltal und Hüttenwinkeltal gelegen.

Roßbach, kleiner Bach, der den S-Hang des Heiligenbluter Schareck zur Möll entwässert.

Roßschartenkopf, 2661 m, Gipfel am Tauernhauptkamm östlich des Hochtores.

Rotenkogel, 2762 m, südlichster Gipfel des Muntanitzkammes, der das Kalser Tal vom Matreier Tauerntal und Iseltal trennt.

Rudolfshütte, 2250 m, Schutzhütte im obersten Stubachtal, unweit des Weißsees nördlich des Kalser Tauern gelegen.

Rührkübelbach, Bezeichnung für den untersten Teil des Pfandlschartenbaches vor dessen Einmündung in die Möll unterhalb der Sturmalm.

Rumisoieben (auch Rumesoieben geschrieben), Alm im Dorfer Tal, in 1679 m Höhe gelegen.

Sagritz, 1137 m, Gemeinde am SW-Hang der Sonnblickgruppe bei Döllach, unweit oberhalb des Mölltales gelegen.

Salmhütte, 2644 m, im obersten Teil des Leitertales am S-Hang des Schwertecks unter dem Hasenbalfen gelegen. Es ist dies die von der Sektion Wiener Lehrer des Deutschen Alpenvereins errichtete neue Salmhütte. Die auf Geheiß des Grafen Salm zu Anfang des vorigen Jahrhunderts errichtete alte Salmhütte lag im Talschluß des Leiterkares und wurde durch den Gletschervorstoß des Leiterkeeses um die Mitte des vorigen Jahrhunderts zerstört.

Sandkopf, 3084 m, südwestlicher Vorgipfel des Sonnblick, nach Nordwesten steil zur Kleinen Fleiß abfallend.

Schachnern, Häusergruppe in 1500 m Höhe am Sandkopf-SW-Hang.

Schachneralm, in 1752 m Höhe oberhalb Schachnern am Sandkopf-SW-Hang gelegen.

Schafbühel, 2351 m, vom Gletschereis rundgeschliffene Bergkuppe nördlich der Rudolfshütte im obersten Stubachtal.

Schareck, es ist zwischen dem Heiligenbluter Schareck (2597 m) nordwestlich der Großen Fleiß und dem Rauriser Schareck (3131 m) am Tauernhauptkamm südöstlich Kolm Saigurn zu unterscheiden.

Schleierfall auf dem Naßfeld bei Gastein, 100 m hoher, vom Abfluß des Pochhartsees gebildeter Wasserfall.

Schneiderau, Häusergruppe in 990 m Höhe im Stubachtal bei der Einmündung der Dorfer Öd. Hier liegt der Gasthof Schneiderau und die Unterkunftshütte der Sektion Naturschutzpark des Deutschen Alpenvereins.

Schönleitenspitze, 2810 m, Gipfel in der Schobergruppe südöstlich von Kals zwischen Ködnitz- und Lesachtal.

Schwaigerhütte (Heinrich-Schwaiger-Hütte), 2802 m, am W-Hang des Großen Wiesbachhorns über dem Moserboden gelegene Schutzhütte.

Schwarzsee, 2595 m, südöstlich der Aderspitze, westlich des Dorfer Sees gelegener Karsee.

Schwerteck, 3247 m, Gipfel in dem vom Großglockner zu den Leiterköpfen ziehenden Kamm, unmittelbar nördlich der neuen Salmhütte gelegen.

Schwerteckkees, Gletscher auf der NO-Seite des Schwertecks über der Pasterzenfurche.

Schwertkar, kleines Kar auf der S-Seite des Schwertecks unweit der neuen Salmhütte in 2600 bis 2700 m Höhe.

Seebichel, Gelände zwischen Zirmsee und Talschluß der Kleinen Fleiß. Hier stehen die Ruinen des vor wenigen Jahren durch eine Lawine zerstörten Seebichelhauses in 2445 m Höhe.

Seidelwinkeltal, westliches Seitental des Rauriser Tales, welches bei Wörth (942 m) ins Haupttal einmündet. Es führt zum Hochtor.

Senfteben, Alm in etwa 1900 m Höhe am Wasserrad-S-Hang zwischen Guttal und Pallik unmittelbar oberhalb der Glocknerstraße.

Söbriach, Ort im Mölltal, wenige Kilometer oberhalb Obervellach.

Spielmann, 3027 m, Gipfel am Tauernhauptkamm östlich der Unteren Pfandlscharte.

Spinevitrolkopf, 2475 m, nach Südwesten gegen das Dorfer Tal vorgeschobener Vorgipfel der Aderspitze.

Spöttling, Häusergruppe bei Kals, am Eingang in die Daberklamm in 1491 m Höhe gelegen.

Stall, Ortschaft im mittleren Mölltal, 812 m hoch gelegen.

Staniska, Ortschaft im Kalser Tal, in 1104 m Höhe zwischen Oberpeischlach und Haslach gelegen.

Stanziwurten, 2704 m, südwestlicher Vorgipfel der Sonnblickgruppe, nordöstlich von Döllach gelegen.

Steineralm (äußere Steineralm), in 1926 m Höhe südlich des Muntanitz am Weg von Windisch-Matrei zur Sudetendeutschen Hütte gelegen.

Stockerscharte, zirka 2450 m, Einsattelung zwischen dem Vorderen und Mittleren Leiterkopf, über die der Wienerweg von der Pasterze zur neuen Salmhütte im oberen Leitertal führt.

Stubachtal, nordsüdlich verlaufendes Tauerntal, welches bei Uttendorf ins Salzachtal einmündet und einen Teil der Grenze zwischen Glockner- und Granatspitzgruppe bildet.

Stüdlgrat, Felsgrat des Großglockners, der vom Glocknergipfel zum Luisengrat herabläuft.

Stüdlhütte, 2801 m, auf der Fanatscharte auf der S-Seite des Großglockners gelegen.

Stüdlweg, Alpenvereinssteig vom Bergertörl durch das oberste Ködnitztal zur Stüdlhütte auf der Fanatscharte.

Sturmalm, 2050 bis 2150 m, südlich der Freiwand im Pasterzenvorland gelegen. Sturmhütte und Sturmkapelle stehen auf ihr in 2120 bzw. 2112 m Höhe. In der älteren Literatur wird die Sturmalm auch Wallneralm genannt.

Sudetendeutsche Hütte, 2650 m, Schutzhütte auf der S-Seite des Muntanitz.

Tauernhaus im Matreier Tauerntal (Matreier Tauernhaus), zirka 1500 m, im Matreier Tauerntal etwas unterhalb der Wegabzweigung zum Felbertauern gelegen.

Tauernhaus im Seidelwinkeltal, 1514 m, früher Gastwirtschaft, heute nur Alm.

Tauernmoossee, 2003 m, Stausee des Stubachtalkraftwerks, durch Überstauung des Tauernmoosbodens entstanden, nördlich vom Ödenwinkelkees gelegen.

Teischnitztal, östliches Seitental des Kalser Tales, welches bei Spöttling in den Kalser Kessel mündet und zur Fanatscharte südlich des Großglockners emporführt.

Thunklamm, Felsdurchbruch der Kapruner Ache im untersten Teil des Kapruner Tales unweit von Kaprun.

Thurnerkaser, unweit oberhalb der Glocknerstraße in etwa 1750 m Höhe am SW-Hang des Heiligenbluter Scharecks gelegen.

Trauneralm, 1520 m, am rechten Hang des Fuscher Tales über dem Rotmoos gelegene Gastwirtschaft und Alm.

Tschenglköpfe, 2400 bis 2436 m, Höhenrücken zwischen dem unteren Teil des Teischnitztales und dem Graben des Wurger Baches.

Trögeralm, hochgelegene Grasheideflächen am Weg vom Glocknerhaus zur Unteren Pfandlscharte.

Tröglalm, 1920 m, am Eingang des Leitertales am S-Abfall der Marxwiese gelegen.

Trogalm, 1862 m, am Eingang in das Leitertal gegenüber der Tröglalm gelegen.

Unterer Keesboden, 1960 bis 2000 m, flache Senke zwischen Margaritze und Marxwiese einerseits, Elisabethfels und Oberem Keesboden andererseits. War beim Gletscherhochstand um die Mitte des vorigen Jahrhunderts unter dem Eis der Pasterze begraben.

Unterpeischlach, an der Steilstufe des Kalser Tales unterhalb Oberpeischlach gelegen.

Vogerlalm (auch Vögeralm geschrieben, Vögealm gesprochen), im Fuscher Tal oberhalb Ferleiten in 1250 m Höhe gelegen. Außer der Talalm gibt es auch noch eine Hochalm, von der jedoch im Text nicht die Rede ist.

Walcheralm, am O-Hang des Hohen Tenn oberhalb Ferleiten gelegen. Die Hochalm liegt in einem Karboden in 1900 m Höhe.

Wallnerhütte, nicht mehr bestehende Almhütte auf der Sturmalm (Wallneralm), von der in der älteren Literatur oft die Rede ist.

Wangenitzen (Wangenitztal), westliches Seitental des Mölltales, das oberhalb Mörtschach ins Haupttal einmündet und in dessen oberstem Teil der Wangenitzsee und die Wangenitzseehütte (2508 m) liegen.

Wasserfallboden, 1570 bis 1700 m, im Kapruner Tal unterhalb des Moserbodens gelegen, wird wie dieser gegenwärtig in einen Stausee umgewandelt.

Wasserfallwinkel, Gebiet nordwestlich des Fuscherkarkopfes, nördlich der Gamsgrube mit dem Wasserfallkees und dem Wasserfalleck (2590 m).

Wasserradkopf, 3032 m, vom Tauernhauptkamm gegen Süden vorgeschobener Gipfel, der über die Racherin mit dem Spielmann durch einen Grat verbunden ist.

Weißenbachscharte, 2640 m, Übergang aus dem Großen Fleißtal ins Seidelwinkeltal, östlich des Roßschartenkopfes im Tauernhauptkamm gelegen.

Weißenstein, 1040 m, Schloß nördlich von Windisch-Matrei.

Weißsee, 2221 m, bei der Rudolfshütte im obersten Stubachtal gelegen.

Wiegenwald, anmooriges Waldgelände an den Hängen der Wiegenköpfe, im Stubachtal, südlich der Schneiderau, westlich des Enzingerbodens gelegen.

Wienerweg, führt hoch über dem Leitertal von der Stockerscharte zur neuen Salmhütte an den Leiterlehen entlang.

Windisch-Matrei, 913 m, Hauptort des Iseltales, an der Vereinigungsstelle des Virgen- und des Matreier Tauerntales gelegen.

Winklern, 661 m, im Mölltal an der Stelle gelegen, wo dieses scharf nach Osten umbiegt und die Straße nach Lienz das Tal verläßt, um zum Iselsberg anzusteigen.

Wirtsbauernalm, 1756 m, im Gößnitztal gelegen.

Woisken, Alm- und Hochmoorgelände nördlich des Mallnitzer Tauerntales, westlich der Hindenburghöhe.

Wörth, 942 m, Ortschaft im Rauriser Tal, an der Vereinigungsstelle des Hüttenwinkel- und des Seidelwinkeltales gelegen.

Wurg, 1350 m, Rotte der Gemeinde Kals, nördlich des Kirchdorfes gelegen.

Zettersfeld, 2195 m, südlichster Gipfel der Schobergruppe, direkt nördlich von Lienz gelegen.

Zirknitztal, östliches Seitental des Mölltales, welches bei Döllach ins Haupttal einmündet und sich im oberen Teile in die Kleine und die Große Zirknitz gabelt.

Zirknitzer Alpenseen, im Talschluß der Kleinen Zirknitz gelegen, Großsee (2384 m) und Kegelesee (2164 m) genannt.

Zirmsee, 2499 m, oberhalb des Seebichel auf der SW-Seite der Sonnblickgruppe gelegen.

IV. Die Tiergesellschaften.
A. Fragestellung und Methode.

Während wir heute schon eine reiche Literatur über die Pflanzengesellschaften des Alpengebietes besitzen, ja die Untersuchung einzelner Pflanzenverbände, wie z. B. die des Caricion curvulae, bereits als nahezu abgeschlossen betrachten können, ist eine exakte Charakterisierung und Abgrenzung von Tiergesellschaften in den Alpen bisher noch nicht versucht worden. Es fehlt im Gegenteil nicht an Stimmen, die das Vorhandensein durch den Tierbestand voneinander scharf unterschiedener Tiergesellschaften noch immer leugnen und damit die Möglichkeit einer tiersoziologischen Forschung auf Grund ähnlicher Methoden, wie sie die moderne Pflanzensoziologie verwendet, bestreiten.

Die Aufgabe dieses Abschnittes der vorliegenden Arbeit besteht demnach zunächst darin, den Nachweis zu führen, daß es im Untersuchungsgebiet auch innerhalb der Tierwelt verschiedene Gesellschaftstypen gibt, die, bedingt durch die Beziehungen der einzelnen Tierarten zueinander, zur Vegetation und zur anorganischen Natur, unter gleichen äußeren Bedingungen und bei gleicher Vorgeschichte allenthalben gesetzmäßig wiederkehren. Das Vorhandensein solcher Typen ist durch Feststellung für sie kennzeichnender Charakterarten nebst Angabe der Artenverbindung, in welcher diese aufzutreten pflegen, nachzuweisen.

Sind solche Charakterarten und charakteristische Artenverbindungen tatsächlich vorhanden, so müssen die durch sie gekennzeichneten Gesellschaftseinheiten, die Assoziationen (vgl. Franz 1939), beschrieben und gegeneinander abgegrenzt werden. Darüber hinaus sind Entstehungsgeschichte, Gesellschaftshaushalt und Verbreitung der Assoziationen zu erforschen, womit sich ein weites Arbeitsgebiet eröffnet, das bei erstmaligen Untersuchungen, die in einem immerhin engumgrenzten Gebiete durchgeführt werden, naturgemäß noch nicht erschöpfend behandelt werden kann.

Für das Bestehen gut unterscheidbarer Tiergesellschaften innerhalb der alpinen Tierwelt liefert die in allen höheren Gebirgen deutlich ausgeprägte Höhenstufengliederung der Vegetation und Fauna einen ersten Beweis. Als Vegetations- bzw. Faunenstufen bezeichnet man die Erscheinung, daß sich der Vegetations- und Faunencharakter im Gebirge vom Tale gegen die Gipfelregion nicht allmählich, sondern sprunghaft ändert, derart, daß bestimmten Höhengürteln eine Pflanzen- und Tierwelt ganz bestimmten Charakters entspricht.

Gams (1935) hat im Glocknergebiet folgende Vegetationsstufen unterschieden:

I. Die **nivale oder Schneestufe** von den höchsten Gipfeln bis zur Grenze des reichlichen Vorkommens von Polsterpflanzen (in den nördlichen Tauern 2900—3100 *m*, in den südlichen 3180—3330 *m*). In ihr liegen die Stationen Sonnblick und Adlersruhe.

II. Die **subnivale oder Polsterpflanzenstufe** von der Polsterpflanzengrenze bis zur Grenze des geschlossenen Rasens (in den nördlichen Tälern 2400—2600 *m*, in den südlichen 2600—2750 *m*). Innerhalb dieser Stufe pendelt die Schneegrenze; in ihr stehen die Oberwalder- und Stüdlhütte.

III. Die **obere alpine oder Grasheidenstufe** von der Rasengrenze bis zur Grenze der geschlossenen Zwergstrauchheiden und der Nadelholzkrüppel (in den Pinzgauer Tälern 2040—2100 *m*, im Mölltal 2100—2150 *m*, um Kals 2150—2230 *m*). Dieser Stufe gehören die meisten Alpenvereinshütten und Schafalmen an. Sie stellt nach Braun-Blanquet (1926 l. c.) das Klimaxgebiet des Caricetum curvulae dar.

IV. Die **untere alpine oder Zwergstrauchstufe** von der in Exklaven mehrfach bis 2400 *m* reichenden Grenze der Zwergstrauchheiden bis zur Grenze der größeren Legföhren- und Alpenerlenbestände, Lärchen und Zirben (Pinzgauer Täler 1900—2000 *m*, Mölltal 2000—2100 *m*, um Kals 2100—2200 *m*). Darin Glocknerhaus und Gleiwitzer Hütte.

V. Die **subalpine Stufe** der Lärchen- und Zirbenwälder und der geschlossenen Krummholzbestände, mit einer unteren Grenze in den nördlichen Tälern um 1500 bis 1600 *m*, in den südlichen Tälern um 1800 *m*. Darin Enzinger- und Wasserfallboden, Traueralm und Kalser Tauernhaus.

VI. Die **obere Bergwald- oder Fichten-Lärchen-Stufe** mit meist einförmigen, nur von wenigen Siedlungen unterbrochenen Nadelwäldern bis zur Grenze der Mischwaldstufe, im Stubachtal um 1150, im Kapruner Tal um 1240, im Fuscher Tal um 1340, bei Heiligenblut um 1500, bei Kals über 1600 *m*.

VII. Die **untere Bergwald- oder Mischwaldstufe** mit recht verschiedenartigen Nadel- und Laubwäldern, talwärts bis zu den unteren Talböden reichend, mit weitaus den meisten Dauersiedlungen.

Mit dieser Stufengliederung stimmt die in der zoologischen Literatur vorherrschende im wesentlichen überein, nur werden von den Faunisten nicht so viele Höhengürtel unterschieden. So gibt Holdhaus (1929) folgende Höhenstufen an:

I. Die **hochalpine Zone**, die sich von der unteren Schneefleckengrenze des Juli bis zur oberen Grenze des tierischen Lebens erstreckt.

II. Die **Übergangszone oder Intercalarzone** von der unteren Schneefleckenzone des Juli bis zur Waldgrenze (etwa der unteren alpinen Stufe von Gams entsprechend).

III. Die **obere Waldzone oder subalpine Zone**, von der Waldgrenze herab bis etwa 1100—1500 *m* (etwa der subalpinen und oberen Bergwaldzone von Gams zusammengenommen entsprechend).

IV. Die **untere Waldzone oder colline Zone**, welche die Waldgebiete der tieferen Gebirgslagen umfaßt und bis an den Rand der Ebene herabreicht (etwa der unteren Bergwald- oder Mischwaldstufe von Gams entsprechend).

Die Zusammenziehung der subalpinen und der oberen Bergwaldzone von Gams zu einem einzigen Höhengürtel entspricht durchaus der in der Natur zu beobachtenden Verteilung der Tierarten. Es scheint in der Tat keine oder doch nur sehr wenige Tierarten zu geben, die in ihrer Verbreitung auf die geschlossenen Krummholzbestände oder die obere Bergwaldzone beschränkt wären, vielmehr hat es den Anschein, als ob die gesamte subalpine Fauna beide Zonen gemeinsam bewohnen würde oder doch beiderseits der von Gams angegebenen Vegetationsgrenze anzutreffen wäre. Ich fasse daher mit Holdhaus im folgenden die obere Bergwald- und die Krummholzregion als subalpine Zone zusammen.

Dagegen kann ich Holdhaus hinsichtlich der Einbeziehung der subnivalen und der nivalen Zone in die hochalpine Region nicht ganz folgen. Von der hochalpinen Zone der Grasheiden mit geschlossener Grasnarbe hebt sich die subnivale als eine Stufe charakteristischer Pioniergesellschaften nicht nur durch eine ihr eigentümliche Vegetation, sondern auch durch eine zwar artenarme, aber dennoch sehr charakteristische Fauna ab. Es gibt, wie anläßlich der Besprechung der Tiergesellschaften noch eingehender gezeigt werden soll, eine ganze Anzahl von Tierarten, die nur oberhalb der Grasheidenstufe angetroffen werden, wogegen die Mehrzahl der in der Grasheidenstufe lebenden Tierformen oberhalb dieser Stufe fehlt oder doch nicht weit über sie hinausreicht.

Zwischen der subnivalen und der nivalen Stufe ist demgegenüber keine faunistische Grenze festzustellen. Oswald Heer (1845) und nach ihm Bäbler (1910), Handschin (1919), Steinböck (1930) und andere haben diese Zone nach rein orographischen Gesichtspunkten, nämlich auf Grund des Verlaufes der Schneegrenze von der subnivalen abgetrennt, auf Grund des Tierbestandes, der für die Aufstellung faunistischer Höhenstufen wie tiersoziologischer Einheiten allein maßgebend sein kann, ist sie unhaltbar. Die Fauna der Felsinseln und Moränen stimmt, wie Vorbrodt (1922) und jüngst auch Steinböck (1939) gezeigt haben, grundsätzlich mit derjenigen entsprechender Lokalitäten in der subnivalen Region überein. Diese Übereinstimmung geht so weit, daß wir heute in den Alpen keine einzige Tierart kennen, von der wir mit Sicherheit behaupten können, daß sie ausschließlich der nivalen Region angehört. Wir kommen demnach zu folgender Höhenstufeneinteilung:

I. Die subnival-nivale Zone, botanisch gekennzeichnet durch Polsterpflanzen, zoologisch durch Vorpostengesellschaften, deren Artenreichtum mit zunehmender Höhe allmählich abnimmt. In ihr fehlen zahlreiche Tiergruppen, so die Isopoden, Orthopteren, Rhynchoten, Ameisen, Amphibien und Reptilien vollständig, andere, wie die Coleopteren und von den Hymenopteren die Apidae und Tenthredinidae, sind nur äußerst spärlich vertreten. In sehr hohen Lagen sind neben Rotatorien, Nematoden, Enchytraeiden und Tardigraden fast nur Milben, Spinnen und Collembolen vorhanden (vgl. Bäbler 1910, Handschin 1919 und Steinböck 1939).

II. Die Zone der hochalpinen Grasheiden. Ihr gehört die überwiegende Mehrzahl der hochalpinen Tierarten, besonders aus den Insektenordnungen Coleoptera, Lepidoptera, Diptera und wohl auch Hymenoptera an. Sie beherbergt ferner bereits einzelne Vertreter der Orthoptera und Rhynchota und ist durch eine verhältnismäßig große Zahl blumenbesuchender Insekten, vor allem Schmetterlinge und Fliegen (Anthomyiidae), gekennzeichnet. Phytophage Nahrungsspezialisten scheinen ihr jedoch noch so gut wie ganz zu fehlen.

III. Die Übergangs- oder Zwergstrauchzone zwischen der alpinen Grasheidenstufe und der oberen Krummholzgrenze. In ihr finden sich erstmalig Isopoden, Ameisen und Reptilien, von denen die Ameisen die weitaus größte soziologische Bedeutung haben, da sie sofort in sehr großer Individuenzahl in Erscheinung treten. Als typische Übergangsregion weist die Zwergstrauchzone nur wenige ihr eigene Tierformen auf. Es sind dies meist ausgeprägt heliophile Insektenarten, die den Waldschatten meiden.

IV. Die subalpine Zone, die den Krummholzgürtel und die obere Waldregion umfaßt. Für sie sind zahlreiche Kleintierarten kennzeichnend, die sich nur in den höher gelegenen Wald- und Krummholzbeständen finden. Gewisse Gastropoden, Myriopoden und vor allem Coleopteren, aber auch Lepidopteren, Dipteren und Hymenopteren sind in ihrer Verbreitung auf diese Zone beschränkt.

V. Die untere Waldzone, die von der oberen Mischwaldgrenze bis zu den tiefsten Tallagen herabreicht und zoologisch vor allem durch das Auftreten typischer Laubwaldtiere gekennzeichnet ist.

Die vorstehende Gliederung zeigt, daß zwischen den Höhengrenzen der Vegetation und denen der Tierwelt eine weitgehende Übereinstimmung besteht. Es ist dies ein Ausdruck der gemeinsamen Abhängigkeit der Pflanzen und Tiere von den anorganischen Umweltbedingungen und der vielfachen Wechselbeziehungen beider. Trotzdem ist, wie immer wieder betont werden muß, die soziologische Struktur der Fauna zunächst streng für sich zu erfassen, d. h. es hat die Abgrenzung von Tiergesellschaften ausschließlich auf Grund ihres Tierbestandes und ohne Rücksicht auf Vegetationsgrenzen zu erfolgen. Erst in zweiter Linie ist dann zu untersuchen, in welcher Beziehung die Tiergesellschaften zu den Phytoassoziationen stehen, um schließlich zur Beschreibung beide umfassender Bioassoziationen zu gelangen.

Dadurch, daß jede der vorerwähnten Faunenstufen durch eine große Zahl ihr eigentümlicher Tierformen gekennzeichnet ist, entsprechen ihre Grenzen den für die Abgrenzung tiersoziologischer Einheiten geforderten Bedingungen. Die Höhenstufengrenzen sind darum von vornherein auch als Grenzen von Tiergesellschaften anzusehen und geben einen wichtigen Anhaltspunkt für die soziologische Gliederung der alpinen Tierwelt. Man braucht somit, von den Höhenstufen ausgehend, nur zu untersuchen, ob die in ihnen lebende Tierwelt soziologisch homogen ist oder ob sie, ähnlich wie die Vegetation, noch weiter in soziologisch verschiedene Elemente zerfällt. Um diese Frage zu beantworten, wurden innerhalb der einzelnen Faunengürtel zahlreiche tiersoziologische Geländeaufnahmen durchgeführt, wobei die von mir an anderer Stelle (1939) ausführlich beschriebenen Arbeitsmethoden zur Anwendung gelangten. Es seien hierzu nur einige ergänzende methodische Bemerkungen gemacht.

Für die Ermittlung der Charakterarten und charakteristischen Artenverbindungen, die für die Abgrenzung von Tiergesellschaften gegeneinander in erster Linie erforderlich war, genügten qualitative Bestandesaufnahmen. Hierbei wurde auf in sich hinsichtlich Untergrund, Boden, Vegetation und Lokalklima möglichst gleichförmigen Flächen die Gesamtheit der dort lebenden Tierarten ohne Rücksicht auf die vorhandene Individuenzahl aufgesammelt. Die so gewonnene Übersicht über die an verschiedenen Stellen vorhandene Verbindung von Tierarten ermöglichte einen Vergleich der Artenbestände auf ökologisch annähernd gleichen und auf hinsichtlich einzelner Umweltfaktoren verschiedenen Flächen, woraus die vorhandenen soziologischen Gesetzmäßigkeiten ersichtlich wurden.

Ich habe entsprechend dem Vorgang in der Pflanzensoziologie bei den nachfolgenden Assoziationsbeschreibungen die jeweils vollständigsten Aufnahmen gleichartiger Tierbestände in Assoziationstabellen zusammengestellt. Hierzu ist zu bemerken, daß trotz zahlreicher Aufnahmen die Tabellen keinen Anspruch auf Vollständigkeit erheben können, weil der Aufnahme von Tierbeständen besonders im Hochgebirge große Schwierigkeiten entgegenstehen. Eine von diesen ist die Abhängigkeit vom Wetter, die bei zoologischen Arbeiten viel größer ist als bei botanischen, da sich viele Tiere, wie z. B. die meisten Fliegen, Schmetterlinge und Hymenopteren bei Schlechtwetter verkriechen und dann einfach nicht aufzufinden sind. Eine weitere noch viel wesentlichere Erschwerung bedeutet es, daß sehr viele, vor allem kleinere Tierarten im Gelände nicht sofort bestimmt und daher auch nicht gleich während der Aufnahme notiert werden können. Die meisten Kleintiere müssen zu ihrer Bestimmung nach oft sehr umständlichen Methoden präpariert und an Spezialisten verschickt werden. Das macht die Aufsammlung und Konservierung einer sehr großen Individuenzahl, die sorgfältige Bezeichnung jedes einzelnen Tieres und zuletzt die mühsame Verzettelung des bestimmten Materials in zahlreiche Bestandeslisten notwendig. Welche Mühe gerade die letzterwähnte Arbeit bereitet, läßt sich nur ermessen, wenn man bedenkt, daß die Zahl der gesammelten und bestimmten Tiere in die Zehntausende geht.

Der Vergleich der einzelnen Bestandesaufnahmen ergibt einen ersten Überblick über die vorhandenen Charakterarten. Um diese soziologisch verläßlich bewerten zu können, ist es aber weiterhin notwendig, alle über sie im Untersuchungsgebiete gewonnenen und alle in der Literatur vorhandenen ökologischen Angaben zu sammeln und mit ihrer Hilfe den soziologischen Befund zu ergänzen. Ich bin der Meinung, daß die sorgfältige Ermittlung der Gesamtverbreitung einer Art sowie ihrer Lebensweise eine verläßlichere Unterlage für die Beurteilung ihrer Gesellschaftstreue liefert als rein bestandesstatistische Erhebungen, die eine in Wirklichkeit nicht vorhandene mathematische Genauigkeit vortäuschen. Die wichtigsten ökologischen und Verbreitungsdaten der einzelnen Tierarten sind darum im faunistischen Kapitel der vorliegenden Monographie zusammengestellt und dort nachzuschlagen.

Innerhalb der Charakterarten werden im folgenden nach ihrem Treuegrad in Anlehnung an Braun-Blanquet (1928) drei Gruppen unterschieden: „treue" Charakterarten, die ausschließlich in einem Assoziationstypus vorkommen, „feste" Charakterarten, die nur gelegentlich auch in andere Tiergesellschaften übergreifen, und schließlich „holde" Charakterarten, die zwar in mehreren Tiergesellschaften vorkommen, aber eine deutlich bevorzugen. Arten, die mit gewisser Regelmäßigkeit innerhalb einer Tiergesellschaft auftreten, aber doch keinen festen Gesellschaftsanschluß erkennen lassen, werden als „Begleiter" in den Assoziationstabellen angeführt, wogegen die zufällig innerhalb eines Bestandes angetroffenen Arten unberücksichtigt bleiben.

Bei einzelnen Bestandesaufnahmen wurden die vorhandenen Tiere auch quantitativ aufgesammelt. Dies geschah, um eine Vorstellung von der Besiedlungsdichte und vom Gesellschaftshaushalt innerhalb der einzelnen Assoziationen zu gewinnen. Bei diesen quantitativen Aufnahmen wurde die auf 1 m^2 entfallende Individuenzahl ermittelt und als Maß für die Abundanz in den Assoziationstabellen in Klammern angeführt. Die Menge der zu leistenden Beobachtungsarbeit und die beschränkte verfügbare Zeit verboten es, quantitative Aufsammlungen in größerer Zahl durchzuführen. Es wird die Aufgabe weiterer soziologischer Untersuchungen in den Alpen sein müssen, dieses Versäumnis nachzuholen.

Wie die Pflanzen, so leben auch die Tiere fast in allen Bioassoziationen in mehreren Schichten übereinander. Der Baumschicht, Krautschicht und dem Boden selbst als Lebensraum niederer Pflanzen entsprechen Tiervereine, die Bäume und Sträucher bzw. die Krautschicht und Bodenoberfläche sowie schließlich den Boden selbst bewohnen. Es erweist sich methodisch als notwendig, jede dieser Schichten getrennt zu untersuchen und zu beschreiben, ein Vorgang, der heute auch schon von vielen Pflanzensoziologen eingehalten wird (vergleiche du Rietz 1930 und Gams 1936). In den nachfolgenden Assoziationsbeschreibungen sind zunächst nur die Vereine der Krautschicht einschließlich der Bodenoberfläche und des Lebensraumes unter auf dem Boden flach aufliegenden Steinen besprochen. Die größere Lebensräume bewohnenden Vertebratenvereine und die Sozietäten der Baum- und Strauchschicht der Wälder mußten mangels ausreichenden Beobachtungsmaterials zunächst unberücksichtigt bleiben. Ebenso erwies es sich als notwendig, die Vereine der Bodenschicht, das Edaphon (Francé 1921), für sich gesondert zu behandeln.

Die Untersuchung der Bodentierwelt macht die ausgedehnte Anwendung der Siebemethode und die Benützung von Ausleseautomaten erforderlich, was sehr viel Arbeitskraft verschlingt und außerdem viel Zeit kostet. Die zu untersuchenden Bodenproben konnten daher nicht an Ort und Stelle verarbeitet werden, sondern wurden zur Verarbeitung im Laboratorium nach Wien bzw. Admont verschickt. Ihre Untersuchung besorgte im Sommer 1939 auf Grund einer mir gewährten Forschungsbeihilfe des Reichsforschungsdienstes Dr. H. Strouhal (Wien), während sie vom Frühling 1940 an im Institut für Grünlandwirtschaft an der Reichsforschungsanstalt für alpine Landwirtschaft in Admont durchgeführt wurde. Die Ergebnisse der tiersoziologischen Bodenanalysen sind gesondert im Anschluß an die Assoziationsbeschreibungen behandelt.

Da die meisten Geländeaufnahmen während der Monate Juli und August durchgeführt wurden, konnten wiederholte Aufsammlungen innerhalb desselben Bestandes zu verschiedenen Jahreszeiten zwecks Feststellung des Jahreszyklus in den meisten Fällen nicht vorgenommen werden. Es fehlt daher in der Beschreibung der Gesellschaften im allgemeinen die Darstellung des Frühlings- und Herbstaspektes.

Jahreszeitliche Aspekte sind bei den subalpinen Gesellschaften recht deutlich entwickelt, wie ich anläßlich meiner kurzen Besuche im Glocknergebiete Mitte Mai 1940 und 1941 sowie Anfang September 1941 und anläßlich zahlreicher Frühlings- und Herbstexkursionen in andere Teile der Alpen feststellen konnte. Es finden sich im Frühling und auch im Spätherbst vor Eintritt der endgültigen winterlichen Schneebedeckung des Bodens zahlreiche Tierarten, die man im Sommer niemals zu Gesicht bekommt, weil sie dann in einem Larven- oder Ruhestadium verborgen leben oder nicht bestimmbar sind. Die meisten dieser Arten, wie z. B. die Käfer aus den Gattungen *Boreaphilus* und *Orochares*, die Schmetterlinge aus der Gattung *Hibernia* und die Fliegen aus der Gattung *Chionea*, fehlen daher in dem vorstehenden Faunenverzeichnis und konnten auch in den folgenden Assoziationsbeschreibungen nicht berücksichtigt werden. Diese stützen sich allein auf den Sommeraspekt, der allerdings nicht nur in hochalpinen, sondern auch schon in subalpinen Lagen unvergleichlich artenreicher ist als die Aspekte des angehenden bzw. abklingenden Jahreskreislaufs. Bei den hochalpinen Bioassoziationen ist der Zeitraum, während dessen Pflanzen und Tiere auf schneefreiem Gelände ein dem Auge des Menschen zugängliches Leben entfalten können, so kurz, daß auch der Frühlings- und Herbstaspekt wenigstens teilweise miterfaßt werden konnte. So gehören z. B. die nur in der ersten Julihälfte lebend beobachtenden Käfer *Cicindela gallica* Brull. und *Agolius limbolarius* Rtt. zweifellos dem Vorsommeraspekt der hochalpinen Grasheidenfauna an, während der größte Teil der Heuschrecken und Psociden sowie ein Teil der Rhynchoten und Plecopteren im allein sicher bestimmbaren Imaginalstadium der Spätsommerphase der hochalpinen Fauna zugerechnet werden müssen und *Boreus hiemalis* L. ein typisches Wintertier ist. Damit soll aber nicht gesagt sein, daß sich in den hochalpinen Tiergesellschaften die jahreszeitlichen Unterschiede des Faunenbildes verwischen; diese sind vielmehr, wie ich wiederholt beobachten konnte, noch in der hochalpinen Grasheidenstufe trotz ihrer raschen Aufeinanderfolge scharf ausgeprägt und scheinen erst in der Polsterpflanzenstufe, die nur ein kurzes hochsommerliches, von häufigen Schneefällen unterbrochenes Aufflackern des pflanzlichen und tierischen Lebens kennt, weniger deutlich zu sein. Die faunistische Alpenforschung hat bisher diesen Aspekten viel zu wenig Beachtung geschenkt und ihre Beobachtungstätigkeit viel zu sehr auf den Hochsommer verlegt; eine intensive Sammeltätigkeit im hochalpinen Gebiete während der Monate Mai bis Juni und September bis Oktober wird darum zweifellos noch manche neue hochalpine Kleintierart zutage fördern.

Wie der Jahreskreislauf, so konnten auch Gesellschaftshaushalt und Gesellschaftsentwicklung der untersuchten Zooassoziationen bisher nur in geringerem Ausmaße erforscht werden. Zum Studium dieser Fragen bedürfte es wiederholter Bestandsaufnahmen an einer großen Zahl von Standardflächen, die über ein ausgedehntes und vielgestaltiges Gebiet verteilt sein müßten, und vor allem einer genauen Kenntnis der Ökologie aller soziologischen Leitformen, worüber wir heute noch in keiner Weise verfügen. Das Wenige, das man schon heute auf Grund von Beobachtungen an besonders anschaulichen Objekten über Gesellschaftshaushalt und Gesellschaftsentwicklung bei einzelnen Tiervereinen oder selbst ganzen Assoziationen sagen kann, wird bei den betreffenden Tiergesellschaften besprochen werden. Es ist mir bewußt, daß das zusammengetragene Material vor allem hinsichtlich der Erfassung der Wechselbeziehungen der Organismen in allen Abstufungen von vollendeter Symbiose zu reinem Parasitismus noch sehr große Lücken aufweist.

Die folgenden soziologischen Untersuchungen beschränken sich, wie die vorliegende Arbeit überhaupt, auf die Landtiergesellschaften. Es wäre unmöglich gewesen, bei den an sich schon sehr umfangreichen und zeitraubenden Geländeaufnahmen auch noch die eine ganz andere Sammeltechnik erfordernde Wasserfauna zu berücksichtigen. Da jedoch gerade auf dem Gebiete der Hydrobiologie tiersoziologischen Studien in den Alpen schon verhältnismäßig gut vorgearbeitet ist, seien hier wenigstens die wichtigsten einschlägigen hydrobiologischen Arbeiten genannt. Wohl am besten wurde bisher die Tierwelt der Hochgebirgsseen und kleineren stehenden Gewässer des Hochgebirges untersucht. Ihr ist außer der klassischen Arbeit Zschokkes (1900) unter anderem eine zusammenfassende Darstellung Pestas (1929) gewidmet. Die Tierwelt der Gebirgsbäche wurde von Steinmann (1907) frühzeitig bearbeitet, während Steinböck (1934) die überraschende Feststellung machte, daß selbst noch die Gletscherwässer eine spezifische Fauna beherbergen. Wohl die eingehendste Untersuchung von allen Gewässern des Alpengebietes haben die Seen, Bäche und Moore der Umgebung von Lunz in Niederdonau durch Brehm und Ruttner (1926 usw.) sowie ihre Schüler erfahren. Über die Wasserfauna der mittleren Hohen Tauern liegt dagegen leider bisher nur eine flüchtige Studie von Pesta (1933) vor.

Die Landtiergesellschaften sind um so artenreicher, je günstiger die Lebensbedingungen sind, unter denen sie zur Entwicklung gelangen. Am leichtesten zu überblicken und abzugrenzen sind die artenarmen Pioniergesellschaften extremer Lagen, weshalb wir bei den folgenden Assoziationsbeschreibungen mit den Vorpostengesellschaften der Polsterpflanzenstufe beginnen und von diesen talwärts nach der Reihenfolge der Höhenstufen zu den komplexeren Gesellschaften günstigerer Zonen fortschreiten wollen.

B. Beschreibung der Assoziationen.
1. Die Tiergesellschaft subnivaler und nivaler Schneeböden.
(*Nebria atrata-Gnophos caelibarius*-Assoziation.)

In der Polsterpflanzenregion und artenärmer auch auf den nur mehr von wenigen Pflanzen besiedelten Felsinseln oberhalb der Schneelinie findet sich im Glocknergebiet auf lange schneebedeckten, offenen Rohböden allenthalben eine sehr charakteristische Tiergesellschaft vor, die vor allem durch den Laufkäfer *Nebria atrata* gekennzeichnet ist. Sie besiedelt auf

Kalk- und Dolomitboden im Hochtorgebiet den Gebirgskamm nordseitig über 2400, südseitig über 2550 m, im Kar südwestlich der Pfandlscharte, am Großen Burgstall, an den Osthängen der Langen Wand gegen das Leiterkar und im Bereiche der Fanatscharte (Stüdlhütte) Kalkphyllitschuttböden in 2550 bis 3100 m und im Bereiche des Kalser Tauern Silikatschuttböden, die durch Verwitterung von Zentralgneis entstanden sind, in einer Höhe von südseitig über 2500 m, nordseitig über 2400 m. Am Nordhang unterhalb der Unteren Pfandlscharte reicht die Gesellschaft auf Kalkphyllit und Granatmuskovitschiefer bis zur außergewöhnlich geringen Höhe von 2300 m herab.

Den Zooassoziationen entsprechen Phytoassoziationen der Verbände Arabidion coeruleae und Androsacion alpinae. Südwestlich der Pfandlscharte und im Bereiche der Fanatscharte deckt sich die untere Verbreitungsgrenze des *Nebria atrata*-Vorkommens genau mit der unteren Grenze des beherrschenden Auftretens der *Saxifraga Rudolphiana*, so daß dort von einer völligen Deckung des Verbreitungsgebietes der *Nebria atrata-Gnophos caelibarius*-Assoziation mit demjenigen der von Gams als Porphyrietum nivale bezeichneten Höhenfacies des Arabidetum coeruleae gesprochen werden kann.

Über die normale Zusammensetzung der *Nebria atrata-Gnophos caelibarius*-Gesellschaft gibt die nebenstehende Tabelle Aufschluß.

Beschreibung der Bestände.

I. Kar südwestlich der beiden Pfandlscharten. Am Wege vom Glocknerhaus zur unteren Pfandlscharte. Seehöhe etwa 2600 m, Gelände schwach nach SW geneigt. Aufnahmefläche (5 m²) quantitativ untersucht. Datum: 19. VII. 1938. Sandiger Rohboden ohne Humusauflage, Grundgestein Kalkphyllit, auf der Bodenoberfläche lagern zahlreiche lose Steine. Vegetation: sehr lückenhafte Vorpostenvegetation, dominierend *Saxifraga Rudolphiana*, daneben *Saxifraga obtusifolia*, *Cerastium uniflorum* und Moose. Gräser fehlen vollständig, ebenso *Primula glutinosa* und *minima*. Besiedlungsdichte gering; es entfallen auf 1 m² im Durchschnitt 20 Tiere, die Nematoden, Enchytraeiden und Oribatiden nicht gerechnet. Unter den gefundenen Arten dominieren *Nebria atrata* mit 49 Exemplaren und *Orchesella montana* mit 15 Exemplaren auf 5 m². Demgegenüber treten Milben, Spinnen und Schmetterlingsraupen stark zurück. Abb. 26 gibt eine Lichtbildaufnahme der Probefläche wieder.

II. Wie Aufnahme I, aber etwa 50 m tiefer am Weg vom Glocknerhaus zur unteren Pfandlscharte an der Grenze der Grasheiden- und Polsterpflanzenstufe. Seehöhe etwa 2550 m, Gelände etwa 25% WNW geneigt. Aufnahmefläche 5 m², Tiere jedoch nicht quantitativ aufgesammelt. Datum: 19. VII. 1938. Sandiger Rohboden mit ganz schwacher Humusbildung an der Oberfläche. Grundgestein Kalkphyllit, an einzelnen Stellen anstehend, außerdem an der Bodenoberfläche zahlreiche lose Kalkphyllitbruchstücke. Vegetation bedeutend reicher als in Aufnahme I, den Boden zu 50% deckend. Notiert wurden *Salix retusa*, *Saxifraga Rudolphiana* in einzelnen Polstern, *Silene acaulis*, *Pedicularis* spec., Gräser, Flechten. In der Zooassoziation tritt *Nebria atrata* mit 4 Exemplaren auf 5 m² deutlich zurück, die Art befindet sich hier an ihrer unteren Verbreitungsgrenze. Dafür treten andere Arten auf, die für tiefere Lagen charakteristisch sind: *Amara Quenseli*, *Centromerus silvaticus*, *Ceratoppia bipilis* und *Penthalodes ovalis*. Photographische Aufnahmen des Bestandes sind in Abb. 24 und 27. wiedergegeben.

III. Wie Aufnahme I und II, südöstlich vom Wege, der vom Glocknerhaus zur unteren Pfandlscharte führt, von der Jungmoräne des Pfandlschartenkeeses noch etwa 250 m in der Luftlinie entfernt. Seehöhe etwa 2650 m. Etwa 15% nach WSW geneigter Hang. Aufnahmefläche 5 m², im Mittel 4 m vom temporären Schneerand entfernt. Datum: 19. VII. 1938. Boden von großen Kalkphyllitgeröllen übersät, zwischen diesen sandiger Rohboden mit nur einer Auflage von einigen Zentimetern humosen Oberbodens. Vegetation: überwiegend *Saxifraga Rudolphiana*, daneben *Cerastium uniflorum* und Moospolster; Deckungsgrad etwa 20%. In der Assoziation herrscht *Nebria atrata* mit 22 Exemplaren auf 5 m² vor, dann folgen *Bdella iconica* mit 10 Exemplaren und *Orchesella montana* mit etwa 10 Exemplaren. Die Besiedlungsdichte ist geringer als in Aufnahme I, sie beträgt etwa 15 Tiere auf 1 m² Fläche, die Nematoden, Enchytraeiden und Tardigraden nicht gerechnet.

IV. Wie die vorhergehenden Bestände im Vorfeld des Pfandlschartenkeeses, jedoch weiter südlich vom Weg unter den Hängen des Albitzenkopfes. Seehöhe etwa 2600 m, Gelände schwach nach W geneigt. Tiere in homogenem Pflanzenbestand in einem Umkreis von schätzungsweise 50 m gesammelt. Datum: 19. VII. 1938 nachmittags. Boden: sandiger Rohboden, Grundgestein Kalkphyllit, der nirgends unmittelbar ansteht. Zahlreiche Gesteinsbrocken an der Bodenoberfläche umherliegend. In der Vegetation herrscht *Saxifraga Rudolphiana* vor, Gräser fehlen.

V. Wie Aufnahme IV, jedoch etwa 150 m westlich von dieser entfernt, an der Grenze der Grasheidengegen die Polsterpflanzenregion. Tierbestand in einem Umkreise von 20 m aufgesammelt. Datum: 20. VII. 1938. Boden wie in Aufnahme IV. Vegetation den Boden zu 50 bis 60% deckend. *Saxifraga Rudolphiana* und *Silene acaulis* vorherrschend, daneben kümmerliche Exemplare von *Salix serpyllifolia* und Gräsern.

VI. Fanatscharte, ebenes Gelände vor der Stüdlhütte. Seehöhe 2800 m. Tiere in einem 4 m² Quadrat quantitativ aufgesammelt. Datum: 25. VII. 1938. Boden: sandiger Rohboden auf Kalkphyllituntergrund, mit zahlreichen Gesteinsbrocken untermischt. Die Vegetation deckt den Boden zu etwa 20%. Notiert wurden *Saxifraga oppositifolia* und *Rudolphiana*, *Silene acaulis*, *Gentiana bavarica*, *Pedicularis* spec. und kümmerliche Exemplare von *Sesleria coerulea*. Der Bestand ist nahe der unteren Grenze des *Nebria atrata*-Vorkommens gelegen, was auch in der festgestellten Artenverbindung zum Ausdruck kommt. Die im Bestande nachgewiesenen Arten *Amara Quenseli*, *Cymindis vaporariorum*, *Nebria austriaca*, *Podothrombidium bicolor* treten nur in den untersten Lagen der *Nebria atrata*-Assoziation auf. Abb. 19 gibt eine Teilansicht der untersuchten Fläche.

Assoziationstabelle der Nebria atrata-Gesellschaft.

Charakterarten	Soziologische Aufnahme Nummer										
	I	II	III	IV	V	VI	VII	VIII	IX	X	XI
Nebria atrata (Coleopt.)	+ (10)[1]	+	+ (5)	+	+	+ (2)	+ (1)	+	+	+	+
Gnophos caelibarius intermedius (Lepid.)	+	+	+ (1)	+	+	+	+	0	+	0	0
Bombus alpinus (Hymenopt.)	0	+	0	+	+	0	0	+	—	—	—
Erigone remota (Araneina)	+	0	+	+	+	0	+	—	0	0	0
Pergamasus Franzi (Acari)	+	+	+	+	0	+	0	+	+	+	+
Bdella iconica (Acari)	+ (1)	—	+ (2)	+	+	+ (3)	+ (2)	—	+	+	—
Microtrombidium sucidum (Acari)	+	—	+	0	0	—	+ (1)	—	+	+	+
Nebria Germari (Coleopt.)	0	0	—	0	0	+ (1)	—	0	0	—	—
Scythris glacialis (Lepidopt.)	0	0	0	0	0	—	0	—	+	—	—
Sphaleroptera alpicolana (Lepidopt.)	0	0	0	0	0	—	—	—	—	—	—
Olethreutes spuriana (Lepidopt.)	0	0	+ (2)	+	0	—	—	—	—	—	—
Tmeticus graminicolus (Araneina)	—	+	—	+	+	—	—	—	—	0	0
Rhagidia intermedia alpina (Acari)	—	+	+	+	+	+ (1)	+	+	+	+	—
Isotomurus palliceps (Collemb.)	+ (1)	—	—	+	—	—	+	+	+	—	—
Orchesella bifasciata (Collemb.)	+ (2)	—	+ (2)	+	—	—	+	—	—	0	+
— montana (Collemb.)	—	+	+	—	—	—	—	—	—	+	+
Lepidocyrtus lanuginosus (Collemb.)											

[1]) **Zeichenerklärung.**
Die in dieser und den folgenden Assoziationstabellen angewandten Zeichen bedeuten folgendes: + besagt, daß die betreffende Art in der soziologischen Aufnahmefläche tatsächlich beobachtet wurde. Ist in Klammern eine Zahl beigefügt, so gibt diese die Zahl der auf 1 m² Fläche festgestellten Individuen an. 0 bedeutet, daß die betreffende Art zwar in der Probefläche selbst nicht festgestellt wurde, aber in der Nähe auf soziologisch gleichartigen Flächen auftrat. — bedeutet, daß die Art in dem Aufnahmegebiet überhaupt nicht nachgewiesen werden konnte. Die Reihung der Charakterarten erfolgte in den beiden ersten Assoziationstabellen nicht nach systematischen, sondern nach soziologischen Gesichtspunkten derart, daß die Arten mit dem höchsten Treuegrad zuerst, die holden Charakterarten zuletzt aufgezählt sind. In den artenreicheren Assoziationen mußte auf eine Festsetzung des Treuegrades vorerst noch verzichtet werden.

VII. Talschluß des Ködnitztales, etwa 20 m unterhalb der Fanatscharte, in der Übergangszone zwischen der Grasheiden- und Polsterpflanzenstufe. Seehöhe: 2780 m. Gelände etwa 25% nach OSO geneigt. Tiere auf einer Fläche von 4 m^2 quantitativ gesammelt. Datum: 25. VII. 1938. Boden: sandiger Rohboden mit dünner Humusdecke, mit zahlreichen Kalkphyllitbrocken bedeckt. Grundgestein Grünschiefer, die Kalkphyllitbrocken sind von den Felswänden, die im W in geringer Entfernung das Tal begrenzen, abgestürzt. Die Vegetation deckt den Boden zu 60%. An Pflanzen wurden notiert: *Doronicum Clusii* (reichlich), *Myosotis alpestris, Silene acaulis, Gentiana rotundifolia* und *Sesleria coerulea.* Der Standort liegt an der unteren Grenze der Polsterrasenzone und des Vorkommens der *Nebria atrata*.

VIII. Luisengrat oberhalb der Fanatscharte. Extremer Standort, Grat zwischen Ködnitz- und Teischnitzkees, vollkommen von Eis bzw. Firn umgeben. Gestein sehr glimmerreicher Kalkphyllit und Grünschiefer, an wenigen Stellen sandig-grusiger Rohboden. Seehöhe: 3100 m. Gelände felsig, die wenigen etwas ebeneren Stellen meist schwach nach S geneigt. Datum: 25. VII. 1938. Vegetation äußerst dürftig; an etwas geschützteren Stellen stehen einzelne Polster von *Saxifraga oppositifolia, Androsace alpina, Bryum* spec. und Flechten. Fauna sehr verarmt.

IX. Tauernhauptkamm im Bereiche des Hochtores und Roßschartenkopfes, in der Gipfelregion gesammelt. Seehöhe 2550—2650 m. Datum: 6. VIII. 1937. Gestein: Dolomit, Rauhwacken, Quarzite. Vegetation lückenhaft. Der Charakter des Standorts ist aus Abb. 8 zu ersehen. Der Tierbestand wurde nur flüchtig aufgesammelt.

X. Knappenstube nördlich des Hochtortunnels, flach nach N geneigtes Gelände in 2450 m Seehöhe. Datum: 15. VII. 1940. Gestein: mesozoischer Marmor, Rohboden mit zahlreichen kleineren und größeren Gesteinstrümmern bedeckt. Vegetation deckt den Boden zu etwa einem Drittel. An Pflanzen wurden beobachtet: *Saxifraga Rudolphiana, Saxifraga oppositifolia, Arabis pumila, Silene acaulis, Ranunculus alpestris, Salix serpyllifolia,* Moose und Flechten.

XI. Hang nördlich unterhalb der unteren Pfandlscharte, ziemlich steil gegen N abfallendes Gelände, Seehöhe 2300 m. Datum: 18. VII. 1940. Gestein: schwarzgraue Glimmerschiefer, Rohboden mit zahlreichen kleineren und größeren Gesteinstrümmern bedeckt. Der Pflanzenwuchs deckt den Boden etwa zur Hälfte. An Pflanzen wurden unter anderen beobachtet: *Saxifraga Rudolphiana, Saxifraga oppositifolia, Saxifraga aizoides, Silene acaulis, Cerastium uniflorum, Salix serpyllifolia,* einige kümmernde Gräser, Moose und Flechten.

Soziologische Kennzeichnung der Charakterarten.

Nebria atrata Dej. ist in den Ostalpen vom Felbertauern ostwärts bis in die Seckauer Tauern verbreitet und fehlt den nördlich und südlich an den Tauernhauptkamm anschließenden Berggruppen. Sie hat demnach als soziologische Charakterform nur für ein bestimmtes Gebiet Geltung. Die Art wird von allen Autoren als ausschließliche Bewohnerin der höchsten Teile des Gebirges bezeichnet; so gibt schon Otto (1889) an, daß sie nur in sehr großen Höhen, in denen fast keine anderen Coleopteren mehr vorkommen, anzutreffen ist, Holdhaus (1929) gibt an, daß der Käfer überall erst in 2400 bis 2500 m Höhe gefunden wird. *Nebria atrata* ist streng an die Polsterpflanzenstufe gebunden und, da sie in dieser in keine zweite Tiergesellschaft übertritt, als absolut treue Charakterart der eben besprochenen Assoziation zu werten.

Gnophos caelibarius intermedius Kautz besitzt in den Ostalpen eine weite Verbreitung, in den weiter westlich gelegenen zentralalpinen Gebieten geht sie in die Rasse *G. caelibarius spurcarius* Lah. über. Die Raupe findet sich in der Glocknergruppe fast ausschließlich in der Polsterpflanzenstufe und nur einzeln auch in der hochalpinen Grasheidenzone. *Gnophos caelibarius intermedius* ist als feste Charakterart der *Nebria atrata*- und der nachfolgend zu besprechenden *Caeculus echinipes*-Gesellschaft zu bewerten.

Bombus alpinus L. ist die einzige Hummelart, die im Glocknergebiet vorwiegend, wenn nicht ausschließlich die Polsterpflanzenstufe bewohnt. ♂ dieser Art wurden bisher nur selten und nur in sehr großen Höhen beobachtet, und auch die ♀ scheinen nur wenig weit in die alpine Grasheidenstufe herabzusteigen. Die gelegentlich in tieferen Lagen gefangenen ☿ haben dort als Durchzugsgäste zu gelten. *Bombus alpinus* L. ist daher mindestens feste Charakterart der Tiergesellschaften der Polsterpflanzenstufe.

Erigone remota L. Koch ist boreoalpin verbreitet und wird von Heller und Dalla Torre (1882) als in den Alpen nur in der subnivalen Stufe vorkommend bezeichnet. Im Untersuchungsgebiet tritt sie allerdings auch an Schneerändern in der hochalpinen Grasheidenzone nicht selten auf, ist aber doch als feste Charakterart der *Nebria atrata*-Gesellschaft zu bewerten.

Über *Pergamasus Franzi* Willm. liegen bisher nur aus dem Glocknergebiet ökologische Daten vor. Es ist daher noch nicht möglich, diese Art hinsichtlich ihres synökologischen

Verhaltens sicher zu bewerten. Sie findet sich aber in den mittleren Hohen Tauern fast ausschließlich in der subnival-nivalen Region und da wieder besonders häufig in der *Nebria atrata*-Assoziation, so daß sie mit großer Wahrscheinlichkeit als feste Charakterart dieser Tiergesellschaft bewertet werden muß.

Bdella iconica Berl. ist als holde Charakterart hierherzustellen. Die Art ist im Glocknergebiet häufig und besonders in der *Nebria atrata*-Assoziation mit großer Regelmäßigkeit zu finden.

Rhagidia intermedia alpina Willm. findet sich im Glocknergebiet in der oberen Grasheiden und in der daran anschließenden Polsterrasenstufe. Die neue Rasse ist mindestens als holde Charakterform der *Nebria atrata*-Assoziation zu betrachten. Eine endgültige synökologische Wertung wird erst nach Erforschung der Gesamtverbreitung der Rasse möglich sein.

Microtrombidium sucidum Berlese ist boreoalpin verbreitet. Die Form ist ein Charaktertier der hochalpinen Schneeflecken und sommerlichen Schneeränder und findet sich unterhalb der Baumgrenze nur in sehr feuchtem Gelände in subalpinen Lagen. Die Art ist als holde Charakterart der *Nebria atrata*-Assoziation zu bewerten, in der sie vor allem auf den reichlicher mit Phanerogamen besiedelten Flächen mit großer Regelmäßigkeit auftritt.

Nebria Germari Heer ist in den Alpen weit verbreitet und bewohnt die hochalpine Grasheiden- und Polsterpflanzenstufe. Sie bevorzugt Stellen mit spärlichem Pflanzenwuchs an sommerlichen Schneerändern, in Schneerinnen und im Moränengelände. Sie ist als holde Charakterart der *Nebria atrata*-Gesellschaft anzusehen, in der sie vor allem auf jungem Moränenboden oft zahlreich auftritt.

Scythris glacialis Frey lebt nach Vorbrodt (1921—1923) in der Schweiz in Höhen von 2400 bis 2950 *m* und ist im Untersuchungsgebiet anscheinend nur in der Polsterpflanzenstufe verbreitet. Die wenigen Funde lassen noch kein sicheres Bild über das soziologische Verhalten des unauffälligen Tieres gewinnen, als holde Charakterart der *Nebria atrata*-Gesellschaft ist es aber mindestens zu bewerten.

Sphaleroptera alpicolana Hb. ist eine ausschließlich hochalpine Art, die vorwiegend dieser und der folgenden Assoziation anzugehören scheint. Im Glocknergebiet steigt nach Staudinger (1856) kein zweiter Schmetterling so hoch wie dieser empor, in der Schweiz wurde die Art nach Vorbrodt (1921—1923) in Höhen von 1800 bis 3500 *m* festgestellt. Obwohl die Art auch in der Grasheidenstufe regelmäßig auftritt, dürfte sie doch als holde Charakterart dieser Assoziation anzusprechen sein.

Olethreutes spuriana H. S. ist gleichfalls rein hochalpin verbreitet und scheint vorwiegend in der subnival-nivalen Zone vorzukommen. Die Art ist bisher im Glocknergebiet nur in der Umgebung der Pfandlscharte im Bereiche der *Nebria atrata*-Assoziation gefunden worden und wird von Vorbrodt (1921—1923) auch für die Schweiz nur aus Höhen von 2100 bis 3000 *m* angegeben. Sie dürfte mindestens als holde Charakterart der *Nebria atrata*-Assoziation zu werten sein.

Tmeticus graminicolus Sund. wurde im Glocknergebiet nur in der Polsterpflanzenstufe und in den obersten Teilen der alpinen Grasheidenstufe angetroffen. Die Art ist jedenfalls mindestens als holde Charakterart der *Nebria atrata*-Gesellschaft zu bewerten.

Isotomurus palliceps Uzel ist eine montane Art, die im Gebiete in der Polsterpflanzenstufe die häufigste Collembolenart überhaupt ist. Sie findet sich auch in der *Caeculus echinipes*-Assoziation regelmäßig und bewohnt auch die hochalpine Grasheidenstufe in großen Scharen. Trotzdem ist sie als holde Charakterart der *Nebria atrata*-Gesellschaft zu bewerten.

Orchesella bifasciata Nic. ist weit verbreitet und findet sich in allen Höhenlagen. Trotzdem ist die Art wegen ihres regelmäßigen Vorkommens in der *Nebria atrata*-Assoziation als holde Charakterart derselben anzusprechen.

Orchesella montana Stach i. l. ist ein Gebirgstier, das in den Hohen Tauern nur oberhalb der Waldgrenze dauernd zu leben scheint und vor allem die Polsterpflanzenstufe bevölkert. Sie ist mindestens als holde Charakterart der *Nebria atrata*-Gesellschaft zu bewerten.

Lepidocyrtus lanuginosus Gmel. ist sehr weit verbreitet. Die Art steigt aber auch in der Schweiz nach Handschin (1929) bis 3200 m empor und tritt in den Gesellschaften der Polsterpflanzenstufe mit solcher Regelmäßigkeit auf, daß sie als holde Charakterart derselben angesprochen werden muß.

Neben den angeführten Charakterarten sind als Begleiter, die mit einiger Regelmäßigkeit in der *Nebria atrata*-Assoziation auftreten, folgende Arten zu nennen: *Nebria castanea*, *Hellwigi* und *austriaca*; *Notiophilus aquaticus*, *Bembidion bipunctatum* und *pyrenaeum glaciale*, *Amara Quenseli*, *Synchloë callidice*, *Erebia gorge*, *Gnophos zellerarius*, *Dasydia tenebraria*, *Psodos alticolarius* und *alpinatus*, *Crambus conchellus* und *luctiferellus*, *Scoparia valesialis*, *Tipula excisa*, *Chilosia Sahlbergi*, *Thereva brevicornis*, *Ptiolina paradoxa*, *Araba stelviana*, *Rhynchopsilops villosus*, *Neosciara auripila*, *Podothrombium bicolor* und *montanum*, *Neomolgus monticola*, *Penthalodes ovalis*, *Ceratoppia bipilis*, *Trichoribates montanus*, *Tectoribates undulatus*, *Parasitus anomalus*, *Centromerus silvaticus*, *Lycosa nigra*.

Sehr interessante und soziologisch aufschlußreiche Beobachtungen über die Fliegenfauna der Polsterpflanzenstufe und vor allem der subnivalen Schneeböden hat Bezzi (1918) veröffentlicht. Er stellte fest, daß am Peraciaval in den Grajischen Alpen die Fliegenfauna sehr gleichmäßig verteilt ist. Es kam dort in den Vorpostengesellschaften etwa eine Fliege auf 1 m^2 Bodenfläche. Unter allen Fliegengruppen überwogen in diesen Höhen die Anthomyiiden mit mindestens 50%, manchmal aber über 80% aller Arten; die Syrphiden, die noch in der hochalpinen Grasheidenstufe eine große Rolle spielen, traten in den höchsten Lagen stark zurück.[1] Parasiten fehlen in den höchsten Gebirgslagen fast vollständig, weshalb die nivalen Fliegen oft in ungeheuren Mengen auftreten. Ihre Larven leben großenteils von zerfallenden Pflanzenstoffen, nur selten carnivor. Die Imagines besuchen Blüten und gehören in den höchsten Lagen zu den wichtigsten Blütenbestäubern. Demgemäß sind sehr viele Blüten in den extremen Hochlagen hellgefärbt und myiophil (z. B. *Saxifraga*-Arten).

Vergleicht man die Wohndichte der Fliegen in der Polsterpflanzenstufe mit 1 Individuum pro Quadratmeter Fläche mit der Wohndichte der makroskopischen Tiere überhaupt, die nach den früher gemachten Angaben in günstigen Lagen mit 10 bis 20 Tieren auf der Flächeneinheit anzusetzen ist, so ergibt sich, daß der Anteil der Fliegen an der *Nebria atrata*-Gesellschaft ein recht beträchtlicher ist. Daß sie in der Assoziationstabelle nicht entsprechend in Erscheinung treten, ist demnach nicht die Folge ihrer Seltenheit, sondern vielmehr die ihrer mangelhaften Erforschung. Hier gäbe es für den Spezialisten noch ein dankbares Arbeitsfeld!

Die Bodenfauna der *Nebria atrata*-Assoziation ist, wie schon der Mangel einer geschlossenen Humusdecke in der Polsterpflanzenstufe erwarten läßt, arten- und individuenarm. Es scheint, daß nur im Wurzelgeflecht der Vegetationspolster, wo stets auch in einiger Menge Humus angesammelt ist, Bodentiere in größerer Anzahl zu leben vermögen. Ich konnte durch Aussieben solcher Vegetationspolster in der *Nebria atrata*-Assoziation bei der Knappenstube nördlich des Hochtortunnels in 2450 m Höhe folgende Bodentiere sammeln: die Milben *Pergamasus Franzi*, *Bdella iconica*, *Camisia horrida*, *Ceratoppia bipilis*, *Trichoribates mon-*

---

[1] Bei den von mir bisher nur stichprobenweise durchgeführten Untersuchungen der Fauna hochalpiner Böden fanden sich auch noch in der Polsterpflanzenstufe mit großer Regelmäßigkeit Lycoriiden. Es scheint demnach, daß auch diese in den Polsterpflanzengesellschaften eine bedeutende Rolle spielen.

tanus, *Tectoribates undulatus* und *Steganacarus striculus*, die Enchytraeiden *Michaelseniella nasuta* und *Henleanella Dicksoni*, die Nematoden *Dorylaimus macrodorus*, *Hofmänneri*, *Carteri* und *obtusicaudatus*. *Michaelseniella nasuta* sammelte ich auch auf der Hochfläche des Großen Burgstalls, *Henleanella Dicksoni* ebenda und in 47 Exemplaren als einzigen Oligochaeten auf dem Breitkopf in 3100 m Höhe unter Steinen in der Umgebung der ganz wenigen dort wachsenden Vegetationspolster. Nach Tardigraden und Rotatorien habe ich nicht gesucht.

Die *Nebria atrata*-Gesellschaft ist nicht nur durch ihre Charakterarten, sondern nicht minder scharf auch durch das Fehlen einer ganzen Reihe schon in der hochalpinen Grasheidenstufe zahlreich vertretener Tiergruppen gekennzeichnet. So fehlen ihr Lumbriciden, Myriopoden, Isopoden, Orthopteren und Rhynchoten vollständig, während Opilioniden und Mollusken nur sehr spärlich in ihr vertreten sind.

Besondere Erwähnung verdient, daß die *Nebria atrata*-Gesellschaft an ihrer unteren Verbreitungsgrenze eine artenreichere Facies ausbildet. Es treten hier zum normalen Bestande mehrere Tierarten, die wie *Nebria Hellwigi*, *castanea*, *austriaca* und *Microtrombidium sucidum* vor allem der Schneetälchengesellschaft der hochalpinen Grasheidenstufe eigentümlich sind. Dadurch wird erkennbar, daß der *Nebria atrata*-Assoziation als subnivaler Schneebodengesellschaft in der nächsttieferen Höhenstufe die Schneetälchengesellschaften entsprechen.

In Höhen über 3000 m finden sich in den mittleren Hohen Tauern nur mehr sehr verarmte *Nebria atrata*-Gesellschaften. In diesen Höhenlagen leben dauernd, wie dies auch in der Schweiz und in den Zentralalpen Tirols von Bäbler (1910), Handschin (1919) und Steinböck (1939) festgestellt wurde, nur mehr Nematoden, Enchytraeiden, Milben, Spinnen und Collembolen sowie vielleicht einige Fliegen. Käfer und Schmetterlinge, ja selbst parasitische Hymenopteren scheinen in diesen Höhen so gut wie ganz zu fehlen.

2. Die Tiergesellschaft subnivaler Kalkphyllitschutthalden.
(*Caeculus echinipes*-*Chrysomela crassicornis norica*-Assoziation).

Der *Nebria atrata*-Gesellschaft entspricht als Pioniergesellschaft auf sandigen Schuttböden, in sonnigen und daher früher schneefreien Lagen, besonders an steilen nach Süden und Südwesten geneigten Hängen oder nach der gleichen Richtung sich öffnenden Hochkaren eine Tiergesellschaft, die in den mittleren Hohen Tauern ebenso eigenständig entwickelt ist wie diese. Sie besiedelt hier ausschließlich Kalkphyllitschuttflächen, scheint aber in anderen Teilen der Alpen auch auf sandige Schutthalden aus anderem Gesteinsmaterial überzutreten. Die wesentlichste Voraussetzung für ihr Vorhandensein ist, daß an den betreffenden Stellen das feine Verwitterungsmaterial vom Winde nicht weggetragen, sondern vielmehr angehäuft wird, woraus sich ergibt, daß sie stets an der Leeseite des Gebirges bzw. in windgeschützten Muldenlagen zur Entwicklung gelangt. Auch sie findet sich nur in bedeutenden Höhen, ausschließlich in der Polsterpflanzenregion, scheint jedoch die Schneegrenze nach oben nicht zu überschreiten, vielmehr noch unterhalb dieser von der *Nebria atrata*-Assoziation abgelöst zu werden.

In der Glocknergruppe findet sie sich voll entfaltet im Südwestkar zwischen Albitzenkopf, Racherin und Wasserradkopf in über 2800 m, in der Gamsgrube in 2400 bis 2600 m, unter dem Mittleren Burgstall in 2600 bis 2700 m, bei der Salmhütte im Gamskarl und am Hasenbalfen in 2650 bis 2750 m und am Südwesthang unterhalb der Pfortscharte in 2700 bis 2750 m. Weniger reich entwickelt tritt sie auch am Südwesthang des Sandkopfes und der Gjaidtroghöhe auf der Südseite der Sonnblickgruppe in 2700 bis 2850 m und am Nordwesthang des Wiesbachhornes gegen den Moserboden unterhalb des Heinrich-Schwaiger-Hauses in Erscheinung. Auch sonst ist sie an sonnigen Hängen, wo der Kalkphyllit bis in die Polsterpflanzenstufe emporreicht, in den Hohen Tauern wohl überall entwickelt.

In ungewöhnlich tiefer Lage, nämlich in nur 2250 bis 2300 *m*, findet sie sich unterhalb der steilen Bratschenhänge, die vom Albitzenkopf gegen die Glocknerstraße abfallen (vgl. Abb. 34). Hier bröckelt das weiche Gestein unter dem Einfluß der Witterung dauernd ab und überschüttet mit einem kaum jemals unterbrochenen feinen Schuttstrom einen hufeisenförmigen Geländestreifen unmittelbar oberhalb der Straßentrasse mit sandigem Verwitterungsmaterial. Dadurch wird die Ausbildung einer geschlossenen Grasnarbe an dieser verhältnismäßig tiefliegenden Stelle verhindert und eine Pioniergesellschaft von Pflanzen und Tieren erhalten, die im benachbarten Kar zwischen Albitzenkopf, Racherin und Wasserradkopf erst in einer Höhe von etwa 2800 *m* auftritt. Diese interessante Stelle ist wie keine andere geeignet, den Vorpostencharakter der *Caeculus echinipes*-Gesellschaft zu beweisen. Es soll darum auf die hier herrschenden Verhältnisse an späterer Stelle noch genauer eingegangen werden.

Der Zooassoziation der Kalkphyllitschutthalden entspricht eine Phytoassoziation, die von Braun-Blanquet (1931 l. c.), Friedel (1934 l. c.) und Gams (1935 l. c.) nicht näher besprochen wird, mit dem der *Nebria atrata*-Assoziation entsprechenden Porphyrietum nivale, aber nicht übereinstimmt und auch dem Leontodontetum montani nicht entspricht. Wahrscheinlich handelt es sich dabei nur um eine Facies des Arabidetum coeruleae, aber im Gegensatz zur Pflanzengesellschaft der hochgelegenen Schneeböden tritt hier *Saxifraga Rudolphiana* fast ganz zurück und *Silene acaulis* nimmt an ihrer Stelle den größten Raum ein. Der Vegetationscharakter solcher Stellen ist in extremster Ausbildung aus Abb. 38 zu ersehen. Es treten hier als spärliche Vorpostenvegetation regelmäßig folgende Pflanzen auf: *Silene acaulis, Linaria alpina, Taraxacum alpinum* und *Pacheri* (letzteres nur an einigen Stellen), *Saxifraga oppositifolia, Gentiana rotundifolia*. In tieferen Lagen treten zu diesen *Dryas octopetala, Salix serpyllifolia*, ferner in geringerer Häufigkeit *Achillea Clavennae* u. a. Den Übergang zu entwickelteren Pflanzengesellschaften bilden häufig fast reine *Dryas*-Rasen, die meist von Grasheiden abgelöst werden.

Der Tierbestand der *Caeculus echinipes*-Assoziation geht aus der nebenstehenden Assoziationstabelle hervor.

Beschreibung der Bestände:

I. Albitzensüdwesthang oberhalb der Straße, Kalkphyllitschuttanhäufungen unterhalb der Bratschenhänge. Seehöhe etwa 2250 *m*, Gelände stark nach SW geneigt. Datum: 20. VII. 1938 und 29. VII. 1939. Sehr sandiger Rohboden mit nur stellenweise geringer Humusauflage. Grundgestein Kalkphyllit, auf der Bodenoberfläche lagern zahlreiche flache Gesteinsplatten. Von den Bratschenhängen oberhalb rutscht und rieselt ständig feines Verwitterungsmaterial nach. Vegetation: Pioniergesellschaft mit *Silene acaulis, Saxifraga oppositifolia, Linaria alpina, Festuca dura* und an einzelnen Stellen *Dryas*-Rasen. Nach unten geht die Pflanzengesellschaft in stellenweise ausgedehnte *Dryas*-Rasen und Spalierweidenbestände über, um noch tiefer unten Grasheidengesellschaften Platz zu machen. Unter den gefundenen Tierarten dominiert *Caeculus echinipes*, nach diesem ist *Amara Quenseli* die häufigste Art. *Chrysomela crassicornis norica* findet sich nur einzeln an besonders sandigen Stellen. *Anechura bipunctata* und Ameisen fehlen in den Pioniergesellschaften, obwohl sie unweit in gleicher Exposition in Grasheidebeständen noch 200 *m* höher hinaufreichen.

II. Kar am Südwesthang unterhalb der Pfortscharte. Kalkphyllitschutthalde mit spärlicher, nach unten allmählich reichlicher werdender Vegetation. Seehöhe 2650—2700 *m*, Gelände stark nach SW geneigt. Datum: 14. VII. 1937 und 25. VII. 1938. Die Vegetation deckt den Boden höchstens zu 40%. An Pflanzen wurden festgestellt: *Silene acaulis, Saxifraga oppositifolia, Salix serpyllifolia, Androsace obtusifolia, Taraxacum alpinum, Polygonum viviparum* und Moose. Der Tierbestand enthält nur wenige Exemplare von *Caeculus echinipes*, dafür aber sehr zahlreich *Otiorrynchus chalceus*. *Chrysomela crassicornis norica* ist äußerst spärlich vertreten. Die Vegetation geht nach unten in ausgedehntere Spalierweidenbestände über.

III. Gjaidtroghöhe, Südwesthang unweit unterhalb des Gipfels. Seehöhe 2600—2700 *m*, Gelände ziemlich stark nach SW geneigt. Datum: 18. VII. 1938. Boden sehr sandiger, glimmerreicher Rohboden, an dessen Oberfläche zahlreiche plattige Gesteinstrümmer liegen, Humusauflage fast vollständig fehlend. Grundgestein sehr glimmerreicher Kalkphyllit. Vegetation: Pioniervegetation, sehr lückenhaft, Pflanzenbestand nicht näher untersucht, aber demselben Typus angehörend wie die Pflanzenbestände, die in I und II beschrieben wurden. Dem Tierbestand fehlt *Chrysomela crassicornis norica*.

IV. Kalkphyllitschutthänge nordwestlich unterhalb des Albitzenkopfes gegen den Fallbach. Seehöhe etwa 2300 *m*, Gelände mäßig steil nach NW geneigt. Datum: 17. VII. 1938. Boden sehr sandig, nahezu ohne Humusauflage, Grundgestein Kalkphyllit. Vegetation lückenhaft, vorwiegend aus *Saxifraga oppositifolia* und *Dryas*-Rasen bestehend. Im Tierbestand herrscht *Caeculus echinipes* bei weitem vor.

V. Südwesthang des Sandkopfes, zwischen den beiden Wetterkreuzen. Seehöhe 2600—2700 *m*, Gelände ziemlich stark nach SW geneigt. Datum: 14. VIII. 1937. Sandiger, glimmerreicher Rohboden mit sehr lückenhafter Vegetationsbedeckung und fast völlig fehlender Humusauflage. Vegetation derjenigen der bisher besprochenen Bestände weitgehend ähnlich; als besondere Art ist *Taraxacum Pacheri* zu nennen.

Assoziationstabelle der *Caeculus echinipes*-Gesellschaft.

Charakterarten	Soziologische Aufnahme Nummer								
	I	II	III	IV	V	VI	VII	VIII	IX
Caeculus echinipes (Acari)	+	+	+	+	+	+ (2–3)	+	+ (6)	+
Chrysomela crassicornis norica (Coleopt.)	+	+	—	—	+	+	+	+	—
Amara Quenseli (Coleopt.)	+	+	+	o	+	+	—	o	+
Otiorrhynchus chalceus (Coleopt.)	+	+	+	+	—	+	+	+	+
Psodos alticolarius (Lepidopt.)	—	+	+	o	—	+	—	—	o
Gnophos caelibarius intermedius (Lepidopt.)	+	+	+	o	+	+	o	+	+
Dasydia tenebraria (Lepidopt.)	—	+	+	—	+	—	—	—	—
Cymindis vaporariorum (Coleopt.)	+	+	+	o	—	+	+	o	o
Malthodes trifurcatus atramentarius (Coleopt.)	+	+	+	+	—	+	+	—	+
Bombus alpinus (Hymenopt.)	—	+	—	o	—	+	+	—	o
Tachista interrupta (Dipt.)	+	n. g.	n. g.	+	n. g.	+	n. g.	n. g.	+
Drassodes lapidosus (Araneina)	+	+	+	+	—	—	—	—	+
Xysticus bifasciatus (Araneina)	+	—	—	+	—	+	+	—	—
Neomolgus monticola (Acari)	+	—	+	—	—	+ (2)	+	—	—
Trombidium Meyeri (Acari)	+	+	+	—	—	o	o	—	+
Erythraeus regalis (Acari)	—	—	—	—	—	+	+	—	+
Bdella iconica (Acari)	+	+	+	+	+	—	+	—	+
Orchesella montana (Collemb.)	+	—	+	—	—	+ (3)	+	—	+
Pyramidula rupestris (Gastropoda)	+	+	o	o	—	o	+	o	+

VI. Gamsgrube. Seehöhe 2500—2600 m, Gelände mäßig bis schwach nach SW geneigt. Datum: 6. VII. 1937, 27. VII. 1937 und 30. VII. 1938. Sehr sandiger, großenteils völlig humusloser Rohboden auf Kalkphyllitunterlage. Vegetation sehr dürftig, *Silene acaulis* in ihr vorherrschend. Der Vegetationscharakter ist aus Abb. 38 ersichtlich. In einem quantitativ untersuchten Probequadrat von 4 m^2 wurden folgende Pflanzen festgestellt: *Silene acaulis, Linaria alpina, Achillea* spec., *Gentiana bavarica, Festuca dura, Saxifraga oppositifolia* u. a. Die Vegetation deckte den Boden zu 20—30%. Die tierische Besiedlung dieses Quadrates war äußerst schütter, es entfielen auf 1 m^2 etwa 15 Tiere.

VII. Haldenhöcker unter dem Mittleren Burgstall. Steile, nach SW exponierte Kalkphyllitschutthalde in 2600—2700 m Höhe. Datum: 29. VII. 1938. Boden: sandiger Rohboden, nur stellenweise mit dünner Humusauflage, Grundgestein Kalkphyllit. Vegetation lückenhaft, den Boden zu 30—50% deckend. An Pflanzen wurden notiert *Leontopodium alpinum, Silene acaulis, Gentiana bavarica, Sesleria varia, Helianthemum alpinum, Linaria alpina, Taraxacum alpinum, Arthemisia genippi, Salix serpyllifolia, Veronica* spec. und *Achillea Clavennae*. Fauna verhältnismäßig arten- und individuenreich, unter den Käfern *Otiorrhynchus chalceus* weitaus vorherrschend. *Chrysomela crassicornis norica* sehr selten Den Charakter des Standortes zeigt Abt. 37.

VIII. Hasenbalfen nächst der Salmhütte im obersten Leitertal. Sehr sandiger Kalkphyllitschutthang unterhalb der Bratschenhänge des Schwertecks in ausgesprochener Südlage. Seehöhe 2700 m, Neigung mäßig steil. Datum 10. VIII. 1937 und 24. VII. 1938. Boden fast reiner Kalkphyllitsand, Vegetation äußerst lückenhaft, die Bodenoberfläche höchstens zu 20% bedeckend. Vegetation: *Silene acaulis, Saxifraga oppositifolia, Taraxacum alpinum, Salix serpyllifolia, Festuca dura, Pedicularis* spec., *Arabis* spec., etwas Moos. Der Tierbestand wurde auf 4 m^2 quantitativ aufgesammelt, unter den Tieren war *Caeculus echinipes* mit 6 Exemplaren je Quadratmeter weitaus vorherrschend. Auf 1 m^2 wurde eine Besiedlungsdichte von 8—10 Tieren festgestellt.

IX. Kar zwischen Albitzen- und Wasserradkopf. Ziemlich steil gegen W geneigte Kalkphyllitschutthalde. Seehöhe 2450 m. Datum 17. VII. 1941. Sehr sandiger, fast humusloser Rohboden, mit zahlreichen Kalkphyllitplatten bedeckt. Vegetation dürftig, den Boden nur zu etwa einem Drittel deckend. An Pflanzen wurden notiert: *Salix serpyllifolia, Sesleria varia* (spärlich), *Silene acaulis, Linaria alpina*.

Analyse der Charakterarten:

Caeculus echinipes Duf. ist eine in den südeuropäischen Gebirgen und in den Alpen weitverbreitete Milbe. Die Art scheint in den Alpen nur in Pioniergesellschaften der Polsterpflanzenstufe und auf Schutthalden tieferer Lagen vorzukommen und nur auf sandigen Rohböden zu leben. Sie findet sich in der Glocknergruppe ausschließlich auf sandigen Kalkphyllitschutthalden, tritt aber auch auf Dolomitschutt und nach Irk (i. l.) in den Ötztaler Alpen, nach Bäbler (1910) in der Schweiz und nach eigenen Beobachtungen in Steiermark auch auf sandigem Verwitterungsschutt kristalliner Gesteine auf. Sie ist für die besprochene Tiergesellschaft äußerst charakteristisch und als treue Charakterart derselben zu bezeichnen.

Chrysomela crassicornis Hellis. ist boreoalpin verbreitet und scheint ausschließlich auf sandigem Substrat vorzukommen. Die Rasse *norica* findet sich nur auf der Südseite der Hohen Tauern vom Brenner ostwärts bis zur Sonnblickgruppe. Sie tritt hier nur auf südlich oder südwestlich exponierten Kalkphyllitschutthalden in sehr bedeutenden Höhen auf und ist als absolut treue Charakterart der *Caeculus echinipes*-Gesellschaft zu bezeichnen, fehlt in dieser aber überall nördlich des Tauernhauptkammes und bleibt auch auf der Südseite des Gebirges aus, wo weniger günstige Lage- und Bodenverhältnisse herrschen.

Amara Quenseli Schh. ist gleichfalls boreoalpin verbreitet. Die Art lebt in den Alpen ausschließlich hochalpin und bevorzugt Stellen mit nur unvollständiger Vegetationsbedeckung. In der Glocknergruppe bevorzugt sie deutlich die Kalkphyllitschutthalden und ist mindestens als feste Charakterart der *Caeculus echinipes*-Assoziation zu bezeichnen.

Cymindis vaporariorum L. ist in den Alpen sehr weit verbreitet und findet sich an warmen, sonnigen Stellen nicht bloß im Hochgebirge, sondern auch noch weit unterhalb der Waldgrenze. Trotzdem bevorzugt die Art deutlich die *Caeculus echinipes*-Assoziation und kann daher als holde Charakterart derselben bezeichnet werden.

Otiorrhynchus chalceus Strl. findet sich nur in den Alpen und ist ausschließlich auf das über die Zwergstrauchstufe hinausragende Areal derselben beschränkt. Die Art findet sich in der Glocknergruppe nur auf kalkreichem Gestein, soll aber nach Holdhaus i. l. an einzelnen Stellen auch auf kristalline Gesteine übertreten. *O. chalceus* liebt Stellen mit dürftiger Vegetationsbedeckung und bevorzugt Böden, die an Ort und Stelle durch Verwitterung des Grundgesteins entstanden sind. Er ist im Glocknergebiet in der *Caeculus echinipes*-Gesellschaft regelmäßig vertreten und als feste Charakterart derselben zu bewerten.

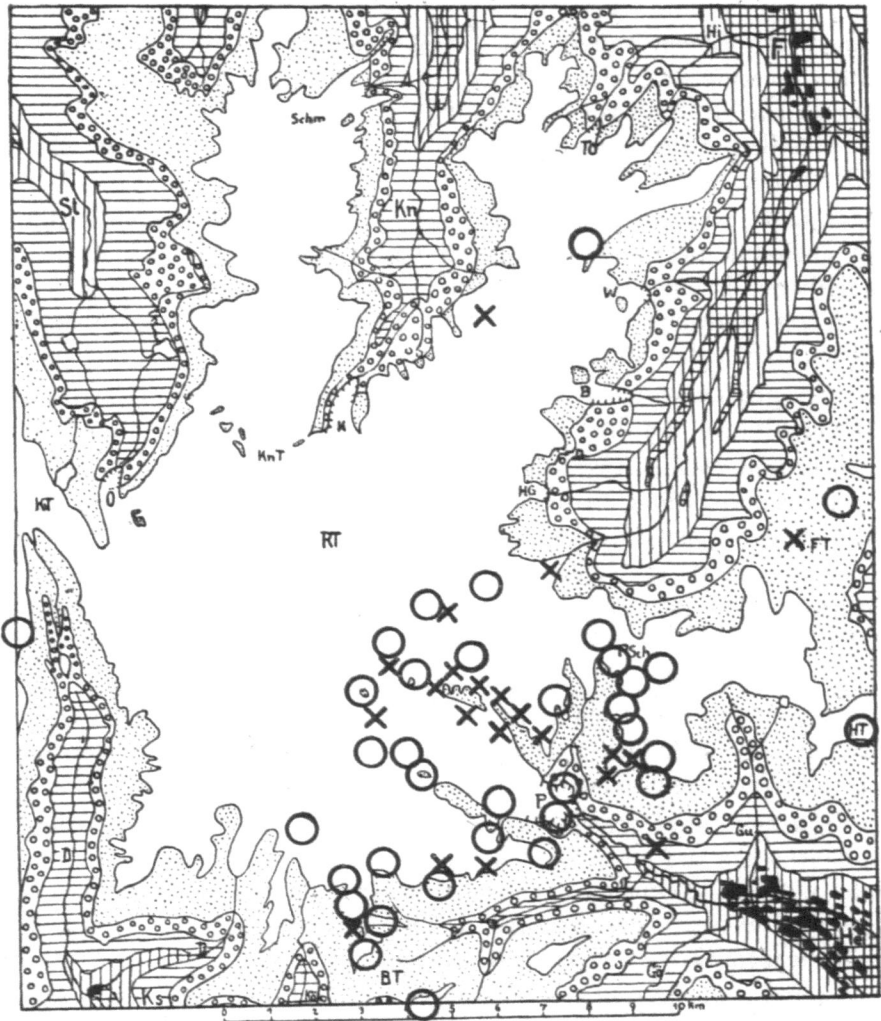

Fig. 28: Schematische Höhenstufenkarte nach Gams (1936): weiß die Polsterpflanzenstufe, die Gletscher sowie das um 1850 vergletscherte Gebiet; punktiert das unvergletscherte Gelände der Grasheidenstufe; Ringe die Zwergstrauchstufe; horizontale und vertikale Schraffen die subalpine Stufe; gekreuzte Schraffen die Mischwaldstufe; schwarz das Ackerland. In die Karte sind die Fundorte zweier Charaktertiere der Polsterpflanzenstufe, mit Kreisen die von *Gnophos caelibarius intermedius*, mit schrägen Kreuzen die von *Caeculus echinipes*, eingetragen. An der Stelle des Kreises nördlich des Fuscher Törls (auf der Edelweißspitze) fehlt auf der Grundkarte die Eintragung eines kleinen Polsterpflanzenareals. Die Fundstelle von *Caeculus echinipes* auf der Kreitherwand liegt als einzige Ausnahme tief unter der oberen Grasheidengrenze.

Gnophos caelibarius intermedius Kautz wurde schon als Charakterart der *Nebria atrata*-Assoziation genannt und muß auch hier als feste Charakterart genannt werden.

Dasydia tenebraria innuptaria H. S. findet sich fast ausschließlich in der Grasheiden- und Polsterpflanzenstufe. In der letzteren bevorzugt sie die Kalkphyllitschutthalden und ist als holde Charakterart der *Caeculus echinipes*-Assoziation zu bezeichnen.

Psodos alticolarius Mn. wurde nach Vorbrodt (1921—23) in der Schweiz in Höhen von 2340—3730 *m* gefunden. Die Art bevorzugt im Glocknergebiet, wo sie bisher nur in der Polsterpflanzenstufe beobachtet wurde, sandige Schutthalden und ist mindestens als feste Charakterart der *Caeculus echinipes*-Gesellschaft zu bewerten.

Malthodes trifurcatus ab. *atramentarius* Ksw. ist weit verbreitet und findet sich auch in den mittleren Hohen Tauern mit der Stammart von den Tälern aufwärts bis in die Polsterpflanzenstufe. In dieser wie in der hochalpinen Grasheidenstufe herrscht die ab. *atramentarius* deutlich vor der Stammform vor. Der Käfer findet sich in der *Caeculus echinipes*-Gesellschaft mit solcher Regelmäßigkeit, daß er als holde Charakterart derselben bezeichnet werden muß.

Bombus alpinus L. wurde schon als Charakterart der *Nebria atrata*-Gesellschaft erkannt und hat auch für die *Caeculus echinipes*-Assoziation als feste Charakterart zu gelten. Ein endgültiges Urteil über die Gesellschaftszugehörigkeit dieser Hummel wird sich allerdings erst gewinnen lassen, bis umfangreiche Beobachtungen über die Lage ihrer unterirdisch angelegten Nester vorliegen werden.

Tachista interrupta Loew. ist im Gebiete in hochalpinen Lagen weit verbreitet, bevorzugt aber sonnige Plätze mit lückenhafter Vegetation, besonders Kalkphyllitschutthalden.

Drassodes lapidosus (Walck.) ist sehr weit verbreitet, zeigt aber im Gebiete eine deutliche Vorliebe für Kalkphyllitschutthalden der Polsterpflanzenstufe und ist darum als holde Charakterart der *Caeculus echinipes*-Gesellschaft zu bewerten.

Xysticus bifasciatus C. L. Koch ist gleichfalls weit verbreitet, im Untersuchungsgebiet aber bisher nur in der *Caeculus echinipes*-Gesellschaft gefunden worden. Es dürfte daher auch diese Art als holde Charakterart hier anzuführen sein.

Neomolgus monticola Willm. i. l. scheint nur im Gebirge heimisch zu sein und im Untersuchungsgebiet vor allem hochalpine Lagen zu bewohnen. Da er in diesen am häufigsten auf Kalkphyllitschutthalden vorkommt, ist er mindestens als holde Charakterart der *Caeculus echinipes*-Gesellschaft zu betrachten.

Erythraeus regalis C. L. Koch ist weit verbreitet und auch im Gebiete über der Waldgrenze allenthalben zu finden. Die heliophile Art findet sich jedoch in der Polsterpflanzenstufe nur auf den sonnigen, trockenen Kalkphyllitschutthalden und ist mindestens als holde Charakterart der *Caeculus echinipes*-Gesellschaft zu bewerten. Stellen mit langer Schneebedeckung meidet sie sichtlich.

Bdella iconica Berl. wurde schon in der *Nebria atrata*-Gesellschaft als holde Charakterart angeführt. Die Milbe kommt auch in der *Caeculus echinipes*-Gesellschaft regelmäßig vor und nimmt auch in dieser den Platz einer holden Charakterart ein.

Orchesella montana Stach. bewohnt mit großer Regelmäßigkeit die Kalkphyllitschutthalden der Polsterpflanzenstufe des Gebietes und ist daher mindestens als holde Charakterart der *Caeculus echinipes*-Assoziation anzusehen.

Pyramidula rupestris Drap. ist weit verbreitet, aber an Kalkgestein gebunden. Die Art lebt meist an Felsen, im Gebiete jedoch vorwiegend in hochalpinen Lagen auf Kalkschieferunterlage, besonders auf Kalkphyllitschutthalden. Sie ist als holde Charakterart der *Caeculus echinipes*-Gesellschaft zu betrachten.

Neben den eben genannten Charakterarten sind noch folgende als Begleiter anzuführen: die Käfer *Hypnoidus dermestoides* und *Byrrhus fasciatus*, die Schmetterlinge *Synchloë callidice, Erebia gorge, Erebia lappona, Anarta melanopa rupestralis, Gnophos zellerarius, Endrosa roscida melanomos, Orenaia lugubralis* und *Sphaleroptera alpicolana*, die Spinnen *Lycosa Giebeli, Xysticus desidiosus, Lycosa ferruginea* und *Euophris petrensis*, die Milben *Penthalodes ovalis, Tarsolarcus articulosus, Thrombidium Meyeri, Bdella longicornis, Microtrombidium sucidum, Chaussieria Berlesei, Trichoribates montanus* und die Collembolen *Orchesella bifasciata* und *Isotomurus palliceps*.

Die zweifellos sehr artenarme Bodenfauna der fast humuslosen, grobsandigen Rohböden wurde noch nicht untersucht. Die Wohndichte der makroskopisch sichtbaren Tiere an der Bodenoberfläche und unter den auf dieser aufliegenden Steinen wurde bei einer quantitativen

Analyse in der Gamsgrube mit etwa 15 Individuen, bei einer zweiten am Hasenbalfen über der neuen Salmhütte mit weniger als 10 Tieren ermittelt. Der Tierbesatz der *Caeculus echinipes*-Gesellschaft ist also geringer als der der *Nebria atrata*-Assoziation.

Wie für die *Nebria atrata*-Assoziation so ist auch für die *Caeculus echinipes*-Gesellschaft nicht nur das Vorhandensein einer Reihe von Charakterarten kennzeichnend, sondern ganz ebenso auch das Fehlen einer ganzen Reihe von Arten oder sogar Tiergruppen, die schon in benachbarten Tiergesellschaften zahlreich und regelmäßig gefunden werden. Als hier fehlende, jedoch schon in der hochalpinen Grasheidenzone regelmäßig vertretene Tiergruppen seien die Myriopoden, Orthopteren und Rhynchoten genannt.

Die *Caeculus echinipes*-Gesellschaft geht nach unten mit zunehmender Verfestigung des Bodens, welche das Auftreten einer geschlossenen Grasnarbe zur Folge hat, meist rasch in die später zu besprechende Tiergesellschaft hochalpiner Grasheiden über. Eine größere Zahl der eben genannten Charakterarten steigt bis in diese hinab, findet sich aber dort vorwiegend an Stellen, die infolge ihres steinig-felsigen Charakters nur eine lückenhafte Vegetationsdecke tragen. Man kann darum sagen, daß so, wie der subnival-nivalen Schneebodengesellschaft in der Grasheidenstufe die Schneetälchengesellschaften entsprechen, der Pioniergesellschaft sonniger Kalkphyllitschutthalden in der Grasheidenstufe eine Assoziation felsig-steiniger Stellen, die pflanzensoziologisch vorwiegend durch lückenhafte Festuceten gekennzeichnet sind, gegenübersteht.

3. Die Tiergesellschaft der Jungmoränen und hochalpinen Geröllhalden.
(*Lycosa nigra-Machilis alpestris*-Assoziation.)

Anschließend an die Tiergesellschaften der subnival-nivalen Zone sei wegen ihres ausgesprochenen Pioniercharakters und ihrer vorwiegenden Verbreitung in Lagen oberhalb der Zone des geschlossenen Rasens die artenarme Tiergesellschaft der Jungmoränen und Geröllhalden besprochen.

Die zum Teil noch mit dem Gletscher in ständiger Bewegung begriffenen, häufig von Toteis unterlagerten Moränenwälle bestehen wie die Geröllhalden besonders in höheren Lagen gewöhnlich nur aus losem Blockwerk, dem wenig feineres Material beigemengt ist. Die Besiedlung dieser Blockhalden mit höheren Pflanzen ist stets äußerst dürftig und auch die dort lebende Tiergesellschaft wegen der extremen Lebensbedingungen sehr artenarm. Trotzdem sind einige Tierarten für diesen Standort so charakteristisch, daß die Aufstellung einer eigenen Tiergesellschaft der Moränenwälle und Blockhalden hochalpiner Lagen gerechtfertigt erscheint.

Fast ausschließlich in dieser Tiergesellschaft findet sich die große, dunkel gefärbte Spinne *Lycosa nigra*, die für die Pasterzen- und Pfandlschartenmoränen äußerst charakteristisch ist. Sie ist mindestens als feste Charakterart der Blockhaldentiergesellschaft zu bezeichnen. Ebenso kennzeichnend ist für die Tiergesellschaft der Blockhalden der Felsenspringer *Machilis alpestris*, der sich vor allem im Blockwerk der Jungmoränen der Pasterze nicht selten findet. Das Tier ist sehr schwer zu erhaschen, da es sich fast stets, bevor man es zu fassen vermag, in eine der zahlreichen Spalten zwischen den Moränenblöcken stürzt und damit endgültig jeder Verfolgung entzieht. In gleicher Weise entflieht übrigens auch *Lycosa nigra* dem feindlichen Zugriff und auch eine dritte als typischer Moränenbewohner zu bezeichnende Art, der Weberknecht *Parodiellus obliquus*, weiß sich nach Beobachtungen von Stipperger (1928) bei Annäherung eines Verfolgers auf diese Weise mit unglaublicher Geschwindigkeit aus jeder Gefahr zu retten. Die letztgenannte Art fehlt in den mittleren Hohen Tauern, ist aber in Tirol ein regelmäßiger Bewohner der Jungmoränenwälle und darum der *Lycosa nigra*-Assoziation zuzurechnen. Das rasche Bewegungsvermögen und die eigenartige Form der Flucht vor dem Feinde kennzeichnen alle drei Arten als extreme Anpassungsformen der hochalpinen Blockhalden und damit als Charakterarten einer völlig selbständigen Tiergesellschaft.

Als Begleiter dieser Tiergesellschaft sind noch zu nennen: der Käfer *Nebria Germari*, die Spinne *Tmeticus graminicolus* und die Milben *Linopenthaleus Irki, Tencateia toxopei, Bdella iconica, Neomolgus monticola, Microtrombidium sucidum* und *Ceratoppia bipilis*. Auch der Gletscherfloh *Isotoma saltans*, der allerdings im Glocknergebiet gleichfalls zu fehlen scheint, dürfte als Begleiter, wenn nicht als holde Charakterart dieser Gesellschaft zu bezeichnen sein.

4. Die Tiergesellschaft sandiger Gletschervorfelder und Gießbachaufschüttungen.

In den seit 1856 eisfrei gewordenen Vorfeldern der größeren Gletscher und auf den sandigen Aufschüttungen der Gletscherbäche, besonders auf von diesen aufgehäuften Schuttkegeln, findet sich in der hochalpinen Grasheiden- und Zwergstrauchstufe eine der *Caeculus echinipes*-Gesellschaft verwandte Assoziation. Eine der wichtigsten ökologischen Voraussetzungen für die Ansiedlung der charakteristischen Tiervereine derselben ist das Vorhandensein sandigen Bodens, der im Gletschervorland und an den Gießbächen nur den jüngsten Sedimenten eigen ist, aus denen Wind und Wasser das feine Material noch nicht auszublasen bzw. auszuwaschen vermochten und über denen auch noch keine geschlossene Humusdecke zur Entwicklung kam.

Die Tiergesellschaft der Gletschervorfelder und jungen Gießbachaufschüttungen ist demnach nicht wie die bisher besprochenen Assoziationen eine Dauergesellschaft oder doch eine Bildung von erheblicher Beständigkeit sondern eine Pioniergesellschaft, die den normalen Assoziationen der Grasheiden- bzw. Zwergstrauchstufe den Platz räumt, sobald der Rohboden genügend erschlossen und die Vegetation ausreichend verdichtet ist. Botanisch scheint der zu besprechenden Tiergesellschaft bis zu einem gewissen Grade das von G. Braun-Blanquet (1931) beschriebene Leontodontetum montani zu entsprechen.

Tierbestände, die hier einzuordnen sind, habe ich im Gebiet an folgenden Stellen beobachtet: im Pasterzenvorfeld zwischen Rührkübelbach und Pasterzenzunge, auf der Hochfläche der Margaritze und am Abhang derselben gegen den Margaritzenbach, am Südhang des Elisabethfelsens und am Unteren Keesboden in der Nähe der Möllschlucht. Weiters fand ich eine ausgeprägte hier einzuordnende Tiergesellschaft im sandigen Moränengelände am Hang der Freiwand gegen die Pasterze, vor allem am Steilhang des Hohen Sattels gegen den Unteren Pasterzenboden, etwas weniger ausgeprägt aber auch noch unterhalb der Hofmannshütte. Sehr typisch trat mir die Gesellschaft auch auf dem ausgedehnten Schuttkegel der Gießbäche entgegen, der das oberste Käfertal erfüllt. An allen diesen Stellen fand ich die charakteristischen Tierarten nicht im noch völlig vegetationslosen Gelände, sondern an Stellen, die eine lückenhafte, aber den Boden doch schon zu etwa einem Drittel deckende Vorpostenvegetation trugen. Verarmte Tierbestände vom zu besprechenden Typus beobachtete ich ferner auf den Schuttkegeln, die von den aus dem Magneskar herabkommenden Gletscherbächen am Rande des Pfandlschartennaßfeldes aufgeschüttet werden, im Jungmoränengelände des Leiter- und Hohenwartkeeses und im Moränengelände unter dem Kalser Bärenkopf im Talschluß des Dorfer Tales. Genau untersuchen konnte ich von allen genannten Stellen jedoch nur die im Pasterzenvorfeld gelegenen, so daß die vorhandenen soziologischen Analysen noch nicht zur Aufstellung einer Assoziationstabelle ausreichen. Ich gebe statt dessen eine kurze Charakteristik der vermutlichen Charakterarten. Als solche sind zu nennen:

Bembidion nitidulum alpinum Dej., eine in den Alpen weitverbreitete Form, die jedoch allenthalben sandigen Boden mit dauernder reichlicher Durchfeuchtung zu lieben scheint. Die Art wurde von mir im Gebiete einzeln an sandigen Bachufern, in auffallend großer Zahl dagegen im Pasterzenvorfeld, im Vorland des Pfandlschartengletschers auf der Tauernsüdseite und im obersten Käfertal gesammelt.

Amara Quenseli Schönh. ist im Gebiete außer in der *Caeculus echinipes*-Gesellschaft vor allem in den Gletschervorfeldern und auf Bachschuttkegeln in hochalpinen Lagen zu finden. Sie fehlt hier fast nirgends, nur im obersten Käfertal fand ich sie nicht, weil dieser Standort der Art offensichtlich schon zu tief gelegen ist.

Bledius erraticus var. *bosnicus* Bernh., von Bernhauer vom Naßfeld bei Gastein als *Bledius fontinalis* beschrieben, scheint gleichfalls vorwiegend sandige Gletschervorfelder und Gießbachaufschüttungen zu bewohnen, wenngleich er im Gebiete nicht allgemein verbreitet sein dürfte.

Malthodes trifurcatus ab. *atramentarius* Ksw. findet sich im Untersuchungsgebiet wie in der *Caeculus echinipes*-Gesellschaft so auch auf den sandigen Moränenvorfeldern und Bachschuttkegeln regelmäßig und zahlreich. Der Käfer ist darum auch hier als holde Charakterart anzuführen.

Hypnoidus maritimus Curt. bewohnt in den mittleren Hohen Tauern einen breiten Höhengürtel. Die Art findet sich an sandigen Bachufern in den Tälern und steigt von den Talböden bis in die hochalpine Polsterpflanzenstufe empor, wo sie einzeln noch in der *Caeculus echinipes*-Gesellschaft vorkommt. Am häufigsten tritt sie jedoch in den sandigen Gletschervorfeldern auf, so daß sie mindestens als holde Charakterart der diese kennzeichnenden Tiergesellschaft anzusprechen ist.

Hypnoidus dermestoides Hbst. ist im Gebiete wie die vorgenannte Art verbreitet und verhält sich auch soziologisch ähnlich, tritt allerdings am häufigsten in tieferen Lagen auf. Auch diese Art ist als holde Charakterart in der Pioniergesellschaft der sandigen Moränenvorfelder und Gießbachschuttkegel zu bewerten.

Otiorrhynchus rugifrons Gyll. ist in den mittleren Hohen Tauern auffällig diskontinuierlich verbreitet und scheint fast ausschließlich in der hier zu besprechenden Tiergesellschaft vorzukommen. Anderwärts findet sich die Art allerdings auch auf andersartigen Plätzen, ist aber doch jedenfalls hier als feste Charakterart anzuführen.

Tachista interrupta Loew ist weit verbreitet und auch im Gebiet allenthalben zu finden. Die Art wurde schon als Charakterform der *Caeculus echinipes*-Gesellschaft angeführt und ist auch an dieser Stelle wieder als holde Charakterart zu nennen.

Otiorrhynchus chalceus Strl. wurde schon als Charakterart der *Caeculus echinipes*-Gesellschaft angeführt, der Käfer ist jedoch auch in den sandigen Moränenvorfeldern und auf Bachschuttkegeln im Gebiet in hochalpinen Lagen allenthalben zu finden, sofern diese nur genügend kalkhältiges Gesteinsmaterial enthalten.

Listrocheiritium cervinum Verh. ist ein im Gebiete der Hohen Tauern weitverbreiteter Myriopode, der vorwiegend in Pioniergesellschaften vorzukommen scheint und mindestens als holde Charakterart der Tiergesellschaft sandiger Moränenvorfelder und Bachschuttkegel zu bewerten ist.

Arianta arbustorum L. ist eine bekanntlich sehr weit verbreitete Art, findet sich aber so regelmäßig und zahlreich in der Gesellschaft der eben genannten Tiere, daß auch sie als holde Charakterart hier anzuführen ist.

Die vorstehende Liste umfaßt zweifellos noch nicht alle Tierarten, die als Charakterarten der zu beschreibenden Tiergesellschaft zu gelten haben. Ein genaueres Studium typischer Bestände wird vermutlich noch eine ganze Reihe weiterer Leitformen, besonders aus den Ordnungen der Araneina, Acari, Diptera, vielleicht auch der Hymenoptera und Mollusca, erkennen lassen. Die nahe Verwandtschaft der vorstehend beschriebenen Assoziation mit der *Caeculus echinipes*-Gesellschaft ergibt sich aus den zum Teil beiden gemeinsamen Leitformen. Diese sind *Amara Quenseli*, *Malthodes trifurcatus* ab. *atramentarius*, *Otiorrhynchus chalceus* und *Tachista interrupta*. Dies und der ausgesprochene Vorpostencharakter der Tiergesellschaft der sandigen Moränenvorfelder sind auch die Gründe, warum ich sie im Rahmen der Tiergesellschaften der Polsterpflanzenstufe besprochen habe, obwohl sie ihrer Höhenverbreitung nach viel eher in die hochalpine Grasheidenstufe und selbst in die Zwergstrauchstufe zu stellen wäre.

5. Die Tiergesellschaft der hochalpinen Grasheiden.
(*Carabus concolor-Zygaena exulans*-Assoziation.)

Die hochalpine Grasheidenstufe reicht, wie schon früher ausgeführt, von der oberen Grenze des geschlossenen Rasens talwärts bis zur oberen Grenze zusammenhängender Zwergstrauchbestände. Sie hebt sich von der Polsterpflanzenstufe durch die im großen ganzen geschlossene Vegetationsbedeckung des eine mehr oder weniger mächtige Humusschicht tragenden Bodens scharf ab, während ihre Grenze gegen den Zwergstrauchgürtel durch von Natur aus lückenhafte Entwicklung des letzteren und durch sekundäre Umwandlung von Zwergstrauchbeständen in Almböden und Bergmähder häufig mehr oder weniger verwischt ist. Die großen Gletscher überschreiten meist die untere Grenze der Polsterpflanzenstufe und ragen mit ihrem Zungenende bisweilen weit in die Grasheiden-, ja gelegentlich sogar in die Zwergstrauchzone hinein. Dabei kann es sich ereignen, daß sie Felsinseln umschließen, die noch geschlossene Rasenflächen tragen, wie dies z. B. auch auf dem Kleinen Burgstall und auf dem Haldenhöcker unterhalb des Mittleren Burgstalls der Fall ist. Die Bioassoziationen solcher Rasenflächen gehören nicht nur nach ihrem Pflanzen-, sondern auch nach ihrem Tierbestand eindeutig der hochalpinen Grasheidenstufe und nicht der Polsterpflanzenstufe an.

Innerhalb der hochalpinen Grasheiden der Alpen werden von der Vegetationsforschung mehrere Pflanzengesellschaften unterschieden, deren Auftreten vor allem durch den Chemismus des Bodens und durch den Grad der Windexposition des Standortes bedingt ist. Auf seichten, kalkreichen Böden tritt das Caricetum firmae, auf sauren Böden das Caricetum curvulae auf; das Seslerio-Semperviretum und gewisse Festuceten nehmen hinsichtlich ihrer Ansprüche an den Bodenchemismus eine Mittelstellung zwischen den beiden genannten Rasengesellschaften ein. Das Elynetum schließlich ist in den Zentralalpen die Rasengesellschaft der ausgesprochen windausgesetzten Standorte.

Nach den im Glocknergebiet gemachten Beobachtungen, die sich auch in anderen Teilen der Alpen bereits bestätigten, entsprechen den angeführten Phytoassoziationen nicht auch deutlich unterscheidbare Tiergesellschaften. Es lassen sich zwar im Untersuchungsgebiet in geringer Zahl Tierarten feststellen, die ausschließlich auf kalkhältigem Boden vorkommen, diese sind aber nur zum geringen Teil holde Charakterarten der hochalpinen Grasheiden und reichen keineswegs aus, um die Tierbestände der Grasheiden auf Kalk- oder Kalkschieferunterlage von denjenigen auf Urgestein oder stark versäuertem Boden soziologisch klar zu sondern. Als kalkholde Bewohner der hochalpinen Grasheidenstufe sind zu nennen: *Leptusa pseudoalpestris, Otiorrhynchus alpicola, Otiorrhynchus chalceus, Lycaena corydon, Euconulus trochiformis, Cylindrus obtusus, Pyramidula rupestris, Columella edentula* und *Pupilla alpicola*. Von diesen Arten sind nur *Leptusa pseudoalpestris, Otiorrhynchus alpicola, Columella edentula* und *Pupilla alpicola* als holde Charakterarten der hochalpinen Grasheiden zu bewerten, und auch diese treten im Kalkschiefergebiet der mittleren Hohen Tauern in ganz verschiedenen Rasengesellschaften auf, wie die nachfolgende Assoziationstabelle zeigen wird. Eine gewisse tiersoziologische Selbständigkeit dürfte höchstens den Festuceten zukommen, die auf seichten Böden über Kalkschiefer vor allem auf der Südseite des Tauernhauptkammes allenthalben vorkommen. In diesen findet sich eine auffällige Anreicherung von Grasheidentieren und daneben auch von einzelnen Charakterarten der *Caeculus echinipes*-Gesellschaft, wie *Amara Quenseli* und *Otiorrhynchus chalceus*. Um die tiersoziologische Eigenart der „Kalkphyllitsteppen", wie ich sie kurz nennen möchte, klar fassen zu können, bedarf es aber noch weiterer soziologischer Aufnahme nicht nur in der Grasheidenstufe der Hohen Tauern, sondern auch in anderen Teilen der Alpen. Vorerst kann im Untersuchungsgebiet nur eine Tiergesellschaft der hochalpinen Grasheiden unterschieden werden. Für diese sind die von Holdhaus (1906) als steppicol bezeichneten hochalpinen Tierarten kennzeichnend, während die vom genannten Autor an gleicher Stelle als nivicol charakterisierten Tiere, soweit sie nicht bereits in die *Nebria atrata*-Assoziation eingereiht wurden, den Schneetälchengesellschaften der hochalpinen Grasheidenstufe zugerechnet werden müssen.

Zwischen Schneetälchen- und Grasheidengesellschaften bestehen in der hochalpinen Grasheidenstufe nicht nur in der Vegetation, sondern auch in der Fauna erhebliche soziologische Unterschiede. Wir haben demnach im hochalpinen Grasheidengürtel tiersoziologisch scharf zwischen einer Gesellschaft der Grasheidentiere und einer solchen der Schneerandtiere zu unterscheiden. Im folgenden sei zunächst die Tierwelt der Grasheiden beschrieben.

Steigt man aus der Polsterpflanzenstufe mit ihren arten- und individuenarmen Tiergesellschaften in die Grasheiden herab, so fällt sofort der bedeutend größere Reichtum an Arten in dieser Zone auf. Derselbe kommt denn auch in der nachstehenden Assoziationstabelle in einer stattlichen Reihe von Charakterarten deutlich zum Ausdruck. Unter den Leitformen der Grasheidengesellschaft nehmen die Schmetterlinge an Zahl der Arten die erste Stelle ein. Sie stellen die größte Zahl der Blumenbesucher und Blütenbestäuber in der hochalpinen Grasheidenstufe, wie schon H. Müller (1881) gezeigt hat. Neben den Schmetterlingen spielen die Fliegen, vor allem die Anthomyiiden, in der Vegetationsschicht der Grasheiden hinsichtlich der Individuen- und wohl auch der Artenzahl die größte Rolle. Daß sie nicht auch in der Assoziationstabelle entsprechend stark vertreten sind, ist nur durch die ungenügende systematische und ökologische Erforschung der hochalpinen Dipterenfauna bedingt. Die Käfer und Hymenopteren folgen erst an dritter und vierter Stelle und auch unter ihnen gibt es viele planticole Arten. Phytophage Nahrungsspezialisten treten jedoch in der hochalpinen Grasheidenstufe noch nicht in Erscheinung. Zur weiteren Kennzeichnung der Gesellschaft mag die Assoziationstabelle selbst dienen.

Beschreibung der Bestände.

I. Albitzensüdwesthang oberhalb der Glocknerstraße, Grasheiden unterhalb der Polsterpflanzenstufe im Kar südwestlich unterhalb des Albitzen- und Wasserradkopfes und weiter unterhalb der Pioniergesellschaften gegen die Marienhöhe zu. Die Grasheiden liegen hier in einer Höhe von 2250 bis gegen 2600 m, ihre oberste Grenze liegt am höchsten im Kar unterhalb des Albitzen- und Wasserradkopfes, am tiefsten unterhalb der Bratschenhänge des Albitzensüdwesthanges, wo die Gesamtbreite des Grasheidengürtels nur eine Höhendifferenz von 100 m aufweist. Die untere Verbreitungsgrenze der Grasheidentiere steigt vom Pasterzenvorfeld talauswärts allmählich an. Sie liegt im Bereiche des Pfandlschartenbaches unter 2200 m, unterhalb des Kares zwischen Albitzenkopf, Racherin und Wasserkopf bereits in einer Höhe von 2400 m. Unter dieser Höhe finden sich dort in Rasenflächen keine typisch hochalpinen Tierarten mehr. Aufnahmen wurden mehrfach im Juli und August 1937 und 1938 durchgeführt. Gesammelt wurde in verschiedenen Grasheidenassoziationen, vorwiegend aber im Elynetum, Seslerio-Sempervirietum und Festucetum durae. Greifbare tiersoziologische Unterschiede zwischen den Beständen der drei genannten Phytoassoziationen konnten nicht festgestellt werden. Die untersuchten Flächen liegen sämtlich auf Kalkphyllituntergrund und sind fast durchwegs steil nach Südwesten geneigt.

II. Oberstes Leitertal, nächste Umgebung der neuen Salmhütte. Untersucht wurden die Grasheiden unterhalb der Hütte gegen das Leitertal und oberhalb der Hütte am Südhang des Schwertecks. Die Fauna beider Lokalitäten stimmte weitgehend überein und wurde daher in der Assoziationstabelle nicht gesondert ausgeschieden. Aufnahmen wurden durchgeführt am 12. VII. 1937, 10. VIII. 1937 und 24. VII. 1938. Das Grundgestein ist überall Kalkphyllit, die Neigung des Geländes ziemlich steil, die Exposition fast genau nach Süden. Höhenlage 2400—2750 m.

III. Vorfeld des Pfandlschartenkeeses beiderseits des Weges vom Glocknerhaus zur Pfandlscharte in 2300 bis 2400 m Höhe. Die Grasheiden liegen hier zum Teil auf Moränenschutt, zum Teil auf anstehendem Grundgestein (Kalkphyllit). Dementsprechend wechseln die Grasheidengesellschaften vom Caricetum curvulae bis zum Elynetum bzw. Festucetum durae. Neben wiederholten Aufsammlungen auf größeren, nicht scharf umgrenzten Flächen wurde ein Bestand im Umkreis von etwa 30 m um einen kleinen Kalkphyllitrücken genau aufgenommen. Hier wurden in etwa 2350 bis 2400 m Höhe folgende Pflanzen notiert: *Carex curvula, Festuca pumila, Anthoxantum odoratum, Sesleria disticha, Polygonum viviparum, Potentilla* spec.*, Ligusticum mutellina, Myosotis alpestris, Armeria alpina, Silene acaulis, Helianthemum alpestre, Primula minima* und Flechten. Die Aufnahme erfolgte am 17. VII. 1938, die untersuchte Fläche war flach nach SW geneigt. Im ganzen Gebiet heben sich faunistisch nur die Stellen, an denen der Kalkphyllit unmittelbar ansteht, vom Normaltypus ab. Hier fanden sich neben *Otiorrhynchus chalceus*, der in die Tabelle nicht aufgenommen wurde, vor allem zahlreiche Spinnen und Weberknechte (*Mitopus morio*). Die übrige Tiergesellschaft war ohne Rücksicht auf den Vegetationstyp ziemlich einheitlich. Die Besiedlungsdichte nahm in der Vegetationsschicht mit der Mächtigkeit des Bodens ab; die Bodenfauna blieb unberücksichtigt.

IV. Grasheiden in der Umgebung der Rudolfshütte nächst dem Weißsee. Seehöhe: 2250—2300 m. Datum: 15. und 16. VII. 1937. Grundgestein: Zentralgneis des Granatspitzkernes. Vegetation: Caricetum curvulae. Fauna: auffällig arten- und individuenarm. Es wurde ein größeres, nicht scharf umgrenztes Gebiet untersucht,

Assoziationstabelle der Carabus concolor-Zygaena exulans-Gesellschaft.

Charakterarten	Soziologische Aufnahme Nummer									Anmerkungen
	I	II	III	IV	V	VI	VII	VIII	IX	
Carabus concolor Hoppei (Coleopt.)	+	+	+	+	+	—	—	+	+	
Staphylinus ophthalmicus hypsibatus (Coleopt.)	—	+	+	—	+	—	—	—	+	
Quedius alpestris var. spurius (Coleopt.)	—	+	+	+	—	+	—	+	+	
Dasytes alpigradus (Coleopt.)	+	+	+	0	+	+	+	0	+	
Malthodes trifurcatus ab. atramentarius (Coleopt.)	+	+	+	+	0	—	+	+	+	
Rhagonycha maculicollis (Coleopt.)	+	+	0	1	+	—	—	—	+	
Byrrhus alpinus (Coleopt.)	+	+	+	—	+	+	—	+	+	
Corymbites cupreus aeruginosus (Coleopt.)	—	+	—	+	—	—	+	—	+	
— rugosus (Coleopt.)	—	+	+	+	+	—	—	+	+	
Chrysochloa frigida (Coleopt.)	+	+	+	—	+	—	+	+	+	
— viridis (Coleopt.)	—	+	+	—	—	—	+	+	+	
Otiorrhynchus alpicola (Coleopt.)	+	n. g.[2]	0	—	—	—	+	+	+	Besonders im Übergangsgebiet zu Schneetälchen und Schneeböden.
Melithaea asteria (Coleopt.)	+	n. g.	0	n. g.	0	n. g.	+	0	+	
— cynthia (Lepidopt.)	0	+	+	—	+	+	+	+	+	
— aurinia merope (Lepidopt.)	0	n. g.	+	n. g.	+	—	+	+	+	
Argynnis pales (Lepidopt.)	+	+	+	n. g.	+	n. g.	+	+	+	
Erebia gorge (Lepidopt.)	+	+	+	n. g.	+	n. g.	+	0	+	
— lappona (Lepidopt.)	+	n. g.	0	n. g.	n. g.	n. g.	+	n. g.	+	
— tyndarus (Lepidopt.)	n. g.	+	+	n. g.	+	+	—	n. g.	+	
Hesperia cacaliae (Lepidopt.)	+	+	+	n. g.	0	0	+	n. g.	+	
Agrotis fatidica (Lepidopt.)	+	+	+	n. g.	+	—	+	n. g.	+	
Anarta melanopa rupestralis (Lepidopt.)	n. g.	n. g.	+	n. g.	+	—	+	+	+	Dürfte auch in Schneetälchengesellschaften übertreten.
Plusia Hochenwarthi (Lepidopt.)	+	n. g.	0	n. g.	+	—	+	n. g.	+	

[1] Die Art wird in der Umgebung der Rudolfshütte durch *Byrrhus gigas* vertreten.
[2] n. g. bedeutet, daß die Art in dem betreffenden Bestande nicht gesammelt wurde, womit jedoch nicht gesagt sein soll, daß sie dort tatsächlich fehlt.

Assoziationstabelle der *Carabus concolor-Zygaena exulans*-Gesellschaft (Fortsetzung).

Charakterarten	Soziologische Aufnahme Nummer									Anmerkungen
	I	II	III	IV	V	VI	VII	VIII	IX	
Gnophos zelleearius (Lepidopt.)	0	n. g.	+	n. g.	+	n. g.	+	n. g.	+	
Psodos coracinus (Lepidopt.)	0	n. g.	+	n. g.	n. g.	+	+	+	+	
Arctia Quenseli (Lepidopt.)	+	+	+	n. g.	+	n. g.	+	0	+	
Endrosa irrorella var. *Nickerli* (Lepidopt.)	0	+	+	n. g.	+	+	+	0	+	
— *roscida* var. *melanomos* (Lepidopt.)	0	+	+	n. g.	+	n. g.	+	0	+	
Zygaena exulans (Lepidopt.)	+	+	+	n. g.	+	+	+	+	+	
Oreopsyche plumifera (Lepidopt.)	0	+	0	n. g.	0	n. g.	+	+	+	
Asarta aethiopella (Lepidopt.)	+	+	n. g.	n. g.	n. g.	n. g.	+	n. g.	+	
Titanio phrygialis (Lepidopt.)	+	n. g.	0	n. g.	+	n. g.	+	n. g.	+	
Scoparia valesialis (Lepidopt.)	+	n. g.	+	n. g.	+	?	+	?	+	
Aeropus sibiricus (Orthoptera)	+	+	+	n. g.	+	—	+	n. g.	+	
Anoterostemma Theni (Hemiptera)	+	+	+	n. g.	+	—	+	n. g.	+	
Erythraeus regalis (Acari)	+	+	—	—	—	+	+	+	+	
Thanatus alpinus (Aranaeina)	+	+	—	—	+	—	+	+	+	Die Art kommt nur in den tieferen Teilen der Grasheidenstufe vor.
Xysticus desidiosus (Aranaeina)	+	+	+	+	+	—	+	+	+	
Lycosa ferruginea (Aranaeina)	+	+	n. g.	+	0	0	—	—	+	
— *saltuaria* (Aranaeina)	n. g.	+	+	—	n. g.	—	+	n. g.	+	
— *Giebeli* (Aranaeina)	+	+	—	—	+	+	+	n. g.	+	
Gnaphosa badia (Aranaeina)	+	n. g.	+	n. g.	n. g.	+	+	+	+	
Pupilla alpicola (Gastropoda)	+	n. g.	+	n. g.	n. g.	+	+	n. g.	+	
Columella edentula (Gastropoda)	+	n. g.	+	n. g.	n. g.	+	0	+	+	

V. Freiwandeck, SW-Hang nordwestlich des Hotels. Datum: 31. VII. 1938, außerdem mehrfach flüchtige Aufnahmen im Juli und August der Jahre 1937 und 1938. Seehöhe: 2400 bis 2450 m. Grundgestein: Grünschiefer mit spärlichen Kalkphylliteinlagen. Grasheidenvegetation nicht genau notiert. Untersucht wurde eine größere nicht scharf umgrenzte Fläche. Das Gelände ist durch den starken Fremdenverkehr leider zum Teil stark abgetreten, wodurch Flora und Fauna sichtlich gelitten haben.

VI. Rasenfleck am Haldenhöcker unterhalb des Mittleren Burgstalls (vgl. Abb. 37, 40 und Abb. 41). Seehöhe: 2650—2700 m. Datum: 29. VII. 1938 und 16. VII. 1940. Grundgestein: Kalkphyllit mit anscheinend ziemlich mächtiger Gehängeschuttüberdeckung. SW-Exposition, Hangneigung steil gegen die Pasterze, Fläche verhältnismäßig windgeschützt. Boden trägt 40 cm mächtige humose Oberschicht. An Pflanzen wurden notiert: *Juncus Jacquini*, *Juncus trifidus*, *Sesleria varia*, *Festuca pumila*, *Anthoxantum odoratum*, *Polygonum viviparum*, *Oxytropis campestris*, *Luzula spicata*, *Helianthemum alpestre*, *Erysimum helveticum* var. *pumilum*, *Draba aizoides*, *Silene acaulis*, *Pedicularis Kerneri*, *Leontopodium alpinum*, *Myosotis alpestris*, *Bartsia alpina*, *Thymus chamaedrys*, *Gentiana Kochiana*, *Gentiana verna*, *Potentilla Crantzi*, *Erigeron uniflorus*, *Primula farinosa*, *Lloydia serotina*, *Ligusticum mutellina* und Flechten. In kleinen Mulden waren zu beobachten: *Deschampsia caespitosa*, *Cirsium spinosissimum* und *Trollius europaeus* (zwergig); solche Stellen sind als Gemsläger anzusprechen. Eine quantitative Bodenanalyse, die auf einer Fläche von $\frac{1}{4}$ m^2 durchgeführt wurde, wird gesondert besprochen.

VII. Gamsgrube. Bestandesaufnahmen erfolgten sowohl unterhalb als auch oberhalb des neuen Promenadeweges in Seehöhen von 2450 bis 2570 m. Der Tierbestand ist in größeren Höhen deutlich tierärmer als in geringeren. Grundgestein: Kalkphyllit, Boden sehr sandig. SW-Exposition, Hangneigung in den höheren Lagen sehr steil, in den tieferen etwas flacher. Aufgenommene Flächen nicht scharf umgrenzt. Die Rasengesellschaften sind Elyneta und Seslerio-Sempervireta.

VIII. Stanziwurten, Sonnblick-S-Seite. Seehöhe: 2250—2350 m. Datum: 2. VII. 1937. Grundgestein: Kalkphyllit. Vegetation: Caricetum firmae und Seslerio-Semperviretum. Esposition gegen SW, Gelände mäßig steil. Die aufgenommenen Flächen waren nicht scharf umgrenzt.

Außer den genannten Flächen wurden noch solche auf der Gjaidtrog-S-Seite, am Gjaidtrog-SW-Hang über der Großen Fleiß, auf der S-Seite des Hochtortauernkopfes, auf der S-Seite der Weißenbachscharte gegen die Große Fleiß, auf der Sandkopf-SW-Seite, auf dem Rasenfleck im Wasserfallwinkel, an den Hängen der Leiterköpfe entlang des Wienerweges zwischen Stockerscharte und neuer Salmhütte, im obersten Ködnitz- und Teischnitztal, im obersten Dorfer Tal, am Muntanitz-SO-Hang, am W-Hang des Wiesbachhorns über dem Moserboden, im Talschluß des Fuscher Tales gegen die Untere Pfandlscharte und an der Edelweißwand unterhalb des Fuscher Törls untersucht. An allen diesen Stellen wurden Tierbestände festgestellt, die durchaus dem eben beschriebenen Gesellschaftstypus entsprachen. Nahezu tierleer erwiesen sich die Grasheiden auf der Höhe der Marxwiese zwischen dem Unteren Keesboden und der Trögelalm sowie gewisse Grasheiden auf Moränenuntergrund im Pfandlschartenvorfeld südlich des Tauernhauptkammes und im Bereiche der Rudolfshütte. Die Tierarmut dieser Flächen scheint teils durch langandauernde intensive Vergletscherung, teils durch die den petrophilen Tieren nicht zusagende Beschaffenheit des Untergrundes (Moränenschutt) bedingt zu sein. Auf den letztgenannten Umstand hat bereits Holdhaus (1906) hingewiesen.

Analyse der Charakterarten.

Carabus concolor Fbr. ist in allen seinen Rassen rein hochalpin verbreitet und anscheinend überall ein typischer Bewohner der hochalpinen Grasheidenstufe. Er ist als treue Charakterart der Grasheidengesellschaft anzusprechen und gehört zu denjenigen Arten, die nach Holdhaus als steppicol zu bezeichnen wären.

Staphylinus ophthalmicus hypsibatus Bernh. ist gleichfalls typischer Bewohner der hochalpinen Grasheiden. Während die Stammform in der Ebene lebt und dort die xerothermen Gebiete bevorzugt, lebt die alpine Rasse steppicol auf Grasmatten und Grasheiden meist oberhalb der Waldgrenze. Da sie jedoch noch ziemlich weit unter die Grenze der hochalpinen Grasheiden herabsteigt, ist sie nur als feste Charakterform der Grasheidenassoziation anzusprechen.

Quedius alpestris Heer f. typ. und var. *spurius* Lok. Beide Formen sind vor allem in der hochalpinen Grasheidenstufe verbreitet und mindestens als holde Charakterarten der *Carabus concolor*-Assoziation zu bezeichnen.

Dasytes alpigradus Ksw. findet sich in den Hochalpen weit verbreitet. Er ist auf höhergelegenen Almwiesen und in der hochalpinen Grasheidenstufe auf Blüten sehr häufig und mindestens als holde Charakterart der Grasheidengesellschaft zu bezeichnen.

Rhagonycha maculicollis Märk. ist gleichfalls vorwiegend in den hochalpinen Grasheiden heimisch und mindestens als holde Charakterart derselben zu bewerten.

Malthodes trifurcatus Ksw. ist in der ab. *atramentarius* Ksw. in der hochalpinen Grasheidenstufe des Glocknergebietes allgemein verbreitet und, obwohl er wie schon dargelegt auch in anderen hochalpinen Assoziationen häufig auftritt, doch als holde Charakterart der *Carabus concolor*-Assoziation zu bezeichnen.

Byrrhus alpinus Gory findet sich gleichfalls in verschiedenen alpinen Assoziationen des Untersuchungsgebietes, tritt aber nirgends mit solcher Regelmäßigkeit auf wie in der *Carabus concolor*-Gesellschaft und in der weiteren Umgebung der Schneetälchen. Die Art kann daher als holde Charakterform der hochalpinen Grasheiden bewertet werden.

Corymbites cupreus Fbr. f. typ. ist zusammen mit seiner var. *aeruginosus* auf höheren Almwiesen und alpinen Grasheiden in den Alpen weit verbreitet, kommt jedoch auch in anderen europäischen Gebirgen und im hohen Norden vor. Der Käfer ist holde Charakterart der Grasheidengesellschaft.

Corymbites rugosus Germ. ist gleichfalls boreoalpin verbreitet und lebt in den Alpen anscheinend nur in der hochalpinen Grasheidenstufe. Die Art ist als treue Charakterart der *Carabus concolor*-Assoziation zu bewerten, wenngleich sie im Glocknergebiet nicht allzu häufig vorkommt und daher in einzelnen Grasheidenbeständen fehlt.

Chrysochloa frigida Wse. ist gleichfalls mindestens feste Charakterart der hochalpinen Grasheidenstufe. Sie tritt nur gelegentlich in andere Assoziationstypen über, ist aber im Glocknergebiet gleichfalls nicht sehr häufig.

Chrysochloa viridis Dft. ist ebenso ein typisches Grasheidentier, besonders der tieferen Lagen, kommt allerdings auch noch in der Zwergstrauchstufe vor. Auch diese Art ist als feste Charakterart der *Carabus concolor*-Assoziation zu bewerten.

Otiorrhynchus alpicola Boh. findet sich gelegentlich nicht nur in hochalpinen Grasheiden, sondern in Schneetälchengesellschaften. Er tritt aber im Glocknergebiet in der Grasheidenassoziation auf kalkreichen Böden mit solcher Regelmäßigkeit auf, daß er als holde Charakterart derselben zu bewerten ist.

Melithaea asteria Frr. ist zentralalpin verbreitet und lebt vorwiegend in den hochalpinen Grasheiden. Die Art scheint im Gebiete zwar in einzelnen Grasheidebeständen zu fehlen, ist aber doch feste Charakterart der Grasheidengesellschaft.

Melithaea cynthia Hb. wurde nach Vorbrodt (1921—23) in der Schweiz als Schmetterling in Höhen von 1500 bis 3136 m beobachtet und fliegt auf allen Grasplätzen der alpinen Stufe. Die Raupe lebt polyphag an niederen Pflanzen und dürfte nicht nur in der hochalpinen Grasheidenstufe, sondern auch noch in der Zwergstrauchzone regelmäßig anzutreffen sein. Dennoch ist die Art als feste Charakterart der *Carabus concolor*-Assoziation anzusprechen.

Melithaea aurinia var. *merope* Prun. wird von Vorbrodt (1921—23) aus der Schweiz von 1800 bis 3000 m gemeldet und lebt ähnlich der vorgenannten Art vorwiegend in der hochalpinen Grasheidenstufe. Sie ist ebenfalls als feste Charakterart der *Carabus concolor*-Assoziation zu bezeichnen.

Argynnis pales Schiff. ist im Glocknergebiet einer der häufigsten Tagfalter, der bis in die obere Waldzone hinabsteigt. Dennoch ist der Schmetterling infolge seines regelmäßigen und häufigen Vorkommens in den hochalpinen Grasheiden als holde Charakterart derselben zu bezeichnen.

Erebia gorge Esp., *lappona* Esp. und *tyndarus* Esp. sind charakteristische Bewohner der hochalpinen Grasheiden. Sie sind wohl mindestens als feste Charakterarten der *Carabus concolor*-Assoziation zu bewerten, eine sichere synökologische Bewertung wird erst dann erfolgen können, wenn ihre Lebensweise besser bekannt sein wird, als das gegenwärtig der Fall ist.

Hesperia cacaliae Rbr. ist im Gebiete in den hochalpinen Grasheiden anscheinend nicht allgemein verbreitet und steigt gelegentlich auch in die Zwergstrauchstufe herab. Die Art ist jedoch auch in anderen Teilen der Alpen für die hochalpinen Grasheidengesellschaften sehr charakteristisch (vgl. Mack 1940) und daher unbedingt als feste Charakterart der *Carabus concolor*-Gesellschaft zu bewerten.

Agrotis fatidica Hb. lebt nach Vorbrodt (1921—23) in der Schweiz in Höhen von 1866 bis 2700 *m*, steigt jedoch nach den aus den Hohen Tauern vorliegenden Beobachtungen wohl nur vorübergehend in subalpine Lagen herab und scheint in der hochalpinen Grasheidenstufe im Gebiete die häufigste Noctuide zu sein. Davon legen vor allem die Massenfänge Zeugnis ab, die F. Koschabeck auf der Franz-Josefs-Höhe von dieser Art am Licht machte. *Agrotis fatidica* ist mindestens als feste Charakterart der hochalpinen Grasheidengesellschaft anzusprechen.

Anarta melanopa var. *rupestralis* Hb. ist gleichfalls vorwiegend in der hochalpinen Grasheidenstufe verbreitet. Vorbrodt (1921—23) gibt an, daß die Art in der Schweiz in Höhen zwischen 2000 und 3000 *m* beobachtet wurde, die Raupe ist polyphag, soll aber besonders an *Salix*-Arten fressen. Möglicherweise gehört das Tier nicht zur Tiergesellschaft der hochalpinen Grasheiden, sondern zu derjenigen der Schneetälchen. Wegen des häufigen Auftretens des Schmetterlings in Grasheidebeständen sei die Art aber vorerst als holde Charakterart der hochalpinen Grasheiden angeführt.

Plusia Hochenwarthi Hochw. wird von Vorbrodt (1921—23) aus der Schweiz aus Höhen zwischen 1200 und 2900 *m* angegeben. Die Raupe lebt u. a. an *Taraxacum officinale*. Auch diese Art ist als holde Charakterart der Grasheidengesellschaft zu bezeichnen.

Gnophos zellerarius Frr. kommt nach Vorbrodt (1921—23) in der Schweiz in Höhen von 1900 bis 3482 *m* vor. Die Art überschreitet dort wie in der Glocknergruppe als Schmetterling sicher die obere Grenze der Grasheidenstufe. Ob auch die Raupe in der Polsterpflanzenstufe noch regelmäßig anzutreffen ist, läßt sich aus dem Grunde nicht sicher entscheiden, weil dieselbe von der Raupe von *Dasydia tenebraria* oft nicht sicher zu unterscheiden ist. Die Art scheint jedoch in allen Entwicklungsstadien in den hochalpinen Grasheiden am häufigsten aufzutreten und ist darum in deren Tiergesellschaft als holde Charakterart zu bewerten.

Psodos coracinus Esp. ist boreoalpin verbreitet. Die Raupe ist noch unbekannt. Das Tier scheint in den Alpen steppicol in den hochalpinen Grasheiden zu leben und ist in der *Carabus concolor*-Assoziation mindestens als holde Charakterart anzuführen.

Arctia Quenseli Payk. ist gleichfalls boreoalpin verbreitet und lebt in den Alpen anscheinend ausschließlich in der hochalpinen Grasheidenstufe. Vorbrodt (1921—23) gibt die Art aus 2000 bis 3000 *m* an, sie dürfte als feste Charakterart der hochalpinen Grasheidenstufe zu bewerten sein.

Endrosa irrorella var. *Nickerli* Mn. findet sich in den hochalpinen Grasheiden des Glocknergebietes in großer Häufigkeit. Raupen habe ich wiederholt in Grasheidebeständen unter Steinen gesammelt. Die Form ist also sicher als holde Charakterform der Grasheidengesellschaft zu bezeichnen.

Endrosa roscida var. *melanomos* Nick. findet sich mit der vorigen Art und in ungefähr gleicher Häufigkeit wie diese im ganzen Untersuchungsgebiet auf den hochalpinen Grasheiden. Auch sie ist als holde Charakterform der *Carabus concolor*-Assoziation zu bezeichnen.

Zygaena exulans Hochw. ist für die hochalpinen Grasheiden des Glocknergebietes und darüber hinaus des zentralen Teiles der Alpen äußerst charakteristisch. Die boreoalpine Art steigt zwar bis in die Zwergstrauchzone herab und dringt anderseits bis weit in die Polsterpflanzenstufe bergwärts vor, findet sich aber doch nirgends in annähernd gleicher Häufigkeit wie in den alpinen Grasheiden und ist als treue Charakterart der *Carabus concolor*-Assoziation zu bezeichnen.

Oreopsyche plumifera O. wurde nach Vorbrodt (1921—23) in der Schweiz von 1500 bis 3150 *m* festgestellt, die Raupe soll an *Thymus*, aber auch an Gräsern leben. Das Tier scheint vorwiegend in den hochalpinen Grasheiden zu leben und dürfte mindestens als holde Charakterart der hochalpinen Grasheidenassoziation zu bewerten sein.

Titanio phrygialis Hb. findet sich im Gebiete in sub- und hochalpinen Lagen, die Art tritt jedoch nirgends so zahlreich auf wie in den hochalpinen Grasheiden; sie ist darum als holde Charakterart hier anzuführen.

Scoparia valesialis Dup. wird von Vorbrodt (1921—23) in der Schweiz aus 2000—3000 *m* Höhe angegeben, die Raupe soll an Moosen leben, die Schmetterlinge fliegen an Grashalden. Die Art ist mindestens als holde Charakterform der *Carabus concolor*-Assoziation zu betrachten, aber synökologisch noch ungenügend erforscht.

Asarta aethiopella Dup. ist synökologisch noch wenig erforscht, die wenigen vorliegenden Beobachtungen lassen aber doch schon erkennen, daß die Art steppicol in der hochalpinen Grasheidenstufe lebt. Auch Vorbrodt (1921—23) gibt an, daß das Tier in der Schweiz in Höhen von 1700 bis 2756 *m* beobachtet wurde und vorwiegend an trockenen alpinen Grasplätzen schwärmt. Es ist darum auch diese Art mindestens als holde Charakterart der Grasheidengesellschaft anzusprechen.

Aeropus sibiricus L. ist diejenige Heuschrecke, die im Gebiete am höchsten emporsteigt. Sie findet sich auf sonnigen Wiesen schon unterhalb der Baumgrenze und ist vor allem für die sonnigen Wiesen der Zwergstrauchstufe kennzeichnend. Dennoch ist sie auch in den tieferen Lagen der Grasheidenstufe in der *Carabus concolor*-Assoziation so allgemein verbreitet, daß sie als holde Charakterart dieser Tiergesellschaft betrachtet werden muß.

Anoterostemma Theni Loew ist in der Grasheiden- und Zwergstrauchstufe des Glocknergebietes auf Grasheiden und Almwiesen sehr häufig. Im Engadin findet sich die Art nach Hofmänner von 1900 bis 2300 *m*. Sie ist als feste Charakterart der *Carabus concolor*-Gesellschaft zu bewerten.

Erythraeus regalis C. L. Koch ist für die trockenen Grasheiden der hochalpinen Zone äußerst charakteristisch. Diese Milbe ist streng steppicol, überschreitet aber im Glocknergebiet wie in Tirol, wo sie nach Irk (i. l.) „die gemeinste Milbe" überhaupt ist, die obere Grenze der Grasheidenstufe erheblich und ist darum nur als feste Charakterart der hochalpinen Grasheiden zu bewerten.

Thanatus alpinus Kulcz. scheint ausschließlicher Bewohner hochalpiner Grasheiden zu sein. Die Art lebt hochalpin und wird von Reimoser (1919) nur aus Tirol und der Schweiz angegeben, sie ist zweifellos als Charakterart der *Carabus concolor*-Assoziation zu bewerten, ihr Treuegrad kann aber gegenwärtig mangels ausreichender Erforschung des ökologischen Verhaltens noch nicht angegeben werden.

Xysticus desidiosus Sim. ist in seiner Verbreitung nicht auf die hochalpine Zone beschränkt, findet sich aber in den hochalpinen Grasheiden mit größerer Regelmäßigkeit und häufiger als in anderen Assoziationen. Die Art ist daher als holde Charakterart der *Carabus concolor*-Assoziation zu bezeichnen.

Lycosa ferruginea L. Koch ist für die hochalpinen Grasheiden äußerst charakteristisch, wenn auch vielleicht nicht auf sie beschränkt. Diese Spinne ist ausgesprochen steppicol und mindestens feste Charakterart der *Carabus concolor*-Assoziation.

Lycosa saltuaria L. Koch ist lange nicht so fest an die Grasheidenassoziation gebunden wie die vorhergehende Art. Sie ist aber doch auch als holde Charakterart dieser Gesellschaft zu bewerten.

Lycosa Giebeli Pav. ist eine in den Alpen ausschließlich hochalpin verbreitete Spinne. Die Art kommt nach Reimoser (l. c.) auch in Sibirien vor. In den Alpen ist die Sonnblickgruppe bisher der östlichste bekannte Verbreitungspunkt. Die Art steigt über die obere Grenze der Grasheidenstufe in die Polsterpflanzenzone empor und ist in verschiedenen hochalpinen Assoziationen zu finden. Sie bevorzugt jedoch deutlich die Grasheiden und ist darum mindestens als holde Charakterart der *Carabus concolor*-Assoziation zu bezeichnen.

Gnaphosa badia L. Koch ist gleichfalls eine hochalpine Art und typischer Bewohner der Grasheiden. Die Art tritt aber nicht selten auch in andere Assoziationen über und ist darum nur als feste, vielleicht sogar nur holde Charakterart der Grasheidengesellschaft zu bewerten.

Pupilla alpicola Charp. und *Columella edentula columella* G. v. Mart. scheinen bis zu einem gewissen Grade kalkhold zu sein. Die Schnecken bewohnen im Untersuchungsgebiete die hochalpinen Grasheiden allenthalben in großer Zahl und sind mindestens als holde Charakterarten der *Carabus concolor*-Gesellschaft zu bewerten.

Zu den genannten Charakterarten kommen als weitere wahrscheinlich noch die Schmetterlinge *Agrotis culminicola* Stgr. und *Agrotis Wiskotti*, *Psodos alpinatus* und *Orenaia alpestralis*, die Fliegen *Tipula excisa*, *Rhamphomyia anthracina*, *Hydrotaea hirticeps*, *Drymeia hamata*, *Rhynchotrichops subrostratus*, *Rhynchopsilops villosus*, *Trichopticus hirsutulus*, *Trichopticus nigritellus*, *Pogonomyia Meadei*, *Phorbia securis*, *Ptiolina paradoxa* und wohl auch noch die eine oder andere der im folgenden genannten Begleitarten. Die ungenügende ökologische Erforschung dieser Tiere läßt es jedoch als ratsam erscheinen, sie zunächst noch nicht als soziologische Leitformen zu verwenden. Unter den blumenbesuchenden Anthomyiiden ist *Rhynchotrichops subrostratus* die häufigste und an den meisten Blüten beobachtete Art.

Als Begleiter der *Carabus concolor-Zygaena exulans*-Gesellschaft sind zu nennen: die Käfer *Pterostichus Jurinei*, *Amara Quenseli*, *Cymindis vaporariorum*, *Philonthus frigidus*, *Philonthus montivagus*, *Anthophagus alpinus*, *Anthophagus bicornis*, *Anthobium anale*, *Anthobium alpinum*, *Amphichroum hirtellum*, *Rhagonycha nigripes*, *Chrysochloa gloriosa*, *Chrysochloa speciosissima troglodytes*, *Otiorrhynchus chalceus* (nur auf Kalkschiefer), ferner die Schmetterlinge *Colias phicomene*, *Erebia epiphron*, *Erebia pharte* ab. *pellene*, *Erebia manto pyrrhula*, *Lycaena eros*, *Lycaena pheretes*, *Agrotis lucernea*, *Agrotis simplonia*, *Agrotis grisescens*, *Larentia albulata*, *Gnophos caelibarius*, *Dasydia tenebraria*, *Ino geryon chrysocephala*, *Psodos trepidarius*, *Psodos quadrifarius stenolaenius*, *Pygmaena fusca*, *Parasemia plantaginis* var. *subalpina*, *Hepiolus ganna*, *Crambus coulonellus*, *Titanio pyrenaealis*, *Titanio schrankiana*, *Tortrix paleana*, *Eulia rigana*, und *Scythris glacialis*, die Hymenopteren *Bombus lapponicus*, *Bombus alpinus*, *Bombus pyrenaeus*, *Bombus alticola*, *Bombus mastrucatus*, *Bombus mendax*, *Psithyrus rupestris*, *Andrena Rogenhoferi*, *Andrena lapponica* und jedenfalls auch verschiedene Ichneumoniden, Braconiden, Chalcididen und vielleicht auch Tenthrediniden, die Fliegen *Tipula irregularis*, *Lasiopticus pyrastri*, *Epistrophe balteata*, *Norellia liturata*, die Rhynchoten *Deltocephalus abdominalis*, *Sitobium cereale* und *Orthezia cataphracta*, die Collembolen *Sminthurinus aureus* ab. *atratus*, *Deuterosminthurus insignis* und *Sminthurus viridis* (die bodenbewohnenden Arten sind hier mit Absicht nicht aufgezählt), die Spinnen *Xysticus bifasciatus*, *Drassodes lapidosus*, *Haplodrassus signifer*, der Weberknecht *Mitopus morio*, die Myriopoden *Lithobius forficatus*, *Lithobius latro* und *Tauerijulus aspidiorum*, die Schnecken *Pyramidula rupestris*, *Euconulus trochiformis* (beide anscheinend nur auf kalkhaltigem Substrat) und *Arianta arbustorum* (auch auf Urgestein, dort aber sehr dünnschalige Gehäuse ausbildend), sowie schließlich die Regenwürmer *Octolasium croaticum argoviense* und *Eisenia alpina*.

Das eben entworfene Bild beschränkt sich, wie schon erwähnt, im Wesentlichen auf den Tierverein der Vegetationsschicht der hochalpinen Grasheiden und bedarf noch der Ergänzung durch Darstellung der zugehörigen Bodenfauna. Um diese soziologisch ebenso zu kennzeichnen, bedürfte es einer entsprechenden Zahl faunistischer Bodenanalysen, die jedoch heute noch nicht vorliegen. Es kann darum an Stelle einer exakten soziologischen Charakteristik nur ein ungefähres Bild von der Zusammensetzung der Bodentierwelt hochalpiner Grasheiden in den mittleren Hohen Tauern gegeben werden. Ein solches wird durch die nachstehende Tabelle vermittelt, in welcher das Gesamtergebnis der faunistischen Analysen dreier Grasheideböden Aufnahme fand, ohne daß zunächst zwischen Charakterarten, Begleitern und zufälligen Gästen unterschieden worden wäre.

Kennzeichnung der Bestände.

I. **Haldenhöcker unterhalb des Mittleren Burgstalls.** Untersucht wurde auf der schon unter Nr. VI in der Assoziationstabelle der Grasheidengesellschaft beschriebenen Fläche $1/4\ m^2$ Bodens der Schichtdicke von 0 bis 4 cm. Datum: 16. VII. 1940. Höhenlage etwa 2650 m. Bodenprofil: 0—30 cm dunkel-schwarzgraue Rendsina, unter 30 cm Tiefe allmählich heller werdend, jedoch auch in dieser Tiefe noch fast ohne Beimengung gröberer Bestandteile. Bodenreaktion kolorimetrisch mit dem von der Firma Jurány (Budapest) hergestellten Gerät gemessen: in 2 cm Tiefe pH = 6·1, in 10 cm Tiefe pH = 6·3, in 20 cm Tiefe pH = 6·2, in 35 cm Tiefe pH = 6·4. Die Vegetation deckt den Boden zu etwa $4/5$. Die auffällig mächtige Oberbodenschicht, der

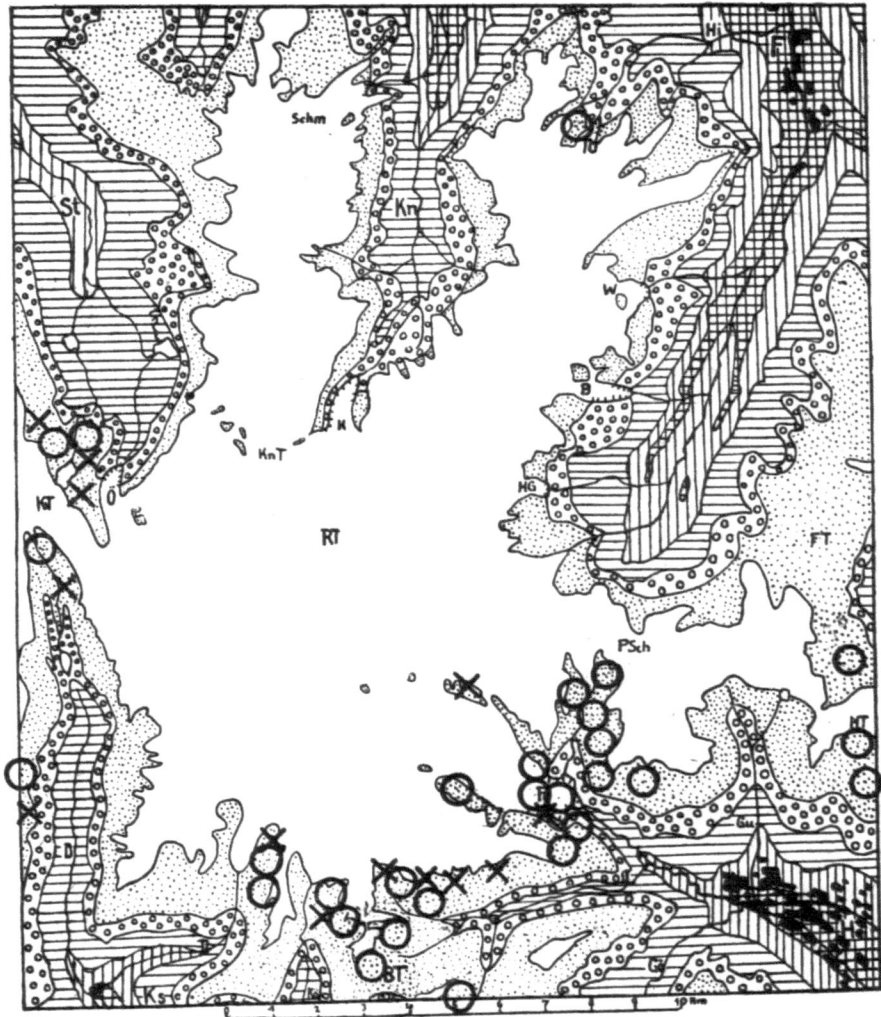

Fig. 29: Schematische Höhenstufenkarte (wie Fig. 18) mit Eintragung der Fundorte zweier hochalpiner Grasheidentiere: *Carabus concolor Hoppei* (Kreise) und *Corymbites rugosus* (liegende Kreuze).

gröbere Beimengungen nahezu völlig fehlen, ist offensichtlich durch Einwehung von Kalkphyllitsand entstanden. Der tiefgründige Boden bietet Bodentieren so günstige Lebensbedingungen, wie sie in solchen Höhenlagen selten vorhanden sind. Die Probe wurde an der Reichsforschungsanstalt f. alp. Landwirtschaft in Admont von Fräulein A. Häuser und Frl. G. Hareiter mittels Gesiebeautomaten nach Moczarski und Winkler ausgelesen. Das Aussuchen der Nematoden besorgte ich selbst mit Hilfe eines Stereomikroskops im Auflicht.

II. **Grasheide am Wasserrad-SW-Hang, wenig unterhalb der Grasheidengrenze.** Höhenlage etwa 2500 m. Datum: 17. VII. 1940. Grundgestein: Kalkphyllit. Boden: Grobsandiger, braungrauer Oberboden vom Rendsinatyp, zahlreiche etwa erbsengroße Kalkphyllitbröckchen enthaltend, geht nach unten allmählich in helleren Rohboden über. Das Grundgestein ist in 30 cm Tiefe noch nicht erreicht. Bodenreaktion: in 3 cm Tiefe pH = 6·7, in 20 cm Tiefe pH = 6·5. Die Vegetation deckt den Boden zu etwa $4/5$. An Pflanzen wurden im Umkreis der Probefläche, die $1/4\ m^2$ Boden der Schicht von 0 bis 3 cm Tiefe umfaßt, folgende festgestellt: *Elyna myosuroides, Sesleria varia, Polygonum viviparum, Oxytropis campestris, Gentiana* spec., *Helianthemum alpestre, Erysimum helveticum* var. *pumilum, Trollius europaeus* (zwergig), *Silene acaulis, Draba aizoides*,

Die Bodenfauna hochalpiner Grasheiden in der obersten, 3 bis 5 cm mächtigen Bodenschicht.

Artenbestand	Quantitative Analyse Nr.		
	I	II	III
Käfer insgesamt auf 1 m^2 Fläche	32	20	30
Pterostichus unctulatus	—	—	+ (12)
Pterostichus Jurinei	—	—	+ (6)
Omalium excavatum	—	+ (4)	—
Tachyporus macropterus	—	—	+ (6)
Philonthus montivagus	—	—	+ (6)
Quedius alpestris	+ (8)	+ (4)	+
Mycetoporus Mulsanti	—	+ (4)	+
Leptusa pseudoalpestris	+ (24)	+ (8)	+
Fliegen insgesamt auf 1 m^2 Fläche	460	8	—
Neosciara diversiabdominalis	+ (408)	—	—
Neosciara minima	+ (16)	—	—
Caenosciara ignava	+ (36)	—	—
Scatopsciara quinquelineata	—	+ (4)	—
Pyralidenpuppen	144	—	—
Käferlarven	136	56	6
Fliegenlarven	36	24	
Lachesilla pedicularia	—	+ (8)	—
Collembolen insgesamt auf 1 m^2 Fläche	124	24	114
Hypogastrura armata	+ (12)	+ (4)	+ (6)
Hypogastrura sozialis	—	—	+ (42)
Onychiurus armatus	+ (20)	+ (4)	+ (6)
Folsomia fimetaria dentata	—	—	+ (6)
Isotoma sensibilis	+ (88)	+ (4)	+ (48)
Orchesella luteoviridis	+ (4)	—	—
Myriopoden insgesamt auf 1 m^2 Fläche	8	—	—
Leptoiulus simplex simplex	+ (8)	—	—
Araneina (juv., unbestimmbar)	+ (4)	—	—
Acari insgesamt auf 1 m^2 Fläche	8260	662	nicht quantitativ bestimmt
Parasitus anomalus	+ (12)	+ (8)	—
Pergamasus Franzi	+ (20)	—	—
Pergamasus parvulus	+ (20)	+ (4)	—
Pergamasus noster	+ (24)	—	—
Digamasellus montanus	+ (20)	—	—
Veigaia Kochi	—	+ (4)	—
Zercon perforatulus	+ (12)	+ (12)	± (12)
Microtrombidium sucidum	+ (zahlr.)	+ (4)	—
Enemothrombium spec.	—	+ (4)	—
Bdella iconica	+ (8)	—	—
Bdella dispar	+ (4)	—	—
Belba clavipes	+ (4)	—	—
Belba tatrica	+ (16)	—	—
Belba riparia	—	+ (4)	—
Belba diversipilis	+ (zahlr.)	—	—
Ceratoppia bipilis	+ (4)	—	—
Eremaeus oblongus	+ (12)	+ (24)	+ (18)
Nothrus borussicus	+ (zahlr.)	—	—
Liebstadia similis	+ (16)	+ (8)	+ (an 100)
Euzetes seminulum	—	—	+ (6)
Sphaerozetes orbicularis	—	+ (20)	+ (an 50)
Melanozetes meridianus	—	—	+ (zirka 20)
Chamobates cuspidatus	—	—	+ (an 50)
Chamobates Schützi	—	—	+ (an 50)

Die Bodenfauna hochalpiner Grasheiden in der obersten, 3 bis 5 cm mächtigen Bodenschicht.
(Fortsetzung.)

Artenbestand	quantitative Analyse Nr.		
	I	II	III
Gymnodamaeus reticulatus	+ (16)	—	—
Fuscozetes setosus	+ (20)	—	+ (an 100)
Oromurcia sudetica	—	+ (4)	—
Tectoribates undulatus	+ (4)	—	—
Tectoribates alpinus	+ (4)	+ (4)	—
Trichoribates oxypterus	—	+ (16)	—
Trichoribates montanus	+ (78)	—	—
Trichoribates incisellus	—	+ (40)	+ (an 100)
Trichoribates trimaculatus	—	—	+ (über 100)
Oribatula tibialis	+ (20)	—	—
Notaspis punctatus	—	+ (8)	+ (über 100)
Notaspis coleoptratu.s	+ (6)	+ (20)	—
Notaspis regalis	—	+ (8)	—
Pelops nepotulus	—	+ (4)	+ (12)
Pelops ureaceus	—	+ (12)	—
Pelops longifissus	—	+ (12)	—
Phthiracarus anonymum	—	+ (52)	—
Camisia biverrucata	+ (zahlr.)	—	—
Eulohmannia Ribagai	+ (4)	—	—
Schnecken (auch leere Gehäuse) insgesamt auf 1 m² Fläche	932	24	—
Pyramidula rupestris	+ (196)	—	—
Pupilla alpicola	+ (720)	+ (24)	+ (16)
Columella edentula	+ (16)	—	—
Lumbricus rubellus	—	—	+ (6)
Dendrobaena subrubicunda	—	—	+ (6)
Lumbricidae (juv. unbestimmbar)	—	+ (16)	+ (48)
Enchytraeidae (unbestimmt)	+ (mehrere Tausend)	+ (mehrere Tausend)	+
Tardigraden (unbestimmt)	n. g.	+	n. g.
Nematoden insgesamt auf 1 m² Fläche (0—3 cm)	570.000	130.000	2,698.000
Alaimus primitivus	—	—.	+ (24.000)
Dorylaimus macrodorus	+ (95.000)	—	—
Dorylaimus longicaudatus	—	+ (27.000)	—
Dorylaimus Hofmänneri	+ (30.000)	—	+ (24.000)
Dorylaimus Carteri	+ (150.000)	+ (22.000)	+ (1,100.000)
Dorylaimus acuticauda	—	+ (22.000)	—
Dorylaimus agilis	—	+ (16.000)	—
Dorylaimus obtusicaudatus	+ (180.000)	+ (27.000)	+ (1,400.000)
Dorylaimus tritici	—	+ (5000)	—
Plectus tenuis	—	+ (11.000)	—
Anguillulina agricola	+ (30.000)	—	—
Anguillulina styriacus	+ (105.000)	—	—
Aphelenchoides parietinus	+ (30.000)	—	—

Cerastium uniflorum, Flechten. Die Stelle ist ziemlich windausgesetzt und es hat den Anschein, daß der Wind den Schnee hier im Winter großenteils abweht und auch feinere Bodenteilchen gelegentlich fortträgt. Der Standort ist wesentlich ungünstiger als Fläche I, obwohl er tiefer liegt als diese. Auch diese Probe wurde an der Reichsforschungsanstalt in Admont von Frl. A. Häuser und Frl. G. Hareiter ausgesucht.

III. Kalkphyllitrücken unterhalb des Glocknerhauses in etwa 2100 m Höhe. Der nahezu schwarze Rendsinaboden deckt das Grundgestein in 5 bis 20 cm Mächtigkeit, wobei die Bodenschichten unter 5 cm allmählich in hellen Rohboden übergehen. Bodenreaktion: in 3 cm Tiefe pH = 6·8. Die Vegetation deckt die Bodenoberfläche zu mehr als ¾. Untersuchte Fläche ¼ m^2, Exposition: örtlich NW, des gesamten Hanges SW. An Pflanzen wurden gesammelt und von Prof. H. Gams bestimmt: *Sesleria varia*, *Anthoxantum odoratum*, *Agrostis alpina*, *Festuca dura*, *Poa alpina*, *Carex atrata*, *Polygonum viviparum*, *Salix arbutifolia*, *Anemone alpina* subsp. *alba*, *Ligusticum mutellina*, *Pedicularis Kerneri*, *Aster alpinus*, *Helianthemum alpestre*, *Trifolium pratense*, *Astragalus campestris*, *Galium anisophyllum*, *Sagina Linnaei*, *Gentiana prostrata*, *Primula minima*, *Primula farinosa*, *Hieracium glandulosum*, *Phyteuma* spec., *Aconitum napellus* (zwergig). Die Fläche stellt einen Ausschnitt aus der „Kalkphyllitsteppe" dar, die im Pasterzenvorland in der hochalpinen Grasheidenstufe und, wie im vorliegenden Fall, auch noch eingesprengt in die Zwergstrauchzone auf Kalkphyllitrücken allenthalben auftritt. Sie bildet eine Grasheideninsel im Bereiche der Zwergstrauchwiesen. Die Probenanalyse wurde in Wien von Dr. H. Strouhal durchgeführt.

Zu den in der vorstehenden Tabelle zusammengestellten Analysenergebnissen ist folgendes zu sagen. Die größeren Tiere wurden aus dem Bodengesiebe mittels Gesiebeautomaten der Bauart nach Moczarski und Winkler quantitativ ausgelesen. Dies schließt natürlich Verluste durch Absterben empfindlicher Tiere, wie z. B. der Collembolen, während des mehrtägigen Bahntransportes nicht aus. Außerdem treten nach von mir an anderen Proben gesammelten Erfahrungen (vgl. Franz 1941) bei gewissen Tiergruppen, wie z. B. den Collembolen, Enchytraeiden und auch zarten Insektenlarven, beim Auslesen mittels der Automaten nach Moczarski und Winkler Verluste ein. Die gewonnenen Zahlen pro Flächeneinheit sind demnach bei den meisten Tiergruppen nicht als absolute, sondern vielmehr als Vergleichswerte zu betrachten, aus denen sich vor allem die verschiedene Dichte der Besiedlung der untersuchten Böden ablesen läßt. Die Nematoden, Enchytraeiden und Tardigraden lassen sich mit der automatischen Auslesemethode nicht vom Boden trennen. Um sie zu erhalten, muß man kleinste Bodenmengen in Wasser aufschlämmen und unter dem Binokular aussuchen. Die angegebenen Zahlen sind so gewonnen worden, daß eine gewogene kleine Bodenmenge sorgfältig nach diesen kleinen Bodentieren durchmustert und die gewonnene Individuenzahl auf das Gesamtgewicht des Bodens umgerechnet wurde. Aus Erfahrungen, die ich auf den Hochalpen Obersteiermarks zu sammeln Gelegenheit hatte (vgl. Franz 1941), ist zu schließen, daß die für die Proben I und II angegebenen Nematodenzahlen erheblich hinter der Wirklichkeit zurückbleiben. Die zarten Fadenwürmer dürften auf dem mehrtägigen Transport teilweise zugrunde gegangen sein, bevor sie ausgelesen werden konnten. Trotzdem zeigen die Zahlen, daß die Besiedlungsdichte des günstigeren Standortes I auch hinsichtlich der Nematoden bedeutend größer war als die des Standortes II.

Als erstes verallgemeinerungsfähiges Ergebnis der besprochenen Analysen kann etwa folgendes festgehalten werden: Die Besiedlung der hochalpinen Grasheideböden mit Kleintieren ist zweifellos ganz wesentlich dichter als die der Rohböden der Polsterpflanzenstufe. Sie ist jedoch nicht überall gleich, sondern entsprechend der Beschaffenheit des Bodens und des Standortes überhaupt bedeutenden Schwankungen unterworfen. Aus den im Untersuchungsgebiet und in der Obersteiermark gewonnenen Erfahrungen kann ich bereits feststellen, daß sich im allgemeinen innerhalb der Grasheidenstufe die Dichte der Besiedlung des Bodens und die Zahl der daran beteiligten Tierarten mit zunehmender Höhe des Standorts verminderte, daß aber klimatisch bevorzugte Stellen in hohen Lagen, wie etwa die Grasheide am Haldenhöcker unterhalb des Mittleren Burgstalls, eine arten- und individuenreichere Bodentierwelt aufweisen als wesentlich tiefer gelegene, weniger günstige Flächen. An Plätzen mit tiefgründigem Boden dringen die einzelnen Bodentiere bis 10 und sogar 20 *cm* Tiefe in den Boden ein, während an Stellen mit seichter Bodenkrume der Boden schon in 5 *cm* Tiefe nahezu steril ist.

Über die Verbreitung der Grasheiden im Glocknergebiet gibt die Höhenstufenkarte von Gams einen guten Überblick. In Abb. 29 ist in diese Karte die Verbreitung zweier typischer Grasheidenkäfer, des *Carabus concolor Hoppei* und des *Corymbites rugosus*, eingetragen. Das Verbreitungsbild zeigt eine strenge Bindung der beiden Tiere an die hochalpine Grasheidenstufe.

6. Die Tiergesellschaft der Schneetälchen.

(*Nebria Hellwigi*-Gesellschaft.)

In den die untere Grenze der alpinen Grasheidenstufe nur wenig überragenden Gebirgen ist häufig die gesamte hochalpine Fauna an den wenigen sich bis in den Hochsommer erhaltenden Schneeflecken konzentriert. Auf solchen, die hochalpine Region gerade noch erreichenden Gipfeln trägt meist überhaupt nur die Schneerandfauna hochalpinen Charakter. Anders ist das in den bis über die Schneegrenze aufragenden, ein ausgedehntes hochalpines Areal besitzenden Gebirgsgruppen. Dort bildet, wie dies auch im Untersuchungsgebiete der Fall ist, die Schneerandfauna nur einen kleinen Teil der hochalpinen Tierwelt, ist jedoch als Gesellschaftstypus von den übrigen Zooassoziationen scharf geschieden.

Pflanzensoziologisch sind die Schneetälchen in den Alpen in den letzten Jahrzehnten sehr eingehend untersucht worden. Die Phytosoziologie unterscheidet scharf zwischen Kalkschneeböden und Schneetälchen auf saurem Substrat, indem sie den Pflanzenbestand der ersteren, soweit er nicht ausschließlich aus Moosvereinen besteht, dem Verbande des Arabidion coeruleae, den der letzteren dem Salicetum herbaceae bzw. Polytrichetum sexangularis zurechnet. Tiersoziologisch scheinen diesen Unterschieden keine gleichwertigen soziologischen Verschiedenheiten gegenüberzustehen.

Ich hatte in den Hohen Tauern vor allem Gelegenheit, Schneetälchen auf Kalkschieferunterlage, die eine Vegetation von Kalkschneebodencharakter trugen, zu untersuchen. Der Tierbestand dieser Schneetälchen ist in den mittleren Hohen Tauern auffällig artenarm, was als Folgeerscheinung der starken eiszeitlichen Vergletscherung dieses Gebietes anzusehen ist. In den Randgebieten der Alpen, die während des Pleistozäns nicht vollständig von Gletschereis und Firn überdeckt waren und in denen sich daher terricole Tiere in hochalpinen Lagen aus der Tertiärzeit bis zur Gegenwart zu erhalten vermochten, finden sich an den Schneerändern zahlreiche terricole Käfer der Gattungen *Nebria*, *Trechus*, *Leptusa*, *Otiorrhynchus*, *Dichotrachelus*, *Brachyodontus* und viele andere kleine Coleopteren, daneben Myriopoden, Gastropoden und wohl auch englokal verbreitete hochalpine Collembolen und Milben. Aus all diesen Gruppen gibt es in den mittleren Hohen Tauern nur wenige die Schneeränder bevölkernde Arten, aus den Käfergattungen *Trechus*, *Leptusa*, *Otiorrhynchus* und *Dichotrachelus* fehlen hochalpine Schneerandbewohner im Gebiete vollständig.

Der Übergang der Schneetälchengesellschaften in die sie umgebenden Grasheidenassoziationen erfolgt nicht sprunghaft, sondern allmählich. Botanisch kommt das in Schneetälchen auf saurem oder doch stark ausgesäuertem Boden dadurch zum Ausdruck, daß sich zwischen das Salicetum herbaceae und die Grasheide ein Initialstadium der letzteren, meist des Curvuletums, mit *Geum montanum* und in noch größerer Entfernung vom Muldenkern mit *Primula minima* einschiebt. Dieser Zwischenstufe der Vegetation entspricht auch eine Übergangsfazies der Fauna. Als charakteristische Tiere dieser Übergangszone sind *Byrrhus alpinus* und *Phytodecta affinis* zu nennen. Dieselben Arten finden sich auch in den Speikböden, die von der Grasheidenstufe zu den Schneeböden überleiten, auffällig angereichert. In der Speikbodenzone lebt außerdem mit besonderer Vorliebe *Nebria castanea*, und nahezu ausschließlich wird hier *Chrysochloa melanocephala* gefunden.

Die Zusammensetzung der artenarmen Tiergesellschaft der Schneetälchen auf Kalkschieferunterlage ist aus der nachstehenden Assoziationstabelle zu entnehmen.

Beschreibung der Bestände.

I. Schneetälchen am Weg vom Glocknerhaus zur Pfandlscharte. Seehöhe: 2350 *m*. Neigung schwach nach SW. Untergrund: Moränenmaterial. Vegetation: Kalkschneeboden mit viel *Soldanella pusilla*. Knapp oberhalb des Schneefleckes in noch sehr wenig entwickelter Vegetation eine etwa 25 m^2 große Fläche aufgenommen. Über die Bodenoberfläche sind zahlreiche große, zum Teil tief in den Boden eingebettete Steine verstreut. Die Schneebodenvegetation geht mit zunehmender Entfernung vom Schneefleck allmählich in ein

Assoziationstabelle der *Nebria Hellwigi*-Gesellschaft.

Charakterarten	Soziologische Aufnahme Nummer								Anmerkungen
	I	II	III	IV	V	VI	VII	VIII	
Nebria Hellwigi (Coleopt.)	+	+	+	+	+	+	+	+	
Nebria castanea	—	—	+	+	+	+	+	+	
Bembidion pyrenaeum glaciale	+	—	—	—	+	—	+	+	
Bembidion bipunctatum	+	—	—	—	+	—	+	+	
Helophorus Schmidti	+	—	—	+	+	—	—	+	
Atheta tibialis	—	—	—	+	+	—	+	+	auch im feuchten Rasen
Aleochara rufitarsis	+	—	—	—	—	—	+	+	
Quedius punctatellus	—	+	+	+	+	—	+	+	
Byrrhus alpinus	+	—	+	+	—	+	+	+	erst im Initialstadium des Curvuletums
Aphodius mixtus	+	+	—	+	—	—	—	+	
Phytodecta affinis	+	+	+	+	—	+	—	+	vorwiegend im Grenzgebiet gegen das Curvuletum und in Speikböden
Otiorrhynchus dubius	+	+	+	+	+	+	—	+	auch im Initialstadium des Curvuletums
Microtrombidium sucidum (Acari)	+	+	+	—	+	+	+	+	
Parasitus anomalus	+	+	—	—	—	+	+	+	
Erigone remota (Aran.)	+	+	—	+	—	+	—	+	

Caricetum curvulae über. In dieser Übergangszone finden sich zahlreich *Geum montanum*, *Soldanella minima* (schon fruchtend), *Primula minima*, *Chrysanthemum alpinum*. Zusammen mit dieser Vegetation findet sich noch ebenso zahlreich wie am eigentlichen Schneeboden *Nebria Hellwigi*, ferner einzeln *Microtrombidium sucidum* und *Agolius mixtus* (auch Larven). Es fehlen hier dagegen *Atheta tibialis*, *Parasitus anomalus* und *Helophorus Schmidti*. Neu treten hinzu *Otiorrhynchus dubius*, *Mitopus morio*, *Lithobius latro* und *Octolasium croaticum argoviense*; *Erigone remota* ist wesentlich seltener als am Schneerand.

II. Schneetälchen oberhalb Aufnahme I gelegen, Seehöhe etwa 2400 m. Exposition nach SW. Untergrund: Moränenmaterial. Aufnahmedatum: 17. VII. 1938. Vegetation mit der in Aufnahme I beschriebenen übereinstimmend. Fauna tierärmer als dort, Artenverteilung wie oben beschrieben.

III. Schneetälchen am Albitzen-N-Hang auf Kalkphyllitschutt. Seehöhe zirka 2350 m. Aufnahmedatum: 17. VII. 1938. Vegetation den Boden nur lückenhaft deckend, Bodenoberfläche mit zahlreichen kleineren und größeren Steinen übersät. Fauna arten- und individuenärmer als in den beiden ersten Aufnahmen.

IV. Schneetälchen im obersten Leitertal, etwas unterhalb des Gamskarls nächst der Salmhütte. Seehöhe: 2500 m, Aufnahmedatum: 24. VII. 1938. Steil nach SO geneigt. Untergrund: Kalkphyllit. Vegetation nicht genauer notiert; am Schneerand stand viel *Soldanella pusilla*.

V. Kalkschneeboden knapp unterhalb der Salmhütte. Schwach nach Süden geneigt, ziemlich dicht mit größeren und kleineren Gesteinsbrocken übersät, Untergrund: Kalkphyllit. Aufnahmedatum: 12. VII. 1937. Boden sandig. Vegetation die Bodenoberfläche nicht vollständig deckend. Vegetation: Salicetum retusae-reticulatae, nach oben zum Teil über Bestände von *Salix serpyllifolia* und *Dryas octopetala* in ein Arabidetum coeruleae übergehend. Fauna nicht quantitativ aufgesammelt.

VI. Speikboden am Weg vom Glocknerhaus zur Pfandlscharte. Seehöhe etwa 2550 m. Datum der Aufnahme: 19. VII. 1938. Gelände fast eben, nur schwach nach SW geneigt. Untergrund Moränenschutt. Vegetation: Speikboden mit *Primula glutinosa*, *Soldanella pusilla*, *Salix herbacea*, *Doronicum glaciale*, *D. Clusii* und *Homogyne alpina*. Der Boden besitzt nur eine dünne Humusauflage, die Vegetation deckt ihn nicht vollständig. Die Fauna ist durch das Vorhandensein von *Nebria castanea*, *Chrysochloa melanocephala* und das zahlreiche Auftreten der Milbe *Pergamasus Franzi* als ausgesprochene Übergangsfazies der Schneetälchengesellschaft zur *Nebria atrata*-Assoziation gekennzeichnet. Das Fehlen von *Nebria atrata* und das zahlreiche Auftreten von *Nebria Hellwigi* und *Microtrombidium sucidum* kennzeichnen den Bestand aber als noch zur Schneetälchengesellschaft gehörig.

VII. Kalkschneeboden im Kar zwischen Albitzen- und Wasserradkopf. Seehöhe: 2450 m. Grundgestein: Kalkphyllit. Datum der Aufnahme: 17. VII. 1940. Stark geneigte Mulde mit Gefälle gegen SW. Vegetation am Schneerand noch sehr wenig entwickelt. Es wurden folgende Pflanzen notiert: *Soldanella alpina*, *Draba aizoides*, *Silene acaulis*, *Trollius europaeus* (zwergig, noch unentwickelt), *Ligusticum mutellina*, *Cirsium spinosissimum*, *Taraxacum* spec., verschiedene noch ganz unentwickelte Gräser und Moose.

Analyse der Charakterarten.

Nebria Hellwigi Pz. ist in den Alpen weit verbreitet, lebt aber ausschließlich hochalpin. Der Käfer findet sich vorwiegend an Schneefleckenrändern und nur gelegentlich in feuchtem Moränenschutt, am Rande hochalpiner Quellfluren und an anderen Plätzen, die eine genügende dauernde Durchfeuchtung aufweisen. Die Art ist als feste Charakterart der Schneetälchengesellschaft zu betrachten.

Nebria castanea brunnea Dft. ist im Glocknergebiet im allgemeinen auf die höheren Teile der Grasheidenstufe beschränkt und dringt von da auch noch in die Polsterpflanzenstufe ein. Sie ist an der unteren Grenze ihrer Verbreitung ausschließlicher Bewohner der Schneefleckenränder, tritt aber an der oberen Grenze der Grasheidenstufe häufig auch in andere Assoziationen über. In niedrigeren Gebirgsgruppen steigt sie häufig bis zur unteren Schneefleckengrenze des Juli herab. Sie ist nur als holde Charakterart der Schneetälchengesellschaft zu bewerten und im Untersuchungsgebiet für Schneetälchengesellschaften höherer Lagen kennzeichnend.

Bembidion pyrenaeum glaciale Heer ist über die Alpen weit verbreitet und lebt in der hochalpinen Grasheidenstufe an Schneerändern sowie in der Polsterpflanzenstufe, in der es höher emporsteigt als die meisten anderen Käfer. Die Art tritt im Gebiete nicht so regelmäßig an den Schneeflecken auf als in anderen Teilen der Alpen, ist jedoch ein fast ausschließlicher Bewohner sommerlicher Schneeränder und feuchter, lang schneebedeckter Böden. Sie ist als feste Charakterart der Schneetälchengesellschaft zu bewerten.

Bembidion bipunctatum L. lebt meist in Gesellschaft der vorgenannten Art und ist wie diese als feste Charakterart der *Nebria Hellwigi*-Gesellschaft anzusprechen. Die Art bewohnt allerdings auch tiefere Lagen und scheint im Gebiete vor allem die unteren sommerlichen Schneeflecken zu besiedeln, während sie den Schneeböden der Polsterpflanzenstufe so gut wie ganz fehlt.

Helophorus Schmidti Villa findet sich nicht regelmäßig am Schneefleckenrand und tritt anderseits gelegentlich auch in andere Assoziationen über. Dennoch bevorzugt der Käfer sichtlich die Schneetälchenassoziation und ist daher als holde Charakterart derselben anzusehen.

Atheta tibialis Heer ist ein typisches Schneerandtier, das über die Alpen sub- und hochalpin weit verbreitet ist und über der Baumgrenze fast überall vorzüglich an Schneerändern gefunden wird. Die Art ist feste Charakterart der Schneetälchengesellschaft, sie ist auch in Nordeuropa heimisch.

Quedius punctatellus Heer ist über die subalpine und alpine Region der Alpen, Pyrenaeen und Karpathen verbreitet und steigt nach Ganglbauer (l. c.) bis 3000 m empor. Trotz dieser weiten Verbreitung bevorzugt das Tier doch anscheinend die Schneetälchenassoziation und dürfte darum als holde Charakterart derselben bezeichnet werden können.

Aleochara rufitarsis Heer ist in den Alpen weit verbreitet, lebt hochalpin jedoch vorwiegend an Schneerändern und ist mindestens als holde Charakterart der diese bevölkernden Tiergesellschaft anzusprechen.

Byrrhus alpinus Gory wurde schon in der Grasheidenassoziation als holde Charakterart angeführt und ist auch in der weiteren Umgebung der Schneetälchen mit ziemlicher Regelmäßigkeit anzutreffen. Die Art ist als Bewohner der Übergangszone zwischen Schneerand- und Grasheidengesellschaften anzusprechen und als Charakterart dieser Übergangszone zu bewerten.

Aphodius mixtus Villa ist in den Alpen sowohl subalpin als auch hochalpin verbreitet und steigt bis in die Polsterpflanzenstufe empor. Die Art findet sich in verschiedenen hochalpinen Tiergesellschaften, bevorzugt aber deutlich die Schneetälchenassoziation und ist darum als holde Charakterart derselben zu betrachten.

Phytodecta affinis Gyll. ist boreoalpin verbreitet. Die Art ist in den Alpen auf die hochalpine Region beschränkt, überschreitet aber kaum die obere Grasheidengrenze. Sie scheint oligophag an Zwergweiden zu leben und dadurch einerseits im Salicetum herbaceae, anderseits im Salicetum retusae reticulatae vorzukommen. Sie ist vor allem für die Tiergesellschaft der Schneeböden nahe der oberen Grasheidengrenze charakteristisch und kann als feste Charakterart der Schneetälchenassoziation und namentlich der Schneeböden an der oberen Grasheidengrenze bezeichnet werden.

Otiorrhynchus dubius Ström. ist gleichfalls boreoalpin verbreitet. Auch diese Art ist in den Alpen vorwiegend in der hochalpinen Grasheidenstufe anzutreffen und überschreitet deren Grenzen nur wenig nach oben, häufiger nach unten. Der Käfer tritt auch in die Grasheidenassoziation über und findet sich auch in subalpinen Tiervereinen. Er findet sich aber so häufig an Schneefleckenrändern, daß er als holde Charakterart der Schneetälchenassoziation bewertet werden kann.

Microtrombidium sucidum Berl. ist eine sehr charakteristische Milbe der hochalpinen Schneetälchen. Auch diese Art ist nicht ausschließlich an die Ränder der hochalpinen Schneeflecken gebunden, sondern tritt gelegentlich auch in andere Assoziationen über. Sie scheint aber in den Alpen überwiegend hochalpin verbreitet zu sein und ist sonst bisher nur in Skandinavien nachgewiesen. Sie wird von Schweizer (l. c.) aus der Schweiz aus Höhen von 2300 bis 2950 *m* angegeben. Irk gibt sie (i. l.) aus den Stubaier Alpen nur vom Nordabsturz des Wannenkogels aus 2100 bis 2200 *m* an. Sie ist als feste Charakterart der Schneetälchenassoziation zu bewerten.

Parasitus anomalus Willm. findet sich im Glocknergebiet vorzüglich an Schneefleckenrändern, aber auch auf Naßfeldern und sogar in Grasheiden. Er ist bisher nur aus dem Untersuchungsgebiet bekannt.

Erigone remota L. Koch wurde schon bei Besprechung der *Nebria atrata*-Assoziation als holde Charakterart angeführt. Sie ist auch für die Schneetälchenfauna kennzeichnend und darum auch für diese als holde Charakterart zu bewerten.

Ein charakteristischer Bewohner der Speikböden scheint *Anthophagus noricus* Gglb. zu sein, der sich fast ausschließlich in den Blüten von *Primula glutinosa* findet. Die Blüten dieser Primel werden übrigens auch von anderen *Anthophagus*-Arten gern besucht.

Als **Begleiter** der Schneetälchengesellschaft sind zu nennen: die Käfer *Nebria Germari* und *N. austriaca* an Schneeflecken in höheren Lagen; in der Übergangszone *Otiorrhynchus chrysocomus* und *O. fuscipes*, ferner die Milben *Rhagidia terricola*, *Podothrombium bicolor*, *Neomolgus monticola* und *Calyptostoma expalpe*, dann Tipulidenlarven, deren Artzugehörigkeit nicht bestimmt werden konnte, und schließlich in der weiteren Umgebung der Schneeränder auch noch *Lithobius latro*, *Mitopus morio* und *Octolasium croaticum argoviense*. Auch die Collembolen *Isotomurus palliceps*, *Lepidocyrtus lanuginosus* und *Orchesella montana* sind als Begleiter der Schneerandfauna zu betrachten.

Im Vergleich mit der Tiergesellschaft der hochalpinen Grasheiden fällt auf, daß an den Schneerändern fast nur terricole Tiere dauernd leben. Die zahlreichen Schmetterlinge, Fliegen und Hymenopteren, welche die Grasheiden in der Nachbarschaft der Schneetälchen bevölkern, besuchen diese nur gelegentlich, da sie ja an eine üppige Vegetation gebunden sind, die sie an den nur kurze Zeit hindurch schneefreien Plätzen nicht vorfinden.

Gams (1927) hat darauf aufmerksam gemacht, daß sich an den Schneerändern und unter dem schmelzenden Schnee eine eigene Gesellschaft von „Hypochionen" entwickelt, unter denen Pilze aus der Ordnung der Myxigasteres, wie *Physarum vernum*, *Diderma niveum* und *Didymium Wilczeki* eine besondere Rolle spielen. Mit diesen scheinen sich auch gewisse Schneerandtiere zu vergesellschaften, zu denen in erster Linie Schnecken (*Vitrinopugio*) und Collembolen gehören dürften. Das räuberische *Bembidion bipunctatum* und das oligophag an Cruciferen lebende *Phaedon armoraciae* stehen dagegen sicher in keinem so unmittelbaren Zusammenhang mit dieser Soziation, wie dies Gams (1927) annimmt. Es steht jedoch zu erwarten, daß die noch ausstehende Untersuchung der mikroskopischen Tierwelt der sommerlichen Schneeränder eine interessante Gesellschaft kleinster Lebewesen, die an die besonderen Verhältnisse der von Schmelzwasser durchtränkten temporären Schneegrenzen gebunden ist, zutage fördern wird.

Ebenso dürfte sich die Bodenfauna der Schneetälchen in mancher Hinsicht von derjenigen der Grasheiden unterscheiden, da ja die Böden in den Schneemulden nicht nur hinsichtlich ihrer Schichtung und Struktur, sondern auch hinsichtlich Durchlüftung und Humusgehalt erheblich von denjenigen der Rasenflächen in ihrer Nachbarschaft abweichen. Aus flüchtigen Untersuchungen, die ich im Gelände ganz roh durchführte, gewann ich den Eindruck, daß die lange schneebedeckten Böden der Schneemulden nur wenige makroskopische Bodentiere beherbergen und überhaupt nur in den obersten Zentimentern von Bodentieren bewohnt sind. Exakte Analysen der Bodenfauna der Schneetälchen stehen bezüglich der makroskopischen Fauna noch aus. Die Mikrofauna wurde von Heinis (1920, 1937) in den Schweizer Alpen in einer größeren Zahl von Stichproben untersucht, wobei sich eine ziemlich reichliche Besiedlung mit Protozoen und Rotatorien sowie eine spärlichere mit Tardigraden und Nematoden ergab.

Von den besprochenen Gesellschaften der Kalkschneeböden und Speikböden weichen die Schneetälchen auf Urgestein hinsichtlich ihrer Makrofauna nicht wesentlich ab. Flüchtige Aufnahmen von Schneetälchen im Gebiete des Sonnblick- und Granatspitzgneises ließen wenigstens keine greifbaren Unterschiede erkennen. Ob das gleiche auch für die mikroskopische Fauna gilt, werden erst künftige Untersuchungen zeigen müssen.

Es muß hervorgehoben werden, daß die faunistische Übereinstimmung zwischen den Schneetälchengesellschaften auf sauerem und auf kalkhältigem Substrat zwar für die Hohen Tauern und andere während der Eiszeit intensiv vergletscherte Gebiete allgemein gelten dürfte, nicht aber auch für Gebirgsgruppen, die eine artenreiche hochalpine Terricolfauna aufweisen. Auf solchen finden sich, wie ich während vieler Exkursionen feststellen konnte, in größerer Zahl kalkholde und vielleicht auch einzelne kalkfeindliche Schneerandtiere, die ausschließlich auf kalkhältigen bzw. kalkarmen Böden anzutreffen sind. Die tiersoziologische Übereinstimmung der Kalkschneeböden mit den Saliceta herbaceae ist demnach keine allgemeine Erscheinung, sondern in den zentralen Teilen der Alpen durch die eiszeitliche Devastierung der Fauna sekundär bewirkt.

Neben der beschriebenen Tiergesellschaft der Schneeränder gibt es im Untersuchungsgebiet noch eine zweite, die besonders besprochen werden muß. Es ist dies die eigenartige **Reliktgesellschaft der Polytricheta sexangularis im Bereiche der Rudolfshütte** nördlich des Kalser Tauern. Während sich im Polytrichetum sexangularis, welches die tiefsten Muldenlagen vieler Schneetälchen bedeckt und die am spätesten schneefrei werdenden Stellen kennzeichnet, meist außer einigen Enchytraeiden und Nematoden so gut wie keine Tiere finden, sind die große Flächen einnehmenden Polytricheta sexangularis oberhalb der Rudolfshütte, die von den Schmelzwässern nahezu den ganzen Sommer hindurch triefnaß erhalten werden, von einer individuenreichen Tiergesellschaft besiedelt. Es finden sich dort in den bis zu 10 cm hohen *Polytrichum*-Rasen, denen außer einigen anderen Moosen und *Saxifraga aizoides* kaum eine andere Pflanze beigemengt ist, folgende Tierarten: *Olophrum Florae* Schpltz., eine dem *Olophrum boreale* Nordskandinaviens äußerst nahestehende Art, *Arpedium salisburgense* Schpltz. i. l. (bisher nur von hier bekannt), *Ocyusa Pechlaneri* (leg. Scheerpeltz), *Helophorus glacialis* und *H. nivalis*, *Bembidion bipunctatum*, *Quedius alpestris* var. *spurius*, *Saldula saltatoria*, *Stenophylax coenosus*, *Centromerus silvaticus* und zahlreiche nicht näher bestimmbare Tipulidenlarven. Alle genannten Tiere finden sich im Artenverbande der normalen Schneetälchen nicht wieder, sondern erinnern viel eher an die Tiergesellschaft der hochalpinen Quellfluren, auf die an späterer Stelle noch näher eingegangen wird. Das Vorkommen zweier Arten, des *Arpedium salisburgense* und des *Olophrum Florae*, die im übrigen Teil des Untersuchungsgebietes allenthalben fehlen, in den Polytricheta bei der Rudolfshütte weist darauf hin, daß diese eine durchaus selbständige Entwicklung hinter sich gebracht haben und als Gesamtassoziation den Charakter eines Eiszeitreliktes tragen. Als solches vermochten sie sich an den noch um die Mitte des vorigen Jahrhunderts viel intensiver vergletscherten, auch heute durch lange Schneebedeckung und ein sehr rauhes Klima ausgezeichneten Nordhängen des Kalser Tauern bis in die Gegenwart zu erhalten, während sie in anderen Teilen der mittleren Hohen Tauern längst ausgestorben sind. Über dem Zirmsee auf der Südwestseite der Sonnblickgruppe finden sich im Moränengelände gleichfalls ausgedehnte Rasen von *Polytrichum sexangulare*; diese sind aber viel weniger stark durchfeuchtet, weisen kein so üppiges Wachstum auf und beherbergen nicht eine der bei der Rudolfshütte festgestellten Tierarten.

7. Die Tierwelt der Matten und Weiden der Zwergstrauchstufe.

Zwischen die hochalpinen Grasheiden und den subalpinen Waldgürtel einschließlich des Krummholzes schiebt sich eine Übergangszone ein, die in verschiedenen Teilen der Alpen eine wechselnde Breite besitzt. Für sie sind die geschlossenen Zwergstrauchbestände der Rhodoreta und die Lioseleurieto-Vaccinieta kennzeichnend, deren obere Grenze nach Eblin (1901), Gams (1935 und 1937) und Scharfetter (1924 und 1938) wahrscheinlich der wärmezeitlichen Waldgrenze entspricht. Nur das Loiseleurietum steigt in geschlossenen Beständen vielerorts erheblich über die mutmaßliche wärmezeitliche Waldgrenze empor und besitzt auch in der hochalpinen Grasheidenstufe weite Verbreitung.

Waren die Pflanzengesellschaften der hochalpinen Polsterpflanzen- und Grasheidenstufe im Untersuchungsgebiete, abgesehen von örtlichen Veränderungen im Zusammenhang mit Straßenbau und bergsteigerischer Erschließung, durch künstliche Eingriffe noch wenig verändert, so kommt in der Zwergstrauchstufe erstmalig der Einfluß einer jahrhundertealten Nutzung durch die Almwirtschaft in Form einschneidender Veränderungen der natürlichen Pflanzenbestände zur Geltung. Der Mensch hat in den Hohen Tauern, besonders in den sonnigen Südlagen, in mühsamer, durch Generationen fortgesetzter Arbeit die Zwergstrauchbestände allmählich beseitigt und an ihre Stelle fast überall üppige Weiden und Bergmähder gesetzt. Der leicht verwitternde Kalkschiefer, der durch Bereitstellung ausreichender Kalkmengen dem Überhandnehmen des sauren Rohhumus entgegenwirkte, erleichterte die Bekämpfung der Alpenrosen und förderte die Ansiedlung guter Gräser und Kräuter in hohem Maße, so daß wir heute auf den Kalkschieferbergen besonders üppige Rasenbestände finden. Auf kalkarmen Gesteinsunterlagen nehmen dagegen auf der Sonnblicksüdseite, im Gebiete des Granatspitzkernes und in der Schobergruppe noch heute ursprüngliche Zwergstrauchbestände größere Flächen ein. Da ich jedoch vor allem Wiesen und Weiden des Zwergstrauchgürtels genauer tiersoziologisch untersuchen konnte, weil dieselben im Gebiete vor den ursprünglichen Zwergstrauchgesellschaften weitaus vorherrschen, kann nur die Tiergesellschaft dieser im folgenden eingehend besprochen werden. Zuvor seien jedoch die tiersoziologischen Merkmale der Zwergstrauchstufe im allgemeinen dargestellt.

Das wichtigste tiersoziologische Kennzeichen der Zwergstrauchstufe ist das schlagartige massenhafte Auftreten von Ameisen. Mit diesen tritt ein Element in den Lebenshaushalt der Pflanzen- und Tiergesellschaften ein, dessen Bedeutung kaum hoch genug eingeschätzt werden kann. Die Ameisen verzehren nicht nur ungeheure Mengen von Kleintieren, speziell von Pflanzenschädlingen, sondern sie verschleppen auch in großem Umfange Pflanzensamen und tragen damit zu deren Verbreitung bei. Das Fehlen so vieler, auch karnivorer hochalpiner Tiere in der Zwergstrauchstufe dürfte nicht nur der wärmezeitlichen Bewaldung dieses Höhengürtels, sondern auch dem Vorhandensein der Ameisen zu verdanken sein, da diese ihre Konkurrenten unerbittlich bekämpfen und infolge ihrer großen Zahl auch wesentlich größeren Tieren überlegen sind.

Von den im subalpinen Raume vorkommenden Ameisen steigt *Formica fuscogagates* am höchsten empor, fast ebenso hoch finden sich jedoch auch *Myrmica lobicornis* und *sulci-*

nodis sowie *Leptothorax acervorum*. Alle diese Arten bauen ihre Nester vorwiegend unter Steinen, woran in dieser Höhe ja nirgends Mangel herrscht. Nesthaufen von Ameisen finden sich fast überall erst in der Kampfzone des Waldes. Wo solche, wie die Nester der *Formica exsecta* am Albitzen-SW-Hang in 2200 *m* Höhe, heute erheblich über den höchsten Baumbeständen liegen, ist die Waldgrenze durch Rodung künstlich herabgedrückt und würde ver-

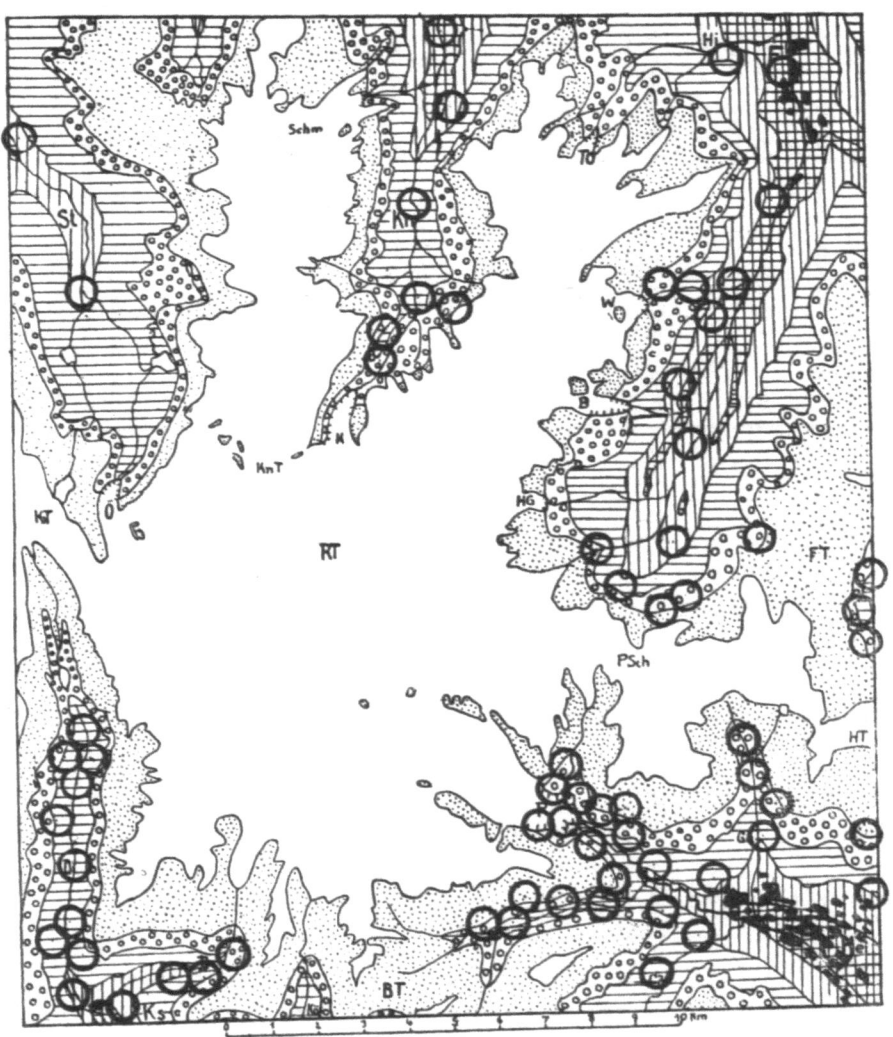

Fig. 30: Schematische Höhenstufenkarte (wie Fig. 18) mit Eintragung der Ameisenfunde, vorwiegend der Funde von *Formica fusca* und *fuscogagates*.

mutlich unter natürlichen Verhältnissen auch in der Gegenwart noch annähernd im Bereiche dieser Nestkolonien verlaufen.

Neben den Ameisen treten im Zwergstrauchgürtel erstmalig Asseln und in größerer Artenmannigfaltigkeit Orthopteren und Hemipteren auf. Auch die an pflanzliche Nahrung gebundenen Schmetterlinge, Fliegen, Hymenopteren und Käfer sind hier noch zahlreicher vertreten als in den hochalpinen Grasheiden. Die neu hinzutretenden Formen bewohnen großenteils nicht nur die Zwergstrauchstufe, sondern auch subalpine Lagen, oder es sind überhaupt Taltiere, die bis zu dieser Höhe emporreichen. Dagegen fehlen dem Zwergstrauchgürtel viele, vor allem terricole Charakterarten der hochalpinen Grasheidenstufe.

Assoziationstabelle der Tiergesellschaft der Rasenflächen des Zwergstrauchgürtels.

Charakterarten	Soziologische Aufnahme Nummer								Anmerkungen
	I	II	III	IV	V	VI	VII	VIII	
Carabus depressus Bonellii (Coleopt.)	+	+	+	+	0	−	+	+	in der subalpinen und Zwergstrauchstufe
Carabus violaceus Neesi	+	+	+	−	−	−	+	−	in der Zwergstrauchstufe
Calathus erratus	+	+	−	+	+	+	+	+	in der subalpinen und Zwergstrauchstufe
— *melanocephalus*	+	−	−	+	+	+	+	+	in der subalpinen und Zwergstrauchstufe
Harpalus latus	+	−	+	+	+	+	−	−	in der subalpinen und Zwergstrauchstufe
Trichotichnus laevicollis	+	−	−	+	+	+	−	−	in der subalpinen und Zwergstrauchstufe
Pterostichus lepidus	−	−	−	−	−	−	+	+	in der subalpinen Stufe und in tieferen Lagen der Zwergstrauchstufe
— *unctulatus*	+	+	+	+	+	−	+	+	in der subalpinen und Zwergstrauchstufe
Amara erratica	+	−	+	−	−	−	−	−	in der Zwergstrauch- und alpinen Grasheidenstufe
Anthobium alpinum	+	−	−	+	+	+	+	+	in der subalpinen, Zwergstrauch- und Grasheidenstufe
Anthophagus alpinus	+	−	+	+	+	+	+	+	in der subalpinen, Zwergstrauch- und Grasheidenstufe
— *fallax*	+	−	+	+	+	+	+	+	in der subalpinen, Zwergstrauch- und Grasheidenstufe
— *bicornis*	+	+	+	+	+	+	+	+	in der subalpinen, Zwergstrauch- und Grasheidenstufe
— *forticornis*	−	+	+	+	+	+	+	+	in der subalpinen, Zwergstrauch- und Grasheidenstufe
— *melanocephalus*	+	+	+	+	+	+	+	+	in der subalpinen, Zwergstrauch- und Grasheidenstufe
Pilonthus frigidus	+	+	+	+	+	+	+	+	in der Zwergstrauch- und alpinen Grasheidenstufe
Quedius paradisianus	+	+	+	+	+	+	+	+	in der subalpinen und Zwergstrauchstufe
Rhagonycha nigripes	−	−	−	−	−	−	−	−	von der subalpinen bis in die alpine Grasheidenstufe
Malthodes trifurcatus	+	+	+	+	+	+	+	+	vom Tal bis in die alpine Polsterpflanzenstufe
Dasytes alpigradus	+	+	+	+	+	+	+	+	von der subalpinen bis in die alpine Grasheidenstufe
Silpha tyrolensis	+	+	+	0	−	0	+	+	subalpin und in der Zwergstrauchstufe
Corymbites melancholicus	+	+	+	−	−	−	+	−	nur in warmen, sonnigen Lagen
— *cupreus* (var. *aeruginosus*)	+	+	−	−	−	−	+	−	von der subalpinen bis in die alpine Grasheidenstufe
Adalia alpina	+	+	−	−	−	−	0	−	vorwiegend in der Zwergstrauchstufe
Evodinus interrogationis	+	+	−	−	−	+	−	+	in der Zwergstrauchstufe und im obersten Teil der subalpinen Zone
Cryptocephalus hypochoeridis	+	−	+	+	−	+	+	+	vom Tal bis in die Zwergstrauchstufe
— *violaceus*	−	−	+	+	+	−	−	+	vom Tal bis in die Zwergstrauchstufe
Luperus viridipennis	−	−	+	+	+	+	+	+	subalpin und in der Zwergstrauchstufe
Apion loti	+	+	−	+	−	−	0	−	vom Tal bis zur Zwergstrauchstufe aufsteigend
Anechura bipunctata (Orthopt.)	+	+	0	+	−	+	+	+	vorwiegend in der Zwergstrauchstufe, nur an S.-Hängen
Aeropus sibiricus	+	+	+	+	−	+	+	−	von der subalpinen bis in die alpine Grasheidenstufe
Podisma pedestris	+	+	+	+	−	+	+	+	subalpin und in der Zwergstrauchstufe
Omocestus viridulus	+	−	0	+	−	+	+	+	vom Tal bis in die Zwergstrauchstufe

Assoziationstabelle der Tiergesellschaft der Rasenflächen des Zwergstrauchgürtels (Fortsetzung).

Charakterarten	Soziologische Aufnahme Nummer								Anmerkungen
	I	II	III	IV	V	VI	VII	VIII	
Colias phicomene (Lepidopt.)	+	+	+	+	n. g.	+	+	—	in der Zwergstrauch- und alpinen Grasheidenstufe
Argynnis pales	+	+	+	+	n. g.	+	+	—	von der subalpinen bis in die alpine Grasheidenstufe
Erebia epiphron cassiope	+	+	+	+	n. g.	n. g.	—	—	in der Zwergstrauch- und alpinen Grasheidenstufe
— melampus	+	+	+	—	+	0	+	—	in der Zwergstrauch- und alpinen Grasheidenstufe
— pharte	+	+	—	+	+	n. g.	+	+	subalpin und in der Zwergstrauchstufe
— manto pyrrhula	+	—	—	—	—	n. g.	—	+	tritt lokal auf
— tyndarus	+	n. g.	+	+	n. g.	n. g.	+	n. g.	von der subalpinen bis in die alpine Grasheidenstufe
— pronoë	+	n. g.	—	+	n. g.	n. g.	—	n. g.	subalpin und in der Zwergstrauchstufe
Oeneis aëllo	+	0	+	+	n. g.	0	+	—	subalpin und in der Zwergstrauchstufe
Coenonympha arcania satyrion	+	0	+	+	n. g.	n. g.	+	—	in der Zwergstrauch- und alpinen Grasheidenstufe
Lycaena optilete cyparissus	+	n. g.	—	+	n. g.	n. g.	—	n. g.	von der subalpinen bis in die alpine Grasheidenstufe
— orbitulus	+	n. g.	+	+	n. g.	n. g.	+	—	in der Zwergstrauch- und alpinen Grasheidenstufe
— pheretes	+	0	—	+	n. g.	n. g.	+	—	in der subalpinen und Zwergstrauchstufe
— eros	+	+	+	+	n. g.	n. g.	+	—	vom Tal bis in die alpine Grasheidenstufe
— semiargus	+	n. g.	—	+	n. g.	0	+	n. g.	vom Tal bis in die alpine Grasheidenstufe
Augiades comma var. alpina	+	n. g.	—	+	n. g.	0	+	n. g.	vom Tal bis in die alpine Grasheidenstufe
Psodos quadrifarius	+	+	+	+	0	+	0	—	in der Zwergstrauch- und alpinen Grasheidenstufe
Parasemia plantaginis subalpina	+	+	+	+	n. g.	n. g.	+	n. g.	vom Tal bis in die alpine Grasheidenstufe
Zygaena purpuralis	+	+	—	+	+	n. g.	—	n. g.	vom Tal bis in die Zwergstrauchzone
— filipendulae Manni	+	n. g.	+	+	—	n. g.	+	n. g.	die Rasse vorwiegend in der Zwergstrauchzone
Procris geryon chrysocephala	0	+	n. g.	+	n. g.	n. g.	n. g.	n. g.	die Rasse in der Zwergstrauch- und alpinen Grasheidenstufe
Bombus derhamelus (Hymenopt.)	+	+	+	n. g.	n. g.	n. g.	+	n. g.	von der subalpinen bis in die alpine Grasheidenstufe
— pyrenaeus	+	—	+	+	n. g.	+	+	n. g.	von der subalpinen bis in die alpine Grasheidenstufe
— lucorum	0	+	—	0	n. g.	+	+	n. g.	vom Tal bis in die alpine Grasheidenstufe
— mendax	0	+	0	0	n. g.	n. g.	+	n. g.	vom Tal bis in die alpine Grasheidenstufe
Andrena Rogenhoferi	+	+	n. g.	n. g.	n. g.	n. g.	n. g.	—	in der Zwergstrauch- und alpinen Grasheidenstufe
Mutilla europaea	+	+	—	+	—	—	+	+	vom Tal bis in die alpine Grasheidenstufe
Formica fuscogagates	+	+	+	+	0	+	+	—	vom Tal bis zur oberen Grenze der Zwergstrauchstufe
Myrmica sulcinodis	+	+	—	—	+	—	+	—	vom Tal bis zur oberen Grenze der Zwergstrauchstufe
Leptothorax acervorum	+	+	+	+	n. g.	+	+	+	vom Tal bis zur oberen Grenze der Zwergstrauchstufe
Tenthredella velox	n. g.	+	n. g.	+	n. g.	+	+	n. g.	vom Tal bis zur oberen Grenze der Zwergstrauchstufe
Deltocephalus abdominalis (Hemipt.)	+	n. g.	n. g.	+	+	+	+	+	vom Tal bis zur alpinen Grasheidenstufe
Anoterostemma Theni	0	+	+	n. g.	n. g.	+	0	—	vorwiegend in der Zwergstrauch- und alpinen Grasheidenstufe
Dicraneura Manderstjernai	+	—	n. g.	n. g.	0	+	n. g.	+	vom Tal bis in die Zwergstrauchstufe

Die Matten und Weiden des Zwergstrauchgürtels sind in den mittleren Hohen Tauern viel üppiger entwickelt als auf den aus kristallinen Gesteinen aufgebauten Zentralalpen Steiermarks und auf den Kalkbergen der Nordalpen. Auch die sie bevölkernde Tierwelt ist wesentlich formenmannigfaltiger. Diese für die Vegetation schon von Scharfetter (1938) festgestellte Tatsache dürfte neben geographischen vor allem edaphische und klimatische Ursachen haben.

Im Gebiete selbst konnte ich allerdings, ähnlich wie in den hochalpinen Grasheiden, zwischen Beständen auf Urgestein und solchen auf kalkreichem Substrat keine so wesentlichen tiersoziologischen Unterschiede feststellen, daß die Unterscheidung verschiedener Tiergesellschaften berechtigt wäre. Als kalkholde Bewohner der Zwergstrauchwiesen sind zu nennen: die Schmetterlinge *Lycaena corydon*, *Incurvaria maculella*, der Käfer *Leptusa pseudoalpestris*, die Schnecken *Euconulus trochiformis*, *Pyramidula rupestris*, *Columella edentula* und *Pupilla alpicola* sowie der heliophile Ohrwurm *Anechura bipunctata*.

Die letztgenannte Art gehört gleichzeitig zu den nur südlich des Tauernhauptkammes in günstiger Exposition vorkommenden Steppentieren, zu denen in der Zwergstrauchzone außerdem der Schmetterling *Megasis rippertella*, die Käfer *Harpalus fuliginosus*, *Corymbites melancholicus* und wohl auch *Kytorrhinus pectinicornis*, die Zikade *Bobacella corvina*, die Wanze *Eurydema Fieberi*, die Schnecke *Pupilla cupa*, ferner vermutlich die Schmetterlinge *Zygaena filipendulae* var. *Manni* und *Zygaena transalpina* sowie in gewissem Sinne die Wanzen *Odontoscelis fuliginosa*, *Sciocoris microphthalmus* und *Sehirus bicolor* zu rechnen sind. Auch die Spinne *Dictyna Sedilloti* und die Milbe *Chaussieria Berlesei* sind wohl in diesem Zusammenhang als thermophile Elemente zu nennen.

Bei eingehendem soziologischem Studium der Matten und Weiden der Zwergstrauchstufe in ausgedehnteren zentralalpinen Gebieten werden sich auf Grund dieser Differenzialarten vielleicht verschiedene Fazies der Zwergstrauchwiesengesellschaft auf tiersoziologischem Gebiete unterscheiden lassen. Vorerst reicht das Untersuchungsmaterial jedoch noch nicht aus, um daraus verallgemeinernde Schlußfolgerungen zu ziehen.

Über den Tierverein der Vegetationsschicht der Matten und Weiden in der Zwergstrauchstufe des Untersuchungsgebietes gibt die vorstehende Assoziationstabelle Aufschluß. In dieselbe fand auch ein subalpiner Wiesenbestand Aufnahme, um den Grad der Übereinstimmung der subalpinen Rasengesellschaften hinsichtlich ihres Tierbestandes mit den Rasenbeständen der Zwergstrauchstufe ersichtlich zu machen.

Charakteristik der Bestände.

I. **Schwach beweidete Wiesen am Wege vom Glocknerhaus gegen die Naturbrücke über die Möll.** Die Örtlichkeit entspricht den Pasterzenwiesen der älteren Autoren. Seehöhe: 1900—2100 m. Aufnahmedatum: es wurde in den Beständen wiederholt im Juli und August der Jahre 1937 und 1938 gesammelt. SW-Exposition. Die Bodenkrume besitzt verschiedene Mächtigkeit. An den sehr steil gegen die Möllschlucht geneigten Hängen in der Nähe der Platte ist sie sehr wenig mächtig. Sie lagert dort unmittelbar auf steil geneigten Kalkschieferschichten auf, die den Durchtritt des Niederschlagswassers nicht gestatten, so daß nach starken Regen zwischen Boden und Muttergestein ein lang andauernder feiner Strom von Niederschlagswässern zur Möllschlucht zieht. Kein Wunder, daß der Rasen an vielen Stellen immer stärker unterwaschen und nach starken Sommerregen und bei der Schneeschmelze in bisweilen erheblichen Stücken in die Möllschlucht hinabgeschwemmt wird. Der Pflanzenbestand ist wie auf den meisten Wiesen und Weiden der Zwergstrauchstufe soziologisch ein Gemisch verschiedener Rasengesellschaften. Die Tierwelt dieser Matten ist infolge der günstigen Lage zur Sonneneinstrahlung sehr arten- und individuenreich.

II. **Südwesthänge unter dem Kar zwischen Albitzenkopf, Racherin und Wasserradkopf,** knapp oberhalb der Glocknerstraße. Seehöhe: 2100—2250 m. Aufnahmedatum: 9. VIII. 1937 und 17. VII. 1940. SW-Exposition, Geländeneigung steil gegen die Glocknerstraße, jedoch flacher als in Aufnahme I. Grundgestein: Kalkphyllit. Vegetation: Bergmähder mit üppigem Rasen und gelegentlich mit größeren *Vaccinium*-Beständen. Die Flächen scheinen ursprünglich von einem Vaccinietum eingenommen worden zu sein, sie liegen an der oberen Grenze der Zwergstrauchstufe und gehen nach oben allmählich in hochalpine Grasheiden über. Die Tiergesellschaft ist als ausgesprochene Übergangsgesellschaft zu werten, woraus sich auch das Fehlen einer größeren Anzahl von Charakterarten der Zwergstrauchstufe erklärt.

III. **Sonnige Wiesen im Kleinen Fleißtal oberhalb des Alten Pocher.** Seehöhe: 1800—1900 m. Aufnahmedatum: 30. VI. 1937. S-Exposition, Geländeneigung mäßig. Aufgenommener Bestand knapp oberhalb des Talbodens gelegen. Grundgestein: Übergangszone vom Kalkphyllit zum Kristallin des Sonnblicks. Pflanzenbestand nicht näher untersucht, schwach beweidet, Bodenoberfläche mit zahlreichen größeren Gesteinsbrocken übersät. Die Fläche dürfte ursprünglich von einem Rhodoretum ferruginei eingenommen worden sein. In der soziologischen Aufnahme fehlen die Orthopteren mit Ausnahme von *Anechura bipunctata*, da diese Tiere zur Zeit der Bestandesaufnahme noch nicht so weit entwickelt waren, um bestimmt werden zu können.

IV. **Große Fleiß, Hänge gegen die Gjaidtroghöhe.** Seehöhe: 1800—2000 *m.* SW-Exposition, Neigung ziemlich steil gegen den Talboden, Aufnahmefläche nicht scharf umgrenzt, Grundgestein: Kalkphyllit. Pflanzenbestand nicht genau aufgenommen, Bergmähder.

V. **Almmatten oberhalb der Trauneralm.** Seehöhe: 1600—1750 *m.* W-Exposition, Gelände schwach geneigt. Grundgestein: Moränen- und Gehängeschutt. Aufnahmedatum: 21. VII. 1937 und 18. VII. 1938. Stark beweidete Almmatte mit einzelnen *Rhododendron*-Büschen. Die Almweide ist zweifellos durch Schwendung eines Rhodoretums entstanden.

VI. **Almweiden zwischen der Kapelle Mariahilf und der neuen Glocknerstraße und schwach beweidete Rasenflächen im Guttal über der Ankehre der Straße.** Seehöhe: 1700—1950 *m.* Aufnahmedatum: 22. VIII. 1937 und 15. VII. 1940. Grundgestein: Moränenschutt. SW-Exposition, Gelände schwach geneigt. Vegetation auf den Weideflächen unterhalb der Straße stark beweidet, oberhalb der Ankehre sehr üppig. Dort wurden folgende Pflanzen gesammelt: *Festuca dura, Avenastrum versicolor, Poa alpina, Phleum alpinum, Juncus trifidus, Hedysarum obscurum, Anthyllis alpestris, Oxytropis campestris, Biscutella laevigata, Geranium sylvaticum, Myosotis alpestris, Geum montanum, Potentilla aurea, Pedicularis Kerneri, Alchemilla* spec., *Androsace obtusifolia, Achillea millefolium,* womit jedoch der Reichtum an Blütenpflanzen, der sich auf diesen Wiesen findet, noch keineswegs erschöpft ist.

VII. **Unteres Dorfer Tal, zwischen Daberklamm und Rumisoieben.** Seehöhe: 1600—1700 *m.* Nach Süden offenes Tal, schwach geneigte Flächen. Grundgestein: Alluvialschotter, aus kristallinen und Kalkschiefergeröllen bestehend. Fauna des Talbodens bis zur Rumisoieben auf den stark beweideten Talwiesen ziemlich einheitlich. Aufnahmedatum: 15., 17. und 18. VII. 1937. Vegetation nicht aufgenommen.

VIII. **Wiesen zwischen Ferleiten und Vogerlalm im obersten Fuscher Tal.** Seehöhe: 1200 bis 1300 *m.* Aufnahmedatum: 19. und 21. VII. 1939. Gelände schwach nach NO geneigt. Grundgestein: Alluvialschotter und Gehängeschutt, viel kalkhältige Gerölle enthaltend. Talwiesen am orographisch linken Ufer der Fuscher Ache beiderseits des Fußweges von Ferleiten zur Trauneralm. Rasenflächen meist schwach beweidet. Vegetation nicht aufgenommen. Die Flächen liegen weit unterhalb der Waldgrenze im subalpinen Höhengürtel und waren ursprünglich zweifellos bewaldet. Sie gehören soziologisch den Wiesengesellschaften subalpiner Lagen an, weshalb ihnen zahlreiche Tierarten höherer Lagen fehlen. Sie wurden in die Assoziationstabelle aufgenommen, um Übereinstimmung und Gegensatz zwischen dem Tierbestand der subalpinen Wiesen und Weiden und dem des Zwergstrauchgürtels aufzuzeigen. Abb. 32 gibt eine Lichtbildaufnahme des Bestandes wieder.

Analyse der Charakterarten.

Carabus depressus Bonellii Dej. bewohnt im Gebiete die subalpine und Zwergstrauchstufe und findet sich tagsüber unter Steinen sowohl in Waldbeständen als auch auf Wiesen und Weiden. Die Art bewohnt die Rasenflächen der Zwergstrauchzone mit großer Regelmäßigkeit und gehört deren Tiergesellschaft mindestens als holde Charakterart an.

Carabus violaceus Neesi Hoppe bewohnt vorwiegend die Zwergstrauchstufe, die er wie die vorgenannte Art nach oben nicht überschreitet. Er steigt jedoch talwärts nicht so weit herab als diese und ist, obwohl er nicht auf allen Zwergstrauchwiesen vorzukommen scheint, doch als feste Charakterart der diese bevölkernden Tiergesellschaft anzusprechen.

Calathus erratus Shlb. steigt aus den Tälern bis in die Zwergstrauchstufe empor und scheint in dieser auf günstige Lagen beschränkt zu sein. Die Art zählt trotzdem zu den charakteristischen Erscheinungen der Zwergstrauchzone und besonders der Matten und Weiden derselben, weshalb sie als holde Charakterart hier angeführt werden muß.

Calathus melanocephalus L. steigt gleichfalls aus den Tälern bis in die Zwergstrauchstufe empor, fehlt aber in dieser nahezu nirgends und gehört zu denjenigen Käfern, deren obere Verbreitungsgrenze mit der Obergrenze des Zwergstrauchgürtels weitgehend übereinstimmt. Er ist darum als feste Charakterart der Tiergesellschaft auf den Matten und Weiden der Zwergstrauchstufe zu betrachten.

Harpalus latus L. ist wie die vorgenannte Art verbreitet und auf Almwiesen und Bergmähdern unter Steinen oft in großer Zahl zu finden. Auch dieser Käfer muß hier mindestens als holde Charakterart angeführt werden.

Trichotichnus laevicollis Duft. bewohnt vorwiegend die subalpine und die Zwergstrauchstufe und ist als holde Charakterart der Tiergesellschaft der Matten und Weiden des Zwergstrauchgürtels zu bewerten.

Pterostichus lepidus Leske steigt aus der Ebene bis in die Zwergstrauchstufe des Hochgebirges empor. Die Art findet sich in verschiedenen Tiergesellschaften, nirgends aber so regelmäßig wie auf den Matten und Weiden der subalpinen Zone und der Zwergstrauchregion. Sie ist darum hier als holde Charakterart anzuführen.

Pterostichus unctulatus Duft. ist ein Gebirgstier, welches in subalpinen Wäldern ebenso häufig ist wie unter Steinen auf den Matten und Weiden der Zwergstrauchstufe. Die Art zeigt in ihrer oberen Verbreitungsgrenze eine bemerkenswerte Übereinstimmung mit der Obergrenze geschlossener Zwergstrauchbestände und ist als holde Charakterart aller Tiergesellschaften der Zwergstrauchregion anzusehen.

Amara erratica Duft. ist boreoalpin verbreitet und scheint heliophil zu sein. Sie findet sich im Untersuchungsgebiet vorwiegend im Zwergstrauchgürtel und ist als holde Charakterart der Tiergesellschaft der Matten und Weiden dieser Höhenstufe anzusehen.

Anthobium alpinum Heer bewohnt in den Ostalpen einen breiten Höhengürtel, findet sich jedoch auf den Rasenflächen der Zwergstrauchstufe mit großer Regelmäßigkeit und ist als holde Charakterart derselben anzusprechen.

Anthophagus alpinus Fbr. ist boreoalpin verbreitet. Die Art lebt in den Alpen in 1000 bis 2300 m Höhe (vgl. Holdhaus und Lindroth 1939) und findet sich subalpin auf verschiedenem Gebüsch, auf Zwergsträuchern und in den Blüten niederer Pflanzen. Nach Beobachtungen nordischer Autoren ist sie carnivor. Im Untersuchungsgebiete findet sie sich besonders häufig auf den üppigen Wiesen der Zwergstrauchstufe und ist als holde Charakterart derselben anzusprechen.

Anthophagus fallax Ksw., *bicornis* Block, *forticornis* Ksw. und *melanocephalus* Heer leben in den mittleren Hohen Tauern wie die vorgenannte Art und sind mit dieser als holde Charakterarten hier anzuführen. Bemerkenswert ist, daß alle genannten *Anthophagus*-Arten besonders häufig in *Rhododendron*-Blüten zu finden sind; die meisten von ihnen steigen bis in die hochalpine Region auf und besuchen dort mit besonderer Vorliebe die Blüten von *Primula glutinosa*.

Philonthus frigidus Ksw. ist Bewohner höherer Gebirgslagen und findet sich vor allem auf den Almen und Mähwiesen der Zwergstrauchstufe, weshalb er für diese mindestens als holde Charakterart zu gelten hat.

Quedius paradisianus Herr. findet sich ebenso in subalpinen Wäldern in der Waldstreu wie auch auf Matten und Weiden subalpiner Lagen und der Zwergstrauchstufe zwischen Graswurzeln und unter Steinen. Er bewohnt in der letzteren aber die ausgedehnten Rasenflächen so gleichmäßig, daß er als holde Charakterart derselben angesehen werden muß.

Rhagonycha nigripes Rdtb. steigt aus den Tälern bis in die hochalpine Grasheidenstufe empor, scheint sich aber nirgends so häufig zu finden wie auf den Rasenflächen des Zwergstrauchgürtels. Sie ist darum hier als holde Charakterart anzuführen.

Malthodes trifurcatus Ksw. wurde schon als Charakterart der hochalpinen Graheidenstufe angeführt, findet sich aber auch in den Rasenbeständen der Zwergstrauchstufe allenthalben und tritt selbst noch auf die Wiesen subalpiner Lagen über. Die Art ist als holde Charakterart der Wiesen und Weiden des Zwergstrauchgürtels zu bewerten.

Dasytes alpigradus Ksw. wurde gleichfalls schon als Charakterart der hochalpinen Grasheiden genannt, muß jedoch auch als holde Charakterform der Rasengesellschaften des Zwergstrauchgürtels gelten.

Silpha tyrolensis Laich. ist feste Charakterart der Tiergesellschaft der Almen und Bergmähder der Zwergstrauchregion, die der Käfer bergwärts nirgends überschreitet. Talwärts steigt er dagegen bis zur unteren Grenze des subalpinen Waldgürtels herab und bevölkert als heliophiles Tier auch dort unter Vermeidung geschlossener Waldbestände nur Rasenflächen.

Corymbites cupreus Fbr. ist boreoalpin verbreitet und bewohnt im Gebiete einen Höhengürtel, der von der subalpinen Stufe bis an die obere Grenze der alpinen Grasheiden reicht. Auf den Matten und Weiden der Zwergstrauchzone findet sich im Gebiete fast ausnahmslos die var. *aeruginosus* Fbr., diese aber mit großer Regelmäßigkeit, so daß die Art als holde Charakterform hier angeführt werden muß.

Corymbites melancholicus Fbr. ist gleichfalls ein Tier mit vorwiegend nordischer Verbreitung und wie *Silpha tyrolensis* mit ausgeprägtem Bedürfnis nach Sonne. Der Käfer ist steppicol und aus diesem Grunde auf trockene, sonnige Lagen beschränkt. Er ist Charakterart der Zwergstrauchwiesen in günstigen Lagen und scheint im Untersuchungsgebiete nirgends unter 1600 m herabzusteigen.

Evodinus interrogationis L. ist boreoalpin verbreitet und muß in den mittleren Hohen Tauern als einer der kennzeichnendsten Bewohner der üppigen Mähwiesen des Zwergstrauchgürtels gelten. Trotzdem ist die Art, deren Larve im Holz lebt, an Baumbestände gebunden. Sie dürfte wie im hohen Norden (vgl. Holdhaus und Lindroth 1939) so auch in den Alpen ihre Entwicklung an der oberen Baumgrenze durchmachen, von wo der Käfer die blumenreichen Wiesen der Zwergstrauchstufe besiedelt. Ich möchte das Tier trotzdem als feste Charakterart der hier besprochenen Tiergesellschaft bezeichnen.

Cryptocephalus hypochoeridis L. findet sich auf Blumen in der Ebene und im Gebirge. Er steigt im Glocknergebiet bis über 2000 m empor und ist trotz seiner weiten Verbreitung als typisches Wiesentier zu den holden Charakterarten unserer Assoziation zu zählen.

Cryptocephalus violaceus Laich. ist wie die vorgenannte Art ein typischer Wiesenbewohner, dessen Verbreitung von der Ebene bis ins Hochgebirge reicht. Die Art ist besonders auf Grasmatten an sonnigen Südhängen im Glocknergebiet bis in die Zwergstrauchzone hinauf sehr häufig und als holde Charakterart der Tiergesellschaft der Almwiesen und -weiden zu bewerten.

Luperus viridipennis Germ. ist eine montane Art, die sich im Glocknergebiet auf den Almwiesen und -weiden überall bis in die Zwergstrauchregion hinauf regelmäßig findet. Sie tritt in andere Assoziationen verhältnismäßig selten über und ist als feste Charakterart unserer Tiergesellschaft zu betrachten.

Apion loti Kby. ist sowohl in der Ebene als auch im Gebirge eine der häufigsten *Apion*-Arten. Im Glocknergebiet steigt der Käfer bis über 2000 m empor und findet sich mit seiner Futterpflanze *Lotus corniculatus* auf den Grashängen der Zwergstrauchzone mit solcher Regelmäßigkeit, daß er als holde Charakterart der Almwiesen und -weiden derselben angesprochen werden muß.

Anechura bipunctata Fbr. ist als ausgesprochen heliophile Art extremer Waldflüchter. Die Art findet sich von Europa bis Zentralasien einerseits auf Grasmatten in sonnigen Südlagen im Gebirge und anderseits in baumfreiem Steppengelände der Ebene. Im Glocknergebiet tritt sie über der Baumgrenze an Südhängen südlich des Tauernhauptkammes auf Kalkphyllit bis zu Höhen von über 2300 m in großen Massen auf, auch in der subalpinen Region ist sie auf Grasmatten in Südexposition noch überall häufig, dagegen findet man sie in tieferen Lagen stets nur einzeln. *Anechura bipunctata* ist demnach treue Charakterart der Almwiesen- und -weiden-Gesellschaft einer Fazies unserer Assoziation, die an den sonnigen Südhängen südlich des Tauernhauptkammes entwickelt ist. Als Charakterart derselben Fazies ist auch der schon besprochene *Corymbites melancholicus* anzusehen.

Aeropus sibiricus L. ist ebenfalls heliophil, aber nicht ausschließlich an südexponierte Hänge gebunden. Auch diese Art findet sich einerseits in den Gebirgen Mitteleuropas und anderseits in großen Teilen des nördlichen und gemäßigten Asien. Sie vermeidet bewaldetes Gelände ebenso wie *Anechura bipunctata* und fehlt im Glocknergebiet den Wiesen tiefer Lagen. Sie steigt an manchen Stellen bis über 2500 m empor und wurde darum auch schon bei Besprechung der hochalpinen Grasheiden genannt. *Aeropus sibiricus* ist feste Charakterart der Almwiesen und -weiden höherer Lagen auf beiden Seiten des Tauernhauptkammes.

Podisma pedestris L. ist im Glocknergebiet auf Grasmatten in der subalpinen und Zwergstrauchstufe verbreitet und feste Charakterart der höher gelegenen Almwiesen und -weiden.

Omocestus viridulus L. kommt auf Grasflächen sowohl in der Ebene als auch im Gebirge vor. Die Art findet sich im Glocknergebiet auf Almwiesen und -weiden fast überall und muß darum trotz ihrer an sich sehr weiten Verbreitung als holde Charakterart unserer Assoziation bewertet werden.

Colias phicomene Esp. fliegt über 1500 m auf Wiesen und Weiden überall im Untersuchungsgebiet. Die Raupe lebt nach Spuler an Wickenarten. Die Art ist mindestens als feste Charakterart der Almwiesen und -weiden der Zwergstrauchstufe zu bezeichnen, obwohl sie auch in der hochalpinen Grasheidenstufe noch häufig auftritt.

Argynnis pales Schiff. ist wie die vorgenannte Art im Glocknergebiet auf Grasmatten in höheren Lagen allgemein verbreitet. Auch diese Art findet sich schon in der hochalpinen Grasheidenstufe regelmäßig, jedoch nicht so häufig wie im Zwergstrauchgürtel. Sie ist mindestens als holde Charakterart unserer Assoziation anzusprechen.

Erebia epiphron cassiope Fbr. ist wie die beiden eben genannten Arten auf Wiesen und Weiden von der subalpinen Stufe aufwärts bis in die höchsten Teile der Grasheidenstufe verbreitet. Vorbrodt (1921—1923) gibt an, daß sie in der Schweiz in Höhen von 1200 bis 2600 m beobachtet wurde. Die Raupe lebt an *Aira caespitosa* und *A. praecox*. Die Art ist feste Charakterart unserer Assoziation.

Erebia melampus Fuessl. ist ebenfalls feste Charakterart unserer Assoziation und besonders auf den Almwiesen und -weiden der subalpinen und Zwergstrauchzone heimisch. Sie steigt kaum über die obere Grenze des Zwergstrauchgürtels empor. Die Raupe lebt an Gräsern.

Erebia pharte Hb. lebt wie die vorgenannte Art und ist wie diese als feste Charakterart unserer Tiergesellschaft zu bewerten.

Erebia manto pyrrhula Frey. ist in den mittleren Hohen Tauern nicht so allgemein verbreitet wie die vorgenannten *Erebia*-Arten. Dennoch ist sie ein typischer Grasmattenbewohner, der von der subalpinen Stufe bis in die Grasheidenstufe emporsteigt. Die Art ist als holde Charakterart der Almwiesen und -weiden des Zwergstrauchgürtels zu bewerten.

Erebia pronoë Esp. ist wie die vorige Art verbreitet, steigt aber tiefer in die Täler herab und weniger hoch empor. Sie ist als feste Charakterart unserer Assoziation zu bewerten.

Erebia tyndarus Esp. ist schon als Charakterart der hochalpinen Grasmatten angeführt worden. Die Art ist aber auch regelmäßiger Bewohner der Almwiesen und -weiden bis in die subalpine Stufe herab und daher auch für diese als holde Charakterart zu bewerten.

Oeneis aëllo Hb. wurde in der Schweiz nach Vorbrodt (1921—1923) in Höhen von 1000 bis 2600 m beobachtet. Die Art liebt feuchte Grasplätze, die Raupe lebt nach Spuler an Gräsern. *Oeneis aëllo* ist mindestens als holde Charakterart unserer Tiergesellschaft zu betrachten.

Coenonympha arcania ist in der hochalpinen Varietät *satyrion* Esp. im Glocknergebiet auf Grasmatten von der subalpinen Region bis in die hochalpine Grasheidenstufe verbreitet und als holde Charakterart unserer Assoziation zu bewerten.

Lycaena optilete cyparissus Hb. lebt nach Vorbrodt (1921—1923) auf feuchten Plätzen und wurde in der Schweiz in Höhen von 1400 bis 2650 m festgestellt. Die Raupe lebt an *Vaccinium oxycoccus*, einer Pflanze, die besonders in der Zwergstrauchstufe massenhaft wächst. Die Art dürfte mindestens als holde Charakterart der Almwiesen und -weiden höherer Lagen zu taxieren sein.

Lycaena orbitulus Prun. wird'von Vorbrodt für die Schweiz aus Höhen von 1057 bis 3000 *m* angegeben. Die Art bevorzugt feuchte Stellen und findet sich nicht nur auf Grasmatten, sondern auch auf Naßfeldern und Quellmooren. Sie ist nur als holde Charakterart unserer Assoziation zu betrachten.

Lycaena pheretes Hb. findet sich im Glocknergebiet von 1500 *m* an bis in die hochalpine Grasheidenstufe überall auf Grasmatten. Die Art ist mindestens als holde Charakterart unserer Tiergesellschaft zu bewerten.

Lycaena eros O. ist wie die vorige Art verbreitet und zu bewerten. Sie steigt nach Vorbrodt (l. c.) in der Schweiz bis 2600 *m* empor.

Lycaena semiargus Rott. ist sehr weit verbreitet. Der Schmetterling findet sich von der Ebene bergwärts bis in die hochalpine Polsterpflanzenstufe. Die Raupe soll an *Armeria vulgaris*, *Anthyllis vulneraria*, *Trifolium pratense* und anderen Pflanzen polyphag leben. Die Art ist typischer Wiesenbewohner und als solcher in unserer Tiergesellschaft als holde Charakterart anzuführen.

Augiades comma wird von Vorbrodt (1921—1923) in der var. *alpina* Bath. für die Schweiz aus Höhen von 1253—3136 *m* angegeben. Die Raupe lebt an Gräsern, die Art ist im Glocknergebiet in unserer Assoziation anscheinend allgemein verbreitet und darum als holde Charakterart derselben zu bewerten.

Psodos quadrifarius Sulz. findet sich im Glocknergebiet über 1700 *m* auf Almwiesen und -weiden anscheinend überall, überschreitet aber die obere Grenze der Zwergstrauchstufe anscheinend nur in der ab. *stenolaenius* Schwgss. Die Art ist als Charakterart der Tiergesellschaft der Matten und Weiden des Zwergstrauchgürtels zu betrachten.

Parasemia plantaginis var. *subalpina* steigt im Glocknergebiet wahrscheinlich ebenso wie in der Schweiz bis in die Polsterpflanzenstufe empor, findet sich jedoch auch schon weit unterhalb der Waldgrenze. Die Art ist ein typischer Bewohner von Grasmatten und als solcher zu den holden Charakterarten unserer Assoziation zu rechnen.

Zygaena purpuralis Brünn. steigt von der Ebene bis in die alpine Zwergstrauchstufe empor, ist aber als typischer Wiesenbewohner doch als holde Charakterart unserer Tiergesellschaft zu bewerten.

Zygaena filipendulae L. ist wie die vorgenannte Art verbreitet und wie diese zu bewerten. In höheren Lagen tritt sie im Glocknergebiet fast ausschließlich in der var. *Manni* H. S. auf.

Procris geryon fliegt in der Form *chrysocephala* Nick. überall auf den Almwiesen und -weiden des Glocknergebietes und steigt bis hoch in die hochalpine Grasheidenstufe empor. Die Art ist wegen ihrer weiten Verbreitung nur als holde Charakterart unserer Tiergesellschaft zu bewerten.

Bombus derhamelus Kby., *pyrenaeus* Per., *lucorum* L. und *mendax* Gerst. fliegen in den Alpen in einem breiten Höhengürtel. Eine exakte soziologische Bewertung dieser Arten wird erst möglich sein, wenn man darüber Kenntnis haben wird, in welchen Höhen sie ihre Nester anlegen. Alle vier Arten zählen jedoch auf den üppigen Rasenflächen der Zwergstrauchstufe zu den eifrigsten Blumenbesuchern und -bestäubern und sind als solche mindestens als holde Charakterarten unserer Tiergesellschaft zu bewerten.

Andrena Rogenhoferi Mor. bewohnt in den mittleren Hohen Tauern ausschließlich die Zwergstrauch- und hochalpine Grasheidenstufe. Die Art ist im Gebiete zwar anscheinend selten und dürfte auch keineswegs überall auf den Rasenflächen über der Krummholzgrenze zu finden sein, muß aber doch mindestens als holde Charakterart hier angeführt werden.

Mutilla europaea L. steigt im Untersuchungsgebiet aus den Tallagen bis in die untersten Lagen der hochalpinen Grasheidenstufe empor und schmarotzt bei Hummeln. Die Art bewohnt besonders häufig sonnige Grashänge der Zwergstrauchstufe und ist darum als holde Charakterart unserer Assoziation zu bewerten.

Formica fuscogagates For., *Myrmica sulcinodis* Nyl. und *Leptothorax acervorum* Fbr. steigen aus den tiefsten Tallagen bis zur oberen Grenze des Zwergstrauchgürtels empor. *Formica fuscogagates* ist als wichtigstes tiersoziologisches Kennzeichen der oberen Grenze dieser Höhenstufe anzusehen, da sie an dieser schlagartig in großen Mengen in Erscheinung tritt. Alle drei Arten sind trotz ihrer weiten Verbreitung in den verschiedensten Assoziationen als holde Charakterarten der Tiergesellschaft der Matten und Weiden des Zwergstrauchgürtels anzusprechen.

Tenthredella velox Fbr. besitzt ebenfalls eine weite Verbreitung und findet sich in sehr verschiedenen Bioassoziationen. Die Art besitzt jedoch in der Zwergstrauchstufe auf Wiesen und Weiden eine allgemeine Verbreitung und kann darum hier als holde Charakterart angeführt werden.

Deltocephalus abdominalis Fbr. ist in den mittleren Hohen Tauern die häufigste Zikade auf Wiesen und Weiden von den Tälern aufwärts bis in die alpine Zwergstrauchstufe, fehlt aber auch in der hochalpinen Grasheidenstufe nicht. In der Zwergstrauchstufe ist die Art fast überall in großer Zahl vorhanden und gehört darum unbedingt zu den Charakterarten der die Matten und Weiden dieses Höhengürtels bewohnenden Tiergesellschaft.

Anoterostemma Theni Loew wurde schon als Charakterart der Tiergesellschaft der hochalpinen Grasheiden genannt und ist auch auf den Rasenflächen der Zwergstrauchstufe eine ständige Erscheinung. Die Art ist darum auch hier als feste Charakterart anzuführen.

Dicraneura Manderstjernai Kl. ist eine montane Art, die sich vor allem auf Wiesen findet. Sie steigt aus den tiefsten Tallagen bis in die hochalpine Region auf, scheint aber nirgends so häufig zu sein wie in der Zwergstrauchstufe und im angrenzenden Teil der subalpinen Region. Die Art ist darum hier als holde Charakterart anzuführen.

Tracheoniscus Ratzeburgi Brdt. ist eine der verbreitetsten Asseln der mitteleuropäischen Fauna. Die Art steigt in den mittleren Hohen Tauern bis zur oberen Grenze des Zwergstrauchgürtels empor, höher als irgendein anderer Vertreter der Landisopoden. Sie ist wegen ihres regelmäßigen Vorkommens auf den Matten und Weiden der Zwergstrauchstufe trotz ihrer weiten Verbreitung als holde Charakterart der dort lebenden Bioassoziation zu bewerten.

Salamandra atra Laur. kommt im Untersuchungsgebiet und anscheinend darüber hinaus in den Alpen vorwiegend in der Zwergstrauchstufe vor. Die Art ist sowohl in den hochalpinen Grasheiden, in denen sie nur tiefere Lagen bewohnt, als auch im subalpinen Waldgürtel wesentlich weniger häufig als in den Höhenlagen zwischen beiden. Sie ist darum als holde, wenn nicht als feste Charakterart der Tiergesellschaft der Matten und Weiden des Zwergstrauchgürtels zu bezeichnen.

Zu den genannten Charakterarten treten in großer Zahl Begleiter, die zwar nicht zur charakteristischen Artenverbindung der Assoziation der Almwiesen und -weiden gerechnet werden können, aber doch mit einer gewissen Regelmäßigkeit daselbst auftreten. Als Begleiter seien genannt: die Käfer: *Pterostichus vulgaris*, *Pterostichus Jurinei*, *Licinus Hofmannseggi*, *Cymindis humeralis* und *vaporariorum*, *Anthobium anale* und *pallens*, *Anthophagus alpestris*, *Philonthus decorus*, *Cantharis abdominalis*, *Dascillus cervinus*, *Corymbites aeneus*, *Corymbites impressus*, *Athous niger*, *Lacon murinus*, *Prosternon holosericeus*, *Dolopius marginatus*, *Agriotes sputator*, *Adrastus pallens*, *Anthaxia quadripunctata*, *Athaxia helvetica*, *Hoplia farinosa*, *Phylloperta horticola*, *Serica brunnea*, *Anaspis frontalis*, *Mordellistena abdominalis*, *Oedemera tristis*, *Anoncodes fulvicollis* und *rufiventris*, *Evodinus clathratus*, *Leptura maculicornis*, *Strangalia melanura*, *Cryptocephalus aureolus*, *seriseus* und *ocellatus*, *Hydrothassa aucta* (auf feuchten Wiesen), *Galeruca pomonae*, *Longitarsus rubellus*, *Sitona flavescens*, *Phytonomus nigrirostris* und *arator*, *Apion flavipes*, *aestimatum* und *assimile*. Dazu kommen an Schmetterlingen: *Melithaea aurinia merope* (nur in höheren Lagen), *Melithaea asteria* (nur in höheren Lagen) und *athalia*, *Argynnis euphrosyne*, *Erebia ceto* und *euryale*, *Chrysophanus dorilis* var. *subalpina*, *Chrysophanus virgaurea* und *hippotoë*, *Lycaena astrarche*, *eumedon* var. *alticola*, *corydon* und *minima*, *Hesperia serratulae* var. *caeca* und *Hesperia alveus* var. *alticola*, *Agrotis ocellina*, *simplonia* und *grisescens*, *Mamestra dentina* und *marmorosa* var. *microdon*, *Hadena ceta* var. *pernix*, *Plusia bractea*, *Acidalia incanata* und *fumata*, *Ortholita bipunctaria*, *Larentia incursata*, *caesiata* und *albulata*, *Gnophos dilucidaria* und *albulata*, *Philea irrorella*, *Crambus coulonellus*, *radiellus*, *conchellus* und *fratellus*, *Catastia marginella*, *Scoparia sudetica*, *Titanio phrygialis*, *Alucita tetradactyla*, *Stenoptilia coprodactyla*, *Tortrix rogana* var. *dohrniana*, *Lipoptycha bugnionana*, *Epermenia scurella*, *Scythris amphonycella* und *Melasina lugubris*; die Hymenopteren: *Bombus elegans*, *mucidus*, *soroeensis* und *alticola*, *Myrmica lobicornis*, *Formica exsecta*, *Tenthredella mesomelas* var. *myoceras*, *Tenthredella atra* und *Tenthredo arcuatus*; die Hemipteren *Stenodema holsatum*, *Strongylocoris leucocephalus*, *Chlamydatus pulicarius*, *Trapezonotus arenarius*, *Nysius jacobeae*, *Raglius phoeniceus*, *Odontoscelis fuliginosa*, *Eurydema Fieberi*, *Sehirus dubius*, *Agallia venosa*, *Aphalara picta*, *Deltocephalus Bohemani*, *Eupteryx notata* und *Cixius Heydeni*; die Fliegen: *Dilophus femoratus*, *Chrysopilus nubecula*, *Tachydromia stigmatella*, *Gymnomera dorsata*, *Rhamphomyia anthracina*, *Rhamphomyia luridipennis* und *serpentata*, *Atalanta trinotata*, *Empis florisomne* und *bistortae*, *Phora horrida*, *Sphaerophoria scripta*, *Sepsis cynipsea*, *Calamoncosis minima*, *Drymeia hamata*, *Rhynchotrichops aculeipes*, *Chortophila sepia* und *Musidora furcata*; ferner die Orthopteren: *Chorthippus parallelus*, *Stenobothrus lineatus*, *Stauroderus apricarius* (nur in tieferen Lagen), *Eutystira brachyptera*, *Decticus verrucivorus* und *Metrioptera Roeseli*; die Myriopoden: *Lithobius forficatus* und *latro*, *Polydesmus complanatus*, *Heteroporatia mutabile*, *Leptoiulus simplex*, *Taueriulus aspidiorum* und *Aschiulus sabulosus*; die Schnecken: *Arianta arbustorum*, *Clausilia dubia* und *Vertigo alpestris*.

Die vorstehende Liste gibt, obwohl sie noch keineswegs vollständig ist, einen Begriff von der Formenmannigfaltigkeit, die uns im Tierverein der Vegetationsschicht der Matten und Weiden des Zwergstrauchgürtels entgegentritt. Die genauere Erforschung der von der Systematik und Biogeographie bisher in gleicher Weise stiefmütterlich behandelten Insektengruppen, wie der parasitischen Hymenopteren, der Fliegen, Zikaden und selbst der Kleinschmetterlinge, wird zweifellos eine nicht geringe Anzahl weiterer Begleitarten und selbst einzelne weitere Leitformen unserer Tiergesellschaft erkennen lassen. Von der Nennung von Charakterarten aus der großen Reihe der Kleinschmetterlinge, Fliegen und parasitischen Hymenopteren wurde zunächst mit Rücksicht auf deren unzulängliche Erforschung überhaupt Abstand genommen.

Trotz der großen Zahl der auf den Matten und Weiden der Zwergstrauchzone regelmäßig auftretenden Tierformen gibt es kaum eine Art, die als treue Charakterart der Tiergesellschaft dieses Höhengürtels gewertet werden könnte. Auch die Zahl der festen Charakterarten ist gering, was sich daraus erklärt, daß die Zwergstrauchstufe in jeder Hinsicht eine vermittelnde Stellung zwischen der subalpinen und der hochalpinen Grasheidenzone einnimmt.

Als die bezeichnendsten Bewohner der Rasenflächen des Zwergstrauchgürtels sind *Silpha tyrolensis* und *Evodinus interrogationis*, *Oeneis aëllo* und *Psodos quadrifarius*, *Aeropus sibiricus* und in sonnigen Lagen *Anechura bipunctata*, *Zygaena filipendulae Manni* und *Corymbites melancholicus* zu nennen.

Es sei nicht versäumt, in diesem Zusammenhang einen Blick auf die Tierwelt des subalpinen Wiesen- und Weidelandes zu werfen. Dieses wird heute landwirtschaftlich in den meisten Fällen genau so durch Mahd und Weide in extensivem Betrieb genutzt wie das Grünland der Zwergstrauchstufe, nur mit dem Unterschied, daß auf den Weiden die Nutzung wegen der tieferen Lage etwas länger andauern kann und die Mähwiesen alljährlich einen, oft sogar zwei Schnitte liefern, während die Bergmähder häufig nur jedes zweite Jahr einen Schnitt lohnen. Völlig verschieden ist dagegen die Vorgeschichte der Rasengesellschaften in den beiden Höhenstufen. Während nämlich die Matten und Weiden über der Waldgrenze durch Ausbreitung einer zwischen den Zwergstrauchbeständen schon immer vorhandenen, aus Gräsern und Kräutern bestehenden heliophilen Vegetation entstanden gedacht werden müssen, wuchs in subalpinen Lagen ursprünglich Wald mit einem botanisch wie zoologisch von dem gegenwärtig auf den Grünlandflächen vorhandenen weitgehend abweichenden Bestande niederer Pflanzen und Tiere.

Dementsprechend weisen die subalpinen Wiesen und Weiden noch weniger ihnen eigentümliche Tierarten auf als die Rasenflächen der Zwergstrauchzone. Die dort lebende Tiergesellschaft setzt sich vielmehr offensichtlich, abgesehen von einer kleinen Zahl ursprünglich wohl an lichten Waldstellen heimischer subalpiner Arten, vorwiegend aus Zuwanderern aus dem Bereiche der Kampfzone des Waldes und der alpinen Zwergstrauchgesellschaften sowie aus weitverbreiteten Taltieren zusammen, die hier in bedeutend größerer Zahl auftreten als über der rezenten Waldgrenze. Es ist bemerkenswert, daß nach J. Krause (1936) derselbe Mangel an spezifischen Formen und die gleiche starke Überfremdung durch eindringende Talformen auch an den Pflanzenbeständen der subalpinen Rasenflächen deutlich in Erscheinung tritt. Vermutlich würde sich die Mühe lohnen, die Herkunft der einzelnen Elemente der Tier- und Pflanzenvereine des subalpinen Grünlandes genauer zu untersuchen, da die Bildung dieser jungen Rasengesellschaften leichter historisch zu verfolgen sein dürfte als die älterer Assoziationen. Das im Rahmen dieser Arbeit gesammelte Material reicht leider noch nicht hin, um auf die angedeuteten Fragen näher eingehen zu können.

Die Darstellung der Tiergesellschaften der Matten und Weiden des Zwergstrauchgürtels wäre unvollständig, würde nicht auch die Bodenfauna in die Beschreibung einbezogen. Der eingehenden Untersuchung dieser im Rahmen der tiergeographisch-soziologischen Bearbeitung der mittleren Hohen Tauern standen leider unüberwindliche technische Schwierigkeiten entgegen. Es kann darum die Bodenfauna des Grünlandes der Zwergstrauchstufe wie die der hochalpinen Grasheiden noch nicht abschließend beschrieben werden. Ich gebe statt dessen nachfolgend unter Verzicht auf die Unterscheidung von Charakterarten, Begleitern und nur zufällig anwesenden Tieren das Gesamtergebnis einiger quantitativer Bodenanalysen wieder.

Charakteristik der Bestände.

I. Moserboden, schwach beweidete Almwiese in 1970 m Höhe, schwach nach SO geneigt. Untergrund Phyllit, Boden besitzt über 5 cm mächtige Oberbodenschicht vom Rendsinatypus. Die an der staatlichen landw.-chem. Versuchsanstalt in Wien unter Leitung von Herrn Ing. R. Dietz durchgeführte Analyse einer Mischprobe der obersten 5 cm ergab 0·63% Stickstoff, 0·38% Kalk (CaO), ferner nach Neubauer 3·1 mg leichtlösliches P_2O_5 und 9·5 mg leichtlösliches K_2O. Die Mischprobe ergab elektrometrisch pH = 5·3. Aufnahmedatum: 17. VII. 1939. Es wurden folgende Pflanzen festgestellt (det. Prof. H. Gams): *Agrostis* spec., *Festuca rubra* var. *commutata*, *Deschampsia caespitosa*, *Poa alpina*, *Phleum alpinum*, *Nardus stricta* (spärlich), *Trifolium pratense*, *Lotus corniculatus*, *Potentilla aurea*, *Veronica bellidioides*, *Sieversia montana*, *Hypericum maculatum*, *Leontodon antennatum*, *Taraxacum* spec., *Trifolium badium*, *Ligusticum mutellina*, *Geranium sylvaticum*, *Ranunculus* spec., *Alchemilla* spec. Quantitativ untersucht wurde eine Fläche von ½ m² der obersten, 5 cm mächtigen Bodenschicht. Die Probe wurde von Dr. H. Strouhal (Wien) in Automaten der Bauart nach Moczarski und Winkler ausgelesen, die Nematoden wurden unter dem Binokular ausgesucht.

II. Grasfläche unmittelbar unterhalb des Glocknerhauses in etwa 2100 m Höhe und W-Exposition. Feuchte Muldenlage, Fläche mäßig gegen die Möllschlucht geneigt. Boden in den obersten 8 cm brauner, sandiger Oberboden, darunter hellbrauner, sandiger Rohboden. pH = 4·3—4·5 kolorimetrisch mit dem von der Firma Jurány (Budapest) hergestellten Gerät am frischen Boden gemessen. Eine chemische Bodenanalyse liegt nicht vor. Aufnahmedatum: 27. VII. 1939. Pflanzenbestand (det. Prof. H. Gams): *Anthoxantum odoratum*, *Poa alpina*, *Trifolium pratense*, *Sieversia montana*, *Potentilla aurea*, *Silene inflata*, *Ranunculus montanus*, *Alchemilla* cf. *pastoralis*, *Myosotis alpestris*, *Rhinanthus* cf. *subalpinus*, *Leontodon pyrenaicus* ssp. *helveticus*, *Campanula barbata*, spärliche Moosrasen. Quantitativ untersucht wurde eine Fläche von ⅙ m² der obersten 3 bis 5 cm. Die Probe wurde wie die vorige von Dr. H. Strouhal (Wien) bearbeitet.

III. **Abhang der Marxwiese gegen die Möllschlucht unweit südöstlich der Margaritze.** Lichter Zwergstrauchbestand an der Waldgrenze in etwa 1900 m Höhe, ziemlich steil gegen SO zur Möllschlucht geneigt. Aufnahmedatum: 17. VII. 1940. Pflanzenbestand: schüttere Zwergstrauchschicht, bestehend aus *Salix hastata* (det. Prof. H. Gams) und *Vaccinium uliginosum*, in der Krautschicht *Juncus trifidus, Festuca* spec., *Carex paniculata, Trollius europaeus, Potentilla aurea, Polygonum viviparum, Alchemilla* spec., *Hedysarum obscurum, Myosotis alpestris* und üppiger, dichter Moosunterwuchs. Es wurde eine Fläche von $\frac{1}{4}$ m^2 der Moosschicht und der obersten 2 cm des Bodens quantitativ untersucht. Die Probe wurde an der Reichsforschungsanstalt für alpine Landwirtschaft von Frl. A. Häuser und Frl. G. Hareiter bearbeitet. Das Auslesen der Probe erfolgte wie oben mittels Ausleseautomaten nach Moczarski und Winkler. Das Auszählen der Nematoden besorgte ich selbst im Auflicht mittels eines Stereomikroskops.

IV. **Guttal, unmittelbar oberhalb der Ankehre der Glocknerstraße.** Dichter Bestand von *Salix hastata* (det. Prof. H. Gams) mit üppigem Moosunterwuchs an der Waldgrenze in SO-Exposition. Seehöhe etwa 1900 m, Aufnahmedatum: 15. VII. 1940. Es wurde etwa $\frac{1}{4}$ m^2 des Moosrasens samt der obersten Bodenschicht quantitativ untersucht. Die Aufarbeitung der Probe wurde an der Reichsforschungsanstalt für alpine Landwirtschaft in Admont von Frl. A. Häuser und Frl. G. Hareiter besorgt.

V. **Fuscher Tal oberhalb Ferleiten, schwach beweidete subalpine Wiese unterhalb der Vogerlalm in etwa 1250 m Höhe.** Untergrund Kalkphyllitschutt, Fläche ziemlich feucht, fast eben. Die Wiese ist unweit der Probestelle ausgesprochen sumpfig. Boden grobsandig, in den obersten 5 cm schwarzgrau, dann rasch heller werdend, unter 10 cm Tiefe anscheinend vollkommen steril. Die an der staatlichen landw.-chem. Versuchsanstalt in Wien unter Leitung von Herrn Ing. R. Dietz durchgeführte Analyse einer Mischprobe der obersten 5 cm des Bodens ergab 0·2% Stickstoff, 14·5% Kalk (CaO), ferner nach Neubauer 0·6 mg leichtlösliches P_2O_5 und 2·7 mg leichtlösliches K_2O. Entsprechend dem außerordentlich hohen Kalkgehalt wurde elektrometrisch ein pH = 8·2 ermittelt. Im Gelände wurde kolorimetrisch an der Bodenoberfläche pH = 7·8, in 5 cm Tiefe pH = 8·0 gemessen. Die Aufnahme erfolgte am 21. VII. 1939. Es wurden folgende Pflanzen festgestellt (det. Prof. H. Gams): *Festuca pratensis* (vorherrschend), *Agrostis alba, Poa trivialis, Carex hirta, Phleum pratense, Glyceria plicata, Trifolium repens, Potentilla reptans, Potentilla anserina, Rumex obtusifolius, Ranunculus acer*. Es wurde eine Fläche von $\frac{1}{2}$ m^2 der Schicht von 0 bis 5 cm Tiefe quantitativ untersucht. Die Verarbeitung der Probe wurde in Wien durch Herrn Dr. H. Strouhal besorgt.

VI. **Dorfer Öd (Stubach), Almweide in etwa 1300 m Höhe auf Urgesteinsschutt, mäßig nach S geneigt.** Bodenprofil: 5 cm brauner Oberboden, darunter heller Rohboden mit reichlicher Beimengung von Gneisgrus. Eine chemische Analyse des Bodens liegt nicht vor. Datum der Aufnahme: 25. VII. 1939. An Pflanzen wurden notiert: *Nardus stricta* (vorherrschend), *Anthoxantum odoratum, Festuca rubra, Agrostis* spec., *Carex* spec., *Trifolium pratense, Trifolium repens, Potentilla reptans, Alchemilla* spec., *Plantago lanceolata, Taraxacum* spec., *Prunella* spec. Es wurde eine Fläche von $\frac{1}{6}$ m^2 der obersten, 5 cm mächtigen Bodenschicht quantitativ untersucht. Die Probe wurde wie die vorige von Dr. H. Strouhal in Wien verarbeitet.

VII. **Grieswiesalm im Hüttenwinkeltal (Sonnblickgruppe).** Kleine Kuppen mit vorherrschender Vegetation von *Calluna* und *Vaccinien* in etwa 1500 m Höhe. Boden hellbraun, auf Urgesteinsschutt aufruhend. pH (kolorimetrisch in Gelände gemessen) in 1 cm Tiefe = 4·5, in 6 cm Tiefe = 4·5. Datum der Aufnahme: 15. 5. 1940. Vegetation noch ganz unentwickelt. Es wurden folgende Pflanzen notiert: *Calluna vulgaris* (vorherrschend), *Vaccinium vitis idaea, Vaccinium myrtillus, Nardus stricta, Festuca* spec., *Carex* spec., *Hieracium pilosella, Potentilla* spec., *Gentiana* spec., Moose und Flechten. Es wurde die oberste, 4 cm mächtige Bodenschicht auf einer Fläche von $\frac{1}{6}$ m^2 quantitativ untersucht. Die Probenanalyse wurde an der Reichsforschungsanstalt für alpine Landwirtschaft in Admont von Frl. A. Häuser und Frl. G. Hareiter durchgeführt.

VIII. **Grieswiesalm, flacher Weideboden unmittelbar neben Aufnahme VII.** Auch an dieser Stelle wurde kolorimetrisch ein pH-Wert von 4·5 in 2 cm Tiefe im Boden gemessen. Aufnahmedatum: 15. V. 1940. Vegetation ebenso unentwickelt wie im benachbarten Probequadrat. Folgende Pflanzen wurden notiert: *Nardus stricta* (vorherrschend), *Crocus albiflorus, Potentilla* spec., *Alchemilla* spec., *Deschampsia caespitosa, Ranunculus* spec., *Trifolium* spec., *Geum montanum*. Es wurde eine Fläche von $\frac{1}{6}$ m^2 der obersten, 3 cm mächtigen Bodenschicht quantitativ untersucht. Auch diese Analyse wurde von Frl. Häuser und Frl. Hareiter an der Reichsforschungsanstalt in Admont durchgeführt.

IX. **Kunstwiese beim Taxingbauer in Haid bei Zell am See.** Talwiese in etwa 800 m Höhe, vollkommen eben. Vierjähriger Kunstwiesenschlag mit ziemlich lückenhafter Vegetation. Aufnahmedatum: 13. VII. 1939. Die an der staatlichen landw.-chem. Versuchsanstalt in Wien durchgeführte chemische Analyse einer Mischprobe der oberen 10 cm des Bodens ergab 0·37% Stickstoff, 0·00% Kalk und elektrometrisch gemessen pH = 4·1. Am frischen Boden wurde kolorimetrisch in 1 cm Tiefe pH = 4·0, in 5 cm Tiefe pH = 4·3, in 11 cm Tiefe pH = 4·1 gemessen. In der Bodenprobe waren nach Neubauer 1·7 mg leichtlösliches P_2O_5 und 17·5 mg K_2O enthalten. Es wurden folgende Pflanzen festgestellt (det. Prof. H. Gams): *Dactylis glomerata* (vorherrschend), *Poa* spec., *Avena elatior, Avena pubescens, Trifolium repens, Alchemilla pastoralis, Polygonum persicaria, Plantago lanceolata, Crepis* spec., *Ranunculus repens, Chrysanthemum leucanthemum, Hypericum* spec., *Euphrasia* spec., *Achillea millefolium, Lotus corniculatus, Lathyrus* spec., *Galeopsis* spec., *Leontodon hispidus*. Es wurde eine Bodenprobe der Schicht von 0 bis 5 cm Tiefe auf einer Fläche von $\frac{1}{2}$ m^2 quantitativ auf ihren Tierbestand hin untersucht. Die Analyse führte Herr Dr. H. Strouhal in Wien durch.

X. **Magerwiese (vor 8 bis 10 Jahren einmal umgebrochen) beim Taxingbauer in Haid bei Zell am See** in unmittelbarer Nachbarschaft der Aufnahme IX. Die an der staatlichen landw.-chem. Versuchsanstalt in Wien durchgeführte Bodenanalyse ergab 0·37% Stickstoff, 0·00% Kalk, ferner nach Neubauer 1·7 mg leichtlösliches P_2O_5 und 1 mg leichtlösliches K_2O. Elektrometrisch wurde für diese Mischprobe ein pH = 4·9 ermittelt, im Gelände ergab der frische Boden kolorimetrisch in 1 cm Tiefe pH = 4·5 und in 10 cm Tiefe gleichfalls pH = 4·5. Der Boden war ein lehmiger Sandboden von hellbrauner Farbe. Folgende Pflanzen wurden festgestellt (det. Prof. H. Gams): *Anthoxantum odoratum, Aira caespitosa, Agrostis* spec., *Alchemilla pastoralis, Sagina procumbens, Leontodon autumnalis, Chrysanthemum leucanthemum, Prunella vulgaris, Plantago major, Plantago lanceolata, Achillea millefolium, Rumex acetosella, Hypericum* spec., *Euphrasia Rostkoviana*. Es wurde die Bodenschicht der obersten 5 cm auf einer Fläche von $\frac{1}{2}$ m^2 quantitativ auf ihren Tierbestand hin untersucht. Die Analyse wurde wie die der vorigen Probe in Wien von Dr. H. Strouhal durchgeführt.

Tierart	Aufnahme		Tierart	Aufnahme	
	I	II		III	IV
Amara Quenseli (Coleopt.)	+ (2)	—	*Leptusa pseudoalpestris* (Col.)..	+ (4)	—
Helophorus Schmidti	+ (2)	+ (54)	*Falagria thoracica*	—	+ (4)
— *glacialis*	—	+ (6)	*Quedius alpestris* var. *spurius* .	—	+ (24)
Aphodius gibbus	+ (2)	0	Käferlarven	+ (52)	+ (24)
— *satyrus*	—	+ (6)			
Tropiphorus tomentosus	+ (2)	+ (6)			
Käferlarven	+ (16)	+ (12)			
Formica fuscogagates (Hymen.)	0	0	Chalcididae (1 kleine, unbestimmte Art)	+ (48)	—
Fliegenlarven	+ (26)	+ (12)	Ameisen	—	—
hiervon Lycoriiden	+ (20)	—	*Acalypta musci* (Hemipt.)	+ (40)	—
			Orthezia cataphracta (z. T. juv.)	+ (136)	—
			Neosciara subflava	+ (12)	—
			Fliegenlarven	+ (12)	+ (20)
Hypogastrura armata (Collemb.)	+ (12)	+ (12)	*Hypogastrura armata*	+ (12)	—
Folsomia quadrioculata	+ (4)	0	*Onychiurus armatus*	+ (4)	+ (20)
Isotoma olivacea	+ (2)	0	*Folsomia decemoculata*	—	+ (24)
Onychiurus armatus	—	+ (30)	*Isotoma sensibilis*	—	+ (92)
Isotoma sensibilis	—	+ (6)	— *olivacea neglecta*	+ (180)	+ (8)
Lepidocyrtus lanuginosus	—	+ (42)	*Isotomurus palliceps*	+ (8)	+ (8)
			Lepidocyrtus lanuginosus	—	+ (4)
			Orchesella luteoviridis	—	+ (20)
Spinnen (inad., unbestimmt) ...	—	—	*Xysticus* spec. (juv.)	—	+ (4)
Parasitus anomalus (Acari) ...	+ (10)	+ (2)	*Pergamasus* spec.	—	(1)
Pergamasus noster	+ (z)	+ (m)	*Eugamasus Kraepelini*	+ (1)	+ (1)
			Veigaia herculeana	+ (1)	+ (e)
			— *cervus*	+ (1)	—
			Trachytes pi pauperior	+ (1)	—

Tierart	soziologische Aufnahme Nr.					
	V	VI	VII	VIII	IX	X
Dyschirius globosus (Coleopt.)	—	—	—	—	+ (30)	+ (2)
Clivina fossor	—	—	—	—	+ (2)	—
Trechus obtusus	+ (2)	—	—	—	—	—
Synuchus nivalis	—	—	—	—	+ (2)	—
Arpedium quadrum alpinum	+ (2)	—	—	—	—	—
Aploderus caelatus	+ (12)	—	—	—	—	—
Stenus nitidiusculus	+ (2)	—	—	—	—	—
— *brunnipes*	—	—	—	—	+ (2)	+ (2)
— *fulvicornis*	—	—	—	—	+ (2)	+ (2)
— *similis*	—	—	—	—	+ (2)	—
Lathrobium longulum	—	—	—	—	+ (4)	+ (2)
Tachinus rufipes	—	—	—	—	+ (2)	—
Tachyporus pusillus	—	—	—	+ (4)	—	—
— *chrysomelinus*	—	—	+ (24)	—	—	—
Gabrius toxotes	—	—	—	—	+ (2)	—
Quedius picipennis	—	—	—	+ (4)	—	—
Atheta fungi	—	—	—	—	+ (2)	—
Amischa analis	—	+ (6)	—	—	+ (10)	+ (12)
Meotica exilis	—	—	—	—	+ (4)	+ (4)
Ptiliolum Kuntzei	—	—	—	—	+ (2)	—
— *fuscum*	—	—	—	—	+ (2)	—
Acrotrichis intermedia	—	—	—	—	+ (2)	—
Megasternum boletophagum	+ (10)	—	—	—	— (6)	—
Dryops nitidulus	+ (4)	—	—	—	—	—
Pselaphus Heysei	—	—	—	—	—	+ (2)
Monotoma longicollis	—	—	—	—	+ (4)	+ (4)
Corticaria elongata	—	—	—	—	+ (2)	—
Atomaria pusilla	—	—	—	—	+ (2)	+ (2)
— *ruficornis*	—	—	—	—	+ (2)	+ (2)
Cytilus sericeus	—	—	—	—	—	+ (2)
Syncalypta spinosa	—	—	—	—	—	+ (2)
Hydrothassa aucta	+ (4)	—	—	—	—	+ (2)
Käferlarven	+ (20)	+ (36)	+ (6)	+ (24)	+ (76)	+ (110)
Myrmica scabrinodis (Hymenopt.)	—	+ (54)	+ (12)	+ (12)	—	—
— *laevinodis*	+ (36)	—	—	—	+ (36)	—
Fliegen (unbestimmt)	—	—	+ (4)	—	—	—
Fliegenlarven	+ (26)	+ (12)	+ (18)	+ (6)	+ (56)	+ (22)
hiervon Lycoriiden	—	—	—	—	+ (30)	+ (16)
Sericothrips gracilicornis (Thys.)	—	—	—	+ (4)	—	—
Hypogastrura armata (Collemb.)	+ (32)	+ (6)	—	+ (12)	+ (66)	+ (2)
Friesea mirabilis	+ (2)	—	—	—	—	—
Brachystomella parvula	+ (14)	—	—	—	—	—
Onychiurus furcifer	—	+ (108)	—	—	—	—
— *armatus*	—	+ (162)	—	+ (4)	+ (70)	+ (2)
Folsomia quadrioculata	—	+ (72)	—	—	+ (304)	+ (84)
Isotoma sensibilis	—	+ (24)	—	+ (12)	—	—
— *minor*	—	+ (6)	—	—	—	—
— *viridis*	—	—	—	—	—	+ (4)
— spec. juv. *(viridis?)*	—	—	—	—	+ (12)	+ (28)
Sira Buski	—	—	—	—	+ (4)	—
Dicyrtoma fusca	—	—	—	—	—	+ (10)
Spinnen (inad., unbestimmt)	+ (2)	+ (6)	—	—	—	—
Parasitus anomalus	+ (7)	+ (5)	—	+ (19)	—	—
Pergamasus crassipes	+ (5)	+ (2)	—	—	+ (3)	+ (1)
— *crassipes longicornis*	—	—	—	—	+ (z)[1]	+ (2)
— *noster*	—	—	—	+ (1)	—	—

[1] Die eingeklammerten Buchstaben in der Tabelle bedeuten: e = einige, m = mehrere, z = zahlreiche, sz = sehr zahlreiche Individuen der betreffenden Art.

Tierart	Aufnahme		Tierart	Aufnahme	
	I	II		III	IV
Hypoaspis spec.	+ (e)	—	*Hypoaspis* spec.	—	+ (e)
Nothrholaspis carinata	—	+ (1)	*Urodiaspis tecta*	+ (1)	—
Eviphis holsaticus	—	+ (5)	*Zercon triangularis*	—	+ (m)
Episeius sp.	+ (m)	—	— *perforatulus*	—	+ (e)
Lasioseius spec.	—	+ (e)	*Bdella iconica*	—	+ (1)
Zercon inornatus	—	+ (2)	*Biscirus lapidarius*	—	+ (1)
			Cyta coerulipes	—	+ (1)
			Camisia (Uronothr.) segnis	+ (7)	+ (1)
			Nothrus borussicus	—	+ (e)

Tierart	soziologische Aufnahme Nr.					
	V	VI	VII	VIII	IX	X
Pergamasus oxygynellus	—	—	—	—	+ (z)	+ (1)
— runcatellus	—	+ (m)[1]	—	+ (m)	+ (z)	+ (z)
Digamasellus Frenzeli	+ (7)	—	—	+ (1)	+ (2)	—
Eugamasus Kraepelini	—	—	+ (4)	—	—	—
— furcatus	—	—	+ (1)	—	—	—
Gamasodes spinipes	—	+ (2)	—	—	—	—
— bispinosus	—	—	+ (1)	+ (1)	+ (2)	—
Dendrolaelaps Oudemansi	—	—	—	—	+ (1)	—
Rhodacarus roseus	—	—	—	—	+ (2)	—
Veigaia nemorensis	—	—	+ (9)	—	+ (2)	+ (6)
Nothrholaspis carinata	+ (m)	—	—	—	—	—
Pachylaelaps pectinifer	—	—	—	—	+ (e)	—
— alpinus	—	—	—	—	+ (e)	—
— squamifer	—	—	—	—	+ (e)	—
— vexillifer	—	—	—	—	+ (e)	—
Eviphis siculus	+ (2)	—	—	—	+ (z)	—
— ostrinus	—	—	—	—	—	— (m)
Hypoaspis aculeifer	—	—	—	—	+ (z)	+ (m)
— spec.	—	—	—	— (5)	—	—
Ololaelaps placentula	—	—	—	—	—	+ (1)
Episeius mutilus	—	—	—	—	+ (1)	+ (z)
— sphagni	+ (m)	—	—	—	+ (e)	+ (1)
Lasioseius levis	+ (2)	—	—	—	+ (z)	+ (m)
— Berlesei	—	—	—	—	+ (2)	—
— oculatus	+ (e)	—	—	—	—	—
— salisburgensis	—	—	—	—	+ (e)	—
Macrocheles veterrimus	—	—	+ (1)	—	—	—
Iphidosoma fimetarium	—	—	+ (5)	—	—	—
Gamasiphis haemisphacricus	—	—	+ (1)	—	—	—
Gamasolaelaps aurantiacus	—	—	—	+ (1)	—	—
Cheiroseius unguiculatus	—	—	—	—	+ (1)	—
Amblyseius obtusus	—	—	—	—	—	+ (1)
— var. tuscus	—	—	—	—	—	+ (e)
Zercon badensis	—	+ (1)	—	—	—	—
— montanus	—	+ (1)	+ (6)	—	—	—
— inornatus	—	—	—	+ (1)	—	—
Prozercon fimbriatus	—	+ (1)	—	—	—	—
Parazercon sarekensis	—	—	—	+ (1)	—	—
Trachytes pyriformis	—	+ (1)	—	—	—	—
Leiodinychus Krameri	—	—	—	+ (9)	—	—
Urotrachytes formicarius	—	+ (2)	—	—	—	—
Pseuduropoda spec.	+ (1)	—	—	—	—	+ (1)
— spec.	—	—	—	—	+ (m)	—
Cyta coerulipes	—	—	+ (1)	—	—	—
Lorrya reticulata	—	—	—	—	—	+ (1)
Ledermülleria clavata	—	—	—	—	+ (z)	+ (z)
— segnis	—	—	—	+ (1)	—	—
Ledermülleriella triscutata	—	—	—	—	—	+ (e)
Eustigmaeus Ottavii	+ (z)	—	—	—	+ (z)	+ (m)
— kermesinus	—	—	—	—	—	+ (e)
Typhlothrombium Grandjeani	—	—	+ (2)	—	—	—
Microthrombidium sucidum	+ (1)	—	—	—	—	—
— pusillum	—	—	—	—	—	+ (1)
Camerothrombidium sanguineum	—	+ (m)	—	—	—	—
Leptus trimaculatus	—	+ (1)	—	—	+ (1)	—
Eulohmannia Ribagai	—	—	+ (2)	—	—	—

[1]) Die eingeklammerten Buchstaben in der Tabelle bedeuten: e = einige, m = mehrere, z = zahlreiche, sz = sehr zahlreiche Individuen der betreffenden Art.

Tierart	Aufnahme		Tierart	Aufnahme	
	I	II		III	IV
Platynothrus peltifer	+ (z)	—	Plathynothrus peltifer	+ (44)	+ (z)
Hypochthonius rufulus	—	+ (1)	Belba riparia	+ (8)	+ (m)
			— diversipilis	+ (6)	+ (z)
			— compta	+ (3)	+ (m)
			— tatrica	—	+ (e)
			Suctobelba trigona	—	+ (1)
			Caleremaeus monilipes	+ (1)	—
Oribella Paolii	+ (e)	+ (z)	Oribella Paolii	+ (6)	—
Tectocepheus velatus	+ (e)	—	— alpestris	+ (1)	—
Zygoribatula exilis	+ (1)	—	Eremaeus oblongus	+ (1)	—
			Oppia ornata	—	+ (1)
			Ceratoppia bipilis	+ (m)	+ (z)
			Metrioppia helvetica	+ (3)	+ (1)
			Phyllotegeus palmicinctum	+ (1)	+ (z)
			Tritegeus bifidatus	+ (1)	—
			Cepheus cepheiformis	+ (m)	—
			— latus	+ (1)	+ (e)
			Carabodes intermedius	+ (m)	+ (e)
			Liacarus coracinus	+ (z)	+ (e)
			Scheloribates latipes	+ (e)	—
Liebstadia similis	—	+ (z)	Liebstadia similis	+ (m)	+ (e)
			Oribatula venusta	—	+ (e)
			Gustavia fusifer	—	+ (1)
Chamobates cuspidatus	+ (1)	—	Chamobates cuspidatus	+ (1)	—
			— Schützi	—	+ (e)
Sphaerozetes orbicularis	+ (1)	—	Sphaerozetes orbicularis	+ (m)	+ (z)
			Oromurcia alpina	+ (e)	—
			Melanozetes meridianus	—	+ (m)
			— interruptus	—	+ (m)
Fuscocetes setosus	+ (z)	— (e)	Fuscozetes setosus	+ (m)	+ (m)
Allogalumna tenuiclavus	+ (1)	—	Galumna allifera	+ (1)	—
Trichoribates oxypterus	—	+ (z)	Trichoribates incisellus	—	+ (m)
Tegoribates latirostris	+ (m)	—	— oxypterus	—	+ (m)
Tectoribates alpinus	+ (1)	—	Oribatella calcarata	—	+ (m)
Notaspis coleoptratus	+ (1)	—	Notaspis punctatus	+ (z)	+ (z)
— italicus	+ (e)	—	— regalis	+ (z)	—
			— italicus	—	+ (z)
Pelops occultus	—	+ (1)	Pelops planicornis	+ (z)	+ (z)
			— phytophilus	+ (z)	—
			— uraeaeceus	—	+ (m)
			— longifissus	—	+ (z)
			Phthiracarus stramineus	+ (m)	—
			— anonymum	+ (z)	+ (e)
			Euconulus trochiformis	+ (12)	—
			Arianta arbustorum (juv.)	+ (12)	—
			Clausilia dubia	+ (12)	—

Tierart	soziologische Aufnahme Nr.					
	V	VI	VII	VIII	IX	X
Nanhermannia nana	—	—	—	—	+ (m)	+ (1)
— elegantula	—	—	—	—	+ (m)	+ (e)
Hypochthonius rufulus	—	+ (2)	+ (1)	—	+ (z)	+ (z)
Trhypochthonius cladonicola	—	—	—	+ (1)	—	—
Camisia segnis	—	—	+ (1)	—	—	—
Nothrus pratensis	+ (1)	—	+ (8)	—	—	—
— palustris	—	—	—	—	—	+ (e)
— borussicus	—	—	+ (1)	—	—	—
— silvestris	—	—	+ (2)	—	—	—
Platynothrus peltifer	—	+ (e)	—	—	+ (m)	+ (z)
Hermannia gibba	—	+ (1)	—	—	+ (z)	+ (e)
Belba clavipes	—	+ (e)	—	—	—	—
Caleremaeus monilipes	—	—	—	—	+ (1)	—
Oppia ornata	—	—	—	+ (1)	—	—
— unicarinata	—	—	—	—	+ (e)	—
— subpectinata	—	—	+ (1)	—	—	—
Oribella Paolii	—	+ (m)	+ (2)	—	+ (e)	+ (z)
Ceratoppia bipilis	—	—	+ (z)	—	—	—
— latipes	—	—	—	—	+ (sz)	+ (z)
— confundatus	—	—	—	—	—	+ (z)
Hermanniella picea	—	—	—	—	+ (1)	+ (e)
Tectocepheus velatus	—	—	—	—	+ (z)	+ (e)
Carabodes labyrinthicus	—	—	—	—	+ (e)	—
— marginatus	—	—	—	—	+ (e)	—
— nepos	—	—	—	—	+ (e)	—
— intermedius	—	—	+ (2)	—	—	—
Liacarus coracinus	—	+ (m)	+ (z)	—	+ (z)	+ (m)
Liebstadia similis	—	—	—	+ (z)	+ (sz)	+ (m)
Oribatula venusta	—	+ (1)	—	+ (4)	—	—
Scheloribates laevigatus	+(2)	+ (z)	+ (m)	+ (z)	+ (z)	+ (z)
Chamobates cuspidatus	—	+ (m)	—	—	+ (e)	—
Ceratozetes gracilis	—	—	+ (z)	—	+ (z)	—
— mediocris	—	—	—	—	—	+ (e)
Fuscozetes setosus	+ (2)	—	—	+ (z)	+ (z)	+ (m)
Trichoribates trimaculatus	—	—	+ (1)	—	—	—
— montanus	—	—	+ (2)	—	—	—
Minunthozetes semirufus	—	—	—	—	+ (e)	—
Galumna obvius	—	—	—	—	+ (z)	+ (z)
Allogalumna longiplumus	—	+ (e)	—	—	—	—
Tectoribates alpinus	—	—	—	—	+ (1)	—
Notaspis coleoptratus	—	+ (z)	+ (z)	—	+ (z)	+ (z)
— regalis	—	—	—	—	+ (z)	+ (e)
— nitens	—	—	—	—	+ (m)	—
Pelops occultus	—	+ (z)	—	+ (z)	+ (m)	+ (z)
— nepotulus	—	—	+ (2)	—	—	—
Peloptulus phaenotus	—	+ (1)	—	—	+ (e)	—
Steganacarus applicatus	—	+ (e)	—	—	—	—
Phthiracarus anonymus	—	—	+ (6)	—	+ (m)	—
Rhizoglyphus echinopus	+ (z)	—	—	—	—	—
Tyrophagus dimidiatus	—	—	—	+ (1)	—	—
Lithobius juv. (unbestimmbar)	—	—	—	—	+ (4)	—
Geophilus longicornis (Myriopod.)	—	—	—	—	+ (2)	—

Tierart	Aufnahme		Tierart	Aufnahme	
	I	II		III	IV
Dendrobaena subrubicunda.....	—	+ (6)	*Vertigo alpestris*	+ (12)	—
			Eisenia alpina (Lumbric.)....	+ (36)	—
Lumbricidae (juv. unbest.) ...	+ (2)	—	*Lumbricidae* (juv. unbest.)....	+ (4)	—
Enchytraeidae (unbest.)	+	—	*Enchytraeidae* (unbest.)	+	—
Tylencholaimus mirabilis (Nem.)	+	—			
Dorylaimus lugdunensis........	+	+			
— *macrodorus*	+	—			
— *Bastiani*	+	—			
— *Carteri*	+	—			
— *obtusicaudatus*.............	—	+			
			Wilsumena auriculatum.......	+	—
Cylindrolaimus communis	+	—	*Plectus cirratus*	+	—
Cephalobus longicaudatus	+	+	*Monohystera vulgaris* var.		
— *oxyuroides*	—	+	*macrura*..................	+	—
Anguillulina gracilis..........	—	+			
— *dubia*	—	+			
Gesamtbesatz auf 1 m^2 Fläche und 3—5 cm Schichttiefe:					
Rotatorien	n. g.	n. g.		—	n. g.
Tardigraden	n. g.	n. g.		—	n. g.
Nematoden.................	2,700.000	1,900.000		160.000	n. g.
Enchytraeiden	n. g.	n. g.		—	n. g.
Lumbriciden	2	6		40	40
Milben	?	?		4286	?
Collembolen	18	90		180	176
Gastropoden	—	—		116	—
Myriopoden	—	—		8	—
Spinnen	—	—		4	4
Käfer......................	8	72		20	28
Käferlarven	16	12		52	24
Fliegen	—	—		12	—
Fliegenlarven	26	12		12	20
Ameisen	—	—		—	—
sonstige Hymenopteren	—	—		48	—
Orthezia cataphracta	—	—		136	
sonstige Hemipteren.........	—	—		24	

Tierart	soziologische Aufnahme Nr.					
	V	VI	VII	VIII	IX	X
Geophilus insculptus	—	—	+ (12)	—	+ (4)	—
Leptophyllum nanum	—	—	+ (66)	—	—	—
Polydesmus denticulatus	—	—	—	—	+ (4)	—
— *complanatus illyricus*	—	—	—	—	+ (2)	—
Rhiscosoma alpestre	—	—	—	—	+ (2)	—
Juliden (juv. unbestimmbar)	—	—	—	—	+ (2)	—
Euconulus trochiformis (Gastropod.)	—	—	—	+ (4)	—	—
Vitrea spec.	—	+ (12)	—	—	—	—
Lumbricus rubellus (Lumbricidae)	+ (12)	—	—	—	+ (14)	+ (6)
Octolasium cyaneum	+ (4)	—	—	—	—	—
Lumbricidae (juv. unbestimmbar)	+ 32)	—	—	—	+ (4)	+ (16)
Enchytraeidae	+	+	—	—	+	+
Tylencholaimus mirabilis (Nematod.)	+	+	—	—	—	—
Dorylaimus elongatus	—	—	—	—	+	+
— *macrodorus*	—	—	—	—	+	+
— *longicaudatus*	—	—	—	—	—	+
— *Bastiani*	+	+	—	—	+	—
— *Hofmänneri*	+	—	—	—	—	+
— *Carteri*	—	—	—	—	+	+
— *superbus*	—	—	—	—	—	+
— *centrocercus*	—	+	—	—	—	—
— *obtusicaudatus*	+	+	—	—	+	+
— *tritici*	+	—	—	—	—	—
— *lugdunensis*	—	+	—	—	—	—
— *oxycephalus*	+	—	—	—	—	—
— spec.	+	—	—	—	—	—
Tripyla filicaudata	—	—	—	—	—	+
— *setifera*	—	—	—	—	+	—
Mononchus papillatus	—	—	—	—	+	—
— *tridentatus*	—	—	—	—	—	+
— *Zschokkei*	—	—	—	+	—	—
Plectus cirratus	—	—	+	—	—	+
Anguillulina dubia	—	—	—	—	—	+
— *robusta*	—	—	+	+	—	+
— *filiformis*	+	—	—	—	—	—
Aphelenchoides parietinus	—	+	—	—	—	—
Gesamtbesatz auf 1 m² Fläche und 3—5 cm Schichttiefe:						
Rotatorien	n. g.	n. g.	n. g.	n. g.	n. g.	n. g.
Tardigraden	n. g.	n. g.	n. g.	n. g.	n. g.	n. g.
Nematoden	1,200.000	700.000	spärlich	spärlich	1,500.000	1,500.000
Enchytraeiden	zahlreich	zahlreich	—	—	zahlreich	zahlreich
Lumbriciden	48	—	24	—	18	22
Milben	?	?	1374	2052	?	?
Collembolen	48	378	6	72	456	130
Gastropoden	—	12	—	—	—	—
Myriopoden	—	—	84	—	16	—
Spinnen	2	6	—	—	—	—
Käfer	36	—	78	24	86	40
Käferlarven	20	36	6	24	76	110
Fliegen	—	—	4	—	—	—
Fliegenlarven	26	12	18	6	56	22
Ameisen	36	54	12	12	36	—
sonstige Hymenopteren	—	—	—	—	—	—
Orthezia cataphracta	—	—	—	—	—	—
sonstige Hemipteren	—	—	—	—	—	—

Wie schon die vorstehende Bestandescharakteristik zeigt, sind von den zehn aufgenommenen Flächen nur die beiden ersten Matten und Weiden der Zwergstrauchstufe. Aufnahme III und IV sind Zwergstrauchbestände, die zwar im obersten Teil der subalpinen Stufe gelegen sind, aber doch weitgehend den Zwergstrauchbeständen oberhalb der Krummholzgrenze entsprechen. Die Proben V bis VIII beziehen sich auf Wiesen und Weiden in subalpinen Lagen, die Proben IX und X endlich betreffen Wechselwiesen mit periodischer Ackernutzung im Bereiche des Mischwaldgürtels, also Kulturland im engeren Sinne.

Für den Vergleich der einzelnen Analysen miteinander ist zu berücksichtigen, daß die Proben VII und VIII im Frühling gezogen wurden, zu einem Zeitpunkt, an dem Vegetation und Fauna noch ganz unentwickelt waren, so daß die festgestellten Tiermengen zweifellos weit unter dem sommerlichen Tierbesatz liegen. Ferner muß hervorgehoben werden, daß es sich bei den gefundenen Zahlen der Milben, Insektenlarven und vor allem der Collembolen nicht um absolute Werte handelt, sondern nur um Bruchteile der effektiv vorhandenen Mengen. Dies erklärt sich, wie schon bei Besprechung der Analysen hochalpiner Grasheideböden gezeigt wurde, daraus, daß schon bei der Probenahme (Aufhacken des Bodens mit dem Entomologenbeil), ferner beim Sieben und schließlich bei dem mehrtägigen Transport viele der zarthäutigen Kleintiere umgekommen sind, was bei der Untersuchung von Bodenproben, die auf längeren Hochgebirgsexkursionen gezogen werden, leider nicht zu umgehen ist. So liefert die vorstehende Tabelle keine absoluten, sondern nur Vergleichswerte, die aber doch einen ersten Einblick in die Metazoenfauna der untersuchten Böden gewähren.

Der Vergleich der einzelnen Probengruppen miteinander läßt, bei aller Vorsicht hinsichtlich der Auswertung des zu geringen Vergleichsmaterials, doch schon folgendes erkennen: Die Bodenfauna ist im allgemeinen um so reicher an Arten (nicht aber an Individuen, wie ich an anderer Stelle gezeigt habe, vgl. Franz 1941), je geringer die Höhenlage der Flächen ist. Das schließt natürlich nicht aus, daß an ökologisch günstigen Standorten in größeren Höhen eine größere Mannigfaltigkeit an Bodentieren zur Entwicklung kommt als an ungünstigen Standorten in tieferen Lagen. Hinsichtlich der Artenzusammensetzung scheinen, abgesehen von einer Anzahl allgemein verbreiteter Bodentiere, wie der Collembolen *Hypogastrura armata*, *Folsomia quadrioculata*, *Onychiurus armatus* und *Isotoma sensibilis*, der Milben *Platynothrus peltifer*, *Liebstadia similis*, *Chamobates cuspidatus*, *Fuscocetes setosus*, *Notaspis coleoptratus*, *Pelops occultus* und anderen, der meisten Nematoden und wohl auch Enchytraeiden, erhebliche Unterschiede zwischen den verschiedenen Höhenstufen zu bestehen. Diese Unterschiede dürften hinsichtlich der Bodenfauna zwischen subalpinen Wiesen- und Weideböden und solchen des Zwergstrauchgürtels größer sein als zwischen diesen und der Bodenfauna hochalpiner Grasheiden. Hier mag das historische Moment eine entscheidende Rolle spielen. Wohl am meisten weichen hinsichtlich ihres Tierbestandes die Böden der Talwiesen von den übrigen in der Tabelle zusammengefaßten Wiesenböden ab. Sie besitzen allem Anschein nach, abgesehen von den Ubiquisten der Bodentierwelt, eine Fauna für sich, die vermutlich weit mehr der Wiesenbodenfauna der Ebene als jener höherer Gebirgslagen entspricht.

So werden durch die wenigen vorliegenden Analysenergebnisse bereits gewisse regionale Gesetzmäßigkeiten in der Zusammensetzung der Bodenfauna angedeutet, wenn wir auch heute noch weit davon entfernt sind, dieselben auch nur annähernd zu überblicken. Gleichzeitig gewinnt es den Anschein, als ob diese Gesetzmäßigkeiten durchaus nicht immer den innerhalb der Tierwelt der Vegetationsschicht festgestellten entsprechen würden, ein Verhalten, welches bei der völligen Verschiedenheit der Lebensverhältnisse des „Edaphon" (Francé 1910) von denjenigen der oberirdischen Fauna durchaus nicht verwunderlich wäre.

Recht auffällig, aber in der Verschiedenheit der Beschaffenheit der Vegetationsdecke, des Bestandesabfalls und des Kleinklimas wohl begründet ist der Unterschied zwischen der Bodenfauna der Rasengesellschaften des Zwergstrauchgürtels und Zwergstrauchbeständen in annähernd gleicher Höhenlage. Die Analysen I und II andererseits, III und IV andererseits lassen deutlich erkennen, daß die Bodenfauna einschließlich der Bewohner des Bestandesabfalls in Zwergstrauchbeständen eine völlig andere soziologische Zusammensetzung aufweist als die der entsprechenden Rasengesellschaften. Die Zwergstrauchbestände schließen sich tiersoziologisch, wie bei Besprechung des Alnetum viridis eingehender gezeigt werden wird, nicht den Rasen-, sondern den Waldgesellschaften an, weshalb die wenigen über sie im Glocknergebiet gewonnenen Erfahrungen auch nicht im Zusammenhang mit den Tiergesellschaften der Rasenflächen, sondern mit denen der Wälder besprochen werden sollen. Vor diesen sind aber noch zwei heliophile Assoziationen zu beschreiben, die zu den Rasengesellschaften tiersoziologisch in enger verwandtschaftlicher Beziehung stehen.

8. Die Tiergesellschaft der Steppenwiesen der südlichen Tauerntäler.

Von dem Charakter der eben besprochenen Almwiesen und -weiden weichen die Wiesen in Süd- und Südwestposition im Mölltal von Döllach aufwärts bis oberhalb Heiligenblut sowie bei Kals und Windisch-Matrei sowohl hinsichtlich ihrer Flora als auch hinsichtlich ihrer Fauna erheblich ab. Die verhältnismäßig geschützte Lage in den sich nach Süden öffnenden Tälern, die günstige Exposition, die seichten, sich rasch erwärmenden Böden auf Kalkschieferunterlage und vor allem das für diese Höhenlage in den Ostalpen ungewöhnlich kontinentale Klima lassen eine Flora und Fauna von ähnlichem Steppencharakter gedeihen wie in den niederschlagsarmen Gebieten des Oberengadin und des Wallis. G. Braun-Blanquet (1931) und Gams (1936) haben die Flora dieser Wiesen beschrieben und auf ihre Ähnlichkeit mit der Flora der Steppenwiesen der Schweiz und des Lungau hingewiesen. Gams bezeichnet die Phytoassoziation als Festucetum sulcatae, Braun-Blanquet als *Festuca sulcata-Tunica saxifraga*-Assoziation. Als besonders charakteristische Steppenpflanzen seien nur genannt: *Oxytropis pilosa, Onobrychis taurerica* (eine der *O. arenaria* sehr nahestehende Art), *Tunica saxifraga, Koeleria gracilis* und *pyramidata, Festuca sulcata, Vincetoxicum officinale, Medicago falcata, Artemisia campestris* ssp. *alpestris* und *Verbascum lychnitis*.

Der formenreichen Pflanzengesellschaft entspricht eine ebenso reiche Tiergesellschaft. Es finden sich auf diesen Steppenwiesen zahlreiche Tierarten, die den Almwiesen und -weiden in gleicher Höhenlage, jedoch mit ungünstigerem Lokalklima vollständig fehlen. Um von dem Tierreichtum dieser klimatisch begünstigten Grasflächen einen Begriff zu vermitteln, gebe ich nachfolgend eine Liste der von mir auf den sonnigen Wiesen längs des Weges von Heiligenblut in die Fleiß in der Vegetationsschicht festgestellten Tierarten, wozu bemerkt werden muß, daß die Formenmannigfaltigkeit in Wirklichkeit noch erheblich größer ist.

Coleoptera: *Cicindela campestris, Bembidion lampros, Ophonus puncticeps, Pterostichus coerulescens, Silpha obscura,* **Anthobium anale, pallens, Anthophagus bicornis, fallax, Philonthus chalceus, Staphylinus pubescens, picipennis fallaciosus, Ontholestes murinus,* **Tachyporus obtusus, Aleochara rufipennis, Hister unicolor, ventralis, Cantharis abdominalis, violacea, albomarginata, livida, signata, Rhagonycha translucida, Malthodes guttifer, flavoguttatus,* **Malachius affinis, Dasytes niger, obscurus,* *flavipes ab. *nigripes, Trichodes apiarius, Lacon murinus, Athous niger,* **haemorrhoidalis, Dolopius marginatus,* **Adrastus limbatus, nitidulus* ab. *pallens, Anthaxia quadripunctata, Byrrhus pillula, Byturus tomentosus, Brachypterus urticae, Meligethes viridescens, obscurus, Cryptophagus affinis, Subcoccinella 24-punctata,* **Semiadalia notata, Chrysanthia viridissima, Mordellistena parvula, pumila,* **Anaspis frontalis, Isomira semiflava, icteropa, Heptaulacus villosus, Amphimallus solstitialis, assimilis,* **Hoplia farinosa, Alosterna tabacicolor,* **Leptura maculicornis, Labidostomis longimana, Clythra quadripunctata,* **Cryptocephalus hypochoeridis, violaceus,* **Moraei,* **elegantulus, ocellatus, Galeruca tanaceti, pomonae,* **Luperus viridipennis, Aphthona cyparissiae flava, pygmaea,* **venustula, Longitarsus succineus, curtus, rubellus,* **Haltica oleracea, Bathophila rubi, Crepidodera ferruginea, Sphaeroderma rubidum,* **Psylliodes cucullata,* **Apion seniculus, onopordi, aethiops, punctigerum,* **reflexum,* **flavipes, aestivum, assimile, Otiorrhynchus ovatus, anthracinus, Trachyphloeus Olivieri,*

Strophosomus faber, *Phyllobius viridicollis, Polydrosus pilosus, Sitona flavescens, *lineellus, cylindricollis, humeralis, Larinus brevis, Phytonomus nigrirostris, arator, variabilis, Cidnorrhinus quadrimaculatus, Ceuthorrhynchus punctiger, contractus, Rhinoncus pericarpius und Cionus longicollis montanus.

Lepidoptera: *Papilio machaon, *Parnassius apollo, *Pieris napi bryoniae, Leptidia sinapis, *Euchloë cardamines, *Colias hyale, edusa, Gonopterix rhamni, *Pyrameis atalanta, *cardui, *Vanessa io, *urticae, antiopa, *Polygonia C-album, *Melitaea athalia, Argynnis euphrosyne, *lathonia, *aglaja, *niobe eris, Erebia ceto, medusa var. hippomedusa, euryale, *ligea, Pararge egeria var. egerides, *maera, *Epinephele lycaon, Coenonympha pamphilus, Chrysophanus hipotoë, *virgaureae, dorilis var. subalpina, phlaeas, *Lycaena astrarche ab. allous, eros, *icarus, *hylas, *coridon, *minima, *arion var. obscura, *Augiades comma, *sylvanus, *Adopaea lineola, *Hesperia alveus var. alticola, *Acronycta euphorbiae var. montivaga, Zygaena purpuralis, *filipendulae, *lonicerae und transalpina. (Nachtfalter und Mikrolepidopteren sind nicht berücksichtigt).

Diptera: Empis tessellata, Coryneta pallidiventris und Melanostoma mellinum (ganz unvollständig gesammelt).

Hymenoptera: Bombus elegans var. mesomelas, ruderarius, lucorum, pratorum, alticola, pyrenaeus, mendax, Halictoides dentiventris, Andrena humilis, fulvescens, Halictus leucopus, Osmia angustula, Crabro rhaeticus, Gorytes tumidus, Chrysis ignita var. compta, Formica fuscogagates, Lasius fuliginosus, *Leptothorax tuberum, Myrmica laevinodis, Campoplex zonellus, Chelonus humilis, Biosteres longicauda, Alysia lucicola, rufidens, tipulae, Anisocyrta perdita, Dacnusa lateralis, Tenthredella moniliata, Tenthredo arcuatus, Arge berberidis, Cephus pygmaeus.

Hemiptera: Anthocoris nemorum, Calocoris biclavatus, Lygus pratensis, Capsus ater, Stenodema sericans, holsatum, Notostira erratica, *Miris dolobratus, Mecomma ambulans, Orthocephalus saltator, Strongylocoris leucocephalus, *Halticus apterus, Plagiognathus arbustorum, *chrysanthemi, Chlamydatus pulicarius, *Nysius jacobeae, Rhaglius pini, phoeniceus, Scolopostethus Thomsoni, Dicranocephalus medius, Rhopalus subrufus, Odontoscelis fuliginosa, Dolycoris baccarum, Jalla dumosa, Zicrona coerulea, Thyreocoris scarabaeoides, Sehirus dubius. Aphrodes bicinctus, Stiroma affinis, Philaenus spumarius, Graphocraerus ventralis, *Deltocephalus abdominalis, Thamnotettix sulphurellus, Dicraneura Manderstjernai, Eupteryx notata, atropunctata, Dicranotropis hamata.

Orthoptera: Anechura bipunctata, Euthystira brachyptera, Stenobothrus lineatus, *Omocestus viridulus, haemorrhoidalis, Stauroderus apricarius, scalaris, Arcyptera fusca, Tettigonia cantans, Metrioptera Roeseli, Decticus verrucivorus.

Acari: Erythraeus phalangoides.

Araneina: Aranea cucurbitina, Tibellus oblongus (Spinnen nur unvollständig aufgenommen).

Mollusca: *Helicella obvia, *Helix pomatia.

Die mit * bezeichneten Arten wurden von mir und anderen Sammlern auch auf den Steppenwiesen entlang des Haritzerweges oberhalb Heiligenblut in 1350—1450 m Höhe gefunden. Außerdem stellte ich dort noch folgende Arten fest:

Coleoptera: Anthophagus alpestris, Astenus angustatus, Dasytes subalpinus, Agriotes sputator, Meligethes umbrosus, morosus, planiusculus, Oedemera flavescens, Derocrepis rufipes, Phyllotreta vittata, Longitarsus exoletus, Psylliodes instabilis, Apion rugicolle, loti, Phyllobius arborator.

Lepidoptera: Plusia deaurata (leg. Thurner).

Diptera: Ditaenia cinerella und Neosciara pauperata.

Hymenoptera: *Lasius alienus, Formica exsecta, rufa-rufopratensis, Lissonota commixta.*

Hemiptera: *Tinicephalus hortulanus, Acalypta marginata, Spilostethus equestris, Rhopalus conspersus, Deltocephalus languidus, Dicraneura aureola, Acyrthosiphon onobrychis, Dactynotus jaceae* und *Orthezia cataphracta.*

Orthoptera: *Ectobius sylvestris* und *lapponicus.*

Mollusca: *Columella edentula, Cochlicopa lubrica, Ena montana* und *Eulota fruticum.*

Kaum weniger reich an Pflanzen- und Tierarten sind die an den steilen Südhängen am Eingang in die Zirknitz oberhalb Döllach gelegenen Trockenwiesen. Auch dort findet man zahlreich *Onobrychis taurerica, Oxytropis pilosa, Medicago falcata, Vincetoxicum officinale, Stachys recta, Arthemisia campestris* subsp. *alpestris* und das zahlreichen thermophilen Insekten als Wirtspflanze dienende *Helianthemum ovatum*. An thermophilen Tieren fand ich bei einem flüchtigen Besuch am 28. VIII. 1941: die Heuschrecke *Stauroderus scalaris*, die Wanzen *Corizus hyoscyami, Rhopalus parumpunctatus, Macroplax Preyssleri, Lygus pubescens, Tingis reticulata* und *Sciocoris cursitans*, die Zikaden *Ulopa trivia, Hardya* spec. (aff. *tenuis* Germ.), *Deltocephalus nigrifrons*, die Psyllide *Aphalara pilosa*, die Käfer *Quasimus minutissimus, Coptocephala Scopolina, Aphthona cyparissiae flava, A. herbigrada, A. euphorbiae, Dibolia rugulosa, Cassida nebulosa, Phyllobius cinerascens*, den Schmetterling *Zygaena filipendulae*, die Ameisen *Leptothorax tuberum* und *Lasius alienus*, die Sphegide *Ammophila sabulosa*, wovon *Ulopa trivia, Hardya* spec., *Deltocephalus nigrifrons, Aphalara pilosa, Coptocephala Scopolina, Aphthona herbigrada, Dibolia rugulosa, Cassida nebulosa* und *Phyllobius cinerascens* bisher aus dem oberen Mölltal noch nicht bekannt waren.

Besonders artenreich scheint die thermophile Fauna der Steppenwiesen an den Süd- und Südwesthängen über der Proseckklamm bei Windisch-Matrei zu sein. Hier gesellt sich zum günstigen Klima und Gestein (Kalkphyllit wie im Mölltal und bei Kals) noch die verhältnismäßig geringe Seehöhe (1000—1100 m) und leichtere Erreichbarkeit (das breite Iseltal). Ich fand dort auf den Steppenwiesen beim Lublas und unmittelbar bei Windisch-Matrei bei einem kurzen Besuch am 3. IX. 1941 neben schon aus dem Mölltal bekannten Tieren, wie *Stauroderus scalaris, Lygus pubescens, Hardya* spec. (aff. *tenuis*), *Cryptocephalus elegantulus, Leptothorax tuberum, Lasius alienus* und *Xerophila obvia*, auch einige dem Mölltal vollkommen fehlende wärmeliebende Arten. Solche sind die Schnecke *Zebrina detrita*, die Heuschrecken *Platycleis grisea* und *Oedipoda coerulescens*, die Zikade *Liburnia albostriata*, die Psyllide *Aphalara artemisiae* und die Aphide *Macrosiphoniella Franzi* (beide auf *Arthemisia campestris* ssp. *alpestris*) sowie die Eidechse *Lacerta muralis* (auf Felsen). Diese Liste könnte vermutlich bei genauerer Erforschung der Gegend von Windisch-Matrei noch erheblich verlängert werden.

Ein ungefähres Bild von der Zusammensetzung der Bodenfauna vermittelt eine faunistische Bodenanalyse, die am 15. VII. 1940 auf einer Steppenwiese unmittelbar am Haritzerweg in etwa 1450 m Höhe durchgeführt wurde.

Bestandescharakteristik:

Steil gegen SW geneigte Steppenwiese auf Kalkphyllituntergrund. Boden sandig, Verwitterungsschicht über dem Grundgestein nicht sehr mächtig. Kolorimetrisch wurde am frischen Boden in 1 cm Tiefe pH = 6·5, in 5 cm Tiefe pH = 7·0—7·5 gemessen. Folgende Pflanzen wurden notiert: *Koeleria pyramidata* (vorherrschend), *Oxytropis campestris, Onobrychis taurerica, Medicago falcata, Globularia cordifolia, Dianthus silvester, Festuca* spec. (*sulcata?*).

Es wurde die oberste etwa 4 cm mächtige Bodenschicht einer Fläche von $1/4$ m^2 quantitativ auf ihren Tierbestand hin untersucht. Die Analyse wurde von Frl. A. Häuser und Frl. G. Hareiter an der Reichsforschungsanstalt für alpine Landwirtschaft in Admont durchgeführt. Das Auslesen der Nematoden besorgte ich selbst.

Der Boden enthielt auf 1 m^2 Fläche umgerechnet:

Rotatorien	etwa 17.000 Stück
Nematoden	153.000 Stück
Enchytraeiden	zahlreich
Lumbriciden	16 Stück
Milben	4.948 Stück
Collembolen	264 Stück
Orthezia cataphracta	568 Stück
Käfer	66 Stück
Käferlarven	116 Stück
Fliegen	8 Stück
Fliegenlarven	8 Stück
Schnecken	116 Stück
Myriopoden	12 Stück
Ameisen	48 Stück.

Diese Zahlen erheben wie die der übrigen in dieser Arbeit veröffentlichten Bodenanalysen keinen Anspruch auf absolute Geltung, denn es sind jedenfalls auch bei dieser Probe viele zarte Tiere auf dem Transport ins Laboratorium zugrunde gegangen.

Der Artenbestand der Probe war folgender:

Rotatorien: *Bdelloidea.*

Nematoden: *Dorylaimus tenuicollis, obtusicaudatus, Plectus cirratus.*

Enchytraeiden:

Lumbriciden: inadult, unbestimmbar.

Milben: *Pergamasus parvulus, Rühmi, oxygynellus, Eugamasus lunulatus, Geholaspis mandibularis, Pachylaelaps squamifer, vexillifer, Cosmolaelaps bicuspisetosus, Lasioseius levis, Anystes baccarum, Ledermülleria segnis, Microtrombidium sucidum, Camisia biverrucata, Platynothrus peltifer, Belba riparia, pulverulenta, Gymnodamaeus reticulatus, Xenillus tegeocranus, Protoribates novus, Minunthozetes semirufus, Oribatella meridionalis, Notaspis punctatus.*

Myriopoden: *Geophilus insculptus.*

Collembolen: *Onychiurus armatus, Folsomia quadrioculata, Pseudisotoma sensibilis.*

Hemipteren: *Orthezia cataphracta, Acalypta marginata.*

Käfer: *Falagria thoracica* (vorherrschend), *Stenichnus scutellaris, Xantholinus laevigatus, Atheta longiuscula*, ferner die phytophagen, jedenfalls aus der Krautschicht in die Probe gelangten Arten *Longitarsus lucidus, Apion apricans* und *reflexum.*

Ameisen: *Leptothorax tuberum.*

Schnecken: *Pupiden, Columella edentula.*

Aus einer Einzelprobe ist natürlich der Charakter der Bodenfauna der Steppenwiesen noch nicht zu entnehmen. Immerhin fällt die geringe Zahl der vorgefundenen Nematoden auf, wofür, da ich beim Auslesen der Probe auch noch ganz zarte Formen lebend auffand, nicht der lange Transport ins Laboratorium oder doch nicht dieser allein verantwortlich zu machen ist. Es scheint, daß die verhältnismäßig geringe Durchfeuchtung des Bodens an xerothermen Standorten der Entwicklung einer reichen Nematodenfauna nicht günstig ist. Einzelne der gesammelten Bodentiere, wie der Käfer *Falagria thoracica*, den ich im Gebiete der mittleren Hohen Tauern sonst nur noch auf den gleichfalls verhältnismäßig warmen Guttalwiesen gefunden habe, und schließlich die Schnecke *Columella edentula*, dürften für die Bodenfauna der Steppenwiesen des obersten Mölltales charakteristisch sein.

Die gesamte Bioassoziation besitzt durch die **eigenartige Mischung xerothermer und subalpiner Faunenelemente** ein besonderes Gepräge. Man findet hier Tierarten beisammen, die man sonst nicht nebeneinander zu sehen gewohnt ist. Kennzeichnend für den Tierbestand der Steppenwiesen in den südlichen Tauerntälern ist auch das zahlreiche Auftreten phytophager Nahrungsspezialisten, während in den bisher besprochenen Tiergesellschaften fast nur polyphage Pflanzenfresser vertreten waren.

Zur Vervollständigung der Gesellschaftsbeschreibung sei im folgenden noch eine Zusammenstellung aller thermophilen Kleintierarten gegeben, die mir bisher aus dem oberen Mölltal und von Windisch-Matrei bekanntgeworden sind, und die vorwiegend, wenn nicht ausschließlich auf den Steppenwiesen heimisch sein dürften. Es sind dies: die Käfer *Harpalus honestus, Rhagonycha signata, Malachius affinis, Isomira semiflava* und *icteropa, Chrysanthia viridissima, Heptaulacus villosus, Labidostomis longimana, Coptocephala rubicunda, Cryptocephalus elegantulus, Derocrepis rufipes, Psylliodes instabilis, Dibolia rugulosa, Aphthona cyparissiae flava, A. herbigrada* und *A. pygmaea, Sphaeroderma rubidum, Otiorrhynchus anthracinus, Phyllobius viridicollis, Larinus brevis, Cionus longicollis montanus, Apion rugicolle* und *onopordi*, die Schmetterlinge *Satyrus hermione, Hesperia carthami* (bisher nur von Mann aus dem Mölltal angegeben), *Plusia deaurata* und *V-argentum, Habrostola asclepiadis, Acidalia strigaria, Larentia achromaria* (die beiden letztgenannten Arten bisher nur von Mann aus dem Mölltal angegeben), *Tephroclystia alliaria, Tephroclystia graphata, Cucullia lychnitis* und *thapsiphaga, Zygaena filipendulae, Crambus luteellus, Endrosa flammealis* (wohl nur auf Laubhölzern am Rande der Trockenwiesen), ferner nur von Mann angegeben und noch bestätigungsbedürftig *Acalla hilmiana, Notocelia junctana, Anacampsis biguttella, Brachmia triangulella, Mesophleps silacellus, Sophronia illustrella, Epermenia insecurella, Elachista cingulella, Coleophora chrysodesmella, Epithectis nivicostella* und *Scythris pascuellus*. Hierher gehören weiter die Ameisen *Leptothorax tuberum* und *Lasius alienus*, die Orthopteren *Omocestus haemorrhoidalis, Stauroderus scalaris, Oedipoda coerulescens* und *Ectobius lapponicus*, die Hemipteren *Tinicephalus hortulanus, Jalla dumosa, Odontoscelis fuliginosa, Spilostethus equestris, Rhopalus conspersus, Deltocephalus nigrifrons, D. languidus, Ulopa trivia, Hardya* spec. aff. *tenuis, Macrosiphoniella subaequalis, Aphalara artemisiae, A. pilosa*, die Schnecken *Helicella obvia, Eulota fruticum* und *Zebrina detrita*, die Eidechse *Lacerta muralis*.

Viele der angeführten Arten besitzen in den südlichen Tauerntälern eine ausgesprochene Reliktverbreitung, auf die im historisch-tiergeographischen Teil dieser Arbeit ausführlicher eingegangen wird. Sie sind mit der Trockenrasengesellschaft, die sie bewohnen und die nach Gams (1936) „wohl schon im Spätglazial von Ungarn ins Murgebiet, Draugebiet bis Heiligenblut und Osttirol, über das Toblacher Feld ins Pustertal und von dort über Eisacktal—Brenner und Vintschgau—Reschen ins Inntal bis ins Engadin vorgedrungen ist", im Gebiete ein Relikt der postglazialen Wärmezeit. Ähnliche Tiergesellschaften finden sich nicht nur bei Kals und Windisch-Matrei, sondern vermutlich auch heute noch im Lungau, Vintschgau und Oberinntal, wo sie jedoch leider noch nicht genauer untersucht wurden. Nur aus dem Wallis liegen neben botanischen Darstellungen (vgl. Gams 1927 u. a.) auch schon ausführlichere Schilderungen vergleichbarer Tiergesellschaften alpiner Steppenwiesen vor (vgl. Fruhstorffer 1921, Kuntze 1931 u. a.). Eine abschließende soziologische Charakteristik der Bioassoziation der Steppenwiesen in den südlichen Tauerntälern wird erst möglich sein, bis auch die Tierwelt verwandter Rasengesellschaften in benachbarten Gebieten einigermaßen bekannt sein wird.

9. Die Tiergesellschaft der Felsensteppe auf der Kreitherwand, nebst Bemerkungen über die Tiergesellschaft des Ericetum carneae.

Wie die eben beschriebenen Steppenwiesen so beherbergt auch die das Mölltal oberhalb Heiligenblut gegen Norden abschließende Kreitherwand eine eigenartige, an thermophilen Relikten reiche Tiergesellschaft. Eine ähnliche Assoziation scheint im obersten Mölltal nur noch auf der Golmitzen an der alten Glocknerstraße, einem gleichfalls sehr günstig gelegenen sonnigen Felsenhang, vorhanden zu sein, wurde dort aber bisher noch nicht genauer untersucht.

Wo der alte Fußweg von Heiligenblut zum Glocknerhaus die Kreitherwand quert, ist diese mit schütterem Fichtenwald bestanden. Zwischen kleinen Baumbeständen befinden sich kahle, fast senkrecht gegen Süden abfallende Kalkphyllitfelsen und steile, gegen Süden geneigte Schutthalden. Hier findet sich eine größere Anzahl von Tierarten, die ich bisher an keiner zweiten Stelle oder doch nur noch an wenigen, besonders warmen Punkten in den Hohen Tauern beobachtete. Es sind dies die Käfer *Laemostenus janthinus*, *Bythinus glabricollis* *Chrysomela cerealis livonica* (in der f. typ. auch im Fuscher Tal nachgewiesen) und *Liosoma Kirschi*, die Schmetterlinge *Erebia nerine morula*, *Lycaena orion* und *Sesia empiformis*, die Ameise *Lasius alienus* (auch auf den Steppenwiesen oberhalb Heiligenblut, bei Döllach und Windisch-Matrei und in Trockenrasengesellschaften im Fuscher Tal), die Milbe *Bdellodes longirostris*, die Tausendfüßler *Haploglomeris multistriata* und *Unciger foetidus* (auch im Mischwald am Hang über dem Kesselfall im Kapruner Tal), sowie die Schnecken *Eulota fruticum* (auch auf den Steppenwiesen des Mölltales), *Chondrina avenacea* (auch an anderen warmen Stellen im Mölltal) und *Pupilla cupa* (auch am Albitzen-SW-Hang). Auch die Milbe *Caeculus echinipes* gehört zu den auffälligen Bewohnern der Kreitherwand, denn sie steigt an keiner zweiten Stelle im Untersuchungsgebiete in so tiefe Lagen herab wie hier.[1]

Von den genannten Arten ist *Erebia nerine* ein heliophiler Felsensteppenbewohner, der aus dem Gebiete der mittleren Hohen Tauern sonst bisher nur von der schon genannten Golmitzen und von Windisch-Matrei bekannt ist, wo besonders im Bereiche der Proseckklamm ähnliche xerotherme Felsensteppen vorhanden sein dürften wie im Talschluß des Mölltales. Die nächsten sicheren Fundorte des Falters liegen in den nördlichen und südlichen Kalkalpen, wo die Art fast ausnahmslos südseitige Felshänge zu bewohnen scheint, die aus edaphischen Gründen einen ausgesprochen xerothermen Charakter aufweisen. Die Gesamtverbreitung der Art ist auf Karte 7 dargestellt.

Heliophile Tiere, wenn auch keine so ausgeprägten Felsensteppenbewohner, sind ferner *Laemostenus janthinus*, *Chrysomela cerealis* (besonders in der Rasse *livonica*), *Caeculus echinipes*, *Eulota fruticum*, *Chondrina avenacea* und *Pupilla cupa*. Die übrigen Arten, die als auffällige Erscheinungen im Bereiche der Kreitherwand genannt wurden, finden sich im Gebiete nur an wenigen anderen Stellen und vor allem nur in wesentlich tieferen Lagen als hier. *Bythinus glabricollis* und *Unciger foetidus* scheinen im allgemeinen die Mischwaldstufe nicht zu überschreiten. *Liosoma Kirschi* war bisher nur aus den Alpen Tirols und Bayerns bekannt und scheint im Gebiete der Kreitherwand ein weithin isoliertes Inselvorkommen zu besitzen.

Es treten somit auf der Kreitherwand in ähnlicher Häufung wie auf den Steppenwiesen um Heiligenblut relikthaft verbreitete Arten aus den verschiedensten Tiergruppen zu einer Assoziation zusammen, die dadurch als Ganzes Reliktcharakter erhält.

Der wärmebedürftigen Fauna scheint eine ebenso wärmeliebende Flora zu entsprechen, denn die der Glocknerarbeit von Gams (1936) beigegebene Vegetationskarte 1:25.000 verzeichnet auf der Kreitherwand zwischen Waldbeständen Festuceta sulcatae, also Steppenrasengesellschaften, die denen entsprechen, die im Mölltal zwischen der Kreitherwand und der Ortschaft Heiligenblut die warmen SW-Hänge besiedeln.

Es kann darum kein Zweifel darüber bestehen, daß auch die Tiergesellschaft der Felsensteppe der Kreitherwand, die wahrscheinlich als Felsensteppengesellschaft im Möll-, Kalser und Iseltal weitere Verbreitung besitzt, in ihrer Entstehung auf die postglaziale Wärmezeit zurückgeht und als Ganzes ein Relikt der damals weitere Gebiete der Hohen Tauern besiedeln-

---

[1] Vielleicht ist an dieser Stelle auch der an ähnlichen Felsenstandorten bei Kals und Windisch-Matrei vorkommende Weberknecht *Liobunum roseum* zu finden, ein Herbsttier, das bei meinen Besuchen an der Kreitherwand im Hochsommer noch nicht entwickelt sein konnte.

den thermophilen Fauna ist. Eine exakte tiersoziologische Beschreibung auch dieser Assoziation wird erst möglich sein, sobald in Mehrzahl gründliche Untersuchungen verwandter Bestände vorliegen werden.

Eine gewisse Verwandtschaft mit der Tiergesellschaft der Felsensteppen scheint die der Ericeta carneae des Alpengebietes zu haben. Ich konnte diese im Gebiete leider nur bei Windisch-Matrei flüchtig untersuchen, schenkte ihnen aber in Obersteiermark größere Beachtung und fand dort in ihnen mehrfach heliophile Tierarten, die im Alpengebiet äußerst diskontinuierlich verbreitet sind und auf Grund ihrer gegenwärtigen Verbreitung als wärmezeitliche Relikte angesprochen werden müssen. Merkwürdigerweise finden sich unter diesen thermophilen Tieren der Ericeten der nördlichen Kalkalpen auch einzelne Arten, die in den mittleren Hohen Tauern bisher nur von sonnigen Wiesen der Zwergstrauchstufe und sonnigen Tallagen der Tauernsüdseite bekannt sind. Solche Tierarten sind *Eurydema Fieberi* und *Stauroderus scalaris*, wovon die erste an den Südwesthängen des Albitzenkopfes unterhalb der Kalkschieferbratschen, die zweite an steilen Talhängen auf Wiesen gefunden wurde. Es liegt die Vermutung nahe, daß auch an diesen Stellen oder doch in ihrer Nähe ursprünglich Ericeta carneae gestanden haben, die künstlich durch Rodung und regelmäßige Mahd in Rasenflächen umgewandelt worden sind.

Im Glocknergebiet finden sich ausgedehntere Ericeta carneae noch heute nach der Vegetationskarte von Gams an den Süd- und Südwesthängen bei Kals und Heiligenblut unter Fichten und Lärchenbeständen auf Kalkphyllitunterlage. Ericeta carneae bedecken ferner, wie ich feststellen konnte, auch bei Windisch-Matrei in ähnlicher Lage und auf gleicher Gesteinsunterlage ausgedehnte Flächen, dort stellenweise in Verbindung mit der oberhalb Windisch-Matrei die örtliche obere Verbreitungsgrenze erreichenden Rotföhre. Ausgedehntere Ericeten sah ich schließlich im mittleren Mölltal von Obervellach aufwärts bis oberhalb Außerfragant, wo sie gleichfalls mit *Pinus silvestris* vergesellschaftet sind und auf Urgesteinsunterlage in seltsamer Mischung mit *Calluna vulgaris* vorkommen. Auf der Kreitherwand oberhalb Heiligenblut treten die Ericeten in engnachbarliche Verbindung mit der Felsensteppe, in die sie, wie anderwärts in den Alpen, an manchen Stellen ganz allmählich übergehen.

Aus einer flüchtigen faunistischen Bestandesaufnahme eines Ericetums unter Fichte und Lärche an einem sonnigen Westhang oberhalb Windisch-Matrei scheint hervorzugehen, daß die *Erica*-Heiden in den Hohen Tauern wesentlich artenärmer sind als im östlichen Teil der nördlichen Kalkalpen. Die am 3. IX. 1941 durchgeführte faunistische Bestandesaufnahme lieferte folgende Kleintiere: den Weberknecht *Mitopus morio*, einige noch nicht näher bestimmte Spinnen (Arten, die auch sonst in Nadelwäldern anzutreffen sind), Sminthuriden, die Heuschrecken: *Gomphocerus rufus* und *Pholidoptera aptera*, die Wanzen: *Orthotylus ericetorum* s. lat. (zahlreich auf *Erica carnea*), *Stygmocoris pygmaeus*, *Nabis ferus* und *Stenodema holsatum*, die Zikaden: *Ulopa reticulata* (einzeln auf *Erica carnea*), *Philaenus spumarius*, *Neophilaenus lineatus*, *Deltocephalus multinotatus*, die Aphiden: *Dactynotus ? olivatus* (auf *Carduus defloratus*) und *Hyadaphis lonicerae* (Virginogenien auf *Pimpinella saxifraga*), die Käfer: *Dromius nigriventris*, *Semiadalia notata*, *Cryptocephalus flavipes*, *Aphthona venustula* (auf *Euphorbia cyparissias*), *Apion loti* (auf *Lotus corniculatus*), die Ameisen: *Myrmica rubida*, *M. laevinodis*, *M. scabrinodis*, *Leptothorax muscorum*, *Camponotus ligniperdus* und *Formica fuscogagates*, die Hummeln: *Bombus agrorum* und *B. lucorum* (die Blüten von *Carduus defloratus* besuchend), den Schmetterling *Zygaena filipendulae* (an *Carduus*-Blüten) und zahlreiche, noch nicht bestimmte Fliegen. Von den genannten Tieren (die Bewohner der Nadelbäume wurden nicht berücksichtigt) sind außer den auf *Erica carnea* lebenden Arten *Stygmocoris pygmaeus*, *Orthotylus ericetorum* sens. lat. und *Ulopa reticulata*, für die Assoziation nur *Zygaena filipendulae* und *Gomphocerus rufus* bis zu einem gewissen Grade kennzeichnend. Thermophile Relikte wurden in der Assoziation vermißt und sind in den Hohen Tauern in Ericeten wohl nur an schütter bewaldeten, nach Süden exponierten Felsenstandorten und in der Krummholzzone zu erwarten. Eine Untersuchung solcher Stellen ist im Zusammenhang mit einer zusammenfassenden faunistischen Bearbeitung der ostalpinen Ericeten geplant, konnte aber bisher mit Rücksicht auf die Kriegsverhältnisse nicht durchgeführt werden. Es ist anzunehmen, daß sie manches historisch-tiergeographisch interessante Ergebnis liefern wird.

10. Der Tierverein der Bodenschicht des Alnetum viridis.

Die bisher besprochenen Tiergesellschaften zeigten mit Ausnahme der zu den Waldgesellschaften überleitenden Ericeten einen verhältnismäßig einfachen Aufbau: sie setzten sich aus zwei Schichten, der Boden- und der Vegetationsschicht (Krautschicht), zusammen. Demgegenüber sind die Bioassoziationen der Wälder nicht nur hinsichtlich ihrer Vegetation, sondern auch hinsichtlich ihrer Fauna vierschichtig: es kommen zur Boden- und Krautschicht als weitere die Strauch- und Baumschicht hinzu. Alle diese vier Schichten erfordern eine gesonderte soziologische Untersuchung und sind auch als gesonderte Vereine zu beschreiben. Dies macht bei der Bestandesaufnahme einen noch wesentlich größeren Arbeitsaufwand erforderlich als die Untersuchung der formenreichsten Rasengesellschaften, weshalb auf die exakte soziologische Aufnahme von Waldbeständen im Rahmen dieser Arbeit verzichtet werden mußte. Es wurde statt dessen nur die Tierwelt bestimmter Waldbodentypen genauer untersucht, um so wenigstens hinsichtlich der Siebefauna Vergleiche mit Rasengesellschaften zu ermöglichen. Die Fauna der Kraut-, Strauch- und Baumschicht der Wälder wurde nur gelegentlich und ganz flüchtig aufgesammelt. Ich gebe im folgenden eine eingehendere Darstellung der Bodenfauna des Alnetum viridis, das vor allen anderen Wald- und Krummholzbeständen der subalpinen Stufe durch eine besonders mannigfaltige Bodentierwelt ausgezeichnet ist.

Das Alnetum viridis besitzt in den Zentralalpen eine weite Verbreitung und nimmt auch in den mittleren Hohen Tauern große Flächen ein. Es besiedelt nach Schroeter (1926) vor allem Höhen von 1500 bis 2000 m und gehört somit vorwiegend der subalpinen Höhenstufe an. Die Grünerle liebt feuchten, nährstoffreichen Boden, zwei Standortsfaktoren, die der Entwicklung einer individuenreichen Bodenfauna sehr förderlich sind und die den Tierreichtum, der die meisten Grünerlenböden auszeichnet, gemeinsam mit der leichten Zersetzbarkeit des Grünerlenfallaubes vor allem bewirken dürften. Den Unterwuchs unter den *Alnus viridis*-Beständen bilden sehr oft Hochstaudenfluren, nicht selten aber auch Fragmente von Schneebodenvereinen (Gams 1927 und 1936), die ihr Dasein der langen Schneebedeckung vieler Grünerlenböden verdanken.

Von der Tierwelt, die den Bestandesabfall und die obersten Bodenschichten unter diesem in den *Alnus viridis*-Beständen besiedelt, gibt die nebenstehende Assoziationstabelle eine Vorstellung.

Charakteristik der Bestände.

I. Kleine Fleiß, Alnetum viridis oberhalb des Alten Pocher am rechten Hang in etwa 1800 m Höhe. Aufnahmedatum: 30. VI. 1937. Spärliche Moos- und Grasvegetation, am Rande des Grünerlenbestandes in geschlossenen Rasen übergehend. Die Stelle liegt an der Grenze zwischen Sonnblickgneis und Schieferhülle.

II. Kleine Fleiß, Alnetum viridis unweit Aufnahme I am gegenüberliegenden Hang in 1750 m Höhe. Falllaub und Farnbestände unter einer kleinen Felswand (Kalkphyllit) von überhängenden Grünerlen beschattet. Stelle sehr schattig und feucht. Aufnahmedatum: 30. VI. 1937.

III. Kleine Fleiß, Stelle unweit von Aufnahme II in etwa 1750 m Höhe. Fallaub und Farnwurzeln am Fuße niedriger Felsen im Schatten überhängender Grünerlen. Aufnahmedatum: 3. VII. 1937. Grundgestein: Kalkphyllit.

IV. Gößnitztal, Alnetum viridis unmittelbar oberhalb der Bretterbruck in etwa 1650 m Höhe, noch im Gebiete des Kalkschiefers. Aufnahmedatum: 9. VII. 1937. Dichter und ausgedehnter Grünerlenbestand mit Unterwuchs verschiedener Hochstauden. An einzelnen Stellen ziemlich beträchtliche Fallaubschichten.

V. Dorfer Tal, am rechten Hang unmittelbar oberhalb der Daberklamm in etwa 1640 m Höhe auf Kalkphyllit. Ziemlich dichter Grünerlenbestand am Fuße einer kleinen Felswand in Ostexposition. Fallaub und reichlich humoser Boden. In der Krautschicht schüttere Hochstauden.

VI. Dorfer Tal, an der Waldgrenze in etwa 1900 m Höhe aus Fallaub und Farnwurzeln unter *Alnus viridis* gesiebt. Aufnahmedatum: 17. VII. 1937. Grundgestein: Granatspitzgneis.

VII. Dorfer Tal, unweit oberhalb Aufnahme VI am gegenüberliegenden Hang in etwa 1900 m Höhe. Dichtes Alnetum viridis mit Unterwuchs von Farnen und Hochstauden noch im Gebiete des Granatspitzgneises gelegen.

Soziologische Tabelle des Tiervereins der Bodenschicht des Alnetum viridis.

Charakterarten	Soziologische Aufnahme Nummer									
	I	II	III	IV	V	VI	VII	VIII	IX	X
Trechus alpicola (Coleopt.)	—	+	+	+	+	+	+	+	+	+
Trechus limacodes	+	+	+	—	—	—	—	—	—	—
Leistus nitidus	—	—	+	—	+	—	—	—	—	+
Neuraphes coronatus	—	+	+	+	—	—	—	—	+	+
Euconnus carinthiacus	+	—	—	+	—	—	—	+	—	+
Agathidium dentatum	+	—	—	—	+	—	—	—	—	—
Omalium ferrugineum	—	+	+	—	+	+	+	—	—	+
— *excavatum*	—	—	—	—	+	—	—	—	+	—
— *caesum*	+	+	+	—	—	—	+	—	—	—
Olophrum alpinum	—	—	—	+	—	+	+	—	—	+
Arpedium brachypterum	—	—	+	—	—	+	—	—	—	+
Syntomium aeneum	—	—	+	+	—	+	—	—	—	+
Stenus glacialis	—	+	—	—	—	—	—	—	+	—
Quedius punctatellus	—	+	—	—	+	—	+	+	—	+
— *dubius* var. *montanus*	—	+	—	—	—	+	—	—	+	+
— *ochropterus*	—	+	+	—	—	—	—	—	+	—
— *cincticollis*	—	+	+	+	—	+	+	+	+	+
— *Haberfelneri*	—	—	+	+	—	—	+	+	—	+
Tachinus latiusculus	—	+	+	+	+	+	—	—	—	+
Othius lapidicola	—	—	—	+	+	—	—	—	—	—
— *brevipennis*	—	—	—	—	—	—	—	+	+	+
Leptusa granulicauda	—	+	+	+	—	—	—	—	—	+
— *pseudoalpestris*	—	+	+	+	+	—	—	—	—	+
Atheta laevicauda	—	+	0	—	+	—	—	—	+	+
— *microptera*	—	+	+	+	+	—	—	—	—	—
— *Friebi*	0	0	0	—	+	—	+	—	+	+
Simplocaria acuminata	+	—	+	+	+	—	—	—	—	—
Epuraea depressa	+	—	—	+	—	—	—	—	—	—
Cryptophagus scanicus	—	+	+	—	—	—	—	—	—	—
Tomocerus flavescens (Collemb.)	+	—	—	+	+	+	+	+	+	+
Achorutes muscorum	+	+	+	+	+	?	?	?	?	+
Isotoma violacea	+	+	—	—	?	?	+	?	?	+
Errhomenellus brachypterus (Hemipt.)	—	—	—	+	+	—	—	—	—	+
Pergamasus crassipes (Acari)	+	+	+	+	+	—	—	n. g.	n. g.	+
Eugamasus furcatus	—	+	—	—	—	—	—	n. g.	n. g.	+
— *lunulatus*	—	+	—	+	—	—	—	n. g.	n. g.	+
Rhinotrombium nemoricola	—	+	—	—	+	—	—	n. g.	n. g.	+
Johnstoniana longipes	—	+	+	+	—	+	+	n. g.	n. g.	—
— *errans*	—	—	—	+	+	+	—	n. g.	n. g.	—
Podothrombidium filipes	+	—	—	—	+	—	—	n. g.	n. g.	—
Calyptostoma expalpe	+	+	—	+	+	+	+	n. g.	n. g.	—
Belba clavipes	+	+	—	+	—	—	—	n. g.	n. g.	+
— *riparia*	+	+	+	+	—	—	—	n. g.	n. g.	+
Prodinychus tetraphyllus	—	—	—	+	—	—	—	n. g.	n. g.	+
Platynothrus peltifer	—	—	—	+	—	—	—	n. g.	n. g.	+
Notaspis coleoptratus	—	—	—	+	—	—	—	n. g.	n. g.	+
Nomastoma lugubre (Opilion.)	—	+	+	+	+	—	—	—	—	+
Lithobius latro (Myriopod.)	—	—	+	+	+	+	+	—	+	+
Dactylophorosoma nivisatelles	—	—	+	+	—	—	—	—	—	—
Heteroporatia mutabile	—	—	+	—	+	+	—	—	—	+

VIII. Guttal, spärlicher Grünerlenbestand an der Waldgrenze oberhalb der Ankehre der Glocknerstraße in etwa 1900 m Höhe gelegen. Aufnahmedatum: 22. VIII. 1937. Grundgestein: Kalkphyllitschuttmaterial. In der Krautschicht spärlicher Graswuchs.

IX. Ködnitztal, an der Waldgrenze in etwa 2000 m Höhe am rechten Talhang aus Fallaub unter Grünerlen gesiebt. Grundgestein: Kalkphyllit; Bestand ziemlich dicht. Aufnahmedatum: 14. VII. 1937.

X. Andere untersuchte Bestände.

In der Tabelle fehlen die Dipteren und Lepidopteren, die in der Bodenfauna fast nur als Larven vertreten sind. Die Bestimmung dieser Larven war nicht möglich. Außerdem fehlen die Spinnen, von denen fast nur unbestimmbare, inadulte Individuen gefunden wurden. Auch die Enchytraeiden und Nematoden erscheinen nicht berücksichtigt. Die Liste der Milben umfaßt nur größere Arten, da die kleinen beim Auslesen der Gesiebeproben, welches ohne Gesiebeautomaten erfolgen mußte, großenteils verlorengingen.

Zu den in der Tabelle angeführten, mindestens als holde Charakterarten des Alnetum viridis zu bewertenden Tierformen kommen noch zahlreiche andere, die nur als Begleiter zu bewerten sind oder infolge ungenügender ökologischer Erforschung der Grünerlenbestände noch keine sichere soziologische Beurteilung zulassen. Solche Arten sind: die Käfer: *Pterostichus unctulatus*, *P. subsinuatus*, *Helophorus nivalis*, *Agathidium varium*, *A. arcticum*, *Olophrum transversicolle*, *Proteinus macropterus*, *Eudectus Giraudi*, *Trogophloeus corticinus*, *Oxytelus tetracarinatus*, *Quedius alpestris*, *Qu. paradisianus*, *Domene scabricollis*, *Atheta Leederi*, *Atheta oblongiuscula*, *A. alpestris*, *A. subrugosa*, *A. Leonhardi*, *A. orphana*, *Oxypoda Skalitzkyi*, *Typhaea fumata*, *Cryptophagus affinis*, *Atomaria pusilla*, *Orchesia micans*, *Catops fuliginosus*, *Otiorrhynchus frigidus*, *O. varius*, die Ameise *Myrmica lobicornis*, die Spinne *Oreonetides vaginatus*, die Collembolen: *Achorutes conjunctus*, *Pseudachorutes alpinus*, *Onychiurus alpinus* und *Orchesella montana*, die Milben: *Eugamasus loricatus*, *Machrocheles montanus*, *Gamasiphis hemisphaericus*, *Phaulodiaspis alpina*, *Podothrombium peragile*, *Microtrombidium sucidum*, *Erythraeus regalis*, *Leptus nemorum*, *Nothrolaspis tarda*, *Notaspis coleoptratus*, *Veigaia herculeana*, *Eugamasus Kraepelini*, die Weberknechte: *Nemastoma quadripunctatum*, *Platybunus bucephalus* und *Trogulus tricarinatus*, die Myriopoden: *Scolioplanes crassipes*, *Polydesmus edentulus*, *Listrocheiritium cervinum*, *Leptoiulus simplex*, *Ophiulus aspidiorum*, die Assel *Tracheoniscus Ratzeburgi*, die Schnecken: *Isognomostoma holosericum*, *Vitrea subrimata* und *Retinella nitidula*.

Die Nematodenfauna wurde in den Beständen, die in die Tabelle aufgenommen wurden, nicht untersucht, dafür aber in einem Grünerlenbestand in der Dorfer Öd in 1300 m Höhe und in einem Grauerlenbestand im Käfertal flüchtig aufgesammelt. Die an diesen beiden Stellen festgestellten Arten dürften auch in den subalpinen Alneta viridis weite Verbreitung besitzen, weshalb ich sie nachfolgend anführe.

Im Alnetum viridis in der Dorfer Öd auf Urgestein in 1300 m Höhe wurden am 25. VII. 1939 folgende Nematoden gesammelt: *Alaimus primitivus*, *Dorylaimus Hofmänneri*, *D. Carteri*, *D. obtusicaudatus*, *Prismatolaimus dolichurus*, *Plectus longicaudatus*, *Anguillulina agricola*, *Aphelenchoides parietinus*.

Im Alnetum incanae des unteren Käfertales wurden in etwa 1400 m Höhe am 14. V. 1940 auf Kalkphyllitschuttmaterial in der Bodenstreu folgende Arten gefunden: *Dorylaimus Hofmänneri*, *D. obtusicaudatus*, *Mononchus papillatus*, *Anguillulina multicincta* und *A. filiformis*. Mit den genannten Arten ist die Zahl der im Bestandesabfall und in der obersten Bodenschicht unter Grünerlen lebenden Nematoden jedenfalls noch nicht erschöpft; die Untersuchung größerer Proben dürfte vielmehr ergeben, daß die meisten weitverbreiteten und euryöken der im Untersuchungsgebiet nachgewiesenen Nematodenarten auch die Laubstreu und die Bodenkrume der Grünerlenböden bevölkern.

Dem Edaphon der Boden- und Streuschicht unter Grünerlenbeständen scheint die Bodenfauna des Rhodoretum ferruginei weitgehend zu entsprechen, nur scheint sie arten- und auch individuenärmer zu sein, was sich aus der Anhäufung von saurem, nährstoffarmem Rohhumus erklärt, einem Prozeß, der in der Bodenschicht der *Rhododendron*-bestände regelmäßig stattfindet.

Ich fand in der Streu- und obersten Bodenschicht unter *Rhododendron ferrugineum* in subalpinen Lagen die Käfer *Trechus obtusus* und *alpicola*, *Pterostichus unctulatus* und *subsinuatus*, *Xantholinus laevigatus*, *Atheta subrugosa*, *Leonhardi* und *picipennis*, *Stenus coarcticollis*, *Leptusa pseudoalpestris*, *Cryptophagus dentatus*, die Ameise *Myrmica laevinodis*, die Schildlaus *Orthezia cataphracta*, den Weberknecht *Trogulus tricarinatus*, die Milben *Pergamasus crassipes*, *Podothrombium filipes*, die Collembolen *Achorutes phlegraeus* und *Onychiurus furcifer*, die Myriopoden *Lithobius latro* und *Polydesmus edentulus edentulus*, die Schnecke *Cochlicopa lubrica*. Die Liste erhebt keinerlei Anspruch auf Vollständigkeit, bedarf vielmehr der Ergänzung durch zahlreiche weitere Arten aus den verschiedenen Tiergruppen. Es muß jedoch hervorgehoben werden, daß sie keine Arten enthält, die als kennzeichnend für das Rhodoretum gegenüber dem Alnetum viridis gelten könnten. Diejenigen der für das Rhoderetum genannten Tiere, die in der Tabelle und in der Liste der Begleitarten des Alnetums nicht aufscheinen, sind durchwegs euryöke Formen, die entweder schon gelegentlich in Grünerlenbeständen des Untersuchungsgebietes festgestellt wurden oder dort doch jedenfalls bei intensiver Sammeltätigkeit noch nachgewiesen werden könnten.

Selbst in der Nadelstreu unter *Pinus mughus* scheinen viele Bodentiere des Alnetum viridis wiederzukehren, wie die kleine Liste der Tierformen zeigt, die ich durch Aussieben des Bestandesabfalls unter den höchsten Legföhrenbüschen am Haritzerweg unterhalb des Glocknerhauses sammelte. Es sind dies die Käfer *Trechus alpicola*, *Pterostichus unctulatus* und *Pterostichus Jurinei*, die Schildlaus *Orthezia cataphracta*, der Springschwanz *Isotoma violacea*, die Milben *Parasitus anomalus*, *Platytrombidium fusicomum*, *Calyptostoma expalpe*, *Leptus nemorum*, *Veigaia herculeana*, *Eugamasus furcatus*, der Tausendfüßler *Aschiulus sabulosus*, die Schnecken *Vitrea subrimata* und *Retinella nitidula* sowie inadulte Regenwürmer, die nicht näher bestimmt werden konnten.

Es besteht demnach zweifellos eine enge soziologische Verwandtschaft zwischen der Bodenfauna in *Alnus viridis*-, *Rhododendron ferrugineum*- und selbst *Pinus mughus*-Beständen, eine Übereinstimmung, die auf ähnliche Boden- und Kleinklimaverhältnisse zurückzuführen sein dürfte. Damit soll jedoch nicht behauptet werden, daß in der Zusammensetzung des Edaphons dieser drei Phytoassoziationen überhaupt keine Unterschiede vorhanden sind. Solche dürften sich bei vollkommener Aufnahme der jeweiligen Tierbestände, entsprechend dem weitgehend verschiedenen Charakter des Bestandesabfalls der drei Pflanzenvereine, jedenfalls in Zukunft noch nachweisen lassen, wofür die interessanten Untersuchungen Fourmans (1938 und 1939) bereits gewisse Anhaltspunkte liefern. Auf Grund des bisher in den mittleren Hohen Tauern gesammelten Materials läßt sich allerdings nur das eine mit Sicherheit feststellen, daß die Bodenfauna des Alnetum viridis durch das regelmäßige Auftreten einiger Bodentiere ausgezeichnet ist, die in anderen Beständen entweder überhaupt fehlen oder doch nur selten auftreten. Solche Arten sind die Käfer *Omalium ferrugineum*, *Quedius cincticollis* und *Tachinus latiusculus*, die somit als treue oder doch mindestens feste Charakterarten der Bodenfauna des Alnetum viridis anzusprechen sind. Umfassende vergleichende Untersuchungen dürften noch weitere derartige Beispiele aus der Käfergattung *Atheta* und auch aus anderen Tiergruppen liefern.

So unleugbar zwischen den Tiervereinen der Bodenschicht in den verschiedenen Wald- und Krummholzbeständen der subalpinen Stufe und selbst noch der Rhodoreten des Zwergstrauchgürtels eine enge soziologische Verwandtschaft besteht, so überraschend groß ist der Unterschied in der Zusammensetzung des Edaphons dieser subalpinen Waldböden gegenüber derjenigen des Vereines der Mischwaldböden tieferer Lagen. Dies läßt sich am klarsten zeigen, wenn wir in unmittelbarem Anschluß an die subalpine Waldbodenfauna diejenige der Mischwälder besprechen.

11. Die Bodenfauna der Mischwälder in den tieferen Lagen der Pinzgauer Tauerntäler, dargestellt am Beispiel der Mischwaldbestände im Bereich des Kesselfalles im Kapruner Tal.

Montane Mischwälder finden sich nur in den größeren nördlichen Tauerntälern in nennenswertem Umfang entwickelt, in den obersten Teilen des Möll- und Kalser Tales fehlen sie, da ihnen dort vermutlich die bedeutende Seehöhe und kontinentale Klima nicht zusagen. Genauer untersucht wurde im Rahmen dieser Arbeit nur die Bodenfauna der Mischwaldbestände an den Hängen über dem Kesselfall im Kapruner Tal, diese zeigt jedoch einen so großen Formenreichtum und einen von dem der subalpinen Wälder so stark abweichenden Artenbestand, daß ihre gesonderte soziologische Besprechung notwendig erscheint.

Am rechten Hang des Kapruner Tales unmittelbar über dem Kesselfall, etwa 100 m über dem Talboden wurden am Fuße einer kleinen Kalkphyllitfelswand am 14. VII. 1939 folgende Tierarten aus Fallholz und aus den tiefen, nassen Fallaublagen gesiebt: die Käfer: *Trechus rotundipennis, Pterostichus unctulatus, Liodes nitidula, Agathidium atrum, Micrurula melanocephala, Acrotrichis intermedia, Euconnus styriacus* und *nanus, Neuraphes Schwarzenbergi, Stenus coarcticollis, Quedius ochropterus, Philonthus tirolensis, Atheta hygrotopora, Oxypoda soror, Trimium Emonae, Bythinus validus, Epuraea melanocephala, Acalles camelus* und *croaticus*, der Ohrwurm *Chelidurella acanthophygia*, die Schildlaus *Orthezia urticae*, die Springschwänze: *Pseudachorutes subcrassus, dubius* und *asigillatus, Achorutes phlegraeus, Onychiurus furcifer* und *armatus, Folsomia quadrioculata* var. *pallida, Isotoma olivacea* var. *grisescens* und *Tomocerus flavescens*, der Weberknecht *Trogulus tricarinatus*, die Milben: *Pergamasus runcatellus, P. Ruehmi, P. oxygynellus, Eugamasus lunulatus, Ologamasus calcaratus, O. peraltus, Nothrholaspis carinata, Geholaspis alpinus, Pachylaelaps pectinifer, Pachylaelaps furcifer, Eviphis ostrinus, Iphidosoma* spec., *Zercon triangularis, Epicrius mollis, Trachytes pyriformis, Dinychus tetraphyllus, Urodiaspis tecta, Discopoma splendida, Cilliba cassidea, Rhagidia pratensis, Nicoletiella lyra, Diplothrombidium longipalpe, Johnstoniana errans, Trombicula autumnalis, Microtrombidium pusillum, Calyptostoma expalpe, Leptus nemorum, Eulohmannia Ribagai, Platynothrus peltiger, Hermannia gibba, Belba clavipes, B. riparia, B. Berlesei, B. compta, B. spinosa, Caleremeus monilipes, Suctobelba ornithorhyncha, Oppia neerlandica, O. ornata* var. *globosum, O. bicarinata, O. subpectinata, Eremaeus oblongus, E. hepaticus, Ceratoppia bipilis, Tritegeus bifidatus, Cepheus cepheiformis, C. dentatus, Carabodes nepos, Gustavia fusifer, Scheloribates confundatus, Chamobates cuspidatus, Ch. Schützi, Ceratozetes gracilis, Sphaerozetes orbicularis, Fuscozetes setosus, Minunthozetes pseudofusiger, Allogalumna longiplumus, A. tenuiclavus, Neoribates Roubali, Oribatella Berlesei, Notaspis coleoptratus, N. regalis, Pelops phytophilus, Steganacarus striculus, Phthiracarus globosus, Phth. anonymum, Pseudotritia monodactyla*, die Myriopoden: *Scolioplanes crassipes* und *acuminatus, Glomeris hexasticha, Glomeridella minima, Polydesmus denticulatus, Hypsoiulus alpivagus, Leptophyllum nanum* und *Unciger foetidus*, schließlich die Nematoden: *Alaimus primitivus* und *dolichurus, Dorylaimus macrodorus, Bastiani, Hofmänneri, Carteri, obtusicaudatus, Tripyla setifera, Plectus granulosus* und *cirratus, Monhystera agilis, Panagrolaimus rigidus* und *Anguillulina multicincta*.

Die vorstehende, keineswegs vollständige Liste gibt ein beredtes Zeugnis von dem großen Artenreichtum an Kleintieren, den die Mischwälder der Pinzgauer Tauerntäler aufweisen. Daß die beschriebene Tiergesellschaft für den Bestandesabfall dieser Wälder typisch ist, geht daraus hervor, daß sich viele der genannten Arten in Gesiebeproben aus der Laubstreu des Mischwaldes im unteren Hirzbachtale, einem Wald, der auch pflanzensoziologisch dem in der Umgebung des Kesselfalles im Kapruner Tal stockenden weitgehend ähnlich ist, wiederfanden. An biosoziologisch interessanten Tieren, die bei der Bestandesaufnahme im Kapruner Tal wohl nur übersehen wurden, sind ergänzend zu dieser aus dem Hirzbachtal noch der Regenwurm *Allolobophora smaragdina* und die Käfer *Euconnus Motschulskyi, Sphaerites glabratus* und *Endomychus coccineus* zu nennen.

Unter den angeführten Arten befinden sich mehrere, deren Anwesenheit im Gebiete der mittleren Hohen Tauern überrascht und die hier jedenfalls auf die Mischwälder der Pinzgauer Täler beschränkt sind. Es sind dies der Regenwurm *Allolobophora smaragdina*, die Käfer *Trechus rotundipennis*, *Neuraphes Schwarzenbergi*, *Acalles croaticus* und der Tausendfüßler *Glomeridella minima*. Auf die Verbreitung dieser Arten wird im historisch-tiergeographischen Teil der vorliegenden Arbeit noch näher eingegangen werden. Es sind jedoch nicht allein die Tiere, die bisher nur von Standorten bekannt waren, die weit vom Untersuchungsgebiet entfernt liegen, sondern auch noch zahlreiche andere, durch die der Tierbestand in der Laubstreu der Mischwälder der Pinzgauer Tauerntäler soziologisch bemerkenswert erscheinen muß. Auch die Käfer *Euconnus Motschulskyi*, *Euconnus nanus* und *Trimium Emonae*, der Ohrwurm *Chelidurella acanthopygia*, die Tausendfüßler *Leptophyllum nanum* und *Unciger foetidus* sind Tiere, die in subalpinen Lagen der mittleren Hohen Tauern fehlen und daher als sehr bezeichnend für das Edaphon der Mischwälder des Kapruner Tales angesehen werden müssen.

Gewiß treten einzelne dieser Arten anderwärts aus den Mischwäldern der Bergwaldstufe auch in andere Bioassoziationen über, so daß sie nicht als treue Charakterarten der Mischwaldfauna angesehen werden können, sicherlich ist auch die Bodenfauna der Laubmischwälder in den Pinzgauer Tälern nicht überall so artenreich wie an den im Kapruner und Hirzbachtal genauer untersuchten Stellen, die Eigenart der soziologischen Struktur des besprochenen Tiervereines wird dadurch aber nicht verwischt. Sie tritt am meisten bei den größeren Arthropoden, am wenigsten bei denjenigen Kleintieren des Bodens in Erscheinung, die durch ein großes Anpassungsvermögen an verschiedenste Standortsbedingungen ausgezeichnet sind, wie dies bei den Collembolen, einem Teil der Bodenmilben und den Nematoden der Fall ist, Tieren, die wir auch schon bei Besprechung anderer Tiergesellschaften als omnivag kennengelernt haben. Trotzdem dürfte es bei Untersuchung vieler Einzelbestände auch bei ihnen gelingen, einzelne stenotope, für die Bodenfauna der Mischwälder kennzeichnende Arten herauszufinden.

Ich gebe nachfolgend zum Vergleich mit dem eben geschilderten Tierverein noch das Ergebnis einer Aufnahme wieder, die an einer viel ungünstigeren Stelle, an der oberen Grenze der Mischwaldstufe, gemacht wurde. Der aufgenommene Tierbestand fand sich im Stubachtal in Fallaub und Moos unter einem alten Bergahorn am Fuße eines kleinen Felsabsatzes nächst dem Gasthof Schneiderau in etwa 1000 *m* Höhe. Die Stelle war steil nach Osten geneigt, lag außerhalb des geschlossenen Waldbestandes und wies nur eine verhältnismäßig dünne Fallaubdecke und mäßige Durchfeuchtung auf. Entsprechend den abweichenden Lebensbedingungen ist auch die Zusammensetzung des Artenbestandes eine etwas andere als im Kapruner Tal. Die meisten größeren Arthropoden, die an größere Bestandesabfallmengen gebunden sind, fehlen, dagegen treten zahlreiche Moosbewohner neu hinzu, was mit dem Vorhandensein von Moosrasen zusammenhängt. Es wurden folgende Bodentiere gesammelt: die Käfer: *Liodes nitidula*, *Ptiliolum fuscum*, *Domene scabricollis* und *Atheta orphana*, die Wanze *Acalypta musci*, die Collembolen: *Pseudachorutes dubius*, *Achorutes phlegraeus*, *Onychiurus armatus*, *furcifer* und *fimetarius*, *Isotoma viridis* und *olivacea*, *Folsomia quadrioculata*, *Lepidocyrtus lanuginosus* und *Tomocerus flavescens*, die Weberknechte: *Trogulus tricarinatus* und *Nemastoma lugubre*, die Milben *Pergamasus crassipes* und *parvulus*, *Eugamasus furcatus* und *lunulatus*, *Ologamasus calcaratus*, *Veigaia cervus*, *nemorensis* und *transisalae*, *Geholaspis longispinosus* und *alpinus*, *Notholaspis tarda*, *Eviphis ostrinus*, *Epicrius mollis*, *Zercon triangularis* f. typ. und var. *caudatus*, *Prozercon fimbriatus*, *Polyaspinus cylindricus*, *Prodinychus tetraphyllus*, *Trachytes pi pauperior*, *Penthalodes ovalis*, *Bdella semiscutata*, *Hypochthonius rufulus*, *Platynothrus peltifer*, *Heminothrus Targionii*, *Belba clavipes*, *riparia*, *tatrica* und *corynopus*, *Caleremaeus monilipes*, *Suctobelba trigona*, *Oppia ornata*, *Willmanni* und *subpectinata*, *Oribella Paolii*, *Eremaeus oblongus*, *Ceratoppia bipilis*, *Teratocepheus velatus*, *Liebstadia similis*, *Zetorchestes micronychus*, *Scheloribates confundatus* und *laevigatus*, *Protoribates longior*, *Edwardzetes Edwardsi*, *Chamobates cuspidatus*, *Ceratozetes gracilis*, *Euzetes seminulum*, *Sphaeroribates piriformis*, *Trichoribates incisellus*, *Mycobates parmeliae*, *Alloga-*

lumna longiplumus und *tenuiclavus*, *Neoribates Roubali*, *Oribatella calcarata*, *Notaspis regalis*, *italicus* und *coleoptratus*, *Pelops auritus*, *Steganacarus striculus* und *magnus*, *Phthiracarus stramineus* und *laevigatus*, dazu noch zahlreiche Nymphen von Oribatiden und Parasitiden, die nicht näher bestimmt werden konnten, die Myriopoden: *Scolioplanes crassipes*, *Lithobius forficatus* und *nigrifrons* sowie junge Juliden, der Regenwurm *Eisenia alpina* und die Nematoden: *Alaimus primitivus*, *Dorylaimus Hofmänneri*, *Carteri* und *obtusicaudatus*, *Monhystera brachyura*, *Plectus granulosus* und *cirratus*, *Rhabditis monhystera*, *Cephalobus oxyuroides*, *Diplogaster striatus* und *Anguillulina robusta*.

Die vorstehenden Listen zeigen, daß die Bodenstreu der Wälder tieferer Lagen im Gebiete auch an verhältnismäßig ungünstigen Stellen von einer sehr großen Anzahl von Kleintieren besiedelt ist. Es scheint demnach wie in den Grasfluren so auch in den Wäldern des Alpengebietes die Mannigfaltigkeit der Tierformen talwärts ständig zuzunehmen, genau so wie die Artenmannigfaltigkeit auf Flächen gleicher Höhenlagen von nördlicheren gegen südlichere Breiten stetig größer wird. Es ist dies eine Feststellung, der nicht nur zoogeographische, sondern auch biosoziologische, vor allem bodenbiologische Bedeutung zukommt.

Nach der knappen, skizzenhaften Schilderung der Bodentiervereine der Wälder des Untersuchungsgebietes wollen wir unter Verzicht auf die Darstellung der Tierwelt der Baum-, Strauch- und Krautschicht der Waldbestände nochmals zu Tiergesellschaften zurückkehren, die sonniges, waldloses Gelände besiedeln. Es sind zwei letzte Assoziationen, richtiger Assoziationsgruppen, die im Rahmen dieser Arbeit noch besprochen werden sollen: die Tiergesellschaften der Naßfelder und verwandten Standorte und die Tiervereine der Moore.

12. Die Tiergesellschaft der subalpinen Naßfelder und Schuttufer der Gebirgsbäche.

Der hochalpinen Tiergesellschaft sandiger Gletschervorfelder und Gießbachaufschüttungen entspricht in subalpinen Lagen eine Assoziation, die das Gelände der Naßfelder und der Ufer größerer Gebirgsbäche an jenen Stellen bevölkert, wo der Bachschutt, mit Pflanzen nur spärlich besiedelt, offen zutage liegt.

Die Zahl der an solchen Stellen lebenden Tierarten ist meist nicht groß, sie ist um so geringer, je öfter die betreffenden Flächen von Hochwässern erreicht werden und in je bedeutenderer Seehöhe sie liegen. Am reichsten an Tieren sind die sandigen Uferstreifen entlang der Gebirgsbäche in den größeren Tauerntälern. Dies geht auch aus der nachfolgenden Gegenüberstellung der Tierwelt dreier typischer Naßfeld- und Schuttuferflächen hervor. In dieser blieben Nematoden, Enchytraeiden und Milben unberücksichtigt.

Artenbestand	Ufer der Fuscher Ache in 1250 m im ob. Fuscher Tal	Ufer des Judenbaches (1260 m)	Ufer der Kapruner Ache am Moserboden (1960 m)
Regenwürmer:			
Lumbricus polyphemus	+	—	—
Octolasium croaticum argoviense	+	—	—
Eisenia alpina	—	—	+
Schnecken:			
Euconulus trochiformis	+	—	—
Fruticicola cobresiana	+	—	—
Weberknechte:			
Mitopus morio	+	—	+
Phalangium bucephalus	+	—	—
Spinnen:			
Lycosa monticola	+	—	—
— *saccata*	+	—	—

Artenbestand	Ufer der Fuscher Ache in 1250 m im ob. Fuscher Tal	Ufer des Judenbaches (1260 m)	Ufer der Kapruner Ache am Moserboden (1960 m)
Springschwänze:			
Hypogastrura armata	+	—	—
Isotomurus palliceps	+	—	+
Orchesella flavescens	+	—	—
Käfer:			
Cicindela hybrida riparia	+	+	—
Nebria picicornis	+	—	+
— Jokischi	—	+	+
— Gyllenhali	+	+	+
Elaphrus Ulrichi	+	+	—
Asaphidion caraboides	+	+	—
— pallipes	+	+	+
Bembidion pygmaeum	+	+	—
— bipunctatum	—	—	+
— stomoides	+	+	+
— geniculatum	+	+	+
— Andreae Bänningeri	+	+	—
— azurescens	+	—	—
— Schüppeli	+	—	—
Chlaenius nitidulus tibialis	+	—	—
Agonum sexpunctatum	+	—	—
— viduum var. moestum	+	—	—
Liodes nitidula	—	+	—
Oxytelus complanatus	+	+	—
Bledius litoralis	+	+	—
— defensus	—	+	—
— Baudii	—	+	—
Paederus brevipennis	+	—	—
Stenus biguttatus	+	+	—
— boops	—	+	—
Xantholinus laevigatus	—	+	—
Philonthus rotundicollis	+	—	—
— fulvipes	+	—	—
Quedius spurius	+	—	—
Calodera riparia	+	—	—
Syncalypta cyclolepidia	+	—	—
Limnichus incanus	+	—	—
Simplocaria sericea	+	—	—
Morychus aeneus	+	—	—
Cytilus sericeus	+	—	—
Dryops Ernesti	+	—	—
Hypnoidus dermestoides	+	+	+
— meridionalis	—	+	—
Cryptohypnus riparius	—	—	+
Coccinella quinquepunctata	+	—	—
Haltica oleracea	+	—	—
Heterophytobius hygrophilus	+	—	—
Hymenoptera:			
Myrmica rubida	+	—	—
Formica cinerea	+	—	—
Hemiptera:			
Saldula scotica	—	+	—
— variabilis	+	—	—
Aphrodes tricinctus	+	+	—

Die genannten Arten finden sich teils in den Vegetationspolstern der wenigen Pflanzen (*Saxifraga aizoides, Saxifraga obtusifolia, Artemisia Genippii*, spärliche Gräser), teils unter Steinen und Schwemmholz, bei Sonnenschein auch frei auf dem sandigen Rohboden umherlaufend.

Räuberisch lebende Arten herrschen vor, saprophage treten stark in den Hintergrund, von Pflanzenfressern sind nur wenige Arten vertreten, die entweder wie *Haltica oleracea* im weitesten Sinne polyphag sind oder an die wenigen, auf den Schuttflächen dauernd heimischen Pflanzen gebunden erscheinen. Besonders hervorzuheben sind *Heterophytobius hygrophilus* und *Aphrodes tricinctus*, die beide nach meinen Beobachtungen im Uferschutt nur an *Saxifraga aizoides* leben.

Die Tiergesellschaft der Naßfelder und Schuttufer der Gebirgsbäche ist reich an Charakterarten; viele der obengenannten Tiere finden sich in keiner zweiten Assoziation des Untersuchungsgebietes wieder. Dies gilt z. B. für die Käfer *Nebria Jokischi* und *picicornis*, *Asaphidion caraboides* und *pallipes*, *Bembidion Andreae Bänningeri*, *pygmaeum* und *stomoides*, für *Bledius litoralis* und *Limnichus incanus* sowie wahrscheinlich für die noch ungenügend erforschten, hier erstmalig für das Alpengebiet nachgewiesenen Arten *Syncalypta cyclolepidia* und *Heterophytobius hygrophilus*. Eine Charakterform des sandigen Uferschuttes dürfte ferner *Formica cinerea* sein, die jedoch nicht sehr hoch bergwärts vordringt. Auch *Acrydium Türki* ist nach allem, was wir bisher über die Lebensweise dieser seltenen Heuschrecke wissen, ein Bewohner vegetationsarmer Bachschuttflächen.

Von den drei miteinander verglichenen Beständen ist der des Ufergeländes der Kapruner Ache am weitaus ärmsten an Tierarten. Dies kommt daher, daß der Talboden des Moserbodens um rund 700 *m* höher liegt als die beiden anderen Flächen und daß sich darum dort schon eine scharfe Auslese durch das Hochgebirgsklima innerhalb des Artenbestandes fühlbar macht.

Viele der obengenannten Tierarten sind auch für sandiges oder schotteriges Ufergelände der größeren Alpenflüsse kennzeichnend und folgen deren Lauf mehr oder weniger weit abwärts. Sie vergesellschaften sich dort mit zahlreichen Ufertieren, die dem Ufergelände der Tauernbäche noch vollständig fehlen, während wieder einzelne Bewohner des Uferschuttes subalpiner Lagen nicht in die großen Alpentäler hinaustreten. Es bleibt Aufgabe einer Sonderuntersuchung, wie solche Steinmann (1907) und andere bereits für die Wasserfauna durchführten, Erscheinung und Ursache des Wechsels im Bestande der Uferfauna in den verschiedenen Höhenlagen eingehend zu studieren und auf Grund der so gewonnenen Erkenntnisse auch die Gesellschaftssystematik der Bach- und Flußuferassoziationen endgültig zu klären.

13. Die Kleintierwelt der Moore und Quellfluren.

Die Tiervereine der Moorflächen unterscheiden sich dadurch von den bisher besprochenen Assoziationen, daß sie infolge des andauernd hohen Wassergehaltes der Vegetations- und Bodenschicht im Moor nicht nur Land-, sondern auch in erheblicher Zahl Wassertiere umfassen. Sie nehmen dadurch eine Mittelstellung zwischen Land- und Wassertiergesellschaften ein.

Wie die Vegetation so ist auch die Fauna der Moore nicht einheitlich, sondern zerfällt in soziologischer Hinsicht in eine Reihe mehr oder weniger scharf unterschiedener Typen. Zunächst sind nach den ökologischen Verhältnissen zwei große Gruppen von Mooren zu unterscheiden: die eutrophen Flach- oder Niederungsmoore und die oligotrophen Hochmoore. Die Unterschiede zwischen beiden sind in der umfangreichen Moorliteratur so oft und so eingehend dargelegt worden, daß es sich erübrigt, hier darauf näher einzugehen. Besonders hervorzuheben ist dagegen, daß auch diese beiden Grundtypen ökologisch noch weiter zu gliedern sind, indem sowohl hinsichtlich der Vegetation als auch hinsichtlich der Fauna in ihnen deutlich verschiedene Vereine und sogar Assoziationen unterscheidbar sind. Auch hierüber finden sich in der floristischen und faunistischen Moorliteratur bereits zahlreiche Angaben.

In den mittleren Hohen Tauern wurden im Rahmen dieser Arbeit nur die drei bedeutendsten Moorflächen: das Hochmoorgelände des Wiegenwaldes im Stubachtal sowie die Flachmoore des Fuscher Rotmooses und Moserbodens, faunistisch genauer untersucht. Die dort durchgeführten Bestandesaufnahmen genügen noch nicht für eine eingehendere Beschreibung der einzelnen Tiervereine, sondern ermöglichen nur eine Gegenüberstellung der Hoch- und Flachmoorfauna des Untersuchungsgebietes in ihrer Gesamtheit, wobei auch diese noch keinerlei Anspruch auf Vollständigkeit erheben kann.

Ich lasse nun, zum besseren Verständnis des folgenden, zunächst eine kurze ökologische Schilderung der drei Moorgebiete folgen.

Der Wiegenwald liegt im Stubachtal, in der subalpinen Waldzone, im Bereiche des Zentralgneiskernes der Granatspitzgruppe. Er ist ein in großer Ausdehnung anmooriges Waldgebiet in einer Höhenlage von etwa 1500 bis 1750 m. Sein Boden ist von mächtigen, großenteils sehr feuchten Rasen grüner Wald-Spagna bedeckt. Der Wald ist reiner Nadelwald, in dem in höheren Lagen Lärche und Zirbe vorherrschen. Über 1700 m Höhe tritt *Pinus mughus* beherrschend auf und hier finden sich auch gehölzfreie Moorflächen, deren eine (vgl. Abb. 20) faunistisch genauer untersucht wurde. Der *Sphagnum*-Rasen einer Fläche von $\frac{1}{4}$ m^2 vom Rande dieses Moores wurde nach Wien gesandt und dort von Dr. H. Strouhal sorgfältig nach den darin vorhandenen Tieren durchsucht. Das Ergebnis dieser Analyse ist in der folgenden Tabelle zusammengestellt. Im Umkreis der Probestelle wurden außer nicht näher bestimmten *Sphagnum*-Arten folgende Pflanzen gesammelt: *Nardus stricta, Carex Godenowii, Desehampsia flexuosa, Eriophorum vaginatum, Trichophorum caespitosum* und *Leontodon pyrenaicum* subsp. *helveticum* (alle det. H. Gams). Die Probe wurde am 10. VII. 1939 bei leichtem Regen gezogen. Unweit von der Probestelle wuchsen in etwas erhöhtem Gelände Vaccinien unter *Pinus mughus*.

Außerdem wurde am gleichen Tage am N-Hang des Wiegenwaldes in etwa 1600 m Höhe Rinde und darauf wucherndes *Sphagnum* von niedergebrochenen morschen Lärchenstämmen gesiebt. Über die dabei erbeuteten Kleintiere wird gesondert berichtet.

Das Fuscher Rotmoos liegt im obersten Teil des Fuschertales in etwa 1250—1290 m Höhe. Es ist ein Flachmoor mit stellenweise sehr hohem Kalkgehalt, der in der Versinterung der Moosrasen zum Ausdruck kommt. In der Vegetation herrschen Parvocariceta mit Braunmoosvereinen vor (vgl. Gams 1936). Es wurden am 23. VII. 1939 und am 14. V. 1940 an mehreren Stellen größere Moosproben gezogen und im Laboratorium auf ihren Kleintierbestand hin untersucht. Außerdem wurden auf einer größeren Fläche die größeren, in der Vegetationsschicht lebenden Arthropoden gesammelt.

Am Moserboden wurde ein Braunmoosverein mit *Cardamine amara, Ranunculus aconitifolius, Deschampsia caespitosa,* spärlichem *Rumex alpinus* und *Phleum alpinum* (alle det. H. Gams) in der Nähe der Moseralm in 1960 m Höhe am 16. VII. 1939 faunistisch aufgenommen. Der Moosrasen von $\frac{1}{4}$ m^2 Fläche wurde quantitativ eingesammelt und im Laboratorium in Wien von Dr. H. Strouhal auf seinen Tiergehalt hin untersucht. Bei der Suche nach größeren Arthropoden wurden in der Vegetationsschicht des Moores am Talgrund nur einige Spinnen und Fliegen erbeutet.

Die folgende Tabelle enthält die Nematoden-, Milben- und Collembolen-Arten, die in den drei Mooren gesammelt wurden, die übrigen Tiere werden gesondert angeführt. Die Zahlen geben die gesammelte Individuenmenge an. Sie beziehen sich, da die Proben nicht quantitativ ausgelesen wurden, nicht auf bestimmte Flächen, sondern sollen lediglich eine ungefähre Vorstellung von der Häufigkeit der einzelnen Arten geben. Die Nematoden wurden nur aus kleinsten Moosproben ausgelesen. Ihre Zahl würde im Vergleich mit der Menge der Milben und Collembolen diese um ein Vielfaches übertreffen.

Im Hochmoor des Wiegenwaldes wurden auf der offenen Moorfläche außer *Geophilus acuminatus* keine größeren Arthropoden beobachtet, was wohl damit zusammenhängt, daß es während meines Aufenthaltes an den offenen Moorstellen regnete. Bei schönem, sonnigem Wetter hätte sich vermutlich eine größere Zahl mehr oder weniger charakteristischer

Tierbestand	Hochmoor im Wiegenwald in 1730 m	Fuscher Rotmoos, zirka 1270 m	Moserboden Talgrund, 1960 m
Nematodes:			
Ironus ignavus f. *longicaudatus*	—	12 ♀, 11 juv.	—
Tylencholaimus minimus	—	—	44 ♀
Dorylaimus longicaudatus	2 ♀	1 ♂, 4 ♀, 10 juv.	4 juv.
— *lugdunensis*	9 ♀, 19 juv.	—	8 ♀
— *bryophilus*	—	2 juv.	—
— *helveticus*	—	3 ♂, 6 ♀, 4 juv.	—
Prismatolaimus dolichurus	—	—	4 ♀
Mononchus macrostoma	—	1 juv.	—
— *muscorum*	—	—	4 ♀
Achromadora terricola	—	2 ♀	—
Rhabdolaimus terrestris	66 ♀	—	—
Plectus tenuis	—	1 ♀	—
— *cirratus*	—	—	16 ♀
— *longicaudatus*	24 ♀, 10 juv.	—	—
Teratocephalus terrestris	4 ♀	—	—
Anguillulina filiformis	—	2 juv.	16 ♀
Acari:			
Parasitus anomalus	—	—	5
Pergamasus noster	4	—	—
— *crassipes*	—	8 (14) [1]	—
— *parvulus*	—	1	—
— *runcatellus*	—	(16)	—
Veigaia transisalae	3	—	—
— *herculeana*	—	(2)	—
— *Kochi*	—	(9)	—
— *cervus*	—	(3)	—
Gamasolaelaps aurantiacus	—	6 (3)	—
Nothrholaspis carinata	—	(1)	—
Pachylaelaps spec.	1	—	—
Ololaelaps placentula	1	(1)	—
Episeius mutilus	—	(2)	—
— *sphagni*	—	5	—
— *necorniger*	—	3	—
Ledermülleria rhodomela	—	3	—
Eustigmaeus Ottavii	—	—	1
Bonzia sphagnicola	—	2	—
— *halacaroides*	—	1	—
Cocceupodes clavifrons	—	(1)	—
Nanorchestes arboriger	—	(1)	—
Anystes baccarum	—	(2)	—
Johnstoniana errans	—	(1)	—
Microtrombidium spiniferum	9	—	—
— *parvum*	—	(5)	—
— *pusillum*	—	1 (1)	—
— *sucidum*	—	(1)	—
Valgothrombium major	2	1	—
Enemothrombium bifoliosum	2	(1)	—
— *clavigerum*	—	(2)	—

[1]) Aus den nassen Moosrasen im Fuscher Rotmoos wurden am 23. VII. 1939 und am 14. V. 1940 Milben aufgesammelt. Die in der Rubrik angegebenen, nicht eingeklammerten Individuenzahlen beziehen sich auf die Ausbeute vom Juli 1939, die eingeklammerten auf diejenige vom Mai 1940.

Tierbestand	Hochmoor im Wiegenwald in 1730 m	Fuscher Rotmoos, zirka 1270 m	Moserboden Talgrund, 1960 m
Leptus trimaculatus	—	2	—
— *nemorum*	—	(1)	—
— *phalangii*	—	5	—
— *rubricatus*	—	(4)	—
Balaustium quisquiliarium	—	1	—
Nanhermannia comitalis	—	(14)	—
— *nana*	5	(1)	—
Hypochthonius rufulus	—	(35)	—
Brachychthonius brevis	—	1	—
Trimalaconothrus tardus	25	—	—
Mucronothrus nasalis	40	—	—
Camisia lapponica	1	—	—
Heminothrus Thori	—	(11)	—
Nothrus pratensis	55	(5)	—
— *palustris*	—	(6)	—
Platynothrus peltifer	—	1	—
— *capillatus*	2	—	—
Hermannia gibba	2	1	—
Platyliodes Doderleini	1	—	—
Suctobelba trigona	—	2	—
Oppia neerlandica	2	—	—
— *subpectinata*	8	(2)	—
Oribella Paolii	2	—	—
Ceratoppia bipilis	2	—	—
— *sexpilosa*	3	—	—
Tectocepheus velatus var. *sarekensis*	—	+	—
Carabodes minusculus	2	—	—
Liacarus coracinus	—	1	—
Liebstadia similis	1	—	—
Zygoribatula exilis	—	1	—
Scheloribates laevigatus	2	2 (1)	—
— *latipes*	—	3	—
Edwardzetes Edwardsi	13	—	—
Ceratocetes gracilis	—	(3)	—
— *mediocris*	1	—	—
Melanocetes meridianus	1	—	—
Oromurcia sudetica	—	7	—
— *alpina*	—	1	—
Fuscocetes setosus	4	(10)	3
Trichoribates incisellus	1	—	—
Limnozetes ciliatus	14	9	—
Galumna obvius	1	1	—
Allogalumna longiplumus	11	—	—
Notaspis punctatus	—	(2)	—
— *italicus*	—	(7)	—
— *coleoptratus*	—	(24)	—
Pelops auritus	1	—	—
— *planicornis*	—	6	—
Steganacarus striculus	10	(8)	—
— *spinosus*	—	1	—
Phthiracarus stramineus	55	—	—
— *laevigatus*	—	(1)	—
Rhizoglyphus echinopus	—	—	1

Tierbestand	Hochmoor im Wiegenwald in 1730 m	Fuscher Rotmoos, zirka 1270 m	Moserboden Talgrund, 1960 m
Collembola:			
Hypogastrura armata	1	17	3
Friesea claviseta	5	—	—
Brachystomella parvula	—	5	—
Achorutes muscorum	—	2	—
— phlegraeus	1	—	—
— conjunctus	—	2	—
Spinisotoma pectinata	—	43	—
Isotoma sensibilis	1	—	—
— minor	—	29	—
— notabilis	4	2	—
— fennica	—	2	—
— palustris f. prasina	—	37	—
Sira Buski	—	—	2
Lepidocyrtus lanuginosus f. albicans	1	—	—
Sminthurides Schötti	2	—	—

Bewohner der Vegetationsschicht des Hochmoores feststellen lassen. Leider hinderte mich eine hartnäckige Erkältung daran, im Sommer 1939 die so interessanten Wiegenwaldmoore nochmals aufzusuchen, in den Sommern 1940 und 1941 mußte ich aber mit Rücksicht auf die Kriegsverhältnisse auf einen nochmaligen Besuch derselben verzichten.

Am Nordhang des Wiegenwaldes, in etwa 1600 bis 1650 m Höhe, siebte ich aus der Rinde niedergebrochener, alter Lärchen und aus dem darüber wuchernden *Sphagnum* folgende Tierarten: die Nematoden: *Dorylaimus Carteri*, *Dorylaimus bryophilus*, *Plectus cirratus* und *Plectus rhicophilus*, die Oligochaeten *Eisenia alpina* und nicht näher bestimmte Enchytraeiden, die Tausendfüßler: *Lithobius erythrocephalus*, *tricuspis* und *latro*, *Heteroporatia mutabile* und *Leptoiulus simplex*, den Weberknecht *Nemastoma lugubre unicolor*, die Spinnen: *Amaurobius claustrarius* und *Zygiella montana*, die Milben: *Parasitus alpinus*, *Pergamasus noster*, *P. runcatellus*, *similis*, *Eugamasus lunulatus*, *Ologamasus calcaratus*, *Veigaia herculeana*, *V. Kochi*, *Geholaspis alpinus*, *Pachylaelaps* spec., *Eviphis ostrinus*, *Zercon triangularis*, *Trachytes pi pauperior*, *Bdella iconica*, *Calyptostoma expalpe*, *Camisia segnis*, *Platynothrus peltifer*, *Hermannia gibba*, *Belba gracilipes*, *B. compta*, *B. tatrica*, *Licneremaeus licnophorus*, *Caleremaeus monilipes*, *Suctobelba subtrigona*, *Oppia neerlandica*, *O. ornata* var. *globosum*, *O. subpectinata*, *Oribella Paolii*, *Ceratoppia bipilis*, *C. sexpilosa*, *Tritegeus bifidatus*, *Cepheus cepheiformis*, *C. latus*, *Carabodes coriaceus*, *C. femoralis*, *C. labyrinthicus*, *C. marginatus*, *C. areolatus*, *Liacarus coracinus*, *Oribatula venusta*, *Edwardzetes Edwardsi*, *Melanozetes meridianus*, *M. mollicomus*, *M. interruptus*, *Fuscozetes setosus*, *Mycobates Carli*, *Oribatella Berlesei*, *Tectoribates alpinus*, *Notaspis regalis*, *Pelops planicornis*, *P. ureaceus*, *Phthiracarus stramineus*, *Phth. globosus*, *Phth. anonymum*, *Oribotritia nuda*, die Collembolen: *Hypogastrura armata*, *Friesea claviseta*, *Pseudachorutes dubius*, *Achorutes phlegreus* und *muscorum*, *Onychiurus armatus* und *sibiricus* var. *similis* (?), *Folsomia quadrioculata* und *fimetaria*, *Isotoma sensibilis* und *notabilis* und einen *Tomocerus*, der nur in einem jungen, unbestimmbaren Stück gefunden wurde, den Ohrwurm *Chelidurella acanthopygia*, schließlich die Käfer: *Leistus piceus alpicola*, *Pterostichus subsinuatus*, *Omalium caesum*, *Acidota crenata*, *Stenus coarcticollis*, *Staphylinus melanarius*, *Quedius ochropterus*, *cincticollis* und *Haberfelneri*, *Tachinus elongatus*, *Ilyobates Haroldi*, *Elater nigrinus*, *Cis dentatus*, *Otiorrhynchus pauxillus*, *Hylastes cunicularius* und *Dryocoetes autographus*.

Ein Teil der genannten Arten ist bezeichnend für morsches Holz und in solchem allenthalben in Gebirgswäldern zu finden; ein anderer Teil, besonders zahlreiche Milbenarten, gehört jedoch der Moorfauna an und ist am Wiegenwald-N-Hang nur deshalb heimisch, weil sich dort in großer Ausdehnung anmooriges Gelände befindet. Solche Arten sind der Fadenwurm *Dorylaimus bryophilus*, die Milben *Trachytes pi pauperior*, *Calyptostoma expalpe*, *Belba gracilipes*, *B. tatrica*, *Ceratoppia sexpilosa*, *Tritegeus bifidatus*, *Carabodes coriaceus*, *C. areolatus*, *Melanozetes mollicomus*, *M. meridianus*, die Käfer *Acidota crenata* und in gewissem Sinne auch *Stenus coarcticollis* und *Tachinus elongatus*.

Die vorstehende Liste zeigt, daß es im Gebiete der Wiegenköpfe nicht nur Hochmoortiervereine, sondern auch solche ganz anderer Art gibt. Eine erschöpfende Erforschung aller im Wiegenwald vorhandenen Tiergesellschaften würde eine recht umfangreiche wissenschaftliche Sonderuntersuchung notwendig machen.

Im Fuscher Rotmoos wurden folgende größere Arthropoden beobachtet: die Tausendfüßler: *Lithobius muticus*, *Glomeris connexa* und *Leptophyllum nanum*, die Spinnen: *Trochosa lapidicola*, *Trochosa terricola*, *Lycosa fluviatilis* und zahlreiche unerwachsene Spinnen, unter denen sich vermutlich auch noch die eine oder andere weitere Form befand, die Thysanopteren: *Thrips physapus* var. *obscuricornis*, *Thrips dilatatus* und *Sericothrips gracilicornis*, die Käfer *Bembidion Schüppeli*, *Pterostichus diligens*, *Agonum sexpunctatum* var. *montanum*, *Chaetarthria seminulum*, *Euaesthetus bipunctatus* und *laeviusculus*, *Actobius cinerascens*, *Staphyllinus caesareus* und *fulvipes*, *Quedius fuliginosus*, *Myllaena brevicollis*, *Cytilus sericeus* und *Simplocaria semistriata*, die Wanzen: *Hebrus ruficeps* (sehr zahlreich), *Saldula C-album* und *Coranus subapterus*, die Ameise *Myrmica scabrinodis*, verschiedene *Crambus*-Arten und Dipteren. Außerdem fanden sich in den nassen, versinterten Moosrasen die Schnecken *Retinella* spec., *Pyramidula rupestris*, *Cochlicopa lubrica*, *Carychium minimum*, *Orcula gularis* (nur 1 Schale), *Succinea putris* und *oblonga*, die Muschel *Pisidium fossarium* sowie zahlreiche Käfer- und Fliegenlarven, die nicht näher bestimmt werden konnten.

Demgegenüber erschien das Moorgebiet am Talgrund des Moserbodens äußerst arm an Arthropoden. Ich fand dort außer *Pterostichus diligens*, einigen noch nicht erwachsenen und daher unbestimmbaren Spinnen und mehreren Fliegen, die wegen ihres schlechten Erhaltungszustandes gleichfalls nicht bestimmt werden konnten, keine größeren Arthropoden. Mollusken fehlten auf der Moorfläche des Moserbodens vollständig. Dies ist um so auffälliger, als die Moosprobe von der Moseralm, die auf Milben untersucht wurde, auch von diesen nur eine sehr geringe Artenzahl lieferte.

Es ist auf Grund der vorliegenden Daten noch nicht möglich, heute schon die Unterschiede zwischen der Hoch- und Flachmoorfauna im Untersuchungsgebiete klar zu erkennen. Dies ist übrigens, wie die zusammenfassenden Darstellungen der mitteleuropäischen Moorfauna von Harnisch (1929) und Peus (1932) zeigen, auch in anderen Gebieten bezüglich der meisten Tiergruppen noch nicht möglich. Wir müssen uns daher hier darauf beschränken, die für Moorgelände überhaupt kennzeichnenden Arten hervorzuheben, ohne zunächst zu entscheiden, ob dieselben nur im Hoch- oder Flachmoor oder in beiden regelmäßig als Leitformen auftreten.

Aus der Reihe der Nematoden ist *Dorylaimus helveticus* als besonders bemerkenswert hervorzuheben. Die Art war bisher nur im Wasser, u. zw. im Bodenschlamm von Seen gefunden worden und gehört jedenfalls zu den Wassertieren, die in nasse Moosrasen übertreten. Als charakteristische Moosbewohner sind außerdem anzusprechen: *Ironus ignavus* f. *longicaudatus*, *Dorylaimus bryophilus*, *Trilobus gracilis*, *Mononchus macrostoma* und *muscorum*, *Monhystera dispar*, *Teratocephalus crassidens* und *Teratocephalus terrestris*. Diese Arten treten wohl auch gelegentlich an feuchten Stellen außerhalb der Moore auf, erreichen aber doch in diesen das Optimum ihrer Entwicklung.

Groß ist die Zahl der in Mooren heimischen Milben. Es ist nicht leicht, unter diesen zwischen Moosrasenbewohnern und echten Moortieren zu unterscheiden. Besonders hervorzuheben ist das Vorkommen der bisher nach Willmann (i. l.) nur auf Marschwiesen beobachteten Art *Gamasolaelaps aurantiacus* im Fuscher Rotmoos und das der nur aus Sudetenmooren und aus Ostpreußen bekannten *Bonzia sphagnicola* im gleichen Moorgebiet. Fast ausschließlich Moorbewohner sind ferner *Episeius sphagni, Ledermülleria rhodomela, Valgothrombium major, Brachychthonius brevis, Trimalaconothrus tardus, Mucronothrus nasalis, Ceratoppia sexpilosa, Oromurcia sudetica* und *Limnocetes ciliatus*. Einzelne dieser Arten scheinen nach den in der Tabelle angegebenen Zahlen besonders in den Wiegenwaldmooren sehr zahlreich aufzutreten.

Unter den Collembolen ist als bemerkenswerter Fund aus den Moorgebieten des Untersuchungsgebietes nur *Spinisotoma pectinata* anzuführen. Diese Art wurde zwar anderwärts auch an Plätzen gefunden, die keinerlei Moorcharakter aufwiesen, scheint aber im Fuscher Rotmoos massenhaft aufzutreten und wurde von mir in den mittleren Hohen Tauern sonst nirgends gefunden.

Aus der Reihe der größeren Insekten sind als charakteristische Bewohner des Moorgeländes noch *Pterostichus diligens, Hebrus ruficeps* und *Coranus subapterus* zu nennen.

Pterostichus diligens wird in der Moorliteratur fast aus allen untersuchten Mooren angegeben. Die Art dürfte nicht nur das Fuscher Rotmoos und das Moorgelände des Moserbodens, sondern auch die Wiegenwaldmoore bewohnen. Dies wird durch die Feststellung der Art in der Umgebung des Enzingerbodens durch H. Frieb (i. l.) angedeutet, da das anmoorige Waldgebiet der Wiegenköpfe sich bis in diese Gegend erstreckt.

Die Wanze *Hebrus ruficeps* wird von Peus (1932) als regelmäßiger Bewohner der *Sphagnum*-Rasen bezeichnet. Das Tier scheint im Fuscher Rotmoos in großer Zahl zu leben.

Coranus subapterus schließlich ist nach meinen im Gebiete der Hohen Tauern und im steirischen Ennstal gemachten Beobachtungen in den Ostalpen ausschließlich oder doch vorwiegend in Mooren heimisch. Die Art lebt als heliophiles Tier im pannonischen Klimabereich an der Reichsgrenze gegen Ungarn in der auch in den Tauern heimischen brachypteren Form ausschließlich auf extrem xerothermen Steppenhängen und macropter im Sumpfland des Neusiedler Seebeckens. In Obersteiermark fand ich sie nur in den Mooren des Ennstales, dort allerdings recht häufig, und im Untersuchungsgebiete nur im Fuscher Rotmoos. Vermutlich ist für diese eigenartige Verbreitung über Standorte, die in Bezug auf Feuchtigkeit und Temperaturgang so extreme Gegensätze aufweisen, allein der Umstand maßgebend, daß diese Stellen dauernd waldfrei waren. *Coranus subapterus* scheint ein Tier zu sein, das den Schatten meidet, ohne an ein trockenwarmes Mikroklima gebunden zu sein.

Vergleichen wir abschließend noch ganz kurz die drei untersuchten Moortiergesellschaften miteinander, so fällt auf, daß das Hochmoor des Wiegenwaldes zwar eine größere Menge von Nematodenindividuen, aber eine geringere Zahl von Arten geliefert hat als die beiden Flachmoore. Dies entspricht der schon von Peus (1932) festgestellten Tatsache, daß Flachmoore im allgemeinen reicher an Nematoden-Arten sind als Hochmoore. Das gleiche gilt auch für die Mollusken, die ohne einen gewissen Kalkgehalt des Substrates, in dem sie leben, nicht auszukommen vermögen. Ebenso scheinen die Milben und Collembolen im Hochmoor des Wiegenwaldes weniger artenreich vertreten zu sein als im Fuscher Rotmoos. Sie finden die für sie wichtigsten Lebensbedingungen, hohen Feuchtigkeitsgehalt des Bodens und üppige Moosvegetation, zwar in beiden Mooren in reichem Maße vor, sind im Fuscher Rotmoos aber jedenfalls durch dessen Kalkreichtum besonders gefördert. So ist das Vorkommen der Milben *Bonzia halacaroides* und *Gamasolaelaps aurantiacus* sowie das der kalkholden Schnecken *Orcula gularis* und *Pyramidula rupestris* durch die hohe Alkalinität von Boden und Wasser an den untersuchten Stellen des Fuscher Rotmooses bedingt. Die extreme Tierarmut des hochgelegenen Moores am Moserboden scheint mit der Gletschernähe und dem Mangel einer üppigeren Moorvegetation zusammenzuhängen.

Mit der Moorfauna nahe verwandt, wenn auch in mancher Hinsicht von ihr verschieden, ist die Tierwelt der Quellfluren, besonders solcher, deren Vegetation aus Quellmoosvereinen besteht. Es ist dies verständlich, wenn man bedenkt, daß zwei wesentliche Standortsmerkmale der Moore, die hochgradige dauernde Durchfeuchtung und das Vorhandensein üppiger Moosrasen hier wiederkehren. Auch die Quellmoosvereine sind im Untersuchungsgebiete soziologisch noch nicht so eingehend bearbeitet, daß heute schon eine abschließende Beschreibung der sie bevölkernden Tierwelt möglich wäre. Vor allem ist noch ganz ungeklärt, ob zwischen den basiphilen und oxyphilen Quellmoosvereinen tiersoziologische Unterschiede bestehen oder nicht und ob in Quellfluren, in denen Phanerogamen vorherrschen, eine bloß verarmte oder aber eine wesentlich von jener der Quellmoosbestände verschiedene Tiergesellschaft auftritt.

Ich gebe darum nachfolgend nur als Beispiel das Ergebnis einer Bestandesanalyse wieder, die ich an einem Quellmoosbestand am Südfuß des Elisabethfelsens im Pasterzenvorfeld in etwa 1900 *m* Höhe am 16. VII. 1940 durchführte.

Es fanden sich dort folgende Kleintierarten: die Nematoden *Dorylaimus Bastiani, Hofmänneri, Carteri* und *agilis, Trilobus gracilis, Monochus papillatus* und *Studeri, Plectus tenuis* und *cirratus, Monhystera vulgaris,* ein nicht bestimmter Oligochaet, eine Copepoden-Art (*Bryocamptus* spec.), die Milben *Pergamasus Franzi, Ololaelaps placentula, Enemothrombium bifoliosum, Hermannia gibba, Oppia ornata, Oppia neerlandica, Cepheus dentatus, Liebstadia similis* und *Oromurzia alpina* (diese an Individuenzahl die übrigen Milben weit übertreffend), die Collembolen *Hypogastrura armata, Isotoma notabilis* und *Isotomurus palliceps,* die Wanze *Salda litoralis* und der Käfer *Hygropetrophila Scheerpeltzi.* In anderen Quellmoosbeständen des Pasterzenvorfeldes fanden sich außerdem *Myllaena brevicollis* und *Helophorus glacialis.* Zu den genannten Arten kommen noch Käfer- und Fliegenlarven sowie verschiedene Rotatorien, die nicht näher bestimmt werden konnten.

Mit der Zahl der eben angeführten Arten dürfte die Mannigfaltigkeit der in den hochalpinen Quellfluren lebenden Tiere nicht erschöpft sein, es ist jedoch anzunehmen, daß sie geringer ist als die der in den subalpinen Mooren lebenden Metazoen.

14. Zusammenfassung der soziologischen Ergebnisse.

Die vorstehenden soziologischen Untersuchungen haben gezeigt, daß nicht nur die einzelnen Höhenstufen der Alpen durch Charakterarten tiersoziologisch scharf gegeneinander abgegrenzt sind, sondern daß auch innerhalb der einzelnen Höhengürtel noch deutlich voneinander unterschiedene Tiergesellschaften auftreten. Diese sind sichtlich an ganz bestimmte klimatische und edaphische Standortsbedingungen gebunden, die jedoch erst zum Teile als bekannt gelten können, zum Teil noch der genaueren Erforschung harren.

Vergleicht man die Tier- und Pflanzengesellschaften des Untersuchungsgebietes hinsichtlich ihrer Verbreitung miteinander, so ergibt sich, daß sie nicht in allen Fällen die gleichen Areale einnehmen. Wir lernten mehrere Fälle kennen, in denen nach dem derzeitigen Stande der Forschung einer Mehrzahl von Pflanzengesellschaften nur eine Tiergesellschaft gegenübersteht, oder umgekehrt mehrere Zooassoziationen innerhalb der Bestände nur einer Phytoassoziation auftreten. Dieses verschiedene synökologische Verhalten von Pflanzen und Tieren ist jedenfalls dadurch bedingt, daß in einem Falle die Tiere, im anderen die Pflanzen empfindlicher auf bestimmte Umweltfaktoren ansprechen.

Trotz dieses gelegentlich abweichenden soziologischen Betragens sind jedoch die innigen Wechselbeziehungen zwischen Vegetation und Fauna im Untersuchungsgebiet in allen Höhenstufen unverkennbar.

Dieselben haben in der gegenseitigen Anpassung gewisser Insekten und Blumen die denkbar höchste Entwicklung erreicht und dort gelegentlich zu einem solchen Grade gegenseitiger Abhängigkeit geführt, daß bestimmte Pflanzenarten in ihrem Bestande von der Bestäubung durch bestimmte Insekten, diese aber wieder von der durch die Pflanzen dargebotenen Nahrung abhängig sind. Es war bei Besprechung der einzelnen Tiergesellschaften mehrfach Gelegenheit, auf die klassischen Untersuchungen hinzuweisen, die schon H. Müller (1881) über die gegenseitige Abhängigkeit von Insekten und Blumen in den Alpen angestellt hat, und es konnte hierbei auch angedeutet werden, daß bei zunehmender Höhenlage im Zusammenhang mit dem immer selteneren Auftreten der Bienen an Stelle der Bienenblumen in steigendem Maße Schmetterlings- und Fliegenblumen treten.

Neben der Bestäubung der Blüten durch die Insekten spielt für die Pflanzen die Verbreitung der Samen durch Tiere eine große Rolle. Als Gegenleistung seitens der Pflanzen steht auch hier wie beim Blumenbesuch die Bereitstellung von Nahrungsstoffen, als welche nicht nur fleischige Früchte, sondern auch die als Elaiosome bezeichneten Bildungen an verschiedenen Pflanzensamen anzusprechen sind. Die letzteren werden gewöhnlich als besondere Anziehungsmittel für Ameisen gewertet, wie tatsächlich die Ameisen zweifellos eine sehr bedeutende Rolle bei der Verbreitung von Pflanzensamen spielen.

Von Wechselbeziehungen zwischen Pflanzen und Tieren, die beiden Teilen annähernd gleichen Nutzen bringen, zum reinen Parasitismus von Tieren an Pflanzen gibt es auch in den Bioassoziationen des Untersuchungsgebietes vielfache Übergänge. Um auf sie alle hier einzugehen, würde der verfügbare Raum nicht annähernd ausreichen. Zudem ist ihre Erforschung in den Alpen noch ganz unzureichend. Es sei darum nur noch kurz erwähnt, daß sehr viele synökologische Zusammenhänge nicht bloß zwei Organismenarten verbinden, sondern wechselweise deren mehrere verknüpfen und darum viel schwieriger zu überblicken sind.

Eine besondere Gruppe komplexer, für die Vegetationsentwicklung äußert wichtiger synökologischer Vorgänge tritt uns im Ablauf der Lebenserscheinungen der Bodenorganismen, des sogenannten Edaphons, entgegen. Dieselben führen zur Erschließung, Durchlüftung und Durchmischung des Bodens und bewirken gleichzeitig dessen Gesunderhaltung, wodurch sie schlechthin eine Grundvoraussetzung jeglichen Pflanzenwachstums bilden. Die Erforschung der Bodenbiologie steht leider erst in ihren ersten Anfängen, so daß wir heute noch so gut wie nichts darüber wissen, ob und in welchem Umfange Zusammenhänge zwischen bestimmten Typen des Edaphons und solchen der höheren Vegetation bestehen. Es kann aber kein Zweifel darüber bestehen, daß die Erforschung der Bodenbiologie auch für den Fortschritt der biosoziologischen Wissenschaften entscheidende Bedeutung haben wird.

Sie wird die Beobachtung der synökologischen Gesetzmäßigkeiten, die sich heute noch allzu sehr auf den Raum beschränkt, der dem Auge unmittelbar zugänglich ist, auf den Boden als Lebensraum ausdehnen und damit einen bedeutsamen Schritt in der Richtung auf das Endziel der Standortforschung tun: die totale Erfassung aller Kräfte, deren dynamischer Gleichgewichtszustand jeweils in dem Vorhandensein einer ausgeglichenen, soziologisch ausgereiften Lebensgemeinschaft zum Ausdruck kommt.

Die Erreichung dieses letzten Zieles wird, das kann nicht oft genug betont werden, nicht nur von theoretisch-wissenschaftlicher, sondern auch von erheblicher praktisch-wirtschaftlicher Bedeutung sein. Sie wird uns erst in die Lage versetzen, bei wirtschaftlichen Maßnahmen die Kräfte der Natur für uns wirken zu lassen, anstatt, wie das heute noch vielfach der Fall ist, ihnen entgegenzuarbeiten und dadurch schließlich trotz großer Aufwendungen an Geld und Arbeit den erstrebten Erfolg doch nicht zu erlangen.

V. Die Kleintierwelt der Pasterzenumrahmung.

1. Allgemeines.

Die Umgebung der Pasterze ist, wie schon in der Einleitung dieser Arbeit hervorgehoben wurde, der naturwissenschaftlich weitaus am besten erforschte Teil des Untersuchungsgebietes und darüber hinaus eine der wissenschaftlich am besten bekannten Landschaften der Ostalpen. Es ist aus diesem Grunde und da das Pasterzengelände nach den Plänen des Deutschen Alpenvereins zu einem Naturschutzpark ausgestaltet werden soll, zweckmäßig, die tiergeographischen Verhältnisse dieses Teiles der mittleren Hohen Tauern im Rahmen dieser Arbeit ausführlicher zu schildern als die des übrigen Gebietes. Darüber hinaus ist geplant, nach Erscheinen der Vegetationskarte Friedels im Maßstabe 1:5000, die sich in Vorbereitung befindet, zu dieser eine Oleate zu zeichnen, in welcher die Verbreitung der soziologisch wichtigsten Tierformen zur Darstellung gelangen soll. Die in Karte 2 im Maßstabe 1:25.000 eingezeichnete Verbreitung einzelner tiersoziologischer Leitformen läßt den Zusammenhang zwischen Geländeform und Arealgrenzen und zwischen Vegetation und Fauna wegen des zu kleinen Maßstabes und mangelnden Vegetationsaufdruckes nicht deutlich genug in Erscheinung treten.

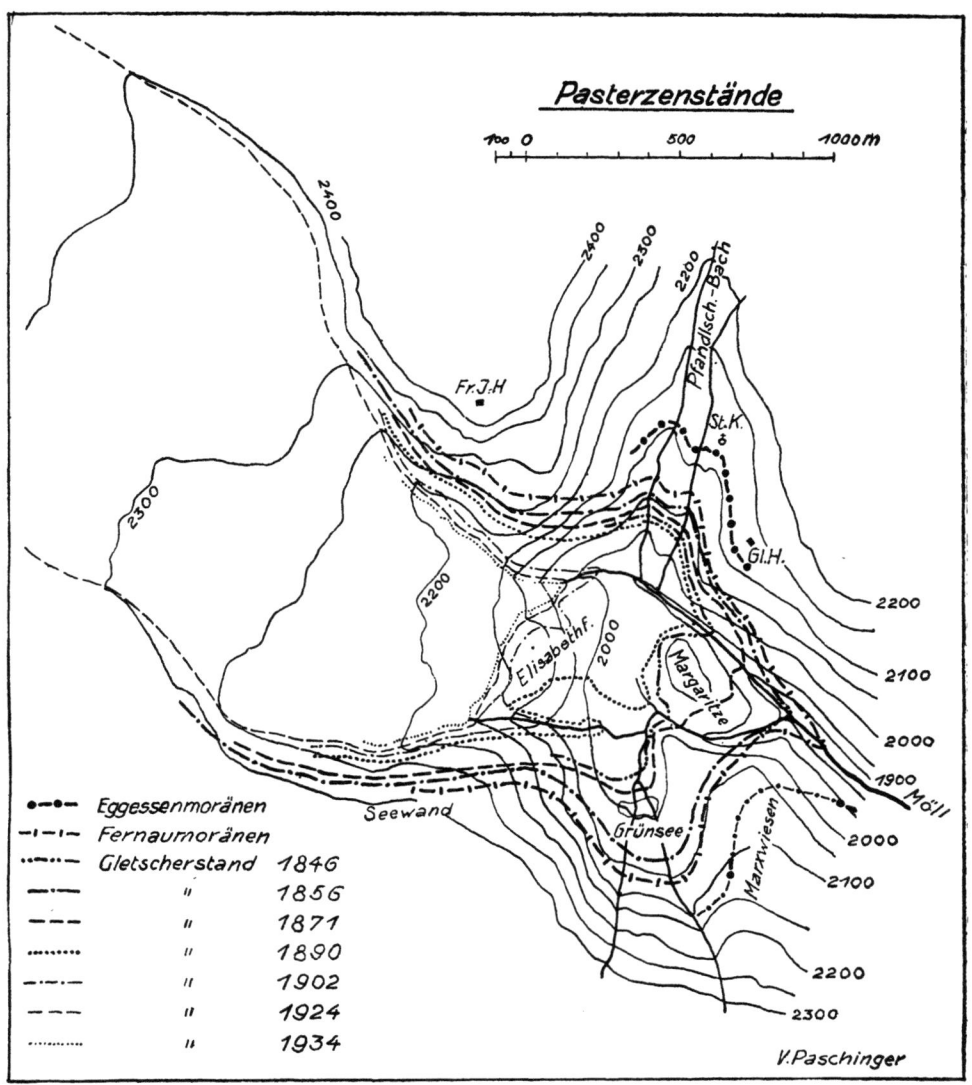

Abb. 33. Die nacheiszeitlichen Gletscherstände der Pasterze (nach einer mir von Dr. V. Paschinger in freundlicher Weise zur Veröffentlichung überlassenen Zeichnung).

Die Pasterze hat, wie schon aus der Schilderung der quartärgeologischen Verhältnisse des Untersuchungsgebietes zu entnehmen war, gleich den anderen Alpengletschern nicht immer dieselbe Fläche bedeckt, vielmehr wechselten höhere und niedrigere Gletscherstände miteinander ab. Die beiden letzten Eishochstände wurden auch an der Pasterze im vorigen Jahrhundert, u. zw. um 1820 und 1856 erreicht, wobei der zweite Vorstoß auf der ganzen Linie den ersten überflügelte, so daß wir heute nirgends an der Pasterze Randmoränen des Vorstoßes um 1820 erhalten finden. Die Moräne des Jahres 1856 trennt dagegen überall, wo nicht spätere Erosion die Grenzen verwischte, noch heute das nur von Pionierpflanzen lückenhaft besiedelte, seit 1856 ausgeaperte Schuttbett des Gletschers scharf vom länger eisfreien Gelände mit seiner soziologisch reiferen Vegetation.

Der Gletscherhochstand um die Mitte des vorigen Jahrhunderts ist auf der von den Brüdern Schlagintweit (1851) veröffentlichten Karte im Maßstabe 1:14.400 recht genau dargestellt, der heutige Gletscherstand ist aus der Alpenvereinskarte im Maßstabe 1:25.000 vom Jahre 1928 und aus der Abb. 33 (nach den Aufnahmen Paschingers) zu ersehen. Der stärkste Rückgang des Eises ist danach an der Stirn des Gletschers zu verzeichnen. Hier ist das Eis seit seinem letzten Hochstande vor rund 80 Jahren nach Paschinger (1936) um 1000 m zurückgewichen, eine ausgedehnte Fläche der Neubesiedlung durch Pflanzen und Tiere freigebend. In diesem vor 80 Jahren eisbedeckten Gletschervorfeld liegen zwei vom Eise rundgeschliffene Felsrücken, die Margaritze und der noch heute zum Teil vom Eise überdeckte Elisabethfels. Zwischen diesen beiden sowie der Möllschlucht und den Hängen der Leiterköpfe dehnt sich das von Moränenmaterial und Sedimenten der Gletscherwässer erfüllte Becken des unteren Keesbodens aus. Jenseits der Möllschlucht steigt das Gelände steil gegen den Hohen Sattel, die Sturmalm und die Südwesthänge des Albitzenkopfes an, war aber trotzdem auch hier noch in bedeutendem Umfange beim letzten Gletscherhöchststande von Eis bedeckt. Die wichtigsten Gletscherstände im Pasterzenvorfeld sind aus der mir von V. Paschinger in freundlicher Weise zur Verfügung gestellten Abb. 33 zu ersehen. Das heutige Gletscherende liegt an einer von den Hängen unterhalb des Hohen Sattels und des oberen Keesbodens gebildeten Verengung des Gletschertroges. Diese Taleinschnürung trennt das Gletschervorfeld von der Pasterzenfurche, in welcher heute die Pasterzenzunge ausschließlich gelegen ist. Auch im Bereiche der Pasterzenfurche sind die Arealverluste des Gletschers seit dem Jahre 1856 beträchtlich. Hier hat der Gletscherstrom durch Verminderung seiner Mächtigkeit an den beiderseitigen Hängen ein breites Geländeband freigegeben, in welchem sich nun, ebenso wie im Pasterzenvorfelde, Pflanzen und Tiere ansiedeln, sofern nicht der glattgescheuerte Fels der Trogwände jede Besiedlung ausschließt. Die Pasterzenfurche wird von dem flachen Firnfeld des Pasterzengrundes, des eigentlichen Gletschernährgebietes, durch eine Geländestufe getrennt, die durch die drei Burgställe markiert ist. Der Kleine und der Große Burgstall sind bis heute allseits vom Eise umflossene Felsinseln, während der Mittlere Burgstall, seitdem das Wasserfallkees zu einem selbständigen Hängegletscher geworden ist, durch die vom Wasserfalleise freigegebenen Trogwände mit dem Wasserfallwinkel und der Gamsgrube Verbindung hat. Die drei Burgställe und das Wasserfalleck ragten auch während der Eishochstände in den Jahren 1820 und 1856 zum Teil aus dem Eise empor. Die Karte der Brüder Schlagintweit zeigt den Kleinen und Großen Burgstall sowie das Wasserfalleck in geringem, den Mittleren Burgstall dagegen in erheblichem Umfange eisfrei. Man findet auch an allen diesen Stellen guterhaltene Moränenwälle des Höchststandes von 1856 und außerhalb dieser noch Spuren älterer Moränen. Der Gletscherstand von 1856 wurde durch die Fernauvorstöße, die nach Friedel (1934) und Paschinger (1936) etwa dreihundert Jahre zurückliegt, im ganzen Bereiche der Pasterze noch übertroffen. Die Fernaumoränen sind längs der Pasterze in so vielen Reststücken erhalten, daß ihr Verlauf sicher rekonstruiert werden kann. Die Grundlagen für die zeitliche Einordnung der Fernaustadien liefern einerseits die Nachrichten über die Verkeesung der alten, hochgelegenen Tauernbergbaue und anderseits Untersuchungen über das Dickenwachstum alter Nadelbäume. Die von Seeland (1882) im Kärntner Landesmuseum hinterlegte Querschnittscheibe eines Zirbenstammes aus dem Gößnitztale zeigt nach Friedel (1934) Minima der Jahresringdicke in den Lustren: 1600—1605, 1645—1650, 1675—1680, 1710—1715, 1740—1745, 1815—1820 und 1850—1855. Nach alten Bergbauchroniken begannen die Gletscher in der Sonnblickgruppe um 1570 zu wachsen, um 1620 war die Goldzeche oberhalb des Zirmsees bereits verkeest, während anderseits im Jahre 1660 die Gruben an der Pasterze, die noch heute unter dem Eise begraben liegen, im Betriebe standen. Daraus schließt Paschinger (1936), daß die beiden Fernauvorstöße etwa in die Jahre 1620 und 1650 fallen, was auch mit den Jahresringkurven aus alten Nadelbäumen der Umgebung gut in Übereinstimmung zu bringen ist.

Von den Fernauvorstößen an bis zu den Eishochständen des 19. Jahrhunderts scheinen keine großen Gletscherschwankungen erfolgt zu sein, wenigstens finden sich dafür in der Überlieferung keinerlei Angaben. Die Brüder Schlagintweit berichten, daß sie auf der Margaritze eine 150 Jahre alte, hohe Zirbe angetroffen hätten, was nicht nur für ein relativ günstiges Klima während der Wachstumsperiode dieses Baumes spricht, sondern auch beweist, daß die Margaritze während dieser ganzen Zeit, also von 1697 bis 1847 nicht vergletschert war.

Vor der Fernauzeit scheint die Pasterze während einer längeren Periode eine noch geringere Ausdehnung gehabt zu haben als heute. Eine alte Karte von J. Holzwurm aus dem Jahre 1612, die von allen Bächen des Gebietes ein getreues Bild entwirft, läßt die Möll aus einem See am oberen Pasterzenboden entspringen, und verschiedene Zeichen deuten darauf hin, daß der Wald im Glocknergebiete während des Mittelalters wesentlich höher emporgereicht hat als heute. In diesem Zusammenhang kann auch daran erinnert werden, daß die Bergbauernsiedlung in den Alpen schon im 12. Jahrhundert fast überall ihre oberste Grenze erreichte und seit dem Mittelalter in ständigem Rückgang begriffen ist. Eine der Ursachen dieses Rückganges war ohne Zweifel die Klimaverschlechterung am Ende des 16. und Anfang des 17. Jahrhunderts, welche die Fernauvorstöße der Alpengletscher zur Folge hatte. Es scheint demnach vor dem Fernauvorstoß tatsächlich eine lange Periode günstigen Klimas und niedriger Gletscherstände bestanden zu haben.

Paschinger hat zwischen den Fernau- und den weit vor diesen liegenden Daunmoränen im Pasterzenvorfeld Reste eines weiteren, allem Anscheine nach recht alten Moränenwalles gefunden; er zählt diesen dem Egessenstande zu. An den Rändern der Pasterzenfurche sind bisher nirgends Spuren von Egessen- oder Daunmoränen festgestellt worden.

Ich habe die zeitliche Einordnung der rezenten Gletscherstände im vorstehenden deshalb ausführlicher behandelt, weil dieselbe für die Untersuchung biosoziologischer Fragen im Pasterzengebiete von größtem Interesse ist. Der Gletscher hat bei jedem Vorstoß nicht nur das gesamte Pflanzen- und Tierleben vernichtet, sondern auch die Bodenverhältnisse so tiefgreifend verändert, daß die Bodenbildung wie die Vegetationsentwicklung und Besiedlung mit Kleintieren von Grund auf neu beginnen mußte. Durchquert man das Vorfeld des Gletschers vom Eisrand gegen die äußerste Ufermoräne, so gelangt man aus ganz jungen Stadien der Boden- und Vegetationsentwicklung in immer ältere, bis man außerhalb der Fernaumoränen in jahrtausendealte Pflanzenbestände auf ebenso alten Böden gelangt. Das Gletschervorfeld stellt also gleichsam ein natürliches Versuchsfeld dar, auf dem alle Stufen der Boden- und Vegetationsbildung über mehrere Jahrhunderte verfolgt werden können.

Friedel hat die Bodenbildung und Vegetationsentwicklung im Ufergebiete der Pasterze eingehend untersucht und die Ergebnisse seiner Aufnahme auszugsweise veröffentlicht.[1] Nach seinen Feststellungen ist in dem seit 1856 eisfrei gewordenen Gelände, abgesehen von geringfügigen Flächen, noch nirgends eine nennenswerte Humusauflage und eine geschlossene Vegetationsdecke zur Entwicklung gelangt. Die Vegetation trägt in dem Schuttbett, welches die Pasterze bei ihrem Rückzuge hinterlassen hat, überall unausgereiften Charakter, sie gleicht einem zufälligen Mosaik, aus dem sich erst ganz allmählich nach synökologischen Gesetzen aufgebaute Pflanzengesellschaften entwickeln. Demgegenüber tragen die Fernauböden überall bereits eine geschlossene Vegetationsdecke, deren synökologischer Reifungsgrad allerdings mit zunehmender Höhe des Standortes abnimmt. Die rund dreihundert Jahre, die von den Fernauvorstößen bis heute vergangen sind, haben genügt, in 2000 m Seehöhe im Pasterzenvorfeld eine Vegetationsdecke zur Entwicklung zu bringen, die sich von derjenigen der jahrtausendealten Daunböden nur bei genauer soziologischer Untersuchung unterscheiden läßt. Auch die Bodenbildung ist in dieser Zeitspanne erstaunlich weit vorgeschritten. Die Fernauböden besitzen nach Friedel im Pasterzenvorfeld eine Tiefe von durchschnittlich 80 cm, während die

---

[1] Eine weitere bodenkundliche Untersuchung wurde von Prof. Dr. Kubiena (Wien) in Angriff genommen. Dieselbe ist aber derzeit noch im Gange, und es liegen darüber noch keine Veröffentlichungen vor.

Daunböden im Höchstfalle 1·20 m erreichen. Wie sich diese Verhältnisse auf die Besiedlung des Geländes mit Kleintieren auswirken, soll an späterer Stelle erörtert werden.

Hier ist dagegen noch kurz auf die besonderen klimatischen Verhältnisse der Pasterzenumrahmung einzugehen. Der Verlauf der Pasterzenfurche von NW gegen SO bringt es mit sich, daß die linksseitigen Hänge infolge ihrer günstigen Exposition ein wesentlich wärmeres und trockeneres Klima aufweisen als die rechtsseitigen Hänge. Dieser Umstand wirkt sich in der Vegetation sehr deutlich aus, wofür hier nur ein Beispiel angeführt sei. Die obere Rasengrenze liegt auf den Leiterköpfen nach Friedel (1936) bei 2880 m, sinkt auf der Schattseite bis auf 2700 m am Kleinen Burgstall und steigt dann an der Sonnseite von 2680 m am Haldenhöcker auf 2820 m unter dem Fuscherkarkopf, 2870 m am Freiwandgrat und 2890 m auf der Albitzenhöhe. Oberhalb der allgemeinen Rasengrenze finden sich allenthalben stark durch die Erosion angegriffene Reste von Elyneten, die erkennen lassen, daß der geschlossene Rasen früher im Bereiche der Pasterze unter dem Einfluß günstigerer klimatischer Verhältnisse höher hinaufgereicht hat als heute. Nach Friedel (1934) wurde die obere Rasengrenze in der Gamsgrube in den letzten Jahrhunderten von 2700 auf 2650 m herabgedrückt, und auf den Hochflächen des Mittleren und Großen Burgstalls lassen geringfügige, dortselbst in Mulden erhaltene Reste von Elyneten sogar eine Absenkung der oberen Rasengrenze bis zum Niveau des Kleinen Burgstalls, d. i. um rund 200 m erkennen. Diese klimabedingte Depression der Vegetationsgrenzen ist auch für die Beurteilung tiersoziologischer Fragen von größter Bedeutung.

Unabhängig vom Großraumklima beeinflußt die Pasterze das Lokalklima ihrer nächsten Umgebung dauernd in dem Sinne einer Klimaverschlechterung. Haben schon die Bergwinde ein Absinken der Vegetationsgrenzen talaufwärts zur Folge, so ist die entsprechende Wirkung der Gletscherwinde eine noch viele stärkere. Der Gletscherwind bewirkt am Pasterzenufer nach Friedel (1936) nicht nur ein Absinken der oberen Verbreitungsgrenze zahlreicher Pflanzen, sondern geradezu ein Zurückbiegen der Grenzlinien in der Weise, daß diese an einer gewissen Stelle des Hanges schräg talauswärts gegen den Gletscher absinken. Dadurch kommt es, daß im Bereiche der Pasterze nicht nur außerordentlich niedere obere Verbreitungsgrenzen bei bestimmten Pflanzen zu beobachten sind, sondern daß auch hochalpine Pflanzen- und Tierarten am Gletscherrand und in seinem Vorfelde in Höhenlagen angetroffen werden, die tief unter der sonstigen unteren Verbreitungsgrenze dieser Arten im Glocknergebiete liegen. Ganz besonders deutlich tritt dieses Phänomen auf der Margaritze in Erscheinung, wo sich auf dem den Gletscherwinden ausgesetzten Plateau in 2000 m Höhe ein Elynetum auszubilden beginnt, während sich auf der windabgekehrten Seite eine Zwergstrauchheide mit *Rhododendron hirsutum*, Vaccinien, subalpinen *Salix*-Arten und Lärchenkrüppeln entwickelt.

Die vorstehende knappe Darstellung der besonderen Verhältnisse im Pasterzenrandgebiete hatte den Zweck, die Eigenarten der Pasterzenlandschaft aufzuzeigen und die Fragestellungen zu beleuchten, die hier dem Biologen entgegentreten. Im folgenden wird auf die tiersoziologischen Verhältnisse näher eingegangen, wobei aus Gründen der Übersichtlichkeit Pasterzenvorfeld, Pasterzenfurche und Felsinseln im Pasterzengrund getrennt behandelt werden.

2. Das Pasterzenvorfeld und seine Umgebung.

Das bei den Gletschervorstößen des vorigen Jahrhunderts vom Eise überdeckte Vorland des Gletschers umfaßt die Möllschlucht vom Austritt der Möll aus der Enge zwischen Elisabethfels und Felsabsturz des Hohen Sattels bis zum Südostende der Margaritze, die ausgedehnte Senke des Unteren Keesbodens samt der Margaritze und dem Elisabethfelsen und die tieferen Teile des Hanges zwischen Sturmalm und Möll. Dieses Gelände liegt tiefer als das östlich und westlich angrenzende Gebiet, das einerseits zum Hohen Sattel, zur Pfandlscharte und zum Albitzenkopf und anderseits zum Oberen Keesboden, zur Stockerscharte und zur Marxwiese ansteigt.

Der Höhenlage nach gehört das Pasterzenvorfeld der Zwergstrauchstufe an, während das angrenzende, höhergelegene Gelände zum Teil schon zur hochalpinen Grasheidenstufe zu rechnen ist. Gesellschaften der Grasheidenstufe besiedeln die Hänge der Freiwand über dem Hohen Sattel, die Steilhänge zwischen Magneskar und Naßfeld, das Gebiet zwischen der Glocknerstraße und den beiden Pfandlscharten von 2200 bis zu etwa 2500 *m* Seehöhe, die Südwesthänge des Albitzenkopfes von etwa 2200 *m* beim Glocknerhaus und 2400 *m* im Kar zwischen Albitzen- und Wasserradkopf bergwärts bis über 2800 *m*, soweit der Rasen nicht an Bratschen- und Schutthängen bis tief herab der Erosion zum Opfer gefallen ist, ferner Teile der Marxwiese und das Gelände um den Oberen Keesboden.

Auf allen diesen Flächen findet sich vorwiegend die hochalpine Grasheidenassoziation mit ihren Charakterarten *Carabus concolor Hoppei, Zygaena exulans, Erythraeus regalis, Lycosa ferruginea* usw. vor. Sie ist an Stellen mit fester Gesteinsunterlage arten- und individuenreicher, auf jungeiszeitlichem Moränengrund dagegen, wie z. B. am Weg vom Glocknerhaus gegen die Pfandlscharte und auf der Marxwiese, meist extrem individuenarm. Zwischen die Grasheidengesellschaften sind in Mulden mit langer Schneebedeckung wie überall in den Alpen Schneetälchengesellschaften eingeschaltet. Es ist dies das normale Bild der hochalpinen Tierwelt in der Zone der alpinen Grasmatten.

Nur an einer Stelle ist diese normale Gesellschaftsentwicklung in auffälliger Weise gestört, auf den Grashängen unterhalb der vom Albitzenkopf gegen die Möllschlucht abfallenden Bratschenhänge. Hier ist, wie schon an früherer Stelle beschrieben wurde, noch in 2250 *m* eine typische *Caeculus echinipes*-Gesellschaft entwickelt, die ihre Existenz der dauernden Überschüttung dieses Hanges mit dem feinen Verwitterungsschutt der darüberliegenden Bratschenhänge verdankt. In einer den sandigen Rohboden nur zu einem geringen Teile deckenden Vorpostenvegetation leben hier *Caeculus echinipes, Chrysomela crassicornis norica* und *Gnophos caelibarius intermedius*. Die lückenhafte Vorpostenvegetation geht jedoch nach unten mit zunehmender Verfestigung des Schuttmaterials sehr rasch über *Dryas*- und Spalierweidenflächen in geschlossene Grasmatten über, die von normalen hochalpinen Grasheiden nur durch den sehr sandigen Boden und die starke Bestreuung mit größeren und kleineren Kalkphyllitplatten abweichen. Hier ist eine typische Grasheidenassoziation mit *Carabus concolor Hoppei, Zygaena exulans* usw. entwickelt. Diese sandige Grasheide ist dadurch ausgezeichnet, daß sie der bisher einzige Fundort des Sandläufers *Cicindela gallica* in der Glocknergruppe ist. Die nächsten bekannten Fundorte dieses zentralalpinen Käfers liegen in den Zentralalpen Tirols, mehr als 50 *km* vom Großglockner entfernt. Die sandige Grasheide wird weiter talwärts gegen die Glocknerstraße rasch üppiger und gewinnt faunistisch den Charakter eines Übergangsgebietes zwischen hochalpiner Grasheide und Zwergstrauchgürtel. *Anechura bipunctata, Calathus melanocephalus* und *Formica fuscogagates* treten hier massenhaft auf, während diese Tiere weiter oben vollständig fehlen. Ausschließlich hochalpine Arten wie *Carabus concolor Hoppei* fehlen in diesen tieferen Lagen, dagegen finden sich einzeln bereits typisch subalpine Formen wie *Calathus erratus* und *Licinus Hofmannseggi*. Einzelne Pflanzen und Tierarten wie *Daphne striata* und *Eurydema Fieberi* legen die Vermutung nahe, daß es hier früher mindestens stellenweise auch Ericeta carneae gegeben hat. Auf dem schmalen Hangstück zwischen den Bratschenhängen des Albitzenkopfes und der Glocknerstraße sind demnach bei einem Höhenunterschied von nur 150 *m* die Tiergesellschaften dreier Höhenstufen zusammengedrängt: auf Bioassoziationen der Polsterpflanzenstufe in dem ständig mit Schuttmaterial überstreuten Grenzstreifen gegen die kahlen Bratschen folgt eine hochalpine Grasheide, die talwärts gegen die Glocknerstraße hin allmählich in eine Grasflur der Zwergstrauchstufe übergeht.

Die untere Grenze der hochalpinen Grasheidenstufe liegt im Gelände vor der Pasterze nirgends unter 2200 *m*, in sonnigen Lagen sogar meist etwas höher. Es ist daher auffällig, daß sich auf der Hochfläche der Margaritze und am Südfuße des Elisabethfelsens in einer Höhe von nur 2000 *m* und noch darunter eine Fauna findet, die sich vorwiegend aus Elementen zusammensetzt, die der hochalpinen Grasheidenstufe angehören. Diese Erscheinung ist in gleicher Weise wie die Ausbildung eines Elynetums auf der Höhe der Margaritze durch die Einwirkung der Gletscherwinde verursacht. Auf der vom Gletscher abgewandten Seite des Felsrückens, die gegen die Einwirkung des kalten Luftstromes besser geschützt ist, findet sich dagegen entsprechend der dort wachsenden Zwergstrauchvegetation auch eine Tierwelt subalpinen Charakters. Wie bedeutend die Unterschiede in der Zusammensetzung der Fauna auf der Höhe des Margaritzenplateaus und am Südhang des Margaritzenfelsens ist, läßt sich am besten durch eine Gegenüberstellung der kennzeichnenden Tierarten deutlich machen.

Man findet auf der Hochfläche der Margaritze die hochalpinen Grasheidentiere *Carabus concolor Hoppei*, *Amara Quenseli*, *Otiorrhynchus chalceus*, *Zygaena exulans*, den Schneetälchenkäfer *Nebria Hellwigi*, den hochalpinen Springschwanz *Orchesella montana* und den hochalpinen Tausendfüßler *Listrocheiritium cervinum*, während am Südosthang des Margaritzenfelsens, an Stellen, die nur etwa 10 bis 20 m tiefer gelegen sind, nicht ein für die hochalpine Grasheidenstufe bezeichnendes Tier anzutreffen ist.

Demgegenüber treten dort im Windschutz des vorgelagerten Felsens in Mehrzahl Tiere auf, die in den Hohen Tauern die Zwergstrauchstufe nicht oder nur ausnahmsweise überschreiten und auch auf der Hochfläche der Margaritze vollständig fehlen. Solche Tiere sind die Käfer *Trechus alpicola*, *Calathus melanocephalus*, *Trichotichnus laevicollis*, *Corymbites melancholicus* und die Ameise *Myrmica sulcinodis*. Hierzu kommen zahlreiche phytophage Insekten, vor allem Käfer, Schmetterlinge, Rhynchoten und vermutlich auch einzelne Tenthrediniden, die in der üppigeren Vegetation am sonnigen Hang ihnen zusagende Existenzbedingungen finden, in der dürftigen Pflanzendecke des Plateaus aber nicht dauernd zu leben vermögen.

Biosoziologisch interessant ist, daß sich auf der Hochfläche der Margaritze nicht synökologisch ausgeglichene Tiergesellschaften, sondern, ähnlich wie dies Friedel für die Vegetation der seit dem Jahre 1856 ausgeaperten Gletschervorfelder gezeigt hat,[1] bunt zusammengewürfelte Bestände finden. Man trifft da auf dem nur von lückenhaftem Pflanzenwuchs bedeckten humusarmen Rohboden nicht nur Grasheiden-, Schneetälchen-, Schutthalden- und Gletschervorlandtiere dicht nebeneinander, sondern mit diesen auch Charakterarten der Zwergstrauchstufe, wie *Anechura bipunctata*, die Ameisen *Formica fuscogagates* und *Leptothorax acervorum*, die man sonst nie in Gesellschaft der Leitformen des Grasheidengürtels sieht. Es zeigt dies, daß auf der Hochfläche des Margaritzenfelsens gegenwärtig eine Tiergesellschaft eben im Entstehen begriffen ist, wobei der dynamische Gleichgewichtszustand, der jede ausgereifte Lebensgemeinschaft kennzeichnet, noch nicht erreicht wurde. Vermutlich ist die für die sandigen Moränenvorfelder kennzeichnende Assoziation infolge der fortschreitenden Auswehung des feinen Materials aus den ständig windgefegten Böden in Auflösung begriffen und es versuchen nun hochalpine Grasheiden- und Zwergstrauchgesellschaften, sich gegenseitig den Platz streitig machend, ihre Stelle einzunehmen. Am Nordhang der Margaritze, auf Teilen des Unteren Keesbodens, am Südfuß des Elisabethfelsens und am benachbarten Hang jenseits der Möllschlucht sind dagegen noch gegenwärtig typische Bestände der Gletschervorfeldassoziation vorhanden.

Die Tierwelt des Elisabethfelsens ist im übrigen besonders auf den Schutthalten am Südhang kaum artenärmer als die der Margaritze. Von auf dieser vorkommenden Arten fehlen nur die Ameisen und Orthopteren, deren Abwesenheit jedoch nicht darauf zurückzuführen ist, daß diese Tiere noch nicht Zeit gefunden haben, die vom Eise freigewordenen Flächen zu besiedeln, sondern vielmehr darauf, daß auf dem Elisabethfelsen infolge der größeren Gletschernähe ein rauheres Klima herrscht als auf dem südlich des Unteren Keesbodens gelegenen Gelände.

Die auffällig artenreiche Besiedlung des Elisabethfelsens mit wenig vagilen Kleintieren deutet darauf hin, daß die Wiederbesiedlung eisfrei werdender Flächen mit Tieren aus der

---

[1] In einem an der Wiener Universität gehaltenen, noch ungedruckten Vortrag.

Umgebung verhältnismäßig sehr rasch erfolgt. Dies scheint sogar auch für die Kleintierwelt des Bodens zu gelten. Interessante Aufschlüsse hierüber gibt eine faunistische Bodenanalyse, die ich an einer Bodenprobe aus dem zwischen Glocknerstraße und Möll gelegenen, um die Mitte des vorigen Jahrhunderts vergletscherten Gelände ausführte. In dieser Probe fanden sich folgende Kleintierarten: die Nematoden: *Dorylaimus Carteri, D. obtusicaudatus, Rhabditis monhystera, Cephalobus nanus* und *Aphelenchus avenae*, zahlreiche, nicht näher bestimmte Enchytraeiden, die Collembolen: *Folsomia quadrioculata* und *Isotoma olivacea*, die Milben: *Pergamasus runcatellus, Pergamasus* spec., *Ameroseius echinatus, Zercon* spec., die nicht näher bestimmbare Deutonymphe einer Uropodide, *Bryobia praetiosa, Enemothrombium bifoliosum, Erythraeus regalis, Belba bituberculata, Tectocepheus velatus, Oribatula tibialis, Oribatula venusta, Trichoribates trimaculatus* und *Pelops auritus*. Hierzu kommen noch einige größere Insekten, wie Käfer und Ameisen.

Die vorstehende Liste enthält naturgemäß nur einen kleinen Teil der Bodentierarten, die in dem vom Eise im vorigen Jahrhundert überdeckten Pasterzenvorland tatsächlich heimisch sind. Dies ergibt sich nicht nur aus der Erfahrung, daß man im Gesiebe von einer nur $1/6$ m^2 großen Bodenfläche, wie es der besprochenen Analyse zugrunde lag, nicht annähernd die Gesamtheit der im Boden vorhandenen Tierarten erfassen kann, sondern auch aus der großen Zahl von Bodentieren, die von mir anderwärts im Pasterzenvorfeld innerhalb der Moräne des Jahres 1856 festgestellt wurden. An solchen seien nur noch einige besonders interessante Formen nachgetragen. So finden sich in dem seit 1856 eisfrei gewordenen Gelände der Regenwurm *Octolasium croaticum argoviense*, die Schnecken *Vitrinopugio nivalis, Euconulus trochiformis, Arianta arbustorum, Pyramidula rupestris, Vertigo alpestris* und *Columella edentula columella*, die Myriopoden *Lithobius forficatus, L. latro, Leptoiulus simplex* und *Aschiulus sabulosus*, die Assel *Tracheoniscus Ratzeburgi*, der Weberknecht *Nemastoma lugubre unicolor*, die Collembolen *Isotoma sensibilis, Isotomurus palliceps, Orchesella bifasciata* und *Orchesella montana*, die Milben *Pergamasus parvulus, P. Franzi, Velgaia herculeana, Eulaelaps stabularis, Haemogamasus nidi,*[1] *Tarsolarcus articulosus* und *Microtrombidium sucidum* und sogar die Käfer *Trechus alpicola, Pterostichus unctulatus, Helophorus Schmidti, Platystethus laevis, Othius brevipennis, O. lapidicola, Philonthus frigidus, Ph. monticola, Leptusa pseudoalpestris, Mycetoporus norvegicus, Tachyporus macropterus, Atheta tibialis, A. Friebi* und *Tropiphorus tomentosus*, die Schildlaus *Orthezia cataphracta* sowie die Ameisen *Formica fuscogagates* und *Myrmica sulcinodis*. Mehrere der genannten Arten, wie den Regenwurm *Octolasium croaticum argoviense*, die Käfer *Trechus alpicola, Helophorus Schmidti,* die *Othius*-Arten und *Leptusa pseudoalpestris*, wäre man versucht, als sehr langsam wandernde Bodentiere anzusprechen; die Befunde im Pasterzenvorfeld beweisen jedoch das Gegenteil.

Im ganzen gewinnt man den Eindruck, daß die überwiegende Mehrzahl der Kleintierarten, die das hochalpine Areal der Hohen Tauern bewohnen, imstande ist, vom Eise freigegebenes Gelände sehr rasch, viel rascher als die meisten höheren Pflanzen, zu besiedeln. Eine Ausnahme bilden wohl nur die Tiere, die an Umweltverhältnisse angepaßt sind, die sich im Gelände vor den Gletschern nirgends darbieten, und weiterhin solche, die als Relikte aus früheren klimatischen Epochen gegenwärtig nur engumgrenzte, ihnen auch heute noch günstige Lebensbedingungen darbietende Flächen bewohnen.

Tiefgreifender als der qualitative Unterschied zwischen der Bodenfauna der älteren Daunböden und der jungen Böden innerhalb der Moränenwälle aus der Mitte des vorigen Jahrhunderts dürfte die Verschiedenheit in der Besiedlungsdichte sein. In dem seit 1856 eisfrei gewordenen Gelände, in dem es an der Bodenoberfläche noch nirgends zur Bildung einer mächtigeren Humusschicht gekommen ist, finden die Bodentiere jedenfalls keine sehr günstigen Lebensbedingungen. Ihrer Massenvermehrung sind darum hier auch viel engere Grenzen gesteckt als in reiferen, tiefgründigeren Böden. Demgemäß fanden sich in der obersten, 5 *cm*

---

[1] Steht wohl in ökologischem Zusammenhang mit Kleinsäugern.

mächtigen Bodenschicht in einem etwa 50 bis 60 Jahre alten Moränenboden auf 1 m^2 Fläche nur etwa 900.000 Nematoden, während unweit davon in alten Daunböden 1,900.000 bis 2,700.000 Fadenwürmer auf der gleichen Fläche festgestellt wurden. Auch die Zahl der in den Moränenböden vorgefundenen Milben, Collembolen und Insektenlarven war wesentlich geringer als die vergleichbarer Daunböden. Leider konnte mit den verfügbaren Hilfsmitteln eine exakte mengenmäßige Vergleichung der Bodenfauna junger Moränenböden und solcher, die eine mehrtausendjährige Reifungszeit hinter sich haben, bisher nicht durchgeführt werden, obwohl sich für solche Untersuchungen gerade das Pasterzengelände vorzüglich eignen würde. Hier werden bodenbiologische Untersuchungen in Zukunft noch sehr interessante Zusammenhänge aufzudecken imstande sein.

Eine besondere Besprechung verdient die Verbreitung einiger Tierarten, die im Pasterzenvorland die obere Grenze ihres Wohnareals erreichen.

Sehr auffällig ist z. B. der Verlauf, welchen die obere Verbreitungsgrenze der Ameisen *Formica fusca* und *fuscogagates* aufweist. Wie schon bei Besprechung der Tiergesellschaften im vorigen Hauptabschnitte dieser Arbeit dargelegt wurde, überschreiten die Ameisen die obere Grenze der Zwergstrauchzone im Glocknergebiet nicht oder doch nur unbedeutend. Sie finden sich aber bereits bald unterhalb ihrer oberen Verbreitungsgrenze in großer Menge und beherrschen dann das Bild der von ihnen durchsetzten Tierbestände. Das gilt auch für das Pasterzenvorfeld. Die obere Grenze ihrer Verbreitung ist dort streng durch die lokalklimatischen Verhältnisse bedingt (vgl. Karte 2). An den nach SW exponierten Hängen des Albitzen- und Wasserradkopfes, die durch ihre Lage und durch das sich bei Bestrahlung rasch erwärmende Grundgestein (Kalkphyllit) lokalklimatisch sehr begünstigt sind, steigen sie bis gegen 2400 *m* empor, unter den Bratschenhängen des Albitzenkopfes sinkt unter der schon beschriebenen Wirkung des Bratschenschuttes ihre Verbreitungsgrenze dann rasch auf 2200 *m* ab und unterschreitet noch außerhalb der Marienhöhe die Glocknerstraße. Sie zieht dann ständig unmerklich weiter absinkend unter dem Glocknerhaus und der Sturmhütte durch und erreicht am Pfandlschartenbach unter der Einwirkung der aus dem Naßfeld herabströmenden kalten Luft (Kältesee, Abfluß kalter Luft bei Ausstrahlungswetter) mit wenig über 2100 *m* einen Tiefpunkt, um dann an den Südhängen des Freiwandecks wieder steil bis 2400 *m* und darüber emporzusteigen. Die letzten Ameisen finden sich knapp oberhalb und nördlich des Franz-Josefs-Hauses. Von dort fällt die Ameisengrenze wieder steil gegen den Hohen Sattel und die Möllschlucht ab, sich gegen das Pasterzenende direkt zurückbiegend. Das Ausbiegen der Ameisengrenze gerade an der Stelle, wo sie die Pasterzenfurche trifft, ist eine Folge des Gletschertalphänomens, dessen Auswirkung auf die Pflanzenwelt schon an früherer Stelle kurz erörtert wurde. Überall in dem Gelände zwischen den angegebenen Grenzen und der Möllschlucht finden sich die beiden *Formica*-Arten in großer Menge. Dagegen sind sie auf der rechten Seite der Möllschlucht auf die Margaritze, die bewaldeten Abhänge der Marxwiese gegen die Möll und zwei isolierte Fundstellen an den Hängen um den Unteren Keesboden beschränkt. Die eine dieser beiden Stellen liegt im Rhodoretum am Hange zwischen dem Oberen und Unteren Keesboden annähernd in Südostexposition, in windgeschützter Lage, die zweite ist auf eine kleine Mulde am Hang der Marxwiese gegen den Unteren Keesboden beschränkt. Die 2100 *m*-Isohypse wird hier an den durchwegs gegen Nordosten und Osten exponierten Hängen von den Ameisen nirgends überschritten.

Mit der oberen Verbreitungsgrenze der Ameisen stimmt diejenige des Ohrwurmes *Anechura bipunctata* im Pasterzenvorland in vielen Punkten überein. Diese Art steigt an den klimatisch begünstigten SW-Hängen des Albitzen- und Wasserradkopfes noch ein Stück über die Ameisengrenze empor und findet sich dort an mit Rasen bewachsenen Stellen noch über 2400 *m*. Unter den weit herabreichenden Bratschenhängen sinkt ihre Grenze allerdings bis auf 2200 *m* ab, steigt dann aber oberhalb der Marienhöhe nochmals auf 2350 *m* an. Sobald die Hänge jedoch oberhalb des Glocknerhauses nordwärts gegen das Naßfeld einschwenken, sinkt die obere Verbreitungsgrenze der *Anechura* steil zur Glocknerstraße ab, verläuft schon beim Glocknerhaus unter dieser und erreicht wie die Ameisengrenze am Pfandlschartenbach einen Tiefpunkt. Sie steigt dann am Südosthang des Freiwandecks wieder steil bis 2300 m empor, bleibt aber reichlich 100 m unter der Ameisengrenze zurück und fällt wie diese steil gegen das Pasterzenende hin ab. Auch *Anechura bipunctata* besiedelt das Gebiet zwischen der angegebenen oberen Grenze und der Möllschlucht allenthalben in zahlreichen Nestkolonien. Auf der gegenüberliegenden Seite der Möllschlucht findet sich die Art dagegen nur auf dem Margaritzenplateau; im gesamten übrigen Pasterzenvorland habe ich trotz intensiven Suchens nie auch nur ein Stück des auffälligen Ohrwurmes feststellen können. Dagegen findet sich die Art auf der Sonnseite des Leitertales wieder massenhaft bis zu 2500 m Höhe. Sowie man auf dem neuen Alpenvereinswege von der Pasterze zur Salmhütte die Stockerscharte überschreitet und dabei von der Schattseite der Leiterköpfe auf deren Sonnseite übertritt, beobachtet man sofort die auffälligen Tiere, die auf den der Sonne abgekehrten Hängen vollständig fehlten. Nur an einer Stelle unterhalb des Wegüberganges tritt *Anechura bipunctata* auch ein kleines Stück auf die pasterzenseitigen Hänge des vorderen Leiterkopfes über. Es ist dies eine auch schon durch üppigere Vegetation gekennzeichnete keilförmige Fläche, zu der die Sonnenstrahlen durch den Grateinschnitt der Scharte Zutritt haben. Wohl an keiner zweiten Stelle im Glocknergebiet zeigt sich die Abhängigkeit des Vorkommens der *Anechura bipunctata* von der Sonneneinstrahlung so deutlich wie hier. Das Verhalten im Pasterzenvorland ergänzt somit sehr schön das schon durch die Gesamtverbreitung in den mittleren Hohen Tauern (vgl. Karte 3) vermittelte Bild.

Die soeben angegebenen oberen Verbreitungsgrenzen der *Anechura bipunctata* und der Ameisen *Formica fusca* und *fuscogagates* wurden im Sommer 1937 festgestellt. Sie verlaufen nicht Jahr für Jahr in gleicher Höhe. Eine neuerliche Begehung der Grenzen im Sommer 1938 führte zu dem Ergebnis, daß sich dieselben gegenüber dem Vorjahr an einzelnen Stellen erheblich verschoben hatten. So lagen die obersten Fundorte lebender Individuen von *Anechura bipunctata* auf den Hängen oberhalb der Marienhöhe reichlich 100 m tiefer als im Sommer 1937, während das Tier in tieferen Lagen gleich häufig war. Im obersten Geländestreifen unterhalb der im Vorjahr festgestellten oberen Verbreitungsgrenze fanden sich trotz eifrigen Suchens nur einzelne Tierleichen, die unter dem Schutze flach auf dem Boden aufliegender Steine vor Verwesung bewahrt worden waren und für das frühere Vorkommen der Art in dieser Höhe Zeugnis ablegten. Noch deutlicher war der Rückgang der Verbreitungsgrenze auf dem Margaritzenplateau zu beobachten. Dort hatte ich im Sommer 1937 einen dichten Besatz mit Nestern, bestehend aus den alten und den von diesen gepflegten zahlreichen jungen Tieren festgestellt. Im Sommer 1938 fand ich dagegen nur ein einziges Nest mit lebenden Ohrwürmern in einer kleinen windgeschützten Mulde des Margaritzenplateaus, während auf der ganzen übrigen Margaritze nur *Anechura*-Leichen zu beobachten waren. Es war offenbar auch hier unter dem Einfluß ungünstigerer Witterung eine Verkleinerung des Verbreitungsareales der Art von einem Sommer zum anderen erfolgt, ein Zurückweichen von den äußersten früher besiedelten Punkten, dem nach flüchtigen Beobachtungen in den Sommern 1939 und 1940 noch kein neuerlicher Vorstoß gefolgt ist. Ähnliche, aber geringfügigere Arealverschiebungen waren auch bei den Ameisen feststellbar. Diese Beobachtungen lassen erkennen, daß die Kleintiere des Hochalpengebietes an der oberen Grenze ihrer Verbreitung in einem ständigen Kampfe ums Dasein stehen. In klimatisch günstigen Jahren schieben sie ihre Verbreitung in größere Höhen vor, in ungünstigen Jahren werden sie wieder zurückgedrängt. So ist die obere Verbreitungsgrenze der Tiere in den Alpen nicht als eine beharrende Linie aufzufassen, sondern wie die Begrenzung der Gletscher als eine ständig wechselnde Erscheinung. Hier wie dort bestimmt das Klima, ob ein Vorrücken stattfinden kann oder ein Zurückweichen erfolgen muß. Natürlich ist die Übereinstimmung von Gletschern und Kleinlebewesen in ihrem Verhalten zum Klima keine vollständige, da in beiden Fällen nicht die gleichen klimatischen Faktoren ausschlaggebend sind. Trotzdem vermögen die Schwankungen der Verbreitungsgrenzen alpiner Tiere bei dauernder Beobachtung wertvolle Hinweise auf die Klimaentwicklung zu geben und können, wenn die für sie verantwortlichen Witterungsfaktoren einmal klar erkannt sein werden, vielleicht sogar zur Vorhersage von Gletschervorstößen und -rückzügen verwendet werden.

3. Die Pasterzenfurche.

Die durch den Hohen Sattel, den Elisabethfels und den Oberen Keesboden gebildete Talstufe, welche die Pasterzenfurche gegen das Gletschervorfeld abgrenzt, bildet die Verbreitungsgrenze für zahlreiche Kleintiere. Diese Linie wird nicht nur von sämtlichen subalpinen Tierarten, allen Ameisen und allen Orthopteren mit Ausnahme des *Aeropus sibiricus* nach oben nicht überschritten, sondern bietet auch dem Vordringen verschiedener in hochalpinen Lagen sonst weitverbreiteter Tierarten Einhalt. So fehlen hier die im Pasterzenvorland häufigen Käfer *Carabus depressus Bonellii*, *Amara erratica*, *A. praetermissa*, *Otiorrhynchus frigidus*, *O. auricomus* und *O. chrysocomus*. Selbst *Carabus concolor* fehlt in dem linker Hand an die Pasterze angrenzenden Gebiete vollständig. Diese sonst in den hochalpinen Grasheiden des Glocknergebietes überall verbreitete Art dringt zwar an den Hängen unterhalb des Schwertecks bis zum Hofmannskees vor, überschreitet aber auf der linken Pasterzenseite die Franz-Josefs-Höhe nicht. An den Hängen des Freiwandecks und des Fuscherkarkopfes gegen die Pasterze habe ich sie trotz eifrigen Suchens nirgends gefunden. Infolge des Fehlens der vorgenannten und noch mancher anderer Tierarten sind die Grasheiden an den SW-Hängen der Freiwand und in der Gamsgrube tierärmer als solche in anderen Teilen des Glocknergebietes. Die Elyneta der höheren Teile der Gamsgrube fand ich, abgesehen von den blütenbesuchenden Lepidopteren, Hummeln, Fliegen und einigen ebenfalls in Blüten lebenden Käfern, wie *Dasytes alpigradus*, überhaupt unbesiedelt.

Dagegen ist auf den in der Gamsgrube große Flächen einnehmenden sandigen Kalkphyllitschutthalden die *Caeculus echinipes*-Assoziation arten- und individuenreich entfaltet. Diese Tiergesellschaft greift hier auch auf Flächen über, die bei den Eisvorstößen des vorigen Jahrhunderts zeitweise unter der Gletscheroberfläche lagen und heute nur aus diesem Grund eine lückenhafte Vorpostenvegetation tragen. In der Gamsgrube finden sich in der *Caeculus echinipes*-Gesellschaft neben der von Holdhaus dort entdeckten *Chrysomela crassicornis norica* zwei Tierarten, die mir sonst im Glocknergebiet nirgends begegnet sind. Es sind dies der Blattkäfer *Chrysomela marginata*, welcher auch in der Schweiz in der var. *glacialis* Wse. in großen Höhen gefunden wird, und die Spinne *Euophrys petrensis*. Beide Arten sind heute in der Gamsgrube recht selten und sind wohl als Relikte anzusehen, die in einer wärmeren Periode der postglazialen Zeit im Pasterzenrandgebiet weitere Verbreitung besessen haben.

Gleichfalls als Relikt ist das Vorkommen von *Cylindrus obtusus* an den Südwesthängen der Freiwand zwischen Gamsgrube und Franz-Josefs-Höhe anzusehen. Dieser Fundort ist der westlichste bis jetzt bekannte dieser Schnecke und wie drei weitere Fundorte im Untersuchungsgebiete beiderseits der Weißenbachscharte und an der Edelweißwand unterhalb des Fuschertörls völlig isoliert. Der *Cylindrus*-Fundort auf der Freiwand ist aber nicht nur tiergeographisch, sondern auch ökologisch bemerkenswert, da er nicht wie alle anderen Fundorte des kalkholden Tieres auf Kalkunterlage, sondern auf verhältnismäßig kalkarmem Grünschiefer gelegen ist. Wieso sich die Schnecke, die früher zweifellos im Glocknergebiet eine weitere Verbreitung besessen hat, gerade an dieser Stelle bis heute erhalten hat, während sie sonst gegenwärtig nirgends mehr im Bereiche der Pasterze vorkommt, ist noch ungeklärt. Vermutlich haben ihr an den verhältnismäßig warmen und gleichzeitig dauernd feuchten Hängen die lokalklimatischen Verhältnisse besonders entsprochen. Das Gelände in Gletschernähe mit seinem rauheren Klima meidet *Cylindrus obtusus* offensichtlich, indem er nur wenig unter die Trasse des neuen Weges von der Franz-Josefs-Höhe in die Gamsgrube herabsteigt, während er an den Hängen oberhalb des Weges bis hoch hinauf in großer Menge vorkommt.

Friedel hat festgestellt, daß die Vegetation in der Pasterzenfurche nicht nur die Grenze des um das Jahr 1856 vergletscherten Gebietes, sondern auch die des Fernauvorstoßes genau erkennen läßt. Die verschiedene Reife und damit im Zusammenhang der verschiedene Auswaschungsgrad der Böden diesseits und jenseits der genannten Moränen bedingen das Auftreten anderer Pflanzen beiderseits der ehemaligen Vorstoßgrenzen des Gletschers. Ich war bemüht, auch für die Tierwelt ähnliche Unterschiede festzustellen, konnte aber zwischen Fernau- und Daungebiet nirgends solche nachweisen. Zwischen dem Gebiet innerhalb der Moräne von 1856 und dem Fernaugebiete bestehen dagegen auf dem sonnigen, linken Pasterzenufer[1] ähnliche tiersoziologische Unterschiede wie zwischen *Caeculus echinipes*-Gesellschaft und hochalpiner Grasheidenassoziation. Die sandigen, nur von lückenhafter Vegetation bedeckten und fast noch jeglichen Humusgehaltes entbehrenden Böden lassen hier zusammen mit der abkühlenden Wirkung des Gletschers eine hochalpine Pioniergesellschaft zur Entwicklung kommen, die derjenigen der sonnigen Kalkphyllitschutthalden weitgehend entspricht. Es finden sich hier neben *Caeculus echinipes* die Käfer *Amara Quenseli, Cymindis vaporariorum, Otiorrhynchus chalceus* und unterhalb der Hofmannshütte sogar *Chrysomela crassicornis norica*, alles Tiere, die auf Flächen mit geschlossener Rasenbedeckung fehlen oder doch nur äußerst selten vorkommen. Diese Arten kommen allerdings nur in den obersten, am längsten eisfreien Teilen des 1856 vom Eise bedeckten Pasterzenrandgebietes vor, die tieferen, erst später vom Gletscher freigegebenen Hangteile sind, besonders dort, wo sie noch heute von Toteis unterlagert werden, nahezu völlig steril.

Auf der Schattseite des Pasterzentales ist das Gebiet innerhalb der Moräne von 1856 sehr tierarm. Die hier auftretende Tiergesellschaft unterscheidet sich scharf von der *Caeculus echinipes*-Assoziation und gehört dem Typus der Moränengesellschaften an.

4. Pasterzengrund.

Im Pasterzengrund ragen aus dem Eisstrome des Gletschers die drei Burgställe als Felsinseln auf. Ihre Fauna ist tiersoziologisch wie historisch-tiergeographisch von besonderem Interesse, da sie Aufschluß darüber gibt, welche Tierarten dauernd vom Eise umschlossene Nunataker zu besiedeln vermögen und für welche das Gletschereis ein unüberwindliches Verbreitungshindernis darstellt. Da die drei Burgställe nicht die einzigen Firninseln der Pasterzenlandschaft sind, vielmehr auch noch die Glocknerhänge innerhalb des Hofmannskeeses, der Breitkopf und das Wasserfalleck dauernd oder zeitweilig vom Eise umschlossen sind, sei die Fauna aller dieser Punkte in diesem Abschnitt zusammenhängend besprochen.

Von den genannten Flächen tragen nur drei, nämlich der Kleine Burgstall, der Haldenhöcker unter dem Mittleren Burgstall und das Wasserfalleck, eine geschlossene Grasnarbe; alle übrigen sind bloß von lückenhafter Polsterpflanzenvegetation besiedelt. Es seien darum zunächst nur die drei Grasflächen untereinander hinsichtlich ihres Tierbestandes verglichen.

Das Elynetum am Wasserfalleck (Seehöhe 2550—2600 *m*, Grundgestein Kalkschiefer, Südexposition) ist wie die hohen Elyneta der Gamsgrube äußerst tierarm und auch das angrenzende Moränengelände beherbergt fast keine Tiere. Bei zweimaligem Besuch am 27. VII. 1937 und am 28. VII. 1938 fand ich nur folgende Tierarten:

Coleoptera: *Nebria Hellwigi, Bembidion pyrenaeum glaciale, Quedius alpestris* var. *spurius, Dasytes alpigradus* (alle bis auf *Dasytes alpigradus* in einer länger schneebeckten Bodensenke gesammelt).

Lepidoptera: *Synchloë callidice* (Raupe auf *Braya alpina* im Moränengelände außerhalb des geschlossenen Rasens), *Vanessa urticae* (Durchzugsgast), *Erebia lappona, Erebia gorge, Gnophos caelibarius intermedius* (Raupe), *Zygaena exulans* (Raupen und Falter), *Endrosa irrorella* (Raupen).

Hymenoptera: *Bombus lapponicus hypsophilus* (1 ♀, wohl nur als Durchzugsgast), *Apanteles corvinus.*

---

[1] Die Fauna der Schattseite ist so artenarm, daß die Unterschiede nicht so scharf in Erscheinung treten können.

Rhynchota: *Orthezia cataphracta.*

Apterygota: *Orchesella montana, Isotomurus palliceps.*

Araneina: *Lycosa ferruginea, Haplodrassus signifer.*

Opilionidae: *Mitopus morio.*

Acari: *Pergamasus Franzi, Haemogamasus nidi,*[1] *Rhagidia intermedia alpina, Penthalodes ovalis, Tarsolarcus articulosus, Bdella iconica, Bdella longicornis, Neomolgus monticola, Caeculus echinipes* (nur zwei Stück an einer sandigen Stelle), *Microtrombidium sucidum* (in Gesellschaft von *Nebria Hellwigi*), *Erythraeus regalis, Leptus nemorum, Leptus phalangii, Ceraoppia bipilis.*

Gastropoda: *Arianta arbustorum* (sehr zahlreich), *Columella edentula columella, Pupilla alpicola.*

Lumbricidae: *Octolasium croaticum argoviense, Eisenia alpina.*

Enchytraeidae: *Michaelseniella nasuta.*

Die Milben und Collembolen wurden zum Teil im Moränengelände oberhalb des Rasenfleckes gesammelt. Eine genaue Untersuchung der Bodenfauna fand nicht statt.

Die Grasheide des Wasserfallecks ist etwas tierärmer als die Elyneta der Gamsgrube. Von dort noch häufigen Arten fehlen *Aeropus sibiricus, Anoterostemma Theni* und *Deltocephalus abdominalis* sowie einige kleine Hymenopteren, die aber auch in der Gamsgrube nur in wenigen Stücken gesammelt wurden.

Wesentlich mehr Tierarten als das Wasserfalleck beherbergt der **Haldenhöcker unter den Felsabstürzen des Mittleren Burgstalls**. Auf den Schutthalden unter dem Felsabbruch des Mittleren Burgstalls gegen die Pasterzenfurche befindet sich in SW-Exposition in 2600 bis 2700 m Höhe ein langer, schmaler Rasenstreifen, der gegen Nordwesten von Jungmoränen, gegen Südosten von Kalkphyllitschutthalden begrenzt ist (vgl. Abb. 37). Die Grasfläche wird, ähnlich wie dies auf dem hufeisenförmigen Hang unterhalb der Bratschen des Albitzenkopfes der Fall ist, ständig mit Verwitterungsmaterial der darüberliegenden Felsen überstreut. Der Rasen ist teils ein Juncetum trifidi, teils ein sehr buntes Festucetum pumilae (vgl. Abb. 40 und 41), teils hat er Lägercharakter (Gemsläger); er ruht auf stellenweise über 40 cm mächtigem Boden vom Rendsinatypus auf (vgl. die Standortsbeschreibung im soziologischen Abschnitt dieser Arbeit auf S. 429).

Der Tierbestand wurde am 29. VII. 1937 und am 16. VII. 1940 genau untersucht, er entspricht im Rasen einer etwas verarmten Grasheidengesellschaft, auf den Kalkphyllitschutthalden dagegen einer alle Charakterarten enthaltenden *Caeculus echinipes*-Assoziation.

Im Rasen wurden folgende Tierarten festgestellt:

Coleoptera: *Leptusa pseudoalpestris* (im Boden zwischen Graswurzeln sehr häufig), *Dasytes alpigradus* (auf Blüten), *Chrysochloa speciosissima* var. *troglodytes* (unter Steinen um *Cirsium spinosissimum*).

Lepidoptera: *Vanessa urticae* (als Durchzugsgast), *Melithaea cynthia, Erebia tyndarus* (zahlreich), *Endrosa irrorella*, Pyralidenpuppen.

Hymenoptera: *Bombus alpinus* (mehrfach beobachtet), *Bombus derhamellus* 1 ♀ (wohl nur Durchzugsgast).

Diptera: *Neosciara diversiabdominalis* nov. spec. (zahlreich im Boden zwischen Graswurzeln), *Neosciara minima* und *Caenosciara ignava* nov. spec. (mit der erstgenannten Art aber viel seltener), ferner in der Krautschicht *Dicranomyia morio, Alloeostylus diaphanus, Rhynchotrichops subrostratus* und *Hylemyia discreta* var. *fugitiva.*

Apterygota: *Orchesella luteoviridis.*

Araneina: *Lycosa Giebeli.*

---

[1] Diese Art ist wohl mit Kleinsäugern dahin gelangt.

Opilionidae: *Mitopus morio.*

Acari: *Eulohmannia Ribagai, Nothrus borussicus, Camisia biverrucata, Ceratoppia bipilis, Belba tatrica, B. granulata, B. diversipilis, Gymnodamaeus reticulatus, Eremaeus oblongus, Liebstadia similis, Oribatula tibialis, Trichoribates montanus, Tectoribates alpinus, Fuscozetes setosus, Notaspis coleoptratus, Bdella dispar, Microtrombidium sucidum, Parasitus anomalus, Pergamasus parvulus, P. noster, P. Franzi, Gamasellus curvisetosus* und *Zercon perforatulus.*

Myriopoda: *Taueriulus aspidiorum.*

Gastropoda: *Arianta arbustorum, Columella edentula columella, Pupilla alpicola* (sehr zahlreich zwischen Graswurzeln).

Lumbricidae: *Octolasium croaticum argoviense* und *Eisenia alpina.*

Enchytraeidae: nicht bestimmt.

Nematodes: *Dorylaimus macrodorus, Dorylaimus Hofmänneri, Dorylaimus Carteri, Dorylaimus obtusicaudatus, Anguillulina styriaca, Anguillulina agricola, Aphelenchoides parietinus* (alle in der obersten, stark durchwurzelten Bodenschicht).

Auf der Kalkphyllitschutthalde wurden folgende Tiere gesammelt:

Coleoptera: *Nebria castanea, Nebria Germari, Bembidion pyrenaeum glaciale, Malthodes trifurcatus* ab. *atramentarius, Byrrhus fasciatus, Chrysomela crassicornis norica* (selten), *Otiorrhynchus chalceus* (sehr zahlreich unter Steinen).

Lepidoptera: *Vanessa urticae* (als Durchzugsgast), *Erebia tyndarus* (wohl als Durchzugsgast), *Dasydia tenebraria, Psodos coracinus, Titanio phrygialis.*

Hymenoptera: *Bombus alpinus.*

Rhynchota: *Orthezia cataphracta* (besonders an den Wurzeln von *Salix serpyllifolia*).

Apterygota: *Orchesella montana, Orchesella bifasciata, Isotomurus palliceps* und *Lepidocyrtus cyaneus.*

Araneidae: *Lycosa Giebeli.*

Opilionidae: *Mitopus morio.*

Acari: *Pergamasus crassipes, Penthalodes ovalis, Bdella iconica, Neomolgus monticola, Cyta coerulipes, Caeculus echinipes* (sehr zahlreich unter Kalkphyllitplatten, die flach auf dem Boden aufliegen), *Podothrombium bicolor, Microtrombidium sucidum, Erythraeus regalis, Leptus nemorum, Leptus ochroniger, Belba* spec., *Ceratoppia bipilis, Tectoribates undulatus.*

Myriapoda: *Listrocheiritium cervinum, Taueriulus aspidiorum.*

Gastropoda: *Arianta arbustorum, Pyramidula rupestris.*

Lumbricidae: *Octolasium croaticum argoviense, Eisenia alpina.*

Enchytraeidae: Nicht bestimmt, jedoch allenthalben beobachtet.

Die Mikrofauna in den Vegetationspolstern wurde nicht untersucht.

Die vorstehende Liste zeigt, daß die *Caeculus echinipes*-Assoziation auf dem Haldenhöcker nahezu ebenso artenreich ist wie die auf den Gehängeschutt- und Flugsandflächen in der Gamsgrube. Dies ist in ökologischer Hinsicht der besonders günstigen Exposition und verhältnismäßig windgeschützten Lage einzelner Flächen des Haldenhöckers zuzuschreiben.

Erheblich artenärmer ist dagegen die Fauna des Kleinen Burgstalls. Der Rasenfleck auf dem Kleinen Burgstall bedeckt einen steil nach Süden geneigten Hang (vgl. Abb. 16) auf Kalkschiefer- und Moränenschuttunterlage in 2530 bis 2650 *m* Seehöhe. Er wird westwärts gegen den Gletscher durch die Ufermoräne des Gletscherstandes um das Jahr 1856 scharf begrenzt. Auf dem zwischen Moräne und Gletscher befindlichen, im vorigen Jahrhundert vom Eise überdeckten Gelände findet sich nur eine sehr spärliche Vorpostenvegetation auf von zahlreichen Gesteinstrümmern bedecktem Rohboden. In diesem vegetationsarmen Gelände wurde jedoch die Mehrzahl der nachfolgend genannten Tierarten gefunden. Der Tierbestand wurde am 22. VII. 1938 aufgenommen. Es wurden folgende Tierarten festgestellt:

Coleoptera: *Nebria Germari*, *Nebria castanea* (nur Chitinreste), *Bembidion pyrenaeum glaciale*, *Quedius alpestris* var. *spurius*, *Malthodes trifurcatus* ab. *atramentarius*, *Dasytes alpigradus*, *Aphodius mixtus*, *Otiorrhynchus dubius* (Chitinrest). Von diesen Käfern wurden nur *Quedius alpestris* var. *spurius* und *Dasytes alpigradus* im Rasen, alle übrigen auf den vegetationsarmen Schuttflächen gefunden.

Lepidoptera: *Gnophos caelibarius intermedius* (Raupen unter Steinen auf den Schuttflächen), *Endrosa roscida melanomos* (zahlreiche Puppen und Falter im Rasen und Schutt), *Endrosa irrorella* (Raupen unter Steinen, meist im Schutt).

Hymenoptera: *Habrobracon instabilis* (im Rasen).

Rhynchota: *Anoterostemma Theni* (im Rasen).

Apterygota: *Orchesella alticola* (im Schutt).

Araneidae: *Lycosa ferruginea*, *Lycosa Giebeli*, *Gnaphosa badia* (meist im Schutt).

Opilionidae: *Mitopus morio*.

Acari: *Pergamasus Franzi*, *Penthalodes ovalis*, *Bdella iconica*, *Bdella longicornis*, *Neomolgus monticola*, *Caeculus echinipes*, *Podothrombium bicolor*, *Microtrombidium sucidum*, *Erythraeus regalis*. Die Milben wurden in der überwiegenden Mehrzahl auf den Schuttflächen gesammelt.

Gastropoda: *Vitrinopugio nivalis*.

Lumbricidae: Regenwürmer wurden gefunden, blieben aber leider unbestimmt, da das Gläschen, in dem sie aufbewahrt waren, beim Transport zerbrach.

Enchytraeidae: Allenthalben festgestellt, aber nicht bestimmt.

Die Bodenfauna wurde nicht näher untersucht. Es ist anzunehmen, daß bei eingehenderer Bodenuntersuchung noch einige weitere Milben- und Collembolenarten sowie Nematoden und Enchytraeiden festgestellt werden könnten.

Während die bisher besprochenen Felsinseln durchwegs Flächen geschlossenen Rasens aufweisen, fehlen solche auf den Hochflächen des Mittleren und Großen Burgstalls sowie auf dem Breitkopf vollständig. Friedel (1934) hat zwar auf beiden Burgställen in kleinen Mulden noch Reste eines Elynetums entdeckt, die erkennen lassen, daß auch auf den Hochflächen der beiden Burgställe früher eine Rasendecke vorhanden gewesen sein muß, heute ist diese aber durch Wind und Schnee vollkommen werodiert. Überall liegt der sandige Kalkphyllitrohboden mit zahlreichen Gesteinsscherben übersät zutage und es ist eine typische Vorpostenvegetation schnee- und windharter Polsterpflanzen entwickelt (vgl. Abb. 39).

Auf der Höhe des Mittleren Burgstalls (2923 m) wurden am 20. VIII. 1937 und am 28. VII. 1938 folgende Tierarten beobachtet:

Coleoptera: *Bembidion pyrenaeum glaciale* (wenige Tiere).

Lepidoptera: *Vanessa urticae* (als Durchzugsgast), *Agrotis fatidica*, *Gnophos caelibarius intermedius*, *Psodos alticolarius* (?) als Raupen.

Hymenoptera: *Apanteles corvinus*, *Meteorus rufulus*.

Diptera: *Neosciara ventrosa* nov. spec.

Apterygota: *Orchesella montana*.

Araneidae: *Gnaphosa badia* (einzeln), *Erigone remota* (zahlreich), *Arctosa alpigena* (nicht selten).

Acari: *Rhagidia intermedia alpina*, *Penthalodes ovalis*, *Bdella iconica*, *Neomolgus monticola*, *Cyta coerulipes*, *Microtrombidium sucidum*, *Ceratoppia bipilis*.

Enchytraeidae: Mehrfach festgestellt, jedoch nicht bestimmt.

Die Oribatiden und Nematoden wurden nicht aufgesammelt.

Auf der Höhe des Großen Burgstalls (2973 m) fand sich bei zweimaligem Besuch, am 20. VIII. 1937 und am 28. VII. 1938, eine ähnliche, aber etwas reichere Tiergesellschaft. Der Große Burgstall beherbergt folgende Tierarten:

Coleoptera: *Nebria Germari* (nur an einem kleinen Schmelzwassergerinne), *Nebria atrata* (nur zwei Stück gefunden), *Bembidion pyrenaeum glaciale*.

Lepidoptera: *Vanessa urticae* (als Durchzugsgast), *Gnophos caelibarius intermedius*, *Psodos alticolarius*, *Sphaleroptera alpicolana*, *Plutella maculipennis*.

Hymenoptera: *Bombus alpinus* (auch ♂♂).

Diptera: *Neosciara ventrosa* nov. spec., *Lasiopticus pyrastri*, *Epistrophe balteata*, *Hydrina nubeculosa*, *Fannia fuscula*, *Pogonomyia alpicola*.

Apterygota: *Orchesella montana*, *Isotomurus palliceps*, *Lepidocyrtus lanuginosus*.

Araneidae: *Oedothorax fuscus*, *Cornicularia cuspidata*, *Erigone remota*, *Arctosa alpigena*, *Gnaphosa badia*.

Acari: *Pergamasus Franzi*, *Rhagidia intermedia alpina*, *Bdella iconica*, *Neomolgus monticola*, *Caeculus echinipes* (nur 2 Stück in einer Mulde am Plateaurand), *Podothrombium bicolor*, *Microtrombidium sucidum*, *Ceratoppia bipilis*.

Enchytraeidae: *Henleanella Dicksoni*, *Michaelseniella nasuta*.

Die Bodenfauna wurde nur flüchtig untersucht, Nematoden wurden nicht aufgesammelt.

Noch tierärmer als die Gipfelflächen der beiden Burgställe ist der Breitkopf, ein bis zu 3150 m aufragender breiter Felsrücken nordwestlich des Großen Burgstalls, bereits unmittelbar über dem Fuscher Eiskar und damit über dem Talschluß des Fuscher Tales gelegen.

Die Hänge des Breitkopfes tragen nur eine äußerst spärliche Vegetation, die nur aus einzelnen Vegetationspolstern von *Saxifraga Rudolphiana* und *oppositifolia* sowie spärlichen Beständen von Moosen (*Bryum* spec.) und Flechten besteht. Auch hier ist wie auf dem Mittleren und Großen Burgstall der weiche Kalkschiefer des Grundgesteins vielerorts zu sandigem Rohboden verwittert, dem zahllose kleinere und größere Gesteinstrümmer beigemengt sind. Unter diesen Steinen findet sich eine arten- und individuenarme Fauna von folgender Zusammensetzung:

Lepidoptera: *Gnophos caelibarius intermedius* (Falter und Raupen festgestellt).

Apterygota: *Orchesella alticola*, *Onychiurus alpinus*, *Onychiurus armatus* (alle drei zahlreich unter Steinen in der Nähe der Vegetationspolster).

Araneidae: *Erigone remota*, *Maso Sundevalli*, *Centromerus silvaticus*.

Acari: *Rhagidia intermedia alpina*, *Bdella subulirostris*.

Enchytraeidae: *Henleanella Dicksoni*, *Fridericia* spec.

Der Breitkopf ist die extremste und tierärmste Felsinsel des Pasterzengebietes, die ich untersucht habe.

Die Schilderung der Felsinselfauna der Pasterzenlandschaft wäre nicht vollständig, würde nicht auch noch die Tierwelt der eisfreien untersten Teile der pasterzenseitigen Glocknergrate kurz besprochen. Von diesen tragen außer dem Sockel des Kellersbergkamps auch noch die untersten Teile des äußeren und inneren Glocknerkamps eine spärliche Vegetation höherer Pflanzen. Die Fauna aller drei Plätze ist tierarm, was jedoch nicht nur durch ihren Felsinselcharakter, sondern auch durch ihre Lage auf der Schattseite der Gletschermulde bedingt ist.

Am Fuß des äußeren Glocknerkamps (2500 m), in der Nähe des Hofmannsweges zur Adlersruhe finden sich folgende Kleintierarten:

Coleoptera: *Carabus concolor Hoppei*, *Nebria Hellwigi*, *Nebria castanea* (Chitinreste), *Bembidion pyrenaeum glaciale*, *Staphylinus ophthalmicus hypsibatus*, *Byrrhus alpinus*, *Byrrhus fasciatus*, *Chrysochloa melanocephala*, *Otiorrhynchus chalceus*.

Lepidoptera: *Agrotis fatidica* (Raupen).

Diptera: *Petaurista hiemalis, Bicellaria spuria, Aeroptena frontata* und zwei nicht bestimmte *Lycoriiden*-Arten.

Rhynchota: *Orthezia cataphracta.*

Apterygota: *Orchesella montana, Tomocerus minor.*

Araneidae: *Arctosa alpigena, Lycosa nigra, Gnaphosa badia, Gnaphosa muscorum.*

Opilionidae: *Mitopus morio.*

Acari: *Rhagidia terricola, Linopenthaleus Irki, Bdella iconica, Neomolgus monticola, Podothrombium filipes, Podothrombium macrocarpum septentrionale.*

Myriopoda: *Listrocheiritium cervinum.*

Gastropoda: *Vitrinopugio nivalis* und *Pyramidula rupestris, Arianta arbustorum.*

Enchytraeidae: Nicht bestimmt.

Die Bodenfauna wurde nicht genauer untersucht.

Auf dem Sockel des inneren Glocknerkamps, innerhalb des Hofmannskeeses in 2530 m Seehöhe, wurden nur folgende Tierarten festgestellt:

Coleoptera: *Otiorrhynchus chalceus* (häufig).

Lepidoptera: *Gnophos caelibarius intermedius, Dasydia tenebraria* (Raupen).

Diptera: Tipulidenlarven.

Araneidae: *Lycosa Giebeli, Gnaphosa badia.*

Acari: *Pergamasus Franzi.*

Myriopoda: *Listrocheiritium cervinum.*

Lumbricidae: *Octolasium croaticum argoviense.*

Die Collembolen, Enchytraeiden und Nematoden wurden nicht aufgesammelt.

Vergleicht man die Tierwelt der einzelnen Felsinseln miteinander, so gewinnt man ein plastisches Bild von dem Wandervermögen der die Pasterzenlandschaft bewohnenden Kleintierarten. Einzelne von diesen scheinen ohne Schwierigkeit größere Gletscherstrecken überqueren zu können, während für andere der Eisstrom ein unüberwindbares Hindernis darstellt. Zu den über das Gletschereis hinwegwandernden Tieren gehören außer allen bis in solche Höhen vordringenden guten Fliegern, wie Schmetterlingen, Fliegen und Hummeln sowie dem Käfer *Bembidion pyrenaeum glaciale* auch zahlreiche Tierarten ohne Flugvermögen. Solche sind die Käfer *Nebria Germari* und *castanea* und vielleicht auch *Nebria atrata*, ferner die Spinnen *Oedothorax fuscus, Cornicularia cuspidata, Erigone remota, Maso Sundevalli, Centromerus silvaticus, Arctosa alpigena* und *Gnaphosa badia*, die Milben *Pergamasus Franzi, Rhagidia intermedia alpina, Bdella iconica, longicornis* und *subulirostris, Neomolgus monticola, Podothrombium bicolor, Microtrombidium sucidum* und *Ceratoppia bipilis*, die Collembolen *Orchesella montana, Orchesella alticola, Isotomurus palliceps, Onychiurus armatus, Hypogastrura armata, Lepidocyrtus lanuginosus*, die Lumbriciden *Octolasium croaticum argoviense* und *Eisenia alpina*, Enchytraeiden der Gattungen *Fridericia, Henleanella* und *Michaelseniella* sowie wahrscheinlich zahlreiche Nematoden und Tardigraden. Alle diese Tiere leben auf Felsinseln im Pasterzengebiet, auf die sie in postglazialer Zeit nur über vergletschertes Land gelangen konnten. Für ihre Verbreitung bildet demnach nicht das Eis, sondern nur die vertikale Erhebung des Geländes und die Ungunst des lokalen Klimas eine obere Verbreitungsgrenze.

Bei Felsinseln, die wie der Breitkopf oder ein aperer Fleck oberhalb des Großen Burgstalls beim letzten Gletscherhochstand und noch Jahrzehnte später von Eis und Firn bedeckt waren, muß die Einwanderung der heute dort vorkommenden Kleintierarten innerhalb der letzten 50 Jahre erfolgt sein. Es handelt sich in diesen Fällen um eine ganz junge Zuwanderung, welche die Dynamik der belebten Natur in der Kampfregion des Hochgebirges nicht minder deutlich beleuchtet wie die an früherer Stelle besprochenen, sich von Jahr zu Jahr ändernden oberen Verbreitungsgrenzen gewisser Tiere des Pasterzenvorlandes.

In scharfem Gegensatz zu dem Verhalten der Tiere, die über das Gletschereis hinweg zu wandern vermögen, steht dasjenige gewisser flugunfähiger Kleintierarten, für die das Gletschereis ein unüberwindbares Verbreitungshindernis darstellt. Solche Tiere konnten zwar noch Punkte im Pasterzenstrom erreichen, die zeitweise durch Brücken festen Bodens mit dem unvergletscherten Vorland der Pasterze verbunden waren, finden sich aber auf keinem der dauernd vom Eise umschlossenen Nunataker. Gletscherflüchter in dem bezeichneten Sinne sind:

Carabus concolor Hoppei: Auf der Schattseite der Pasterzenfurche taleinwärts bis zum äußeren Glocknerkamp; nicht mehr am inneren Glocknerkamp und am Kleinen Burgstall. Fehlt am linksseitigen Hang des Pasterzentales vollständig.

Leptusa pseudoalpestris: Auf dem Haldenhöcker unterhalb des Mittleren Burgstalls. Die Art fehlt auf den Hochflächen des Mittleren und Großen Burgstalls und wird wohl auch auf dem Kleinen Burgstall nicht vorhanden sein.

Chrysomela crassicornis norica: In der Gamsgrube und am Haldenhöcker unter dem Mittleren Burgstall; nicht mehr am Kleinen Burgstall und auf den übrigen Felsinseln im Pasterzengrund.

Otiorrhynchus chalceus: In der Gamsgrube, am Haldenhöcker unter dem Mittleren Burgstall und am inneren Glocknerkamp; nicht am Kleinen Burgstall und auf den Hochflächen des Mittleren und Großen Burgstalls.

Lithobius latro, Listrocheiritium cervinum und *Taueriulus aspidiorum*: Alle drei Arten in der Gamsgrube und auf dem Haldenhöcker unter dem Mittleren Burgstall, auf den übrigen Felsinseln des Pasterzengrundes fehlend.

Arianta arbustorum: In der Gamsgrube, am Wasserfalleck und auf dem Haldenhöcker unter dem Mittleren Burgstall sowie auf dem Glocknerkamp. Auf dem Kleinen Burgstall und auf den Hochflächen der beiden anderen Burgställe fehlend.

Pupilla alpicola: In der Gamsgrube, auf dem Wasserfalleck und auf dem Haldenhöcker unter dem Mittleren Burgstall, nicht auf dem Kleinen Burgstall und auf den Hochflächen der beiden anderen Burgställe.

Columella edentula columella: Auf dem Kellersbergkamp, im Wasserfallwinkel und auf dem Haldenhöcker unter dem Mittleren Burgstall, nicht auf dem Kleinen Burgstall und auf den Hochflächen der beiden anderen Burgställe.

Pyramidula rupestris: In der Gamsgrube und auf dem Haldenhöcker unterhalb des Mittleren Burgstalls, nicht auf dem Kleinen Burgstall und auf den Hochflächen der beiden anderen Burgställe.

Die Verbreitung der Gletscherflüchter gewährt uns einen interessanten Einblick in die Besiedlungsgeschichte der Felsinseln im Pasterzengrund. Diese Tiere benötigten mit wenigen Ausnahmen zu ihrer Ausbreitung nicht nur eisfreies Gelände, sondern darüber hinaus einen wenigstens von schütterem Pflanzenwuchs bestandenen Boden. Über die steilen, vom Eise glattgescheuerten Trogwände der Pasterzenfurche, die der Wasserfallkees bei seinem Rückzuge in den letzten Jahrzehnten freigab und die heute das Wasserfalleck und den Mittleren Burgstall mit der Gamsgrube verbinden, konnten sie nicht einwandern. Es muß daher angenommen werden, daß die Einwanderung dieser Tiere an ihre vorgeschobenen Standorte mitten im Eis in einer Periode lang andauernder Gletschertiefstände, während welcher sich auch an den Hängen unterhalb des Wasserfallkeeses Pflanzen ansiedeln konnten, erfolgt ist. Das bedeutet, daß die Einwanderung der Gletscherflüchter vor die Fernauvorstöße und damit wahrscheinlich in die auf das Egessenstadium folgende Wärmezeit fällt.

Dieser Annahme widerspricht allerdings die von Friedel (1934) vertretene Ansicht, daß die Raseninseln im Pasterzengrund durchaus auf Fernaumoränen liegen und daher jünger sein müssen als die Fernauhochstände. Ein so geringes Alter der Nunataker im Pasterzengrund ist nicht nur aus zoogeographischen Gründen, sondern auch aus pflanzensoziologischen und bodenkundlichen höchst unwahrscheinlich. Auf dem Haldenhöcker unter dem Mittleren Burgstall und auf dem Kleinen Burgstall sind vollkommen geschlossene Rasenflächen vorhanden, die denen in der Gamsgrube hinsichtlich ihres soziologischen Reifegrades kaum nachstehen. Außerdem besitzen die Böden auf dem Wasserfalleck, auf dem Kleinen Burgstall und vor allem auf dem Haldenhöcker eine so bedeutende Mächtigkeit und überdies eine so tief hinabreichende humose Oberschicht (dieselbe erreicht an einzelnen Stellen mehr als 30 *cm*), daß auch zu ihrer Bildung in so bedeutender Höhenlage ein Zeitraum von höchstens 350 Jahren nicht ausreicht.

So haben wir es bei den Tierbeständen auf dem Wasserfalleck, dem Haldenhöcker und den Grasflächen des Kleinen Burgstalls mit Populationen zu tun, die in ihrer Entstehung auf die postglaziale Wärmezeit zurückgehen und somit ein kaum geringeres Alter besitzen als die Tiergesellschaften, die wir auf den Daunböden des Pasterzenrandgebietes kennengelernt haben.

Diesem Umstande und der anscheinend lang andauernden festen Verbindung mit dem Gletschervorland ist es zu verdanken, daß wir heute auf dem Haldenhöcker unterhalb des Mittleren Burgstalls ausgereifte Tiergesellschaften mit einem recht vollzähligen Artenbestand antreffen. Auch die Tierwelt der Rasenfläche auf dem Kleinen Burgstall ist wohl als seit langer Zeit stabile Artenverbindung aufzufassen, sie stellt aber im Gegensatz zu der Fauna des Haldenhöckers infolge des Fehlens einer ganzen Reihe wichtiger Gesellschaftsglieder ein ganz eigenartiges Assoziationsfragment dar. Die Fauna dieses Nunataks gleicht zu einem gewissem Grade derjenigen einer Insel im Meere, die nie mit dem Festlande in landfester Verbindung gestanden hat. Wie das bei solchen Inselfaunen der Fall ist, weist die Tierwelt des Kleinen Burgstalls nicht nur Lücken auf, sondern sie scheint als Folge dieser Lücken auch eine Überentwicklung von Formen zu besitzen, deren normale Feinde und Verfolger über das Eis nicht zu folgen vermochten. Eine solche Überentwicklung scheint z. B. bei den *Endrosa*-Arten vorhanden zu sein, denn mir sind diese Schmetterlinge an keiner anderen Stelle bisher in solchen Mengen auf kleinem Raum begegnet wie hier. Es ist natürlich möglich, daß es sich bei dieser einmaligen Beobachtung ungewöhnlicher Individuenmengen um ein zufälliges Massenauftreten handelt, dem kein Dauercharakter zukommt, und es wäre darum aus soziologischen Gründen äußerst wünschenswert, die quantitative Zusammensetzung des Tierbestandes auf dem Kleinen Burgstall durch mehrere aufeinanderfolgende Jahre zu verfolgen.

Einen ganz eigenen Charakter haben die Tierbestände auf den Hochflächen des Mittleren und Großen Burgstalls sowie auf dem Breitkopf. Dieselben sind nicht nur wegen des Inselcharakters und des rauhen Klimas ihrer Standorte, sondern allem Anschein nach auch wegen des geringen Alters der Besiedlung überaus lückenhaft. Der Breitkopf scheint während des Eisvorstoßes um die Mitte des vorigen Jahrhunderts wie noch heute der Johannisberg vollständig von Eis und Firn bedeckt gewesen zu sein. Der Große und der Mittlere Burgstall ragten damals zwar nach der Pasterzenkarte der Brüder Schlagintweit in geringem Umfange über den Eisstrom empor, während der Fernauvorstöße scheinen aber auch sie größtenteils unter dem Gletscher begraben gewesen zu sein. Die Fauna dieser drei Felsinseln ist demnach jung, mindestens jünger als die Fernaustadien.

Die Folge des geringen Alters und der örtlichen Schwierigkeiten der Besiedlung ist, daß es, ähnlich wie dies Friedel für die Pflanzengesellschaften des Pasterzenvorlandes festgestellt hat, auf den Gipfelflächen der Burgställe und des Breitkopfes noch nicht zur Entwicklung ausgereifter und beständiger Tiervereine gekommen ist. Während in den Vorfeldern der Gletscher, wie wir sahen, die Tiere rascher als die Pflanzen von dem wieder eisfrei werdenden Gelände Besitz ergreifen, erfolgt die Wiederbesiedlung ausapernder, eisumflossener Felsinseln offenkundig durch Kleintiere ebenso wie durch Pflanzen nur ganz allmählich.

An sich wäre sowohl auf den Hochflächen der beiden östlichen Burgställe als auch auf dem Breitkopf das Vorhandensein von Beständen der *Nebria atrata*-Gesellschaft zu erwarten. Dieselben müßten dem Klima entsprechend sogar verhältnismäßig artenreich entwickelt sein, da am Südrand der Hochfläche des Großen Burgstalls noch *Caeculus echinipes* zu leben vermag und somit das Klima dort dem tieferer Lagen der Polsterpflanzenstufe entspricht. Statt dessen finden wir aber nur auf dem Großen Burgstall und auch dort höchst selten, wie wenn er eben erst eingewandert wäre, den Laufkäfer *Nebria atrata*, die wichtigste Leitform der Assoziation. Außerdem weichen die Tierbestände auf den drei Nunatakern so sehr voneinander ab (ganz besonders gilt das für die artenarme Fauna des Breitkopfes), daß jeder für sich als ein zufälliges Mosaik gewertet werden muß.

Was sich auf diesen Felsinseln mitten im Eis an Tieren findet, ist zufällig dahin gelangt. Wie die Besiedlung landferner ozeanischer Inseln mit Landtieren davon abhängt, was Wind und Wellen ans Ufer tragen, so ist auch hier der Zufall maßgebend, der diesen oder jenen Irrläufer im Gletschermeer an den rettenden Felsrand des Nunataks führt.

Nicht zu verwechseln mit den Tierbeständen auf jungen, erst in geschichtlicher Zeit ausgeaperten Felsinseln sind solche alter, vielleicht während der ganzen Eiszeit im Hochsommer schneefreier Felsgrate und Windkanten. Auf solchen findet sich eine zwar artenarme, aber ausgeglichene Gesellschaft an das rauhe Hochgebirgsklima besonders angepaßter Hochgebirgstiere und Kosmopoliten. Es sind dies in den höchsten Lagen neben mikroskopischen Organismen nach der übereinstimmenden Beobachtung von Bäbler (1910) und Steinböck (1939) nur mehr Milben, Spinnen und Collembolen, in geringerer Höhe aber auch noch anspruchsvollere Tiere. Solche alte Nunatak-Gesellschaften können wir aber nicht in der Tiefe des Pasterzengrundes und der Pasterzenfurche, sondern nur auf den Höhen des Gebirges erwarten. Mit ihrer Fauna werden wir uns im folgenden Abschnitt noch eingehender zu befassen haben.

VI. Die tiergeographischen Verhältnisse der mittleren Hohen Tauern.

1. Die Auswirkung der Eiszeit auf die Fauna.

Im vorigen Abschnitt konnte gezeigt werden, daß schon geringfügige Gletscherschwankungen auf die Tierwelt des Pasterzengebietes eine tiefgreifende Wirkung ausüben. Die Wirkungen der in keinem Verhältnis zu den gewaltigen eiszeitlichen Alpengletschern stehenden rezenten Gletscher lassen ahnen, welche verheerenden Folgen die diluvialen Eisvorstöße für die Tierwelt der Alpen gehabt haben müssen. Holdhaus (1932) führt hierüber folgendes aus: „Es muß angenommen werden, daß die einheimische Fauna und Flora in den intensiv vergletscherten Alpenteilen entweder vollständig oder bis auf geringe Reste vernichtet wurde. Nur in den auch während der Eiszeit unvergletscherten Randgebieten der Alpen vermochte eine große Zahl von autochthonen Gebirgstieren die Eiszeit zu überdauern. Als nun gegen das Ende der Eiszeit die Gletscher zurückwichen und der bewohnbare Lebensraum wieder das gegenwärtige Ausmaß erreichte, vermochten nur diejenigen Gebirgstiere, welche durch ihre Lebensweise und durch die Art ihrer Bewegungsorgane ein größeres Maß von Migrationsfähigkeit besaßen, sich an der Rückwanderung in das während der Eiszeit verwüstete Areal zu beteiligen. Alle schwer beweglichen Arten aber, wie beispielsweise die vielen kleinen, ungeflügelten Blindkäfer, zahlreiche ganz kleine ungeflügelte Käfer der hochalpinen Schneeränder usw., mußten zurückbleiben und beschränken sich in ihrer geographischen Verbreitung auch in der Gegenwart noch auf größere oder kleinere Teile der während der ganzen Eiszeit unvergletscherten Randzone der Alpen. Wir treffen daher in dieser Randzone eine um vieles artenreichere Gebirgsfauna als in den während der Eiszeit devastierten, ehemals stark vergletscherten Alpenteilen. Ein durchaus analoges Phänomen ist auch in der alpinen Pflanzenwelt zu beobachten und die Botaniker Chodat und Pampanini waren die ersten, welche diese Erscheinung in ihren Ursachen erkannten. Nach dem Vorgange der Botaniker bezeichnet man die randlichen Alpenteile, in welchen die alpine Lebewelt während der ganzen Eiszeit eine Zuflucht fand, mit dem treffenden Ausdruck ‚Massifs de refuge'. Die faunistischen Unterschiede zwischen der Tierwelt der Massifs de refuge und jener der devastierten Alpenteile sind außerordentlich tiefgreifend. Die Gebirgsfauna des devastierten Areals ist nicht nur auffallend artenarm, sie ist auch sehr monoton; auf weite Erstreckung treffen wir hier immer wieder dieselben subalpinen und hochalpinen Arten, während im Gebiet der Massifs de refuge die um vieles artenreichere Lebewelt auch ein viel höheres Maß von Abwechslung zeigt. In der Zone der Massifs de refuge leben zahlreiche überaus lokalisierte Gebirgstiere, jede einzelne Berggruppe, in manchen Gebieten selbst jeder wichtigere Gipfel besitzt endemische Arten." Die vorstehende Schilderung gibt ein treffendes und trotz ihrer Kürze in den Grundzügen vollständiges Bild von den Wirkungen, welche die wiederholte starke Vergletscherung während der Eiszeiten auf die Fauna der Alpen gehabt hat.

Das Glocknergebiet gehört zu jenen Teilen der Ostalpen, die während der pleistozänen Eishochstände in großer Ausdehnung vergletschert waren. Penck und Brückner legen in ihrem klassischen Werk über die Alpen im Eiszeitalter dar, daß der Salzachgletscher im Oberpinzgau bis mindestens 2200 m Höhe gereicht hat und daß auch in der Gegend von Zell am See die Oberfläche des höchsten Gletscherstandes noch in mindestens 2000 m anzusetzen ist. Alle Gipfel und Grate beiderseits des obersten Salzachtales, welche die genannte Höhe nicht überschreiten, sind vom Eise rundgeschliffen. In den nördlichen Tauerntälern lagen die Oberflächen der Talgletscher noch höher. Besonders klar erkennbar sind die oberen Schliffgrenzen der eiszeitlichen Gletscher nach Penck und Brückner im Stubachtal. Hier ist noch der bis 2350 m aufragende Schafbühel südlich des Kalser Tauern völlig rundgeschliffen, an den beiderseitigen Talflanken ziehen sich Schliffgrenzen in etwa 2500 m entlang. Über diese stattliche Höhe hinaus stieg das Eisniveau im Glocknergebiet aber höchstens in den hintersten Talverzweigungen und auch da nur unbedeutend empor, während in den westlicheren Gebirgsgruppen der Alpen noch erheblich höhergelegene Anschliffe eiszeitlicher Talgletscher zu beobachten sind. Das Absinken des pleistozänen Eisniveaus in den Ostalpen von Westen gegen Osten kommt auch innerhalb des Untersuchungsgebietes zum Ausdruck. Während, wie schon erwähnt, im Stubachtal die eiszeitlichen Schliffgrenzen der Talgletscher bei 2500 m liegen, findet man diese im Kapruner Tale beiderseits des Moserbodens in einer Höhe von bloß 2400 m, und im Rauriser und Gasteiner Tale scheinen sie noch um 100 bis 200 m tiefer zu verlaufen. Im obersten Kalser- und Mölltal ist nach Paschinger (mündl. Mitteilung) mit einer maximalen Höhe des Eisstromes von 2400 bis 2500 m zu rechnen, aber noch während der Gschnitzzeit lag das Niveau der Pasterze, wie aus der Gletscherkarte von Luzerna (1933) hervorgeht, am Vorderen Leiterkopf und am SW-Hang des Albitzenkopfes wenig unter dem Höchststande in 2400 m und bei Heiligenblut in 2000 m Höhe. Es ragten demnach in der ganzen Glocknergruppe während der Eishochstände nur die höchsten Gipfel und Grate aus dem Eismeer der Talgletscher empor, und auch diese höchsten Spitzen waren, abgesehen von windausgesetzten Graten und der vollen Sonneneinstrahlung ausgesetzten steilen Südhängen, von Firn oder Hängegletschern bedeckt.

Dies mußte zur Folge haben, daß, wenn sich im Untersuchungsgebiete auch einzelne an ein extremes Klima angepaßte Tierarten an lokalklimatisch besonders begünstigten Stellen in den großen Höhen über dem Gletscherniveau vielleicht während der ganzen Eiszeit zu erhalten vermochten, weitaus der größte Teil der präglazialen Fauna vom Eise vernichtet wurde. Die rezente Fauna der mittleren Hohen Tauern zeigt die Spuren dieser Devastierung mit aller Deutlichkeit, denn es fehlen ihr die für die Massifs de refuge bezeichnenden Arten nahezu vollständig. Einige Beispiele aus der tiergeographisch verhältnismäßig gut erforschten Gruppe der Käfer mögen dies erweisen. Während die südlichen Randberge der Alpen eine zum Teil recht artenreiche subterrane Blindkäferfauna besitzen, fehlen subterran lebende blinde Coleopteren in den Hohen Tauern gänzlich. Darüber hinaus fehlen der hochalpinen Coleopterenfauna des Gebietes auch alle streng lokalisierten Endemiten,[1] während solche auf den eiszeitlich nicht so stark vergletscherten Bergen am Ost- und besonders am Südrande der Alpen in großer Zahl vorhanden sind. So besitzt, um nur einige besonders auffällige Beispiele zu erwähnen, das ganze Gebiet der Hohen Tauern keine einzige ausschließlich im hochalpinen Areal lebende *Trechus*-Art, während sich in der Zone der Massifs de refuge, wie die interessante Verbreitungskarte in der *Trechus*-Arbeit Schönmanns (1936) zeigt, allenthalben hochalpine Endemiten mit sehr beschränkter Verbreitung aus dieser Gruppe finden. Auch aus der Gattung *Pterostichus* und den Amaren-Subgenera *Leirides* und *Leiromorpha* beherbergt das Glocknergebiet nicht eine hochalpine Art, obwohl *Amara (Leiromorpha) alpicola* bereits im östlichen Teil der Hohen Tauern vorkommt und von da ostwärts über einen großen Teil der Niederen Tauern, Gurktaler Alpen und weiterhin bis zum Zirbitz- und Ammeringkogel verbreitet ist. Von dem im Gebiete der Massifs de refuge durch mehrere ausschließlich hochalpine Arten vertretenen *Aphodius*-Subgenus *Agolius* leben in den Hohen Tauern nur die über die mitteleuropäischen Gebirge weitverbreiteten Arten *A. mixtus* und *A. limbolarius*, und die artenreiche, in den Alpen alt-endemische Verwandtschaftsgruppe *Nilepolemis* der Gattung *Otiorrhynchus* ist hier nur durch eine Art, den kalkholden, aber in den südlichen und nördlichen Kalkalpen weitverbreiteten *O. foraminosus* vertreten.

Die angeführten Beispiele wären leicht durch zahlreiche andere aus der Ordnung der Coleopteren, aber auch aus anderen Gruppen, die, wie etwa die Myriopoden und Gastropoden, Arten mit geringerem Ausbreitungsvermögen besitzen, zu vermehren. Die Zugehörigkeit der mittleren Hohen Tauern zu denjenigen Gebieten, deren präglaziale Fauna größtenteils vernichtet wurde, ist darum nicht zu bezweifeln.

Dennoch enthält die Fauna des Untersuchungsgebietes in den heute die höchsten Teile des Gebirges besiedelnden Vorpostengesellschaften eine geringe Anzahl von Tier- und Pflanzenformen, die in solcher Weise diskontinuierlich verbreitet sind, daß ihre heutige Verbreitung nur durch die Einwirkung einer oder mehrerer Großvereisungen erklärt werden kann. Diese Tiere müssen mindestens die Würmeiszeit an Ort und Stelle überdauert haben, ja ein Teil von ihnen hat sogar sehr wahrscheinlich seit dem Tertiär ohne Unterbrechung kleine Flächen der mittleren Hohen Tauern bewohnt.

Oswald Heer und nach ihm Bäbler (1910), Handschin (1919), Steinböck (1931) und andere haben gezeigt, daß noch auf Felsinseln mitten im Eis, hoch über der Schneegrenze unter rauhesten Klimaverhältnissen Kleintiere zu leben vermögen und daß die oberste Grenze tierischen Lebens heute von keinem Alpengipfel erreicht wird. Mit dieser Feststellung wurde erwiesen, daß gewisse an das Gletscherklima angepaßte Tiere auf den über die Eisdecke aufragenden Felsgipfeln und -graten, sofern diese in den Sommermonaten regelmäßig schneefrei wurden, auch in den inneren Teilen der Alpen die Zeiten maximaler Vergletscherung überdauern konnten. Solche Lebewesen sind gewisse Milben, Collembolen, Enchytraeiden, Nematoden, Tardigraden, Rotatorien, Protozoen und wahrscheinlich auch einzelne Spinnen, die noch heute in sehr großen Höhen mitten in der Gletscherwelt der Alpen gefunden werden. Die meisten dieser Arten besitzen allerdings wegen ihrer außergewöhnlichen Anpassungsfähigkeit an ungünstigste Lebensbedingungen eine überaus weite Verbreitung, so daß ihr rezentes Verbreitungsbild den autochthonen Charakter ihres Vorkommens auf Nunatakern in der alpinen Gletscherwelt nicht erkennen läßt; einzelne wieder sind nur von wenigen Standorten oberhalb der hochalpinen Rasengrenze bekannt, die Art und Ausdehnung ihres Auftretens ist aber noch so ungenügend erforscht, daß sich historisch-tiergeographische Schlüsse daraus noch nicht ziehen lassen.

---

[1] Die subalpine Tierwelt enthält einige Käferarten, die bisher nur aus den Hohen Tauern bekannt sind. Diese leben aber entweder sehr verborgen, sind schwierig zu erkennen oder gehören Gruppen an, die bisher noch sehr mangelhaft erforscht sind, so daß vermutlich die meisten von ihnen, wenn nicht alle, auch noch in anderen Gebieten anzutreffen sein werden.

Erfreulicherweise haben sich aber nicht nur solche unscheinbare Lebewesen, sondern auch einige recht auffällige Pflanzen und Tiere, deren Verbreitung wir schon genau kennen, über eine oder mehrere Eiszeiten an klimatisch besonders begünstigten Punkten in der Gipfelflur der Hohen Tauern erhalten. H. v. Handel-Mazzetti hat (1936) als erster an einigen hochalpinen Arten aus der Compositen-Gattung *Taraxacum* den exakten Nachweis geführt, daß diese Pflanzen mindestens eine Großvereisung als Nunataker-Pflanzen in den Alpen überdauert haben. Es sind dies *Taraxacum*-Arten, die einerseits im hohen Norden und anderseits an einigen weit auseinander und in sehr großer Höhe liegenden Punkten in den Alpen vorkommen. Die Fundorte dieser Pflanzen in den Alpen liegen stets an Südost- oder Südwestgraten oberhalb oder nur ganz wenig unterhalb der Höchststände der eiszeitlichen Talgletscher an Punkten, die noch heute durch geringe winterliche Schneebedeckung und frühzeitiges Ausapern gekennzeichnet sind. Ihre gegenwärtige Verbreitung zwingt zu der Annahme, daß sie und wohl auch die Rasengesellschaft, in welcher sie vorkommen, mindestens die Würmeiszeit an ihren heutigen Reliktstandorten oder in nächster Nähe derselben überdauert haben. Damit ist aber durch Handel-Mazzetti der Nachweis erbracht, daß nicht nur Kryptogamen- und Polsterpflanzenvereine, sondern auch Rasengesellschaften wenigstens eine Großvereisung an gewissen Punkten südlich des Tauernhauptkammes, im Brennergebiet und an einzelnen anderen Stellen der Alpen überdauert haben. Damit erweitert sich der Kreis der präglazialen, bzw. interglazialen Relikte im Untersuchungsgebiet von reinen Vorpostengesellschaften auch auf gewisse Grasheidenassoziationen, so auf das Festucetum pumilae, in dem die *Taraxaca* heute vorkommen, und wohl auch auf das Elynetum, das heute fast überall an der hochalpinen Rasengrenze vorherrscht.

Die an sich schon zwingende Beweisführung Handel-Mazzettis ist in letzter Zeit dadurch neuerlich gestützt worden, daß auch in der Tierwelt der stark vergletscherten inneren Teile der Alpen Beispiele für eine offensichtlich eiszeitbedingte Reliktverbreitung gefunden wurden. Ich konnte durch planmäßige Aufsammlungen im Untersuchungsgebiet und durch monographische Studien (1938 b) feststellen, daß der Blattkäfer *Chrysomela crassicornis* nicht nur in seinem Vorkommen in den Hohen Tauern, sondern auch in seiner sonstigen Verbreitung ganz auffällige Parallelen zu den von Handel-Mazzetti als vorwürmeiszeitliche Relikte unzweifelhaft erkannten *Taraxaca* aufweist. Auch dieser Käfer bewohnt im Untersuchungsgebiet nur wenige süd- oder südwestlich exponierte Höhen, wenn er auch einer anderen Bioassoziation angehört wie diese Pflanzen. *Chrysomela crassicornis*, die in den Hohen Tauern in einer offensichtlich jungen, in sich noch wenig ausgeglichenen Rasse, der ssp. *norica*, vorkommt, ist, wie schon im soziologischen Teil dieser Arbeit dargelegt wurde, auf die Tiergesellschaft der Kalkphyllitschutthalden beschränkt und mit dieser an steile Schutthalden in sehr großer Höhe gebunden.

Prüft man die bisher in den Hohen Tauern bekanntgewordenen Fundorte der *Chrysomela crassicornis norica* auf ihre Lage zur pleistozänen Eisdecke, so erkennt man, daß sie entweder wie die *Taraxacum*-Standorte weit oberhalb des Höchststandes der eiszeitlichen Talgetscher liegen oder aber nach dem Rückzug des Eises sekundär talwärts verschoben wurden. Weit oberhalb des eiszeitlichen Talgletscherniveaus liegen die Fundorte Sandkopf-Südwestseite (2700 m), Kar zwischen Albitzen- und Wasserradkopf (2750 m), Hasenbalfen oberhalb der Salmhütte (2650 m) und Südwestseite der Pfortscharte (2750 m). Alle diese Fundorte liegen in Südwestexposition hoch über den Schliffgrenzen der eiszeitlichen Talgletscher. Auch der Fundort des Blattkäfers auf der Südseite der Venedigergruppe liegt nach Holdhaus (mündl. Mitteilung) in gleicher Exposition und Höhe. Dagegen ist der tiefste Fundort des Käfers auf den Schutthalden unterhalb der Südwesthänge des Albitzenkopfes, wie bereits dargelegt wurde, eine Folgeerscheinung der Bratschenbildung und nicht anders zu verstehen, als daß die Schuttpioniere an dieser Stelle mit dem Schuttmaterial entweder gleich am Ende der Schlußeiszeit, dem zurückweichenden Eise folgend, oder bei späterem Abrutschen des die Bratschen bedeckenden Bodens mit in die Tiefe gewandert sind. Das gleiche gilt in geringerem Ausmaße auch für die Populationen des Käfers in der Gamsgrube an der Pasterze und im Gamskar bei der neuen Salmhütte. Auch hier sind die eiszeitlichen Refugien der *Chrysomela crassicornis norica* an den Hängen oberhalb ihres heutigen Wohnareals zu suchen und ist ihr Fehlen in diesen höheren Lagen eine Folge der lokalen Tieferverlegung der Erosionsbasis mit dem Absinken des Gletscherniveaus. Von besonderem historisch-tiergeographischem Interesse ist das Vorkommen der *Chrysomela crassicornis norica* in einer typischen, arten- und individuenreichen *Caeculus echinipes*-Assoziation auf dem Haldenhöcker unterhalb des Mittleren Burgstalls. Es kann kaum angenommen werden, daß die Art an dieser Stelle auch nur eine Großvereisung überstehen konnte, es ist vielmehr anzunehmen, daß alle drei Burgställe während des Höchststandes der Würmgletscher unter dem Eise begraben lagen. Die Kalkphyllitschuttiere haben aber, wie das noch heute unterhalb der Hofmannshütte zu beobachten ist, von der Gamsgrube aus ihr Wohnareal auf die sandige Trogwand der Pasterzenfurche ausgedehnt und über diese in einem Zeitraum sehr geringer Gletscherausdehnung die Hänge unterhalb des Mittleren Burgstalls erreicht. Die postglaziale Ausbreitung des sonst äußerst ortsgebundenen Käfers war an dieser Stelle möglich, weil die Südwestexposition des Trograndes derselben besonders günstig war.

Es bestehen mithin zwischen der Verbreitung der boreoalpinen *Taraxaca* und jener der *Chrysomela crassicornis norica* in den Hohen Tauern sehr wesentliche Parallelen. Beide sind ausschließlich auf klimatisch begünstigte Lagen südlich des Tauernhauptkammes und in der Brennerfurche beschränkt, beide finden sich nur in sehr großen Höhen, vorwiegend oberhalb des eiszeitlichen Talgletscherniveaus, und beide sind in so eigenartiger Weise diskontinuierlich verbreitet, daß ihr rezentes Vorkommen nur durch die Einwirkung einer Großvereisung der Alpen erklärt werden kann. Es würde zu weit führen, wollte ich hier alle Gründe anführen, die zu der Annahme der Überdauerung mindestens einer Eiszeit an den hochgelegenen zentralalpinen Standorten sowohl bei den gratebewohnenden *Taraxaca* als auch bei der *Chrysomela crassicornis* zwingen, es kann diesbezüglich auf die zitierten Arbeiten von H. v. Handel-Mazzetti und mir verwiesen werden. Ergänzend sei nur noch bemerkt, daß sowohl *Taraxacum Handeli*, *T. Reichenbachi* und *T. ceratophorum* als auch *Chrysomela crassicornis* eine boreoalpine Verbreitung besitzen und daß bei allen diesen Arten ihr rezentes nordisches Wohngebiet äußerst beschränkt und in viele kleine Einzelvorkommen zerrissen ist. Zudem besteht zwischen *Taraxacum Reichenbachi*, *T. ceratophorum* und *Chrysomela crassicornis* f. Typ. hinsichtlich der Verbreitung in Skandinavien die bemerkenswerte Übereinstimmung, daß alle drei Arten in diesem Gebiete auf das südwestliche Norwegen beschränkt sind. Es ist dies ein Teil Skandinaviens, der von C. H. Lindroth (1939) und anderen skandinavischen Forschern als Würmrefugium für eine große Anzahl von Tieren und Pflanzen erkannt worden ist, so daß eine Würmüberdauerung unserer Reliktarten auch an den skandinavischen Standorten als sicher gelten kann. Daraus folgt aber, daß die boreoalpine Verbreitung der gratebewohnenden *Taraxaca* und der *Chrysomela crassicornis* in ihrer Entstehung bis auf die Rißeiszeit zurückgeht und durch die Würmvergletscherung weder im hohen Norden noch in den zentralen Teilen der Alpen vollständig ausgelöscht wurde.

Die Frage der Überdauerung wenigstens der Würmeiszeit durch höhere Tiere und Pflanzen an dafür günstigen Punkten der Hohen Tauern mußte etwas eingehender erörtert werden, weil sie für das Verständnis der Faunengeschichte unseres Gebietes von größter Bedeutung ist. Man muß wohl annehmen, daß mit dem Blattkäfer *Chrysomela crassicornis norica* auch die Bioassoziation, in welcher dieses Tier ausschließlich lebt, die Würmeiszeit in den Hohen Tauern überlebt hat. Es bedeutet dies, daß die *Caeculus echinipes*-Gesellschaft als Ganzes in den Hohen Tauern schon vor der Würmeiszeit dauernd heimisch geworden ist und daß sich viele der ihr angehörenden Tiere, die heute nicht so lokal verbreitet sind wie *Chrysomela crassicornis norica*, nach dem Rückzuge des Würmeises aus ihren Reliktstandorten wieder über weitere Teile des eisfrei gewordenen Gebietes ausgebreitet haben. Dies gilt aber wohl nicht nur für die *Caeculus echinipes*-Gesellschaft, sondern noch viel mehr für die hinsichtlich ihrer Lebensansprüche ja noch erheblich bedürfnislosere *Nebria atrata*-Assoziation, die, allen voran ihre wichtigste Leitform *Nebria atrata*, gleichfalls mindestens seit der Würmeiszeit in den Hohen Tauern heimisch sein muß. Für diese Tiergesellschaft und vor allem für *Nebria atrata* selbst ist es sogar wahrscheinlich, daß sie nicht nur die Würm-, sondern auch die Rißeiszeit und das Pleistozän überhaupt an Ort und Stelle überdauerte, wenn sich dafür auch heute noch keine sicheren Beweise erbringen lassen. Neben den Tieren der beiden Tiergesellschaften der Polsterpflanzenstufe können nach den Befunden H. v. Handel-Mazzettis sogar auch einzelne Kleintiere der Grasheidenstufe wenigstens die Würmeiszeit im Untersuchungsgebiet überdauert haben. Die Zahl der Würmüberwinterer unter den hochalpinen Grasheidentieren kann allerdings nicht sehr groß sein. Ich habe noch mit meinem allzu früh verstorbenen lieben Freunde und Berater H. v. Handel-Mazzetti die Standorte des *Taraxacum ceratophorum* und *Reichenbachii* am Spinevitrolkopf besucht und diejenigen auf der Muntanitzschneid nach Handel-Mazzettis Angabe erstiegen, aber daselbst nur sehr wenige Tiere feststellen können. Ich notierte damals an diesen Punkten die Milbe *Erythraeus regalis* und den Käfer *Dasytes alpigradus* sowie einige Tagfalter, die hier wegen ihres großen Wandervermögens außer Betracht bleiben müssen. Untersuchungen der Bodenfauna von *Taraxacum*-Standorten stehen noch aus, es ist aber anzunehmen, daß deren Tierbestand weitgehend mit dem in den höchsten Elyneten und anderen Grasheiden vorgefundenen übereinstimmt. Danach erscheint es wahrscheinlich, daß die in diesen regelmäßig vorkommenden Bodentiere, wie der Käfer *Leptusa pseudoalpestris* und die Schnecke *Pupilla alpicola*, mit zu den Würmüberwinterern der Tauernfauna gerechnet werden müssen. Auch die bodenbewohnenden Lycoriiden *Neosciara diversiabdominalis* und *Caenosciara ignava* dürften die Würmeiszeit in den mittleren Hohen Tauern überdauert haben.

Größer als im Untersuchungsgebiete scheint die Zahl der hochalpinen Würmüberwinterer oder überhaupt Tertiärrelikte im östlichsten Teile der Hohen Tauern zu sein. Holdhaus (1932) gibt aus der Hafnereckgruppe die ausschließlich der hochalpinen Grasheidenstufe angehörenden Käferarten *Pterostichus maurus* Duftschm., *Amara alpicola* Dej. und *Crepidodera simplicipes* Kutsch. an. Herr F. Leeder fand im Tappenkargebiet im obersten Teil des Kleinen Arltales *Nebria Dejeani* Dej., *Amara alpicola* Dej. und *Trechus constrictus* Schaum. Alle diese Arten fehlen bereits in der Sonnblick- und wahrscheinlich sogar schon in der Ankogel-Hochalmgruppe vollständig. Es ist immerhin möglich, daß einzelne dieser Tiere, wie z. B. die auch subalpin vorkommenden Arten *Nebria Dejeani* und *Trechus constrictus*, postglazial aus weiter östlich gelegenen Teilen der Alpen, wo sie eine weite Verbreitung besitzen, zugewandert sind. Für die als Charakterarten hochalpiner Grasheidengesellschaften anzusprechenden Käfer *Amara alpicola*, *Pterostichus maurus* und *Crepidodera simplicipes* ist das jedoch nicht anzunehmen. Diese haben im östlichsten Teil der Hohen Tauern noch im Gebiete des Kleinen Arltales und des Pöllatales (von dort stammen nach mündlicher Mitteilung von K. Holdhaus seine Funde der drei genannten Arten, deren letzte, *Crepidodera simplicipes*, auch noch im Gößkar und am Dössener See im Maltatal von Dr. Burchardt gefunden wurde) wahrscheinlich die gesamte Eiszeit überdauert. Wir erinnern uns in diesem Zusammenhang an die anläßlich der Besprechung der Gletscherverhältnisse bereits erwähnte Tatsache, daß die Verfolgung der höchsten Schliffgrenzen der eiszeitlichen Talgletscher in den Hohen Tauern ein Absinken von Westen gegen Osten zeigt, woraus sich erkennen läßt, daß im östlichsten Teil des Tauernzuges während der Eishochstände weniger unwirtliche Verhältnisse geherrscht haben müssen als weiter westlich.

Dies scheint auch bewirkt zu haben, daß in den westlichen Hohen Tauern noch weniger Tiere auch nur die Würmeiszeit überlebten als im Untersuchungsgebiet. Hierauf weist vor allem der Umstand hin, daß *Nebria atrata* im Gebiete des Felbertauern die absolute Westgrenze ihrer Verbreitung erreicht, während allerdings *Chrysomela crassicornis norica* auch noch auf der Südseite der Venedigergruppe vorkommt. Leider wissen wir heute noch nicht, wie sich in dieser Hinsicht die übrigen Charaktertiere der Polsterpflanzengesellschaften verhalten, so daß eine erschöpfende Untersuchung dieser interessanten Verhältnisse noch nicht möglich ist.

Demgegenüber gibt die Feststellung der Überdauerung wenigstens einer Eiszeit durch hochalpine Kleintiere auf hohen Graten und Steilhängen unweit südlich des Tauernhauptkammes schon heute eine zufriedenstellende Erklärung für die auffallende Tatsache, daß einzelne Tierarten wie *Nebria atrata* in den dem Tauernzuge benachbarten Gebirgsgruppen, wie der Schober- und Kreuzeckgruppe, vollkommen fehlen (vgl. Holdhaus 1932). Solche Tierarten fanden dort offensichtlich während der Würmeiszeit weniger günstige klimatische, geologische und landschaftsmorphologische Bedingungen für ihren Fortbestand vor, weshalb sie an solchen Stellen vollständig der Vernichtung anheimfielen.

2. Die postglaziale Wiederbesiedlung.

Von den seit dem Tertiär oder Pleistozän in den Hohen Tauern dauernd heimischen Tierarten sind diejenigen faunengeschichtlich streng zu scheiden, die erst nach dem Abschmelzen des Eises am Ende der Würmeiszeit bzw. der Schlußvereisung wieder in die gletscherfrei gewordenen Lebensräume eingewandert sind. Zu diesen gehören weitverbreitete Gebirgstiere, die, aus den Massifs de refuge kommend, die Alpen neu besiedelt haben, kälteliebende Arten, welche die Eiszeit am Rande der von Gletschern bedeckten Gebiete, zum Teil in ebenem Gelände, überdauerten und sich am Ende der Kälteperiode mit den Gletschern in die kältesten Teile des Hochgebirges zurückzogen, und schließlich solche Tiere, die mit dem Eintritt eines wärmeren Klimas von Südwesten oder Südosten her den mitteleuropäischen Raum besiedelten und aus dem Alpenvorland entlang der Täler allmählich auch ins Innere des Gebirges gelangten.

Von den Würmüberwinterern des eisfrei gebliebenen mitteleuropäischen Raumes folgten viele am Ende der Würmvergletscherung dem Eisrande nicht nur in die Alpen, sondern auch nach dem hohen Norden und erhielten sich einerseits im arktischen Gebiete und anderseits in Gebirgslagen gemäßigter Breiten bis heute, während sie in den dazwischenliegenden Ebenen und Hügellandschaften von einer wärmeliebenderen Fauna abgelöst wurden. Diese Tiere mit einer diskontinuierlichen boreoalpinen Verbreitung waren zwar nicht die einzigen würmeiszeitlichen Bewohner des Raumes zwischen dem nordischen Inlandeis und der Gletschermasse der Alpen, bei ihnen allein besteht jedoch darüber, daß sie im mitteleuropäischen Raum spätestens unmittelbar am Ende der letzten Eiszeit anwesend waren und gegenwärtig als Glazialrelikte zu bewerten sind, nicht der geringste Zweifel. Sie bilden daher ein historisch-tiergeographisch besonders wertvolles Material, welches eingehend besprochen zu werden verdient.

a) Die boreoalpinen Glazialrelikte.

Eine vollständige Liste der boreoalpinen Tierarten des Untersuchungsgebietes kann gegenwärtig noch nicht gegeben werden, da die geographische Erforschung zahlreicher Tiergruppen noch zu unvollständig ist, um das Fehlen einzelner bisher nur im hohen Norden und in den Alpen gefundener Arten im mitteleuropäischen Zwischengebiet sicher behaupten zu können. Auch wird eine intensivere Erforschung Schottlands und Sibiriens wahrscheinlich in der Zukunft dort noch zur Auffindung zahlreicher Arten führen, die wir gegenwärtig nur aus den Alpen oder aus diesen und anderen Gebirgen gemäßigter Breiten kennen. Schließlich wird die vergleichende Untersuchung nordischer Arten und solcher, die aus den mitteleuropäischen Gebirgen beschrieben wurden, wie schon bisher auch weiterhin noch zahlreiche Synonymien aufdecken und damit zur Feststellung neuer Fälle boreoalpiner Verbreitung führen. Mit der freundlichen Unterstützung einzelner Spezialisten war es mir selbst bei der Bearbeitung der Tierwelt des Tauerngebietes möglich, einige bisher übersehene Beispiele boreoalpiner Verbreitung festzustellen, worüber im folgenden zu berichten sein wird.

Ich gebe nun eine Übersicht über die bisher im Gebiete der mittleren Hohen Tauern festgestellten boreoalpinen Landtiere, wobei ich die Gesamtverbreitung derselben nur in den Fällen anführe, über deren Zugehörigkeit zum boreoalpinen Typus in den einschlägigen Arbeiten von Holdhaus (1912, 1924), Reiser und Holdhaus (1935) sowie Holdhaus und Lindroth (1939) keine Angaben enthalten sind. Solche Arten sind auch durch ein Sternchen gekennzeichnet. Kurze Angaben über Vorkommen und Lebensweise der einzelnen Tierformen im Untersuchungsgebiet sind beigefügt.

Araneina.

1. *Tiso aestivus* (L. Koch). In den Hohen Tauern nur aus dem Pfandlschartengebiet bekannt (Holdhaus 1912), lebt im Gebiete jedenfalls ausschließlich hochalpin.
2. *Erigone remota* (L. Koch). Findet sich in den Hohen Tauern in der hochalpinen Grasheiden- und Polsterpflanzenstufe an Schneerändern und auf Schneeböden.
*3. *Sitticus rupicola* (C. L. Koch). In Mitteleuropa nur im Gebirge in 800 bis 2000 m Höhe, und zwar in den Alpen, Vogesen und im Riesengebirge (vgl. Dahl 1926). Ferner in Finnland, Zentralasien (Tunguska) und im Ussurigebiet (Reimoser 1919).
*4. *Oreonetides vaginatus* (Thorell). Die Art wird von Reimoser (i. l.) aus den Alpen Frankreichs, der Schweiz und Tirols sowie aus Schottland, Norwegen, Archangelsk, Tobolsk, Kamtschatka, Grönland und Akpatok bei Labrador angegeben. Sie lebt in den Hohen Tauern im Alnetum viridis in subalpinen Lagen.
5. *Arctosa alpigena* (Dol.). Lebt im Untersuchungsgebiet in der hochalpinen Grasheiden- und Polsterpflanzenstufe.
*6. *Lycosa saltuaria* (L. Koch). Die Art ist nach Reimoser (i. l.) über die Alpen, das Riesengebirge, die Karpathen, Bulgarien, Mazedonien, Serbien, Norwegen und Sibirien verbreitet. Sie lebt im Gebiete in sub- und hochalpinen Lagen ohne festen Gesellschaftsanschluß.
*7. *Lycosa Giebeli* Pav. Auch diese Art ist boreoalpin verbreitet. Sie wird von Reimoser (i. l.) aus der Schweiz, Tirol, Sibirien, Kanada und den Vereinigten Staaten von Amerika angegeben. Im Untersuchungsgebiete findet sie sich nur in hochalpinen Lagen und scheint weiter östlich in den Alpen zu fehlen.

Acari.

*1. *Tarsolarcus articulosus* S. T. Die Art ist bisher nach Willmann (i. l.) nur aus Norwegen und den Alpen bekannt. Sie scheint im Alpengebiet nur hochalpine Lagen zu bewohnen.
*2. *Podothrombium curtipalpe* Berl. Außerhalb der Alpen nur aus Norwegen und Grönland bekannt (Berlese 1912). Die Art wurde von mir in den mittleren Hohen Tauern nur in der Zwergstrauch- und hochalpinen Grasheidenstufe gefunden.
*3. *Eutrombidium frigidum* Berl. Schon von Schweizer (1922) als nordisch-alpines Element bezeichnet, bisher nur aus Norwegen und den Alpen bekannt. Scheint im Alpengebiet auf höhere Lagen beschränkt zu sein.
*4. *Microtrombidium sucidum* Berl. Schon von Schweizer (1922) als boreoalpin bezeichnet, bisher aus Westgrönland, Norwegen, Schwedisch-Lappland, Sibirien und den Alpen bekannt. Gehört im Gebiete der Hohen Tauern der hochalpinen Schneerandfauna an und steigt talwärts nur bis in die subalpine Waldstufe herab.
*5. *Parazerkon sarekensis* Willm. Die Art ist bisher nur aus Schwedisch-Lappland, den Sudeten und Alpen bekannt. Sie lebt in den Hohen Tauern subalpin.

Orthoptera.

1. *Podisma frigida* Boh. Die Art lebt in den mittleren Hohen Tauern in der hochalpinen Grasheiden- und vielleicht auch noch in der Zwergstrauchstufe im Rasen.
*2. *Aeropus sibiricus* (L.). Herr Dr. R. Ebner machte mich auf die boreoalpine Reliktverbreitung dieser Art aufmerksam. Sie findet sich in einem ausgedehnten Gebiete in Nordrußland, Sibirien und Zentralasien, ferner im Kaukasus, in den Gebirgen Kleinasiens und der Balkanhalbinsel, in den Alpen, Apenninen und Pyrenäen sowie an einzelnen Punkten in Nordspanien. Die Gesamtverbreitung von *Aeropus sibiricus* wurde von Tarbinsky (1931) in einer Punktkarte dargestellt.

Odonata.

1. *Aeschna coerulea* (Ström). Lebt in den Alpen an Sümpfen in höheren Lagen.
2. *Somatochloa alpestris* (Selys). Wurde in den Hohen Tauern bisher nur von Giraud bei Gastein gesammelt.

Diptera.

1. *Boletina conformis* Siebke. Bisher aus Norwegen und aus den Alpen bekannt, scheint im alpinen Raum vorwiegend subalpin und in der Zwergstrauchstufe zu leben.
*2. *Boletina borealis* Zett. Dürfte in der vorliegenden Arbeit nach dem Funde E. Lindners erstmalig für die Alpen nachgewiesen sein. Die Art wurde von Zetterstedt aus Lappland beschrieben, ihr Nordareal scheint aber südwärts bis Pommern zu reichen, von wo sie Landrock angibt (teste E. Lindner).
3. *Gnoriste bilineata* Zett. Die Art ist bisher nur aus Skandinavien und den Alpen bekannt.
*4. *Tipula subnodicornis* Zett. Bisher aus Norwegen, Lappland, aus dem arktischen Rußland und aus den Alpen bekannt (teste E. Lindner).
*5. *Symphoromyia crassipes* Panz. Die Art ist über Fennoskandia, Zentralasien und die Alpen verbreitet (teste E. Lindner).

*6. *Gymnomerus Sahlbergi* Zett. Aus Fennoskandia, den Alpen und Karpathen bekannt (teste E. Lindner). In den Alpen wurde die Art von G. Strobl im Glocknergebiet und in den Rottenmanner Tauern gesammelt.

*7. *Hydrophorus borealis* Loew. Bisher nur aus Fennoskandia und den Alpen bekannt (teste E. Lindner), scheint im Südareal vorwiegend am Rande kleiner subalpiner Tümpel zu leben.

*8. *Coryneta nigritarsis* Fall. Von den Färöern, aus Fennoskandia und den Alpen angegeben (teste E. Lindner).

9. *Coryneta stigmatella* Zett. Die Art ist über Fennoskandia, die Alpen, den Böhmerwald, das Riesengebirge und die Hohe Tatra verbreitet (teste E. Lindner).

10. *Rhamphomyia pallidiventris* Zett. Aus Skandinavien, den aus Alpen und vom Glatzer Schneeberg bekannt.

*11. *Rhamphomyia nitidula* Zett. Bisher nur in Fennoskandia und in den Alpen nachgewiesen (teste E. Lindner).

12. *Empis lucida* Zett. Aus Skandinavien, England und den Alpen bekannt.

13. *Hilara spinimana* Zett. Bisher in Fennoskandia, in den Alpen, Sudeten und auf der Hohen Tatra festgestellt.

*14. *Hilara lugubris* Fall. Bisher nur aus Schweden und aus den Alpen Tirols sicher bekannt (teste E. Lindner).

*15. *Hilara nitidula* Zett. Die Art lag dem derzeit besten Kenner der Gattung, Dr. E. O. Engel, bisher aus dem südlichen Lappland, aus den Alpen Tirols, Oberbayerns, Salzburgs, Kärntens und Steiermarks sowie von Wölfelsgrund am N-Hang des Glatzer Schneeberges vor (teste E. Lindner).

*16. *Hilara longevittata* Zett. Die Art wurde von Zetterstedt nach schwedischen Stücken aus der Gegend von Lund beschrieben und außerdem in den Alpen an der Pasterze, bei Trafoi und Macugnaga sowie am Korab in Albanien gefunden (teste E. Lindner).

17. *Acanthocnema nigrimanum* Zett. Über Schweden, die Sudeten und Alpen verbreitet.

18. *Scopeuma maculipes* Zett. In Lappland und in den Alpen festgestellt, in einer breiten Zone zwischen dem nordischen und alpinen Areal anscheinend vollständig fehlend.

19. *Microprosopa haemorrhoidalis* Meig. Aus Fennoskandia, Sibirien und den Alpen bekannt.

*20. *Gymnomera dorsata* Zett. Bisher nur in Fennoskandia und in den Alpen aufgefunden (teste E. Lindner).

*21. *Clidogastra nigrita* Fall. Bisher in Fennoskandia, Sibirien und den Alpen festgestellt (teste E. Lindner).

22. *Suillia Miki* Pok. Nur aus Lappland und aus den Alpen angegeben.

*23. *Chaetomus confusus* Wahlgr. Die Art wurde von Wahlgren aus Skandinavien beschrieben und wird von Czerny (1924) auch aus den Alpen angegeben. Sie ist nach dem derzeitigen Stande unseres Wissens boreoalpin verbreitet (teste E. Lindner).

24. *Psilosoma Audouini* Zett. Über Fennoskandia, die Alpen, Sudeten und die Hohe Tatra verbreitet.

25. *Eurygnathomyia bicolor* Zett. Bisher nur in Fennoskandia und in den Alpen gefunden.

26. *Chilosia Sahlbergi* Beck. Nur aus Finnland und aus den Alpen bekannt. Die Art ist nach E. Lindner ein regelmäßiger Besucher von *Ranunculus glacialis*, mit dem sie in den Alpen bis zu sehr bedeutenden Höhen emporsteigt.

*27. *Syrphus lapponicus* Zett. Die Art ist zirkumpolar verbreitet und im Norden in Grönland, Fennoskandia, Sibirien und im arktischen Nordamerika nachgewiesen (teste E. Lindner). In den Alpen scheint sie bisher nur von Strobl gefunden worden zu sein, so daß eine Bestätigung dieser Angabe wünschenswert wäre.

*28. *Phaonia morio* Zett. Über Grönland, Fennoskandia, die Alpen und deutschen Mittelgebirge verbreitet (teste E. Lindner).

*29. *Hera longipes* Zett. Bisher aus Fennoskandia, Sibirien, den Alpen und deutschen Mittelgebirgen bekannt (teste E. Lindner).

*30. *Rhynchotrichops rostratus* Meade. Über die Färöer, Fennoskandia, die Alpen, die Schneekoppe und die Hohe Tatra verbreitet (teste E. Lindner).

*31. *Rhynchotrichops subrostratus* Zett. Bisher nur aus Fennoskandia und den Alpen bekannt (teste E. Lindner). Die Art scheint in den Alpen vorwiegend die hochalpinen Grasheiden und die sonnigen Grasmatten der Zwergstrauchstufe zu bewohnen.

32. *Trichopticus nigritellus* Zett. Über Großbritannien, Fennoskandia, den Ural, die Alpen, deutschen Mittelgebirge und die Gebirge Montenegros verbreitet (teste E. Lindner).

*33. *Limnophora solitaria* Fall. Die Art ist über Skandinavien, die Ostalpen (Hohe Tauern, Steiermark), den Harz und die Hohe Tatra verbreitet (teste E. Lindner).

*34. *Limnophora alpica* Zett. Bisher nur aus Skandinavien und aus den Alpen bekannt (teste E. Lindner).

*35. *Hylemyia pseudomaculipes* Strobl. Über Fennoskandia, die Alpen und deutschen Mittelgebirge verbreitet (teste E. Lindner).

*36. *Phorbia securis* Tiensuu. Von Tiensuu aus Finnland beschrieben und in Fennoskandia weit verbreitet; außerdem in den Alpen (teste E. Lindner).

*37. *Megaphthalma unilineata* Zett. In Fennoskandia, in den Alpen und nach Becker auch in Schlesien gefunden (teste E. Lindner).

Trichoptera.

*1. *Stenophylax coenosus* (Curt.). Nach Rabeler (1931), der sich auf Angaben von Ulmer stützt, boreoalpin verbreitet. Die Art findet sich in Nordeuropa, im Göldenitzer Hochmoor in Mecklenburg, im Harz, Altvater und in den Alpen. Sie lebt im Gebiete im Polytrichetum sexangulari und in hochalpinen Quellfluren.

Lepidoptera.

1. *Argynnis thore* Hb. Die Art lebt an *Viola biflora* in Höhenlagen von 1000 bis 1700 *m* (Holdhaus 1912), sie ist im Gebiete nicht häufig.
*2. *Erebia epiphron* Kn. Die Art ist über Schottland, Nordengland (Watmoreland, Cumberland), Irland (?), die Pyrenäen, Auvergne, Vogesen, Alpen, Harz, Altvater, Karpathen, Apenninen und die Gebirge der Balkanhalbinsel südlich bis zum Peristeri und Pirin verbreitet (teste Zerny), besitzt demnach ein typisch boreoalpines Wohnareal. *Erebia epiphron* bewohnt die mittleren Hohen Tauern in der Rasse *cassiope* Fbr. in sub- und hochalpinen Lagen, die Raupe lebt an *Deschampsia*.
3. *Erebia lappona* Esp. Die Art bewohnt die Grashänge der alpinen Zwergstrauch- und Grasheidenstufe, die Raupe lebt an *Festuca* und wohl auch noch an anderen Gräsern.
4. *Lycaena orbitulus* Prun. Die Art findet sich im Gebiete über 1800 *m*, die Raupe soll an *Soldanella alpina* leben.
5. *Lycaena pheretes* Hb. Der Falter bevölkert die Wiesen und Grasheiden über 1500 *m* Höhe, die Raupe ist unbekannt.
6. *Hesperia andromedae* Wallgr. Im Gebiete ausschließlich in der hochalpinen Grasheidenstufe gefunden, anderwärts in den Alpen jedoch auch noch wesentlich tiefer.
7. *Agrotis hyperborea* Zett. Im Gebiet vorwiegend in der Zwergstrauchstufe, soll vorwiegend in Vaccinieten und Rhodoreten vorkommen.
8. *Agrotis speciosa* Hb. Scheint im Gebiet vorwiegend in subalpinen Lagen und in der Zwergstrauchstufe heimisch zu sein. Die Raupe lebt anfangs an Gräsern, später an *Vaccinium myrtillus*.
9. *Agrotis cuprea* Hb. Bewohnt die subalpine Zone, die Raupe lebt polyphag an niederen Pflanzen.
*10. *Agrotis lucernea* L. Die Art findet sich in Nordengland und im nördlichen Fennoskandia, ferner in den Pyrenäen, Alpen, Abruzzen (teste Zerny), nach Kozhantshikov in der Krim (Alpuka), was jedoch sehr unwahrscheinlich ist, und im Kaukasus (Nucha), auch im Taurus bei Marasch (teste Zerny). Da die früher zu *A. lucernea* gestellte f. *dalmatina* Stgr. nicht zu dieser, sondern zu *A. nychthemera* B. gehört, ist die Art zweifellos boreoalpin verbreitet. Sie lebt im Gebiete ausschließlich hochalpin.
11. *Agrotis fatidica* Hb. Im Gebiete in der hochalpinen Grasheidenstufe sehr häufig, eine Charakterart der hochalpinen Grasheiden.
*12. *Dianthoecia caesia* Bkh. Die Art findet sich in Mittelskandinavien, Südirland und auf der Insel Man, ferner in den Pyrenäen, der Sierra Nevada und Sierra de Gredos, auf dem Hohen Atlas, in den Alpen, Abruzzen und den Gebirgen der Balkanhalbinsel. *D. caesia* besitzt somit eine boreoalpine Reliktverbreitung. In den mittleren Hohen Tauern bewohnt sie subalpine Lagen; die Raupe lebt nach Spuler (1908—1910) an *Silene*-Arten.
13. *Miana captiuncala* H. G. Lebt in den Alpen subalpin und in der Zwergstrauchstufe, die Raupe an *Carex flacca* (Holdhaus 1912) und *Carex glauca* (Spuler 1908—1910).
14. *Hadena Maillardi* H. G. Lebt im Gebiete sub- und hochalpin, die Raupe nährt sich wahrscheinlich von Gräsern.
*15. *Hadena rubrirena* Tr. Mittelnorwegen, Schweden (Vesternmarken, Dalarne, Jemtland), Finnland, Karelien (Petrosawodsk), Harz, Thüringerwald, Schwarzwald, Alpen, Erzgebirge, Riesengebirge, Altvater, Karpathen, bosnische Gebirge (Trebevic), Rilo-Gebirge, Südural, Sajan (subsp. *silvicola* teste Filipjev). Sämtliche Angaben von Dr. H. Zerny zusammengetragen und überprüft. Die Art besitzt sonach eine boreoalpine Reliktverbreitung; sie scheint im Gebiete subalpin zu leben und recht selten zu sein.
16. *Anarta melanopa* Thnbg. Scheint im Gebiete nur in der alpinen Zwergstrauch- und Grasheidenzone zu leben, die Raupe ist polyphag.
17. *Plusia Hochenwarthi* Hochw. Die Art lebt im Gebiete hochalpin in der Grasheidenstufe, die Raupe scheint polyphag zu sein, jedoch vorwiegend auf Umbelliferen vorzukommen.
18. *Larentia munitata* Hb. Steigt im Untersuchungsgebiete nirgends unter 1700 *m* herab, die Raupe lebt an niederen Pflanzen.
19. *Larentia turbata* Hb. Die Art lebt im Gebiete subalpin und in der Zwergstrauchstufe, die Lebensweise der Raupe scheint noch unbekannt zu sein.
*20. *Larentia caesiata* Lng. Gebirge Englands, Shetlandinseln, Island, Fennoskandia, Estland, früher auch bei Königsberg, Gebirge Mitteldeutschlands, Alpen, Karpathen, Gebirge der Balkanhalbinsel außer Griechenland (alle teste H. Zerny). Die Art war bisher nicht als boreoalpin erkannt, sie lebt im Gebiete subalpin und in der Zwergstrauchstufe, die Raupe nährt sich nach Spuler (1908—1910) von *Vaccinium vidis idaea* und *myrtillus*.
21. *Larentia flavicinctata* Hb. Lebt subalpin an *Salix*- und *Saxifraga*-Arten.
22. *Larentia nobiliaria* H. S. Lebt in den Alpen hochalpin an *Saxifraga oppositifolia*.
23. *Gnophos sordarius* Thnbg. Die Art lebt im Gebiete sub- und hochalpin, die Raupe ist polyphag.
*24. *Gnophos dilucidarius* Schiff. Die Art bewohnt Skandinavien, die meisten Gebirge Mitteleuropas, die Pyrenäen, Alpen, die Gebirge von Bosnien, Herzegowina und Montenegro, das Rilo-Gebirge, den Ural und Zentralasien (Angaben von Dr. H. Zerny überprüft). Auch diese Art ist somit boreoalpin verbreitet. Im Gebiete findet sie sich subalpin und in der alpinen Zwergstrauchstufe, die Raupe lebt polyphag an niederen Pflanzen.
25. *Gnophos myrtillatus* Thngb. Bewohnt in den mittleren Hohen Tauern sub- und hochalpine Lagen; die Raupe lebt polyphag an niederen Pflanzen.
26. *Psodos coracinus* Esp. Lebt im Gebiete von der Zwergstrauchstufe aufwärts bis in die Polsterpflanzenstufe.
27. *Pygmaena fusca* Thnbg. Die Art steigt in den Hohen Tauern kaum unter die hochalpine Grasheidenstufe herab, ihre Raupe lebt polyphag an niederen Pflanzen.

*28. *Fidonia carbonaria* Cl. Die boreoalpine Verbreitung dieser Art wurde von Warnecke (1934) eingehend untersucht und zum Teil auch auf einer Verbreitungskarte dargestellt. Nach Warnecke findet sich *Fidonia carbonaria* im schottischen Hochland, in Fennoskandia südwärts bis Südnorwegen und Südostschweden, in Dänemark und Schleswig, in Ostpreußen und im Baltikum, in Nordrußland und im nördlichen Sibirien wahrscheinlich in geschlossener Verbreitung ostwärts bis zum Amur, von wo sichere Belege vorliegen. Außerdem lebt die Art in den Alpen vom Wallis ostwärts bis zur Glocknergruppe in den Hohen Tauern und bis zu den Dolomiten. Aus den Karpathen ist sie bisher noch nicht sicher nachgewiesen. Angaben über das Vorkommen in tieferen Lagen Mitteleuropas, die besonders aus der älteren Literatur mehrfach vorliegen, haben sich zum Teil bereits als irrig erwiesen (meist Verwechslungen mit *Ematurga atomaria*), zum Teil werden sie sich wohl noch in Zukunft als falsch herausstellen. Das Bestehen einer breiten Auslöschungszone zwischen dem nordischen, nur den äußersten Norden Deutschlands berührenden Verbreitungsgebiet und dem zentralalpinen Wohnareal der Art ist durch die Untersuchungen Warneckes außer jeden Zweifel gestellt worden.

29. *Arctia Quenseli* Payk. Bewohnt im Gebiete ausschließlich hochalpine Lagen, die Raupe lebt polyphag an niederen Pflanzen.

30. *Lithosia cereola* Hb. Lebt im Gebiete subalpin an Flechten (*Parmelia*).

31. *Zygaena exulans* Hochw. Ein Charaktertier der hochalpinen Grasheiden der Hohen Tauern, die Raupe lebt an niederen Pflanzen, angeblich mit Vorliebe an *Silene acaulis*.

32. *Hepialus ganna* Hb. Lebt im Gebiete in der alpinen Zwergstrauch- und Grasheidenzone, die Raupe ist unbekannt.

33. *Crambus furcatellus* Zett. Lebt im Gebiete in der alpinen Zwergstrauch- und Grasheidenstufe, die Raupe ist unbekannt.

34. *Crambus conchellus* Schiff. Lebt im Gebiete in subalpinen Lagen und in der Zwergstrauchstufe, die Raupe findet sich an Moos.

35. *Asarta aethiopella* Dup. Wurde im Gebiete nur hochalpin, in anderen Teilen der Alpen auch subalpin gesammelt; die Raupe ist unbekannt.

*36. *Scoparia sudetica* Zett.[1] Wurde im Gebiete sub- und hochalpin gesammelt, steigt jedoch in den Alpen tief herab. Die Art ist in Nordeuropa, in den Gebirgen Mitteldeutschlands, in den Alpen, im Balkan- und Rilo-Gebirge festgestellt; Angaben aus der Dobrudscha und von Marseille sind jedenfalls falsch (teste H. Zerny).

37. *Orenaia alpestralis* Fbr. Die Art bewohnt in den Alpen die Zwergstrauch- und hochalpine Grasheidenstufe, die Lebensweise der Raupe ist unbekannt.

38. *Titanio schrankiana* Hochw. Der Falter fliegt im Gebiete besonders in der hochalpinen Grasheidenstufe und Zwergstrauchzone an Grashängen, in anderen Teilen der Alpen wurde er auch in subalpinen Lagen beobachtet.

39. *Titanio phrygialis* Hb. Lebt im Gebiete sub- und hochalpin, besonders häufig in der hochalpinen Grasheidenzone.

40. *Pionea nebulalis* Hb. Lebt im Gebiete subalpin und in der unteren Waldstufe.

41. *Pionea decrepitalis* H. S. Geht in den Alpen sehr tief herab, findet sich aber auch noch in der alpinen Zwergstrauchstufe.

*42. *Pyrausta uliginosalis* Steph. Die Art lebt in den Gebirgen Schottlands, in den Alpen, Karpathen und den Gebirgen der Balkanhalbinsel südwärts bis ins Rilo- und Piringebirge (teste H. Zerny), sie ist somit boreoalpin verbreitet. Im Gebiete lebt sie in sub- und hochalpinen Lagen, die Raupe lebt auf *Senecio*.

*43. *Tortrix rolandriana* L. Die Art bewohnt Nordeuropa, den Ural, die Alpen und die Gebirge Bosniens, sie ist also boreoalpin verbreitet.

44. *Conchylis aurofasciana* Mn. Lebt in den Alpen sub- und hochalpin, im Gebiete anscheinend vorwiegend in der alpinen Zwergstrauchstufe.

45. *Olethreutes noricana* H. S. Lebt in den Alpen hochalpin, anscheinend vorwiegend in der Grasheidenstufe.

46. *Steganoptycha mercuriana* Hb. Die Art lebt in den Alpen sub- und hochalpin, ihre Raupe an *Dryas octopetala* (Holdhaus 1912).

47. *Grapholitha phacana* Wcke. Lebt im Gebiete in der Zwergstrauch- und wohl auch in der alpinen Grasheidenzone.

*48. *Gelechia viduella* Fbr. Die Art findet sich in Nordeuropa, im Ussurigebiet (Caradja), in Labrador, im Harz, Böhmerwald, Iser- und Riesengebirge, bei Budweis (?), im Waldviertel (Karlstift), in den Alpen, Karpathen, im Rilo- und Witoschagebirge (teste Zerny), ist demnach eindeutig boreoalpin verbreitet. In den Alpen soll sie bis 800 *m* herabsteigen.

49. *Incurvaria vetulella* Zett. Lebt in den Alpen sub- und hochalpin, die Raupe nährt sich wahrscheinlich von Vaccinien.

*50. *Incurvaria rupella* Schiff. Bewohnt die skandinavischen Gebirge, Nordwestrußland, Ural, Vogesen, Schwarzwald, Alpen, Sudeten, die Gebirge Siebenbürgens, Bosniens, Albaniens sowie das Rilo- und Witoschagebirge. Die Art ist somit boreoalpin verbreitet; im Gebiete scheint sie vorwiegend in der alpinen Zwergstrauchstufe zu leben.

Coleoptera.

1. *Nebria Gyllenhali* Schönh. Lebt in den Alpen subalpin und alpin, steigt an den Gebirgsflüssen aber sehr tief herab.

---

[1] *Scoparia centuriella* Schiff. ist aus der Liste der boreoalpinen Arten zu streichen, da sie bei Wien, in Oberdonau und in Bayern in der Ebene oder an deren Rande gefunden wurde und in Deutschland weiter verbreitet sein dürfte.

2. *Patrobus assimilis* Chaud. Im Gebiete nur einmal subalpin gesammelt.
3. *Amara erratica* Duftschm. Lebt in den Alpen hochalpin, seltener auch unterhalb der Waldgrenze.
4. *Amara Quenseli* Schönh. Lebt in den Ostalpen ausschließlich hochalpin und zeigt im Untersuchungsgebiet eine deutliche Vorliebe für Kalkphyllitschutthalden und sandige Moränenböden.
5. *Pterostichus Kokeili* Mill. Lebt in den Alpen hoch- und subalpin und bevorzugt trockene Grasplätze (vgl. Holdhaus u. Lindroth 1939).
6. *Arpedium brachypterum* Grav. Lebt im Gebiete sub- und hochalpin, liebt nasse Moosrasen.
7. *Geodromicus globulicollis* Mannh. Lebt in den Alpen ausschließlich in der Zwergstrauch- und alpinen Grasheidenstufe; liebt wie die vorgenannte Art nasse Moosrasen.
8. *Anthophagus alpinus* Fbr. Findet sich in den Alpen sub- und hochalpin in verschiedenen Blüten, besonders solchen von *Primula glutinosa*, in tieferen Lagen auch auf Gesträuch.
9. *Anthophagus omalinus* Zett. Lebensweise und Verbreitung im Gebiete wie bei der vorgenannten Art.

*10. *Bryoporus rugipennis* Pand. Auch diese Art ist nach den darüber vorliegenden Verbreitungsangaben boreoalpin. Luze (1901) gibt folgende Gesamtverbreitung an: Pyrenäen, Alpen, Schottland, Lappland, Finnland und Kaukasus. Im Naturhistorischen Museum in Wien befinden sich außerdem Belegstücke aus dem Rodnaer Gebirge in den Karpathen, von der Prenj-planina in Bosnien, aus Norwegen (leg. Munster und Sahlberg) und aus der Umgebung von Irkutsk.
Nach Horion (1935) wurde die Art von Delahon auch in der Mark Brandenburg gesammelt, wo sie jedenfalls auf die eiszeitlichen Moränenlandschaften beschränkt ist. H. Wagner und J. Nehresheimer haben das Tier in der Umgebung Berlins nie gefunden. Delahons Belegstücke sind leider nach Wagner (i. l.) in der Sammlung Delahons, die im Zoologischen Museum in Berlin aufbewahrt wird, nicht vorhanden. *Bryoporus rugipennis* lebt nach Luze (1901) unter Moos, im Grase am Rande von Gewässern und Schneefeldern und auf Alpenwiesen.

*11. *Atheta tibialis* Heer. Durch die Untersuchungen Brundins (1940) eindeutig als boreoalpin erwiesen. Die Art findet sich in Schottland, Nordengland, Wales, im Harz, in den Sudeten, Karpathen, im gesamten Alpengebiet, in den Pyrenäen und im Kaukasus (Krasn. Poljana, Borzom) (alle Angaben nach Brundin 1940). Nach Holdhaus (mündlich) kommt sie außerdem in der Mark Brandenburg im Moränengebiet bei Chorin und nach Sainte-Claire Deville (L'Abeille XXXVI, 1935, S. 124) auch in der Auvergne, in den Cevennen, im französischen Jura und in den Vogesen vor. Im Untersuchungsgebiet findet sich *Atheta tibialis* vorwiegend in hochalpinen Lagen, wo sie die sommerlichen Schneeränder besonders bevorzugt.

*12. *Atheta diversa* Shp. Von dieser Art ist *Atheta Dlouholuckai* Roub. nach Wüsthoff (1940) nicht spezifisch verschieden. Es ergibt sich somit folgende Verbreitung: Schottland, Skandinavien, Alpen, Niedere Tatra (Skalka, loc. typ. der *A. Dlouholuckai* Roub.).
Atheta diversa scheint in den Alpen vorwiegend subalpine Lagen zu bewohnen.

13. *Atheta laevicauda* Shlbg. Lebt in den Alpen vorwiegend subalpin, einzeln auch über der Waldgrenze.
14. *Autalia puncticollis* Sharp. Lebt in den Alpen subalpin und in der alpinen Zwergstrauchzone, vorwiegend in Rindermist.
15. *Silpha tyrolensis* Laich. Lebt in den Alpen in subalpinen Lagen und besonders in der Zwergstrauchstufe auf Grasmatten.
16. *Agathidium arcticum* Thoms. Lebt in den Alpen subalpin in Fallaub, morschem Holz und anderen sich zersetzenden pflanzlichen Stoffen.
17. *Neuraphes coronatus* Shlbg. Lebt im Gebiete subalpin und in der Zwergstrauchstufe in Fallaub, Moos und zwischen Graswurzeln.
18. *Helophorus glacialis* Villa. Lebt im Gebiete sub- und hochalpin, vorwiegend in stehenden Gewässern, jedoch auch in Schmelzwässern und am Rande sommerlicher Schneeflecken.

*19. *Syncalypta cyclolepidia* Munst. Die Art war bisher aus Skandinavien und dem Gouv. Irkutsk bekannt und wurde durch ihren Nachweis in den Hohen Tauern zu einem neuen Beispiel boreoalpiner Verbreitung. Das Tier dürfte in Sibirien eine ausgedehnte Verbreitung besitzen; in den Hohen Tauern bewohnt es die vegetationsarmen Schotterbänke und Naßfelder größerer Gebirgsbäche und -flüsse in subalpinen Lagen.

20. *Corymbites cupreus* Fbr. Lebt in den Alpen sub- und hochalpin, steigt im Gebiete bis an die obere Grenze der alpinen Grasheidenstufe empor.
21. *Corymbites rugosus* Germ. Lebt im Gebiete hochalpin, vorwiegend in den hochalpinen Grasheiden.
22. *Hypnoidus rivularius* Gyll. Lebt im Gebiete sub- und hochalpin, vorwiegend an sandigen Bachufern und auf sandigen Moränenböden.
23. *Evodinus interrogationis* L. Lebt im Gebiete vorwiegend in der Zwergstrauchstufe, wo die Käfer auf Blüten in den üppigen Zwergstrauchwiesen oft zahlreich zu finden sind.
24. *Chrysomela crassicornis* Hellies. Bewohnt als typischer Würmüberwinterer im Gebiete nur sehr hochgelegene, südwestexponierte Kare und Schutthalden auf Kalkphyllit; ist in den Hohen Tauern Charakterart der Kalkphyllitschuttgesellschaft.
25. *Phytodecta affinis* Gyll. Lebt im Gebiete an alpinen *Salix*-Arten.
26. *Otiorrhynchus morio* Fbr. Lebt im Gebiete nur nördlich des Tauernhauptkammes und dort anscheinend vorwiegend subalpin, in anderen Teilen der Alpen steigt die Art jedoch bis weit in die Mischwaldzone herab und bis in die alpine Zwergstrauchstufe empor.
27. *Otiorrhynchus dubius* Ström. Im Gebiete im hochalpinen Areal einer der häufigsten Käfer, lebt jedoch auch in subalpinen Lagen und zeigt keinen bestimmten Gesellschaftsanschluß.
28. *Otiorrhynchus salicis* Ström. Lebt in den Alpen subalpin auf verschiedenen Bäumen und Sträuchern, vorwiegend auf Nadelhölzern; im Gebiete sammelte ich ihn vor allem auf niederen Weiden an der Waldgrenze.

Hymenoptera.

1. *Bombus alpinus* L. Lebt in den Alpen dauernd wohl nur in der hochalpinen Region, scheint seine Nester sogar vorwiegend, wenn nicht ausschließlich in der alpinen Polsterpflanzenstufe zu bauen.
2. *Bombus lapponicus* Fbr. Lebt im Gebiete sub- und hochalpin.

Rhynchota.

*1. *Aradus aterrimus* Fieb. Die Art ist aus England, Fennoskandia, Livland, den Vogesen und Alpen bekannt, besitzt demnach eine disjunkte, boreoalpine Verbreitung. Sie bewohnt im Gebiete sub- und hochalpine Lagen.

*2. *Teloleuca pellucens* (Fbr.). Auch diese Art ist boreoalpin verbreitet. Herr Ed. Wagner hatte die Freundlichkeit, die Verbreitung derselben aus der Literatur zusammenzustellen, wobei sich folgendes Bild ergab: In Deutschland findet sich das Tier nur in den Alpen und in Schlesien, wo es ausschließlich im Gebirge (Salzgrund, Schlesiertal, Krummhübel) vorkommt. Außerdem lebt die Art in den Karpathen, in Schottland (Durham, Snowdon), nicht in England, wie Stichel (1925—1938) fälschlich angibt, jedoch Fennoskandia, Nord- und Mittelrußland (sec. Oshanin), im Kaukasus am Karabag an den alpinen Seen Sullü-göl und Ballokh-göl. Die Angabe Stichels, daß die Art in Frankreich und Belgien vorkomme, bezieht sich jedenfalls auf die Angabe „Belgie" bei Fokker und auf eine Stelle bei Puton, wo es heißt: „Je n'en ai pas vu d'exemplaires de France, mais a été signalé en Belgique non loin de la frontière francaise." Danach scheint die Art auch im Gebirgsland des südlichen Belgien vorzukommen.

*3. *Calocoris sexguttatus* (Fbr.). Auch für diese Art eine diskontinuierliche boreoalpine Reliktverbreitung durch die mir in freundlicher Weise von Herrn Ed. Wagner zusammengestellten Verbreitungsdaten erwiesen. Die Verbreitungsangaben, die Stichel (1925—1938) über *Calocoris sexguttatus* macht, sind zum Teil unrichtig und vermitteln ein vollkommen falsches Bild. Die Angabe Thüringen ist falsch (sec. Rapp), vermutlich sind ebenso auch die Angaben Portugal und Italien unrichtig. Die Angaben Ungarn, Polen und Rumänien beziehen sich auf die Karpathen, das Vorkommen in der ehemaligen Tschechoslowakei beschränkt sich nach Ed. Wagner auf das Erzgebirge (Chodau, Neudau, sec. Scholz). In Jugoslawien ist die Art nur von der Sljemen-planina (Bistra) bei Agram bekannt. In Frankreich findet sie sich nur in den Vogesen. In den Ostalpen scheint sie ein ausgedehntes Areal zu bewohnen, als Fundorte scheinen in der Literatur Hohenschwangau, Reutte, Ulten, Vintschgau, Oberwölz und Gresten auf. Außerdem findet sich das Tier im schwäbischen Jura, im Lautertal bei Ulm (dort nach Hueber selten) und in den Sudeten an zahlreichen Punkten. In den ebenen Landschaften Sachsens und Schlesiens fehlt die Wanze vollkommen (sec. Michalk). Isolierte Kolonien finden sich auf Vogelsberg und Rhön sowie auf dem Brocken im Harz (sec. Schumacher). Das geschlossene nordische Wohngebiet reicht südwärts bis Hamburg, Schönberg und Waren in Mecklenburg und bis Livland (Heiligensee und Lodenhof). In Rußland ist die Art südwärts bis Leningrad, Klin und Moskau verbreitet, im Kaukasus bewohnt sie subalpine Wiesen.

4. *Macrosteles alpinus* Zett. Aus Nordschweden (sec. Ossianilsson), Nordfinnland (sec. Lindberg) und aus den Alpen bekannt. In den letzteren bisher bei Oberstdorf im Allgäu (leg. Schmidt) und in den Hohen Tauern (?) gefunden. (Angaben nach W. Wagner i. l.).

*5. *Psylla fusca* Zett. Die Art bewohnt Nordeuropa südwärts bis Livland und Mittelrußland, ferner die Alpen und Karpathen, ist also typisch boreoalpin verbreitet (teste W. Wagner). Sie lebt an *Alnus incana* und findet sich im Gebiete mit dieser Pflanze in den Erlenauen der Täler.

*6. *Orthezia cataphracta* Dougl. Aus Grönland, Island, Schottland, Nordengland, Irland, Skandinavien, Böhmen und den Alpen bekannt; im Gebiete sub- und hochalpin überaus häufig.

Mollusca.

1. *Vertigo arctica* Wallenbg. Wird aus den Alpen nur aus hochalpinen Lagen angegeben, wurde aber von mir im Gebiete auch subalpin am Stamme eines Bergahorns gesammelt.

Aves.

1. *Nucifraga caryocatactes* L. Der Tannenhäher dürfte im Untersuchungsgebiete als Brutvogel in den subalpinen Wäldern allgemein verbreitet sein (teste O. Wettstein).
2. *Carduelis flammea* L. Der Leinzeisig wurde von O. Wettstein für das Pasterzenvorland nachgewiesen.
3. *Turdus torquatus* L. Auch die Ringamsel ist für das Glocknergebiet von O. Wettstein sicher nachgewiesen und als Tier mit boreoalpiner Verbreitung hier anzuführen.
4. *Lagopus mutus* Mont. Das Alpenschneehuhn ist in der hochalpinen Grasheidenstufe der mittleren Hohen Tauern ein häufiger Brutvogel.

Mammalia.

1. *Lepus timidus* L. Der Schneehase ist in den mittleren Hohen Tauern sub- und hochalpin weit verbreitet.

Die vorstehende Liste enthält zwar eine stattliche Reihe von Arten, angesichts der Fülle von Landtieren, die im faunistischen Teil dieser Arbeit als im Untersuchungsgebiet heimisch erwiesen werden konnten, muß sie jedoch als verhältnismäßig artenarm erscheinen. Trotzdem spielt das arktisch-alpine Element in der Fauna des Gebietes eine nicht zu unterschätzende Rolle. Das kommt zum Ausdruck, wenn man einerseits in erster Linie die hochalpine Fauna ins Auge faßt und anderseits von der großen Zahl der in den Faunenlisten genannten Formen die Taltiere in Abzug bringt, die aus den großen Tälern ins Gebirge eindrangen, dort aber auf die tiefsten Lagen beschränkt blieben und der eigentlichen Gebirgsfauna fremd sind. Es zeigt sich dann, daß der Anteil des arktisch-alpinen Elementes an der hochalpinen Fauna viel höher ist als an derjenigen des subalpinen Waldgürtels, während die Tierwelt der Täler in tieferen Lagen nur ganz wenige boreoalpine Arten aufzuweisen hat. Dabei muß noch berücksichtigt werden, daß zu den vorstehend aufgezählten, einwandfrei boreoalpin verbreiteten Tieren vor allem in den höheren Lagen noch zahlreiche weitere kommen, deren boreoalpine Verbreitung zwar heute wegen systematischer und tiergeographischer Unklarheiten noch nicht einwandfrei sichergestellt erscheint, deren arktisch-alpiner Charakter aber kaum zu bezweifeln ist. Solche Arten sind, um nur einige Beispiele zu nennen, die Käfer *Patrobus septentrionis* Dej., *Cymindis vaporariorum* L., *Agabus biguttatus* L. var. *Solieri* Aub., *Omalium brevicolle* Thoms., *Eudectus Giraudi* Rdtb., *Olophum Florae* Schpltz., welches sich zweifellos erst seit der Würmeiszeit allmählich von dem ihm äußerst nahestehenden *O. boreale* Payk. morphologisch absondert, *Philonthus puella* Nrdm., *Oxypoda tirolensis* Gredl., *Liodes rhaetica* Er., *Kytorrhinus pectinicornis* Melich., *Leptura sexmaculata* Muls. und andere.

Wie sehr das arktisch-alpine Element in den noch heute intensiv vergletscherten Hohen Tauern gegenüber anderen Teilen der Alpen hervortritt, zeigt sehr anschaulich ein zahlenmäßiger Vergleich, für den sich die Käfer infolge ihrer kritischen Bearbeitung durch Holdhaus und Lindroth (1939) gegenwärtig am besten eignen. Für einen solchen Vergleich liefern außerdem die sorgfältigen, auf langjähriger Sammeltätigkeit aufgebauten Arbeiten von Ammann und Knabl (1912—1913) über die Käferfauna des Ötztales, von Moosbrugger (1932)[1] über die Käfer des steirischen Ennsgebietes und von Ihssen (1939) über die Käfer des Werdenfelser Landes und Zugspitzgebietes eine verläßliche Unterlage. Rechnet man zu den von Holdhaus und Lindroth (1939) als boreoalpin bezeichneten Käferarten noch *Bryoporus rugipennis*, *Atheta tibialis*, *Atheta diversa* und *Syncalypta cyclolepidia*, die neuerdings als boreoalpin erkannt worden sind, so ergibt sich folgendes Bild: Ammann und Knabl nennen aus den Ötztaler Alpen 25 boreoalpine Käfer, Moosbrugger führt aus den Seckauer und Rottenmanner Tauern nur 13 und das Verzeichnis von Ihssen aus dem Zugspitzgebiete und Werdenfelser Land deren 15 an. Die von Moosbrugger genannte Zahl ist allerdings etwas zu niedrig, da er die in den östlichen Niederen Tauern einwandfrei nachgewiesenen boreoalpinen Arten *Nebria Gyllenhali* und *Otiorrhynchus salicis* in seinem Verzeichnis nicht anführt. Die Daten zeigen, daß die Zahl von 28 bisher im Untersuchungsgebiet mit Sicherheit festgestellten Arten selbst in den noch intensiver vergletscherten Ötztaler Alpen nicht erreicht wird, während die wenig oder gar nicht vereisten Gebiete des Werdenfelser Landes und Zugspitzgebietes und der östlichsten Niederen Tauern mit je 15 trotz nur wenig geringeren Gebietsumfanges weit dahinter zurückbleiben. Ein ganz ähnliches Bild würde sich ergeben, wenn man die zahlenmäßige Verteilung der boreoalpinen Arten aus den anderen Tiergruppen untersuchen würde. Der hohe Anteil boreoalpiner Tierarten an der Fauna des Untersuchungsgebietes stellt somit ein wesentliches Kennzeichen der Tierwelt derselben dar, ein Umstand, auf den wir später noch zurückkommen werden.

b) Einwanderung endemisch-alpiner und weiter verbreiteter Gebirgstiere.

In die vom Eise freigegebenen Räume wanderten neben den boreoalpinen Arten zweifellos auch endemisch-alpine und weiter verbreitete Gebirgstiere schon sehr früh ein. Unter diesen gibt es viele, die, wie die meisten Schmetterlinge und Fliegen, viele Hymenopteren und auch einzelne Käfer, über ein gutes Flugvermögen verfügen und daher die ihnen auf dem Wege aus den Massifs de refuge in die gletscherfrei werdenden Alpenteile begegnenden Hindernisse unschwer zu überwinden vermochten. Andere dagegen sind flugunfähig und auch nicht verschleppbar, wie z. B. die Myriopoden, viele Spinnen, Käfer und Mollusken. Handelt es sich bei solchen außerdem um Tiere, die ausschließlich in hochalpinen Lagen zu leben vermögen,

---
[1] Siehe auch Kiefer H. und J. Moosbrugger (1940—1942).

so besteht für sie, wie schon Holdhaus (1932) gezeigt hat, nur eine Möglichkeit der Zuwanderung aus den eiszeitlichen Refugien in die vom Eise freigewordenen Alpenräume: der Weg über die Höhenrücken und Pässe hinweg. Es ist heute schwer zu sagen, wie groß die Zahl der auf diese Weise am Ende der letzten Eiszeit in die Hohen Tauern eingewanderten Hochgebirgsarten war, da nicht leicht zu beurteilen ist, welche Arten im Gebiete selbst auf Nunatakern die Würmvergletscherung überdauerten. Immerhin kann eine postglaziale Einwanderung bei allen jenen ausschließlich hochalpinen Tieren, die heute in den Tiergesellschaften der Polsterpflanzenstufe fehlen, weil sie für diese zu hohe Lebensansprüche stellen, mit großer Wahrscheinlichkeit angenommen werden. Solche Arten sind z. B. die Käfer *Carabus concolor Hoppei* Germ. und *Nebria Hellwigi* Pz., vielleicht auch *Nebria castanea* Bon., *Nebria austriaca* Gglb. und *Otiorrhynchus alpicola* Boh. Dagegen hat *Otiorrhynchus chalceus* Strl. jedenfalls mit *Chrysomela crassicornis norica* Hldh. und *Caeculus echinipes* Duf. die letzte Eiszeit in den Hohen Tauern selbst überstanden.

Alles in allem scheint die Zahl der ausschließlich hochalpin lebenden, flugunfähigen Kleintiere, die seit der letzten Großvereisung im Untersuchungsgebiete heimisch wurden, recht gering zu sein. Es handelt sich dabei ausschließlich um weitverbreitete Gebirgstiere, deren Einwanderung im Gebiete offensichtlich längst zum Abschluß gekommen ist.

Sehr viel größer ist die Zahl derjenigen Gebirgstiere, die nicht nur in hochalpinen Lagen, sondern auch subalpin zu leben vermögen und daher, selbst wenn sie nicht fliegen können, ohne Schwierigkeit auch tiefere Talfurchen zu überschreiten in der Lage sind. Unter diesen Arten gibt es im Gebiete mehrere, deren Einwanderung sich erst in der Gegenwart vollzieht und die daher ein anschauliches Bild von dem Vorgange der postglazialen Wiederbesiedlung der Hohen Tauern vermitteln.

Besonders eindrucksvolle Beispiele dieser Art sind die drei montanen *Trechus*-Arten der Glocknerfauna: *Trechus limacodes* Dej., *alpicola* Strm. und *rotundipennis* Duft. Die Gesamtverbreitung dieser drei Arten ist in Karte 5 dargestellt; sie läßt erkennen, daß jede derselben in den mittleren Hohen Tauern in irgendeiner Richtung die absolute Grenze ihrer Verbreitung im Alpenraum erreicht.

Trechus limacodes ist in der östlichen Hälfte der Ostalpen besonders auf kalkarmem Gestein weit verbreitet, fehlt aber im größten Teil der Glocknergruppe und auch im nördlichsten Teil der Schobergruppe sowie von da westwärts vollständig; in der Sonnblickgruppe kommt die Art, wie aus Karte 5 hervorgeht, subalpin und auch in der hochalpinen Grasheidenstufe nahezu überall vor. Sie tritt noch im Bereiche der Federtroglache südlich des Heiligenbluter Hochtores und im obersten Teile des Seidelwinkeltales häufig auf, wogegen ich sie in der Glocknergruppe nur einmal, im Pasterzenvorfeld unterhalb der Glocknerstraße, in einem Individuum antraf und westlich der Pasterze und des Fuscher Tales überhaupt nie zu Gesicht bekam. Im südlichen Teile der Schobergruppe wurde die Art von K. Konneczni und W. Székessy noch an zahlreichen Punkten, so am Wangenitzsee, bei der Lienzer Hütte und oberhalb dieser im Debanttal, am Naßfeld bei der Hochschoberhütte, auf der Staniskeralm, bei Oberleibnig und beim Alkuser See beobachtet. Dagegen habe ich sie im Gößnitz- und Leitertal vergeblich gesucht. Es scheint somit, daß *Trechus limacodes* in einer Linie, die vom Fuscher Tal über das Fuscher Törl, den Brennkogel und Spielmann zur Pasterze, von da ein Stück durch das Mölltal südwärts und dann quer über die Gipfel der Schobergruppe südwestwärts zum Iseltal zieht, seine absolute westliche Verbreitungsgrenze erreicht. Jenseits dieser Linie sind bisher auch außerhalb des Untersuchungsgebietes keine Fundorte des Käfers bekanntgeworden.

Schon ein flüchtiger Blick auf die Karte lehrt, daß diese merkwürdige Grenzlinie durch keinerlei geographische und stratigraphische Ursachen bedingt ist. *Trechus limacodes* ist sichtlich in vollem Vordringen gegen Nordwesten begriffen und gegenwärtig gerade an diejenigen Punkte gelangt, wo wir seine Verbreitungsgrenze festgestellt haben. Er wandert dabei nicht nur entlang der niedrigeren Gebirgskämme, sondern auch quer über die höher gelegenen Teile der Tauerntäler, wozu er durch die große Breite des von ihm bewohnten Höhengürtels befähigt ist. Trotzdem darf man sich das Vordringen des kleinen, ungeflügelten Tieres nicht allzu stürmisch vorstellen. Der Käfer war im Hochtorgebiet, nahe seiner heutigen Verbreitungsgrenze, bereits um die Mitte des vorigen Jahrhunderts nicht mehr selten, wie aus den Sammelberichten Kiesenwetters (1848) und Pachers (1853) hervorgeht. Die Verbreitung kleiner, ungeflügelter Landtiere schreitet eben unter allen Umständen, auch unter sonst günstigen Verhältnissen, nur langsam vorwärts.

Mit der Verbreitung des *Trechus limacodes* stimmt diejenige des *Trechus alpicola* Strm. im Untersuchungsgebiete bis zu einem gewissen Grade überein. Auch diese Art findet sich in der Sonnblickgruppe allenthalben und fehlt in großen Teilen der Glocknergruppe, um westlich derselben überhaupt nicht mehr vorzukommen. Die westlichsten Fundorte liegen nördlich des Tauernhauptkammes bei Fusch, südlich desselben bei Kals und im obersten Dorfer Tal unmittelbar unterhalb des Kalser Tauern; in der gesamten Schobergruppe ist *Trechus alpicola* nach Mitteilung von Ing. K. Konneczni überaus häufig, betritt aber das Iseltal nicht mehr und überschreitet es an keiner Stelle. In der Gegend von Windisch-Matrei ist die Art bisher noch nicht aufgefunden worden. Wie bei *Trechus limacodes* so ist auch in diesem Fall der zufällige Charakter der Verbreitungsgrenze offensichtlich. Auch *Trechus alpicola* ist in den Hohen Tauern von Osten gegen Westen im Vordringen begriffen und auch er hält sich hierbei nicht nur an die von der Natur vorgezeichneten Talstraßen, sondern wandert häufig quer über die Höhen. Da er aus den Tallagen bis in die hochalpine Grasheidenstufe emporsteigt, bilden für ihn nur solche Höhenrücken ein Verbreitungshindernis, die sich über die alpine Grasheidenstufe erheben, wie dies im Tauernhauptkamm der Fall ist. Diesen zu überschreiten scheint er weder im Bereiche des Heiligenbluter noch in dem des Kalser Tauern imstande gewesen zu sein.

Von der Verbreitung der beiden besprochenen Arten weicht die des *Trechus rotundipennis* Duft. stark ab. Dieser findet sich in den Hohen Tauern nur nördlich des Alpenhauptkammes, ist aber im Pinzgau bis in dessen hinterste Talverzweigungen (Krimmler Tal, beim Krimmler Wasserfall, leg. Petz) vorgedrungen. Hier findet er gegenwärtig anscheinend die absolute Westgrenze seiner Verbreitung, denn aus Nordtirol ist er nach Wörndle (i. l.) bisher noch nicht bekannt. Daß er dahin einwandert, ist aber jedenfalls nur eine Frage der Zeit; dagegen ist der Weg von der Nord- auf die Südseite des Gebirges dem auf die ozeanischen Laub- und Mischwaldgebiete der Ostalpen beschränkten Tier in den Hohen Tauern verschlossen.

Ähnlich den drei *Trechus*-Arten sind im Gebiete auch andere Vertreter der Gebirgsfauna heute noch im Vordringen von Osten gegen Westen begriffen; ich nenne nur noch einige weitere Beispiele.

Carabus Fabricii koralpicus Sok. bewohnt gegenwärtig in den Hohen Tauern deren östlichste Teile westwärts bis zum Ankogel (leg. Meschnigg) und Anlauftal (leg. Frieb). Die Art ist in den Niederen Tauern, im Kärntner Nockgebiet und in den Seetaler Alpen in ihrer Urgebirgsrasse weit verbreitet, und es bestehen keinerlei edaphische oder geomorphologische Ursachen für ihr Fehlen in den weiter westlich gelegenen Gebieten der Hohen Tauern. Auch sie breitet sich in diesen jedenfalls noch gegenwärtig von Osten gegen Westen aus.

Pterostichus fasciatopunctatus Creutz. findet sich im Untersuchungsgebiet nur in den nördlichen Tauerntälern, so im Gasteiner Tal und seinen Nebentälern, im Fuscher und Kapruner Tal, scheint aber im Pinzgau westlich des letzteren zu fehlen und findet sich auch in Oberkärnten und Osttirol nur im engeren Bereiche des Drautales, nicht aber in den südlichen Tauerntälern. Auch diese Art besiedelt somit in den Hohen Tauern gegenwärtig noch nicht den gesamten, ihr ökologisch zusagenden Raum und ist in diesem noch von Osten gegen Westen im Vordringen begriffen.

Das gleiche scheint für *Otiorrhynchus porcatus* Hbst. zu gelten, der in der Gegend von Gastein wiederholt gesammelt wurde, aus den weiter westlich gelegenen Gebieten der Hohen Tauern bisher aber noch nicht nachgewiesen werden konnte.

Daß selbst boreoalpine Tiere in den Hohen Tauern noch in Ausbreitung begriffen sein können, scheint das rezente Wohnareal von *Otiorrhynchus morio* Fbr. im Bereiche der mittleren

Hohen Tauern zu beweisen. Auch diese Art bewohnt in den Alpen einen breiten Höhengürtel, der aus der Mischwaldstufe bis in die Zwergstrauchzone emporreicht, und auch sie ist dadurch befähigt, nicht nur entlang der Täler, sondern auch über niedrigere Höhen hinwegzuwandern. Trotzdem findet sie sich in den Hohen Tauern nur auf der Nordseite der Sonnblickgruppe westwärts bis ins Hüttenwinkel- und Krumeltal und scheint schon im Seidelwinkeltal vollständig zu fehlen, obwohl dieses Seitental des Hüttenwinkeltales ihr dieselben günstigen Lebensbedingungen böte als das Haupttal selbst. Auch für ein Vorkommen im Fuscher und Kapruner Tal beständen ähnlich günstige ökologische Voraussetzungen. Die Ursache für ihr vollständiges Fehlen im Bereiche der Glocknergruppe liegt demnach nicht in der ökologischen Eigenart dieses Gebietes, sondern einzig und allein darin begründet, daß die Art, von Osten kommend, diese westlicheren Tauerntäler noch nicht erreicht hat. Es ergibt sich also auch hier wieder das schon am Beispiel der *Trechus*-Arten gezeigte und sich auch bei allen anderen angeführten Beispielen in gleicher Weise wiederholende Bild: eine im Gebiete vorwiegend subalpin verbreitete Art, die der Talfurche des Pinzgau ebenso wie den höchsten Gebirgslagen vollständig zu fehlen scheint, dehnt ihr Wohnreal noch in der Gegenwart, im Innern des Tauernzuges quer über die Täler und Höhenrücken wandernd, von Osten gegen Westen aus. Die genaue Erforschung der an das Untersuchungsgebiet östlich und westlich anschließenden Gebirgsgruppen wird für diesen interessanten Vorgang bestimmt noch weitere aufschlußreiche Beispiele liefern.

c) Die Einwanderung der eurosibirischen Talfauna.

Erwies sich schon die Zuwanderung der Gebirgstiere als ein noch durchaus nicht abgeschlossener Prozeß, so befindet sich die Einwanderung der Taltiere vollends im Fluß. Unter den Bewohnern der tieferen Tauerntäler herrschen Arten mit weiter eurosibirischer Verbreitung und erheblicher ökologischer Anpassungsfähigkeit vor. Unter ihnen gibt es eine kleine Gruppe von Kulturfolgern, die teils, wie die Käfer *Anobium punctatum* De G. und *pertinax* L., *Ptinus raptor* Strm. und *Hylotrupes bayulus* L., die Schmetterlinge *Aglossa pinguinalis* L., *Pyralis farinalis* L., *Plodia interpunctella* Hb., *Tinea granella* L. und *Tinea cloacella* Hw., unmittelbar an die menschlichen Behausungen gebunden sind, teils im Gebiete vom Feldbau abhängen wie die Bewohner des Ackerunkrautes *Sinapis arvensis*: *Meligethes aeneus* Fbr. und *viridescens* Fbr., *Phyllotreta vittata* Fbr., *Ceuthorrhynchus pleurostigma* Marsh. und *assimilis* Payk. und die Wanze *Eurydema oleraceum* L. Neben diesen steht die weitaus überwiegende Mehrheit der Taltiere, die unabhängig vom Menschen oder doch nur mittelbar von seiner Tätigkeit beeinflußt im Gebiete Fuß gefaßt haben.

Unter diesen verdienen solche Arten hervorgehoben zu werden, die zwar in den nördlichen Tauerntälern eine weite Verbreitung besitzen und dort bis in subalpine Lagen aufsteigen, in den Südtälern aber nirgends auftreten. Solche Arten sind die Regenwürmer *Lumbricus polyphemus* Fitz. und *Allolobophora smaragdina* Rosa, die Asseln *Ligidium germanicum* Verh., *Trichoniscus noricus* und *Porcellium fiumanum salisburgense* Verh., die Pseudoskorpione *Neobisium muscorum* Leach., *N. sylvaticum* C. L. Koch und *Microbisium dumicola* C. L. Koch, die Myriopoden *Scolioplanes acuminatus* Leach. und *Polydesmus denticulatus* C. L. Koch, der Weberknecht *Trogulus tricarinatus* L., der Ohrwurm *Chelidurella acanthopygia* Géné, der Schmetterling *Arachnia levana* L. sowie die Käfer *Pterostichus fasciatopunctatus* Creutz. und *Megasternum boletophagum* Marsh. Alle diese Arten, deren einige übrigens in ihrer Verbreitung auf Gebirgsland beschränkt sind, bewohnen in der Ostmark ein ausgedehntes Wohnareal und die meisten von ihnen sind auch in Kärnten schon an verschiedenen Punkten nachgewiesen worden, so daß sie, wenn schon nicht über den Alpenhauptkamm, so doch aus dem Drautal hätten in die südlichen Tauerntäler einwandern können. Daß dies bisher nicht geschah, obwohl sie in den nördlichen Tälern bis 1500 *m* und höher emporreichen, kann nur auf zwei Ursachen zurückgeführt werden. Die eine ist, daß späte Zuwanderer zwar schon Zeit gefunden haben, die verhältnismäßig kurzen nördlichen Tauerntäler zu besiedeln, aber in den erheblich längeren Südtälern infolge des weiteren zurückzulegenden Weges bisher noch nicht bis in die obersten Talabschnitte und damit in das Untersuchungsgebiet vorzudringen vermochten, die andere, daß an ein ozeanisches Gebirgsrandklima angepaßte Tiere in den kontinentalen oberen Teilen der südlichen Tauerntäler keine zusagenden Lebensbedingungen finden.

Die Zahl der heute nur die Täler nördlich des Tauernhauptkammes besiedelnden Kleintierarten dürfte in Wirklichkeit viel größer sein, als es die vorstehende Liste, in die vor allem auffällige und daher schwer zu übersehende Tiere Aufnahme fanden, erkennen läßt. Der volle Umfang des faunistischen Unterschiedes zwischen der Talfauna der Nord- und der Südseite des Tauernkammes wird erst sichtbar werden, sobald die Tierwelt der Tauerntäler restlos erforscht ist.

d) Die Steppenrelikte.

Die Tierwelt der südseitigen Tauerntäler wäre infolge der größeren Schwierigkeiten, die der Besiedlung dieser Landschaften entgegensteht, zweifellos auffällig artenärmer als die der Pinzgauer Täler, wenn dieser Mangel nicht durch die klimatische Eigenart des Gebietes mehr als ausgeglichen würde. So aber bewirkt das außergewöhnlich kontinentale Klima der im Regenschatten der höchsten Tauerngipfel liegenden Täler und Südlehnen, daß an denselben zahlreiche wärmeliebende Tierarten, die auf der Nordseite des Gebirges nirgends zusagende Lebensbedingungen finden, vorzüglich zu gedeihen vermögen. Diese thermophilen Tiere sind zusammen mit einer Reihe ebenso wärmebedürftiger Pflanzen in der postglazialen Wärmezeit an ihre vorgeschobenen Posten mitten im Hochgebirge eingewandert und heute an diesen äußerst diskontinuierlich als unverkennbare Relikte verbreitet.

Wir wissen aus zahlreichen Untersuchungen (vgl. u. a. Gams 1935 und 1936, Sarnthein 1936 und 1940), daß in der postglazialen Wärmezeit die Vegetationsgrenzen bedeutend nach oben verschoben waren. Es ist nach Gams (mündliche Mitteilung) damit zu rechnen, daß in der Glocknergruppe die Waldgrenze damals südseitig bis 2400 m und darüber anstieg, wofür, wie wir sahen, die Lage des alpinen Zwergstrauchgürtels noch heute ein beredtes Zeugnis ablegt. In ihm steigen z. B. am SW-Hang des Albitzen- und Wasserradkopfes und an den S-Hängen der Leiterköpfe noch heute viele Tiere und Pflanzen, die den hochalpinen Grasheidengesellschaften fremd sind, bis zur genannten Höhe empor.

Für eine wesentlich höhere Lage der Wald- und Baumgrenze während der postglazialen Wärmezeit sprechen im Glocknergebiet wie in anderen Teilen der Alpen auch zahlreiche oberhalb der rezenten Waldgrenze gelegene Moore. Gams (1935, 1942) hat darauf hingewiesen, daß diese hochgelegenen Moore in den Hohen Tauern heute nicht mehr wachsen, sondern in deutlicher Regression begriffen sind. Selbst die Wiegenwaldmoore, die in nur 1600 bis 1700 m Höhe liegen, haben das Optimum ihrer Entwicklung bereits überschritten, was an dem Vorhandensein zahlreicher Erosionsstellen deutlich erkennbar ist. Die Bildung mächtiger Moorschichten in 2000 m Höhe und darüber war demnach nur in einer Zeit möglich, in welcher ein wärmeres Klima herrschte als heute und geschlossener Wald bis in diese Höhen reichte.

Eines der mächtigsten hochgelegenen Moore befindet sich im Gebiete zwischen Ödenwinkelkees und Tauernmoossee. Dort werden gegenwärtig die bis über 2 m mächtigen Sphagnumtorfschichten zum Zwecke der Brennstoffgewinnung für die Rudolfshütte abgebaut. In den Aufschlüssen findet man in Anzahl subfossile Käferreste, von denen ich eine größere Menge aufsammelte, um daran allenfalls eine wärmezeitliche Verschiebung der oberen Verbreitungsgrenzen einzelner Käferarten feststellen zu können. Ich konnte nach den vorgefundenen Resten folgende Käferarten bestimmen:

Cychrus caraboides (Halsschild und Flügeldecken), *Nebria* spec. conf. *castanea* (Flügeldecken), *Byrrhus* spec. conf. *gigas* (Halsschild), *Chrysochloa* spec. conf. *gloriosa* (Flügeldecke), *Chrysochloa cacaliae* (2 Halsschilde, 1 Flügeldecke), *Plateumaris discolor* (violettblaue Form, 1 bis auf die Extremitäten vollständiges Exemplar und 2 Flügeldecken), *Otiorrhynchus dubius* (11 Stück, alle ohne Kopf und Prothorax), *Otiorrhynchus chrysocomus* (2 Flügeldecken), dazu noch eine Tönnchenpuppe und zahlreiche Zapfen von *Pinus mugho*. Legföhren kommen in kümmerlichen Exemplaren noch heute an dieser Stelle vor. Alle erwähnten Reste fanden sich in den oberen, weniger stark zersetzten Torfschichten bis etwa 1 m Tiefe, die stärker zersetzten unteren Schichten waren auffällig ärmer an Käferresten als die oberen. Ich fand in diesen nur *Chrysochloa* spec. conf. *cacaliae* (3 Flügeldecken), *Otiorrhynchus dubius* (1 Stück ohne Kopf und Prothorax) und eine Tönnchenpuppe.

Die gefundenen Tierarten kommen alle mit Ausnahme von *Plateumaris discolor* noch heute in der nächsten Nähe des Torfstiches vor und geben somit keinen Hinweis auf eine wärmezeitlich höhere Lage oberer Verbreitungsgrenzen alpiner Tiere. Nur *Plateumaris discolor*, die ich im Untersuchungsgebiete bisher überhaupt nicht lebend angetroffen habe, steigt gewöhnlich nicht so hoch ins Gebirge, wenngleich ihre Futterpflanzen, *Eriophorum*- und *Carex*-Arten, auch heute noch bis in die alpine Grasheidenstufe hinaufreichen.

Der geringe Unterschied der subfossilen Fauna des Tauernmoostorfes gegenüber der heute dort lebenden Tierwelt entspricht den Erfahrungen, die mit anderen wärmezeitlichen Torfschichten gemacht worden sind. Er dürfte seine Ursache in dem zu allen Zeiten besonders rauhen Lokalklima der Moore haben. Die gleiche Ursache, der wir die Erhaltung von Glazialrelikten in den Mooren der Gegenwart verdanken, scheint bewirkt zu haben, daß in den wärmezeitlichen Torfschichten keine Reste klimatisch anspruchsvollerer Tierarten eingeschlossen worden sind.

Die thermophilen Tierarten der Tauernsüdseite besiedeln vor allem drei Lebensräume: die Steppenwiesen der oberen Tallagen, Felsensteppen des subalpinen Waldgürtels und Grashänge über der Waldgrenze. Vorbedingung für ihr Gedeihen ist überall günstige Lage zur Sonneneinstrahlung (steile Süd- und Südwesthänge) und warmer, trockener Boden, der sich vor allem auf Kalk- und Kalkschieferunterlage findet. Über die soziologischen Verbindungen, in denen die wärmeliebenden Tierarten im Gebiete auftreten, wurde schon an früherer Stelle ausführlich berichtet, so daß hier darauf nicht weiter eingegangen zu werden braucht; dagegen ist eine Kennzeichnung der Gesamtverbreitung der einzelnen thermophilen Arten noch nachzutragen.

Unter den wärmeliebenden Faunenelementen der südlichen Tauerntäler spielen Tiere mit kontinental-südöstlicher und mit pontomediterraner Hauptverbreitung die größte Rolle; daneben finden sich einzelne wärmeliebende alpine Endemiten und mehr oder weniger wärmebedürftige Gebirgsbewohner dinarischer bzw. apenninischer Herkunft.

Als Beispiele kontinental-südöstlicher Verbreitung seien genannt:

Bobacella corvina Horv. Die Art ist bisher nur von Gyón im ungarischen Mittelgebirge nördlich von Budapest und aus dem Glocknergebiet bekannt, wo sie in der Zwergstrauchstufe oberhalb des Glocknerhauses lebt. Zwei weitere Arten der Gattung sind in Südrußland bzw. in Turkestan heimisch (vgl. Horvath 1936).

Tephroclystia graphata Tr. Die Art ist mir von folgenden Fundorten bekannt:
Alpen: Digne (Alpes maritimes) in der var. *setacea* Dietze (Spuler 1908—10); Zermatt und im Wallis weiter verbreitet in der var. *setacea* Dietze (teste H. Zerny); Ardez in der var. *Mayeri* Mn. (teste Zerny); Stilfser Joch-Gebiet in der Ortlergruppe (Kitschelt 1925); Glocknergebiet (Mann 1871); Dobratsch, Raibl (Höfner 1905); Bärenschütz und Plabutsch bei Graz (Hoffmann und Klos 1913 ff.); in den Alpen von Niederdonau bei Gutenstein, am Alpeleck und auf der Gahnswiese östlich vom Schneeberg (teste Zerny).
Pannonisches Gebiet der Ostmark: Vöslau, loc. typ. der var. *Mayeri* Mn. (teste Zerny).
Ungarn und Armenien (Spuler 1908—10).

Die Zahl der thermophilen Tierarten mit das Mittelmeergebiet nicht berührender südöstlicher Verbreitung scheint im Gebiete gering zu sein, sie ist jedenfalls sehr viel geringer als die der Arten, die dem pontomediterranen Verbreitungstypus angehören. Aus der großen Menge dieser seien folgende Beispiele besonders hervorgehoben:

Anechura bipunctata Fbr. Die Art ist in den Alpen auf die niederschlagsarmen Gebiete der Basses Alpes und Savoyens, Piemonts, der Schweiz, Südtirols und der Südseite der Hohen Tauern beschränkt; die Einzelfundorte wurden bereits im faunistischen Teil der Arbeit veröffentlicht.
Außerhalb der Alpen findet sich das Tier in den Pyrenäen, in Sardinien und Sizilien, im Norden der Balkanhalbinsel, an einzelnen xerothermen Punkten der warmen Landschaften Mitteleuropas und in weiter Verbreitung in den Gebirgen Zentralasiens westwärts bis zum Kaukasus und Kleinasien.
Anechura bipunctata ist eines der auffälligsten Steppentiere der Tauernsüdseite, welches im Gebiete auch heute noch ein sehr umfangreiches Wohnareal innehat (vgl. Karte 3).

Omocestus haemorrhoidalis Charp. Die Art besitzt folgende Verbreitung:

Alpen: in Piemont bei Cesana in 1400—1800 m (teste Ebner), in der Schweiz vor allem im Wallis, am Genfer See, im Tessin und Unterengadin; in Nordtirol im Inntal bei Innsbruck und Vöis (Fruhstorfer 1921), bei Zams von Ebner nicht aufgefunden; in Südtirol jedenfalls weit verbreitet; in Kärnten nur aus der Fleiß sowie aus der Goritschitzen und Sattnitz bekannt; in Niederdonau anscheinend auf den pannonischen Faunenbezirk beschränkt, dort jedoch an xerothermen Hängen sehr häufig.

Die Art findet sich außerdem in Portugal, Spanien, Frankreich und wohl auch in anderen Teilen des Mittelmeergebietes, in den wärmeren Gegenden Deutschlands und von da ostwärts durch Rußland bis Sibirien. Im Gebiete nimmt sie jedenfalls in der Fleiß einen weithin isolierten wärmezeitlichen Reliktstandort ein.

Satyrus hermione L. Die Art ist mir aus den Ostalpen von folgenden Fundorten bekannt: in der Ostschweiz von Missox, Brusio und aus dem Bergell, im Einzugsgebiet des Inn und Rhein soll sie fehlen (teste Zerny); in Südtirol ist sie in warmen Lagen weit verbreitet, Kitschelt (1925) nennt folgende Fundorte: Grigno (Valsugana), Valsorda, Roncosattel (Vicentiner Alpen), Spudinig (Vintschgau), Meran, Terlan, Bozen, Mezzocorona, Mezzolombardo, Martello, Toblinosee, Nago, Loppiosee, Sterzing, Waidbruck, Völs am Schlern, Eisacktal von Brixen abwärts, Ritten (Sarntaler Alpen), Schnalsertal, St. Leonhard im Passeier, Mendel und Mendelstraße, auch von Terlago und vom Mte. Gazza wird die Art angegeben; in Kärnten findet sie sich im Lavanttal bei St. Paul und auch anderwärts, bei Bleiberg und im Mölltal (Höfner 1905); ferner in Ulrichsberg, Grafenstein, Sattnitz, Maria-Rain, Freudenberg bei Pischeldorf, Rechberg (teste Zerny); in Steiermark bei Oberzeiring, Oberweg und Stettweg (Hoffmann u. Klos 1913 ff.), ferner in Mittelsteiermark bei Anger-Kulm, Bärenschütz, Graz, Deutsch-Feistritz, in den Gräben der Platte, auf der Plabutsch, bei Stattegg, auf dem Schöckl, bei Radegund und Radkersburg (Hoffmann u. Klos 1913 ff.); in Krain bei Laibach, Gr.-Kohlenberg, Zwischenwässern, St. Katharina, Ljubnik, Altlack bei Bischoflack, Stein, bei Littai, Ratschach, im Gorjancigebiet, bei Feistenberg, Rudolfswert, St. Josef bei Puserje, Veldes (alle teste Zerny); in der Venezia Giulia werden die Fundorte Wippach, Woltschach, Karfreit, Tolmein und das Isonzotal abwärts bis Görz, ferner der Mrzavec bis zu 1200 m Höhe genannt (teste Zerny). In den Alpen von Niederdonau lebt die Art in Scheibbs und Neubruck bei Scheibbs, im Ötschergebiet sowie bei Hernstein (teste Zerny).

Im pannonischen Klimagebiet von Niederdonau findet sie sich in der Wachau, im Dunkelsteiner Wald, am Alpenostrand südlich von Wien, im Prater, im Leithagebirge und in den Hainburger Bergen (teste Zerny), ist aber jedenfalls auch im gesamten übrigen Teil des pannonischen Klimabezirkes im Osten der Ostmark heimisch. Die Verbreitung ist in Karte 6 dargestellt. In Südosteuropa und Kleinasien bewohnt *Satyrus hermione* ein weites Gebiet.

Plusia deaurata Esp. Die Art ist in den Ostalpen sehr diskontinuierlich verbreitet, mir sind folgende Ostalpenfundorte bekanntgeworden:

in der Ostschweiz Bormio, Bernina, Bergün, Ilanz am Glenner, Landquart (teste H. Zerny); in Südtirol Staben im Vintschgau, Schnalser Tal bis 1500 m Höhe, St. Leonhard im Passeier, Meran, Terlan, Bozen, Mte. Ghello bei Rovereto, Klausen und Waidbruck im Eisacktal, Fassatal in den Dolomiten, Taufers, Weißenbach, Mühlwald, Steinhaus im Ahrntal (alle nach Kitschelt 1925); in Nordtirol nur bei Innsbruck; in Südbayern bei Oberstdorf im Allgäu (teste Zerny); in Salzburg angeblich „in den östlichen Salzburger Alpen" (sec. Speyer); in Kärnten nur bei Heiligenblut und Rosenbach; in Venetien nur bei Raibl (Höfner 1905) und Lucinico bei Görz; in Krain bei Laibach; in der Steiermark nur einmal angeblich bei Gröbming gesammelt, was nach Mack jun. (i. l.) aber bestätigungsbedürftig ist; in Niederdonau in den Hainburger Bergen (teste H. Zerny).

Habrostola asclepiadis S. V. Die monophag an *Cynanchum vincetoxicum* lebende Art ist in den Alpen mit ihrer Futterpflanze für warme Lagen kennzeichnend. Mir sind folgende Alpenfundorte bekannt: in der Ostschweiz Landquart, Chur, Tarasp, Chresta-Tusis (teste H. Zerny); in Südtirol Meran, Terlan, Bozen und Brixen (alle nach Kitschelt 1925); in Nordtirol Fließ, Landeck, Zams, Ötz und Umhausen im Ötztal, Zirler Schloßberg, Innsbruck (alle teste H. Zerny); in Oberbayern Oberstdorf, Füssen, Hohenschwangau, ferner Hersching, Moosach, Schleißheim und Augsburg; in Salzburg bei Golling (teste Zerny); auf der Südseite der Hohen Tauern bei Windisch-Matrei und Heiligenblut; in Kärnten außerdem beim Plöckenhaus, bei Klagenfurt und Pfarre Zell (teste Zerny); in Venetien bei Raibl; in den Julischen Alpen bei Ratschach, Mojstrana, am Senosetsch und am Wocheiner See (teste Zerny); in Steiermark bei Judenburg in einem Graben gegen den Obdacher Sattel, Mürzzuschlag, Scheiterboden bei Frein, Travisalm, Graz, Schwanberg, Mariazell und Hieflau (Hoffmann u. Klos 1913 ff.); in Oberdonau bei Micheldorf und Linz; in Niederdonau bei Lunz, Hernstein, Mödling, im Wienerwald und Leithagebirge (alle teste Zerny). Die Art wird sonst noch aus den wärmeren Gegenden Mitteleuropas, aus Gotland, aus Portugal, Norditalien, Dalmatien, Südostrußland, aus dem Ussurigebiet und aus Japan angegeben (Spuler 1908—10).

Acidalia strigaria Hb. Die Art ist in den Ostalpen gleichfalls nur in den warmen Landschaften verbreitet; ich kann folgende Fundorte nennen:

in der Ostschweiz Filisur, Lostallo (Misox) (teste Zerny); in Südtirol Meran, Terlan, Bozen, Mezzocorona und Brixen (Kitschelt 1925); in Nordtirol Innsbruck; in Oberbayern Hersching, Chiemsee, Dachauer Moos, Schleißheim, Ismaninger Moos, Landshut und Augsburg (teste Zerny); in Salzburg Golling und Salzburg (Mönchsberg und Kapuzinerberg); in Kärnten im oberen Mölltal, Dellach am Millstätter See, Klagenfurt, Pörtschach, Freienthurm; in Venetien um Görz, Haidenschaft, Wippach; im illyrischen Alpengebiet bei St. Katharina, Landstraß, Rudolfswert, Rohitsch und Cilli (teste Zerny); in Steiermark auf der Plabutsch, bei Kalkleiten, am Gamskogel, bei Baiersdorf, Stainz, Schloßberg in Graz, Wildon, Peggau, nicht in Obersteiermark (Hoffmann u. Klos 1913 ff.); in Oberdonau bei Linz; in Niederdonau bei Hernstein, Wiener Neustadt, Moosbrunn, Gramatneusiedl, im Leithagebirge, Dreimarkstein, Salmannsdorf, Donauauen bei Wien, Deutsch-Altenburg (teste Zerny).

Die Art wird außerdem aus den wärmeren Teilen Mitteleuropas, aus Nordspanien, Südwestfrankreich, Livland bis Finnland, Südosteuropa, Kleinasien und Ostasien angegeben (Spuler 1908—10).

Larentia achromaria Lah. Auch diese südöstliche Art findet sich im Alpengebiete nur an warmen Stellen, in den Ostalpen sind folgende Fundorte bekannt:
in der Ostschweiz Landquart, Alp Nova bei Jenaz, Lostallo (Misox) (teste Zerny); in Südtirol Val Nembia in der Brentagruppe, Vezzano, Dro, Arco, Terlagosee, Mori, Matarello, San Michele, Bozen, Neustift, Brixen, Klausen, Latsch im Vintschgau, Schnalsertal (Kitschelt 1925); in Nordtirol Ötz, Fließ, Lafatscher Joch, Ißtal, Arzler Alm, Höttinger Alm, Solsteinkette (teste Zerny); in Salzburg bei Golling; in Oberbayern Thiersee, Brunnsteingebiet (teste Zerny); in Kärnten im oberen Mölltal, am Dobratsch in 1700 m Höhe, bei Pörtschach, im Bleiberger Tal, bei der Ruine Rabenstein im Lavanttal (nach Höfner und Thurner); in Venetien bei Raibl, im Trentatal, bei Flitsch, St. Lucia, am Mte. Matajur, Salcano bei Görz, Monfalcone, im Ternovaner Wald, bei Wippach und auf dem Nanos (teste Zerny); in den illyrischen Alpen bei Mojstrana, am Crna prst, bei Sagor und Steinbrück; in Steiermark am Grazer Schloßberg, Baierdorf, bei Thörl und sonst in tieferen Lagen des Hochschwabgebietes (Hoffmann u. Klos 1914 ff.); in Oberdonau auf der Falkenmauer bei Micheldorf; in Niederdonau im Schneeberggebiet, bei Gutenstein, auf der Hohen Wand, bei Waldegg, Pottenstein, Vöslau, Baden, Gumpoldskirchen, Mödling, Salmannsdorf, im Leithagebirge und in der Wachau, ferner bestätigungsbedürftig im Ötschergebiet und in Neubruck bei Scheibbs (teste Zerny).

Die Art wird sonst aus den Pyrenäen, dem Wallis, aus dem nordöstlichen Ungarn, Kroatien, Dalmatien, Griechenland, aus dem nördlichen Kleinasien und Tarbagatai angegeben (Spuler 1908—10).

Tephroclystia alliaria Stgr. Diese Art ist eines der extremsten wärmezeitlichen Relikte der südlichen Tauerntäler; sie besitzt folgende Ostalpenverbreitung:
Aus der Ostschweiz, aus Nord- und Südtirol, Bayern und Salzburg liegen keine sicheren Fundorte vor, ebenso aus den Südalpen der Venezia Giulia und Illyriens. In Kärnten wurde die Art in der Fleiß und im Dobratschgebiet in etwa 1000 m Höhe (Thurner 1937) gesammelt; in Steiermark und Oberdonau scheint sie allenthalben zu fehlen; in Niederdonau wurde sie in Dürnstein in der Wachau, auf dem Bisamberg, bei Mödling, Gießhübl und Liebhartstal gesammelt und lebt dort auf *Allium flavum*, einer an die wärmsten Hänge des pannonischen Klimagebietes gebundenen Pflanze.

Die übrige Verbreitung der Art erstreckt sich auf Südfrankreich, Ungarn und Kleinasien.

Crambus luteellus Schiff. Die ostalpine Verbreitung dieses Kleinschmetterlings ist noch ungenügend bekannt; ich vermag folgende Fundorte zu nennen:
in Südtirol bei Bozen (teste Zerny); in Nordtirol im Inntal von Landeck bis Innsbruck (Osthelder 1939), in Bayern nur aus dem Jura bekannt; in Kärnten im Mölltal und in Dellach am Millstätter See (Thurner 1938); in der Venezia Giulia bei Wippach (teste Zerny); in den untersteirischen Voralpen bei Krapina (Prohaska u. Hoffmann 1924 ff.); in Steiermark am Mühlauer Wasserfall bei Admont, bei Zeltweg, im Katzengraben bei Bruck an der Mur, um Graz, Baierdorf, Rosenberg, Stainz (Prohaska u. Hoffmann 1924 ff.); in Oberdonau bei Linz und Diesenleiten (Hauder 1912); in Niederdonau bei Hernstein, in der Wachau, im Prater, bei Hütteldorf und Gumpoldskirchen, im Leithagebirge und in den Hainburger Bergen (teste Zerny).

Die Art hat folgende sonstige Verbreitung: warme Landschaften Mitteleuropas, Ostseeprovinzen, Italien, Dalmatien (Spuler 1908—10).

Endotricha flammealis Schiff. Auch diese Art ist ein typisches wärmezeitliches Relikt der Fauna des Mölltales. Ich konnte folgende Alpenfundorte in Erfahrung bringen: in Südtirol Meran und Bozen (teste Zerny); in Nordtirol das Oberinntal (teste Zerny); in Bayern nennt Osthelder (1939) nur Passau und Regensburg als Fundorte; aus Salzburg liegen keine Fundorte vor; in Kärnten von Höfner und Thurner aus dem Mölltal, von Dellach am Millstätter See und aus der Umgebung von Klagenfurt angegeben; in Venetien bei Wippach und St. Lucia bei Tolmein (teste Zerny); in der Untersteiermark bei Rohitsch, Cilli, Tüffer, Steinbrück, Reichenburg (Prohaska u. Hoffmann 1924 ff.); in Mittelsteiermark in St. Marein im Mürztal, bei Peggau, Rain, Graz, Stein, Schwanberg, Gleichenberg, Radkersburg (Prohaska u. Hoffmann 1924 ff.); in Oberdonau in Scharlinz (Hauder 1912); in Niederdonau bei Payerbach, Edlach, Kaltenberg in der Bucklingen Welt, bei Hernstein, Pfalzau, Schönbrunn, in den Donauauen bei Wien, in der Wachau, im Dunkelsteiner Wald, in den Hainburger Bergen und im Leithagebirge (teste Zerny).

Die an jungen Eichen lebende Art ist in Mittel- und Südeuropa sowie in Westasien weit verbreitet (Spuler 1908—10).

Von Mann (1871) werden noch mehrere andere Schmetterlingsarten, die als thermophil zu bezeichnen sind, aus dem oberen Mölltale angegeben. Solche sind z. B. *Notocelia junctana* Hd. und *Scythris pascuella* Z. Von diesen Arten liegen jedoch weder aus den mittleren Hohen Tauern noch aus benachbarten Gebieten weitere Fundortangaben vor, so daß ihr Vorkommen im Untersuchungsgebiet erst noch der Bestätigung bedarf. Dagegen sind folgende illyrische bzw. pontomediterrane Käfer im oberen Mölltal sicher nachgewiesen und dort als wärmezeitliche Relikte zu bewerten:

Rhagonycha signata Germ. Das Vorkommen dieser in den illyrischen Provinzen heimischen Art im oberen Mölltal ist schon Pacher (1859) aufgefallen. Mir sind folgende Alpenfundorte bekannt:
in Südtirol Bad Ratzes (coll. Mus. Wien), Brixen, Eggental, Bozen, St. Leonhard und Moos (Gredler 1863), Rovereto, Brione, Vallunga (Halbherr 1885 ff.); in Osttirol bei Lienz (Gredler 1863); in Kärnten im Gailtal (Prossen 1910) und bei Sachsenburg (leg. Holdhaus) sowie im Mölltal bei Sagritz und in der Fleiß. Im Naturhistorischen Museum in Wien befinden sich ferner Belege aus dem Tarnowaner Wald, von Morfalcone, aus Istrien, dem kroatischen Küstengebiet, aus Dalmatien, Bosnien und Herzegowina, in meiner Sammlung befindet sich ein von Pachole am Triglav gesammeltes Stück.

Rhagonycha signata hat sonach das Zentrum ihrer Verbreitung in den illyrischen Ländern und besitzt im oberen Mölltal weit nach Norden vorgeschobene und anscheinend vom geschlossenen Verbreitungsgebiet der Art weithin isolierte wärmezeitliche Reliktstandorte.

Heptaulacus villosus Gyll. Von dieser biogeographisch noch recht unzulänglich erforschten Art sind mir folgende Alpenfundorte bekannt:
in Nordtirol in den Stubaier Alpen (coll. Mus. Wien), auf dem Sonnenburger Bühel und in Gärberbach am Ausgang des Silltales südlich von Innsbruck (Wörndle i. l.), Fritzens (leg. Ratter); in Südtirol Pieve di Ledro (Wörndle i. l.); in Osttirol bei Kals (leg. Konneczni); in Kärnten bei Klagenfurt und auf der Wiederschwing in den Gailtaler Alpen (Holdhaus u. Prossen 1900 ff.) sowie in der Fleiß; im pannonischen Klimagebiet der Ostmark am Alpenostrand südlich von Wien bei Perchtoldsdorf und Mödling (leg. Curti et Pachole).
Die Art ist in Deutschland weiter verbreitet und reicht bis Südskandinavien, findet sich aber nur an warmen, trockenen Plätzen und ist im Untersuchungsgebiet zweifellos ein Relikt aus der postglazialen Wärmezeit.

Cryptocephalus elegantulus Grav. Die Art gehört zu den extremsten Steppenrelikten der südlichen Tauerntäler; sie besitzt in den Ostalpen nur eine sehr beschränkte Verbreitung (vgl. Karte 6). Es sind mir folgende Fundorte bekannt: in Südtirol Levico, Isera und Serrada (Wörndle i. l.), Torcegno, Bedolo, Dajano (Bertolini 1887—1899), Vallunga, Brentegano, Val Scodella, Trambileno, Patone, Malga del Mojetto, Pra del Albi, Valle dei Cei, Dietro Pozzo. S. Ilario, Castelcorona (Halbherr 1885 ff.); in Osttirol die Steppenwiesen bei Windisch-Matrei; in Kärnten der Dobratsch (coll. Mus. Wien), ferner die Steppenwiesen bei Heiligenblut und in der Fleiß; in Steiermark die Umgebung von Graz (teste Meixner) und Lichtenwald (coll. Kiefer); in Niederdonau und Wien den Brühl bei Mödling (leg. Ganglbauer), Anninger, Eichkogel, Perchtoldsdorfer Heide, Bisamberg, Braunsberg bei Hainburg, Parndorfer Heide bei Zurndorf (nach von mir untersuchten Belegstücken), der Baystein bei Gumpoldskirchen (teste Jaus). Im Altreich ist die Art auf die wärmsten Landschaften beschränkt, in der Schweiz lebt sie im Tessin und Wallis. Ihre Hauptverbreitung erstreckt sich über das östliche Mittelmeergebiet, das Donaubecken und Südosteuropa ostwärts bis Südrußland und Zentralasien.

Apion rugicolle Germ. Eine tiergeographisch noch recht ungenügend erforschte Art, die in den Alpen zweifellos nur wärmste Lagen bewohnt. In Nordtirol scheint sie ganz zu fehlen; Wörndle (i. l.) kennt nicht einen Nordtiroler Fundort; in Südtirol nennt sie Gredler (1863) vom Joch Latemar, Halbherr (1885 ff.) führt sie überhaupt nicht an. In Kärnten ist sie bisher anscheinend nur von mir auf den Steppenwiesen bei Heiligenblut gefunden worden, Holdhaus und Prossen (1900 ff.) führen sie nicht an. Im pannonischen Klimagebiet sammelte ich sie am Eichkogel bei Mödling und auf dem Marzer Kogel zwischen Wr. Neustadt und Ödenburg, sie ist dort aber sicher auch noch an anderen Punkten zu finden. Die Art ist im Altreich nur in den wärmsten Landschaften heimisch und besitzt ihre Hauptverbreitung in Südeuropa.

Malachius affinis Men. Auch diese Art scheint in Nordtirol zu fehlen und wird aus Südtirol nur von ganz wenigen Fundorten gemeldet. Auch sie ist auf den Steppenwiesen bei Heiligenblut und in der Fleiß ein weithin isoliertes wärmezeitliches Relikt.

Als wärmezeitliche Relikte der südlichen Tauerntäler sind auch einige Landschnecken zu nennen. Es sind dies:

Helicella obvia Hartm. Diese thermophile Schnecke ist sichtlich von Osten her in die Alpen eingedrungen und bis ins Engadin gelangt. Im Inntal ist sie an vielen Stellen häufig (vgl. Riezler 1929), in Osttirol lebt sie bei Amlach im Drautal (Werner 1931), bei Windisch-Matrei (Franz) und bei Virgen (Riezler). In den mittleren Hohen Tauern ist sie auf sonnige Lagen der warmen Südtäler beschränkt. In Südosteuropa ist sie weit verbreitet; ihre westlichsten Verbreitungspunkte scheinen Danzig und Posen, Rendburg in Schlesien, die Ostalpen und der Nordapennin zu sein (vgl. Geyer 1927).

Zebrina detrita Müll. Diese Art ist noch wärmebedürftiger als die vorgenannte und scheint im Untersuchungsgebiet auf die wärmsten Lagen des Iseltales beschränkt zu sein. Ihre Verbreitung erstreckt sich, von großen Lücken unterbrochen, von Westasien durch Südeuropa bis Spanien und in die Pyrenäen; nördliche Vorposten liegen in Ostfrankreich, in der Westschweiz, in den warmen Alpentälern, in den warmen Landschaften Deutschlands und des Donaubeckens. In Tirol bewohnt die Art das Inntal von Jenbach aufwärts, das Eisack- und Etschtal, das Nonsberg- und Fleimser Tal, die südlichsten Teile Südtirols und wärmste Lagen bei Lienz (vgl. Riezler 1929). Die Standorte bei Windisch-Matrei sind zweifellos weithin isolierte wärmezeitliche Reliktposten.

Pupilla cupa Jan. Auch diese kleine Pupide ist im Gebiete der Hohen Tauern als wärmezeitliches Relikt zu betrachten. Sie findet sich in Nordtirol nach Riezler (1929) nur im Oberinntal, in Südtirol bei Bozen, Pfelders und Terlan. Ihre Verbreitung außerhalb der Alpen umfaßt nach Geyer (1927) warme Stellen in Mitteldeutschland, in der Tatra und in Siebenbürgen, den süddeutschen Jura, Norditalien, Montenegro, Südrußland, Transkaspien und Turkestan.

Die Reihe der angeführten Beispiele ließe sich unschwer verlängern; was jedoch gezeigt werden sollte, die Verteilung der thermophilen Tierarten südöstlicher Herkunft innerhalb des Ostalpenraumes, ist auch an Hand der angeführten Verbreitungstatsachen bereits mit hinlänglicher Deutlichkeit zu erkennen. Wärmeliebende Tierarten finden sich in den Ostalpen in erster Linie im Engadin und von da entlang des Inn abwärts bis Innsbruck, ferner in den niederschlagsarmen Tälern der Ötztaler und Stubaier Alpen, im Vintschgau und Schnalser Tal, in der Brennergegend, im unteren Eisack- und Etschtal, in den Südtälern der Hohen Tauern, dem Ahrn-, Isel-, Kalser und Mölltal, ferner in Kärnten am Millstätter See und Dobratsch, im unteren Teil des Lavanttales und in der Sattnitz südlich von Klagenfurt, in Steiermark vor allem in der Gegend von Oberzeiring und Kraubath im oberen Murtal und in der Grazer Bucht, wohl auch im Lungau, der faunistisch jedoch noch völlig unzulänglich erforscht ist, außerdem am Alpenostrand südlich von Wien und in den südöstlichsten Kalkalpen auf italienischem und jugoslawischem Boden. Ein Blick auf eine Niederschlagskarte der Ostalpen lehrt, daß die genannten Gegenden gleichzeitig auch die Gebiete mit den geringsten Niederschlagsmengen innerhalb des ostalpinen Raumes sind, woraus der Zusammenhang zwischen wärmezeitlichen Relikten und rezentem Klima unmittelbar ersichtlich wird. In der auch in den Alpen wie in den Ebenen Europas wärmeren und trockeneren postglazialen Wärmezeit wanderten von Südosten her die wärmeliebenden Steppentiere bis weit ins Innere der Alpen, damals jedenfalls ausgedehnte Gebiete geschlossen besiedelnd. Später zwang sie die neuerliche Klimaverschlechterung, einen großen Teil der eroberten Gebiete wieder aufzugeben, was sie unter Zurücklassung inselhafter Reliktposten an den wärmsten Stellen taten. Solche Reliktposten haben wir im Isel-, Kalser und Mölltal vor uns und werden von der Fülle der Formen überrascht, die sich dort, fernab vom geschlossenen Siedlungsgebiet der Steppentiere, bis heute zu erhalten vermochten.

Ein etwas anderes Verbreitungsbild als die eben besprochenen Einwanderer aus den Trockengebieten des Südostens zeigt eine kleine, aber sehr interessante Gruppe thermophiler alpiner Endemiten. Als Beispiele dieser Art seien besprochen:

Erebia nerine Frr. Diese Art ist offensichtlich ein Bewohner alpiner Felsensteppen, der an sonnigen, aus edaphischen Gründen waldfreien Stellen in den Alpen ihm zusagende Lebensbedingungen findet. Die von dem Falter bevorzugten Plätze sind weniger durch ein niederschlagsarmes Großklima als durch physiologische Trockenheit (rasche Wasserableitung, starke Durchsonnung) gekennzeichnet. Mir sind folgende Fundorte bekannt: in der Ostschweiz Veltlin, Val Tuors, Puschlav, Ober- und Unterengadin (teste Zerny); in Südtirol das Stilfser Joch-Gebiet, das Tal der Stilfser Joch-Straße zwischen Gomagoi und Trafoi, Val di Tovel, Val delle Seghe in 900 bis 1200 *m* Höhe, Salva piana in 1000 bis 1400 *m* Höhe, Straße von Andalo nach Cavedago in 900 *m* Höhe, Torbole, Nago, Sarcatal in 900 bis 1800 *m* Höhe, Mte. Baldo, Mte. Gazza, Paganellahänge, Valmanara, Martarello, Calliano, Schnalser Tal, Sarntal, Grigno in der Valsugana, Seiser Alm, Schlern, Grödental in 1400 *m* Höhe, St. Ulrich in Gröden, Predazzo, Campitello, Canazei, Durontal, Moena, Cortina, Sprechenstein bei Sterzing, Mauls, Brennerbad, ferner in den Zillertaler Alpen Pfitsch, Riedberg, Hühnerspiel und Burguneralm (alle nach Kitschelt 1925); in Nordtirol Sonnenberg bei Fließ, Landeck, Zams, Schönwies, Telfs, Oberpetneu, Elbigenalp, Grameiser Tal, Gachtberg bei Reutte, vom S-Hang des Fernpasses bis Imst, Mühlauer Klamm, in das Hölltal, Karwendeltäler bei Scharnitz, S-Hänge des Miemingers und Karwendelgebirges, Eingang in das Leutaschtal, Arzler Alm, Trins im Gschnitztal, Brenner, Georgenberg und Tratzberg über dem Unterinntal, Brandenberger Tal, Kaisertal bei Kufstein, Walchsee, Erl, Kössen (alle teste Zerny); in den bayrischen Alpen bei Klobenstein und Reichenhall; in den Salzburger Alpen bei Lofer und Diesbach (teste Zerny); in Osttirol im Alpenbachtal (Gailtaler Alpen) in 1200 *m* Höhe (Kitschelt 1925), Windisch-Matrei; in Kärnten bei Heiligenblut und Oberdrauburg, an der Plöckenstraße, am Kamm zwischen Baba und Rozica, bei der Bertahütte am Mittagskogel, Goliza, Hochstuhl, Valvasorhütte, Straza, Loiblpaß, Vellacher Storschitz, Kosiak, auf der Petzen oberhalb der Feistritzer Schmölz (alle nach Zerny); in den Alpen der Venezia Giulia im Bartolograben bei Tarvis und im Uggvagraben bei Uggowitz, Predil, Preth, Flitscher Klause, Mrzavec, Nanos (teste Zerny); im Unterkärntner und unterstreirischen Alpengebiet Triglav, Kottal östlich des Triglav, Pischenzatal, Razor, Weißenfelser Seen, Mojstrovka, Voßhütte, Crna prst, Kankertal, Rotweinklamm, Feistritztal bei Stein, Kermatal, Bodengraben bei Hrastig, Hum bei Tüffer (alle nach Zerny). In Mittel- und Obersteiermark, Ober- und Niederdonau wurde *Erebia nerine* niemals gefunden.

Die Verbreitung der Art ist auf Karte 7 dargestellt; sie zeigt mit der von *Otiorrhynchus foraminosus* Boh. (vgl. Franz 1938 *b*) verblüffende Ähnlichkeit, geht aber doch auf andere Ursachen zurück. Während nämlich *Otiorrhynchus foraminosus* eine kalkstete Art ist und darum im größten Teil der Zentralalpen fehlt, tritt *Erebia nerine* an verschiedenen Stellen auf Urgestein über und bevorzugt Kalkfelsen nur wegen ihres günstigen Einflusses auf das Lokalklima.

Plusia V-argenteum Esp. Die Art ist ein Bewohner warmer Alpengegenden, sie ist im Alpengebiet endemisch und zeigt ein sehr zerrissenes Verbreitungsbild. Es sind mir folgende Fundorte in den Ostalpen bekannt: in Südtirol Latsch und Staben im Vintschgau, Schnalsertal in 1500 *m* Höhe, Naiftal östlich Meran, Mendel, Barbianer Alm am Rittnerhorn in den Sarntaler Alpen, Waidbruck und Brennerbad, Bad Ratzes, Grödental, Campitello, San Martino di Castrozza, Rollepaß (alle nach Kitschelt 1925); in Nordtirol Lengenfeld im Ötztal (teste Zerny); in Oberbayern nur in Oberstdorf im Allgäu (teste Zerny); in Kärnten in der Fleiß und bei Rosenbach; im ehemaligen Krain in Idria, am Crna prst und in Mojstrana (teste Zerny); in Obersteiermark am Paß Stein (Mack 1940 und i. l.); in Oberdonau auf dem Traunstein; in Salzburg bei Golling und auf der Unterlahner Alm beim Funtensee (teste Zerny).

Auch die Verbreitung dieser Art innerhalb des Ostalpengebietes ist auf Karte 7 dargestellt.

Cicindela gallica Brullé. Die Art lebt auf sonnigen Grashängen in hohen Lagen, vorwiegend über der Baumgrenze. Sie bewohnt die Alpen in sehr lückenhafter Verbreitung von den Alpes maritimes ostwärts bis ins Glocknergebiet und kann ihre zum Teil weithin isolierten Reliktstandorte in den Ostalpen nur in der postglazialen Wärmezeit erreicht haben. Mir sind folgende Ostalpenfundorte bekannt: in Südtirol von Pens im Sarntal gegen das Penser Joch, von Durnholz gegen das Latzfonserjoch, im Schnalsertal am S Hang des Niederjochgletschers (alle nach Gredler 1876), auf der Korspitze bei Schalders (Gredler 1882), Vistrad, Schneeberg, Timmljoch im Passeier Tal, Franzenshöhe im Ortlergebiet (Gredler 1863), Stilfser Joch (coll. Pachole); Graun im Vintschgau, Mte. Frerone im Adamellogebiet (coll. Mus. Wien), St. Valentin in der Haide (Mandl i. l.); in Vorarlberg auf dem Vergaldner Joch in der Silvretta, bei Tilisuna und Damüls (Müller 1912);

bei Hinterstein im Allgäu in nur 850 *m* Höhe (teste Ihssen); in Nordtirol am N-Hang des Niederjochferners im Ventertal (Gredler 1876), auf dem Wolfendorn östlich des Brenner (teste A. Wörndle); am O-Hang des Hochgall an der osttirolisch-italienischen Grenze 1 Ex. (leg. Burchardt); schließlich ganz isoliert im Glocknergebiet; von G. Ihssen auch bei Hinterstein im Allgäu in 1 Stück gesammelt.
Die Verbreitung von *Cicindela gallica* in den Ostalpen ist auf Karte 9 dargestellt.

Die genannten Arten müssen an günstigen Stellen in den Massifs de refuge, wahrscheinlich in den Südalpen, die Eiszeiten überdauert und sich in postglazialer Zeit wieder über größere Teile des Alpengebietes ausgebreitet haben. Im Gegensatz zu den Arten südöstlicher Herkunft, die am Alpenostrand ihre Reliktstandorte verdichten, erlöschen sie im östlichsten Teil der Alpen und scheinen mehr westlich in Südtirol und in der Südschweiz, *Cicindela gallica* vielleicht sogar in den französischen Südalpen das Zentrum der Verbreitung zu haben.

Eine weitere Gruppe wärmezeitlicher Relikte in den Südtälern und an den Südhängen der Hohen Tauern sind Gebirgstiere apenninisch-dinarischer oder anderweitiger südlicher Herkunft. Ich gebe auch hierfür im folgenden einige Beispiele.

Anaitis simpliciata Tr. Die Art ist in den Ostalpen bisher nur im Innergschlöß auf der Ostseite der Venedigergruppe gefunden worden. Sie ist aus den Pyrenäen, den französischen Alpen, den Gebirgen des Banats und der Balkanhalbinsel bekannt.

Bembidion balcanicum Apfb. Diese Art ist ein dinarisches Element der Alpenfauna, welches zwar nicht als ausgesprochen wärmebedürftig bezeichnet werden darf, aber doch nur in der postglazialen Wärmezeit an seine heutigen Reliktstandorte in den Alpen gelangt sein kann. Mir sind von der Art folgende Fundorte bekannt: in Südtirol Palai (Palù) und Fersinatal bei Levico (Netolitzky 1929); in Osttirol Böses Weibele in den Villgratner Alpen und Alkuser See in der Schobergruppe (beide leg. K. Konneczni); in der Herzegowina Prenj planina und Jablanica (teste P. Meyer); in Albanien auf dem Tomor, ferner Maja e Jezero, Gjallica, Korab, Cafa-Pejs, Skelzen, Bjeska Matrosch (alle teste P. Meyer, Belege meist in coll. Mus. Wien); in Griechenland am Peristeri alpin, Epirot-Pindos (teste P. Meyer); in Bulgarien am Masalat, Schipka-Balkan in 2300 *m* Höhe, Vrli Vrh, Rhodope- und Rilogebirge (alle teste P. Meyer); nach Apfelbeck (Die Käferfauna der Balkanhalbinsel, Bd. I) auch auf der Stara planina und in Mittelserbien im Kopaonikgebirge; auch auf dem Ceahlau in den Ostkarpathen und auf dem Bucsecs in den Transsylvanischen Alpen (Holdhaus u. Deubel 1910).

Trechus nigrinus Putz. Auch diese Art ist nicht als ausgesprochen thermophil zu bezeichnen, aber dennoch zweifellos in postglazialer Zeit von der Balkanhalbinsel nach Mitteleuropa vorgedrungen und hier heute bereits wieder an manchen Stellen unverkennbar als Relikt vom geschlossenen Verbreitungsgebiet abgesondert. Die Verbreitung ist folgende: in Nordtirol in Mils bei Hall und beim Lanser Moor (leg. Wörndle); in Oberdonau bei Linz; in Niederdonau bei Wiener-Neustadt, Pitten und im Wechselgebiet (Heberdey u. Meixner 1933); in Steiermark bei Frohnleiten a. d. Mur (Horion i. l.); in Kärnten bei Grafenstein und Klagenfurt (Heberdey u. Meixner 1933) und bei Wolfsberg (Horion i. l.); in Osttirol bei Kals (leg. Konneczni). Die von Müller aus Vorarlberg angegebenen Fundorte, die alle in auffälligem Gegensatz zur sonstigen Verbreitung der Art in der hochalpinen Region liegen, bedürfen dringend einer Bestätigung, bevor sie als verläßlich angesehen werden können. Die außeralpine Verbreitung der Art umfaßt Mähren und die Slowakei (Horion i. l.), ferner Istrien, Dalmatien, Bosnien, Herzegowina, Montenegro, Albanien, Bulgarien, Griechenland, die Ionischen Inseln und Kleinasien (vgl. Jeannel 1923—28).

Laemostenus janthinus Duft. Diese Art ist zweifellos bis zu einem gewissen Grade wärmeliebend und besiedelt wenigstens an der Nordgrenze ihrer Verbreitung vorwiegend von der Sonne gut durchwärmte Südhänge. Sie ist in Südtirol durch die var. *amethystinus* Dej. vertreten, die dort weite Verbreitung besitzt. Die f. typ. hat in Kärnten und Osttirol folgende Verbreitung: in Osttirol in der Rotte Moos der Gemeinde St. Veit in Defereggen und bei Leisach nächst Lienz an einem S-Hang (leg. Konneczni), unterhalb Oberfercher in der Schobergruppe (Werner 1934); in Kärnten auf der Kreitherwand bei Heiligenblut (leg. Franz), oberhalb Döllach (Märkel u. v. Kiesenwetter 1848), bei Mallnitz (coll. Mus. Wien), am Dobratsch (Schatzmayr 1908), am Rothen bei Sachsenburg, auf der Guggalm bei Kleblach und in den Karawanken (Holdhaus u. Prossen 1900 ff.).
Nach Giraud (1851) wurde die Art auch bei Böckstein gefunden, wohin sie nur über den Mallnitzer Tauern gelangt sein kann. Da sie aber heute auf diesem in dem rauhen dort herrschenden Klima keine zusagenden Lebensbedingungen findet, kann sie den Alpenhauptkamm nur in der postglazialen Wärmezeit überschritten haben. Damals ist sie wohl auch aus den Südalpen und Dinariden, wo sie noch heute ihre Hauptverbreitung besitzt, bis an den Alpenhauptkamm vorgedrungen.

Phaenotherion fasciculatum Rtt. Eines der merkwürdigsten Vorkommen eines Gebirgstieres südlicher Herkunft auf der Südseite der Hohen Tauern. Die Art wurde von H. Stolz in einem Stück im Froßnitztal auf der Ostseite der Venedigergruppe subalpin aus Laub gesiebt. Sie ist sonst aus Südtirol, und zwar aus dem Vallarsa vom Piano della Fugazza (Halbherr 1908) sowie aus Italien bekannt. Auf der Apenninenhalbinsel wurde sie in der Provinz Emilia, im Vallombrosa und in Calabrien (Ganglbauer 1902—03) sowie in den Euganeen (leg. Holdhaus) gesammelt. Luigioni gibt sie außerdem aus der Venezia Giulia an. Der Fundort im Froßnitztal scheint somit weithin isoliert zu sein und hat wohl als eines der extremsten wärmezeitlichen Reliktvorkommen in den Alpen zu gelten.

Otiorrhynchus anthracinus Scop. Diese Art wird aus den Pyrenäen, Alpen, von der Apenninenhalbinsel und dem Kaukasus angegeben. In den französischen Alpen ist sie nach Hustache vor allem auf Grasflächen in hochalpinen Lagen verbreitet, in der Schweiz dürfte sie vor allem im Wallis häufig sein, mir liegen Stücke vom Großen St. Bernhard vor; auch in Piemont scheint sie nicht selten vorzukommen. Aus den Ostalpen kenne ich folgende Fundorte: in der Ostschweiz in Tarasp (coll. Mus. Wien), in Südtirol in den Weinbergen von Überetsch verheerend (Gredler 1873), im Pustertal sporadisch an vielen Punkten, auf der Paulser Höhe und am Kalterer See in Überetsch, bei Oberstöckl im Sarntal, bei St. Felix und Laurenz im oberen Nonsberg, Campo, St. Leonhard, Tschars im Vintschgau (Gredler 1863), Welsberg im Pustertal (coll. Mus. Wien), in Vorarlberg bei Sulzberg und Tannberg (Müller 1912); in Nordtirol in Landeck, Umhausen, Ötz und Ochsengarten, auch in der Umgebung von Innsbruck, namentlich im Süden der Stadt (Wörndle i. l.), Steinach am Brenner (coll. Mus. Wien); in Osttirol bei Lienz (Wörndle i. l.) und bei Kals; in Kärnten in der Fleiß und im mittleren Mölltal zwischen Obervellach und Söbriach, von Holdhaus und Prossen (1900 ff.) aus dem Mölltal (Möllbrücken), aus der Umgebung von Villach und aus den Karawanken angegeben, auch bei Mallnitz (coll. Mus. Wien), in Steiermark in Bärndorf bei Rottenmann an einem sehr warmen Hang (leg. Moosbrugger).

Liobunum roseum C. L. Koch. Bewohnt die Alpen südlich des Hauptkammes von Südtirol, ostwärts bis zu den Julischen Alpen, nordwärts bis Windisch-Matrei, Kals, Oberdrauburg und Hermagor, ferner den Karst südwärts bis Triest und wohl auch noch die Gebirge von Bosnien und Dalmatien.

Euscorpius germanus C. L. Koch. Auch diese Art ist in den Südalpen und im anschließenden Teil der Dinariden weit verbreitet und dringt im Gebiete weiter als anderwärts gegen Norden vor. Auch sie dürfte schon in der Wärmezeit so weit in die Alpen vorgedrungen sein, wenngleich ihre rezente Verbreitung im Gegensatz zu den bisher genannten Arten noch keine Anzeichen einer Gebietsverminderung erkennen läßt.

Von den angeführten Gebirgstieren südlicher Herkunft besitzen einzelne im Gebiete eine so extreme Reliktverbreitung, daß sie den Umfang der in postglazialer Zeit auch in diesen innersten Teilen der Alpen schon vor sich gegangenen Tierwanderungen nicht minder klar in Erscheinung treten lassen als die früher besprochenen xerothermen Steppenrelikte. Es verdient in diesem Zusammenhange darauf hingewiesen zu werden, daß der Strom der Zuwanderer auch im Süden des Tauernhauptkammes nicht alle Landschaften in gleichem Maße überschwemmte, sondern vor allem diejenigen Gebiete berührte, die durch breite, offene Talfurchen gut erschlossen waren. So erklärt es sich, daß wir heute in der Gegend von Matrei im Iseltal eine ganze Anzahl thermophiler Tiere als Relikte aus der Wärmezeit vorfinden, die im oberen Mölltal fehlen. Solche Tierarten sind *Oedipoda coerulescens*, *Anaitis simpliciata*, *Phaenotherion fasciculatum*, *Euscorpius germanus*, *Chondrula tridens* und *Zebrina detrita* sowie *Lacerta muralis*. Es ist gewiß nicht ausgeschlossen, daß die eine oder andere seltenere Art aus der Reihe der eben genannten Beispiele später noch im Mölltal gefunden wird, bei so auffälligen Tieren wie *Oedipoda coerulescens*, *Euscorpius germanus*, *Zebrina detrita* und *Lacerta muralis* ist das jedoch nicht anzunehmen. So erweist sich, daß die Länge und teilweise beträchtliche Enge des Mölltales, die wir schon bei Besprechung der gegenwärtig einströmenden Talfauna als erhebliches Hemmnis der Zuwanderung kennengelernt haben, auch in der postglazialen Wärmezeit den Zustrom wärmeliebender Tiere merklich eingedämmt hat. Dies läßt vermuten, daß das Iseltal, dessen thermophile Fauna bisher ja noch nie systematisch untersucht wurde, einen in Wirklichkeit noch viel größeren Reichtum wärmeliebender Tiere beherbergt, als aus den wenigen vorliegenden Daten zu entnehmen ist.

Auf der Nordseite des Tauernhauptkammes finden sich im Vergleiche mit der überraschenden Fülle wärmeliebender oder doch südlicher Arten, die uns in den Südtälern entgegentreten, nur dürftige Spuren einer wärmezeitlichen Fauna. Solche liegen einerseits in kümmerlichen Trockenrasengesellschaften vor, die ich vor allem auf Gehängeschutt im oberen Teil des Fuscher Tales feststellen konnte, und anderseits in der Bodenfauna der Mischwälder, die auf eine erheblich größere Ausdehnung der Mischwaldbestände in der postglazialen Wärmezeit hindeutet.

In den Trockenrasengesellschaften des oberen Fuscher Tales treten uns vereinzelt Kleintiere entgegen, die in dem feuchten Klima der nördlichen Täler gegenwärtig nur an den trockensten Plätzen ein Fortkommen finden und in der völlig anderen Umgebung der übrigen Talfauna immerhin überraschen. Solche Tiere sind die Käfer *Cryptocephalus bilineatus* L., *Aphthona venustula* Ktsch. und *Bruchidius unicolor* Cl., der Schmetterling *Pempelia ornatella* Schiff., die Ameisen *Myrmica lobicornis* Nyl. und *Lasius alienus* Först. sowie die Wanze *Nysius jacobeae* Schill. Vermutlich würde ein genaues Studium der Trockenrasen über alten Bergstürzen und Gehängeschutt in sonnigen Lagen noch weitere Beispiele dieser Art ans Licht bringen.

Noch interessanter als die geschilderten Trockenrasengesellschaften ist die Bodenfauna der Laubwälder in der Mischwaldstufe der unteren Tallagen. Die Untersuchung derselben an den Hängen über dem Kesselfall im Kapruner Tal und in der Hirzbachschlucht führte zur Auffindung einiger Bodentiere, die sonst im Gebiete bisher nirgends festgestellt wurden und auch in benachbarten Gegenden bisher noch nirgends nachgewiesen sind. Solche Tierarten sind die Käfer *Neuraphes Schwarzenbergi* Blattny, *Acalles croaticus* Bris. und der Tausendfüßler *Glomeridella minima* Latz.

Neuraphes Schwarzenbergi Blattny ist aus Burgholz bei Frauenberg nordwestlich von Budweis beschrieben und auch im Böhmerwald mehrfach gefunden worden (Machulka i. l.), ich fand die Art zusammen mit M. Beier auf Sumpfwiesen bei Moosbrunn südlich von Wien, und im Besitze von Herrn Machulka befindet sich ein Stück mit der Fundortangabe „Krain". Die Art scheint also von der Böhmischen Masse entlang des Alpenostrandes südwärts bis Krain verbreitet zu sein, war aber bisher aus dem Innern der Alpen noch nicht bekannt.

Acalles croaticus Bris. wurde im Schwarzwald, in den Ostalpen und Dinariden nachgewiesen, bisher aber in Salzburg noch nirgends festgestellt. Auch diese Art scheint im Gebiete nur die Mischwälder der tiefsten Tallagen zu bewohnen.

Glomeridella minima Latz. bewohnt die östlichsten Alpen westwärts bis Oberdonau und südwärts bis Krain und Bosnien, der Fundort in der Glocknergruppe liegt weit westlich des bisher bekannten Verbreitungsareals. Auch bei dieser Art handelt es sich somit um ein Tier, das in Salzburg jedenfalls nur ein beschränktes Wohngebiet besitzt.

Es wäre verfrüht, wollte man auf Grund der nur stichprobenweisen Untersuchung der Mischwälder des Kapruner und Hirzbachtales bereits weitgehende tiergeographische Schlüsse ziehen. Betrachtet man die geringe gegenwärtige Ausdehnung der Laubmischwälder in den Pinzgauer Tauerntälern, so drängt sich jedoch auch jetzt schon die Annahme auf, daß es sich bei ihnen um Reste spätwärmezeitlich ausgedehnterer Mischwaldbestände handelt und daß auch die in ihnen heimische Bodenfauna in der postglazialen Wärmezeit eine weitere Verbreitung besessen haben muß als heute. Es wäre eine dankbare tiergeographische Aufgabe, die Mischwaldfauna der Nordalpen einmal systematisch zu untersuchen und damit das Material für eine eingehende historisch-tiergeographische Bearbeitung der Mischwälder in den niederschlagsreichen Gebieten unserer Alpen zu liefern. Die uns bekannte Verbreitung einzelner Charaktertiere der ozeanischen Buchenwaldgebiete der Alpen, wie z. B. die von *Trechus rotundipennis* Duft. und *Allolobophora smaragdina* Rosa, läßt schon heute vermuten, daß es eine ganze Anzahl von Tieren gibt, deren Verbreitung, ähnlich derjenigen der Rotbuche in den Ostalpen, deren kontinentalen Kern gürtelförmig umschließt. Diese Verhältnisse können jedoch beim heutigen Stande der Wissenschaft bloß angedeutet werden.

Hier sei im Zusammenhang mit der Besprechung der wärmezeitlich bedingten Verbreitungstatsachen nur noch eines Tieres gedacht, der Schnecke *Cylindrus obtusus* Drap. Diese hochalpine, kalkholde Schnecke ist in den nordöstlichen Kalkalpen heimisch, reicht in diesen westwärts bis ins Dachsteinmassiv und greift von da auf die Kalk- und Kalkschieferberge der Niederen und Hohen Tauern über. In der Sonnblick- und Glocknergruppe erreicht sie ihre weitaus westlichsten Standorte (vgl. Karte 3). Diese liegen nun nicht als Vorposten eines sich noch ständig ausdehnenden Wohnareals am Rande eines geschlossenen Verbreitungsbezirkes, sondern als räumlich beschränkte kleine Populationen isoliert in einem ausgedehnten Gebiet, in dem das Tier sonst allenthalben fehlt. Die größte Fläche nimmt die Art an den aus Grünschiefer und mit diesem wechsellagerndem Kalkphyllit aufgebauten Hängen zwischen Freiwand und Gamsgrube gegen die Pasterze ein (vgl. Karte 2); sehr viel kleiner sind die drei mir bekannten Wohnbezirke im Hochtorgebiet. Diese liegen sämtlich auf Kalkunterlage im Bereiche der sogenannten Seidelwinkeldecke, u. zw. durchwegs an warmen sonnigen Hängen, an der unteren Grenze der hochalpinen Grasheidenstufe. So besiedelt *Cylindrus obtusus* am Weg von der Weißenbachscharte in die Große Fleiß nur die unterste Felsstufe über dem Trograd des Fleißtales. Im obersten Teil des Seidelwinkeltales fand ich sie an dem zum Hochtor führenden Fußweg gleichfalls nur an der unteren alpinen Grasheidengrenze an einer kleinen, nach Süden abfallenden Felswand in wenigen Stücken. Schließlich sammelte ich wenige Stücke auch noch an der Glocknerstraße auf der sogenannten Edelweißwand unterhalb des Fuscher Törls in SW-Exposition. In dem gesamten zwischen diesen Punkten liegenden ausgedehnten Kalk- und Dolomitgebiet, also in dem gesamten Raum zwischen Fuscher Törl, Hochtor, Heiligenbluter Schareck, Weißenbachscharte und Talschluß des Seidelwinkeltales fehlt die Schnecke vollständig. Ich konnte dort trotz eifrigen Suchens nicht ein Gehäuse des großen, kaum zu übersehenden Tieres auffinden. *Cylindrus obtusus* besiedelt somit in den mittleren Hohen Tauern nur einige engbegrenzte Reliktstandorte, die jedoch nicht wie die Reliktposten der Würmüberwinterer in hohen Lagen über dem Niveau der eiszeitlichen Talgletscher gelegen sind, sondern im Gegenteil an der unteren Grenze der alpinen Grasheidenstufe mitten in einer von Gletschern geformten Rundhöckerlandschaft. Die Art kann an diese Stellen erst in postglazialer Zeit gelangt sein, u. zw. nur zu einem Zeitpunkt, wo sie auch in den heute von ihr gemiedenen rauhen Lagen des Tauernhauptkammes, der die rezenten Reliktstandorte trennt, zu leben vermochte. Als solcher Zeitpunkt kommt ausschließlich die postglaziale Wärmezeit in Frage, während welcher nicht nur die Waldgrenze, wie wir sahen, um mehrere 100 m nach oben verschoben war, sondern auch die Verbreitung vieler Tiere höher emporreichte als gegenwärtig. Bei *Cylindrus obtusus* muß diese Verschiebung nach oben mindestens 200 m betragen haben, da die rezenten Standorte der Schnecke beiderseits der Weißenbachscharte so weit unterhalb des Tauernhauptkammes liegen. *Cylindrus obtusus* ist demnach im Gebiete eines der seltenen Beispiele wärmezeitlicher Ausbreitung einer hochalpinen Tierart, bei welcher bereits auf Grund der verhältnismäßig geringen Klimaverschlechterung in den letzten Jahrtausenden wieder eine erhebliche Arealverminderung zu beobachten ist. Dieses Beispiel gibt wie die an der Pasterze festgestellten rezenten Verschiebungen der oberen Verbreitungsgrenze von *Anechura bipunctata* Fbr. einen Begriff von der Anpassungsfähigkeit der die Hochalpen bewohnenden Tierwelt, die gewissermaßen nur darauf wartet, daß ihr die Natur einmal günstigere Lebensbedingungen bietet, um sich mit deren Hilfe sofort neue Lebensräume zu erobern.

3. Der zentralalpine Charakter der Tierwelt der mittleren Hohen Tauern.

Wir haben schon im Laufe der bisherigen Erörterungen eine Reihe von Merkmalen der Tauernfauna kennengelernt, wodurch sich dieselbe scharf von der Tierwelt der Alpenrandgipfel unterscheidet. Solche Merkmale sind die durch das kontinentale Klima der inneren Alpentäler bedingten Steppenrelikte, der durch die starke eiszeitliche Vergletscherung bewirkte Mangel an präglazialen Reliktendemiten und die große Zahl boreoalpiner Glazialrelikte. Hierzu kommt nun noch ein weiteres, tiergeographisch besonders wichtiges Merkmal, das Vorhandensein zahlreicher, innerhalb des Alpenzuges in auffälliger Weise zentralalpin verbreiteter Tierarten. Der zentralalpine Verbreitungstypus wird am besten an Hand von Beispielen erläutert, weshalb im folgenden eine größere Anzahl solcher besprochen werden soll.

Zentralalpin verbreitet sind unter den Orthopteren:

Podisma frigida Boh. Die Art ist, wie schon erwähnt, boreoalpin verbreitet, bewohnt in den Alpen jedoch ausschließlich die Gebirgsgruppen mit bedeutender Massenerhebung; Ebner (1937) nennt folgende Ostalpenfundorte: in Nordtirol die Lechtaler Alpen (Württemberger Haus), den Blaser in den Stubaier Alpen (leg. Knoerzer, Ebner i. l.), das Pfitscher Joch in den Zillertaler Alpen; in Südtirol das Penser Joch in den Sarntaler Alpen, das Schlernplateau und die Seiser Alm, ferner die Umgebung von Bruneck; in Kärnten die Sonnblickgruppe (Hochtor-Südseite und Gjaidtroghöhe), vielleicht die Heidnerhöhe südlich vom Eisenhut. Holdhaus fand die Art im Fimbertal in der Silvrettagruppe an der Schweizer Grenze. Aus den Westalpen gibt Fruhstorfer (1921) folgende Fundorte an: in den französischen Alpen den Mte. Genèvre und das Plateau von Gondran bei Briançon; in der Schweiz Simplon, Rhonegletscher, Furka-Paß, Grimsel (2100 m), Mayenwand, Mattmark (2100 m), Belalp (2000 m), Sparrhorn (2600—2800 m), Visperterminen, Maderanertal, Bernina, Silvaplana, Maloya, Bergün (1375 m), Muottas Muraigl, Schafberg bei Pontresina (bis 2600 m), St. Gotthard (2000—2200 m), Val Bedretto (1900 m). Die Art ist somit von den Cottischen Alpen im Westen über die Walliser und Berner Alpen, die höchsten Lagen des Tessin, das Engadin, die Lechtaler, Stubaier und Sarntaler Alpen, die nordwestlichen Dolomiten, die Hohen Tauern und vielleicht das Königsstuhlgebiet verbreitet (vgl. Karte 4).

Anonconotus alpinus Yers. Auch diese Art, die in den Alpen endemisch ist, kennt man bisher in den Ostalpen nur von wenigen Fundorten, die Werner (1929, 1934) zusammengestellt hat. Es sind dies in Nordtirol der Arlberg, in Südtirol der Schlern und Mte. Baldo, in Osttirol der Zettersfeld in der Schobergruppe, der Ederplan in der Kreuzeckgruppe und das Kals-Matreier Törl, in Kärnten die Gjaidtroghöhe (leg. Jaitner). Aus den Westalpen gibt Fruhstorfer (1921) die Art von den Alpes maritimes, Basses Alpes und dem Piemont, Wallis und Tessin an; außerdem wird sie aus dem Schweizer Jura angeführt. *Anonconotus alpinus* greift in den französischen Alpen, im Schweizer Jura und in Südtirol über den zentralalpinen Bezirk etwas hinaus, folgt aber im übrigen streng dem inneralpinen Verbreitungstypus, so daß er unbedingt zu diesem gerechnet werden muß.

Anechura bipunctata Fbr. Diese Art, deren Verbreitung schon bei Besprechung der Steppenrelikte erörtert wurde, ist in den Alpen streng an die zentralen Ketten gebunden, in denen sie südlich des Alpenhauptkammes von den Cottischen Alpen ostwärts bis in die mittleren Hohen Tauern reicht. Auch sie besitzt darum zentralalpine Verbreitung (vgl. Karte 4), obwohl sie auch im pannonischen Klimagebiet am Alpenostrand und an anderen Punkten Südostmitteleuropas auftritt.

Zentralalpin verbreitete Lepidopteren sind:

Melitaea asteria Frr. Diese Art ist in den Alpen von der Schweiz ostwärts bis Kärnten und im Altai heimisch, sie bewohnt die Zwergstrauch- und alpine Grasheidenstufe. In den Ostalpen sind mir folgende Fundorte bekannt geworden: in der Ostschweiz Churwalden, Parpan, Schwarzhorn, Davos, Pontresina, Val Fain (Heutal); Albulapaß, Guarda, Val Tuoi, Hochwanggebiet, Vals, Montolin, Maggiatal ob Fusio, Bergün (alle teste Zerny); in Nordtirol Brennergebiet, Postalm, Wolfendorn, Schlüsseljoch, Hühnerspiel, Platzerberg, Hoher Lorenzen und Bendelstein (alle teste Zerny); in den bayrischen Alpen angeblich bei Lechleiten im Allgäu (teste Zerny); in Südtirol Stilfser Joch, Sesvennatal, Höhen des Altfaßtales und Tauferer Alpen in den Zillertaler Bergen, Klammljoch, Antholzer Alpen (alle Kitschelt 1925); in Osttirol Jagdhausalm, Maurertal, Timmeltal, Froßnitztal, Tegischtal, Oberbergalm, Durfelderalm, Kals-Matreier Törl; in Kärnten in der Glockner- und Sonnblickgruppe, auf der Turracher Höhe gegen den Rinsennock (Thurner 1923); in Salzburg auf dem Speiereck im Lungau (leg. Heidentaler, teste Zerny); in Steiermark angeblich auf den Stoderzinken von Mack sen. gesammelt, ein Fund, den Mack jun. (i. l.) bisher nicht bestätigen konnte.

Wie die vorstehenden Angaben zeigen, ist *Melitaea asteria* streng an die zentralen Gebirgsgruppen der Alpen gebunden, die ostalpine Verbreitung der Art ist in Karte 9 dargestellt.

Lycaena orbitulus Prun. Diese boreoalpine Art ist streng zentralalpin verbreitet, ich konnte folgende ostalpine Fundorte ermitteln: in der Ostschweiz verbreitet (teste Zerny); in Vorarlberg am Lünersee im Rätikon (teste Zerny); in Nordtirol und in den bayrischen Alpen Säuling, Zugspitze, in den Lechtaler und Allgäuer Alpen weiter verbreitet, Schluckenschroffen, Aschauer Alm bei Reutte, Untermarkter Alm bei Imst, bei Lermoos, Wettersteingebirge, Großer Solstein, Thial, Krahberg und Venetberg bei Landeck, Muttekopf, Timmljoch, Ramoljoch, Gamskogel, Gurgl, Fundusfeiler, Frischmannhütte, am Weg von Vent zur Vernagthütte, Rotpleißkopf und Furgler im Paznaun, Brennergebiet, Berlinerhütte in den Zillertaler Alpen (alle teste Zerny); in Südtirol Stilfser Joch-Gebiet, Rifugio Dorigoni im Ortlergebiet, Passo della Sforcellina, Val di Saent, Pejo, Sulden, Rosimboden, Val della Mare, Adamello, Malga dei fiori in der Presanellagruppe, Valle d'Ambies und Valle d'Algone in der Brentagruppe, Laugenspitze, Schnalser und Schlandernaunertal, Seiser Alm, Schlern, Pordoijoch, Condrinpaß, Mte. Piano, Tauferer Gebiet und Ettelbergalm in den Zillertaler Alpen (alle Kitschelt 1925); in Osttirol Timmeltal, Oberbergalm, Durfelder Alm, Tegischberg in 2200 m Höhe, Rudnig in 2100 m Höhe, Bichleralm (alle Kitschelt 1925); in Kärnten in der Glockner- und Sonnblickgruppe, im übrigen Kärnten nach Höfner (1905) fehlend; aus Steiermark liegen keine verbürgten Angaben vor; in Salzburg nur in der Glockner- und Sonnblickgruppe (teste Zerny).

Agrotis fatidica Hb. Auch diese Art ist boreoalpin verbreitet und, wie an früherer Stelle dargelegt wurde, in den Alpen ein typisches Grasheidentier der hochalpinen Grasheidenstufe. Mir sind folgende ostalpine Fundorte bekanntgeworden: in der Ostschweiz Oberengadin, Silser und Celeriner Alpen, Muottas Muraigl, Albulapaß, Weißenstein (alle teste Zerny); in Nordtirol Venetberg bei Landeck, Obergurgl, Fundusfeiler, Alpein, Villergrube im Stubai, Pfrimes bei Innsbruck (alle teste Zerny); in Südtirol Stilfser Joch-Gebiet, Schlern, Seiser Alm, an der Pallacia und am Aufstieg zur Tieseralm, Patschertal (2000 m), Rieserfernergruppe (alle Kitschelt 1925); in Osttirol Jagdhausalm, Tegischtal, Erlsbachalm, unterhalb des Eggsees, unterhalb des Villgratner Törls in 2400 m Höhe (alle Kitschelt 1925); in Kärnten nur in der Glockner- und Sonnblickgruppe (vgl. Höfner 1905); in Salzburg bei Mariapfarr im Lungau (coll. Mus. Wien, teste Zerny); in Steiermark fehlen sichere Angaben, angeblich am Seeboden und Stoderzinken sowie bei der Hofpürgelhütte am Dachstein, welche Funde nach Mack jun. (i. l.) aber noch der Bestätigung bedürfen.

Agrotis culminicola Stgr. Die Art ist in den Alpen endemisch, sie ist, wie die nachfolgende Aufstellung zeigt, streng zentralalpin verbreitet. In den französischen Alpen scheint sie zu fehlen. In den Ostalpen kennt man nur die folgenden wenigen Fundorte: in der Ostschweiz Albulapaß, Davos, Wormser Joch, Piz Padella, Vals, Ofenpaß (alle teste Zerny); in Nordtirol um Vent und Gurgl (Plattei, Samoarhütte), Rotpleißkopf im Paznaun in 2600 m Höhe (alle teste Zerny); in Südtirol Schnalser Tal, Schneeberg im Passeier, Stilfser Joch und Martelltal (Kitschelt 1925); in Kärnten nur in der Glockner- und Sonnblickgruppe (von Höfner 1905 überhaupt nicht angeführt); in Salzburg und Steiermark allenthalben fehlend.

Agrotis Wiskotti Stdf. Auch diese Art ist in den höchsten Zentralalpen endemisch (vgl. Spuler 1908—10). Ich konnte folgende ostalpine Fundorte zusammenstellen: in der Ostschweiz Albulapaß, Latsch bei Bergün, Piz Languard, Weißenstein, Jetzhorn und Dorftälli bei Davos (alle teste Zerny); in Nordtirol Roßkogel bei Innsbruck, Gebiet von Vent und Gurgl, besonders um die Samoarhütte, Rotpleißkopf im Paznaun in 2600 m Höhe (alle teste Zerny); in Südtirol Stilfser Joch, Martelltal, Schnalser Tal (Kitschelt 1925); in Osttirol auf der Edelsbachalm in 2300 m Höhe und auf der Durfelderalm in 2600 m Höhe (Kitschelt 1925); in Kärnten nur in der Glockner- und Sonnblickgruppe sowie bei der Osnabrücker Hütte unter der Hochalmspitze (leg. Thurner 1940). Aus den bayrischen Alpen, aus Salzburg und Steiermark, Ober- und Niederdonau ist die Art nicht bekannt.

Arctia Quenseli Payk. Eine boreoalpine Art, die in den Alpen streng zentralalpin verbreitet ist. In den Ostalpen sind bisher folgende Fundorte festgestellt: in der Ostschweiz Piz Padella, Alp Muraigl, Silser Alpen, zwischen Stalla und dem Averstal, Val Fain, Albulapaß, Stallerberg, Julierpaß, Panixerpaß, Gürgaletsch, Stulseralpe, Piz Calanolari, Valser Tal, Piz Spadlatscha, Val Tuors, Davos, Strelapaß, Schiahorn, Dorftälli, Jetzhorn, Schanfigg, Hochwang (alle teste Zerny); in Nordtirol Plattei am Weg zur Vernagthütte Samoarhütte, Rotkarferner, Venetberg bei Landeck, Patscherkofel, Blaser, Brenner, Hoher Lorenzen, Miesljoch, Grubenjoch, Kreuzjoch, Tarntaler Berge (alle teste Zerny); in Südtirol Stilser Joch, Ultental, Kamm zwischen Ultental und Vintschgau über Tabland, Schnalser Tal, Laugenspitze, Seiser Alm, Schlern, Hühnerspiel, Schlüsseljoch, Prettau in 2500 m Höhe, Kämme des oberen Altfaßtales in 2600 bis 2700 m Höhe (alle Kitschelt 1925); in Osttirol Klammljoch bis zum Reinhard, Froßnitztal in 2700 m Höhe, Kamm zum Bösen Weibele bei Lienz in 2400 m Höhe (alle Kitschelt 1925); in Kärnten nur in der Glockner- und Sonnblickgruppe (vgl. Höfner 1905); aus den bayrischen Alpen, aus Salzburg, Steiermark, Ober- und Niederdonau liegen keine Fundortangaben vor. Die Alpenverbreitung der Art ist in Karte 8 dargestellt.

Psodos alticolarius Mann. In den Alpen endemisch, findet sich vom Wallis westwärts und in den Hohen Tauern, vielleicht auch in Tirol. In der Ortlergruppe und in der Ostschweiz findet sich an seiner Stelle der nahe verwandte *Psodos chalybaeus* Zerny (teste Zerny). Mir sind folgende ostalpine Fundorte bekanntgeworden: in Nordtirol Muttekopf zu 2500 m Höhe, Ramoljoch, Tarntaler Köpfe (nach Zerny i. l. ist es nicht sicher, ob an diesen Fundorten *Ps. alticolarius* oder *chalybaeus* lebt); in Südtirol Cima Venezia in 3200 m und Mte. Pisgana in 3100 m Höhe in der Adamellogruppe, Seiser Alm, Neunerspitze, Fanesgruppe in 2800 m Höhe (alle nach Kitschelt 1925, auch die Zugehörigkeit der Stücke von diesen Fundorten zu *Ps. alticolarius* oder *chalybaeus* ist noch nicht geklärt); in Osttirol im obersten Timmeltal, auf dem Waldhorntörl in 2600 bis 3000 m Höhe (Kitschelt 1925); Kitschelt gibt außerdem als Fundorte den Gipfelgrat des Hochgall in 3400 m Höhe, den Finsterstern und Kramer in 2700 bis 2900 m Höhe im hintersten Sengestal, den Kraxentrager und den Rödtgletscher in Prettau als wahrscheinlich auf *Ps. alticolarius* bezügliche Fundorte an. Die Angabe Triglav (Hafner) dürfte sich nach H. Zerny (i. l.) auf *Ps. Spitzi* Rbl. beziehen. *Psodos alticolarius* ist ein Charaktertier der Polsterpflanzenstufe, das im Gebiet jedenfalls die Würmeiszeit, wenn nicht die gesamte Eiszeit, überdauert hat. Das Vorhandensein mehrerer nahe verwandter Arten in den Alpen spricht für das höhere Alter der Besiedlung des alpinen Raumes durch die diesen Formen gemeinsame Stammform. Der zentralalpine Charakter des ganzen Formenkreises wird dadurch nicht verwischt.

Fidonia carbonaria Cl. Diese Art ist in Nordeuropa und Sibirien weit verbreitet und findet sich noch in Holstein, Ostpreußen und in den baltischen Ländern in ebenem Gelände (Warnecke 1934). In den Alpen ist *Fidonia carbonaria* streng zentralalpin verbreitet, was aus den nachfolgend angegebenen ostalpinen Fundorten deutlich zu entnehmen ist. Dieselben sind in der Ostschweiz Bernina, Sils Maria, Albulapaß, Bergell, Davos, in Nordtirol Ötztaler Alpen zwischen Vent und Breslauer Hütte, Franz-Senn-Hütte im Alpein, Patscherkofel (alle nach Zerny); in Südtirol Mendel, Abhang der Plose in 1900 bis 2000 m Höhe (Kitschelt 1925); in Kärnten nur im Glocknergebiet; in den Alpen von Bayern, Salzburg, Steiermark, Ober- und Niederdonau fehlend.

Titanio pyrenaealis Dup. Eine über die Pyrenäen und Alpen verbreitete Art, deren wenige ostalpine Fundorte durchwegs im zentralalpinen Gebiet liegen. Sie sind in der Ostschweiz das Calancatal im Bezirk Moisa und der Piz Compatsch im Samnaun, in Südtirol das Stilfser Joch, in Kärnten die Glocknergruppe. Aus Salzburg, Steiermark, Ober- und Niederdonau liegen keine Fundortangaben vor.

Lita diffluella Hein. Die Art ist in den Alpen endemisch und streng zentralalpin verbreitet. Es sind folgende ostalpine Fundorte zu nennen: in der Ostschweiz Bergün, Albulapaß, Weißenstein, Bernina, Cresta bei Celerina (alle teste Zerny); in Nordtirol Gurgl (leg. Stange, teste Zerny); in Südtirol Stilfser Joch, Sellajoch (beide coll. Mus. Wien, teste H. Zerny); in Kärnten bisher nur aus dem Glocknergebiet bekannt; aus den bayrischen Alpen, aus Salzburg, Steiermark, Ober- und Niederdonau nicht angegeben.

Streng zentralalpin verbreitete Käfer sind:

Cicindela gallica Brullé. Die Verbreitung dieser Art wurde schon bei Besprechung der thermophilen Relikte der mittleren Hohen Tauern angegeben. Sie ist in der Schweiz und in Tirol streng zentralalpin, greift aber in den französischen Alpen auf die Alpes maritimes über und dringt auch im Allgäu in die Randzone der Alpen ein. Trotzdem ist der zentralalpine Verbreitungscharakter von *Cicindela gallica* unverkennbar (vgl. Karte 9).

Patrobus assimilis Chaud. Eine boreoalpine Art, die in den Ostalpen nur an wenigen Stellen, die fast durchwegs über der Baumgrenze liegen, nachgewiesen wurde. Alle diese Fundorte gehören dem zentralalpinen Verbreitungsbezirk an. Es sind in Nordtirol der Arlberg, der Roßkogel im Sellrain, das Mittertal im Kühtai, das Gaisbergtal bei Gurgl, in Südtirol die Seiser Alm, in den Hohen Tauern der Enzingerboden (alle Fundorte nach Holdhaus u. Lindroth 1939).

Amara Quenseli Schönh. Gleichfalls eine boreoalpine Art, die in den Alpen über die Alpes maritimes und Basses Alpes, Piemont und Wallis, das Berner Oberland, die Hochalpen des Tessin, die Bergamasker Alpen, die Glarner und Bündner Alpen, die Zentralalpen Tirols, ferner die Hohen Tauern, die Kreuzeckgruppe und das Tonnengebirge verbreitet ist. Die ostalpinen Fundorte sind nach Holdhaus und Lindroth (1939): in Vorarlberg nur südlich des Ill- und Klostertales, so am Lünersee, auf der Heimspitze und am Kalteberg; in Nordtirol nördlich des Inn nur in den Lechtaler Alpen auf dem Krabachjoch bei Zürs und im Gramaiser Tal, in der Fervallgruppe, im Ötztaler und Stubaier Alpen, auf dem Patscherkofel; in Südtirol in den Zentralalpen südwärts bis zum Mte. Frerone in der Adamellogruppe; in den zentralen Dolomiten; in Osttirol in den Hohen Tauern und in den Defereggor Alpen; in Kärnten in den Hohen Tauern ostwärts bis ins obere Pöllatal und in der Kreuzeckgruppe; in Salzburg in den Hohen Tauern und auf der Tauernscharte im Tennengebirge; in Steiermark bisher nur auf dem Lungauer Kalkspitz in den westlichen Niederen Tauern nachgewiesen, weiter östlich im ganzen Alpengebiet fehlend.

Arpedium brachypterum Grav. Ebenfalls eine boreoalpin verbreitete Art, welche die Alpen vom Wallis ostwärts bis in die Hohen Tauern bewohnt. Holdhaus und Lindroth (1939) geben folgende Ostalpenverbreitung an: in der Ostschweiz Vals, Bernina, Munt Rosatsch; in Nordtirol Krabachjoch bei Zürs und Säuling bei Reutte, Jamtal in der Silvretta, in den Ötztaler Alpen an zahlreichen Fundorten, auf dem Patscherkofel, auf der Mölseralm im Wattental; in Südtirol auf dem Jaufenpaß, Radelsee und Kassianspitz, auf dem Schlüsseljoch östlich des Brenner, Plose bei Brixen, Rollepaß, Helm bei Innichen; in Osttirol auf dem Pfannhorn in den Deferegger Alpen; in Kärnten nur auf der Kreuzelhöhe und dem Salzkofel in der Kreuzeckgruppe, in der Glockner- und Sonnblickgruppe; in Salzburg in der Sonnblickgruppe sowie auf der Mühllehenalm bei Dienten. Östlich der Sonnblickgruppe wurde die Art nirgends in den Alpen aufgefunden.

Olophrum transversicolle Luze. Eine in den Alpen endemische Art, die vorwiegend subalpin lebt und von der Scheerpeltz (1929) folgende Ostalpenfundorte angibt: in Nordtirol Labauneralm bei Nauders in etwa 1800 m Höhe, Wildmoosalm bei Pfunds in etwa 1600 m Höhe, Umhausen im Ötztal, Voldertal; in Südtirol Taufers im Ahrntal; in Osttirol im Dorfer Tal bei Kals (leg. Konneczni); in Salzburg in den Tälern der Glockner- und Sonnblickgruppe ostwärts bis ins Gasteiner Tal. In Kärnten, Steiermark, Ober- und Niederdonau wurde die Art bisher noch nirgends gefunden.

Geodromicus globulicollis Mannh. Ein boreoalpines Tier, welches von den Alpes maritimes über die Basses Alpes und Savoyen, das Wallis, Tessin und Engadin in den Alpen ostwärts bis in die mittleren Hohen Tauern verbreitet ist. Holdhaus und Lindroth (1939) nennen folgende Ostalpenfundorte: in Nordtirol Krabachjoch bei Zürs, Gramaiser Tal, Memmingerhütte im Mahdautal, Arzlerscharte, Verbellaalm in der Fervallgruppe, Ötztaler Alpen, Gerlossee; in Südtirol Stilfser Joch, oberstes Martelltal, Seiser Alm, Schlern, Marmolata, Mte. Antellao, Drei Zinnen; in Osttirol am Südhang des Venediger, auf dem Pfannhorn, im obersten Trojertal, auf dem Bösen Weibele bei Lienz, auf dem Helm bei Sillian und am Obstanser See in den Karnischen Alpen; in Kärnten in der Glockner- und Sonnblickgruppe, auf dem Pollinik und Salzkofel in der Kreuzeckgruppe; in den Salzburger Alpen in der Glockner- und Sonnblickgruppe ostwärts bis ins Gasteiner Tal und zum niederen Mallnitzer (Naßfelder) Tauern. Östlich der mittleren Hohen Tauern wurde *Geodromicus globulicollis* in den Alpen nirgends gefunden (vgl. Karte 8). In der Verbreitungskarte sind außer den genannten Fundorten noch folgende verzeichnet: Finstertaler Seen bei Kühtei; Längental; Gebirge um Ötz (Ammann u. Knabl 1912—1913); Niederjoch im Ötztal (leg. Janetschek, teste Wörndle); Glockturmgebiet im Radurscheltal in 2500 m (leg. Pechlaner); Gamshorn in der Silvretta (leg. Pechlaner); Hoher Riffler in der Fervallgruppe (leg. Schönmann).

Chrysomela crassicornis Hellies. Ein, wie wir sahen, boreoalpin verbreitetes Tier, das sowohl in den Alpen als auch in Norwegen als Würmüberwinterer zu gelten hat. Die wenigen Alpenfundorte liegen mit der einzigen Ausnahme des Vorkommens der var. *rhaetica* auf dem Wettersteingatterl streng im zentralalpinen Verbreitungsbezirk. Die Alpenfundorte der *Chr. crassicornis*, deren junge Rassen in diesem Zusammenhang unberücksichtigt bleiben können, sind: in der Schweiz das Binntal und der Saflischpaß (coll. Konschegg), der Passo Campolungo im Tessin; in Nordtirol das Wettersteingatterl; in Südtirol das Schlüsseljoch südöstlich vom Brenner; in Osttirol der Venedigersüdhang (Johannestal); in Kärnten die Südseite der Glockner- und Sonnblickgruppe (vgl. Franz 1938 c). Diese Fundorte sind auch in der Karte 3 verzeichnet.

Otiorrhynchus varius Boh. Eine in den Alpen und Cevennen heimische Art, die vorwiegend subalpin lebt und im Alpenzuge von den Alpes maritimes, wo sie eine eigene Rasse (var. *maritimus* Strl.) bildet, ostwärts bis in die mittleren Hohen Tauern reicht. Ich kenne folgende Ostalpenfundorte: in Vorarlberg Madlenerhütte und Kalteberg (Müller 1912), Rätikon (leg. Ganglbauer, coll. Mus. Wien); in Nordtirol im Jamtal in der Silvretta, beim Umhausen im Ötztal, im Ochsengarten, am Hochjoch und Gepatschferner, im Radurscheltal, auf der Mutterberger Alm und im Alpein im obersten Stubaital, auf der Lizum in den Kalkkögeln (Wörndle i. l.), auf der Stamser Alm, bei Vent, im Stubaital (Gredler 1863), am Patscherkofel und im Voldertal (Wörndle i. l.), Brenner (Gredler 1863); in Südtirol bei Brixen und Köstland (Gredler 1870), in Schalders westlich von Brixen (Gredler 1876), im Passeiertal und auf der Franzenshöhe im Ortlergebiet (Gredler 1863), im Rabbital südöstlich des Ortler (leg. Schmidt, coll. Mus. Wien), auf der Porphyrplatte über dem Fleimstal (Gredler 1878); in Osttirol auf der Jagdhausalm in Defereggen (Gredler 1863) und im Debanttal in der Schobergruppe (leg. Konneczni); in Salzburg im Stubachtal (leg. Frieb) und im Gasteiner Tal (leg. Leeder); in Kärnten bisher nur aus der Kleinen Fleiß auf der Sonnblicksüdseite bekannt. Östlich der Sonnblickgruppe ist die Art bisher in den Alpen nirgends gefunden worden.

Zentralalpin verbreitet ist ferner der Weberknecht:

Dicranopalpus gasteinensis Dol. Die Art ist in den Alpen endemisch, die Gattung besitzt Vertreter in den Alpen und in den Gebirgen Südeuropas. Die Verbreitung von *Dicranopalpus gasteinensis* (vgl. Karte 11) ist folgende: in den Westalpen Dep. Isère und Wallis (leg. Simon); in der Zentralschweiz Albristhorn bei Adelboden im Berner Oberland und Nidwalden (Oberfeld-Wallalp und Bannalp-Kaiserstuhl bei Wolfenschießen) (Schenkel 1923); in Nordtirol auf dem Alperschonjoch in den Lechtaler Alpen in 2200 m Höhe, in den Kalkkögeln in 2550 m Höhe, auf der Nordseite der Marchreisenspitze in 2550 m Höhe, im Stubaital nahe dem Jochübergang von Oberriß nach Lisens, oberhalb des Jungjoches im Wattental in 2600 m Höhe (alle nach Stipperger 1928); in Südtirol auf der Croda di Lago (leg. Simony, coll. Mus. Wien), ferner auf der Croda Nera im karnischen Hauptkamm und in den südlichen Karnischen Alpen auf dem Mte. Arvenis (Caporiacco 1938); in Salzburg in den Hohen Tauern bei Gastein (loc. typ.); in Kärnten bisher nur aus der Glocknergruppe bekannt. Die Art scheint vorwiegend hochalpin zu leben und Kalkgestein zu bevorzugen. Sie überschreitet in den Südalpen zwar den zentralalpinen Faunenbezirk, ist aber sonst streng auf ihn beschränkt.

Zentralalpin verbreitet ist schließlich auch noch die Spinne:

Lycosa Giebeli Pav. Eine Art, die aus den Alpen der Schweiz und Tirols sowie aus Sibirien und Nordamerika bekannt ist und wahrscheinlich zu den boreoalpinen Glazialrelikten der Alpenfauna zählt. Die Gesamtverbreitung der Art in den Alpen ist noch ungenügend erforscht, sie scheint jedoch in der Schweiz und in Tirol streng auf die zentralalpinen Gebiete beschränkt zu sein. In den Alpen östlich der Sonnblickgruppe wurde *Lycosa Giebeli* bisher noch nirgends gefunden.

Neben den eben besprochenen streng zentralalpin verbreiteten Kleintierarten gibt es eine Reihe solcher, die zwar im Osten und Süden der Alpen etwas weiter vorgedrungen sind, den zentralalpinen Charakter in ihrer Alpenverbreitung aber dennoch unverkennbar zeigen. Diese Arten lassen das Abklingen der inneralpinen Fauna gegen die Randgebiete des Alpenzuges erkennen und verdienen aus diesem Grunde gleichfalls eingehender besprochen zu werden.

Als Beispiele unter den Schmetterlingen sind zu nennen:

Synchloë callidice Esp. Eine über die Pyrenäen, Alpen, den Kaukasus und (in einer besonderen Rasse) die Gebirge Zentralasiens verbreitete Art, die in den Ostalpen von folgenden Fundorten bekannt ist: In der Ostschweiz nach Zerny verbreitet; in Nordtirol am Arlberg, auf dem Rotpleißkopf im Patznaun, bei der Memmingerhütte im Madautal, bei Lermoos, in der Wettersteinkette bis ins Gaistal herab, auf der Reitherspitze, auf den Zirler Mähdern, über der Höttinger Alm, auf dem Rumer- und Lafatscherjoch, auf dem Muttekopf, auf der Soiernspitze bei Lisens, bei Imst und Silz, auf dem Venetberg bei Landeck, am Gepatschferner, am Riffelsee ob Sölden, auf dem Acherkogel, Fundusfeiler, auf der Hochwilden in 3480 *m* Höhe, auf den Höhen über Gurgl, im Kühtai in 1700 *m* Höhe; im Haggen im Sellrain, im Längental, auf dem Roßkogel, im Alpein, auf der Waldrast und am Blaser, im Brennergebiet, am Patscherkofel und in den Tarntaler Bergen, auf dem Tuxer Joch und im Zillertal, im obersten Zemmgrund und im Sandestal in der Tribulaungruppe (alle teste Zerny); in Südtirol am Stilfser Joch, Rosimboden und Cercenpaß, im Val di Genova, im Schnalser Tal, am Radelsee, auf der Königsangerspitze, auf der Lorenzenscharte und am Latzfonserjoch, am Kassianspitz, auf dem Roßkopf bei Sterzing, Mendel, Kleiner Peitlerkofel, Kampillerscharte, Schlern, Grödnerjoch, Seiser und Tierseralm, Plose, Raschötzkamm, Pordoijoch, Fedajapaß, Falzaregopaß, Passo di San Pellegrino, Dürrenstein, Nuvolau, in der Cima d'Asta-Gruppe am Kamm Pamarotta-Gronlait und bei der Malga Cagnon, auf dem Lusia- und Rollepaß, auf der Postalm am Brenner, im Altfaßtal unter dem großen Seefeldpaß (alle nach Kitschelt 1925); in Osttirol auf der Jagdhausalm, auf dem Kesselkopf, im Maurertal, im Matreier Tauerntal und im Innergschlöß (alle nach Kitschelt 1925); in Kärnten nur in der Glockner- und Sonnblickgruppe und auf dem Eisenhut bei Turrach (Hoffmann u. Kloß 1914 ff.) sowie auf der Turracher Höhe (leg. Buddenbrock); in den Salzburger Alpen auf dem Sonntagshorn bei Lofer, in den Pinzgauer Tälern der Sonnblick- und Glocknergruppe (teste Zerny); in Steiermark auf dem Säuleck und Speikboden im Sattental in den Niederen Tauern (Mack jun. i. l.); außerdem noch in den Julischen Alpen auf dem Mangart, Rombon und Mte. Canin (teste Zerny). Die ostalpine Verbreitung der Art ist in Karte 10 dargestellt.

Oeneis aëllo Hb. Die Art ist in den Alpen endemisch und besitzt in den Ostalpen folgende Verbreitung: In der Ostschweiz und in Nordtirol nach brieflicher Mitteilung von H. Zerny weit verbreitet; in Südtirol im Ortlergebiet an zahlreichen Fundstellen, Adamello, Malga dei fiori auf der Presanella, Schnalser und Schlandernaunertal, Timmljoch, im Valle d'Ambies und Valle d'Algone in der Brentagruppe, Laugenspitze, Seiser Alm, Schlern, Pordoijoch, Condrinpaß, Mte. Piano; Brennergebiet, bei Taufers, Ettelbergalm (alle nach Kitschelt 1925); in Osttirol im Timmeltal auf der Venedigersüdseite, Oberbergalm, Durfelderalm, Tegischberg in 2200 *m* Höhe, Rudnig in 2100 *m* Höhe, Bichleralm (alle nach Kitschelt 1925), Steineralm und Hintereckkogel bei Windisch-Matrei (leg. Nitsche, teste Zerny); in Kärnten in der Glockner- und Sonnblickgruppe, auf dem Koveschnock am Dobratsch von 1400 *m* aufwärts und auf dem Plöcken (Höfner 1905), auf dem Gmeineck bei Spittal (Thurner 1937); in Steiermark auf dem Stoderzinken auf der S- und SO-Seite von 1600 *m* aufwärts, am Obersee im Seewigtal und in der Wand des Schoberberges im Sattental (Mack jun. i. l.). Im östlichen Teile von Kärnten, im größten Teil von Steiermark, in den Alpen von Ober- und Niederdonau fehlt die Art vollständig.

Lycaena pheretes Hb. Eine boreoalpine Art, die im ostalpinen Raum folgende Verbreitung besitzt: In der Ostschweiz nach Zerny (i. l.) verbreitet; in Nordtirol bei Tannberg und Imst, bei Lermoos, im Wettersteingebirge, Sonnwendjoch, Rofan, Arlberg, Rotpleißkopf und Furgler im Paznaun, Venetberg bei Landeck, Urgental, Vent, Gurgl, Fundusfeiler, Kühtai, Ambergerhütte, im Haggen und bei Liesens im Sellrain, bei Oberriß und im Alpein, Saile, Bendelstein, Postalm am Brenner, Tuxer Joch, Hintertux, Waxeckalm, Lizum im Wattental (alle teste Zerny); in Südtirol in der Ortlergruppe an zahlreichen Fundorten, in der Adamellogruppe bei der Mandronhütte, dem Refugio Segantini und der Malga dei fiori, im Schnalser und Schlandernaunertal, im Valle d'Ambies und Valle d'Algone in der Brentagruppe, bei Bad Ratzes, Seiseralm, Tierseralm, Latemar, Heiligenkreuz im Enneberg, Cortina d'Ampezzo, Cimone di San Martino, Pordoispitzen, Fedajapaß, Cima di Bocche, Lusiapaß und Lusiasee in der Cima d'Asta-Gruppe, Pfitscher- und Schlüsseljoch, Alm Fane im Valser Tal, Weißenbach bei Taufers, Ettelbergalm, Bad Mühlbach, Knutten (alle Kitschelt 1925); in Osttirol auf der Jagdhausalm, im Maurer- und Froßnitztal, im Kleinen Iseltal, Timmeltal und Matreier Tauerntal, Defereggental in 1500 *m* Höhe, Oberbergalm (alle Kitschelt 1925); in Kärnten in der Glockner- und Sonnblickgruppe, Mussen bei Kötschach (teste Zerny); in Salzburg am Krimmler Tauern, in der Glockner- und Sonnblickgruppe; in Steiermark im Ahornkar im Dachsteingebiet (leg. Foltin, teste Zerny), Tuchmaralm im Kleinsölktal, Reimbrechthütte, Seekarspitze, Deneck in der Sölk (alle in den Niederen Tauern gelegen, Mack jun. i. l.), Linsalm südlich des Eisenerzer Reichensteins und Kaisertal am Reiting bei Leoben (Mack jun. i. l.).

Agrotis alpestris B. Eine in den europäischen Gebirgen, dem Kaukasus, Armenien, dem Elbrus und Turkestan weitverbreitete Art, die in den Alpen fast ausschließlich die zentralalpinen Gebiete bewohnt. Sie hat in den Ostalpen folgende Verbreitung: in der Ostschweiz Preda am Albulapaß, Latsch bei Bergün; in Nordtirol St. Anton am Arlberg, Vent, Obergurgl, Zwieselstein, Windachalm bei Sölden, Kühtai, Matrei am Brenner; in Südtirol Stilfser Joch, Schnalsertal, Seiser Alm, Campitello, Buchenstein, auf mehreren Almen bei Bozen, Brennerbad, Schlüsseljoch, Steinhaus im Ahrntal (alle Kitschelt 1925); aus Osttirol liegen keine Angaben vor; in Kärnten nur aus der Glockner- und Sonnblickgruppe bekannt; aus den bayrischen und Salzburger Alpen fehlt jede Angabe; in den Kalkalpen von Oberdonau angeblich am Dachstein, Warscheneck und Traunstein, welche Angaben aber von L. Müller (1926) bezweifelt werden.

Anarta nigrita B. Auch diese Art zeigt eine vorwiegend zentralalpine Verbreitung. Ich konnte in den Ostalpen folgende Fundorte ermitteln: in der Ostschweiz Albulapaß, Piz Nair, Bernina, Piz Umbrail, Piz Padella, Sertigtal bei Davos, Maienfelder Furka, Fextal, Val Piora (alle teste Zerny); in Nordtirol und in den bayrischen Alpen Nebelhorn im Allgäu, Mädelejoch, Schrecksee, Krottenkopf bei Garmisch, Wettersteingebirge, Oberleutasch, Karwendelgebirge, Niederjochferner und Roßkar in den Ötztaler Alpen, Muttenjoch, Saille, Blaser, bei der Geraerhütte am Olperer in den Zillertaler Alpen (alle teste Zerny); in Südtirol Stilfser Joch-Gebiet und Martelltal, Schlern, Rosengarten, Nuvolau, Antermojasee, Weißenspitze in den Zillertaler Alpen (alle Kitschelt 1925); aus Osttirol fehlen Fundortangaben; in Kärnten bisher nur aus dem Glocknergebiet bekannt; in den Salzburger Alpen im Steinernen Meer und am Untersberg; aus Steiermark und aus den Alpen von Ober- und Niederdonau fehlt jede Angabe, dagegen wurde die Art am Triglav gefunden (leg. Kautz, teste Zerny).

Hepialus ganna Hb. Eine boreoalpine Art, die in den Alpen vorwiegend im zentralalpinen Faunenbezirk vorkommt. Aus den Ostalpen liegen folgende Fundortangaben vor: in der Ostschweiz Fürstenalp, Alp Paviz im Prättigau, Falknisgebiet, Sils Maria, Albulapaß, Davos, Dorftälli (alle teste Zerny); in Nordtirol und in den bayrischen Alpen Nebelhorn und Kreuzeck im Allgäu, Haseneckalm, Hochvogel und Ertschenalm, Vereimalm, Außerferner Alpen, Aschaueralm bei Reutte, Grünsteinscharte bei Mieming, im Karwendelgebirge an zahlreichen Stellen, Sonnwendjoch, Steiner Alpensee bei Zams, Saile (alle teste Zerny); in Südtirol Stilfser Joch, Seiser Alm, Schlern, am Fuße der Roßzähne (alle Kitschelt 1925); aus Osttirol liegen keine Fundortangaben vor; in Kärnten nur in der Glockner- und Sonnblickgruppe; in Steiermark am Stoderzinken (Mack jun. i. l.) und am Warscheneck (leg. Klimesch, teste Mack jun.), auf der Ochsenwieshöhe am Dachstein (leg. Kitt, teste Zerny), angeblich auch am Pyhrgas oberhalb der Hofalm (leg. Wolfschläger, von L. Müller 1926 bezweifelt); in Oberdonau im Kammergebirge (leg. Angerer, teste Zerny). Alte Angaben vom Wiener Schneeberg sind nach Zerny (i. l.) sicher falsch. Die Art scheint in den Alpen vorwiegend auf Kalkunterlage vorzukommen und darum große Teile der Zentralalpen zu meiden.

Zygaena exulans Hochw. Diese boreoalpine Art, die in den Alpen ein Charaktertier der hochalpinen Grasheiden ist, weist eine vorwiegend zentralalpine Verbreitung auf (vgl. Karte 10). Es sind folgende Ostalpenfundorte zu nennen: In der Ostschweiz nach Zerny (i. l.) weit verbreitet; in Nordtirol und in den bayrischen Alpen Nebelhorn, Himmeleck und Mädelejoch in den Allgäuer Alpen, Thaneller bei Reutte, Muttekopf, Wetterstein- und Karwendelgebirge, Rofangebiet, Arlberg, in den Ötztaler Alpen am Fundusfeiler und an vielen anderen Stellen, Gepatschferner, Pitztal, Kühtai, Urgental, Venetberg bei Landeck, Rotpleißkopf und Furgler im Patznaun, Sellrain- und Stubaital, Wilder Freiger, Simmingjoch, Blaser, Saile, Brennergebiet, Tarntaler Köpfe, Volder- und Wattental, in den Zillertaler Alpen an zahlreichen Fundorten (alle teste Zerny); in Vorarlberg im Rätikon (teste Zerny); in Südtirol Stilfser Joch-Gebiet, Adamello, Val di Genova, Schnalser- und Schlandernaunertal, Rittnerhorn in den Sanntaler Alpen in 2000 m Höhe, Königsangerspitze, Latzfonser Kreuz, Kassianspitz, Seiser Alm, Schlern, Rosengarten, Kronplatz bei Brunneck, Latemar, Sennes und Fanesalm, bei Enneberg, Passò Pardon in der Marmolata, Condrintal, Cima di Bocche und Lusiapaß, Altfaßtal über 2000 m Höhe, Tauferer Alpen (alle Kitschelt 1925); in Osttirol im Kleinen Iseltal, Maurertal, Timmeltal, Froßnitztal und Matreier Tauerntal, unter dem Virgentörl, Trojer Almtal, Kar unter der Alplesspitze, Burgertal, Michlbachtal, Bichlertal, Böses Weibele bei Lienz, Zochenpaß in den Lienzer Dolomiten (alle Kitschelt 1925); in Kärnten nur in den Hohen Tauern ostwärts bis zum Mallnitzer Tauern nachgewiesen; in den Salzburger Alpen in den Pinzgauer Tauerntälern vom Krimmler Tauern ostwärts bis in die Sonnblickgruppe, Radstätter Tauern, Kareck, Tschaneck und Speiereck im Lungau am Ostrand des Tauernfensters (teste Zerny); alte Angaben vom Untersberg, Gaisberg, Aigen sind sicher falsch; in Steiermark am Preber und Hauser Kalbling in den Niederen Tauern und auf dem Zeiritzkampl (teste Kiefer), auch im Bezirk Gröbming (Mack jun. 1940); angeblich auch am Warscheneck bei der Dümlerhütte, was aber von L. Müller (1926) bezweifelt wird.

Pyrausta murinalis F. R. Diese in den Alpen endemische Art ist nach den vorliegenden Angaben gleichfalls vorwiegend zentralalpin verbreitet. Es liegen mir folgende Fundortangaben aus den Ostalpen vor: in der Ostschweiz Graubündner Alpen (teste Zerny); in Nordtirol Nördlingerhütte, Seefeldspitze, Wettersteingebirge, Arzlerscharte, Lafatscherjoch (teste Zerny); in Südtirol Stilfser Joch, Schlern, Val Popena bei Schluderbach (teste Zerny); aus Osttirol liegen keine Fundortangaben vor; in Kärnten bisher nur vom Glockner bekannt; in den Julischen Alpen im Kottal und bei der Maria-Theresien-Hütte am Triglav (teste Zerny); in den Salzburger Alpen Loferer Steinberge (leg. Predota, coll. Mus. Wien); in Steiermark nach Prohaska und Hoffmann angeblich auf der Teichalm am Hochlantsch von Schieferer gesammelt, welche Angabe jedoch sicher falsch ist (Schieferer hat viele falsche Fundorte).

Käfer mit weiterer zentralalpiner Verbreitung sind:

Cychrus angustatus Hoppe. Die subalpine Art ist von den Cottischen Alpen im Westen bis in die Gurktaler und Julischen Alpen im Osten verbreitet (vgl. Karte 11) und findet sich auch in den Gebirgen Bosniens (K. Daniel 1904—06). Es sind folgende Ostalpenfundorte zu nennen: in der Ostschweiz im Beversertal unter dem Albulapaß in 1900 m Höhe (K. Daniel 1904—06); in Vorarlberg Andelsbuch, Gamperdona, Stuben, Arlberg (Müller 1912); in Nordtirol im Lechtal (teste Horion), bei Ötz an schattigen Hängen (Ammann u. Knabl 1912—13), Steinach am Brenner, Voldertal bei Hall, Brenner, Patscherkofel (K. Daniel 1904—06); in Südtirol Trafoi (coll. Mus. Wien), Condino in Judicarien (Gredler 1868), Bocca di Brenta (Gredler 1882), Mte. Baldo, Bedolo, Torcegno (K. Daniel 1904—06), Vallarsa nahe der ehemaligen italienischen Grenze (Gredler 1878), Cima d'Asta-Gruppe in der Nähe des Passo Cinque Croci (leg. Franz), Mte. Passubio, Cima Tombea (coll. Mus. Wien), Col Santo, Cima Posta, Lalensolapaß in der Valsugana, Primiero, Latemar, Schlern, Seiser Alm, Grödental, Bad Ratzes, Oberbozen, Passeiertal, Brixen (K. Daniel 1904—06), Karersee, Sellajoch, Puflatsch (coll. Mus. Wien), beim Bade Innichen und am Fuße des Helmberges in Sexten (Gredler 1873), beim Antholzer See (K. Daniel 1904—06); in Osttirol bei Lienz (K. Daniel 1904—06) und beim Tristacher See; in Kärnten bei Heiligenblut (loc. typ.), am Kreuzeck, in der Siflitz südlich Kleblach und auf der Latschur (coll. Konschegg), am Dobratsch (Schatzmayr 1907), in den Gurktaler Alpen bei Gnesau und im Göritzgraben (Holdhaus u. Prossen 1900 ff.); in den Alpen der Venezia Giulia am Mte. Ressetum und Mte. Verzegnis in den Venezianer Alpen und am Zuc des Boor in den südöstlichsten Karnischen Alpen (Franz 1934); in den Julischen Alpen am Cerna prst (K. Daniel 1904—06);

in den bayrischen Alpen bei Immenstadt (K. Daniel 1904—06), ferner bei Hindelang und Riezlern im Allgäu (teste Ihssen); in Salzburg bei Gastein (coll. Mus. Wien); in Steiermark, Unterkärnten und in den Alpen von Ober- und Niederdonau wurde die Art bisher nirgends gefunden. *Cychrus angustatus* besitzt demnach in den Südalpen zwar eine weite Verbreitung, zeigt aber in der Begrenzung seines Wohnareals gegen Osten und Nordosten eine bemerkenswerte Übereinstimmung mit den streng zentralalpinen Arten.

Patrobus septentrionis Dej. Die Art ist wahrscheinlich boreoalpin verbreitet, findet sich jedoch nach Holdhaus und Lindroth (1939) auch im Inntal bei Innsbruck, in der bayrischen Ebene an einem Altwasser des Inn bei Marktl, ferner am Bodensee (Holdhaus mündlich) und wohl auch noch an anderen Stellen des Alpenvorlandes. Trotzdem zeigt die Art innerhalb des Alpenzuges eine streng zentralalpine Verbreitung, indem sie nicht nur in den Massifs de refuge am Alpensüdrand, sondern auch in Salzburg, Steiermark, Ober- und Niederdonau sowie im größten Teil Kärntens vollständig fehlt. Die östlichsten bisher bekannten Fundorte liegen in der Glockner-, Schober- und Kreuzeckgruppe (Kreuzelhöhe, leg. Holdhaus) sowie am Obstanser See in den westlichen Karnischen Alpen (vgl. Franz 1934) und in den zentralen Dolomiten (Holdhaus mündlich).

Helophorus Schmidti Villa. Diese über die Pyrenäen, größere Gebiete Frankreichs, die Apenninen und Alpen verbreitete Art scheint in den Ostalpen streng zentralalpin verbreitet zu sein, obwohl sie in Frankreich auch in ziemlich tiefen Lagen gefunden wird. In den Ostalpen reicht das Verbreitungsgebiet nordwärts bis Vorarlberg, von wo Müller (1912) die Fundorte Freschen, Mittagstein, Kalteberg, Madlenerhütte und Formarin nennt; bis ins Allgäu, wo sie Ihssen noch am Hochvogel und Nebelhorn sammelte (Horion i. l.), und bis in die Salzburger Schieferalpen, wo sie Holdhaus noch auf dem Gernkogel in den Kitzbüheler Alpen nachwies. In Südtirol scheint die Art wenig verbreitet zu sein, da ich in der Literatur keine Angaben über ihr Vorkommen dortselbst auffinden konnte. In Kärnten scheint sie nur in den Hohen Tauern und im Königsstuhlgebiet vorzukommen (vgl. Holdhaus und Prossen 1900 ff.), die Fundortangabe „Heilige Wand bei Ferlach" geht nach Holdhaus (mündlich) auf eine alte Quelle zurück und ist wahrscheinlich unrichtig. Im Alpenhauptkamm ist die Art bisher ostwärts nur bis in die Radstädter Tauern bekannt, wo sie von Holdhaus noch auf der Kampspitze gesammelt wurde. Der östlichste bisher bekannte Alpenfundort ist der Rötelstein auf der Südseite des Dachstein (leg. Franz).

Hygrogaeus aemulus Rosh. Die Art ist über die Abruzzen und Alpen verbreitet und scheint in den letzteren vorwiegend auf Urgestein zu leben. Sie findet sich im Alpenzuge von den französischen und Schweizer Alpen ostwärts bis in die Sonnblick- und Schobergruppe und weiter östlich über das Kärntner Nockgebiet bis zum Zirbitzkogel in den Seetaler Alpen (leg. Ganglbauer). In den Zentralalpen Steiermarks mit Ausnahme des Zirbitzkogels, in den nördlichen und südlichen Kalkalpen scheint sie vollständig zu fehlen, ebenso liegen aus dem Kärntner Nockgebiet meines Wissens bisher keine Funde vor.

Corymbites melancholicus Fbr. Dieser Käfer hat eine vorwiegend nordische Verbreitung und scheint das Zentrum seines Wohnareals in Sibirien zu besitzen. In den Alpen ist er äußerst diskontinuierlich verbreitet und scheint wie *Anechura bipunctata*, *Cicindela gallica* und *Melithaea asteria* vor allem südseitige Hänge des Alpenhauptkammes zu bewohnen. Er besitzt durchaus den Charakter eines heliophilen Steppentieres und findet sich als solches in den mittleren Hohen Tauern auch meist in Gesellschaft von *Anechura bipunctata*, tritt einzeln allerdings auch auf die Nordseite des Tauernkammes über. Mir sind nur die folgenden Ostalpenfundorte bekannt: Franzenshöhe im Ortlergebiet (Gredler 1873), Timmeljoch gegen das Ötztal (leg. Ratter et Wörndle); Nauders (leg. Strupi, teste Wörndle); in der Gegend von Sölden (Ammann v. Knabl 1912—13); Timmeljoch im obersten Passeiertal zahlreich, Ritten und Fassanerjoch (Gredler 1863); in Osttirol auf der Jagdhausalm in Defereggen (Gredler 1863) und im Dorfer Tal (leg. Franz); in Kärnten nur in der Glockner-, Sonnblick- und Hafnereckgruppe, in der letzteren von Holdhaus im oberen Pöllatal aufgefunden, von Holdhaus und Prossen (1900 ff.) nicht angeführt; in Salzburg im Krumeltal und Seidelwinkeltal in der Sonnblickgruppe (leg. Leeder und Franz); in Steiermark bisher nur auf dem Zirbitzkogel nachgewiesen (leg. Franz). Die Angabe Redtenbachers (1858), wonach die Art auf dem Schneeberg in Niederdonau vorkommen soll, ist sicher falsch.

Phytodecta affinis Gyll. Auch diese boreoalpine Käferart ist in den Alpen in bemerkenswerter Weise zentralalpin verbreitet. Sie reicht von den Alpes maritimes ostwärts bis Kärnten und Steiermark, erlischt hier aber in einer Linie, die von der Kreuzeckgruppe über das Pöllatal und den Giglachsee in den Schladminger Tauern zum Dachstein zieht. Östlich dieser Linie ist die Art nur noch vom Hochschwab bekannt. In den nördlichen Kalkalpen sind mehrere Fundorte aus den Lechtaler Alpen bekannt, ferner wurde die Art im Tennengebirge, am Dachstein und im Hochschwabgebiet festgestellt; in den südlichen Kalkalpen nennen Holdhaus und Lindroth (1939) den Passo Grosté in der Brentagruppe, Costabella nördlich des Passo di San Pellegrino in den Dolomiten, Nuvolau, Eisenreich im westlichsten Teil der Karnischen Hauptkette und Triglav. Weitere Angaben über die Gesamtverbreitung der Art finden sich bei Holdhaus und Lindroth (1939).

Mit den angeführten Beispielen ist die Zahl der mehr oder weniger streng zentralalpin verbreiteten Arten der Fauna des Untersuchungsgebietes noch keineswegs erschöpft. Es gehören hierher mit ziemlicher Sicherheit noch die Schmetterlinge *Oxyptilus Kollari* Stt., *Olethreutes puerilana* Hein. und *Grapholita phacana* Woke sowie die Fliegen *Cyrtopogon Meyer-Dürii*, *Eucoryphus coeruleus*, *Chilosia Sahlbergi* und *Ptiolina paradoxa*, vielleicht auch *Helomyza alpina* und *Phaeobalia trinotata*, deren alpine Verbreitung aber noch recht ungenügend bekannt ist. Auch der Regenwurm *Eisenia alpina*, einzelne Milben und einige weitere Spinnen dürften denselben Verbreitungstypus aufweisen. Die tiergeographische Erforschung dieser Tiere ist jedoch heute noch zu unvollständig, als daß man die Grenzen ihrer alpinen Verbreitung bereits sicher zu erkennen vermöchte.

Die angeführten Beispiele reichen ja auch hin, um die Existenz eines zentralalpinen Verbreitungstypus in der Alpenfauna zu beweisen und um eine exakte Beschreibung desselben zu ermöglichen. Die zentralalpine Verbreitung definiert sich nach den eben vorgelegten Daten als ein Verbreitungstypus, dessen Kern der Alpenhauptkamm in jenem Abschnitt bildet, der von Gletschern gekrönt ist. Von ihm aus greifen die einzelnen hierher zu rechnenden Tierarten mehr oder weniger weit auf die vorgelagerten Gebirgsgruppen über, ohne jedoch im allgemeinen die Randberge der Alpen zu erreichen. In den Ostalpen umfaßt das zentralalpine Faunengebiet die Berninagruppe, die Alpen des Engadin, die Silvretta- und Fervallgruppe, die Ötztaler, Stubaier und Sarntaler Alpen, die Ortler- und Adamellogruppe südlich bis zum Mte. Frerone, die Brentagruppe, die nordwestlichen Dolomiten südwärts bis zur Cima d'Asta-Gruppe, ostwärts bis etwa in die Gegend von Cortina d'Ampezzo, die Hohen Tauern, besonders deren westlichen und mittleren Teil, die Rieserfernergruppe, die Defregger und Villgratner Alpen, die Schober- und Kreuzeckgruppe. Östlich der Hohen Tauern verarmt die Fauna sehr rasch an zentralalpin verbreiteten Tieren, deren einige noch die westlichen Niederen Tauern und die Gurktaler Alpen erreichen. Südlich der Drau beherbergen noch die westlichen Teile der Karnischen Hauptkette und die Julischen Alpen einige zentralalpin verbreitete Tiere. In den nördlichen Kalkalpen fallen die Lechtaler Alpen durch einen bedeutenden Reichtum an zentralalpinen Arten auf, während das Wetterstein- und Karwendelgebirge eine viel geringere Zahl solcher aufzuweisen haben. Inneralpine Faunenelemente finden sich ferner auch in den Loferer Steinbergern, in den Bergen um den Königssee, im Tennengebirge, Dachsteinmassiv und Toten Gebirge, ganz wenige auch noch in den Eisenerzer Alpen und auf dem Hochschwab.

Unter den Tieren, deren alpines Wohnareal dem besprochenen Typus angehört, lassen sich nach ihrer Gesamtverbreitung und Lebensweise verschiedene Gruppen unterscheiden. Unter diesen weist die Gruppe der boreoalpin verbreiteten Formen die größte Zahl von Vertretern auf, an zweiter Stelle folgen alpine Endemiten, an dritter weiter verbreitete Gebirgstiere, an letzter schließlich Steppentiere mit asiatisch-alpiner Verbreitung.

Aus dem hohen Anteil der boreoalpinen Glazialrelikte an den Arten mit zentralalpiner Verbreitung ist zu ersehen, daß eine der Ursachen, die zur Herausbildung dieses Verbreitungstypus geführt haben, die noch gegenwärtig starke Vergletscherung der um die Achse des Gebirges gescharten Berggruppen ist. Das dem arktischen ähnliche Gletscherrandklima gewährt kälteliebenden Tieren, die auf den sommersüber völlig aperen Gipfeln am Rande der Alpen keine zusagenden Lebensbedingungen finden, ein Refugium. In diesem Umstand findet auch der auffällige Reichtum der Tierwelt der mittleren Hohen Tauern an boreoalpinen Arten seine Erklärung.

Für die zentralalpine Verbreitung hochalpiner Endemiten und auch einzelner in den Alpen ausschließlich hochalpin lebender boreoalpiner Formen ist als zweite Ursache ihrer Beschränkung auf das inneralpine Gebiet die große Ausdehnung des hochalpinen Areals in den Gebirgen mit bedeutender Massenerhebung zu nennen. Wir haben hier im Gegensatz zu den Randbergen, die nur mit den höchsten Spitzen in die hochalpine Grasheidezone hineinragen und die hochalpine Polsterpflanzenstufe meist überhaupt nicht erreichen, ausgedehnte hochalpine Grasheiden- und Schneeböden und über diesen meist noch beträchtliche von Vorpostengesellschaften besiedelte Flächen. Auf diesen fanden auch in der postglazialen Wärmezeit, als durch die Verschiebung aller Vegetationsgrenzen um mehrere 100 m nach oben das hochalpine Areal der Alpen bedeutend stärker eingeengt war als heute, die Tiere der hochalpinen Grasheiden- und Polsterpflanzenregion leichter ihnen zusagende Lebensbedingungen als auf Bergen, auf denen damals vielleicht nur auf der Nordabdachung des Gipfels oder in steilen Schneerinnen auf engstem Raum hochalpine Tiere zu leben vermochten.

Schließlich muß auch das kontinentale Klima der innersten Teile des Gebirges noch als die zentralalpine Verbreitung bedingender Faktor in Rechnung gestellt werden. Die verhältnismäßig geringen Niederschlagsmengen der inneren Alpenlagen sind vor allem für die inneralpine Verbreitung der Steppentiere wie *Anechura bipunctata* Fbr., aber wohl auch *Cicindela gallica* Brullé, *Corymbites melancholicus* Fbr. und *Melitaea asteria* Frr. als ausschlaggebend anzusehen.

Es ergibt sich somit, daß die zentralalpine Verbreitung ähnlich vielen anderen Erscheinungen in der Natur durch eine Mehrzahl verschiedener Ursachen bedingt ist. Dies vermindert aber ihre Bedeutung für die zoogeographische Kennzeichnung bestimmter Faunenbezirke der Alpen in keiner Weise. So sind die Hohen Tauern durch keinen anderen Umstand tiergeographisch gleich scharf gekennzeichnet wie durch die Tatsache, daß sie den östlichen Eckpfeiler des zentralalpinen Verbreitungsbezirkes der Alpen darstellen. In ihnen finden zahlreiche in ihrer Verbreitung innerhalb der Alpen auf deren höchste Gebirgsstöcke beschränkte Arten die östliche Begrenzung ihres alpinen Wohnareals. Solche Tiere sind die Heuschrecke *Anonconotus alpinus* Yers. und in gewissem Sinne auch der Ohrwurm *Anechura bipunctata* Fbr., die Schmetterlinge *Melitaea asteria* Frr., *Lycaena orbitulus* Prun., *Agrotis culminicola* Stgr. und *Agrotis Wiskotti* Schiff., *Arctia Quenseli* Payk., *Psodos alticolarius* Mn., *Fidonia carbonaria* Cl., *Titanio pyrenaealis* Dup. und *Lita diffluella* Hein., die Käfer *Cicindela gallica* Brullé, *Patrobus assimilis* Chaud., *Patrobus septentrionis* Dej., *Arpedium brachypterum* Grav., *Olophrum transversicolle* Luze, *Geodromicus globulicollis* Mannh., *Chrysomela crassicornis* Hellies. und *Otiorrhynchus varius* Boh., die Spinne *Lycosa Giebeli* Pav. und der Weberknecht *Dicranopalpus gasteinensis* Dol. Hierzu kommen wahrscheinlich noch zahlreiche weitere Arten, deren tiergeographische Erforschung heute noch zu wenig weit vorgeschritten ist, um ihre Verbreitungsgrenzen klar erkennen zu können. Solche Formen sind die Lepidopteren *Oxyptilus Kollari* Stt., *Olethreutes puerilana* Hein. und *Grapholita phacana* Woke, die Coleopteren *Anthophagus noricus* Gglb., *Olophrum Florae* Schptz., *Hygropetrophila Scheerpeltzi* Bernh. und *Syncalypta cyclolepidia* Mnst., die Dipteren *Cyrtopogon Mayer-Dürii* Mih., *Eucoryphus coeruleus* Beck., *Chilosia Sahlbergi* Beck. und *Rhynchopsilops villosus* Hend., sowie der Regenwurm *Eisenia alpina* Rosa.

4. Zusammenfassende tiergeographische Kennzeichnung des Gebietes.

Das Untersuchungsgebiet hat sich bei Zergliederung seiner tiergeographischen Eigenarten als einer jener Teile der Alpen erwiesen, in denen durch die wiederholte intensive Vergletscherung während des Pleistozäns der größte Teil der präglazialen Fauna vernichtet wurde. Nur in den Tiergesellschaften der Polsterpflanzenstufe gibt es in den mittleren Hohen Tauern eine kleine Anzahl von Tierarten, welche die Würmeiszeit und vielleicht zum Teil das ganze Pleistozän auf Nunatakern mitten im Eise überdauert haben. Der weitaus überwiegende Teil der hochalpinen Fauna und alle subalpinen Tiere sind erst nach der Eiszeit im Gebiete endgültig heimisch geworden. Unter den postglazialen Zuwanderern befindet sich eine im Verhältnis zu anderen Teilen der Alpen sehr große Zahl boreoalpin verbreiteter Glazialrelikte. Die Zuwanderung der Gebirgsfauna ist noch nicht abgeschlossen, hält vielmehr noch in der Gegenwart in beträchtlichem Umfang an. Sie scheint bei Gebirgsbewohnern, welche die tiefsten Tallagen meiden, mit Ausnahme gewisser hochalpiner Formen im Innern des Gebirges quer über Täler und Höhenrücken, vorwiegend von Osten her zu erfolgen. Dementsprechend ist eine schrittweise Verarmung der Gebirgsfauna innerhalb der Hohen Tauern von Osten gegen Westen zu beobachten. Auch die Talfauna erhält noch in der Gegenwart neuen Zustrom. Derselbe ist in den kurzen nördlichen Tälern stärker als in den langen Südtälern, besonders in dem vielfach gewundenen und zum Teil recht engen Mölltal. In den warmen und niederschlagsarmen Gebieten südlich des Tauernhauptkammes begegnen uns in überraschender Fülle wärmeliebende Tierarten. Die meisten von diesen nehmen in den südlichen Tauerntälern und an den sonnigen Südhängen weithin isolierte Reliktstandorte ein, an die sie nur in der postglazialen Wärmezeit gelangt sein können. Demnach muß schon in der postglazialen Wärmezeit das Gebiet eine sehr formenmannigfaltige Tierwelt beherbergt haben. In den nördlichen Tauerntälern sind nur in gewissen Trockenrasengesellschaften und in der Bodenfauna der Mischwälder einzelne Faunenelemente erhalten geblieben, bei denen eine wärmezeitliche Einwanderung unverkennbar ist. Dagegen ist dort in den Mischwaldgebieten ein ozeanischer Fauneneinschlag unverkennbar. Überaus augenfällig ist der zentralalpine Faunencharakter des

Gebietes. Zahlreiche Tiere, die in den Alpen nur im Innern des Gebirges, in den durch bedeutende Massenerhebung ausgezeichneten Gebirgsstöcken vorkommen, besitzen in den mittleren Hohen Tauern eine weite Verbreitung und erreichen hier zum Teil gleichzeitig die absolute Ostgrenze ihres alpinen Wohnareals. So sind die Hohen Tauern mit den stark vergletscherten Gebirgsgruppen Tirols, mit den Ötztaler und Stubaier Alpen, ferner mit der Ortlergruppe, den stark vergletscherten Gebirgsmassiven der Schweiz, des Piemont und Savoyens biogeographisch am nächsten verwandt. Zwar scheinen einzelne zentralalpine Arten des Schweizer und Tiroler Hochgebirges die Brennersenke nicht zu überschreiten und anderseits einzelne ihrer Lebensweise nach den zentralalpinen Tieren zugehörende Arten der Tauernfauna den Zentralalpen westlich des Brenner zu fehlen, diese Unterschiede treten aber gegenüber der Fülle der beiden Gebieten gemeinsamen Formen zurück.

Das Gesamtbild der Tierwelt der Hohen Tauern überrascht durch die Menge und Verschiedenartigkeit der dem Beobachter entgegentretenden Formen. Man würde an sich hier unmittelbar am Alpenhauptkamm, wo noch heute die Gletscher weite Gebiete, wenn man von den wenigen dauernd auf Schnee und Eis lebenden Organismen absieht, jeder Ansiedlung von Lebewesen verschließen, eine spärlichere Fauna erwarten als in größerer Entfernung von der Achse des Gebirges. Statt dessen ist die Tierwelt, bedingt durch geologische, geomorphologische, klimatische und historische Umstände, in den Hohen Tauern unvergleichlich viel reichhaltiger als etwa in den Salzburger Schieferalpen, in den Defregger Alpen, in der Schober- und Kreuzeckgruppe. Sie ist so mannigfaltig, daß die große Zahl der Forscher und Sammler, die seit mehr als einem Jahrhundert die Hohen Tauern, besonders das Glocknergebiet besuchte, dessen Artenreichtum bis heute nicht auszuschöpfen vermochte.

Die vorliegende Arbeit sollte nicht bloß die eine oder andere der bestehenden Forschungslücken schließen, sondern vor allem auf die allenthalben noch der Bearbeitung harrenden wissenschaftlichen Fragen aufmerksam machen. Nur wenn dadurch der Tauernforschung neue Mitarbeiter gewonnen werden, kann das Hauptziel dieser Monographie, der Erforschung des Glocknergebietes im Sinne der wissenschaftlichen Pläne des Deutschen Alpenvereins einen neuen Auftrieb zu verleihen, als tatsächlich erreicht gelten.

Schrifttum. [1]

Absolon, K., Gletscherflöhe in den niederösterreichischen Voralpen. Mitt. Sekt. f. Naturk. Österr. Touristenkl., XXIV, 1911, S. 1 ff.

*Adensamer, W., Cylindrus obtusus (Draparnaud 1805), seine relikthafte Verbreitung und geringe Variabilität sowie zoogeographisch-phylogenetische Betrachtungen über alpine Gastopoden überhaupt. Arch. f. Molluskenk., LXIX, 1937, S. 66—144, 4 Taf., 8 Abb.

* — Weitere Angaben über Cylindrus obtusus (Drap. 1805). Arch. f. Molluskenk., LXX, 1938, S. 217—225.

Aichinger, E., Vegetationskunde der Karawanken. Jena 1933, XIII u. 329 S. u. 57 Textabb.

Aichinger, V. v., Beiträge zur Kenntnis der Hymenopterenfauna Tirols, Ztschr. Ferdinand. Innsbruck, 3. Folge, XV, 1870, S. 296—330.

Ammann, J. und H. Knabl, Die Käferfauna des Ötztales. Koleopt. Rundsch., I, 1912, S. 36—40, 57—61, 73—77, 92—96, 112—115, 143—147, 161—163, 181—185; II, 1913, S. 40—42, 51—59, 71—75, 82—90.

Ampferer, O., Das Quartär innerhalb der Alpen. Verh. III. internat. Quartärkonf. Wien 1936, S. 57—63 und 4 Fig.

Attems, C., Die Myriopoden Steiermarks. Sitzungsber. d. Akad. d. Wiss. in Wien, CIV, 1895, S. 117—238, Taf. 1—7.

Äußerer, A., Die Arachniden Tirols nach ihrer horizontalen und vertikalen Verbreitung. Verhandl. d. Zool.-bot. Ges. Wien, XVII, 1867, S. 137—170, Taf. 7 und 8.

Bäbler, E., Die wirbellose terrestrische Fauna der nivalen Region. Rev. Suisse de Zool., XVIII, 1910, S. 761—915.

Beck v. Managetta, G., Vegetationsstudien in den Ostalpen. III. Sitzungsber. d. Akad. d. Wiss. in Wien, CXXII, 1913, S. 157—367 u. Taf. I—III.

*Becker, Th., Hilara sartor n. sp. (Osten Sacken in litt.) und ihr Schleier. Berl. entom. Ztschr., XXXII, 1888, S. 7—12.

— Beiträge zur Kenntnis der Dipteren-Fauna von St. Moritz. Berl. entom. Ztschr., XXXI, 1887, S. 93—141 und XXXIII, 1889, S. 169—191.

— Dipterologische Studien I. Scatomyzidae. Berl. entom. Ztschr., XXXIX, 1894, S. 77—196, 6 Taf.

— Die Phoriden. Abh. d. Zool.-bot. Ges. Wien I/1, Wien 1901, 100 S. und 5 Taf.

---

[1] Die mit einem * bezeichneten Arbeiten enthalten faunistische Angaben aus dem Untersuchungsgebiet.

Beier, M., Die Milben in der Biocönose der Lunzer Hochmoore. Ztschr. Morph. Ökol. Tiere, XI, 1928, S. 161—181, 1 Karte.

* — Die Pseudoskorpione des Oberösterr. Landesmuseums in Linz. Jahrb. Ver. f. Landesk. u. Heimatpfl. Oberdonau, LXXXVIII, 1939, S. 305—312.

Beling, Theod., Beitrag zur Metamophose der Zweiflüglergattung *Sciara* Meig. Wiener entom. Ztg., V, 1886, S. 11—14, 71—74, 93—96, 129—134.

*Belling, H., Wander- und Sammeltage in drei Tälern der Ostalpen (Kapruner Tal, Krimmlerachental und Zillertal). Deutsche entom. Ztschr. 1920, S. 17—36.

Bergroth, E., Österreichische Tipuliden gesammelt von Prof. I. A. Palmén im Jahre 1870. Verhandl. d. Zool. bot. Ges. Wien, XXXVIII, 1888, S. 645—656.

*Bernhauer, M., Neue Staphyliniden des palaearktischen Faunengebietes. Koleopt. Rundsch., XIII, 1927, S. 90—99.

* — Neue Kurzflügler des palaearktischen Gebietes. Koleopt. Rundsch., XIV, 1929, S. 177—195.

* — Neuheiten der palaearktischen Staphylinidenfauna. Publ. Mus. Entom. „Pietro Rossi" Duino, I, 1936, I. Teil 22 S., II. Teil 27 S.

* — Neuheiten der palaearktischen Staphylinidenfauna. Mitt. Münch. Entom. Ges., XXX, 1940, S. 622—642 und 1025—1047.

Berlese, A., Trombidiidae. Redia, VIII, 1912, S. 1—291 und Taf. 1.

Bertolini, S., Contribuzione alla Fauna Trentina dei Coleotteri. Boll. Soc. ent. St., XIX, 1887, S. 84—135; XX, 1888, S. 3—85; XXI, 1889, S. 157—205; XXIII, 1891, S. 169—217; XXIV, 1892, S. 193—208, 346—368; XXV, 1893, S. 221—247; XXVI, 1894, S. 356—390; XXX, 1898, S. 85—119; XXXI, 1899, S. 291—299.

Bezzi, M., Studi sulla ditterofauna nivale delle Alpi italiane. Mem. Soc. ital. Milano, IX, 1918, S. 1—164.

Bigler, W., Die Diplopodenfauna des Schweizerischen Nationalparks. Ergebn. wiss. Unters. Schweiz. Nationalparks, V, 1919, S. 1—86.

Bornebusch, C. H., Das Tierleben der Waldböden. Forstwiss. Zbl., LIV, 1932, S. 253—266.

Börner, C., Aphidoidea, Blattläuse, in: Brohmer, Fauna von Deutschland, 4. Aufl. Leipzig 1932, S. 197—209.

Börner, C., und F. A. Schilder, Aphidioidea, in: Sorauer-Reh, Handbuch der Pflanzenkrankheiten, Bd. 5, S. 551—715.

Brandenstein, W., Führer durch die Granatspitzgruppe. Wien 1928, 105 S.

Braumüller, E., Der Nordrand des Tauernfensters zwischen dem Fuscher und Rauriser Tal. Mitt. Geol. Ges. Wien, XXX (1937), 1939, S. 37—150 und 4 Taf.

*Brauer, Fr., Die Neuropteren Europas und insbesondere Österreichs mit Rücksicht auf ihre geographische Verbreitung. Festschr. z. Feier d. 25jähr. Bestehens der Zool.-bot. Ges. Wien, 1876, S. 263—300.

— Verzeichnis der im Kaisertum Österreich aufgefundenen Odonaten und Perliden. Verh. d. Zool.-bot. Ges. Wien, VI, 1856, S. 229—234.

Braun-Blanquet, G., Recherches phytogéographiques sur le massif du Großglockner (Hohe Tauern). Rev. géogr. alpine, XIX, 1931, S. 675—735, 3 Fig. und 1 Abb.

Braun-Blanquet, J., und H. Jenny, Vegetationsentwicklung und Bodenbildung in der alpinen Stufe der Zentralalpen (Klimaxgebiet des Caricion curvulae). Denkschr. Schweiz. natf. Ges., LXIII, 1926, S. 183—349.

Brehm, V. und F. Ruttner, Die Biocoenosen der Lunzer Gewässer. Internat. Rev. ges. Hydrobiol. u. Hydrogr., XVI, 1926, S. 281—391, 11 Karten, Profile und Kurventafeln.

Bretscher, K., Die Oligichaeten von Zürich in systematischer und biologischer Hinsicht. Rev. Suisse de Zool., III, 1896, S. 499—532.

— Beitrag zur Kenntnis der Oligochaetenfauna der Schweiz. Südschweizerische Oligochaeten. Rev. Suisse de Zool., VIII, 1899, S. 435—458 und Taf. 33.

— Über die Verbreitungsverhältnisse der Lumbriciden in der Schweiz. Biol. Centralbl., XX, 1899, S. 703—717.

Bretscher, K., und Piguet, Oligochaeta of Switzerland. Catalogue des invertébrés de la Suisse. Mus. hist. nat. Genève, VII, 1913, S. 1—314.

*Breuning, St., Beiträge zur Kenntnis der Caraben der Ostalpen. Koleopt. Rundsch., XI, 1924, S. 1—20 und 1 Karte.

* — Beiträge zur Kenntnis der Caraben der Ostalpen. II. *Carabus concolor* Fabr. Koleopt. Rundsch., XIII, 1927 a, S. 10—28 und 1 Verbreitungskarte.

* — Beiträge zur Kenntnis der Caraben der Ostalpen. III. Koleopt. Rundsch., XIII, 1927 b, S. 115—126 und 2 Verbreitungskarten.

Brockmann-Jerosch, H., Baumgrenze und Klimacharakter. Beitr. z. geobot. Landesaufn. Nr. 6. Zürich 1919, 255 S.

Brückner, E., Die Hohen Tauern und ihre Eisbedeckung. Ztschr. D. Ö. Alpenver., XVII, 1886, S. 163—187.

Brundin, L., Die Coleopteren des Torneträskgebietes. Ein Beitrag zur Ökologie und Geschichte der Käferwelt in Schwedisch-Lappland. Lund 1934, 436 S. und 17 Abb.

— Studien über die *Atheta*-Untergattung *Oreostiba* Ganglb. (Col. Staphylinidae). Entom. Tidskr. Jg. 1940, S. 56—130 und 18 Taf.

Burmeister, F., Biologie, Ökologie und Verbreitung der europäischen Käfer. Bd. I: Adephaga. Krefeld 1939, 307 S.

Calloni, S., La fauna nivale, con particolare riguardo ai viventi delle alte Alpi. Pavia 1889, 478 und 20 S.

Camerano, Lor., Note di biologia alpina I. Dello sviluppo degli Anfibi Anuri sulle Alpi. Boll. Mus. Zool. et Anat. comp. R. Univ. Torino, II, 1887, Nr. 30, 10 S.

Caporiacco, Lod. di, Osservazioni ecologiche su „*Dicranopalpus gasteinensis*" Opilione calcicolo. Redia, XXXIV, 1938, S. 33—56, 4 Abb.

Carl, J., Über schweizerische Collembola. Rev. Suisse zool., VI, 1899, S. 274—362 und Taf. 8 und 9.

— Zweiter Beitrag zur Kenntnis der Collembolenfauna der Schweiz. Rev. Suisse zool., IX, 1901, S. 243—278 und Taf. 15.

*Cerny, Leander, Monographie der Helomyziden (Dipteren). Abh. Zool.-bot. Ges. Wien XV/1, 1924, 166 S. und 1 Taf.

Černosvitov, L., Die Oligochaetenfauna der Karpathen. Zool. Jb. (Syst.), IV, 1928, S. 1—28 und Taf. 1.

Clar, E., und H. P. Cornelius, Die Großglocknerhochalpenstraße, in: III. internat. Quartärkonf. Führer f. d. Quartärexkursionen in Österreich. II. Teil, S. 11—20 und Taf. 2.

Cornelius, H. P., und E. Clar, Erläuterungen zur geologischen Karte des Großglocknergebietes 1 : 25.000. Wien (Verh. Geol. Bundesanst.) 1935, 34 S.

Conrad, V., Klimatographie von Österreich. Heft VI, Klimatographie von Kärnten. Wien 1913, 139 S. und 1 Karte.

Dahl, Fr., Spinnentiere oder Arachnoidea I. Springspinnen (Salticidae), in: Die Tierwelt Deutschlands. Jena 1926, 55 S.

Dahl, Fr., und Maria, Spinnentiere oder Arachnoidea II. Lycosidae sens. lat. (Wolfspinnen im weiteren Sinne), in: Die Tierwelt Deutschlands. Jena 1927, 80 S.

Dalla Torre, K. v., Beitrag zur Kenntnis der Hymenopterenfauna Tirols. Die Apiden. Ztschr. Ferdinand. Innsbruck, 3. Folge, XVIII, 1873, S. 251—280 und XXI, 1877, S. 161—196.

— Bemerkungen zur Gattung *Bombus*. I. Die *Bombus*-Arten Tirols. Ver. nat. med. Ver. Innsbruck, VII, 1879, S. 3—21.

* — Beitrag zur Arthropoden-Fauna Tirols. Verh. nat. med. Ver. Innsbruck, XII, 1882, S. 32—72.

— Die Ameisen von Tirol und Vorarlberg. Entom. Jb., XVII, 1888, S. 170—171.

*Dalla Torre, K. v., und Fr. Kohl, Die Chrysiden und Vesparien Tirols. Verh. nat. med. Ver. Innsbruck, VII, 1878, 52 S.

Defant, Alb., Die Windverhältnisse im Gebiete der ehemaligen österreichisch-ungarischen Monarchie. Anhang z. Jb. d. Zentralanstalt f. Meteorol. u. Geodyn. Wien N. F., LVII (1920), 1924, 14 S., 18 Karten und 1 Tabelle.

Deines, G., Die Aufgaben der forstlichen Standortslehre. Mitt. Forstwirtsch. u. Forstwiss. 1936, S. 575—595.

Diem, K., Untersuchungen über die Bodenfauna in den Alpen. Jahrb. natw. Ges. St. Gallen, Jg. 1901—1902, S. 234—414. Als Sonderdruck: St. Gallen 1903, 187 S.

*Dolleschal, Systematisches Verzeichnis der im Kaisertum Österreich vorkommenden Spinnen. Sitzungsber. d. Akad. d. Wiss. in Wien, LIX, Abt. 2, 1852, S. 622—651.

Domes, N., Die klimatisch bedingte Abnahme des Ertrages von Wald und Weide im Gebirge. Wien-Leipzig 1936, 256 S., 139 Textabb.

Dorno, C., Physik der Sonnen- und Himmelsstrahlung, in: Die Wissenschaft, LXIII, Braunschweig 1919, VIII und 126 S., 16 Fig.

— Grundzüge des Klimas von Muottas-Muraigl (Oberengadin). Braunschweig 1927, X und 177 S. und 41 Tabellen.

Düggeli, M., Studien über die Bakterienflora alpiner Böden. Festschr. f. C. Schroeter. Veröff. geobot. Inst. Rübel in Zürich, III, 1925, S. 204—224.

Du Rietz, G., Vegetationsforschung auf soziationsanalytischer Grundlage, in: Handb. d. biol. Arbeitsmethoden, hg. v. E. Abderhalden, Abt. XI, Teil V, 1. Hälfte. Berlin-Wien 1932, S. 293—480.

Eblin, B., Die Vegetationsgrenzen der Alpenrose als unmittelbarer Anhalt zur Feststellung früherer, beziehungsweise möglicher Waldgrenzen in den Alpen. Ztschr. f. d. Forstw., LII, 1901, Nr. 5—6.

Ebner, Rich., Orthopterologische Studien in Nordwest-Tirol. Konowia, XVI, 1937, S. 28—40 und 143—152, Taf. 1.

Ehrenberg, Bericht über die mikroskopischen Organismen auf den höchsten Gipfeln der europäischen Centralalpen und über das kleinste Leben der bayrischen Kalkalpen, in: K. und A. Schlagintweit, Neue Untersuchungen über die physikalische Geographie und die Geologie der Alpen. Leipzig 1854, S. 233—268.

Eklom, Tore, Hemipteren aus dem Sarekgebirge, in: Wiss. Unters. des Sarekgebirges in Schwedisch-Lappland, IV, 10. Lief. S. 939—948, Stockholm 1931.

Enslin, E., Die Tenthredinoidea Mitteleuropas. Deutsch. entom. Ztschr. Beihefte, I, 1912, II, 1913, III, 1914, IV, 1915, V, 1917a, VI, 1917b.

Escherich, K., Beitrag zur Coleopteren-Fauna des Kapruner Tales. Soc. Entom., III 1888—1889. S. 154—155 und 164.

Feßler, A., Klimatographie Österreichs. Heft V. Klimatographie von Salzburg, Wien 1912, 47 S., 1 Karte.

Ficker, H. v., Klimatographie von Österreich. Heft IV, Klimatographie von Tirol und Vorarlberg. Wien 1909, 132 S. 1 Karte.

Finsterwalder, K., Zu den Namen der Glocknerkarte. Ztschr. D. Ö. Alpenver., LIX, 1928, S. 88—97.

Firbas, F., Pollenanalytische Untersuchungen einiger Moore der Ostalpen. Lotos, LXXI (1923), Prag 1924.

*Forcart, L., Revision des Rassenkreises *Helicigona* (*Chilostoma*) *zonata* Studer. Verh. Natf. Ges. Basel, XLIV/2, 1933, S. 53—107, Taf. 1—7 und 9 Abb.

Forel, A., Die Ameisen der Schweiz. Fauna Insect. Helvet. (Hymenopt., Form.) Mitt. Schweiz. Entom. Ges., XII, 1915, Beilage zu Heft 7/8, S. 1—77.

Forsslund, K. H., Beiträge zur Kenntnis der Einwirkung der bodenbewohnenden Tiere auf die Zersetzung des Bodens. I. Über die Nahrungsaufnahme einiger Hornmilben (Oribatiden). Meddel. f. Stat. Skogsförsöksanst., XXXI/3, 1938, S. 87—107, 3 Taf.
— Über die Ernährungsverhältnisse der Hornmilben (Oribatiden) und ihre Bedeutung für die Prozesse im Waldboden. VII. internat. Kongr. f. Entom. Berlin, III, 1939, S. 1950—1957, 3 Taf.
Forster, A. E., Die Niederschlagsmessungen auf dem Sonnblick und anderen Gipfelobservatorien. Jahresber. Sonnblickver. Jg. 1929, S. 20—25.
Fourman, K. L., Kleintierwelt, Kleinklima und Mikroklima in Beziehung zur Kennzeichnung des forstlichen Standorts- und der Bestandesabfallzersetzung auf bodenbiologischer Grundlage. Mitt. Forstwirtsch. u. Forstwiss. 1936, S. 596—615.
— Untersuchungen über die Bedeutung der Bodenfauna bei der biologischen Umwandlung des Bestandesabfalles forstl. Standorte. Ibid. 1938. S. 144—169.
— Lebensbedingungen und Verhaltensweisen der Bodenfauna forstl. Standorte. Ibid. 1939, S. 160—167.
Francé, R. H., Das Edaphon. Untersuchungen zur Ökologie der bodenbewohnenden Mikroorganismen. II. Aufl. Stuttgart 1921, 99 S.
Franz, H., Untersuchungen über den Wärmehaushalt der Poikilothermen. Biol. Zentralbl., L, 1930, S.158—182.
— Beobachtungen über das Vorkommen von Koleopteren und anderen Insekten auf Schnee. Koleopt. Rundsch., XXI, 1935, S. 9—14.
— Die hochalpine Koleopterenfauna der Karnischen und Venezianer Alpen. Koleopt. Rundsch., XXII, 1936 (a), S. 230—251.
— Die thermophilen Elemente der mitteleuropäischen Fauna und ihre Beeinflussung durch die Klimaschwankungen der Quartärzeit. Zoogeographica, III, 1936 (b), S. 159—320, 6 Abb. und 3 Karten.
* — Revision der Artengruppe *Nilepolemis* Reitt. (Gattung *Otiorrhynchus*), ein Beitrag zur Kenntnis der Rüsselkäferfauna des Ostalpengebietes. Arch. f. Naturgesch. N. F., VII, 1938 (a), S. 569—616, 18 Abb. und 2 Karten.
* — Revision der Verwandtschaftsgruppe der *Chrysomela gypsophilae* Küst. (Coleopt., Chrysom.) Entom. Bl., XXXIV, 1938 (b), S. 190—210, 249—273, 3 Abb. und 1 Karte.
* — Zur Systematik und geographischen Verbreitung der *Agolius*-Arten (Coleopt., Scarabaeidae) des Alpengebietes. Koleopt. Rundsch., XXIV, 1938 (c), S. 190—209, 2 Abb. und 1 Verbreitungskarte.
— Grundsätzliches über tiersoziologische Aufnahmsmethoden, mit besonderer Berücksichtigung der Landbiotope. Biological Reviews, XIV, 1939, S. 369—398.
— Untersuchungen über die Bodenbiologie alpiner Grünland- und Ackerböden (Vorläufiger Bericht). Forschungsdienst XI, 1941, S. 355—368.
* — Untersuchungen über die Kleintierwelt ostalpiner Böden. I. Die freilebenden Erdnematoden. Zool. Jb. (Syst.), LXX, 1942, S. 345—546 und 2 Taf.
*Frauscher, Die Tiefschen Dipteren-Sammlungen. Carinthia II, LXXXVIII, 1938, S. 30—40, 83—100, 126—139 und 153—171.
Frei, M., Der Anteil der einzelnen Tier- und Pflanzengruppen am Aufbau der Buchenbiocoenosen in Mitteleuropa. Ber. geobot. Forsch.-Inst. Rübel Zürich f. d. Jahr 1940, Zürich 1941, S. 11—25.
Frenzel, G., Untersuchungen über die Tierwelt des Wiesenbodens. Jena 1936, 130 S.
Frey-Geßner, E., Apidae, in: Fauna insectorum Helvetiae, 2 Bde., VII und 392 S., V und 319 S.
— Fauna insectorum Helvetiae, Chrysididae. Mitt. Schweiz. Entom. Ges., VII, 1887, S. 11—89.
Friedel, H., Ökologische und physiologische Untersuchungen an *Scutigerella immaculata* (Neap.). Ztschr. Morph. ökol. Tiere, X, 1928, S. 729—797 und Tafel 16.
— Boden und Vegetationsentwicklung am Pasterzenufer. Carinthia II, CXXIII/4, 1934, S. 29—41.
— Klima- und Gletscherschwankungen und ihre Wirkung auf die alten Tauernbergbaue. Canaval-Festschrift d. Carinthia 1935, S. 65 ff.
— Wirkungen der Gletscherwinde auf die Ufervegetation der Pasterze. Bioklimat. Beibl. z. Meteorol. Ztschr., III, 1936 (a).
— Ein bodenkundlicher Ausflug in die Sandsteppe der Gamsgrube. Mitt. D. Ö. Alpenver. 1936 (b), Nr. 9, S. 220—222.
— Bausteine zu einer Theorie der rezenten Gletscherschwankungen. Meteorol. Ztschr. Jg. 1936 (c), S. 375—384, 11 Abb.
*Fritsch, K., Jährliche Periode der Insektenfauna von Österreich-Ungarn III. Die Hautflügler (Hymenoptera). Denkschr. d. Akad. d. Wiss. in Wien, math.-nat. Klasse, XXXVIII, 1878, S. 98—166 und 6 Taf.
Fruhstorfer, H., Die Orthopteren der Schweiz und der Nachbarländer auf geographischer sowie ökologischer Grundlage, mit Berücksichtigung der fossilen Arten. Arch. f. Naturgesch. Abt. A., LXXXVII, 5. Heft, 1921, S. 1—262.
Fugger, Eb., Salzburgs Seen. Mitt. Ges. f. Salzb. Landesk., LI, 1911, S. 1—40, Taf. 49—52. (Hier sind auch die älteren Arbeiten des Verfassers zitiert.)
Gallenstein, M. v., Kärntens Land- und Süßwasser-Conchylien (m. Ausnahme der Nacktschnecken, Limacoidea). Jb. nat. Landesmus. Kärnten, Jg. 1852, S. 57—134.
*Galenstein, H. R. v., Die Bivalven- und Gastropodenfauna Kärntens II. Die Gastropoden Kärntens. Jb. nat. Landesmus. Kärnten, XLII, 1900, S. 1—169, XLVII, 1905, S. 131—178.
Galvagni, Eg., Beitrag zur Lepidopterenfauna des Brennergebietes. Verh. d. Zool.-bot. Ges. Wien, L, 1900, S. 561—576.
Gams, H., Von den Folatères zur Dent de Morcles. Vegetationsmonographie aus dem Wallis. Beitr. z. geobot. Landesaufnahme d. Schweiz. Nr. 15. Bern 1927, XII und 760 S., 26 Taf. und 1 Vegetationskarte.

Gams, H., Das Alter des alpinen Endemismus. Ber. Schweiz. botan. Ges., XLII, 1933, S. 467—483.
— Der tertiäre Grundstock der Alpenflora. Jb. Ver. z. Schutze d. Alpenpflanzen, V, 1933, S. 7—37.
— Das Pflanzenleben des Großglocknergebietes. Kurze Erläuterungen der Vegetationskarte. Ztschr. D. Ö. Alpenver., LXVI, 1935, S. 157—176.
— Beiträge zur Mikrostratigraphie und Palaeontologie des Pliozäns und Pleistozäns von Mittel- und Osteuropa und Westsibirien. Eclog. geol. Helvet. H. 28, 1935, S. 1—31 und 7 Taf.
— Beiträge zur pflanzengeographischen Karte Österreichs I. Die Vegetation des Großglocknergebietes. Abh. d. Zool.-bot. Ges. Wien XVI/2, 1936, IV und 79 S., 1 Vegetationskarte 1 : 25.000.
— Aus der Geschichte der Alpenwälder. Ztschr. D. Ö. Alpenver., LXVIII, 1937, S. 157—170.
Ganglbauer, L., Die Käfer von Mitteleuropa. Wien, ab 1892, 4 Bde. (unvollendet).
— Die Arten der Anthribidengattung *Phaenotherium* Friv. Münch. Kol. Ztschr., II, 1902—1903, S. 215—217.
Geiger, R., Das Klima der bodennahen Luftschicht. Braunschweig 1927, XII und 246 S.
Geyer, D., Unsere Land- und Süßwasser-Mollusken. III. Aufl., Stuttgart 1927, XI und 224 S. und 33 Taf.
*Giraud, I., Les coléoptères trouvés à Gastein. Verh. d. Zool.-bot. Ges. Wien, I, 1851, S. 84—98 und 132—140.
* — Enumération des Frigitides de l'Autriche (Groupe de la famille des Cynipides). Verh. d. Zool.-bot. Ges. Wien, X, 1860, S. 123—176.
* — Fragments entomologiques. Verh. d. Zool.-bot. Ges. Wien, XI, 1861, S. 447—494, Taf. 17.
Gößwald, K., Ökologische Studien über die Ameisenfauna des mittleren Maingebietes. Ztschr. wiss. Zool. Abt. A., CXLII, 1932, S. 1—156, 1 Abb.
Graber, V., Die Orthopteren Tirols mit besonderer Rücksicht auf ihre Lebensweise und geographische Verbreitung. Verh. Zool.-bot. Ges. Wien, XVIII, 1867, S. 251—280 und 2 Tab.
Gredler, V., Die Ameisen von Tirol. Schulprogramm k. k. Gymnasium Bozen, 1858, S. 1—34.
— Tirols Land- und Süßwasser-Conchylien. Verhandl. d. Zool.-bot. Ges. Wien, VI, 1856, S. 25—159, und IX, 1859, S. 213—308.
* — Zur geographischen Verbreitung der Ameisen in Österreich. Verhandl. d. Zool.-bot. Ges. Wien, IX, 1859, S. 127—128.
— Die Käfer von Tirol. I. Heft, Bozen 1863; II. Heft, Bozen 1866, 491 S.
* — Zur Käferfauna des Möll- und Gailtales. Jb. nat. Landesmus. Kärnten, VIII, 1868, S. 66—75.
— I. Nachlese zu den Käfern von Tirol. Harold Coleopt. Hefte, III, 1868, S. 56—79.
— II. Nachlese zu den Käfern von Tirol. Ibid., VI, 1870, S. 1—18.
— III. Nachlese zu den Käfern von Tirol. Ibid., XI, 1873, S. 49—78.
— Rhynchota Tirolensia, I. Hemiptera heteroptera, Wanzen. Verhandl. d. Zool.-bot. Ges. Wien, XX, 1870, S. 69—108, sowie Nachlese zu den Wanzen Tirols, XXIV, 1874, S. 553—558.
— IV. Nachlese zu den Käfern von Tirol. Harold Coleopt. Hefte, XV, 1876, S. 99—117.
— V. Nachlese zu den Käfern von Tirol. Ztschr. Ferdinand. Innsbruck XXII, 1878, S. 99—119.
— Verzeichnis der Conchylien Tirols, Berichte nat. med. Ver. Innsbruck, Jg. 1879, S. 22—32.
— VI. Nachlese zu den Käfern von Tirol. Ztschr. Ferdinand. Innsbruck XXVI, 1882, S. 203—238.
Groß, H., Das Problem der nacheiszeitlichen Klima- und Florenentwicklung in Nord- und Mitteleuropa. Beih. botan. Centralbl. Abt. B, XLVII, 1931, S. 1—110.
Güde, Jul., Vom Salzburger Naturschutzgebiet in den Hohen Tauern, eine historisch-kritische Studie. Österr. Vierteljahrschr. f. Forstw. N. F., LV, 1937, S. 65—107.
Gulde, Joh., Die Wanzen Mitteleuropas. Frankfurt a. M., 1933 ff. (unvollendet).
Hacquet, P., Hacquets mineralogisch-botanische Lustreise von dem Berge Terglou in Krain zu dem Berg Glockner in Tirol im Jahre 1779 und 1781. II. unveränd. u. vermehrte Aufl., Wien 1784, 149 S. u. 4 Taf.
Haidentaler, L., Ein Beitrag zur Macrolepidopterenfauna des Landes Salzburg, zugleich Versuch der Aufstellung eines neuen Verzeichnisses dieser Fauna. Soc. Entom., XLIV, 1929, S. 1—3, 5—7, 9—10, 15—16, 19, 23—24, 27—28, 30—32, 33—35 (unvollendet).
Halbherr, Bern., Elenco sistematico dei Coleotteri finora raccolti nella Valle Lagarina. Rovereto 1885—1898, I. Teil 45 S., II. Teil 23 S., III. Teil 53 S., IV. Teil 60 S., V. Teil 35 S., VI. Teil 40 S., VII. Teil 40 S., VIII. Teil 64 S., IX. Teil 33 S., X. Teil 79 S.
— Aggiunte all'elenco sistematico dei Coleotteri finora raccolti nella Valle Lagarina Rovereto 1908, 47 S.
Hammer, Mar., A quantitative a qualitative investigation of the microfauna communities of the soil at Angmaksalik and in Mikis-Fjord. Medd. on Grønland, CVIII/2, 1937, S. 1—53.
Hann, Jul., Die mittlere Wärmeverteilung in den Ostalpen. Ztschr. D. Ö. Alpenver., XVII, 1886, S. 22—94.
Handel-Mazzetti, H. v., Die *Taraxacum*-Arten nordischer Herkunft als Nunatakerpflanzen in den Alpen. Verhandl. d. Zool.-bot. Ges. Wien, LXXXV, 1936, S. 26—41, 2 Abb.
Handschin, E., Über die Collembolenfauna der Nivalstufe. Rev. Suisse de Zool., XXVII, 1919, S. 65 ff.
— Die Collembolenfauna des schweizerischen Nationalparkes. Denkschr. Schweiz. natf. Ges., LX/3, 1924, VI S. und S. 90—174, 6 Tab., 7 Taf.
— Urinsekten oder Apterygota (Protura, Collembola, Diplura und Thysanura), in: Die Tierwelt Deutschlands, XVI, Jena 1929, VI u. 150 S.
Harnisch, O., Studien zur Ökologie und Tiergeographie der Moore. Zool. Jb. (Syst.), LI, 1925, S. 1—166, 10 Textabb.
— Die Biologie der Moore, in: Die Binnengewässer, VII, Stuttgart 1929, 146 S.

Hauder, F., Beitrag zur Macrolepidopterenfauna von Österreich ob der Enns. Linz 1901, 120 S.; II. Beitrag. Linz 1904, 42 S.
— Beitrag zur Mikrolepidopterenfauna Oberösterreichs. Linz 1912, 294 S.
— Nachtrag zur Mikrolepidopteren-Fauna Oberösterreichs. 80. Jahresber. oberöst. Musealver. Linz 1924, S. 267—294.
Haupt, H., Zikaden und Blattflöhe, in: Die Tierwelt Mitteleuropas, IV/3, Leipzig 1935, S. 115—252.
Heberdey, R. F., Die Bedeutung der Eiszeit für die Fauna der Alpen. Zoogeographica, I, 1933, S. 353—412.
Heberdey R. F., und J. Meixner, Die Adephagen der östlichen Hälfte der Ostalpen. Eine zoogeographische Studie. Verhand. d. Zool.-bot. Ges. Wien, LXXXVII, 1933, S. 1—164, 1 Karte.
Heer, O., Einfluß des Alpenklimas auf die Farbe der Insekten. Froebel und Heer, Mitt. a. d. Geb. d. theor. Erdk., Zürich 1836, S. 161—170.
— Geographische Verbreitung der Käfer in den Schweizer Alpen, besonders nach ihren Höhenverhältnissen. I. Teil: Canton Glarus; II. Teil: Rhätische Alpen. Mitt. a. d. Gebiet d. theor. Erdkunde von Froebel und Heer, Zürich 1834, Heft 1, S. 36 ff., und Heft 2, S. 131 ff.
— Die Käfer der Schweiz mit besonderer Berücksichtigung ihrer geographischen Verbreitung. Neue Denkschr. Schweiz. Ges. f. Natw., II, 1838, VI und 96 S. Dto. kritische Bemerkungen und Beschreibungen. Ibidem, 55 S.; IV, 1840, 67 S.; 1841, 79 S.
— Die Käfer der Schweiz mit besonderer Berücksichtigung ihrer geographischen Verbreitung, II. Neue Denkschr. Schweiz. Ges., IV, 1840, 67 S.
— Über die obersten Grenzen des tierischen und pflanzlichen Lebens in den Schweizer Alpen. Neujahrsbl. natf. Ges. Zürich 1845, Zürich Meyer u. Zeller, 47. Stück.
Heikertinger, F., Zur Kenntnis der Halticinengattung *Crepidodera* (Col., Chrysomelidae). II. Systematische und verbreitungsgeographische Bemerkungen. Wiener entom. Ztg., XL, 1923, S. 129—136.
Heinis, F., Über die Mikrofauna alpiner Polster- und Rosettenpflanzen. Festschr. f. Zschokke, Nr. 9, Basel 1921, 22 S.
— Beiträge zur Mikrobiocoenose in alpinen Pflanzenpolstern. Zürich 1937, S. 61—76, in: Rübel, Ber. ü. d. geobot. Forschungsinstitut Rübel in Zürich f. d. Jahr 1936.
Heissel, W., und W. Sander, Bericht über die Gletschermessungen im Kapruner Tal. Ztschr. f. Gletscherkunde Jg. 1935, S. 127—128.
Heller, C. und C. v. Dalla Torre, Über die Verbreitung der Tierwelt im Tiroler Hochgebirge. Sitzungsber. d. Akad. d. Wiss. in Wien, I. Abt., LXXXIII, 1881, S. 103—175, und LXXXVI, 1882, S. 1—47.
Hellmich, W., Lebensraum und Lebensgemeinschaft im Hochgebirge. Jb. Ver. z. Schutz d. Alpenpflanzen u. -tiere, XI, 1939, S. 35—42, 2 Abb.
Hellweger, M, Die Großschmetterlinge Nordtirols. Brixen 1911—1914, 364 S.
Hetschko, A., Zur Kenntnis der Verbreitung von *Orthezia cataphracta* (Shaw) und *O. floccosa* (De Geer). Wiener Entom. Ztg., XXII, 1903, S. 8.
*Hochenwarth, Sigm. v., Beiträge zur Insektengeschichte. Schrift. Berl. Ges. naturf. Freunde, VI, 1785, S. 334—360 und Taf. 7.
Hochenwarth, Sigm. v., und v. Ployer, Fragmente zur mineralogischen und botanischen Geschichte Steiermarks und Kärntens. 1. Stück, Klagenfurt und Laibach 1783, 83 S.
Hoffer, E., Die Hummeln Steiermarks. Graz 1882—1883, 190 S., 6 Taf.
— Neue Hummelnester von den Hochalpen. Kosmos, Jg. 1885, S. 291—300.
— Beiträge zur Hymenopterenkunde Steiermarks und der angrenzenden Länder. Mitt. nat. Ver. Steierm., XXIV (1887), 1888, S. 65—100.
— Die Schmarotzerhummeln Steiermarks. Mitt. nat. Ver. Steierm., XXV (1888), 1889, S. 82—158, 1. Taf.
*Hoffmann, Fr., Beitrag zur Lepidopterenfauna des Glocknergebietes. Jahresber. Entom. Ver. Wien, XIX, 1908—1909, S. 63—84.
Hoffmann, Fr., und R. Klos, Die Schmetterlinge Steiermarks. Mitt. nat. Ver. Steierm. L. (1913), 1914, S. 184—323, LI (1914), 1915, S. 249—414, LII (1915), 1916, S. 91—243, LIII (1916), 1917, S. 47—209, LIV (1918), 1919, S. 89—160, LV (1919), 1920, S. 1—86, LIX (1923), 1924, S. 1—66.
Hofmänner, B., Die Hemipterenfauna des schweizerischen Nationalparkes (Heteropteren und Cicadinen). Denkschr. Schweiz, natf. Ges., LX/1, 1924, S. 1—88 und Taf. 1 u. 2.
*Höfner, G., Die Schmetterlinge Kärntens. Jb. nat. Landesmus. Kärnt., XLVII, 1905, S. 179—416, Dto. I. Nachtrag, Carinthia II, CI, 1911, S. 18—46, Dto. II. Nachtrag, Carinthia II, CV, 1915, S. 19—21. Dto. III. Nachtrag, Carinthia II, CVIII, 1918, S. 64—65. Dto. IV. Nachtrag, Carinthia II, CXII, 1922, S. 85—96.
Holdhaus, K., Ergebnisse einer coleopterologischen Reise in den Kärntner Alpen im Sommer 1900. Carinthia II, XCI, 1901, S. 11—19.
— Über die Verbreitung der Koleopteren in den mitteleuropäischen Hochgebirgen. Verhandl. d. Zool.-bot. Ges. Wien, LVI, 1906, S. 629—639.
* — Ergebnisse einer koleopterologischen Exkursion in das Gebiet des Großglockners. Verhandl. d. Zool.-bot. Ges. Wien, LIX, 1909, S. (365)—(368).
— Die Siebetechnik zum Aufsammeln der Terricolfauna (nebst Bemerkungen über die Ökologie der im Erdboden lebenden Tierwelt). Ztschr. wiss. Insektenbiol., VI, (XV), 1910, S. 1—4, 44—57.
— Über die Abhängigkeit der Fauna vom Gestein. Verh. VII. internat. Zoologen-Kongr. Graz 1911, S. 726—745.
* — Kritisches Verzeichnis der boreoalpinen Tierformen (Glazialrelikte) der mittel- und südeuropäischen Hochgebirge. Ann. nat. Hofmus. Wien, XXVI, 1912, S. 398—440.

Holdhaus, K., Spuren der Eiszeit im Faunenbild von Europa. Veröff. nat. Mus. Wien, Heft IV. Wien 1924, 22 S. und 2 Taf.
— Die geographische Verbreitung der Insekten, in: Handbuch der Entomologie, hg. von Chr. Schröder, II, Jena 1929, S. 593—1058 und 1 Karte.
— Die europäische Höhlenfauna in ihren Beziehungen zur Eiszeit. Zoogeographica, I, 1932, S. 1—53 und 1 Karte.
* — Das Phänomen der Massifs de refuge in der Coleopterenfauna der Alpen. Ve Congr. internat. d'Entomol. Paris 18.—24. Juillet 1932, S. 397—406.
Holdhaus, K., und J. Deubel, Untersuchungen über die Zoogeographie der Karpathen (unter besonderer Berücksichtigung der Coleopteren). Abh. d. Zool.-bot. Ges., Wien VI/1, Wien 1910, 202 S. und 1 Karte.
*Holdhaus, K., und C. H. Lindroth, Die europäischen Coleopteren mit boreoalpiner Verbreitung. Ann. nat. Mus. Wien, L, 1939, S. 123—298, 8 Textfig. und 13 Taf.
*Holdhaus, K., und Th. Prossen, Verzeichnis der bisher in Kärnten beobachteten Käfer. Carinthia II, XC, 1900, S. 102—121, 127—153, 193—209; XCI, 1901, S. 56—63, 92—106, 164—172, 199—214; XCII, 1902, S. 158—177; XCIV, 1904, S. 23—47, 209—213; XCVI, 1906, S. 147—152.
Hölzel, E., II. Nachtrag zum Verzeichnis der bisher in Kärnten beobachteten Käfer. Carinthia II, CXXVI, 1936, S. 47—56.
Hoppe, Dav., Die Gamsgrube im oberkärntnerischen Hochgebirge; Schilderung ihrer Besteigung, Lage und Vegetation. Flora, XVI/2, 1833, S. 545—560, 561—573 und 584—592.
*Hoppe, Dav., und Fr. Hornschuch, Insecta coleoptrata, quae in itineribus suis, praesertim alpinibus collegunt ... Nov. act. physico-medic. Acad. caes. Leop. Car., XII/2, 1825, S. 477—490 und Taf. 45.
Horion, Ad., Nachtrag zur Fauna germanica, die Käfer des Deutschen Reiches von Edm. Reitter. Krefeld 1935. VIII und 358 S.
* — Faunistik der deutschen Käfer. (Im Erscheinen.) Bd. 1, Krefeld 1941, 464 S.
*Hormuzaki, C. v., Beitrag zur Makrolepidopteren-Fauna der österreichischen Alpenländer. Verh. d. Zool.-bot. Ges. Wien, L, 1900, S. 24—33.
Horvath, G., Über die Homopterengattung *Bobacella* Kusn. Konowia, XV, 1936, S. 196—200.
Hottinger, A., Geologie der Gebirge zwischen der Sonnblick-Hocharngruppe und dem Salzachtal in den östlichen Hohen Tauern. Eclogae geol. Helv., XXVIII, 1935, S. 250—368.
Hydrographischer Dienst in Österreich, Beiträge zur Hydrographie Österreichs. Heft 13. Die Niederschläge in Österreich in der Periode 1901—1925, 12 S. u. 1 Karte, Wien 1936.
Hydrographisches Zentralbureau Österreichs, Temperaturmittel 1896—1915 und Isothermenkarten von Österreich. Mitt. geogr. Ges. Wien, LXXII, 1929, S. 245—280 und 3 Karten.
Ihssen, G., Koleopterologische Forschungen im Werdenfelser Land und im Zugspitzengebiet. Mitt. Münch. Entom. Ges., XXIX, 1939, S. 194—342, 1 Taf.
Irk, V., Drei neue Milbenarten aus dem Tiroler Hochgebirge. Zool. Anz., CXXVIII, 1939, S. 217—223.
— Die terricolen Acari der Ötztaler und Stubaier Hochalpen. Veröff. Mus. Ferdinandeum, XIX, 1939, S. 145—190.
Jansson, A. v., Coleopteren aus dem Sarekgebirge, in: Wiss. Unters. d. Sarekgebirges in Schwedisch-Lappland, IV, Lief. 9, S. 895—938, Stockholm 1926.
Jeannel, R., Monographie des Trechinae. L'Abeille, XXXII, 1926, S. 221—550; XXXIII, 1927, S. 1—592; XXXV, 1928, S. 1—808.
Jegen, G., Die Bedeutung der Enchytraeiden für die Humusbildung. Landw. Jb. Schweiz, XXXIV, 1920, S. 55—71.
— Zur Biologie und Anatomie einiger Enchytraeiden. Vierteljahrsschr. natf. Ges. Zürich, LXV, 1920, S. 100—208.
Jeschke, K., Die Abhängigkeit der Tierwelt vom Boden. Breslau 1938, 79 S., 13 Tab. im Text.
Jørgensen, Mar., A quantitative investigation of the microfauna communities of the soil in East-Greenland (Preliminary Report). Medd. om Grønland C/9, 1934, S. 1—39.
*Kastner, K., Beiträge zur Molluskenfauna des Landes Salzburg. Jahresber. Realschule Salzburg f. d. Schulj., 1904/05, Salzburg 1905, S. 1—40.
Keränen, Über die Temperatur des Bodens und die Schneedecke in Sodenskylä. Ann. Acad. A., XIII, Nr. 7, 1920.
Kiefer, H., Macrolepidopteren-Fauna des steirischen Ennstales. Entom. Wochenbl., XXV, 1809, 23 S.
— Erster Nachtrag zur Macrolepidopteren-Fauna des steirischen Ennstales. Internat. Entom. Ztschr. Guben, Jg. 1912, S. 314 ff.
— Zweiter Nachtrag zur Macrolepidopteren-Fauna des steirischen Ennstales. Internat. Entom. Ztschr. Guben, Jg. 1913, S. 154 ff.
— Beitrag II zur Macrolepidopterenfauna des oberen Murtales. Ztschr. österr. Entom. Ver. Wien, Jg. 1918, 4 S.
Kiefer, H., und J. Moosbrugger, Beitrag zur Coleopterenfauna des steirischen Ennstales und der angrenzenden Gebiete. Mitt. Münch. entom. Ges. XXX, 1940, S. 787—806, XXI, 1941, S. 93—110 u. 681—701 und XXXII, 1942, S. 486—536.
*Kiesenwetter, v., Über die entomologische Fauna der Umgebung des Glockners. Allg. deutsche naturhist. Ztg. Dresden II, 1847, S. 420—427.
Killias, Beiträge zu einem Verzeichnisse der Insektenfauna Graubündens, IV, Coleoptera. Beil. z. Jahresber. natf. Ges. Graub., XXXIII, XXXIV und XXXV, Chur 1890—1893, 275 S.

Kinzl, H., Beiträge zur Geschichte der Gletscherschwankungen in den Ostalpen. Ztschr. f. Gletscherk., XVII, 1929, S. 66 ff.

*Kitschelt, R., Zusammenstellung der bisher in dem ehemaligen Gebiete von Südtirol beobachteten Großschmetterlinge. Wien 1925, XVII und 421 S.

Kitt, M., Über die Lepidopterenfauna des Ötztales. Verh. d. Zool.-bot. Ges. Wien, LXII, 1912, S. 320—416 und 2 Karten.

Klebelsberg, R. v., Das Vordringen der Hochalpenvegetation in den Tiroler Alpen. Österr. bot. Ztschr., LXIII, 1913, S. 177—186, 241—254, 512.

— Die eiszeitliche Vergletscherung der Alpen. Unter besonderer Berücksichtigung der Ostalpen. Ztschr. D. Ö. Alpenver., XLIV, 1913, S. 26—39.

— Geologie von Tirol. Berlin 1935, XII u. 872 S., 1 farb. Karte und 11 weitere Beil.

Kleine, R., Die Lariiden und Rhynchophoren und ihre Nahrungspflanzen. Entom. Bl., VI, 1910, S. 4—12, 42—53, 71—74, 102—107, 137—141, 165—172, 187—205, 231—244, 275—294, 305—339.

*Klimsch, O., Ornithologische Tagebuchnotizen. Carinthia II, CVIII, 1918, S. 76—78; CXXV, 1935, S. 102.

Klos, R., Ein Vergleich der Schmetterlingsfauna Steiermarks und Kärntens. Verhandl. d. Zool.-bot. Ges. Wien, LVIII, 1908, S. 271—276.

*Knabl, H., und H. Franz, *Kytorrhinus pectinicornis* Melich. im deutschen Alpengebiet. Entom. Bl., XXXV, 1939, S. 125—127.

Knoch, K., und E. Reichel, Verteilung und jährlicher Gang der Niederschläge in den Alpen. Veröff. preuß. meteorol. Inst. Nr. CCCLXXV, 1930, 84 S, 1 Niederschlagskarte 1 : 925.000 und 27 weitere Karten.

Kober, L., Bau und Entstehung der Alpen. Berlin 1923, 283 S. und 8 Taf.

Koch, L., Verzeichnis der in Tirol bis jetzt beobachteten Arachniden. Ztschr. Ferdinand. Innsbruck, 3. Folge, Heft 20, 1876, S. 221—354.

*Kohl, Fr., Die Raubwespen Tirols nach ihrer horizontalen und vertikalen Verbreitung. Ztschr. Ferdinand, Innsbruck, 3. Folge, Heft 24, S. 97—242.

— Die Fossorien der Schweiz. Mitt. Schweiz. Entom. Ges., VI, 1883, 38 S.

— Zur Hymenopterenfauna Tirols. Verhandl. d. Zool.-bot. Ges. Wien, XXXVIII, 1888, S. 719—734.

* — Die Crabronen der palaearktischen Region. Ann. nat. Mus. Wien, XIX, 1915, S. 1—453 und Taf. 1—14.

Kölbl, L., Die Tektonik der Granatspitzgruppe in den Hohen Tauern. Sitzungsber. d. Akad. d. Wiss. in Wien, math.-nat. Kl., Abt. I, CXXXIII, 1924, S. 291—327.

— Der Nordrand des Tauernfensters zwischen Mittersill und Kaprun. Anz. d. Akad. d. Wiss. in Wien, math.-naturw. Kl., LXIX, 1932, S. 266—268.

Köppen, W., Baumgrenze und Lufttemperatur. Petermanns Mitt., Jg. 1919, S. 201—203.

*Koschabek, Fr., Buntes Allerlei aus der Lepidopterologie. Ztschr. Wiener Entom.-Ver., XXV, 1940, S. 37—42.

Krause, Joh., Beiträge zum Problem wiesenartiger Halbkulturvereine. I. Biol. d. Pflanze, XXIV, 1936, S. 50—111.

Krauß, Herm., Beitrag zur Orthopteren-Fauna Tirols. Verhandl. d. Zool.-bot. Ges. Wien, XXIII, 1873, S. 17—24.

— Neuer Beitrag zur Orthopterenfauna Tirols. Verhandl. d. Zool.-bot. Ges. Wien, XXXIII, 1883, S. 219—224.

Kreutz, W., und H. Wehrheim, Kleinklimaforschungen im Glocknergebiet in Anlehnung an praktische Bedürfnisse. Bioklimat. Beibl., Jg. 1942, S. 23—34.

— Klimastudien diesseits und jenseits des Tauernhauptkammes. Ztschr. angew. Meteorolog., LIX, 1942, S. 369—390.

Krüger, P., Die Bedeutung der ultraroten Strahlen für den Wärmehaushalt der Poikilothermen. Biol. Zentralbl., XLIX, 1929, S. 65—82.

Krüger, P., und F. Duspiva, Der Einfluß der Sonnenstrahlen auf die Lebensvorgänge der Poikilothermen. Biologia gen., IX, 1933, S. 168—188.

Kubiena, W., Mikropedologie. Neue Wege bodenkundlicher Forschung. Biologia gen., VIII, 1932, S. 513—546, 4 Taf.

Kühnelt, W., Revision der Laufkäfergattungen *Patrobus* und *Diplous*. Ann. nat. Mus. Wien, LI, 1940, S. 151—192 u. Taf. XVI—XIX.

Kühtreiber, Jos., Die Plecopterenfauna Nordtirols. Ber. nat. med. Ver. Innsbruck, XLIII—XLIV, 1931 bis 1934, VII und 219 S., 6. Taf. und 1 Karte.

Kuntze, Rom., Vergleichende Beobachtungen und Betrachtungen über die xerotherme Fauna in Podolien, Brandenburg, Österreich und der Schweiz. Ztschr. Morph. Ökol. Tiere, XXI, 1931, S. 629—690.

*Lachlan, R. Mac, A monographic Revision and Synopsis of the Trichoptera of the European Fauna. London-Berlin 1874—1880, 1884, 523 und 76 S. 49 und 7 Taf.

Latzel, R., Beiträge zur Fauna Kärntens. Jb. nat. Landesmus. Kärnten, XXII—XXIV, 1873—1875.

— Die Myriopoden der österreichisch-ungarischen Monarchie. I. Hälfte: Die Chilopoden. Wien 1880, XV und 228 S., 10 Taf. II. Hälfte: Die Symphylen, Pauropoden und Diplopoden. Wien 1884, XII und 414 S. und 8 Taf.

— Massenerscheinung von schwarzen Schneeflöhen in Kärnten. Carinthia II, XCVII, 1907, S. 54—71, 145—173.

— Neue Kollembolen aus den Ostalpen und dem Karstgebiete. Verhandl. d. Zool.-bot. Ges. Wien, LXVII, 1917, S. 232—252.

— Die Apterygoten der Ostalpen und des anschließenden Karstes. Verhandl. d. Zool.-bot. Ges. Wien, LXXI, 1921, S. 49—85.

*Lengersdorf, F., Dipterenfunde aus dem Gebiete des Großglockner. Arb. morph. taxonom. Entom. Berlin-Dahlem, VIII, 1941, S. 65—72[1] und 192—194.

Lessert, R. de, Notes sur la répartition géographique des Araignées en Suisse. Rev. Suisse Zool., XVII, 1909, S. 483—499.

Lichtenecker, N., Neue Gletscherstudien in der Sonnblickgruppe. Jahresber. Sonnblickver., XLIV, 1935, S. 13—37, 5 Abb. und 1 Karte.

— Die gegenwärtige und die eiszeitliche Schneegrenze in den Ostalpen. Verh. III. internat. Quartärkonf. Wien 1936, S. 141—147 und 2 Textkarten.

Lindinger, L., Die Schildläuse (Coccidae) Europas, Nordafrikas und Vorderindiens einschließlich der Azoren, der Kanaren und Madeiras. Stuttgart 1912, 388 S.

*Lindner, E., Die Fliegen der palaearktischen Region. Stuttgart 1925 ff. (unvollendet).

Lindroth, C. H., Die Insektenfauna Islands und ihre Probleme. Zool. Bidr. Upsala, XIII, 1931, S. 105—589 und 50 Abb.

— Die skandinavische Käferfauna als Ergebnis der letzten Vereisung. Verh. VII. internat. Entom.-Kongr. Berlin 1938, I, S. 240—267 und 28 Abb., Berlin 1939.

*Locke, H., Meine 10. entomologische Exkursion im Glocknergebiete (1894). Internat. entom. Ztschr. Guben, VIII, 1894—1895, S. 153—154.

Löw, Fr., *Orthezia cataphracta* Shaw. Wiener entom. Ztg., I, 1882 (b), S. 190.

— Katalog der Psylliden des palaearktischen Faunengebietes. Wiener entom. Ztg., I, 1882 (a), S. 209—214.

* — Übersicht der Psylliden von Österreich-Ungarn mit Einschluß von Bosnien und der Herzegowina nebst Beschreibung neuer Arten. Verhandl. d. Zool.-bot. Ges. Wien, XXXVIII, 1888, S. 5—40.

Löwl, Ferd., Kals. Ztschr. D. Ö. Alpenver., XXVIII, 1897, S. 34—51.

— Rund um den Großglockner. Ztschr. D. Ö. Alpenver., XXIX, 1898, S. 27—54.

Lucerna, R., Die Urpasterze (Der Mölltalgletscher der Gschnitz-Zeit). Ztschr. f. Gletscherk., XXVI., 1939, S. 248—257 und 1 Karte.

Lüdi, W., Die Pflanzengesellschaften des Lauterbrunnentales und ihre Sukzessionen. Beitr. z. geobot. Landesaufn. d. Schweiz, Zürich 1921, 9, 364 S., 4 Veg.-Bilder u. 2 Karten.

Luigioni, P., I Coleotteri d'Italia. Mem. Pont. Acad. Sci. Ser., II, Vol. XIII, Roma 1929, 1159 S.

Lundegardh, H., Klima und Boden in ihrer Wirkung auf das Pflanzenleben. 2. Aufl. Jena 1930, X u. 480 S., 1 Karte.

Luze, Gottfr., Bolitobiini. Revision der paläarktischen Arten der Staphylliniden-Gattungen *Bryocharis* Boisd. et Lac., *Bolitobius* Mannh., *Bryoporus* Kraatz und *Mycetoporus* Mannh. Verhandl. d. Zool.-bot. Ges. Wien, LI, 1901, S. 662—746.

Machatschek, Fr., Zur Klimatologie der Gletscherregion der Sonnblickgruppe. Jahresber. Sonnblickver., VIII, 1899, S. 3—34.

*Machulka, V., Neue palaearktische *Bythinus*-Arten. Časopis. Čs. Spol. Entom., XXXV, 1938, S. 41—48.

Mack, Wilh., Biologische Probleme und Beobachtungen an Schmetterlingen im Bezirk Gröbming (Steiermark) einschließlich der seit 1938 zu Oberdonau gehörigen Teile. Ztschr. österr. Entom.-Ver., XXIV, 1940, S. 82—90, 100—110, 119—125, 155—159.

*Märkel, Fr., und H. v. Kiesenwetter: Bericht über eine entomologische Exkursion in den Kärntner Alpen im Jahre 1847. Stettin. Entom. Ztg. IX, 1848, S. 210—221, 277—285, 314—329.

*Mann, Jos., Zwei neue österreichische Spanner. Verhandl. d. Zool.-bot. Ges. Wien, III, 1853, S. 75—76.

* — Zehn neue Schmetterlingsarten. Verhandl. d. Zool.-bot. Ges. Wien, 1867, S. 845—852.

* — Beitrag zur Kenntnis der Lepidopterenfauna des Großglocknergebietes nebst Beschreibung dreier neuer Arten. Verhandl. d. Zool.-bot. Ges. Wien, XXI, 1871, S. 69—82.

May, Ed., Libellen oder Wasserjungfern (Odonata), in: Die Tierwelt Deutschlands. Jena 1933, IV und 124 S.

Mayr, M., Rhynchota Tirolensia II. Hemiptera homoptera (Cicadinen). Ber. nat. med. Ver. Innsbruck, X, 1879, S. 79—101.

Mell, C., Die Moluskenfauna des Kapuzinerberges in Salzburg nebst weiteren Fundortangaben Salzburger Weichtiere. Verhandl. d. Zool.-bot. Ges. Wien, CXXXVI—CXXXVII, 1937, S. 177—270.

Menzel, R., Über die mikroskopische Landfauna der schweizerischen Hochalpen. Arch. f. Naturgesch. Abt. A, LXXX/3, 1914, S. 1—98.

— Über die Nahrung der freilebenden Nematoden und die Art ihrer Aufnahme. Verh. natf. Ges. Basel, XXXI, 1920, S. 153—188.

Michaelsen, W., Oligochaeta, in: Das Tierreich, Lief. 10. Berlin 1900, XIX und 575 S.

— Geographische Verbreitung der Oligochaeten. Berlin 1903, VI u. 186 S., 10 Karten.

Micoletzky, H., Die freilebenden Erdnematoden. Arch. f. Naturgesch. Abt. A, LXXXVII, 1921, 649 S.

*Mik, Jos., Beiträge zur Dipteren-Fauna Österreichs. Verhandl. d. Zool.-bot. Ges. Wien, XIX, 1869, S. 19—36 und Taf. 4.

* — Beitrag zur Dipteren-Fauna Österreichs. Verhandl. d. Zool.-bot. Ges. Wien, XXIV, 1874, S. 329—354 und Taf. 7.

* — Dipterologische Miscellen X. Wiener entom. Ztg., VII, 1888, S. 140—142.

---

[1] In dieser Arbeit ist insofern ein bedauerlicher Irrtum unterlaufen, als die Hartelsgrabenhöhle nicht dem Glocknergebiet angehört, sondern den Gesäusealpen in Obersteiermark. Dementsprechend gehören die in dieser Höhle nachgewiesenen Dipterenarten *Petaurista maculipennis* Meig., *Neosciara forficulata* Bezzi und *Exechia indecisa* Walch. auch nicht der Glocknerfauna an.

*Miller, L., Eine coleopterologische Reise durch Krain, Kärnten und Steiermark 1878. Verhandl. d. Zool.-bot. Ges. Wien, XXVIII, 1878, S. 463—470.

*Mitterberger, K., Verzeichnis der im Kronland Salzburg bisher beobachteten Mikrolepidopteren. Mitt. Ges. Salzbg. Landesk., XIXL, 1909, S. 195—552.

— Verhalten der Schmetterlinge bei starkem Wind im Hochgebirge. Kranchers entom. Jb. 1912, S. 101 bis 106.

Moosbrugger, Joh., Alpine und subalpine Käfer des steirischen Ennsgebietes. Koleopt. Rundsch., XVIII, 1932, S. 217—266.

Müller, A. J., Systematisches Verzeichnis der bisher in Vorarlberg aufgefundenen Wanzen (Hemiptera-Heteroptera Latr.). Arch. f. Insektenk. d. Oberrh. u. angrenz. Länder, II/1, 1926, S. 1—40.

Müller, Herm., Alpenblumen, ihre Befruchtung durch Insekten und ihre Anpassung an dieselben. Leipzig 1881, 611 S.

Müller, J. F., Verzeichnis der Käfer Vorarlbergs. Jahresber. Mus.-Ver. Bregenz, XLVIII, 1912, S. 1—203.

Müller, L., Entomologisches aus Oberösterreich, Ztschr. österr. Entom.-Ver. IX, 1924, S. 90—93, 109—112; X, 1925, S. 9—10, 15—16, 41—42, 63—66, 74—77, 89—92, 99—102, 107—109, 120—121; XI, 1926, S. 5—7, 17—20.

* — *Erebia manto* Esp. unter besonderer Berücksichtigung der nördlichen Kalkalpen. Verhandl. d. Zool.-bot. Ges. Wien, LXXVIII, 1928, S. 45—100.

Netolitzky, Fr., Zoogeographische Überraschungen in der Carabidengruppe Bembidiini. Koleopt. Rundsch. XV, 1929, S. 31—37.

* — Zur Kenntnis der europäischen Gruppe des Bembidion Andreae F. Entom. Bl., XXXIII, 1937, S. 225 bis 241.

*Nickerl, N., Beitrag zur Lepidopteren-Fauna von Oberkärnten und Salzburg. Stett. Entom. Ztg., VI, 1845, S. 57—63, 89—96, 104—108.

*Nitsche, J., Sammelausbeuten aus Tirol und Niederösterreich im Jahre 1923, Verhandl. d. Zool.-bot. Ges., LXXIV—LXXV, 1924—1925, S. (18)—(20).

Odhner, N., Die Mollusken der lappländischen Hochgebirge, in Wiss. Unters. d. Sarekgebirges in Schwedisch-Lappland, IV, Lief. 2, Stockholm 1908, S. 133—168 und Taf. 2 u. 3.

*Oettingen, H. v., Beiträge zur Systematik und Biologie einiger Thysanopteren-Arten II. Arb. morph.-taxon. Entomol. Berlin-Dahlem, IX, 1942, S. 4—10.

Otto, A., Über *Nebria atrata* und deren Verwandte. Wiener entom. Ztg., VII, 1889, S. 41—46.

*Pacher, Dav., Über die Käfer in der Umgebung von Sagritz und Heiligenblut. Jb. nat. Landesmus. Kärnten, II, 1853, S. 30—52.

* — Über *Telephorus signatus* Germ. Jb. nat. Landesmus. Kärnten, IV, 1859, S. 127.

Paesler, Fr., Faunistisch-ökologische Untersuchungen über freilebende Fadenwürmer Ostdeutschlands. Sitzber. natf. Freunde, Jg. 1939, S. 185—215.

Pagenstecher, A., Die Lepidopterenfauna des Hochgebirges. Jb. Nassauisch. Ver. Naturk. Wiesbaden II, 1898, S. 91—178.

Palm, Jos., Beitrag zur Dipterenfauna Tirols. Verh. d. Zool.-bot. Ges. Wien, XIX, 1869, S. 395—454.

Paschinger, V., Das vergletscherte Areal der Glocknergruppe. Ztschr. D. Ö. Alpenver., LX, 1929, S. 161—167.

— Bericht über die Gletschermessungen am Pasterzen-Kees. Ztschr. f. Gletscherk. XXIII, 1935, S. 124—127.

— Bericht über die Aufnahme der hochalpinen Kleinseen in der Sonnblick- und Glocknergruppe. Jahresber. Sonnblickver., XLIII (1934), 1935, S. 55—62 und 1 Karte.

— Der Pasterzengletscher, in III. internat. Quartärkonf., Wien. Führer für die Quartär-Exkursionen in Österreich. Wien 1936, II, S. 21—33, Fig. 3 und Taf. 3.

— Bericht über die Beobachtungen an der Pasterze in den Jahren 1934—1938. Carinthia II, CXXIX, 1939, S. 57—66.

*Pax, F., u. K. Wulfert, Rädertiere aus der Schwefelquelle in Fieberbrunn und den Thermen von Gastein. Mikrokosmos, XXXV, 1941—1942, S. 57—63.

Penck, A., Gletscherstudien im Sonnblickgebiet. Ztschr. D. Ö. Alpenver., XXVIII, 1897, S. 52—71 und 3 Textabb.

— Das Klima der Eiszeit. Verh. III. internat. Quartärkonf. Wien 1936, S. 83—97.

Penk, A., und Ed. Brückner, Die Alpen im Eiszeitalter. 3 Bde. Leipzig 1909, XVI und 1199 S.

Pesta, O., Hydrobiologische Untersuchungen über Hochgebirgsseen der Ostalpen. Ztschr. D. Ö. Alpenver., LVIII, 1927, S. 36—50.

— Der Hochgebirgssee der Alpen, in: Die Binnengewässer, VIII, Stuttgart 1929, XI und 156 S. und 8 Taf.

— Das Leben in Seen und Tümpeln des Glocknergebietes. Ztschr. D. Ö. Alpenver., LIV, 1933, S. 230—239.

Peus, Fr., Die Tierwelt der Moore, in: Handbuch der Moorkunde, hg. v. K. v. Bülow, III, 1932, VIII und 277 S.

* — Über einige nicht oder wenig bekannte *Dixa*-Arten der palaearktischen Fauna. Arb. morph. u. taxon. Entom. Berlin-Dahlem, I, 1934, S. 195—204.

*Pimpl, W., Der Weißkopf- oder Gänsegeier in den Salzburger Alpen. Der Bergsteiger, Mitt. Deutsch. Alpenverein, Jg. 1941—1942, S. 194—196.

*Pfeiffer, E., und Fr. Daniel, Sammelergebnisse am Moserboden und im Glocknergebiet. Mitt. Münch. Entom. Ges., X, 1920, S. 35—43.

*Pittioni, B., Die Hummelfauna des Kalsbachtales in Ost-Tirol. Ein Beitrag zur Ökologie und Systematik der Hummeln Mitteleuropas. Festschr. E. Strand, III, 1937, S. 64—122, 2 Profile, 1 Karte und 47 Textfig.

*Pittioni, B., Die Hummeln und Schmarotzerhummeln der Balkan-Halbinsel. Mit besonderer Berücksichtigung der Fauna Bulgariens. Mitt. kgl. naturwiss. Inst. Sofia, XI, 1938, S. 1—59, 2 Karten, 19 Tafelabb.

* — Die boreoalpinen Hummeln und Schmarotzerhummeln I. Teil. Mitt. kgl. natw. Inst. Sofia XV, 1942, S. 155—218.

Podhorski, J., Führer durch den Naturschutzpark in den Hohen Tauern Salzburgs. Stuttgart 1930 (mir unzugänglich).

Poppius, P., Lepidopteren aus dem Sarekgebirge, in: Wiss. Untersuchungen des Sarekgebirges in Schwedisch-Lappland, IV, Lief. 7, S. 763—778, Stockholm 1919.

Poppius, P., C. Lundström und R. Frey, Dipteren aus dem Sarekgebirge, in: Wiss. Untersuchungen des Sarekgebirges in Schwedisch-Lappland, IV, Lief. 6, S. 665—696 und Taf. 10, Stockholm 1917.

Priesner, H., Beitrag zur Thysanopteren-Fauna Oberösterreichs und Steiermarks. Wiener entom. Ztg., XXXIII, 1914, S. 186—196.

* — Eine neue *Psylla*-Art aus den Ostalpen. Konowia VI, 1927, S. 263—266.

— Die Thysanopteren Europas. Wien 1928, 755 S., 6 Taf.

Prinzinger, Aug., Das Stubachtal, ein Naturschutzgebiet der Zukunft. Ztschr. D. Ö. Alpenver., XLVIII, 1916, S. 90—113, 7 Abb.

Prodromus der Lepidopterenfauna von Niederösterreich, hg. v. d. lepidopt. Sekt. d. Zool.-bot. Ges. Wien. Abh. d. Zool.-bot. Ges. Wien, IX/1, 1915, 221 S., 1 Karte.

*Prohaska, K., Beitrag zur Kenntnis der Hemipteren Kärntens. Carinthia II, CXII—CXIII, 1923, S. 32—101.

* — Zweiter Beitrag zur Kenntnis der Hemipteren Kärntens. Carinthia II, CXXI—CXXII, 1932, S. 21—41.

Prohaska, K., und Fr. Hoffmann, Die Schmetterlinge Steiermarks (Fortsetzung von Hoffmann u. Klos). Mitt. naturwiss. Ver. Steierm., LX (1924), 1925, S. 35—113; LXIII (1927), 1928, S. 164—196; LXIV—LXV (1929), 1930, S. 272—321.

Prossen, Th., I. Nachtrag zum Verzeichnis der bisher in Kärnten beobachteten Käfer. Carinthia II, C, 1910, S. 163—186; CI, 1911, S. 127—138; CIII, 1913, S. 74—85.

*Puschnig, R., Beiträge zur Kenntnis der Orthopterenfauna von Kärnten. Verh. d. Zool.-bot. Ges. Wien, LX, 1910, S. 1—60.

— Beitrag zur Kenntnis der Netzflügler und Scheinnetzflügler von Kärnten. Carinthia II, CXI, 1922, S. 58—85.

* — Eine neue Schmetterlingsabart aus dem Glocknergebiet. Carinthia II, CXI, 1922, S. 98.

— Kleine Beiträge zur Tierkunde Kärntens. Carinthia II, CXII—CXIII, 1923, S. 119—141.

* — Beitrag zur Kenntnis der Wanzenarten Kärntens. Carinthia II, CXIV—XV, 1925, S. 85—109.

Rabeler, W., Die Fauna des Göldenitzer Hochmoores in Mecklenburg (Mollusca, Isopoda, Arachnoidea, Myriopoda, Insecta). Ztschr. Morph. Ökol. Tiere, XXI, 1931, S. 173—315 und 7 Textabb.

— Die planmäßige Untersuchung der Soziologie, Ökologie und Geographie der heimischen Tiere, besonders der land- und forstwirtschaftlich wichtigen Arten. Mitt. florist.-soz. Arbeitsgem. Nied.—Sachs. Heft 3, 1937, S. 236—247.

*Ramme, W., Die Orthopterenfauna von Kärnten. Carinthia II, CXXXI, 1941, S. 121—131.

*Redtenbacher, J., Die Dermatopteren und Orthopteren von Österreich-Ungarn und Deutschland. Wien 1900, 148 S., 1 Taf.

*Redtenbacher, L., Fauna austriaca, die Käfer. 2. Aufl. Wien 1858, CXXXVI und 1017 S., 2 Taf.

Reichel, E., Die Niederschlagsverteilung in den Alpen. Ztschr. D. Ö. Alpenver., LXII, 1931, S. 21—28.

Reimoser, Ed., Katalog der echten Spinnen (Araneae) des paläarktischen Gebietes. Abh. d. Zool.-bot. Ges. Wien, X/2, Wien 1919, 280 S.

Reiner, J., und Sigm. v. Hohenwarth, Botanische Reise nach einigen oberkärntnerischen und benachbarten Alpen unternommen und nebst einer ausführlichen Alpenflora und entomologischen Beiträgen, als ein Handbuch für reisende Liebhaber, hg. v. . . . Erste Reise im Jahre 1791. Klagenfurt 1792, 270 S. und 6 Taf.

Reiser, O., und K. Holdhaus, Die europäischen Vögel mit boreoalpiner Verbreitung. Zoogeographica, III, 1935, S. 66—89.

Reitter, Edm., Fauna germanica, die Käfer des Deutschen Reiches. 5 Bde. Stuttgart 1908—1916, VIII und 248, 392, 436, 236 und 343 S. und 168 Taf.

Renkonen, O., Statistisch-ökologische Untersuchungen über die terrestrische Käferwelt der finnischen Bruchmoore. Ann. Zool. Soc. Zool. bot. Fenn., VI/1, 1938, S. 1—226, 2 Abb., 1 Karte.

*Reutter, O. M., Hemiptera heteroptera austriaca, mm Maji—Augusti 1870 a J. A. Palmén collecta. Verh. d. Zool.-bot. Ges. Wien, XXV, 1876, S. 83—88.

Ribaucourt, E., Étude sur la faune Lombricide de la Suisse. Rev. Suisse de Zool., IV, 1896—1897, S. 1—110 und 3 Tabellen.

Riezler, H., Die Molluskenfauna Tirols. Veröff. Mus. Ferdinand. Innsbruck, IX, 1929, 215 S.

— Über Machiliden Nordtirols. Veröff. Mus. Ferdinandeum, XIX, 1939, S. 191—268.

Rinaldini, B., Die Obergrenze der Dauersiedlung und die relative Höhe des Siedlungsraumes in Tirol. Mitt. geogr. Ges. Wien, LXXII, 1929, S. 23—47, 2 Textkarten.

Roewer, C. Fr., Revision der Opiliones palpatores (Opiliones plagiostethi) II. Teil: Familie der Phalangiidae. Abh. nat. Ver. Hamburg, XX, 1912, fasc. 1, S. 1—295, 4 Taf.

— Die Weberknechte der Erde. Jena 1923, LV u. 1016 S., 1712 Abb.

Roggenhofer, A. F., und Fr. Kohl, Hymenoptera, Hautflügler des Gebietes von Hernstein in Niederösterreich und der weiteren Umgebung, in M. A. Becker, Hernstein in Niederösterreich, Wien 1885, II. Teil, 2. Halbband 48 S.

Roman, A., Ichneumoniden aus dem Sarekgebirge, in Wiss. Unters. d. Sarekgebirges in Schwedisch-Lappland, IV, 3. Lief., S. 199—374, Taf. 4—7 Stockholm 1909.

Rosa, D., Note di biologia alpina II. La distribuzione verticale dei lombrici sulle Alpi. Boll. Mus. Zool. ed Anat. comp. R. Univers. Torino, II, 1887, Nr. 31, 3 S.

— Revisione dei Lumbricidi. Mem. R. Accad. Sci. Torino, Ser. II, XLIII, 1893, 80 S. und 2 Taf.

Roschkott, A., Die Windverhältnisse im Sonnblickgebiet. Beih. z. Jahrb. d. Zentralanst. f. Meteorol. u. Geodyn. II (1929), Wien 1936, S. 55—64.

— Die Sonnenscheinverhältnisse auf dem Sonnblick. Jahresber. Sonnblickver., XLI, 1932, S. 10—17.

Roschkott, A., F. Steinhauser und F. Lauscher, Winduntersuchungen im Sonnblickgebiet. Jahresber. Sonnblickver., XLII (1933), 1934, S. 15—42.

Roßmanith, G., Der Naturschutzpark in den Hohen Tauern Salzburgs. Ztschr. D. Ö. Alpenver. LXVIII 1937, S. 152—156 und Taf. 43—46.

*Saint-Quentin, D., Die europäischen Odonaten mit boreoalpiner Verbreitung. Zoogeographica, III, 1938, S. 485—493.

Sarnthein, R. v., Moor- und Seeablagerungen aus den Tiroler Alpen in ihrer waldgeschichtlichen Bedeutung. I. Teil: Brennergegend und Eisacktal. Beih. botan. Centralbl. Abt. B, LV, 1936, S. 544—631. II. Teil: Seen der Nordtiroler Kalkalpen. Ibid., LX, 1940, S. 437—492.

Scharfetter, R., Die Grenzen der Pflanzenvereine. Festschr. f. Prof. Sieger: „Zur Geographie der deutschen Alpen." Wien 1924.

— Das Pflanzenleben der Ostalpen. Wien 1938, XV und 419 S. und 1 Karte.

Schatzmayr, A., Die Koleopterenfauna der Villacher Alpe (Dobratsch). Verh. Zool.-bot. Ges. Wien, LVII, 1907, S. 116—136, LVIII, 1908, S. 432—458.

Schaubach, A., Die deutschen Alpen. 5 Bde. Jena 1865—1871.

*Schaum, H., Naturgeschichte der Insekten Deutschlands. I. Abt.: Coleoptera, Bd. 1, 1. Teil. Berlin 1860, 791 S.

*Scheerpeltz, O., Monographie der Gattung *Olophrum* Er. Verh. d. Zool.-bot. Ges. Wien, LXXIX, 1929, S. 1—257, 123 Abb., 3 Verbreitungskarten, 6 Taf.

* — Ein neues *Olophrum* aus den Hohen Tauern Salzburgs (Col., Staphylinidae, Omaliini). Koleopt. Rundsch., XXI, 1935, S. 1—8, 3 Abb.

* — Aus der Praxis des Käfersammlers, XXXIV. Zur Technik des Sammelns in der Erde lebender Käfer, II. Über das Sammeln von terricolen Käfern, die in tieferen Erdschichten leben. Koleopt. Rundschau, XXIV, 1938, S. 97—104.

* — Neue Staphyliniden aus den Aufsammlungen Dr. Franz' in den Hohen Tauern. Koleopt. Rundsch. (im Druck).

Schenkel, E., Beitrag zur Kenntnis der Schweiz. Spinnenfauna. III. Teil. Spinnen von Saas-Fee. Rev. Suisse de Zool., XXXIV, 1927, S. 221—266.

— Arachniden aus dem Sarekgebirge, in Wiss. Untersuch. des Sarekgebirges in Schwedisch-Lappland, IV, 10. Lief. S. 949—980, Stockholm 1931.

— Beitrag zur Spinnenkunde. Verh. natf. Ges. Basel, XXXIV, 19—3, S. 78—127 und Taf. VII.

Schibler, W., Ein Beitrag zur Fauna nivalis der Landschaft Davos. Davos 1918 (mir unzugänglich).

Schimitschek, E., Einfluß der Umwelt auf die Wohndichte der Milben und Collembolen im Boden. Ztschr. angew. Entom., XXIV, 1937, S. 216—247.

— M. Seitners Bearbeitung der Insektenschädlinge der Zirbe in biozönotischer Darstellung. Ztschr. angew. Entom., XXV, 1938, S. 111—124, 18 Abb.

*Schiner, J. R., Diptera austriaca III. Die österreichischen Syrphiden. Verh. d. Zool.-bot. Ges. Wien, VII, 1857, S. 278—506.

Schlagintweit, A., Bemerkungen über die höchsten Grenzen der Tiere in den Alpen. Arch. f. Naturgesch., XVII, 1851, S. 175—254.

Schlagintweit, H. u. A., Untersuchungen über die physikalische Geographie der Alpen in ihren Beziehungen zu den Phaenomenen der Gletscher, zur Geologie, Meteorologie und Pflanzengeographie. Leipzig 1850, XIV und 600 S., 11 Taf. und 2 Karten.

— Neue Untersuchungen über die physikalische Geographie und die Geologie der Alpen. Leipzig, 1854, XVI und 630 S. und 22 Taf.

*Schletterer, A., Die Bienen Tirols. 12. Jahresber. k. k. Staatsrealschule 2. Bez. Wien f. d. Jahr 1887, 28 S.

Schmidegg, E., Die Enchytraeiden des Hochgebirges der Nordtiroler Kalkalpen. Verh. nat. med. Ver. Innsbruck, Jg. 1938, 45 S., 8 Abb., 2 Taf. und 1 Karte.

Schmiedeknecht, O., Apidae europeae. Gumperda 1882, 1074 S., 17 Taf.

— Die Hymenopteren Mitteleuropas. Jena 1907, 804 S., 120 Abb.

Schneider, W., Fadenwürmer (Nematoden). I. Freilebende und pflanzenparasitische Nematoden, in: Die Tierwelt Deutschlands, XXXVI, Jena 1939, 260 S.

Schoenemund, Ed., Eintagsfliegen oder Ephemeroptera, in: Die Tierwelt Deutschlands, XIX, Jena 1930, IV und 106 S.

*Scholz, R., Eine kleine Käferausbeute aus Gastein. Insektenbörse, XX, 1903, S. 139—140.

Schönmann, R., Die Artsystematik und geographische Verbreitung der hochalpinen Trechini der Ostalpen. Zool. Jb. (Syst.), LXX, 1937. S. 177—226, 13 Abb., 1 Karte und 3 Taf.

Schreiber, H., Vergletscherung und Moorbildung in Salzburg mit Hinweisen auf das Moorvorkommen und das nacheiszeitliche Klima in Europa. Österr. Moorztschr. (Staab), Jg. 1911—1912, 42 S., 1 Karte und 3 Taf.

Schroeter, C., Das Pflanzenleben der Alpen. Zürich 1904—1908, II. Aufl. 1926, 1288 S., 316 Abb., 6 Taf. und 9 Tab.

Schubart, O., Tausendfüßler oder Myriopoden I. Diplopoda, in: Die Tierwelt Deutschlands, Jena 1934, VII und 318 S.

Schultes, J. A., Reise auf den Glockner. 4 Bde. Wien 1804, XXVI und 349 S. und 2 Taf., 366 S., 2 Taf. und 1 Karte, 274 S. und 1 Taf., 270 S., 1 Taf.

Schulze, P., Zecken, Ixodoides, in: Die Tierwelt Mitteleuropas, Lief. III/10, 1925, S. 1—10.

Schwägrichen, D., D. Schwägrichens Briefe an Hoppen. Tagebuch einer Reise auf den bis dahin unerstiegenen Berg Großglockner an den Grenzen Kärntens, Salzburgs und Tirols im Jahre 1799. Besond. Abdruck aus des Freih. v. Moll Jahrbüchern f. Berg- und Hüttenkunde, IV/2, Salzburg 1800, S. 161—224 und 1 Taf.

Schweizer, J., Beitrag zur Kenntnis der terrestrischen Milbenfauna der Schweiz. Verh. natf. Ges. Basel, XXXIII, 1922, S. 23—112.

Schuch, J., Der Naturschutzpark in den Hohen Tauern. Kartograph. Ztschr., III, 1914, mit 1 Karte (mir unzugänglich).

Seeland, M., Untersuchung eines am Pasterzengletscher gefundenen Holzstrunkes nebst einigen anatomischen und pflanzengeographischen Bemerkungen. Österr. bot. Ztschr., XXXI, 1881, S. 6—12.

Seidenschwarz, L., Jahreszyklus frei lebender Erdnematoden einer Tiroler Alpenwiese. Arb. zool. Inst. Univers. Innsbruck, I/3, 1923, S. 1—39.

*Seitner, M., Die Lebensweise von Evetria turionana Hb. var. *mughiana* Zell. und Beobachtungen über andere an der Zirbe lebende Kleinschmetterlinge (hg. v. E. Schimitschek aus dem Nachlaß). Ztschr. angew. Entom., XXV, 1938, S. 101—110.

Sellnick, M., Hornmilben, Oribatei, in: Die Tierwelt Mitteleuropas, Lief. III/9, 1928, S. 1—42.

Senarclens-Grancy, W. v., Moränenstudien in Ost- und Nordtirol und in den Gasteiner Bergen. Verh. III. internat. Quartärkonf. Wien 1936, S. 192—197 und 1 Karte.

Sonnklar, K., Die Gebirgsgruppe der Hohen Tauern. Wien 1866, XVII u. 408 S. u. 3 Karten.

Spreitzer, H., Die Almen des oberen Mölltales. Veröff. akad. Geogr.-Ver. Graz 1925.

Spuler, A., Die Schmetterlinge Europas. Stuttgart 1908—1910, 4 Bde., CXXVIII und 385 S., 523 S. 95 Taf., XXXVIII S. und 50 und 9 Taf.

Stach, J., Über die in Polen vorkommenden Felsenspringer (Machilidae) und über die Bedeutung dieser Insekten zur Beurteilung einiger geographischer Probleme. Bullt. Acad. Sc. Lettres 1925, S. 633 ff.

Standfuß, M., Experimentelle zoologische Studien mit Lepidopteren. Denkschr. schweiz. natf. Ges., XXXVI/1, 1898, 81 S. und 5 Taf.

*Staudinger, O., Beitrag zur Lepidopterenfauna von Oberkärnten. Stett. Entom. Ztg., XVI, 1855, S. 374—379; XVII, 1856, S. 537—546.

Staudinger, O. und H. Rebel, Katalog der Lepidopteren des palaearktischen Faunengebietes. III. Aufl., Berlin 1901, I. Teil, XXX und 411 S., II. Teil 368 S.

Steinböck, O., Die Tierwelt des Ewigschneegebietes. Ztschr. D. Ö. Alpenver., LXII, 1931, S. 29—46.

— Zur Lebensweise einiger Tiere des Ewigschneegebietes. Ztschr. Morph. Ökol. Tiere, XX, 1931, S. 707 bis 718.

— Die Tierwelt der Gletscherwässer. Ztschr. D. Ö. Alpenver., LXV, 1934, S. 263—275.

— Der Gletscherfloh. Ztschr. D. Alpenver., LXX, 1939, S. 138—147 und Taf. 42.

— Die Nunatak-Fauna der Venter Berge. Festschr. Zweig. Brandenburg D. Alpenver. München 1939, S. 64—73, Taf. 14.

Steinhauser, Ferd., Das Klima des Gasteiner Tales. Beih. z. Jb. d. Zentralanst. f. Meteorol. u. Geodyn. Wien, IV (1931), 1937, S. 25—60.

— Ergebnisse neuer Beobachtungen über die Niederschlagsverhältnisse im Sonnblickgebiet. Jahresber. Sonnblickver., XLI, 1932, S. 18—31.

Steinmann, P., Die Tierwelt der Gebirgsbäche, eine faunistisch-biologische Studie. Ann. biol. lac., II, 1907, S. 30—163.

Stichel, W., Illustrierte Bestimmungstabelle der deutschen Wanzen. Berlin 1925—1938, 499 S. und 854 Textabb.

Stipperger, H., Biologie und Verbreitung der Opilioniden Nordtirols. Arb. zool. Inst. Univers. Innsbruck, III/2, Berlin 1928, S. 19—79, 1 Taf., 13 Textfig. und 2 Tab.

Stitz H., Netzflügler, Neuroptera, in: Die Tierwelt Mitteleuropas. VI, 1931, 24 S.

— Ameisen oder Formicidae, in: Die Tierwelt Deutschlands. XXXVII/1, Jena 1939, 428 S.

*Strobl, Gabr., Monographie der mitteleuropäischen Arten der Gattung Hilara, Verh. Zool.-bot. Ges. Wien, XLII, 1892, S. 85—182.

— Die Dipteren von Steiermark. Mitt. nat. Ver. Steierm. Jg. 1892, S. 1—199; Jg. 1893, S. 1—152; Jg. 1894, S. 121—246; Jg. 1897, S. 192—298.

* — Tiefs dipterologischer Nachlaß aus Kärnten und Österreichisch-Schlesien. Jb. nat. Landesmus. Kärnten, XLVII, 1900, S. 170—246.

* — Ichneumoniden Steiermarks und der Nachbarländer. Mitt. nat. Ver. Steierm. Jg. 1900, S. 132—257; Jg. 1901, S. 3—48; Jg. 1902, S. 3—100; Jg. 1903, S. 43—160

— Neuropteroiden (Netzflügler) Steiermarks (und Niederösterreichs). Mitt. nat. Ver. Steierm., XLII (1905), 1906, S. 225—266.

*Strouhal, H., Biologische Untersuchungen an den Thermen von Warmbad Villach in Kärnten (mit Berücksichtigung der Thermen von Badgastein) Arch. f. Hydrobiol., XXVI, 1934, S. 323—385 und 495—583.

Stur, D., Über den Einfluß des Bodens auf die Verteilung der Pflanzen. Sitzungsber. d. Akad. d. Wiss. in Wien, XX, 1856, S. 71—149.

*Sturany, R., Mollusken aus der Umgebung von Bad Fusch und Ferleiten in Salzburg. Ann. nat. Hofmus. Wien, VII, 1892, Notizen, S. 148—150.

*Székessy, W., Bericht über eine koleopterologische Sammelreise in den Ostalpen im Sommer 1933. Verh. d. Zool.-bot. Ges. Wien, LXXXIV, 1934, S. 81—83.

Szilády, Z., Über die vertikale Verbreitung der Arthropoden mit Beispielen aus der Fauna des Rétjezát. Ztschr. wiss. Insektenbiol., XIV, 1918, S. 67—72, 108—117, 172—177, 266—271.

Tarbinsky, S., Revision of the palaearctic species of the genera *Gomphocerus* Thunb. and *Dasyhippus* Uvar. (Acrididae) Bullet. Inst. Contr. Pests and Diseases I, 1931, S. 127—157 und 2 Karten (russ.).

Termier, P., Les Nappes des Alpes orientales et la synthèse des Alpes. Bullet. Soc. géol. France, 4 série, III, 1903, S. 711—766.

Tschermak, L., Die wichtigsten Waldformen der Ostalpen und des heutigen Österreichs, mit 1 Karte. Silva, XXIII, 1935, S. 393—398 und 402—407.

— Beitrag zur Kenntnis des Klimas der Zirbenstandorte. Mitt. Hermann-Göring-Akad. Deutsch. Forstwiss., I, 1942, S. 143—171.

Then, F., Katalog der österreichischen Cicadinen. Progr. k. k. Theresianischen Gymnasiums Wien f. d. Jahr 1886, 59 S.

— Beitrag zur Kenntnis der österreichischen Spezies der Gattung *Deltocephalus*. Mitt. nat. Ver. Steierm., XXXVI, 1900, S. 118—169.

*Thienemann, A., Tiroler Trichopteren. Ztschr. Ferdinand. Innsbruck, 3. Folge, XLIX, 1905, S. 383—393.

*Thomas, Fr., Alpine Mückengallen. Verh. d. Zool.-bot. Ges. Wien, XLII, 1892, S. 356—376, Taf. 6 und 7.

Thor, S., Acarina, Allgemeine Einführung, in: Die Tierwelt Deutschlands, XXII/5, Jena 1931, 78 S.

Thurner, J., Meine Lichtfangergebnisse des Jahres 1916. Ztschr. österr. Entom.-Ver. Wien, III, 1918, S. 100—103, 112—114 und 120—122.

— Ein kleiner Beitrag zur Lepidopterenfauna des Nockgebietes. Internat. Entom. Ztschr. Frankfurt a. M., XXXIV, 1920—1921, S. 79 ff.

* — Sechzehn für Kärnten neue Falterarten und sonst bemerkenswerte Lepidopterenfunde der letzten Zeit. Carinthia II, CXII—CXIII, 1923, S. 103—117.

* — Ein neuerlicher Beitrag zur Schmetterlingsfauna Kärntens. Carinthia II, CXXVII, 1937, S. 69—86; CXXVIII, 1938, S. 105—114.

Tollner, H., Berg- und Talwinde in Österreich. Beih. z. Jb. d. Zentralanst. f. Meteorol. u. Geodyn. Wien, I. (1928), 1931, S. 91—112.

Trägardh, I., Acariden aus dem Sarekgebirge, in: Wiss. Unters. des Sarekgebirges in Schwedisch-Lappland, IV, Lief. 4, S. 375—586, Taf. 8 und 9, Stockholm 1910.

*Tratz, Ed. v., Ornithologisches aus Zell am See und dem Pinzgau. Mitt. Ver. Salzbg. Landesk. LVII.

Tursky, Fr., Führer durch die Glocknergruppe. II. Aufl. Wien, 1925, XVI und 184 S., 20 Naturaufn., 7 Anstiegszeichn., 1 Karte und 1 Gipfelrundschau.

— Führer durch die Goldberggruppe (Sonnblickgruppe). Wien 1927, 180 S., 4 Abb., 1 Karte.

Ude, H., Oligochaeta, in: Die Tierwelt Deutschlands, 15. Teil, Berlin 1929, S. 1—132.

Ulmer, G., Trichoptera, in: Die Tierwelt Mitteleuropas, Lief. 15. Leipzig 1931, 46 S., 3 Taf.

Verhoeff, K. W., Beiträge zur Diplopodenfauna Tirols. Verh. d. Zool.-bot. Ges. Wien, XLIV, 1894, S. 9—34, 2 Taf.

— Über Felsenspringer, Machiliden, 4. Aufsatz: Systematik und Orthomorphose. Zool. Anz., XXXVI, 1910, S. 425—438.

— K. W., Über Felsenspringer, Machiloidea, 6. Aufsatz: *Halomachilis* und *Forbicina*. Ztschr. Wiss. Insektenbiol., VIII, 1912, S. 227.

— Studien zur Ökologie und Geographie der Diplopoden, hauptsächlich der Ostalpen. Ztschr. Morph. Ökol. Tiere, XV, 1929, 35—89.

— Diplopoden der Germania zoogeographica im Lichte der Eiszeiten. Zoogeographica, III, 1938, S. 494—547.

— Ein halbes Jahrhundert Diplopodenforschung und ihre Bedeutung für die Zoogeographie. Zoogeographica, III, 1938, S. 548—588.

* — Die Isopoda terrestria Kärntens in ihren Beziehungen zu den Nachbarländern und in ihrer Abhängigkeit von den Vorzeiten. Abh. Preuss. Akad. Wiss. Jg. 1939, Nr. 15, 45 S.

* — Diplopodenfauna Kärntens in ihren Beziehungen zu den Nachbarländern und in ihrer Abhängigkeit von den Vorzeiten. Zool. Jahrb. (Syst.), LXXIII, 1939, S. 63—110.

* — Chilopoden von Kärnten und Tauern, ihre Beziehungen zu europäischen und mediterranen Ländern und über allgemeine geographische Verhältnisse. Abh. preuss. Akad. d. Wiss., Jg. 1940, math.-natw. Kl., Nr. 5, 39 S. 2 Taf.

Vierhapper, Fr., Zur Kenntnis der Verbreitung der Bergkiefer (*Pinus montana*) in den östlichen Zentralalpen. Österr. bot. Ztschr., XLIV, 1914, S. 369—407.

— Die Kalkschieferflora in den Ostalpen. Österr. bot. Ztschr., LXX, 1921, S. 261—293; LXXI, 1922, 30—45 und 1 Karte.

— Pflanzensoziologische Studien über Trockenwiesen im Quellgebiet der Mur. Österr. bot. Ztschr., LXXIV, 1925, S. 153—179.

Vierhapper, F., und H. v. Handel-Mazzetti, Führer zu den wissenschaftlichen Exkursionen des II. internat. Bot. Kongr. Wien 1905, III. Exkursionen in die Ostalpen, Wien 1905, 161 S. und Taf. 25, 33—52, 5 Textabb.

Vitzthum, H. v., Milben, Acari, in: Die Tierwelt Mitteleuropas, Lief. III/7. Leipzig 1929, S. 1—112 und Taf. 1—12.
— Die Larvenformen der Gattung *Caeculus* Dufour. Zool. Anz., CV, 1933, S. 85—92.
— Acarina. V. Lebenserscheinungen, in Bronns Klassen und Ordnungen des Tierreichs, V. Bd., IV. Abt., 5. Buch. Leipzig 1941, S. 502 ff.
Vorbrodt, C., Schmetterlinge der Schneestufe schweizerischer Hochgebirge. Intern. entom. Ztschr., XV—XVI, 1921—1923, (in zahlr. Forts.).
Wächtler, Asseln oder Isopoden, in: Die Tierwelt Mitteleuropas. Leipzig 1937.
Wagner, Ed., Zur Systematik von *Lygus pratensis* L. (Hem. Heteropt. Miridae), Verh. Ver. nat. Heimatforsch. Hamburg, XXVIII, 1940, S. 1—6.
Wagner, F., Eine Lepidopterenausbeute aus Salzburg. Mitt. Münch. Entom. Ges., XII, 1922, S. 29—46.
Wagner, W., Die Zikaden des Mainzer Beckens, zugleich eine Revision der Kirschbaumschen Arten aus der Umgebung von Wiesbaden. Jb. Nass. Ver. Naturk., LXXXVI, 1939, S. 77—212.
Wahlgreen, E. v., Über die alpine und subalpine Collembolenfauna Schwedens, in: Wiss. Unters. des Sarekgebirges in Schwedisch-Lappland, IV, Lief. 7, C. 743—762, Stockholm 1919.
*Warnecke, G., Eine Lepidopterologische Sammelreise ins Großglocknergebiet. Mitt. Entom. Ges., X, 1920, S. 43—62.
— *Fidonia (Isturgia) carbonaria* Cl., ein nordischer und alpiner Schmetterling, einheimisch in Schleswig-Holstein. Festschr. z. 50jähr. Best. d. Internat. Entom. Ver. Frankfurt a. M. 1934, S. 31—43, 26 Abb., 2 Karten.
Welzenbach, W., u. K. Wien, Die Erschließungsgeschichte der Glocknergruppe. Ztschr. D. Ö. Alpenver., LIX, 1928, S. 98—128.
*Werner, Fr., Beiträge zur Kenntnis der Pflanzen- und Tierwelt des Alpen-Naturschutzparkes im Pinzgau (2. Beitrag). Beobachtungen über die Tierwelt des Stubachtales. Bl. f. Naturk. und Naturschutz, XI, 1924, S. 61—68.
* — *Anonconotus alpinus* (Yersin) in Osttirol (Insecta, Orthoptera). Zool. Anz., LXXXVI, 1929, S. 93—94.
* — Beiträge zur Kenntnis der Tierwelt von Osttirol. Veröff. Mus. Ferdinand. Innsbruck, XI, 1931, S. 1—12; XIV, 1933, S. 357—388.
Wettstein, O. v., Beiträge zur Säugetierkunde Europas. II. Teil. Arch. f. Naturgesch. Abt. A, XCII, 1926, S. 64—146.
Willmann, C., Acarina, Oribatei (Cryptostigmata), in: Die Tierwelt Deutschlands, XXII/5. Jena 1931, S. 80—200.
— Die Acarofauna der Höhlen des fränkischen Jura und einiger anderer Höhlen. Mitt. Höhlen- u. Karstforsch. Jg. 1938, S. 15—29.
— Die Moorfauna des Glatzer Schneeberges. Die Milben der Schneebergmoore, in: Beitr. z. Biologie d. Glatzer Schneeberges, Heft 5, S. 427—458, Breslau 1939 (*a*).
— Terrestrische Acari der Nord- und Ostseeküste. Abh. nat. Ver. Bremen, XXXI/3, 1939 (*b*), S. 521—550, 23 Abb.
— Die Arthropodenfauna von Madeira nach den Ergebnissen der Reise von Prof. Dr. O. Lundblad Juli—August 1935. XIV. Terrestrische Acari (exkl. Ixodidae). Arkiv f. Zool., XXXI A, 1939 *(c)*, Nr. 10, S. 1—42, 3 Taf.
* — *Valgothrombium*, ein neues Genus der Trombidiidae (Acari). Zool. Anz., CXXXI, 1940, S. 250—254.
Winkler, A., Catalogus coleopterorum regionis palaearcticae. Wien 1924—1932, VII und 1698 S.
* — Neue Bembidiini, Trechini und Bathysciini aus den Ostalpen und dem Balkan. Koleopt. Rundsch., XXI, 1935, S. 232—236.
Woeikoff, A, Bodentemperaturen unter Schnee und ohne Schnee in Katharinenburg im Ural. Meteorol. Ztschr., 1890, Oktoberheft.
Wüsthoff, W., *Atheta Dlouholuckai* Roub. Entom. Bl., XXXVI, 1940, S. 92.
*Zimmermann, St., Über die Verbreitung und die Formen des Genus *Orcula* Held in den Ostalpen. Arch. f. Naturgesch. N. F. I, 1932, S. 1—56, 2 Taf.
Zeuner, F., Die Orthopteren aus der diluvialen Nashornschicht von Starunia (Polnische Karpathen). Starunia III, 1934, 17 S. und 1 Taf.
— Das Klima des Eisvorlandes in den Glazialzeiten. Neues Jb. f. Mineralogie usw. LXXII (B), 1934, S. 367—398.
Zschokke, F., Die Tierwelt der Hochgebirgsseen. Neue Denkschr. schweiz. Ges. Naturw., XXXVII, 1900, 400 S., 8 Taf. und 4 Karten.
— Die postglaziale Einwanderung der Tierwelt in die Schweiz. Verh. schweiz. natf. Ges. Freiburg, I, 1907, S. 134—150.

TAFEL II

Abb. 5. Blick vom St. Pöltener Weg unterhalb des Rabensteins auf die Amertaler Scharte (2700 m) und den Venediger (Lichtbild von Ed. Frh. v. Handel-Mazzetti). Der eine der beiden Bergsteiger (links) ist der verstorbene Botaniker Dr. H. Frh. v. Handel-Mazzetti.

Abb. 4. Zirmsee mit Goldzechkopf (3052 m). Im Hintergrund die Schutthalden des aufgelassenen Goldbergwerkes.

TAFEL III

Abb. 8. Blick vom Hochtortauernkopf ostwärts über den Tauernhauptkamm auf Weißenbachscharte (2640 m), Modereck (2919 m) und Hocharn (im Hintergrund, zum Teil in Wolken gehüllt).

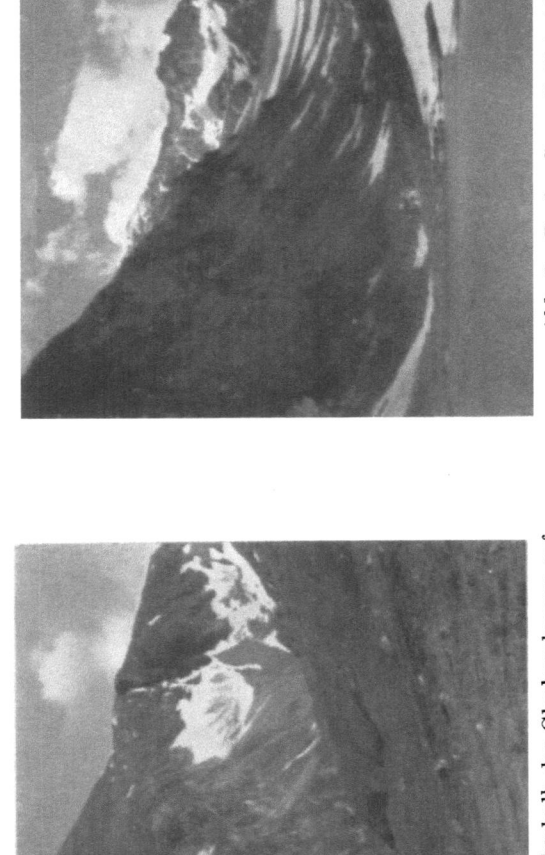

Abb. 9. Dorfer See mit Talschluß des Dorfer Tales.

Abb. 6. Schneeböden südlich der oberen Pfandlscharte, Verbreitungsgebiet der *Nebria atrata*-Gesellschaft.

Abb. 7. Blick vom Pfandlschartenweg oberhalb des Glocknerhauses auf Sinnavalleck (3263 m), Fuscherkarkopf (3336 m) und den Steilabfall des Magneskares gegen das Naßfeld des Pfandlschartenbaches (Lichtbild von Dr. E. Lindner).

TAFEL IV

Abb. 12. Ödenwinkelkees mit Eiskögele (3439 m) und unterer Ödenwinkelscharte (3194 m) (Lichtbild von Ed. Frh. v. Handel-Mazzetti).

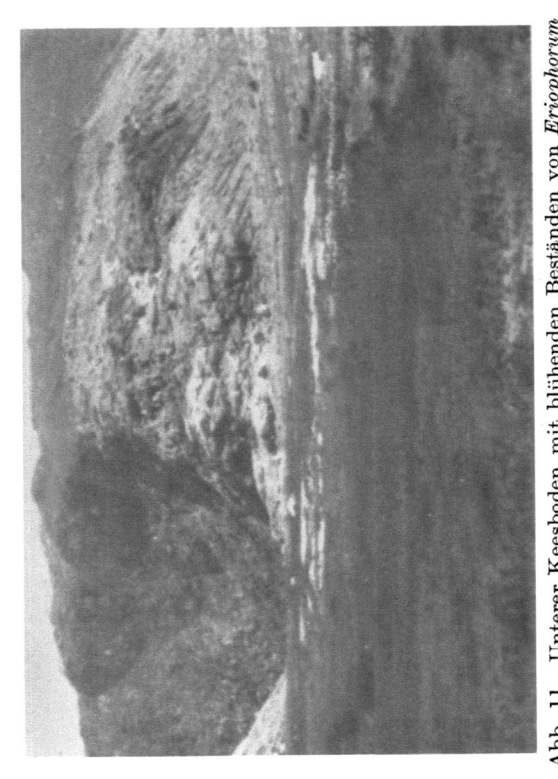

Abb. 13. Leitertal unterhalb der Einmündung des Peischlachtales, mit Blick gegen die Pfortscharte (2827 m) und das Bergertörl (2650 m) (Lichtbild von Dr. E. Lindner).

Abb. 10. Blick vom Südwesthang der Stanziwurten (Sonnblick-Südseite) auf das oberste Mölltal und den Großglockner (3798 m).

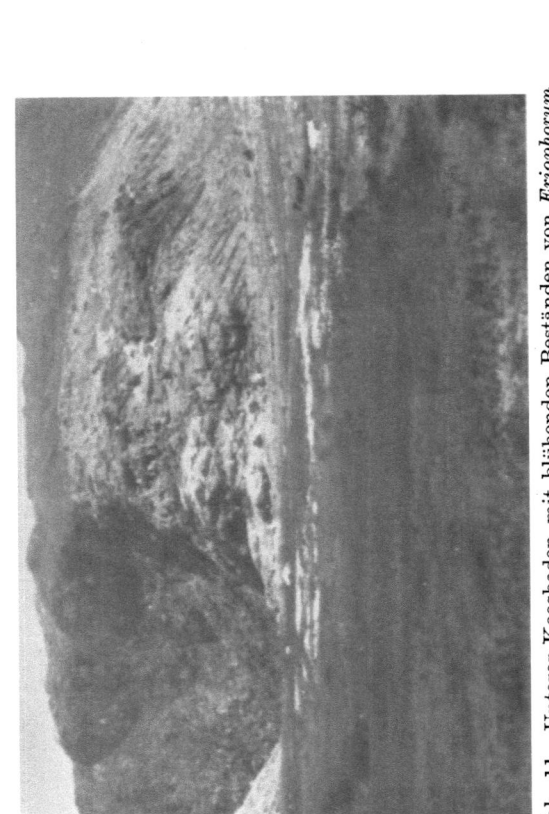

Abb. 11. Unterer Keesboden mit blühenden Beständen von *Eriophorum Scheuchzeri*. Im Hintergrund der Steilhang der Marxwiese.

TAFEL V

Abb. 14. Blick vom Luisengrat (3100 m) auf den Großglockner (3798 m) und die Romariswand (3515 m).

Abb. 15. Pasterzenlandschaft vom Freiwandeck aus (Lichtbild von Ed. Frh. v. Handel-Mazzetti).

TAFEL VI

Abb. 16. Mittlerer Pasterzenboden mit Kleinem und Mittlerem Burgstall (zirka 2900 m), im Hintergrund der Johannisberg (3467 m) (Lichtbild von Ed. Frh. v. Handel-Mazzetti).

Abb. 17. Blick vom Kalser Tauern (2512 m) gegen Norden auf den Weißsee (2218 m) und die Berge östlich des Stubachtales.

TAFEL VII

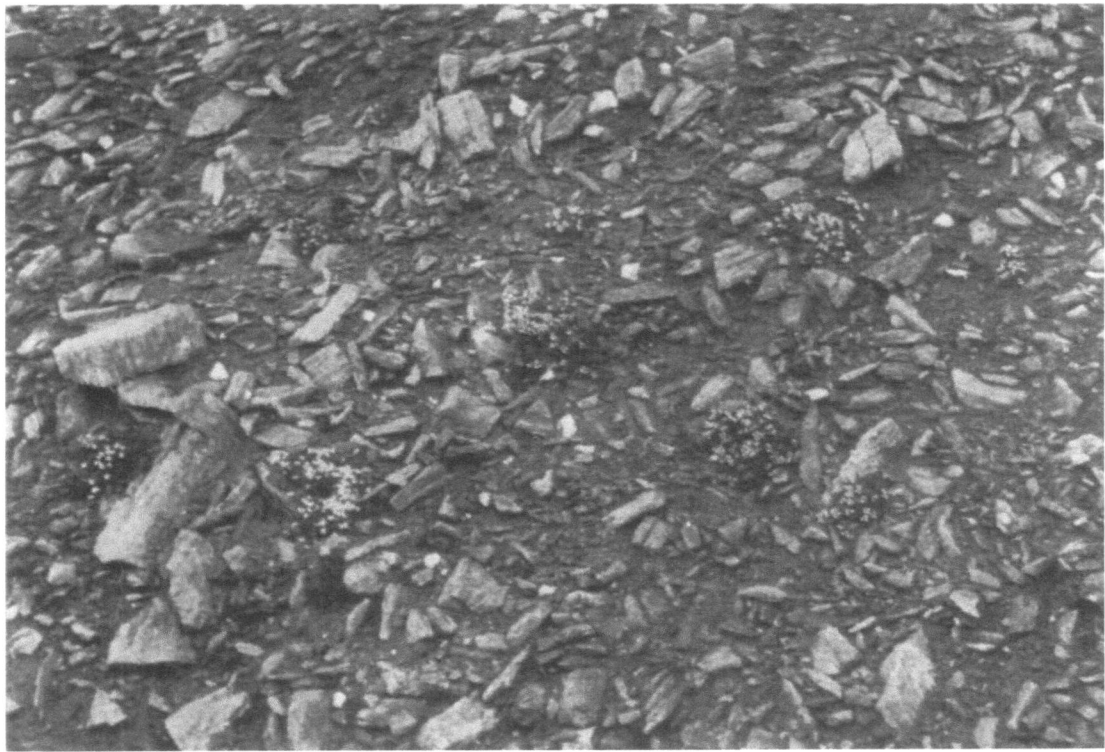

Abb. 18. Vegetationsbild der Probefläche Nr. VI der Assoziationstabelle der *Nebria atrata*-Gesellschaft in 2803 *m* Höhe auf der Fanatscharte.

Abb. 19. *Ranunculus glacialis* am Grat zwischen Stubacher Sonnblick und Rabenstein in etwa 2950 *m* Höhe. Im Hintergrund der Großvenediger (3660 *m*) (Lichtbild von Ed. Frh. v. Handel-Mazzetti).

TAFEL VIII

Abb. 23. Rhodoretum im lichten Lärchenwald an der Waldgrenze auf der Südwestseite der Stanziwurten in etwa 2000 m Höhe.

Abb. 22. *Dianthus alpinus* in der Kalkschiefersteppe unweit der Marienhöhe (Lichtbild von Dr. E. Lindner).

Abb. 21. *Saxifraga oppositifolia* in der *Nebria atrata*-Gesellschaft südlich der Unteren Pfandlscharte (Lichtbild von Dr. E. Lindner).

Abb. 20. Hochmoor im Wiegenwald auf der Höhe der Wiegenköpfe (etwa 1700 m) (Lichtbild von Ed. Frh. v. Handel-Mazzetti).

TAFEL IX

Abb. 25. Vegetationsbild aus dem Wiegenwald (Lichtbild von Ed. Frh. v. Handel-Mazzetti).

Abb. 24. Vegetationsbild der Probefläche Nr. II der Assoziationstabelle der *Nebria atrata*-Gesellschaft in 2550 m im Kar südwestlich der beiden Pfandlscharten (Übersichtsaufnahme).

TAFEL X

Abb. 26. Vegetationsbild der Probefläche Nr. I der Assoziationstabelle der *Nebria atrata*-Gesellschaft in 2600 *m* im Kar südwestlich der beiden Pfandlscharten.

Abb. 27. Vegetationsbild der Probefläche Nr. II der Assoziationstabelle der *Nebria atrata*-Gesellschaft in 2550 *m* im Kar südwestlich der beiden Pfandlscharten (Detailaufnahme).

TAFEL XI

Abb. 31. Rasenfläche in der Zwergstrauchstufe am Moserboden (1970 m). Probequadrat der Probe I in der Assoziationstabelle der subalpinen Wiesen und Weiden.

Abb. 32. Rasenfläche am Talboden des Fuscher Tales unweit der Vogerlalm (1260 m). Probequadrat der Probe V in der Assoziationstabelle der subalpinen Wiesen und Weiden.

TAFEL XII

Abb. 34. Blick auf die Albitzen-Südwesthänge. Unter den Kalkschieferbratschen ist ein schmaler, hufeisenförmiger Schuttstreifen sichtbar, auf dem sich der tiefste Standort von *Chrysomela crassicornis norica* befindet, der nächste Standort befindet sich mehr als 500 m höher im Kar zwischen Albitzen- und Wasserradkopf.

Abb. 35. Oberste Latschen am Haritzerweg unterhalb des Glocknerhauses. Im Hintergrund das Freiwandeck.

Abb. 36. Felder und Steppenwiesen bei Heiligenblut mit Blick auf die Kreitherwand im Talschluß des Mölltales und auf den zum Teil in Wolken gehüllten Großglockner (Lichtbild von Ed. Frh. v. Handel-Mazzetti).

TAFEL XIII

Abb. 37. Mittlerer Burgstall und Haldenhöcker vom Pasterzenboden aus gesehen. Links zwischen den Schuttfeldern des Haldenhöckers ist die Rasenfläche sichtbar.

Abb. 38. *Caeculus echinipes*-Gesellschaft am Hang zwischen Gamsgrube und Wasserfallwinkel (etwa 2600 *m*). Kalkphyllitschutthalde mit riesigen Polstern von *Silene acaulis*.

Abb. 39. Polsterpflanzenvegetation auf der Hochfläche des Großen Burgstalls. Im Hintergrund der Johannisberg.

TAFEL XIV

Abb. 40 und 41. Vegetationsbilder von der Rasenfläche auf dem Haldenhöcker unterhalb des Mittleren Burgstalls (etwa 2650 m).

KARTE 2

Karte 2.

Karte der Pasterzenlandschaft 1 : 25.000. Die Höhenschichtenlinien sind nur im vergletscherten Gebiet eingetragen. Zeichenerklärung: A. = Albitzenkopf, A.R. = Adlersruhe, E. = Elisabethfels, F. = Freiwand, F. H. = Franz-Josefs-Höhe, F. K. = Fuscherkarkopf, G. = Gamsgrube, G. B. = Großer Burgstall, G. H. = Glocknerhaus, Ha. = Haldenhöcker unter dem Mittleren Burgstall, H. H. = Hofmannshütte, H. K. = Hohenwarthkamm, K. = Kellersberg, K. B. = Kleiner Burgstall, M. = Margaritze, M. B. = Mittlerer Burgstall, M. H. = Marienhöhe, N. = Naßfeld des Pfandlschartenbaches, O. H. = Oberwalderhütte, Pf. = Untere Pfandlscharte, R. = Racherin, S. = Sinnavelleck, Sch. = Schwerteck, Sp. = Spielmann, W. = Wasserradkopf, W. E. = Wasserfalleck, — = obere Verbreitungsgrenze von *Anechura bipunctata*, — — — = obere Verbreitungsgrenze der Ameisen, —·—·— = untere Verbreitungsgrenze der *Nebria atrata*, × = Vorkommen von *Caeculus echinipes*, ● = Vorkommen von *Cylindrus obtusus*, ○ = Vorkommen von *Olophrum alpinum*. Die Verbreitungsgrenzen von *Anechura bipunctata* und den Ameisen sind nach dem Stande des Jahres 1937 gezeichnet.

Additional material from *Die Landtierwelt der mittleren Hohen Tauern,*
ISBN 978-3-7091-3104-6, is available at http://extras.springer.com

Karte 3.
Beispiele im Untersuchungsgebiet diskontinuierlich verbreiteter Arten.
//// = *Anechura bipunctata*, ● = *Cylindrus obtusus*, ○ = *Nebria atrata*,
▼ = *Chrysomela crassicornis norica*, ▲ = *Olophrum Florae*.

KARTE 4

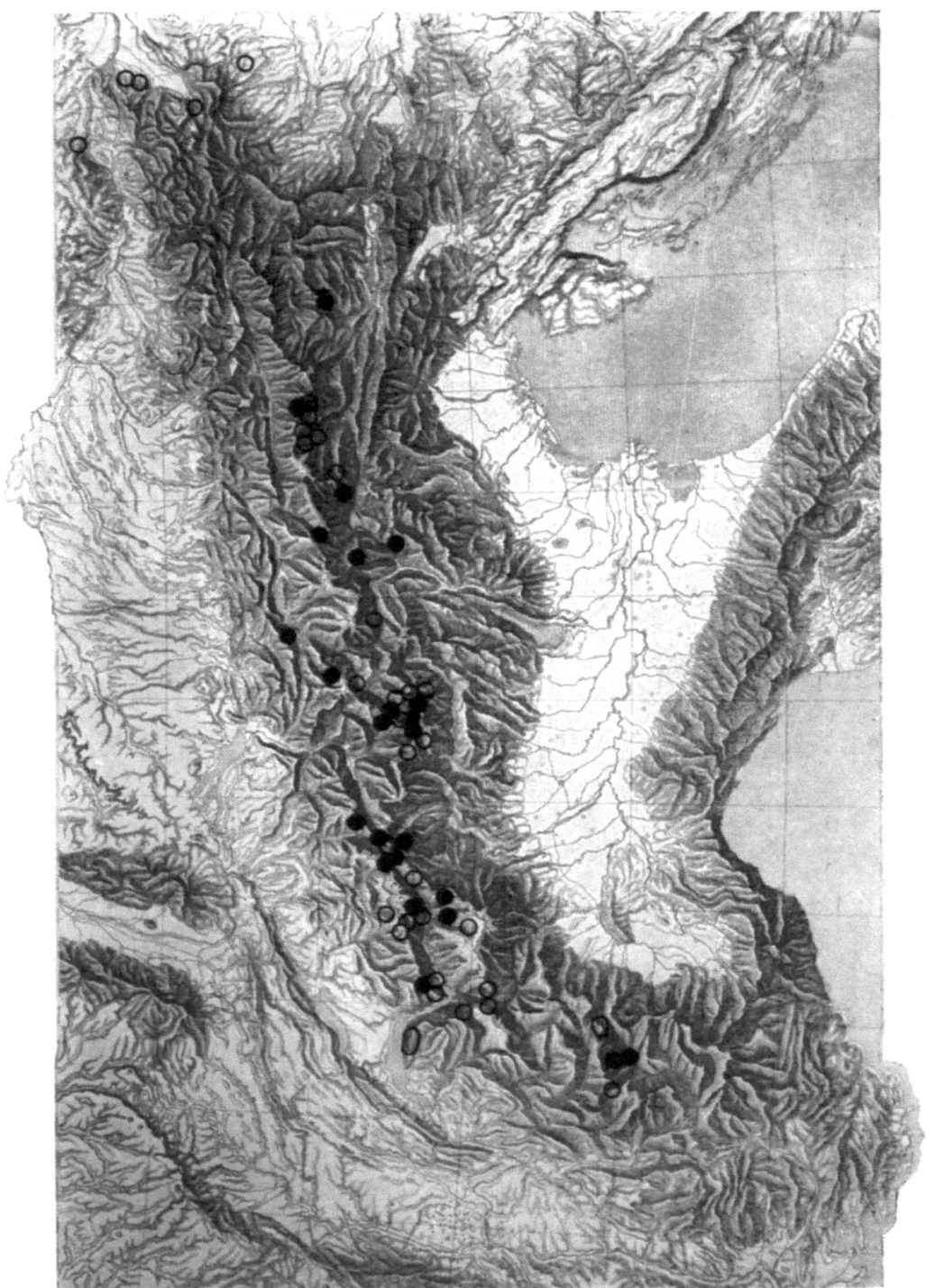

Karte 4.

Die Alpenverbreitung von: ○ = *Anechura bipunctata* und ● = *Podisma frigida*, nach dem gegenwärtigen Stande der Forschung (genaue Fundortangaben im Text auf S. 129 und 529).

KARTE 5.

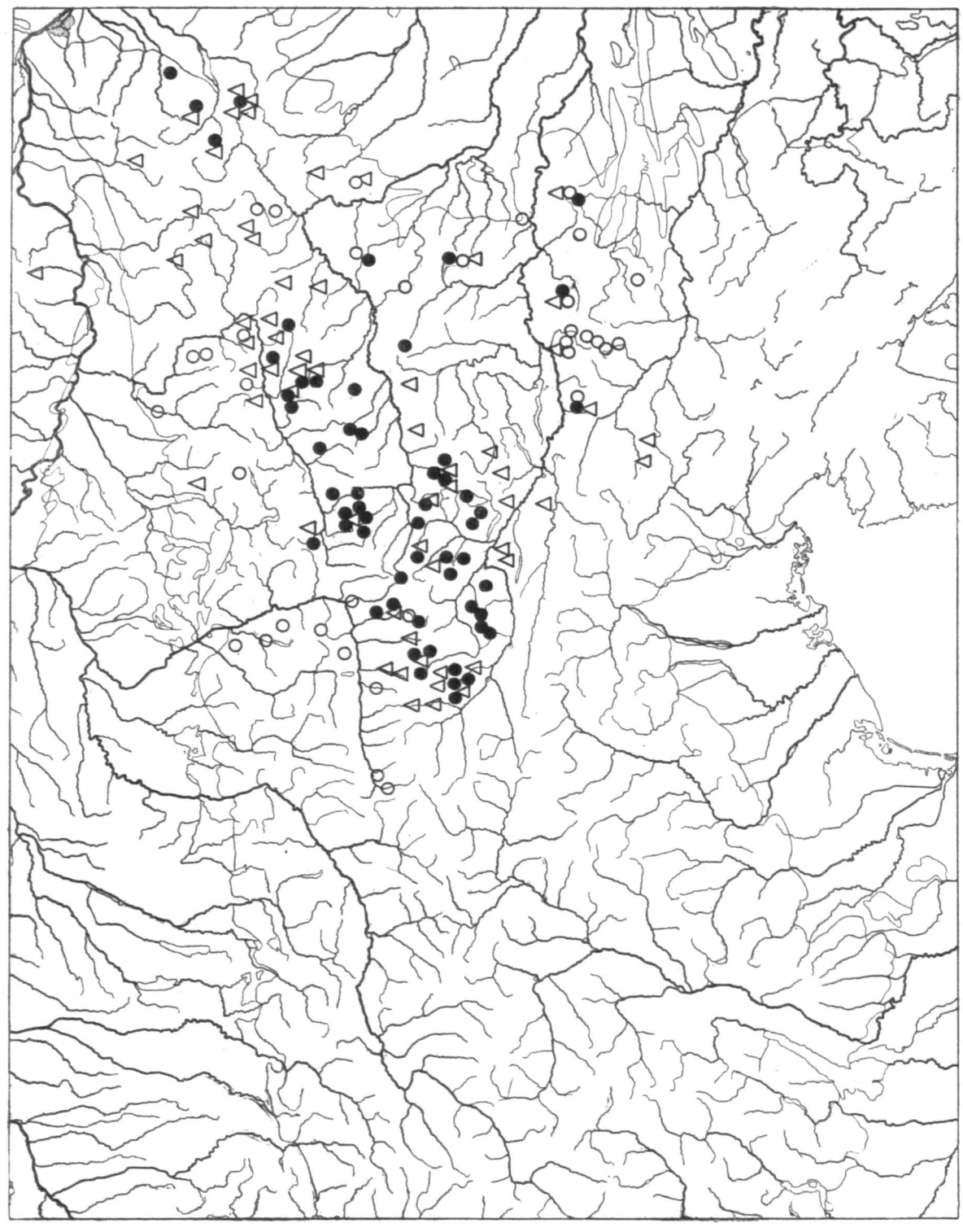

Karte 5.

Die Ostalpenverbreitung von: △ = *Trechus alpicola*, ● = *Trechus limacodes*, ○ = *Trechus rotundpennis* (genaue Fundortzusammenstellung S. 553).

KARTE 6

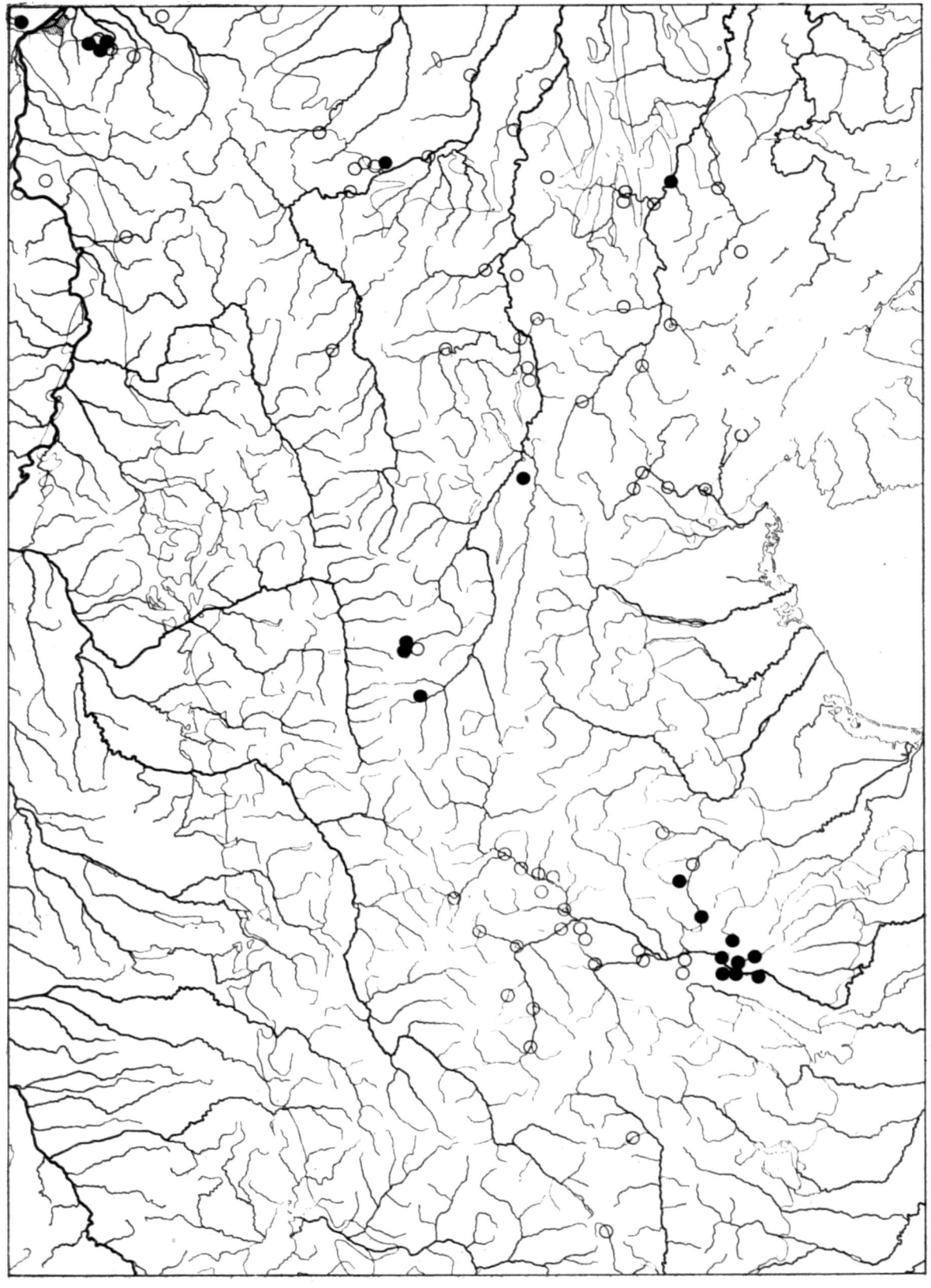

Karte 6.

Verbreitung zweier thermophiler Insektenarten in den Ostalpen, und zwar von: ○ = *Satyrus hermione*, ● = *Cryptocephalus elegantulus* (genaue Fundortangaben im Text auf Seite 522 und 524).

Gesamtverbreitung von:

Trechus limacodes Dej.

Niederdonau: Kirchberg am Wechsel (coll. Mus. Wien), Hochwechsel (Jeannel 1926—1928).
Steiermark: Stuhleck, Hochschwab (Jeannel 1926—1928), Schöckel (leg. Gatterer, coll. Mus. Wien), Gleinalpe (leg. Konschegg), Zirbitzkogel (leg. Franz), Koralpe (Jeannel 1926—1928), Saualpe (leg. Holdhaus), Siegelalmgraben bei Admont, Leobner und Gumpeneck (leg. Franz), Grieskogel, Bösenstein, Hochschwung, Oppenberg und Hauser Kalkbling (Kiefer u. Moosbrugger 1940), Schießeck, Talkenschrain, Greimberg und Süßleiteck (leg. Székessy), Giglachtal subalpin (leg. Holdhaus), Hochgolling und Gollingscharte (leg. Pinker), Hading und Kampspitze (leg. Holdhaus).
Salzburg: Roßbrand südlich des Dachsteinmassivs (Heberdey und Meixner 1933), Lungauer Kalkspitz (leg. Holdhaus), Seekar östlich des Radstädter Tauern (leg. Franz), Murtörl (leg. Franz), Sonnblickgruppe westwärts bis ins Seidelwinkeltal (vgl. faunistisches Kapitel dieser Arbeit).
Kärnten: Obir und Petzen (Heberdey und Meixner 1933), Karawanken (Jeannel 1926—1928), Stou (leg. Pinker), Koralpe (coll. Pinker), Eisenhut, Königsstuhl und Lausnitzsee (leg. Holdhaus), Kilmprein (leg. Weismandl), Tschaneck (leg. Holdhaus), Pöllatal und Mühldorfer See (leg. Holdhaus), Moschlitzen (leg. Székessy), Rosennock (leg. Holdhaus), Millstätter Alpe (leg. Holdhaus), Salzkofel, Kreuzeck, Dechant (leg. Holdhaus), Polinik, Rothorn, Kreuzelhöhe, Scharnik (leg. Reitter), Großes Gößkar im Maltatal und Dössener See (leg. Burchardt), Sonnblick-, Schober- und Glocknergruppe westlich bis zur Pasterze (vgl. den faunistischen Teil dieser Arbeit.
Jugoslawien: Bachergebirge (Jeannel 1926—1928), im Velebit in einer endemischen Rasse (Jeannel 1926—1928).

Trechus alpicola Strm.

Niederdonau: Reisalpe, Kranichberg, Kirchberg am Wechsel, Semmeringgebiet und Wechsel (coll. Mus. Wien), Schneeberg (Jeannel 1926—1928), Lunz (coll. Mus. Wien et coll. Pinker).
Oberdonau: Kaßberg (coll. Mus. Wien).
Steiermark: Stuhleck (Jeannel 1926—1928), Schöckel (coll. Mus. Wien), Hochschwab (coll. Mus. Wien), Bürgeralpe (Jeannel 1926—1928), Reiting (Gößeck) (leg. Franz), Tamischbachturm (leg. Pinker), Eisenerzer Alpen, Hochtor (Jeannel 1926—1928), Pyhrgas (coll. Mus. Wien), Edelgraben bei Admont, Bärndorf, Oppenberg, Grieskogel, Hochmölbling (Kiefer und Moosbrugger 1940), Siegelalmgraben bei Admont, Johnsbach, Bösenstein (leg. Franz), Seckauer Zinken (coll. Mus. Wien), oberer Hartelsgraben im Gesäuse (coll. Mus. Wien), Koralpe (coll. Mus. Wien), Grebenzen (leg. Holdhaus), Prankerhöhe bei Murau (leg. Székessy), Hading in den Schladminger Tauern (leg. Holdhaus).
Salzburg: In der Sonnblick- und Glocknergruppe (vgl. den faunistischen Teil dieser Arbeit).
Kärnten: Saualpe (leg. Holdhaus), Petzen und Hochstuhl (coll. Mus. Wien), Gurkufer bei Gnesau (Holdhaus und Prossen (1900), Dobratsch (coll. Mus. Wien), Obir (Jeannel 1926—1928), Wöllaner Nock, Mirnock, Königsstuhl, Lausnitzsee (leg. Holdhaus), Pöllatal, Goldeck (leg. Holdhaus), Latschur (leg. Jahn), Sonnblick- und Glocknergruppe (vgl. den faunistischen Teil dieser Arbeit).
Osttirol: In der Schobergruppe allgemein verbreitet (Konneczni i. l.), Glocknergruppe westwärts bis ins Dorfer Tal.
Illyrindes Alpengebiet: Bachergebirge und Crna prst (coll. Mus. Wien), Wochein (coll. Mus. Wien).
Außerdem findet sich die Art auch noch in den Gebirgen der Böhmischen Masse: Rachel (Heberdey und Meixner 1933), Ossergipfel, Arbergipfel und Spitzberg (Horion i. l.), Isperklamm im Waldviertel (leg. Minarz).
In Bosnien und Herzegowina findet sich die subsp. *acutangulus* Apfb.

Trechus rotundipennis Duft..

Oberdonau: Grünburg, Almkogel und Bodenwies (Heberdey und Meixner 1933), am Weg von Gößl am Grundlsee zur Lahngangalm (leg. Franz).
Steiermark: Tamischbachturm, Floning, Gleinalpe, Stubalpe und Koralpe (Heberdey und Meixner 1933), Turnau (leg. Moczarski), Radel bei Eibiswald (leg. Konschegg), Bachergebirge (leg. Ganglbauer), Umgebung von Admont und Gesäuse (leg. Franz).
Kärnten: Petzen, Obir, Umgebung von Vellach (Jeannel), Vellachtal bei Eisenkappel (leg. Pinker), Podgorje (coll. Konschegg).
Salzburg: Untersberg (Horion i. l.), Liechtensteinklamm (leg. Franz), Hundsstein, Dienten, Gasteiner Tal (leg. Leeder), Kapruner Tal (leg. Franz), Wald im Pinzgau und Krimmler Wasserfall (leg. Petz).
Bayrische Alpen: Berchtesgaden, Hoher Göll (Horion i. l.).
Illyrindes Alpengebiet: Lucian, Kanker Sattel, Greben, Menina planina (Winkler 1936), Sjemen planina (leg. Franz), Bachergebirge (Jeannel 1926—1928).

KARTE 7

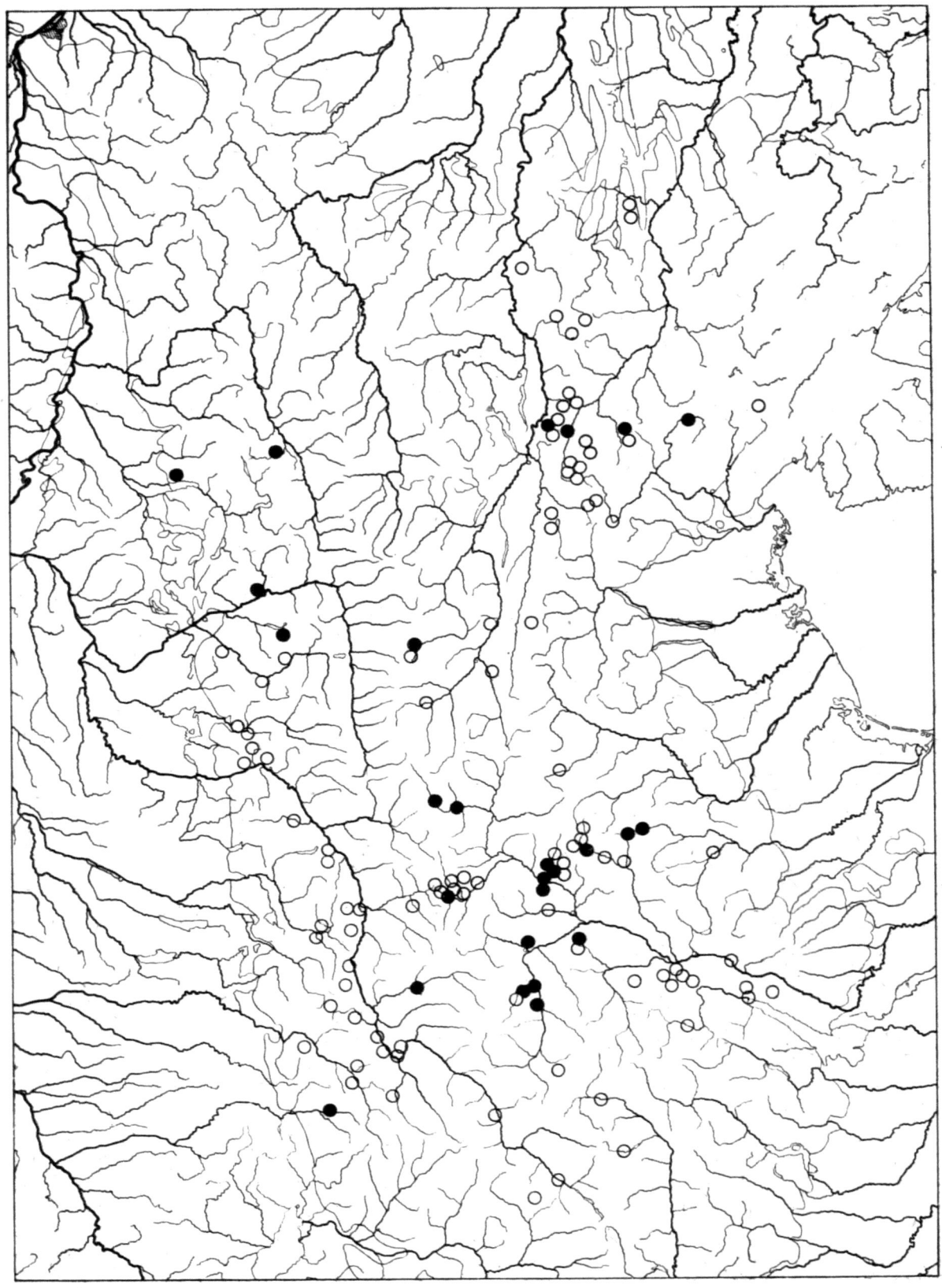

Karte 7.

Verbreitung zweier heliophiler Felsensteppenbewohner in den Ostalpen, und zwar von: ○ = *Erebia nerine* und ● = *Pulsia V-argentum* (genaue Fundortangaben im Text auf Seite 525).

KARTE 8

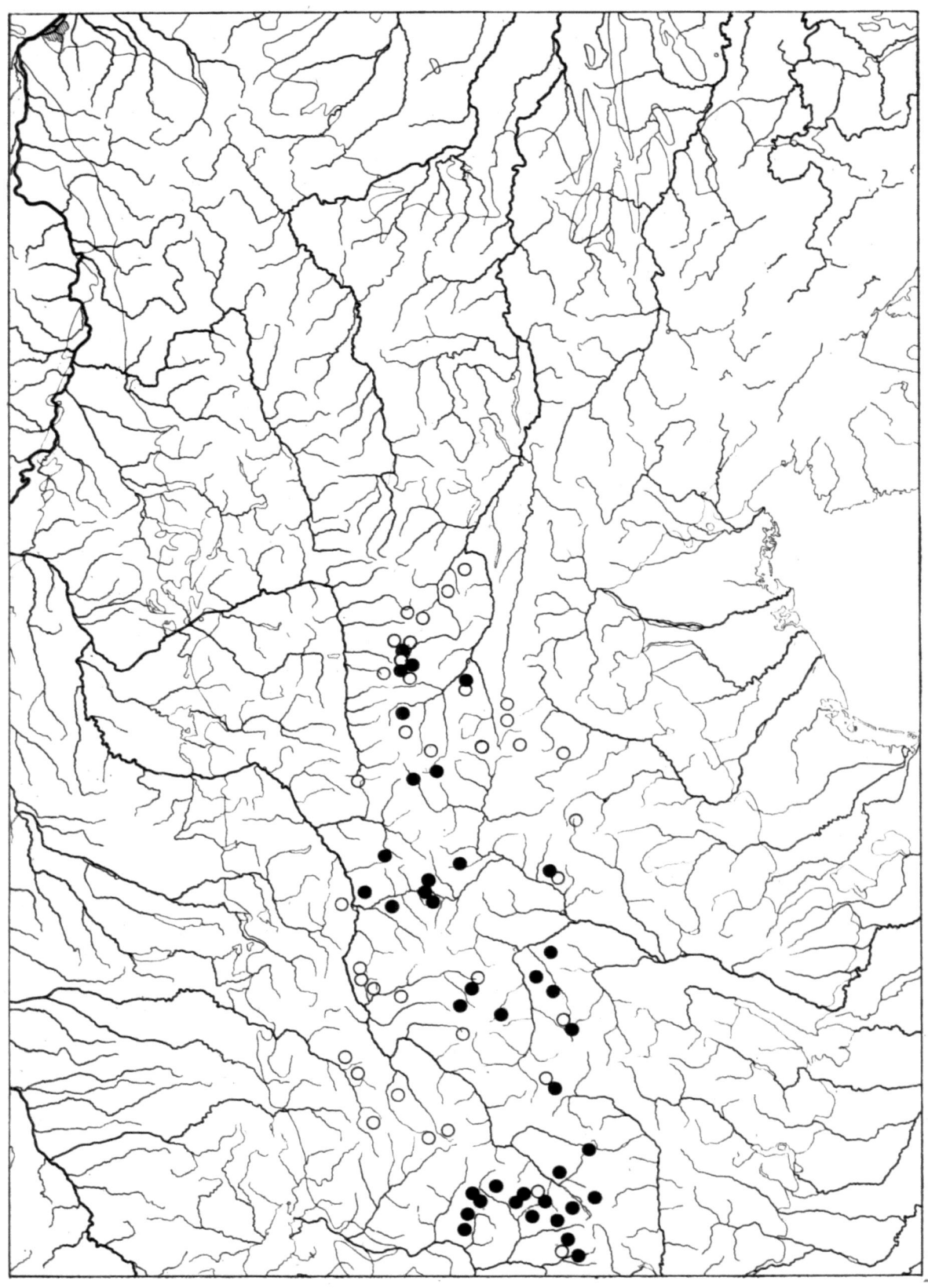

Karte 8.
Verbreitung zweier zentralalpiner Insektenarten in den Ostalpen,
und zwar von: ○ = *Geodromicus globulicollis* und ● = *Arctia Quenseli*
(genaue Fundortangaben im Text auf S. 531 und 532).

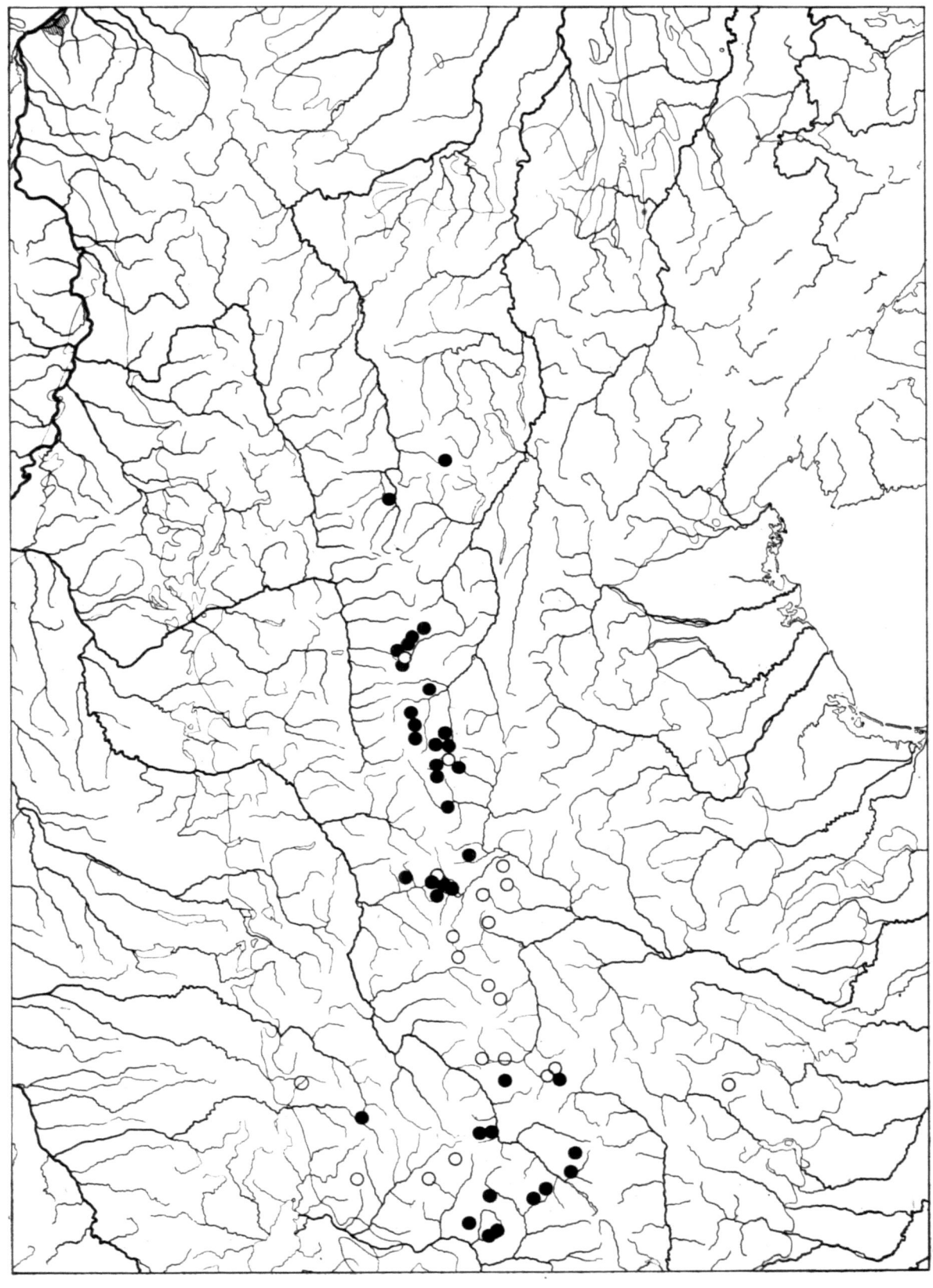

KARTE 9

Karte 9.

Verbreitung zweier zentralalpiner, anscheinend heliophiler Insektenarten in den Ostalpen, und zwar von: ○ = *Cicindela gallica* und ● = *Melitaea asteria* (genaue Fundortangaben im Text auf Seite 530 und 531.)

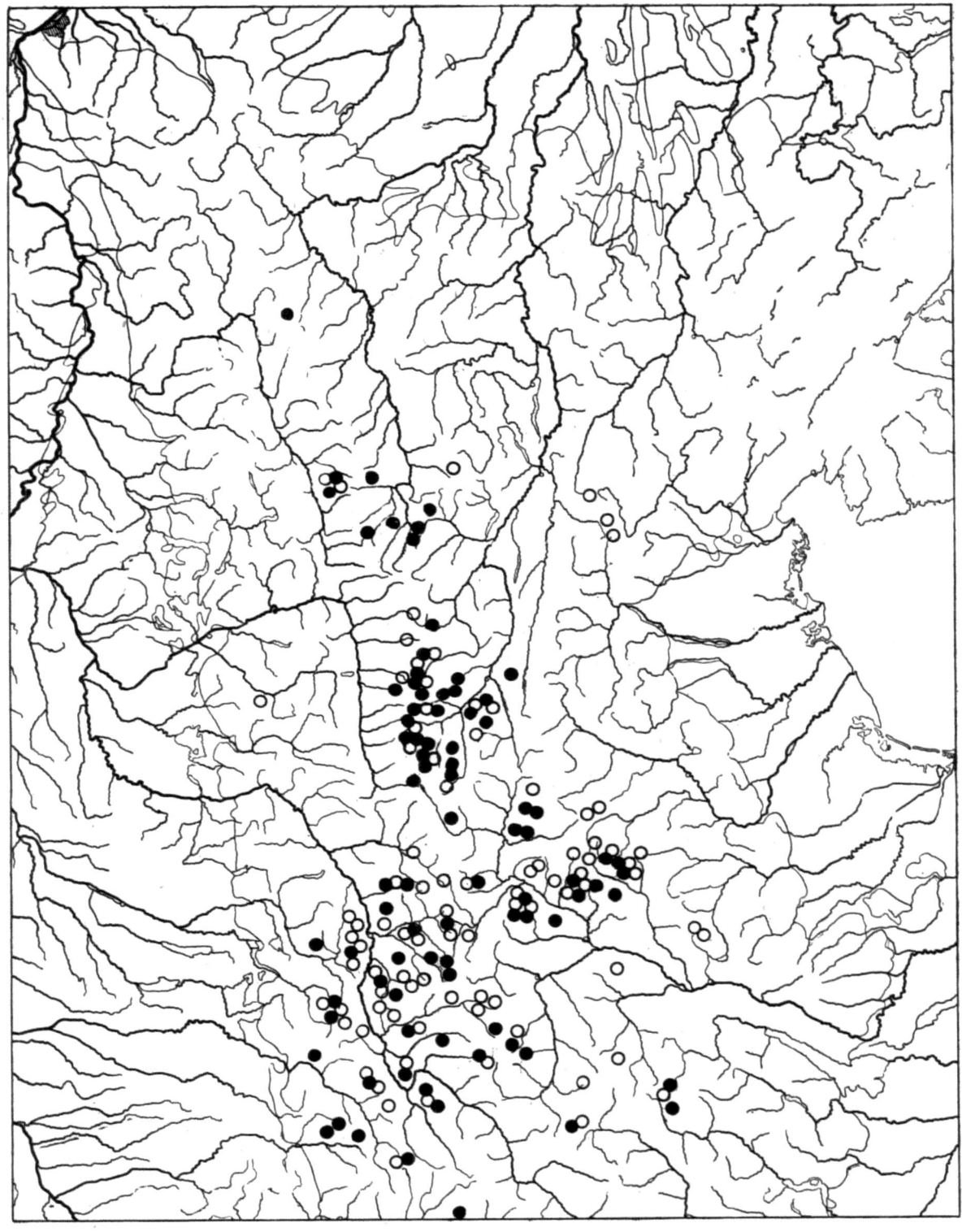

KARTE 10

Karte 10.

Verbreitung zweiter Schmetterlingsarten mit erweitertem zentralalpinem Wohnareal in den Ostalpen, und zwar von: ○ = *Synchloë callidice* und ● = *Zygaena exulans* (genaue Fundortangaben im Text auf S. 533 und 534).

KARTE 11

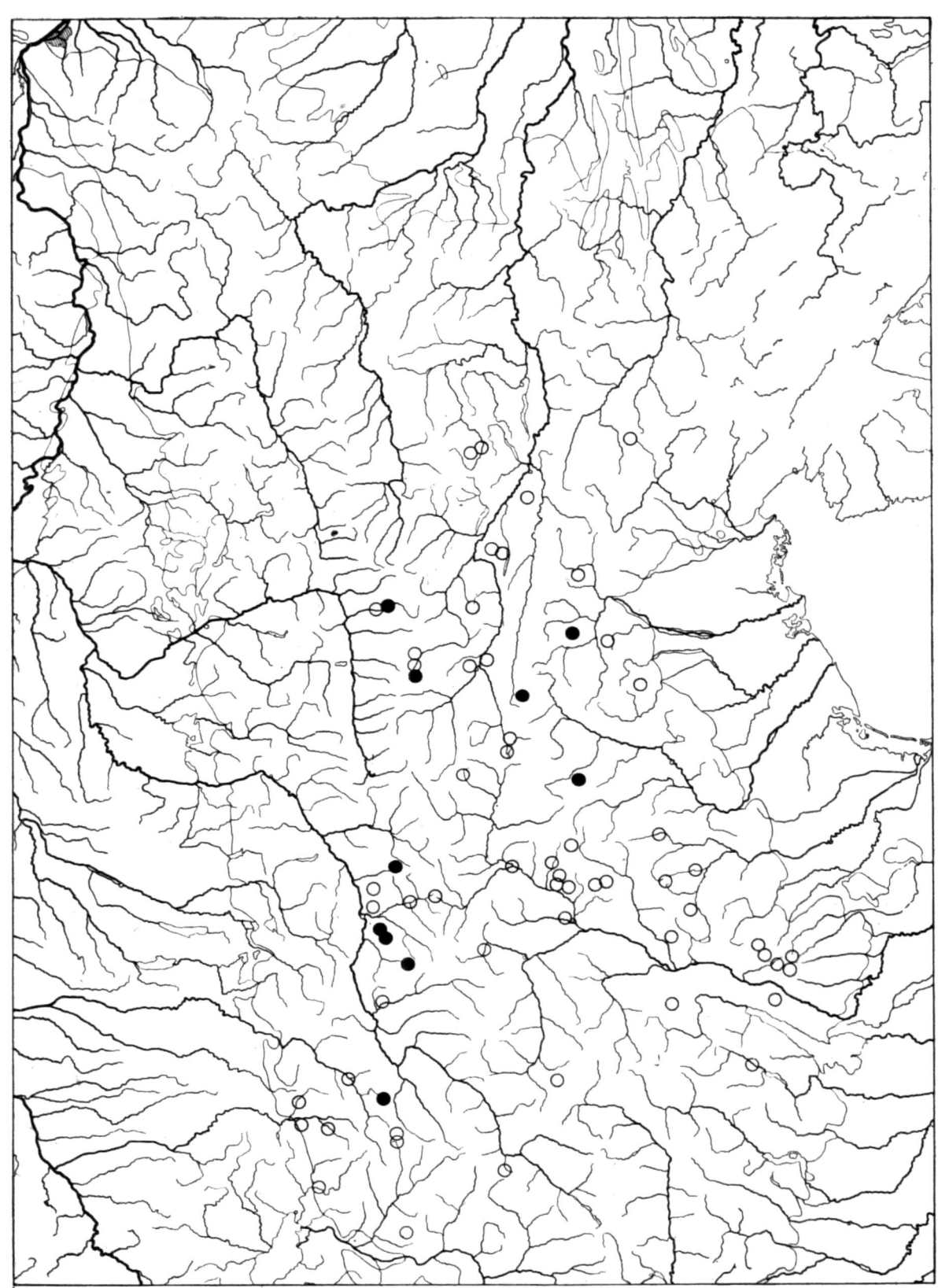

Karte 11.
Verbreitung zweier Tiere mit nach Süden erweitertem zentralalpinem Wohnareal innerhalb der Ostalpen, und zwar von: ○ = *Cychrus angustatus* und ● = *Dicranopalpus gasteinensis* (genaue Fundortangaben im Text auf S. 532 und 534).

MIX
Papier aus verantwortungsvollen Quellen
Paper from responsible sources
FSC® C105338

If you have any concerns about our products,
you can contact us on
ProductSafety@springernature.com

In case Publisher is established outside the EU,
the EU authorized representative is:
**Springer Nature Customer Service Center GmbH
Europaplatz 3, 69115 Heidelberg, Germany**

Printed by Libri Plureos GmbH
in Hamburg, Germany